Peter von Sengbusch

Molekular- und Zellbiologie

Mit 616 Abbildungen

Springer-Verlag
Berlin Heidelberg New York 1979

Professor Dr. PETER VON SENGBUSCH
Fakultät für Biologie, Universität Bielefeld
D-4800 Bielefeld 1

Die Abbildung auf dem Einband zeigt die Vermehrung von Herpesviren im Zellkern einer Wirtszelle (weitere Einzelheiten s. Kap. 45, Abb. 45.5).

CIP-Kurztitelaufnahme der Deutschen Bibliothek
Sengbusch, Peter von:
Molekular- und Zellbiologie / Peter von Sengbusch. -
Berlin, Heidelberg, New York: Springer, 1979.
ISBN 978-3-642-67359-7 ISBN 978-3-642-67358-0 (eBook)
DOI 10.1007/978-3-642-67358-0

Softcover reprint of the hardcover 1st edition 1979

2131/3130-543210

Vorwort

Ein Lehrbuchautor ist bemüht, einen Überblick über Ergebnisse und Einsichten zu bringen, die er für das Verständnis seines Faches als notwendig erachtet. Er erfüllt die Aufgabe des Chronisten einer Zeitepoche, berichtet in einer didaktisch überarbeiteten Form über Arbeiten in Forschungslaboratorien und konzentriert sich dabei, wenn er aktuell sein will, auf Ergebnisse der letzten Jahre. Er versucht, die Grenze zwischen Bekanntem und nicht Bekanntem zu ziehen und auf offene Probleme hinzuweisen. Wie überall, so müssen auch beim Schreiben eines Lehrbuches Abstriche gemacht werden. Die *Molekular- und Zellbiologie* richtet sich an fortgeschrittene Studenten und interessierte Kollegen, die wissen möchten, was sich auf den Nachbargebieten ihres eigentlichen Forschungsgebietes tut. Ich habe darauf verzichten müssen, die Grundlagen der Molekularen Biologie darzustellen, einmal, weil das bereits zur Genüge geschehen ist, und zum anderen, weil auch ich in meiner *Einführung in die Allgemeine Biologie* (2. Aufl., Springer 1977) auf viele dieser Probleme eingegangen bin. Ich verweise darauf, um mich nicht wiederholen zu müssen. Schließlich gehört es auch zu den Aufgaben eines Hochschullehrers und Lehrbuchautors, den derzeitigen Wissensstand darzustellen und sich nicht auf Dinge zu beschränken, die zwar vor Jahren aufsehenerregend und neu waren, aber inzwischen allein nicht mehr ausreichen, um unsere Welt mit ihren Problemen von heute zu verstehen.

Die Molekulare Biologie hatte in den fünfziger und frühen sechziger Jahren zahlreiche spektakuläre Erfolge vorzuweisen. Die Erfolgsserie schien Mitte der sechziger Jahre abzuebben. 1968 schrieb G. Stent in *Science* (*160,* 390) einen „Nachruf" unter dem Titel "That was the molecular biology, that was". Dieser „Nachruf" erschien verfrüht. Die siebziger Jahre brachten eine Fülle überraschender Erkenntnisse. Die konsequente Entwicklung neuer Verfahren (Einsatz von Mutanten, *Genetic engineering,* Zellfusion u.a.), die Wahl neuer Objekte und jahrelange stetige Vorarbeit an professionell geführten, finanziell gut ausgestatteten Laboratorien sowie der reibungslos funktionierende internationale Informationsaustausch zahlten sich aus. Die Molekularbiologie entwickelte sich so zu einer Zellbiologie und wurde zu einer *Big science,* oder wie kürzlich gesagt wurde, zu einer *High intensity science.* Viele der neuen Erkenntnisse wurden an Zellen höherer Organismen, insbesondere auch an Zellen des Menschen, gewonnen. So gibt es inzwischen keinen höheren Organismus, dessen Genkarte kompletter wäre als die des Menschen. Viele Forschungsvorhaben stehen unter dem Leitthema der medizinischen Forschung, speziell der Krebsforschung. Molekulare Biologie und Zellbiologie sind, wie die meisten anderen Wissenschaftszweige, zu extrem komplexen, mit vielen Fakten befrachteten Disziplinen geworden. Während einerseits die Wissensmenge ständig steigt, wächst in der Gesellschaft der Unmut und eine allgemeine Abneigung gegen den Fortschritt auf nahezu allen Gebieten der Naturwissenschaften. Man ist darüber enttäuscht, daß leicht einsehbare Erfolge ausbleiben, die den Lebensstandard heben, und man sieht Gefahren, die sich aus der Anwendung neuer Technologien ableiten können. Viele Mißverständnisse innerhalb der Gesellschaft beruhen darauf, daß Erwartungen an die Wissenschaft gestellt werden, die kurzfristig und ohne immensen Aufwand nicht zu lösen sind. Obwohl man z.B. in den letzten Jahren sehr viel über die Eigenschaften von Tumorzellen gelernt hat, ist man noch weit davon entfernt, die Ursachen der Krebsentstehung zu verstehen und eine Ausbreitung von

Tumorzellen im Organismus zu verhindern oder auch nur zu bremsen, und genau das sind die Probleme, an denen die Allgemeinheit (und damit auch der Geldgeber) interessiert ist.

In den letzten Jahren stieg die Kritik am Einsatz von Tierversuchen. Es wurde der Vorschlag unterbreitet, man könne mit Zellkulturen arbeiten und damit den Tod vieler Versuchstiere verhindern. Dabei wird übersehen, daß Wirkungen auf komplexe, vielzellige Systeme nicht allein an einzelnen Komponenten des Systems, den Zellen, studiert werden können und daß auch Zellkulturen ständig neu angelegt werden müssen, weil Kulturen normaler Zellen eine nur begrenzte Lebensdauer haben. Man darf auch nicht vergessen, daß Forschung in der Regel mit viel Routine und vielen Rückschlägen verbunden ist. Es gibt kein allgemeingültiges Rezept, mit dem ein gewünschtes Resultat zielstrebig erreicht werden kann. Seit 1973/74 ist das *Genetic engineering* (Gentechnologie) eines der stark umstrittenen Themen. Man befürchtet die Gefahr des Mißbrauchs und sucht nach Garantien für ein Maximum an Sicherheit. Es wäre irreführend, zu behaupten, die neu entwickelten Techniken seien absolut harmlos. Sie sind es genauso wenig wie jede andere Technik, die in nicht kompetente Hände gerät oder verantwortungslos eingesetzt wird. Eine der Hauptursachen für die Aversion in den zum Teil stark emotionell geführten Diskussionen ist die Angst, daß bei Manipulationen am Erbgut (der DNS) eine Information verändert wird, deren Folgen sich erst in späteren Generationen auswirken und deren Konsequenzen wir heute nicht abschätzen können. Auf der gleichen Linie liegt die Kritik an der Nutzung der Kernkraft, denn auch dort werden Schäden befürchtet, die erst in der Zukunft zum Tragen kommen.

Das Lehrbuch der *Molekular- und Zellbiologie* wurde nicht am Schreibtisch konzipiert. Die Auswahl der Inhalte erfolgte nach zahlreichen persönlichen Gesprächen mit Kollegen sowie nach Eindrücken bei Tagungen und Kolloquien. Die von der European Molecular Biology Organization (EMBO) als Themen ihrer Symposien in den Jahren 1975–1978 gewählten Schwerpunkte bildeten eine weitere Richtschnur. Gerade diese Themen habe ich in Seminaren mit Studenten an der Universität Heidelberg durchgearbeitet. Ich danke der Fachgruppe Allgemeine Biologie und der Fakultät für Biologie der Universität Heidelberg, daß sie mir in den Jahren 1974–1978 durch Erteilung von Lehraufträgen die Voraussetzung bot, mich am Gedankenaustausch innerhalb der *Scientific community* in Heidelberg zu beteiligen. Eine weitere Überarbeitung erfolgte im Rahmen der Vorbereitung zu mehreren Vorlesungen, die ich an der Universität Bielefeld gehalten habe, und erst die druckfertige Fassung entstand nach Durchsicht von Originalarbeiten und Übersichtsartikeln am Schreibtisch. Ich habe jedes Kapitel mit einem Literaturverzeichnis abgeschlossen, mich aber bei der Auswahl der Zitate stark beschränken müssen. Der Schwerpunkt liegt bei Arbeiten, die in den Jahren 1976–1978 erschienen sind. Daher ist auch nicht jede im Text erwähnte Arbeitsgruppe und nicht jede Aussage durch ein Literaturzitat belegt. Es gibt im Buch kaum ein Kapitel, über dessen Inhalt in den letzten Jahren nicht mindestens ein oder mehrere nationale und internationale Spezialsymposien stattfanden. Die Ergebnisse der meisten dieser Tagungen sind in Form von Fortschrittsberichten gedruckt festgehalten worden. Auch aus dieser stetigen Flut an Neuerscheinungen konnte ich nur einige wenige berücksichtigen.

Bedanken möchte ich mich bei allen Kollegen, die mich bei der Arbeit durch Hintergrundinformationen, konstruktive Kritik, viele Verbesserungsvorschläge und Durchsicht einzelner Kapitel unterstützt haben. Mein besonderer Dank gilt: Prof. Dr. K. Altendorf (Bochum), Prof. Dr. E.K.F. Bautz (Heidelberg), Dr. N. Blin (Chapell Hill/Berlin), Dr. H. Bünemann (Bielefeld/Düsseldorf), Prof. Dr. H. Bujard (Heidelberg), Dipl.-Biol. A. Dresel (Heidelberg), Dr. A. v. Gabain (Heidelberg), Prof. Dr. G. Gerisch (Basel), Prof. Dr. W. Goebel (Würzburg), Priv.-Doz. Dr. B.M. Jockusch (Heidelberg), Prof. Dr. H. Jockusch (Heidelberg), Prof. Dr. E. Kölsch (Münster), Dr. H.G. Mannherz (Heidelberg), Prof. Dr. G. Melchers (Tübingen), Priv.-Doz. Dr. G. Michaelis (Bielefeld), Prof. Dr. W. Müller (Bielefeld), Prof. Dr. J.F. Nagle (Pittsburgh), Prof. Dr. W. Ostertag (Göttingen/Glasgow), Dr. E. Pratje (Bielefeld), Prof. Dr. H.G. Ruppel (Bielefeld), Prof. Dr. C. Scholtissek (Gießen), Priv.-Doz. Dr. G. Schulz (Heidelberg), Priv.-Doz. Dr. W. Strätling (Hamburg), Dr. N. Strausfeld (Heidelberg), Prof. Dr. W. Szybalski (Madison), Prof. Dr. K. Weber (Göttingen), Prof. Dr. H.G. Wittmann (Berlin).

Den Bildautoren danke ich für die Bereitstellung der Abbildungsvorlagen und die Erlaubnis, sie in mein Buch aufnehmen zu dürfen.

Frau H. Kretschmer danke ich für die Herstellung der Manuskriptreinschrift und Herrn K. Weigel für die Anfertigung des größten Teils der Strichzeichnungen, Dr. K.F. Springer und seinen Mitarbeitern, vor allem Dr. D. Czeschlik und Frl. C. Grössl, für das – inzwischen schon zur Tradition gewordene – Engagement und die Hilfs- und Kompromißbereitschaft bei der Herstellung des Buches.

Bielefeld, Juli 1979 PETER v. SENGBUSCH

Inhaltsverzeichnis

1. Einleitung 1

Nukleinsäuren

2. Struktur von Nukleinsäuren 13
3. Isolierung und Fraktionierung von Nukleinsäuren 23
4. Sequenzierung von Nukleinsäuren 30
5. Das genetische Material von Viren und Prokaryonten 34
6. DNS in Eukaryonten 42
7. Isolierte und charakterisierte Eukaryontengene 55
8. Replikation von DNS 63
9. Transkription der DNS von Viren und Prokaryonten 73
10. Transkription der DNS eukaryotischer Zellen: hnRNS – mRNS 89
11. Plasmide; Klonierung von Genen (*Genetic engineering*) 94
12. Austausch genetischer Information: Rekombination 102
13. Illegitime Rekombination: Integrated Segments, Transposons, Inkorporation fremden Materials 110

Proteine

14. Proteine: Funktion, Isolierung, Nachweis und Sequenzanalyse 125
15. Wie bestimmt man die Tertiärstruktur? Röntgenstrukturanalyse 135
16. Verwandtschaftliche Beziehungen, Sequenzhomologien, Topologische Verwandtschaft 146
17. Proteine in der Evolution und der Ontogenese: Polymorphismus, Alloenzyme, Isoenzyme 157
18. Enzyme: Katalysatoren und Regulatoren. Ein Gen – ein Enzym? 167
19. Proteine, die mit Nukleinsäuren in Wechselwirkung treten 176
20. Enzyme, die Nukleinsäuren abbauen 186
21. Faserproteine 191
22. Antikörper: Struktur, Funktion und Evolution; Suppression von Allotypen. Mehrere Gene – ein Protein (Polypeptid) 195
23. Histokompatibilität: *HLA*-Region des Menschen, *H-2*-Region der Maus . . 207

Membranen

24. Struktur und Zusammensetzung von Membranen 215
25. Mobilität von Proteinen und Kohlenhydraten in der Membranebene 229
26. Virusmembranen 235
27. Bakterienzellwand; Bakterienmembranen 240
28. Ionentransport durch Membranen: Carrier, Poren und Pumpen 247
29. Protonenpumpen; Die Purpurmembran von *Halobacterium;* Transport von Metaboliten durch Membranen 257

30. Rezeptoren . . . 266
31. Membranen der Mitochondrien und Chloroplasten . . . 276

Cytoskelette und Kontraktile Strukturen

32. Mikrofilamente; Aktin und Myosin . . . 293
33. Regulation der Kontraktion: Ca^{2+}, Troponin, Tropomyosin . . . 306
34. Mikrotubuli, Intermediäre Filamente . . . 311
35. Bakteriengeißeln, Chemotaxis . . . 325

Supramolekulare Strukturen

36. Die Struktur der Ribosomen . . . 335
37. Die Gene für ribosomale Komponenten und tRNS . . . 343
38. Translation . . . 352
39. Regulation der Translation . . . 361
40. Chromatin: Proteine im Zellkern . . . 368
41. Chromosomen . . . 378
42. Riesenchromosomen (Polytäne Chromosomen), Lampenbürstenchromosomen, Amplifikation . . . 392
43. Extrachromosomale Vererbung; Chloroplasten als Erbträger . . . 405
44. Genetische Information in Mitochondrien . . . 412
45. Viren: Systematischer Überblick . . . 424
46. Viren: Objekte molekularbiologischer und medizinischer Forschung . . . 433
47. Tumorviren . . . 447
48. Bakterien in pflanzlichen Zellen: Tumoren, Stickstoff-Fixierung . . . 456

Zellen

49. Eukaryotische Zellen in Kultur; Alterung (Seneszenz), Selektion von Mutanten . . . 465
50. Wie erkennen Zellen einander? Wie verändert sich die Oberfläche im Verlauf des Zellzyklus? Was ist Kontaktinhibition? . . . 472
51. Wodurch unterscheidet sich eine „normale" Zelle von einer Tumorzelle? . 480
52. Wie haften Zellen aneinander, wie kommunizieren sie miteinander? . . . 487
53. Zellhybride: Heterokarien, Minizellen, Mikrozellen; Kerntransplantationen 496
54. Pflanzliche Zellen: Kalluskulturen; Protoplasten (Fusion und Regeneration) . . . 506
55. Effektoren: Hormone; Kontrolle durch das Hormonsystem: Zellstoffwechsel, Wachstum und Differenzierung . . . 518
56. Neurotransmitter und *Releasing-Faktoren* . . . 522
57. Hormone der Hypophyse . . . 532
58. Hormone, die von peripheren, endokrinen Drüsen freigesetzt werden; Wirkungsmechanismus von Steroidhormonrezeptoren, Wachstumsfaktoren 537
59. Vorgänge in Zellen von Zielorganen. Das Konzept des *Second messengers* 546

Vielzellige Systeme

60. *Dictyostelium*, ein Modell für die Entstehung eines Vielzellers . . . 553
61. Polarität, Gradienten, Musterbildung . . . 563
62. Die Entwicklung eines Insekteneies . . . 574
63. Imaginalscheiben bei *Drosophila*, Polyklone, Kompartimente . . . 583
64. Embryonalentwicklung der Maus; Antigene auf Oberflächen embryonaler Zellen, das *T/t*-System, Mäuseteratome als Modell für Differenzierung; Genetische Chimären . . . 592

65. Entwicklung spezialisierter Zellen 599
66. Das Immunsystem: Funktion, Evolution, Kontrolle 612
67. Entwicklung des Immunsystems. Wie kommt die Variabilität der Antikörper zustande? 616
68. Die genetische Kontrolle der Immunantwort 625
69. Kooperation zwischen Geweben: Das neuromuskuläre System; Regeneration, Dermis – Epidermis 629
70. Entwicklung, Organisation und Funktion einfacher Nervensysteme 637

Sachverzeichnis 655

1. Einleitung

"One can watch an object for years and never produce any observation of scientific interest. To produce a valuable observation, one has first to have an idea of what to observe, a preconception of what is possible. Scientific advances often come from uncovering a hitherto unseen aspect of things as a result, not so much of using some new instrument, but rather of looking at objects from a different angle. This look is necessarily guided by a certain idea of what the so-called reality might be. It always involves a certain conception about the unknown, that is, about what lies beyond that which one has logical or experimental reasons to believe." Jacob, *Evolution and Tinkering*, 1977.

Biologische Forschung ist – wie jeder andere Wissenschaftszweig auch – ein Teil menschlicher Kulturgeschichte. Es sind immer wieder die gleichen Fragen, die man sich stellte und auf die man in jeder Kulturepoche Antworten gefunden zu haben glaubte.

- *Was ist Leben?*
- *Wie und wann ist Leben entstanden?*
- *Wie entstand die Vielfalt?*
- *Wie entwickelt sich ein Individuum?*
- *Was wird vererbt, wie wird das Vererbte realisiert?*
- *Worauf beruht die „Sonderstellung" des Menschen?*

Wir können alle Phänomene des Lebens unter zwei Gesichtspunkten betrachten, die durch die beiden Schlagworte Regulation und Evolution charakterisiert seien.

Es gibt kein ungeregeltes Wachstum, keine ungeregelte Struktur, die über einen längeren Zeitraum hinweg eine Überlebenschance hätte. Alle Lebensformen sind als Produkte einer stetigen Evolution anzusehen. Es war der Verdienst der Vorsokratiker, erkannt zu haben, daß unsere Welt mit betrachtender Erfahrung und mit den Mitteln vernünftigen Nachdenkens verstehbar und erklärbar sei, ohne daß dafür metaphysische, also rational nicht faßbare Kräfte erforderlich seien. Hiervon ausgehend wurde geschlossen, daß die unüberschaubare Mannigfaltigkeit der Dinge auf eine gemeinsame Wurzel zurückzuführen sei.

Die Naturphilosophen aus Milet unterschieden nicht zwischen belebten und unbelebten Dingen. Xenophandes deutete Fossilien als Dokumente einer verschwundenen Tierwelt. Diese Beobachtung und Deutung war vorurteilsfreier und richtiger als es die Vorstellungen bis ins 17. und 18. Jahrhundert hinein waren, in denen die Versteinerungen noch als verunglückte Erscheinungen oder auch als Luxusformen der Natur galten. Empedokles postulierte, daß die Pflanzen zuerst entstanden seien, dann einfache und schließlich höhere Tiere, zuletzt der Mensch. Nicht alle Organismen gelingen der Natur gleich gut. Was mißrät, wird im Kampf ums Dasein ausgemerzt. Damit hatte er die Selektionstheorie bereits so eindeutig formuliert, wie nach ihm erst wieder Charles Darwin. Die Athener Philosophenschule (Sokrates, Platon, Aristoteles) führte die Gedanken der Vorsokratiker fort. Platon versuchte, eine Begriffssystematik einzuführen. Er unterschied zwischen Ober- und Unterbegriffen. Er untersuchte, wie man aus den verschiedenen Unterbegriffen mit logischer Folgerichtigkeit einen Oberbegriff bestimmen könne und welche logischen Forderungen an die Unterscheidung der Unterbegriffe und die Unterstellung unter einen Oberbegriff zu stellen seien. Er erkannte die Bedeutung seiner Begriffssystematik für die Einteilung der Organismen.

Eine derartige Einteilung führt zu einer hierarchischen Systemform, einer Begriffspyramide. Aristoteles übernahm die logisch-ontologische Weltauffassung von seinem Lehrer Platon und fügte dem als wesentliches Element seiner Weltanschauung die Kategorie „Ideen" hinzu, die er als eine Wirklichkeit oder eine Erfüllung (Entelechie) ansah, welche sich auf das Zustandekommen einer Weltordnung ausrichtet. Er nahm an, daß beseelte (belebte) Dinge eine ranghöhere Entelechie als die unbelebten hätten, die kristallinen eine höhere als die amorphen Stoffe. Pflanzen sind (nur) belebt. Tiere sind belebt und empfindlich, der Mensch ist belebt, empfindlich und hat eine Seele. Die höchste (unstoffliche) Entelechiestufe bildet die göttliche Urvernunft. Die für die heutige Biologie interessanteste Arbeit von Aristoteles ist seine „Tierkunde". Sie behandelt ein Thema, das erst 1800 Jahre später von dem schweizer Arzt Gessner erneut aufgegriffen wurde. Aristoteles beschrieb über 5000 Tierarten und ordnete sie in einem System, das bereits so fundiert war, daß man viele der aristotelesschen Gruppierungen in den heutigen Ordnungen und Klassen wiederfinden kann.

Während des Mittelalters führten unterschiedliche Auffassungen und wechselseitige Anerkennung von Christentum und geistigen Leistungen der Antike zu jahrhundertelangen Diskussionen, die in der Scholastik gipfelten. Die Arbeiten von Aristoteles waren akzeptiert, und seine Aussagen galten als unumstößlich. Ergebnisse der Naturwissenschaften durften weder in Widerspruch zu ihnen, noch in Widerspruch zur Schöpfungsgeschichte der Bibel geraten. Es wurde eine Tradition verbindlicher Lehr- und Wissensstoffe begründet, wodurch die Wissenschaft in ein Stadium geistiger Erstarrung geriet. Eine Auflockerung dieser Einstellung begann – zunächst in Oberitalien – im 14. Jahrhundert mit dem Beginn der Renaissance.

Man begann, die Funktion des menschlichen Körpers zu verstehen, man lernte die einzelnen Organsysteme kennen und erkannte, daß zahlreiche Erkrankungen auf pathologische Veränderungen bestimmter Organe zurückzuführen seien. Das 18. und 19. Jahrhundert brachte den Aufbruch der modernen Naturwissenschaften. Neben die Beobachtung trat das Experiment. Die Entwicklung des Mikroskops aus Anfängen Ende des 16. und Anfang des 17. Jahrhunderts durch den Engländer Hooke (1635–1705) und den Holländer A. v. Leeuwenhoek (1632–1723) leitete eine neue Phase biologischer Forschung ein. Hooke erkannte als erster „Zellen", doch erst 1838/39 wurden die dann schon zahlreich vorliegenden Beobachtungen von M. Schleiden und T. Schwann zur Zelltheorie zusammengefaßt: Alle Lebewesen bestehen aus Zellen. 1855 folgte Virchows *Omnis cellula a cellula*, womit die Kontinuität von einer Zellgeneration zur nächsten erklärt war. Anfang des 20. Jahrhunderts erschien in mehreren Auflagen O. Hertwigs „Lehrbuch der Allgemeinen Biologie". Das Buch enthält im wesentlichen cytologische und histologische Befunde und zeigt, daß das uns heute geläufige Bild vom Aufbau der Gewebe und Organe aus spezialisierten Zellen bereits fest gefügt war. Von dieser Forschungsrichtung unabhängig entwickelten sich die Genetik und die Evolutionsforschung, die im 19. Jahrhundert in Gregor Mendel und Charles Darwin ihre profiliertesten Vertreter fanden. Darwins bedeutendstes Werk *On the origin of species by means of natural selection or the preservation of favoured races in the struggle of life* erschien 1859. Darwin zählt darin und in seinen weiteren Werken eine Fülle von Beobachtungen auf, die er als Beweise einer natürlichen Selektion anführt. Seine Abhandlungen enthalten, von Fragmenten abgesehen, keinen Stammbaum der Organismen. Ein Zitat von ihm (1858):

„In der Natur treten irgendwelche unbedeutenden Abänderungen in allen Teilen auf, und ich glaube, es läßt sich zeigen, daß veränderte Existenzbedingungen die hauptsächliche Ursache davon sind, daß ein Kind nicht genau seinen Eltern gleicht ...

... Die natürliche Zuchtwahl wählt die besten aus. Wäre das nicht der Fall, könnte die Erde innerhalb weniger Jahrhunderte nicht mehr die Nachkommenschaft eines einzigen Paares fassen. Nur einige wenige können leben bleiben, um ihre Art fortzupflanzen."

Darwin ging davon aus, daß Merkmale vererbt würden, hatte jedoch noch keine exakte Vorstellung über den Vererbungsmechanismus. Er entwickelte die Pangenesis-Hypothese, die vorsah, daß die Keimzellen ein Sammelbecken für Partikel (Merkmalsanlagen) seien, die aus allen Organen dorthin zusammenströmen. Zum zentralen und kontroversen Thema der Selektionshypothese entwickelte sich sehr schnell die Frage nach der Abstammung und Stellung des Menschen. Darwin wich 1859 dieser Frage noch aus und schrieb lediglich:

„In einer fernen Zukunft sehe ich die Felder für noch weit wichtigere Untersuchungen sich öffnen. Die Psychologie wird sich mit Sicherheit auf den von Herbert Spencer bereits wohl begründeten Satz stützen, daß notwendig jedes Vermögen und jede Fähigkeit des Geistes nur stufenweise erworben werden kann. Licht wird auf den Ursprung der Menschheit und ihre Geschichte fallen."

1863 erschien von T. Huxley das Werk *Zeugnisse für die Stellung des Menschen in der Natur*, aus dem der folgende, vielzitierte Gedankengang stammt:

„Die anatomischen Verschiedenheiten zwischen dem Menschen und den höchsten Affen sind von geringerem Werth, als diejenigen zwischen dem höchsten und dem niedrigsten Affen. Man kann kaum irgend einen Theil des körperlichen Baues finden, welcher jene Wahrheit besser als Hand und Fuß illustrieren könnte und doch gibt es ein Organ, dessen Studium uns denselben Schluß in einer noch überraschenderen Weise aufnötigt – und dies ist das Gehirn. Als ob die Natur an einem auffallenden Beispiel die Unmöglichkeit nachweisen wollte, zwischen dem Menschen und dem Affen eine auf den Gehirnbau gegründete Grenze aufzustellen, so hat sie bei den letzteren Thieren eine fast vollständige Reihe von Steigerungen des Gehirns gegeben: von Formen an, die wenig höher sind als die eines Nagethieres bis zu solchen, die wenig niedriger sind, als die des Menschen."

Ernst Haeckel, Professor für Anatomie und Zoologie in Jena verfaßte die 1866 herausgegebene *Natürliche Schöpfungsgeschichte*, in der er sich der Darwinschen Selektionshypothese voll anschloß und sie durch eine Vielzahl neuer Beweise aus den Gebieten der Entwicklungsphysiologie und vor allem der vergleichenden Anatomie untermauerte. Er war der erste, der gut fundierte Stammbäume von Organismen aufstellte und dabei auch den Menschen mit einbezog. In den Vordergrund seiner Beweisführung stellte er zwei Argumente:

1. Die Entwicklungs- und Keimesgeschichte des Menschen
2. Den Vergleich eines jeden Organs mit den homologen Organen bei Tieren.

Das letzte Argument belegt er mit gewissenhafter Präzision und faßt die Ergebnisse zu seinem *Biogenetischen Grundgesetz* zusammen:

„Die Keimesgeschichte ist ein Auszug der Stammesgeschichte oder mit anderen Worten, die Ontogenie ist eine kurze Rekapitulation der Phylogenie, oder etwas ausführlicher: Die Formenreihe, welche eine Entwicklung von der Eizelle an bis zu einem ausgebildeten Zustande durchläuft, ist eine kurze, gedrängte Wiederholung der langen Formenreihe, welche die thierischen Vorfahren desselben Organismus (oder die Stammesformen seiner Art) von den ältesten Zeiten der sogenannten organischen Schöpfung bis auf die Gegenwart durchlaufen haben. Die ursächliche oder causale Natur des Verhältnisses, welches die Keimesgeschichte mit der Stammesgeschichte verbindet, ist in den Erscheinungen der Vererbung und der Anpassung begründet."

Es gibt eine ganze Reihe von Bedenken gegen das „Biogenetische Grundgesetz", die es uns heute ratsamer erscheinen lassen, lieber von einer Korrelation als von einem Gesetz zu sprechen. Als physiologische Funktionen oder Lebenstätigkeiten nannte Haeckel: (1) Ernährung, (2) Anpassung, (3) Wachstum, (4) Fortpflanzung; (5) Vererbung, (6) Arbeitsteilung, (7) Rückbildung, (8) Verwachsung. Wenn man diese Erscheinungen, wie es oft geschieht, immer noch als Definitionen vom Leben heranziehen möchte, sollte man sich vergegenwärtigen, daß diese Begriffe keine gleichwertigen Phänomene kennzeichnen (s. Platon), sondern Erscheinungen, die in Organismen unterschiedliche Stellenwerte einnehmen.

Vererbung

Auch die Vererbungslehre oder Genetik blickt auf eine lange, traditionsreiche Vergangenheit zurück. Mendel war nicht ihr Begründer. Vieles von dem, was ihm landläufig zugeschrieben wird, war schon vor ihm bekannt. Neu war allerdings,

1. daß er nicht, wie seine Vorgänger verschiedene Arten miteinander kreuzte, sondern Sorten (= Rassen) einer Art.
2. Das Arbeiten mit genauen Zahlen und die Erkenntnis der Bedeutung der Abstraktion: Nach Vollzug dieses Schrittes ließen sich Vorhersagen machen.
3. Die Erkenntnis, daß sich Merkmale unabhängig voneinander vererben.

Seine bedeutendste Arbeit *Versuche über Pflanzenhybriden* erschien 1865, blieb jedoch bis ins Jahr 1900 unbeachtet. Erst als die „Wiederentdecker der Mendelschen Regeln" (Correns, deVries, Tschermack) zu ähnlichen Ergebnissen kamen, wurde ihre Bedeutung erkannt und es wurde ihr die längst fällige Anerkennung zuteil. Zu den herausragendsten Vertretern der Genetik um die Jahrhundertwende gehörte der Freiburger Zoologe A. Weismann. Auf ihn geht die „Keimbahnhypothese" zurück, die besagt, daß es im Körper zwei Typen von Zellen gibt: Die somatischen und die Keimbahnzellen. Nur die in den Keimbahnzellen lokalisierten Anlagen werden auf die nachfolgende Generation übertragen. 1904 faßte er in seinem Buch *Vorträge über Deszendenztheorie,* das auf in Freiburg gehaltenen Vorlesungen beruhte, den Stand der Forschung auf dem Gebiet der Vererbungslehre zu Beginn des 20. Jahrhunderts zusammen, in dem er u.a. schreibt:

„... Wenn wir mit Recht die Chromatinsubstanz als Vererbungssubstanz betrachten, so leuchtet sofort ein, von welcher Tragweite diese gleichmäßige Verteilung ist, denn sie sagt aus, daß der sog. Befruchtungsvorgang die Verbindung des gleichen Quantums väterlicher und mütterlicher Vererbungssubstanz ist."

„... Enthielte jede der beiden kopulierenden Keimzellen die volle Normalzahl der Chromosomen, so würde im Furchungskern die doppelte Zahl enthalten sein und ginge das so fort, so müßte die Zahl der Chromosomen von Generation zu Generation in arithmetischer Proportion zunehmen und bald ganz ins Ungeheure wachsen."

„... Von ganz besonderem Interesse aber ist der Umstand, daß diese Zahl immer die Hälfte von der Chromosomenzahl ist, welche die Körperzellen des betreffenden Tieres aufweisen und daß die Herabsetzung der Chromosomenziffer auf die Hälfte bei männlichen wie weiblichen Keimzellen durch die letzten Teilungen bewirkt wird, welche dem Reifezustand dieser Zellen vorhergehen."

„... Determinante ist für uns nichts anderes, als ein Element der Keimsubstanz, von dessen Anwesenheit im Keim das Auftreten und die spezifische Ausbildung eines bestimmten Teiles des Körpers bedingt wird."

„Determinanten sind nichts hypothetisches, sondern etwas tatsächliches."

„... Der Wiener Physiologe Ernst Brücke hat schon vor 40 Jahren die Ansicht begründet, die lebende Substanz könne nicht bloß ein Gemenge von chemischen Molekülen irgendwelcher Art, sie müsse „organisiert", d.h. aus kleinen unsichtbaren Lebenseinheiten zusammengesetzt sein. Wenn – wie wir doch annehmen müssen – die mechanische Theorie des Lebens richtig ist, wenn es keine Lebenskraft im Sinne der Naturphilosophen gibt, so ist der Brückesche Satz unbezweifelbar, denn ein zufälliges Gemisch von Molekülen kann die Lebenserscheinungen nicht hervorbringen, so wenig als irgendein einzelnes Molekül, weil eben Moleküle erfahrungsgemäß nicht leben, weder wachsen , noch sich fortbewegen. Leben kann also nur durch eine bestimmte Verbindung verschiedenartiger Moleküle entstehen und aus solchen bestimmten Molekülgruppen muß alle lebendige Substanz bestehen."

„... Ein gewöhnliches, chemisches Molekül kann sich nicht durch Teilung vermehren, wird es gewaltsam gespalten, zerfällt es in ganz andere Moleküle. Erst das lebendige Molekül besitzt die wunderbare Eigenschaft des Wachstums und der Spaltung in zwei unter sich und dem Stamm-Molekül gleiche Hälften und wir ersehen daraus, daß hier ebenfalls bindende und abstoßende Kräfte, Affinitäten wirken müssen. Ich wüßte auch nicht, weshalb wir solche Kräfte nicht annehmen dürfen, machen wir doch auch die Annahme, daß die Hunderte von Atomen, welche nach heutiger Vorstellung ein Eiweißmolekül zusammensetzen und in seinem Wesen bestimmen, durch Affinitäten in dieser bestimmten und so überaus komplizierten Anordnung festgehalten werden. Oder sollten wir uns zwischen dem Atomkomplex eines Moleküls und dem der nächst höheren Atomkomplexe des Biophors, der Determinanten und des Chromosoms eine absolute Scheidewand eingeschoben denken und ganz andere Kräfte in ihnen annehmen als wir sie in jenem wirksam denken? Schließlich ist das Biophor nur eine Gruppe von Molekülen, die Determinante eine Gruppe von Biophoren."

Die letzten Sätze machen deutlich, daß Weismann erkannt hatte, daß man nach Molekülen suchen müsse, um den Vererbungsvorgang verstehen zu können. Doch dauerte es danach noch ein halbes Jahrhundert, bevor man an die Lösung dieser Probleme herangehen konnte. Die Genetik durchlief zunächst eine mittlerweile als „klassische Genetik" bezeichnete Phase intensiver Forschung, die zu einer Fülle neuer Erkenntnisse führte: Chromosomenstrukturen wurden im Detail analysiert, Kopplungsgruppen wurden entdeckt, die ersten Genkarten wurden erstellt, Abweichungen von den Mendelschen Regeln wurden erklärt, pleiotrope Effekte, Mutationen und mutagene Agentien wurden nachgewiesen und man begann, sich die Fragen vorzulegen:

– *Was ist ein Gen?*
– *Wie wird genetische Information gespeichert?*
– *Wie wird sie realisiert?*

Genetische Grundlagenforschung lebt von der Wahl des richtigen Objekts und der richtigen Fragestellung. Schon Mendel war in diesem Punkt seinen Vorgängern überlegen. 1911 wurde *Drosophila* als neues Versuchsobjekt eingeführt. In den dreißiger Jahren kamen der Schimmelpilz *Neurospora* und kurz darauf Bakterien und Viren hinzu. Die wesentlichen Gründe für die Wahl lauteten immer wieder: Kurze Generationsdauer, hohe Individuenzahl, leichte experimentelle Handhabe.

Molekulare Genetik: Eine neue Biologie?

Die Natur macht keine Sprünge, der menschliche Geist auch nicht. Der Beginn der Molekularen Genetik ist nicht in das Jahr 1953 zu legen (Watson und Crick stellten in dem Jahr ihr Modell von der DNS vor), auch nicht in das Jahr 1944, in dem Avery, McLeod und McCarty nachwiesen, daß DNS genetische Information trägt. Ansätze zum Verständnis von Vererbungsvorgängen auf molekularer Ebene ergaben sich aus Beobachtungen von Stoffwechselkrankheiten. Um 1920 fand der englische Arzt Garrod, daß die Alkaptonurie, eine Krankheit, bei der sich der Harn dunkel färbt, erblich ist. Damit war gezeigt, daß auch Stoffwechselvorgänge (biochemische Reaktionen in lebenden Organismen) ebenso vererbbar sind, wie alle anderen, bisher bekannten phänotypischen Merkmale. Zwischen 1930 und etwa 1950 wurden die wesentlichen Stoffwechselwege in Organismen aufgeklärt, wobei es sich zeigte, daß die entscheidenden Schritte und Biosynthesewege (Glykolyse, Citratzyklus, Aminosäuresynthese, Nukleotidsynthese u.a.) bei Mikroorganismen (Pro- und Eukaryonten), Pflanzen und Tieren nahezu gleich sind. Daraus ist zu schließen, daß die Evolution der Stoffwechselwege auf der Stufe der Prokaryonten weitgehend abgeschlossen war, und daß seitdem – von sekundären Stoffwechselwegen abgesehen – nicht viel hinzugekommen ist. Durch die Ein Gen-ein Enzym-Hypothese (Beadle und Tatum, 1941; Horowitz, 1948) wurde der Zusammenhang zwischen Genetik und Biochemie hergestellt. Der Einsatz von Mutanten von Stoffwechselwegen erwies sich als eine effektive und zukunftsträchtige Methode zur Aufklärung einzelner Schritte und zur Produktion gewünschter Stoffwechselprodukte.

Ohne die hier kurz skizzierten Befunde und ohne die in den vorangegangenen Abschnitten dargestellten Entwicklungen hätte es keine Molekulare Genetik geben können. Biochemische Forschung befaßte sich in der ersten Hälfte des 20. Jahrhunderts fast ausschließlich mit kleinen Molekülen. Die Molekularbiologie und die moderne Biochemie befassen sich mit Makromolekülen und zum Verständnis ihrer Wirkungsweise ist das Wissen über die sog. „schwachen" Wechselwirkungen (Wasserstoffbrücken, ionische Interaktionen, Van der Waals'sche Interaktionen u.a.) unabdingbar. Sie waren Weismann nicht bekannt. Durch sie werden supramolekulare Komplexe und Zellen zusammengehalten, sie bedingen Spezifität und sie sind für die Matrizenfunktion großer Moleküle verantwortlich. Die Erfolge der Molekularen Genetik beruhen nicht allein auf dem Einsatz biochemischer Verfahren. Ganz entscheidend war und ist der Einsatz physikalischer und physikalisch-chemischer Methoden und Ansätze. Auch die Molekulare Genetik hat mittlerweile mehrere Phasen hinter sich und viele der Ergebnisse (dargestellt in zahlreichen Lehrbüchern) können inzwischen als klassisch angesehen werden.

In den 50er und 60er Jahren lernte man Einzelheiten über die Struktur des genetischen Materials kennen. Es wurde der endgültige Beweis erbracht, daß die genetische Information in der linearen Abfolge von Nukleotidbasen in der DNS niedergelegt ist. Das Watson-Crick-Modell veranschaulicht, wie sich die DNS repliziert, man fand, daß es einen Informationsfluß von DNS auf RNS und von dort auf Protein gibt. Hier sei das nur durch die Stichworte Transkription und Translation angedeutet. Man entschlüsselte den genetischen Code und man erkannte, daß die genetische Information von den Organismen äußerst ökonomisch genutzt wird. Ende der 60er Jahre breitete sich eine allgemeine Müdigkeit aus, und manche glaubten, die wesentlichen Probleme seien gelöst. *"What is true for Escherichia coli, is true for the elephant"*.

Die Prognose war falsch. Die 70er Jahre brachten vieles Unerwartete. Der größte Teil dessen, was in den folgenden 69 Kapiteln besprochen wird, beruht auf Ergebnissen der letzten Jahre. Man fand, daß bei Eukaryonten vieles ganz anders abläuft als bei den Prokaryonten. Die Kontrollmechanismen sind diffiziler, und es gibt weit mehr grundsätzlich voneinander verschiedene Formen, als man es sich ursprünglich vorgestellt hatte. Die Molekulare Genetik entwickelte sich zur Molekularen Biologie und zur Zellbiologie. Man begann, die Embryonalentwicklung auf molekularer Ebene zu studieren und bewies, daß Differenzierung auf zeitlich hintereinandergeschalteten Genaktivitäten beruht. In diesem Zusammenhang stellte sich die bislang immer noch nicht befriedigend beantwortete Frage: *Wie werden Genaktivitäten gesteuert?* Wir kennen auf der DNS von Viren und Prokaryonten zahlreiche Signale, die unterschiedliche Transkriptionsraten bedingen, doch wir wissen fast nichts über solche Signale auf der Eukaryonten-DNS. Die Transkription von DNS führt zur Bildung von RNS. Doch ist diese RNS, vor allem bei Eukaryonten, alles andere als ein fertiges Produkt. Teile werden von den Enden und aus der Mitte herausgeschnitten, viele Basen werden modifiziert, und an beide Enden werden zusätzliche Nukleotide anpolymerisiert. Die Transkription unterliegt einer Vielzahl von Regulatoren, teils intra-, teils extrazellulärer Herkunft. Entscheidend sind dabei, wie auch bei allen anderen Kontrollvorgängen in der Zelle (und zwischen Zellen), sowohl die Konzentrationen der einzelnen Reaktionspartner, als auch die anderer Moleküle und Ionen. Synthetisierte Proteine sind im Rohzustand selten funktionsfähige Einheiten. Auch sie werden nach ihrer Bildung verändert, vielfach werden Stücke von den Enden oder aus der Mitte heraus abgetrennt, einzelne Aminosäuren werden modifiziert und Kofaktoren werden kovalent oder nicht kovalent gebunden.

Komplexe Vorgänge laufen nur an komplexen Strukturen ab. Membranen, Ribosomen, Mitochondrien, kontraktile Elemente u.a. sind Einheiten, die aus zahlreichen Makromolekülen (oft unterschiedlicher Klassen) zusammengesetzt sind und durch schwache, aber zahlreiche Bindungen (Wechselwirkungen) zusammengehalten werden. Es steht dabei gar nicht mehr zur Debatte, um welche Moleküle es sich dabei handelt, sondern wie die einzelnen untereinander interagieren, wie sie zueinander angeordnet sind und in welchen Stückzahlen sie vorkommen. Makromoleküle zeigen in oligomeren Komplexen kooperatives Verhalten.

Das Verständnis von Vorgängen in der Zelle setzt die Kenntnis des Verhaltens von Molekülen in supramolekularen Strukturen voraus. Kooperatives Verhalten der Moleküle ist eine der Voraussetzungen dafür, daß Leistungen erbracht werden können, zu denen Moleküle in Lösung nicht im Stande sind (z.B. Photosynthese, Atmung, Proteinbiosynthese, spezifische Erkennung der Zellen untereinander u.a.). Es gibt keine einfach gebauten Zellen. Selbst *Escherichia coli*, das Darmbakterium, das genetisch und biochemisch besser als alle anderen Organismen untersucht worden ist, ist molekular recht komplex. In Tabelle 1 ist eine Übersicht über Anzahl und Art der in ihm enthaltenen Moleküle wiedergegeben.

Tabelle 1. Ungefähre chemische Zusammensetzung einer sich teilenden *Escherichia coli*-Zelle (Watson, 1975)

Komponente	% des Zellgewichts	Durchschnittliches Molekulargewicht	Durchschnittliche Anzahl pro Zelle	Anzahl verschiedener Moleküle
H_2O	70	18	4 x 10^{10}	1
Anorganische Ionen (Na^+, K^+, Mg^{2+}, Ca^{2+}, Fe^{2+}, Cl^-, $PO_4{}^{3-}$, $SO_4{}^{2-}$, etc.)	1	40	2,5 x 10^8	20
Kohlenhydrate und Vorstufen	3	150	2 x 10^8	200
Aminosäuren und Vorstufen	0,4	120	3 x 10^7	100
Nukleotide und Vorstufen	0,4	300	1,2 x 10^7	200
Lipide und Vorstufen	2	750	2,5 x 10^7	50
Andere kleine Moleküle (Häm, Chinone, Abbauprodukte)	0,2	150	1,5 x 10^7	250
Proteine	15	40.000	10^6	2000–3000
DNS	1	2,5 x 10^9	4	1
RNS	6			
16S rRNS		500.000	3 x 10^4	1
23S rRNS		1.000.000	3 x 10^4	1
tRNS		25.000	4 x 10^5	60
mRNS		1.000.000	10^3	1000

Tabelle 2. Biosynthetische Leistungen einer Bakterienzelle

Komponente	% im Trockengewicht	Ungefähres Molekulargewicht	Anzahl der Moleküle/Zelle	Anzahl der Moleküle, die pro Sek. synthetisiert werden	Anzahl der ATP Moleküle, die für die Synthese benötigt werden	Prozentualer Anteil der gesamten biosynthetischen Energie
DNS	5	2.000.000.000	1	0,00083	60.000	2,5
RNS	10	1.000.000	15.000	12,5	75.000	3,1
Protein	70	60.000	1.700.000	1.400	2.120.000	88,0
Lipide	10	1.000	15.000.000	12.500	87.500	3,7
Polysaccharide	5	200.000	39.000	32,5	65.000	2,7

Eine *Escherichia coli*-Zelle hat die Größe von 1 x 1 x 3μm, ein Volumen von 2,25 μm^3, ein Frischgewicht von 10 x 10^{-13} g und ein Trockengewicht von 2,5 x 10^{-13} g. Die oben stehenden Biosyntheseraten beziehen sich auf eine Bakteriengeneration (20 Min.).

Eine solche Darstellung ist nur bedingt zufriedenstellend, denn sie sagt uns nicht, wie die Moleküle angeordnet sind, welchem Umsatz sie unterliegen und wie die Syntheseleistungen der Zelle aussehen. *Escherichia coli*-Zellen sind schnellwachsend. Die Generationsdauer beträgt unter günstigsten Bedingungen etwa 20 Minuten. In Tabelle 2 sind Umsatzraten genannt. Aus ihnen geht hervor, daß der Hauptanteil des Energieumsatzes der Produktion von Proteinen dient. Wir werden später noch sehen, daß gerade die Proteinbiosynthese außerordentlich komplex ist und vielfach kontrolliert wird. Die Hauptkosten fallen bei der Kontrolle an. Andererseits sei vermerkt, daß alle synthetischen Leistungen einer Zelle von der präzisen Funktion der Proteine (Enzyme) abhängen.

Biologische Forschung ist selten reine Grundlagenforschung im engsten Sinne. In der Regel war und ist sie mit der medizinischen Forschung verknüpft. Nachdem man sich bei *Escherichia coli* einigermaßen auskannte, stellte man sich die Frage, wie denn die Struktur und Funktion menschlicher Zellen beschaffen sei. Man erarbeitete Methoden, die es erlaubten, Zellen beliebiger Herkunft in Kultur zu nehmen und wie Mikroorganismen zu behandeln. Die Ergebnisse erwiesen sich für Tumorforschung, Virusforschung, Entwicklungsphysiologie und schließlich auch für die Evolutionsforschung gleichermaßen wichtig.

Komplexität

Je komplexer ein Organismus ist, desto mehr genetische Information enthält er. Kleine Viren enthalten 3 Gene, der Mensch 50.000. Die kürzlich entdeckten Viroide, über deren Herkunft und Funktion noch weitgehend Unklarheit herrscht (s. Kap. 46), bestehen aus einem Nukleinsäuremolekül (RNS) mit womöglich weniger Information als für ein Gen erforderlich wäre. DNS-Menge ist nicht mit genetischer Information gleichzusetzen. Die DNS der Eukaryonten (Organismen mit einem echten Zellkern) ist zu einem großen Teil aus repetitiven nicht informationstragenden Sequenzen aufgebaut. Es gibt zwar Vermutungen darüber, welche Bedeutung ihnen zukommt, eine endgültige Klärung steht aber noch aus (s. Kap. 6 und 10). Bei den Eukaryonten sind der Informationsspeicher (die DNS) und die ausführende Maschinerie (Proteinbiosynthese, Stoffwechsel) räumlich voneinander getrennt (Zellkern-Plasma). Das gleiche Konzept wird beim Bau und Betrieb von Computern realisiert.

Genetische Information ist mit einem Konstruktionsplan vergleichbar, doch gibt es auf der DNS auch Informationen, wie, wann und mit welcher Effizienz die Information einzusetzen ist. Je mehr Information vorhanden ist, desto schwieriger ist es, sie bei der Zellteilung gleichmäßig auf beide Tochterzellen aufzuteilen und sie in einer geordneten Weise zu nutzen. Daraus ist ableitbar, daß ein erheblicher Aufwand an Kontrolle betrieben werden muß, um einen geregelten Ablauf gewährleisten zu können. Kontrollprozesse sind an Spezifität gebunden und die wiederum erfordert die Mitwirkung von Proteinen. Wie die Wechselwirkung zwischen einem Protein und einer Nukleotidabfolge in einer DNS (oder RNS) aussieht, gehört zu den wichtigsten, heute immer noch nicht befriedigend gelösten Problemen der Molekularbiologie.

Gene werden, wie oben gesagt, in einer zeitlichen Hintereinanderfolge exprimiert. Das hat einmal zur Folge, daß irreversible Prozesse in Gang gesetzt werden und zum anderen, daß es zu einer Hierarchie der Ereignisse kommt.

Vielzellige Organismen nutzen ihre genetische Information in unterschiedlichen Zellen verschieden. Die Wechselwirkung der Zellen untereinander erfordert die Existenz spezifischer Signale an den Zelloberflächen, die eine andere Zelle als „selbst" oder „fremd" erkennen und damit eine Kooperation einleiten oder ausschließen. Die Entwicklung eines Vielzellers beruht auf einem sukzessiven Erwerb solcher Signale, und das wiederum beruht auf einem zeitlich gestaffelten Wechsel der Genexpression. Dabei geht es gar nicht einmal so sehr um die Ablösung eines genetischen Teilprogramms durch ein zweites, drittes usw., sondern vielmehr um eine Verschiebung von Gleichgewichten. Ein Gen oder eine Gruppe von Genen wird stärker exprimiert als vorher, während andere in ihrer Expressionsrate reduziert werden. Die Entwicklung (Ontogenese) eines Vielzellers kann daher als Realisation genetischer Programme angesehen werden, doch zeigen die Programme einen extrem hohen Grad an Flexibilität. Nur bei sehr primitiven ein- und vielzelligen Organismen läuft alles nach einem klar determinierten Schema ab. Das Bauchmark eines Nematoden (*Caenorhabditis elegans*) z.B. besteht aus 58 Neuronen (Nervenzellen). Während eines frühen Entwicklungsstadiums wird ein primitives Bauchmark aus 15 Neuronen angelegt. Während der darauffolgenden Stadien werden die noch fehlenden 43 Neuronen sukzessive eingeführt. Das Schicksal einer jeden Zelle ist dabei eindeutig vorherbestimmt. In einigen Fällen ist es sogar der programmierte Zelltod (s. Kap. 70). Dieses Beispiel weist außer auf die bereits erwähnte Hierarchie der Ereignisse darauf hin, daß bei einer Embryonalentwicklung mehrere (hier 2) Programme zum Zuge kommen, deren Produkte derart ineinandergeschachtelt werden, daß man im Nachhinein die Herkunft der Zellen nicht mehr zurückverfolgen kann. Die Entwicklung „höherer" Vielzeller ist plastischer. Einzelne Zellen können andere ersetzen. Die Entwicklung einer Organanlage geht nicht von einer Einzelzelle, sondern von einer Zellgruppe (einem Zellklon) aus. Umweltfaktoren greifen modulierend ein, verletzte Gewebe können (in Grenzen) regeneriert werden. Der schließlich fertige Organismus (sein Phänotyp) ist als ein Produkt aus Genotyp und Umwelteinflüssen während seiner Ontogenese anzusehen. Es genügt daher nicht, das Genom eines Individuums zu kennen, um alles über seine Entwicklung auszusagen, sondern man muß seine Geschichte kennen. Umweltreize können verarbeitet und gespeichert werden, und das wiederum kann auf den verschiedensten Ebenen der Organisationshierarchie einer Zelle oder eines Vielzellers geschehen. Zu den komplexesten Verarbeitungsmechanismen gehören bei tierischen Vielzellern das Immunsystem (s. Kap. 66–68) und das Nervensystem (s. Kap. 70). Speicherung und Verwendung extern gebotener Information wird als Lernen bezeichnet. Selektion gelernter Information als Intelligenz und Neukombination als Denken. Voraussetzung zum Lernen und zur Auswertung des Gelernten ist das Vorhandensein von genügend Speicherplatz (genügend große Anzahl von Neuronen). Die ungefähre Anzahl und die Verknüpfung der Neuronen untereinander ist (weitgehend) genetisch determiniert. Nicht festgelegt ist hingegen, was, wann und wie gelernt wird, und was man mit dem Gelernten anfangen kann. Man kann hier den Vergleich mit dem Schachspiel anbringen: Es gibt nur einige (allgemein bekannte) Regeln. Doch die Kenntnis allein genügt noch lange nicht, ein Schachspiel zu gewinnen. Die Zahl möglicher Spiele ist enorm hoch, und man muß lernen, die Züge seines Gegners vorherzusehen, um seine eigene Taktik auf die Strategie des anderen abzustimmen.

Molekularbiologie und Evolution

Die Molekularbiologie im engeren Sinne befaßt sich, wie im vorangegangenen Abschnitt dargelegt, mit der Speicherung und Expression genetischer Information. Je einfacher das Versuchsobjekt ist, an dem ein gestelltes Problem zu lösen ist, desto größer ist die Aussicht auf Erfolg.

Einen entgegengesetzten Weg geht man in der Evolutionsforschung. Man fragt sich, wie die genetischen Programme entstanden sind, die die Entwicklung einer *Escherichia coli*-Zelle, einer vielzelligen Pflanze oder eines vielzelligen Tieres determinieren. Fragen der Evolution lassen sich erst nach Erfassung einer Vielzahl von Daten klären. Man ist bemüht, diese in einem geordneten System unterzubringen. Man sucht nach Verwandtschaften und konstruiert Stammbäume. Diese Arbeitsrichtungen (Systematik und Abstammungslehre) führten zu der Aussage, daß es eine Evolution gegeben hat, sagen aber nur wenig darüber aus, wie sie im einzelnen ablief, warum einzelne Stammeslinien erfolgreicher als andere waren und weshalb die Evolutionsgeschwindigkeiten von Stammeslinie zu Stammeslinie variieren (immerhin um 5 Größenordnungen).

1949 wies Delbrück darauf hin, daß es in der Biologie – im Gegensatz zur Physik – keine absoluten Probleme gäbe, denn alle Erscheinungen sind zeit- und raumgebunden. Jedes Tier, jede Pflanze und jeder Mikroorganismus ist nichts anderes als ein Glied einer Evolutionskette sich wandelnder Formen, von denen keine eine bleibende Gültigkeit besitzt. Es gibt keine Struktur oder Funktion, die man völlig verstehen kann, solange man den geschichtlichen Hintergrund nicht mit in Betracht zieht.

Evolution beruht auf Veränderungen, doch nicht jede Veränderung ist mit einer Evolution gleichzusetzen. Ein Beispiel für „Nicht-Evolution" sind periodisch (zyklisch) wiederkehrende Ereignisse. Evolution ist gerichtet, doch die Richtung bedeutet nicht immer Fortschritt, denn vielfach ist es ein Weg ins Spezialistentum, und oftmals stellt das eine Sackgasse dar. Man schätzt, daß 99,9% aller Entwicklungslinien zum Aussterben der betreffenden Arten geführt haben. Die Wandlung beruht auf einem Wechsel von Allelhäufigkeiten im Genpool einer Population. Nicht Mutationen, sondern vielmehr Rekombinationen sind als die Quelle der Entstehung einer phänotypischen Vielfalt anzusehen. Da alle Organismen der Selektion durch ihre Umwelt ausgesetzt sind, stellt der Phänotyp in der Regel einen Kompromiß zwischen einander entgegengesetzten Umweltanforderungen dar.

E. Mayr postulierte 1954, daß die Unterbrechung des Genflusses (z.B. die Isolation einer kleinen Teilpopulation vom Rest der Population) eine entscheidende Ursache der Artbildung sei. In dieser Teilpopulation stellt sich ein anderes Verhältnis der Allele zueinander ein, als in der Gesamtpopulation. Die neue Konstellation führt zu einer Kettenreaktion. Bei Anwesenheit bestimmter Allele an einem Genort gewinnen bestimmte andere Allele an einem weiteren Genort einen Vorteil. Träger dieser Allele setzen sich durch. Mit der Zeit werden die Unterschiede zwischen solchen Individuen und den Nachkommen der ursprünglichen „Restpopulation" so groß, daß die Mitglieder der beiden Populationen einander nicht mehr erkennen und sich nicht mehr miteinander paaren, so daß wir von zwei Arten sprechen müssen.

DeVries und Bateson nahmen Anfang des Jahrhunderts an, Artbildung sei auf „Großmutationen" zurückzuführen. Nachdem man gelernt hatte, was genetische Information ist, daß ein Gen ein Protein determiniert und was Mutationen sind, hatte man diese Gedanken verworfen. Heute würde man vielleicht etwas vorsichtiger sein. Wir wissen inzwischen, daß das Umarrangieren genetischer Information einen entscheidenden Einfluß auf die Evolutionsgeschwindigkeit systematischer Gruppen hat. Evolutionär erfolgreiche Gruppen, wie die Vögel und die Säugetiere, sind durch eine hohe Variabilität der Chromosomenzahlen von Art zu Art gekennzeichnet (s. Kap. 6). Arten weniger erfolgreicher Gruppen, wie der Anuren (Frösche) haben alle nahezu die gleiche Chromosomenzahl. Dieser Befund macht deutlich, daß die Evolution nicht auf dem Erwerb neuer Gene und neuer Proteine beruht, sondern auf einer veränderten Steuerung von Genaktivitäten, die durch eine andersartige Zusammenstellung vorhandener Gene hervorgerufen wird (s. Kap. 17). Auch hierbei sind z.T. wenigstens Evolution und Embryonalentwicklung (Ontogenese)

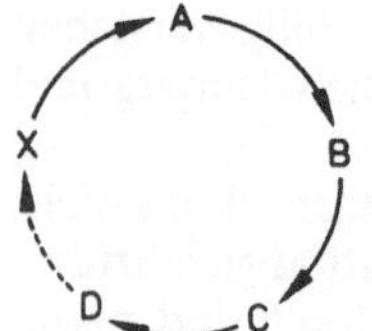

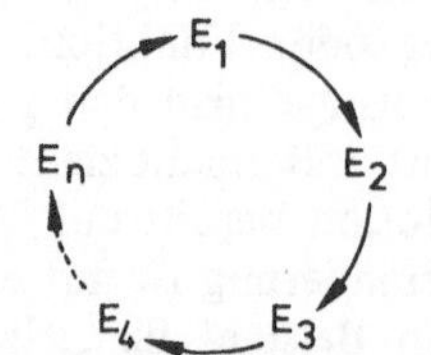

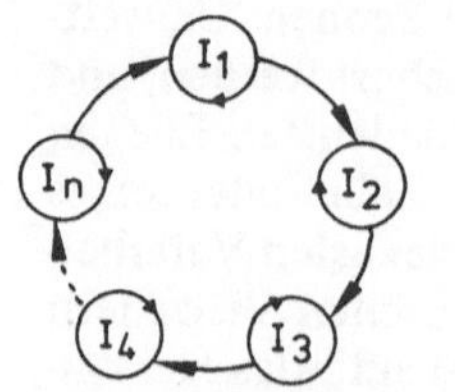

Abb. 1.1. Hierarchie zyklischer Reaktionsnetzwerke (chemische Transformation → katalytische Aktivität). *1* Katalysatoren (Enzyme, *E*) katalysieren aufeinanderfolgende Reaktionen (Beispiel: Citratzyklus). *2* Autokatalyse (selbstreplizierende Einheit). Ein Enzym katalysiert die Bildung eines zweiten Enzyms (E_2), das die Bildung eines dritten etc. E_n schließlich katalysiert die Bildung von E_1. Der Kreis wird damit geschlossen. *3* Katalytischer Hyperzyklus. Ein autokatalytischer Prozeß instruiert den Ablauf eines darauffolgenden. Der Gesamtablauf ist in sich wieder autokatalytisch (Eigen und Schuster, 1977)

miteinander vergleichbar. Wie im vorangegangenen Abschnitt dargelegt, kommt es auch bei der Embryonalentwicklung primär auf eine Verschiebung der relativen Expressionsraten der Gene an.

Was kennzeichnet ein lebendes System?

Jedes heute (und mit Sicherheit auch in früheren Zeiten existierende, lebende System enthält Proteine (als Katalysatoren) und Nukleinsäuren (als Informationsträger). M. Eigen (Max-Planck-Institut für Biophysikalische Chemie, Göttingen) fügte 1971 alle aus der Molekularbiologie stammenden Daten zusammen und entwickelte eine Evolutionshypothese, die die Entstehung des Lebens als einen *Selfassembly*-Prozeß beschreibt. Weder Proteine noch Nukleinsäuren allein können sich zu lebenden Systemen entwickeln. Erst die Wechselwirkung zwischen beiden Molekülklassen führt zu Eigenschaften, die wir einem lebenden System zuschreiben. Ein wesentliches Element der Interaktion besteht in der Instruktion zur Bildung neuer Moleküle und in der Kontrolle der Bildung von „richtigen". Hieraus folgt aber auch, daß es Wachstum und Vermehrung, sowie eine Selektion geben muß. Um dem Selektionsdruck widerstehen zu können, muß ein Mindestmaß an Stabilität vorhanden sein. Ein zyklischer Prozeß allein leistet das nicht. Erst die Zusammenschaltung mehrerer zyklischer Prozesse in einer spezifischen Art und Weise führt zur Stabilität. Es entsteht in „Hyperzyklus" (s. Abb. 1.1 und 1.2) und damit ein früher Vorläufer einer Zelle.

Eine Evolution kann es nur geben, wenn das System „Fehler" macht und wenn sich „Fehler" unter gegebenen Selektionsbedinungen als vorteilhaft erweisen. Die Fehlerrate hingegen darf nicht zu groß werden, denn die Mehrzahl der „Fehler" führt mit Sicherheit zu weniger lebensfähigen Formen, die das System über kurz oder lang zum Aussterben bringen würden.

Was können einfache Systeme leisten? Die genetische Information vieler kleiner Viren ist in Form einsträngiger RNS gespeichert. Sie enthält selten mehr als 5–7000 Nukleotide. Offensichtlich sind die Kontrollmechanismen der Replikation nicht effizient genug, um ein größeres RNS-Molekül fehlerfrei zu kopieren. DNS ist in der Regel doppelsträngig, und damit ist eine zusätzliche Kontrolle eingebaut. DNS-Replikations- und Reparaturmechanismen sind aufwendiger als RNS-Replikationsmechanismen. Es können somit auch größere Moleküle mehr oder weniger fehlerfrei verdoppelt werden. Doch auch hier gibt es Grenzen. Prokaryonten enthalten in ihrem Genom selten mehr als ca. 10^6 Basenpaare. Sie sind in der Regel haploid. Eukaryonten haben umfangreiche Genome, sind in der Regel diploid, und es gibt zusätzliche Mechanismen, die dafür sorgen, daß die Fehlerquote bei der Replikation auf ein Minimum reduziert wird (z.B. Aufteilung der Information auf mehrere Moleküle ≙ mehrere Chromosomen).

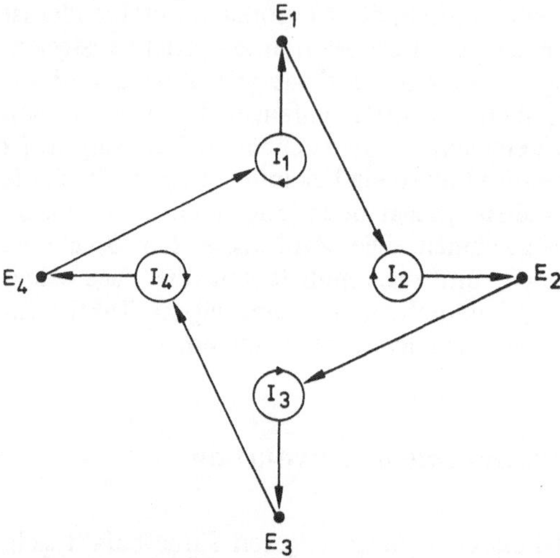

Abb. 1.2. Modell eines Hyperzyklus zweiter Ordnung. Der Informationsträger I_i instruiert zweierlei: Einmal seine eigene Replikation, zum anderen die Produktion von E_i. E_i wiederum katalysiert die Reproduktion des nachgeschaltenen Informationsträgers I_{i+1}. Der Ablauf der Reaktionskette ist gerichtet (Eigen und Schuster, 1977)

Was braucht man noch, um eine primitive Zelle zu erhalten?

a) eine Abgrenzung gegenüber der Umwelt,
b) einen Energiestoffwechsel.

Der Energiestoffwechsel entwickelte sich ebenfalls zu immer höherer Effizienz. Energie (chemische Energie, Lichtenergie) wird eingefangen und in Form kovalenter, chemischer Bindungen oder Konformationsänderungen großer Moleküle in der Zelle gespeichert. Schon frühzeitig entwickelten sich Elektronentransportketten und ein Zusammenspiel von Schwermetallionen (vor allem Fe), Nukleotiden und Phosphationen

$$X \sim P + Pi \rightleftharpoons X + P \sim P$$
$$X \sim P + ADP \rightleftharpoons X + ATP$$

Phosphor ist gegenüber anderen, in lebenden Systemen vorkommenden Elementen (C, S, N) dadurch ausgezeichnet, daß er unter physiologischen Bedingungen nicht reduzierbar ist.

Nachdem sich ein Mechanismus einmal bewährt hatte, wurde er nicht weiter verändert. Der Zustand wurde eingefroren. Die Natur ist außerordentlich konservativ, und Änderungen darf es allenfalls auf übergeordneten Ebenen geben. Wir haben schon gesehen, daß alle wichtigen Stoffwechselwege bei allen Organismen nahezu gleich sind. Spezialisierte Zellen eukaryotischer Zellen sind vor allen dadurch gekennzeichnet, daß die Gene für die meisten Enzyme reprimiert sind und die meisten Stoffwechselwege damit stillliegen. Ein vielzelliger Organismus kann nur dann existieren, wenn die daran beteiligten Zellen untereinander kooperieren und Informationen untereinander austauschen. Wir wissen inzwischen, daß die Membranen dabei eine außerordentlich wichtige Schlüsselrolle einnehmen, sei es, daß sie benachbarte Zellen als etwas eigenes oder fremdes erkennen, oder Signale wahrnehmen, sie verstärken und ins Zellinnere weiterleiten oder verwerfen. Je komplexer ein Organismus ist, desto aufwendiger sind auch diese Interaktionen. Ergebnisse aus der klassischen Biologie haben uns einen relativ guten Überblick über Abstammungsverhältnisse von Tieren und Pflanzen gegeben. Einsatz molekularbiologischer Daten erlaubt es, auch dort noch Abstammungsverhältnisse zu analysieren, wo wir mit konventionellen Methoden nicht weiterkommen (s. Abb. 1.3).

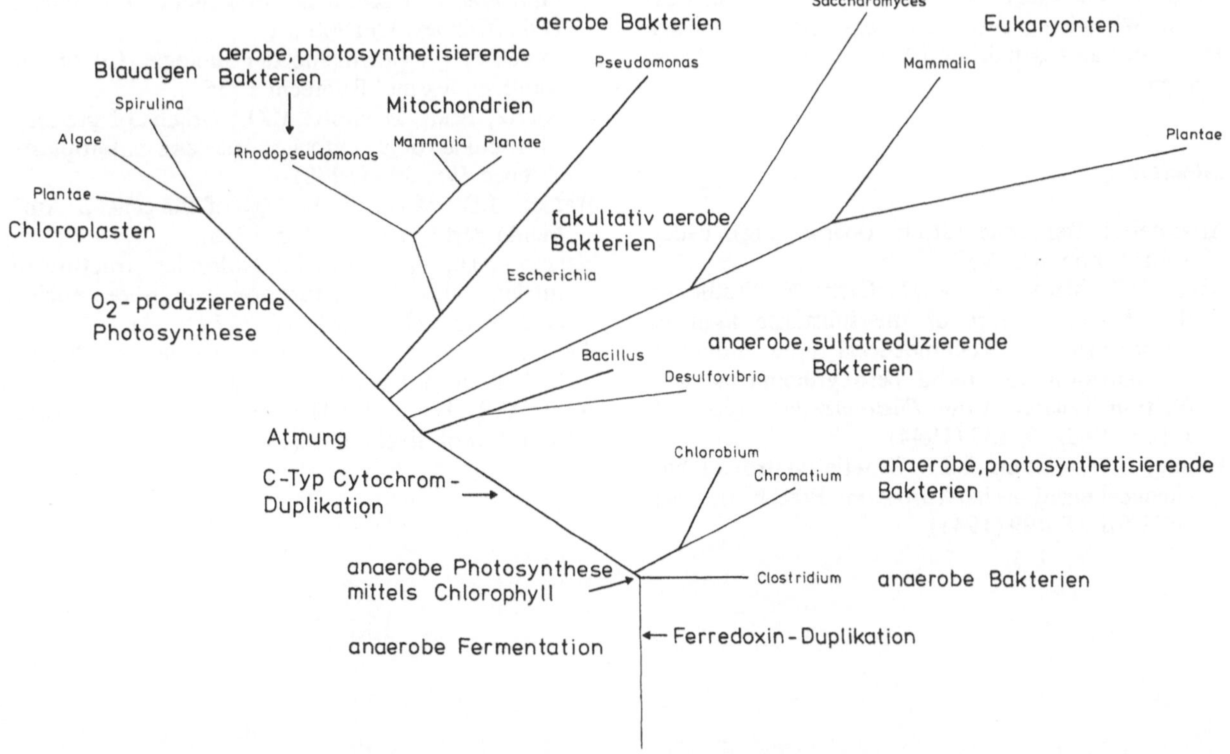

Abb. 1.3. Evolution der Chloroplasten, Mitochondrien, aeroben und anaeroben Bakterien, sowie der eukaryotischen Zellen. Der Stammbaum beruht ausschließlich auf der Auswertung molekularbiologischer Daten (Einzelheiten der Methodik, s. Kap. 15–17). Ferredoxin ist ein „altes" eisenbindendes Protein, das bei allen Organismen vorkommt. Cytochrom c ist ein Protein, das an der Atmungskette beteiligt ist. Es kommt bei allen aerob lebenden Organismen vor. Die 5S rRNS ist eine Komponente der Ribosomen, die ebenfalls bei allen Organismen und in Chloroplasten und Mitochondrien vorkommt. Die genannten Proteine und die 5S rRNS sind essentielle Komponenten lebender Zellen. Sie unterscheiden sich in ihrer Struktur jedoch mehr oder weniger von Organismengruppe zu Organismengruppe. Die Unterschiede können als Marker der Veränderung der genetischen Information während der Evolution verwendet werden. Durch Vergleich können Verwandtschaftsbeziehungen ermittelt werden. Zusammengefaßt erhält man den oben dargestellten Stammbaum Der hohe Verwandtschaftsgrad zwischen den Nukleotidsequenzen in den Organellen und in Bakterien ist eine starke Stütze für die Endosymbiontenhypothese (s. S. 10) (Schwartz und Dayhoff, 1978)

Zwischen Eu- und Prokaryonten liegt ein scheinbar unüberbrückbarer Sprung in der Evolution. Eukaryotische Zellen sind groß und enthalten Mitochondrien (pflanzliche Zellen auch Chloroplasten). Man nimmt an, daß diese Organellen aus Endosymbionten hervorgegangen sind. Viele Angaben sprechen dafür, manches scheint dagegen zu sprechen.

Organellen sind, z.T. wenigstens, genetisch autonom. Ihr Genom kooperiert mit dem Kerngenom. In den letzten Jahren hatte man entdeckt, daß es springende Gene gibt, daß also eine genetische Information ihre Position im Genom wechselt. Diese Erscheinung mag als Erklärung für manche Befunde herangezogen werden, die sich klassischen Erklärungsmöglichkeiten entziehen. Unser Wissen über molekulare Prozesse in der Zelle ist immer umfangreicher geworden. In den folgenden Kapiteln kann deshalb nur ein kleiner Ausschnitt aller bekannten Daten präsentiert werden. Wie jedes Lehrbuch ist auch dieses – trotz seines Umfangs – nur eine „Einführung". Es sind noch zu viele Fragen offen, um ein abgerundetes Bild geben zu können. Viele der Probleme sind mit den uns heute bekannten Methoden lösbar. Es ist also oft lediglich eine Frage der Zeit, bis wir die Antwort haben. Wir wissen aber nicht, was uns die nächsten Jahre noch an zusätzlichen Überraschungen bescheren werden.

Literatur

Aristoteles: Tierkunde (dtsch. Übersetzung). Paderborn: Schöningh 1957

Avery, O.T., MacLeod, C.M., McCarty, M.: Studies on the chemical nature of the substance inducing transformation of Pneumococcal types: Induction of transformation by a desoxyribonucleic acid fraction isolated from *Pneumococcus* type III. J. Exp. Med. *79*, 137 (1944)

Beadle, G.W., Tatum, E.L.: Genetic control of biochemical reactions in *Neurospora*. Proc. Natl. Acad. Sci. USA *27*, 499 (1941)

Darwin, C.: The origin of species by means of natural selection or the preservation of favoured races in the struggle of life (1859). Deutsch: Die Entstehung der Arten. Stuttgart: Reclam 3071–3080, 1976

Eigen, M.: Selforganization of matter and the evolution of biological macromolecules. Naturwissenschaften *58*, 465 (1971)

Eigen, M., Schuster, P.: The Hypercycle. Naturwissenschaften *64*, 541 (1977)

Eigen, M., Schuster, P.: The Hypercycle. Naturwissenschaften *65*, 341 (1978)

Haeckel, E.: Natürliche Schöpfungsgeschichte (1868). 11. Aufl. Berlin: Reimer 1909

Horowitz, N.H.: The one gene–one enzyme hypothesis. Genetics *33*, 612 (1948)

Jacob, F.: Evolution and tinkering. Science *196*, 1161 (1977)

Mägdefrau, K.: Geschichte der Botanik. Stuttgart: Gustav Fischer 1973

Mayr, E.: Evolution und die Vielfalt des Lebens. Berlin, Heidelberg, New York: Springer 1979

Mendel, G.: Versuche über Pflanzenhybriden. Brünn: Verhandlungen des naturforschenden Vereins, 1866. Photomech. Nachdruck. Weinheim: Engelmann, H.R. (Cramer, J.) 1960

Schmucker, T.: Geschichte der Biologie. Göttingen: Vandenhoek und Ruprecht 1936

Schwartz, R.M., Dayhoff, M.O.: Origins of prokaryotes, eukaryotes, mitochondria, and chloroplasts. Science *199*, 395 (1978)

Watson, J.D.: Molecular biology of the gene, 3. Aufl. Menlo Park: Benjamin Inc. 1975

Watson, J.D., Crick, F.H.C.: Molecular structure of nucleic acids. A structure for deoxyribose nucleic acid. Nature (London) *171*, 737 (1953)

Weismann, A.: Vorträge über Deszendenztheorie, 2. Aufl. Jena: Gustav Fischer 1904

Woese, C.R., Fox, G.E.: The concept of cellular evolution. J. Mol. Evol. *10*, 1 (1977)

Elektronenmikroskopische Aufnahme des ausgespreiteten Genoms von *Escherichia coli*. Das Nukleinsäuremolekül ist zu einer Vielzahl gleichmäßiger strukturierter Schlaufen gefaltet (s. dazu Kap. 2). An einigen Stellen sind laterale (seitlich am Strang hängende) RNS-Fibrillen (Transkriptionsprodukte) erkennbar. (Aufn. H. Delius, 1974) ▶

Nukleinsäuren

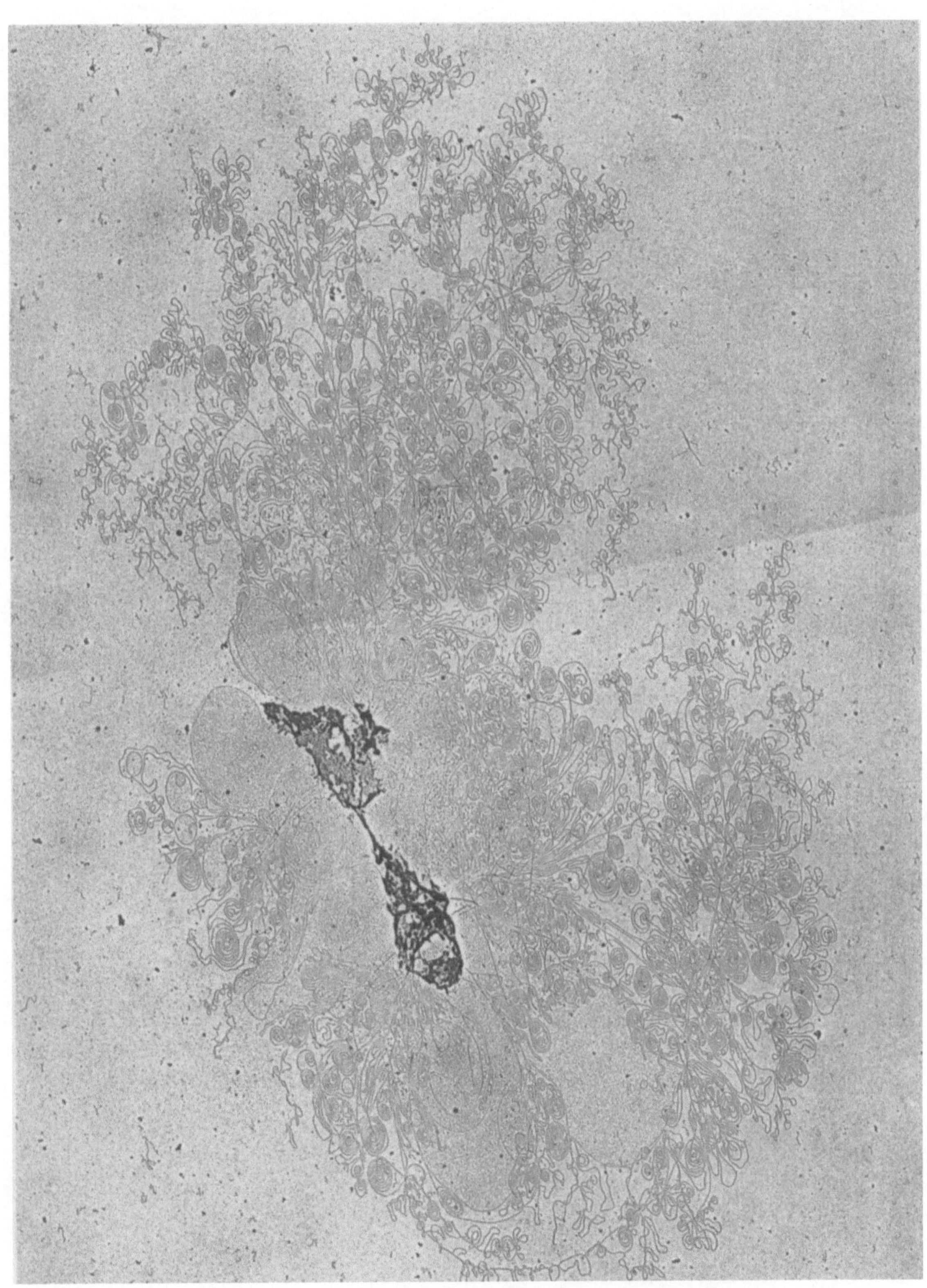

2. Struktur von Nukleinsäuren

Dieses einleitende Kapitel ist nur ein kurzer Abriß und Überblick über die Probleme der Nukleinsäureforschung. Viele der hier angeschnittenen Themen werden in späteren Kapiteln ausführlicher behandelt.

DNS, Träger genetischer Information

Desoxyribonukleinsäure (DNS oder DNA) ist Träger genetischer Information, doch nicht jede Nukleotidabfolge in einem DNS-Molekül ist mit genetischer Information gleichzusetzen. Vor allem die DNS aus eukaryotischen Zellen (Zellen mit echtem Zellkern) enthält Abschnitte, die keine genetische Information tragen (s. Kap. 6), wobei wir heute noch nicht mit Bestimmtheit sagen können, welche Bedeutung ihnen zukommt. DNS enthält außerdem eine Vielzahl von sog. Signalsequenzen, also Start- und Stopsignalen für die Replikation (s. Kap. 8), die Transkription (s. Kap. 9 und 10) und die Translation (s. Kap. 38). Darüberhinaus gibt es Bindungsstellen für spezifische, aktivierende und reprimierende Regulatormoleküle (s. Kap. 19) und schließlich modifizierte Bereiche, die das Molekül vor einem Abbau durch Nukleasen schützen. Landläufig gilt die Meinung, ein Gen enthalte die Information zur Bildung eines Enzyms (Proteins). Wie wir später noch sehen werden, ist das eine Vereinfachung, denn man weiß mittlerweile, daß z.B. einige Viren ihr Genom mehrfach nutzen und daß einige Gene der Eukaryonten auf mehrere DNS-Abschnitte verteilt sind.

Watson und Crick stellten 1953 ihr Modell der DNS-Doppelhelix vor, womit das Problem der Struktur zunächst einmal geklärt zu sein schien. Das wiederum stimmt auch nur zum Teil. Eine Reihe von Parametern sind zu berücksichtigen, um ein DNS-Molekül eindeutig zu charakterisieren. Da wäre zunächst einmal das Molekulargewicht, dann die Frage nach der Basenzusammensetzung (s. Kap. 3) und der Sequenz der Basen (s. Kap. 4). Schließlich wäre zu fragen, ob die DNS als Doppelstrang oder als Einzelstrang vorliegt, ob in Form eines linearen oder in Form eines ringförmigen Moleküls (s. Tabelle 1).

Einzelstrang-DNS findet man im Genom einiger Viren (Φ X 174, fd u.a.). Ringförmige DNS-Moleküle sind weit verbreitet. Man findet sie bei vielen Viren und Prokaryonten, dann in Organellen (Mitochondrien, Chloroplasten, s. Kap. 43 und 44) und im Kern von Eukaryonten (amplifizierte DNS, s. Kap. 42; 2 μm DNS, s. Kap. 11). Ringförmige Moleküle sind im allgemeinen verdrillt. Die Helices (Schrauben) sind um sich selbst gewunden und bilden damit eine Superhelix, einen *Supertwist* (s. Abb. 2.1) aus. Diese Superhelix kann durch Spaltung eines der beiden Stränge in die

Tabelle 1. Größe und Konformation von DNS. (Aus Adams et al., 1976)

Herkunft	Mol.-Gewicht	Länge	Anzahl der Nukleotidpaare	Konformation
Escherichia coli (= E. coli)	$1{,}9 \times 10^9$	1 mm	3×10^6	ringförmig, Doppelstrang
Haemophilus influenzae	8×10^8	300 μm	$1{,}2 \times 10^6$	ringförmig, Doppelstrang
Mycoplasma PPLO, Stamm H-39	4×10^8	150 μm	6×10^5	ringförmig, Doppelstrang
Bakteriophage T4	$1{,}3 \times 10^8$	50 μm	2×10^5	linear, Doppelstrang
Bakteriophage λ	$3{,}3 \times 10^7$	13 μm	5×10^4	linear, Doppelstrang
Bakteriophage ΦX174	$1{,}6 \times 10^6$	0,6 μm	– [a]	ringförmig, Einzelstrang
Polyomavirus	3×10^6	1,1 μm	$4{,}6 \times 10^4$	ringförmig, Doppelstrang
mitochondriale DNS (Maus)	$9{,}5 \times 10^6$	5 μm	$1{,}4 \times 10^4$	ringförmig, Doppelstrang
Drosophila melanogaster	$4{,}3 \times 10^{10}$	2 cm	$6{,}5 \times 10^7$	linear, Doppelstrang

Umrechnungsfaktoren:
Molekulargewicht eines Basenpaares: 650.
1 μm DNS ≙ 3000 Basenpaare (MG: $\sim 1{,}9 \times 10^6$).

a Beim Einzelstrang darf man nicht von Nukleotidpaaren sprechen. Das Molekül enthält 5386 Nukleotide.

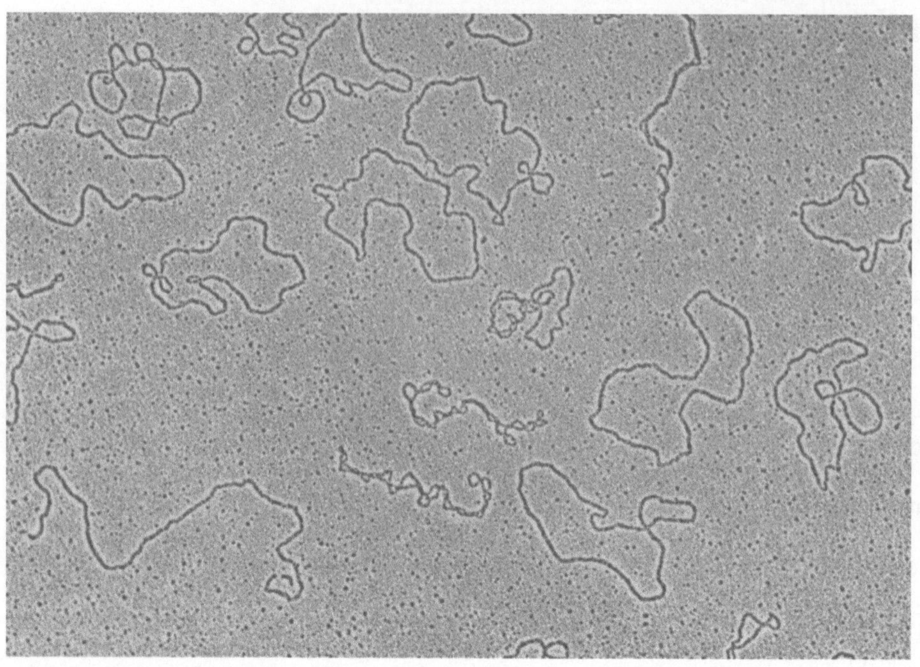

Abb. 2.1. DNS eines Plasmids * (Bezeichnung dieses Plasmids: pML21, Molekulargewicht 7,42 x 10^6, = 11 200 Basenpaare, Länge 3,6 μm). Es sind neben einer Reihe ringförmiger (zirkularer) Moleküle superhelicale Moleküle (drei vollständig, eines teilweise abgebildet), sowie ein linearisiertes Molekül zu sehen. Ringschluß eines DNS-Moleküls führt zwangsläufig zu einer Verdrillung der DNS-Doppelhelix um sich selbst. Es entsteht somit eine Superhelix. „Offene", ringförmige Moleküle entstehen durch einen Einzelstrangbruch. Vergrößerung: 24 900fach. (Aufn. Stüber, Heidelberg, 1979)

* Weiteres über Plasmide s. Kap. 11.

offene (*relaxed*) Form überführt werden. Das Öffnen des Ringes ist ein unabdingbarer Schritt bei der Replikation.

Die beiden Polynukleotidstränge im Watson-Crickschen Doppelstrangmodell liegen antiparallel und sind in Form einer rechtshändigen Schraube umeinandergewunden. Ohne Entwindung sind sie nicht voneinander zu trennen (plektonämische Helix). Sie werden durch Wasserstoffbrücken zusammengehalten, wobei zwischen den Basen G (Guanin) und C (Cytosin) drei und zwischen A (Adenin) und T (Thymin) zwei Brükken ausgebildet sind. Die Stabilität der Doppelhelixstruktur beruht jedoch weniger auf diesen Bindungen, als vielmehr auf Interaktionen von π-Elektronen, die zwischen den parallel übereinander gestapelten Basenpaaren auftreten. Man spricht hier von *Stacking energy* (Stapelenergie) (Eigen und Pörschke, 1970).

Die Oberfläche des DNS-Moleküls weist zwei schaubig strukturierte Rillen (Furchen), eine große und eine kleine auf (s. Abb. 2.2a). Das kommt daher, daß zwar die Basenpaare, aber nicht die jeweiligen Zucker- und Phosphatreste, mit denen die Basen verknüpft sind, einander direkt gegenüberstehen. DNS kann in drei verschiedenen Konformationen (A, B und C) vorliegen. Die B-Form, so wie wir sie im Watson-Crick-Modell repräsentiert sehen, ist die häufigste und die in wässrigem Medium genügender Ionenstärke stabilste Konformation. Ihr wesentliches Merkmal: Die Basenpaare stehen senkrecht zur Molekülachse.

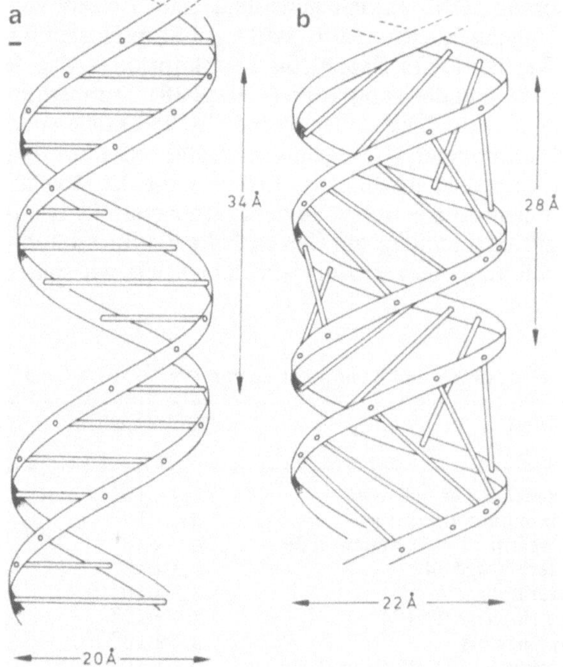

Abb. 2.2 a und b. DNS-Doppelhelices: **a** B-Konformation (Watson-Crick-Modell) (Watson und Crick, 1953), **b** A-Konformation (nach Fuller et al., 1965; aus Harbers et al., 1968)

Daneben wird die A-Form gefunden. Sie unterscheidet sich von der B-Form durch die Neigung der Basenpaare gegen die Molekülachse (70°), die Ganghöhe der Helix und die Anzahl der Basen pro Windung (s. Abb. 2.2b). Die A-Konformation scheint bei RNS-Doppelhelices, sowie bei DNS-RNS-Hybriden vorherrschend zu sein, da die zusätzliche Hydroxylgruppe am C2′ des Riboserests im RNS-Molekül die Ausbildung einer B-Konformation verhindert.

Lineare DNS liegt in der Zelle nie in gestreckter Form vor, so wie man es vielleicht nach Betrachtung elektronenmikroskopischer Bilder vermuten würde, sondern stets in einer mehr oder minder geknäulten oder gefalteten Form. Dieser Zustand ist thermodynamisch günstig und schützt das Molekül weitgehend vor Abbauprozessen. Um DNS elektronenmikroskopisch als lineares Molekül abzubilden, muß man es vorbehandeln. Kleinschmidt et al. entwickelten dazu 1959 ein Verfahren, bei dem die Moleküle auf dem Objektträger unter Mitwirkung eines Proteinfilms gestreckt werden. 1974 gelang es Delius und Worcel mit Hilfe dieser Technik, das intakte DNS-Molekül aus *Escherichia coli* abzubilden (s. Titelbild dieses Abschnittes, S. 11).

Das Molekül enthält Anteile mit einer Superhelix-Konformation (*supercoil, supertwist*). Es ist zu 12–80 Schleifen gefaltet und an der Membran fixiert. Außer der DNS sind im Bild zahlreiche mehr oder weniger lange RNS-Moleküle zu erkennen, die als Transkriptionsprodukte z.T. noch an die DNS gebunden sind und die zusammen mit Proteinen für das Zustandekommen einer Faltung des Moleküls zu einer Anzahl wohldefinierter Schlaufen sorgen (Worcel und Burgi, 1972; s.a. Abb. 2.3). Eine DNS-Helix wurde lange Zeit für eine starre, unveränderliche Struktur gehalten. Heute weiß man, daß das nicht zutrifft und daß das Molekül eine dynamische, modifizierbare Struktur ist. Replikation und Transkription sind Prozesse, bei denen die Wasserstoffbrücken vorübergehend gelöst werden. Man spricht dabei von Schmelzen.

Elektronenmikroskopisch sind geschmolzene Bereiche als Gabeln oder als Blasen auszumachen (s. Abb. 6.8). Doppelstrang-DNS ist starrer als Einzelstrang-DNS. In den Blasen ist die DNS einsträngig und elektronenmikroskopisch somit als reine relativ flexible Struktur auszumachen.

In den letzten Jahren wurde immer deutlicher, daß es „springende Gene" (*jumping genes*) gibt, also DNS-Abschnitte, die an einer Stelle im Genom ausgebaut und an eine andere Stelle verpflanzt werden (s. Kap. 13). Der Ein- und Ausbau wird durch spezifische Proteine kontrolliert, und diese Proteine ihrerseits müssen spezifische Sequenzabschnitte in der DNS erkennen können. In diesem Zusammenhang ist das Vorkommen der sog. Palindrome in der DNS von Interesse, welche wiederum auf dem Vorkommen von *inverted repeats* beruhen. Das sind Nukleotidsequenzen, die sich in sich selbst auffalten und eine Haarnadelstruktur (ein Palindrom) ausbilden (s. Abb. 2.4). Sie besitzen demnach eine zweifache Rotationssymmetrie und können daher in beiden Richtungen in gleicher Weise gelesen werden.

Kurze Palindrome sind weitverbreitet, sie sind u.a. Erkennungsbereiche für Restriktionsenzyme (s. Kap. 20) und viele Regulatorproteine (s. Kap. 19). Lange Palindrome, die 300–1200 Nukleotidpaare enthalten, sind bisher nur bei Eurkaryonten-DNS (*Drosophila, Xenopus,* Mensch) nachgewiesen worden.

Katenane (Kettenstrukturen) (s. Abb. 44.2). Ineinander verkettete, ringförmige DNS-Moleküle sind bei einigen Viren (SV 40, Φ X 174) sowie bei der ringförmigen,

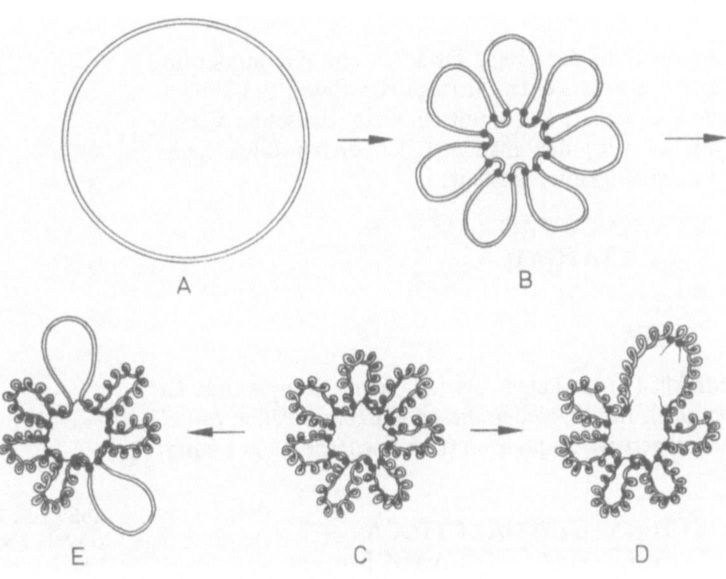

Abb. 2.3 A–D. Modell eines kondensierten, bakteriellen Chromosoms. Die Stadien A–C veranschaulichen den Kondensationsprozeß unter Mitwirkung von Protein und RNS. Der Doppelstrang in A liegt in einer entspannten (*relaxed*) Konformation vor. Dieser Zustand setzt mindestens einen Einzelstrangbruch (*nick*) voraus. Durch DNase-Behandlung (Einführung von *nicks*) kann kondensierte DNS partiell entspannt werden (E), ebenso kann der Grad der Faltung durch RNase-Behandlung herabgesetzt werden (D) (Pettijohn und Hecht, 1973; die Daten bestätigen das Modell von Worcel und Burgi, 1972)

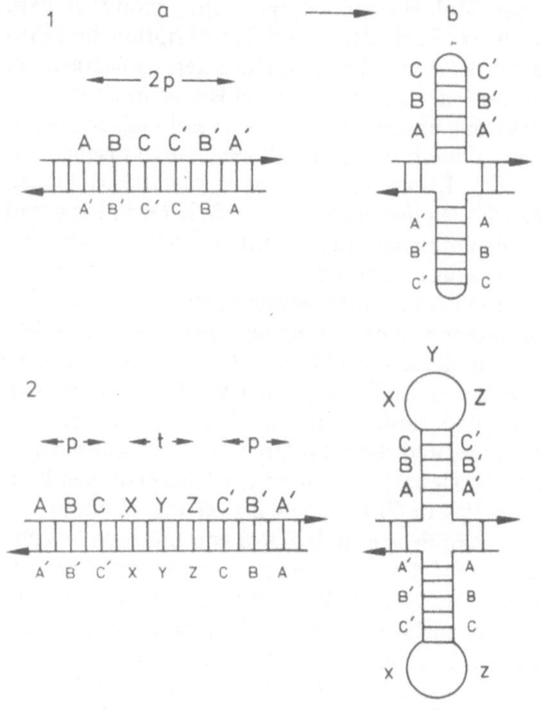

Abb. 2.4 a und b. Zwei Typen invertierter Repetitionseinheiten. Jede besteht aus *2p* Nukleotiden, die durch Wasserstoffbrücken miteinander verknüpft sein müssen, um ein Palindrom (b) auszubilden. Bei *1* sind die Einheiten nicht durch nichtrepetitive Sequenzbereiche voneinander getrennt. Bei *2* ist das der Fall (*X, Y, Z*). Die Sequenz ist *t* Nukleotide lang (*t = turn around sequenz* = Biegung). Man beachte, daß in beiden Fällen am Scheitel des Palindroms einige Basen ungepaart bleiben (Hamer und Thomas, 1974)

mitochondrialen DNS gefunden worden. Ihre Bedeutung ist keineswegs klar, und es ist sogar denkbar, daß es sich, zumindest in vielen Fällen, um Artefakte handelt, die bei einem fehlerhaften Replikationsprozeß entstehen.

Komplexität der DNS. DNS ist ein Polynukleotid, besteht also aus einer Abfolge von Basen. Im simpelsten Fall haben wir es mit einer statitistischen Verteilung zu tun, der man auf den ersten Blick keine Gesetzmäßigkeiten ansieht:

1. CTTCGATACTAG
   GAAGCTATGATC

2. CAGAT
   GTCTA

Molekül (1) ist länger als (2), seine Komplexität ist demnach höher. Neben diesen einfachen Fällen findet man repetitive Sequenzen (sich wiederholende Einheiten):

3. CTTCGA CTTCGA CTTCGA
   GAAGCT GAAGCT GAAGCT

Dann, repetitive Sequenzen, die von singulären unterbrochen werden.

4. CTTCGA ATGCA CTTCGA CTTCGA
   GAAGCT TACGT GAAGCT GAAGCT

Ferner verschiedene Typen repetitiver Sequenzen, die sich mit singulären abwechseln:

5. CTTCGA CTTCGA AGCAT TTGCA TTGCA
   GAAGCT GAAGCT TCGTA AACGT AACGA

Außerdem *inverted repeats* (invers repetitiv angeordnete Abschnitte):

6. CTTCGA TCGAAG
   GAAGCT AGCTTC

sowie *inverted repeats*, die durch singuläre Abschnitte unterbrochen sind:

7. CTTCG AAGCAG CGAAG
   GAAGC TTCGTC GCTTC

Die sich wiederholenden Einheiten (Reiterationseinheiten, repetitive Einheiten) können unterschiedlich lang sein. Die Komplexität eines DNS-Moleküls ist durch Denaturierungs- und Renaturierungsexperimente analysierbar. Beim Erhitzen schmilzt DNS (→ Denaturierung), wobei die Wasserstoffbrücken zwischen den Basenpaaren in der Doppelhelix gespalten werden. Die Stabilität der Doppelhelix wird, wie schon gesagt, weniger durch die Anzahl der Wasserstoffbrücken, als vielmehr von der Stapelenergie bestimmt, die zwischen GC-Paaren $\genfrac{}{}{0pt}{}{\text{GpC}}{\text{CpG}}$ oder umgekehrt am höchsten, zwischen $\genfrac{}{}{0pt}{}{\text{GpA}}{\text{CpT}}$ geringer und zwischen $\genfrac{}{}{0pt}{}{\text{ApT}}{\text{TpA}}$ am geringsten ist.

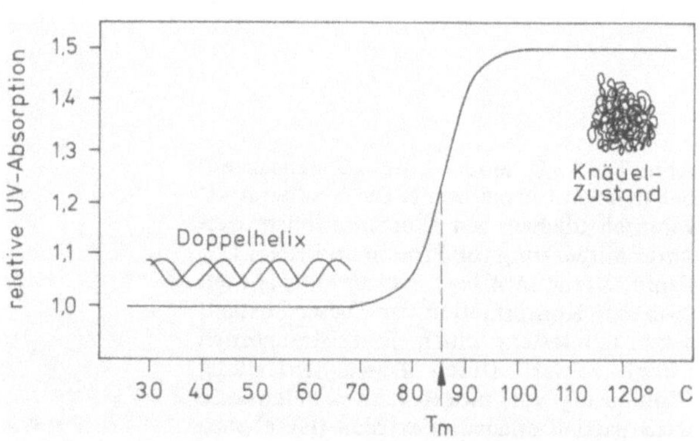

Abb. 2.5. Denaturierung von Kalbsthymus-DNS (= Schmelzkurve). T_m = Schmelztemperatur. (Nach Marmur und Doty, 1962)

Daher ist der Schmelzpunkt eines DNS-Moleküls seinem GC-Gehalt direkt proportional. Der Schmelzvorgang (= Übergang des Doppelstrangs in Einzelstränge) vollzieht sich innerhalb eines mehr oder weniger weiten Temperaturbereiches (s. Abb. 2.5). Der Wendepunkt der Schmelzkurve wird als T_m-Wert bezeichnet. Bei dieser Temperatur ist die Hälfte aller Basenpaare aufgelöst.

Wie aus der Abb. 2.5 hervorgeht, ist der Schmelzprozeß photometrisch leicht zu verfolgen, da die im Doppelstrang mit einer Versetzung von 36° gestapelten Basenpaare weniger UV-Licht absorbieren als die mehr statistisch angeordneten Basen im einsträngigen Knäuel. Denaturierte DNS kann wieder renaturieren (P. Doty, J. Marmur, J. Eigner, C. Schildkraut, 1957).

Die Renaturierungsgeschwindigkeit hängt entscheidend von den Konzentrationen der verschiedenen DNS-Sequenzen in der Lösung ab. Gibt man z.B. zu einer denaturierten *E. coli*-DNS die gleiche Menge an denaturierter Mäuse-DNS, steigt zwar die Konzentration der DNS in Lösung an, doch gleichzeitig auch die Komplexität des Gemisches, denn die Konzentration komplementärer *E. coli*-DNS-Sequenzen wird bei dem Versuch nicht verändert.

Welche Kinetiken erhält man bei einer solchen Untersuchung? Die Reaktionsgeschwindigkeit RG kann durch folgende Beziehung wiedergegeben werden:

$$RG = -\frac{dc}{dt} = k \cdot c^2$$

c ist dabei die Konzentration von Einzelsträngen in der Lösung und k die Renaturierungskonstante. Umgeformt geschrieben lautet die Gleichung:

$$-\frac{dc}{c^2} = k\,dt$$

und integriert:

$$\int_c^{c_o} c^{-2}\,dc = \int_t^{o} k\,dt$$

mit Grenzen bei:

$$t = o;\ c = c_o$$
$$t = t.\ c = c$$

(c_o ist die Konzentration der Einzelstränge zum Zeitpunkt t = o).
Dann ist:

$$\frac{1}{c} - \frac{1}{c_o} = kt.$$

Mit c_o multipliziert ergibt sich:

$$\frac{c_o}{c} = 1 + kt \cdot c_o$$

und in reziproker Schreibweise:

$$\frac{c}{c_o} = \frac{1}{1 + kc_o t}\ .$$

In dieser Form lassen sich experimentelle Werte sinnvoll darstellen (*$c_o t$-plot*, s. Abb. 2.6).

Wird $c = \frac{1}{2}\,c_o$, kommt man zu:

$$\frac{1}{2} = \frac{1}{1 + kc_o t}$$

und daraus wiederum zu:

$$kc_o t = 1,$$

folglich ist:

$$k = \frac{1}{c_o t}.$$

Man kann also aus dem Wert für t, bei dem 50% der Einzelstränge renaturiert sind, die Renaturierungsgeschwindigkeit und damit die Renaturierungskonstante (k) bestimmen. Für die DNS von *E. coli* beobachtet man unter Standardbedingungen (0,18 M Na^+, 60°C):

$$k = 0{,}25\ m^{-1}\ sec^{-1}$$

M symbolisiert dabei die Molarität an Basenpaaren (!). Das *E. coli*-Genom umfaßt 3 x 10^6 Basenpaare, die Geschwindigkeitskonstante für die Gesamtheit des Genoms (M ausgedrückt in 3 x 10^6 Basenpaaren als Einheit) ergibt sich damit zu:

$$k = 0{,}75 \times 10^6\ M^{-1}\ sec^{-1}.$$

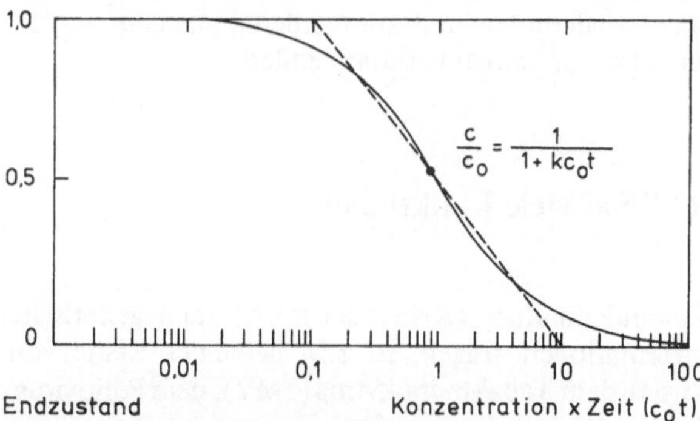

Abb. 2.6. Darstellung einer idealen Kinetik zweiter Ordnung zur Erklärung der Renaturierung von DNS (*$c_o t$-plot*). Durch die Gleichung wird der Anteil einsträngiger DNS zu jedem beliebigen Zeitpunkt beschrieben (Britten und Kohne, 1968)

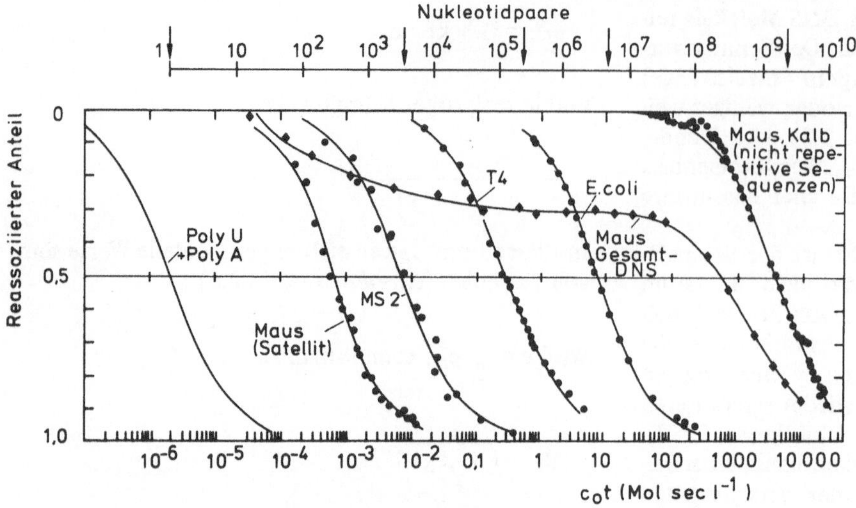

Abb. 2.7. Reassoziationskinetiken geschmolzener DNS unterschiedlicher Herkunft. Die Abbildung veranschaulicht die Abhängigkeit des c_0t-Wertes von der Komplexität des Genoms (ausgedrückt durch die Anzahl der Basenpaare). Eukaryotische DNS gibt eine Zweistufenreassoziationskinetik (mehr darüber s. Kap. 6) (Britten und Kohne, 1968)

Dieser Wert ist bei unbekanntem Material ein häufig verwendeter Bezugswert zur Ermittlung der Genomgröße durch die Renaturierung. Der große Vorteil dieser Methode liegt darin, daß man nicht auf DNS-Moleküle in ihrer vollen Länge angewiesen ist, sondern mit Fragmenten arbeiten kann. Wir werden in Kapitel 3 noch sehen, daß es sehr schwer ist, lange, intakte DNS-Moleküle zu isolieren. Zwei Stränge in intakter Form fordern *einen* Nukleationsprozeß zur Renaturierung. Die Rückbildung der Helix nach der Nukleation (Erkennung) ist so rasch, daß sie kinetisch nicht in Erscheinung tritt. Wird das Genom geschnitten, bleibt die Konzentration an zueinander passenden Sequenzen gleich, und damit bleibt auch die Reaktionsgeschwindigkeit die gleiche. Die Sequenzkonzentration bestimmt daher die Häufigkeit erfolgreicher Nukleationsprozesse. Für Genome unterschiedlicher Größen erhält man klar voneinander unterscheidbare Kinetiken (s. Abb. 2.7). Die Analysen von DNS aus Eukaryonten ergaben, daß sie aus (mindestens) zwei Fraktionen besteht: einer schnell renaturierenden und einer langsam renaturierenden. Wir wir später (Kap. 6) noch sehen werden, bestehen Eukaryontengenome nämlich grundsätzlich einmal aus sog. repetitiven Sequenzen, also Abschnitten, die sich viele Male wiederholen und zum anderen aus den singulären, also nur einmal vorkommenden.

RNS hat viele Funktionen

Ribonukleinsäure (RNS oder RNA) kann genetische Informationen tragen, so z.B. bei einer Reihe von Viren: dem Tabakmosaikvirus (TMV), dem Poliovirus, dem Influenzavirus, vielen Tumorviren und einer Reihe kleiner Bakteriophagen wie Qβ, R17, fr, MS2 u.a. In allen genannten Beispielen liegt sie als Einzelstrang vor, lediglich während des Replikationsprozesses wird ein kurzlebiger, komplementärer Strang gebildet, und nur aus solchen Stadien sind doppelsträngige Intermediärprodukte isolierbar (mehr darüber s. Kap. 46). Einige wenige Viren, wie z.B. das Wundtumorvirus, enthalten doppelsträngige RNS. Diese liegt stets in der A-Form oder in Formen, die ihr sehr ähnlich sehen, vor.

Jede Zelle enthält RNS, die man aufgrund ihrer Funktion und ihrer Struktur verschiedenen Klassen zuordnen kann.

a) mRNS (messenger RNS),
   hn RNS (heterogene RNS),
b) rRNS (ribosomale RNS),
c) tRNS (transfer RNS).

Zelluläre RNS entsteht stets als primäres Transkriptionsprodukt, d.h. die Information zu ihrer Bildung wird von der DNS abgeschrieben. Nach der Transkription wird die RNS einem umfangreichen *Processing* unterworfen, wobei

- sie in kürzere Stücke geschnitten wird,
- einzelne Basen enzymatisch modifiziert werden,
- an das 3'- und an das 5'-Ende weitere Nukleotide anpolymerisiert werden können.

mRNS wird für die Proteinbiosynthese benötigt. Sie enthält eine Teil-Abschrift genetischer Information, und für ihre Funktion ist die Primärstruktur (Abfolge der Basen) von besonderem Interesse.

Die Rate der RNS-Synthese in den Kernen eukaryotischer Zellen ist enorm hoch. Die Transkriptionsprodukte sind, was ihre Länge betrifft, außerordentlich heterogen, was in dem Namen hnRNS zum Ausdruck kommt. Nur ein geringer Prozentsatz dieser RNS-Fraktion verläßt den Kern und wird im Cytoplasma an Polysomen als mRNS-eingesetzt (s. Kap. 10). Die Bedeutung der hnRNS ist weitgehend unbekannt. Es ist sogar schon darüber spekuliert worden, daß sie lediglich als Reservoir für Nukleotidbasen dient, denn die Überführung von Monomeren in Polymere führt bekanntlich zu einem Abfall der osmotischen Leistung der Moleküle, weil der osmotische Druck der Molarität der Zellinhaltsstoffe proportional ist.

Ribosomale RNS (rRNS) ist primär ein Strukturelement. Sie steht mit den ribosomalen Proteinen in direkter, spezifischer Wechselwirkung. Diese Nukleotidsequenz wird also nicht in Proteine übersetzt. Teile der rRNS binden mRNS und fixieren damit ihren Anfang (das 5'-Ende) an das Ribosom; weitere Einzelheiten darüber s. Kapitel 37.

Während die rRNS-mRNS-Interaktion durch spezifische Basenpaarung zu erklären ist, ist die Interaktion zwischen Nukleinsäuren und Proteinen weniger klar. Bis heute gibt es kaum Daten, die exakte Aussagen darüber zulassen, welche spezifischen Wechselwirkungen an der Interaktion beteiligt sind und wie die Reaktionspartner sterisch einander zugeordnet sind.

Die tRNS (transfer RNS) übernimmt in der Proteinbiosynthese die Funktion eines Adaptors. Eine solche Funktion kann nur von Molekülen wahrgenommen werden, die klar definierte Sekundär- und Tertiärstrukturen ausbilden.

Wir haben schon gesehen, daß die -OH-Gruppe in der 2'-Position des Riboserestes die Ausbildung einer Watson-Crick-Helix (B-Form) verhindert. Die B-Form ist optimal, wenn ausschließlich die Nukleotidabfolge als linear zu lesende, genetische Information benötigt wird. Die A-Form ist modifizierbar, so daß Varianten der Sekundär- und Tertiärstruktur ausgebildet werden können. Die zusätzliche -OH-Gruppe wirkt an der Stabilisierung mit, da auch von ihr Wasserstoffbrücken zu räumlich benachbarten Basen ausgehen. tRNS und rRNS enthalten sog. „seltene" oder besser gesagt, „modifizierte" Basen. Die bekanntesten sind in Abb. 2.8 zusammengestellt.

Neben den Watson-Crick-Basenpaarungen A=U und G≡C finden sich in Ribonukleinsäuren und hier wiederum speziell in der tRNS eine Reihe ungewöhnlicher Kombinationen, von denen die wichtigsten in Abb. 2.9 wiedergegeben sind.

Zur Ermittlung der Sekundär- und Tertiärstruktur von RNS sind verschiedene Methoden eingesetzt worden. Nur tRNS konnte bisher kristallisiert werden. Strukturdaten erhält man röntgenographisch (s. Kap. 15) allerdings auch aus den sog. Faserdiagrammen. Der Röntgenstrahl wird dabei nicht an einem Kristall gebeugt, sondern an einem Bündel parallel liegender fadenförmiger Moleküle. Die exakte Struktur von Basenpaaren und vor allem die Bestimmung der Abstände der Atome voneinander, sowie die Länge der Wasserstoffbrücken wurde zunächst an kristallisierten Mononukleotidpaaren bestimmt.

RNS bildet nicht nur Doppelhelices, sondern auch Trippelhelices aus. Die Wahrscheinlichkeit ihres Auftretens und die Stabilitätsparameter solcher Formen wurden durch Einsatz synthetischer Polynukleotide, wie z.B. Poly-(A), Poly-(C), Poly-(U) etc. berechnet.

Die seltenen Basen (in der tRNS) üben verschiedene Funktionen aus. Bei dem Bakterium *Salmonella* fanden Lewis und Ames 1972 eine Mutante, deren tRNS für die Aminosäure Histidin ein U anstelle des Ψ (Pseudouridin) enthielt. Die mutierte tRNS verlor damit die Fähigkeit, in die Proteinsynthese regulierend einzugreifen, obwohl ihre Adaptorfunktion unbeeinträchtigt war. Watanabe et al. fanden 1976, daß die Hitzestabilität der tRNS beim thermophilen Bakterium *T. thermophilus* vom Verhältnis 5-Methyl-2-Thiouracil zu Thymin abhing.

DNS enthält, wie wir schon festgestellt haben, *inverted repeats,* womit die Möglichkeit zur Palindrombildung gegeben ist. Betrachtet man die DNS jedoch elektronenmikroskopisch, wird man vergeblich nach solchen Strukturen suchen, es sei denn, man betrachtet das Molekül während bestimmter Aktivitätsstadien, in denen solche Strukturen unter Mitwirkung von Proteinen stabilisiert werden. Anders bei dei RNS. Hier sind kurze Palindrome die vorherr-

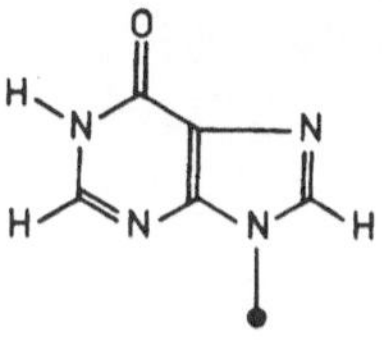

Inosin (I) 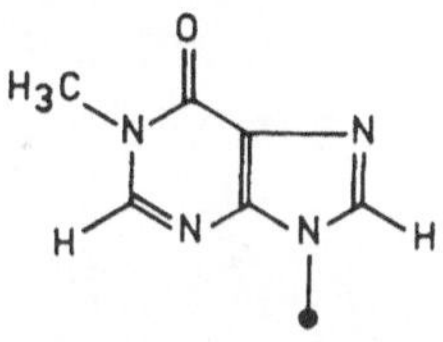 | 1-Methylinosin (Me I)

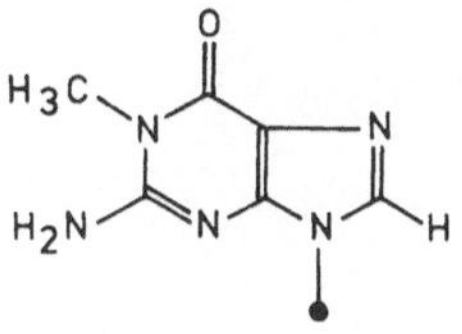

1-Methylguanosin (Me G) 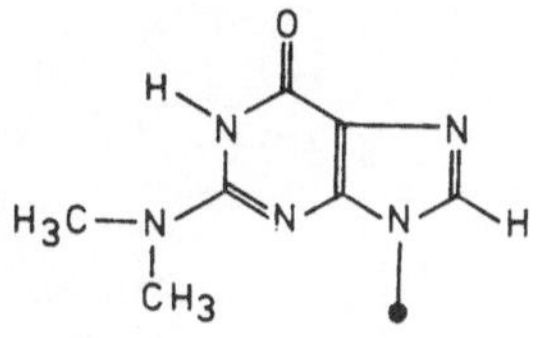 | N^2-Dimethylguanosin (Di MeG)

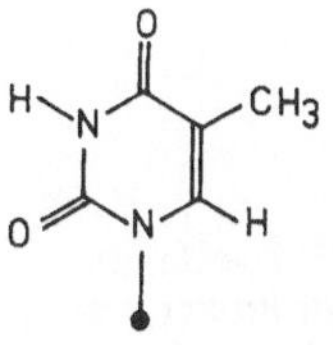

Thymin (T) 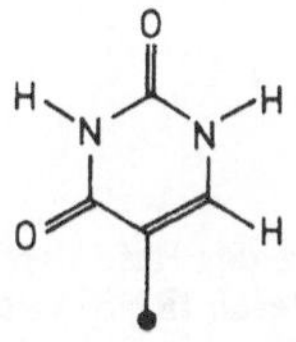 | Pseudouridin (Ψ) 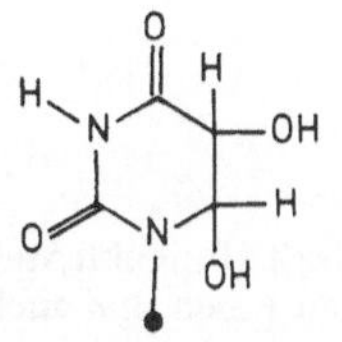 | Dihydrouridin (DIHU)

Abb. 2.8. „Seltene" Basen; Komponenten der tRNS

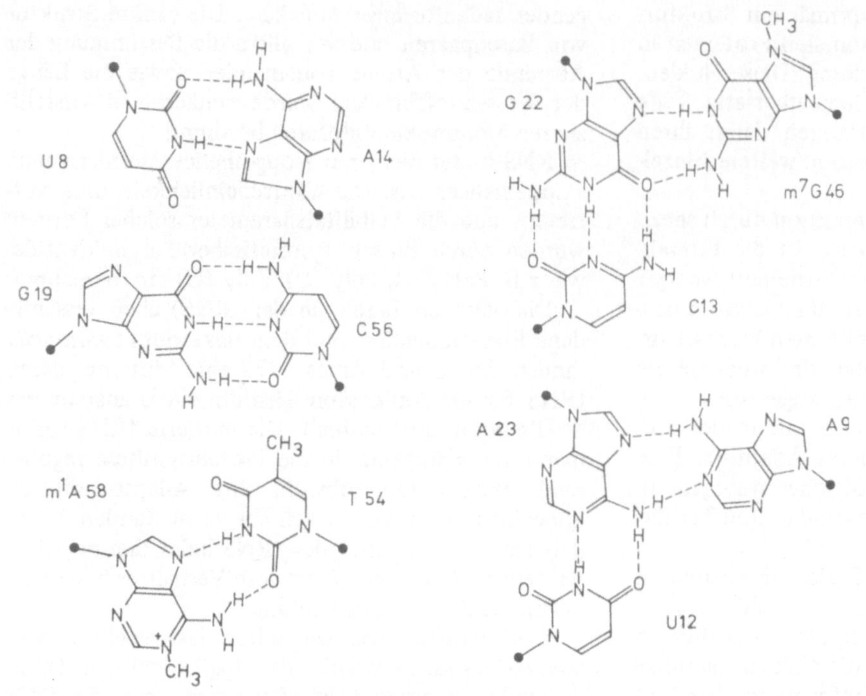

Abb. 2.9. Verschiedene Typen der Wasserstoffbrücken in Hefe-tRNS^{Phe}. Gleichartige Bindungen werden für andere tRNS-Arten postuliert. Die *schwarzen Kreise* symbolisieren das jeweilige C1′ des Riboserestes. Neben Basenpaaren kommen in der tRNS Basentripletts vor. tRNS^{Phe} heißt, daß diese tRNS die Aminosäure Phe (Phenylalanin) bindet. (Nach Kim et al., 1974b)

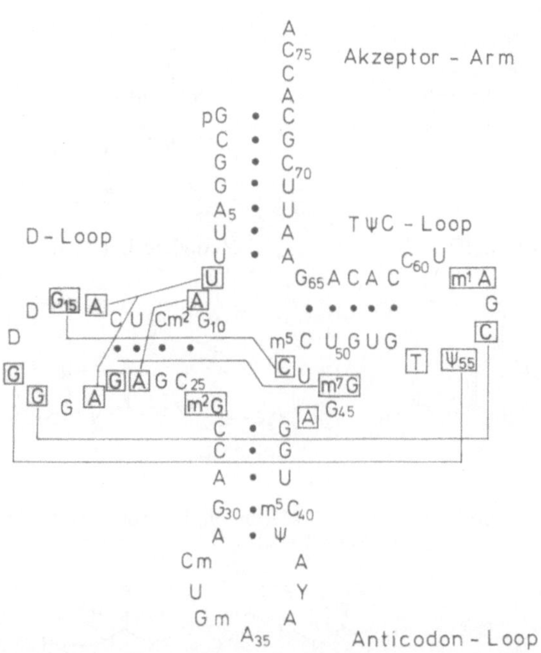

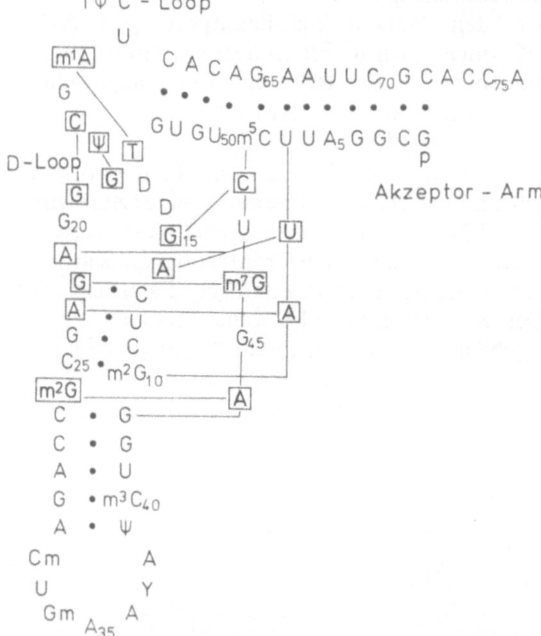

Abb. 2.10. Nukleotidsequenz der Hefe-tRNS^{Phe}. Die umrandeten Basen sind auch in anderen tRNS-Arten der Prokaryonten nachgewiesen worden. Wasserstoffbrücken, die zur Stabilität der Sekundärstruktur beitragen, sind durch Punkte, diejenigen, die zur Stabilität der Tertiärstruktur beitragen, durch Linien wiedergegeben. In der *rechten* Darstellung ist die „Kleeblatt-Konformation" gewählt, in der *linken* wird verdeutlicht, daß der *D-Loop* und der *T-Ψ-C-Loop* in der Tertiärstruktur einander benachbart liegen. (Nach Kim et al., 1974)

schenden Strukturelemente. Damit stellen sich die Fragen

a) *Wie kurz darf ein Palindrom sein?*

b) *Wie wahrscheinlich ist das Auftreten eines Palindroms?*

Die Länge eines Palindroms hängt von seiner Stabilität und diese wiederum primär von der Ausbildung richtiger Wasserstoffbrücken und von der kooperativ wirkenden Stapelenergie (*stacking energy*) ab. Mindestens drei, besser vier nebeneinanderliegende Basenpaare sind erforderlich, um einen halbwegs stabilen Doppelstrang auszubilden.

Eigen hat 1972 errechnet, daß eine statistische Abfolge von 16 Basen im Schnitt genügt, um vier Basenpaare auszubilden, denn die Wahrscheinlichkeit hierzu ist ja 1/4 x 1/4. Damit eine Polynukleotidkette sich in sich selbst zurückfalten kann (Ausbildung der „Haarnadelstruktur"), wird eine Schlaufe von 4–5 ungepaarten Basen benötigt. Hieraus folgt, daß RNS stets Sekundärstrukturen ausbildet, welche im Schnitt 20 oder mehr Basen enthalten. Da tRNS aus durchschnittlich 80 Nukleotiden (je nach Art und Herkunft: 71–94) besteht, faltet sich das Molekül zwanglos zu einem „Kleeblatt" mit vier Armen, von denen jeder etwa 20 Nukleotide enthält (s. Abb. 2.10). Längere RNS-Moleküle sind aus einer Vielzahl solcher Palindrome oder Schlaufen zusammengesetzt, deren Strukturen auf Vorschlag von Fiers et al. (1972) als *Flower structure* (Blütenstruktur) bezeichnet werden (s. Abb. 2.11).

1965 wurde von Holley die erste tRNS sequenziert. Aufgrund der ermittelten Sequenzdaten wurde eine Kleeblattstruktur postuliert. Alle ca. 70 seitdem bestimmten tRNS-Sequenzen fügen sich diesem Grundschema. Die in einigen Fällen vorkommenden zusätzlichen Basen können in einem kurzen fünften Arm untergebracht werden.

Die vier Arme der tRNS bezeichnet man wie folgt:

– *Anticodon Loop* (Schlaufe),
– *D-Loop,*
– *T-Ψ-C-Loop,*
– CAA-Stamm (CAA-Arm).

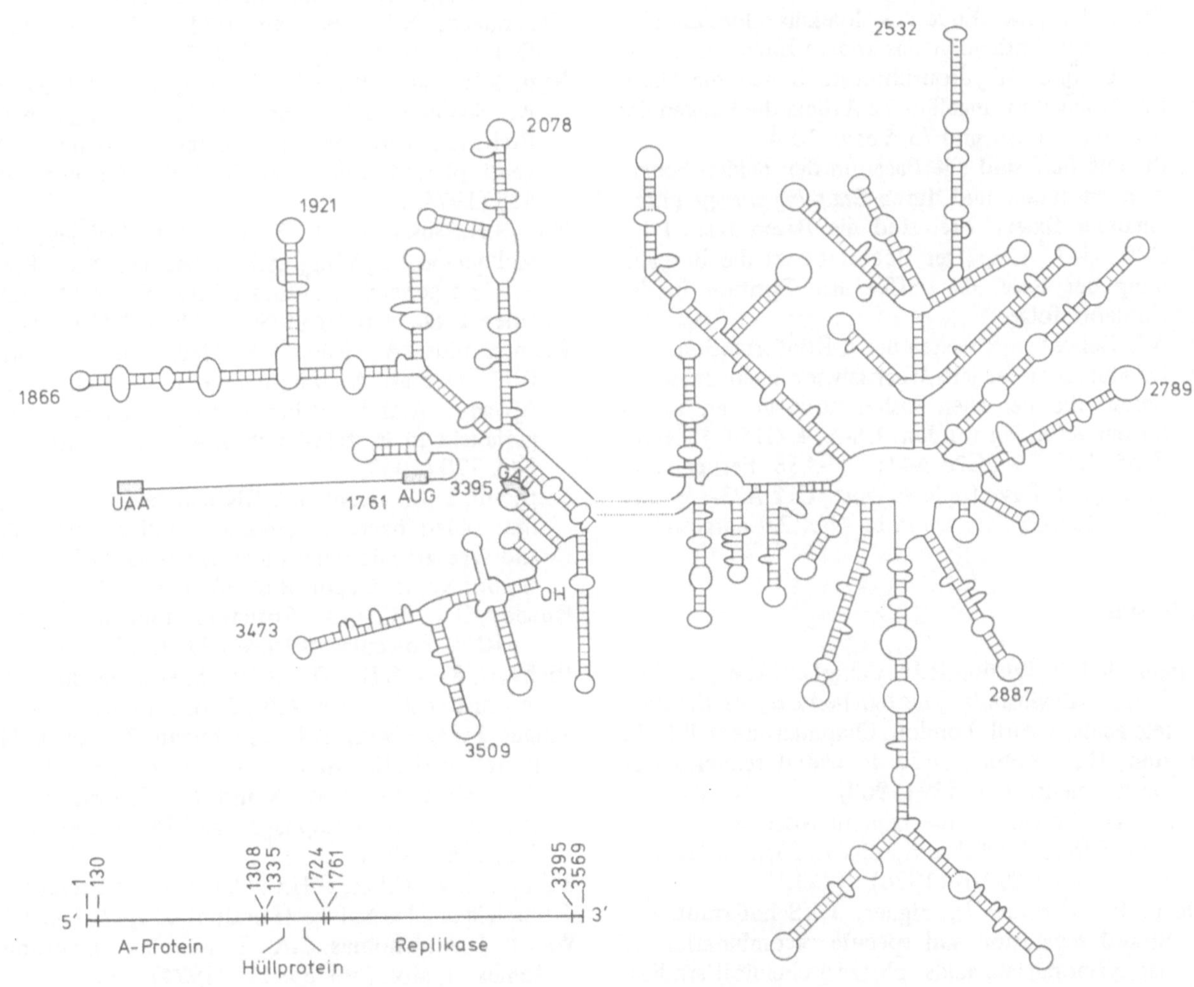

Abb. 2.11. Sekundärstruktur (*flower structure*) eines RNS-Abschnittes des Phagen *MS*2. Gesamtlänge dieser Phagen-RNS: 3569 Basen. (Nach Fiers et al., 1976)

Die Bezeichnung *D-Loop* weist darauf hin, daß die Struktur zwei Dehydrouridinreste enthält (man beachte aber, daß dieser Begriff in der Molekularbiologie auch anderweitig verwendet wird: *Displacement loop*, s. Kap. 8). Der *T-Ψ-C Loop* enthält stets ein Pseudouridin und der CAA-Stamm die beiden freien Enden (5′ und 3′).

In den letzten Jahren wurde tRNS in mehreren Labors kristallisiert. Die Analyse der Tertiärstruktur wurde in den Labors von Rich (Massachusetts Institute of Technology, Cambridge, USA) und A. Klug (Medical Research Council, Laboratory of Molecular Biology, Cambridge/England) durchgeführt.

Nach Bereinigung anfänglicher Fehlinterpretationen läßt sich die Grundstruktur heute wie folgt beschreiben:

1. Das Molekül ähnelt in seinen äußeren Umrissen einem *L*.
2. Die Sekundärstruktur, die durch das Kleeblattmodell vorhergesagt wurde, bleibt erhalten.
3. Der CAA-Arm und der T-Ψ-C-Loop bilden den langen Schenkel des L; der *D-Loop* und der *Anticodon Loop* den kurzen.
4. Das 3′-terminale Ende des Moleküls bildet das eine Ende, das Anticodon das andere Ende des L. Die T-Ψ-C- und Dihydrouridinreste bilden die Ecke.
5. Das Molekül ist ungefähr 22 Å dick, die Längen der beiden Schenkel sind 73 Å bzw. 70 Å.
6. Bis auf fünf sind alle Basen in den beiden Schenkeln enthalten und durch *Stacking energy* untereinander fixiert. Frei sind die Basen D16, D17, G20, U47, A76. (Der Buchstabe ist die Bezeichnung der Base, die Ziffer ihre Position in der Nukleotidfolge.)
7. Alle Helices entsprechen der A-Konformation.
8. Es gibt acht tertiäre Wechselwirkungen zwischen Basen, die bei allen bisher untersuchten tRNS-Sorten gefunden wurden: U8-A14; G15-C48; G18-Ψ-55; G19-C56; G26-A44; T54-A58. Ferner kommen zwei Basentripletts vor: U12-A23-A9 und C13-G22-G46 (wie schon in Abb. 2.9 dargestellt).

Literatur

Adams, R.L.P., Burdon, R.H., Campbell, A.M., Smellie, R.M.S.: Davidson's: The biochemistry of the nucleic acids, 8. Aufl. London: Chapman and Hall 1976

Britten, R.J., Kohne, D.E.: Repeated sequences in DNA. Science *161*, 529 (1968)

Delius, H., Worcel, A.: Electron microscopic visualization of the folded chromosome of *Escherichia coli*. J. Mol. Biol. *82*, 107 (1974)

Doty, P., Marmur, J., Eigner, J., Schildkraut, C.: Strand separation and specific recombination in deoxyribonucleic acids: physical chemical studies. Proc. Natl. Acad. Sci. USA *46*, 461 (1960)

Fiers, W., Contreras, R., Duerinck, F., Haegeman, G., Iserentant, D., Merregaert, J., Jou, W.M., Molemans, F., Raeymaekers, A., van den Berghe, A., Volckaert, G., Ysebaert, M.: Complete nucleotide sequence of bacteriophage MS2 RNA: primary and secondary structure of the replicase gene. Nature (London) *260*, 500 (1976)

Freifelder, D.: The DNA molecule: Structure and properties; original papers, analyses, and problems. San Francisco: W.H. Freeman 1978

Fuller, W., Wilkins, M.H.F., Wilson, H.R., Hamilton, L.D.: The molecular configuration of deoxyribonucleic acid. X-ray diffraction of the A-form. J. Mol. Biol. *12*, 60 (1965)

Hamer, D.A., Thomas, C.A.: Palindrome theory. J. Mol. Biol. *84*, 139 (1974)

Harbers, E., Domagk, G.F., Müller, W.: Introduction to nucleic acids. New York, Amsterdam, London: Reinhold Book Corp. 1968

Jack, A., Ladner, J.E., Klug, A.: Crystallographic refinement of yeast phenylalanine transfer RNA at 2.2 Å resolution. J. Mol. Biol. *108*, 619 (1976)

Jacobson, A.B., Spahr, P.F.: Studies on the secondary structure of single-stranded RNA from the bacteriophage MS2. J. Mol. Biol. *115*, 279 (1977)

Kallenbach, N.R., Berman, H.M.: RNA structure. Q. Rev. Biophys. *10*, 138 (1977)

Kim, S.H., Suddath, F.L., Quigley, G.J., McPherson, A., Sussman, J.L., Wang, A.H.J., Seeman, N.C., Rich, A.: Three-dimensional tertiary structure of yeast phenylalanine transfer RNA. Science *185*, 435 (1974a)

Kim, S.H., Sussman, J.L., Suddath, F.L., Quigley, G.J., McPherson, A., Wang, A.H.J., Seeman, N.C., Rich, A.: The general structure of transfer RNA molecules. Proc. Natl. Acad. Sci. USA *71*, 4970 (1974b)

Kleinschmidt, A., Rüter, M., Hellmann, W., Zahn, R.K., Docter, A., Zimmermann, E., Rübner, H., Ajwady, A.M.A.: Über Desoxyribonucleinsäuremolekeln in Protein-Mischfilmen. Z. Naturforsch. *14b*, 770 (1959)

Pettijohn, D.E., Hecht, R.: RNA molecules bound to the folded bacterial genome stabilize DNA folds and segregate domains of supercoiling. Cold Spring Harbor Symp. Quant. Biol. *38*, 31 (1974)

Quigley, G.J., Rich, A.: Structural domains of transfer RNA molecules. Science *194*, 796 (1976)

Rich, A., Kim, S.H.: The three-dimensional structure of transfer RNA. Sci. Am., Januar 1978, S. 52

Sanger, F., Coulson, A.R., Friedmann, T., Air, G.M., Barrell, B.G., Brown, N.L., Fiddes, J.C., Hutchison, C.A., Slocombe, P.M., Smith, M.: The nucleotide sequence of bacteriophage ΦX174. J. Mol. Biol. *125*, 225 (1978)

Watson, J.D., Crick, F.H.C.: Molecular structure of nucleic acids. Nature (London) *171*, 737 (1953)

Wilson, D.A., Thomas, C.A.: Palindromes in chromosomes. J. Mol. Biol. *84*, 115 (1974)

Worcel, A., Burgi, E.: On the structure of the folded chromosome of *Escherichia coli*. J. Mol. Biol. *71*, 127 (1972)

3. Isolierung und Fraktionierung von Nukleinsäuren

Die Hauptprobleme bei der Gewinnung von Nukleinsäuren liegen im Aufschluß der Zellen und dem Abtrennen der Nukleinsäuren von zellulären Komponenten und assoziierten Proteinen. Neben der Abtrennung unerwünschter Komponenten ist darauf zu achten, daß die Nukleinsäuren selbst weitestgehend geschont werden, denn sie sind gegenüber Nukleaseeinwirkungen und Scherkräften außerordentlich empfindlich. Die Zellen müssen als erstes aufgebrochen werden, wozu eine Reihe von Methoden zur Verfügung stehen: Einfrieren und Auftauen, Aufbrechen durch osmotischen Schock oder enzymatische Einwirkung, Behandlung mit lytischen Agentien, wie Detergentien u.a., sowie mechanische Zertrümmerung (Reiben im Homogenisator, Ultraschallbehandlung) u.a.

Es gibt zwei Methoden, um Nukleinsäuren aus einem Homogenat zu isolieren. Oft werden beide Verfahren kombiniert und während der Reinigungsprozedur nacheinander eingesetzt. Einmal handelt es sich dabei um die Phenolextraktion, die auf Schramm (1956) zurückgeht und auf der Feststellung beruht, daß Proteine in einem Wasser/Phenol-Zweiphasensystem ausgefällt werden, während Nukleinsäuren (und Kohlenhydrate) unter Einhaltung einer bestimmten Salzkonzentration bei neutralem pH quantitativ und unbeeinträchtigt in der wässrigen Phase verbleiben. Zum anderen um das von Marmur (1961) entwickelte Chloroform/Isoamylalkohol- und das Chloroform/Oktanol-System. Auch hier bilden die wässrige Lösung und das organische Lösungsmittel zwei Phasen aus. Die Nukleinsäuren verbleiben in der wässrigen Phase, während die denaturierten anderen Makromoleküle an der Grenzschicht zwischen den Phasen ausgeschieden werden. Eine wesentliche Verbesserung der Isolierungsmethoden für Nukleinsäuren brachte der Zusatz von Proteinase K mit sich. Dieses Enzym baut Proteine auch in Anwesenheit von Detergentien sehr rasch ab, so daß die Einwirkung von Nukleasen weitgehend unterdrückt und die Ausbeute hochmolekularer DNS erheblich gesteigert werden konnte.

Eine typische Aufarbeitungsmethode für DNS aus Bakterienzellen würde demnach wie folgt aussehen:

Zellen werden in einem NaCl/EDTA-Puffer suspendiert. EDTA (englische Abkürzung für Äthylendiamintetraessigsäure) ist ein Chelatbildner, der divalente Kationen abfängt. Divalente Ionen aktivieren nämlich das Enzym DNase, und deren Aktivität stört hier. Dann wird Lysozym hinzugegeben, um die Zellwand abzubauen, und das Detergenz Natriumdodecylsulfat mit Proteinase K, um die Zellmembran und Proteine aufzulösen. Diese Reaktion führt man am besten bei erhöhter Temperatur (~ 50°C) aus. Zusatz von Natriumperchlorat zum abgekühlten Lysat dissoziiert die Abbauprodukte. Man gibt dann gleiche Volumina Chloroform/Isomaylalkohol (24:1) hinzu, um alles, bis auf die Nukleinsäuren (und Polysaccharide) abzutrennen. Die Phasen werden durch Zentrifugation getrennt, die organische wird verworfen und die wässrige weiterbearbeitet. Die Nukleinsäuren werden durch Äthanol ausgefällt und in Puffer wieder aufgenommen, anschließend gibt man Ribonuklease und β-Amylase hinzu, erstere zum Abbau von RNS und letztere zum Abbau von Poly- und Oligosacchariden.

Als nächstes wird Phenol zugesetzt, um Reste von Verunreinigungen zu entfernen. Die Nukleinsäure (DNS), die dabei in der wässrigen Phase verbleibt, wird erneut mit Alkohol ausgefällt und dann wieder in Puffer gelöst. Nach Dialyse sollte man ein sauberes DNS-Präparat erhalten haben. Der Nachweis erfolgt photometrisch. DNS hat ein Absorptionsmaximum bei λ = 260 nm und ein Absorptionsminimum bei λ = 230 nm. Proteine haben ein Maximum bei λ = 280 nm (s. Abb. 3.1). Nur wenn das Verhältnis 260/280 > 1,8 ist, kann man sicher sein, ein weitgehend proteinfreies Nukleinsäurepräparat hergestellt zu haben. Bei dem beschriebenen Verfahren erhält man DNS-Moleküle mit Molekulargewichten von ca. 10×10^6 bis 50×10^6.

Wenn man höhere Ansprüche stellt, muß man das Verfahren modifizieren. Blin und Stafford (University of North Carolina, Chapel Hill, 1976) entwickelten eine Methode zur Gewinnung hochmolekularer DNS (Molekulargewicht: 200×10^6) aus tierischem Gewebe. Sie froren kleingeschnittene Gewebestücke in flüssigem Stickstoff ein und homogenisierten sie in tiefgekühltem, gefrorenem Zustand. Nach dem Verdampfen des Stickstoffs blieb ein Pulver zurück, das in Puffer mit Proteinase K aufgenommen wurde, wobei das Reaktionsgemisch langsam bewegt wurde. Es folgte ein Zusatz von Phenol. Wässrige und Phenolsphase wurden durch Zentrifugation getrennt. Die wässrige Phase wurde abgekippt, nicht abpipettiert, denn beim Pipettieren treten unerwünschte Scherkräfte

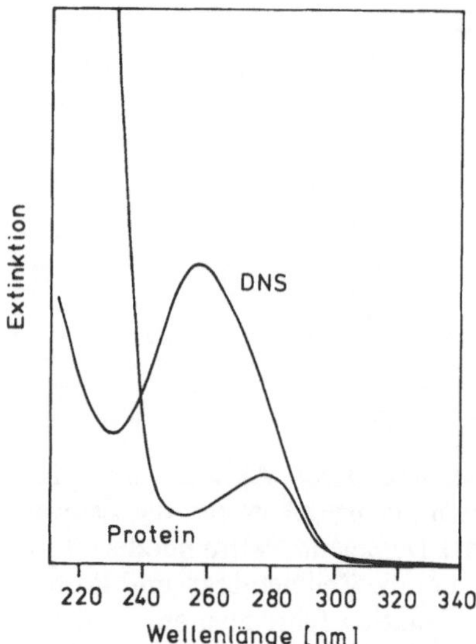

Abb. 3.1. UV-Absorptionsspektren von Protein (Rinderserumalbumin, BSA) und DNS (Kalbsthymus-DNS, KT-DNS). Konzentrationen: BSA: 0,250 mg/ml, Kt-DNS: 0,025 mg/ml. Schichtdicke der Küvette: 1 cm

auf. Dann wurde die Probe gegen EDTA-Puffer dialysiert.

Bei Pro- und Eukaryonten ist es praktisch unmöglich, die DNS-Moleküle in ihrer nativen Länge zu isolieren. Bei allen auch noch so schonenden Verfahren erhält man fragmentierte DNS, die durch nachträgliche Scherkrafteinwirkung noch weiter zerkleinert werden kann. Lediglich aus Viren, Organellen (Mitochondrien, Chloroplasten) und aus Bakterien (Plasmiden) erhält man routinemäßig intakte (infektiöse) Moleküle in großen Mengen. Intakte DNS-Moleküle können aus diesen Quellen besonders leicht rein isoliert werden, wenn sie nativ in Form von *Supertwists* vorliegen (*Supercoil* Konformation). Die *Supertwists* binden nämlich im CsCl-Gradienten unter geeigneten Versuchsbedingungen geringere Mengen des interkalierenden Ethidiumbromids (Formel s. Abb. 3.2) als die anderen DNS-Formen und können deshalb als diskrete Banden mit höherer Schwebedichte isoliert werden (Radloff, Bauer und Vinograd, California Institute of Technology, Pasadena, 1967).

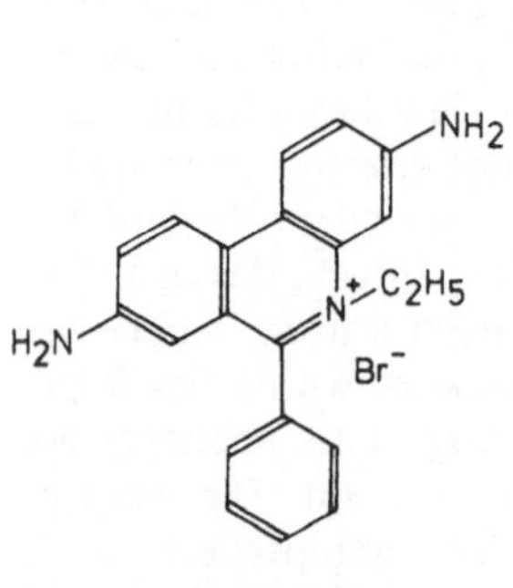

Abb. 3.2. Ethidiumbromid

Gewinnung von RNS

Im Prinzip geht man ähnlich wie bei der DNS vor, wählt allerdings anderes Ausgangsmaterial und modifiziert die Reaktionsbedingungen. rRNS isoliert man am besten direkt aus Ribosomen, mRNS aus Polysomen und tRNS aus einer löslichen, cytoplasmatischen Fraktion, aus der man Kerne, Mitochondrien, Ribosomen u.a. durch Zentrifugation vorab entfernt hat. RNS ist in der Regel kürzer als DNS und liegt als Knäuel vor, so daß es weniger problematisch ist, intakte Moleküle zu gewinnen. Ein Haupthindernis ist jedoch die allgegenwärtige RNase, deren Aktivität durch Zusatz von Inhibitoren und Wahl des richtigen Puffers und pH-Wertes reduziert werden kann. Zugabe von DNase und divalenten Ionen hingegen ist hier sinnvoll, denn man möchte die DNS ja loswerden. mRNS aus eukaryotischen Zellen enthält in der Regel am 3′-terminalen Ende eine Poly-(A)-Sequenz (s. Kap. 10). Man kann sich das zunutze machen, um Poly-(A) enthaltende RNS säulenchromatographisch von der übrigen RNS abzutrennen. Als Füllmaterial der Säule wird ein Träger eingesetzt, der mit Poly-(T) beladen ist und deshalb Poly-(A) enthaltende Nukleinsäuren spezifisch bindet.

Fraktionierung von Nukleinsäuren

Die bisher beschriebenen Verfahren führen zwar zu „reinen" Nukleinsäurepräparaten, heben jedoch die Heterogenität innerhalb dieser Molekülklassen nicht auf.

Homogene Präparate erhält man nur bei Verwendung homogenen Ausgangsmaterials, z.B. wird man aus Tabakmosaikvirus homogene TMV-RNS isolieren, aus dem Bakteriophagen fd reine fd-DNS usw. Aber schon aus Ribosomen gewinnt man ein Gemisch aus drei (vier) RNS-Typen. Um weiterzukommen, bedient man sich einer Reihe zusätzlicher Fraktionierungsschritte. Nukleinsäuren unterscheiden sich voneinander aufgrund ihrer Größe, ihrer Sekundärstrukturen und ihrer Basenzusammensetzung.

Größenunterschiede (Molekulargewichtsunterschiede) sind die Voraussetzung zur Trennung durch Zentrifugation. Die Ribosomen der Prokaryonten z.B. enthalten 5S, 16S und 23S rRNS, womit bereits angedeutet ist, daß sich diese Moleküle durch Zentrifugation effektiv voneinander trennen lassen (s. Abb. 3.3).

Noch günstiger ist die Trennung durch Gelfiltration. Hierzu eignen sich Gele aus Polyacrylamid oder Dextranderivaten (Handelsnamen: Sephadex, Biogel u.a.), in denen sich kleine Moleküle leichter verfangen als große. Im Elutionsdiagramm erscheinen demnach zuerst die großen, dann die kleinen. Eine klare Trennung erhält man natürlich nur dann, wenn die Moleküle diskreten Größenklassen angehören.

Einsträngige und doppelsträngige Nukleinsäuren werden säulenchromatographisch voneinander getrennt.

Abb. 3.3 a–d. Trennung von 28S, 18S und 4S RNS durch Zentrifugation im Saccharose-(Sucrose-)Gradienten. a Herstellung des Gradienten, b Überschichten mit RNS-Gemisch, c Zentrifugation, d Sammeln der Fraktionen und anschließende Identifizierung (e) einer jeden Fraktion

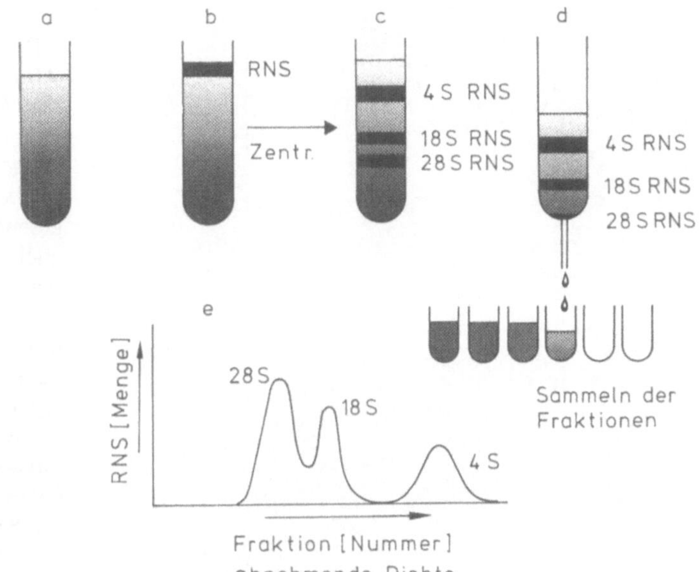

MAK (Methyliertes Albumin an Kieselgur) bindet einsträngige DNS fester als doppelsträngige (Sueoka und Cheng, 1962). Das Gegenteil trifft für das Hydroxyapatit (kristallines Calciumphosphat) zu, das die doppelsträngigen Moleküle effektiver als die einsträngigen bindet (Kohne, 1968).

Doppelsträngige DNS-Spezies, die sich weder aufgrund unterschiedlicher Molekulargewichte noch unterschiedlicher Konformationen voneinander trennen lassen, können durch Ultrazentrifugation getrennt werden, sofern sie sich in ihrer Basenzusammensetzung unterscheiden. Diese Methode beruht auf den Arbeiten von Meselson, Stahl und Vinograd (1957) zur Charakterisierung von Nukleinsäuren durch ihre Schwebedichte im CsCl-Gradienten und auf der Arbeit von Marmur und Doty (1962), in der gezeigt wurde, daß die Schwebedichte einer doppelsträngigen DNS mit ihrer Basenzusammensetzung direkt korreliert ist. Wie die Tabelle 1 zeigt, treten bei DNS-Spezies aus unterschiedlichen Quellen oft erhebliche Unterschiede im GC-Gehalt auf. Der Durchschnitts-GC-Gehalt der Mammalia liegt zwischen 35 und 45%, während die entsprechenden Werte für Bakterien zwischen 30 und 75% schwanken.

Tabelle 1. GC-Gehalt der DNS. (Nach Schildkraut, Marmur, Doty, 1962; Kit, 1963)

Quelle	% GC
Dictyostelium (Schleimpilz)	22
Vacciniavirus	34
Psammechinus militaris (Seeigel)	36
Bacillus cereus	37
Bacillus megaterium	38
Haemophilus influenzae	39
Saccharomyces cerevisiae	39
Mensch; Leber	39
Kalbsthymus	40
Rattenleber	40
Drosophila melanogaster	42
Weizenkeimlinge	43
Mäuseleber, Lachssperma	44
Bacillus subtilis	44
Bakteriophage T1	46
Escherichia coli	51
Bakteriophage T7	51
Neurospora crassa	54
Pseudomonas aeruginosa	68
Sarcina lutea	72
Micrococcus lysodeikticus (= M. luteus)	72
Herpes Simplex Virus	72
Mycobacterium phlei	73

Das Genom der Eukaryonten besteht in vielen Fällen aus GC- und AT-reichen Anteilen (s. Kap. 6). Diese Anteile der Molekülpopulation (einer jeden Art) sind durch Zentrifugation im Dichtegradienten (CsCl) voneinander zu trennen. Unter präparativen Bedingungen lassen sich durch Gleichgewichtszentrifugation im CsCl-Gradienten jedoch nur solche DNS-Sorten voneinander trennen, die sich in mindestens 10% ihres GC-Gehaltes voneinander unterscheiden. Das Auflösungsvermögen der Methode kann durch Zusatz von Schwermetallionen oder Schwermetallverbindungen, die preferentiell an AT- oder an GC-Paare binden und damit die Dichte der DNS nachhaltig beeinflussen (erhöhen), erheblich gesteigert werden; z.B. komplexieren Hg^{2+}-Ionen und Bisacetomercuridioxan (BAMD) vorzugsweise mit AT-Paaren, während Ag^{+}-Ionen bei pH-Werten < 7 GC-Paare bevorzugen. Bei Zusatz von Schwermetallionen muß man die Trennung in einem Cs_2SO_4-Gradienten durchführen, da sich bei Chloridanwesenheit unlösliche Präzipitate bilden würden. Diese Verfahren sind in den letzten Jahren weit verbreitet eingesetzt worden. Die Zentrifugationsmethoden haben allerdings den Nachteil, nur dann gut zu arbeiten, wenn die Molekulargewichte der DNS mindestens einige Millionen betragen, und,

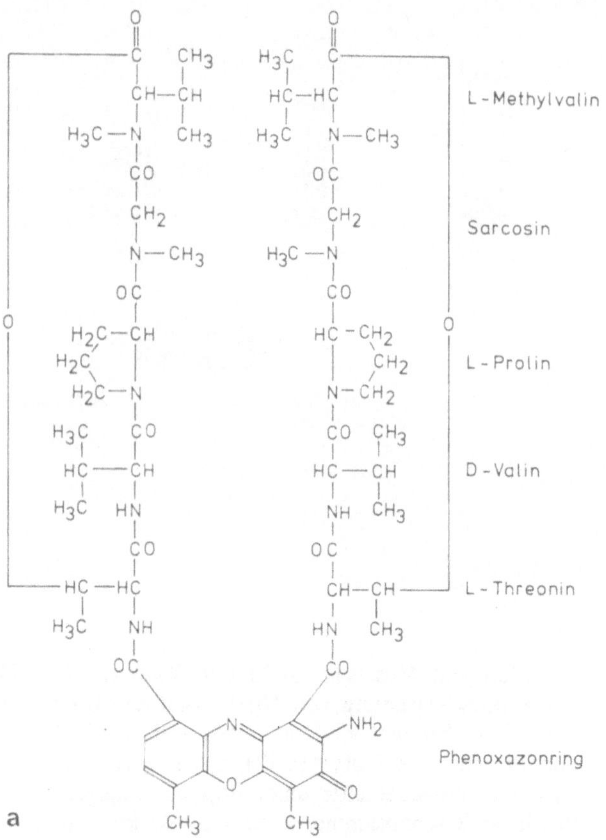

Das Antibiotikum Aktinomycin D (s. Abb. 3.4a) z.B. interkaliert bevorzugt neben GC-Paaren (siehe Abb. 3.5) (W. Müller und Crothers, 1968), während das Antibiotikum Netropsin (s. Abb. 3.4b) von AT-Paaren spezifisch gebunden wird. Durch Bindung derartiger Substanzen wird die Schwebedichte der komplexierten DNS im Cäsiumsalzgradienten drastisch gesenkt. Unter Einsatz solcher Liganden, zu denen auch Farbstoffe wie Phenylneutralrot, Methylgrün u.a. gehören, lassen sich DNS-Sorten präparativ voneinander trennen, wenn sie sich um mehr als 6–7% in ihrem GC-Gehalt voneinander unterscheiden und keine Sequenzanomalien die Bindung bestimmter Liganden begünstigen. W. Müller und Mitarbeiter (Universität Bielefeld) entwickelten eine Anzahl von Substanzen mit Spezifitäten für einzelne GC-Paare, Paare von GC-Paaren oder zwei bis vier benachbarte AT-Paare. Damit wurde die Voraussetzung geschaffen, Methoden zu entwickeln, die bei hoher Kapazität und hohem Auflösungsvermögen auch kleine DNS-Moleküle. Ihre Wechselwirkung mit der DNS beruht wie

Hierzu wurden zwei Wege beschritten.

a) Adsorptionschromatographie,
b) Zweiphasenverteilung: Gegenstromverteilung und Flüssig-flüssig-Chromatographie.

Bei den GC-spezifischen Substanzen handelt es sich durchweg um planare tricyclische Farbstoffmoleküle. Ihre Wechselwirkung mit der DNS beruht wie

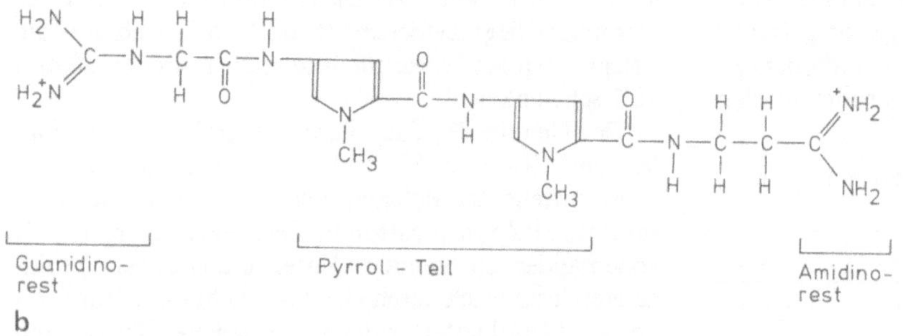

Abb. 3.4. a Aktinomycin D, b Netropsin

wie wir schon gesehen haben, ist es oft problematisch und auch gar nicht wünschenswert, so große Moleküle zu gewinnen und zu trennen.

Es gibt Fragestellungen, zu deren Lösung DNS bewußt in kleine Stücke fragmentiert werden muß (z.B. Isolierung spezifischer Gene, s. Kap. 7; Nachweis repetitiver Sequenzen, s. Kap. 6). Als weitere Nachteile seien zu nennen, daß 1 kg Cäsiumchlorid DM 650.– kostet und daß auch Langzeitzentrifugationen kostspielig sind und vor allem die Zentrifugen im Labor für viele Stunden (16–30) blockieren. Anstelle der Schwermetallionen eignen sich eine Reihe organischer Liganden (Farbstoffe, Drogen, Antibiotika u.a.), um die Dichte der Nukleinsäuren im Salzgradienten basenspezifisch zu verändern.

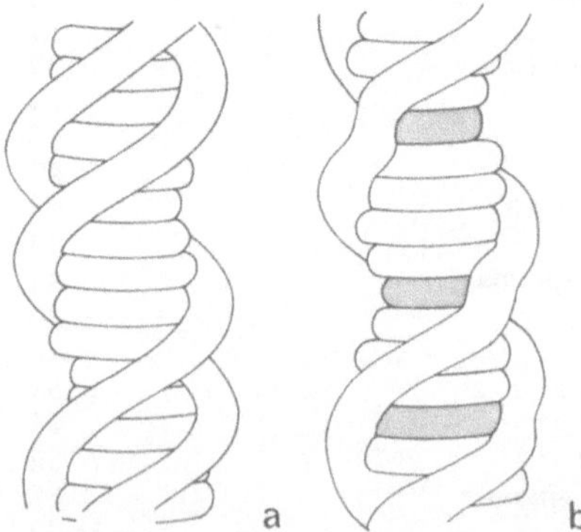

Abb. 3.5. a DNS-Doppelhelix, b Deformation der Helix-Konformation durch Einsatz interkalierender Liganden (z.B. Akridinderivate, Aktionomycin D u.a.). (Nach Lerman, 1963)

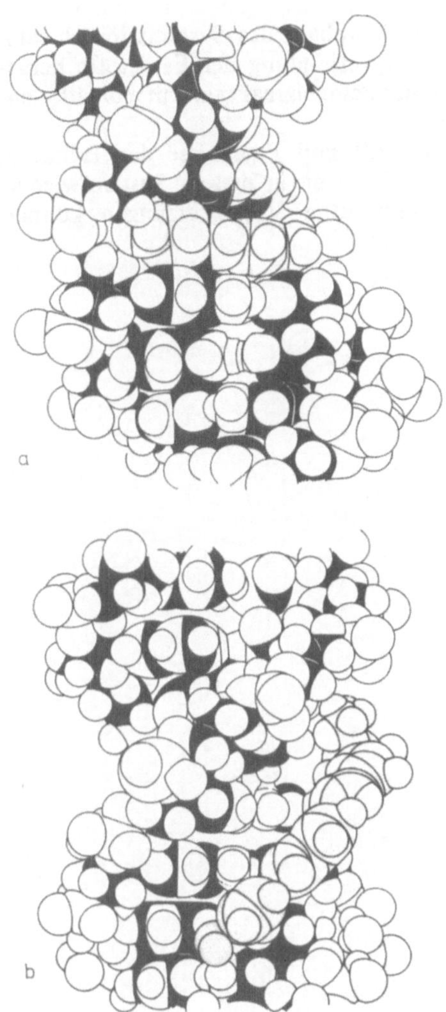

Abb. 3.6. a Einschub- oder Interkalationskomplex von Proflavin (grau dargestellt) oder anderen Acridinderivaten zwischen zwei benachbarten Basen der DNS-Doppelhelix. Interkalierende Liganden sind GC-spezifisch oder basenunspezifisch. b Anlagerungskomplex eines Bisbenzimidazol-Derivates an DNS. Die Verbindung besitzt eine ausgeprägte Spezifität für aufeinanderfolgende AT-Basenpaare und legt sich in die kleine oder große Rille der DNS. (Nach W. Müller et al., 1975, pers. Mitt.)

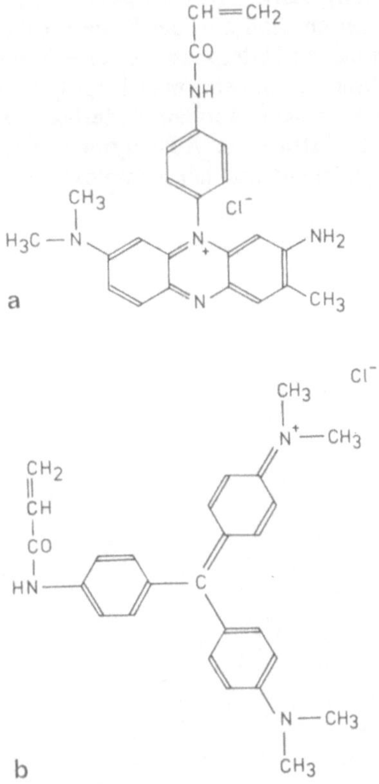

beim Aktinomycin D und Ethidiumbromid auf Einschiebung (Interkalation) zwischen benachbarte Basenpaare (s. Abb. 3.6a).

AT-spezifische DNS-Komplexbildner gehören verschiedenen Stoffklassen an. Sie interkalieren nicht, sondern sie lagern sich offenbar in die große und/oder die kleine Rille der DNS ein (s. Abb. 3.6b). Hierher gehören u.a. die Tetraalkylammoniumsalze. Von besonderem Interesse sind fluoreszierende Substanzen, wie das Di-t-Butyl-Proflavin IV, das Di-t-Butyl-Acriflavin V sowie ein Bisbenzimidazolderivat (Hoechst 33258). Diese Farbstoffe werden in zunehmendem Maße auch zur Chromosomenfärbung, insbesondere zur Lokalisierung AT-reicher Abschnitte (→ Satelliten, s. Kap. 41) eingesetzt.

Abb. 3.7. a Acryl-Phenylneutralrot, b Acryl-Malachitgrün

a) Adsorptionschromatographie. Zwei Adsorbentien haben wir bereits kennengelernt: Methyliertes Albumin an Kieselgur und Hydroxyapatit. Beide werden zur Fraktionierung von Nukleinsäuren eingesetzt, eignen sich jedoch nur bedingt zur Auftrennung von DNS-Präparaten aufgrund unterschiedlicher Basenzusammensetzung. Hierfür sind in letzter Zeit andere Adsorbentien entwickelt worden, bei denen bekannte basenspezifische DNS-Liganden (s. Abb. 3.7) an einen Träger aus Polyacrylamid gebunden werden (Bünemann und W. Müller, 1978). Die entstehenden roten bzw. grünen Adsorbentien binden Nukleinsäuren (RNS und DNS) bei geringer Ionenstärke und geben sie basenspezifisch im Salzgradienten (vorzugsweise im $NaClO_4$-Gradienten) wieder ab. In Abb. 3.8 sind Einsatzbereiche und Trennleistung dieser Materialien demonstriert.

b) Verteilungsprozesse und Verteilungschromatographie. Die Fraktionierung der DNS nach der Basenzusammensetzung kann auch an polymergebundenen, basenspezifischen DNS-Liganden erfolgen, die in wässrigen, zweiphasigen Polymer-Systemen (z.B. Polyäthylenglycol-Dextran) stark asymmetrische Verteilungskoeffizienten zeigen. Soll z.B. der Komplexbildner in der dextranreichen Unterphase des erwähnten Systems selektiv löslich sein, setzt man Kopolymere aus Acrylamind und einem Acrylaminoderivat der bereits erwähnten Farbstoffe Acryl-Phenylneutralrot oder Acryl-Malachitgrün ein. Soll der Komplexbildner hingegen in der Oberphase des Systems löslich sein, wird eine Karboxyverbindung der Farbstoffe hergestellt und in einer Schmelzreaktion mit Polyäthylenglycol verestert.

In Abbildung 3.9 sind Ergebnisse der Trennung verschiedener DNS-Sorten in diesem System wiedergegeben. Bei geeigneten Voraussetzungen können

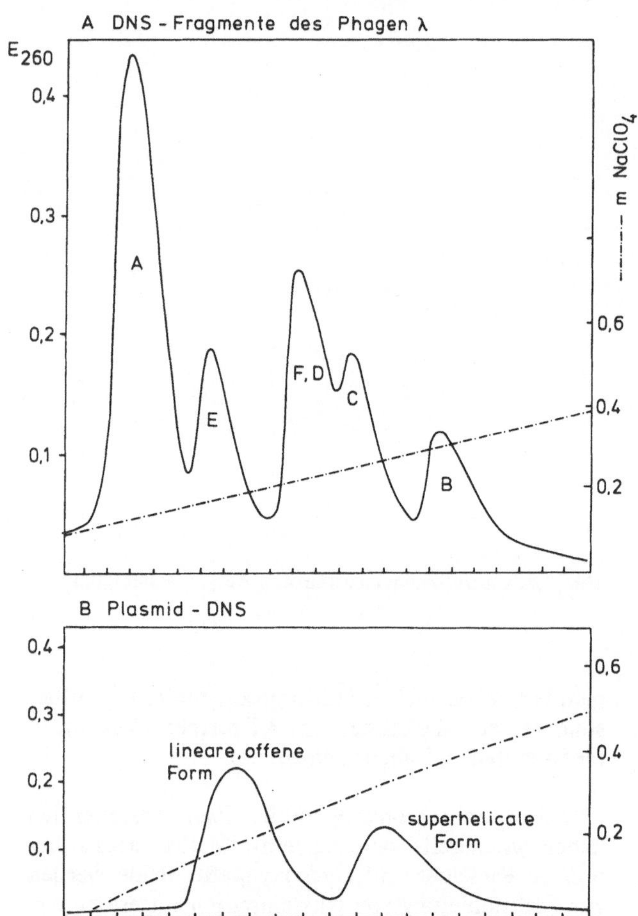

Abb. 3.8. A Säulenchromatographische Trennung der fünf EcoRI-Fragmente (s. Kap. 20) der Bakteriophagen λ-DNS (*A–F*) an Acrylmalachitgrün-Acrylamid Copolymeren, aufgepfropft auf Bisacrylamidpartikel. **B** Trennung von linearer und superhelicaler Plasmid-DNS (siehe Kap. 11) nach dem gleichen Verfahren. (Nach Bünemann und W. Müller, 1978)

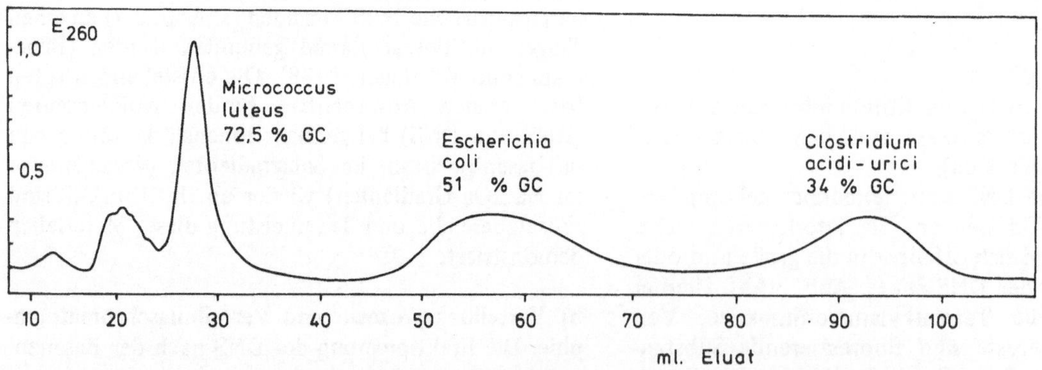

Abb. 3.9. Verteilungschromatographische Auftrennung von *Micrococcus luteus-*, *E. coli-* und *Clostridium acidi-urici-*DNS in einem Polyäthylenglycol-Dextran Zweiphasensystem in Anwesenheit von polyäthylengebundenem 1-Methyl-Phenylneutralrot (MePNR-PEG) (W. Müller, 1978, pers. Mitt.)

DNS-Fragmente voneinander getrennt werden, die sich in weniger als 1% ihres GC-Gehalts voneinander unterscheiden.

Trennung und Nachweis von Nukleinsäuren in Picogramm- oder Nanogramm-Mengen

Alle bisher genannten Verfahren eignen sich, um DNS bzw. RNS in μg bzw. mg-Mengen voneinander zu trennen. In vielen Fällen stehen einem jedoch nur Pico- oder Nanogramm-Mengen zur Verfügung, die sich allenfalls durch Bindung eines fluoreszierenden Farbstoffes oder durch radioaktive Markierung identifizieren lassen. Wie schon in der Einleitung hervorgehoben, ist die Gelelektrophorese zu einem unabdingbaren, äußerst empfindlichen Werkzeug für die Analyse von Nukleinsäuren geworden. Unter Zusatz von Formamid oder Harnstoff (löst Sekundärstrukturen auf), eignet sich das Verfahren zur Molekulargewichtsbestimmung und damit, wie wir später noch sehen werden, auch zur Sequenzanalyse (s. Kap. 4 und 14). Die getrennten Fraktionen werden bei Zugabe eines spezifischen fluoreszierenden Farbstoffes (z.B. Ethiumbromid, s. Abb. 3.2) in ultraviolettem Licht als Bande im Gel erkennbar.

Weit verbreitet ist in der DNS-RNS-Analytik das Verfahren der Hybridisierung. Auf diese Weise werden Zwischenstufen der Replikation und vor allem der Transkription erfaßt. Grundsätzlich eignet sich das Verfahren zum Nachweis homologer Sequenzen. DNS-RNS-Hybride sowie denaturierte DNS werden von Nitrozellulosemembranen gebunden, während freie, einsträngige RNS durch solche Filter hindurchgeht (Nygaard und Hall, 1964). Um eine spezifische RNS, z.B. ein Transkriptionsprodukt selektiv fassen zu können, wird die homologe DNS an Nitrozellulose gekoppelt. Radioaktiv markierte RNS wird hinzugegeben. Von der DNS am Filter wird nur die spezifische (komplementäre) RNS gebunden, der Rest geht durch die Membran hindurch (Gillespie und Spiegelman, 1965). Gerade bei diesem Verfahren braucht man nur Spuren der RNS, die aufgrund der vom Filter festgehaltenen Radioaktivität quantitativ erfaßt werden können.

Literatur

Blin, N., Stafford, D.W.: A general method for isolation of high molecular weight DNA from eucaryotes. Nucl. Acid Res. *3,* 2303 (1976)

Brown, D.D., Stern, R.: Methods of gene isolation. Annu. Rev. Biochem. *43,* 667 (1974)

Bünemann, H., Müller, W.: Base specific fractionation of double stranded DNA: Affinity chromatography on a novel type of adsorbant. Nucl. Acid Res. *5,* 1059 (1978)

Freifelder, D.: Physical biochemistry: applications to biochemistry and molecular biology. San Francisco: Freeman and Co. 1976

Gierer, A., Schramm, G.: Infectivity of ribonucleic acid from tobacco mosaic virus. Nature (London) *177,* 702 (1956)

Jain, S.J., Tsai, C.-C., Sobell, H.M.: Visualization of drug-nucleic acid interactions at atomic resolution. J. Mol. Biol. *114,* 317 (1977)

Kohne, D.E.: Isolation and characterization of bacterial ribosomal RNA cistrons. Biophys. J. *8,* 1104 (1968)

Marmur, J.: A procedure for the isolation of DNA from microorganisms. J. Mol. Biol. *3,* 208 (1961)

Marmur, J., Doty, P.: Determination of the base composition of deoxyribonucleic acid from its thermal denaturation temperature. J. Mol. Biol. *5,* 109 (1962)

Meselson, M., Stahl, W., Vinograd, J.: Equilibrium sedimentation of macromolecules in density gradients. Proc. Natl. Acad. Sci. USA *43,* 581 (1957)

Müller, W., Crothers, D.: Interactions of heteroaromatic compounds with nucleic acids. Eur. J. Biochem. *54,* 267 (1975)

Radloff, R., Bauer, W., Vinograd, J.: A dye-buoyant-density method for the detection and isolation of closed circular duplex DNA; the closed circular DNA in HeLa Cells. Proc. Natl. Acad. Sci. USA *57,* 1514 (1967)

Sobell, H.M., Tsai, C.-C., Jain, S.C., Gilbert, S.G.: Visualization of drug-nucleic acid interactions at atomic resolution. J. Mol. Biol. *114,* 333 (1977)

Sueoka, N., Cheng, T.Y.: Fractionation of nucleic acids with methylated albumin column. J. Mol. Biol. *4,* 161 (1962)

Tsai, C.-C., Jain, S.C., Sobell, H.M.: Visualization of drug-nucleic acid interactions at atomic resolution. J. Mol. Biol. *114,* 301 (1977)

4. Sequenzierung von Nukleinsäuren

1965 haben Holley et al. die Nukleotidsequenz der Alanin-tRNS aus *Escherichia coli* bestimmt und 1966 Zachau et al. die Sequenz der Serin-tRNS. Als erstes Versuchsobjekt für die Sequenzierung wurde tRNS gewählt, weil die Moleküle relativ kurz sind und eine definierte Länge haben (je nach Art 70–80 Nukleotide). 1967 sequenzierten Sanger und Mitarbeiter die 5S rRNS aus *E. coli* (120 Nukleotide). Sanger et al. synthetisierten zu diesem Zweck [^{32}P]-markierte RNS in vivo und erreichten dadurch eine Empfindlichkeitssteigerung des Analyseverfahrens. Die markierte RNS wurde aus Zellen extrahiert und durch spezifisch spaltende Ribonukleasen (s. Kap. 20) unter standardisierten Bedingungen in kürzere Oligonukleotide zerlegt, welche anschließend fraktioniert und getrennt sequenziert werden konnten. Zur Trennung wurden sie einer zweidimensionalen Elektrophorese unterworfen. Die Positionen der einzelnen Oligo- und Mononukleotide wurde autoradiographisch ermittelt. Das auftretende Fleckenmuster bezeichnet man als *Fingerprint*. Die Ribonuklease T_1 z.B. spaltet RNS nur zwischen Guanosin-3'-Monophosphat und der 5'-Hydroxylgruppe des benachbarten Nukleotids. Ribonuklease aus Pankreas spaltet zwischen 3'-Phosphorylpyrimidin und benachbarten Nukleotiden, und Ribonuklease U_2 (aus dem Schleimpilz *Ustilago*) spaltet Phosphodiesterbindungen neben benachbarten Purinen. Durch Modifikation von Guaninresten mit Dimethylsulfat werden sie vor der T_1-RNase-Einwirkung geschützt. Setzt man nur einen Teil der Guaninreste in der RNS um, erhält man nach T_1-RNase-Zugabe ein partielles Hydrolysat, das für die Zuordnung der einzelnen Hydrolyseprodukte von Nutzen ist. Desgleichen kann Uracil mit Carbodiimid vor Einwirkung der Ribonuklease aus Pankreas geschützt werden. Der Rest der Analyse ist ein *Puzzle*. Man bestimmt die Nukleotidzusammensetzung in den kurzen Oligonukleotiden, dann in den längeren und sucht nach überlappenden Sequenzen, um die Reihenfolge der Oligonukleotide festzulegen.

Die Zusammensetzung kurzer Oligonukleotide geht bereits aus ihrer Position im *Fingerprint* hervor, da bekannt ist, daß ein G, ein A, ein U oder ein C zur Beweglichkeit der Oligonukleotide unterschiedlich stark beitragen (s.a. Kap. 14, Abb. 14.5). Mit Hilfe dieses Verfahrens sind die 5S und die 16S rRNS von *E. coli*, die 5S rRNS aus einer Reihe von Eukaryonten, zahlreiche tRNS-Arten, viele Promotoren, der *lac*-Operator und die RNS der Phagen R17, Qβ und MS2 z.T. partiell und z.T. komplett bestimmt worden. Dieses Verfahren ist nicht auf DNS übertragbar, weil

1. keine spezifischen Endonukleasen bekannt sind, die hinter einer bestimmten Base spalten,
2. die DNS-Moleküle in der Regel zu lang sind und
3. es schwierig ist, DNS in vivo radioaktiv zu markieren.

Dennoch gelang 1975 auch hier der Durchbruch. Zwei Voraussetzungen mußten dazu erfüllt sein:

1. Die Entdeckung und Anwendung von Restriktionsendonukleasen (s. Kap. 20), wodurch man DNS-Fragmente definierter Länge erhält.
2. Die Vervollkommnung der gelelektrophoretischen Auftrennung denaturierter DNS-Fragmente aufgrund ihrer Größe. Gerade dieser Punkt ist besonders wichtig, denn unter geeigneten Bedingungen (z.B. 12% Acrylamid in 8 M Harnstoff; Länge des Gels: 40 cm; Spannungsabfall: 20 V/cm) lassen sich auch solche Oligonukleotide voneinander trennen, die sich in ihrer Länge nur um eine Base unterscheiden. Das Verfahren ist empfindlich genug, um z.B. ein 98 Nukleotide langes Stück von einem 99 Nukleotide langen und einem 100 Nukleotide langen zu trennen.

Zwei Verfahren zur DNS-Sequenzierung sind in den letzten Jahren entwickelt worden:

1. Die „Minus und Plus"-Methode (Sanger und Coulson, Medical Research Council, Laboratory of Molecular Biology, Cambridge, 1975).
2. Die „Dimethylsulfat-Hydrazin"-Technik nach Maxam und Gilbert (Harvard University, 1977).

Beide Verfahren sind der ursprünglichen Methode der RNS-Sequenzierung derart überlegen, daß jene eigentlich nur noch aus historischen Gründen zu erwähnen ist.

1. Die „Minus und Plus"-Methode

Das Verfahren geht davon aus, daß eine DNS-Polymerase aus *E. coli* an einer Matrize einen *Primer* verlängert (s. Kap. 19). Da die Polymerasemoleküle nicht synchron arbeiten, erhält man nach kurzer Inkubationszeit ein Gemisch unterschiedlich langer Syntheseprodukte.

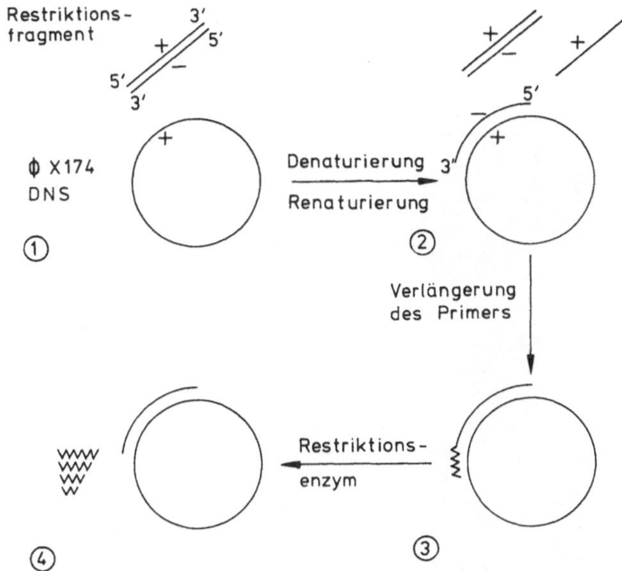

Abb. 4.1. Darstellung des Verfahrens mit Restriktionsfragmenten als *Primer* für die Neusynthese von DNS (/\/\/\/\/\), die zur Sequenzierung nach der „Minus und Plus"-Methode eingesetzt wird (Sanger, 1975)

Das erste Ziel von Sanger und Mitarbeitern war die Sequenzierung der (einsträngigen) DNS des Phagen ΦX 174 („+-Strang"). Sie stellten daran zunächst den vollständigen komplementären Strang („– -Strang") her und spalteten den Doppelstrang mit Restriktionsenzymen (s. Kap. 20) in eine definierte Anzahl von Bruchstücken. Diese Bruchstücke wurden getrennt, in die beiden Stränge zerlegt und unter Hybridisierungsbedingungen zum „+-Strang" hinzugegeben (siehe Abb. 4.1). Die anhybridisierten Fragmente wurden als *Primer* verwendet. Sequenziert wird im Endeffekt also nicht das jeweilige Restriktionsfragment, sondern der dazu benachbarte Bereich.

In der Abb. 4.2 sind Einzelheiten des Verfahrens wiedergegeben. Die Reaktion mit der *E. coli*-DNS-Polymerase wird nach kurzer Zeit gestoppt, und die noch freien Nukleotide werden aus dem Reaktionsgemisch entfernt; übrigens ist eines der vier Nukleotide radioaktiv markiert, um die Syntheseprodukte später identifizieren zu können. Im Anschluß hieran wird die Polymerisation unter restriktiven Bedingungen erneut gestartet. Dann wird der Ansatz geteilt und wie folgt weiterverarbeitet:

a) „Minus-System". Es werden der *E. coli*-DNS-Polymerase nur drei Nukleotide angeboten. Insgesamt braucht man vier experimentelle Ansätze: – C, – T, – A, – G. Die Synthese der Ketten endet an ihrem 3'-Ende, somit an einer Position vor der jeweils fehlenden Base (z.B. bei einem – C-Ansatz endet die Kette vor einem C).
b) „Plus-System". Hier wird jeweils nur eines der vier Nukleotide hinzugegeben. Als Enzym wird die DNS-Polymerase des Bakteriophagen T4 eingesetzt, denn sie hat die Eigenschaft, auch als Exonuklease zu wirken und alle die Nukleotide zu entfernen, an denen Mangel herrscht. Z.B. werden in einem +A-Ansatz C, G und T entfernt. Der Abbau stoppt an A-Positionen; gegebenenfalls wird die Kette sogar um A-Reste verlängert.

Nach Abschluß der Reaktion wird die DNS denaturiert, und die Syntheseprodukte werden von der Matrize und dem ursprünglich eingesetzten *Primer* befreit (→ Spaltung mit der bereits vorher eingesetzten Restriktionsendonuklease). Dann werden die 2 x 4 Proben gelelektrophoretisch aufgetrennt. Die Syntheseprodukte werden dabei der Größe nach geordnet, da die Wandergeschwindigkeit im Gel zur Größe der Oligonukleotide umgekehrt proportional ist (siehe Kap. 14, Abb. 14.1). Die einzelnen Banden werden autoradiographisch sichtbar gemacht.

Mit Hilfe dieser Technik ist es möglich, bis an die 100 Nukleotidpositionen durch einfaches Ablesen in einem Experiment zu ermitteln. Limitierend ist eigentlich nur die Länge des Gels und das dadurch bedingte Auflösungsvermögen. Brownlee und Cartwright modifizierten 1977 das Verfahren und dehnten die Anwendbarkeit auch auf RNS aus. Aus differenzierten Zellen oder anderen Quellen isolierte RNS wird mittels der

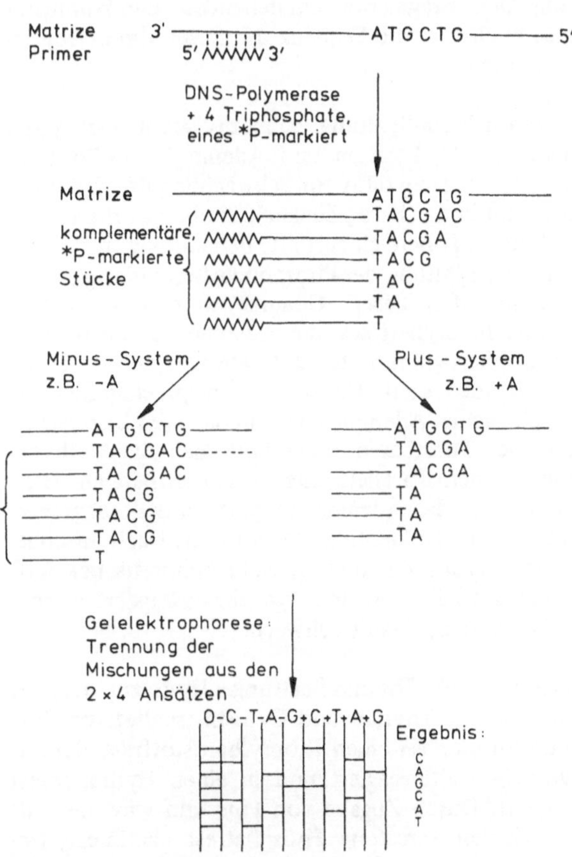

Abb. 4.2. Prinzip der Sequenzierung von DNS nach der „Minus und Plus"-Methode. Einzelheiten s. Text (Sanger, 1975)

Reverse Transkriptase (s. Kap. 19) in eine komplementäre DNS (cDNS) überschrieben, und die wiederum wird als Ausgangsmaterial für die Sequenzierung eingesetzt. Eine weitere Vereinfachung des Sequenzierungsverfahrens wird durch Einsatz von Didesoxynukleotiden erreicht, bei deren Einbau automatisch Kettenabbruch erfolgt (Sanger et al., 1977).

2. Die „Dimethylsulfat-Hydrazin"-Technik

Bestimmt wird die Nukleotidsequenz eines 5'-terminal *markierten DNS-Moleküls, gleichgültig ob Einzel- oder Doppelstrang. Man geht im Gegensatz zur „Minus und Plus"-Methode nicht von einer heterogenen, sondern von einer homogenen Molekülpopulation aus. Definierte Restriktionsfragmente sind ein ideales Ausgangsmaterial. Die Moleküle werden durchschnittlich einmal an einem A-, G-, C-, oder T-Rest gespalten, so daß auf grund der Spaltung unterschiedlich große Spaltprodukte entstehen. Die Spaltung erfolgt auf chemischem Wege. Wie beim Sangerschen Verfahren werden die Spaltstücke gelelektrophoretisch aufgetrennt und autoradiographisch lokalisiert. Insgesamt sind jeweils vier Ansätze erforderlich. Einmal wird präferentiell am A, dann am G, am C und schließlich am T+C gespalten. Aus dem nach Auftrennung der Fragmente entstehenden Bandenmuster kann auch hier die Sequenz der Basen direkt abgelesen werden.

Guanin/Adenin-Spaltung. Dimethylsulfat methyliert Guanin in N7-Position und Adenin in N3-Position. Die Methylierung führt zur Schwächung der glykosidischen Bindung (Base–Zucker), die beim Erhitzen im neutralen pH-Bereich zerfällt. Behandlung mit Alkali führt zur Spaltung der Phosphodiesterbindung an den depurinisierten Basen. Guanine werden fünfmal so effektiv methyliert wie die Adenine, so daß man im Elektropherogramm starke (intensive) neben schwachen Banden sieht. Die starken entsprechen Guanin-, die schwachen Adeninresten. Zur sicheren Unterscheidung der Purinbasen wiederholt man die Methylierung in einem Parallelansatz im sauren Bereich. Hierbei werden die Adeninreste präferentiell umgesetzt und aus der Nukleotidkette entfernt. Nach anschließender Hydrolyse und gelelektrophoretischer Auftrennung erhält man ein umgekehrtes Muster: Adenin starke Banden, Guanin schwache.

Cytosin- und Thymin-Spaltung. Hydrazin reagiert zunächst mit Thymin und Cytosin, spaltet die Base ab und hinterläßt einen Ribosylharnstoffrest, der mit Hydrazin weiterreagiert und in einen Hydrazonrest übergeht. Durch Zugabe von Piperidin wird der mit dem Zucker veresterte Phosphatrest eliminiert, wodurch die Nukleotidkette gespalten wird.

Bei Anwesenheit von 2 M NaCl findet die Reaktion lediglich an Cytosinresten statt. Die Analyse

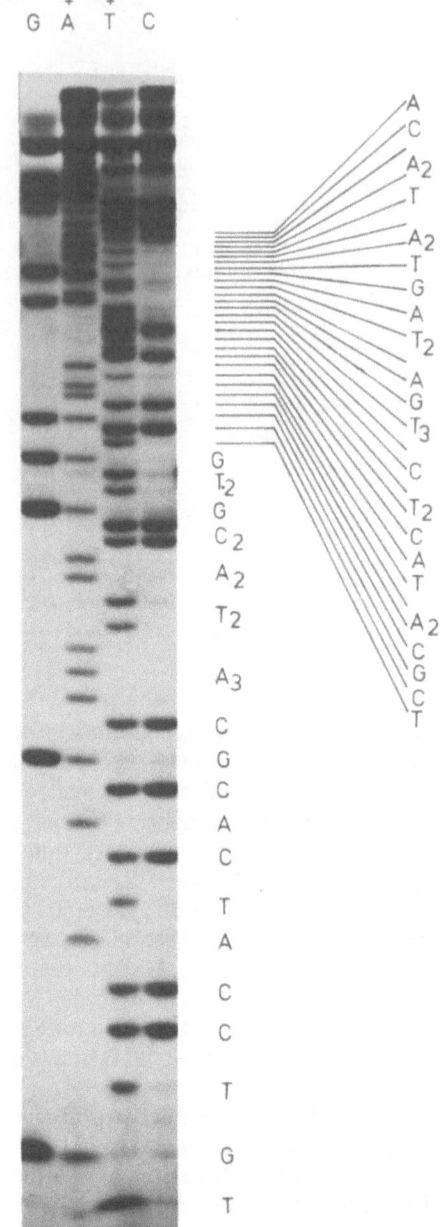

Abb. 4.3. Ausschnitt aus der Basensequenz der DNS des Bakteriophagen f1. Die am 5'-Ende [^{32}P]-markierte DNS wurde durch chemische Behandlung partiell und basenspezifisch gespalten (modifiziert nach Maxam und Gilbert, 1977), und die Produkte wurden gelelektrophoretisch aufgetrennt. Von dem Gel wurde ein Autoradiogramm angefertigt. Die basenspezifische Spaltung der DNS geschieht bei G durch Dimethylsulfat und Piperidin, bei A+G durch Ameisensäure und Piperidin, bei C+T mit Hydrazin und Piperidin, bei C mit Hydrazin, NaCl und Piperidin (Beck, Heidelberg, 1978, pers. Mitt.)

eines Einzelstranges ist unproblematisch. Einen Doppelstrang spaltet man nach der Markierung der 5'-Enden mit Hilfe eines Restriktionsenzyms, trennt beide Bruchstücke und analysiert sie getrennt weiter.

Obwohl jedes der Präparate zwei Stränge enthält, wird bei der Analyse nur einer erfaßt, da ja nur einer am 5'-terminalen Ende markiert ist und das Autoradiogramm nur die markierten Molekülanteile sichtbar macht.

Auch dieses Verfahren ist in den verschiedenen Labors modifiziert und verbessert worden. Ein Beispiel dafür ist in Abb. 4.3 wiedergegeben. Weitere Ergebnisse werden wir in den Kapiteln 7 und 9 kennenlernen.

Literatur

Maxam, A., Gilbert, W.: A new method for sequencing DNA. Proc. Natl. Acad. Sci. USA *74*, 560 (1977)

Sanger, F.: Nucleotide sequences in DNA. Proc. R. Soc. Lond. B. *191*, 317 (1975)

Sanger, F., Coulson, A.R.: The use of thin acrylamide gels for DNA sequencing. FEBS Lett. *87*, 107 (1978)

Sanger, F., Brownlee, G.G., Barrell, B.G.: A two-dimensional fractionation procedure for radioactive nucleotides. J. Mol. Biol. *13*, 373 (1965)

Sanger, F., Nicklen, S., Coulson, A.R.: DNA sequencing with chain-terminating inhibitors. Proc. Natl. Acad. Sci. USA *74*, 5463 (1977)

Simoncsits, A., Brownlee, G.G., Brown, R.S., Rubin, J.R., Guilley, H.: New rapid gel sequencing method for RNA. Nature (London) *269*, 833 (1977)

Wu, R.: DNA sequence analysis. Annu. Rev. Biochem. *47*, 607 (1978)

5. Das genetische Material von Viren und Prokaryonten

DNS ist das genetische Material aller Organismen und vieler Viren, doch kennt man daneben auch eine Anzahl von Viren, deren Genom aus RNS besteht. Virale Genome sind in den letzten drei Jahrzehnten ausgiebig studiert worden, so daß wir über ihren Aufbau und ihren Informationsgehalt relativ gut Bescheid wissen. Viele der Aussagen lassen sich auf die DNS der Eukaryonten übertragen. Viren sind also geeignete Modelle zum Studium der allgemeinen Eigenschaften von DNS (und RNS). Dennoch ist Vorsicht geboten. Die Kenntnis des Genoms einfacher Viren ist nicht ausreichend, um alles über die Struktur und Organisation des Genoms eukaryotischer Zellen zu erfahren. Wie wir noch sehen werden (Kap. 45), unterscheidet man Viren aufgrund ihres Wirtsbereiches. Bakteriophagen z.B. vermehren sich nur in Bakterienzellen, und gerade die sind es, mit denen man sich in der Molekularbiologie ausgiebig auseinandergesetzt hat.

Daneben gibt es Viren, die sich nur in tierischen und andere, die sich nur in pflanzlichen Zellen vermehren. Das Genom dieser Viren besitzt Eigenschaften, die den Bakteriophagen fehlen. Um nur ein drastisches Beispiel zu nennen: 1977 wurde am Adenovirus das sog. *Gene splicing* entdeckt, das ist die zunächst unwahrscheinlich klingende Erscheinung, daß Gene nicht als homogene Einheiten vorliegen (⊢——⊣) sondern in Form von Stücken (⊢⊣. . .⊢—⊣. . . .⊢⊣. .) über das Genom verteilt sind. Sie sind durch Nukleotidsequenzen unterbrochen, die während der Genexpression entfernt werden. Was zunächst als eine Kuriosität erschien, erwies sich kurz darauf als ein weit verbreitetes Phänomen im Genom der Eukaryonten (s. u.a. Kap. 6, 7 und 22).

Die DNS der Viren kann recht verschieden strukturiert sein. Dabei sind die Enden linearer Moleküle von besonderem Interesse. In der Regel findet man die eine oder die andere Redundanz (s. Abb. 5.1). Entweder kommen *inverted repeats* (umgekehrte Wiederholungen) vor, oder die Information ist redundant oder zyklisch permutiert.

Beim Phagen λ sind die Enden „kohäsiv", d.h. sie sind einsträngig und einander komplementär (siehe Abb. 5.2) (*sticky ends*). Diese auf den ersten Blick merkwürdig erscheinenden Regelmäßigkeiten werden verständlich, wenn man die Replikation der Moleküle betrachtet. Keine DNS-Polymerase kann an freien Molekülenden der DNS arbeiten (s. Kap. 19). Es werden deshalb Hilfskonstruktionen benötigt, um eine Replikation linearer Moleküle einzuleiten und abzuschließen. Bei zirkularen Molekülen treten diese Schwierigkeiten nicht auf, obwohl es auch dort spezifische Abschnitte gibt, an denen die Replikation einsetzt. Kleine DNS-Moleküle sind oft zirkular. Abgesehen vom erleichterten Replikationsmodus haben sie den Vorteil, stabiler als die linearen Moleküle zu sein; so können sie z.B. von Exonukleasen nicht degradiert werden.

Zur Bestimmung des Informationsgehaltes und der Verteilung von Genen hat man sich ausgiebig mit einschlägigen Mutanten und Rekombinanten befaßt. Erst kürzlich ist eine weitere Technik aufgekommen: das Kartieren von Restriktionsfragmenten. RNS-haltige Viren stellen uns vor einige zusätzliche Probleme, da wir bei ihnen keine Rekombinationen im herkömmlichen Sinne (s. Kap. 12) kennen. Im Verlauf der Evolution haben diese Viren zwei Mechanismen entwikkelt, um dieses Manko zu kompensieren.

1. Aufteilung des Genoms auf mehrere Stücke, die beliebig untereinander kombiniert werden können. Vielfach erhält man dabei jedoch inkomplette Viruspartikel, die nur bei gleichzeitiger Anwesenheit von Viruspartikeln, die die fehlenden Stücke beisteuern, infektiös sind. Genome verschiedener Partikel können sich also ergänzen, sie komplementieren sich (s. Kap. 46).

2. Umschreiben der in RNS gespeicherten Information in DNS. Diesen Weg beschreiten u.a. die RNS-Tumorviren (s. Kap. 47).

Bei doppelsträngigen Molekülen stellt sich die Frage, welcher von beiden die genetische Information trägt (transkribiert wird). Szybalski und Mitarbeiter vom McArdle Laboratory, University of Wisconsin in Madison (1970) waren die ersten, die am Beispiel des Bakteriophagen λ nachwiesen, daß beide Stränge genetische Information tragen und daß in einem Teil des Genoms der eine, im anderen der andere abgelesen wird (s. Abb. 5.3). Diese Aussage wurde in den darauffolgenden Jahren auf DNS einer Reihe weiterer Viren, sowie der Pro- und Eukaryonten ausgedehnt.

Abb. 5.1. A Verschiedene, bei Viren vorkommende DNS-Formen, **B** terminale Nukleotidsequenzen (a, a' = komplementäre Sequenzen) (Luria et al., 1978)

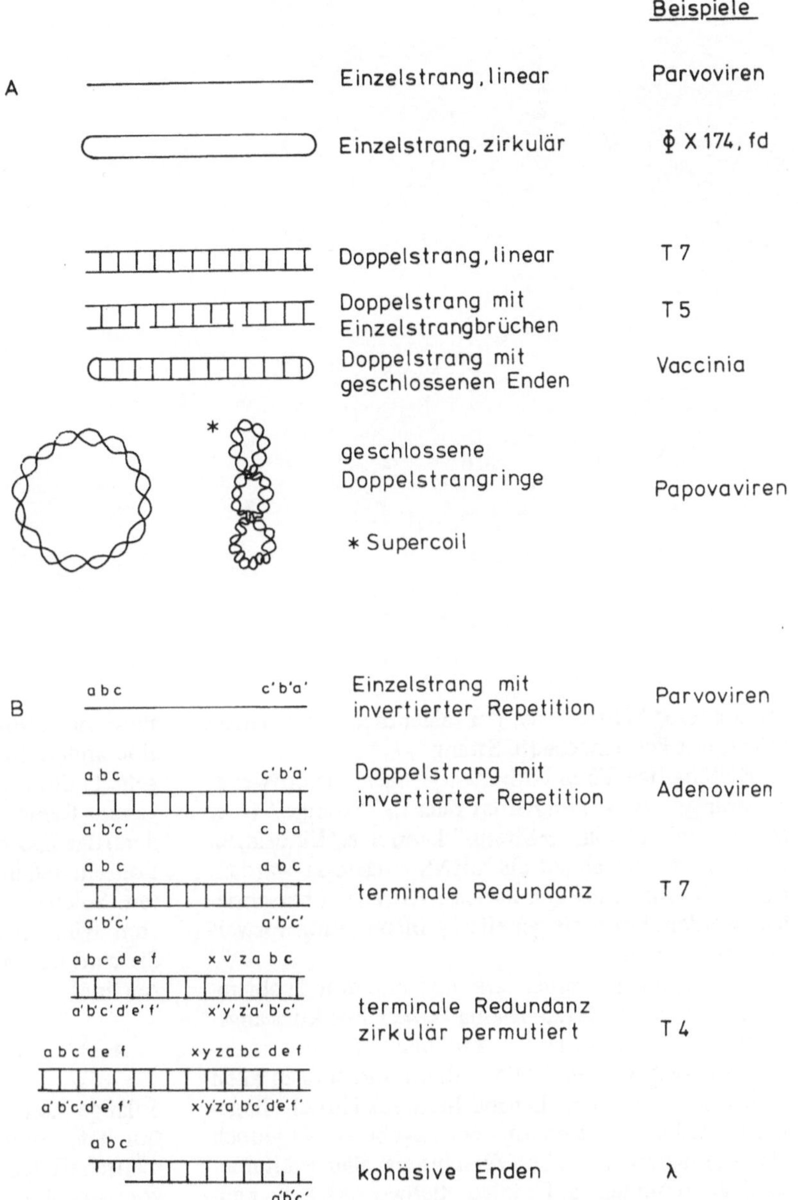

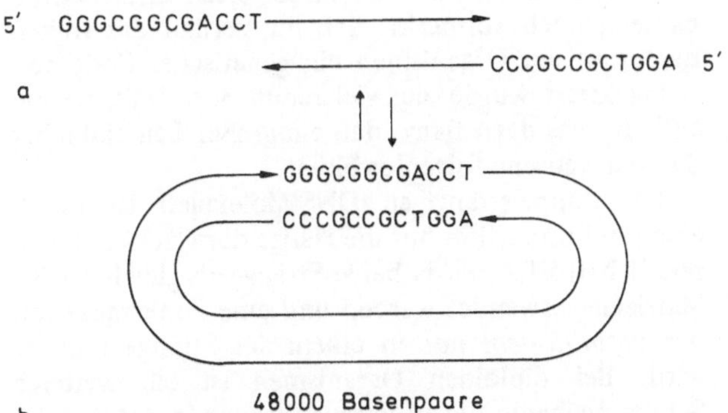

Abb. 5.2 a und b. λ-DNS. **a** Im Virion liegt die DNS linear vor und verfügt über kohäsive endständige Einzelstrangbereiche (*sticky ends*). **b** Nach Infektion der Wirtszelle schließt sich das Molekül zum Ring

Welche Besonderheiten sind bei Viren mit einsträngiger DNS und RNS zu beachten? Hier taucht zunächst das Problem auf, wie sich eine solche Nukleinsäure repliziert. Die plausibelste und im Nachhinein auch bestätigte Antwort lautet: An dem Einzelstrang wird, sobald er in eine Wirtszelle gelangt ist, ein komplementärer Strang gebildet, der als Matrize dient, um neue, virale DNS resp. RNS zu bilden. Ein Strang, der genetische Information trägt, wird gewöhnlich als „+Strang" bezeichnet. Das bei der Replikation erforderliche Intermediärprodukt wäre der „–Strang". Bei Viren und Organismen mit DNS-Doppelsträngen werden beide mit gleicher Effizienz als Matrize verwendet und vermehrt. Bei Viren, die nur Einzelstrang-Nukleinsäure enthalten, wird einer preferentiell repliziert. Das Intermediärprodukt ist also eine um Größenordnungen

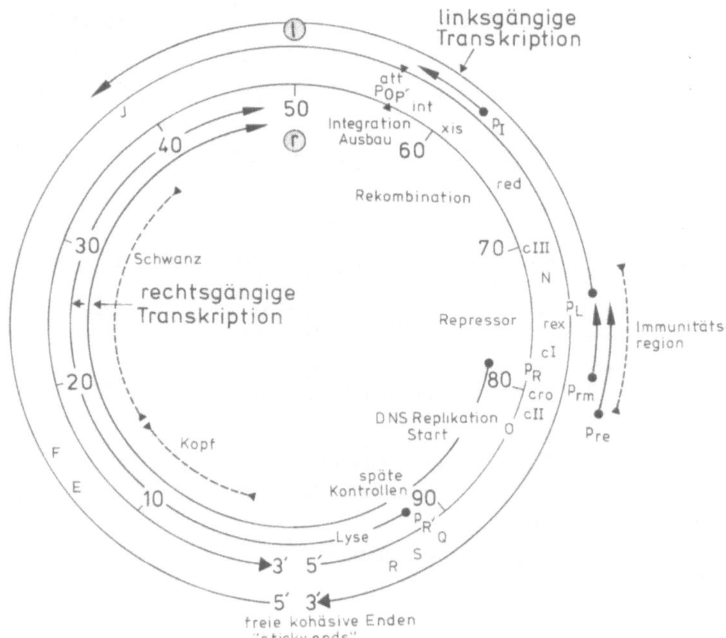

Abb. 5.3. Vereinfachte, genetische und molekulare Karte des Bakteriophagen λ. Die Transkriptionsrichtungen sind durch Pfeile angezeigt. Von besonderem Interesse sind die Positionen (a) der freien kohäsiven Enden. Sie markieren Anfang und Ende; (b) des Integrationsorts (*att*) mit den dort benachbarten Genorten *xis* und *int*, deren Genprodukte für Ein- und Ausbau benötigt werden; (c) der Immunitätsregion mit den Genen *N*, *rex*, *CI*, *cro* und *cII*, deren Bedeutung im Text (Kap. 9) beschrieben ist. p_L und p_R sind Promotoren, einmal für die Transkription des einen (*l*) und zum anderen für die Transkription des dazu komplementären Stranges (*r*) (Szybalski, 1976, z.T. verändert)

effizientere Matrize als der eigentliche im Virion (Viruspartikel) eingebaute Strang.

RNS-haltige Viren enthalten je nach Art entweder „+Stränge" (z.B. Poliovirus) oder „– Stränge" (z.B. Influenzavirus). Ein „+Strang" kann nach Eindringen in die Zelle umgehend als mRNS eingesetzt werden. Ein „– Strang" muß erst in den „+Strang" überschrieben werden, bevor die genetische Information verwertet werden kann.

Im folgenden werden wir uns mit drei Problemkreisen befassen, deren Thematik hier nur kurz angerissen werden kann. Die wesentlichen Arbeiten stammen aus den 50er und 60er Jahren und sind in allen molekulargenetischen Lehrbüchern ausführlich dargestellt worden. Die Kenntnis der Ergebnisse ist jedoch die Voraussetzung zum Verständnis aller weiteren, so daß zumindest auf einige stichwortartig zu nennende Fakten und Definitionen nicht verzichtet werden kann:

- Mutationen,
- Genkarten,
- Organisation des Genoms.

Mutationen

Die genetische Information ist in Form einer linearen Nukleotidabfolge in der DNS (RNS) gespeichert. Sie wird in eine lineare Abfolge von Aminosäuren in einem Polypeptid (Protein) übersetzt. Drei hintereinanderliegende Nukleotidbasen bilden ein Codon (Triplett), das eine bestimmte Aminosäure codiert. Der genetische Code legt die Zuordnung der Codons zu den Aminosäuren fest. Die Liste der Codeworte kann der Tabelle auf S. 60 entnommen werden.

Punktmutationen. Wird eine Nukleotidbase durch eine andere substituiert, ändert sich der Informationsgehalt des Genoms. Man kennt mittlerweile eine ganze Reihe mutagener Agentien (Mutagene), die derartige Basenaustausche induzieren. Die durch Mutation entstehenden Formen bezeichnet man als Mutanten. Solche, die sich lediglich durch Basensubstitution vom Wildtyp unterscheiden, heißen Punktmutanten. Sie sind durch die Fähigkeit zur Rückmutation ausgezeichnet.

$$A \rightarrow G; G \rightarrow A$$

Solange man es mit einsträngigen Nukleinsäuren zu tun hat, kommt jede Veränderung in der Nachkommenschaft zum Tragen. Man kann im allgemeinen davon ausgehen, daß die meisten Mutagene inaktivierend wirken, denn nur in seltenen Fällen führt die Basensubstitution zu einer verbesserten Information. Es sei jedoch vermerkt, daß im Verlauf der frühen Evolution der Organismen ein genetischer Code herausselektiert wurde, der viel redundante Information enthält, was dazu führt, daß ein großer Teil einfacher Basenaustausche folgenlos bleibt.

Bei doppelsträngigen DNS-Molekülen ist durch eine Punktmutation nur die Hälfte der Nachkommenschaft betroffen, da ja beide Stränge als gleichwertige Matrizen verwendet werden und eine Punktmutation *per definitionem* nur in einem der Stränge initiiert wird. Bei diploiden Organismen ist ein weiterer Schutzmechanismus zu überwinden. Jedes DNS-Molekül liegt in zwei Kopien vor, und bei jeder Meiose wird eine davon verworfen.

Rastermutationen. Bei Rastermutationen wird eine Nukleotidbase eingeschoben oder entfernt. Damit ändert sich die Bedeutung der nachfolgenden Information. Diese Mutationen führen in den meisten Fällen zur Wertlosigkeit der genetischen Information. Aus

ABC DEF GHI JKL MNO ....wird z.B.
ABC *C*DE FGH IJK LMN

Der Einfluß der Mutation ist positionsabhängig. Erscheint der Einschub (oder Verlust) einer Base am Genanfang oder in der Mitte, sind die Folgen schwerwiegend. Erscheint er kurz vor dem Ende der Information, so mag die Zelle das leicht modifizierte Genprodukt ggf. noch gebrauchen.

......POR ST*U* UVW

Rastermutanten können unter Umständen durch Kompensation repariert werden, z.B.

ABC *C*DE FHI JKL MNO......

Der durch den Einschub einer Base hervorgerufene Schaden wird dabei durch Entfernen einer weiteren behoben. Die dazwischenliegende Fehlinformation hat oftmals keinen gravierenden Einfluß auf die Funktion des Genproduktes.

Deletionen. Deletion heißt Stückverlust. Deletionsmutanten können nicht revertieren. Dieser Mutantentyp ist relativ häufig, und die meisten der sog. Spontanmutanten gehen auf ihn zurück. Wir werden in Kapitel 13 die kürzlich entdeckten *IS*-Elemente besprechen und dabei Mechanismen kennenlernen, die das Auftreten von Deletionen fördern.

Mutatorgene. Die Existenz bestimmter Gene beeinflußt die Mutationshäufigkeit. Zu deren Genprodukten gehören Enzyme, die den Ein-, Aus- und Umbau von *IS*-Elementen steuern und damit die Deletionshäufigkeit beeinflussen.

Die hier vorgestellten Mechanismen beschreiben die Ursachen von Mutationen. Möchte man einzelne Mutanten isolieren, benötigt man spezifische Selektionssysteme. Mutanten erkennt und selektiert man aufgrund ihres Phänotyps, und auch hierzu sind einige Beispiele zu nennen:

Stoffwechselmutanten. Das Auffinden und Charakterisieren von Stoffwechselmutanten (von Mikroorganismen) war das Hauptanliegen der sog. biochemischen Genetik. Gesucht wurde dabei nach Mutanten, die auf einem Minimalmedium nicht wachsen, bei Zusatz eines definierten Stoffwechselproduktes jedoch wachsen können. Die genaue Analyse dieser Mutanten führte schließlich in Zusammenarbeit mit Biochemikern zum Aufstellen der bekannten Biosynthesewege von Aminosäuren, Nukleotiden, Zuckern usw. Mehr darüber findet man in jedem Biochemielehrbuch. Viren haben keinen eigenen Stoffwechsel, und es wäre daher müßig, bei ihnen nach derartigen Mutanten zu suchen.

Temperatursensitive Mutanten (ts-Mutanten). Stoffwechselwege werden durch Proteine katalysiert, und da Proteine primäre Genprodukte sind, ist es naheliegend, ihre Struktur zu analysieren, um Anhaltspunkte über den Aufbau der sie codierenden Gene zu erhalten. Ein Weg zur Klärung dieses Problems bot sich durch Einsatz der temperatursensitiven Mutanten (*ts*-Mutanten) an. Die Stabilität von Proteinen ist bekanntlich temperaturabhängig. Bei erhöhter Temperatur denaturieren sie. Der Begriff „erhöhte Temperatur" ist relativ und die Empfindlichkeit ist von Protein zu Protein verschieden. Durch Mutation kann die Schwelle der Temperaturempfindlichkeit verändert werden. Ein mutiertes Protein ist bei „normaler" Temperatur zwar noch voll aktiv, verliert aber seine Aktivität bei einer erhöhten Temperatur, bei der das Wildtypprotein noch arbeitet.

Missense- und Nonsense-Mutanten. Substitution eines Nukleotids durch ein anderes, welches zu einem Austausch eines aminosäurecodierenden Tripletts durch ein anderes führt, nennt man *Missense*-Mutation. Die Mutation führt zu Fehlinformationen. Neben 61 Triplettcodons, die für Aminosäuren codieren, gibt es drei (UAA, UAG, UGA), deren Bedeutung Kettenabbruch lautet. Mutiert ein beliebiges Codon zu einem von ihnen, spricht man von *Nonsense*-Mutation. Die nach wie vor vorhandene Information verliert ihre Bedeutung, und es kommt zu einem vorzeitigen Kettenabbruch. Hier gilt wieder das, was wir bei den Rastermutationen besprochen haben. Mutationen im vorderen und mittleren Teil des Gens wirken fatal, Mutationen kurz vor seinem Ende können ggf. verkraftet werden. Ein Protein, dem einige wenige terminale Aminosäuren fehlen, kann oft zumindest eine partielle biologische Aktivität ausüben.

Die Analyse der Genprodukte von *Missense*-Mutanten sowie die gleichzeitige Kartierung der Defekte führte zu dem Beweis der Kolinearität von Nukleotidsequenzen und Aminosäuresequenzen. Einer Nukleotidsequenz (in der mRNS), die vom 5'- zum 3'-Ende gelesen wird, entspricht die Aminosäuresequenz in einem Protein, gelesen vom N-terminalen zum C-terminalen Ende.

Nonsense-Mutationen sind supprimierbar. Suppression kann durch eine spezifische tRNS erfolgen, die ein Kettenabbruchcodon als Codon für eine bestimmte Aminosäure liest und diese in eine wachsende Polypeptidkette einbaut. Es entsteht ein Genprodukt mit voller biologischer Aktivität (s. Kap. 19).

Genkarten

Die erste, wenn auch nur fragmentäre Genkarte wurde zu Zeiten der „klassischen Genetik" erstellt. Versuchsobjekt war *Drosophila melanogaster* (Sturtevant, 1925). Heute kennt man von einer Reihe von Arten mehr oder weniger genaue Genkarten. Es sind inzwischen auch Methoden entwickelt worden, um die Genkarte des menschlichen Genoms aufzustellen (s. Kap. 41), doch kennt man sich bei den Viren, Prokaryonten und einigen Pilzen (Hefe, *Neurospora*) noch immer am besten aus. Bei *E. coli* sind von den rund 2000 Genen etwa 300 kartiert (Stand 1976, zusammengestellt von Taylor). Diese, wie auch viele andere Genkarten, werden von den Herausgebern des "Handbook of Biochemistry and Molecular Biology" gesammelt und in regelmäßigen Abständen (auf den neuesten Stand gebracht) publiziert.

Heute bedient man sich zur Charakterisierung eines Genoms nicht ausschließlich genetischer Methoden (Kreuzungsanalyse). Hinzugekommen sind einmal die sog. Heteroduplex-Kartierung, ein Verfahren, bei dem man das Elektronenmikroskop zu Hilfe nimmt, und zum anderen die Aufstellung von Restriktionskarten.

Heteroduplexkartierung. Schon in Kapitel 2 wurde das Schmelzen und Renaturieren von DNS besprochen. Das Vorgehen soll an einem Modellbeispiel erläutert werden. Wir betrachten dabei zwei einander ähnliche, aber nicht miteinander identische Genome. Eines möge eine Deletion aufweisen. Die Gene seien durch Buchstaben symbolisiert:

1. $a\ b\ c\ d\ e\ f$
   $a'\ b'\ c'\ d'\ e'\ f'$

2. $a\ b\ c\ f$
   $a'\ b'\ c'\ f'$

(*abc* ... = ein Strang der DNS, $a'\ b'\ c'$ ... = der dazu komplementäre).

Mischt man beide Proben, schmilzt die DNS und läßt die Einzelstränge wieder renaturieren, entstehen u.a. Formen, bei denen Teile der DNS keine Partner finden. Solche Anteile sind elektronenmikroskopisch als einzelsträngige Schlaufen auszumachen. Ihre Länge kann direkt vermessen, ihre Position in Bezug zum Rest des Genoms bestimmt werden.

Heteroduplexkartierung kann auch unter Einsatz von mRNS durchgeführt werden. Unter bestimmten Reaktionsbedingungen ist ein DNS-RNS-Hybrid stabiler als ein DNS-DNS-Hybrid. Ein RNS-Molekül verdrängt daher einen DNS-Strang aus der Doppelhelixstruktur. Der entsprechende Abschnitt ist elektronenmikroskopisch als Schlaufe zu erkennen [ein Doppelstrang (DNS-RNS) und ein Einzelstrang (DNS), siehe Abb. 9.13–9.15 und Abb. 37.2–37.5].

Unter Einsatz der Autoradiographie eignet sich dieses Verfahren auch zur Lokalisation von Genen in Riesenchromosomen der Dipteren und der Lampenbürstenchromosomen von Amphibien (s. Kap. 42).

Restriktionskartierung. Vor wenigen Jahren wurde eine Gruppe von Enzymen entdeckt, die DNS an ganz bestimmten (spezifischen) Stellen spalten (Restriktionsendonukleasen, Restriktionsenzyme, s. Kap. 20). Kleinere Genome, z.B. die der Viren, der Mitochondrien, Chloroplasten oder Teile größerer können damit in eine definierte Anzahl von Restriktionsfragmenten zerlegt werden. Gehen wir wieder von einem Modellbeispiel aus. Unser Genom bestehe aus folgenden Genen:

a b c d e f g h

Restriktionsenzym I spaltet es in die Fragmente

a b c *d e* *f g h*

Restriktionsenzym II in die Fragmente

a *b c d* *e f g h.*

Schon aus diesen beiden Ansätzen heraus läßt sich die Reihenfolge der Fragmente im Genom festlegen, sofern spezifische Marker für *a, b, c* identifizierbar sind: „*b*" liegt hinter „*a*", denn es erscheint in einem gemeinsamen Fragment „*a b c*", „*d*" liegt hinter „*c*", denn es erscheint in einem Fragment „*b c d*" usw. Die Fragmente können getrennt weiterbearbeitet werden. Man kann schauen, welche Gene und/oder Kontrollregionen auf ihnen liegen. Man kann die Stücke verwenden, um heterologe Kombinationen zu synthetisieren, z.B. können solche Fragmente in ein Plasmid eingebaut und in *E.* coli vermehrt werden (→ *Genetic engineering*, s. Kap. 11). Die Erzeugung kurzer, definiert langer DNS-Abschnitte ist auch eine der Voraussetzungen zur Sequenzierung dieser Stücke.

„Einfache" Genome

Die Genome der Viren sind recht einfach gebaut. Kleine RNS-haltige Viren (MS2, R17, Qβ u.a.) enthalten nur drei Gene, eines für das Hüllprotein, eines für das sog. A-Protein und ein drittes für die Replikase. Einige dieser Genome sind mittlerweile vollständig sequenziert worden, und ein Ausschnitt aus der Struktur des Genoms von MS2 wurde bereits in Abb. 2.11 vorgestellt.

Wie im vorangegangenen Kapitel erläutert, wurden 1975 Methoden zur schnellen Sequenzierung von Nukleinsäuren erarbeitet. Sanger und Mitarbeiter (MRC Laboratory of Molecular Biology, Cambridge) setzten die von ihnen entwickelten Verfahren gleich zur Sequenzierung des Genoms des Bakteriophagen Φ X 174 (Einstrang-DNS) ein. Die fertig analysierte Sequenz bot manche Überraschung. Der Phage hat

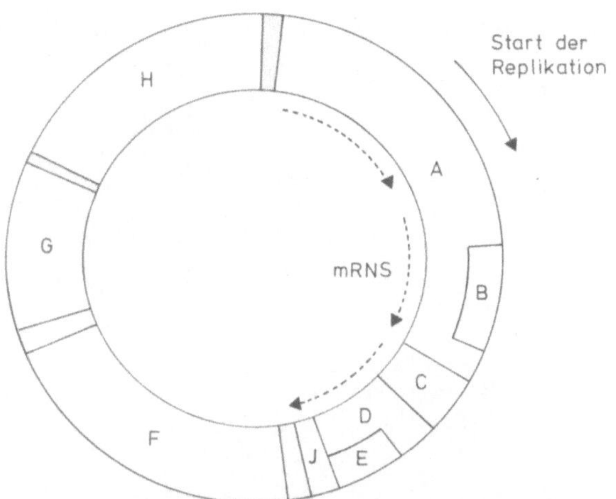

Abb. 5.4. Genkarte des Bakteriophagen Φ X 174. *A–H* sind Bezeichnungen für Gene, *B* liegt innerhalb von *A*, *E* innerhalb von *D*. Einzelheiten hierzu s. Abb. 5.5 und 5.6. Die gerastert dargestellten Abschnitte werden nicht transkribiert. (Nach Sanger et al., 1977 und Fiddes et al., 1977)

ein sehr kleines Genom, versteht es aber, es äußerst effizient zu nutzen.

Eine bestimmte Nukleotidsequenz enthält nicht nur die Information für ein, sondern gleich für zwei bzw. drei Gene (s. Abb. 5.4, 5.5 und 5.6). Besonders interessant ist der Grenzbreich der Gene *D, E* und *J*. *D* und *E* sind ineinandergeschachtelt, nutzen die Information aber in unterschiedlichem Raster. *J* beginnt bereits, bevor *D* und *E* fertig sind und nutzt die dritte Phase aus. Ist dies wieder eine Kuriosität, oder kommt dem Bedeutung für die Allgemeine Biologie zu? Nahverwandte Arten (z.B. G4) verhalten sich genauso, andere wiederum (z.B. fd) tun es nicht.

SV40, ein Tumorvirus mit Doppelstrang-DNS (vermehrt sich in eukaryotischen Zellen) schöpft die Möglichkeiten, die in einer Nukleotidsequenz enthalten sind, ebenfalls mehrfach aus (s. Abb. 5.7). Dabei ist so ziemlich alles realisiert, was man sich vorstellen kann.

- Ausnutzung beider Stränge mit Überlappung von Genen, wobei die Information des einen und gleichzeitig die des komplementären genutzt wird.
- Ineinanderschachtelung im gleichen Raster und Ineinanderschachtelung unter Ausnutzung eines anderen.

Welche Nachteile bietet ein so ökonomisches Vorgehen? Mehrfach genutzter Information fehlt nahezu jegliche Redundanz. Ein durch Mutation entstandener Fehler macht sich gleichzeitig in zwei (drei) Proteinen bemerkbar, und ob das Virus einen doppelten (dreifachen) Schaden übersteht, bleibt abzuwarten. Eingangs wurde schon darauf hingewiesen, daß der genetische Code redundant sei. Eine Veränderung in der dritten Position eines Tripletts bleibt in vielen Fällen ohne phänotypisch sichtbare Folgen. Bei Ausnutzung einer Nukleotidsequenz in unterschiedlichem Raster entfällt dieser Schutzmechanismus, denn die dritte Position in den Codons für das eine Protein ist gleichzeitig die zweite Position in den Codons für das zweite, und Substitutionen in der zweiten Position sind bei weitem nicht so gefahrlos.

Zusammengefaßt kann man also sagen: eine derartige Organisation des Genoms hat ein verringertes Evolutionspotential zur Folge. Es ist ein System, das sich unter den gegebenen Bedingungen bewährt und solange existieren kann, solange seine Umweltbedingungen konstant bleiben. Bei Veränderung bleibt ihm kaum eine Überlebenschance. Nun muß man allerdings hinzufügen, daß Viren sich gerade derjenigen Funktionen der Zelle bedienen, die ihrerseits eine extrem hohe Stabilität, einen extrem hohen Selektionswert und ihr Optimum in der Evolution seit langem erreicht haben. Mit anderen Worten: Viren mit komplexen Genomen haben eine ökologische Nische gefunden und werden sich solange halten, solange es ihre Wirtszellen (*E. coli*, eukaryotische Zellen) geben wird.

Organisation des Genoms

Was ist ein Gen? Der Genbegriff – 1903 von dem Dänen Johannsen eingeführt – hat viele Wandlungen durchgemacht. Ursprünglich bezeichnete er die Erbanlagen für bestimmte phänotypisch erkennbare Merkmale. In den vierziger Jahren stellten Beadle und Tatum ihre ein Gen – ein Enzym-Hypothese auf. Abgewandelt könnten wir heute auch sagen: ein Gen – ein Protein oder ein Gen – ein Polypeptid (s. Kap. 18). Doch auch diese Bezeichnungen sind, obwohl immer noch sehr nützlich, nicht mehr zeitgemäß, denn man weiß inzwischen, daß es Proteine gibt, die durch im Genom weit voneinander entfernt liegende Abschnitte codiert werden.

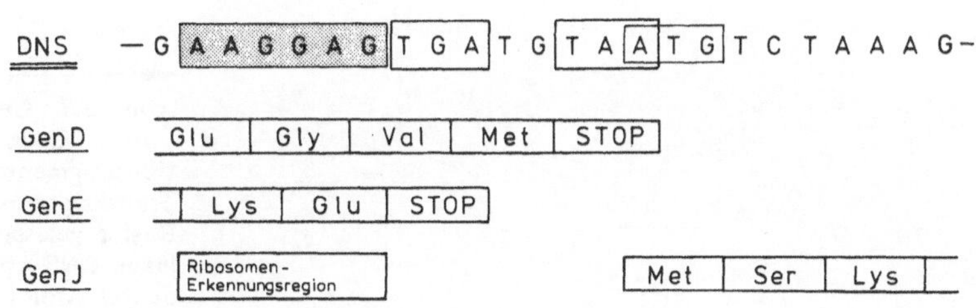

Abb. 5.5. Ein effizient genutztes Stück DNS (Φ X 174). Eine Nukleotidsequenz dient drei Funktionen. Sie trägt genetische Information für zwei Genprodukte sowie die Ribosomenerkennungsregion für ein drittes. (Nach Sanger et al., 1977 und Fiddes et al., 1977)

```
                  MET   SER   GLN   VAL   THR   GLU   GLN   SER   VAL   ARG   PHE   GLN   THR   ALA   LEU   ALA   SER
T A A G A A A T C A T G A G T C A A G T T A C T G A A C A A T C C G T A C G T T T C C A G A C C G C T T T G G C C T C T
                390                 400                 410                 420                 430                 440

 ILE   LYS   LEU   ILE   GLN   ALA   SER   ALA   VAL   LEU   ASP   LEU   THR   GLU   ASP   ASP   PHE   ASP   PHE   LEU
A T T A A G C T C A T T C A G G C T T C T G C C G T T T T G G A T T T A A C C G A A G A T G A T T T C G A T T T T C T G
                450                 460                 470                 480                 490                 500

 THR   SER   ASN   LYS   VAL   TRP   ILE   ALA   THR   ASP   ARG   SER   ARG   ALA   ARG   ARG   CYS   VAL   GLU   ALA
A C G A G T A A C A A A G T T T G G A T T G C T A C T G A C C G C T C T C G T G C T C G T C G C T G C G T T G A G G C T
                510                 520                 530                 540                 550                 560

 CYS   VAL   TYR   GLY   THR   LEU   ASP   PHE   VAL   GLY   TYR   PRO   ARG   PHE   PRO   ALA   PRO   VAL   GLU   PHE
             MET   VAL   ARG   TRP   THR   LEU   TRP   ASP   THR   LEU   ALA   PHE   LEU   LEU   LEU   LEU   SER   LEU
T G C G T T T A T G G T A C G C T G G A C T T T G T G G G A T A C C C T C G C T T T C C T G C T C C T G T T G A G T T T
                570                 580                 590                 600                 610                 620

 ILE   ALA   ALA   VAL   ILE   ALA   TYR   TYR   VAL   HIS   PRO   VAL   ASN   ILE   GLN   THR   ALA   CYS   LEU   ILE
   LEU   LEU   PRO   SER   LEU   LEU   ILE   MET   PHE   ILE   PRO   SER   THR   PHE   LYS   ARG   PRO   VAL   SER   SER
A T T G C T G C C G T C A T T G C T T A T T A T G T T C A T C C C G T C A A C A T T C A A A C G G C C T G T C T C A T C
                630                 640                 650                 660                 670                 680

 MET   GLU   GLY   ALA   GLU   PHE   THR   GLU   ASN   ILE   ILE   ASN   GLY   VAL   GLU   ARG   PRO   VAL   LYS   ALA
   TRP   LYS   ALA   LEU   ASN   LEU   ARG   LYS   THR   LEU   LEU   MET   ALA   SER   SER   VAL   ARG   LEU   LYS   PRO
A T G G A A G G C G C T G A A T T T A C G G A A A A C A T T A T T A A T G G C G T C G A G C G T C C G G T T A A A G C C
                690                 700                 710                 720                 730                 740

 ALA   GLU   LEU   PHE   ALA   PHE   THR   LEU   ARG   VAL   ARG   ALA   GLY   ASN   THR   ASP   VAL   LEU   THR   ASP
   LEU   ASN   CYS   SER   ARG   LEU   PRO   CYS   VAL   TYR   ALA   GLN   GLU   THR   LEU   THR   PHE   LEU   LEU   THR
G C T G A A T T G T T C G C G T T T A C C T T G C G T G T A C G C G C A G G A A A C A C T G A C G T T C T T A C T G A C
                750                 760                 770                 780                 790                 800

 ALA   GLU   GLU   ASN   VAL   ARG   GLN   LYS   LEU   ARG   ALA   GLU   GLY   VAL   MET   ***
   GLN   LYS   LYS   THR   CYS   VAL   LYS   ASN   TYR   VAL   ARG   LYS   GLU   ***
                                                                                     MET   SER   LYS   GLY   LYS
G C A G A A G A A A A C G T G C G T C A A A A A T T A C G T G C G G A A G G A G T G A T G T A A T G T C T A A A G G T A
                810                 820                 830                 840                 850                 860

     LYS   ARG   SER   GLY   ALA   ARG   PRO   GLY   ARG   PRO   GLN   FRO   LEU   ARG   GLY   THR   LYS   GLY   LYS   ARG
A A A A A C G T T C T G G C G C T C G C C C T G G T C G T C C G C A G C C G T T G C G A G G T A C T A A A G G C A A G C
                870                 880                 890                 900                 910                 920

     LYS   GLY   ALA   ARG   LEU   TRP   TYR   VAL   GLY   GLY   GLN   GLN   PHE   ***
G T A A A G G C G C T C G T C T T T G G T A T G T A G G T G G T C A A C A A T T T T A A T T G C A G G G G C T T C G G C
                930                 940                 950                 960                 970                 980

C C C T T A C T T G A G G A T A A A T T A T G T C T A A T A T T C A A A C T G G C G C C G A G C G T A T G C C G C A T G
                990                1000                1010                1020                1030                1040
```

Abb. 5.6. Computerausdruck eines Teiles der Nukleotidsequenz des Phagen Φ X 174 sowie der Aminosäuresequenzen der Genprodukte von Gen *D*, *E* und *J*. (Sequenzanalyse: Sanger et al., 1977, verbesserte Version 1978; Programm: Staden, MRC Laboratory of Molecular Biology, Cambridge 1977, 1978)

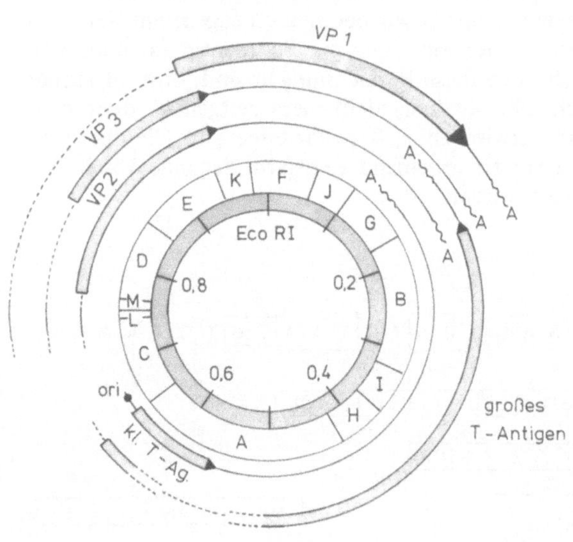

Abb. 5.7. Genkarte und Transkriptionsmuster von SV40. *Innerer Kreis:* Genkarte. Buchstaben kennzeichnen Restriktionsfragmente. *Äußere Kreise:* Transkriptionsrichtung und Transkriptionsprodukte. VP2 und VP3 werden im gleichen Raster gelesen, VP1 in einem anderen. Balken entsprechen jenen RNS-Abschnitten, die translatiert werden. ~~~ A bedeutet Anpolymerisierung von Poly-(A) (Fiers et al., 1978)

Wir haben gerade ineinandergeschachtelte und überlappende Gene kennengelernt und müßten demnach sagen, ein Gen – zwei Polypeptidketten. Doch hier sollte man vorsichtig sein. Ein Gen hat einen Anfang und ein Ende, die durch spezifische Start- und Stopsignale repräsentiert sind, und hierin unterscheiden sich auch ineinandergeschachtelte Gene, obwohl sie gleiche Nukleotidsequenzen enthalten.

DNS übt verschiedene Funktionen aus. Sie ist nicht allein Träger genetischer Information, sondern enthält Nukleotidsequenzen, die der Kontrolle der Genexpression und der Replikation dienen.

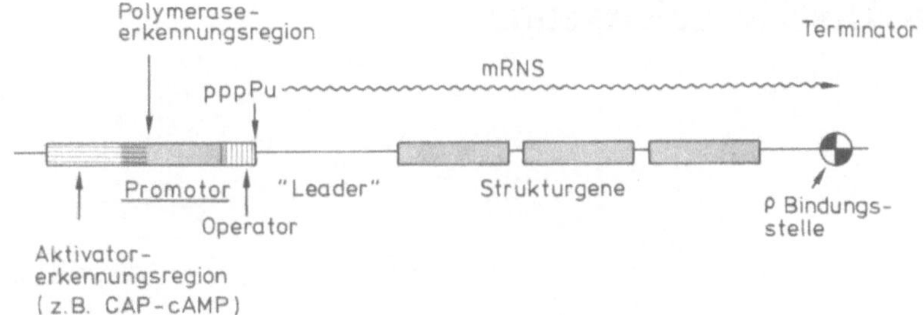

Abb. 5.8. Modell der Organisation eines Operons (z.B. Lactose-Operon). Den Strukturgenen vorgeschaltet sind der Promotor und die Kontrollregionen (z.B. die Aktivatorerkennungsregion und der Operator, die Bindungsstelle für einen Repressor). Die Promotorregion endet mit dem Startpunkt der Transkription (s), der für die 5′-terminale Base (fast ausnahmslos ein Purin) codiert. Der Terminator ist ebenfalls eine Region, in der verschiedene Signale erkannt werden können, weitere Einzelheiten s. Text und Kap. 9 (Nach Szybalski, 1977)

Da man einige andere Funktionen schon ganz gut kennt, lassen sich die einzelnen Abschnitte auch mit neuen Bezeichnungen belegen. Die Nukleotidsequenz, die die Information für ein sog. Strukturprotein (Enzym, Faserprotein, Antikörper) trägt, wird als Strukturgen bezeichnet. Es beginnt mit einem Start- und endet mit einem Stopcodon. Ihm sind weitere Signale vorgeschaltet. Ein Promotor (bindet DNS-abhängige RNS-Polymerase), ein Operator (bindet Regulatormoleküle), eine Ribosomenbindungsstelle u.a. Mehrere Strukturgene können hinter eine Promotor-/Operatorregion geschaltet sein und bilden eine Einheit, ein Operon, dessen Expression als ganzes ein- oder ausgeschaltet wird (s. Abb. 5.8). Regulatorproteine sind Produkte von Regulatorgenen. In einem Operon sind Gene für Proteine zusammengefaßt, die für jeweils eine Biosynthesekette benötigt werden (Beispiele s. Kap. 9). Man könnte nun annehmen, derartige Einheiten seien die Regel, doch auch das stimmt wieder nicht.

Man kennt eine Vielzahl von Beispielen, wo Genprodukte im Stoffwechsel in gleicher Menge und zum gleichen Zeitpunkt benötigt werden, deren Gene aber an unterschiedlichen Orten im Genom lokalisiert sind. Wir werden uns in den folgenden Kapiteln noch öfter die Frage vorlegen müssen, wie eine Koordination der Expression solcher Gene erfolgt.

Literatur

Barrell, B.G., Air, G.M., Hutchison III, C.A.: Overlapping genes in bacteriophage Φ X 174. Nature (London) *264,* 34 (1976)

Fasman, G.D. (ed.): Handbook of biochemistry and molecular biology, 3. Aufl. Cleveland: CRC Press Inc. 1976

Fiers, W., Contreras, R., Haegeman, G., Rogiers, R., van de Voorde, A., van Heuverswyn, H., van Heereweghe, J., Volckaert, G., Ysebaer, M.: Complete nucleotide sequence of SV 40 DNA. Nature (London) *273,* 113 (1978)

Garen, A.: Sense and nonsense in the genetic code. Science *160,* 149 (1968)

Hayward, G.S., Smith, M.G.: The chromosome of bacteriophage T5. J. Mol. Biol. *63,* 383 (1972)

Luria, S.E., Darnell, J.E., Baltimore, D., Campbell, A.: General virology, 3. Aufl. New York: J. Wiley and Sons 1978

Reddy, V.B., Thimmappaya, B., Dhar, R., Subramanian, B., Zain, S., Pan, J., Ghosh, P.K., Celma, M.L., Weissman, S.M.: The genome of simian virus 40. Science *200,* 494 (1978)

Sanger, F., Air, G.M., Barrell, B.G., Brown, N.L., Coulson, A.R., Fiddes, J.C., Hutchison III, C.A., Slocombe, P.M., Smith, M.: Nucleotide sequence of bacteriophage Φ X 174 DNA. Nature (London) *265,* 687 (1977)

Shaw, D.C., Walker, J.E., Northrop, F.D., Barrell, B.G., Godson, G.N., Fiddes, J.C.: Gene K, a new overlapping gene in bacteriophage G4. Nature (London) *272,* 510 (1978)

Simon, M.N., Studier, F.W.: Physical mapping of the early region of bacteriophage T7 DNA. J. Mol. Biol. *79,* 249 (1973)

Staden, R.: Sequence data handling by computer. Nucl. Acid Res. *4,* 4037 (1977)

Staden, R.: Further procedures for sequence analysis by computer. Nucl. Acid Res. *5,* 1013 (1978)

Szybalski, W.: Genetic and molecular map of *Escherichia coli* bacteriophage lambda. In: CRC Handbook of biochemistry and molecular biology. Fasman, G.D. (ed.), 3. Aufl. Cleveland: CRC Press 1976

Szybalski, W., Bøvre, K., Fiandt, M., Hayes, W., Hradecna, Z., Kumar, S., Lozeron, H., Nijkamp, H.J.J., Stevens, W.F.: Transcriptional units and their controls in *Escherichia coli* phage λ: Operons and scriptons. Cold Spring Harbor Symp. Quant. Biol. *35,* 341 (1970)

Watson, J.D.: Molecular biology of the gene, 3. Aufl. Menlo Park: Benjamin Inc. 1975

6. DNS in Eukaryonten

DNS eukaryotischer Zellen gleicht strukturell der in prokaryotischen. Sie unterscheidet sich von ihr nur durch die Menge (auf das haploide Genom bezogen, s. Abb. 6.1), die Länge der Moleküle (Abb. 6.2 und 6.3) und die Anordnung spezifischer Nukleotidsequenzen. Die DNS ist in der Regel mit Proteinen assoziiert und bildet einen Nukleoproteinkomplex, das sog. Chromatin (mehr darüber s. Kap. 40). Das *Escherichia coli*-Genom enthält rund 2000 Strukturgene, wenn man davon ausgeht, daß jedes etwa 1500 Basenpaare lang ist. Das menschliche Genom müßte demnach 3 x 10^6 enthalten. Tatsächlich rechnet man aber nur mit rund 50 000 Genen, was wiederum heißt, daß größenordnungsmäßig nur etwa 2% der DNS als Träger genetischer Information benötigt wird. Selbst wenn man postuliert, daß die Gengröße bei Eukaryonten zehnmal größer als bei den Prokaryonten sei, wären erst 20% des haploiden Genoms mit Genkarten auszufüllen. Es gilt inzwischen als gesichert, daß der größte Teil der DNS eukaryotischer Zellen keine genetische Information trägt. Neben singulären (einmal vorkommenden) Nukleotidsequenzen besteht das Eukaryontengenom zu einem großen Teil aus repetitiven. Das sind Abschnitte, in denen bestimmte Nukleotidabfolgen 100 bis millionenfach wiederkehren. Man unterscheidet dabei zwischen den intermediär repetitiven

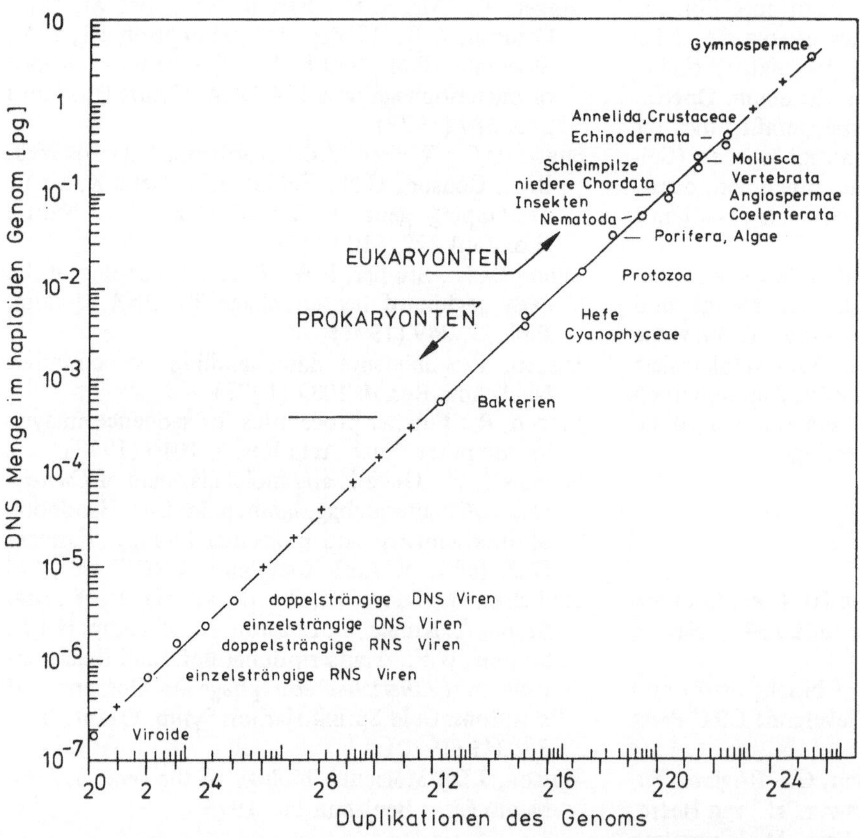

Abb. 6.1. Minimale DNS (oder RNS)-Menge pro haploidem Genom in 23 größeren systematischen Gruppen. + symbolisiert Genomverdopplungen, für die es keine rezenten Vertreter gibt (Sparrow und Nauman, 1976)

und den hochrepetitiven Sequenzen. Repetitive Sequenzen sind

1. an bestimmten Stellen im Genom konzentriert und bilden u.a. das konstitutive Heterochromatin (s. Kap. 40),
2. ± gleichförmig über das Gesamtgenom verteilt. Man findet sie dabei in einem regelmäßigen Muster zwischen singuläre Sequenzen eingestreut.

Wie analysiert man die Organisation des Eukaryontengenoms?

Ab der Mitte der sechziger Jahre setzten sich parallel zwei Untersuchungsmethoden durch, die Aufschluß über den Aufbau der Eukaryonten-DNS gaben, deren Ergebnisse bis heute jedoch z.T. noch erhebliche Diskrepanzen aufweisen. 1965 wurde beobachtet, daß DNS aus Kalbsthymus im CsCl-Dichtegradienten ein uneinheitliches Bild liefert. Dabei ist zu beachten, daß keine intakten DNS-Moleküle eingesetzt werden konnten, da die Isolierung solcher Moleküle im großen Stil bis heute unmöglich ist. Lediglich die autoradiographische und elektronenmikroskopische Darstellung einzelner unbeschädigter Moleküle gelang. Die Bruchstücke der Kalbsthymus-DNS zeigten neben einer Hauptbande mit der Schwebedichte um 1,7 einige schwere Banden, die prominentesten davon bei Schwebedichten um 1,714 und 1,711. Die Untersuchung von Eukaryonten-DNS aus anderen Quellen ergaben stets ähnliche Aufspaltungen, nur lagen die Schwebedichten dieser sog. „Satellitenbanden" immer woanders. Erhebliche Verbesserungen des Auflösungsvermögens der Dichtegradientenzentrifugation wurden, wie wir schon gesehen haben (s. Kap. 3), durch Zusatz basenspezifischer Liganden zum Gradienten erzielt. Zuerst hat man sich mit Hg^+-Ionen (AT-spezifisch) und Ag^+-Ionen (GC-spezifisch bei pH < 7, AT-spezifisch bei pH > 7) im Cs_2SO_4-Gradienten befaßt, dann kamen organisch-chemische Komplexbildner ins Spiel und schließlich kombinierte man beide Methoden.

Die zweite Untersuchungsmethode beruht auf dem Studium der Renaturierungskinetik von DNS-Molekülen. Wie in Kapitel 2 dargelegt, trennt sich eine DNS-Doppelhelix beim Erhitzen über einer bestimmten, von der Ionenstärke und der Ionenart abhängigen Temperatur in die beiden Einzelstränge. Läßt man die Lösung der denaturierten DNS bei Temperaturen um 20–25°C unterhalb der Denaturierungstemperatur (T_m) längere Zeit (bis zu einigen Wochen) stehen, so „renaturiert" die DNS wieder, d.h. die zueinander komplementären Sequenzen finden einander wieder und lagern sich zusammen. Analytisch kann man diesen Effekt durch Messung der optischen Dichte, der Viskosität oder der optischen Drehung verfolgen. Oft setzt man auch Hydroxyapatit ein, um doppelsträngige (reassoziierte) DNS spezifisch zu binden und sie von der nichtreassoziierten abzutrennen.

Die Reassoziation der komplementären DNS-Stränge in Lösung ist eine Funktion des Produkts aus der DNS-Konzentration und der Zeit:

[c_0t-Wert (Mol x Sek./l)].

Die Komplexität einer DNS-Probe wird durch den Wert $c_0t/2$ beschrieben (s. Kap. 2). $C_0t/2$ ist zur Konzentration der komplementären Stränge umgekehrt proportional und der Anzahl verschiedner DNS-Sequenzen (der Genomgröße) proportional. Wie aus der Abb. 6.4 hervorgeht, ist die Reassoziationskinetik einer eukaryotischen DNS eine Zweistufenkinetik. Zuerst finden die repetitiven Sequenzen einander wieder und erst zu einem viel späteren Zeitpunkt (bei einem um Größenordnungen höheren c_0t-Wert die singulären. Dieses Muster – lediglich quantitativ abgewandelt – findet man bei der DNS aller Eukaryonten. Einige ausgewählte Beispiele sind in Tabelle 1 zusammengestellt.

Tabelle 1. Genomgröße und Anteil repetitiver Sequenzen bei einigen Tieren und Pflanzen

Art	pg[a] DNS (im haploiden Genom)	Prozentualer Anteil repetitiver Sequenzen
Tiere:		
Drosophila melanogaster	0,12	26
Necturus maculosus	52	77
Xenopus laevis	3,1	27
Bos taurus	3,2	45
Homo sapiens	2,9	35
Pflanzen:		
Nicotiana tabacum	1,6	53
Raphanus sativus	1,5	18
Anemone blanda	16,0	57
Vicia faba	16,4	85
Allium cepa	16,7	95

a 1 pg = 10^{-12} g.

Wie schon angedeutet, unterscheidet man zwischen hochrepetitiven und intermediär repetitiven Sequenzen. Um nur zwei von vielen Beispielen zu nennen: Der Anteil hochrepetitiver Sequenzen am *Drosphila melanogaster*-Genom beträgt 12%, das der intermediär repetitiven ebenfalls 12% und das der singulären Sequenzen ca. 70% (Manning, Schmid, N. Davidson, 1975). Die entsprechenden Anteile bei der Maus lauten: hochrepetitiv: 8%, intermediär repetitiv 15%, singulär 76% (Ginelli et al., 1977). Die hochrepetitiven lassen sich bei vielen Arten durch Zentrifugation im CsCl-Dichtegradienten abtrennen. Zu dieser Fraktion gehören die sog. Satelliten, aber auch einige Strukturgene, z.B. für rRNS (s. Kap. 37), Histone (s. Kap. 7) und vermutlich einige weitere. Beim Menschen macht dieser Anteil 2% des Gesamtgenoms aus, bei *Drosophila nasutoides* 60%. Hochrepetitive Sequenzen sind

Abb. 6.2. Elektronenmikroskopische Aufnahme der DNS eines HeLa-Zell-Metaphasechromosoms nach Entzug der Histone. Das Chromosom besteht aus einem intensiv gefärbten Protein-*core* (Mitte des Bildes) und der ausgespreiteten DNS. Maßstab: 17 mm in der Abb. entsprechen 2 μm. (Aufn. Paulson und Laemmli, Princeton University, 1977)

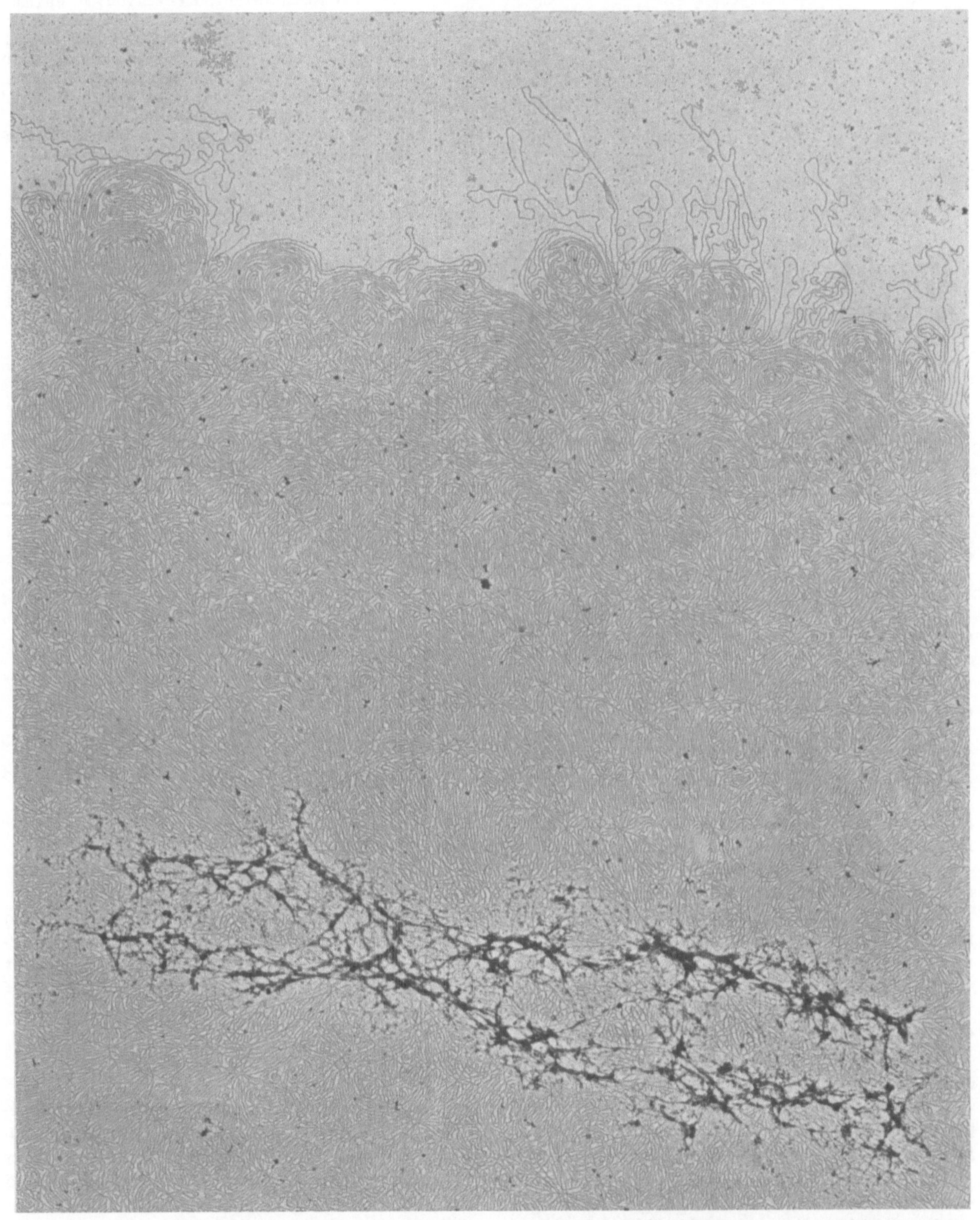

Abb. 6.3. Elektronenmikroskopische Aufnahme der DNS eines HeLa-Zell-Metaphasechromosoms. Gleiches Präparat wie in Abb. 6.2, doch bei stärkerer Vergrößerung, um das Netzwerk der Faltung des DNS-Moleküls besser erkennen zu können. Obwohl der DNS-Strang erkennbar ist, ist es wegen der großen DNS-Menge unmöglich, den Verlauf des Stranges zu verfolgen. Maßstab: 28 mm in der Abb. entsprechen 2 μm. (Aufn. Paulson und Laemmli, Princeton University, 1977)

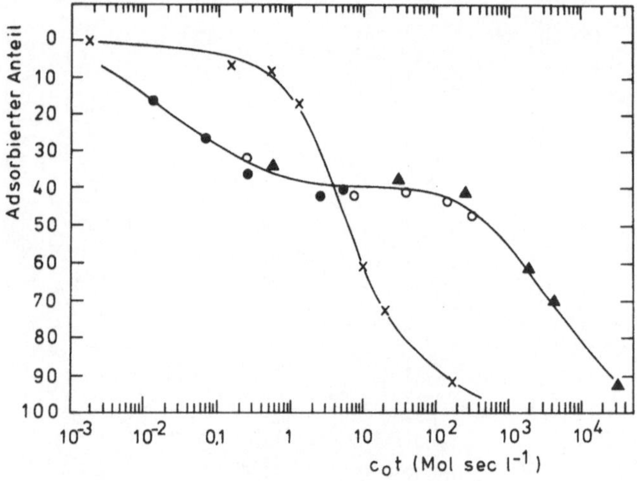

Abb. 6.4. Renaturierungskinetiken von Kalbsthymus-DNS (Meßpunkte durch *Kreise* und *Dreiecke* gekennzeichnet) und von *E. coli*-DNS (*Kreuze*). Doppelsträngige (renaturierte) DNS wird von Hydroxyapatit adsorbiert und kann somit von nichtdenaturierter, einzelsträngiger DNS abgetrennt werden. Das Bild zeigt die Zweistufenkinetik einer Eukaryonten-DNS im Vergleich zur Einstufenkinetik einer Prokaryonten-DNS (Britten und Kohne, 1968)

Tabelle 2. Satelliten-DNS bei einigen Eukaryonten

Art	Satellit (g/ml)	% im Genom	Repetitionsgrad	Sequenz, Sequenzlänge
Meerschweinchen	I (1,705)	5,5	10^7	CCCTAA
Dipodomys ordis	HS-β	11		ACACAGCGGG
Cancer pagarus		20		AT
Drosophila virilis	I (1,692)	25		ACAACT
	II (1,688)	8	1,2 x 10^7	ATAAACT
	III (1,671)	8		ACAATT
Drosophila nasutoides	I (1,687)	20–30	20 x 10^6	5
	II (1,682)	10–15	4 x 10^5	103
	III (1,669)	5–10	10	2,3 x 10^6
	IV (1,665)	5–10	3,7 x 10^5	46
Drosophila melanogaster	I (1,672)	5,6	1,2 x 10^6	AATAT UAATATAT
	II (1,686)	3,8	3,2 x 10^5	AATAA CATAG
	III (1,688)	4,0		
	IV (1,705)	4,6	1,8 x 10^5	3(AAG), 4(AG), 1(G)

im Chromosom in der Regel an bestimmten Stellen konzentriert (telomer, centromer u.a.), wobei die Verteilung artspezifisch ist (mehr darüber s. Kap. 41). *Drosophila virilis* verfügt über drei Satelliten, die aus Abfolgen von Heptanukleotiden bestehen und sich nur durch einzelne Basenaustausche voneinander unterscheiden.

Doch nicht alle Satelliten bestehen aus so kurzen Repetitionseinheiten (s. Tabelle 2). Die Repetitionseinheit des Satelliten I aus Kalbsthymus-DNS enthält 1460 Basenpaare. Afrikanische Grünaffen enthalten einen Satelliten mit einer Repetitionseinheit von 172 Basenpaaren, der im Genom einige Millionen mal hintereinandergeschaltet ist (Tandemschaltung). Die Sequenz wurde 1978 aufgeklärt (Rosenberg et al.), wobei sich zeigte, daß alle repetitiven Einheiten untereinander nahezu identisch sind. Lediglich an einigen wenigen Positionen kommen Nukleotidsubstitutionen vor, deren Verteilung jedoch nicht statistisch ist.

Damit stellen sich für uns die Fragen: *Wie entstehen Satelliten? Welchem Selektionsdruck unterliegen sie? Wie breiten sich Mutationen aus?* Obwohl viel darüber geschrieben worden ist, gibt es noch immer keine plausiblen Antworten.

Über das Genom verteilte, repetitive Sequenzen

Im Gegensatz zu den hochrepetitiven, als Tandem organisierten Sequenzen sind die intermediär repetitiven (*r*), zwischen singuläre Sequenzen (*s*) eingestreut und über das Gesamtgenom verteilt

$r_1\ s_1\ r_1\ s_2\ r_1\ s_3$ oder

$r_1\ s_1\ r_2\ s_2\ r_3\ s_3 \ldots\ldots r_1\ s_m\ r_2\ s_m\ r_3\ s_o \ldots\ldots$

Zur Bestimmung der Länge und Anordnung der Repetitionseinheit hybridisiert man einen Überschuß radioaktiv markierter DNS-Fragmente unterschiedlicher Länge gegen einen Standard (definierter Länge) und wählt die Bedingungen dabei so, daß nur die intermediär repetitiven Einheiten renaturieren.

Sind die repetitiven Sequenzen im Wechsel mit singulären angeordnet (*interspersed,* eingestreut), ragen die singulären Anteile als ungepaarte freie Enden an den gepaarten Abschnitten heraus. Die Ermittlung der Länge der Doppelstranganteile kann auf verschiedene Weise erfolgen:

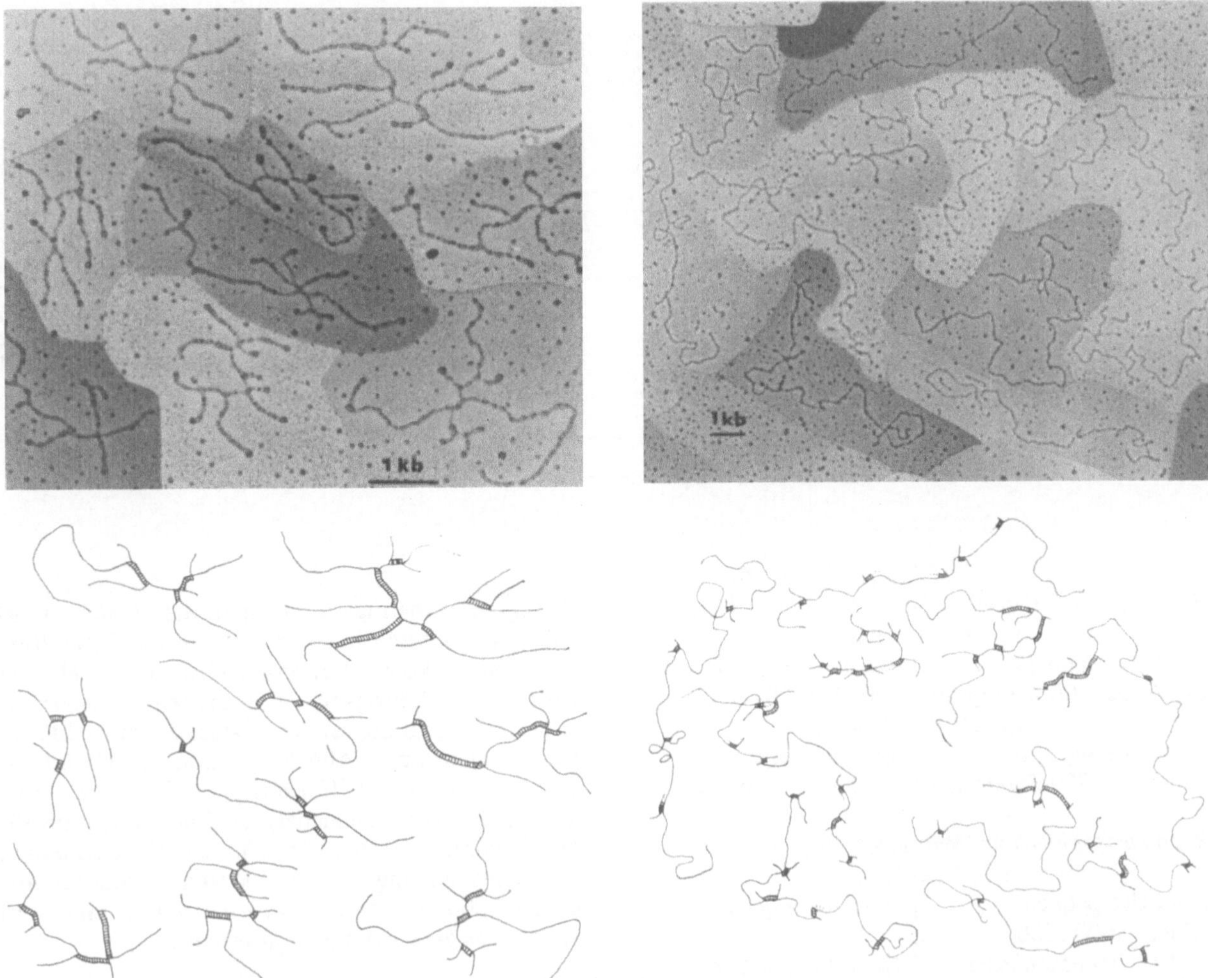

Abb. 6.5. a Elektronenmikroskopischer Nachweis von repetitiven DNS-Sequenzen, die zwischen singuläre eingestreut sind. DNS aus Ratten wurde in Stücke von 2500 Basenpaaren Länge fragmentiert, dann denaturiert und schließlich unter Bedingungen renaturiert, unter denen sich nur repetitive Abschnitte paaren. Es sind ausgewählte Felder mit partiellen Heteroduplices zusammengestellt, die sowohl Einzel- als auch Doppelstranganteile enthalten. Der untere Teil des Bildes gibt eine Deutung der Aufnahmen. Die bizarr aussehenden Formen sind ein Anzeichen dafür, daß repetitive und singuläre Sequenzen einander abwechseln. (Die Markierung im Bild: 1 kb bedeutet 1000 Basenpaare.) b Singuläre Sequenzen in Fragmenten von 20 000 Basenpaaren Länge. Diese Stücke wurden gegen kurze Fragmente (900 Basenpaare lang) hybridisiert. (Aufn. Wilkes, Paarson, Wu, J. Bonner, Pasadena, 1978)

– durch elektronenmikroskopische Analyse (siehe Abb. 6.5 a u. b),
– durch Abbau der ungepaarten, singulären Sequenzen mit einstrangspezifischen Nukleasen und nachfolgende, gelelektrophoretische Bestimmung der Größe der verbliebenen Hybridmoleküle,
– durch Bindung der Reassosiationsprodukte an Hydroxyapatit (s. Abb. 6.6).

Untersuchungen dieser Art sind an zahlreichen Eukaryonten durchgeführt worden, wobei es sich stets zeigte, daß Eukaryonten-DNS entweder nach dem sog. *Xenopus-Typ* oder nach dem sog. *Drosophila-Typ* organisiert ist. Der *Xenopus-Typ* ist bei Eukaryonten vorherrschend. Man findet ihn bei Protisten, bei Pflanzen und bei Tieren. Den *Drosophila-Typ* hat man bisher nur bei *Drosophila, Chironomus* und bei der Honigbiene *Apis mellifica* nachgewiesen. Alle drei Arten enthalten weniger als 0,7 pg DNS pro haploidem Genom, und das ist, auf die durchschnittliche Genomgröße der Insekten bezogen, sehr wenig. Die DNS der meisten anderen Insekten incl. der Stubenfliege *Musca domestica* ist nach dem *Xenopus-Typ* organisiert, desgl. viele kleine Genome von Arten anderer systematischer Gruppen.

Wodurch sind Xenopus- und Drosophila-Typ voneinander unterschieden? Folgende Einheiten sind jeweils hintereinandergeschaltet:

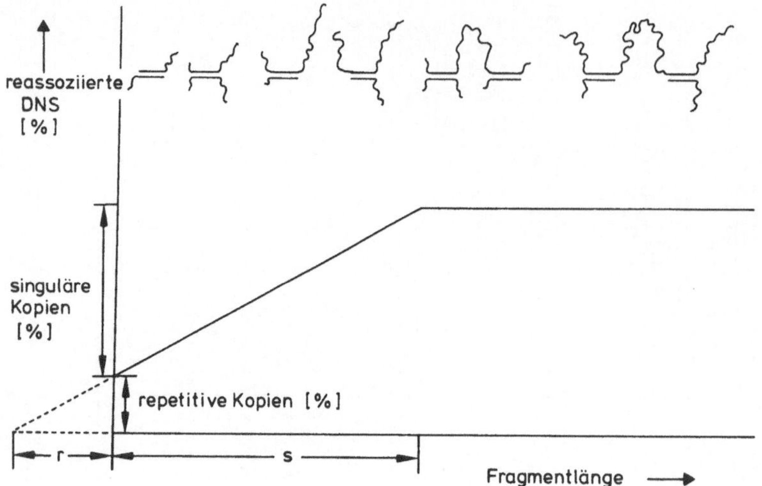

Abb. 6.6. Bindung von reassoziierter DNS an Hydroxyapatit. Einsträngige DNS-Fragmente unterschiedlicher Länge wurden gegen einen Überschuß kurzer DNS-Moleküle hybridisiert. Die Bedingungen wurden so gewählt, daß nur repetitive Sequenzen reassoziierten. Mit steigender Kettenlänge nahm die Menge des vom Hydroxyapatit gebundenen Komplexes zunächst zu, wobei vorausgesetzt ist, daß die singulären die repetitiven an Länge übertreffen. Der Wert erreicht ein Plateau, sobald die Fragmente länger als die singulären Sequenzen sind (Graham et al., 1974)

Beim Xenopus-Typ (E.H. Davidson et al., 1973):

in 50% des Genoms

repetitive Sequenz	singuläre Sequenz
Länge: ca. 300 Basenpaare	700–1000 Basenpaare

in 25% des Genoms

repetitive Sequenz	singuläre Sequenz
Länge: ca. 300 Basenpaare	> 4000 Basenpaare

Beim Drosophila-Typ (Manning et al., 1975):

in 25% des Genoms

repetitive Sequenz	singuläre Sequenz
Länge: 5600 (500–13.000) Basenpaare	13.000 Basenpaare

in 2–3% des Genoms

repetitive Sequenz	singuläre Sequenz
Länge: < 500 Basenpaare	> 13.000 Basenpaare

E.H. Davidson und Britten (California Institute of Technology, Pasadena), die sich mit dem Problem der Reassoziationskinetiken am ausgiebigsten befaßt haben, haben die Technik bei zahlreichen Eukaryonten vergleichend eingesetzt, um Aussagen über Konstanz und Evolution des o.g. Musters zu erhalten. In Tabelle 3 sind einige repräsentative Daten zusammengefaßt.

Die Länge der repetitiven Sequenzen schwankt um Werte zwischen 300 und 400 Basenpaaren. Die repetitiven Sequenzen sind untereinander nicht gleichartig strukturiert. Man kann sie aber einer Reihe von Klassen zuordnen, deren Mitglieder untereinander gleich oder nahezu gleich sind. Ihre Position im Genom sagt nichts über die Klassenzugehörigkeit aus. Bei *Xenopus laevis* kommen 800 Klassen vor, von denen jede 2000 einander identische Kopien enthält, was zusammen $1{,}6 \times 10^6$ repetitiven Einheiten entspricht.

Neben eingestreuten, repetitiven Sequenzen enthält das Genom einen nicht zu unterschätzenden Anteil von sog. *inverted repeats:*

$a\ b\ c\ \ c'\ b'\ a'$.

Ihr c_0t-Wert beträgt 0, denn sie falten sich in sich selbst zurück und bilden Palindrome, die Rückfaltung ist demnach konzentrationsunabhängig. Als ein Beispiel für die Häufigkeit der vorgestellten Sequenzen und ihre Bedeutung sei die Analyse des menschlichen Genoms genannt (s. Abb. 6.7) (Schmid und Deininger, Dept. of Chemistry, University of California, Davis, 1975). Repetitive Sequenzen sind über mehr als 80% des Genoms verstreut. Bei 50% des Genoms beträgt die Länge der singulären Sequenzen größenordnungsmäßig 2000 Basenpaare, *inverted repeats* sind statistisch über das Gesamtgenom verteilt.

Welche Bedeutung kommt den repetitiven Sequenzen zu? Die naheliegende Antwort wäre natürlich, daß sie an der Regulation der Transkription beteiligt sind. Britten, E.H. Davidson und ihre Mitarbeiter fanden, daß der überwiegende Teil der mRNS aus dem Cytoplasma (an Polysomen gebundene RNS, s. Kap. 38) Sequenzbereiche enthält, die sich unmittelbar an repetitive Sequenzen anschließen. Aus Kernen isolierte RNS enthält Transkripte der repetitiven *und* der singulären Abschnitte.

Zur Veranschaulichung ein Beispiel: Ein Genomabschnitt möge lauten

r abc r def r gh...

r sei eine repetitive Einheit, *abc* seien singuläre. In Kern-RNS findet man u.a. *rab, rde, gh* u.a. An Polysomen findet man nur *a, d* und *g*, nicht aber *b, c, e, f, h* und *r*. Dieser Befund weist auf die Tatsache hin, daß repetitive Sequenzen und der überwiegende Teil der singulären Sequenzen nicht translatiert werden, und das ist sehr wichtig im Zusammenhang mit dem eingangs angeschnittenen Problem: *Wozu so viel überschüssige (?) DNS im Eukaryontengenom?* Die naive Vorstellung, die Hauptmenge würde durch die repetitiven Sequenzen gestellt, ist somit hinfällig.

Tabelle 3. Anteil und Verteilung repetitiver und singulärer Sequenzen in den Genomen einiger Tierarten. (Aus Davidson, E.H., et al., 1975a)

Art	Genomgröße (pg/hpl. Genom)	Anteil singulärer Sequenzen	Komplexität singulärer Sequenzen	Klassen repetitiver Sequenzen; durchschnittl. Vorkommen einer jeden Klasse pro hpl. Genom	Eingestreut in Sequenzen der in der letzten Spalte genannten Fragmente	Anteil repetitiver DNS in Einheiten von 200–400 Nukleotiden Länge	Anteil der singulären Sequenzen, die von repetitiven unterbrochen sind (Fragmentlänge s. folgende Spalte)	Fragmentlänge (Nukleotide)
Spisula solidissima (Muschel)	1,2	75%	$8{,}2 \times 10^8$	30 3700	ja ?	60%	>70%	2300
Crassostrea virginica	0,69	60%	$3{,}8 \times 10^8$	40	ja	35%	>75%	3000
Aplysia californica (Schnecke)	1,8	40%	$10{,}7 \times 10^8$	85 4600	? ja	60%	>80%	2500
Limulus polyphemus (Pfeilschwanzkrebs)	2,8	70%	$17{,}9 \times 10^8$	50 ~2000	ja ja	75%	>70%	2000
Cerebratulus lacteus (Nemertine)	1,4	60%	$7{,}7 \times 10^8$	40 1000	ja wahrsch.	55%	>70%	2800
Aurelia aurita (Qualle)	0,73	70%	$4{,}7 \times 10^8$	180	ja	60%	>80%	2000
Strongylocentrotus purpuratus (Seeigel)	0,89	75%	$6{,}1 \times 10^8$	100 1500	? ja	75%	70%	3300
Xenopus laevis (Krallenfrosch)	2,7	75%	$18{,}5 \times 10^8$	100 2000	? ja	75%	70%	3700
Rattus norvegicus (Ratte)	3,2	75%	$22{,}3 \times 10^8$	wenige 1800	? ja	?	>65%	3200
Drosophila melanogaster	0,12	75%	$0{,}82 \times 10^8$	35	nein	10%	nicht beobachtet	2500

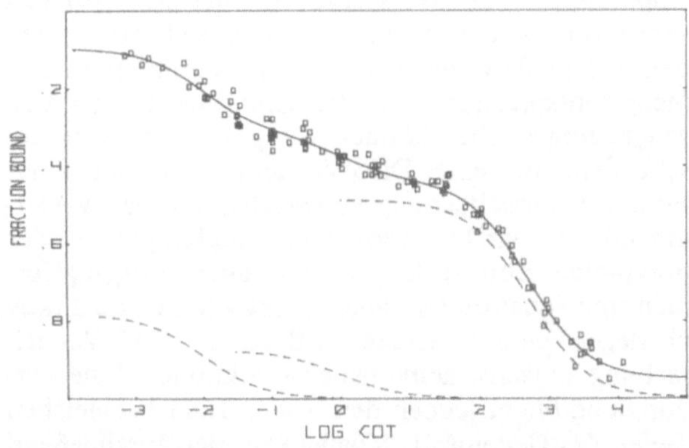

Abb. 6.7. Renaturierungsprofil gescherter menschlicher DNS. Die Renaturierungskinetik wurde durch Bindung renaturierter DNS an Hydroxyapatit bestimmt. Bereits zum Zeitpunkt t = 0 liegt ein gewisser Anteil (0,1 = 10%) doppelsträngig vor. Hierbei handelt es sich um die *inverted repeats.* Die Analyse der Reassoziationskinetik der übrigen Anteile ergab, daß menschliche DNS heterogen ist und Komponenten enthält, die mit unterschiedlichen c_0t-Werten renaturieren. Im unteren Teil des Bildes sind die Beiträge der einzelnen Fraktionen gesondert dargestellt (*gestrichelte Linien*) (Schmid und Deininger, 1975)

Sind die 4 Nukleotide gleichmäßig über das Gesamtgenom verteilt? Auch diese Frage ist zu verneinen. Im Genom der Maus, des Rindes und einiger anderer Mammalia findet man in 20% des Genoms AT-reiche Abschnitte von 1500 Basenpaaren Länge in nicht statistischer Verteilung. Die AT-reichen Abschnitte sind nach partieller Denaturierung der DNS elektronenmikroskopisch leicht zu identifizieren (s. Abb. 6.8). Die ungleiche Verteilung dieser Abschnitte ist eine mögliche Ursache für das Auftreten der sog. „Q-Banden" in Metaphasechromosomen, die man nach Einsatz spezifischer Färbeverfahren der Chromosomen erhält. Man arbeitet dabei mit Fluoreszenzfarbstoffen, die mit den AT-reichen Anteilen eine andersartige Fluoreszenz ergeben als mit GC-reichen (s. Abb. 41.2–41.6).

Die hohe Konstanz, mit der repetitive Sequenzen auftreten, weist unmißverständlich darauf hin, daß ihr Erhalt auf einem hohen Selektionsvorteil für den Organismus beruht. Einige wenige, bislang vorliegende Ergebnisse lassen den Schluß zu, daß die Mutationsrate bei repetitiven Sequenzen zwar recht hoch ist, aber nicht die Mutationsrate in sich schnell evolvierenden Strukturgenen übersteigt (Britten und E.H. Davidson, 1976).

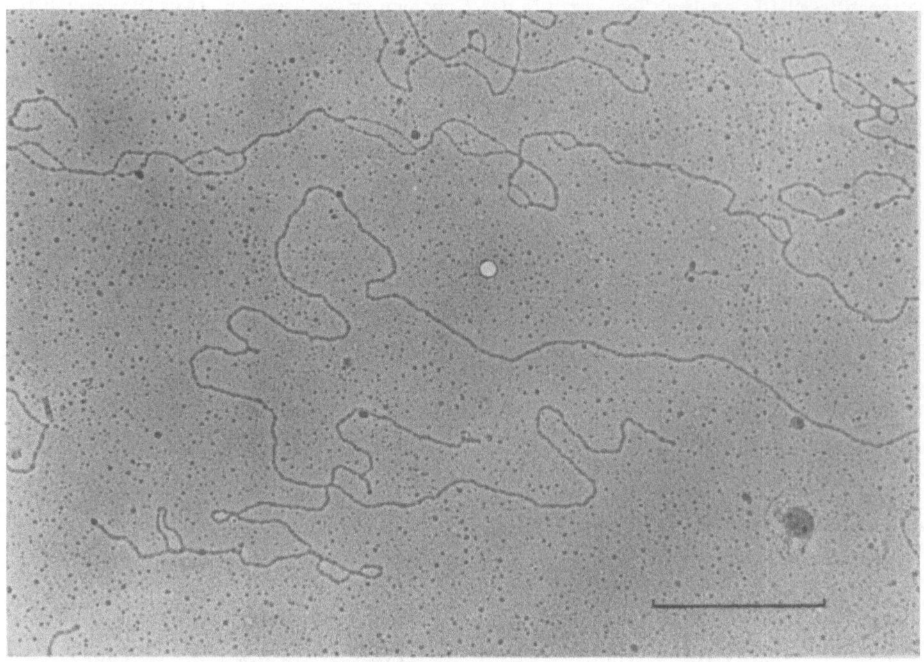

Abb. 6.8. Zwei partiell denaturierte DNS-Moleküle aus gleicher Quelle (Rind), von denen das eine (*oben*) viele AT-reiche Abschnitte enthält, die als Einzelstränge (Blasen) erkennbar sind. Dem zweiten Molekül (*unten*) fehlen sie. Der Maßstab entspricht 1 μm. (Photo: Mayfield und McKenna, Ames Iowa, 1978)

Evolution von DNS der Eukaryonten

Wie hat sich das Genom der Eukaryonten entwickelt? Da wäre zunächst die Frage zu klären, wie Größe und Menge zustandekommen, und die simpelste Antwort würde lauten, daß sich das Genom durch mehrfache, aufeinanderfolgende Duplikationen vervielfacht hat. Die Darstellung in Abb. 6.1 weist bereits darauf hin, wie so etwas ausgesehen haben mag und wieviele Duplikationsschritte erforderlich wären. Damit ist aber weder etwas über die Funktion der DNS gesagt, noch über die Bedeutung spezifischer Abschnitte. Wie wir später noch bei der Besprechung der Proteine sehen werden, findet man bei vielen Proteinen interne Duplikationen. Antikörper sind ein schönes Beispiel dafür. Stark vereinfacht dargestellt, ist ein Typ eines Antikörpermoleküls durch folgende Abschnitte charakterisiert:

$$V_H \; C_{H1} \; C_{H2} \; C_{H3}:$$

Alle vier Teilabschnitte, auf deren Bedeutung wir später zurückkommen (s. Kap. 22), sind einander homolog und die entsprechenden Genabschnitte sind damit als Nachkommen eines Urgens anzusehen. Die Entstehung einer solchen Struktur beruht auf aufeinanderfolgenden Duplikationen einzelner Strukturgene, und das wiederum heißt, daß sich Genome nicht nur *en bloc* verdoppelt haben, sondern daß daneben auch einzelne Abschnitte selektiv vervielfacht wurden. Daß aber auch eine Vervielfachung des gesamten Genoms Ursache einer Evolution sein kann, ist mit Beispielen aus dem Pflanzenbereich hinreichend zu belegen. Nahezu alle Kulturpflanzen sind polyploid oder amphidiploid. Letzteres sind Hybride zwischen nah verwandten Arten, deren Genome in sich die der beiden Elternteile vereinen. Chromosomenzahl und DNS-Menge entsprechen dabei der Summe der beiden Ausgangsgenome. Hier können wir gleich die Frage anschließen, ob eine DNS-Vervielfachung mit einer Funktionsvervielfachung einhergeht, und das wiederum können wir klar verneinen. Amphidiploide oder polyploide Kulturpflanzen sind ihren Ausgangsformen nur quantitativ, aber praktisch nie qualitativ überlegen, denn es entstehen durch die DNS-Vervielfachung zunächst keine neuen Funktionen. Eine Verdopplung bietet jedoch den beiden zunächst gleichen Teilen des Genoms die Möglichkeit, sich anschließend unabhängig (divergierend) voneinander weiterzuentwickeln und unterschiedliche Mutationen zu akkumulieren. Artkreuzung und Entstehung von Amphidiploiden ist im Tierreich sehr selten, denn es gibt dort zahlreiche Isolationsmechanismen, die dem im Wege stehen.

Trotz der genannten Einschränkungen spielen Zu- und Abnahme der DNS-Menge in der Evolution der Organismen eine entscheidende Rolle. Neben Punktmutationen sind sie die einzige und zudem sogar die wirkungsvollste Weise, um genetische Information zu modifizieren und den Evolutionsprozeß zu beschleunigen. Die Bedeutung der Punktmutationen für eine Evolution der Organismen wird gemeinhin weit überschätzt. Man weiß heute, daß sie allenfalls eine untergeordnete Rolle spielen. Selbst bei Spontanmutationen und der Evolution der Prokaryonten sind Deletionen und Duplikationen von Teilabschnitten des Genoms die vorherrschenden Mechanismen. Viele Adaptationen an ein neues Substrat gehen auf eine Umprogrammierung des Genoms zurück, wobei Gene für Enzyme, die normalerweise nur in Spuren produziert werden, selektiv aktiviert werden, so daß große Mengen des gebrauchten Genproduktes entstehen.

Eine Analyse der DNS-Mengen bei verschiedenen Arten läßt eine Reihe von Gesetzmäßigkeiten erkennen, die als Erklärung der Ursache der Evolution herangezogen werden können. Wir beginnen zu verstehen, worauf unterschiedliche Evolutionsgeschwindigkeiten beruhen und wie der Erfolg einer Art durch die Genomgröße vorprogrammiert ist. Man kennt heute die DNS-Mengen von über 1000 Arten. Die Bestimmung erfolgte in der Regel colorimetrisch oder durch Fluoreszenz der DNS einer Anzahl abgezählter Kerne oder mikrospektrophotometrisch bei Kernen einzelner Zellen nach Feulgen-Färbung. Die Ergebnisse beider Methoden ähneln einander, doch stimmen die Werte nur selten miteinander überein, so daß man relativ weite Fehlergrenzen in Kauf nehmen muß. DNS-Mengen freilebender Organismen schwanken zwischen 0,007 pg (Durchschnittswert der Bakterien) und über 100 pg pro haploidem Genom (bei einigen Pflanzen und Salamandern). Die Spanne umfaßt also vier Größenordnungen. Säugetiere haben nur 3–6 pg DNS, also etwa 500–1000mal mehr als ein Bakterium. Einige Werte sind in Tabelle 4 zusammengestellt.

Aus solchen Daten lassen sich mehrere Tendenzen ablesen (Mirsky und Ris, 1951):

- Es gibt eine Zunahme der DNS-Menge (pro haploidem Genom) in der Gruppe der Invertebraten als Funktion der Entwicklungsstufe.
- Verwandte Arten, z.B. Mitglieder einer Familie, enthalten ähnliche DNS-Mengen.
- Die Evolution der Landvertebraten geht mit einer Verringerung der DNS-Menge einher.

Die Variationsbreite der DNS-Mengen innerhalb einer systematischen Gruppe ist von Gruppe zu Gruppe verschieden. Bei Vögeln z.B. liegt zwischen der Art mit der geringsten DNS-Menge und der mit der höchsten ein Faktor 1,3. Bei Urodelen laûtet der Faktor 5. Die höheren Eukaryonten haben selten weniger als 0,4 pg DNS, was darauf schließen läßt, daß es Minimalmengen geben muß, die nicht unterschritten werden dürfen. Die Körpergröße (erwachsener Organismus) ist mit der DNS-Menge positiv korreliert. Beispiele findet man bei Mollusken, vielen Pflanzen und Insekten. So hat z.B. *Drosophila melanogaster* doppelt soviel DNS wie *Drosophila virilis* und ist doppelt so groß.

Die DNS-Menge ist in der Regel mit der Chromosomenzahl nicht korreliert. Zu den Ausnahmen gehören

Tabelle 4. DNS-Mengen in den Genomen einiger Pro- und Eukaryonten. (Aus Hinegardner, 1976)

Art	DNS-Menge [pg im haploiden Genom]
Mycoplasmata	0,0017– 0,0037
Bakterien	0,0033– 0,01
Schwämme	0,05
Coelenterata	0,35 – 0,73
Annelida	0,09 – 5,3
Crustaceae	0,09 –15,8
Insecta	0,1 – 7,5
Mollusca	
Gastropoda	0,43 – 4,4
Bivalves	0,65 – 5,4
Echinodermata	0,54 – 3,3
niedere Chordaten	0,20 – 1,5
Haie und Rochen	2,8 – 9,8
Teleostier	0,39 – 4,4
Amphibien	
Urodelen	19 – ~100
Anuren	1,2 – 7,9
Reptilien	1,5 – 3,5
Vögel	1,7 – 2,3
Säuger	3,0 – 5,8
Pflanzen	
Psilopsida	129 – 313
Farne	6,0 – ~100
Gymnospermen	4,2 –50
Angiospermen	1,2 –89

Ploidieserien bei Pflanzen, in denen sich nah verwandte Formen durch die Chromosomenzahl, welche ein Vielfaches einer Grundmenge *n* repräsentiert, voneinander unterscheiden. Echinodermata haben DNS-Mengen zwischen 0,5 und 3 pg. In allen untersuchten Fällen wurden 21 oder 22 Chromosomen gefunden. Alle Salamander der Gattung *Plethodon* haben 14 Chromosomen. Die DNS-Menge variiert zwischen 18 und 69 pg. Bei Säugern wurde keine Korrelation zwischen DNS-Menge und Chromosomenzahl festgestellt.

DNS-Menge und Spezialisierung sind positiv miteinander korreliert. „Normale" Formen verfügen über eine DNS-Menge, die dem Durchschnittswert der entsprechenden systematischen Gruppe entspricht. In der Abb. 6.9 wird das am Beispiel der Fische erläutert, doch gilt die gleiche Beziehung auch für Insekten, Amphibien, Mollusken, Seegurken, Säuger und einige Pflanzengruppen. Spezialisierte und/oder obskur aussehende Formen haben entweder mehr oder weniger DNS als die durchschnittlichen „typischen" Arten der jeweiligen Gruppe.

Hinegardner (University of California, Santa Cruz, 1976) hat die Organismen aufgrund ihrer DNS-Menge vier Klassen zugeordnet (s. Abb. 6.10):

Klasse I enthält die Prokaryonten, Sie können nicht mehr DNS verarbeiten, da ihnen ein Mechanismus zur gleichmäßigen Verteilung einer großen DNS-Menge während der Zellteilung (Mechanismus der Mitose) fehlt.

Klasse II gehören die Pilze an.

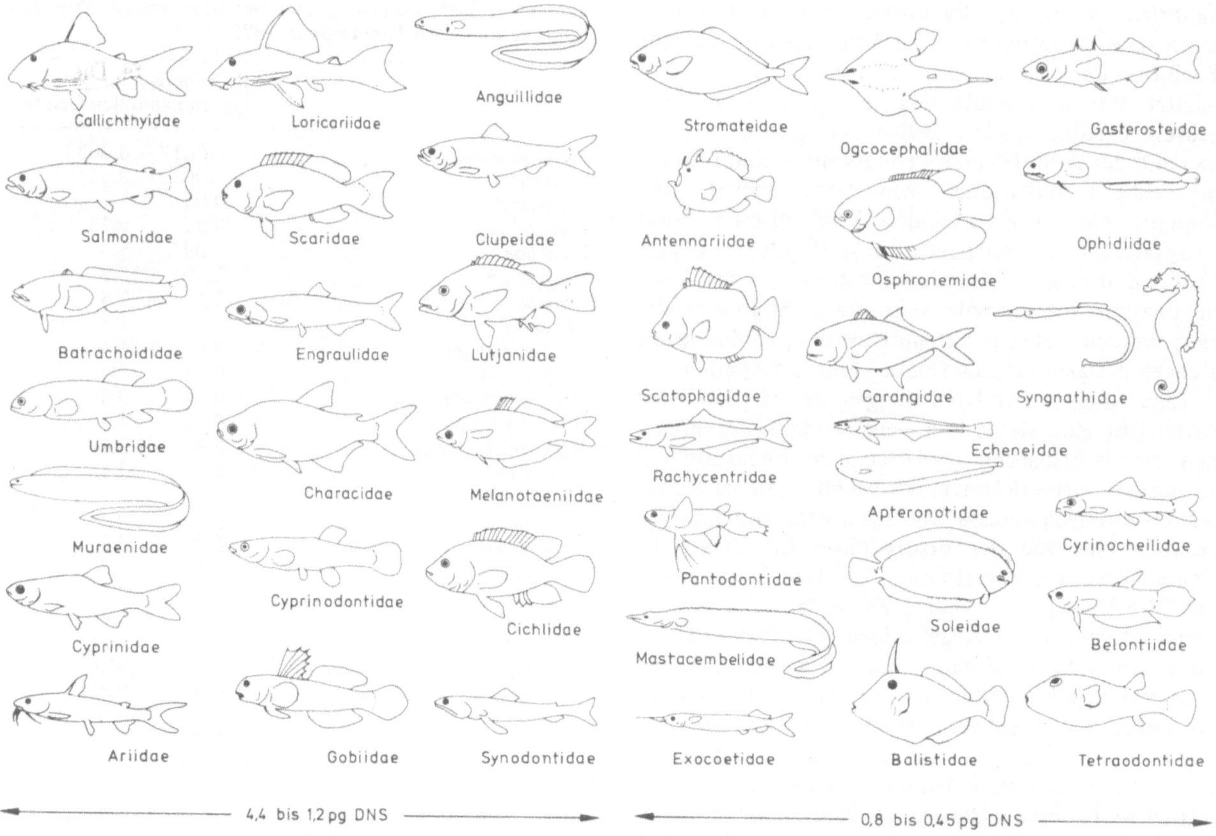

Abb. 6.9. Eine qualitative Darstellung der Korrelation zwischen geringem DNS-Gehalt und Spezialisierung. Das Genom von Fischfamilien im linken Teil des Diagramms enthält relativ viel DNS, das der Fischfamilien im rechten Teil sehr wenig. Die Werte im Diagramm sind abfallend von oben nach unten und von links nach rechts (Hinegardner, 1976)

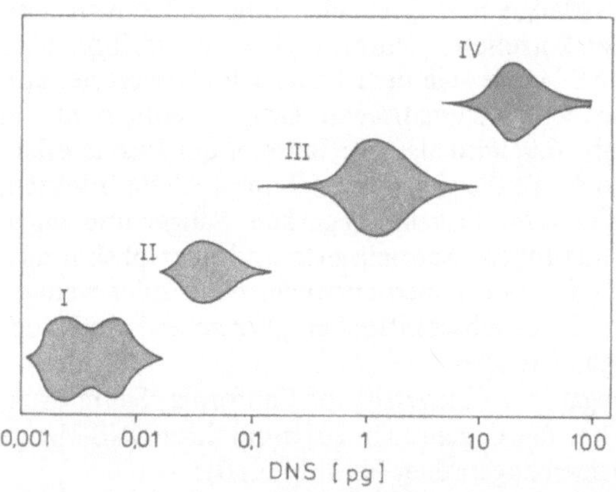

Abb. 6.10. Aufgrund der DNS-Menge im haploiden Genom lassen sich alle Organismen vier Klassen zuordnen. Die Klasse I enthält die Bakterien, Klasse II die Pilze, Klasse III nahezu alle Tiere und eine Reihe von Pflanzen und Klasse IV viele Pflanzen, Salamander und einige Fische (Nicht-Teleostier) (Hinegardner, 1976)

Klasse III gehören die meisten Tiere und viele Pflanzen an. Innerhalb dieser Klasse findet man die höchste Heterogenität, was Besiedlung von Lebensräumen und die Anatomie und Physiologie der Arten angeht.

Zur Klasse IV gehören eine ganze Reihe von relativ primitiven Pflanzen (u.a. die Gymnospermen), die Salamander und einige primitive Fische. Innerhalb der jeweiligen Gruppen findet man nur eine geringe Variation. Die Arten sind hochgradig spezialisiert.

Zuviel DNS schadet nur. Sowohl bei Tieren als auch bei Pflanzen gibt es Stammeslinien, die nur eine sehr langsame Evolution durchmachen. Sie haben in der Regel mehr DNS als Arten nahverwandter, sich schnell entwickelnder Gruppen. Beispiele: *Psilopsida* 129–313 pg, Lungenfische 80–140 pg und Coelenterata 7 pg. Der größte Teil ihres Genoms ist wertlos, und die Organisation der großen DNS-Menge verhindert offensichtlich eine effiziente Umorganisation.

Die Durchschnitts-DNS-Menge einer taxonomischen Gruppe ist zur Zahl der Arten in dieser Gruppe umgekehrt proportional. Das gilt vor allem für die Vertebraten, wo die artenreichen Gruppen (Vögel und Teleostier) außerordentlich wenig und die artenarmen (Salamander, Lungenfische) sehr viel DNS besitzen.

Welche Veränderungen haben sich im Verlauf der Evolution abgespielt? Während der Evolution ist zweifelsohne zweierlei passiert:

1. Die relative Häufigkeit bestimmter Nukleotidsequenzen hat sich verändert.
2. Die Gesamt-Menge an DNS nahm zunächst zu und in späteren Stadien wieder ab.

Die Verlustrate genetischer Information ist in der Regel höher als die Austauschrate von Nukleotiden, was wiederum bedeutet, daß ein Verlust nicht durch Mutation kompensiert werden kann. Folge eines Verlustes genetischer Information führt zum Verlust von Funktionen, letztlich zur Spezialisierung und ggf. zum Aussterben.

Niemals kann etwas (weder eine Maschine, ein intelligentes Konzept noch ein Organismus) an eine spezifische Funktion optimal adaptiert werden und gleichzeitig in allen Situationen bevorteilt sein. Nach einiger Zeit läuft sich jede Entwicklung tot, weil das Potential für neue Entwicklungen aufgebraucht ist. Eine Chance des Überlebens besteht allenfalls in einer Umorganisation des genetischen Materials und dem dadurch bedingten Gewinn neuer Funktionen.

Eine Art bleibt über lange Zeit selten konstant, da sich ihre Umwelt verändert. Es findet immer eine Selektion derjenigen Organismen statt, die am leichtesten Nahrung gewinnen, sich am effizientesten vermehren und es selbst vermeiden, gefressen zu werden. Da aber ein Organismus die Beute eines anderen ist, wirkt die Selektion auf beide. Jedesmal wenn die Überlebenschance der Beute zunimmt, nimmt die Biomasse am Beuteorganismus zu, und es ist lediglich eine Frage der Zeit, bis sich ein Jäger auf die neue Situation einstellt oder ein neuer Jäger auftaucht. Von daher gesehen kommt es zu keiner echten Evolution, solange sich ein System im Gleichgewicht befindet.

Je konstanter eine Umwelt ist, desto geringer ist die Evolutionsgeschwindigkeit der in ihr lebenden Arten. Tiefseefische, die einen extrem konstanten, aber auch extrem spezialisierten Lebensraum besiedeln, verfügen über ein DNS-reicheres Genom als Fische, die in flachem Wasser, einer Zone, die starken Veränderungen unterliegt, leben. Und Landwirbeltiere besitzen durchweg noch weniger DNS als die im Wasser lebenden.

Bei dieser Betrachtungsweise muß man sich natürlich fragen, was ist Ursache und was ist Wirkung. Umweltparameter haben ausschließlich selektiven Wert. Nur solche Arten resp. taxonomische Gruppen sind ihnen gewachsen, deren Genome die Voraussetzungen zur adaptiven Veränderung bieten. Fehlen sie, können auch Umweltparameter nichts ausrichten. Ändern sich diese in einer für die Art ungünstigen Weise, ist sie zum Aussterben verurteilt. Die von Paläontologen vorgelegte Liste ausgestorbener Arten übertrifft die der rezenten Arten um ein Vielfaches.

Evolutionshöhe und Komplexität des Genoms. *Wie ist die „überschüssige" DNS organisiert?* Wenn DNS bei einer Spezialisierung verlorengeht, gehen sowohl repetitive als auch singuläre Sequenzen verloren. Eine hohe Komplexität des Genoms ist nicht automatisch die Ursache einer höheren Evolutionsstufe. Die Komplexität des Genoms der Qualle *Aurelia* z.B. ist etwa sechsmal so hoch wie die von *Drosophila*, und dennoch werden in *Aurelia* keinerlei Organsysteme angelegt. Urodelen (Schwanzlurche) enthalten mehr DNS als Anuren (Frösche, Kröten). Einige Beispiele:

Triturus cristatus	23 pg	DNS/haploidem Genom
Necturus maculosus	52 pg	"
Xenopus laevis	3 pg	"
Bufo bufo	7 pg	" "

Innerhalb einer jeden Gruppe haben die beiden hier genannten Arten die gleichen Mengen an singulären Sequenzen, aber unterschiedliche Anteile der intermediär repetitiven. Dabei bleibt die Anzahl der Klassen repetitiver Sequenzen erhalten, und es variiert lediglich die Anzahl der Kopien pro Klasse.

Bei dem Vergleich Urodelen/Anuren findet man neben einer erhöhten Komplexität der repetitiven (intermediären) Einheiten auch eine höhere Komplexität der singulären (Baldari und Amaldi, Rom, 1976).

Beim Vergleich der singulären und repetitiven Sequenzen von *Xenopus laevis* und *Xenopus mulleri (borealis)* zeigte sich, daß viele der repetitiven Sequenzen bei *Xenopus mulleri* um den Faktor 10–100 seltener sind als bei *Xenopus laevis.* Andererseits gilt für andere repetitive Sequenzen genau das umgekehrte. Mehr als 70%, wenn nicht sogar alle singulären Sequenzen sind in beiden Arten einander homolog. Doch haben sich in den beiden Stammeslinien durch Mutation 10–15% der Basenpaare verändert.

Bachmann und Price (Universität Heidelberg und Florida Technological University, Orlando) haben die Gattung der Microseridinae (amerikanische löwenzahnähnliche Compositen) näher analysiert und fanden eine drastische Abnahme des DNS-Gehaltes als Funktion der Spezialisierung. Die Ergebnisse machen deutlich, daß bei einer Spezialisierung nicht nur Ballast, sondern auch genetische Information abgeworfen wird. Die Variationsbreite vieler Merkmale sinkt dabei mit der Spezialisierung. Bei der Verringerung der Genomgröße gehen proportionale Anteile der hochrepetitiven, der intermediär repetitiven und der singulären Sequenzen verloren.

Literatur

Ayala, F.J. (ed.): Molecular evolution. Sunderland, Mass.: Sinauer Ass. Inc. 1976

Bachmann, K., Goin, D.B., Goin, C.J.: Nuclear DNA amounts in vertebrates. In: Evolution of genetic systems. Brookhaven Symp. Biol. *23* (1974)

Britten, R.J., Kohne, D.E.: Repeated sequences in DNA. Science *161*, 529 (1968)

Chamberlin, M.E., Britten, R.J., Davidson, E.H.: Sequence organization in *Xenopus* DNA studied by the electron microscope. J.Mol.Biol. *96*, 317 (1975)

Davidson, E.H.: Gene activity in early development, 2. Aufl. New York, London: Academic Press 1976
Davidson, E.H., Hough, B.R., Amenson, C.S., Britten, R.J.: General interspersion of the repetitive with non-repetitive sequence elements in the DNA of *Xenopus*. J. Mol. Biol. *77*, 1 (1973)
Davidson, E.H., Galau, G.A., Angerer, R.C., Britten, R.J.: Comparative aspects of DNA organization in metazoa. Chromosoma *51*, 253 (1975a)
Davidson, E.H., Hough, B.R., Klein, W.H., Britten, R.J.: Structural genes adjacent to interspersed repetitive DNA sequences. Cell *4*, 217 (1975b)
Deininger, P.L., Schmid, C.W.: An electron microscope study of the DNA sequence organization of the human genome. J. Mol. Biol. *106*, 773 (1976)
Galau, G.A., Chamberlin, M.E., Hough, B.R., Britten, R.J., Davidson, E.H.: Evolution of repetitive and nonrepetitive DNA. In: Molecular evolution. Ayala, F.J. (ed.). Sunderland, Mass.: Sinauer Ass. Inc. 1976
Gall, J.G., Atherton, D.D.: Satellite DNA sequences in *Drosophila virilis*. J. Mol. Biol. *85*, 633 (1974)
Ginelli, E., Dilernia, R., Corneo, G.: The organization of DNA sequences in the mouse genome. Chromosoma *61*, 215 (1977)
Graham, D.E., Neufeld, B.R., Davidson, E.H., Britten, R.J.: Interspersion of repetitive and non-repetitive DNA sequences in the sea urchin genome. Cell *1*, 127 (1974)
Hinegardner, R.: Evolution of genome size. In: Molecular evolution. Ayala, F.J. (ed.). Sunderland, Mass.: Sinauer Ass. Inc. 1976
Manning, J.E., Schmid, C.W., Davidson, N.: Interspersion of repetitive and nonrepetitive DNA sequences in the *Drosophila melanogaster* genome. Cell *4*, 141 (1975)
Mayfield, J.E., McKenna, J.F.: A-T rich sequences in vertebrate DNA. Chrosomoma *67*, 157 (1978)
Mirsky, A.E., Ris, H.: The deoxyribonucleic acid content of animal cells and its evolutionary significance. J. Gen. Physiol. *34*, 451 (1951)
Price, H.J., Bachmann, K.: DNA content and evolution in the Microseridinae. Am. J. Bot. *62*, 262 (1975)
Schmid, C.W., Deininger, P.L.: Sequence organization of the human genome. Cell *6*, 345 (1975)
Sparrow, A.H., Nauman, A.F.: Evolution of genome size by DNA doublings. Science *192*, 524 (1976)
Waring, M., Britten, R.J.: Nucleotide sequence repetition: A rapidly reassociating fraction of mouse DNA. Science *154*, 791 (1966)
Wilkes, M.M., Pearson, W.R., Wu, J.-R., Bonner, J.: Sequence organization of the rat genome by electron microscopy. Biochemistry *17*, 60 (1978)

7. Isolierte und charakterisierte Eukaryontengene

Die in den vorangegangenen Kapiteln beschriebenen Methoden gestatten es, Organisation und Nukleotidsequenzen eukaryotischer Gene zu charakterisieren. Die Hauptschwierigkeit liegt dabei in ihrer Gewinnung. Sobald man einen DNS-Abschnitt mit der gewünschten Nukleotidsequenz in der Hand hat, ist es lediglich eine Frage des Arbeitsaufwandes, diese DNS in genügender Menge zu erzeugen. Das im Kapitel 11 beschriebene Verfahren des Genklonierens gestattet es, DNS beliebiger Herkunft in ausreichenden Mengen zu gewinnen. Die Methoden der Sequenzierung sind mittlerweile ebenfalls äußerst effizient, so daß aufgeklärte Nukleotidsequenzen von Eukaryontengenen in ständig steigender Zahl veröffentlicht werden. Eukaryontengene scheinen interessanter als Prokaryontengene zu sein, denn abgesehen von der Sequenzierung einiger Phagengenome, liegen erst wenige Daten über Sequenzierung bakterieller Gene vor. Oft geht man bei der Sequenzierung eines Gens von mRNS aus spezialisierten Zellen aus. Man verwendet dabei solche Zellen als Ausgangsmaterial, in denen das jeweilige Gen bevorzugt exprimiert wird. Die erhaltenen Nukleotidsequenzdaten stimmen in der Regel mit den entsprechenden (bekannten) Aminosäuresequenzen in Proteinen, die durch den Nukleinsäureabschnitt codiert werden, gut überein. Wir kommen später noch einmal darauf zurück, daß nicht alle Codons gleichwertig sind und daß manche bevorzugt werden. So weit, so gut; eine Überraschung ergab sich jedoch 1977, als man beim Adenovirus feststellte, daß das primäre Transkriptionsprodukt mittendrin Sequenzen enthält, die der späteren, fertigen mRNS fehlen. Man nannte diese Erscheinung *Gene splicing* und die beim *Processing* verlorengehenden, eingeschobenen Abschnitte *Introns* (W. Gilbert, 1978), (s. Kap. 10).

Was zunächst als eine Kuriosität erschien, erwies sich kurz darauf als ein weitverbreitetes Merkmal eukaryotischer Gene. *Gene-splicing* wurde beim β-Globin von Maus und Kaninchen, bei Immunglobulingenen der Maus, beim Ovalbumingen und dem Lysozymgen des Huhns, bei rRNS-Genen von *Drosophila* und tRNS-Genen von Hefe nachgewiesen. Die *Introns* können dabei unterschiedlich lang sein: 10 bis zu mehreren 1000 Basenpaaren. Gene in Stücken also: *Warum sind sie getrennt? Waren die Teile jemals beieinander?* Diese Fragen bleiben noch offen.

Im folgenden werden einige ausgewählte Beispiele analysierter Eukaryontengene vorgestellt: Die Histongene, um die Organisation repetitiv vorliegender Einheiten zu besprechen, das Insulingen, um zu zeigen, wie Gene kloniert und in Bakterien zur Expression gebracht werden, die Globingene als Beispiel für die ersten sequenzierten Eukaryontengene und dann einige weitere, deren Sequenzanalyse kürzlich abgeschlossen wurde. Im Kapitel 37 schließlich werden wir uns mit der Organisation und der Struktur der Gene für rRNS und tRNS befassen.

Histongene

Histone werden in großer Menge zu Beginn der S-Phase des Zellzyklus gebildet. In embryonalen Zellen des Seeigels macht ihr Anteil bis zu 60% der gesamten Proteinsynthese aus.

Man unterscheidet zwischen fünf verschiedenen Histonen:

H I, H IIa, H IIb, H III, H IV.

Es sind kleine, in ihrer Sequenz und Funktion sehr konservative Proteine. Die Variabilität der Histone III und H IV ist geringer als die von H IIa und H IIb, bei denen, soweit untersucht, eine beschränkte Variabilität als Funktion des Entwicklungsstadiums eines Individuums gefunden wurde (s. Abb. 40.2).

Embryonale Zellen des Seeigels (1-$\sim$300-Zellstadium) enthalten das α H IIb, in der Blastula findet man daneben auch die β-Form und in der Gastrula die γ-Form. In Mesenchymzellen liegen α, γ und δ und in Spermien die σ-Form vor (Cohen, K.M. Newrock, A. Zweidler, 1975).

Die einzelnen Varianten unterscheiden sich durch Aminosäureaustausche im N-terminalen Bereich der Polypeptidkette. Diese Histone sind somit Marker eines Entwicklungsprogramms und weisen darauf hin, daß in aufeinanderfolgenden Stadien verschiedene Gene exprimiert werden (s.a. Isoenzyme, Kap. 17). Neben der genetisch bedingten Variabilität gibt es eine Variabilität der Histonmoleküle, die auf einer Posttranslations-Modulation (s. Kap. 40) beruht. Unter enzymatischer Mitwirkung werden dabei einzelne

Aminosäuren methyliert, acetyliert oder phosphoryliert. Die Isolierung von Histongenen ist aus vielerlei Gründen von Interesse. Einmal handelt es sich hierbei um Gene, die im haploiden Eukaryontengenom repetitiv vorliegen und damit experimentell leichter zugänglich sind als solche, von denen es im haploiden Genom nur eine Kopie gibt. Zum anderen handelt es sich hierbei um DNS-Abschnitte, die im Gegensatz zu den rRNS- und den tRNS-Genen, die ebenfalls repetitiv vorliegen (s. Kap. 37), transkribiert und translatiert werden. Man ist jedoch nicht allein an den Strukturgenen interessiert, sondern vielmehr auch an den benachbarten Bereichen, da man wissen möchte, ob die von den Prokaryonten her bekannten Kontrollsysteme (Operator, Promotor, Startsignal etc.) hier in gleicher oder ähnlicher Weise arbeiten, oder ob das Eukaryontengenom über grundsätzlich andere Mechanismen reguliert wird. Einen Anhaltspunkt in dieser Richtung bietet schon die Feststellung, daß sich die DNS-abhängigen RNS-Polymerasen der Eukaryonten in vieler Hinsicht von den entsprechenden Enzymen der Prokaryonten (und Viren) unterscheiden (s. Kap. 20).

Man ist auch an der Bedeutung der einzelnen Teilabschnitte der DNS interessiert, wobei man sich zunächst auf die Frage konzentriert, welche Abschnitte im Laufe der Evolution verändert wurden und welche erhalten geblieben sind. Dann ist es natürlich von Interesse zu wissen, ob die Gene in allen Organen eines Individuums gleich sind, oder ob sie durch somatische Mutationen und Rekombinationsereignisse abgeändert werden und damit zur differentiellen Genexpression während der Entwicklung eines Individuums beitragen.

Ferner interessiert die Aktivität der isolierten DNS. Methoden des *Genetic engineering* (s. Kap. 11) ermöglichen es, isolierte Sequenzen auf Plasmide oder temperente Phagen (z.B. λ) zu übertragen und sie in Bakterien nach Belieben zu vermehren. Schwierigkeiten bereitet dabei nach wie vor die Transkription und die Translation der Fremdgene.

Merz, DeRobertis und Gurdon entwickelten 1977 ein Verfahren, das es erlaubte, DNS in Oozytenkerne von Amphibien zu injizieren und sie somit zur Transkription zu veranlassen. Kressmann und Birnstiel modifizierten das Verfahren und stellten es gleichzeitig auf „Massenproduktion" um. In ihrem System verwendeten sie isolierte Seeigel-Histongene und demonstrierten, daß zumindest die Histongene H IIa und H IIb in Oozyten transkribiert werden.

Wie isoliert man Histongene? 1974 haben Birnstiel et al. (Universität Zürich) Histongene aus *Psammechinus militaris* (einer Seeigelart) isoliert. Sie bedienten sich dabei einmal einer mRNS als Sonde, um das isolierte Produkt zu identifizieren, zum anderen gingen sie davon aus, daß Histongene repetitiv sind. Im haploiden Seeigelgenom sind 300–1000 Histongene enthalten, was mengenmäßig etwa 0,3% des Gesamtgenoms ausmacht.

Art	Anzahl der Histongene pro haploidem Genom
Psammechinus	500–1000
Strongylocentrotus	300
Paracentrotus	400
Xenopus laevis	20–50
Maus	10–20
Mensch	10–20
Drosophila	30–40

Die ersten drei der in der Liste genannten Arten sind Seeigel. Es ist darüber spekuliert worden, weshalb sie eine höhere Gendosis enthalten als die Vertebrata und *Drosophila.* Eine Ursache hierfür mag darin zu suchen sein, daß unbefruchtete Seeigeleier kaum Histone enthalten. Diese werden erst nach der Befruchtung gebildet, wohingegen Oozyten und Eier von Amphibien genügend Histone enthalten, um den hohen Bedarf in frühen Entwicklungsstadien zu decken. In embryonalen *Xenopus laevis*-Zellen findet man nur wenig neugebildete Histon-mRNS.

Oozyten und Eier der Seeigel sind reich an Histon-mRNS. An Polysomen werden sie vorwiegend kurz vor Beginn und während der S-Phase gebunden. Polysomen aus diesem Stadium sind demnach eine gute Quelle zur Anreicherung und Gewinnung dieser spezifischen mRNS. Histon-mRNS hat eine Sedimentationskonstante von 9S und zeichnet sich durch Fehlen des Poly-(A)-Anteils aus (s. Kap. 9). Histon-mRNS ist eine heterogene Molekülpopulation, denn sie enthält ja nebeneinander die Messenger für H I, H IIa, H IIb, H III, H IV. Dennoch war es möglich, die einzelnen Sorten zu trennen und eindeutig zu identifizieren.

Die DNS der Histongene ist GC-reicher als die übrige DNS des Seeigels und läßt sich deshalb durch Dichtegradientenzentrifugation vom Rest abtrennen. Die Abtrennung vom übrigen Genom setzt voraus, daß man die aus Kernen isolierte DNS durch Scheren in kürzere Bruchstücke zerlegt, die ihrerseits jedoch im Schnitt um etliches länger als die eigentlichen Histongene sind.

Die Effizienz des Trennverfahrens im Dichtegradienten wurde durch Zusatz von Aktinomycin (Formel s. Abb. 3.4) drastisch erhöht, denn ein Aktinomycinmolekül bindet in der DNS bevorzugt an GC-Paare und verstärkt dadurch die Dichteunterschiede zwischen GC-reicher und GC-armer DNS.

Der Beweis, daß Histongene der Seeigel zu einem Operon organisiert sind, wurde erbracht, als aus Kernen tatsächlich ein mRNS-*Precursor* isoliert wurde, der alle fünf mRNS-Sorten in einem Stück enthielt. Der Nachweis war relativ schwierig, denn der *Precursor* zerfällt relativ schnell in die Einzelkomponenten.

Die repetitiven Einheiten („Histonoperons") sind bei verschiedenen Arten unterschiedlich lang.

Art	Länge der repetitiven Einheit
Psammechinus	5.600–6.000 Nukleotide
Strongylocentrotus	6.000–6.700 Nukleotide
Drosophila	4.000–5.000 Nukleotide
Homo sapiens	>14.500

Die Strukturgenanteile sind GC-reich, wohingegen die *Spacer*-Bereiche AT-reich sind. Partielle Denaturierung der isolierten DNS gestattet es, die AT-reichen Abschnitte elektronenmikroskopisch abzubilden und zu vermessen. Durch Einsatz von Restriktionsenzymen und Analyse der Restriktionsfragmente konnte die Reihenfolge der einzelnen Gene ermittelt werden. Reihenfolge ($3' \rightarrow 5'$) und die Transkriptionsrichtung ($5' \rightarrow 3'$) lauten bei *Psammechinus* (M. Birnstiel et al., 1976):

H IV → H IIb → H III → H IIa → H I

Kedes und Mitarbeiter (1976) haben die Analyse an *Strongylocentrotus purpuratus* durchgeführt und kommen qualitativ zum gleichen Ergebnis (s. Abb. 7.1).

Die Zuordnung zu den einzelnen Genprodukten erfolgte mit Hilfe hochgereinigter mRNS, die ihrerseits durch parallel angesetzte in vitro-Translationsexperimente den einzelnen Histonen eindeutig zugeordnet werden konnte. Über die Hälfte der Repetitionseinheiten bei den beiden genannten Seeigelarten ist bisher (1978) sequenziert worden. Unter den sequenzierten Anteilen befinden sich die Gene für H III und H IIa sowie große Teile der übrigen Strukturgene. Man fand keine *Introns*. Die Strangspezifität der codierenden Bereiche und ihre Polarität wurden bestätigt. Das „Histonoperon" wird offensichtlich nur einmal genutzt. Ein „Lesen" der Nukleotidsequenz in einem der beiden anderen Raster führt zu keinem vernünftig aussehenden Ergebnis. Bisher ist es nicht gelungen, Regulatorabschnitte zu identifizieren.

Spacer-Sequenzen enthalten zahlreiche Stop-Signale für die Translation und kommen schon deshalb als Strukturgene für größere Polypeptide nicht in Frage. Daneben enthalten sie längere Abfolgen von TTT . . . und AAA . . . (Schaffner et al.; Sures et al.).

Eingangs wurde auf eine Heterogenität einiger Histone hingewiesen, womit sich die Frage stellt, wie die Codierung aussieht. Aus der gerade vorgestellten Liste geht hervor, daß die repetitiven Einheiten bei allen untersuchten Arten in Bezug auf ihre Länge verschieden sind. Weitere Hinweise auf Heterogenität gibt die Analyse der Restriktionsfragmente. Demnach sieht es so aus, als werden die Histone in Seeigeln und anderen Arten durch eine polymorphe Genserie codiert, welche die genetische Grundlage für die Heterogenität der Histone bildet. Das induziert aber sofort die Frage, in welcher Entwicklungsstufe welches Operon aktiviert wird und wie die übrigen reprimiert werden.

Die Histone H IIa, H IIb, H III und H IV werden in der Zelle in äquimolaren Mengen benötigt (s. Kap. 40), von H I braucht man nur halb soviel, und es bleibt zunächst auch unverstanden, auf welcher Ebene die Reduktion stattfindet.

Der konservative Charakter der Histone wurde 1977 von Wilson und Melli erneut unter Beweis gestellt, als sie zeigten, daß mRNS aus Seeigelembryonen mit der entsprechenden DNS aus dem menschlichen Genom genauso gut hybridisierte wie diese DNS mit der Histon-mRNS aus menschlichen Zellen (HeLa-Zellen in der S-Phase).

Da bei den Seeigeln alle Histongene hintereinander auf einem DNS-Strang liegen und in einem Stück transkribiert werden, ist es sinnvoll, von einem Operon zu sprechen. Doch ist diese Aussage nicht zu verallgemeinern. Bei *Drosophila* z.B. gehören alle Histongene zwar auch einer Repetitionseinheit an, doch sind die einzelnen Gene auf die beiden DNS-Stränge verteilt. Es gibt daher fünf Transkriptionseinheiten:

$$\overrightarrow{\mathrm{H\ I}} - \overleftarrow{\mathrm{H\ IIb}} - \overrightarrow{\mathrm{H\ IIa}} - \overleftarrow{\mathrm{H\ IV}} - \overrightarrow{\mathrm{H\ III}}.$$

Mit Hilfe der Autoradiographie in situ wurde die Position der Histongene der Bande 39 D–E des Riesenchromosoms 2 von *Drsophila melanogaster* zugeordnet (s. Abb. 42.3). Ebenso gelang es, Histongene auf Lampenbürstenchromosomen von Amphibienoozyten zu lokalisieren (s. Abb. 42.12).

Das Insulingen

Eines der potentiellen Anwendungsgebiete des *Genetic engineering* (s.a. Kap. 11) ist die Produktion wichtiger Proteine in industriellem Maßstab. Zu den interessantesten Kandidaten gehören die Peptidhormone, wie das Insulin und das Wachstumshormon sowie die Antikörper. 1977 berichteten Ullrich, Shine, Chirgwin,

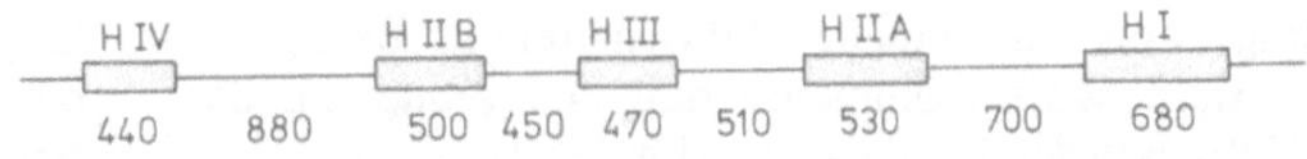

Abb. 7.1. Anordnung der Histongene in der DNS zweier Seeigelarten. In der Abbildung ist jeweils ein Histonoperon (von denen zahlreiche im Genom hintereinandergeschaltet vorliegen) in voller Länge wiedergegeben. Die Ziffern geben Basenpaare an. Codierende Sequenzen sind durch *Spacer* voneinander getrennt. *Psammechinus*-Daten: Schaffner et al. (1976); *Strongylocentrotus*-Daten: Kedes (1976)

Pictet, Tischer, Rutter und Goodman (University of California, San Francisco) über den ersten Erfolg in dieser Richtung. Es gelang ihnen, das Insulingen auf ein Plasmid zu übertragen, *Escherichia coli* damit zu transformieren und es darin zu klonieren. Man ging dabei den mittlerweile schon klassischen Weg. mRNS mit der vollständigen Information für Insulin incl. der Vorstufen, also NH_2-(Präpeptid)-B-Kette-(C-Kette)-A-Kette-COOH (näheres s. Kap. 18 und Abb. 39.2) wurde aus Zellen der Langerhansschen Inseln der Rattenpankreas isoliert und mit Hilfe der Reverse Transkriptase (s. Kap. 19) in die komplementäre cDNS überschrieben. Nach Abverdauen der mRNS wurde der DNS-Einzelstrang zu einem Doppelstrang ergänzt. Da er in Form einer Haarnadelstruktur gebildet wird, mußten als nächstes mit Hilfe einer S1-Nuklease die Haarnadelverknüpfungen und freie, einsträngige Enden entfernt werden. Das fertige Produkt war polydispers, wobei jedoch ein ca. 450 Nukleotide langes Stück die Hauptmenge ausmachte.

Unter Mitwirkung von T4-Ligase wurde an beiden Enden die Sequenz

CCAAGCTTGG
GGTTCGAACC

anpolymerisiert. Behandlung mit dem Restriktionsenzym Hind III führte zu Einstrangbereichen an beiden Enden des Moleküls (Schnittstelle s. Tabelle auf S. 189). Ebenfalls mit Hind III wurde das Plasmid pM B9, ein 3,5 Millionen großes Molekül mit nur einer Schnittstelle für dieses Restriktionsenzym gespalten. Das Plasmid trägt Tetracyclinresistenz und Immunitätsfaktoren gegenüber Colicin (s. Kap. 11). Um die Verknüpfung von Insulingen-DNS und Plasmid sicherzustellen, wurde mit einem Plasmidüberschuß gearbeitet.

Das Kombinationsprodukt wurde auf *E. coli* übertragen. Darauf wurde unter den tetracyclinresistenten Klonen nach einem Insulingen-DNS enthaltenden gesucht. Es wurde ein Klon isoliert, dessen Plasmid-DNS mit Insulin-DNS hybridisierte. Zur Sicherheit wurde die DNS nach der Maxam-Gilbert-Technik (s. Kap. 4) sequenziert. Die Daten zeigen eindeutig, daß das Ratteninsulingen von den Bakterienzellen aufgenommen und dort fehlerfrei repliziert wurde. Die Nukleotidsequenz der mRNS entspricht erwartungsgemäß der nahezu vollständig bestimmten Aminosäuresequenz des Prä-Proinsulins. Die C-Kette ist mit der B-Kette durch die Sequenz Arg-Arg und mit der A-Kette durch die Sequenz Lys-Arg verknüpft. Einige noch bestandene Unklarheiten in Bezug auf die Aminosäurezusammensetzung und -sequenz in der C-Kette wurden bereinigt (s. Abb. 39.2).

Die Expression des Insulingens gelang 1978 einer Arbeitsgruppe an der Harvard University (Villa-Komaroff, Efsratiadis, Broome, Lomedico, Tizard, Naber, Chick, Gilbert). Auch sie begannen mit mRNS für Proinsulin, die sie in cDNS überschrieben. Diese DNS bauten sie in ein bakterielles Gen (das Gen für Penicillinase) ein und zwar so, daß beide genetischen Informationen im gleichen Raster gelesen werden. Das Fusionsprodukt wurde, wie üblich, auf ein Plasmid übertragen und in *E. coli* inkorporiert. Dieses Verfahren bietet den Vorteil, daß man sich der bakteriellen Kontrollsysteme für Transkription und Translation bedienen kann. Die Proteinsynthesemaschinerie von *E. coli* betrachtet das eingesetzte Stück als etwas Eigenes und bringt es zur Expression. Da die Penicillinase zudem noch ein extrazelluläres Protein ist, wurde das Fusionsprodukt aus der Zelle auch gleich mit ausgeschieden und damit einem möglichen Abbau durch intrazelluläre Proteasen entzogen. Das Proinsulin wurde im Medium als Antigen nachgewiesen.

Es war aber nicht das erste Eukaryonten-Protein, das man in *E. coli* synthetisieren konnte. Schon 1977 wurde das Somatostatingen (Somatostatin ist ein Hormon, Einzelheiten s. Kap. 56, Abb. 56.10) exprimiert, und kürzlich gelang das auch für das Wachstumshormongen der Ratte (Seeburg et al., University of California, San Francisco, 1978).

Globingene

1977 war das Jahr der DNS-Nukleotidsequenzierungen. Nicht nur das Gesamtgenom von Φ X 174 (siehe Kap. 5), sondern auch die ersten Eukaryontengene wurden vollständig sequenziert.

Das β-Globingen des Kaninchens ist das erste vollständig analyiserte Gen eines Eukaryonten (Efstratiadis, Kafatos, Maniatis, Harvard University, April 1977). Drei Monate später stand auch die Nukleotidsequenz des menschlichen β-Globingens fest (Marotta et al., Yale University, Juli 1977a,b), ebenso wurden die Sequenzen der mRNS des menschlichen α- und β-Globins aufgeklärt (Baralle, Cambridge, 1977b), (siehe Abb. 7.2).

Die genannten Arbeitsgruppen bedienten sich unterschiedlicher Methoden und waren deshalb mehr oder weniger erfolgreich. Das für Außenstehende Erfreuliche liegt jedoch in der Tatsache, daß alle Arbeitsgruppen am Ende zu übereinstimmenden Ergebnissen kamen, womit die Zuverlässigkeit der eingesetzten Verfahren eindrucksvoll unter Beweis gestellt wurde.

Gene für Globine sind nicht repetitiv. Eine Isolierung der entsprechenden DNS, so wie wir es am Beispiel der Histongene kennengelernt haben, wäre ein wenig erfolgversprechendes Unternehmen. Die mRNS hingegen ist aus Retikulozyten relativ leicht zu gewinnen, denn $> 90\%$ des in diesen Zellen gebildeten Proteins sind α- und β-Globin. Diese mRNS wurde von allen Arbeitsgruppen isoliert und als Matrize für die Reverse Transkriptase eingesetzt, um eine cDNS zu erhalten.

Hier trennen sich die Wege. Weisman und Mitarbeiter arbeiteten nach einer inzwischen veralteten Methode, stiegen dann aber auf das schnellere, von Sanger

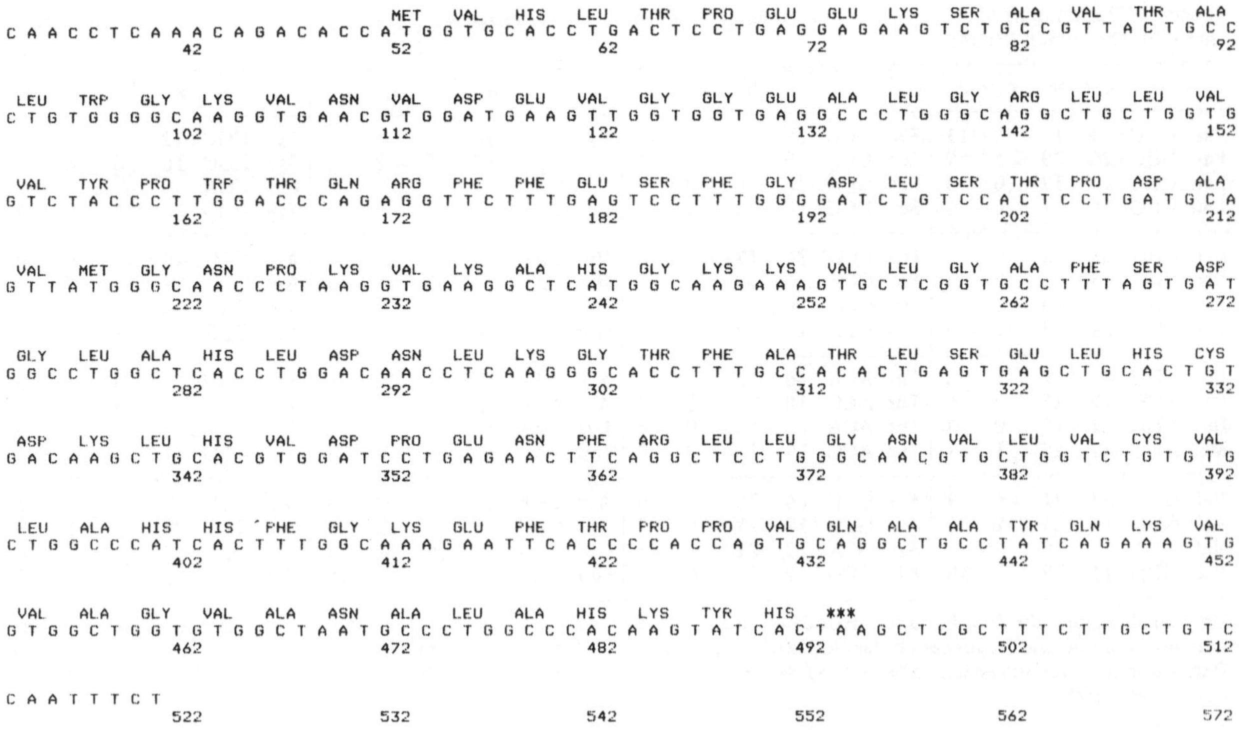

Abb. 7.2. Nukleotidsequenz der β-Globin-mRNS und Aminosäuresequenz des β-Globins. (Baralle, 1977; Computerausdruck: Staden, 1978)

und Coulson (1975) entwickelte und von Brownlee und Cartwright (1977) modifizierte Verfahren um (Einzelheiten hierzu s. Kap. 4). Die Harvard-Gruppe setzte von vornherein die Maxam-Gilbert-Technik ein und gewann das Rennen. Die cDNS wurde auf ein Plasmid übertragen und in *E. coli* kloniert (s. Kap. 11). Die aus *E. coli* isolierte Plasmid-DNS wurde mit Restriktionsenzymen in Fragmente definierter Länge zerlegt und für die Sequenzanalyse eingesetzt.

Globin-mRNS besteht aus drei Abschnitten:
1. einem 5′-terminalen, nichtcodierenden Bereich,
2. dem codierenden Bereich,
3. einem 3′-terminalen, nichtcodierenden Bereich.

Die Bedeutung der nichtcodierenden Bereiche ist unbekannt, obwohl man ihnen eine Reihe möglicher Funktionen zuschreiben könnte:
- Ribosomenbindungsstelle,
- Region für die Translationskontrolle,
- Erkennungsstelle für *Processing*-Enzyme (Bildung von mRNS aus hnRNS, s. Kap. 10),
- Terminationsseqeunz für die Transkription,
- Erkennungsregion für abbauende Enzyme (Ribonukleasen).

An allen genannten Funktionen sind spezifische Proteine beteiligt, die ihrerseits spezifische RNS-Nukleotidsequenzen erkennen müssen.

Der 5′-terminale, nichtcodierende Bereich. Er ist kürzer als der 3′-terminale. Man vermutet hier die Ribosomenbindungsstelle. Die endständige Sequenz lautet beim β-Globin (5′) CAGAAUGGUGC (3′) (Legon, 1976). Dieser Abschnitt wird durch Ribosomen vor RNase-Abbau geschützt. Die 18S rRNS der Eukaryonten-Ribosomen enthält stets die folgende Sequenz: (5′) GAUCAUUA (3′), (Hunt, 1970).

Im Globin-Messenger gibt es kurze Abschnitte (drei Nukleotide lang), die Basenpaare mit der rRNS ausbilden könnten. Die Bindung zwischen mRNS und rRNS wäre damit aber bei weitem nicht so stabil wie die entsprechende Bindung bei *E. coli* (s. Abb. 38.1).

Der 3′-terminale, nichtcodierende Bereich. Längen:

α-Globin (Kaninchen)	85 Nukleotide
β-Globin (Kaninchen)	95 Nukleotide
α-Globin (Mensch)	112 Nukleotide
β-Globin (Mensch)	125 Nukleotide

Die Längendifferenz zwischen menschlichen und Kaninchengenen ist auf eine Insertion in den beiden menschlichen Globingenen zurückzuführen. Die Insertionen enthalten die Nukleotidfolgen (5′) CCCGG (3′) und (5′) CCGGG (3′), was auf eine interne Palindromstruktur schließen läßt.

Sieht man von der Insertion ab, erkennt man, daß die Sequenzen beim Menschen und beim Kaninchen eine 80%ige Homologie aufweisen, was auf einen außerordentlich hohen Selektionsdruck in Richtung Beibehaltung dieser nichtcodierenden Sequenzen schließen läßt.

Tabelle 1. Verwendung von Codeworten in sequenzierten Genomen: (a) Phage Φ X 174, (b) Phage MS2, (c) β-Globin (Kaninchen), (d) Ovalbumin (Huhn)

	a	b	c	d		a	b	c	d		a	b	c	d		a	b	c	d
Phe UUU	39	19	3	11	Ser UCU	35	15	3	10	Tyr UAU	36	9	1	3	Cys UGU	12	6	1	5
Phe UUC	26	29	5	9	Ser UCC	9	20	3	5	Tyr UAC	15	32	2	7	Cys UGC	10	6	0	1
Leu UUA	19	17	0	3	Ser UCA	16	16	0	7	ter UAA	–	–	–	–	ter UGA	–	–	–	–
Leu UUG	26	11	0	4	Ser UCG	14	22	0	1	ter UAG	–	–	–	–	Trp UGG	16	23	2	3
Leu CUU	36	15	0	8	Pro CCU	34	17	3	6	His CAU	16	6	4	4	Arg CGU	40	21	0	0
Leu CUC	15	26	2	6	Pro CCC	6	10	0	1	His CAC	7	9	5	3	Arg CGC	29	20	0	2
Leu CUA	3	15	0	1	Pro CCA	6	9	1	7	Gln CAA	27	17	0	8	Arg CGA	4	10	0	0
Leu CUG	24	9	16	10	Pro CCG	21	13	0	0	Gln CAG	34	22	4	7	Arg CGG	8	11	0	0
Ile AUU	45	12	1	6	Thr ACU	40	19	2	4	Asn AAU	37	17	4	10	Ser AGU	9	8	4	6
Ile AUC	12	25	0	16	Thr ACC	18	21	2	4	Asn AAC	25	28	4	7	Ser AGC	5	16	0	9
Ile AUA	2	19	0	3	Thr ACA	13	13	0	7	Lys AAA	47	19	3	11	Arg AGA	6	7	0	10
Met AUG	42	20	1	17	Thr ACG	19	14	0	0	Lys AAG	31	26	9	9	Arg AGG	1	6	3	3
Val GUU	53	21	4	9	Ala GCU	64	26	7	10	Asp GAU	44	28	0	8	Gly GGU	38	37	4	3
Val GUC	14	21	2	7	Ala GCC	17	21	6	9	Asp GAC	35	22	3	6	Gly GGC	28	16	6	8
Val GUA	10	16	0	5	Ala GCA	12	21	1	16	Glu GAA	27	16	4	18	Gly GGA	13	12	0	6
Val GUG	11	19	12	10	Ala GCG	12	23	0	0	Glu GAG	34	28	5	15	Gly GGG	3	16	1	2

Der Tabelle können die Zuordnungen von Codeworten (UUU, UUC etc.) zu den entsprechenden Aminosäuren (Phe, Leu ...) entnommen werden. Die Häufigkeiten der Codeworte sind durch absolute Werte wiedergegeben, ter bedeutet Kettenabbruch. Die Daten stammen aus folgenden Arbeiten: (a) Sanger et al., 1977; (b) Fiers et al., 1976; (c) Efstradiatis et al., 1977; (d) McReynolds et al., 1978.

14–20 Nukleotide vom 3′-Ende entfernt wurde bei allen bisher ganz oder partiell analysierten eukaryotischen Messengern (Globine, Ovalbumin, Immunglobuline, SV 40) die Sequenz AAUAAA gefunden (Proudfoot und Brownlee, 1976). Der Bereich unmittelbar vor dem 3′-Ende enthält ungewöhnlich viele U. Das Ende ist durch den Beginn des Poly-(A)-Anteils definiert (s. Kap. 10).

Der codierende Bereich. Er beginnt mit AUG (Startsignal) und endet mit UAA (Stopsignal, Terminator). Die ermittelten Nukleotidsequenzen stimmen mit den bereits bekannten Aminosäuresequenzen voll überein. Wesentlich ist jedoch, daß für die Codierung (des β-Globins) nicht alle möglichen Codons gleich häufig eingesetzt sind. Die Tabelle 1 zeigt deutliche Präferenzen, die sich signifikant von einer Zufallsverteilung abheben. Insbesondere für Leu, Val, Arg, Ala und Ser werden bestimmte Codons bevorzugt. Solche, die mit A enden, sind unterrepräsentiert, die mit G endenden sind häufiger als erwartet. Die auf U endenden sind fast ausnahmslos (14 von 16) genutzt. Diese Befunde machen deutlich, daß auch die Mutationen im dritten Nukleotid eines Codons einem Selektionsdruck unterliegen und nicht „neutral" sind, wie landläufig angenommen wurde. Wie aus den in Tabelle 1 zusammengestellten Daten weiter hervorgeht, weicht die Codonzusammensetzung auch bei den Bakteriophagen MS2 und Φ X 174 vom „erwarteten" statistischen Durchschnitt ab.

Die Analyse des menschlichen Globinmessengers erlaubt es, Aussagen über die Ursache der Entstehung anomaler Globine zu machen. Das bekannte Sichelzellglobin unterscheidet sich vom normalen β-Globin durch den Austausch Glu → Val in Position 6. Im normalen β-Globin steht das Codon GAG in dieser Position, beim Sichelzellglobin GUG. Das bedeutet, daß der Aminosäureaustausch tatsächlich auf nur einem Nukleotidaustausch beruht.

Anders beim Hb Bristol: In Position 67 des β-Globins steht ein Val (potentielle Codons: GUG, GUC, GUU, GUA), gefunden: GUG. Beim Hb Bristol steht in der Position ein Asp (potentielle Codons: GAU oder GAC), was bedeutet, daß diesem Aminosäureaustausch mindestens zwei Nukleotidaustausche zugrundeliegen müssen. Menschliches β-Globin unterscheidet sich vom Kaninchen-β-Globin in 14 von 146 Aminosäuren und in 48 von 432 Nukleotidpositionen. Eigentlich braucht man 438 Nukleotide, um 146 Aminosäuren zu codieren, sechs Positionen sind bei der Auswertung jedoch weggelassen worden, weil die Sequenzdaten nicht eindeutig sind. Auch dieser Vergleich macht deutlich, daß in der dritten Position eines Codons im Laufe der Evolution nur wenig passiert. Der Selektionsdruck auf Beibehaltung der Nukleinsäurestrukturen (Sequenzen) ist also nicht viel geringer als der Selektionsdruck, der auf die Genprodukte (Proteine) ausgeübt wird. Die meisten der Nukleotidaustausche, die keinen Aminosäureaustausch nach sich ziehen, liegen in Genomabschnitten, in denen gehäuft Nukleotidaustausche auftreten, die zu Aminosäureaustauschen im Protein führen (Kafatos et al., 1977).

Andere Gene

Die beschriebenen Methoden erlauben es, nahezu jedes Eukaryontengen zu charakterisieren, sofern man der einschlägigen mRNS habhaft wird. Die Klonierung der zugehörigen cDNS erlaubt es sogar, mit angereicherten anstatt mit vollständig gereinigten mRNS-Fraktionen zu arbeiten, denn getestet wird ja die Nachkommenschaft jeweils eines einzelnen Bakteriums und damit die Nachkommenschaft eines einzelnen inkorporierten Fremdmoleküls. Voraussetzung für den Erfolg der Arbeit ist natürlich die Entwicklung eines effizient und rasch arbeitenden Selektionssystems. Isoliert und charakterisiert wurde inzwischen z.B. auch das Seidenfibrinogen aus *Bombyx mori.* Im Genom ist nur eine Kopie enthalten, der Anteil dieses Genabschnittes am Gesamtgenom beträgt nur 0,002%. Das Gen ist GC-reich (60%), hat ein Molekulargewicht von $11{,}6 \times 10^6$ und ist von GC-armer DNS (35%) (Molekulargewicht: 6×10^7) eingefaßt (Lizardi und Brown, 1975).

Wie wir im Kapitel 58 noch sehen werden, kann die spezifische Transkription bestimmter Gene durch Hormongabe stimuliert werden. Klassische Beispiele hierfür sind die Induktion der Expression des Ovalbumingens im Eileiter (Oviduct) von Hühnern nach Östrogengabe (O'Malley und Means, 1974) sowie die Aktivierung einiger Gene in *Drosophila*larven unter Ecdysoneinfluß. Im *Xenopus*ei wird die Produktion der Dotterproteine durch Östrogen aktiviert (Tata, 1976). Diese Proteine sind für die Eientwicklung unentbehrlich, wodurch das System auch für entwicklungsphysiologische Fragen interessant wird. Das Hormon aktiviert nicht nur die Transkription, sondern auch die Translation und die Posttranslationskontrollmechanismen. Die Proteine werden nämlich nach ihrer Synthese phosphoryliert und erhalten zusätzlich einen Lipid- und Kohlenhydratmantel. Dotterproteine bestehen vorwiegend aus drei Komponenten: Phosvitin, Lipovitellin und Vitellogenin. Phosvitin und Lipovitellin sind Spaltprodukte des Vitellogenins. Es wird in der Leber aller eierlegenden Tiere gebildet und via Blutbahn ins Ovar transportiert, wo seine Zerlegung in die Einzelkomponenten erfolgt. Das ist der erste bekannt gewordene Fall von Eukaryontenproteinen, die als Spaltprodukte aus einer gemeinsamen Vorstufe (*multicomponent precursor*) entstehen. Bei Prokaryonten und bei Viren ist dieser Mechanismus wiederholt festgestellt worden (s. Kap. 9). Fertiggestellt wurden mittlerweile auch die Sequenzanalysen der Ovalbumin-mRNS (McReynolds et al., Baylor College of Medicine, Houston, 1978) und eines Immunglobulingens (s. Kap. 22).

In beiden Fällen wurde cDNS synthetisiert, auf ein Plasmid übertragen, in *E. coli* überführt, kloniert, reisoliert und mit Hilfe einer Serie von Restriktionsenzymen kartiert und somit charakterisiert. Ovalbumin enthält 387 Aminosäuren. Die mRNS ist 1859 Nukleotide lang, 729 davon gehören dem nicht codierenden Bereich an. Der codierende Abschnitt besteht aus acht Stücken, die durch *Introns* voneinander getrennt sind.

Wie schon im ersten Teil dieses Abschnittes dargelegt, erweist sich das *Genetic engineering* als eine geeignete Methode zum Studium der Ontogenese (Embryonalentwicklung). Vor allem die Eizellen enthalten eine Vielzahl spezifischer Messenger für Proteine, die nur in frühen Entwicklungssstadien auftreten und die Entwicklung des Embryos steuern. Gehring (Biozentrum, Universität Basel) konzentriert sich auf die Analyse von Proteinen, die die Genexpression in frühen Entwicklungsstadien von *Drosophila* steuern und von der DNS bevorzugt und spezifisch gebunden werden. DNS, die solche Proteine bindet, wird isoliert, kloniert und weiter untersucht, denn man geht davon aus, daß dieser DNS-Abschnitt spezifisch aktiviert wird und genetische Information trägt, die für die Realisation des Entwicklungsprogramms von *Drosophila* essentiell ist.

Literatur

Adamson, E.D., Woodland, H.R.: Histone synthesis in early amphibian development: histone and DNA synthesis are not co-ordinated. J. Mol. Biol. *88,* 263 (1974)

Baralle, F.E.: Complete nucleotide sequence of the 5′ noncoding region of rabbit β-globulin mRNA. Cell *10,* 549 (1977a)

Baralle, F.E.: Complete nucleotide sequence of the 5′ noncoding region of human α- and β-globulin mRNA. Cell *12,* 1085 (1977b)

Birnstiel, M., Telford, J., Weinberg, E., Stafford, D.: Isolation and some properties of the genes coding for histone proteins. Proc. Natl. Acad. Sci. USA *71,* 2900 (1974)

Birnstiel, M., Schaffner, W., Smith, H.O.: DNA sequences coding for the H2B histone of *Psammechinus militaris.* Nature (London) *266,* 603 (1977)

Birnstiel, M.L., Kressmann, A., Schaffner, W., Portmann, R., Busslinger, M.: Aspects of the regulation of histone genes. Philos. Trans. R. Soc. Lond. B. *283,* 319 (1978)

Breathnach, R., Mandel, J.L., Chambon, P.: Ovalbumin gene is split in chicken DNA. Nature (London) *270,* 314 (1977)

Brown, D.D., Weber, C.S.: Gene linkage by RNA-DNA hybridization. J. Mol. Biol. *34,* 661 (1968)

Cheng, C.C., Brownlee, G.G., Carey, N.H., Doel, M.T., Gillam, S., Smith, M.: The 3′ terminal sequence of chicken ovalbumin messenger RNA and its comparison with other messenger RNA molecules. J. Mol. Biol. *107,* 527 (1976)

Cohen, L.H., Newrock, K.M., Zweidler, A.: Stage-specific switches in histone synthesis during embryogenesis of the sea urchin. Science *190,* 994 (1975)

Cohen-Solal, M., Forget, B.G., Prensky, W., Marotta, C.A., Weissman, S.M.: Human β-globin messenger RNA. J. Biol. Chem. *252,* 5032 (1977)

Cohn, R.H., Lowry, J.C., Kedes, L.H.: Histone genes of the sea urchin (*S. purpuratus*) cloned in *E. coli:* Order, polarity, and strandedness of the five histone-coding and spacer regions. Cell *9,* 147 (1976)

Efstratiadis, A., Kafatos, F.C., Maniatis, T.: The primary structure of rabbit β-globin mRNA as determined from cloned DNA. Cell *10,* 571 (1977)

Fiers, W., Contreras, R., Duerinck, F., Haegeman, G., Iserentant, D., Merregaert, J., Jou, W.M., Molemans, F., Raeymaekers, A., van den Berghe, A., Volckaert, G., Ysebaert, M.: Complete nucleotide sequence of bacteriophage MS2 RNA: primary and secondary structure of the replicase gene. Nature (London) *260,* 500 (1976)

Garapin, A.C., Lepennec, J.P., Roskam, W., Perrin, F., Cami, B., Krust, A., Breathnach, R., Chambon, P., Kourilsky, P.: Isolation by molecular cloning of a fragment of the split ovalbumin gene. Nature (London) *273,* 349 (1978)

Kafatos, F.C., Efstratiadis, A., Forget, B.C., Weissman, S.M.: Molecular evolution of human and rabbit β-globin mRNAs. Proc. Natl. Acad. Sci. USA *74,* 5618 (1977)

Kedes, L.H.: Histone messengers and histone genes. Cell *8,* 321 (1976)

Lane, C.: Rabbit hemoglobin from frog eggs. Sci. Am. August 1976, S. 60

Lizardi, P.M., Brown, D.D.: The length of the fibroin gene in the *Bombyx mori* genome. Cell *4,* 207 (1975)

Marotta, C.A., Forget, B.G., Cohen-Solal, M., Wilson, J.T., Weissman, S.M.: Human β-globin messenger RNA: Nucleotide sequence derived from complementary RNA (DNA). J. Biol. Chem. *252,* 5019 (1977a)

Marotta, C.A., Forget, B.G., Cohen-Solal, M., Wilson, J.T., Weissman, S.M.: Human β-globin messenger RNA: Nucleotide sequence derived from complementary RNA (DNA). J. Biol. Chem. *252,* 5040 (1977b)

McReynolds, L.A., Monahan, J.J., Bendure, D.W., Woo, S.L.C., Pabbock, G.V., Salser, W., Dorson, J., Moses, R.E., O'Malley, B.W.: The ovalbumin gene. J. Biol. Chem. *252,* 1840 (1977a)

McReynolds, L.A., Catterall, J.F., O'Malley, B.W.: The ovalbumin gene: cloning of a complete ds-cDNA in a bacterial plasmid. Gene *2,* 217 (1977b)

McReynolds, L., O'Malley, B.W., Nisbet, A.D., Fothergill, J.E., Givol, D., Fields, S., Robertson, M., Brownlee, G.G.: Sequence of chicken ovalbumin mRNA. Nature (London) *273,* 723 (1978)

Pardue, M.L., Kedes, L.H., Weinberg, E.S., Birnstiel, M.L.: Localization of sequences coding for histone messenger RNA in the chromosomes of *Drosophila melanogaster.* Chromosoma *63,* 135 (1977)

Proudfoot, N.J., Gillam, S., Smith, M., Longley, J.I.: Nucleotide sequence of the 3′ terminal third of rabbit α-globin messenger RNA: Comparison with human α-globin messenger RNA. Cell *11,* 807 (1977)

Rochaix, J.-D., Rougeon, F., Mach, B.: Electron microscope analysis of mouse and rabbit globin and immunoglobulin gene sequences. Gene *3,* 9 (1976)

Rougeon, F., Mach, B.: Cloning and amplification of rabbit α- and β-globin sequences into *Escherichia coli* plasmids. J. Biol. Chem. *252,* 2209 (1977)

Schaffner, W., Gross, K., Telford, J., Birnstiel, M.: Molecular analysis of the histone gene cluster of *Psammechinus militaris:* Arrangement of the five histone-coding and spacer sequences. Cell *8,* 471 (1976)

Seeburg, P.H., Shine, J., Martial, J.A., Ivarie, R.D., Morris, J.A., Ullrich, A., Baxter, J.D., Goodman, H.M.: Synthesis of growth hormone by bacteria. Nature (London) *276,* 795 (1978)

Staden, R.: Sequence data handling by computer. Nucl. Acid Res. *4,* 4037 (1977)

Staden, R.: Further procedures for sequence analysis by computer. Nucl. Acid Res. *5,* 1013 (1978)

Tata, J.R.: The expression of the vitellogenin gene. Cell *9,* 1 (1976)

Tolstoshev, P., Williamson, R., Eskdale, J., Verdier, G., Godet, J., Nigon, V., Trabuchet, G., Benabadji, M.: Demonstration of two α-globin genes per human haploid genome for normals and Hb J Mexico. Eur. J. Biochem. *78,* 161 (1977)

Ullrich, A., Shine, J., Chirgwin, J., Pictet, R., Tischer, E., Rutter, W., Goodman, H.M.: Rat insulin genes: Construction of plasmids containing the coding sequences. Science *196,* 1313 (1977)

Villa-Komaroff, L., Efstratiadis, A., Broome, S., Lomedico, P., Tizard, R., Naber, S.P., Chick, W.L., Gilbert, W.: A bacterial clone synthesizing proinsulin. Proc. Natl. Acad. Sci. USA *75,* 3727 (1978)

Weinstock, R., Sweet, R., Weiss, M., Cedar, H., Axel, R.: Intragenic DNA spacers interrupt the ovalbumin gene. Proc. Natl. Acad. Sci. USA *75,* 1299 (1978)

8. Replikation von DNS

Schon 1953 wiesen Watson und Crick in ihrer ersten Arbeit über die Struktur der DNS darauf hin, daß das Molekül die inhärente Eigenschaft besitzt, sich selbst zu verdoppeln (replizieren). 1958 bestätigten Meselson und Stahl den Befund und demonstrierten, daß das auf semikonservative Weise geschieht. Das heißt, daß sich beide Stränge voneinander trennen und daß an jedem ein neuer, komplementärer Strang entsteht.

1956 entdeckte A. Kornberg eine DNS-Polymerase, die einen DNS-Einzelstrang als Matrize verwendet, einen *Primer* benötigt und bei Anwesenheit aller vier Triphosphodesoxynukleoside den Einzelstrang zum Doppelstrang ergänzt (s. Kap. 19). Damit schien das Problem der Replikation in groben Zügen gelöst zu sein.

Echte Probleme stellten sich allerdings ein, als man feststellte, daß dieses Enzym zwar wachsende Polynukleotidketten verlängert, aber keine Neusynthese initiieren kann. Es fiel weiter störend auf, daß das Enzym in vitro um zwei Größenordnungen langsamer arbeitet als die DNS-Replikation in lebenden Zellen und daß es die Synthese ausschließlich in einer Richtung (5' → 3') katalysiert. Das wiederum hätte zur Folge, daß bei einer Trennung des Doppelstranges zunächst nur einer von beiden repliziert werden kann und die Replikation des zweiten erst nach Abschluß der Replikation des ersten einsetzen würde. Dieser Annahme widersprachen jedoch experimentelle Befunde. Okazaki erkannte 1969, daß beide Stränge gleichzeitig repliziert werden und daß die Synthese diskontinuierlich – in kurzen Stücken – erfolgt, womit sich aber sofort das Problem der Verknüpfung der kurzen Einzelstücke untereinander ergab. Die Replikation ist also kein so einfacher Prozeß, wie man es sich anfangs vielleicht vorgestellt hatte.

Transkription und Translation sind ebenfalls sehr komplexe Vorgänge. Wie wir aber noch sehen werden, liegt die Komplexität dort auf anderen Ebenen. In allen drei Fällen sind zahlreiche Proteine beteiligt, die entweder regulierend eingreifen oder die einzelnen Stufen der Prozesse katalysieren. Obwohl die Translation zweifelsohne das komplexeste System ist, ist es experimentell leichter zugänglich (s. Kap. 38), weil die einzelnen Schritte an großen funktionellen Einheiten, den Ribosomen, ablaufen, die in großen Mengen en bloc zu gewinnen sind.

Ein „Replikon" hingegen mit allen Komponenten, die für die Replikation gebraucht werden, ist eine hypothetische Einheit, denn die benötigten Proteine liegen in der Zelle in gelöster Form vor. Hinzu kommt eine weitere Schwierigkeit: Eine Zelle braucht und synthetisiert permanent Proteine, und alle hierfür erforderlichen Faktoren sind in großer Menge bereitgestellt. Anders bei der Replikation. Während des Zellzyklus' wird das Genom (in der Regel) nur ein einziges Mal repliziert. Es genügen daher wenige Enzym- und Regulatormoleküle, um diese Aufgabe wahrzunehmen.

Die Replikation ist in den vergangenen Jahren an einer Reihe von Objekten studiert worden. Man bemühte sich (mit Erfolg), „in vitro"-Systeme zu konstruieren, die in der Lage waren, eine DNS-Synthese zu initiieren und die Synthese ordnungsgemäß zum Abschluß zu bringen. Die DNS kleiner Phagen erwies sich als geeignetes Versuchsobjekt, allerdings sind alle Phagensysteme auf Proteine der Wirtszelle (*Escherichia coli*) angewiesen, wodurch man gezwungen war, parallel dazu auch deren Replikationsprozeß zu studieren. Wie wir schon gesehen haben, ist es aber außerordentlich schwierig, intakte DNS in ausreichender Menge aus *E. coli* zu gewinnen. Vorteilhaft hingegen ist wiederum die Tatsache, daß es replikationsdefekte Mutanten (*ts*-Mutanten) gibt.

„In vitro"-Systeme

a) Nukleotid-permeable Systeme. Durch Entwicklung von „in vitro"-Systemen wurden die bei *E. coli* auftretenden Schwierigkeiten weitgehend behoben. Die Bakterienmembran ist für Nukleotide und für große Moleküle undurchlässig. Zum Nachweis einer Replikation müssen radioaktiv markierte Nukleotide zugesetzt werden. Moses und Richardson erfanden 1970 die „Toluolzellen" und Dürwaldt und Hoffmann-Berling 1971 die „Ätherzellen". Bei diesen Verfahren werden die Zellen entweder mit Toluol oder mit Äther behandelt, wodurch die Membranen für kleine Moleküle wie Nukleotide u.a. durchlässig werden. Nach anschließender Behandlung mit nichtionischen Detergentien lassen sie auch große Moleküle (Proteine u.a.) hindurch (Moses, 1972).

b) Das Cellophanfolien-System. Eine hochkonzentrierte Zellsuspension wird auf einer Cellophanfolie lysiert. Große Moleküle bleiben dabei auch nach dem Waschen des Präparates an der Membran haften und bleiben somit an Ort und Stelle liegen. Man kann die Folie umkehren und ihr dann von der Rückseite her kleine Moleküle zusetzen. Das System hat eine begrenzte Kapazität, neue Replikationsrunden zu initiieren und erlaubt, den Fortgang der initiierten Replikation zu verfolgen. Vorteile liegen auch darin, große Moleküle zugeben zu können, wodurch die Möglichkeit geschaffen wurde, diejenigen Genprodukte nachzuweisen und zu isolieren, die für die Replikation essentiell sind (Schaller, Otto, Nüsslein, Huf, Herrmann, Bonhöffer, Max-Planck-Institut für Virusforschung, Tübingen, 1972).

c) Phagensystem. Auch dieses System geht von lysierten, allerdings phageninfizierten Zellen aus. Zell-DNS und Membranen werden durch Zentrifugation entfernt. Dem Überstand wird einsträngige Phagen-DNS zugesetzt, die unter geeigneten Bedingungen in eine Doppelstrangform überführt wird. In einem solchen System wurde erstmals nachgewiesen, daß auch die RNS-Polymerase an der Replikation beteiligt ist.

Es gibt mehrere Replikationstypen

Die Replikation ist bisher vorwiegend an ringförmigen DNS-Molekülen studiert worden, bei linearen Molekülen treten zusätzliche Probleme auf. Autoradiographisch und durch elektronenmikroskopische Untersuchungen konnten mehrere Replikationstypen entdeckt und voneinander unterschieden werden.

a) Cairns-Typ (bidirectional mode). Cairns fand 1963 aufgrund autoradiographischer Untersuchungen, daß die zirkulare DNS von *E. coli* in folgender Weise repliziert wird (s. Abb. 8.1): Die Replikation beginnt an einer bestimmten, stets gleichen Stelle des Bakterienchromosoms (nahe der 74. Minute, wie wir heute wissen) und setzt sich nach beiden Seiten hin fort. Es bilden sich daher zwei Replikationsgabeln aus (→ *bidirectional mode*). Da die ringförmigen Moleküle um sich selbst verdrillt sind (*supertwist*), müssen sie sich beim Lösen des Doppelstrangs ständig um die eigene Achse drehen. Den Drehpunkt nennt man *Swivel*. Beim Auseinanderwickeln baut sich eine Torsionsspannung auf, die nur durch Brechen (*nicking*) eines der beiden Stränge zu lösen ist. Umgehend danach müssen die beiden Enden jedoch wieder miteinander verknüpft werden. Enzyme, die diese Aufgabe erfüllen, nennt man Relaxationsenzyme. Nach Abschluß der Replikation sind zwei Doppelringe entstanden, die zunächst wie Kettenglieder miteinander verbunden bleiben. Zur Trennung wird einer der beiden Ringe vorübergehend gespalten (s. Abb. 8.2). Der hier beschriebene Replikationsmechanismus ist nicht nur bei *E. coli* realisiert, sondern auch bei einigen Viren, wie z.B. dem SV 40, dem Phagen λ, vielen Plasmiden u.a. In allen Fällen sind definierte Initiationspunkte (Startpunkte) kartiert worden.

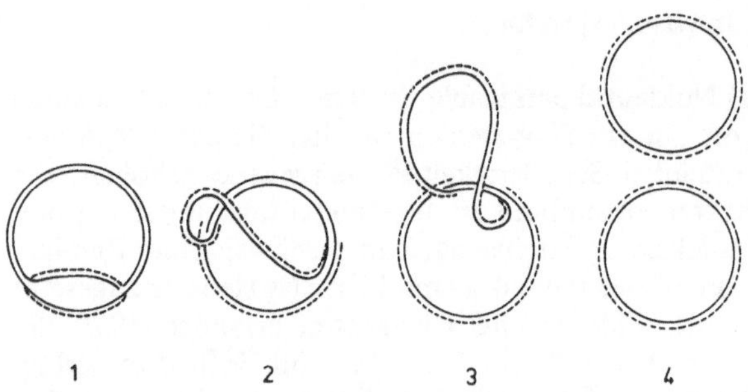

Abb. 8.1. Replikation zirkularer DNS nach dem Cairns-Modell (Cairns, 1963). Die Replikation beginnt stets an einer bestimmten Stelle des Moleküls, dem Initiationspunkt (Startpunkt, *Origin*, O). An beiden Strängen wird je ein neuer komplementärer Strang gebildet (gestrichelt dargestellt). Nach Abschluß der Replikation trennen sich die beiden. Weitere Einzelheiten sind der Legende von Abb. 8.2 zu entnehmen

b) Cairns-Typ (unidirectional mode). Der Mechanismus ähnelt dem ersten, allerdings pflanzt sich die Replikationsgabel nur in einer Richtung fort. Der Mechanismus kommt u.a. bei einigen Plasmiden vor.

c) D-Loop-Replikation. Zunächst wird nur einer der beiden Stränge repliziert. Der zweite Strang wird „verdrängt" (→ *displaced*, daher der Name *Displacement-Loop, D-Loop*). Seine Replikation hat einen anderen Startpunkt und setzt ein, nachdem mehr als die Hälfte des ersten Stranges repliziert ist. Vorkommen u.a. bei mitochondrialer DNS, weiteres s, Kapitel 44.

d) Rolling Circle (rollender Kreis) (s. Abb. 8.3). Einer der Stränge wird gespalten und abgerollt, wobei das freie, am ungespaltenen Ring hängenbleibende Ende verlängert wird. Der abrollende Einzelstrang wird somit kontinuierlich verlängert. Er wird zum Doppelstrang ergänzt und in die richtige Länge zurechtgeschnitten (Gilbert und Dressler, 1968). Der Mechanismus hat den Vorteil, in kurzer Zeit – wie am Fließband – viel DNS zu produzieren. Man findet ihn bei einigen Phagen sowie in eukaryotischen Zellen. Stichwort: Amplifikation (s. Kap. 42).

e) Lineare DNS. Lineare DNS-Moleküle haben die auffallende Eigenschaft, an ihren freien Enden oft redundante Sequenzen zu tragen. Die Sequenzen an einem Ende entsprechen also den Sequenzen am anderen. Prototypen hierfür sind die Nukleinsäuren der Phagen T5 und T7 (s. Kap. 5). Sie replizieren sich über lange Intermediärprodukte, denen Watson (1972) den Namen Concatemere gab (s. Abb. 8.2B). In diesen

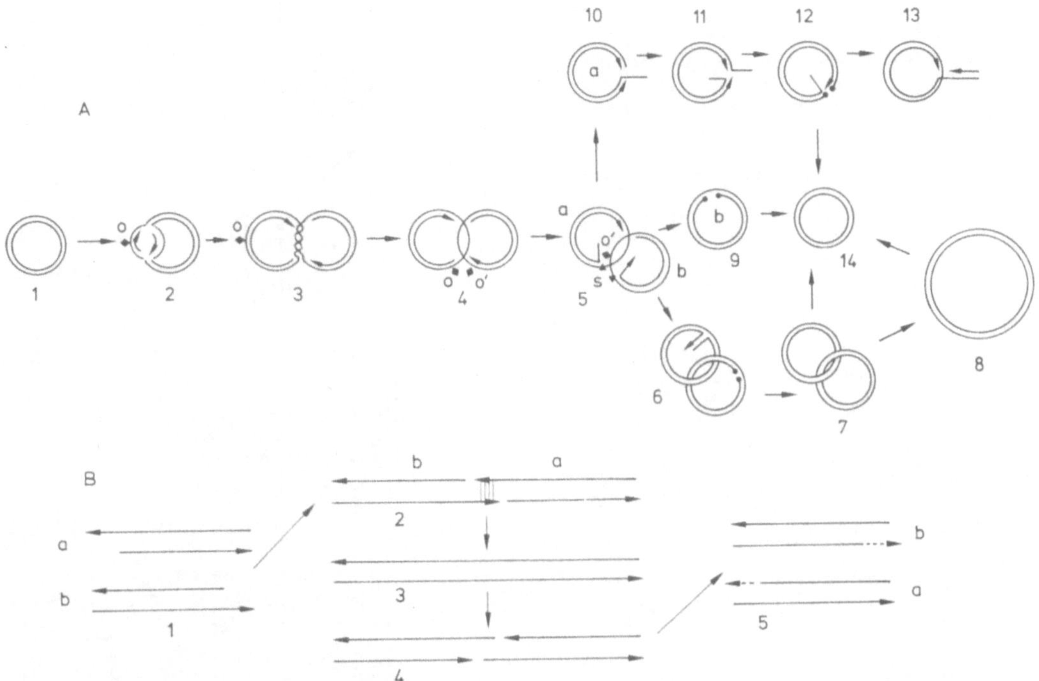

Abb. 8.2. A Einzelheiten der Replikation zirkularer DNS von *E. coli* nach dem Cairns-Modell. Modell der Segregation duplizierter zirkularer Moleküle. Struktur 1 ist ein kovalent geschlossenes, doppelsträngiges Ringmolekül. *o* ist der Origin und der Terminator für Replikation in einer Richtung (*unidirectional mode*), *o'* ist der Terminator bei Replikation, die in beiden Richtungen abläuft (*bidirectional mode*). *1–4* sind aufeinanderfolgende Stadien der Replikation. *5–13* sind Stadien des *Processing*, d.h. der Trennung der beiden Ringe. Hierbei können alternative Wege eingeschlagen werden (*s* = Einzelstrangbruch) (Gefter, 1975). **B** Replikation linearer DNS-Moleküle mit kohäsiven Einzelstrangenden (Beispiel: Bakteriophage T7). Die Replikation verläuft über lange Intermediärprodukte (Concatemere) (Watson, 1972)

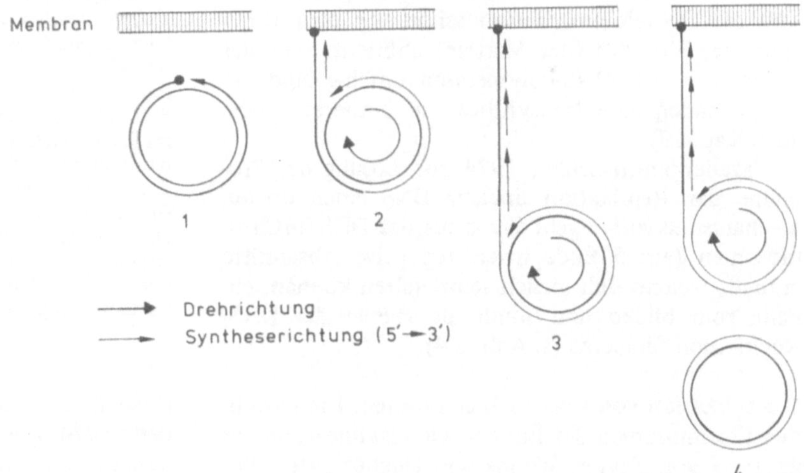

Abb. 8.3. Replikation ringförmiger DNS nach dem *Rolling circle*-Modell. Einer der beiden Stränge wird gespalten. Das 5'-Ende wird von einem Rezeptor an der Membran der Zelle gebunden. Der intakte ringförmige Strang „rollt" ab. Die nunmehr einsträngigen Stranganteile dienen als Matrize. Beide Stränge werden somit zu doppelsträngigen ergänzt. Sobald ein doppelsträngiger Ring fertig ist, wird er freigesetzt, die Synthese weiterer Ringe geht wie am Fließband weiter. (Nach Gilbert und Dressler, 1968)

Stadien liegt das Genom (des Phagen) repetitiv, in Serie geschaltet vor. Die kovalente Verknüpfung erfolgt durch DNS-Polymerase I und eine Ligase. Ein späteres Zerlegen dieses Produktes in Stücke der richtigen Länge wird durch Restriktionsendonukleasen (s. Kap. 20) bewirkt. Die Replikation startet nicht an einem der Enden, sondern mittendrin; beim Phagen T7 an einem Punkt, der 17% (der Länge) von einem der Enden des Moleküls entfernt liegt. Der Startpunkt ist nach Beginn der Replikation als eine Blase (oder ein Auge) zu erkennen, die sich in Richtung beider Strangenden vergrößert (*bidirectional mode*). Da eines der Molekülenden eher als das andere erreicht wird, erhält man eine Y-förmig aussehende Struktur, die zusehends

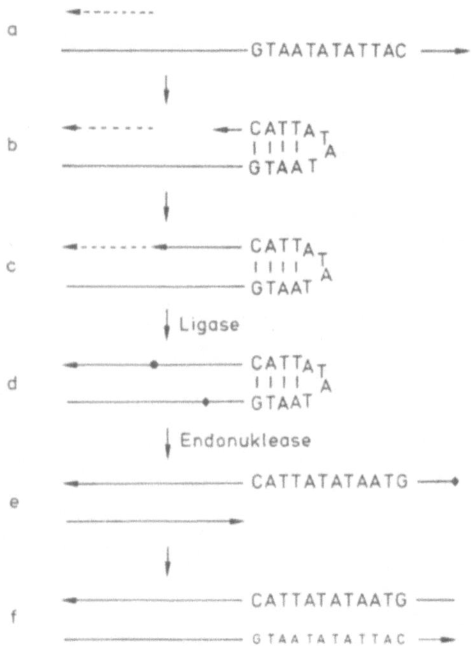

Abb. 8.4 a–f; Modell für die Replikation von 5′-Enden eines linearen DNS-Moleküls. Es wird angenommen, daß am 3′-Ende ein *inverted repeat* vorliegt, der sich zu einem Palindrom faltet (b). Das 3′-OH-Ende dient als *Primer* für die DNS-Polymerase (c). Unter Mitwirkung von Ligase (d) und Endonuklease (e) entsteht das fertige Replikationsprodukt (f) (Cavalier-Smith, 1974)

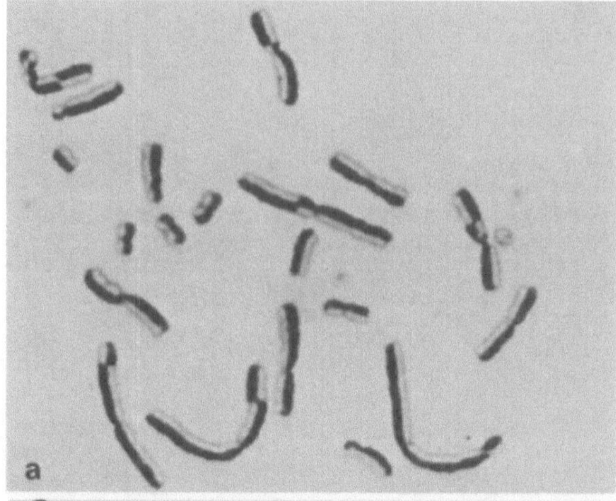

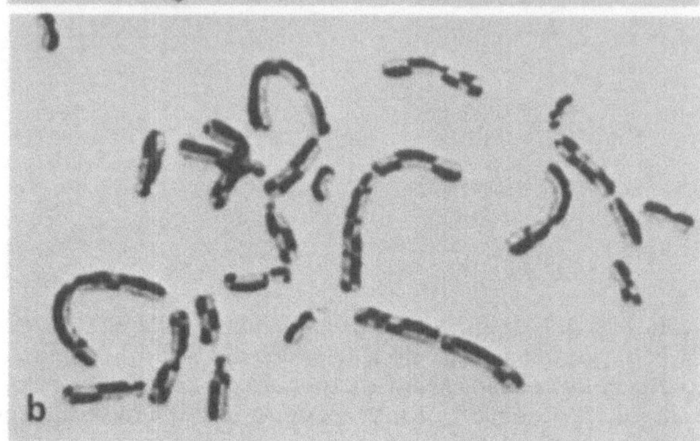

Abb. 8.5 a und b. Chromosomen des Chinesischen Hamsters: Zellen wurden für zwei Generationen in einem BrdU-enthaltenden Medium kultiviert. BrdU wurde bei der Replikation anstelle von T in die neu gebildete DNS eingebaut. Nach einer entsprechenden Vorbereitung wurden die Chromosomen mit Giemsa gefärbt und im Mikroskop betrachtet. In BrdU-enthaltenden Chromatiden wird die Färbung unterdrückt (*quenching*). Sie erscheinen im Bild ungefärbt. Aus den Bildern ist ersichtlich, daß sich die DNS in Chromosomen semikonservativ repliziert. Gelegentlich treten Austausche zwischen Tochterchromatiden auf (s. Kap. 41). Die Zahl der Austausche kann durch Zusatz von DNS-vernetzenden Mitteln erhöht werden (b), man erhält eine schachbrettartige Struktur (Harlekin). Die Häufigkeit ihres Auftretens nach Behandlung mit bestimmten Substanzen kann als ein Maß für die Mutagenität der betreffenden Substanz angesehen werden. (Aufn. Stakayama und Sakanishi, Nishinomiya, 1977)

in eine V-förmige übergeht. Der scheinbar komplizierte Mechanismus der Concatemerbildung ist erforderlich, weil die DNS-Polymerisation schon vor dem Erreichen des 3′-Endes (der Matrize) abbricht, und das wiederum, weil DNS-Polymerasen unfähig sind, an freien Enden eine Neusynthese zu initiieren (siehe auch Kap. 19).

Cavalier-Smith schlug 1974 zur Lösung der Probleme der Replikation linearer DNS einen dritten Mechanismus vor: Er geht davon aus, daß DNS (in Chromosomen (am 5′-Ende invers repetitive Abschnitte enthält, welche sich in sich selbst falten können, ein Palindrom bilden und somit als *Primer* der DNS-Replikation fungieren (s. Abb. 8.4).

f) Replikation von DNS in Eukaryonten. Die DNS in den Chromosomen der Eukaryonten ist linear, und es ist 1957 von Taylor, Woods und Hughes autoradiographisch nachgewiesen worden, daß auch sie sich semikonservativ repliziert. 1973 wurde dieser Befund von Latt verifiziert. Er ließ Zellen über zwei Generationen (S-Phasen) in Anwesenheit von Bromodeoxyuridin wachsen. In den darauffolgenden Mitosestadien wurden sie fixiert und mit einem fluoreszierenden Farbstoff („Hoechst 33258") gefärbt. In doppeltbromsubstituierter DNS wird die Fluoreszenz der Farbstoffe deutlicher unterdrückt (gequentscht) als in einfach substituierter. Die beiden Tochterchromatiden können daher voneinander unterschieden werden. 1974 wurde diese Technik durch Einsatz einer zusätzlichen Giemsa-Färbung verbessert (s. Abb. 8.5).

Die DNS von *Vicia faba* (Bohne) ist etwa 800mal so lang wie die von *E. coli.* Dennoch ist die Replikation (während der S-Phase) bei 25°C schon in acht Stunden abgeschlossen, was bedeutet, daß sie etwa 100mal schneller als bei *E. coli* ablaufen muß. Für die erhöhte Geschwindigkeit sind zwei Erklärungsmöglichkeiten denkbar:

1. Es gibt mehr Initiationspunkte und Replikationsgabeln als bei *E. coli.*
2. Die Polymerisationsrate ist erheblich höher.

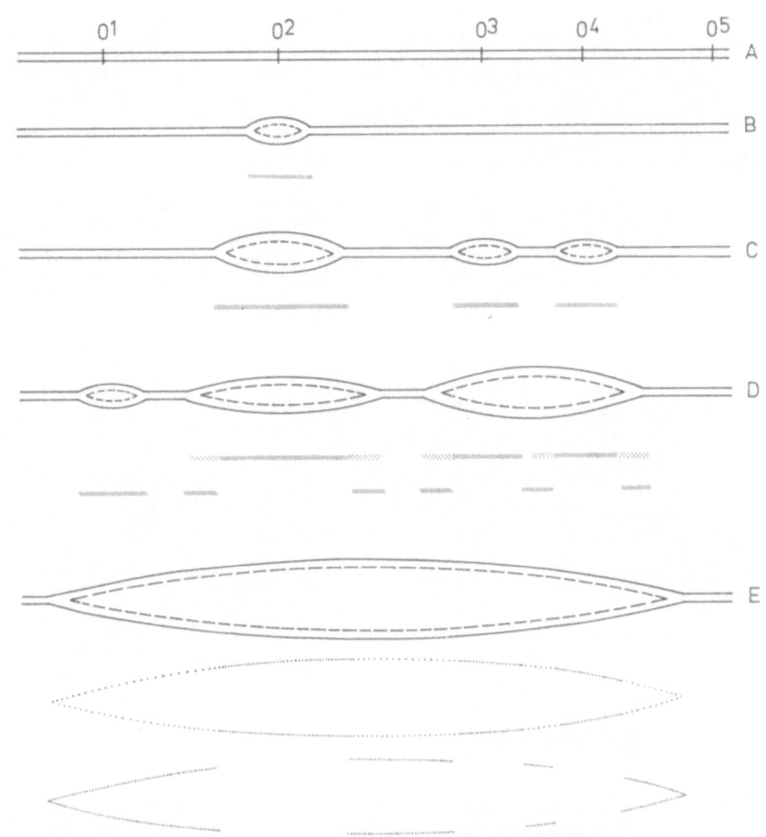

Abb. 8.6. In Tandem angeordnete Replikationseinheiten in eukaryotischer DNS. *A* zeigt den Doppelstrang mit der Position der Startpunkte. *B–E* sind Zwischenstadien der Replikation. Unter den Darstellungen des Doppelstrangs sind Bereiche eingezeichnet, die den markierten Abschnitten in Autoradiogrammen entsprechen. (Nach Huberman und Riggs, 1968; Callan, 1976)

Die zweite Alternative entfällt aufgrund der einfachen Überlegung, daß nämlich enzymkatalysierte Schritte gar nicht um Größenordnungen schneller ablaufen können, als dies bei *E. coli* bereits geschieht.

Erste Hinweise für die Richtigkeit der ersten Annahme stammen aus Untersuchungen an Riesenchromosomen, bei denen ein [^{3}H]-TdR-Einbau autoradiographisch verfolgt wurde (Keyl und Pelling, 1963; Pelling, 1966). Keyl und Pelling schlossen aus ihren Befunden, daß die Chromomeren (Querbänder der polytänen Chromosomen) Replikationseinheiten sind und daß die Replikation simultan an allen Chromomeren einsetzt. Es ist schwer, solche Befunde auf andere Zellen zu übertragen, denn man kann Chromosomen und Chromomeren in Interphasekernen ja nicht identifizieren.

Huberman und Riggs entwickelten 1968 in Anlehnung an die von Cairns (1962, 1966) entwickelte DNS-Autoradiographietechnik das Verfahren der DNS-Faser-Autoradiographie. Die Zellen wurden dabei zunächst durch einen kurzzeitigen Puls radioaktiv markiert und dann auf einem Millipore-Filter vorsichtig lysiert, wobei ein Brechen der DNS-Moleküle auf ein Minimum reduziert wurde. Die DNS wurde über das Filter gespreitet, Proteine wurden durch Proteasen abgebaut, das Präparat wurde vorsichtig gewaschen, um weitere, unerwünschte Komponenten zu entfernen, dann getrocknet und mit einem Röntgenfilm überzogen (→ Herstellung eines Autoradiogramms). Spuren von Silberkörnern kennzeichnen die markierten (und damit replizierten) Abschnitte der DNS-Fasern (s. Abb. 8.6–8.8). Die Auswertung der Ergebnisse zeigte, daß DNS in Abschnitten, die als Tandems hintereinandergeschaltet sind, repliziert wird. Die Replikation erfolgt an jedem Initiationspunkt bidirektional mit einer Geschwindigkeit von 0,5μm–1,2 μm/Min. und Replikationsgabel. Da die Geschwindigkeiten in einzelnen Abschnitten variieren, erhält man zwischen den Initiationspunkten unterschiedlich lange Abstände: 15 μm–120 μm; im Schnitt 50 μm. Die Initiation an den verschiedenen Orten ist zeitlich nicht synchronisiert.

Selbst nah verwandte Eukaryontenarten unterscheiden sich in ihrer DNS-Menge im haploiden Genom. *Xenopus laevis* z.B. enthält 3 pg und *Triturus cristatus* 29 pg pro haploidem Genom, und dennoch dauert die Replikation bei *Triturus* nur drei–viermal so lange wie bei *Xenopus*. Die Polymerisationsgeschwindigkeit bei *Triturus* liegt bei 20 μm/Std. und bei *Xenopus* bei

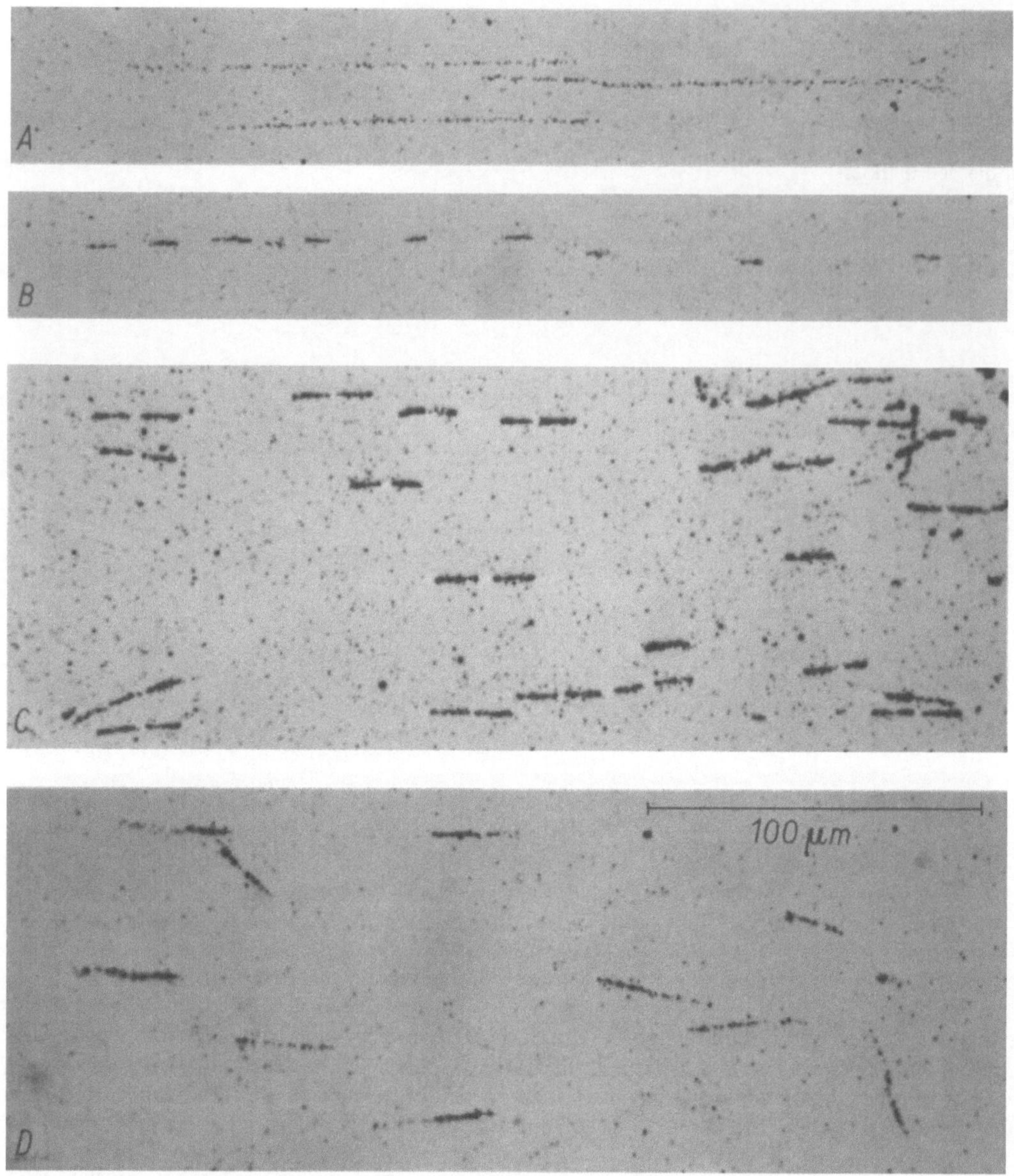

Abb. 8.7 A–D. Autoradiographischer Nachweis der DNS-Replikation im Eukaryontengenom. A *Triturus cristatus carnifex*-Gewebe (25°C, 4 Std. lang markiert). B *Triturus vulgaris*: Dissoziierte Neurula (18°C, 1 Std. lang markiert). C *Triturus vulgaris* (18°C, 2 Std. lang markiert). C *Triturus vulgaris* (25°C, 4 Std. lang markiert). (Aufn. Callan, St. Andrews, 1976)

weniger als 10 µm/Std. Demnach ist nicht allein die Zahl der Initiationspunkte ausschlaggebend, sondern – in Grenzen– auch die Geschwindigkeit des Reaktionsablaufs. Die Abstände der Initiationspunkte liegen bei *Xenopus* 20 µm–100 µm voneinander entfernt, bei *Triturus* mehr als 100 µm.

Auch die Länge der S-Phase in verschiedenen Entwicklungstadien einer Art variiert. Während früher Phasen der Embryonalentwicklung ist sie kürzer als in differenzierten, somatischen Zellen. Besonders lang ist sie in den Vorstufen der Keimzellen vor Einsetzen der Meiose. Beim Molch *Triturus vulgaris* beträgt sie in der frühen Blastula 1 Std., in differenzierten Zellen 48 Std. und in prämeiotischen Spermatozyten 200 Std. (Callan und Taylor, 1968).

Diese Unterschiede beruhen fast ausschließlich auf der Zahl der Initiationspunkte. Offensichtlich werden jene im Verlauf der Entwicklung mehr und mehr reprimiert. Natürlich stellt sich auch hier die Frage, wodurch sie charakterisiert sind. Sind es spezifische Nukleotidsequenzen oder sind es Strukturen, die durch Proteine in unterschiedlichem Maße exponiert, aktiviert oder geschützt werden? Man weiß heute noch so ziemlich gar nichts über Erkennungsregionen für Polymerasen bei Eukaryonten. Das Vorkommen spezifischer Sequenzen ist lediglich ein Analogieschluß,

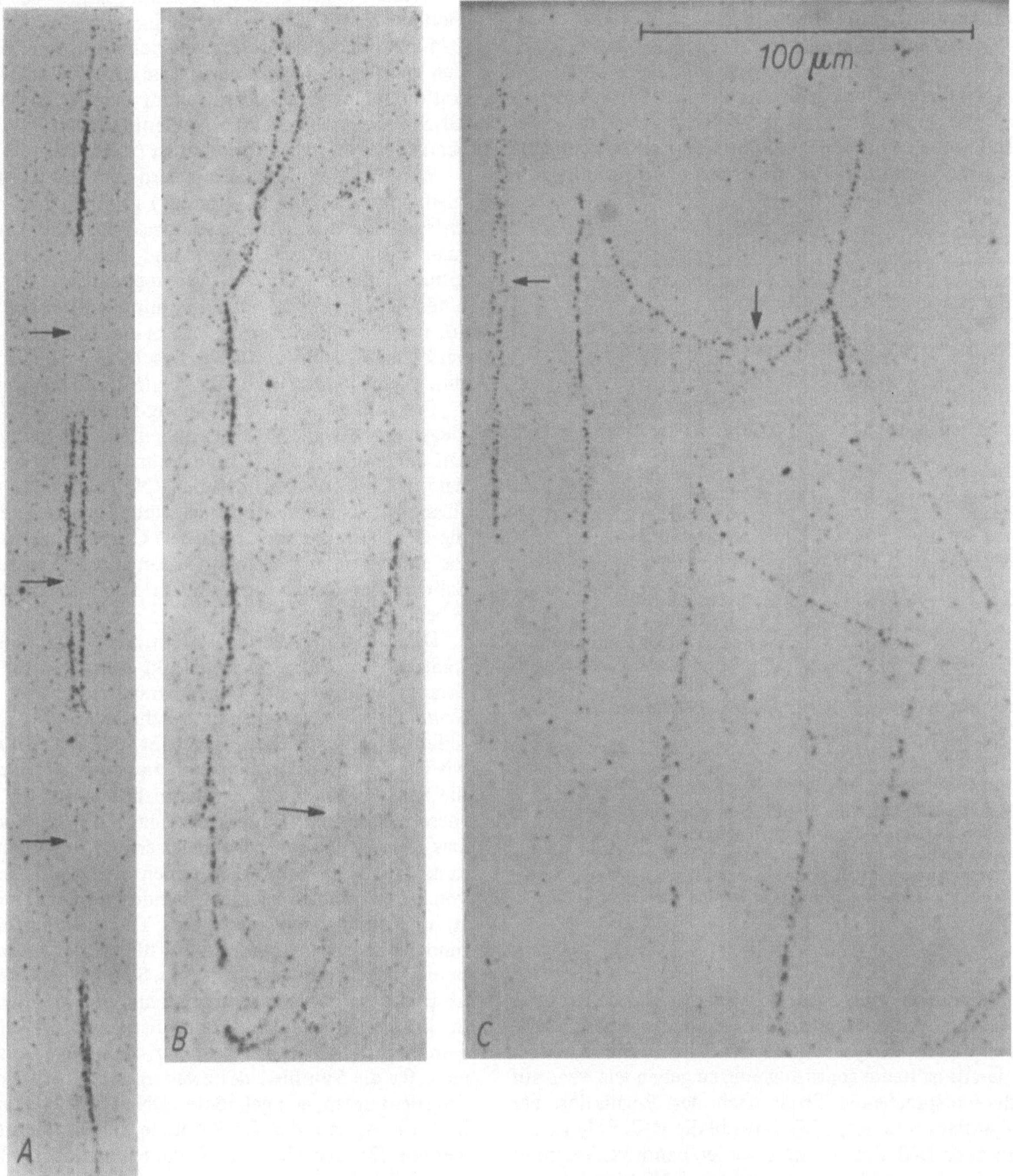

Abb. 8.8 A–C. Autoradiographischer Nachweis der Replikation im Eukaryontengenom. **A** *Xenopus laevis*-Gewebe bei 23 °C zwei Stunden lang mit hoher spezifischer Aktivität, anschließend nochmals zwei Stunden mit geringer Aktivität markiert. *Pfeile* kennzeichnen Initiationsstellen, die bereits vor Beginn der Markierung in Aktion waren. **B** *Xenopus laevis*-Gewebe. Vier Stunden lang markiert. *Pfeil* weist wieder auf eine Initiationsstelle hin. **C** *Triturus cristatus carnifex*-Gewebe bei 25 °C markiert für vier Stunden. Trennung der Tochterstränge ist *oben links (Pfeil)* erkennbar, sowie in einem der beiden Stränge (*rechts*). Die Komplexität der rechten Struktur beruht auf einer Verfilzung zweier replizierender DNS-Moleküle. (Aufn. Callan, St. Andrews, 1976)

der von einer Extrapolation der Beobachtungen bei Prokaryonten und Viren ausgeht.

Molekulare Grundlagen

In Tabelle 1 sind Gene und ihre Genprodukte genannt, die die Replikation des *E. coli*-Genoms beeinflussen:

Tabelle 1. (Aus Geider, 1976)

Genort (Bezeichnung)	Position im Genom (Min.)	Funktion/Defekt
dna A	73	Initiation am Startpunkt
dna B	81	Kettenwachstum
dna C, dna D	89	Initiation am Startpunkt
dna E = pol C	4	DNS-Polymerase III
dna F = nrd A	42	U.E. B1 der Ribonukleotid-Diphosphat-Reduktase
dna G	60	Kettenwachstum
dna H	64	Initiation am Startpunkt
dna I	36	Initiation am Startpunkt
dna P	75	Membrandefekt
dna S	72	Akkumulation kurzer DNS-Stücke
dna Z	11	Kettenwachstum
lig	46	DNS-Ligase
nrd B	42	U.E. B2 der Ribonukleotid-Diphosphat-Reduktase
pol A	76	DNS-Polymerase I
pol B	2	DNS-Polymerase II
rif	77	β-U.E. der RNS-Polymerase (Sensitivität gegenüber Rifampicin)

Man beachte, daß die Replikation von einer Vielzahl von Genen und ihren Genprodukten gesteuert wird und daß diese Gene nicht in einem Operon organisiert, sondern über das Gesamtgenom verteilt sind. Mit den Eigenschaften der an der Replikation beteiligten Enzyme werden wir uns in Kapitel 19 befassen.

Natürlich muß man sich jetzt auch noch fragen, wie die Synthese der für die Replikationsmaschinerie benötigten Enzyme gesteuert wird. Eine Antwort hierauf ist heute genauso wenig zu geben wie etwa auf die entsprechende Frage nach der Regulation der Translation (s. Kap. 38). Sowohl die RNS-Polymerase als auch DNS-Polymerasen werden benötigt. Vertreter beider Enzymklassen verwenden DNS-Einzelstränge als Matrize. Unterschiede liegen in der Kompetenz, die Synthese neuer Ketten zu initiieren. Die RNS-Polymerasen benötigen Promotoren, also spezifische Nukleotidsequenzen, um eine RNS-Synthese zu starten. Unter unphysiologischen Bedingungen kann die Synthese auch an anderen Stellen beginnen. Keine DNS-Polymerase kann die Neusynthese einer Polynukleotidkette initiieren, alle können lediglich Ketten verlängern. Bemerkenswert ist jedoch die Tatsache, daß auch oder gerade Polyribonukleotide gute *Primer* sind, womit der RNS-Polymerase eine entscheidende Funktion bei der Initiation der Replikation zukommt.

Kleine Phagen sind – wie schon gesagt – geeignete Modelle zum Studium der Replikation, so z.B. Φ X 174. Wie auch andere Phagen benötigt dieser neben den eigenen auch wirtsspezifische Proteine zur Replikation seiner DNS. Das Genom besteht aus einem DNS-Einzelstrang, dessen Nukleotidsequenz, wie wir schon gesehen haben, bekannt ist (s. Kap. 5).

Während der Replikation wird zunächst ein komplementärer Strang („–Strang") gebildet. Das dabei entstehende doppelsträngige Zwischenstadium nennt man RF (*replicative form*), und man unterscheidet grundsätzlich zwischen zwei replikativen Formen, einer RF II [ringförmige, entspannte (*relaxed*) Struktur mit einem Einzelstrangbruch] und einer RF I (mit verschlossener Bruchstelle). Das Molekül nimmt dadurch eine *Supertwist (supercoil)*-Konformation an.

Die Initiation der RF-Bildung ist bei Φ X 174 im Gegensatz etwa zum M 13 (ebenfalls einem Phagen mit einsträngiger DNS) rifampicinunempfindlich, was darauf schließen läßt, daß die RNS-Polymerase überflüssig ist. Es sieht so aus, als würde sie ersetzt durch die Genprodukte von *dna B, dna C, dna E* und *dna G*, die einen *Primer* bilden und verlängern. Die einzelnen Schritte der Replikation sind in Abb. 8.9 wiedergegeben.

Der „–Strang" ist eine effektivere Matrize als der „+Strang", so daß im Endeffekt mehr „+" als „–-Strang" gebildet wird. Der „+Strang" wird nach dem *Rolling circle*-Mechanismus synthetisiert und in die reifenden Virusteilchen eingebaut. Bei *E. coli* finden wir bei der Initiation eine ähnliche Situation, doch ist die RNS-Polymerase dort unentbehrlich, d.h. die Synthese startet durch Bildung eines kurzen RNS-Stückes. Das Öffnen des Doppelstranges erfolgt unter Mitwirkung von Entwindungsproteinen (Alberts), welche von Einzelsträngen selektiv gebunden werden, Doppelstränge destabilisieren und eine Transkription unterbinden. Zusammenfassend sind die an der Initiation beteiligten Komponenten in Abb. 8.10 wiedergegeben. Ursprünglich nahm man an, daß nur einer der Stränge in kurzen Stücken (diskontinuierlich) synthetisiert werde, inzwischen ist aber klar, daß diese Aussage auch für die Synthese des zweiten gilt. Vor Verknüpfung der kurzen, neu gebildeten DNS-Stücke (Okazaki-Stücke) müssen die RNS-Anteile (*Primer*) entfernt werden. Das geschieht durch die Ribonuklease H und die DNS-Polymerase I, die ihrerseits diese Lücke wieder mit entsprechenden Desoxyribonukleotiden ausfüllt. Die eigentliche Verknüpfung erfolgt durch eine DNS-Ligase (s. Kap. 19). Durch das Entfernen der RNS-Anteile verbleibt bei linearer DNS am 3'-Ende eine Lücke, die durch keine DNS-Polymerase gefüllt werden kann, da ja keinerlei *Primer* vorhanden sind. Hieraus ergibt sich die zwingende Notwendigkeit für eine Concatemerbildung (s. Abb. 8.2B) oder einen anderen der bereits genannten Mechanismen.

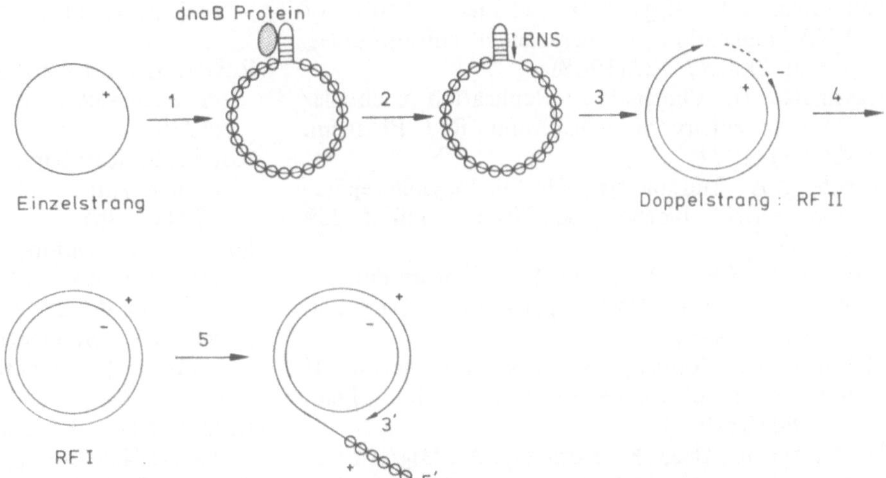

Abb. 8.9. Stadien der Replikation der Einzelstrang-DNS des Bakteriophagen Φ X 174. *1*, Der Einzelstrang wird unter Mitwirkung von ATP, *dna B*-Protein, *dna C*-Protein, Protein i, Protein n und Entwindungsproteinen für die Replikation vorbereitet. Die DNS wird von Entwindungsproteinen umgeben. *2*, Es wird ein RNS-*Primer* gebildet. Daran sind *dna G*, ATP, GTP, CTP und UTP beteiligt. *3*, Replikation: DNS-Polymerase III, Protein U, ATP, dATP, dGTP, dCTP, dTTP. Es entsteht ein Doppelstrang (RF II: mit Einzelstrangbruch). *4*, RF II wird in RF I überführt. DNS-Polymerase I und Ligase verschließen die Bruchstelle. RF I geht in eine verdrillte Superhelixkonformation über. *5*, Unter Mitwirkung von *E. coli-rep*-Protein, Φ X 174-*cisA*-Protein, Entwindungsprotein und DNS-Polymerase III wird eine weitere Replikation nach dem *Rolling circle*-Modell eingeleitet. Es entsteht dabei nur Einzelstrang-DNS („+-Strang") (Kornberg, 1977)

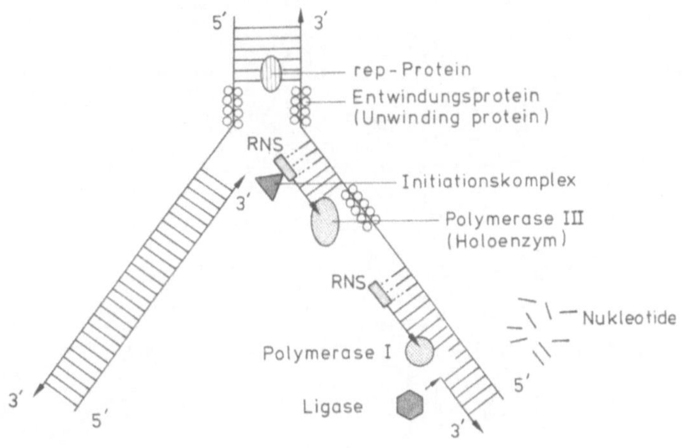

Abb. 8.10. Replikationsgabel. Proteine und Stadien bei der Replikation von DNS aus *E. coli*. Der Initiationskomplex enthält u.a. das *dna G*-Produkt, die „Primase". (Nach Kornberg, 1977)

Literatur

Alberts, B., Sternglanz, R.: Recent excitement in the DNA replication problem. Nature (London) *269*, 655 (1977)

Bouché, J.-P., Rowen, L., Kornberg, A.: The RNA primer synthesized by primase to initiate phage G4 DNA replication. J. Biol. Chem. *253*, 765 (1978)

Cairns, J.: The bacterial chromosome and its manner of replication as seen by autoradiography. J. Mol. Biol. *6*, 208 (1963)

Callan, H.G.: DNA replication in the chromosomes of eukaryotes. Biol. Zentralbl. *95*, 531 (1976)

Cavalier-Smith, T.: Palindrome base sequences and replication of eukaryote chromosome ends. Nature (London) *250*, 467 (1974)

Eisenberg, S., Griffith, J., Kornberg, A.: Φ X 174 cistron A protein is a multifunctional enzyme in DNA replication. Proc. Natl. Acad. Sci. US *74*, 3198 (1977)

Gefter, M.L.: DNA replication. Annu. Rev. Biochem. *44*, 45 (1975)

Geider, K.: Molecular aspects of DNA replication in *Escherichia coli* systems. Curr. Top. Microbiol. Immunol. *74*, 55 (1976)

Huberman, J.A., Riggs, A.D.: On the mechanism of DNA replication in mammalian chromosomes. J. Mol. Biol. *32,* 327 (1968)

Kasamatsu, H., Vinograd, J.: Replication of circular DNA in eukaryotic cells. Annu. Rev. Biochem. *43,* 695 (1974)

Kornberg, A.: Multiple stages in the enzymic replication of DNA. Biochem. Soc. Trans. Lond. *5,* 359 (1977)

Kung, F.-C., Glaser, D.A.: dnaA acts before dnaC in the initiation of DNA replication. J. Bacteriol. *133,* 755 (1978)

McHenry, C., Kornberg, A.: DNA polymerase III holoenzyme of *Escherichia coli.* J. Biol. Chem. *252,* 6478 (1977)

McMacken, R., Ueda, K., Kornberg, A.: Migration of *Escherichia coli* dnaB protein on the template DNA strand as a mechanism in initiating DNA replication. Proc. Natl. Acad. Sci. USA *74,* 4190 (1977)

Rowen, L., Kornberg, A.: Primase, the dnaG protein of *Escherichia coli.* J. Biol. Chem. *253,* 758 (1978a)

Rowen, L., Kornberg, A.: A ribo-deoxyribonucleotide primer synthesized by primase. J. Biol. Chem. *253,* 770 (1978b)

Sheinin, R., Humbert, J., Pearlman, R.E.: Some aspects of eukaryotic DNA replication. Annu. Rev. Biochem. *47,* 277 (1978)

Sobell, H.M.: Symmetry in protein-nucleic acid interaction and its genetic implications. Adv. Genet. *17,* 411 (1973)

Watson, J.D.: The origin of concatemeric T7 DNA. Nature New Biology *239,* 197 (1972)

Wickner, S.H.: DNA replication proteins of *Escherichia coli.* Annu. Rev. Biochem. *47,* 1163 (1978)

9. Transkription der DNS von Viren und Prokaryonten

Die genetische Information eines Organismus ist in der DNS linear niedergelegt. Um sie zu nutzen, muß sie zunächst komplett oder in Teilen abgerufen und von der DNS in RNS überschrieben werden. Diesen Prozeß bezeichnen wir als Transkription. Er wird durch ein Enzym, eine DNS-abhängige RNS-Polymerase, katalysiert. Der Transkriptionsprozeß ist einer der entscheidenden Kontrollmechanismen der Genexpression. Er unterliegt Regulations- und Modulationsvorgängen und besteht aus einer Anzahl hochspezifischer Teilschritte. Man unterscheidet dabei einmal zwischen dem enzymatischen Prozeß, durch den eine bestimmte Nukleotidsequenz von einem Makromolekül (DNS-Matrize) auf ein anderes (RNS: Matrize der Proteinbiosynthese) übertragen wird und den Erkennungsvorgängen, die dafür sorgen, daß die Transkriptionsmaschinerie die spezifischen Start- und Stopsignale auf der DNS-Matrize findet. Hierdurch wird eine Selektivität der Transkription gewährleistet. Beim Informationstransfer (DNS → RNS) sind sowohl spezifische Basenpaarungen als auch Protein-Nukleinsäurewechselwirkungen beteiligt. Die Geschwindigkeit, mit der die Polymerase den Anfang eines Gens oder einer Gengruppe erkennt und dort die RNS-Synthese einleitet, entscheidet darüber, ob und in welcher Menge eine bestimmte genetische Information als RNS verfügbar wird. Die „Zugriffszeit" bestimmt *somit* letztendlich auch die Effizienz der Transkription. Die Nukleotidsequenz, die als „Adresse" ein oder mehrere Gene markiert, wird als Promotor bezeichnet. Er bindet die Polymerase mit hoher Affinität und determiniert die Richtung der RNS-Synthese sowie mit hoher Wahrscheinlichkeit auch die erste Base, die von DNS in RNS überschrieben wird. Sobald der Polymerase-Promotorkomplex gebildet worden ist, kann das Enzym bei Anwesenheit von Nukleosidtriphosphaten die erste Phosphodiesterbindung ausbilden und damit die Synthese der RNS initiieren. Die Reaktion ist bimolekular und läuft über mehrere, teils reversible, teils irreversible Schritte ab. Fehlen die Nukleotide, zerfällt der Komplex mit einer Halbwertszeit, die von Promotor zu Promotor sehr unterschiedlich sein kann. Von seltenen Ausnahmen abgesehen, ist die erste Base der RNS stets ein Purin. Die sich anschließenden Schritte, die zum Kettenwachstum führen, werden als Elongation bezeichnet. Im Zusammenhang damit können wir uns fragen:

- *Mit welcher Geschwindigkeit läuft die Elongation ab?*
- *Ist die Geschwindigkeit als Funktion der Zeit und der Basensequenz konstant?*
- *Wie präzise ist die Transkription?*

In vivo wurde bei 37°C eine Elongationsgeschwindigkeit von 40–50 Nukleotiden pro Sek. ermittelt. In in vitro-Systemen kam man, je nach Wahl der Versuchsparameter, auf Werte von 15–40 Nukleotiden/Sek. Bei geringen Substratkonzentrationen erfolgt Kettenwachstum in diskreten Schritten mit Verzögerungen (Pausen) an ganz bestimmten Punkten des DNS-Moleküls. Bevorzugte Pausenorte sind G-reiche Regionen und längere Strecken von A's im codierenden Strang (Matrizenstrang). Die Nukleotidzusammensetzung beeinflußt damit maßgeblich die Geschwindigkeit einer Kettenelongation.

Der Transkriptionsprozeß läuft mit hoher Präzision ab. Die Fehlerrate beträgt 1 in 2×10^3 bis 1 in 2×10^4, mit anderen Worten: eine Base pro 2.000–20.000 wird falsch eingebaut. So gering diese Fehlerrate auch scheinen mag, diese Werte erreichen bei weitem nicht die Exaktheit der Replikation, denn dort wird nur eine Base pro 10^{10} falsch eingebaut. Eine der Ursachen für diese hohe Genauigkeit liegt in einem zusätzlichen Kontrollmechanismus, dem *Proof-reading* (unter Mitwirkung der DNS-Polymerase I, s. Kap. 8 und 19).

Zum Verständnis dieser recht groß aussehenden Diskrepanz sollte man sich vergegenwärtigen, daß eine Replikation in der Regel nur einmal pro Zellzyklus erfolgt und daß das zu replizierende DNS-Molekül (die Replikationseinheit) sehr lang ist. Bei der Transkription hingegen entstehen pro Transkriptionseinheit viele Transkripte, die im Vergleich zur DNS-Matrize recht kurz sind. Es genügt vollauf, wenn nur größenordnungsmäßig 95% der letztendlich gebildeten Proteinmoleküle aktiv sind. Fehler, die bei der Transkription auftreten, werden nicht weitergegeben. Fehler, die bei der Replikation auftreten, werden auf nachfolgende Zellgenerationen übertragen und sind im nachhinein nicht mehr auszumerzen.

Wann kommt die Transkription zum Abbruch? Prozesse, die zum Abbruch (zur Termination) der mRNS-Kettenbildung führen, sind weniger gut verstanden als die Initiationsreaktionen. Es ist sicher, daß es auf der DNS spezifische Terminationssequenzen gibt und die Polymerase ihre Arbeit an diesen Stellen einstellt. RNS und Polymerase werden dabei freigesetzt. Darüberhinaus gibt es Terminationssignale, die nur bei gleichzeitiger Anwesenheit eines Terminationsfaktors (ρ-Faktor) erkannt werden. ρ ist ein Protein mit einer ATPase-Aktivität und einer hohen Affinität zu bestimmten Nukleotidsequenzen. Schließlich gibt es Fälle, in denen der ρ-Faktor einen Abbruch der Kettensynthese zwar fördert, für ihn jedoch nicht unbedingt erforderlich ist.

Terminationssequenzen enthalten fast immer eine Anzahl A's, gefolgt von einigen GC-Paaren. Wir haben bereits gesehen, daß die Polymerisationsreaktion an solchen Positionen gebremst wird, die Polymerase pausiert, und Pausen wiederum sind vermutlich ein Auslöser für einen Abbruch der durch das Enzym katalysierten Elongationsreaktion. Eine Zusammenfassung der gerade besprochenen Ereignisse kann der Abb. 9.1 entnommen werden.

Wie sehen die Regelmechanismen der Transkription aus?

Solange nur Polymerase und DNS miteinander interagieren, sprechen wir von einer Steuerung, kommen weitere Faktoren hinzu, von einer Regelung. Die Genexpression wird in vielen Fällen durch Mechanismen reguliert, die die Erkennungsvorgänge beeinflussen. Neben den Start- und Stopsignalen kommen auf der DNS hochspezifische Bereiche vor, die von Regulatorproteinen erkannt werden, welche die Transkription bestimmter Abschnitte entweder fördern oder hemmen (Aktivierung, Repression, positive oder negative Kontrolle der Transkription). Auf viraler DNS und der DNS der Prokaryonten sind mehrere solcher Signalsequenzen gefunden und charakterisiert worden. Einige von ihnen werden wir am Ende dieses Kapitels näher kennenlernen.

Die Aktivität der Regulatorproteine kann durch zahlreiche Faktoren (Konzentrationen von Metaboliten, Ionen etc.) moduliert werden. Auch die DNS-abhängige RNS-Polymerase selbst ist in ihrer Effizienz und Spezifität modifizierbar. Das Enzym kann bei wechselnden Bedingungen einen unterschiedlichen Grad an Aktivität entfalten. Es besteht aus mehreren Untereinheiten (s. Kap. 19). Von besonderem Interesse ist dabei die Untereinheit σ, die vom Rest des Molekülkomplexes (*core*-Enzym) leicht abdissoziiert. σ wird benötigt, um den Promotor zu erkennen und eine spezifische Transkription im richtigen Raster zu initiieren.

Viren, vor allem Bakteriophagen, haben sich in den letzten Jahren als geeignete Versuchsobjekte zum Studium der Transkriptionsregulation, vor allem der Vorgänge, die die zeitliche Abfolge von Ereignissen steuern, bewährt. Mit der Zunahme der Informationsmenge steigt in der Regel auch die Komplexität der Kontrollmechanismen der Transkription. Im Genom des kleinen Bakteriophagen fd werden nach der Infektion einer Bakterienzelle alle Gene gleichzeitig transkribiert. Es gibt keine zeitliche Staffelung und keinen spezifischen Regulationsmechanismus.

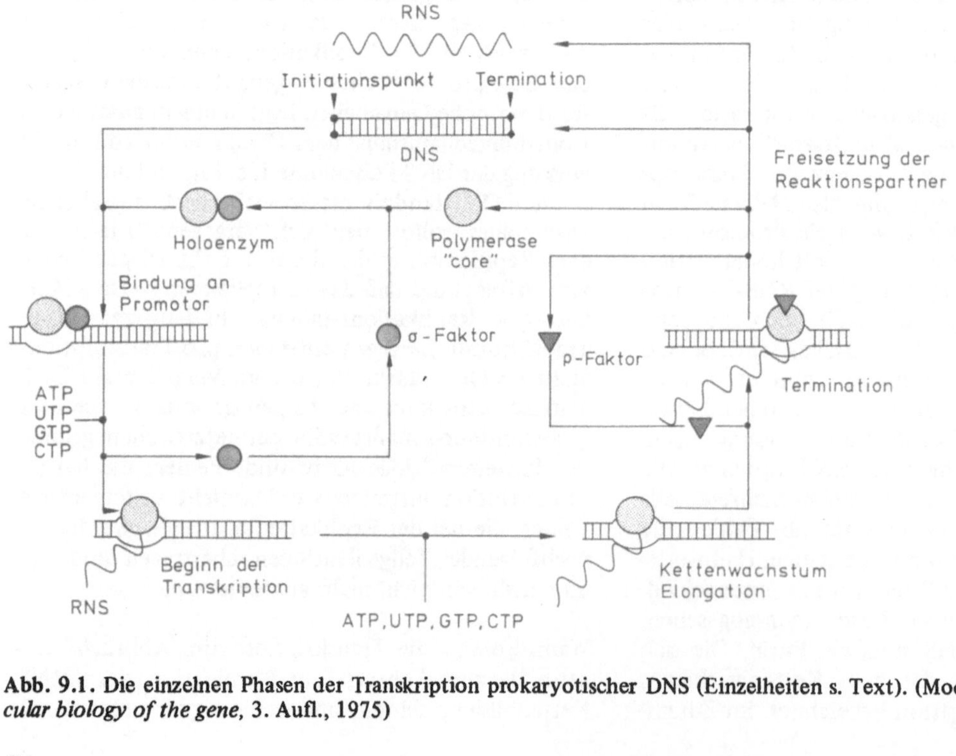

Abb. 9.1. Die einzelnen Phasen der Transkription prokaryotischer DNS (Einzelheiten s. Text). (Modifiziert nach Watson, *Molecular biology of the gene,* 3. Aufl., 1975)

Abb. 9.2. In vitro Transkriptionskomplex der DNS des Bakteriophagen T7. Nach Zugabe von *E. coli*-DNS-abhängiger RNS-Polymerase entstehen nur an einem Ende des DNS-Moleküls laterale RNS-Fibrillen (Moleküle). Die Transkriptionsrate ist dort relativ hoch, die Richtung eindeutig erkennbar. Der Rest des Genoms (80%) kann nur durch eine phagenspezifische Polymerase transkribiert werden. (Aufn. Delius, Cold Spring Harbor Laboratory, 1973)

Das (größere) Genom von T7 (und T3 u.a.) besteht aus zwei Gengruppen, die zeitlich hintereinander zum Zuge kommen. Man spricht daher von frühen und späten Genen (*early* and *late*). Nach der Infektion einer Bakterienzelle werden zunächst nur die frühen Gene transkribiert (s. Abb. 9.2). Das hierfür erforderliche Enzym wird von der Bakterienzelle gestellt. Zu den Genprodukten der frühen Gene gehört eine phagenspezifische Polymerase, welche die Transkription der späten Gene ermöglicht (Chamberlin, McGrath und Waskell, 1970). Die Spezifität des T7-codierten Enzyms kommt u.a. dadurch zum Ausdruck, daß es die DNS des nah verwandten Phagen T3 nicht transkribiert. Analoges gilt für das T3-codierte Enzym. Auch das hat ein sehr enges Wirkungsspektrum. Es erkennt die Promotoren der späten T3-Gene zehnmal so gut wie die recht ähnlich strukturierten T7-Promotoren (Dunn, F.A. Bautz und E.K.F. Bautz, 1971).

Bei dem *Bacillus subtilis*-Phagen SPO1 gibt es drei Zeitklassen von Genen. Alle werden durch die bakterielle Polymerase transkribiert, doch steuert das Phagengenom sukzessive Genprodukte bei, welche die Polymerase und damit deren Spezifität abändern. Das Enzym verliert nach der Phageninfektion seinen σ-Faktor (Talkinton und Pero, 1977).

Als letztes sei der *Escherichia coli*-Phage T5 genannt, dessen Gene ebenfalls drei Zeitklassen zuzuordnen sind. Die Regulation der Transkription erfolgt hier über unterschiedlich starke Promotoren.

Eine Transkriptionskontrolle kann irreversibel sein, so wie das bei den eben genannten Beispielen der Fall ist und wie sie uns auch bei Differenzierungs- und Entwicklungsprozessen begegnet (Stichwort: Embryonalentwicklung), sie kann aber auch reversibel sein. Zu den reversibel geregelten Transkriptionssystemen gehören u.a. die bakteriellen Operons wie das Lactoseoperon, das Tryptophanoperon u.a. Die dabei gebildeten Genprodukte sind am Ab- und Aufbau von Stoffwechselprodukten beteiligt. Die Gene werden nur bei Bedarf eingeschaltet und werden stillgelegt, sobald die Genprodukte nicht mehr benötigt werden.

Was kennzeichnet einen Promotor?

Promotoren sind starke Bindungsstellen für die DNS-abhängige RNS-Polymerase. Einige der Promotoren kleiner Phagen sowie von Kontrollregionen der Prokaryonten, die wir im folgenden Abschnitt besprechen werden, sind in den letzten Jahren sequenziert worden (Pribnow, 1975; Schaller et al., 1975; Sugimoto et al., 1975). Sie wurden als diejenigen DNS-Abschnitte isoliert, die durch RNS-Polymerase vor einem Nukleaseabbau geschützt werden.

Promotorbereiche sind meist AT-reich, Purine und Pyrimidine sind asymmetrisch verteilt. Es ist bekannt, daß diese Verteilung die DNS-Sekundärstruktur beeinflußt und ihre Stabilität herabsetzt. Sie spielen vermutlich sowohl bei der Erkennung der Polymerase als auch beim nachfolgenden lokalen Schmelzen der DNS eine entscheidende Rolle. Beim Untereinanderschreiben analysierter Promotorsequenzen stellte Pribnow (Harvard University, 1975) fest, daß alle Promotoren gleiche oder doch sehr ähnliche, sieben Nukleotidpaare lange Abschnitte enthielten (s. Abb. 9.3). In seiner Arbeit umrandete er den in Frage kommenden Bereich, der von da ab als "Pribnow box" bekannt geworden ist.

5′ T-A-T-Pu-A-T-G- 3′
3′ A-T-A-Py-T-A-C- 5′

Schaller (Universität Heidelberg) kam 1975 zu dem gleichen Schluß. Dieser Bereich ist fünf bis sieben Nukleotidpaare vom Initiationspunkt der RNS-Synthese entfernt. Die Promotorsequenzen selbst werden nicht mit transkribiert.

Bei einem Promotor ist zwischen *on-rate* (Aufspringen der Polymerase) und *off-rate* (Ablösung der Polymerase) zu unterscheiden. Die *on-rate* variiert bei acht Promotoren des Phagen fd um den Faktor 10. Die *on-rate* beeinflußt die Stärke des Promotors. Promotorstärke darf jedoch nicht mit Affinität der Polymerase zur DNS verwechselt werden. Ausschlaggebend ist vielmehr die Umsatzrate, d.h. die Zahl der gebildeten RNS-Ketten pro Zeiteinheit. Die relative Stärke eines Promotors beschreibt somit die promotorspezifische Häufigkeit eines Initiationsereignisses und hängt von den relativen Raten der Bildung und Dissoziation des Enzym-DNS-Komplexes sowie der Initiation der RNS-Synthese ab. Im Prinzip bindet jede DNS-Sequenz Polymerase, von einem Promotor spricht man aber erst dann, wenn die Initiationsgeschwindigkeit einer RNS-Synthese die Abwurfgeschwindigkeit (Dissoziationskonstante, *off-rate*) um Größenordnungen übersteigt.

Seeburg et al. (1977) geben für die Komplexbildung zwischen der Polymerase und den Promotoren des Bakteriophagen fd die folgenden Geschwindigkeiten an:

Enzym + DNS

Bindung 15 Sek.–3 Min. (*on-rate*) ↓↑ Dissoziation 30 Sek. –50 Std. (*off-rate*)

Enzym-DNS
(Präinitiationskomplex)

+ 4 NTP ↓ Initiation der RNS-Synthese 1 Sek.

Enzym-DNS-RNS
(Transkriptionskomplex)

	← vor DNase geschützt	Pribnow Box	
λP RM	GTGTTAGATATTTATCCCTTGCGGTGA	TAGATTT	AACGTA
λP L	GGTGTTGACATAAATACCACTGGCGGT	GATACTG	AGCACA
λP R	CGTGTTGACTATTTTACCTCTGGCGGT	GATAATG	GTTGCA
λP O	GAAGTTGAGTATTTTTGCTGTATTTGT	CATAATG	ACTCCT G
SV40	GTTGTTGTTAACTTGTTTATTGCAGCT	TATAATG	GTTACA
fd X	TTTGATGCAATTCGCTTTGCTTCTGAC	TATAATA	GACAGG
fd II	AACGTTTACAATTTAAATATTTGCTTA	TACAATC	ATCCTG
fd VIII	CTCCGTTGTACTTTGTTTCGCGCTTGG	TATAATC	GCTGGG G
T7A3	ACGGTTGACAACATGAAGTAAACACGG	TACGATG	TACCACA
T7A2	GTATTGACAACATGAAGTAACATGCAG	TAAGATA	CAAATC G
ΦX D	TTGTTGACATTTTAAAAGAGCGTGGAT	TACTATC	TGAGTCCG
ΦX B	AGCTTGCAAAATACGTGGCCTTATGGT	TACAGTA	TGCCCA
ΦX A	AGGATTGACACCCTCCCAATTGTATGT	TTTCATG	CCTCCAA
tRNS tyr	TAACACTTTACAGCGGCGCTCATTTGA	TATGATG	CGCCCCG
ara BAD	TACCTGACGCTTTTTATCGCAACTCTC	TACTGTT	TCCCATA
lac ZYA	GGCTTTACACTTTATGCTTCCGGCTCG	TATGTTG	TGTGGA
lac i	AATGGCGCAAAACCTTTCGCGGTATGG	CATGATA	GCGCCCG
gal (CAP)	GTCACACTTTTCGCATCTTTGTTATGC	TATGGTT	ATTTCA
gal′	TCCATGTCACACTTTTCGCATCTTTGT	TATGCTA	TGGTTA
trp (coli)	GCTGTTGACAATTAATCATCGAACTAG	TTAACTA	GTACGCA
trp (S.t.)	GGTGTTGACATTATTCCATCGAACTAG	TTAACTA	GTACGAA
	-30 -15	TAT PuA TG	-1

Abb. 9.3. Liste sequenzierter Promotoren, Stand April 1977. (Zusammengestellt von Majors)

Die stärksten, bisher bekannten Promotoren trägt der Bakteriophage T5 (Gabain und Bujard, Universität Heidelberg, 1977). Einige davon sind wesentlich stärker als die der Wirtszell-DNS. Da nach einer Phageninfektion Phagenpromotoren und Wirtszellpromotoren um die gleiche Polymerase kompetieren, gewinnen wegen ihrer Stärke schließlich die Phagenpromotoren. Die Lebensdauer der Promotor-Polymerase-Komplexe liegt zwischen 30 Min. und 48 Std. Groß sind die Unterschiede in der *on-rate.* Es besteht keine Korrelation zwischen *on-* und *off-rate,* wohl aber zwischen *on-rate* und Promotorstärke. Das T5-Genom enthält 80–120 Gene, die, wie schon gesagt, drei Zeitklassen angehören: *pre-early, early* und *late* (McCorquodale und Buchmann, 1968). Unmittelbar nach der Infektion der Bakterienzelle mit T5 werden 8% der DNS (mit der *pre-early*-Region) in die Wirtszelle eingeschleust und sofort transkribiert. Die Transkription der restlichen 92% hängt von der Existenz eines Proteins ab, das durch eines der *pre-early*-Gene codiert wird. Die Synthese der *early*-mRNS beginnt 5 Min. nach der Infektion, die der *late*-mRNS setzt nach weiteren 5 Min. ein und dauert bis zur Lyse der Wirtszelle.

T5-DNS trägt etwa 40 Promotoren. Stüber et al. haben durch eine elektronenmikroskopische Analyse (s. Abb. 9.4) sechs von ihnen der *pre-early*-Region, 29 der *early*-Region und fünf der *late*-Region zuordnen können. Das Transkriptionsmuster, die Verteilung der unterschiedlich starken Promotoren, die Genkarte und die Struktur der Phagen-DNS sind der Abb. 9.5 zu entnehmen. Der Erfolg des Phagengenoms liegt im Vorhandensein fest verdrahteter Signale (starker Promotoren). Sobald die Transkription der Phagen-DNS begonnen hat, läuft alles weitere nach einem fest programmierten Zeitplan ab, alle daran beteiligten Prozesse sind irreversibel.

Kontrollabschnitte auf der DNS: Operator, Operon, Attenuator

Auf der DNS ist eine Reihe funktioneller Elemente lokalisiert. Man hat es sich angewöhnt, zwischen Strukturgenen, also Elementen mit der genetischen Information für Enzyme und Strukturproteine und Regulatorgenen, die die Information zur Bildung von Regulatorproteinen tragen, zu unterscheiden. Regulatorproteine wiederum sind dadurch gekennzeichnet, daß sie mit spezifischen Bereichen der DNS interagieren und die Transkriptionsrate erhöhen oder senken.

Daraus folgt, daß es spezifische, funktionelle Abschnitte geben muß, die an der Regulation der Genexpression beteiligt sind. Man unterscheidet dabei zwischen den Operatoren, das sind jene Abschnitte, die von den Regulatorproteinen erkannt werden, sowie den bereits besprochenen Promotoren, die die DNS-abhängige RNS-Polymerase binden und damit den Initiationspunkt (Startpunkt) der Transkription festlegen. Hinzu kommen in manchen Fällen weitere Bindungsstellen für „positive" Kontrollelemente (z.B. den cAMP-CAP-Komplex). Diesen Abschnitten ist die Funktionseinheit „Operon" übergeordnet, welche die Strukturgene, einen Promotor und einen Operator enthält. Alle Strukturgene eines Operons werden gemeinsam und gleichzeitig ein- bzw. ausgeschaltet.

Das Lactose-Operon (lac-Operon) von Escherichia coli. Mit am besten untersucht ist das Lactose-Operon von *E. coli.* Unser Wissen darüber geht auf klassische Untersuchungen von Pardee, Jacob und Monod (1959) zurück. Seitdem ist an der Aufklärung des Regelmechanismus weiter intensiv gearbeitet worden, so daß wir uns heute ein recht klares Bild über die Vorgänge machen können.

Die Existenz der einzelnen Abschnitte, ihre Funktion und Reihenfolge sind aufgrund genetischer Analysen ermittelt worden. Drei Proteine regulieren die Transkriptionsrate.

1. Ein Repressor (Regulatorprotein), das Produkt des Gens *i* (Einzelheiten über das Protein s. Kap. 19). Bindungsort: Operator.
2. Die DNS-abhängige RNS-Polymerase (Einzelheiten über das Protein s. Kap. 19). Bindungsort und Startpunkt: Promotor.
3. CAP (CRP): cAMP-bindendes Protein. Bindungsort am „linken" Ende des Promotors (→ *upstream* – stromaufwärts).

Der Repressor blockiert die Transkription. Sein Bindungsort liegt zwischen dem Promotor und den Strukturgenen. Lactose inaktiviert ihn und gibt damit den Weg für die Transkription frei. Die Synthese der drei Enzyme β-Galactosidase, Galactosidtransferase und Transacetylase (Genprodukte von *z, y* und *a*) ist induzierbar und erfolgt ausschließlich bei Bedarf, also nur dann, wenn das Bakterium in ein lactosehaltiges Medium gerät. Genetische Defekte im Operator (o^c) führen zu einer stetigen (konstitutiven) Enzymsynthese. Die Transkription des Lactoseoperons ist negativ kontrolliert, denn die Gene bleiben bei Lactoseabwesenheit abgeschaltet. Zusätzlich unterliegt dieses Operon einer positiven Kontrolle, die durch den cAMP-Spiegel in der Zelle gesteuert wird (Beckwith, 1975). Die cAMP-Konzentration in der Zelle wiederum ist mit der Glucosekonzentration negativ korreliert. Bei geringer Glucosekonzentration ist die cAMP-Konzentration hoch. Es wird vom CAP gebunden und der Komplex wiederum vom Promotor, wodurch die Bindung der DNS-abhängigen RNS-Polymerase stimuliert und die Transkriptionsrate erhöht wird. Man nennt dieses Phänomen Katabolitrepression. Glucose ist für die Zelle als Kohlenstoffquelle vorteilhafter als z.B. die Lactose (und einige andere Kohlenhydrate). Solange genügend Glucose vorhanden ist, ist es für die Zelle daher sinnvoll, keine anderen Zucker aufzunehmen und zu verarbeiten. Erst bei akutem Bedarf an Kohlenstoff werden die weniger ergiebigen Quellen ausgeschöpft.

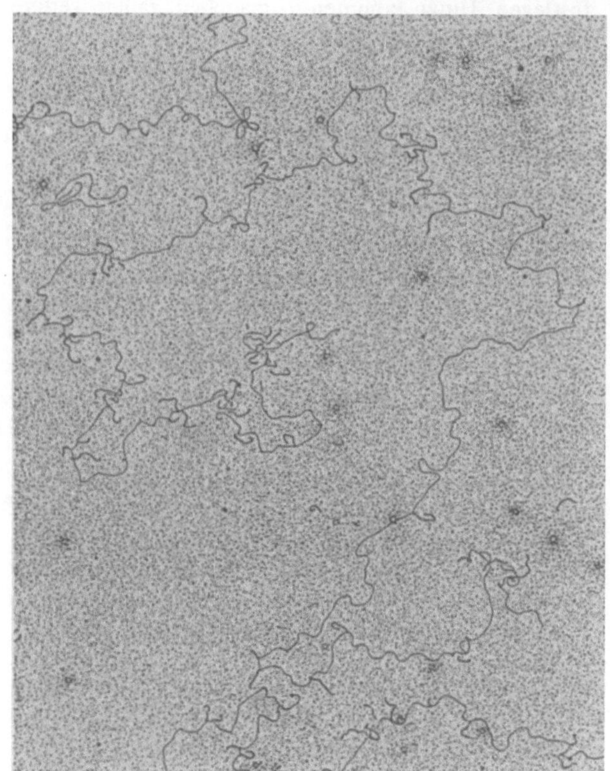

Abb. 9.4. In vitro-Transkriptionskomplex der T5-DNS. *Links:* Elektronenmikroskopische Aufnahme eines T5-DNS-Moleküls, an dem laterale RNS-Moleküle erkennbar sind (Vergr. 12.380-fach). *Rechts:* Computerzeichnung des gleichen Moleküls. Die Grenzen zwischen den *pre-early, early* und *late*-Regionen sind durch Pfeile gekennzeichnet. Die Unterschiede in den Transkriptionsaktivitäten der einzelnen Abschnitte treten deutlich hervor. In einigen Fällen kann die Transkriptionsrichtung direkt abgelesen werden (Stüber, Delius und Bujard, Heidelberg, 1978)

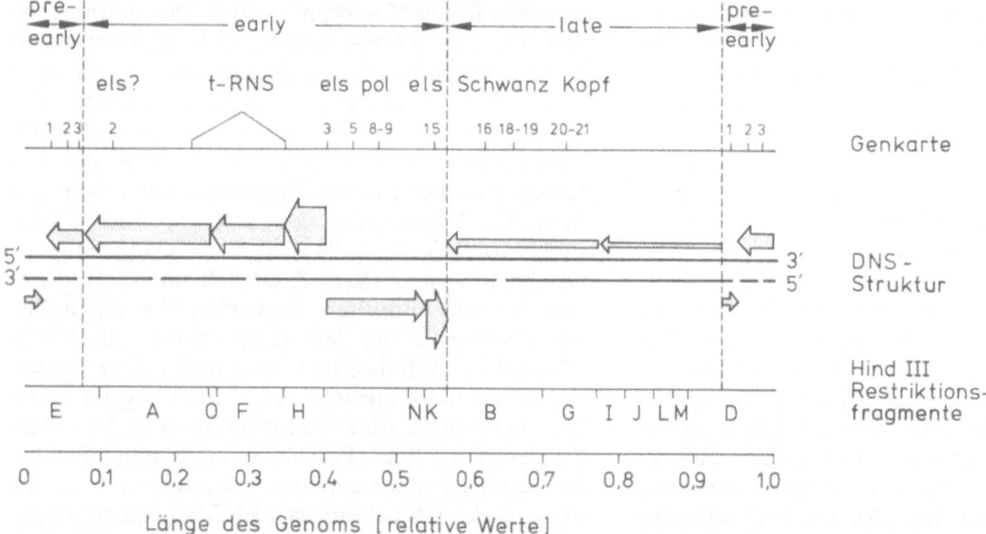

Abb. 9.5. Genkarte, Struktur der DNS und Transkriptionsmuster des *E. coli*-Bakteriophagen T5. Die 80–120 Gene sind drei Zeitklassen (*pre-early, early* und *late*) zuzuordnen. Ein Teil der genetischen Information (*pre-early*-Gene) ist redundant. Einer der DNS-Stränge ist intakt, der dazu komplementäre unterbrochen (segmentiert). *els* sind Gene, deren Genprodukte sehr wahrscheinlich am *early-late-switch* (Umschaltung) beteiligt sind. *pol:* DNS-Polymerase. Die *late*-Region enthält Gene, die für das *Assembly* des Phagen und die Lyse der Wirtszelle benötigt werden. Das Transkriptionsmuster (Hendrickson und Bujard, 1973) ist oberhalb und unterhalb der DNS-Struktur dargestellt. Die *Dicke der Pfeile* repräsentiert die relative Intensität der Transkription in vitro. Aus den Daten geht hervor, daß die Promotoren der *early*-Region weit stärker als die der *late*-Region sind. *Unten im Bild* die durch das Restriktionsenzym Hind III erzeugten Fragmente. Diese Fragmente wurden verwendet, um die Stärke der auf ihnen liegenden Promotoren zu bestimmen. Die Ergebnisse führten zu der oben gemachten quantitativen Aussage über die relative Promotorenstärke (Gabain und Bujard, 1977)

Um mehr über den Wirkungsmechanismus der Kontrollregion des *lac*-Operons zu erfahren, muß man die Nukleotidsequenz dieses Stücks kennen. Es handelt sich dabei insgesamt um eine Sequenz von 120 Basenpaaren, und man stand zunächst vor dem Problem, diese von den restlichen ca. 10^7 Basenpaaren des *E. coli*-Genoms abzutrennen. 1969 haben Shapiro, MacHattie, Eron, Ippen und Beckwith (Harvard University, Cambridge) das Lactoseoperon in reiner Form und ausreichender Menge isoliert, indem sie mit zwei temperenten Phagen arbeiteten, welche die Eigenschaft haben, sich in das *E. coli*-Genom in Nachbarschaft des *lac*-Operons einzubauen und es bei ihrem Wiederausbau (s. Kap. 13) mitzunehmen. Wir können hier nicht auf Einzelheiten eingehen, erwähnt sei nur, daß das *lac*-Operon in die beiden Phagen in unterschiedlicher Orientierung eingebaut wurde. Denaturierung (Schmelzen), Trennung der Einzelstränge und anschließende Renaturierung der Mischung von DNS aus beiden Phagen führte lediglich im Bereich des *lac*-Operons zu korrekter Basenpaarung. Die ungepaarten Bereiche (Genome der Phagen) wurden durch eine Exonuklease abverdaut. Selbst das verbleibende Stück war für eine Sequenzanalyse noch zu lang, denn es enthält ja nicht nur die Kontrollregion, sondern auch die Strukturgene für *z*, *y* und *a* sowie das Regulatorgen *i*.

Der Operator wurde daraus wie folgt isoliert: Zugabe von Repressor zu der den Operator enthaltenden DNS schützt ihn vor Nukleaseabbau. Der Rest der DNS wird verdaut, der Repressor wird von dem erhalten gebliebenen Fragment abdissoziiert, der Operator steht für weitere Analysen zur Verfügung.

Als 1973 seine Sequenz aufgeklärt wurde (W. Gilbert, Maizels und Maxam, Harvard University), waren die heute gängigen Verfahren der DNS-Sequenzanalyse noch nicht entwickelt, so daß man zunächst in vitro eine RNS synthetisieren mußte, deren Sequenz anschließend bestimmt werden konnte. Inzwischen ist die Sequenz der gesamten Kontrollregion bekannt (s. Abb. 9.6). Sie zeichnet sich durch mehrere Besonderheiten aus: Im Operator ist eine Spiegelsymmetrie erkennbar. Der Promotor besteht aus zwei Anteilen mit hohem GC-Gehalt und einem dazwischenliegenden Bereich mit hohem AT-Gehalt. Das Ende des *i*-Gens und der Anfang des *z*-Gens sind mitbestimmt worden. Die gefundenen Sequenzen entsprechen den Erwartungen, da man ja die Aminosäuresequenzen der Genprodukte kennt. Am Ende des *i*-Gens ist keine Terminierungssequenz erkennbar, und es ist nicht gesichert, daß die Transkription am Ende dieses Gens in vivo tatsächlich eingestellt wird. Die mittlerweile ebenfalls abgeschlossene Sequenzierung des *i*-Gens (Farabaugh, 1978) erlaubte es, die bereits veröffentlichte Aminosäuresequenz des Repressorproteins zu überprüfen und einige Fehler auszumerzen.

Andere Operons bei Prokaryonten. Das Jacob-Monod-Modell des Lactose-Operons ist schnell ein unabdingbarer Bestandteil vieler Lehrbücher geworden. Obwohl üblicherweise richtig dargestellt, präjudiziert es das Vorurteil, alle anderen Operons seien in gleicher Weise

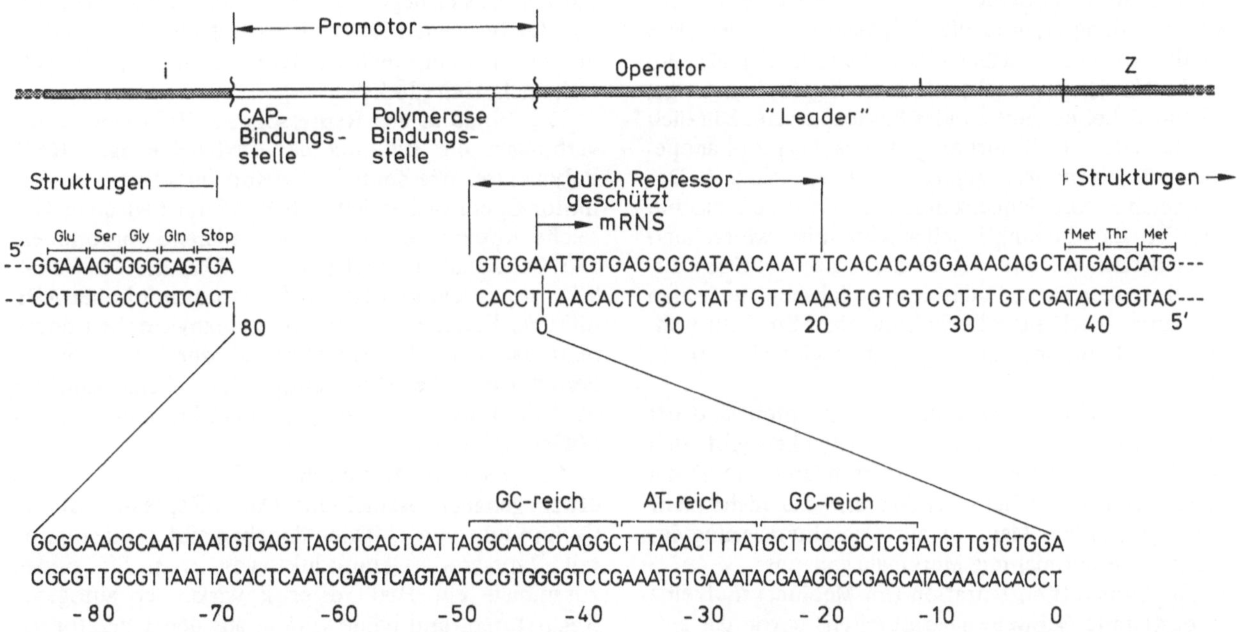

Abb. 9.6. Struktur und Nukleotidsequenz der Promotor-Operator-Region des *lac*-Operons. Promotor und Operator überlappen einander. Der Promotor enthält wesentlich mehr Basenpaare als der Operator. Der nicht translatierte, 5'-terminale Abschnitt der mRNS wird als *Leader* bezeichnet. Weitere Einzelheiten sind dem Text zu entnehmen. Die Wechselwirkung zwischen Promotor und Operator ist in Abb. 19 a und b dargestellt. (Nach Dickson et al., 1975)

reguliert – und das trifft nicht zu. Die Regulatorproteine des Arabinose-, des Maltose- und des D-Serin-Deaminaseoperons wirken als positive Elemente und sind damit Aktivatoren. In anderen Fällen, wie dem „*Histidin utilizing-System" (hut)* inhibiert der Regulator nicht nur die Synthese der Strukturgene, sondern wirkt auch direkt auf seine eigene Synthese ein (→ autogene Regulation, s. Abb. 9.7). Das Regulatorprotein ist ein Enzym (die Glutaminsynthetase), also das Genprodukt eines Strukturgens. Das sei am Rande vermerkt, um anzudeuten, daß die eingangs gemachte Einteilung in Enzyme und Regulatorproteine in vielen Fällen sinnvoll ist, die genannten Funktionen einander aber nicht ausschließen. Beim Tryptophanoperon von *E. coli* wird ein inaktiver Repressor gebildet, der erst unter Mitwirkung eines Korepressors (Tryptophan oder Trp-tRNS) aktiviert wird. Wir haben es hier mit einer Art Endprodukthemmung zu tun, wobei jedoch nicht, wie bei der sonst üblichen Endproduktkontrolle (z.B. Threoninsynthese) die Aktivität des ersten Enzyms der Biosynthese moduliert (gehemmt), sondern die Synthese aller Enzyme der Kette abgeschaltet wird. Die Sequenz der Basen im Tryptophanoperon wurde 1976 von Bennett et al. ermittelt. Repressor und DNS-abhängige Polymerase binden am gleichen Ort. Die Erkennungssequenzen sind hier also nicht voneinander getrennt, sie sind AT-reich; GC-reiche Abschnitte fehlen (Bertrand et al., 1975; Bennett et al., 1976; s. Abb. 9.8).

Zwischen Operator und Strukturgenen ist eine 166 Basenpaare lange, sog. *Leadersequenz* eingeschoben, und die wiederum enthält einen Abschnitt, den *Attenuator.* In neun von zehn Fällen bricht die Transkription an dieser Stelle ab. Die RNS-Kette wird nicht weiter verlängert, weil die Polymerase von der DNS abfällt. Es bedarf daher eines externen Signals, um dieses Hindernis zu überwinden. Tryptophanmangel scheint dabei ein auslösender Faktor zu sein. Kürzlich wurde auch die Kontrollregion des Tryptophanoperons von *Salmonella typhimurium* sequenziert. Der Vergleich dieser Sequenz mit der von *E coli* machte deutlich, daß die funktionellen Abschnitte weitgehend übereinstimmen, d.h. daß es nicht nur bei Strukturgenen, sondern auch in den Kontrollabschnitten einen Selektionsdruck auf Beibehaltung einer Struktur während der Evolution der Organismen gibt (Lee et al., 1978).

Katabolische Systeme der Prokaryonten sind oft induzierbar, was der Zelle die Möglichkeit gibt, sich verschiedenen Umwelten anzupassen und Energie zu sparen, sobald die betreffenden Enzyme nicht mehr benötigt werden. Man hat zur Charakterisierung der Induzierbarkeit mehrere Merkmale genannt:

1. Die Substratkonzentration (im Medium) muß eine bestimmte Schwelle überschreiten, bevor die entsprechenden Enzyme gebildet werden.
2. Die Enzyme werden nur dann produziert, wenn der Organismus das Substrat zum Wachstum benötigt.
3. Das System verfügt über eine ausreichende Stabilität. Es ist gegenüber Störungen wenig empfindlich.
4. Die Induktion und Repression erfolgt rasch, was zum Vorteil gereicht, wenn die Zelle in eine veränderte Umwelt gerät.

λ-Repressor, -Operator und -Promotor: Ein Genom, das sich selbst abschaltet

λ ist ein lysogener (temperenter) Phage, der nach Infektion einer *E. coli*-Zelle in deren Genom inkorporiert werden kann. Das Virusgenom wird von dem Moment an fast komplett abgeschaltet (→ Prophage). Als einziges Genprodukt wird der λ-Repressor gebildet. Szybalski und Mitarbeiter (University of Wisconsin, Madison) fanden bereits Ende der sechziger Jahre, daß bei λ alternativ sowohl der eine („Crick") als auch der andere („Watson") Strang der DNS transkribiert werden kann. Einzelheiten sind der vereinfachten Genkarte in Abb. 5.3 zu entnehmen. Die Kontrollregion ist 1975 von Ptashne und Mitarbeitern (Harvard University) und Pirotta et al. (Biozentrum der Universität Basel) sequenziert worden. Die Ergebnisse der Analysen sind in Abb. 9.9 zusammengefaßt. Der λ-Repressor wird von zwei Operatoren o_L und o_R gebunden, der eine liegt auf dem „Watson"-, der andere auf dem „Crick"-Strang.

Die Operatoren enthalten multiple Repressorbindungsstellen. Die Transkription der Gene *cro* (= *tof*) und *N* beginnt außerhalb dieser Bereiche, der Operator wird also nicht wie beim *lac*-Operon mit transkribiert. Promotoren und Operatoren überlagern sich partiell. Das *cI* liegt zwischen den Operatoren o_R und o_L. Im lysogenen Zustand beginnt die Transkription von *cI* nahe dem rechten Operator (an p_{rm}) und vollzieht sich nach „links".

Die Bindung des Repressors an die λ-Operatoren verhindert die Bindung der DNS-abhängigen RNS-Polymerase. Wie beim *lac*-Operon findet man im Promotor-Operator-Bereich neben AT-reichen auch GC-reiche Abschnitte, die hier alternierend vorkommen. Der GC-Gehalt beträgt maximal 73%, der AT-Gehalt 92%. p_R ist ein sehr starker Promotor mit hoher Affinität zur Polymerase. Bei Repressorabwesenheit dominiert daher die Transkription der durch p_R kontrollierten Gene. Bei Blockierung dieses Genabschnittes wird die Polymerase von p_{rm}, dem Promotor für das *cI*-Gen, gebunden.

Die eben skizzierten Befunde können wir noch etwas genauer betrachten: Der λ-Repressor ist das Genprodukt von *cI.* Doch daneben gibt es einen zweiten Repressor (Genprodukt von *cro*). Sie bilden zusammen ein Paar reziprok wirkender autogener Regulatoren, und beide wirken auf den Operator o_R ein. Die Affinität des *cI*-Genproduktes zu den einzelnen Abschnitten fällt in folgender Reihenfolge: $o_{R1} > o_{R2} > o_{R3}$. Beim *cro*-Genprodukt lautet die Reihenfolge: $o_{R3} > (o_{R1}, o_{R2})$. *cI* aktiviert in

Abb. 9.7. Repression und Aktivierung der beiden *hut (Histidin-utilizing)*-Operons von *Salmonella typhimurium*. *1*, Der *hut*-Repressor blockiert beide *hut*-Operons. *2*, Inaktivierung des Repressors führt noch nicht zur Transkription der genannten Operons. *3* und *4*, eine Transkription setzt nach Bindung von CAP-cAMP oder Glutaminsynthethase am Promotor ein. Das System enthält somit sowohl ein negatives als auch ein positives Kontrollelement. (Nach Smith und Magasanik, 1976)

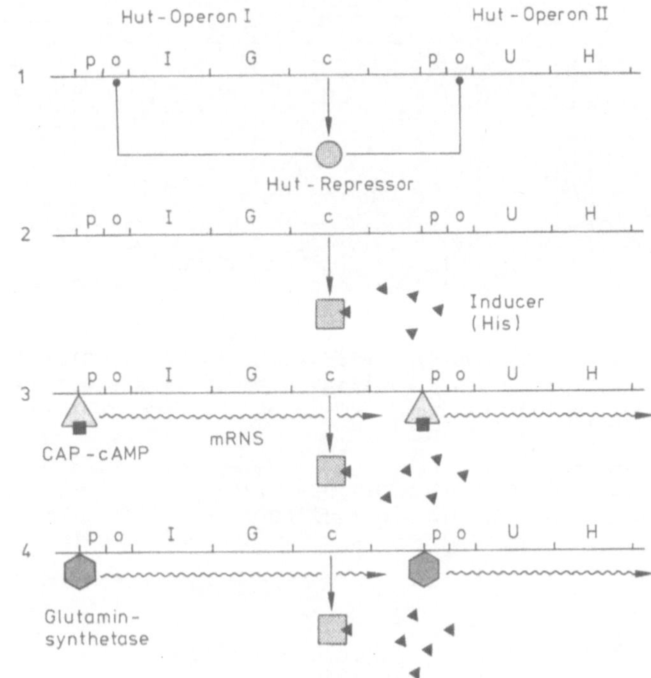

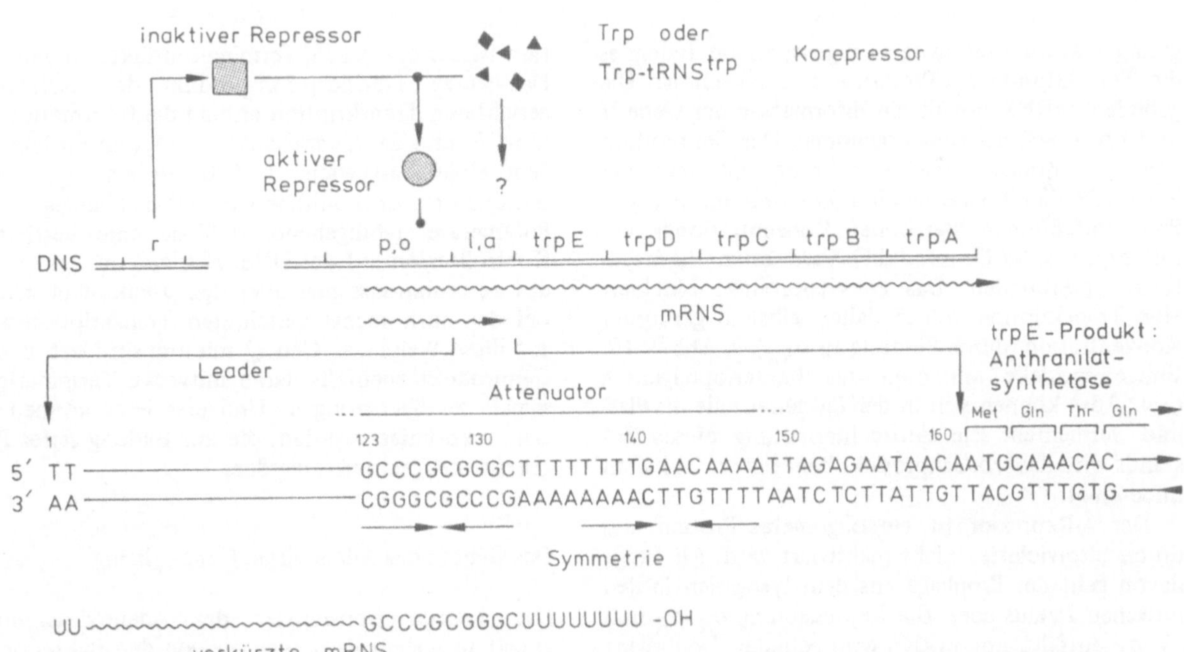

Abb. 9.8. Funktionelles Modell des Tryptophan-Operons. Der Repressor liegt normalerweise in inaktiver Form vor. Nach Bindung des Endprodukts (Trp) oder von Trp-tRNS wird er in die aktive Form überführt. Die Nukleotidsequenz der Kontrollregion ist bekannt. Zwischen dem Operator und dem Beginn des Strukturgens *trp E* liegt ein 160 Basenpaare langer Abschnitt (*Leader*). (Bei einer Überprüfung der Daten stellte man fest, daß der *Leader* 166 Basenpaare enthält.) Er wiederum enthält einen Abschnitt, den *Attenuator*, welcher sich durch zwei Sequenzabschnitte mit *inverted repeats* auszeichnet. Die Transkription kommt an dieser Stelle in der Regel zum Abbruch, sofern sie nicht durch einen externen Stimulus (hervorgerufen durch Trp-Mangel) überwunden wird. (Nach Bertrand et al., 1975)

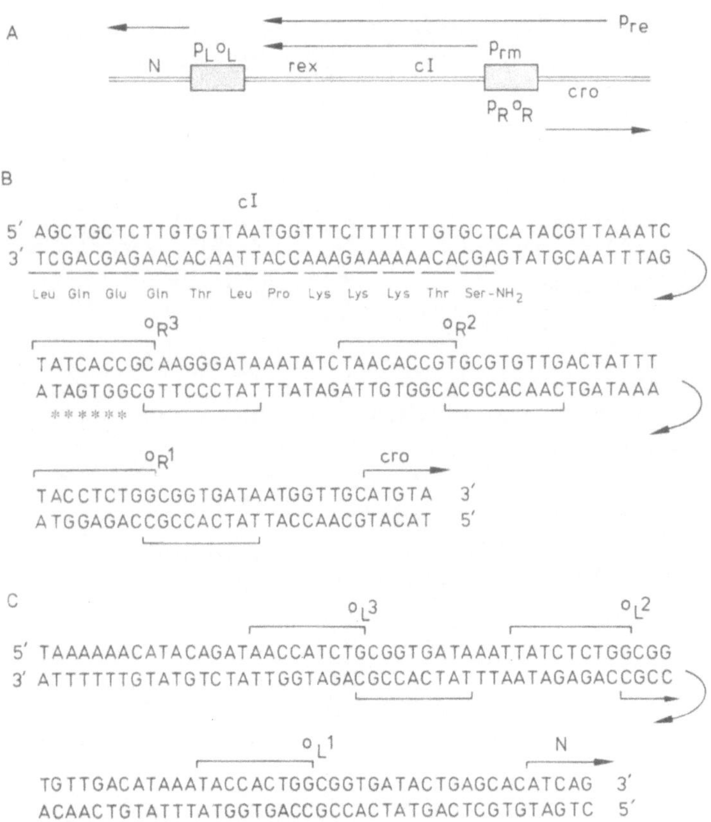

Abb. 9.9 A–C. Operator-Promotor-Regionen beim Bakteriophagen λ. A Schematische Darstellung der Genanordnung und des Transkriptionsmusters im Kontrollabschnitt (Immunitätsregion).
o_R p_R: rechter Operator, rechter Promotor,
o_L p_L : linker Operator, linker Promotor. Die Transkription der Gene *cI* und *rex* beginnt entweder am Promotor p_{re} (nach Phageninfektion von nichtlysogenen Bakterien) oder bei p_{rm} in lysogenen Wirten. B und C. Nukleotidsequenzen im Bereich des rechten und im Bereich des linken Operators. Beide verfügen über je drei Repressorbindungsstellen. o_{R1-3}, o_{L1-3}. Der Startpunkt der Transkription der Gene *N* und *cI* (incl. N-terminaler Aminosäuresequenz) ist ebenfalls eingezeichnet. In o_{R3} findet man die Ribosomenbindungsstelle für das Gen *cI (durch Sterne gekennzeichnet)* (Ptashne et al., 1976)

geringer Konzentration seine Eigensynthese, indem es die Transkription am Promotor p_{rm} erleichtert. Die gebildete mRNS enthält die Information der Gene *cI* und *rex* (~4% des Gesamtgenoms). Das Genprodukt von *rex* verhindert eine Vermehrung und bietet der Wirtszelle damit eine beschränkte Immunität gegen Phageninfektionen. Bei hohen Konzentrationen des λ-Repressors (*cI*-Genprodukt) wird seine Eigensynthese unterbunden. Das *cro*-Genprodukt blockiert eine Transkription von *cI* daher selbst in geringster Konzentration (durch Bindung an o_{R3}), s. Abb. 9.10. Einige spezielle Mutanten des Bakteriophagen λ (λN⁻, λdv) können sich in der Bakterienzelle als Plasmid vermehren. Zur Aufrechterhaltung dieses Zustands wird das *cro*-Genprodukt benötigt, *cI* ist hieran unbeteiligt.

Der λ-Repressor ist ein oligomeres Protein, das durch ultraviolettes Licht inaktiviert wird. Als Folge davon geht der Prophage aus dem lysogenen in den lytischen Zyklus über. Die Repression an o_R p_R und o_L p_L entfällt, und mRNS wird gebildet. Doch ganz so einfach ist die Sache wiederum nicht. Die nach links gerichtete Transkription kommt nicht weit (nur ~2% der Genomlänge), denn ein Terminator verhindert eine Verlängerung der sich bildenden mRNS.

Einen ähnlichen Block gibt es bei der nach rechts gerichteten Transkription, dort kommt die Sperre bereits nach 0,5% der Genomlänge. An der Termination ist der bakterielle Terminationsfaktor ρ beteiligt. Das kurze Transkriptionsprodukt der nach links gerichteten Transkription enthält die Information des Gens *N* und das Genprodukt von *N* (ein Protein mit dem Molekulargewicht 13.500) ist ein sog. „Antiterminator". Er modifiziert die DNS-abhängige RNS-Polymerase dahingehend, daß sie eine bestimmte Kontrollregion auf der DNS, *nut*, erkennt und damit das Terminationssignal oder den ρ-Faktor übersieht. Bei der nach rechts gerichteten Transkription wird auf diese Weise das Gen *Q* mit transkribiert, dessen Genprodukt ebenfalls daran mitwirkt, Terminationssignale zu überspringen. Und erst jetzt können die Gene exprimiert werden, die zur Bildung reifer Phagenpartikel gebraucht werden.

Das Genom des Adenovirus: Gene-splicing

Das Transkriptionsmuster des Adenovirusgenoms ähnelt in vielem dem, was wir von den Bakteriophagen her wissen: Es gibt frühe und späte Gene, es gibt Gene, die mit höherer Effizienz transkribiert werden als andere. Mal wird der eine, mal der andere Strang abgelesen. Das Adenovirus ist aus vielerlei Gründen ein beliebtes Versuchsobjekt. Es vermehrt sich in tierischen Zellen, und damit kann seine Genexpression als ein Modell der Genexpression des Eukaryontengenoms

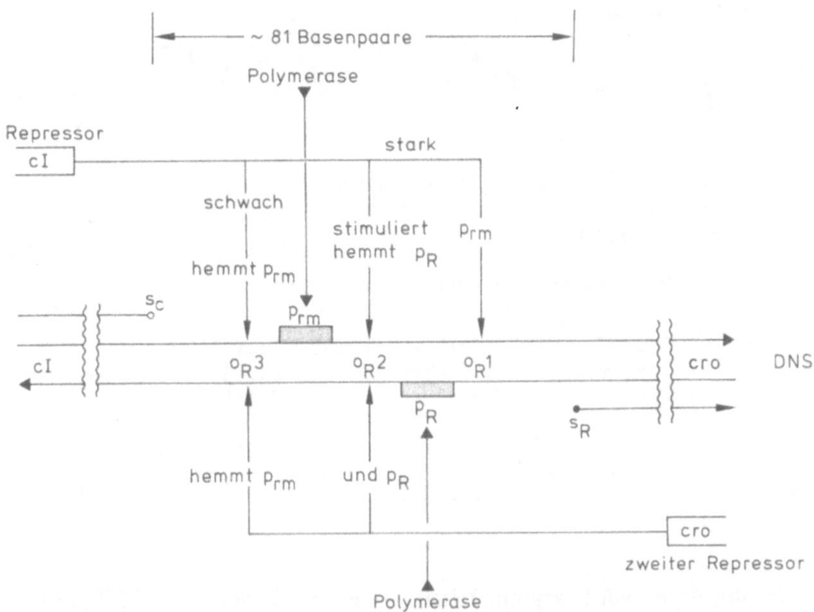

Abb. 9.10. Reziproke, autonome Regulation in der Immunitätsregion des Bakteriophagen λ. Einzelheiten s. Text. S_c, Startpunkt einer nach links gerichteten Transkription (Immunität); s_R, Startpunkt der nach rechts gerichteten Transkription; o_R, rechter Operator. Das Genprodukt von *cI* (der λ-Repressor) bindet an $o_{R3} < o_{R2} < o_{R1}$. Bindung an o_{R1} fördert die am Promotor p_{rm} beginnende Transkription (Stimulierung der Eigensynthese), gleichzeitig wird die nach rechts gerichtete Transkription unterbunden. Bei hohen *cI*-Genprodukt-Konzentrationen wird bevorzugt o_{R3} besetzt, so daß das Genprodukt von *cro* gebildet werden kann. Dieses bindet ebenfalls bevorzugt an o_{R3}, hemmt damit die am p_{rm} beginnende Transkription und stimuliert (schwach) seine Eigensynthese (Szybalski, 1977)

herangezogen werden. Das Adenovirus (wir betrachten an dieser Stelle ausschließlich den Typ Ad_2, weiteres s. Kap. 45 und 47) kann sich durch produktive Infektion vermehren, es kann sich aber auch, wie der Phage λ, ins Wirtszellgenom integrieren und damit die Zelle transformieren (s. Kap. 47).

Wir wollen uns hier nur mit der ersten Möglichkeit befassen. Replikation und Transkription finden im Zellkern statt. In frühen Infektionsphasen macht die virusspezifische RNS-Produktion nur 1% der Gesamt-RNS-Synthese im Kern aus, in späten Phasen steigt der Wert auf über 40%. Der Vermehrungszyklus des Adenovirus beträgt ca. 20 Std. Die im Kern gebildete RNS ist wesentlich länger als mRNS, die man aus dem Cytoplasma isoliert. Das primäre Transkriptionsprodukt wird einem umfangreichen *Processing* unterworfen, wobei große Teile verloren gehen. Während des *Processing* werden ans 3'-Ende der mRNS ca. 200 Adeninreste anpolymerisiert (Philipson, R. Wall, Clickman, Darnell, 1971). Ein solcher Poly-(A)-Schwanz ist ein typisches Merkmal eukaryotischer mRNS. Als drittes wird am 5'-Ende die Gruppierung $^{m7}G(5')$ ^{m6}A ^{m}pN ... angehängt, weiteres darüber in Kapitel 10. Auch das ist eukaryontentypisch.

Die Promotoren auf der Adenovirus-DNS müssen sich zwangsläufig von denen der Prokaryonten unterscheiden, denn die Transkription wird durch eukaryontenspezifische Polymerasen katalysiert (s. Kap. 19). Das Transkriptionsmuster des Adenovirusgenoms ist in Abb. 9.11 dargestellt. Die Ergebnisse wurden durch Hybridisierungsexperimente unter Einsatz von Restriktionsfragmenten ermittelt. Die RNS-DNS-Heteroduplices sind elektronenmikroskopisch exakt lokalisiert und vermessen worden (Westphal, Meyer, Maizels, National Institute of Health, Bethesda, Md., 1976).

Das Genom ist relativ komplex organisiert (Petterson, Sambrook, Delius, Tibbets, 1974; Petterson, Tibbets, Philipson, 1976; Philipson, 1976, 1977; Flint, 1977).

In der frühen Transkriptionsphase werden nur einige wenige Gene exprimiert (*early genes*), wobei es sich auch hier vornehmlich um solche handelt, deren Genprodukte für die spezifische Replikation und Transkription des Virusgenoms benötigt werden. Später werden Gene aktiviert, die für die strukturellen Komponenten des Virions (s. Abb. 45.6) erforderlich sind (*late genes*). Dabei wird die Transkription der frühen Gene abgeschaltet.

Die in der frühen Phase transkribierten Abschnitte verteilen sich zu 50% auf den einen DNS-Strang (l-Strang; leichter Strang) und 70% auf den anderen (h-Strang; schwerer Strang). Das heißt, daß in einigen Abschnitten (20%) sowohl der eine als auch der andere Strang transkribiert wird. Nur ein kleiner Teil dieser RNS erreicht das Cytoplasma. Isoliert man cytoplasmatische mRNS und testet, mit welchen DNS-Abschnitten sie hybridiert, findet man, daß 25% des l-Stranges und 15% des h-Stranges als Matrize fungieren. Die Transkription ist symmetrisch. Die genetische Information beider Stränge wird also gleichwertig genutzt. In späten Stadien werden 85% des l-Stranges und 10–15% des h-Stranges transkribiert, die

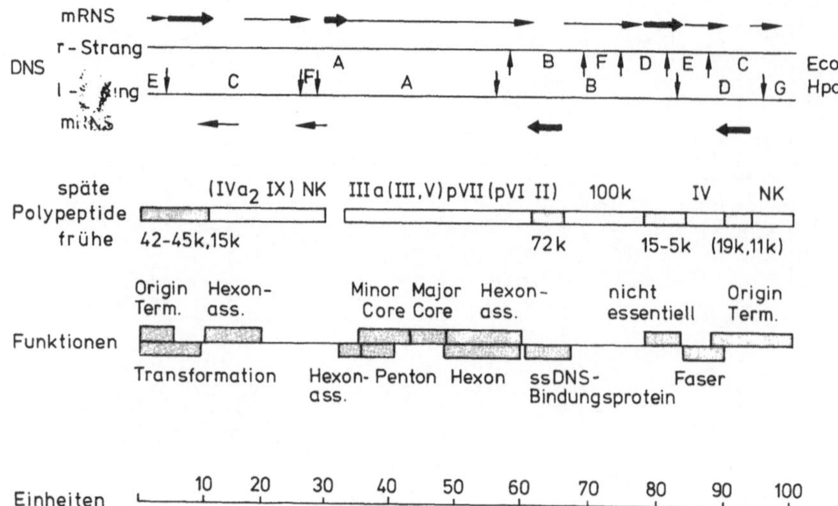

Abb. 9.11. Topographie des Adenovirusgenoms: Genanordnung; Transkription; Richtung, Länge der mRNS; Intensität der Synthese; Funktionen der synthetisierten Polypeptide (Flint, 1977)

Transkription wird asymmetrisch. Über 60% der Transkriptionsprodukte erscheinen im Cytoplasma.

1977 wurde eine relativ kurze mRNS isoliert, die die Information von DNS-Abschnitten enthält, welche im Genom weit voneinander entfernt liegen (Sharp, Berget, Berk, Harrison, Mass. Inst. Technol.,; Klessig, Cold Spring Harbor Laboratory). Elektronenmikroskopisch erkannte man, daß diese mRNS mit verstreuten DNS-Abschnitten hybridisierte und daß die dazwischenliegenden Bereiche als Schlaufen ausgespart blieben (s. Abb. 9.12–9.14).

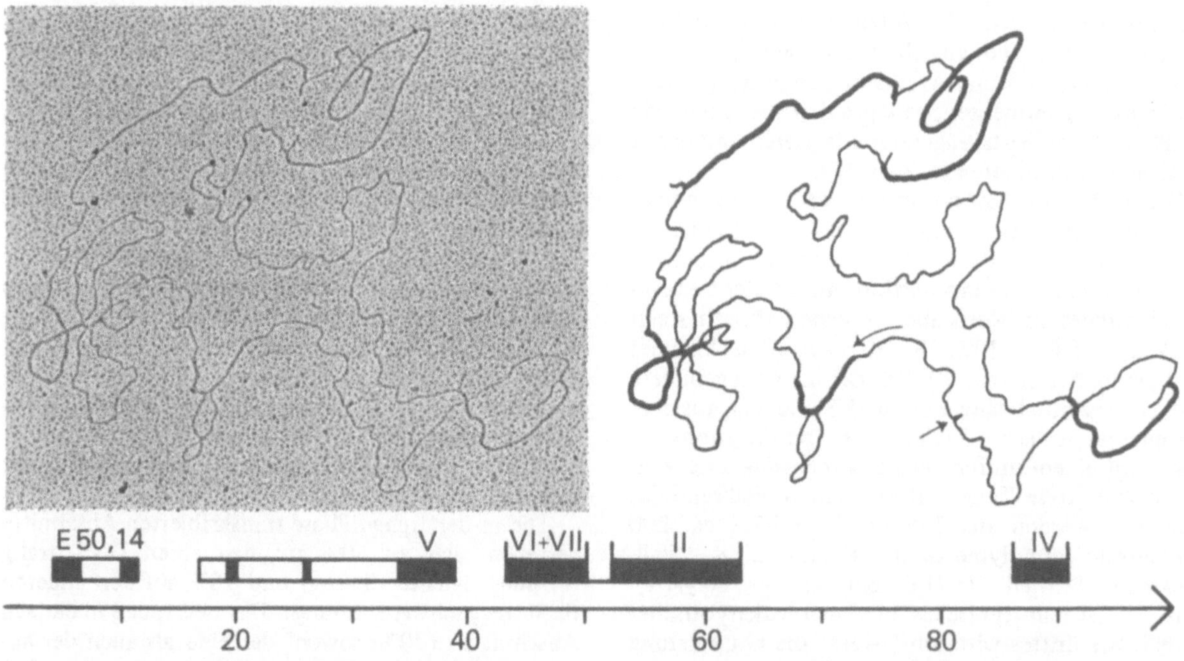

Abb. 9.12. Nachweis des *Gene-splicing* beim Adenovirus (Ad_2). Die DNS wurde geschmolzen und jeder der Stränge einzeln betrachtet. Im Bild ist der Strang mit der nach rechts gerichteten Transkription abgebildet (s. Abb. 9.11). mRNS wurde unter Hybridisierungsbedingungen hinzugegeben. Die DNS-RNS-Heteroduplexanteile erscheinen im Bild als deutlich hervortretende Doppelstränge. *Einer der Pfeile (rechts im Bild)* kennzeichnet eine Haarnadelstruktur, an der die beiden Enden des Moleküls kovalent miteinander verknüpft sind. *Der zweite Pfeil* gibt die Transkriptionsrichtung an. Im *unteren Teil* des Bildes sind die Positionen der RNS (*schwarze Balken*) in bezug zu den einzelnen Genomabschnitten dargestellt. *Weiße Blocks* kennzeichnen ausgesparte Bereiche. Die an diesen Abschnitten gebildete RNS wurde während des *Processing* der RNS durch *Gene-splicing* entfernt. Man beachte, daß in den Hybridisierungsexperimenten fertige mRNS und nicht das primäre Transkriptionsprodukt eingesetzt wird. Die am 3′ und 5′ der mRNS nachträglich hinzugewonnenen Bereiche finden in der DNS keine Partner und stehen daher als freie Enden ab. (Aufn. Kitchingman et al., Behtesda, Md., 1977)

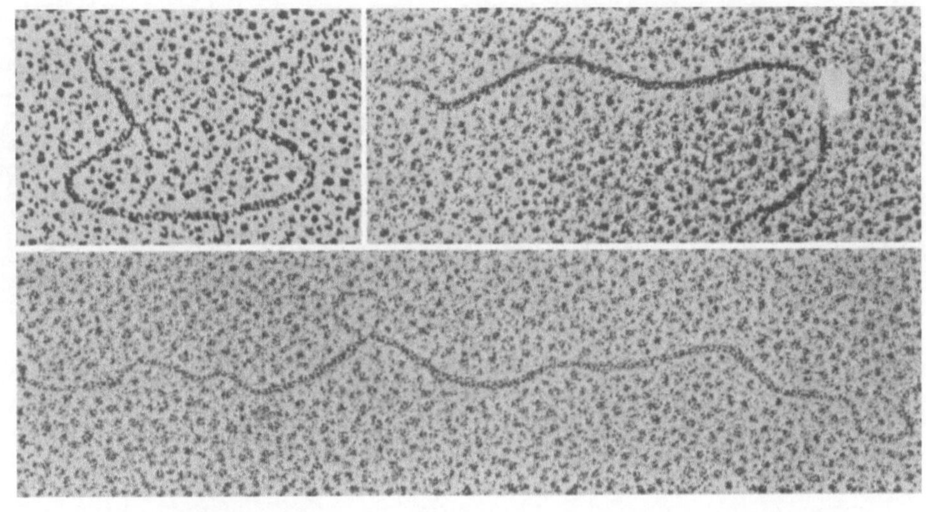

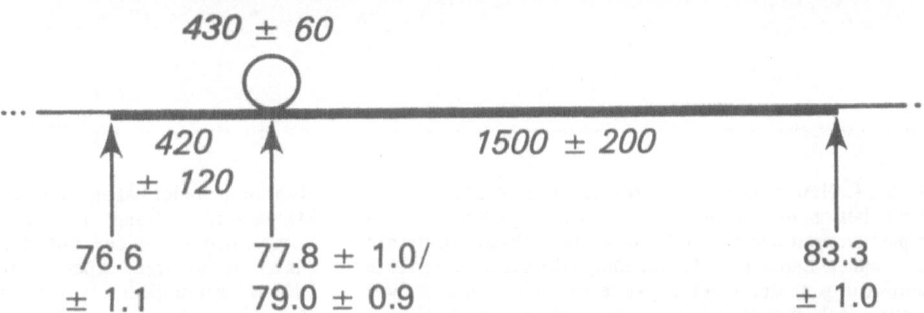

Abb. 9.13. *Gene-splicing* im Adenovirus Typ 2-Genom. Eine DNS-Schlaufe bleibt bei einem mRNS-DNS-Hybrid ausgespart. Die *oben stehenden Ziffern* geben die Anzahl der Basenpaare an, die *unten stehenden* die Positionen in der Ad_2-Genkarte (s. Abb. 9.11). (Aufn. Westphal und Lai, Bethesda, 1977)

Damit wurde ein völlig neuartiges Konzept entdeckt. Wie kann diese Erscheinung erklärt werden? Mindestens drei Alternativen sind denkbar.

a) Bestimmte Strecken werden bei der Transkription „überlesen".
b) Es entsteht ein langes RNS-Molekül, das anschließend durch ein *Processing* zerlegt wird, wobei Teile verdaut und die übrigbleibenden Stücke zu einem gemeinsamen mRNS-Molekül verknüpft werden.
c) Die Stücke werden getrennt transkribiert und anschließend zu einem Fusionsprodukt vereint.
Die Alternative b) ist die wahrscheinlichste (siehe Abb. 9.15). Diese Erscheinung bezeichnet man als

Gene-splicing. Beim *Processing* der RNS werden Stücke aus der Mitte des Moleküls (*Introns*) herausgeschnitten und entfernt. Es dauerte nur wenige Monate im Jahre 1977, bis gesichert war, daß *Gene-splicing* ein weitverbreitetes Phänomen bei der Transkription des Eukaryontengenoms ist. Man fand es nicht nur bei Tumorviren (z.B. auch bei SV 40), sondern auch im Hämoglobingen, in Immunglobulingenen, dem Ovalbumingen sowie in tRNS-, rRNS-Genen u.a.

Literatur

Beckwith, J., Zipser, D. (eds.): The lactose operon. New York: Cold Spring Harbor Labortory 1970

Bennett, G.N., Schweinegruber, M.E., Brown, K.D., Squires, C., Yanofsky, C.: Nucleotide sequence of region preceding trp mRNA initiation site and its role in promotor and operator function. Proc. Natl. Acad. Sci. USA *73,* 2351 (1976)

Berk, A.J., Sharp, P.A.: Spliced early mRNAs of simian virus 40. Proc. Natl. Acad. Sci. USA *75,* 1274 (1978)

Bertrand, K., Korn, L., Lee, F., Platt, T., Squires, C.L., Squires, C., Yanofsky, C.: New features of the regulation of the tryptophan operon. Science *189,* 22 (1975)

Bremer, H.: Chain growth rate and length of enzymatically synthesized RNA molecules. Mol. Gen. Genet. *99,* 362 (1967)

Chamberlin, M.J.: The selectivity of transcription. Annu. Rev. Biochem. *43,* 721 (1974)

Chow, L.T., Gelinas, R.E., Broker, T.R., Roberts, R.: An amazing sequence arrangement at the 5′ ends of adenovirus 2 messenger RNA. Cell *12,* 1 (1977)

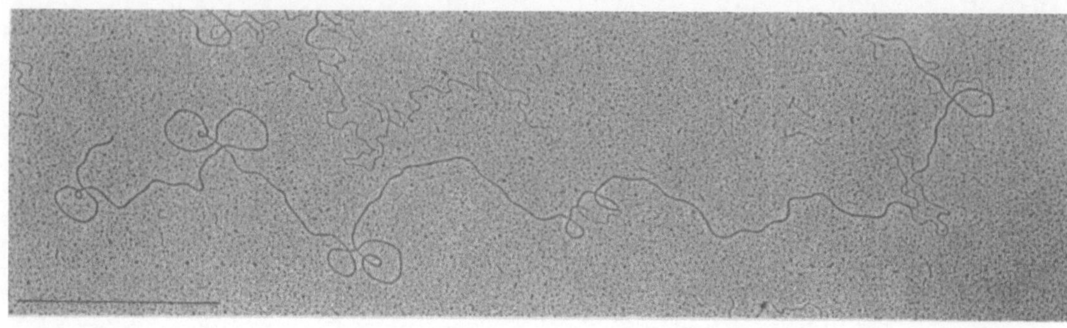

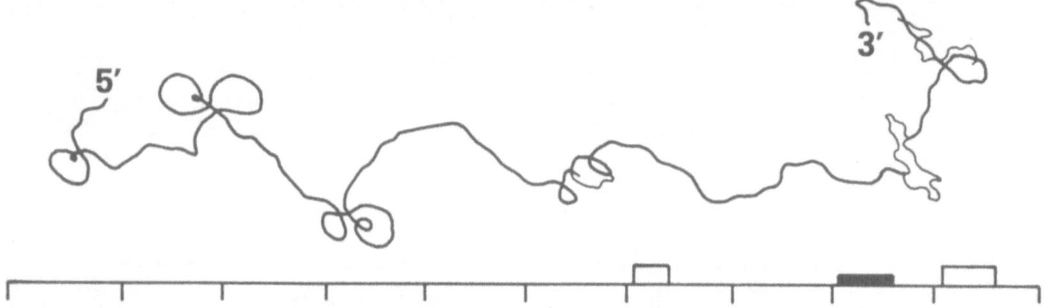

Abb. 9.14. Heteroduplex-DNS-Molekül. Das Molekül ist ein Hybrid, bestehend aus einem Strang der Ad_2-DNS und dem komplementären der $Ad_2{}^{+}ND_4$-DNS (eine Mutante). Bis auf einen kleinen Bereich (*rechts im Bild*) erkennt man perfekte Basenpaarungen, der nicht gepaarte Bereich ist durch zwei Einzelstrangabschnitte gekennzeichnet. Ferner erkennt man zwei sog. *R-Loops*, das sind Abschnitte, in denen sich nach mRNS-Zugabe unter Hybridisierungsbedingungen RNS/DNS-Hybride gebildet haben. Der zur mRNS nicht komplementäre Strang wird verdrängt und ist als Einzelstrang erkennbar. Der komplementäre bildet mit der mRNS einen Doppelstrang (unter bestimmten, experimentellen Bedingungen sind RNS/DNS-Heteroduplices stabiler als DNS/DNS-Heteroduplices). Maßstab: 1 μm. Im *unteren Schema* sind die Positionen der *R-Loops* und des nicht gepaarten Bereiches schematisch dargestellt. (Aufn. Westphal und Lai, Bethesda, 1977)

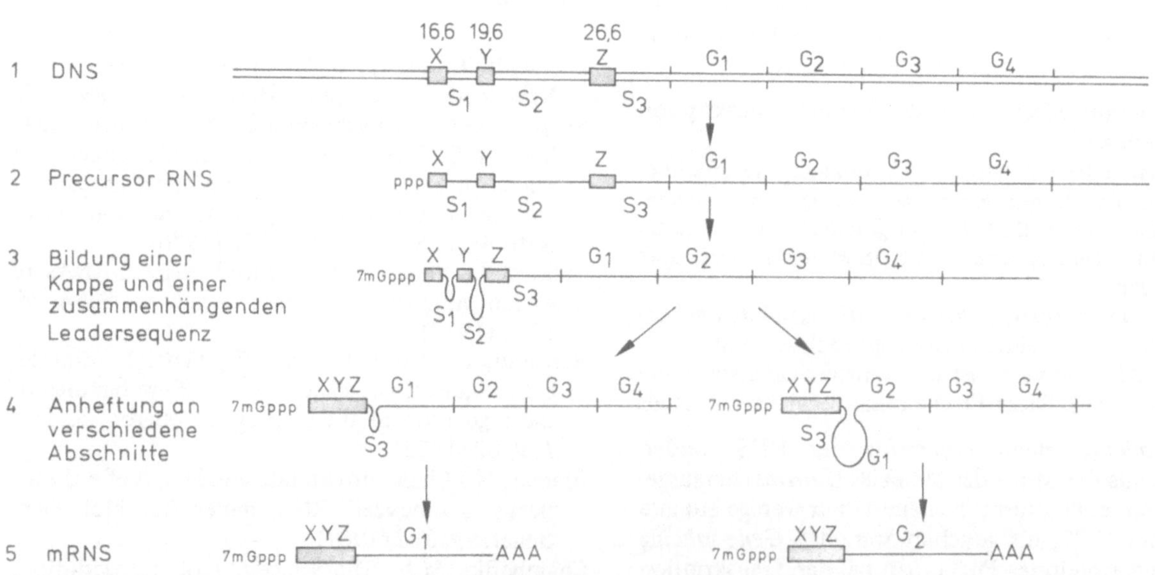

Abb. 9.15. *Loop-out*-Modell. Das Modell beschreibt einen Mechanismus zur kovalenten Verknüpfung verschiedener RNS-Molekülanteile, die durch räumlich voneinander getrennte DNS-Abschnitte codiert werden. Die Abschnitte *XYZ* werden vereinigt und bilden zusammen die *Leadersequenz*, welche ihrerseits alternativ den Strukturgenen *G1*, *G2* etc. vorgeschaltet wird (Klessig, 1977)

Delius, H., Westphal, H., Axelrod, N.: Length measurements of RNA synthesized in vitro by *Escherichia coli* RNA polymerase. J. Mol. Biol. *74*, 677 (1973)

Dickson, R.C., Abelson, J., Barnes, W.M., Reznikoff, W.S.: Genetic regulation: The lac control region. Science *187*, 27 (1975)

Dickson, R.C., Abelson, J., Johnson, P.: Nucleotide sequence changes produced by mutations in the lac promoter of *Escherichia coli*. J. Mol. Biol. *111*, 65 (1977)

Farabaugh, P.J.: Sequence of the lacI gene. Nature (London) *274*, 765 (1978)

Flint, J.: The topography and transcription of the adenovirus genome. Cell *10*, 153 (1977)

Frederick, R.J., Snyder, L.: Regulation of anti-late RNA synthesis in bacteriophage T4: A delayed early control. J. Mol. Biol. *114*, 461 (1977)

Gabain, A.v., Bujard, H.: Interaction of *E. coli* RNA polymerase with promoters of coliphage T5. Mol. Gen. Genet. *157*, 301 (1977)

Gabain, A.v., Hayward, G.S., Bujard, H.: Physical mapping of the Hind III, EcoR I, Sal and Sma restriction endonuclease cleavage fragments from bacteriophage T5 DNA. Mol. Gen. Genet. *143*, 279 (1976)

Ghosh, P.K., Reddy, B., Swinscoe, J., Choudary, P.V., Lebowitz, P., Weissman, S.M.: The 5′-terminal leader sequence of late 16S mRNA from cells infected with simian virus 40. J. Biol. Chem. *253*, 3643 (1978)

Gilbert, W.: Starting and stopping sequences for RNA-polymerase. In: RNA polymerase. Losick, R., Chamberlin, M. (eds.). New York: Cold Spring Harbor Laboratory 1976

Gilbert, W., Maizels, N., Maxam, A.: Sequences of controlling regions of the lactose operon. Cold Spring Harbor Symp. Quant. Biol. *38*, 845 (1974)

Greenblatt, J., Schleif, R.: Arabinose C protein: regulation of the arabinose operon in vitro. Nature New Biol. *223*, 166 (1971)

Hahn, W.E., Pettijohn, D.E., Ness J. van: One strand equivalent of the *Escherichia coli* genome is transcribed: complexity and abundance classes of mRNA. Science *197*, 582 (1977)

Hayward, S.D., Smith, M.G.: The chromosome of bacteriophage T5. J. Mol. Biol. *80*, 345 (1973)

Johnson, A., Meyer, B.J., Ptashne, M.: Mechanism of action of the cro protein of bacteriophage λ. Proc. Natl. Acad. Sci. USA *75*, 1783 (1978)

Jovin, T.M.: Recognition mechanisms of DNA-specific enzymes. Annu. Rev. Biochem. *45*, 889 (1976)

Kitchingman, G.R., Lai, S.P., Westphal, H.: Loop structures in hybrids of early RNA and the separated strands of adenovirus DNA. Proc. Natl. Acad. Sci. USA *74*, 4392 (1977)

Klessig, D.F.: Two adenovirus mRNAs have a common 5′terminal leader sequence encoded at least 10 kb upstream from their main coding regions. Cell *12*, 9 (1977)

Lee, F., Bertrand, K., Bennett, G., Yanofsky, C.: Comparison of the nucleotide sequences of the initial transcribed regions of the tryptophan operons of *Escherichia coli* and *Salmonella typhimurium*. J. Mol. Biol. *121*, 193 (1978)

Losick, R., Chamberlin, M. (eds.): RNA polymerase. New York: Cold Spring Harbor Laboratory 1976

Maniatis, T., Ptashne, M., Backman, K., Kleit, D., Flashman, S., Jeffrey, A., Maurer, R.: Sequences of repressor binding sites in the operators of bacteriophage λ. Cell *5*, 109 (1975)

Maurer, R., Maniatis, T., Ptashne, M.: Promoters are in the operators in phage lambda. Nature (London) *249*, 221 (1974)

Meyer, B.J., Kleid, D.G., Ptashne, M.: λ repressor turns off transcription of its own gene. Proc. Natl. Acad. Sci. USA *72*, 4785 (1975)

Philipson, L.: Adenovirus gene expression – a model for mammalian cells. FEBS Lett. *74*, 167 (1977)

Pirotta, V.: Sequence of O_R operator of phage λ. Nature (London) *254*, 114 (1975)

Pribnow, D.: Nucleotide sequence of an RNA polymerase binding site at an early T7 promoter. Proc. Natl. Acad. Sci. USA *72*, 784 (1975)

Ptashne, M., Backman, K. Humayun, M.Z., Jeffrey, A., Maurer, R., Meyer, B., Sauer, R.T.: Autoregulation and function of a repressor in bacteriophage lambda. Science *194*, 156 (1976)

Sauer, R.T., Anderegg, R.: Primary structure of the λ repressor. Biochemistry *17*, 1092 (1978)

Schaller, H., Gray, C., Herrmann, K.: Nucleotide sequence of an RNA polymerase binding site from the DNA of bacteriophage fd. Proc. Natl. Acad. Sci. USA *72*, 737 (1975)

Seeburg, P., Schaller, H.: Mapping and characterization of promoters in bacteriophages fd, f1 and M13. J. Mol. Biol. *92*, 261 (1975)

Seeburg, P.H., Nüsslein, C., Schaller, H.: Interaction of RNA polymerase with promoters from bacteriophage fd. Eur. J. Biochem. *74*, 107 (1977)

Smith, G.R., Magasanik, B.: Nature and selfregulated synthesis of the repressor of the hut operons in *Salmonella typhimurium*. Proc. Natl. Acad. Sci. USA *68*, 1493 (1971)

Stüber, D., Delius, H., Bujard, H.: Electron microscopic analysis of in vitro transcriptional complexes: mapping of promoters of the coliphage T5 genome. Mol. Gen. Genet. *166*, 141 (1978)

Szybalski, W.: Genetic and molecular map of *Escherichia coli* bacteriophage lambda (λ). In: Handbook of chemistry and molecular biology. Fasman, G.D. (ed.). Cleveland, Ohio: C.R.C. Press. Nucleic Acids *2*, 677 (1976)

Szybalski, W.: Initiation and regulation of transcription and DNA replication in coliphage lambda. In: Regulatory biology. Copeland, J.C., Marzluff, G.A. (eds.), S. 3–45. Columbus, Ohio: Ohio State University Press 1977

Talkinton, S., Pero, I.: Restriction fragment analysis of the temporal program of bacteriophage SPO1 transcription and its control by phage-modified RNA polymerase. Virology *83*, 365 (1977)
Walz, A., Pirotta, V., Ineichen, K.: λ repressor regulates the switch between P_R and P_{rm} promoters. Nature (London) *262*, 665 (1976)
Westphal, H., Lai, S.P.: Quantitative electron microscopy of early adenovirus RNA. J. Mol. Biol. *116*, 525 (1977)

10. Transkription der DNS eukaryotischer Zellen: hnRNS-mRNS

Im Zellkern der Eukaryonten findet man eine extrem hohe Transkriptionsrate, aber nur ein geringer Prozentsatz der gebildeten RNS verläßt den Kern, wandert an die Ribosomen im Cytoplasma und wirkt als Messenger. Der Rest ist kurzlebig ($t_{1/2}$ = ~10–30 Min.), die Moleküle werden im Kern wieder degradiert. Sie sind unterschiedlich lang und enthalten oft viele tausend Nukleotide; die Sedimentationskonstanten nehmen Werte bis zu 40–50 S an. Man nennt diese Molekülfraktion daher hnRNS (heterogene RNS). Für uns stellen sich damit die Fragen:

- *Woher stammt die mRNS?*
- *Ist sie ein Abbauprodukt der hnRNS, oder wird sie unabhängig von ihr gebildet?*

mRNS eukaryotischer Zellen ist vorwiegend monocistronisch, d.h. sie besteht aus relativ kurzen Molekülen mit der Information zur Bildung jeweils nur einer Polypeptidkette. Polycistronische Messenger, die bei Prokaryonten und Viren weitverbreitet sind, treten bei Eukaryonten selten auf. Eine mögliche Ursache hierfür mag darin zu suchen sein, daß die Ribosomen ausschließlich am 5'-Ende einer mRNS gebunden werden und nur hier eine Translation initiieren. Es mag mRNS-interne Bindungsstellen geben, die von den Ribosomen jedoch nicht erkannt werden und somit für eine Translation nicht in Betracht kommen.

Die Transkription wird bei Eukaryonten anders als bei Prokaryonten geregelt. Das geht allein schon aus der Tatsache hervor, daß es bei Eukaryonten drei Klassen DNS-abhängiger RNS-Polymerasen gibt (siehe Kap. 19). Eine transkribiert nur mRNS, die zweite 18S + 28S rRNS und die dritte 5,8S rRNS sowie die tRNS.

Wie schon in Kapitel 6 ausführlich dargelegt, enthält die DNS der Eukaryonten sowohl repetitive als auch nicht-repetitive (singuläre) Abschnitte. Die repetitiven unterteilt man wiederum in die sog. hochgradig repetitiven und die intermediär repetitiven. Letztere sind in der Regel zwischen singuläre Sequenzen eingestreut: *r-a-r-b-r-c-* etc. Wir haben weiterhin gesehen, daß diese Abschnitte (Sequenzen) oftmals Strukturgenen direkt vorgeschaltet sind und mit ihnen transkribiert werden. Diese Befunde legen die Annahme nahe, daß sie bei der Kontrolle der Transkription regulierend mitwirken.

Vielzellige Eukaryonten zeichnen sich durch eine zeitlich determinierte Entwicklung und durch die Existenz spezifischer differenzierter Zellen aus. In Erythrozyten (bzw. deren Vorstufen) z.B. wird nahezu ausschließlich Hämoglobin gebildet. In ihnen findet man daher auch große Mengen des entsprechenden Messengers, in anderen Zelltypen fehlt er. Das weist darauf hin, daß mRNS nur dann gebildet wird, wenn sie wirklich benötigt wird. Es gibt andere Proteine, wie z.B. die Histone oder das Aktin, die von Zellen aller Entwicklungsstadien und aller Differenzierungsgrade benötigt werden. Die entsprechende mRNS muß demnach in jedem Zelltyp vorkommen.

Im vorangegangenen Kapitel wurde verdeutlicht, daß die Mechanismen der Transkriptionskontrolle um so diffiziler sind, je höher die Komplexität der genetischen Information ist. Die der Eukaryonten ist im Vergleich zu der in Prokaryonten um ein Vielfaches komplexer. Und das stellt uns natürlich vor die Frage, wie eine eukaryotische Zelle mit der Kontrolle der Transkription als Funktion zeitlicher und gewebsspezifischer Entwicklung fertig wird. Im Gastrulastadium des Seeigels werden 30% der DNS im Kern transkribiert, aber nur 2,7% erreichen das Cytoplasma. D.h., daß es eine Transkriptionskontrolle gibt, heißt aber auch, daß es darüberhinaus eine weitere, wesentlich effektivere Posttranskriptionskontrolle geben muß. Auch das haben wir bereits bei einigen Viren kennengelernt. In diesem Zusammenhang sei daher nochmals auf das *Gene-splicing* (s. Kap. 9) hingewiesen.

Wie läßt sich nun zeigen, welche DNS-Abschnitte transkribiert werden, mit welcher Effizienz das geschieht und wie die Transkriptionsprodukte organisiert sind? Eine Prüfung, ob (m)RNS singulären oder repetitiven DNS-Abschnitten komplementär ist, erfolgt durch Messung der Kinetik der Hybridbildung (DNS/RNS) zwischen geringen Mengen radioaktiv markierter (m)RNS und einem Überschuß an zellulärer DNS. Nach Abschluß der Reaktion wird RNase zugesetzt, um nichthybridisierte RNS zu entfernen. Neben diesem Ansatz ist in den letzten Jahren mRNS oftmals als Matrize zur Bildung von cDNS eingesetzt worden (s. Kap. 19), die ihrerseits wiederum für die Hybridisationsexperimente verwendet wurde. Vorteilhaft hieran ist der Mengengewinn an Material für die Hybridisationsexperimente.

Es ist natürlich klar, daß mRNS, die an repetitiver DNS transkribiert wurde, schneller mit DNS hybridisiert als solche, die an singulären Sequenzen gebildet wurde. Der relative Wert für das DNS/RNS-Verhältnis muß also größer als die Komplexität (Verschiedenartigkeit) der RNS sein. Wenn man z.B. annimmt, daß es in der Zelle 10^2-10^3 verschiedene mRNS-Typen gibt, muß das DNS/RNS-Verhältnis im Experiment minimal 10^2-10^3 : 1 betragen. Selbstverständlich geht auch die Länge der untersuchten Moleküle in die Betrachtung mit ein, wobei man davon ausgehen kann, daß ein mRNS-Molekül im Schnitt 2000 Nukleotide enthält.

Das DNS/RNS-Verhältnis kann dann nach folgender Beziehung ermittelt werden:

$$\frac{\text{DNS}}{\text{RNS}} = \frac{\text{Genomgröße}}{\text{Reiterationshäufigkeit x Komplexität}}$$

In L-Zellen der Maus hybridisiert mRNS zu 80% mit singulären und zu 20% mit den eingestreuten intermediär repetitiven DNS-Abschnitten (Greenberg und Perry, 1971). Betrachtet man hnRNS anstelle von mRNS, erhöht sich der Anteil der Transkriptionsprodukte repetitiver Sequenzen auf 32%. Es ist nicht sicher, ob alle Organismen mRNS enthalten, die an repetitiven DNS-Abschnitten gebildet wird. Goldberg et al. fanden 1973, daß mRNS aus Seeigelembryonen kaum solche Fraktionen enthält, andere Autoren, wie McColl und Aronson (1974) finden auch in Seeigeln einen geringen Anteil an mRNS, die als Transkript repetitiver DNS charakterisiert werden konnte.

In HeLa-Zellen beträgt dieser Anteil 6% (Klein et al., 1974). Diese z.T. noch widersprüchlichen Daten weisen darauf hin, daß repetitive Sequenzen zwar zu einem relativ hohen Prozentsatz transkribiert werden, daß aber nur ein geringer Prozentsatz davon in mRNS überführt wird.

hnRNS kann etwa 10–20mal so lang wie die mRNS sein, denn so lange Stücke lassen sich wenige Minuten nach Einbau einer radioaktiven Vorstufe im Zellkern nachweisen, sie zerfallen dann aber recht bald in kürzere Fragmente. Cytoplasmatische mRNS wird nur langsam akkumuliert. In Erythroblasten, den Vorstufen der Erythrozyten, die fast ausschließlich Hämoglobin bilden, erreicht nur 0,1% der Kern-RNS das Plasma. Welche Bedeutung die restlichen 99,9% haben, ist unbekannt.

Um zu demonstrieren, daß hnRNS eine Vorstufe von mRNS ist (→ pre-mRNS), isolierte man mRNS, so z.B. aus den gerade erwähnten Erythroblasten (→ Globinmessenger), verwendete sie als Matrize zur cDNS-Synthese und testete anschließend, ob diese cDNS mit der hnRNS aus dem Zellkern hybridisiert.

Curtis und Weissmann (Zürich, 1976) führten das Experiment durch und bewiesen damit, daß hochmolekulare hnRNS globinspezifische Sequenzen enthält. Anfangs wurde lediglich eine Fraktion entdeckt, die doppelt so lang wie der Globinmessenger ist (15S), später isolierten Bastos und Avis (1977) eine Fraktion mit der von Größe 27S (= 5000 Nukleotide), was der siebenfachen Länge des Globinmessengers entspricht.

Die Halbwertszeit der Lebensdauer dieser Moleküle beträgt 5 Min., sie zerfallen in die bereits genannte 15S hnRNS, woraus nach einem weiteren Degradationsschritt Globin-mRNS entsteht.

Die 27S-Vorstufe enthält keinen Poly-(A)-Anteil. Wir werden im nächsten Abschnitt sehen, daß mRNS eukaryotischer Zellen am 3'-Ende in der Regel einen solchen Poly-(A)-Schwanz trägt. Er wird während des *Processing* der hnRNS im Kern und im Cytoplasma an das Transkriptionsprodukt anpolymerisiert.

Wie isoliert man eigentlich mRNS? Es gibt prinzipiell zwei Möglichkeiten:

1. Man beginnt mit einer Polysomenfraktion und trennt daraus die Fraktionen ab, die nicht rRNS und tRNS sind.
2. Man isoliert aus dem Cytoplasma und/oder dem Kern RNS mit einem Poly-(A)-Anteil. Damit erwischt man den größten Teil der mRNS, verliert jedoch einen gewissen Anteil, wie z.B. die mRNS für Histone. Man setzt außerdem voraus, daß rRNS, tRNS und hnRNS Poly-(A)-frei sind.

Bewährt hat sich in letzter Zeit auch der Einsatz der Affinitätschromatographie: Man isoliert spezifische mRNS aus differenzierten Zellen und setzt sie als Matrize zur cDNS-Synthese ein. Diese wird an eine Trägermatrize gekoppelt, welche dann als Adsorbens mit einer spezifischen Affinität verwendet wird. Man kann somit testen, welche Zelltypen zu welcher Zeit, in welcher Menge und in welcher Fraktion (Kern, Plasma, hnRNS) gleichartige RNS-Sequenzen enthalten (Curtis und Weissmann, 1976; Wood und Lingrel, 1977).

mRNS ist stets mit Proteinen komplexiert! Es bilden sich Ribonukleotidprotein-Komplexe (RNP), die im Sucrosegradienten mit etwa der gleichen Geschwindigkeit sedimentieren wie die ribosomalen Untereinheiten. Sie haben mit jenen jedoch nicht viel gemeinsam. Ihre Dichte in CsCl-Gradienten ist niedriger, da sie einen höheren Proteinanteil enthalten als die Ribosomen (Spirin, 1969). Partikel mit ähnlichen Eigenschaften wurden aus dem Cytoplasma von L-Zellen und HeLa-Zellen isoliert (Perry und Kelley, 1968; Spohr, Grandboulan, Morel und Scherrer, 1970). Oft werden sie als Informosomen bezeichnet. Es ist naheliegend, ihnen eine Aufgabe bei der Stabilisierung einer Sekundärstruktur zuzuschreiben; ob das jedoch zutrifft, ist nicht bekannt.

Globin-mRNS bindet drei Proteine mit Molekulargewichten zwischen 50.000 und 130.000. Sie sind z.T. phosphoryliert und dissoziieren selbst bei hohen Salzkonzentrationen nicht von der RNS ab. Die Proteine in L-Zellen sind anders. Ihre Molekulargewichte liegen bei 78.000 und 52.000, wahrscheinlich sind noch mehr Komponenten vorhanden, aber zusammen sicher nicht mehr als fünf.

Vieles weist darauf hin, daß die gleichen Proteine mit verschiedenen mRNS-Typen komplexiert sind. An den Poly-(A)-Schwanz der mRNS aus L-Zellen wird ausnahmslos das 78.000er Protein gebunden.

Komplexität der mRNS, gewebespezifische und entwicklungspezifische Messenger

Menge und Komplexität der mRNS sind ein Maß für die Expression des Genoms. Zu verschiedenen Zeiten der Entwicklung sollten, ebenso wie im Plasma unterschiedlicher, differenzierter Gewebe, verschiedene mRNS-Typen vorliegen. Von besonderem Interesse sind dabei die Fragen:

1. *Wieviele verschiedene mRNS-Moleküle gibt es in der Zelle?*
2. *Wieviele Kopien gibt es von jeder Sorte?*
3. *Inwieweit unterscheiden sich diese Moleküle von der mRNS anderer Zellen?*

Antworten auf diese Fragen können Hybridisationsstudien geben.

Bishop et al. (University of Edinburgh) fanden 1974, daß sich im Cytoplasma der HeLa-Zellen drei Klassen von mRNS gefinden, die sich durch Komplexität und Kopienzahl voneinander unterscheiden. Vorab eine Information: 1% der singulären HeLa-Zell-DNS-Abschnitte werden exprimiert, und das reicht zur Codierung von 35.000 verschiedenen Proteinen.

20% der mRNS stellt Transkriptionsprodukte nur weniger (17) DNS-Abschnitte dar. Jede Zelle enthält 10^4 Kopien mRNS eines jeden Typs. 50% der mRNS entsteht an einer sehr großen Zahl verschiedener Gene (~ 35.000). Pro Spezifität (Typ) findet man in der Zelle durchschnittlich zehn mRNS-Moleküle. Die restlichen 30% sind Transkriptionsprodukte von etwa 350 Genen, von denen pro Zelle und Gen je ca. 450 mRNS-Kopien gebildet werden. Diese Daten beruhen auf Hybridisierungsreaktionen zwischen cDNS und der mRNS-Matrize. Die Reassoziation hängt von den relativen Konzentrationen und von der absoluten Zahl der verschiedenen mRNS-Moleküle ab.

Wenn alle mRNS-Typen in gleicher Menge vorhanden wären, würde es nur einen Transitionspunkt (T_m-Wert) geben. Kommen einige RNS-Typen in größerer Menge als die anderen vor, wird eine der Fraktionen schneller als der Rest renaturieren, und wir würden somit eine zwei- bis mehrstufige Renaturierungskinetik erhalten. Gefunden wurde eine dreistufige Kurve, was auf die genannten drei Häufigkeitsklassen der mRNS-Population in HeLa-Zellen schließen ließ.

Die Expression von 35.000 Genen stellt an sich einen sehr hohen Wert dar. In Zellinien von *Drosophila* werden maximal 4000 Gene exprimiert. Es ist nicht auszuschließen, daß sich HeLa-Zellen atypisch verhalten. Möglicherweise ist eine Vielzahl von Genen dereprimiert, die in differenzierten „normalen" Zellen reprimiert wären. Die drei genannten Häufigkeitsklassen kommen auch in anderen Zellen vor.

Die Häufigkeit der Moleküle unterscheidet sich von Organ zu Organ. Bei der Maus erhält man die folgenden Werte:

Klasse	Leber	Niere	Gehirn
1	9	3	6
2	750	570	660
3	12.500	11.000	11.800

(Bishop et al., 1977). Siehe auch Abb. 10.1.

Firtel et al. zeigten 1972, daß beim Schleimpilz *Dictyostelium* 20% des Genoms ständig exprimiert werden und 37% nur während bestimmter Entwicklungsstadien.

In der Gastrula des Seeigels fanden Galau et al. (California Institute of Technology, 1974) folgende Werte für die mRNS:

Ungefähre Menge an mRNS an Polysomen pro Embryo (Gastrula). (Aus Galau et al., 1974)

Gesamt-mRNS:	
Gesamtanzahl der Nukleotide	7×10^{10}
Anzahl der mRNS-Moleküle	$5,8 \times 10^7$
Komplexität der mRNS (Anzahl verschiedener mRNS-Moleküle)	$1,7 \times 10^7$
Anzahl translatierter Gene	$1,4 \times 10^4$
Komplexitätsklassen der mRNS-Moleküle	
8% der Gesamt-mRNS:	
Anzahl der mRNS-Moleküle	4×10^6
Anzahl der Proteinmoleküle, die pro Std. synthetisiert werden	$6,6 \times 10^8$
Anzahl der mRNS-Kopien/Gen	340
Anzahl der Proteinmoleküle, die pro Gen gebildet werden	$4,7 \times 10^4$
92% der Gesamt-mRNS:	
Anzahl der mRNS-Moleküle	$5,3 \times 10^7$
Anzahl der Proteinmoleküle, die pro Std. synthetisiert werden	$7,6 \times 10^9$

Die in diesem Abschnitt angerissenen Verfahren und Aussagen sollen darauf hinweisen, welche Aspekte der Entwicklung und Differenzierung verfolgt werden können. Man hat einen experimentellen Zugang zu der Frage nach der Zahl der exprimierten Gene pro Art gewonnen und möchte nun natürlich wissen, ob diese Anzahl mit der Evolutionshöhe korreliert ist, und welcher Anteil des Genoms erforderlich ist, um ein genetisches Programm zu realisieren. Doch hier fehlen uns noch die nötigen Angaben.

Welche Bedeutung kommt den intermediär repetitiven DNS-Sequenzen zu? Es ist bekannt, daß die intermediär repetitiven DNS-Sequenzen einer ganzen Anzahl verschiedener Familien angehören. Damit stellt sich die Frage, ob sich ihre Verteilung in der DNS auch in der hnRNS wiederspiegelt, oder ob man dort

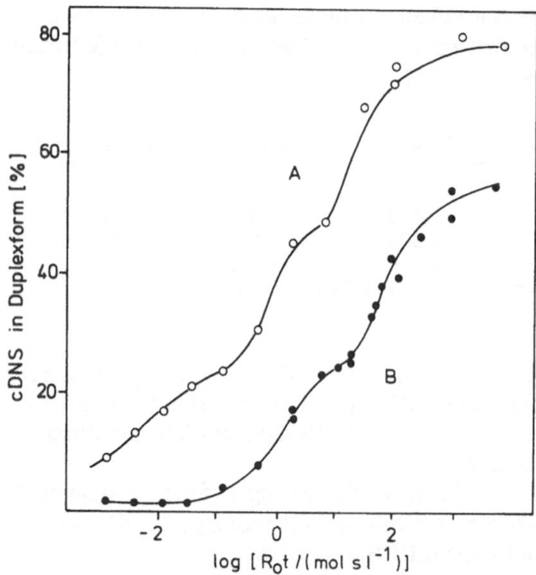

Abb. 10.1. Reassoziationskinetik zwischen Poly-(A)-enthaltender mRNS aus Lebergewebe und cDNS, die *A* an mRNS aus Lebergewebe (○) und *B* an mRNS aus Gehirngewebe (●) gebildet wurde. R_0t ist umgekehrt porportional zu c_0t. R_0t gibt an, wieviel der zugesetzten RNS als f(t) mit DNS in der Probe hybridisiert (Bishop et al., 1975)

andere Verhältnisse vorfindet. Letzteres ist der Fall. D.h., zu einem gegebenen Zeitpunkt werden vorzugsweise solche DNS-Abschnitte transkribiert, die repetitive DNS-Sequenzen bestimmter Familien enthalten. Zu einem anderen Zeitpunkt oder in einem anderen Gewebe werden andere Familien bevorzugt. Mitglieder einer Familie sind über das Gesamtgenom verstreut. Da Strukturgene repetitiven Abschnitten direkt nachgeschaltet sind, werden zu gegebenen Zeiten vorzugsweise diejenigen Strukturgene transkribiert, die gleichartigen repetitiven Abschnitten folgen. Aus diesen Beobachtungen läßt sich folgern, daß die Kontrolle der Genexpression an den repetitiven Abschnitten ansetzt. Sie sind demnach Adressen, die von Regulatormolekülen erkannt werden.

Man könnte sich vorstellen, daß es Proteine sind, so wie wir das von den Prokaryonten her kennen (s. Kap. 9), es könnte aber auch RNS sein, also das primäre Transkriptionsprodukt selbst. Es würden sich dann DNS-RNS-Hybridmoleküle bilden. Ob die erste oder die zweite Alternative zutrifft, ist bislang nicht entschieden. Das hier vorgestellte, 1977 von E.H. Davidson et al. entwickelte Modell sieht in der hnRNS ein koordiniert reguliertes Transkriptionsprodukt: Alle einer repetitiven Sequenz folgenden singulären Abschnitte werden en bloc überschrieben und unterliegen der gleichen Kontrolle. Es entstehen sehr lange Moleküle, die nachfolgend degradiert werden. Das Modell deutet damit auch ein schon besprochenes Ergebnis: Der Hauptteil der hnRNS besteht aus singulären und nicht aus repetitiven Abschnitten.

Poly-(A) und Capping

mRNS aus eukaryotischen Zellen trägt am 3'Ende eine ca. 200 Nukleotide lange Poly-(A)-Sequenz (Hadjivassiliou und Brawerman, 1966; Darnell et al., 1971). Dieser Abschnitt entsteht in der Regel nicht durch Transkription. sondern er wird enzymatisch an das primäre Transkriptionsprodukt anpolymerisiert. (Ausnahme: Poliovirus-RNS, s. Kap. 46). Die Reaktion läuft im Zellkern und im Cytoplasma ab.

Sawicki, Jelinek und Darnell (The Rockefeller University, New York) fanden 1977, daß die A-Reste partiell umgesetzt werden. Im Kern angehängte Reste werden im Cytoplasma abgespalten und durch neue ersetzt. Als Funktion des mRNS-Alters nimmt die Kettenlänge dieses Anteils ab und reduziert sich schließlich auf eine Länge von ca. 100 Nukleotiden.

Wozu dient der Poly-(A)-Anteil? Hierauf steht eine befriedrigende Antwort aus, denn es gibt zahlreiche mRNS-Sorten aus eukaryotischen Zellen ohne Poly-(A). Dazu gehören z.B. die Histonmessenger, dann ein (geringer) Teil der mRNS in HeLa-Zellen und in unbefruchteten Seeigeleiern sowie die TMV-RNS in infizierten Pflanzenzellen (s. Kap. 46).

Molekularbiologen wissen den Poly-(A)-Anteil hingegen zu schätzen, denn er gibt ihnen die Möglichkeit, mRNS von rRNS und tRNS abzutrennen. Man benötigt dazu Poly-(U) oder Poly-(T), die man an ein Trägermaterial koppelt, denn daran wird Poly-(A)-tragende RNS selektiv fixiert.

Sippel et al. (Columbia University, New York, 1974) banden Poly-(A)-mRNS an Poly-(U)-Träger und behandelten den Komplex mit RNase H, einem Enzym, das nur doppelsträngige RNS abbaut. Durch diesen Trick gelang es ihnen, Poly-(A)-freie mRNS zu gewinnen und deren Aktivität in einem Proteinsynthesesystem zu testen. Sie fanden, daß weder die Aktivität noch die Lebensdauer der Moleküle durch das Abspalten des Poly-(A)-Anteils geschmälert wurden. Bleibt abschließend die Feststellung: Poly-(A) ist vorhanden, also muß es irgendeine Funktion haben, fragt sich nur, welche.

Capping: Probleme am 5'-Ende. mRNS eukaryotischer Zellen trägt am 5'-Ende in der Regel ein Oligonukleotid des Typs

m^7 G (5') pppN^mpN oder
m^7 G (5') pppN^mpN^mpN^m.

m steht hier für einen Methylrest. 5'-terminal steht stets ein 7-Methylguanosin, ihm folgt entweder ein N^6, 2'-0-Dimethyladenosin, 2'-0-Methyladenosin oder 2'-0-Methylguanosin. An dritter Position findet man

2'-0-Methyluridin,
2'-0-Methylcytosin oder
2'-0-Methyladenosin.

Der terminale Guanosinrest ist über eine Triphosphatbrücke mit dem Rest des mRNS-Moleküls verbunden. Die Gruppe methylierter Basen schützt die RNS vor 5'-Exonukleasen. Man nennt diese Struktur Kappe (*Capping*). Jedoch sind auch wiederum zahlreiche Ausnahmen bekannt, wo die Kappe fehlt, ohne daß eindeutig gezeigt werden könnte, daß die mRNS dadurch weniger effizient translatiert würde oder kurzlebiger wäre.

Literatur

Bishop, J.O., Morton, J.G., Rosbash, M., Richardson, M.: Three abundance classes in HeLa cell messenger RNA. Nature (London) *250*, 199 (1974)

Bishop, J.O., Beckmann, J.S., Campo, M.S., Hastie, N.D., Izquierdo, M., Perlman, S.: DNA-RNA hybridization. Philos. Trans. R. Soc. Lond. B *272*, 147 (1975)

Brawerman, G.: Eukaryotic messenger RNA. Annu. Rev. Biochem. *43*, 621 (1974)

Britten, R.J., Davidson, E.H.: Gene regulation for higher cells: a theory. Science *165*, 349 (1969)

Brown, D.D., David, I.B.: Specific gene amplification in oocytes. Science *160*, 272 (1968)

Campo, M.S., Bishop, J.O.: Two classes of messenger RNA in cultured rat cells: repetitive sequence transcripts and unique sequence transcripts. J. Mol. Biol. *90*, 649 (1974)

Davidson, E.H., Klein, W.H., Britten, R.J.: Sequence organization in animal DNA and a speculation on hnRNA as a coordinate regulatory transcript. Dev. Biol. *55*, 69 (1977)

Derman, E., Goldberg, S., Darnell, J.E.: hnRNA in HeLa cells: Distribution of transcript sizes estimated from nascent molecule profile. Cell *9*, 465 (1976)

Galau, G.A., Britten, R.J., Davidson, E.H.: A measurement of the sequence complexity of polysomal messenger RNA in sea urchin embryos. Cell *2*, 9 (1974)

Galau, G.A., Klein, W.H., Britten, R.J., Davidson, E.H.: Significance of rare mRNA sequences in liver. Arch. Biochem. Biophys. *179*, 584 (1977)

Hunter, T., Garrels, J.I.: Characterization of the mRNAs for α-, β- and γ-Actin. Cell *12*, 767 (1977)

Klein, W.H., Murphy, W., Attardi, G., Britten, R.J., Davidson, E.H.: Distribution of repetitive and nonrepetitive sequence transcripts in HeLa mRNA. Proc. Natl. Acad. Sci. USA *71*, 1785 (1974)

Knapp, G., Beckmann, J.S., Johnson, P.F., Fuhrman, S.A., Abelson, J.: Transcription and processing of intervening sequences in yeast tRNA genes. Cell *14*, 221 (1978)

Lewin, B.: Units of transcription and translation. The relationship between heterogeneous nuclear RNA and messenger RNA. Cell *4*, 11 (1975)

Paul, J., Gilmour, R.S.: Organ-specific restriction of transcription in mammalian chromatin. J. Mol. Biol. *34*, 305 (1968)

Proudfoot, N.J., Brownlee, G.G.: 3' non-coding region sequences in eukaryotic messenger RNA. Nature (London) *263*, 211 (1976)

Revel, M., Groner, Y.: Post-transcriptional and translational controls of gene expression in eukaryotes. Annu. Rev. Biochem. *47*, 1079 (1978)

Sawicki, S.G., Jelinek, W., Darnell, J.E.: 3'-terminal addition to HeLa cell nuclear and cytoplasmic poly (A). J. Mol. Biol. *113*, 219 (1977)

Sippel, A.E., Stavrianopoulos, J.G., Schutz, G., Feigelson, P.: Translational properties of rabbit globin mRNA after specific removal of poly (A) with ribonuclease H. Proc. Natl. Acad. Sci. USA *71*, 4635 (1974)

Spradling, A., Penman, S., Campo, M.S., Bishop, J.O.: Repetitious and unique sequences in the heterogeneous nuclear and cytoplasmic messenger RNA of mammalian and insect cells. Cell *3*, 23 (1974)

Whiteley, A.H., McCarthy, B.J., Whiteley, H.R.: Changing populations of messenger RNA during sea urchin development. Proc. Natl. Acad. Sci. USA *55*, 519 (1966)

11. Plasmide; Klonierung von Genen (Genetic engineering)

Plasmide: Zusätzliche extrachromosomale DNS-Moleküle in der Bakterienzelle

Plasmide sind zirkulare, extrachromosomale, sich autonom replizierende DNS-Moleküle (genetische Elemente), die in Bakterienzellen zusätzlich zum Bakterienchromosom vorkommen können. Den Begriff „Plasmid" prägte Lederberg bereits im Jahre 1952. Man kennt eine Reihe von ihnen. Sie unterscheiden sich voneinander durch ihre Größe und damit durch ihren Informationsgehalt, ihre Zahl pro Bakterienzelle, die Regulation ihrer Replikation und teilweise in der Enzymatik des Replikationsapparates. Ihre Molekulargewichte schwanken zwischen $1{,}0 \times 10^6$ und etwa $150–170 \times 10^6$. Die obere Grenze ist weniger genau festgelegt. Die kleinen Plasmide tragen die genetische Information für zwei durchschnittlich große Proteine, während die großen bis zu 200 und mehr derartige Proteine codieren können.

In einer Bakterienzelle können
1. oft mehr als eine Kopie eines Plasmids und
2. verschiedene Plasmide nebeneinander

vorliegen.

Die kleinen Plasmide (mit durchschnittlichem Molekulargewicht von 5×10^6) kommen in der Regel in zehn und mehr Kopien pro Zelle vor, was größenordnungsmäßig 1–10% der Gesamt-DNS-Menge der Zelle entspricht [*Escherichia coli:* Molekulargewicht des „Bakterienchromosoms": 2×10^9, dann wäre $10 \times (5 \times 10^6) = 5 \times 10^7 = \sim 2\%$]. Große Plasmide liegen meist nur als eine bis zwei Kopien pro Zelle vor. Die unterschiedliche Kopienzahl, in der Plasmide auftreten, deuten auf verschiedenartige Kontrollen des Replikationsmodus hin.

Plasmide haben eine Reihe von Gemeinsamkeiten mit temperenten Phagen (s. Kap. 13). Einer der Hauptunterschiede liegt in dem Fehlen von Hüllprotein, von dem virale DNS in der Regel umgeben ist. Phage und Plasmid können sogar unterschiedliche Zustandsformen ein und derselben Species sein. Der Phage λ z.B. baut seine DNS üblicherweise in das Wirtsgenom ein, doch ist auch die Möglichkeit realisiert, seine DNS in der Bakterienzelle autonom als Plasmid (λdv und λN⁻) zu vermehren (s. Hayes und Szybalski, 1973; Berg, 1974).

Plasmide sind in den letzten Jahren vor allen Dingen im Zusammenhang mit Problemen der „Resistenz" und des *Genetic engineering* genannt worden. Das sollte nicht davon ablenken, daß es sich um genetische Elemente handelt, die in natürlichen Bakterienpopulationen weit verbreitet sind und denen ein weites Spektrum an Funktionen für das Überleben der Bakterien in ihrer natürlichen Umwelt zukommt. Man unterscheidet zwischen allgemeinen Plasmidfunktionen, die bei allen Plasmidtypen gefunden wurden:

rep: Replikation
inc: Inkompatibilitätsfunktion
tra: Transferfunktion

und den speziellen Funktionen, durch die sich die einzelnen Plasmidtypen voneinander unterscheiden.

Allgemeine Plasmidfunktionen

Replikation. Nach den bisher vorliegenden Ergebnissen ist die Replikation auch großer Plasmide auf einen DNS-Abschnitt des Molekulargewichts von $1–5 \times 10^6$ (≙ ca. 2.000–8.000 Basenpaaren) beschränkt. In diesem Bereich scheinen sowohl der Start der Replikation (*Origin*) als auch evtl. notwendige plasmidspezifische Replikationsgene lokalisiert zu sein.

Über das Zusammenwirken dieser Genprodukte bei der Initiation der Replikation besteht heute noch weitgehend Unklarheit. Eine wichtige Ausnahme scheint der Antibiotikaresistenzfaktor RP4 zu sein, dessen Replikationsfunktionen umfangreicher sind und über das zirkulare Plasmidgenom verstreut zu sein scheinen. Mit am besten ist die Replikation des kleinen Plasmids ColE1 untersucht worden. Es benötigt für seine autonome Replikation eine Reihe von chromosomal determinierten Genprodukten (s. Kap. 8), die z.T. an der Initiation (wie *dnaC*), vor allem aber an der Elongation (*dnaB, G, E* und *F*) mitwirken. Man kann davon ausgehen, daß lediglich der Start der Replikation auf einer plasmiddeterminierten Funktion beruht, während im übrigen der Replikationsapparat, der für die Replikation des Bakterienchromosoms benötigt wird, auch die Plasmid-DNS repliziert. Ein Unterschied besteht bei dem erwähnten ColE1-Plasmid allerdings insofern, als hier im Gegensatz zum Chromosom von *E. coli* die DNS-Polymerase I zusammen mit der DNS-Polymerase III für die Polymerisation des DNS-Moleküls benötigt wird und nicht nur, wie bei der DNS des Bakterienchromosoms als Reparaturenzym.

Daß im Falle von Co1E1 auch plasmidspezifische Genprodukte (Proteine) an der Initiation beteiligt sind, ist unwahrscheinlich, denn Co1E1 wird auch in Gegenwart des Proteinsyntheseinhibitors Chloramphenicol repliziert. Sicher ist vielmehr, daß ein etwa 500 Basenpaare langer Bereich der Plasmid-DNS als *Origin* gebraucht wird. Die Replikation von Plasmiden vollzieht sich je nach Typ vom Startpunkt entweder nur in eine Richtung (unidirektional) oder in beide Richtungen (bidirektional). In mindestens einem Fall konnte nachgewiesen werden, daß es mehrere Startpunkte auf dem Plasmid gibt.

Inkompatibilität. Inkompatibilität nennt man das Phänomen, daß zwei ähnliche Plasmide in derselben Zelle nicht stabil etabliert werden können. Diese Eigenschaft, die in ihrem molekularen Mechanismus weitgehend ungeklärt ist, kann entweder mit einer negativen Replikationskontrolle von Plasmiden erklärt werden oder über die Art der Segregation. Zwei unterschiedliche Modelle stehen zur Diskussion. Das ältere Replikationsmodell von Jacob, Brenner und Cuzin geht davon aus, daß es eine limitierte Anzahl von Anheftungsstellen an der bakteriellen Membran gibt. Diese sind für die Initiation der Replikation essentiell. Sind sie durch einen Plasmidtyp besetzt, stehen sie einem zweiten, dem ersten ähnlichen nicht zur Verfügung.

Das Modell von Pritchard, Bart und Collins sieht vor, daß Inkompatiblität mit einer negativen Regulation der Replikation dieser Plasmide verknüpft ist. Nach diesem Modell bildet das inhärente Plasmid ein negatives Kontrollelement (einen Repressor) aus, das auf ein eindringendes, ähnliches Plasmid negativ einwirkt, indem es sich an die Initiationsstelle (*Origin*) anlagert und die Replikation des eingedrungenen Plasmids verhindert.

Transferfunktionen. Während *rep* und *inc*-Funktionen bei allen Plasmiden zu beobachten sind, ist die Transferfunktion (*tra*) nur bei größeren Plasmiden nachgewiesen worden. Bei dem am besten untersuchten Transferfaktor, dem F-Faktor von *E. coli*, umfaßt dieser Bereich ungefähr 20.000–24.000 Basenpaare. Bisher sind in diesem „Transferoperon" 21 Cistren lokalisiert worden (s. Abb. 11.1). Der Transfer eines Plasmids, das über eine entsprechende Region verfügt, beginnt an einem definierten, auf dem Plasmid liegenden Punkt, dem sog. *Transfer origin (oriT)*. Während des Transfers wird einer der beiden Stränge des DNS-Moleküls geöffnet, und von diesem Punkt aus wird der geöffnete Strang in die Empfängerzelle übertragen. Das zunächst einsträngige DNS-Molekül wird in der Empfängerzelle anschließend nachrepliziert; das gleiche geschieht mit dem in der Donorzelle verbliebenen DNS-Einzelstrang.

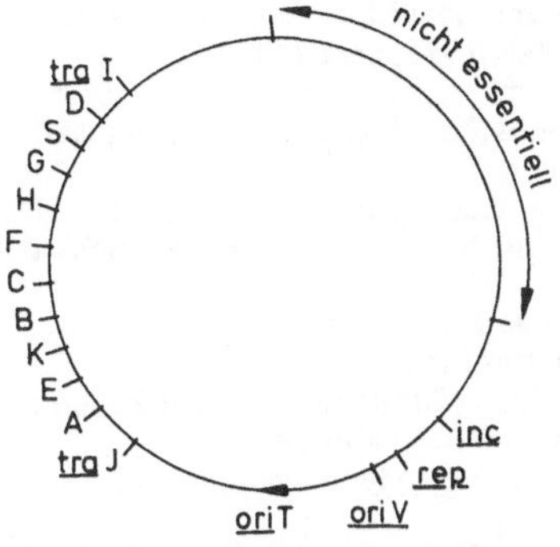

Abb. 11.1. Vereinfachte Genkarte eines F-Plasmids. Nicht alle für den Transfer (*tra*) benötigten Gene sind eingetragen. Einzelheiten s. Text (Sherratt, 1974)

Diese Transferreplikation ist nicht mit der vegetativen Replikation des Plasmids zu verwechseln, die am Startpunkt (*Origin*) der Replikation beginnt und die für die Vermehrung des Plasmids während der Zellteilung verantwortlich ist. Der F-Faktor hat ein Molekulargewicht von 65 Millionen. Dieses Plasmid kann, wie viele andere, in das Bakterienchromosom integriert werden. Dabei entsteht im Falle des F-Faktors (und anderer Transferfaktoren) ein sog. *Hfr*-Zustand (*high frequency of recombination*) der Wirtszelle. Er kann mit hoher Frequenz die Übertragung des gesamten Chromosoms der *E. coli*-Zelle in einen geeigneten Rezipientenstamm bewirken. Nach neueren Untersuchungen scheint geklärt zu sein, daß die Rekombination zwischen dem F-Faktor und dem Chromosom der *E. coli*-Zelle über eine illegitime Rekombination erfolgt, wobei in beiden Genomen *IS2*-Elemente beteiligt sind (s. Kap. 13).

Spezielle Funktionen

Außer den genannten allgemeinen Funktionen, die bei sehr vielen Plasmiden auftreten können, gibt es eine Vielzahl spezieller Funktionen, die von Plasmiden determiniert werden können. Einen Überblick über die bekanntesten der heute aufgeklärten plasmidcodierten Funktionen gibt Tabelle 1. Einige davon werden im folgenden ausführlich behandelt.

Antibiotikaresistenz (R-Faktoren, R-Plasmide). R-Plasmide sind relativ weit verbreitet. Entdeckt wurden sie 1959 in Japan. Nach einer in großem Stil durchgeführten Chemotherapie gegen *Shigella* (Erreger der Dysenterie) fand man Stämme, die gleichzeitig gegen alle vier eingesetzten Medikamente (Sulfonamide, Streptomycin, Chloramphenicol und Tetracyclin) resistent waren. Die Resistenz blieb nicht auf *Shigella* beschränkt, sondern übertrug sich in kürzester Zeit auf andere pathogene und nichtpathogene Bakterien, wie

Tabelle 1. Spezielle, durch Plasmide codierte Funktionen (Zusammenstellung: Goebel, 1978, pers. Mitt.)

Fertilität (Fähigkeit, genetisches Material durch Konjugation zu übertragen)
Antibiotikaresistenz (Resistenz gegen ein oder mehrere Antibiotika; R-Plasmide sind bei mehr als 50 Bakterienarten bekannt)
Resistenz gegen Schwermetalle (Cd^{2+}, Hg^{2+})
Resistenz gegen ultraviolettes Licht
Produktion von Bacteriocinen (Substanzen, die auf Zellen der eigenen Art einwirken und diese abtöten)
Produktion von Antibiotika (Methylenomycin, Actinorhodin, Chloramphenicol u.a.)
Ausnutzung ungewöhnlicher Kohlenstoffquellen (Abbau von Campher, Octan, Octanol in *Pseudomonas* u.a.)
Bildung von Toxinen und Oberflächenantigenen (Enterotoxine, Hämolysine, K88 u.a.)
Tumorinduktion (bei Pflanzen, Bildung von *Crown gall*-Tumoren durch das Plasmid Ti aus *Agrobacterium*, siehe Kap. 48)
Beteiligung an der Sporulation bei Streptomyceten

z.B. *E. coli* und *Salmonella*. Sie wurde schließlich (1965) in 65% aller aus Patienten isolierten *Shigella*-Stämmen und in 50% aller übrigen Enterobakterien nachgewiesen (Watanabe und Mitsuhashi). Die rasche Ausbreitung erfolgt meist durch Konjugation, bei Staphylokokken ist Transduktion der vorherrschende Ausbreitungsmodus. R-Plasmide bestehen aus zwei funktionellen Teilen:

1. dem Transferfaktor (RTF), der weitgehend einem allgemeinen Transferfaktor wie dem F-Faktor von *E. coli* entspricht und
2. der (den) Antibiotikaresistenzdeterminante(n) (R-Determinanten, s. Abb. 11.2).

Normalerweise sind beide Teile in einem Molekül vereint, doch können sie bei manchen Bakteriengattungen wie *Salmonella* und *Proteus* auch getrennt vorkommen. R-Determinaten werden aber nur dann transferiert, wenn sie an RTF gekoppelt sind. Aus natürlichen Bakterienpopulationen sind Stämme isolierbar, die entweder RTF und R auf getrennten Plasmiden oder beides zusammen in einem Plasmid enthalten. Sobald sich eine geeignete Kombination (RTF-R) gebildet hat, breitet sie sich in der Bakterienpopulation schnell aus. Die meisten Antibiotikaresistenzfaktoren sind in ihrem Transfer jedoch reprimiert. Bevor die dafür erforderlichen Kontrollmechanismen etabliert sind, erfolgt die Ausbreitung rasch, um dann aber bald zu stagnieren. Es gibt jedoch Mutanten, denen diese Ausbreitungskontrolle fehlt und die mit unverminderter Häufigkeit R-Faktoren transferieren.

Die Resistenz gegen Antibiotika beruht auf der Synthese von spezifischen Enzymen, die Antibiotika entweder enzymatisch spalten oder modifizieren (Acetylierung, Adenylierung und Phosphorylierung) und sie somit unwirksam machen. Die Resistenz gegen Tetracyclin und Sulfonamide wird durch Veränderung der Bakterienmembran hervorgerufen.

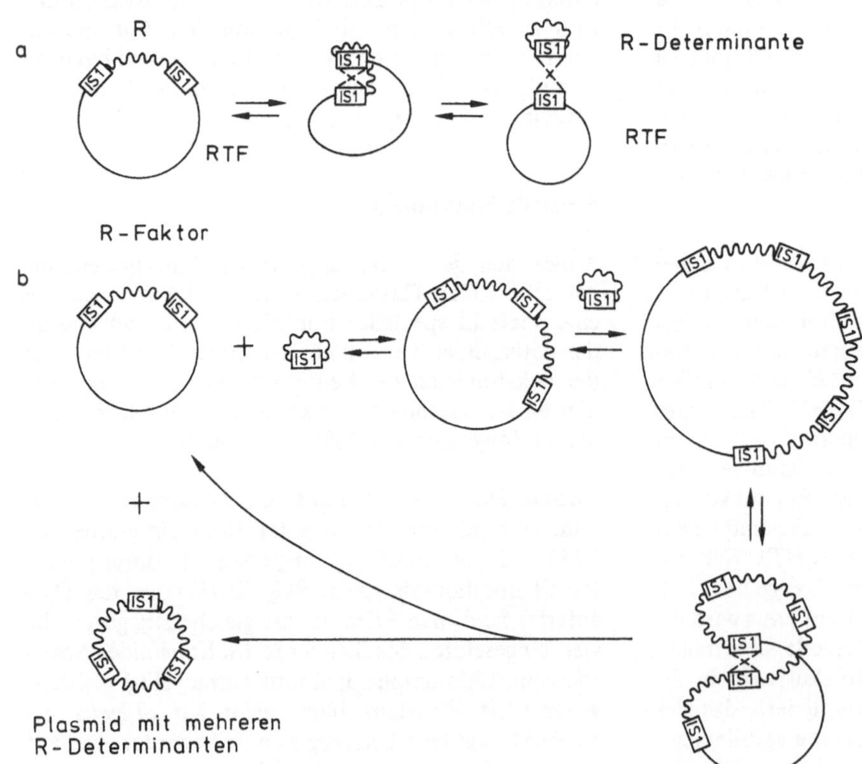

Abb. 11.2. Vorschlag für einen Mechanismus für reversible Dissoziation und Kointegration von R-Plasmiden unter Mitwirkung von *IS1*-Elementen (s. Kap. 13). Das Modell erklärt das getrennte und gemeinsame Auftreten von R-Determinanten und dem RTF sowie das Zustandekommen von Plasmiden mit multiplen R-Determinanten (Cohen und Kopecko, 1976)

Die japanischen Befunde der fünfziger und frühen sechziger Jahre haben den Antibiotikamißbrauch zwar eingeschränkt, ihn aber noch lange nicht unterbunden. Seit wenigen Jahren (1975/1976) beginnt eine neue, penicillinresistente Form der Gonorrhöe (Tripper; Erreger: *Neisseria gonorrhoeae*) sich langsam, aber stetig über die ganze Welt auszubreiten. Der Stamm (oder die Stämme) besitzen eine Penicillinase, die Penicillin spaltet und es damit unwirksam macht. Vor Februar 1976 ist nach Wiesner vom Center of Disease Control (CDC) in Atlanta/Georgia in den USA kein Fall einer Erkrankung an penicillinresistenter Gonorrhöe bekannt gewesen. Seitdem ist die Krankheit dort 41mal aufgetreten (Stand: Dezember 1976). Gonorrhöe galt als unproblematisch, da sie mit Penicillin zu heilen war, obwohl die Dosis von ursprünglichen 200.000 Einheiten auf 4,8 Millionen Einheiten gesteigert werden mußte. Die resistenten Formen sind mittlerweile in Hong Kong, Korea, Japan, Singapur, den Phillipinen, Neuseeland, Australien, England (?), Norwegen und Kanada nachgewiesen worden. Der Ursprungsort der Epidemie ist schwer zu lokalisieren, doch deutet vieles in Richtung Südostasien. Bei 20–40% der Prostituierten auf den Phillipinen ist die resistente Form diagnostiziert worden.

Falkow von der University of Washington hat das Auftreten der neuen Form 1975 vorhergesagt, aber selbst damals noch nicht mit einer so schnellen Ausbreitung gerechnet. Diese Art der Penicillinresistenz ist schon seit 1974 bekannt und ist erstmals bei *Haemophilus influenzae*, dem Erreger der Meningitis (Hirnhautentzündung), festgestellt worden. 40.000 Erkrankungen treten in den USA pro Jahr auf. Als „Heilmittel der Wahl" verwendet man Chloramphenicol, trotz der möglichen Nebenwirkungen wie der Schädigung des Knochenmarks. Als Heilmittel für die penicillinresistente Gonorrhöe wird heute Spektinomycin empfohlen, aber es ist lediglich eine Frage der Zeit, bis sich auch gegen dieses Antibiotikum Resistenzen bilden und sich durchsetzen. Diese Beispiele, deren epidemiologische Folgen man keineswegs im Griff hat, sollen auf die auch heute noch existierende Gefahr von Infektionskrankheiten hinweisen, von denen mancher Mediziner glaubte, sie seien bereits besiegt.

Bacteriocine. Bacteriocinogene Faktoren sind in vielen Bakterienarten verbreitet. Das wichtigste Genprodukt dieser Faktoren sind die Bacteriocine, antibiotisch wirksame Proteine, die von den plasmidhaltigen Zellen ausgeschieden werden und auf andere plasmidlose Vertreter derselben Art oder sehr ähnlicher Arten wirken. Ihr Wirkungsspektrum ist im allgemeinen sehr eng. Die bestuntersuchten Bacteriocine sind die von *E. coli* produzierten Colicine. Sie wirken auch auf nahverwandte Arten der Enterobacteriaceae, z.B. *Proteus* und *Shigella*. Am bekanntesten sind die Colicine E_1, E_2, E_3, D und K. Sie haben Molekulargewichte im Größenordnungsbereich von 40.000–100.000. E_1 ist ein basisches Protein, es inhibiert die Oxydative Phosphorylierung und verursacht damit eine Blockade der Energiezufuhr. E_2 und E_3 ähneln einander in bezug auf ihre molekularen Eigenschaften, nicht jedoch, was ihre Funktion anbelangt. Während E_2 den Abbau von DNS bewirkt, inaktiviert E_3 die bakteriellen Ribosomen durch Spaltung der 16S rRNS am 3'-Ende. Durch Verlust des 3'-terminalen Fragmentes verliert die rRNS die Fähigkeit, mRNS zu erkennen (s. Kap. 38). K wirkt durch Zerstörung des Membranpotentials der Bakterienzelle. Die Colicin-codierenden Plasmide heißen ColE1, ColE2 etc. ColE1 spielt als Vektor beim *Genetic engineering* eine wichtige Rolle (s. folgenden Abschnitt).

Produktion von Antibiotika. Die wichtigsten Produzenten von Antibiotika sind die Streptomyceten. Neuere Untersuchungen haben gezeigt, daß in vielen dieser Antibiotikaproduzenten Plasmide vorzuliegen scheinen, die direkt oder indirekt an der Produktion oder der Kontrolle der Produktion von Antibiotika beteiligt sind. So fand Hopwood vor kurzem, daß das Antibiotikum Methylenomycin von einem transferierfähigen Plasmid in *Streptomyces coelicolor* determiniert wird. Auch die Synthese von Chloramphenicol, Tetracyclin und Makrolit-Antibiotika ist nachweislich durch Plasmide kontrolliert oder teilweise determiniert. Der physikalische Nachweis der Plasmide in diesen komplexen Mikroorganismen ist nur in wenigen Fällen gelungen. Viele der Aussagen beruhen daher auf indirekten Schlüssen, wie z.B. der Eliminierung von Funktionen mit Hilfe bestimmter Substanzen wie Ethidiumbromid, Acridinorange u.a. Es ist bekannt, daß diese Substanzen bei *E. coli* und anderen Enterobakterien Plasmide aus der Zelle entfernen. Der Mechanismus dieser Eliminierungsreaktion ist weitgehend unverstanden.

Ausnutzung ungewöhnlicher Kohlenstoffquellen. Zahlreiche Pseudomonaden besitzen die Fähigkeit, ungewöhnliche Kohlenstoffquellen, wie aliphatische und aromatische Kohlenwasserstoffe, oder Verbindungen wie Campher oder Salizylsäure abzubauen. Es hat sich gezeigt, daß diese Leistungen ebenfalls von transferierfähigen Plasmiden determiniert sind. Viele dieser Plasmide sind inzwischen isoliert und in ihren molekularen Eigenschaften aufgeklärt worden. Es zeigte sich, daß die meisten sehr große transferierfähige Elemente sind, die neben den Abbaureaktionen noch weitere, weitgehend unbekannte genetische Leistungen vollbringen.

Produktion von Toxinen. Man kennt plasmidcodierte Funktionen, die die Pathogenität von Bakterien mit beeinflussen. In die Gruppe dieser Plasmide gehören die Enterotoxinplasmide, die Oberflächenantigenplasmide (K88, K99) und die Hämolysinplasmide. In allen Fällen fand man, daß die Plasmide, die diese Funktionen tragen, allein nicht ausreichen, um einen nichtpathogenen Bakterienstamm in einen pathogenen zu verwandeln, und das heißt, daß weitere Funktionen notwendig sind, die entweder auch plasmiddeterminiert oder chromosomal determiniert sein können. Die Enterotoxinplasmide von *E. coli* sind Transferfaktoren mit der genetischen Information für zwei unterschiedliche Proteine, das sog. hitzestabile (ST) oder das sog. hitzelabile (LT) Enterotoxin. Während das hitzestabile Enterotoxin nur eine kurzfristige Diarrhoe auslöst, sind LT-Produzenten im allgemeinen Erreger schwerer verlaufender enteritischer Infektionen („Montezumas Rache"). Beide Enterotoxine von *E. coli* sind mittlerweile durch die später zu besprechende Technik des *Genetic engineering* kloniert worden, und man hat zeigen können, daß beide durch unterschiedliche Gene codiert werden. Auch die Gene für Hämolysine, von denen in *E. coli* mindestens drei Typen (α, β, γ) vorkommen, liegen auf übertragbaren Plasmiden. Die meisten hämolytischen Wildstämme enthalten bis zu drei Plasmide mit unterschiedlichem Molekulargewicht. Die Hämolysindeterminante liegt immer nur auf einem dieser Plasmide. Allein kann es keine pathogenen Eigenschaften induzieren, das geht nur in Kombination mit den beiden übrigen.

Die Hämolysindeterminante umfaßt im Gegensatz zum Enterotoxin mindestens drei Cistrons, von denen zwei für die Synthese von aktivem Hämolysin benötigt werden. Mindestens eines kontrolliert den Transport von aktivem Hämolysin durch die äußere Membran. Die Oberflächenantigene, wie z.B. das Antigen K88 sind an der Pathogenese von *E. coli* beteiligt. Während die Plasmide z.T. charakterisiert worden sind, ist weder über die molekularen Eigenschaften der Antigene noch über ihre Funktion Wesentliches bekannt.

Plasmide als Vektoren

Vektoren sind wirtsspezifische, replizierfähige Strukturen, die Gene aufnehmen und diese auf andere Zellen übertragen. Wir werden bei der Besprechung von Viren und des *Genetic engineering* noch ausführlich hierauf zurückkommen. Auch Plasmide kommen als solche Transportunternehmen in Betracht. Wir haben ihre Bedeutung und Gefahr schon bei der Besprechung der R-Faktoren kennengelernt. Doch nicht nur Resistenzfaktoren werden so übertragen. Es gibt eine Reihe von Merkmalen, die auf diese Weise von einer Zelle zur anderen weitergegeben werden. Abb. 11.3 soll veranschaulichen, wie *E. coli* durch einen solchen Genfluß sein Genom vergrößert und damit seine Überlebenschance erhöhen kann. Man kann davon ausgehen, daß diese horizontale Weitergabe von Genen eine entscheidende Rolle bei der Evolution von Prokaryonten spielt. Geeignete Umweltbedingungen entscheiden, ob der Besitz bestimmter Gene (bei allen Prokaryonten in dem betreffenden Lebensraum) vorteilhaft ist oder nicht. Daß dennoch Artgrenzen erhalten bleiben und dem Genaustausch wenigstens gewisse Grenzen gesetzt

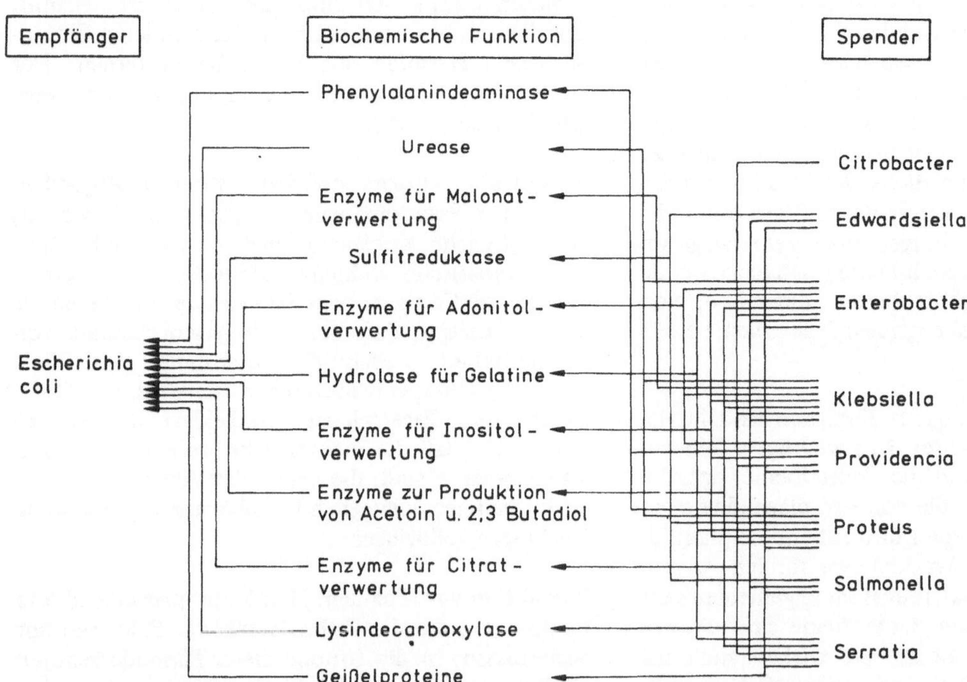

Abb. 11.3. Gene für eine Anzahl von Proteinen, die in den meisten *E. coli*-Stämmen nicht enthalten sind, können durch Transformation (mittels Viren oder Plasmiden) aus anderen Arten (Gattungen) in *E. coli*-Zellen eingeführt werden (Reanney, 1976)

sind, beruht z.T. auf dem Vorkommen von spezifischen Restriktionsendonukleasen (s. Kap. 20) in den Wirtszellen, die fremde DNS erkennen und u.U. degradieren.

Kommen Plasmide auch in eukaryotischen Zellen vor?

Die Frage, ob es auch bei Eukaryonten Plasmide gibt, ist nach wie vor offen, man hat jedoch im Cytoplasma von Hefezellen ringförmige DNS-Moleküle mit durchschnittlichen Durchmessern von 2 μm nachgewiesen. In *Drosophila*-Zellen kommen kleinere Ringe vor: 1,1 μm. Solche Moleküle sind weit verbreitet: *Neurospora, Euglena,* Trypanosomen, Tabak, *Xenopus,* aber auch Zellinien von Affen, Mäusen und Menschen enthalten sie. Sie sind nicht mitochondrialen Ursprungs. Die physikalisch-chemischen Eigenschaften sind charakterisiert worden, ihre biologische Bedeutung und ihre Herkunft bleiben unverstanden.

Klonierung von Genen; Genetic engineering

Ziel der Genklonierung ist es, einen DNS-Abschnitt in ein Plasmid oder einen temperenten Phagen zu integrieren und diese als Vehikel (Vektoren) zu benutzen, um die DNS in eine Bakterienzelle (z.B. *E. coli*) hineinzuschleusen und sie dort zu vermehren (zu klonieren). In Abb. 11.4 ist das Verfahren, so wie es heute in der Regel zur Anwendung kommt, dargestellt. Wesentlich ist dabei, daß die zu klonierende DNS und das Plasmid mit einer bestimmten Restriktionsendonuklease (s. Kap. 20) linearisiert werden, wodurch Moleküle definierter Länge mit freien, oft einsträngigen Enden entstehen. Diese werden in der Regel unter Mitwirkung einer terminalen Transferase alternativ mit A oder T verlängert, um die gewünschte Kombination der beiden heterologen Moleküle zu gewährleisten. Es hat sich inzwischen herausgestellt, daß jede beliebige DNS aus Prokaryonten oder Eukaryonten in *E. coli* vermehrt werden kann. Als Vektoren setzt(e) man häufig ColE1-Derivate ein, weil das ColE1-Replikon auch in Anwesenheit von Chloramphenicol repliziert wird. Man erreichte dadurch einen Anstieg der Kopienzahl pro Zelle auf 1000–3000, womit auch die Ausbeute der klonierten DNS beträchtlich gesteigert wurde. Heutzutage arbeitet man mit Vektoren, die sich grundsätzlich von jenen unterscheiden, die noch vor zwei bis drei Jahren in Gebrauch waren. Nahezu alle wurden in vitro aus Segmenten verschiedener Plasmide unterschiedlicher Herkunft konstruiert. Je nach Bedarf und Fragestellung setzt man unterschiedliche Plasmide ein. Es gibt welche mit weitem Wirtsbereich, die sich also in vielen Bakterienarten vermehren lassen, und andere, die auf zwei oder nur eine Art beschränkt sind. Ein weiteres Ziel der Plasmidforschung liegt darin, möglichst kleine, sich schnell vermehrende Plasmide zu gewinnen, die sich nur durch eine Schnittstelle für ein bestimmtes Restriktionsenzym auszeichnen (Bolivar, Rodriguez, Greene, Betlach, Heyneker, Boyer, Crosta und Falkow,

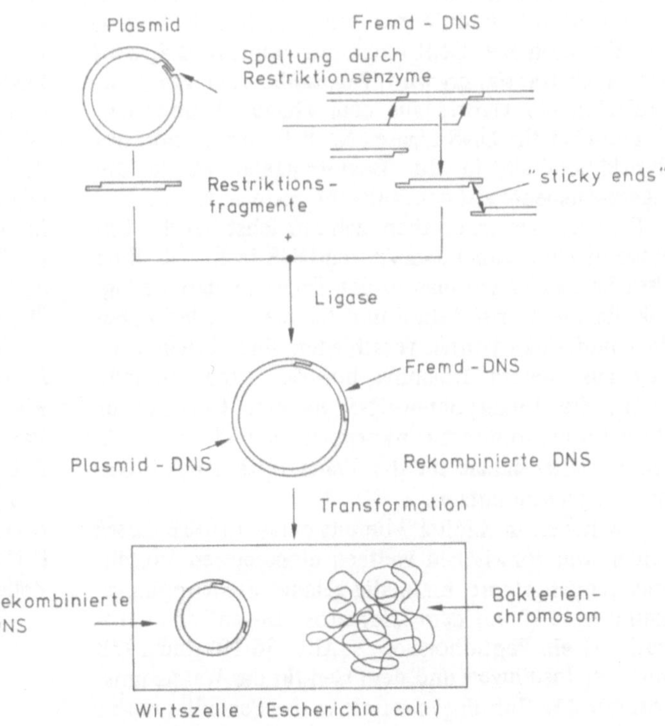

Abb. 11.4. Methode zur Produktion rekombinierter DNS

San Francisco und Seattle, 1977; Chang, Cohen, Stanford University, 1978).

Zur Gewinnung einer für das Klonieren geeigneten DNS geht man oft von einer RNS (meist mRNS) definierter Herkunft aus, überschreibt sie in vitro in eine komplementäre DNS (cDNS) und koppelt diese an das Plasmid. Das zum Überschreiben der Information benötigte Enzym ist die Reverse Transcriptase (siehe Kap. 19), die man meist aus dem *Avian Myoblastosis Virus* (AMV) gewinnt. Sie hat die Eigenart, nicht nur mRNS als Matrize zu verwenden und einen komplementären Strang daran zu bilden, sondern sie bildet zusätzlich eine Haarnadelstruktur (*Fold back region*) (s. Abb. 8.4) aus, die ihrerseits als *Primer* für die DNS-Polymerase dient, um den Einzelstrang zum Doppelstrang zu ergänzen. Anschließend muß das Verbindungsstück zwischen beiden Strängen durch S1-Nuklease entfernt werden. S1-Nuklease ist ein Enzym (aus *Aspergillus oryzae*), das einstränige DNS verdaut. Zum Klonieren eignen sich auch Restriktionsfragmente (s. Kap. 20) viraler oder bakterieller Herkunft, DNS, die man auf andere Weise fragmentiert hat sowie synthetisierte DNS. Die in Kapitel 3 beschriebenen Anreicherungs- und Fraktionierungsverfahren haben sich dabei als sehr nützlich erwiesen.

Einer der zuerst erkannten Vorteile des Klonierens liegt darin, spezifische DNS-Abschnitte in großen Mengen (Milligramm-Mengen) und in höchster Reinheit zu erzeugen. Das wiederum ist einmal eine Voraussetzung zur Sequenzierung solcher DNS (siehe Kap. 4 und Kap. 7) und zum anderen für ihren Einsatz als Sonde zur Lokalisierung komplementärer Stränge (z.B. in Chromosomen der gleichen oder Chromosomen nah resp. entfernt verwandter Species). Bei Verwendung von DNS-Fragmenten prokaryotischer Herkunft konnte man schon recht früh zeigen, daß die klonierte DNS nicht nur transkribiert, sondern auch translatiert wird. Panasenko et al. z.B. konstruierten ein Hybrid aus dem Phagen λ und dem *E. coli*-Gen für DNS-Ligase. Nach Inkorporation des Hybridmoleküls in die Bakterienzelle wurde die Ligase-Ausbeute auf das 500fache gesteigert.

Schwierigkeiten ergaben sich zunächst bei der Expression klonierter Eukaryonten-DNS in *E. coli*. Eine Ursache hierfür sah man in der Tatsache, daß die Signale für die Transkription und für die Translation bei Pro- und Eukaryonten verschieden sind. Einen Ausweg aus diesem Dilemma bot der experimentelle Trick, die Eukaryonten-DNS in eine Genstruktur eines Prokaryonten zu inkorporieren und damit die Prokaryontensignale für die Transkription des Eukaryontengens zu nutzen.

Wir haben in Kapitel 7 bereits einige Erfolge dieses neuen und inzwischen vielfach eingesetzten Verfahrens kennengelernt. Erstmalig gelang das Kopplungsmanöver 1977 mit dem „Somatostatingen" (Somatostatin ist ein Peptidhormon, s. Abb. 56.10) und 1978 mit dem Insulingen und dem Gen für das Wachstumshormon. Das Insulingen wurde in das Penicillinasegen eingeführt. Das wiederum liegt auf einem Plasmid (R-Plasmid). Die Bakterienzelle scheidet Penicillinase nach ihrer Bildung aus und somit auch den Penicillinase-Insulin-Komplex. Es entfällt die Reinigungsprozedur des gewünschten Produkts, denn man gewinnt es direkt aus dem Bakterienüberstand.

Sicherheitsmaßnahmen, Aussichten

Bei allen Experimenten dürfen Sicherheitsvorkehrungen nicht außer acht gelassen werden. Laboratorien, in denen solche Experimente zulässig sind, müssen gewissen Standards genügen. Man unterscheidet zwischen vier Sicherheitsstufen, und man bemüht sich, Wirtszellen zu verwenden und zu konstruieren, die außerhalb des Labors eine nur geringe Überlebenschance (10^{-8}) haben.

Man ist bemüht, modifizierte Vektoren herzustellen, man sucht nach solchen, deren Replikation temperatursensitiv ist oder nach solchen mit einem Restriktions-Modifikationssystem, bei denen das Modifikationssystem temperatursensitiv ist, die z.B. eine temperatursensitive Methylase für die Modifikation, aber eine temperaturresistente Restriktionsendonuklease besitzen. Ein Vektor, der samt Wirtszelle in einen Warmblütler geraten würde, würde sich damit selbst zerstören.

Genetic engineering ist mittlerweile zu einem Standardverfahren der Molekularbiologie geworden. Es geht dabei gar nicht so sehr um so spektakuläre Erfolge wie die bereits genannten. Ende 1978/Anfang 1979 sah es so aus, als könne man jedes beliebige Eukaryontengen in *E. coli* zur Expression bringen. Die Hauptschwierigkeit besteht jetzt vor allem darin, das jeweils gewünschte Gen in die Hand zu bekommen. Bei Verwendung von mRNS als Matrize zur Synthese von DNS muß man sich im klaren darüber sein, daß man dabei nicht das Gen selbst gewinnt, sondern eine DNS-Struktur, die in das Genprodukt umgesetzt werden kann. 1977/78 hatte man erkannt, daß z.B. das eigentliche Gen für Ovalbumin (Eialbumin) aus acht im Genom voneinander getrennten Stücken besteht (s. Kap. 7). Dennoch entsteht in der Zelle eine einheitliche, zusammenhängende, informationstragende Struktur (mRNS).

Die durch Rückübersetzung gebildete DNS ist in *E. coli* klonier- und exprimierbar. Das so gebildete Eialbumin macht 1,5% des gesamten Zellproteins der Bakterienzelle aus. Ein großer Teil davon wird aus der Zelle ausgeschleust.

Abschließend sei vermerkt, daß das *Genetic engineering* für die Erforschung von Entwicklungs- und Differenzierungsprozessen pro- und eukaryotischer Zellen inzwischen nicht mehr wegzudenken ist.

Literatur

Betlach, M., Hershfield, V., Chow, L., Brown, W., Goodman, H.M., Boyer, H.W.: A restriction endonuclease analysis of the bacterial plasmid controlling the EcoR I restriction and modification of DNA. Fed. Proc. *35,* 2037 (1976)

Bolivar, F., Rodriguez, R.L., Greene, P.J., Betlach, M.C., Heyneker, H.L., Boyer, H.W., Crosa, J.H., Falkow, S.: Construction and characterization of new cloning vehicles: a multipurpose cloning system. Gene *2,* 95 (1977)

Chang, A.C.Y., Cohen, S.N.: Genome construction between bacterial species in vitro: replication and expression of Staphylococcus plasmid genes in *Escherichia coli.* Proc. Natl. Acad. Sci. USA *71,* 1030 (1974)

Chang, A.C.Y., Cohen, S.N.: Construction and characterization of amplifiable multicopy DNA cloning vehicles derived from the P15A cryptic plasmid. J. Bacteriol. *134,* 1141 (1978)

Cohen, S.N.: Recombinant DNA: facts and fiction. Science *195,* 654 (1977)

Cohen, S.N., Chang, A.C.Y., Boyer, H.W., Helling, R.B.: Construction of biologically functional bacterial plasmids in vitro. Proc. Natl. Acad. Sci. USA *70,* 3240 (1973)

Cohen, S.N., Chang, A.C.Y.: A method for selective cloning of eukaryotic DNA fragments in *Escherichia coli* by repeated transformation. Mol. Gen. Genet. *134,* 133 (1974)

Cohen, S.N., Kopecko, D.J.: Structural evolution of bacterial plasmids: Role of translocating genetic elements and DNA sequence insertions. Fed. Proc. *35,* 2031 (1976)

Collins, J., Williams, P., Helinski, D.R.: Plasmid ColE1 DNA replication in *Escherichia coli* strains temperatur-sensitive for DNA replication. Mol. Gen. Genet. *136,* 273 (1975)

Falkow, W.: Infectious multiple drug resistance. London: Pion Limited 1975

Helinski, D.R.: Plasmids. Fed. Proc. *35,* 2024 (1976)

Herrmann, R., Neugebauer, K., Zentgraf, H., Schaller, H.: Transposition of a DNA sequence determining Kanamycin resistance into the single-stranded genome of bacteriophage fd. Mol. Gen. Genet. *159,* 171 (1978)

Hershfield, V., Boyer, H.W., Yanofsky, C., Lovett, M.A., Helinski, D.R.: Plasmid ColE1 as a molecular vehicle for cloning and amplification of DNA. Proc. Natl. Acad. Sci. USA *71,* 3455 (1974)

Higuchi, R., Paddock, G.V., Wall, R., Salser, W.: A general method for cloning eukaryotic structural gene sequences. Proc. Natl. Acad. Sci. USA *73,* 3146 (1976)

Hollenberg, C.P., Degelmann, A., Kustermann-Kuhn, B., Royer, H.D.: Characterization of 2-μm DNA of *Saccharomyces cerevisiae* by restriction fragment analysis and integration in an *Escherichia coli* plasmid. Proc. Natl. Acad. Sci. USA *73,* 2072 (1976)

Miller, D.L., Gubbins, E.J., Pegg, E.W., Donelson, J.E.: Transcription and translation of cloned *Drosophila* DNA fragments in *Escherichia coli.* Biochemistry *16,* 1031 (1977)

Rambach, A., Hogness, D.S.: Translation of *Drosophila melanogaster* sequences in *Escherichia coli.* Proc. Natl. Acad. Sci. USA *74,* 5041 (1977)

Ratzkin, B., Carbon, J.: Functional expression of cloned yeast DNA in *Escherichia coli.* Proc. Natl. Acad. Sci. USA *74,* 487 (1977)

Reanney, D.: Extrachromosomal elements as possible agents of adaptation and development. Bacteriol. Rev. *40,* 552 (1976)

Reanney, D.: Gene transfer as a mechanism of microbial evolution. BioScience *27,* 340 (1977)

Rowbury, R.J.: Bacterial plasmids with particular reference to their replication and transfer properties. Progr. Biophys. Mol. Biol. *31,* 271 (1977)

Royer, H.-D., Hollenberg, C.P.: *Saccharomyces cerevisiae* 2-μm DNA. Mol. Gen. Genet. *150,* 271 (1977)

Royer-Pokora, B., Goebel, W.: Plasmids controlling synthesis of hemolysin in *Escherichia coli.* Mol. Gen. Genet. *144,* 177 (1976)

Sherratt, D.J.: Bacterial plasmids. Cell *3,* 189 (1974)

Sinsheimer, R.L.: Recombinant DNA. Annu. Rev. Biochem. *46,* 415 (1977)

Taniguchi, T., Palmieri, M., Weissmann, C.: Qβ DNA-containing hybrid plasmids giving rise to Qβ phage formation in the bacterial host. Nature (London) *274,* 223 (1978)

Vosberg, H.-P.: Molecular cloning of DNA. Humangenetik *40,* 1 (1977)

12. Austausch genetischer Information: Rekombination

Rekombination bedeutet, daß Gene einer Kopplungsgruppe mit Genen homologer Kopplungsgruppen neu kombiniert werden. 1903 schrieb Boveri (Universität Würzburg) dazu:

„Die Tatsache, daß zwei Merkmale bei fortgesetzter Zucht immer gemeinsam auftreten oder gemeinsam verschwinden, würde mit größter Wahrscheinlichkeit den Schluß zu ziehen erlauben, daß die Anlagen für diese beiden Merkmale in dem gleichen Chromosom lokalisiert sind. Wenn sich eine Bastardierung auf zahlreiche Merkmale erstreckt und sich bei fortgesetzter Zucht ergibt, daß die Zahl der Kombinationen, in welchen die einzelnen Merkmale verbunden sein könnten, größer ist, als der Kombinationsmöglichkeit der vorhandenen Chromosomen entspricht, so wäre daraus zu folgern, daß die in einem Chromosom lokalisierten Merkmale sich bei der Reduktionsteilung unabhängig voneinander in die eine oder die andere Tochterzelle begeben können, was auf einen Umtausch von Teilen zwischen den homologen Chromosomen hinweisen würde."

Morgan und Mitarbeiter wiesen einen solchen Genaustausch bei *Drosophila* nach. Eingesetzt wurden dabei zunächst geschlechtsgebundene, auf dem X-Chromosom lokalisierte Gene (Marker). Ein Modellfall: ♀ graubraun/langflügelig x ♂ schwarz/stummelflügelig. Die F_1 ist graubraun und langflügelig. In der F_2 treten neben den ursprünglichen Kombinationen mit einer bestimmten Häufigkeit auch Neukombinationen (Austauschklassen) auf (s. Tabelle 1).

Aus den Daten ist ersichtlich, daß die Austauschwerte reziprok zueinander sind. Wenn man mehr als zwei Merkmalspaare berücksichtigt, kommt man zu unterschiedlichen Ergebnissen: So ergibt eine Kreuzung zwischen einem ♀ mit weißen Augen, Miniaturflügeln und gegabelten Borsten und einem ♂ des Wildtyps (rote Augen, lange Flügel, einfache Borsten) in der F_1 den Wildtyp. Nach Rückkreuzung der ♀ mit ♂ (weißäugig, miniaturflügelig, gabelborstig) erhält man die folgenden Ergebnisse (s. Tabelle 2).

Tabelle 1. Faktorenaustausch durch Crossing over. (Nach Morgan, 1919)

Austauschklassen	Häufigkeit
ohne Austausch	
graubraun, langflügelig	41,5%
schwarz, stummelflügelig	41,5%
	83 %
mit Austausch	
schwarz, langflügelig	8,5%
graubraun, stummelflügelig	8,5%
	17 %

Tabelle 2. Einfaches und doppeltes Crossing over. (Nach Morgan, 1919)

Austauschklassen	Häufigkeit
ohne Austausch	
weißäugig/miniaturflügelig/gegabelte Borsten	26,8%
rotäugig/langflügelig/einfache Borsten	26,8%
	53,6%
einfacher Austausch	
weißäugig/langflügelig/einfache Borsten	13,2%
rotäugig/miniaturflügelig/gegabelte Borsten	13,2%
weißäugig/miniaturflügelig/einfache Borsten	6,7%
rotäugig/langflügelig/gegabelte Borsten	6,7%
	39,8%
doppelter Austausch	
weißäugig/langflügelig/gegabelte Borsten	3,3%
rotäugig/miniaturflügelig/einfache Borsten	3,3%
	6,6%

In den beiden letzten Fällen hat offenbar ein Faktorenaustausch zwischen dem ersten und dem zweiten sowie dem zweiten und dem dritten Genpaar stattgefunden. Die geschilderten Ergebnisse lassen den Schluß zu, daß die Gene in linearer Reihenfolge auf dem Chromosom angeordnet sind und daß bei der Paarung während der Meiose Chromosomenstücke ausgetauscht werden. Eine Durchbrechung der Kopplung zwischen zwei Faktoren A und B erfolgt nur dann, wenn sie an verschiedenen Stellen des Chromosoms liegen und die Bruchstelle der ausgetauschten Stücke zwischen A und B liegt. Je weiter die Faktoren im Chromosom voneinander entfernt sind, desto größer ist die Wahrscheinlichkeit, daß sie durch Bruch voneinander getrennt werden. Der Prozentsatz der Austauschraten ist demnach ein Maß für die Abstände der Gene voneinander (Sturtevant).

Die von Morgan, Sturtevant und Muller zunächst indirekt erschlossene lineare Anordnung der Gene wurde in den dreißiger Jahren von Stern durch eine cytologische Analyse untermauert. Er zeigte, daß Chromosomen gebrochen und die Bruchstücke auf heterologe Chromosomen übertragen werden (→ Translokation). Für die Experimente setzte er Tiere ein, bei denen sich die beiden homologen X-Chromosomen in zwei Merkmalen unterschieden. Das eine X-Chromosom trug an seinem langen Schenkel das Y-Chromosom, während das zweite X-Chromosom gespalten war und eines der Spaltstücke mit dem Chromosom IV vereint war.

Es wurden ♀ ausgewählt, die in dem fragmentierten X-Chromosom die Faktoren bandäugig (*bar*) und nelkenrot (*cr*), im homologen X-Chromosom (mit dem Y-Anhang) die entsprechenden Wildtypallele ($+^{B}$; $+^{cr}$) enthielten. Diese ♀ wurden mit dem Wildtyp ♂ gekreuzt, die auf ihrem X-Chromosom die Allele nelkenrot (*cr*) und „nicht-bandäugig" ($+^{B}$) trugen.

Die in der F_2 zu erwartenden Austausche müßten sich, falls die Genaustauschhypothese richtig ist, außer in phänotypischen Merkmalen auch durch einen neuartigen Chromosomenbestand auszeichnen. Das in Abb. 12.1 wiedergegebene Schema zeigt links die beiden „Nichtaustauschklassen" mit den nur umkombinierten elterlichen Chromosomen, während rechts die beiden Austauschklassen dargestellt sind. Die Prüfung zahlreicher Versuchstiere hat die Erwartungen voll erfüllt und damit gezeigt, daß Faktorenaustausch tatsächlich auf einem Chromosomenstückaustausch beruht.

Chiasma. Schon Morgan hat die Chiasmatypiehypothese von Janssen zur Erklärung des Genaustausches herangezogen. Von Interesse sind für uns vor allem das Pachytän- und das Diplotänstadium der Meiose. Zu diesem Zeitpunkt bilden sich nämlich vierteilige Chromosomenäquivalente (Tetraden) aus. Die vier Chromatiden einer jeden Tetrade werden durch die beiden, meist rasch aufeinanderfolgenden Reifeteilungen auf vier haploide Zellen verteilt.

Tetraden erkennt man meist an ihrer spezifischen Form (Kreuze, einfache oder mehrfache Ringe). Zu Beginn des Diplotänstadiums wird mit der Längsteilung der homologen Chromosomen auch die Längspaarung aufgegeben. Dabei kommt es gelegentlich zu keiner vollständigen Trennung, da sich die homologen Chromatiden überkreuzen (→ Chiasma). Zahl und Lage der Chiasmata bestimmen somit die Form der Tetraden. Daß diese „Doppelchromosomen" (in der

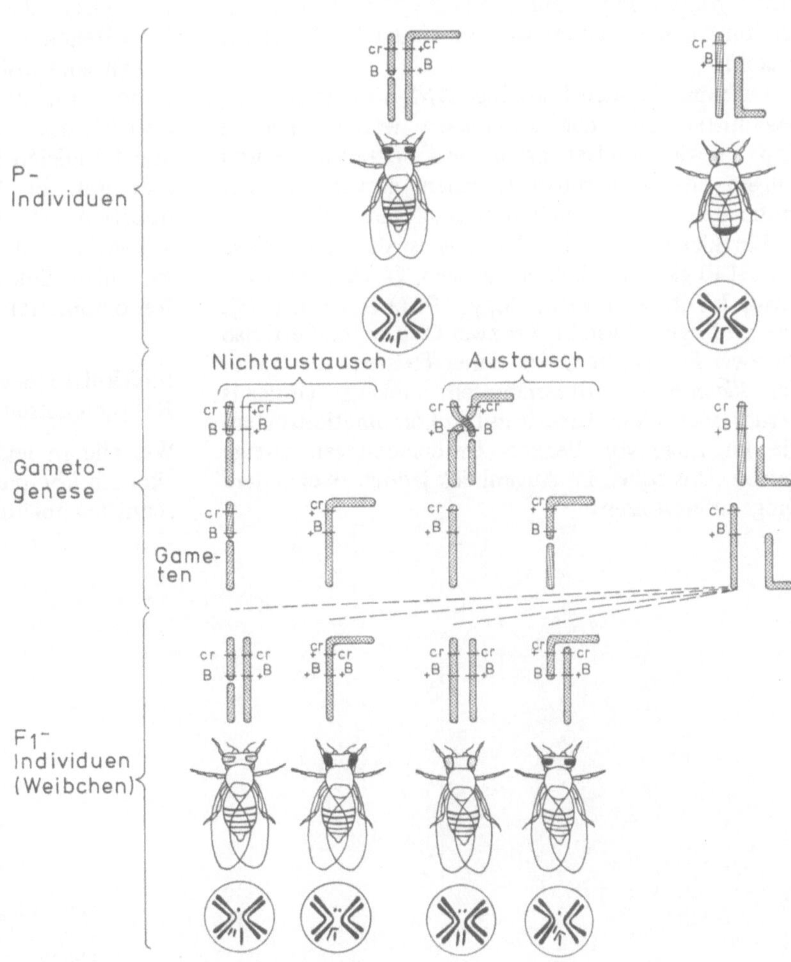

Abb. 12.1. Schema zum Nachweis der Identität von Faktorenaustausch und Chromosomenstückaustausch bei der Taufliege *Drosophila melanogaster*. Bezeichnungen der Gene (Allele): *cr*, nelkenrot, $+^{cr}$, rot, *B*, bandäugig; $+^{B}$, nicht bandäugig (= normal). (Nach Stern, 1931)

Tetrade) in der Tat auf Aneinanderlagerung homologer Chromosomen beruhen, zeigt vor allem die Meiose derjenigen Formen, die zwei Garnituren unterschiedlich langer Chromosomen besitzen. Bei *Drosophila* und beim Mais sind solche Formen nachgewiesen worden.

Beim Mais ist ein Fall bekannt, bei dem doppelte Heteromorphie mit folgenden Chromosomenstrukturen korreliert ist:

1. Das neunte Chromosom einer Rasse trägt einen heterochromatischen Endknopf und
2. die Endabschnitte der Chromosomen 8 und 9 sind austauschbar (McClintock, Cold Spring Harbor Laboratory, 1930).

Wurde diese Rasse mit einer normalen, „knopflosen" Rasse gekreuzt, so erhielt man u.a. Bastarde, die Chromosomen 8/9 und 9′ als doppelt-heteromorphes Paar kombiniert enthielten. Im Pachytän tritt eine Kreuzfigur auf. Bei fehlendem Austausch (s. Abb. 12.2 im Bilde oben), gehen aus der Reduktionsteilung wieder die elterlichen Chromosomen (b, c) hervor. Kommt es aber zu einem Austausch, so treten neue Chromosomen auf (e), nämlich ein langes ohne Knopf (9′/8) und ein kurzes mit Knopf (9).

Rekombination ist nicht auf eukaryotische Organismen beschränkt. Man findet das Ereignis auch bei Prokaryonten und Viren, die keine Meiose durchlaufen und deren Genom aus nur einem DNS-Molekül besteht.

Offenbar können homologe DNS-Stränge gepaart, geschnitten und neu kombiniert werden. Die in Kap. 5 erwähnten Genkarten von *Escherichia coli* und einigen Phagen beruhen zu einem großen Teil auf umfangreichen Rekombinationsanalysen.

Ein klassisches Beispiel hierfür ist die Feinanalyse der rII-Region des Bakteriophagen T4 (Benzer, California Institute of Technology, 1961) (s. Abb. 12.3). Die rII-Region besteht aus zwei Cistren, codiert also für zwei Polypeptide, von deren Existenz die Größe der *Plaques* in Bakterienrasen abhängt. Übrigens beruht auch diese Aussage auf Rekombinationsdaten, die im Zuge von Benzers Untersuchungen zutage kamen. Uns sollen im Augenblick jedoch zwei andere Dinge interessieren:

1. Rekombination kann im Prinzip zwischen beliebigen, aber einander homologen Nukleotidsequenzen auftreten.
2. An bestimmten Stellen des Genoms kommt eine erhöhte Rekombinationsrate vor (→ *hot spots*).

Genetiker haben Rekombinationsereignisse vorwiegend als Mittel zum Zweck eingesetzt. Von Interesse war (und ist) die Konstruktion von Genkarten. Nach dem eigentlichen molekularen Mechanismus fragte man zunächst nicht. Wie wir aber gleich sehen werden, bringt auch er eine Reihe von Problemen mit sich, von denen nur einige genannt seien:

1. *Wie kommt es, daß homologe Bereiche in verschiedenen DNS-Molekülen erkannt und miteinander kombiniert werden?*
2. *Wie kommen die hot-spots zustande?*
3. *Bei der Meiose paaren sich zwar homologe Bereiche homologer Chromosomen (Chromatiden), doch wie erkennen sie einander so schnell?*
4. *Rekombination (→ Crossing over) ist bei Eukaryonten relativ häufig. Warum passieren dabei eigentlich kaum Fehler?*

Crossing over (Rekombination) tritt in der Regel während der Meiose und nur sehr selten während der Mitose (→ mitotisches Crossing over) auf. Phänotypisch ist mitotisches Crossing over in somatischen Zellen durch das Auftreten sektorieller Bereiche im betroffenen Gewebe gekennzeichnet (s. Abb. 63.4).

Wir sind bisher davon ausgegangen, daß Rekombination nur zwischen homologen DNS-Abschnitten auftritt, doch man kennt inzwischen auch eine Fülle von Beispielen für heterologen Stückaustausch, wobei hier nur die Stichworte: Translokation, Deletion, Insertion, Duplikation etc. erwähnt seien. Da es schwer war, die Ursache dieser Ereignisse zu deuten, gab man ihnen zunächst einen Namen: Illegitime Rekombination (s. Kap. 13).

Molekulare Mechanismen der (legitimen) Rekombination

Wie alle molekularen Mechanimsen ist Rekombination ein komplexer Vorgang, der in mehreren Teilabschnitten abläuft. Dazu gehören:

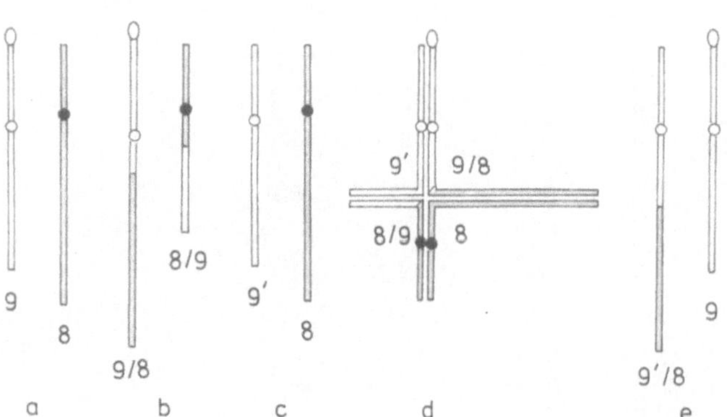

Abb. 12.2 a–e. Schematische Darstellung des meiotischen Austausches beim Mais. Erklärung im Text. (Nach McClintock, 1930)

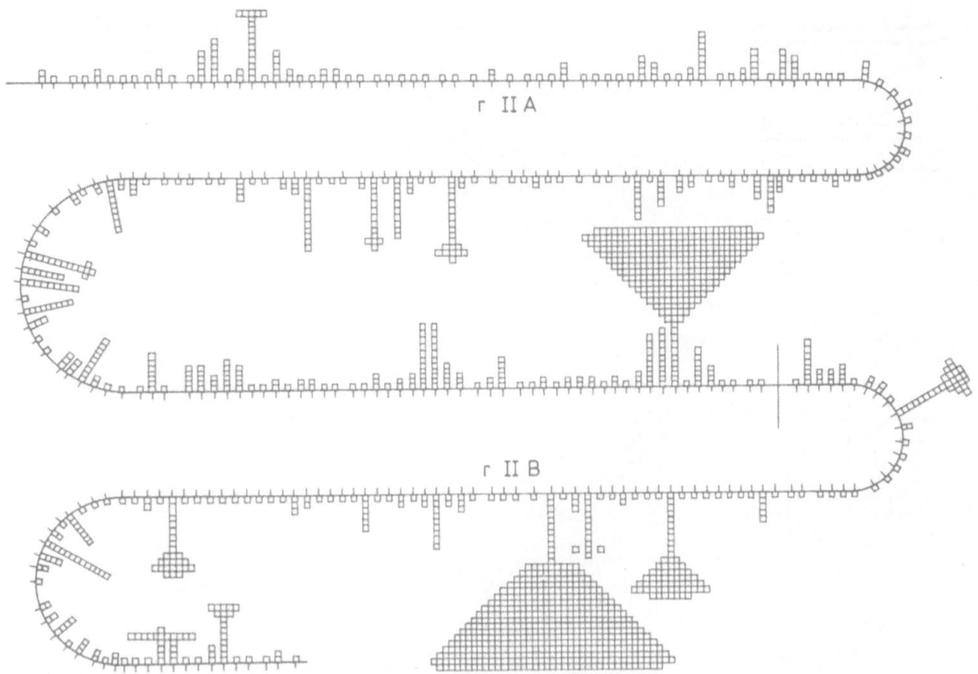

Abb. 12.3. Genetische Karte der rII-Region des Bakteriophagen T4. Jede unabhängig entstandene Punktmutation ist durch ein Quadrat wiedergegeben. Mutanten an den äußersten Enden der Karte liefern etwa 6% Rekombinanten, engste Nachbarn 0,01–0,02%. (Nach Benzer, 1961). Die Häufigkeit der Mutationsereignisse ist in den einzelnen Abschnitten der DNS verschieden. Es gibt zwei stark ausgeprägte und einige weniger stark ausgeprägte *hot spots.* Worauf beruhen diese? Coulondre et al. analysierten den gleichen Effekt am *Lac-I*-Gen von *E. coli* und fanden, daß 5'-Methylcytosinreste bevorzugte Mutationsorte sind. Nach Entfernen der Methylreste verschwindet die Bevorzugung

1. Erkennung homologer Abschnitte,
2. Spaltung und reziproke Wiedervereinigung der Moleküle: Substitution eines Stranges durch den homologen,
3. Beseitigung von Fehlern, die durch *Mispairing* verursacht werden.

Da Spezifitäten im Spiele sind, ist zu fordern, daß Proteine beteiligt sind, und das wiederum heißt, daß es rekombinationsdefekte Mutanten geben muß. Bei *E. coli* gibt es mindestens vier Genorte, deren Genprodukte an der Rekombination mitwirken: *recA, recB, recC, lex.* Das *recA*-Genprodukt ist unerläßlich. Mutationen an diesem Genort senken die Rekombinationshäufigkeit um fünf Größenordnungen herab und verursachen schwere physiologische Schäden. Die Empfindlichkeit gegenüber UV- und Röntgenstrahlung sowie alkylierenden Reagentien steigt an, die Induzierbarkeit von Prophagen und die UV-induzierte Mutationsrate sinken ab. Das *recA*-Genprodukt ist ein Protein mit dem Molekulargewicht 43.000 (McEntee et al., 1976). Es wurde aus λ-transformierten Zellen isoliert, wobei der Phage das Gen trug, welches in UV-bestrahlten Wirtszellen exprimiert wurde.

Es sieht so aus, als beeinflusse es die Reparatur von DNS und greife in die DNS-Synthese regulierend ein. Die Genprodukte von *recB, recC* und *lex* sind Untereinheiten von Exo- und Endonukleasen, die auch an Reparaturmechanismen der DNS beteiligt sind. Diese Befunde weisen bereits darauf hin, daß Rekombination und Reparatur manches gemeinsam haben und wohl auch nur zwei Seiten einer Medaille sind.

In Kapitel 8 haben wir das „Gen 32-Protein" des Bakteriophagen T4 kennengelernt, das von Huberman et al. 1971 aus T4-infizierten Zellen isoliert wurde und dem die Eigenschaft eines *Unwinding*-Proteins (Entwindungsprotein; „Reißverschluß-Protein") zugeschrieben werden konnte. Nach Zugabe dieses Proteins zur DNS wird die Schmelztemperatur um etwa 20°C abgesenkt. Das Protein stabilisiert die Trennung von Doppelsträngen. Und das wiederum fördert nicht nur die Replikation, sondern auch die Rekombination. Proteine mit gleicher oder sehr ähnlicher Wirkung sind inzwischen auch bei einer Reihe weiterer ein- und vielzelliger Organismen entdeckt worden.

Holliday (National Institute for Medical Research, Mill Hill, London) stellte 1964 ein Rekombinationsmodell vor, das im wesentlichen auch heute noch gilt (s. Abb. 12.4 und 12.5). Demnach sieht es so aus, als werde die Rekombination durch einen Einzelstrangbruch eingeleitet. Das entstandene freie Ende löst sich ab und verdrängt den homologen Strang im benachbart liegenden Doppelstrang. Als essentielles Intermediärprodukt entsteht ein Heteroduplex (eine hybride DNS). Anschließend werden homologe Einzelstränge

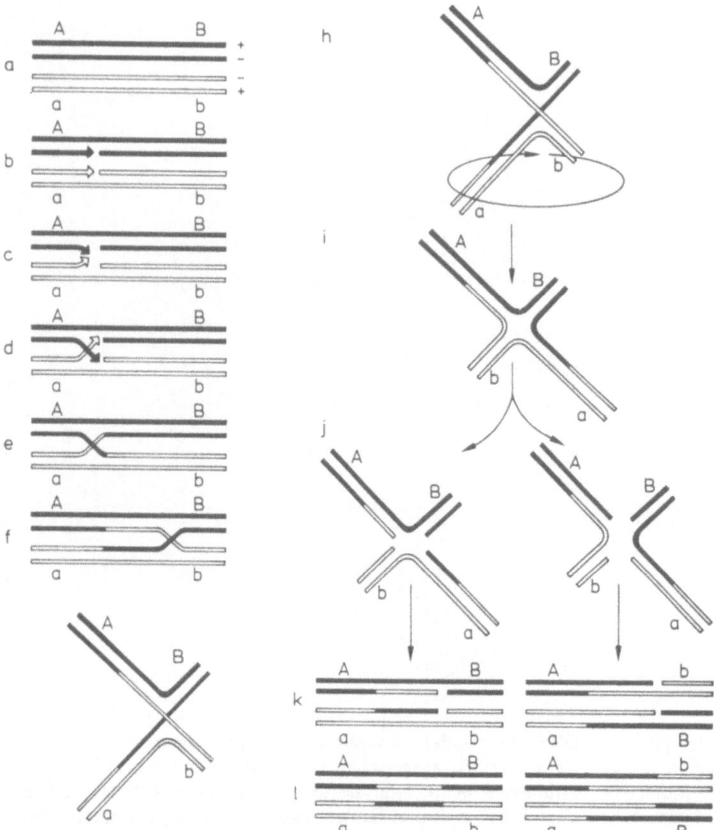

Abb. 12.4. Rekombination linearer DNS-Moleküle. (Nach Holliday, 1964; aus Potter und Dressler, 1976)

kreuzweise (reziprok) ausgetauscht. Es sind einige Varianten des Holliday-Modells denkbar, und vermutlich kommen sie auch vor; sie unterscheiden sich vor allem durch die Lage der zweiten Schnittstelle und den Zeitpunkt ihres Auftretens. Am Rande sei vermerkt, daß alle Modelle die Mitwirkung von Reparaturmechanismen (Ausschneiden und Ersetzen einer oder mehrerer Basen) einschließen.

Modelle lassen sich auf dem Papier zwar ganz schön zeichnen, sind allerdings nur dann sinnvoll, wenn sich die dargestellten Prozesse auch strukturell realisieren lassen. Sigal und Alberts bauten 1972 maßstabsgetreue Kalottenmodelle und demonstrierten damit, daß von dieser Seite her keine Bedenken zu erwarten seien. Der Überkreuzungspunkt ist keine statische Struktur. Er kann durch Diffusion entlang des Moleküls, einem Reißverschlußmechanismus gleich, wandern.

Elektronenmikroskopische Betrachtung brachte schließlich auch den optischen Beweis für die Existenz der Intermediärprodukte. Potter und Dressler (Harvard University, 1976) untersuchten die Rekombinationseigenschaften des Plasmids ColE1 und bestätigten Hollidays Modell. In *recA*-Stämmen wurde unter 8000 Molekülen kein einziges rekombinierendes gesehen. Zur besseren Erkennung der Intermediate in *recA*$^+$-Stämmen wurde den Präparaten Formamid zugesetzt. Damit öffnet man auch AT-reiche Abschnitte und macht sie als Blasen sichtbar (s. Abb. 12.6). Diese Abschnitte sind ideale Marker zur Identifizierung der beiden homologen Stränge. Gleichzeitig erkennt man in solchen Bildern, daß die Moleküle während der Rekombination die gleiche Polarität haben.

Manche Fragen sind beantwortet, vieles bleibt offen. Es ist immer noch unklar, wie homologe Bereiche einander erkennen und wie die *hot spots* entstehen. Spekulieren kann man natürlich: Sind es die AT-reichen Abschnitte, die nach Einwirkung von *Unwinding*-Protein preferentiell schmelzen und somit eine Rekombination effektiver einleiten als GC-reiche Abschnitte?

Sobell (University of Rochester) hat 1973 eine Reihe formaler und molekularer Modelle entwickelt, um die Details zu veranschaulichen. Die wesentlichen Punkte sind in den Abb. 12.7 und 12.8 zusammengefaßt. Alle Modelle gehen davon aus, daß die benötigten Enzyme Symmetrien der Sekundärstruktur (Palindrome, Kleeblätter) erkennen. Es versteht sich, daß solche Strukturen nicht an jeder beliebigen Stelle initiiert werden können, und das mag eine Erklärung

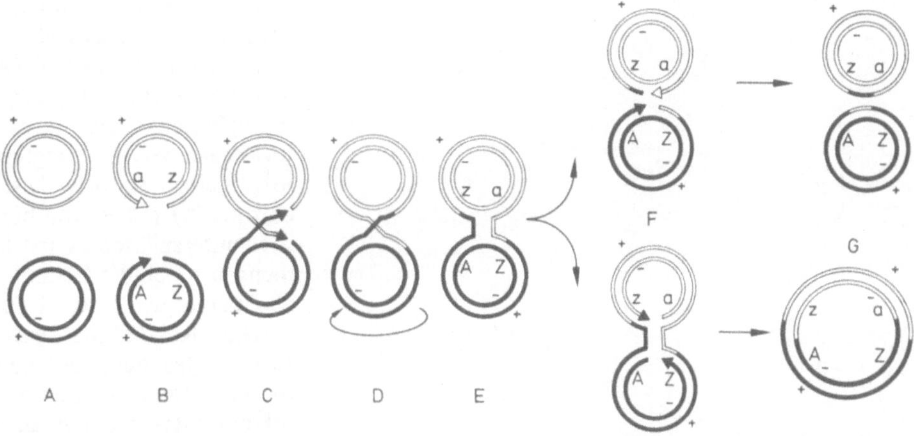

Abb. 12.5 A–G. Rekombination zwischen zirkularen DNS-Molekülen nach dem Holliday-Modell. Wegen der bei der Rekombination auftretenden Symmetrie (*E*) eröffnen sich zwei Alternativen für den Fortgang der Reaktion. Einer führt zur Bildung zweier monomerer Ringe, wobei die Gene außerhalb der Crossing-over-Region ihre Originalposition beibehalten, der andere führt zur Bildung eines zirkularen Dimers (Potter und Dressler, 1977)

dafür abgeben, daß Rekombinationen an bestimmten Stellen des Genoms häufiger als an anderen auftreten.

Es ist noch weitgehend ungeklärt, wie homologe Abschnitte homologer Chromosomen einander erkennen. Mikroskopisch sind an Berührungspunkten regelmäßig strukturierte Gebilde zu erkennen, die man als synaptischen Komplex bezeichnet. Demnach sieht es so aus, als seien Proteine mit im Spiel, was das Problem jedoch keineswegs vereinfacht, denn wir brauchen dann eine Erklärung für deren Spezifität und Komplementarität.

Im Genom der Eukaryonten wechseln repetitive und singuläre Sequenzen einander ab (s. Kap. 6). Die repetitiven tragen in der Regel keine genetische Information, und es gibt gute Gründe für die Annahme, daß Rekombinationen vorwiegend in diesen Abschnitten erfolgen, denn einmal ist die Wahrscheinlichkeit erhöht, daß homologe Sequenzen einander finden, und zum anderen dürfen hier Fehler gemacht werden. Repetitive Sequenzen sind aber mit Sicherheit nicht die einzigen Orte einer Rekombination. Zumindest ein Fall einer intracistronischen Rekombination ist bekannt und soll genannt sein. Es handelt sich dabei um das „Lepore"-Hämoglobin des Menschen (s. Abb. 12.9). Dieser Defekt beruht auf einer intracistronischen Rekombination von β- und δ-Hämoglobin. Eigentlich

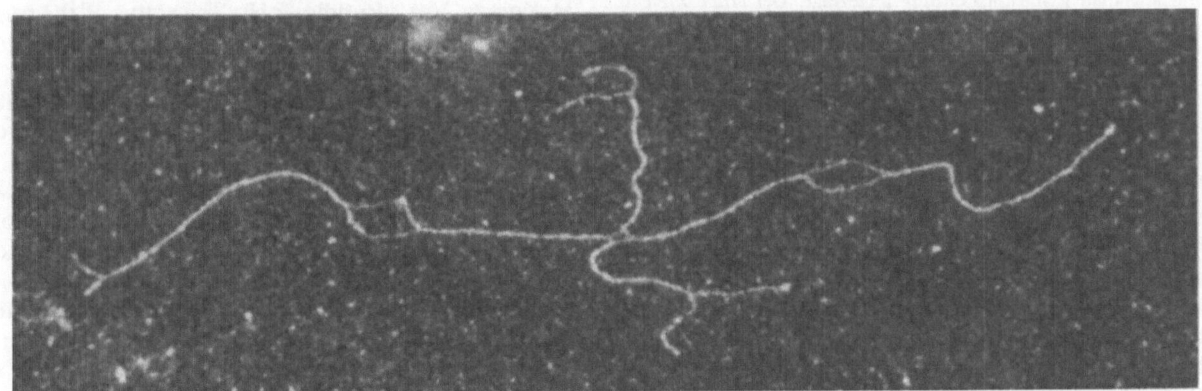

Abb. 12.6. Elektronenmikroskopische Aufnahme eines Rekombinationsintermediärprodukts. χ-förmige Struktur zweier miteinander rekombinierender DNS-Moleküle, hergestellt in Anwesenheit hoher Formamidkonzentration. Unter diesen Bedingungen bleiben AT-reiche Abschnitte einsträngig. Diese sequenzspezifische Denaturierung erlaubt es, im Molekül homologe Arme zu identifizieren, darüberhinaus können die kovalenten Strangverknüpfungen im Bereich der Synapse verfolgt werden. Bei diesem wie auch bei 80 anderen Beispielen liegen die homologen Arme in trans-Konformation. Und das ist unter der Annahme des in Abb. 12.4 (Stadium i) vorgestellten Modells zu erwarten. (Aufn. Potter und Dressler, Harvard University, 1976)

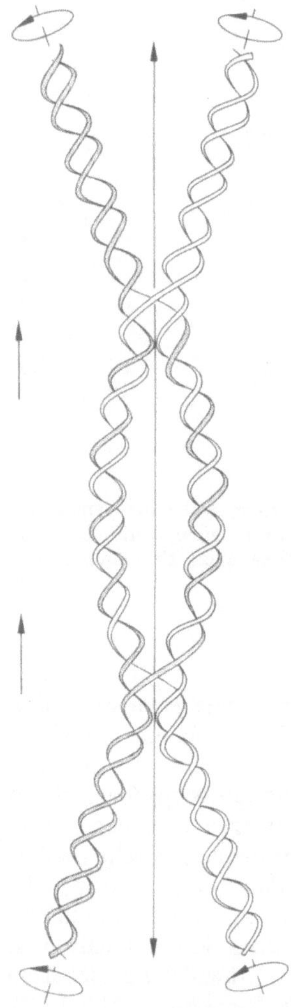

Abb. 12.7. Schematisches Diagramm zur Veranschaulichung der synaptischen Struktur, die das Holliday-Modell fordert. Sie muß entlang des Genoms wandern können, ohne in Entwindungsschwierigkeiten zu geraden Die *Pfeile* (außen) kennzeichnen die Propagationsrichtung. An den Molekülenden ist die jeweilige Rotationsrichtung angezeigt. Der *lange Pfeil* in der Mitte repräsentiert die Symmetrieachse (Sobell, 1973)

handelt es sich hierbei nicht einmal um eine legale, sondern um eine illegale Rekombination, denn rekombiniert werden nicht homologe, sondern heterologe Abschnitte (verschiedenartige Gene). Sie ähneln einander jedoch so stark, daß man von „quasi-homologen" Abschnitten sprechen kann. Wir wissen, daß beide Gene gleichen Ursprungs und durch Duplikation eines Urgens entstanden sind. Rein formal könnte man demnach auch hier von repetitiven Sequenzen sprechen.

Zuviel DNS ist für eine effektive Rekombination allerdings auch hinderlich. Die Rekombinationshäufigkeit in den Genomen der Mammalia ist um etliches höher als in den Genomen der Anura (Frösche). Letztere enthalten im haploiden Chromosomensatz etwa doppelt soviel DNS wie die Mammalia.

Miklos und Nakivell (Australian National University, Canberra, 1976) verglichen die Rekombinationshäufigkeiten dreier australischer Heuschreckenarten untereinander: Sie zeigten, daß telomer (endständig) lokalisierte, repetitive DNS (Satelliten-DNS → Heterochromatin) die Rekombinationshäufigkeit senkt. Die drei untersuchten Arten haben gleiche Euchromatinmengen, doch die Gesamt-DNS-Mengen verhalten sich zueinander wie 1,00 : 1,10 : 1,41.

Die Rekombinationshemmung ist ein polarer Effekt. Das bedeutet, daß Chromosomenabschnitte, die vom Heterochromatin weit entfernt liegen, öfter rekombiniert werden als die heterochromatinnahen (s.a. Kap. 41).

Eine ähnliche Erscheinung hatte G.W. Beadle schon 1932 am X-Chromosom von *Drosophila melanogaster* beobachtet. Er fand, daß Genorte in Nachbarschaft des Centromers seltener ausgetauscht werden als die entfernt liegenden. Seine Beobachtung ging als „Centromereneffekt" in die Literatur ein. Im heterochromatinreichen Chromosom IV kommt praktisch kein Crossing over vor, und deshalb wissen wir auch so ziemlich gar nichts über die Lage der Genorte auf diesem Chromosom.

Literatur

Coulondre, C., Miller, J.H., Farabaugh, P.J., Gilbert, W.: Molecular basis of base substitution hotspots in *Escherichia coli.* Nature (London) *274,* 775 (1978)

Gudas, L.J., Mount, D.W.: Identification of the recA (tif) gene product of *Escherichia coli.* Proc. Natl. Acad. Sci. USA *74,* 5280 (1977)

McEntee, K., Hesse, J.E., Epstein, W.: Identification and radiochemical purification of the recA protein of *Escherichia coli* K 12. Proc. Natl. Acad. Sci. USA *73,* 3979 (1976)

McKusick, V.A., Ruddle, F.H.: The status of the gene map of the human chromosomes. Science *196,* 390 (1977)

Miklos, G.L., Nankivell, R.N.: Telomeric satellite DNA functions in regulating recombination. Chromosoma *56,* 143 (1976)

Potter, H., Dressler, D.: On the mechanism of genetic recombination: Electron microscopic observation of recombination intermediates. Proc. Natl. Acad. Sci. USA *73,* 3000 (1976)

Potter, H., Dressler, D.: On the mechanism of genetic recombination: The maturation of recombination intermediates. Proc. Natl. Acad. Sci. USA *74,* 4168 (1977)

Sigal, N., Alberts, B.: Genetic recombination: The nature of a crossed strand-exchange between two homologous DNA molecules. J.Mol.Biol. *71,* 789 (1972)

Sobell, H.M.: Symmetry in protein-nucleic acid interaction and its genetic implications. Adv. Genet. *17,* 411 (1973)

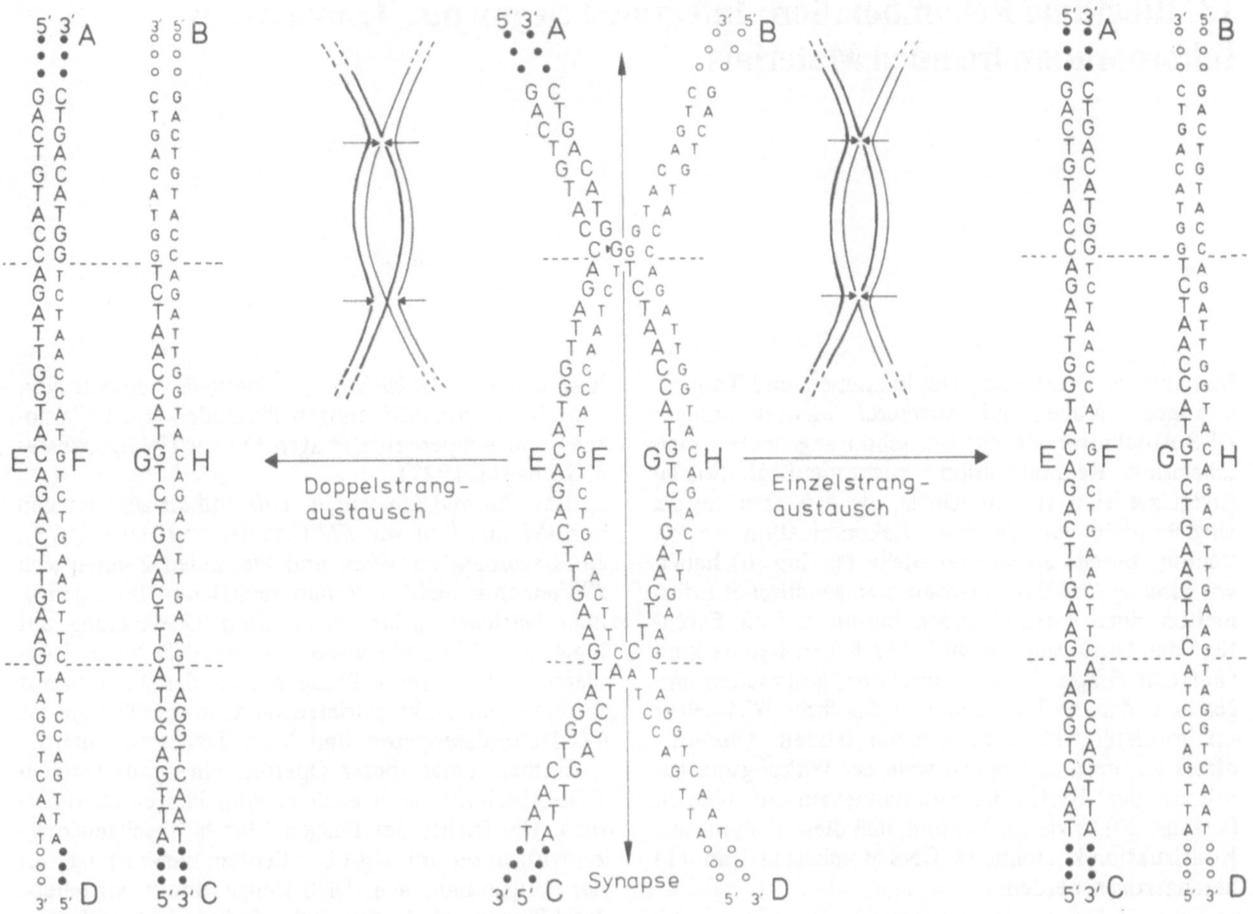

Abb. 12.8. Das hier vorgestellte Modell zeigt, daß man mit Hilfe des Holliday-Modells zwei verschiedene Rekombinationsprodukte erhalten kann, was davon abhängt, ob einer oder beide Stränge ausgetauscht werden (Sobell, 1973)

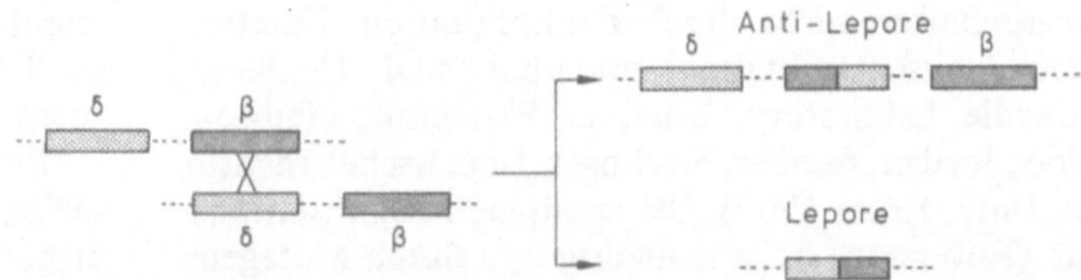

Abb. 12.9. Gleichzeitige Entstehung von Lepore- und Anti-Lepore-Globin durch nichthomologe Basenpaarung und ungleiches Crossing over der benachbarten Gene für δ- und β-Globin (illegitime Rekombination) (McKusick und Ruddle, 1977)

13. Illegitime Rekombination: Integrated Segments, Transposons, Inkorporation fremden Materials

Insertionen, Deletionen, Duplikationen und Translokationen beruhen auf Austausch nicht-homologer DNS-Abschnitte, denen, wie schon angedeutet, eine „illegitime Rekombination" zugrunde liegt. Solche Ereignisse sind viel zu häufig, als daß man sie als Unglücksfälle der „legalen" Rekombination werten könnte. Bereits an anderer Stelle (s. Kap. 6) haben wir gesehen, daß das Umarrangieren genetischer Information einen entscheidenden Einfluß auf die Evolution der Organismen ausübt. Wir haben bereits kurz über den Phagen λ und Tumorviren gesprochen und gesehen, daß sie ihr Genom in das ihrer Wirtszellen inkorporieren. Mehr darüber im letzten Abschnitt dieses Kapitels. Schließlich wäre der Wirkungsmechanismus der Restriktionsendonukleasen zu nennen (s. Kap. 20) sowie das Faktum, daß diese Enzyme zur Konstruktion kombinierter DNS-Moleküle (s. Kap. 11) herangezogen werden.

Integrated Segments (IS-Elemente, IS-Sequenzen), ein neuer Typ genetischer Elemente

In den Galactose- und Lactose-Operons ist eine Gruppe außergewöhnlicher Mutanten entdeckt worden, deren Eigenschaften nicht durch Punktmutation, Deletion oder Nonsensemutation erklärbar sind (Malamy, McArdle Laboratory, Univ. of Wisconsin, Madison, 1966; Jordan, Saedler, Starlinger, Genetisches Institut der Univ. Köln, 1967). Die spontane Rückmutationsrate (Reversion) ist sehr niedrig und durch Mutagene nicht beeinflußbar.

Als letzter Ausweg blieb die Annahme, daß es sich hierbei um Insertionsmutanten handelt, die im Lactose- oder Galactoseoperon ein zusätzliches DNS-Stück enthalten. Diese Deutung erklärt auch ihre polare Wirkung. Man nannte sie *IS*-Elemente oder *IS*-Sequenzen. Sie sind in vielerlei Hinsicht neuartig: Sie beeinflussen die Expression benachbarter Gene, können Deletionen induzieren und haben darüberhinaus die Eigenart, sich in das Bakteriengenom an verschiedenen Stellen ein- und auch wieder auszubauen. Ein- und Ausbau sind *recA*-unabhängig. *IS*-Elemente sind in den vergangenen Jahren ausgiebig analysiert worden, und es konnten bisher fünf voneinander verschiedene Einheiten (*IS1–IS5*) isoliert werden. Sie kommen in *Escherichia coli, Salmonella typhimurium, Citrobacter freundii,* einigen Plasmiden (F-, R-Faktoren) und temperenten Phagen (λ) vor (Referenzliste: s. Szybalski, 1977).

Das Chromosom von *E. coli* enthält acht Kopien von *IS1* und fünf von *IS2* (Saedler und Heiss, 1973). Im Gegensatz zu Viren und Plasmiden können sich *IS*-Elemente nicht autonom replizieren. Ihr eigentlicher Nachweis gelang nach ihrer Übertragung auf λ-gal oder λ-lac. Wir wissen bereits, daß der transduzierende, temperente Phage λ Teile des Wirtsgenoms in sein eigenes inkorporieren kann. So enthält λ-gal das β-Galactosidaseoperon und λ-lac das Lactoseoperon.

Enthält eines dieser Operons einen zusätzlichen DNS-Abschnitt, wird auch er vom Phagen übernommen. Die Dichte der Phagen (durch Gleichgewichtszentrifugation im CsCl-Gradienten meßbar) ist mit der aufgenommenen DNS-Menge direkt korreliert. λ-gal-Phagen sind demnach dichter als λ-Phagen. Insertion von *IS*-Sequenzen erhöht die Dichte erneut: zwar sehr wenig, aber dennoch meßbar (Jordan, Saedler, Starlinger, 1967).

G. Michaelis et al. transkribierten DNS von λ-gal-Phagen, die ein *IS*-Element enthielten. Das Transkriptionsprodukt wurde dann gegen λ-gal (ohne *IS*-Element) hybridisiert. Übrig blieb eine Fraktion, die ausschließlich mit solcher λ-gal hybridsierte, die das Segment enthielt.

Ein dritter Beweis für die Existenz zusätzlicher DNS-Abschnitte wurde durch Heteroduplexbildung erbracht. Man kennt temperente Phagen, die Teile des Wirtsgenoms in einer Orientierung und andere, die das gleiche Stück in entgegengesetzter Orientierung inkorporieren. Isoliert man die DNS dieser Phagen, zerlegt die Doppelstränge und gibt dann die heterologen Fraktionen zusammen, so werden nur die inkorporierten Bereiche komplementäre Partner finden und Doppelstränge ausbilden (s. Abb. 13.1).

Schon 1969 erkannten Shapiro, MacHattie, Eron, Ippen und Beckwith (Harvard University), daß sich dieses Verfahren zur Isolierung spezifischer Gene eignet. Seinerzeit isolierten sie damit das *lac*-Operon. Hier wird diese Technik zum Nachweis, zur Isolierung und schließlich zur Charakterisierung von *IS*-Elementen eingesetzt (Hirsch, Starlinger, Brachet, 1972; Fiandt et al., 1972; Malamy, Fiandt, Szybalski, 1972).

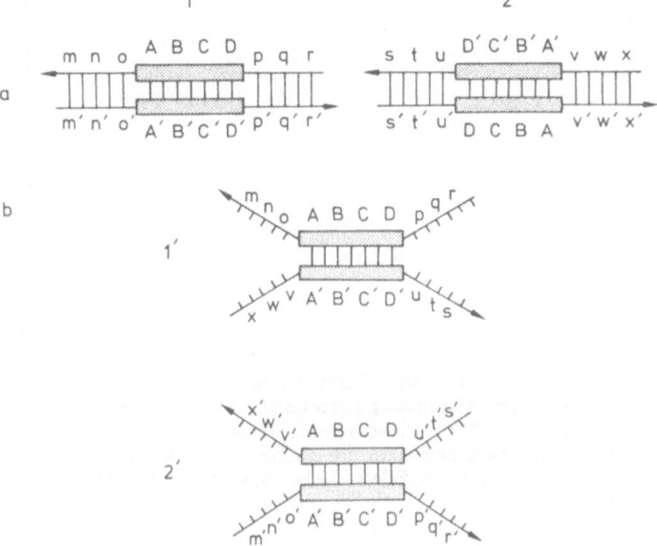

Abb. 13.1 a und b. Schematische Darstellung des Konzepts zur Isolierung eines Gens (*A B C D*). Das Gen wird in zwei Bakteriophagen (oder Plasmide) in unterschiedlicher Orientierung eingebaut (*1* und *2*). Nach Vermehrung wird die DNS beider Phagen (Plasmide) zu Einzelsträngen denaturiert. Bei reziproker Renaturierung hybridisiert *A B C D* mit den komplementären *A' B' C' D'*, während die übrigen Bereiche einsträngig bleiben und daher durch DNasen abgebaut werden können

IS-Elemente haben eine Länge von 700–1400 Basenpaaren. Die Isolierung erfolgt über drei Stufen.

1. Trennung der DNS (beider Phagen) in Einzelstränge.
2. Renaturierung (*reannealing*) komplementärer Stränge, welche die *IS*-Elemente einmal in Orientierung I, zum anderen in Orientierung II enthalten.
3. Wegverdauen freier einzelsträngiger Enden (Schmidt et al., 1976).

Welche Eigenschaften haben IS-Elemente? *IS1* und *IS2* sind bisher am besten untersucht worden. Die Wirkung von *IS1* ist in Abb. 13.2 skizziert. Durch Einbau in ein Operon wird die Transkriptionsrate der promotor-abgewandten Gene drastisch reduziert. Den gleichen Effekt findet man auch nach Inkorporation von *IS2*, wenn das Element in einer bestimmten Orientierung (Orientierung I) eingesetzt wird.

Wodurch ist die Hemmung der Transkription bedingt? de Crombrugghe, Adhya, Gottesmann und Pastan fanden 1973, daß *IS2* Terminationssequenzen enthält, die ihrerseits den Faktor ρ (rho) binden (s. Kap. 9) und damit die Transkription zum Abbruch bringen.

IS2 kann auch in entgegengesetzter Orientierung (Orientierung II) ins Operon integriert werden. Dann wirkt es nicht als Terminator, sondern als Promotor. Die „rechts" (*downstream*) liegenden Gene werden mit einer um den Faktor 3 erhöhten Transkriptionsrate exprimiert. Dabei verlieren sie ihre Induktionsfähigkeit und werden konstitutiv (s. Abb. 13.3), denn der (neue) Promotor sitzt jetzt ja zwischen dem Operator und den Strukturgenen und ist nicht, wie normalerweise, einem Operator vorgeschaltet. *IS2* wirkt demnach als ein transportables Kontrollelement nach einem flip-flop-Mechanismus und kann die Aktivität benachbarter Gene ein- und ausschalten (Saedler et al., 1974).

IS2 kann sich, wenn es in Orientierung I inkorporiert ist, intern verändern, und auch das kann zu einer Modulation der Expression benachbarter Gene führen. Um die Veränderungen genauer zu studieren, wurde es zusammen mit dem Galactose-Operon von *E. coli* auf ein Plasmid übertragen. Dann wurde nach Mutanten gesucht, die trotz *IS2*-Anwesenheit induzierbar waren. Mehrere wurden isoliert, einige davon waren stabil, andere instabil. Letztere sind von besonderem Interesse, denn es konnte gezeigt werden, daß die *IS2*-Elemente um einen 108 bzw. 54 Basenpaare langen Abschnitt verlängert waren. Diese Miniinsertionen wurden ursprünglich als *IS6* und *IS7* bezeichnet. In Übereinstimmung mit den inzwischen akzeptierten Nomenklaturregeln (Campbell et al., 1977) wurden

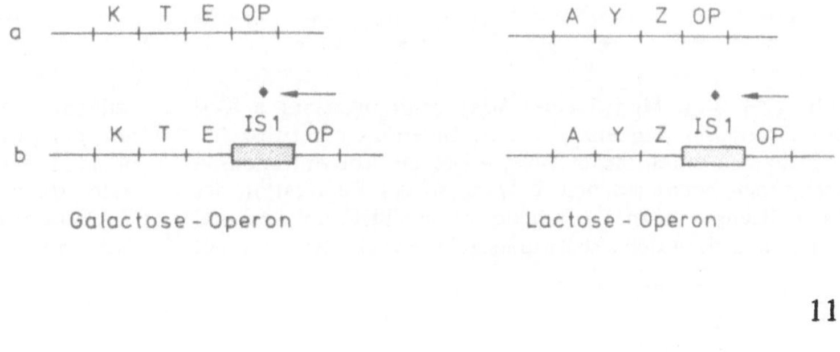

Abb. 13.2 a und b. Einbau von *IS1* in das Galactose- und in das Lactoseoperon. Die Strukturgene *K, T, E* resp. *A, Y, Z* werden nicht transkribiert, da sie durch *IS1* vom Promotor getrennt sind

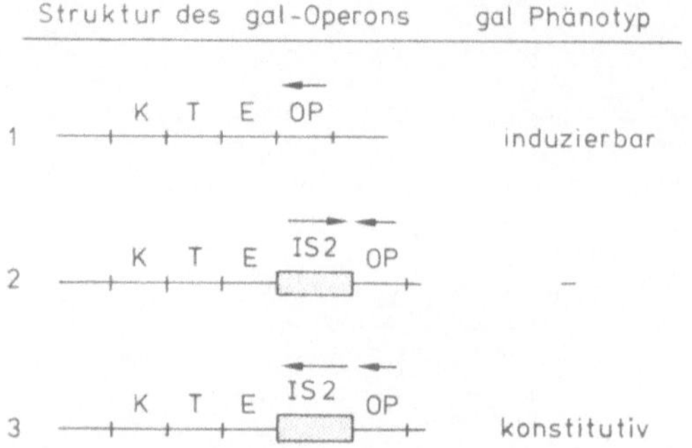

Abb. 13.3. *IS2* kann in zwei Orientierungen ins *gal*-Operon integriert sein. In Orientierung I reprimiert es die Transkription von *K*, *T* und *E*. In Orientierung II erfolgt die Transkription dieser Strukturgene konstitutiv, da *IS2* in Transkriptionsrichtung eine Promotorfunktion ausübt (Nevers und Saedler, 1977)

sie in *IS2-6* und *IS2-7* umbenannt. Ghosal und Saedler haben 1978 *IS2-6* und *IS2-7* sequenziert und kamen dabei einem neuartigen Replikationsmechanismus auf die Spur. Die *IS2*-Sequenz in Teilen sowie die *IS2-6*-Sequenz sind hochgradig symmetrisch. Es gibt eine große, 62 Basenpaare lange, inverse Repetitionseinheit, ferner einen 46 Basenpaare langen, perfekt duplizierten Abschnitt und einige kleinere, weniger perfekte. Der AT-Gehalt ist extrem hoch. Dieser hohe AT-Anteil in bestimmten Abschnitten von *IS2* kann (!) während des Replikationsprozesses zu einer Ablösung des sich bildenden Stranges führen. Da der abgelöste, partiell fertiggestellte Strang auch invers repetitiv angeordnete Abschnitte enthält, faltet er sich in sich selbst zurück und wird selbst zu einer Matrize für die Polymerase (*Slippage*-Replikation, s. Abb. 13.4). Dieses Ausgleiten führt zwangsläufig zur Bildung einer Insertion im sich neu bildenden Strang. Nach einer weiteren Replikationsrunde (ohne *slippage*) erhält man zwei ungleich lange Produkte: *IS2* und *IS2-6* (*IS2-7*). Die Länge der Insertion kann das Vielfache einer Grundmenge annehmen. Bei den hier analysierten Sequenzen scheinen 54 Basenpaare (*IS2-7*) die Grundeinheit zu bilden, die in *IS2-6* doppelt vorkommt.

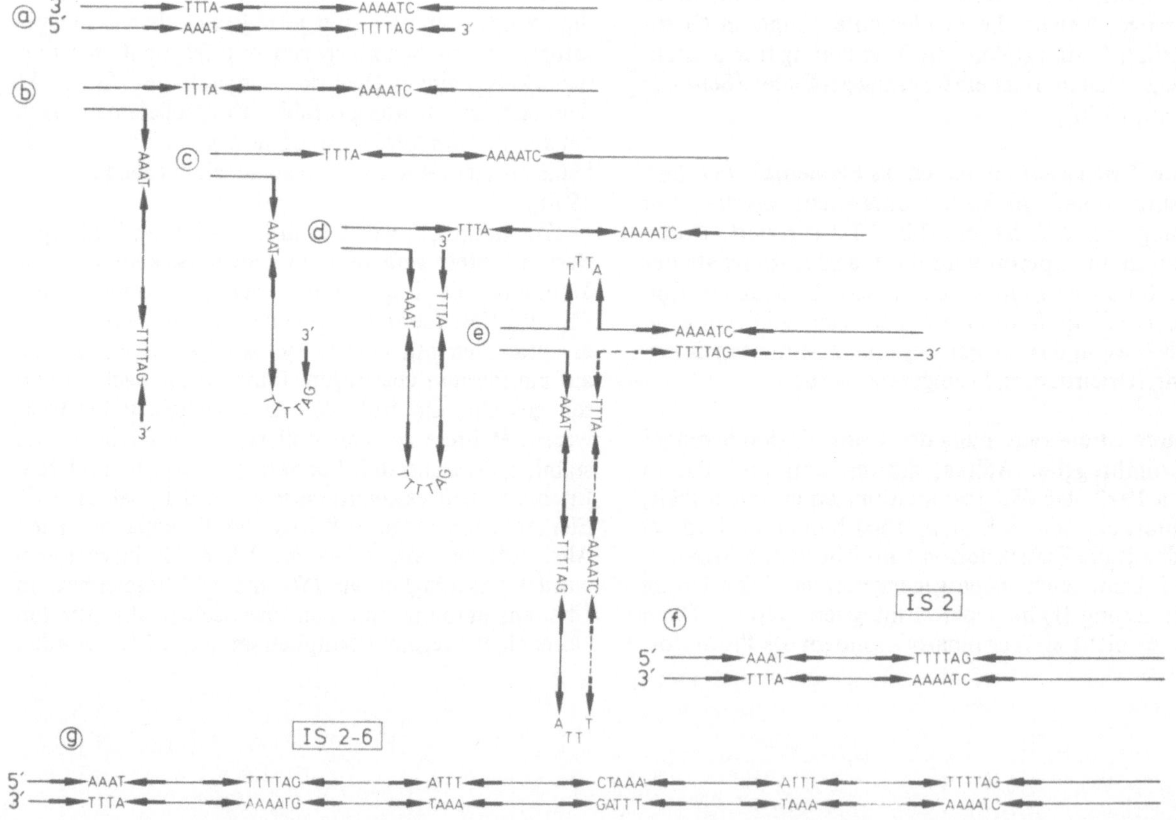

Abb. 13.4 a–g. Modell einer *Slippage*-Replikation: a Ausschnitt aus der Sequenz von *IS2*. Invertiert repetitive Abschnitte sind durch dicke Pfeile, AT-reiche Abschnitte durch Buchstaben hervorgehoben. b Während der Replikation des einen Stranges kann (!) sich der neugebildete ablösen und beginnen, sich in sich selbst zurückzufalten (c). Er wird damit selbst zur Matrize (d). Anschließend (e) springt die Polymerase auf den ursprünglich replizierenden Strang (bei dem sich ebenfalls ein Palindrom gebildet hat) zurück. Der neu gebildete Strang ist somit länger als der alte. Nach einer weiteren Replikationsrunde (ohne *slippage*) erhält man zwei Produkte: f das *IS2* und g das *IS2-6* (Ghosal und Saedler, 1978)

Warum sind *IS2-6* und *IS2-7* instabil? Auch dafür gibt es eine plausible Erklärung: Wenn wir davon ausgehen, daß ein Strang von *IS2-6* bei einer Replikation als Matrize dient, müssen wir auch annehmen, daß sich während der Replikation Palindrome ausbilden, weil das insertierte Stück invers repetitive Abschnitte enthält. Diese Palindrome können während der Replikation „überlesen" werden, und wir erhalten ein verkürztes Produkt: *IS2*.

IS-Elemente können im *E. coli*-Genom an mehreren Stellen eingebaut sein, doch manche Positionen werden anderen gegenüber bevorzugt. Einsetzen und Wiederausschneiden verlaufen in der Regel mit höchster Präzision, und das heißt, daß es Proteine geben muß, die die Enden dieser Abschnitte erkennen. 1977 haben Grindley et al. endständige Bereiche des *IS1*-Elements sequenziert und entdeckten darin partielle Homologien. 18 von 23 Basenpaaren sind an beiden Enden gleich. Die längste gleichartige Sequenz ist acht Basenpaare lang.

Transposons: Jumping genes (springende oder wandernde Gene)

Seit langem ist die Tatsache bekannt, daß manche Plasmide oder Teile davon in das Genom der Wirtszelle eingebaut werden. Hierher gehören sowohl die F- (= Fertilitäts-)Faktoren als auch Resistenzgene aus R-Plasmiden (s. Kap. 11). Die Integration der F-Faktoren geschieht in der Regel, ebenso wie die von Viren, an bestimmten, genetisch kartierbaren Orten. Daneben findet man aber auch, daß Resistenzgene, die zunächst auf Plasmiden (R-Faktoren) lokalisiert waren, zuweilen im Bakterienchromosom erscheinen. Dabei scheint es so zu sein, daß das Resistenzgen an zahlreichen Orten im Chromosom eingebaut werden kann. Geschieht der Einbau in der Mitte eines Strukturgens, so wird dieses dadurch inaktiviert. Ein solches Verhalten gleicht, wie wir gerade gesehen haben, dem von *IS*-Elementen. Wie erklärt sich das? Die beschriebenen Resistenzgene liegen auf DNS-Stücken, die auf beiden Seiten von *IS*-Elementen flankiert sind, wobei die *IS*-Elemente in entgegengesetzter Richtung orientiert sind. Diese Einheiten: Resistenzgen(e) + zwei *IS*-Elemente bezeichnet man als Transposons (*Tn*) (s. Tabelle 1).

Inverse Orientierung ist elektronenmikroskopisch nachweisbar (N. Davidson et al., California Institute of Technology, 1975). Denaturiert man Transposons enthaltende Plasmide durch Erhitzen und läßt die dabei entstandenen Einzelstränge renaturieren, entstehen hantelförmige Strukturen, die aus einem doppelsträngigen Stamm und zwei daran hängenden ringförmigen Einzelsträngen bestehen (s. Abb. 13.5 und 13.6). Die doppelsträngigen Bereiche sind in F-Faktoren 1400 und 5000 Nukleotidpaare lang (≙ *IS2*). In anderen Plasmiden kommen auch 800 Nukleotidpaare lange Abschnitte vor (*IS1*). Integration von F-Faktoren

Tabelle 1. Transposons sowie Plasmide, aus denen sie ursprünglich isoliert wurden, und Resistenzmarker, die auf ihnen lokalisiert sind. (Aus Campbell et al., 1977)

Transposon	Plasmid	Resistenzmarker
Tn1	RP4	Ap
Tn2	RSF1030	Ap
Tn3	R1	Ap
Tn4	R1	Ap Sm Su
Tn5	JR67	Km
Tn6	JR72	Km
Tn7	R483	Tp Sm
Tn9	pSM14	Cm
Tn10	R100	Tc

Ap, Ampicillin; Km, Kanamycin; Sm, Streptomycin; Su, Sulfonamid; Tp, Trimethoprim; Tc, Tetracyclin.
Die Bezeichnung Tn8 wurde bislang nicht vergeben. Tn9 wird von *IS1*-Elementen flankiert.

erfolgt durch Rekombination zwischen diesen und homologen Sequenzen im bakteriellen Chromosom. Deren Positionen im Genom legen die nicht-zufällige Verteilung der F-Integrationsorte fest. Die Orientierung dieser Sequenzen in Relation zum übrigen *E. coli*-Genom bestimmt, ob bei einem Transfer die links oder die rechts vom eingebauten Plasmid liegenden Gene übertragen werden.

Die weite Verbreitung der *IS*-Elemente läßt darauf schließen, daß sie eine entscheidende Funktion bei der Beweglichkeit von Genen ausüben und Ursache für die hohe Frequenz des Aus- und Umtausches genetischer Information sind: *Jumping genes* (springende oder wandernde Gene). Sie fördern eine rasche Verbreitung von Genen in Bakterienpopulationen, beschleunigen die Evolution von Pro- und Eukaryonten und steuern Differenzierungsprozesse. Wenn alles im Fluß ist, bleibt unerklärlich, wieso es dennoch klar definierte Genkarten und gegeneinander abgegrenzte Arten gibt.

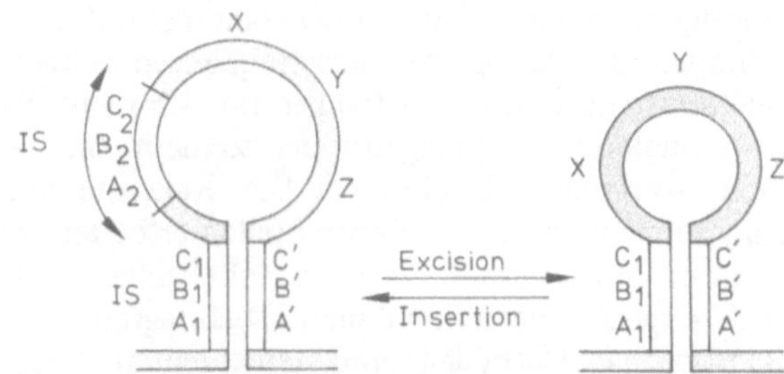

Abb. 13.5. Repetitive Nukleotidsequenzen auf dem Tc-Transposon der Plasmide R6-5 und R6. Die Sequenzen A_1 B_1 C_1 und C' B' A' bilden den Stamm eines Palindroms. Insertion der Sequenz A_2 B_2 C_2 (die zu A_1 B_1 C_1 komplementär ist) führt zum Verlust der Expression der Tc (Tetracyclin)-Resistenz, die dieses Plasmid normalerweise trägt (Cohen und Kopecko, 1976)

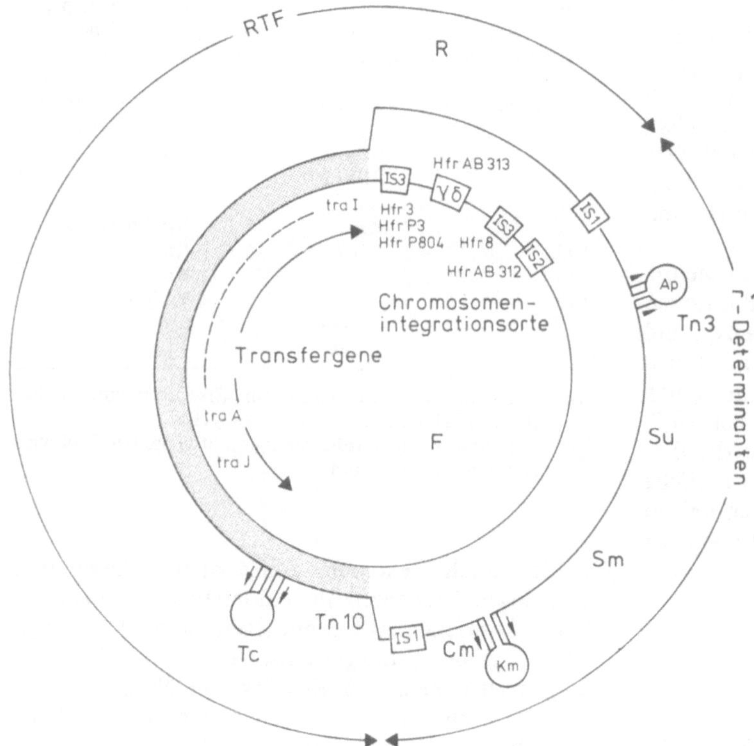

Abb. 13.6. Die genetische Struktur der F-Plasmide (innerer Kreis) und die verwandter, Resistenzfaktoren-tragender Plasmide (R-Plasmide). Die eine Hälfte der Moleküle der F- und der R-Plasmide zeigt einen hohen Grad an Homologie (Bildung von Heteroduplex-Molekülen, im Diagramm durch Raster angedeutet). Die übrigen Molekülanteile sind einander nicht homolog. Auf den F-Plasmiden findet man in einem Abschnitt gehäuft *IS*-Elemente. Sie sind für die Integration ins Bakterienchromosom verantwortlich. Die *tra*-Gene (bei F) sowie der RTF-Abschnitt (bei R) werden für die Konjugation resp. für die Übertragung der r-Determinante (n) benötigt (s. Kap. 11). R-Plasmide können im nicht homologen Abschnitt eine Anzahl von Transposons tragen. Der Bereich der r-Determinanten ist amplifizierbar und wird von *IS1*-Elementen flankiert. (Nach Shapiro, 1977)

Die Existenz der *IS*-Elemente und das Verstehen ihrer Funktion sagt aus, was man mit DNS alles machen kann. Aber diese Möglichkeiten lassen sich nur dann realisieren, wenn der dafür erforderliche Satz einschlägiger Enzyme vorhanden ist, und Zellen sind damit offensichtlich sehr sparsam ausgestattet. Wir wissen praktisch nichts über ihre Funktion, ihre Synthese und die Regulation ihrer Synthese. Es muß wirkungsvolle Mechanismen geben, die verhindern, daß sie in großen Mengen entstehen.

Temperente Phagen: λ und Mu

Wie wir auf den letzten Seiten schon gesehen haben, benötigt auch die „illegitime Rekombination" spezifische und gleichartige Nukleotidsequenzen in beiden Reaktionspartnern, nur erstrecken sie sich nicht über die komplette Kopplungsgruppe, sondern sind auf kurze Abschnitte beschränkt. Die Rekombination kann somit nicht an beliebigen Stellen erfolgen, sondern nur an einem oder wenigen Anheftungspunkten (→ *Site*-spezifische Rekombination). Integration von Transposons, Plasmiden und temperenten Phagen sind die klassischen Beispiele für dieses Phänomen. Inzwischen wird aber immer deutlicher, daß es diesen Mechanismus auch bei eukaryotischen Zellen gibt.

Shapiro prägte 1977 den Begriff *integrative recombination*, womit er ausdrücken wollte, daß die Rekombinationsprodukte der „illegitimen Rekombination" ein Produkt ergeben, das länger (oder beim Ausschneiden kürzer) als das Ausgangsprodukt ist. Bei der „legitimen Rekombination" sind Ausgangsmoleküle und Rekombinationsprodukte gleich lang.

Der Phage λ. Die DNS des Phagen ist linear und trägt einsträngige, einander komplementäre Enden (*sticky ends*). Nach Eindringen in die Zelle zirkularisiert sie sich.

Die Integration ins *E. coli*-Genom erfolgt an spezifischen Anheftungsstellen (*att*). Die stärkste liegt zwischen den Genen *gal* und *bio* an der 17. Min. der Standardgenkarte. Bei Ausfall kommen andere – schwächere – *att*-Stellen zum Zuge. Für die Integration werden das Produkt des Phagengens *int* sowie ein oder mehrere wirtsspezifische Proteine benötigt. Für das Ausschneiden wird neben *int* auch *xis* benötigt (ebenfalls phagenspezifisch). Beide Genorte liegen im Phagengenom rechts von *att* (s. Abb. 5.3).

Das *att-int-xis*-Operon hat einen Umfang von 1400 Basenpaaren und steht unter Kontrolle der Gene *cII* und *cIII*, deren Genprodukte die Expression von *int* aktivieren (Pilacinski et al., McArdle Laboratory, University of Wisconsin, Madison, 1977). Die Phagenanheftungsstelle nennt man *att P* (*POP'*) und die bakterielle *att B* (*BOB'*). Im Prophagenzustand (Phage eingebaut) findet man *BOP'* (= *attL* = linke Anheftungsstelle) und *POB'* (= *attR* = rechte Anheftungsstelle) (s. Abb. 13.7). Ausschneiden beruht auf einer Rekombination zwischen *BOP'* und *POB'*, wobei der

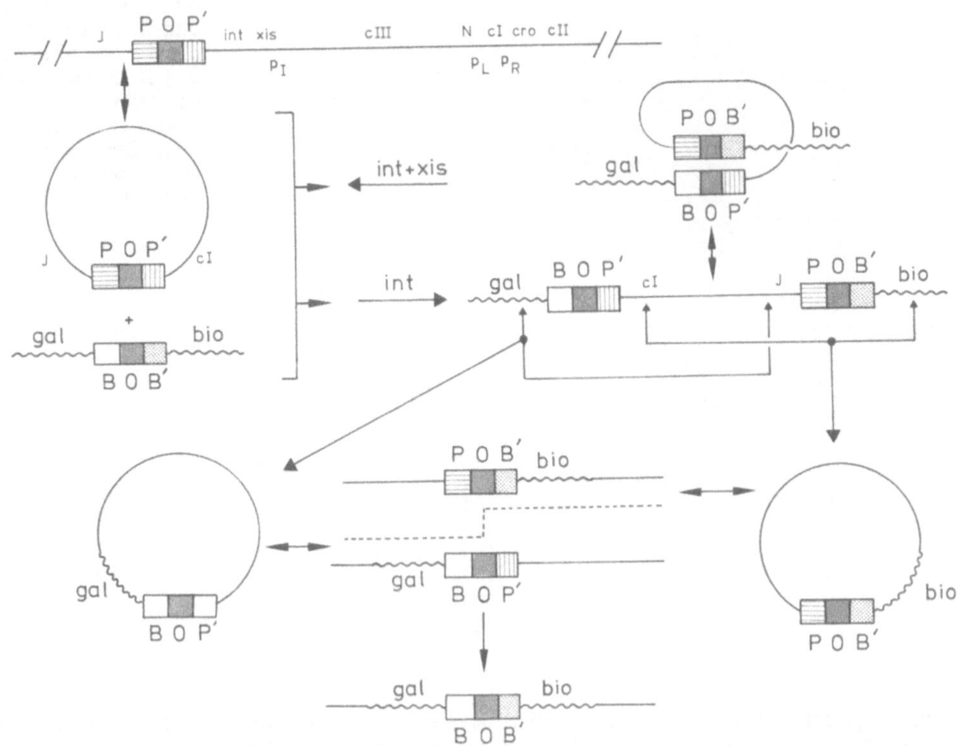

Abb. 13.7. Integration der λ-DNS ins Bakteriengenom. Die Integrationsstelle (*attachment-site*) des Phagen wird als *POP'* bezeichnet. *POP'* liegt zwischen den Genen *J* und *int, xis* (s. Genkarte in Abb. 5.3), *BOB'*, die bakterielle Integrationsstelle, zwischen *gal* und *bio*. Der Integrationsmechanismus ist analog dem Ein- und Ausbau eines Transposons zu verstehen. Beim Ausbau können alternativ die Gene *bio* bzw. *gal* mit ins Phagengenom integriert werden. Die *Attachment-sites* der Phagen wären dann *BOP'* resp. *POB'*. Weitere Einzelheiten s. Text (Landy und Ross, 1977)

ursprüngliche Zustand (*BOB'* und *POP'*) wiederhergestellt wird.

Transduzierende Phagen entstehen durch eine seltene, *int*-unabhängige Rekombination, bei denen ein Teil der Phagen-DNS verloren geht und bakterielle DNS übernommen wird: Es entstehen λ-gal, der *attL* und λ-bio, der *attR* trägt. Einen Phagen λ mit der bakteriellen *att*-Stelle *BOB'* erhält man als Produkt einer *int*-abhängigen Rekombination zwischen λ-gal (*BOP'*) und λ-bio (*POB'*). Die Rekombinationsprodukte transduzieren sowohl *gal* als auch *bio*. Die Analyse von *int*-abhängigen Rekombinationen mit verschiedenen Anheftungsstellen führte zu der Aussage, daß sich *P, P', B* und *B'* in ihren Nukleotidsequenzen voneinander unterscheiden. Um diese Aussage zu präzisieren, haben Landy und Ross (Brown University, Providence, 1977) die Nukleotidsequenzen bestimmt. Als Ausgangsmaterial verwendeten sie Restriktionsfragmente, die die Anheftungsstellen *POP', POB', BOP'* und *BOB* enthielten.

In Abb. 13.8 ist das Prinzip des Vorgehens vorgestellt. Die DNS von vier verschiedenen Phagen, jeder mit einer der genannten Anheftungsstellen, wurde durch Restriktionsendonukleasen fragmentiert. Die Schnittstellen sind durch a–h gekennzeichnet.

Die gelelektrophoretisch aufgetrennten Fragmente wurden Klassen zugeordnet:

1. Fragmente, die in allen vier Fällen vorkommen. Das sind solche, die außerhalb des Anheftungsbereiches liegen (a-b und e-f).
2. Fragmente, die in zwei von vier Fällen vorkommen. Hierher gehören jene, die bakteriellen Ursprungs sind, dann Kombinationen von Phagen- und Bakterien-DNS (außer *att*-) und solche, die Phagen-DNS enthalten, welche bei der Bildung eines transduzierenden Phagen verloren geht: z.B. b-c, d-e, b-h und g-e.
3. Fragmente, die nur einmal auftreten. Diese einmaligen Sequenzen enthalten die Anheftungsstellen, z.B. c-d, c-g, h-d und h-g. Sie werden für die Sequenzierung benötigt.

POP' hat eine Länge von 317, *BOB'* eine von 259 Basenpaaren. Allen vier ist eine 15 Basenpaare lange – in der Mitte gelegene – Sequenz gemeinsam (*O*). Es handelt sich um den eigentlichen Crossing-over-Punkt. Es bleibt abzuwarten, welche Bedeutung den einzelnen Armen *P* und *P'* sowie *B* und *B'* (links und rechts von der gemeinsamen Sequenz *O* gelegen) zukommt. Es sieht so aus, als gäbe es in den phagenspezifischen Sequenzen mehr Regelmäßigkeiten (*inverted repeats* u.a.) als in den bakterienspezifischen Abschnitten.

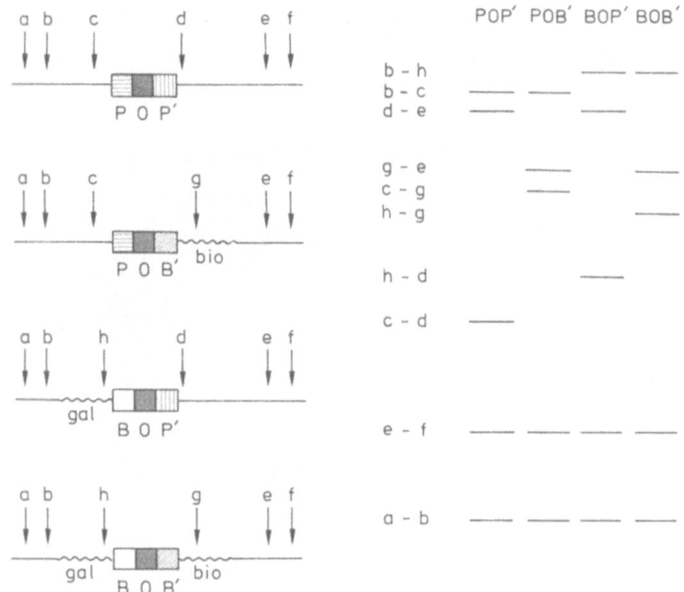

Abb. 13.8. Logisches Schema zur Identifizierung und Isolierung von Restriktionsfragmenten, welche die vier Anheftungsstellen *POP′*, *POB′*, *BOP′* und *BOB′* enthalten. ***Links*** im Bild die Struktur der DNS und Spaltstellen für Restriktionsendonuklease; *rechts:* gelelektrophoretische Auftrennung der Fragmente und deren Identifizierung als Banden im Gel. Einzelheiten s. Text (Landy und Ross, 1977)

Der Phage Mu. Mu ist schon wieder etwas Besonderes.

1. Mu-DNS ist stets an bakterielle DNS gebunden. Das Mu-Genom wird nicht nur im Prophagenzustand, sondern auch im Virion selbst von bakterieller DNS flankiert.
2. Integration ist für die Replikation essentiell. Es sind keine lebensfähigen Mutanten isoliert worden, die die Fähigkeit zur Integration verloren haben.
3. Die Enden der Mu-DNS (sprich: virusspezifische Abschnitte) bestimmen den Integrationsort. Statistisch betrachtet, kann Mu an jeder beliebigen Stelle des Bakteriengenoms inkorporiert werden.
4. Mu ist in der Lage, zwei ringförmige DNS-Moleküle miteinander zu verbinden und kann somit beliebige Abschnitte der Bakterien-DNS auf Plasmide übertragen, womit es die Eigenschaft eines Transposons gewinnt.
5. Integration von Mu, Transposition bakterieller Gene und Expression von Mu-Genen laufen auch in *recA*⁻-Zellen ab.

Obwohl Mu Viruseigenschaften besitzt, ist es im Grunde genommen ein langes *IS*-Element (Länge: 38.000 Basenpaare), das DNS-Sequenzen durch integrative Rekombination miteinander verknüpft. Einbau von Mu (und übrigens auch von λ) in ein Operon führt – wie der Einbau von *IS*-Elementen – zu polaren Effekten und induziert beim Ausbau Deletionen.

Die bakterienspezifischen Bereiche an beiden Enden sind durch Heteroduplexstudien identifiziert worden (Daniell, Abelson, Kim, N. Davidson, 1973). Denaturiert man Mu-DNS und läßt die denaturierten Moleküle renaturieren, findet man stets Hybridisationsprodukte mit gespaltenen Enden (s. Abb. 13.9). Nur das Mittelstück renaturiert zu einem Doppelstrang. Die Enden bleiben einsträngig und frei, da kein Molekül dem anderen gleicht. Bemerkenswert ist jedoch die Tatsache, daß alle nahezu gleich lang sind. Der Bakterien-DNS-Abschnitt am vorderen Ende ist relativ kurz (C-Ende), der am hinteren Ende recht lang (S-Ende).

Bukhari und Taylor (Cold Spring Harbor Laboratory, 1975) fanden, daß die Länge nach dem *Headfull packaging*-Prinzip festgelegt wird, d.h. es wird bei der Reifung der Phagenpartikel so viel DNS in den Phagenkopf hineingepackt, wie hineingeht. Da die Größe des Phagenkopfes vorgegeben ist, kann die Moleküllänge der DNS einen Maximalwert nicht überschreiten. Mu ist das einzige, bisher bekannte Virus, das bei seiner Synthese neue bakterielle DNS-Sequenzen erwerben kann. Da die Sequenzen an beiden Enden verschiedenartig sind, kann es keine Ringe bilden (und sich deshalb nicht allein replizieren?).

Das G-Segment. Eine weitere Besonderheit: in elektronenmikroskopischen Bildern denaturierter Mu-DNS erkennt man oft außer den aufgespaltenen Enden im gepaarten Bereich eine Blase (→ G-Segment). Hierbei handelt es sich um eine invertierbare Region, die einmal in „flip"- und zum anderen in „flop"-Orientierung vorliegen kann (s. Abb. 13.10). Je nach Entwicklungsstadium des Phagen wird die eine oder die andere Konformation bevorzugt. Das heißt, daß dieses Segment zwei Bedeutungen haben kann und somit einen Schalter darstellt, der die Mu-Gene reguliert. Denkbar ist, daß beide Stränge genetische Information tragen. Ihre Expression hängt davon ab, welcher gerade an einen Promotor (der selbst nicht invertiert ist) gehängt wird. Als Alternative muß man aber auch an die Möglichkeit denken, daß das Segment je nach Orientierung ein Start- oder ein Stopsignal trägt,

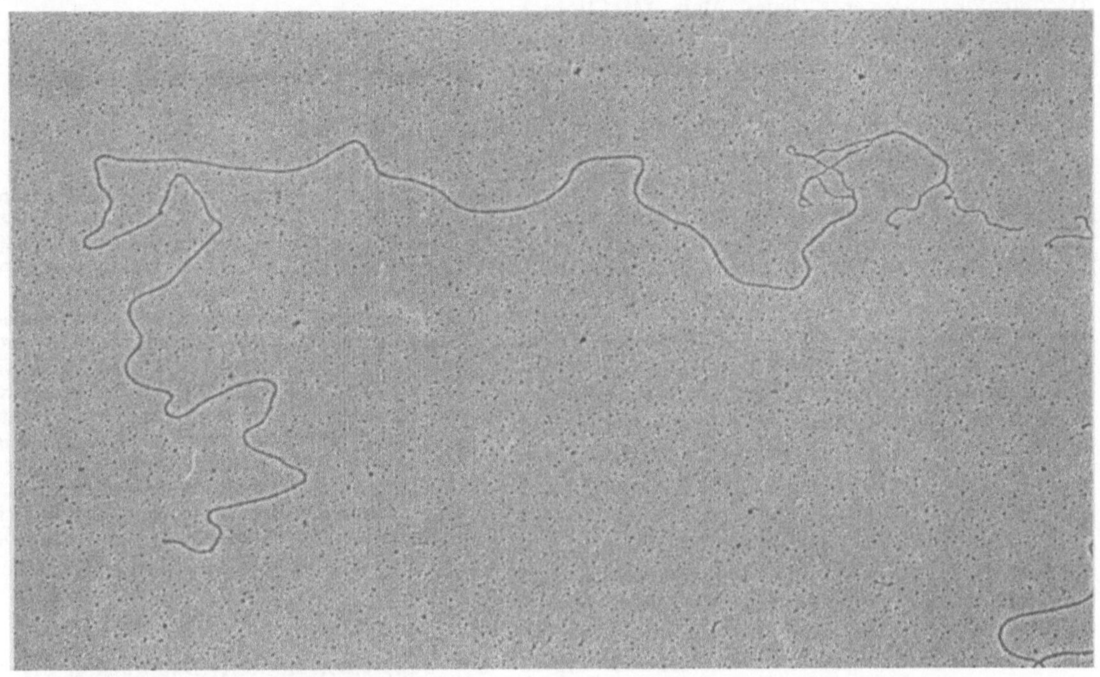

Abb. 13.9. Elektronenmikroskopische Aufnahme von renatuierter Mu-DNS. Charakteristische Merkmale: gespaltene Enden und „G-Blase“. Erklärungen s. Abb. 13.10. Vergr. 23.000 fach. (Aufn. Delius, Heidelberg, 1978)

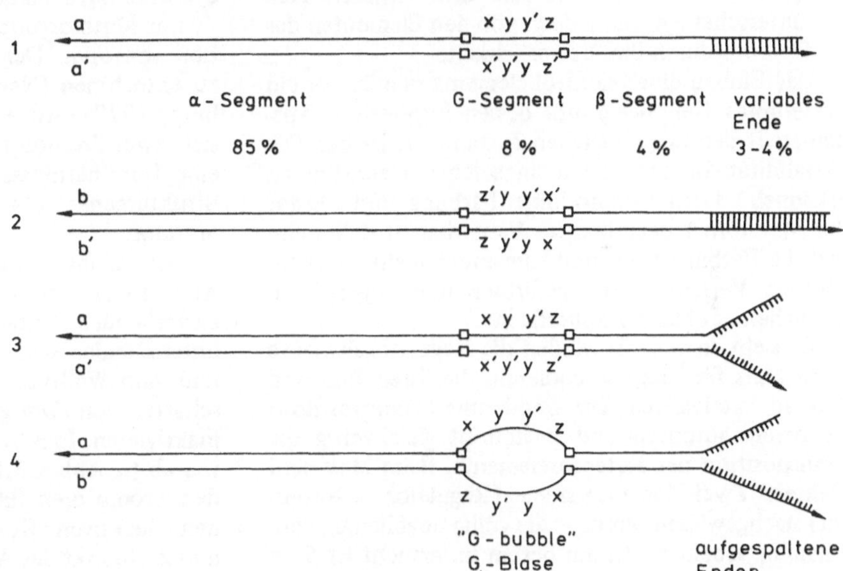

Abb. 13.10. Struktur der Mu-DNS. Im Elektronenmikroskop beobachtete Strukturen denaturierter und anschließend renaturierter DNS. *x y y′ z* sind zu *x′ y′ y z′* komplementär. Das „G-Segment“ erscheint nach Renaturierung heterologer Stränge als „Blase“, die Molekülenden als aufgespaltene Enden (Gabeln). (Nach Howe und Bade, 1975)

so wie wir es von *IS2* her kennen. Das G-Segment besteht aus 3000 Basenpaaren. An seinen Enden wird es von invertierten Sequenzen (je 50 Nukleotidpaare lang) eingefaßt (Hsu und N. Davidson, 1974).

Kontrollelemente (controlling elements). Schaltelemente bei Eukaryonten

Bisher ist noch kein *IS*-Element oder Transposon aus eukaryotischen Zellen isoliert worden. Genetische Experimente führten jedoch zu dem Schluß, daß es sie geben muß. Man kennt mindestens drei Systeme, bei denen das Vorkommen wandernder Kontrollelemente postuliert wird:

a) *controlling elements* beim Mais (McClintock, Genetics Research Unit, Carnegie Institution of Washington, Cold Spring Harbor, 1950, 1961 und danach),
b) *white-crimson*-Mutanten bei *Drosophila* (betreffen Augenfarbe) (Green, University of California, 1967),
c) Fusion von v- und c-Teil in Immunglobulinmolekülen (Tonegawa, Basel Institute of Immunlogy, 1976).

a) Controlling elements. Kontrollelemente unterscheiden sich durch ihre Wirkung von Strukturgenen. Sicherlich sind mehrere von ihnen an der Expression eines Strukturgens beteiligt. Man kennt Kontrollelemente, die aus zwei funktionell verschiedenen Einheiten zusammengesetzt sind. Eines der Elemente ist stets mit dem Strukturgen gekoppelt, dessen Expression beeinflußt wird (Rezeptoreinheit), das andere kann sich an einer anderen Stelle im Chromosom befinden (Regulatoreinheit). Seine Wirkung ist „trans" und das bedeutet, daß dieses Element ein oder mehrere Genprodukte produziert, die ihrerseits die Expression von Strukturgenen steuern. Der Vergleich dieses Systems mit dem Jacob-Monod-Modell des *lac*-Operons ist keineswegs abwegig. Die genannten Elemente entsprechen dem Operator und dem Regulatorgen. Sie unterscheiden sich jedoch von den Elementen des *lac*-Operons durch ihre Beweglichkeit.

Der Einbau eines Kontrollelements in oder vor ein bestimmtes Gen beeinflußt dessen Expression; Ausbau stellt den ursprünglichen Zustand wieder her. Die Mutabilität ist am besten an solchen Genorten zu erkennen, deren Genprodukte Färbung und Muster der Maiskörner beeinflussen. Variierbar ist dabei einmal die Farbintensität und zum anderen eine fleckenförmige Verteilung von gefärbten und ungefärbten Bereichen der Maiskornoberfläche.

Es sieht so aus, als würden die Regulatorelemente beim Mais für Enzyme codieren, die ihren Ein- und Ausbau katalysieren. Die Wanderung (Transposition) ist damit autonom und beeinflußt gleichzeitig die Transposition der Rezeptorelemente. Beim Mais sind mehrere Zwei-Elementsysteme (Regulator – Rezeptor) nachgewiesen worden, die völlig unabhängig voneinander arbeiten. Mit am besten untersucht ist *Spm* (*Suppressor-Mutator*). Dieses Element kann in den A_1-Locus des Chromosoms 3 inkorporiert werden. Die hier liegenden Gene steuern die Anthozyansynthese. Je nach Integrationsort von *Spm* entstehen verschiedene Mutationen. Entweder wird die Bildung von Anthozyan ganz unterbunden, oder es entsteht ein andersartiges Genprodukt. Entfernen des Elements aus einigen Zellen während der Entwicklung der Körner führt zu segmentiert aussehenden Oberflächen. Durch Inkorporation des Rezeptorelements wird die Expression von A_1 praktisch kaum beeinflußt. Der Ausbau des Rezeptorelements steht unter Einfluß eines *Spm*-Abschnittes (des Mutators).

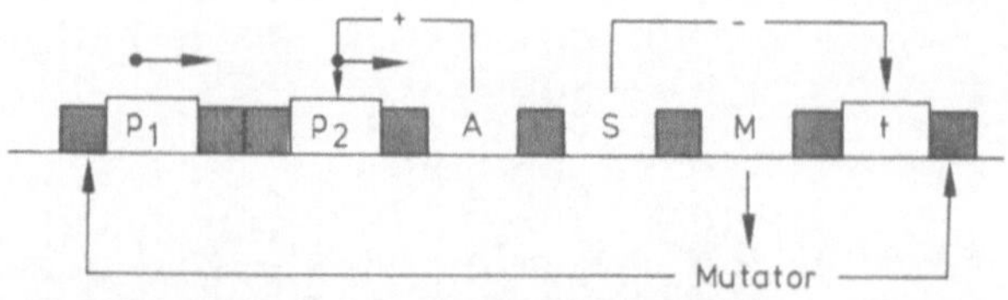

Abb. 13.11. Vorschlag für Struktur und Funktion des aktiven *Spm*. Das Modell zeigt die Molekülstruktur eines integrierten *Spm*-Regulatorelements. An einem Ende sitzen hintereinandergeschaltet zwei Promotoren (p_1 und p_2). Die Transkriptionsrichtung ist durch Pfeile gekennzeichnet. Das Element endet mit einer Terminatorsequenz (t). Es enthält drei Strukturgene: A (Aktivator), S (Suppressor), M (Mutator). Ihre Wirkung und ihre Wirkungsorte sind durch Pfeile wiedergegeben. Der Suppressor bindet an die t-Sequenz und terminiert damit die Transkription. Der Aktivator ist ein positives Element und fördert die Transkription durch Aktivierung von p_2. Das Mutatorgenprodukt greift an den Enden des Elements an und fördert das Ausschneiden. Die gerasterten Flächen repräsentieren Sequenzbereiche, in denen Rekombinationsereignisse auftreten können (Inversionen, Deletionen, Duplikationen) (Nevers und Saedler, 1977)

Suppressorfunktion (Suppression der Anthozyanbildung) und Mutatorfunktion sind voneinander unabhängig. Veränderungen des Rezeptor-Elements machen sich durch unterschiedliche Intensitäten der Anthozyanfärbung bemerkbar.

Das Mutatorgenprodukt kontrolliert die Transposition von *Spm*. Der Mechanismus ist der Abb. 13.11 zu entnehmen (Nevers und Saedler, Universität Freiburg, 1977). An einem Ende der Einheit befinden sich zwei Promotoren p_1 und p_2, am anderen Ende eine Terminationssequenz (t). Dazwischen liegen drei Strukturgene: A = Aktivator; S = Suppressor; M = Mutator.

Der Einbau und seine Konsequenzen sind in Abb. 13.12 und 13.13 wiedergegeben. Die dadurch entstehenden Mutanten ($a_1{}^{m-5}$, $a_1{}^{m}$ und $a_1{}^{m-2}$) unterscheiden sich durch ihren Phänotyp voneinander und vom Wildtyp. Zu den bemerkenswerten Eigenschaften von *Spm* gehört die Tendenz, sich selbst zu inaktivieren. Inaktive Phasen wechseln daher mit aktiven ab (s. Abb. 13.14). Inversion von einem oder beiden Promotoren führt zu insgesamt drei verschiedenen, inaktiven Konformationen, wobei Häufigkeit und Zeitpunkt des Aktivitätswechsels durch Elemente bestimmt wird, die in den Segmenten selbst lokalisiert sind (*black-box*-Sequenzen, in den Diagrammen dunkel bezeichnet).

b) „White-crimson"-Mutationen bei Drosophila melanogaster. Im *white*-Locus auf dem X-Chromsom von *Drosophila* treten instabile Mutationen auf. Sie beruhen vermutlich auf dem Einbau eines DNS-Segmentes, dem die Eigenschaft eines Transposons zukommt, welches Deletionen benachbarter Gene hervorruft. Der *white*-Locus (w) revertiert extrem häufig, $1{:}10^{-3}$ – $1{:}10^{-4}$, zum Wildtyp (+), ebenso häufig ist Mutation in umgekehrter Richtung. Schon dieser Befund weist

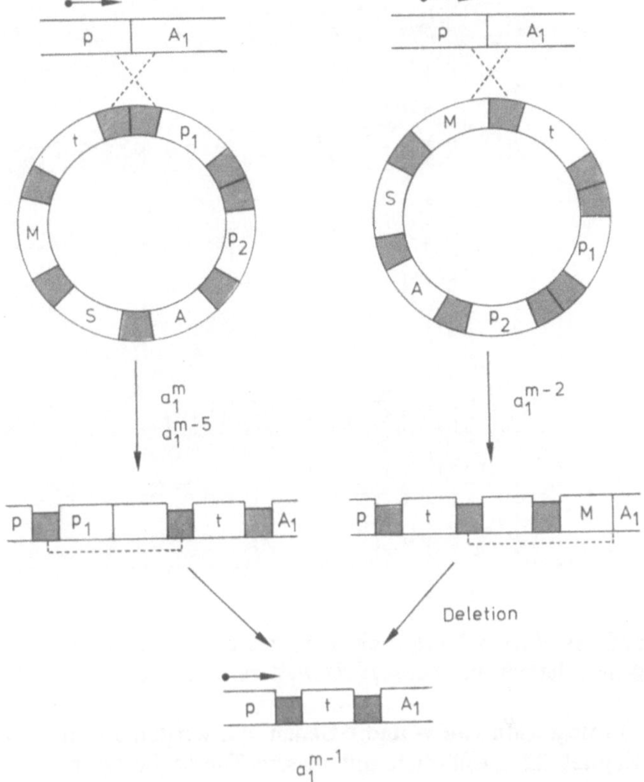

Abb. 13.12. Integration von *Spm* am A_1-Locus im Chromosom 3 von *Zea mays*, wobei die Mutanten mit den Allelen $a_1{}^{m-5}$, $a_1{}^{m}$ und $a_1{}^{m-2}$ entstehen, deren Phänotyp in Abb. 13.13 dargestellt ist. Deletion führt zu einem weiteren genetischen Element ($a_1{}^{m-1}$) (Nevers und Saedler, 1977)

Phänotyp des Korns	A Locus	Zustand	Spm Aktivität	Position von Spm
	A_1		+ und -	nicht neben A_1
	$a_1^{m(-5)}$		-	A_1
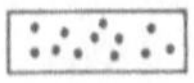	$a_1^{m(-5)}$		+	A_1
	a_1^{m-1}	1	-	keine
	a_1^{m-1}	1	+	nicht neben A_1
	a_1^{m-1}	2	-	keine
	a_1^{m-1}	2	+	nicht neben A_1
	a_1^{m-2}	1	-	A_1
	a_1^{m-2}	1	+	A_1

Abb. 13.13. Zustände des A_1-Locus von *Zea mays* und Einfluß von *Spm* auf die Genexpression. In Wildtypkörnern, die kein Kontrollelement enthalten (*erste Reihe*), ist die Anthozyanproduktion und -pigmentierung maximal und erfolgt unabhängig davon, ob *Spm* an einer anderen Stelle im Genom inkorporiert ist oder nicht. Der Grad der Untergrundpigmentierung bei allen anderen Körnern weist auf die Expression des A_1-Locus unter dem Einfluß der *Spm*-Aktivität hin. *Schwarze Flecken* entsprechen Klonen, in denen das Kontrollelement verlorengegangen ist (ausgeschnitten unter Mutatoreinfluß), die *weißen Flecke* (*unterste Reihe*) beruhen auf Inaktivierung von *Spm* in einzelnen Zellen und deren Nachkommenschaft (Nevers und Saedler, 1977)

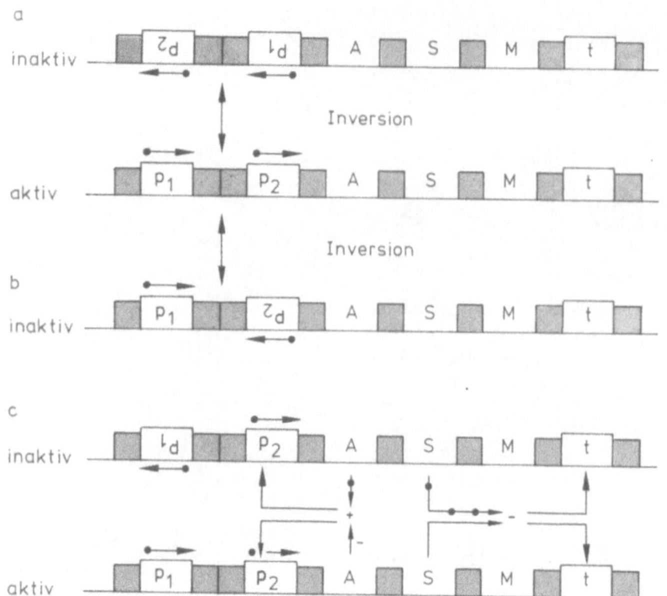

Abb. 13.14 a–c. Zyklische Veränderung der Aktivität von *Spm.* Inversion von einem oder von beiden *Spm*-Promotoren führt zu drei verschiedenen, inaktiven Strukturen (a, b, c). Die Struktur in c kann transaktiviert werden, wenn ein aktives Produkt durch ein aktives *Spm*-Allel bereitgestellt werden kann (Nevers und Saedler, 1977)

auf das Vorhandensein eines Schalters hin. Mutatorgene scheinen bei *Drosophila* weit verbreitet zu sein.

c) Integration von v- und c-Genen. Wir werden uns in Kapitel 22 ausführlich mit diesem Thema befassen.

Literatur

Brammar, W.J.: The construction in vitro and exploitation of transducing derivatives of bacteriophage λ. Biochem. Soc. Trans. Lond. *5,* 1633 (1977)

Bukhari, A.I.: Bacteriophage Mu as a transposition element. Annu. Rev. Genet. *10,* 389 (1976)

Bukhari, A.J., Shapiro, J.A., Adhya, S.L.: DNA: Insertion elements, Plasmids and Episomes. New York: Cold Spring Harbor Lab. 1977

Campbell, A., Berg, D., Botstein, D., Lederberg, E., Novick, R., Starlinger, P., Szybalski, W.: Nomenclature of transposable elements in procaryotes. In: DNA insertion elements, plasmids and episomes. New York: Cold Spring Harbor Lab. 1977

Chow, L.T., Kahmann, R., Kamp, D.: Electron microscopic characterization of DNAs of non-defective deletion mutants of bacteriophage Mu. J. Mol. Biol. *113,* 591 (1977)

Clark-Walker, G.D., Miklos, G.L.G.: Localization and quantification of circular DNA in yeast. Eur. J. Biochem. *41,* 359 (1974)

Cohen, S.N.: Transposable genetic elements and plasmid evolution. Nature (London) *263,* 731 (1976)

Cohen, S.N., Kopecko, D.J.: Structural evolution of bacterial plasmids: role of translocating genetic elements and DNA sequence insertions. Fed. Proc. *35,* 2031 (1976)

Davidson, N., Deonier, R.C., Hu, S., Ohtsubo, E.: The DNA sequence organization of F and F-primes and the sequences involved in Hfr formation. In: Microbiology. Schlesinger, D. (ed.). Washington: Am. Soc. Microbiol. S. 56 (1975)

Fiandt, M., Szybalski, W., Malamy, M.H.: Polar mutations in lac, gal und phage λ consist of a few IS-DNA sequences inserted with either orientation. Mol. Gen. Genet. *119,* 223 (1972)

Fincham, J.R.S., Sastry, G.R.K.: Controlling elements in maize. Annu. Rev. Genet. *8,* 15 (1974)

Ghosal, D., Saedler, H.: Isolation of the mini insertions IS6 and IS7 of *E. coli.* Mol. Gen. Genet. *158,* 123 (1977)

Ghosal, D., Saedler, H.: DNA sequence of the mini-insertion IS2-6 and its relation to the sequence of IS2. Nature (London) *275,* 611 (1978)

Howe, M.M., Bade, E.G.: Molecular biology of bacteriophage Mu. Science *190,* 624 (1977)

Humayun, Z., Jeffrey, A., Ptashne, M.: Completed DNA sequences and organization of repressor-binding sites in the operators of phage lambda. J. Mol. Biol. *112,* 265 (1977)

Kleckner, N.: Translocatable elements in procaryotes. Cell *11,* 11 (1977)

Landy, A., Ross, W.: Viral integration and excision: Structure of the lambda att sites. Science *197,* 1147 (1977)

Malamy, M.H., Fiandt, M., Szybalski, W.: Electron microscopy of polar insertions in the lac operon of *Escherichia coli.* Mol. Gen. Genet. *119,* 207 (1972)

McClintock, B.: The origin and behavior of mutable loci in maize. Proc. Natl. Acad. Sci. USA *36,* 344 (1950)

Michaelis, G., Saedler, G., Venkov, P., Starlinger, P.: Two insertions in the galactose operon having different sizes but homologous DNA sequences. Mol. Gen. Genet. *104,* 371 (1969)

Mosharrafa, E., Zissler, J., Szybalski, W.: Naturally occurring insertions of nonhomologous DNA in a bacterial virus. In: Viruses and environment. Kurstak, E., Maramorosch, K. (eds.). New York: Academic Press 1978

Nevers, P., Saedler, H.: Transposable genetic elements as agents of gene instability and chromosomal rearrangements. Nature (London) *268,* 109 (1977)

Pilacinski, W., Mosharrafa, E., Edmundson, R., Zissler, J., Fiandt, M., Szybalski, W.: Insertion of bacteriophage lambda. Gene *2,* 61 (1977)

Ptashne, M., Backman, K. Humayun, M.Z., Jeffrey, A., Maurer, R., Meyer, B., Sauer, R.T.: Autoregulation and function of a repressor in bacteriophage lambda. Science *194,* 156 (1976)

Saedler, H., Reif, H.J., Hu, S., Davidson, N.: IS2, a genetic element for turn-off and turn-on of gene activity in *E. coli.* Mol. Gen. Genet. *132,* 265 (1974)

Schmidt, F., Besemer, J., Starlinger, P.: The isolation of IS1 and IS2 DNA. Mol. Gen. Genet. *145,* 145 (1976)

Schwarz, E., Scherer, G., Hobom, G., Kössel, H.: Nucleotide sequence of cro, cII and part of the O gene in phage λ DNA. Nature (London) *272,* 410 (1978)

Shapiro, J.A.: DNA insertion elements and the evolution of chromosome primary structure. Trends Biochem. Sci. *2,* 176 (1977)

Stanfield, S., Helinski, D.R.: Small circular DNA in *Drosophila melanogaster.* Cell *9,* 333 (1976)

Starlinger, P.: DNA rearrangements in procaryotes. Annu. Rev. Genet. *11,* 103 (1977)

Starlinger, P., Saedler, H.: IS-elements in microorganisms. Curr. Top. Microbiol. Immunol. *75,* 111 (1976)

Szybalski, W.: IS-elements. In: DNA insertion elements, plasmids and episomes. Bukhari, A.J. et al. (eds.). New York: Cold Spring Harbor Lab. 1977

Optische Diffraktion: Ein Laserstrahl wird an Masken (bestehend aus Linien oder anderen Mustern), die man in den Strahlengang bringt (jeweils linke Bildleiste), gebeugt. Es entstehen Beugungsbilder (rechte Bildleiste). Die Abstände der Reflexe im Beugungsbild sind zu den Abständen im Gegenstand umgekehrt proportional. Die optische Diffraktion eignet sich, um Beugungserscheinungen, mit denen man es bei der Röntgenstrukturanalyse von Nukleinsäuren und Proteinen zu tun hat, anschaulich zu machen. Weitere Einzelheiten s. Kap. 15. (Aufn. v. Sengbusch, Bielefeld, 1978)

Proteine

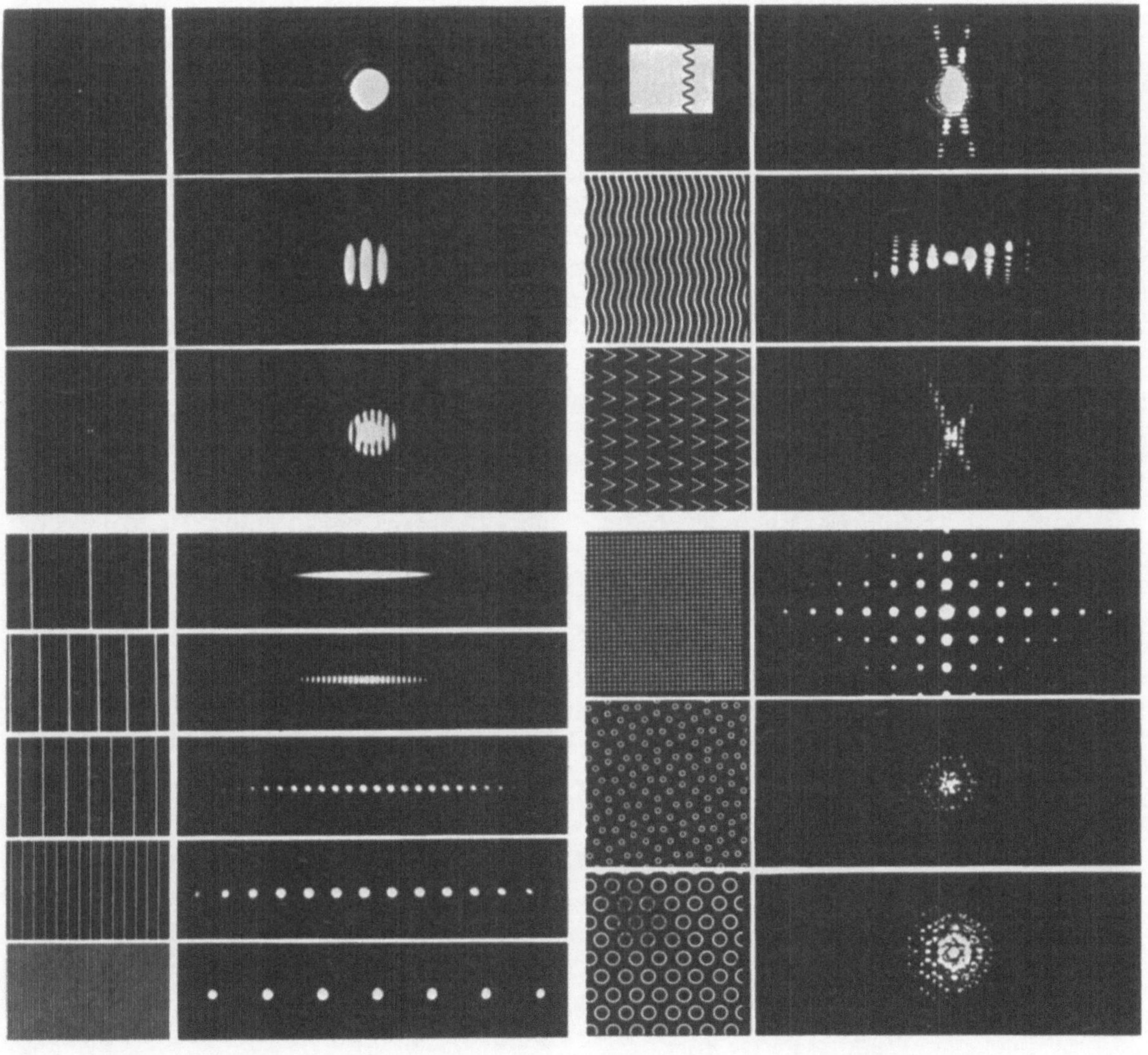

14. Proteine: Funktion, Isolierung, Nachweis und Sequenzanalyse

Wir haben in den vorangegangenen Kapiteln informationstragende Moleküle kennengelernt und gesehen, daß Informationen nur dann einen Wert haben, wenn die Anweisungen in physikalische Vorgänge umgesetzt werden. Die Nukleinsäuren allein sind hierzu gar nicht oder nur bedingt in der Lage. Besser geeignet sind Proteine. Sie bestimmen das gesamte, zeitlich und räumlich korreliert ablaufende Syntheseprogramm in der lebenden Zelle. Proteine sind Makromoleküle, die in der Regel aus 20 voneinander verschiedenen Aminosäuren in definierter Anordnung aufgebaut sind.

Warum gibt es gerade 20, warum nicht 5 oder 50 Aminosäuren? Ganz allgemein gilt, daß jede Makromolekülklasse die geringstmögliche Anzahl verschiedener Bausteine enthält. Viele Polysaccharide wie die Stärke und die Cellulose enthalten nur einen Grundbaustein, das Glucoseskelett. Ihr Aufbau ist einförmig, wird aber den Anforderungen, die an sie gestellt werden (Speicherstoffe, Strukturelemente), voll gerecht. Man kennt auch einige Proteine, die ausschließlich als Schutz- und Strukturelemente wirken, wie z.B. das Kollagen, das Keratin und die Seide, und wie wir noch sehen werden, zeichnen auch sie sich durch einen relativ monotonen Aufbau aus (s. Kap. 21).

Mit wenigen Bauelementen lassen sich keine komplexen Strukturen ausbilden, und komplexe Strukturen wiederum sind die Voraussetzung von Spezifitäten (Schrödinger, 1943). Nukleinsäuren bestehen aus vier Elementen, von denen je zwei einander komplementär sind. In den Basenpaarungen liegt die inhärente Fähigkeit zur Instruktion der Synthese neuer Kopien. Durch diese strukturelle Festlegung (A = T, G ≡ C) gehen jedoch Freiheitsgrade zur Variation der räumlichen Molekülstruktur verloren.

Speziell bei RNS, etwa der tRNS, findet man spezifische Tertiärstrukturen, die in dieser Form für die Proteinbiosynthese essentiell sind. Offensichtlich ist das jedoch bei Nukleinsäuren das Maximum an Strukturspezifität. Das reicht nicht, den im Laufe der Evolution entwickelten Bedürfnissen der Zelle nachzukommen. Die Synthese von Nukleinsäuren ist wenig aufwendig (s. Kap. 9), die der Proteine hingegen sehr komplex und teuer (s. Kap. 38). Die Zelle investiert einen hohen Anteil ihrer Energie in ihre Produktion, wobei jedoch zu berücksichtigen ist, daß ohne Proteine ein effizienter Energieumsatz in der Zelle überhaupt nicht möglich wäre.

20 verschiedene Aminosäuren: Die Zahl ist relativ hoch, theoretisch könnte sie unter Beibehaltung des Triplettcodes sogar noch höher sein: ca. 60 (64 minus Start- und Stopsignalen). Der Preis hierfür wäre jedoch der Verlust an Redundanz, und das würde eine erhöhte Störanfälligkeit des Systems nach sich ziehen.

Die Aminosäuren unterscheiden sich funktionell durch ihre Seitenketten. Wir kennen neutrale, polare und nichtpolare Reste, große und kleine, mit SH-Gruppe und ohne etc. Ihr Anteil in einem bestimmten Protein verleiht ihm seine spezifischen Eigenschaften. Zahlreiche Proteine sind wasserlöslich. Die hydrophilen Eigenschaften gehen auf einen relativ hohen Gehalt an Aminosäuren mit OH-, COO^--, NH_3^+- und SH-Gruppen zurück. Viele der im Plasma und in extrazellulären Flüssigkeiten gelösten Proteine gehören zu dieser Kategorie, und viele von ihnen wirken als Katalysatoren (→ Enzyme). Dem stehen hydrophobe Proteine mit einem hohen Anteil an Aminosäuren mit CH_3-, CH_2- und Phenylresten gegenüber. Membrangebundene Proteine gehören hierher.

Es gibt keine andere Klasse natürlicher Makromoleküle, bei denen einige Vertreter hydrophob, andere hydrophil sind. Nukleinsäuren und Polysaccharide sind hydrophil. Lipide sind hydrophob oder bipolar gebaut, d.h. an einem Molekül sind gleichzeitig hydrophobe und hydrophile Reste exponiert. Als Folge davon orientieren sich solche Moleküle an Grenzschichten hydrophil/hydrophob und bilden monomolekulare Filme aus (s. Kap. 24). Zwar enthalten praktisch alle Proteine sowohl die eine als auch die andere Gruppierung, doch werden die meisten funktionellen Gruppen wegen der Größe des Moleküls intramolekular abgesättigt, sind damit verborgen und stehen für Reaktionen mit anderen Molekülen nicht zur Verfügung.

Jedes Protein ist durch die Sequenz von Aminosäuren eindeutig charakterisiert. Es ist einzigartig, allerdings nicht im Sinne einer einmaligen Auswahl aus einer Fülle möglicher Alternativen, sondern vielmehr im Hinblick auf eine optimale Anpassung an seinen funktionellen Zweck. Man schätzt, daß eine *Escherichia coli*-Zelle etwa 2000 und ein vielzelliger eukaryotischer Organismus etwa 3000 verschiedene Proteine pro Zelle enthält. 1100 verschiedene *E. coli*-Proteine sind definitiv identifiziert worden.

Es gibt wenige spezialisierte Zellen, die nur ein oder wenige Proteine enthalten oder produzieren. Hierher gehören z.B. die Erythrozyten und die antikörperbildenden Zellen. In den einen macht das Hämoglobin 90% des Zellproteins aus, die anderen scheiden nur einen spezifischen Typ eines Antikörpers (Immunglobulin) aus. Erwähnt seien auch virusinfizierte Zellen, die auf Instruktion des Virusgenoms ausschließlich einige wenige virusspezifische Proteine synthetisieren.

Regulatorproteine und Enzyme wirken in äußerst geringen Konzentrationen. Wir werden hier nur am Rande auf die Effizienz ihrer Wirkung eingehen. Jedes Biochemielehrbuch enthält ausführliche Kapitel über dieses Thema. Im Moment ist es für uns nur wichtig zu erkennen, daß gerade diese Proteine wegen ihrer hohen Aktivität in der Zelle nur in sehr geringen Mengen vorliegen. Oft beträgt ihr Anteil an der Trockenmasse der Zelle weniger als 0,1%. Außerdem findet man in der Zelle eine Vielzahl sehr ähnlicher Proteine, zumindest was ihre chemische Zusammensetzung und ihre physikalisch-chemischen Parameter (Molekulargewicht, Form etc.) angeht. Hierin liegt die große Schwierigkeit, sie für analytische Zwecke in reiner Form und ausreichender Menge zu gewinnen. Die Probleme der Proteinchemie und -biophysik sind vielschichtig. Es gibt Fragestellungen, die nur an hochgereinigten Präparaten zu lösen sind, z.B. die Sequenzanalyse. Zur Bestimmung der Tertiärstruktur muß man sogar noch weiter gehen: Man muß das Protein kristallisieren und Schwermetallderivate von ihm herstellen können. Die heute vorhandenen Proteine sind Nachfahren primitiver Vorstufen, und viele gehen auf gemeinsame Vorfahren zurück, was sich in den Ähnlichkeiten ihrer Primär- und Tertiärstrukturen ausdrückt (s. Kap. 17).

Ein bestimmtes Protein, isoliert aus nah oder entfernt verwandten Arten zeigt Unterschiede, die in starker Näherung dem Verwandtschaftsgrad der Arten proportional sind. Wir erhalten somit „Marker", die für das Aufstellen von Stammbäumen außerordentlich nützlich sind.

Trennung, Isolierung und Nachweis von Proteinen

Die meisten Methoden zur Isolierung von Proteinen eignen sich primär für hydrophile Substanzen. Erst in den letzten Jahren sind Verfahren entwickelt worden, um auch hydrophobe zu isolieren und näher zu charakterisieren. Man bedient sich dabei ionischer und nichtionischer Detergentien wie z.B. Natriumdodecylsulfat (SDS), Natriumcholat, Gallensalze u.a. als Lösungsmittel. Eine der Voraussetzungen zum Erfolg ist die Wahl des geeigneten Ausgangsmaterials.

In bestimmten Geweben oder Zellen angereicherte Proteine sind leichter zu analysieren als solche, die in Zellen nur in Spuren vorliegen. Regulatorproteine aus eukaryotischen Zellen sind deshalb bisher überhaupt noch nicht näher charakterisiert worden. Der Prototyp für ein leicht zu fassendes Protein ist das Hämoglobin, das man ohne großen Aufwand aus Erythrozyten gewinnt. Aber selbst bei häufig vorkommenden Proteinen gibt es oft erhebliche Schwierigkeiten. Aktin und Myosin z.B. kommen in Muskelzellen reichlich vor, dennoch ist es erst kürzlich gelungen, näheres über ihre Struktur zu erfahren, denn diese Proteine haben im Vergleich zu vielen anderen ein relativ hohes Molekulargewicht, und da man auch in Laboratorien den Weg des geringsten Widerstandes geht, hat man sich zunächst auf die Untersuchung kleinerer Proteine konzentriert. Schwierigkeiten der Sequenzanalyse sind nämlich nicht durch die Leichtigkeit der Isolierung eines Proteins wettzumachen.

Die Reinigung eines Proteins erfolgt in der Regel über eine Reihe aufeinanderfolgender Anreicherungsschritte. Man benötigt eine Kontrolle der Effizienz des Vorhabens, um überschauen zu können, ob man das gesuchte Protein tatsächlich anreichert oder ob man es während der Reinigungsprozedur ganz oder teilweise verliert.

Hierzu ist ein Verfahren zur Messung der absoluten Proteinkonzentrationen pro Volumeneinheit erforderlich, damit man diese Werte in Bezug zur spezifischen Aktivität des gesuchten Proteins setzen kann. Anreicherungsmethoden sind nur dann als erfolgreich anzusehen, wenn

1. die spezifische Aktivität pro Gewichtseinheit Gesamtprotein zunimmt (z.B. Zunahme der katalytischen Aktivität eines Enzyms pro mg Protein in der Probe) und
2. die Gesamtaktivität nach einem Reinigungsschritt nicht wesentlich niedriger ist als davor.

Man setzt in der Regel nacheinander mehrere Anreicherungsschritte ein, bis das Verhältnis spezifische Aktivität/Gewichtseinheit Protein sich nicht weiter verbessert, bzw. bis es konstant bleibt.

Reinheit eines Proteins ist nicht einfach zu definieren. Es gibt jedoch einige Kriterien, die man als Richtlinien heranziehen kann:

1. Kristallisierbarkeit,
2. Löslichkeitskinetiken,
3. einheitliches Verhalten in der Ultrazentrifuge und/ oder in der Elektrophorese,
4. eindeutige Aussagen bei der Bestimmung der Aminosäuresequenz,
5. einheitliche katalytische Aktivität (keine Nebenaktivitäten),
6. Einheitlichkeit in chromatographischen Verfahren (bei Einsatz verschiedener Lösungsmittelsysteme).

Stets ist es erforderlich, mehrere voneinander unabhängige Reinheitskriterien anzugeben, denn keines ist für sich alleine ausreichend, um eine definitive Aussage zu machen. Manche Proteine bilden Kristalle im

Komplex mit anderen Komponenten, andere wiederum tragen auf einer Polypeptidkette zwei enzymatische Aktivitäten (s. Kap. 18), eine dritte Gruppe ist nur unter Zusatz eines Kofaktors (Coenzym, Effektor, Ion etc.) voll aktiv.

Der Begriff „Reinheit" darf also nicht von vornherein mit maximaler enzymatischer Aktivität verwechselt werden. Um ein chemisch reines Produkt zu erhalten, muß man die Kofaktoren (und die Aktivität) „wegreinigen". Der Proteinanteil des Hämoglobins z.B. ist unwirksam, erst im Komplex mit dem Porphyrinring tritt Aktivität auf. Für eine Sequenzanalyse des Proteins wäre er jedoch außerordentlich störend.

Recht schwierige Probleme treten bei membrangebundenen Proteinen (s. Kap. 24) auf, denn es ist dort oft unklar, wo ein Protein aufhört und wo die Membran beginnt. Protein-Protein-Interaktionen sind häufig, und sie sind zum Verständnis vieler biologischer Phänomene (incl. der Bildung supramolekularer Komplexe und Organellen) außerordentlich wichtig. Die Fähigkeit, selektiv kleine, oft bestimmte Ionen zu binden, ist eine wichtige Voraussetzung für die Funktion der Proteine als Ionencarrier (s. Kap. 28).

Methoden

Zur Isolierung eines Proteins aus einem Gewebe oder aus Zellen muß zunächst die Zellstruktur zerstört werden (Methoden: Zerreiben, Anwendung von Scherkräften, Ultraschall, chemische und/oder enzymatische Methoden), wobei jedoch darauf zu achten ist, daß die Proteinstruktur dabei nicht in Mitleidenschaft gezogen wird. Dieses Problem tritt bei Pflanzenzellen besonders deutlich in Erscheinung, weil beim Aufbrechen der Zelle Plasmaproteine mit Vakuoleninhalt vermischt werden. Letzterer ist stark sauer und zerstört damit zahlreiche Proteine. Abhilfe bietet hier und bei anderen Objekten vor allem die Verwendung von Puffern als Extraktions- und Lösungsmittel. Weitere wesentliche Parameter sind Temperatur und Ionenstärke. Da chemische Reaktionen bei niedriger Temperatur langsamer als bei hoher ablaufen, empfiehlt es sich, bei ca. 4°C zu arbeiten. Partiell aufgearbeitete Proteine sollte man nicht zu lange stehenlassen, da Abbauprozesse einem Erfolg der Arbeit entgegenstehen. Es ist weiterhin zu beachten, daß viele Proteine denaturieren, wenn man sie in zu stark verdünnter Lösung hält oder wenn die Salzkonzentration im Medium nicht im richtigen Bereich liegt. Die Löslichkeit eines Proteins hängt von der Salzkonzentration und vom pH-Wert ab. Diese Werte sind für verschiedene Proteine unterschiedlich, was man sich andererseits für ihre Charakterisierung und Reinigung nutzbar machen kann. Die Ausfällung eines Proteins durch Salz (Aussalzeffekt) ist in der Regel reversibel. Man setzt den Aussalzeffekt sehr häufig als ersten Schritt der Proteinreinigung ein. Der Vorteil liegt u.a. in einem Konzentrierungseffekt des Proteins, da man das ausgefällte Protein in einem Bruchteil des Volumens, welches man ursprünglich eingesetzt hatte, wieder lösen kann. Eines der besten Aussalzmittel ist $(NH_4)_2SO_4$, weil es noch in sehr hohen Konzentrationen löslich ist. Auch die meisten organischen Lösungsmittel eignen sich zur Ausfällung hydrophiler Proteine, wobei die Aktivität häufig unbeeinflußt bleibt. Ein solches Fällungsmittel ist das Aceton. Hydrophobe Komponenten (Lipide u.a.) bleiben in Lösung, die Proteine fallen aus und können abzentrifugiert und getrocknet werden. Man erhält so das lagerfähige, sog. Acetontrockenpulver. Hieraus läßt sich eine Reihe von Proteinen mittels wässriger Lösungsmittel in aktivem Zustand wieder extrahieren.

Einige andere organische Lösungsmittel, vor allem solche mit hoher Dielektrizitätskonstante (Dimethylsulfoxyd, Formamid, Essigsäure und Dichloressigsäure) sind gute Lösungsmittel für Proteine.

Zur weiteren Reinigung und Anreicherung nutzt man folgende Eigenschaften aus:

1. Unterschiede im Molekulargewicht,
2. Unterschiede in der Löslichkeit,
3. Unterschiede in der elektrischen Ladung,
4. Unterschiede in der Adsorption an bestimmte Stoffe,
5. unterschiedliche Affinität zu anderen Molekülen.

Es gibt mindestens drei Wege in zahlreichen Varianten, um Proteine aufgrund ihres Molekulargewichts voneinander zu trennen:

a) Trennung im Schwerefeld (Zentrifugation).
b) Molekülsiebe: Hierbei geht man davon aus, daß Moleküle Poren in einer Membran oder in Partikeln nur dann durchdringen, wenn der Durchmesser der Pore größer als der Moleküldurchmesser ist. Da man Partikel mit vorgegebener Porengröße herstellen kann, lassen sich Molekülgrößen bestimmen und unterschiedlich große Moleküle voneinander trennen. Dialyse und Molekülsiebchromatographie sind zwei Anwendungsbereiche, die auf diesem Prinzip beruhen.
c) SDS-Gelelektrophorese: Das SDS ist amphipathisch und bindet mit seinem hydrophoben Anteil an das Proteinmolekül, wobei dieses denaturiert wird. Erfahrungen haben gezeigt, daß pro Längeneinheit Polypeptidkette etwa gleich viele SDS-Moleküle gebunden werden. SDS wiederum trägt eine negative Ladung und macht damit den Protein-SDS--Komplex stark negativ. Die proteineigenen Ladungen fallen im Vergleich hierzu kaum ins Gewicht, so daß die Gesamtladung des Komplexes der Größe des Proteinmoleküls direkt proportional ist. Da die Beweglichkeit im elektrischen Feld nicht nur von der Zahl der Ladungen pro Molekül abhängt, sondern primär von der Ladungsverteilung (Ladung/Volumeneinheit), dürften sich gleichgeladene Partikel elektrophoretisch nicht voneinander unterscheiden. Bei der SDS-Gelelektrophorese wird zusätzlich der Diffusionseffekt durch das Gel

ausgenutzt. Kleine Moleküle wandern deshalb schneller als große. Die Wandergeschwindigkeit ist der Größe proportional (s. Abb. 14.1). Das Verfahren ist relativ einfach und ist in den letzten Jahren zu einer Standardmethode der Molekulargewichtsbestimmung ausgearbeitet worden. Dabei ist jedoch zu beachten, daß man nur relative Werte erhält und daß in jedem Experiment geeignete Standards als Marker eingesetzt werden müssen.

Trennverfahren aufgrund unterschiedlicher Löslichkeit haben wir bereits kurz angeschnitten. Ein Spezialfall, in Kombination mit der Elektrophorese, ist die Isoelektrische Fokusierung. Das Verfahren beruht auf dem gleichzeitigen Einsatz eines pH-Gradienten und eines elektrischen Feldes. Die Proteinmoleküle wandern im elektrischen Feld und fallen aus, sobald sie in den Bereich ihres isoelektrischen Punktes (IEP) geraten. Der IEP ist der pH-Wert, bei dem im Protein die geringstmögliche Zahl der Gruppen in den Seitenketten der Aminosäuren ionisiert sind. Da der IEP für jedes Protein spezifisch ist, läßt sich das ausgefällte Protein vom Rest der Lösung abtrennen und in einem geeigneten Lösungsmittel wieder lösen.

Die Isoelektrische Fokusierung wie auch die übrigen elektrophoretischen Verfahren, auf die wir hier nicht näher eingehen können, setzt man primär für analytische Zwecke ein; jedoch sind auch Modifikationen im Gebrauch, die das Arbeiten in präparativem Maßstab zulassen.

Die Exaktheit und die Trennschärfe dieser Verfahren sind in den letzten Jahren kontinuierlich verbessert worden. 1975 berichteten O'Farrell und Mitarbeiter (University of California, San Francisco) über ein zweidimensionales Verfahren, bei dem ein Proteingemisch in einer Richtung nach dem Prinzip der SDS-Gelelektrophorese, in der anderen Richtung durch Isoelektrische Fokusierung aufgetrennt wird. Die Proteine werden damit in einem Experiment sowohl aufgrund unterschiedlichen Molekulargewichts als auch unterschiedlicher isoelektrischer Punkte voneinander getrennt (s. Abb. 14.2). Das Verfahren erlaubt es, 7000 verschiedene Proteine in einem Gel isoliert darzustellen. In einem *E. coli*-Lysat sind auf diese Weise 1100 Proteine in analytischem Maßstab unterschieden worden. Diese Zahl ist nicht durch die Qualität der Auflösung des Verfahrens, sondern durch die Größe des Bakterienchromosoms limitiert. Es versteht sich von selbst, daß die hier zu trennenden Proteine nur in Spuren vorliegen und daß chemische Methoden für ihren Nachweis nicht genau genug sind. Um sie dennoch erfassen und im Gel lokalisieren zu können, markierte man sie vorab durch ^{35}S und wies die Radioaktivität im Gel autoradiographisch nach. Dieses Verfahren bietet als weiteres den Vorteil halbquantitativen Arbeitens. Wenn man nämlich den Grad der Schwärzung auf einen internen Standard bezieht, können die relativen Mengen aller voneinander getrennten Proteine bestimmt werden. Es ist allerdings nicht möglich, die Aktivitäten der einzelnen Proteine festzulegen, denn durch die SDS-Behandlung werden Proteine denaturiert und ihr aktives Zentrum wird zerstört.

Bei Einsatz der Gelelektrophorese ohne SDS-Zusatz sind einige Aktivitäten auch im Gel nachweisbar. Das ist besonders deshalb von Interesse, weil man somit

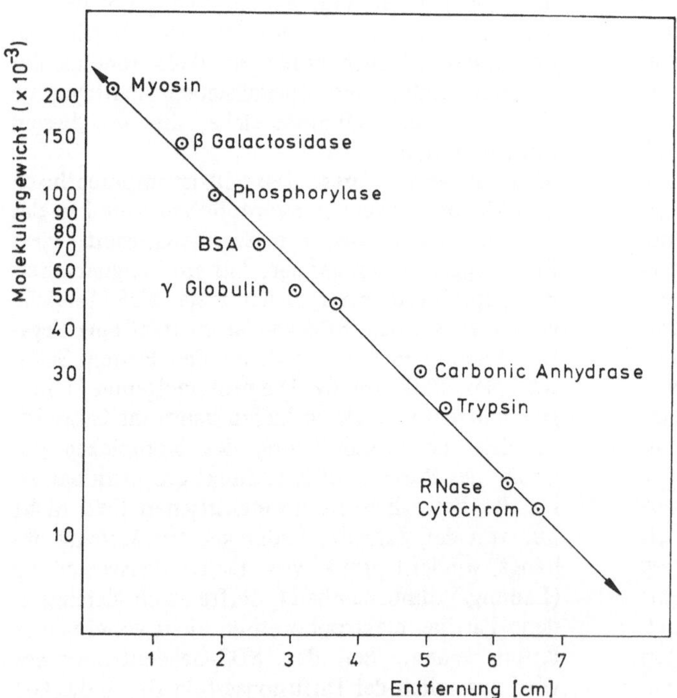

Abb. 14.1. Bestimmung des Molekulargewichts durch SDS-Gelelektrophorese (Eichkurve). Die Wandergeschwindigkeit der Makromoleküle im Gel ist proportional zum log des Molekulargewichts. Das Verfahren liefert nur relative Werte. Bei jedem Experiment müssen daher Standards mit bekanntem Molekulargewicht mitlaufen. (Daten aus Goodenough et al., 1972)

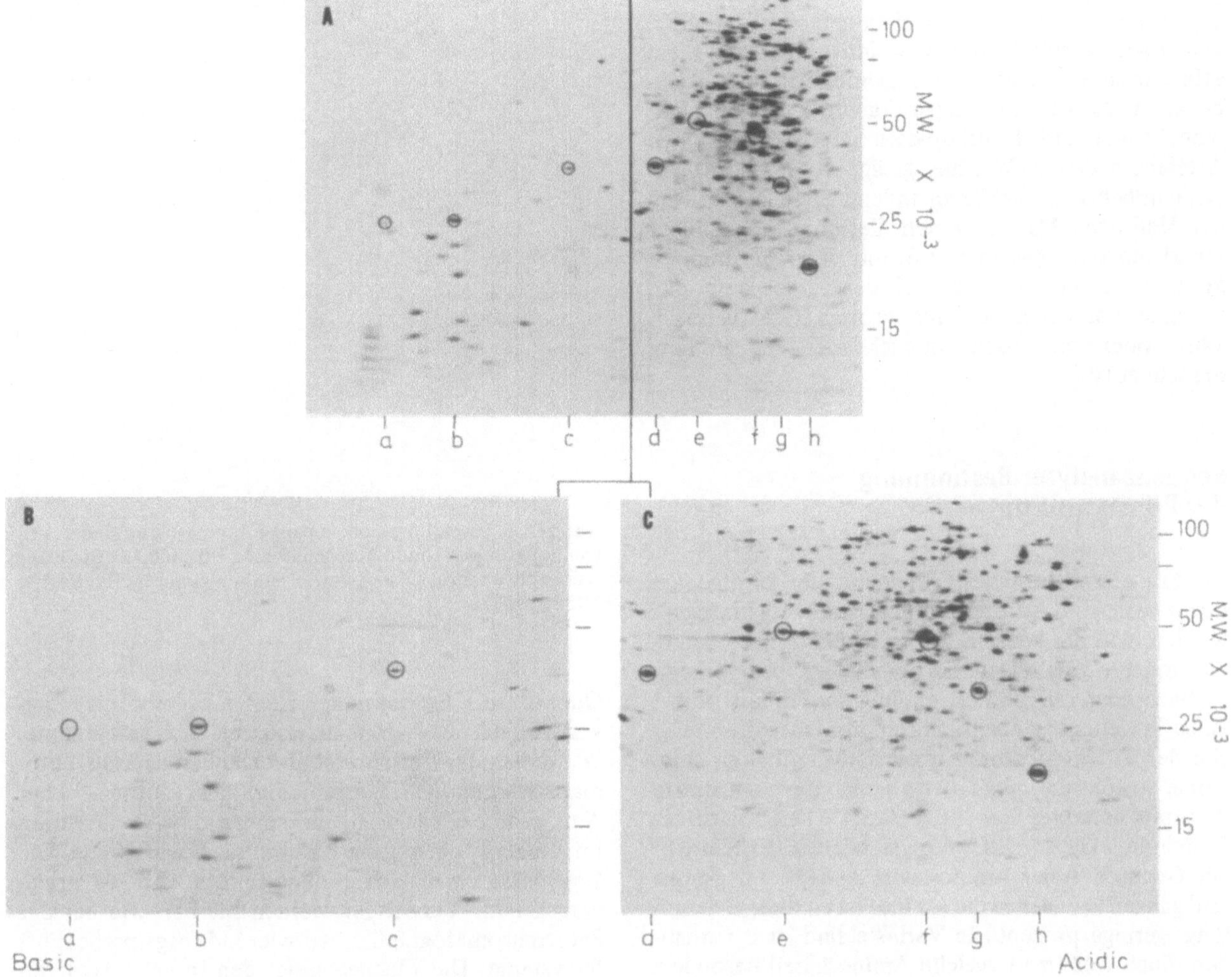

Abb. 14.2 A–C. Auftrennung des Gesamtproteins einer eukaryotischen Zelle (Affennieren-Zelle) (*Nonequilibrium pH-gradient electrophoresis;* Nephage). Die Auftrennung beruht auf unterschiedlichen Molekulargewichten (Elektrophorese) und unterschiedlichen isoelektrischen Punkten (Isoelektrische Fokusierung) der einzelnen Proteine. Die Proteine wurden in vivo mit $[^{35}S]$-Methionin markiert. Ihre Identifikation im Gel erfolgte durch Autoradiographie. Die Auftrennung saurer Proteine ist weniger gut als die der basischen. (Aufn. O'Farrell et al., San Francisco, 1977)

Enzymaktivitäten nach der elektrophoretischen Trennung eines Rohlysats (ohne Vorreinigung) erkennen und im Gel lokalisieren kann. Man entwickelt das Gel mit einem Derivat des Substrats des betreffenden Enzyms, wobei sich das Derivat dadurch auszuzeichnen hat, daß es nach enzymatischer Einwirkung einen wasserunlöslichen Farbstoff bildet, den man im Gel direkt als Bande sehen und damit auch die Lage des spezifischen Enzyms im Gel festlegen kann. Das Verfahren ist zum Nachweis von Iso- und Alloenzymen (s. Kap. 17) hervorragend geeignet.

Unterschiedliche Ladung von Proteinen wird auch zur Trennung an Ionenaustauschern ausgenutzt. Dieses Verfahren – die Ionenaustauscherchromatographie – wird vorwiegend für präparatives Arbeiten eingesetzt, weil das System über eine große Kapazität bei hoher Trennschärfe verfügt. Während bei der Ionenaustauscherchromatographie das zu trennende Gut (Proteine, Peptide etc.) durch ionische Bindungen reversibel an den Austauscher gebunden wird, wobei die Affinität von der Anzahl der richtigen Ladungen (je nachdem + oder –) pro Molekül abhängt, nutzt man bei der Affinitätschromatographie die spezifische Wechselwirkung zwischen dem Protein und einem stationär fixierten Liganden aus.

Dieser Abriß über Trennverfahren soll auf die Vielfalt der gängigen Methoden und Methodenkombinationen hinweisen. Details müssen Methodenwerken, wie z.B. den "Methods of Enzymology", von dem bisher (1979) 62 Bände erschienen sind, oder Tabellenwerken, wie dem "Handbook of Chemistry and Physics" entnommen werden. Viel wichtiger ist jedoch eigene (jahrelange) Erfahrung im Labor. Es ist in der Tat oft entscheidend, in einem Experiment mit

0,1 molarem anstelle 0,12 molarem Puffer zu arbeiten. Nicht immer sind alle Parameter bis ins letzte Detail ausgearbeitet, so daß es sinnvoll und vor allem effizient ist, eine Methode zu übernehmen oder beizubehalten, die zu vernünftigen Ergebnissen geführt hat, wobei man natürlich aufzupassen hat, daß man keinen Artefakten erliegt. Was hier gesagt wurde, gilt selbstverständlich auch für alle an anderer Stelle beschriebenen Methoden. Man sollte sich allerdings auch darüber im klaren sein, daß man z.B. mit einer bestimmten Methode ein Protein vorzüglich bearbeiten kann, daß sie aber bei einem anderen Protein total versagen kann oder nur nach weitgehender Abwandlung brauchbar ist.

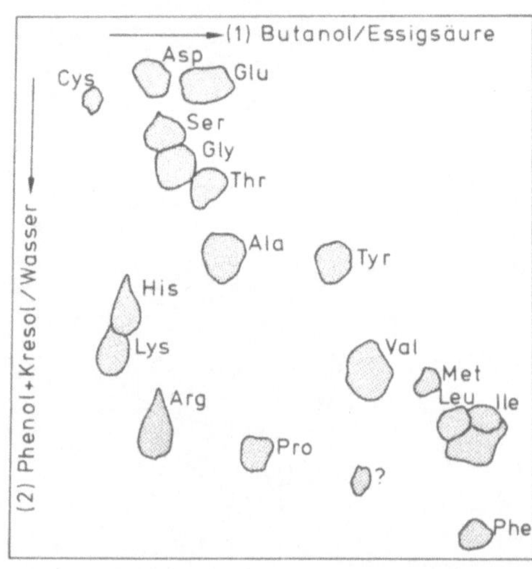

Abb. 14.3. Zweidimensionale papierchromatographische Auftrennung eines Aminosäuregemisches. Für jede Laufrichtung wurde ein anderes Lösungsmittelgemisch gewählt (Haurowitz, 1955, 1963)

Sequenzanalyse: Bestimmung der Primärstruktur

Die Primärstruktur eines Proteins ist die Abfolge (Sequenz) von Aminosäuren in ihm. Es muß vorausgesetzt werden, daß das Protein, dessen Sequenz man bestimmen möchte, gereinigt und in homogener Form vorliegt.

Bevor man mit der Bestimmung der Primärstruktur eines Proteins beginnen kann, muß man wissen, welche der 20 Aminosäuren im Protein enthalten sind, wobei sowohl die qualitative als auch die quantitative Zusammensetzung von Interesse ist. Hierzu wird das Proteinmolekül durch Hydrolyse mit starker Säure in ein Gemisch freier Aminosäuren zerlegt. Im großen und ganzen überstehen die Aminosäuren diese Behandlung; geringe prozentuale Verluste sind zwar vorhanden, doch weiß man, welche Aminosäuren besonders empfindlich und wie hoch die einzelnen Verlustraten sind. Das Hydrolysat (Gemisch von Aminosäuren) wird aufgetrennt. Bewährt haben sich hierfür die Papierchromatographie und die Dünnschichtchromatographie unter Einsatz organischer Lösungsmittel. Zur Steigerung der Auflösung bedient man sich der sog. zweidimensionalen Papier- oder Dünnschichtchromatographie, bei der man das Aminosäuregemisch punktförmig an einer Ecke des Papierbogens oder einer beschichteten Glasplatte aufträgt und es in einem Lösungsmittelgemisch (-system) wandern läßt. Anschließend dreht man das Chromatogramm um 90° und läßt das zum großen Teil bereits aufgetrennte Gemisch in einem zweiten Lösungsmittelsystem wandern. Die Wandereigenschaften der Aminosäuren in den beiden Gemischen sollten sich voneinander unterscheiden. Am Ende des Experiments erhält man eine Verteilung der Aminosäuren im Papier- oder Dünnschichtchromatogramm. Da Aminosäuren farblos sind, bedarf es einer spezifischen Anfärbung, um sie auf dem Papier zu lokalisieren. Als Reagenz eignet sich dafür das Ninhydrin. In Anwesenheit einer Aminosäure bildet sich ein rotvioletter Farbstoff. Durch ihre Rf-Werte sind die Aminosäuren eindeutig charakterisiert (s. Abb. 14.3).

Quantitative Bestimmung. Hierzu bedient man sich vorwiegend der Ionenaustauscherchromatographie. Wenn man das Verfahren unter standardisierten, automatisierbaren Bedingungen durchführt (automatischer Aminosäureanalysator), erscheinen die Aminosäuren im Eluat in einer ganz bestimmten Reihenfolge. Die Ergebnisse einer Auftrennung sind in Abb. 14.4 wiedergegeben. Verwendet werden hierbei, wie bei der Papierchromatographie, vorwiegend organische Puffersysteme. Die Flächen unter den Intensitätskurven der einzelnen Aminosäuren verhalten sich wie die Mengen der Aminosäuren im Gemisch. Zu beachten sind auch hier einige Umrechnungsfaktoren, da die Extinktionskoeffizienten der einzelnen Aminosäuren voneinander verschieden sind.

Bestimmung der Aminosäurezusammensetzung. Ein Protein enthält größenordnungsmäßig 100–300 Aminosäuren. Es ist praktisch ausgeschlossen, ein solches Molekül als ganzes zu analysieren. Man zerlegt es deshalb in Bruchstücke, wobei es darauf ankommt, das Proteinmolekül in eine bestimmte Anzahl von Fragmenten mit definierter Länge zu zerlegen. Man muß also die Polypeptidkette an ganz bestimmten Stellen spalten. Das wiederum wird durch proteolytische Enzyme wie Trypsin, Chymotrypsin, Pepsin, Papain u.a. besorgt. Ihre Spezifitäten sind der Liste auf S. 131 zu entnehmen.

Die höchste Spezifität hat zweifelsohne das Trypsin, das deshalb auch am häufigsten eingesetzt wird. Etwa jeder 5.–15. Aminosäurerest in einem Protein ist ein Arg oder ein Lys, was zur Folge hat, daß man Bruchstücke, sog. Tryptische Peptide mit einer Länge von 5–15 Aminosäuren gewinnt, die chromatographisch und/oder elektrophoretisch voneinander trennbar

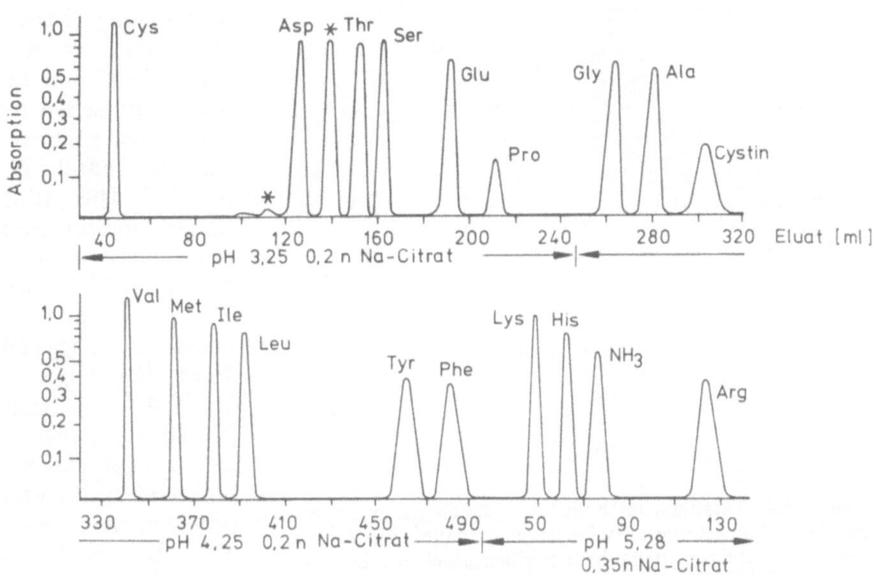

Abb. 14.4. Elutionsdiagramm einer automatischen Aminosäureanalyse. Das Ionenaustauscherharz (Polystyrolmatrix) ist mit Sulfonsäuregruppen substituiert. (Nach Spackmann et al., 1958)

Enzym	spaltet hinter folgenden Aminosäuren
Trypsin	Arg, Lys
Chymotrypsin	Trp, Phe, Tyr
Pepsin	Trp, Phe, Tyr, Met, Leu
Carboxypeptidase	spaltet einzelne Aminosäuren vom C-terminalen Ende ab
Papain	Arg, Lys, Gly
Subtilisin	aromatische und aliphatische Reste
Thermolysin	hydrophobe Reste (Leu, Ile, Phe etc.)
Elastase	neutrale Reste

sind (Papierchromatographie, Ionenaustauschchromatographie, Molekülsiebchromatographie). Anschließend wird jedes einzeln analysiert, wobei man einmal, wie beschrieben, die Aminosäurezusammensetzung feststellen und zum anderen die Reihenfolge der Aminosäuren in diesem Peptid bestimmen kann.

Bei einem Vergleich zweier nah verwandter Proteine braucht man nicht die ganze Prozedur der Aminosäuresequenzbestimmung an dem neuen Protein durchzuführen, wenn man die Veränderungen nur bei einem oder wenigen tryptischen Peptiden vermutet. Man bedient sich eines kombinierten Verfahrens, bei dem die Peptide nacheinander papierchromatographisch und elektrophoretisch aufgetrennt werden und erhält somit auch hier nach Ninhydrinanfärbung ein Fleckenmuster auf dem Papier (einen *Fingerprint*). In Abb. 14.5 ist ein solcher vom Hämoglobin und im Vergleich dazu der vom Sichelzellhämoglobin wiedergegeben. Der Unterschied zwischen beiden ist hervorgehoben. Man braucht jetzt nur noch die Zusammensetzung der fraglichen Peptide zu analysieren, um sagen zu können, wodurch sich Hämoglobin vom Sichelzellhämoglobin unterscheidet. Oft möchte man

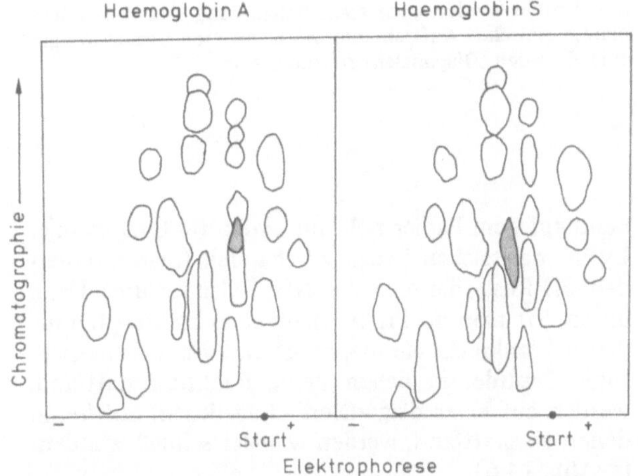

Abb. 14.5. *'Fingerprint'*: Zweidimensionale Auftrennung eines Peptidgemisches durch Chromatographie und Elektrophorese. Das Peptidmuster der Peptide aus Hämoglobin A ähnelt dem Muster der Peptide aus Hämoglobin S (Sichelzellhämoglobin). Der Unterschied zwischen beiden ist in der Zeichnung angezeigt. Das Verfahren eignet sich, um Vorabinformationen darüber zu gewinnen, ob zwei Proben untereinander gleich oder verschieden sind und wo ggf. Unterschiede auftreten

lediglich wissen, ob eine bestimmte Aminosäure, z.B. Cys oder Lys, Trp, Tyr u.a. in einem Peptid enthalten ist oder nicht. Zum Nachweis eignen sich u.a. spezifische Sprühreagenzien, mit denen man das Chromatogramm besprüht. Hierbei färben sich nur solche Peptide an, die die betreffende Aminosäure enthalten. Ein weiteres Verfahren ist die sog. Diagonalmethode, die z.B. für den Nachweis von Cystein- oder Lysinresten geeignet ist. Dabei wird das Gemisch der Peptide papierelektrophoretisch aufgetrennt und anschlie-

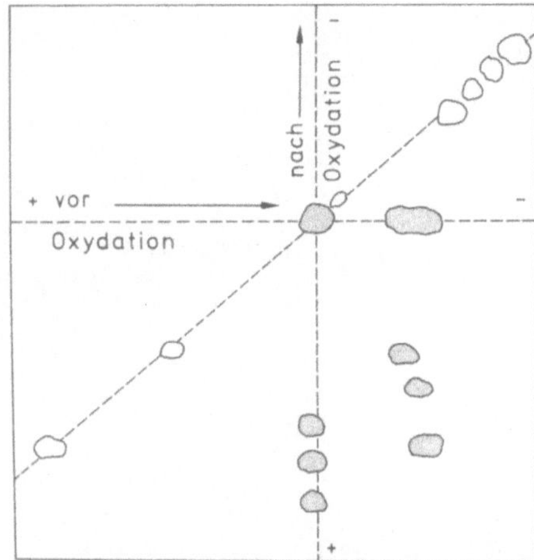

Abb. 14.6. Diagnomalmethode zur Charakterisierung von Peptiden, die bestimmte Aminosäuren enthalten. Die Peptide werden papierchromatographisch in einem gegebenen Lösungsmittelgemisch aufgetrennt. Die Auftrennung in der zweiten Dimension geschieht mit dem gleichen Lösungsmittelgemisch. Vorher werden die eindimensional aufgetrennten Peptide mit oxydierenden Reagenzien behandelt, die z.B. mit Cys spezifisch reagieren. Alle Peptide, die diese Aminosäure enthalten, verändern ihre Wandereigenschaften. Nur die nicht-umgesetzten Peptide werden auch nach Behandlung und papierchromatographischer Auftrennung in der zweiten Dimension auf einer Geraden (Diagonalen) zu finden sein

ßend auf dem Papier z.B. mit einem für Cystein oder Lysin spezifischen Reagenz behandelt (man oxydiert den -SH-Rest oder setzt die $-NH_3{}^+$-Gruppe um). Dann unterwirft man die Probe erneut einer Elektrophorese, diesmal senkrecht zur ursprünglichen Wanderungsrichtung. Peptide, in denen keine Reaktion stattfand, werden auf einer diagonalen Linie liegen. Solche, in denen sie stattfand, werden weniger schnell wandern (s. Abb. 14.6).

Bestimmung C-terminaler Reste in Peptiden. C-terminale Aminosäurereste sind aufgrund ihres Abbaus durch Carboxypeptidase nachweisbar. Aus einem Peptid mit der Sequenz

Ala – Phe – Thr – Ser – Gly

wird nach kurzer Behandlung mit dem Enzym nur Gly abgespalten, nach etwas längerer Inkubationszeit findet man freies Ser und freies Gly, nach noch längerer Zeit freies Thr, Ser und Gly. Dieses Zeitexperiment sagt uns, daß die Aminosäuren sequentiell freigesetzt werden. Da die Freisetzung jedoch nicht bei allen Molekülen im Gemisch synchron verläuft, eignet sich das Verfahren allenfalls, um die vier (fünf) C-terminalen Aminosäuren in ihrer Reihenfolge festzulegen. Neben manchen Aminosäuren, wie dem Pro, spaltet die Carboxypeptidase überhaupt nicht.

Bestimmung N-terminaler Reste in Peptiden. Zwar gibt es auch eine Aminopeptidase, aber da sie weniger „zuverlässig" arbeitet, setzt man sie in der Proteinchemie relativ selten ein. Besser ist ein chemisches Verfahren, der „Edman-Abbau" (s. Abb. 14.7). Hierbei wird das Peptid mit Phenylisothiocyanat umgesetzt, wobei ein Phenylthiohydantoinderivat der N-terminalen Aminosäure freigesetzt wird. Es ist vom übrigen Peptid relativ leicht abtrennbar und chromatographisch identifizierbar.

Das Restpeptid kann erneut umgesetzt werden. Edman und Begg (1967) haben das Verfahren standardisiert. Bei einigen Proteinen wurden auf diese Weise in 20--40 aufeinanderfolgenden Reaktionszyklen die 20–40 N-terminalen Aminosäuren bestimmt. Hierbei gilt: je länger das Peptid (oder Protein), desto besser funktioniert das Verfahren. Für kurze tryptische Peptide ist es wenig geeignet. An Cysteinresten arbeitet es nicht. Laursen hat das Verfahren modifiziert, indem er das Peptid an einen festen Träger koppelte (*Solid phase degradation*) und erweiterte somit die Anwendung auch auf kurze Peptide.

Zuordnung der Peptide; überlappende Sequenzen. Nachdem man die tryptischen Peptide analysiert und die Aminosäuresequenzen bestimmt hat, stellt man sich chymotryptische Peptide her und wiederholt die gesamte Prozedur. Um die Peptide in die richtige Reihenfolge zu bringen, sucht man nach überlappenden Sequenzbereichen. Ein einfaches Beispiel:

Man hat zwei tryptische Peptide:
1. Ala – Ser – Tyr – Ser – Lys
2. Thr – Val – Ile – Ala – Arg

Frage: Wie sind sie im Protein hintereinandergeschaltet: *1* vor *2* oder *2* vor *1*?

Nach Chymotrypsinbehandlung erhält man folgende Spaltstücke:
I: Cys – Arg – Ala – Ser – Tyr
II: Ser – Lys – Thr – Val – Ile – Ala – Arg – Trp

Man kann hieraus schließen, daß *1* vor *2* liegt, denn das zweite chymotryptische Peptid enthält das Ende des ersten und den Anfang des zweiten tryptischen Peptids.

Bei sehr langen Polypeptidketten (200–500 Aminosäurereste) zerlegt man die Kette zunächst in einige wenige, noch relativ lange Peptide, um nicht von vornherein mit der Schwierigkeit konfrontiert zu werden, an die 50 tryptische Peptide sauber voneinander trennen zu müssen. Hier empfiehlt sich die Methode der Bromcyanumsetzung, ein chemisches Verfahren, bei dem nur Peptidbindungen neben dem Aminosäurerest Met gespalten werden. Da Met in der Regel in Proteinen recht selten ist, erhält man nur wenige, aber lange Bruchstücke, die man dann getrennt voneinander weiteruntersuchen kann.

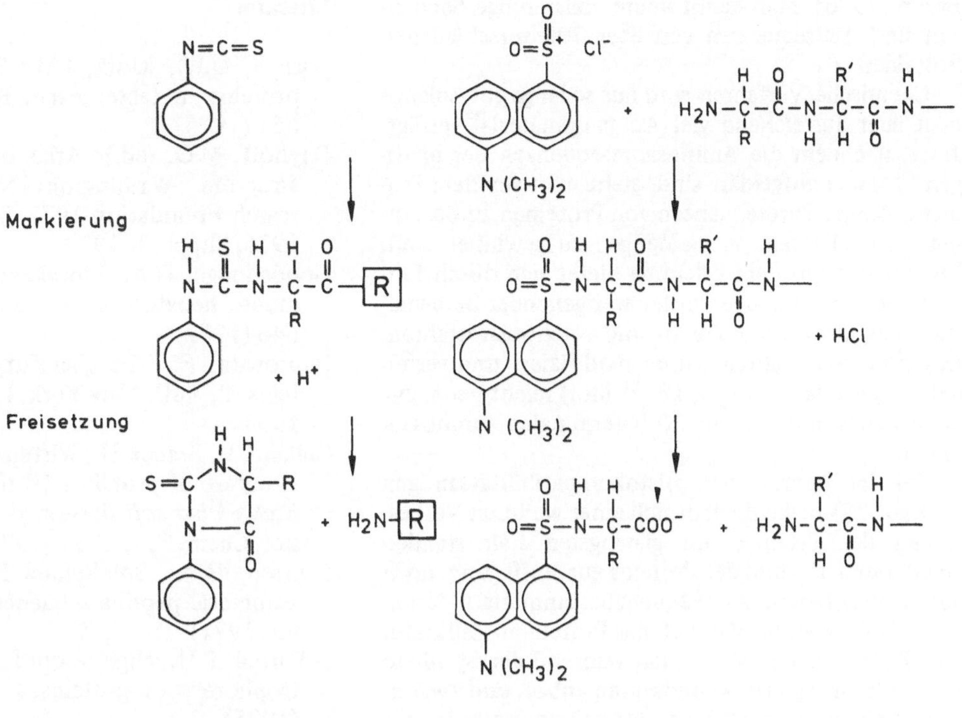

Abb. 14.7. Markierung N-terminaler Aminosäuren. Degradation der Polypeptidkette nach Edman. *1*, Das klassische Verfahren. Das Polypeptid wird mit Phenylisothiocyanat umgesetzt. Die N-terminale Aminosäure liegt nach Freisetzung als Phenylthiohydantoinderivat vor. *2*, Dansyl-Edman-Verfahren. Anstelle von Phenylisothiocyanat wird Dansylchlorid verwendet. Das Verfahren ist um zwei Zehnerpotenzen empfindlicher. Das Reaktionsprodukt ist fluoreszierend

Sanger (Medical Research Council, Laboratory of Molecular Biology, Cambridge/Engl., 1953) war der erste, der die Aminosäuresequenz eines Proteins aufgeklärt hat: Insulin (Sequenzdaten in Abb. 39.2).

Sequenzanalyse ist ein *Puzzle*. Es gibt kein direktes Verfahren, so wie wir es für die Sequenzierung von Nukleinsäuren kennengelernt haben (s. Kap. 4). Man braucht die Ergebnisse vieler Abbauprozesse und muß sich aus vielen Einzelteilen ein konfliktfreies Gesamtbild machen. Die Abb. 14.8 zeigt einen Teilausschnitt aus der Beweiskette der Sequenzanalyse des ribosomalen Proteins L10 (Heiland, Brauer, Wittmann-Liebold;

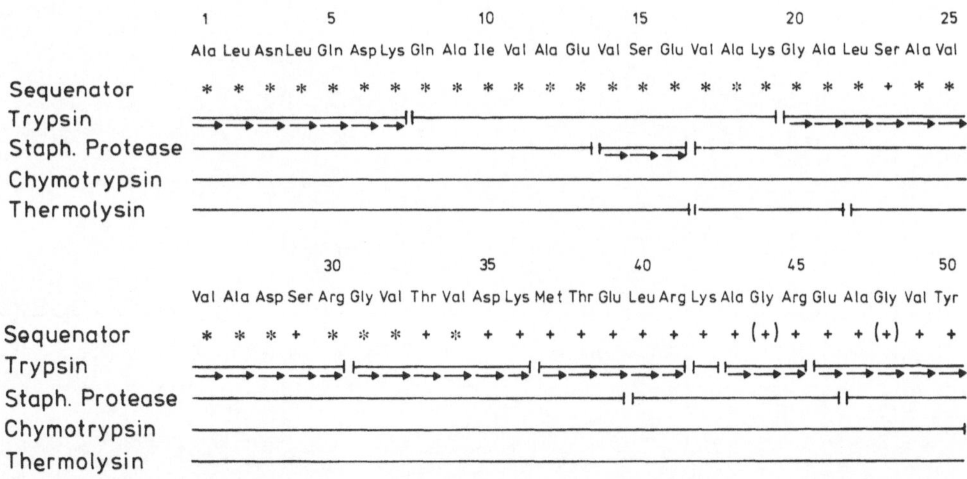

Abb. 14.8. Beispiel für die Sequenzierung eines Proteins (N-terminales Ende eines ribosomalen Proteins: L10 aus *E. coli*). Die genannten Enzyme: Trypsin, Protease aus *Staphylococcus aureus*, Chymotrypsin und Trypsin spalten das Polypeptid an den angegebenen Stellen. →, + und * kennzeichnen Aminosäuren, deren Art und Position im Sequenator ermittelt wurde (Nach Heiland et al., 1976)

Berlin, 1976). Man kennt heute vollständige Sequenzen und Teilsequenzen von über 700 verschiedenen Proteinen.

Chemische Verfahren sind nur so lange gut, solange man über ausreichend viel Ausgangsmaterial verfügt. Jetzt, nachdem die Aminosäuresequenzen der häufigen Proteine aufgeklärt sind, steht man vor dem Problem, Aminosäuresequenzen von Proteinen zu bestimmen, die allenfalls in μg-Mengen zu gewinnen sind. Ein Ausweg aus dem Dilemma bietet sich durch Einsatz von Radioisotopen unter weitgehender Beibehaltung der klassischen Trenn- und Nachweisverfahren. Das Edman-Verfahren wurde modifiziert und verfeinert. 1 μg Lysozym (7×10^{-11} Mol) reicht heute zur Sequenzbestimmung der 20 N-terminalen Aminosäuren aus.

Bei der Analyse von Histokompatibilitätsantigen (s. Kap. 23) bediente man sich einer weiteren Verbesserung der Technik. Im günstigsten Fall standen einem nur 10^{-9} Mol des Proteins zur Verfügung, doch das reichte bereits zur Sequenzbestimmung N-terminaler Aminosäuren. Man ließ das Protein in Zellkultur von Zellen bilden, denen man während der Synthese radioaktiv markierte Aminosäuren anbot, und zwar in 20 voneinander getrennten Versuchsansätzen jeweils eine andere. Radioaktivität erscheint im Protein somit nur in Positionen, an denen die betreffende Aminosäure steht. Das Protein wird nach Aufbrechen der Zellen durch spezifische Antikörper gefällt, der Antigen-Antikörper-Komplex wird dissoziiert, und das Protein wird dann gelelektrophoretisch von weiteren Verunreinigungen befreit. Die Position der inkorporierten radioaktiven Aminosäuren wird nach einem standardisierten Edman-Verfahren bestimmt.

Literatur

Darnall, D.W., Klotz, I.M.: Subunit constitution of proteins: a table. Arch. Biochem. Biophys. *166,* 651 (1975)

Dayhoff, M.O. (ed.): Atlas of protein sequence and structure. Washington: National Biomedical Research Foundation 1972. Suppl. 1: 1973, Suppl. 2: 1976, Suppl. 3: 1979

Goodenough, D.A., Stoeckenius, W.: The isolation of mouse hepatocyte gap junctions. J. Cell Biol. *54,* 646 (1972)

Haurowitz, F.: The chemistry and function of proteins, 2. Aufl. New York, London: Academic Press 1963

Heiland, I., Brauer, D., Wittmann-Liebold, B.: Primary structure of protein L10 from the large subunit of *Escherichia coli* ribosomes. Hoppe-Seyler's Z. Physiol. Chem. *357,* 1751 (1976)

Laursen, R.A.: Solid-phase Edman-degradation. An automatic peptide sequencer. Eur. J. Biochem. *20,* 89 (1971)

O'Farrell, P.H.: High resolution two-dimensional electrophoresis of proteins. J. Biol. Chem. *250,* 4007 (1975)

O'Farrell, P.Z., Goodman, H.M., O'Farrell, P.H.: High resolution two-dimensional electrophoresis of basic as well as acidic proteins. Cell *12,* 1133 (1977)

Wittmann-Liebold, B., Marzinzig, E.: Primary structure of protein L28 from the large subunit of *Escherichia coli* ribosomes. FEBS Lett. *81,* 214 (1977)

15. Wie bestimmt man die Tertiärstruktur? Röntgenstrukturanalyse

Jede Polypeptidkette faltet sich zu einer spezifischen, dreidimensionalen Struktur, der Tertiärstruktur. Erst in diesem energetisch günstigsten Zustand entfaltet das Protein seine katalytische Aktivität. So mühsam die Aufklärung der Primärstruktur eines Proteins auch sein mag (siehe vorangegangenes Kapitel), so wenig kann man aus der Primärstruktur über die Funktion eines Proteins aussagen. Zur Aufklärung der Tertiärstruktur bedient man sich der Röntgenstrukturanalyse, doch sie ist nur dann einsetzbar, wenn Kristalle des betreffenden Proteins zur Verfügung stehen.

Durch Beugung eines Röntgenstrahls an einem Kristall entsteht ein Beugungsbild, das aus einer Reihe von Reflexen besteht, die sich in ihren Abständen und ihren Intensitäten voneinander unterscheiden. Es gibt keine Sammellinsen für Röntgenstrahlen, und es ist somit nicht ohne weiteres möglich, aus dem Beugungsbild das reelle Bild der Struktur, an dem der Strahl gebeugt wurde, zu rekonstruieren. Auch Licht des sichtbaren Bereiches kann unter gewissen Voraussetzungen zur Sichtbarmachung von Beugungserscheinungen herangezogen werden, dann nämlich, wenn alle Lichtquanten-emittierenden Atome synchronisiert werden. Diese Synchronie der Lichtemission ist durch eine Methode zu erreichen, die unter der Bezeichnung Laser bekannt geworden ist: *Light Amplification by stimulated Emission of Radiation.* Bringt man Blenden in den Strahlengang eines Laserstrahls, wird der Strahl daran gebeugt. Das Beugungsbild, mathematisch durch eine Fouriertransformation zu beschreiben, ist auf einem Schirm abbildbar. In der Abbildung auf S. 123 sind derartige Muster wiedergegeben, die durch Beugung an einer Reihe verschiedener Blenden gewonnen wurden. Der Vorteil dieses Einsatzes des Lasers liegt in der einfachen Demonstrierbarkeit von sonst oft abstrakt scheinenden Beugungserscheinungen. Reflexe an der Peripherie des Bildes sind lichtschwächer als die im Zentrum; damit wird eine Limitation des Verfahrens veranschaulicht: Das Auflösungsvermögen ist durch die Möglichkeit, periphere Reflexe auszuwerten, beschränkt. Ein Kristall besteht aus kleinsten, sich wiederholenden Einheiten, den Einheitszellen (s. Abb. 15.1). Es gibt nur sieben verschiedene Kristallsysteme, die sich durch die Symmetrie ihrer Einheitszellen voneinander unterscheiden:

Kristalltypen: System	Dimension der Einheitszelle als Ausdruck der Symmetrie
triclinisch	$a \neq b \neq c$ $\alpha \neq \beta \neq \gamma \neq 90^\circ$
monoclinisch	$a \neq b \neq c$ $\alpha = \gamma = 90^\circ, \beta \neq 90^\circ$
orthorhombisch	$a \neq b \neq c$ $\alpha = \beta = \gamma = 90^\circ$
tetragonal	$a = b \neq c$ $\alpha = \beta = \gamma = 90^\circ$
hexagonal	$a = b \neq c$ $\alpha = \beta = 90^\circ, \gamma = 120^\circ$
trigonal oder *rhombohedral*	$a = b = c$ $\alpha = \beta = \gamma < 120^\circ \neq 90^\circ$
kubisch	$a = b = c$ $\alpha = \beta = \gamma = 90^\circ$

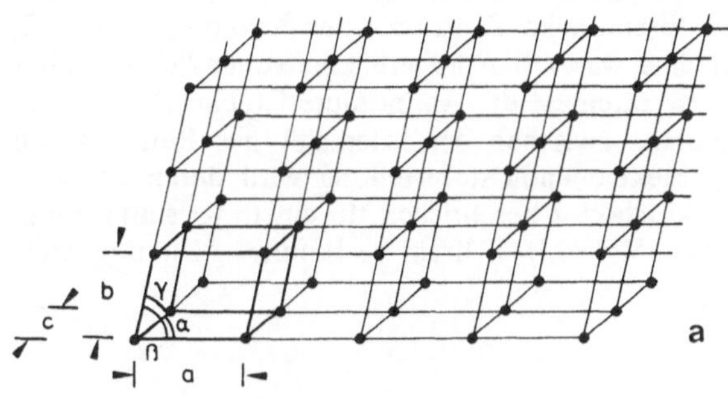

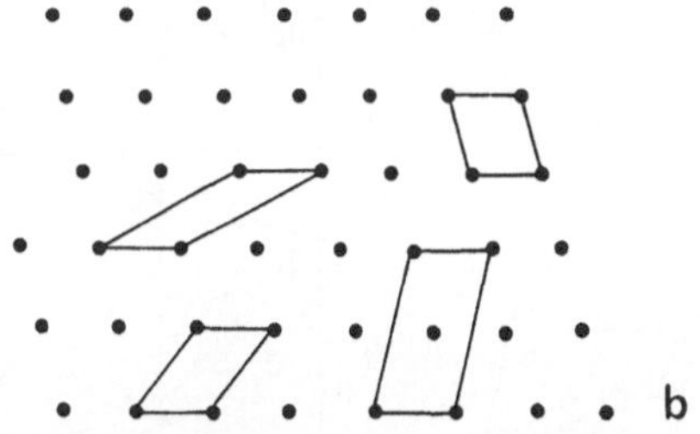

Abb. 15.1. a Räumliche Darstellung eines Kristallgitters. Eine Einheitszelle ist durch die Kantenlängen *a, b, c* und die Winkel α, β, γ charakterisiert. b Ein Netz kann aus verschiedenen Typen von Einheitszellen aufgebaut sein (Wilson, 1966)

Zur Bestimmung der Proteinstruktur ist es zunächst einmal wichtig zu wissen, welche Symmetrie die Einheitszelle hat, welchem Typ sie angehört und wieviele Proteinmoleküle sie enthält. Oft sind es sehr viele, was die Analyse der Proteinstruktur außerordentlich erschwert (s. Virusstrukturen, Kap. 46).

Ist der Abstand zwischen Gitterpunkten in einer Struktur d, dann erhält man ein Beugungsbild, das aus Linien besteht, deren Abstände voneinander d* betragen, wobei $d^* = 1/d$ ist. Das bedeutet, daß sich die Dimensionen im Beugungsbild reziprok zu denen in der Originalstruktur verhalten. Bei einem zweidimensionalen Gitter mit den Abständen der Punkte a und b erhält man ein Beugungsbild aus sich kreuzenden Linien. Die Fouriertransformation beruht somit auf einer Multiplikation von zwei Serien von Linien. Die Linien stehen nicht senkrecht aufeinander, sondern sie hängen von den Winkeln ab, die auch der Originalstruktur zugrunde liegen.

$$a^* = 1/(a \sin \alpha)$$
$$b^* = 1/(b \sin \alpha).$$

Das reziproke Gitter ist durch die Vektoren a* und b* charakterisiert (s. Abb. 15.2).

Röntgenstrahlen werden an einer Probe (z.B. einem Kristall) durch die Elektronenhülle der Atome in den Molekülen gestreut. Da die erhaltenen Bilder auf Streueffekte an zahlreichen Atomen zurückgehen, entspricht die Intensität der Reflexe im Beugungsbild der Dichteverteilung der Elektronenschale um die Atomkerne. Die Beiträge einzelner funktioneller Gruppen im Molekül unterscheiden sich voneinander. Das Eisenion im Zentrum eines Porphyrinringes z.B. hat eine wesentlich höhere Elektronendichte als der Seitenkettenrest der Aminosäure Glycin. Der Zusammenhang zwischen der Intensität des Reflexes und der Elektronendichteverteilung wird durch den sog. Strukturfaktor beschrieben. In einem Kristall (und in einem Molekül) kehren bestimmte Abstände stets wieder, so daß man charakteristische Reflexe erhält, die der Braggschen Gleichung gehorchen

$$\Phi = 2\,d \sin \Theta = n\lambda.$$

Erläuterung s. Abb. 15.3.

Die Auswertung der Abstände der Reflexe und deren Intensitäten allein genügt jedoch nicht, um auf die molekulare Struktur im Kristall schließen zu können, da bei der Beugung eine Phasenverschiebung des Röntgenstrahles auftritt. Perutz (MRC Laboratory of Molecular Biology) löste dieses Problem durch Einsatz isomorpher Schwermetallderivate des Proteins. Er ging davon aus, daß der Beitrag des Schwermetalls leicht zu bestimmen sei und somit auch der Phasenwinkel der Beugung am Protein. Die Messung ist jedoch mit Fehlern behaftet. Zur weiteren Präzision und vor allem zur Festlegung des Vorzeichens (Entscheidung, ob eine Verstärkung oder eine Abschwächung vorliegt) ist es notwendig, ein zweites oder gar drittes und viertes andersartiges Schwermetall und Schwermetallderivat einzusetzen und auch deren Reflexe zu ermitteln und auszuwerten. Polypeptidketten in einem Protein und Polynukleotidketten in Nukleinsäuren sind oft schraubenförmig gewunden. Es ist daher wichtig zu wissen, daß das Beugungsbild einer Schraube (Helix) stets die Form eines Kreuzes annimmt und durch eine Besselfunktion zu beschreiben ist (s. Abb. 15.4).

Technische Probleme der Röntgenstrukturanalyse

Die zur Aufklärung von Proteinstrukturen benötigte Wellenlänge der Röntgenstrahlung sollte in der Größenordnung von 1 Å liegen, denn man möchte ja Strukturen auflösen, die in diesen Abständen voneinander liegen. Die α-Komponente der K-Strahlung von Kupfer hat eine Wellenlänge von 1,54 Å und ist relativ einfach zu erzeugen.

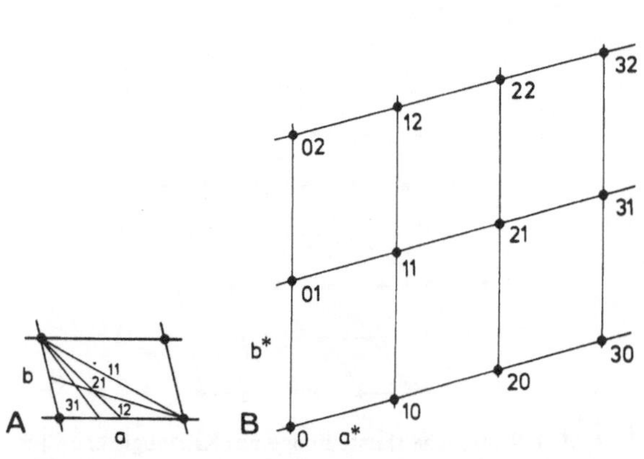

Abb. 15.2 A und B. Konstruktion eines reziproken Gitters (A → B): a → a*, b → b*

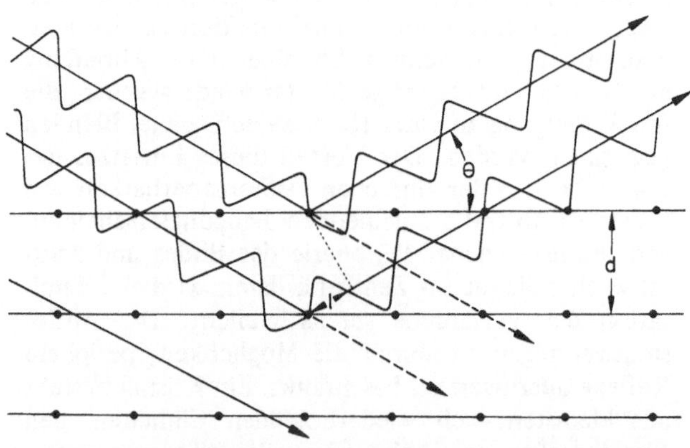

Abb. 15.3. Braggsches Gesetz: Einfallswinkel = Reflektionswinkel. Der Strahl wird an Streuzentren in parallel angeordneten Gitterebenen, die durch den Abstand d voneinander getrennt sind, reflektiert. $2\,d \sin \Theta = n\lambda$

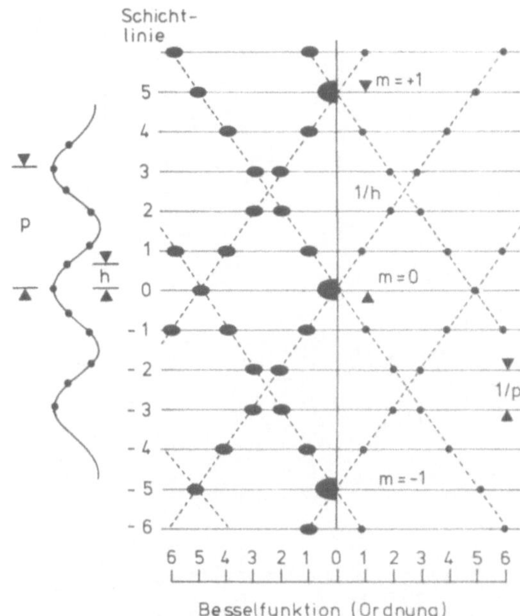

Abb. 15.4. Schematische Darstellung der Besselfunktion einer diskontinuierlichen Helix mit fünf Einheiten pro Windung (p = Ganghöhe). Die Reflexe liegen auf Schichtlinien mit dem Abstand 1/p. Die Repetitionseinheit (*m*) der Reflexe beträgt 1/h. *h* = Abstand der Einheiten voneinander (Wilson, 1966)

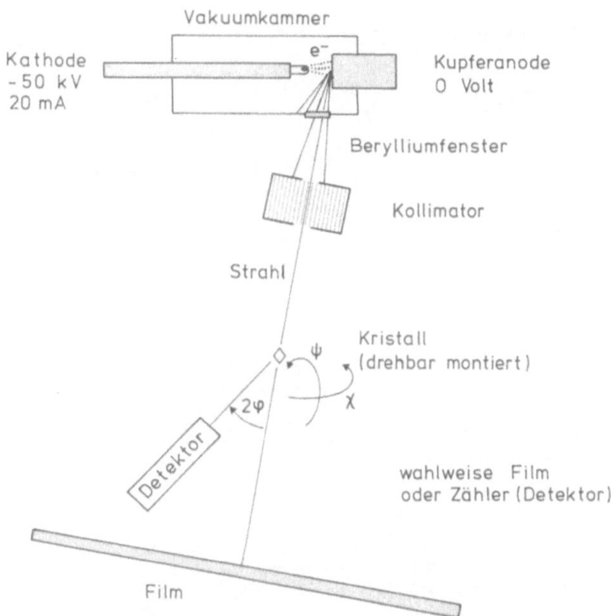

Abb. 15.5. Schema des Aufbaus eines Röntgendiffraktometers

Cu-K_α-Strahlung wird gewöhnlich durch Beschuß einer wassergekühlten Cu-Anode mit Elektronen angeregt. In Abb. 15.5 ist eine Apparatur zur Ermittlung der Diffraktion an Kristallen wiedergegeben. Bei Verwendung eines Diffraktometers mit einem Detektor erhält man sofort Digitalwerte für die Reflexstärke. Bei Verwendung eines Films müssen die Filmschwärzungen anschließend durch Messung der optischen Dichte in Digitalwerte umgewandelt werden. Trotzdem ist der Einsatz von Filmen wichtig, denn man kann damit simulatan eine Vielzahl von Reflexen erfassen. Damit wird der Kristall einer geringeren Röntgenstrahldosis ausgesetzt, und das ist besonders bei röntgenstrahlempfindlichen Proteinkristallen von Interesse.

Die Zahl der Reflexe, die zur Strukturaufklärung eines Proteins benötigt wird, liegt bei 10.000. Aus rein ökonomischen Gründen müssen daher möglichst alle Analyseschritte automatisiert werden. Das Diffraktometer wird *on-line* von einem Prozeßrechner aus betrieben. Die Röntgenfilme werden in einem automatisierten Mikrodensitometer ausgewertet (s. Abb. 15.6), die Meßwerte ihrerseits werden ebenfalls in einen eigens programmierten Computer eingegeben und zur weiteren Auswertung überlassen. Es sind mittlerweile weit über 150 verschiedene Kristallformen von etwa 70 verschiedenen Proteinen analysiert worden. Die erste Zahl übersteigt die zweite, weil vor Beginn einer Strukturanalyse meist erst nach einer geeigneten Kristallstruktur gesucht werden muß. Durch Änderung der Salzkonzentration, des pH-Wertes und anderer Parameter gelangt man zu verschiedenen Kristallformen. Proteinkristalle enthalten gewöhnlich 30–60% Wasser, was sie gegen Austrocknung sehr empfindlich macht. Bei allen Röntgenmessungen werden sie deshalb mit einem Rest Mutterlauge in eine Quarzkapillare eingeschlossen. Wassergehalt und Mutterlaugereste verursachen jedoch unangenehmen Streuuntergrund.

Nach Auswertung aller Reflexe errechnet man die Elektronendichteverteilung in der Elementarzelle. Um sie auswertbar darzustellen, wird sie in eine Reihe von Scheiben „zerlegt". Für jede Scheibe wird die Elektronendichte ausgerechnet und als Höhenlinienkarte auf eine Plexiglasscheibe gezeichnet. Die Plexiglasscheiben werden übereinander gestapelt und ergeben dann in der Durchsicht eine dreidimensionale Abbildung der Elektronendichte in der Elementarzelle.

Modellbau, Regeln und Extrapolationen

Elektronendichteverteilungen allein sind für einen Molekularbiologen uninteressant. Man benötigt eine Interpretation, und diese beruht auf dem Versuch, die Elektronendichteverteilung mit dem Modell einer Polypeptidkette zur Deckung zu bringen. Wesentlich erleichtert wurde der Modellbau durch eine 1967 von Richards entwickelte Vorrichtung, die nach ihm benannte Richards-Box. Durch halbdurchlässige Spiegel werden Modell und Dichtekarte ineinandergespiegelt (s. Abb. 15.7).

In der Regel wird die Kenntnis der Primärstruktur für einen solchen Modellbau vorausgesetzt, da die Elektronendichtekarte, vor allem bei Auflösungen von 3 Å noch zu viele Freiheitsgrade enthält. In

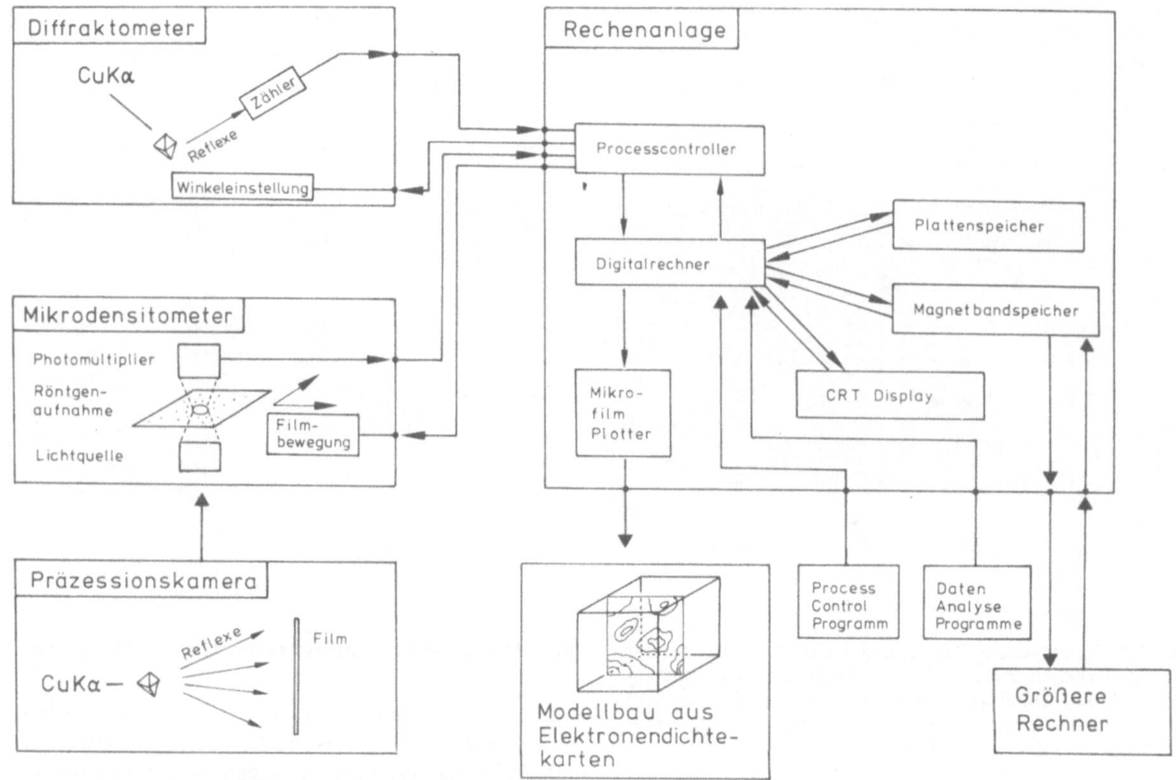

Abb. 15.6. Schaltschema der Apparatur im Röntgenstrukturlabor des Max-Planck-Instituts für Medizinische Forschung in Heidelberg (Schulz, unveröffentlicht, pers. Mitt.)

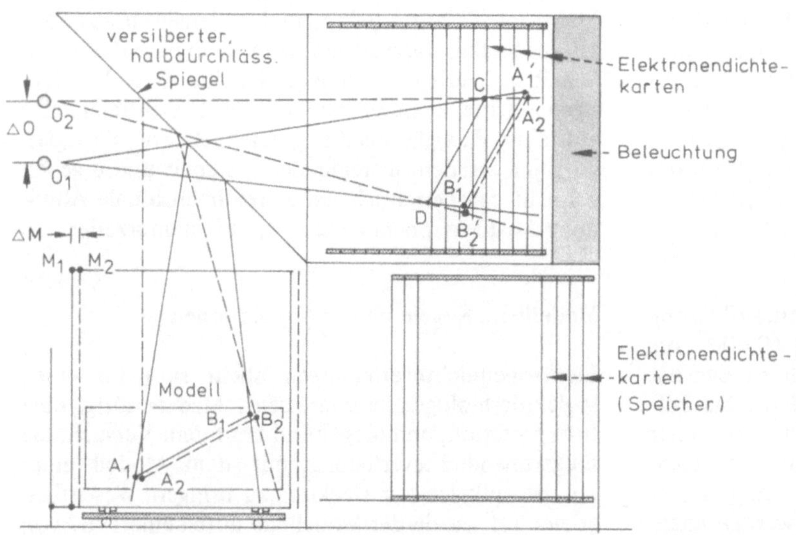

Abb. 15.7. Schematische Darstellung einer Vorrichtung zum Bau von Strukturmodellen (Richards-Box). Die Elektronendichtekarten werden in einen Rahmen gesetzt und von der Rückseite her durchleuchtet (rechts in der Darstellung). Das Modell wird in einem Rahmen (unten im Schema) gebaut, und zwar so, daß die Strukturelemente mit der hineingespiegelten Elektronendichteverteilung zur Deckung gebracht werden. Die Dimensionen des Gesamtrahmens bewegen sich in der Größenordnung von 2–3 m Kantenlänge (Richards, 1968)

Einzelfällen eignet sich eine Elektronendichteverteilung, um Fehlern bei der Sequenzanalyse auf die Spur zu kommen (s. Abb. 15.8). Bei optimaler Auflösung der Primärstruktur läßt sich in Einzelfällen sogar die komplette Primärstruktur ablesen. Noch vor Baubeginn muß eine Reihe von Voraussetzungen erfüllt sein.

Man benötigt maßstabsgetreue Bauelemente, und man muß etwas über ihre Natur wissen, dazu gehört die Kenntnis der Abstände zwischen den Atomen. In Abb. 15.9 sind einige der wichtigsten Parameter dargestellt. Auch diese Werte beruhen auf Röntgenstrukturdaten. Allerdings sind sie nicht an so komplexen

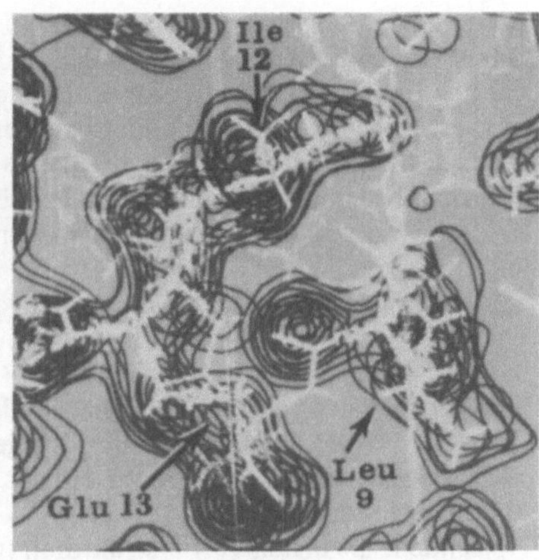

Abb. 15.8. Stereoaufnahme eines Teils der Elektronendichtekarte des Cytochrom b_5, entsprechend den Aminosäurepositionen 9, 12 und 13. Ein Modell mit den Aminosäuren Ile-Glu in Positionen 12 und 13 ist der Elektronendichtekarte überlagert. In der ursprünglich veröffentlichten Sequenz findet man die Angaben Glu (12) und Ile (13). Diese Daten sind mit der Elektronendichteverteilung nicht vereinbar und mußten daher revidiert werden (Mathews et al., Washington University, School of Medicine, 1971)

Abb. 15.9. a Dimensionen einer Peptidbindung; b partieller Doppelbindungscharakter. Die im oberen Teil der Abbildung eingerahmten Atome liegen daher stets in einer Ebene

Strukturen wie den Proteinen gewonnen worden, sondern an einfachen Aminosäuren und Dipeptiden.

Von Laue hat 1912 in Berlin erstmals gezeigt, daß Röntgenstrahlen von Kristallen gebeugt werden und ein charakteristisches Beugungsbild erzeugen, aus dem er auf die Anordnung der Atome in Kristallen schließen konnte. Er konnte somit zunächst die Struktur des NaCl-Kristalls aufklären. Später beschäftigten sich er und andere Institute in Deutschland mit der Strukturaufklärung anderer kleiner Moleküle. Keiner wagte sich an große Moleküle heran. Seit Sumners Kristallisation der Urease (1926) sollte man denken, daß auch Proteinkristalle hierzu geeignet seien.

In England (London und Cambridge) gab es mehrere Forscher, die an solchen Fragestellungen interessiert waren: Astbury, Bernal und W.L. Bragg. Mitarbeiter von Bragg am Cavendish Laboratory in Cambridge waren u.a. Perutz, Kendrew und später auch Crick. Perutz bemühte sich um die Strukturaufklärung des Hämoglobins, Kendrew nahm sich das Myoglobins an.

In Pasadena, am California Institute of Technology stellte Pauling bereits 1936 die Hypothese auf, daß Wasserstoffbrücken an der Bildung und Stabilisierung einer komplexen Proteinstruktur beteiligt seien. Zu diesem Ergebnis kam er durch Deutung von Astburys Röntgenstrukturdaten an Keratin und Myosin. Pauling wies darauf hin, daß alle an der Peptidbindung beteiligten Atome in einer Ebene liegen müssen, weil zwischen dem C und dem N eine partielle Doppelbindung ausgebildet wird. Er postulierte weiter, daß die thermodynamisch günstigste Konformation der Polypeptidkette eine helicale Struktur nach sich ziehen müsse. Aber erst 1950 konnte das Modell der α-Helix mit den exakt festgelegten Dimensionen sichergestellt werden. Pauling kannte die Daten der britischen Arbeitsgruppen und baute insgesamt etwa 120 verschiedene Modelle, bevor er sich seiner Sache sicher war und der Strukturvorschlag mit allen vorhandenen Daten aus der Röntgenstrukturanalyse übereinstimmte. 1953 erlebte die Strukturaufklärung von Molekülen durch Modellbau einen weiteren Höhepunkt: Watson und Crick stellten ihr Modell der DNS-Doppelhelix vor. Helixkonformationen der Polypeptidkette gehören in die Kategorie der Sekundärstrukturen. Man kennt mehrere Helixtypen, die sich von der α-Helix durch die Zahl der Aminosäurereste pro Windung und durch ihre Ganghöhe unterscheiden. Die α-Helix kommt am häufigsten vor und ist den anderen gegenüber überlegen, weil sie in der Regel thermodynamisch am günstigsten ist. Zu den Sekundärstrukturen gehören auch die β-Faltblattstrukturen, bei denen zwei (oder mehr) parallel oder antiparallel liegende Polypeptidketten durch Wasserstoffbrücken miteinander verbunden sind.

Die Polypeptidkette in einem Protein kann Sekundärstrukturen enthalten, sie muß es aber nicht. Hämoglobine, Myoglobin und Cytochrom c z.B. sind reich an α-Helices (s. Abb. 15.10), Concanavalin A (siehe Abb. 15.11) und Immunglobuline dagegen reich an Faltblattstrukturen, und Lysozym enthält nur wenige Sekundärstrukturen (s. Abb. 15.12).

Nachdem die ersten Tertiärstrukturen (vom Hämoglobin, Myoglobin und Lysozym) bekannt waren, begann man, nach Gesetzmäßigkeiten zu fahnden, um Vorhersagen über die Faltung der Polypeptidkette machen zu können. Die in den gerade besprochenen Abbildungen wiedergegebenen Modelle geben die Abstände zwischen den Atomzentren zwar korrekt wieder, vernachlässsigen jedoch die Tatsache, daß jedes Atom von einer voluminösen Elektronenhülle umgeben ist. Die Modelle verführen daher zu dem Trugschluß, ein Proteinmolekül sei ein sehr lockeres Gebilde, doch genau das Gegenteil ist der Fall. Baut man das gleiche Modell aus Kalotten, die die Atomradien ausgefüllt wiedergeben, erhält man eine sehr kompakte, wenig übersichtliche Struktur.

Das Rückgrat einer Polypeptidkette besteht, wie schon aus Abb. 15.9 hervorging, aus

$$N - C_\alpha - C - N - C_\alpha - C \text{ etc.}$$

Die C-N-Bindung (Peptidbindung) ist planar. Durch sie bedingt liegen die zwei C_α-Atome benachbarter Aminosäuren in einer Ebene diagonal gegenüber, und es gibt daher keine Drehung von Atomen oder Seitengruppen des Moleküls um die C-N-Achse. Drehungen sind jedoch möglich um

1. die N-C_α-Bindung (den dihedralen Winkel bezeichnet man mit ϕ) und
2. C_α-C-Bindung: dihedraler Winkel ψ (s. Abb. 15.13).

Man kann sich nunmehr die Frage stellen, ob alle denkbaren ϕ- und ψ-Winkel zwischen 0 und 360° realisierbar sind oder nicht. Baut man Modelle aus Kalotten, erkennt man sofort, daß das nicht der Fall sein kann, da sich häufig die Elektronenwolken von Atomen in den Seitenketten der Aminosäuren überlappen würden. Derart verbotene Positionen erhält man auch, wenn sich die H- und O-Atome benachbarter Peptidbindungen zu nahe kommen.

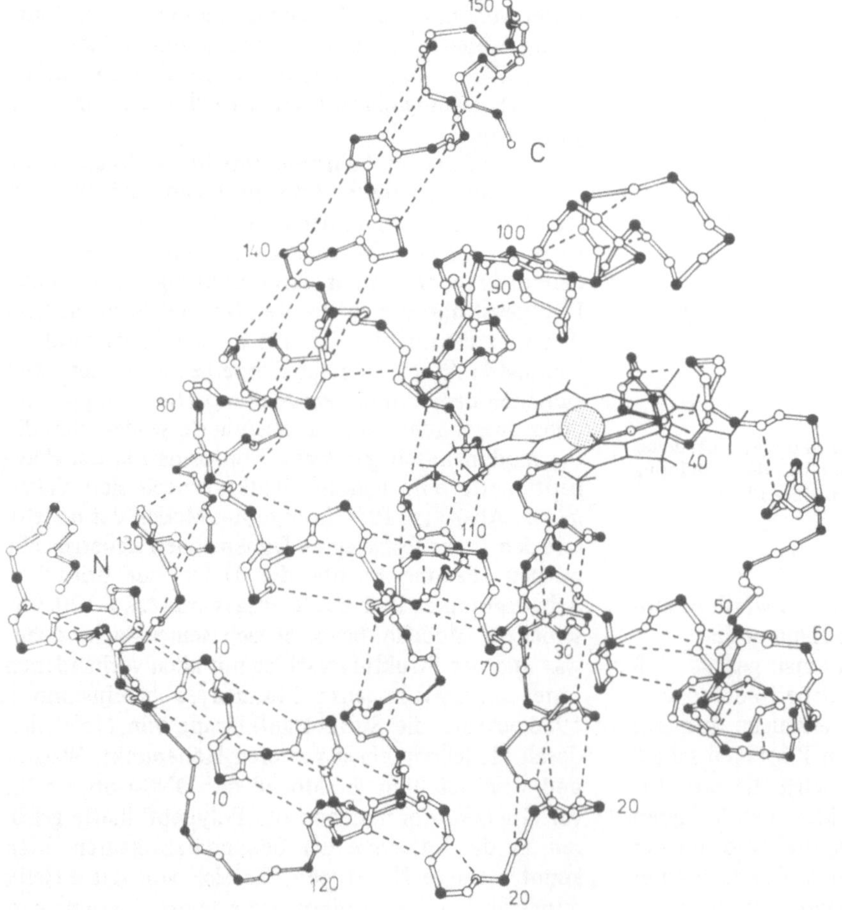

Abb. 15.10. Tertiärstruktur des Myoglobins. Dargestellt ist das Rückgrat der Polypeptidkette (C-Atome *weiß*, N-Atome *schwarz*). Das N-terminale Ende ist durch *N*, das C-terminale durch *C* markiert. Darüberhinaus sind alle Wasserstoffbrücken (*gestrichelt*) wiedergegeben, die die Sekundärstrukturen (α-Helices) zusammenhalten, die übrigen, die zur Stabilität der Tertiärstruktur beitragen, wurden weggelassen. (Stark vereinfacht nach Kendrew, 1961)

Abb. 15.11. Faltung der Polypeptidkette in einer der vier untereinander identischen Untereinheiten des Concanavalin A. Nur die C_α-Atome sind eingetragen. Man erkennt den extrem hohen Anteil an β-Faltblattstrukturen. *Schwarz* markierte C_α-Atome stehen mit Atomen in einem β-Faltblatt in Kontakt, das senkrecht zu dem hier abgebildeten steht und der benachbarten Untereinheit angehört (Becker et al., 1975)

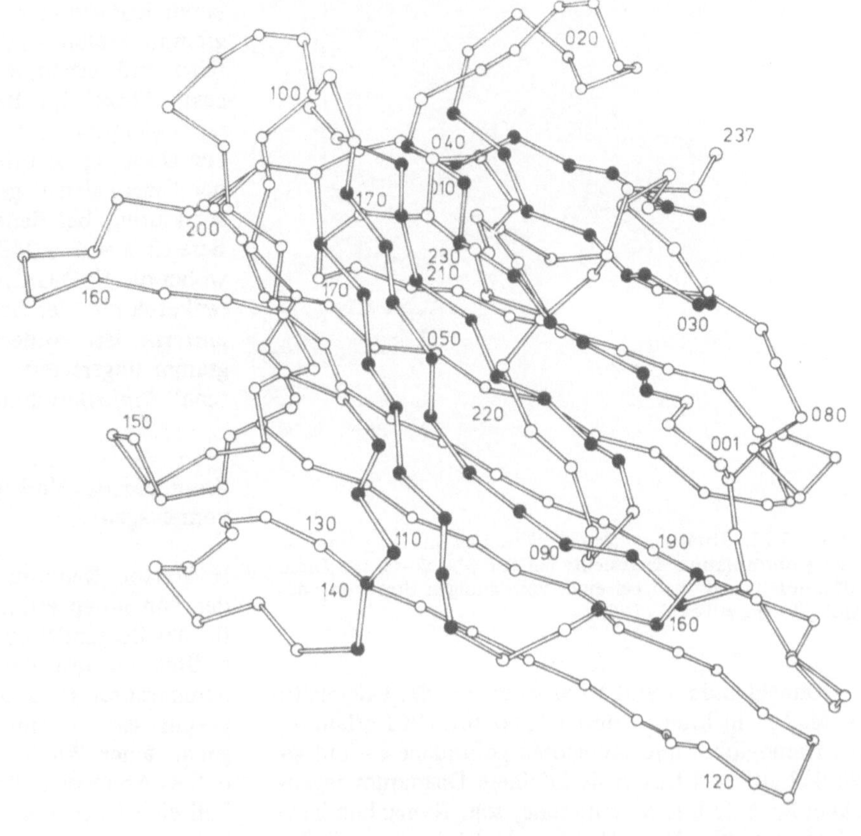

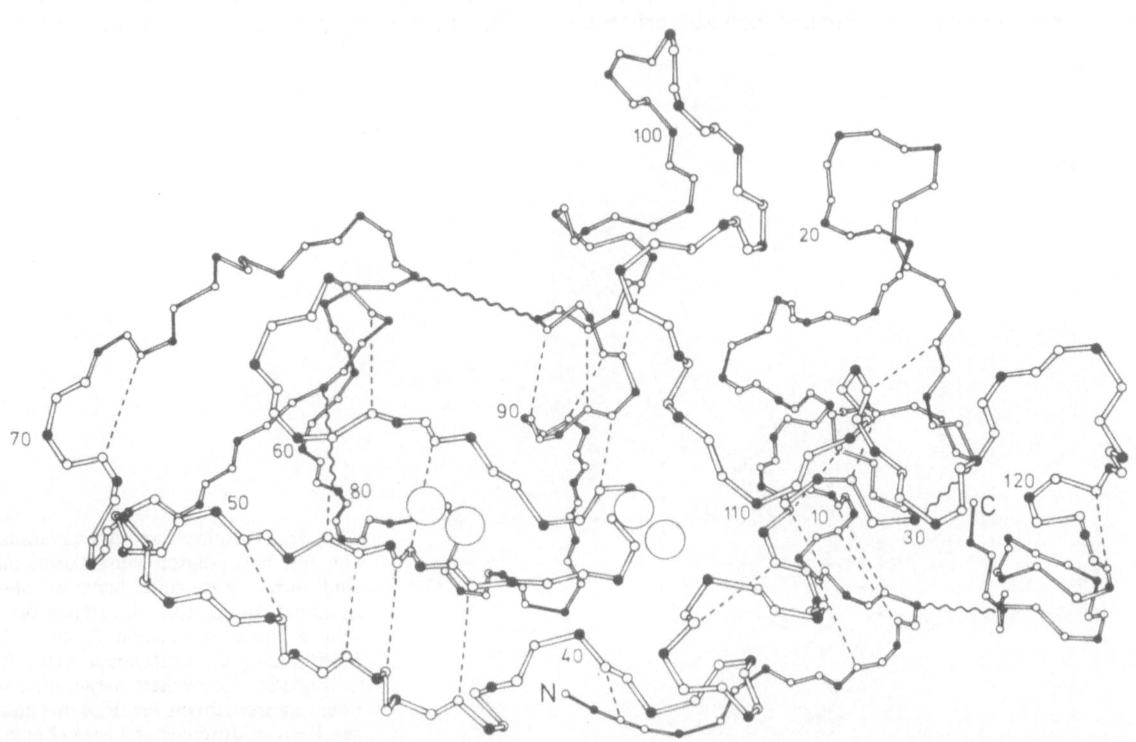

Abb. 15.12. Tertiärstruktur des Lysozyms: Dargestellt ist das Rückgrat der Polypeptidkette (C-Atome *weiß*, N-Atome *schwarz*). Wie in Abb. 15.10 sind nur jene Wasserstoffbrücken eingezeichnet, die zur Stabilität von Sekundärstrukturen (α-Helices, β-Faltblätter) beitragen. Disulfidbrücken sind durch *gewellte Linien* repräsentiert. (Stark vereinfacht nach Phillips, 1966)

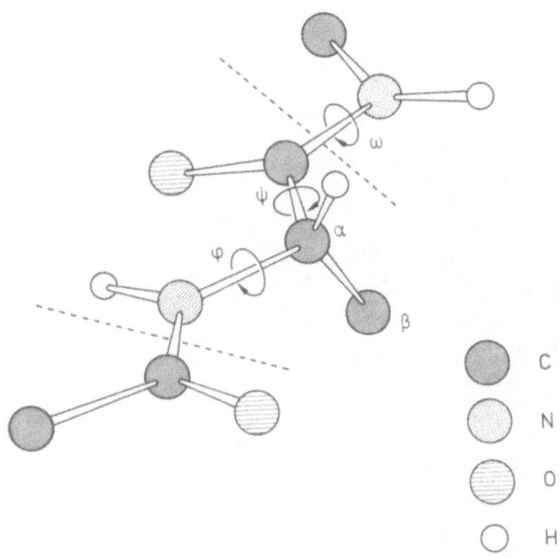

Abb. 15.13. Rotationswinkel ϕ, ψ und ω. Im Diagramm ist eine Konformation dargestellt, bei der ϕ = ψ = 0 ist. Diese Situation findet man bei einer vollständigen Streckung des Moleküls (Edsall et al., 1966)

Ramachandran und Mitarbeiter von der University of Madras in Indien listeten 1956 und 1961 erlaubte, im Hämoglobin und Myoglobin gefundene ϕ- und ψ-Winkel auf und trugen sie in einem Diagramm gegeneinander auf. Das so erhaltene, sog. Ramachandran-Diagramm (S. Abb. 15.14) erlaubt es, eine Reihe generalisierender Aussagen zu machen. Bei bestimmten Winkelkombinationen kommt man zu vorhersagbaren Konformationen. Eine Diagonale teilt das Diagramm. Treten Winkel auf, die „oben rechts" aufgeführt sind, erhält man linksgängige Strukturen (Helices), Winkel im Bereich „links unten" führen zu rechtsgängigen Helices. Beide Strukturen sind nicht zur Deckung zu bringen (s. Abb. 15.15). Direkt auf der Diagonalen liegende Winkel führen zu Faltblattstrukturen, bei denen ϕ = ψ ist. Begünstigt ist der Bereich ϕ = ψ = 240° und der Bereich ϕ = 20–140°, wobei die C=O-Gruppe einer Peptidbindung vom Seitenkettenrest der betreffenden Aminosäure maximal entfernt ist. Andere Bereiche wiederum, im Diagramm ungerastert dargestellt, kennzeichnen „verbotene" Winkelkombinationen.

Kann man das Vorkommen von Sekundärstrukturen vorhersagen?

H. Watson, Kendrew und Perutz versuchten, aufgrund der von ihnen ermittelten Daten Gesetzmäßigkeiten für das Zustandekommen einer α-Helix zu finden. Sie stellten u.a. fest, daß in α-Helices ungefähr jeder 3,6. Aminosäurerest hydrophob und ins Molekülinnere gekehrt ist. 3,6 Aminosäurereste entsprechen nämlich genau einer Windung der Helix. Sie fanden weiter, daß es Aminosäurekombinationen gibt, die auf jeden Fall eine Unterbrechnung der Helix nach sich ziehen. Hierzu gehört u.a. die Sequenzfolge Asp-Pro. In der Abb. 15.16 sind diese Daten zusammenfassend skizziert. Inzwischen hat man alle Proteine mit bekannten

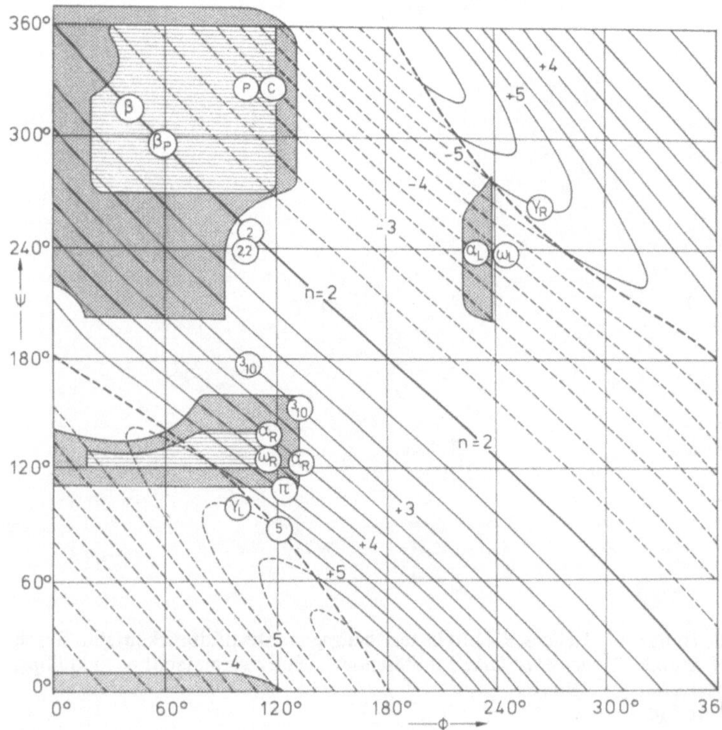

Abb. 15.14. Ramachandrandiagramm. Bereiche mit bevorzugten Winkelkombinationen sind durch Rasterung hervorgehoben. Die Symbole α_R, β, ω_R etc. stehen für spezifische Sekundärstrukturen (Helices, Bänder, Faltblätter). *C*, Kollagenstruktur; *P*, Polyprolinhelix. Gestrichelt dargestellte Niveaulinien kennzeichnen Bereiche mit linksgängigen Helices, durchgehend gezeichnete Linien kennzeichnen rechtsgängige Helices. Niveaulinien geben an, wieviele Aminosäurereste pro Repetitionseinheit (Windung, Faltung) enthalten sind. (Nach Ramachandran und Sasisekharan, 1968)

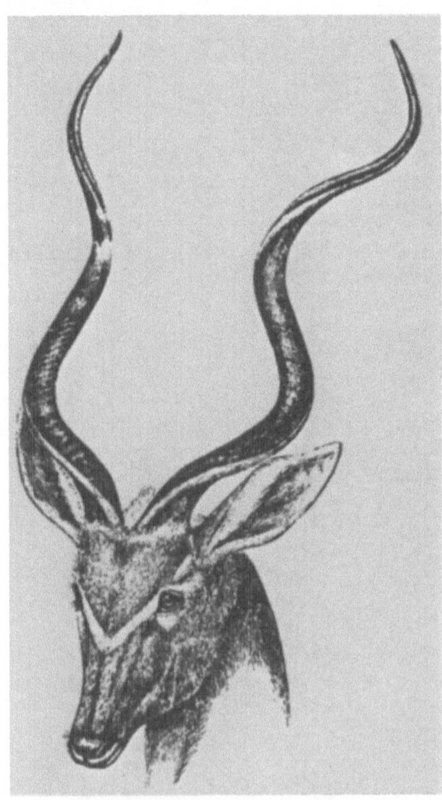

Abb. 15.5. Linksgängige und rechtsgängige Helix, demonstriert am Gehörn eines Kudu (Darwin: Die Abstammung des Menschen und die geschlechtliche Zuchtwahl, 1871)

Primär-, Sekundär- und Tertiärstrukturen auf bestimmte Regelmäßigkeiten hin untersucht. Eine ganze Reihe von Autoren hat sich bemüht, weitere Regeln zu finden. Sie gingen dabei oft sehr subtil vor, ließen Wahrscheinlichkeiten bestimmter Sequenzfolgen per Computer ermitteln und verglichen die Häufigkeit des Vorkommens aller möglichen Zweier-, Dreier- oder größerer Gruppen von Aminosäuren in helicalen mit der in nichthelicalen Bereichen.

1974 hat Schulz (Max-Planck-Institut für Medizinische Forschung in Heidelberg) einen Test für diese Verfahren vorgeschlagen. Zu diesem Zeitpunkt war im MPI für Medizinische Forschung gleichzeitig die Primärstruktur und die Tertiärstruktur der Adenylatkinase aufgeklärt worden (Schirmer, Schulz und Mitarb.). Noch bevor die Ergebnisse veröffentlicht wurden, überließ Schulz die Primärstrukturdaten allen Arbeitsgruppen, die Regeln für Sekundärstrukturen vorgeschlagen hatten. Ihnen wurde die Aufgabe gestellt, Helixbereiche, Faltblattbereiche und Knickstellen unvoreingenommen vorherzusagen. Die Ergebnisse waren überraschend. Zwar waren die einzelnen Vorhersagen nicht besonders treffsicher, aber in der Summe fand man eine recht gute Übereinstimmung zwischen Vorhersagen und den experimentell bestimmten Strukturen. So konnten im wesentlichen alle α-Helices identifiziert werden, von dem fünfsträngigen β-Faltblatt wurden die drei zentralen Stränge erkannt, und fast alle Knickstellen wurden richtig lokalisiert (s. Abb. 15.17). Damit ist die Nützlichkeit solcher Vorhersagen unter Beweis gestellt. Man verwendet sie inzwischen bereits als Entscheidungshilfe bei mehrdeutigen Röntgenstrukturanalysedaten.

Alternativen zur Röntgenstrukturanalyse

Bis heute sind die Strukturen von etwa 50 Proteinen bis zur atomaren Auflösung bekannt, bei zehn weiteren kennt man in etwa die Faltung der Polypeptidkette. Die meisten dieser Proteine sind globulär, und viele davon sind Enzyme. Damit hat man aber noch keinen repräsentativen Querschnitt der möglichen und der tatsächlich vorhandenen Proteintertiärstrukturen. Große Sorgen bereiten den Röntgenstrukturanalytikern fibrilläre, hydrophobe, membrangebundene Proteine und solche, die in der Zelle mit anderen Proteinen und Nukleinsäuren assoziiert sind und große Komplexe bilden, wie z.B. die ribosomalen Proteine.

Die Struktur großer, membrangebundener Proteine analysiert man heutzutage, wenn überhaupt, nach einem anderen Verfahren: Analyse elektronenoptischer Bilder durch Fouriertransformation. Die Auflösung dieses Verfahrens ist zwar geringer – 5 Å anstatt 1 Å – doch reicht das vorerst, um sich ein grobes Bild von der Form des Proteinmoleküls und einigen seiner Strukturelemente zu machen. In Kapitel 29 werden wir das Ergebnis einer solchen Analyse diskutieren, hier sei nur kurz auf die Methodik eingegangen. Die Auflösung ist in der Elektronenmikroskopie durch die Präparationstechnik eingeschränkt. Die Körnung bzw. die Unregelmäßigkeiten der Schweratome des Kontrastmittels bilden eine Störung, die der biologischen Struktur überlagert ist. In der Nachrichtentechnik ist dieses Phänomen als Rauschen bekannt, und es gibt Wege, es herauszufiltern. Am besten funktioniert das Filtern bei Informationen mit periodischen Mustern. Man geht davon aus, daß viele gleichartige Bildelemente zur Verfügung stehen, die z.B. nebeneinander liegen. Die Störung setzt am Informationsgehalt eines jeden einzelnen Bildelements ein. Nach Zusammenfassung der reduzierten Informationsgehalte der Einzelstrukturen erhält man durch Summation mehr Information über das einzelne Bildelement. Um zu einem Ergebnis zu gelangen, stellt man mehrere Bildkopien her und überlagert die Bildelemente. Dabei werden alle periodischen Anteile hervorgehoben, während alle unperiodischen Störanteile herausfallen (s. Abb. 34.4). Dieses Verfahren ist 1963 von Markham et al. in Cambridge/Engl. ausgearbeitet worden. Ein analoges Beispiel hierzu: Vorhersage von Sekundärstrukturen, s. Abb. 15.17). Klug et al. (ebenfalls Cambridge, Engl., 1964) verbesserten das Verfahren und schlugen vor, unter Zuhilfenahme eines Laserstrahls ein Lichtbeu-

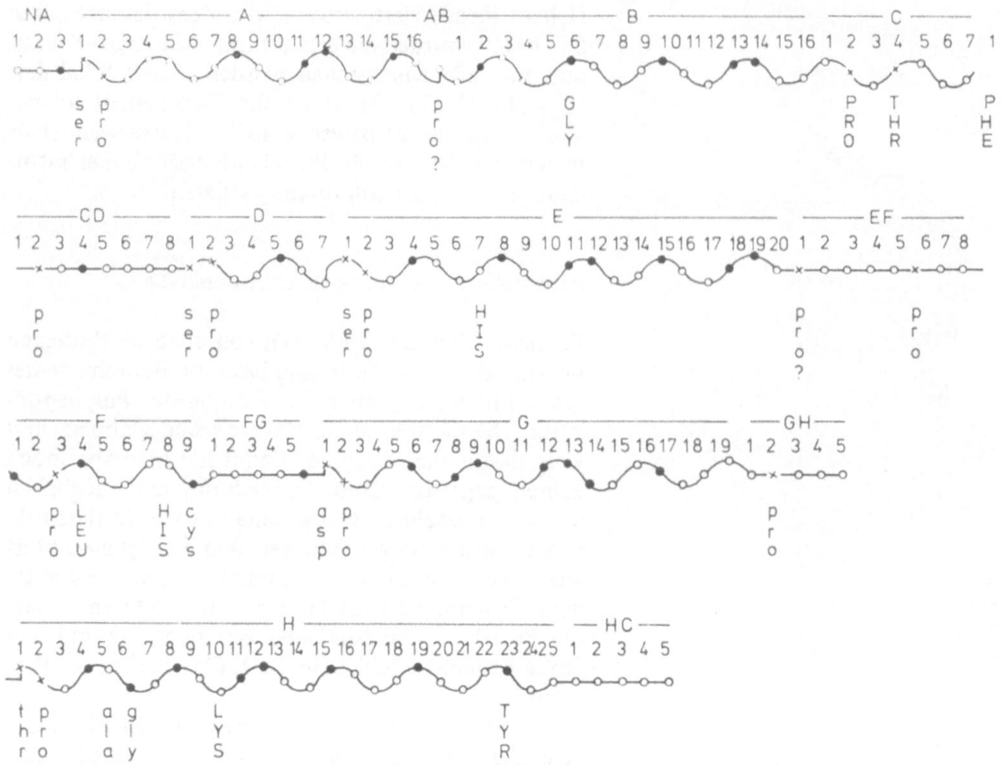

Abb. 15.6. Sekundärstrukturen in Globinen. α-helicale Anteile sind *wellenförmig* dargestellt, nicht helicale Anteile als *gerade Linien*. Helices sind durch *A, B, C* ... etc. gekennzeichnet, dazwischenliegende Bereiche durch *AB, BC* ... Positionen, in denen nur hydrophobe Aminosäuren stehen dürfen, sind durch *schwarze Kreise* gekennzeichnet. x markiert Positionen, an denen Prolinreste und ihnen benachbarte Reste (Ser, Thr, Asp. Asn) stehen. Alle anderen Aminosäuren sind durch *offene Kreise* repräsentiert. Aminosäurereste, die durch Großbuchstaben gekennzeichnet sind, sind invariant (Perutz et al., 1965)

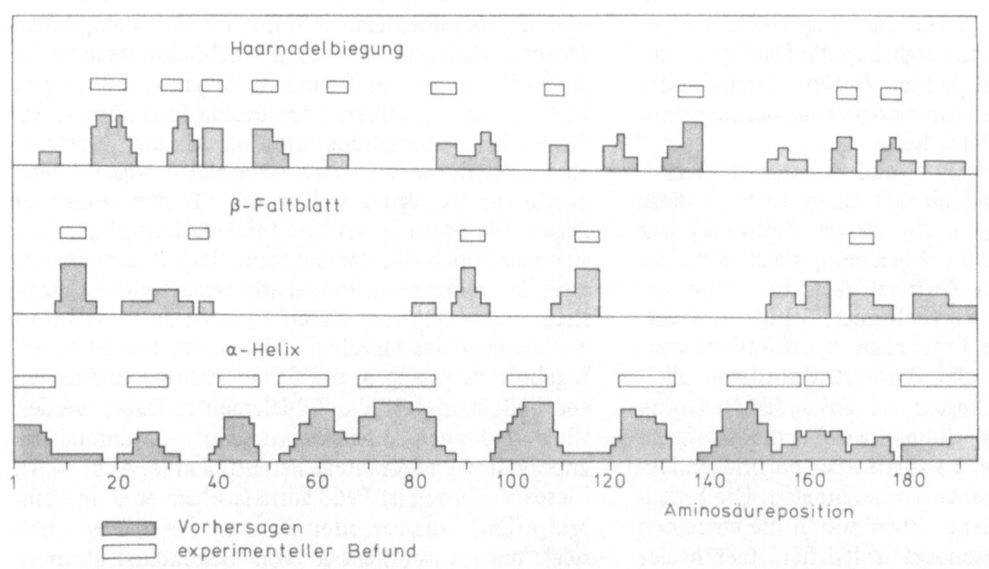

Abb. 15.17. Zusammenfassung aller Sekundärstrukturvorhersagen für die Adenylatkinase (s. Text). Dabei wurde jeder Methode das gleiche Gewicht zugebilligt. Die experimentell ermittelte Sekundärstruktur ist zum Vergleich eingetragen. (Nach Schulz et al., 1974)

gungsmuster des photographischen Bildes zu erzeugen, also eine Fouriertransformation durchzuführen und durch Rücktransformation das Bild wiederzugewinnen. Dieses Vorgehen gestattet es, eine Reihe von Bildern durch Superposition zur Deckung zu bringen und dann gemeinsam auszuwerten. Durch Verwendung geeigneter Masken lassen sich einzelne Bildelemente gezielt eliminieren und andere wiederum verstärken. Derartige optische Filterungen sind nicht ganz unproblematisch. Sie sind jedoch sinnvoll, wenn man bereits einige Parameter als bekannt voraussetzen darf, um von daher extrapolieren zu können. Es handelt sich somit praktisch um ein Annäherungsverfahren durch Optimierungsschritte.

Literatur

Becker, J.W., Reeke, G.N., Wang, J.L., Cunningham, B.A., Edelman, G.M.: The covalent and three-dimensional structure of concanavalin A. J. Biol. Chem. *250,* 1513 (1975)

Edsall, J.T., Flory, P.J., Kendrew, J.C., Liquori, A.M., Nemethy, G., Ramachandran, G.N.: A proposal of standard conventions and nomenclature for the description of polypeptide conformations. J. Mol. Biol. *15,* 399 (1966)

Holmes, K.C., Blow, D.M.: The use of X-ray diffraction in the study of protein and nucleic acid structure. New York, London, Sydney: J. Wiley and Sons Inc. 1965

Hoppe, W., Lohmann, W., Markl, H., Ziegler, H.: Biophysik: Ein Lehrbuch. Berlin, Heidelberg, New York: Springer 1977

Mathews, F.S., Argos, P., Levine, M.: The structure of cytochrome b_5 at 2.0 Å resolution. Cold Spring Harbor Symp. Quant. Biol. *36,* 387 (1972)

Perutz, M.F., Kendrew, J.C., Watson, H.C.: Structure and function of hemoglobin: Some relations between peptide chain configuration and aminoacid sequence. J. Mol. Biol. *13,* 669 (1965)

Ramachandran, G.N., Sasisekharan, V.: Conformation of polypeptides and proteins. Adv. Protein Chem. *23,* 283 (1968)

Reeke, G.N., Becker, J.W., Edelman, G.M.: The covalent and three-dimensional structure of concanavalin A: atomic coordinates, hydrogen bonding, and quaternary structure. J. Biol. Chem. *250,* 1525 (1975)

Richards, F.M.: The matching of physical models to three-dimensional electrondensity maps: A simple optical device. J. Mol. Biol. *37,* 225 (1968)

Schulz, G.E.: Regeln für Strukturen globulärer Proteine. Angew. Chem. *89,* 24 (1977)

Structure and function of proteins at the three-dimensional level. Cold Spring Harbor Symp. Quant. Biol. *36* (1972)

Schulz, G.E., Schirmer, R.H.: Principles of protein structure. New York, Heidelberg, Berlin: Springer 1979

Schulz, G.E., Barry, C.D., Friedman, J., Chou, P.Y., Fasman, G.D., Finkelstein, A.V., Lim, V.I., Ptitsyn, O.B., Kabat, E.A., Wu, T.T., Levitt, M., Robson, B., Nagano, K.: Comparison of predicted and experimentally determined secondary structure of adenylate kinase. Nature (London) *250,* 140 (1974)

Wilson, H.R.: Diffraction of X-rays by proteins, nucleic acids and viruses. New York: St. Martin's Press 1966

Wittmann-Liebold, B., Robinson, S.M.L., Dzionara, M.: Predictions for secondary structures of six proteins from the 50 S subunit of the *Escherichia coli* ribosome. FEBS Lett. *81,* 204 (1977)

16. Verwandtschaftliche Beziehungen, Sequenzhomologien, Topologische Verwandtschaft

Was nützt die Kenntnis der Proteinstruktur? Im letzten Kapitel wurde darauf hingewiesen, daß die Kenntnis der Primärstruktur eines Proteins wenig zum Verständnis seiner Funktion beiträgt. Wir werden in Kapitel 18 sehen, daß die exakte sterische Lage eines jeden Aminosäurerestes die Voraussetzung zur Erfüllung einer spezifischen Funktion ist, und die können wir erst dann erkennen, wenn uns die Primärstruktur *und* die Tertiärstruktur bekannt sind. Wir werden aber auch erkennen, daß es chemische und physikalisch-chemische Näherungsverfahren gibt, die uns bei der Aufklärung der Struktur behilflich sein und Hinweise auf die Bedeutung einzelner Aminosäurereste geben können.

Proteine sind primäre Genprodukte. Die Sequenz der Aminosäuren spiegelt die Sequenz der Nukleotide in der Nukleinsäure wieder. Proteine eignen sich deshalb hervorragend als Marker zur Erkennung von Vorgängen der Evolution und der Genexpression. Die Überlegungen hierzu beruhen auf einer Reihe von Annahmen. Einmal kann man davon ausgehen, daß sich bestimmte Funktionen im Laufe der Evolution als außerordentlich konservativ erwiesen haben. So enthalten z.B. alle eukaryotischen Zellen im Zellkern die Histone und darüberhinaus im Plasma Aktin, Myosin und Tubulin sowie in den Mitochondrien alle Enzyme der Atmungskette etc. Diese Proteine üben bei allen Organismen gleichartig essentielle Funktionen aus, was wiederum bedeutet, daß die Proteine einem hohen Selektionsdruck dahingehend unterliegen, ihre Struktur und Funktion beizubehalten. Andererseits weiß man aber auch, daß es Proteine gibt, die nur in wenigen differenzierten Zelltypen vorkommen und während der Evolution erst relativ spät entstanden sind. Ihre Funktion ist für den Gesamtorganismus notwendig, aber oft weniger wichtig als die zuerst genannten Funktionen. Als drittes sei auf Proteine verwiesen, die extrem polymorph sind und deren Funktion darauf beruht, in möglichst vielen verschiedenen Varianten aufzutreten. Antikörper (s. Kap. 22) und Histokompatibilitätsantigene (s. Kap. 23) sind Prototypen dieser Gruppe.

Wie kann man Verwandtschaften nachweisen?

Zunächst drei Begriffe zur Nomenklatur:

1. *homolog:* Proteine gleichen oder ähnlichen Aufbaus, die in verschiedenen Organismen die gleiche Funktion ausüben,
2. *paralog:* Proteine, die verschieden gebaut sind, aber gleiche Funktionen ausüben,
3. *ortholog:* Proteine, die beim gleichen Individuum gefunden werden, aber verschiedene Funktionen ausüben.

Um einen Verwandtschaftsgrad festzustellen, muß man die Aminosäuresequenzen zweier oder mehrerer Proteine Position für Position untereinanderschreiben und die Zahl der veränderten Positionen pro Längeneinheit (üblicherweise pro 100 Aminosäurereste) bestimmen. Ein solcher Vergleich ist nur dann zutreffend, wenn die Zahl der Aminosäurereste in den (homologen resp. orthologen) Proteinen gleich ist. Oft unterscheiden sie sich hierin, so daß man zunächst die tatsächlich homologen Sequenzbereiche und mögliche Lücken (Deletionen) und/oder Insertionen auffinden muß. In der Abb. 16.1 ist ein Beispiel hierfür wiedergegeben. Bei der Vielzahl der experimentell ermittelten Daten und ihrer Deutungsmöglichkeiten empfiehlt es sich, derartige Optimierungen per Computer ausrechnen zu lassen (s. hierzu: Dayhoff, Atlas of Protein Sequence and Structure, 1972, Ergänzungsbände 1973, 1976 und 1979).

Die Auswahl der Proteine ergibt sich meist aus ihrer Verfügbarkeit. Es sind daher weit mehr Proteine aus Geweben der Mammalia analysiert worden als z.B. aus Geweben von Insekten. In Abb. 16.2 ist angedeutet, aus welchen Organismengruppen und in welcher Zahl die aufgeklärten Primärstrukturen stammen (Stand 1976). Obwohl die Insekten den Mammalia an Arten- und Individuenzahl weit überlegen sind, weiß man nur relativ wenig über ihre Proteine. Ein Biologe, der an Problemen der Taxonomie interessiert ist, wird bei Insekten (und anderen Invertebrata) weit mehr offene Fragen und unklare Abstammungsverhältnisse finden als in der relativ gut untersuchten Gruppe der Mammalia. Da eine Sequenzanalyse eines Insektenproteins enorm erschwert ist, muß man auf andere Verfahren zurückgreifen. Hierfür hat sich in den letzten Jahren in zunehmendem Maße die Gelelektrophorese

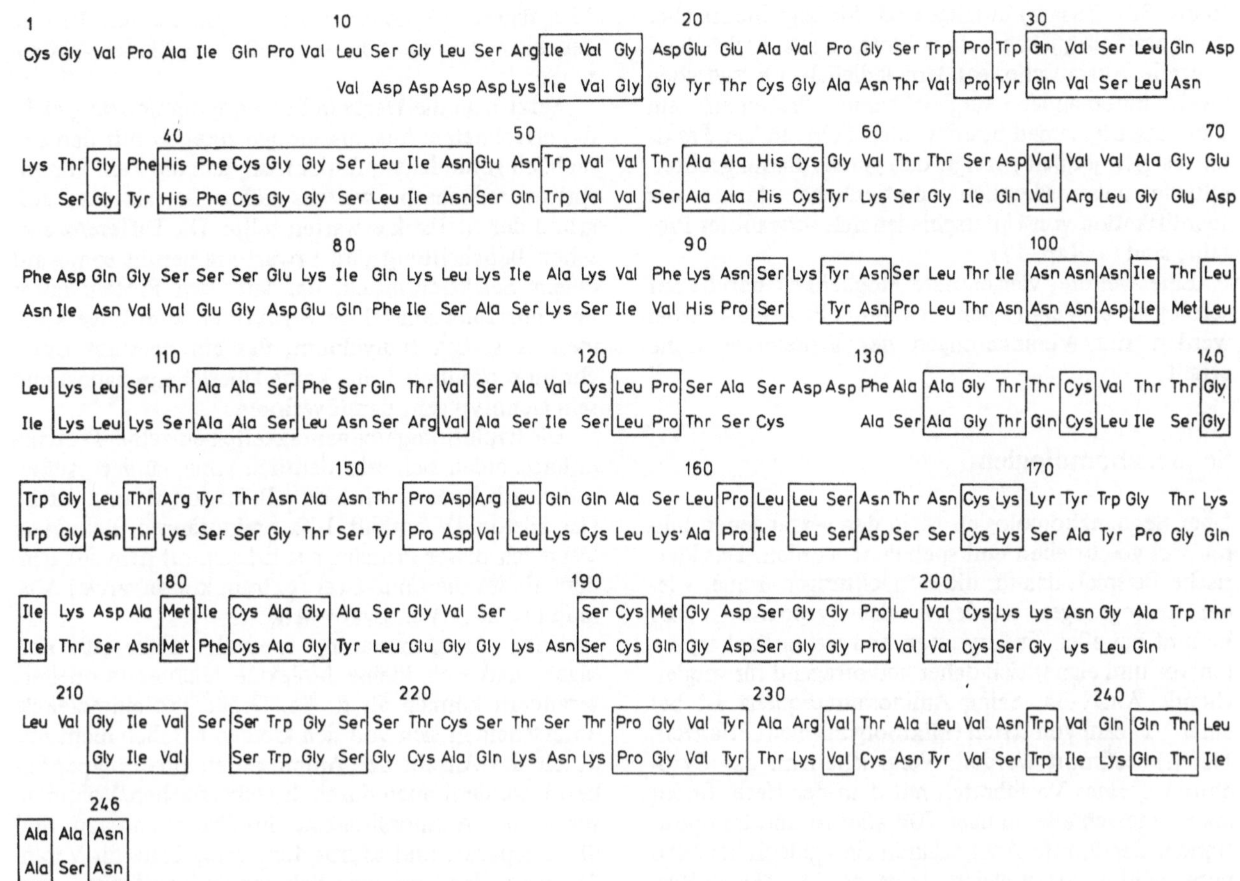

Abb. 16.1 Aminosäuresequenzen des Chymotrypsins (*C*) und des Trypsins (*T*). Um homologe (eigentlich orthologe) Bereiche miteinander vergleichen zu können, müssen Lücken (meist bei *T*) eingefügt werden. Ob diese Unterschiede durch Deletionen im Gen, das *T* codiert, oder durch Insertionen im Gen, das *C* codiert, entstanden sind, kann nach diesen Daten nicht entschieden werden. Eingerahmt sind invariante Aminosäurereste. Die durchlaufende Numerierung bezieht sich allein auf die C-Sequenz (Walsh und Neurath, 1964)

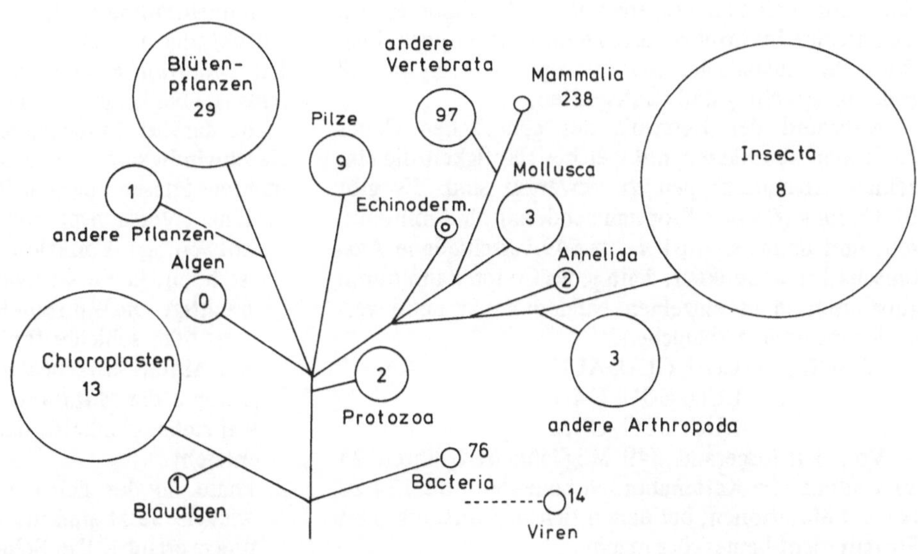

Abb. 16.2. Anzahl sequenzierter Proteine aus verschiedenen systematischen (taxonomischen) Gruppen. Die Größe der Kreise entspricht der relativen Artenzahl. Stand 1976 (Dayhoff, 1976)

(ohne SDS-Zusatz) durchgesetzt. Sie sagt nichts über Aminosäuresequenzen eines Proteins aus, nichts über neutrale Austausche, sondern lediglich, ob zwischen zwei miteinander vergleichbaren Proteinen ein Ladungsunterschied besteht oder nicht. In der Praxis hat es sich jedoch gezeigt, daß gerade Ladungsunterschiede außerordentlich empfindliche Marker zur Identifikation von Unterschieden nah verwandter Proteine sind (s. Kap. 17).

Eine weitere, vielgenutzte Möglichkeit beruht auf serologischen Vergleichen verwandter Proteine. Hierbei werden nur Veränderungen der Proteinoberfläche erfaßt.

Sequenzhomologien

Über Sequenzhomologien ist in den vergangenen Jahren viel geschrieben und spekuliert worden. Das klassische Beispiel, das für die Betrachtungen immer wieder herangezogen wurde, ist das Cytochrom c. Es kommt bei allen Eukaryonten und vielen Prokaryonten vor und eignet sich daher hervorragend für vergleichende Analysen. Seine Aminosäuresequenz ist bei einer Vielzahl von Arten (Mikroorganismen, Pflanzen, Tieren) bestimmt worden. Vergleicht man das Cytochrom c eines Vertebraten mit dem der Hefe, findet man Unterschiede an über 70% aller Aminosäurepositionen. Bestimmte Aminosäuren sind jedoch bei allen untersuchten Arten gleich. Trotz der > 70%igen Verschiedenheit in den Aminosäurepositionen ist die Tertiärstruktur des Cytochrom c der Vertebrata von der der Hefe kaum zu unterscheiden. Daraus ist zu schließen, daß die Gesamtstruktur ein wesentlich konservativeres Element ist als Aminosäuren in bestimmten Positionen. Es ist zwar eine Reihe von Austauschen erlaubt, zu beachten ist jedoch, daß sie meist konservativer Natur sind, d.h., daß eine hydrophobe Aminosäure durch eine andere, ebenfalls hydrophobe ersetzt ist und eine hydrophile durch eine andere hydrophile. Radikale Austausche wie hydrophob → hydrophil (oder umgekehrt) sind relativ selten.

Aufgrund der Kenntnis des genetischen Codes kann man abschätzen, mit welcher Häufigkeit die einzelnen Austauschtypen zu erwarten sind. Es gibt 61 Codons (64 – 3 Stopsignalcodons) für Aminosäuren, und damit sind 61 x 9 = 549 verschiedene Austauschschritte denkbar, denn jedes Codon kann durch Austausch eines einzelnen Nukleotids in neun verschiedene andere übergehen,

z.B. UUU → CUU, GUU, AUU
UCU, UGU, UAU
UUC, UUG, UUA

Von den insgesamt 549 Möglichkeiten führen 23 zu Codons, die Kettenabbruch bedeuten und 134 zu (*silent*) Mutationen, bei denen sich der Austausch im Protein nicht bemerkbar macht,

z.B. UUU → UUC
Phe → Phe

132 führen zu konservativen Austauschen, 100 zu neutralen Austauschen und 160 zu radikalen Austauschen.

Setzt man die Werte in Prozente um und vergleicht die errechneten Austauschmöglichkeiten mit den tatsächlich gefundenen, findet man, daß die Zahl konservativer Austausche weitaus höher ist, als man aufgrund der Statistik erwarten sollte. Die Differenz zwischen Beobachtung und Erwartung beruht somit auf einem Selektionsdruck, der auf dem Protein lastet und nur funktionsfähige Strukturen zum Zuge kommen läßt. Ein Individuum, das ein defektes Cytochrom c produziert, hat keine Überlebenschance, und sein Genotyp geht damit verloren.

Die Evolutionsgeschwindigkeiten einzelner Proteine unterscheiden sich sehr deutlich voneinander. Außerordentlich konservativ sind z.B. Histon IV und Aktin. Das Histon IV enthält 102 Aminosäuren. Bei einem Vergleich dieses Proteins aus Erbsen mit dem aus Rindern findet man nur zwei (extrem konservative) Austausche: Ile → Val, Lys^+ → Arg^+.

Unter Ausklammerung spezieller Fälle läßt sich sagen, daß sich kleine Moleküle leichter (schneller) verändern können als große. Große Proteinmoleküle unterscheiden sich von den kleinen nämlich nicht nur durch die Anzahl der Aminosäuren pro Polypeptidkette, sondern auch durch das Oberflächen/Volumenverhältnis. Aminosäurereste im Proteininneren sind dicht gepackt, und es gibt dort wenig Platz für Veränderungen. Wie kann man sich dennoch helfen?

Die Röntgenstrukturanalyse großer Proteine hat gezeigt, daß sich die Polypeptidkette nicht zu einem großen Knäuel, sondern zu mehreren Domänen faltet, die durch flexible Polypeptidabschnitte miteinander verbunden sind. Eine Domäne enthält einen gefalteten Kettenabschnitt der Länge von etwa 150 Aminosäureresten. Wir werden bei der Besprechung der Dehydrogenasen (s. folgenden Abschnitt) und der Immunglobuline (s. Kap. 22) auf die Bedeutung und Entstehung von Domänen nochmals zurückkommen. Die Evolutionsgeschwindigkeit eines bestimmten Proteins ist über lange Zeiten hinweg konstant, was jedoch nicht darüber hinwegtäuschen darf, daß auch diese Geschwindigkeit – wie alle Evolutionsparameter – mehrere Phasen durchläuft.

1. Eine „Versuchsphase", in der das Protein keine notwendige Funktion ausübt. Die Austauschrate ist hoch; keine wertvolle Information wird beeinträchtigt. Die Wahrscheinlichkeit, daß ein funktionsloses oder schlecht funktionierendes Protein durch eine Mutation verbessert wird, ist relativ hoch, und je höher die Mutationsrate ist, desto größer ist die Wahrscheinlichkeit, daß eine nützliche Funktion entsteht.
2. Phase, in der sich eine bestimmte Funktion entwickelt. Jetzt sind nur noch bestimmte Austauschtypen erlaubt. Die Selektion wirkt gegen alle Veränderungen notwendiger Strukturanteile, und die Evolutionsgeschwindigkeit sinkt.

3. Optimierungsphase. Jetzt sind nur noch sehr wenige Austausche zulässig, welche die Funktion nur in minimaler (aber essentieller) Weise beeinflussen. Die Wahrscheinlichkeit, daß ein optimiertes Protein durch Austausche gewinnt, ist relativ gering. Die meisten Veränderungen werden negative Folgen haben und der Selektion zum Opfer fallen. Die Evolutionsgeschwindigkeit ist sehr gering.

Wie jede Funktion in der Evolution ist die Geschwindigkeit der Aminosäureaustausche in einem Protein deshalb nicht durch eine Gerade, sondern durch eine sigmoide Kurve zu beschreiben. Es gibt demnach aber auch keine Evolutionsphase, in der nicht (geringe) Verbesserungen möglich wären. Man bedenke, daß z.B. das Cytochrom c zum Zeitpunkt des Auftretens der Mammalia bereits ein optimiertes Protein war. Dennoch sind die Ansprüche an seine Leistungsfähigkeit bei verschiedenen Mammaliagruppen aufgrund unterschiedlicher Lebensweise verschieden; die Atmungsaktivität eines Maulwurfs z.B. unterscheidet sich quantitativ (nicht qualitativ!) sehr deutlich von der einer Gazelle.

Die meisten der „erlaubten" Austausche liegen an oder nahe der Moleküloberfläche. Da das Cytochrom c monomer ist, ist die Austauschrate relativ hoch. Doch muß man berücksichtigen, daß auch die Funktion des Cytochrom c im Stoffwechsel der Zelle einen klar umrissenen Stellenwert hat und jede Veränderung seiner Struktur in ein exakt ausbalanciertes Gleichgewicht eingreift. Das Cytochrom c übernimmt in der Atmungskette ein Elektron vom Cytochrom b und gibt es anschließend an das Cytochrom a-a_3 weiter. Hierzu muß es – in welcher Form auch immer – mit den anderen Cytochromen in spezifische Wechselwirkung treten, und dafür sind mit Sicherheit die an der Moleküloberfläche liegenden Sequenzbereiche verantwortlich.

Viele Enzyme und andere Strukturproteine liegen als Aggregate vor, die aus mehreren gleichen oder verschiedenen Polypeptidketten (Untereinheiten; U.E.) bestehen und eine (spezifische) Quartärstruktur bilden. Hierbei treten zwischen benachbart liegenden U.E. intramolekulare Wechselwirkungen auf. Nachdem sich auch diese Interaktionen optimal eingespielt haben, darf es auch an jenen Grenzflächen keine weiteren Veränderungen mehr geben. Analysiert wurde diese Erscheinung am Beispiel der Evolution der Hämoglobine:

Das Insektenhämoglobin ist monomer. Auf der Entwicklungsstufe der Fische entsteht über ein dimeres Stadium ein Tetramer, so wie wir es auch von den Landwirbeltieren her kennen. Die Evolutionsrate der Hämoglobine war bei den Fischen etwa sechsmal so hoch wie bei Landwirbeltieren, denn hier wurde etwas Neues (Bildung oligomerer Formen) ausprobiert. Bei den primitiven Landwirbeltieren war die Funktion des Tetramers bereits optimiert, und die Austauschrate sank auf relativ niedrige Werte ab. Die Bildung eines $\alpha_2\beta_2$-Tetramers geht auf (mindestens) eine Genduplikation zurück. Die beiden Genprodukte sind als α- und β-Kette bekannt. Weitere Duplikationsschritte, die zu den β-, δ-, ϵ-Ketten führten, seien der Vollständigkeit halber genannt, sollen uns hier aber nicht weiter beschäftigen.

α- und β-Kette entwickelten sich unabhängig voneinander, wobei die Evolutionsgeschwindigkeit der α-Kette anfangs höher als die der β-Kette war. Später holte die β-Kette auf. Die Ursache mag darin liegen, daß die β-Ketten primitiver Vertebrata Homopolymere (Tetramere) bilden, während α-Ketten dazu nicht in der Lage sind. Die α-Kette konnte somit frei mutieren, bis sie ein Stadium erreichte, wo sie mit der β-Kette zusammen ein kooperativ arbeitendes Heteropolymer bilden konnte. Zu diesem Zeitpunkt wurde es zum Vorteil, daß sich auch die β-Kette der neuen Situation anpaßte, um die Kooperation zu optimieren. Nachdem das Optimum erreicht war, setzte ein starker Selektionsdruck gegen weitere Veränderungen ein. Die geringsten Modifikationen findet man im Häm-bindenden Bereich, die Evolution der Struktur der „Tasche" muß bereits vor 600–700 Millionen Jahren weitestgehend abgeschlossen gewesen sein. Während der Ausbildung der Heteropolymeren akkumulierten sich Austausche im Bereich der Kontaktzonen viermal schneller als in anderen Bereichen des Moleküls.

Bei allen oligomeren Proteinen (Proteinen, die aus mehreren U.E. bestehen) sind nur noch kleine Teile des Moleküls variierbar. Wir werden das in Kapitel 22 am Beispiel der Immunglobuline und in Kapitel 46 am Beispiel des Hüllproteins des Tabakmosaikvirus im Detail diskutieren.

Serin-Proteasen. Wir haben uns bisher vorwiegend auf die Besprechung homologer Proteine konzentriert. Strukturgene (s. Kap. 9) können im Laufe der Evolution durch eine Reihe von Maßnahmen verändert werden, so z.B. durch

1. Punktmutationen: Darüber wurde bereits gesprochen. Als Folge können Aminosäureaustausche in Proteinen auftreten.
2. Insertionen: Einfügung von Sequenzabschnitten in ein Protein.
3. Deletionen: Entfernen von Sequenzabschnitten.
4. Genfusionen: Zwei Nukleotidsequenzen (Gene) verschmelzen zu einer Nukleotidsequenz, die die Bildung einer Polypeptidkette instruiert.
5. Genduplikation: Die Information eines Genabschnittes wird verdoppelt. Beide Abschnitte können fusionieren, sie können aber auch getrennt voneinander bleiben und sich unabhängig voneinander weiterentwickeln.

Im Folgenden wollen wir uns vornehmlich mit dem letzten Teilaspekt der Genduplikation befassen: Duplikation eines vollständigen Gens (Strukturgens) führt zunächst zu zwei identischen Kopien, die beide die Synthese des gleichen Proteins instruieren. Da sich vom Zeitpunkt der Duplikation an in beiden unabhängig voneinander Mutationen ansammeln können, werden sich nach einiger Zeit auch die Genprodukte voneinander unterscheiden, wobei sie zunächst die gleiche (oder zumindest ähnliche) Funktion beibehalten.

Wir kommen bei der Besprechung der Isoenzyme (s. Kap. 17) hierauf zurück. Sie können nach Akkumulation von Austauschen aber auch voneinander verschiedene Funktionen annehmen. Da das Urgen aller Voraussicht nach ein essentielles Protein instruierte, mußte die Funktion in einem der beiden Duplikationsprodukte erhalten bleiben, während die Funktion des zweiten Abschnittes so lange variiert werden konnte, bis eine neue, wertvolle Funktion entstand. Das Vorhandensein zweier Genabschnitte mit gleicher Information ist für den Organismus zunächst nicht immer von Vorteil, denn es wird, falls keine regulierenden Mechanismen eingreifen, doppelt so viel eines Genproduktes gebildet wie vorher, und das kann zu erheblichen Störungen im Stoffwechsel führen. Der Selektionsdruck wirkt somit auf die Zahl der Gene genauso wie auf die Struktur und Funktion der Genprodukte.

Ein eindrucksvolles Beispiel für unterschiedliche Funktionen finden wir in den Serinproteasen. Es handelt sich hierbei um eine Gruppe orthologer Proteine (Proteasen): Elastin, Thrombin, Trypsin, Chymotrypsin u.a. Alle enthalten sie Serin als wesentlichen Anteil des aktiven Zentrums. Die Aminosäuresequenzen mehrerer Vertreter dieser Gruppe sind bekannt, und Teile der Ergebnisse wurden bereits in Abb. 16.1 vorwegggenommen, weitere s. Abb. 16.3. Die präsentierten Daten sollten auf die Schwierigkeit des *Alignments* hinweisen, denn ein Verwandtschaftsvergleich ist nur dann möglich, wenn man zahlreiche Insertionen bzw. Deletionen mit berücksichtigt und die Sequenzen so untereinander schreibt, daß Unterschiede durch die minimale Anzahl an Mutationen zu deuten sind. Anhaltspunkte für ein richtiges Raster bieten Disulfidbrücken und gleich große Lücken, da man davon ausgehen kann, daß es sehr unwahrscheinlich ist, daß solche Parameter mehrfach und unabhängig voneinander entstanden sind.

Die Auswertung von Sequenzdaten weist darauf hin, daß weniger spezialisierte Proteine ursprünglicher sind als die hochspezialisierten, die durch mehrere aufeinanderfolgende Duplikationen des Urgens entstanden sind. Die eigentliche enzymatische Wirkung ist dabei erhalten geblieben, während sich die Substratspezifität verändert hat. Soweit untersucht, stimmen die Tertiärstrukturen weitestgehend überein.

Das Serin wirkt im aktiven Zentrum als Protonendonor. Im Chymotrypsin ist es der Aminosäurerest Ser 195, beim Trypsin ist es Ser 183. Ebenso essentiell ist ein Histidinrest in Pos. 57. Alle Serin-Proteasen werden in Form inaktiver Vorstufen synthetisiert. Durch Abspaltung eines Peptids wird die inaktive Form in die aktive überführt, beim Chymotrypsin erfolgt die Aktivierung in mehreren aufeinanderfolgenden Schritten.

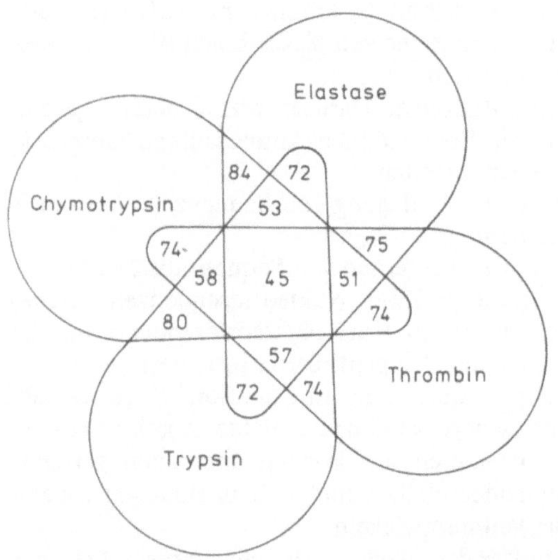

Abb. 16.3. Serinproteasen: Gemeinsamkeiten und Unterschiede. Die Ziffern geben die Anzahl gemeinsamer Aminosäurereste in homologen Positionen der Polypeptidketten an (deHaën et al., 1975)

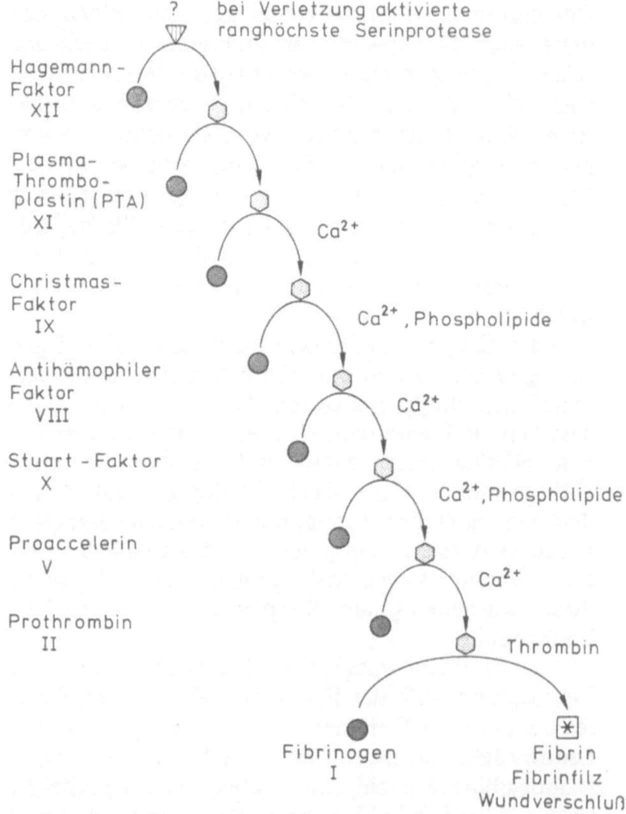

Abb. 16.4. Bildung eines Wundverschlusses. Aktivierung des Fibrins durch eine Kaskade hintereinandergeschalteter Serin-Proteasen

Das Thrombin (eine hochspezifische Protease) ist einer der Blutgerinnungsfaktoren, die Bestandteile eines kaskadenförmig strukturierten, hierarchischen, gutregulierten Systems sind (s. Abb. 16.4). Das System tritt nur bei Bedarf in Aktion. Seine wesentlichen funktionellen Eigenschaften sind:

1. Es ist nicht aktiv, voll ausgerüstet und jederzeit einsetzbar.
2. Eine Kontrolle auf jeder Stufe durch Hemmproteine garantiert die zeitliche und örtliche Begrenzung seiner Wirkung.
3. Signale auf jeder Stufe dienen der Koordination mit anderen Sicherheitssystemen.
4. Nur das letzte Protein der Reihe ist biologisch aktiv (Thrombin).
5. Die ranghöchste Serinprotease aktiviert nicht nur die Blutgerinnung, sondern auch Serinproteasen anderer Systeme, z.B. die Vorstufen von Plasmin und Kallikrein.

Serin-Proteasen sind, wie dieser Exkurs andeutet, vielseitig einsetzbar, für den Körper aber ggf. auch höchstgefährlich, so daß zahlreiche Sicherheitsvorkehrungen getroffen wurden, um negativen Folgen entgegenzuwirken. Die Tätigkeit des aktiven Enzyms am falschen Einsatzort wird durch Inhibitoren (z.B. den Trypsininhibitor) blockiert. Der Trypsininhibitor ist ebenfalls ein Protein (Struktur ist bekannt), der das aktive Zentrum des Trypsins verstopft und damit inaktiviert. Seine Struktur ist der Struktur des aktiven Zentrums des Trypsins komplementär. Eine weitere, substratspezifische Serin-Protease ist das Acrosin, das in der Spitze des Spermienkopfes in inaktivem Zustand lokalisiert ist. Erst bei der Berührung der *Zona pellicula* der Eizelle, erfährt es eine Aktivierung und zerstört die Schicht, so daß das Spermium in die Eizelle eindringen kann. Samenzellen, die kein Acrosin enthalten, sind nicht befruchtungsfähig. Das Fehlen ist eine häufige Ursache männlicher Sterilität.

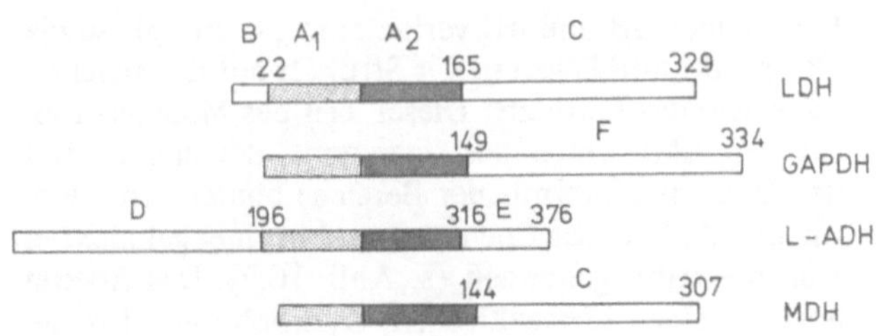

Abb. 16.5. Position der NAD^+-bindenden Domäne innerhalb von Polypeptidketten verschiedener Dehydrogenasen. Die unterschiedlichen substratbindenden Domänen sind mit *B, C, D* ... bezeichnet. Die Domänen (*C*) von LDH und MDH (lösliche Form) sind gleich strukturiert. Die nukleotidbindende Domäne selbst besteht ihrerseits aus zwei gleichartigen Abschnitten A_1, A_2), die sich während der Evolution aus einem gemeinsamen Urgen entwickelt haben. (Nach Eventoff und Rossmann, 1976)

Topologische Verwandtschaft

Dehydrogenasen und die Adenylatkinase. Schon im letzten Abschnitt haben wir die Schwierigkeiten der Homologisierung von Aminosäuresequenzen kennengelernt. Trotz der zahlreichen Randbedingungen war es möglich, homologe Bereiche zu erkennen und den Verwandtschaftsgrad abzuleiten. Selbst bei relativ großen Differenzen zwischen Aminosäuresequenzen ist die Wahrscheinlichkeit, daß sie unabhängig voneinander entstanden sind, verschwindend gering. Nur am Rande sind wir dabei auf die Tertiärstruktur eingegangen und haben gesehen, daß die Strukturen einander stark ähneln.

Wie schon an anderer Stelle vermerkt, ist eine spezifische Tertiärstruktur ein extrem konservatives Element. Es ist nahezu belanglos, welche Aminosäuren wo stehen, solange die Struktur unverändert erhalten bleibt. Besonders deutlich ist das in der Gruppe der Dehydrogenasen und einiger anderer Enzyme zu sehen. Diese zeichnen sich durch die Fähigkeit aus, Nukleotide zu binden. Die Dehydrogenasen verwenden jene als Coenzym (Flavin, NAD^+), die Adenylatkinase spaltet gebundenes ATP oder phosphoryliert gebundenes ADP:

$$\text{ATP} + \text{AMP} \rightleftharpoons 2\,\text{ADP}.$$

Man kennt die Primär- und Tertiärstrukturen einiger Dehydrogenasen und der Adenylatkinase. Vergleicht man die Sequenzen miteinander, erhält man kein beweiskräftiges Ergebnis für Homologien. Anders ist es jedoch, wenn man sich auf die Tertiärstrukturen konzentriert. Alle Dehydrogenasen enthalten nämlich zwei Domänen mit unterschiedlichen Funktionen.

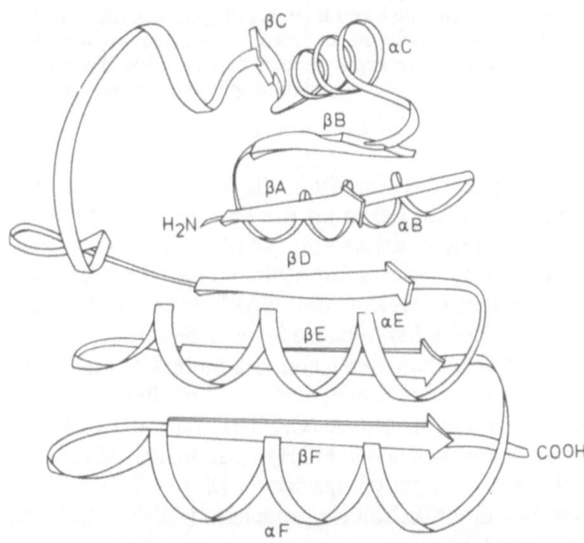

Abb. 16.6. Schematische Darstellung der relativen Anordnung von α-Helices und β-Faltblättern in der Coenzym-bindenden (NAD^+-bindenden) Domäne der Dehydrogenasen. Die Buchstaben *A–F* kennzeichnen die jeweiligen Sekundärstrukturen (Ohlsson et al., 1974)

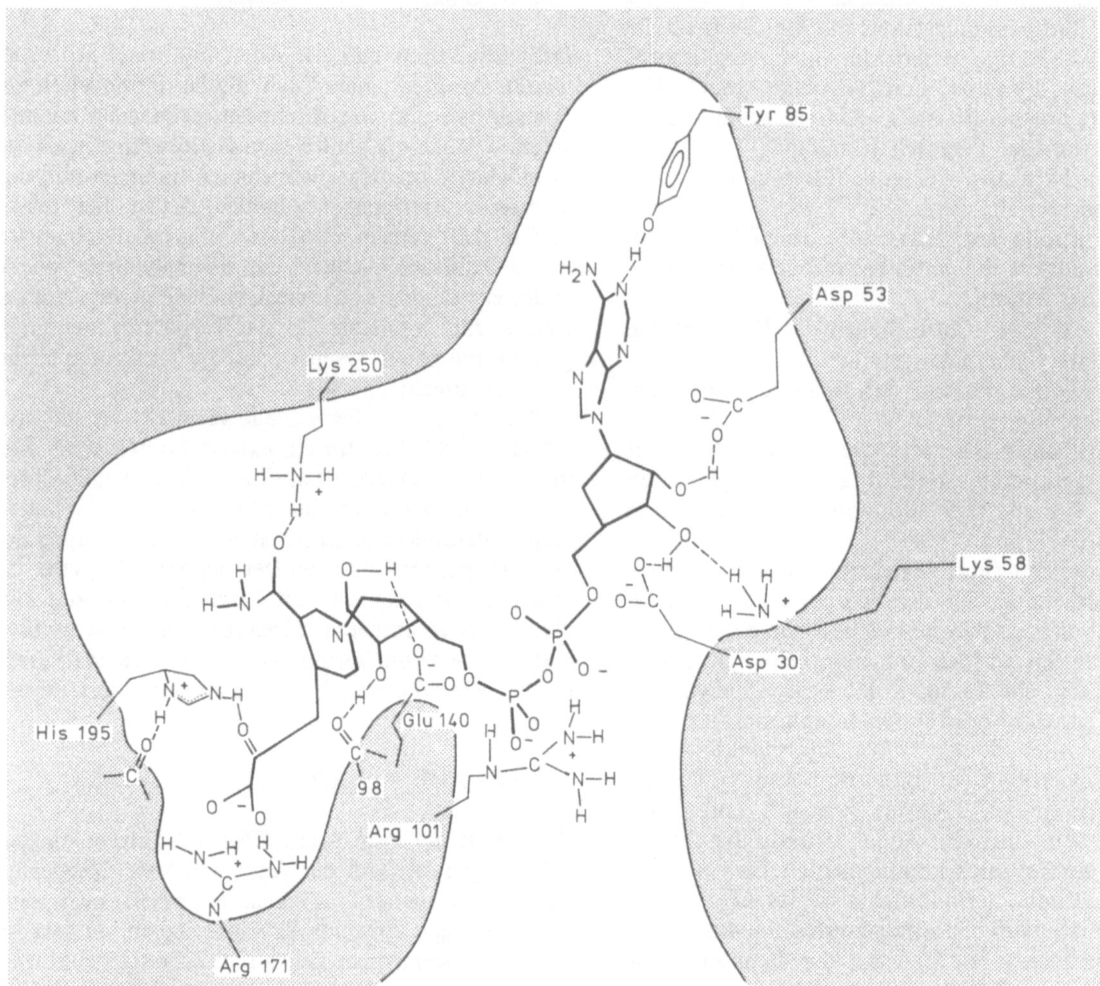

Abb. 16.7. Schematische Darstellung des aktiven Zentrums der Lactatdehydrogenase (LDH). Das NAD^+ (NADH), in der Zeichnung durch dickere Linien hervorgehoben, liegt in einer hydrophoben Tasche in geknickter Konformation vor. Beim Einpassen des Coenzyms werden zunächst die Wechselwirkungen zwischen Adenin und hydrophoben Anteilen des Proteins ausgebildet, dann wird die Position von Arg 101 verändert, so daß es mit den Phosphaten in Wechselwirkung treten kann. Das Substrat wird von Arg 171 gebunden. Die Asymmetrie dieses Bereichs schließt Bindung von D-Lactat aus. (Nach Holbrook et al., 1975)

Eine bindet das Coenzym, die andere das Substrat, und diese allein bestimmt die Spezifität des Enzyms.

Man spricht daher von NAD^+- resp. (Flavin)-bindender und von substratbindender Domäne. Die Aminosäuren, welche die NAD^+-bindende Domäne bilden, liegen bei verschiedenen Dehydrogenasen in unterschiedlichen Bereichen des Moleküls. Mal vorne am N-terminalen Ende, wie bei der Glyceraldehydphosphatdehydrogenase (GAPDH) oder der löslichen Malatdehydrogenase (sMDH), mal in der Mitte, wie bei der Lactatdehydrogenase (LDH) oder am Ende, wie bei der Alkoholdehydrogenase (ADH) aus Leber (s. Abb. 16.5).

Die Tertiärstrukturen der NAD^+-bindenden Domäne ähneln einander. Der Grundtyp ist in Abb. 16.6 wiedergegeben. Er besteht aus sechs Faltblattanteilen (βA–βF), die durch α-Helices miteinander verbunden sind. Die Helices αB und αC verknüpfen βA und βB sowie βB und βC und liegen in der Struktur auf der gleichen Seite wie das Faltblatt. Dieser Teil des Moleküls bindet den AMP-Anteil des Coenzyms, der andere Teil der Domäne (C-terminaler Bereich) bindet den Nicotinamid-Anteil. Das Coenzym wird in einer geknickten Konformation gebunden (s. Abb. 16.7). Das Adenin liegt in einer unspezifischen, hydrophoben Tasche. Ganz generell: In solche Taschen oder Spalten an Enzymoberflächen paßt das Substrat exakt hinein. Beim Einpassen wird die Hydrathülle abgestreift, denn für Wassermoleküle ist in der Spalte kein Platz mehr. Das wiederum ist eine der Hauptursachen für die hohe Reaktivität enzymgebundener Substratmoleküle. Der Nicotinamidanteil wird mit Ausnahme seines reaktiven Teiles ebenfalls in einer hydrophoben Umgebung gebunden.

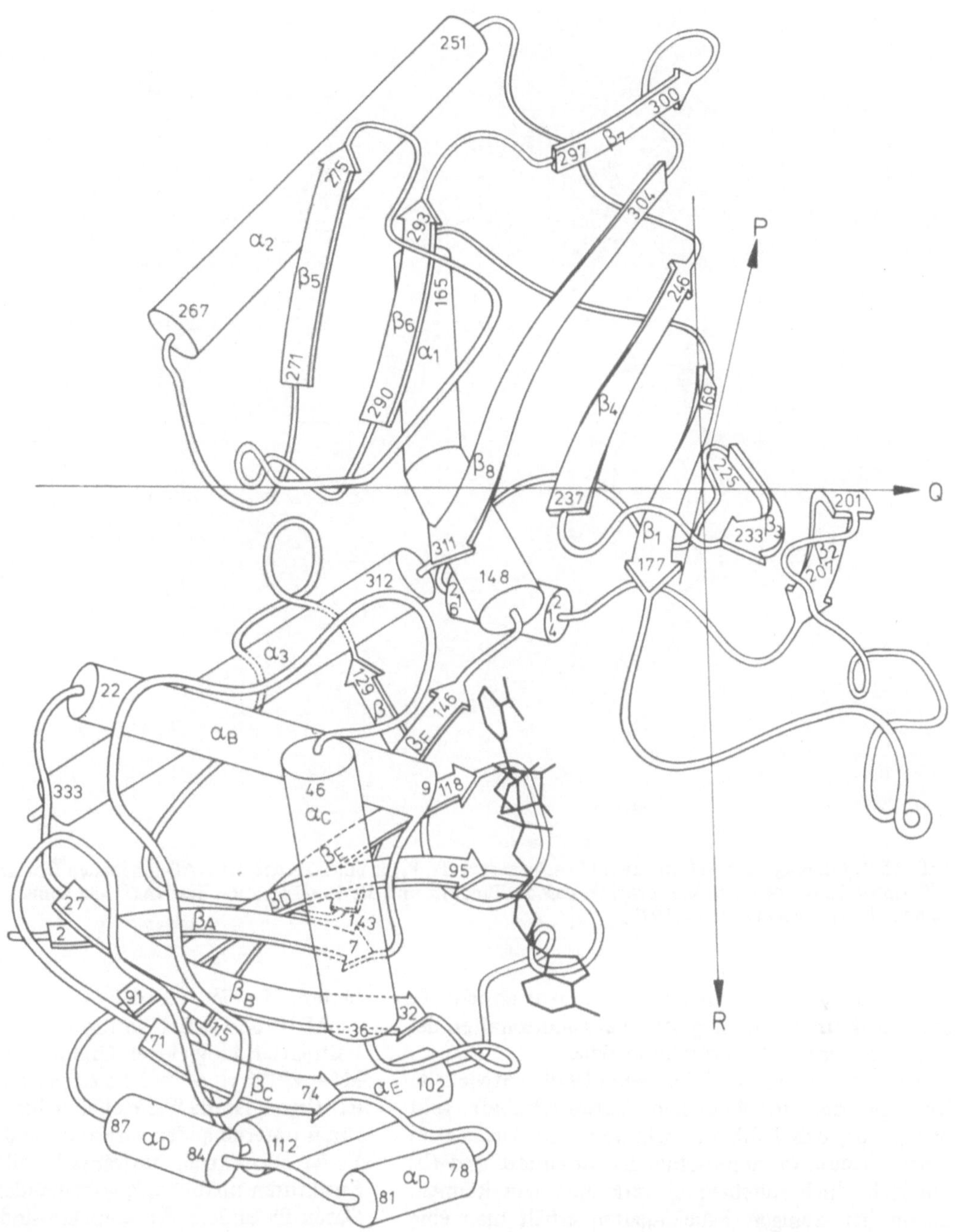

Abb. 16.8. Faltungsdiagramm einer Untereinheit der D-Glyceraldehyd-3-Phosphat-Dehydrogenase aus *Bacillus stearothermophilus.* Die untere Domäne bindet NAD^+ (in der Zeichnung durch dickere Linien hervorgehoben). Die zweite Domäne (oben) enthält einen hohen β-Faltblattanteil und bindet das Substrat (Biesecker et al., 1977)

Wie die genannten NAD^+-bindenden Dehydrogenasen (ADH, LDH, MDH) enthalten auch das Flavodoxin (eine Flavin-bindende Dehydrogenase), die Adenylatkinase, das Subtilisin (eine Protease) und die Glyceraldehyd-3-Phosphat-Dehydrogenase (siehe Abb. 16.8 und 16.9) einander ähnliche (orthologe) Domänen. Damit gewinnt man einen Ansatzpunkt zur Konstruktion eines Stammbaums dieser Proteine (s. Abb. 16.10).

Die MDH unterscheidet sich von der LDH vor allem durch das Fehlen eines Stückes am N-terminalen Ende. Dieser Bereich ist für die Ausbildung eines Tetramers (bei LDH) essentiell, ADH aus Leber zeigt eine Reihe von Sequenzhomologien bei einem Vergleich mit Hefe-ADH, allerdings bildet die Hefe-ADH ein Tetramer und die aus Leber ein Dimer. Der Vergleich von Tertiärstrukturen untereinander erlaubt also das Erkennen von Homologien selbst dann noch,

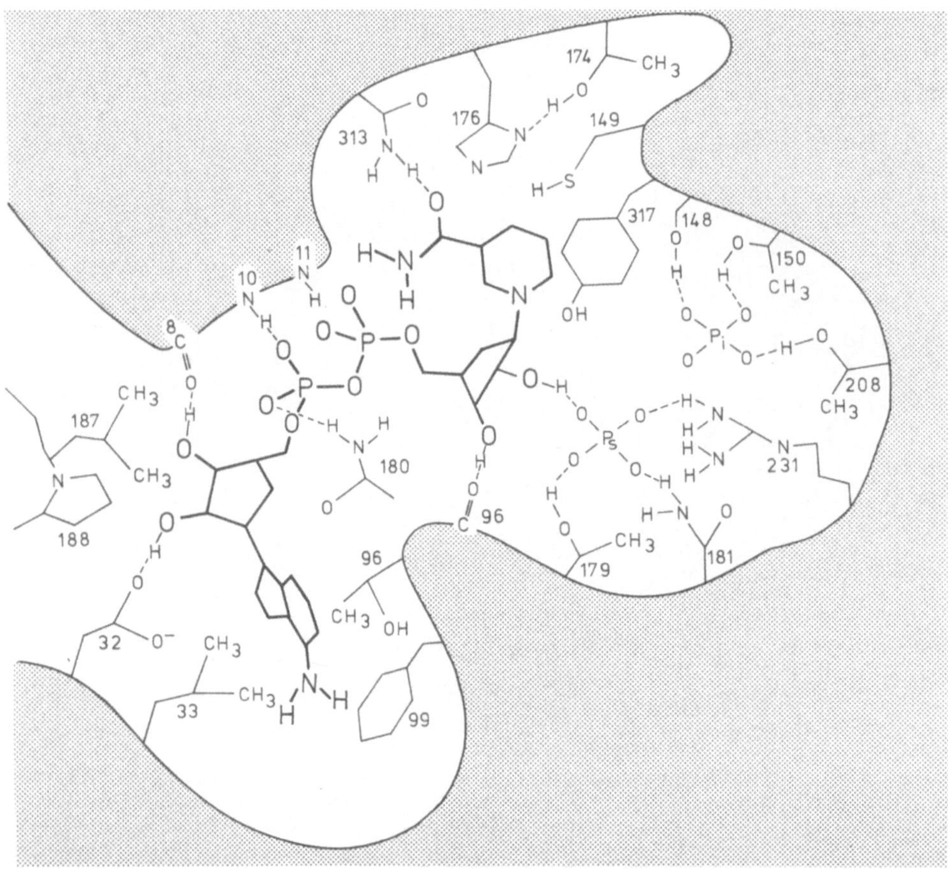

Abb. 16.9. Bindung von NAD^+ und zwei Phosphatresten (P_i, P_s) in einer Tasche der NAD-bindenden Domäne der Glyceraldehyd-3-Phosphat-Dehydrogenase. Man beachte, daß die Bindung und die Konformation des NAD^+ hier ähnlich sind wie bei der LDH (s. Abb. 16.7) (Biesecker et al., 1977)

wenn man sie den Sequenzen nicht mehr ansieht. Es sind strukturelle, topologische Verwandtschaften der in Frage kommenden Proteinmoleküle.

Das von Schulz in Heidelberg (1974) entwickelte Konzept der topologischen Verwandtschaft geht davon aus, daß Faltblattstrukturen (und Helices) in einem Protein (a) unterschiedlich orientiert und (b) unterschiedlich miteinander verknüpft sein können. Schon bei wenigen Bauelementen erhält man eine große Zahl verschiedener Lage- und Verknüpfungseinheiten: $M = 2^{n-1} \times n!/2$ (s. Abb. 16.11 und 16.12).

ADH und LDH verfügen über je sechs parallele Faltblätter in gleicher Orientierung (Topologie). Da $M = 2^{6-2} \times 6! = 11.520$ verschiedene Topologien existieren, ist die Wahrscheinlichkeit, daß beide Strukturen untereinander verwandt sind $1/M = 11.520 : 1$. Es ist also extrem unwahrscheinlich, daß sich beide Strukturen unabhängig voneinander entwickelt haben. Daten für andere Proteinpaare sind der Tabelle 1 und Abb. 16.13 zu entnehmen.

Tabelle 1. Topologische Verwandtschaft zwischen Proteinstrukturen (Schulz und Schirmer, 1974)

Proteine		Anzahl der gemeinsamen Stränge	Wahrscheinlichkeit für gemeinsamen Ursprung	Wahrscheinlichkeit für gemeinsamen Ursprung unter Berücksichtigung der Lage der Substratbindungsstelle
Adenylatkinase	– Subtilisin	5	240 : 1	2400 : 1
Adenylatkinase	– Flavodoxin	4	24 : 1	240 : 1
Adenylatkinase	– Dehydrogenasen	4	16 : 1	160 : 1
Subtilisin	– Flavodoxin	5	480 : 1	4800 : 1
Subtilisin	– Dehydrogenasen	5	240 : 1	2400 : 1
Flavodoxin	– Dehydrogenasen	5	480 : 1	4800 : 1
Dehydrogenase (A)	– Dehydrogenase (B)	6	11520 : 1	15200 : 1

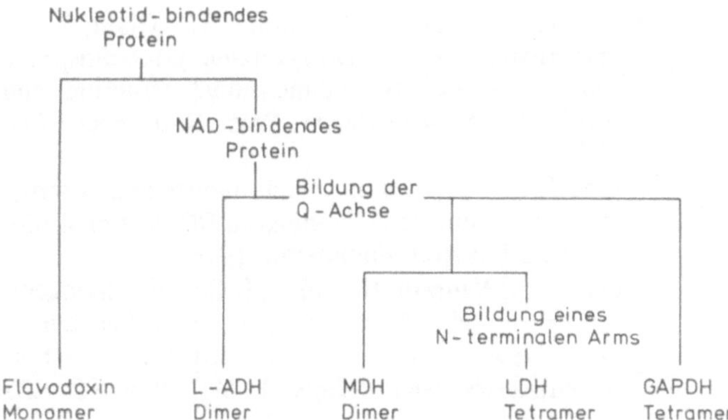

Abb. 16.10. Abstammungsbeziehungen der Dehydrogenasen untereinander und in Bezug zum Flavodoxin (Buehner et al., 1973)

Damit ist ein Weg aufgezeigt, phylogenetische Zusammenhänge auch dann noch aufzuzeigen, wenn die Ähnlichkeiten zwischen den Aminosäuresequenzen zu gering sind. Da die Gestalt der Kette offenbar besonders gut konserviert wird, deuten solche Ähnlichkeiten auf Verbindungslinien in sehr frühen Stadien der Evolution hin. Rossmann (Purdue University) wies 1976 darauf hin, daß auf dieser Basis auch Ähnlichkeiten zwischen NAD^+-bindenden Proteinen, Cytochrom b_5 und Globinen bestehen. Wir haben damit einen Zugang, die Evolution der Stoffwechselwege zu erschließen.

Es sieht so aus, als habe sich zunächst eine Grundstruktur entwickelt, das entsprechende Gen nacheinander mehrere Duplikationen durchgemacht und jeder Genabschnitt sich unabhängig von den anderen weiterentwickelt hat, wobei neben Aminosäureaustauschen Insertionen und Deletionen auftraten und durch Genfusion andere (substratspezifische) Abschnitte hinzugekommen sind.

Eine interessante Frage in diesem Zusammenhang wäre natürlich, ob substratspezifische Domänen bei verschiedenen Enzymen, die am gleichen Substrat arbeiten, ebenfalls auf einen gleichen Vorfahr zurückführbar sind.

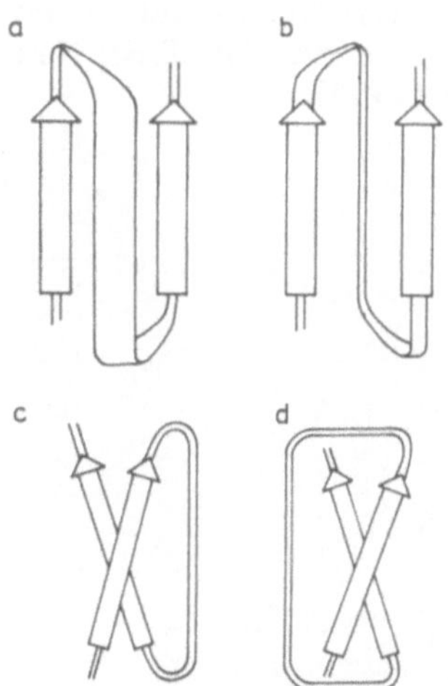

Abb. 16.11 a–d. Möglichkeiten der Anordnung der β-Strang-α-Helix-β-Strang-Gruppe in parallelen Faltblättern. Die α-Helix ist nur als glattes Band dargestellt. Die Faltblattstränge brauchen keine direkten Nachbarn zu sein. Durch die Faltblattverdrillung zeigt die rechthändige Gruppe eine wesentlich bessere Nachbarschaftskorrelation als die linkshändige. a, b von vorn; c, d von der Seite gesehen (Schulz, 1977)

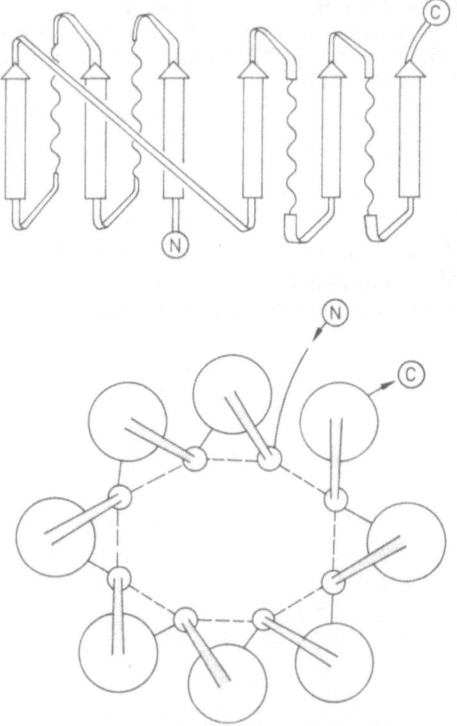

Abb. 16.12. Symmetrie und Kettengestalt. *Obere Darstellung:* Doppelte, nukleotidbindende Domäne der Lactatdehydrogenase und anderer Proteine. Hier existiert eine vertikale, zweizählige Achse. *Untere Darstellung:* Symmetrische Struktur der Triose-Phosphat-Isomerase, bestehend aus einem parallelen Faltblattzylinder und acht umgebenden α-Helices (Schulz, 1977)

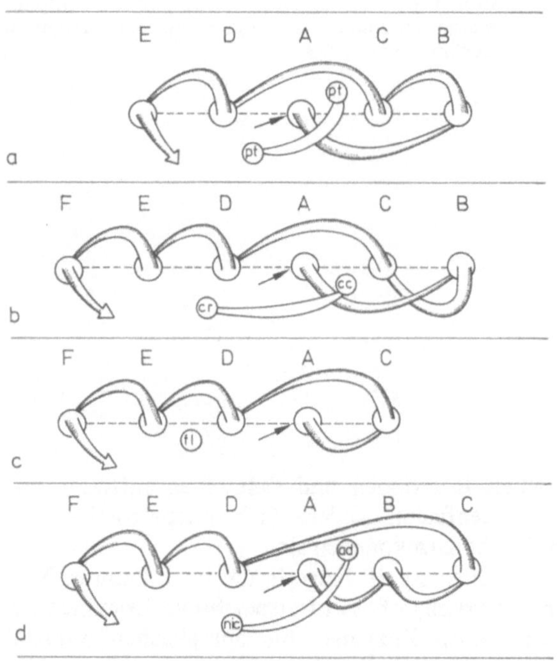

Abb. 16.13 a–d. Topologische Verwandtschaft folgender Proteine: a Adenylatkinase; b Subtilisin; c Flavodoxin; d NAD^+-bindende Domäne der Dehydrogenase. *pt*, hydrophobe Tasche. Vermutlicher Bindungsort für Adenin. *cr*, Hydrophobe Tasche, Bindungsort für aromatische Seitenkette. *cc*, Katalytisches Zentrum. *fl*, Bindungsstelle für FMN. *nic-ad*, NAD^+-Bindungsstelle. *A, B, C, D, E, F* sind Helices. *Pfeile* geben die Richtung der Polypeptidketten an (N → C) (Schulz und Schirmer, 1974)

Literatur

Biesecker, G., Harris, J.I., Thierry, J.C., Walker, J.E., Wonacott, A.J.: Sequence and structure of D-glyceraldehyde-3-phosphate dehydrogenase from *Bacillus stearothermophilus*. Nature (London) *266*, 328 (1977)

Buehner, M., Ford, G.C., Moras, D., Olsen, K.W., Rossmann, M.G.: D-Glyceraldehyd-3-phosphate dehydrogenase: three-dimensional structure and evolutionary significance. Proc. Natl. Acad. Sci. USA *70*, 3052 (1973)

Dayhoff, M.O.: Atlas of protein sequence and structure, Supplement 2. Washington DC: National Biomedical Research Foundation 1976

Haen, C. de, Neurath, H., Teller, D.C.: The phylogeny of trypsin-related serin proteases and their zymogens. New methods for the investigation of distant evolutionary relationships. J. Mol. Biol. *92*, 225 (1975)

Holbrook, J.J., Liljas, A., Steindel, S.J., Rossmann, M.G.: Lactate Dehydrogenase. In: The enzymes *XI*, 240 (1975)

Neurath, H., Walsh, K.A.: Role of proteolytic enzymes in biological regulation (a review). Proc. Natl. Acad. Sci. USA *73*, 3825 (1976)

Neurath, H., Walsh, K.A.: The role of proteases in physiological regulation. FEBS, 11th Meet., Copenhagen 1977, Vol. 47, 1 (1977)

Ohlsson, I., Nordström, B., Bränden, C.-I.: Structural and functional similarities within the coenzyme binding domains of dehydrogenases. J. Mol. Biol. *89*, 339 (1974)

Richardson, J.S.: β-Sheet topology and the relatedness of proteins. Nature (London) *268*, 495 (1977)

Rossmann, M.G., Argos, P.: The taxonomy of protein structure. J. Mol. Biol. *109*, 99 (1977)

Schulz, G.E.: Regeln für Strukturen globulärer Proteine. Angew. Chem. *89*, 24 (1977)

Schulz, G.E., Schirmer, R.H.: Topological comparison of adenylatkinase with other proteins. Nature (London) *250*, 142 (1974)

Walsh, K.A., Neurath, H.: Trypsinogen and chymotrypsinogen as homologous proteins. Proc. Natl. Acad. Sci. USA *52*, 884 (1964)

17. Proteine in der Evolution und der Ontogenese: Polymorphismus, Alloenzyme, Isoenzyme

Proteine sind ideale Marker, um die Abstammung der Organismen voneinander bzw. von gemeinsamen Vorfahren zu ermitteln und ihren Verwandtschaftsgrad festzustellen. Die im vorangegangenen Kapitel diskutierten Vergleichsmöglichkeiten zwischen homologen und orthologen Proteinen bieten eine solide Basis für weitreichende Schlußfolgerungen. Das Manko liegt allerdings darin, daß es nur sehr wenige analysierte Sequenzen gibt, mit deren Hilfe man strittige Fragen der Taxonomie angehen könnte. Die bisher vorliegenden Ergebnisse sind in den wichtigsten Punkten wie folgt zusammenzufassen:

1. Die beobachtete Austauschrate ist bei verschiedenen (paralogen) Proteinen unterschiedlich.
2. Die Austauschrate bei homologen Proteinen variiert in einzelnen Phasen der Evolution.
3. Die Zahl der Austausche ist im großen und ganzen proportional zum Verwandtschaftsgrad der Arten, aus denen die Proteine isoliert worden sind.

Zur Klärung weiterer Evolutionsprobleme benötigt man mehr Daten, und wir erhalten solche aus gelelektrophoretischen und immunologischen Untersuchungen. Die Vorteile dieser Verfahren können folgendermaßen umrissen werden:

1. Das Protein braucht nicht vollständig gereinigt zu werden.
2. Man kommt mit kleinen Mengen aus.
3. Man kann in kurzer Zeit eine Vielzahl von Tests durchführen.

Zu klären wären die Fragen:

1. Sind die in Proteinen gefundenen Aminosäureaustausche adaptiv oder neutral?
2. Welche Bedeutung kommt dem Polymorphismus zu, was sind Alloenzyme, was Isoenzyme?
3. Läuft die Evolution der Proteine mit der „organismischen" Evolution parallel?
4. Ist die Evolution der Proteine simulierbar?

Sind die in Proteinen gefundenen Aminosäureaustausche adaptiv oder neutral?

1969 haben King und Jukes die Hypothese der *Non-Darwinian-Evolution* aufgestellt. Der Begriff ist unglücklich gewählt, denn gemeint ist damit die Akkumulation neutraler Austausche in Proteinen, also ein „Rauschen" ohne Selektionsvorteil, aber auch ohne Nachteil. Kimura und Ohta haben die Hypothese (→ Neutralitätshypothese) 1971 weiter ausgebaut, mathematisch formuliert und somit die Voraussetzung zur experimentellen Überprüfung geschaffen. Widersprochen wurde ihr durch eine Reihe von Arbeiten aus dem Arbeitskreis von Ayala (University of California, Davis, 1974). Versuchsobjekte waren vier Arten von *Drosophila,* und die Methode war die Gelelektrophorese. Gesucht wurde nach einem Polymorphismus von 36 Enzymen, deren spezifische Aktivität im Gel erkannt werden konnte. Enzyme, die von einem Genlocus codiert werden, für den es mehrere Allele gibt, nennt man Alloenzyme (Allozyme) oder Allotypen, Die Allotypen dienen als Marker: Verschiedenheiten im Elektropherogramm spiegeln die Verschiedenheiten des Genoms wieder. In der folgenden Tabelle ist der ermittelte Grad des Polymorphismus und der Grad der Heterozygotie wiedergegeben. Die Ergebnisse besagen, daß 30% bis 80% aller getesteten Genloci polymorph sind und in zwei oder mehreren Allelen vorliegen, wobei ein Individuum im Schnitt an 15–20% aller seiner Loci heterozygot ist (siehe Tabelle 1).

Tabelle 1. Genetische Variation an 36 Genloci in natürlichen Populationen von vier nahverwandten *Drosophila*-Arten. Angaben in%. (Nach Ayala, 1974).
Ein Genlocus wurde dann als polymorph eingestuft, wenn (1) die Häufigkeit des zweithäufigsten Allels mindestens 1% beträgt oder (2) die Häufigkeit des häufigsten Allels 95% nicht übersteigt

Art	Anzahl getesteter Genome pro Genlocus	Anzahl polymorpher Loci in der Population		Anzahl heterozygoter Loci pro Individuum
		(1)	(2)	
D. willistoni	4983±636	73,8 ±6,4	49,1 ±7,2	17,9 ±3,7
D. tropicalis	1731±229	64,7 ±6,7	47,4 ±7,6	15,2 ±3,1
D.equinoxalis	2556±238	79,2 ±6,1	54,0 ±7,5	16,5 ±3,0
D. nebulosa	412± 43	69,2 ±7,1	53,0 ±6,9	19,5 ±3,5
Durchschnitt	2370±960	71,7 ±3,1	50,9 ±1,6	17,3 ±0,9

Der Begriff Polymorphismus beschreibt das Vorkommen mehrerer Allele des gleichen Genlocus (Genorts) in einer Population. Heterozygotie bedeutet: Vorkommen unterschiedlicher Allele (eines Genortes) in einem Individuum. Bei diploiden Formen können maximal zwei verschiedene Allele pro Genort vorliegen.

Die Neutralitätstheorie fordert, daß die Zahl neutraler Austausche pro Genlocus in einer Population im Gleichgewicht

$$n = 4\,N\mu + 1 \qquad (1)$$

sei, wobei N die Größe der Nachkommenschaft und μ die Mutationsrate pro Genlocus und Generation ist.

Mit der Gelelektrophorese erfaßt man nur Ladungsaustausche in Proteinen. Da der Anteil dieser Austausche statistisch berechenbar ist, kann er in Formel (1) eingebracht werden, wodurch sich ein

$$n_e = \sqrt{8N\mu + 1} \qquad (2)$$

ergibt. n_e ist die elektrophoretisch erfaßbare Zahl neutraler Austausche. In einer natürlichen Population mit sexueller Fortpflanzung ergibt sich die Zahl der Allele als reziproker Wert der Häufigkeit homozygoter Individuen

$$n_e = 1/(1-H), \qquad (3)$$

wobei H die durchschnittliche Häufigkeit der heterozygoten Individuen pro Genlocus ist.

Der Durchschnittswert für alle vier *Drosophila* arten liegt bei 0,173 ± 0,009 (Wahrscheinlichkeiten drückt man in der Statistik in der Regel nicht in %, sondern als Bruchteile von 1 aus).

Die Zahl elektrophoretisch nachweisbarer Allele in einer Population einer jeden der vier Arten wäre demnach

$$n_e = 1/(1-0{,}173) = 1{,}209. \qquad (4)$$

Setzt man den Wert in Gleichung (2) ein, erhält man

$$N\mu = 0{,}058, \text{ abgerundet } 0{,}06.$$

Um Gleichung (1) zu lösen, braucht man eine grobe Abschätzung der Populationsgrößen der *Drosophila*-arten sowie eine Abschätzung der Mutationsrate pro Generation und Genlocus.

Mit Sicherheit ist die Populationsgröße einer jeden Art $> 10^9$ und die Mutationsrate pro Genlocus und Generation mindestens 10^{-7}, womit $N\mu \sim 100$ wäre. Nimmt man diese (niedrigste) Schätzung von N und μ, dann müßte die meßbare Anzahl der Allele nach der Theorie

$$n_e = \sqrt{801} = 28 \qquad (5)$$

sein. Die Häufigkeit der elektrophoretisch nachweisbaren Allele wäre damit 1/28 = 0,035. Gefunden wurden aber 0,822, das ist 23mal mehr, als theoretisch zu erwarten wäre, und damit wäre die Hypothese widerlegt.

Der Grad des Polymorphismus und der Heterozygotie für verschiedene Genloci von *Drosophila* und anderen Arten ist in Abb. 17.1 wiedergegeben. Die Häufigkeit eines bestimmten Allels kann durch die Umwelt beeinflußt werden, und bei verschiedenen Arten können unterschiedliche Allele des gleichen Genortes vorteilhaft sein. Das weist darauf hin, daß sich alle lokalen Populationen im Gleichgewicht befinden. Auch die Richtigkeit dieser Annahme ist experimentell überprüfbar. Ayala et al. setzten mehrere populationsgenetische Experimente an, wobei sie von definierten Ausgangspopulationen ausgingen und die Frequenz der infrage kommenden Allele als Funktion der Zeit untersuchten. Als Marker wurde die Häufigkeit der Allele der Malatdehydrogenase bestimmt. Schon nach zehn Generationen hatte sich ein neues, stabiles Gleichgewicht eingestellt (s. Abb. 17.2).

Bei der einen Art gewann eines der Allele die Oberhand, bei der anderen das andere. Damit war eindeutig gezeigt, daß die Genprodukte beider Allele klare, adaptive Vorteile haben.

Ein Argument bleibt bei Ayalas Diskussion jedoch ausgespart. Einem elektrophoretischen Unterschied liegen immer sog. radikale Austausche zugrunde. Solche Austausche können sich seltener durchsetzen als die sog. konservativen Austausche. Letztere erfaßt man hier nicht, und über ihren Wert ist damit auch nichts ausgesagt. Es ist problematisch, einen Organismus als ein zu perfektes System anzusehen. Ohne Redundanz und die damit gegebene Möglichkeit einer Fehlerkorrektur hätte es sicherlich keine Überlebenschance. Ohne die Möglichkeit zum „Spielen" gibt es keine Chance, etwas Neuartiges auszuprobieren. Dem steht jedoch die Kostenfrage entgegen. Wieviel Energie kann ein Organismus zum „Spielen" einsetzen?

Polymorphismus auf molekularer Ebene findet man in allen systematischen Gruppen. Für menschliche Populationen fanden Nei und Roychoudhury (1974) die folgenden Werte:

Rasse	Anzahl getesteter Loci	Polymorphismus (%)	Heterozygotiegrad der Individuen (%)
Kaukasisch	74	31	9,9
Negroid	62	40	9,2
Mongoloid	35	40	9,8

Bei einer Suche nach seltenen Allelen an 43 Genloci haben Harris et al. Enzyme in Blutproben von 250000 Europäern gelelektrophoretisch untersucht und dabei gefunden, daß jeder der getesteten Genloci heterozygot sein kann. Die durchschnittliche Häufigkeit hierfür liegt bei 1–2‰.

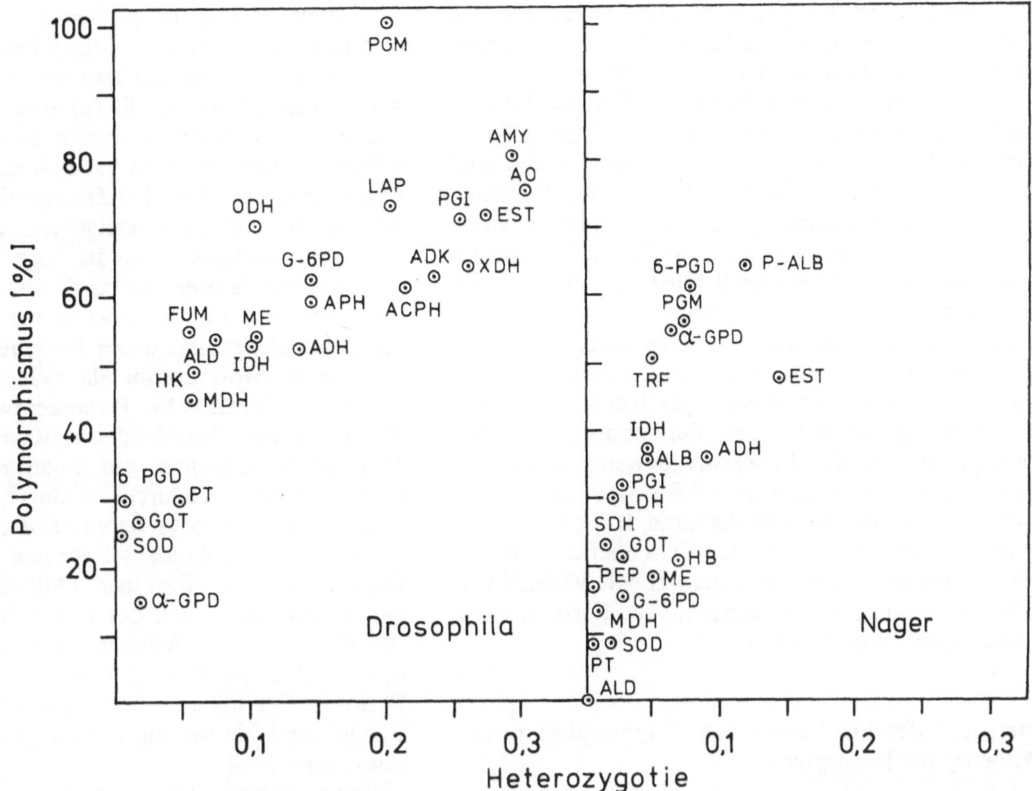

Abb. 17.1. Grad des Polymorphismus und der Heterozygotie einzelner Genorte bei *Drosophila* und bei Nagern. *ACPH*, Saure Phosphatase; *ADH*, Alkoholdehydrogenase; *ADK*, Adenylatkinase; *ALB*, Albumin; *ALD*, Aldolase; *AMY*, Amylase; *AO*, Aldehydoxydase; *APH*, Alkalische Phosphatase; *EST*, Esterase; *FUM*, Fumarase; *α-GDP*, α-Glucose-6-P-Dehydrogenase; *GOT*, Glutamat-Oxalacetat-Transaminase; *HB*, Hämoglobin; *HK*, Hexokinase; *IDH*, Isocitratdehydrogenase; *LAP*, Leucinaminopeptidase; *ME*, Malic-enzyme; *ODH*, Oktanol-Dehydrogenase; *P-ALB*, Präalbumin; *PEP*, Peptidase; *6-PGD*, 6-Phosphogluconatdehydrogenase; *PGI*, Phosphoglucoseisomerase; *PGM*, Phosphoglucomutase; *PT*, nichtenzym. Protein; *SDH*, Sorbitoldehydrogenase; *SOD*, Superoxyddismutase; *TRF*, Transferin; *XDH*, Xanthindehydrogenase (Selander, 1976)

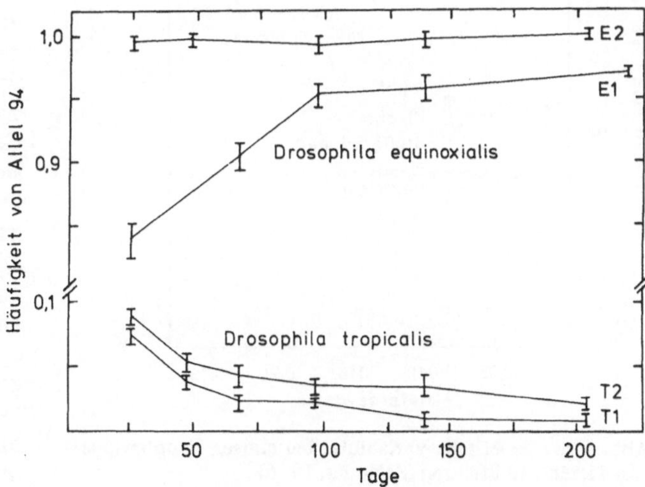

Abb. 17.2. Experimenteller Nachweis von Änderungen der Allelhäufigkeiten am *Mdh-2*-Locus (Malatdehydrogenase) in abgeschlossenen Populationen von *Drosophila equinoxialis* (E1 und E2) und *Drosophila tropicalis* (T1 und T2). Die Änderungen sind gerichtet und weisen damit auf einen Selektionsvorteil der Allele hin. Das Experiment wurde mit Populationen begonnen, in welche die Allele 86 und 94 (am *Mdh-2*-Locus) eingebracht wurden. Allel 94 setzt sich bei E durch, Allel 86 bei T. (Nach Ayala und Anderson, 1973)

Selander und Kaufmann fanden 1973, daß der Grad des Polymorphismus bei Vertebraten niedriger als bei den Invertebraten ist (s. Abb. 17.3).

Ursache für die Reduktion des Polymorphismus- und des Heterozygotiegrades sind einmal kleine Populationsgrößen und zum anderen längere Generationsdauern. Bei langer Generationsdauer bietet sich nämlich nur selten die Chance, neue Genkombinationen zu testen, und ein hoher Grad an Polymorphie verliert damit seinen Selektionsvorteil. Für Arten, die nach der r-Strategie der Evolution verfahren, also große Nachkommenschaften produzieren, ist es vorteilhaft, wenn sich in der Population eine Variabilität hält. Für Arten, die nach der K-Strategie leben und deren Populationsgröße sich nahe der optimalen Größe bewegt, sind solche Experimente wenig förderlich. Bei Pflanzen findet man zahlreiche Arten mit Selbstbefruchtung. Bei ihnen ist der Grad des Polymorphismus nicht geringer als bei den Fremdbefruchtern. Es bilden sich dort innerhalb einer Art eine Vielzahl von „Stämmen" aus, die in Bezug auf die Fortpflanzung voneinander isoliert bleiben.

Welche Bedeutung kommt dem Polymorphismus zu? Alloenzyme, Isoenzyme

Der Grad des Polymorphismus ist, wie wir gerade gesehen haben, für verschiedene Enzyme unterschiedlich. Illespie und Kohima schlugen daher 1968 vor, ihn nach der Funktion der Enzyme zu bewerten und jene in zwei Gruppen einzuordnen:

1. Enzyme, die an und mit körpereigenen Substanzen arbeiten.

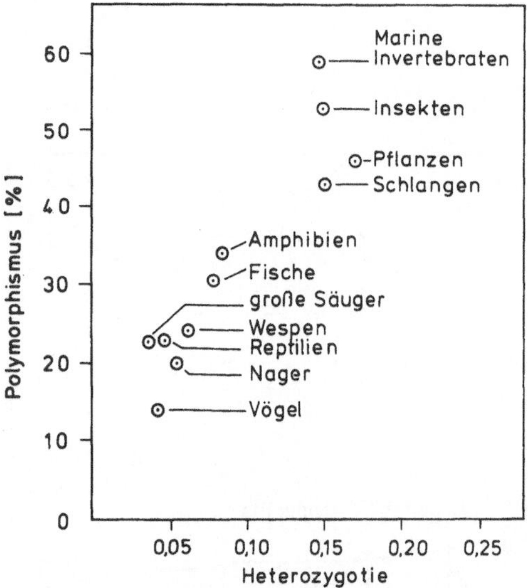

Abb. 17.3. Genetische Variabilität bei einigen Hauptgruppen von Tieren und Pflanzen (Selander, 1976)

2. Enzyme, die an körperfremden, mit der Nahrung aufgenommenen Substraten arbeiten.

Gene für Enzyme der zweiten Gruppe sollten stärker polymorph sein als die der ersten Gruppe, weil sie mit einem größeren Spektrum an Substraten fertig werden müssen. Johnson hat sich daraufhin 1973 die entsprechenden Werte bei *Drosophila* angeschaut und konnte die Annahme weitgehend verifizieren, fand aber auch Ausnahmen von der Regel.

Besonders konservativ sind die Hydrolasen. Die Gene liegen meist monomorph vor und das, obwohl die Substratspezifität dieser Enzyme nicht sehr hoch und die in vivo-Funktion für viele der untersuchten Enzyme unbekannt ist. Bemerkenswert ist auch das Verhalten der Phosphoglucomutase. Sie ist extrem polymorph, zeigt aber nur einen geringen Grad an Heterozygotie. Wodurch bedingt? Eine Antwort könnte lauten: Allotyp-Suppression (s. Kap. 22).

Von der Alkoholdehydrogenase (ADH) sind bei *Drosophila* zwei Allotypen (Alloenzyme) bekannt. Sie unterscheiden sich durch ihre Substratspezifität. Die Form A kann Äthanol, Isopropanol, n-Butanol und Cyclohexanol weit besser verarbeiten als die Form B. Bei höheren Temperaturen hingegen ist B stabiler und aktiver als A und gewinnt dort einen Selektionsvorteil.

Junge *Drosophila*larven leben in faulen Früchten, die voll von Alkohol sind. Das Gen für die Form B ist in *Drosophila*populationen im Süden der USA häufiger als das für A; für den Norden gilt das Umgekehrte. Die Verteilung der Allele hängt, wie genauere Bestandsaufnahmen zeigen, direkt von der mittleren Tagestemperatur im Sommer ab.

Die angeführten Beispiele sollten den adaptiven Vorteil von Alloenzymen herausstellen. Eine große Population mit großem Genpool und hoher Variabilität hat demnach die Chance, verschiedenartige Lebensräume zu besiedeln, in denen dann aus der Gesamtpopulation die jeweils optimalen Genotypen ausgelesen werden. Das spricht für eine Hypothese der *balanced advantage*, die fordert, daß der Polymorphismus der Ausdruck eines dynamischen Gleichgewichts ist.

Enzyme werden nicht nur in verschiedenen Individuen unterschiedlich gefordert, sondern auch innerhalb eines einzigen Individuums. Die Bedingungen variieren von Organ zu Organ, von Organell zu Organell und von Entwicklungsstufe zu Entwicklungsstufe. Im Gegensatz zu den meisten Umweltparametern ändert sich das innere Milieu in einer Zelle und in einem Organismus in einer deterministischen Weise, denn es ist genetisch festgelegt, wie sich ein Organismus entwickelt, welche Typen von Organen und Organellen entstehen und welche Bedingungen dort herrschen. Die quantitative und qualitative Proteinsynthese erfolgt im Laufe der Ontogenese als eine klar programmierte Sequenz von Einzelschritten.

Mit einer Strategie des Polymorphismus kommt man hier nicht weit, denn ein diploides Individuum kann maximal zwei Allotypen eines Enzyms produzieren.

Isoenzyme, Marker für eine differentielle Genexpression. Wir haben an anderer Stelle bereits über Genduplikationen gesprochen und kurz die Isoenzyme gestreift. Isoenzyme (Isozyme) sind Enzyme mit gleicher oder zumindest sehr ähnlicher Aktivität, die durch voneinander verschiedene Genorte des gleichen (haploiden) Chromosomensatzes codiert werden. Entstanden sind solche Genorte durch Genduplikation und anschließende Modifikationen. Folglich kann ein Individuum mehrere Varianten eines Enzyms produzieren. Der Selektionsdruck setzt bei der Auswahl dieser Typen ein. Isoenzyme sind 1959 von Markert und Møller (Yale University, New Haven) entdeckt worden, wobei schon in der ersten Arbeit gezeigt wurde, daß in verschiedenen Organen und in verschiedenen Entwicklungsstufen verschiedene Formen des Enzyms aktiv sind. Das klassische Verfahren zum Nachweis ist auch hier wieder die Gelelektrophorese und das klassische Versuchsobjekt die Lactatdehydrogenase (LDH). Der Nachweis im Gel erfolgt unter Zusatz von Lactat, NAD^+ und einem Tetrazoliumsalz, welches in Anwesenheit des Enzyms oxydiert wird und in eine gefärbte, wasserunlösliche Formazanverbindung übergeht.

Die Abb. 17.4 zeigt das Auftreten der verschiedenen Formen in Geweben der Ratte, die Abb. 17.5 den Wechsel des LDH-Isoenzymmusters im Herzgewebe embryonaler, juveniler und adulter Mäuse. In beiden Elektropherogrammen sind fünf Banden zu erkennen. LDH ist nämlich ein tetrameres Molekül und besteht aus den beiden Untereinheiten A und B. Die nativen Tetramere können somit zu fünf verschiedenen Kombinationen zusammengelagert sein:

$$A_4, A_3B_1, A_2B_2, A_1B_3, B_4.$$

Im LDH-1 kommt nur die Form B, im LDH-5 nur die Form A vor. Im Herzmuskel ist vorwiegend das Gen für die B-Form, im Skelettmuskel das Gen für die A-Form aktiv.

Während der Oogenese der Maus ist das B-Gen aktiv, doch während der Eientwicklung wird es supprimiert und durch das A-Genprodukt ersetzt. Noch vor der Geburt und vor allem in der Phase danach wird das B-Gen in mehreren Geweben sukzessive reaktiviert, so daß das Isoenzymmuster wieder in Richtung auf LDH-1 verschoben wird. In Spermien wird ein drittes Gen (C) exprimiert. C_4 ist weniger substratspezifisch als die übrigen Formen. Das Gen ist nur während weniger Stunden in der Phase der Spermatogenese aktiv; in anderen Geweben und zu anderen Zeiten ist es supprimiert. Die Aktivierung der LDH-Gene wird durch plasmatische Faktoren gesteuert. Bei einer Mutante der Maus wird die Synthese von B in einigen Organen unterdrückt. Man hat es hier offenbar mit einem Regulatorgen zu tun, welches sich wie ein einfaches Allel verhält.

Fische produzieren eine Reihe weiterer Isoenzyme der LDH, so ist z.B. das Gen E in Zellen der Retina und in Neuronen aktiv. Das Genprodukt bildet mit A und B, selbst bei solchen Arten, bei denen es keine Kooperation zwischen A und B gibt, Kopolymere.

Wir werden im folgenden Kapitel sehen, daß die Aufgabe eines bestimmten Enzyms in der Zelle nicht ausschließlich in seiner spezifischen, katalytischen Funktion liegt, sondern vielmehr in der Regulierbarkeit seiner Aktivität durch „Effektoren" und benachbarte

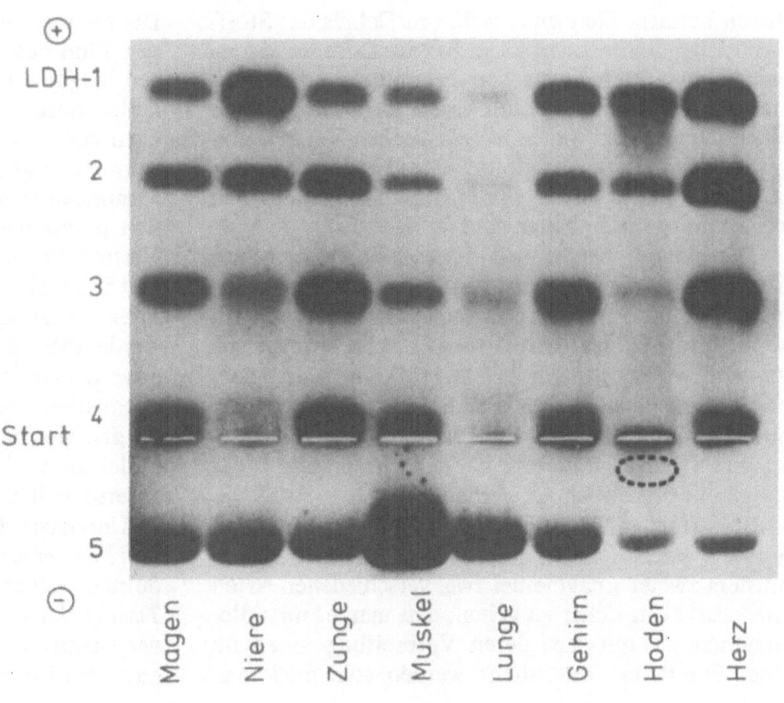

Abb. 17.4. Elektropherogramm (Zymogram) von LDH aus unterschiedlichen Geweben der Ratte (Markert und Ursprung, 1971)

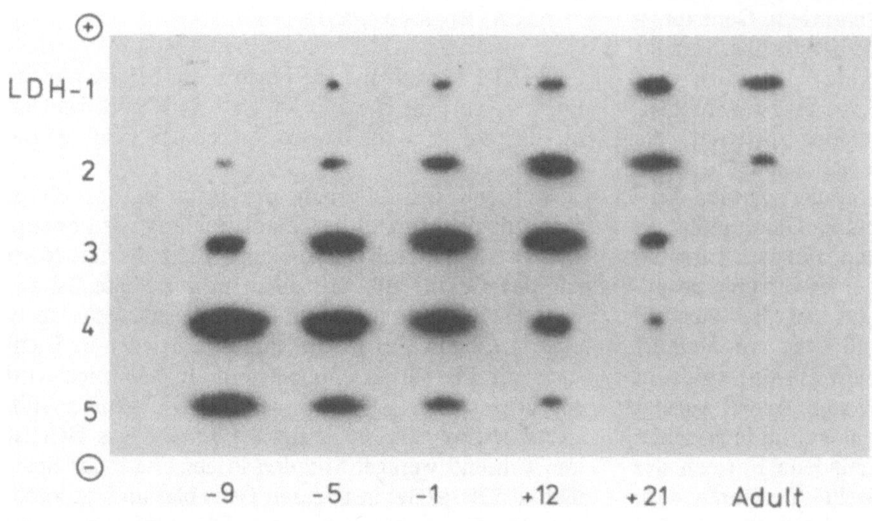

Abb. 17.5. Änderungen im Isoenzymmuster der LDH im Herzgewebe embryonaler, juveniler und adulter Mäuse. Das Alter ist auf der Abszisse aufgetragen: – 9, – 5, – 1 geben Tage vor der Geburt, + 12, + 21 Tage nach der Geburt an (Markert und Ursprung, 1971)

Moleküle, welche die Aktivitätsrate „nach Bedarf" einstellen. Die Änderung der Nettoladung z.B., so wie wir es bereits an anderen Beispielen kennengelernt haben, ändert die Fähigkeit zur Reaktion mit anderen Molekülen in der Zelle, auch wenn diese Veränderung selbst keinen Einfluß auf die eigene katalytische Aktivität ausübt. Die Interaktion mit anderen Molekülen wiederum ist die Folge einer langwährenden Selektion.

Während wir die Alloenzyme als Marker von Evolutions- und Anpassungsstrategien kennengelernt haben, bilden die Isoenzyme eine Gruppe von Proteinmarkern, mit deren Hilfe wir die Ontogenese studieren können. Sie eignen sich, um Details der Stoffwechselregulation zu erfassen. Bei der Differenzierung einer Zellinie treten neue Isoenzymmuster auf, ebenso wie bei der Transformation einer normalen Zelle zu einer Tumorzelle. Solche neoplastischen Veränderungen führen oft zur Ausbildung eines Musters, das dem in embryonalen Zellen ähnelt, obwohl Tumorzellen keine embryonalen Zellen sind (s. Kap. 51).

Man kennt heute weit über 100 verschiedene Enzyme mit Isoenzymen. Ihre Bedeutung scheint, nach allem gesagten, klar zu sein. Doch sei einschränkend vermerkt, daß es z.B. einige Fischarten gibt, die nur ein Isoenzym der LDH bilden können und dennoch lebensfähig sind. Dieser Befund setzt manchen Spekulationen über die Funktion verschiedener Isoenzyme Grenzen und muß bei der Interpretation der Daten mit berücksichtigt werden.

In den in Abb. 17.6 vorgestellten Experimenten wird die Variation des Alloenzym- und des Isoenzymmusters zweier Enzyme bei zwei verschiedenen Arten analysiert. Um sicher zu gehen, daß man es mit Alloenzymen zu tun hat, deren Verbreitung innerhalb einer Population untersucht werden soll, muß man bei der Probennahme stets darauf achten, daß die Individuen der gleichen Altersstufe angehören und die Probe stets dem gleichen Organ entnommen wird (sofern es geht, bei Insekten z.B. ist es schlecht möglich). Aus einem Elektropherogramm allein läßt sich nicht ablesen, ob zwei Banden Produkte zweier Allele oder Produkte zweier Gene sind.

Läuft die Evolution der Proteine mit der „organismischen" Evolution parallel?

Die letzten Abschnitte über Proteinvariationen sollten den Eindruck vermittelt haben, daß alle Veränderungen langsam ablaufen und daß Austauschgeschwindigkeiten durch lineare Funktionen zu beschreiben sind. Dem steht die Beobachtung gegenüber, daß die Evolution der Organismen scheinbar sprunghaft ablief. Die Mammalia und Vögel z.B. unterscheiden sich so deutlich untereinander und von den anderen Klassen der Vertebrata, daß kein Systematiker ihre Eigenständigkeit in Zweifel ziehen würde. Aufgrund der Austauschraten in einigen daraufhin untersuchten Proteinen würde man diese klaren Unterschiede jedoch nicht erwarten, obwohl Stammbäume, die aufgrund proteinchemischer Vergleiche gewonnen wurden, qualitativ zu den gleichen Verwandtschaftsbeziehungen führen. Moleküle und Organismen evolvieren offenbar mit unterschiedlichen Geschwindigkeiten.

Unterschiede zwischen nah verwandten Arten beruhen weniger auf Veränderungen in den Genprodukten selbst, als vielmehr auf unterschiedlichem *Timing* der Genexpression und den relativen Mengen der Genprodukte zueinander. Die Evolution ist somit nicht ein Vorgang, bei dem eine Funktion eine andere

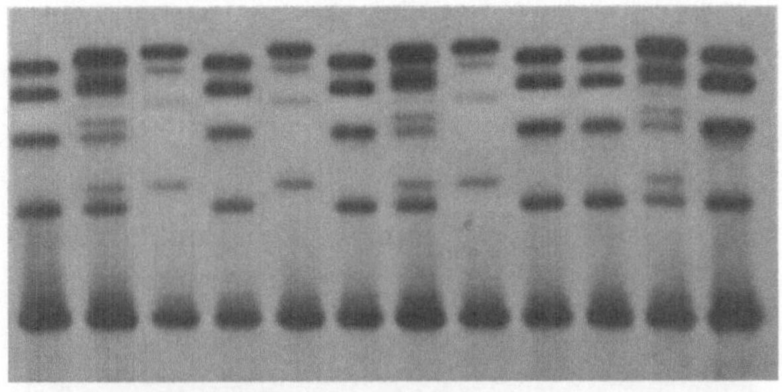

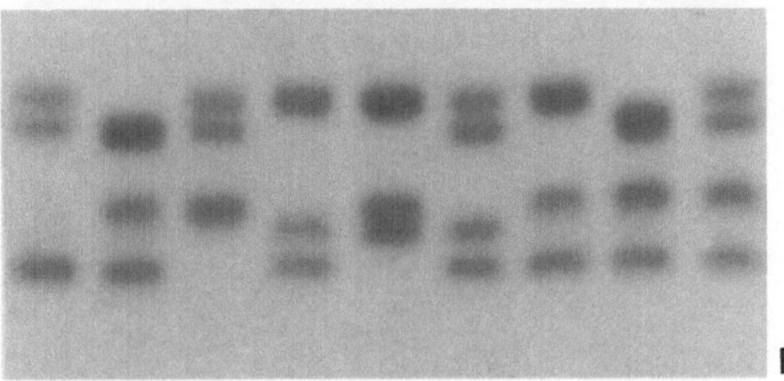

Abb. 17.6 A und B. A Alloenzymmuster der Lactatdehydrogenase (LDH) in Nierenextrakten der Feldmaus (*Peromyscus polionotus*). LDH ist ein Tetramer. Die Polypeptidketten werden an zwei Loci (*Ldh-1* und *Ldh-2*) codiert. Bei Individuen, die an beiden Loci homozygot sind, können die Polypeptidketten so kombiniert werden, daß fünf Banden im Gel entstehen (s. Abb. 17.4). Bei Heterozygoten entstehen Muster mit 15 Banden, doch lassen sich diese im Gel nicht alle klar voneinander trennen. In dem hier analysierten Beispiel wird das Muster bei zwölf Individuen betrachtet. *Ldh-1* ist hochgradig polymorph, was an den großen Unterschieden im Bandenmuster beim Vergleich der Individuen untereinander zu erkennen ist. *Ldh-2* (untere dicke Bande) ist monomorph. B Variation bei zwei Isoenzymen der Leucin-Amino-Peptidase (LAP) bei der Schnecke *Helix aspera*. Das eine Enzym ist durch die oberen, das andere durch die unteren Banden charakterisiert. LAP ist ein Monomer, homozygote Individuen zeichnen sich durch eine Bande, heterozygote durch zwei Banden gleicher Intensität im Gel aus. Die beiden Isoenzyme liegen also getrennt vor. Homozygotie muß nicht gleichzeitig an beiden Genorten auftreten. Kombinationen homozygot/homozygot, heterozygot/homozygot, homozygot/heterozygot sind denkbar und vorhanden (Aufn. Selander; Rochester, 1976)

ersetzt, sondern ein komplexer Fluß von Verschiebungen dynamischer Gleichgewichte.

Klose (Freie Universität Berlin) hat 1976 vier Mäuseinzuchtstämme miteinander verglichen. Er hat die Proteine des Gehirns, der Leber und anderer Organe gelelektrophoretisch und durch Isoelektrische Fokusierung voneinander getrennt. Das Muster der aufgetrennten Proteine ist reproduzierbar und ist sowohl gewebe- als auch stammspezifisch. Die Intensitäten der Flecken zueinander sind proportional den Mengen dieser Proteine im Ausgangsmaterial (siehe Abb. 17.7). Die Stämme unterscheiden sich einmal in Bezug auf die Position einzelner Flecken, die auf Ladungsunterschiede zurückzuführen ist, zum anderen in der Intensität einzelner Flecken, woraus zu schließen ist, daß die Regulation der Synthese jener Proteine bei den miteinander verglichenen Stämmen unterschiedlich ist. In Leberextrakten sind die Unterschiede größer als in Muskelextrakten. Man kann daher zwischen organspezifischen und organunspezifischen Proteinen differenzieren. Die Variabilität zwischen den Stämmen beruht vorwiegend auf Unterschieden in den organspezifischen Proteinen.

Proteinevolution und Abstammungslehre. A.C. Wilson und Mitarbeiter (University of California, Berkeley) fanden, daß die Geschwindigkeit der Evolution des Albumins bei Fröschen und bei Mammalia gleich sei, obwohl nicht zu übersehen ist, daß die Variabilität äußerer Merkmale bei den Mammalia wesentlich höher ist als bei den Fröschen. Die Unterschiede zwischen Wal, Fledermaus und Mensch sind unübersehbar, wohingegen alle Frösche nahezu gleich aussehen.

Als ein Marker der Proteinevolution wurde von verschiedenen Arbeitsgruppen das Albumin gewählt, da es aus Blut (aller Vertebraten) leicht und in ausreichender Menge zu gewinnen und auch leicht zu reinigen ist (elektrophoretisch). Albumin wirkt in Kaninchen stark antigen, so daß man auch Antikörper gegen Albumin verschiedener Herkunft gewinnen kann. Serologische Unterschiede zwischen Albuminen sind durch Immundiffusion oder quantitativ im Mikro-Komplementfixierungstest routinemäßig und ohne großen Aufwand nachweisbar. Als Maß für quantitative Unterschiede wurde von Prager und A.C. Wilson (1971) und Maxson und A.C. Wilson (1974) die Größe „Immunologische Distanz" eingeführt. Eine Einheit ist beim Albumin einem Aminosäureaustausch direkt proportional. Albumin verändert sich mit einer Geschwindigkeit von durchschnittlich 1,7 Immunologischen Einheiten/10^6 Jahre.

Goodman et al. (Wahne University School of Medicine, Detroit) und A.C. Wilson und Mitarbeiter haben sich unter Zuhilfenahme der genannten Techniken die Verwandtschaftsverhältnisse rezenter Primaten angesehen: Der Mensch ist demnach mit dem Gorilla und dem Schimpansen näher verwandt als diese drei Arten mit dem Orang-Utan und den übrigen Primaten. Altweltaffen und Neuweltaffen bilden Verwandtschaftsgruppen, deren Vertreter einander näherstehen als den Vertretern der anderen Gruppe. Tupaias und Lemuren sind voneinander gleich weit entfernt, aber sie sind mit den höheren Primaten näher verwandt als mit den übrigen Gruppen der Mammalia. Diese Aussagen sind eine gute Kontrolle dafür, daß dieses experimentelle System brauchbar ist und auch zur Klärung zweifelhafter Verwandtschaftsbeziehungen herangezogen werden kann.

Stellt man einen Stammbaum aufgrund der homologen Aminosäuresequenzen der Hämoglobine auf, kommt man zu nahezu gleichen Aussagen. A.C. Wilson und Mitarbeiter haben sich außer mit dem oben zitierten Abstammungsproblem mit den verwandtschaftlichen Beziehungen nord- und südamerikanischer Frösche befaßt und sich dabei vornehmlich auf die Gattung *Hyla* konzentriert. Die Ergebnisse lassen

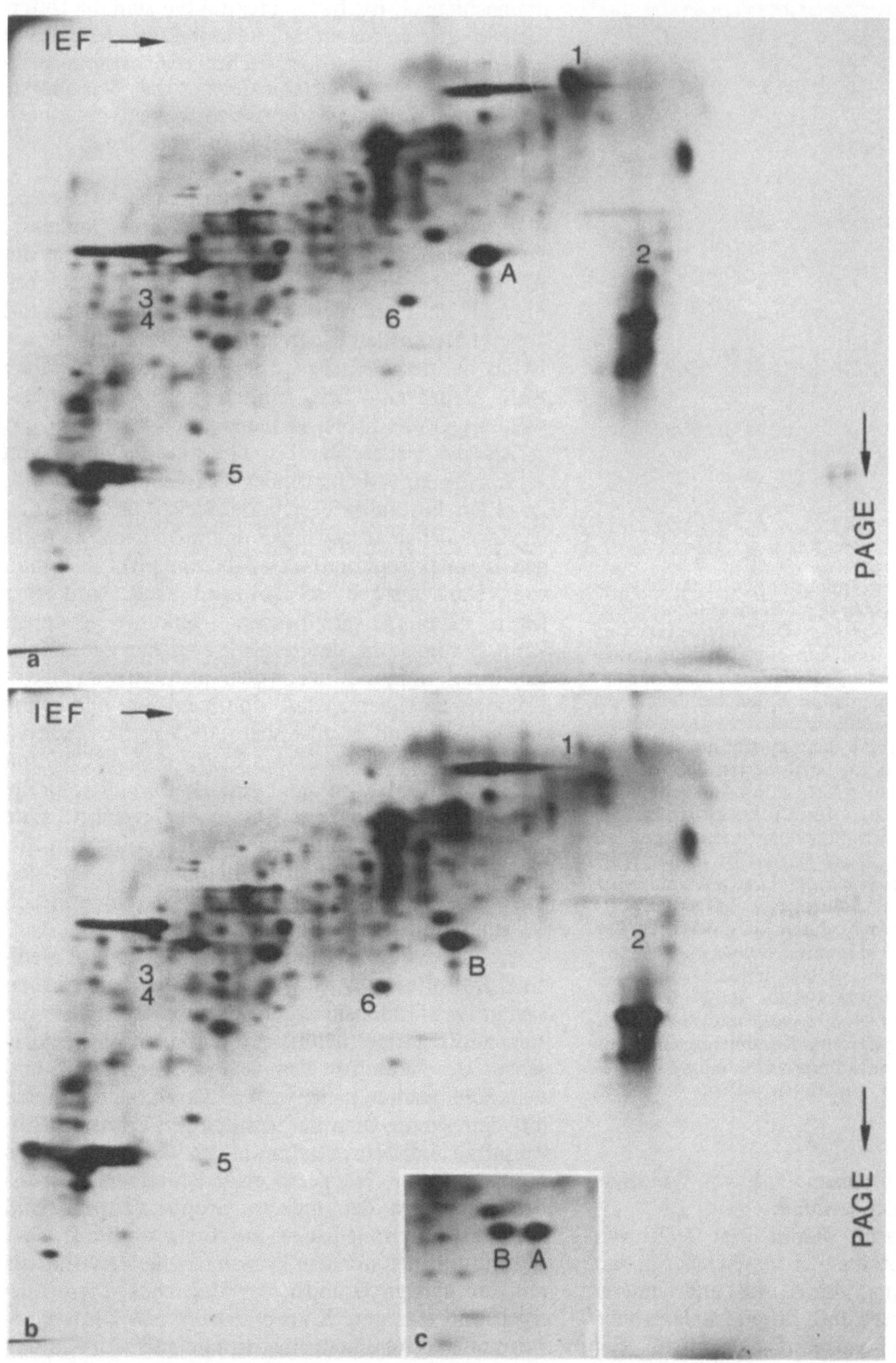

Abb. 17.7 a–c. Lösliche Proteine aus dem Gehirn adulter Mäuse, aufgetrennt durch Isoelektrische Fokusierung (IEF) und Polyacrylamidgelelektrophorese (PAGE). Die Proteine wurden durch Anfärbung mit *Coomassie brilliant blue* im Gel sichtbar gemacht. Dieses Verfahren ist weniger empfindlich als eine Autoradiographie (s. Abb. 14.2). Die Zahl der Flecke ist dementsprechend wesentlich geringer. a Extrakt aus dem Gehirn von Mäusestamm DBA/2J; b aus C57 Bl/6J; c Bastard zwischen beiden Stämmen. Zwischen beiden Stämmen findet man zahlreiche qualitative und quantitative Unterschiede. Ein Beispiel für einen qualitativen Unterschied ist durch die Buchstaben A und B gekennzeichnet. Im Bastard erscheinen beide Flecken mit jeweils halber Intensität. Einige weitere Unterschiede sind durch Ziffern angezeigt. Fehlende Flecken bei einem der Stämme: 1, 2, 3; Intensitätsunterschiede: 4, 5; Positionsunterschiede: 6. Das hier vorgestellte System eignet sich als ein schnelles Testverfahren auf Mutagene. Im Gegensatz zu den sonst üblichen Verfahren, bei denen man nach Veränderungen eines bestimmten Genprodukts schaut, erfaßt man hier die Gesamtheit der Veränderungen in allen Proteinen eines Individuums (Klose, Berlin, pers. Mitt., 1976, 1978)

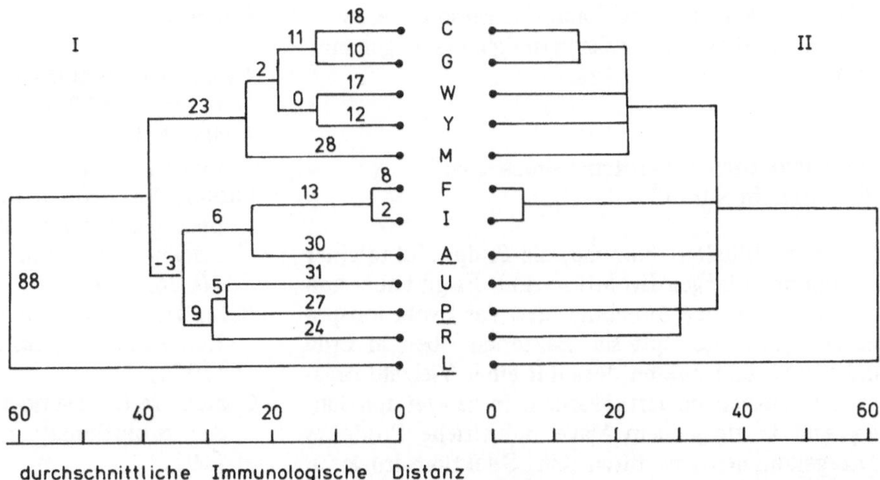

Abb. 17.8. Phylogenetische Verwandtschaft von Baumfröschen der Gattung *Hyla* aufgrund von Vergleichen der Albumine. Die Buchstaben stehen für Artbezeichnungen (*C, Hyla cinerea; G, Hyla gratiosa* usw.). Unterstrichene Buchstaben kennzeichnen Arten, die von Systematikern anderen Gattungen zugeordnet wurden (*A, Acris crepitans; P, Pseudacris triseriata; L, Litoria aurea*). Die Ziffern geben den Verwandtschaftsgrad der Albumine wieder sowie die Anteile, die auf die jeweilige Stammeslinie entfallen. Je niedriger die Ziffer, desto höher der Verwandtschaftsgrad. Der rechts wiedergegebene (klassische) Stammbaum beruht auf dem Vergleich einer Reihe anderer (phänotypisch sichtbarer) Merkmale (Maxson und Wilson, A.C., 1975)

sich zur Aufstellung des in Abb. 17.8 dargestellten Stammbaums heranziehen. Dabei wird deutlich, daß australische Vertreter außerhalb der Gruppe der holoartischen Arten stehen. Die Gattung *Arcis* hingegen liegt innerhalb der Gruppe *Hyla*, d.h. sie ist als Seitenzweig aus der Gattung *Hyla* hervorgegangen und mit einigen *Hyla*arten näher verwandt als diese mit anderen Arten ihrer eigenen Gattung.

Ein weiteres Beispiel: Aufgrund der Proteinstrukturen stehen *Pinnipedia* (Seehunde, Robben etc.) den hundeähnlichen *Carnivora* näher als diese den katzenähnlichen, dennoch werden die beiden letzten Gruppen systematisch zu einer Ordnung zusammengefaßt und die *Pinnipedia* als eine eigenständige Ordnung geführt.

Da die Evolution der Proteine von der organismischen Evolution unabhängig ist, hat man hier direkte Marker zur Feststellung des relativen Verwandtschaftsgrades von Arten bzw. Gattungen, Ordnungen etc. Ein Systematiker sieht sich oft mit dem Problem konfrontiert, ob die Verwandtschaftsverhältnisse dreier Arten A, B, C

(A + B) + C
(A + C) + B oder
(B + C) + A

sind.

Der Vorteil der Zuordnung durch Proteinmarker liegt in der relativen Wertfreiheit des Merkmals, wohingegen morphologische Merkmale auf der Ebene der Evolution, mit der wir uns hier befassen, extrem adaptiv sind, was aber auch das Problem mit sich bringt, daß man ggf. zwischen divergenten und konvergenten Tendenzen nicht unterscheiden kann.

Es ist vorherzusehen, daß es in Zukunft sehr schwierig sein wird, Daten auf einen Nenner zu bringen, die man einerseits aufgrund molekularer Veränderungen, andererseits durch morphologische Vergleiche gewonnen hat (s. Abb. 17.9). Das Problem ist

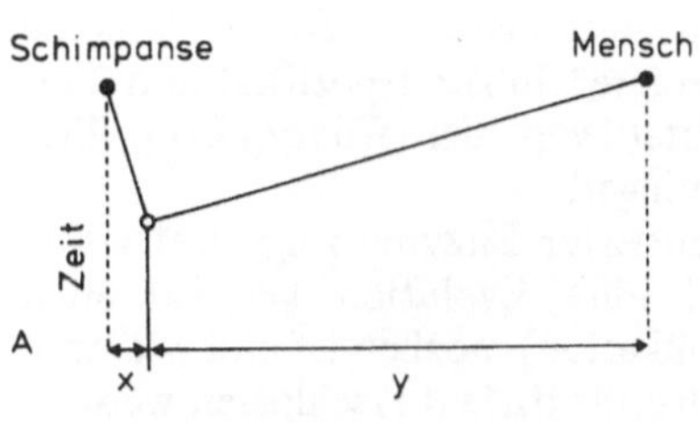

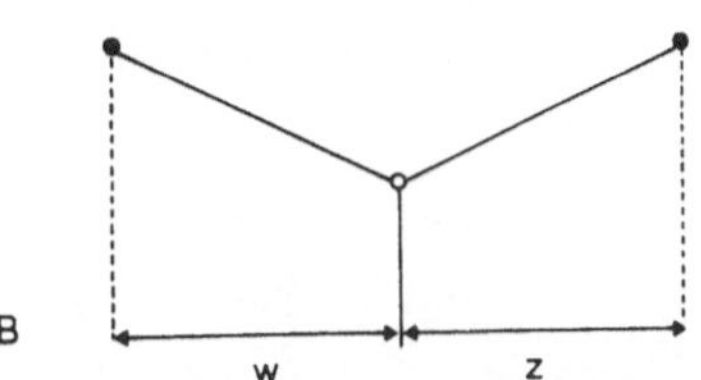

Abb. 17.9 A und B. Evolutionsgeschwindigkeit der Stammeslinien von Schimpanse und Mensch. **A** Organismische Evolution. Die Veränderungen der Stammeslinie des Menschen sind pro Zeiteinheit weit größer als die Veränderungen in der Stammeslinie des Schimpansen. **B** Evolution der Proteine bei beiden Arten. Die Evolutionsgeschwindigkeit ist bei beiden Arten gleich (King und Wilson, A.C., 1975)

1974 von Mayr und von Cracraft ausgesprochen worden, ohne daß eine Lösungsmöglichkeit genannt wurde.

Ist die Evolution der Proteine simulierbar? "Evolution in action"

Bakterien enthalten Enzyme, die Endprodukte einer jahrmillionen langen Evolution sind. Es gibt aber keinen Grund zu der Annahme, daß das Evolutionspotential damit erschöpft sei. Bakterien leben in Erde und Wasser und müssen dort mit einer Vielzahl organischer Substanzen fertigwerden; in den letzten Jahren sind in steigendem Maße industrielle Produkte hinzugekommen, wodurch ein Selektionsdruck in Richtung Abbau dieser Substanzen entstand. Bakterien haben inzwischen u.a. Abbauwege für Kampfer, Naphthalin, Phenol, Katechol, Kresol, Alkane, Benzylsulfonat und 2,4-Dichlorphenoxyessigsäure entwickelt.

Betz et al. (University College, London) haben 1974 an *Pseudomonas aeruginosa* gezeigt, daß die Bakterien relativ schnell die Substratspezifität ihrer Amidasen verändern. Dabei treten nur wenige Veränderungen in der Primärstruktur auf. *P. aeruginosa* und nahverwandte Arten können Amide als einzige Stickstoffquelle verwerten. Amidasen sind beim Wildtyp induzierbare Enzyme. Die Isolierung von Mutanten mit konstitutiven Enzymen gelingt relativ leicht. Die üblichen Substrate der Wildtyp-Amidase sind Formamid, Acetamid und Propionamid. Mutierte Amidasen verwerten auch Butyramid, Valeramid, Phenylacetamid und N-Phenylacetamid. Einige davon verlieren dabei die Fähigkeit zur Erkennung des ursprünglichen Substrats. Valeramid-abbauende Mutanten bilden eine heterogene Klasse. Die Amidase unterscheidet sich in ihrer Substratspezifität und ihrer thermischen Stabilität von der Wildtypform. Ihre Aktivität ist weit geringer.

Diese Gruppe mutierter Enzyme zeigt, mit welch geringem Aufwand eine Evolution bei Bakterien (auch ohne Genduplikation) möglich ist und wie neue Lebensräume schnell und effizient erschlossen werden.

Literatur

Ayala, F.J.: Biological evolution: Natural selection or random walk? Am. Sci. *62,* 692 (1974)

Ayala, F.J. (ed.): Molecular evolution. Sunderland (Mass.): Sinauer Assoc. Inc. 1976

Barker, W.C., Ketcham, L.K., Dayhoff, M.O.: A comprehensive examination of protein sequences for evidence of internal gene duplication. J. Mol. Evol. *10,* 265 (1978)

Betz, J.L., Brown, P.R., Smyth, M.J., Clarke, P.H.: Evolution in action. Nature (London) *247,* 261 (1974)

Coates, M.L.: Hemoglobin function in vertebrates: An evolutionary model. J. Mol. Evol. *6,* 285 (1975)

Dayhoff, M.O., McLaughlin, P.J., Barker, W.C., Hunt, L.T.: Evolution of sequences within protein superfamilies. Naturwissenschaften *62,* 154 (1975)

Goodman, M., Moore, G.W., Matsuda. G.: Darwinian evolution in the genealogy of hemoglobin. Nature (Lodon) *253,* 603 (1975)

King, M.C., Wilson, A.C.: Evolution at two levels in humans and chimpanzees. Science *188,* 107 (1975)

Koshland, D.E.: The evolution and function in enzymes. Fed. Proc. *35,* 2104 (1976)

Markert, C.L. (ed.): Isozymes. New York, San Francisco, London: Academic Press 1975a

Markert, C.L.: Biology of isozymes. BioScience *25,* 365 (1975b)

Markert, C.L., Ursprung, H.: Developmental genetics. Englewood Cliffs, N.Y.: Prentice Hall 1971

Maxson, L.R., Wilson, A.C.: Albumin evolution and organismal evolution in tree frogs (Hylidae). Syst. Zool. *24,* 1 (1975)

Prager, E.M., Wilson, A.C.: Congruency of phylogenies derived from different proteins. J. Mol. Evol. *9,* 45 (1976)

Scriver, C.R., Laberge, C., Clow, C.L., Fraser, F.C.: Genetics and medicine: an evolving relationship. Science *200,* 946 (1978)

Selander, R.K.: Genetic variation in natural populations. In: Molecular evolution. Ayala, F.J. (ed.). Sunderland, Mass.: Sinauer Assoc. Inc. 1976

Wilson, A.C., Carlson, S.S., White, T.J.: Biochemical evolution. Annu. Rev. Biochem. *46,* 573 (1977)

18. Enzyme: Katalysatoren und Regulatoren
Ein Gen – ein Enzym?

Wir haben in den letzten Kapiteln den Aufbau und die Evolution der Proteine besprochen und dabei erkannt, daß sie als Sonden zur Aufklärung verwandtschaftlicher Beziehungen herangezogen werden können. In diesem wie auch in den nächsten Kapiteln soll mehr die Funktion im Vordergrund stehen. Nach funktionellen Gesichtspunkten unterteilt man Proteine in

- Enzyme: Proteine mit katalytischer Funktion.
- Regulatorproteine: Proteine, die mit DNS in Wechselwirkung stehen und die Genexpression steuern.
- Faserproteine: Kollagen, Keratin, Seide u.a. Sie übernehmen Stütz- und Schutzfunktionen.
- Proteine in Virushüllen.
- Antikörper.

Proteine sind oft zu Aggregaten vereint, in denen sie kooperativ zusammenarbeiten. Wir werden uns in späteren Kapiteln wiederholt mit derart großen Komplexen auseinandersetzen und sehen, daß sie die Grundlage zum Aufbau von zellulären Strukturen wie Membranen, Ribosomen, etc. bilden.

Enzyme

Der Begriff „Enzym" wurde 1876 von Kühne in Heidelberg geprägt. Er setzte sich in der angloamerikanischen Literatur sehr schnell durch, während man in Deutschland noch bis in die dreißiger Jahre unseres Jahrhunderts vorwiegend von Fermenten sprach. Das erste isolierte Enzym war das Trypsin (Kühne, 1876). Um die Jahrhundertwende wurden zahlreiche weitere Enzyme gereinigt und charakterisiert. Dennoch blieb von Seiten der Vitalisten eine Reihe von Einwänden gegen die Annahme, Enzyme seien Katalysatoren, denn alle zunächst isolierten Enzyme waren an Abbauprozessen beteiligt. Wie wir inzwischen wissen, setzen Enzyme ausschließlich die Aktivierungsenergie einer Reaktion und niemals das Δ G, die freie Energie (s. Abb. 18.1) herab. Ohne Energiezufuhr kann deshalb keine Syntheseleistung ablaufen. Den Einwänden konnte daher erst nach Entdeckung der sog. energiereichen Verbindungen (Kreatinphosphat: Eggleton und Eggleton, 1927; ATP: Lohmann, 1928) begegnet werden.

Es gibt einfache Enzyme, deren Polypeptidkette zu einer Domäne gefaltet ist und die nur ein aktives Zentrum besitzen. Klassische Beispiele hierfür sind die Ribonuklease und das Lysozym. In beiden Fällen ist die Polypeptidkette so gefaltet, daß zwei Flügel entstehen, die eine Spalte umschließen, welche ihrerseits das aktive Zentrum enthält. Ähnliche Strukturen sind bei einer Reihe weiterer Enzyme gefunden worden.

Man erkennt daran, daß das Prinzip des aktiven Zentrums auf dem Vorkommen spezifischer Strukturen (Spalten, Höhlungen, Einbuchtungen) an der Enzymoberfläche beruht, in die das Substrat genau hineinpaßt, ohne daß daneben Platz für mehr als ein Wassermolekül vorhanden wäre. Damit sind außerordentliche Bedingungen geschaffen, welche die Aktivierungsenergie des Substratumsatzes drastisch reduzieren. Die Mitwirkung reaktiver Gruppen des Enzyms soll an zwei Beispielen erläutert werden:

Ribonuklease (RNase). Das Enzym spaltet Phosphodiesterbindungen in der RNS. Die Polypeptidkette besteht aus 124 Aminosäuren. Durch Subtilisin ist ein N-terminales, 20 Aminosäuren langes, sog. S-Protein abspaltbar, ohne daß dadurch die Aktivität des Enzyms vermindert würde, vorausgesetzt, das Fragment verbleibt im Reaktionsansatz. Wird es entfernt, geht die Enzymaktivität verloren. Dieser Befund ist ein Ansatzpunkt, um zu ermitteln, ob das komplette S-Protein oder nur Teile davon benötigt werden. Hoffmann, Finn, Wells und Mitarbeiter an der University of Pennsylvania in Pittsburg fanden Mitte der sechziger Jahre, daß selbst ein synthetisches Peptid, das nur die Aminosäurereste 8–12 enthält, die Aktivität des Restenzyms (Aminosäuren 21–124) vollständig restauriert. Ein noch kürzeres Stück ist inaktiv. Der Histidinrest (12) liegt dem Histidinrest (119) räumlich nahe, und beide sind an der katalytischen Reaktion direkt beteiligt. Die Aminosäurereste 8–11 dienen zur Fixierung des His (12) in der richtigen sterischen Position. Ribonuklease und Lysozym benötigen im Gegensatz zu vielen anderen Enzymen keine Kofaktoren zur Entfaltung ihrer katalytischen Aktivität.

Carboxypeptidase A. Bei der Carboxypeptidase A ist Zn^{2+} an der Reaktion beteiligt (s. Abb. 18.2). Dieses

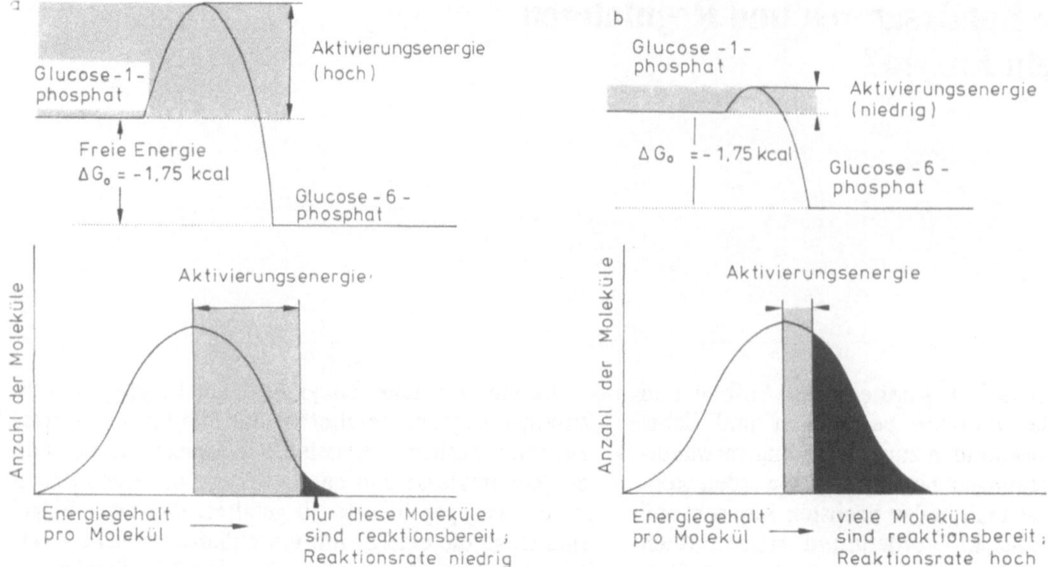

Abb. 18.1. a Nichtkatalysierte und b enzymkatalysierte Reaktion

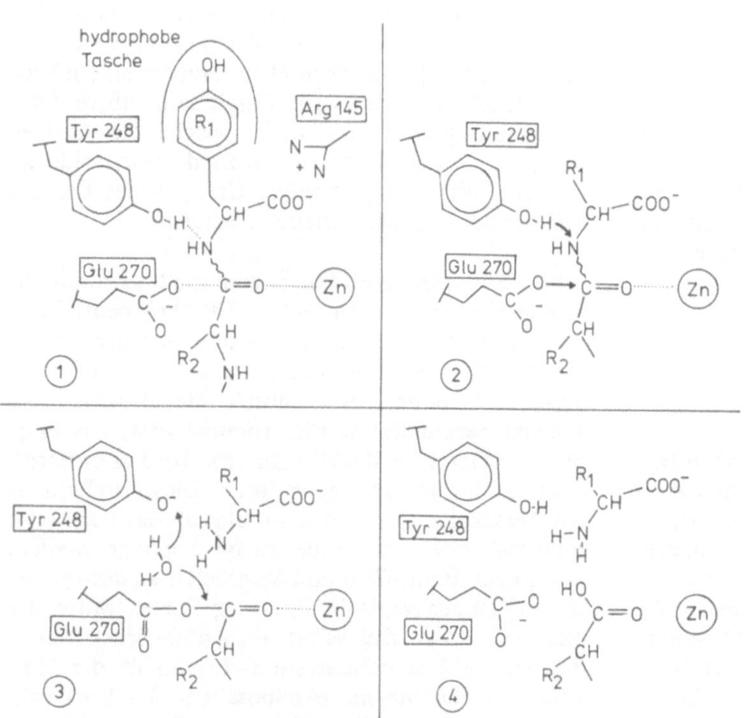

Abb. 18.2. Wirkungsmechanismus der Carboxypeptidase. Die reaktiven Gruppen von Tyr (248), Arg (145), Glu (270) und ein Zn-Ion liegen im aktiven Zentrum und treten bei der proteolytischen Spaltung nacheinander in Aktion. Der Seitenkettenrest der C-terminalen Aminosäure des Substrats wird in eine Tasche, deren Wandung aus hydrophoben Molekülanteilen der Carboxypeptidase besteht, versenkt. (Nach Quicho und Lipscomb, 1971)

Kation ist tetraedrisch koordiniert. Drei seiner Liganden sind Stickstoff- oder Sauerstoffatome der Aminosäuren His (69), Glu (72) und Lys (196). Der vierte Ligand stammt aus dem Substratmolekül (Carbonylsauerstoff der Peptidbindung). Drei Aminosäuren: Arg (145), Tyr (248) und Glu (270) am Rande des aktiven Zentrums treten mit dem Substratmolekül in Wechselwirkung und verändern dabei ihre Konformation. Alle Enzyme mit hydrolysierenden Eigenschaften (Hydrolasen) enthalten in den Aminosäuren, die das aktive Zentrum formen, nukleophile Gruppen, die ihre Elektronen auf elektrophile Gruppen übertragen.

Neben Kationen findet man im aktiven Zentrum vieler Enzyme spezifische Kofaktoren (Coenzyme), wie z.B. das NAD^+, den Porphyrinring, das Biotin u.a. Da viele Tiere diese Coenzyme nicht selbst synthetisieren können, müssen sie die Kofaktoren oder deren Vorstufen mit der Nahrung zu sich nehmen (Vitamine).

Monomere Enzyme mit mehreren Domänen

Wir haben bereits das Konzept der Domänen kennengelernt und gesehen, daß die Gene für große, komplexe Proteinmoleküle im Laufe der Evolution durch Fusion von zwei oder mehr DNS-Abschnitten entstanden sind. Die Entwicklung von Domänen erlaubt es, das bewährte Prinzip des „Baukastens" auch auf Proteinfunktionen zu übertragen. Jedes noch so primitive Enzym hat mindestens zwei Funktionen zu erfüllen:
1. Das Substrat spezifisch zu binden und
2. es umzusetzen.
Diese Funktionen sind bei den domänenhaltigen Enzymen meist auf getrennten Einheiten lokalisiert. Kürzlich ist die Struktur eines Enzyms mit drei Domänen (I, II, II) bekannt geworden: Glutathionreduktase (Zappe, Krohne-Ehrich, Untucht-Grau, Schirmer, Schulz, Max-Planck-Institut für Medizinische Forschung, Heidelberg, 1977). Das Enzym bindet zwei Substrate: Glutathion und $NADP^+$. Beide konnten mit dem Enzym im Kristall komplexiert werden, wodurch die Bindungsstellen am Enzym lokalisiert werden konnten.

Glutathion wird an einer, $NADP^+$ an der entgegengesetzten Seite der gleichen Domäne gebunden, jeweils in einem Spalt, der durch diese und je eine der beiden anderen Domänen gebildet wird. Die kürzeste Verbindung zwischen den Substraten beträgt 10 Å und geht mitten durch die Untereinheit hindurch. Die Distanz wird durch den Isoalloxazinring im Molekül des FAD, einem Coenzym der Glutathionreduktase, überbrückt.

Proteine mit mehreren Untereinheiten

Wie kann ein Protein größer werden? Welche Vorteile bietet das? Schon im letzten Abschnitt haben wir gesehen, daß der Größe eines Polypeptidknäuels Grenzen gesetzt sind. Proteine mit langen Polypeptidketten (> 200–1000 Aminosäurereste) falten sich nicht zu einem Knäuel, sondern zu mehreren (→ Domänen). Eine andere Möglichkeit, an Größe zu gewinnen, besteht in der Zusammenlagerung mehrerer Polypeptidketten zu einer Quartärstruktur. Dieser Mechanismus liegt vielen intrazellulären Proteinen und Membranproteinen zugrunde, wohingegen extrazelluläre Enzyme meist klein und monomer sind und viele Disulfidbrücken enthalten.

Proteine, die aus mehreren Polypeptidketten (Untereinheiten, U.E.) zusammengesetzt sind, nennt man auch oligomere Proteine. Die Untereinheiten können dabei
1. untereinander alle gleich sein,
2. untereinander verschieden sein, aber gleiche Funktionen ausüben,
3. untereinander verschieden sein und verschiedene Funktionen ausüben.

Es wurde schon darauf hingewiesen, daß Enzyme nicht ausschließlich katalytische Funktionen erfüllen, sondern daß diese Funktionen in ihrer Effizienz weitgehend modifizierbar sind. Viele Proteine sind sog. regulierte Proteine, und wie wir im folgenden Abschnitt noch sehen werden, gibt es wiederum eine Reihe verschiedener Mechanismen, die Aktivität eines Proteins zu beeinflussen.

In einer eukaryotischen Zelle findet man bis an die 3000 verschiedene Enzyme, die oft im Wettstreit um ein und dasselbe Substrat (z.B. ATP) stehen. Nur solche Enzyme haben sich durchsetzen können, die dem Milieu der Zelle gewachsen waren. Es gibt darin viele aktivierende und inaktivierende Signale, Proteasen, Membranen, Organellen und andere makromolekulare Aggregate. Das Enzym muß seine Aktivitäten unter normalen und unter sich verändernden Stoffwechselbedingungen ausüben und gegebenenfalls Katastrophensituationen überstehen können.

In vielen Fällen besteht die Quartärstruktur aus zwei bis vier einander sehr ähnlichen, aber nicht gleichen U.E. Wir haben diese Erscheinung am Beispiel der Isoenzyme der LDH besprochen und gesehen, daß hierdurch ein Weg aufgezeigt wurde, mit Gegebenheiten in unterschiedlichen Zelltypen, Geweben und Entwicklungsstadien fertig zu werden.

Ähnliche Erscheinungen findet man u.a. auch beim Hämoglobin. Durch die Evolution einer oligomeren Struktur gewann es nämlich
a) die Fähigkeit, aufgrund unterschiedlichen O_2-Partialdrucks seine Affinität zum Sauerstoff zu verändern,
b) die Fähigkeit, kleine Regulatormoleküle wie ATP und DPG (2,3-Diphosphoglycerat) zu binden und dadurch seine Affinität zum O_2 zu senken.

Bei geringem O_2-Partialdruck ist die Affinität des Vertebratenhämoglobins zum Sauerstoff noch geringer als die der monomeren Hämoglobine der Invertebrata; bei hohem O_2-Partialdruck ist die Affinität hingegen beträchtlich höher. Dieser Affinitätswechsel beruht auf einer Kooperation der Untereinheiten (→ allosterischer Effekt). Kooperatives Verhalten findet man nur bei oligomeren Proteinen, denn nur dort kann eine U.E. auf eine benachbarte einwirken . Die Aktivität wird dabei entweder gesteigert oder inhibiert. Bei Steigerung erhält man beim Auftragen der Reaktionsgeschwindigkeit (v) gegen die Substratkonzentration [S] eine sigmoide Aktivitätskurve. Bei Inhibition erhält man eine hyperbelähnliche Kurve, die jedoch, je nach Grad der negativen Kooperativität mehr oder weniger stark abknickt, denn jedes gebundene Substratmolekül macht es dem nächsten schwerer, gebunden zu werden.

Ein Beispiel: Glyceraldehyd-3-Phosphat-Dehydrogenase. Durch negative Kooperativität verliert das Enzym seine Empfindlichkeit bei hohen Substratkonzentrationen, andererseits spricht es sehr schnell auf Änderungen bei niedrigen Substratkonzentrationen an. Diesen Regelmechanismus findet man vorwiegend bei Enzymen, die an Schaltstellen (Verzweigungspunkten) der Stoffwechselwege fungieren.

Je mehr U.E. in einem Enzymkomplex enthalten sind, desto dramatischer sind die Effekte; das gilt sowohl für die positive als auch für die negative Kooperativität. Es gibt allerdings nur sehr wenige Enzymkomplexe, die aus viel mehr als 10–12 U.E. bestehen. Größere Aggregate würden nämlich neue Probleme aufwerfen, z.B. wäre es schwer, die Gleichwertigkeit von Bindungen einzuhalten. In einem solchen Komplex müßten eine oder mehrere U.E. – von der Umwelt abgeschlossen – im Inneren, in einer hydrophoben Umgebung liegen, es sei denn, man nimmt an, der Komplex würde eine Hohlkugel bilden. Beispiele hierfür sind aus der Virologie bekannt (siehe Kap. 46). Eine Alternative wäre die Anordnung in einer Ebene, und hiervon macht die Zelle ausgiebig Gebrauch (→ Membranen). Wie wir später noch sehen werden, liegt einer der Vorteile der Membranstruktur in kooperativen Effekten der darin lokalisierten Proteine.

Monod, Wyman und Changeux (Institute Pasteur, Paris) formulierten 1965 die Bedingungen für kooperatives Verhalten (Allosterie):

1. Allosterische Proteine sind Oligomere, die identische (oder einander sehr ähnliche) Monomere enthalten. Einige allosterische Enzyme bestehen aus katalytischen und regulierenden Untereinheiten (z.B. die Aspartattranscarbamylase).

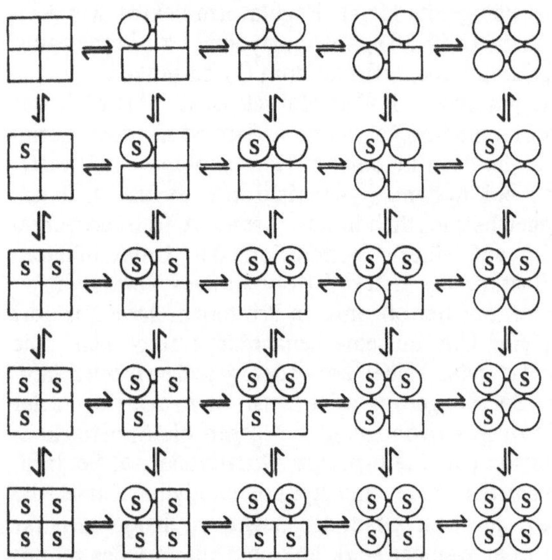

Abb. 18.3. Konformationen eines tetrameren allosterischen Enzyms. Jede Untereinheit kann alternativ in der einen (□) oder der anderen (○) Konformation vorliegen. ○ hat eine höhere Substrataffinität als □. Bindung des Substrats S fördert die Umwandlung der □-Form in die ○-Form. Bei Substratmangel wird man somit vorwiegend unbesetzte (links oben) oder voll besetzte Tetramere (rechts unten) finden. Der Komplex verhält sich nach einer „Alles oder Nichts"-Regel (Eigen, 1967)

2. Es gibt nur ein aktives Zentrum (nur einen Liganden) pro Proteinmonomer.
3. Die Konformation eines Monomers wird durch die Reaktion mit den anderen Monomeren verändert.
4. Mindestens zwei Stadien sind reversibel erreichbar. Die Stadien unterscheiden sich durch die Verteilung der Energie der interprotomeren Bindungen. Man findet unterschiedliche Konformationen der Proteinstruktur.
5. Hierdurch ändert sich die Affinität einer (oder mehrerer) stereospezifischer Stellen.
6. Wenn ein Protein von einem Zustand zum nächsten übergeht, bleibt seine Symmetrie gewahrt.

Zusammenfassung s. Abb. 18.3.

Regulatormoleküle. Viele Stoffwechselzwischen- und -endprodukte, z.B. ATP, AMP, DPG (Diphosphoglycerat) u.a. wirken auf Enzyme hemmend oder aktivierend. Ihre Konzentrationen im Stoffwechsel steuern somit alternative Stoffwechselwege. Die Wirkung sei an zwei Beispielen, dem Hämoglobin und der Glykogenphosphorylase erläutert.

Hämoglobin. ATP wird vom Tetramer des Hämoglobins primitiver Vertebraten gebunden und verursacht damit eine Affinitätsreduktion des Hämoglobins zum Sauerstoff. Menschliches Hämoglobin bindet am gleichen Bindungsort ATP, DPG u.a. Wenn ATP vom Hämoglobin gebunden wird, entfällt seine Wirkung als Endproduktinhibitor auf andere Enzyme. So kann die Synthese des ATP mit unverminderter Stärke weiterlaufen. Bei niederen Vertebrata (z.B. Knochenfischen) wird ATP in erster Linie durch die Oxydative Phosphorylierung in den Mitochondrien der Erythrozyten bereitgestellt, wobei die ATP-Produktion davon abhängt, wieviel O_2 vom Hämoglobin freigesetzt wird. Das ATP fördert also die Oxydative Phosphorylierung und damit seine eigene Synthese (positive Rückkopplung). In Erythrozyten der Mammalia findet keine Oxydative Phosphorylierung mehr statt, ATP ist knapp. An seine Stelle tritt DPG, ein Zwischenprodukt der Glykolyse, als Effektor, dessen Konzentration im Serum und in den Blutzellen bei abnehmender O_2-Konzentration steigt und bei Erhöhung der O_2-Konzentration abnimmt. Für seinen weiteren Abbau via Citratzyklus und Atmungskette wird O_2 benötigt. Das Abfangen von DPG durch Hämoglobin hat wiederum zur Folge, daß seine inhibierende Wirkung auf Enzyme der Glykolyse (z.B. Hexokinase) ausbleibt (Coates, 1975).

Glykogenphosphorylase. Die Glykogenphosphorylase kann sowohl in einem inaktiven als auch in einem aktiven Zustand vorliegen. Der Übergang wird durch eine Reihe steuernder Faktoren beeinflußt. Phosphorylierung durch eine Phosphorylase-Kinase führt zu einer aktiven (phosphorylierten) Form (a), wobei der Aminosäurerest Ser (14) phosphoryliert wird. Die Inaktivierung (→ Dephosphorylierung) wird durch eine Phosphorylase-Phosphatase katalysiert (→ b-Form). Dem Kontrollmechanismus liegen also Bildung und Spaltung einer kovalenten Bindung zugrunde. Zusätzlich gibt es eine Reihe weiterer kleiner Liganden, die vom Enzym nicht-kovalent gebunden werden: Glucose, Glucose-6-Phosphat und ATP wirken als Antagonisten. Durch die Phosphorylierung in Position 14 entgeht das Enzym der allosterischen Hemmung durch ATP, wobei der Glucoseeffekt jedoch erhalten bleibt. Hemmung durch Glucose entfällt unter physiologischen Bedingungen in den meisten Zellen, denn nur wenige enthalten sie in freier, nicht-phosphorylierter Form, eine Ausnahme bilden die Leberzellen.

1975 ist die Tertiärstruktur des Enzyms bis zu einer Auflösung von 3 Å aufgeklärt worden (Fletterick, Madson, Sygusch, University of Alberta, Edmonton, Canada, und Johnson und Mitarbeiter, University of Oxford). Es ist ein Dimer. Jede Untereinheit enthält ca. 800 Aminosäuren, die Struktur besteht zu 40% aus α-Helix und zu ca. 25% aus β-Faltblättern. Ein Bereich nahe dem C-terminalen Ende zeigt eine auffallende, sterische Homologie zur NAD^+-bindenden Domäne der Dehydrogenasen (s. Kap. 15). Alle infragekommenden Regulatormoleküle konnten im Komplex mit dem Enzym kristallisiert werden, wodurch sich ihre Position an der Enzymoberfläche ermitteln ließ.

Das Auffallende an der Struktur besteht in der räumlichen Trennung der Bindungsorte der einzelnen Effektoren. Die Beeinflussung der Form des aktiven Zentrums durch sie ist somit nur durch tiefgreifende Konformationsänderungen der gesamten Molekülstruktur erklärbar. Damit wird aber auch deutlich, daß nicht nur Aminosäuren im Bereich des aktiven Zentrums für die Aktivität des Enzyms verantwortlich sind, sondern daß eine große Zahl, wenn nicht sogar alle Aminosäurereste an der Moleküloberfläche für eine optimale Funktion des Enzyms (im Sinne des Bedarfs der Zelle) benötigt werden.

Stoffwechsel: Enzyme als Kontrolleinheiten

Die Bedeutung des Stoffwechsels, der Ablauf der einzelnen Reaktionen sowie die Intermediär- und Endprodukte sind in jedem biochemischen Lehrbuch ausführlich dargestellt. Der letzte Abschnitt sollte bereits zu den Problemen der Steuerung und Auswahl einzelner Stoffwechselwege überleiten. Diese bilden ein Netzwerk, und es sind regulierbare Enzyme, die darüber entscheiden, welcher Weg zu einem gegebenen Zeitpunkt eingeschlagen wird. Eine Enzymaktivität wird durch die Zahl vorhandener Enzymmoleküle, durch ihren Zustand sowie durch die Konzentrationen von Substrat und Effektormolekülen beeinflußt.

Es sieht so aus, als würde es in eukaryotischen Zellen weit mehr Enzymmoleküle geben, als unter „Normalbedingungen" benötigt werden. Für prokaryotische Zellen trifft das nicht unbedingt zu. Man unterscheidet dort zwischen induzierbaren und konstitutiven Enzymen. Zu den induzierbaren gehört u.a. die β-Galactosidase, die nur bei Bedarf synthetisiert wird. Im Gegensatz hierzu werden konstitutive Enzyme jederzeit gebildet. Der Kontrollmechanismus, dem die Synthese induzierbarer Enzyme unterliegt, ist in Kapitel 9 beschrieben. Er hat den Vorteil, energiesparend, jedoch den Nachteil, sehr schwerfällig zu sein. Für Zellen, deren Generationsdauer in weiten Grenzen schwanken kann, scheinen die Vorteile zu überwiegen. Bei eukaryotischen Zellen, deren Generationsdauer vorgegeben ist und von zahlreichen Parametern abhängt, scheinen wiederum die Nachteile zu groß zu sein. Dennoch gibt es auch bei Eukaryonten umfangreiche zelluläre Systeme, die erst nach Induktion durch äußere Stimuli in Aktion treten wie z.B. das Immunsystem (s. Kap. 66–68), doch dort werden die Aktivitätsänderungen nicht nach Minuten, sondern nach Tagen und Wochen gemessen.

Bei der Kontrolle des Stoffwechsels überwiegen die Mechanismen der Aktivitätsveränderung von Enzymen. Dabei sind drei prinzipiell voneinander verschiedene Möglichkeiten realisiert:

1. Das Enzym wird in inaktivem Zustand synthetisiert und durch limitierte Proteolyse durch ein anderes Enzym in seine aktive Form überführt. Beim Aktivierungsvorgang wird eine Peptidbindung gespalten. Der Vorgang ist stark exergonisch und damit irreversibel.
2. Das Enzym wird in inaktivem Zustand synthetisiert. Durch Anheftung einer aktivierenden Gruppe (z.B. eines Phosphatrestes) geht es in den aktiven Zustand über. Die Reaktion wird durch eine Kinase katalysiert. Durch ein weiteres Enzym (eine Phosphatase) kann der Phosphatrest wieder abgespalten werden, wodurch das Enzym in seine inaktive Form zurückversetzt wird. Der Kontrollmechanismus ist zwar reversibel, doch energieverbrauchend.
3. Das Enzym wird in inaktivem (oder partiell aktivem) Zustand synthetisiert und durch das Substrat oder durch Effektoren in seiner Aktivität beeinflußt. Substrat und Effektoren werden durch schwache Wechselwirkungen reversibel an das Enzym gebunden. Die Kontrolle ist rasch, effektiv und läuft ohne Energieverbrauch ab.

Von 1 nach 3 steigen die Vorteile, was sich u.a. darin zeigt, daß die dritte Alternative die weitaus häufigste und die erste die seltenste ist. Alle drei ziehen unterschiedliche Konsequenzen nach sich, und sie nehmen in der Zelle grundsätzlich verschiedene Aufgaben wahr.

Limitierte Proteolyse

Wir haben das Prinzip der limitierten Proteolyse bereits am Beispiel der Blutgerinnung besprochen (s. Abb. 16.4) und dabei gesehen, daß Enzyme in Serie geschaltet sind und eine Kaskade bilden. Dabei stellt man folgendes fest:

a) einen Verstärkereffekt (Amplifikation),
b) einen regulierenden Einfluß durch eine Reihe von Effektoren,
c) eine Zusammenschaltung alternativer Wege.

Diese Systeme kommen in der Regel nur kurzzeitig und lokal zum Tragen und eignen sich deshalb hervorragend für ein Katastrophenmanagement. Ein weiteres Beispiel hierfür ist das Komplementsystem, das mit dem Immunsystem kooperiert. Es ist allgemein bekannt, daß Antikörper mit spezifischen Fremdkörpern (Antigenen) reagieren und einen Antigen-Antikörper-Komplex bilden. Handelt es sich bei dem Antigen um ein Protein oder ein Molekül ähnlicher Größe, so entsteht ein schwer lösliches Präzipitat, wodurch das Antigen unschädlich gemacht wird. Handelt es sich bei dem Antigen jedoch um eine Zelle, etwa ein eingedrungenes Bakterium, so kann der Antikörper zwar daran gebunden werden, kann aber wegen seiner Kleinheit im Vergleich zur Zelle wenig ausrichten. Das Zusammenspiel mit den Komponenten des Komplementsystems führt zu einer Lyse der Zelle, wodurch sie außer Gefecht gesetzt wird. Das Komplementsystem besteht aus neun Komponenten (siehe Tabelle 1).

In allen Fällen handelt es sich um Proteine (Esterasen) und wie die Tabelle zeigt, sind sie relativ groß und kommen im Serum in z.T. beträchtlichen Mengen vor.

Durch die Bindung eines spezifischen Antigen-Antikörper-Komplexes an einer Zelloberfläche wird die Konformation des Antikörpermoleküls verändert, wodurch es in die Lage versetzt wird, die Komponente C'1 des Komplementsystems zu binden. C'1 wiederum ist ein Komplex aus 1q, 1r, 1s und Ca^{2+}. Der Anteil 1s wird nach der Komplexierung mit dem Antikörper aktiviert, so daß er die Komponente C'4 beeinflussen kann. C'4 wird nunmehr von der Zelloberfläche erkannt. Gleichzeitig spaltet C'1 die Komponente C'2, von der ein Teil an C'4 fixiert wird (→ $C'\overline{4,2}$).

Dieser Komplex (an der Zelloberfläche) aktiviert eine Vielzahl von C'3-Molekülen (→ Verstärkereffekt), welche dabei in C'3a und C'3b zerfallen. C'3a bleibt an der Zelloberfläche hängen. Das wiederum wirkt als Signal, einen Komplex aus C'5, C'6 und C'7 an die Zelle zu binden. Hierzu wird außer der Aktivität von C'3b auch noch die von $C'\overline{4,2}$ benötigt. Auf C'7 wirkt C'8 ein, wodurch die Membran erstmals beschädigt wird. Schließlich und letztlich bindet C'9 an C'8, was die Lyse der Membran vervollständigt. Zur besseren Übersicht sind die einzelnen Schritte in Abb. 18.4 zusammengefaßt. Zu dem hier beschriebenen Weg gibt es einen alternativen Einstieg. Das Komplementsystem ist, für sich genommen, unspezifisch. Die Spezifität wird durch die Antigen-Antikörper-Wechselwirkung vorgegeben. Das System ist komplex, der Effekt dramatisch. Es ist daher biologisch sinnvoll, viele Kontrollen vorzuschalten, bevor es zu einem so massiven Eingriff wie der Vernichtung einer Zelle kommt.

Tabelle 1. Komponenten des Komplementsystems

Komponente	Molekulargewicht	Konzentration im Serum [mg/l]
C' 1q	400.000	100–200
1r	(160.000)	–
1s	180.000	22
C' 2	115.000	10
C' 3	240.000	1200
C' 4	230.000	430
C' 5	(210.000)	75
C' 6	(120.000)	75
C' 7	(120.000)	
C' 8	(190.000)	
C' 9	79.000	1–2

Reversible Modifikationen; Phosphorylierungen

Im folgenden Abschnitt werden wir die Regulation des ständig laufenden, sog. Grundstoffwechsels einer Zelle besprechen. An dieser Stelle wird über Eingriffe gesprochen, welche die Stoffwechselrate der Zelle periodisch steigern oder reduzieren. Diese Regelmechanismen sind dem Grundstoffwechsel übergeordnet. Äußere Stimuli wie z.B. Hormone greifen hier modulierend ein. Hormone kann man aufgrund ihrer Funktion zwei Klassen zuordnen (näheres s. Kap. 56–59):

1. Hormone mit Einfluß auf Wachstum und Differenzierung. Sie wirken in der Regel unter Mitwirkung spezifischer Rezeptoren direkt auf die DNS im Kern und beeinflussen damit die spezifische Transkriptionsrate bestimmter Gene.
2. Hormone mit reversiblem Einfluß auf den Stoffwechsel der Zelle. Sie arbeiten unter Mitwirkung eines *Second messengers,* wie cAMP, cGMP oder Ca^{2+}, die ihrerseits in der Zelle eine Kaskade von Phosphorylierungsreaktionen initiieren (s. Kap. 59).

Es gibt eine ganze Menge von Enzymen, deren Aktivität durch eine Phosphorylierung reguliert wird. Einige Beispiele sind der Tabelle 2 zu entnehmen.

Weitere Beispiele: Histon I (s. Kap. 40), Tubulin, Transportsysteme wie Na^+/K^+-Pumpe und Ca^{2+}-Pumpe (s. Kap. 28), Glykosyltransferasen (s. Kap. 29).

Vorteile:

- Verstärkereffekte bei Bedarf aufgrund eines schwachen spezifischen Reizes.
- Integration verschiedener regulierender Signale.
- Die Zelle kann sich auf Veränderungen der Umwelt schnell und effektiv umstellen.

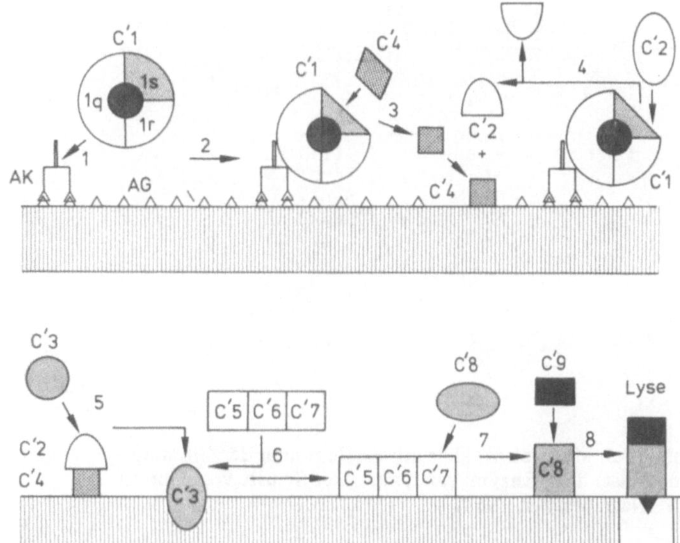

Abb. 18.4. Wirkungsmechanismus des Komplementsystems. Aufeinanderfolgende Schritte sind im Diagramm bildlich wiedergegeben. Die einleitenden Reaktionen (*obere Reihe*) sind Antigen-Antikörper-Komplex-abhängig, die sich daran anschließenden Reaktionen (*untere Reihe*) nicht mehr

Tabelle 2. Aktivitätssteigerung (+) oder -reduktion (–) von Enzymen

Enzym	phosphoryliert	dephosphoryliert
Katabolische Enzyme (katalysieren Abbauprozesse)		
Phosphorylase Kinase	+	–
Phosphorylase	+	–
Hormonabhängie Lipase	+	–
Anabolische Enzyme (katalysieren Syntheseprozesse)		
Glykogensynthetase	–	+
Fettsäuresynthetase	–	+
Acetyl-CoA-Carboxylase	–	+

Die enzymatischen Kaskaden verstellen die Empfindlichkeit des Gesamtstoffwechsels der Zelle. Die letztlich betroffenen Enzyme bestehen in der Regel aus mehreren U.E., wodurch ein weiterer Verstärkereffekt zustandekommt.

Regulation des Grundstoffwechsels

Der Grundstoffwechsel (Glykolyse, Citratzyklus, Atmungskette, Aminosäuresynthese, Fettsäuresynthese, Nukleotidsynthese u.a.) wird durch Regelmechanismen gesteuert, die außerordentlich schnell arbeiten müssen (Größenordnung: msec.). Wie schon angedeutet, wirken hierbei ATP, AMP, Stoffwechselprodukte wie Citrat, Pyruvat u.a. sowie Endprodukte, deren Konzentrationen in der Zelle großen Schwankungen unterworfen sind, mit. ATP als Energiespender für nahezu alle Syntheseprozesse ist stets Mangelware. Nur Enzyme mit einer hohen Affinität haben überhaupt eine Chance, an das ATP heranzukommen.

Endproduktthemmung: Das Produkt einer Synthesekette wirkt inhibierend auf jenes Enzym ein, das den ersten Schritt der Synthese katalysiert. Als Folge davon wird die Kette als Ganzes stillgelegt, und es sammeln sich keine Zwischenprodukte an. Das Ausgangsprodukt kann für andere Zwecke (alternative Stoffwechselwege) eingesetzt werden.

In Biosyntheseketten werden in der Regel nur wenige Enzyme reguliert, und das sind vor allem solche, die am Anfang von Stoffwechselwegen oder an Verzweigungspunkten stehen. In den Zwischenstrekken bestimmt allein das Substratangebot und der Produktabfluß den Durchsatz. Enzyme an Umschaltstellen sind durchweg oligomer. Sie katalysieren exergonische Reaktionen, so daß es an diesen Stellen kein Zurück mehr gibt. An einer Verzweigungsstelle konkurrieren zwei Enzyme um ein Substrat. Da ihre Affinitäten zum Substrat in der Regel unterschiedlich sind, wird einer der Wege bevorzugt eingeschlagen und erst bei sehr hohen Substratkonzentrationen wird auch der zweite Weg freigegeben.

Ein Beispiel hierfür: Die Pyruvatdehydrogenase (→ Atmung) ist bei niedrigen Substratkonzentrationen wirksam, die Pyruvatdecarboxylase (→ Gärung) erst bei zehnfach höherer Konzentration. Solange die Bedingungen für die Pyruvatverwertung via Citratzyklus und Atmungskette gegeben sind, fließt alles Substrat in diese Richtung. Ist der Weg versperrt, staut sich das Pyruvat und gibt den Weg in Richtung Gärung frei. Die Zelle arbeitet hier mit einem Überlaufmechanismus, der ihr ohne Substratverlust einen Ersatz für Notfälle bereithält.

In den Abbildungen 18.5 und 18.6 sind einmal die Regulation der Glutaminsynthetase, zum anderen einige Schaltschemata wiedergegeben, die uns veran-

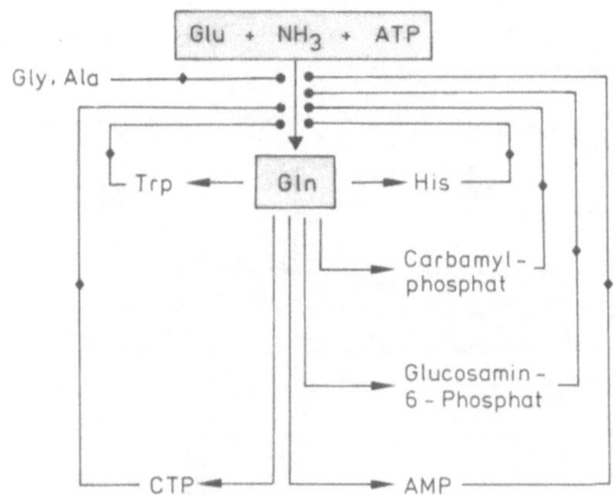

Abb. 18.5. Multivalente allosterische Hemmung der Glutaminsynthetase. Das Enzym katalysiert den Schritt von Glu zu Gln. (Nach Meister, 1969)

schaulichen sollen, welche Abläufe uns im Stoffwechsel immer wieder begegnen. Die Beispiele sollen die Abhängigkeiten und den Vernetzungsgrad im Stoffwechsel herausstreichen und demonstrieren, daß die Regulation auf vielen Ebenen erfolgt. Je höher die Ebene ist, desto aufwendiger ist das Verfahren und desto einschneidender und gravierender sind die Eingriffe.

Genetik und Evolution

Das Wissen um die Struktur und Funktion einer Anzahl von Proteinen zwingt uns, das Modell „ein Gen – ein Enzym" zu modifizieren. Folgende Varianten sind inzwischen bekannt geworden:

1. Oligomeres Protein, bestehend aus zwei oder *n* gleichen Polypeptidketten (z.B. Glykogenphosphorylase):
   a) ein Gen → eine Polypeptidkette,
   b) zwei oder *n* Polypeptidketten → ein Enzym.
2. Oligomer, bestehend aus verschiedenen Polypeptidketten (Isoenzyme, z.B. LDH, Hämoglobine u.a.):
   a) zwei Gene → zwei Polypeptidketten,
   b) *n* (zwei) Polypeptidketten → ein Enzym.
3. Eine Polypeptidkette mit mehreren Enzymaktivitäten. Beispiel: Aspartokinase – L – Homoserindehydratase. Das Molekül besteht aus vier identischen U.E. (Molekulargewicht: je 86.000).
   Ein Gen → ein Polypeptid → zwei Enzyme.
   Fettsäuresynthetase in Eukaryonten:
   ein Gen → ein Polypeptid → > vier Enzymaktivitäten.
4. Antikörper (s. Kap. 22):
   zwei Gene → eine Polypeptidkette.
5. Bakteriophage Φ X 174 u.a.:
   „ein Gen" → zwei Polypeptidketten (s, Kap. 5).

Einfache Endprodukthemmung:

A → B → C → D → E

Aspartat-Transcarbamylase (E. coli)

Enzyme mit mehreren Wirkorten
Multivalente Endprodukthemmung:

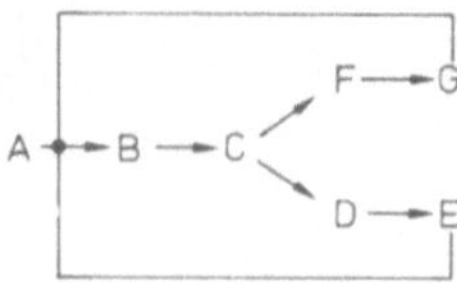

Aspartokinase (Bacillus polymixa)

Kooperative Endprodukthemmung:

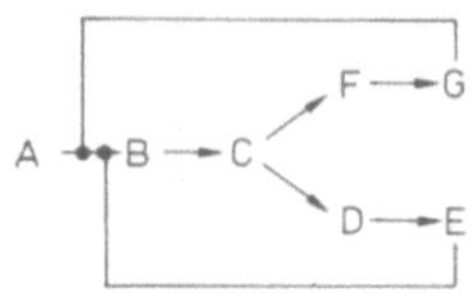

Erstes Enzym der Purinbiosynthese

Kumulative Endprodukthemmung:

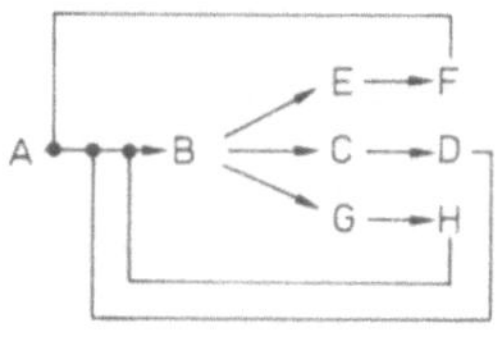

Glutamin-Synthetase

Kompensatorische Umkehrung der Endprodukthemmung:

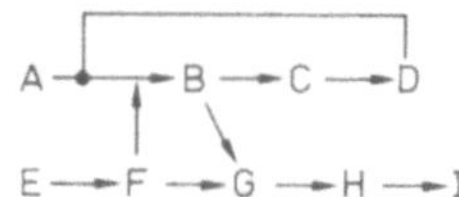

Threonindeaminase:
Hemmung durch Ile.
Induktion durch Val.
(B. subtilis)

Hemmung durch Zwischenprodukte an Verzweigungen der Synthesekette (Sequentielle Hemmung):

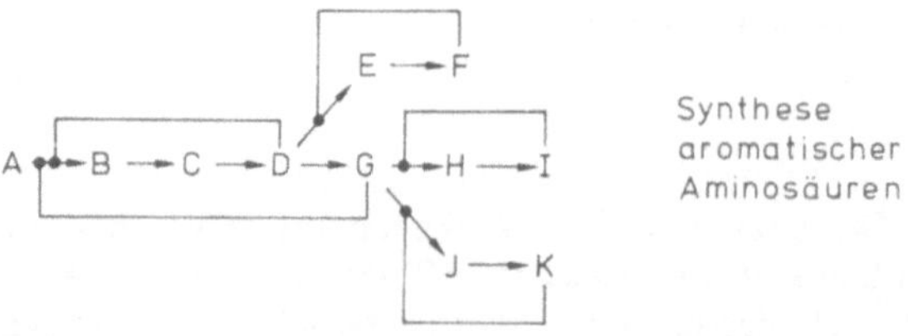

Multiple Enzyme mit spezifischen regulatorischen Wirkorten:

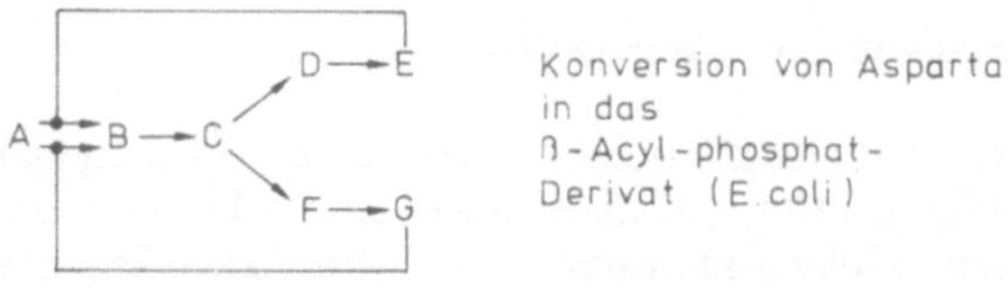

Abb. 18.6. Einige bei Mikroorganismen nachgewiesene Kontrollmechanismen des Stoffwechsels durch Endprodukte von Biosyntheseketten. Die Beispiele sollen andeuten, wie Stoffwechselwege miteinander verknüpft sind und wie komplexe, geregelte Netzwerke entstehen. (Nach Datta, 1969)

Die Abhängigkeit der Moleküle voneinander und ihr Stellenwert im Stoffwechsel führen zu starken Restriktionen einer unabhängigen Evolution. Wir haben dennoch gesehen, daß sich Proteine auch während der Evolution hochentwickelter Arten weiter verändern. Wenn einzelne Komponenten eines Netzwerkes modifiziert werden, heißt das, daß auch andere Komponenten davon betroffen sind und daß damit ein neuer Selektionsdruck auf sie zukommt. Auch sie müssen sich ggf. der neuen Situation anpassen. Hieraus folgt, daß eine Wechselwirkung von Molekülen untereinander eine Koevolution der am System beteiligten Komponenten nach sich zieht. Optimiert wurde somit im Laufe der Zeit neben den katalytischen Aktivitäten die Spezifität, die Regulierbarkeit und die Kooperationsbereitschaft mit anderen Molekülen.

Wie ist die Regulierbarkeit von Enzymen entstanden? Haben sich Substratbindungsstelle und Effektorbindungsstelle in der Evolution unabhängig voneinander entwickelt? Wenn man die Evolution von Biosyntheseketten verfolgt, erscheint diese Annahme unwahrscheinlich. Biosynthesewege (z.B. $A \to B \to C \to D \to E$) haben sich von rückwärts entwickelt. Die Reaktion $A \to B$ hätte, alleine genommen, keinen Wert, da das System letztlich nur mit E, dem Endprodukt, etwas anfangen kann. Es ist praktisch ausgeschlossen, daß sich eine mehrgliedrige Kette zielstrebig auf E zu entwickelt. Wenn wir jetzt aber davon ausgehen, daß die Reaktion $D \to E$ die ursprüngliche ist, dann müssen wir daraus auch schließen, daß das hierfür benötigte Enzym als erstes funktionsfähig war. Zu seinen Eigenschaften gehört, E (das Produkt) zu binden. Das Enzym, das die Reaktion $A \to B$ katalysiert, ist als letztes entstanden, und wie wir schon gesehen haben, sind die meisten Enzyme am Beginn einer Biosynthesekette oligomer, und viele sind durch die Endprodukte der Biosynthesekette hemmbar. Es ist daher naheliegend anzunehmen, daß eine der Untereinheiten (oder Domänen), die regulierende, aus dem Enzym hervorgegangen ist, welches den letzten Schritt der Kette katalysiert. Ursache dafür muß eine Genduplikation gewesen sein. Das Genprodukt des hinzugekommenen DNS-Segmentes konnte sich frei entwikkeln, sammelte Mutationen an, behielt aber die Eigenschaft, E zu binden. Eine ähnliche Erscheinung haben wir schon beim Vergleich der Dehydrogenasen und Adenylatkinase (s. Kap. 15) kennengelernt. Beide binden Di- resp. Triphosphatnukleoside. Erstere verwenden NAD^+ als Coenzym, ohne es zu verändern, letztere binden ATP/ADP als Substrate und verändert sie.

Literatur

Datta, P.: Regulation of branched biosynthetic pathways in bacteria. Science *165*, 556 (1969)

Eigen, M.: Kinetics of reaction control and information transfer in enzymes and nucleic acids. Nobel Symp. *5*, 341 (1967)

Meister, A.: Specificity of glutamine synthetase. Adv. Enzymol. *31*, 183 (1968)

Porter, R.R.: The biochemistry of complement. Biochem. Soc. Trans. London *5*, 1659 (1977)

Quiocho, F.A., Lipscomb, W.N.: Carboxypeptidase A: a protein and an enzyme. Adv. Protein Chem. *25*, 1 (1971)

Schulz, G.E., Schirmer, R.H., Sachsenheimer, W., Pai, E.F.: The structure of the flavoenzyme glutathione reductase. Nature (London) *273*, 120 (1978)

Zappe, H.A., Krohne-Ehrich, G., Schulz, G.E.: Low resolution structure of human erythrocyte glutathione reductase. J. Mol. Biol. *113*, 141 (1977)

19. Proteine, die mit Nukleinsäuren in Wechselwirkung treten

Regulatorproteine

Regulatorproteine binden an DNS und beeinflussen die spezifische Genexpression (→ Transkriptionsrate). Ihr Einfluß ist entweder negativ oder positiv. Proteine mit negativem Einfluß bezeichnet man als Repressoren. Der Lac-Repressor von *Escherichia coli* ist das bestuntersuchte Beispiel hierfür. Zu den aktivierenden Proteinen gehört das CAP (Cyclisches AMP-bindendes Protein), welches ebenfalls auf den Lac-Operator (s. Kap. 9) einwirkt. Bei Prokaryonten ist eine Reihe weiterer Operons bekannt und eingehend studiert worden, allerdings sind unsere Kenntnisse über die DNS dabei um etliches besser als das Wissen über die ebenfalls essentiellen Proteine.

Noch weniger weiß man über die Regulation der Genexpression bei Eukaryonten. DNS liegt dort als Komplex mit Proteinen vor (Chromatin, s. Kap. 40). Man unterteilt die Proteine des Chromatins in die basisch reagierenden Histone und die meist sauer reagierenden Nicht-Histone. In den vergangenen Jahren ist in steigendem Maße klar geworden, daß die Histone eine relativ einheitliche Molekülpopulation mit relativ geringer Variation von Art zu Art und von Gewebe zu Gewebe sind. Die den Histonen früher zugeschriebene Rolle bei der Regulation der Transkription tritt mehr und mehr in den Hintergrund, und umso mehr gewinnen die Nicht-Histone an Bedeutung.

Stein und Mitarbeiter (University of Florida, Gainsville) fanden 1975, daß Histongene in HeLa-Zellen ausschließlich in der S-Phase bei gleichzeitiger DNS-Synthese aktiv sind. Aus dem Chromatin der S-Phase isolierten sie ein Nicht-Histonprotein, das die Transkriptionsrate, speziell der Histongene, steigert und das dem Chromatin der G_1-Phase fehlt.

In Rekonstitutionsexperimenten wurde gezeigt, daß dieses Protein zusammen mit Histon und DNS aus G_1-Chromatin die Transkription von Histongenen ermöglicht, während in einem reziproken Experiment eine Hemmung zu beobachten war. Das Protein hat keinen Einfluß auf isolierte DNS, wirkt also nur in Zusammenarbeit mit den Histonen. Viele Fragen zu diesem Themenkomplex sind noch offen. Das Protein ist noch nicht näher charakterisiert worden. Es ist unklar, ob es mit DNS reagiert, die mit den Nukleosomen assoziiert ist, oder mit DNS, die Nukleosomen miteinander verbindet. Wird das Protein nur zu einem bestimmten Zeitpunkt, unmittelbar vor Einsetzen der S-Phase gebildet, oder liegt es immer vor und gewinnt erst durch einen Aktivierungsschritt (Phosphorylierung?) seine Aktivität?

Wang, Kostraba und Newman (State University of New York at Buffalo) isolierten 1976 aus dem Chromatin von Ehrlich-Ascites-Tumorzellen ein Nicht-Histon-Protein, das die Transkription der DNS hemmt. Eine Hemmung kann einmal die Initiation, zum anderen die Elongation der wachsenden mRNS-Kette betreffen. Wang et al. zeigten, daß in diesem Fall die Initiation betroffen war. Das inhibierende Protein aus dem Chromatin von Hühnererythrozyten unterscheidet sich gelelektrophoretisch von dem aus Kalbsthymus. Der inhibierende Effekt tritt nur bei homologer DNS auf, womit die Spezifität der Hemmung herausgestellt werden konnte. Es wird vorzugsweise von repetitiver DNS gebunden. Neben dem inhibierenden Nicht-Histon-Protein konnte aus Ehrlich-Ascites-Tumorzellen-Chromatin auch eine aktivierende Fraktion gewonnen werden. Dieses Protein stimuliert die RNS-Synthese in vitro. Die Aktivierung ist ebenfalls spezifisch und versagt an DNS aus Kalbsthymus, Rattenleber oder Hühnererythrozyten. Es sieht demnach so aus, als wäre es in der Lage, spezifische Nukleotidsequenzen in der DNS zu erkennen. Im Gegensatz zu dem inhibierenden Protein wird es nur von Einzelsequenzen (*unique sequences*) gebunden.

Die Abhängigkeit der spezifischen Transkription des Chromatins von Nicht-Histon-Proteinen, deren hohe Umsatzrate und die Synthese spezifischer Nicht-Histon-Proteine in bestimmten Phasen der Zellaktivität sowie die Gewebespezifität dieser Proteine führen zu dem Schluß, daß sie eine Schlüsselrolle bei der Kontrolle der Genexpression ausüben. Es stehen jedoch noch entscheidende Experimente aus. So ist bei den von Wang et al. beschriebenen Proteinen z.B. noch nicht stichhaltig bewiesen worden, daß sie selektiv die Transkription bestimmter Genabschnitte beeinflussen.

Lac-Repressor

Der Lac-Repressor ist mittlerweile das bestbekannte Bakterienprotein geworden. Er erkennt spezifisch den Lac-Operator und wird von diesem DNS-Abschnitt mit einer Dissoziationskonstanten von 10^{-11} bis 10^{-13} M gebunden. Der hohe Wert ist für Bakterien nicht unüblich. Viele andere Repressoren und Aktivatoren werden ähnlich fest gebunden. Normalerweise macht der Lac-Repressor in *E. coli* nur 0,005% des löslichen Proteins aus, und das ist für eine erfolgreiche biochemische Analyse viel zu wenig. Es sind jedoch Mutanten konstruiert worden, in denen sein Anteil bis zu 7% des Proteins beträgt (Müller-Hill und Kania, Genetisches Institut, Universität Köln, 1974). Hierbei bedient man sich folgender Strategien:

1. Es werden Promotormutanten für das *i*-Gen (das den Lac-Repressor instruiert) isoliert, die bis zu 100mal so aktiv wie der Wildstamm sind.
2. Man verwendet einen transduzierenden Phagen, der das *i*-Gen trägt und in die Bakterienzelle inkorporiert wird. Die Gendosis wird dadurch beträchtlich erhöht.

Der Lac-Repressor verfügt über mindestens vier voneinander verschiedene funktionelle Bereiche:

1. die Operatorbindungsstelle,
2. die *Inducer*bindungsstelle,
3. die Transmitter-Region, also den Bereich der das Signal der *Inducer*bindung an die Operatorbindungsstelle weiterleitet,
4. Region, die an der Aggregation der U.E. zum Tetramer beteiligt ist.

Bindung eines *Inducers,* wie z.B. Lactose oder besser noch IPTG (Isopropyl-β-D-Thiogalactosid) an den intakten Repressor führt zu einem Abfall der Bindungskonstanten um mehrere Größenordnungen.

Der Operatorbindungsbereich besteht aus mindestens zwei Anteilen:

a) einer Region spezifischer DNS-Erkennung und -Bindung und
b) einer Region unspezifischer DNS-Bindung.

Die Analyse des Repressors wurde durch Verwendung von Mutanten erheblich erleichtert. Miller, Coulondre, Schmeissner, Schmitz und Lu (Universität Genf) entwickelten 1975 ein Verfahren, das es ihnen erlaubte, definierte Mutanten herzustellen. Sie bedienten sich dabei zweier elementarer Tricks. Sie isolierten Mutanten mit Nonsense-Codons (UAG, UAA, UGA), also solchen, die zu Kettenabbruch führen. Für jedes dieser Nonsense-Codons gibt es Suppressor-Mutanten von *E. coli,* in denen je nach Stamm anstelle des Nonsense-Codons eine bestimmte Aminosäure integriert wird. Wo z.B. UAG steht, können die Aminosäuren Gln, Leu, Lys, Ser und Tyr eingebaut werden. Die Mutantenproduktion ist somit ein Zweischrittprozeß:

1. ursprüngliche Aminosäure → Stopsignal
2. Stopsignal → gewünschte Aminosäure

Nonsense-Mutanten wurden an über 90 verschiedenen Positionen des Lac-Repressors hergestellt. Anschließend wurde das mutierte Gen auf ein Plasmid übertragen (s. Kap. 11) und in den betreffenden Suppressor-Stamm überführt, in dem es dann zur Ausbildung des vollständigen, veränderten Proteins kam. Damit wurde es möglich festzustellen, welche Aminosäuren essentiell sind und welche (durch welche) ersetzt werden können.

Der Einsatz dieses eleganten Verfahrens ist leider noch nicht auf viele andere Proteine übertragbar, denn es geht von zwei weiteren Voraussetzungen aus. Einmal der Kenntnis der Aminosäuresequenz und zum anderen der genauen Kenntnis des *i*-Gens. Es gibt selbst bei Bakterien nur wenige Proteine, die diesen beiden Bedingungen gerecht werden.

Wie erkennt der Lac-Repressor die DNS (den Operator)? Der Operator ist durch seine Nukleotidsequenz charakterisiert (s. Abb. 9.5). Austausche in diesem Bereich führen zu den sog. o^c-Mutanten, die den Repressor mit einer um Größenordnungen geringeren Affinität binden. W. Gilbert und Mitarbeiter (Harvard University) analysierten die Interaktion zwischen Repressor und Operator, indem sie einzelne Basen des Operators spezifisch modifizierten. So vernetzten sie z.B. den Repressor mit isoliertem Bromuracil (BU)-substituiertem Operator (Bromuracil kann während der Synthese von DNS anstelle von Thymin inkorporiert werden). UV-Bestrahlung des so behandelten Fragmentes führt zu Einzelstrangbrüchen an allen Positionen, an denen BU eingebaut ist, mit Ausnahme derer, die vom Repressor gebunden und damit geschützt sind. Diese Studie erlaubte es somit, diejenigen Positionen (der Thymine) festzulegen, die am Kontakt mit dem Repressor beteiligt sind. Alle Kontaktstellen liegen innerhalb des Abschnittes von 26 Basenpaaren Länge (s. Abb. 19.1). Der Operator ist symmetrisch gebaut, aber nur die eine Seite der symmetrischen Struktur wird für die Bindung benötigt. Weitere Untersuchungen ergaben, daß der Repressor vier Guanine und drei Adenine gegen Methylierung durch Dimethylsulfat schützt (Dimethylsulfat methyliert in doppelsträngiger DNS die Positionen N7 des Guanins und N3 des Adenins) und sieben Phosphatgruppen (die alle auf einer Seite des DNS-Moleküls liegen) für seine Bindung benötigt. Unter Berücksichtigung aller Daten wurde geschlossen, daß sich der Repressor an eine Seite der DNS anlagert und nicht, wie manche älteren Modelle vorsahen, um die DNS gewickelt oder zwischen die beiden Stränge eingeschoben ist (siehe Abb. 19.2).

Polymerasen

DNS-Polymerasen

DNS-Replikation ist ein komplexer Vorgang, an dem eine Reihe von Enzymen beteiligt ist (s. Kap. 8).

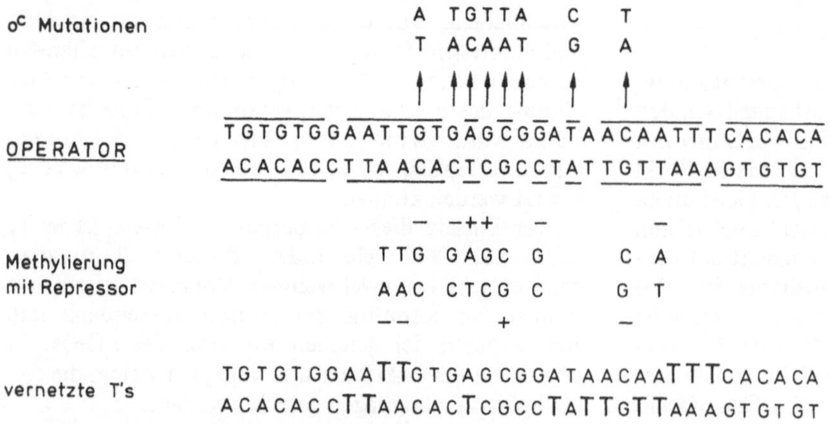

o^c Mutationen

A TGTTA C T
T ACAAT G A

OPERATOR

TGTGTGGAATTGTGAGCGGATAACAATTTCACACA
ACACACCTTAACACTCGCCTATTGTTAAAGTGTGT

Methylierung mit Repressor

– –++ – –
TTG GAGC G C A
AAC CTCG C G T
–– + –

vernetzte T's

TGTGTGGAATTGTGAGCGGATAACAATTTCACACA
ACACACCTTAACACTCGCCTATTGTTAAAGTGTGT

Abb. 19.1. Sequenz des Lac-Operators. Innerhalb eines Abschnittes von 35 Basenpaaren sind zwei größere Symmetrieregionen vorhanden. Lokalisierte Positionen von o^c-Mutanten sind dargestellt. Im unteren Teil der Abbildung sind einmal jene Positionen gekennzeichnet, die sich nach Bindung des Repressors einer Methylierung entziehen (–) oder bevorzugt methyliert werden (+). Mit dem Repressor vernetzbare Thyminpositionen sind durch größere Schrifttype hervorgehoben (Ogata und Gilbert, W., 1977)

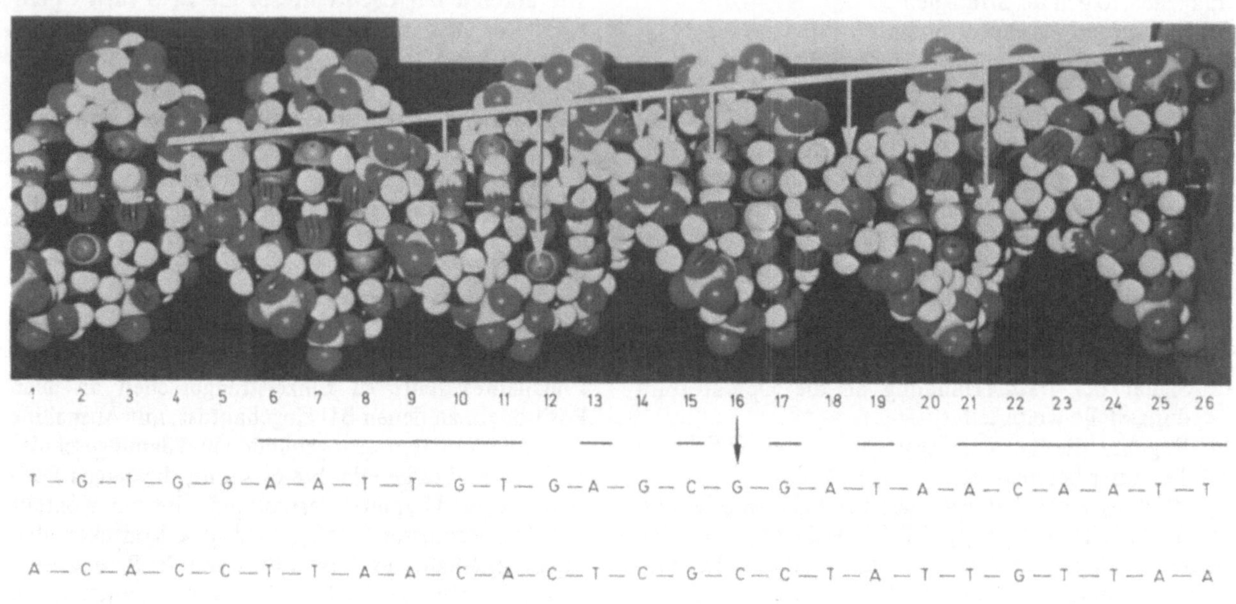

Abb. 19.2. Modell der Wechselwirkung zwischen Lac-Repressor und dem Operator. Im oberen Teil der Abbildung ist ein DNS-Modell (gebaut aus Kalotten) dargestellt. Der Repressor ist durch eine Linie symbolisiert, die einzelnen Bindungspunkte zur DNS als Pfeile. Man erkennt, daß die Repressorachse nicht parallel zur DNS-Achse liegt. Deutlich erkennbar sind auch die große und die kleine Rille (Furche) der DNS. In der im unteren Teil des Bildes wiedergegebenen Sequenz ist die Teilsequenz $\genfrac{}{}{0pt}{}{\text{CACACA}}{\text{GTGTGT}}$ (vgl. Abb. 19.1, rechts) weggelassen worden. Dieser Sequenzbereich wird dem Operator zugerechnet, wird aber für die direkte Interaktion mit dem Repressor nicht benötigt. (Aus Goeddel et al., 1978)

1956 entdeckte A. Kornberg (Stanford University) eine DNS-Polymerase, die wir heute als DNS-Polymerase I bezeichnen. Es ist ein sehr großes Molekül, das aus nur einer Polypeptidkette besteht (M.G. : 110.000). Neben der polymerisierenden Eigenschaft verfügt das Enzym über zwei Exonukleaseaktivitäten, einmal baut sie DNS vom 3′-Ende ab (3′ → 5′ Exonuklease), zum anderen vom 5′-Ende (5′ → 3′ Exonuklease). Beide Aktivitäten sind an unterschiedlichen Stellen des Moleküls lokalisiert. Wir haben es hier also wieder mit einer Polypeptidkette zu tun, die mehrere enzymatische Aktivitäten trägt (s. Kap. 18). Die Polymerisation erfolgt ausschließlich vom 5′- zum 3′-Ende. Das Enzym arbeitet bei Anwesenheit aller vier Triphosphatnukleoside, Mg^{2+} -Ionen, einer Matrize und einem *Primer*, d.h. das Enzym verlängert Polynukleotidketten, es initiiert aber niemals die Bildung einer neuen Kette (s. Abb. 19.3). Durch die Matrize ist die Basensequenz des neu zu polymerisierenden Stückes festgelegt.

1969 haben De Lucia und Cairns eine *E. coli*-Mutante isoliert, die nur Spuren der DNS-Polymerase I enthielt und sich dennoch normal vermehrte. Es zeigte sich später, daß die Polymerase I in der Zelle vorwiegend als Reparatur- und Korrekturenzym wirkt (*proof-reading* oder *editing*). Es entfernt falsch gepaarte Basen und bereitet das Molekül für den Einsatz

Abb. 19.3. Mechanismus der DNS-Polymerase-Wirkung. Verlängerung eines *Primers*. Wachstum der Polynukleotidkette vom 5'-Ende zum 3'-Ende

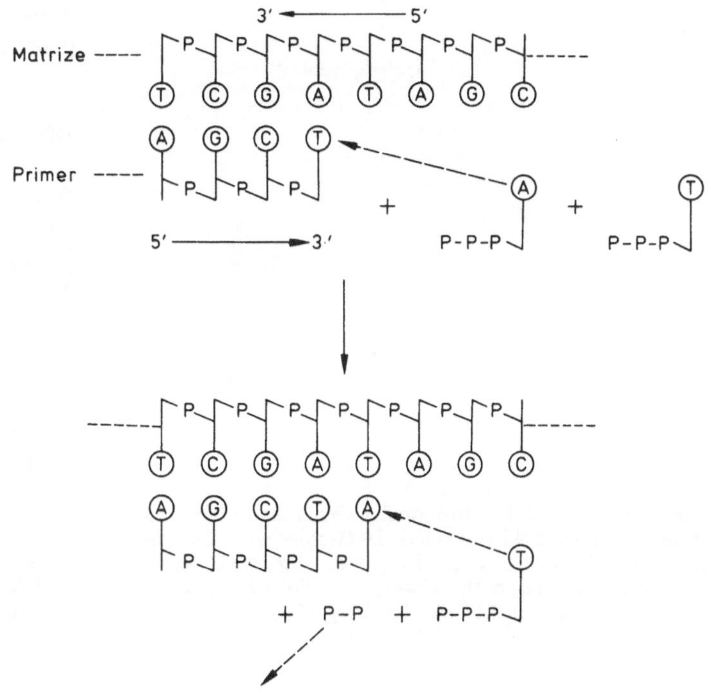

der Ligase vor. Auch Ribonukleotide werden entfernt, die bei der Initiation einer Replikationsrunde regelmäßig mit Hilfe der DNS-abhängigen RNS-Polymerase als Starter (*Primer*) eingebaut werden. Ihr Ausbau aus dem neu gebildeten Strang und der Ersatz durch Desoxyribonukleotide vor Vollendung der DNS-Replikation ist ebenfalls eine Aufgabe der Polymerase I. Das Bekanntwerden der Cairnsschen Mutante wurde zum Anlaß genommen, nach einer Polymerase in *E. coli* zu suchen, welche die Hauptarbeit bei der Polymerisation leistet. Gefunden wurden die DNS-Polymerase II und DNS-Polymerase III. Beide können nur in Polymerase I-freien Mutanten identifiziert werden, denn sie kommen im Vergleich zu diesem Enzym lediglich in Spuren vor, so daß es schwer ist, ihre Aktivitäten neben der Polymerase I-Aktivität zu entdecken.

Die Polymerase III ist das entscheidende Enzym. Es sind keine Mutanten bekannt, denen es fehlt. Temperatursensitive Mutanten mit einem temperaturempfindlichen Enzym haben keine Chance, sich bei den hohen, nichtpermissiven (restriktiven) Temperaturen zu vermehren.

T. Kornberg und Gefter haben die Polymerase III 1971 charakterisiert. Eine Bakterienzelle enthält zehn Moleküle dieses Enzyms, die Polymerisationsrate beträgt 250–1000 Nukleotide pro Molekül und Sek. Die Rate der Polymerase I, von der die Zelle 400 Moleküle enthält, beträgt nur 16–20 Nukleotide pro Molekül und Sek. Die Rate der Polymerase II beträgt zwei bis fünf Nukleotide pro Molekül und Sek. Doppelsträngige DNS mit vielen kleinen Lücken und freien 3'-OH-Enden sind die beste Matrize für die Polymerase III. Auch diesem Enzym sind 3' → 5'- und 5' → 3'-Exonukleaseaktivitäten assoziiert. Die Polymerisation erfolgt wie bei allen Polymerasen nur in 5' → 3'-Richtung. Das Molekül ist ein Dimer und besteht aus zwei voneinander verschiedenen Untereinheiten mit Molekulargewichten von 140.000 und 40.000.

Mit der Polymerase III können zwei weitere Proteine komplexiert sein. Man erhält den Komplex Polymerase III*, der zusammen mit einem weiteren Kofaktor an langen *Primern* arbeitet, im Gegensatz zur Polymerase III, die vorzugsweise kurze *Primer* verlängert (Struktur des Enzyms, s. Abb. 19.4).

DNS-Polymerasen in Eukaryonten

Aus dem Cytoplasma und dem Kern von Eukaryonten sind drei Polymerasen (α, β, γ) und aus den Mitochondrien ein vierter Typ isoliert worden, der mittlerweile jedoch auch als eine γ-Polymerase charakterisiert worden ist. Wie die Bakterien-Polymerasen benötigen auch diese Enzyme eine Matrize und einen *Primer*, allerdings fehlen ihnen die Nukleaseaktivitäten, und sie sind demnach als Korrekturenzyme ungeeignet. Sie unterscheiden sich in der Größe, der Struktur und der *Primer*- und Matrizenspezifität voneinander. Serologisch sind sie nicht miteinander verwandt. Zusammenfassende Darstellung s. Sarngadharan et al., 1978.

Die DNS-Polymerase α hat eine Sedimentationskonstante von 6–8 S, die Moleküle scheinen eine gewisse Heterogenität in Bezug auf ihre Zusammensetzung aufzuweisen. Das Enyzm ist ein Oligomer,

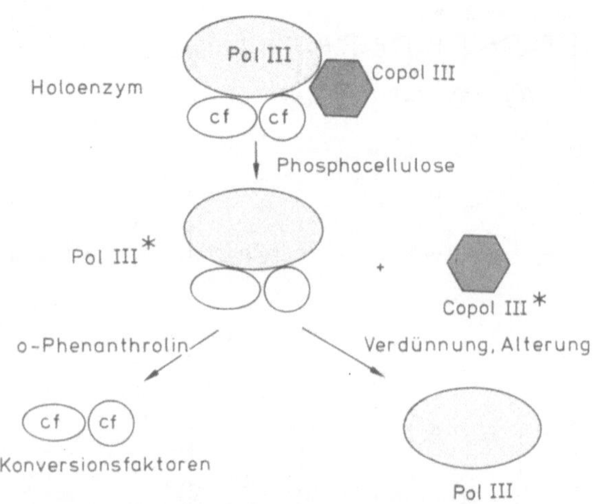

Abb. 19.4. Modell der strukturellen Organisation der Untereinheiten in der DNS-Polymerase III (Holoenzym). Ein Komplex, dem der Faktor Copol III* fehlt, wird als Pol III* bezeichnet. Die katalytische Untereinheit Pol III ist, für sich alleine genommen, inaktiv (A. Kornberg, 1977)

das aus Monomeren des Molekulargewichts 80.000–90.000 zusammengesetzt ist. Für die Aktivität sind SH-Gruppen essentiell. Sie ist in eukaryotischen Zellen weit verbreitet, in schnell wachsenden Zellen ist sie besonders häufig und aktiv.

Bei der DNS-Polymerase β findet man keine Korrelation zwischen Aktivität und dem Wachstumszustand der Zellen. Sie arbeitet optimal an nativer DNS mit Einzelstrangbrüchen und kurzen Lücken mit freien 3'OH-Gruppen, denaturierte DNS als Matrize ist nur bedingt tauglich. SH-Gruppen-inhibierende Agentien haben keinen Einfluß auf das Enzym. Die DNS-Polymerase β fehlt bei niederen Eukaryonten (Hefe, niedere Pflanzen, Protisten). Hefe enthält eine Polymerase A, die der Polymerase α ähnelt, sowie eine Polymerase B, die sich von allen anderen Formen unterscheidet.

Die DNS-Polymerase γ ist ursprünglich aus HeLa-Zellen isoliert worden, kommt aber auch in zahlreichen anderen tierischen Zellen sowie in Hefe vor (E. Wintersberger, 1977). Im Gegensatz zu den α- und β-Polymerasen findet man sie in der Zelle (im Plasma und im Kern) nur spurenweise. Die Isolierung ist schwierig, so daß es bisher nicht gelang, sie in reiner Form zu gewinnen. Das Enzym kann das synthetische Polymer Poly (rA)dT_{10-18} wesentlich effizienter kopieren als Desoxyribopolymere. SH-Gruppen sind essentiell. Die Aktivität ändert sich in den verschiedenen Stadien des Zellzyklus.

Mitochondriale DNS-Polymerase (γ-Polymerase) ist 1976 aus HeLa-Zellen (Radsak et al) und aus Hefe (U. Wintersberger) isoliert worden. Die Enzyme aus beiden Quellen unterscheiden sich in ihren Molekulargewichten. Das HeLa-Zellen-Enzym wird durch SH-blockierende Agentien inaktiviert, während das Hefeenzym davon unbeeinflußt bleibt. Es gibt Hinweise darauf, daß diese mitochondrialen Proteine auf cytoplasmatischen Ribosomen synthetisiert werden.

DNS-abhängige RNS-Polymerasen

Während die DNS-Polymerasen vorwiegend der Replikation von DNS dienen, haben wir es hier mit einer Gruppe von Enzymen zu tun, die in erster Linie die Transkription katalysieren. Sie verwenden einsträngige oder geschmolzene DNS als Matrize und synthetisieren daran eine RNS. Ein *Primer* ist nicht erforderlich. Besonders gut untersucht sind die Polymerasen von *E. coli* und einigen Bakteriophagen. Die Enzyme benötigen als Substrate alle vier 5'-Triphosphatribonukleoside. Durch Einsatz der Hybridisierungstechnik wurde gezeigt, daß nur einer der beiden Stränge eines DNS-Doppelstrangs abgelesen wird und daß das Transkriptionsprodukt spezifisch ist (s.a. Kap. 9).

Das Enzym aus *E. coli* liegt in reiner Form vor, hat ein Molekulargewicht von 480.000–500.000, enthält Zn^{2+} -Ionen und besteht aus folgenden Untereinheiten.

2 α-Ketten	M.G. je	39.000
1 β-Kette	M.G.	155.000
1 β'-Kette	M.G.	165.000
1 ω-Kette	M.G.	10.000
1 σ-Faktor	M.G.	95.000

Der Komplex $\alpha_2\beta\beta'\omega$ wird als *Core*-Enzym, der Komplex $\alpha_2\beta\beta'\omega\sigma$ als Holoenzym bezeichnet.

Das *Core*-Enzym allein katalysiert eine unspezifische RNS-Synthese, wobei die Synthese an jeder beliebigen Stelle der DNS-Matrize einsetzen kann. Es transkribiert auch DNS fremder Herkunft (z.B. Kalbsthymus -DNS). In Kompetitionsexperimenten hingegen, in denen *E. coli*-DNS neben Kalbsthymus-DNS als Matrize angeboten wurden, wurde *E. coli*-DNS bevorzugt.

Zusatz des σ-Faktors führt zur selektiven Initiation der Transkription. Sie beginnt nunmehr nur im Bereich eines Promotors und erfolgt im richtigen Raster, was bedeutet, daß das Holoenzym eine spezifische Basenabfolge in der DNS erkennt. Das Enzym wird vom Promotor um Größenordnungen fester gebunden als von anderen DNS-Abschnitten. Die Konformation der DNS wird durch das Enzym verändert, Doppelstränge werden lokal geschmolzen.

Obwohl die β'-Untereinheit an der Bindung beteiligt zu sein scheint und auch für die Spezifität verantwortlich ist, tritt der σ-Faktor mit der β-Untereinheit in Wechselwirkung und wirkt somit als ein allosterischer Effektor auf das aus mehreren U.E. bestehende Protein.

Der σ-Faktor wird freigesetzt, sobald die erste Phosphodiesterbindung, an der ATP oder GTP beteiligt ist, geknüpft ist. Für die Elongation (Verlängerung) der sich bildenden RNS-Kette ist er entbehrlich. Die Initiation kann, im Gegensatz zur Elongation, durch das Antibiotikum Rifampicin (s. Abb. 19.5) blockiert werden. Genetische Daten sprechen für eine Bindung des Antibiotikums an die β-Untereinheit, wodurch eine Erkennung der Substrate GTP und ATP verhindert wird.

In Abb. 40.9 ist ein Transkriptionsstadium dargestellt, so wie man es im Elektronenmikroskop erkennen kann. RNS wird wie am Fließband produziert. Sobald ein Polymerasemolekül einen Abschnit gelesen hat, kann das nächste Polymerasemolekül mit der Arbeit beginnen. Die Transkriptionsrichtung ist 5′ → 3′, also analog der Replikationsrichtung. Der Synthesemechanismus (Elongation) ähnelt im großen und ganzen dem Mechanismus der Polymerisation durch DNS-Polymerasen, wobei hier selbstverständlich Ribonukleotide anstelle von Desoxyribonukleotiden eingebaut werden.

Die DNS-abhängige RNS-Polymerase dient nicht nur der Transkription, sondern spielt auch als Initiationsenzym bei der Replikation eine entscheidende Rolle. Es synthetisiert ein Oligoribonukleotid, welches den DNS-Polymerasen als *Primer* dient. Das Oligoribonukleotid wird von der DNS-Polymerase I anschließend wieder entfernt und durch ein entsprechendes Oligodesoxyribonukleotid ersetzt. Die Elongation der Kette wird durch Aktinomycin D unterbunden. Dieses Antibiotikum (s. Abb. 3.4a) interkaliert an einem GC-Paar der DNS und blockiert somit den Weg für alle Polymerasen. Die Termination der Transkription ist weniger gut verstanden. Drei Ereignisse sind dabei voneinander zu unterscheiden:

1. Die RNS-Kette wird nicht weiter verlängert.
2. Die neu gebildete RNS wird freigesetzt.
3. Die DNS-abhängige RNS-Polymerase wird freigesetzt.

Alle drei Reaktionen spielen sich ab, sobald die Polymerase auf einen „Terminator" trifft. Lebowitz, Weissmann, Radding stellten 1971 fest, daß eine Sequenz TTTTTTA stets als Terminatorsignal wirkt. Darüber hinaus hat man einen Faktor ρ isoliert, der zumindest in vitro Ansätze zu einer vorzeitigen Termination verursacht (Roberts, 1969). Dabei werden verkürzte RNS-Ketten freigesetzt, jedoch bleibt die Polymerase an der DNS gebunden (weiteres s. Kap. 9 und 10).

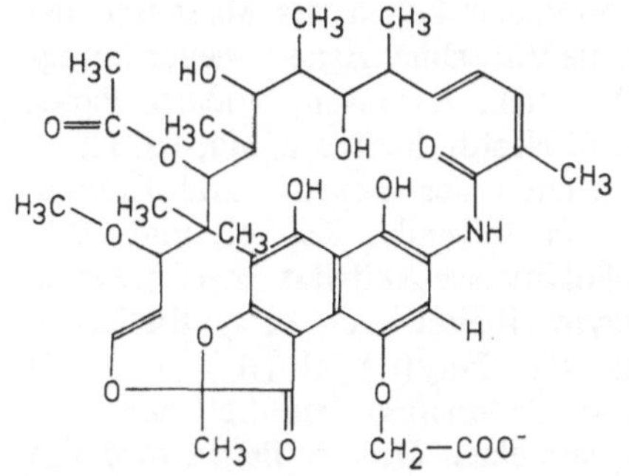

Abb. 19.5. Rifamycin B: Rifampicin ist ein Derivat hiervon

DNS-abhängige RNS-Polymerasen bei Eukaryonten

Kerne von Zellen der Mammalia enthalten drei RNS-Polymeraseklassen. Sie unterscheiden sich voneinander in Bezug auf ihre Größe, ihre serologischen Eigenschaften, ihre Spezifität und ihre Empfindlichkeit gegenüber α-Amanitin, einem Gift des grünen Knollenblätterpilzes: *Amanita phalloides* (s. Abb. 19.6).

Enzyme der Klasse II werden schon von geringen α-Amanitin-Dosen gehemmt, Enzyme der Klasse III erst von sehr hohen Dosen, während das Gift auf Enzyme der Klasse I keinen Einfluß hat. Das α-Amanitin wird vom Protein, nicht von der DNS gebunden, es blockiert die RNS-Synthese nicht wie das Rifampicin schon bei der Initiation, sondern erst bei der Elongation.

Die Enzyme der Klasse I sind vorwiegend für die Transkription der rRNS verantwortlich, die der Klasse III synthetisieren die Vorstufen der tRNS und der 5S rRNS, und die der Klasse II bilden vorwiegend mRNS (und hnRNS). Alle drei Polymerasen sind komplex gebaute Proteine, deren Struktur aus mehreren, meist hochmolekularen Untereinheiten besteht. Einige davon finden sich bei allen drei Enzymen. Das ist insofern von Interesse, als sie ja zumindest z.T. gleichartige Funktionen ausüben. Wie die Polymerase aus *E. coli* benötigen die Polymerasen I und II Zn^{2+}-Ionen als Kofaktoren.

Replikasen

Unter Replikasen versteht man Enzyme, die RNS als Matrize verwenden und aus Ribonukleotiden eine RNS synthetisieren. Naturgemäß sind sie fast ausschließlich durch Virusgenome codiert. Die Enzyme werden kurz nach Eintritt des Virus in die Zelle gebildet (s. Kap. 46). Da das Genom RNS-haltiger Viren oft einsträngig ist, wird in vielen Fällen zunächst eine Kopie dieses Stranges („–Strang") hergestellt. Die Affinität der Enzyme zum „–Strang" ist weit höher als zum „+Strang", so daß nach Bildung eines „–Stranges" zahlreiche neue „+Stränge" entstehen, die als genetisches Material des Virus entweder translatiert oder in sich neu bildende Viruspartikel eingebaut werden.

Von besonderem Interesse ist die Replikase des Phagen Qβ. Sie besteht aus vier Polypeptidketten mit Molekulargewichten von 65.000, 70.000, 35.000 und 45.000. Die genetische Information von Qβ reicht zur Codierung aller nicht aus. Man fand, daß nur die 65.000er U.E. durch das Virusgenom codiert wird, während die anderen drei Untereinheiten vom Wirtsgenom beigesteuert werden. Sie dienen der Zelle normalerweise zu anderen Zwecken. Die 35.000er U.E. ist der Faktor T_u, die 45.000er U.E. der Faktor T_s der Proteinbiosynthese (s. Kap. 38), die Funktion der dritten U.E. ist unbekannt. Das 3′-Ende des „+"- als auch des „–Stranges" der Qβ-RNS hat die Sequenz

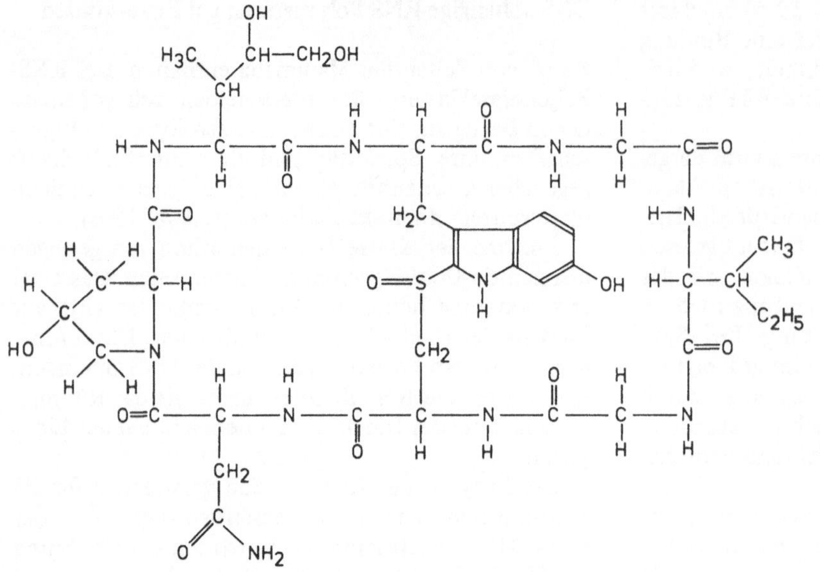

Abb. 19.6. α-Amanitin

CCA . . . und ist ein mögliches Erkennungssignal für die „T"-Komponenten, die in der Zelle an der tRNS-Erkennung beteiligt sind, welche am 3′-Ende ebenfalls diese Sequenzen tragen.

Reverse Transkriptase

Bis 1970 hatte sich unter Molekularbiologen das Vorurteil gehalten, ein Informationsfluß könne nur in Richtung

DNS → RNS → Protein

erfolgen. Crick nannte diesen Fluß sogar *central dogma.* Es wurde erschüttert, als Temin (University of Wisconsin, Madison) und Baltimore (Massachusetts Institute of Technology [MIT], Cambridge) eine Polymerase entdeckten, die RNS als Matrize verwendet und daran zunächst einen DNS-Einzelstrang und anschließend auch den komplementären Strang dazu bildet, so daß ein DNS-Doppelstrang entsteht. Die Entdeckung lag um 1970 praktisch „in der Luft". Man hatte schon früher erkannt, daß die DNS-Tumorviren ihr Genom in das Wirtszellgenom einbauen und die Zellen somit transformieren. Störend war lediglich die Tatsache, daß es eine Reihe RNS-haltiger Tumorviren gibt (Einzelheiten s. Kap. 47). Auch hier gilt, daß die Viren nach der Infektion in der transformierten Zelle nicht mehr nachzuweisen sind, obwohl die Zellen den transformierten (neoplastischen) Zustand beibehalten. Gelöst wurde das Problem durch dieses Enzym, die Reverse Transkriptase. Der Name „Reverse Transkriptase" wurde übrigens von einem anonymen Korrespondenten der „Nature" [Nature *228,* 609 (1970)] in die Welt gesetzt und hat sich mittlerweile eingebürgert. Im Nachhinein braucht man sich über die Existenz eines Informationsflusses

RNS → DNS

nicht zu wundern, denn thermodynamisch unterscheidet er sich kaum von dem üblicherweise vorkommenden Fluß DNS → RNS. Anders ist es bei der zweiten Reaktion

RNS → Protein.

Eine Umkehr ist und bleibt aus thermodynamischen Gründen und wegen der Komplexität des Prozesses (s. Kap. 38) ausgeschlossen.

Die Reverse Transkriptase wird durch das Genom von RNS-Tumorviren codiert. Spiegelman kam kurz nach ihrer Entdeckung auf die Idee, Tumorzellen menschlicher Herkunft auf den Gehalt an Enzym zu analysieren, weil er das Vorkommen dieses Enzyms als ein Indiz für die Existenz von Tumorviren ansah. Das Enzym wurde in der Tat in einer Reihe menschlicher Tumorzellen (Brustcarcinom) sowie in menschlicher Milch krebskranker Frauen identifiziert (Schlom und Spiegelman, 1971). Kurz darauf fand man es jedoch auch in normalen Zellen der Maus und des Menschen, womit die Virusabhängigkeit wieder infrage gestellt wurde (Scolnick, Aaronson, Todaro, Parks, National Institute of Health, Bethesda, Md, 1971).

Als Nebenaktivitäten des Enzyms sind Ribonuklease H-Aktivität (s. folgendes Kapitel) und DNS-abhängige DNS-Polymerase-Aktivität nachgewiesen worden. Das Enzym arbeitet auch an synthetischen Heteropolymeren wie Poly(C)-poly(rG) u.a. Wie jede DNS-bildende Polymerase benötigt auch die Reverse Transkriptase einen *Primer.* Hierfür wird eine tRNS verwendet, deren Sequenz dem 5′-Ende der viralen RNS komplementär ist. Beim Enzym aus

Leukämie- und Sarcoma-Viren der Vögel ist es $tRNS^{Trp}$, beim Enzym aus Moloney-Maus-Leukämie-Virus $tRNS^{Pro}$.

Bauer und Hofschneider (Max-Planck-Institut für Biochemie, Martinsried-München) beschrieben 1976 eine weitere Reverse Transkriptase, die sie aus Allantois-Flüssigkeit nichtinfizierter, leukosefreier Hühnereier isolierten. Sie unterscheidet sich in ihrer Spezifität und ihren serologischen Eigenschaften deutlich von den bis dahin bekannten Formen. Da man es aus Eiern verschiedener Hühnerrassen isoliert hat, spricht vieles dafür, daß seine Produktion nicht viruscodiert ist, sondern daß es eine normale Funktion in Hühnerzellen auszuüben hat.

Reverse Transkriptase wird heute vielfach in der Analytik zur Charakterisierung spezifischer Gene eingesetzt. Man isoliert mRNS (aus differenzierten Zellen), reinigt die Fraktion, an der man interessiert ist, und stellt mit Hilfe des Enzyms eine komplementäre DNS (cDNS) her, die man dann klonieren und weiteranalysieren kann (s. Kap. 11).

Ligasen

Ligasen verknüpfen DNS-Ketten untereinander. Sie sind für die Reparatur von DNS, die Replikation (s. Kap. 8) und Rekombination unentbehrlich. Ihre Entdeckung geht auf zwei indirekte Beobachtungen zurück. Meselson und Weigle fanden 1961, daß Rekombination auf Bruch und Wiedervereinigung von DNS-Molekülen beruht, und Young und Sinsheimer stellten 1964 fest, daß lineare λ-Phagen-DNS sich nach Eintritt in eine Bakterienzelle zu einem Ring schließt.

1967 wurden Ligasen aus *E. coli*-Zellen und aus T4-infizierten *E. coli*-Zellen isoliert. Virusinduzierte und wirtsspezifische Ligase unterscheiden sich deutlich voneinander (Gellert, Olivera und Lehman; Gefter et al.; Cozzarelli et al.). Beide katalysieren die Synthese von Phosphodiesterbindungen zwischen benachbarten 3'-Hydroxyl- und 5'-Phosphoryl-Termini doppelsträngier DNS. Das *E. coli*-Enzym benötigt NAD^+ als Energiespender, das T4-Enzym arbeitet mit ATP. Die Wirkungsmechanismen sind in Abb. 19.7 skizziert. Es handelt sich dabei um einen Dreistufenprozeß, bei dem DNS-Adenylat als Zwischenprodukt auftritt. Das *E. coli*-Enzym kann Oligoribonukleotide in einen RNS-DNS-Hybrid-Duplex überführen, wozu das T4-Enzym nicht fähig ist. Das Molekulargewicht des *E. coli*-Enzyms beträgt ca. 75.000, es besteht aus einer Polypeptidkette. In der Zelle scheint es neben der monomeren Form eine dimere Form mit doppeltem Molekulargewicht zu geben. Die Sedimentationskonstante des Monomers liegt bei 3,9 S, woraus zu schließen ist, daß das Molekül eine asymmetrische Form hat, denn der Wert für ein sphärisches Molekül gleicher Größe müßte höher liegen.

E. coli-Ligase kann auch in inverser Richtung arbeiten und Einzelstrangbrüche in *supercoil*-DNS hervorrufen (→ *relaxing*). Die Effizienz ist jedoch weit geringer als die von *Relaxing*-Enzymen (s. folgenden Abschnitt). Die Reaktion ist AMP-abhängig.

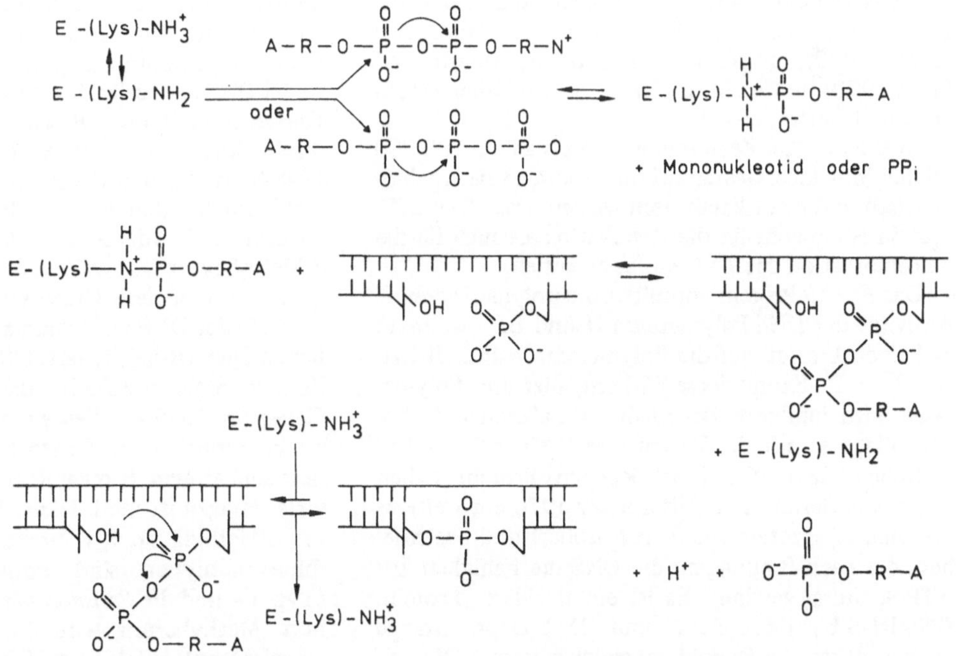

Abb. 19.7. Mechanismus der Ligase-Wirkung. $E\text{-}(Lys)\text{-}NH_3^+$, $E\text{-}(Lys)\text{-}NH_2$: Enzym (Ligase); Substrat: NAD^+ oder ATP (Lehman, 1974)

In einer *E. coli*-Zelle gibt es ca. 200–400 Ligasemoleküle. Mutanten, bei denen die Zahl auf 1% reduziert ist, sind lebensfähig, woraus hervorgeht, daß in der Wildtypzelle ein Enzymüberschuß herrscht. Temperatursensitive Mutanten, die bei restriktiver (nichtpermissiver) Temperatur keine Enzymaktivität aufweisen, sind bei dieser erhöhten Temperatur nicht lebensfähig.

DNS-Ligasen sind auch aus Eukaryonten isoliert worden, allerdings sind sie noch nicht im einzelnen charakterisiert. Alle eukaryotischen Ligasen arbeiten mit ATP. In Zellen der Mammalia kommen zwei Ligasetypen vor, die serologisch voneinander verschieden sind. Ligase I ist vorwiegend im Cytoplasma, Ligase II im Kern und in den Mitochondrien lokalisiert. Die Ligase I ist relativ groß, und je nach Herkunft werden Molekulargewichte zwischen 175.000 und 220.000 angegeben, während die Ligase II ein Molekulargewicht von 85.000 und wie das *E. coli*-Enzym eine asymmetrische Form hat (Review Söderhäll und Lindahl, 1976).

Entwindungs- und Relaxationsproteine (Helicasen)

Unwinding Proteine (Entwindungs-Proteine, Helicasen) sind eine Gruppe von Proteinen, die in kooperativer Weise fest von einsträngiger DNS gebunden werden. Sie spielen beim Entwinden der Doppelhelix eine entscheidende Rolle. In der Replikationsgabel (siehe Abb. 8.10) findet man bis an die 200 Moleküle, und je acht bis zehn Nukleotide sind mit einem Proteinmolekül komplexiert. Die Bindung ist nicht basenspezifisch. Durch Zugabe des Proteins zu doppelsträngiger DNS wird der Schmelzpunkt herabgesetzt. Entwindungsproteine sind aus Phagen und Bakterien gewonnen worden, so aus fd („Gen 5"-Protein; Alberts et al., 1972), T4 („Gen 32"-Protein; Alberts und Frey, 1970) und nichtinfizierten *E. coli*-Zellen (Molineux und Gefter, 1974).

In einer *E. coli*-Zelle findet man bis an die 100.000 solcher Moleküle, was darauf hinweist, daß sie stöchiometrisch und nicht katalytisch wirken. Das „Gen 32"-Protein ist sowohl für die Replikation als auch für die Rekombination des T4-Genoms essentiell.

Das *E. coli*-Protein stimuliert die polymerisierende Aktivität der DNS-Polymerasen II und III*, während es keinen Einfluß auf die Polymerasen I und III hat. Die $3' \rightarrow 5'$-Exonuklease-Wirkung aller drei Polymerasen wird inhibiert. Bei niedrigen Salzkonzentrationen bildet es mit der Polymerase II einen Komplex.

Neben dem hier beschriebenen Protein haben Hoffmann-Berling und Mitarbeiter 1976 ein weiteres Entwindungsprotein aus *E. coli* isoliert und beschrieben, das nach Bindung an die DNS die Fähigkeit zur ATP-Spaltung gewinnt. Es ist ein fibrilläres Protein. DNS-RNS-Hybridduplices und DNS-Doppelstränge werden durch die Protein bei gleichzeitiger ATP-Spaltung geschmolzen, was auf einen aktiven Schmelzprozeß hinweist, der wie das Öffnen eines Reißverschlusses funktioniert. Die Proteinmoleküle zeigen dabei kooperatives Verhalten.

Ein Enzym mit vergleichbarer Wirkung wurde von Hotta und Stern aus meiotischen Zellen von Lilien und Ratten isoliert. Damit hat man einen Anhaltspunkt dafür, daß es auch bei Eukaryonten eine wesentliche Rolle spielt. Es wurde gezeigt, daß eine Zunahme des Enzyms mit einer Crossing-over-Erhöhung einhergeht, und somit scheint es direkt am Rekombinationsprozeß beteiligt zu sein. Der Wirkungsmechanismus der Entwindungsproteine ist nicht in allen Einzelheiten geklärt.

Wenn ein Doppelstrang entflochten wird, muß er sich um die eigene Achse drehen. Bei einem ringförmigen Molekül kommt es dabei zu einer zusätzlichen Verdrillung. Die dabei auftretende Spannung kann nur durch Spaltung (*nicking*) von einem der beiden Stränge gelöst werden (danach müssen die beiden freien Enden wieder miteinander verknüpft werden). Die hierzu benötigten Enzyme bezeichnet man als Relaxationsenzyme. Sie sind aus eu- und prokaryotischen Zellen isoliert worden.

Methylasen

Wie verschiedentlich angedeutet, sind manche Nukleinsäuren in spezifischer Weise modifiziert. Bestimmte Basen sind methyliert, phosphoryliert oder glykosyliert. Besonders deutlich ist das am Beispiel der tRNS zu erkennen. Die spezifische Tertiärstruktur (s. Kap. 2), eine Voraussetzung für die Adaptorfunktion, beruht auf dem Vorhandensein der sog. „seltenen" (= modifizierten) Basen. Aber auch andere Nukleinsäuren sind abänderbar. Methylierung findet man bei ribosomaler RNS, mRNS und bei DNS. Bei der DNS dient die Methylierung spezifischer Abschnitte dem Schutz vor Abbau durch Restriktionsendonukleasen (s. Kap. 20) sowie der Erkennung spezifischer Regulatorproteine. In der DNS aller zellulären Organismen findet man zwei Klassen methylierter Basen. Die eine Gruppe entsteht direkt durch die Methylierung von dTTP während der DNS-Synthese und die zweite nach Fertigstellung der DNS. Im zweiten Fall werden Cytosin zu 5-Methylcytosin und Adenin zu 6-Methyladenin umgesetzt. 5-Methylcytosin ist weit verbreitet, während 6-Methyladenin auf niedere Organismen beschränkt ist. Etwa 1–1,5% der DNS aus Mammalia und 5–6% der pflanzlichen DNS ist methyliert. Oft ist der Grad der Methylierung organspezifisch. Basen in chromosomalen Genen für rRNS von *Xenopus* sind methyliert, während sie in amplifizierten Genen (s. Kap. 37) nicht methyliert sind (David, Brown, Reader, 1970). Auch die DNS vieler Phagen ist modifiziert. T2, T4, T7 und P1 enthalten 6-Methyladenin, während bei T3 und T5 die Thymine methyliert sind. *Polyoma-*, *Herpes Simplex* (Typ 1)- und die *Pseudorabies*-DNS sind nicht methyliert. Methylierung wird durch Methylasen (Methyltransferasen) katalysiert. Die Methylgruppe stammt aus Methionin, das zunächst in die energiereiche Form des S-Adenosyl-L-Methionins überführt wird.

Literatur

Abdel-Monem, M., Dürwald, H., Hoffmann-Berling, H.: Enzymic unwinding of DNA: Chain separation by an ATP-dependent DNA unwinding enzyme. Eur. J. Biochem. *65*, 441 (1976)

Anderson, R.A., Coleman, J.E.: Physicochemical properties of DNA binding proteins: Gene 32 protein of T4 and *Escherichia coli* unwinding protein. Biochemistry *14*, 5485 (1975)

Bauer, G., Hofschneider, P.H.: An RNA-dependent DNA polymerase, different from the known viral reverse transcriptases, in the chicken system. Proc. Natl. Acad. Sci. USA *73*, 3025 (1976)

Bolden, A., Noy, G.P., Weissbach, A.: DNA polymerase of mitochondria is a γ-polymerase. J. Biol. Chem. *252*, 3351 (1977)

Champoux, J.J.: Proteins that affect DNA conformation. Annu. Rev. Biochem. *47*, 449 (1978)

Goeddel, D.V., Yansura, D.G., Caruthers, M.H.: How lac repressor recognizes lac operator. Proc. Natl. Acad. Sci. USA *75*, 3578 (1978)

Holmes, A.M., Johnston, I.R.: DNA polymerases of eukaryotes. FEBS Lett. *60*, 233 (1975)

Hotta, Y., Stern, H.: DNA unwinding protein from meiotic cells of *Lilium*. Biochemistry *17*, 1872 (1978)

Keller, W.: Characterization of purified DNA-relaxing enzyme from human tissue culture cells. Proc. Natl. Acad. Sci. USA *72*, 2550 (1975)

Kornberg, A.: Multiple stages in the enzymic replication of DNA. Biochem. Soc. Transact. *5*, 13 (1977)

Lehman, I.R.: DNA ligase: Structure, mechanism, and function. Science *186*, 790 (1974)

Lehman, I.R., Uyemura, D.G.: DNA polymerase I: Essential replication enzyme. Science *193*, 963 (1976)

Lewin, B.: Interaction of regulator proteins with recognition sequences of DNA. Cell *2*, 1 (1974)

Losick, R., Chamberlin, M.: RNA polymerase. Cold Spring Harbor Laboratory 1976

Miller, J.H., Ganem, D., Lu, P., Schmitz, A.: Genetic studies of the lac repressor. J. Mol. Biol. *109*, 275 (1977)

Molineux, I.J., Gefter, M.L.: Properties of the *Escherichia coli* DNA-binding (unwinding) protein interaction with nucleolytic enzymes and DNA. J. Mol. Biol. *98*, 811 (1975)

Müller-Hill, B.: Lac repressor and lac operator. Proc. Biophys. Mol. Biol. *30*, 227 (1975)

Ogota, R., Gilbert, W.: Contacts between the lac repressor and thymines in the lac operator. Proc. Natl. Acad. Sci. USA *74*, 4973 (1977)

Sarngadharan, M.G., Robert-Guroff, M., Gallo, R.C.: DNA polymerases of normal and neoplastic mammalian cells. Biochim. Biophys. Acta *516*, 419 (1978)

Söderhäll, S., Lindahl, T.: DNA ligases of eukaryotes. FEBS Lett. *67*, 1 (1976)

Steitz, T.A., Richmond, T.J., Wise, D., Engelman, D.: The lac repressor protein: Molecular shape, subunit structure, and proposed model for operator interaction based on structural studies of microcrystals. Proc. Natl. Acad. Sci. USA *71*, 593 (1974)

Tait, R.C., Smith, D.W.: Roles for *E. coli* DNA polymerases I, II, and III in DNA replication. Nature (London) *249*, 116 (1974)

Travers, A.: RNA polymerase – promoter interactions: Some general principles. Cell *3*, 97 (1974)

Weissbach, A.: Eukaryotic DNA polymerases. Annu. Rev. Biochem. *46*, 25 (1977)

20. Enzyme, die Nukleinsäuren abbauen

Nukleasen

Nukleasen degradieren Nukleinsäuren, wobei Phosphodiesterbindungen gespalten werden. Man unterscheidet zwischen Ribonukleasen und Desoxyribonukleasen, Endo- und Exonukleasen. Die Spaltung kann auf zweierlei Weise erfolgen, einmal entsteht ein Produkt, das am 5'-Ende, im anderen Fall eines, das am 3'-Ende phosphoryliert ist.

Ribonukleasen. Die bekanntesten sind in Tabelle 1 zusammengestellt.

Ribonukleasen üben in der Zelle unterschiedliche Funktionen aus. Formen wie RNase I kommen in jeder Zelle vor und bauen überflüssige mRNS u.a. zu Mononukleotiden ab, die ihrerseits wieder zur RNS-Neusynthese bereitstehen. Das Enzym vollzieht damit einen Schritt in einem *Recycling*-Prozeß. Rattenleber enthält einen Inhibitor der RNase (ein Protein). Anders wirken die RNasen II, III, IV, P und H. Ihre Aufgabe liegt in einer Posttranskriptionskontrolle (s. Kap. 11). mRNS, rRNS und tRNS werden in der Regel in Form größerer Vorstufen gebildet, die nach Abschluß der Transkription in eine funktionelle Form zurechtgeschnitten werden. Eine RNase H ist Tumorvirus-Partikeln assoziiert und ist ein integraler Bestandteil der Reverse Transkriptase (Grandgenett, Gerad, Green, 1973), daneben kommt eine Form der RNase H in der Thymus, der Leber, embryonalen Hühnerzellen und *Escherichia coli* vor.

Viele RNasen sind in der Lage, ganz spezifische Sequenzen zu erkennen und ihr Substrat nur dort zu schneiden. Damit stellt sich für uns die Frage: Wie erkennen sie diese? Die Ribonuklease P enthält eine RNS als essentiellen Kofaktor, und das läßt darauf schließen, daß die Erkennung des Substrats über Basenpaarungen erfolgt. Geschnitten würden demnach nur solche RNS-Abschnitte, die dem gebundenen Kofaktor komplementär sind. Durch Austausch des Kofaktors könnte die Spezifität verändert werden (Stark et al., Yale University, New Haven, 1978). RNase III hingegen spaltet doppelsträngige RNS. Wir wissen, daß die 16S rRNS von *E. coli* (s. Kap. 36 und 37) durch Degradation einer längeren Vorstufe (*Precursor*) entsteht. RNase III ist am Abbau beteiligt. Young und Argetsinger Steitz (Yale University) sequenzierten 1978 Teile dieses *Precursors* und fanden dabei, daß die 16S rRNS von einander komplementären Segmenten von je 40 Nukleotiden Länge flankiert ist. Diese können eine Doppelhelix ausbilden und werden somit zum Substrat für die RNase III.

Tabelle 1. Ribonukleasen (Adams et al., Davidsons: The biochemistry of nucleic acids, 8. Aufl., 1976)

Bezeichnung	Typ	Substrat	Kofaktoren	Spaltprodukte
RNase I	Endonuklease	Einzelstrang-RNS	–	3'-Mononukleotide
RNase II	Exonuklease (3'→5')	Einzelstrang-RNS	K^+, Mg^{2+}	5'-Mononukleotide und Oligonukleotide
RNase III	Endonuklease	Doppelstrang-RNS	K^+, Mg^{2+}	3'-phosphorylierte Oligonukleotide (10–25 Basen lang)
RNase IV	Endonuklease	R 17-RNS	–	zwei spezifische Fragmente
RNase P	Endonuklease (spezifisch)	tRNS-*Precursor*	Mg^{2+}, Mn^{2+}, K^+, NH_4^+	tRNS und Fragmente
RNase H	Endonuklease	RNS-Strang in einem DNS-RNS-Hybrid	K^+, Mg^{2+}	5'-phosphorylierte Oligonukelotide
Oligo-RNase	Exonuklease (3'→5')	kurze Oligoribonukleotide	Mn^{2+}	5'-Mononukleotide
Polynukleotid-Phosphorylase	Exonuklease (3'→5')	Einzelstrang-RNS	Mg^{2+}	5'-Nukleotid-Diphosphate

Desoxyribonukleasen

Tabelle 2. Die häufigsten Exodesoxyribonukleasen. Die Exonukleasen bezeichnet man auch als Phosphodiesterasen. Am vollständigen Abbau von Nukleinsäuren sind oft mehrere Nukleasen beteiligt (Adams et al., Davidsons: The biochemistry of nucleic acids, 8. Aufl., 1976)

Enzym	Substrat	Angriffspunkt (Endgruppe)	Produkte
Exonuklease I	einsträngige DNS	3'-OH	Mono- und Dinukleoside. 5'-Monophosphate
Exonuklease II (3'→5'-Aktivität, die mit der DNS-Polymerase I [s.S. 178] assoziiert ist)	vorzugsweise einsträngige DNS	3'-OH	Nukleoside, 5'-Monophosphate
Exonuklease III	doppelsträngige DNS	3'-OH oder 3'-OP (zunächst wird, wenn erforderlich, P_i entfernt)	Nukleoside. Größere einsträngige Oligonukleotide
Exonuklease IV	vorzugsweise Oligonukleotide	3'-OH	Nukleoside, 5'-Monophosphate
Exonuklease V	Einzel- und Doppelstrang	3'-OH oder 5'-OH	Oligonukleotide
Exonuklease VI (5'→3'-Aktivität mit der Polymerase I assoziiert)	Doppelstrang	5'-OH oder 3'-OP	schneidet falsch gepaarte Basen aus
Exonuklease VII	einsträngige DNS	3'-OH oder 5'-OH	Oligonukleotide

Endodesoxyribonukleasen. Man unterscheidet zwischen Enzymen, die beliebige Phosphodiesterbindungen spalten und solchen, die nur bestimmte DNS-Abschnitte erkennen und spalten (Restriktionsenzyme, siehe folgenden Abschnitt). Zur ersten Gruppe gehören die DNase I und die DNase II.

Ihre Eigenschaften:

	DNase I	DNase II
Substrat	DNS-Doppelstrang	
pH-Optimum	7–8	4–5
Aktivatoren	Mg^{2+}, Mn^{2+}, Co^{2+}	0,3 m Na^+
Inhibitoren	Citrat, EDTA	Mg^{2+}
Produkt	5'-Phosphoryl-oligonukleotide	3'-Phosphoryl-oligonukleotide

DNase I wird in der Regel aus der Pankreas gewonnen und deshalb auch als Pankreatische DNase bezeichnet. DNase II kommt vorwiegend in Milz und Thymus vor. DNase I spaltet native DNS effizienter als denaturierte. Abbauintermediärprodukte sind schlechtere Substrate als die ursprüngliche DNS, so daß im Endeffekt Oligonukleotide und nicht Mononukleotide entstehen. Das Enzym produziert in Doppelsträngen oftmals Einzelstrangbrüche (*nicks*). Eine Purin-P-Pyrimidin-Bindung wird anderen gegenüber bevorzugt. Aktin (s. Kap. 32) ist ein natürlicher und spezifischer Inhibitor der DNase I. In in vitro-Versuchen konnte nachgewiesen werden, daß Aktin aus Skelettmuskeln die enzymatische Aktivität der DNase I vollständig unterdrückt (Lazarides und Lindberg, 1974). Neben diesen beiden Endonukleasen eukaryotischer Zellen sind mehrere Endonukleasen aus normalen und phageninfizierten Bakterien isoliert worden:

- Streptokokken – Desoxyribonuklease.
- Endonuklease I aus *E. coli:* Stellt Einzelstrangbrüche im DNS-Doppelstrang her. An jedem Schnittpunkt werden durch eine Exonuklease etwa 400 Nukleotide entfernt. Es entstehen Lücken (*gaps*). Native DNS ist eine günstigere Matrize (*template*) als denaturierte.
- Endonuklease II aus *E. coli:* Arbeitet vorzugsweise an alkylierter DNS und verursacht ebenfalls Einzelstrangbrüche. Das Enzym übt die Funktion eines Reparaturenzyms aus.
- ATP-abhängige Endonukleasen: Nachgewiesen in mehreren Organismen. Pro Phosphodiesterbindung werden drei Moleküle ATP gespalten (ein sehr unwirtschaftliches Unterfangen).
- Phageninduzierte Endonukleasen: Das T4-induzierte Enzym greift freie und glykosylierte DNS an (s. Kap. 4).

Unspezifische Endo- und Exonukleasen. Diese Enzyme bauen sowohl DNS als auch RNS ab:

- Mikrokokken – Nuklease aus *Staphylococcus:* Greift RNS und preferentiell hitzedenaturierte DNS an. Ca^{2+}-Ionen dienen als essentielle Kofaktoren.
- Eine Reihe von Endonukleasen sind aus Schlangengiften isoliert worden.
- Nuklease aus *Aspergillus oryzae:* Hydrolysiert Phosphodiesterbindungen in Einzelstrang-DNS und -RNS. Zn^{2+}-Ionen werden benötigt.

Exonukleasen:

- Venomphosphodiesterase: Vorkommen in Schlangengift; wird technisch und im Labor zur Präparation von Nukleosid-5'-Monophosphaten verwendet.

Das Enzym beginnt mit dem Abbau am 3'-Hydroxylende der RNS (oder DNS).

– Phosphodiesterase aus Milz: Das Enzym hydrolysiert RNS zu Nukleosid-3'-Monophosphaten.

Beginn des Abbaus am 5'-Hydroxylende der RNS (oder DNS).

In Abb. 20.1 ist die Wirkungsweise beider Enzyme dargestellt. Viele der hier genannten Enzyme werden in der Analytik zur Charakterisierung von DNS und RNS herangezogen. Man bedient sich im Labor der spezifischen und gezielten Abbauaktivitäten, um in ausreichender Menge definierte Fragmente zu erhalten, die man anschließend weiterbearbeitet (Hybridisierung, Sequenzanalyse, Isolierung von Genen u.a.).

Restriktionsendonukleasen (Restriktionsenzyme)

Restriktionsendonukleasen sind eine Untergruppe der Endodesoxyribonukleasen, die sich durch eine hohe Spezifität der Substraterkennung auszeichnen. Schon in den fünfziger Jahren fanden Luria und Mitarbeiter, daß bestimmte Phagen auf manchen Bakterienstämmen unterschiedlich gut wachsen. Eine genetische Analyse führte zu dem Schluß, daß es sich hierbei um eine Eigenart der Wirtszellen handeln müsse. 1962 fanden dann Arber et al. (Biozentrum Basel), daß die Bakterienstämme *E coli* B und K über ein System von Restriktions- und Modifikationsenzymen verfügen, wobei sie die zelleigene DNS durch Methylierung bestimmter Basen vor den Endonukleaseaktivitäten schützen, während Fremd-DNS den Einwirkungen der Enzyme ausgesetzt ist und damit inaktiviert wird. Es handelt sich somit um eine effektive Schutzfunktion der Bakterienzelle vor fremder, eindringender DNS. 1968 wurden die ersten Restriktionsenzyme identifiziert, wobei es sich jedoch herausstellte, daß diese Enzyme, die man später Restriktionsenzyme der Klasse I nannte, wenig spezifisch waren. Ihr gemeinsames Merkmal ist: Molekulargewicht von etwa 300.000 – 450.000, nicht identische Untereinheiten und Bedarf an ATP, Mg^{2+} -Ionen und S-Adenosinmethionin als Kofaktoren.

1970 wurde von H.O. Smith und Wilcox (John Hopkins University, School of Medicine, Baltimore) aus *Haemophilus influenzae* ein Enzym mit hoher Substratspezifität isoliert und charakterisiert. Dieses Enzym gehört in die Klasse II, und mit Enzymen dieser Gruppe werden wir uns im folgenden ausschließlich befassen. Sie haben in der Regel ein kleineres Molekulargewicht (20.000–100.000), benötigen nur Mg^{2+} -Ionen als Kofaktor und spalten DNS an der für das Enzym spezifischen Erkennungssequenz in Fragmente definierter Länge und mit spezifischen Nukleotidsequenzen an den Enden. Die Erkennungssequenzen sind in der Regel spiegelsymmetrisch und vier bis sechs Nukleotide lang.

Die Erkennung einer Sequenz bedeutet jedoch noch nicht, daß das Enzym die DNS dort auch spaltet. Wenn aber gespalten wird, werden gleich beide Stränge durchtrennt. Viele Restriktionsenzyme spalten die beiden Stränge an gegeneinander versetzten Stellen. Es entstehen somit Fragmente mit kurzen, endständig einsträngigen Abschnitten. Einige wenige Enzyme spalten beide Stränge an der gleichen Stelle, die entstehenden Fragmente sind durch das Fehlen der Einzelstrangbereiche gekennzeichnet. Inzwischen sind weit über 100 Restriktionsendonukleasen aus zahlreichen

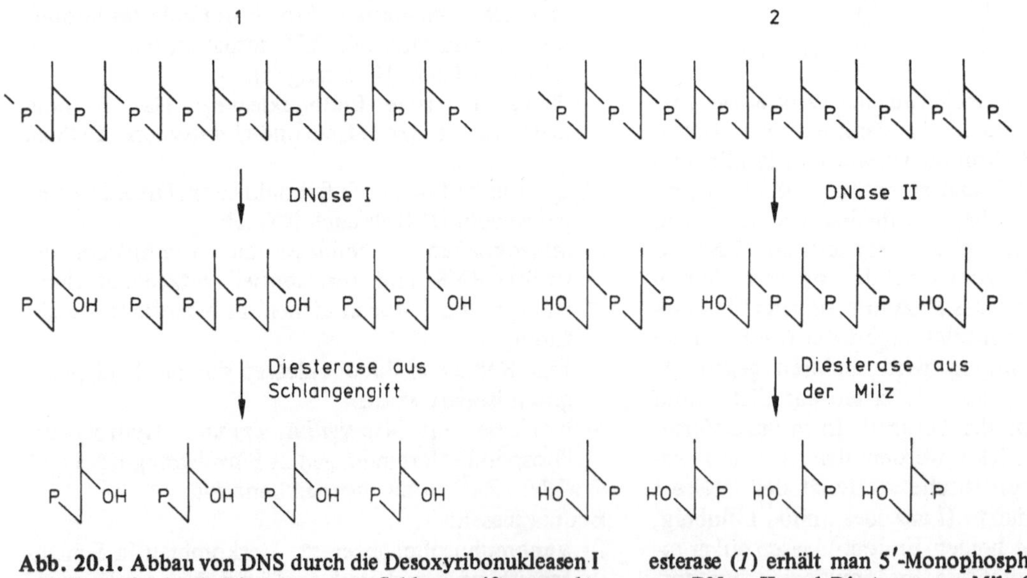

Abb. 20.1. Abbau von DNS durch die Desoxyribonukleasen I und II sowie durch Diesterasen aus Schlangengift resp. der Milz. Nach Einwirkung von DNase I und Schlangengiftdiesterase (*1*) erhält man 5'-Monophosphate. Nach Einwirkung von DNase II und Diesterase aus Milz (*2*) entstehen 3'-Monophosphate

Bakterienarten isoliert worden. Ihre Namen leiten sich von der Abkürzung des Bakteriennamens und der Nr. (in römischen Ziffern) des aus dem Stamm isolierten Enzyms ab, z.B. Bam H1: *Bacillus amyloliquefaciens H.* In Tabelle 3 sind einige von ihnen, ihre Herkunft und Spezifität wiedergegeben.

Umgehend nach der Entdeckung dieser Enzyme erkannte man ihre vielseitigen Anwendungsmöglichkeiten. Nathans von der John Hopkins University, School of Medicine in Baltimore, gelang 1971 unter Verwendung des von Smith isolierten Enzyms aus *Haemophilus influenzae* die erste definierte Fragmentierung eines Virusgenoms (SV40, s. Abb. 5.7). Neue Restriktionsenzyme mit unterschiedlicher Substratspezifität wurden in rascher Folge isoliert, und schon 1974 konnten Nathans und Mitarbeiter die erste Restriktionskarte eines Virusgenoms (SV40) vorstellen. Die Fragmente wurden durch sechs verschiedene Endonukleasen in sechs voneinander unabhängigen Ansätzen erzeugt. Aufgrund nachweisbarer Überlappungen konnten sie in der einzig „widerspruchslosen" und somit richtigen Reihenfolge angeordnet werden.

Durch Zerlegung großer DNS-Moleküle in kleine, spezifische Segmente leisteten (und leisten) Restriktionsenzyme einen entscheidenden Beitrag zur Aufklärung des Genoms von Viren, Pro- und Eukaryonten. *Genetic engineering* (s. Kap. 5, 7, 11, 22 u.a.) wäre ohne ihren Einsatz nicht denkbar. Die in Kapitel 4 beschriebenen Verfahren der Nukleinsäuresequenzierung benötigen definiertes Ausgangsmaterial, und das kann nunmehr in nahezu unbeschränkter Vielfalt erzeugt, kloniert und der Sequenzanalyse zugänglich gemacht werden.

Tabelle 3. Restriktionsendonukleasen. (Auszug aus Roberts und Murray, 1976)

Bezeichnung	Herkunft	Spezifität
Eco R I	*E. coli*	G↓AATTC
Eco R II	*E. coli*	↓CC $\binom{A}{T}$ GG
Hae I	*Haemophilus aegypticus*	$\binom{A}{T}$ GG↓CC $\binom{T}{A}$
Hae II	*Haemophilus aegypticus*	Pu GCGC↓Py
Hae III	*Haemophilus aegypticus*	GG↓CC
Hha I	*Haemophilus haemolyticus*	GCG↓C
Hind III	*Haemophilus influenzae*	A↓AGCTT
Hpa I	*Haemophilus parainfluenzae*	GTT↓AAC
Hpa II	*Haemophilus parainfluenzae*	C↓CGG
Mbo I	*Moraxella bovis*	↓GATC
Mno I	*Moraxella nonliquefaciens*	C↓CGG
Sma I	*Serratia marascens*	CCC↓GGG
BSV R I	*Bacillus subtilis*	GG↓CC

Die durch die Restriktionsenzyme erzeugten Fragmente können gelelektrophoretisch aufgetrennt werden. Nach Zusatz von Ethidiumbromid sind im Gel klar abgegrenzte, bei UV-Bestrahlung fluoreszierende Banden zu erkennen.

Da sich das Hauptinteresse der Molekularbiologen auf das Arbeiten *mit* diesen Enzymen konzentrierte, kümmerte sich kaum jemand um ihre Struktur, so daß unser Wissen hierüber mehr als dürftig ist. Da man Enzyme mit gleicher Spezifität in mehreren Bakterienarten nachgewiesen hat, liegt der Gedanke nahe, daß es sich dabei um gleiche oder zumindest sehr ähnliche Proteine handelt.

Wie kommt es, daß die Restriktionsenzyme die wirtseigene DNS ungeschoren lassen? Drei Möglichkeiten kommen als Erklärung in Betracht:

1. Es gibt in der DNS keine spezifischen Erkennungssequenzen.
2. Die Erkennungssequenzen sind maskiert, z.B. sind die Basen in dem Bereich methyliert oder glykosyliert.
3. Die Zelle verfügt über Antagonisten, die die Wirkung der Restriktionsendonukleasen unterdrücken.

Der dritte Mechanismus ist bei T7-infizierten Bakterienzellen realisiert. Das Phagengenom trägt die Information für eine Funktion, nämlich die Aktivität der bakterieneigenen Endonukleasen (Klasse I) auszuschalten. Ansonsten scheint die Alternative 2 der vorherrschende Mechanismus zum Schutz der DNS zu sein. Bisher sind Restriktionsendonukleasen nur aus Prokaryonten isoliert worden, es gibt aber kein Argument gegen ihr Vorkommen bei Eukaryonten.

Literatur

Arber, W.: Host controlled variation. In: The bacteriophage lambda. Hershey, A.D. (ed.). New York: Cold Spring Harbor Laboratory 1971

Arber, W., Dussiox, D.: Host specificity of DNA produced in *Escherichia coli.* Host controlled modification of bacteriophage lambda. J. Mol. Biol. *5,* 18 (1962)

Bigger, C.H., Murray, K., Murray, N.E.: Recognition sequence of a restriction enzyme. Nature New Biol. *244,* 7 (1973)

Danna, K., Nathans, D.: Specific cleavage of simian virus 40 DNA by restriction endonuclease of *Haemophilus influenzae.* Proc. Natl. Acad. Sci. USA *68,* 2913 (1971)

Kelly, T.J., Smith, H.O.: A restriction enzyme from *Haemophilus influenzae.* Base sequence of the recognition site. J. Mol. Biol. *51,* 393 (1970)

Luria, S.E.: Host induced modifications of viruses. Cold Spring Harbor Symp. Quant. Biol. *18,* 237 (1953)

Meselson, M., Yuan, R.: DNA restriction enzyme from *E. coli.* Nature (London) *217,* 1110 (1968)

Nathans, D., Smith, H.O.: Restriction endonucleases in the analysis and restructuring of DNA molecules. Annu. Rev. Biochem. *44*, 273 (1975)

Polisky, B., Greene, P., Garfin, D.E., McCarthy, B.J., Goodman, H.M., Boyer, H.W.: Specificity of substrate recognition by the EcoR I restriction endonuclease. Proc. Natl. Acad. Sci. USA *72*, 3310 (1975)

Roberts, R.J., Murray, K.: Restriction endonucleases. CRC Crit. Rev. Biochem, S. 123, Nov. 1976

Smith, H.O., Wilcox, K.W.: A restriction enzyme from *Haemophilus influenzae*. Purification and general properties. J. Mol. Biol. *51*, 379 (1970)

Stark, B.C., Kole, R., Bowman, E.J., Altman, S.: Ribonuclease P: An enzyme with an essential RNA component. Proc. Natl. Acad. Sci. USA *75*, 3717 (1978)

Young, R.A., Argetsinger Steitz, J.: Complementary sequences 1700 nucleotides apart form a ribonuclease III cleavage site in *Escherichia coli* ribosomal precursor RNA. Proc. Natl. Acad. Sci. USA *75*, 3593 (1978)

21. Faserproteine

Normalerweise stellen Polysaccharide Struktur- und Stützelemente einer Zelle und eines Vielzellers dar. Sie sind durch weitgehende Einförmigkeit ihrer Molekülstruktur gekennzeichnet. Die Synthese ist unproblematisch und geschieht ohne großen Aufwand. Im Extremfall benötigt man nur ein Enzym, das ein Polysaccharid aus seinen monomeren Untereinheiten aufbaut.

Anders ist es bei den Proteinen. Die Proteinbiosynthese ist extrem aufwendig und energieverbrauchend (s. Kap. 38). Alle bisher besprochenen Proteine zeichnen sich durch spezifische Primärstrukturen aus, die – zumindest auf den ersten Blick – statistische Abfolgen von Aminosäuren sind. Die hieraus resultierenden Moleküle sind denkbar ungeeignet, um sich zu größeren, periodischen Strukturen zusammenzulagern. Einige wenige Ausnahmen werden wir in Kapitel 45 bei der Besprechung von Virusstrukturen kennenlernen.

Unter Faserproteinen (Strukturproteinen) versteht man in der Regel, wie schon angedeutet, Kollagen, Keratin, Seide u.a. Sie enthalten Abschnitte aus repetitiven kurzen Aminosäuresequenzen.

1. Kollagen

Kollagenmoleküle aggregieren zu zugfesten Strukturen, aus denen z.B. die Sehnen bestehen, welche mechanische Kräfte verlustfrei weiterleiten können. Kollagen bildet ein stützendes Netzwerk in der Haut und wird an vielen Stellen des Körpers als Füllmaterial eingelagert.

Ein Kollagenmolekül hat einen Durchmesser von 15 Å, eine Länge von 2800 Å und ein Molekulargewicht von 300.000. Es besteht zu einem Drittel aus Glycin und zu einem Viertel aus Prolin oder Hydroxyprolin (HyPro). HyPro entsteht durch enzymatische Modifikation von Pro. Die, von den Enden abgesehen, streng repetitive Einheit der Primärstruktur lautet

$$-(\text{Gly}-\text{X}-\text{Y})_n .$$

Y ist oft Pro oder HyPro. Die Polypeptidketten sind zu einer linksgängigen Superhelix aus drei Strängen (Trippelhelix) vereint. Pro Windung und Polypeptidkette findet man drei Aminosäurereste (s. Abb. 21.1). Da die Wasserstoffbrücken hier nicht wie bei der α-Helix parallel zur Achse verlaufen, treten Verknüpfungen

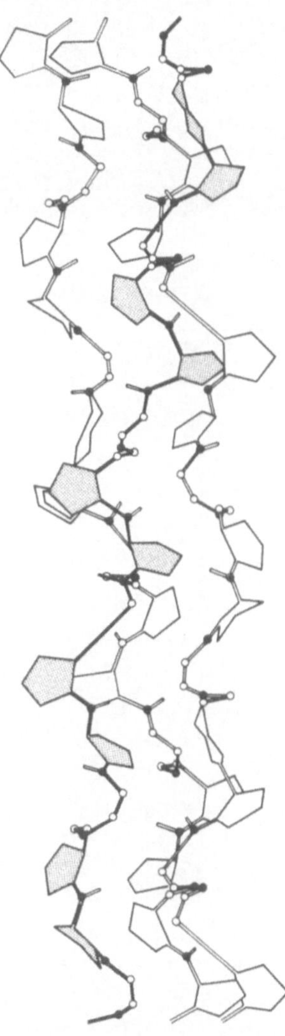

Abb. 21.1. Trippelhelix des Kollagens. Eine der drei umeinandergewundenen Polypeptidketten ist durch gerasterte Flächen (Pro- bzw. HyPro-Reste) und verstärkte Strichdichte hervorgehoben

Abb. 21.2. Elektronenmikroskopische Aufnahmen von Kollagenfibrillen. *Obere Abbildung:* Schnittpräparat, *untere Abbildung:* Durch Gefrierätztechnik hergestelltes Präparat. Vergrößerung 62.000fach. Die Querstreifung (Periodizität) beruht darauf, daß sich die Kollagenmoleküle (Trippelhelices) um eine bestimmte Länge gegeneinander versetzt (25% der Moleküllänge) zusammenlagern. Zwischen hintereinandergelagerten Molekülen verbleibt stets ein gleichlanger Zwischenraum (→ →). (Aufn. Stolinski und Breathnach, Cambridge, 1977)

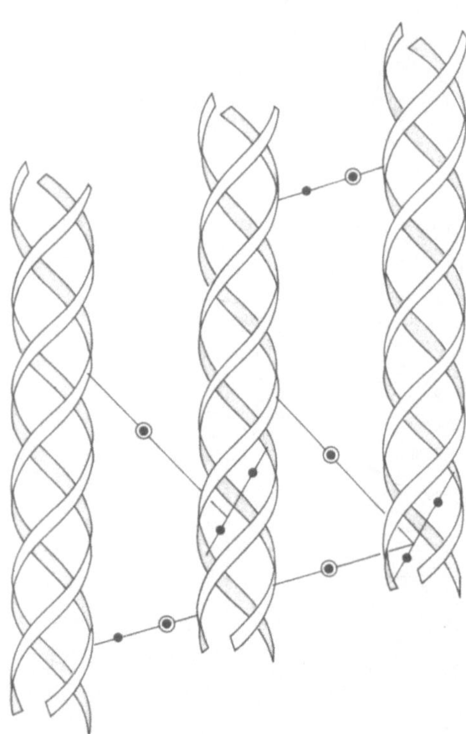

Abb. 21.3. Intermolekulare Quervernetzungen zwischen drei Kollagen-Trippelhelices. –●– Verknüpfung über Aldehydgruppen; –◉– Verknüpfung über andere Gruppen (Tanzer, 1973)

zu den benachbart liegenden Polypeptidketten auf, wodurch die charakteristische, supramolekulare, helicale Struktur (→ Superhelix) gefestigt wird. Wir werden solchen regelmäßigen Strukturen noch an anderer Stelle, z.B. bei den Strukturelementen von Cytoskeletten wie dem Myosin, dem Tropomyosin u.a. begegnen (s. Kap. 32 und 33).

Die Trippelhelix ist bei Proteinen mit extrem hohem Pro-Anteil eine thermodynamisch günstige Konformation. Der hohe Grad der Quervernetzung sorgt für die hohe Stabilität der Komplexe. Die Ketten liegen dabei so dicht aneinander, daß in jeder dritten Position der Sequenz kein Platz für Aminosäureseitenketten vorhanden wäre, woraus der extrem hohe Selektionsdruck auf Beibehaltung von Gly resultiert.

Es ist bemerkenswert, daß die C'1q-Teilkomponente des Komplementsystems (s. Kap. 18) kollagenähnliche Sequenzen enthält (Reid, 1974). Mikroskopisch und elektronenmikroskopisch zeigen Kollagenfasern (Fibrillen) eine deutliche Querstreifung, die auf einer regelmäßigen, periodischen, gegeneinander versetzten Anordnung der Kollagenmoleküle in den Fibrillen beruht (s. Abb. 21.2). Trippelhelices sind durch kovalente, intermolekulare Bindungen miteinander verknüpft und gewährleisten dadurch die hohe Festigkeit der Kollagenfasern (s. Abb. 21.3).

2. Keratine

Keratine sind Bestandteile der Haut, der Haare und der Wolle sowie von Nägeln, Hufen und Krallen. Die repetitive Einheit der Primärstruktur lautet

$$-(\text{Cys}-\text{Cys}-\text{Gln}-\text{Pro}-\text{Ser})_n.$$

Haare und Wolle bestehen vorwiegend aus dem α-Keratin, dessen Grundstruktur eine α-Helix ist. Der α-Helix übergeordnet ist eine Protofibrille, ein Strang, der aus zwei helical umeinandergewundenen α-Helices besteht. Also wieder Ausbildung einer Superhelix; ihr Durchmesser beträgt 20 Å. Protofibrillen lagern sich zu einem elfsträngigen „Kabel", einer Mikrofibrille, zusammen (Durchmesser: 80 Å). Diese wiederum sind in eine amorphe Proteinmatix eingebettet, die sich durch einen hohen Gehalt an schwefelhaltigen Verbindungen auszeichnet. Hunderte von Mikrofibrillen bilden ein Bündel: eine auch mikroskopisch nachweisbare Makrofibrille. Ein Wollhaar hat einen Durchmesser von 20 μm und besteht aus abgestorbenen Zellen mit einem Durchmesser von 2 μm. Hierin liegen die Makrofibrillen parallel zur Faserachse.

Die Dehnbarkeit eines Haares beruht einmal auf der Dehnbarkeit der α-helicalen Proteinstruktur, zum anderen auf der Dehnbarkeit der supramolekularen Strukturen. Ein Haar kann auf das Doppelte seiner Länge gedehnt werden. Die Helices sind nicht nur durch H-Brücken untereinander verknüpft, denn diese Bindungen wären viel zu schwach, um ein einmal gedehntes Haar wieder in seine ursprüngliche, ungedehnte Form zurückzuführen. Eine zusätzliche Verknüpfung erfolgt durch Disulfidbrücken. Diese widersetzen sich der Zugkraft und stellen, wenn der Zug nachgelassen hat, die ursprüngliche Form wieder her.

Keratine mit geringem Schwefelgehalt sind geschmeidig und leicht dehnbar. Man findet sie in der Haut und in der Hornhaut. Harte Keratine mit hohem S-Gehalt findet man in Hörnern, Krallen und Hufen.

Dauerwellen im Haar – Herstellung wie folgt:

1. Zerstören der Disulfidbrücken. Legen der Haare in die gewünschte Form.
2. Wiederherstellung der Disulfidbrücken → Stabilisierung der gewünschten Form.

Menschliches Haar wächst mit einer Geschwindigkeit von 15 cm/Jahr. Hieraus läßt sich errechnen, daß pro sec. 9,5 Windungen der α-Helix gebildet werden.

Die Haut, die Schuppen, die Krallen und Schnäbel von Vögeln und die homologen Strukturen der Reptilien enthalten einen hohen Anteil an β-Keratin, einem Derivat des α-Keratins. Amphibien enthalten α-Keratin. Das β-Keratin ist somit vermutlich in jenem Reptilienzweig entstanden, aus dem sich die Vögel entwickelt haben, aber nicht in dem, aus dem sich die Säuger ableiten.

3. Seide

Seide besteht aus parallel zur Faserachse orientierten, gestreckten Polypeptidketten, die antiparallel liegende Faltblattstrukturen ausbilden. Wasserstoffbrükken verhindern eine vollständige Streckung des Moleküls. Auch hier finden wir repetitive Aminosäuresequenzen:

$$-(\text{Gly}-\text{Ser}-\text{Gly}-\text{Ala}-\text{Gly}-\text{Ala})-_n.$$

Aus der alternierenden Abfolge von Gly einerseits und Ser oder Ala andererseits ist ablesbar, daß Gly stets in die eine und Ser bzw. Ala in die entgegengesetzte Richtung weisen (s. Abb. 21.4). Es entstehen dadurch zugkräftige Fasern, denn die mechanischen Kräfte werden von kovalenten Bindungen abgefangen. Seide ist nur schwach dehnbar, da die Kette bereits so weit wie möglich gestreckt ist. Die Geschmeidigkeit geht darauf zurück, daß nebeneinanderliegende Fasern nur durch Van der Waals'sche Interaktionen zusammengehalten werden. In dieser Struktur ist kein Platz für sperrige Aminosäureseitenketten, wie etwa Arg, Tyr oder gar Trp. Dennoch gibt es auch solche Bereiche im Seidenmolekül. Sie sind für die (geringe) Dehnbarkeit verantwortlich, da jene Molekülanteile im „Normalzustand" nicht in maximal gestreckter Form vorliegen. Verschiedene Seidenraupenarten produzieren Seide mit unterschiedlichem Gehalt an geordneten Strukturen. Bei *Bombyx mori* beträgt dieser Anteil 60%; die ungeordneten Bereiche machen 13% aus.

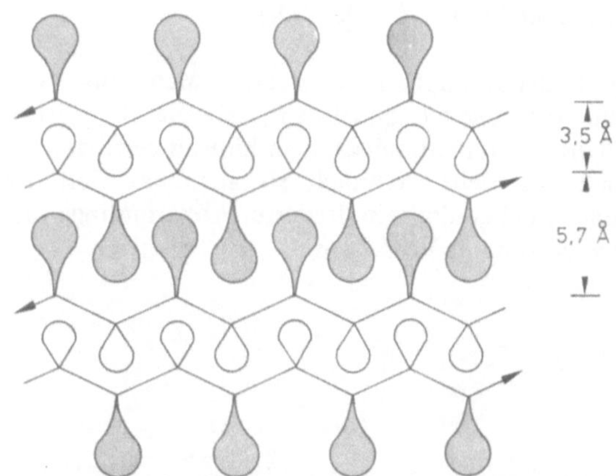

Abb. 21.4. β-Faltblattstruktur im Seidenmolekül. Die an den antiparallel liegenden Polypeptidketten hängenden Seitenkettenreste – Alanin und Serin (*dunkel*) und Glycin (*hell*) – stehen alternierend. Die Abstände zwischen den Molekülanteilen sind daher unterschiedlich. (Nach Marsh et al., 1955)

4. Ein gefrierpunktsenkendes Protein

Die antarktischen Fische *Trematomus borchgrevinski* und *Boreogadus saide* enthalten ein Glykoprotein, das den Gefrierpunkt des Serums absenkt. Das Protein zeigt eine nahezu perfekte Periodizität und enthält neben einigen Prolinresten bei beiden Arten die Repetitionseinheit

$$(\text{Ala} - \text{Ala} - \text{Thr})_n,$$

wobei das Threonin über eine α-glykosidische Bindung einen β1 → 3-Galactosyl-N-Acetylgalactosaminrest trägt. Die Peptide unterscheiden sich bei den beiden Arten durch die Anzahl der repetitiven Einheiten (Osuga und Feeney, 1978).

5. Protamine

Basische Proteine im Zellkern mit einem hohen Arg-Anteil. Die Periodizitätseinheit ist:

$$-(\text{Arg} - \text{Arg} - \text{Arg} - \text{X} - \text{X}) -_n,$$

wobei X aliphatische Reste darstellen.

6. Histone

Auch das sind basische Proteine des Zellkerns (Einzelheiten s. Kap. 40). Auf den ersten Blick ist keine Periodizität zu erkennen. *Alignment*-Studien der bekannten Sequenzen und Optimierung mittels Computerprogrammen lassen eine Wiederholungsabfolge erkennen:

$$\text{Arg (oder Lys)} - \text{X} - \text{X} - (\text{X}).$$

X symbolisiert aliphatische Reste. Man muß eine Anzahl von Lücken annehmen, um die Repetition über lange Polypeptidabschnitte hinweg verfolgen zu können. Es sieht demnach so aus, als seien die Histone hochgradig modifizierte Abkömmlinge ursprünglich simpler Vorfahren.

Was kann man über die Evolution solcher Proteine aussagen?

1. Alle Proteine werden via Proteinbiosynthese gebildet, d.h. man benötigt entsprechende genetische Information.
2. Bei Seidenproteinen verschiedener Arten findet man unterschiedlich lange Perioden, die einander nicht homolog sind, so daß es so aussieht, als seien sie unabhängig voneinander entstanden.
3. Die Evolution periodischer Proteine scheint von einer regelmäßigen zu einer weniger regelmäßigen Struktur verlaufen zu sein.
4. Versucht man, die Aminosäuresequenzen einiger Proteine (Kollagen, Keratin, Protein aus *Trematomus*) in die entsprechenden Basensequenzen zurückzuübersetzen, erkennt man, daß die Nukleinsäurematrize hochgradig selbstkomplementär ist, d.h. Palindromstrukturen bildet (s. Kap. 2). Diese Symmetrien sind wahrscheinlich nicht funktional, sondern lediglich ein Abbild der Entstehungsgeschichte der Proteine.

Die Daten lassen sich am zwanglosesten durch die Annahme deuten, daß die entsprechenden Gene durch wiederholte Duplikationen primitiver, kurzer DNS-Abschnitte entstanden sind.

Literatur

Marsh, R.E., Corey, R.B., Pauling, L.: An investigation on the structure of silk fibroin. Biochim. Biophys. Acta *16*, 1 (1955)

Osuga, D.T., Feeney, R.E.: Antifreeze glycoproteins from arctic fish. J. Biol. Chem. *253*, 5338 (1978)

Rich, A., Crick, F.H.C.: The molecular structure of collagen. J. Mol. Biol. *3*, 483 (1961)

Stolinski, C., Breathnach, A.S.: Freeze-fracture replication and surface sublimation of frozen collagen fibrills. J. Cell Sci. *23*, 325 (1977)

Tanzer, M.L.: Cross-linking of collagen. Science *180*, 561 (1973)

Ycas, M.: Origin of periodic proteins. Fed. Proc. *35*, 2139 (1976)

22. Antikörper: Struktur, Funktion und Evolution: Suppression von Allotypen Mehrere Gene – ein Protein (Polypeptid)

Antikörper sind Immunglobuline. Sie sind Bestandteile von Serum, von exkretorischen Flüssigkeiten (Milch, Tränen, Speichel) sowie der Oberflächen einiger Zelltypen lymphatischer Gewebe (Lymphocyten, Plasmazellen, s. Kap. 66).

Im Gegensatz zu den bisher besprochenen Proteinen bilden sie heterogene Molekülpopulationen. Man unterscheidet zwischen

1. verschiedenen Klassen (Isotypen): Genprodukte verschiedener Gene,
2. verschiedenen Allotypen: Genprodukte verschiedener Allele am gleichen Genort (s. Kap. 17),
3. verschiedenen Idiotypen: Genprodukte für den sog. „variablen Teil" des Antikörpermoleküls, die in einem gegebenen Zellklon exprimiert sind. Die Spezifität eines Antikörpermoleküls ist mit dem „variablen Teil" assoziiert. Idiotypen sind individualspezifische Determinanten.

Alle Typen sind durch bestimmte Aminosäuren an bestimmten Positionen der Primärstruktur gekennzeichnet. Man bezeichnet sie als Marker und kann sie dazu verwenden, Antikörpermoleküle zu identifizieren.

Antikörper sind oligomere Proteine, die zwei Arten von Polypeptidketten, leichte Ketten (L = *light*) und schwere Ketten (H = *heavy*), enthalten. Das Molekulargewicht der leichten Kette beträgt 25.000, das der schweren Kette in der Regel 50.000; bei einigen Immunglobulinklassen findet man höhere Werte. Es gibt zwei Typen leichter (χ und λ) und fünf Typen schwerer Ketten (α, γ, δ, ϵ, μ). Die schwere Kette bestimmt die Klasse (den Isotop) des Antikörpers: IgA, IgG etc. (vgl. Tabelle 1). Jede schwere Kette kann alternativ mit λ oder mit χ assoziiert sein.

Die Grundstruktur eines Antikörpermoleküls ist ein Komplex aus zwei leichten und zwei schweren Ketten (s. Abb. 22.1), die durch Disulfidbrücken zusammengehalten werden und die durch ein Reduktionsmittel wie z.B. Mercaptoäthanol voneinander getrennt werden können (Edelman et al., Rockefeller University, New York, 1959). Durch Papaineinwirkung wird das Antikörpermolekül in drei Teile, zwei Fab- und ein Fc-Fragment zerlegt (Porter et al., University of Oxford, 1959). Die Fab-Fragmente tragen die Antigenbindungsstellen.

Einige Merkmale der einzelnen Antikörperklassen

Warum gibt es verschiedene Antikörperklassen? Das Immunsystem nimmt im Körper eine Vielzahl von grundsätzlich voneinander verschiedenen Funktionen wahr (s.a. Kap. 66–68). Die Anforderungen an die Antikörpermoleküle sind dementsprechend hoch, und kein Typ ist, für sich alleine genommen, geeignet, allen Forderungen nachzukommen. Ein Antikörpermolekül hat stets zwei Aufgaben zu erfüllen:

1. ein Antigen zu erkennen,
2. ein Signal zu erzeugen, sobald ein Antigen gebunden worden ist.

Es gibt im Körper eine große Variabilität in bezug auf Kanalisierung in eine Reihe von begrenzten Effektorfunktionen (Reaktionen).

IgG: Die häufigste Antikörperklasse im Serum der Mammalia (7S). Es gibt beim Menschen und bei Mäusen mindestens vier Unterklassen (Subklassen) der γ-Kette: γ_1, γ_2, γ_3, γ_4. Die entsprechenden

Tabelle 1. Zusammenstellung der Isotypen

Isotyp (Klasse)	Schwere Kette	Ungefähres Molekulargewicht	Anteil im Serum „normaler" Individuen (%)	Kohlenhydratanteil % des Gewichts
IgM	μ	900.000	5–10	10–12
IgA	α	170.000–500.000	10–20	10–12
IgG	γ	150.000	70–80	2– 3
IgD	δ	180.000	< 1	
IgE	ϵ	180.000	< 1	

Immunglobuline heißen IgG_1, IgG_2, IgG_3, und IgG_4. Die Moleküle unterscheiden sich durch die Lage und Zahl der Disulfidbrücken, welche die beiden schweren Ketten eines Ig-Moleküls miteinander verknüpfen.

IgM: Das Molekül (19S) besteht aus fünf Grundeinheiten (7S), die ebenfalls durch Disulfidbrücken miteinander verknüpft sind: $(\chi_2\ \mu_2)_5$ oder $(\lambda_2\ \mu_2)_5$. Neben diesen Molekülanteilen ist noch eine J-Kette vorhanden, so daß man die Struktur korrekterweise $(\chi_2\ \mu_2)_5$ J und $(\lambda_2\ \mu_2)_5$ J schreiben müßte. Die J-Kette hat ein Molekulargewicht von 20.000. In der Membran von B-Lymphozyten (s. Kap. 66) liegt es als Monomer vor und dient der Antigenerkennung bei der Induktion der Immunantwort (s.a. IgD).

IgD: Ursprünglich als seltenes Myelomprotein identifiziert. Keine Kreuzreaktion mit IgA, IgG, IgM. Es ist ein membranständiges Immunglobulin, dessen Funktion noch nicht vollständig aufgeklärt werden konnte. Möglicherweise spielt es bei der Induktion der Immunantwort eine wichtige Rolle. Durch die Expression von IgD werden die Zellen resistent gegenüber Toleranzinduktion.

IgE: Vorkommen in äußerst geringer Menge: 1/25.000 der IgG-Menge. Es ist für oft schwere, akute Allergien (Fieber, Asthma) verantwortlich. Die ϵ-Kette ist um 100 Aminosäuren länger als die γ- und die α-Kette. Mastzellen tragen Rezeptoren für den Fc-Teil von IgE, binden ihn aber nur, wenn das IgE mit Antigen komplexiert ist. Durch die Bindung wird Histamin freigesetzt. (Mastzellen kommen in lockerem, ungeformtem Bindegewebe aller Säuger vor, sie enthalten zahlreiche Granula, die 1877 von Ehrlich als gespeicherte Nahrungsstoffe gedeutet wurden. Von daher erhielten sie auch ihren Namen).

IgA: Kann als Monomer (7S), als Dimer (9S), Trimer (11S) oder Multimer (17S) vorliegen. Die Konzentration im Serum erreicht maximal 20% der IgG-Konzentration. IgA findet man außerdem in Milch, Tränen, im Speichel u.a. Es wird in exokrinen Drüsen des subepithelialen Gewebes gebildet. IgA-Antikörper sind vorwiegend gegen lokale Infektionen (Viren, Bakterien u.a.) gerichtet.

Variable (V) und konstante (C) Teile des Moleküls

Sowohl die leichte als auch die schwere Kette enthalten einen sog. variablen (V) und einen konstanten (C) Teil. Der variable Teil enthält die Antigenbindungsstelle. Aminosäuresequenzen können nur an homogenen Molekülpopulationen ermittelt werden. Da Immunglobuline jedoch eine heterogene Population bilden, erwies sich die Analyse anfangs als scheinbar hoffnungsloses Unterfangen. Gelöst wurde das Problem durch Einsatz von Myelomproteinen. Das sind homogene Immunglobulinpopulationen, die von Patienten mit Multiplem Myelom (einem Tumor des lymphatischen Systems) produziert werden. Nachdem eine Reihe von Aminosäuresequenzen verschiedener Myelomproteine bestimmt war, erkannte man, daß Antikörpermoleküle (einer Klasse) sich ausschließlich durch Aminosäureaustausche im N-terminalen Teil der Polypeptidkette voneinander unterscheiden ($\hat{=}$ variabler Teil: V).

Bei der leichten Kette ist der C-Anteil etwa so lang wie der V-Anteil, bei der schweren Kette (von IgG) ist der C-Anteil etwa dreimal so lang wie der V-Anteil. Bei leichten und schweren Ketten weisen der V- und der C-Teil eine Reihe von Gemeinsamkeiten auf, was den Verdacht nahelegt, daß es sich um homologe (orthologe) Abschnitte handelt.

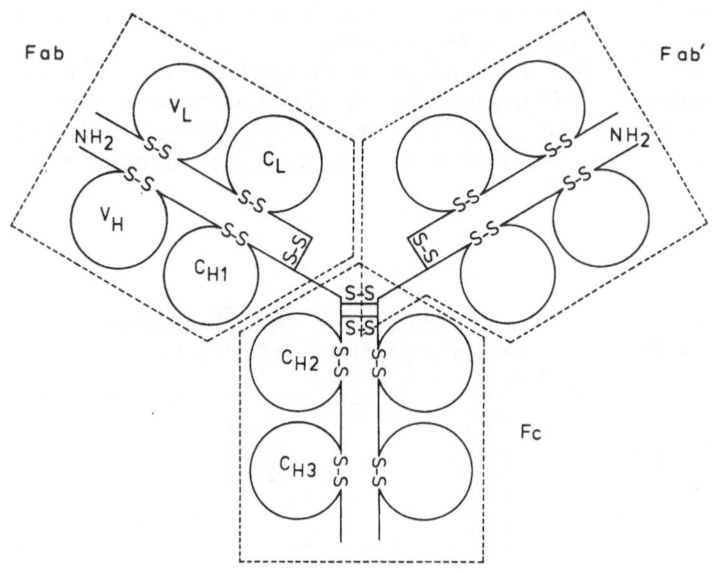

Abb. 22.1. Schema eines Antikörpermoleküls (IgG_1). Die leichten Ketten unterteilt man in die Domänen V_L und C_L, die schweren Ketten in V_H, C_{H1}, C_{H2}, C_{H3}. Zwischen C_{H1} und C_{H2} liegt ein flexibles Gelenk (*hinge region*). Disulfidbrücken sind durch *S-S* symbolisiert. Spaltung des Moleküls durch Papain führt zu zwei Fab- und einem Fc-Fragment. Spaltung mit Pepsin führt zu einem $F(ab')_2$-Fragment und einem Fc-Fragment (Poljak, 1975)

1968 hat Edelman die erste Aminosäuresequenz einer schweren Kette ermittelt, womit er zeigte, daß auch innerhalb des C-Teils Homologien vorkommen. Das gesamte Molekül ist in vier homologe (orthologe) Abschnitte (Domänen) einteilbar: einen variablen und drei konstante. Die Entstehung ist wiederum am einfachsten über Duplikationen des genetischen Materials im Laufe der Evolution zu verstehen (s. hierzu Kap. 6). Die Bezeichnungen der einzelnen Domänen für die leichte Kette lauten:

V_L und C_L

und für die schwere Kette von IgG:

$V_H, C_{H1}, C_{H2}, C_{H3}$.

Bei IgM kommt noch ein C_{H4} hinzu.

Der Nachweis von Homologien der Domänen des C-Teils untereinander beruht in erster Linie auf der Lage von Cysteinresten und Disulfidbrücken im Molekül. Wie wir später noch sehen werden, erbrachte die Röntgenstrukturanalyse noch stichhaltigere Beweise. Kürzlich wurde die Aminosäuresequenz des sog. β_2-Mikroglobulins, einem Bestandteil der Histokompatibilitätsantigene (siehe Kap. 23) ermittelt. Ein Vergleich mit Immunglobulinen weist darauf hin, daß das β_2-Mikroglobulin einer Domäne des C-Anteils entspricht. Hydrophobe Aminosäurereste sitzen an gleichen Positionen wie in der Immunglobulinkette. In manchen Teilen bilden sie alternierende Muster:

hydrophob – X – hydrophob – X etc.

Solche Sequenzbereiche deuten auf Faltblattstrukturen hin.

Richardson et al. fanden 1975, daß die Cu-Zn-Superperoxyd-Dismutase aus Erythrozytenmembranen eine ähnliche Tertiärstruktur wie eine Domäne des Ig-Moleküls hat. Das mag als ein Hinweis dafür gelten, daß Immunglobuline Produkte alter, weitverbreiteter Gene sind, deren Produkte ursprünglich nichts mit der Selbst-Nichtselbst-Erkennung zu tun hatten.

Subklassen im Variablen (V)-Teil. Aufgrund von Sequenzvergleichen stellte man im variablen Teil sowohl der leichten als auch der schweren Kette Gruppenmerkmale fest, die es gestatten, die Sequenzen sog. Subklassen zuzuordnen. Die zu Subklassen vereinigten Aminosäuresequenzen unterscheiden sich von anderen durch bestimmte Aminosäuren an bestimmten Positionen der Aminosäuresequenz.

Beim Menschen sind in der χ-Kette drei und in der λ-Kette fünf Subklassen nachgewiesen worden. Mitglieder einer Gruppe unterscheiden sich in 10–15 der 110 Aminosäurereste. Zu Mitgliedern anderer Gruppen beträgt der Unterschied 25–35 Reste.

Ein weiteres Merkmal, durch das man Subklassen voneinander unterscheidet, sind Insertionen bzw. Deletionen. Die Zahl der Untergruppen ist für verschiedene Arten unterschiedlich (Hood et al., 1967; Milstein, 1976; Niall und Edman, 1967).

Wie „variabel" ist der variable Teil?

Kabat und Wu (Columbia University, New York) haben sich 1971 und 1976 alle bis dahin vorliegenden Aminosäuresequenzen variabler Teile von Antikörpermolekülen angesehen und sich die Frage gestellt, ob die Unterschiede statistisch über den gesamten Bereich verstreut oder an bestimmten Stellen konzentriert sind. Im variablen Teil muß man einmal zwischen Aminosäuren unterscheiden, welche die Tertiärstruktur des Moleküls determinieren und konservieren und zum anderen solchen, die mit dem Antigen in Wechselwirkung treten. Antikörper können gegen nahezu jede molekulare Konformation im Größenordnungsbereich zwischen 5 Å und 34 Å gebildet werden. Kabat und Wu wiesen nach, daß es im variablen Bereich „hypervariable Bereiche" gibt, die dem üblichen *mutational noise* überlagert sind. Der Nachweis beruht auf folgendem Ansatz:

$$\text{Variabilität} = \frac{\text{Anzahl verschiedener Aminosäuren an beliebiger Position}}{\text{Häufigkeit der häufigsten Aminosäure in dieser Position}}$$

Für den Vergleich müssen wir, wie schon in Kapitel 16 besprochen, homologe Aminosäuresequenzen untereinanderschreiben, wobei auf optimale Zuordnung zu achten ist.

Wenn an einer bestimmten Position der Aminosäuresequenz nur ein Aminosäuretyp steht, ist nach obiger Gleichung 1/1 = 1 (geringstmöglicher Wert). Wenn in der Position alle 20 Aminosäuren mit der gleichen Häufigkeit auftreten, dann ist 1/20 = 0,05. Die Variabilität wäre demnach 20/0,05 = 400 (höchstmöglicher Wert).

In Position 91 der leichten Kette findet man acht (neun) verschiedene Aminosäuren. 21 analysierte Sequenzen liegen vor, in acht Sequenzen steht in der Position die Aminosäure Ser ($\hat{=}$ 8/21 = 0,38), woraus sich eine Variabilität

$$v = 8/0{,}38 = 21{,}1 \quad \text{bzw.} \quad 9/0{,}38 = 23{,}6$$

errechnen läßt. Trägt man die Variabilität gegen die Aminosäurepositionen auf, erkennt man im variablen Teil der leichten Kette drei hypervariable Abschnitte (s. Abb. 22.2a).

Capra und Kehoe (Mount Sinai School of Medicine, New York) entdeckten später (1974), daß der variable Teil der schweren Kette vier solcher hypervariablen

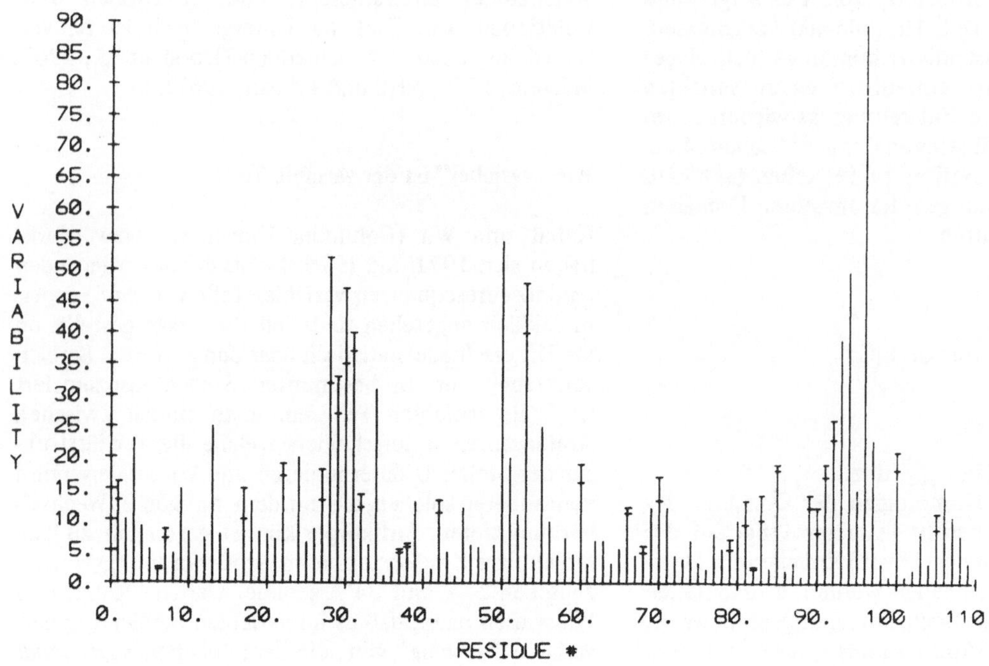

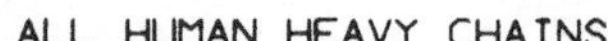

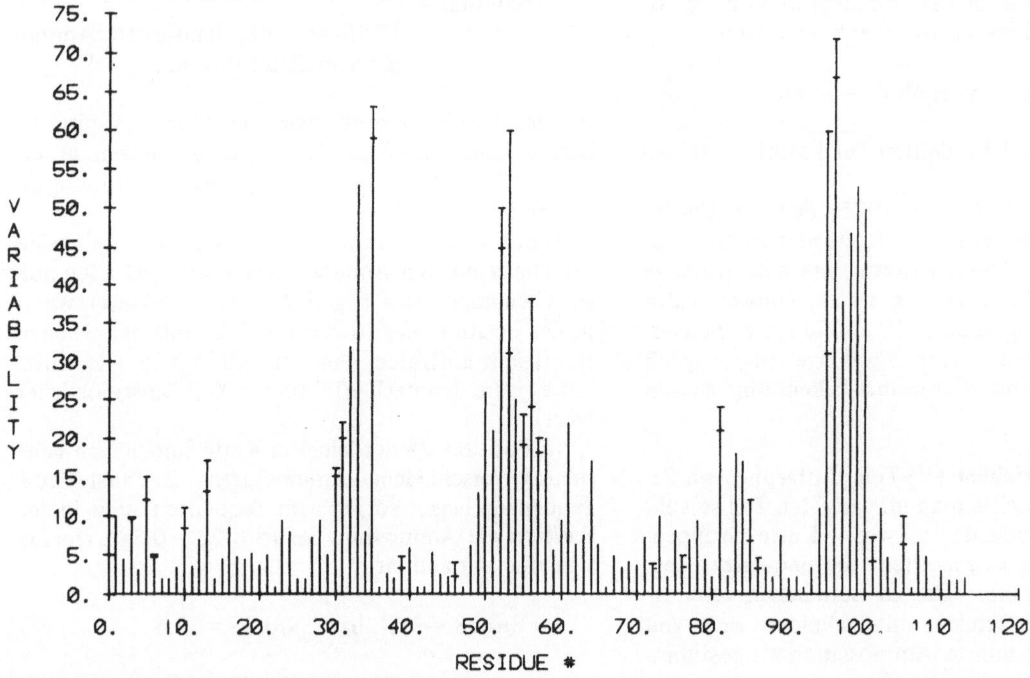

Abb. 22.2. Hypervariable Abschnitte im variablen Teil leichter und schwerer Immunglobulinketten des Menschen (Kabat et al. (ed.): Variable regions of immunoglobulin chains; Tabulations and analyses of amino acid sequences. National Institutes of Health, Bethesda, 1976)

Bereiche enthält (s. Abb. 22.2b). Nun lag der Gedanke nahe, diesen Abschnitten die Funktion des Antigenbindungsbereiches zuzusprechen. Einen ersten Hinweis darauf brachten Versuche von Singer (University of California, San Diego), der bereits Ende der sechziger Jahre mit Hilfe von Affinitätsmarkierungen (*affinity label*) zeigte, daß das Antigen von ganz bestimmten Aminosäuren im V-Teil des Antikörpermoleküls gebunden wird. Heute wissen wir, daß diese Aminosäuren in hypervariablen Abschnitten liegen.

Welche Bedeutung haben einzelne Aminosäuren im hypervariablen Bereich? Man kann ausrechnen, mit welcher Häufigkeit Paare von Aminosäuren in einer Sequenz zu erwarten sind und diesen errechneten Werten die Zahl der tatsächlich gefundenen Paarungen in Myelomproteinen gegenüberstellen.

Siebenmal wurde Phe (32) neben Tyr (33),
sechsmal Phe (32) neben Glu (35) und
sechsmal Tyr (33) neben Glu (35) gefunden.

Alle Myelomproteine, die diese Merkmale tragen, binden Phosphocholin. Wie kristallographische Analysen am Myelomprotein MOPC 603 zeigten, ist Tyr (33) dem Glu (35) sterisch benachbart. Die Rolle des Phe (32) ist nicht bekannt. Alle phosphocholinbindenden Proteine enthalten ein Met in Position 34. Tyr (33) und Glu (35) sind an der Bindung des Antigens beteiligt, während das Met (34) eine Strukturkomponente darstellt. Somit kann man zwischen Strukturkomponenten und antigenbindenden Aminosäuren im Bereich eines hypervariablen Abschnitts unterscheiden.

Riesen et al. fanden und analysierten 1975 ein menschliches Myelomprotein mit phosphocholinbindenden Eigenschaften. Die Sequenz der Aminosäuren in den Positionen 32–34 lautet Phe – Tyr – Met. In Position 35 steht ein Asp, während bei anderen analysierten Myelomproteinen mit phosphocholinbindenden Eigenschaften in dieser Position – wie gerade besprochen – ein Glu steht. Letztere zeigen zu diesem Antigen eine höhere Affinität als das von Riesen et al. bearbeitete menschliche Protein.

Unabhängig davon wurde von Kindt und Capra (1978) auch der umgekehrte Fall nachgewiesen: identische hypervariable Bereiche innerhalb unterschiedlich strukturierter Strukturkomponenten (*framework*). Identitäten verschiedener Antikörper in variablen Abschnitten weisen auf einen relativ kleinen Genpool hin. Es gibt also nicht für jede nur denkbare antigene Determinante einen spezifischen Antikörper. Antikörper variieren in bezug auf ihre Affinität zu Antigenen innerhalb weiter Grenzen. Ein Antikörpermolekül, das für ein bestimmtes Antigen eine hohe Affinität besitzt, ist in der Natur nicht nur für dieses Antigen vorgesehen, sondern auch für zahlreiche weitere, selbst wenn es zu jenen (z.T. wenigstens) eine weit geringere Affinität hat.

Tertiärstruktur von Antikörpermolekülen

Die ersten röntgenstrukturanalytischen Arbeiten erschienen 1971 (Sarma, Silverton, Davies, Terry, National Institute of Health, Bethesda, Md; Edmunson, A.B., et al., Argonne National Laboratory). Versuchsobjekte waren menschliche IgG-Myelomproteine. Die Auflösung betrug 6 Å. 1972 erschien eine weitere Arbeit aus dem Arbeitskreis von Poljak (John Hopkins University, Baltimore). Versuchsobjekt war dabei ein Fab-Fragment eines menschlichen Myelomproteins: IgG-New. Davies et al. analysierten ein Mäuse-IgA: MOPC 603. Das herausragende Ergebnis aller Arbeiten war die Feststellung, daß jeder der homologen Bereiche eine eigene Domäne bildet. Die Domänen sind durch flexible Brücken miteinander verknüpft. Die Hauptstrukturelemente innerhalb einer Domäne sind zwei antiparallele Faltblätter, von denen eines aus drei, das andere aus vier Strängen besteht (vgl. Abb. 22.3). Die V-Domäne zeichnet sich durch eine zusätzliche Schlaufe zwischen zwei parallel liegenden Strängen aus. In V_H und V_L sind somit Segmente enthalten, die in C_{H1} und C_L fehlen. Die hier besprochenen Strukturelemente (*basic immunoglobulin fold*) sind bei den Antikörperklassen IgA und IgG gleich.

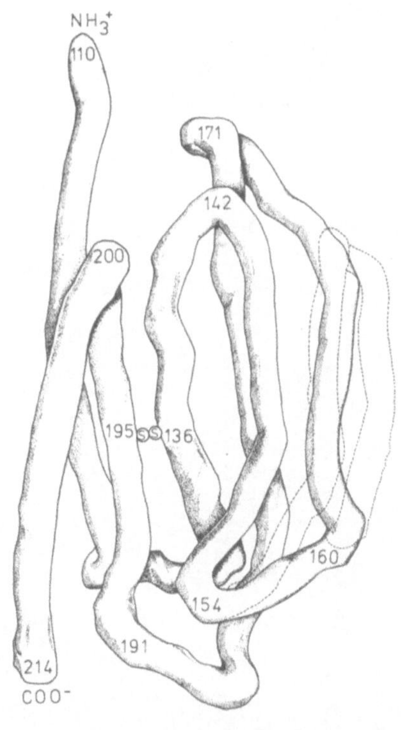

Abb. 22.3. Diagramm der Faltung (Tertiärstruktur) einer Domäne des Immunoglobulins (C_{H1}-Bereich, C_{H1}-Domäne). Die Polypeptidkette des variablen Bereiches (V-Domäne) faltet sich in ähnlicher Weise. Unterschiede zur C_{H2}-Domäne sind in der Zeichnung *gestrichelt* angedeutet (Poljak, 1975)

Über 50% der Aminosäuren liegen in den beiden Faltblättern. Sie umgeben ein dicht gepacktes *core,* das Aminosäuren mit hydrophoben Seitenketten enthält.

Schon beim Betrachten der Primärstrukturen ist zu erkennen gewesen, daß es Homologien zwischen V_H und V_L sowie zwischen C_{H1} und C_L gibt. Homologien sind zwar auch zwischen V und C nachgewiesen, sind dort aber weniger deutlich ausgeprägt. Sie treten klarer hervor, wenn man deren Tertiärstrukturen miteinander vergleicht (Topologische Verwandtschaft, s. Kap. 16).

Unterschiede in den Primärstrukturen werden durch Veränderungen weiterer Bereiche des Moleküls wieder abgefangen. Alle hypervariablen Bereiche liegen dicht beieinander und erscheinen an der dem Lösungsmittel zugewandten Seite des Moleküls. Sie bilden dort eine Höhlung mit den Ausmaßen 15 x 6 Å und einer Tiefe von 6 Å aus (bei Fab-New). Bei dem Myelomprotein IgA MOPC 603 beträgt die Tiefe 12 Å. Eine bestimmte Struktur der Antigenbindungsstelle (*combining site*) charakterisiert jede Antikörperspezifität (jeden Idiotyp).

IgG-New und IgA-MOPC 315 haben etwa gleiche Affinität zu Vitamin K1. Jedes dieser Immunglobuline bindet daneben aber auch noch eine Serie anderer Liganden. Die Struktur der Antigenbindungsstelle ist in Abb. 22.4 wiedergegeben. IgG-New und IgA-MOPC 315 sind in der ersten und dritten hypervariablen Region einander hochgradig homolog.

Wechselwirkung zwischen V_L und V_H. Antikörpermoleküle kann man in leichte und schwere Ketten zerlegen, diese dann voneinander trennen und heterologe Ketten wieder zu intakten Antikörpermolekülen rekonstituieren, z.B.

$$
\begin{aligned}
(\mathrm{L1\,H1})_2 &\rightarrow 2\,\mathrm{L1} + 2\,\mathrm{H1} \\
(\mathrm{L2\,H2})_2 &\rightarrow 2\,\mathrm{L2} + 2\,\mathrm{H2} \\
2\,\mathrm{L1} + 2\,\mathrm{H2} &\rightarrow (\mathrm{L1\,H2})_2 \\
2\,\mathrm{L2} + 2\,\mathrm{H1} &\rightarrow (\mathrm{L2\,H1})_2 .
\end{aligned}
$$

Das Experiment sagt, daß heterologe leichte und schwere Ketten einander erkennen. Man benötigt dazu Sequenzbereiche im Molekül, die allen leichten (bzw. schweren) Ketten gemeinsam sind und die nicht oder nur wenig variieren. Letztere Einschränkung beruht auf der Erkenntnis, daß nicht alle beliebigen Kombinationen gleich gut reassoziieren. An der Wechselwirkung sind Aminosäuren in den folgenden

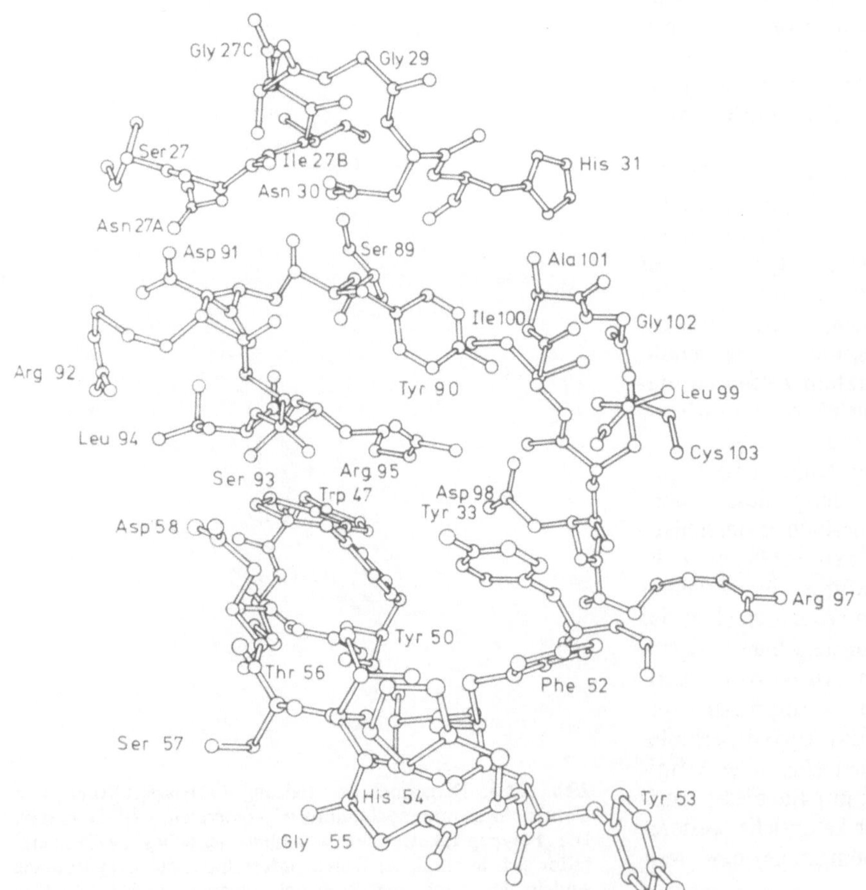

Abb. 22.4. Aminosäurereste im Bereich der Antigenbindungsstelle von IgG-New (Poljak et al., 1976)

Positionen beteiligt:

V_L: 35, 37, 42, 43, 86, 99
V_H: ' 37, 39, 43, 45, 47, 94, 107.

Sie sind beim Menschen und bei anderen Arten weitgehend konstant, nur gelegentlich findet man konservative Austausche. Die χ- und die λ-Kette ähneln einander in diesen Positionen. Alle menschlichen L-Ketten enthalten Tyr (35), Glu (37), Ala (42), Pro (43), Tyr (86), Phe (99).

Das Vorkommen von χ und λ ist mit funktioneller Spezifität korrelierbar. Da sie sich primär durch das Vorkommen von Insertionen und/oder Deletionen im hypervariablen Bereich voneinander unterscheiden, erhält man verschiedene Konformationen des aktiven Zentrums. Die λ-Kette ist weniger variabel als χ und trägt somit zur Verschiedenheit der Antikörper in geringerem Maße bei als die χ-Kette.

Verbindungen der Domänen untereinander. Die Domänen C_{H1} und C_{H2} sind durch flexible Anteile der Polypeptidkette (mit hohem Prolin-Gehalt) verknüpft. Man bezeichnet diesen Bereich als *hinge region* (Brückenbereich). Die Flexibilität erlaubt es den Molekülen, sich an verschiedene Abstände der Determinanten im Antigen anzupassen. Die Domänen sind gegeneinander verdreht. Im variablen Bereich stehen sich andere Flächen gegenüber als im konstanten Teil (s. Abb. 22.5). Die Strukturaufklärung eines menschlichen Myelomproteins (IgG-Kol) bis zu einer Auflösung von 5 Å erfolgte 1976 (Huber, Deisenhofer, Colman, Matsushima, Palm, Max-Planck-Institut für Biochemie, Martinsried-München). Gleichzeitig wurden

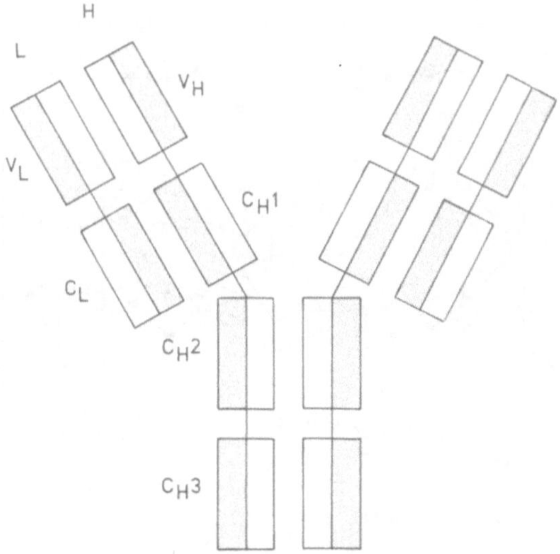

Abb. 22.5. Wechselwirkungen zwischen leichter und schwerer Kette. Bei den V-Domänen stehen andere Molekülbereiche einander gegenüber als bei den C-Domänen. (Verändert nach Capra und Edmundson, 1977)

das Fab-Fragment und das Fc-Fragment getrennt bearbeitet. Die Strukturen wurden bis zu einer Auflösung von 3,5 Å aufgeklärt. Das Fc-Fragment besteht aus zwei Domänen: C_{H2} und C_{H3}, die in ihrer Struktur den Domänen des Fab-Fragmentes ähneln. Im IgG-Molekül haben die beiden C_{H1}- und die beiden C_{H2}-Domänen untereinander keinen Kontakt, während es eine Wechselwirkung zwischen den beiden C_{H3}-Domänen gibt.

Allotypen, Allotyp-Suppression

Allotypen als Alloenzyme und die Bedeutung des Polymorphismus haben wir in Kapitel 17 kennengelernt. Dabei haben wir stillschweigend vorausgesetzt, daß in einem heterozygoten Individuum beide Allele gleich aktiv sind und zu je 50% zur Synthese des Genproduktes beitragen (→ gleiche Gendosis). Diese Regel gilt nicht allgemein. Personen, die das Sichelzellgen in heterozygoter Form tragen, enthalten in ihrem Blut 65% normales Hämoglobin und 35% Sichelzellhämoglobin (Hämoglobin S). Dadurch ist die Lebenserwartung der Träger beträchtlich erhöht. Unklar ist bislang der molekulare Mechanismus, durch den dieses Gleichgewicht eingestellt wird.

Allotypen sind aufgrund serologischer Unterschiede auch bei Immunglobulinpopulationen von Kaninchen, Menschen, Mäusen u.a. nachgewiesen worden. Die Unterschiede haben nichts mit der Spezifität der Antikörper zu tun und verhalten sich wie mendelnde Allele, so daß ihre Zuordnung zu verschiedenen Immunglobulinklassen und -teilen nahelag.

Mit am besten untersucht sind die Allotypen der Kaninchen, die 1960 von Oudin in Paris entdeckt wurden. Die serologisch und genetisch analysierten Unterschiede wurden den Strukturgenen für Antikörpermoleküle zugeordnet (s. Tabelle 2).

Am einfachsten sind die Allotypen *b4, b5, b6* und *b9* zu deuten. Ihre Unterschiede beruhen auf einer Reihe von Aminosäureaustauschen im konstanten Teil der χ-Kette. Ebenso klar sind die Verhältnisse bei *d11* und *d12* sowie *e14* und *e15*, bei denen es sich um Varianten im konstanten Teil der γ-Kette handelt.

Problematisch wird es mit den Allotypen *a1, a2* und *a3*. C.W. Todd (Institut Pasteur, Paris) fand 1963, daß sie gleichzeitig mit dem variablen Teil der γ- *und* der μ-Kette assoziiert sind. Später wurde auch eine Assoziation mit α und ε gefunden. Das Ergebnis brachte die Immunologen in Schwierigkeiten und wurde deshalb zunächst als „Todd-Phänomen" bezeichnet. Es besagt nämlich, daß verschiedene Strukturgene *eine* Gemeinsamkeit enthalten, die sich wie ein einfaches mendelndes Gen verhält. Das wiederum legt die Annahme nahe, daß bei Immunglobulinen nicht ein Gen → ein Polypeptid, sondern zwei Gene → ein Polypeptid instruieren.

Im Blut heterozygoter Kaninchen sind Immunglobuline mit Allotyp-Markern nicht in 1:1-Verhältnissen

Tabelle 2. Allotypen bei Kaninchen (Mage, 1975)

Allotyp (Bezeichnung)	Antikörper Klasse und Bereich	Merkmale
a1 *a2* *a3*	V_H	Eine Reihe von Aminosäureaustauschen im variablen Bereich, die mit verschiedenen konstanten Bereichen (Cγ, Cα, Cμ, Cε) assoziiert sind
b4 *b5* *b6* *b9*	Cχ	Eine Reihe von Aminosäureaustauschen im konstanten Teil der χ-Kette
c7 *c21*	Cλ	Chemisch nicht analysiert
d11 *d12* *e14* *e15*	Cγ	Met (225) Thr (225) Thr (309) Ala (309)

Tabelle 4. Allotypen (Auswahl) beim Menschen (Porter, 1976)

Allotyp (Bezeichnung)	Antikörper Klasse und Bereich	Merkmal
Inv (1) *Inv (2)* *Inv (3)*	C	Val (153) Leu (191) Ala (153) Leu (191) Ala (153) Val (191)
Gm (1) *Gm (– 1)* *Gm (4)* *Gm (17)*	C	Asp (356) Glu (357) Leu (358) Glu (356) Glu (357) Met (358) Arg (214) Lys (214)
Gm (21) *Gm (– 21)* *Gm (11)* *Gm (– 11)*	C	Tyr (296) Phe (296) Phe (436) Tyr (436)
Gm (49)	C	Val – Leu – His Val – – – His

zu finden, sondern in signifikant und konstant davon abweichenden Verhältnissen. Die relativen Werte bleiben auch bei wechselndem Titer der Immunglobuline im Serum erhalten (s. Tabelle 3).

Kaninchen besitzen in den ersten Tagen nach der Geburt nur Antikörper des mütterlichen Allotyps. Der väterliche Allotyp erscheint erst acht bis zehn Tage danach (s. Abb. 22.6).

Mage (National Institutes of Health, Bethesda, Md) injizierte neugeborenen heterozygoten Kaninchen Kaninchen-Antikörper mit der Spezifität gegen einen der Allotypen und beobachtete dabei, daß dieser Typ unterdrückt (supprimiert) wurde (Allotyp-Suppression, s. Abb. 22.7). Die Suppression ist nicht mit Anti-Antikörpern anderer Herkunft (z.B. Schaf) zu erreichen.

In homozygoten Individuen (z.B. *b5 b5*) kann die Bildung von χ-Ketten durch Kaninchen-anti-*b5* total blockiert werden. Der Immunglobulintiter im Serum erreicht dennoch Normalwerte, wobei jedoch alle Moleküle λ als leichte Kette tragen.

Tabelle 3. Allotypen im Serum heterozygoter Kaninchen (Mage, 1967)

Genotyp	Prozentuales Verhältnis der Allotypen im Serum
b4 b5	60 : 40
b4 b6	60 : 40
b4 b9	80 : 20
b5 b6	50 : 50
b5 b9	75 : 25
b6 b9	80 : 20
a1 a2	80 : 20
a1 a3	60 : 40
a2 a3	40 : 60

Molekular sind diese Ergebnisse noch wenig verstanden, sie weisen aber auf komplexe Regulationsmechanismen der Genexpression hin und machen deutlich, daß (genetische) Defekte in einem Allel oder an einem Genort durch erhöhte Aktivität eines anderen Allels oder sogar eines anderen Genortes kompensiert werden können.

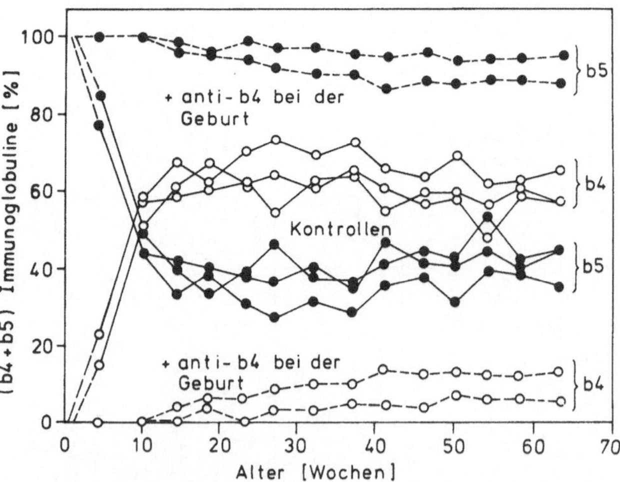

Abb. 22.6. Allotypsuppression: Heterozygote Versuchstiere (*b4, b5*), denen bei der Geburt anti-*b4* appliziert wurde, bilden nur Antikörper des Allotyps *b5*. Bei Kontrolltieren gehören 60% der Antikörper dem Allotyp *b4* und 40% dem Allotyp *b5* an (Mage, 1967)

Abb. 22.7 a und b. Zwei Arten von Versuchen zum Nachweis von Allotypsuppression in *b4 b5*-heterozygoten. a Suppression durch Antikörper, die der Mutter appliziert wurden. b Suppression durch Antikörper, die den Neugeborenen injiziert wurden (Mage, 1967)

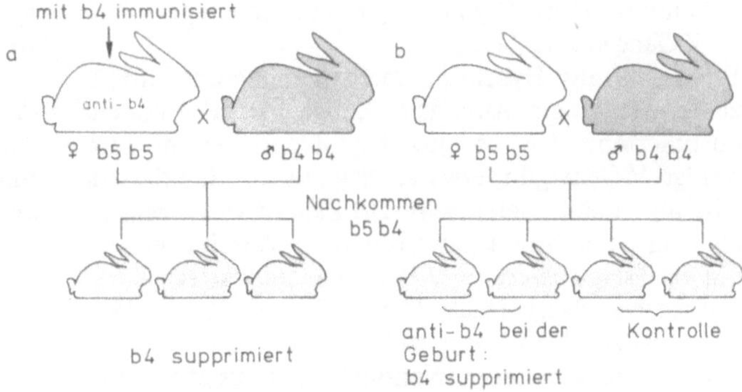

Evolution und Genetik der Antikörper

Wir haben in den letzten Abschnitten Klassen, Subklassen, Spezifitäten (Idiotypen), leichte und schwere Ketten, variable und konstante Bereiche und Allotypen kennengelernt. Alle Gruppen sind eindeutig identifizierbar und klar voneinander zu unterscheiden. Für jeden Typ braucht man ein Strukturgen, und da die Typen sich in zahlreichen Merkmalen gleichen, ist die Folgerung unausweichlich, daß alle Strukturgene einer Genfamilie angehören. Es sind Produkte wiederholter Duplikationen und anschließenden Modifikationen eines Urgens (s. Abb. 22.8).

Immunglobuline kommen nur bei Vertebraten vor. Trotz intensiver Suche sind keine Äquivalente bei den Invertebraten gefunden worden, obwohl es auch dort Mechanismen der Selbst-Nichtselbst-Erkennung und der Abstoßung von Zellen und Geweben gibt (siehe Kap. 66).

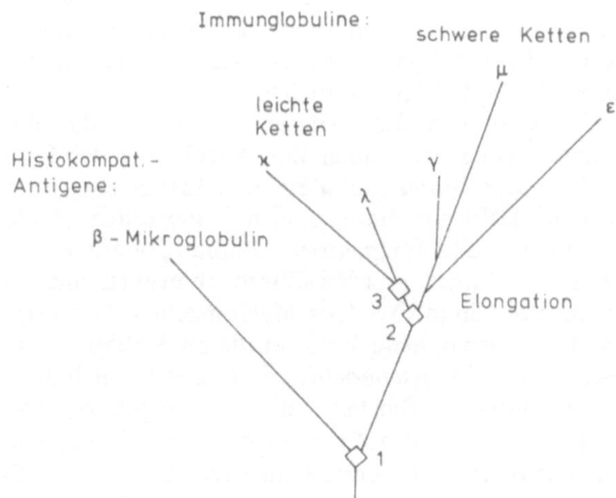

Abb. 22.8. Rekonstruktion der Abstammung des β_2-Mikroglobulinanteils der Histokompatibilitätsantigene sowie der leichten und schweren Ketten der Immunglobuline von gemeinsamen Vorfahren. *1, 2* und *3* weisen auf die Verzweigungspunkte hin, an denen sich die unterschiedlichen Funktionen getrennt haben (→ orthologe Verwandtschaft) (Dayhoff et al., 1975)

Agnatha (Cyclostomata; Rundmäuler, kieferlose Fische) wie das Neunauge enthalten Immunglobuline mit schweren μ-ähnlichen Ketten. Schon das primitivste Immunglobulin enthält mehrere (gleichartige) Polypeptidketten. Die U.E. sind jedoch noch nicht durch Disulfidbrücken verknüpft. Der *Hagfish* (ebenfalls ein Cyclostom) enthält ein Multimer aus niedermolekularen Polypeptidketten. IgM ist eine der ältesten Immunglobulinklassen. Sie kommt bei allen Knochen- und Knorpelfischen vor, wobei der Polymerisationsgrad bei den einzelnen Arten unterschiedlich ist. Selbst bei Amphibia, wie dem *Xenopus*, ist IgM ein Hexamer. Bei den Sarcopterygii, den Vorfahren der Lungenfische, kommt ein IgN vor. Die schwere Kette (ν) hat ein Molekulargewicht von 38.000.

Bei einigen Anura findet man noch eine weitere Klasse (ohne Namen), deren schwere Kette der α- und der δ-Kette ähnelt. Erst bei den Reptilia finden wir die Entwicklung von χ- und λ-Ketten. Die α-Kette kommt bei Vögeln (Aves) und Mammalia vor, die γ-Kette nur bei den Mammalia. Dort finden wir auch eine Diversifikation in die α-, γ-, δ- und ϵ-Ketten und die Expression von mehr als einer Klasse pro Zelle (Du Pasquier, Basel Institute of Immunlogy, 1976).

Worauf beruht die Variabilität der Antikörper? Man schätzt, daß das Immunsystem größenordnungsmäßig 10^5 bis 10^7 verschiedene Determinanten voneinander unterscheiden kann. Da (mit gewissen Einschränkungen) jede leichte Kette mit jeder schweren Kette kombinierbar ist, benötigen wir etwa 10^3 Varianten eines jeden Typs, denn $10^3 \times 10^3 = 10^6$.

Zwei Hypothesen wurden im vergangenen Jahrzehnt zur Erklärung der Variabilitätsentstehung und der Vererbung diskutiert:

1. Die Keimbahnhypothese. Sie besagt, daß es für jede Spezifität (jeden Idiotyp) ein Gen (V) gibt. Alle Gene werden über die Keimbahn von einer Generation zur nächsten weitergegeben.
2. Hypothese somatischer Mutationen und Rekombinationen. Sie besagt, daß es in der Keimbahn nur wenige V-Gene gibt, die im Laufe der Ontogenese mutierten, so daß in verschiedenen Zellen des

Immunsystems (Lymphozyten) verschiedene V-Gene erscheinen.

Ergebnisse aus Hybridisierungsexperimenten führten zu umstrittenen Aussagen. Einige Arbeitsgruppen postulierten, daß es pro haploidem Genom nur wenige V-Gene gibt, etwa so viele, wie es Subklassen gibt, aber nicht (viel?) mehr. Die Zahl ist viel geringer, als man es aufgrund der ermittelten Verschiedenheiten in sequenzierten V-Bereichen erwartet hätte (Tonegawa, Basel; Mach, Genf; Milstein, Cambridge, u.a., 1974–1976). Dem stehen Ergebnisse aus dem Arbeitskreis von Leder (National Institutes of Health, Bethesda) gegenüber, nach denen es größenordnungsmäßig bis zu 1000 verschiedene Kopien der V-Gene gibt (Seidman et al., 1978).

Zwei Gene – ein Polypeptid. Gemeinsamkeiten im variablen Bereich aller schweren Ketten lassen sich durch die Annahme deuten, daß es für jede schwere Kette zwei Gene gibt, eines für den variablen, das andere für den konstanten Teil.

Tonegawa (Basel, Institute for Immunology, 1976) erbrachte hierfür den direkten Beweis: Er isolierte mRNS für die leichte χ-Kette aus Myelomzellen der Maus und markierte sie durch Jodinierung mit ^{125}J. Das 3'-Ende der mRNS trägt die Information für den C-Teil der Polypeptidkette. Extrem hohe Jodinierung führt häufig zu einem Bruch der mRNS-Moleküle. Die Bruchstücke können von den intakten Molekülen durch Molekülsiebchromatographie (Sephadex) abgetrennt werden. Fragmente, die das 3'-Ende enthalten, sind durch ihren Poly-(A)-Anteil (s. Kap. 10) zu identifizieren und aufgrund dieser Sequenz leicht zu gewinnen. Man erhält somit

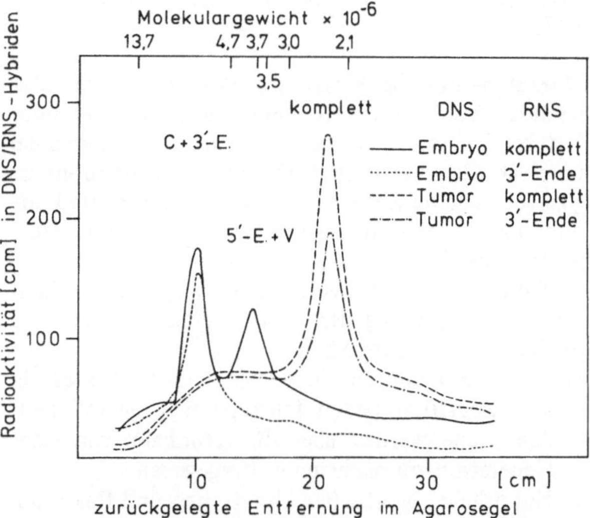

Abb. 22.9. Hybridisierungsmuster von Bam H1-Restriktionsfragmenten der Maus-DNS mit MOPC 321 χ-Ketten mRNS und ihren Fragmenten (Tonegawa und Hozumi, 1976)

a) intakte mRNS mit Information für V und C und
b) mRNS-Fragmente mit Information für den C-Teil.

Unabhängig davon wurde DNS einmal aus den Zellen embryonaler Mäuse und zum anderen aus Tumorzellen (MOPC 321) isoliert. Sie wurde dann mit dem Restriktionsenzym Bam H1 geschnitten und anschließend unter Hybridisierungsbedingungen (DNS-Überschuß) zur gerade beschriebenen mRNS hinzugegeben. Die RNS/DNS-Komplexe wurden von der freien DNS abgetrennt und gelelektrophoretisch der Größe nach aufgetrennt. Das Ergebnis ist aus Abb. 22.9 zu ersehen. Zwei Komponenten der embryonalen DNS (Molekulargewichte: 6,0 x 10^6 und 3,9 x 10^6) hybridisieren mit intakter mRNS, aber nur eine Fraktion hybridisiert mit dem 3'-Anteil dieser mRNS, d.h. die genetische Information für den konstanten Teil ist in einer Komponente (Molekulargewicht: 6 x 10^6), die für den variablen Teil in der anderen (Molekulargewicht: 3,9 x 10^6) enthalten. Da also beide Gene in separaten DNS-Fragmenten (aus embryonalen Zellen) liegen, müssen sie auch im Genom (des Embryos) voneinander getrennt sein.

Völlig anders ist das Bild bei DNS aus den Tumorzellen: Beide mRNS-Fraktionen hybridisieren ausschließlich mit einer 2,4 Millionen-Fraktion. Mit kompletten mRNS-Molekülen kann doppelt soviel Radioaktivität an die DNS fixiert werden wie mit den 3'-mRNS-Fragmenten. Hieraus wurde geschlossen, daß Vχ und Cχ direkt miteinander gekoppelt sind. Da man in Tumorzellen neben dem Fusionsprodukt keine getrennten Genorte mehr findet, bedeutet es, daß in beiden Chromosomensätzen (väterlicher und mütterlicher Satz) eine Fusion stattfand. Dieser Befund ist im Zusammenhang mit der Allotyp-Suppression von Interesse, da er besagt, daß Suppression erst auf einer nachgeordneten Ebene stattfindet. Mechanismen für das Umarrangieren von Genen im Genom, womit diese Vorgänge zu deuten sind, haben wir bereits in Kapitel 13 besprochen.

Die Methoden des *Genetic engineering*, d.h. der Genklonierung, sind auch zur Aufklärung der Genstruktur der Immunglobuline mit Erfolg eingesetzt worden. DNS aus embryonalen Mäusezellen wurde entnommen und fragmentiert. Immunglobulin-codierende Abschnitte wurden durch Hybridisierung an Immunglobulin-mRNS (aus Myelomzellen) herausgefischt, die gewonnene DNS wurde an λ-Phagen-DNS gekoppelt und in *Escherichia coli* kloniert. Auch diese Untersuchungen führten zu dem Ergebnis, daß V-Gene und C-Gene auf verschiedenen DNS-Fragmenten lokalisiert sind. Setzte man DNS aus Myelomzellen ein, fand man sie auf einem zusammenhängenden DNS-Fragment. Bei einer genaueren Betrachtung stellte man jedoch fest, daß zwischen V- und C-Gen ein längerer Abschnitt (1250 Basenpaare lang) eingeschoben war. Er wird mit transkribiert, aber nicht translatiert. Wir haben es also auch hier wieder mit einem *Gene splicing* zu tun (Brack und Tonegawa, Basel Institute of Immunology, 1977).

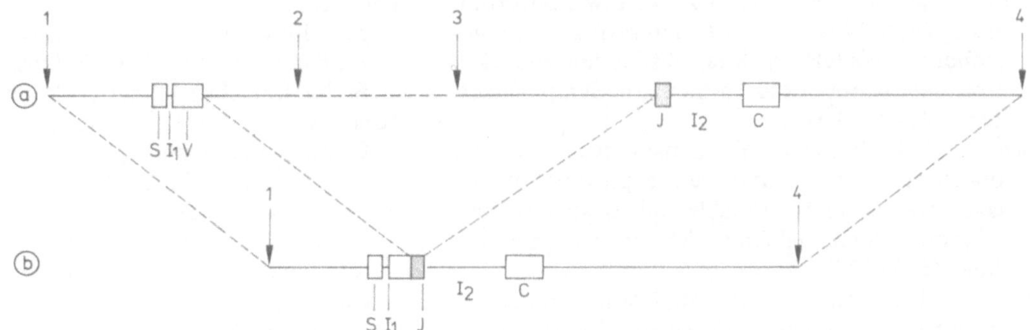

Abb. 22.10 a und b. Anordnung und Organisation von Genabschnitten, die zur Bildung einer leichten Kette benötigt werden. In a ist die Anordnung in der DNS von Mäuseembryonen wiedergegeben, in b die Anordnung in der DNS reifer, antikörperproduzierender Zellen. *V*, variabler Teil; *C*, konstanter Teil; *J*, Verbindungsregion (*joining region*), *S*, Signalsequenz (Signalsequenzen werden für den Export eines neu gebildeten Proteinmoleküls aus der Zelle benötigt, s. Kap. 38, Abb. 38.6). Zwischen dem Genabschnitt für die Signalsequenz und dem für den variablen Teil liegt ein 93 Nukleotide langes *Intron* I_1, zwischen J und C das *Intron* I_2 (1250 Nukleotide lang). *1–4* sind Schnittstellen der Restriktionsendonuklease Bam H1. (Nach Tonegawa, 1978)

In Zusammenarbeit mit der Arbeitsgruppe von A.M. Maxam und W. Gilbert an der Harvard University wurde ein kloniertes DNS-Fragment mit der Information für den variablen Teil der λ-Kette sequenziert. Die Sequenzanalyse ergab, daß selbst dieses Gen unterbrochen ist, ein 93 Basenpaare langer, nicht codierender Abschnitt ist eingeschoben. Anordnung und Umbau der Genabschnitte, die zur Bildung einer leichten Kette benötigt werden, sind der Zusammenfassung in Abb. 22.10 zu entnehmen.

Literatur

Brack, C., Tonegawa, S.: Variable und constant parts of the immunoglobulin light chain gene of a mouse myeloma cell are 1250 nontranslated bases apart. Proc. Natl. Acad. Sci. USA *74*, 5652 (1977)

Capra, D.J., Edmundson, A.B.: The antibody combining site. Sci. Am., Januar 1977, S. 50

Colman, P.M., Deisenhofer, J., Huber, R., Palm, W.: Structure of the human antibody molecule Kol (immunoglobulin G1): an electron density map at 5 Å resolution. J. Mol.Biol. *100*, 257 (1976)

Cowan, N.J., Secher, D.S., Milstein, C.: Purification and sequence analysis of the mRNA coding for an immunoglobulin heavy chain. Eur. J. Biochem. *61*, 355 (1976)

Dayhoff, M.O., McLaughlin, P.J., Barker, W.C., Hunt, L.T.: Evolution of sequences within protein superfamilies. Naturwissenschaften *62*, 154 (1975)

Edmundson, A.B., Schiffer, M., Wood, M.K., Hardman, K.D., Ely, K.R., Ainsworth, C.F.: Crystallographic studies of an IgG immunoglobulin and the Bence-Jones protein from one patient. Cold Spring Harb. Symp. Quant. Biol. *36*, 427 (1971)

Faust, C.H., Diggelmann, H., Mach, B.: Estimation of the number of genes coding for the constant part of the mouse immunoglobulin kappa light chain. Proc. Natl. Acad. Sci. USA *71*, 2491 (1974)

Hilschmann, N., Barnikol, H.U., Kratzin, H., Altevogt, P., Engelhard, M., Barnikol-Watanabe, S.: Genetic determination of antibody specificity. Naturwissenschaften *65*, 616 (1978)

Hood, L.: Antibody genes and other multigene families. Fed. Proc. *35*, 2158 (1976)

Hozumi, N., Tonegawa, S.: Evidence for somatic rearrangement of immunoglobulin genes coding for variable and constant regions. Proc. Natl. Acad. Sci. USA *73*, 3628 (1976)

Kimball, E.S., Wolf, B.: Regulation of allotype expression in heterozygous rabbits. Immunology *34*, 605 (1978)

Kindt, T.J., Capra, J.D.: Gene-insertion theories of antibody diversity: a re-evaluation. Immunogenetics *6*, 309 (1978)

Mage, R.: Quantitative studies on the regulation of expression of genes for immunoglobulin allotypes in heterozygous rabbits. Cold Spring Harb. Symp. Quant. Biol. *32*, 203 (1967)

Mage, R.: Allotype suppression in rabbits: Effects of anti-allotype antisera upon expression of immunoglobulin genes. Transplant. Rev. *27*, 84 (1975)

Milstein, C., Brownlee, G.G., Cartwright, E.M., Jarvis, J.M., Proudfoot, N.J.: Sequence analysis of immunoglobulin light chain messenger RNA. Nature (London) *252*, 354 (1974)

Poljak, R.J.: Three-dimensional structure, function and genetic control of immunoglobulins. Nature (London) *256*, 373 (1975)

Poljak, R.J., Amzel, L.M., Phizackerley, R.P.: Studies on the three-dimensional structure of immunoglobulins. Prog. Biophys. Mol. Biol. *31*, 67 (1976)

Porter, R.R.: Structure and genetics of antibodies. In: The immune system. Melchers, F., Rajewsky, K. (eds). 27. Mosbacher Colloquium. Berlin, Heidelberg, New York: Springer 1976

Sarma, V.R., Davies, D.R., Labaw, L.W., Silverton, E.W., Terry, W.D.: Crystal structure of an immunoglobulin molecule by X-ray diffraction and electron microscopy. Cold Spring Harb. Symp. Quant. Biol. *36*, 413 (1971)

Schechter, I., Burstein, Y., Zemell, R.: Structure, organization, and controlled expression of the genes coding for the variable and constant regions of mouse immunoglobulin light chains. Immunol. Rev. *36*, 3 (1977)

Seidman, J.G., Leder, A., Nau, M., Norman, B., Leder, P.: Antibody diversity. Science *202*, 11 (1978)

Todd, C.W.: Allotypy in rabbit 19S protein. Biochem. Biophys. Res. Commun. *11*, 170 (1963)

Tonegawa, S.: Reiteration frequency of immunoglobulin light chain genes: Further evidence for somatic generation of antibody diversity. Proc. Natl. Acad. Sci. USA *73*, 203 (1976)

Tonegawa, S., Hozumi, N.: Differentiation of immunoglobulin genes. In: The immune system. Melchers, F., Rajewsky, K. (eds.). 27. Mosbacher Kolloqium. Berlin, Heidelberg, New York: Springer 1976

Tonegawa, S., Brack, C., Hozumi, N., Schuller, R.: Cloning of an immunoglobulin variable region gene from mouse embryo. Proc. Natl. Acad. Sci. USA *74*, 3518 (1977a)

Tonegawa, S., Brack, C., Hozumi, N., Matthyssens, G., Schuller, R.: Dynamics of immunoglobulin genes. Immunol. Rev. *36*, 73 (1977b)

Tonegawa, S., Maxam, A.M., Tizard, R., Bernard, O., Gilbert, W.: Sequence of mouse germ-line gene for a variable region of an immunoglobulin light chain. Proc. Natl. Acad. Sci. USA *75*, 1485 (1978)

Weigert, M., Potter, M.: Antibody variable-region genetics. Immunogenetics *5*, 491 (1977)

23. Histokompatibilität: HLA – Region des Menschen, H-2 – Region der Maus

Histokompatibilität heißt Gewebeverträglichkeit, Histoinkompatibilität heißt Gewebeunverträglichkeit.

Die Erscheinung der Abstoßung von Geweben bei Transplantationen findet man bei Vögeln und Säugetieren. Sie beruht auf dem Vorkommen von Histokompatibilitätsantigenen auf den Oberflächen nahezu aller ihrer Zellen [Ausnahme: embryonale Zellen (s. Kap. 64), Erythrozyten]. Diese Antigene sind bei Mäusen und beim Menschen eingehend untersucht worden. Es sind stark hydrophobe Proteine, die durch eine Reihe verschiedener Genloci codiert werden (→ Isotypen ≙ Isoenzyme). Diese liegen im Chromosom oft eng benachbart, so daß man von Genregionen sprechen kann. Für jeden Genlocus findet man zahlreiche Allele (resp. Pseudoallele), was einen hochgradigen Polymorphismus nach sich zieht. Die Variabilität der Allotypen kann durch Inzucht reduziert werden. Die stärksten Histokompatibilitätsantigene werden durch Gene codiert, die in einem begrenzten Bereich auf einem Chromosom liegen, dem MHC (*major histocompatibility complex*). Beim Menschen nennt man diesen Bereich *HLA*-Region, bei der Maus *H-2*-Region.

Es ist oft sehr schwierig, zwischen Allelen und Pseudoallelen zu unterscheiden. Von Pseudoallelen spricht man immer dann, wenn „homologe" Genprodukte von dicht nebeneinanderliegenden Genen codiert werden (s. Abb. 23.1). Die Entscheidung, ob ein oder mehrere Genorte vorliegen, kann nur durch Rekombinations- und Komplementationsexperimente getroffen werden.

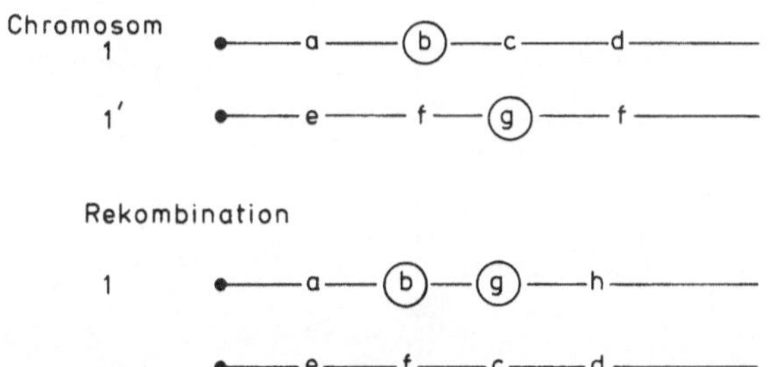

Abb. 23.1. Allele und Pseudoallele. Nachweis, daß *b* und *g* Pseudoallele sind. Die Loci sind durch Rekombination voneinander zu trennen (bzw. zu vereinen). *a* und *e* sind Allele. Sie sind durch Rekombination nicht voneinander zu trennen

Der beobachtete Polymorphismus ist um Größenordnungen höher als bei Enzymen (s. Kap. 17). Im Gegensatz zur Variabilität von Antikörpermolekülen gibt es bei den Histokompatibilitätsantigenen jedoch keinen Polymorphismus von Zelle zu Zelle, da die Histokompatibilitätsantigene ausschließlich durch Keimbahngene codiert werden und es offensichtlich keinen Selektionsvorteil für somatische Mutationen (Rekombinationen) gibt (s. Kap. 67). Es gibt demnach auch kein Pendant zu den Idiotypen.

Man weiß heute noch relativ wenig über die Funktion der Histokompatibilitätsantigene, vieles deutet aber darauf hin, daß sie an der Regulation des Immun- und des Komplementsystems und an Zell-Zell-Interaktionen beteiligt sind sowie vermutlich beim Aussortieren spezifischer Zellen während Zellwanderungen, z.B. während der Ontogenese der Lymphozyten, eine Rolle spielen. Ferner nehmen sie die Funktion von Zelloberflächenrezeptoren für manche Viren (z.B. Semliki-Forest-Virus) wahr. Lymphoide Stammzellen „lernen" beim Durchwandern des Thymusepithelgewebes, welcher Histokompatibilitätstyp als „Selbst-Antigen" zu erkennen ist.

1. HLA-Region des Menschen

Die *HLA*-Region (= das *HLA*-System) ist die bedeutendste Histokompatibilitätsregion des Menschen. Sie ist der *H-2*-Region der Maus homolog, befindet sich auf dem Chromosom 6 des Menschen und besteht aus mindestens vier voneinander entfernt liegenden Genloci:

HLA-A; HLA-B; HLA-C; HLA-D.

An jedem der genannten Genorte kommen zahlreiche Allele vor, die man wie folgt bezeichnet:

HLA-A 1 *HLA-B 1*
HLA-A 2 *HLA-B 2*
HLA-A 3 *HLA-B 3* etc.

Für den Nachweis von Histokompatibilitätsantigenen beim Menschen gibt es zwei Möglichkeiten:

a) Serologisch mit Hilfe von Alloantiseren. Man gewinnt spezifische Seren von
   α) Patienten, die mehrmals Bluttransfusionen erhalten haben,
   β: von Frauen, die aufgrund einer Schwangerschaft gegen die Leukozyten ihrer Nachkommen immunisiert (sensibilisiert) sind. Die Immunität richtet sich gegen antigene Determinanten, die vom Vater des Kindes stammen. Ein ungeklärtes Problem hierbei: Warum wird der wachsende Fötus im Uterus nicht abgestoßen?
b) In *Mixed Lymphocyte*-Kulturen (MLC): Wenn man in Zellkultur zwei T-Lymphozytenpopulationen (s. Kap. 66) mit voneinander verschiedenen antigenen Determinanten zusammengibt, sensibilisieren sie sich gegenseitig:

$$A + B:\ A \rightarrow antiB;\ B \rightarrow antiA.$$

HLA-Antigene sind in den letzten Jahren in mehreren Labors isoliert und weitestgehend gereinigt worden. Sie sind am leichtesten aus Lymphoblastenkulturen zu gewinnen. Eine Zelle trägt größenordnungsmäßig 5×10^5 Moleküle, was etwa 1–2% der Membranproteine oder < 0,1% des Gesamtzellproteins entspricht.

Woher stammt das untersuchte Material? Inzucht kommt beim Menschen in der Regel nicht vor. Zu den Ausnahmen gehören die Mitglieder der Gemeinde Amish, einer religiösen Sekte in Indiana/USA. Lymphoblasten (Vorstufen der Lymphozyten) von Personen dieser Gruppe sind deshalb ein ideales Ausgangsmaterial für die Untersuchung von *HLA*-Antigenen. Man hat Zellinien isolieren und kultivieren können, die doppelt homozygot sind (z.B. nur die Allele *HLA-A 2* und *HLA-B 7* enthalten) (Strominger et al., 1976/1977). 1976 berichteten Layrisse et al. über ähnliche Untersuchungen an Warao-Indianern aus Venezuela, die ebenfalls in isolierten Populationen mit hohem Inzuchtgrad leben.

HLA-Antigene können in ausreichenden Mengen in Zellkultur produziert werden. Die Moleküle bestehen aus nichtkovalent miteinander verbundenen Polypeptidketten. Die eine Kette, die leichte, hat ein Molekulargewicht von 12.000 und die schwere Kette eines von 45.000. Die leichte Kette ist ein Glykoprotein mit unterschiedlichem Anteil an Sialinsäure. Hierauf beruht, wie bei den Immunglobulinen, eine elektrophoretisch nachweisbare Heterogenität in den Antigenpräparationen, die nach Abtrennen der Zuckerreste verlorengeht.

Die Aminosäurezusammensetzung der bisher analysierten Antigene *HLA-A 2, HLA-B 7* und *HLA-B 12* ähneln einander sehr stark, woraus folgt, daß die an verschiedenen Orten (mehrere 1000 Genäquivalente voneinander entfernt) lokalisierten Gene für *HLA-A* und *HLA-B* durch Duplikationen eines ursprünglichen primitiven Urgens entstanden sind. Vieles spricht dafür, daß auch *HLA-C* und *HLA-D* dieser Genfamilie angehören. Eine weitere verwandtschaftliche Beziehung besteht zu den Histokompatibilitätsantigenen der *H-2*-Region der Maus.

Die leichte Kette enthält eine Disulfidbrücke. Das Molekül ist das β_2-Mikroglobulin. Die schwere Kette enthält zwei Disulfidbrücken. Der vordere Teil des Moleküls (N-terminales Ende) ist stark hydrophil, der mittlere Teil hydrophob und der C-terminale Teil wiederum stark hydrophil (s. Abb. 23.2). Das β_2-Mikroglobulin ist einer Immunglobulindomäne homolog.

Biologische Bedeutung der HLA-Antigene. Träger bestimmter Histokompatibilitätstypen sind gegenüber einer Reihe von Krankheiten, wie Rheumatische Arthritis, Multiple Sklerose, Diabetes im Jugendalter u.a., besonders empfindlich. Als Auslöser dieser Krankheiten spielen Autoimmunphänomene eine entscheidende Rolle, wobei in allen bisher untersuchten Fällen der *HLA-B*-Locus beteiligt ist. Er scheint der *Ir*-Region der Mäuse (s. folgenden Abschnitt) äquivalent zu sein. Krankheiten, die durch das *HLA*-System kontrolliert werden, treten unter Verwandten gehäuft auf. Die Unverträglichkeit gegen die Krankheit verhält sich wie ein rezessives Merkmal. Die Kenntnis der *HLA*-Typen kann somit zu einem Bestandteil der präventiven Medizin werden. Wenn man weiß, daß bei gegebenem Histokompatibilitätstyp ein erhöhtes

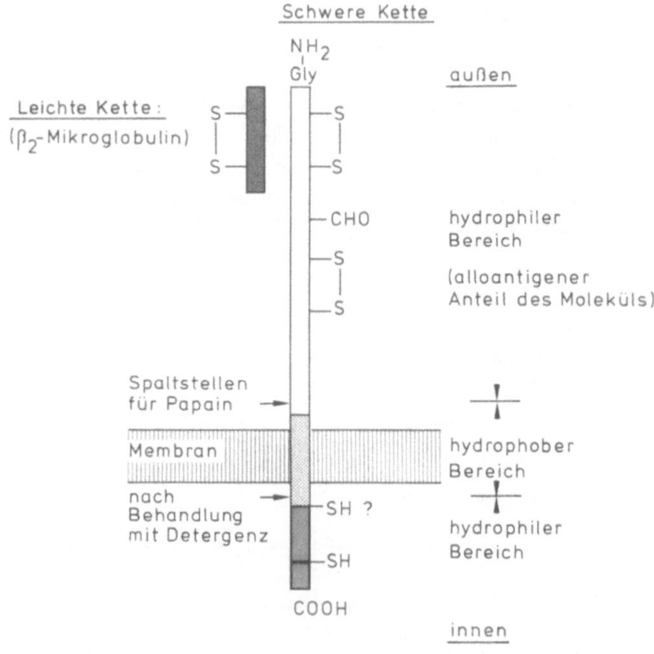

Abb. 23.2. Modell eines *HLA-A,B*-Antigens und dessen Verankerung in der Membran (Strominger, 1976)

Risiko für eine bestimmte Krankheit vorliegt, lassen sich vorbeugende Maßnahmen ergreifen.

Bei Populationen mit geringem Inzuchtgrad findet man eine hohe Variabilität, u.a. schon deshalb, weil im Laufe vieler Generationen auch nahe benachbart liegende Genorte durch Rekombination voneinander getrennt und neu kombiniert worden sind. Daraus folgt, daß in den Populationen die meisten, wenn nicht sogar alle theoretisch denkbaren Kombinationen in cis-Positionen (einem Haplotyp) zu finden sind. Statt z.B.

a. *HLA-A 1* – *HLA-B 3* – *HLA-C 5*
a'. *HLA-A 3* – *HLA-B 2* – *HLA-C 4*

kann es folgende Kombinationen geben:

a. *HLA-A 1* – *HLA-B 2* – *HLA-C 5*
a'. *HLA-A 3* – *HLA-B 3* – *HLA-C 4*

oder

a. *HLA-A 1* – *HLA-B 2* – *HLA-C 4*
a'. *HLA-A 3* – *HLA-B 3* – *HLA-C 5*

oder

a. *HLA-A 1* – *HLA-B 3* – *HLA-C 5*
a'. *HLA-A 3* – *HLA-B 2* – *HLA-C 4* etc.

Der Variabilität von Individuum zu Individuum innerhalb einer Art steht eine außerordentlich hohe Stabilität der Histokompatibilitätstypen im Laufe der Evolution gegenüber. Das sagt jedoch nichts über die Anordnungen der Genorte im Genom aus. Auch bei unterschiedlicher Lage erhält man gleichartige Funktionen (vgl. Mensch/Maus: *HLA* und *H-2*, s. folgenden Abschnitt).

2. H-2-Komplex der Maus

Der *H-2*-Komplex (Komplex ist als Oberbegriff für mehrere Regionen zu verstehen) ist auf dem Chromosom 17 der Maus lokalisiert. Die einzelnen Genregionen sind relativ gut untersucht worden, die Ergebnisse dem folgenden Schema zu entnehmen (s. Abb. 23.3). Eine Region ist ein Bereich, der viele Gene enthält, umfaßt jedoch nicht das ganze Chromosom. Der eigentliche *H-2*-Komplex wird von den Regionen *H-2K* und *H-2D* flankiert. Dazwischen ist Platz für etwa 2000 Genloci, jedoch sind dort bis heute erst sieben Genfunktionen erfaßt worden.

Viele Regionen sind genetisch äußerst komplex, so daß man eine weitere Unterteilung in Subregionen vornehmen muß. Innerhalb des *H-2*-Komplexes liegen die *K*-, *I*-, *S*- und *D*-Regionen. Die *S*-Region enthält die Genloci *Ss-Slp*. Eines der Genprodukte ist das C'_4 des Komplementsystems (s. Kap. 18). *Slp* ist geschlechtsgebunden und kommt nur bei ♂ vor. Die Expression der *Ss-Slp*-Genprodukte wird hormonell gesteuert. C'_4 beeinflußt die Komponenten C'_1–C'_3 des Komplementsystems, wobei noch unklar ist, ob es die Synthese oder die Aktivität dieser Produkte steuert.

1. Genprodukte der K- und der D-Region. Sie wurden vor etwa 40 Jahren entdeckt und als Antigene definiert, welche für die Abstoßung bei der ***allograft-reaction*** verantwortlich sind (→ Abstoßung von transplantierten Hautarealen). Der Polymorphismus dieser Gene ist extrem hoch. Die Genetik und die Genprodukte sind vorwiegend an Inzuchtstämmen analysiert worden. Man kennt heute über 70 voneinander verschiedene *H-2*-Antigene, schätzt aber, daß die Zahl in Wirklichkeit weit über 100 liegt.

Klein hat in den letzten Jahren begonnen, auch natürliche Mäusepopulationen zu analysieren, wobei er fand, daß Mäuse gleicher lokaler Herkunft mehr oder weniger dem gleichen Histokompatibilitätstyp angehören, während sie sich in dieser Hinsicht stark von Mäusen anderer Herkunft unterscheiden. Dieser Befund deutet auf einen relativ hohen Inzuchtkoeffizienten innerhalb natürlicher Mäusepopulationen hin. Die Heterogenität innerhalb der lokalen Populationen ist geringer als bei F_1-Hybriden von zwei beliebigen Inzuchtstämmen.

Wie die Histokompatibilitätsantigene des Menschen haben auch die der Maus ein Molekulargewicht von größenordnungsmäßig 45.000 und 12.000. Auch ihre Grundstruktur besteht aus einer schweren und einer

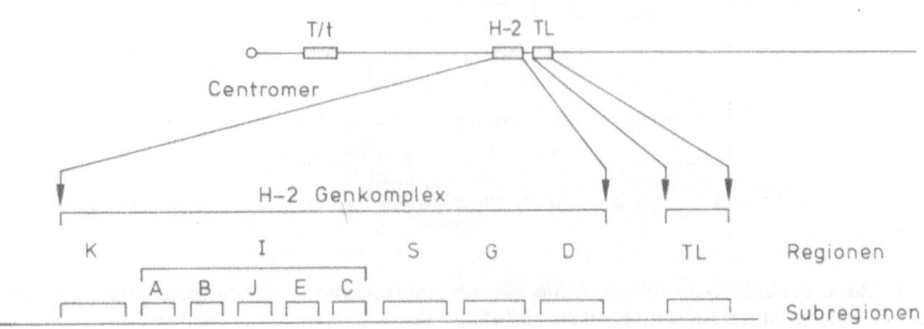

Abb. 23.3. Struktur und Position des *H-2*-Genkomplexes im Chromosom 17 der Maus. Vereinfachte Darstellung (weitere Einzelheiten s. Klein et al., 1978)

leichten Kette eines Glykoproteins, wobei die leichte Kette wieder als β_2-Mikroglobulin charakterisiert werden konnte. Bisher liegen nur einige Teilsequenzen der N-terminalen Bereiche von Mensch- und Maus-Histokompatibilitätsantigenen vor (s. Abb. 23.4). Schon diese wenigen Daten lassen auf hochgradige Homologie schließen. Sie weisen aber auch darauf hin, daß das *K*-Gen und das *D*-Gen auf einen gemeinsamen Vorfahren zurückzuführen sind und daß sich *K* und *D* auseinanderentwickelt haben, nachdem sich die Entwicklungslinien von Maus und Mensch getrennt hatten. Man findet nämlich mäusespezifische Gemeinsamkeiten in den Sequenzen von *K* und *D*, welche den menschlichen Histokompatibilitätsantigenen fehlen. Als „Klasse" können die Genprodukte des *K*-Locus nicht von denen des *D*-Locus unterschieden werden.

Es stellen sich somit die Fragen, wie im Laufe der Evolution

a) der hohe Grad an Polymorphismus entstanden ist und gleichzeitig
b) eine relativ hohe Konstanz in bestimmten Teilen der Moleküle beibehalten wurde.

Offenbar begünstigt die natürliche Selektion die hochgradige Variabilität bestimmter Molekülteile und die Konstanz anderer.

2. Genprodukte der I-Region. Die *I*-Region enthält Gene, welche die Immunantwort gegen eine Reihe von Antigenen steuern (s. Kap. 68). Sie beeinflussen MLR-Reaktionen und sind an der Kooperation von B- und T-Zellen beteiligt. Zu den am besten untersuchten gehören die *Ir*-Gene (*Immune response*-Gene) sowie die *Ia*-Gene (*I-region associated antigens*). Bei letzteren handelt es sich um Glykoproteine mit einem Molekulargewicht von 58.000. Sowohl die *Ir*- als auch die *Ia*-Genprodukte sind Oberflächenkomponenten von Lymphozyten.

Zwischen dem *H-2*-Komplex und dem Centromer liegt ein weiterer Komplex: *T/t*. Die hier codierten Genprodukte werden vorwiegend auf den Oberflächen von Spermien und embryonalen Zellen exprimiert. Offenbar vertreten sie die Histokompatibilitätsantigene in frühen Entwicklungsstadien. Sie beeinflussen die Spermatogenese und das Verhalten der Spermien; sie kontrollieren Stadien der Embryonalentwicklung und kooperieren mit anderen Allelen des *T/t*-Komplexes (s. Kap. 64). Liegen bestimmte Allele in rezessiver Form vor, erhält man schwanzlose Phänotypen, andere Kombinationen wiederum führen zu letalen und /oder subletalen Formen. Die Genprodukte sind extrem polymorph und ähneln den Genprodukten des *H-2*-Komplexes, was wiederum die Vermutung nahelegt, daß der *T/t*-Komplex mit dem *H-2*-Komplex verwandt ist und eine mögliche frühe Evolutionsstufe von diesem darstellt. Es sieht so aus, als würden sich beide Systeme auf ein gemeinsames Urgen zurückführen lassen (Artzt und Bennett, 1975).

Ebenfalls dem *H-2*-Komplex benachbart liegt die *Tla*-Region. Es gibt Hinweise darauf, daß auch diese Gene die Information zur Bildung von Zelloberflächenantigenen tragen. Histokompatibilitätsantigene beeinflussen Virusinfektionen. Das Immunsystem richtet sich gegen körperfremde Substanzen. Ein Virus, das in eine Zelle eindringt, entzieht sich somit scheinbar diesem Abwehrmechanismus. Wird die Oberfläche der Zelle jedoch modifiziert, so wird jetzt die Zelle selbst als fremd erkannt und löst eine zelluläre Immunantwort (die durch T-Lymphozyten bedingt ist) aus. Werden jedoch cytotoxische T-Lymphozyten gegen virusinfizierte Zellen eines beliebigen anderen Histokompatibilitätstyps sensibilisiert, werden jene Zellen nicht lysiert. Andere virusinfizierte Zellen werden ebenso wenig lysiert wie uninfizierte Zellen, die dem gleichen Histokompatibilitätstyp angehören wie die sensibilisierten T-Lymphozyten.

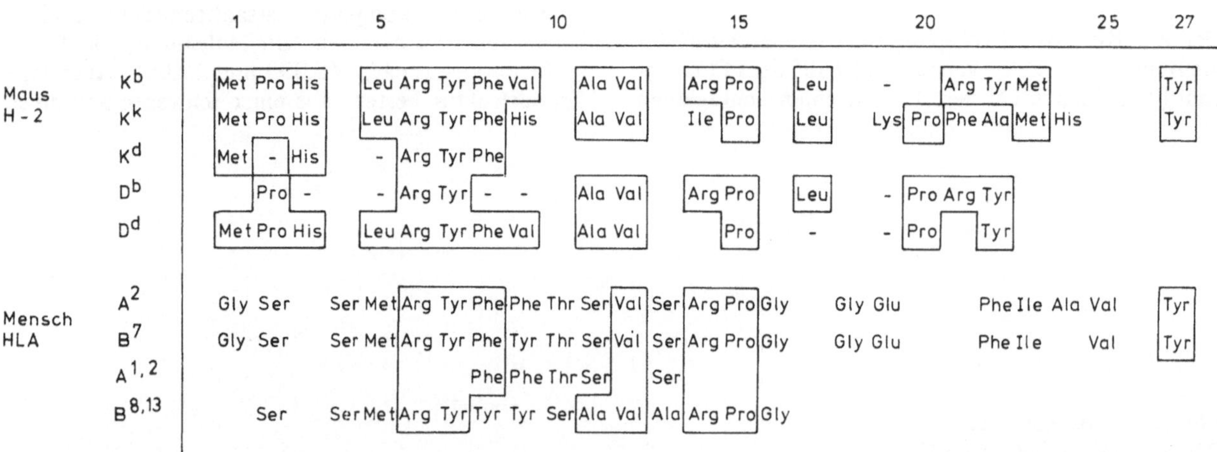

Abb. 23.4. Partielle N-terminale Aminosäuresequenzen von Histokompatibilitätsantigenen (Transplantationsantigenen) der Maus und des Menschen (Hood und Silver, 1976)

Diese Beobachtung läßt sich mit der Theorie der *dual recognition* erklären: Für eine wirkungsvolle Lyse ist demnach die gleichzeitige Erkennung von Histokompatibilitätsantigen (Selbst-Antigen) und viruscodiertem Antigen erforderlich (Zinkernagel und Oldstone, 1976, 1978)

Literatur

Artzt, K., Bennett, D.: Analogies between embryonic (T/t) antigens and adult major histocompatiblity (H-2) antigens. Nature (London) *256*, 545 (1975)

Bach, F.H.: Genetics of transplantation: The major histocompatibility complex. Annu. Rev. Genet. *10*, 319 (1976)

Bodmer, W.F., Jones, E.A., Barnstable, C.J., Bodmer, J.G.: Genetics of HLA: the major human histocompatibility system. Proc. R. Soc. Lond. B *202*, 93 (1978)

Bridgen, J., Snary, D., Crumpton, M.J., Barnstable, C., Goodfellow, P., Bodmer, W.F.: Isolation and N-terminal amino acid sequence of membrane-bound human HLA-A and HLA-B antigens. Nature (London) *261*, 200 (1976)

Capra, D.J., Vitetta, E.S., Klapper, D.G., Uhr, J.W., Klein, J.: Structural studies on protein products of murine chromosome 17: Partial amino acid sequence of an H-2K^b molecule. Proc. Natl. Acad. Sci. USA *73*, 3661 (1976)

Crumpton, M.J., Snary, D., Walsh, F.S., Barnstable, C.J., Goodfellow, P.N., Jones E.A., Bodmer, W.F.: Molecular structure of the gene products of the human HLA-system: isolation and characterization of HLA-A, -B, -C and Ia antigens. Proc. R. Soc. Lond. B *202*, 159 (1978)

Cunningham, B.A.: The structure and function of histocompatibility antigens. Sci. Am., Oktober 1977, S. 96

Ferrone, S., Pellegrino, M.A., Dierich, M.P., Reisfeld, R.A.: Expression of histocompatibility antigens during growth cycle of cultured lymphoid cells. Curr. Top. Microbiol. Immunol. *66*, 1 (1974)

Hood, L., Silver, J.: The structure and evolution of transplantation antigens. In: The immune system 27. Mosbacher Colloquium. Melchers, F., Rajewsky, K. (eds.). Berlin, Heidelberg, New York: Springer 1976

Ivanyi, P.: Some aspects of the H-2 system, the major histocompatibility system in the mouse. Proc. R. Soc. Lond. B *202*, 117 (1978)

Klein, J.: Biology of the mouse histocompatiblity-2 complex. Berlin, Heidelberg, New York: Springer 1975

Klein, J., Flaherty, L., Vandeberg, J.L., Shreffler, D.C.: H-2 haplotypes, genes, regions, and antigens: first listing. Immunogenetics *6*, 489 (1978)

Layrisse, Z., Layrisse, M., Heinen, H.D., Wilbert, J.: The histocompatiblity system in the Warao indians of Venezuela. Science *194*, 1135 (1976)

Munro, A., Bright, S.: Products of the major histocompatibility complex and their relationship to the immune response. Nature (London) *264*, 145 (1976)

Strominger, J.L., Humphreys, R.E., Kaufmann, J.F., Mann, D.L., Parham, P., Robb, R., Springer, T., Terhorst, C.: The structure of products of the major histocompatibility complex in man. In: The immune system. 27. Mosbacher Colloqium. Melchers, F., Rajewsky, K. (eds.). Berlin, Heidelberg, New York: Springer 1976

Terhorst, C., Robb, R., Jones, C., Strominger, J.L.: Further structural studies of the heavy chain of HLA antigens and its similarity to immunoglobulins. Proc. Natl. Acad. Sci. USA *74*, 4002 (1977)

Zinkernagel, R.M., Oldstone, M.B.A.: Cells that express viral antigens but lack H-2 determinants are not lysed by immune thymus-derived lymphocytes but are lysed by other antiviral immune attack mechanisms. Proc. Natl. Acad. Sci. USA *73*, 3666 (1976)

Gramnegative Bakterien sind von zwei Membranen, einer äußeren und einer inneren umgeben.
Die Gefrierätztechnik ist ein Verfahren zur Sichtbarmachung vom Membranflächen. Im Bild auf der gegenüberliegenden Seite erkennt man Teile beider bakterieller Membranen. Im peripheren Bereich ist die stark strukturierte, äußere Membran erkennbar. Die regelmäßig angeordneten Partikel sind Proteinmoleküle. Teile der inneren (cytoplasmatischen) Membran sind im Zentrum erkennbar. Ihre Struktur sieht homogener aus. (Aufn. M.V. Nermut, London, 1977)

Membranen

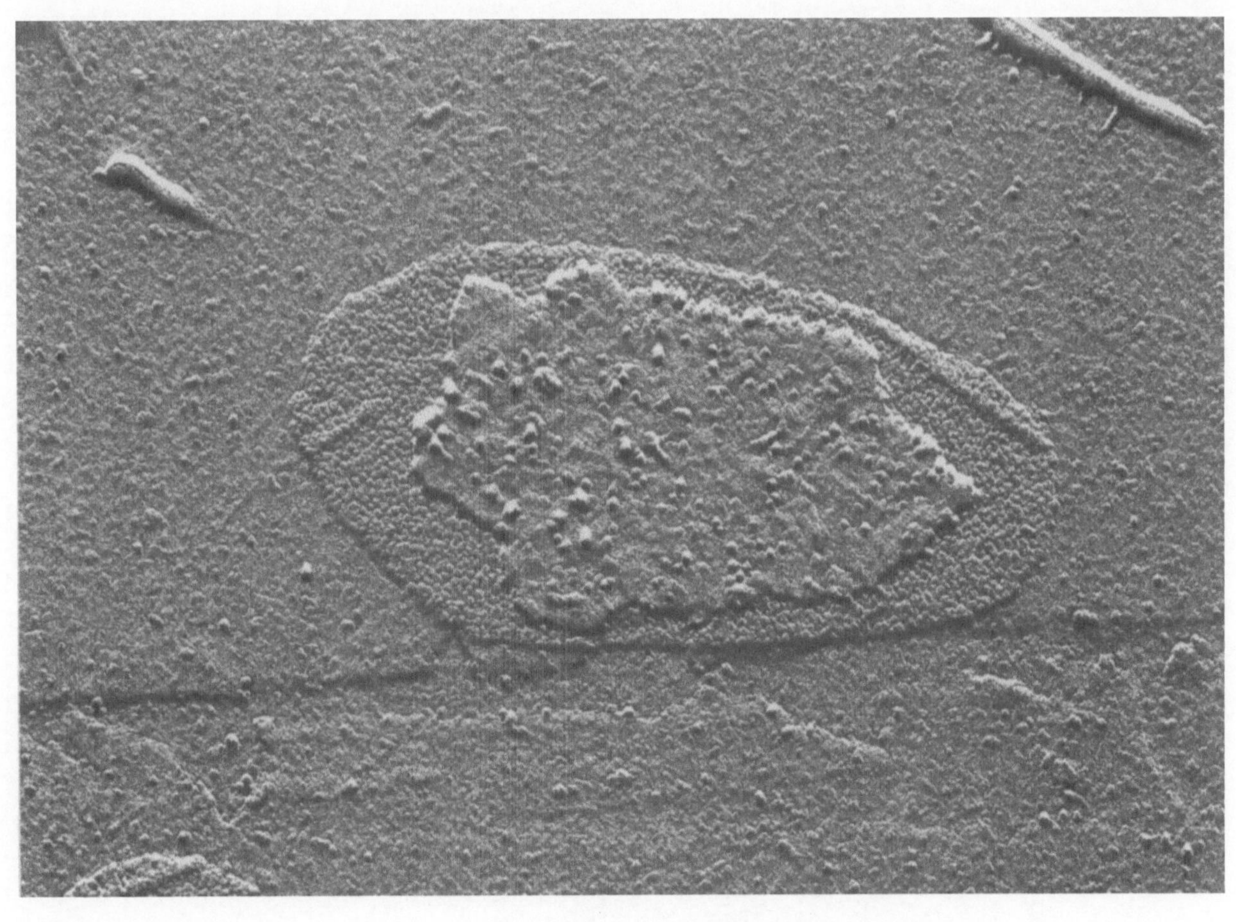

24. Struktur und Zusammensetzung von Membranen

Eigenschaften von Membranen

Alle Zellen sind von einer Membran umgeben. Viele von ihnen, vor allem die eukaryotischen, enthalten darüberhinaus ausgedehnte intrazelluläre Membransysteme. Membranen sind sehr komplexe Strukturen mit einer Vielzahl grundsätzlich voneinander verschiedener Funktionen. Sie grenzen das Zellinnere von der Umwelt ab, sie lassen Wasser, manche Ionen und essentielle Substrate in die Zelle hinein und sondern Exkretionsprodukte ab. Sie bieten der Zelle Schutz und dienen der Aufrechterhaltung des inneren Milieus. Ohne Membranen würden Zellinhalte zerfließen, informationstragende Moleküle würden durch Diffusion verlorengehen, Stoffwechselvorgänge würden einem thermischen Gleichgewicht zustreben, und das bedeutet bekanntlich den Tod eines lebenden Systems.

Alle Membranen zeigen in Organisation und Zusammensetzung eine Reihe von Gemeinsamkeiten:

1. Ihre Dicke beträgt durchschnittlich 70 Å.
2. Sie bestehen vorwiegend aus Proteinen und Lipiden. Das Gewichtsverhältnis Protein/Lipid beträgt 1,4–4/1.
3. Sie stellen eine Permeationsschranke dar.
4. Membranfragmente schließen sich zu Vesikeln.

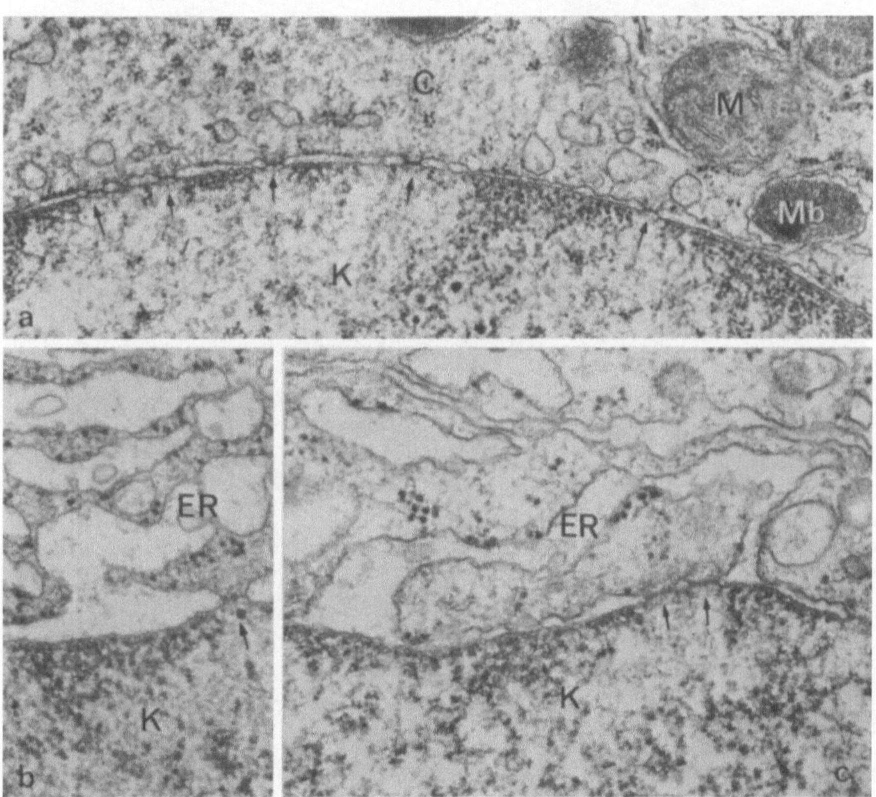

Abb. 24.1. a Kernanschnitte einer Rattenhepatozyte (Leberzelle). Man erkennt die Doppelmembran der Kernhülle mit einigen Kernporen (*Pfeile*). In b und c sind direkte Membrankontinuitäten der äußeren Kernmembran mit dem Endoplasmatischen Retikulum zu sehen. *C*, Cytoplasma; *K*, Kern; *M*, Mitochondrion; *Mb*, Peroxysom; *ER*, Endoplasmatisches Retikulum. Vergr. a 31.200fach, b 46.400fach, c 46.400fach. (Aufn. Kartenbeck, Heidelberg)

Den Gemeinsamkeiten stehen Verschiedenheiten gegenüber. Lipide und Proteine sind in sich sehr heterogene Stoffklassen, darüberhinaus findet man in vielen Membranen einen beachtlichen Anteil an Kohlenhydraten. Proteine bedingen Spezifität, und Spezifität wiederum ist ein kennzeichnendes Merkmal eines jeden Membrantyps. Über die Membran nimmt eine Zelle Kontakt mit ihrer Umwelt auf, es werden spezifische Signale empfangen, verarbeitet, ins Zellinnere weitergeleitet oder verworfen. Der Zustand der Zelle wird angezeigt, Erregungen werden weitergegeben und an der Membran gegebenenfalls verstärkt. Kontakte mit anderen Zellen werden geschlossen oder verhindert.

Membranen unterteilen die Zelle in eine Anzahl von Kompartimenten, von denen jedes für sich spezifische Funktionen innerhalb der Zelle wahrnimmt. Aufgrund ihres Vorkommens, ihrer Struktur und vor allem ihrer Funktion können wir Membranen einer Reihe verschiedener Gruppen zuordnen:

1. Plasmalemma (Plasmamembran), äußere Zellmembran),
2. Kernmembran (Kernhülle, s. Abb. 24.1),
3. Membranen der Myelinscheide (s. Abb. 24.2),
4. Virusmembranen (s. Kap..26),
5. Bakterielle Membranen (s. Kap. 27 und Abbildung auf S. 213),
6. Endoplasmatisches Retikulum,

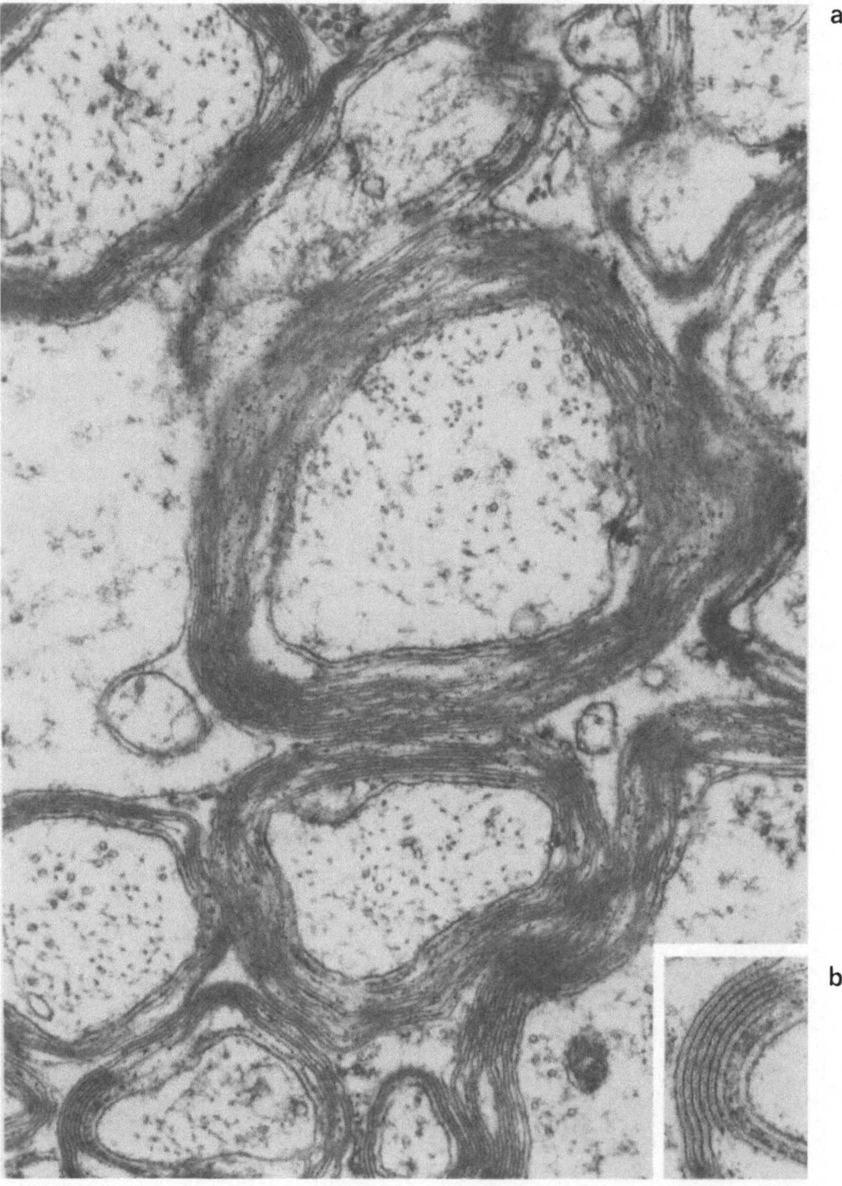

Abb. 24.2 a und b. Myelinscheiden aus dem Großhirn der Ratte. b zeigt die regelmäßigen Abstände der einzelnen Lipidschichten bei höherer Vergrößerung. Vergr. a 19.600fach, b 47.600fach. (Aufn. Kartenbeck, Heidelberg)

7. Golgi-Apparat,
8. Erregbare Membranen (s. Kap. 30),
9. Mitochondrienmembranen (s. Kap. 31),
10. Chloroplastenmembranen (s. Kap. 31).

Die Holländer Gorter und Grendel postulierten 1925, daß sich die Lipidanteile von Membranen aufgrund ihrer Struktureigenschaften zu einer Doppelschichtstruktur zusammenlagern müßten. Phospholipide, die den Hauptanteil der Lipidfraktion ausmachen, sind amphipathisch; es sind also Moleküle aus zwei funktionellen Teilen, einem polaren Kopf und einem hydrophoben Schwanz. Der polare Kopf besteht aus einem Phosphatrest und einem daran hängenden Rest R (*polar head group*). R kann sehr verschieden aussehen. Zu den bekanntesten Resten gehören Cholin, Äthanolamin, Serin, Threonin, Glycerin, Inosin sowie Oligosaccharide. Der hydrophobe Anteil besteht aus Fettsäureresten, die mit Glycin verestert sind. In einer Lipiddoppelschicht zeigen die polaren Gruppen nach außen, während die Fettsäureschwänze ins Membraninnere gerichtet sind und somit den hydrophoben Teil der Membran ausmachen.

Die Idee der Doppelschichtstruktur wurde Mitte der dreißiger Jahre von Davson und Danielli aufgegriffen und weiter ausgebaut. Das von ihnen entwickelte und nach ihnen benannte Modell beschreibt zwar widerspruchslos die Anordnung der Phospholipidmoleküle, aber nur ungenügend die Anordnung der Proteine.

In seiner ursprünglichen Form sollten die Proteine den Lipiden als Schicht aufliegen. Doch dieser simplen Vorstellung widersprach die Beobachtung, daß die meisten Membranproteine außerordentlich fest mit den Lipiden assoziiert sind. Eine modifizierte Form des Modells sah vor, daß Teile der Proteinmoleküle mit der Lipidschicht verzahnt seien und somit den festen Kontakt bewirken. Weitere Beobachtungen widersprachen dem immer noch zu einfachen Modell. Für viele Substanzen bildet eine Membran nämlich eine Diffusionsbarriere. Die Diffusionsrate ist um den Faktor $10^6 - 10^9$ niedriger als in wässriger Lösung, und dennoch gibt es Moleküle und Ionen, die eine Membran nahezu ungehindert und ohne Energieverbrauch passieren können.

Inhibitoren des Stoffwechsels beeinträchtigen die Passage nicht, so daß man als Erklärung das Vorhandensein von Poren (Kanälen) postulieren mußte (Davson und Danielli, 1955). Doch selbst diese letzte Fassung des Modells erklärte noch lange nicht alle Beobachtungen, die sich inzwischen über Membranen angesammelt hatten. 1972 stellten J.S. Singer und Nicolson (University of California, San Diego) ihr *Fluid Mosaic*-Modell vor (s. Abb. 24.3). Das Modell beschreibt die Membran als ein flüssiges Mosaik und sieht vor, daß die Lipide ein visköses, zweidimensionales Lösungsmittel bilden, in das Proteine mehr oder weniger stark eintauchen und in dem sie verankert (integriert) sind. Man bezeichnet diese Proteine als integrale Membranproteine. Manche von ihnen reichen von der einen zur anderen Membranseite, viele sind zu Aggregaten vereint, und es ist daher leicht vorstellbar, wie sich Kanäle oder Poren durch die Membran bilden. Das Modell macht aber auch die Vorhersage, daß sich die Moleküle (Lipide und Proteine) in der Membranebene (lateral) frei bewegen können. Dem steht jedoch die Beobachtung gegenüber, daß Proteine in der Membran oft nicht statistisch verteilt sind, sondern daß die Membran mosaikartig aus Bereichen mit unterschiedlicher Funktion zusammengesetzt ist. Dieser Befund steht trotzdem nicht im Widerspruch zum *Fluid Mosaic*-Modell, denn die Ursache für die ungleiche Verteilung ist einmal auf die Aggregatbildung der Proteine untereinander und zum anderen auf eine Wechselwirkung zwischen Membranproteinen und Proteinen, die der Membran unterlagert sind, zurückzuführen. In Aggregaten können Proteinmoleküle äquivalente Positionen einnehmen, womit die Voraussetzungen für eine allosterische Kooperation gegeben sind (Monod-Wyman-Changeux-Modell). Teile der Proteinmoleküle, die mit den hydrophoben Anteilen der Lipidmoleküle in Wechselwirkung treten, sind selbst stark hydrophob, solche, die an einer der Membranoberflächen exponiert sind, sind hydrophil. Ihre Verteilung in der Membran beeinflußt selbstverständlich auch die Verteilung der Lipidmoleküle, denn bestimmte Proteine haben zu bestimmten Lipiden eine höhere Affinität als zu anderen, so daß sich erstere preferentiell in Nachbarschaft der betreffenden Proteine konzentrieren. Neben den integralen gibt es die sog. peripheren Membranproteine. Das sind solche, die mit der Membran nur locker assoziiert sind. Die Wechselwirkung geschieht wahrscheinlich über ionische Interaktionen zwischen dem Protein und dem polaren (hydrophilen) Kopf der Lipidmoleküle oder den hydrophilen Anteilen von integralen Membranproteinen.

Durch diese Aussagen ist vorweggenommen, daß die Proteine in eine Lipidschicht (Lipidmatrix)

Abb. 24.3. Das Organisationskomitee des XI. Internationalen Kongresses für Biochemie (Toronto 1979) wählte ein stilisiertes *Fluid Mosaic*-Modell (Singer-Nicolson-Modell) zum Kongreßsymbol. Die Buchstaben I U B (International Union of Biochemistry) symbolisieren integrale Proteine, die in die Membran eingelassen sind. Das Symbol weist auf die große Beachtung der Membranforschung in der gegenwärtigen biochemischen Forschung hin eingelagert sind und daß es nicht genau umgekehrt ist: Einlagerung von Lipiden in eine Proteinmatrix. Die beiden Alternativen unterscheiden sich sowohl in struktureller als auch in funktioneller Hinsicht. Die zweite ist aus vielerlei Gründen wenig wahrscheinlich, denn es müßten Bedingungen erfüllt werden, die in der Regel den gemachten Beobachtungen widersprechen (s. Kap. 27).

Wenn eine Proteinmatrix vorhanden wäre, müßten die Proteine gleichmäßig verteilt sein und spezifische Wechselwirkungen untereinander ausüben. Die Membran wäre starr und statisch und würde einen hohen Ordnungsgrad aufweisen. Kapside vieler Viruspartikel (*Polio,* TMV, Phagen etc.) sind tatsächlich so strukturiert (s. Kap. 40). In diesen Strukturen gibt es jedoch keine lateralen Bewegungen, denn es ist sehr schwer vorstellbar, wie sich simultan eine Vielzahl verschiedener Interaktionen lösen und anschließend wieder neu bilden können.

Wir werden noch sehen, daß in natürlichen Membranen eine Konturspannung herrscht, woraus folgt, daß sich alle membranumgebenen Strukturen abrunden und Vesikel bilden. Dem steht die Beobachtung entgegen, daß Zellen in der Regel klar definierte Formen annehmen (s. u.a. Abb. 32.8, 34.12, 45,8 und 50.8) und daß sie diese in bestimmter Weise verändern können. Die Formbildung kann also nicht durch die Membranstruktur (allein) erklärt werden. Es wird ein Stützgerüst [ein Cytoskelett (aus Protein)] benötigt, und ein solches ist in der Tat vorhanden.

Eine Membran trennt Zellinneres von Zelläußerem, es gibt demnach auch eine Außen- und eine Innenseite der Membran. Beide sind oft unterschiedlich zusammengesetzt, so daß man von einer Asymmetrie der Membran sprechen muß (s. Abb. 24.4). Lipide und Proteine, oder besser gesagt, die Teile der Proteinmoleküle, die an der Außenseite liegen, tragen oft Kohlenhydrate: Oligosaccharide, welche kovalent an Serin-, Threonin- oder Asparaginreste gebunden sind. Proteine an der Membraninnenseite und intrazelluläre Membranen sind in der Regel kohlenhydratfrei.

Wie kommt diese Asymmetrie zustande? Nach allem, was wir heute wissen, kann sie nur während der Biosynthese der Membrankomponenten entstehen. Proteine der Membranaußenseite z.B. werden während ihrer Synthese aus der Zelle ausgeschleust (s. Kap. 38). Es gibt kein Zurück und zu einem späteren Zeitpunkt auch keine Möglichkeit, das Zellinnere zu verlassen. Vergleichbare Mechanismen liegen wohl auch der asymmetrischen Verteilung der Lipidmoleküle zugrunde. Es ist bekannt, daß verschiedene Membrantypen ineinander übergehen können, doch mit welcher Häufigkeit das geschieht, ob und wie sich dabei die Lipidzusammensetzung ändert und mit welcher Geschwindigkeit die Umwandlung erfolgt, ist weitgehend offen.

In letzter Zeit sind die sog. *Coated Vesicles* in den Vordergrund des Interesses gelangt (Pearse, 1975).

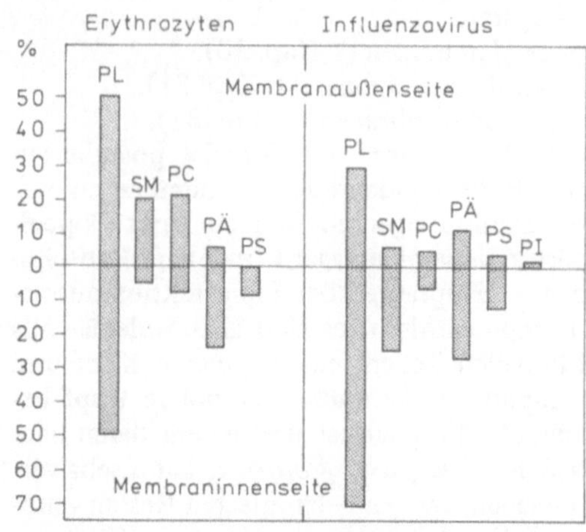

Abb. 24.4. Asymmetrische Verteilung von Lipiden in den beiden Schichten verschiedener Membranen. *PL,* Phospholipid (Gesamtfraktion); *PÄ,* Phosphatidyläthanolamin; *PC,* Phosphatidylcholin; *PI,* Phosphatidylinositol; *SM,* Sphingomyelin; *PS,* Phosphatidylserin (Rothman und Lenhard, 1977)

Es handelt sich dabei um intrazelluläre Partikel mit Durchmessern von 600–1000 Å, deren Oberflächen von einem Proteinmantel umgeben sind, welcher vorwiegend eine Komponente, das Clathrin (Molekulargewicht 180.000) enthält. *Coated Vesicles* können mit der Plasmamembran fusionieren und dabei ihren Inhalt aus der Zelle herausschleusen (s. Abb. 24.5). Ihnen kommt somit die Funktion sekretorischer Vesikel zu, und darüberhinaus sind sie vermutlich auch am Rückfluß von Membranen und deren Umorganisation beteiligt.

Moleküle sind, wie schon gesagt, in der Membranebene mehr oder weniger frei beweglich. Ein Lipidmolekül wechselt seinen Nachbarn im Schnitt 10^6mal pro Sekunde. Ein Umklappen (*flip-flop*) von einer Schicht zur anderen hingegen ist extrem selten: Ein gegebenes Molekül wechselt nur etwa alle 14 Tage die Seiten. Wegen der amphipathischen Struktur der Lipide werden auch die Proteine in der Regel

a) ihre Orientierung und
b) den Grad des „Eintauchens"

beibehalten, während sie um ihre Längsachse frei drehbar bleiben und sich auch in der Lipidebene frei bewegen, sofern sie nicht durch Protein-Protein-Interaktionen daran gehindert werden. Andererseits ist es auch für Proteine nahezu undenkbar, sich um ihre eigenen Querachsen zu drehen und somit, einem Wasserrad gleich, Substanzen von innen nach außen oder umgekehrt zu transportieren. Daraus folgt zwangsläufig, daß alle Transportmechanismen durch Membranen anders erklärt werden müssen. Kanäle (Poren), die ständig oder nur zeitweise offen sind, sind die einzig realisierbare Alternative hierzu.

Das Arbeiten mit Membranen bietet vielfältige experimentelle Schwierigkeiten. Es beginnt schon damit, daß es nicht unproblematisch ist, reine Mem-

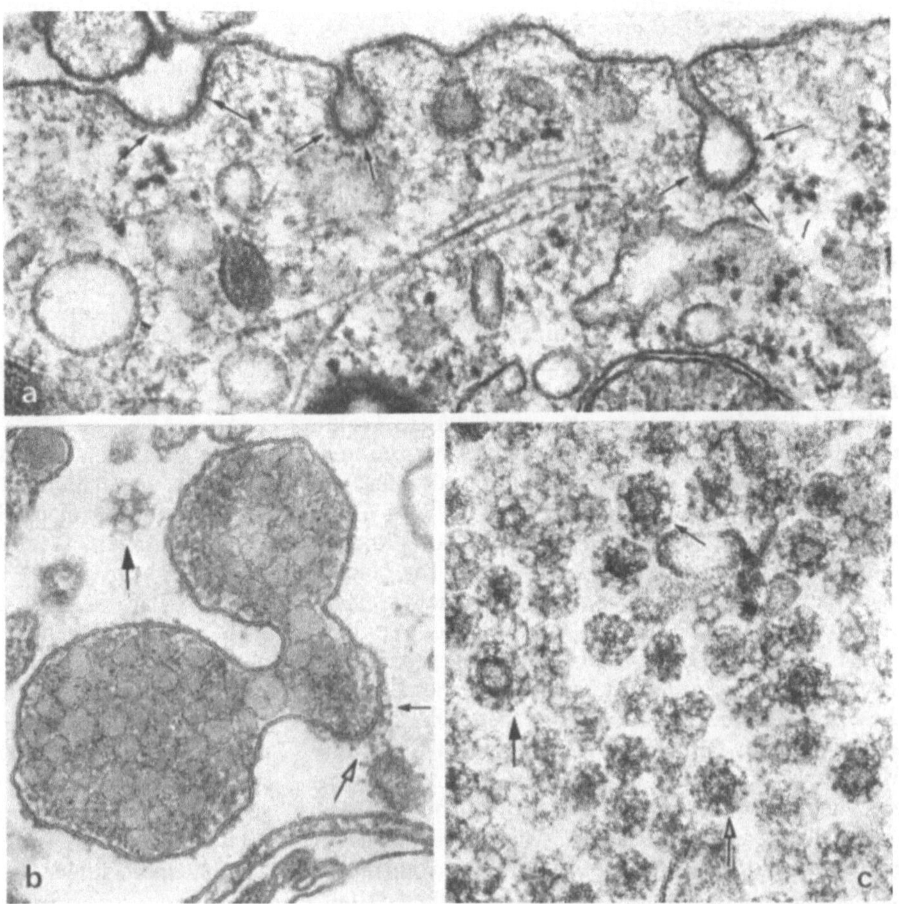

Abb. 24.5 a–c. a Bildung von endoplasmatischen *Coated Vesicles* an der Plasmamembran einer isolierten, in Kultur gehaltenen Rattenhepatozyte. Man erkennt den gleichmäßig angeordneten Besatz (*Coat*) an der cytoplasmatischen Seite der Membranen (*Pfeile*). Vergr. 75.800fach. b Eine *coated* Region an einem isolierten, sekretorischen Vesikel aus einer Rattenleber, die die Bildung von oder die Fusion mit einem *Coated Vesicle* zeigt (*untere Pfeile*). Der *obere Pfeil* deutet auf einen in Aufsicht zu sehenden *Coat*, der den Aufbau aus hexagonalen und pentagonalen Untereinheiten erkennen läßt. Vergr. 84.000fach. c Isolierte *Coated Vesicles* aus einem Schweinehirn. Diese nur ca. 90 nm großen Vesikel zeigen im Querschnitt die im Inneren liegende Membran und den daraufsitzenden Besatz (*Coat*). Vergr. 124.000fach. (Aufn. Kartenbeck, Heidelberg)

branfraktionen zu gewinnen. Präparationen von Plasmamembranen sind oft mit intrazellulären Membranfragmenten verunreinigt, und solche Verunreinigungen erschweren klare Aussagen über unterschiedliche Funktionen einzelner Membrantypen. Zur Charakterisierung der Plasmamembran hat man in den letzten Jahren viel an Erythrozytenmembranen gearbeitet, denn Erythrozyten (der Mammalia) enthalten keine intrazellulären Membransysteme.

Die meisten bisher analysierten Proteine sind wasserlöslich, und die meisten in der Biochemie eingesetzten Verfahren sind auf diese Bedürfnisse zugeschnitten. Man trifft daher auf enorme Schwierigkeiten, wenn man hydrophobe (lipophile) Komponenten analysieren möchte. Nur die wenigsten Membranproteine sind wasserlöslich, und es sind vor allem solche, die mit der Membran peripher assoziiert sind, wie das Cytochrom c oder das Rhodopsin. Die übrigen, integralen Proteine sind nur schwer von Lipiden zu befreien. Erst der Einsatz von Gallensalzen, anderen ionischen und nichtionischen Detergenzien, organischen Lösungsmitteln und geeigneten (empfindlichen) Nachweisverfahren (Gelelektrophorese, Isotopentechnik) erlaubte es, sie in ausreichender Menge zu gewinnen und anschließend zu charakterisieren. Sehr häufig geht mit dem Entfernen der Lipide auch die Aktivität der Proteinmoleküle verloren. Bretscher (Medical Research Council, Laboratory of Molecular Biology, Cambridge) diskutiert in diesem Zusammenhang die Frage, ob die Lipide nicht eine analoge, aktivierende Wirkung ausüben wie z.B. Metallionen, die für die Aktivierung vieler löslicher Proteine unentbehrlich sind.

Künstliche Membranen

Es ist eine Reihe von Verfahren zur Herstellung künstlicher Membranen entwickelt worden. Alle gehen im wesentlichen von dem Prinzip aus, daß sich amphipatische Moleküle an Grenzschichten zwischen Wasser und einem organischen Lösungsmittel orientieren und einen monomolekularen Film ausbilden.

1. P. Mueller und Rudin erarbeiteten 1967 ein sehr simples Verfahren. Sie gaben einen Phospholipidtropfen in eine Lochblende (Ø 1 mm), die sich in einer Wand zwischen zwei wassergefüllten Gefäßen (Halbzellen) befand. Aufgrund der Oberflächenspannung entsteht aus dem Tropfen eine bimolekulare Lipidschicht mit einer Dicke von etwa 50 Å. Montal und P. Mueller verbesserten das Verfahren in den darauffolgenden Jahren (zusammenfassendes Referat: Montal, 1976). Es gelang ihnen, sowohl mono- als auch bimolekulare Lipidschichten herzustellen. Die beiden Schichten bimolekular gebauter Membranen können aus den gleichen, sie können aber auch aus verschiedenen Lipiden aufgebaut werden (symmetrisch oder asymmetrisch). Proteine können nach Belieben in diese Membranen inkorporiert werden. Die Modelle eignen sich u.a., um einen Ionentransport durch die Membran hindurch zu verfolgen. Man gibt Ionen in eine der Halbzellen und mißt mit einem Potentiometer die Spannungsdifferenz zwischen den beiden Halbzellen als Funktion der Zeit. Zugabe von Ionencarriern (s. Kap. 28) erhöht die Durchlässigkeit. Alternativ zu solchen Versuchsreihen lassen sich Dehnungsmessungen durchführen, um die Belastbarkeit der Membran zu testen. Diese Membran entwickelt eine Oberflächenspannung, im Gegensatz zu den natürlichen Membranen, die unter einer Konturspannung stehen. Jene ergibt sich aus dem Bestreben der Moleküle, das niedrigste Energieniveau zu erreichen und Wechselwirkungen zur größtmöglichen Zahl gleichartiger Nachbarmoleküle auszubilden; als Folge davon reduziert sich die Oberfläche des Membranbereiches auf ein Minimum. Moleküle im Randbereich eines Membranfragmentes haben weniger Kontakt zu gleichartigen Molekülen als solche, die im Inneren eines Fragmentes liegen. Dieser thermodynamisch instabile Zustand wird durch Ausbildung eines Vesikels überwunden. Der Zustand der minimalen freien Energie wird somit erreicht, und das ist der wichtigste Grund dafür, daß eine Membran in einer wässrigen Lösung überhaupt existieren kann. Neben den Montal-Muellerschen Membranen finden die sog. Liposomen weite Anwendung in der Membranforschung. Hierbei handelt es sich um Vesikel, die nach Ultraschallbehandlung einer Suspension von Lipiden in einer wässrigen Lösung entstehen.

2. Pagano und Thompson entwickelten 1967 ein weiteres Verfahren zur Bildung von Doppelschichten: Eine Phospholipidlösung wird in einer Pipette von einer wässrigen Lösung überlagert. Beides zusammen wird in eine wässrige Lösung hineingeblasen. Es formen sich unter diesen Bedingungen Vesikel, deren Oberflächen zu einem großen Teil aus einer Lipiddoppelschicht bestehen. Die überschüssige Masse der Lipidmoleküle sammelt sich an einem der Pole. Es hat sich bewährt, solche Vesikel statt in einer reinen wässrigen Lösung in einem Sucrosegradienten zu bilden, denn hierdurch können sie in der Schwebe gehalten werden.

Die Vesikel sind relativ groß. Man kann Mikroelektroden in sie einführen und Potentialänderungen an der Membran messen, wenn man dem System Ionen zusetzt.

3. Das Verfahren von Tsofina et al. (1966) erlaubt es ebenfalls, Doppelschichten zu konstruieren, deren Seiten unterschiedliche Lipid- und Proteinzusammensetzung aufweisen (s. Abb. 24.6). Die Bildung geschieht in zwei Stufen. Hierbei wird die Tatsache ausgenutzt, daß sich an Grenzflächen (*Interface*) von Wasser und einem organischen Lösungsmittel monomolekulare Schichten ausbilden. Die Anwesenheit von Protein beeinflußt die Struktur dieses Films. Eine zweite monomolekulare Schicht erzeugt man, indem man einen Tropfen einer Proteinlösung in ein organisches Lösungsmittel pipettiert, in dem Phospholipid gelöst ist. Durchdringt der Tropfen die Grenzschicht Wasser/organisches Lösungsmittel, bilden sich Vesikel, die von einer Lipiddoppelschicht umgeben sind.

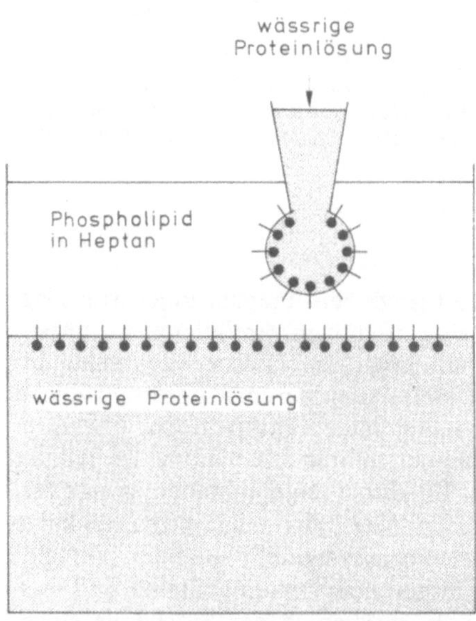

Abb. 24.6. Konstruktion einer synthetischen Lipiddoppelschicht. Eine Schicht (*monolayer*) bildet sich an der Grenzfläche Wasser/Heptan, die andere um einen Tropfen einer wässrigen Lösung, die in das Heptan hineinpipettiert wird. Beim Zusammentreffen beider Schichten formt sich eine echte Doppelschicht. (Nach Tsofina et al., 1966)

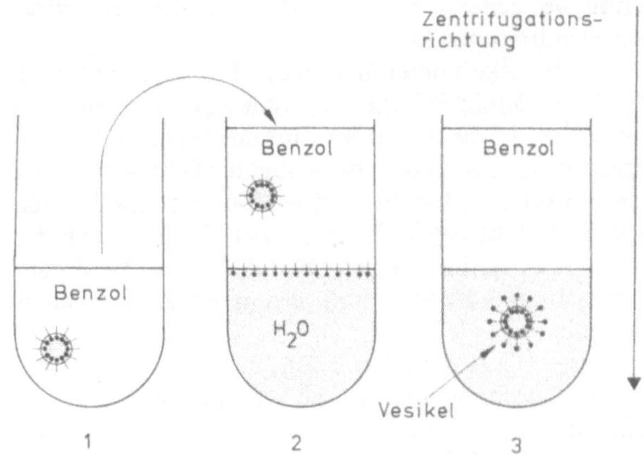

Abb. 24.7. Produktion von Mikrovesikeln durch einen Zweistufenprozeß. Das Verfahren eignet sich zur Massenproduktion. (Nach Träuble und Grell, 1970; aus Delbrück, 1970)

4. Nochmals Protein-Lipid-Doppelschichten unterschiedlicher Zusammensetzung (Träuble und Grell, 1970, s. Abb. 24.7): Wasser und wenig Phospholipid werden in eine Benzolphase gegeben. Durch Behandlung mit Ultraschall entsteht eine Emulsion, in der Wassertropfen (∅ ca. 400 Å) von einer monomolekularen Lipidschicht umgeben sind. Anschließend überschichtet man mit diesem Ansatz eine wässrige Lösung, die wiederum wenig Phospholipid enthält. Auch hier bildet sich an der Grenzfläche eine monomolekulare Schicht aus. Zentrifugiert man diese Probe, so wandern die Vesikel aus der Emulsion in die untere Phase. Beim Durchtritt durch die Grenzschicht werden bimolekulare Membranen gebildet. Auch bei diesem Verfahren ist es möglich
a) die Lipide der beiden Schichten zu variieren,
b) verschiedene Proteine an die beiden Seiten der Vesikel zu binden.

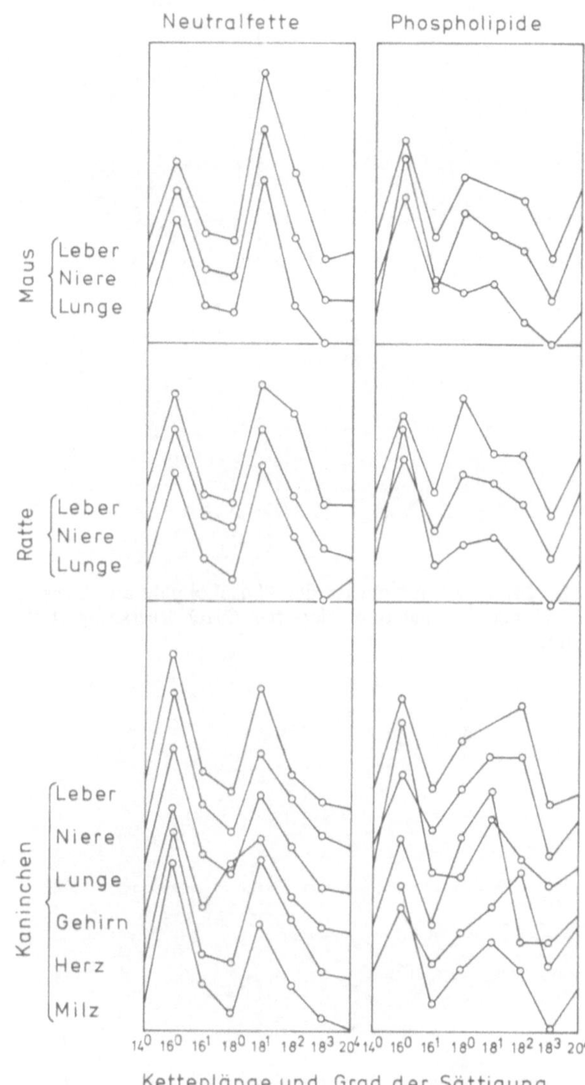

Abb. 24.8. Fettsäuremuster in unterschiedlichen Geweben verschiedener Tierarten. (Nach Veerkamp et al., 1962)

Strukturkomponenten der Membranen

Lipide

Die Lipidzusammensetzung der Membran hängt, zum Teil wenigstens, mit der Ernährung der Organismen zusammen. Lipide (als Stoffklasse) sind nicht nur Membranbestandteile, sondern bilden auch Reservestoffe. In diese Gruppe gehören vor allem die Neutralfette. In der Abb. 24.8 sind die Ergebnisse einer Analyse der Zusammensetzung der Neutralfette bei drei verschiedenen Arten dargestellt. Wie man sieht, gibt es in bezug auf das Vorkommen bestimmter Fettsäuren artspezifische Unterschiede.

Anders sieht es in der Gruppe der Phospholipide aus, die ja vorwiegend Membranbausteine sind. Ihre Verteilung ist, wie die Abb. 24.9 zeigt, organspezifisch. Das Muster ist für alle daraufhin untersuchten Arten konstant. Die Flexibilität und Durchlässigkeit einer Membran hängt von ihrer Fettsäurezusammensetzung ab. Man unterscheidet zwischen gesättigten und ungesättigten Fettsäuren. Gesättigte Fettsäuren können regelmäßigere Strukturen ausbilden als die ungesättigten (s. Abb. 24.10), denn bei den gesättigten Fettsäuren liegt ein Zustand maximaler Ordnung vor (höchstmögliche Zahl van der Waals'scher Interaktionen). Je länger die Kette ist, desto stabiler ist die durch sie gebildete Struktur. Der Ordnungsgrad ungesättigter Fettsäuren ist weniger hoch. Bei einem hohen Anteil an ungesättigten Fettsäuren kann eine Diffusion von Stoffen durch die Membran bis zu 20mal schneller ablaufen als bei Membranen, die nur gesättigte Fettsäuren enthalten. Viele Membranfunktionen beruhen

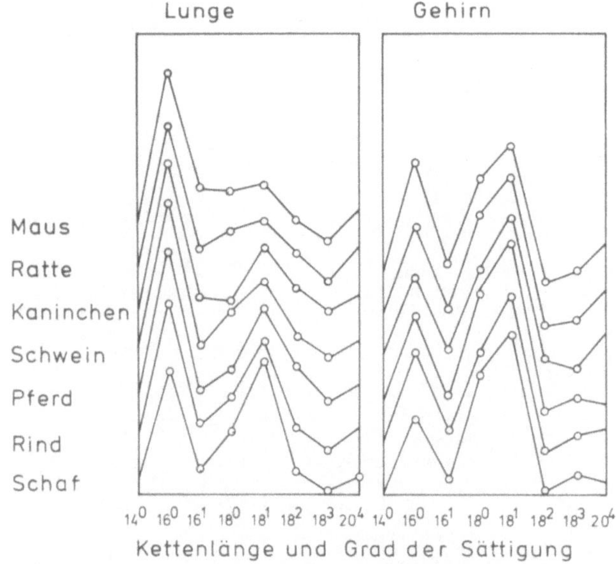

Abb. 24.9. Fettsäuremuster der Phospholipide aus Lungen- und Hirngewebe mehrerer Tierarten. (Nach Veerkamp et al., 1962)

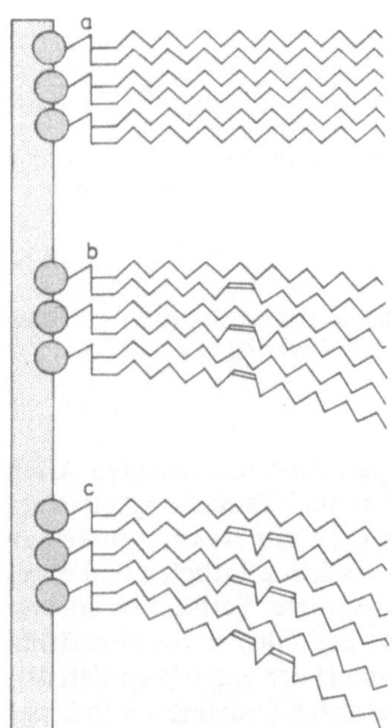

Abb. 24.10. Flexibilität der Kohlenwasserstoffketten in Lipidmolekülen. Je höher der Anteil an Doppelbindungen ist (ungesättigte Fettsäuren), desto geringer ist der Ordnungsgrad (abnehmend von *a* nach *c*) und desto höher ist die Beweglichkeit der Moleküle. Es sei vermerkt, daß Doppelbindungen in ungesättigten Fettsäuren in der Regel in *cis*-Konformation vorliegen

somit weitgehend auf einer Beweglichkeit (*fluidity*) von Membranmolekülen.

Die Festigkeit einer Membran ist temperaturabhängig. Eine Membran liegt bei physiologischer Temperatur (37°C) in der Regel im Zustand des *Liquid crystal* eines flüssigen Kristalls vor, wobei die Gesamtordnung der Struktur erhalten bleibt, die Einzelteile sich jedoch frei bewegen können. Bei Erniedrigung der Temperatur nimmt die Beweglichkeit in der Membranebene ab, und die Membran geht in den Zustand eines „kristallinen Gels" über.

Dieser Übergang (Transition) hängt von der chemischen Zusammensetzung ab. Folgende Parameter fallen dabei ins Gewicht:

1. Länge der Fettsäurekette. Eine langkettige Fettsäure ist flexibler als eine kurzkettige. Der Nachweis kann durch Kernspinresonanzmessungen (NMR) erbracht werden. Der hydrophobe Teil des Moleküls wird durch ein Molekül mit einem ungepaarten Elektron (z.B. mit der N-O-Gruppe) markiert. Das Verhalten dieses Dipols in einem magnetischen Feld wird registriert. Man kann diese Gruppe in der Nähe des Lipidmolekülkopfes oder am C-12, C-16 etc. einbauen. Die Aussage derartiger Versuche lautet: Je weiter der Marker vom Kopf entfernt ist, desto größer ist seine Beweglichkeit.
2. Grad der Sättigung der Fettsäuren.
3. Vorhandensein und Häufigkeit von Cholesterin in der Membran. Cholesterin ist ein sog. einfaches Lipid, eine Steroidverbindung, die ein weiterer charakteristischer Bestandteil vieler Membranen ist.

In Mitochondrienmembranen wird der *Liquid crystal*-Zustand durch das Vorkommen eines hohen Anteils ungesättigter Fettsäuren gewährleistet, in Membranen der Myelinscheide durch einen extrem hohen Cholesterinanteil (~ 25% aller Lipide). Einige Organismengruppen, wie manche Bakterien und Fische, passen die Zusammensetzung ihrer Membranen den Temperaturen der Umwelt an. Die Analyse von Membranstrukturen ist einer Röntgenstrukturanalyse bedingt zugänglich. Besonders vorteilhafte Objekte sind die Myelinscheiden, in denen Membranen in vielen Schichten übereinanderliegen. Die hierbei vorhandenen Regelmäßigkeiten führen zu auswertbaren Beugungsbildern, aus denen eine Reihe von Größen sowie der Ordnungsgrad der Membranstruktur ermittelt werden kann (s. Abb. 24.11).

Kohlenhydrate (Oligosaccharide) an Membranen

Das Plasmalemma eukaryotischer Zellen enthält im Schnitt 2–10% Kohlenhydrate in Form von Glykoproteinen und Glykolipiden. Wir haben den asymmetrischen Bau der Membranen bereits kennengelernt und gesehen, daß ausschließlich die Außenseiten der Zellen mit Oligosacchariden besetzt sind. Diese Oligosaccharidanteile enthalten pro Einheit selten mehr als

15 Monosaccharidreste. Im Gegensatz zu Polypeptidketten sind sie meist verzweigt. Zuckerreste sind nicht nur über 1 → 6 glykosidische Bindungen, sondern darüberhinaus auch über 1 → 4 und 1 → 3 glykosidische Bindungen untereinander verknüpft. Theoretisch könnte man sich weit mehr als 10^{20} voneinander verschiedene Kombinationen vorstellen. Solche Zahlen sind utopisch. Die Zahl unterschiedlicher Oligosaccharide ist zwar recht hoch, bleibt aber überschaubar. Wir werden noch sehen, daß sie eine bedeutende Rolle bei Zell-Zell-Interaktionen spielen, daß sie die Funktion von Steroid-, Hormon- und Virusrezeptoren innehaben und daß sie für antigene Eigenschaften und die Wasserlöslichkeit von Zellen weitgehend mit verantwortlich sind. Trotz der Vielfalt bleibt die Frage, warum nicht annähernd alle theoretisch denkbaren Kombinationen realisiert sind. Polypeptide entstehen an Ribosomen aufgrund einer Instruktion durch die genetische Information, wodurch Zahl und Reihenfolge der Aminosäuren in einem Polypeptid eindeutig festgelegt sind. Es gibt keine genetische Information zur Instruktion von Oligosacchariden. Die Oligosaccharidketten werden enzymatisch geknüpft. Die benötigten Enzyme wiederum sind Ausdruck eines genetischen Programms, und das Angebot kann von Zelle zu Zelle bzw. von Gewebe zu Gewebe variieren.

Durch die Spezifität und die relativ geringe Anzahl der Enzyme bedingt, können nur wenige der potentiell möglichen Kombinationen realisiert werden. Die fertiggestellten Produkte sind nicht einheitlich, denn die Aktivität der Enzyme wird durch das Substratangebot und modifizierende Faktoren beeinflußt. Es ist auch nicht gleichgültig, wie die Unterlage (Protein, Lipid), an die ein Oligosaccharid angeheftet wird, beschaffen ist.

Oligosaccharide an Oberflächen eukaryotischer Zellen enthalten in der Regel nur neun der weit über 100 bekannten Monosaccharide. Das ansonsten häufigste Monosaccharid, die Glucose, ist als Strukturkomponente weit unterrepräsentiert. Häufig sind hingegen zwei ihrer Stereoisomere, die Galactose und die Mannose, dann Fucose, die der Galactose ähnelt, bei der jedoch eine Hydroxylgruppe durch ein Wasser-

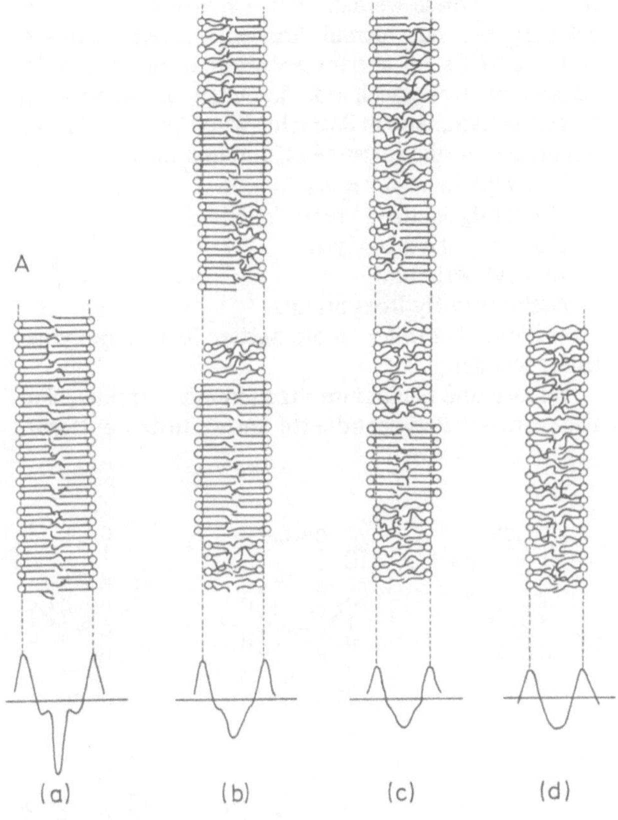

Abb. 24.11 A und B. Röntgenstrukturanalytische Daten. **A** Konformationen und Konformationsänderungen in Lipiddoppelschichten (Membranen). *a–d* Die Strukturunterschiede machen sich als Unterschiede in der Elektronendichte (*im unteren Teil* des Schemas gezeichnet) bemerkbar. Lipidanteile haben eine geringere Elektronendichte als H_2O, das als Bezugspunkt (*Linie*) dient. **B** Auch Elektronendichteunterschiede entlang der Membran können erfaßt werden. Irregularitäten der Struktur lassen sich durch Unregelmäßigkeiten im Beugungsbild fassen (Ranck et al., 1974)

stoffatom ersetzt ist, ferner N-Acetylglucosamin und N-Acetylgalactosamin, die je eine Aminogruppe anstelle einer Hydroxylgruppe tragen, zwei Pentosen: Arabinose und Xylose sowie Neuraminsäure (Sialinsäure), ein Zucker, der sowohl eine Aminogruppe als auch eine Karboxylgruppe enthält (Formeln, siehe Abb. 24.12).

Bei den Glykoproteinen hängen die Oligosaccharidanteile an den Seitenketten der Aminosäuren Asparagin, Threonin, Serin, Hydroxylysin und Hydroxyprolin. Nur diese werden demnach von den Enzymen erkannt und nur hierauf können aktivierte Zuckerreste (UDP-Ester) übertragen werden. Nicht alle der genannten Monosaccharide kommen als Basis einer Oligosaccharidkette in Betracht. Wie Abb. 24.13 zeigt, entstehen nur die folgenden Kombinationen:

N-Acetylglucosyl-Asparagin
N-Acetylgalactosyl-Threonin
Galactosyl-Hydroxylysin
Xylosyl-Serin und
Arabinosyl-Hydroxyprolin.

Sie wirken als *Primer*, an die weitere Reste anpolymerisiert werden.

Fucose und Sialinsäure sitzen immer terminal, sind also von der Polypeptidkette am weitesten entfernt.

Es sind inzwischen zahlreiche Oligosaccharidreste genau analyiert und charakterisiert worden. Viele der Kombinationen waren schon seit langem als Antigene bekannt. so z.B. die AB0-Blutgruppenantigene, gewebespezifische Antigene und die O-, K- und H-Antigene bakterieller Oberflächen (s. Kap. 27).

Die Existenz der Blutgruppen (AB0) beim Menschen und deren genetische Analyse beweist definitiv, daß der Aufbau von Oligosacchariden durch spezifische, einfach mendelnde Gene kontrolliert wird. Personen mit der Blutgruppe 0 bilden lediglich die Grundstruktur aus (H-Antigen). Das Antigen der Blutgruppe A trägt terminal einen N-Acetylgalactosaminrest, das der Blutgruppe B einen Galactoserest. Träger dieser Blutgruppen verfügen alternativ entweder über eine N-Acetylgalactosamintransferase oder eine Galactosetransferase. Personen der Blutgruppe AB bilden beide Enzyme (Abb. 24.14). Zusammenfassende Darstellung der Befunde der letzten Jahre, s. Watkins (1978).

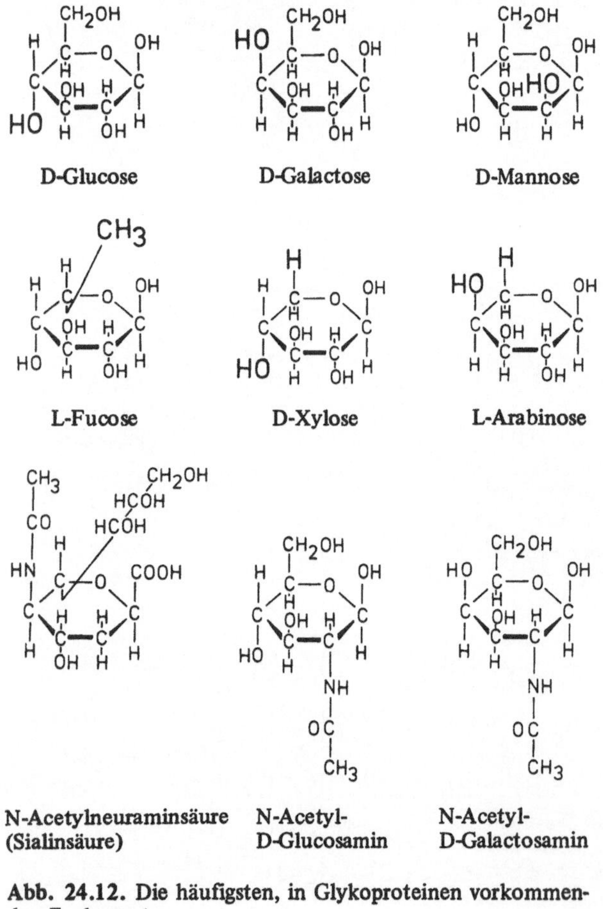

D-Glucose
D-Galactose
D-Mannose
L-Fucose
D-Xylose
L-Arabinose
N-Acetylneuraminsäure (Sialinsäure)
N-Acetyl-D-Glucosamin
N-Acetyl-D-Galactosamin

Abb. 24.12. Die häufigsten, in Glykoproteinen vorkommenden Zuckerreste

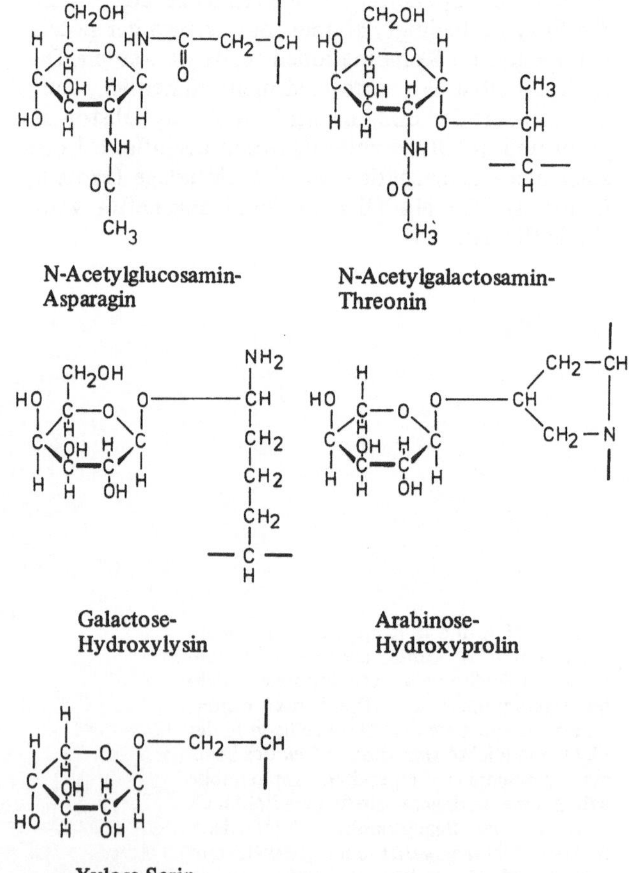

Abb. 24.13. Verknüpfungen zwischen Kohlenhydraten und Proteinen

Glykolipide. Glykolipde enthalten einen Mono- oder Oligosaccharidanteil anstelle des sonst in vielen Lipiden üblichen Phosphats. Die Zuckerreste sind meist an Sphingosin, einen Aminoalkohol mit einer langen, ungesättigten Kohlenwasserstoffkette gebunden. Diese Stoffklasse bezeichnet man üblicherweise auch als Sphingolipide.

Man unterscheidet zwischen den Glyceringlykolipiden und den Cerebrosiden. Glyceringlykolipide sind relativ einfach gebaut. Sie tragen in 3-Stellung des Glycerins glykosidisch gebunden einen Mono- oder Oligosaccharidrest. Man findet sie vornehmlich in Bakterien und in geringen Mengen auch in Membranen der Mammalia.

Glykosphingolipide sind komplexer gebaut. Das bereits genannte Sphingosin ist Bestandteil eines Ceramids. Je nach Art des Kohlenhydratanteils unterscheidet man zwischen neutralen Glykosphingolipiden, den Sulfatiden und den Gangliosiden. Cerebroside sind wiederum einfache Glykosphingolipide, die nur einen Monosaccharidrest tragen. Bei den Cerebrosiden, die aus Gehirnzellen isoliert werden können, ist es vorwiegend die Galactose, bei denen aus anderen Organen wie Leber und Milz die Glucose. Sulfatide sind Schwefelsäureester der neutralen Glykosphingolipide. Weit verbreitet ist das Sulfat des Galacto-Cerebrosids. Der Sulfatrest sitzt am C-3 der Galactose.

Ganglioside enthalten im Molekül einen oder mehrere Sialinsäurereste, daneben zwei bis vier neutrale Zuckerreste (Glucose, Galactose, N-Acetylgalactosamin). Sie kommen in hohen Konzentrationen in der grauen Substanz des Gehirns vor, in geringen Mengen auch an Oberflächen von Zellen anderer Herkunft. Bei einer Reihe von erblichen Stoffwechselkrankheiten sind bestimmte Sphingolipide im Organismus angereichert, da die Enzyme zum Abbau fehlen. Viele dieser Krankheiten manifestieren sich bereits im Säuglings- oder frühen Kindesalter und nehmen meist schnell einen tödlichen Verlauf. Ein häufiges Symptom ist Idiotie infolge Hirnschädigung.

Die Struktur der menschlichen Erythrozytenmembran. Ein Modell für Plasmamembranen

Membranen menschlicher Erythrozyten sind leicht in großer Menge zu gewinnen, die Präparationen sind einheitlich, man hat keine Probleme mit intrazellulären Membransystemen, und die Ergebnisse haben eine Relevanz für die Medizin.

Erythrozyten lysieren in hypotonischer Lösung, Hämoglobin und der übrige Zellinhalt fließen aus, die bleibenden, leeren Hüllen (*ghosts* = Membranen) können abzentrifugiert und weiterverarbeitet werden. Eine Hülle wiegt $11-12 \times 10^{-13}$ g und hat eine Oberfläche von 140 μm^2, die Dicke beträgt 75 Å.

Die Membranen bestehen zu etwa 50% aus Proteinen, zu 40% aus Lipiden und zu 10% aus Kohlenhydraten. Die Proteine können mit Natriumdodecylsulfat (SDS) in Lösung gebracht und gelelektrophoretisch aufgetrennt werden, wobei gleichzeitig die Molekulargewichte bestimmt werden können. Man erhält etwa 15 verschiedene Hauptbanden (= Polypeptide), die zusammen etwa 80% des Proteinanteils ausmachen. Die markantesten sind in der Tabelle 1 zusammengefaßt. In dieser Liste fehlen alle seltenen Membranproteine: So weiß man z.B. von der Na^+/K^+-stimulierten ATPase, daß sie nur in wenigen 100 Kopien pro Erythrozytenmembran vorkommt. Gleiches gilt für eine Reihe weiterer Enzyme. Setzt man statt der konventionellen Gelelektrophorese ein modifiziertes O'Farrell-Verfahren (zweidimensionale Auftrennung durch Gelelektrophorese und Isoelektrische Fokusierung, s. Kap. 14) ein, erhält man eine Auftrennung des Erythrozytenmembranproteins in über 200 Polypeptide (Rubin und Milikowski, 1978).

Die Kohlenhydrate werden im wesentlichen von *einem* Protein getragen, und nur ein geringer Teil (7%) hängt an Lipiden.

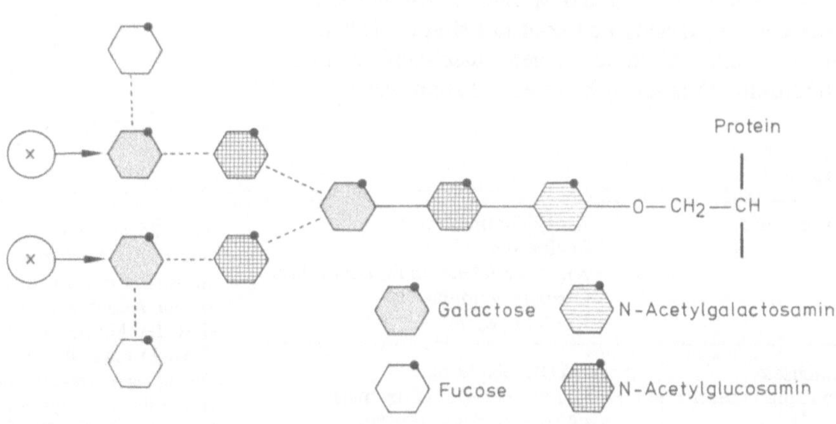

Abb. 24.14. Blutgruppenspezifisches Antigen des Menschen. Die *gestrichelten Verknüpfungen* zwischen den Zuckerresten weisen darauf hin, daß mehrere Verknüpfungstypen vorkommen

Tabelle 1. Häufige Polypeptide der Erythorzytenmembran (Steck, 1974)

Komponente	Molekulargewicht	Prozentualer Anteil	Anzahl der Moleküle pro Zelle	Bezeichnung, ggf. Funktion
A. Polypeptide				
1	240.000	15,1	216.000	Spektrin, Tektin A
2	215.000	14,7	235.000	Myosinähnliches Polypeptid
3	88.000	24.1	940.000	Component a, Protein E
4.1	78.000	4,2	180.000	
4.2	72.000	5,0	238.000	
5	43.000	4,5	359.000	Aktinähnliches Polypeptid
6	35.000	5,5	540.000	G-3-PD
7	29.000	3,4	403.000	
B. Glykoproteine				
PAS-1 [a] PAS-2	55.000	6,7	500.000	Glykophorin, Sialoglykoprotein, AB0- und MN-Isoantigene

[a] PAS-1 und PAS-2 sind wahrscheinlich nur zwei Formen des Moleküls, die ineinander übergehen können.

Von besonderem Interesse ist natürlich die Topologie der einzelnen Komponenten in der Membran. Zur Lösung des Problems bieten sich mehrere Wege an. Betrachten wir zunächst die Lage der Proteine: Die freiliegenden, nicht von der Membran geschützten Teile sind für proteolytische Enzyme, für Markierungen durch Reagenzien (Fluoreszenz, Isotopen) und für Antikörper zugänglich. Nimmt man intakte Erythrozyten, markiert man nur diejenigen Proteinanteile, die an der Außenseite exponiert sind, während man bei Verwendung von *Ghosts* (Hüllen) auch die an der Innenseite liegenden erreicht.

Ein weiteres Verfahren, die Elektronenmikroskopie, werden wir im folgenden Kapitel behandeln. Bei Einsatz der genannten Methoden findet man, daß Glykoproteine (vor allem die Komponente PAS-1/PAS-2; Glykophorin) und die Komponente a an der Außenseite exponiert sind. Setzt man *Ghosts* ein, so werden alle Proteine markiert, woraus sich ableiten läßt, daß kein Protein vollständig in die Lipidschicht eingebettet ist. Untersucht man die Verteilung von Kohlenhydraten und die katalytischen Eigenschaften, findet man, daß einige der Marker an der Außenseite, andere an der Innenseite lokalisiert sind (s. Tabelle 2). Die Kohlenhydratanteile liegen ausschließlich an der Außenseite. Aus allem kann geschlossen werden, daß die Membran hochgradig asymmetrisch ist (siehe Abb. 24.15). Man kann sich fragen, warum einige Enzyme an der Membranaußenseite, andere an der Membraninnenseite liegen. Die plausibelste Antwort hierauf würde lauten, daß die Funktionen der ersten Gruppe für den Gesamtorganismus wichtig sind, während die zweiten vorwiegend für die Reaktionen im Zellinneren verantwortlich sind.

Das bisher bestuntersuchte Protein der Erythrozytenmembran ist das Glykophorin (Marchesi et al., Yale University, School of Medicine). Das Polypeptid besteht aus drei funktionell voneinander verschiedenen Abschnitten. Der N-terminale Teil ist hydrophil, ein Teil in der Mitte hydrophob und der C-terminale Teil wieder hydrophil. Bereits der Primärstruktur des Proteins sieht man also an, daß es amphipathisch ist (s. Abb. 24.16). Das N-terminale Ende ist an der

Tabelle 2

Außenseite	Acetylcholinesterase Sialinsäure Nicotinamidadenindinukleotidase Ouabain-Bindung Kohlenhydrate
Innenseite (cytoplasmatische Seite)	NADH-Diaphorase Glucose-3-P-Dehydrogenase cAMP-bindendes Protein Proteinkinase ATPase

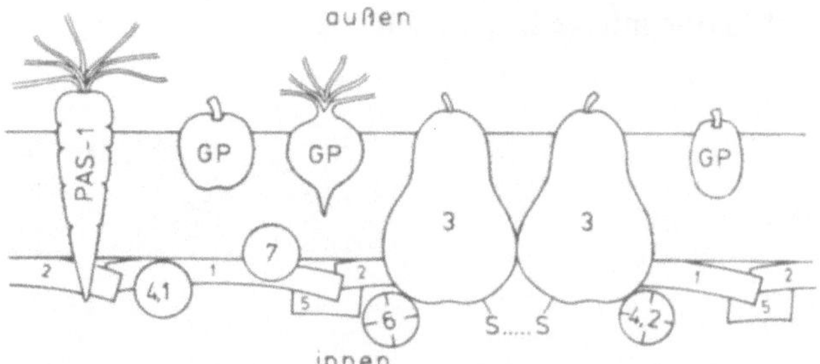

Abb. 24.15. Modell der Anordnung der wichtigsten Polypeptide in der Erythrozytenmembran. Die Lipidschicht ist durch *ein Raster* gekennzeichnet. Kohlenhydratreste finden sich nur an der Außenseite. Einige der Proteine, wie das Spektrin (*1*) sind der Membran unterlagert, andere, wie das Glykophorin (PAS-1) ragen durch die Membran hindurch (s.a. Abb. 24.16). Die übrigen Bezeichnungen (*Ziffern*) bedeuten: *2*, ein myosinähnliches Polypeptid; *3*, Komponente „a"; *4.1*, *4.2*, Proteine mit M.G. 78.000 resp. 72.000; *5*, aktinähnliches Protein; *6*, G3PD; *7*, Protein mit M.G. 29.000/U.E.; *GP*, Glykoprotein (Steck, 1974)

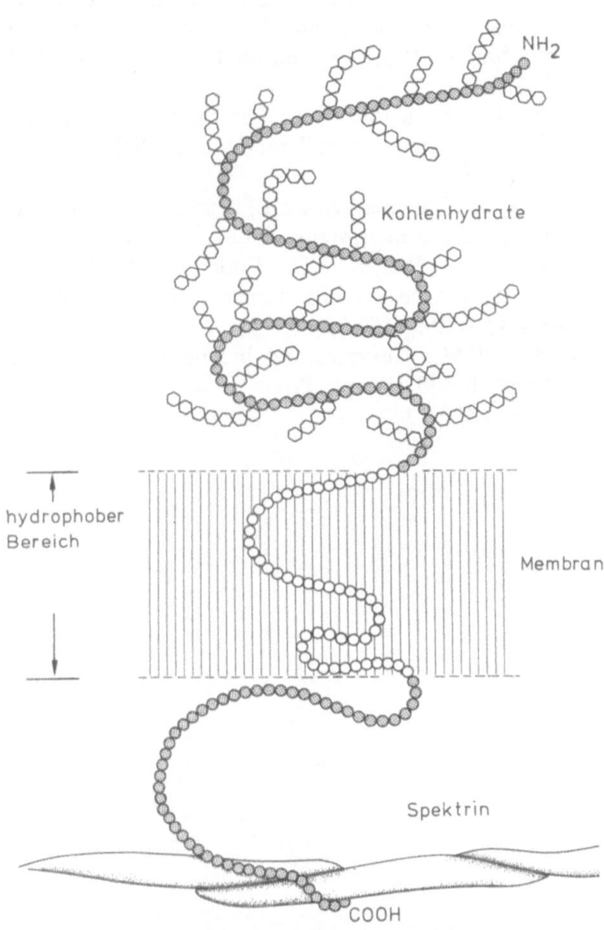

Abb. 24.16. Glykophorin, ein Proteinmolekül aus drei voneinander verschiedenen funktionellen Teilen. Das N-terminale Ende ist hydrophil, der mittlere Teil hydrophob (in die Membran eingelassen), der C-terminale Teil wieder hydrophil (in Kontakt mit cytoplasmatischen Komponenten, so z.B. dem Spektrin). (Nach Marchesi, 1975)

Membranaußenseite, das C-terminale an der Membraninnenseite exponiert. Der N-terminale Teil trägt 20–30 Oligosaccharidmoleküle, bestehend aus je vier oder acht bis zehn Zuckerresten, die an Asp, Thr oder Ser gebunden sind. Die Oligosaccharide bestehen vorwiegend aus N-Acetylgalactosamin, Galactose und vor allem Sialinsäure (50%). Die Sialinsäure sitzt meist endständig und ist für die starke negative Ladung der Erythrozytenoberfläche verantwortlich, welche wiederum eine Voraussetzung für die Abstoßung der Erythrozyten voneinander ist. Erythrozyten haben nur eine relativ kurze Lebensdauer. Nicht mehr funktionstüchtige werden in der Milz aussortiert und abgebaut. Der Abbau erfolgt besonders zügig, wenn die Zellen den endständig sitzenden Sialinsäurerest verloren haben. Das ist biologisch sinnvoll, denn solche Zellen neigen zur Aggregation, und das wäre im Blutkreislauf fatal.

Oligosaccharide nehmen eine Reihe weiterer Funktionen wahr; über die Blutgruppenantigene haben wir bereits gesprochen, hinzu kommen Rezeptorfunktionen (z.B. für Influenzaviren, für Phytohaemagglutinine, für Insulin u.a.). Die Rezeptorfunktionen bleiben auch dann noch erhalten, wenn man einen Teil der Polypeptidkette vom N-terminalen Ende her proteolytisch abbaut, was darauf hinweist, daß am Protein eine Vielzahl gleichartiger Oligosaccharideinheiten hängen.

Das zweite „große" Membranprotein (Komponente a), welches durch die Membran hindurchreicht, trägt relativ wenige Kohlenhydrate. Man nimmt an, daß es einen Anionenkanal (Tunnel) bildet (= Tunnelprotein).

Das häufigste Membranprotein der Erythrozyten ist das an der Cytoplasmaseite liegende Spektrin oder Tektin A. Es ist ein fibrilläres Protein, das aus zwei voneinander verschiedenen Polypeptidketten besteht. Ihm assoziiert ist ein aktinähnliches Protein. Diese Proteine können durch Elution mit destilliertem Wasser gewonnen werden. Es sind demnach periphere Membranproteine, und es liegt natürlich der Verdacht nahe, daß das Spektrin dem Myosin homolog ist.

Das Spektrin ist offensichtlich ein Gerüstprotein, eine Komponente also, die benötigt wird, um die spezifische Form der Erythrozyten auszubilden und zu stabilisieren. Das Protein müßte in dem Fall eine *long-range-order* zeigen, d.h. es müßte in der Zelle eine Information enthalten sein, die über eine große Zahl von Molekülen hinweg „verstanden" wird. Es bleibt aber vorerst eine offene Frage, wie der molekulare Mechanismus im Detail aussieht und wie das genetische Programm in eine solche Struktur übersetzt wird.

Literatur

Blaurock, A.E.: Structure of the nerve myelin membrane: Proof of the low-resolution profile. J. Mol. Biol. *56*, 35 (1971)

Boggs, J.M., Moscarello, M.A.: Structural organization of the human myelin membrane. Biochim. Biophys. Acta *515*, 1 (1978)

Bretscher, M.S.: Membrane structure: Some general principles. Science *181*, 622 (1973)

Bretscher, M.S., Raff, M.C.: Mammalian plasma membranes. Nature (London) *258*, 43 (1975)

Delbrück, M.: Lipid bilayers as models of biological membranes. In: The neurosciences, 2nd Study Program. Schmitt, F.O. (ed.). New York: Rockefeller Univ. Press 1970

Harris, J.R.: The biochemistry and ultrastructure of the nuclear envelope. Biochim. Biophys. Acta *515*, 55 (1978)

Kury, P.G., McConnell, H.M.: Regulation of membrane flexibility in human erythrozytes. Biochemistry *14*, 2798 (1975)

McConnell, H.M.: Molecular motion in biological membranes. In: The neurosciences, 2nd Study Program. Schmitt, F.O. (ed.). New York: Rockefeller Univ. Press 1970

Montal, M.: Experimental membranes and mechanisms of bioenergy transductions. Annu. Rev. Biophys. Bioeng. *5*, 119 (1976)

Pearse, B.M.F.: Coated vesicles from pig brain: purification and biochemical characterization. J. Mol. Biol. *97*, 93 (1975)

Ranck, J.L., Mateu, L., Sadler, D.M., Tardieu, A., Gulik-Krzywicki, T., Luzzati, V.: Order-disorder conformational transitions of the hydrocarbon chains of lipids. J. Mol. Biol. *85*, 249 (1974)

Rothman, J.E., Lenard, J.: Membrane asymmetry. Science *195*, 743 (1977)

Rubin, R.W., Milikowski, C.: Over two hundred polypeptides resolved from the human erythrocyte membrane. Biochim. Biophys. Acta *509*, 100 (1978)

Singer, S.J., Nicolson, G.L.: The fluid mosaic model of the structure of cell membranes. Science *175*, 720 (1972)

Steck, T.L.: The organization of proteins in the human red blood cell membrane. J. Cell Biol. *62*, 1 (1974)

Tyrrell, D.A., Heath, T.D., Colley, C.M., Ryman, B.E.: New aspects of liposomes. Biochim. Biophys. Acta *457*, 259 (1976)

Watkins, W.M.: Genetics and biochemistry of some human blood groups. Proc. R. Soc. Lond. B *202*, 31 (1978)

25. Mobilität von Proteinen und Kohlenhydraten in der Membranebene

Im vorangegangenen Kapitel haben wir die Membran als eine *Fluid mosaic*-Struktur kennengelernt. Das Modell sieht vor, daß sich die Proteine in der Membranebene frei bewegen und sich somit statistisch verteilen. Elektronenmikroskopische Aufnahmen haben jedoch gezeigt, daß das keineswegs zutrifft, daß die Oberfläche einer Membran eher wie ein Fleckenteppich aussieht und somit in ein Muster mehrerer funktionell verschiedener Bereiche zerfällt.

Proteinmoleküle in Aggregaten können – wie wir schon gesehen haben – untereinander kooperieren. Es gibt mehrere Gründe für die Annahme, daß sie in der Membran gar nicht völlig frei beweglich sein können. Einmal sind es Protein-Protein-Interaktionen, die spezifische oligomere, zweidimensionale Quartärstrukturen hervorrufen, zum anderen sind es Wechselwirkungen der Membranproteine mit Gerüstproteinen, die der Membran unterlegt sind. Im letzten Kapitel haben wir das Spektrin als ein Beispiel dafür kennengelernt, im folgenden Abschnitt werden wir die Wechselwirkung zwischen Membranproteinen und den Mikrofilamenten und Mikrotubuli besprechen.

Elektronenmikroskopische Aufnahmen haben in den letzten Jahren viel zum Verständnis der Topologie von Proteinen in der Membran beigetragen. Man kann hierbei zwei prinzipiell voneinander verschiedene Wege beschreiten.

1. Die klassische Methode. Man stellt einen Querschnitt durch eine Zelle bzw. Membran her und betrachtet deren Oberfläche. Um etwas Signifikantes sehen zu können, muß man spezifische Proteine der Oberfläche markieren. Oberflächenstrukturen können antigen sein. Man kann also Antikörper gegen bestimmte, vorher isolierte und gereinigte Komponenten der Membranoberfläche herstellen. Doch das allein reicht nicht, denn die Antikörper selbst sind bei den üblichen Präparationstechniken und Vergrößerungen im Elektronenmikroskop nicht erkennbar. S.J. Singer hat deshalb 1959 eine Variante dieses Verfahrens entwickelt: Er koppelte elektronendichtes Ferritin indirekt an die Antikörper (Verfahren s. Abb. 50.2), gab diese zu den Komponenten in der Membran und betrachtete den Komplex elektronenmikroskopisch. Jetzt waren überall dort, wo Antikörper gebunden waren, dunkle Punkte zu sehen. Das Muster der Punkte (Ferritin) ist ein Abbild der Verteilung der entsprechenden Antigene entlang der Membran. Statt des Ferritins kann man auch andere, elektronenmikroskopisch leicht auszumachende Marker verwenden. U. Hämmerling et al. verwendeten 1969 z.B. Southern Bean Mosaic Virus (SBMV), ein sphärisches Virus, das leicht zu identifizieren ist.
2. Branton (University of California) sowie Moor und Mühlethaler (Universität Zürich) entwickelten 1961 das Verfahren der Gefrierätzung (*Freeze-etching*). Hierbei wird das Präparat eingefroren und dann mit Hilfe eines Schneidemessers „gebrochen". Die Brüche durch ein Zellpräparat verlaufen dabei in der Regel entlang Membranen, wobei die Lipiddoppelschicht oft gespalten wird. Die Proteine bleiben dabei als „Eisberge" stehen. Selbstverständlich muß man eine solche Bruchstelle vor der Betrachtung im Elektronenmikroskop bedampfen, um überhaupt Kontraste zu erkennen (siehe Abb. 26.2 und 31.14 sowie die Abb. auf S. 213).

Beide Verfahren ergänzen einander. Das zweite bietet vor allem den Vorteil, daß man Membranflächen erkennt und nicht von einem Querschnitt auf eine Fläche extrapolieren muß.

Die im letzten Jahrzehnt aufgekommene Rasterelektronenmikroskopie hat relativ wenig zur Lösung der Probleme beigetragen, mit denen wir uns hier befassen. Sie veranschaulicht jedoch, wie vielfältig gestaltet Zellen sind und daß deren Oberfläche aus einem Muster von Ein- und Ausstülpungen der Membran besteht (s. Abb. 50.7).

Oberflächenantigene erfüllen vielerlei Zwecke, sie wirken als Rezeptoren, dienen der Kommunikation der Zellen untereinander und bedingen die Identität der Zelle. Das Verteilungsmuster ist zell-, organ- und entwicklungsstufenspezifisch. Abartig gewordene Zellen (Tumorzellen) unterscheiden sich von normalen, differenzierten Zellen. Wir werden uns mit diesem Thema in den Kapiteln 50 und 51 noch ausgiebig auseinandersetzen.

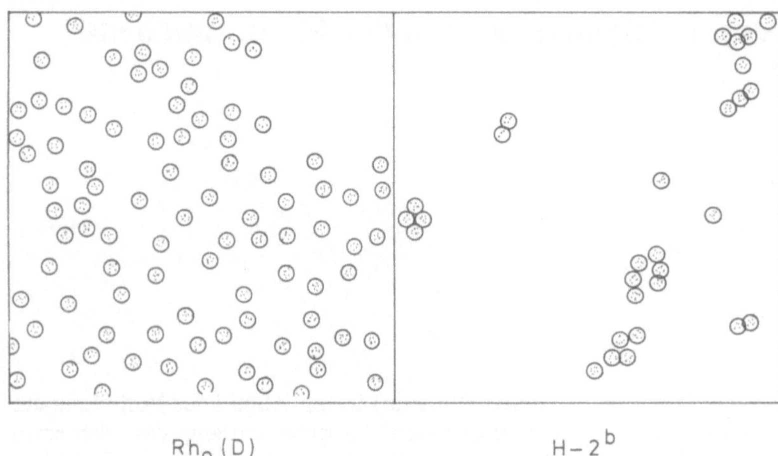

Abb. 25.1. Verteilung von Rh_0(D)-Antigen auf Oberflächen menschlicher Erythrozyten und von H-2^b-Alloantigen auf Oberflächen von Erythrozyten der Maus (Genotyp: H-2^b). Die Zeichnungen wurden nach elektronenmikroskopischen Aufnahmen hergestellt. Elektronenmikroskopisch wurde die Verteilung ferritinmarkierter Antikörper gegen die betreffenden Antigene untersucht. Aggregate (*Cluster*) von Antigenmolekülen wurden in der Zeichnung durch Kreise hervorgehoben. (Nach Nicolson, 1971)

Verteilung von Antigenen auf Erythrozytenmembranen

Erythrozytenoberflächen tragen eine Reihe von Antigenen, so z.B. die A, B, 0-Alloantigene, die Rh-Faktoren und eine Reihe von Rezeptoren für Lektine (siehe Kap. 50).

Mit Hilfe der von Singer entwickelten Methode konnten Lee und Feldmann sowie Harris 1964 zeigen, daß die A, B, 0-Alloantigene gleichmäßig über die gesamte Erythrozytenoberfläche verteilt sind, während die Rh_0(D)-Alloantigene nur in bestimmten, klar abgegrenzten Bereichen liegen (Nicolson; s. Abb. 25.1). Nicolson und Singer modifizierten 1971 das Verfahren, indem sie mit Pflanzenagglutininen (Lektinen) statt mit Antikörpern arbeiteten. Eines der bekanntesten Agglutinine ist das Concanavalin A (ConA), ein Protein, das man aus Jack-beans (*Canavalia ensiformis*) isoliert. Es bindet reversibel an Oligosaccharide, die als terminalen Rest Glucose oder Mannose tragen. Solche ConA-Rezeptoren findet man u.a. auch auf Erythrozytenmembranen. Koppelt man Ferritin an ConA und gibt den Komplex zu Erythrozytenmembranen, kann man die Verteilung der Rezeptoren in der Membran darstellen. Nicolson und Singer ließen Erythrozyten durch vorsichtiges Eintropfen einer Zellsuspension in destilliertes Wasser lysieren. Einige der Hüllen blieben aufgrund der Oberflächenspannung des Wassers an dessen Oberfläche haften und spreiteten sich aus. Sie wurden vorsichtig mit einem Objektträgernetzchen aufgefangen, mit ConA-Ferritin behandelt und im Elektronenmikroskop betrachtet. Bei dieser Präparationstechnik lassen sich auch mit der eingangs erwähnten klassischen Methode Oberflächen erkennen, und im Fall der Erythrozytenhüllen können Innen- und Außenseite der Membran auseinandergehalten werden (s. Abb. 25.2).

Nur die Außenseite der Erythrozytenmembran ist mit Ferritin markierbar. Saccharose, ein kompetitiver Inhibitor der ConA-Glucose-Reaktion, unterbindet die Markierung der Membran, wohingegen Galactose keinerlei Hemmeffekt zeigt. Spezifische Antikörper gegen Spektrin werden erwartungsgemäß nur an der Innenseite gebunden. Ein Vergleich von Mensch- und Kaninchenerythrozyten mit den beschriebenen Methoden ergab, daß die Kaninchenerythrozyten pro Flächeneinheit mehr ConA-Ferritin binden als die menschlichen. Bei Kaninchen haben die Bindungsorte eine Tendenz zur Aggregatbildung (*Cluster*bildung), bei menschlichen Erythrozyten wurde diese Erscheinung nicht beobachtet.

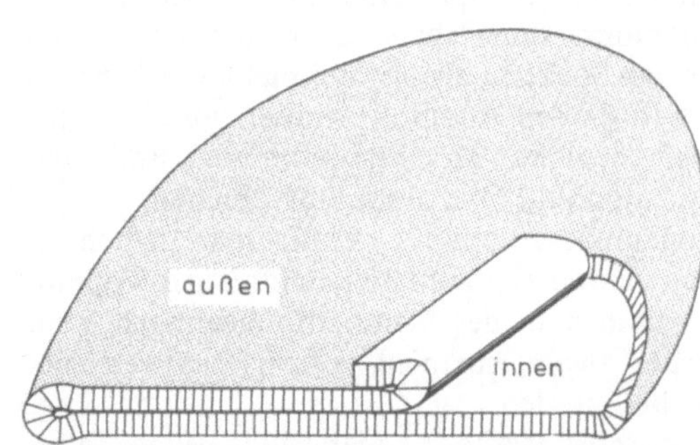

Abb. 25.2. Blockdiagramm einer Erythrozytenhülle. Die obere Membran ist partiell zurückgeklappt, um zu veranschaulichen, was Innen- und was Außenseite ist (Nicolson und Singer, 1971)

H-2-, Θ- und TL-Antigene auf lymphatischen Zellen (Thymozyten und Lymphozyten)

H-2-Antigene kommen auf den Oberflächen fast aller Zellen der Maus vor, sie entsprechen den Blutgruppenantigenen und sind die wichtigsten Histokompatibilitätsantigene dieser Art (s. Kap. 23). Θ-Antigene findet man vorwiegend auf Thymozyten und Lymphozyten sowie auf den Oberflächen von Gehirnzellen ausgewachsener Mäuse. TL-Antigene (s. Kap. 23) kommen in der Regel nur auf Thymozyten vor, als Folge einer Leukämie jedoch auch auf anderen Zelltypen.

Abb. 25.3. Verteilung von spezifischen (Allo)-Antigenen auf den Oberflächen von Thymozyten (T-Zellen) und Lymphozyten (B-Zellen) (Aoki et al., 1969)

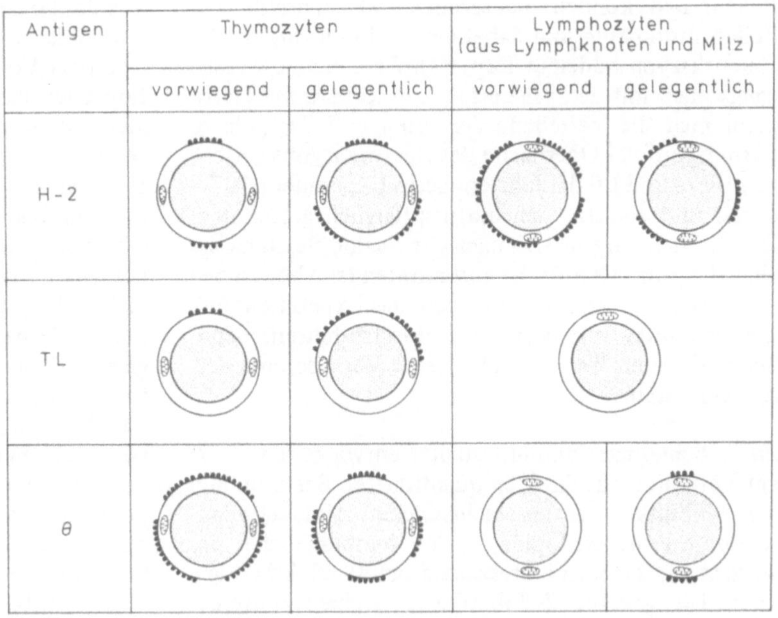

Antigen	Thymozyten		Lymphozyten (aus Lymphknoten und Milz)	
	vorwiegend	gelegentlich	vorwiegend	gelegentlich
H-2				
TL				
θ				

Θ-Antigene sind über weite Bereiche der Zelloberfläche verteilt, daneben liegen, wie Inseln, kleine, durch andere Antigene besetzte Bereiche. Erythrozyten sind arm an H-2-Antigenen, Thymozyten enthalten mehr, während Lymphozyten nochmals vier- bis achtmal so viele Moleküle tragen wie die Thymozyten. Bei allen untersuchten Zellen kommen die besprochenen Antigene in scharf abgegrenzten Zonen vor (*patchy distribution*), s. Abb. 25.3 und Abb. 25.4 (Aoki et al., 1969).

Es ist oft behauptet worden, daß retikulare Zellen (Zellen des Bindegewebes) und Makrophagen nahe miteinander verwandt seien. Um so auffallender ist deshalb das Fehlen von H-2-Antigenen auf Makrophagenoberflächen, während die Oberflächen der retikularen Zellen mit ihnen übersät sind.

Eine weitere bemerkenswerte Beobachtung: Die Spitzen von Zellfortsätzen sind in der Regel von Antigenen befreit.

In Makrophagen vorkommende intrazelluläre Vesikel tragen auf ihrer Innenseite oftmals H-2-Antigene. Dieser Befund weist darauf hin, daß die Antigene durch Phagozytose dorthin gelangt sind. Die Vesikelmembran stammt aus Abbauprodukten anderer Zellen.

Beweglichkeit von Molekülen in der Membranebene

Es gibt mindestens drei experimentelle Ansätze, um die Richtigkeit des *Fluid mosaic*-Modells der Membranstruktur zu belegen:

1. Fusion von Membranen.
2. Direkte Messung der Diffusion von Molekülen in der Membranebene.
3. *Capping.*

Zu 1: Mäusezellen und menschliche Zellen unterscheiden sich u.a. durch artspezifische Oberflächenantigene (H-2, HLA, s. Kap. 23) voneinander. Sowohl gegen den einen als auch gegen den anderen Zelltyp lassen sich Antikörper herstellen. Hängt man eine fluoreszierende Komponente daran (→ fluoreszierende Antikörper) und gibt diese zu den Zellen, so erkennt man indirekt die diffuse und gleichmäßige Verteilung des Antigens. Die H-2-spezifischen Antikörper kann man nun durch einen roten Fluoreszenzfarbstoff (z.B. Tetrarhodaminisothiocyanat) markieren und die HLA-spezifischen durch einen grünen (z.B. Fluoreszein).

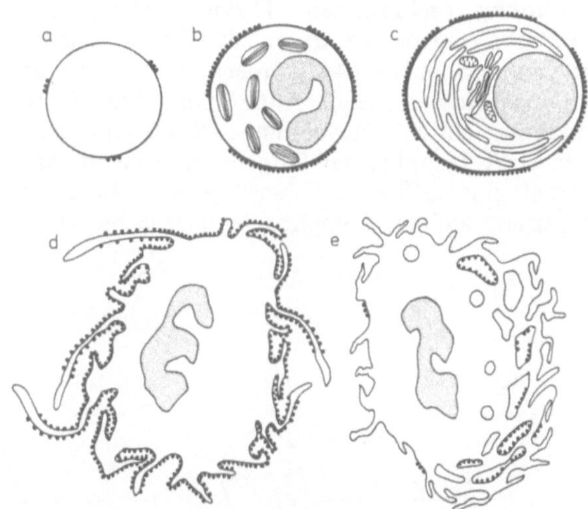

Abb. 25.4 a–e. Verteilung von H-2-Alloantigenen auf Oberflächen nicht-lymphoider Zellen. a Erythrozyt; b Eosinophiler Leukozyt; c Plasmazelle; d Retikulare Zelle (Bindegewebszelle); e Peritonealer Makrophage (Aoki et al., 1969)

Bekanntlich können Mäusezellen mit menschlichen Zellen fusionieren und dabei ein Fusionsprodukt, ein Heterokaryon bilden (s. Kap. 53). Wenn man die Ausgangszellen mit den genannten Antikörpern markiert, kann man die Verteilung der roten und der grünen Färbung auf der Oberfläche des Heterokaryons verfolgen. Frye und Edidin führten dieses Experiment 1970 durch und zeigten, daß die ursprünglich getrennten Oberflächenantigene sich nach der Fusion gleichmäßig über die ganze Oberfläche ausbreiteten (s. Abb. 25.5). Voraussetzung hierfür war jedoch, das Experiment bei Temperaturen von über 15°C durchzuführen, denn bei niedrigeren Werten findet keine Vermischung der Antigene statt.

Zu 2: Schlesinger und Mitarbeiter entwickelten 1977 ein Verfahren zur direkten quantitativen Bestimmung der Mobilität von unterschiedlichen Molekültypen (mehrere Proteine, Lipide) in der Membranebene. Sie wurden mit einem Fluoreszenzfarbstoff selektiv markiert. Die gesamte Zelloberfläche erschien zunächst einheitlich fluoreszierend. Dann wurde die Fluoreszenz in einem kleinen Bereich (mit bekanntem, vorgegebenem Durchmesser) durch einen Laserstrahl irreversibel zerstört (gebleicht), anschließend verfolgte man, mit welcher Geschwindigkeit sich dieses „Loch" durch Einwanderung fluoreszierender Moleküle aus der Nachbarschaft wieder füllte. Aus dieser Geschwindigkeit ließ sich die Diffusionskonstante der markierten Moleküle errechnen. Für Lipide beträgt der Wert $\sim 9 \times 10^{-9}$ cm^2/Sek., für Proteine $\sim 2 \times 10^{-10}$ cm^2/Sek. Einige Proteinmoleküle sind in ihrer Beweglichkeit stark eingeschränkt, da sie, wie schon erwähnt, mit dem der Membran unterlagerten Cytoskelett in Kontakt stehen. Bei Lipiden wurden keine Einschränkungen festgestellt.

Zu 3: 1971 wurde an Lymphozyten die Erscheinung des *Capping* nachgewiesen (Taylor, Duffus, Raff, de Petris).Lymphozyten tragen als Oberflächenantigene Immunglobuline (Antikörper). Auch gegen sie kann man fluoreszierende Antikörper bilden (anti-Antikörper; anti-Immunglobulin; anti-Ig). Gibt man sie zu einer Lymphozyten-Suspension, erkennt man zunächst eine diffuse, gleichmäßige Verteilung der Fluoreszenz auf der Lymphozytenoberfläche. Doch alsbald konzentriert sie sich an einem der Zellpole und bildet dort eine Kappe aus (*Capping*).

Dieser Vorgang ist am simpelsten als eine Präzipitation oder Vernetzung der Oberflächenantigene in der Membranebene zu deuten. Der Effekt bleibt aus, wenn man monovalente, nicht-vernetzende Antikörper (Fab-Fragmente) verwendet. Bei 4°C schiebt sich die Fluoreszenz zu kleinen, unregelmäßig über die Oberfläche verteilten Aggregaten zusammen, die sich bei einer Temperaturerhöhung zu einer Kappe sammeln. *Capping* findet man nur in stoffwechselaktiven Zellen, Aggregatbildung auch in solchen, deren Energiestoffwechsel unterbunden ist. Eine genauere Betrachtung der Zellen zeigt, daß die Bewegung in der Membran kein zufälliger Prozeß ist, sondern daß er gerichtet abläuft. Zellen mit einer Kappe sehen länglich aus, und manches weist darauf hin, daß die Kappenbildung auf eine Bewegung der Zelle zurückzuführen ist, bei der die vernetzten Antigene zurückbleiben (s. Abb. 23.6). Die antigenfreien Zonen entstehen durch Ausbildung eines ständig an Größe zunehmenden Pseudopodiums (Abb. 25.7). Bei Raumtemperatur sammelt sich bis zu 99% der zellgebundenen Fluoreszenz in den Kappen und bedeckt dabei etwa 1/3 der Zelloberfläche. Aus der Intensität der Fluoreszenz ist abschätzbar, daß eine immunglobulinpositive Zelle 10^4–10^5 Immunglobulinmoleküle trägt.

Die Auswertung elektronenmikroskopischer Bilder unter Anwendung ferritinmarkierter Antikörper ergab, daß sich die Kappe stets über jenem Pol der Zelle ausbildet, der die Centriolen, die Vakuolen und den Golgi-Apparat enthält. Die in der Kappe lokalisierten und vernetzten Antikörper werden von der Zelle phagozytiert, die Zelloberfläche wird von ihnen befreit, und zu einem späteren Zeitpunkt werden neue gebildet. Verschwinden und Neuerscheinen von Oberflächenantigenen bezeichnet man als Modulation.

Zwei Erscheinungen sind es inzwischen, die unserer eingangs gemachten Bemerkung, *Capping* sei auf Präzipitation zurückzuführen, widersprechen. Einmal die Abhängigkeit vom Stoffwechsel, zum anderen die gerichtete Bewegung. Offensichtlich ist ein weiterer Mechanismus im Spiel.

Wie schon in Kapitel 24 erwähnt, ist vielen Membranen eukaryotischer Zellen eine Stützstruktur (ein Cytoskelett) unterlagert. Cytoskelette bestehen in der

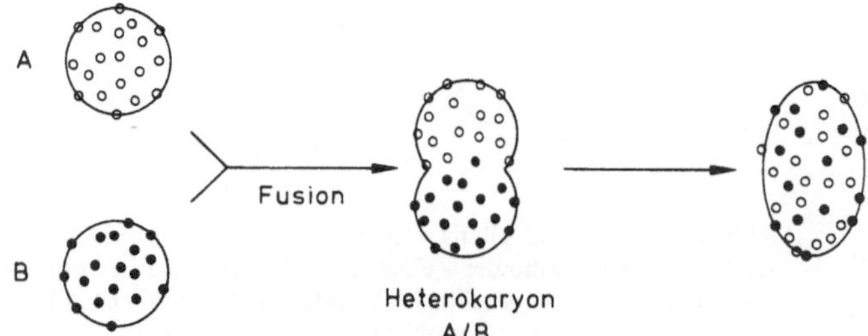

Abb. 25.5 A und B. Hybridisierung von Zellen zweier Arten (z.B. Mensch und Maus). Jeder Zelltyp ist durch spezifische Oberflächenantigene gekennzeichnet, die mittels indirekter Immunfluoreszenz selektiv identifiziert werden können. Nach der Fusion verteilen sich die Oberflächenantigene gleichmäßig über die Gesamtoberfläche des Heterokaryons. Damit ist ein Beweis für die freie Beweglichkeit von Molekülen in der Membranebene erbracht. (Nach Frye und Edidin, 1970)

Abb. 25.6 a–f. *Capping:* Verteilung ferritinmarkierter Antikörper auf Lymphozytenoberflächen als Funktion der Zeit (gezeichnet nach elektronenmikroskopischen Aufnahmen). a–c Die Probe wurde bei 0–4 °C stehengelassen. d–f Die Probe wurde erhöhter Temperatur (Raumtemperatur) ausgesetzt. *G*, Golgi-Apparat. Bei der 0–4 °C-Probe schieben sich die Antikörper zu irregulären Aggregaten zusammen. Bei der Raumtemperatur-Probe bildet sich eine Kappe direkt über dem Golgi-Apparat (de Petris und Raff, 1972)

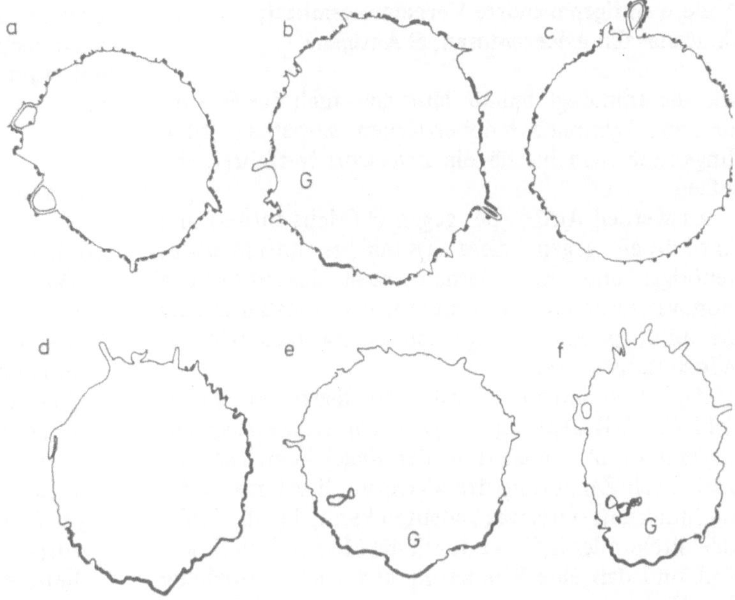

Regel aus Mikrofilamenten, Intermediären Filamenten und/oder Mikrotubuli (s. Kap. 32 und 34), sie enthalten kontraktile Elemente und steuern somit Bewegungsabläufe. Ihre Funktion und ihre Ausbildung kann durch eine Anzahl von Drogen inhibiert werden. Mikrotubuli werden in der Zelle ständig auf- und abgebaut. Der Aufbau (das *Assembly*) aus Tubulin wird durch Colchicin und Vinblastin unterbunden. Zusatz einer dieser Substanzen beeinflußt auch die Mobilität von Proteinmolekülen in der Membran. Demnach sieht es so aus, als seien die Proteine an das Mikrotubulisystem gekoppelt (s. Abb. 25.8). Elektronenmikroskopische Untersuchungen widersprechen jedoch diesem einfachen Bild, denn Mikrotubuli sind niemals in direktem Kontakt mit der Membran beobachtet worden. Man ist also auf Hilfsmaßnahmen angewiesen, so etwa auf die Annahme, daß Mikrofilamente zwischengeschaltet sind. Cytochalasin B inhibiert deren Wirkung wie auch das *Capping* von Immunglobulinen. Damit hat man einen recht guten Hinweis darauf, daß die beiden kontraktilen Systeme hier tatsächlich miteinander kooperieren. Eine gewisse Vorsicht sei jedoch, wie bei allen Aussagen, die aufgrund von Experimenten mit Drogen gewonnen wurden, am Platze.

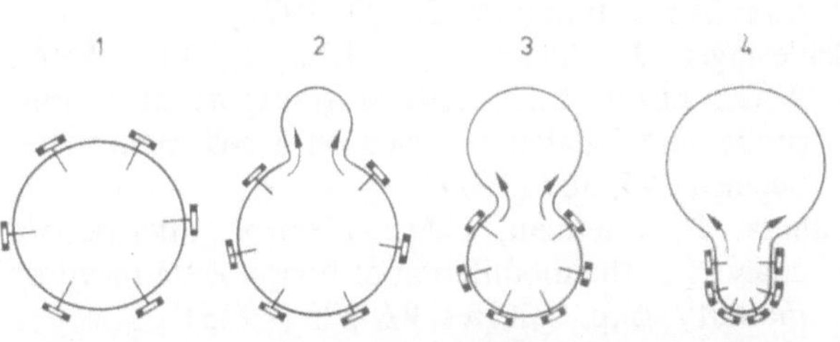

Abb. 25.7. *Capping:* Schematische Darstellung einer gerichteten Aggregation von vernetzten Molekülen in der Membranebene. Die *Pfeile* deuten auf eine aktive Membranbewegung hin, wobei die vernetzten Moleküle zurückbleiben und sich zu einer Kappe zusammenschieben (de Petris, 1975)

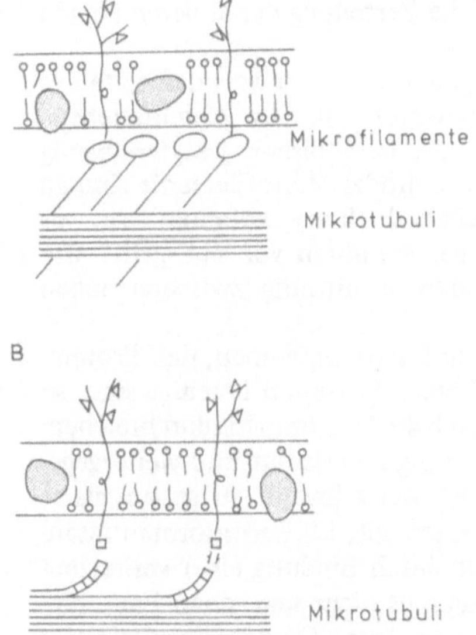

Abb. 25.8 A und B. Modelle der Kooperation von Oberflächenrezeptoren mit Strukturelementen, die der Membran unterlagert sind. In A wird angenommen, daß die Rezeptoren mit Mikrofilamenten kooperieren, welche ihrerseits mit Mikrotubuli in Wechselwirkung stehen. In B wird eine direkte Wechselwirkung zwischen Rezeptor und Mikrotubuli, die sich in einem Dissoziations-Reassoziationsgleichgewicht befinden, angenommen (Yahara und Edelman, 1975)

Andere Antigene, andere Vernetzungsmittel; Concanavalin A-Rezeptoren, Θ-Antigene

Wie die Immunglobuline, läßt sich auch das Θ-Antigen auf Lymphozytenoberflächen vernetzen, allerdings muß man hierfür ein Zweischrittverfahren einsetzen.

Es werden Antikörper gegen Θ (Maus-anti-Θ) und Antikörper gegen diese (Kaninchen-anti-Maus-Ig) benötigt, und zwar deshalb, weil das Θ-Antigen monovalent und somit primär nicht vernetzbar ist; bei der Bildung eines komplexen Netzwerkes wird es jedoch mitgerissen.

Auf Lymphozytenoberflächen liegen in großer Zahl ConA-Rezeptoren. Zugabe von fluoreszenzmarkiertem ConA induziert in der Regel kein *Capping*, doch nach Zerstörung des Mikrotubulisystems findet die Induktion statt, was bedeuten kann, daß die Moleküle direkt oder indirekt durch die Mikrotubuli fixiert sind und daß eine Wanderung erst nach Aufhebung der Fixierung möglich ist (Yahara und Edelman, 1975). Ein gleichzeitiger Einsatz von ConA und anti-Ig (beide mit unterschiedlichen Fluoreszenzfarbstoffen markiert) führt zu den Aussagen,

a) daß *Capping* erfolgt und
b) daß dabei nur ein Teil der ConA-Rezeptoren in die Kappe überführt wird (*Cocapping*).

Hieraus ist zu schließen, daß ConA-Rezeptoren heterogene Molekülpopulationen sind, z.T. sind es Immunglobuline, z.T. andere Molekültypen. Das Doppelmarkierungsexperiment sagt uns auch, daß die Bewegung in der Membran in bezug auf die Molekülklasse spezifisch ist. Die Wanderung von Molekülen einer Klasse hat auf die Verteilung der anderen keinen Einfluß.

Capping ist zwar ein schöner Beweis dafür, daß es eine (gerichtete) Bewegung in der Membranebene gibt, dennoch ist nach dem bisher gesagten wenig erklärt. Mikrotubuli und/oder Mikrofilamente sind an den Vorgängen beteiligt, doch wie „erfahren" sie, was an der Außenseite der Membran vor sich geht? Wie sieht die Informationsübermittlung zwischen außen und innen aus?

Man kann wohl zu Recht annehmen, daß Proteinmoleküle, die an *Capping*-Prozessen beteiligt sind, so groß sind, daß sie durch die Membran hindurchreichen.

Doch wie wird ein Signal erkannt und weitergegeben? Die Antwort ist viel schwerer zu geben, als es auf den ersten Blick scheint. Eine Konformationsänderung des Moleküls durch Bindung einer vernetzenden Komponente kann es nicht sein, denn Fab-Fragmente z.B. induzieren kein *Capping*, vollständige Antikörper tun es. Eine Bewegung zweier Proteinmoleküle aufeinander zu – z.B. aufgrund des Zusammenziehens durch einen bivalenten Antikörper – kommt auch nicht in Frage, denn solche Bewegungen laufen aufgrund der Brownschen Molekularbewegung ständig ab.

Literatur

Aoki, T., Hämmerling, U., Harven, E. de, Boyse, E.A., Old, L.J.: Antigenic structure of cell surfaces. J. Exp. Med. *130*, 979 (1969)

Bourguignon, L.Y.W., Singer, S.J.: Transmembrane interactions and the mechanism of capping of surface receptors by their specific ligands. Proc. Natl. Acad. Sci. USA *74*, 5031 (1971)

Bretscher, M.S.: Directed lipid flow in cell membranes. Nature (London) *260*, 21 (1976)

Frye, L.D., Edidin, M.: The rapid intermixing of cell surface antigens after formation of mouse-human heterokaryons. J. Cell Sci. *7*, 319 (1970)

Hämmerling, U., Aoki, T., Wood, H.A., Old, L.J., Boyse, E.A., Harven, E. de: New visual markers of antibody for electron microscopy. Nature (London) *223*, 1158 (1969)

Nicolson, G.L., Singer, S.J.: Ferritin-conjugated plant agglutinins as specific saccharide stains for electron microscopy: application to saccharides bound to cell membranes. Proc. Natl. Acad. Sci. USA *68*, 942 (1971)

Nicolson, G.L., Singer, S.J.: The distribution and asymmetry of mammalian cell surface saccharides utilizing ferritin-conjugated plant agglutinins as specific saccharide stains. J. Cell Biol. *60*, 236 (1974)

Nicolson, G.L., Hyman, R., Singer, S.J.: The two-dimensional topographic distribution of H-2 histocompatibility alloantigens on mouse red blood cell membranes. J. Cell Biol. *50*, 905 (1971)

Petris, S. de: Concanavalin A receptors, immunoglobulins, and Θ antigen of the lymphocyte surface. J. Cell Biol. *65*, 123 (1975)

Petris, S. de, Raff, M.C.: Distribution of immunoglobulin on the surface of mouse lymphoid cells as determined by immunoferritin electronmicroscopy. Antibody-induced, temperature-dependent redistribution and its implications for membrane structure. Eur. J. Immunol. *2*, 523 (1972)

Schlesinger, J., Axelrod, D., Koppel, D.E., Webb, W.W., Elson, E.L.: Lateral transport of a lipid probe and labeled proteins on a cell membrane. Science *195*, 307 (1977)

Yahara, I., Edelman, G.M.: Electron microscopic analysis of the modulation of lymphocyte receptor mobility. Exp. Cell Res. *91*, 125 (1975)

26. Virusmembranen

Es gibt eine Anzahl von Virusarten, deren innerer Kern, das Nukleokapsid, von einer Membran (einer Hülle, einem *Envelope*) umgeben ist (s. Abb. 26.1 und 26.2). Der Kern besteht aus Protein und Nukleinsäure (DNS oder RNS). Die Membran trägt an der Außenseite oft eine stark ausgeprägte, deutlich strukturierte Proteinschicht. Die Proteinmoleküle (Glykoproteine) sind bei einigen Arten in Form elektronenmikroskopisch sichtbarer Fortsätze (*Spikes*) organisiert (siehe Abb. 46.9). Zusätzlich findet man bei vielen lipidhaltigen Viren Proteine, die an der Membraninnenseite liegen (Matrixprotein, M-Protein). Diese Proteine sind frei von Kohlenhydraten. Um Mißverständnissen vorzubeugen, sei vermerkt, daß man Proteine der Virushülle nicht als Hüllprotein bezeichnet. Dieser Begriff wurde nämlich bereits für jenes Protein vergeben, welches die Nukleinsäure umhüllt. Bei den membranhaltigen (lipidhaltigen) Viren wäre es demnach das Protein

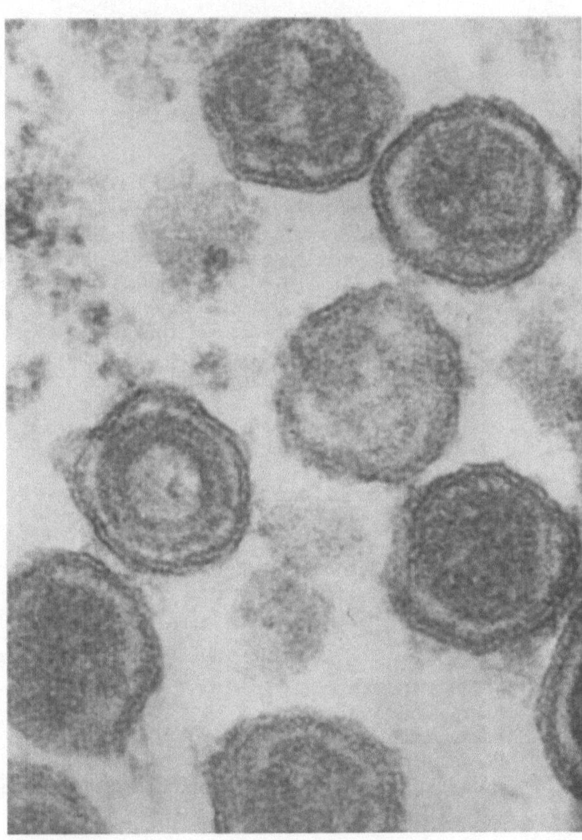

Abb. 26.1. Maus-Friend-Leukämievirus, ein Beispiel für ein lipidhaltiges Virus. Elektronenmikroskopische Aufnahme quergeschnittener Präparate. Man erkennt deutlich die zentral gelegenen Nukleokapside, die von einer Membran mit den typischen strukturellen Merkmalen (Doppelschicht) einer Plasmamembran umgeben sind. Vergr. 150.000fach. (Aufn. de Harven, New York)

Abb. 26.2. Elektronenmikroskopische Aufnahme von Influenzaviren, hergestellt unter Zuhilfenahme der Gefrierätztechnik. Dabei werden Membranen gespalten, so daß in einigen Fällen Membraninnenseiten mit partiell aufgebrochener Membran (konkave Flächen) erscheinen, in anderen das Nukleokapsid mit partiell aufgebrochener Membran (konvexe Flächen). Vergr. 75.000fach. (Aufn. Nermut, London, 1977)

des Nukleokapsids. Lipidhaltige Viren werden in einem Zweistufenprozeß synthetisiert:

a) Bildung des Nukleokapsids. Syntheseorte sind dabei Kern oder Cytoplasma der Wirtszelle.

b) Reifung: Ausbildung (*Assembly*) des *Envelopes.* Dieser Schritt erfolgt ausnahmslos an zellulären Membranen, und zwar je nach Virusart an der Plasmamembran, der inneren Membran der Kernhülle oder an cytoplasmatischen Membranen. Virions (Viruspartikel), die an der Plasmamembran reifen (*mature*), werden aus der Zelle durch Knospung (*budding*) freigesetzt (s. Abb. 26.3).

In der folgenden Tabelle 1 sind die bekanntesten lipidhaltigen Viren aufgelistet.

Die Freisetzung von Viren an der Plasmamembran erfolgt in der Regel ohne nennenswerte Schädigung der Wirtszelle. Viren hingegen, die an cytoplasmatischen Membranen reifen, lysieren ihre Wirtszellen.

Die Reinigung und Isolierung der lipidhaltigen Viren geschieht meist durch differenzielle Zentrifugation im Dichtegradienten. Daneben ist eine Reihe weiterer Verfahren im Gebrauch. Viele Viren werden von Zelloberflächen adsorbiert, von denen sie anschließend mit einem Ca^{2+} - und Mg^{2+} -enthaltenden Elutionsmedium selektiv eluiert werden können. Ihre Fähigkeit, sich an Zellen zu binden und sie miteinander zu agglutinieren, macht man sich bei der Technik der Zellfusion (s. Kap. 53) zunutze.

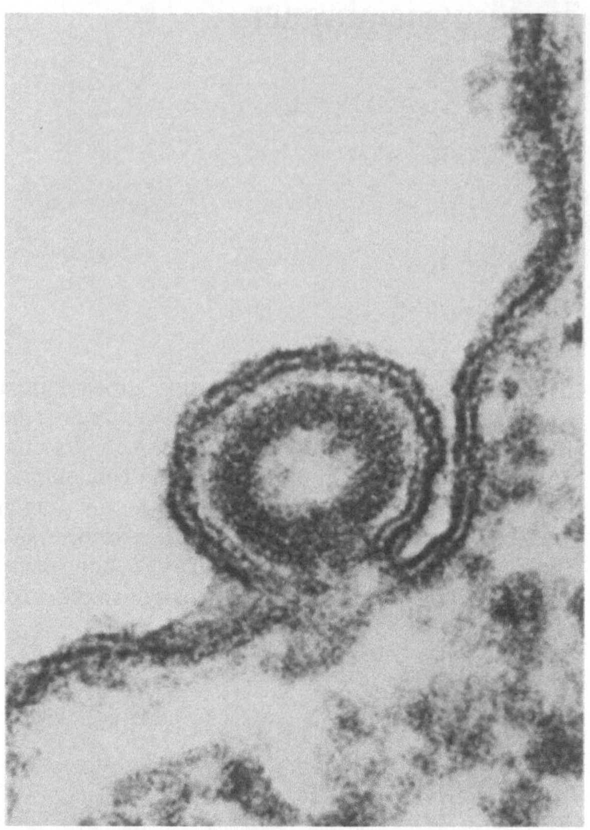

Abb. 26.3. Maus-Friend-Leukämievirus. Reifung durch Knospung an der Plasmamembran der Wirtszelle. Man beachte die strukturelle Ähnlichkeit der Virus- und der Wirtszellmembran. Die äußere Schicht ist elektronendichter als die innere, was auf eine Asymmetrie hinweist. In der Abbildung wird sie durch die Präparationstechnik (*negative staining*) hervorgerufen. Die unterschiedliche Ablage des elektronendichten Kontrastierungsmittels beruht ihrerseits auf Unterschieden in der Membranstruktur selbst. Vergr. 250.000fach. (Aufn. de Harven, New York)

Struktur der Virusmembran (Hülle)

Genauere Untersuchungen liegen über Togaviren, Rhabdoviren und Myxoviren vor. Die Lipide bilden eine kontinuierliche Doppelschicht, in die die Glykoproteine als integrale Bestandteile eingelassen sind. Der Hauptanteil dieser Proteinmoleküle ist jedoch an der Oberfläche der Membran exponiert und kann durch Proteasen abgebaut werden, ohne daß die Membran dadurch in Mitleidenschaft gezogen wird. Die Lipidschicht allein hat also integrierende Eigenschaften.

Tabelle 1. Lipidhaltige Viren (Ergänzt und abgeändert nach Klenk, 1973)

Gruppe	Größe des Partikels (Virions) [nm]	Nukleinsäure (Typ)	Ort der Reifung
Togaviren	50– 60	RNS	Plasmamembran
Retroviren	100	RNS	Plasmamembran
Bunyaviren	90–100	RNS	Plasmamembran
Arenaviren	100–300	RNS	Plasmamembran
Coronaviren	70–120	RNS	Endoplasmatisches Retikulum und Cytoplasmatische Vesikel
Myxoviren			
Orthomyxoviren	80–120	RNS	Plasmamembran
Paramyxoviren	100–450	RNS	Plasmamembran
Rhabdoviren (Tierviren)	70 x 200	RNS	Plasmamembran und Cytoplasmatische Vesikel
Rhabdoviren (Pflanzenviren)	100 x 300	RNS	Knospung an der inneren Kernmembran
Herpesviren	120–180	DNS	innere Kernmembran
Pockenviren	100 x 200 x 300	DNS	frei im Cytoplasma
PM 2 (mariner Bakteriophage)	60	DNS	frei im Cytoplasma, jedoch in Membrannähe

Einige der lipidhaltigen Viren sind röntgenstrukturanalytisch untersucht worden. Als Beispiel sei das Sindbis-Virus (ein Togavirus) herausgegriffen, das von Harrison und Mitarbeitern (Harvard University) bearbeitet wird. Die radiale Elektronendichteverteilung ist in Abb. 26.4 zu sehen. In einem radialen Abstand von 232 Å findet man eine „negative" Elektronendichte, die auf einen extrem hohen Lipidanteil zurückzuführen ist. Die hohe Elektronendichte nahe dem Zentrum des Partikels geht auf RNS und Protein (Nukleokapsid) zurück, die peripher gelegene auf die *Spikes*-Proteine (Glykoproteine). Zusammenfassend ergibt sich das in Abb. 26.5 dargestellte Modell.

Beim Influenzavirus beträgt die Fläche der Lipidschicht durchschnittlich 150 x 10^4 $Å^2$, was etwa 3,6 x 10^4 Phospholipidmolekülen entspricht. Ein Virion dieser Art trägt etwa 550 *Spikes*, ihre Abstände voneinander betragen 75 Å und ihr Radius 20 Å, woraus folgt, daß sie etwa 25% der Oberfläche bedekken. Concanavalin A agglutiniert nur intakte Partikel, das Phytohämagglutinin aus *Dolchis biflorus* reagiert auch noch nach Entfernung der Proteinhülle. Das besagt, daß Glykolipide die spezifischen Rezeptoren dieses Agglutinins sind (s.a. Kap. 50).

Wie ist die Virusmembran (das Envelope) aufgebaut?

Alle Kriterien zur Definition von Membranen der Eukaryonten treffen auch auf die Virusmembranen zu. Bei den Toga- und Myxoviren verteilt sich das Protein zu 20–30% auf das Nukleokapsid und zu 70–80% auf die Hülle.

Proteine. Virushüllen enthalten virusspezifische Proteine, an der Außenseite die Glykoproteine, wie z.B. das Hämagglutinin und die Neuraminidase, und an der Innenseite das M-Protein (s. Tabelle 2). Das M-Protein ist kein integrales, sondern ein peripheres Membranprotein. Es ist entweder über ionische Interaktionen mit den hydrophilen Anteilen der an der Membraninnenseite liegenden Lipidmoleküle oder mit den innen liegenden Anteilen der Glykoproteine assoziiert. Beim Influenzavirus z.B. macht es 50% des gesamten Membranproteins aus. Bei Viren, denen es fehlt, steht das Nukleokapsid in direktem Kontakt mit der Membraninnenseite. Unabhängig vom bisher gesagten wurden extern gelegene, wirtsspezifische Antigene nachgewiesen, doch konnte bislang kein schlüssiger Beweis dafür erbracht werden, daß die antigenen Determinanten Proteinen zuzuordnen seien, und nach allem, was wir heute über sie wissen, handelt es sich dabei vorwiegend um Glykolipide.

Die Proteine der Togaviren, der Rhabdoviren und der Myxoviren sind relativ gut untersucht worden. Ihr Genom ist recht klein und enthält nur sehr wenig genetische Information. Die Zahl der Strukturproteine ist dementsprechend gering. Die Proteine werden nach der Infektion der Wirtszelle de novo synthetisiert. Diese Aussage konnte u.a. unter Einsatz temperatursensitiver Mutanten verifiziert werden, die bei nicht permissiver Temperatur mRNS, jedoch keine funktionellen Strukturproteine bilden. Versuchsobjekt war dabei u.a. das Sindbis-Virus (Burge und Pfefferkorn, 1967; Strauss et al., 1968). Vermehrt man einen bestimmten Virusstamm auf verschiedenen Wirtszellarten, erhält man stets das gleiche Muster

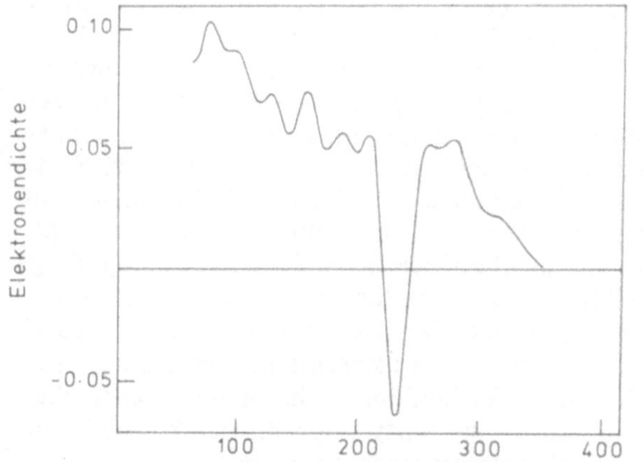

Abb. 26.4. Radiale Elektronendichteverteilung beim Sindbis-Virus. Die geringe Dichte beim Abstand von 220–230 Å vom Zentrum weist auf die Position der Lipiddoppelschicht hin. Die hohe Elektronendichte im Zentrum wird durch das Nukleokapsid hervorgerufen und die an der Peripherie durch die membrangebundenen Proteine der Virusoberfläche (Harrison et al., 1971)

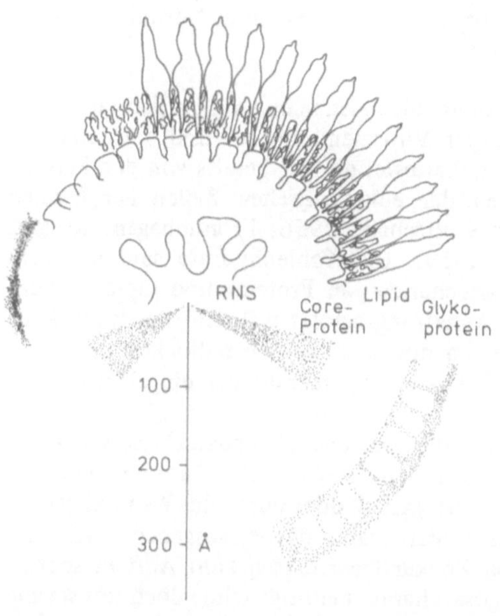

Abb. 26.5. Modell der Struktur des Sindbis-Virus (radialer Querschnitt). (Nach Harrison et al., 1971; McCarthy und Harrison, 1977)

Tabelle 2. Polypeptide in einigen Virusmembranen (Lenard, 1978)

Virusgruppe	Art	Glykoproteine		Funktion	M-Protein Mol-Gewicht
		Bezeichnung	Mol.-Gewicht		
Togaviren	Sindbis	E_1 E_2	53.000 47.000	Hämagglutinin für Knospung erforderlich	kein
	Semliki Forest Virus (SFV)	E_1 E_2 E_3	49.000 52.000 10.000	 für Knospung erforderlich	kein
Rhabdoviren	Vesiculäres Stomatitis-Virus (VSV)	G	67.000	Infektiosität, *Assembly*	25.000
Orthomyxoviren	Influenzavirus	HA (oder HA_1 + HA_2)	75.000 (50.000 + 25.000)	Hämagglutinin Infektiosität	26.000
		NA	55.000	Neuraminidase, Freisetzung von Viruspartikeln	
Paramyxoviren	Sendaivirus	HN	65.000	Hämagglutinin Neuraminidase	38.000
		F	53.000	Fusion, Hämolyse, Infektiosität	
	Newcastle Disease virus (NDV)	HN	74.000	Hämagglutinin Neuraminidase	41.000
		F	56.000	Fusion, Hämolyse Infektiosität	

virusspezifischer Proteine (gleiches Bandenmuster in der SDS-Gelelektrophorese).

Werden Proteine der Wirtszellen in die Virusmembran eingebaut? Die Frage ist nicht eindeutig zu beantworten. Für verschiedene Virusarten erhält man unterschiedliche Ergebnisse. Viel Wirtsprotein ist es nie, allenfalls einige wenige Prozent, und auch hierbei ist nicht einmal klar, ob es sich um integrale Proteine der Virusmembran handelt oder ob es Verunreinigungen der Präparate sind.

Kohlenhydrate. Sie machen einen signifikanten Anteil der Masse der Virusmembran aus und enthalten die gleichen Zuckerreste, die wir bereits von den Plasmamembranen der eukaryotischen Zellen her kennen (Ada und Gottschalk, 1956; Frommhagen, Knight, Freeman, 1959). Die Kohlenhydrate sind in Form von Oligosacchariden an Proteine und Lipide gebunden. Die Anheftung erfolgt während der Infektionsperiode, denn nur dann werden radioaktiv markierte Monosaccharide in Virusmembranen eingebaut.

Wie entsteht das spezifische Oligosaccharidmuster an der Virusoberfläche? Wird die Zusammensetzung durch das Virusgenom oder durch das Wirtszellgenom spezifiziert? Man kann davon ausgehen, daß eine Reihe von Zucker-Transferasen zum Aufbau spezifischer Oligosaccharide benötigt wird, doch um sie alle zu codieren, ist das Virusgenom nicht groß genug. Das legt die Annahme nahe, daß das Wirtszellgenom mit in Anspruch genommen wird. Zur experimentellen Klärung dieses Problems können die folgenden vier Ansätze beitragen:

1. Analyse der Kohlenhydrate bei einer Virusart, vermehrt in verschiedenen Wirtsarten.
2. Vergleich der Kohlenhydrate mehrerer Virusarten, vermehrt in einer Wirtszellart mit denen, vermehrt in einer anderen.
3. Vergleichende Untersuchungen: Einbau von Monosacchariden in Oligosaccharide der Virus- und der Wirtszellmembran.
4. Aktivität der Transferase in infizierten und nichtinfizierten Zellen.

Das Muster der Kohlenhydrate von Influenzaviren hängt im großen und ganzen vom Wirtszelltyp ab. Verschiedene Virusstämme enthalten das gleiche Muster, wenn man sie auf dem gleichen Wirt vermehrt. Wirtsspezifische Enzyme modifizieren die Virusmembran. Bei einem Vergleich von Sindbis-Virus-infizierten Zellen mit nicht-infizierten fanden Grimes und Burge (1972) keinen Unterschied in der Enzymaktivität und Enzymspezifität der Neuraminosyl- und Fucosyl-Transferasen. Die virusspezifischen Proteine müssen sich also im Verlauf der Evolution derart entwickelt haben, daß sie von wirtszellspezifischen Zucker-Transferasen als Substrat erkannt werden.

Lipide. Woher stammen sie? Es gibt mehrere Daten, die darauf hinweisen, daß die Lipide der Virusmembran der Wirtszelle entnommen sind.

1. In der Virusmembran findet man in der Regel die gleichen Lipide wie in den Membranen der Wirtszellen. Nur in wenigen Ausnahmefällen fand man

in Virusmembranen Lipide, die den Wirtszellen fehlen.

2. Man findet Unterschiede in der Lipidzusammensetzung, wenn man die Viren in verschiedenen Wirtszellen kultiviert.
3. Radioaktiv markierte Lipide der Plasmamembran (vor der Infektion markiert), findet man in der Membran der Viren wieder.
4. Das Lipidmuster der Virusmembranen ist genauso komplex wie das der Wirtszellmembran.
5. Das Genom der meisten lipidhaltigen Viren ist viel zu klein, um eine derartige Vielfalt codieren zu können.

Man nimmt daher an, daß Viren die Lipide während des Reifungsprozesses an Zellmembranen (Plasmalemma, innere Kernmembran u.a.) erwerben. Das Vaccinia-Virus, eines der größten lipidhaltigen Viren, baut auch solche Lipide in seine Membran ein, die während des Infektionsprozesses gebildet werden.

Glykolipide sind für eine Reihe antigener Eigenschaften verantwortlich (z.B. Forssmann-Aktivität u.a.). Aus dem hohen Gehalt der Membran an Sphingolipiden, gesättigten und mono-ungesättigten Fettsäuren kann man schließen, daß die Membranen sehr dicht gepackt sind. Der hohe Gehalt an Cholesterin paßt in dieses Schema. Die Virusmembran ist somit ein relativ starres Gebilde, was man von den Membranbreichen, aus denen sie gebildet wurde, nicht unbedingt sagen kann.

Was determiniert diese Lipidzusammensetzung? Es gibt offensichtlich modifizierende Einflüsse, die auf einen Wirtszelleinfluß zurückgehen. Ferner konnte man zeigen, daß virusspezifische Proteine selektiv auf benachbarte Lipidmoleküle einwirken. Bei all diesen Erwägungen sei jedoch daran erinnert, daß es große Schwierigkeiten bereitet, wirklich „reine" Plasmamembranpräparationen von eukaryotischen Zellen zu gewinnen, so daß man sich bei allen Aussagen vor Artefakten hüten muß.

Wie sieht das Assembly, die Zusammenlagerung des Envelope aus? Wie eingangs erwähnt, entstehen lipidhaltige Viren in einem Zweistufenprozeß. Die Membran erwerben sie während des Reifungsprozesses. Die an der Oberfläche exponierten Glykoproteine werden an membrangebundenen Ribosomen (dem rauhen Endoplasmatischen Retikulum) gebildet und noch während ihrer Synthese aus dem Cytoplasma ausgeschleust (s. Kap. 38, Signalhypothese).

Nukleokapsidproteine und Matrixproteine werden an freien Ribosomen (Polysomen) gebildet und aus der Zelle nicht ausgeschleust. Das Nukleokapsidprotein hat eine hohe Tendenz, RNS zu binden und so das Nukleokapsid zu formen. Das *Assembly* aller Teile erfolgt an den Membranen. Der über einem Kondensationskern (Nukleokapsid) liegende Membranbereich der Zelle stülpt sich aus und wird zur Virusmembran. Zelleigene Proteine werden (wie auch immer) beiseitegeschoben und durch virusspezifische ersetzt. Wie geschieht das? Es git keine alles klärende Antwort hierauf. Das *Assembly* ist ein kooperativer Prozeß, an dem das Nukleokapsid, die Glykoproteine, das Matrixprotein und die Wirtszellmembran mitwirken.

Wir haben bereits im vorangegangenen Kapitel erkannt, daß Ausstülpungen von Plasmamembranen in der Regel frei von Proteinantigenen sind. In dieser Erscheinung können wir möglicherweise eine Teilantwort unserer Probleme sehen. Doch wie lagern sich jetzt die extrazellulären und die intrazellulären virusspezifischen Proteine in diesen Bereich ein? Wie sieht der Informationsfluß zwischen innen und außen aus? Das sind Fragen, auf die allgemeingültige Antworten noch ausstehen.

Take home lesson

Virusmembranen sind komplexe Strukturen. Die Proteine stammen aus der Eigenproduktion; zur Synthese der Oligosaccharide an Proteinen und Lipiden werden vorwiegend wirtsspezifische Enzyme eingesetzt, und die Lipide werden dem Lipidpool der Wirtszelle entnommen.

Literatur

Bonsdorff, C.-H. v., Harrison, S.C.: Sindbis virus glycoproteins form a regular icosahedral surface lattice. J. Virol. *16,* 141 (1975)

Garoff, H., Simons, K., Renkonen, O.: Isolation and characterization of the membrane proteins of Semliki forest virus. Virology *61,* 493 (1974)

Harrison, S.C., David, A., Jumblatt, J., Darnell, J.E.: Lipid and protein organization in Sindbis virus. J. Mol. Biol. *60,* 523 (1971)

Helenius, A., Simons, K.: Change shift electrophoresis: A simple method to distinguish between amphiphilic and hydrophilic proteins in detergent solution. Proc. Natl. Acad. Sci. USA *74,* 529 (1977)

Klenk, H.D.: Virus membranes. In: Biological membranes. Chapman and Wallach (eds.), Vol. 2. New York, San Francisco, London: Academic Press 1973

Lenard, J.: Virus envelopes and plasma membranes. Annu. Rev. Biophys. Bioeng. *7,* 139 (1978)

McCarthy, M., Harrison, S.C.: Glycosidase susceptibility: a probe for the distribution of glycoprotein oligosaccharides in Sindbis virus. J. Virol. *23,* 61 (1977)

Simons, K., Garoff, H.: The glycoproteins of Semliki forest virus membrane. In: Membrane proteins and their interactions with lipids. Capaldi (ed.), Vol. 1. New York: Dekker 1977

27. Bakterienzellwand; Bakterienmembranen

Die meisten Bakterien sind von einer Zellwand umgeben. Diese besteht aus einem Mureinnetz (einem Mureinsacculus), das den Bakterien eine Starrheit der Struktur und Schutz gegen mechanische Belastung verleiht; es wirkt darüberhinaus dem osmotischen Druck der Zellinhaltsstoffe entgegen. Bakterien leben ja in der Regel in Medien, deren osmotischer Druck wesentlich geringer ist als der im Zellinneren. Die Zellwand trägt einen Mantel aus Kohlenhydraten mit einer Vielfalt unterschiedlicher Funktionen. Sie determinieren die antigene Spezifität, sind für die Wechselwirkung zwischen Bakterien und Wirtszellen verantwortlich und haben schließlich eine entscheidende Bedeutung für die Klassifizierung der Bakterien.

In der Diagnostik unterscheidet man zwischen grampositiven und gramnegativen Bakterien. 1884 führte der dänische Bakteriologe Gram das nach ihm genannte Färbeverfahren ein: Die Bakterienzellen werden dabei in einem ersten Schritt mit dem basischen Farbstoff Kristallviolett gefärbt, anschließend werden die Präparate mit J_2-KJ fixiert und schließlich mit Aceton oder Alkohol gewaschen. Alle Bakterienarten lassen sich zunächst gleich gut anfärben. Bei den gramnegativen wird der Farbstoff-J_2-Komplex durch die Behandlung mit organischen Lösungsmitteln herausgewaschen, während er bei den grampositiven erhalten bleibt. Die Ursache für dieses unterschiedliche Verhalten wurde 1959 von Salton aufgeklärt, als er zeigen konnte, daß die Zellwand der grampositiven Bakterien für den Farbstoff-J_2-Komplex eine Permeabilitätsbarriere bildet.

Gramnegative Bakterien sind außer vom Mureinnetz von zwei Membranen, einer äußeren und einer cytoplasmatischen, umgeben. Membranen + Mureinschicht werden als Hülle bezeichnet. Die am Aufbau der Hülle beteiligten Komponenten sind in folgender Reihenfolge (von außen nach innen) angeordnet: äußere Membran – Mureinschicht (Mureinnetz) – cytoplasmatische Membran. Bei den gramnegativen Bakterien ist das Mureinnetz einschichtig, sein Anteil am Trockengewicht der Bakterienhülle beträgt weniger als 10%. Zu den gramnegativen Bakterien gehören u.a.:

Pseudomonas, Azotobacter, Rhizobium, Halobacterium, Nitrobacter, Nitrosomonas,

dann die Enterobakterien:

Escherichia coli, Salmonella, Shigella, Klebsiella, Serratia, Proteus, Enterobacter.

Den grampositiven Bakterien fehlt die äußere Membran. Das Mureinnetz macht 30–70% des Trokkengewichts der Hülle aus. Es ist vielschichtig, der Aufbau ist artspezifisch und bildet somit ein gutes taxonomisches Merkmal. Elektronenmikroskopisch ist an der Außenseite ein hexagonales Muster zu erkennen, welches auf dem Vorhandensein regelmäßig angeordneter Proteinmoleküle beruht. Ihre Abstände voneinander betragen 80–120 Å. Die Proteine beeinflussen, zumindest partiell, die Pathogenität der Bakterien und tragen ebenfalls zur Klassifizierung der Arten mit bei. Zu den bekanntesten grampositiven Bakterien gehören die

Milchsäurebakterien,
Streptokokken,
Staphylokokken,
Propionsäurebakterien u.a.

Die Zellwandstruktur wird durch Lysozym abgebaut, ihre Synthese durch Penicillin inhibiert. Viele Bakterien sind von Schleimschichten und/oder Kapseln umgeben, die vorwiegend aus Kohlenhydraten bestehen. Bei einigen, unter extremen Bedingungen lebenden Bakterien, kommt überhaupt keine Zellwand vor, so z.B. beim *Halobacterium,* das in einer konzentrierten (hypertonischen) Salzlösung lebt. Seine Membran besteht zu einem großen Teil aus Protein. Die spezielle Erscheinungsform dieser Membran geht auf eine ausgeprägte Protein-Protein-Wechselwirkung zurück (s. Kap. 29).

Die Mureinschicht

Die Mureinschicht (der Mureinsacculus) wird durch ein Molekül von der Größe der Bakterienzelle gebildet. Die Grundstruktur enthält Polysaccharidketten, die durch Peptidbrücken untereinander quervernetzt sind (s. Abb. 27.1). Die Peptidbrücken bestehen aus einem Tetrapeptid, in dem L- und D-Aminosäuren alternierend aufeinanderfolgen:

L-Ala – D-Gln – L-Lys – D-Ala.

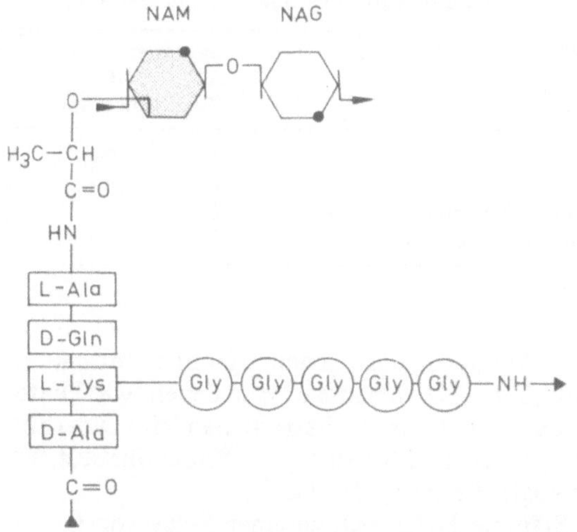

Abb. 27.1. Struktureinheit des Peptidoglycans (Mureins) der Zellwand von *Staphylococcus aureus*

Schon das ist ungewöhnlich, denn D-Aminosäuren werden normalerweise nicht in Proteine eingebaut. Die zweite Besonderheit liegt in der Verknüpfung des Tetrapeptids mit benachbarten Ketten über die ε-Aminogruppe des L-Lys und eine Pentaglycinbrücke. Bei einigen Bakterienarten sind das D-Gln in Pos. 2 und das L-Lys in Pos. 3 durch andere Aminosäuren ersetzt, was zu einem abgewandelten Vernetzungstyp führt.

Die Mureinschicht wird in vier Schritten synthetisiert, die Strominger und Mitarbeiter von der University of Wisconsin Mitte der sechziger Jahre aufgeklärt haben.

1. Synthese wasserlöslicher Vorstufen des Komplexes.
2. Anlagerung dieser Vorstufen an die Membran.
3. Bildung linearer Polymere an der Außenseite der cytoplasmatischen Membran.
4. Quervernetzung der linearen Polymere.

Die Synthese kann unter Einsatz des Antibiotikums Penicillin (s. Abb. 27.2) analysiert werden. Es hemmt den letzten Teilschritt, wodurch Synthesezwischenprodukte angereichert werden. In penicillinrestistenten Bakterien wird das Penicillin durch Penicillinase in die inaktive Form der Penicillinsäure überführt (zusammenfassender Bericht, s. Blumberg und Strominger, 1974).

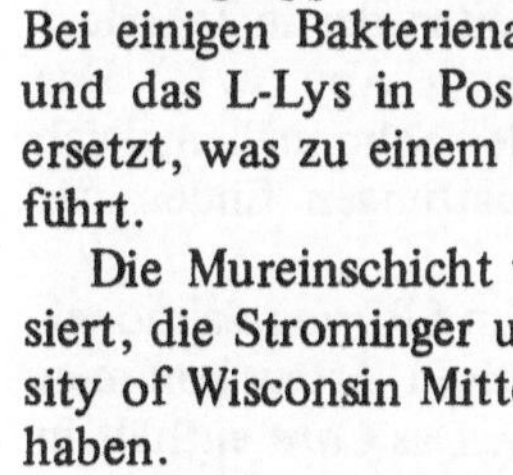

Abb. 27.2. Penicillin (allgemeine Formel). Beim Penicillin G steht ein Phenylessigsäurerest anstelle von R

Zu 1: Park wies nach, daß in penicillinbehandelten Staphylokokken ein kurzes Peptid angehäuft wird, das an einem Nukleotid hängt: UDP-N-Acetylmuramin-Pentapeptid. Die Biosynthese beginnt mit der Ausbildung des aktivierten Zuckers UDP-N-Acetylglucosamin. Es folgt die Bildung der UDP-N-Acetylmuraminsäure. Hieran wird unter Ausbildung einer Peptidbindung L-Ala angelagert. Die Kette wird sukzessive verlängert, bis ein Pentapeptid entstanden ist. Die endständige Aminosäure ist ein D-Ala. Die Kette ist damit um eine Aminosäure länger als in der fertigen Mureinstruktur. Alle Schritte werden enzymatisch katalysiert. Die Peptidsynthese erfolgt also nicht an Ribosomen, die Spezifität des Peptids beruht ausschließlich auf der Spezifität der vorhandenen Enzyme.

Zu 2: Das aktivierte Peptid (UDP-Peptid) wird unter Verlust des UDP auf einen lipophilen Träger (*Carrier*) übertragen. Hierdurch erhält es die Möglichkeit, die hydrophobe Zone der Membran zu passieren und vom Cytoplasma an die Außenseite der Zelle zu gelangen. Vorher wird jedoch noch die Pentaglycinbrücke anpolymerisiert, was auch über mehrere Zwischenstufen geschieht, bei denen die Kette um jeweils eine Gly-Einheit verlängert wird. Das Gly wird zu diesem Zweck in einen aktivierten Zustand überführt: Gly-tRNS.

Zu 3: Der an das Lipid gebundene Komplex wird an der Membranaußenseite auf wachsende Polysaccharidketten übertragen. Der lipophile Träger wird in seine ursprüngliche Form rücküberführt und kann erneut als Akzeptor fungieren, wobei die Energie, die durch die Abspaltung frei wird, für den Transport des Trägers von der Membranaußenseite zur Innenseite verwendet wird.

Zu 4: Die Ausbildung der Querbrücken erfolgt ebenfalls außerhalb der cytoplasmatischen Membran. Die dafür notwendige Energie liefert das terminale D-Ala, das abgespalten wird und die Energie für eine Transpeptidasereaktion zur Verfügung stellt. Eine Peptidbindung wird auf Kosten einer anderen gebildet, wobei das Pentapeptid in ein Tetrapeptid übergeht. Dieser Schritt wird durch Penicillin inhibiert.

Viele grampositive Bakterien tragen am Mureinskelett, über Phosphodiesterbindungen verknüpft, Teichonsäure. Das ist ein Polymer aus Glycerin- und Ribitol-Einheiten, die ebenfalls über Phosphodiesterbrücken miteinander verbunden sind. An den freien -OH-Gruppen können verschiedene Zuckerreste, Zuckerderivate oder D-Ala hängen. Die Teichonsäure bildet den Hauptanteil der Oberflächenantigene grampositiver Bakterien und ist mit dem Lipopolysaccharid

(LPS) der gramnegativen Zellen vergleichbar. Der Gehalt und die Zusammensetzung der Teichonsäure ist durch Umwelteinflüsse modifizierbar, was wiederum einen Einfluß auf die Pathogenität der Bakterien hat.

Kohlenhydrate an Bakterienoberflächen

Den Zellwänden vieler Bakterien sind mehr oder weniger dicke Kohlenhydratschichten angelagert, deren Konsistenz sehr unterschiedlich ist. Es können relativ dünne antigene Belege sein, es können Schleimhüllen und es können starre, feste und wasserunlösliche Kapseln gebildet werden. Letztere umgeben z.B. die Bakteriensporen. Schleimhüllen schützen Bakterien vor dem Angriff von Phagozyten im Wirt und erhöhen damit die Pathogenität. In ihnen findet man u.a. die folgenden Zucker und Zuckerderivate: Glucose, Rhamnose, 2-Keto-3-Desoxygalactonat, Mannose, Glucuronsäure, N-Acetylglucosamin. Der Aufbau der Oligosaccharide erfolgt aus repetitiven Einheiten, die für die einzelnen Bakterienarten charakteristisch sind. Als ein repräsentatives Beispiel für die Struktur und Spezifität von Oligosacchariden an Bakterienoberflächen werden im folgenden die Oberflächenantigene der Salmonellen vorgestellt:

Salmonellen gehören in die Gruppe der Enterobacteriae. Man kennt und unterscheidet an die 1000 verschiedene Arten, Stämme und Varietäten, von denen einige stark, andere schwach und dritte nicht pathogen sind.

Wie alle Enterobacteriae tragen sie drei Typen oberflächenspezifischer Antigene:

O-Antigen: ein Lipopolysaccharid (LPS), die bedeutendste antigene Determinante.

H-Antigen: Antigene, die mit der Bakteriengeißel assoziiert sind.

K-Antigen: Antigene, die mit der Bakterienkapsel (Zellwand) assoziiert sind.

Von allen Antigenen der Enterobacteriae sind die der Salmonellen am eingehendsten analysiert worden. Kauffmann in Dänemark und White in England setzten serologische Verwandtschaft als ein diagnostisches Hilfsmittel zur Klassifizierung der Salmonellenstämme ein. Das nach ihnen benannte Kauffmann-White-Schema, das vor allem aus epidemiologischen Gründen von Bedeutung ist, beruht vor allem auf den folgenden Überlegungen, die an einem Beispiel veranschaulicht werden sollen: Bei einem Vergleich zweier Stämme A und B unter Einsatz von anti-A und anti-B erhält man die folgenden Ergebnisse (s. Tabelle 1).

Die Daten sagen aus, daß die Stämme sowohl gemeinsame als auch voneinander verschiedene antigene Determinanten besitzen. Durch paarweise Vergleiche dieser Art läßt sich der Verwandtschaftsgrad zwischen verschiedenen Stämmen oder Varietäten ermitteln.

Tabelle 1. Serologische Kreuzreaktionen (Modellbeispiel)

Antiserum	Bakterien A (Reaktionsstärke)	Bakterien B (Reaktionsstärke)
anti-A	4+	2+
anti-B	2+	4+
anti-A, mit B absorbiert	2+	0
anti-B, mit A absorbiert	0	2+

Die O-Antigene eines jeden Stammes enthalten zwei bis drei Determinanten, von denen wir heute wissen, daß es sich um Zuckerreste handelt (Lüderitz, Westphal, Staub und Nikaido, Max-Planck-Institut für Immunologie, Freiburg, 1971).

Die Stämme lassen sich zu einer Reihe von Gruppen zusammenfassen, die durch Kombinationen bestimmter Determinanten charakterisiert sind (siehe Tabelle 2). Über 90% aller bekannten Stämme gehören den Gruppen A–E an.

Innerhalb einer jeden Gruppe lassen sich verschiedene Serotypen unterscheiden. Eine Feinklassifizierung erfolgt durch Charakterisierung der H-Antigene.

Die O-Antigene bestehen aus drei Strukturelementen: Einem Lipidanteil, einem „*Core*-Oligosaccharid" und der eigentlichen O-spezifischen Kette. Letztere besteht oft aus repetitiven Einheiten der in Tabelle 2 genannten Zuckerkombinationen (s. Abb. 27.3). Das „*Core*-Oligosaccharid" ist bei allen Salmonellen gleich gebaut, bei anderen Bakteriengattungen finden wir andere Zusammensetzungen.

18 verschiedene Zucker sind im LPS von Salmonellen identifiziert worden. In einigen Arten kommen mehr als neun verschiedene vor. Das *Core* enthält in der Regel

L-Glycero-D-Mannoheptose und

2-Keto-3-Deoxy-D-Mannooctonsäure.

Beide Zucker sind bisher nur aus bakteriellem LPS isoliert worden. Mutanten, die keine weiteren Zuckeranteile enthalten, bezeichnet man als „R" (*rough*).

Tabelle 2. Sero-Gruppen und serologische Determinanten (O-Antigene) einiger *Salmonella*-Arten. (Nach Lüderitz, 1970)

Art	Sero-Gruppe	O-spezifische Zucker (Determinanten)
S. paratyphi A	A	Mannose, Rhamnose, Paratose
S. schottmülleri	B	Mannose, Rhamnose, Abequose
S. typhimurium	B	Mannose, Rhamnose, Abequose
S. paratyphi C	C_1	Mannose
S. choleraesius	C_1	Mannose
S. montevideo	C_1	Mannose
S. newport	C_2	Mannose, Rhamnose, Abequose
S. typhi	D	Mannose, Rhamnose, Tyvelose
S. enteritidis	D	Mannose, Rhamnose, Tyvelose
S. gallinarum	D	Mannose, Rhamnose, Tyvelose
S. anatum	E	Mannose, Rhamnose

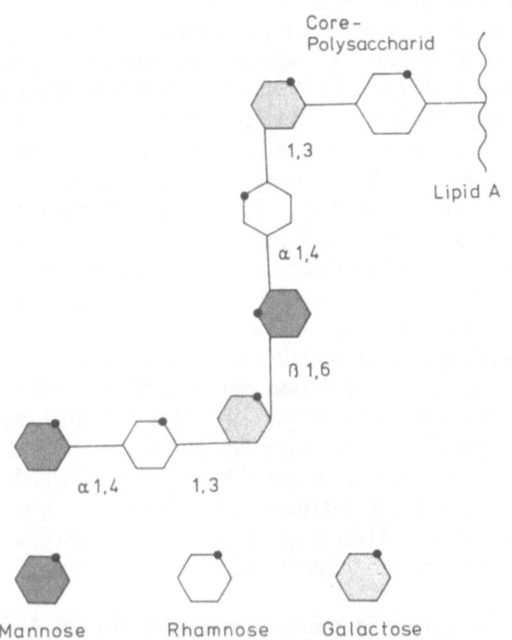

Abb. 27.3. Struktur der O-spezifischen Antigene auf Lipopolysacchariden von *Salmonella newington*. Die terminal sitzende Oligosaccharidgruppe (Mannose-Rhamnose-Galactose) liegt in *n* Kopien hintereinandergeschaltet vor. (Nach Lüderitz, 1970)

Colitose

Abequose

Tyvelose

Paratose

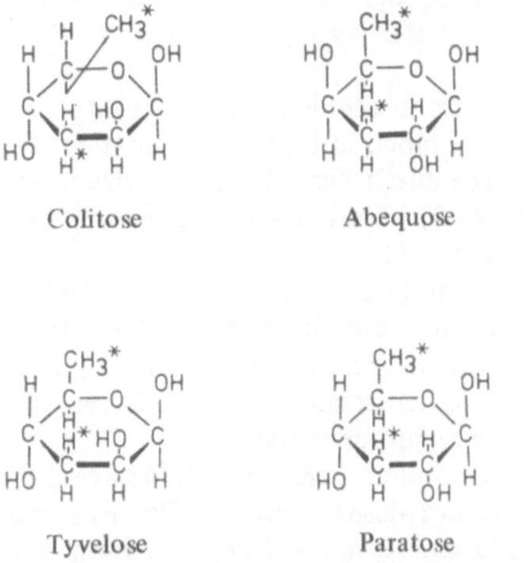

Abb. 27.4. Didesoxyhexosen auf *Salmonella*-Oberflächen. Desoxypositionen sind durch * symbolisiert. Jeder der Zuckerreste kennzeichnet eine bestimmte serologische Gruppe und ist Teil einer spezifischen Determinante. (Nach Robbins und Uchida, 1962)

Ihnen fehlen die Enzyme zum Aufbau der O-Antigen-spezifischen Kette. Wie schon aus Tabelle 2 ersichtlich, gibt es hier einige sonst unübliche Zucker (siehe Abb. 27.4).

Bakterienmembranen

Die cytoplasmatische Membran

Die innere (cytoplasmatische) Membran der grampositiven und der gramnegativen Bakterien ist relativ komplex. Was die Struktur angeht, ist sie mit den inneren Membranen der Mitochondrien und Chloroplasten vergleichbar (s. Kap. 31). Funktionell hat sie jedoch noch zusätzliche Aufgaben zu erfüllen, die in einer Eukaryontenzelle auf die Plasmamembran, das Endoplasmatische Retikulum und auf die Organellenmembranen verteilt sind. Sie enthält die Enzyme der Atmungskette, der Oxydativen Phosphorylierung, des aktiven Transports sowie von zahlreichen Biosynthesewegen, die zur Bildung von Membrankomponenten (Phospholipide, Lipopolysaccharide und Kapselpolysaccharide) benötigt werden. Ihre Zusammensetzung hängt davon ab, ob Bakterien aerob oder anaerob leben und ob der terminale Elektronenakzeptor Sauerstoff oder Nitrat ist. Die meisten Proteine des aktiven Transports sind induzierbar. Neu eingesetzte Proteine können daher bis zu einem Anteil von 1% des Gesamtmembranproteins zunehmen.

Die hohe Variabilität in der Zusammensetzung spiegelt die Bedürfnisse der Zelle in der jeweiligen Umgebung wieder. Proteine liegen in bakteriellen Membranen in höchstmöglicher Packungsdichte vor. Es wäre gar kein Platz vorhanden, um zu jedem beliebigen Zeitpunkt alle Membranproteine einzubauen, die durch das Bakteriengenom codiert werden. Die Auswahl erfordert diffizile Kontrollmechanismen, welche die Zusammensetzung der Membran in Abhängigkeit von den ständig wechselnden Anforderungen der Zelle und dem Angebot an Metaboliten in der Umgebung steuern.

Die äußere Membran gramnegativer Bakterien

Die äußere Membran enthält weniger Phospholipide und weniger verschiedene Proteine als die cytoplasmatische. Der prozentual geringe Lipidanteil bietet die Möglichkeit, beide Membrantypen voneinander zu trennen. 1969 entwickelten die Japaner Miura und Mizushima ein Verfahren zur Trennung der Membranen aus *E. coli* in einem Dichtegradienten. 1972 verbesserten Osborn et al. die Methode und dehnten die Anwendbarkeit auf *Salmonella typhymurium* aus. Besonders saubere Membranfraktionen gewinnt man aus Sphäroplasten, das sind abgerundete (sphärische) Bakterienzellen, deren Zellwand (Mureinschicht) durch eine Lysozym-EDTA-Behandlung verdaut worden ist.

In einer hypotonischen Lösung entstehen keine Sphäroplasten, die Zellen behalten auch ohne die Mureinstruktur ihre stäbchenförmige Gestalt. Diese Beobachtung legte den Gedanken nahe, daß die äußere Membran Ursache der Form der Bakterienzelle sei.

Zur Unterscheidung der Membranen ließ man die Bakterien vor der Aufarbeitung in einem Medium wachsen, dem
a) [^{3}H]-Glycerin (wird in Lipide eingebaut) und
b) [^{14}C]-Galactose (Einbau in Lipopolysaccharid)
zugesetzt wurde. Die durch Zentrifugation getrennten Banden (s. Abb. 27.5) konnten wie folgt charakterisiert werden (s. Tabelle 3).

[^{14}C]-Galactose wurde zum überwiegenden Teil in die H-Bande eingebaut, die der äußeren Bakterienmembran entspricht. Die Fraktionen L_1 und L_2 entsprechen der cytoplasmatischen und M stellt vermutlich unfraktionierte Membranen dar.

In isolierten Membranen kann eine Reihe von Enzymaktivitäten nachgewiesen werden: Die Enzyme des Elektronentransportsystems finden sich in der cytoplasmatischen Membran (L_1 und L_2), ebenso wie die NADH-Oxydase, die Succinat-Dehydrogenase, Lactat-Dehydrogenase und das Enzym II des α-Methylglycosid-Phosphotransferasesystems. In der äußeren Membran findet man das Lipoprotein und eine Phospholipase-Aktivität; in beiden Membranen liegen:. UDP-Zucker-Hydrolase, RNase I und Endonuclease I. Die Unterschiede in der Lipidzusammensetzung beider Membrantypen sind signifikant; doch weiß man nicht, wie die Asymmetrie zustandekommt. Die äußere Membran sorgt für die strukturelle Integrität der Zelle, schützt sie weitgehend vor extrazellulären, hydrolytischen Aktivitäten und stellt für eine Anzahl von Substanzen, so z.B. für viele Antibiotika, eine Diffusionsbarriere dar. Sie enthält Rezeptoren für Bakteriophagen und Colicine und ist am Prozeß der Zellteilung und Konjugation der Bakterien sowie an der Septenbildung beteiligt. Sie enthält Aufnahmesysteme für Eisenionen, Vitamine und Kohlenhydrate und porenbildende Proteine (Porine) für zahlreiche niedermolekulare Substanzen. Die Poren öffnen und schließen sich in Abhängigkeit von der Ladungsverteilung an der Membranoberfläche.

Tabelle 3. Auftrennung von Membranfraktionen durch Dichtegradientenzentrifugation. (Aus Osborn et al., 1972)

Membranfraktion (Bezeichnung)	Dichte [g/cm^3]	Ausbeute an Membranprotein [%]
L_1	1,14 ± 0,005	7,5 - 15,1
L_2	1,16 ± 0,005	14,1 - 24,4
H	1,22 ± 0,01	40,0 - 66,7

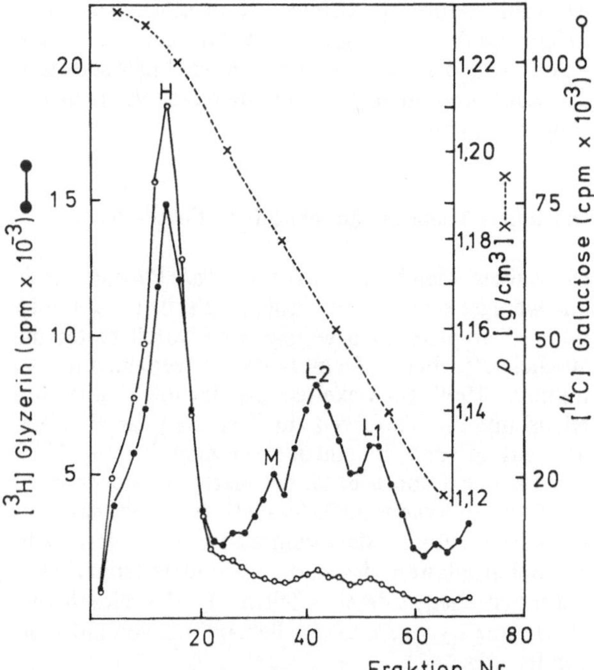

Abb. 27.5. Trennung der Gesamtmembranfraktion von *Salmonella typhimurium* in äußere und cytoplasmatische Membranen. *Glycerinmarkierung kennzeichnet Lipide, *Galactosemarkierung Proteine der äußeren Membran. *H*, äußere Membran; L_1, L_2, cytoplasmatische Membran, *M*, ungetrennte Fraktion (Osborn et al., 1972)

Wie ist die äußere Membran strukturiert, welche Aufgaben nimmt sie wahr? Die äußere Membran enthält neben einigen wenigen Hauptproteinen etwa 10–20 seltene (*minor*) Proteine, die meist in geringer Menge vorkommen (s. Tabelle 4). Wie viele Proteine der cytoplasmatischen Membran sind auch viele von ihnen induzierbar. Unter geeigneten Bedingungen kann daher die Menge des einen oder des anderen die der Hauptproteine erreichen oder sogar übertreffen. Die Gene für die Proteine sind über das Gesamtgenom des Bakteriums (*E. coli*) verteilt. Die Hauptproteine bezeichnet man nach einer 1977 in Tübingen getroffenen Vereinbarung mit PG 1-1, PG 1-2, PG 1-3, HM 1-1, HM 1-2 und Lipoprotein. PG steht für Peptidoglycan und HM für *heat modifiable protein.* Die Proteine PG 1-2 und PG 1-3 (auch Matrixproteine genannt) enthalten einen hohen Anteil an β-Faltblättern. In der Membran sind sie in dichter Packung in einem hexagonalen Muster mit einer Periodizität von 7,5 nm angeordnet. Jede Einheit enthält wahrscheinlich drei Proteinmoleküle. Das regelmäßige Muster bedeckt normalerweise etwa 60% der Zelloberfläche (Rosenbusch, 1974). Protein HM 1-2 ist, wie die übrigen Hauptproteine (bis auf das Lipoprotein), ein Rezeptor für Phagen. Es fehlt in konjugationsdefizienten Zellen (F^--Zellen) ebenso wie in bacteriocin-JF246-toleranten Zellen.

Das Lipoprotein ist ein verhältnismäßig kleines Protein. Braun und Mitarbeiter (Universität Tübingen) haben seine Struktur und seine Verteilung eingehend studiert. Es ist das häufigste Protein in *E. coli.* Am C-terminalen Ende ist es kovalent mit der Mureinschicht verknüpft, sein N-terminales Ende trägt Lipide. Neben dem gebundenen Protein kommt in der Membran auch freies vor. Zur Prüfung, ob dieses freie Lipoprotein in der äußeren oder in der cytoplasmatischen Membran lokalisiert ist, wurden die Membranen nach der Osborn-Methode fraktioniert. Es zeigte sich, daß

Tabelle 4. Seltene (*minor*) Proteine der äußeren Membran von *E. coli* (Di Rienzo et al., 1978)

Protein (Bezeichnung)	Molekulargewicht [a]	Funktion	Rezeptor
83 K	83.000	durch Fe^{3+} reprimierbar	–
fen B [b]	81.000	Fe^{3+}-Aufnahme	Col B
cit	80.500	Fe^{3+}-Citrat-Aufnahme	–
ton A [b]	78.000	Fe^{3+}-Ferrichrom-Aufnahme	T1, T5, Ø 80, Albomycin, Col M
cir [b]	74.000	durch Fe^{3+} reprimierbar	Col I, Col V
bfe [b]	60.000	Vitamin B_{12}-Aufnahme	BF 23, Col E1, Col E2, Col E3
lam B [b]	55.000	Maltoseaufnahme	λ
tsx [b]	27.000	Nukleosidaufnahme	T6, Col K
Protein G	15.000	DNS-Replikation und Zellteilung	–
Protein D	80.000	DNS-Replikation und Zellteilung	–
Phospholipase A1	29.000	?	?

a Die Molekulargewichtsbestimmung erfolgte durchweg durch SDS-Gelelektrophorese.
b Bezeichnungen der Gensymbole (Braun et al., 1976; Braun und Hantke, 1977).

es nahezu ausschließlich in der äußeren Membran liegt, desgleichen wurde sichergestellt, daß die gebundene Form in die äußere Membran hineinragt (siehe Abb. 27.6). Zum Nachweis und zur Lokalisation wurden immunologische Verfahren eingesetzt.

Die Polypeptidkette des Lipoproteins enthält 58 Aminosäuren. His, Trp, Gly, Pro und Phe sind darin nicht enthalten. Die Funktion des Proteins ist unbekannt. Lee und Inouye fanden 1974 einen außerordentlich stabilen Messenger mit der Information zur Bildung dieses Proteins. Die mRNS mit der Information für Proteine im Cytoplasma ist instabil. Ist die Stabilität des Lipoprotein-Messengers die Ursache für die große Menge an Lipoprotein in jeder gramnegativen Bakterienzelle?

Lipopolysaccharid (LPS). 1 μm^2 der äußeren Membran enthält 10^5 LPS-Moleküle, 10^5 Proteinmoleküle und 10^6 Phospholipidmoleküle. LPS bedeckt etwa 30–40% der Oberfläche und ist maßgeblich für die Antigenität der Bakterienzelle verantwortlich. Die durch das LPS beigesteuerten Fettsäurereste (3,4 x 10^6 pro Zelle) entsprechen ungefähr der Menge, die durch die Phospholipidmoleküle gestellt werden (2,9 x 10^6 pro Zelle). Es sieht so aus, als würde das LPS die Phospholipide in der Außenseite der äußeren Membran weitgehend vertreten. An der Innenseite sind letztere konzentriert. Bei einer Mutante mit reduzierter LPS-Menge wird der freigewordene Platz durch Phospholipide eingenommen. In isolierten äußeren Membranen läßt sich LPS auch an der Innenseite nachweisen. Offensichtlich kann das Molekül die Seiten wechseln. In einer lebenden Zelle wird der Wechsel aufgrund von Platzmangel in den Membranen weitestgehend eingeschränkt. Die laterale Beweglichkeit eines LPS-Moleküls ist um fünf Größenordnungen geringer als die eines Phospholipidmoleküls.

Bestimmt die äußere Membran die Form (Gestalt) einer Bakterienzelle? Es ist unwahrscheinlich, daß die Form durch die Mureinschicht bestimmt wird, da jene über einen komplexen Biosyntheseweg entsteht. Die Komponenten des Mureins sind keine primären Genprodukte, die Mureinschicht kein *Self-assembly*-System. Die Gestalt der Bakterien bleibt auch nach der Verdauung der Mureinschicht (in hypotonischer Lösung) erhalten. Durch Lyse mureinfreier Zellen kann man *Ghosts,* leere Hülsen, die die Gestalt der Zelle beibehalten, gewinnen. Diese Hülsen sind das Ausgangsmaterial für Versuche, die in den letzten Jahren von Henning und Mitarbeitern am Tübinger Max-Planck-Institut für Biologie durchgeführt wurden. Eine der grundlegenden Fragen lautete: *Wieviel Protein darf „weggereinigt" werden, ohne daß die Gestalt der Hülsen verlorengeht?* Die Hülsen enthalten 70% Protein und 30% Lipide. Die Lipide können mit organischen Lösungsmitteln entfernt werden, ohne daß die Form der Hülse zerfällt.

Bei den meisten Membranen spielen Proteine für die Ausbildung der Struktur eine nur untergeordnete Rolle, man kennt dort keine *long-range-order.* Doch hier scheint es anders zu sein. Die Proteine sind echte Strukturelemente, die in der Membran in einem regelmäßigen, stets wiederkehrenden Muster angeordnet sind.

Hülsen sind aus *E. coli,* aus *Salmonella typhimurium, Proteus mirabilis, Serratia marescens, Pseudomonas aeruginosa, Spirillum serpens* und *Caulobacter crescentus* gewonnen worden. Die Proteinzusammensetzung ist in allen untersuchten Arten nahezu gleich.

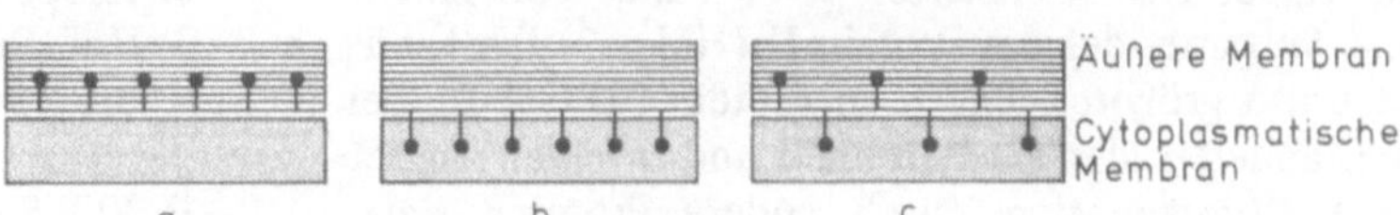

Abb. 27.6 a–c. Mögliche Orientierung des Lipoproteins (↑) in der äußeren und der cytoplasmatischen Membran. Modell a hat sich als richtig herausgestellt, Anordnungen b und c sind nicht zutreffend (Bosch und Braun, 1973)

Zwischen den Bakterienhülsen verschiedener Arten findet man einen hohen Grad serologischer Verwandtschaft, was sofort die Frage aufwirft: Wie groß ist der Selektionsdruck in bezug auf Erhalt der in ihnen enthaltenen Proteine? Doch auch hierauf können wir noch keine zufriedenstellende Antwort geben.

Garten und Henning haben 1974 die Aminosäurezusammensetzung von zwei Hauptproteinen der äußeren Membran bestimmt. Die Ergebnisse sagen zweierlei aus:

a) Die Proteine sind im wesentlichen hydrophil.
b) Sie ähneln einander in ihren Aminosäurezusammensetzungen.

Vergleicht man den Gehalt an lipophilen (hydrophoben) Resten in diesen Proteinen mit dem Gehalt in bekannten, löslichen, cytoplasmatischen Proteinen, erhält man die folgenden Werte:

Protein I (= PG 1-2)	52%	hydrophobe Reste
Protein II (= HM 1-2)	53,8%	
Hämoglobin (α-Kette)	48,9%	
Subtilisin	54,7%	
Tryptophansynthetase (α-Kette)	52,8%	

Die Proteine können durch Vernetzungsmittel zu einer kovalent verknüpften Struktur verbunden werden. Die Struktur der *Ghosts* bleibt dann auch noch nach Kochen in 1%igem SDS erhalten. Der Proteinanteil der „entfetteten" und vernetzten Hülsen (*ghosts*) beträgt 80–90%. Es sind somit „reine" Proteinstrukturen. Eine Hülse besteht nach Vernetzung aus nur einem Molekül, in dem alle erwähnten Proteine in den gleichen Mengenverhältnissen vorliegen wie in den unbehandelten Präparaten.

Das vernetzende Molekül (Dimethylmalonimidat) ist 0,3 nm lang, d.h. daß auch die Abstände der Proteinmoleküle voneinander im Schnitt nicht größer sein dürfen und daß wir es daher mit einer sehr dichten Packung zu tun haben. Die Hülse ist offenbar „schwammartig" strukturiert, und alle Proteine scheinen als Strukturproteine essentiell zu sein. Die laterale Beweglichkeit ist auf ein Minimum reduziert, wenn auch nicht ganz aufgehoben.

Schweizer et al. zeigten 1975 an *Spirillum serpens*, daß die *Ghosts* – im Gegensatz zu den *E. coli-ghosts* – durch Proteasen aufzulösen sind. Das ist ein Hinweis darauf, daß die äußere Bakterienmembran durch Protein-Protein-Interaktionen zusammengehalten wird, was wiederum die Annahme nahe legte, daß sie die Form des Bakteriums determinieren. Die Beweiskette brach jedoch in sich zusammen, als Mutanten (von *E. coli*) isoliert und charakterisiert wurden, denen entweder ein oder sogar alle Hauptproteine der äußeren Membran fehlten und denen kein struktureller und physiologischer Defekt anzusehen war. Henning und Haller charakterisierten 1975 einige von ihnen: Eine Mutante, der das Protein II (HM 1-2) fehlt, bildet umso größere Mengen an Protein I (PG 1-2), bei einer anderen, der die Proteine I und II fehlen, findet keine Kompensation durch andere Proteine statt, der hier entstandene Platz wird von Phospholipiden ausgefüllt. Man kann aus solchen Mutanten keine Hülsen isolieren. Ihre Form ist also vom Vorhandensein der Proteine abhängig, jedoch sind diese Proteine nicht die Ursache der Form.

Literatur

Blumberg, P.M., Strominger, J.L.: Interaction of penicillin with the bacterial cell: Penicillin-binding proteins and penicillin-sensitive enzymes. Bacteriol. Rev. *38,* 291 (1974)

Bosch, V., Braun, V.: Distribution of murein-lipoprotein between the cytoplasmic and outer membrane of *Escherichia coli.* FEBS Lett. *34,* 307 (1973)

Braun, V.: Covalent lipoprotein from the outer membrane of *Escherichia coli.* Biochim. Biophys. Acta *415,* 335 (1975)

Braun, V.: Membranpermeation und Antibiotika-Resistenz bei Bakterien. Naturwissenschaften *64,* 126 (1977)

Braun, V.: Structure-function relationships of the gram-negative bacterial cell envelope. Symp. Soc. Gen. Microbiol. *28,* 111 (1978)

Braun, V., Hantke, K.: Bacterial receptors for phages and colicins as constituents of specific transport systems. In: Microbial interactions. Reissig, J.L. (ed.). London: Chapman and Hall 1977

Braun, V., Hancock, R.E.W., Hantke, K., Hartmann, A.: Functional organization of the outer membrane of *Escherichia coli.* J.Supramolec.Struct. *5,* 37 (1976)

Coley, J., Tarelli, E., Archibald, A.R., Baddiley, J.: The linkage between teichonic acid and peptidoglycan in the bacterial cell walls. FEBS Lett. *88,* 1 (1978)

DiRienzo, J.M., Nakamura, K., Inouye, M.: The outer membrane proteins of gram-negative bacteria: Biosynthesis, assembly, and functions. Annu. Rev. Biochem. *47,* 481 (1978)

Haller, I., Henning, U.: Cell envelope and shape of *Escherichia coli* K12. Crosslinking with dimethyl imidoesters of the whole cell wall. Proc. Natl. Acad. Sci. USA *71,* 2018 (1974)

Henning, U., Haller, I.: Mutants of *Escherichia coli* K12 lacking all "major" proteins of the outer cell envelope membrane. FEBS Lett. *55,* 161 (1975)

Hindennach, I., Henning, U.: The major proteins of the *Escherichia coli* outer cell envelope membrane. Eur. J. Biochem. *59,* 207 (1975)

Osborn, M.J., Gander, J.E., Parisi, E., Carson, J.: Mechanism of assembly of the outer membrane of *Salmonella typhimurium.* J. Biol. Chem. *247,* 3962 (1972)

Schweizer, M., Sonntag, I., Henning, U.: Outer cell envelope membrane and shape of *Spirillum serpens.* J. Mol. Biol. *93,* 11 (1975)

Stocker, B.A.D., Mäkelä, P.H.: Genetics of the (gram-negative) bacterial surface. Proc. R. Soc. Lond. B *202,* 5 (1978)

28. Ionentransport durch Membranen: Carrier, Poren und Pumpen

Wasser ist in Kohlenwasserstoffen außerordentlich gut löslich: 10^{-3} M. Relativ gut löslich ist außerdem das J_2-Molekül. Die Ursache ist wahrscheinlich darin zu suchen, daß das freie Elektron wegen der Größe des J-Atoms so diffus verteilt ist, daß es nur einer geringen Energie bedarf, um ein Jodmolekül aus einer wässrigen Phase in eine Lipidphase zu überführen. Möglicherweise werden dabei auch J_3^- und J_5^- gebildet, wo sich die diffuse Ladungsverteilung noch deutlicher bemerkbar machen würde.

Doch was für Wasser und Jod gilt, ist keineswegs zu verallgemeinern. Dennoch können auch viele andere Ionen und Metaboliten Membranen mehr oder weniger ungehindert passieren. Es gibt prinzipiell drei Möglichkeiten, Ionen durch eine Membran hindurchzuschleusen:
1. Diffusion durch die Lipidphase (s.o.).
2. Carrier und Poren.
3. Pumpen.

Ihre Mitwirkung erkennt man an drei Parametern:
a) Es wird Energie verbraucht,
b) es gibt Sättigungseffekte,
c) es gibt das Phänomen der kompetitiven Hemmung.

Manche Pumpen, wie die Na^+/K^+-Pumpe arbeiten mit mehr als einem Liganden. Durch einen Pumpmechanismus können Ionen auch gegen den elektrischen Gradienten transportiert werden.

Carrier und Poren

Membranen bilden eine Permeabilitätsschranke. Das Ionenmilieu im Zellinneren unterscheidet sich grundlegend von dem der extrazellulären Flüssigkeit. Eines der auffallenden Merkmale ist die hohe Konzentration von K^+-Ionen (90–100 μmol/ml) und die umso geringere Na^+-Ionen-Konzentration (10–20 μmol/ml) in der Zelle. In der umgebenden Flüssigkeit herrschen meist umgekehrte Verhältnisse. Darüberhinaus halten Membranen den pH-Wert im Zellinneren weitgehend konstant (~ pH 7,5).

Manche Kationen, wie z.B. die K^+-Ionen, diffundieren selektiv und scheinbar ungehindert durch Membranen. Obwohl die Ionen stark hydrophil und in Lösung von einer Hydrathülle umgeben sind, scheint das Passieren der hydrophoben Zone der Membran kein Hindernis zu sein. Allein diese Beobachtung läßt darauf schließen, daß es so etwas wie spezifische Ionenkanäle oder Ionencarrier (Träger, Ionophoren) geben muß. Wir müssen bei der Besprechung des Transports strikt zwischen den hier skizzierten Phänomenen und einem aktiven Transport unterscheiden, für den ein Pumpmechanismus postuliert werden mußte und für dessen Aufrechterhaltung Energie benötigt wird. Aktiver Transport kann gegen einen Diffusionsgradienten erfolgen, passiver Transport, auch unter Mithilfe eines Carriers, jedoch nicht.

Welche Eigenschaften muß ein Carrier für Alkaliionen besitzen?

Der Carrier muß das Ion aufgrund seiner Größe erkennen können und kleinere bzw. größere Ionen selektiv ausschließen. Das Konzept des Ionencarriers ist durch die Schwierigkeit gekennzeichnet, daß Selektivität nicht durch einfache Ioneninteraktionen zu erklären ist. Die Unterschiede in der Elektronenkonfiguration der in Frage kommenden Ionen sind nämlich vernachlässigbar gering.

Moore und Presman (1964), Shemyakin et al. (1967) und Grauen et al. (1966) fanden, daß eine Gruppe von Antibiotika selektiv Kaliumionen binden und diese durch künstliche und natürliche Membranen hindurch transportieren kann. Man kann sie daher als Modelle für Carrier ansehen. Ob sie diese Funktion in der Natur tatsächlich ausüben, sei zunächst einmal dahingestellt. Die meisten der uns hier interessierenden Stoffe sind aus Aktinomyceten isoliert worden. Aufgrund ihrer chemischen Struktur kann man sie zwei Gruppen zuordnen:

a) Neutrale, makrozyklische Verbindungen. Sie bestehen aus Ringen, die gerade groß genug sind, um ein Alkaliion zu umhüllen und ihm somit eine hydrophobe Hülle zu verpassen. Hierher gehören das Valinomycin, die Enniatine, das Monactin u.a. Die Struktur des Monactins wurde 1963 von Gerlach und Prelog aufgeklärt. Die Formeln der genannten Antibiotika sind in Abb. 28.1 und Abb. 28.2 zusammengestellt.

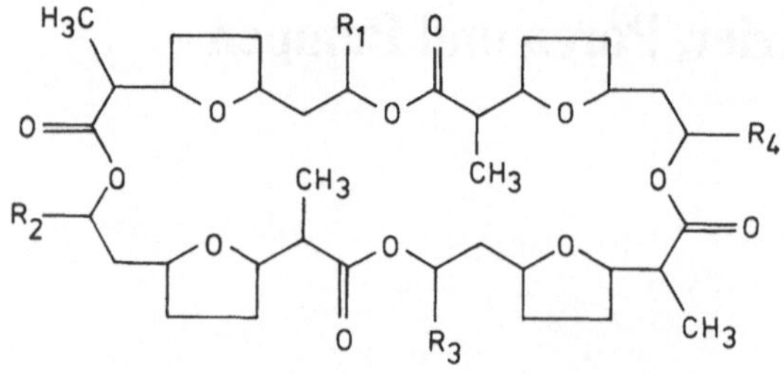

$R_1 = R_2 = R_3 = R_4 = CH_3$ Nonactin

$R_1 = R_2 = R_3 = CH_3 \quad R_4 = C_2H_5$ Monactin

$R_1 = R_2 = CH_3 \quad R_3 = R_4 = C_2H_5$ Dinactin

$R_1 = CH_3 \quad R_2 = R_3 = R_4 = C_2H_5$ Trinactin

Abb. 28.1. Chemische Struktur der Makrotetrolide

b) Ionisierte, offenkettige Moleküle. Moleküle dieses Typs enthalten eine Karboxylgruppe, die im neutralen Bereich eine negative Ladung trägt. Man nimmt an, daß das Alkaliion nicht direkt mit der $-COO^-$-Gruppe reagiert, sondern daß diese mit dem anderen Ende des Moleküls eine Wasserstoffbrücke bildet, wodurch ein quasi-zyklisches Gebilde entsteht, welches das Alkaliion umhüllt.

Alle Carrier besitzen eine Anzahl polarer Liganden, durch die ein Chelatkomplex mit dem Alkaliion gebildet werden kann. Andere Teile des Moleküls sind stark hydrophob, so daß sie mit den Lipiden einer Membran in Wechselwirkung treten und das Alkaliion durch sie hindurchschleusen können. Es versteht sich von selbst, daß solche Moleküle in Wasser außerordentlich schlecht löslich sind. Die Stabilität des Chelatkomplexes und die Permeabilität des Ions sind eng miteinander korreliert. Folgende Parameter sind bei der Komplexbildung zu beachten:

a) Der Komplex kann nur nach Entfernen der Hydrathülle des Ions gebildet werden.
b) Es müssen Wechselwirkungen zwischen den Liganden des Carriers und dem Ion ausgebildet werden. Diese müssen stärker sein als die zwischen Ion und Lösungsmittel.
c) Die Stabilität des Komplexes hängt vom Ionenradius ab.

Gleichgewichtskonstanten und Stabilitätsparameter von Alkaliionen-Carrier-Komplexen wurden 1969 von Eisenman et al. (University of California, Los Angeles) und 1970 von Eigen und Winkler (Max-Planck-Institut für Biophysikalische Chemie in Göttingen) gemessen. Als Carrier verwendeten Eigen und Winkler Monactin, als Lösungsmittel Methanol. Die Bildung des Komplexes kann nur dann gut verfolgt werden, wenn man über einen geeigneten Indikator verfügt, und hier bot sich das Murexid (s. Abb. 28.3) an. Als Anion hat es ein Absorptionsmaximum bei $\lambda = 527$ nm. Bei Komplexierung mit Kationen verschiebt es sich unter Erhöhung des Extinktionskoeffizienten in den kurzwelligen Bereich (Blau-*Shift*) (s. Abb. 28.4). Monactin hemmt die Komplexierung Alkaliion/Murexid kompetitiv. Es erfolgt daher eine Abschwächung der Spektralverschiebung, die als ein geeignetes Maß für die Bildung des Komplexes anzusehen ist.

Die Röntgenstrukturanalyse des K^+-Monactin-Komplexes ergab, daß die acht Sauerstoffe des Ringmoleküls

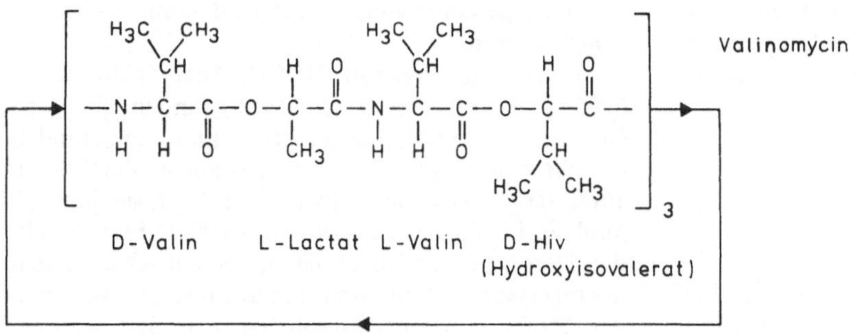

Valinomycin

D-Valin L-Lactat L-Valin D-Hiv (Hydroxyisovalerat)

Enniatine

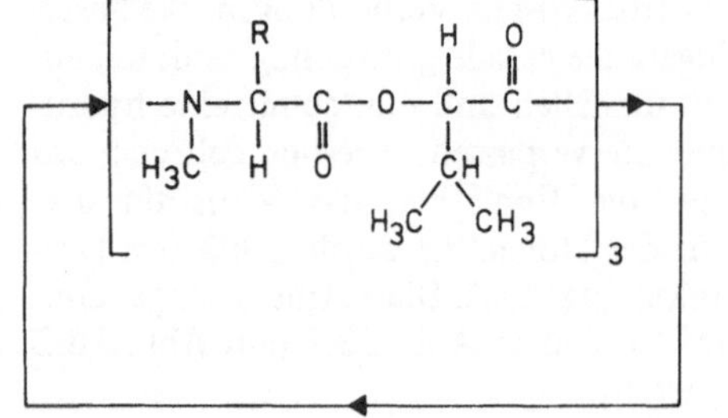

$R = -CH(CH_3)C_2H_5$ Enniatin A

$R = -CH(CH_3)_2$ Enniatin B

$R = -CH_2CH(CH_3)_2$ Enniatin C

$R = -CH_2C_2H_5$ Beauvericin

Abb. 28.2. Chemische Struktur von Valinomycin und einigen Enniatinen

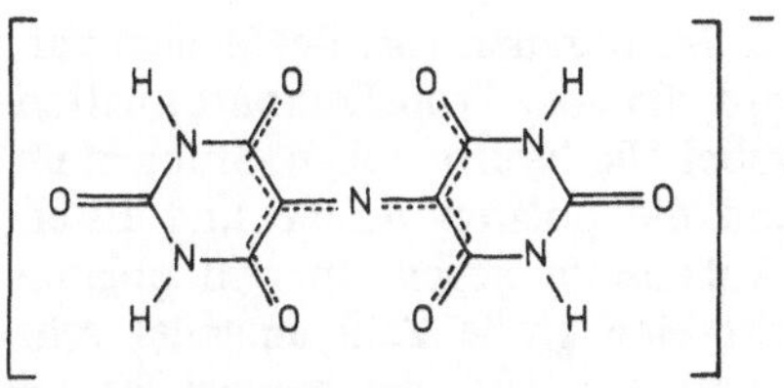

Abb. 28.3. Murexid

quasi-kubisch angeordnet sind, wobei das zyklische Molekül wie der Saum eines Tennisballs gefaltet ist. Alle polaren Gruppen liegen innen, die hydrophoben außen – also genau das Gegenteil von dem, was wir über Proteinstrukturen gelernt haben (s. Kap. 15). Die durch das Monactinmolekül umschlossene Höhlung hat für ein K^+-Ion die optimale Größe.

Wie schlüpft das K^+-Ion in das Molekül hinein? Es würde allen thermodynamischen Regeln widersprechen, wenn das K^+-Ion gleichzeitig alle Lösungsmittelmoleküle seiner Hydrathülle verlieren würde, denn die hierfür notwendige Aktivierungsenergie ist viel zu hoch. Andererseits haben Messungen ergeben, daß die Ausbildung des Komplexes in 10^{-9} sec erfolgt. Somit liegt die Annahme nahe, daß die Reaktion in mehreren aufeinanderfolgenden Schritten verläuft. Es ist praktisch ausgeschlossen, daß das Ion in die Höhlung hineinschlüpft; viel wahrscheinlicher ist es daher, daß der Carrier das Ion umschließt. Die gestreckte Form des Carriermoleküls wird vermutlich durch die abstoßenden Kräfte der Sauerstoffatome bewirkt. Die gefaltete Form wäre nur in Anwesenheit des Alkaliions (passender Größe) möglich.

Zusammengefaßt:

1. Carriermoleküle müssen elektrophile Gruppen enthalten, die mit Lösungsmittelmolekülen um die Kationen-Bindung kompetieren. Diese Gruppen liegen an der Innenseite einer sonst hydrophoben Struktur, die sich leicht in Membranen löst.
2. Die Lösungsmittelmoleküle müssen durch die Koordinationspunkte des Carriermoleküls ersetzt werden.
3. Der Ligand bildet somit eine Höhlung, in die das Ion gerade hineinpaßt: *optimal fit.*
4. Das Carriermolekül muß flexibel sein, um einen Bindungsaustausch zwischen Koordinationspunkten und Lösungsmittelmolekülen zu erlauben, denn sonst könnte das Alkaliion nicht wieder abgegeben werden (→ *unloading*).

Es nützt nichts, eine zu hohe Spezifität zu haben, da dadurch die Abgaberate verlangsamt würde, und wenn die Abgaberate (Entladungsrate, *Unloading-rate*) niedrig ist, ist selbstverständlich auch der Gesamtumsatz gering. Einige Fragen bleiben offen:

1. Wie sieht das Be- und Entladen in einer Membran aus?

2. Was sind die geschwindigkeitsbestimmenden Schritte in künstlichen und in natürlichen Membranen?

3. Kann der Mechanismus durch ein elektrisches Feld ein- oder ausgeschaltet werden?

4. Spielen diese kleinen hier beschriebenen Carriermoleküle in der Natur eine Rolle? Wenn ja, sind sie an Proteine gebunden? Gibt es so etwas wie allosterische Effekte?

In welchen Konformationen liegen Carriermoleküle vor?

Im letzten Abschnitt haben wir über das Monactin gesprochen, hier sollen uns mehr das Valionomycin, das in seiner Struktur dem Monactin ähnelt, und das Enniatin interessieren.

Valinomycin. Es kommt in mindestens drei verschieden Konformationen vor (s. Abb. 28.5). In nichtpolaren Medien nimmt es eine kompakte Form an (a), wobei die Amid-CO- und NH-Gruppen intramolekulare Wasserstoffbrücken bilden, die wie Klammern wirken. In dieser Konformation liegt das Molekül aller

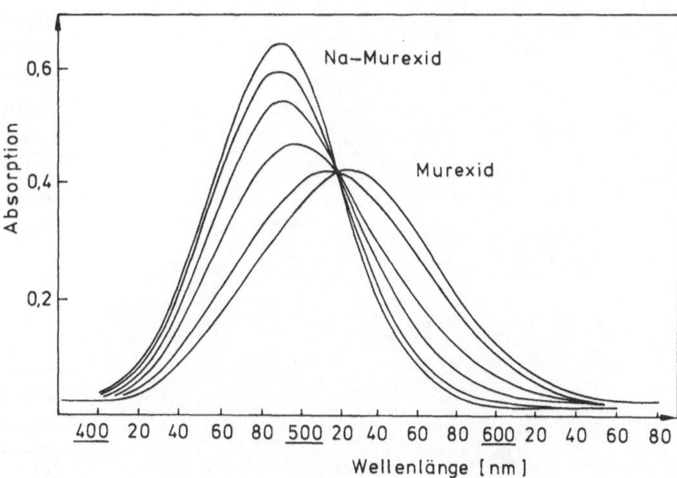

Abb. 28.4. Spektrophotometrische Titration von Murexid mit Na^+. Bei Zugabe steigender Mengen von Na^+ verschiebt sich das Spektrum in den kurzwelligen Bereich (Eigen und Winkler, 1970)

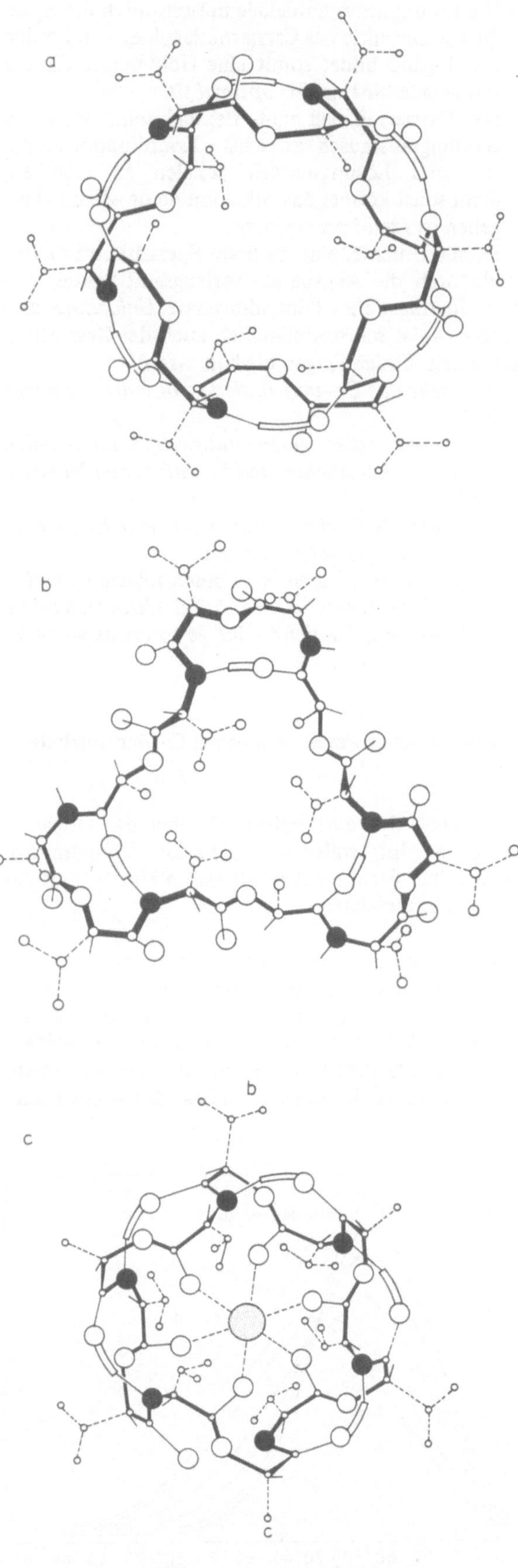

Voraussicht nach in Membranen vor. Bei Medien partieller Polarität wird die sog. Propellerkonformation (b) ausgebildet, wobei alle hydrophoben Gruppen im Molekülinneren und die polaren Amide und Estergruppen an der Außenseite liegen. In rein polaren Lösungsmitteln tritt eine große Zahl einander sehr ähnlicher Konformationen auf, die zueinander im Gleichgewicht stehen und sich auch energetisch weitgehend gleichen.

In kristallinem Zustand findet man eine weitere Form, die sich durch ein Pseudosymmetriezentrum auszeichnet (vgl. Abb. 28.6). Valinomycin nimmt nach Komplexierung mit K^+ eine starre Konformation an, die in allen Lösungsmitteln erhalten bleibt (siehe Abb. 38.5c). Die Ausbildung der Wasserstoffbrücken ähnelt der Konformation a, aber die Karbonyl- und Esterbrücken sind ins Molekülinnere gerichtet, so daß sechs Ion-Dipol-Bindungen ausgebildet werden. An der Oberfläche verbleiben dann ausschließlich Methyl- und Isopropylgruppen, die dem Molekül eine hochgradige Hydrophobie verleihen. Die Spezifität für K^+ ergibt sich aus der Größe der Höhlung. Die Konformation des Moleküls erlaubt es nicht, die beträchtlich höhere Solvatationsenergie des Na^+ zu kompensieren.

Das Studium der Bindungskonstanten und mancher anderer Parameter von Derivaten des Valinomycins erlaubt es, Aussagen über die spezifische Bedeutung der einzelnen reaktiven Gruppen des Moleküls zu machen. Bei dem Derivat XL z.B. kann Wasser besser an das K^+ herantreten als beim Valinomycin selbst (Abb. 28.7), die Austauschrate ist folglich höher.

Enniatine. Enniatine zeigen, wie das Valinomycin und seine Derivate, eine hochgradige strukturelle Flexibilität. Betrachtet man bei Bindungsstudien mit K^+ die molaren Verhältnisse, findet man als häufigstes: 2 Mol Enniatin zu 1 Mol K^+; daneben aber auch die Verhältnisse 1:1 und 3:2. Am einfachsten ist das 2:1-Verhältnis durch einen *Sandwich*-Komplex zu deuten (siehe Abb. 28.8). In einem solchen Komplex ist das Kation sehr effektiv vor Wechselwirkungen mit dem Lösungsmittel geschützt, obwohl die Stabilitätskonstante relativ niedrig ist. Zur Überprüfung der *Sandwich*-Hypothese sind Enniatindimere synthetisiert worden, bei denen die Monomeren über eine ausreichend lange, flexible Kette verbunden wurden. Untersucht man die Bindung von K^+ durch diese Dimere, erhält man erwartungsgemäß nur 1:1-Komplexe (s. Abb. 28.9). Weil das Enniatin verschiedenste Konformationen annehmen kann, sind voneinander verschiedene Transportwege für K^+ denkbar. Es sieht so aus, als würden

Abb. 28.5 a–c. Unterschiedliche Konformationen des Valinomycins: **a** in nicht polaren Lösungsmitteln, **b** in schwach polaren Lösungsmitteln, **c** nach Komplexierung mit K^+ (Ovchinnikov, 1974)

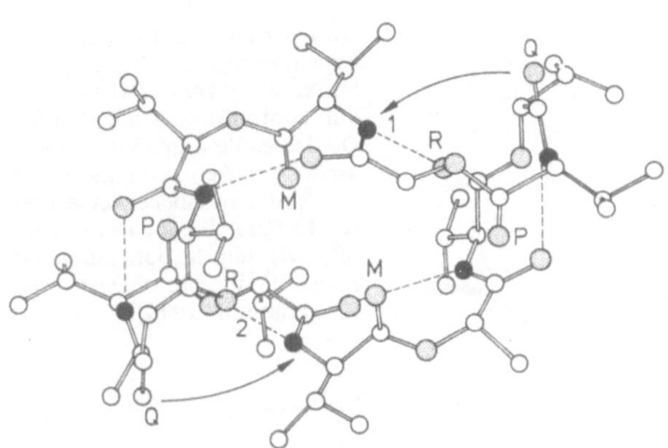

Abb. 28.6. Konformation von kristallisiertem Valinomycin. *M*, *P* und *R* symbolisieren Karbonylsauerstoffatome, die um ein Pseudosymmetriezentrum herum angeordnet sind. *Q* steht für Amidsauerstoffatome, die nur nach Komplexierung mit K^+ Wasserstoffbrücken ausbilden (*1*,*2*) und damit eine Konformationsänderung des Moleküls nach sich ziehen (Ovchinnikov, 1974)

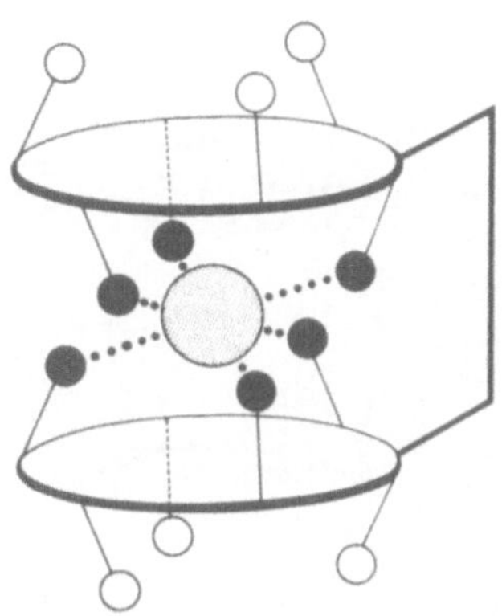

Abb. 28.9. „bis-Enniatin B". Zwei Enniatinmoleküle wurden durch eine genügend lange und flexible Kette einer vernetzenden Substanz miteinander verknüpft, um nachzuweisen, daß 2 Mol Enniatin zur Bindung eines Kations (K^+) benötigt werden (Sandwich-Komplex) (Ovchinnikov, 1974)

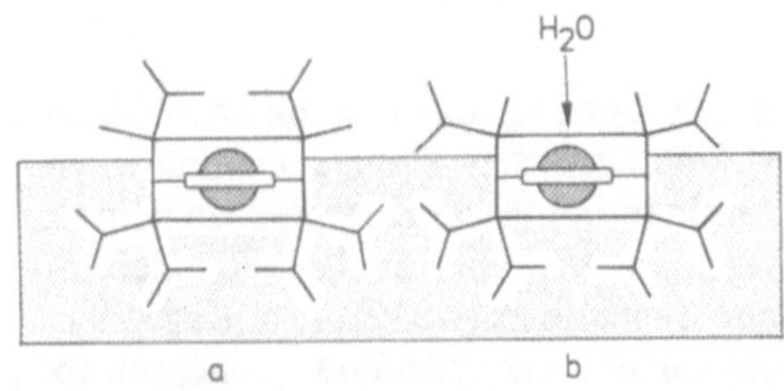

Abb. 28.7 a und b. Schematische Darstellung des **a** K^+-Valinomycin-Komplexes und **b** K^+-XL-Komplexes an der Membranoberfläche. XL ist ein Derivat des Valinomycins, das Alaninreste anstelle von Valinresten enthält. Das Lösungsmittel (H_2O) hat damit einen leichteren Zugang zum komplexierten Kation (Ovchinnikov, 1974)

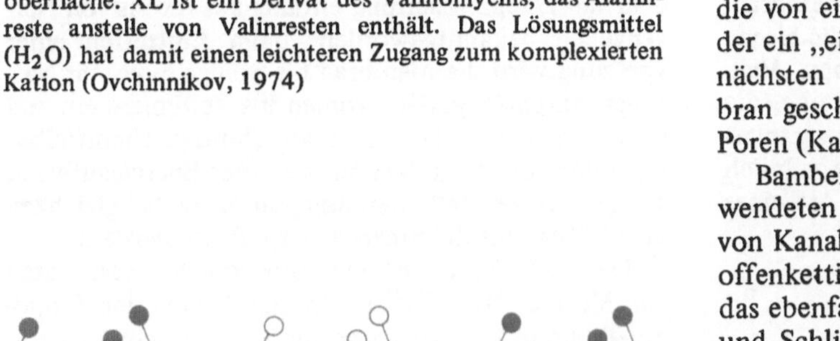

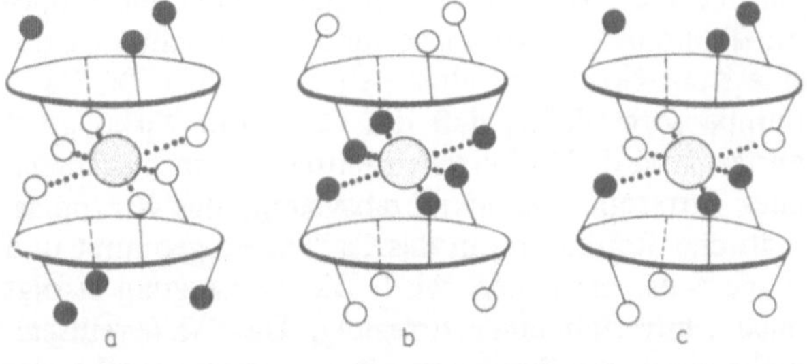

Abb. 28.8 a–c. Mögliche (*Sandwich*-Komplex) zwischen zwei Enniatinmolekülen und einem Kation (K^+). ● Sauerstoff einer Amidgruppe, ○ Sauerstoff einer Esterkarbonylgruppe (Ovchinnikov, 1974)

äußere Parameter die optimale Konformation und den dabei effektivsten Transportmechanismus mitbestimmen. In Grenzfällen können recht große, mehrschichtige *Sandwich*-Strukturen entstehen, die eine Art Kanal durch die Membran hindurch bilden.

Offenkettige Moleküle. In diese Gruppe gehören Kanalbildner wie die Gramicidine A–D. Es sind Oligopeptide, bestehend aus D- und L-Aminosäuren. Urry et al. postulierten 1972, daß ein Dimer eines linearen Pentadecapeptids, so wie wir es z.B. im Gramicidin vorfinden, eine helicale Struktur bildet, die von einer Membranseite zur anderen reicht und in der ein „eingefangenes" Kation von einer Bindung zur nächsten weitergereicht und somit durch die Membran geschleust wird. Die Membran hätte somit echte Poren (Kanäle) (s. Abb. 28.10 a und b).

Bamberg und Läuger (Universität Konstanz) verwendeten Gramicidin A zur Bestimmung der Kinetik von Kanalbildungen in Lipiddoppelschichten. Zu den offenkettigen Molekülen gehört auch das Alamethicin, das ebenfalls einen Kanal bilden kann, dessen Öffnen und Schließen jedoch von der Ladungsverteilung an der Membran abhängt (→ *gated channel*). Es ähnelt damit in seiner Funktion den spannungsabhängigen Kanälen in Nerven- und Muskelmembranen. Neben den genannten sind weitere – ionische – offenkettige Moleküle bekannt, die keine Kanäle bilden, sondern wie die vorher besprochenen Molekültypen als Carrier wirken (Monensin, Nigericin, Dianemycin). A 23187, ein synthetisches Produkt, dient als mehr oder weniger spezifischer Ca^{2+} -Carrier. Es entsteht wie bei den Enniatinen ein *Sandwich*-Komplex, bei dem das Ca^{2+}-Ion zwischen zwei äquivalente, anionische A 23187-Moleküle eingeschlossen wird.

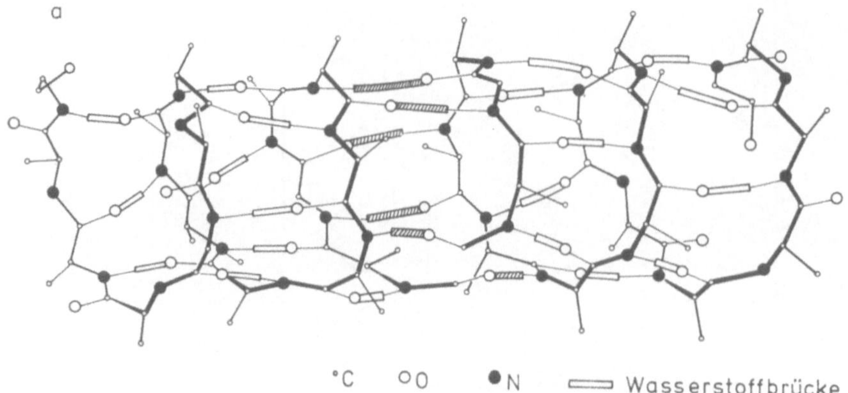

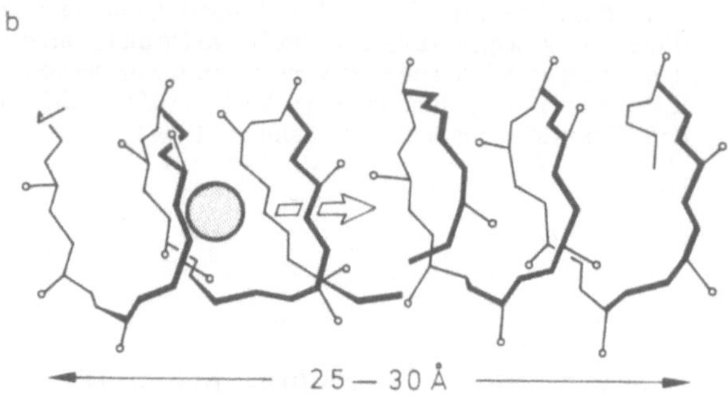

Abb. 28.10 a und b. Schematische Darstellung einer π^6 (L,D)-Helix, die durch zwei Gramicidin A-Moleküle gebildet wird. Die Moleküle werden durch Wasserstoffbrücken zusammengehalten und umschließen eine Pore (a). In Darstellung b ist angedeutet, wie ein Kation durch die Pore hindurchgeschleust wird (Ovchinnikov, 1974)

Proteine als Kanalbildner. Die in den letzten Abschnitten vorgestellten Antibiotika haben sich als geeignete Modell-Systeme für den Transport von Ionen durch Membranen erwiesen. Wie aber schon eingangs angedeutet, ist es höchst fragwürdig, ob sie in natürlichen Membranen eine große Rolle spielen. In den letzten Jahren erkannte man in steigendem Maße, daß Proteine diese Aufgabe wahrnehmen. Wie aus allem schon gesagten hervorgeht, können sie sich in Membranen nicht drehen, ein Ion auf der einen Membranseite aufnehmen und es nach Rotation um die eigene Achse auf der anderen Seite wieder abgeben. Vielmehr müssen wir annehmen, daß alle Proteine, die Transportprozesse, welcher Art auch immer, veranlassen, Oligomere (zumindest Dimere) sind, die, bildlich gesprochen, einen Kanal formen und nach Art eines *snip-snap*-Mechanismus arbeiten.

$$\overset{\text{Ion}}{\vee} \rightleftharpoons \wedge$$

Die Öffnung der Struktur wäre damit einmal an der einen, zum anderen an der entgegengesetzten Membranseite.

Pumpen

Pumpen befördern (translocieren) Ionen und Metaboliten (s. Kap. 29) gegen den Diffusionsgradienten und gegen den elektrochemischen Gradienten durch eine Membran hindurch. Der Transport ist energieabhängig. Eine Pumpe ist kein einfaches, kleines Molekül wie ein Carrier, sondern ein molekularer Komplex, an dem Carrier beteiligt sind, an dem aber auch energieliefernde und regulierende Systeme mitwirken (s.a. Kap. 29).

Zwei voneinander verschiedene Ionenpumpen haben die besondere Aufmerksamkeit auf sich gezogen, einmal die Na^+/K^+-Pumpe, zum anderen die Ca^{2+}-Pumpe. Die Na^+/K^+-Pumpe ist durch Untersuchungen über die Erregungsleitung entlang des Axons von Nervenzellen bekanntgeworden. Beim Eintreffen einer Erregung wird die Membran für wenige msec. für Na^+-Ionen durchlässig. Sie strömen ins Zellinnere ein und verändern damit das Membranpotential. Unmittelbar nach dem Einstrom werden sie unter Energieaufwand wieder aus der Zelle herausgepumpt, wobei gleichzeitig K^+-Ionen ins Zellinnere transportiert werden.

Die Ca^{2+}-Pumpe ist ein funktioneller Bestandteil von Muskelzellen. Ca^{2+}-Ionen inaktivieren den Troponin-Tropomyosin-Komplex und verursachen damit eine Kontraktion des Muskels (s. Kap. 33). Die Ca^{2+}-Pumpe sorgt dafür, daß das Ca^{2+} vom Wirkungsort entfernt wird. Muskelzellen enthalten ein umfangreiches intrazelluläres Membransystem, das Sarkoplasmatische Retikulum, in das Ca^{2+} hineingepumpt und in dem es gespeichert wird. Die Freisetzung erfolgt nach Eintreffen einer Erregung. Das Wiedereinsammeln durch die Pumpe ist ein energieverbrauchender Prozeß. Hasselbach und Mitarbeiter (Max-Planck-Institut für Medizinische Forschung, Heidelberg) haben den Mechanismus der Pumpe in den vergangenen Jahren im Detail studiert.

Die Na^+/K^+-Pumpe (Na^+/K^+-ATPase)

Es ist gar nicht so einfach, an Nervenzellen Biochemie zu betreiben, um den Mechanismus der Na^+/K^+-Pumpe aufzuklären. Das ist jedoch auch gar nicht nötig, denn die Na^+/K^+-Pumpe kommt auch an anderen Zelltypen, z.B. den Erythrozyten, vor, die für Untersuchungen in praktisch unbeschränkter Menge zur Verfügung stehen und leicht zu handhaben sind.

Wir haben schon gesehen, daß man nach Lyse leere Hüllen (*Ghosts*) gewinnen kann. Unter geeigneten Bedingungen lassen sie sich wieder verschließen, so daß man wieder zwischen Zellinhalt und Zelläußerem unterscheiden kann. Vor dem Verschließen kann man beliebige Ionen, Metaboliten, ATP u.a. in die Hülle einführen. Man macht das, indem man die Lyse in einem hypotonischen Medium mit einer Zusammensetzung nach Wahl durchführt, die Hüllen anschließend verschließt und das Medium gegen ein anderes austauscht, wobei alle unerwünschten Ionen oder Moleküle entfernt werden, sofern sie nicht eingeschlossen worden sind. Derart gefüllte *Ghosts* sind ideale Versuchsobjekte zum Studium der Na^+/K^+-Pumpe.

Die Na^+/K^+-Pumpe kann nur dann in Gang gesetzt werden, wenn das Zellinnere Na^+-Ionen enthält. Es muß also auf jeden Fall Na^+ herausgepumpt werden, um K^+ hineinzulassen. Das Ausströmen des einen und das Einlassen des anderen Ions ist also miteinander gekoppelt. Es ist wichtig, darauf hinzuweisen, denn a priori hätte man sich auch vorstellen können, daß es zwei Pumpen gibt, die nebeneinander her laufen. Ein Fehlen von K^+-Ionen innerhalb der Zelle und ein Fehlen von Na^+ außen sind ohne Einfluß. Das ist ein weiterer Hinweis auf die schon mehrfach dargelegte Asymmetrie von Membranen und ihren Funktionen.

Das Einströmen von K^+ und das Ausströmen von Na^+ sind keine 1:1-Beziehungen. Auf drei herausbeförderte Na^+-Ionen kommen zwei hineinbeförderte K^+-Ionen, wobei ein ATP-Molekül hydrolysiert wird. Ferner werden, wie bei allen Reaktionen, bei denen ATP gespalten wird, Mg^{2+}-Ionen benötigt. Ein hoher Pegel an Ca^{2+}-Ionen im Zellinneren blockiert die Na^+/K^+-Pumpe; sie setzt wieder ein, sobald der Ca^{2+}-Überschuß in der Zelle abgebaut ist.

Wie funktioniert die Pumpe? Als erstes wird ein Membranprotein mit einem Molekulargewicht von ca. 100.000 phosphoryliert; ist Ca^{2+} anwesend, erfolgt auch die Phosphorylierung einer 150.000er Komponente (einer Ca^{2+}-Pumpe?). Es sieht so aus, als würde ein System auf Kosten eines anderen arbeiten.

Bei Ca^{2+}-Anwesenheit wird außen K^+ an das 100.000er Protein gebunden und ins Innere befördert, wobei das Protein dephosphoryliert wird und Na^+ nach außen transportiert. Die Glykoside Ouabain (Strophantin G, Formel s. Abb. 28.11) und Digitinin inhibieren die Na^+/K^+-Pumpe, wenn man sie an der Membranaußenseite einwirken läßt; an der Membraninnenseite lösen sie keinen Effekt aus. Das weist darauf hin, daß sie um Bindungsstellen des K^+ kompetieren.

Medizinern ist es seit langem geläufig, daß man Digitinin-Vergiftungen (Gift des Fingerhuts *Digitalis purpurea*) durch K^+-Ionen heilen bzw. lindern kann. Pro Erythrozyt werden 100–300 Glykosidmoleküle gebunden. Das ist wenig, und dennoch sprechen kinetische Untersuchungen dafür, daß diese Zahl auch der Zahl der Na^+/K^+-Pumpen entspricht. Eine so geringe Molekülzahl ist mit den Methoden, die wir in Kapitel 24 besprochen haben, natürlich nicht faßbar. Die Na^+/K^+-Pumpe entspricht keinem der dort besprochenen häufigen Erythrozytenmembranproteinen. Glynn et al. haben gefunden, daß die Na^+/K^+-Pumpe auch rückwärts laufen kann und dabei Energie produziert. Das geschieht dann, wenn man die *Ghosts* in ein K^+-freies Medium gibt, wobei Na^+ nach innen und K^+ nach außen gepumpt und ATP aus ADP und P_i gebildet wird. Befinden sich in der Zelle und im Medium nur Na^+-Ionen, wird Na^+ gegen Na^+ ausgetauscht. Die Energiebilanz bleibt ausgeglichen.

Wie sieht das Protein der Na^+/K^+-Pumpe aus? Man hat das Protein der Na^+/K^+-Pumpe aus einer Reihe verschiedener Gewebe angereichert. Es hat ein Molekulargewicht von 250.000–300.000 und besteht aus zwei voneinander verschiedenen Untereinheiten, einer größeren (M.G. 100.000–130.000) und einer kleineren (M.G. 50.000). Wie wir schon gesehen haben, wird die größere Untereinheit während der Ionentranslokation phosphoryliert, ferner bindet sie Ouabain (an der Zellaußenseite). Das bedeutet, daß dieses Protein durch die Membran hindurchreicht. Die kleinere U.E. ist ein Glykoprotein und hat offenbar regulierende Funktionen. Es scheint ein wesentliches Merkmal von diesem wie auch von anderen Carrierproteinen (s.a. Ca^{2+}-Pumpe) zu sein, daß es aus mehreren U.E. aufgebaut ist. Der postulierte Wirkungsmechanismus der Na^+/K^+-Pumpe ist in Abb. 28.12 dargestellt.

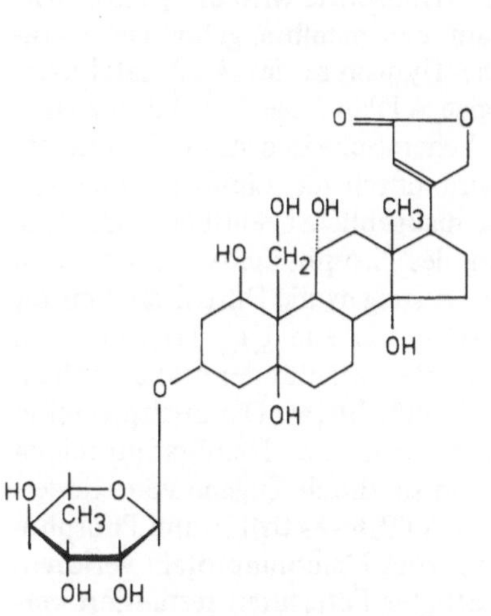

Abb. 28.11. Strophantin G (= Ouabain)

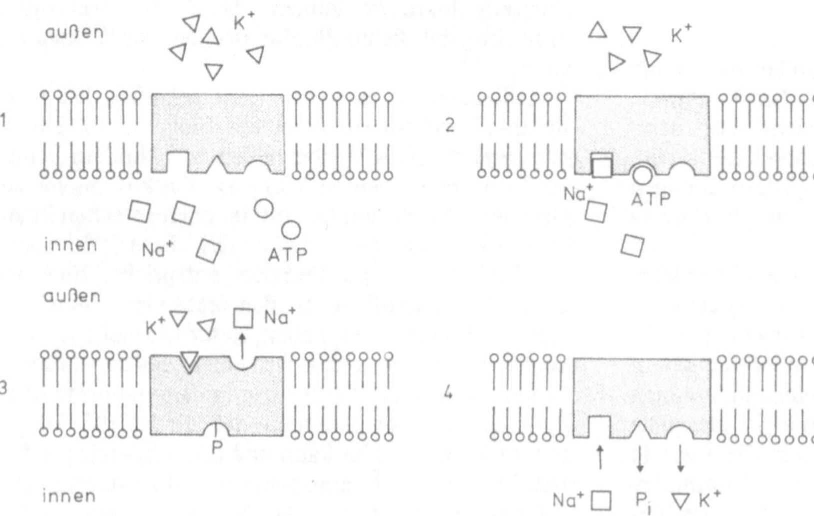

Abb. 28.12. Wirkungsmechanismus der Na^+/K^+-Pumpe. *1*, An der Innenseite der Membran werden Na^+ und ATP erkannt und gebunden (*2*). *3*, Bindung von K^+ an der Außenseite führt zu einer Dephosphorylierung, die den ATPase-Komplex in seine Ausgangskonformation zurückführt. Dabei wird gleichzeitig K^+ an der Membraninnenseite freigesetzt (*4*). (Nach Lieb und Stein, 1974)

Die Ca^{2+}-Pumpe (Ca^{2+}-abhängige ATPase)

Aus Muskelzellen können Fragmente des Sarkoplasmatischen Retikulums gewonnen werden, die sich zu Vesikeln, den sog. „Erschlaffungsgrana" schließen. Zu ihren Eigenschaften gehört, daß sie aus Lösungen, die Mg^{2+}, Oxalat, ATP und Ca^{2+} enthalten, Ca^{2+} in großen Mengen aktiv aufnehmen. Die Aufnahmegeschwindigkeit ist von der Konzentration der Ca^{2+}-Ionen in der Lösung unabhängig. Zusammen mit den Ca^{2+}-Ionen werden Gegenionen wie Oxalat oder Phosphat aufgenommen, so daß in den Grana ein schlecht lösliches Salz ausfällt, das nur wenig zum osmotischen Druck beiträgt. Es ist erwiesen, daß nur die Ca^{2+}-Ionen aktiv translociert werden, während die Aufnahme der Oxalat- bzw. Phosphationen passiv ist und dem Diffusionsgradienten folgt. Bei hohen Ca^{2+}-Konzentrationen im Außenmedium werden 2 Mol Ca^{2+} pro Mol ATP ins Vesikelinnere befördert, bei niedrigen Konzentrationen ($\sim 10^{-7}$ M) sinkt das Verhältnis auf 1:1.

Während des Ca^{2+}-Transports wird die γ-Phosphatgruppe des ATP auf ein membrangebundenes Protein übertragen. Die Hydrolyse des ATP katalysiert eine calciumabhängige ATPase. Die Ca^{2+}-Pumpe wandelt somit reversibel chemische in osmotische Energie um. Die Pumpe wird durch die Lipidzusammensetzung der Membran maßgeblich beeinflußt. Spaltung einer β-Esterbindung des Phospholipids der Membran durch Phospholipase A steigert die Durchlässigkeit für Ca^{2+}, wobei die ATP-getriebene Ca^{2+}-Translokation aufgehoben wird und die Aktivität der calciumabhängigen ATPase unbeeinflußt bleibt. Die Spaltprodukte des Phospholipids bleiben mit Membranproteinen assoziiert. Eluiert man sie durch Zugabe von Rinderserumalbumin, gehen ATPase-Aktivität und Phosphoryltransfer vom ATP zum Membranprotein verloren. Eine Zugabe ungesättigter Fettsäuren restauriert verlorengegangene Aktivitäten. Die Akkumulation von Ca^{2+} wird weder durch Lysolecithin noch durch gesättigte Fettsäuren wieder hergestellt (Fiehn, Hasselbach, 1970). Diese Ergebnisse veranschaulichen, daß die Lipidzusammensetzung der Membran die Eigenschaften des Sarkoplasmatischen Retikulums modifizierend beeinflußt. Ein Abbau der Lipide zerstört die Ca^{2+}-Akkumulation sowie die Wechselwirkung von ATP mit Membranen. Beide Prozesse werden jedoch, wie wir schon gesehen haben, nicht simultan ausgeschaltet.

Eine weitere Möglichkeit, die Aktivität der Pumpe zu verändern, wurde 1971 von Seiler und Hasselbach beschrieben. Sie setzten Ratten auf eine in bezug auf Fettsäuren genau definierte Diät und konnten damit zeigen, welchen aktivierenden Einfluß diese auf die Ca^{2+}-Aufnahme in vivo haben.

In einem anderen experimentellen Ansatz haben Hasselbach et al. 1972/73 die calciumabhängige ATPase aus der Membran mit Triton-X-100 solubilisiert und über Ionenaustauscher von einer Reihe von Verunreinigungen befreit. Derart gereinigte ATPase kann durch Zusatz von Fettsäuren aktiviert werden (s. Abb. 28.13), wobei auffallend ist, daß die einfach ungesättigten Fettsäuren die stärkste aktivierende Wirkung haben, während die aktivierende Wirkung der doppelt gesättigten oder der ungesättigten relativ schwach ist.

In der Membran des Sarkoplasmatischen Retikulums findet man zwei oder mehr Ca^{2+}-bindende Proteine, eines – das Calsequestrin – ist inzwischen isoliert und gereinigt worden. Es hat ein Molekulargewicht von 44.000. Bei Veränderungen des Membranpotentials setzt es Ca^{2+} frei. Das Ca^{2+}-bindende Protein ist asymmetrisch gelagert.

Makinose hat 1973 den Wirkungsmechanismus der Ca^{2+}-Pumpe durch kinetische Messungen analysiert und beschreibt ihn als einen Dreischrittprozeß, der durch die folgenden Gleichungen und das Schema (s. Abb. 28.14) dargestellt werden kann.

Abb. 28.13. Reaktivierung der Ca^{2+}-Pumpe (ATPase-Aktivität) durch Zusatz ungesättigter Fettsäuren. *1*, Cis-vaccenat; 18:1 ω7; *2*, Palmitoleat; 16:1 ω 7; *3*, Oleat 18:1 ω 9; *4*, Linolenat; 18:3 ω 3; *5*, Petroselinat 18:1 ω 12; *6*, Linoleat 18:2 ω 6; *7*, Eicosenat 20:1 ω 9; *8*, Ricinolat 12-OH-18:1 ω 9; *9*, Myristoleat 14:1 ω 5. Die Formeln hinter den Bezeichnungen der Fettsäuren geben – hintereinanderweg gelesen – die Anzahl der C-Atome, die Anzahl der Doppelbindungen und die Lage der Doppelbindungen an (The und Hasselbach, 1973)

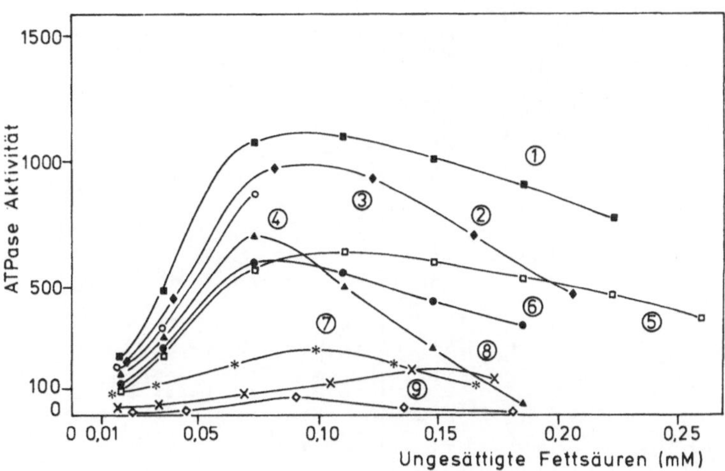

$$1.\ 2\,Ca_a + NTP + E_1 \overset{Mg^{2+}}{\rightleftharpoons} Ca_2 - E \sim P + NDP,$$

$$2.\ Ca_2\,E \sim P \overset{Mg^{2+}}{\rightleftharpoons} 2\,Ca_i + PO_4 + E_2,$$

$$3.\ E_2 \rightleftharpoons E_1.$$

hierbei bedeuten:

Ca_a = Ca^{2+} außen
Ca_i = Ca^{2+} innen
NTP/NDP = Nukleotidtri-(di)phosphat
E_2, E_1 = verschiedene Zustände (Konformationen) des Ca^{2+}-Carriers.

Der Schritt (2) wird durch die Darstellung zweier Teilschritte besser verständlich.

$$2a)\ Ca_2\,E \sim P \rightleftharpoons E \sim P + 2\,Ca_i,$$

$$2b)\ E \sim P \rightleftharpoons E_2 + PO_4.$$

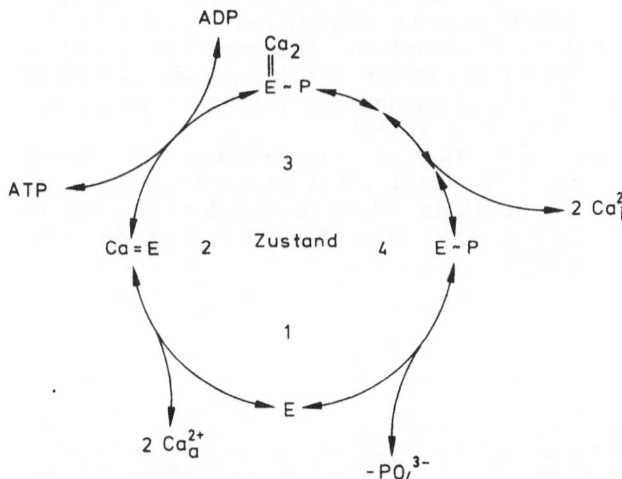

Abb. 28.14. Getrennt identifizierbare Stadien des Ca^{2+}-Transports durch die Membran des Sarkoplasmatischen Retikulums. *E*, Enzym (= Ca^{2+}-Pumpe). Ca_a ≙ außen, Ca_i ≙ innen (Makinose, 1973)

Ionennetzwerke: Eine Take Home Lesson

Die Na^+/K^+-Pumpe wurde ursprünglich für Neuronen, die Ca^{2+}-Pumpe für Muskelzellen postuliert. Wir wissen mittlerweile, daß diese Pumpmechanismen an Membranen aller eukaryotischen Zellen vorkommen. Ionen haben als Regulatoren und *Second messenger* (s. Kap. 59) einen entscheidenden Einfluß auf die Effizienz von Stoffwechselvorgängen. Der Energieumsatz, die ATP-Bildung und der ATP-Verbrauch werden durch Ionen kontrolliert. Sie sind Glieder eines komplexen, intrazellulären Ionennetzwerkes (s. Abb. 28.15), dessen Bedeutung bis vor kurzem wenig Beachtung fand. Jetzt, nachdem wir wissen, daß alle eukaryotischen Zellen Aktin enthalten (siehe Kap. 32), wächst das Interesse an ihrer Mitwirkung, ihren Transportmechanismen und ihren Konzentrationen in den verschiedenen Kompartimenten der Zelle.

Literatur

Bakker, E.P.: Ionophore antibiotics. In: Antibiotics, Vol. V. Hahn, F.E. (ed.). Berlin, Heidelberg, New York: Springer 1979

Bamberg, E., Läuger, P.: Channel formation kinetics of gramicidin A in lipid bilayer membranes. J. Membr. Biol. *11*, 177 (1973)

Blitz, A.L., Fine, R.E., Toselli, P.A.: Evidence that coated vesicles isolated from brain are calcium-sequestering organelles resembling sarcoplasmic reticulum. J. Cell Biol. *75*, 135 (1977)

Eigen, M., Winkler, R.: Alkali-ion carriers: dynamics and selectivity. In: The neurosciences, 2nd Study Program. Schmitt, F.O. (ed.). New York: Rockefeller Univ. Press 1970

Eisenman, G., Ciani, S., Szabo, G.: The effects of the macrotetralide actin antibiotics on the equilibrium extraction of alkali metal salts into organic solvents. J. Membr. Biol. *1*, 294 (1969)

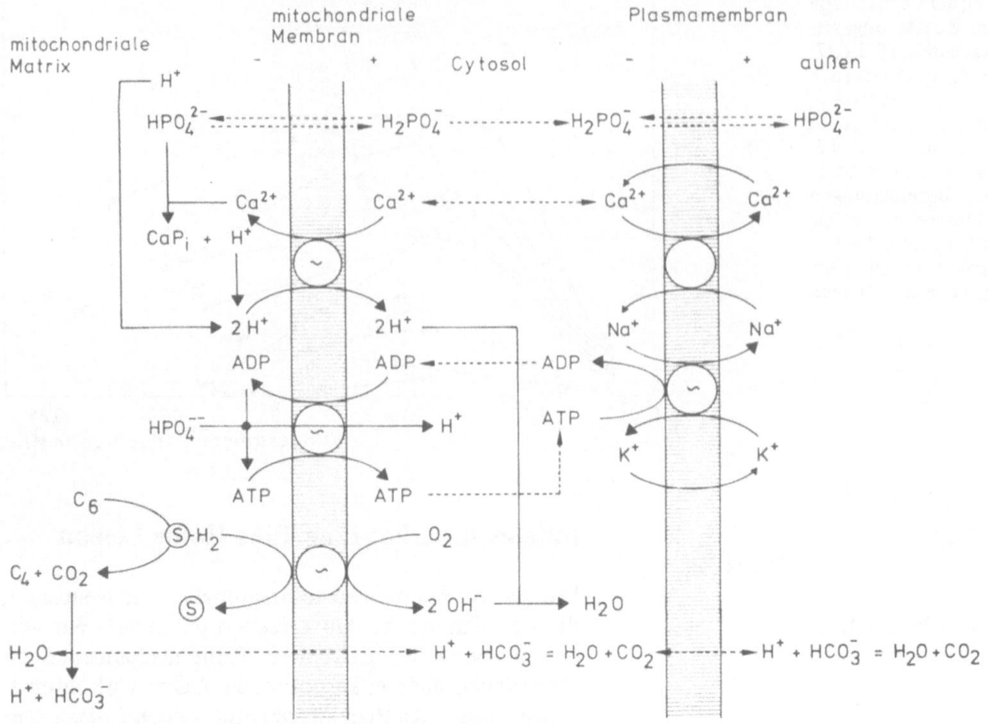

Abb. 28.15. Schematische Darstellung des zellulären Ionennetzes und der Kontroll- resp. Transportelemente in der Plasmamembran und der mitochondrialen Membran. (Nach Rasmussen und Goodman, 1977)

Endo, M.: Calcium release from the sarcoplasmic reticulum. Physiol. Rev. *57*, 71 (1977)

Glynn, I.M., Karlish, S.J.D.: The sodium pump. Annu. Rev. Physiol. *37*, 13 (1975)

Hasselbach, W.: The reversibility of the sarcoplasmic calcium pump. Biochim. Biophys. Acta *515*, 23 (1978)

Hasselbach, W., Makinose, M.: Die Calciumpumpe der „Erschlaffungsgrana" des Muskels und ihre Abhängigkeit von der ATP-Spaltung. Biochem. Z. *333*, 518 (1961)

Katz, E., Demain, A.L.: The peptide antibiotics of bacillus: chemistry, biogenesis, and possible functions. Bacteriol. Rev. *41*, 449 (1977)

Knowles, A.F., Racker, E.: Properties of a reconstituted calcium pump. J. Biol. Chem. *250*, 3538 (1975)

Läuger, P.: Carrier-mediated ion transport. Science *178*, 24 (1972)

Lieb, W.R., Stein, W.D.: Simultaneity, occlusion and the sodium pump. Nature (London) *252*, 730 (1974)

Makinose, M.: Possible functional states of the enzyme of the sarcoplasmic calcium pump. FEBS Lett. *37*, 140 (1973)

Ovchinnikov, Yu.A.: Membrane active complexones. Chemistry and biological function. FEBS Lett. *44*, 1 (1974)

Tada, M., Yamamoto, T., Tonomura, Y.: Molecular mechanism of active calcium transport by sarcoplasmic reticulum. Physiol. Rev. *58*, 1 (1978)

The, R., Hasselbach, W.: Unsaturated fatty acids as reactivators of the calcium-dependent ATPase of delipidated sarcoplasmic membranes. Eur. J. Biochem. *39*, 63 (1973)

Urry, D.W., Goodall, M.C., Glickson, J.S., Mayers, D.F.: The gramicidin A transmembrane channel: Characteristics of head to head dimerized π (L,D) helices. Proc. Natl. Acad. Sci. USA *68*, 1907 (1971)

29. Protonenpumpen: Die Purpurmembran von Halobacterium; Transport von Metaboliten durch Membranen

Die Membran als Permeabilitätsbarriere hat die Kapazität, den Fluß von Metaboliten (Substraten) in eine Zelle hinein zu steuern. Wir haben im letzten Kapitel zwei Pumpsysteme kennengelernt. Am Beispiel der Na^+/K^+-Pumpe haben wir die Kopplung von einem Transportphänomen mit einem zweiten besprochen und am Beispiel der Ca^{2+}-Pumpe die Bedeutung der Lipidzusammensetzung der Membran für die Aktivität der Pumpe. Der Transport von Metaboliten ist in vieler Hinsicht von Interesse. Natürlich ist man am Mechanismus des Transports interessiert, und hierfür bieten sich vor allem Bakterien als Versuchsobjekte an, einmal, weil man sie leicht in großen Mengen kultivieren kann und zum anderen, weil man mit Mutanten arbeiten kann, deren Translokationsleistungen gestört sind. Andererseits interessiert man sich aber auch für die Frage, wie z.B. differenzierte Zellen im tierischen Gewebe die Substrataufnahme regeln, wie sie auf unterschiedliche Stimuli reagieren und welchen Einfluß ihr Stoffwechsel auf die Aufnahmerate hat. Gerade diese Fragen sind in der Medizin sehr aktuell, denn viele Krankheiten, insbesondere erblich bedingte Defekte, gehen auf Störungen der Stoffaufnahme durch Zellen zurück.

Die Untersuchung von Transportphänomenen an lebenden Zellen ist in der Regel problematisch, weil Zellen aus zu vielen verschiedenen Komponenten bestehen. Deshalb hat es sich auch hier bewährt, mit einfacheren Systemen, wie z.B. mit Membranvesikeln, zu arbeiten. Als besonders interessant erwies sich dabei die Entwicklung einer Methode zur Gewinnung von Membranvesikeln aus Bakterienzellen durch Kaback (1972, 1974).

Wir werden uns im zweiten Teil dieses Kapitels ausschließlich mit dem Transport von Kohlenhydraten auseinandersetzen. Der Vollständigkeit halber sei erwähnt, daß es auch spezifische Transportsysteme für die verschiedenen Aminosäuren, für Nukleotidbasen, für Phosphationen, für Sulfationen u.a. gibt.

Doch bevor wir mit der Besprechung der Mechanismen beginnen, müssen wir uns die Frage vorlegen: Woher stammt die Energie für den Transport? Der primäre Energieträger der Zelle ist das ATP. Es entsteht u.a. durch Oxydative Phosphorylierung (siehe Kap. 31) oder durch Umwandlung von Lichtenergie in chemische Energie (Photosynthese, s. Kap. 31; Purpurmembran von *Halobacterium,* s. folgenden Abschnitt). Die genannten Umwandlungen spielen sich nur an intakten Membranvesikeln ab. 1961 postulierte Mitchell (Glynn Research Foundation, Bodmin/Cornwall, England), daß die bei der Oxydation eines organischen Substrats freiwerdende Energie in einen elektrochemischen Gradienten zwischen Zellinnerem und Zelläußerem umgewandelt wird. Protonen werden dabei translociert, ohne daß ein chemisch faßbares Zwischenprodukt entsteht. Die in dem Protonengradienten gespeicherte Energie wiederum wird gebraucht, um ATP zu synthetisieren. Die Reaktionen erfolgen an einem Enzymkomplex, einer Pumpe, die unter Abbau des elektrochemischen Gradienten (Rückfluß der Protonen) die Bildung einer Phosphorsäureanhydridbindung katalysiert ($ADP + P_i \rightarrow ATP$). Der Gesamtprozeß umfaßt also zwei Teilschritte:

1. Protonen werden ausgeschleust und bauen einen Gradienten auf.
2. Rückströmende Protonen werden zur Synthese von ATP verwendet.

Diese Prozesse können natürlich nur dann ablaufen, wenn alle hieran beteiligten Proteine in der Membran gleichartig orientiert sind. Die Pumpen müssen also asymmetrisch gebaut sein.

Mitchell nannte die treibende Kraft *proton motive force* (protomotorische Kraft). Seine Hypothese erklärt, weshalb eine Energieumwandung nur an intakten Membranvesikeln möglich ist. Bei defekten, protonendurchlässigen Membranen würden nämlich das elektrochemische Potential und der Protonengradient in sich zusammenbrechen und somit eine Energieumwandlung ausschließen. In der Tat konnte gezeigt werden, daß ein Zusatz von Entkupplern (s. Kap. 31) oder Ionencarriern (wie Valinomycin) eine Energieumwandlung unterbindet.

Mechanismen, bei denen ein Protonengradient zur ATP-Synthese gebraucht wird, nennt man primäre Pumpen. Dem stehen die sekundären gegenüber, bei denen durch ATP-Spaltung ein Protonengradient (oder ein Gradient eines anderen Kations: Na^+ z.B.) aufgebaut wird. Diese chemiosmotische Energie wiederum läßt sich nutzen, um andere Substanzen gegen den Protonenstrom durch die Membran hindurchzubefördern. Mitchell nannte diesen Vorgang Symport. Er beantwortet unsere eingangs gestellte Frage nach der Energiebereitstellung für den aktiven Transport. Man kennt eine Reihe von Beispielen hierfür, z.B.:

H^+/Zucker,
H^+/Aminosäuren.
Na^+/H^+ (hier spricht man von Antiport, denn es werden H^+-Ionen auf Kosten des Exports von Na^+-Ionen in die Zelle hineintransportiert),
Na^+/Aminosäuren,
Na^+/Glucose (z.B. in Zellen der Niere).

Sekundäre Pumpen sind an die primären gekoppelt, denn sie beziehen von daher ihre Energie.

Die Purpurmembran von Halobacterium halobium: eine Protonenpumpe

Außergewöhnliche Fragestellungen erfordern außergewöhnliche Versuchsobjekte. Wir haben bereits die Erythrozyten als solche kennengelernt, die eigentlich gar keine lebenden, sondern „fossile" Zellen sind. Aber auch das Studium von Fossilien hat viel zum Verständnis eines bedeutenden Teilgebietes der Biologie, der Abstammungslehre, beigetragen. Mit einem analogen Fragenkomplex haben wir es hier zu tun.

Halobakterien sind extrem halophil. Sie kommen normalerweise in salzhaltigen, flachen, tropischen Gewässern vor, in denen die Temperatur hoch und der Sauerstoffgehalt niedrig ist, können aber auch in kaltem Seewasser wachsen. Sie weisen eine Reihe ungewöhnlicher Eigenschaften auf:

- Ihre Membran besteht überwiegend aus Protein.
- Ihr sind keine Peptidoglycane oder Teichonsäure assoziiert.
- Kohlenhydrate kommen nur in geringen Mengen vor.
- Unter normalen Kulturbedingungen werden keine Fettsäuren synthetisiert.
- Die Lipide der Zellmembran bestehen ausschließlich aus Dihydrophytolketten, die über Ätherbrükken an Glycerin gebunden sind.
- Die meisten bisher untersuchten Enzyme sind nur in 2M NaCl aktiv.
- Die Zellen lysieren in Lösungsmitteln niedriger Ionenstärke, viele Proteine werden freigesetzt und dabei denaturiert, die Ribosomen dissoziieren, und die Membranen disintegrieren in kleine Stücke unterschiedlicher Größe.

Es gibt einige wenige intrazelluläre Membranen. Einer Mutante von *Halobacterium halobium* – „R" – fehlen sie. Sie eignet sich deshalb für Untersuchungen der Plasmamembran wesentlich besser als der Wildstamm. Zu den Membranfragmenten, die man nach der Lyse der Zellen erhält, gehört die Purpurmembran. In ihr liegt ein Chromoprotein, das Bakteriorhodopsin, das in vielerlei Hinsicht dem Rhodopsin in den lichtempfindlichen Zellen höherer Tiere ähnelt. Gereinigte Purpurmembranen sehen purpurfarben aus. Daneben kommen bei *Halobacterium* orangerot gefärbte Membranbereiche mit Karotinoiden in hoher Konzentration (Rote Membranen) vor.

Halobacterium kann in einem Nährmedium der folgenden Zusammensetzung vermehrt werden:

250 g NaCl, 20 g $MgSO_4$, 3 g Na-citrat, 2 g KCl, 10 g Pepton auf 1000 ml Nährlösung.

Hier braucht man nicht steril zu arbeiten, denn unter diesen Bedingungen wachsen nur extrem halophile Organismen. Man hat allerdings dann auf Sterilität zu achten, wenn man im Labor gleichzeitig mehrere Halobakterienstämme kultiviert. Die Zellen können bis zu Temperaturen von 57°C gedeihen, da aber bei dieser Temperatur die Wasserverdunstung zu einem technischen Problem wird, empfiehlt es sich, die Zellen bei 39°C zu ziehen. Unter diesen Kulturbedingungen beträgt die Generationszeit 8 Stunden. Die Synthese der Purpurmembran setzt erst gegen Ende der exponentiellen Wachstumsphase ein (Abb. 29.1). Aus 10 l Kultur lassen sich unter optimalen Kulturbedingungen 200–500 mg Purpurmembran ernten. Leichte Modifikationen der Kulturbedingungen, u.a. falscher Sauerstoffpartialdruck, führen zu einem weitgehenden Verlust dieses Membrantyps. Die Ausbeute an Purpurmembranen ist nur dann optimal, wenn die Zelldichte hoch und der O_2-Partialdruck niedrig ist. In O_2-gesättigtem Medium werden kaum Purpurmembranen gebildet (s. Abb. 29.2). Eine geringe O_2-Menge stimuliert die Synthese und hält sie aufrecht. In belichteten Kulturen ist die Ausbeute sechs- bis siebenmal so hoch wie in unbelichteten. Das bedeutet also, daß die Synthese der Purpurmembran, genauer gesagt, des Proteins der Purpurmembran (Bakteriorhodopsin) induzierbar ist.

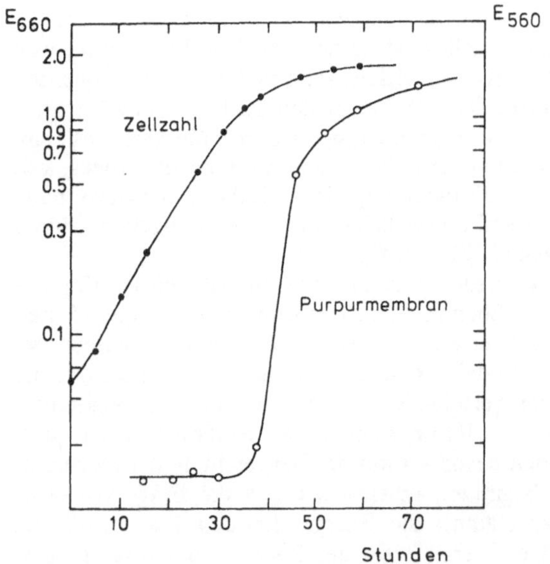

Abb. 29.1. Wachstumskinetik von *Halobacterium halobium* und Bildung von Purpurmembranen (Oesterhelt und Stoeckenius, 1973)

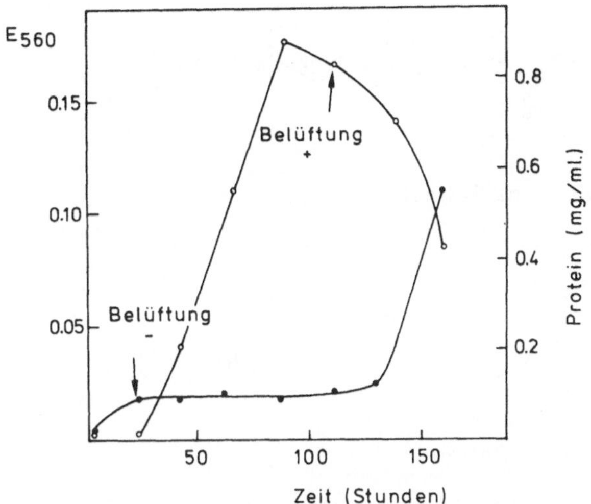

Abb. 29.2. Synthese von Proteinen ○——○ und der Purpurmembran ●——● in Abhängigkeit von der Belüftung der Kultur (Oesterhelt und Stoeckenius, 1973)

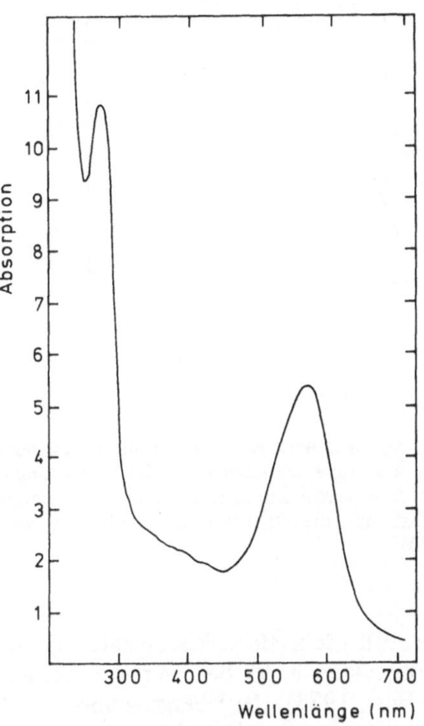

Abb. 29.3. Absorptionsspektrum der Purpurmembran von *Halobacterium halobium* (Osterhelt und Stoeckenius, 1973)

Die Membranen werden durch Dichtegradientenzentrifugation der lysierten Zellen angereichert, die Dichte der Purpurmembran beträgt 1,18 g/cm^3. In der SDS-Polyacrylamidelektrophorese ist nur eine Proteinbande vom Molekulargewicht 26.000 nachweisbar. Pro Mol Protein ist ein Mol Retinal (Aldehyd des Vitamins A_1) gebunden. Das Absorptionsmaximum des Komplexes Protein/Retinal liegt bei 568 nm (s. Abb. 29.3.)

Die karotinoidhaltigen Bereiche der Membran (Rote Membranen) sind ebenfalls relativ leicht zu gewinnen. Ihre Dichte liegt bei 1,33 g/cm^3, ihr Spektrum ist durch den Karotinoidanteil charakterisiert. Weitere deutliche Unterschiede findet man in den UV-Anteilen der Spektren. Das Spektrum der Purpurmembran hat eine deutliche Schulter bei $\lambda = 290$ nm, was auf einen relativ hohen Tryptophangehalt im Protein zurückzuführen ist.

Welche Bedeutung und Funktion hat die Purpurmembran?

Das Bakteriorhodopsin ist ein rhodopsinähnliches Protein. In der Purpurmembran spielen sich Photoreaktionen ab, die denen in lichtempfindlichen Membransystemen höherer Tiere ähneln. Bei *Halobacterium halobium* haben Oesterhelt und Stoeckenius die folgenden Effekte beobachtet:
- Protonentranslokationen,
- ATP-Synthese,
- Synthese der Purpurmembran,
- Phototaxis.

Es sieht demnach so aus, als könne die Membran Lichtenergie in chemische Energie umwandeln. Nach Belichtung tritt auf Kosten des Absorptionsmaximums von $\lambda = 568$ nm ein neues bei $\lambda = 412$ nm auf. Dieser Ausbleicheffekt läßt vermuten, daß die Membran selbst der Photorezeptor ist. Bei Zimmertemperatur ist das Ausbleichen nur unter Verwendung von Lichtblitzen nachweisbar, denn die 412 nm-Form ist außerordentlich instabil und wandelt sich innerhalb von Millisekunden spontan in die 568 nm–Form zurück. Zur quantitativen Erfassung und zur Messung der Reaktionskinetik dieses Effekts bedarf es deshalb besonderer Maßnahmen: Die Umsetzung wird unter Ätherzusatz verfolgt, der die spontane Rückwandlung in die 560 nm-Form verhindert, so daß man die Bildung der 412 nm-Form auch bei Zimmertemperatur in gedämpftem Licht verfolgen kann. Die Halbwertszeit des Übergangs beträgt unter diesen Bedingungen 13 Sek. Mit dem Ausbleichen der Membran in einer äthergesättigten Salzlösung geht ein reversibler pH-Abfall einher (s. Abb. 29.4).

Die Purpurmembran ist also in der Lage, bei Belichtung Protonen freizusetzen und sie bei Verdunklung wieder einzufangen. Da der Protonenaustausch mit der spektralen Veränderung direkt korreliert ist, darf man annehmen, daß er in ätherfreier Lösung in gleicher Weise erfolgt und daß durch die Belichtung ein pH-Gradient und/oder ein elektrischer Gradient durch die Membran hindurch erzeugt wird.

Die primären Lichtreaktionen finden am Retinal statt. Die Überführung von einer Form (568 nm-Form) in die andere (412 nm-Form) geht außerordentlich rasch vor sich, ist reversibel und beliebig oft hinterein-

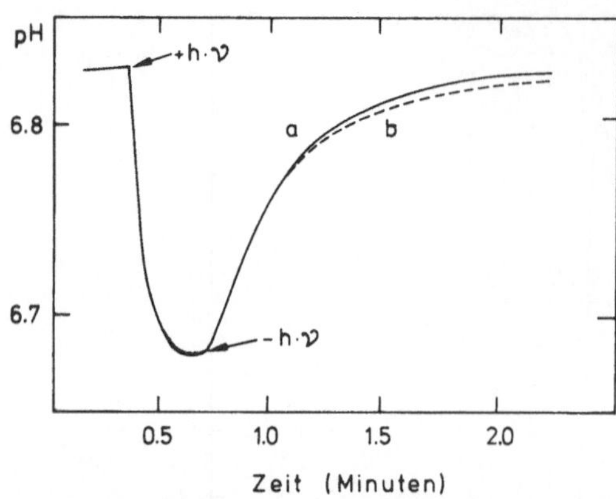

Abb. 29.4. pH-Änderungen nach Belichtung isolierter Purpurmembranen. Die Änderung wird bei Dunkelheit rückgängig gemacht (*a*). Ein Zusatz von Karbonylamid-m-chlorophenyl hat keinen Einfluß auf die Reaktion (*b*) (Osterhelt und Stoeckenius, 1973)

ander auslösbar. Mit geeigneten Meßapparaten konnten 14 Reaktionszyklen in 99 Sek. verfolgt werden (Osterhelt und Hess, 1973). Der Übergang 568 ⇌ 412 ist eine 1:1-Transformation. Das Absorptionsspektrum der 568 nm-Fraktion deckt sich mit dem Aktionsspektrum der Ausbleichreaktion. Durch Änderungen der Fluoreszenz (Emission bei 326 nm) sind Konformationsänderungen des Proteins als eine Folgeerscheinung des Ausbleicheffekts erkannt worden.

Welche Bedeutung hat der pH-Gradient? Im Gegensatz zu den Chloroplasten liegt in der Purpurmembran keine Elektronentransportkette vor, denn die Membranen enthalten nur einen Proteintyp. Die Abstände der Moleküle voneinander (60 Å) sind so groß, daß eine Elektronenübertragung von einem Molekül zum anderen ausgeschlossen werden konnte. Das Bakteriorhodopsin wirkt demnach selbst als eine lichtbetriebene Protonenpumpe. Der Protonentransport erfolgt gerichtet (s. Abb. 29.5), was allerdings voraussetzt, daß alle Proteinmoleküle in der Membran gleich orientiert sind. Wie wir noch sehen werden, ist diese Bedingung auch erfüllt. Es muß weiter gefordert werden, daß die Absorption eines Lichtquants eine Konformationsänderung des Membranproteins nach sich zieht (auch das stimmt).

Purpurmembranen sind neben den chlorophyllhaltigen Thylakoiden das zweite Membransystem, in dem Lichtenergie in chemische Energie (ATP) umgesetzt wird. Die Effizienz ist jedoch bei weitem nicht so hoch wie die bei der Photosynthese an chlorophyllhaltigen Membranen. Im Vergleich zu denen ist es allenfalls mit einem Notstromaggregat vergleichbar. Retinal enthaltende Membranen haben sich im Verlauf der Evolution zu photosensitiven Einheiten (Photomultipliern) entwickelt, deren Erregung als Auslöser anderer Prozesse dient und für deren Aufrechterhaltung Energie (ATP) benötigt wird. Die chlorophyllhaltigen Membranen hingegen vervollkommneten das *Photocoupling*, bei dem die Lichtenergie absorbiert und über einige Zwischenstufen in chemische Energie umgewandelt wird (s. Kap. 31).

1 2 3 4 5 6 7 8 9 10 11 12 13 14 15 O

all-trans Retinal

1 2 3 4 5 6 7 8 9 10 11 12 13 14 15 O

13-cis Retinal

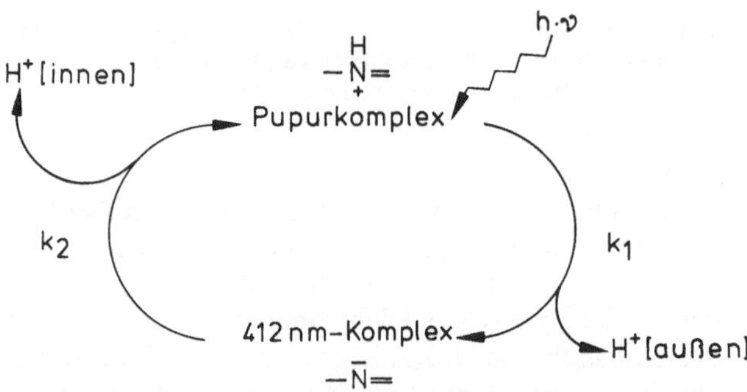

Abb. 29.5. Reversibler Übergang des Purpurkomplexes in den 412 nm-Komplex unter Protonentranslokation. Die Funktion des Bakteriorhodopsins als Protonenpumpe kann durch eine zyklische Protonisierung und Deprotonisierung des Stickstoffatoms (eines Lysinrestes) einer Schiffschen Base beschrieben werden. Das Retinal (Vitamin A-Aldehyd) ist im Bakteriorhodopsin an das Protein Bakterio-Opsin gebunden. Durch Wechselwirkung mit dem Seitenkettenrest eines Lysins bildet sich ein Chromophor mit einem weit in den roten Bereich verschobenen Absorptionsmaximum (560 nm). Nur 13 *cis*- und all-*trans*-Retinal (oben in der Zeichnung) ergeben den Chromophor. Das ist ein Unterschied zu den Sehpigmenten, deren Chromophor nur mit 9 *cis*- oder 11 *cis*-Retinal gebildet werden kann. Das Spektrum des 412 nm-Komplexes ist typisch für *retro*-Retinale, d.h. Retinale, in denen die Doppelbindungen um eine Position verschoben sind. (Nach Oesterhelt, 1976)

Die dreidimensionale Struktur des Proteins der Purpurmembran: Eine elektronenmikroskopische Analyse

Henderson und Unwin (MRC Laboratory of Molecular Biology, Cambridge) haben 1975 die Purpurmembran

– ohne Kontrastmittel – elektronenmikroskopisch analysiert. Sie betrachteten dabei nicht „normale" elektronenmikroskopische Abbildungen, sondern deren Beugungsbilder. Auf konventionellen elektronenmikroskopischen Aufnahmen ist erkennbar, daß die Proteine in der Membran in Form eines regelmäßigen hexagonalen Netzwerks angeordnet sind und damit die Form und Struktur eines zweidimensionalen Kristalls annehmen (s. Abb. 29.6 und 29.7). Die Auswertung von Beugungsdiagrammen führte zur Rekonstruktion der dreidimensionalen Struktur des Proteins. Es konnte gezeigt werden, daß es in eine

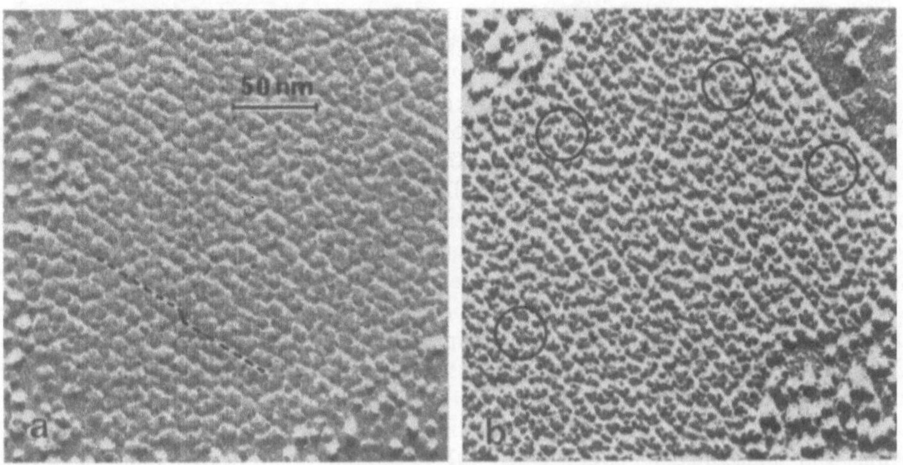

Abb. 29.6 a und b. Oberflächenstruktur der Purpurmembran von *Halobacterium halobium*. Das Präparat wurde unter Anwendung der Gefrierätztechnik hergestellt. Die beiden Teilabbildungen unterscheiden sich durch die Art der Präparation. Präparat **a** wurde mit dem Kontrastierungsmittel Pt-C unter einem großen Bedampfungswinkel schattiert, der Kontrast ist deshalb relativ gering und die Schatten sind kurz. Bei Präparat **b** war der Winkel gering, die Schatten sind länger. Die Bakteriorhodopsinmoleküle sind in hexagonaler Anordnung orientiert, im Bild durch Kreise hervorgehoben. (Aufn. Fisher und Stoeckenius, San Francisco, 1977)

Abb. 29.7 a–d. Beugungsbilder und Auswertung elektronenmikroskopischer Aufnahmen von *Halobacterium halobium*-Purpurmembranen. **a** Beugungsbild an einer elektronenmikroskopischen Aufnahme (s. Abb. 29.6) der Purpurmembran. **b** Beugungsbild nach optischer Filterung. **c** Auswertung des gefilterten Beugungsbildes durch Fourieranalyse. **d** wie **c**, im gleichen Maßstab dargestellt wie **b**. Jeder Gitterpunkt enthält drei Bakteriorhodopsinmoleküle. Eines der Moleküle ist in einem der Gitterpunkte schwarz abgedeckt. Jedes Molekül enthält sieben α-Helices, von denen vier nicht aufgelöst sind und im Bild als bandförmige Struktur erscheinen. (Aufn. Fisher und Stoeckenius, San Francisco, 1977)

Lipidschicht (Dicke: 45 Å) eingelassen ist und daß die Proteinmoleküle in der Membran einschichtig gelagert sind.

Wie bei der Röntgenstrukturanalyse tritt auch bei der Beugung von Elektronenstrahlen das Phasenproblem auf. Da die Membran aber nur eine *unit cell* dick ist und somit einem zweidimensionalen Kristall entspricht, ist die Phase relativ leicht zu errechnen. 1800 verschiedene Intensitätsmessungen des Beugungsbildes wurden mittels Fourieranalyse ausgewertet, und als Ergebnis erhielt man das folgende Bild (s. Abb. 29.8). Es zeigt ein einzelnes, senkrecht zur Membranebene orientiertes Proteinmolekül. Der obere und untere Teil stehen mit dem Lösungsmittel in Kontakt, der Rest mit den Lipiden. Die deutlich erkennbaren Unterstrukturen sind sieben α-Helices von der Länge 35–40 Å; die im Vordergrund dargestellten sind gegenüber der Membranebene geneigt. Das Modell gibt keine Auskunft darüber, wie sie untereinander verknüpft sind. Die Dimensionen des Proteinmoleküls sind 25 x 35 x 45 Å; die lange Achse steht senkrecht zur Membranebene. Drei der sieben α-Helices von je drei Proteinmolekülen bilden einen Ring und umschließen damit einen 20 Å weiten Kanal. Die α-Helices, welche die Umfassung bilden, sind jeweils 10 Å voneinander entfernt, wobei es ohne Belang ist, ob sie dem gleichen oder verschiedenen Molekülen angehören.

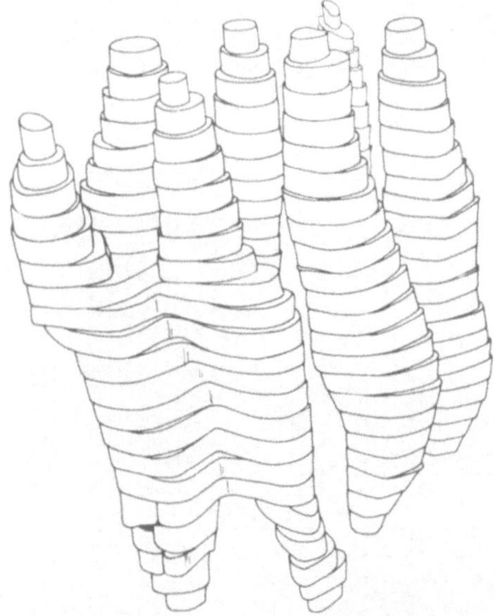

Abb. 29.8. Modell eines Bakteriorhodopsinmoleküls in der Purpurmembran. Die deutlich erkennbaren sieben Unterstrukturen entsprechen α-Helices. Das Molekül ist senkrecht zur Membranebene orientiert. Die Spitzen der α-Helices ragen an beiden Enden aus der Membran heraus. Die mittleren Anteile des Moleküls stehen mit den hydrophoben Bereichen der Membran in Wechselwirkung (Henderson und Unwin, 1975)

Transportsysteme für Kohlenhydrate in bakteriellen Membranen

Simoni und Postma haben 1975 zwischen zwei prinzipiell verschiedenen Transportsystemen bei Bakterien unterschieden:

1. Aktiver Zuckertransport via indirekter Kopplung an einen Energiespender: Das Substrat wird dabei ohne Veränderung durch die Membran geschleust. Das Carrier-Molekül verändert seine Affinität während der Translokation. An der Membranaußenseite ist sie hoch, innen niedrig. Für die Veränderung wird Energie benötigt. In vielen Zelltypen ist ein Metabolittransport an eine funktionsfähige Na^+/K^+-Pumpe gekoppelt.
2. Aktiver Zuckertransport durch Modifikation des Substrats: Das Substrat wird während des Transports chemisch modifiziert. Beispiele hierfür sind Phosphorylierung von Zuckern und Glykosylierung von Adenin (Roseman, 1969, 1972; Postma und Roseman, 1976). Kaback nannte diesen Prozeß der Phosphorylierung während des Transports vektorielle Phosphorylierung. Der Transport wird durch eine chemische Reaktion hervorgerufen, wobei das Substrat in die Zelle „hineinphosphoryliert" wird.

1. Aktiver Zuckertransport durch indirekte Kopplung mit dem Energiespender

Eingehend untersucht ist das Lactose-Transport-System von *Escherichia coli*. Umfangreiche genetische Untersuchungen liegen vor. Das Transportsystem ist in der Lage, Lactose oder Galactose gegen einen Konzentrationsgradienten in die Zelle oder in künstliche Vesikel hineinzubefördern. Durch Entkuppler der Oxydativen Phosphorylierung wird das System vergiftet. Schon 1965 haben Fox und Kennedy ein Protein stark angereichert, das die Eigenschaften eines Lactose-Carriers aufwies und dem sie die Bezeichnung „M-Protein" gaben. Es hat ein Molekulargewicht von 30.000, ist ein integrales Membranprotein und macht 3% der Membranproteine (= 0,3% des Gesamtzellproteins) aus. Durch Bindungsstudien mit fluoreszenzmarkierter oder $[^3H]$-markierter Lactose identifizierten es Kennedy et al. als einen Bestandteil von Membranfragmenten, die sie nach Ultraschallbehandlung und anschließender differentieller Zentrifugation gewonnen hatten. Das Protein hat mindestens zwei Bindungsstellen für Lactose.

Was geschieht bei Einsatz von Mutanten, welche Mutantentypen gibt es? Man kennt bei *E. coli* Mutanten mit Defekten im Lactosetransport. Stellt man Membranfragmente einer solchen Mutante her und gibt einen „M-Protein"-enthaltenden Extrakt des Wildstamms hinzu, erreicht man eine Rekonstitution des Transportsystems (C.R. Müller, Altendorf, Kohl,

Sandermann, 1976). Fox stellte 1969 fest, daß für die Integration des Lactose-Carrier-Proteins in einer intakten Bakterienzelle die Biosynthese von Phospholipiden erforderlich ist. Eine Mutante, die kein Oleat synthetisiert, kann auch keinen funktionellen Lactosecarrier integrieren; gibt man ihr Oleat im Medium hinzu, gelingt der Einbau. Der Einfluß der Phospholipide auf die Funktion des Carriers geht vom Acyl-Teil des Lipids aus (Overath und Mitarbeiter, 1971, 1976).

2. Aktiver Zuckertransport durch Modifikation des Substrats

Das mittlerweile klassische Beispiel für vektoriellen Transport ist das Phosphoenolpyruvat-abhängige Phosphotransferasesystem (PEP abh. PTS). Die Zukker erscheinen in der Zelle als Phosphatester (siehe Abb. 29.9 und 29.10). Dieses System ist an den Bakterienarten *E. coli, Staphylococcus aureus* und *Salmonella typhimurium* eingehend untersucht worden (Kunding et al., 1964; Roseman et al., Hengstenberg et al., Cordaro et al.). Alle am System beteiligten Proteine sind genetisch und biochemisch charakterisiert worden: Bakterien synthetisieren „Enzym I" und „HPr" konstitutiv, also immer. Beide Proteine sind löslich, im System hintereinandergeschaltet und dienen als Phosphatspender für eine Vielzahl von Zuckern. Das „Enzym II B" ist zuckerspezifisch und membrangebunden. Es gibt eine ganze Familie dieser Enzyme. Sie werden durch die „Enzyme II A" oder einen zuckerspezifischen „Faktor III" erkannt. Das „Enzym II B" ist für die Translokation des Zuckers verantwortlich. „Enzym I" wird durch PEP phosphoryliert:

$$\text{PEP} + \text{Enzym I} \overset{Mg^{2+}}{\rightleftharpoons} \text{P-Enzym I} + \text{Pyruvat}.$$

Seinerseits phosphoryliert es das „HPr", ein sehr kleines Protein vom Molekulargewicht 8.600–9.500.

In Rekonstitutionsexperimenten konnten Simoni et al. (1973) zeigen, daß das „HPr" verschiedener

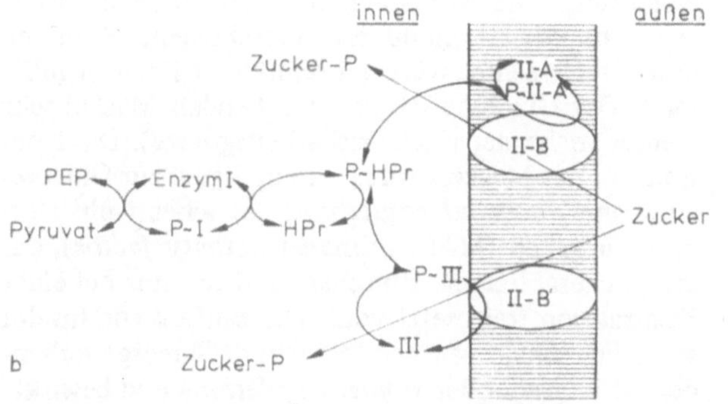

Abb. 29.9. a Vereinfachtes Schema des Phosphotransferase-Systems. Die Bedeutung der Komponenten ist im Text beschrieben. *PEP*, Phosphoenolpyruvat. Zur Charakterisierung der Zuckerspezifität bezeichnet man die Enzyme III und II-B' in der Regel mit der Abkürzung des Zuckers (als Exponent geschrieben), z.B. III^{glc} und $II\text{-}B^{glc}$; *glc*, Glucose. b Phosphattransfer und Zuckertransport via Phosphotransferasesystem (Postma und Rosenman, 1976)

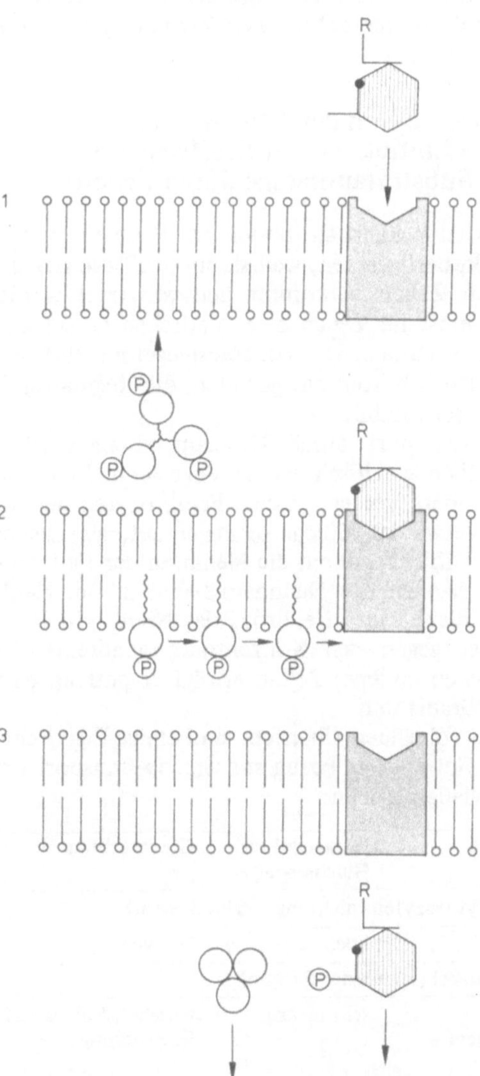

Abb. 29.10. Modell der Wirkungsweise des löslichen, zuckerspezifischen Phosphocarrierprotein-Faktors III^{lac}. (Nach Hengstenberg, 1977)

Herkunft unterschiedlich reagiert. Ein *E. coli*-System kann nicht durch „HPr" aus *Staphylococcus aureus* rekonstituiert werden. NMR-Studien (Gassner et al., 1974) weisen darauf hin, daß eine Konformationsänderung des Proteins mit der Phosphorylierung einhergeht. Die zuckerspezifischen Komponenten des Systems sind im Gegensatz zu „Enzym I" und „HPr" induzierbar, und das heißt, daß sie nur bei Bedarf gebildet werden. In *E. coli* und *Salmonella typhimurium* werden D-Mannose, D-Glucose und Fructose u.a. via PTS transportiert, während Disaccharide wie Lactose, Meliciose, Maltose sowie die Monosaccharide Galactose, Pentose und Hexose-6-P über das gekoppelte System aufgenommen werden (Lengler, 1975). In grampositiven Bakterien wie *Staphylococcus aureus* werden neben den genannten Monosacchariden auch die Disaccharide Lactose und Saccharose über das PTS-System befördert.

Eine offene Frage zum Schluß: *Wie sieht es mit der Topologie der bakteriellen Transportproteine in der Membran aus?*

Regulation durch den Stoffwechsel: Welchen Einfluß hat der Stoffwechsel auf die Substrataufnahme durch Zellen?

Dieses Thema kann am besten am Beispiel der Glucose diskutiert werden, weil sie im Stoffwechsel aller tierischen Zellen vorkommt und verwertet werden kann. Sie ist für Zellen eines tierischen Organismus jederzeit erhältlich. Der Glucosespiegel im Blut wird außerordentlich konstant gehalten, die Regulation ist demnach sehr stabil.

Der Transport durch Plasmamembranen ist in vielen Fällen spezifisch, so daß ein oder mehrere Carrier postuliert werden müssen. Erythrozyten nehmen Glucose etwa 10.000mal schneller auf, als das bei passiver Diffusion durch die Membran der Fall wäre. In Epithelzellen des Dünndarms und in der Henleschen Schleife eines Nephrons der Niere erfolgt der Transport gegen den Konzentrationsgradienten, in den meisten anderen Zellen erfolgt er entlang eines solchen Gradienten.

In der folgenden Übersicht sind einige Eigenschaften von Geweben in bezug auf Glucosetransport und -abbau wiedergegeben:

Transport	Intrazellulärer Glucosespiegel	Glucoseabbau
Erythrozyten (nicht reguliertes System)		
schnell	hoch	langsam
Muskel (reguliertes System)		
variabel; Aufnahmerate begrenzt	sehr niedrig	variabel; Abbau und Speicherung
Leber (nicht reguliert, System mit hoher Kapazität)		
sehr schnell: Aufnahme und Abgabe	hoch	variabel; Abbau, Speicherung und Synthese

Eine genaue Betrachtung der Glucoseaufnahme in verschiedenen Geweben und ein Vergleich mit der Rate des Glucoseabbaus läßt darauf schließen, daß es verschiedene Glucose-Carrier gibt und daß der Transport durch die Membran eine wichtige Kontrollinstanz beim Glucoseabbau in manchen Geweben ist.

Zwei Alternativen für regulierende Mechanismen stehen zur Diskussion:

1. Regulation durch Bedarf (*demand regulation*). Das Rückkopplungssignal dient der Steuerung der Aufnahme.
2. Regulation durch die vorhandene Glucose (*supply-regulation*).

Erythrozyten. Glucose wird in kernlosen Erythrozyten ausschließlich zur Aufrechterhaltung der Zellstruktur und -funktion benötigt. Die Aufnahmegeschwindigkeit ist sehr hoch und demnach kein geschwindigkeitsbestimmender Schritt des Glucosestoffwechsels. Menschliche Erythrozyten nehmen 250mal soviel Glucose auf, wie sie tatsächlich umsetzen können. Es gibt keinerlei Hinweise auf eine Regulation der Aufnahme durch Umsatz oder hormonelle Einflüsse. Ähnliche Ergebnisse findet man bei den Zellen der Augenlinse. Auch hier wird Glucose ausschließlich zum Erhalt der Zellen benötigt. Die Formveränderung der Linse wird durch außen ansetzende Muskelfasern verursacht. Die Linse selbst wird dabei nur passiv verändert. Reservestoffe in Form von Glykogen oder Triglyceriden stehen nicht zur Verfügung. Insulin und andere Hormone, die den Kohlenhydratstoffwechsel normalerweise beeinflussen, haben hier keinerlei Wirkung. Bei Vogelerythrozyten (mit Kern) unterliegt die Glucoseaufnahme einem Kontrollmechanismus.

Muskeln. Muskeln sind erregbare Gewebe, was zur Folge hat, daß der Energiebedarf in weiten Grenzen schwankt. Glucoseaufnahme und -verwertung sind oft die geschwindigkeitsbegrenzenden Faktoren der Muskelleistung. Die Aufnahmerate wird durch die Kontraktionsaktivität moduliert. Verschiedene Hormone und Stoffwechselzwischenprodukte wirken regulierend. Der Glucosepool ist im ruhenden Muskel sehr niedrig (nahe der Nachweisbarkeitsgrenze). Die Kontraktion des Muskels wirkt als ein Signal zur Glucoseaufnahme (*demand regulation*). Es scheint ein Hormon zu geben (MAF: *muscular activity factor*), das die Zuckeraufnahme stimuliert und das nur bei einer Kontraktion freigesetzt wird. Der Einfluß von Insulin setzt ein, sobald genügend Substrat (Glucose) vorhanden ist (*supply* oder *storage-regulation*) und bewirkt:

– Stimulation der Glykogensynthese,
– Hemmung des Fettabbaus,
– Stimulation des Aminosäuretransports,
– Stimulation der Proteinsynthese,
– Einfluß auf Ionenfluß durch Membranen,
– Einfluß auf das Membranpotential.

Während der Oxydation von Fetten wird der Glucosetransport sowie der -abbau im Herz- und Skelettmuskel reprimiert. Der Effekt beruht auf der Oxydation der Fettsäuren und nicht nur auf ihrer Anwesenheit und ist durch Inhibitoren der Fettsäureoxydation aufhebbar.

Speichergewebe

Fettzellen: Sie sind auf Synthese, Lagerung und Abbau von Fetten spezialisiert. Fette werden synthetisiert, sobald der Glucosepool eine kritische Größe übersteigt. Syntehse und Abbau werden hormonell gesteuert. Der Transport der Glucose durch die Membran kann ein limitierender Schritt sein, denn in den Zellen findet man in der Regel keine freie Glucose. Der Zuckertransport wird durch Insulin beschleunigt.

Gehirn: Die vorliegenden Daten widersprechen einander und sind schwer interpretierbar. Es gibt Hinweise darauf, daß der Glucosespiegel in den Zellen sehr niedrig ist und daß die Aufnahmerate einen begrenzenden Schritt beim Glucoseumsatz darstellt.

Leber: Das Organ hat eine zentrale Bedeutung für die Konstanthaltung des Glucosespiegels im Blut. In Leberzellen findet eine insulingesteuerte Glykogensynthese, eine Speicherung und ein Glykogenabbau statt. Ferner werden in der Leber andere Zucker in Glucose umgewandelt. Glucose und andere Zucker dringen ohne Insulineinwirkung in die Zellen ein.

Literatur

Altendorf, K., Harold, F.M., Simoni, R.D.: Impairment and restauration of the energized state in membrane vesicles of a mutant of *Escherichia coli* lacking adenosine triphosphatase. J. Biol. Chem. *249*, 4587 (1974)

Boos, W.: Structurally defective galactose-binding protein from a mutant negative in the β-methylgalactoside transport system of *Escherichia coli*. J. Biol. Chem. *247*, 5414 (1972)

Boos, W.: Bacterial transport. Annu. Rev. Biochem. *43*, 123 (1974)

Carter, J.R., Fox, C.F., Kennedy, E.P.: Interaction of sugars with the membrane protein component of the lactose transport system of *Escherichia coli*. Proc. Natl. Acad. Sci. USA *60*, 725 (1968)

Elbrink, J., Bihler, I.: Membrane transport: Its relation to cellular metabolic rates. Science *188*, 1177 (1975)

Fisher, K.A., Stoeckenius, W.: Freeze-fractured purple membrane particles: Protein content. Science *197*, 72 (1977)

Hays, J.B., Simoni, R.D., Roseman, S.: Sugar transport: A trimeric lactose-specific phosphocarrier protein of the *Staphylococcus aureus* phosphotransferase system. J. Biol. Chem. *250*, 8834 (1975)

Henderson, R.: The purple membrane from *Halobacterium halobium*. Annu. Rev. Biophys. Bioeng. *6*, 87 (1977)

Henderson, R., Unwin, P.N.T.: Three-dimensional model of purple membrane obtained by electron microscopy. Nature (London) *257*, 18 (1975)

Hengstenberg, W.: Enzymology of carbohydrate transport in bacteria. Curr. Top. Microbiol. Immunol. *77*, 97 (1977)

Kaback, H.R.: Transport studies in bacterial membrane vesicles. Science *186*, 882 (1974)

Kepes, A.: The β-galactoside permease of *Escherichia coli*. J. Membr. Biol. *4*, 87 (1971)

Mitchell, P.: Coupling of phosphorylation to electron and hydrogen transfer by a chemiosmotic type of mechanism. Nature (London) *191*, 144 (1961)

Mitchell, P.: Performance and conservation of osmotic work by proton coupled solute porter systems. Bioenergetics *4*, 63 (1973)

Oesterhelt, D.: Bacteriorhodopsin als Beispiel einer lichtgetriebenen Protonenpumpe. Angew. Chem. *88*, 16 (1976)

Oesterhelt, D., Stoeckenius, W.: Functions of a new photoreceptor membrane. Proc. Natl. Acad. Sci. USA *70*, 2853 (1973)

Oesterhelt, D., Stoeckenius, W.: Isolation of the cell membrane and its fractionation into red and purple membrane. Methods Enzymol. *31*, 667 (1974)

Postma, P.W., Roseman, S.: The bacterial phosphoenolpyruvate-sugar phosphotransferase system. Biochim. Biophys. Acta *457*, 213 (1976)

Schuldiner, S., Kabak, H.R.: Membrane potential and active transport in membrane vesicles from *Escherichia coli*. Biochemistry *14*, 5451 (1975)

Simoni, R.D., Postma, P.W.: The energetics of bacterial transport. Annu. Rev. Biochem. *44*, 523 (1975)

Wilson, D.B.: Cellular transport mechanisms. Annu. Rev. Biochem. *47*, 933 (1978)

30. Rezeptoren

Zelloberflächen enthalten Moleküle oder Molekülkomplexe mit der Eigenschaft, spezifische Liganden oder andere Zellen zu erkennen, sie zu binden und nach der Bindung ein Signal ins Zellinnere zu leiten, das eine Reihe weiterer Ereignisse nach sich zieht. Die Signalübermittlung (der Informationstransfer) kann auf einem pulsartigen Ioneninflux beruhen, kann aber auch ohne Materialimport durch Konformationsänderungen von Membranproteinen erfolgen.

Zu den Rezeptormolekülen der Zelloberflächen gehören die Antikörper (s. Kap. 22), welche die Fähigkeit zur Bindung eines spezifischen Antigens haben und die Zelle entweder zu einer Immunantwort oder zur Toleranz induzieren. An dieser Stelle wollen wir uns jedoch mehr mit der Gruppe von Hormon-, Neurotransmitter-, Virus-, Toxin- und Lektinrezeptoren befassen.

Der Begriff Rezeptor ist nicht auf membrangebundene Moleküle beschränkt. Manche Hormonrezeptoren, wie z.B. die Steroidhormonrezeptoren, kommen in Cytoplasma vor, und in Parenthese sei erwähnt, daß Neuro- und Sinnesphysiologen unter dem Begriff Rezeptor ganze Zellen (Sinneszellen) verstehen. Die meisten Rezeptormoleküle der Zelloberfläche sind entweder (oligomere) Glykoproteine oder Ganglioside.

Welche Bedingungen muß ein Molekül erfüllen, um als Rezeptor zu wirken?

1. Der Rezeptor muß eine hohe Selektivität und Spezifität für einen Liganden haben und muß ihn an seiner Struktur erkennen.
2. Die Kinetik der Ligandenbindung muß eine Sättigungskurve sein und damit anzeigen, daß die Zahl der Rezeptormoleküle (in der Membran oder in der Zelle) begrenzt ist.
3. Es muß eine Gewebespezifität vorhanden sein. Nur Zellen der Zielorgane, in denen die betreffenden ausgelösten Erscheinungen auftreten, dürfen Rezeptoren tragen.
4. Die Affinitätsparameter müssen auf die physiologischen Konzentrationen der Liganden abgestimmt sein.
5. Die Bindung des (der) Liganden muß reversibel sein. Der physiologische Effekt muß nach Entfernung der Liganden gelöscht werden.

Die Rezeptorwirkung kann durch einen Zweistufenprozeß beschrieben werden:

1. Bindung des Liganden.
2. Initiation eines Signals (Effektorwirkung).

Für (2) gibt es wiederum zwei voneinander verschiedene Wege:

a) Es wird eine membrangebundene Adenylatcyclase aktiviert, die an der Membraninnenseite die Bildung von cAMP katalysiert, welches seinerseits eine Kaskade von Reaktionen auslöst. Der Vorteil dieses Verfahrens liegt in einem Verstärkereffekt des Stimulus, der Nachteil in der relativ geringen Geschwindigkeit der Reaktion (Größenordnung: Zehntelsekunden bis Sekunden).
b) Der Rezeptor wirkt als Ionophor. Die Bindung des Liganden wird in das Signal verwandelt, kurzfristig Ionen in die Zelle einzuschleusen, die ihrerseits intrazelluläre Prozesse steuern. Die Dauer solcher Impulse liegt in der Größenordnung von Millisekunden.

Sind Rezeptor- und Effektorfunktion im gleichen Molekül vereint? Wir werden sehen, daß es hierauf keine einfache Antwort gibt, doch muß man in allen Fällen davon ausgehen, daß kooperative, verstärkende Effekte im Spiel sind. Die Adenylatcyclase wird durch eine Reihe von Hormonen (und Neurotransmittern) stimuliert; für jedes gibt es mindestens einen Rezeptortyp. Auf die Membran von Fettzellen z.B. können acht verschiedene Hormone einwirken, deren Signale über die Adenylatcyclase in die Zelle geleitet werden (s. Abb. 30.1). Wenn es viele Rezeptortypen, aber nur einen Effektor gibt, muß man fordern, daß die Zahl der Rezeptormoleküle geringer ist als die Zahl der Effektormoleküle und daß laterale Bewegungen in der Membran eine Voraussetzung für eine Wechselwirkung zwischen ihnen sind.

Wir werden im folgenden einige Rezeptortypen behandeln:

- den Insulinrezeptor und den Glukagonrezeptor, um die Wechselwirkung mit der Adenylatcyclase zu besprechen,
- die Cholera- und Tetanustoxinrezeptoren als Beispiele für die Bedeutung von Gangliosiden,
- den Acetylcholinrezeptor als ein Beispiel für ein Ionophor und schließlich,

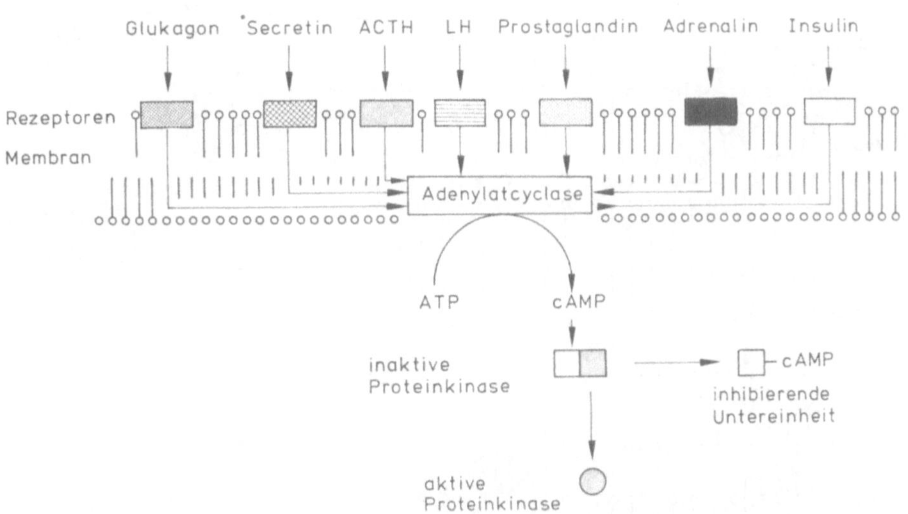

Abb. 30.1. An den Oberflächen von Fettzellen liegen mindestens acht voneinander verschiedene Hormonrezeptoren, die nach Bindung des Liganden (Hormons) alle ein und dieselbe Adenylatcyclase beeinflussen, meist stimulierend, im Fall des Insulin-Insulinrezeptorkomplexes inhibierend. Sieben der acht Rezeptortypen sind im Diagramm dargestellt. Die Adenylatcyclase katalysiert die Bildung von cAMP, welches seinerseits eine Proteinkinase phosphoryliert und damit aktiviert. (Nach Cuatrecasas et al., 1975)

- die Opiatrezeptoren (Rezeptoren für Morphium, Heroin u.a.), um daran die molekularen Grundlagen des medizinischen Problems der Sucht nach Drogen zu erörtern.

Insulinrezeptoren

1949 postulierten Levine et al., daß es auf der Oberfläche von Zellen, auf die Insulin einwirkt, Bindungsstellen für dieses Peptidhormon geben müsse.

Die Aufklärung der Wirkungsweise der postulierten Rezeptoren gelang erst in den letzten Jahren, wobei Cuatrecasas mit seiner Arbeitsgruppe an der John Hopkins University, School of Medicine in Baltimore, maßgeblich beteiligt war. Das Insulin dringt nicht in die Zelle ein, was durch eine einfache experimentelle Aussage gesichert werden konnte: Kovalent an Plastikpartikel gebundenes Insulin verliert nichts von seiner Wirkung. Bei der Herstellung von Membranfragmenten aus Zellen mit Insulinrezeptoren erhält man auch Vesikel, deren Außenseite nach innen zu liegen kommt. Diese Vesikelfraktion kann kein Insulin binden, womit gezeigt ist, daß die Insulinrezeptoren ausschließlich an der Membranaußenseite lokalisiert sind.

Die Bindungskapazität der Rezeptoren wird durch Phospholipase-A-Behandlung nicht reduziert, im Gegenteil: Die Zahl der Bindungsstellen nimmt zu, sodaß hieraus zu folgern ist, daß es versteckte (maskierte) Bindungsorte geben muß, die durch die Lipidmolekülköpfe blockiert sind (s. Abb. 30.2).

Langandauernde Trypsineinwirkung zerstört die Bindungskapazität, nachfolgende Phospholipasebehandlung stellt sie wieder her. Es ist aber keine eigentliche Restaurierung der alten Aktivität, sondern eine Freilegung neuer Bindungsorte. Gibt man jetzt nochmals Trypsin hinzu, geht die Aktivität irreversibel verloren. Die Zahl der versteckten Bindungsorte ist etwa dreimal so hoch wie die der exponierten.

Welche Rolle spielt der Kohlenhydratanteil der Rezeptormoleküle? Das Entfernen von Sialinsäure durch Neuraminidase verhindert die Weiterleitung des Signals ins Zellinnere, hat aber keinen Einfluß auf die Bindung des Insulins. Offenbar spielt sie als Vermittler gegenüber anderen Molekülen in der Zellmembran, die ihrerseits insulinaktivierte Prozesse in Gang setzen, eine entscheidende Rolle. Bindung des Insulins und Aktivierung von Vorgängen in der Zelle sind durch dieses Experiment als zwei voneinander getrennte Prozesse charakterisiert worden. Behandelt man die Zellen gleichzeitig mit Neuraminidase und β-Galactosidase, geht auch die Kompetenz zur Insulinbindung verloren. Galactose ist demnach ein essentieller Bestandteil der Bindungsstelle. Die β-Galactosidase allein ist wirkungslos, was darauf zurückzuführen ist, daß Sialinsäure die Galactosereste schützt.

Insulinähnliche Effekte können in Fettzellen durch die Lektine ConA und WGA (*Wheat germ agglutinine*) ausgelöst werden. Sie werden von Galactoseresten bevorzugt gebunden (s. Kap. 50). In hohen Konzentrationen inhibieren sie kompetitiv die Insulinbindung. Der Einwand, daß diese Hemmung auf Bindung an benachbarte, unspezifische Rezeptormoleküle zurückzuführen sei, ist durch Bindungsstudien an isolierten Insulinrezeptormolekülen widerlegt worden. Der Insulinrezeptor hat ein Molekulargewicht von 300.000. An der Oberfläche einer Fettzelle liegen, statistisch verteilt, 10.000 Moleküle dieses Typs.

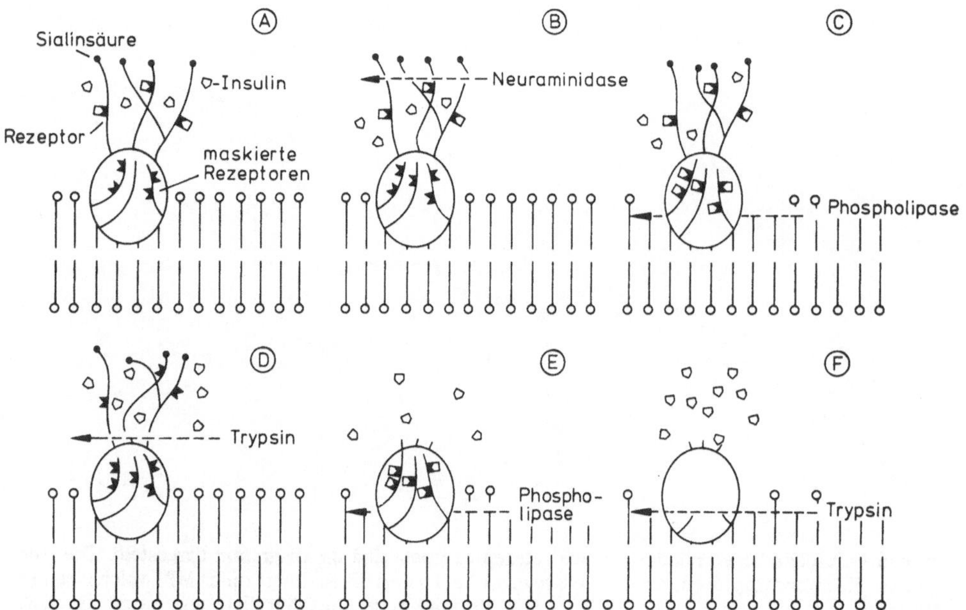

Abb. 30.2. A Exponierte und maskierte (verborgene) Insulinrezeptoren. B Inaktivierung durch Neuraminidase, C Freisetzung von Rezeptoren durch Phospholipase, D Reduktion ihrer Zahl durch Trypsineinwirkung, E Wiederherstellung der durch (*D*) verlorengegangenen Aktivität durch Phospholipasebehandlung, F Irreversible Inaktivierung durch Trypsin (Cuatrecasas, 1975)

Wie kommt die Stimulierung der membrangebundenen Adenylatcyclase zustande? Vorausgeschickt sei, daß Insulin die Produktion von cAMP und die Aktivität der Adenylatcyclase inhibiert und gleichzeitig die cGMP-Synthese durch Aktivierung der Guanylatcyclase stimuliert (s. hierzu auch Kap. 59).

In der Abb. 30.3 sind einige Modelle vorgestellt, die versuchen, die Signalübertragung vom Rezeptormolekül zur Adenlyatcyclase zu erklären. Sicher ist, daß die Reaktion zweistufig ist, wobei die Aktivität der Adenylatcyclase (AC) in der Zellmembran durch den Einfluß des Hormons (H) moduliert wird:

1. $H + R \rightarrow HR$
2. $HR + AC \rightarrow HRAC$.

Dieser Mechanismus erklärt auch die große Flexibilität in bezug auf hormonell gesteuerte Kontrollmechanismen.

Die Zahl der Insulinrezeptoren hängt von Umwelteinflüssen ab. In wachsenden und in embryonalen Zellen ist sie sehr gering, in differenzierten hoch. In Zellkulturen bewirken eine Kontaktinhibition und Serummangel im Medium eine Steigerung. Bei Zugabe von frischem Serum erfolgt eine Abnahme. Auf wachsende Zellen hat Insulin keinen Einfluß, in kontaktinhibierten steuert es den Zuckertransport (Bradey und Culp, 1974).

Eine Reihe von Genen beeinflußt die Zahl der Rezeptoren auf Zelloberflächen, ohne daß sie einen Einfluß auf die Bindungskapazität der einzelnen Moleküle hätten (Thomopoulos et al., 1976). Manche Formen der Fettleibigkeit sind mit dem Mangel an Insulinrezeptoren korrelierbar.

Glukagonrezeptoren

Glukagon wirkt im Organismus als Antagonist zum Insulin (s. Kap. 58). Auch dieses Hormon wird von Rezeptoren gebunden, die ein Signal an die Adenylatcyclase weitergeben, das allerdings eine Aktivierung des Enzyms bewirkt, mit der Folge, daß der cAMP-Spiegel in der Zelle steigt.

Die Glukagonrezeptoren verlieren ihre Aktivität nach einer Behandlung mit Phospholipase A, was bedeutet, daß die Lipide hier, im Gegensatz zum Insulinrezeptor, für die Funktionstüchtigkeit des Rezeptormoleküls benötigt werden.

Glukagon trägt eine N-terminale Histidingruppe. Entfernt oder modifiziert man sie, etwa durch Umwandlung in die Deoxyform, wird der Ligand vom Rezeptor zwar noch erkannt und gebunden, löst aber keine Nachfolgereaktion in der Zelle aus. Desoxy-His-Glukagon wirkt als ein kompetitiver Inhibitor für die aktive Form des Glukagons.

Rezeptoren für Cholera- und Tetanustoxin

Das Choleratoxin wurde von De entdeckt und 1973 von Finkelstein isoliert. Es ist ein Protein mit einem

Abb. 30.3 A–C. Drei mögliche Erklärungen der Insulinwirkung. Durch Bindung von Insulin an den Rezeptor wird die Aktivität der Adenylatcyclase inhibiert. Glucose kann in die Zelle einströmen, weitere intrazelluläre Prozesse werden in Gang gesetzt. A Der Komplex (inaktiv *ir*, aktiv *IR*) wirkt direkt auf die Adenylatcyclase (inaktiv *ac*, aktiv *AC*) ein und blockiert deren Wirkung. B Es wird eine intrazelluläre, lösliche Komponente gebildet oder freigesetzt, welche die Adenylatcyclase inaktiviert. C Die Konformation der Adenylatcyclase wird aufgrund allosterischer Veränderungen in der Membran inaktiviert (Cuatrecasas, 1975)

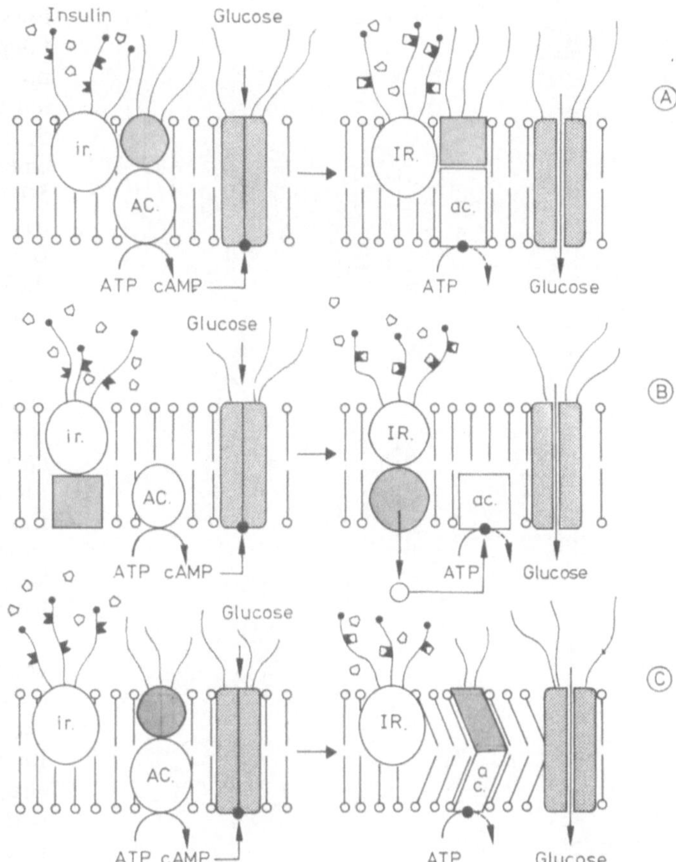

Molekulargewicht von 84.000, es wirkt auf mehrere Gewebe im Körper ein, wobei es die Durchlässigkeit vieler Membranen, z.B. im Nervengewebe und im Darm erhöht. Auch diese Reaktion wird über die Adenylatcyclase und das cAMP gesteuert.

Cuatrecasas zeigte 1973, daß dieses Toxin spezifisch von Glykolipiden (Gangliosiden) gebunden wird. Damit lernen wir einen neuen Typ eines Rezeptormoleküls kennen. Ein entscheidender Unterschied zu den bisher besprochenen Reaktionen liegt in einer sehr langen Verzögerungszeit (*lag-period*) zwischen der Bindung des Liganden und der Aktivierung der Adenylatcyclase. Die Reaktion ist temperaturabhängig. Unter Normalbedingungen beträgt die *lag-period* größenordnungsmäßig 60 Min. Der Komplex Toxin-Gangliosid ist, alleine genommen, inaktiv. Wichtig zu sein scheint eine Translokation eines Teiles einer Untereinheit des Toxinmoleküls von der Membranaußenseite zur Innenseite und eine Komplexierung zwischen diesem Teil und der Adenylatcyclase (s. Abb. 30.4).

Ganglioside sind, wie alle Lipide, amphipathische Moleküle, die besonders in den Membranen von Nervenzellen angereichert und eine Ursache für die bevorzugte Bindung mancher Toxine im Nervengewebe sind. Ein typisches Neurotoxin ist das Tetanustoxin. Es wirkt auf das Zentralnervensystem (ZNS) und ruft spastische Lähmungen hervor, die auf eine Blockierung von Synapsen im Rückenmark zurückzuführen sind. Lange Zeit wurde angenommen, es wirke nur auf das ZNS, jedoch wurde kürzlich eindeutig bewiesen, daß es auch das periphere Nervensystem beeinflußt. Die Wirkung hinterläßt keine morphologisch sichtbaren Spuren.

1898 beobachteten Wasserman und Takaki ein nach ihnen benanntes Phänomen: Nervengewebe resorbiert Tetanustoxin. Die Reaktion ist gewebe- und toxinspezifisch. Im Nervengewebe sind drei Gangliosidtypen nachgewiesen worden, die sich in ihrem Sialinsäuregehalt und in ihrer Toxinbindekapazität voneinander unterscheiden. Das Toxin hat eine besonders hohe Affinität zu Gangliosiden, bei denen zwei Sialinsäurereste an einem Lactoserest hängen (van Heyningen, 1974). Die weiteren molekularen Grundlagen der Wirkungsweise des Tetanustoxins sind nicht bekannt.

Acetylcholinrezeptoren

Acetylcholin ist einer der bekanntesten Neurotransmitter. Einer seiner Wirkungsorte liegt an der Nerv-

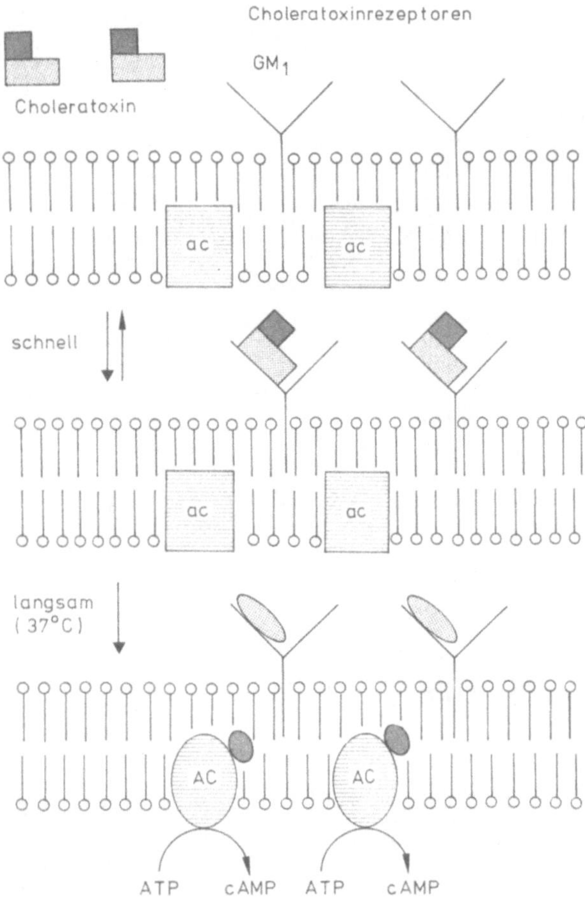

Abb. 30.4. Postulierter Wirkungsmechanismus des Choleratoxins (Cuatrecasas et al., 1975)

Muskel-Synapse. Er wird an der Präsynapse freigesetzt, diffundiert in den subsynaptischen Spalt und wird von Rezeptoren im subsynaptischen Bereich der Postsynapse erkannt. Bindung an den dort vorkommenden Acetylcholinrezeptor zieht einen impulsartigen Na^+-Einstrom in die Zelle nach sich. Acetylcholin wird nach getaner Arbeit oder oft schon vorher von der Acetylcholinesterase hydrolysiert, die ebenfalls in der Subsynapse lokalisiert ist. Die Effektivität dieses Enzyms ist außerordentlich hoch: 1 g Muskelgewebe katalysiert pro Stunde die Hydrolyse von 20–30 kg Acetylcholin.

Acetylcholinrezeptoren könnte man theoretisch aus jeder Muskelzelle und aus vielen Nervenzellen isolieren. Die Verfahren sind jedoch sehr mühsam, denn jene Zellen enthalten in den entsprechenden Membranen eine Vielzahl verschiedener Proteine, an denen man nicht interessiert ist. Man geht daher in der Regel einen anderen Weg:

Elektrische Organe einiger Fische, wie die des Zitterrochens (*Torpedo marmorata*) und des Zitteraals (*Electrophorus electricus*), enthalten elektrische Platten (*electroplaques*), die den Muskelfasern homolog sind, während der Entwicklung aber die funktionsfähigen Myofibrillen verloren haben und sich somit nicht mehr kontrahieren. Sie sind serienweise in Säulen gestapelt. An jeder Platte von *Torpedo* wird eine Spannung von 0,1 V gemessen. 500 Platten liegen in einem Stapel übereinander, was einer Spannung von 50 V bei einer Stromstärke von 20 A entspricht. 1 g des elektrischen Gewebes enthält ca. 13.000 Platten. Die Gesamtfläche der sensiblen Membran beträgt 0.07 m^2.

Bei *Electrophorus* liegen in den Säulen 6000 Platten übereinander, die gemessene Spannung beträgt 600 V, die Stromstärke 1 A. Die elektrischen Organe machen 70% der Gesamtkörpermasse dieser Art aus. Die Gesamtzahl der Rezeptormoleküle ist bei *Electrophorus* höher als bei *Torpedo*. Für die Zahlen pro Flächeneinheit hat man reziproke Werte ermittelt. Das Entscheidende ist aber, daß diese Membranen außer dem Rezeptor und der Acetylcholinesterase keine weiteren Proteine in nennenswerter Menge enthalten.

Die Charakterisierung des Acetylcholinrezeptors wurde durch ein weiteres experimentelles Hilfsmittel erleichtert: Man verwendet Antagonisten zum Acetylcholin, die eine wesentlich höhere Affinität zum Rezeptor haben als das Acetylcholin selbst. In diese Gruppe gehört u.a. das Gift (Toxin) der auf Formosa vorkommenden Schlange *Bungarus multicinctus*. Aus ihrem Toxin sind zwölf Proteine isoliert worden, von denen sechs die Transmitterfreisetzung an der Präsynapse blockieren, eines die Acetylcholinesterase inhibiert und vier eine hohe Affinität zum Acetylcholinrezeptor zeigen. Eines davon ist das α-Bungarotoxin, das vom Acetylcholinrezeptor nahezu irreversibel gebunden wird und das deshalb als vielverwendeter kompetitiver Hemmstoff eingesetzt wird. Zum Nachweis und zur Lokalisation kleiner Mengen des α-Bungarotoxins wird es mit ^{131}J, ^3H oder indirekt mit fluoreszierenden Antikörpern markiert.

Eine elektrische Platte hat zwei funktionell verschiedene Seiten. Nur die caudal gelegene ist innerviert und enthält Synapsen. Die rostral gelegene Seite ist auf den aktiven Transport von Na^+ und K^+ spezialisiert. Die beiden Membranen unterscheiden sich erwartungsgemäß in ihrem Enzymmuster. Acetylcholinrezeptoren und die Acetylcholinesterase findet man nur auf der innervierten Seite, während die Rückseite reich an Na^+/K^+-ATPase ist. Der Nachweis der Rezeptoren wurde unter Einsatz fluoreszierender Antikörper gegen das gebundene Toxin erbracht:

a) Toxin bindet an den Rezeptor (in der Membran),
b) an das Toxin werden anti-Toxin-Antikörper gebunden,
c) diese Antikörper werden durch fluoreszierende anti-Antikörper markiert und somit lokalisiert (Bourgeois et al., 1971).

Das hier beschriebene Verfahren ist nicht empfindlich genug, um zu entscheiden, ob die Rezeptoren im subsynaptischen Bereich liegen oder auch in Bereichen der Membran zwischen den Synapsen. Die Klärung des Problems gelang unter Einsatz von $[^3H]$-α-Bungarotoxin, der Autoradiographie und des Elektronenmikroskops. Die Ergebnisse des Experiments besagen, daß das Toxin auch außerhalb der Synapsen gebunden wird, wobei die Packungsdichte der Moleküle dort um den Faktor 100 geringer ist als im subsynaptischen Bereich (Bourgeois et al., 1972). Anders sieht es nach einer Denervierung aus. In diesem Fall findet man die Rezeptoren über die gesamte Membran verstreut (Miledi und Potter, 1971).

Mit Toxin blockierte elektrische Organe werden gegenüber Acetylcholin unempfindlich. Aus der Menge des zugegebenen Giftes kann man die Zahl der Rezeptormoleküle in der Membran titrieren.

1 g elektrisches Gewebe von *Electrophorus* enthält 7×10^{14} Rezeptormoleküle. Im subsynaptischen Bereich werden 33.000 Toxinmoleküle/μm^2 gebunden. In Zellen des Diaphragmas der Maus liegen 12.000 Bindungsstellen/μm^2 (Barnard et al.) und im Frosch-Sartoriusmuskel 100.000 Bindungsstellen/μm^2 (Miledi et al.). Unter der Annahme eines durchschnittlichen Molekulargewichts von 40.000 pro Bindungsstelle passen 50.000 Moleküle in eine Fläche von 1 μm^2, wenn die Fläche ausschließlich von Rezeptormolekülen besetzt wäre und alle Moleküle in einer Ebene liegen würden. Es wäre unter dieser Annahme noch nicht einmal Platz für die Acetylcholinesterase vorhanden, von der man weiß, daß sie im subsynaptischen Spalt in etwa gleicher Menge wie der Acetylcholinrezeptor vorkommt. Unsicherheiten in der Berechnung sind auf die starke Faltung der subsynaptischen Membran zurückzuführen, wodurch alle Abschätzungen a priori mit einem erheblichen Fehler belastet sind. Die genannten Zahlen sind jedoch im Vergleich zu der Verteilungsdichte der Insulinrezeptoren in Membranen von Fettzellen von Interesse. Die Dichte beträgt dort nur ein bis zehn Rezeptormoleküle/μm^2.

Die Bindung des Toxins kann durch Curare, dem Pfeilgift der Indianer Südamerikas, inhibiert werden, denn auch dieses bindet an Acetylcholinrezeptoren. Die Hemmung beträgt maximal 50%, woraus zu schließen ist, daß es mindestens zwei Rezeptortypen geben muß, die beide in gleicher Menge vorkommen, von denen aber nur einer Curare bindet.

1970 setzten Changeux et al. (Institute Pasteur, Paris) Detergentien zur Isolierung des Rezeptors ein und initiierten damit eine neue Phase der Rezeptorforschung. Inzwischen sind Acetylcholinrezeptoren in mehreren Laboratorien isoliert worden. Abgesehen von der Arbeitsgruppe von Changeux sind die wesentlichen Ergebnisse im Arbeitskreis von Heilbronn in Stockholm erzielt worden. Der native Rezeptor ist ein oligomerer Komplex mit dem Molekulargewicht von 260.000–275.000 und mehreren Bindungsstellen für Liganden. Aus den rezeptorreichen Membranen von *Torpedo* sind nach SDS-Behandlung Polypeptide mit Molekulargewichten von 66.000, 50.000, 43.000 und 40.000 isoliert worden. In den entsprechenden Membranen von *Electrophorus* fand man nur drei unterschiedlich große Molekültypen. Es ist nicht gesichert, ob alle genannten Polypeptide dem Acetylcholinrezeptor selbst angehören oder ob es sich, zumindest in dem einen oder dem anderen Fall, nicht um Proteine handelt, die dem Acetylcholinrezeptor lediglich assoziiert sind.

Die Untereinheiten des Acetylcholinrezeptors bilden zusammen eine rosettartige Struktur, die vier bis sechs Polypeptidketten enthält und einen zentralen Kanal umschließt. Bei der Acetylcholineinwirkung werden Ionenkanäle geöffnet. Der Vorgang ist Ca^{2+}-abhängig (Changeux, 1960). Ca^{2+} hat eine hohe Affinität zum Rezeptor. Bindung eines Agonisten (Wirkstoffs) wie Acetylcholin setzt Ca^{2+}-Ionen frei (Neumann und Chang, 1976). Acetylcholinbindung und ionophore Eigenschaften konnten mittlerweile unterschiedlichen Untereinheiten zugeordnet werden, beide liegen in der Membran als eng assoziierter Komplex vor.

α-Bungarotoxin, ein Antagonist, stimuliert die Ca^{2+}-Aufnahme, und es sieht demnach so aus, als würde eine Ca^{2+}-Abgabe eine Konformationsänderung des Molekülkomplexes hervorrufen und gleichzeitig eine Porenöffnung für Na^+ nach sich ziehen.

Das Acetylcholin wird an der Präsynapse in Form von Quanten freigesetzt. Die Freisetzung des Inhalts eines Synapsosoms, einem Vesikel, das den Neurotransmitter enthält, führt zur Öffnung von 2000 Ionenkanälen. Pro Kanal und Öffnungsperiode (3 Sek.) dringen 12.000 Na^+-Ionen in die Zelle ein.

Der Rezeptorkomplex muß in der Membran in mindestens zwei oder mehr Zuständen vorliegen. Alle experimentellen Befunde lassen sich zwanglos durch das Vorkommen von drei verschiedenen Zustandsformen deuten (s. Abb. 30.5). Im aktiven Zustand ist der Ionenkanal offen, im Ruhezustand und im inaktiven (desensibilisierten) ist er geschlossen. Die Anwesenheit von Agonisten verschiebt das Gleichgewicht in Richtung Kanalöffnung. Antagonisten stabilisieren den Ruhezustand und Ca^{2+}-Ionen sowie Narkotika (Lokalanaesthetica) den inaktiven (desensibilisierten) Zustand.

In welcher Anordnung liegen die Molekülkomplexe in der Membran? Elektronenmikroskopische Untersuchungen und die Röntgenstrukturanalyse von Fragmenten der subsynaptischen Membran ergaben, daß die Molekülkomplexe in einer regelmäßigen gitterförmigen Struktur angeordnet sind. Die Abstände von Zentrum zu Zentrum betragen 90–100 Å. Etwa 50% der Teilchen haben einen Durchmesser von 80–90 Å. Die Anordnung der Komplexe in Membranen des Zitterrochens ähnelt der in Membranen des Zitteraals. Pro μm^2 erkennt man 12.000–15.000 Einheiten (Cartaud et al.). Man beachte: Einheiten sind oligomere Komplexe und nicht einzelne Bindungsorte für Toxin.

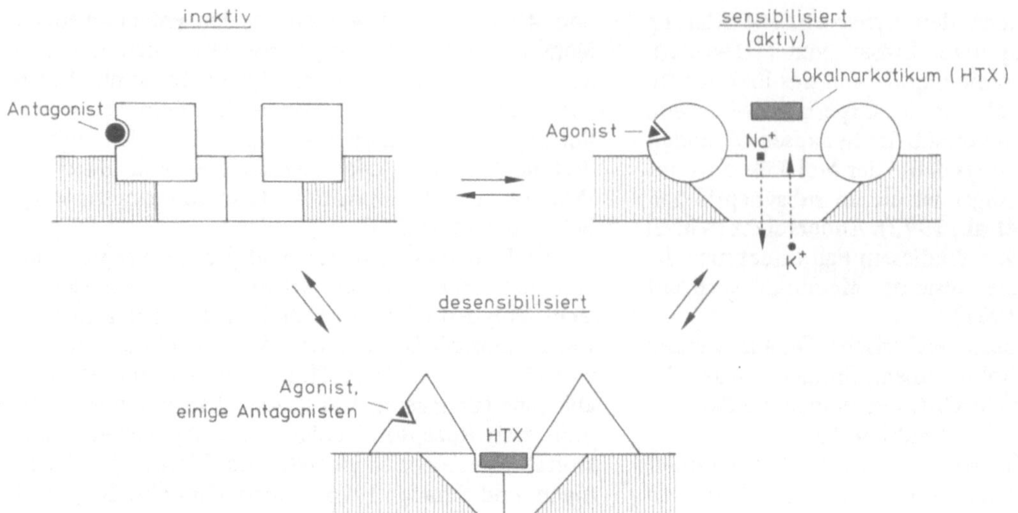

Abb. 30.5. Der Acetylcholinrezeptor kann in drei voneinander verschiedenen Konformationen vorliegen, die reversibel ineinander übergehen können. Sensibilisierung (und damit Öffnung des Na^+-Kanals) tritt nur nach Bindung eines Agonisten ein. Ein Antagonist überführt den Rezeptor in einen inaktiven Zustand. Ohne Ligandenbindung befindet er sich in einem Ruhe- oder Wartezustand (desensibilisiert). Ca^{2+}-Ionen und Lokalnarkotika stabilisieren diesen Zustand. Bindung von Agonisten und einigen Antagonisten bleibt in diesem Zustand wirkungslos (Heidmann und Changeux, 1978)

Opiatrezeptoren

Opium und seine Derivate sind schmerzlindernde Mittel mit unangenehmen Nebenwirkungen: Sie sind toxisch und suchterregend. Man hat viel Mühe darauf verwandt, Substanzen zu synthetisieren, die nur die positiven Eigenschaften enthalten. Schon den Griechen war bekannt, daß Opium euphorische Rauschzustände hervorruft. Es ist ein Alkaloid des Mohns *Papaver somniferum.* 1803 hat Friedrich Sertürmer die aktive Komponente daraus isoliert und sie nach dem griechischen Gott des Schlafes Morphium genannt. Um 1890 wurde von den Bayerwerken ein viel wirksameres Derivat synthetisiert, das Heroin. In den vierziger Jahren dieses Jahrhunderts wurde in den USA das Demerol entwickelt, von dem man erhoffte, daß es keine Sucht erzeuge, doch kurz nach seinem Einsatz wurde man eines Besseren belehrt.

Allen Opiaten ist gemeinsam, daß sie in außerordentlich niedrigen Konzentrationen wirken, was die Annahme nahelegte, daß es im Körper spezifische und selektiv wirkende Rezeptoren für sie gibt. Opiate haben eine starre T-förmige Struktur (s. Abb. 30.6). Zwei Ebenen des Moleküls sind hydrophob. Das Molekül enthält eine -OH-Gruppe, die Wasserstoffbrücken ausbildet und ein positiv geladenes N^+, das eine ionische Bindung eingehen kann.

Zu den aktivsten Opiaten gehört das synthetische Etorphin, das 5.000–10.000fach so aktiv ist wie das Morphium. Es verursacht Euphorie und Schmerzstillung, wirkt in Gaben von 1 ng und ist damit sogar wirkungsvoller als das Lysergsäure-diäthylamid (LSD).

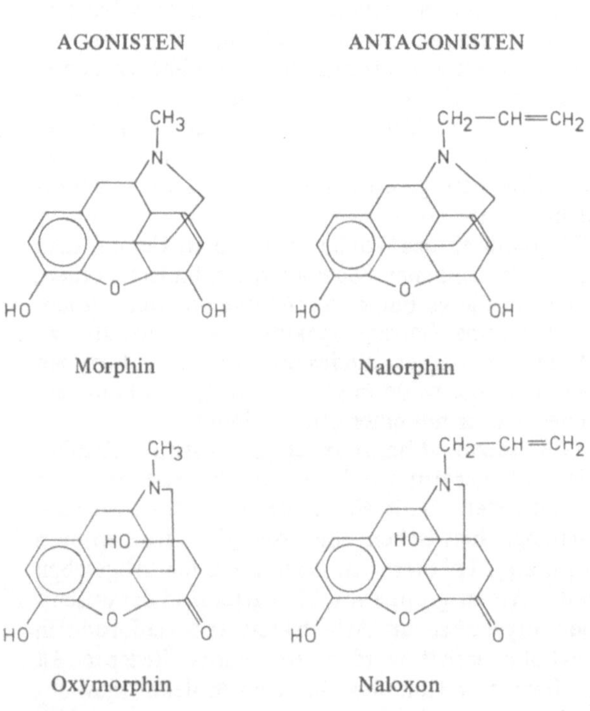

Abb. 30.6. Formeln einiger Opiate (Agonisten und Antagonisten) (Snyder, 1978)

Snyder und seine Mitarbeiter von der John Hopkins University, School of Medicine, haben den Wirkungsmechanismus von Opiaten und ihren Rezeptoren in den letzten Jahren ausgiebig studiert: Na^+-Ionen erhöhen die Affinität der Rezeptoren zu Opiatantagonisten und senken die zu Agonisten (Wirkstoffe). Snyder erkannte die Bedeutung dieser Erscheinung und führte den sog. „Natriumindex" ein, der anzeigt, ob ein Opiat ein Agonist oder ein Antagonist ist.

Antagonisten wie Naloxon und Naltrexon haben einen Na^+-Index von 1 oder darunter, was bedeutet, daß Na^+-Ionen keinen hemmenden Einfluß auf die Affinität zum Rezeptor ausüben, im Gegenteil: Sie erhöhen seine Affinität. Diese Substanzen wirken schmerzlindernd, sind aber nicht suchterregend. Klinisch sind sie dennoch ungeeignet, denn sie rufen Aggressionen, Angstzustände und gelegentlich Halluzinationen hervor.

E.L. May vom National Institute of Arthritis, Metabolism and Digestive Disease synthetisierte eine Gruppe von Substanzen mit dem Natriumindex 3–7, die an der Grenze zwischen Agonisten und Antagonisten anzusiedeln sind und die man als Agonisten-Antagonisten klassifizieren könnte. Der Prototyp dieser Substanzen ist das Talwin (Pentazicine), das mittlerweile in den USA eine weite Verbreitung als Heilmittel gefunden hat. Jedoch sind auch bei diesem Mittel einige Fälle von Sucht bekannt geworden.

Der Na^+-Effekt ist eine bedeutende Eigenschaft des Rezeptors. Das Ion erhöht die Anzahl der Bindungsstellen für Antagonisten und senkt die Zahl der Bindungsstellen für Agonisten. Da die Erscheinungen reziprok zueinander sind, sieht es so aus, als könne das Rezeptormolekül in zwei entgegengesetzten Zustandsformen vorliegen.

Agonisten haben eine hohe Affinität zur „Nicht-Na^+-Form", die Antagonisten zu der „Na^+-Form". Durch Bindung an die Na^+-Form" reduzieren sie die Zahl freier Rezeptorstellen. Die extrazelluläre Flüssigkeit im Gehirn ist Na^+-reich, was den Schluß nahelegt, daß die Rezeptoren in einer für eine Antagonistenbildung vorteilhaften Form vorliegen. Deshalb haben die Organismen zu ihnen eine höhere Affinität als zu den Agonisten.

Man kennt zwei Arten von Schmerz im Gehirn:

1. Einen stechenden, lokal begrenzten Schmerz. Er ist durch das Fehlverhalten einer Serie von Neuronenhaufen bedingt und ist durch Opiate nicht reduzierbar.
2. Einen diffusen, dumpfen, mehr chronischen und nicht lokalisierbaren Schmerz. Hieran ist ein weitverzweigtes Neuronennetzwerk beteiligt. Den Axons der beteiligten Neuronen fehlt die Myelinscheide, wodurch die Impulse nur langsam weitergeleitet werden. Das System überzieht große Teile des Gehirns. Die Schmerzen können durch Opiate unterdrückt werden.

Snyder hat unter Anwendung radioaktiv markierter Agonisten und der Autoradiographie von Gehirnschnitten die Verteilung der Opiatrezeptoren im Gehirn und in Teilen des Rückenmarks des Menschen kartiert (s. Abb. 30.7). Sie sind an den Synapsen der Neuronen lokalisiert und damit Kandidaten für einen Neurotransmitterrezeptor. Wenn es Rezeptoren gibt, müßte es auch physiologische, dazu passende Effektoren geben. Wir können uns also fragen: Gibt es körpereigene (endogene) Opiate? Hughes und Kosterlitz von der University of Aberdeen charakterisierten eine Gruppe von Neurotransmittern, die Enkephaline, die diesem Anspruch gerecht werden, so das Methionin-Enkephalin:

$$NH_2 - Tyr - Gly - Gly - Phe - Met - COOH$$

und das Leucin-Enkephalin:

$$NH_2 - Tyr - Gly - Gly - Phe - Leu - COOH.$$

Es sind also scheinbar simpel gebaute Pentapeptide. Wie wir noch sehen werden, sind es Fragmente des Wirkstoffs β-Endorphin. Die Enkephaline üben ihre Wirkung in spezialisierten neuronalen Systemen des Gehirns aus, die etwas mit Schmerz und emotionellem Verhalten zu tun haben. Mit Hilfe fluoreszierender Antikörper sind sie an Nervenendigungen nachweisbar (Simanton und Kuhar). Ihre Verteilung ist mit dem Vorkommen der Opiatrezeptoren eng korreliert (weiteres s. Kap. 56). Außerhalb des Gehirns sind Enkephaline und Opiatrezeptoren in Membranen des Verdauungstraktes zu finden. Ontogenetisch entstehen beide Organsysteme aus dem gleichen Keimblatt.

Wie funktionieren die Opiatrezeptoren? Die Bindung von Opiaten oder Enkephalinen an ein und denselben Rezeptortyp ändert seine Affinität zu Na^+ und damit die Permeabilität der Membran für dieses Ion. Von besonderem Interesse ist natürlich die Frage, wie Suchterscheinungen zu erklären seien. Sucht ist durch Toleranz gegen eine bestimmte Droge und eine physische Abhängigkeit von ihr gekennzeichnet. Toleranz heißt, daß man kontinuierlich steigende Dosen braucht, um einen ursprünglichen Effekt zu erreichen. Entzugserscheinungen sind an einer Reihe immer deutlicher werdender Symptome zu erkennen. Magenkrämpfe, Diarrhoe, Schlaflosigkeit, nervöse Erregung, Pupillenerweiterung und Gänsehaut. In späten Stadien: Halluzinationen und *Delirium tremens.*

Unter Normalbedingungen sind die Opiatrezeptoren einer geringen Menge von Enkephalinen ausgesetzt. Morphium, Heroin oder andere Opiate binden an unbesetzte Rezeptoren, wobei sie das Enkephalinsystem unterstützen und somit als physiologischen Effekt Schmerzempfindungen lindern. Die Zellen (Neuronen) werden mit Effektoren (wenig Enkephalin und viel Opiat) überladen und lösen eine Rückkopplung

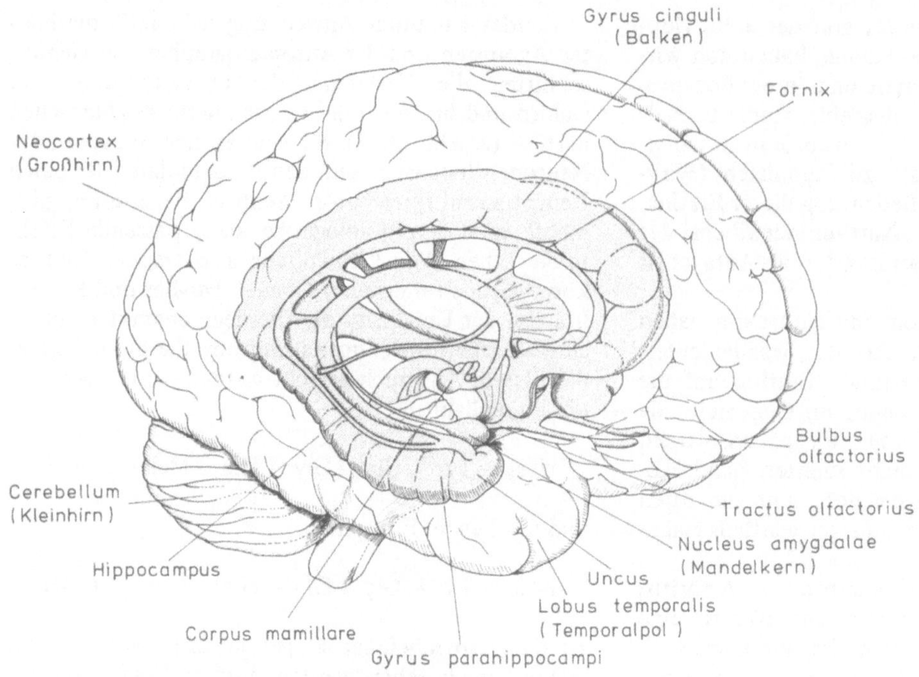

Abb. 30.7. Opiatrezeptoren im Gehirn. Opiatrezeptoren wurden autoradiographisch lokalisiert. Sie sind im Limbischen System (in der Darstellung durch *Rasterung* hervorgehoben) besonders häufig. Von diesem Bereich aus werden euphorische Handlungen, Emotionen und Schmerz gesteuert. (Nach Snyder, 1977)

aus, was zur Folge hat, daß kein Enkephalin mehr freigesetzt wird.

Nachdem die Opiate aufgebraucht sind, treten somit bereits leichte Entzugserscheinungen auf, denn jetzt werden nicht einmal mehr die wenigen Rezeptoren durch Enkephalin besetzt. Der Körper beginnt, sich auf die Zufuhr äußerer Effektoren einzustellen. Die Blockade der Freisetzung von Enkephalinen allein ist noch kein irreversibler Schritt. Das System schaukelt sich vielmehr in einer ganz anderen Richtung auf:

Nirenberg und Klee (National Institute of Health in Bethesda, Md.) beobachteten, daß Opiate in Zellkulturen von Neuronen und Neuroblasten die Adenylatcyclase inhibieren und damit den cAMP-Spiegel senken. Die Zellen kompensieren die Inaktivierung des Enzyms durch Neusynthese. Man braucht also mehr Opiat, um auch die neugebildeten Enzymmoleküle auszuschalten, und damit ist man bereits auf dem besten Wege zu einer Abhängigkeit: Ein typisches Beispiel für eine positive Rückkopplung. Der Bedarf an Opiaten fördert den weiteren Bedarf – und daran bricht jedes System über kurz oder lang zusammen (s. Abb. 30.8).

Der Entzug führt also indirekt zu einem starken Anstieg des cAMP-Spiegels, das seinerseits verstärkend wirkt und eine Kaskade unphysiologischer und unkontrollierter Nachfolgereaktionen auslöst, welche sich in Form von Entzugserscheinungen bemerkbar machen. Die Zahl der Rezeptormoleküle bleibt unbeeinflußt, woraus zu schließen ist, daß der Rezeptor selbst nur passiv an den suchtinduzierten Modifikationen beteiligt ist.

Kann der Mensch auch durch körpereigene Enkephaline (und β-Endorphin) süchtig werden? Die Frage ist nicht von der Hand zu weisen. Derartige Fälle sind bekannt. In Tierexperimenten an Ratten sind Enkephaline suchtinduzierend.

Sind die Symptome heilbar? Wir haben schon die Bedeutung der Antagonisten kennengelernt, und das ist experimentell und auch klinisch der Weg, um einer Wirkung der Agonisten entgegenzusteuern.

Literatur

Bevan, S., Heinemann, S., Lennon, V.A., Lindstrom, J.: Reduced muscle acetylcholine sensitivity in the rats immunised with acetylcholine receptor. Nature (London) *260*, 438 (1976)

Bourgeois, J.P., Tsuji, S., Boquet, P., Pillot, J., Ryter, A., Changeux, J.-P.: Localization of the cholinergic receptor protein by immunofluorescence in eel electroplax. FEBS Lett. *16*, 92 (1971)

Bourgeois, J.-P., Ryter, A., Menez, A., Fromageot, P., Boquet, P., Changeux, J.-P.: Localization of the cholinergic receptor protein in *Electrophorus* electroplax by high resolution autoradiography. FEBS Lett. *25*, 127 (1972)

Abb. 30.8. Modell zur Erklärung von Suchterscheinungen. *1*, Normalzustand. *2*, Applikation von Opiaten (oder Enkephalinen) führt zur Hemmung der Adenylatcyclase. Der cAMP-Spiegel wird reduziert. *3*, Bei chronischer Applikation adaptiert sich die Zelle durch Neuproduktion von Adenylatcyclase. *4*, Bei Entzug wird cAMP im Überschuß produziert. Das wiederum ist ein Signal zur Auslösung einer Reihe von Begleiterscheinungen (Entzugserscheinungen). (Nach Snyder, 1977)

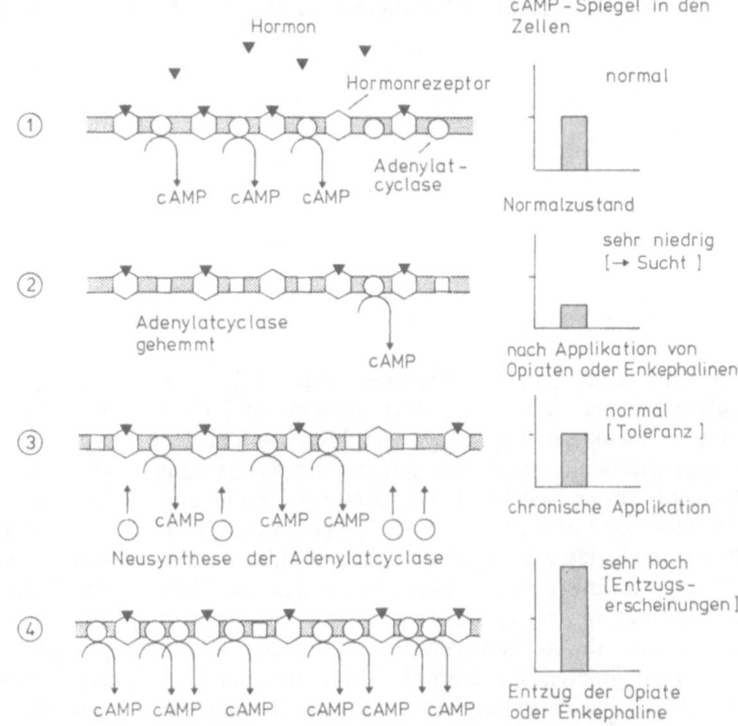

Cartaud, J., Benedetti, E.L., Cohen, J.B., Meunier, J.-C., Changeux, J.-P.: Presence of a lattice structure in membrane fragments rich in nicotinic receptor protein from the electric organ of *Torpedo marmorata*. FEBS Lett. *33*, 109 (1973)

Cuatrecasas, P.: Hormone-receptor interactions and the plasma membrane. In: Cell membranes: biochemistry, cell biology and pathology. Weissmann, G., Claiborne, R. (eds.). New York: HP Publishing Co., Inc. 1975

Cuatrecasas, P., Greaves, M.F.: Receptors and recognition. London: Chapman and Hall 1976 ff (Serie)

Cuatrecasas, P., Hollenberg, M.D., Chang, K.-J., Bennett, V.: Hormone receptor complexes and their modulation of membrane function. Recent Prog. Horm. Res. *31*, 37 (1975)

Czech, M.P.: Molecular basis of insulin action. Annu. Rev. Biochem. *46*, 359 (1977)

Gavin, J.R., Roth, J., Neville, D.M., Meyts, P. de, Buell, D.N.: Insulin-dependent regulation of insulin receptor concentrations: A direct demonstration in cell culture. Proc. Natl. Acad. Sci. USA *71*, 84 (1974)

Goldstein, A.: Opioid peptides (endorphins) in pituitary and brain. Science *193*, 1081 (1976)

Gorin, F.A., Marshall, G.R.: Proposal for the biologically active conformation of opiates and enkephalin. Proc. Natl. Acad. Sci. USA *74*, 5179 (1977)

Grünhagen, H.-H., Changeux, J.-P.: Studies on the electrogenic action of acetylcholine with *Torpedo marmorata* electric organ. J. Mol. Biol. *106*, 517 (1976)

Heidmann, T., Changeux, J.-P.: Structural and functional properties of the acetylcholine receptor protein in its purified and membrane-bound states. Annu. Rev. Biochem. *47*, 317 (1978)

Heyningen, W.E. van: Gangliosides as membrane receptors for tetanus toxin, cholera toxin and serotonin. Nature (London) *249*, 415 (1974)

Kuhar, M.J., Pert, C.B., Snyder, S.H.: Regional distribution of opiate receptor binding in monkey and human brain. Nature (London) *245*, 447 (1973)

Lester, H.A.: The response to acetylcholine. Sci. Am. Februar 1977, S. 106

Miledi, R., Potter, L.T.: Acetylcholine receptors in muscle fibers. Nature (London) *233*, 599 (1971)

Roberts, E. de: Synaptic receptor proteins. Isolation and reconstitution in artificial membranes. Rev. Physiol. Biochem. Pharmacol. *73*, 9 (1975)

Sharma, S.K., Klee, W.A., Nirenberg, M.: Opiate-dependent modulation of adenylate cyclase. Proc. Natl. Acad. Sci. USA *74*, 3365 (1977)

Snyder, S.H.: Opiate receptors and internal opiates. Sci. Am., März 1977, S. 44

Snyder, S.H.: Neurotransmitter activity in the brain: Focus on the opiate receptor. Interdiscip. Sci. Rev. *3*, 46 (1978)

Snyder, S.H., Bennett, J.P.: Neurotransmitter receptors in the brain: Biochemical identification. Annu. Rev. Physiol. *38*, 153 (1976)

Snyder, S.H., Simantov, R.: The opiate receptor and opioid peptides. J. Neurochem. *28*, 13 (1977)

Traber, J., Glaser, T., Brandt, M., Klebensberger, W., Hamprecht, B.: Different receptors for somatostatin and opioids in neuroblastoma x glioma hybrid cells. FEBS Lett. *81*, 351 (1977)

31. Membranen der Mitochondrien und Chloroplasten

Mitochondrien und Chloroplasten sind Organellen eukaryotischer Zellen mit einer äußeren und einer inneren Membran. Die äußere Membran schließt den Organelleninhalt gegen das übrige Cytoplasma (das Cytosol) ab; sie besteht zu je ca. 50% aus Lipiden und Proteinen und ist für Ionen, Metaboliten und sogar für Proteinmoleküle relativ gut durchlässig. In ihr ist eine Reihe von Enzymen lokalisiert, ansonsten sind ihre Funktionen nur wenig bekannt, so daß wir auf eine ausführliche Besprechung verzichten können.

An der inneren Membran der Mitochondrien läuft die Oxydative Phosphorylierung ab. Diese Membran ist, was die Struktur und auch die Funktion anbelangt, der komplexeste Membrantyp überhaupt. Chloroplasten sind durch zwei Membranen (eine Hülle) gegen das Cytosol abgesetzt. Im Inneren enthalten sie abgeflachte, gestapelte Vesikel, die Thylakoide. An ihnen laufen die lichtabhängigen Reaktionen der Photosynthese ab. Sie haben in voll ausdifferenzierter Form keinen Kontakt zu den Membranen der Hülle.

Oxydative Phosphorylierung und Photosynthese ihrerseits sind komplexe Reaktionsabläufe, bei denen Energieumwandlungen stattfinden, die von vielen kooperativ arbeitenden Enzymen katalysiert werden. Die Komplexität der Abläufe setzt eine topologische Fixierung der daran beteiligten Komponenten voraus, und so etwas funktioniert offenbar nur in supramolekularen Strukturen, wie wir sie in diesen Membranen vor uns haben.

Mitochondrien: Oxydative Phosphorylierung

Mitochondrien wurden erstmals 1888 von Kölliker in Würzburg isoliert. 1948 wiesen Kennedy und Lehninger (John Hopkins University, School of Medicine in Baltimore) nach, daß in ihnen die Enzyme der Atmungskette, des Citratzyklus und der Fettsäuresynthese lokalisiert sind und daß die Atmungskettenenzyme membrangebunden vorliegen. Schon in den frühen dreißiger Jahren fand der Russe Engelhardt, daß der Sauerstoffverbrauch mit einer Phosphorylierung (Produktion von ATP aus ADP und P_i) einhergeht. Kennedy und Lehninger ermittelten später, daß pro Mol verbrauchtem Sauerstoff drei Mol Phosphat umgesetzt werden. Kurz danach (1949/1951) zeigten sie, daß die Energie für die Phosphorylierungsreaktion aus einem Elektronentransport vom NADH + H^+ zum O_2 stammt. Die Elektronentransportkette ist die bereits erwähnte Atmungskette.

1954 sahen Palade und Sjöstrand (Rockefeller University, New York) zum ersten Male die Ultrastruktur der Mitochondrien und erkannten, daß die innere Membran stark gefaltet ist. Je nach Form der Einstülpungen nennt man sie Cristae oder Tubuli. Je aktiver die Organe sind, aus denen man die Mitochondrien gewinnt, desto größer ist die Zahl der Einfaltungen und damit die Oberfläche der Membran. Die innere Membran unterteilt die Mitochondrien in zwei Kompartimente: in die innen gelegene Matrix und den zwischen äußerer und innerer Membran gelegenen Intramembranraum.

Die innere Mitochondrienmembran ist für Stoffe aller Art, selbst für Protonen, kleine Ionen u.a. praktisch unpassierbar. Sie besteht zu 20% aus Lipiden und zu 80% aus ca. 60 verschiedenen, funktionellen Proteinen. Von diesen wiederum sind mengenmäßig 40% Enzyme der Atmungskette; daneben gibt es Proteine, die einen spezifischen Transport aus dem Cytoplasma in die Matrix und zurück bewerkstelligen und andere, die den Energiestoffwechsel regeln.

Die Oxydative Phosphorylierung besteht aus zwei Teilabschnitten, der Atmungskette und der eigentlichen Phosphorylierung. Wir haben schon gesehen, daß sie miteinander gekoppelt sind, aber die entscheidende Frage in der Mitochondrienforschung der letzten Jahre galt dem *„wie?"*

Die Enzyme und Reaktionen der Atmungskette

Die Atmungskette ist durch hintereinandergeschaltete Redoxreaktionen gekennzeichnet. Als Substrate dienen NADH + H^+, $FADH_2$, Succinat, Ascorbat u.a. Die meisten der daran beteiligten Enzyme liegen an der Außenseite der inneren Mitochondrienmembran, und mindestens eines reicht durch die Membran hindurch. Auch diese Enzyme sind in Serie geschaltet und bilden regelmäßig strukturierte, funktionelle Einheiten aus (s. Abb. 31.1).

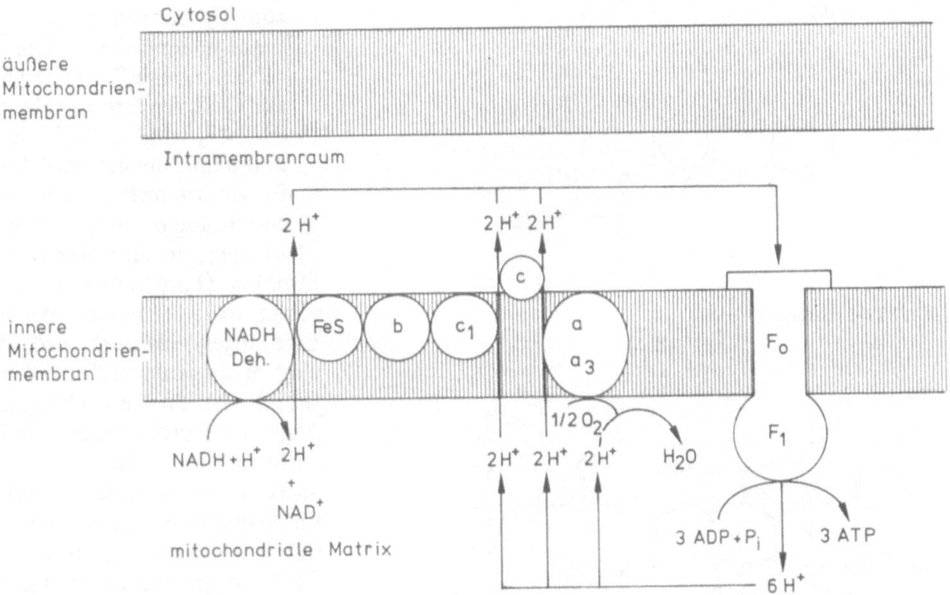

Abb. 31.1. Schematische Anordnung der Enzyme der Atmungskette in der inneren mitochondrialen Membran. *b*, c_1, *c*, *a*, a_3 stehen für die entsprechenden Cytochrome. Der „Protonenfluß" durch die Membran dient als treibende Kraft für die ATP-Synthese. Das CoQ und die Succinatdehydrogenase sind nicht mit eingezeichnet, ebenso wenig wie die anderen Proteine, die an den „Komplexen" beteiligt sind. Diese Einzelheiten findet man in Abb. 31.4

Zweck der Atmungskette und der Phosphorylierung ist die Umwandlung der Energie eines elektrischen Potentials (Redoxpotentials: E_o' Volt) in „freie Energie" (G_o' kcal/mol), die man zur Ausbildung chemischer Bindungen verwenden kann. G_o' und E_o' stehen in folgender Beziehung zueinander:

$$G_o' = -nFE_o'$$

wobei n = Anzahl der übertragenen Elektronen, F = Faradeykonstante (23,062 kCal V^{-1} mol^{-1}) sind.

Ein negatives Redoxpotential weist auf reduzierende Eingeschaften hin, da die Substanzen nur eine geringe Affinität zu den Elektronen haben. Beispiele hierfür sind das NADH + H^+ oder $FADH_2$. Ordnet man die Reaktionen in der Atmungskette nach ihrem Redoxpotential, kann man einmal die Reihenfolge der einzelnen Schritte festlegen und zum anderen angeben, an welchen Stellen die Energiedifferenz ausreicht, um eine chemische Bindung (ADP + P_i → ATP) zu knüpfen.

Die Aufklärung der hier vorgestellten Elektronentransportkette geht vor allem auf Untersuchungen von Warburg (ab 1912), Keilin (ab 1925), Kalckar und Belitser (1937–1941), Lipmann und Lehninger zurück.

Die Cytochrome b, c_1, c und a, a_3 wurden als Teile der Atmungskette charakterisiert, die ein Häm als prosthetische Gruppe tragen. Dieses enthält ein zentral gelegenes Fe-Ion, das reversibel vom oxydierten in den reduzierten Zustand übergehen kann. Der Hämrest (Porphyrinring) des Cytochrom a unterscheidet sich von dem in den Cytochromen b, c_1 und c durch einen Formylrest anstelle einer der Methylgruppen. Bei den Cytochromen b, c_1 und a ist der Hämanteil kovalent an das Protein gebunden, beim Cytochrom c nur über schwache Wechselwirkungen.

Den Cytochromen sind Proteine vorgeschaltet, die als aktive (prosthetische) Gruppen FAD bzw. Coenzym Q (CoQ, ein Chinonderivat) tragen. FAD und CoQ werden durch NADH + H^+ reduziert und übernehmen dabei beide Protonen und Elektronen. Die Cytochrome können jeweils nur ein Elektron aufnehmen, d.h. man braucht zwei Cytochromäquivalente pro Äquivalent CoQ. An drei Stellen der Redoxkette reicht der Potentialabfall zur ATP-Synthese:

1. zwischen NADH + H^+ und CoQ,
2. zwischen Cytochrom b und Cytochrom c_1 und
3. zwischen Cytochrom c und dem O_2.

Das bedeutet, daß wir pro Äquivalent NADH + H^+ drei ATP-Moleküle erhalten und pro Äquivalent $FADH_2$ nur zwei.

Der Einsatz spezifischer Inhibitoren half, die eben gemachten Aussagen zu untermauern.

a) Rotenon (ein Toxin aus Fischen, Formel siehe Abb. 31.2) verhindert die ATP-Synthese durch Blokkierung der Atmungskette in Position 1. Es unterbindet jedoch nicht die Oxydation von Succinat oder Ascorbat, da jene erst an einer nachfolgenden Stelle in die Atmungskette eingeschleust werden.
b) Antimycin A (Formel s. Abb. 31.3) und Funicolosin unterbinden den Elektronenfluß vom Cytochrom b

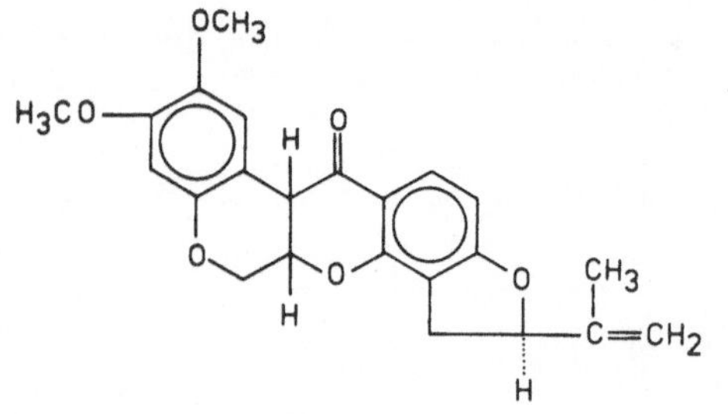

Abb. 31.2. Rotenon

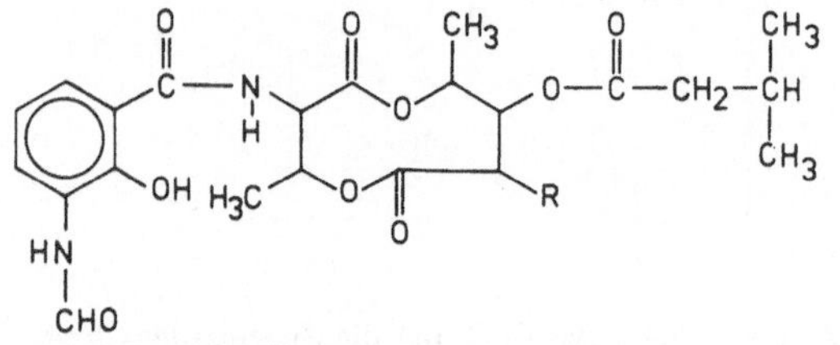

Abb. 31.3. Antimycin

zum Cytochrom c_1 und damit auch die ATP-Synthese in Position 2. Die Oxydation von Ascorbat bleibt unbeeinflußt, da jenes die Elektronen direkt auf das Cytochrom c überträgt.

c) CN^-, N_3^- und CO inhibieren das Cytochrom a, a_3 und damit die gesamte Atmungskette.

Es gehört mittlerweile zum Standardwissen eines jeden Biologie- und Biochemiestudenten, daß die Elektronen in der Atmungskette von Eisenion zu Eisenion (Porphyrinring zu Porphyrinring) weitergegeben werden, wobei der Donor oxydiert und der Empfänger reduziert wird. Auf dem Papier sieht das alles auch ganz schön und plausibel aus. Dabei wird jedoch das Problem übergangen, daß die Porphyrinringe der Cytochrome räumlich so weit voneinander entfernt liegen, daß kein Elektron diese Entfernung überbrücken könnte. Offensichtlich müssen andere Elektronenüberträger dazwischengeschaltet sein. Es sind in der Tat in den letzten Jahren eine ganze Anzahl Fe-S-haltiger und Cu-haltiger Proteine isoliert worden, und man beginnt, sie zu charakterisieren und ihre Position in der Atmungskette zu lokalisieren. Alte Begriffe für die Klassifizierung der Zwischenstufen (wie z.B. Cytochrom b → Cytochrom c → Cytochrom a, a_3) werden fallengelassen und durch neue, wie Komplex I (NADH-Ubichinon-Reduktase), Komplex II (Succinat-Ubichinonreduktase) usw. ersetzt. Eine vorläufige Bestandsaufnahme ist in Abb. 31.4 wiedergegeben.

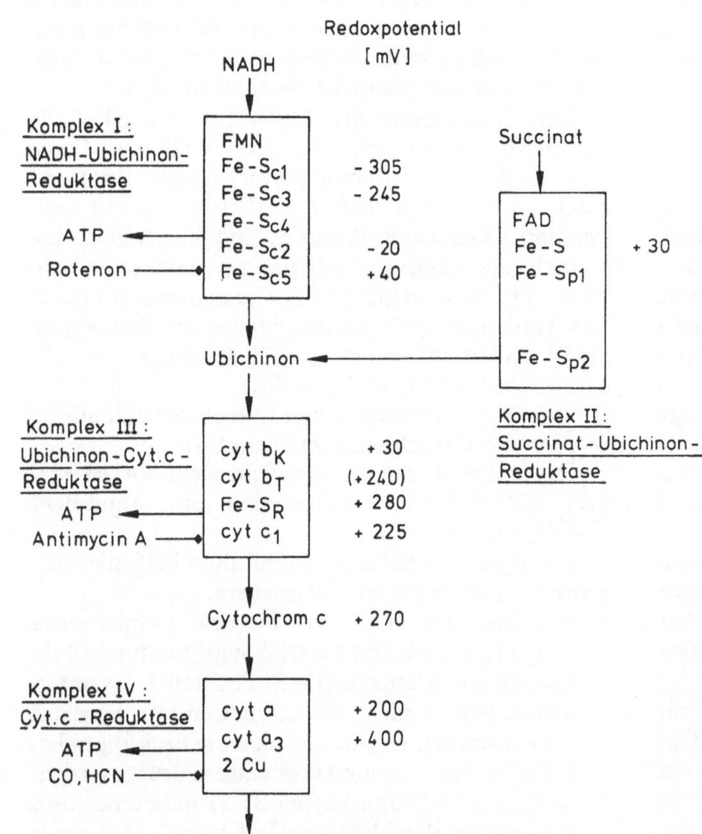

Abb. 31.4. Proteine der Atmungskette. Zur Atmungskette gehören nicht nur die bekannten Cytochrome b, c, a, a_3 und die NADH-Reduktase, sondern eine Vielzahl weiterer Proteine, die z.T. mit den o.g. Proteinen assoziiert sind und „Komplexe" bilden. Hervorzuheben seien dabei vor allem die Fe-S-haltigen Proteine. Der Begriff „Komplex" beinhaltet, daß man zum gegenwärtigen Zeitpunkt nicht sehr viel über die Funktion und Anordnung der Proteine sowie Anzahl der U.E. und die relativen Mengen der Proteine aussagen kann (Williams, 1978)

Die ATP-Synthetase

Zur Synthese von ATP benötigt man eine ATP-Synthetase. Racker (Cornell University Ithaca, New York) hat diesen Enzymkomplex aus der inneren Mitochondrienmembran isoliert und im Detail analysiert. Er besteht aus zehn verschiedenen Untereinheiten und aus zwei funktionellen Teilen, der F_1-ATPase und dem F_0-Anteil (s. Abb. 31.5). Der F_0-Anteil ist ein integraler, nicht ablösbarer Bestandteil der Membran. F_1 ragt ins Matrixinnere hinein, ist ablösbar und elektronenmikroskopisch als gestieltes Partikel auszumachen. Zur Synthese von ATP werden beide Anteile benötigt (ATP-Synthetase). Zerlegung des Komplexes und anschließende Rekonstitution aus den Einzelteilen erlauben es, Aussagen über ihre spezifischen Funktionen zu machen.

H.A. Lardy (University of Wisconsin, Madison) fand, daß die ATP-Bildung durch Oligomycin inhibiert wird. Das Antibiotikum wird von membranassoziierten Anteilen des Komplexes gebunden. Über das OSCF (F_0, *Oligomycinsensitivity conferring factor*), einen Teil des Stiels, wird die Antibiotikaempfindlichkeit auf die eigentliche F_1-ATPase übertragen. Die F_1-ATPase hat eine kugelförmige Gestalt mit einem Durchmesser von 85 Å und enthält mehrere große, voneinander verschiedene Untereinheiten. F_1 bindet ADP. Die Bindung wird durch das Antibiotikum Aurovertin inhibiert.

Die Phosphorylierung ist an das Vorhandensein intakter Membranen gebunden. Racker entwickelte ein Verfahren, durch das er Membranvesikel gewann, die nur die innere Membran enthielten und bei denen die Innenseite nach außen und die Außenseite nach innen zu liegen kam (*inside-out*). Die Umkehr der Seiten wurde durch Einsatz spezifischer Antikörper nachgewiesen. In intakten Membranen inaktivieren anti-Cytochrom c und anti-Cytochrom a den gesamten Reaktionsablauf. (Antikörper können die äußere Membran der Mitochondrien ungehindert passieren.) Bei *inside-out*-Vesikeln sind anti-Cytochrom c-Antikörper wirkungslos, wohingegen ATPase und anti-Cytochrom a inaktiviert werden. Die Wirkung der letzteren ist gleichzeitig ein Beweis dafür, daß das Cytochrom a durch die Membran hindurchreicht.

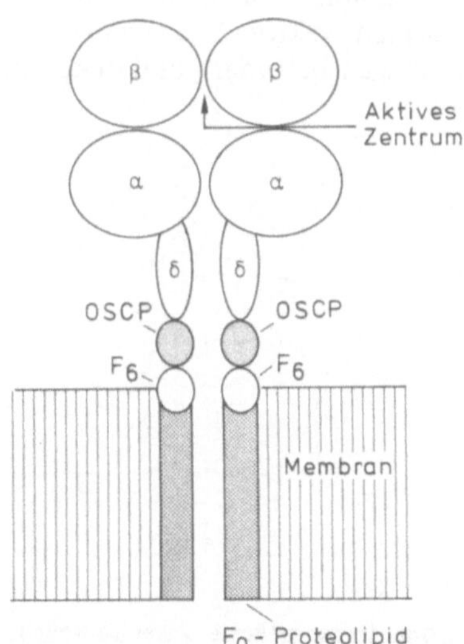

Abb. 31.5. Modell der Struktur der mitochondrialen ATP-Synthetase. Die F_1-ATPase besteht aus den Untereinheiten α und β. Die Darstellung ist unvollständig. Die γ- und ϵ-Untereinheiten mit unsicherer topographischer Position wurden nicht berücksichtigt. (Nach Racker, 1976)

Woher stammt die Energie zur ATP-Bildung, und wie wird sie auf den ATP-Synthetase-Komplex übertragen?

Drei Hypothesen standen in den letzten Jahren zur Diskussion:

1. Chemische Kopplung.
2. Kopplung durch Konformationsänderung.
3. Kopplung an einen chemiosmotischen Prozeß.

Die erste Vorstellung wurde von dem in Holland lebenden Australier Slater (1953) propagiert. Er nahm an, daß die Elektronentransportkette der Ausbildung energiereicher Zwischenprodukte dient und daß diese wiederum als Energiespender für die ATP-Produktion herhalten. Zwei Argumente sprechen gegen diese Annahme:

a) Es ist bisher noch keine solche Substanz gefunden worden.
b) Die Annahme erklärt nicht, wieso die Oxydative Phosphorylierung nur an intakten Mitochondrien- oder Vesikelmembranen möglich ist.

Die zweite Hypothese, von Boyer (University of California, Los Angeles) und Green (University of Wisconsin, Madison) vorgeschlagen, ist eine Modifikation der ersten. Sie sieht Konformationsänderungen (Übergang in einen aktivierten Zustand) vor. Im Unterschied zur ersten wird die Energie hierbei in der Ausbildung schwacher Wechselwirkungen gespeichert, während im ersten Fall die Ausbildung einer kovalenten Bindung gefordert wurde.

1961 postulierte Mitchell, daß die beim Elektronentransport anfallende Energie in einem Protonengradienten durch die Membran hindurch gespeichert wird. Die Energie wäre damit nicht in Form chemischer Bindungen, sondern in Form elektrochemischer Gradienten konserviert.

Wir haben schon gesehen (s. Kap. 29), daß es viele gute Gründe für die Annahme dieser Hypothese gibt. Sie sieht vor, daß die Energieumwandlung in zwei voneinander unabhängigen Schritten erfolgt:

a) Einer Protonentranslokation, bei der Protonen aus der Matrix herausgeschleust werden und dabei ein Membranpotential aufbauen.
b) Einer Protonenpumpe, die den Prozeß umkehrt und dabei ATP bildet.

Die Hypothese beruht auf zwei Voraussetzungen:

a) Undurchlässigkeit der unversehrten inneren Mitochondrienmembran für Protonen.
b) Vektoriell ablaufende Prozesse in der Atmungskette. Alle Enzyme müssen gleichgerichtet angeordnet sein und gleichgerichtet arbeiten, so daß die Protonen ausschließlich in einer Richtung befördert werden.

Die Mitochondrienmatrix ist protonenarm. Das Herausschleusen senkt den Spiegel noch weiter. Das Kompartiment zwischen innerer und äußerer Membran wird H^+-reich, so daß sich außer einem elektrischen Gradienten ein pH-Gradient ausbildet. In der Matrix kommt dadurch ein OH^--Ionen-Überschuß zustande. Der aufgebaute Protonengradient ist als treibende Kraft der ATP-Produktion anzusehen. Man könnte sich modellhaft vorstellen, daß der hieran beteiligte Enzymkomplex ADP und Phosphat bindet, wobei beide Substrate dehydriert werden. Das Phosphat verliert ein Hydroxylion, das ADP ein Proton. Dieses wandert in die Matrix ein und verbindet sich dort umgehend mit einem der überschüssigen OH^--Ionen zu Wasser, das OH^- des Phosphats wird nach außen gezogen und verbindet sich mit dem nach außen translocierten H^+ ebenfalls zu Wasser. Phosphat und ADP werden aktiviert und verbinden sich zu ATP (s. Abb. 31.6). Bei dieser Reaktion ist ein Proton in die Matrix eingetreten. Es ist jedoch nicht eines der nach außen translocierten, sondern ein durch Dehydrierung entstandenes.

Diese chemiosmotische Hypothese hat den zuerst genannten gegenüber also eine Reihe von Vorzügen.

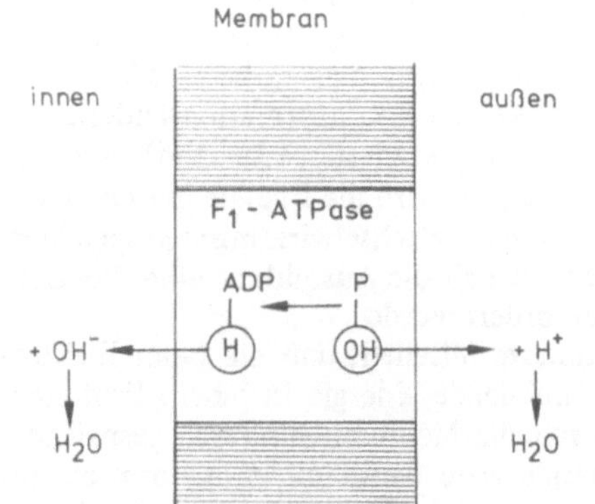

Membran

innen | außen

F_1 - ATPase

ADP — P

$+ OH^-$ ← (H) (OH) → $+ H^+$

H_2O | H_2O

Bilanz: H^+ ←

$ADP + P_i \rightarrow ATP$

Abb. 31.6. Ein Modell des Mechanismus der Protonendislokation durch die innere mitochondriale Membran. Man beachte, daß nicht Protonen wandern, sondern daß bei der ATP-Synthese auf der einen Membranseite (*außen*) OH^--Ionen, auf der anderen (*innen* = Matrixseite) H^+-Ionen freigesetzt werden. Die Bilanz der Reaktion führt zu einer scheinbar gerichteten Protonenwanderung. Die ATPase verfügt über getrennte, aber benachbarte Bindungsorte für ADP und P_i

Das schließt jedoch die Mitwirkung von Konformationsänderungen nicht aus. Im Gegenteil: Ohne sie läuft nichts ab. Die ATP-Synthetase ist ein allosterisches Enzym und kann somit in mehreren Zuständen unterschiedlicher Konformation und unterschiedlicher Affinität zum Substrat vorliegen.

Auch das hier Vorgetragene versimplifiziert die Vorgänge. Rein formal können wir zwar sagen, die ATP-Synthetase würde einen „Protonenkanal" darstellen. Doch selbst das in Abb. 31.6 vorgestellte Modell erklärt nicht, wie ein Proton von der Substratbindungsstelle an die Membranoberfläche gelangt. Die Vorgänge laufen sehr schnell ab, so daß Diffusionsprozesse allein nicht als Erklärung herangezogen werden können. Es liegt deshalb nahe, an eine Protonentransportkette zu denken (s. Abb. 31.7). Der dadurch ausgelöste „Tunneleffekt" erklärt Spezifität und hohe Reaktionsgeschwindigkeit.

Wie kann man die Richtigkeit der Hypothese überprüfen?

1. Ein Zusatz von Ionophoren wie Valinomycin, Monactin, Gramicidin (s. Kap. 28) verhindert die Phosphorylierung, denn durch Zusatz dieser Carrier wird ein gegenläufiger Ionengradient etabliert. Es fließen K^+-Ionen in die Matrix ein. Die Mitochondrien müssen die bei der Elektronentransportkette anfallende Energie für das Herauspumpen der K^+-Ionen einsetzen, statt ATP zu bilden.
2. Racker hat im Zusammenhang mit der Analyse des Wirkungsmechanismus der F_1-ATPase *inside-out*-Vesikel produziert. Die Enzyme der Atmungskette lagen somit innen, die ATPase außen. Da die Asymmetrie gewahrt war, konnte auch hier ATP gebildet werden. Gab man jedoch reduziertes Cytochrom c zu den Vesikelpräparationen, brach die Reaktionskette zusammen, denn nunmehr wurden Protonen nicht mehr vektoriell, sondern scalar, d.h. in beide Richtungen befördert, und es konnte

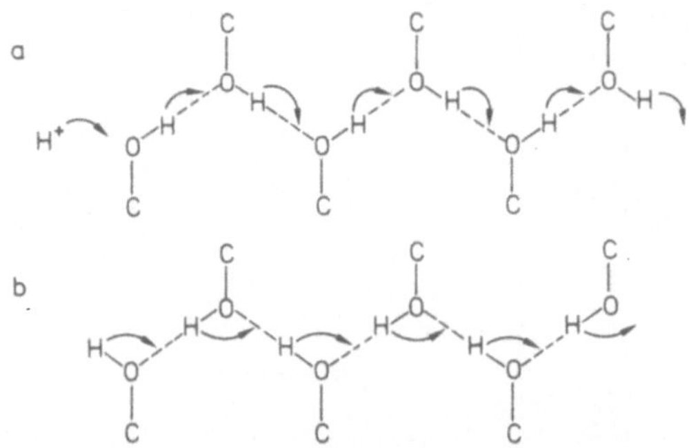

Abb. 31.7 a und b. Protonentransportkette. Zwei Teilschritte (a und b) sind hintereinandergeschaltet und veranschaulichen, wie ein Proton in eine Transportkette eingeschleust und weitergeleitet werden kann (Mechanismus sequentieller Protonen-Sprünge, durch *Pfeile* dargestellt). Man beachte: Nicht das eintreffende Proton kommt am Ende wieder heraus, sondern ein anderes, an der Gegenseite freigesetztes (Nagle und Morowitz, 1978)

sich kein Gradient ausbilden. Nach Entfernen des zugesetzten Cytochrom c setzte die ATP-Synthese wieder ein.

3. In einem artifiziellen System kombinierte Racker Lipide, Bacteriorhodopsin (s. Kap. 29) und F_1-ATPase. Es entstanden dabei Vesikel, die bei Belichtung in Anwesenheit von ADP und P_i ATP bildeten.
4. Ein Analogieschluß hierzu: Wir haben in Kapitel 28 schon gesehen, daß bei der Umkehr der Na^+/K^+-Pumpe (Na^+/K^+-ATPase) ATP gewonnen werden kann.

Regulation und Transport

Normalerweise sind Oxydation und Phosphorylierung miteinander gekoppelt. Eine Reihe von Substanzen, von denen das DNP (Dinitrophenol) das bekannteste ist, können die Reaktionen entkoppeln (Loomis, Lippmann, 1948). Die anfallende Energie wird dann in Form von Wärme freigesetzt. Es gibt Situationen, in denen eine Entkopplung biologisch sinnvoll ist, so z.B. bei kälteadaptierten Säugetieren, bei Säugetieren während des Winterschlafs und bei einigen neugeborenen Tieren. In allen Fällen ist eine Wärmeproduktion vonnöten. Ungesättigte Fettsäuren können als Entkoppler wirken. Wie wir wissen, sind Membranstrukturen, die solche Fettsäuren enthalten, weniger geordnet als diejenigen, die nur aus gesättigten bestehen. Bei einem Einbau in die inneren Mitochondrienmembranen verursachen ungesättigte Fettsäuren (und andere Entkoppler) ein Leck für Protonen, die Membran wird für Protonen durchlässig, und es kann sich daher kein Protonengradient formen. Da die Lipidzusammensetzung der Membranen in Grenzen durch Diät beeinflußbar ist, bahnt sich hier eine mögliche Erklärung für den unterschiedlichen Wirkungsgrad der Nahrungsausnutzung an. Ungesättigte Fettsäuren würden dafür sorgen, daß die Verbrennungsenergie nicht vollständig in die Bildung chemischer Bindungen umgesetzt würde.

Die Rate der Oxydativen Phosphorylierung wird durch den ADP-Spiegel in der Matrix gesteuert. Eine ADP-Zugabe zu isolierten Mitochondrien steigert den O_2-Verbrauch. Beim Anstieg des ATP-Spiegels nimmt die Umsatzrate ab. Die innere Membran ist für viele Ionen und Metaboliten nahezu undurchlässig, so z.B. für K^+, Na^+, Cl^-, Br^-, NAD^+, NADH + H^+, $NADP^+$, AMP, CTP, CoA, Acetyl-CoA u.a. Die jeweiligen *Pools* im Cytoplasma bleiben daher von denen in der Mitochondrienmatrix getrennt.

Demgegenüber können andere Metaboliten die Membran recht leicht passieren, wie z.B. ATP, ADP, Phosphat, Pyruvat, Citrat, Succinat, α-Ketoglutarat, Malat, Glutamat, Aspartat u.a. Das wiederum heißt, daß es spezifische *Carrier* geben muß, die über einen Pumpmechanismus betrieben werden. Die erforderliche Energie wird aus der Kopplung an einen Protonengradienten bezogen. Das im Cytoplasma entstehende NADH + H^+ kann selbst nicht in die Mitochondrien eindringen. Es gibt seine Protonen und Elektronen an Glycerinphosphat weiter, welches sie an das FAD in der Mitochondrienmembran abgibt. Dieses Verfahren geht auf Kosten eines ATP-Moleküls, denn das Einfädeln in die Atmungskette geschieht auf niedrigerem Niveau. Die Ausbeute der Oxydation des $FADH_2$ liegt daher auch bei nur zwei ATP-Molekülen.

Man kennt eine Reihe weiterer Reaktionsabläufe, an denen andere Moleküle, wie z.B. Malat oder Aspartat, vermittelnd eingeschoben sind. In allen Fällen schleust man reduzierte Substanzen in die Atmungskette ein, wobei jedoch oft nicht die höchste Effizienz erreicht wird (s. Abb. 31.8).

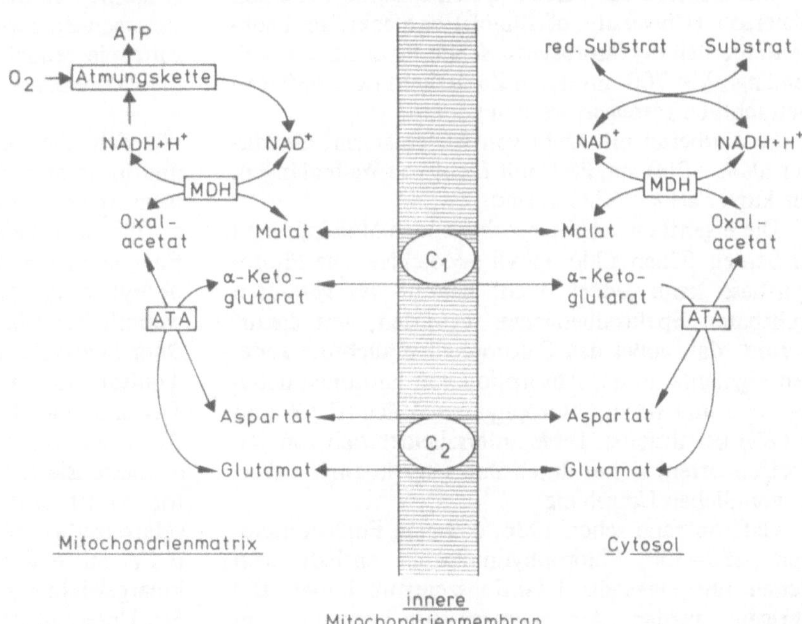

Abb. 31.8. *Malat-Aspartat-Shuttle.* Der Mechanismus dient dem Durchschleusen reduzierender Äquivalente durch die innere Mitochondrienmembran. C_1 und C_2 sind spezifische Carrier. *ATA*, Aspartattransaminase; *MDH*, Malatdehydrogenase. Beide Enzyme liegen sowohl im Cytosol als auch in der Mitochondrienmatrix vor (Isoenzyme)

Membranen in Chloroplasten

Photosynthese

Chloroplasten in Zellen höherer Pflanzen entstehen entweder durch Teilungen auseinander oder, wie andere Plastiden auch, durch Differenzierung aus Proplastiden, farblosen, membranumschlossenen Partikeln ohne auffällige interne Strukturen. Die Differenzierung in funktionstüchtige Chloroplasten ist lichtabhängig. Bei Dunkelheit entstehen gelb gefärbte Ethioplasten, deren Membransystem sich in charakteristischer Weise von dem der Chloroplasten unterscheidet. Der Mechanismus der Photosynthese ist wesentlich komplexer als der der bereits besprochenen Purpurmembran, die Effizienz der Photosynthese ist dafür um Größenordnungen höher. Das innere Membransystem der Chloroplasten setzt sich aus abgeplatteten Vesikeln, den Thylakoiden, zusammen, von denen die meisten zu Stapeln, den lichtmikroskopisch erkennbaren Grana, angeordnet sind. Der zwischen ihnen liegende Bereich ist thylakoidarm und wird als Stroma bezeichnet. Thylakoide sind Orte der lichtabhängigen Photosynthesereaktionen. Sie enthalten die Chlorophylle a und b, Karotinoide und andere Pigmente (z.B. Plastochinon). Bei einigen Gruppen der Algen fehlt das Chlorophyll b, bei photosyntheseaktiven Bakterien sind die Chlorophylle a und b durch die Bakterienchlorophylle a und b ersetzt. Sie unterscheiden sich in Details der Struktur voneinander.

Lichtquanten werden durch lichtsammelnde Molekülverbände (Photosysteme) absorbiert; die Lichtenergie wird innerhalb der Photosysteme weitergeleitet. Man unterscheidet zwischen dem Photosystem I (PS I) und dem Photosystem II (PS II). Beide sind, topologisch voneinander getrennt, in die Thylakoidmembran eingelassen.

Die Existenz der beiden Systeme wurde 1956 von Emerson (University of Illinois) entdeckt. Er beobachtete, daß die Photosyntheserate in Licht der Wellenlänge $\lambda = 700$ nm durch Zusatzlicht ($\lambda < 650$ nm) beträchtlich gesteigert werden konnte.

PS I arbeitet mit Licht von Wellenlängen, die kürzer als $\lambda = 700$ nm, PS II mit Licht von Wellenlängen, die kürzer als $\lambda = 682$ nm sind.

Die eigentlichen lichtabsorbierenden Moleküle sind in beiden Fällen Chlorophyll a-Moleküle. Die Photosynthese kann jedoch Licht nahezu des gesamten sichtbaren Spektralbereiches verwerten, was darauf beruht, daß außer den Chlorophyllen auch die anderen Pigmente an der Absorption von Photonen beteiligt sind und sie zu Chlorophyllmolekülen (P 700 und P 682) kanalisieren. Diese unterscheiden sich von den übrigen offenbar nur durch ihre Lage in einer außergewöhnlichen Umgebung.

Gaffron fand schon 1936, daß eine Funktionseinheit 250–300 Chlorophyllmoleküle enthält, von denen nur eines das Reaktionszentrum bildet. Die übrigen werden Antennenpigmente genannt, im Englischen spricht man oft auch vom *funnelingeffect* (= Trichtereffekt). Ein Photon gerät, wenn es auf ein Pigmentsystem trifft, in eine Lichtfalle und wird von Pigmentmolekül zu Pigmentmolekül geleitet, bis es auf ein P 700 bzw. P 682 stößt und dort die (primäre) Lichtreaktion der Photosynthese auslöst. Das eingefangene Photon bewirkt den Übertritt des Elektrons des Chlorophylls in einen energiereichen Zustand. Der dadurch angeregte Zustand des Chlorophylls erlaubt das Entfernen des Elektrons.

Rein formal kann man den Photosyntheseprozeß in drei Schritte zerlegen.

1. Absorption: $\text{Chl} \xrightarrow{h\nu} \text{Chl}^*$.
2. Energieleitung: $\text{Chl}^* + \text{A} \rightarrow \text{A}^*$.
3. Photochemische Reaktion: $\text{A}^* + \text{S} \rightarrow \text{P}$.

[Chl = Chlorophyll (lichtabsorbierende Substanz), A = Elektronenakzeptor, S = Substrat, P = Produkt]. (Zusammenfassender Übersichtsbericht s. Trebst, 1974; Halliwell, 1978).

Man unterscheidet zwischen der Lichtreaktion, bei der Wasser gespalten wird und an der beide Pigmentsysteme beteiligt sind, sowie den Dunkelreaktionen, bei denen CO_2 fixiert wird. Die Dunkelreaktionen und die Details der Lichtreaktionen sollen uns hier nicht weiter beschäftigen, da sie in jedem Lehrbuch der Biochemie und Pflanzenphysiologie ausführlich dargestellt sind.

Beide Photosysteme sind über einen Energietransfer miteinander gekoppelt. Das System II katalysiert das Entfernen von Elektronen aus dem Wasser, das System I reduziert $NADP^+$. Der durch die eingefangenen Photonen induzierte Elektronentransfer liefert die Energie für eine Phosphorylierungsreaktion (Photophosphorylierung). Der Elektronenfluß geht dabei in die „falsche Richtung", also in Richtung energiereicher Zustände. Schon 1886 hatte Boltzmann erkannt, daß die Photosynthese von einer extraterrestrischen Entropiezunahme profitiert, die terrestrische Entropie reduziert und somit die Voraussetzung für die Existenz der Biosphäre schafft.

Wie sieht die Energieumwandlung aus? In Kapitel 29 und im letzten Abschnitt haben wir Mitchells chemiosmotische Hypothese kennengelernt und gesehen, daß sie die plausibelste Antwort auf die Frage nach der Energieumwandlung während der Oxydativen Phosphorylierung ist. Kann die Hypothese uns auch hier weiterhelfen? Man braucht ein intaktes Membransystem (Vesikel), und das haben wir. Thylakoide sind Äquivalente der inneren Mitochondrienmembran. In Thylakoidmembranen liegt eine ATP-Synthetase. Auch sie wurde im Labor von Racker isoliert und charakterisiert. Man nennt sie CF oder Kopplungsfaktor. Sie ist an der Außenseite der Thylakoidmembran (Matrixseite) lokalisiert und enthält einen Komplex (CF_1) mit einem Durchmesser von 90 Å, einem Molekulargewicht von 325.000 und fünf verschieden großen Untereinheiten.

Jagendorf (Cornell University, Ithaca, New York) zeigte 1963, daß die Umgebung einer Chloroplastensuspension bei Belichtung alkalisch wird und daß der pH-Wert bei Verdunklung auf den ursprünglichen Wert zurückfällt. Offensichtlich nehmen Thylakoidmembranen reversibel Protonen auf.

Man könnte sich jetzt zwei verschiedene Mechanismen vorstellen, um diesen Effekt zu erklären:

1. Es ist eine reversible, lichtinduzierte Erhöhung der Membranaffinität für H^+-Ionen denkbar, die zu einer Aufnahme von Protonen aus dem umgebenden Medium führt (Membran-Bohr-Effekt: kooperative Freisetzung von entsprechenden ionischen Gruppen) oder
2. es findet ein lichtinduzierter, aktiver Nettoprotonentransport durch die Thylakoidmembran statt. Der Transport würde zur Bildung eines Protonengradienten über die Membran führen.

Im Thylakoidinneren konnte ein pH-Abfall nachgewiesen werden, womit die Richtigkeit der zweiten Annahme bewiesen wurde. Bei Dauerbelichtung beträgt der pH-Gradient maximal 3,5 pH Einheiten.

1976 veröffentlichten Gräber und Witt (Max-Volmer-Institut, Technische Universität Berlin) eine ausgiebige Analyse an Spinatchloroplasten. Demnach ist es klar, daß auch dort die beim Elektronentransport anfallende Energie gespeichert wird und Anlaß für eine ATP-Bildung aus ADP + P_i ist. Bei konstantem Transmembranpotential ($\Delta\varphi$) nimmt die Phosphorylierungsrate bei steigendem Δ pH zu, wobei die Reaktion über zwei Stufen verläuft:

1. einem Anstieg des Protonenflusses und
2. einem Anstieg der ATP-Ausbeute.

Die ATP-Ausbeute kann auch durch Anstieg des $\Delta\varphi$ bei konstantem Δ pH und konstantem Protonenfluß gesteigert werden.

Das Verhältnis $\Delta H^+/e^- \approx 2$ deutet auf eine direkte Kopplung zwischen einem Protonengradienten und der Elektronentransportkette hin. System I und System II tragen mit je 50% zum Gesamteffekt bei, d.h., daß pro transportiertem Elektron jeweils ein H^+ über die Thylakoidmembran transloziert wird (siehe Abb. 31.9). Die Werte für e^-/ATP und ΔH^+/ATP sind umstritten, und sie sind variabel. Die Variabilität wiederum ist auf allosterische Effekte der am System beteiligten Komponenten zurückzuführen. Jagendorf hat 1975 die Reaktionskinetik des CF_1-Komplexes analysiert und gezeigt, daß er je nach Substrat oder stimulierenden Effektoren in verschiedenen, unterschiedlich aktiven Konformationen vorliegt.

In welcher Form liegen die Pigmente in der Membran?

Alle an der Photosynthese beteiligten Pigmente sind entweder hydrophob, oder sie tragen stark hydrophobe Anteile, wie z.B. einen Phytolrest (Chlorophylle, s. Abb. 31.10). Diese Merkmale legen die Annahme nahe, die Pigmente seien direkt und ohne Proteinmithilfe in die Lipidschicht der Membran eingelassen. Ein derartiges Modell könnte bei grober Betrachtungsweise auch eine Ausrichtung der Moleküle erklären, die wiederum eine Voraussetzung für eine effiziente und eine extrem schnelle Weiterleitung der Photonen wäre. Das Nicolson-Singersche *Fluid-Mosaic*-Modell der Membran spricht jedoch gegen eine so simple Vorstellung, denn Lipidmoleküle sind in der Membranebene lateral frei beweglich und würden die Pigmentmoleküle mitreißen. Diese würden statistische Bewegungen durchführen, und damit wäre keine Ausbildung einer geordneten Struktur realisierbar.

Die Bindung eines Chlorophyllmoleküls an eine Polypeptidkette, so wie wir es von der Bindung prosthetischer Gruppen an andere Polypeptidketten her kennen (z.B. Cytochrom c, Hämoglobin etc.), wäre ebenfalls keine sinnvolle Lösung, denn dann würden die Chlorophyllmoleküle zu weit voneinander entfernt liegen, so daß eine Photonenweiterleitung unmöglich wäre. Bleibt schließlich als letzter Ausweg die Annahme, daß viele Pigmentmoleküle an ein Polypeptid gebunden sind – und genau das ist der Fall.

In den letzten Jahren sind mehrere chlorophyllbindende Proteine aus Thylakoidmembranen isoliert worden. (Thornber und Mitarbeiter, University of

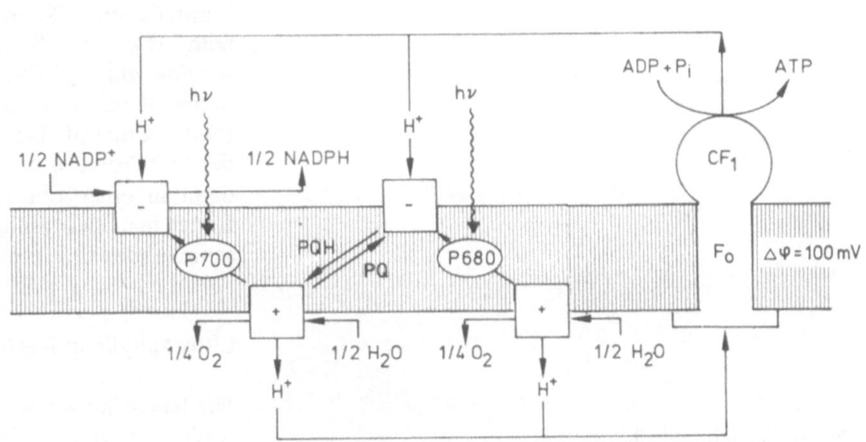

Abb. 31.9. Schematische Darstellung der Elektronentransportketten und des „Protonenflusses" des Photosyntheseapparates in Thylakoidmembranen. Die asymmetrische Verteilung der Einzelkomponenten verursacht den vektoriellen Ablauf der Reaktionen (Witt, 1978)

California, Los Angeles). Zwei sind hier von besonderem Interesse:

1. Das P700-Chlorophyll a-Protein.
2. Das lichtsammelnde Chlorophyll a/b-Protein (*light-harvesting* protein).

Beide sind aus einer Vielzahl von Angiospermen, Gymnospermen und Grünalgen gewonnen worden. Sie sind also weit verbreitet, und wir müssen davon ausgehen, daß beide essentiell sind. Es sind echte, stark hydrophobe, integrale Membranproteine, bei einigen Arten sind die Aminosäurezusammensetzungen ermittelt worden.

Beide Proteine binden Chlorophyll a, aber nur das zweite auch Chlorophyll b. Bei höheren Pflanzen bindet das erste Protein 10–18% und das zweite 40–60% aller Chlorophyllmoleküle. Bei Grünalgen und Blaualgen liegen die Werte darunter: 4–18% bzw. 30%.

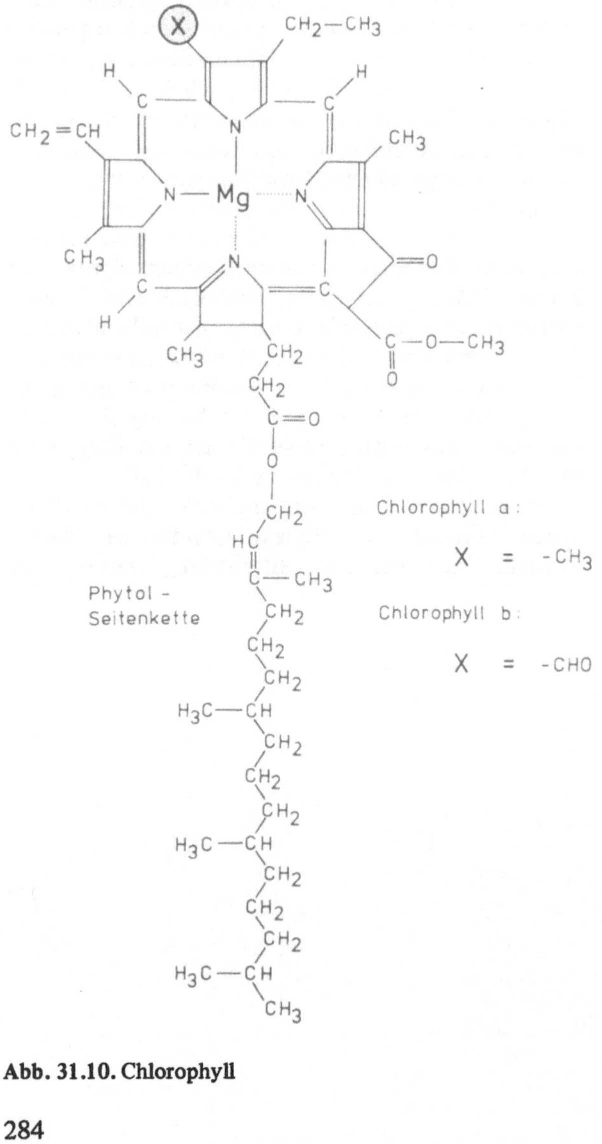

Abb. 31.10. Chlorophyll

Zu 1: P700 Chlorophyll a-Protein. Das P700 Chlorophyll a-Protein ist Bestandteil des Pigmentsystems I. Das Verhältnis Chlorophyll a/P700 beträgt je nach Präparation größenordnungsmäßig 40–45/1. Ihm assoziiert sind die Cytochrome f und b_6. Das Molekulargewicht beträgt 110.000. Das Verhältnis Chlorophyll/Protein ist 14 mol Chlorophyll/110.000er Komplex. Die gerade genannten Werte weisen schon darauf hin, daß nur jeder dritte Komplex ein P700 trägt und daß ein Pigmentsystem somit drei dieser Molekülkomplexe enthalten muß. Es ist noch nicht bekannt, wodurch sich der P700-tragende Komplex auszeichnet. Es ist denkbar, daß er eine zusätzliche, niedermolekulare Untereinheit enthält, doch ist sie bislang nicht identifiziert worden.

Man kennt Mutanten mit Photosynthesedefekten, so z.B. bei den Grünalgen *Scenedesmus* und *Chlamydomonas* sowie beim Löwenmäulchen *Antirrhinum major*. Die Analyse einiger der Defektmutanten von *Scenedesmus* und *Antirrhinum* zeigte, daß der Defekt im System I liegt; weiterführende Analysen ergaben, daß bei diesen Mutanten das P700 Chlorophyll a-Protein fehlte.

Zu 2: Lichtsammelndes Chlorophyll a/b-Protein. Auch dieses Protein ist in grünen Pflanzen häufig und weit verbreitet. Es scheint vornehmlich mit dem Pigmentsystem II assoziiert zu sein, jedoch sind auch Wirkungen auf das System I beobachtet worden.

Chlorophylle a und b werden in äquimolaren Mengen fixiert, daneben werden auch Lutein und β-Karotin gebunden. Das Chlorophyll/Karotinoid-Verhältnis beträgt 3–7/1 (mol/mol). Das Molekulargewicht des Proteins ist bei verschiedenen Arten unterschiedlich. Man fand Werte zwischen 27.000 und 35.000. Auch das sind Komplexe, die aus mindestens zwei verschiedenen Untereinheiten bestehen. Pro 30.000er Komplex sind zwei bis sechs Chlorophyllmoleküle fixiert.

Zu den Aufgaben des Proteins gehört die Lichtenergieübertragung von Chlorphyll b auf a. Argyroudi-Akoyunoglou und Akoyunoglou wiesen 1973 darauf hin, daß es bei der Stabilisierung (*Stacking*, Stapelung) der Grana mitwirkt. Wir kommen im nächsten Abschnitt nochmals hierauf zurück. Ungestapelte Membranteile und Chloroplasten mit ungeordneten Stapeln, wie sie z.B. in den Zellen der Gefäßbündelscheide von C_4-Pflanzen (z.B. Mais) vorkommen, enthalten dieses Protein nur in geringer Menge, oder es fehlt überhaupt. Essentiell scheint die Mitwirkung bei der Stabilisierung der Grana jedoch auch nicht zu sein, denn in einer Chlorophyll b-freien Gerstenmutante findet man zwar einige wenige Grana, doch kein lichtsammelndes Chlorophyll a/b-Protein (s. Abb. 31.11).

Chlorophylle in Bakterien

Wir haben kurz erwähnt, daß sich das Bakterienchlorophyll a vom Chlorophyll a der grünen Pflanzen

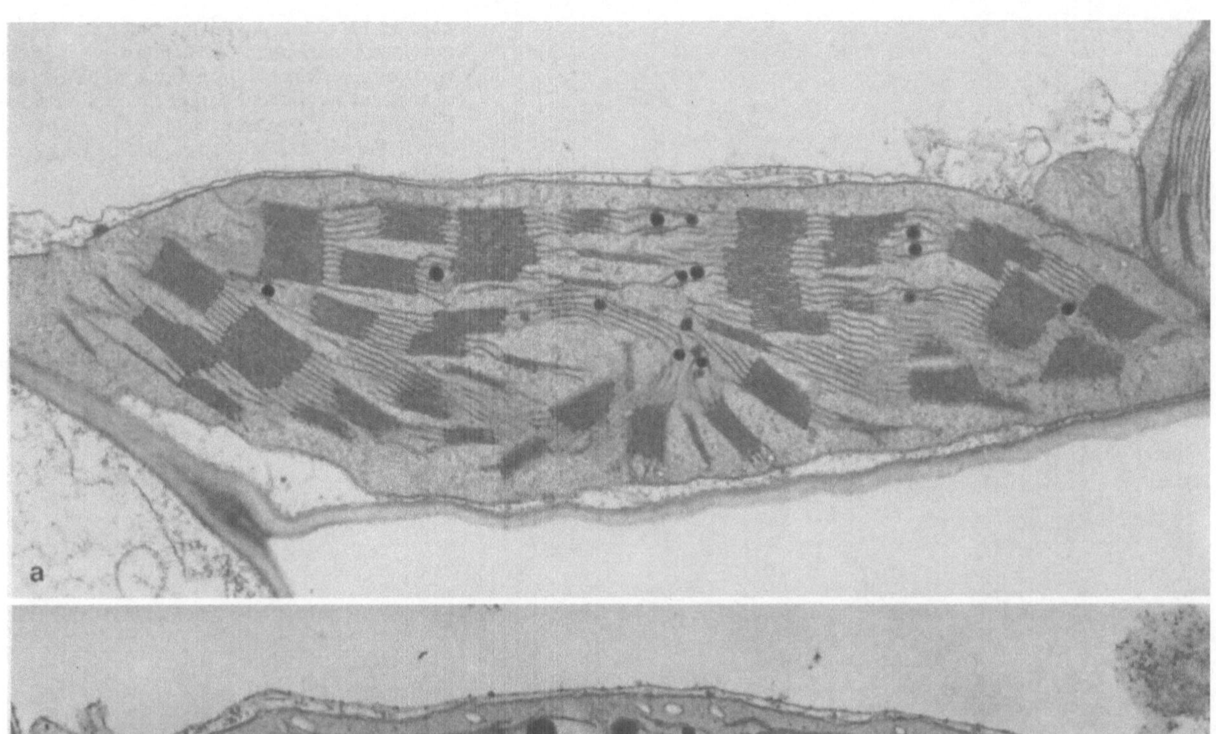

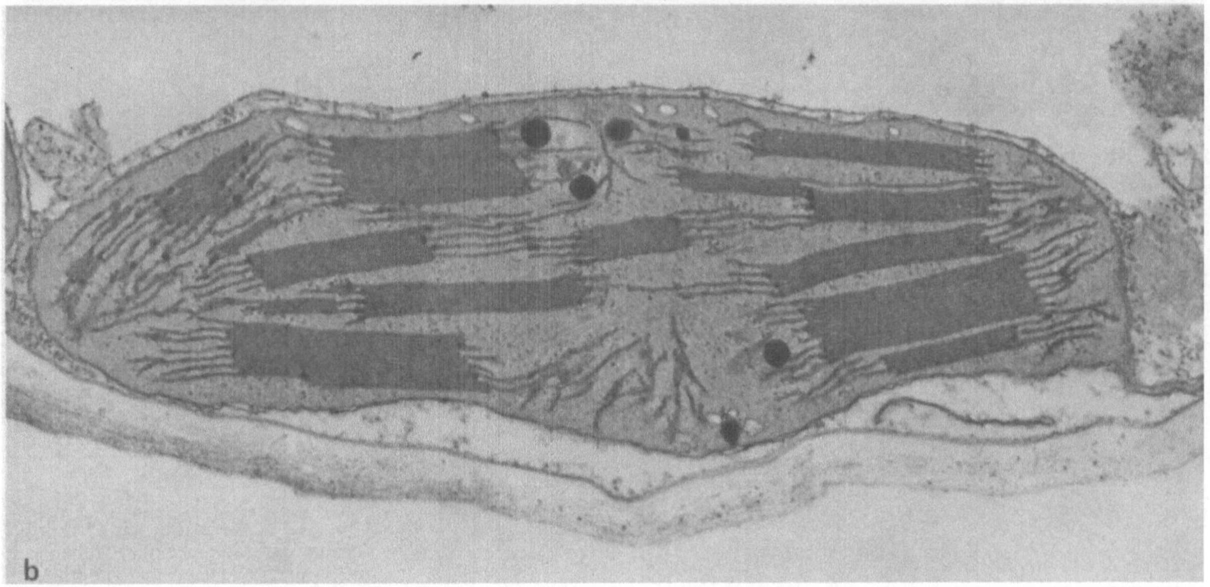

Abb. 31.11. a Dünnschnitt durch einen Chloroplasten der Gerste. Diese Form und Anordnung der Grana ist für den Wildtyp charakteristisch. Grana können bis zu 25 Thylakoide enthalten. *Dunkle Kreise* sind Fettropfen (Einschlüsse). Vergr. ca. 20.000fach. b Dünnschnitt durch einen Chloroplasten einer Gerstenmutante, der Chlorophyll b und das lichtsammelnde Chlorophyll a/b-Protein fehlt. Die Thylakoidmembranen sind nach wie vor in voneinander getrennten Grana organisiert und durch nicht gestapelte Bereiche miteinander verbunden. Doch sind diese Membranen weniger gut geordnet als beim Wildtyp. Die gestapelten Regionen (Grana) sind länger. Vergr. 30.000fach. (Aufn. Miller, Harvard University, 1976)

geringfügig unterscheidet. Es enthält im Ring II zwei zusätzliche Wasserstoffatome und im Ring I eine Acetylgruppe anstelle einer Vinylgruppe. Auch dieses Chlorophyll liegt in der Zelle proteingebunden vor. Es ist aus dem Schwefelbakterium *Chlorobium limicola* rein dargestellt worden. Im Gegensatz zu den thylakoidgebundenen Proteinen eukaryotischer Zellen ist es hydrophil und kristallisierbar. Damit bietet sich die Möglichkeit, röntgenstrukturanalytisch die Tertiärstruktur zu bestimmen. Fenna und Matthews (University of Oregon) haben die Struktur 1975 aufgeklärt und ein Modell bei einer Auflösung von 2,8 Å vorgestellt (s. Abb. 31.12). Die Abbildung zeigt eine der drei identischen Untereinheiten des Molekülkomplexes. Der Gesamtkomplex hat ein Molekulargewicht von 150.000 und bindet 21 ± 2 Bakteriochlorophyll a-Moleküle. Eine Untereinheit bildet einen Hohlzylinder mit einem hydrophoben Inneren, in dem sieben Bakteriochlorophyll a-Moleküle untergebracht sind. Die Orientierung der Porphyrinringe ist nicht einheitlich,

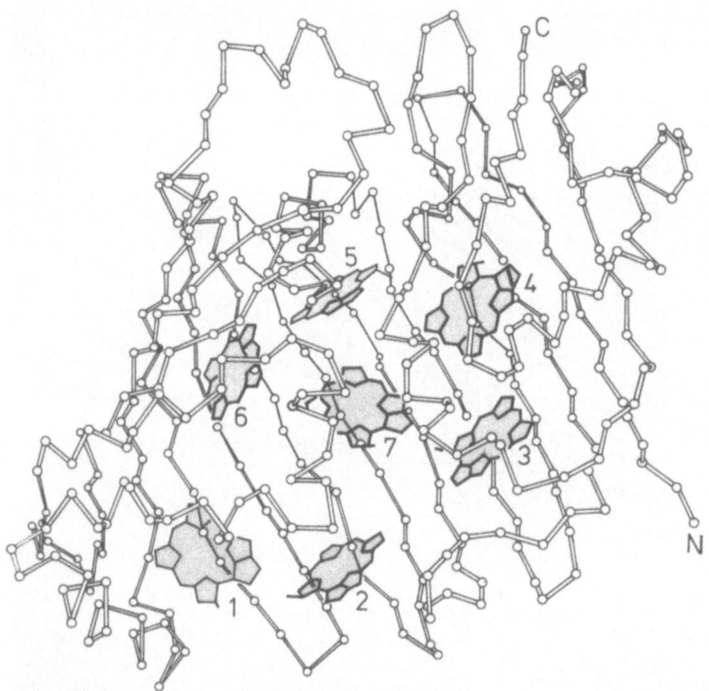

Abb. 31.12. Chlorophyll-Anordnung und Struktur einer Untereinheit des Bakteriochlorophyll-Proteins aus *Chlorobium limicola.* Die Polypeptidkette ist vereinfacht dargestellt. Nur die Positionen der C_{α}-Atome sind wiedergegeben. (Nach Fenna und Matthews, 1975; korrigiert 1978, Matthews, pers. Mitt.)

und es gibt somit kein repetitives Muster; der Phytolrest liegt in einer geknickten Konformation vor. Die Polypeptidkette besteht zu einem überwiegenden Teil aus β-Faltblattstrukturen, welche die Wandungen des Hohlzylinders bilden und die Bakteriochlorophyll a-Moleküle gegen eine wässrige Umgebung abschirmen. Eine Hohlzylinderstruktur wurde bisher noch von keinem anderen Protein beschrieben.

Elektronenmikroskopische Untersuchungen

Zur Betrachtung der Oberflächen photosyntheseaktiver Membransysteme hat sich in den letzten Jahren das Gefrierätzverfahren eingebürgert. Das Verfahren geht davon aus, daß man nach geeigneter Vorbehandlung in den Präparaten Brüche erhält, die den Membranflächen folgen. Oft spaltet der Bruch die Membranen.

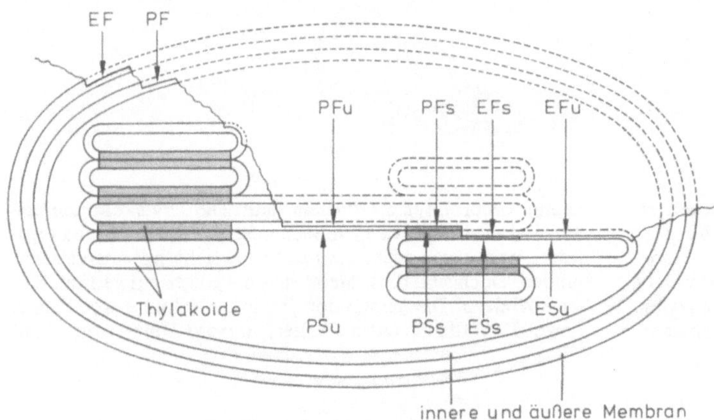

Abb. 31.13. Diagramm zur Charakterisierung der Membranoberflächen und -seiten nach Gefrierätzbehandlung. Die Bezeichnungen beruhen auf einer von Branton et al. vorgeschlagenen Nomenklatur. *P,* dem Protoplasma (Cytoplasma, Stroma) zugekehrte Membranflächen; *E,* dem exoplasmatischen Lumen zugekehrte Membranflächen; *F,* Membraninterne Fraktur; *S,* Oberfläche (*surface*) der Membran; *s, stacked:* Membranteile in gestapelten Membranen; *u, unstacked:* Membranteile in nichtgestapelten Membranen (Staehelin, 1976)

Abb. 31.14. **a** Durch Gefrierätztechnik hergestelltes Präparat von Thylakoidmembranen aus Chloroplasten des Spinats. Die flachen, z.T. runden Membranen von zwei Granastapeln (*links* und *rechts*) scheinen durch tubulär geformte Membranen des Stromabereiches verbunden zu sein. Die einander komplementären Oberflächen PFu und EFu gehören den nicht gestapelten Bereichen an, PFs und EFs sind für gestapelte Membranen charakteristisch. Die EFs-Fläche enthält große 160 Å Partikel (Abkürzungen s. Abb. 31.13). (Aufn. Staehelin, Boulder, Colorado, 1976). Vergr. 72.000fach. **b** Durch Gefrierätztechnik hergestelltes Präparat von Thylakoidmembranen. In ES-Flächen findet man neben zufällig verteilten 160 Å-Partikeln Bereiche, in denen sie in einem regelmäßigen Muster in Form eines zweidimensionalen Kreises angeordnet sind. Man erkennt deutlich, daß die Partikel Tetramere sind. (Aufn. Staehelin, Boulder, Colorado, 1976). Vergr. 135.000fach

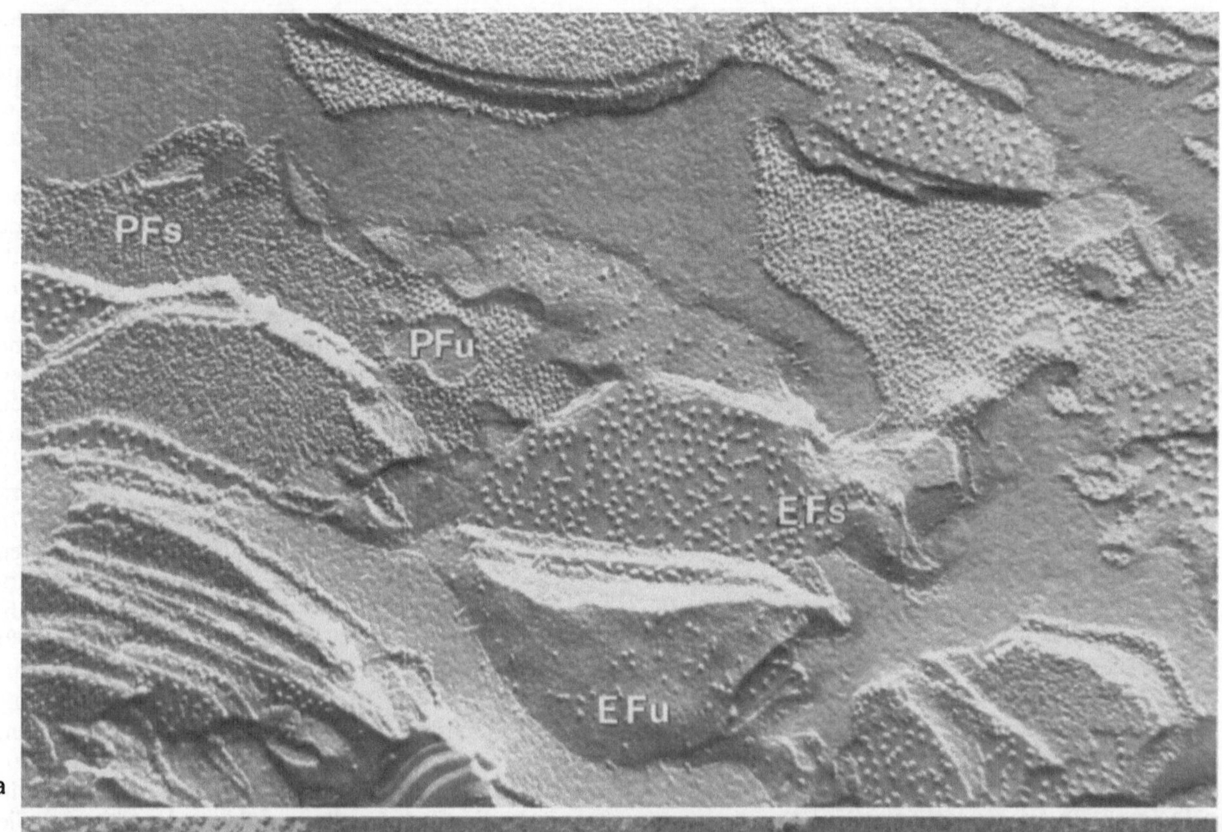

a

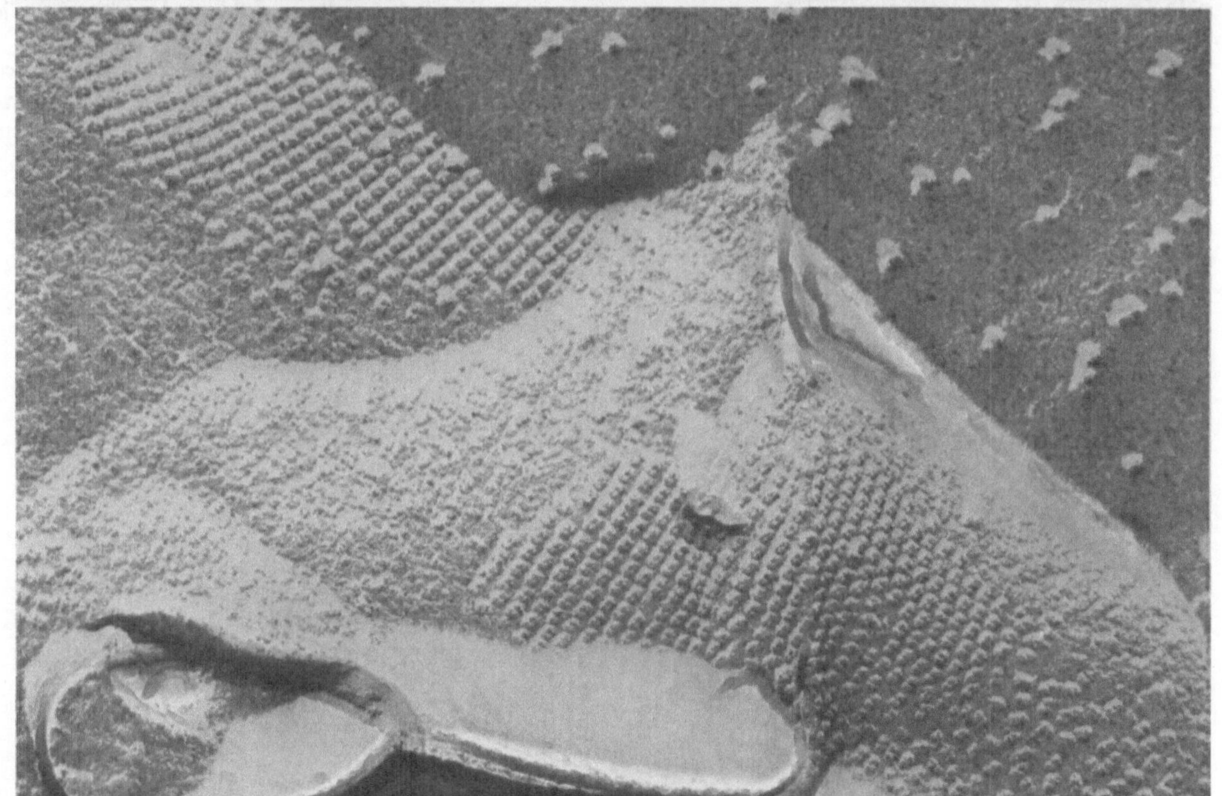
b

Um Mißverständnissen vorzubeugen, haben Branton et al. eine Nomenklatur vorgeschlagen, welche die in Frage kommenden Flächen bezeichnet (s. dazu Abb. 31.13). Diese sind durch mehrere charakteristische Merkmale, die elektronenmikroskopisch recht leicht auszumachen sind, gekennzeichnet (siehe Abb. 31.14 a und b). Ein auffallendes Kennzeichen von gestapelt vorliegenden Membranbereichen sind große Partikel: ∅ 160 Å ± 10 Å (Branton und Park, 1967; Goodenough und Staehelin, 1971; Miller, 1976). Nichtgestapelte Membranen enthalten nur wenige Strukturen dieser Größe. Alle Membranbereiche enthalten kleinere Partikel (∅130 Å ± 10 Å, 105 Å ± 10 Å), deren Verteilung von der Stapelung unabhängig ist. Die 160 Å-Partikel gehören nicht nur einer, sondern zwei aneinanderliegenden Membranen an, sie reichen durch beide hindurch, verzahnen sie (siehe Abb. 31.15 und 31.16) und sind damit geeignete Kandidaten für die Stabilisierung der Granastruktur. Eine solche Stabilisierung haben wir bei den bisher besprochenen Membransystemen noch nicht kennengelernt. Diese Art der Stapelung ist auch nicht gerade häufig. Als ein weiteres Beispiel hierfür können wir die Membranen der Myelinscheide nennen, von denen das Axon eines Neurons umgeben ist.

Jene Membranen sind im Gegensatz zu den Chloroplasten- und Mitochondrienmembranen jedoch relativ protein- und funktionsarm. Die einzige ihnen zugeordnete Funktion ist die Isolierung der Axonmembran. Kürzlich wurde gezeigt, daß die wenigen dort vorkommenden Proteine in einer ähnlichen Weise organisiert sind, wie wir gerade am Besipiel der Chloroplastenmembranen besprochen haben. Auch dort dienen die Proteine dazu, übereinanderliegende Membranlagen zu fixieren.

Welche weiteren Funktionen haben die beobachteten Partikel? Die Analyse von Defektmutanten der Photosynthese und von Chloroplasten mit rudimentären Grana erlaubt es, den Partikeln eine funktionelle Bedeutung zuzuschreiben. Das Stapeln ist mit der Zunahme großer Partikel korreliert, ohne daß die Photosyntheseaktivität davon betroffen wäre.

In den Mesophyllzellen von *Zea mays* liegen „normale" Chloroplasten, in Zellen der Gefäßbündelscheide Chloroplasten mit schlecht geordneten Grana. Sie enthalten genauso viele der kleinen Partikel wie die „normalen", doch die Zahl der großen ist auf 40% reduziert. Biochemische Untersuchungen weisen auf eine starke Verminderung der PS II-Aktivität in diesen Chloroplasten hin, so daß eine Korrelation zwischen dem PS II und dem Vorkommen der großen Partikel naheliegt (K.R. Miller et al., Harvard University, 1977). Im Stromabereich sind kleine Partikel angereichert, die nur PS I-Aktivitäten tragen. K.R. Miller wies 1976 nach, daß die großen Partikel tetramere Einheiten sind, denen das lichtsammelnde Chlorophyll a/b-Protein angelagert ist. Die großen Partikel bilden sich während des Stapelns. (Was ist Ursache, was ist Wirkung?) Die Assoziation ist reversibel, für die Bildung der Partikel werden Mg^{2+}-Ionen benötigt. Das Verhältnis Chlorphyll a/b in Membranfraktionen mit normalen, ungestapelten oder artifiziell gestapelten (reassoziierten) Membranen weist darauf hin, daß der Beweglichkeit der Partikel eine Beweglichkeit der Chlorophylle parallelläuft (Staehelin, 1976).

In Abb. 31.11 hatten wir eine Chlorophyll b-Defektmutante der Gerste kennengelernt, der das lichtsammelnde Chlorophyll a/b-Protein fehlt, die aber dennoch Grana ausbildet. Auch diese enthalten große Partikel, welche allerdings wegen des Fehlens des

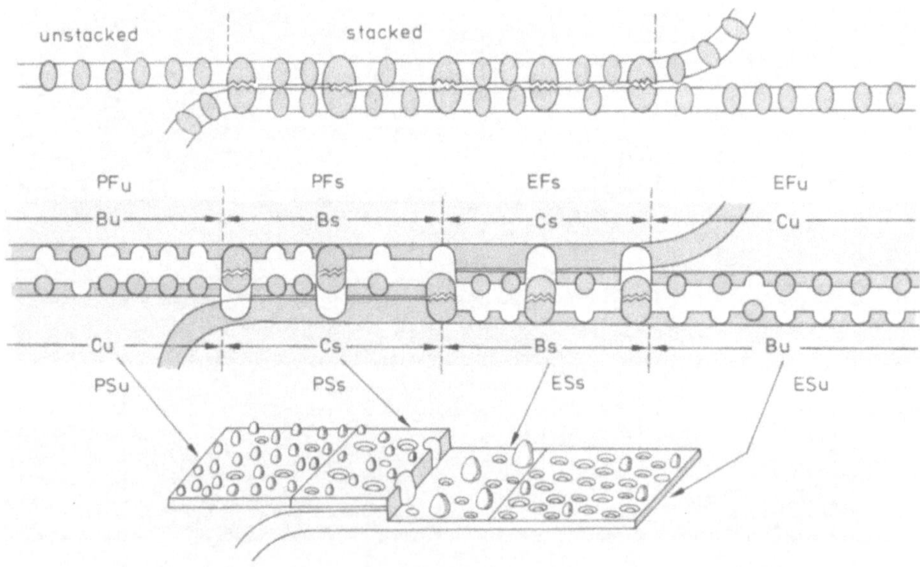

Abb. 31.15. Chloroplastenmembranen im Bereich benachbarter Thylakoide, die partiell gestapelt und miteinander verzahnt sind. Bezeichnung: Alte und neue Nomenklatur (s. Abb. 31.13) (Goodenough und Staehelin, 1971)

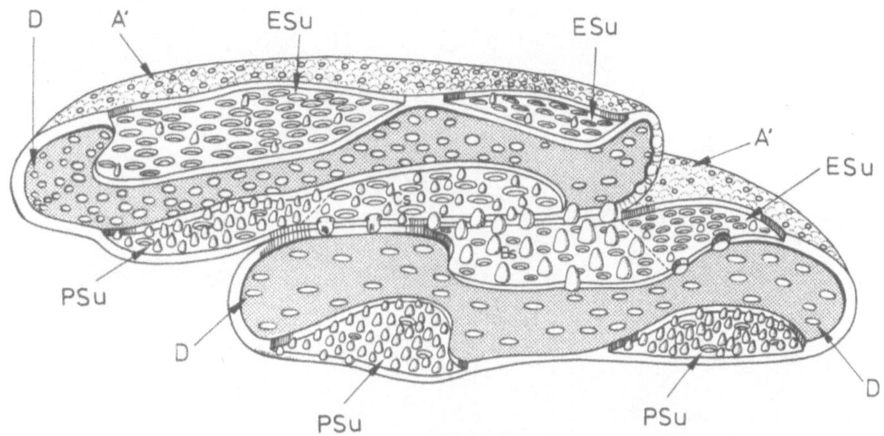

Abb. 31.16. Schematisches Diagramm zweier Thylakoide aus Chloroplasten, an denen sowohl gestapelte als auch nicht gestapelte Membranbereiche zu erkennen sind (Goodenough und Staehelin, 1971)

lichtsammelnden Chlorophyll a/b-Proteins eine andersartige Konformation annehmen und nicht an allen Membranflächen gleich gut exponiert sind.

Literatur

Bengis, C., Nelson, N.: Purification and properties of the photosystem I reaction center from chloroplasts. J. Biol. Chem. *250,* 2783 (1975)

Boyer, P.D., Chance, B., Ernster, L., Mitchell, P., Racker, E., Slater, E.C.: Oxydative phosphorylation and photophosphorylation. Annu. Rev. Biochem. *46,* 955 (1977)

Fenna, R.E., Matthews, B.W.: Chlorphyll arrangement in a bacteriochlorophyll protein from Chlorobium limicola. Nature (London) *258,* 573 (1975)

Goodenough, U.W., Staehelin, L.A.: Structural differentiation of stacked and unstacked chloroplast membranes. J. Cell Biol. *48,* 594 (1971)

Gräber, P., Witt, H.T.: Relations between the electrical potential, pH gradient, proton flux and phosphorylation in the photosynthetic membrane. Biochim. Biophys. Acta *423,* 141 (1976)

Green, D.E., Blondin, G.A.: Molecular mechanism of mitochondrial energy coupling. BioScience *28,* 18 (1978)

Halliwell, B.: The chloroplast at work. A review of modern developments in our understanding of chloroplast metabolism. Prog. Biophys. Mol. Biol. *33,* 1 (1978)

Hinkle, P.C., McCarty, R.E.: How cells make ATP. Sci. Am., März 1978, S. 104

Koukl, J.F., Vorbeck, M.L., Martin, A.P.: Mitochondrial three-dimensional form in ascites tumor cells during changes in respiration. J. Ultrastruct. Res. *61,* 158 (1977)

Miller, K.: A particle spanning the photosynthetic membrane. J. Ultrastruct. Res. *54,* 159 (1976)

Miller, K.R., Miller, G.J., McIntyre, K.R.: The light-harvesting chlorophyll-protein complex of photosystem II. J. Cell Biol. *71,* 624 (1976)

Miller, K.R., Miller, G.J., McIntyre, K.R.: Organization of the photosynthetic membrane in maize mesophyll and bundle sheath chloroplasts. Biochim. Biophys. Acta *459,* 145 (1977)

Nagle, J.F., Morowitz, H.J.: Molecular mechanisms for proton transport in membranes. Proc. Natl. Acad. Sci. USA *75,* 298 (1978)

Racker, E.: Reconstitution, mechanism of action and control of ion pumps. Biochem. Soc. Trans. *3,* 27 (1975)

Racker, E.: Structure and function of ATP-driven ion pumps. Trends in Biochem. Sci. *1,* 244 (1976)

Siedow, J.N., San Pietro, A.: Studies on photosystem I. Arch. Biochem. Biophys. *164,* 145 (1974)

Staehelin, L.A.: Reversible particle movements associated with unstacking and restacking of chloroplast membranes in vitro. J. Cell Biol. *71,* 136 (1976)

Thornber, J.P.: Chlorophyll-proteins: Light harvesting and reaction center components of plants. Annu. Rev. Plant Physiol. *26,* 127 (1975)

Trebst, A.: Energy conservation in photosynthetic electron transport of chloroplasts. Annu. Rev. Plant Physiol. *25,* 423 (1974)

Williams, R.J.P.: Energy states of proteins, enzymes and membranes. Proc. R. Soc. Lond. B *200,* 353 (1978)

Witt, H.: Zur Biophysik der Photosynthesemembran. Naturwiss. Rundsch. *31,* 102 (1978)

Yoshida, M., Okamoto, H., Sone, N., Hirata, H., Kagawa, Y.: Reconstitution of the thermostable ATPase capable of energy coupling from its purified subunits. Proc. Natl. Acad. Sci. USA *74,* 936 (1977)

Elektronenmikroskopische Aufnahme (*negative staining*) von Chloroplasten der Grünalge *Nitella*, die an Aktinfilamenten aufgereiht sind. Diese geordnete Assoziation der Zellorganellen mit Aktinfilamenten verursacht die gerichtete Wanderung der Organellen im Plasma der Pflanzenzelle. Diese Wanderung wird als Ausdruck einer Protoplasmaströmung angesehen (s.a. Abb. 32.15). Der Maßstab im Bild entspricht 10 μm. (Aufn. Kersey, San Francisco, 1976)

Cytoskelette und Kontraktile Strukturen

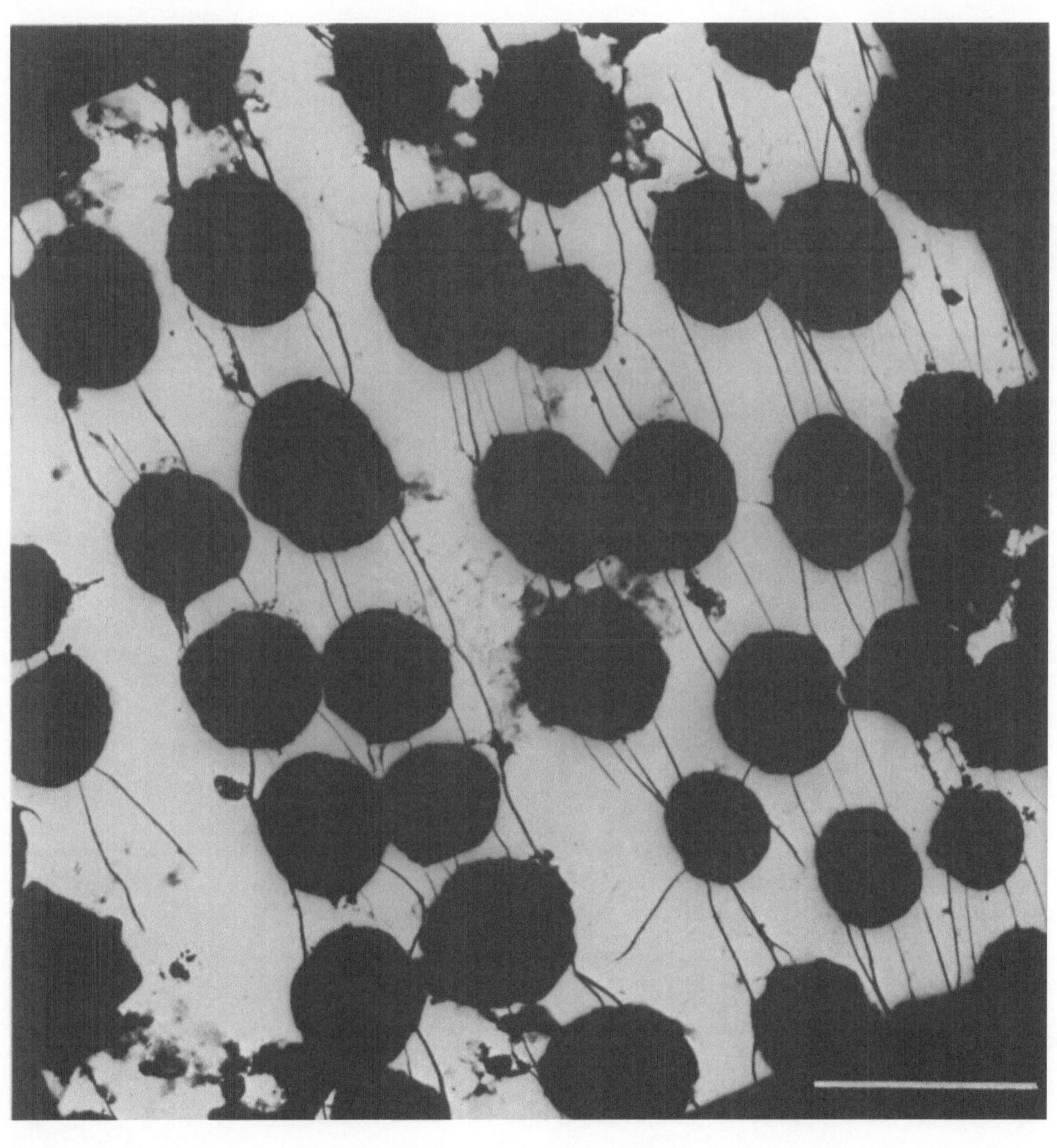

32. Mikrofilamente; Aktin und Myosin

Wir kennen eine Vielzahl von Bewegungsformen in Zellen, von Zellen, in und von vielzelligen Organismen. Muskeln sind Gewebe, Geißeln und Cilien sind Organellen, die auf Bewegungen spezialisiert sind. Immer wird dabei chemische Energie in mechanische umgewandelt. Die hieran beteiligten Moleküle sind meist zu gestreckten Aggregaten, den sog. kontraktilen Strukturen, vereint. Man erkennt sie im Elektronenmikroskop, im Phasenkontrastmikroskop und nach Einsatz fluoreszierender Antikörper auch im Fluoreszenzmikroskop. Kontraktile Strukturen sind nicht nur an Bewegungen beteiligt; auch die Festigkeit und Form der Zellen wird durch sie gewährleistet, sie bilden ein Cytoskelett. Grundsätzlich unterscheidet man in eukaryotischen Zellen zwischen den Mikrofilamenten und den Mikrotubuli. Erstere bestehen vornehmlich aus Aktin, letztere aus Tubulin (s. Kap. 34). Kürzlich wurden noch weitere Typen entdeckt (intermediäre Filamente, s. Kap. 34). In den Geißeln prokaryotischer Zellen finden wir Flagellin, dessen Besonderheiten wir zuletzt besprechen werden (s. Kap. 35).

Aktin

Aktin und Myosin sind praktisch in allen eukaryotischen Zellen zu finden. Bekannt geworden sind sie durch ihr Vorkommen im quergestreiften Muskel. Dort machen sie einen beträchtlichen Teil des Zellproteins aus (40%) und liegen in einer spezifischen, regelmäßigen Anordnung vor (s. Abb. 32.1). Diese Struktur ist die Voraussetzung für kooperativ ablaufende, synchronisierte Prozesse. Das Aktin ist ein globuläres Molekül mit dem Molekulargewicht von 43.500. Die Aminosäuresequenz des Aktins aus Skelettmuskelzellen ist bekannt, die Kette besteht aus 375 Aminosäureresten (Elzinga et al., Boston, 1973). Sequenzen einiger cytoplasmatischer Aktine liegen ebenfalls vor. Die Ketten enthalten die gleiche Anzahl an Aminosäuren wie das Skelettmuskelaktin, sie unterscheiden sich von ihm jedoch in etwa 25 Aminosäurepositionen (Elzinga et al., 1976; Vandekerckhove und Weber, 1978). Aktin kann in zwei Formen, als monomeres Aktin (globuläres Aktin: G-Aktin) und als Aggregat (fibrilläres Aktin: F-Aktin) auftreten. Die Polymerisation läuft unter ATP-Verbrauch ab. Das Aggregat wird durch zwei umeinandergewundene Helices mit der Ganghöhe von 365 Å gebildet (siehe Abb. 32.2). In dieser Form finden wir es auch in der Muskelzelle (Muskelfibrille). Die Aktinhelices bilden dort die dünnen Filamente (Aktinfilamente). Im Cytoplasma der meisten anderen Zellen liegt es im Gleichgewicht als G-Aktin und als F-Aktin vor. Das Antibiotikum Cytochalasin B unterbindet die geregelte Aggregation, das Phalloidin, ein Gift des grünen Knollenblätterpilzes (*Amanita phalloides*), stabilisiert die aggregierte Form. 0.6 M KJ dissoziiert F-Aktin,

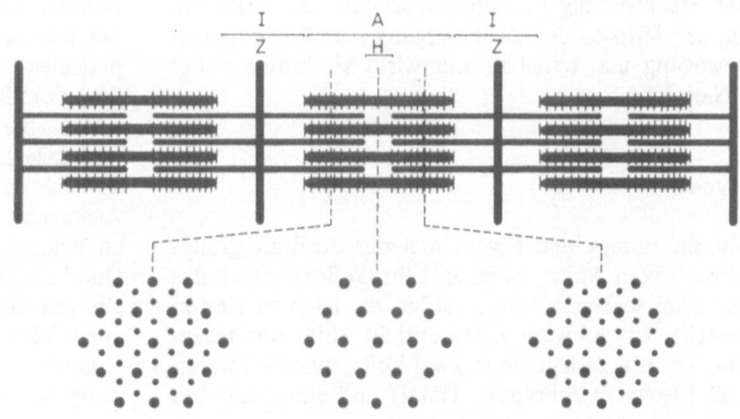

Abb. 32.1. Schematische Darstellung der Anordnung dicker und dünner Filamente (Myosin und Aktin) im Skelettmuskel. Die Interaktion erfolgt über Querbrücken, die ihrerseits Bestandteile des Myosins sind. *I, A* und *H* sind Bezeichnungen für licht- und elektronenmikroskopisch erkennbare Querbanden. *Z* steht für Z-Linie. Die Einheit, die von zwei Z-Linien eingeschlossen wird, heißt Sarkomer (Huxley, 1969)

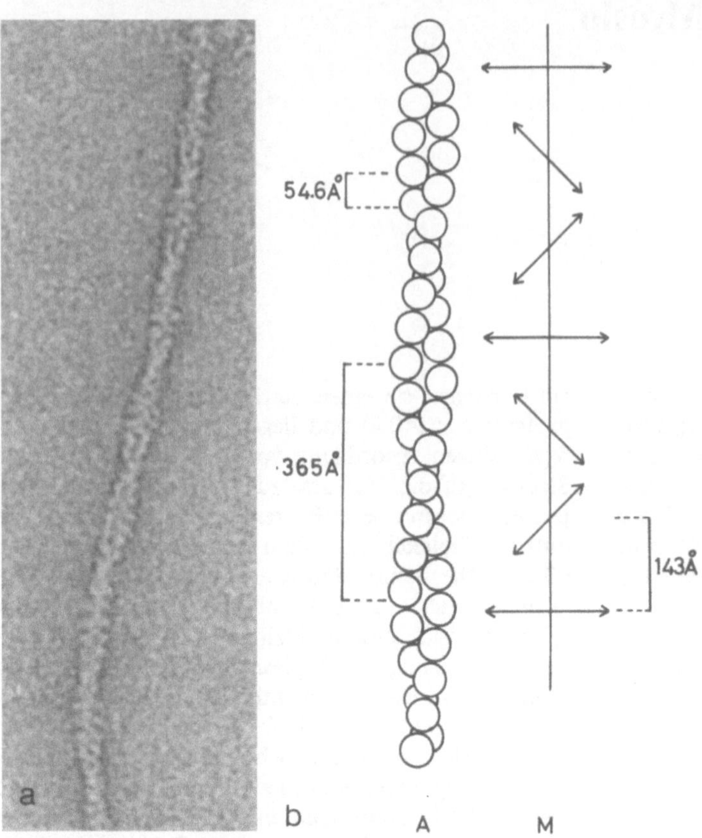

Abb. 32.2 a und b. Aktinfilament. **a** Elektronenmikroskopische Aufnahme. **b** Diagramm: Ein Filament besteht aus zwei umeinandergewundenen Strängen aus globulären Einheiten (G-Aktin) (Huxley, H.E., Cambridge, 1972)

verliert aber nach Phalloidineinwirkung seinen Einfluß. Daraus ist zu schließen, daß eine Depolymerisation ebenso essentiell wie eine Polymerisation ist und daß das Pilzgift in ein Gleichgewicht eingreift und die Funktion der Zelle damit irreversibel zerstört. Klinisch ist der Effekt allerdings ohne Bedeutung, denn nach einer Pilzvergiftung stirbt man an Hämolyse, lange bevor der Aktineffekt wirksam wird. In Fibroblastenzellen macht das Aktin 8,5% und in Neuriten 10–15% des Zellproteins aus. Aktin hat sich im Verlauf der Evolution nur wenig verändert, es muß wohl einen außerordentlich starken Selektionsdruck auf Beibehaltung seiner Struktur geben. Es übt eine Anzahl von Funktionen aus, so ist dieses Protein an der Stabilisierung und an Änderungen der Zellform, an der Mitose, der Zellbewegung, der Protoplasmabewegung u.a. beteiligt und wirkt als Inhibitor der DNase I.

Myosin

Myosin unterscheidet sich in seiner Struktur grundsätzlich vom Aktin. Es ist ein sehr großes Protein, das aus zwei schweren und zwei bis vier leichten Ketten besteht. Die schwere Kette enthält 1800 Aminosäuren. Trypsin zerlegt sie in zwei Teile, einen schweren Teil (*heavy meromyosin:* HMM) und einen leichten (*light meromyosin:* LMM). Das HMM kann durch Papaineinwirkung nochmals in drei Teile unterteilt werden, von denen zwei identisch sind und eine globuläre Struktur mit einer ATPase-Aktivität enthalten. Die dritte liegt, wie auch das LMM, in einer α-Helix-Struktur vor. Die α-Helices von zwei Myosinmolekülen sind umeinandergewunden und bilden eine strukturelle Grundeinheit (s. Abb. 32.3 und 32.4). Mit dem globulären Anteil sind je nach Herkunft des Myosins zwei bis drei kleine, leichte Polypeptidketten assoziiert. Ihre Molekulargewichte liegen zwischen 16.000 und 21.000 (23.000). Dieser Teil des Gesamtmoleküls, auch Kopf genannt, reagiert mit dem Aktin. In einer Muskelfaser liegen die Myosinmoleküle in Bündeln zusammen, die als dicke Filamente bezeichnet werden. Sie sind dadurch gekennzeichnet, daß die helicalen Anteile der Moleküle aneinanderliegen und die globulären aus dem Bündel herausschauen und somit eine charakteristische Struktur ausbilden. Die Moleküle liegen gegeneinander versetzt und Schwanz an Schwanz. Als Folge davon entstehen bipolare Aggregate, die in der Mitte kopffrei sind, während sie an beiden Polen Köpfe tragen. Die Köpfe bilden die Querbrücken (*cross-bridges*), durch welche die Myosin- mit den Aktinfilamenten verbunden sind. Aufeinanderfolgende Querbrückenpaare sind um 120° gegeneinander versetzt (s. Abb. 32.5). Für die Wechselwirkung mit dem F-Aktin braucht man kein intaktes

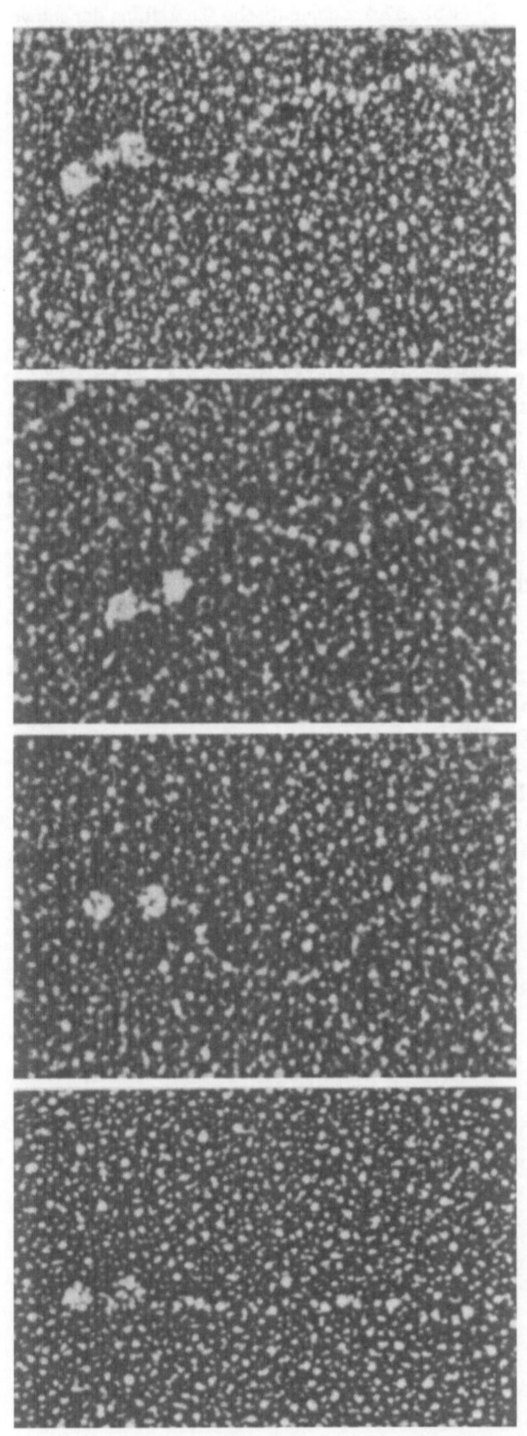

Abb. 32.3. a Elektronenmikroskopische Aufnahmen isolierter Myosinmoleküle (Dimere). Man erkennt die zweiteilige Struktur: zum einen den gestreckten (flexiblen) Anteil (bestehend aus zwei umeinandergewundenen Helices) und zum anderen den globulären Anteil (Kopf). Jedes der beiden Moleküle steuert einen davon zur Struktur des Dimers bei. Vergr. 316.000fach. (Aufn. Slayter und S. Lowey, 1967). b Synthetische Myosinfilamente unterschiedlicher Länge (2500–4500 Å). Charakteristisches Merkmal der Myosinfilamente: Köpfe erscheinen als Projektionen an den Enden der Aggregate. Präparationstechnik: *Negative staining.* (Aufn. H.E. Huxley, Cambridge, 1972)

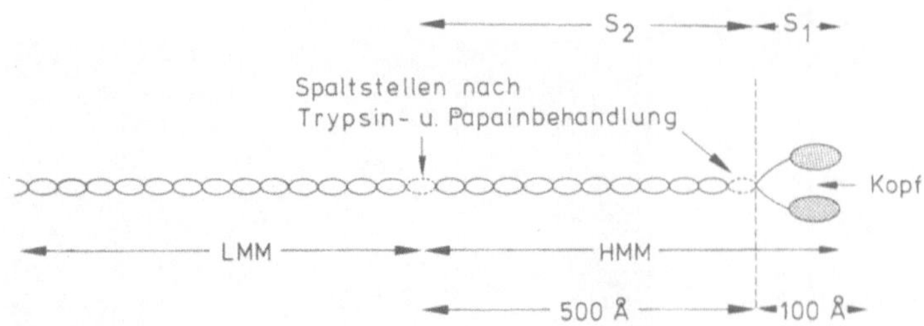

Abb. 32.4. Schematische Darstellung der schweren Kette zweier zum Dimer vereinigter Myosinmoleküle, bestehend aus je einem helicalen Anteil und einem Kopf mit der ATPase-Aktivität. *HHM*, Heavy Meromyosin; *LMM*, Light Meromyosin. (Nach Slayter und Lowey, 1967)

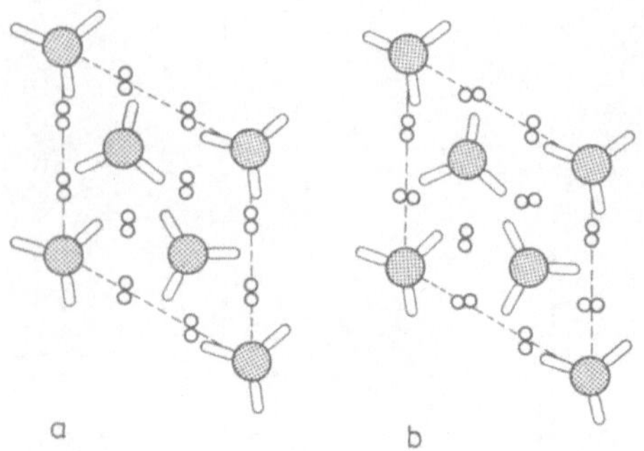

Abb. 32.5 a und b. Querschnitt durch eine hexagonale Anordnung von Aktinfilamenten (*Doppelringe*). Das Diagramm gibt beide denkbaren Anordnungen von Aktin- und Myosinfilamenten (*große Strukturen*) wieder. Bei a sind alle Aktinfilamente gleichartig orientiert, bei b sind Nachbarn um den Winkel von 90° gegeneinander gedreht. Die *Cross-bridges* sind als Arme an den Myosonfilamenten eingezeichnet (Squire, 1974)

Myosinmolekül, der HMM-Anteil genügt. Elektronenmikroskopisch erkennt man dann recht charakteristische, pfeilspitzenförmige Strukturen (s. Abb. 32.6). Da diese Strukturen spezifisch sind, verwendet man HMM zum Nachweis von Aktin in unbekannten Proben. Aufgrund des spezifischen Musters kann man dann mit ziemlicher Sicherheit behaupten, die Probe enthalte Aktin.

Myosin ist, wie das Aktin, nicht nur aus Skelettmuskeln, sondern auch aus zahlreichen anderen Zelltypen isoliert worden, in denen es allerdings in der Regel in geringeren Mengen vorliegt als Aktin. In Gehirnzellen macht das Myosin 0,5%,(im Vergleich zu 10% Aktin), in Fibroblastenzellen ca. 3% des Gesamtproteins aus.

Myosine verschiedener Herkunft ähneln einander, und SDS-gelelektrophoretisch sind sie kaum voneinander zu trennen, was auf nahezu gleiche Molekulargewichte zurückzuführen ist. Unterschiedlich ist die

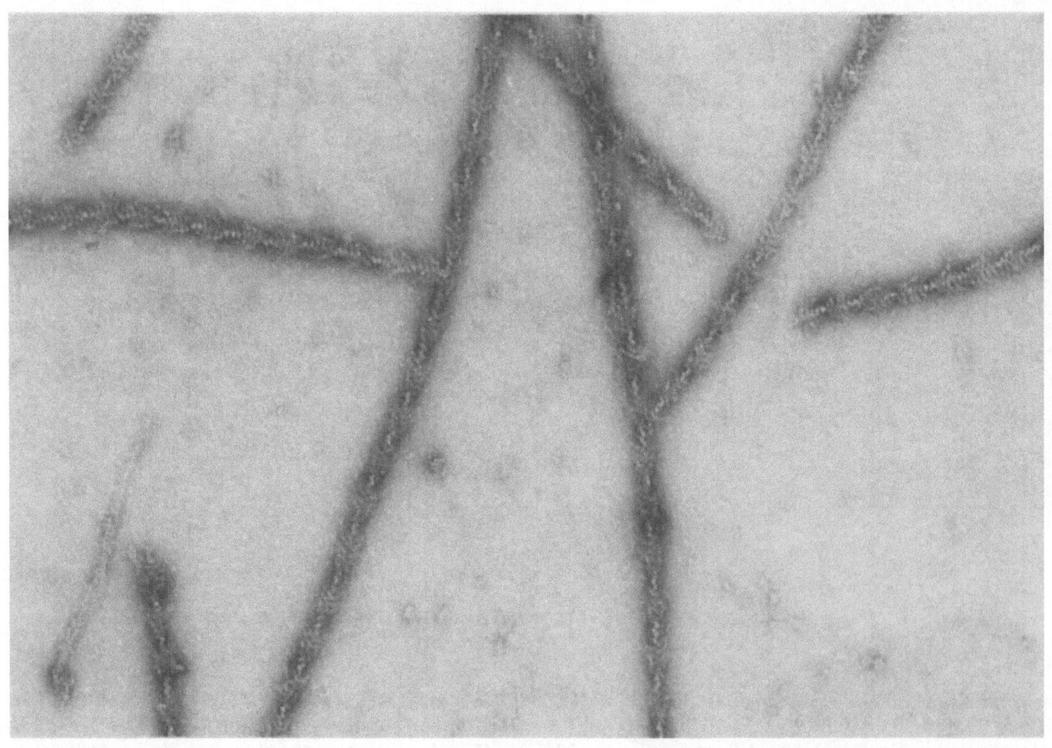

Abb. 32.6. Komplex aus Aktinfilamenten und der S1-Untereinheit des Myosins. Elektronenmikroskopisch sind pfeilspitzenförmige Strukturen erkennbar. Präparation: *Negative staining*. Vergr. 148.000fach. (Aufn. Huxley, H.E., Cambridge 1972)

Aminosäurezusammensetzung in Teilen des HMM. Burridge und Bray (Medical Research Council, Laboratory of Molecular Biology, Cambridge/Engl.) haben Myosin aus Skelettmuskeln, glatten Muskeln, Gehirnzellen, der Niere, den Blutplättchen und Fibroblasten isoliert und charakterisiert. Man kann aus dem Cytoplasma der verschiedenen Zelltypen mindestens zwei Myosintypen isolieren, die man als Gehirn-Myosin und als Blutplättchen-Myosin bezeichnet. Sie kommen in den verschiedenen Geweben in unterschiedlichen Verhältnissen zueinander vor. Da jeder Zelltyp verschiedene Funktionen auszuüben hat, wird verständlich, daß sich hierauf auch verschiedene Myosine spezialisiert haben. Qualitativ ähneln die Funktionen einander. Myosin aus Gehirnzellen bildet mit dem Aktin der Muskelzellen die typischen pfeilspitzenförmigen Strukturen. Seine ATPase-Aktivität wird durch Zugabe des Muskelaktins gesteigert. Das Aggregationsvermögen der verschiedenen Typen ist jedoch unterschiedlich. Gehirn-Myosin aggregiert im Gegensatz etwa zum Myosin aus Skelettmuskelzellen zu parakristallinen Strukturen. Myosin aus Nichtmuskelzellen verschiedenster Herkunft gibt mit Skelettmuskelmyosin keine immunologische Kreuzreaktion. Ersteres bildet nur sehr kurze Polymere (bipolare Filamente) (0,3 μm), letzteres lange (~ 1–3 μm). Weitere Unterschiede liegen in der Anzahl der Myosinmoleküle pro bipolarem Filament. In Skelettmuskelzellen enthält eines etwa 400 Moleküle, in Nichtmuskelzellen nur 28. Darüberhinaus unterscheiden sie sich in der Zusammensetzung der assoziierten leichten Ketten. In allen cytoplasmatischen Myosinen kommen nur zwei verschiedene niedermolekulare Komponenten vor. Im Myosin der Gehirnzellen ist eine dritte Komponente nachgewiesen worden, die sich deutlich von den analogen Ketten des Skelettmuskelmyosins unterscheidet (Molekulargewicht 23.000). Ihr Vorkommen scheint auf das Nervensystem beschränkt zu sein. Myosine gleichen einander in Teilen des globulären Molekülanteils, womit eine gleichbleibende ATPase-„Grundaktivität" gewährleistet ist. Sie wird den hohen Ansprüchen in Skelett- und Herzmuskeln nicht gerecht, so daß man fordern muß, daß mit der Evolution dieser Gewebetypen eine Steigerung der Aktivität einherging.

Hinzu kommt, daß in Skelettmuskeln der Mammalia sog. langsame und schnelle Myosine gefunden wurden. Während früher Entwicklungsstadien der Muskelzellen kommen beide Typen (Isoenzyme) nebeneinander vor. Später kommt es zu einer Segregation in schnelle und langsame Fasern (Zellen). Das langsame Myosin dominiert, wenn die Muskelbewegung langsam ist und wenn die Fasern durch mehrere Neuronen innerviert werden. Die Synthese dieses Myosins wird abgeschaltet, sobald die Anforderungen an die Zellen steigen und die Fasern durch einzelne Motoneuronen innerviert werden (Gauthier, G.F., Lowey, S., Hobbs, A.W., 1978) (s. Abb. 32.7)

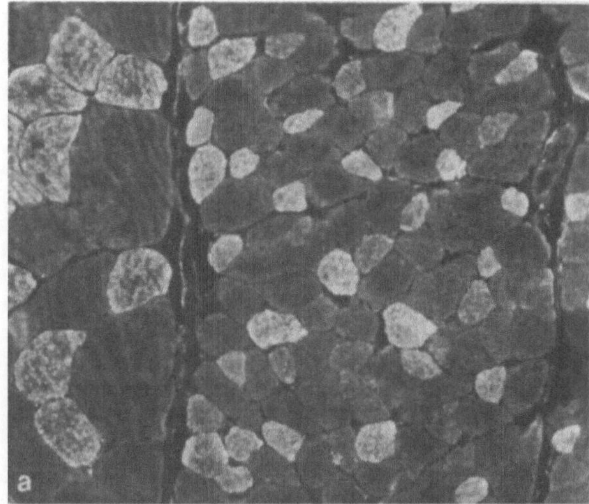

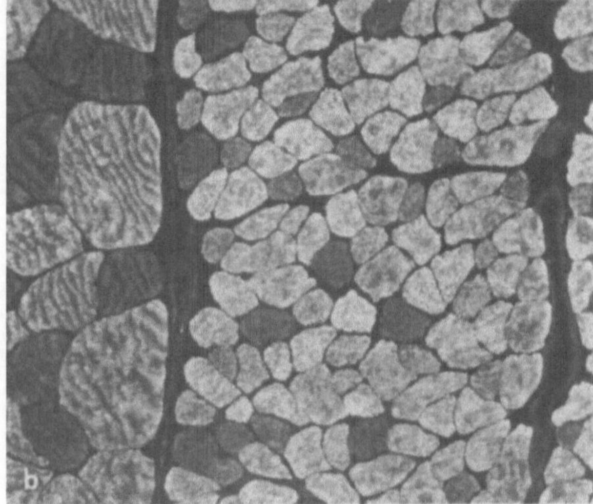

Abb. 32.7 a und b. In Muskelfasern kommen unterschiedliche Formen (Isoenzyme) des Myosins vor. Doch findet man in jeder einzelnen Muskelfaser nur einen Typ. In den Abbildungen sind Serienschnitte (transversal) durch das Diaphragma der Ratte zu erkennen. Die Myosine wurden durch indirekte Immunfluoreszenz sichtbar gemacht. a Markierung mit fluoreszenzmarkierten Antikörpern gegen „schnelles" Myosin, b fluoreszenzmarkierte Antikörper gegen „langsames" Myosin. Ausdifferenzierte (*links*) liegen neben sich entwickelnden Fasern (*rechts*). Fasern mit langsamem Myosin findet man auch im erwachsenen Tier. (Aufn. Gauthier et al., Wellesley und Waltham, Mass., 1978)

Mutanten von Muskelproteinen

Hotta und Benzer berichteten 1972 über eine *Drosophila*-Mutante mit einem Defekt der Struktur der Z-Linie in Flugmuskeln. Sie besteht aus α-Aktinin, Desmin und anderen Proteinen, die als Anker für die Anheftung der Aktinfilamente im Muskel und im Cytoplasma anderer Zelltypen dienen. Es versteht sich von selbst, daß ein Defekt in dieser Struktur zu einem Funktionsverlust des Muskels führen muß. Die beschriebene *Drosophila*-Mutante ist flugunfähig. Sie hält in „Ruhestellung" ihre Flügel nach oben gestreckt

– anstatt sie anzulegen – und wird deshalb *wings-up* (= *wup*) genannt.

Einen anderen Zugang auf der Suche nach Mutanten der Muskelproteine wählte Brenner (MRC Laboratory of Molecular Biology, Cambridge/Engl.). Er arbeitet mit dem Nematoden *Caenorhabditis elegans* und suchte nach Mutanten in seinem Bewegungsvermögen. Zahlreiche sind gefunden und von ihm beschrieben worden (s. Kap. 70). Von besonderem Interesse ist für uns hier die Mutante *unc-54 I,* die ein abartiges Myosin mit verkürzter schwerer Kette enthält. Das Molekulargewicht beträgt 203.000 anstatt 210.000. Die Verkürzung beruht auf einer Deletion, die sich im mittleren Teil des Moleküls auswirkt. Man findet dieses Myosin neben normalem in Zellen des Hautmuskelschlauchs, jedoch nicht in den Zellen des Pharynx. Auch das weist darauf hin, daß es für das Myosin mindestens zwei verschiedene Genloci geben muß, von denen der eine in den Zellen des Pharynx, der andere in den Zellen des Hautmuskelschlauchs den Hauptanteil des Myosins stellt.

Aktomyosin

Aktin und Myosin verbinden sich zum Aktomyosinkomplex. Es ist relativ schwierig, die Komponenten aus Muskelzellen getrennt zu isolieren. Erst als es 1951 Szent-Györgyi gelang, das Aktin durch KJ zu dissoziieren, wurde es möglich, Myosin in aktinfreier Form zu gewinnen.

Bei der Besprechung von Myosin haben wir zwar die ATPase-Aktivität erwähnt und gesagt, daß sie durch die Interaktion mit dem Aktin gesteigert werden kann, doch das allein erklärt noch nicht, wieso Aktin und Myosin als kontraktile Elemente wirken können. H.E. Huxley hat gezeigt, daß die Verkürzung eines Muskels auf einem teleskopartigen Aneinandervorbeischieben der dicken und der dünnen Filamente beruht. Die sich verkürzende Einheit ist das an beiden Enden durch die Z-Linie begrenzte Sarkomer. Das Modell der *Sliding filaments,* wie H.E. Huxley es nannte, beschreibt den Kontraktionsmechanismus, erklärt ihn jedoch nicht. Die Erklärung ist in der Umsetzung chemischer Energie in mechanische zu suchen. Die ATPase-Wirkung ist ein Glied der Kette, die Interaktion mit dem Aktin ein anderes. Zwei Befunde sind für uns für das weitere Verständnis von besonderem Interesse:

1. Im Ruhezustand ist der Muskel entspannt, da die Wechselwirkung zwischen Myosin, Aktin und dem ATP durch einen Regelmechanismus (s. folgendes Kapitel) unterbunden ist. Ca^{2+}-Ionen setzen ihn außer Aktion.
2. Bei ATP-Abwesenheit bleibt der Muskel in verkürztem Zustand, da Aktin und Myosin eine feste Bindung untereinander eingehen (Rigor).

Beides spricht dafür, daß ein funktionsfähiger Kontraktionsmechanismus nur dann existieren kann, wenn es die äußeren Bedingungen zulassen. Eine koordinierte Bewegung kommt dann zustande, wenn die daran beteiligten Elemente zeitweise arbeiten, sich zu anderen Zeiten jedoch entspannen.

Isoliertes Aktomyosin liegt in einem gelartigen Zustand vor. Bei Zugabe von ATP schrumpft das Gel. Das Aktomyosin geht in den Zustand eines fibrillären Präzipitats über. H.H. Weber, der dieses Phänomen als erster erkannte, nannte es Superpräzipitation. Molekular ist der Übergang durch Dehydrierung des Aktomyosinkomplexes zu verstehen. In den letzten Jahren wurde festgestellt, daß das Myosin als Folge der ATP-Spaltung Wasser verliert. Szent-Györgyi hat 1974 diese Beobachtung zur Grundlage einer Hypothese gemacht, die den Verkürzungsmechanismus deuten soll. Er nimmt an, daß vor allem der helicale Anteil des Myosinmoleküls seine Hydrathülle abstößt, sich damit kontrahiert und gleichzeitig das anheftende Aktinfilament mit sich reißt. Der Wasserverlust wäre damit der Übersetzungsmechanismus zwischen chemischer und mechanischer Energie. Auf molekularer Ebene würde demnach ein Ziehharmonikamechanismus vorliegen, wobei durch das Zusammenziehen helicaler Molekülteile Wasser herausgepreßt würde. Offensichtlich wird der kontrahierte Zustand durch die bei der ATP-Spaltung anfallende chemische Energie stabilisiert. Erst die Bindung eines weiteren ATP-Moleküls (ohne Spaltung!) entspannt den Muskel.

Aktin und Myosin im Cytoplasma nichtmuskulärer Zellen

Die Bedeutung von Aktin und Myosin sowie deren Organisation in eukaryotischen Zellen wurde in den letzten Jahren in steigendem Maße erkannt. Dazu bedurfte es geeigneter Nachweisverfahren. Lange Zeit herrschte die Meinung vor, es sei unmöglich, Antikörper gegen Aktin zu produzieren. 1974 setzten K. Weber und Lazarides (damals Cold Spring Harbor Laboratory) diesem Glauben ein Ende, indem sie Kaninchen mit denaturiertem Aktin immunisierten, welches sie vorher unter Zuhilfenahme der SDS-Gelelektrophorese gewonnen hatten.

Durch indirekte Anheftung eines Fluoreszenzfarbstoffs an die spezifischen Antikörper und Zugabe zu vorbehandelten – für Antikörper durchlässig gemachten – Zellen konnten Lazarides und K. Weber die Organisation aktinhaltiger Mikrofilamente in Fibroblastenzellen darstellen. Zugabe von HMM zu den Filamenten läßt pfeilspitzenförmige Strukturen erkennen, womit ein weiterer Beweis erbracht wurde, daß sie tatsächlich Aktin enthalten. Von Interesse sind jetzt mindestens zwei weitere Fragen: Einmal, wie sieht die Organisation des Aktins in transformierten Zellen aus, zum anderen, wie entwickeln sich diese organisierten Strukturen?

K. Weber et al. (Max-Planck-Institut für Biophysikalische Chemie, Göttingen) und Pollack (Harvard

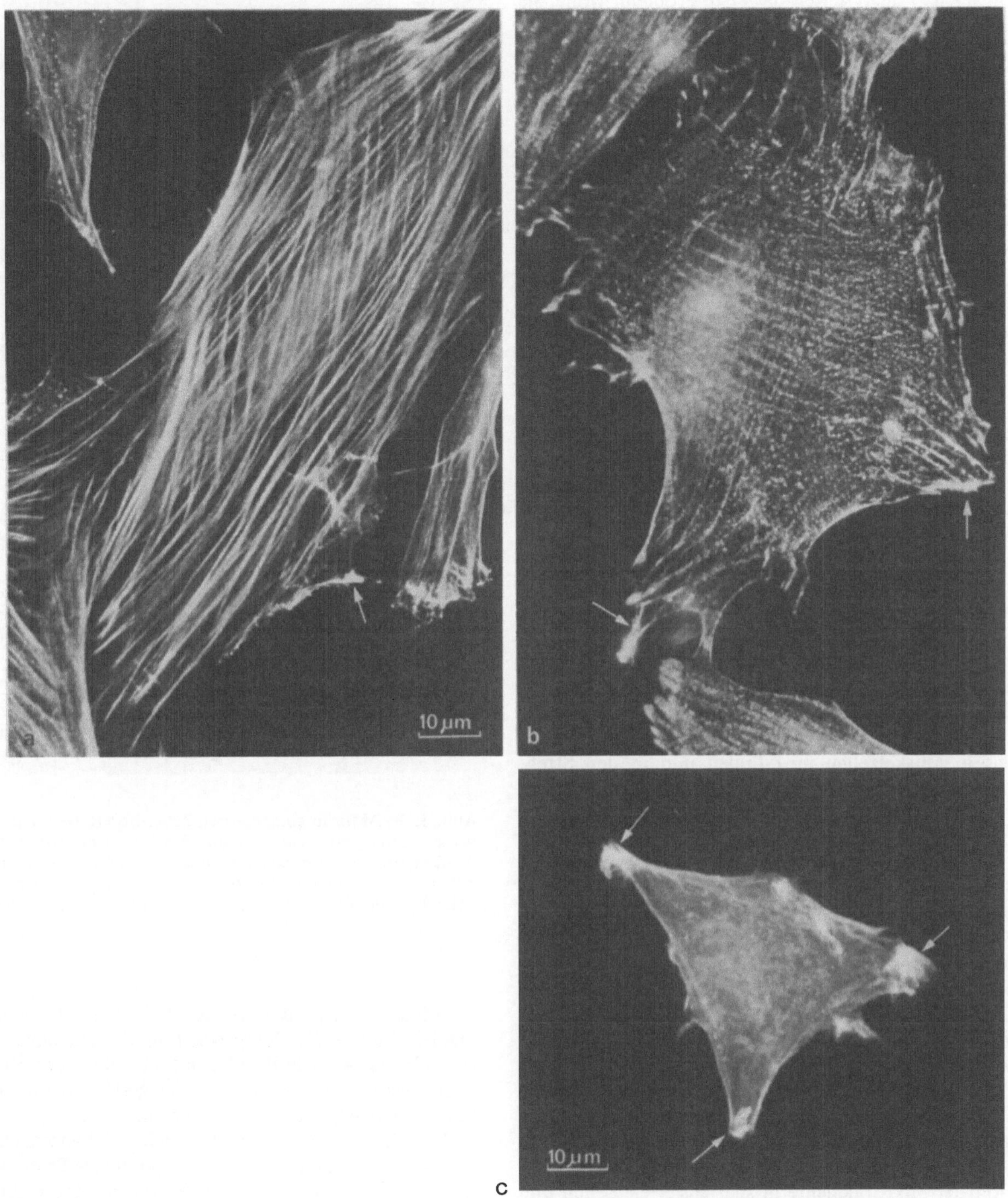

Abb. 32.8 a–c. Hühnerfibroblasten, inkubiert mit monospezifischem anti-Aktin (a) und anti-α-Aktinin (b), im indirekten Immunfluoreszenztest. a zeigt die dicken, aus parallelen Mikrofilamentbündeln aufgebauten „Aktin-Kabel" mit anti-Aktin homogen angefärbt; die Verteilung von α-Aktinin in diesen Kabeln ist dagegen auf periodische Abschnitte beschränkt, es entsteht ein Tüpfel- und Streifenmuster (b). Sowohl Aktin wie auch α-Aktinin sind an den Kontaktstellen von Zellmembrand und Unterlage konzentriert (*Pfeil*) und spielen bei der Anheftung der Zelle an die Unterlage eine Rolle. c Hühnerfibroblast nach Transformation mit Rous Sarcoma-Virus, inkubiert mit anti-Aktin. Die in a sichtbaren „Aktin-Kabel" sind nach Transformation verschwunden, die Zelle hat sich stark abgerundet. An mehreren Stellen (*Pfeile*) sind aktinhaltige Lamellen ausgebildet worden, ein Zeichen für die stark vermehrte Motilität einer Krebszelle. Mit dem Verschwinden der „Aktin-Kabel" geht eine verminderte Haftung an der Unterlage parallel. (Aufn. Boschek, Friis, B.M. Jockusch, Basel/Heidelberg, 1978)

University) analysierten das erste Problem, wobei sie 3T3-Zellen von Mäusen und Ratten mit SV 40-transformierten Zellen verglichen. In den 3T3-Zellen (Fibroblasten) sowie manchen anderen Zelltypen (Epithel- und Endothelzellen) organisieren sich die Mikrofilamente zu Bündeln, den sog. Streßfasern. Es sind übergeordnete Organisationsformen, die die Zellen von einem Ende zum anderen durchziehen. Sie haben nichts mit Bewegung zu tun, beeinflussen aber die Zellgestalt. Neben Aktin enthalten sie Myosin, α-Aktinin, Tropomyosin und andere Proteine. In transformierten Zellen fehlen sie, die Mikrofilamente sind diffus verteilt. Die Menge entspricht derjenigen in normalen Zellen (s. Abb. 32.8). Die Zellen zeichnen sich durch das Fehlen der Kontaktinhibition und Verlust der Verankerung an der Unterlage aus. Revertierte Zellen zeigen wieder das normale Bild. Durch Zugabe von Cytochalasin B zu normalen Zellen geht die Filamentstruktur verloren. Das Aktin sammelt sich zu sternförmigen Aggregaten. Nach Herauswaschen des Hemmstoffs wird die alte Struktur wiederhergestellt.

Lazarides (1976, seinerzeit Cold Spring Harbor Laboratory) beobachtete die Ausbildung der Filamente in frühen Entwicklungsstadien embryonaler Rattenzellen. Während der ersten Stunde nach Ansetzen der Kultur liegt etwa 40% des Aktins in Form eines regelmäßigen polygonalen Netzwerkes vor, das den Kern umgibt (s. Abb. 32.9). Die Knoten des Netzes enthalten α-Aktinin, das gleiche Protein also, das in Muskelzellen in Z-Linien und in den Streßfasern enthalten ist (s. Abb. 32.10 und 32.11).

Auch Aktin findet man in den Knoten, von dort breitet es sich sternförmig aus und bildet somit den Hauptanteil der Verbindungsstücke. Wie im Muskel ist Tropomyosin mit ihm assoziiert. Letzteres fehlt in den Knoten (s. Abb. 32.12). Die Auswertung zahlreicher Bilder führte zu dem Schluß, daß das *Assembly* und die Organisation der Mikrofilamente auf einer wechselseitigen Beziehung zwischen Aktin, α-Aktinin und Tropomyosin beruht. Beim Älterwerden der Zellen verschwindet das polygonal strukturierte Netzwerk und geht in die uns schon bekannte Struktur über. Die aktinhaltigen Filamente erreichen dabei die Plasmamembran, die Zellen flachen ab und verankern sich an der Unterlage.

Von besonderer Bedeutung ist auch die Organisation der Mikrofilamente in spezialisierten Zellen und ihre Wechselwirkung mit Membranen oder anderen Organellen der Zellen. Tilney und Mooseker (University of Pennsylvania, Philadelphia) untersuchten 1976 die Organisation des Aktins im Akrosom (der Spitze) von Spermienköpfen und in Mikrovilli von Darmepithelzellen. In beiden Fällen findet man Bündel parallel liegender Mikrofilamente (s. Abb. 32.13). Es stellt sich die Frage, wie diese an der Membran verankert sind. Auch hieran scheint das α-Aktinin beteiligt zu sein. Eine Verankerung erfolgt an den Spitzen, doch daneben findet man in Mikrovilli in periodischen Abständen Haftpunkte an den Seiten der Filamentbündel, die wie die Querbrücken in Muskeln aussehen (s. Abb. 32.14). Die Filamente sind stets gleich orientiert, was durch HMM-Zugabe festgestellt wurde, die Pfeilspitzen zeigten alle in die gleiche Richtung.

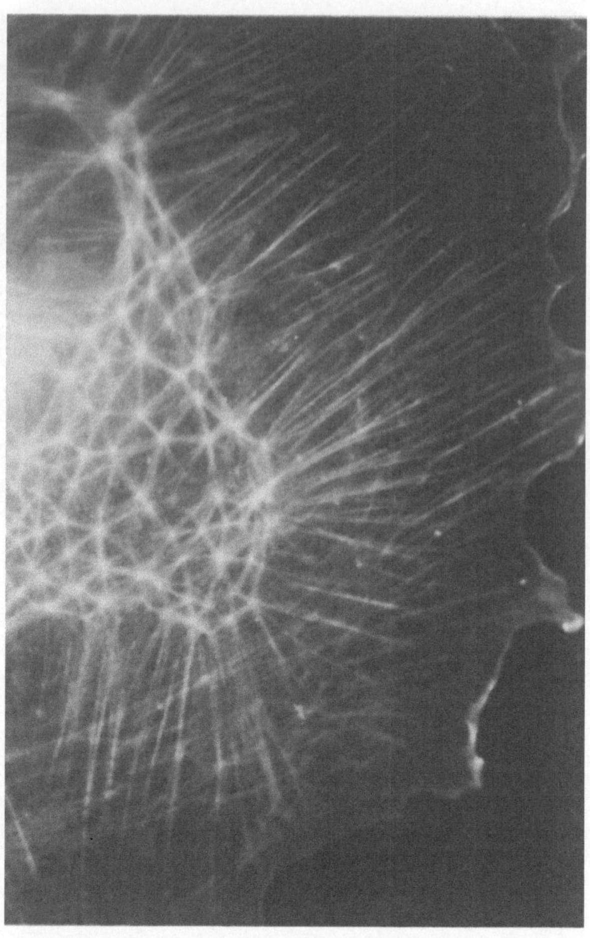

Abb. 32.9. Aktin in embryonalen Zellen von Ratten, nachgewiesen durch indirekte Immunfluoreszenz (mit anti-Aktin-Antikörpern). Das Netzwerk organisiert sich zunächst um den Zellkern herum und breitet sich von dort zu den Rändern der Zelle hin aus. (Aufn. Lazarides, Cold Spring Harbor, 1976)

Ein letztes Beispiel: In vielen Pflanzenzellen erkennt man eine deutliche und gerichtete Protoplasmaströmung. Die gerichtete Bewegung der Chloroplasten ist ein guter Indikator hierfür. In langgestreckten Zellen wie den Internodienzellen der Characecae (Armleuchteralgen) oder bei *Nitella* ist die Bewegung besonders gut erkennbar. Kersey und Wessells (Stanford University) fanden 1976, daß die Chloroplasten nicht, wie man es sich vorstellen würde, statistisch und unabhängig voneinander verteilt sind, sondern an aktinhaltigen Filamenten „aufgefädelt" sind (siehe Abb. 32.15). Die Fasern durchziehen die Zelle in ihrer ganzen Länge. Es sind vermutlich einzelne, extrem lange Mikrofilamente.

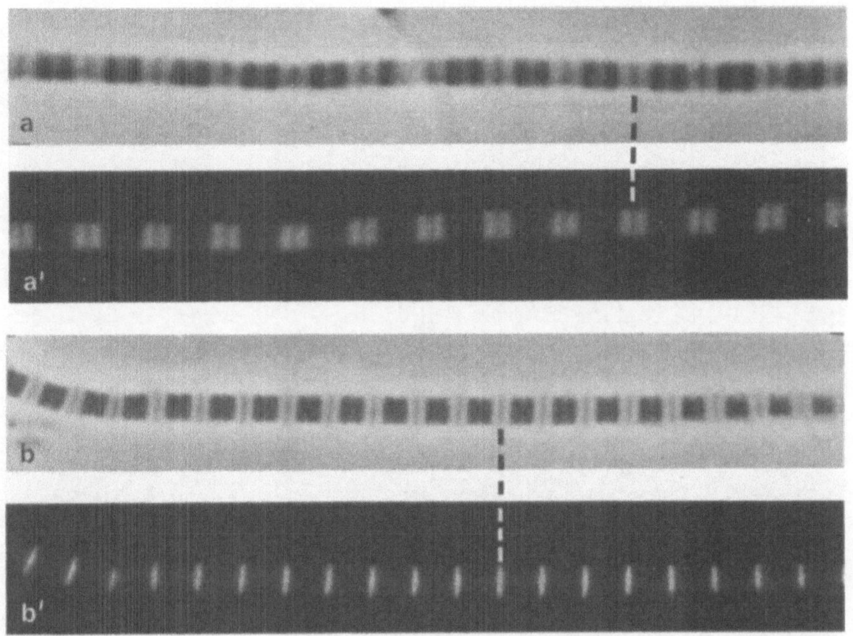

Abb. 32.10 a und b. Bindung von Antikörpern gegen kontraktile Proteine an isolierte, gestreckte Myofibrillen. Die Antikörper wurden in Kaninchen hergestellt, die Myofibrillen aus Rattenmuskel isoliert. a' Eine Myofibrille nach Inkubation mit Antikörpern gegen Glattmuskelaktin vom Huhn, mit Fluoreszein-markiertem Ziegen-Anti-Kaninchenantikörper (indirekte Immunfluoreszenz) sichtbar gemacht. b' Myofibrille inkubiert mit Antikörpern gegen Skelettmuskel-α-Aktinin vom Schwein, ebenfalls mit indirekter Immunfluoreszenz sichtbar gemacht. a und b zeigen jeweils das Phasenkontrastbild, a' und b' das zugehörige Fluoreszenzbild. Die gestrichelte Linie markiert die Z-Linie, die selbst frei von Aktin ist (*dunkel* in a'!), die aber α-Aktinin enthält (b'). Von der Z-Linie aus ziehen nach beiden Seiten Aktinfilamente und bilden die „I-Bande". Der Z-Z-Abstand in der oberen Fibrille beträgt 2,4 μm, in der unteren 3,2 μm. Der Test zeigt, daß diese Antikörper gewebe- und art-unspezifisch, aber streng antigen-spezifisch sind. (Aufn. B.M. Jockusch, Heidelberg, 1978)

Wo bleibt das Myosin? Aktin alleine kann sich nicht kontrahieren. Man braucht eine energieumwandelnde Komponente, und wie wir schon gesehen haben, ist das Myosin hierfür prädestiniert. K. Weber und Groeschel-Stewart stellten anti-Myosin-Antikörper her, markierten auch diese mit einem fluoreszierenden Farbstoff und schauten, welche Strukturen sich in Fibroblastenzellen markieren lassen. „Erwartungsgemäß" erhielt man das gleichen Verteilungsmuster wie für die aktinhaltigen Mikrofilamente. Das bedeutet, daß auch in den Fibroblastenzellen der gleiche Wirkungsmechanismus vorliegt, wie wir ihn am Beispiel der Muskelzellen kennengelernt haben. Einen Unterschied in der Verteilung findet man jedoch: Myosinhaltige Fasern sind „unterbrochen", sie sehen gestreift aus, was auf dem Fehlen fortlaufender Aggregate beruht. Das Myosin liegt den aktinhaltigen Filamenten periodisch an. Ein großer Teil ist mit der Membran assoziiert, und Teile der Moleküle mögen durch sie hindurchreichen.

Painter et al. verwendeten zum Myosinnachweis ferritinmarkierte Antikörper, die sie auf durchlässig gemachte Zellen einwirken ließen. Elektronenmikroskopisch fanden sie diese Antikörper in einer Schicht, die der Membran unterlagert ist. Erythrozyten enthalten kein Myosin, es ist durch Spektrin vertreten, welches seinerseits den anderen Zelltypen fehlt. Es bleibt abzuwarten, ob das Spektrin dem Myosin homolog ist, oder ob es sich um zwei grundsätzlich voneinander verschiedene Proteine unterschiedlicher Herkunft handelt.

Literatur

Burridge, K., Bray, D.: Purification and structural analysis of myosins from brain and other nonmuscle tissues. J. Mol. Biol. *99*, 1 (1975)

Clarke, M., Schatten, G., Mazia, D., Spudich, J.A.: Visualization of actin fibers associated with the cell membrane in amoebae *Dictyostelium discoideum*. Proc. Natl. Acad. Sci. USA *72*, 1758 (1975)

Eisenberg, E., Hill, T.L.: A cross-bridge model of muscle contraction. Prog. Biophys. Mol. Biol. *33*, 55 (1978)

Elzinga, M., Collins, J.H., Kuehl, W.M., Adelstein, R.S.: Complete amino acid sequence of rabbit skeletal muscle. Proc. Natl. Acad. USA *70*, 2687 (1973)

Elzinga, M., Maron, B.J., Adelstein, R.S.: Human heart and platelet actins are products of different genes. Science *191*, 94 (1976)

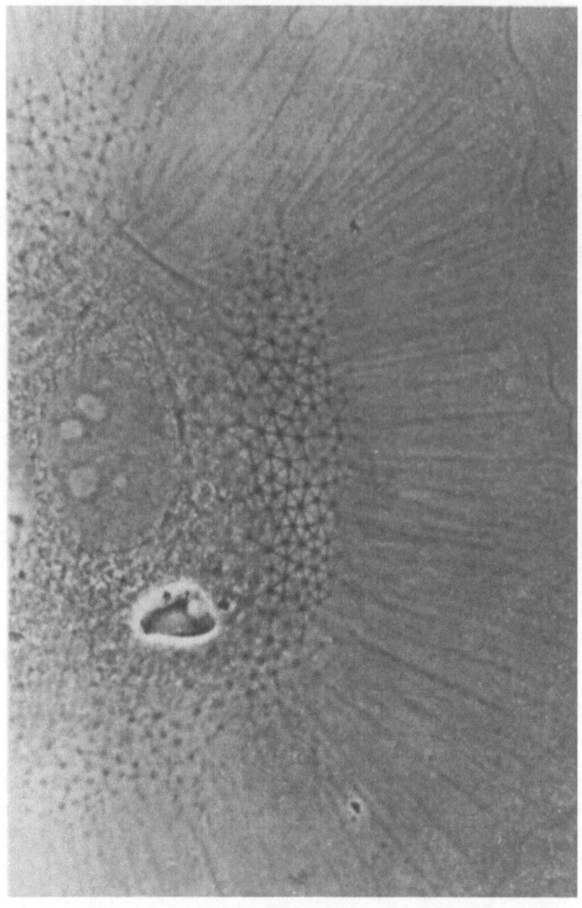
a

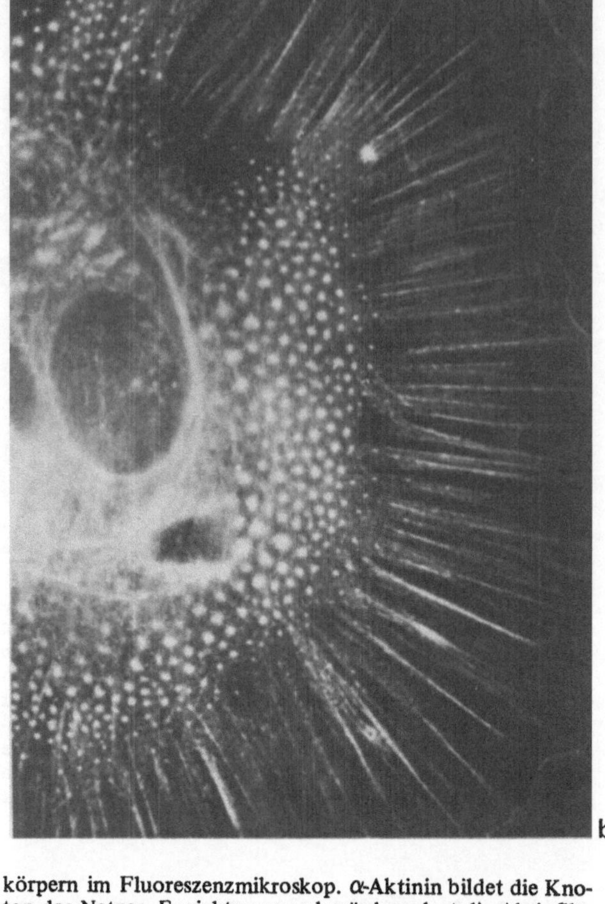
b

Abb. 32.11 a und b. Ausbildung eines Mikrofilamentnetzwerks in embryonalen Rattenzellen. a Phasenkontrastaufnahme, sie zeigt die aktinhaltigen Filamente. b Das gleiche Präparat nach Behandlung mit fluoreszierenden anti-α-Aktininkörpern im Fluoreszenzmikroskop. α-Aktinin bildet die Knoten des Netzes. Es sieht so aus, als würde es dort die Aktinfilamente ähnlich wie in der Z-Linie bei Muskelzellen zusammenhalten. (Aufn. Lazarides, Cold Spring Harbor, 1976)

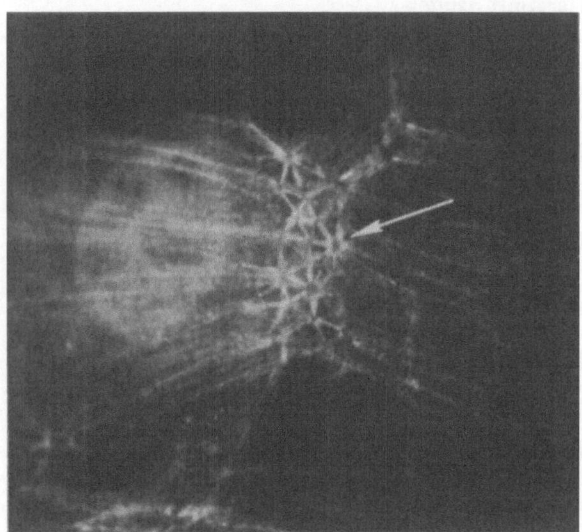

Abb. 32.12. Verteilung von Tropomyosin in einem sich entwickelnden Mikrofilamentnetzwerk in embryonalen Zellen der Ratte. Man beachte, daß die Knoten des Netzes tropomyosinfrei sind. (Aufn. Lazarides, Cold Spring Harbor, 1976)

Epstein, H.F., Waterston, R.H., Brenner, S.: A mutant affecting the heavy chain of myosin in *Caenorhabditis elegans*. J. Mol. Biol. *90*, 291 (1974)

Gauthier, G.F., Lowey, S., Hobbs, A.W.: Fast and slow myosin in developing muscle fibers. Nature (London) *274*, 25 (1978)

Goldman, R.D., Lazarides, E., Pollack, R., Weber, K.: The distribution of actin in non-muscle cells. Exp. Cell Res. *90*, 333 (1975)

Huxley, H.E.: The mechanism of muscular contraction. Science *164*, 1356 (1969)

Huxley, H.E.: Molecular basis of contraction in crossstriated muscles. In: The structure and function of muscle. Bourne, G.H. (ed.). New York, London: Academic Press 1972

Kersey, Y.M., Wessels, N.K.: Localization of actin filaments in internodal cells of Characean algae. J. Cell Biol. *68*, 264 (1976)

Kersey, Y.M., Hepler, P.K., Palevitz, B.A., Wessells, N.K.: Polarity of actin filaments in Characean algae. Proc. Natl. Acad. Sci. USA *73*, 165 (1976)

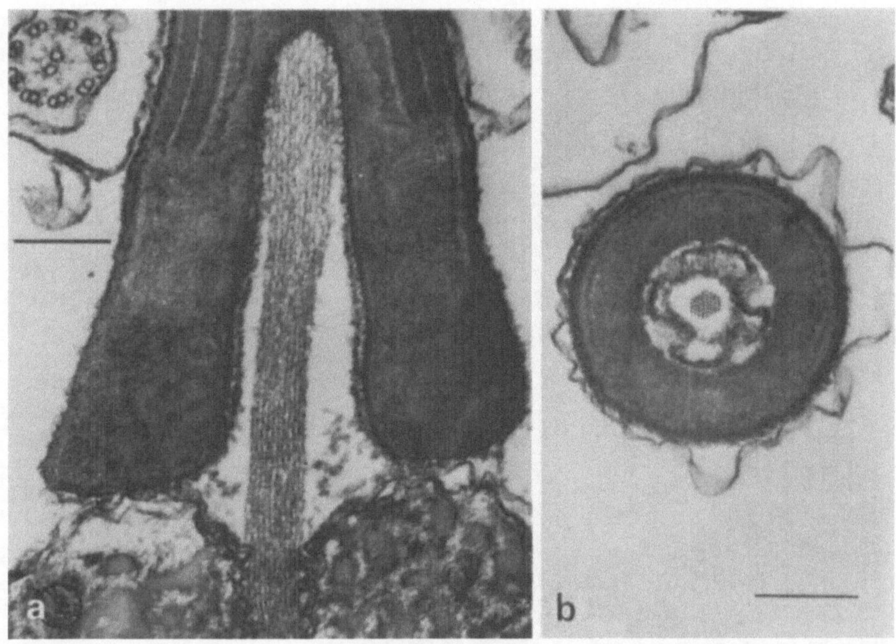

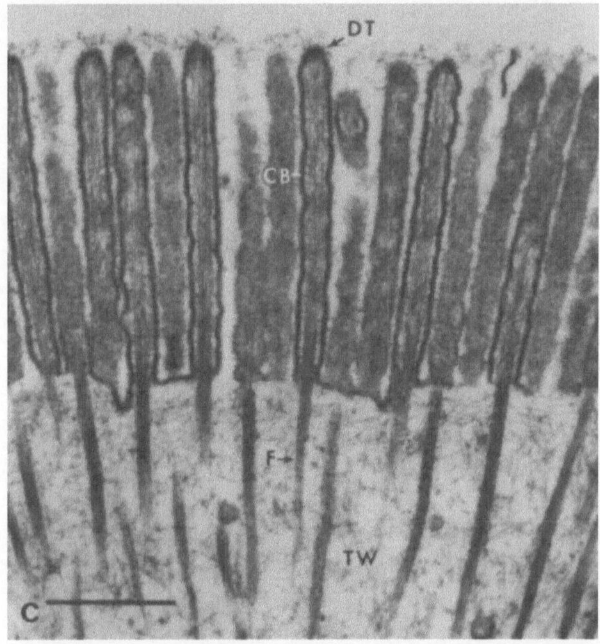

Abb. 32.13. a Dünnschnitt durch die Spitze (den akrosomalen Bereich) eines Spermiums von *Mytilus*. Darin enthalten sind, zu einem Bündel zusammengefaßt, parallel angeordnete Aktinfilamente, die an der akrosomalen Vakuolenmembran angeheftet sind. Links oben im Bild ein Querschnitt durch eine Spermiengeißel (s. dazu Abb. 34.1). Maßstab: 0,2 μm. b Querschnitt durch den akrosomalen Bereich eines Spermiums von *Mytilus*. Hieran wird deutlich, daß die Aktinfilamente in einer geordneten, hexagonalen Anordnung zusammengelagert sind. Maßstab: 0,25 μm. c Querschnitt durch den Bürstensaum (Stäbchensaum) einer Darmepithelzelle, Die Ausstülpungen der Membran werden als Mikrovilli bezeichnet. Jeder Mikrovillus enthält, zentral gelegen, Bündel von Aktinfilamenten (*F*) in einer dichten Matrix (*DT*). Die Aktinfilamente ragen weit ins Innere der Zelle hinein und ufern in eine unregelmäßig strukturierte Anordnung (*TW = terminal webb*) aus. Durch Querbrücken (*CB*) stehen sie mit den Seiten der Mikrovilli in Kontakt. Maßstab: 0,5 μm. (Aufn. Mooseker, Harvard University, 1975)

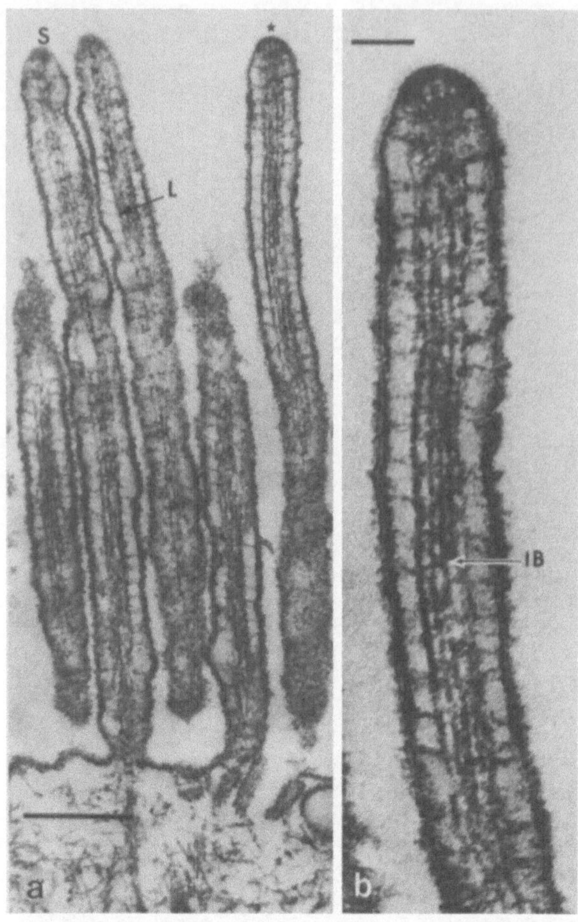

Abb. 32.14 a und b. Dünnschnitt durch den Bürstensaum einer Darmepithelzelle. In diesen bei stärkerer Vergrößerung aufgenommenen Bildern erkennt man die Querbrücken (*L*), durch welche die Mikrofilamentbündel entlang ihrer vollen Länge mit der Mikrovillusmembran in Kontakt stehen. In der rechten Abbildung erkennt man auch, daß die einzelnen Filamente untereinander verknüpft sind (*IB*). Maßstab: a 0,2 µm, b 0,05 µm. (Aufn. Mooseker, Harvard University, 1975)

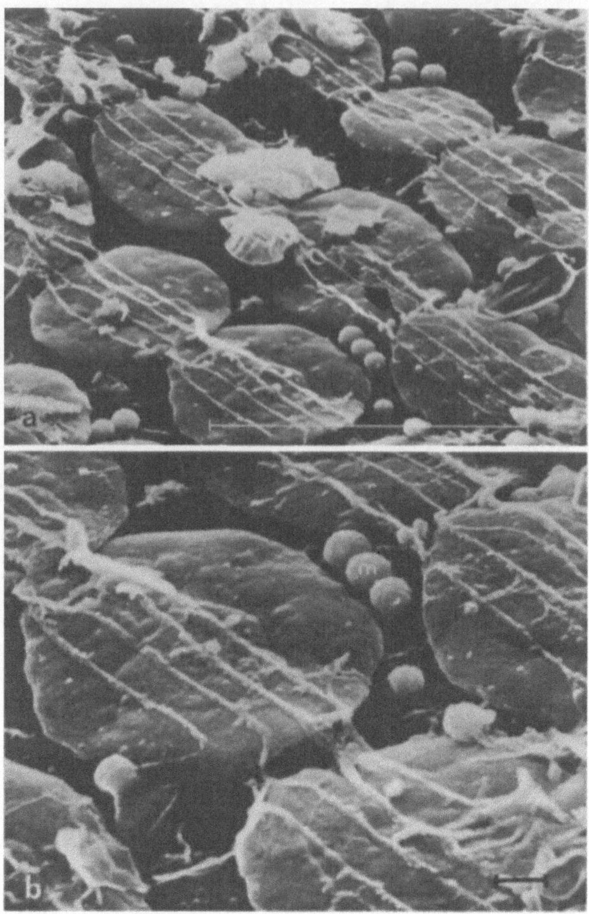

Abb. 32.15 a und b. Rasterelektronenmikroskopische Aufnahmen von Chloroplasten der Armleuchteralge *Chara*, die an Aktinfilamenten „aufgefädelt" sind. Die beiden Bilder unterscheiden sich durch ihre Vergrößerung. a Maßstab: 10 µm, Vergr. 6000fach, b Maßstab: 1 µm, Vergr. 10.500fach. Die kleinen sphärischen Partikel in beiden Bildern sind vermutlich Mitochondrien. (Aufn. Kersey, San Francisco, 1976)

Lazarides, E.: Actin, α-actinin, and tropomyosin interaction in the structural organization of actin filaments in nonmuscle cells. J. Cell Biol. *68,* 202 (1976)

Lazarides, E., Weber, K.: Actin antibody: The specific visualization of actin filaments in non-muscle cells. Proc. Natl. Acad. Sci. USA *71,* 2268 (1974)

Lowey, S., Slayter, H.S., Weeds, A.G., Baker, H.: Substructure of the myosin molecule. I. Subfragments of myosin by enzymic degradation. J. Mol. Biol. *42,* 1 (1969)

Mannherz, H.G., Goody, R.S.: Proteins of contractile systems. Annu. Rev. Biochem. *45,* 427 (1976)

The mechanism of muscle contraction. Cold Spring Harbor Symp. Quant. Biol. *37* (1973)

Painter, R.G., Sheetz, M., Singer, S.J.: Detection and ultrastructural localization of human smooth muscle myosin-like molecules in human non-muscle cells by specific antibodies. Proc. Natl. Acad. Sci. USA *72,* 1359 (1975)

Pollack, R., Osborn, M., Weber, K.: Patterns of organization of actin and myosin in normal and transformed cultured cells. Proc. Natl. Acad. Sci. USA *72,* 994 (1975)

Sanger, J.W.: Changing pattern of actin localization during cell division. Proc. Natl. Acad. Sci. USA *72,* 1913 (1975)

Schachat, F.H., Harris, H.E., Epstein, H.F.: Two homogeneous myosins in body-wall muscle of *Caenorhabditis elegans.* Cell *10,* 721 (1977)

Squire, J.M.: Symmetry and three-dimensional arrangement of filaments in vertebrate striated muscle. J. Mol. Biol. *90,* 153 (1974)

Szent-Györgyi, A.: The mechanism of muscle contraction. Proc. Natl. Acad. Sci. USA *71*, 3343 (1974)

Tilney, L.G., Mooseker, M.S.: Actin filament-membrane attachment: Are membrane particles involved? J. Cell Biol. *71*, 402 (1976)

Vandekerckhove, J., Weber, K.: The amino acid sequence of *Physarum* actin. Nature (London) *276*, 720 (1978)

Weber, K., Groeschel-Stewart, U.: Antibody to myosin: The specific visualization of myosin-containing filaments in nonmuscle cells. Proc. Natl. Acad. Sci. USA *71*, 4561 (1974)

33. Regulation der Kontraktion: Ca^{2+}, Troponin, Tropomyosin

Es gibt zwei Kontrollsysteme, welche die Kontraktion verschiedener Muskeln regeln. In beiden Fällen wird die ATPase-Aktivität des Myosins durch Ca^{2+}-Ionen induziert. In Ca^{2+}-freien Medien findet keine Wechselwirkung zwischen dem Aktin und dem Myosin statt. In Muskelzellen und einigen anderen Zelltypen werden Ca^{2+}-Ionen unter Energieaufwand von der Ca^{2+}-Pumpe (s. Kap. 28) aus dem Cytoplasma entfernt. Die beiden Kontrollmechanismen unterscheiden sich durch den Wirkungsort der Ca^{2+}-Ionen. Einmal ist der Ca^{2+}-Rezeptor aktingebunden, im anderen Fall myosingebunden. Den aktingebundenen Ca^{2+}-Rezeptor, das Tn-C, kennt man recht genau. Es ist ein Bestandteil des Troponin-Tropomyosinkomplexes. Mehr darüber im nächsten Abschnitt.

In den Muskelzellen der Mollusken ist für eine der leichten Myosinketten eine Ca^{2+}-Rezeptorfunktion nachgewiesen worden (Kendrich-Jones, Lehmann, Szent-Györgyi, 1976). Die übrigen leichten Ketten sowie die Ketten bei anderen Tiergruppen binden Ca^{2+} nicht.

Bei allen Muskeln der Chordata, den schnellen Muskeln der Decapoda und einigen anderen kleinen Tiergruppen erfolgt die Kontrolle über das aktingekoppelte System, bei Mollusken, einigen Echinodermata, Nemertinen, Echinroiden und Brachypoden über das myosingekoppelte. Bei den meisten Invertebrata arbeiten beide Systeme nebeneinander. Da sie mit unterschiedlichen Komponenten fungieren, ist es unwahrscheinlich, daß sich eines aus dem anderen entwickelt hat, womit jedoch nicht ausgeschlossen ist, daß sie aus gemeinsamen, primitiven Vorstufen entstanden sind.

Es bestehen keine augenfälligen Beziehungen zwischen ATPase-Aktivität, der Struktur der Muskeln und einem bestimmten Regulationssystem. Die ATPase-Aktivitäten variieren bei beiden Systemen in weiten Grenzen. Insekten verfügen über beide Systeme. Ein Vorteil dafür mag darin zu suchen sein, daß die Präzision der Ca^{2+}-Kontrolle somit sowohl bei ruhendem als auch bei aktivem Muskel in gleich gutem Maße zu steuern ist. Die Mitwirkung des Troponins mit seinen vielen Ca^{2+}-Bindungsstellen erlaubt einen raschen Wechsel zwischen Ruhe- und Aktivitätsperioden.

Troponin – Tropomyosin

Das Troponin-Tropomyosinsystem, der Sperrproteinkomplex, unterbindet die Wechselwirkung zwischen Aktin und Myosin; Ca^{2+}-Ionen setzen ihn außer Gefecht (Ebashi, Endo, Ohtuki, University of Tokyo, 1969). Tropomyosin ist ein fibrilläres Protein, dessen Polypeptidkette als α-Helix vorliegt. Zwei Ketten sind in Form einer Superhelix umeinandergewunden und liegen in den beiden Rillen der dünnen Filamente (Aktinhelices) (s. Abb. 33.1). Wakabayashi, H.E. Huxley, Amos und Klug (MRC Laboratory of Molecular Biology, Cambridge) haben ihre Position im „ruhenden" und im „aktiven" Muskel durch Elektronendiffraktion analysiert. Ihre Ergebnisse sind der Abb. 33.2 zu entnehmen.

Die Aminosäuresequenz des Tropomyosins ist bekannt (McLachlan et al., 1975). Auffallend sind darin sieben sich wiederholende Sequenzbereiche mit einer Periode von 42 Aminosäureresten, die mit hoher Wahrscheinlichkeit durch wiederholte Duplikationen eines Urgens entstanden sind. Ein Tropomyosinmolekül überdeckt in seiner Länge (385 Å) sieben Aktinmoleküle. Interne Sequenzhomologien lassen auf eine Äquivalenz der Bindungen zwischen Aktin und Tropomyosin schließen. Die Länge eines 42er-Restsegments beträgt bei helicaler Anordnung der Aminosäuren 1,49 x 42 = 61,6 Å, die Abstände der Aktinmoleküle voneinander 57 Å.

Tropomyosin ist das einzige fibrilläre Protein, das kristallisierbar ist. In Anwesenheit divalenter Kationen wie Mg^{2+} und Ca^{2+} bildet es Parakristalle (siehe Abb. 33.3). Da sie elektronenmikroskopisch abbildbar sind, kann man sich fragen, ob man den Bindungsort des Troponins am Tropomyosin erkennen kann.

Ergebnisse von Yamaguashi et al. scheinen darauf hinzuweisen, daß das Troponin an den Kettenenden gebunden wird. Untersuchungen von McLachlan und Steward (1976) hingegen weisen mehr auf einen Bindungsort nahe den Aminosäureresten 197–217 hin.

Muskeltroponin besteht aus drei Untereinheiten (Greaser und Gergely, 1971):

Bezeichnung	Molekulargewicht	Funktion
Tn-C	18.000	bindet Ca^{2+}
Tn-I	24.000	inhibiert ATPase
Tn-T	38.000	bindet Tropomyosin

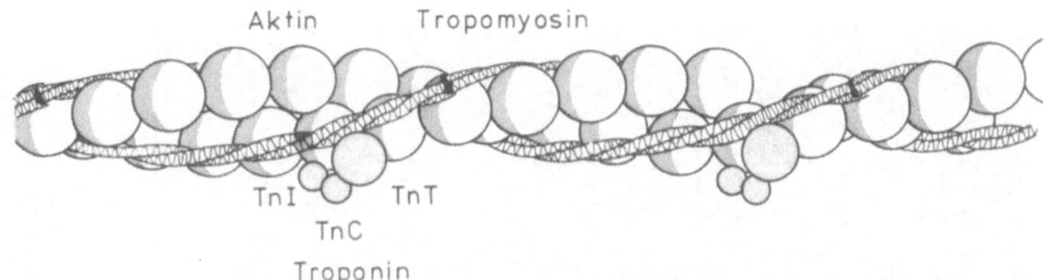

Abb. 33.1. Aktin, Troponin und Tropomyosin in Muskelzellen. Modell eines dünnen Filaments, bestehend aus einer Doppelhelix, die aus globulären Aktinmolekülen besteht (Ganghöhe: 365 Å) und von einer Doppelhelix aus Tropomyosin umschlungen wird. Ein Tropomyosinmolekül überdeckt sieben Aktinmoleküle. Die drei Troponine stehen mit dem Aktin und dem Tropomyosin in Wechselwirkung. (Nach Ebashi et al., 1969)

Sie liegen im Verhältnis 1:1:1 zueinander vor. Das Troponin:Tropomyosin:Aktin-Verhältnis beträgt 1:1:7.

Die Untereinheiten sind relativ leicht voneinander zu trennen und eignen sich somit hervorragend für Rekonstitutionsexperimente.

Die Bindung von (Tn-I + Tn-C) an den Aktin-Tropomyosinkomplex ist Ca^{2+}-sensitiv, der Komplex löst sich bei Ca^{2+}-Konzentrationen von > 10 μmol vom Aktin-Tropomyosin. Zugabe von Tn-T stabilisiert die Bindung. Der Gesamtkomplex löst sich dann nicht, verändert aber seine Lage, wobei der Tropomyosinstrang tiefer in die Rille der Aktinhelix rutscht und den Bindungsort für das Myosin freigibt. Komplexe zwischen Tn-I und Tn-T sind Ca^{2+}-unempfindlich. Das Tn-I allein wird von Aktin gebunden, zusammen mit dem Tn-T benötigt es jedoch den Aktin-Tropomyosinkomplex als Bindungsort, d.h. daß das Troponin mindestens zwei Bindungsstellen enthalten muß, von denen eine mit dem Aktin, die andere mit dem Tropomyosin reagiert.

Offenbar beruht die Sperrproteinwirkung auf einer sterischen Behinderung der Aktin-Myosin-Interaktion, und erst wenn sie aus dem Wege geräumt ist, kann die ATP-Spaltung einsetzen (Potter und Gergely, Mass. General Hospital und Harvard Medical School, Boston/Mass., 1975).

Die eingangs zitierte elektronenmikroskopische Analyse von Wakabayashi et al. bestätigte dieses Modell. Die Autoren untersuchten Filamente aus Aktin und Tropomyosin und verglichen die Struktur mit solchen aus Aktin + Tropomyosin + Tn-T + Tn-I. Das Hinzufügen der beiden Troponinuntereinheiten verursachte eine Verlagerung des Tropomyosinmoleküls um 1 nm (s. Abb. 33.4).

Man kennt die Aminosäuresequenz des Tn-C, ebenso wie die Sequenzen anderer Ca^{2+}-bindender Proteine. Collins (1974) sowie Tufty und Kretsinger (1975) fanden homologe Bereiche, verglichen sie miteinander und stellten einen Stammbaum dieser Proteinfamilie auf. Ihr gehören außer dem Troponin das Parvalbumin und leichte, nicht Ca^{2+}-bindende Myosinketten an. Diese Proteine sind auf ein kurzes, 39 Aminosäuren langes, Ca^{2+}-bindendes Urprotein

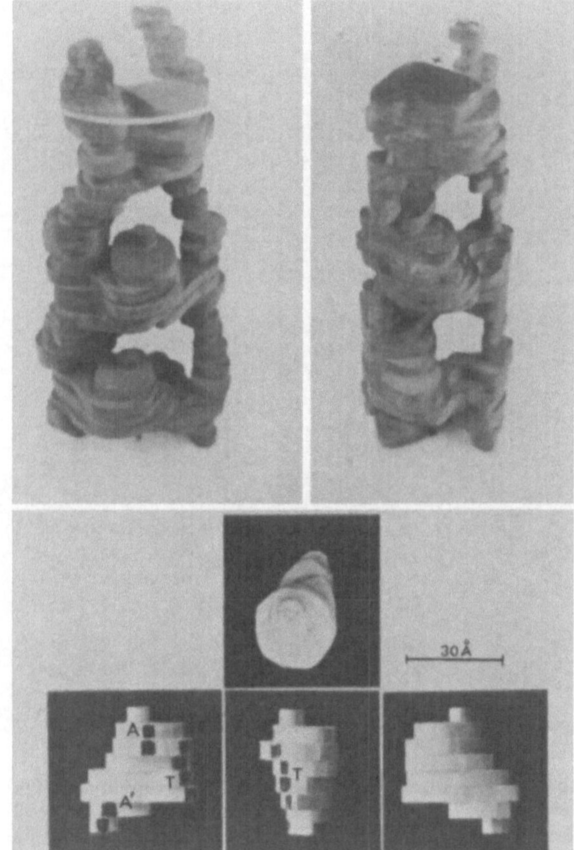

Abb. 33.2. *Oben:* Zwei Ansichten des Modells eines Abschnittes des Aktin-Tropomyosin-Komplexes. Die Scheiben, aus denen es ausgeschnitten wurde, entsprechen in ihrer Dicke 5 Å. Die Tropomyosinmoleküle liegen peripher und sind als zwei umeinandergewundene Helices zu erkennen. Die dazwischenliegenden „Brücken" stellen Aktinmoleküle dar. Im *unteren Teil* des Bildes sind vier verschiedene Ansichten der globulären Aktinmoleküle sowie der Wechselwirkung zwischen benachbarten Aktinmolekülen (*A*–*A'*) und zwischen *A* und dem Tropomyosin (*T*) dargestellt (Wakabayashi et al., Cambridge, 1975)

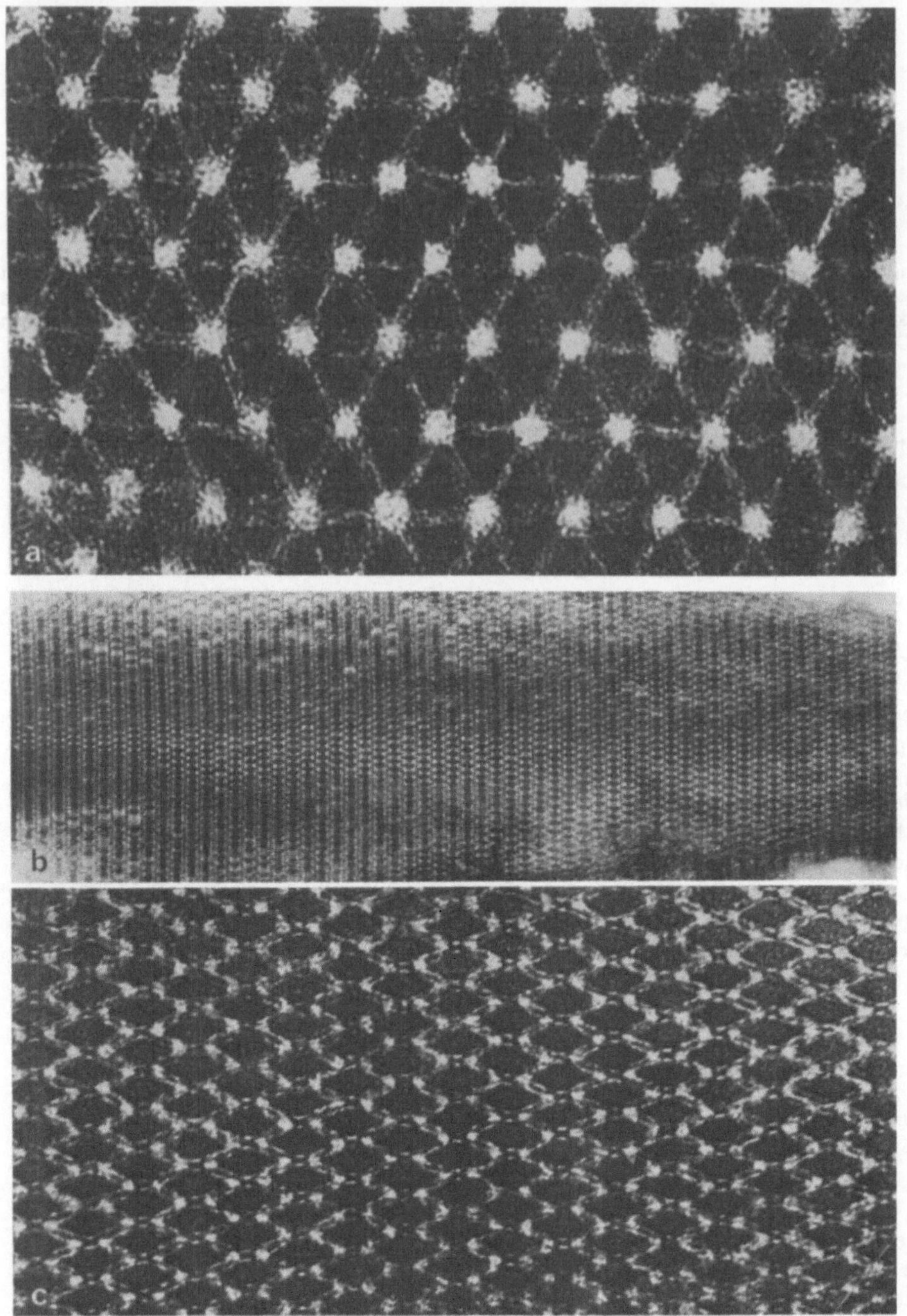

Abb. 33.3. a Durch Zusammengeben von Tropomyosin und Troponin T (TnT) unter geeigneten Bedingungen in vitro gebildetes hexagonales, parakristallines Netz. Das TnT bildet die Knotenpunkte, das Tropomyosin die Stege. Vergrößerung: 320.000fach. b und c Eine alternative parakristalline Form von Tropomyosin und Troponin T, die man bei anders gewählten Kristallisationsbedingungen erhält. Vergr. 48.000fach und 185.000fach. Man erkennt hieran deutlich, daß die Stege aus mehreren (mindestens zwei) parallel angeordneten Tropomyosinmolekülen bestehen. (Aufn. Greaser, Madison, 1974)

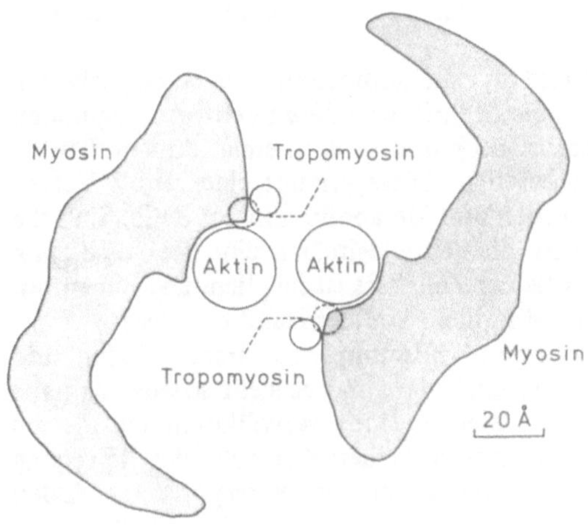

Abb. 33.4. Querschnitt durch den Aktin-Myosin-Tropomyosinkomplex. Das Tropomyosin verschiebt sich bei der Aktivierung der Myosin-ATPase. *Punktiert dargestellt,* Filament inhibiert; *durchgehende Linie,* Filament aktiviert (Wakabayashi et al., 1975)

zurückzuführen, das zwei aufeinanderfolgende Duplikationen durchgemacht hat. Das Parvalbumin leitet sich von der Tn-C-Linie ab, hat aber eine der Ca^{2+}-bindenden Einheiten verloren. Seine Tertiärstruktur ist von Kretsinger et al. aufgeklärt worden.

Wie sieht die Kontrolle der Bewegung in nichtmuskulären Zellen aus?

Viele Aktinfilamente in Fibroblastenzellen enthalten Tropomyosin, was natürlich sofort die Frage aufwirft, ob nicht auch hier die Kontrolle der Bewegung über Ca^{2+}-Ionen erfolgt. Alle Mikrofilamente sind wahrscheinlich an einem der Enden über α-Aktinin in der äußeren Plasmamembran oder anderen Organellen verankert, so daß diese bei einer Kontraktion (Wechselwirkung mit freien Myosinmolekülen) mitgerissen werden.

Durham (University of California, San Francisco) hat 1974 in einem Review Beweise zusammengetragen, die für die Mitwirkung der Ca^{2+}-Ionen an einer Wechselwirkung zwischen Mikrofilamenten und Myosin sprechen. Die Konzentration der Ca^{2+}-Ionen im Cytoplasma ist extrem niedrig, in Mitochondrien hingegen relativ hoch. Die Durchlässigkeit der Membranen für diese Ionen wird durch elektrische Signale und hormonale Einflüsse erhöht. Bekanntermaßen spielen Ca^{2+}-Ionen bei der Exozytose eine wesentliche Rolle, wohingegen die Mitwirkung der Mikrofilamente hieran nicht bewiesen, aber doch sehr wahrscheinlich ist. In die gleiche Kategorie von Erscheinungen gehört die Freisetzung von Neurotransmittern an der Synapse sowie die Sekretion von Hormonen aus endokrinen Zellen. Auch Phagozytose und Pinozytose (Endozytosen) sind Ca^{2+}-Ionen-abhängig (North, 1970; Chapman-Andresen, 1973). Exozytose und Endozytose sind oft miteinander gekoppelt, so daß die Größe der Membranoberfläche annähernd gleich bleibt. Der Phagozytose geht die Ausbildung von Pseudopodien voran. In allen Fällen muß die Zelle ihr Aktomyosinnetzwerk an den Membranen neu ordnen.

Ca^{2+}-Ionen steuern amöboide Bewegungen, so die Ausbildung von Pseudopodien, die Veränderung der Zellform, die Ausbildung neuer Haftpunkte an der Unterlage und die Protoplasmaströmung. Eine extreme Form amöboider Bewegung ist das Gleiten, das wir z.B. bei einer Protistengruppe, den Gregarinae, finden. Gleiten setzt synchrone Abläufe voraus, wobei eine Kontraktionswelle über den Zellkörper läuft, gefolgt

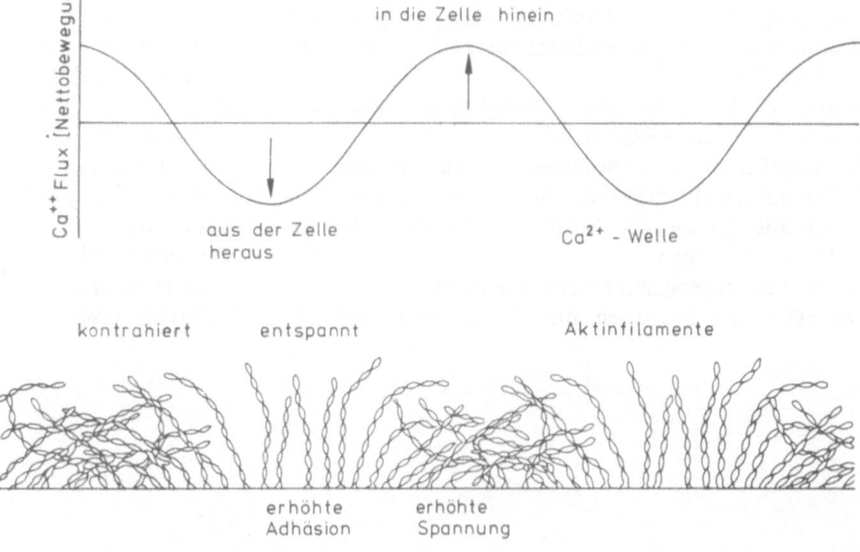

Abb. 33.5. Mechanismus des Gleitens. Im oberen Teil der Abbildung ist die Ausbreitung einer Welle von Ca^{2+}-Einstrom und Ca^{2+}-Ausstrom dargestellt. Darunter das durch den Ca^{2+}-Einstrom induzierte Verteilungsmuster von Mikrofilamenten, die der Membran unterlagert sind. Weitere Einzelheiten s. Text (Nach Durham, 1974)

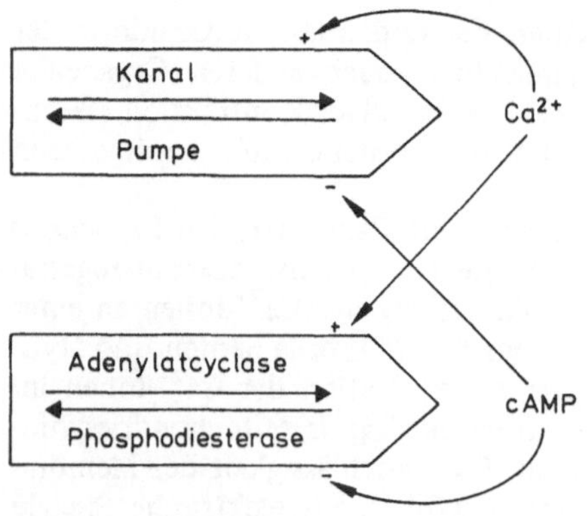

Abb. 33.6. Ein Oszillator: Interaktion von Ca^{2+} und cAMP in glatter Muskulatur (Durham, 1974)

von einer Entspannungswelle, dann wieder einer Kontraktionswelle und so fort.

Sind diese Wellen mit Wellen der Ca^{2+}-Aufnahme bzw. -Abgabe korreliert? Ein lokaler Ca^{2+}-Influx würde eine lokale Kontraktion verursachen, ein Ca^{2+}-Efflux eine lokale Adhäsion der Zellen an den Untergrund, weil dadurch negative Ladungen der Zelloberfläche neutralisiert werden (s. Abb. 33.5). Rhythmische Fluktuationen und Oszillationen sind in biologischen Systemen weit verbreitet. Bei sich teilenden Zellen sind Aktin und Myosin im Bereich der Einschnürung angereichert, es entsteht ein „äquatorialer Ring", an dem die Zelle während der Telophase durchtrennt wird. Sich sehr schnell teilende Zellen, wie gerade befruchtete Seeigeleier, nehmen besonders viel Ca^{2+} auf (Clothier und Timourian, 1972).

Wodurch wird ein Ca^{2+}-Einstrom geregelt? Rasmussen et al. wiesen 1972 darauf hin, daß Ca^{2+} wie ein *Second messenger* wirkt, dem eine gleich hohe Bedeutung wie dem cAMP zukommt. Hinzu kommt, daß die Konzentrationen der beiden Komponenten über zwei gegenläufige Regelkreise miteinander gekoppelt sind und somit einen Oszillator bilden (s. Abb. 33.6, s.a. Kap. 59).

Bei der Kontrolle einer Bewegung hat eine Zelle nacheinander drei Dinge zu leisten:

1. Sie hat Stimuli zu empfangen und zu erkennen.
2. Sie hat die einlaufenden Stimuli zu integrieren und sie mit der eigenen Stoffwechselleistung in Einklang zu bringen.
3. Sie muß in geeigneter Weise reagieren.

Bei allen drei Prozessen sind Membranen beteiligt, doch erst beim dritten werden kontraktile Elemente eingeschaltet.

Aktin und Myosin kommen in allen eukaryotischen Zellen vor. Sie beeinflussen deren Zellform, regulieren den inneren Druck und sind an einer aktiven Plasmaströmung beteiligt. Diese erlaubt eine rasche Verteilung von Ionen und Metaboliten in der Zelle. Sind die kontraktilen Elemente demnach eine Voraussetzung für die Größe der Zelle? Es ist möglich. Die genannten Argumente sind nicht von der Hand zu weisen.

Neuronen und hormonproduzierende Zellen sind hochgradig spezialisiert, und es sieht so aus, als habe sich hier ein Mechanismus vervollkommnet, dessen Ursprung in einer einfachen Kontrolle der Bewegung und Formgebung primitiver eukaryotischer Zellen liegt.

Literatur

Cohen, C.: The protein switch of muscle contraction. Sci. Am., November 1975, S. 36

Durham, A.C.H.: A unified theory of the control of actin and myosin in nonmuscle movements. Cell *2,* 123 (1974)

Hitchcock, S.E.: Regulation of muscle contraction: Binding of troponin and its components to actin and tropomyosin. Eur. J. Biochem. *52,* 255 (1975)

Maruyama, K., Matsubara, S., Natori, R., Nonomura, Y., Kimura, S., Ohashi, K., Murakami, F., Handa, S., Eguchi, G.: Connectin, an elastic protein of muscle. J. Biochem. *82,* 317 (1977)

McLachlan, A.D., Stewart, M.: The troponin binding region of tropomyosin. J. Mol. Biol. *106,* 1017 (1976)

McLachlan, A.D., Stewart, M., Smillie, L.B.: Sequence repeats in α-tropomyosin. J. Mol. Biol. *98,* 281 (1975)

Murray, J.M., Weber, A.: The cooperative action of muscle proteins. Sci. Am., Februar 1974, S. 58

Potter, J.D., Gergely, J.: Troponin, tropomyosin, and actin interactions in the Ca^{2+} regulation of muscle contraction. Biochemistry *13,* 2697 (1974)

Wakabayashi, T., Huxley, H.E., Amos, L.A., Klug, A.: Three-dimensional image reconstruction of actin-tropomyosin complex and actin-tropomyosin-troponin T-troponin I complex. J. Mol. Biol. *93,* 477 (1975)

Yamaguchi, M., Greaser, M.L., Cassens, R.G.: Interactions of troponin subunits with different forms of tropomyosin. J. Ultrastruct. Res. *48,* 33 (1974)

34. Mikrotubuli, Intermediäre Filamente

Mikrotubuli

Neben den aktin- und myosinhaltigen Mikrofilamenten finden wir in allen eukaryotischen Zellen die tubulinhaltigen Mikrotubuli (MT). Sie sind an einer Vielfalt von Bewegungsabläufen beteiligt:

- Geißel- und Cilienbewegung,
- Bewegung der Chromosomen während der Mitose und der Meiose,
- Transport von Granula und Vesikeln in der Zelle,
- Bewegung von Melaningranula in Melanophoren oder Melanozyten,
- Transport von Substanzen entlang des Axons und der Dendriten eines Neurons,
- Kommunikation zwischen Zellinnerem und der Umgebung.

Mikrotubuli können zu komplexen, regelmäßigen Strukturen vereint sein. Alle Geißeln und Cilien der Eukaryonten zeichnen sich durch den sog. 9+2-Aufbau aus (s. Abb. 34.1). Viele Protisten, wie die Heliozoa, Suctoria u.a., enthalten einen zentral gelegenen Achsenstab, ein Axonem, welcher aus parallel laufenden Mikrotubuli in spiraliger Anordnung besteht. Manche Ciliaten enthalten im Bereich des Cytopharynx Bündel von Mikrotubuli, die geeignete Versuchsobjekte zum Studium von Wachstumserscheinungen und der Formbildung auf molekularer Ebene sind. Die Mikrotubuli sind dort in Form eines einfachen, repetitiven, aber artspezifischen Musters angeordnet (s. Abb. 34.2), so daß der Gedanke nahelag, die Entstehung des Musters durch eine Art *Selfassembly*-Prozeß zu deuten, so wie wir ihn am Beispiel der Viren kennenlernen werden; mehr darüber s. Kapitel 46. Anordnungen von Mikrotubuli in dieser Komplexität kommen bei Vielzellern nicht vor, einfachere Aggregate hingegen sind nachgewiesen worden, so z.B. in Chloroplasten, in denen ein Crassulaceen-Säure-Metabolismus abläuft (s. Abb. 34.3 und 34.4). Mikrotubuli sind in ihrem Aufbau relativ einförmig, es sind Röhren mit einem äußeren Durchmesser von ca. 240 Å und einem inneren Durchmesser von 140 Å, deren Wandstärke etwa 50 Å beträgt.

1963 war ein entscheidendes Jahr in der Erforschung ihrer Struktur. Slautterback, Ledbeter und Porter setzten Glutaraldehyd zur Fixierung von elektronenmikroskopischen Präparaten ein und erreichten somit eine Stabilisierung und leichte Darstellbarkeit. In Querschnitten ist zu erkennen, daß Mikrotubuli meist aus 13 Strängen (Protofilamenten) bestehen, die – umeinandergedrillt – die charakteristische Röhren-

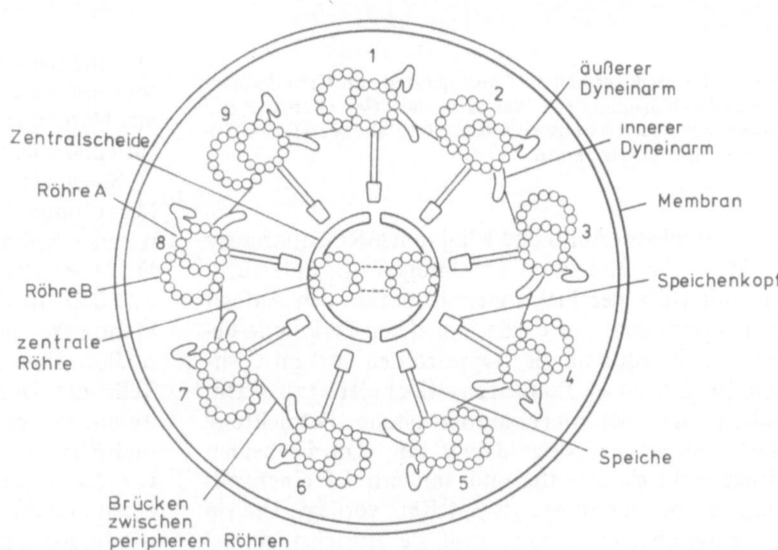

Abb. 34.1. Schematische Darstellung eines Querschnitts durch eine Geißel oder Cilie (Mohri, 1976)

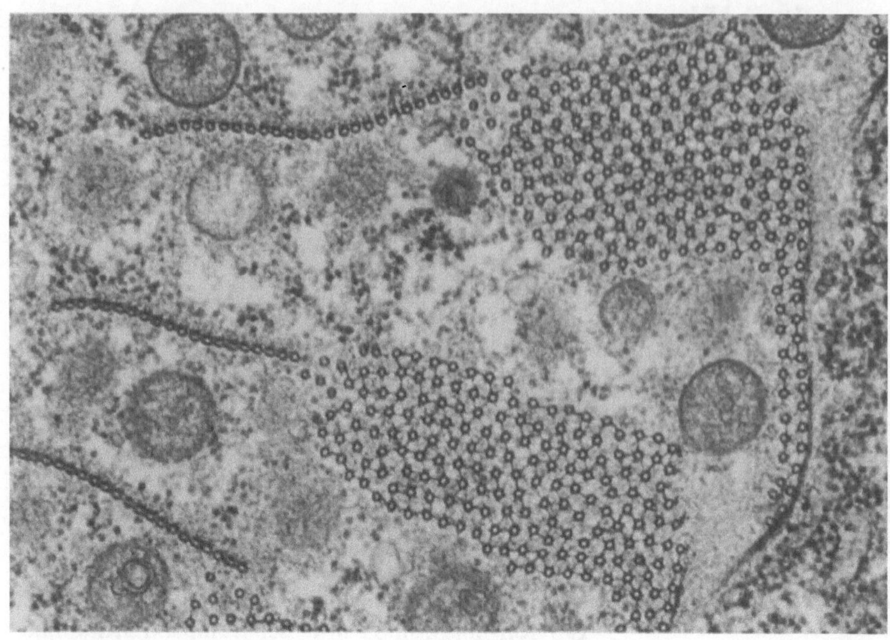

Abb. 34.2. Teil des Reusenapparates des Ciliaten *Pseudomicrothorax dubius*. In den Nemadesmata sind die Mikrotubuli durch Querbrücken zu einem hexagonalen Muster untereinander verbunden. Die nematodesmalen Lamellen sind einfache Mikrotubulusreihen. Vergr. 52.500fach. (Aufn. Hausmann, Heidelberg, 1977)

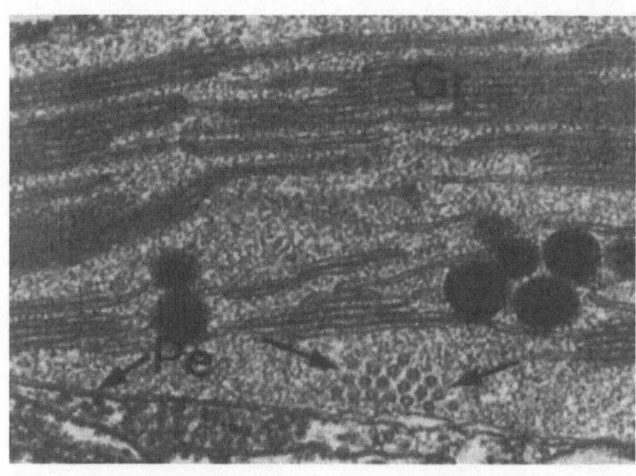

Abb. 34.3. Mikrotubuli in Chloroplasten mit Crassulaceen-Säure-Metabolismus. *Pe*, Plastidenhülle; *Gr*, Grana. *Pfeile* weisen auf quergeschnittene Mikrotubuli hin. Vergr. 56.000-fach. (Aufn. Salema, Porto, 1978)

struktur bilden. Amos und Klug vom MRC Laboratory of Molecular Biology in Cambridge/Engl. untersuchten mit Hilfe der Elektronendiffraktion den Aufbau von Mikrotubuli aus Cilien. An deren Peripherie liegen die Mikrotubuli als Doppelröhren vor, im Querschnitt sind sie als Doppelringe (Doubletts) zu sehen. Schon die elektronenmikroskopische Betrachtung dieser Strukturen weist darauf hin, daß die beiden Ringe nicht gleichwertig sind, sondern daß einer vollständig und der andere als 3/4 Ring vorliegt. Um sie zu unterscheiden, nannte man sie zunächst einmal Röhre A und Röhre B. Die Röhre A ist komplett und besteht aus 13 Protofilamenten, die angesetzte Röhre B enthält nur zehn Protofilamente. Die Analyse der Mikrotubuli ergab, daß sie aus globulären Untereinheiten mit Durchmessern von ca. 40 Å aufgebaut sind. Sie sind, wie die Arbeiten von Amos und Klug zeigten, helical angeordnet, wobei die Ganghöhe der Helix der Röhre A sich von der der Röhre B unterscheidet (s. Abb. 34.5).

Woraus bestehen Mikrotubuli?

Die elektronenmikroskopischen Daten legten die Vermutung nahe, daß Mikrotubuli polymere Aggregate aus Untereinheiten sind und daß jede globuläre Struktur einer solchen entspricht. Das stimmt zum Teil.

Shelanski und Taylor (1967, 1968) zeigten, daß Mikrotubuli in wässriger Lösung in dimere Einheiten mit der Sedimentationskonstanten von 6S zerfallen. Das Molekulargewicht dieser Einheit liegt bei 100.000–120.000. In denaturierenden Medien zerfallen sie in Monomere mit Molekulargewichten von 50.000–60.000. Eine genauere Analyse ergab, daß die beiden Teile des Dimers einander sehr ähnlich, aber nicht untereinander gleich sind. Man bezeichnet sie als α- und β-Tubulin. Sie kommen stets in gleicher Menge vor. Es ist also nicht so, daß die Röhre A aus dem einen und die Röhre B aus dem anderen Typ bestehen würde, sondern vielmehr so, daß in Röhren des Typs A

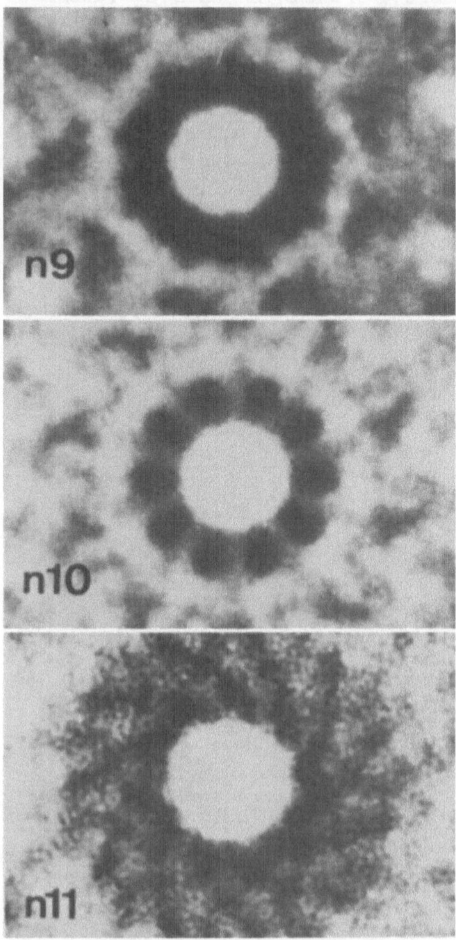

Abb. 34.4. Bei stärkerer Vergrößerung kann man bei quergeschnittenen Mikrotubuli Unterstrukturen erkennen. Die Bestimmung ihrer Anzahl erfolgt durch Bildanalyse unter Zuhilfenahme von Signalverstärkung und Unterdrückung des Rauschpegels. Man fertigt eine Reihe von Abzügen des gleichen Bildes einer quergeschnittenen Röhre an. Dabei ist zu beachten, daß man transparentes Photomaterial (Filme) verwendet. Die Bilder legt man sukzessive übereinander und rotiert dabei jedes neu auf den Stapel zu legende Bild um einen bestimmten Winkelbetrag. Man möchte prüfen, ob eine Röhre aus neun, zehn oder elf Untereinheiten pro Windung aufgebaut ist. n = 9: Man rotiert um einen Winkelbetrag von $360^\circ/9 = 40^\circ$. Wie die oberste Darstellung zeigt, erhält man ein verschwommenes Bild. Es sind keine Untereinheiten erkennbar. n = 10 ($360^\circ/10 = 36^\circ$): Man erhält ein klares Bild. Die Signale verstärken sich, das Rauschen wird unterdrückt. n = 11 ($360^\circ/11 = 32{,}7^\circ$): Man erhält wieder ein verschwommenes Bild. Aus der Analyse ist somit zu schließen, daß die Röhre pro Windung zehn Untereinheiten enthält. (Aufn. Salema, Porto, 1978)

die benachbart liegenden Protofilamente α–β und β–α miteinander verknüpft sind, während in denen des Typs B α–α- und β–β-Verknüpfungen vorliegen (s. Abb. 34.6). Diese unterschiedlichen Verknüpfungstypen erklären einmal die unterschiedliche Ganghöhe der Helices und besagen zum anderen, daß sowohl das α- als auch das β-Tubulin äquivalente Verknüpfungspunkte besitzen.

Das α-Tubulin unterscheidet sich vom β-Tubulin u.a. in seiner Aminosäurezusammensetzung. In beiden Fällen bildet die Polypeptidkette jedoch gleichartige Sekundärstrukturen aus: 22% α-Helix und 30% β-Faltblattstruktur. Tubuline verschiedener Herkunft ähneln einander sehr stark, so daß wir auch hier, wie schon beim Aktin, sagen können, daß es sich um sehr konservative Proteine handelt.

Mikrotubuli aus dem Cytoplasma von Zellen binden das Alkaloid der Herbstzeitlosen (*Colchicum autumnale*), das Colchicin, und zerfallen dabei in die heterodimeren α–β-Untereinheiten. Das Colchicin ist als Mitosegift bekanntgeworden, denn es verhindert die Trennung der Chromosomen in der Metaphase. Die Mikrotubuli der Geißeln und Cilien werden nicht depolymerisiert. Durch Zugabe des Alkaloids Vinblastin (aus *Vinca*, dem Immergrün, Formel s. Abb. 34.7) werden Tubuline gefällt und aggregieren in parakristalliner Anordnung (Nagayama und Dales, 1970).

GTP stabilisiert Mikrotubulistrukturen. Pro 6S Dimer werden zwei Nukleotidmoleküle gebraucht, an einem der Bindungsorte wird GDP fest gebunden, der andere bindet GTP (Adelman et al., 1968). Man bezeichnet die beiden Orte als die austauschbare und die nicht-austauschbare Bindungsstelle. Mg^{2+}-Ionen setzen beide Nukleotide wieder frei. Es lag nunmehr sehr nahe, ihnen eine Bedeutung für die Polymerisation zuzuschreiben, denn wir haben einen ähnlichen Mechanismus schon beim Aktin kennengelernt (siehe Kap. 32). Gleichzeitig stellte sich aber auch die Frage, ob nicht das Tubulin und das Aktin homologe Proteine seien. Gemeinsamkeiten sind nicht abstreitbar:

– Mitwirkung an Kontraktionen,
– Polymerisation zu helicalen Strukturen,
– Bedarf an Nukleotiden für die Polymerisation,
– Bindung von Alkaloiden.

Dem stehen entgegen:

– Unterschiedliche Molekulargewichte,
– keine gemeinsamen Peptide (Fingerprintanalyse, s. Kap. 14),
– keine immunologische Verwandtschaft.

Zusammenfassend muß man zum jetzigen Zeitpunkt denmach sagen, daß es sich hier um zwei verschiedene Proteine handelt. Man wird abwarten müssen, bis die Aminosäuresequenz des Tubulins und gegebenenfalls die Tertiärstrukturen von Tubulin und Aktin vorliegen, bevor man weiter darüber diskutieren kann, ob Homologien bzw. topologische Verwandtschaften (s. Kap. 15) vorkommen, oder ob man auch diese Ideen verwerfen muß.

Mikrotubuli sind keineswegs ausschließlich Polymere aus den beiden Tubulinen, mit ihnen assoziiert ist eine Reihe weiterer Proteine, die man noch gar nicht alle im einzelnen charakterisiert hat. Wichtig sind in diesem Zusammenhang einmal die Dyneine, die für die Energieübertragung bei Bewegungsabläufen verantwortlich sind, dann eine ganze Gruppe von Initiationsfaktoren, die für die Bildung und Verlängerung von Mikrotubuli notwendig sind, ferner solche,

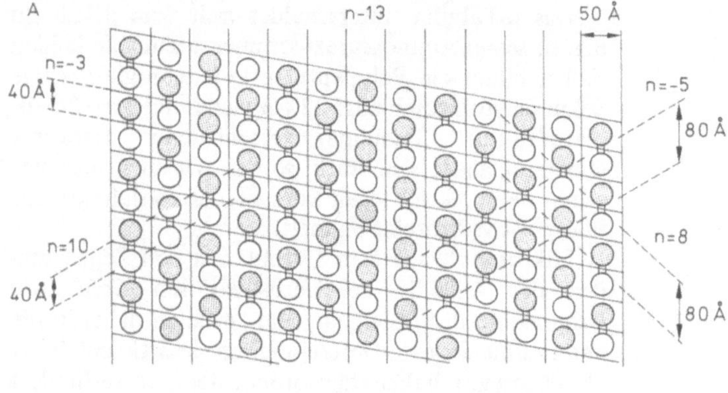

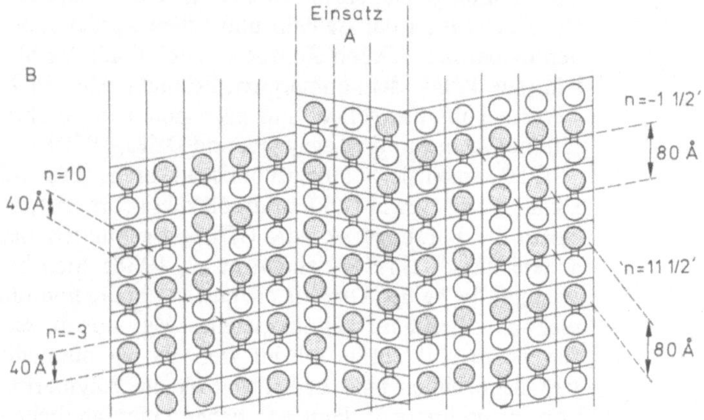

Abb. 34.5 A und B. Anordnung des Tubulins in den Mikrotubuli von Geißeln. **A** Röhre A, **B**, Röhre B. Die Darstellung zeigt die Anordnung der α (*dunkel*)- und β (*hell*)-Tubulinuntereinheiten an der Oberfläche eines aufgeschnittenen Zylinders sowie deren Anzahl und deren Abstände voneinander. Die Röhre B ist unvollständig. Sie lehnt sich an die Röhre A an, die im Bild (*unten*) partiell als „Einsatz" zu erkennen ist. Die beiden Röhren unterscheiden sich durch die Art der Anordnung und der Wechselwirkung von α- und β-Untereinheiten (s. Abb. 34.6). (Nach Amos und Klug, 1974)

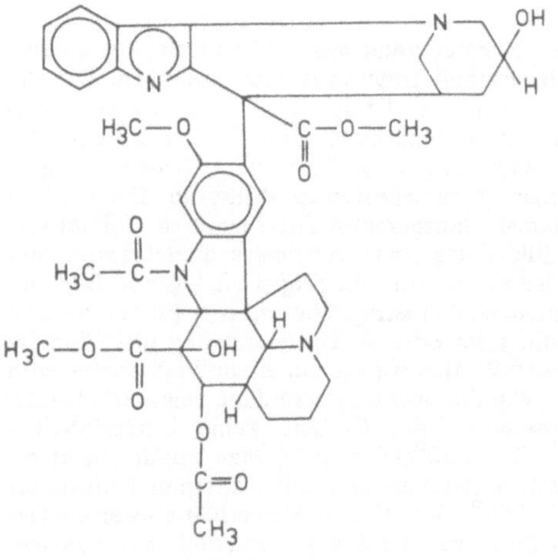

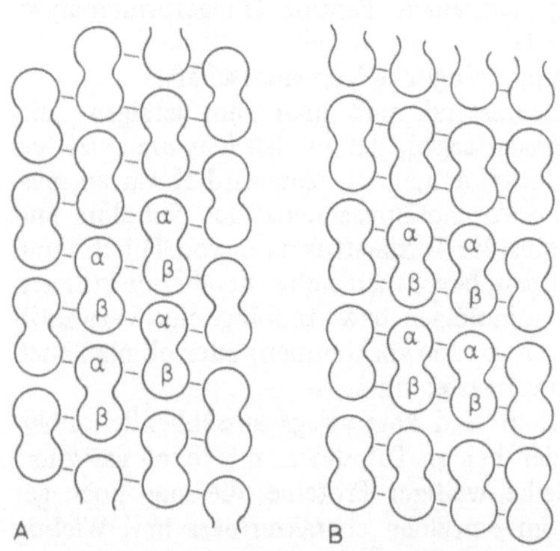

Abb. 34.6 A und B. Aggregation von α- und β-Tubulin-Untereinheiten in der A- und in der B-Röhre von peripher gelegenen Mikrotubuli in Cilien und Geißeln. **A** und **B** unterscheiden sich durch unterschiedliche laterale Bindungen zwischen α–β/β–α und α–α/β–β (Stephens und Edds, 1976)

Abb. 34.7. Vinblastin

die die Stabilität gewährleisten und als viertes eine Gruppe von Proteinen, die für den Zusammenhalt der Mikrotubuli untereinander und für die Ausbildung der komplexen Netzwerke und der Cilienstruktur verantwortlich sind. Zu diesen gehört das Nexin, das aus Cilien und Geißeln isoliert worden ist.

Wie entstehen Mikrotubuli?

Im Cytoplasma liegt ein Gleichgewicht zwischen polymerisiertem und depolymerisiertem Tubulin vor (vgl. Aktin, s. Kap. 32), in Cilien und Geißeln findet man es nur in polymerisierter Form.

Das Gleichgewicht wird durch GTP (ATP), D_2O und eine Reihe von „Faktoren" in Richtung Polymerisation verschoben, Colchicin, niedere Temperatur, Druck und Ca^{2+} fördern Depolymerisation. Mikrotubuli unterscheiden sich in ihrer Länge, ihrer Anzahl und Verteilung in verschiedenen Stadien des Zellzyklus, während der Elongation von Neuriten und während anderer Differenzierungsprozesse. Demnach sieht es so aus, als würde die Zelle über Kontrollmechanismen verfügen, welche die Initiation der Mikrotubulibildung, deren Polymerisation und Depolymerisation und ihre Orientierung in der Zelle regeln.

Weingarten et al. (Princeton University, 1975) postulierten, daß das Vorhandensein von 6S Tubulindimeren und einem vom Tubulin dissoziierbaren Faktor die Voraussetzung zur Polymerisation seien. Der Faktor wurde isoliert und tau (τ) genannt. Die Polymerisation in vitro ist biochemisch und elektronenmikroskopisch verfolgbar. Rein schematisch läßt sie sich wie folgt beschreiben:

$$6S + \tau \rightarrow 6S - \tau \rightarrow 36\ S\ \text{Ringe} \rightarrow \text{Mikrotubuli.}$$

Die Aussage blieb nicht unwidersprochen. Hochkonzentrierte Tubulinlösung polymerisierte nämlich bereits bei Mg^{2+}-Zugabe ohne Anwesenheit von Faktoren.

Sloboda, Dentler und Rosenbaum (Yale University, 1976) fanden eine Reihe weiterer Komponenten, die in der Zelle an der Bildung der Mikrotubuli mitwirken. Sowohl die Initiation als auch die Elongation benötigen offenbar besondere regulierende Signale. Die Autoren nannten sie zusammenfassend MAP (*microtubule-associated-protein*) und haben mindestens drei Proteinkomplexe voneinander trennen können (MAP1, MAP2, MAP3). Diese Proteine scheinen integrale Bestandteile der Mikrotubuli zu sein, da sie eine Hülle um die Mikrotubuli formen und damit deren Struktur stabilisieren.

Das MAP3 ist eine cAMP-stimulierbare Proteinkinase, die das MAP2 spezifisch phosphoryliert, wodurch auch das cAMP einen Einfluß auf die Mikrotubulipolymerisation gewinnt. Zugabe von MAP führt zu folgenden Erscheinungen:

1. Einem linearen Anstieg der Initiations- und Polymerisationsrate. Das Gleichgewicht wird in Richtung Polymerisation verschoben.
2. Der Anstieg der Initiationsrate wird auf die Bildung neuer Initiationszentren zurückgeführt, da die durchschnittliche Mikrotubulilänge bei steigendem MAP-Zusatz sinkt.
3. Mikrotubuli wachsen stets polar, die Wachstumsrichtung ist festgelegt.

Kirschner et al. (Princeton University und University of California, Berkeley, 1975) und Bryan (University of Pennsylvania, 1976) verfolgten den Polymerisationsprozeß elektronenmikroskopisch und konnten dabei eine Reihe markanter Zwischenstufen erkennen, z.B. Ringe, Spiralen, bandförmige Strukturen, Bänder, die sich zu Röhren schließen u.a. (siehe Abb. 34.8).

Im einzelnen ließen sich daraus folgende Regeln ableiten:

1. Man erkennt im Anfangsstadium viele Ringe, die aber für die Initiation nicht essentiell zu sein scheinen. Sie sind kurzlebig und verschwinden bereits wenige Minuten nach Einsetzen des Polymerisationsprozesses.
2. Die Enden sich verlängernder Mikrotubuli sind oft ausgefranst, d.h. sie bestehen aus Protofilamenten, die noch keine Interaktion mit ihren Nachbarn eingegangen sind.
3. Das sich einstellende Gleichgewicht von Monomer zu Polymer hängt von der Zahl der Initiationspunkte ab.
4. Die Anzahl der Polymerisations- und Depolymerisationsereignisse ist von der Mikrotubulilänge unabhängig.
5. Die Polymerisationsrate hängt von der Anwesenheit von Polyanionen (z.B. Nukleinsäuren) ab. Ein Zuviel inhibiert das *Assembly*.
6. Polykationen stimulieren die Polymerisation (Erickson und Voter, 1976). Man geht dabei davon aus, daß die Tubulinmonomere (-dimere) negative Ladungen tragen, die bei einer Polymerisation kompensiert werden müssen. Histone, RNase und das Polykation DEAE-Dextran können MAP vertreten, was die Annahme nahelegt, daß auch sie durch elektrostatische Wechselwirkung an Tubulin gebunden werden.

Wie kommt Bewegung durch Mikrotubuli zustande?

Bewegung setzt einen Energieumsatz voraus. Zur Untersuchung dieser Erscheinung eignen sich Geißeln und Cilien besonders gut, denn sie sind ja auf Bewegung spezialisiert und relativ einfach in größerer Menge zu gewinnen. Zwei Quellen haben sich in den letzten Jahren besonders gut bewährt, einmal die Cilien des Ciliaten *Tetrahymena* und zum anderen Geißeln von Seeigelspermien. Wie schon gesagt und wie auch die Abb. 34.1 zeigt, sind sowohl Geißeln als auch Cilien nach dem 9+2-Plan strukturiert. Bei genauerer Betrachtung von Querschnitten im Elektronenmikroskop sieht man bei den peripher gelegenen Doubletts (Doppelringeinheiten) Fortsätze (Arme) an der Röhre A. Diese bestehen aus den Dyneinen. Das sind Proteine mit einer ATPase-Aktivität, die mit der B-Röhre des benachbarten Doubletts reagieren und somit einen Gleitmechanismus induzieren. Untersucht man Längsschnitte von Geißeln und konzentriert sich

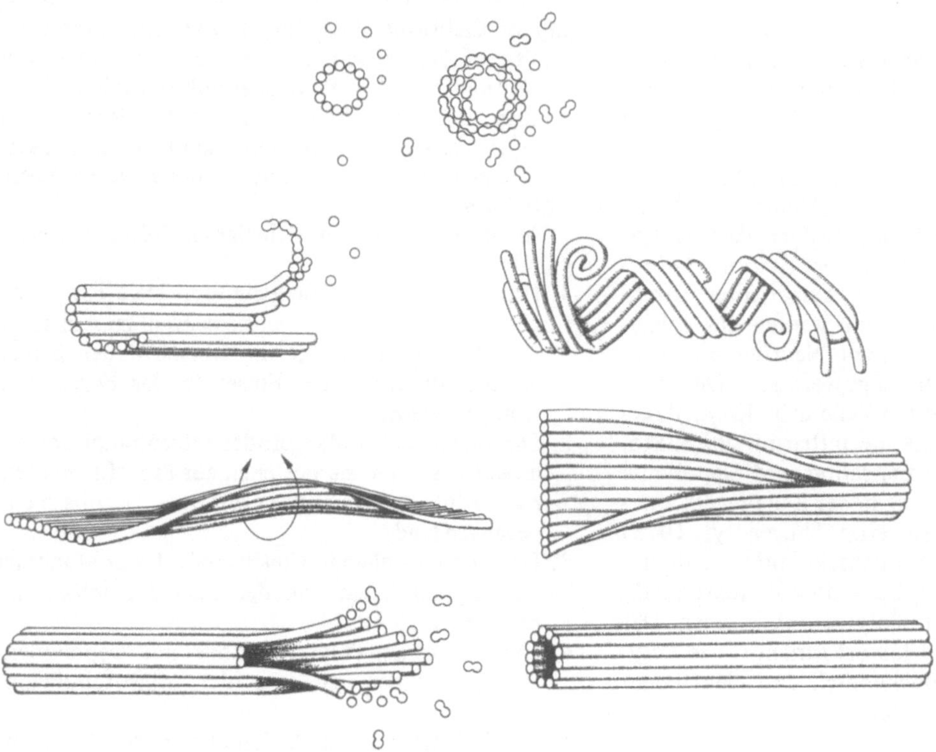

Abb. 34.8. Modell der Aggregation (des *Assembly*) von Mikrotubuli aus Tubulindimeren. (Kombiniert nach Bryan, 1976; Kirschner et al., 1975)

dabei auf die Betrachtung der Röhrenlängen, erkennt man, daß sie ungleich lang sind.

Satir von der University of California in Berkeley hat 1968 und 1976 in einer Reihe von Serienschnitten die Verkürzung der Enden der Tubuli in schlagenden Geißeln ermittelt und daraus einen *Sliding filament*-Mechanismus abgeleitet. Die gemessenen Werte entsprechen genau dem, was man aufgrund der Geometrie erwarten sollte (s. Abb. 34.9). Es ist also wie beim Aktin-Myosin-System: Auf Kosten von ATP werden Querbrücken zwischen benachbart liegenden kontraktilen Elementen gebildet und gelöst. Entfernen der Dyneinarme oder Inaktivierung des Dyneins durch Antikörper unterbindet das Aneinandervorbeigleiten und damit die Geißelbewegung.

Man kennt inzwischen zwei Dyneine (Dynein 1 und Dynein 2), die sich u.a. in ihrem Molekulargewicht unterscheiden. Dynein 1 hat eines von ca. 600.000, Dynein 2 eines von ca. 700.000. Es ist sehr schwer, genaue Werte zu erhalten, da einem für diesen Größenbereich keine verläßlichen Referenzwerte zur Verfügung stehen. Die beiden Dyneine scheinen Isoenzyme zu sein, da beide qualitativ die gleichen Eigenschaften besitzen. Es sieht so aus, als würden sie aus je zwei verschiedenen Polypeptidketten bestehen, beide werden durch die gleiche Mg^{2+}-Ionen-Konzentration optimal stimuliert, beide arbeiten in einem weiten pH-Bereich und beide verwenden ATP als Substrat.

Verschieden sind die Michaelis-Menten-Konstanten, die Abhängigkeit der Aktivität von der Salzkonzentration im umgebenden Medium, die Beweglichkeit im elektrischen Feld und die serologischen Eigenschaften. Unklar ist die Topologie der beiden Isoenzyme in den Geißeln und ihre spezifische Bedeutung. Zusatz von Antikörpern gegen Dynein 1 setzt die Schlagzahl der Geißeln herab, ohne den Bewegungsablauf zu verändern (Gibbons et al., University of Hawaii, Honolulu, 1976).

Die Frequenz des Schlagens ist von der Anzahl der vorhandenen und funktionstüchtigen Dyneinarme abhängig. Antidynein 1 inhibiert nicht die Wirkung des Dyneins 2, so daß auch nach Zugabe dieser Antikörper eine Restaktivität von 15% erhalten bleibt.

Kooperieren Dynein 1 und Dynein 2?

Wenn ja, wie? Liegen beide Dyneine in einem Arm oder in verschiedenen?

Wie wird Dynein am Tubulin gebunden? Was bestimmt ihre Position an den Mikrotubuli?

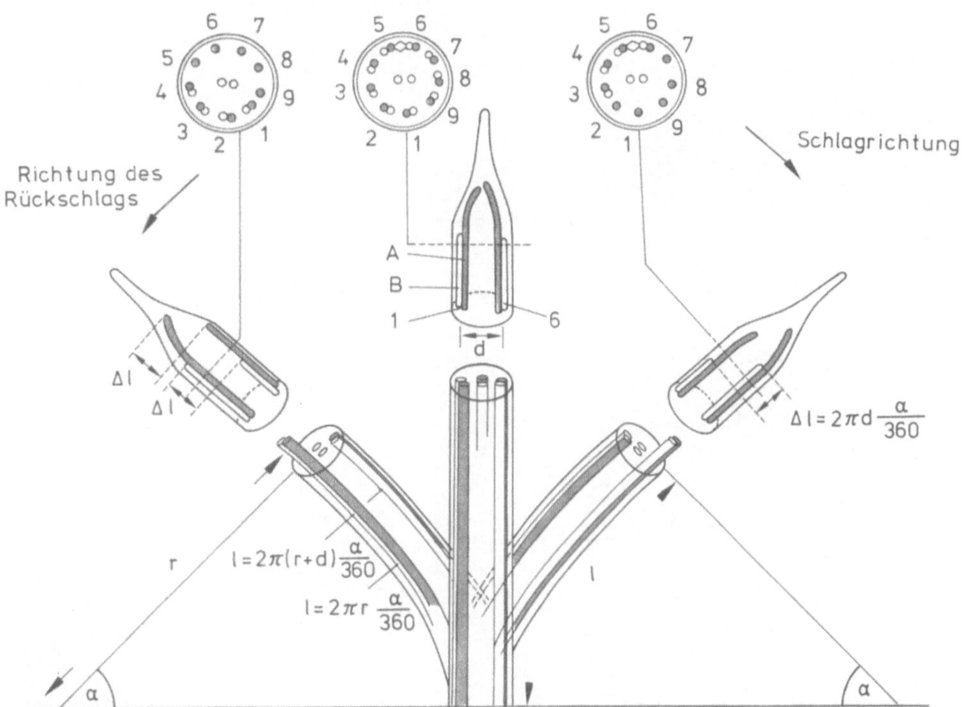

Abb. 34.9. *Sliding filament*-Hypothese zur Erklärung der Bewegung von Geißeln und Cilien. Die Hypothese sieht vor, daß sich die peripheren Mikrotubuli-Doubletts aneinander vorbeischieben. Röhre A ist dunkel, Röhre B hell dargestellt. A ist länger als B. Bei einem Querschnitt dicht unterhalb der Spitze erkennt man bei nichtgekrümmter Geißel neun Doppelringe (im Bild: *mittlerer Querschnitt*). Nach Krümmung ändert sich das Bild. In Bereichen der Geißel, die den größten Krümmungsradius aufweisen, erkennt man nur einen der Ringe (A). Die Auswertung zahlreicher Bilder führte unter Anwendung einfacher Trigonometrie zum Beweis der *Sliding filament*-Hypothese (Satir, 1968)

Es gibt sicher noch mehr solcher Fragen, die bisher nicht zufriedenstellend beantwortet werden können.

Organisation der Mikrotubuli

Die Mikrotubuli sind in manchen Zellen, in Geißeln und in spezifischen Organellen (von Protozoen) zu regelmäßigen Mustern angeordnet. Die strukturelle Anordnung in Geißeln haben wir z.T. bereits besprochen. Die Abb. 34.1 gibt jedoch noch zusätzliche Details wieder, die für das genauere Verständnis von Nutzen sind. Die peripheren Mikrotubuli-Doubletts tragen neben den Dyneinarmen weitere Fortsätze, durch die sie untereinander verbunden sind. Eine dritte Gruppe von Komponenten ragt in das Zentrum der Geißel, so daß phänotypisch das Bild eines Rades mit Speichen entsteht. Die zentral gelegenen Mikrotubuli sind von einer Hülle umgeben und durch Protein miteinander verbunden. Sie sind an der Erzeugung der Bewegung nicht beteiligt, üben aber vermutlich koordinierende Funktionen aus. Nexin verknüpft A-Röhren miteinander, es ist ein sehr großer Proteinkomplex mit einem Molekulargewicht von 150.000–160.000.

Von *Chlamydomonas* sind Mutanten isoliert worden, denen entweder die zentral gelegenen Tubuli oder die Speichen fehlten. In beiden Fällen waren die Geißeln paralysiert. Bei einem sterilen Mann sind Spermien gefunden worden, denen die Dyneinarme fehlten und die somit unbeweglich waren. Der Patient zeigte ansonsten keine weiteren physiologischen Schäden (Afzellius et al., 1975).

Alle Geißeln und Cilien der Eukaryonten sind von einer Membran umgeben. Das ist wichtig, denn dadurch entsteht ein Kompartiment, in dem das richtige Ionenmilieu, der passende pH-Wert und die Zufuhr von ATP sichergestellt werden können. Wir werden im folgenden Kapitel die Bakteriengeißeln kennenlernen, denen eine solche Membran fehlt und die ihrerseits keine aktive Bewegung ausführen können.

Bei einer Reihe von Protozoen findet man im Cytopharynxbereich im Querschnitt rechteckig aussehende Bündel, die aus Mikrotubuli bestehen, welche in einer definierten Konfiguration nebeneinander liegen (s. Abb. 34.2 und Abb. 34.10).

Wie entstehen solche Muster? Tucker (University of St. Andrews, Schottland) hat sich in den letzten Jahren ausgiebig mit dieser Frage befaßt und gefunden, daß die einförmigen (hexagonalen) Netzwerke nur durch wenige Verknüpfungsmöglichkeiten deutbar sind, so daß man die Entstehung dieses Musters durch eine Art *Self-assembly*-Prozeß beschreiben könnte.

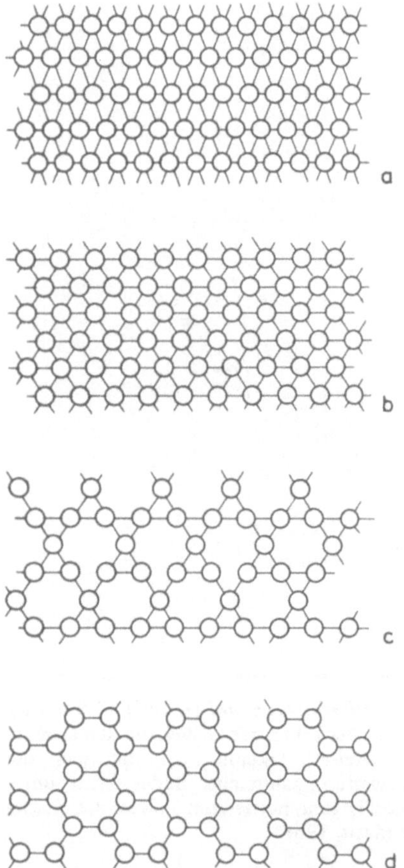

Abb. 34.10 a–c. Anordnung von Mikrotubuli in Nemadesmen von a *Entosiphon* (Flagellat), b *Nassula* (Ciliat), c *Raptidiophrys* (Heliozoon), d *Sticholonche* (Radiolar) (Tucker, 1977, korrigiert nach pers. Mitt.)

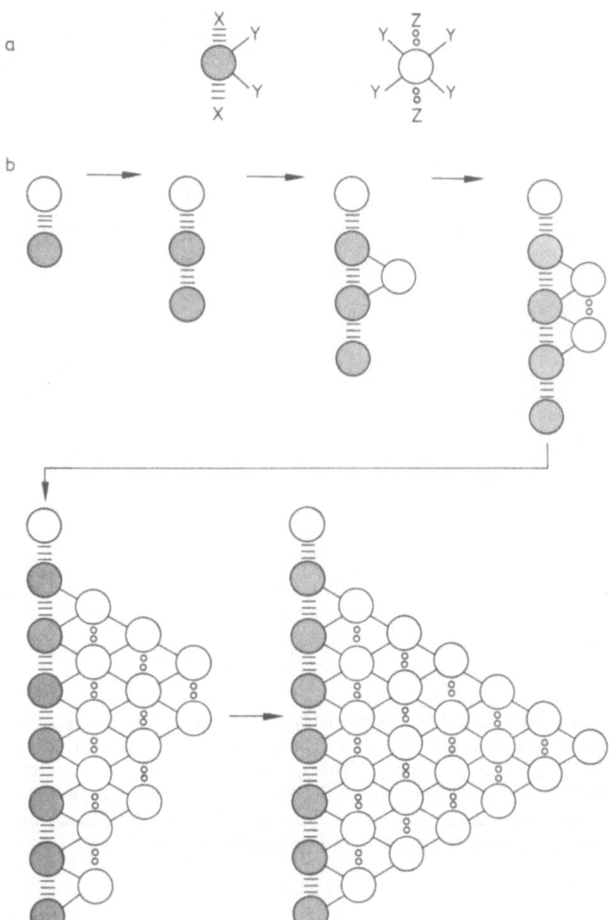

Abb. 34.11 a und b. Ausbildung eines regulären Netzwerks, in dem Mikrotubuli in äquivalenten Positionen sitzen und durch Proteinbrücken untereinander verknüpft sind. Verknüpfungspunkte sind unter a vorgestellt, sich daraus resultierende Muster unter b. Weitere Einzelheiten siehe Text (Tucker, 1977)

Man beachte, daß sich hierbei nicht einzelne Moleküle aneinanderlagern, sondern große, polymere Molekülkomplexe. Wir werden später (s. Kap. 69) noch sehen, daß auch eine regelmäßige Anordnung von Zellen zu Organen (z.B. der Epidermis) nach dem scheinbar gleichen Prinzip erklärt werden kann.

Geht man davon aus, daß die sich bildenden Mikrotubuli in der Zelle dicht beieinanderliegen, so bleiben Wechselwirkungen zwischen benachbart liegenden Strukturen nicht aus, wobei jedoch eine weitere Proteinkomponente im Spiel sein muß, welche die Brücken zwischen den Mikrotubuli ausbildet. Das Protein Nexin käme als Kandiat für derartige Verknüpfungen in Frage. Man braucht jetzt nur noch anzunehmen, daß dieses und/oder ein anderes vernetzendes Protein an äquivalenten Positionen am Tubulin sitzt, um zu einem repetitiven Netzwerk zu kommen (s. Abb. 34.11).

Die Muster werden zwangsläufig durch ein *Selflinking* (Selbstverknüpfung) entstehen, wobei die Positionen der Mikrotubuli exakt festlegt sind. Eine weitere Voraussetzung zur Bildung einer polygonalen Struktur wäre das Vorhandensein eines Initiationspunktes, von dem aus das Muster zunächst in eine Richtung wächst und somit eine Reihe von Mikrotubuli bindet, an die sich die übrigen seitlich anlagern. Cytologisch-elektronenmikroskopische Untersuchungen stützen diese Modellvorstellung.

Die Orientierung der Mikrotubuli zueinander ist somit durch eine vorgegebene räumliche Information in Form eines sich bildenden Netzes festgelegt. Auf atomarer und molekularer Ebene entspricht das einer Kristallbildung. Die Mikrotubuli müßten entlang ihrer ganzen Länge durch Verknüpfungen miteinander gekoppelt sein, um ein dreidimensionales Muster der Röhren zu wahren. Das ist in der Regel jedoch nicht der Fall, denn je weiter man sich vom Initiationspunkt entfernt und je mehr Freiheitsgrade es gibt, desto größer ist der Spielraum der Bewegungen der Mikrotubuli gegeneinander. Das reguläre Netzwerk löst sich in

Gruppen von noch zusammenhängenden Mikrotubuli (Domänen), die in sich geordnet sind, aber in keiner Zuordnung zu benachbarten Domänen stehen.

Mikrotubuli im Cytoplasma

Wir haben im vorletzten Kapitel die Technik zur Produktion von Antikörpern gegen Aktin, Myosin, Tropomyosin und α-Aktinin sowie das Verfahren der indirekten Immunfluoreszenz kennengelernt. In analoger Weise ist es gelungen, Antikörper gegen Tubulin herzustellen, an sie einen Fluoreszenzfarbstoff zu koppeln, Zellen (in der Regel Fibroblastenzellen) durch Alkoholbehandlung für die Antikörper durchlässig zu machen und im Fluoreszenzmikroskop die Verteilung des entsprechenden Antigens zu verfolgen (Weber, Pollack, Bibring, 1975). Die frühen Untersuchungen ergaben, daß Mikrotubuli in filigranähnlicher Form im Plasma verteilt sind, wobei die Hauptmenge um den Kern herum lokalisiert ist. Während der Mitose sammeln sich die Mikrotubuli zwischen den Polen der Spindel und bilden die Teilungsspindel aus. Der übrige Cytoplasmabereich ist in diesem Stadium mikrotubulifrei.

1976 haben Osborn und K. Weber (Max-Planck-Institut für Biophysikalische Chemie, Göttingen) die Ausbildung des Mikrotubulinetzwerkes studiert. Die Bildserie in Abb. 34.12 veranschaulicht, daß das System sich zunächst im perinuklearen Bereich (Bereich um den Kern) organisiert und daß es sich von dort aus polar zur Peripherie der Zelle ausbreitet. Mikrotubuli scheinen keinen Einfluß auf die Form der Zellen zu haben, folgen aber jeder Veränderung der Zellstruktur.

Wir haben eingangs schon eine Reihe von Funktionen des Mikrotubulisystems kennengelernt. Dabei bleibt die Frage offen, welcher Anteil der Bewegung ausschließlich von diesem System, vom Aktin-Myosin-System oder durch eine Kooperation beider bewerkstelligt wird. In Kapitel 25 wurde das Phänomen des *Capping*, des gerichteten Zusammenschiebens von Molekülen in der Membranebene besprochen, dessen Funktion sowohl durch spezielle Inhibitoren des Mikrotubulisystems als auch durch Inhibitoren des Mikrofilamentsystems gestört werden kann. Hier kooperieren offenbar beide Systeme und halten dadurch die Kommunikation zwischen Zellinnerem und seiner Umgebung aufrecht.

Besonders reich an Mikrotubuli sind die Neuronen. Gerade hier tritt das Problem des Stofftransports in den langen, dünnen cytoplasmatischen Fortsätzen, dem Axon und den Dendriten auf. Mikrotubuli scheinen für den schnellen Transport (10^2–10^3 mm/Tag) von Partikeln und anderen Substanzen verantwortlich zu sein, während die Mikrofilamente den langsamen Transport (wenige mm/Tag) besorgen. Es gibt aber auch Ausnahmen von diesem Prinzip: Beim Riesenaxon von *Myxicola infundibulum* sind weder Tubulin noch Mikrotubuli nachgewiesen worden. Es liegen dort aber große Mengen an Mikrofilamenten vor (D.S. Gilbert, 1975). In den Axonen der Neuronen des Flußkrebses findet man nur Mikrotubuli, keine Mikrofilamente (Samson, 1971).

In sich entwickelnden Neuriten macht Tubulin 10–20% des Gesamtzellproteins aus. H. Jockusch, B.M. Jockusch und Burger (1979) nutzten den hohen Gehalt an Tubulin in Neuriten aus, um sie in Nerv-Muskelpräparaten durch indirekte Immunfluoreszenz unter Anwendung spezifischer anti-Tubulin-Antikörper sichtbar zu machen und um somit ihren Verlauf verfolgen zu können. Myotuben enthalten nur wenig Tubulin und zeigen daher eine nur schwache Fluoreszenz (s. Abb. 34.13).

Weber et al. (1977) und Franke et al. (1977) verwendeten das Verfahren zur direkten Sichtbarmachung von Tubulin bei einer Vielzahl von Tier- und Pflanzenarten. Damit bestätigten sie, daß das Tubulin ein außerordentlich konservatives Protein ist. Mit der gleichen Antikörperpräparation konnte es in Cilien, Geißeln, der Mitosespindel u.a. Organellen identifiziert werden.

Intermediäre Filamente: 70–100 Å

Neben dem Mikrofilament- und dem Mikrotubulisystem ist in vielen eukaryotischen Zellen (Fibroblasten, Gliazellen u.a.) ein weiteres Cytoskelettsystem entdeckt worden (Goldman und Knipe, 1972). Es besteht aus Filamenten mit Durchmessern von 70–100 Å. Mit Hilfe der Technik der indirekten Immunfluoreszenz konnten Osborne, Franke und K. Weber (Max-Planck-Institut für Biophysikalische Chemie, Göttingen, und Deutsches Krebsforschungszentrum, Heidelberg, 1977) einen spezifischen Typ dieser Filamente sichtbar machen (s. Abb. 34.14). Die Filamente werden durch Cytochalasin B gar nicht und durch Colchicin (Colcemid) nur wenig angegriffen. Intermediäre Filamente zeigen im Gegensatz zu Aktin und Tubulin eine unerwartete Variabilität. Man isolierte sie aus Neuronen und bezeichnete sie dort als Neurofilamente, aus Muskeln und nannte sie Skeletin und aus anderen Zellen und charakterisierte sie dort als Keratin. Lazarides und Hubbard lokalisierten sie in den Z-Linien quergestreifter Muskeln (Desmin). Lenk et al. (Mass. Institute of Technology, Cambridge, 1977) fanden, daß Polysomen mit diesen Filamenten assoziiert sind. Durch Degradation der mRNS zerfallen sie und lösen sich von den Filamenten.

Es ist sehr wahrscheinlich, daß man es hier mit Elementen von Cytoskeletten zu tun hat, die nicht einer, sondern mindestens zwei Molekülklassen angehören, so daß man nicht von drei, sondern von vier intrazellulären Systemen fibrillärer Strukturen sprechen muß.

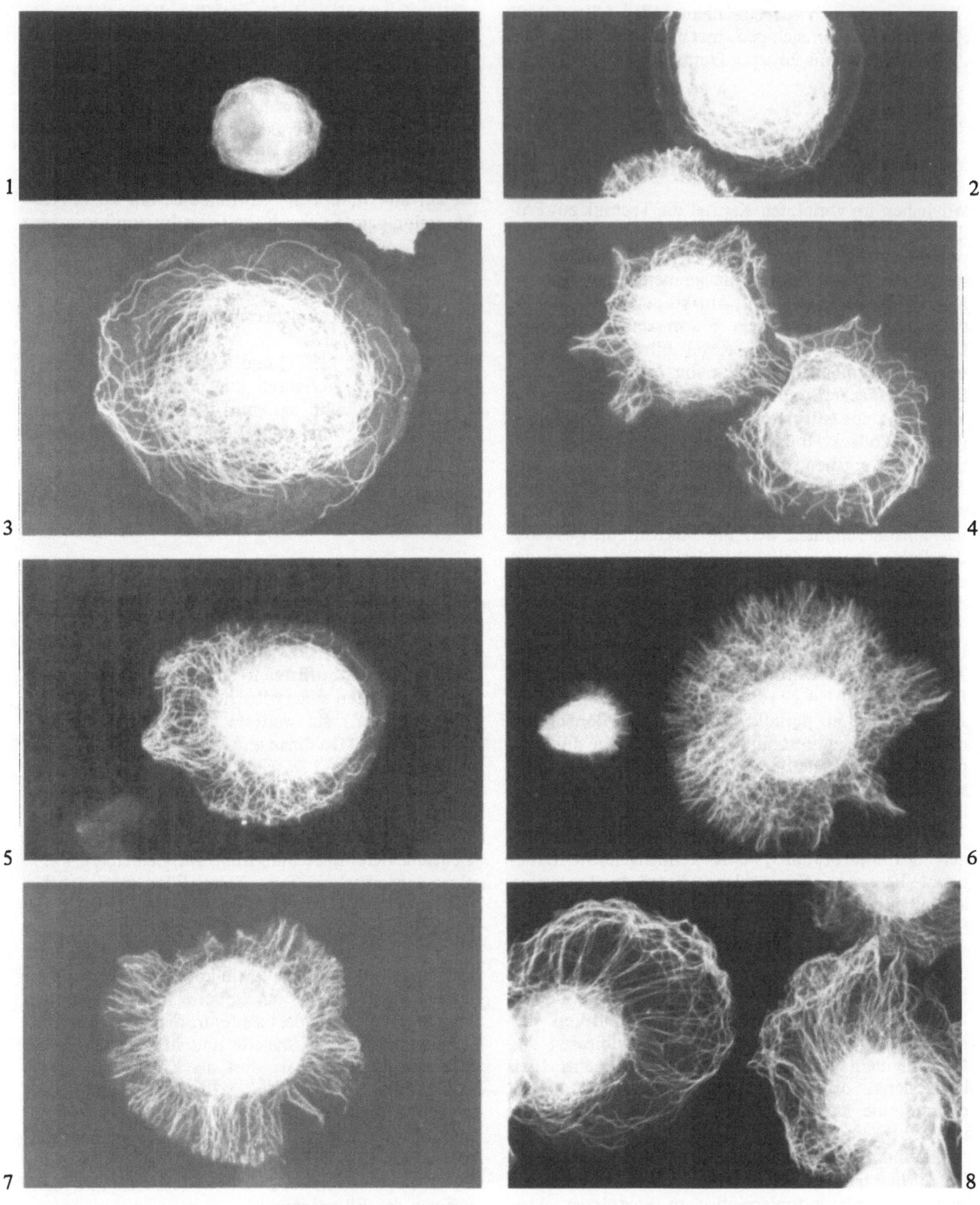
1
2
3
4
5
6
7
8

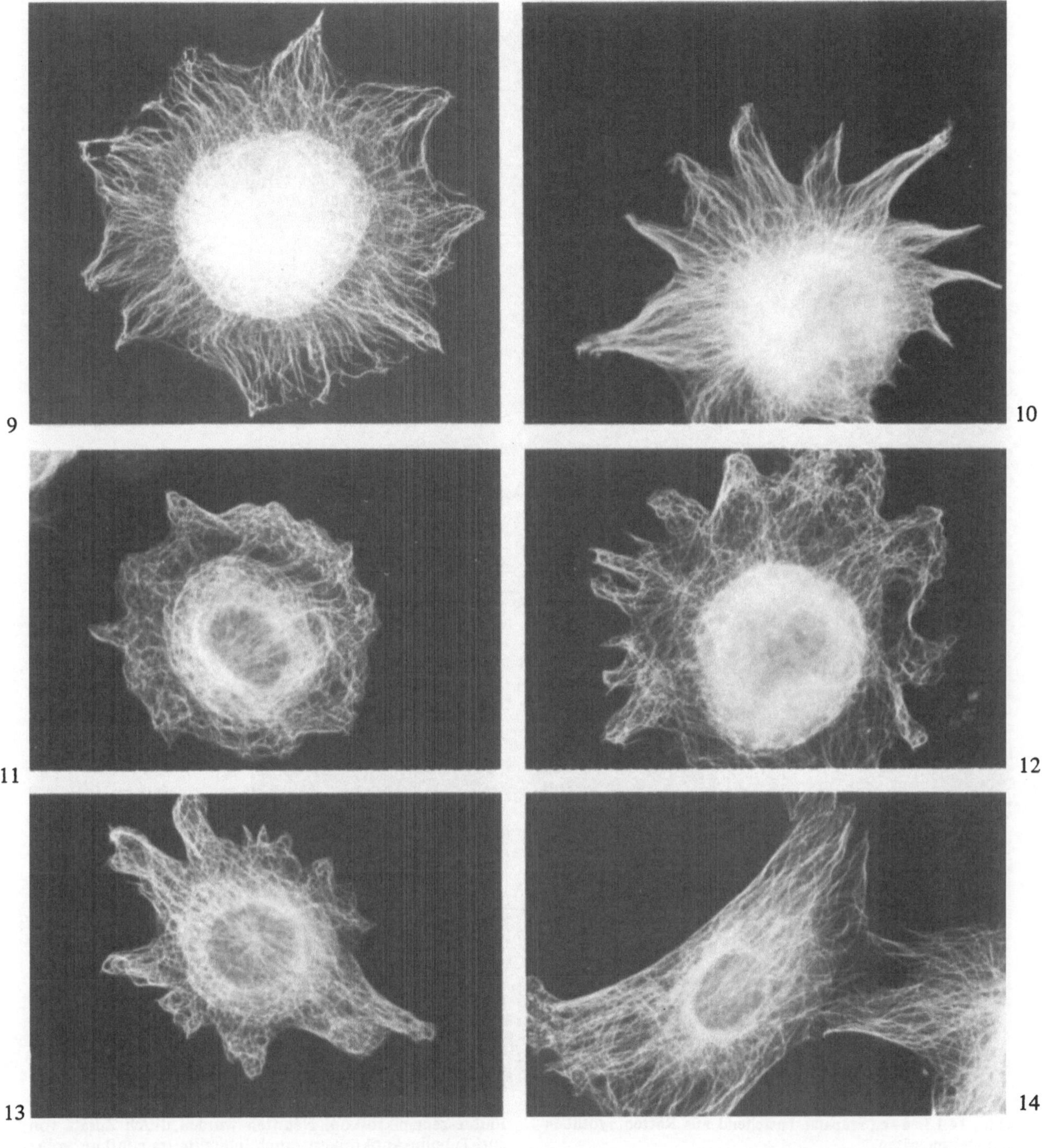

◄ **Abb. 34.12.** Ausbildung des cytoplasmatischen Mikrotubulinetzwerks während der Anheftung von 3T3-Zellen der Maus (Fibroblasten) an eine Unterlage; dargestellt durch Immunfluoreszenzmikroskopie unter Verwendung monospezifischer Antikörper gegen Tubulin. Während der Anheftung der Zellen ist ein Ring abgeflachten Cytoplasmas um den Kern erkennbar. Cytoplasmatische Mikrotubuli breiten sich in dieser Zone – ausgehend von der perinuklearen Region – aus und verlängern sich in Richtung Plasmamembran. Während späterer Stadien scheinen sich die Mikrotubuli in Strängen zu konzentrieren, die senkrecht zur Plasmamembran angeordnet sind. Sobald die Zellen ihre endgültige, fibroblastenzelltypische Form angenommen haben, durchsetzen zahlreiche Mikrotubuli das Plasma. Sie sind z.T. gebogen und folgen den Formen der Zellen. Die meisten Zellfortsätze scheinen Mikrotubuli zu enthalten. Photo *1* entstand 30 Min. nach Plattierung der Zellen auf eine Unterlage. Photo *6* entstand nach 60 Min., *2–5* sowie *7* und *8* nach 90 Min., *10–13* nach 120 Min. *14* stellt eine voll ausgebreitete Zelle dar, aufgenommen 18 Std. nach Plattierung. Vergr. ca. 540fach. (Photos: Osborn und K. Weber, Göttingen, 1976)

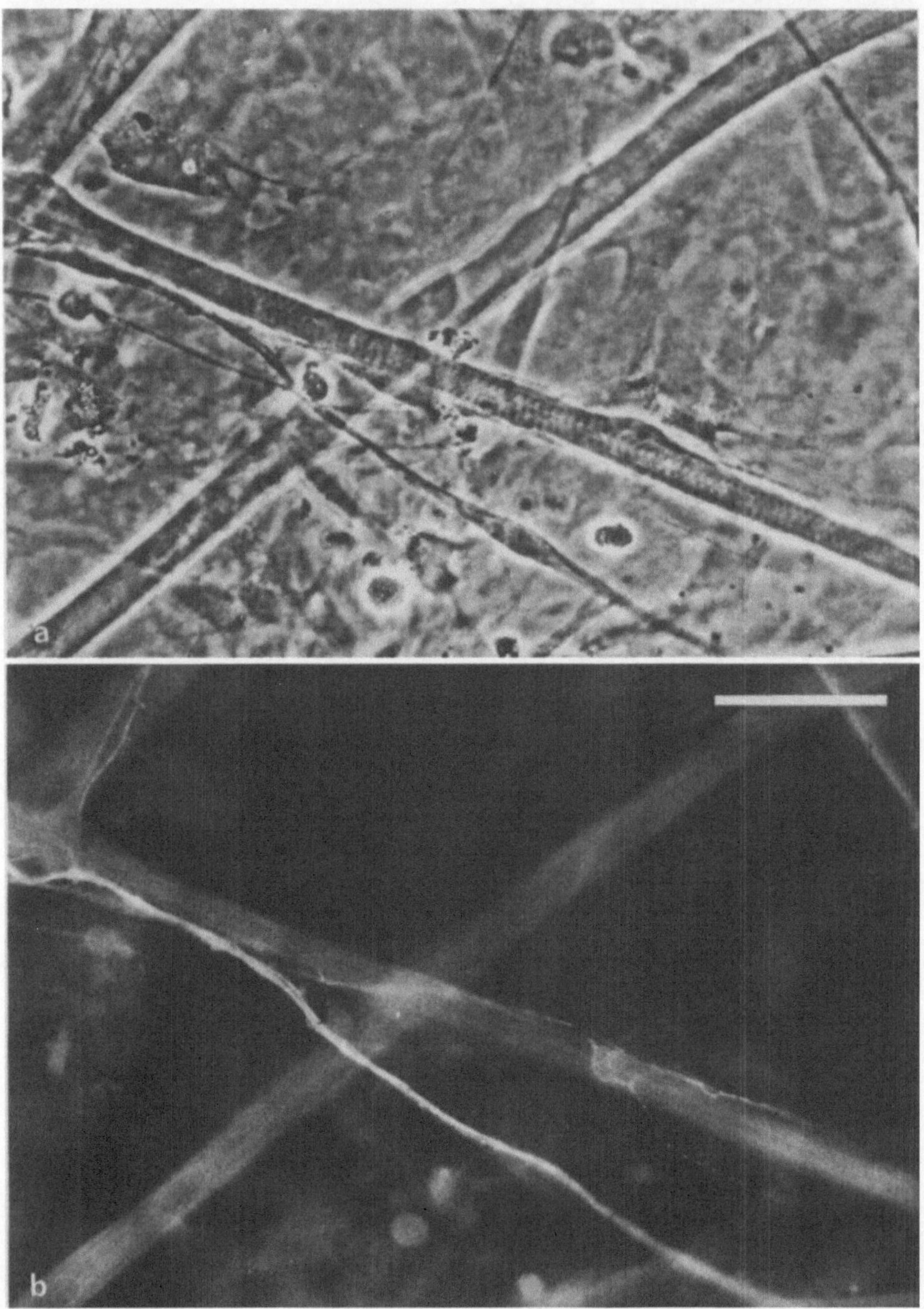

Abb. 34.13 a–c. Präparat bestehend aus Rattenmyotuben und Mausneuriten.
a Aufnahme im Phasenkontrastmikroskop; deutlich erkennbar die Querstreifung in den Myotuben. b Aufnahme im Fluoreszenzmikroskop. Neuriten wurden durch Zusatz von anti-Tubulin-Antikörpern durch indirekte Immunfluoreszenz sichtbar gemacht. Maßstab: 50 μm (Jockusch, H., et al., Heidelberg/Basel, 1979)

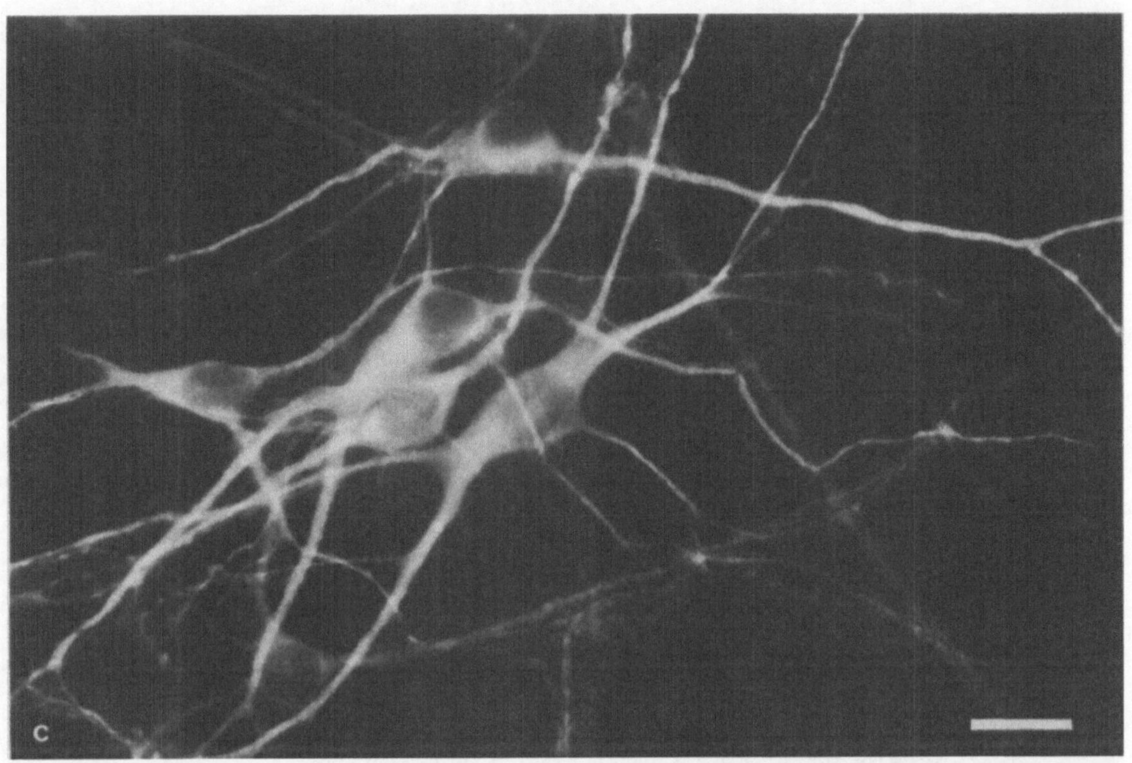

Abb. 34.13 c. Neuronen aus dem Rückenmark der Maus, gefärbt durch indirekte Immunfluoreszenz mit Antikörpern gegen Tubulin. Rückenmarksgewebe eines 12-tägigen Mausembryos wurde mit Trypsin dissoziiert und eine Woche lang in vitro kultiviert. In dieser Zeit bildeten die Neuronen charakteristische Fortsätze aus. Der Rasen nicht-neuronaler Zellen im Untergrund ist praktisch nicht angefärbt. Maßstab: 20 μm. Vergr. 900fach. (Aufn. Jockusch, H. und Jockusch, B.M., Heidelberg, 1979)

Literatur

Bloodgood, R.A., Rosenbaum, J.L.: Initiation of brain tubulin assembly by a high molecular weight flagellar protein factor. J. Cell Biol. *71*, 322 (1976)

Bryan, J.: A quantitative analysis of microtubule elongation. J. Cell Biol. *71*, 749 (1976)

Day, W.A.: Solubilization of neurofilaments from central nervous system myelinated nerve. J. Ultrastruct. Res. *60*, 362 (1977)

Gibbons, B.H., Gibbons, I.R.: Functional recombination of dynein 1 with demembranated sea urchin sperm partially extracted with KCl. Biochem. Biophys. Res. Commun. *73*, 1 (1976)

Gordon, W.E., Bushnell, A., Burridge, K.: Characterization of the intermediate (10 nm) filaments of cultured cells using an autoimmune rabbit antiserum. Cell *13*, 249 (1978)

Hynes, R.O., Destree, A.T.: 10 nm filaments in normal and transformed cells. Cell *13*, 151 (1978)

Jockusch, H., Jockusch, B.H., Burger, M.M.: Nerve fibers in culture and their interactions with non-neural cells visualized by immunofluorescence. J. Cell Biol. *80*, 629 (1979)

Jorgensen, A.O., Subrahmanyan, L., Turnbull, C., Kalnins, V.I.: Localization of the neurofilament protein in neuroblastoma cells by immunofluorescent staining. Proc. Natl. Acad. Sci. USA *73*, 3192 (1976)

Kirschner, M.W., Honig, L.S., Williams, R.C.: Quantitative electron microscopy of microtubule assembly in vitro. J. Mol. Biol. *99*, 263 (1975)

Lazarides, E.: The distribution of desmin (100 Å) filaments in primary cultures of embryonic chick cardiac cells. Exp. Cell Res. *112*, 265 (1978)

Lazarides, E., Balzer, D.R., Jr.: Specificity of desmin to avian and mammalian muscle cells. Cell *14*, 429 (1978)

Lazarides, E., Hubbard, B.D.: Immunological characterization of the subunit of the 100 Å filaments from muscle cells. Proc. Natl. Acad. Sci. USA *73*, 4344 (1976)

Lenk, R., Ranson, L., Kaufmann, Y., Penman, S.: A cytoskeletal structure with associated polyribosomes obtained from HeLa cells. Cell *10*, 67 (1977)

Mohri, H.: The function of tubulin in motile systems. Biochim. Biophys, Acta *456*, 85 (1976)

Ogawa, K., Gibbons, I.R.: Dynein 2. J. Biol. Chem. *251*, 5793 (1976)

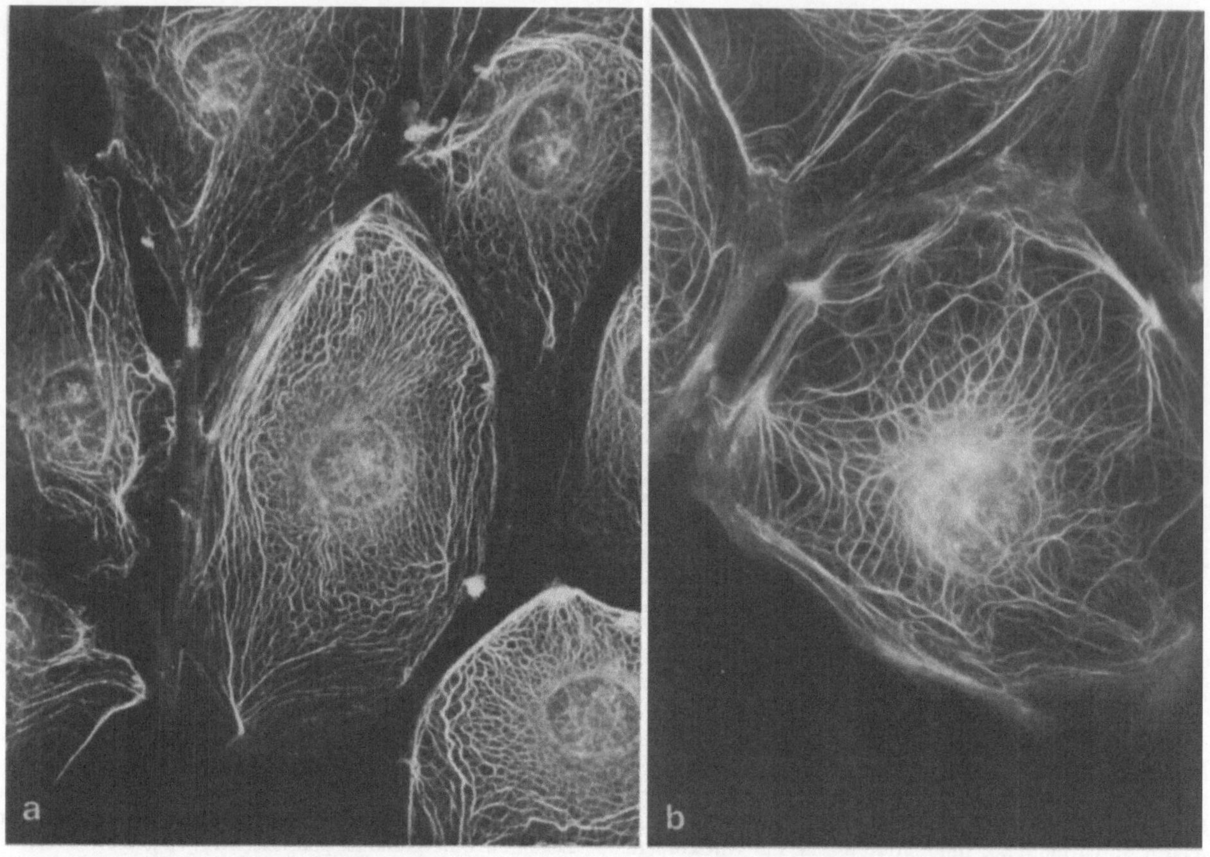

Abb. 34.14 a und b. Netzwerk „intermediärer" Filamente, durch indirekte Immunfluoreszenz sichtbar gemacht (Osborn, Franke und K. Weber, Göttingen/Heidelberg, 1977)

Osborn, M., Weber, K.: Tubulin-specific antibody and the expression of microtubules in 3T3 cells after attachment to a substratum. Exp. Cell Res. *103*, 331 (1976)

Osborn, M., Weber, K.: The display of microtubules in transformed cells. Cell *12*, 561 (1977)

Osborn, M., Franke, W.W., Weber, K.: Visualization of a system of filaments 7–10 nm thick in cultured cells of an epithelioid line (Pt K 2) by immunofluorescence microscopy, Proc. Natl. Acad. Sci. USA *74*, 2490 (1977)

Roberts, K.: Cytoplasmic microtubules and their functions. Prog. Biophys. Mol. Biol. *28*, 373 (1974)

Salema, R., Brandao, I.: Development of microtubules in chloroplasts of two halophytes forced to follow crassulacean acid metabolism. J. Ultrastruct. Res. *62*, 132 (1978)

Satir, P.: Studies on cilia: Further studies on the cilium tip and a "sliding filament" model of ciliary motility. J. Cell Biol. *39*, 77 (1968)

Sloboda, R.D., Dentler, W.L., Rosenbaum, J.L.: Microtubule-associated proteins and the stimulation of tubulin assembly in vitro. Biochemistry *15*, 4497 (1976)

Stephens, R.E., Edds, K.T.: Microtubules: Structure, chemistry and function. Physiol. Rev. *56*, 709 (1976)

Tucker, J.B.: Shape and pattern specification during microtubule bundle assembly. Nature (London) *266*, 22 (1977)

Weber, K., Osborn, M.: Identification of microtubular structures in diverse plant and animal cells by immunological cross-reaction revealed in immunofluorescence microscopy using antibody against tubulin from porcine brain. J. Cell Biol. *15*, 285 (1977)

Weber, K., Pollack, R., Bibring, T.: Antibody against tubulin: The specific visualization of cytoplasmic microtubules in tissue culture cells. Proc. Natl. Acad. Sci. USA *72*, 459 (1975)

35. Bakteriengeißeln, Chemotaxis

Bakteriengeißeln haben Durchmesser von 120–250 Å und sind damit meist sogar dünner als eine einzelne Mikrotubuliröhre. Sie bestehen aus Flaggelin, einem globulären Protein, das je nach Bakterienart ein Molekulargewicht zwischen 40.000 und 60.000 hat und wie Aktin und Tubulin zu Strängen polymerisiert, von denen hier in der Regel drei umeinandergewunden sind. Dem Flaggelin kann keine enzymatische Aktivität zugeordnet werden. Die Bakteriengeißeln sind entweder gestreckt oder bilden wellenförmig (sinoid) gebogene Strukturen aus. Flaggelin polymerisiert zu diesen Formen aufgrund eines *Selfassembly*-Prozesses, wobei jedoch eine Schwierigkeit auftaucht, die durch die Frage: Wie entsteht eine sinoide Struktur? – präzisiert werden kann. Deren Bildung setzt nichtäquivalente Bindungsorte voraus, so daß man einen Polymorphismus der Untereinheiten in Bezug auf die Polymerisationseigenschaften annehmen muß. Calladine (University of Cambridge/Engl.) hat sich 1975 mit diesem Problem befaßt und hat nachgewiesen, daß in der Tat unterschiedliche Konformationen der Untereinheiten die Voraussetzung zur Bildung der wellenförmigen Helices sind (s. Abb. 35.1).

Sind Bakteriengeißeln starr oder beweglich? Es ist gar nicht so einfach festzustellen, ob eine Geißel starr ist und wie ein Propeller arbeitet oder ob eine Bewegungswelle über sie hinwegläuft. Entschieden wurde diese Frage durch zwei voneinander verschiedene Ansätze. Silverman und Simon von der University of California in San Diego fixierten die Geißeln mit Hilfe von Antikörpern an eine Unterlage und beobachteten dabei das Rotieren des Bakteriums.

Die Bakteriengeißel wird in der Regel gegen den Uhrzeigersinn bewegt, wobei das Bakterium gleichzeitig im Uhrzeigersinn rotiert. Schon Bütschli bemerkte Ende des letzten Jahrhunderts, daß durch die Geißelbewegung Zug- und Torsionskräfte freiwerden und daß die Zelle somit gezogen (oder geschoben) und gedreht wird. Letzteres ist auf den Widerstand des Mediums gegenüber der Geißelbewegung zurückzuführen.

Die Rotation ist auch an einer *Escherichia coli*-Mutante mit gestreckter Geißel darstellbar. Hierbei wurden der Geißel mit Hilfe von Antikörpern mikroskopisch sichtbare Partikel angelagert, die ein eindeutiges Muster an Markern bildeten und deren Bewegung verfolgt werden konnte. Es wurde während der Rotation beibehalten, was nicht zu erwarten wäre, wenn sich kontraktile Wellen über die Geißel hinwegbewegt hätten (s. Abb. 35.2).

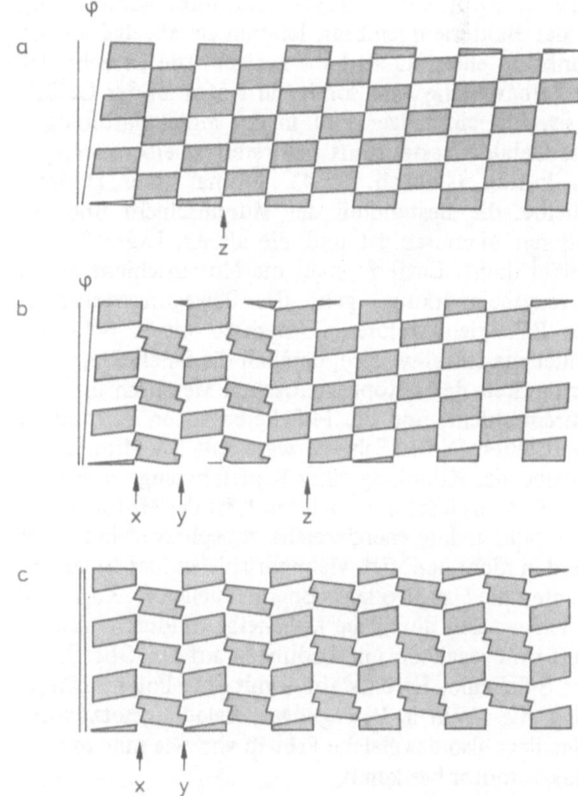

Abb. 35.1 a–c. Oberflächenstruktur einer Bakteriengeißel. Ursachen für die wellenförmige Gestalt: a Alle Untereinheiten (*helle* und *dunkle Trapeze*) sind durch gleichartige Bindungspunkte untereinander vernetzt. Ergebnis: Es ensteht eine gleichförmige (gestreckte) Struktur. b und c Es kommen drei Typen von Bindungspunkten vor, die untereinander nicht äquivalent sind. Ergebnis: Die Untereinheiten aggregieren zu einer sinoid strukturierten Form (Calladine, 1975)

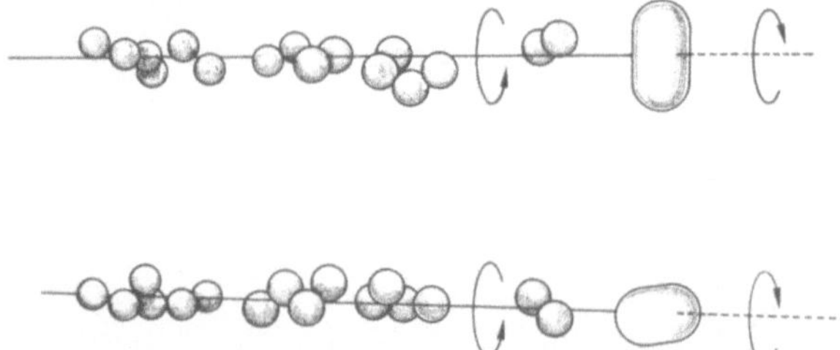

Abb. 35.2. Nachweis, daß die Bakteriengeißel ihre Struktur während der Rotation nicht verändert. An eine lineare Geißel wurden Latexkugeln fixiert. Ihre relative Anordnung zueinander blieb während der Drehung der Geißel erhalten. Während sich die Geißel in eine Richtung dreht, dreht sich die Bakterienzelle in die entgegengesetzte (Berg, 1975a,b)

Wie kommt die Bewegung zustande? DePamphilis und Adler (University of Wisconsin, Madison) fanden 1971, daß die Basis der Geißeln in Form eines starren Hakens gebaut ist. Sie isolieren die Struktur und analysieren sie u.a. im Elektronenmikroskop (siehe Abb. 35.3). Aus der Struktur und ihrer Verankerung in der Bakterienmembran leiteten sie ab, daß sie die Funktion eines Rades haben müsse. Die Ursache der Geißelbewegung wäre somit ein Rotor an der Geißelbasis. Ein einmaliger Fall in der Molekularbiologie. Das Gebilde besteht aus mehreren scheibenförmigen Strukturen (s. Abb. 35.4). Einmal einer Doppelscheibe, die Bestandteil der Mureinschicht und der äußeren Membran ist und die als ein Lager für die Geißel dient. Entfernt man die Mureinschicht durch Lysozymeinwirkung, geht das Bewegungsvermögen der Bakterien verloren. Unterhalb dieser Scheiben findet man zwei weitere, nämlich die S-Scheibe, einen Bestandteil der cytoplasmatischen Membran und der Mureinschicht, und die M-Scheibe, einen Bestandteil der Geißel. Die M-Scheibe wäre mit der Mitnehmerscheibe der Kupplung eines Kraftfahrzeugs vergleichbar. Was uns jetzt nur noch fehlt, ist der Motor selbst. ATP oder andere energiereiche Phosphatverbindungen werden nicht benötigt, vielmehr spielen hier Ionengradienten die Hauptrolle als Energiequellen (s. Kap. 31). Ionen werden durch die M-Scheibe hindurch translociert und reagieren mit Ladungen auf der Oberfläche der S-Scheibe. Es entsteht somit eine Potentialänderung, die direkt in Bewegungsenergie umgesetzt wird. Hier liegt also das gleiche Prinzip vor, wie man es vom Elektromotor her kennt.

Wodurch wird die Bewegung der Bakterien-(geißeln) ausgelöst? Es gibt eine Reihe von Substanzen, wie Zucker und einige Aminosäuren, von denen Bakterien angezogen werden, andere wiederum, von denen sie abgestoßen werden. Sie können also einen Gradienten wahrnehmen und sich in ihrer Bewegung auf ihn einstellen (→ Chemotaxis, chemotaktisches Verhalten).

Der Botaniker Pfeffer entwickelte 1888 ein simples Verfahren, mit dessen Hilfe er das chemotaktische Verhalten testen konnte (s. Abb. 35.5). Er schloß auf das Vorhandensein verschiedener Perzeptionsvorgänge für verschiedene Substanzen, und er verglich diese spezifischen Sensibilitäten mit den spezifischen Reizwirkungen von Stoffen, die wir im Geschmack wahrnehmen. 1893 schrieb er:

> „Eben weil im Protoplasmakörper, in diesem Elementarorganismus, das ganze Geheimnis des Lebens und also auch der mit dem Leben verketteten specifischen Sensibilitäten beruht, kann auch schon in den einfachen Organismen, in einem Bakterium oder einem Schleimpilz, die Empfindlichkeit gegen Reize ebenso reich und mannigfaltig ausgebildet sein, wie in der hoch entwickelten Pflanzenart."

Bakterien, wie z.B. *E. coli*, sind daher geeignete Objekte für die Verhaltensforschung. Nicht nur, weil sie auf verschiedene Umweltreize in spezifischer Weise reagieren, sondern weil man die Vorgänge biochemisch erfassen und nach Mutanten suchen kann, bei denen die Wahrnehmung und Verrechnung der Sinnesreize sowie ihre Umsetzung in eine Bewegungsform gestört sind.

In den sechziger Jahren unseres Jahrhunderts begann Adler von der University of Wisconsin in Madison, sich hiermit auseinanderzusetzen. Er nahm Pfeffers Testsystem wieder auf und quantisierte es, indem er Bakterien, die in ein mit anlockender Lösung gefülltes Röhrchen eindrangen, ausplattierte und die entstehenden Kolonien auszählte. Daneben bediente er sich einiger weiterer, in der Mikrobiologie gängiger Verfahren (s. Abb. 35.6 und 35.7). Die Liste der Komponenten, von denen *E. coli* angezogen wird, ist recht lang: Aspartat, Fructose, Galactose, Glucose, Maltose, Mannitol, Mannose, Ribose, Serin u.a. Alle sind normalerweise metabolisierbar. Chemotaxis wäre demnach ein biologisch sinnvoller Mechanismus, denn er löst ein Verhalten aus, sich in Richtung auf eine Nahrungsquelle zu bewegen.

Chemorezeption und Verwertung der Substanzen sind jedoch, wie Experimente mit Mutanten zeigten, zwei klar voneinander zu trennende Prozesse. Eine Mutante mit defekter β-Galactosidase z.B. wird nach wie vor von Galactose angezogen.

In Kapitel 29 haben wir den aktiven Transport von Zuckern durch die Membran hindurch besprochen und gesehen, daß es spezifische Rezeptoren für jeden einzelnen der genannten Zucker gibt, womit sich auch die Möglichkeit eröffnet, nach Rezeptormolekülen mit Defekten zu suchen, die den betreffenden Zucker nicht mehr erkennen oder nicht mehr in die Zelle hineinschleusen können. Es stellt sich natürlich die Frage, ob der gleiche Rezeptor auch für die chemotaktische Reaktion benötigt wird. Hazelbauer und Adler beantworteten die Frage im positiven Sinne. Eine Mutante mit einem spezifischen Defekt im Transportmechanismus der Galactose z.B. reagiert auch nicht mehr chemotaktisch auf Galactose, wohl aber auf andere Zucker. Hier werden also Elemente der

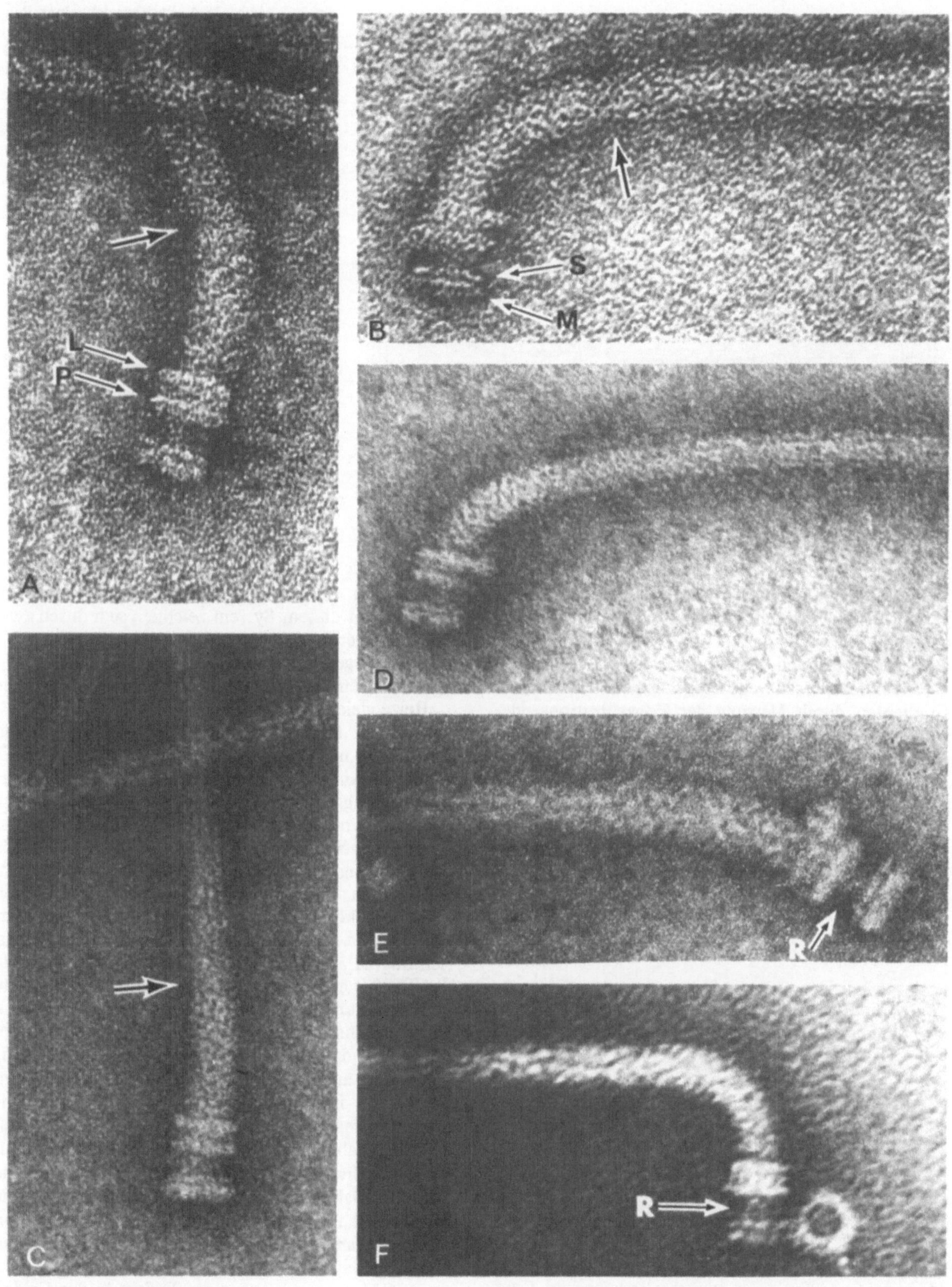

Abb. 35.3 A-F. Elektronenmikroskopische Aufnahmen der Basalstruktur einer Bakteriengeißel. Bezeichnungen s. Abb. 35.4. (Aufn. Adler, Madison, 1976)

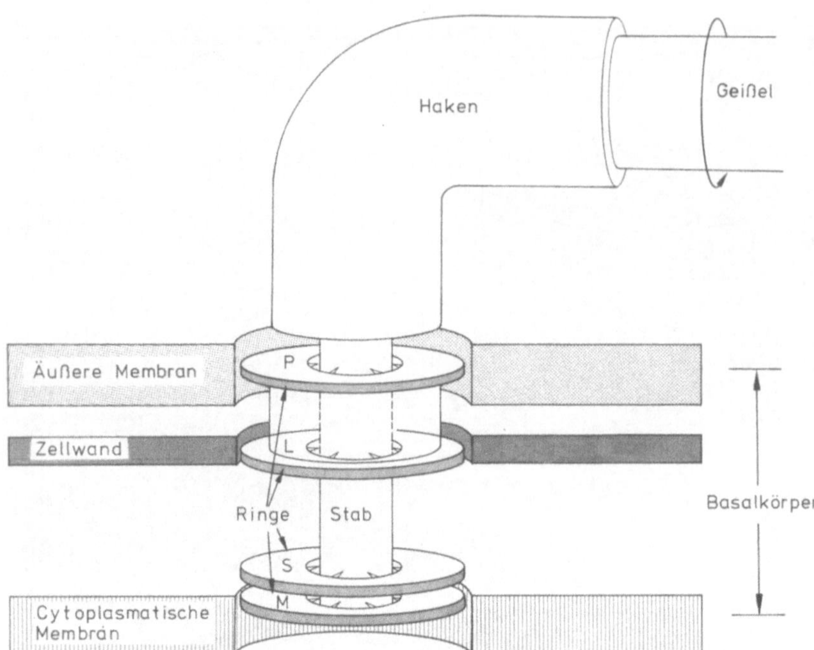

Abb. 35.4. Basisbereich einer Bakteriengeißel. Verankerung in der äußeren und in der cytoplasmatischen Membran. (Nach DePamphilis und Adler, 1971)

Zellmembran (Chemorezeptoren) gleichzeitig für zwei verschiedene Prozesse verwendet: Sie signalisieren chemotaktisches Verhalten und induzieren den Substanztransport durch die Membran.

Chemorezeptoren entdecken einen chemischen Gradienten durch Messung der Konzentrationsänderung als Funktion der Zeit und des Raumes. Um eine einheitliche Reaktion auslösen zu können, müssen alle einlaufenden Reize in irgendeiner Weise verrechnet werden, und dazu müssen die Chemorezeptoren mit den Geißeln über ein Kommunikationssystem gekoppelt sein. Bei tierischen Vielzellern würde das Nervensystem diese Aufgabe übernehmen, bei Einzellern

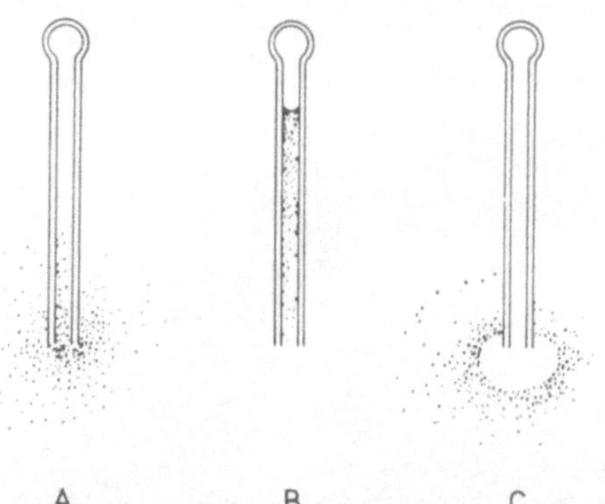

Abb. 35.5 A–C. Chemotaxis von Bakterien. In der Kapillare A ist 1%iger Fleischextrakt enthalten. Die Bakterien sammeln sich in wenigen Minuten an der Öffnung. B enthält eine Luftblase, die gleichfalls zu chemotaktischer Reaktion führt. C enthält angesäuerten Fleischextrakt. Die repulsive (abstoßende) Wirkung der Säure bewirkt eine Bakterienanhäufung in einem gewissen Abstand von der Öffnung der Kapillare. (Nach Pfeffer, 1893; aus Bünning, 1975)

müssen wir nach einem analogen System suchen. Mutanten in diesem System zeichnen sich durch zwei Eigenschaften aus:

1. Sie bewegen sich normal fort.
2. Sie zeigen einen Defekt, der mehrere spezifische Reize gleichzeitig betrifft.

Man hat über 200 solcher Mutanten isoliert und nennt sie je nach Eigenart und Typ *cheA*, *cheB*, *cheC*, *cheD* usw. Ihre Charakterisierung sagt uns etwas über Verzweigungspunkte im Kommunikationsnetzwerk aus. Zu den Elementen dieses Systems gehört ein *Tumble generator*, das ist eine Vorrichtung, welche die Drehrichtung der Geißel ändert (Berg und Brown, 1972). Von den vielen mittlerweile charakterisierten Mutanten können nur einige auserwählte genannt werden: *cheA*-Mutanten sind unfähig, die Bewegungsrichtung zu ändern, es scheint ihnen eine Komponente des *Tumble generator* zu fehlen. *cheB*-Mutanten zeichnen sich durch zwei verschiedene Phänotypen aus, einmal solche, die die Drehrichtung nicht ändern (*no tumble*) und zum anderen solche, die die Richtung permanent ändern. Das *cheB*-Produkt hat offensichtlich einen Einfluß auf die *tumble*-Frequenz. Die Mutanten reagieren auf zeitliche Veränderungen der Reizung, haben aber im Vergleich zum Wildstamm erhöhte Schwellenwerte. Diese sind für verschiedene Stimuli variabel, was den Verdacht nahelegte, daß die von den Chemorezeptoren ausgehenden Signale den *Tumble generator* nicht ordnungsgemäß kontrollieren (können); das System hat einen Wackelkontakt.

cheC-Mutanten haben einen Defekt in der Geißel, der vermutlich auf einem inkorrekten *Assembly* der Einzelteile beruht. *cheD*-Mutanten können die Drehrichtung ändern und sind gegenüber dem Wildstamm

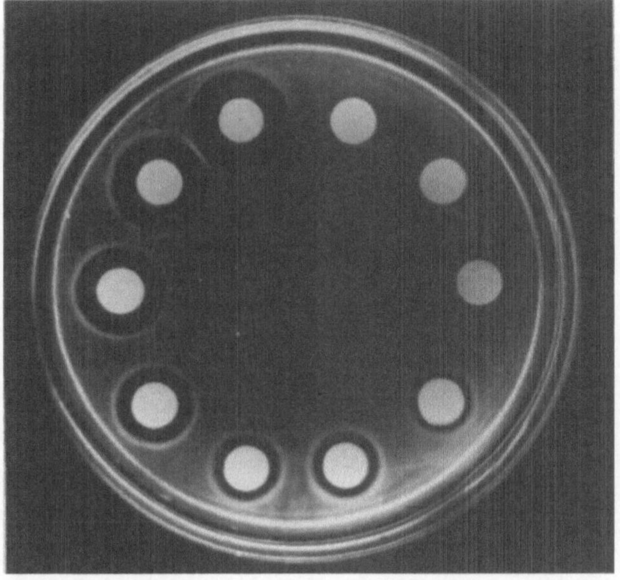

Abb. 35.6. Negative Chemotaxis. Plättchen mit einer bakterienabstoßenden Substanz (Acetat) in steigender Konzentration (0–3 Mol/Liter) wurden an der Peripherie einer Agarschale ausgelegt. Die abstoßende Wirkung ist am Fluchtverhalten der Bakterien erkennbar. Die Bakterien meiden Zonen hoher Konzentration und sammeln sich in konzentrischen Ringen in einem konzentrationsabhängigen Abstand vom Zentrum der ausgelegten Plättchen. (Aufn. Adler, Madison, 1976)

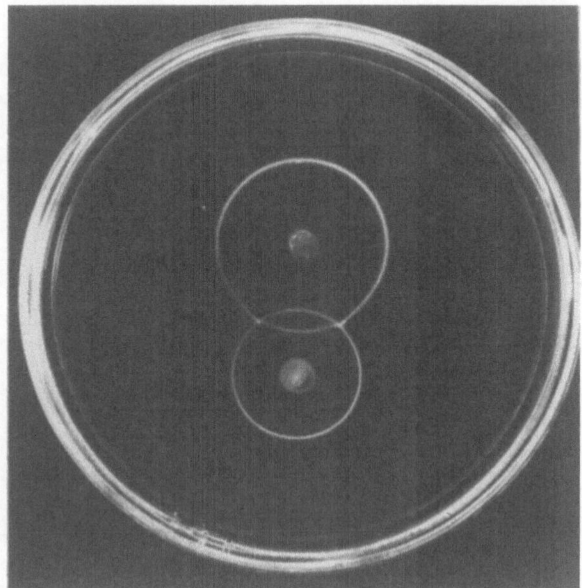

Abb. 35.7. Eine Agarplatte, die Ribose und Galactose enthält, wird an zwei Stellen mit je einem Bakterienstamm beimpft. Einer der Stämme kann nicht Galactose, der andere nicht Ribose metabolisieren. Während der Vermehrung breiten sich die Bakterien unter Verbrauch des Substrats aus, die Ausbreitungswelle ist in Form konzentrischer, auseinanderweichender Ringe sichtbar. Da beide Stämme nicht um das gleiche Substrat konkurrieren, kommt es zu einer störungsfreien Überlagerung der Ausbreitungszonen beider Stämme. (Aufn. Adler, Madison, 1976)

dominant. Es wird ein Produkt gebildet, das den *Tumble generator* inhibiert und somit zu einem *Nonchemotactic*-Phänotyp führt. Das *cheD*-Produkt hat demnach die Funktion eines Schalters. Parkinson (University of Utah, Salt Lake City, 1974, 1975, 1977) hat alle vorliegenden Ergebnisse zusammengefaßt und ein Modell des Kommunikationssystems entwickelt. Die beiden folgenden Abbildungen geben die einzelnen Schritte wieder und zeigen, wie die Prozesse aufeinander abgestimmt sind (s. Abb. 35.8 und 35.9).

Der *Tumble generator* wird durch inhibierende Signale kontrolliert. Ihr Pegel wird in der Zelle durch die Chemorezeptoren moduliert. Bei Abwesenheit von Stimuli ist die Menge inhibierender Signalmoleküle gering, und deshalb sendet der *Tumble generator* ununterbrochen Signale an die Geißel(n), wodurch die Bewegungsrichtung ständig geändert wird. Die Zelle bewegt sich zick-zack-förmig ohne lange Wegstrecken zwischen den Umorientierungspunkten. Sobald ein chemotaktischer Reiz eintrifft, wird der *Tumble generator* stillgelegt, und die Streckenlänge eines „Geradeauslaufs" steigt. Viele Fragen bleiben dennoch offen, z.B.:

– *Wie kontrollieren die Chemorezeptoren den Tumble generator?*
– *Welcher Art sind diese Signale, wieviel verschiedene Signale gibt es, wie werden sie weitergeleitet?*
– *Wie werden gegensinnige Signale (anziehende und abstoßende Stoffe) verrechnet?*

Bei *E. coli* kontrollieren mindestens 18 Gene das *Assembly* und die Funktion der Geißel (Hilmen, Silverman, Simon, 1974). *E. coli* und viele andere Bakterien tragen mehrere Geißeln, die alle gleichgerichtet arbeiten und simultan in weniger als 10^{-2} Sek. die Drehrichtung ändern können. Es muß daher einen extrem schnell wirkenden Informationstransfer innerhalb der Zelle geben. Diffusion von Molekülen kommt nicht in Frage, da das größenordnungsmäßig etwa 1 Sek. dauern würde; demnach bleiben nur elektrochemische Vorgänge an der Membran übrig, die dann auch von Adler und Mitarbeitern 1976 nachgewiesen wurden. Man kann von einer Bakterienzelle aus technischen Gründen kein Membranpotential ableiten und ist deshalb auf indirekte Messungen angewiesen. Man verwendet dazu als Indikator ein lipidlösliches Kation: Triphenylmethylphosphonium, dessen Akkumulation in der Zelle meßbar ist. Zugabe eines Lockstoffs oder einer abstoßenden Substanz führt zu einer Ladungsänderung (Hyperpolarisierung) und einigen nachfolgenden, sekundären Veränderungen der Membran.

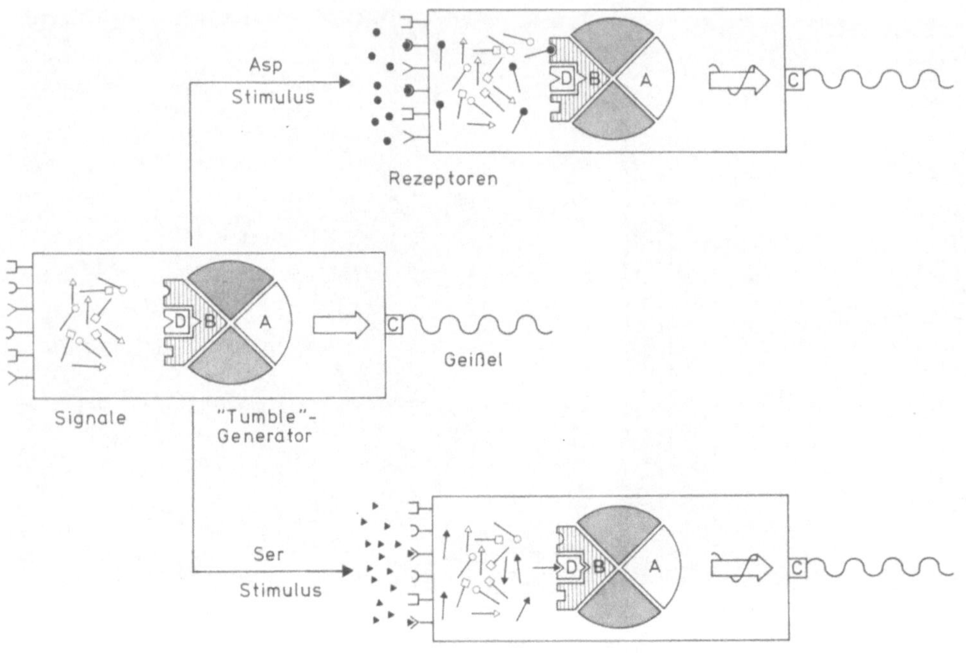

Abb. 35.8. Bedeutung des *Tumble generator* für die chemotaktische Reaktion als Verrechnungseinheit verschiedener Stimuli und als Stimulator des Antriebsaggregats der Geißel. Weitere Einzelheiten s. Text (Parkinson, 1974)

Die Hyperpolarisierung ist ein Teil der chemotaktischen Reaktion. Alle getesteten Lockstoffe lösen sie aus, wohingegen neutrale Substanzen keinerlei Effekt verursachen.

Chemotaxis und Hyperpolarisierung sind auf Methionin angewiesen. Es dient als CH_3-Spender und überträgt die CH_3-Gruppe auf ein Membranprotein. Es sieht so aus, als würde die Methylierung durch einen Ionenkanal kontrolliert, dessen Öffnung wiederum von der Anwesenheit chemotaktisch wirkender Stoffe abhängt.

Die Änderung des Membranpotentials läuft in drei aufeinanderfolgenden Phasen ab:

Phase A: Hyperpolarisierung; alle Lockstoffe verursachen diese Änderung. Methionin ist essentiell.

Phase B: Die Veränderung des Membranpotentials beruht auf Transportvorgängen. Man erhält sie nur mit solchen Substanzen, die durch die Membran translociert werden können.

Phase C: Depolarisation der Membran tritt nur dann auf, wenn die Substanz metabolisiert wird.

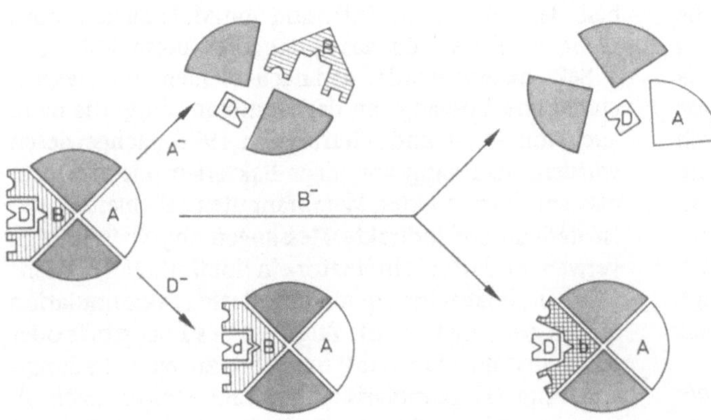

Abb. 35.9. Ein Modell für einen *Tumble generator*, das sich aus den Eigenschaften der *cheA*-, *cheB*-, *cheC*- und *cheD*-Mutanten ableitet. Fehlfunktionen, die durch jene Mutanten hervorgerufen werden, führen zum Zerfall oder zum Funktionsdefekt der Gesamtstruktur (Parkinson, 1974)

Literatur

Adler, J.: Chemotaxis in bacteria. Annu. Rev. Biochem. *44*, 341 (1975)

Adler, J.: The sensing of chemicals by bacteria. Sci. Am., April 1976, S. 40

Adler, J., Tso, W.-W.: "Decision"-making in bacteria: Chemotactic response of *Escherichia coli* to conflicting stimuli. Science *184*, 1292 (1974)

Berg, H.C.: Bacterial behaviour. Nature (London) *245*, 389 (1975a)

Berg, H.C.: How bacteria swim. Sci. Am. August 1975b, S. 36

Berg, H.C., Anderson, R.A.: Bacteria swim by rotating thin flaggelar filaments. Nature (London) *245*, 380 (1973)

Calladine, C.R.: Construction of bacterial flagella. Nature (London) *255*, 121 (1975)

DePamphilis, M.L., Adler, J.: Fine structure and isolation of the hook-basal body complex of flagella from *Escherichia coli* and *Bacillus subtilis*. J. Bacteriol. *105*, 384 (1971a)

DePamphilis, M.L., Adler, J.: Attachment of flagellar basal bodies to the cell envelope. J. Bacteriol. *105*, 396 (1971b)

Komeda, Y., Silverman, M., Matsumura, P., Simon, M.: Genes for the hook-basal body proteins of the flagellar apparatus in *Escherichia coli*. J. Bacteriol. *134*, 655 (1978)

Parkinson, J.S.: Data processing by the chemotaxis machinery of *Escherichia coli*. Nature (London) *252*, 317 (1974)

Parkinson, J.S.: Genetics of chemotactic behavior in bacteria. Cell *4*, 183 (1975)

Parkinson, J.S.: Behavioral genetics in bacteria. Annu. Rev. Genet. *11*, 397 (1977)

Silverman, M., Simon, M.: Flagellar rotation and the mechanism of bacterial mobility. Nature (London) *249*, 73 (1974)

Szmelcman, S., Adler, J.: Change in membrane potential during bacterial chemotaxis. Proc. Natl. Acad. Sci. USA *73*, 4387 (1976)

Ribosomen in den Oozyten der Eidechse *Lacerta sucula* sind zu großen, kristallähnlichen Aggregaten angeordnet. Die Abbildungen geben Dünnschnitte durch die Oozyten wieder. *Oben:* Querschnitt durch einen Abschnitt senkrecht zu einer Fläche des „Ribosomenkristalls". Jede Einheit besteht aus zwei Schichten, die Außenflächen werden durch Membranen begrenzt. *Unten:* Schnitt parallel zur Fläche (*etwa wie durch die Linie im oberen Bild angezeigt*). Die Ribosomen sind als zwei Banden von Tetrameren angeordnet (Raumgruppe P4). Sowohl rechtshändige (*rh*, s. Einschub) als auch linkshändige Konformationen (*lh*) kommen vor. Die Auswertung elektronenmikroskopischer Bilder kann in ähnlicher Weise erfolgen, wie wir es am Beispiel des Bakteriorhodopsins besprochen haben (s. Kap. 27). Vergr. 35.000fach. (Aufn. P.N.T. Unwin, Cambridge, 1977)

Supramolekulare Strukturen

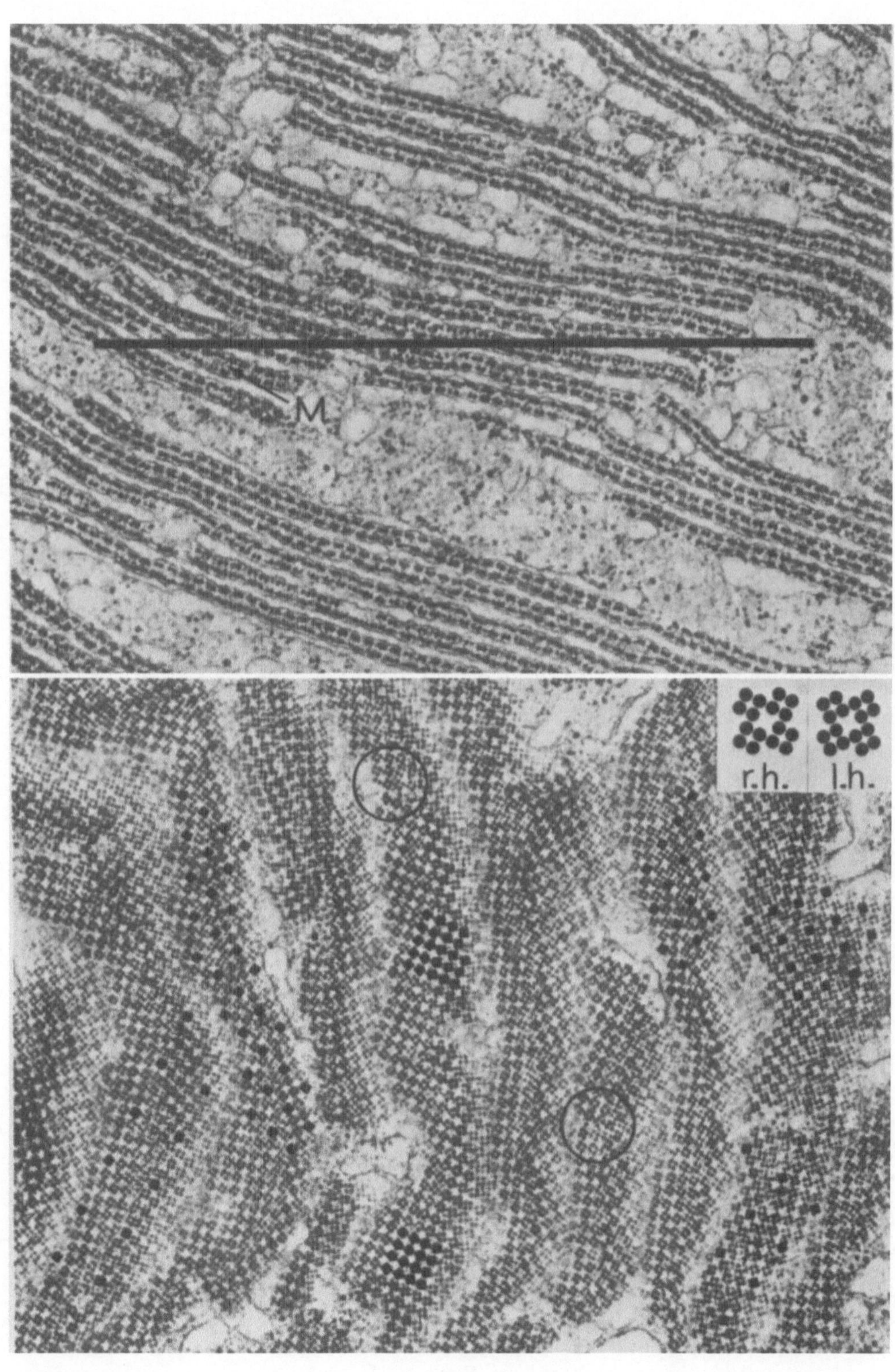

36. Die Struktur der Ribosomen

Ribosomen sind Orte der Proteinbiosynthese. Man findet sie im Plasma pro- und eukaryotischer Zellen sowie im Zellkern. Ribosomen verschiedener Herkunft unterscheiden sich voneinander, haben aber auch viele Gemeinsamkeiten. Am besten untersucht sind die aus *Escherichia coli.* Eine Zelle enthält 10–50.000 Stück, die, wie grundsätzlich alle Ribosomen, aus zwei Untereinheiten (U.E.) bestehen, einer 30S und einer 50S U.E., zusammen ergeben sie einen Komplex von 70 S. Ribosomen der Eukaryonten enthalten 40S und 60S U.E., zusammen bilden sie einen Komplex von 80S. Die 30S U.E. der *E. coli*-Ribosomen ist aus 21 voneinander verschiedenen Proteinen und einer 16S (r)RNS zusammengesetzt. Diese RNS enthält 1541 (1542?) Basen, deren Sequenz inzwischen aufgeklärt wurde (Brosius et al., 1978; Carbon et al., 1978).

Die Proteine sind einzeln isoliert, und von den meisten ist die Sequenz (Primärstruktur) bestimmt worden (H.G. Wittmann, B. Wittmann-Liebold und Mitarbeiter, Max-Planck-Institut für Molekulare Genetik, Berlin-Dahlem). Die 50S U.E. enthält 34 verschiedene Proteine und zwei (r)RNS-Moleküle: 5S und 23S RNS. Von der 5S RNS kennt man die vollständige Sequenz (Brownlee, Sanger, Barrell, 1968), wohingegen man die der 3200 Nukleotide langen 23S RNS nur bruchstückweise kennt. Die Primärstrukturen vieler 50S Proteine sind ebenfalls bekannt (H.G. Wittmann, B. Wittmann-Liebold et al.).

Das kleinste ribosomale Protein besteht aus 50 Aminosäuren, das größte aus etwa 600, die Durchschnittsgröße liegt bei 100–120 (Molekulargewichte: 7000–32.000; $\bar{x}$ = 17.000). Alle sind reich an basischen Aminosäuren. Zusammengenommen sind in *E. coli*-Ribosomen 8000 Aminosäuren enthalten, von denen bisher (1978) mehr als 80% sequenziert worden sind. Die Proteine der kleinen Untereinheiten bezeichnet man mit S1, S2 . . . S21 (S = small), die der großen mit L1, L2 . . . L34 (L = large).

Mit Ausnahme der Paare L7/L12 und S20/L26 sind keine bemerkenswerten Sequenzhomologien vorhanden (Wittmann-Liebold und Dzionara, 1976). Das L7 ist am N-terminalen Ende acetyliert, wodurch es sich vom L12 unterscheidet. Die beiden Aminosäuresequenzen sind ansonsten untereinander identisch, ebenso sind es die von S20 und L26. Das wäre damit der einzige Fall, wo ein Protein der kleinen U.E. gleichzeitig als Bestandteil der großen wiederzufinden ist. Genetische Daten weisen darauf hin, daß beide vom gleichen DNS-Abschnitt codiert werden.

Warum bestimmt man die Proteinprimärstrukturen, für welche Aussagen sind diese Daten essentiell?

1. Man möchte wissen, wie die spezifische Erkennung und Wechselwirkung zwischen der rRNS und den Proteinen erfolgt.
2. Man möchte wissen, wie die Tertiärstrukturen der Proteine aussehen und wie sie im Ribosom topologisch einander zugeordnet sind.
3. Man möchte etwas über mögliche Aminosäureaustausche wissen, um zu erkennen, welche von ihnen einen Einfluß auf die Ribosomenfunktion haben und wie Antibiotikaresistenzen hervorgerufen werden.
4. Schließlich braucht man die Primärstrukturen der ribosomalen Proteine verschiedener Arten aus verschiedenen systematischen Gruppen, um Aussagen über die Evolution der Ribosomen zu machen.

Obwohl die gewünschten Voraussetzungen noch nicht voll erfüllt sind, beginnt man, mit anderen Methoden nach Teilantworten zu suchen.

Wie entsteht die Struktur der Ribosomen?

Die komplette 70S Struktur benötigt Mg^{2+}-Ionen für ihren Zusammenhalt, bei Mg^{2+}-Ionen-Abwesenheit oder bei sehr niedrigen Konzentrationen zerfallen die Partikel in die beiden U.E. Es ist seit langem möglich, alle Komponenten des Systems in reiner Form zu gewinnen. Somit stellt sich auch hier die Frage nach der Rekonstitution intakter Ribosomen aus den Einzelteilen.

1968 gelang es Traub und Nomura (University of Wisconsin, Madison), aktive 30S Partikel aus den 21 Proteinen und der 16S RNS zu rekonstituieren und damit nachzuweisen, daß die Zusammenlagerung auf einem *Self-Assembly*-Prozeß beruht. Schwieriger war es, das auch für die 50S U.E. zu erreichen. Erfolg bei ihren Bemühungen hatten schließlich Nierhaus und Dohme (Berlin, 1974, 1976). Die Rekonstitution erfolgt in einem Zweistufenprozeß, wobei die Temperatur und die Mg^{2+}-Konzentration kritische Parameter sind. Die Reaktionen können durch folgende Prozesse beschrieben werden:

23S RNS + 5S RNS + Protein

$$\xrightarrow{4mM\ Mg^{2+},\ 0°C} RI_{50}\ (1) \quad (33S)$$

$$\xrightarrow{4mM\ Mg^{2+},\ 44°C} RI^*_{50}\ (1) \quad (41S)$$

$$\xrightarrow{4mM\ Mg^{2+},\ Protein} RI_{50}\ (2) \quad (48S)$$

$$\xrightarrow{20mM\ Mg^{2+},\ 50°C} 50S\ U.E.$$

[RI (1) und RI (2): *reconstituted intermediates*]

Die Rekonstitution ist extrem RNase I-empfindlich, eine der Ursachen dafür, daß es über lange Zeit nicht gelang, das Experiment erfolgreich durchzuführen. Bei niedrigen Temperaturen ist ihre abbauende Aktivität vernachlässigbar, weshalb der erste Schritt der Reaktion bei 0°C angesetzt wird. Energiereiche Verbindungen werden nicht benötigt, was auf einen *Self-Assembly*-Prozeß hinweist. Das Vorgehen in zwei Schritten und die unterschiedlichen S-Werte etwa von RI_{50} (1) und RI^*_{50} (1) verdeutlichen, daß beim Zusammenlegen erhebliche Konformationsänderungen stattfinden müssen, die durch die Temperaturerhöhung ausgelöst werden. Die in vitro-Vorgänge spielen sich in der Zelle in ähnlicher Weise ab, denn es sind in vivo-Intermediärprodukte mit S-Werten von 32 und 43 und einem ähnlichen Proteinsatz wie bei den in vitro-Zwischenstufen nachgewiesen worden.

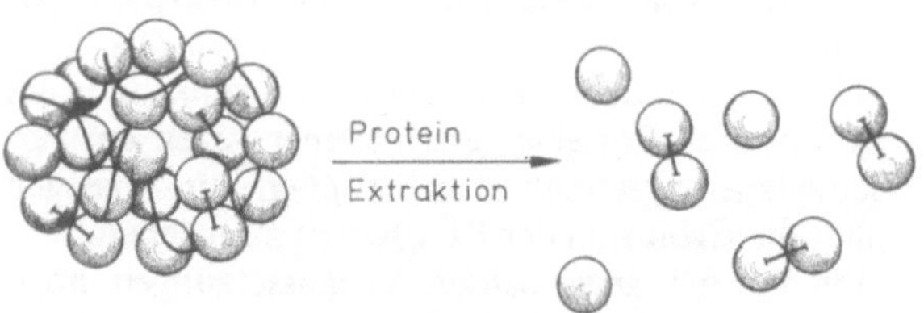

Abb. 36.1. Nachweis sterischer Nachbarschaft ribosomaler Proteine. Die Proteine werden durch bifunktionale Reagenzien untereinander verknüpft. Anschließend wird das Ribosom dissoziiert. Die kovalent miteinander verknüpften Proteine bleiben beieinander (Wittmann, 1976)

Welche Rolle spielt die RNS hierbei? Die 23S RNS ist methyliert, ihre Vorstufe, der *Precursor*, ist länger und trägt keine Methylgruppen. Die 5S RNS ist für den Rekonstitutionsprozeß nicht essentiell. Man erhält ohne sie 47S Partikel, die ihrerseits eine Reihe von Aktivitäten der Proteinbiosynthese wahrnehmen können, jedoch nicht die volle Aktivität entfalten. Insbesondere das aktive Zentrum für die Peptidyltransferasen wird beeinträchtigt, wenn die 5S RNS fehlt, ebenso findet man keine faktorenabhängige tRNS-Bindung an der *A-site,* wohl aber an der entsprechenden *P-site* (s. Kap. 38).

Topologie der Proteine und der RNS

a) Welche Proteine sind einander benachbart? Nachbarschaftsbeziehungen sind durch Einsatz bifunktionaler Reagenzien (wie z.B. Bis-Methyl-Suberimidat oder anderen Bis-Imido-Estern) festzustellen, wobei man die benachbarten Proteinmoleküle kovalent miteinander verknüpft und anschließend analysiert, wer mit wem gekoppelt ist (s. Abb. 36.1). Auf diese Weise sind zahlreiche Proteinpaare in der kleinen und in der großen ribosomalen U.E. als Nachbarn identifiziert worden (s. Tabelle 1).

b) Welche Proteine stehen mit der rRNS in Kontakt? Auch hier lassen sich Bindungsstellen durch bivalente Reagenzien oder durch UV-Bestrahlung fixieren. Nach anschließender RNase-Behandlung erhält man RNS-Bruchstücke, die an definierte Proteine gebunden sind (s. Abb. 36.2). Man weist diese nach gelelektrophoretischer Auftrennung durch spezifische Anti-

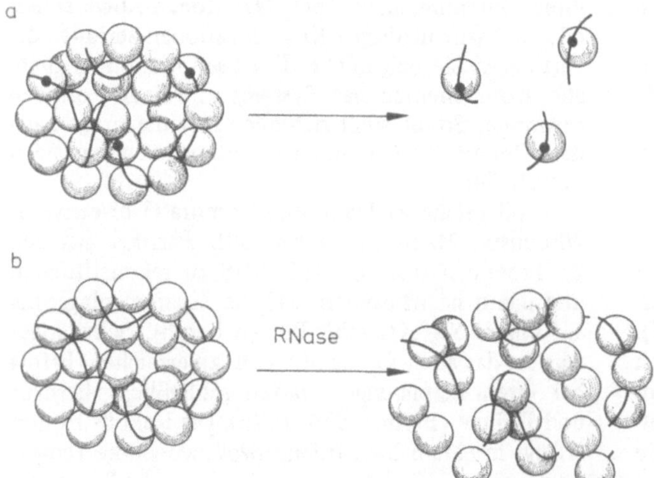

Abb. 36.2 a und b. Nachweis von Interaktionen zwischen rRNS und spezifischen Proteinen. **a** RNS wird mittels UV-Läsion mit den Proteinen vernetzt. Nach Degradation des Ribosoms findet man bestimmte Proteine, an die bestimmte Stücke der RNS fixiert sind. **b** Abbau der rRNS durch Ribonuklease. An Protein gebundene Anteile der RNS sind vor Enzymeinwirkung geschützt (Wittmann, 1976)

körper nach. Die RNS wiederum wird sequenziert, um festzustellen, an welchen Sequenzbereich das Protein gebunden wird. Weitere Hinweise erhält man durch das in Abb. 36.3 wiedergegebene Verfahren. Hierbei untersucht man die Bindung der gereinigten Proteine an die 16S rRNS. Nach Abschluß der Reaktion wird die RNS mit RNase verdaut, wobei ein kur-

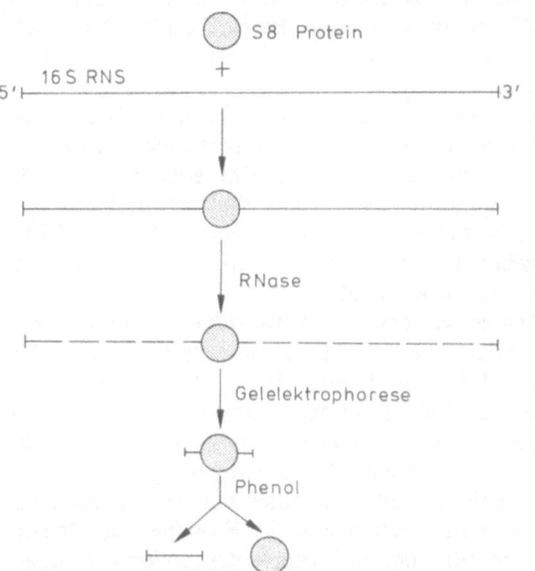

Abb. 36.3. Schematische Darstellung eines Experiments zum Nachweis und zur Isolierung eines Bindungsbereiches der 16S rRNS für ein bestimmtes ribosomales Protein (S8) (Wittmann, 1976)

Tabelle 1. Nachbarschaftsbeziehungen zwischen Proteinen in der kleinen und in der großen ribosomalen Untereinheit. Die Wechselwirkungen wurden nach der in Abb. 36.1 vorgestellten Methode ermittelt (Brimacombe et al., 1978)

Protein	Nachbarn
S1	S2, S13, S15 oder S17, S18
S2	S1, S3, S5, S8
S3	S2, S4, S5, S9, S10, S12
S4	S3, S5, S6, S8, S9, S12, S13, S17, S20
S5	S2, S3, S4, S8, S9, S13
S6	S4, S8, S18
S7	S8, S9, S13
S8	S2, S4, S5, S6, S7, S11, S13, S15
S9	S3, S4, S5, S7
S10	S3
S11	S8, S13
S12	S3, S4, S13, S20, S21
S13	S1, S4, S5, S7, S8, S11, S12, S17, S19, S20
S14	S19
S15	S1, S8
S17	S1, S4, S13
S18	S1, S6, S21
S19	S13, S14
S20	S12, S4, S13
S21	S12, S18
L2	L5, L9, L7/L12, L10, L11, L17
L3	L5
L4	L11, L14
L5	L7/L12, L17, L23, L24, L25
L10	L11
L11	L14
L17	L21, L32
L18	L32
L22	L32

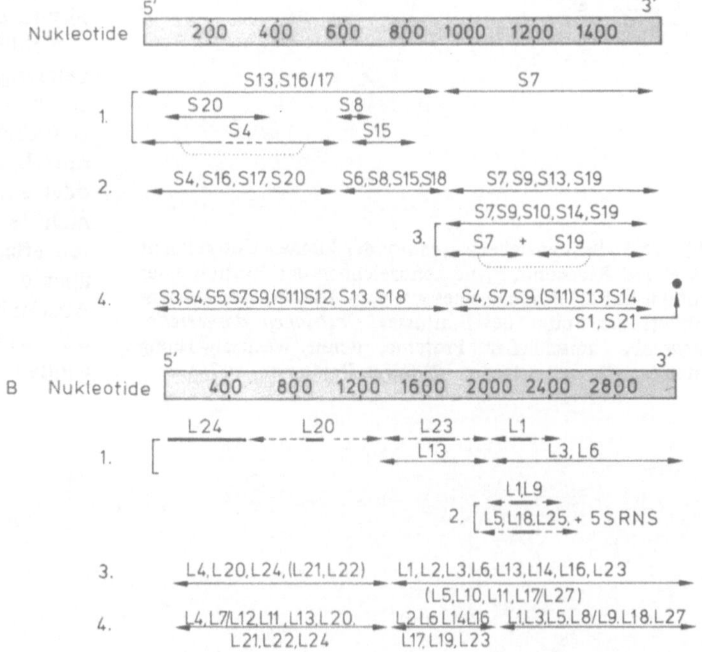

Abb. 36.4 A und B. Wechselwirkungen zwischen Proteinen und ribosomaler RNS (*gerastert* dargestellt; die Ziffern beziehen sich auf Nukleotidpositionen, beginnend am 5'-terminalen Ende). **A** Bindung von Proteinen der kleinen ribosomalen U.E. an die 16 S rRNS. *1*, Proteinbindungsstellen, bestimmt nach dem in Abb. 36.3 vorgestellten Verfahren. *2* und *3*, Verteilung von Proteinen in partiell rekonstituierten Partikeln unter Verwendung von RNS-Fragmenten. 4, Proteinbindungsstellen, bestimmt nach dem in Abb. 36.2 vorgestellten Verfahren. **B** Bindung von Proteinen der großen ribosomalen U.E. an die 23 S rRNS. Weitere Einzelheiten wie bei **A** (Brimacombe et al., 1978)

zes, durch das Protein geschütztes Stück übrigbleibt, das gleichzeitig als Bindungsstelle charakterisiert ist. Zusammenfassend sind die Ergebnisse der Darstellung der Abb. 36.4 zu entnehmen. Nomura und Mitarbeiter haben sich seit Jahren mit der Frage des sequenziellen *Self-Assembly*'s der ribosomalen Proteine befaßt. Ihre Ergebnisse zeigt die Abb. 36.5. Die Pfeile deuten auf die Wechselwirkungen zwischen den Proteinen und der rRNS hin, die während der Rekonstitution nachgewiesen wurden.

c) Proteine an der Oberfläche.

Auch zur Klärung dieser Frage gibt es mehrere Verfahren:

- Markierung mit fluoreszierenden Substanzen, die an große Trägermoleküle gebunden sind, um zu verhindern, daß diese in tieferliegende Bereiche des Ribosoms eindringen (Hsiung und Cantor, 1973) (s. Abb. 36.6).

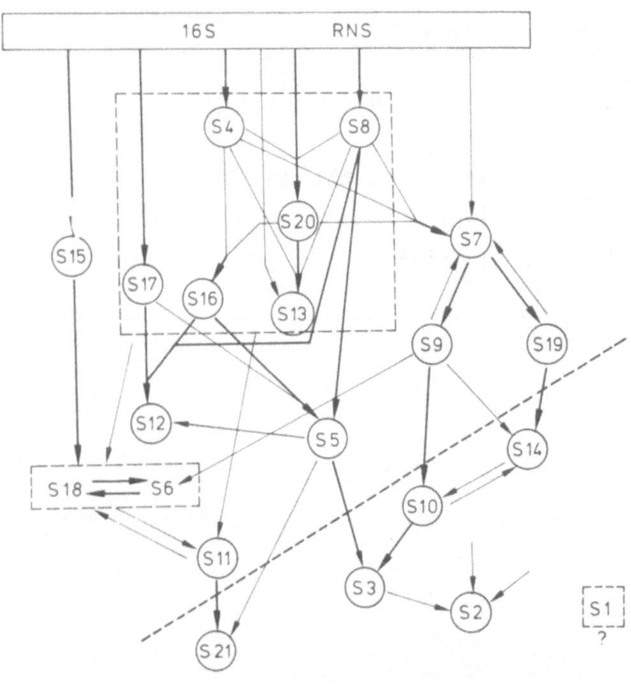

Abb. 36.5. Sequenzielles *Assembly* der kleinen Untereinheit des *E. coli*-Ribosoms. *Pfeile* kennzeichnen den Einfluß eines Proteins auf die Bindung eines weiteren. Die *Strichdicke* symbolisiert die Stärke des Einflusses. *Gestrichelt dargestellte Rechtecke* umschließen Proteine, deren Wechselwirkung untereinander unverstanden ist. (Nach Held et al., 1974)

- Durch Lactoperoxydase katalysierte Jodierung der Proteine. Es werden nur solche Proteine jodiert, die an der Oberfläche liegen und damit für das relativ große Enzym zugänglich sind (Michalski und Sells, 1974).
- Antikörper, die gegen isolierte Einzelproteine gerichtet sind. Das Verfahren eignet sich u.a. auch dazu, die Proteine an Grenzflächen zwischen den beiden U.E. zu lokalisieren, denn die Bindung von Antikörpern in diesem Bereich inhibiert die Bildung der 70S Partikel (Stöffler, Berlin 1973, 1974).
- Immunelektronenmikroskopie. Ein Verfahren, das für die Ribosomen am Max-Planck-Institut für Molekulare Genetik in Berlin entwickelt wurde und immunologische und elektronenmikroskopische Methoden miteinander vereint (Wabl, 1974). Ergebnisse sind in der Abb. 36.7 zusammengefaßt. Da Antikörper divalent sind, können sie zwei U.E. miteinander verknüpfen. Die Elektronenmikroskopie erlaubt es, die Form der Partikel (hier der 50S U.E.) zu identifizieren. Antikörperzugabe führt zur Abbildung der Position der betreffenden Proteine. Die Partikel sieht man, je nachdem, an welcher Stelle der U.E. der Antikörper bindet, in der Aufsicht oder in einer der Seitenansichten. Es sind inzwischen alle 21 Proteine der kleinen und ca. 90% der 34 Proteine der großen U.E lokalisiert worden. S4 scheint ein sehr langgestrecktes Molekül zu sein, denn es gibt mehrere Antikörper-Bindungsstellen auf der Untereinheit (Tischendorf, Zeichhardt, Stöffler, 1974, 1975).

Unter Zusammenfassung aller Ergebnisse konnten Tischendorf et al. (1975) und Wittmann et al. (1976) ein detailliertes Modell der Struktur der kleinen und der großen U.E. (s. Abb. 36.8 und 36.9) sowie der Interaktion zwischen beiden (s. Abb. 36.10) entwickeln.

Schließlich soll noch das Verfahren der Neutronenbeugung genannt werden. Ein Neutronenstrahl wird an Wasserstoffatomen ganz anders gebeugt als an Deuteriumatomen. Durch Deuterierung des Lösungsmittels oder von Teilen des Ribosoms (z.B. der RNS oder einzelner Proteine) lassen sich diese gegen einen nichtdeuterierten Hintergrund abbilden. Das Verfahren erlaubt es, Aussagen über die Form der Partikel, über die Lage der RNS und der Proteine sowie über Abstände zwischen ribosomalen Proteinen zu machen. So wurden z.B. zwischen den Massenzentren der folgenden Proteinpaare folgende Abstände gemessen:

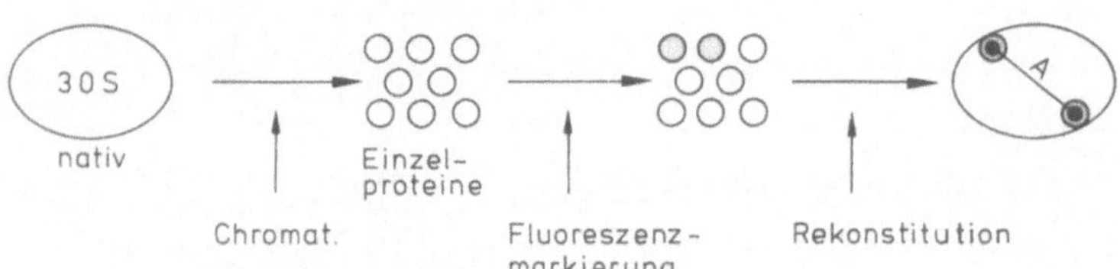

Abb. 36.6. Bestimmung der Abstände von Proteinen in der kleinen ribosomalen Untereinheit. Einzelne Proteine werden durch Fluoreszenzmarkierung gekennzeichnet. Die Abstände der Proteine voneinander werden nach Rekonstitution des Ribosoms vermessen (Wittmann, 1976)

S7–S9: 29 Å, S5–S8: 35 Å, S4–S5: 43 Å, S3–S9: 45 Å, S8–S9: 110 Å.

Erfreulicherweise stimmen die Daten weitgehend mit den bereits genannten Ergebnissen überein. Das gilt vor allem für die Form der großen und kleinen Untereinheit (Engelman et al., 1975; Langer et al., 1978; Stuhrmann et al., 1978).

Welche Aussagen lassen sich über die Evolution der Ribosomen machen?
Wie konservativ ist die Ribosomenstruktur?

Man hat Antikörper gegen die Ribosomen verschiedener Organismenklassen hergestellt, wie z.B. Bakterien, Pflanzen, Säuger etc. und hat sie gegen Ribosomen der heterologen Gruppen getestet. Recht groß sind

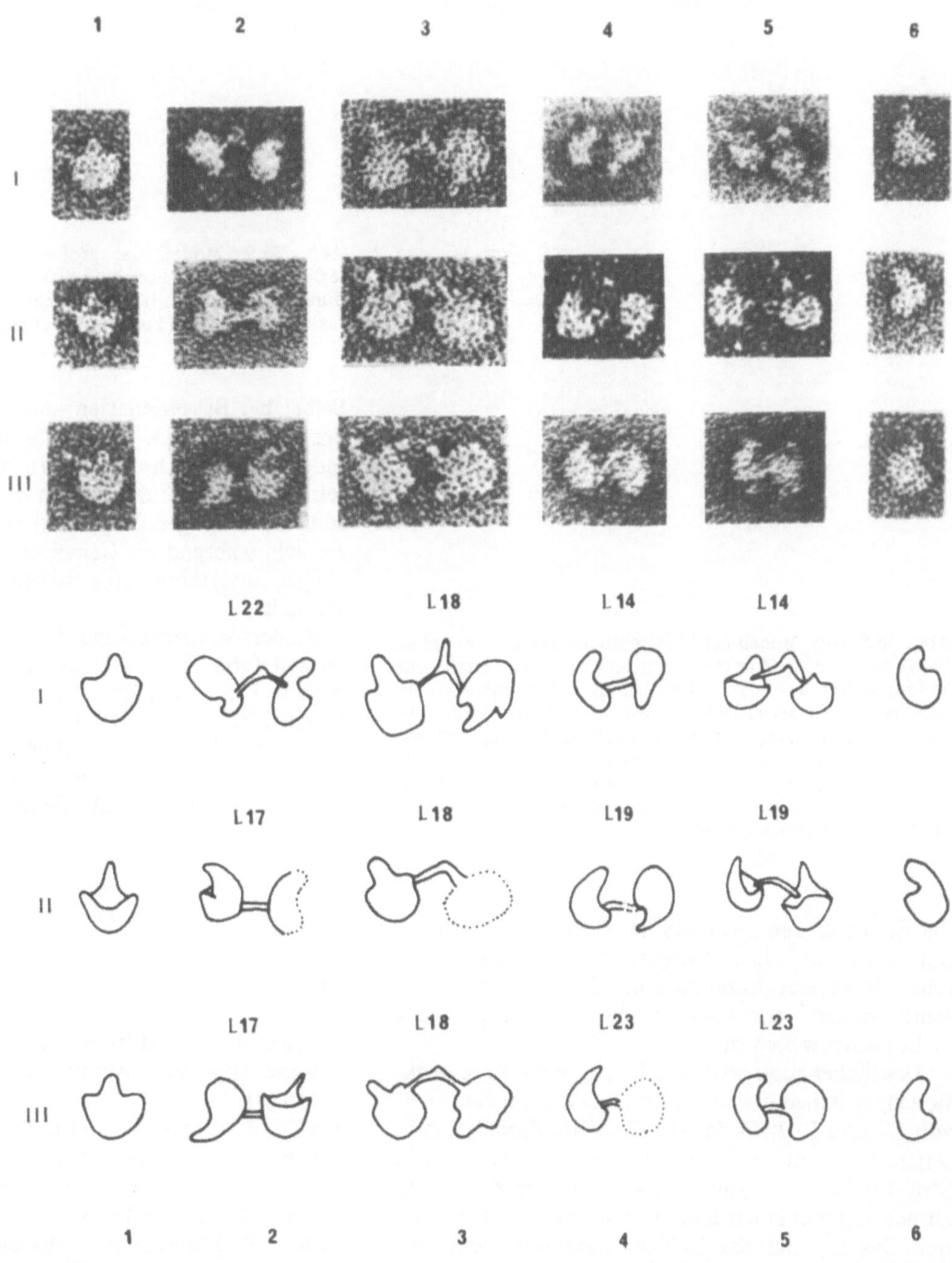

Abb. 36.7 a und b. a Elektronenmikroskopische Abbildungen von großen ribosomalen Untereinheiten, die durch spezifische divalente Antikörper paarweise miteinander verbunden sind. Die Antikörper sind gegen bestimmte Proteine der großen U.E. gerichtet. Die Lage der Bindungsorte wird elektronenmikroskopisch ermittelt. b Deutung der elektronenmikroskopischen Abbildungen. Es ist dabei natürlich zu beachten, daß die großen U.E. in allen möglichen Orientierungen erscheinen (Tischendorf et al., 1974; Wittmann, 1976)

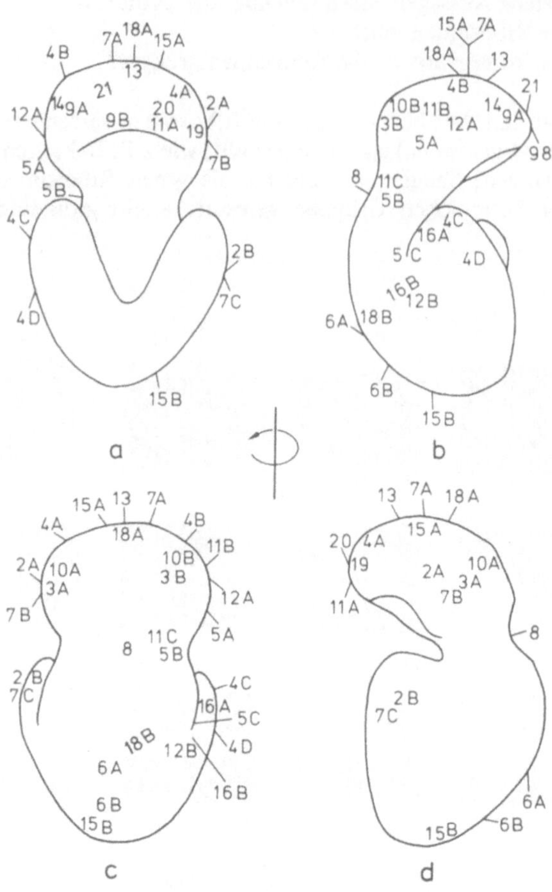

Abb. 36.8 a–d. Modell der kleinen ribosomalen Untereinheit (30S) von *E. coli.* (Ansichten von verschiedenen Seiten). Die Ziffern weisen auf spezifische Bindungsstellen von Antikörpern gegen die betreffenden ribosomalen Proteine hin. Die *Buchstaben* kennzeichnen unterschiedliche Bindungsorte von Antikörpern gegen ein- und dasselbe Protein. Diese Ergebnisse verdeutlichen, daß Teile des Proteins an verschiedenen Stellen der Ribosomenoberfläche exponiert sind (Tischendorf et al., 1975; Wittmann, 1976)

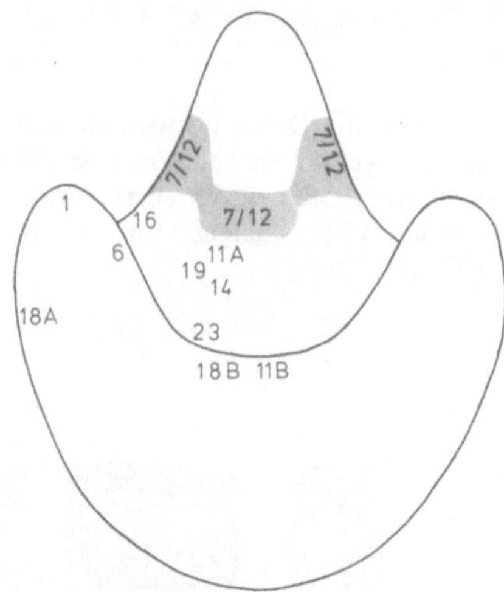

Abb. 36.9. Modell der großen ribosomalen Untereinheit (50S) von *E. coli* (Frontansicht). Die *Ziffern* zeigen die Bindungsstellen von Antikörpern gegen die betreffenden ribosomalen Proteine an (Tischendorf et al., 1975; Wittmann, 1976)

die Ähnlichkeiten innerhalb der Gruppe der Prokaryonten, z.B. zwischen Bakterien und Blaualgen, während die Kreuzreaktion zwischen Pro- und Eukaryontenribosomen sehr schwach oder überhaupt nicht mehr nachzuweisen ist.

Deutlicher ausgeprägt sind hingegen die Kreuzreaktionen zwischen einigen individuellen Proteinen, z.B. von L7 und L12, die in sehr ähnlicher Form bei Bakterien, Hefe und in der Rattenleber vorkommen. Die Struktur dieser Proteine wurde demnach im Gegensatz zu den anderen in der Evolution weitgehend beibehalten. Das L7 und das L12 der Bakterien kann, wie Rekonstitutionsversuche zeigen, die entsprechenden Proteine in Eukaryontenribosomen ersetzen (siehe Abb. 36.11).

In der zweidimensionalen Polyacrylamidgelelektrophorese erhält man für jede Art, aus der man die ribosomalen Proteine isoliert, ein charakteristisches Muster. Selbst bei Bakterienarten, die nur entfernt miteinander verwandt sind, ähneln die Muster einander, während keinerlei Ähnlichkeit zu den ribosomalen Proteinmustern aus Eukaryonten zu erkennen sind. Ribosomen der Säuger, Vögel und der Reptilien sind sehr ähnlich, während die Gemeinsamkeit zu Pflanzen und einigen Invertebrata (Crustaceae und Mollusca) sehr gering ist.

Anders wiederum sind die Ribosomen aus Chloroplasten (von Spinat) strukturiert. Ihre kleinen und großen U.E. assoziieren und kooperieren mit den komplementären U.E. aus *E. coli.* Ribosomen aus dem Cytoplasma der Eukaryonten lassen sich in einem solchen Experiment nicht zu funktionsfähigen Einheiten mit *E. coli*-Ribosomen rekonstituieren.

Literatur

Brimacombe, R., Stöffler, G., Wittmann, H.G.: Ribosome structure. Annu. Rev. Biochem. *47,* 217 (1978)

Brosius, J., Palmer, M.L., Kennedy, P.J., Noller, H.F.: Complete nucleotide sequence of a 16 S ribosomal RNA gene from *Escherichia coli.* Proc. Natl. Acad. Sci. USA *75,* 4801 (1978)

Carbon, P., Ehresmann, C., Ehresmann, B., Edel, J.B.; The sequence of *Escherichia coli* ribosomal 16 S RNA determined by new rapid gel methods. FEBS Lett. *94,* 152 (1978)

Cox, R.A.: Structure and function of prokaryotic and eukaryotic ribosomes. Prog. Biophys. Mol. Biol. *32,* 193 (1977)

Abb. 36.10. Modell des kompletten 70S (= 50S + 30S) Ribosoms aus *E. coli.* Einzelheiten sind in der Legende zu Abb. 36.8 beschrieben (Tischendorf et al., 1975; Wittmann, 1976)

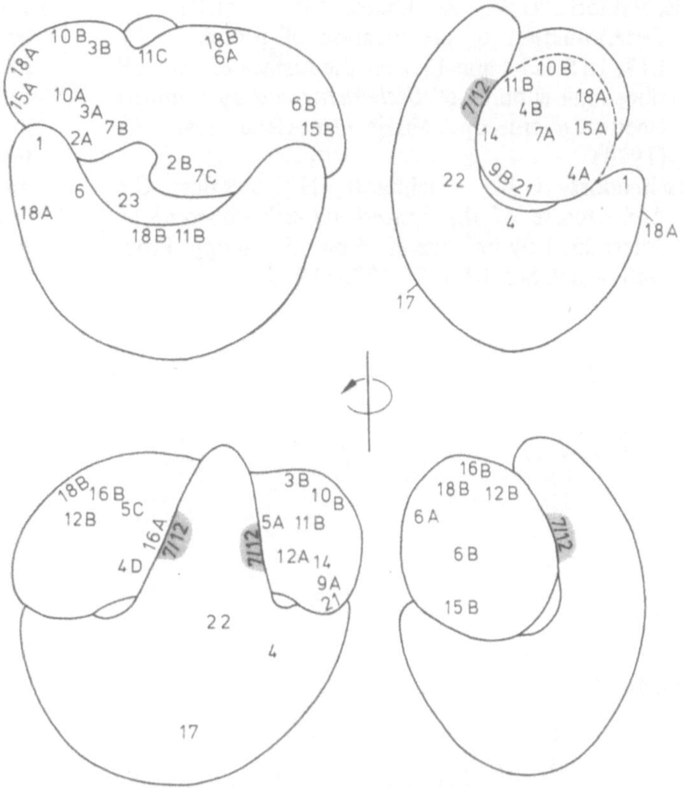

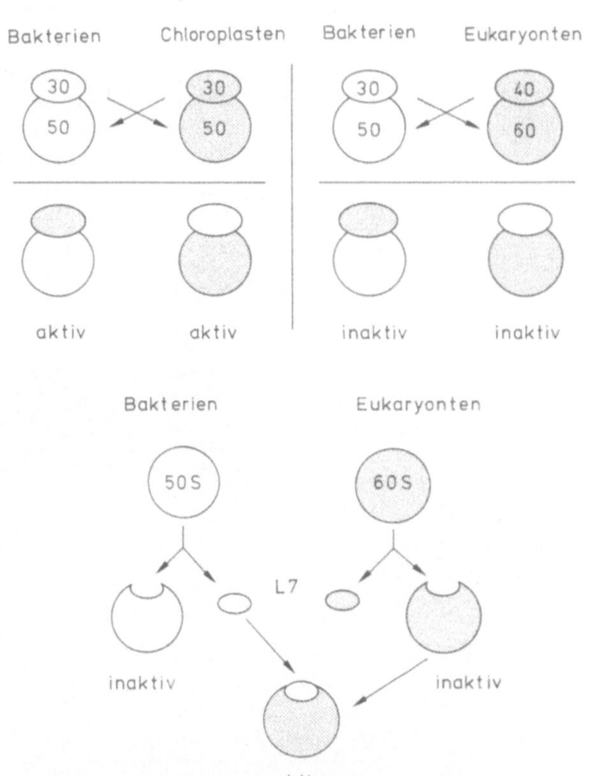

Abb. 36.11. Schematische Darstellung von Rekonstitutionsexperimenten der kleinen und der großen ribosomalen Untereinheiten verschiedener Herkunft. Nachweis von Verwandtschaftsbeziehungen und der Kooperation (Wittmann, 1976)

Dohme, F., Nierhaus, K.H.: Total reconstitution and assembly of 50 S subunits from *Escherichia coli* ribosomes in vitro. J. Mol. Biol. *107*, 585 (1976)

Ehresmann, C., Stiegler, P., Carbon, P., Ungewickell, E., Garrett, R.A.: A topographical study of the 5′-region of 16S RNA of *Escherichia coli* in the presence and absence of protein S4. FEBS Lett. *81*, 188 (1977)

Engelman, D.M., Moore, P.B., Schoenborn, B.P.: Neutron scattering measurements of separation and shape of proteins in 30 S ribosomal subunit of *Escherichia coli:* S2–S5, S5–S8, S3–S7. Proc. Natl. Acad. Sci. USA *72*, 3888 (1975)

Held, W.A., Ballou, B., Mizushima, S., Nomura, M.: Assembly map of 30S ribosomal proteins from *Escherichia coli.* J. Biol. Chem. *249*, 3103 (1974)

Kurland, C.G.: Structure and function of the bacterial ribosome. Annu. Rev. Biochem. *46*, 173 (1977)

Langer, J.A., Engelman, D.M., Moore, P.B.: Neutron-scattering studies of the ribosome of *Escherichia coli:* A provisional map of the locations of proteins S3, S4, S5, S7, S8, and S9 in the 30S subunit. J. Mol. Biol. *119*, 463 (1978)

Nomura, M., Tissieres, A., Lengyel, P. (eds.): Ribosomes. Cold Spring Harbor Laboratory 1974

Stuhrmann, H.B., Koch, M.H.J., Parfait, R., Haas, J., Ibel, K., Crichton, R.R.: Determination of the distribution of protein and nucleic acid in the 70S ribosomes of *Escherichia coli* and their 30S subunits by neutron scattering. J. Mol. Biol. *119*, 203 (1978)

Tischendorf, G.W., Zeichhardt, H., Stöffler, G.: Determination of the location of proteins L14, L17, L18, L19 and L23 on the surface of the 50S ribosomal subunit of *Escherichia coli* by immune electron microscopy. Molec. Gen. Genet. *134*, 187 (1974)

Tischendorf, G.W., Zeichhardt, H., Stöffler, G.: Architecture of the *Escherichia coli* ribosome as determined by immune electron microscopy. Proc. Natl. Acad. Sci. USA *72*, 4820 (1975)

Unwin, P.N.T.: Three-dimensional model of membrane-bound ribosomes obtained by electron microscopy. Nature (London) *269*, 118 (1977)

Wabl, M.R.: Electron microscopic localization of two proteins on the surface of the 50S ribosomal subunit of *Escherichia coli* using specific antibody markers. J. Mol. Biol. *84*, 241 (1974)

Wittmann, H.G.: Structure, function and evolution of ribosomes. Eur. J. Biochem. *61*, 1 (1976)

37. Die Gene für ribosomale Komponenten und tRNS

An der Bildung eines Ribosoms sind über 100 Komponenten beteiligt, deren Gene über das Gesamtgenom verstreut sind. Es gibt kein Operon, und dennoch werden die Genprodukte – wie benötigt – in gleichen Mengen gebildet. Damit stellt sich die Frage nach der Regulation, und wir sind heute noch weit davon entfernt, eine auch nur annähernd befriedigende Antwort hierauf zu geben. Wir beginnen langsam zu verstehen, wie die Gene organisiert sind, nach welchem Muster sie transkribiert werden und unabhängig davon, wie die Genprodukte zusammengelagert werden.

Selbstverständlich gibt es auch Genabschnitte für rRNS und auch für tRNS. Sie werden transkribiert, aber nicht translatiert. Die Transkriptionsprodukte sind durchweg länger als die später benötigten, fertigen Produkte. Die Gene für rRNS bestehen aus drei Abschnitten:

1. einem „nicht transkribierten" *Spacer*,
2. einem transkribierten *Spacer* und
3. dem eigentlichen Strukturgen.

Die Strukturgene ihrerseits sind zumindest in einigen Fällen durch ein *Intron* unterbrochen, das während des *Processing* entfernt wird, womit wir es auch hier wieder mit *Gene splicing* zu tun haben (O'Farrell et al., 1978). Sowohl rRNS als auch tRNS werden nach der Bildung enzymatisch modifiziert, viele der Basen werden methyliert und/oder acetyliert.

Die Gene für rRNS (ribosomale RNS)

Die Lokalisation von Genorten erfolgt in der Regel durch Einsatz von Mutanten und geeigneten Kreuzungs- oder *Marker-Rescue*-Experimenten. Doch ist dieses Verfahren für so essentielle Komponenten wie die rRNS, die ribosomalen Proteine und andere Bestandteile der proteinsynthetisierenden Maschinerie (s. Kap. 38) denkbar ungeeignet, denn eine Mutante, die kein Protein synthetisieren kann, ist nicht lebensfähig. Man hat sich daher erst in den letzten Jahren, als sich physikalische Methoden zur Genkartierung durchsetzten, ein mittlerweile sogar recht detailliertes Bild der Struktur und Lage der rRNS-Gene (→ rDNS) machen können. Paradoxerweise weiß man über eukaryotische rDNS besser Bescheid als über die aus *Escherichia coli*.

Eukaryonten enthalten im Cytoplasma vier verschiedene Typen von rRNS: ~ 28S, ~ 18S (anstelle von 23S und 16S der Prokaryonten), dann 5S (wie bei Prokaryonten) und eine 5,8S-Komponente, die ein Bestandteil der großen U.E. ist und über Wasserstoffbrücken an die 28S RNS gebunden ist. Daneben findet man rRNS in Mitochondrien und Chloroplasten, die sich in vielen Merkmalen von der kerncodierten rRNS unterscheiden.

Zwei Verfahren sollen uns an dieser Stelle eingehend beschäftigen:

1. Autoradiographische Lokalisation von rRNS in situ auf Chromosomen unter Zuhilfenahme der Hybridisierungstechnik und Einsatz radioaktiv markierter rRNS.
2. Isolierung der Gene für rRNS und Charakterisierung der Abschnitte mittels Restriktionsendonukleasen.

Ein weiteres Verfahren, nämlich Klonieren der Gene und das Sequenzieren, steht heute im Mittelpunkt der Forschungsarbeit. Es liegt inzwischen schon eine Reihe von Sequenzen vor, doch reichen die Daten noch nicht aus, um sich ein abgerundetes Bild machen zu können.

rRNS-Gene bei Eukaryonten: Lokalisation der rRNS-Gene (rDNS) auf Chromosomen

rRNS-Gene der Eukaryonten haben zweierlei gemeinsam:

a) Die homologen Sequenzbereiche sind extrem konservativ. Für fast alle der zu nennenden Experimente konnte daher radioaktiv markierte rRNS aus *Xenopus laevis* als Sonde eingesetzt werden. Sie hybridisiert mit hoher Effizienz mit komplementären rDNS-Sequenzen nahezu aller Eukaryonten (Sinclair und Brown, 1971).
b) rDNS liegt in repetitiven Einheiten vor. Im haploiden Genom findet man zwischen einigen 100 und 330.000 Kopien, wobei sich natürlich sofort die Frage stellt, ob alle an einer Stelle lokalisiert oder ob sie auf mehrere Chromosomen verteilt sind. Die Antwort hierauf lautet, daß beide Möglichkeiten realisiert sind.

Die 28S, die 18S und die 5,8S rRNS werden durch DNS-Abschnitte codiert, in denen alle Genloci benachbart liegen und die als Ganzes transkribiert werden. Das primäre Transkriptionsprodukt hat eine Sedimentationskonstante von 40S–45S. Gene für die 5S rRNS liegen in der Regel an anderen Stellen des Genoms.

Viele Chromosomen zeigen sekundäre Einschnürungen, durch die ein Teil des Chromosoms, der Satellit, abgetrennt wird (s. Kap. 41). Satelliten unterscheiden sich in ihrer Dichte von den übrigen Teilen des Chromosoms und enthalten oft DNS in hochrepetitiver Anordnung. Die Äquivalente der Einschnürungsstellen sind im Interphasekern in der Regel mit dem Nukleolus (oder den Nukleoli) assoziiert und werden als *Nukleolus-Organizer-Region* (NOR) bezeichnet. Nukleoli sind ribosomenreiche Zonen des Kerns.

Bei vielen Arten, wie z.B. *Vicia faba, Xenopus*, der Känguruh-Ratte usw., ist nur eines der Chromosomen eingeschnürt, und es gibt demnach nur eine NOR, bei anderen Arten, wie z.B. beim Menschen, sind mehrere Chromosomen eingeschnürt, und parallel dazu findet man mehrere NORs. Bei einer dritten Gruppe von Arten sind überhaupt keine Einschnürungen zu erkennen.

Das Verfahren der DNS/RNS-Hybridisierung ist 1966 von Wallace und Birnstiel sowie 1969 und 1971 von Gall und Pardue (Yale University, New Haven) entwickelt worden. Sie setzten radioaktiv markierte rRNS ein und konnten eine positive Korrelation zwischen NOR und den Genorten der (18S + 28S) rRNS (→ rDNS) nachweisen. Diese Aussage erstreckte sich auf die Karyotypen von *Xenopus, Drosophila*, Mensch, Schimpanse, Maus und dem Indischen Muntjak.

1975 haben Hsu et al. die Analyse auf sechs weitere Arten ausgedehnt, deren Chromosomen keine Einschnürungen haben. Alle Ergebnisse zusammengenommen besagen, daß es unterschiedliche Verteilungsmuster gibt:

a) Lokalisation an nur einer Stelle im Genom (Beispiel: Känguruh-Ratte und eine Fledermausart).
b) Lokalisation an zwei verschiedenen Stellen (Beispiel: Indischer Muntjak).
c) Multiple Genorte im heterochromatischen Bereich der Chromosomen (Beispiel: Fledermaus).
d) Multiple Genorte in den kurzen Armen der Chromosomen (Beispiel: *Peromyscus eremicus*).
e) Multiple Genorte im telomeren Bereich der Chromosomen (Beispiel: Chinesischer Hamster).

Wo Einschnürungen vorhanden sind, findet man in der Regel auch rDNS, doch ist die Korrelation nicht hundertprozentig, denn es gibt Einschnürungen ohne rDNS und rDNS auch dann, wenn Einschnürungen fehlen. Die 5S rDNS ist auf nahezu allen Chromosomen zu finden, ist aber nicht in der NOR konzentriert, was wiederum sofort die bis heute nicht zu beantwortende Frage aufwirft, wie die Transkription von (18S + 28S) rDNS mit der von 5S rDNS synchronisiert ist. Der prozentuale Anteil der rDNS an der Gesamt-DNS (haploid) des Kerns variiert von Art zu Art. Cullis hat nach der Analyse von zwölf *Nicotiana*-Arten gefunden, daß die Werte je nach Art zwischen 0,068% und 0,43% schwanken. Es wurde keine Korrelation zwischen relativer rDNS-Menge und den Chromosomenzahlen festgestellt. Die Oozyten der Amphibien sind besonders reich an rDNS. Bei *Xenopus laevis* macht sie 3,5% der gesamten DNS-Menge aus (E.H. Davidson et al., 1971, 1972). Diese Anhäufung wird durch Amplifikation von Teilabschnitten des Genoms verursacht. Die Transkriptionsprodukte bleiben bis ins Blastulastadium erhalten.

Die beiden Molcharten *Triturus marmoratus* und *T. cristatus* werden in der Systematik als Unterarten (Mayr, 1931) oder Mitglieder eines Artenkreises (Rensch, 1929) geführt, weil sie sich in ihren physiologischen und morphologischen Merkmalen kaum voneinander unterscheiden und im überlappenden Verbreitungsgebiet voll fertile Bastarde bilden. Auch ihre Karyotypen zeigen weitgehende Übereinstimmung. Dennoch findet man bei *T. marmoratus* die (18S + 28S) rDNS nur in einer NOR auf dem X-Chromosom, während *T cristatus* zwei NORs aufweist, die beide (18S + 28S) rDNS enthalten und auf Autosomen lokalisiert sind (Mancino et al., 1972). 5S rDNS liegt bei beiden Arten ausschließlich im X-Chromosom (Pilone et al., 1974).

Beim Schimpansen sind (18S + 28S) rDNS-Abschnitte auf den Chromosomen 14, 15, 17, 22 und 23 lokalisiert, vier dieser Genorte sind den entsprechenden Positionen im menschlichen Genom homolog, wo die rDNS auf den Chromosomen 13, 14, 21 und 22 (≙ den Schimpansenchromosomen 14, 15, 22, 23) liegt. Alle genannten Chromosomen sind klein und acrozentrisch. Ihre sichere Identifizierung und Zuordnung erfolgt durch das Q-Banden-Muster (s. Kap. 41) (Evans et al., Edinburgh, 1974; Henderson et al., Columbia University, New York, 1974). Gene für 5S rRNS liegen bei *Drosophila* im Bereich der Bande 56F des zweiten Chromosoms (rechter Arm). 160–165 Kopien sind vorhanden, die zu zwei *Clustern* (à 80 Kopien) vereint sind. Beide *Cluster* sind durch einen *Spacer* unbekannter Länge voneinander getrennt (Pocunier und Tartof, 1975). Bei einer anderen Dipterenart sind sie auf sechs voneinander verschiedene *Cluster* aufgeteilt.

Die genannten Befunde weisen darauf hin, daß eine hochgradig konservative Struktur ihre Lage im Genom während der Evolution verändern kann. Die rDNS ist somit ein guter Marker, um die Umorganisation des Genoms und deren mögliche Folgen für die Regulation von Stoffwechselvorgängen und die Evolution der Organismen zu verfolgen.

Isolierung und Charakterisierung von rDNS

Das Vorkommen repetitiver Abschnitte mit der Information für rRNS, ihre Anhäufung in bestimmten Bereichen des Chromosoms sowie ein im Vergleich zu den meisten übrigen Genen erhöhter GC-Gehalt sind die Voraussetzungen zur Isolation dieser DNS gewesen. Bedingt durch den hohen GC-Gehalt binden diese Abschnitte bevorzugt Aktinomycin D (s. Abb. 3.4), nehmen dadurch an Dichte zu und können durch Dichtegradientenzentrifugation von der übrigen DNS abgetrennt werden (Brown et al., 1976; Birnstiel et al., 1974). Die Charakterisierung der abgetrennten Fraktion geschieht durch Hybridisierung mit radioaktiv markierter rRNS. Es ist sinnvoll, die an der (18S + 28S) rDNS und an der 5S rDNS gewonnenen Ergebnisse getrennt zu besprechen.

(18S + 28S) rDNS

18S und 28S rRNS sind Bestandteile eines gemeinsamen *Precursors*, der nach der Transkription zerlegt wird. Seine Größe beträgt bei Säugern ~ 45 S (≙ M.G. ~ 4,1–4,9 x 10^6), sodaß nur etwa 56% in Form der endgültigen rRNS-Sequenzen erhalten bleiben. Bei *Xenopus* ist er kleiner (40S ≙ M.G. 2,7 x 10^6), 80% davon werden genutzt.

Das *Processing* wurde schon 1970 von Parry et al. sowie von Weinberg und Penman an HeLa-Zellen beschrieben. Sie fanden, daß das primäre Transkriptionsprodukt zunächst zu einem 41S-Molekül abgebaut wird, welches in ein 32S- und ein 20S-Molekül zerfällt. Diese Stücke sind ihrerseits Vorstufen der 28S und der 18S rRNS. Die 28S rRNS liegt am 3'-Ende, die 18S am 5'-Ende, und beide werden durch einen Bereich (*Spacer*) getrennt, in dem die 5,8S rRNS liegt.

Wellauer und Dawid fanden 1973, daß die Abschnitte, die beim *Processing* verloren gehen, eine Anzahl von *inverted repeats* enthalten. Die transkribierten Einheiten werden durch „nicht-transkribierte" *Spacer* voneinander getrennt, die durch elektronenmikroskopische Untersuchungen des Transkriptionsvorgangs in Oozytenkernen von Molchen bekannt geworden sind (Miller und Beatty, Oak Ridge National Laboratories, 1969).

Wie konservativ gerade die 18S und die 28S rRNS in Eukaryonten sind, zeigt eine Untersuchung von Gerbi (1976). Sie verglich die rRNS des Protisten *Gyrodinium cohnii* mit drei Invertebratenarten, einer Amphibienart und einer Säugerart, und fand in Kompetitionsexperimenten unter Einsatz der Hybridisierungstechnik, daß homologe Regionen bei allen RNS-Typen relativ AT-reich sind und daß 2/3 aller gleichartigen Sequenzen auf die 18S rRNS und 1/3 auf die 28S rRNS entfallen. Unterschiede beruhen in erster Linie auf unterschiedlicher Zusammensetzung und Länge der *Spacer*-Einheiten, siehe hierzu Abb. 37.1. Forsheit und N. Davidson vom California Institute of Technology und R.D. Brown von der Carnegie Institution in Baltimore verglichen 1974 die *Precursor* der beiden nah verwandten Arten *Xenopus laevis* und *Xenopus mulleri* miteinander und analysierten die Anordnung der Strukturgene und *Spacer* durch Heteroduplexkartierung und Sichtbarmachung von rRNS/DNS-Hybriden im Elektronenmikroskop. Heterolog reassoziierte Moleküle zeichnen sich durch ein charakteristisches Muster aus, das zwei perfekt assoziierte Bereiche enthält, deren Längen genau der 18S und der 28S rRNS entsprechen. Sie werden durch einen partiell komplexierten Bereich voneinander getrennt, dessen Längen sich bei den beiden Arten unterscheiden (s. Abb. 37.2 und 37.3). Dieser Bereich entspricht dem transkribierten *Spacer*. Am „linken Ende" (5') liegt ein weiterer Bereich, der ebenfalls nur eine geringe Homologie aufweist und der dem nicht-transkribierten *Spacer* zuzurechnen ist. Diese Ergebnisse lassen sich durch rRNS/DNS-Hybridisierung bestätigen. Prinzip des Vorgehens und Ergebnisse können den Abb. 37.4 und 37.5 entnommen werden. *Spacer*-Regionen sind demnach weniger konservativ als die eigentlichen Strukturgene, denn es gibt nur wenige Homologien und demnach einen nur geringen Selektionsdruck, sie beizubehalten.

5S rRNS

5S rRNS aus *Chlorella* stimmt in 60% ihrer Sequenz mit der entsprechenden rRNS aus Vertebraten überein, wohingegen die Gemeinsamkeiten mit Hefe nur 40% betragen (Jordan et al., 1974). Während die Strukturen im Laufe der Evolution weitgehend beibehalten

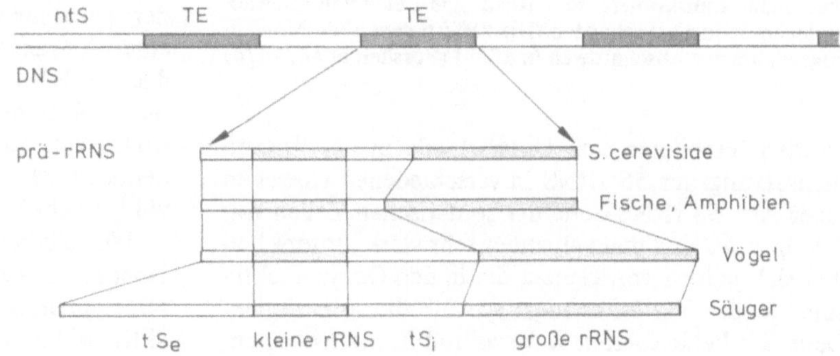

Abb. 37.1. Homologien der Gene für ribosomale RNS (rDNS). Bei den Mammalia ist die Repetitionseinheit wesentlich größer als die Transkriptionseinheit. Die Sedimentationskonstante der großen rRNS beträgt etwa 28S, die der kleinen 18S. Artspezifische Unterschiede sind nachgewiesen worden. *TE*, Transkriptionseinheit; *ntS*, „nichttranskribierter" *Spacer*; *tS_e*, transkribierter, externer *Spacer*; *tS_i*, transkribierter, interner *Spacer*; *(TE + ntS)*, Repetitionseinheit (Hadjiolov, 1977)

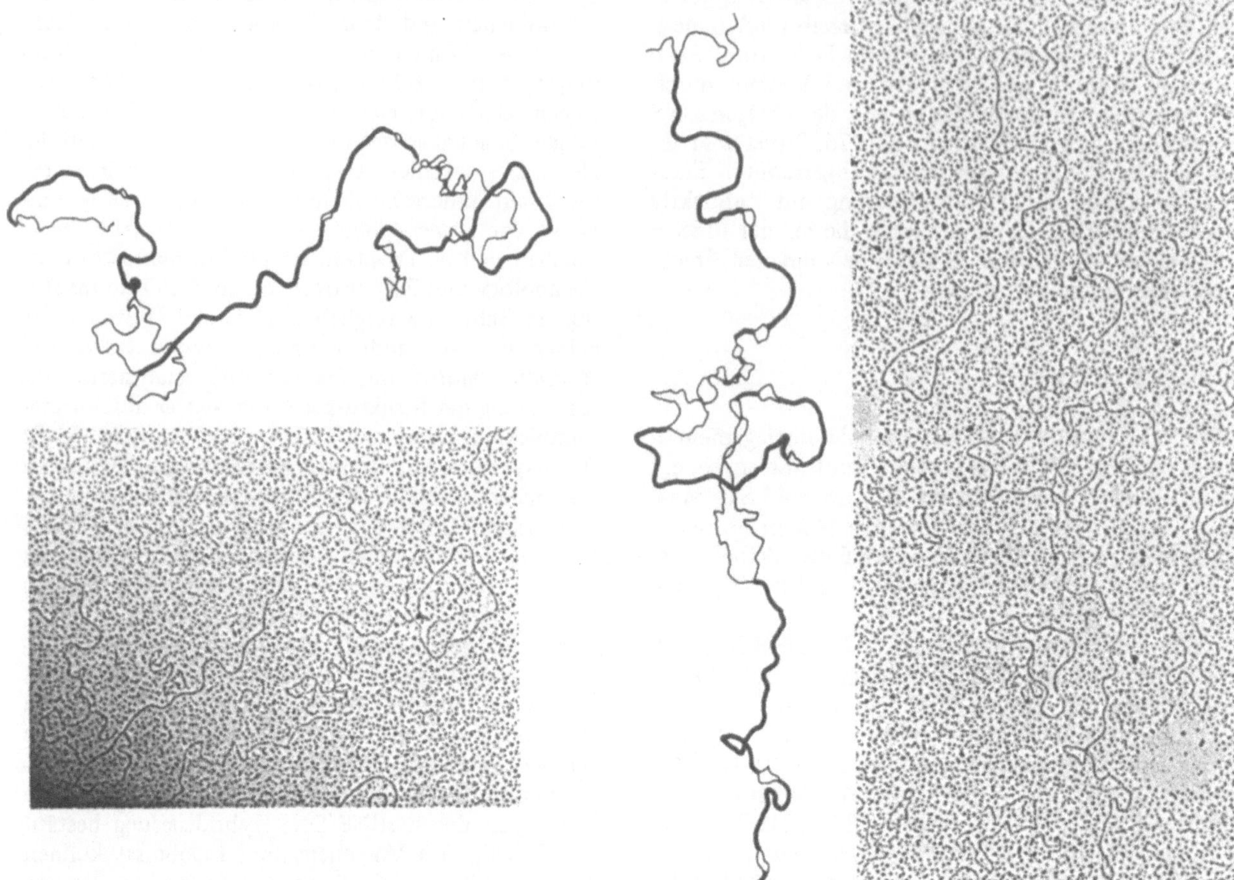

Abb. 37.2. Heteroduplexbildung der rDNS von *Xenopus laevis* und *Xenopus mulleri*. Die gepaarten Abschnitte (Doppelstränge) entsprechen den Strukturgenen, die nichtgepaarten (Einzelstränge) vorwiegend den *Spacern*. Eine Deutung der Ergebnisse ist der Abb. 37.3 zu entnehmen. (Aufn. N. Davidson, California Institute of Technology, 1974)

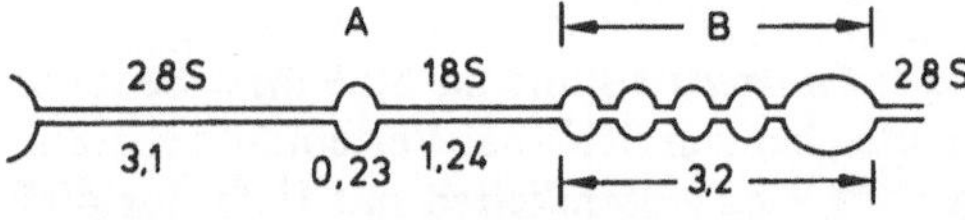

Abb. 37.3. Gene für ribosomale RNS. Heteroduplexbildung zwischen einander komplementären Strängen von *Xenopus laevis* und *Xenopus mulleri*. Der Abschnitt *A* entspricht dem transkribierten Anteil. Er enthält einen Bereich, der keine Homologie zwischen den Genomen beider Arten zeigt. Dieser entspricht dem sog. transkribierten *Spacer*. Der Abschnitt *B* wird nicht transkribiert. Er enthält eine Reihe von nichthomologen Sequenzabschnitten. Die Ziffern geben die Molekulargewichte der Abschnitte an (x 10^{-6}) (Forsheit et al., 1974)

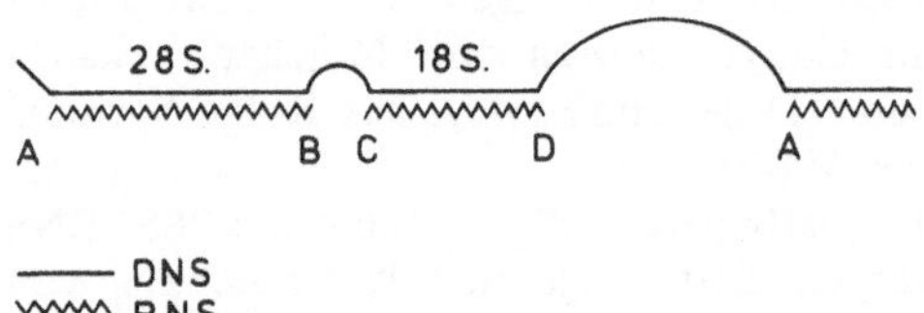

Abb. 37.4. Schema einer Hybridisierung von rRNS und rDNS (Forsheit et al., 1974)

wurden, etablieren sich Unterschiede in der Zusammensetzung der 5S rRNS in verschiedenen Geweben einer Art. 5S rRNS-Gene der somatischen Zellen von *Xenopus laevis* ähneln einander sehr stark, unterscheiden sich jedoch von Genen, die in den Oozyten aktiv sind. In der Tat ist es sogar so, daß die somatischen Gene der beiden Arten *X laevis* und *X. mulleri* einander näherstehen als die in verschiedenen Geweben einer Art aktiven Gene. Vieles spricht deshalb dafür, daß 5S rRNS-Gene in somatischen Zellen einem anderen Evolutionsmechanismus und einem anderen Selektionsdruck ausgesetzt sind als in den Oozyten, und dennoch sieht es so aus, als seien beide Systeme nicht völlig unabhängig voneinander.

Wir haben bereits an anderer Stelle (s. Kap. 17) die Isoenzyme kennengelernt und gesehen, daß in verschiedenen Organen verschiedene (paraloge) Genorte aktiv sind und damit auch unterschiedliche Isoenzyme

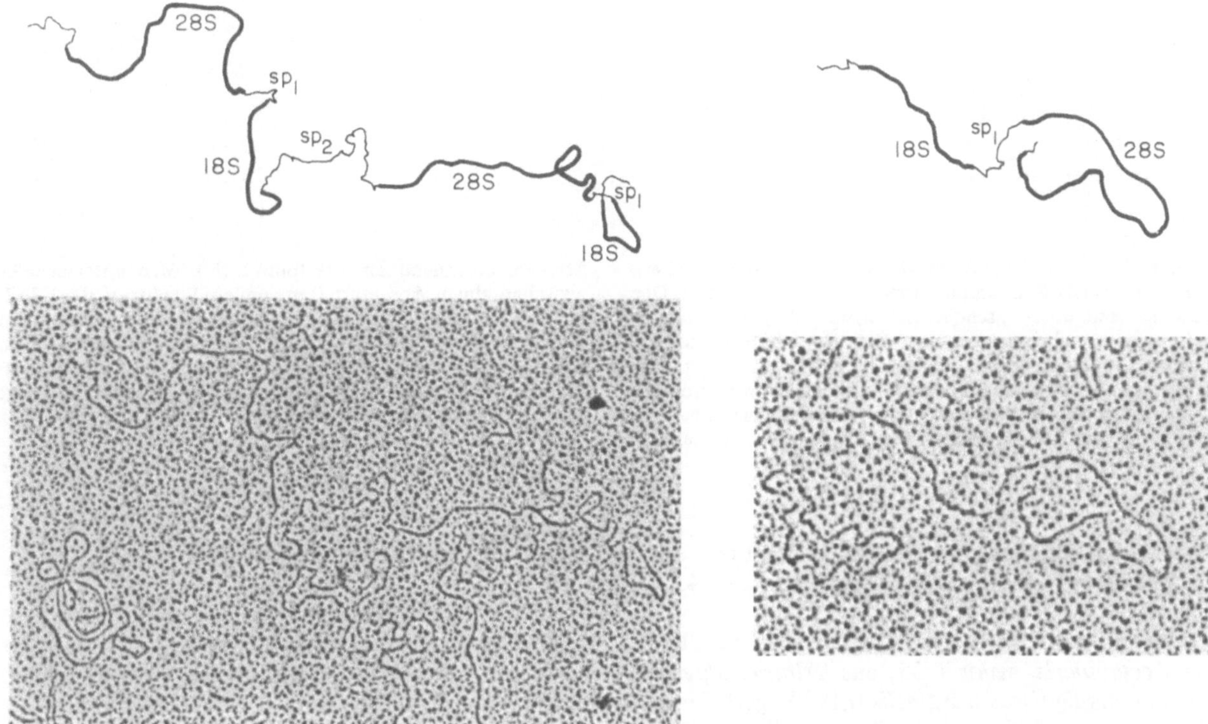

Abb. 37.5. DNS-RNS-Hybride. Einzelstrang-DNS mit rRNS-Genen wurde gegen rRNS (18S und 28S) hybridisiert. Man erkennt auf der DNS repetitive, codierende Bereiche, die durch *Spacer* (sp_1, sp_2) voneinander getrennt sind. (Aufn. N. Davidson, California Institute of Technology, 1974)

zum Zuge kommen. Hier scheint es sehr ähnlich zu sein, rRNS-Gene, die in somatischen Zellen aktiv sind, liegen auf anderen Chromosomen als diejenigen, die in Oozyten aktiv sind. Die Evolutionsrate der Oozytengene übersteigt die der somatischen rRNS-Gene um das Vierfache (Ford und R.D. Brown, 1976).

Während die 5S rRNS- und die (~ 18S + ~ 28S) rRNS-Gene bei den meisten Eukaryonten im Genom voneinander getrennt sind, findet man bei der Bäckerhefe *Saccharomyces cerevisiae* alle rRNS-Gene in einer Replikationseinheit von 9000 Basenpaaren Länge. Die Reihenfolge lautet: 5S – 18S – 5,8S – 25S. Die einzelnen codierenden Abschnitte sind durch *Spacer* voneinander getrennt. Trotz der scheinbaren „Operonstruktur" dieser Repetitionseinheit gehören die 5S rRNS einerseits und die übrigen andererseits getrennten Transkriptionseinheiten an (Nath und Bollon, 1977).

Gene in Aktion, Morphologie der Transkriptionseinheiten von rDNS

Wie schon berichtet, haben Miller und Beatty die grundlegenden Untersuchungen hierzu durchgeführt. Franke et al. (Deutsches Krebsforschungszentrum, Heidelberg, 1976) nahmen diese Untersuchungen wieder auf, da in den elektronenmikroskopischen Bildern eine Reihe von Unstimmigkeiten erkennbar war. Dazu gehören:

1. Außergewöhnlich lange Transkriptionsprodukte (Fibrillen), die entweder einzeln oder in Gruppen auftreten.
2. Vorspiel-Komplexe (*prelude*-Komplexe) und andere Strukturen in den scheinbar nicht transkribierten *Spacer*-Bereichen.
3. Verdickungen der rDNS-Chromatinachse am Startpunkt der pre-rRNS der 40S–45S RNS-Matrix-Einheit.
4. Extrem lange Matrix-Einheiten.

Diese Befunde weisen darauf hin, daß der Startpunkt der Transkription nicht unbedingt mit dem Anfang der pre-rRNS zusammenfallen muß. Es sieht so aus, als würde er 0,2–0,8 μm vor der Matrix-Einheit liegen und daß zumindest Teile des sog. „nicht-transkribierten" *Spacers* doch mit transkribiert werden. Die Autoren schlugen deshalb den Begriff *Apparent spacer* vor, den sie strikt im morphologischen Sinne definierten. Die folgenden Schemata (s. Abb. 37.6) dienen der Erläuterung der beobachteten Abweichungen.

Die Zuwachsrate der Transkriptionsprodukte wird durch den Winkel α beschrieben. Er liegt meist weit unter 45°, was darauf zurückzuführen ist, daß sich die

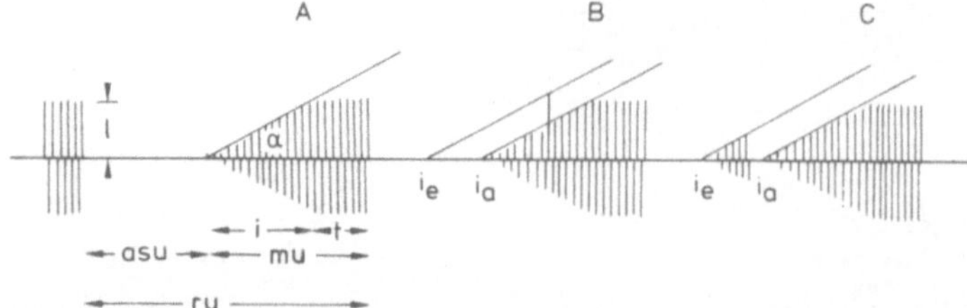

Abb. 37.6 A–C. Schematische Darstellung der Matrixeinheit (*mu*) für pre-rRNS in amplifizierter DNS von Nukleoli. Die Matrices sind durch „scheinbare" *Spacer (apparent spacer units: asu)* voneinander getrennt. Eine Repetitionseinheit *ru* umfaßt die beiden funktionellen Abschnitte *asu* + *mu*. Die Länge der lateralen Fibrillen (RNS komplexiert mit Protein) ist im ersten Teil von *mu* durch den tan α definiert, d.h. dem Verhältnis der Fibrillenlänge zur Länge der codierenden Strecke, beginnend am Startpunkt (i_a). Man unterscheidet zwischen einem Abschnitt *i*, in dem ein Wachstum der Fibrillen erkennbar ist, und einer terminalen Region *t*, in der keine Längenzunahme meßbar ist. In B sind extralange Fibrillen dargestellt, in C *prelude-Komplexe;* beide Ereignisse weisen darauf hin, daß der Startpunkt vor i_a, nämlich bei i_e liegt (*extrapolated initiation site*) (Franke et al., 1976)

RNS durch Bildung von Sekundärstrukturen oder Komplexierung mit Protein verkürzt (s. Abb. 42.17 und 42.18).

Der tan α ist artspezifisch und beträgt für rRNS aus *Acetabularia major* 0,33, aus *Triturus alpestris* 0,2 und aus *Dytiscus marginalis* 0,17. Je geringer der Wert ist, desto höher ist die Packungsdichte. Unter Berücksichtigung der *Preludes* und der übrigen Daten muß man daher annehmen, daß es auf der DNS mehrere Initiationspunkte für die RNS-Polymerase gibt, die sich durch ihre Affinität zum Enzym voneinander unterscheiden. Gelegentlich kommen auch die schwachen Promotoren zum Zuge und produzieren Muster, die vom üblichen Schema abweichen.

rRNS-Gene in Escherichia coli

In *E. coli* wird ein 30S rRNS-*Precursor* gebildet, der die Sequenzen der 23S, der 16S und der 5S rRNS enthält. Der Komplex ist im *E. coli*-Genom an sechs Stellen repräsentiert. Das primäre Transkriptionsprodukt wird in vivo schnell abgebaut, woran erst die RNase III und nachfolgend die RNase II mitwirken. Über Zwischenprodukte entstehen die gereiften rRNS-Produkte, und im Gegensatz zu den Abbauvorgängen bei den Eukaryonten fällt wenig Ausschuß an.

Der Mutante AB 301/105 von *E. coli* fehlt die RNase III, was die Voraussetzung zum Nachweis des 30S-Moleküls wurde (Dunn und Studier, Brookhaven National Laboratory, Upton, N.Y., 1973). Zunächst wurden nur die 23S und die 16S rRNS als Spaltprodukte nachgewiesen, 1975 gelang es Ginsburg und J.A. Steitz (Yale University), auch das 5S-Stück zu finden.

Gene für die ribosomalen Proteine

Die Lokalisation der Gene für die ribosomalen Proteine begegnet den gleichen Schwierigkeiten, wie wir sie bereits im vorigen Abschnitt kennengelernt haben. Hinzu kommt, daß auch die dort erfolgreich eingesetzten Hybridisierungstechniken entfallen. Einige nicht-letale Mutanten sind bekannt (Antibiotikaresistenz s. Kap. 39).

Schon die wenigen Daten reichen jedoch für die Feststellung, daß die Gene für ribosomale Proteine in mindestens zwei verschiedenen Abschnitten des Bakterienchromosoms konzentriert sind. Nach Konvention unterteilt man das Gesamtgenom von *E. coli* in 90 „Minuten". Bei 64 Min. liegen die Streptomycinresistenz und Genorte für eine Reihe ribosomaler Proteine, bei 79 Min. liegt eine weitere Anhäufung von ihnen sowie *rif*, die Rifampizinresistenz.

Nomura von der University of Wisconsin, Madison, setzte den Bakteriophagen λ und andere transduzierende Phagen zur Analyse der Lokalisation besagter Gene ein. Die Bakteriophagen werden an bestimmten Stellen ins Genom inkorporiert. In einem hier interessierenden Fall z.B. am linken Ende der *str*-Region (64 Min.). Beim Ausschneiden des Phagen aus der Wirts-DNS werden verschieden lange Stücke der Wirts-DNS mit übernommen. Aufgrund von Vorversuchen weiß man, daß diese die genetische Information für ribosomale Proteine tragen. Die DNS wird aus den Phagen isoliert und in einem zellfreien Proteinbiosynthesesystem als Matrize (*Template*) eingesetzt. Als Translationsprodukte erhält man ribosomale Proteine, die immunologisch identifiziert werden.

Die relative Länge des DNS-Abschnittes in diesem transduzierten Stück konnte durch Spaltung mit Restriktionsendonukleasen bestimmt werden. Die relative Zuordnung der Fragmente zueinander geschah durch „Überlappungs"-Analyse von Fragmenten, welche man nach Spaltung durch zwei oder mehrere Restriktionsenzyme erhielt. Hieraus ergab sich eine partielle Genkarte, in der die Lage der Gene für S4, S5, S8, S11, S13, S14 und zwei Proteine der 50S-Untereinheit festgelegt werden konnte. J. Lindahl hat, hierauf aufbauend, bewiesen, daß die Transkription von L17 und S4 durch denselben Promotor kontrolliert wird. Die Ergebnisse machen deutlich, daß die Gene für die Proteine der beiden U.E. nicht voneinander getrennt sind. Sie sagen uns aber noch nicht, wie dieses System geregelt wird und wie die Synchronisation zustandekommt.

Die Genkartierung mit Hilfe der hier und an anderer Stelle vorgestellten physikalischen Methoden zeichnet sich gegenüber klassischen Verfahren durch mehrere Vorteile aus:

- Es ist überflüssig, nach Mutanten zu suchen.
- Je mehr Restriktionsenzyme man einsetzt, desto detaillierter wird die Karte.
- Die Daten sind nicht durch Interferenz oder Letalität bestimmter Rekombinanten beeinträchtigt.
- Die Information der DNS kann in RNS und Protein übersetzt werden, wodurch gleichzeitig die Genprodukte analysiert werden können.

tRNS-Gene

Bei *E. coli* sind die tRNS-Gene über das Gesamtgenom verstreut (s. Abb. 37.7), doch gelegentlich liegen zwei bis drei nebeneinander, werden in einem Stück transkribiert (polycistronischer Messenger) und erst anschließend zerlegt. Prä-tRNS ist in der Regel um etwa 40 Basen länger als das fertige Produkt (s. Abb. 37.8).

Man kennt eine Gruppe von Suppressor-Mutanten, die sich durch eine Veränderung im Strukturgen je einer tRNS auszeichnen. Manche der mutierten tRNS-Typen können ein Stopsignal (UAA, UAG, UGA) lesen, als sei es ein Signal für eine bestimmte Aminosäure. Man sollte annehmen, daß bei Suppressormutanten stets das Anticodon mutiert sei, was aber nur in einigen Fällen zutrifft. Bei der $tRNS^{Trp}$ z.B. ist das Anticodon unverändert: ACC; ausgetauscht ist dagegen ein Nukleotid in Position 24 (G → A), das ca. 10 Å vom Anticodon entfernt liegt. Offensichtlich wird die Tertiärstruktur der tRNS dadurch derart verändert, daß das Anticodon nicht nur das Codon UGG (→ Tryptophan), sondern zusätzlich auch das Terminationscodon UGA erkennt.

Die Analyse der tRNS-Gene in *E. coli* und in Eukaryonten hat in den letzten Jahren durch Einsatz der Gentechnologie große Fortschritte gemacht. Es gelang, einzelne Gene auf temperente Phagen (z.B. λ) oder Plasmide zu übertragen, somit vom Rest des *E. coli*-Genoms (oder des Genoms eines Eukaryonten) abzutrennen und dann genauer zu studieren.

Das Hefegenom enthält ca. 360 tRNS-Gene, die, wie bei *E. coli*, über das Gesamtgenom verstreut sind, wobei es so aussieht, als würde es für jeden tRNS-Typ fünf bis sieben gleichartige Kopien geben. Bei *Drosophila melanogaster* lautet die Zahl 10–13, bei *Xenopus laevis* und den Mammalia ca. 200. Prä-tRNS ist dort um etwa 30 Nukleotide länger als das fertige Produkt.

Grigliatti et al. zeigten 1974, daß die $tRNS^{Lys}$ von *Drosophila melanogaster* im rechten Arm des Chromosoms II in Bande 48F und 49A codiert ist. Da auch

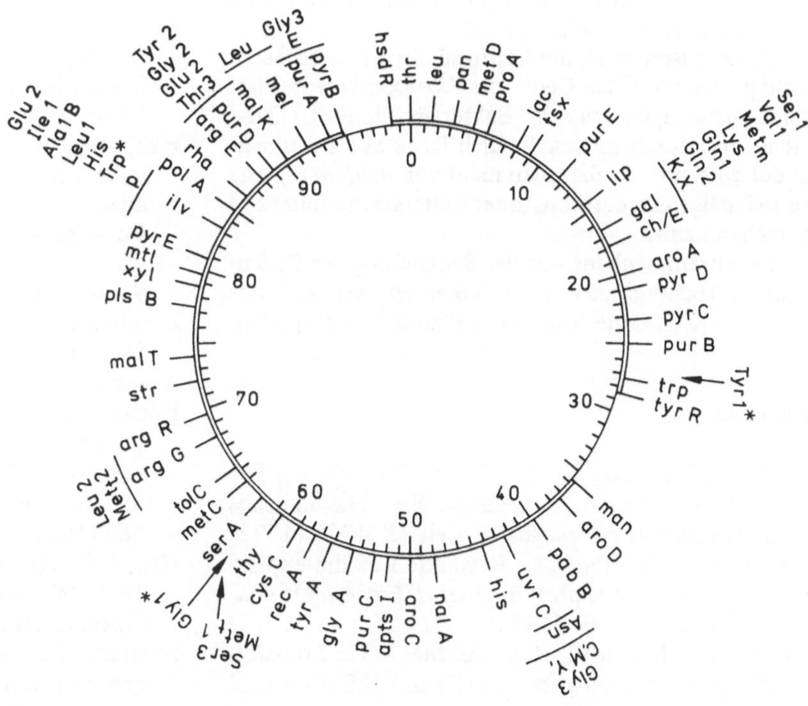

Abb. 37.7. Position der tRNS-Gene auf dem *E. coli*-Chromosom. *Innerer Ring des Diagramms,* Genkarte mit repräsentativen Markern. *Außen, (unterstrichen)* Genorte für die einzelnen tRNS-Sorten. Für mehrere ist erwartungsgemäß mehr als ein Genort ermittelt worden (→ Isoadaptoren) (Ikemura und Ozeki, 1977)

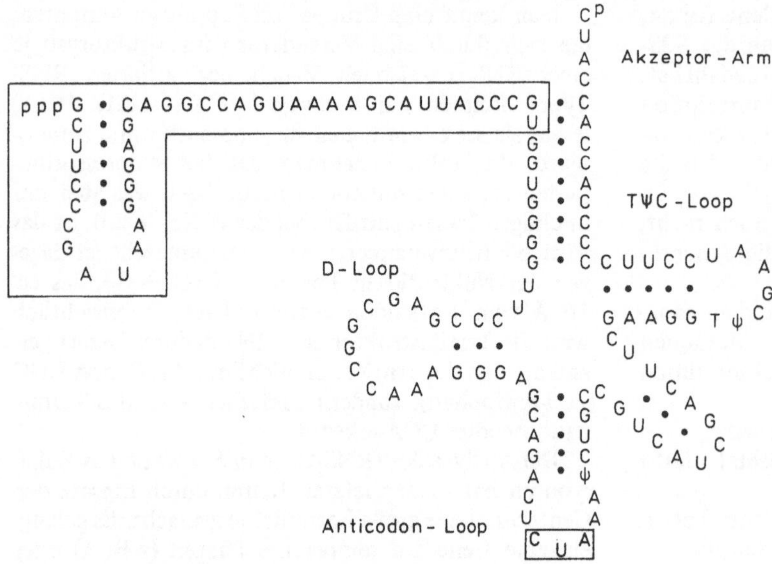

Abb. 37.8. *Precursor* der $tRNS^{Tyr}$ von *E. coli* (pre-$tRNS^{Tyr}$). Der eingerahmte Teil der Sequenz wird während eines *Processing* durch RNase P entfernt. Als Spaltprodukt entsteht die fertige und aktive tRNS. (Nach Dijk und Singhal, 1974)

hier keine einschlägigen Mutanten zur Genkartierung zur Verfügung stehen, bediente man sich der Hybridisierungstechnik in situ. $tRNS^{Lys}$ wurde mit [^{125}J] jodiniert und unter Hybridisierungsbedingungen zu einem Riesenchromosomenpräparat hinzugegeben. Die Bindungsstelle wurde anschließend autoradiographisch ermittelt.

Drosophila enthält insgesamt 600–800 tRNS-Gene, die 50 Familien einander ähnlicher Sequenzen zuzuordnen sind (Ritossa, Atwood, Spiegelman, 1966; Weber und Berg, 1970). Die Gene sind über das Gesamtgenom verstreut, wohingegen bei *Xenopus laevis* eine deutliche Häufung (*clustering*) der tRNS-Gene an bestimmten Stellen im Genom zu erkennen ist (Clarkson, Birnstiel, Purdom).

N. Davidson et al. am California Institute of Technology haben tRNS-Gene aus *Drosophila* auf Plasmide übertragen und in Bakterien kloniert. Diese Gene sind durch unterschiedlich lange *Spacer* voneinander getrennt, so daß man nicht von *tandem repeats* (gleichartigen Repetitions- oder Reiterationseinheiten) sprechen kann.

Im Zusammenhang mit der Behandlung der Bedeutung mitochondrialer DNS kommen wir auf das Thema „tRNS-Gene" noch einmal zurück (s. Kap. 44).

Literatur

Artavanis-Tsakonas, S., Schedl, P., Tschudi, C., Pirrotta, V., Steward, R., Gehring, W.J.: The 5S genes of *Drosophila melanogaster*. Cell *12*, 1057 (1977)

Dennis, P.P., Nomura, M.: Regulation of the expression of ribosomal protein genes in *Escherichia coli*. J. Mol. Biol. *97*, 61 (1975)

Evans, H.J., Buckland, R.A., Pardue, M.L.: Location of the genes coding for the 18S and 28S ribosomal RNA in the human genome. Chromosoma *48*, 405 (1974)

Ford, P.J., Brown, R.D.: Sequences of 5S ribosomal RNA from *Xenopus mulleri* and the evolution of 5S gene-coding sequences. Cell *8*, 485 (1976)

Forsheit, A.B., Davidson, N., Brown, D.D.: An electron heteroduplex study of the ribosomal DNAs of *Xenopus laevis* and *Xenopus mulleri*. J. Mol. Biol. *90*, 301 (1974)

Franke, W.W., Scheer, U., Spring, H., Trendelenburg, M.F., Krohne, G.: Morphology of transcriptional units of rDNS. Exp. Cell Res. *100*, 233 (1976)

Gerbi, S.A.: Fine structure of ribosomal RNA. J. Mol. Biol. *106*, 791 (1976)

Ginsburg, D., Steitz, J.A.: The 30S ribosomal precursor RNA from *Escherichia coli*. A primary transcript containing 23S, 16S and 5S sequences. J. Biol. Chem. *250*, 5647 (1975)

Hadjiolov, A.A.: Patterns of ribosome biogenesis in eukaryotes. Trends Biochem. Sci. *2*, 84 (1977)

Henderson, A.S., Warburton, D., Atwood, K.C.: Localization of rDNA in the chimpanzee (*Pan troglodytes*) chromosome complement. Chromosoma *46*, 435 (1974)

Henderson, A.S., Atwood, K.C., Yu, M.T., Warburton, D.: The site of 5S RNA genes in primates. Chromosoma *56*, 29 (1976)

Hershey, N.D., Conrad, S.E., Sodja, A., Yen, P.H., Cohen, M., Davidson, N., Ilgen, C., Carbon, J.: The sequence arrangement of *Drosophila melanogaster* 5S DNA cloned in recombinant plasmids. Cell *11*, 585 (1977)

Hsu, T.C., Spiritò, S.E., Pardue, M.L.: Distribution of 18 + 28S ribosomal genes in mammalian genomes. Chromosoma *53*, 25 (1975)

Ikemura, T., Nomura, M.: Expression of spacer tRNA genes in ribosomal RNA transcription units carried by hybrid Col E1 plasmids in *E. coli.* Cell *11,* 779 (1977)

Ikemura, T., Ozeki, H.: Gross map location of *Escherichia coli* transfer RNA genes. J. Mol. Biol. *117,* 419 (1977)

Kearns, D.R., Wong, Y.P.: Investigation of the secondary structure of *Escherichia coli* 5S RNA by high-resolution nuclear magnetic resonance. J. Mol. Biol. *87,* 755 (1974)

Morgan, E.A., Ikemura, T., Lindahl, L., Fallon, A.M., Nomura, M.: Some rRNA operons in *E. coli* have tRNA genes at their distal ends. Cell *13,* 335 (1978)

Nath, K., Bollon, A.P.: Organization of the yeast ribosomal RNA gene cluster via cloning and restriction analysis. J. Biol. Chem. *252,* 6562 (1977)

Nomura, M., Morgan, E.A.: Genetics of bacterial ribosomes. Annu. Rev. Genet. *11,* 297 (1977)

O'Farrell, P.Z., Cordell, B., Valenzuela, P., Rutter, W.J., Goodman, H.M.: Structure and processing of yeast precursor tRNAs containing intervening sequences. Nature (London) *274,* 438 (1978)

Pellegrini, M., Manning, J., Davidson, N.: Sequence arrangement of the rDNA of *Drosophila melanogaster.* Cell *10,* 213 (1977)

Perry, R.P., Cheng, T.-Y., Freed, J.J., Greenberg, J.R., Kelley, D.E., Tartof, K.D.: Evolution of the transcription unit of ribosome RNA. Proc. Natl. Acad. Sci. USA *65,* 609 (1970)

Speirs, J., Birnstiel, M.: Arrangement of the 5,8S RNA cistrons in the genome of *Xenopus laevis.* J. Mol. Biol. *87,* 237 (1974)

Weidner, H., Yuan, R., Crothers, D.M.: Does 5S RNA function by a switch between two secondary structures. Nature (London) *266,* 193 (1977)

White, R.L., Hogness, D.S.: R loop mapping of the 18S and 28S sequences in the long and short repeating units of *Drosophila melanogaster* rDNA. Cell *10,* 177 (1977)

38. Translation

Translation heißt Übersetzung. Übersetzt wird die genetische Information, die in Form einer linearen Abfolge von Basen in Nukleinsäuren gespeichert ist. Das Produkt der Übersetzung ist ein Polypeptid, das aus einer Abfolge von Aminosäuren besteht. Aufgrund der physikalisch-chemischen Eigenschaften der Aminosäureseitenketten geht die Polypeptidkette in den thermodynamisch günstigsten Zustand über und faltet sich zu einer spezifischen Tertiärstruktur. Im Anschluß an die Proteinbiosynthese erfolgt oft eine Modifikation der Kette, Teile können abverdaut werden, einige Aminosäuren können modifiziert werden, und Kohlenhydrate oder Lipide können an bestimmte Seitenketten angehängt werden. Diese Veränderungen bezeichnet man als Posttranslationsmodifikation oder Modulation (s. Kap. 18, letzten Abschnitt in diesem Kapitel und Kap. 39).

Die Translation [= Protein(bio-)synthese] läuft mit höchster Präzision ab. Diese Präzision fordert eine Vielzahl von Kontrollmechanismen und einen außergewöhnlich hohen Energieeinsatz. Obwohl im Endeffekt pro Runde nur eine Peptidbindung geknüpft wird, werden hierfür vier energiereiche Bindungen benötigt. Die Reaktionen sind extrem exergonisch und damit praktisch irreversibel. Besonders schnell wachsende Zellen investieren sehr viel in die Synthese von Proteinen, so macht z.B. der proteinsynthetisierende Apparat von *Escherichia coli* etwa 25% der Zellmasse aus, 88% der in der Bakterienzelle umgesetzten Energie wird zur Bildung von Proteinen eingesetzt.

Spezifität setzt das Vorhandensein komplexer Strukturen voraus. Wie bekannt, läuft die Proteinsynthese an Ribosomenoberflächen ab; mRNS, tRNS, Aminosäuren, Aminoacylsynthetasen, ATP, GTP, Ionen und „Faktoren" sind erforderlich. Man weiß heute über den Reaktionsmechanismus (in prokaryotischen Zellen) relativ gut Bescheid und hat zeigen können, daß die Reaktionen wie am Fließband ablaufen, wobei die einzelnen Schritte exakt aufeinander abgestimmt sind. Vier Phasen können voneinander unterschieden werden:

1. Aktivierung der Aminosäure.
2. Initiation der Synthese der Polypeptidkette.
3. Verlängerung (Elongation) der sich bildenden Kette.
4. Termination.

Aktivierung der Aminosäuren

Die Aminosäuren werden an das 3'-Ende (CAA-Ende) einer spezifischen tRNS gebunden (→ Aminoacyl-tRNS). Die Reaktion ist ATP- und Mg^{2+}-abhängig. PP wird freigesetzt, welches jedoch durch eine Pyrophosphatase umgehend in Orthophosphat zerlegt wird. Für jede Aminosäure gibt es mindestens einen tRNS-Typ, meist jedoch mehrere (maximal so viele, wie es Codons für die betreffende Aminosäure gibt). Für jede Aminosäure gibt es aber auch mindestens eine Aminoacyl-tRNS-Synthetase. Einige dieser Enzyme sind näher charakterisiert worden. Sie haben Molekulargewichte zwischen 100.000 und 240.000 und bestehen aus einer, zwei oder mehreren Polypeptidketten. Die Polypeptidketten können untereinander gleich oder verschieden sein. Die Glycyl-tRNS-Synthetase z.B. besteht aus je zwei U.E. mit den Molekulargewichten 35.000 und 82.000. Das Spektrum an Unterschieden weist darauf hin, daß die Enzyme phylogenetisch unterschiedlicher Herkunft sind. Jedes der Enzyme muß mindestens drei Bedingungen genügen:

a) Es muß die Aminosäure spezifisch erkennen.
b) Es muß die tRNS spezifisch erkennen.
c) Es muß ATP binden.

Die einzelnen Aminosäuren unterscheiden sich oft nur wenig voneinander. Das Val vom Ile oder Leu z.B. nur durch Fehlen einer Methylgruppe. Zum Erkennen und Binden einer Methylgruppe werden nur 2–3 kcal/mol benötigt, und das ist nicht genug, um Fehler zu vermeiden. In der Tat ist die Fehlerrate jedoch wesentlich geringer, als nach obiger Abschätzung zu erwarten wäre. In einem ersten Reaktionsschritt wird die Aminosäure unter PP-Abspaltung an AMP gebunden, und erst in einem zweiten Schritt wird sie auf die tRNS übertragen. Nahezu alle falschen Aminosäure-AMP-Komplexe zerfallen unmittelbar nach ihrer Bildung. Nur die richtigen Kombinationen haben eine Lebensdauer, die ausreicht, um den nachfolgenden Schritt einzuleiten. An dieser Stelle liegt somit eine Korrekturmöglichkeit. Beträgt die Fehlerrate für jeden der Schritte 10^{-2}, so erhält man für beide zusammen einen Wert von nur 10^{-4}. Die tRNS übt die Funktion eines Adaptors aus (Crick und Hoagland). Jeder tRNS-Typ muß demnach von der betreffenden Aminoacyl-tRNS-Synthetase erkannt werden. Daß die

Selektion der tRNS auf dieser Stufe und nicht später stattfindet, wurde durch ein mittlerweile klassisches Experiment bestätigt: Entfernt man die Sulfhydrylgruppe aus dem Komplex Cys-tRNS^{Cys}, erhält man Ala-tRNS^{Cys}. Das somit aktivierte Ala wird in Protein überall dort eingebaut, wo eigentlich Cys hätte stehen sollen.

Initiation der Synthese der Polypeptidkette

Man braucht:

- die 30S U.E. der Ribosomen,
- mRNS,
- fMet-tRNS,
- GTP,
- Initationsfaktoren.

Die 30S-U.E. der Ribosomen entsteht durch Zerfall des 70S-Komplexes. Der Zerfall und eine Reassoziation wurde durch das folgende Rekombinationsexperiment nachgewiesen. Man ließ *E. coli*-Zellen zunächst in einem radioaktiven (schweren) Medium wachsen, so daß nur markierte Ribosomen gebildet wurden. Anschließend übertrug man sie in ein leichtes (normales) Medium, so daß nunmehr nur normale Ribosomen entstehen konnten. Während in den Zellen eine Proteinsynthese ablief, zerfielen sowohl die schweren als auch die leichten Komplexe, so daß die Chance, daß eine normale 30S-U.E. auf eine „schwere" 50S-U.E. (und umgekehrt) treffen konnte, gegeben war. Erwartungsgemäß sind solche Hybriden isoliert worden. Durch Zusatz von Sparsomycin, einem Antibiotikum, das die Proteinbiosynthese hemmt, ist der Zerfall der Ribosomen zu verhindern (Kaempfer et al.).

Bindung von fMet-tRNS und mRNS an die 30S-U.E.
Ein Ribosom besitzt zwei Bindungsstellen für tRNS, die

A-site (Aminoacyl-site) und die
P-site (Peptidyl-site).

Zur Initiation der Proteinsynthese bei Prokaryonten wird Formyl-Met-tRNS (fMet-tRNS) benötigt, bei Eukaryonten Met-tRNS. Es gibt zwei verschiedene tRNS^{Met}-Typen (Isoadaptoren, Isoakzeptoren), von denen nur der eine mit fMet beladen werden kann. Die Formylierung selbst erfolgt erst nach Bindung des fMet an die tRNS. fMet bzw. das Met werden nach Abschluß der Synthese des Polypeptids durch eine Deformylase und eine Aminopeptidase wieder abgebaut. In der Regel wird eine mit einer Aminosäure beladene tRNS an der *A-site* gebunden und zur *P-site* translociert. Es ist jedoch unklar, wie die fMet-tRNS bei der Initiation erkannt wird. Entweder wird sie direkt an der *P-site* gebunden, oder auch sie gelangt von der *A-site* dorthin. Nachdem die *P-site* besetzt ist, kann die mRNS gebunden werden (M. Noll und H. Noll, 1974). Doch nicht jede mRNS wird von den Ribosomen erkannt. Sie muß spezifische Erkennungssignale enthalten, um die Initiation der Translation einleiten zu können. Das Startcodon AUG muß exponiert sein, denn nur dann kann es spezifisch vom Anticodon der fMet-tRNS erkannt werden. Ferner muß eine spezifische Bindung an die 30S-U.E. des Ribosoms erfolgen. Shine und Dalgarno postulierten 1974, daß es nahe dem 3′-Terminus der 16S rRNS einen Bereich geben müsse, der einem Bereich der mRNS komplementär ist.

Es ist inzwischen eine Reihe verschiedener mRNS-Sorten analysiert worden. Allen ist gemeinsam, daß sie an ihrem 5′-Ende, ca. zehn Basen vom AUG entfernt, eine AG-reiche Sequenz enthalten, oft AGGA oder ähnlich (s. Tabelle 1). J.A. Steitz und Jakes haben 1975 das 3′-Ende der 16S rRNS näher analysiert und konnten einen CU-reichen Bereich ausmachen, der zu den mRNS-Sequenzen komplementär ist und einen stabilen Komplex mit der mRNS bildet (s. Abb. 38.1). Kopolymere, bestehend aus A und G, sind gute Inhibitoren für natürliche mRNS.

IF1, IF2, IF3
IF1, IF2 und IF3 sind Proteine mit den Molekulargewichten von 9000, 65.000 und 21.000. Es sind keine integralen Bestandteile der Ribosomen. Sie werden von ihnen reversibel gebunden. IF1 wird für die Dissoziation des ribosomalen 70S-Komplexes benötigt, IF3 für die Stabilisierung der Bindung von mRNS an die 30S-U.E. IF2 bindet GTP und wird zusammen mit der fMet-tRNS an die 30S-U.E. angelagert. Alle zusammen bilden einen Initiationskomplex, der eine Sedimentationskonstante von 40S hat. Die 50S-U.E. wird unter Hydrolyse von GTP und Freisetzung der Initiationsfaktoren mit diesem Komplex vereint, wobei ein 76S-Initiationskomplex entsteht. Die Reaktionen lassen sich wie folgt zusammenfassen (M. Noll und H. Noll, 1974):

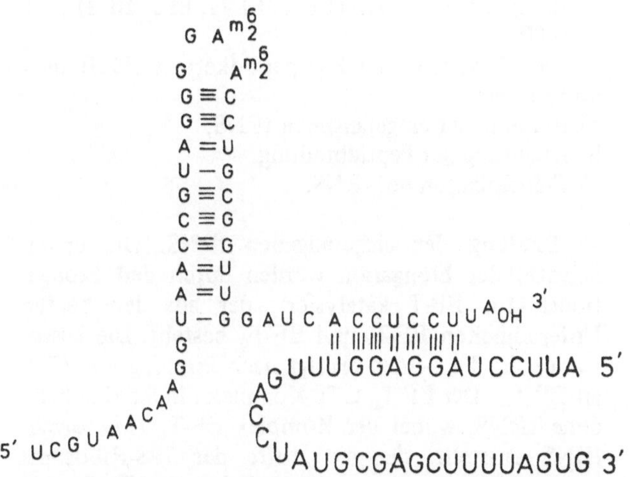

Abb. 38.1. Sekundärstruktur des 5′-terminalen Endes (Colicin-Fragment) der 16 S RNS und der Ribosomenbindungsregion der mRNS des A-Proteins des Phagen R17 („mRNS"). Die „mRNS"-Sequenz ist in der Zeichnung durch *größere Buchstaben* gekennzeichnet (Steitz, J.A. und Steege, 1977, korr. 1978)

Tabelle 1. Initiationssequenzen, die von *E. coli*-Ribosomen erkannt werden (Shine-Dalgarno-Sequenzen). (Zusammengestellt von J.A. Steitz und Jakes, 1975)

mRNS	Ribosomenbindungsstelle
R17 A	GAU UCC UAG GAG GUU UGA CCU AUG CGA GCU UUU AGU G
Qβ A	UCA CUG AGU AUA AGA GGA CAU AUG CCU AAA UUA CCG CGU
R17-Hüllprotein	CC UCA ACC GGG GUU UGA AGC AUG GCU UCU AAC UUU
Qβ-Hüllprotein	AAA CUU UGG GUC AAU UUG AUC AUG GCA AAA UUA GAG ACU
R17-Replicase	AA ACA UGA GGA UUA CCC AUG UCG AAG ACA ACA AAG
Qβ-Replicase	AG UAA CUA AGG AUG AAA UGC AUG UCU AAG ACA G
f1-Hüllprotein	UUU AAU GGA AAC UUC CUC AUG AAA AAG UCU UU
f1-Gen 5	A AGG UAA UUC ACA AUG AUU AAA GUU GAA AU
r7	AAC AUG AGG UAA CAC CAA AUG AUU UUC ACU AAA GAG
ΦX 174 Spike	TTT CTG CTT AGG AGT TTA ATC ATG TTT CAG ACT TTT ATT
trp	CAC GUA AAA AGG GUA UCG ACA AUG AAA GCA AUU UUC GUG
trpE	GAA CAA AAU UAG AGA AUA ACA AUG CAA ACA CAA AAA CCG
trpA	GAA AGC ACG AGG GGA AAU CUG AUG GAA CGC UAC GAA UCU
lacZ	AAU UUC ACA CAG GAA ACA GCU AUG ACC AUG AUU ACG GAU
galE	AUA AGC CUA AUG GAG CGA AUU AUG AGA GUU CUG GUU ACC
16S rRNS 3′-Ende	$_{HO}$A U U C C U C C A C U A $G_{5'}$

1. 70S-Ribosom + IF1 → 30S-IF1 + 50S
2. 30S-IF1 + IF3 → 30S-IF1,3
3. 30S-IF1,3 + fMet-tRNS-IF2-GTP → 30S-IF1,2,3 GTP-fMet-tRNS
4. 30S-IF1,2,3-GTP-fMet-tRNS + mRNS → 40S
5. 40S + 50S → 76S + IF1,2,3 + GDP.

Bindungsstudien unter Gleichgewichtsbedingungen weisen auf kooperative Effekte hin, und das wiederum heißt, daß nahezu alle hieran beteiligten Komponenten Konformationsänderungen durchmachen.

Verlängerung (Elongation) der sich bildenden Kette

Wir benötigen hierzu:
- den Initiationskomplex,
- mit Aminosäuren beladene tRNS,
- Elongationsfaktoren (EF-T, EF-G, EF1, EF2),
- GTP.

Die Elongation der Polypeptidkette verläuft über drei Stufen:
a) Bindung der eingefangenen tRNS,
b) Knüpfung der Peptidbindung,
c) Translokation der tRNS.

a) Bindung der eingefangenen tRNS. Die ersten Schritte der Elongation werden durch den Elongationsfaktor EF-T katalysiert, der aus den beiden Untereinheiten EF-T_s und EF-T_u besteht. Die Dissoziation in die beiden erfolgt nach Bindung von GTP an EF-T_u. Der EF-T_u-GTP-Komplex bindet eine beladene tRNS, wobei der Komplex EF-T_u-Aminoacyl-tRNS entsteht, der die *A-site* des 70S-Ribosoms besetzt. Die jeweils spezifisch beladene tRNS wird durch die Codon-Anticodon-Interaktion erkannt. Bei der Bindung wird GTP hydrolysiert und das GDP und P_i freigesetzt. Der Faktor EF-T ist bei den Eukaryonten durch die Faktoren EF-1 und EF-2 ersetzt.

Die Codon-Anticodon-Interaktion ist außerordentlich schwach. 1966 stellte Crick die *wobble*-(Wackel-) Hypothese auf, die besagt, daß die Paarung des dritten Nukleotids eines Codons weniger spezifisch ist als die der beiden ersten. Die Hypothese beruht auf der Beobachtung, daß es für eine bestimmte Aminosäure oft mehrere Codons gibt, die sich nur in der dritten Position voneinander unterscheiden.

Kurz danach wurde die Hypothese von Söll und Mitarbeitern durch in vitro-Paarungsstudien bestätigt. Erschwerend wirkt dabei, daß die Affinität von Codon und Anticodon hierdurch noch weiter geschwächt wird, so daß eine exakte, fehlerfreie Paarung und eine Bindung der tRNS nicht mehr gewährleistet wäre.

Kurland et al. (University of Uppsala) haben 1975 auf dieses bis dahin scheinbar übersehene Problem hingewiesen und gefordert, daß die Bindung der tRNS ans Ribosom an anderer Stelle stabilisiert sein müsse, damit die Präzision der Translation gewährleistet sei. Sie nehmen an, daß die tRNS eine Konformationsänderung durchmacht und daß Sequenzbereiche im T-ψ-C-Arm an der Bindung beteiligt seien. In nichtgebundener tRNS sind diese Bereiche maskiert. Eine korrekte Codon-Anticodon-Interaktion triggert ihre Demaskierung, so daß Sequenzbereiche freigelegt werden, die mit der rRNS Basenpaare ausbilden. Die 16S rRNS enthält ein exponiertes Tetranukleotid mit der Sequenz C-G-A-A, welches einer Sequenz im T-ψ-C-Arm (s. Kap. 2) komplementär ist und damit als Akzeptor für die tRNS in Frage kommt. Der Vorteil dieses Systems liegt darin, daß eine Bindung nur dann möglich ist, wenn ihr eine passende Codon-Anticodon-Interaktion vorangegangen ist, die demnach als ein allosterischer Effektor der Bindung zu deuten wäre. Das Ribosom wirkt somit als eine Falle für solche tRNS-Moleküle, bei denen ein Maximum an Wechselwirkungen zwischen Codon und Anticodon erreicht wird. Thermodynamische Überlegungen weisen darauf hin, daß selbst ein sehr kleiner Vorteil bei der Erkennung eine drastische Steigerung der Stabilität des Komplexes nach sich zieht. Das Modell erklärt auch, wieso die Bindung eines tRNS-Moleküls an das Ribosom um etliches stabiler ist als die Bindung eines isolierten Anticodons (eines Trinukleotids), denn jenem fehlt ja der T-ψ-C-Arm und damit die zusätzliche, essentielle Bindungsstelle.

b) Knüpfung der Peptidbindung. Die erste Peptidbindung entsteht zwischen dem fMet der an der *P-site* gebundenen fMet-tRNS und der Aminosäure des ersten Aminoacyl-tRNS-Komplexes, der an der *A-site* fixiert ist. Die Reaktion wird durch eine Peptidyltransferase katalysiert. Dieses Enzym ist eines der 34 Proteine der großen ribosomalen U.E. Als Produkt der Reaktion erhält man eine Dipeptidyl-tRNS, die zunächst an der *A-site* verbleibt. Die freigewordene tRNS an der *P-site* wird abgestoßen.

c) Translokation. Nach Knüpfung der Peptidbindung muß die Dipeptidyl-tRNS von der *A-site* zur *P-site* translociert werden, und die mRNS muß simultan um ein Codon am Ribosom weiter versetzt werden. So simpel der Translokationsprozeß zu beschreiben ist, so komplex – und z.T. unverstanden – ist die Abfolge der Schritte im einzelnen. EF-G und GTP sind erforderlich. Sie bilden einen Komplex aus, der vom Ribosom gebunden wird, wobei das GTP hydrolysiert wird und die Hydrolyseprodukte frei werden. Die anfallende Energie wird für eine Konformationsänderung des Ribosoms benötigt, was wiederum die Voraussetzung für das Vorrücken der mRNS und die Translokation der tRNS ist. Die *A-site* wird geräumt und steht für eine neu eintreffende, passende und beladene tRNS zur Verfügung. Die Elongation kann in die nächste Runde eintreten, wobei die Polypeptidkette um einen weiteren Aminosäurerest wächst. Nach Abschluß dieser Runde folgt eine weitere und so fort. Viele Fragen sind noch offen, z.B.: *Wie kommt es, daß die mRNS stets im exakten Raster, also um genau drei Nukleotidbasen vorgezogen wird?*

Termination

Das Signal für die Termination bildet eines der drei Codons UAA, UAG oder UGA. Es gibt normalerweise keine tRNS mit hierzu passenden Anticodons. Die *A-site* bleibt daher unbesetzt. Die Freisetzung der Polypeptidyl-tRNS wird durch Ablösungsfaktoren (*Releasing*-Faktoren: R1, R2, R3) gesteuert. Sie binden an Ribosomen und verursachen die Translokation der tRNS. Das fertige Polypeptid wird durch Hydrolyse freigesetzt. Hieran scheint die Peptidyltransferase beteiligt zu sein, deren Aktivität durch die *Releasing*-Faktoren modifiziert wird. Nach Ablösung der tRNS wird auch die mRNS freigesetzt, und die 70S-Ribosomen zerfallen unter Mitwirkung von IF1 in ihre U.E. Die Komponenten stehen damit für einen neuen Zyklus zur Verfügung. Zusammenfassend sind alle Vorgänge in dem Schema in Abb. 38.2 wiedergegeben.

Alle Schritte der Proteinbiosynthese sind synchronisiert und laufen wie am Fließband ab, alle Elemente sind Elemente zyklischer Prozesse, so daß ein Höchstmaß an Geschwindigkeit und Effizienz gewährleistet ist. An einem mRNS-Molekül arbeitet nicht nur ein Ribosom, sondern es wirken mehrere (bis an die 100) mit. Derartige Strukturen, die elektronenmikroskopisch leicht abzubilden sind, nennt man Polysomen (oder Polyribosomen). An jedem der Ribosomen wird eine Polypeptidkette gebildet. Die mRNS wird durch die Bindung an die Ribosomen vor RNase-Einfluß geschützt, und nur Bereiche zwischen den Ribosomen können vom Enzym angegriffen werden. Zumindest bei Bakterien findet man eine weitere Steigerung der Effizienz. Dabei sind Transkription und Translation auch strukturell miteinander gekoppelt. Die Translation beginnt bereits vor der vollständigen Erstellung der mRNS (s. Abb. 38.3).

Geschwindigkeit und Richtung der Translation

Die Proteinbiosynthese ist außer bei Bakterien bei den Retikulozyten, den Vorstufen roter Blutkörperchen, bei denen keine Transkription mehr stattfindet, studiert worden. Dennoch sind sie noch in der Lage, Protein, und zwar fast ausnahmslos das des α- und β-Hämoglobins, zu bilden. Man weiß, daß die mRNS vom 5′- zum 3′-Ende gelesen wird und daß die Polypeptidkette vom N-terminalen zum C-terminalen Ende wächst. Diese Aussage stützt sich vor allem auf einen Versuch von Naughton und Dintzis (1962):

Da seinerzeit die Aminosäuresequenz der Globine bereits bekannt war, wußte man, daß die Positionen der Aminosäure Leucin statistisch über die gesamte Kette verteilt sind. Gibt man [^{3}H]-markiertes Leu zu Retikulozyten, in denen eine aktive Proteinsynthese abläuft, wird es in wachsende Ketten eingebaut. Man kann dann zu definierten Zeiten nach der Zugabe Proben entnehmen und untersuchen, welche Teile der fertigen Polypeptidketten markiert sind. Das Polypeptid wird durch Trypsineinwirkung in eine definierte Zahl tryptischer Peptide zerlegt, deren Position in der Kette bekannt ist. Nach 4′ Inkubationszeit in [^{3}H]-Leu ist nur das C-terminale Peptid markiert. Mit steigender Inkubationszeit nimmt die Zahl markierter Peptide zu, wobei eine eindeutige Polarität eingehalten wird (s. Abb. 38.4). Erst bei sehr langer Inkubationszeit sind auch die Peptide am N-terminalen Ende markiert. Diese Ergebnisse sagen damit eindeutig aus, daß eine Polypeptidkette vom N-terminalen zum C-terminalen Ende wächst. Bei 37°C dauert die Synthese einer α-Kette des Hämoglobins (146 Aminosäurereste) 180 Sek., d.h. die Verlängerung der Kette um einen Aminosäurerest dauert etwas länger als eine Sekunde. Die Biosynthese von Polypeptiden bei Bakterien wie *E. coli* ist in der exponentiellen

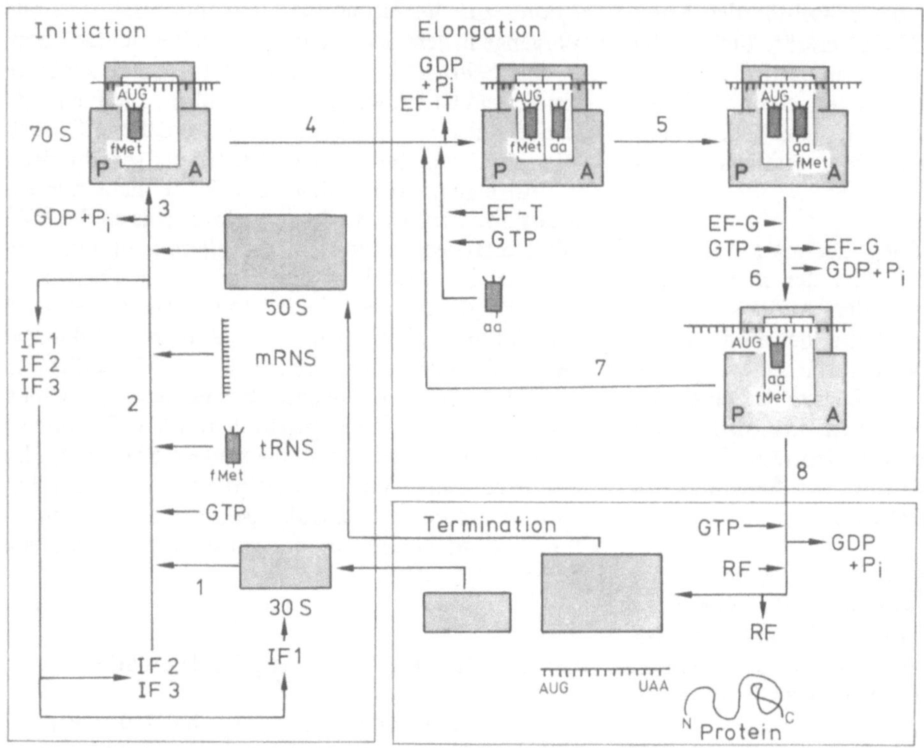

Abb. 38.2. Schematische Darstellung der Abläufe während der Translation bei Prokaryonten. Die drei Abschnitte Initiation, Elongation und Termination sind getrennt dargestellt. Die aufeinanderfolgenden Schritte (im Text detailliert besprochen) sind durch *Ziffern* gekennzeichnet. *IF*, Initiationsfaktoren; *EF*, Elongationsfaktoren; *RF*, *Releasing*-Faktoren (Terminationsfaktoren) (Jimenez, 1976)

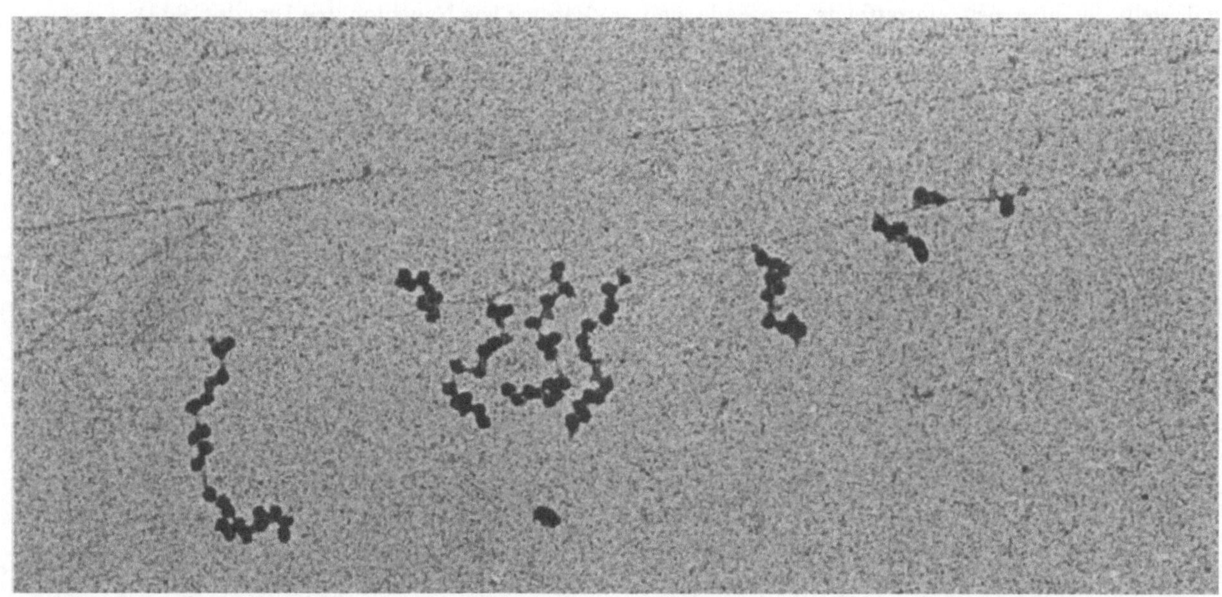

Abb. 38.3. Transkription und Translation an einem DNS-Abschnitt von *E. coli.* Die DNS ist als Faden erkennbar. Er wird durch mehrere DNS-abhängige RNS-Polymerase-Moleküle gleichzeitig transkribiert. Im Bild ist die Transkriptionsrichtung von rechts nach links an zunehmender Länge der sich bildenden mRNS zu erkennen, die in Form seitlicher Abzweigungen erscheint. Sobald Teile von ihr gebildet worden sind, heften sich Ribosomen an sie. Mit wachsender Länge steigt die Anzahl der gebundenen Ribosomen, an denen (ebenfalls wie am Fließband) Protein gebildet wird. Vergr. 93.000fach. (Aufn. Miller, Charlottesville, 1970)

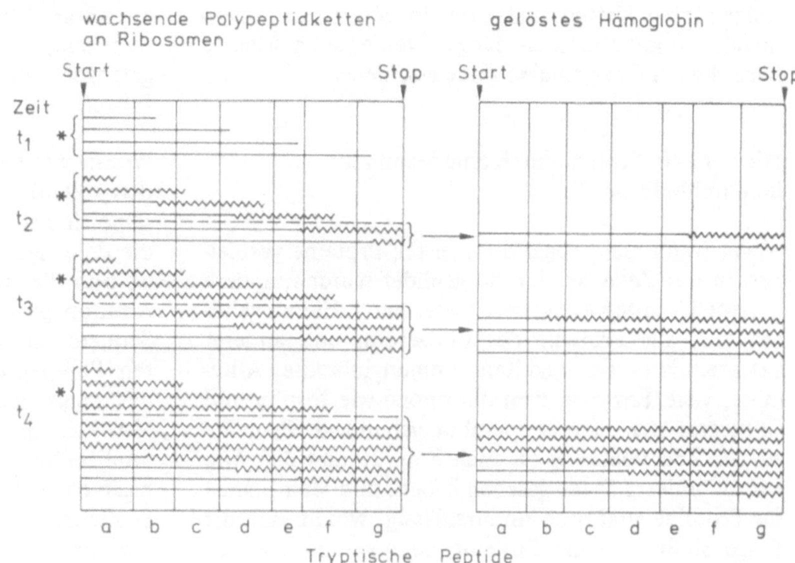

Abb. 38.4. Nachweis, daß Polypeptide vom N-terminalen zum C-terminalen Ende synthetisiert werden. Die *geraden Linien* entsprechen unmarkierten Anteilen der entstehenden Polypeptidkette. Die *Zick-Zack-Linie* repräsentiert radioaktiv markierte Anteile, die nach Zugabe einer markierten Aminosäure zum Zeitpunkt t_1 (*) gebildet wurden. Die durch Klammer zusammengefaßten Polypeptidketten sind zu den jeweiligen Zeitpunkten noch unvollständig. Sobald sie fertig sind, werden sie von den Ribosomen entlassen und erscheinen in löslicher Form. Anfangs (t_2) werden nur solche Peptide gebildet und freigesetzt, die C-terminal markiert sind. Als f (t) breitet sich die Markierung in Richtung N-terminales Ende aus. (Nach Dintzis und Knopf, 1963)

Wachstumsphase wesentlich schneller, denn dort wird eine Kette pro Sek. um über 20 Aminosäurereste verlängert.

Dintzis' Versuchsansatz eignet sich auch zur Beantwortung eines weiteren Problems: Wir haben in Kapitel 22 gesehen, daß Immunglobuline aus schweren und leichten Ketten bestehen und daß sowohl die eine als auch die andere einen N-terminalen, variablen Bereich und einen C-terminalen, konstanten Bereich enthält. Wir haben dort auch gesehen, daß es gute Gründe für die Annahme gibt, daß diese Polypeptidketten Produkte von je zwei Genen sind und daß damit das Problem auftauchte, auf welcher Ebene die Fusion stattfindet.

Lennox, Knopf, Munro und Parkhouse schlossen 1967 definitiv aus, daß die Fusion auf der Ebene der Proteinsynthese erfolgt. Sie zeigten, daß sowohl die leichte als auch die schwere Kette in einem Stück synthetisiert werden. In Abb. 38.5 sind die beiden zu testenden Modelle vorgestellt. Die experimentellen Daten stimmen nur mit dem Modell 1 überein. Die Synthesezeit für die leichte Kette beträgt 40 Sek.; demnach werden nach 10 Sek. 25%, nach 20 Sek. 50% und nach 40 Sek. 100% der sich bildenden Kette radioaktiv markiert sein. Da die Synthese von Polypeptidketten kontinuierlich neu einsetzt, findet man an den Polysomen wachsende Ketten aller Längen. Damit werden schon kurze Zeit (10 Sek.) nach Zugabe von Leu sowohl Positionen am N-terminalen als auch am C-terminalen Ende markiert sein. Wie in dem vorangegangenen Experiment von Dintzis wurden aber nur die fertiggestellten, von den Polysomen

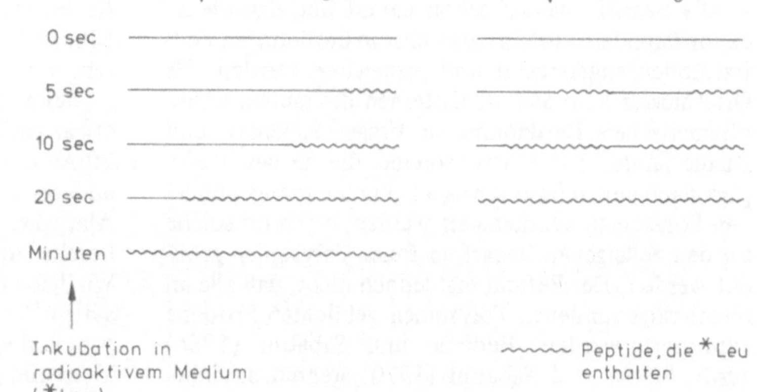

Abb. 38.5. Bildung der Polypeptidkette der Immunglobuline: *1,* in einem Stück; *2,* in zwei Stücken. Radioaktiv markierte Anteile sind durch *gewellte Linien* gekennzeichnet. Die Einbaukinetiken von *Leu sprechen eindeutig für Alternative 1. (Abgeändert nach Knopf et al., 1967)

freigesetzten Ketten analysiert, in denen mit zunehmender Inkubationszeit länger werdende markierte Bereiche am C-terminalen Ende erschienen.

Wie wird ein Protein durch eine Membran hindurchbefördert?

Viele, wenn nicht sogar die meisten Proteine verbleiben in der Zelle, in der sie gebildet wurden, andere hingegen werden exportiert (sezerniert). Hierzu gehören z.B. alle Proteine des Blutserums und anderer extrazellulärer Flässigkeiten: Immunglobuline, Albumine, viele Enzyme, Peptidhormone wie Insulin und Glukagon u.a., ferner membrangebundene Proteine an der Zellaußenseite (s. auch Kap. 25 und 30). Wie wir an anderer Stelle gesehen haben, sind Membranen für Proteine praktisch undurchlässig, womit sich die Frage stellt, wie die Proteine dennoch nach außen gelangen.

Die meisten extrazellulären Proteine tragen Kohlenhydrate, daher lag zunächst die Annahme nahe, daß das Anheften der Kohlenhydrate etwas mit dem Export zu tun habe. Die Hypothese wurde jedoch verworfen, als man extrazelluläre Proteine ohne einen Kohlenhydratmantel fand. Der Sekretionsprozeß ist an sekretorischen Zellen besonders gut zu verfolgen. Hierzu gehören u.a. die antikörperbildenden Zellen (Plasmazellen) und die Zellen der Pankreas (und anderer Drüsen). Es fiel schon recht früh auf, daß zwischen Synthese eines Polypeptids und seinem Nachweis außerhalb der Zelle eine recht beträchtliche Zeit verstrich. Ein Antikörpermolekül z.B. ist in 90 Sek. fertiggestellt, aber erst 45 Min. später außerhalb der Zelle nachweisbar. Die Arbeitsgruppen an der Rockefeller University in New York haben sich mit Sekretionsproblemen eingehend befaßt und dabei Pankreaszellen als Versuchsobjekt gewählt. Der Sekretionsprozeß besteht aus mindestens sechs Teilschritten:

1. Synthese des Proteins.
2. Segregation.
3. Intrazellulärer Transport.
4. Konzentrierung.
5. Intrazelluläre Speicherung.
6. Freisetzung.

Die Begriffe weisen schon darauf hin, daß die zu exportierenden Proteine zunächst in bestimmten Zellfraktionen angereichert und gespeichert werden. Als Orte hierfür kommen die Cisternen des rauhen Endoplasmatischen Retikulums in Frage. Siekevitz und Palade fanden 1960, daß Proteine, die für den Transport nach außen bestimmt sind, an membrangebundenen Polysomen synthetisiert werden, während solche für den zelleigenen Bedarf an freien Polysomen gebildet werden. Der Befund sagt jedoch nicht, daß alle an membrangebundenen Polysomen gebildeten Proteine exportiert werden. Redman und Sabatini (1966) sowie Blobel und Sabatini (1970) stellten anschließend fest, daß wachsende Polypeptidketten durch die Membran hindurchsynthetisiert werden (vektorielle Synthese) und somit an die Membranaußenseite gelangen. Die Segregation ist folglich ein irreversibler Prozeß.

Woran werden Proteine erkannt, die exportiert werden sollen? Viele der untersuchten exportierten Proteine sind durch eine „Signalsequenz" ausgezeichnet, die dem eigentlichen N-terminalen Ende vorgeschaltet ist und die nach Durchtritt durch die Membran von Aminopeptidasen abgebaut wird (Blobel et al.). Diese Sequenz ist charakteristisch und bei allen exportierten Polypeptiden der Pankreas gleich oder ähnlich, das heißt aber auch, daß die betreffenden mRNS-Moleküle gemeinsame Sequenzen an ihrem 3′-Ende, unmittelbar im Anschluß an das Startcodon AUG besitzen und keine andere mRNS solche terminalen Sequenzen besitzen darf. Diese Sequenz verursacht die Bindung der großen U.E. des Ribosoms an die Membran sowie die Aggregation von Membranproteinen mit der Folge, daß ein Tunnel (Kanal) gebildet wird, durch den sich die sich bildende Kette hindurchschlängeln kann. Diese Annahme ist essentiell, denn offene Kanäle zu jeder Zeit wären für die Zelle abträglich, da das Ionenmilieu in den Kompartimenten der Zelle dann nicht mehr aufrechterhalten werden könnte.

Die Translation von mRNS aus Pankreaszellen in vitro bestätigte die oben vorgetragene „Signalhypothese". Die in vitro synthetisierten „Signalsequenzen" wurden analysiert. Es handelt sich dabei um Peptide von 16 Aminosäuren Länge. Zehn der Aminosäurereste sind konstant, sechs variabel. Die Sequenzen zeigt die folgende Aufstellung:

1	Ala	9	Leu, Phe
2	Leu, Phe, Lys	10	Leu
3	Leu, Phe, Pro	11	Leu
4	Leu, Phe	12	Ala
5	Leu	13	Tyr
6	Leu, Phe, Val	14	Val
7	Leu, Ser	15	Ala
8	Ala	16	Phe
		17 etc.	ab hier spezifische Sequenzen.

Die „Signalsequenz" enthält vorwiegend hydrophobe Reste, die offenbar notwendig sind, einmal, um das Ribosom an die Membran zu binden und zum anderen, um selbst in die Membran eindringen zu können.

Beim IgG fanden Schechter et al. (1975) eine etwas anders aussehende „Signalsequenz". Sie enthält 20 Aminosäurereste, wobei sechs Leu-Reste hintereinandergeschaltet sind. „Signalsequenzen" beginnen mit Ala, was bedeutet, daß das Met des Initiationscodons bereits vor dem Ausschleusen abgebaut worden ist. Wir haben schon gesehen (s. Kap. 16), daß das Trypsin in Form einer inaktiven Vorstufe, dem Trypsinogen, vorliegt, doch auch dieses wird aus einer weiteren Vorstufe, dem Prätrypsinogen, gebildet, bei dem zwischen „Signalsequenz" und dem Strukturprotein die

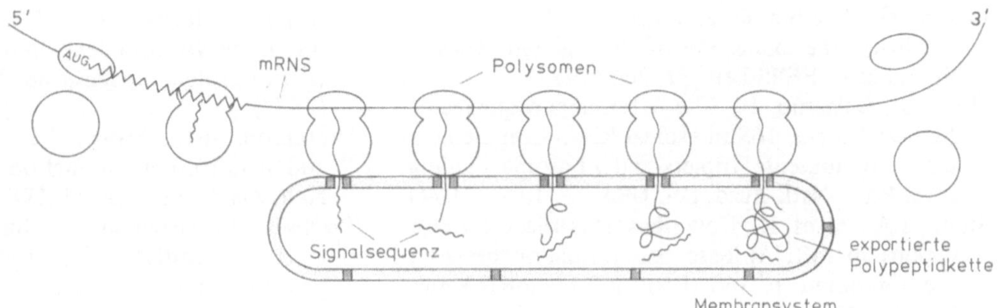

Abb. 38.6. Signalhypothese: Das Modell veranschaulicht, wie Proteine während ihrer Synthese durch die Membran hindurchgeschleust werden. Die Membranporen öffnen sich nur nach Bindung eines Ribosoms. Das N-terminale Ende der Polypeptidkette trägt eine Signalsequenz, die nach Durchtritt durch die Membran von Proteasen abgebaut wird (Blobel und Dobberstein, 1975)

Sequenz Pro-Leu-Asp-Asp-Asp-Asp-Lys-Leu zwischengeschaltet ist. Diese Sequenz entspricht den Positionen 17–24 (vgl. obige Aufstellung). Die Position 25 ist damit die N-terminale Aminosäure des Trypsinogens.

Zusammenfassend kann die Signalhypothese durch das obige Modell beschrieben werden (s. Abb. 38.6). Die Initiation der Proteinsynthese erfolgt auch hier an freien Ribosomen, und erst wenn 10–40 Aminosäuren gebildet worden sind, wird die Membran erkannt, der Tunnel gebildet und die Kette ausgeschleust. Fehlt die Sequenz, findet keine Anheftung der Ribosomen an die Membran statt. Ribosomenanheftung und spätere Ablösung sind komplexe Ereignisse. Blobel fand, daß die Ablösung auf einen spezifischen Faktor (ein Protein) zurückzuführen ist. Mit der Ablösung muß das Verschließen des Tunnels einhergehen, während Bindung eine Tunnelbildung nur dann induziert, wenn ausreichend Elemente zur Bildung des Tunnels vorhanden sind.

Nicht alle Fragen können beantwortet werden. Folgendes Problem z.B. bleibt offen: *Wie werden Proteine in Mitochondrien und Chloroplasten hineinbefördert?* Theoretisch könnte es nach dem gleichen Prinzip erfolgen, aber die „Signalsequenzen" müßten sich eindeutig von solchen unterscheiden, bei denen die Proteine aus der Zelle herausbefördert werden. Man braucht die Zusatzannahme, daß die „Signalsequenzen" nur die mitochondrialen resp. die Chloroplastenmembranen erkennen. Die Signalhypothese versucht zu erklären, wie Proteine eine Membran passieren. Wie aber schon angedeutet wurde, befinden sich die Proteine damit immer noch nicht außerhalb der Zelle, sondern erst in den Cisternen des Endoplasmatischen Retikulums, in denen Konzentrierung, Speicherung und Transport erfolgen. Ohne auf Einzelheiten einzugehen, sei nur erwähnt, daß hier u.a. Kohlenhydratreste an die Proteine fixiert werden. Die hierzu erforderlichen Enzyme müssen ebenfalls sezernierte Proteine sein. Es ist weiter bemerkenswert, daß der Transport von Proteinen in Cisternen energieabhängig ist und daß man bei ATP-Abwesenheit keine Ausschüttung aus der Zelle, sondern eine Anreicherung der Proteine in den Cisternen erhält (Jamieson und Palade, 1967).

Literatur

Blobel, G.: Extraction from free ribosomes of a factor mediating ribosome detachment from rough microsomes. Biochem. Biophys. Res. Commun. *68,* 1 (1976)

Blobel, G., Dobberstein, B.: Transfer of proteins across membranes. J. Cell Biol. *67,* 835 (1975)

Dabney, B.J., Beaudet, A.L.: Increase in globin chains and globin mRNA in erythroleukemia cells in response to hemin. Arch. Biochem. Biophys. *179,* 106 (1977)

Devillers-Thiery, A., Kindt, T., Scheele, G., Blobel, G.: Homology in amino-terminal sequence of precursors to pancreatic secretory proteins. Proc. Natl. Acad. Sci. USA *72,* 5016 (1975)

Hershey, J.W.B., Yanow, J., Johnston, K., Fakunding, J.L.: Purification and characterization of protein synthesis initiation factors IF1, IF2, IF3 from *Escherichia coli.* Arch. Biochem. Biophys. *182,* 626 (1977)

Jimenez, A.: Inhibitors of translation. Trends Biochem. Sci. *1,* 28 (1976)

Kurland, C.G., Rigler, R., Ehrenberg, M., Blomberg, C.: Allosteric mechanism for codon-dependent tRNA selection on ribosomes. Proc. Natl. Acad. Sci. USA *72,* 4248 (1975)

Langberg, S., Kahan, L., Traut, R.R., Hershey, J.W.B.: Binding of protein synthesis initiation factor IF1 to 30S ribosomal subunits: Effects of other initiation factors and identification of proteins near the binding site. J. Mol. Biol. *117,* 307 (1977)

Noll, M., Noll, H.: Translation of R17 RNA by *Escherichia coli* ribosomes. J. Mol. Biol. *89,* 477 (1974)

Palade, G.: Intercellular aspects of the process of protein synthesis. Science *189,* 347 (1975)

Rovera, G., Abramczuk, J., Surrey, S.: The effect of hemin on the expression of the β-globin genes in Friend cells. FEBS Lett. *81*, 366 (1977)

Shine, J., Dalgarno, L.: The 3′-terminal sequence of *Escherichia coli* 16S ribosomal RNA: Complementary to nonsense triplets and ribosome binding sites. Proc. Natl. Acad. Sci. USA *71*, 1342 (1974)

Steitz, J.A., Jakes, K.: How ribosomes select initiator regions in mRNA: Base pair formation between the 3′-terminus of 16S rRNA and the mRNA during initiation of protein synthesis in *Escherichia coli*. Proc. Natl. Acad. Sci. USA *72*, 4734 (1975)

Steitz, J.A., Steege, D.A.: Characterization of two mRNA-rRNA complexes implicated in the initiation of protein biosynthesis. J. Mol. Biol. *114*, 545 (1977)

Thompson, R.C., Stone, P.J.: Proofreading of the codon-anticodon interaction on ribosomes. Proc. Natl. Acad. Sci. USA *74*, 198 (1977)

Trachsel, H., Staehelin, T.: Binding and release of eukaryotic initiation factor eIF-2 and GTP during protein synthesis initiation. Proc. Natl. Acad. Sci. USA *75*, 204 (1978)

39. Regulation der Translation

Wir haben bereits eine Vielzahl regulierender Faktoren der Proteinbiosynthese kennengelernt und haben auch gesehen, daß die Synthese bereits bei der Blokkade eines einzigen Schrittes eingestellt wird. Regulation findet auf vielen Ebenen statt, und die meisten sind im Detail noch gar nicht aufgeklärt. Das beginnt bereits bei der Regulation der Synthese der einzelnen Komponenten. In Kapitel 37 sind einige der hierfür erforderlichen Genorte des *Escherichia coli*-Chromosoms vorgestellt worden. Die statistische Verteilung über das gesamte Genom weist darauf hin, daß hier nicht ein einfaches Operon vorliegt, das als ganzes ein- oder abgeschaltet wird. Weitere Schwierigkeiten liegen darin, daß die einzelnen Komponenten nicht in gleichen Verhältnissen zueinander benötigt werden. Mit am eindrucksvollsten ist das für die unterschiedlichen tRNS-Klassen und die entsprechenden Aminoacyl-tRNS-Synthetasen zu belegen. Die Aminosäure Tryptophan z.B. ist in Proteinen selten (~ 1,5% aller Aminosäurereste), hingegen ist Glycin häufig (~7,2%). Nun gibt es zwar eine recht gute Korrelation zwischen Häufigkeit einer Aminosäure in Proteinen und der Anzahl der Codons für diese Aminosäure, doch gibt es auch signifikante Ausnahmen von dieser Regel. In Kapitel 38 wurde darauf hingewiesen, daß es maximal so viele tRNS-Klassen wie Codons geben müsse. Cricks *wobble*-Hypothese jedoch reduziert diese Anzahl. Die genaue Anzahl verschiedener tRNS-Klassen pro Aminosäure (≙ Isoakzeptoren) in verschiedenen Zelltypen kennen wir nicht. Bei *E. coli* z.B. sind es fünf für Serin und vier für Glycin.

Die erwähnte Korrelation wird in einigen Fällen durchbrochen, am auffälligsten am Beispiel des Arginins. Es gibt prozentual weit mehr Codons für Arginin als Argininreste in Proteinen. Der allgemein gültige Umrechnungsfaktor lautet: 1,5% der betreffenden Aminosäure ≙ einem Codonäquivalent. Arginin mit sechs Codons müßte somit 9% aller Aminosäurereste ausmachen, vorhanden sind jedoch nur knapp 4%.

Die Aminoacyl-tRNS-Synthetasen arbeiten keineswegs mit allen tRNS-Klassen (Isoakzeptoren) gleich gut zusammen, so daß auch auf dieser Ebene eine Auswahl getroffen wird, durch die das Gleichgewicht der Komponenten zueinander verschoben wird. Doch gibt es auch den umgekehrten Fall: mehrere Aminoacyl-tRNS-Synthetasen, die die gleiche tRNS als Substrat verwenden.

Bei Eukaryonten ist das Verhalten dieser Komponenten noch komplexer, denn hier findet man zwei, bei pflanzlichen Zellen sogar drei autonome proteinsynthetisierende Maschinerien (Cytosol, Mitochondrien, Chloroplasten), die nebeneinander herlaufen, aber z.T. wenigstens mit den gleichen Elementen arbeiten (s. Kap. 43 und 44). Bisher sind auf einem mitochondrialen Genom 22 verschiedene tRNS-Klassen nachgewiesen worden, was wenig ist, denn Isoakzeptoren sind dabei – von Ausnahmen abgesehen – noch gar nicht berücksichtigt. Werden die fehlenden aus dem Cytosol in die Mitochondrien (und Chloroplasten) importiert? Wenn ja, welche? Wie erfolgt die Auswahl? Geht das auf Kosten der cytoplasmatischen Proteinbiosynthese? Wir sind noch weit davon entfernt, solche Fragen zu beantworten. Sicher ist, daß das Mitochondriengenom nicht groß genug ist, um die Information zur Bildung von Aminoacyl-tRNS-Synthetasen zu tragen. Allein schon deswegen müssen sie kerncodiert sein und in die Organellen importiert werden. Damit stellt sich aber auch die Frage, ob es der gleiche Satz an Enzymen ist, der in den beiden Kompartimenten aktiv ist, oder ob in jedem ein anderer zum Zuge kommt. Die mRNS zumindest müßte verschieden sein: einmal mit einer „Signalsequenz" (s. Kap. 38), einmal ohne.

An der Proteinbiosynthese sind verschiedene RNS-Moleküle, also primäre Transkriptionsprodukte und Proteine (Translationsprodukte), beteiligt. Der Aufwand zur Bildung dieser beiden Molekülklassen unterscheidet sich ganz erheblich voneinander. tRNS wie auch rRNS enthalten sog. seltene und auch methylierte Basen (s. Kap. 2). Für ihre Bildung werden spezifische Enzyme benötigt, und auch die können zu Engpässen bei der Regulation der Proteinsynthese führen.

Die mRNS ist bei Eukaryonten mit Proteinen komplexiert (RNP = Ribonukleoprotein). Deren Lebensdauer (Halbwertzeit) schwankt zwischen wenigen Minuten und Tagen, ein Einzelfällen, wie z.B. in ruhenden Samen oder Sporen, beträgt sie Monate oder gar Jahre. mRNS mit der Information zur Bildung von Enzymen, die infolge der Wirkung externer Signale kurzfristig benötigt wird, ist meist kurzlebig. mRNS mit Information für konstitutive (ständig benötigte) Enzyme oder andere Proteine ist meist langlebig.

Niemand weiß, worauf die unterschiedliche Lebensdauer zurückzuführen ist. Sind es spezifische Sekundär- und Tertiärstrukturen, welche die unterschiedlichen mRNS-Typen vor RNasen unterschiedlich gut schützen, oder sind die komplexierten Proteine für die Stabilität verantwortlich?

Es ist oft schwer zu entscheiden, ob die Kontrolle der Proteinbiosynthese auf Transkriptions- oder Translationsebene erfolgt. Bei langlebiger mRNS ist Translationskontrolle vorteilhaft, denn der Vorzug liegt in der schnelleren Ansprechbarkeit (s.a. Kap. 9). Eine solche Kontrolle finden wir bei hochspezialisierten, differenzierten Zellen, wie z.B. den Retikulozyten oder den Speicheldrüsenzellen von *Bombyx mori* (Seidenspinner), die ausschließlich Fibroin (Protein der Seide) produzieren. Wir finden diesen Kontrolltyp aber auch in Eizellen. Unbefruchtete Zellen sind voll von mRNS, deren Translation erst nach der Befruchtung einsetzt.

Die gerade erwähnten Retikulozyten bilden ein geeignetes System zum Studium der Translation (s. Kap. 38 und 65) und ihrer Kontrolle (s. Kap. 38 und 65). Sie enthalten keinen Kern, bilden aber noch aktiv Protein; 90% davon ist Hämoglobin, das ja bekanntlich aus den beiden U.E. α und β besteht. Beide werden in gleicher Menge gebildet. Durch Injektion von Phenylhydrazin in die Blutbahn von Kaninchen oder durch Blutentzug kann die Menge der Retikulozyten im Blut gesteigert werden (→ Streß-Retikulozyten). Ein Retikulozyt enthält 10^5 Ribosomen und bildet pro Minute je 40.000–60.000 α- und β-U.E. (≙ 20.000–30.000 Globinmoleküle). Die Menge der vorhandenen mRNS ist zweifelsohne einer der limitierenden Faktoren der Synthesegeschwindigkeit. Obwohl beide U.E. in gleicher Menge gebildet werden, findet man in den Zellen mehr mRNS für die α-U.E. als für die β-U.E. Demnach muß es einen zusätzlichen Kontrollmechanismus auf der Translationsebene geben. Es sieht so aus, als sei die Initiationsrate der Bildung beider U.E. verschieden.

Neben dem Proteinanteil enthält Hämoglobin einen Häminrest. Hunt, Vanderhoff und London zeigten 1972, daß Hämin in einem zellfreien, proteinsynthetisierenden System die Syntheserate steigert. Injiziert man Mäuseglobin-mRNS in *Xenopus*-Oozyten (s. Kap. 53), wird in ihnen α- und β-Globin gebildet, und zwar im Verhältnis 1:5; gibt man Hämin hinzu, stellt sich ein 1:1-Verhältnis ein (Giglioni et al., 1973). Das Hämin hat somit nicht nur einen aktivierenden, sondern auch einen selektiven Einfluß auf die Translation. 1963 postulierten Ames und Hartmann, daß es auch eine Kontrolle der Translation auf tRNS-Ebene geben müsse. D.W.E. Smith setzte 1975 die Häufigkeit der entsprechenden tRNS-Klassen in Kaninchen-Retikulozyten in Beziehung zur Häufigkeit der zugehörigen Aminosäuren im Hämoglobin und ermittelte dadurch eine signifikante Korrelation (s. Abb. 39.1).

Von der Regel abweichend ist der erhöhte Gehalt an $tRNS^{Met}$, obwohl Met ein seltener Aminosäurerest in Hämoglobinen ist. Dennoch ist das Ergebnis nicht überraschend, denn wir wissen ja, daß $tRNS^{Met}$ in eukaryotischen Zellen für die Initiierung einer jeden Polypeptidkette gebraucht wird.

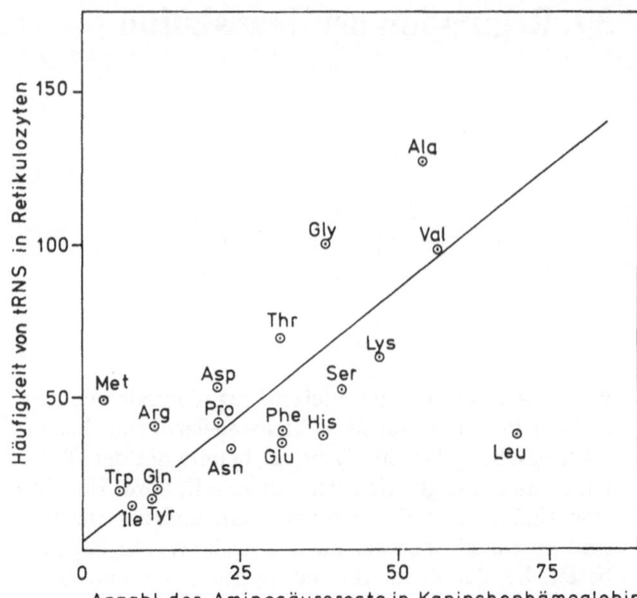

Abb. 39.1. Korrelation zwischen Häufigkeit spezifischer tRNS in Kaninchenretikulozyten und Häufigkeit der entsprechenden Aminosäuren im Kaninchenhämoglobin (Smith, D.W.E., 1975)

$tRNS^{Leu}$ bildet einen Engpaß. $tRNS^{Ile}$ und $tRNS^{His}$ bilden geeignete Kontrollen. Im Gegensatz zu den Retikulozyten kommt $tRNS^{Ile}$ in Leberzellen häufig und $tRNS^{His}$ selten vor. Das entspricht der Erwartung, denn Ile kommt speziell in Hämoglobinen weit seltener vor als in den meisten anderen Proteinen, wohingegen für His genau das Umgekehrte gilt. In menschlichen Hämoglobinen kommt Ile überhaupt nicht vor, und $tRNS^{Ile}$ findet sich in menschlichen Retikulozyten nur in Spuren. Analoge Korrelationen sind auch in anderen Zelltypen nachgewiesen worden, die hochgradig differenziert sind und jeweils nur einen Proteintyp bilden.

Wieviele tRNS-Moleküle benötigt man pro eingebautem Aminosäurerest? Jeder Retikulozyt enthält etwa 420.000 tRNS-Moleküle und für die meisten eingebauten Aminosäurereste 500–1000 tRNS-Moleküle. Von einer bestimmten tRNS-Klasse findet man größenordnungsmäßig 800–40.000 Moleküle pro Zelle (deren Volumen etwa 100 μm^3 beträgt). Geht man davon aus, daß die Verteilung der Komponenten im Zellinneren homogen ist, erhält man für jede tRNS eine Molarität von $1{,}66 \times 10^{-6}$. Setzt man die Molaritäten zueinander in Beziehung, stellt man fest, daß jedes der tRNS-Moleküle alle 2 Sek. zum Zuge kommt und 80% dieser Zeit am Ribosom fixiert bleibt. Hierbei geht man davon aus, daß pro Minute im Schnitt 24.000 Globinmoleküle gebildet werden.

Gelöst ist das Problem der Kontrolle durch die genannten Befunde noch lange nicht, denn sie verschieben das Problem nur und sagen uns nicht, welcher Mechanismus dafür sorgt, daß und wie die relativen Mengen an tRNS in Retikulozyten zustandekommen. Das Problem ist demnach indirekt wieder auf die Ebene der differentiellen Transkription verlagert, es sei denn, man postuliert, die verschiedenen tRNS-Klassen würden nach ihrer Synthese unterschiedlich schnell degradiert.

In den vergangenen Jahren ist eine Reihe proteinsynthetisierender Systeme konstruiert worden. Nirenberg und Matthaei haben 1961 das erste dieser Art aus Komponenten von *E. coli* aufgebaut. Inzwischen ist es auch gelungen, Systeme aus eukaryotischen Zellen zu gewinnnen. Damit ist auch die Möglichkeit gegeben, heterologe Komponenten miteinander zu testen und artspezifische Unterschiede aufzudecken. Unabhängig davon hatte Gurdon 1971 das Oozytensystem von *Xenopus* entwickelt (s. Kap. 53). Eukaryonten-mRNS, die in Oozyten injiziert wird, wird translatiert, die RNS einiger animaler Viren (wie vom Picorna-Virus oder vom EMC) ebenfalls, während RNS der Tumorviren AMV und Rauscher-Mäuseleukämievirus nicht übersetzt wird.

Viele eukaryotische mRNS-Arten tragen am 3′-Ende einen Poly-(A)-Anteil (s. Kap. 10). Sippel et al. fanden 1974, daß dieser Rest für die Effizienz der Translation entbehrlich ist. Mit Hilfe von Ribonuklease H bauten sie das Poly-(A) vom Globinmessenger ab, verglichen die Translationsrate der behandelten mit der unbehandelten mRNS, konnten aber keinen Unterschied feststellen.

Eine Warnung zum Schluß: Ergebnisse aus in vitro-Systemen sind nicht unmittelbar auf Vorgänge in der lebenden, intakten Zelle zu übertragen. Zu groß ist die Zahl der Faktoren, die kontrollierend eingreifen. Ergebnisse, die qualitativ richtig sind, sagen nichts über ihre quantitative Bedeutung aus. Man weiß heute erst sehr wenig über Kompetition, etwa zwischen mRNS mit verschiedenen Informationen in einer Zelle.

Posttranslationsmodifikation

Ein Protein, das an einem Ribosom gebildet worden ist, ist oft noch lange nicht fertig und einsatzbereit, wenn es seine Bildungsstätte verläßt. Viele Proteine unterliegen einer nachfolgenden enzymatischen Modifikation. So muß z.B. das N-terminale fMet bzw. Met abgebaut werden, sekretierte Proteine verlieren die „Signalsequenz" und erhalten einen Mantel aus Kohlenhydraten. Viele Enzyme (und Peptidhormone) wie Trypsin, Chymotrypsin, Pepsin, Thrombin, Insulin u.a. werden als inaktive Vorstufen gebildet, die länger als das fertige Produkt sind. Die Bildung dieser Vorstufen ist ein Selbstschutz der Zelle oder des Organismus vor den Aktivitäten dieser Proteine. Die Umwandlung in die aktive Form am Einsatzort ist ein chemischer, irreversibler Prozeß. Die Aktivität anderer (allosterischer) Proteine wird durch die reversible Bindung eines Substrats oder Effektors verändert. Diese Umwandlung aus der inaktiven in die aktive Form ist ein Kontrollmechanismus, der rasch und reversibel abläuft und von dem in der Zelle ausgiebig Gebrauch gemacht wird (s. Kap. 18).

Zur Posttranslationsmodifikation gehört auch die Ausbildung der endgültigen Tertiär- und Quartärstruktur. SH-Gruppen der Cysteine werden oxydiert, wobei Disulfidbrücken entstehen, die entweder innerhalb der gleichen Polypeptidkette liegen (Beispiel: Ribonuklease) oder die je zwei Polypeptidketten kovalent miteinander verbinden (Beispiel: Immunglobuline, s. Kap. 22). Beim Insulin werden die A-Kette und die B-Kette durch zwei Disulfidbrücken miteinander gekoppelt, dennoch muß man hier von einer Tertiärstruktur sprechen, da die A- und die B-Kette aus einem

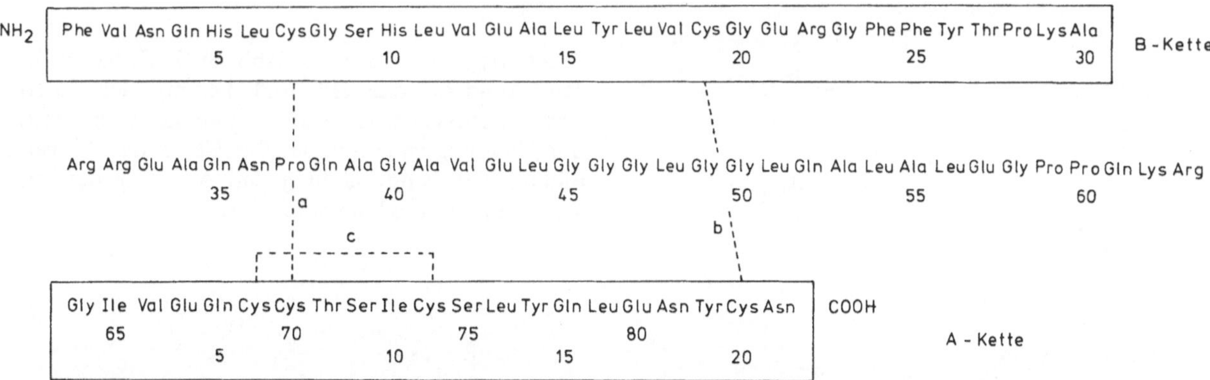

Abb. 39.2. Proinsulin, bestehend aus den Ketten *A* und *B* (beide eingerahmt) und dem dazwischenliegenden Abschnitt *C*, der bei der Aktivierung des Hormons (→ Insulin) entfernt wird. Die *A*- und *B*-Ketten bleiben durch Disulfidbrücken (*gestrichelt dargestellt: a* und *b*) untereinander verknüpft. Die *A*-Kette enthält darüberhinaus eine intramolekulare Disulfidbrücke (*c*). (Nach Chance, R.E., et al., 1968)

gemeinsamen Translationsprodukt hervorgegangen sind, welches proteolytisch unter Verlust eines Sequenzbereiches („C") gespalten wurde (s. Abb. 39.2). Manche Proteine, wie das Hüllprotein des Tabakmosaikvirus oder das L12 der großen, ribosomalen U.E. von *E. coli*, werden am N-terminalen Ende acetyliert, andere Proteine wiederum, z.B. das Kollagen, enthalten „seltene" Aminosäuren wie das Hydroxyprolin, für das es kein Codon gibt. Es entsteht aus Prolin im Anschluß an die Synthese der Kollagenvorstufe.

Störungen

Ein derart komplexes System wie die Proteinbiosynthese, das auf vielen Ebenen reguliert wird, ist selbstverständlich störanfällig. Es sind Störungen eines jeden Schrittes denkbar. Von Interesse sind natürlich vor allem spezifische Eingriffe in den Syntheseablauf. Eine große Gruppe von Antibiotika kommt hierfür in Betracht. Sie greifen – von Ausnahmen abgesehen – direkt am Ribosom an. Da sich die Ribosomenstrukturen der Pro- und Eukaryonten deutlich voneinander unterscheiden, kann man einige dieser Antibiotika auch für klinische Zwecke einsetzen. Vorsicht ist jedoch geboten, denn eukaryotische Zellen enthalten in ihren Organellen, den Mitochondrien und Chloroplasten, prokaryontenähnliche Ribosomen (siehe Kap. 43 und 44). In diesen Organellen laufen Atmung und Photosynthese ab, ohne die ein Überleben jener Zellen praktisch ausgeschlossen wäre. Der Einsatz von Antibiotika hat viel zur Erkenntnis der einzelnen Schritte der Proteinbiosynthese beigetragen. Einige Beispiele:

Puromycin: Puromycin ist ein Produkt aus *Streptomyces alboniger*, es ähnelt dem Aminoacylende von tRNS und wird an der *A-site* pro- und eukaryotischer Ribosomen gebunden. Von dort wird es direkt auf die wachsende Polypeptidkette übertragen und verursacht damit einen vorzeitigen Kettenabbruch (s. Abb. 39.3). Es sieht so aus, als könne es alle Aminoacyl-tRNS-Arten gleichermaßen ersetzen.

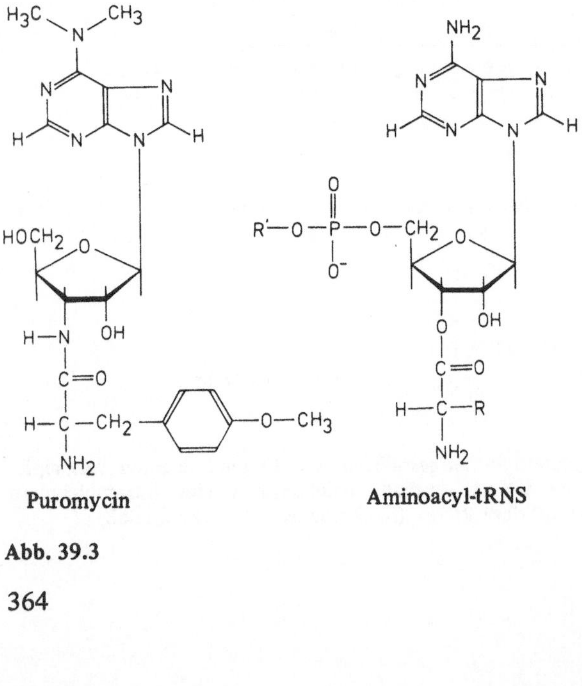

Puromycin

Aminoacyl-tRNS

Abb. 39.3

Streptomycin: Es ist ein Oligosaccharidantibiotikum; seine Struktur ist in Abb. 39.4 wiedergegeben, isoliert ist es aus Arten der Gattung *Streptomyces.* Es wird vom Protein S12 der 30S-U.E. gebunden. Auf Ribosomen eukaryotischer Herkunft scheint es keinen Einfluß zu haben. Es verursacht fehlerhaftes Ablesen der mRNS und Einstellung der Proteinsynthese. S12 ist offensichtlich an der Bindung der Aminoacyl-tRNS und der fMet-tRNS beteiligt und bildet einen integralen Bestandteil der *A-site.* In Gegenwart von Poly U in einem zellfreien System werden anstelle von Phe Ile oder Ser eingebaut, bei Poly C-Anwesenheit anstelle von Pro Thr oder Ser.

Klinisch ist Streptomycin nur bedingt tauglich, weil Bakterien schnell eine Resistenz gegenüber diesem Antibiotikum entwickeln (zwei Wege stehen dem Bakterium dazu offen: a) Abbau des Streptomycins; b) Mutation in S12, so daß das Antibiotikum nicht mehr gebunden werden kann). Es zeigt zudem unangenehme Nebenwirkungen; z.B. kann es zu permanenter Taubheit führen, weil es den Hirnnerv VIII schädigt.

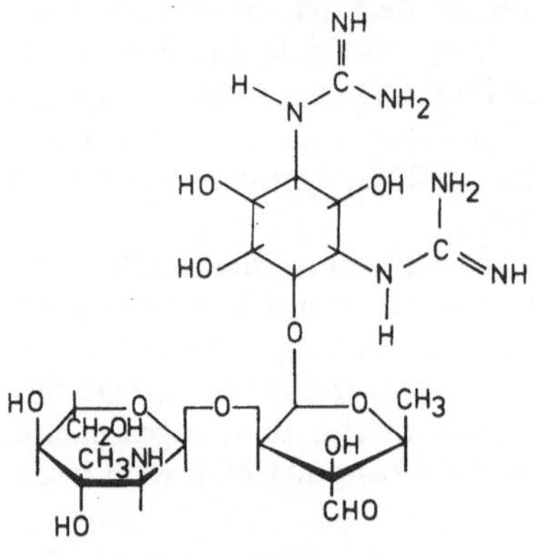

Abb. 39.4. Streptomycin

Spectinomycin: Formel s. Abb. 39.5. Es besitzt keinen Aminozuckeranteil und hemmt den letzten Translokationsschritt. Auf Codonerkennung, Initiation, Bindung von Aminoacyl-tRNS an das Ribosom, Bildung der Peptidbindung und Ablösung der Polypeptidkette hat es keinen Einfluß.

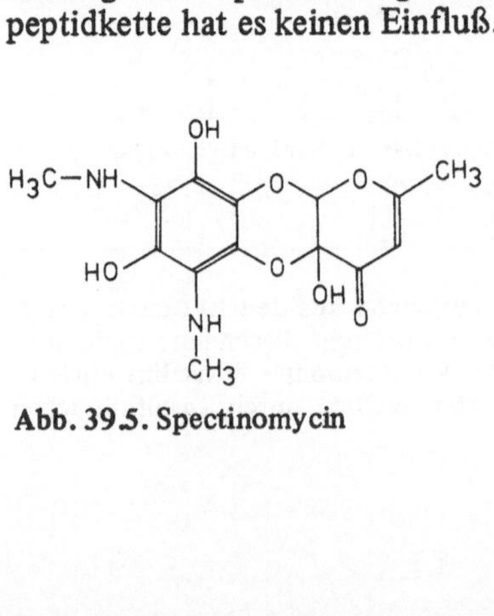

Abb. 39.5. Spectinomycin

Kasugamycin: Formel s. Abb. 39.6. Wirkt wie Streptomycin und Spectinomycin auf die 30S-U.E. bakterieller Ribosomen. Es verhindert die Bindung von fMet-tRNS an den Initiationskomplex. Genetische Untersuchungen von Resistenzmutanten ergaben, daß hier nicht ribosomale Proteine betroffen sind, sondern die 16S RNS.Normalerweise findet man in der Nähe des 3'-Endes zwei dimethylierte Adeninreste (s. hierzu Abb. 38.1). Bei resistenten Mutanten fehlen die Methylgruppen. Offensichtlich ist die Resistenz auf das Fehlen einer funktionsfähigen Methylase zurückzuführen.

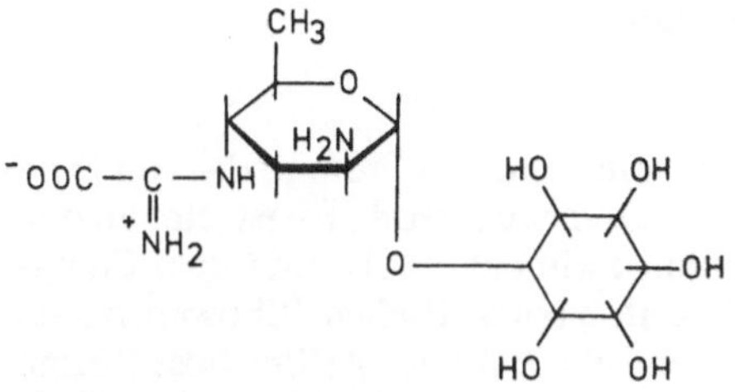

Abb. 39.6. Kasugamycin

Tetracycline: Eine Gruppen von Antibiotika, die von *Streptomyceten* produziert werden (Grundstruktur s. Abb. 39.7). Sie werden klinisch häufig eingesetzt (Breitbandantibiotika) und hemmen grampositive wie gramnegative Bakterien (s. Kap. 27). 70S-Ribosomen sind gegenüber Tetracyclineinfluß empfindlicher als 80S-Ribosomen, dennoch hat Tetracyclin in vivo auf eukaryotische Zellen kaum einen Einfluß. Tetracycline hemmen die Bindung von mRNS und Aminoacyl-tRNS an Ribosomen. Der primäre Angriffsort scheint die kleine ribosomale U.E. zu sein. Die exakte Lokalisation des Bindungsortes ist schwierig, da Tetracyclin von nahezu allen Nukleoproteinen, wenn auch in unterschiedlich starkem Maße, gebunden wird. Man kennt keine Ribosomen, die gegenüber Tetracyclin resistent wären. Tetracyclinresistenz beruht demnach auf Abbau des Antibiotikums.

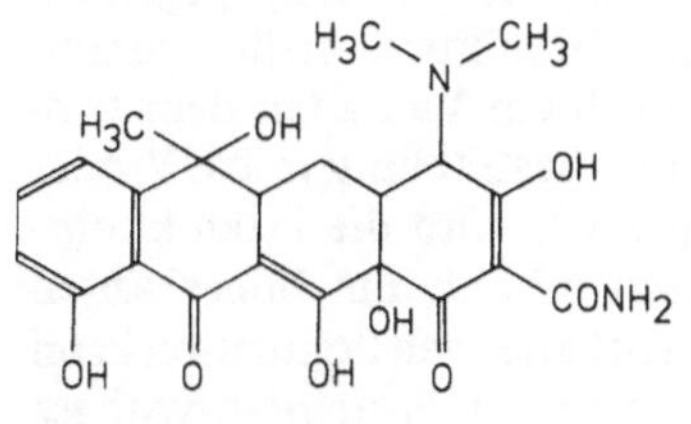

Abb. 39.7. Tetracyclin

Chloramphenicol: Es besitzt ähnliche antimikrobielle Aktivitäten wie die Tetracycline. In der Medizin wird es vorwiegend gegen Typhus eingesetzt, zeigt allerdings eine Reihe unangenehmer Nebenwirkungen. Seine Formel ist der Abb. 39.8 zu entnehmen, seine Produzenten gehören zu den *Streptomyceten.* Es beeinflußt ausschließlich die 70S-Ribosomen. In der Molekularbiologie wird es sehr häufig eingesetzt, einmal um die Proteinbiosynthese (Translation) bei Prokaryonten zu hemmen, ohne die Nukleinsäuresynthese zu beeinflussen, und zum anderen bei Eukaryonten, um zwischen Proteinsynthese in Mitochondrien (und Chloroplasten) und im Cytosol zu unterscheiden. Es blockiert die Peptidyl-Transferase-Reaktion, bindet also an die 50S-U.E. (maximal ein Molekül pro U.E.) und verursacht damit vorzeitigen Kettenabbruch. Andere Antibiotika wie Erythromycin und Lincomycin wirken als Inhibitoren der Bindung von Chloramphenicol an Ribosomen.

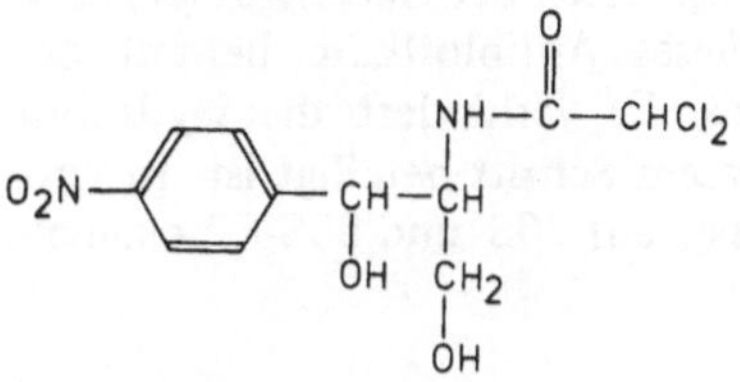

Abb. 39.8. Chloramphenicol

Erythromycin: Eine recht komplexe Struktur (siehe Abb. 39.9). Es wirkt gegen viele grampositive und wenige gramnegative Bakterien. Es fixiert die Peptidyl-tRNS an der *A-site* und verhindert damit seine Translokation zur *P-site.* Es hat keinen Einfluß auf die fMet-tRNS, was die bereits im letzten Kapitel geäußerte Annahme nahelegt, daß die fMet-tRNS direkt an die *P-site* gebunden wird.

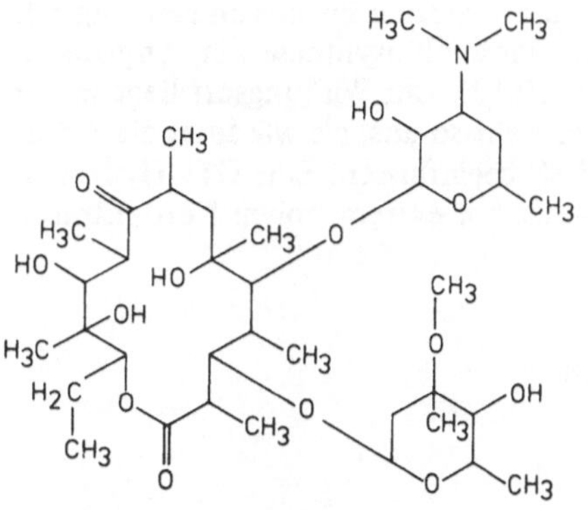

Abb. 39.9. Erythromycin A

Lincomycin: Wirkt nur auf grampositive Bakterien und wird bei der Behandlung von Infektionen häufig eingesetzt. Es wird an die 50S-U.E. gebunden. Seine Wirkung scheint der von Chloramphenicol zu gleichen (Formel s. Abb. 39.10).

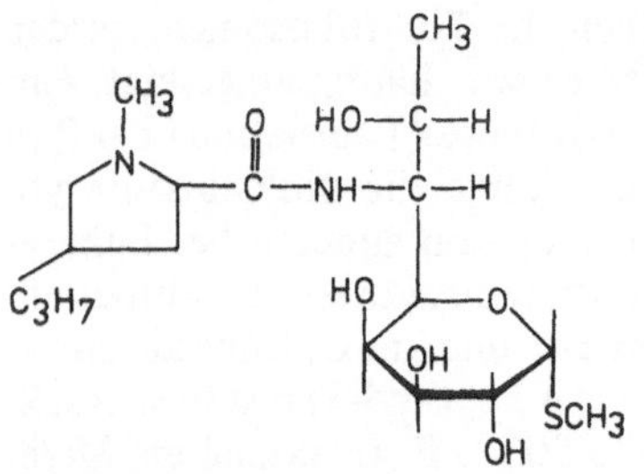

Abb. 39.10. Lincomycin

Fusidinsäure: Eine steroidähnliche Verbindung (siehe Abb. 39.11), hemmt das Wachstum grampositiver Bakterien. Sie wird aus Arten der Gattung *Aspergillus* gewonnen. Auch dieses Antibiotikum hemmt den Translokationsprozeß. Es verhindert die Hydrolyse des GTP, das an diesem Schritt beteiligt ist. In vitro wirkt es gleichermaßen auf 70S- und 80S-Ribosomen.

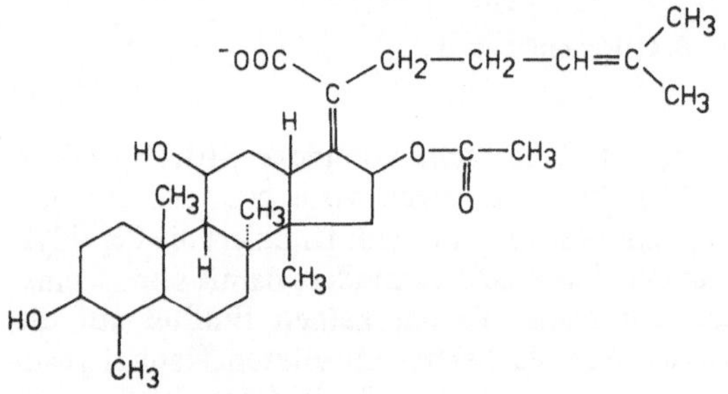

Abb. 39.11. Fusidinsäure

Cycloheximid: Wirkt im Gegensatz zu den bisher besprochenen ausschließlich auf die 80S-Ribosomen. Auch dieses Antibiotikum wird in der Molekularbiologie häufig benutzt, speziell im Zusammenhang mit Problemen der Proteinbiosynthese in Organellen (Formel s. Abb. 39.12). Der Wirkungsort liegt in der 60S-U.E., und es sieht so aus, als würde es die Translokation der tRNS beeinflussen. Eine GTP-Hydrolyse wird allerdings erst bei extrem hohen Konzentrationen inhibiert.

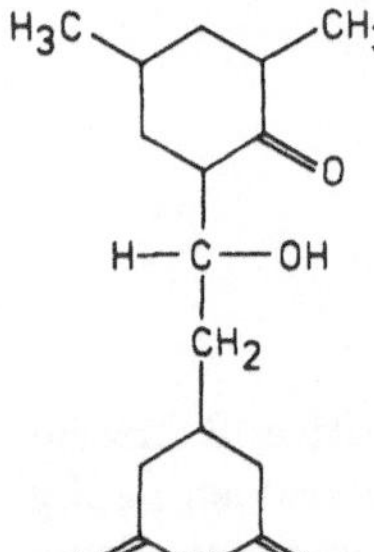

Abb. 39.12. Cycloheximid

Borreledin (Formel s. Abb. 39.13): Aus *Streptomyces rochei* und anderen *Streptomyces*-Arten (1949 isoliert und kristallisiert), inhibiert spezifisch die Threonin-tRNS.

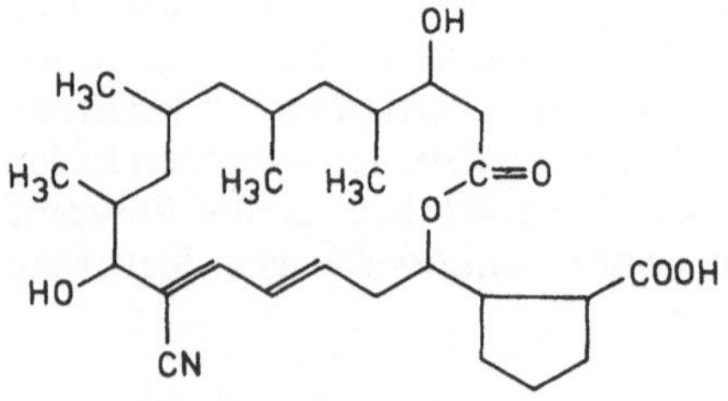

Abb. 39.13. Borreledin

Diphtherietoxin: Ein toxisches Protein, das von Diphterieerregern ausgeschieden wird. Es ist ein Enzym, das eine Reaktion zwischen NAD^+ und dem Elongationsfaktor EF-2 an eukaryotischen Ribosomen katalysiert. Es entsteht ein inaktiver ADP-Ribose-2-Komplex, der die Translokation der beladenen tRNS von der *A-site* zur *P-site* verhindert.

Bakteriocine, Colicine

Bakteriocine sind antibiotisch wirkende Proteine. Die Abtötung von Zellen geht auf eine Reihe prinzipiell unterschiedlicher Mechanismen zurück. Zellen sind in der Regel gegen das Bakteriocin immun, das sie selbst absondern. Bakteriocine, die von *E. coli* produziert werden, nennt man Colicine. Sie wurden bereits 1925 von dem Belgier Gratia in einem Filtrat einer *E. coli*-Suspension nachgewiesen. Sie sind plasmidcodiert. Die bekanntesten und am besten untersuchten Plasmide sind Col E1, Col E2 und Col E3; sie sind klein, nicht konjugativ und sehr weit verbreitet. Ca. 20% aller natürlichen Enterobakterienpopulationen (~ 25–40% aller natürlichen *E. coli*-Populationen) enthalten sie.

Bacteriocine werden nicht kontinuierlich produziert, und nur ein kleiner Teil einer Bakterienpopulation ist zur Produktion fähig. Die Resistenz gegen ein Bakteriocin setzt seine Produktion nicht voraus. Col E-Plasmide ähneln in ihrem Verhalten dem temperenten Phagen λ. Durch Bestrahlung mit UV oder Behandlung mit Mitomycin C wird die Produktionsrate der Colicine drastisch erhöht. Ein hoher Anteil von Zellen einer Col E1 enthaltenden Population kann durch kurzfristige Hemmung der Proteinbiosynthese zur Colicinbildung angeregt werden. Eine Anzahl oncogener Viren zeigt ein ähnliches Verhalten, indem nämlich transformierte Zellen beginnen, Virus zu produzieren, sobald die Wirtszell-DNS beschädigt oder die Proteinsynthese inhibiert wird (Tooze, 1973).

Zur Synthese von Colicin E1 wird cAMP und sein Rezeptorprotein benötigt, während die Bildung der Colicine E2 und E3 cAMP-unabhängig ist (Durkacz et al., 1974).

Alle Colicine werden durch spezifische Rezeptoren an der Oberfläche der Bakterienzellen erkannt, in einigen Fällen sind die Rezeptoren für Phagen und für Colicine gleich. Übrigens: Proteine der Phagenschwänze und -köpfe haben oft einen colicinogenen Effekt. Manche Colicine dringen in die Zelle ein, andere üben ihren Einfluß durch Modifikation der Zellmembran aus. E1 inhibiert die Oxydative Phosphorylierung, E2 ist eine DNS-Endonuklease, E3 stoppt die Proteinbiosynthese durch Abänderung der 30S ribosomalen U.E., indem es die 16S rRNS partiell degradiert (weitere Einzelheiten s. Kap. 11).

Literatur

Corcoran, J.W., Hahn, F.E. (eds.): Mechanism of action of antimicrobial and antitumor agents. In: Antibiotics, Vol. III. Berlin, Heidelberg, New York: Springer 1975

Goldberg, I.H., Friedman, P.A.: Specificity in the mechanism of action of antibiotic inhibitors of protein and nucleic acid synthesis. Pure Appl. Chem. *28*, 499 (1971)

Neu, H.C.: Molecular modifications of antimicrobial agents to overcome drug resistance. Antibiot. Chemother. *20*, 87 (1976)

Sahaguchi, K., Nemura, T., Kinoshitu, S. (eds.): Biochemical and industrial aspects of fermentation, Ch. 5. Antibiotics and other related microbial products. Tokyo: Kodansha Ltd. 1971

Schaller, K., Nomura, M.: Colicin E2 is a DNA endonuclease. Proc. Natl. Acad. Sci. USA *73*, 3989 (1976)

Smith, D.W.E.: Reticulocyte transfer RNA and hemoglobin synthesis. Science *180*, 529 (1975)

Vézina, C.: Antibiotics for non-human uses. Pure Appl. Chem. *28*, 681 (1971)

40. Chromatin: Proteine im Zellkern

DNS ist im Zellkern stets mit Proteinen assoziiert, die man zwei Gruppen zuordnet:

a) basisch reagierenden Histonen und
b) sauer reagierenden „Nichthistonen".

Histone stellen eine relativ einheitliche Molekülgruppe dar, wohingegen „Nichthistone" ein Sammelbegriff für eine Vielzahl verschiedenartiger Proteine ist. Obwohl die Zahl verschiedener Nichthistonproteine (NHP) offensichtlich sehr hoch ist, machen 12–18 verschiedene Polypeptide quantitativ den Hauptanteil aus, und selbst unter diesen sind es wiederum nur drei bis vier, von denen pro haploidem Genom mehr als 10^6 Kopien vorliegen. Zu den häufigsten NHP gehört das Aktin. Der Anteil des Aktins am Kernprotein von *Physarum* beträgt 4% (B.M. Jockusch, Becker, Hindennach, H. Jockusch, 1974). In weniger großen Mengen findet man Polymerasen und in Spuren Regulatorproteine (s. Kap. 19).

Die Zusammensetzung des NHP (und der Histone) sowie die relativen Mengen der einzelnen Proteine zueinander ändern sich im Verlauf der Ontogenese (Poccia und Hinegardner, University of California, Berkeley und Santa Cruz, 1975). Gewebespezifische Unterschiede sind 1975 von Blüthmann, Mrozek und Gierer (MPI für Virusforschung, Tübingen) beschrieben worden. Die Quellen für die unterschiedlichen NHP-Fraktionen waren dabei Kerne aus Lymphocyten und Leberzellen.

DNS-Histonkomplexe bilden die Grundeinheit des ebenfalls wenig präzis definierten Begriffs Chromatin. Cytologisch unterscheidet man zwischen Eu- und Heterochromatin. E. Heitz definierte 1928 diejenigen Chromosomenabschnitte als heterochromatisch, die während der Inter- und Prophase in mitotisch-kondensiertem Zustand vorliegen. Sie sind deshalb in Interphasekernen mit DNS-spezifischen Farbstoffen als intensiv gefärbte Zonen auszumachen. Dekondensierte Zonen bezeichnet man als Euchromatin. Es sind die aktiven Bereiche, in denen eine Transkription der DNS erfolgt.

Heterochromatin ist keine einheitliche Fraktion. S.W. Brown unterscheidet zwischen konstitutivem und fakultativem. Ersteres liegt aufgrund seiner Basensequenz stets kondensiert vor, während das fakultative alternativ heterochromatisch oder euchromatisch sein kann. Vermutlich wird die (reversible) Umschaltung von einem zum anderen Zustand durch Proteine bewirkt.

Kondensiertes Heterochromatin zeichnet sich durch die folgenden Eigenschaften aus (Nagl, Universität Kaiserslautern, 1976):

1. Die DNS bleibt während der Interphase kondensiert.
2. DNS wird im Vergleich zu DNS des Euchromatins erst sehr spät repliziert (späte S-Phase).
3. Die Replikationsrate ist höher als beim Euchromatin.
4. Während einer Endopolyploidisierung und einer Endopolytänisierung (s. Kap. 42) wird Heterochromatin nur zum Teil oder gar nicht repliziert.
5. Es ist mit weniger Nichthistonproteinen assoziiert als das Euchromatin.
6. In heterochromatischen Bereichen findet praktisch keine RNS-Synthese statt. Heterochromatin ist genetisch weitgehend inert, eine Ausnahme bildet lediglich das sog. β-Heterochromatin (Heitz), in dem eine geringe Transkriptionsaktivität nachgewiesen wurde.
7. Der Gehalt an hochrepetitiver DNS bzw. Satelliten-DNS (SatDNS) (s. Kap. 6) ist extrem hoch.
8. Heterochromatin ist preferentiell in exponierten Chromosomenabschnitten lokalisiert (Centromere, Telomere, Nukleolusorganisator, siehe Abb. 41.2–41.5). Während der Interphase liegt es nahe der Kernhülle.
9. Durch differentielle Färbung des Heterochromatins („*C-Banding*", s. Kap. 41) wurde gezeigt, daß kaum zwei Menschen die gleiche Menge und Verteilung an Heterochromatin besitzen.
10. Positionseffekte: Heterochromatin bewirkt partielle und variable Inaktivierung benachbarter Gene.
11. Man findet keine oder nur wenig Chiasmata während der Meiose (s. Kap. 41).
12. Somatische Crossover sind leicht induzierbar. Man findet eine hohe Tendenz zur unspezifischen Paarung und Verklebung der DNS-Moleküle.
13. Hohe Bruchempfindlichkeit und hohe Mutationsrate.
14. Rasche Evolution der DNS-Sequenzen. Hohe Divergenz zwischen den Arten und Plastizität innerhalb einer Art. Oft haben bereits Arten ein

und derselben Gattung völlig verschiedene Sat-DNS.

15. Heterochromatin ist durch Hormone nicht aktivierbar.

Für das fakultative Heterochromatin gelten die Punkte 1 und 2, dann 3 und 5, wobei hier andere Proteine beteiligt sind als beim konstitutiven, sowie 6. In bezug auf den Replikationsmodus verhält es sich wie das konstitutive, obwohl es euchromatinähnliche Basensequenzen enthält. Es ist jedoch zu beachten, daß repetitive DNS-Sequenzen und Heterochromatin zwei voneinander verschiedene Begriffe sind. Repetitive DNS-Sequenzen sind auch im Euchromatin enthalten. Kerne in aktiven Geweben und in embryonalen Zellen sind meist heterochromatinarm.

Fakultativ-heterochromatisch ist in der Regel nur eines von zwei Chromosomen, so z.B. das zweite X-Chromosom bei weiblichen Säugern, welches im Verlaufe der Embryonalentwicklung durch Kondensierung inaktiviert wird (Barrsches Körperchen beim Menschen, Kennzeichen für ♀ Geschlecht), siehe Abb. 40.1. Es bleibt offenbar dem Zufall überlassen, ob dabei das X-Chromosom väterlichen oder mütterlichen Ursprungs betroffen ist (Lyon, 1968, 1972, 1974). Bei den *Marsupialia* wird nur das väterliche X-Chromosom inaktiviert. Bei der Schildlaus ist in

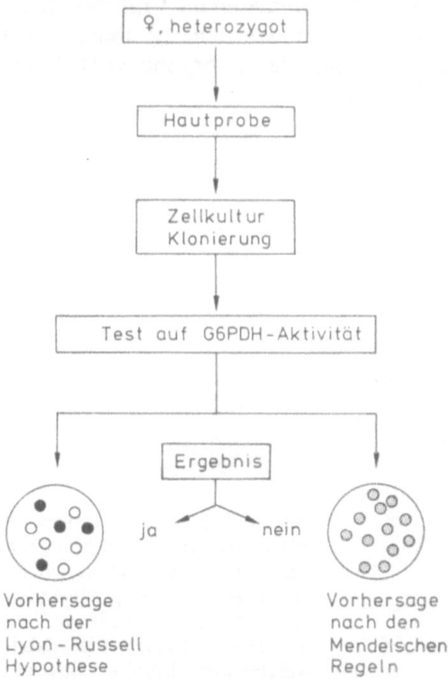

Abb. 40.1. Die Lyon-Russell-Hypothese besagt, daß bei ♀ eines der beiden X-Chromosomen inaktiviert wird. Das X-Chromosom trägt das Gen für die Glucose-6-Phosphat-Dehydrogenase (G6PDH). Die Genprodukte von Allelen sind gelelektrophoretisch identifizierbar. In heterozygoten Zellen wird, wie das Ergebnis des Experiments zeigt, nur ein Allel exprimiert. Es bleibt dem Zufall überlassen, welches

vielen Zellen der gesamte väterliche Chromosomensatz ausgeschaltet, bei einigen Pflanzenarten sind einzelne Chromosomen stillgelegt. Das alles weist darauf hin, daß die Genkompensationsmechanismen im Verlauf der Evolution flexibler geworden sind.

Die Inaktivierung von einem oder von zwei homologen Chromosomen bezeichnet man als Dosis-Kompensation. Liegen mehrere X-Chromosomen vor, z.B. XXX, XXXX, XXY, werden alle bis auf eines ausgeschaltet. Träger von Aberrationen der Geschlechtschromosomen sind deshalb weniger geschädigt als Träger autosomaler Aberrationen (z.B. Trisomie 21 etc.). Eine Inaktivierung wird jedoch in allen Fällen während der Oogenese wieder aufgehoben.

Histone

Histone sind basische Proteine. Bezeichnungen, Größe und Eigenschaften sind der Tabelle 1 zu entnehmen. Histon III und Histon IV gehören zu den konservativsten Proteinen, die es überhaupt gibt. Die Variabilität innerhalb der Histone IIa und IIb ist beschränkt (s. Kap. 7), wohingegen Histon I ein relativ variables Protein ist. Kerne verschiedener Gewebe ein und derselben Art enthalten unterschiedliche Formen. In Erythrozyten ist Histon I (H I) durch Histon V ersetzt, in Seeigelsperma durch ein anderes argininreiches Protein.

Histone sind Strukturelemente des Chromatins. H IIa, H IIb, H III und H IV kommen dort in äquimolaren Mengen vor. Auf ca. 200 Basenpaare der DNS kommen zwei Moleküle eines jeden der genannten Typen und im Schnitt ein Molekül H I.

Wir werden im folgenden Abschnitt sehen, daß die Histone IIa–IV einen Komplex (ein Nukleosom) ausbilden, an dem das H I unbeteiligt ist. Es scheint von denjenigen DNS-Abschnitten gebunden zu werden, die die Nukleosomen miteinander verknüpfen. Folge der Assoziation H I/DNS ist eine weitere Kondensierung der DNS.

In polytänen Chromosomen ist H I nur in den Banden lokalisiert (s. Abb. 42.6). Transkribierte DNS-Abschnitte sind weitgehend H I-frei. Die Zahl der Polymerasebindungsstellen nimmt umgekehrt proportional zum H I-Gehalt zu. Wie schon angedeutet, ist es in Hühner-Erythrozyten durch H V ersetzt. Anstieg der H V-Menge und Abfall der RNS-Synthese in den

Tabelle 1. Größe und Eigenschaften von Histonen

Bezeichnung	Molekulargewicht	Lysingehalt
H I	23.000	+ + +
H IIa	14.500	+ +
H IIb	13.700	+ +
H III	15.300	+, argininreich
H IV	11.300	+, argininreich

Erythrozyten-Vorstufen laufen einander parallel. H I enthält 30% basischer Aminosäuren (meist Lysin), H V 37%. Die Menge basischer Aminosäuren scheint einen direkten Einfluß auf die kondensierenden Eigenschaften dieser Histone zu haben. Die Lysinreste sind im Protein asymmetrisch verteilt. Der mittlere Molekülteil (Position 40–75) ist apolar, das N- und das C-terminale Ende sind lysinreich. Histon I-Moleküle aggregieren untereinander und bilden Oligomere aus. Die apolaren Reste im mittleren Molekülbereich scheinen für die Aggregationsfähigkeit verantwortlich zu sein, während die Enden für die Bindung an die DNS gebraucht werden.

Histone sind acetyliert, phosphoryliert und methyliert. Alle Histone unterliegen einer Posttranslationsmodifikation ihrer Struktur, wobei Acetyl-, Phosphat- und Methylreste an die Seitenkettenreste bestimmter Aminosäuren angekoppelt werden. *Tetrahymena pyriformis* enthält, wie alle Ciliaten, einen Mikro- und einen Makronukleus (generativer und vegetativer Kern). Nur die DNS des Makronukleus wird transkribiert, während die des Mikronukleus primär der Fortpflanzung dient. Beide Kerne enthalten, auf den DNS-Gehalt bezogen, gleiche Histonmengen, doch nur die Histone im Makronukleus sind acetyliert (Gorovsky et al., 1973). Acetylierung scheint mit „aktivem" Chromatin und einer Erhöhung der Transkriptionsrate einherzugehen. Entfernung der Acetylreste hingegen inaktiviert das Chromatin. An der Steuerung der Umschaltung sind vornehmlich H III und H IV beteiligt.

Histone werden im Cytoplasma synthetisiert und schon dort partiell modifiziert. Die Art der Modifikation unterscheidet sich jedoch deutlich von den nachfolgenden Veränderungen im Kern. Im Cytoplasma wird nur das N-terminale Ser des H IV (reversibel) phosphoryliert und acetyliert. Nach Eintritt in den Zellkern wird eine Reihe weiterer Reste, vorwiegend Lys^+, acetyliert, wodurch die Aminogruppen neutralisiert werden. Es gibt Hinweise darauf, daß nur solche Lysinreste verändert werden, die im Nukleosom mit der DNS direkt in Kontakt stehen. Acetylierung würde demnach zu einer Lockerung der Bindung an die DNS führen.

Phosphorylierung erfolgt primär im Cytoplasma. Die Phosphatreste werden nach Eintritt in den Zellkern zunächst entfernt und später ggf. durch neue ersetzt. Im Verlauf des Zellzyklus werden H I und H III reversibel phosphoryliert. Während der G_2-Phase und der Mitose sind phosphorylierte Proteine angereichert, die während der G_1-Phase dephosphoryliert werden (Lake und Salzman, 1972; Garraro, Nobis, Hancock, 1977). Parallel dazu stellte man fest, daß im H II während der Mitose zusätzliche Disulfidbrücken ausgebildet werden. Daraus ergeben sich die Fragen: Ist die Phosphorylierung ein einleitender Schritt dieser S-S-Brükkenbildung? Wie wird die Phosphorylierung eingeleitet? Auf beide Fragen gibt es bislang keine Antwort.

Histone werden in verschiedenen Entwicklungsstadien unterschiedlich intensiv synthetisiert. Bei den Histonen IIa und IIb sind „Isoenzyme" nachgewiesen worden, die nacheinander zum Zuge kommen (siehe Abb. 40.2). Histone determinieren die Chromosomenstruktur, so daß der Gedanke nahelag, ihnen einen Einfluß auf den Fortgang der embryonalen Differenzierung zuzuschreiben.

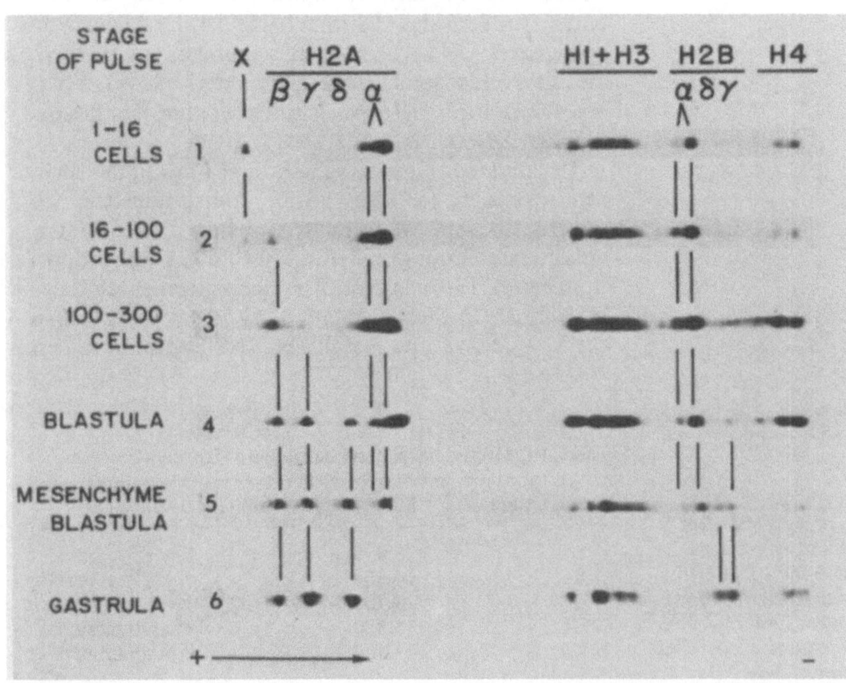

Abb. 40.2. Histonsynthese in verschiedenen Entwicklungsstadien des Seeigels *Strongylocentrotus purpuratus.* Es sind Elektropherogramme wiedergegeben, aus denen zu ersehen ist, daß in aufeinanderfolgenden Entwicklungsstadien verschiedene Isozyme der Histone IIa und IIb exprimiert werden, die Expressionsrate von H III und H IV ist stets gleich, Isozyme treten hier nicht auf. (Aufn. Cohen, Newrock, Zweidler; Philadelphia, 1975)

In bezug auf die Zusammensetzung in ausdifferenzierten Zellen sind die Zellen der Gastrula von *Rana pipiens* arm an H IIa und H IIb und reich an H IV. Zwischen Gastrula- und Kaulquappenstadium stellt sich das Verhältnis auf „normal" (= ausdifferenziert) um. Die Befunde weisen darauf hin, daß das Chromatin in embryonalen Zellen anders strukturiert ist als in differenzierten (Poupko et al., 1977).

Die Nukleosomenstruktur

Seit Anfang der sechziger Jahre hatte man sich darum bemüht, Chromatin elektronenmikroskopisch abzubilden. So fanden Ris et al. (University of Wisconsin, Madison) in Präparaten menschlicher Zellkerne je nach Präparationstechnik Fasern mit den Durchmessern von 250–300 Å und ca. 100 Å.

1974 setzten A.L. Olins und D.E. Olins (Oak Ridge National Laborytory) die von Miller und Beatty entwickelte Technik der Spreitung von DNS ein: Hierbei werden Zellkerne in reines Wasser überführt, wobei sie anschwellen und schließlich aufbrechen. Das austretende Chromatin wird auf einem Objektträger aufgefangen, durch Zusatz eines Detergenz gespreitet und mit Formalin fixiert. In solchen Präparaten findet man perlschnurförmige Strukturen. An einem durchgehenden DNS-Faden scheinen kugelförmige Partikel aufgefädelt zu sein, die von Olins und Olins *ν-bodies* genannt wurden. Oudet et al. (Straßburg, 1975) fanden, daß sie Durchmesser von etwa 100 Å haben. Es spielt keine Rolle, woher man das Chromatin isoliert, stets findet man ein und dieselben Grundstrukturen. Man bezeichnete sie als Nukleosomen. Ihre Sedimentationskonstante liegt bei 10,5–12 S.

Woraus bestehen sie? R.D. Kornberg (MRC Laboratory of Molecular Biology) fand bereits 1974, daß sich Chromatin aus repetitiven Einheiten aus Histonen und DNS aufbaut. H IIa, H IIb, H III und H IV liegen in äquimolaren Mengen vor. Auf einen DNS-Abschnitt der Länge von 200 Basenpaaren kommen je zwei Moleküle der gerade genannten Typen (Thomas und R.D. Kornberg). Von Histon I wurde nur halb soviel gefunden. Es ist nach Behandlung mit 2 M NaCl oder Trypsin relativ leicht aus dem Chromatin herauslösbar, ohne daß die Nukleosomenstruktur dabei in Mitleidenschaft gezogen wird. Diese Beobachtungen führten zu dem Schluß, daß das H I an der Nukleosomenstruktur nicht beteiligt ist.

Wie sind Histone und DNS im Nukleosom assoziiert? Bradbury et al. postulierten aufgrund neutronendiffraktometrischer Messungen, daß die DNS um einen Proteinkern herumgewickelt sein müsse. Die Länge des DNS-Fadens verkürzt sich durch die Komplexierung mit den Histonen um den Faktor sieben. Kornberg vergleicht das Strukturmodell mit einer flexiblen Kette, bei der Teile der DNS im Nukleosom mit Proteinen assoziiert und andere Teile frei sind und die Nukleosomen untereinander verknüpfen. 1973 stellten Hewish und Burgoyne fest, daß Chromatin nach Einwirkung einer Nuklease aus *Staphylococcus* in Fragmente einheitlicher Größe mit der Länge von größenordnungsmäßig 200 Basenpaaren zerfiel. M. Noll (MRC Laboratory of Molecular Biology, Cambridge) setzte diese Untersuchungen fort. Er verwandte eine Nuklease aus *Micrococcus lysodeiktikus* und demonstrierte damit, daß das Chromatin nach milder Behandlung (bei 2°C) zu Fragmenten definierter Größenklassen abgebaut wurde. Betrachtet man diese Fragmente elektronenmikroskopisch, findet man Aggregate aus einem, zwei, drei, . . . sechs Nukleosomen (s. Abb. 40.3) (Finch et al., 1975). Mißt man die Länge der DNS aus, kommt man zu Größenklassen mit 200, 400, 600, . . . 1.200 Basenpaaren. Damit war endgültig bewiesen, daß Chromatin aus repetitiven Einheiten aufgebaut ist.

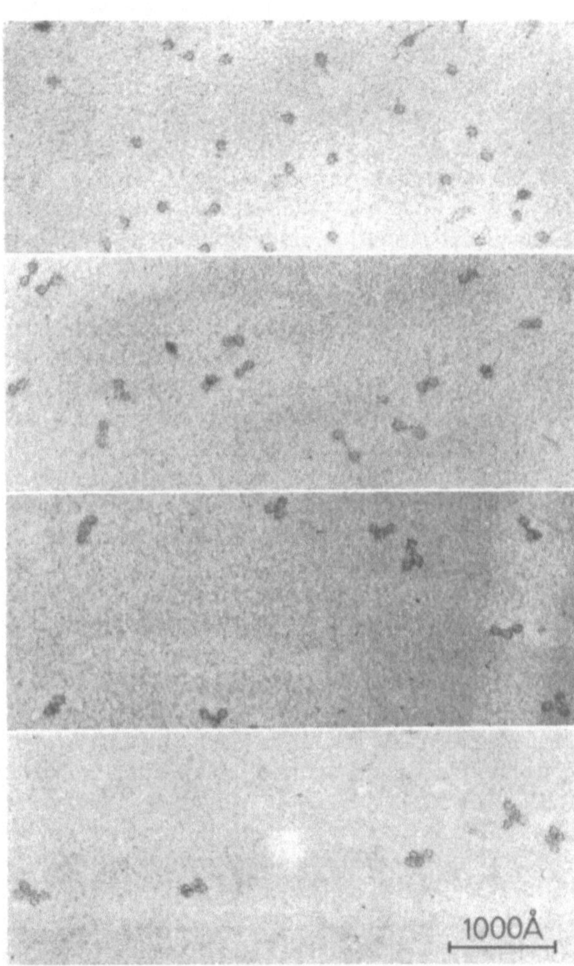

Abb. 40.3. Elektronenmikroskopische Aufnahmen von Chromatinfragmenten, die im Sucrosegradienten aufgrund ihrer Dichte voneinander getrennt wurden. Von oben nach unten: Monomere, Dimere, Trimere, Tetramere. (Aufn. Finch, Cambridge, 1975)

Tabelle 2. Länge (Anzahl der Basenpaare) der Repetitionseinheiten der DNS in der Nukleosomenstruktur. (Aus Compton et al., 1976)

Zelltyp	DNS-Fragmentlänge
Ratte (Leber)	196 ± 1
Ratte (Niere)	196 ± 1
Syrischer Hamster (Leber)	196 ± 1
Syrischer Hamster (Niere)	196 ± 1
Huhn (Ovidukt)	196 ± 1
Chinesischer Hamster (Ovar)	178 ± 1
HeLa-Zellen	188 ± 1
BHK-Zellen	190 ± 1
P 815-Zellen	188 ± 2
Hepatomzellen	188 ± 2
Teratomzellen	188 ± 2
Myoblasten	189 ± 2
Myotuben	193 ± 2
Rattenniere (Zellinie)	191 ± 1
Ratte (Knochenmark)	192 ± 1
Ratte (fötale Leber)	193 ± 2
Huhn (Erythrozyten)	207 ± 2
Physarum polycephalum	171 ± 2

Sind die Einheiten stets gleich groß? Unter standardisierten Bedingungen erhält man reproduzierbare Werte. Damit läßt sich die Frage überprüfen, ob Chromatin unterschiedlicher Herkunft gleich gebaut ist oder ob es art- und gewebespezifische Größenunterschiede gibt. Im Labor von Chambon ist das Chromatin verschiedener Tierarten und Zellinien vergleichend untersucht worden. Ergebnisse s. Tabelle 2.

Morris (MRC Laboratory of Molecular Biology, 1976) verglich Chromatin aus Hühnererythrozyten mit dem aus Hühnerleber. Ergebnis: Im ersten Fall fand er eine Fragmentlänge von 212 Basenpaaren, im zweiten Fall eine von 200 Basenpaaren. Thomas und Thompson fanden, daß das Chromatin aus Neuronen der Großhirnrinde in 160 Basenpaare lange Stücke abgebaut wird, wohingegen das aus Gliazellen sowie aus Neuronen des Cerebellums 200 Basenpaare lange Fragmente ergibt. Andere Autoren fanden, daß in Pilzen sehr kurze Einheiten vorkommen: 155–170 Basenpaare (*Saccharomyces cerevisiae, Neurospora crassa, Aspergillus nidulans*). Im Seeigelsperma sind die Fragmente länger als in Zellen der Gastrula (214/210). Im Mikronukleus von *Stylonychia* (einem Ciliaten) findet man längere Abschnitte als im Makronukleus der gleichen Art. Es scheint demnach eine Korrelation zwischen Transkriptionsaktivität und Fragmentlänge zu geben. In inaktiven Zellen sind die Abschnitte lang, und es sieht so aus, als seien längere Abschnitte durch Histon I (V) besser kondensierbar als kurze Stücke.

Läßt man die Nuklease aus *Micrococcus* lange und unter günstigen Bedingungen (37°C) auf Chromatin einwirken, werden die ca. 200 Basenpaare langen Fragmente weiter abgebaut. Der Abbau stoppt jedoch in allen Fällen bei 140 Basenpaaren. Das wiederum läßt den Schluß zu, daß 140 Basenpaare mit den Histonen zusammen die Nukleosomengrundstruktur ausbilden, während die übrigen in den Verbindungsstücken (*Linkern*) lokalisiert sind. Diese Abschnitte sind, wie wir gesehen haben, unterschiedlich lang, wobei sowohl artspezifische als auch gewebespezifische Unterschiede vorkommen. Der Komplex 2H IIa, 2H IIb, 2H III, 2H IV + 140 Basenpaare wird als *core* bezeichnet (Sollner-Webb und Felsenfeld; Bethesda, 1975, Weintraub, Worcel, Alberts; Princeton, 1976).

Wie spezifisch ist die Interaktion zwischen den Histonen und der DNS? Die Regelmäßigkeit der Chromatinstruktur mag schon als Beweis dafür gelten, daß die DNS-Proteininteraktionen sequenzunabhängig sind, denn wir haben ja schon gesehen, daß es in der Abfolge der Nukleotide keine derartigen Regelmäßigkeiten gibt.

Klarheit über die Beziehungen läßt sich am eindrucksvollsten durch Rekonstitutionsexperimente schaffen. Nukleosomen werden dabei zunächst in ihre einzelnen Komponenten dissoziiert. Anschließend prüft man, welche von ihnen für eine Rekonstitution essentiell sind. P. Chambon et al. fanden, daß H III und H IV „Mininukleosomen" formen, die einen Durchmesser von 75 ± 10 Å haben und DNS binden. Zur Rekonstitution kompletter Nukleosomen benötigt man H IIa und H IIb. Dabei ist die Herkunft der Histone ohne Belang. Man kann so z.B. H III und H IV aus tierischen Zellen mit H IIa und H IIb aus pflanzlichen Zellen rekonstituieren. H IIa und H IIb oder Kombinationen zwischen diesen und nur einem der beiden übrigen führen zu keinen funktionellen Einheiten.

Welche Anforderungen muß die DNS erfüllen? Praktisch gar keine. Selbst DNS aus Prokaryonten (Phage λ) kann mit Histonen komplexiert werden und bildet Nukleosomenstrukturen aus, die nicht von jenen zu unterscheiden sind, die man aus Eukaryontenkernen isoliert.

Die DNS des Tumorvirus SV 40 ist auch im Virion mit Histonen assoziiert (s. Abb. 40.4). Die SV 40-DNS enthält eine Schnittstelle für EcoRI. Nach Komplexierung der DNS mit Histonen werden 20% der Moleküle geschützt, 80% der Schnittstellen bleiben für das Enzym zugänglich. Hieraus schlossen Polisky und McCarthy (University of California, San Francisco, 1975), daß die Komplexierung zwischen DNS und Histonen basenunspezifisch ist. Die Komplexierung erfolgt während der Reifung der Virusteilchen unmittelbar im Anschluß an ihre Synthese.

Chromosomenstrukturen werden jedoch keinesfalls ausschließlich durch Histone zusammengehalten. Entfernt man diese, bleibt ein Gerüst erhalten, aus dem die DNS in Form großer, wohlgeordneter Schleifen austritt, wobei der Kontakt mit einem Gerüstprotein (*scaffolding protein*) erhalten bleibt (Paulson und Laemmli, Princeton, 1977). Siehe hierzu die Aufnahmen in Abb. 6.2 und 6.3.

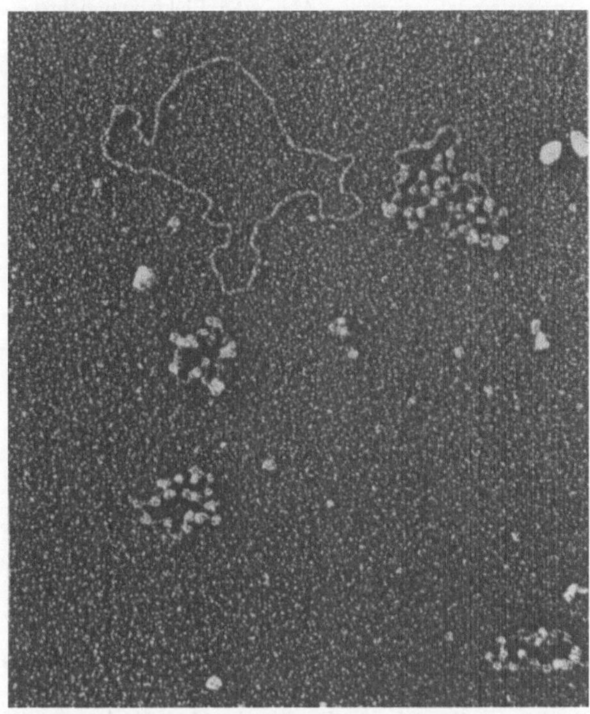

Abb. 40.4. SV40-DNS und SV40-Chromatin. Die DNS von SV40 enthält 5200 Basenpaare und ist in der Regel mit Histonen assoziiert. Insgesamt werden 26 Nukleosomen pro DNS-Ringmolekül gebunden (ein Nukleosom auf 200 Basenpaare). Bei physiologischer Salzkonzentration wird das SV40-Chromatin durch Histon I zu einer kompakten, globulären Struktur kondensiert. Bei Erhöhung der Ionenstärke wird Histon I freigesetzt, und die Struktur entfaltet sich. Im Bild sind partiell entfaltete (offene) Strukturen, in denen die Nukleosomen zu identifizieren sind, neben einem nukleosomenfreien SV40-DNS-Molekül zu sehen. (Aufn. Zentgraf, Heidelberg, 1978)

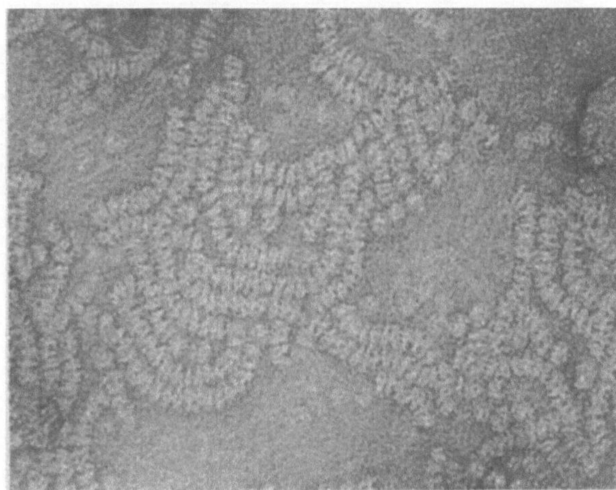

Abb. 40.5. Elektronenmikroskopische Aufnahme von säulenförmig gestapelten Nukleosomen-*core*-Partikeln. Die beiden Hälften eines *core* liegen oft nicht parallel nebeneinander, sondern nehmen eine V-förmige Struktur an (offene Auster). Vergr. 300.000fach. (Aufn. Finch, Cambridge, 1977)

Feinstruktur der Nukleosomen

1975 gelang es einer russischen Arbeitsgruppe (Bakayen et al.) sowie 1977 einer Arbeitsgruppe in Cambridge (Finch et al.) Nukleosomen zu kristallisieren und sie damit einer Röntgenstrukturanalyse zugänglich zu machen. Bisher nahm man allgemein an, Nukleosomen seien kugelförmig. Die Daten der Cambridger Arbeitsgruppe wiedersprachen dem und stellten klar, daß es sich um scheibenförmige Strukturen mit den Dimensionen 110 x 110 x 57 Å handelt, die ihrerseits aus zwei Schichten bestehen und durch einen Spalt voneinander getrennt sind. Ein Vergleich mit einer offenen Auster mag zutreffend sein (s. Abb. 40.5). Die Größe der kristallographischen Einheitszelle beträgt 110 x 192 x 340 Å. $192 = \sqrt{3} \times 110$, woraus folgt, daß sie zwölf Nukleosomen enthalten muß (s. Abb. 40.6).

Die DNS ist um die Partikel gewickelt. Der Durchmesser der DNS-Superhelix beträgt im Schnitt 90 Å. Pro Windung könnten damit ~ 80 Basenpaare untergebracht werden, und 140 Basenpaare entsprechen dann 1 3/4 Windungen. M. Noll erkannte, daß die DNS an den Nukleosomen mit einer DNase aus Pankreas weiter degradiert wird. Es entstehen Bruchstücke, die zehn Basenpaare oder ein Vielfaches davon enthalten. Zehn Basenpaare entsprechen genau einer Windung der Watson-Crick-Helix. Es können also nur „außen" liegende Phosphodiesterbindungen vom Enzym erkannt und gespalten werden.

Bei der Betrachtung der aufgetrennten Fragmente stellte man fest, daß die Schnittstellen nicht gleichwertig sind. Hohe Intensität der Banden im Gel spricht für eine bevorzugte Spaltstelle, schwache Intensitäten sprechen für nur gelegentlich auftretende Spaltungen. Sehr schnell schälte sich eine Gesetzmäßigkeit heraus, die besagt, daß es eine Periodizität gibt, die sich alle 80 Basenpaare wiederholt. Das wiederum läßt auf Bereiche am Nukleosom schließen, die DNS vor DNase-Einwirkungen besonders gut schützen. Die Ganghöhe der DNS-Superhelix beträgt 28 Å, die parallel liegenden Anteile des um die Histone gewickelten DNS-Moleküls müssen daher sehr dicht nebeneinander liegen (s. Abb. 40.7). Das DNS-Molekül wird beim Umwinden des Proteinkerns nicht geknickt, was noch bis vor kurzem von mehreren Autoren postuliert wurde. Die einzige Strukturveränderung liegt im Lockern von Wasserstoffbrücken zwischen den beiden komplementären Strängen.

Stören Nukleosomen die Replikation und Transkription?

Die Antwort lautet im ersten Fall nein, im zweiten ja. Wir haben im Kapitel 8 bereits gesehen, daß es in der Eukaryonten-DNS „Replikons" gibt, also Ein-

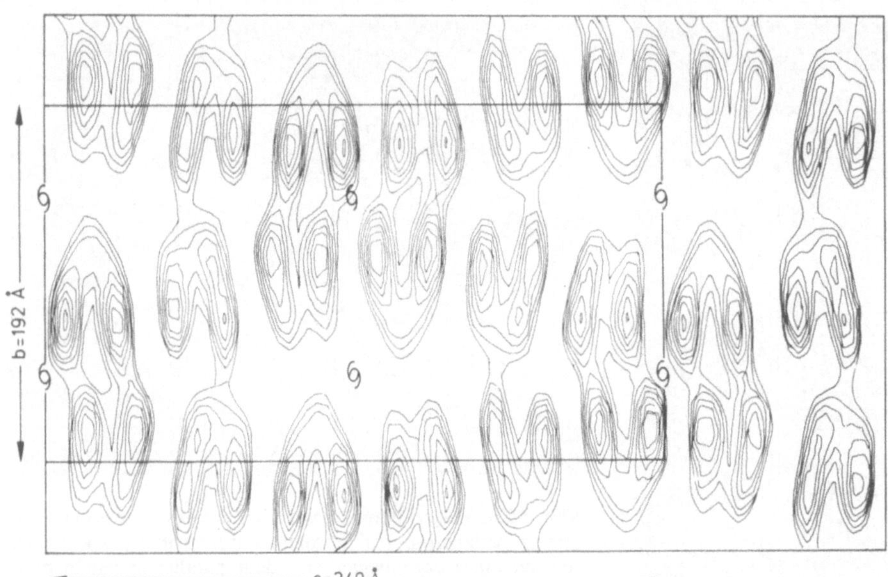

Abb. 40.6. Elektronendichteverteilung in kristallisierten Nukleosomen (*core*-Anteilen) (Finch et al., 1977)

heiten (Replikationsintermediärprodukte), die simultan repliziert werden. Auf einem DNS-Molekül gibt es eine ganze Anzahl von ihnen, die sich stetig vergrößern und schließlich miteinander verschmelzen (s. Abb. 9.6). Die besprochenen Ergebnisse beruhten auf autoradiographischen Befunden. McKnight und Miller (University of Virginia, Charlottesville, 1977) bestätigten diese Aussage durch elektronenmikroskopische Unter-

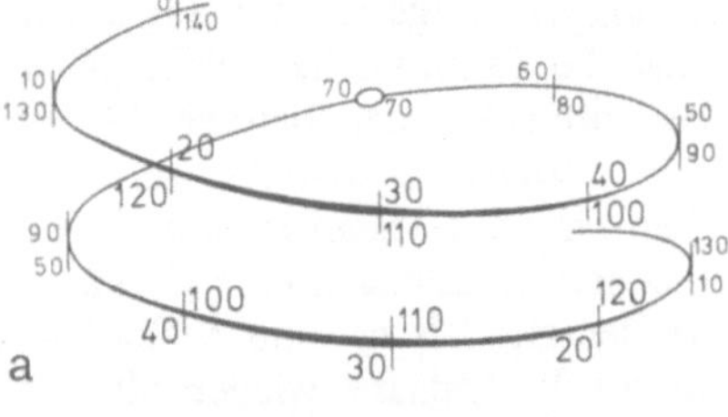

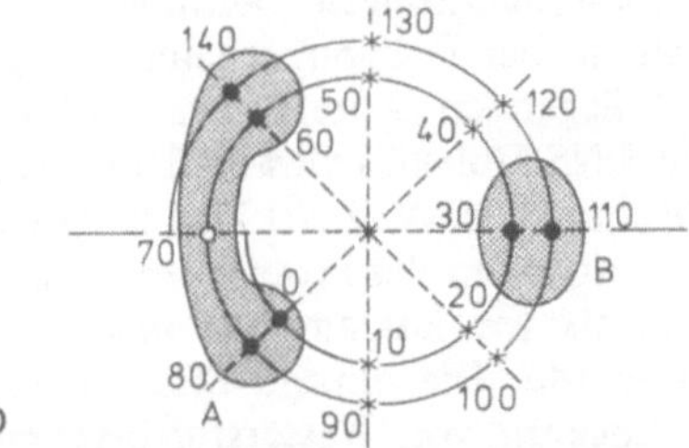

Abb. 40.7. a 1 3/4- Windungen der DNS-Superhelix, die um ein Nukleosom*core* gewunden ist. *Ziffern* geben die Abstände in Basenpaaren an, die zwischen Schnittstellen der DNase I liegen (s. Text). Die Anzahl der Basenpaare pro Windung beträgt 80. Pro Nukleosom*core* werden 140 Basenpaare gebunden. **b** Die 1 3/4 -Windungen in Aufsicht. Die durch * gekennzeichneten Positionen sind gegenüber DNase I besonders empfindlich, die durch ● gekennzeichneten relativ gut geschützt. *Dunkel markiert* sind Bereiche, die schwach bis gut vor DNase I geschützt sind (Finch et al., 1977)

suchungen an DNS aus *Drosophila*-Kernen (S-Phase) und zeigten dabei gleichzeitig, daß die Chromatinstruktur während der Replikation beibehalten wird. Simultan mit der Strangtrennung und Ergänzung des jeweils komplementären Stranges werden auch die Histone angelagert (s. Abb. 40.8). Läßt man die Replikation unter Hemmung der Proteinbiosynthese ablaufen, erhält man nukleasesensitive Replikationsprodukte, und das wiederum heißt, daß Histone, die offensichtlich auch dem Schutz vor Nukleaseabbau dienen, während der Replikation gebildet und gleich danach eingebaut werden. Effizienz spielt auch hier eine große Rolle. Kaum ist ein Stück Chromatin repliziert, setzt an beiden Strängen eine Transkription ein (s. Abb. 40.9).

Anders als bei der Replikation liegen die Dinge bei der Transkription. An den Schlaufen der Lampenbürstenchromosomen von Amphibien (s. Kap. 42) kann man elektronenmikroskopisch eine sehr aktive Genexpression feststellen. Alle stark transkribierten Bereiche incl. der sog. *Apparent spacer* (s. Kap. 42) sind nukleosomenfrei. Bei schwach transkribierten Abschnitten erkennt man sie. Sobald die Transkription eines bestimmten Abschnittes als Folge einer Weiterentwicklung eingestellt oder reduziert wird, tritt die Perlkettenstruktur wieder auf. Diese Ergebnisse (Franke et al., 1976; Scheer, 1978, Deutsches Krebsforschungszentrum, Heidelberg) sind eine starke Stütze für die Annahme, daß sich aktives Chromatin von nicht-aktivem durch seine Konformation unterscheidet. Offensichtlich behindern Nukleosomen eine Transkription, wenngleich sie sie nicht vollständig unterbinden (s. Abb. 40.10).

Zu vergleichbaren Aussagen kommt Gottesfeld (MRC Laboratory of Molecular Biology, Cambridge, 1978): Er fand zwei Kern-DNS-Fraktionen, die sich durch ihre Nukleaseempfindlichkeit voneinander

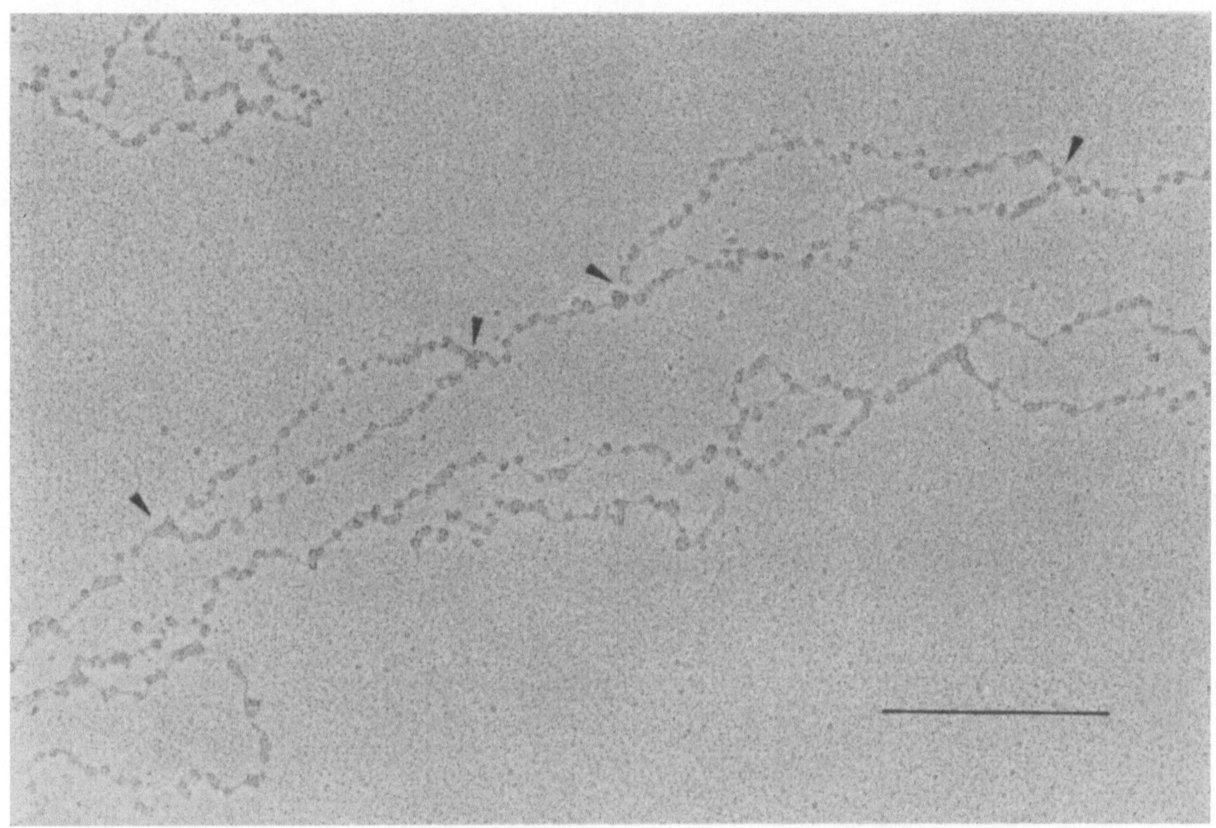

Abb. 40.8. Elektronenmikroskopische Aufnahme von Replikationsstadien (Replikons) des *Drosophila melanogaster*-Chromatins. Die *Pfeile* markieren Anfang und Ende einiger Replikons, der Maßstab entspricht einer Länge von 1 μm. (Aufn. McKnight und Miller, Charlottesville, 1977)

unterscheiden. Setzte er mRNS (aus dem jeweils gleichen Zelltyp) in RNS-DNS-Hybridisierungsexperimenten ein, stellte er fest, daß die mRNS preferentiell mit der nukleasesensitiven Fraktion hybridisierte, und auch das ist wieder ein starker Hinweis darauf, daß transkribierte Abschnitte nukleosomenfrei sind. Aktivierung und Inaktivierung (Nukleosomenverlust und Nukleosomenbesatz) gehen reversibel ineinander über. Die Übergänge sind fließend.

Literatur

Compton, J.L., Bellard, M., Chambon, P.: Biochemical evidence of variability in the DNA repeat length in the chromatin of higher eukaryotes. Proc. Natl. Acad. Sci. USA *73*, 4382 (1976)

Douvas, A.S., Harrington, C.A., Bonner, J.: Major nonhistone proteins of rat liver chromatin: Preliminary identification of myosin, actin, tubulin, and tropomyosin. Proc. Natl. Acad. Sci. USA *72*, 3902 (1975)

Finch, J.T., Noll, M., Kornberg, R.D.: Electron microscopy of defined lengths of chromatin. Proc. Natl. Acad. Sci. USA *72*, 3320 (1975)

Finch, J.T., Lutter, L.C., Rhodes, D., Brown, R.S., Rushton, B., Levitt, M., Klug, A.: Structure of nucleosome core particles of chromatin. Nature (London) *269*, 29 (1977)

Franke, W.W., Scheer, U., Trendelenburg, M.F., Spring, H., Zentgraf, H.: Absence of nucleosomes in transcriptionally active chromatin. Cytobiologie *13*, 401 (1976)

Gottesfeld, J.M.: Organization of transcribed regions of chromatin. Phil. Trans. R. Soc. Lond. B *283*, 343 (1978)

Jansing, R.L., Stein, J.L., Stein, G.S.: Activation of histone gene transcription by nonhistone chromosomal proteins in WI-38 human diploid fibroblasts. Proc. Natl. Acad. Sci. USA *74*, 173 (1977)

Jockusch, B.M.: Nuclear proteins in *Physarum polycephalum*. Ber. Dtsch. Bot. Ges. *86*, 39 (1973)

Kornberg, R.D.: Chromatin structure: A repeating unit of histones and DNA. Science *184*, 868 (1974)

Kornberg, R.D.: Structure of chromatin. Annu. Rev. Biochem. *46*, 931 (1977)

Lyon, M.F.: Chromosomal and subchromosomal inactivation. Annu. Rev. Genet. *2*, 31 (1968)

Matthews, H.R., Bradbury, E.M.: The role of H I histone phosphorylation in the cell cycle. Exp. Cell Res. *111*, 343 (1978)

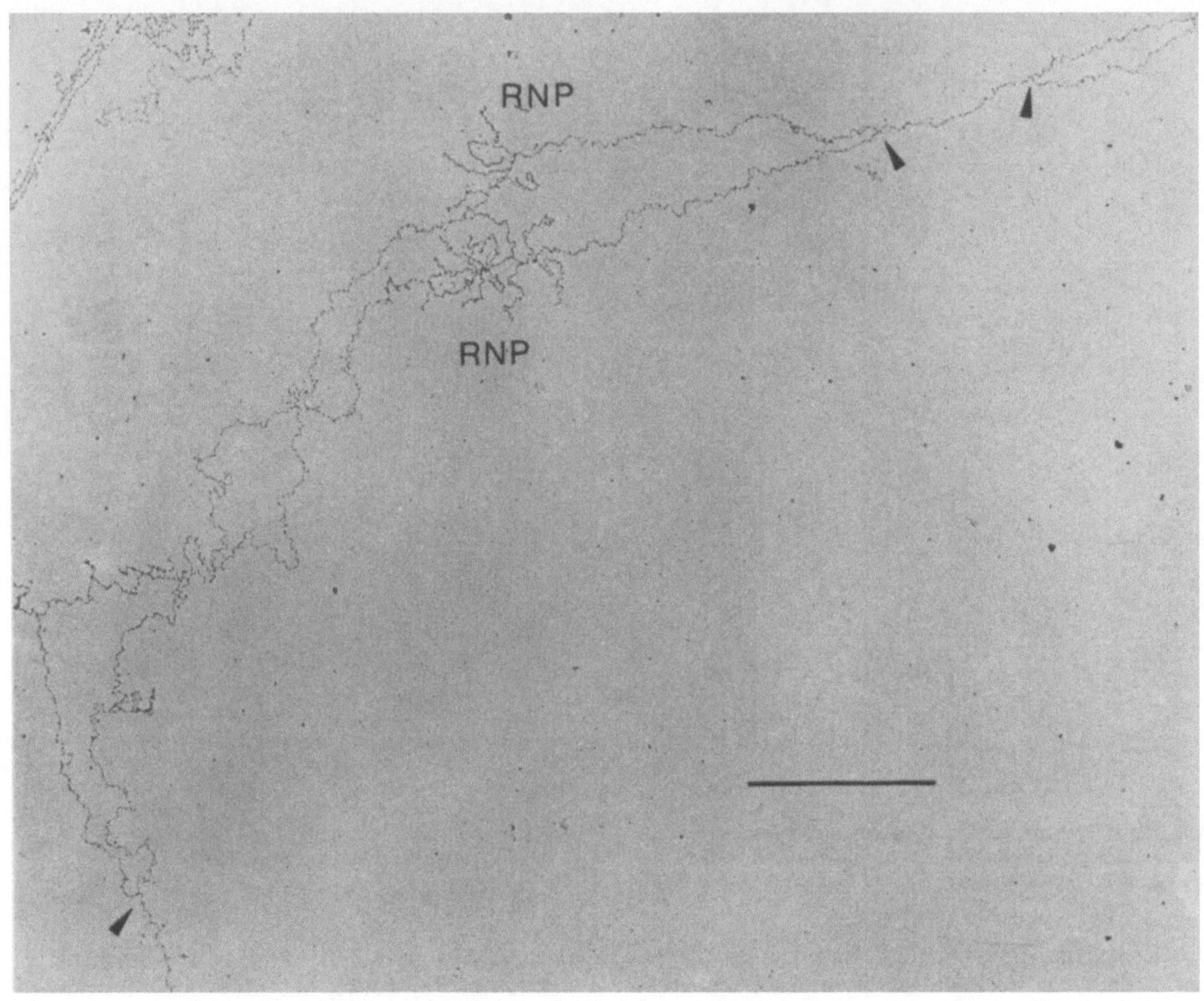

Abb. 40.9. Replikation und Transkription. Die Transkription bestimmter Chromatinabschnitte beginnt bereits zu einem Zeitpunkt, zu dem die Replikation noch nicht abgeschlossen ist. Die lateralen RNP-Fibrillen an beiden Armen des Replikons sind gekennzeichnet. *Pfeile* geben Anfang und Ende eines Replikons an. Maßstab: 1 μm. (Aufn. McKnight und Miller, Charlottesville, 1977)

McKnight, S.L., Miller, O.L.: Electron microscopic analysis of chromatin replication in the cellular blastoderm *Drosophila melanogaster* embryo. Cell *12*, 795 (1977)

Morris, N.R.: A comparison of the structure of chicken erythrozyte and chicken liver chromatin. Cell *9*, 627 (1976)

Müller, U., Zentgraf, H., Eicken, I., Keller, W.: Higher order structure of simian virus 40 chromatin. Science *201*, 406 (1978)

Nagl, W.: Zellkern und Zellzyklen. Stuttgart: E. Ulmer 1976

Noll, M., Kornberg, R.D.: Action of micrococcal nuclease on chromatin and the location of histon H I. J. Mol. Biol. *109*, 393 (1977)

Olins, A.L., Carlson, R.D., Olins, D.E.: Visualization of chromatin substructure of ν bodies. J. Cell Biol. *64*, 528 (1975)

Oudet, P., Gross-Bellard, M., Chambon, P.: Electron microscopic and biochemical evidence that chromatin structure is a repeating unit. Cell *4*, 281 (1975)

Paulson, J.R., Laemmli, U.K.: The structure of histone-depleted metaphase chromosomes. Cell *12*, 817 (1977)

Scheer, U.: Changes in nucleosome frequency in nucleolar and nonnucleolar chromatin as a function of transcription: an electronmicroscopic study. Cell *13*, 535 (1978)

Sollner-Webb, B., Camerini-Otero, R.D., Felsenfeld, G.: Chromatin structure as probed by nucleases and proteases: Evidence for the central role of histones H 3 und H 4. Cell *9*, 179 (1976)

Sperling, L., Klug, A.: X-ray studies on „native" chromatin. J. Mol. Biol. *112*, 253 (1977)

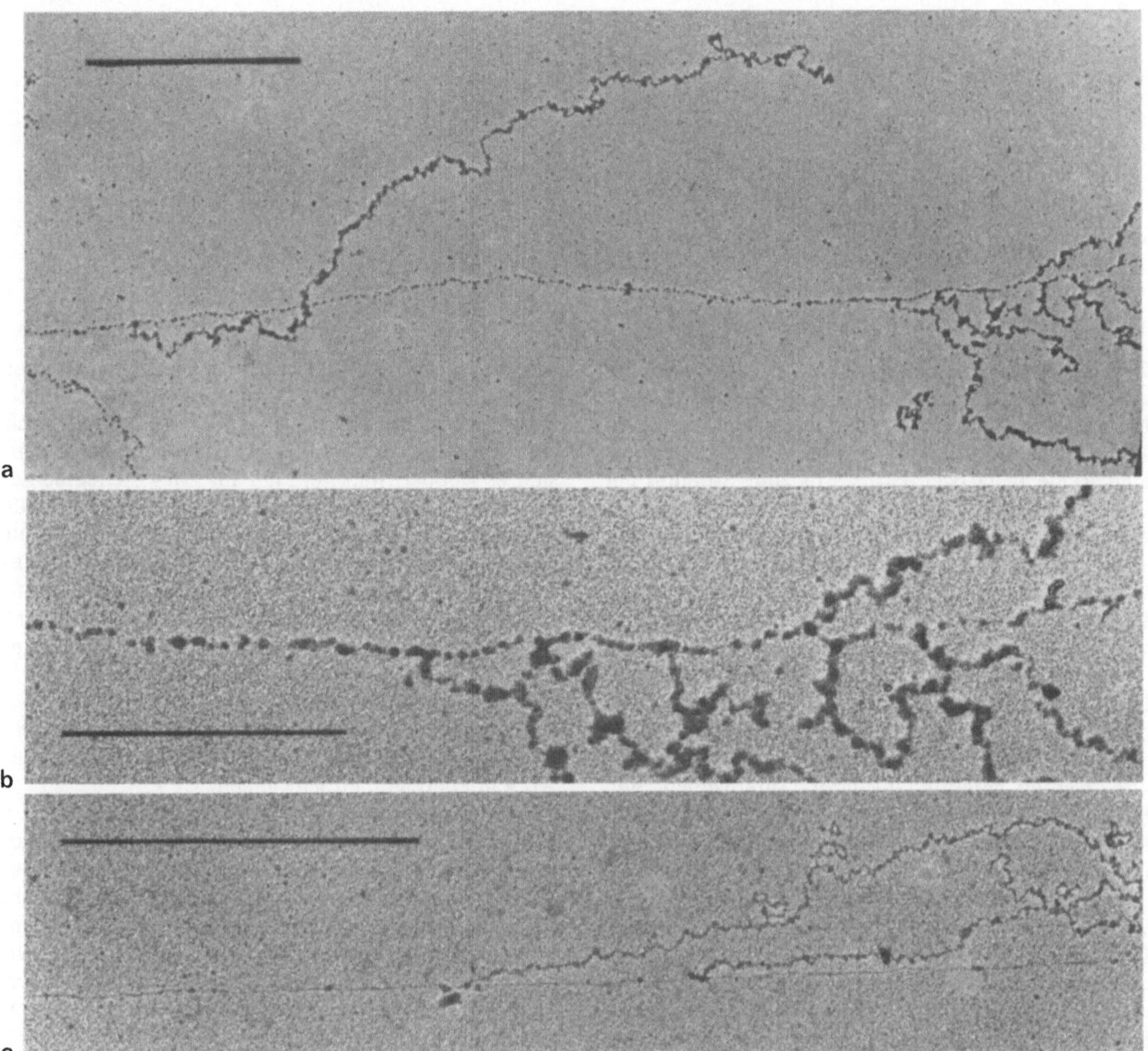

Abb. 40.10 a–c. Nukleosomen in Schlaufen von Lampenbürstenchromosomen von *Triturus alpestris* in Stadien reduzierter Transkriptionsaktivität. Während der Mid-Oogenese sind die meisten der riesigen Transkriptionseinheiten mit lateralen Fibrillen bepackt (s. Abb. 42.13). In den späten Stadien der Oogenese nimmt die Transkriptionsaktivität rapide ab. Die Zwischenräume auf den Achsen der Schlaufen zwischen den Transkriptionseinheiten zeigen eine perlkettenähnliche Struktur (a und b). Behandlung des Präparates mit 0,5% Sarkosyl zerstört diese Struktur (c). Die Achse der Schlaufe erscheint als ein dünner, durchgehender Faden. Die Transkriptionskomplexe bleiben unter diesen Bedingungen stabil. Maßstab: a und c 1 μm, b 0,5 μm. (Aufn. Scheer, Heidelberg, 1978)

Stein, G., Park, W., Thrall, C., Mans, R., Stein, J.: Regulation of cell cycle stage-specific transcription of histone genes from chromatin by non-histone chromosomal proteins. Nature (London) *257*, 764 (1975)

Stein, G., Stein, J., Kleinsmith, L., Park, W., Jansing, R., Thomson, J.:Nonhistone chromosomal proteins and histone gene transcription. Prog. Nucl. Acid Res. Mol. Biol. *19*, 421 (1976)

Thomas, J.O., Thompson, R.J.: Variation in chromatin structure in two cell types from the same tissue: a short DNA repeat length in cerebral cortex neurons. Cell *10*, 633 (1977)

Wang, T.Y., Kostraba, N.C., Newman, R.S.: Selective transcription of DNA mediated by nonhistone proteins. Prog. Nucl. Acid Res. Mol. Biol. *19*, 447 (1976)

Weintraub, H., Worcel, A., Alberts, B.: A model for chromatin based upon two symmetrically paired half-nucleosomes. Cell *9*, 409 (1978)

41. Chromosomen

Chromosomen erhielten ihren Namen 1888 von Waldeyer. Es sind diejenigen Strukturen in einer sich teilenden Eukaryontenzelle, die sich mit einigen basischen Farbstoffen intensiv anfärben lassen. Heute ist eine Reihe neuartiger Farbstoffe zum Studium der Chromosomenstruktur in Gebrauch. Wir haben bereits darüber gesprochen (s. Kap. 3), daß es basenspezifische Liganden gibt, mit deren Hilfe man AT- resp. GC-reiche Abschnitte im Chromosom lokalisieren kann. Durch Einsatz dieser Techniken wurde u.a. die Lage von SatDNS sowie von Heterochromatin bestimmt.

Die Chromosomenfärbung hängt auch vom DNS/Protein-Verhältnis ab. Besonders evident ist es bei den polytänen, gebändert aussehenden Riesenchromosomen. Die Banden enthalten viel kondensierte DNS und werden intensiv angefärbt, Interbanden sind DNS-arm und werden deshalb nur schwach gefärbt. Mit proteinspezifischen Farbstoffen erhält man ein umgekehrtes Bild.

Mit der Struktur der Riesenchromosomen werden wir uns im folgenden Kapitel im einzelnen befassen. Hier wollen wir uns vielmehr auf die kleinen, diploiden mitotischen Chromosomen konzentrieren. Lichtmikroskopisch sind sie als längliche, stab- bis fadenförmige Gebilde zu erkennen, deren Größe und Zahl artspezifisch ist (s. Tabelle 1).

Chromosomenzahlen sind nicht mit der Stellung einer Art im Stammbaum korrelierbar. Extrem hohe Werte findet man bei den Ciliaten (s. Abb. 41.1). Nah verwandte Arten haben oft ähnliche Chromosomenzahlen oder ein Vielfaches einer Grundmenge. Am eindrucksvollsten läßt sich diese Aussage bei einem Vergleich einer Kulturpflanze mit der entsprechenden Wildform verifizieren. Verdopplung der Chromosomenzahl beruht meist auf Polyploidisierung. Viele Zellen von ansonsten diploiden Pflanzen sind polyploid, und Polyploidisierung wiederum hat sich als ein wichtiger Faktor in der Evolution bei Pflanzen erwiesen. Sie ist bei Tieren relativ selten, und wenn sie einmal auftritt, dann bleibt sie auf die Kerne einiger weniger Organe beschränkt.

Chromosomen werden durch eine Einschnürung, das Centromer (die Spindelansatzstelle), in zwei Arme unterteilt. Sind sie beide gleich lang (Centromer in der Mitte), spricht man von metacentrischen Chromosomen, liegt das Centromer nahe dem Ende, hat man acrocentrische oder telocentrische Chromosomen vor sich. Submetacentrische Chromosomen haben ungleich lange Arme. Da die sichtbaren Chromosomen nach der Chromatinverdopplung teilungsfertig auftreten, sind es Doppelstrukturen, die aus zwei aneinanderliegenden Chromatiden bestehen. Jede Chromatide stellt ein vollständiges Tochterchromosom dar und enthält einen durchgehenden DNS-Strang. Hierdurch entstehen in der Metaphase X-förmig aussehende Strukturen. Nach der Durchtrennung am Centromer wandern die beiden Hälften zu den Polen (Anaphase), und je nach Lage des Centromers nehmen sie dabei I-, J- oder V-förmige Gestalt an. Chromosomen haben Längen zwischen etwa 1 μm (manchmal noch weniger) und 30 μm. Die Variabilität der Größe innerhalb einer Art kann beträchtlich schwanken.

Das längste menschliche Chromosom ist 6,8 ± 1,4 μm, das kürzeste 1,36 ± 0,3 μm lang. Das Chromosom Nr. 1 des Menschen (nach Übereinkunft das längste im Chromosomensatz) enthält etwa 7,3 cm DNS-Doppelhelix. Diese Länge wird durch Komplexierung der DNS mit Histonen auf 1:6–1:7 verkürzt. Die Gesamtlänge elektronenmikroskopisch darstellbarer Fibrillen beträgt etwa 600 μm; das entspricht einer Verkürzung von 1:122. Das Packungsverhältnis der DNS im kondensierten Zustand beträgt 1:19.000.

Außer dem Centromer sind an vielen Chromosomen sekundäre Einschnürungen zu erkennen. Die dadurch abgetrennten Teile werden auch als Satelliten bezeichnet. Sie enthalten oft Satelliten-DNS, wobei hervorzuheben ist, daß diese aber nicht immer in den Satelliten der Chromosomen liegen muß.

Querbandenmuster

Wie schon kurz angedeutet, lassen sich in den Chromosomen nach spezifischer Vorbehandlung und Färbung mit AT- bzw. GC-spezifischen Farbstoffen klar definierte Banden ausmachen. Dieses Verfahren kam Anfang der siebziger Jahre erstmals zur Anwendung und hat sich seitdem durchgesetzt, denn es gestattet, Einzelheiten der Chromosomenstruktur zu erkennen und Chromosomen individuell zu charakterisieren. Das ist besonders bei denjenigen Arten von Interesse,

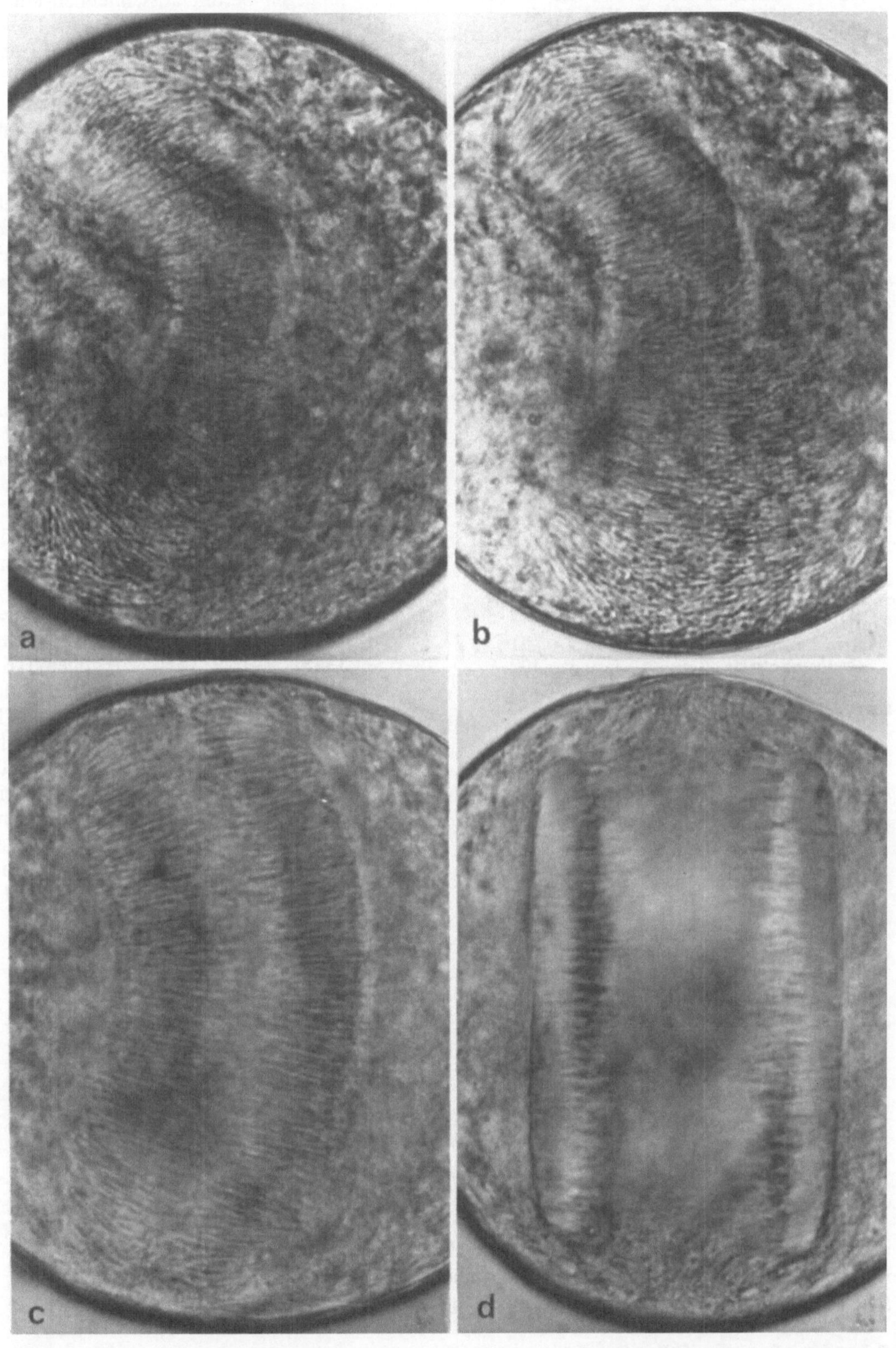

Abb. 41.1 a–d. *Aulacantha scolymantha.* Kernteilung: Chromosomen sind zwar erkennbar, aber nicht zählbar. (a, b) Gleiche Zentralkapsel, (c, d) verschiedene Zentralkapsel (Lebendaufnahmen). Vergr. 500fach. (Aufn. Grell, Tübingen, 1953)

Tabelle 1. Chromosomenzahlen (einige Beispiele). (Nach Altmann und Dittmer, 1972; aus Nagl, 1976)

Art bzw. Gattung	n
Algen	
Chlamydomonas	8; 36
Spirogyra	34; 36
Fucus	10; 32
Pilze	4–10
Moose	7–11
Samenpflanzen	
Crepis capillaris	6
Haplopappus	2
Fagus silvatica	24
Quercus robus	24
Acer campestre	26
Acer platanoides	26
Acer pseudoplatanus	52
Tilia cordata	82
Tilia platyphyllus	82
Picea abies	24
Abies alba	24
Sinapis nigra	16
Sinapis alba	24
Mollusca	
Sepia officinalis	6
Helix pomatia	27
Nematoda	
Ascaris lumbricoides	22 (♂) 24 (♀)
Crustaceae	
Artemia salina	21
Cambarus clarkii	100
Cyclops viridis	6
Insecta	
Aedes albopictus	3
Bombyx mori	28
Drosophila	4
Amphibia	
Bufo americana	11
Hyla arborea	12
Rana pipiens	13
Triturus viridescens	11
Triturus cristatus	18
Aves	
Anser anser	ca. 40
Columbia livia	ca. 80
Gallus domesticus	39
Larus canus	33
Mammalia	
Bos taurus	30
Canis familiaris	39
Felis catus	19
Mus musculus	20
Rattus norvegicus	21
Pan	24
Homo sapiens	23

deren Chromosomen nahezu alle gleich groß sind. Je nach Art und Färbeverfahren unterscheidet man zwischen C-, G-, R-, G_{11}-, T-, N- und Cd-Bänderung.

Q-Banden. Die sog. Q-Banden treten nach Färbung mit dem Fluoreszenzfarbstoff Quinacrin (Atebrin) auf. Sie zeichnen sich durch eine gelbe Fluoreszenz unterschiedlicher Intensität aus. Quinacrin bindet sowohl an AT- als auch an GC-Paare. GC-Paare zeigen sogar eine leichte Bindungspreferenz. Die Fluoreszenz hingegen beruht ausschließlich auf einer Komplexierung zwischen Farbstoff und AT-reichen Abschnitten in der DNS. Man beachte, daß spezifische Bindung und Fluoreszenz verschiedene Größen sind. Ob GC-Paare nicht fluoreszenzinduzierend sind oder ob sie eine Fluoreszenz unterdrücken (quenchen), bleibt nach wie vor ungeklärt.

G-Banden. G-Banden erhält man nach Vorbehandlung fixierter Chromosomen mit Proteasen (Trypsin oder Pronase) oder heißen Salzlösungen. Hierdurch werden Proteine, vorwiegend das Histon I, entfernt. Gefärbt wird mit einer Giemsa-Lösung, einem Farbstoffgemisch, das Eosin und Thiazin-Farbstoffe enthält. Die Färbung ist basenunspezifisch, der Farbstoff reagiert preferentiell mit kondensierter DNS. Ein Zusatz von H I inhibiert die Färbung. G-Bänderung ist bei tierischen Chromosomen besonders gut darstellbar, wohingegen sich pflanzliche Chromosomen entweder total oder nur im Bereich des Centromers (C-Band) färben.

C-Banden. Die Chromosomen werden vor der Färbung mit alkalischen Lösungen oder bei hoher Temperatur vorbehandelt und dann für längere Zeit bei etwa 60°C gehalten, bevor sie mit einer Giemsa-Lösung oder einem fluoreszierenden Farbstoff wie „Hoechst 33258" (= 2-[2-(4Hydroxyphenyl)-6-Benzimidazolyl] -6-(1-Methyl, 4-Piperazyl) Benzimidazol) angefärbt werden. Durch das Erhitzen wird die DNS denaturiert. Während der anschließenden Abkühlung renaturieren vorzugsweise hochrepetitive Nukleotidsequenzen, die dadurch preferentiell färbbar werden. Vor allem die das Centromer (deshalb C-Banden) umgebenden Bereiche werden markiert. Sie entsprechen dem konstitutiven Heterochromatin mit Regionen kondensierter, nicht-transkribierter DNS (s. Abb. 41.2).

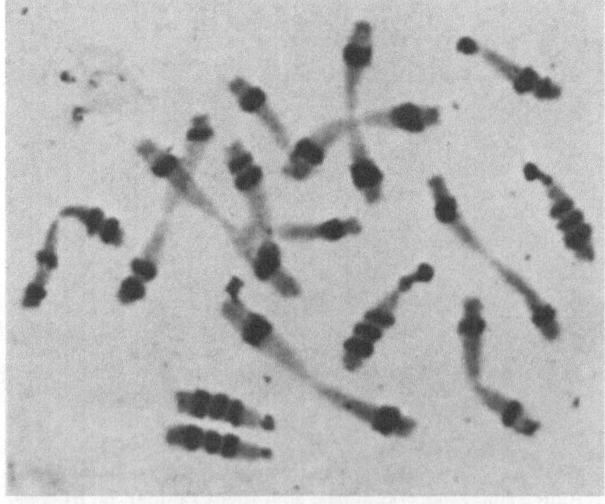

Abb. 41.2. Metaphasechromosomen aus der Wurzelspitze von *Anemone blanda* (2n = 16). C-Banden (= konstitutives Heterochromatin). (Aufn. Schweizer, Wien, 1974)

R-Banden. Die DNS in den Chromosomen wird durch Erhitzen partiell denaturiert, wobei AT-reiche Abschnitte schmelzen, während die GC-reichen bei den gewählten Bedingungen noch nicht denaturieren (s. Abb. 6.8). Acridinorange bindet sowohl an Einzelstrang- als auch an Doppelstrang-DNS. An Einzelstrang gebundene Farbstoffmoleküle erzeugen eine orange Fluoreszenz, an Doppelstrang gebundene eine gelbgrüne. Man erhält somit ein klares Bandenmuster, das die Verteilung GC- und AT-reicher Abschnitte widerspiegelt (s. Abb. 41.3).

Alle beschriebenen Verfahren führen zu reproduzierbaren Ergebnissen. Die Banden dienen als Marker für die Organisation der Chromosomen. Sie haben jedoch gar nichts mit jenen Banden gemeinsam, die man von den Riesenchromosomen her kennt (siehe Abb. 42.3). Dort liegt die DNS weitgehend gestreckt vor. Chromosomenstruktur und Genkarte sind kolinear. Diese Aussage gilt nicht für mitotische Chromosomen, denn das DNS-Molekül ist dort wiederholt in sich selbst zurückgefaltet (s. Abb. 6.2 und 6.3). Bestimmte Abstände auf dem Chromosom, erkennbar z.B. als Abstand zweier Banden, entsprechen daher auch nicht den Genabständen der genetischen Karte. Elektronenmikroskopisch erkennt man in Chromosomen ein Gewirr von Filamenten. In Kapitel 6 haben wir die Organisation der eukaryotischen DNS kennengelernt und gesehen, daß repetitive und singuläre Sequenzen einander abwechseln. Auch dieser Wechsel spielt sich in Größenordnungen ab, die lichtmikroskopisch nicht faßbar sind.

Bindung spezifischer Antikörper. Koppelt man Nukleoside an einen *Carrier* (ein Protein) und immunisiert damit einen Warmblütler, so produziert er spezifische Antikörper gegen die eingesetzten Nukleoside, z.B. anti-A., anti-C, anti-M (= anti-Methylcytosin). Diese Antikörper können in situ mit denaturierter DNS reagieren. Fügt man fluoreszierende anti-Antikörper hinzu, lassen sich die Bindungsorte im Präparat lokalisieren (indirekte Immunfluoreszenz, siehe Abb. 50.2). Nach UV-Behandlung schmelzen preferentiell AT-reiche Regionen. Gibt man anti-A und anti-Antikörper hinzu, erhält man ein fluoreszierendes Bandenmuster, das dem Q-Bandenmuster ähnelt, wobei die Centromerenregionen deutlich markiert sind (Schreck, Deu, Erlanger, Miller, Columbia University, New York, 1977). Versuchsobjekte waren dabei übrigens die Chromosomen der Maus. Durch Photooxydation werden GC-reiche Abschnitte geöffnet, G wird zerstört. In diesen Bereichen werden sowohl anti-A als auch anti-C und anti-M gebunden. Bindung von anti-M weist auf einen hohen Methylierungsgrad der Cytosinreste hin.

Differentielle Färbungen. D. Schweizer (Universität Wien, 1976) analysierte die Chromosomen- und Interphasekernstruktur der drei Pflanzenarten
Vicia faba
Scilla sibirica und
Ornithogalum caudatum.
Zur Markierung und Vorfärbung GC-reicher Abschnitte setzte er die Antibiotika Chromomycin A3 (CMA) und Mithramycin (MM) ein. Beide induzieren eine Fluoreszenz nach Bindung an die DNS. Anschließend gab er als zweiten Farbstoff 4'-6-Diamino-2-Phenylindol (DAPI) hinzu. DAPI wird von AT-reichen Regionen gebunden (W. Müller, Universität Bielefeld, pers. Mitt.). Die erzeugte Fluoreszenz hebt sich deutlich von der durch CMA bzw. MM induzierten ab (→ differentielle

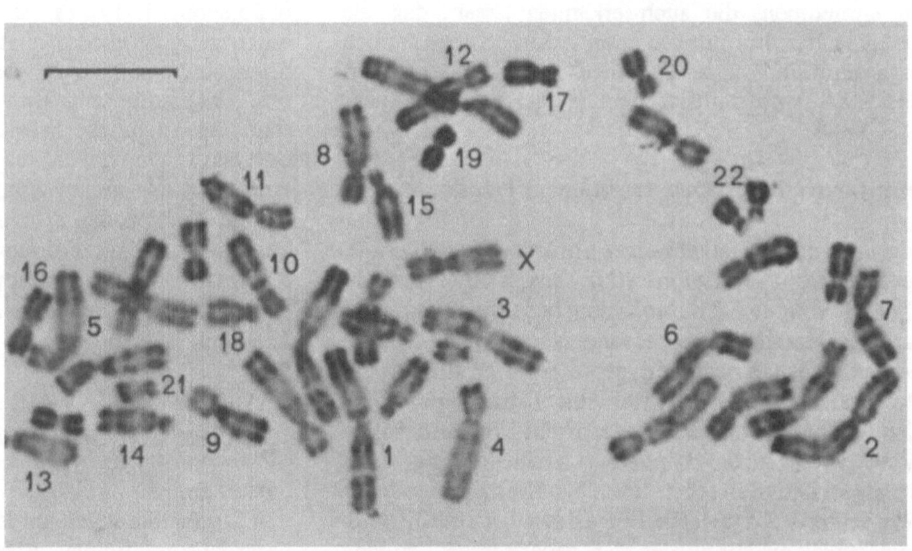

Abb. 41.3. Menschliche (♀) Metaphasechromosomen (R-Banden). Maßstab: 10 μm. (Aufn. Schweizer, Wien, 1977)

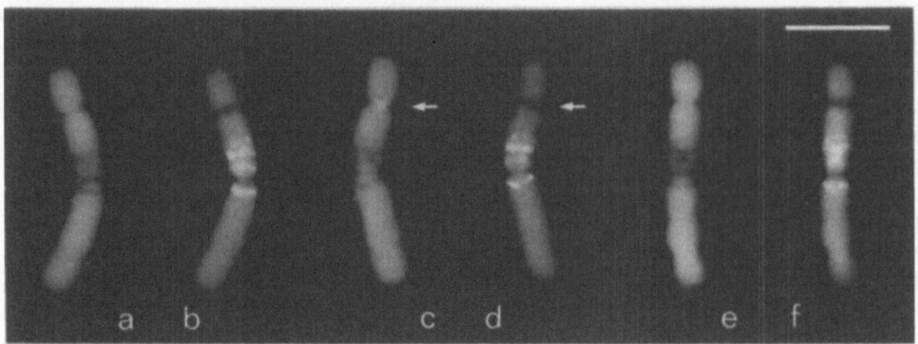

Abb. 41.4 a–f. M-Chromosom von *Vicia faba*. Sequentielle Färbung. a Chromomycin, b Chromomycin + DAPI, c Methylgrün + Chromomycin, d Methylgrün + Chromomycin + DAPI, e Mithramycin, f Mithramycin + DAPI. Kleine, heterochromatische Segmente unterdrücken nach Färbung mit dem Antibiotikum die Fluoreszenz. Sie fluoreszieren leuchtend nach DAPI-Färbung. Die nukleolare Region wird mit Chromomycin und Mithramycin deutlich fluoreszenzmarkiert. Die Fluoreszenz verschwindet nach DAPI-Zugabe. Maßstab: 10 µm. (Aufn. Schweizer, Wien, 1976)

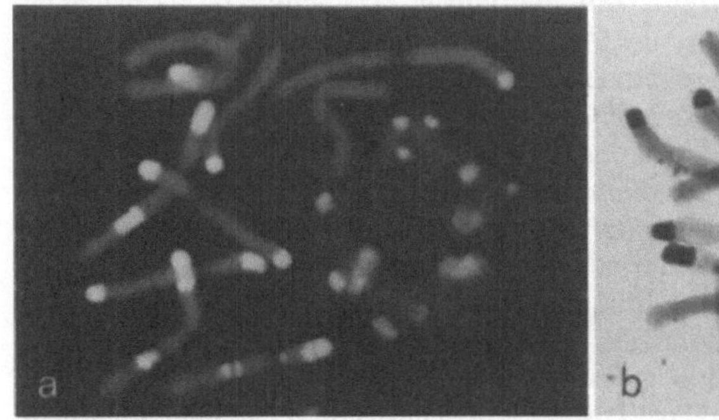

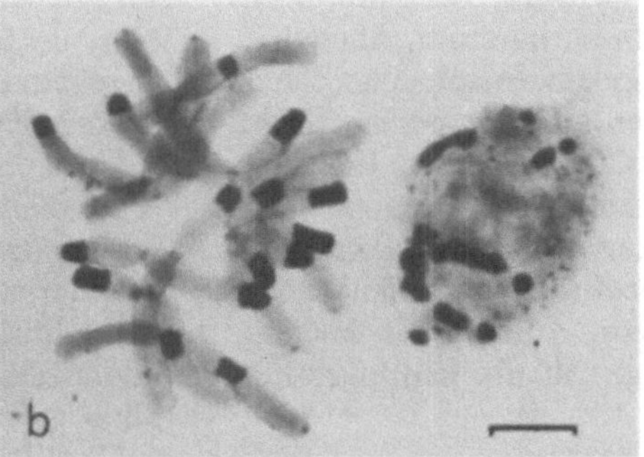

Abb. 41.5 a und b. Interphasechromosomen und Nukleus von *Scilla sibirica*. Heterochromatische Anteile werden nach Chromomycinfärbung durch Fluoreszenz (a) oder nach Giemsafärbung (b) selektiv markiert. Maßstab: 10 µm. (Aufn. Schweizer, Wien, 1977)

Färbung). Die Ergebnisse sind den Abb. 41.4–41.6 zu entnehmen, die auch erkennen lassen, daß die Genome der drei untersuchten Arten unterschiedlich organisiert sind. In menschlichen Chromosomen ähnelt das CMA-Bandenmuster dem Muster der R-Banden.

Inversionen, Deletionen, Insertionen, Translokationen

Inversion heißt Umkehr eines Chromosomenabschnittes, Deletion Verlust, Insertion Einsatz eines zusätzlichen Stücks und Translokation bedeutet Umorganisation. Derartige Chromosomenaberrationen entstehen vorwiegend während der Meiose. Während des Pachytänstadiums bildet sich eine Tetrade aus, wobei sich Tochterchromatiden oder Nicht-Tochterchromatiden überkreuzen können (Chiasmabildung). Die Stränge können brechen und über Kreuz miteinander verwachsen (X-Typ). Die Folge davon ist ein Chromosomenstückaustausch, der sich genetisch als Crossing over manifestiert. Die gebrochenen Stücke können aber auch in einer anderen Art und Weise miteinander fusionieren: U-Typ (s. Abb. 41.7), und das wiederum führt zu Chromosomenstückverlusten. Bruchstücke ohne Centromer gehen während der Anaphase verloren. Fragmente mit zwei Centromeren bilden während der Anaphase Brücken aus (s. Abb. 41.8), die Chromosomen reißen, da das eine Centromer zum einen und das andere zum anderen Pol gezogen wird. Da die Position der Bruchstelle nicht festliegt, entstehen lange und kurze Fragmente, und damit haben wir eine Erklärung für Deletionen und für Duplikationen. Das duplizierte Stück ist zudem invertiert. Beispiel: Aus einer Brücke

$$x\ a\ b\ c\ d\ d'\ c'\ b'\ a'\ x'$$

kann $x\ a\ b$ und $c\ d\ d'\ c'\ b'\ a'\ x'$

entstehen.

Chiasmabildungen findet man im Euchromatin, in heterochromatischen Abschnitten wurden sie nie beobachtet (s. Abb. 41.9).

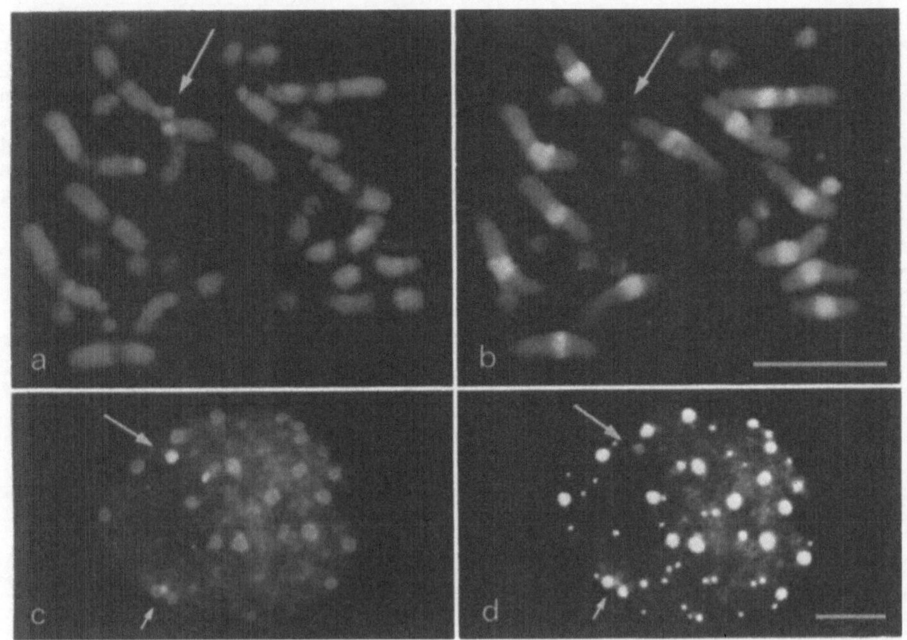

Abb. 41.6 a–d. Chromosomen und Interphasekerne von *Ornithogalum caudatum.* **a, c** Färbung mit Chromomycin, **b, d** Färbung mit Chromomycin und DAPI. Interkalierendes und proximales Heterochromatin tritt in a und c kaum hervor, erscheint aber deutlich nach DAPI-Anfärbung. Terminal gelegenes (nukleolares) Heterochromatin ist chromomycinpositiv und DAPI-negativ. Beispiele hierfür sind durch *Pfeile* markiert. Maßstab: 10 μm. (Aufn. Schweizer, Wien, 1976)

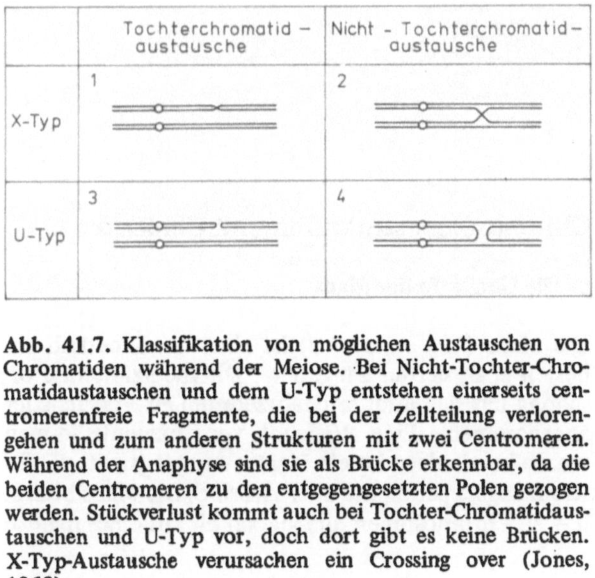

	Tochterchromatid – austausche	Nicht – Tochterchromatid – austausche
X-Typ	1	2
U-Typ	3	4

Abb. 41.7. Klassifikation von möglichen Austauschen von Chromatiden während der Meiose. Bei Nicht-Tochter-Chromatidaustauschen und dem U-Typ entstehen einerseits centromerenfreie Fragmente, die bei der Zellteilung verlorengehen und zum anderen Strukturen mit zwei Centromeren. Während der Anaphyse sind sie als Brücke erkennbar, da die beiden Centromeren zu den entgegengesetzten Polen gezogen werden. Stückverlust kommt auch bei Tochter-Chromatidaustauschen und U-Typ vor, doch dort gibt es keine Brücken. X-Typ-Austausche verursachen ein Crossing over (Jones, 1968)

Veränderungen der Chromosomenstruktur und eine damit verbundene Umorganisation des genetischen Materials beeinflussen maßgeblich dessen Expression. Chromosomenumstrukturierung ist ein ganz entscheidender Faktor einer schnellen Evolution der Organismen. Die Chromosomenzahlen in der sehr variablen Gruppe der Mammalia schwanken außerordentlich stark, wohingegen sie bei Anuren mehr oder weniger konstant bleiben. Die wiederum sind bekannt dafür, daß ein großer Anteil ihrer DNS in heterochromatischer Form vorliegt, wodurch ein effizienter Umbau offensichtlich verhindert wird. Die im vorangegangenen Abschnitt beschriebenen Färbeverfahren erlauben es, homologe Abschnitte im Genom nah verwandter Arten auch dann noch zu identifizieren, wenn sie auf verschiedenen Chromosomen lokalisiert sind. Dazu ein Beispiel:

Translokationen (Stückaustausche) sind nach Einsatz der Bandentechnik leicht zu entdecken. Singh und Röbbelen (Universität Göttingen, 1977) gelang es, Translokationen nachzuweisen, durch die sich der kultivierte Roggen (*Secale cereale*) von drei Wildformen (*Secale montanum, Secale vavilovii* und *Secale africanum*) unterscheidet. Unterschiede zwischen den vier Arten konnten nach Herstellung interspezifischer Hybride ermittelt werden. Eine Translokation trennt *Secale montanum* von *Secale vavilovii* und *Secale africanum.* Zwei Translokationen trennen *Secale cereale* von *Secale vavilovii* und *Secale africanum* von *Secale vavilovii*. Drei Translokationen trennen *Secale cereale* von *Secale montanum.* Man konnte somit die Abstammungsverhältnisse der vier Arten klären (siehe Abb. 41.10). Translokationen verursachen in der Regel eine reproduktive Isolation und stellen damit einen entscheidenden Faktor der Artbildung dar.

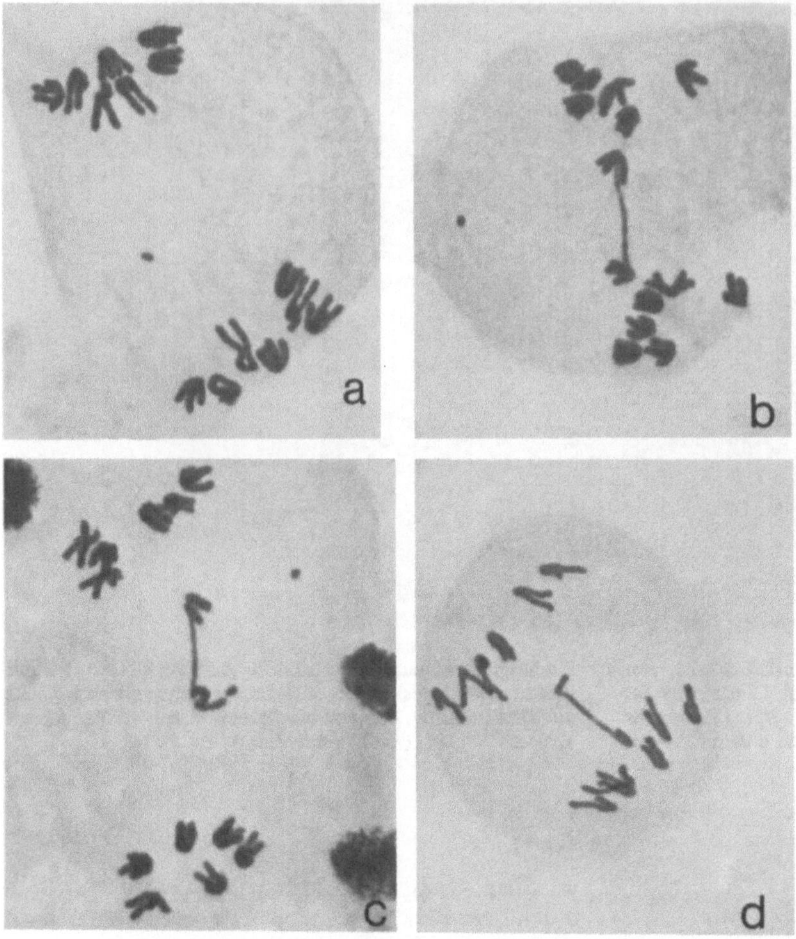

Abb. 41.8 a–d. Vier verschiedene meiotische Anaphase-Konfigurationen von Chromosomen des Roggens. Brückenbildung als Folge von U-Typ-Chromatidaustauschen. Das centromerenlose Fragment bleibt liegen und wandert nicht zu den Polen. (Aufn. Jones, Birmingham, 1971)

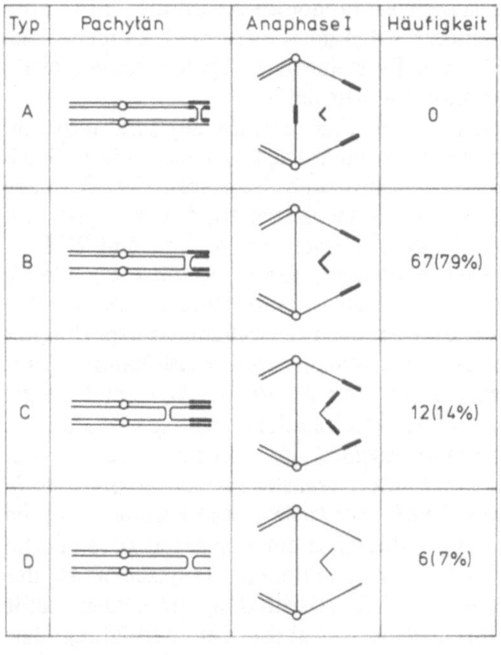

Typ	Pachytän	Anaphase I	Häufigkeit
A			0
B			67(79%)
C			12(14%)
D			6(7%)

Abb. 41.9. Ursprung und relative Häufigkeiten verschiedener Typen von Giemsa-C-Bänderung charakterisierter Brücken sowie Konformation von Fragmenten (Versuchsobjekt: Roggen). Giemsa-gefärbte Anteile (Bänder) sind durch starke Strichdicke hervorgehoben. Die Ergebnisse weisen darauf hin, daß in den terminalen Giemsa-Bändern keine Chiasmata gebildet werden, wohl aber in der Nachbarschaft dieser Bezirke. Die in Klammern gesetzten Werte entstammen einem zweiten, vom ersten unabhängigen Versuch (Jones, 1978)

Chromosomenstrukturen und Genkarten

a) Die Genkarte der Maus

Die Maus (*Mus musculus*) ist eines der genetisch am besten analysierten Säugetiere. Die medizinische Forschung hat sich ihrer seit Jahrzehnten als Versuchstier angenommen. Eine Vielzahl von Inzuchtstämmen wurde begründet, die ein ideales Ausgangsmaterial für Kreuzungsexperimente aller Art sind. Die Maus besitzt n = 20 Chromosomen, die jedoch bis auf eines nahezu

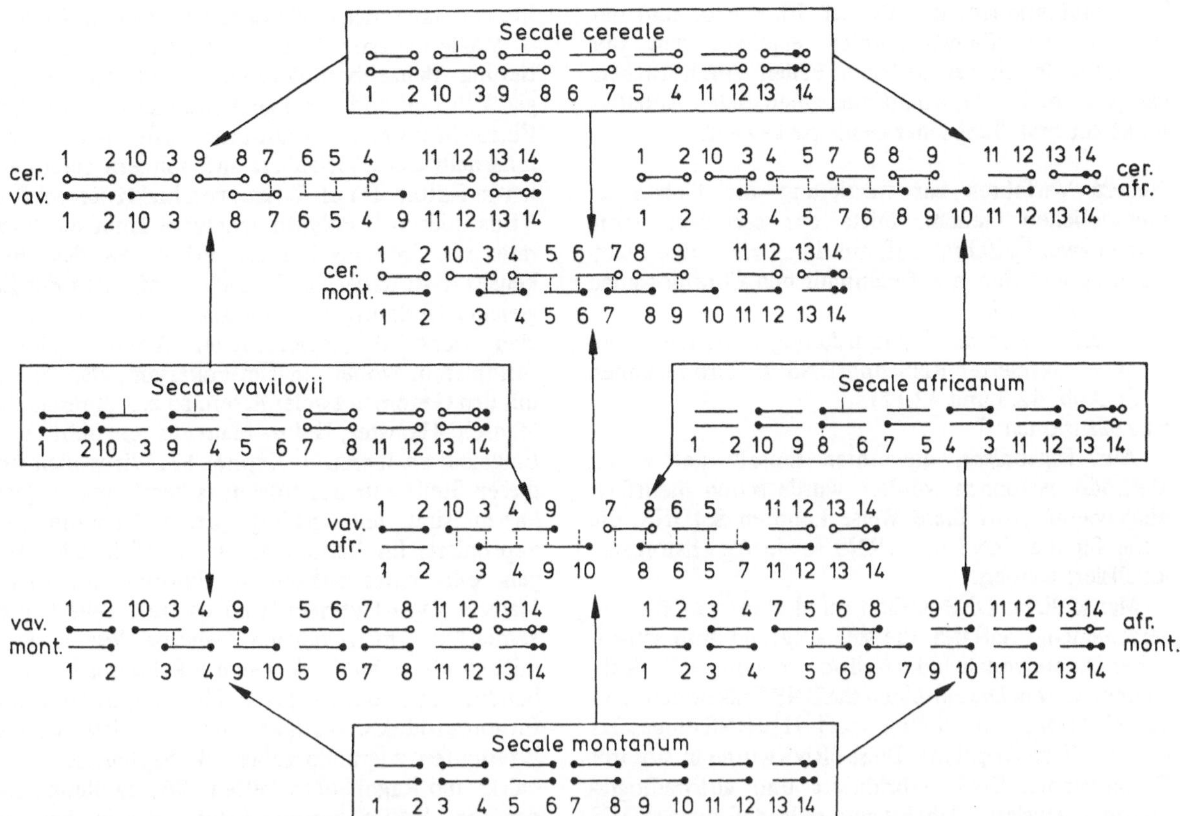

Abb. 41.10. Diagramm der Chromosomen von vier *Secale*-Arten und ihre Anordnung in entsprechenden interspezifischen Hybriden. Die Bezeichnungen der Arme beruhen auf Analysen der Bandenmuster, die Zuordnungen auf Translokationskomplexen, die bei Hybridisierung auftreten. Variation des Umfangs der Banden ist durch *offene, geschlossene* oder *fehlende Kreise* dargestellt (Singh und Röbbelen, 1977)

gleich aussehen. Erst durch die Einführung der Bandentechnik konnte jedes einzelne identifiziert werden. Durch Kreuzungsexperimente sind 20 Kopplungsgruppen nachgewiesen worden. Man kennt heute etwa 500 Genloci, von denen etwa die Hälfte kartiert ist. Man kennt Gene, die die Morphologie und das Verhalten der Mäuse beeinflussen, und man kennt die Genorte für einige Enzyme wie die Malatdehydrogenase (MDH), das Transferin sowie immunologische Faktoren. Ferner ist eine Reihe von Translokationen bei verschiedenen Kopplungsgruppen bekannt. Da Translokationen mittels der Bandentechnik zu verdeutlichen und gleichzeitig bestimmten Kopplungsgruppen zuzuordnen sind, konnte man auch die Kopplungsgruppen selbst bestimmten Chromosomen zuordnen (O.J. Miller und A.D. Miller, 1976).

b) Die Genkarte des Menschen

Seit 1956 weiß man, daß der Mensch 2n = 46 Chromosomen besitzt (Tjio und Levan, 1956). Sie sind unterschiedlich groß und relativ leicht identifizierbar. Da am Menschen keine genetischen Experimente möglich sind, erwies sich die Zuordnung von Genen zu Chromosomen und das Aufstellen von Genkarten als besonders schwierig. Dennoch ergab sich auch hier eine Reihe von Ansatzpunkten zur Lösung dieser Aufgabe. Schon 1911 zeigte E.B. Wilson, der Vorgesetzte von T.H. Morgan an der Columbia University in New York, daß Farbenblindheit (rot/grün) durch ein Gen auf dem X-Chromosom gesteuert wird. Man schätzt, daß das menschliche Genom etwa 50.000 Gene enthält, obwohl die DNS-Menge für das 50–100fache reichen würde. Ein großer Teil der DNS liegt in Form repetitiver Sequenzen vor (s. Kap. 6). An über 1200 Genloci sind alternative Allele gefunden worden. Viele der polymorphen Formen sind für den Träger scheinbar unbedeutend (z.B. alternative Blutgruppen, Haarfarbe, Augenfarbe etc.), andere wiederum (900 aus 1200) führen zu schweren Erbkrankheiten, wenn die rezessiven Allele homozygot auftreten. Der Nachweis genetischer Defekte beruht vornehmlich auf Familienstudien. Dem X-Chromosom konnten mittlerweile über 100 Genloci zugeordnet werden, die übrigen verteilen sich auf die Autosomen. Anfang der fünfziger Jahre entdeckte man, daß der AB0-Blutgruppen-Locus und der Locus für das Neil-Patella-Syndrom miteinander gekoppelt sind. Ähnliche Kopplungen beobachtete man für zwei bis drei weitere

Genkombinationen, u.a. für den Rh-Faktor und die Elliptocytosis. Familienstudien ergaben, daß die Kopplung in einigen seltenen Fällen durchbrochen war (s. Abb. 41.11), womit man einen ersten Anhaltspunkt zur Erstellung einer Genkarte gewann.

Neuere Verfahren zur Kartierung von Genen im menschlichen Genom. Mitte der sechziger Jahre kamen zwei Verfahren auf, mit deren Hilfe eine Lokalisierung von Genen auf menschlichen Chromosomen ermöglicht wurde:

a) spezifische in situ-Hybridisierung zwischen radioaktiv markierter RNS und DNS in Chromosomen (s. Abb. 42.3 und 42.12),
b) Zellfusionen.

Auf Ergebnisse, die unter Einsatz der ersten Methode gewonnen wurden, wurde schon mehrfach hingewiesen. Auf diese Weise konnten SatDNS, die Gene für die tRNS und rRNS sowie die Histongene lokalisiert werden.

Menschliche DNS enthält mindestens vier Klassen verschiedener SatDNS, die sich aufgrund unterschiedlicher Dichte voneinander und von der übrigen DNS abtrennen lassen. Die einzelnen SatDNS-Fraktionen wurden als Matrize zur Bildung von [^{3}H]cRNS eingesetzt (in vitro-Transkription). Diese cRNS wurde in situ mit Chromosomen-DNS hybridisiert und autoradiographisch analysiert. Dabei zeigte sich, daß die SatDNS vornehmlich auf die Centromerenregion konzentiert ist und beim Y-Chromosom den Hauptanteil der DNS ausmacht. Im einzelnen wurden die vier Satelliten auf den folgenden Chromosomen nachgewiesen (Gosden et al., Western General Hospital, Edinburgh, 1975):

Satellit I: 9, 14, 15, 21, 22, Y
Satellit II: 1, 9, 15, 16, 17, 21, 22, Y
Satellit III: 4, 13, 14, 15, 20, 21, 22, Y
Satellit IV: 1, 9, 17, 20, Y (Chromosomen der D-Gruppe und der G-Gruppe).

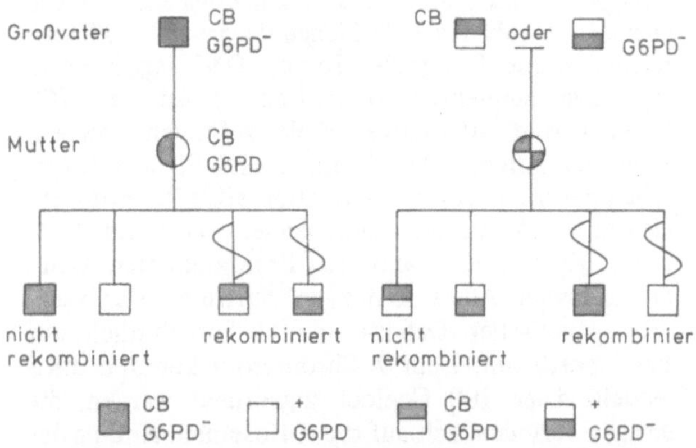

Abb. 41.11. „Großvatermethode" zum Nachweis von Rekombination beim Menschen. (*CB*, Farbenblind; *G6PD*$^-$, Defekt in der Glucose-6-Phosphatdehydrogenase) (McKusick und Ruddle, 1977)

Bei der Maus tragen alle Chromosomen SatDNS.

Völlig neuartig ist die zweite Methode der Genkartierung. Benachbart liegende Zellen fusionieren gelegentlich und bilden ein gemeinsames Fusionsprodukt. Fusionen treten nicht nur unter differenzierten Zellen innerhalb eines Vielzellers auf, sondern auch bei Zellen in Kultur. Durch Zusatz von inaktiviertem Sendai-Virus oder von Polyäthylenglycol kann die Fusionsrate um Größenordnungen erhöht werden. Bemerkenswert ist dabei die Tatsache, daß nicht nur Zellen gleicher Herkunft, sondern auch Zellen unterschiedlicher Herkunft (verschiedener Arten) miteinander fusionieren, wobei ein Heterokaryon, also eine Zelle mit den Genomen zweier Arten, so z.B. Mensch–Maus, Mensch–Hamster, Huhn–Maus etc. entsteht. Weitere Einzelheiten hierzu s. Kapitel 53. Wir wollen uns an dieser Stelle nur auf folgendes beschränken: Heterokarien sind teilungsfähig; beide Genome werden exprimiert. Im Verlauf aufeinanderfolgender Teilungen geht eines sukzessive verloren. Im Fall von Mensch-Nager-Hybriden sind es stets Teile (Chromosomen) des menschlichen Genoms. Wie lassen sich mittels dieser Methode Gene lokalisieren? Zunächst benötigt man ein selektives Medium, in dem nur die Fusionsprodukte wachsen und die Zellen der beiden Elternarten zugrunde gehen. W. Szybalski, E.H. Szybalski und Ragni entwickelten 1962 zu diesem Zweck das sog. HAT-Selektionssystem, das in den Jahren 1964 und 1966 von Littlefield vervollkommnet wurde (Einzelheiten dazu s. Kap. 53 und Abb. 53.3).

In Heterokarien werden, wie schon angedeutet, zahlreiche Gene exprimiert. Man benötigt nunmehr Nachweisverfahren zur Identifizierung speziell menschlicher Merkmale. Die Gelelektrophorese ist die Methode der Wahl, denn oft unterscheiden sich die Enzyme der einen Art durch Ladungsunterschiede von denen der anderen. Man verfolgt nun, über wieviele Zellgenerationen hinweg ein bestimmtes Enzym produziert wird. Simultan hierzu charakterisiert man den Karyotyp. Verschwinden gleichzeitig gelelektrophoretisch nachweisbare Enzymaktivität und ein cytologisch identifizierbares Chromosom, kann man mit ziemlicher Sicherheit davon ausgehen, daß der Genort für das Enzym auf diesem Chromosom liegt.

1969 fanden Nabholz, Miggiano, und Bodmer (Universität Oxford), daß die Loci für HGPRT und G6PD auf dem X-Chromosom liegen, und 1970 entdeckte man im Labor von Bodmer, daß die Loci für LDH-B (Lactatdehydrogenase B) und Pep-B (Peptidase-B) dem Chromosom 12 zuzuordnen seien. LDH-A wurde auf Chromosom 11 gefunden, ebenso wie das Gen für die β-Kette des Hämoglobins; das Gen der α-Kette auf Chromosom 16, der Rh-Faktor auf Chromosom 1, die Histokompatibilitätsantigene (HLA) (s. Kap. 23) auf Chromosom 6 und die Blutgruppenantigene AB0 auf Chromosom 9 (Westerfield et al.; Ruddle et al.).

In Zellkulturen treten sehr häufig Chromosomenbrüche und Translokationen auf, was einem den Weg zur Bestimmung der relativen Lage der Genorte zueinander eröffnet. Auf dem X-Chromosom konnte so die Sequenz Centromer-PGK-HGPRT-G6PD ermittelt werden (Pearson et al.). Goss und Harris entwickelten 1975 ein weiteres Verfahren zur Bestimmung der relativen Lage und der Abstände der Genorte voneinander. Sie setzten menschliche Zellen vor der Hybridisierung einer starken Dosis ionisierender Strahlung aus, um Chromosomenbrüche zu induzieren. Nach der Fusion mit Zellen eines Nagers testeten sie, mit welcher Häufigkeit bestimmte Gene sowie Kombinationen von Genen verlorengingen. Je näher zwei Genorte einander benachbart sind, desto unwahrscheinlicher ist es, daß einer verlorengeht und der andere erhalten bleibt. Auf dem X-Chromosom wurden somit die folgenden relativen Abstände gemessen:

PGK – HGPRT:	6,6 ± 1,5
PGK – αGal.:	3,3 ± 1,2
αGal – HGPRT:	3,9 ± 1,2
HGPRT – G6PD:	2,4 ± 1,1

Hieraus ergibt sich die Reihenfolge:

PGK – αGal – HGPRT – G6PD.

Diese Ergebnisse stimmen mit den Daten von Pearson et al. (s.o.) voll überein.

1975 kannte man mindestens einen Genort auf jedem der 22 Autosomen. Über 20 Genloci wurden

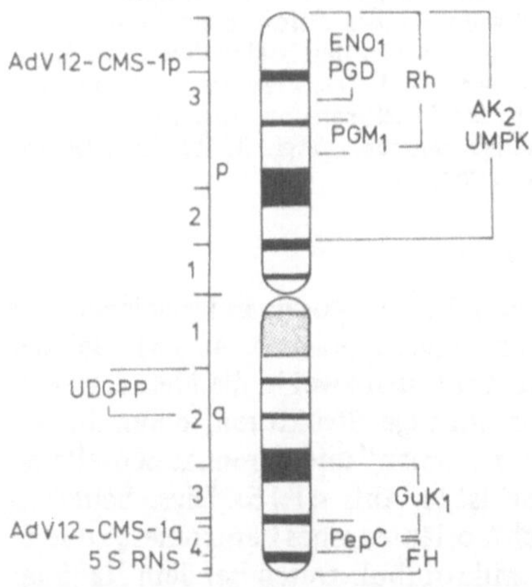

Abb. 41.12. Vorläufige Genkarte des Chromosoms 1 des Menschen. Die beiden Arme p und q werden durch das Centromer voneinander getrennt. Abkürzungen: *AdV12-CMS*, Chromosomenmodifikation, hervorgerufen durch Adenovirus 12; *AK_2*, Adenylatkinase 2; *ENO_1*, Enolase 1; *FH*, Fumarathydratase; *GuK_1*, Guanylatkinase 1; *Pep C*, Peptidase C; *PGD*, Phosphogluconatdehydrogenase; *PGM_1*, Phosphoglucomutase; *Rh*, Rhesusfaktor; *UDGPP*, Uridyldiphosphatglucose-pyrophosphorylase; *UMPK*, Uridinmonophosphatkinase. Das Bandenmuster entspricht den Standards der Pariser Konferenz von 1975 (McKusick und Ruddle, 1977)

auf Chromosom 1 festgestellt (s. Abb. 41.12) und über 100 auf dem X-Chromosom. Es begann sich langsam eine Korrelation zwischen Genkarte und Bandenmuster herauszuschälen (wohlgemerkt: auch hier keine Kolinearität von Genabständen und Strukturmerkmalen). Bemerkenswert ist der Befund, daß die Bandenmuster sich in manchen Abschnitten verschiedener Chromosomen ähneln und daß in solchen Bereichen gleichzeitig einander ähnliche Gene liegen, z.B. LDH-A in einem und LDH-B im anderen Fall. Das Gen für die mitochondriale Thymidinkinase (TK) liegt auf Chromosom 16, das für die cytoplasmatische auf Chromosom 17. Man gewinnt somit den Eindruck, daß diese Abschnitte durch Duplikation entstanden sind, durch Translokation unterschiedlichen Chromosomen zugeordnet wurden und sich dann getrennt voneinander weiterentwickelten.

Das Bandenmuster erlaubt es auch, Probleme der Abstammung anzugehen und so z.B. die Genome des Menschen mit denen des Schimpansen und anderen Pongiden zu vergleichen. Der Schimpanse hat 23 Autosomenpaare und der Mensch 22. Die Zahl verringerte sich durch eine zentrische Fusion zweier kleiner Chromosomen, wodurch das acrocentrische, menschliche Chromosom 2 entstand. Außer dem Unterschied in der Chromosomenzahl findet man beim Vergleich Mensch/Schimpanse eine geringe Zahl pericentrischer und paracentrischer Inversionen. Die Gene für die 5S rRNS liegen auf dem langen Arm des menschlichen Chromosoms 1 und den homologen Chromosomen des Schimpansen, des Berggorilla, des Orang-Utans und des Pavians (Henderson, Atwood, Warburton, Columbia University, 1976). *Cluster* von Genen mit ähnlichen Funktionen lassen auf die funktionelle Bedeutung dieser Assoziation schließen: Gene für drei Enzyme des Embden-Meyerhof-Schemas (Glykolyse) (GAPD, TPI und LDH-B) liegen auf einem Chromosom: 12.

TK und GalK sind beim Menschen, Schimpansen, der Maus und dem Hamster eng gekoppelt. Ebenso sind es die Gene der Histokompatibilitätsregion von Mensch und Maus. Diese wenigen Angaben lassen erahnen, wie das Genom der Eukaryonten organisiert ist. Wie bei den Prokaryonten (s. Kap. 9) sind auch hier funktionelle Einheiten vorhanden. Offen bleiben die Fragen nach der Regulation der Genexpression und dem relativ konservativen Verhalten während der Evolution.

Unter Einsatz der Fusionstechnik und der Mikrozelltechnik (s. Kap. 53) gelang es, einzelne Chromosomen resp. Chromosomenfragmente einer Art in das Genom einer anderen zu übertragen (McBride und Ozer, National Institutes of Health, Bethesda, 1973; Willecke und Ruddle, Yale University, New Haven, 1975). Diese Fragmente bleiben nur unter einem starken Selektionsdruck erhalten und werden ggf. in das Wirtszellgenom kovalent integriert. Das menschliche Gen für Thymidinkinase z.B. wird vom Mäusegenom aufgenommen, doch wird es nicht am Ort des

Thymidinkinasegens der Maus integriert, sondern an einer anderen Stelle: in Nachbarschaft des Mannosephosphatdehydrogenasegens. Beide Gene (Mensch und Maus) erscheinen somit in einer Kopplungsgruppe.

Evolution der Chromosomen und der Mitose

Zu den Merkmalen eukaryotischer Zellen gehört die Existenz der Chromosomen sowie der Mitose. Chromosomen sind Strukturelemente, also Organisationsformen, in denen die DNS in einer spezifischen Weise mit Proteinen zusammen gepackt ist. Diese Packung sorgt für eine reibungslose und gleichartige Verteilung des genetischen Materials auf die beiden Tochterzellen. Während der Mitose wird ein Spindelapparat aufgebaut, an dem vornehmlich Tubulin beteiligt ist. Die Chromosomen werden zu den beiden Polen verteilt. An der Einschnürung der Zellen wirken Aktin und Myosin mit.

Wie sieht es bei primitiven Eukaryonten aus? Als Untersuchungsobjekte bieten sich Pilze, einzellige Algen und Protisten an. Wir haben schon gesehen, daß Ciliaten außerordentlich viele Chromosomen enthalten und daß eine Zählung praktisch unmöglich ist.

Bei der Hefe (*Saccharomyces cerevisiae*) sind überhaupt keine Chromosomen identifizierbar. Während der Zellteilung sieht man lediglich ein Gewirr ineinandergeschlungener Filamente (s. Abb. 41.13). Durch Kreuzungsexperimente sind jedoch 17 voneinander getrennte Kopplungsgruppen festgestellt worden. Auch bei *Euglena* und den Trypanosomen sind keine Chromosomen erkennbar.

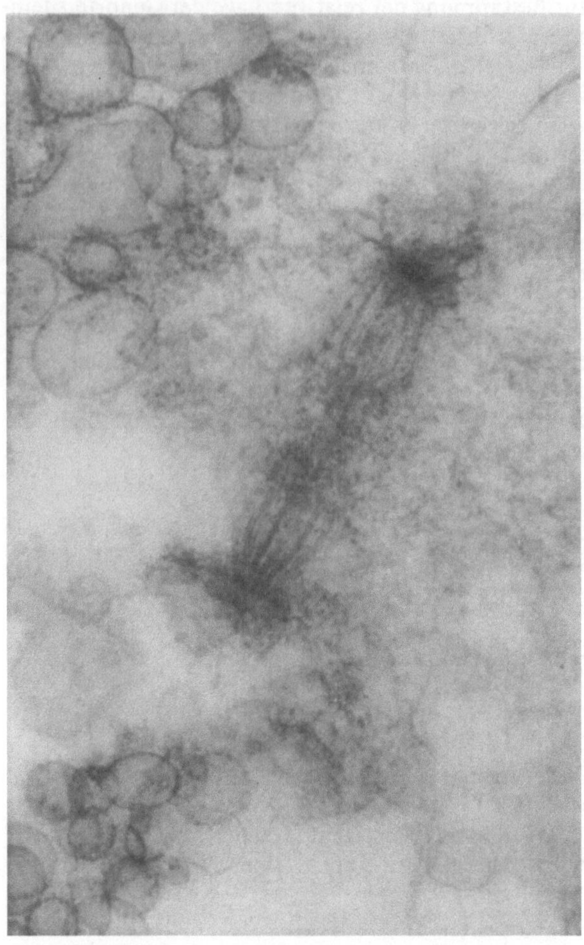

Abb. 41.13. Spindel von *Saccharomyces cerevisiae* (Hefe). Chromosomen sind während der Mitose nicht kondensiert. Die Spindel bildet sich zwischen den beiden Polen aus, die in die Kernhülle eingelassen sind. Das Präparat ist 1 μm dick und wurde mit dem 1 MeV-Elektronenmikroskop der University of Wisconsin aufgenommen. Vergr. 33.000fach. (Aufn. Peterson und Ris, Madison, 1975)

Die Kernorganisation bei den Dinoflagellaten unterscheidet sich deutlich von der der übrigen Eukaryonten und entspricht etwa einem Mittelding zwischen Pro- und Eukaryonten (s. Abb. 41.14).

Die DNS ist zu einer fibrillären Struktur kondensiert, die Art der Assoziation mit Proteinen ist weitgehend unbekannt. Dennoch zählt man auch alle diese Formen zu den Eukaryonten, denn ihre DNS ist in einem Kompartiment, dem Zellkern, konzentriert und durch eine Membran vom übrigen Zellinhalt abgetrennt. Arten mit derartigen Chromosomenäquivalenten besitzen noch keinen voll entwickelten Spindelapparat. Primitive Spindelapparate findet man außerhalb der Kernmembran. Sie kommen mit der DNS niemals in Kontakt, denn die Kernmembran wird während der Zellteilung nicht aufgelöst, wie das bei den höher entwickelten, typischen Eukaryontenzellen der Fall ist (Kubai, University of Wisconsin, Madison, 1975). Der Dinoflagellat *Cryptothecodinium (Gyrodinium) cohnii* (Kubai und Ris, 1969) verfügt über einen extranuklearen Spindelapparat. Die Chromosomenäquivalente sind an der Innenseite der Kernmembran fixiert. Diese wird durch die Mikrotubuli des Spindelapparates offensichtlich durchschnürt und bewirkt damit indirekt ein Auseinanderweichen der Filamente im Kerninneren (s. Abb. 41.15). Bei der Art *Syndinium* erkennt man zwei in die Membran eingelassene, scheibenförmige Strukturen, deren Innenseite an die „Chromosomen" und deren Außenseite an Mikrotubuli fixiert ist (s. Abb. 41.16). Diese Scheiben scheinen demnach Vorläufer eines Centromers zu sein.

Intranukleare Mikrotubuli treten bei dem Radiolar *Collozoum* auf, aber auch hier bleibt die Kernmembran während der Zellteilung erhalten. Die Mikrotubuli breiten sich zwischen zwei *Plaques* an der Innenseite der Kernmembran aus. Beide liegen zunächst dicht beieinander, streben aber während der Teilung auseinander. Das Chromatin kondensiert sich zu Filamenten von 30 Å Durchmesser. Eine Metaphase ist nicht vorhanden. Die „Centromeren" sind mit den Mikrotubuli und nicht mehr mit der Kernmembran assoziiert (s. Abb. 41.17).

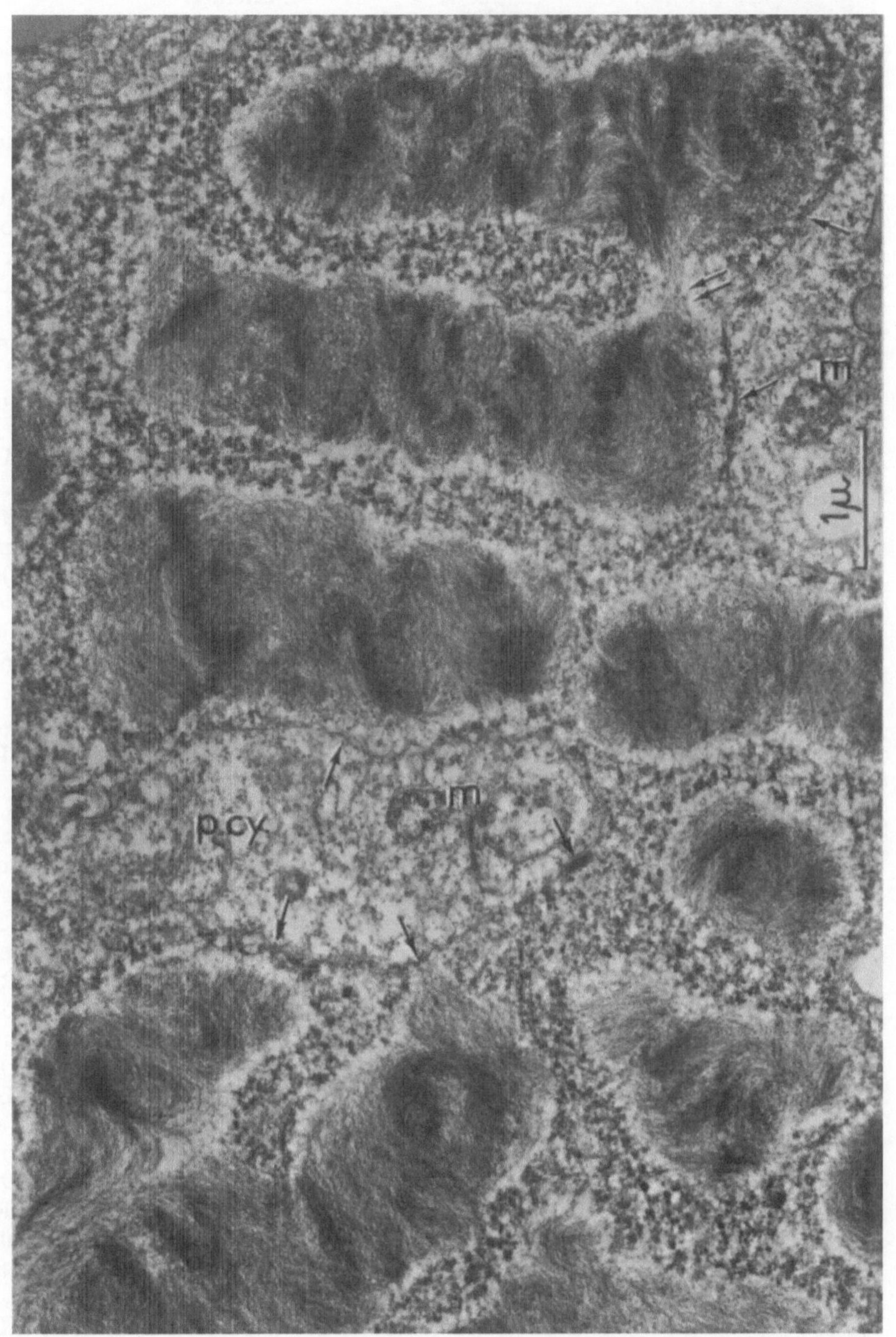

Abb. 41.14. Ultradünnschnitt durch einen Teil des Kerns einer Sporocyste von *Blastodinium contortum Ch.* Mehrere Chromosomen (*fibrilläre Gebilde*) haften an spezifisch geformten Bereichen (*pcy*) der Kernmembran (*m*). Zwei Chromosomen sind durch DNS-Fibrillen (*Doppelpfeil*) miteinander verbunden, die DNS ist in den Chromosomen, die auch während des Interphasestadiums getrennt bleiben, stark kondensiert. (Aufn. Soyer, Banyuls-sur-Mer, 1971)

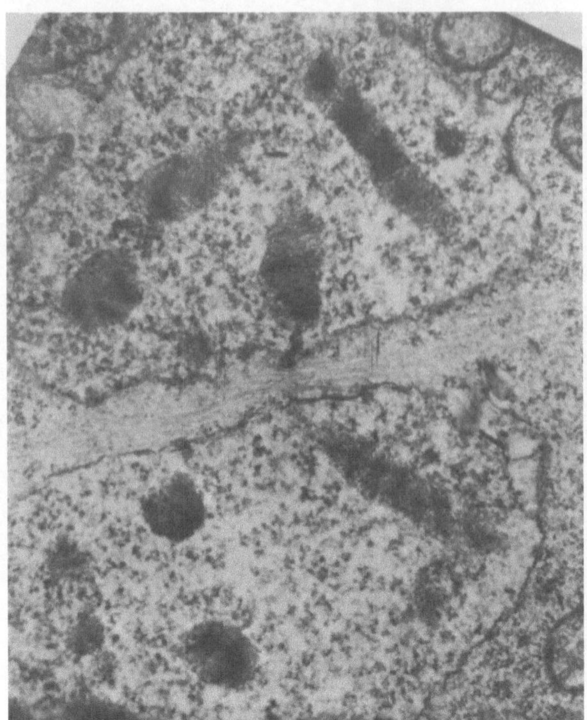

Abb. 41.15. *Cryptothecodinium (Gyrodinium) cohnii.* Spätes Teilungsstadium, in dem die Anheftung der Chromosomen (*im Bild dunkel*) an die Kernmembran entlang eines cytoplasmatischen Kanals (*Bildmitte*), der Mikrotubuli enthält, sichtbar wird. Vergr. 23.000fach. (Aufn. Kubai und Ris, University of Wisconsin, Madison, 1969)

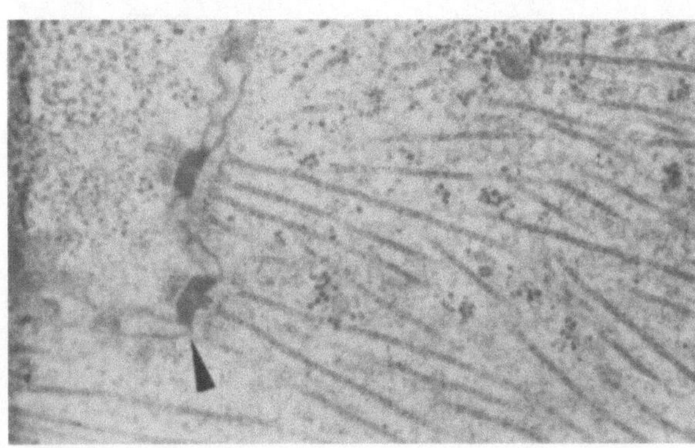

Abb. 41.16. *Syndinium sp.* Frühes Stadium der Trennung von Tochterchromosomen. Das Kinetochor (*Pfeil*) ist als elektronendichte Doppelscheibe, die in die Kernhülle eingelassen ist, erkennbar. Die innere Scheibe steht in direktem Kontakt mit dem Chromosom. Die äußere (*rechts im Bild*) bildet den Pol und ist mit Mikrotubuli verknüpft. Vergr. 33.000fach. (Aufn. Ris und Kubai, University of Wisconsin, Madison, 1974)

Literatur

Allen, J.W., Latt, S.A.: Analysis of sister chromatid exchange formation in vivo in mouse spermatogonia as a new test system for environmental mutagens. Nature (London) *260*, 449 (1976)

Chromosome structure and function. Cold Spring Harbor Symp. Quant. Biol. *38* (1974)

Crick, F.H.C.: Chromosome structure and function. Future prospects. Eur. J. Biochem. *83*, 1 (1978)

Fredga, K.: Chromosomal changes in vertebrate evolution. Proc. R. Soc. Lond. B *199*, 377 (1977)

Gosden, J.R., Mitchell, A.R., Buckland, R.A., Clayton, R.P., Evans, H.J.: The location of four human satellite DNAs on human chromosomes. Exp. Cell Res. *92*, 148 (1975)

Gosden, J.R., Mitchell, A.R., Seuanez, H.N., Gosden, C.M.: The distribution of sequences complementary to human satellite DNAs I, II and IV in the chromosomes of chimpanzee (*Pan troglodytes*), gorilla (*Gorilla gorilla*) and orang utan (*Pongo pygmaeus*). Chromosoma *63*, 253 (1977)

Goss, S.J., Harris, H.: New method for mapping genes in human chromosomes. Nature (London) *255*, 680 (1975)

Goss, S.J., Harris, H.: Gene transfer by means of cell fusion: Statistical mapping of the human X-chromosome by analysis of radiation-induced gene segregation. J. Cell Sci. *25*, 17 (1977a)

Goss, S.J., Harris, H.: Gene transfer by means of cell fusion: The mapping of 8 loci on human chromosome 1 by statistical analysis of gene assortment in somatic cell hybrids. J. Cell Sci. *25*, 39 (1977b)

Jones, G.H.: Meiotic errors in rye related to chiasma formation. Mutation Res. *5*, 385 (1968)

Jones, G.H.: Giemsa C-banding of rye meiotic chromosomes and the nature of "terminal" chiasmata. Chromosoma *66*, 45 (1978)

Kao, F.-T., Puck, T.T.: Genetics of somatic mammalian cells: Induction and isolation of nutritional mutants in chinese hamster cells. Proc. Natl. Acad. Sci. USA *60*, 1275 (1968)

Klebe, R.J., Chen, T., Ruddle, F.H.: Mapping of a human genetic regulator element by somatic cell genetic analysis. Proc. Natl. Acad. Sci. USA *66*, 1220 (1970)

McBride, O.W., Ozer, H.L.: Transfer of genetic information by purified metaphase chromosomes. Proc. Natl. Acad. Sci. USA *70*, 1258 (1975)

McKusick, V.A., Ruddle, F.H.: The status of the gene map of the human chromosomes. Science *196*, 390 (1977)

Nagl, W.: Zellkern und Zellzyklen. Stuttgart: Ulmer 1976

Pardue, M.L., Gall, J.G.: Chromosomal localization of mouse satellite DNA. Science *168*, 1356 (1970)

Pontecorvo, G.: Induction of directional chromosome elimination in somatic cell hybrids. Nature (London) *230*, 367 (1971)

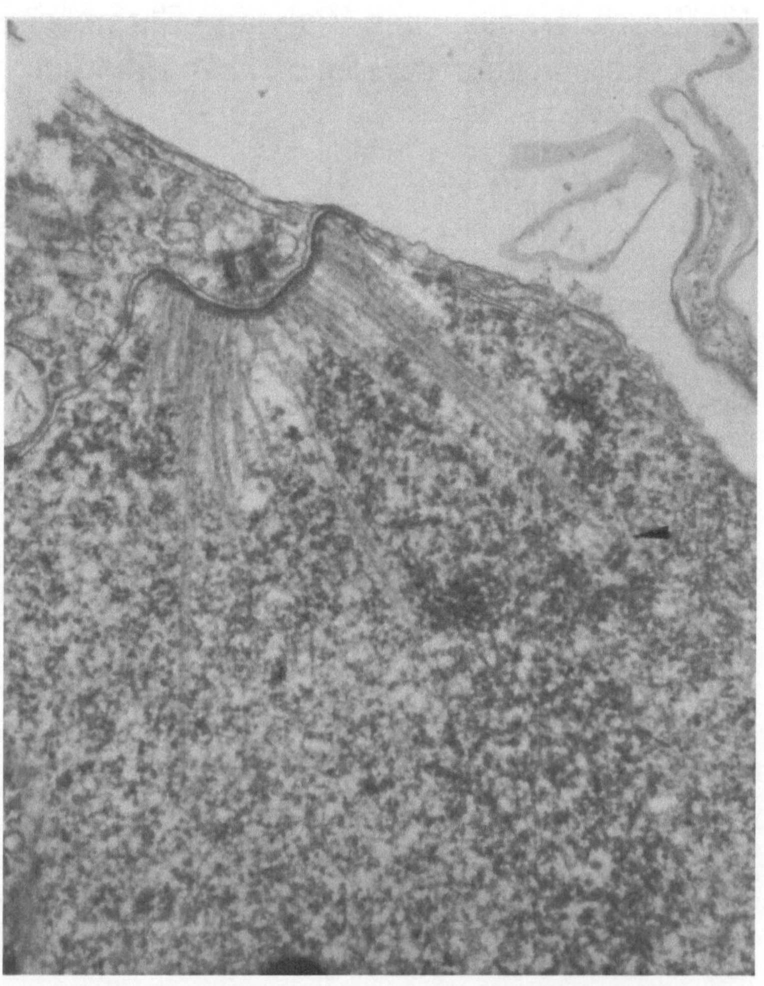

Abb. 41.17. *Collozoum (Polycyttaria, Radiolaria).* Spätes Stadium der Trennung der Chromosomen. Intranukleare Spindel mit Spindelansatzstellen an den Polen. Die Chromosomen werden während der Mitose nicht kondensiert. Das Kinetochor (*Pfeil*) bildet eine Doppelscheibe. Vergr. 25.000-fach. (Aufn. Ris, University of Wisconsin, Madison, 1975)

Ris, H.: Primitive mitotic mechanisms. BioSystems *7,* 298 (1975)

Schweizer, D.: Reverse fluorescent chromosome banding with chromomycin and DAPI. Chromosoma *58,* 307 (1976)

Schweizer, D.: R-banding produced by DNase I digestion of chromomycin-stained chromosomes. Chromosoma *64,* 117 (1977)

Singh, R.H., Röbbelen, G.: Identification by Giemsa technique of the translocations separating cultivated rye from three wild species of *Secale.* Chromosoma *59,* 217 (1977)

Takayama, S., Sakanishi, S.: Differential Giemsa staining of sister chromatids after extraction with acids. Chromosoma *64,* 109 (1977)

Tjio, J.H.: Levan, A.: The chromosome number of man. Hereditas *42,* 1 (1956)

Wang, H.C., Fedoroff, S.: Banding in human chromosomes treated with trypsin. Nature New Biol. *235,* 52 (1972)

Weiss, M.C., Green, H.: Human-mouse hybrid cell lines containing partial complements of human chromosomes and functioning human genes. Proc. Natl. Acad. Sci. USA *58,* 1104 (1967)

Willecke, K., Ruddle, F.H.: Transfer of the human gene for hypoxanthine-guanine phosphoribosyltransferase via isolated human metaphase chromosomes into mouse L-cells. Proc. Natl. Acad. Sci. USA *72,* 1792 (1975)

Willecke, K., Mierau, R., Krüger, A., Lange, R.: Chromosomal gene transfer of human cytosol thymidine kinase into mouse cells. Mol. Gen. Genet. *161,* 49 (1978)

42. Riesenchromosomen (Polytäne Chromosomen), Lampenbürstenchromosomen, Amplifikation

Riesenchromosomen

In den Chromosomen (-äquivalenten) der Anaphse, Telophase und der anschließenden G_1-Phase des Interphasekerns finden wir in der Regel einen DNS-Doppelstrang (ein Chromatid). Während der S-Phase wird er repliziert, die Chromatidenzahl steigt damit auf zwei. In der anschließenden Mitose wird sie wieder auf eins reduziert. Man kennt zahlreiche Abweichungen von diesem Schema, wodurch das Genom ganzer Organismen oder einzelner Organe komplett oder teilweise vervielfacht wird. An dieser Stelle wollen wir uns nur mit einem der Mechanismen, der Endomitose, befassen. Hierbei laufen die Vorgänge der S-Phase wiederholt hintereinander ab, ohne daß Mitosen zwischengeschaltet sind und die Zahl der Chromosomen reduziert wird. Sie steigt somit auf 2^n an, wobei n die Zahl endomitotischer Zyklen ist. Als Ergebnis erhält man die sog. Riesenchromosomen (polytäne Chromosomen). Vermehrung der Chromatidenzahl nennt man Polytänie.

„Riesenchromosomen" sind erstmals 1881 von Balbiani beobachtet, doch noch nicht als solche gedeutet worden (s. Abb. 42.1). O Hertwig schreibt dazu 1912 in seiner „Allgemeinen Biologie":

„Nicht immer ist übrigens das Chromatin in einem Gerüst ausgebreitet. So ist z.B. in den großen, bläschenförmigen Kernen von Chironomuslarven, wie Balbiani gefunden hat, ein einziger, dicker Kernfaden eingeschlossen; er ist in verschiedenen Windungen zusammengelegt und läßt im gefärbten Präparate eine regelmäßige Aufeinanderfolge tingierter und nichttingierter Scheiben erkennen, was Strasburger (1887) auch von einigen Pflanzen berichtet.

Die beiden Enden des Fadens grenzen an zwei Nukleolen an. Ähnlich geartete Kerne mit einem gewundenen Nukleinfaden, Spiremkerne, wie sie Wilson wegen ihrer Ähnlichkeit mit dem Spiremstadium der Karyogenese genannt hat, sind auch noch an einigen anderen Objekten aus der Klasse der Arthropoden von Carnoy, Henneguy und Gehuchten beobachtet worden."

Erst E. Heitz und H. Bauer stellten 1933 klar, daß es sich bei diesen Strukturen, die sie bei *Chironomus thummi* beobachteten, um riesige Chromosomen handelt, die sich von den normalen kleinen Chromosomen der betreffenden Art ableiten. Bei *Chironomus*, den meisten anderen Dipteren, vielen Pflanzen und einigen Protisten treten sie in haploider Zahl auf,

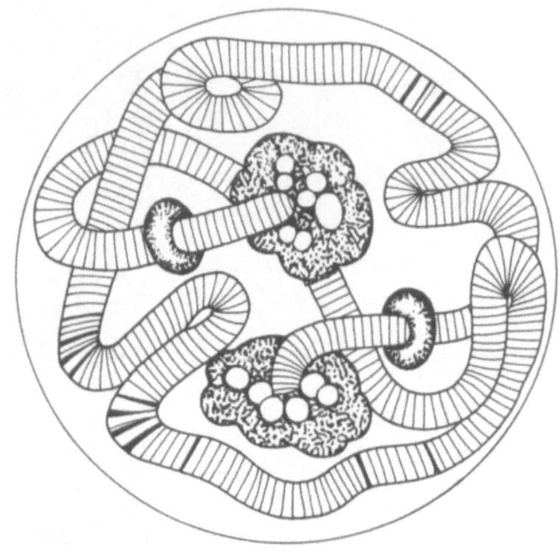

Abb. 42.1. Kernfäden in Kernen von *Chironomus*-Larven (Balbiani, 1881)

da die homologen Chromosomen wie vor Reduktionsteilungen gepaart bleiben. Die deutlich erkennbaren Querscheiben (Banden) der polytänen Chromosomen entsprechen den Chromomeren. Die Banden enthalten 95% der DNS. Die zwischen ihnen liegenden Abschnitte, die Interbanden, sind DNS-arm, aber proteinreich.

Paarung homologer Chromosomen kommt oft vor, ist jedoch keine Voraussetzung zur Riesenchromosomenbildung, so fehlt sie z.B. bei den polytänen Chromosomen des Ciliaten *Stylonychia* (Ammermann, Universität Tübingen, 1965; Pérez-Silva und Alfonso, 1966). Bei *Chironomus plumosus* sind drei Chromosomen gepaart, das vierte nicht; bei *Simulium* stehen die homologen Chromosomen nur an wenigen Punkten miteinander in Kontakt.

Riesenchromosomen treten nicht in allen Zellen oder Organen einer Art auf (s. Abb. 42.2). Bei den Larven der Dipteren sind sie in den Kernen der Speicheldrüsen besonders deutlich ausgeprägt. Bei Pflanzen kommen sie je nach Art entweder in den Antipoden, den Synergiden, dem Suspensor, den Endosperm-Haustorien oder den Antennenhaaren vor. In den Speicheldrüsen von *Drosophila melanogaster*

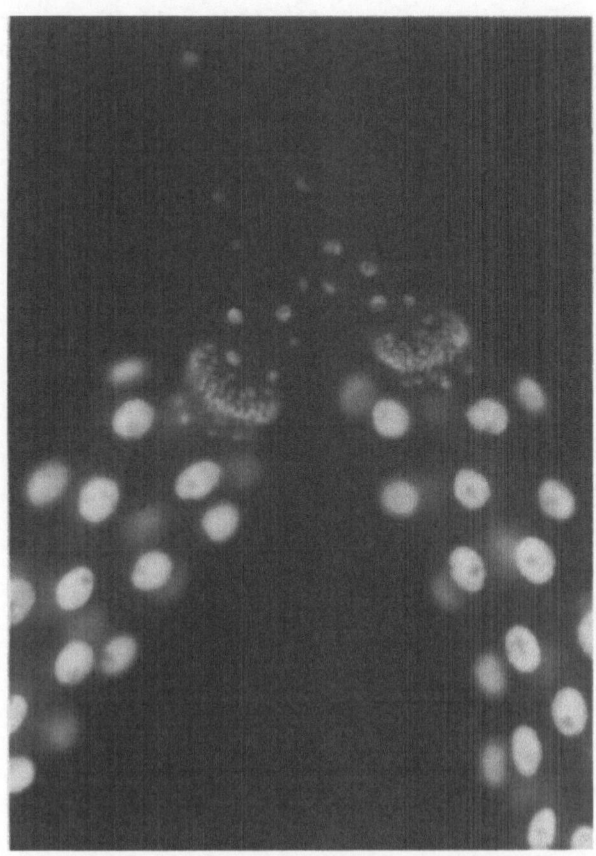

Abb. 42.2. Speicheldrüsen von *Drosophila melanogaster.* Die DNS in den Kernen wurde mit Ethidiumbromid gefärbt. Man erkennt den deutlichen Größenunterschied zwischen den relativ wenigen polytänen Kernen in den Speicheldrüsen selbst und den vielen diploiden Kernen in der „Halsregion" der Speicheldrüse. (Aufn. Jamrich, Dissertation, Heidelberg, 1978)

wurden sie von Painter entdeckt. Es lag natürlich sofort nahe, nach einer Korrelation zwischen der von Sturtevant aufgestellten Genkarte und dem Querbandenmuster zu suchen. Painter und Bridges gelang es, einen direkten Zusammenhang zwischen Genen und den cytologisch sichtbaren Strukturen zu erstellen. Heute hat man an die 5000 Banden identifiziert, was in etwa der Zahl aktiver Gene bei *Drosophila* entspricht.

Riesenchromosomen können sich nicht mehr teilen, denn ihre Spindelansatzstelle ist funktionsunfähig. Vielfach, so bei *Drosophila melanogaster* und anderen *Drosophila*arten, sind die Chromosomen zu einem vielarmigen Gebilde verwachsen. Die Verwachsungsstelle wird Chromozentrum genannt, besteht aus den Spindelansatzstellen (Centromeren) und dem Nukleolus und enthält vorwiegend Heterochromatin. Das Y-Chromosom der ♂ geht im Chromozentrum nahezu vollständig unter. ♂ erkennt man cytologisch deshalb vor allem daran, daß eines der vier Chromosomen (das X-Chromosom) nur halb so dick wie die übrigen ist. Die Chromosomen 2 und 3 sind relativ groß, das Centromer liegt nahe der Mitte, so daß cytologisch je zwei Arme erkennbar sind: 2L, 2R, 3L, 3R. Chromosom 4 und X sind einarmig, da deren Centromere endständig sitzen (s. Abb. 42.3).

Da die homologen Chromosomen bei der Bildung der Riesenchromosomen von *Drosophila* gepaart bleiben, lassen sich in Heterozygoten Deletionen, Insertionen und Inversionen als mehr oder weniger komplexe Schleifen erkennen. Dobzhansky und Mitarbeiter (Rockefeller University, New York) haben diese Strukturen ausgiebig studiert und setzten sie als Marker für ausgedehnte populationsgenetische und ökologische Studien an mehreren *Drosophila*arten ein.

Werden bestimmte Gene durch Entwicklungsbedingungen, unter denen die Zellen stehen, aktiviert?

Ansätze zur Beantwortung dieser Frage brachten Untersuchungen an den Riesenchromosomen von *Chironomus* und *Drosophila.* An bestimmten Stellen des Chromosoms sind dekondensierte, aufgelockerte Bereiche (Puffs, Balbiani-Ringe) zu sehen, deren Auftreten mit spezifischen Genaktivitäten korreliert ist. Beermann (Universität Marburg, 1952, später Max-Planck-Institut für Biologie, Tübingen) zeigte, daß die Muster der Puffs und Balbiani-Ringe in den polytänen Chromosomen von *Chironomus thummi* in verschiedenen Geweben konstant voneinander abweichen. Die Veränderungen sind aber nicht nur gewebespezifisch, sondern auch für verschiedene Entwicklungsstadien charakteristisch. Beermann schloß daraus, daß Puffs der sichtbare Ausdruck von Genaktivitäten auf chromosomaler Ebene seien. Bei der Puffbildung wird die kondensierte Struktur einer Bande aufgelockert und die Fibrillen (Chromatiden) weichen auseinander (s. Abb. 42.4). Die Veränderungen werden offenbar durch Entwicklungsbedingungen ausgelöst, unter denen die Zellen in bestimmten Stadien stehen. Zumindest ein Teil der Puffs steht unter Kontrolle des Verpuppungshormons Ecdyson, einem Produkt der Prothoraxdrüse (Clever und Karlson, 1960). In *Drosophila melanogaster* wird es etwa drei bis fünf Stunden vor Beginn des Pupariumstadiums freigesetzt (Becker, 1962). Becker (Universität München) analysierte die Veränderungen des Puffmusters im linken Arm des Chromosoms 3 und am distalen Ende des X-Chromosoms in Kernen der Speicheldrüsen von *Drosophila* nach Ecdysoneinwirkung. Während des späten dritten Larvenstadiums und dem folgenden Vorpuppenstadium fand er einen kontinuierlichen Wechsel des Erscheinens und Verschwindens bestimmter Puffs. Auch hier gilt, daß jedes Entwicklungsstadium durch ein charakteristisches *Puffing*-Muster gekennzeichnet ist.

Beckers Untersuchungen wurden in den darauffolgenden Jahren verifiziert und ausgedehnt. Besonders eingehend befaßte sich Ashburner (University of Cambridge, England) mit diesen Fragen. Er entwickelte ein Kultursystem, in dem er Speicheldrüsen über viele

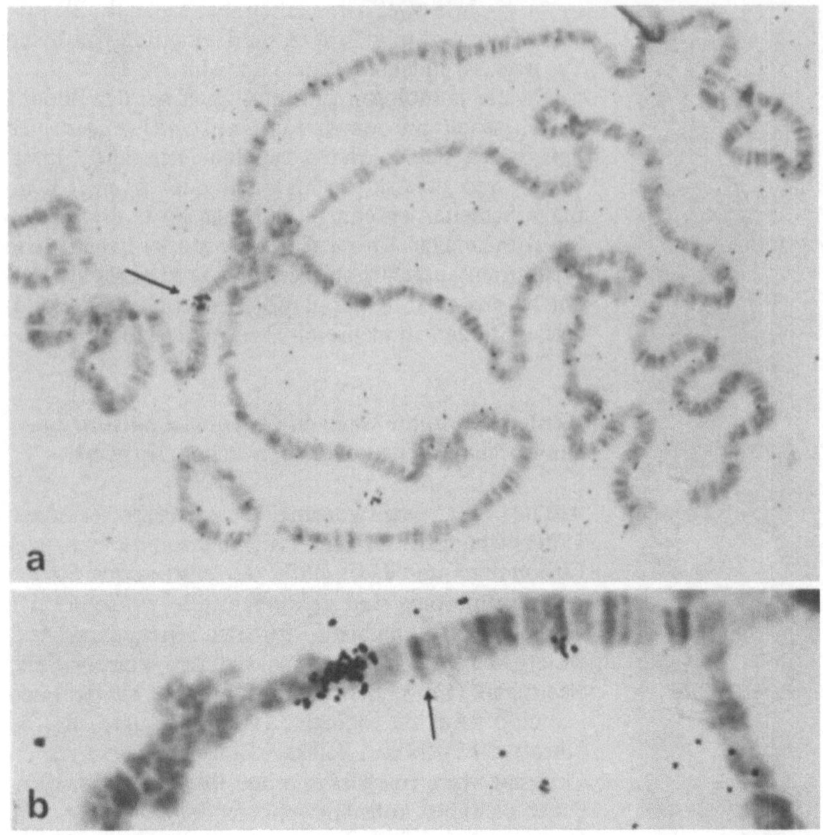

Abb. 42.3 a und b. Riesenchromosomen von *Drosophila melanogaster*. Die Centromeren sind verwachsen und bilden ein Chromozentrum aus. Die Banden sind durch Giemsafärbung sichtbar gemacht worden. Die Teilabbildungen a und b sind gleichzeitig Autoradiogramme und zeigen die Position von Histongenen (s. Kap. 7). Die Präparationen wurden in situ mit [^{3}H]-9S mRNS (Histonmessenger) von *Lytechinus pictus* (einer Seeigelart) inkubiert. Diese mRNS hybridisiert ausschließlich über der Region 39 D-E (*Pfeile*) auf dem linken Arm des Chromosoms 2 nahe dem Centromer. Die Entwicklung des Autoradiogramms dauerte 338 Tage. In der Teilabbildung b ist der entsprechende Abschnitt vergrößert wiedergegeben. Maßstab: 10 µm. (Aufn. Pardue, Massachusetts Institute of Technology, 1977)

Tage hinweg isoliert halten und den kompletten Zyklus der Aktivitätsänderungen nach Ecdysongabe verfolgen konnte. Die Ergebnisse stellten sicher, daß es frühe und späte Puffs gibt und daß die Bildung der späten durch eine Proteinbiosynthese während der Aktivitätsphase der frühen Puffs induziert wird. Die Ausbildung der Puffs hängt vom Ecdysontiter ab, wobei die Aktivierungsschwellen der einzelnen Puffs unterschiedlich sind. Während des hormoninduzierten *Puffing*-Zyklus ändert sich das Muster an mindestens 125 chromosomalen Loci. Ritossa beschrieb 1962 eine weitere Methode, um Puffs zu induzieren: Erhitzen der Larven auf 37°C führt zur Induktion von neun sog. *Heat-shock-Puffs*. Ihr Auftreten ist vom Entwicklungsstadium unabhängig und ist in gleicher Weise bei drei verschiedenen *Drosophila*arten induzierbar. Durch Erhitzen wird das Verschwinden entwicklungsstadienspezifischer Puffs verzögert.

Expression der genetischen Information. In Beermanns Labor wies Pelling 1962 autoradiographisch nach, daß Puffs UTP aufnehmen und als UMP einbauen, womit gezeigt wurde, daß sie Orte einer RNS-Synthese sind. Im gleichen Jahr fanden Edström und Beermann, daß es sich dabei tatsächlich um mRNS handelt. Nur etwa 5% der DNS ist in den Interbanden lokalisiert. In Larven wird etwa 20% der insgesamt vorhandenen DNS transkribiert. Es wird inzwischen kaum mehr bezweifelt, daß Puffs aktive Gene sind. Problematisch ist allerdings die Tatsache, daß es von ihnen eigentlich viel zu wenige gibt. Die Zahl aktiver Gene muß in allen Geweben und zu allen Zeiten um etliches höher sein als die Anzahl beobachteter Puffs. In den Banden liegt die DNS in kondensierter Form vor und eignet sich deshalb nur schlecht zur Transkription. 1971 postulierte Crick, daß aktive Gene aus diesem Grunde nicht mit Banden, sondern mit Interbanden gleichzusetzen seien.

Die vorliegenden Genkarten mit den Korrelationen Genort – Bande würden dennoch ihre Gültigkeit behalten, denn jeder Bande ist eine Interbande benachbart, und so genau sind die genetischen Analysen nicht, um zwischen diesen beiden Alternativen unterscheiden zu können. Hinweise für die Richtigkeit dieser Annahme ergaben Untersuchungen von Greenleaf und Bautz (Universität Heidelberg, 1975). Gegen gereinigte RNS-Polymerase B wurden Antikörper hergestellt, die mit Hilfe indirekter Immunfluoreszenz in situ sichtbar gemacht wurden. Gesucht wurden Orte am Chromosom, die RNS-Polymerase binden. Es zeigte sich, daß das Enzym und mit ihm die Antikörper und die fluoreszierenden anti-Antikörper in Puffs und Interbanden lokalisiert sind. Das Histon I hingegen liegt in den Banden (Plagens et al., 1976; Jamrich et al., 1977) (s. Abb. 42.5 und 42.6).

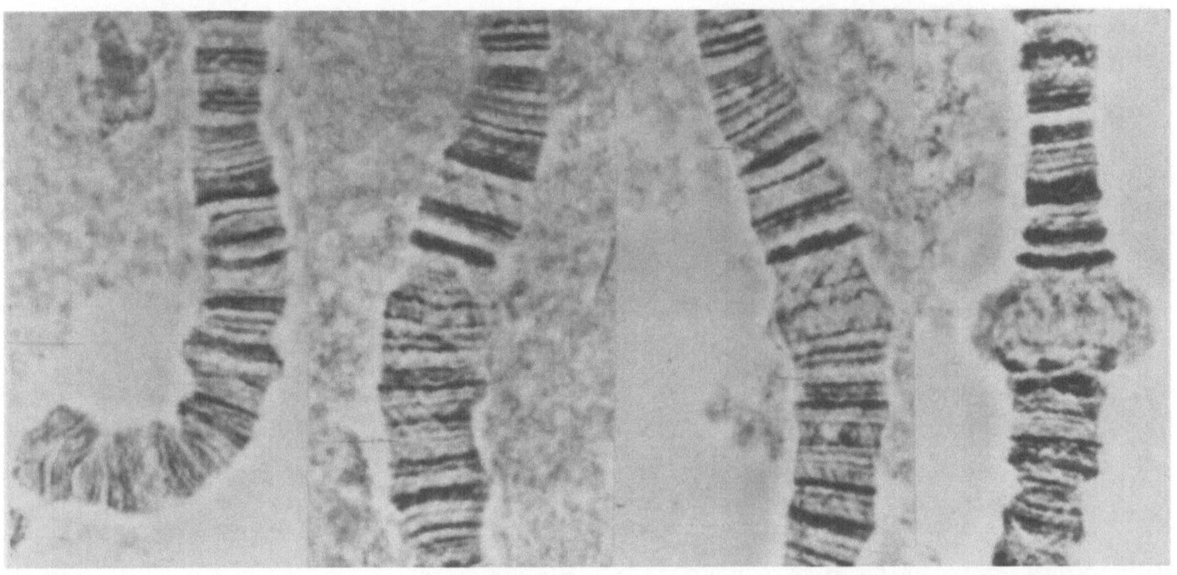

Abb. 42.4. Aufeinanderfolgende Stadien des *Puffing* in polytänen Chromosomen von *Chironomus pallidivittatus.* (Aufn. Beermann, Tübingen, 1973)

Nach *Heat-shock*-Einwirkung wurden die neun induzierten Puffs deutlich markiert, wohingegen die übrigen unmarkiert blieben. Das weist auf eine Transkription in den aktivierten Puffs hin, besagt aber auch, daß das Abstellen der Transkription nicht unmittelbar mit dem Verschwinden von Puffs korreliert ist.

Welche Folgerungen kann man aus diesen Daten ziehen? Es sieht ganz so aus, als würden sowohl Puffs als auch Interbanden aktive Gene enthalten. Puffs sind offenbar lediglich der Ausdruck einer sehr hohen Genaktivität. Dennoch bleibt auch hier ein Dilemma bestehen, denn Interbanden enthalten nicht genügend DNS, um allen Erfordernissen gerecht zu werden. Jamrich et al. nehmen deshalb an, daß bei einer Genaktivierung ein Teil der DNS der Banden dekondensiert und in die benachbarten Interbanden hineingezogen wird. Je höher der Bedarf an einem Genprodukt ist, umso mehr Chromatiden sind an diesem Prozeß beteiligt. Ist in den Interbanden nicht genügend Platz vorhanden, entsteht ein Puff, dessen Größe mit der Transkriptionsrate korreliert ist. Bande und Interbande sind demnach keine starren Strukturen, sondern Zustandsformen mit fließenden Grenzen. Ein Gen ist somit nicht eine Bande *oder* eine Interbande, sondern eine Einheit aus beiden. Natürlich bleibt damit die Frage nach der Funktion der großen DNS-Mengen in den Banden unbeantwortet. Die ausweichende Antwort, sie würden Kontrollzwecken dienen, ist, in dieser simplen Form gegeben, zunächst noch recht unbefriedigend.

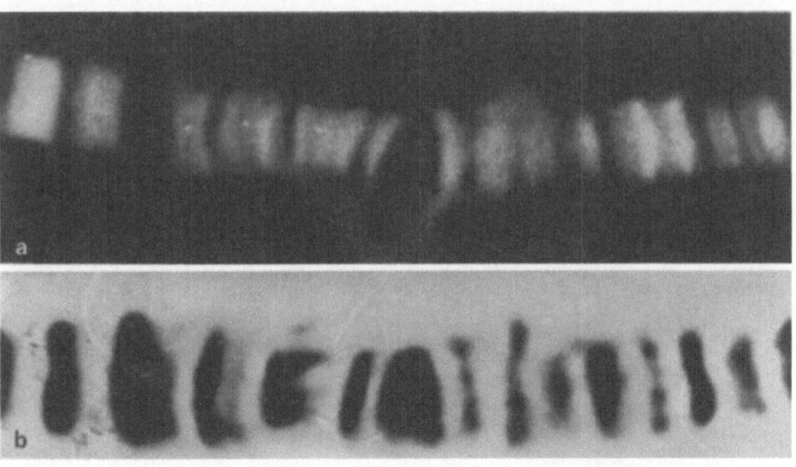

Abb. 42.5. a Lokalisierung von RNS-Polymerase B in den Interbanden eines polytänen Chromosoms von *Drosophila* unter Einsatz der indirekten Immunfluoreszenzmethode (anti-RNS-Polymerase-Antikörper). b Gleiche Stelle des Präparates. Die Banden wurden durch ein konventionelles Verfahren (Orcein) gefärbt. Die Färbungen oben und unten stehen auf Lücke (Jamrich, Greenleaf und Bautz, Heidelberg, 1977)

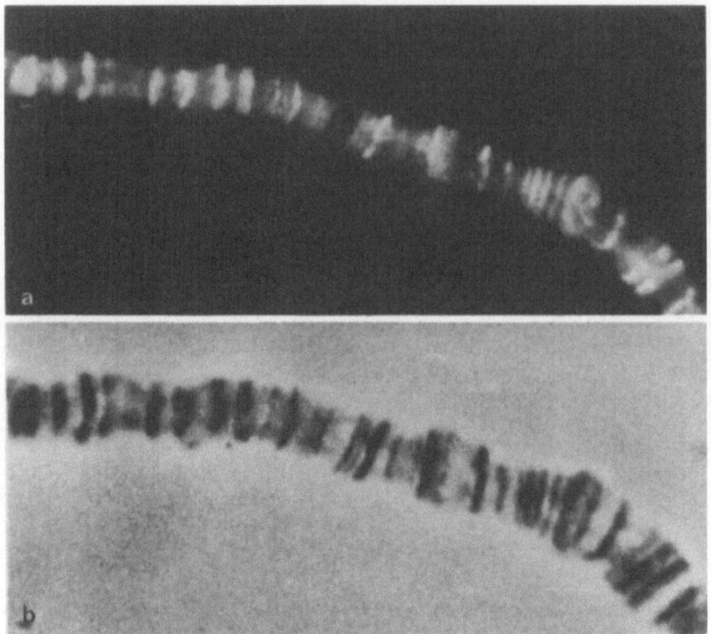

Abb. 42.6 a und b. Lokalisierung des Histon I in den Banden von polytänen Chromosomen von *Drosophila:* a Markierung durch Immunfluoreszenz (anti-Histon I-Antikörper). b Konventionelle Färbung der Banden. Die Gegenüberstellung der beiden Bilder macht deutlich, daß das Histon I, im Gegensatz zur RNS-Polymerase (s. Abb. 42.5), in den Banden lokalisiert ist (Jamrich, Greenleaf und Bautz, Heidelberg, 1977)

Proteinbiosynthese und Puffs

Mücken der Art *Acricotopus* synthetisieren ein Hydroxyprolin-enthaltendes Protein, wenn gleichzeitig ein ganz bestimmter, spezifischer Puff ausgebildet wird (Baudisch, 1960). *Chironomus*larven bilden in den Speicheldrüsen ein Sekret, dessen Proteinanteil Grossbach (Max-Planck-Institut für Biologie, Tübingen) mikrogelelektrophoretisch auftrennen konnte. *Chironomus pallidivittatus* produziert ein Gemisch aus sechs Polypeptiden. Einige wenige Zellen produzieren ein zusätzliches Polypeptid. Bei der nah verwandten Art *Chironomus tentans* sind die Polypeptide im großen und ganzen ähnlich strukturiert, jedoch fehlt die sechste Komponente ebenso wie diejenige, die in den Spezialzellen von *C. pallidivittatus* gebildet wird. In Bastarden zwischen beiden Arten treten alle Polypeptide auf. Die gleichzeitige Analyse der Proteine und des Puffmusters ergab, daß jedem von ihnen ein Puff zuzuordnen ist und daß diese in jenen Chromosomenregionen liegen, die vorwiegend gewebespezifische Puffs exprimieren (s. Abb. 42.7).

Korge (Zoologisches Institut, Universität München, 1975, 1977) analysierte das Auftreten eines sekretorischen Proteins in *Drosophila*larven und korrelierte es mit dem Auftreten bestimmter Puffs. Es wird eine Reihe von Proteinen gebildet, die gelelektrophoretisch charakterisierbar sind. Das elektrophoretische Muster des Stamms Berlin von *Drosophila melanogaster*

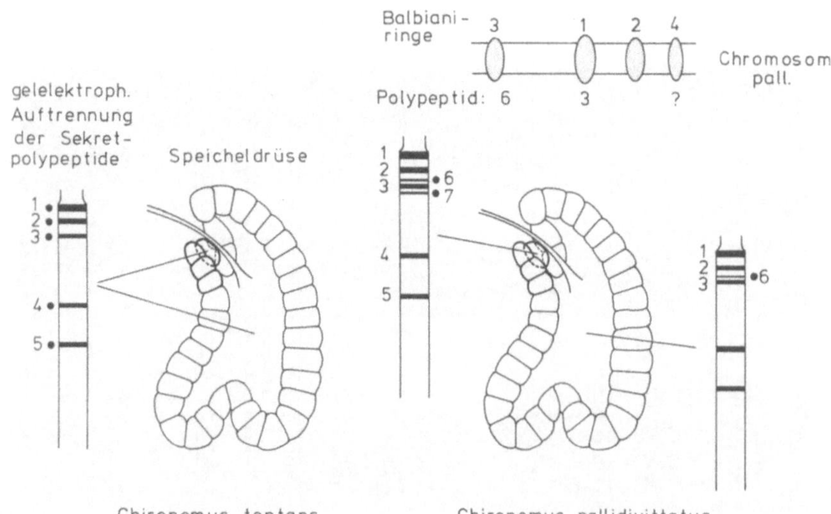

Abb. 42.7. Verteilung von sekretierten Polypeptiden (*1–7*) in Speicheldrüsen von *Chironomus tentans* und *Chironomus pallidivittatus.* Gelelektrophoretische Auftrennung von Speichelextrakt und Zellextrakt sowie Korrelation des Auftretens von Proteinen mit dem von Balbiani-Ringen im Chromosom IV von *Ch. pallidivittatus* (Grossbach, 1974)

Abb. 42.8. Genkarte von rekombinierten X-Chromosomen, die zur Lokalisierung des Genortes von Protein 4 herangezogen wurden. *Dunkle, horizontale Balken,* X-Chromosom oder Teile davon von den Stämmen y, w, spl, cv, f oder y, v, f. *Punktiert,* Abschnitte, in denen die Rekombination stattfand. *Links angezeigt,* Genotypen (Marker) der Rekombinanten. *Rechts,* Charakterisierung des Proteins. *B,* nur Protein 4a; *OR,* nur Proteinallele 4b, 4c oder 4d (*Ziffern* weisen auf Anzahl beobachteter Rekombinanten hin). *Oberste Zeile,* Kopplungsabstände der eingesetzten Markergene (Korge, 1975)

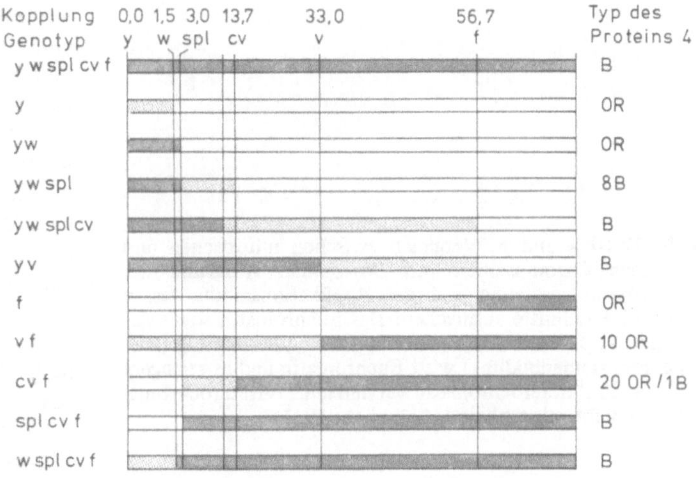

unterscheidet sich klar von dem des Stamms Oregon. Durch Bastardierung beider Stämme und anschließende Kreuzungsanalyse wurden zunächst die gebildeten Proteine bestimmten Chromosomen zugeordnet, und durch Rekombinationsexperimente wurde die Lage der Gene auf den Chromosomen bestimmt. Von besonderem Interesse ist hierbei das Gen für das Protein 4, welches auf dem X-Chromosom im Bereich der Banden 3C10 und 3D1 liegt. Es ist während des dritten Larvenstadiums aktiv und bildet einen Puff. Simultan dazu wird das Sekretprotein 4 gebildet. Durch Erhöhung der Ecdysonkonzentration wird die Proteinsynthese abgeschaltet, und der Puff verschwindet (s. Abb. 42.8 und 42.9).

Auch nach Induktion von *Heat-shock*-Puffs erfolgt eine Neusynthese spezifischer Proteine (Tissieres et al., California Institute of Technology, 1974). Ihre Bildung wurde in Speicheldrüsenkulturen von *Drosophila* nachgewiesen, denen nach dem *Heat-shock* [^{35}S]-Methionin als Marker zugesetzt wurde. Die Syntheseprodukte wurden, wie üblich, gelelektrophoretisch getrennt, wobei nach der Induktion eine Reihe neuer Banden auftrat. In allen untersuchten Geweben traten stets die gleichen Komponenten auf, womit die Gewebeunabhängigkeit des *Heat-shock*-Effekts klar unter Beweis gestellt wurde.

Repetitive Sequenzen in der DNS von Drosophila

Mehrere *Drosophila*arten enthalten in ihren Mitosechromosomen in Nachbarschaft der Centromeren auffallende, heterochromatische Bereiche (Heitz, 1934), die kompakt strukturiert sind und während der Prophase mit DNS-spezifischen Farbstoffen intensiv anfärbbar sind. Bei *Drosophila melanogaster* sind 1/3 des X-Chromosoms und das ganze Y-Chromosom heterochromatisch, bei den Chromosomen 2 und 3 macht der Anteil je 20% aus. Bei den polytänen Chromosomen fallen diese Bereiche kaum auf, so daß der Verdacht nahelag, das Heterochromatin werde während der Polytänisierung nicht mit repliziert (Heitz, 1934). Die Mehrzahl der Gene liegt im euchromatischen Anteil, und es ist in der Tat so, daß nur dieser Anteil vervielfacht wird.

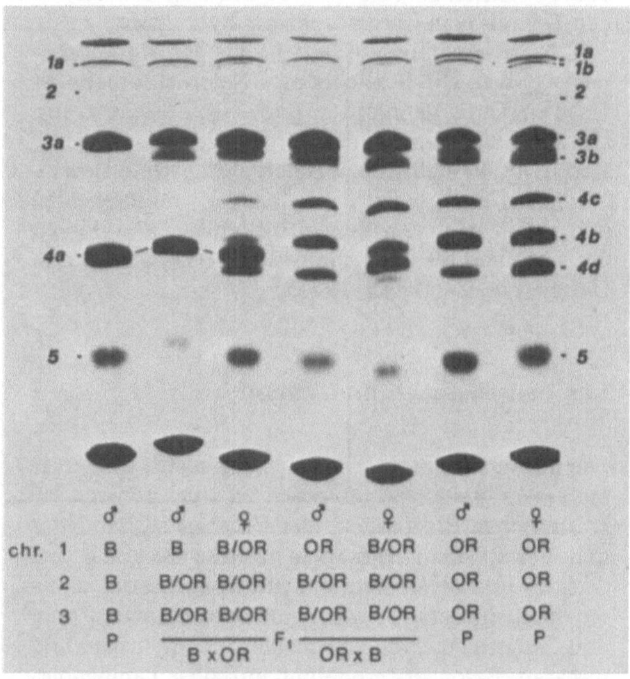

Abb. 42.9. Elektrophoretische Auftrennung von Speicheldrüsenproteinen aus den *Drosophila*-Stämmen Berlin und Oregon. Im unteren Teil des Bildes sind die Chromosomenkonstitutionen der Tiere wiedergegeben, deren Speichel untersucht wurde. *B,* Chromosom des Stamms Berlin; *O,* Chromosom des Stamms Oregon; *B/O,* erstes, zweites und drittes Chromosom (*chr* 1–3) heterozygot in Bezug auf B und O; *P,* Parentalgeneration; F_1, Hybride B x O (♀B x ♂O), O x B, reziproke Kreuzung (Korge, München, 1977)

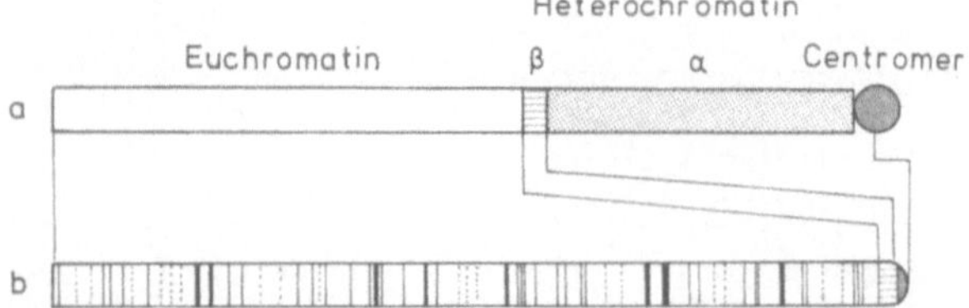

Abb. 42.10 a und b. Vergleich zwischen mitotischen und polytänen Chromosomen von *Drosophila:* Aufgrund der DNS-Zusammensetzung und des Replikationsmodus lassen sich drei Abschnitte ausmachen: Das Euchromatin sowie das α- und das β-Heterochromatin. Bei der Polytänisierung (Riesenchromosomenbildung) wird Euchromatin und in geringem Maße auch β-Heterochromatin vervielfacht. α-Heterochromatin wird nicht mit repliziert (Gall et al., 1971)

Das Chromozentrum der polytänen Chromosomen aus *Drosophila* enthält repetitive DNS-Sequenzen (Rae, 1970; Hennig et al., 1970). Repetitive Sequenzen sind oft aufgrund ihrer Basenzusammensetzung als „Satelliten" von der *Mainband* der DNS abtrennbar (s. Kap. 6). Insgesamt beträgt ihr Anteil bei *Drosophila melanogaster* etwa 12%. In polytänen Chromosomen ist diese Fraktion nur in Spuren nachweisbar. Verwendet man daraus isolierte DNS als Matrize für die Synthese radioaktiver RNS, kommt eine cRNS-Fraktion zustande, die in situ zum überwiegenden Teil mit dem Chromozentrum hybridisiert.

Das Heterochromatin besteht aus den Komponenten α und β. Die Bezeichnung β-Heterochromatin ist nicht eindeutig definiert (s. Kap. 40). Es sieht so aus, als würde es während der Polytänisierung mit repliziert. Die Verhältnisse α-Heterochromatin/β-Heterochromatin/Euchromatin zueinander unterscheiden sich somit bei einem Vergleich normaler und polytäner Chromosomen (s. Abb. 42.10) (Gall et al., Yale University, New Haven, 1971).

Lampenbürstenchromosomen

Lampenbürstenchromosomen haben nichts mit Polytänie und Riesenchromosomen zu tun. Man hat sie bei manchen Pflanzen, so der Grünalge *Acetabularia* und bei vielen Tiergruppen nachgewiesen, u.a. bei Seeigeln und Seesternen, bei Rundmäulern und anderen Fischen, dann bei Amphibien, Reptilien, Vögeln und Säugern und schließlich bei den Mollusken und Insekten. Besonders große und auffällige Lampenbürstenchromosomen kommen in den Oozyten der Amphibien vor. Bei Salamandern können sie bis zu 1 mm lang sein. Das ist ein entscheidender Grund dafür, sich mit diesen Strukturen auseinanderzusetzen. Lampenbürstenchromosomen entstehen durch Entspiralisierung normaler Chromosomen. Der Längenzunahme geht die Bildung seitlicher Schlingen (Schleifen, Schlaufen) parallel. Ihre Anordnung, Größe und Gestalt ist für den Zustand des Chromosoms ebenso charakteristisch wie das Bandenmuster für die polytänen Riesenchromosomen. Das Ausfahren der Schlingen ist der Ausbildung von Puffs analog. Lampenbürstenchromosomen entstehen in einem frühen, meiotischen Stadium (Diplotän der meiotischen Prophase), in dem die homologen Chromosomen bereits gepaart sind. Typischerweise enthalten sie demnach vier Chromatiden. Gegen Ende der Prophase werden die Schlingen wieder eingezogen, und das Chromosom kondensiert sich während der nachfolgenden Meiosephasen.

Die DNS verläuft als kontinuierlicher Strang entlang der Längsachse des Chromosoms und bildet sowohl die zentrale Achse als auch die Schlingen. Nach DNase-Einwirkung zerfällt die Struktur in viele Einzelteile.

Oozyten sind außerordentlich große Zellen. Bei *Xenopus* beträgt ihr Durchmesser etwa 2 mm. In ihnen findet eine aktive RNS- und Proteinsynthese statt. Die meisten Komponenten, die für den raschen Ablauf der frühen Embryonalstadien benötigt werden, werden vorfabriziert. Paradoxerweise erscheinen die Lampenbürstenchromosomen aber erst zu einem Zeitpunkt, wo das Plasma der Zelle bereits mit RNS und Proteinen angefüllt ist. Es sieht demnach so aus, als würden diese Komponenten z.T. wenigstens einem recht hohen Umsatz unterliegen.

Auch manche Spermatozyten enthalten Lampenbürstenchromosomen oder vereinfachte, ihnen äquivalente Strukturen. So fand Keyl (Ruhr-Universität, Bochum) Lampenbürsten in den Spermatozyten von *Chironomus* und Hess (Universität Düsseldorf) zeigte, daß das Y-Chromosom von *Drosophila hydei* einige wenige Schlingen ausbildet. Genetisch konnte man dem Y-Chromosom bislang nur einen Genort zuschreiben, weiß aber, daß dort mehrere Fertilitätsfaktoren lokalisiert sein müssen. Die Schlingen der Lampenbürstenchromosomen sind, wie wir noch ausführlich besprechen werden, Orte der Transkription. Ihr Nachweis im Y-Chromosom bietet somit eine Handhabe, auch dort nach weiteren aktiven Genen zu suchen.

Das Genom von *Triturus* enthält 7–15mal soviel DNS wie das von *Xenopus*. Die Schlingengröße beträgt im ersten Fall durchschnittlich 50 μm, maximal sogar 200 μm (Gall, Yale University, New Haven, 1955), und im zweiten Fall nur 10–15 μm (Callan, Department of Zoology, University St. Andrews, Fife/Engl., 1963). *Triturus*-Schlingen enthalten demnach weit mehr DNS als die von *Xenopus*, womit sich natürlich die Frage stellt, ob die gesamte DNS in den Schlingen mit genetischer Information gleichzusetzen ist oder nicht.

1958/1962 begann Gall, die Transkription mit Hilfe autoradiographischer Techniken zu untersuchen. [^{3}H]-Uridin wird in Schlaufenstrukturen und in die Achse eingebaut. Von besonderem Interesse ist natürlich die Lokalisation und Sichtbarmachung spezifischer Gene. rRNS-Gene, Histongene und andere repetitive Einheiten sind geeignete Kandidaten, deren

Abb. 42.11. Teile von Lampenbürstenchromosomen von *Triturus cristatus carnifex*. [^{3}H]-markierte „intermediär" repetitive DNS wurde in situ gegen RNS-Transkripte an den Schlaufen der Lampenbürstenchromosomen hybridisiert. Nur einige wenige Schlaufenpaare sind auf diese Weise autoradiographisch markierbar. (Aufn. MacGregor, Leicester, 1977)

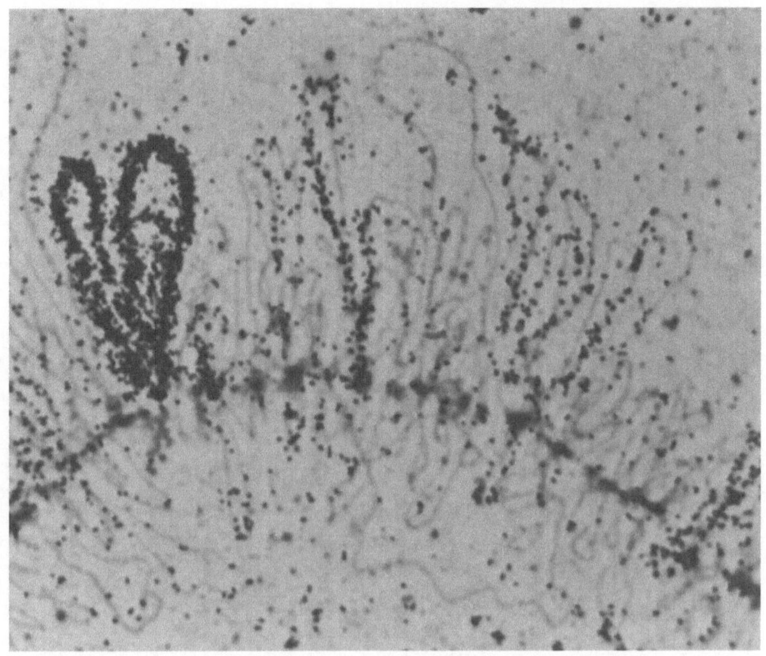

Position inzwischen experimentell ermittelt wurde (s. Abb. 42.11). Histongene aus dem Genom von Seeigeln (s. Kap. 7) wurden in Bakterien kloniert, und die (radioaktiv markierte) DNS wurde eingesetzt, um die Histongene in situ in *Triturus*-Lampenbürstenchromosomen zu identifizieren (s. Abb. 42.12). RNS komplexiert unmittelbar nach ihrer Bildung mit Proteinen und formt einen Ribonukleoproteinkomplex (RNP). Während der Transkription bleibt der Gesamtkomplex zunächst an der DNS hängen, wodurch die DNS-Matrize (Matrix) gegen ein Ende hin an Dicke gewinnt (Callan und Lloyd, 1960). Zur Charakterisierung des RNP-Komplexes haben Sommerville et al. (University of St. Andrews, Fife) Proteine aus Oozyten isoliert, sie fraktioniert und Antikörper gegen sie hergestellt. Die wiederum verwandten sie, um ihre Bindung an Lampenbürstenchromosomen zu studieren. Dabei wurde ein Protein charakterisiert, das von allen Schlaufen gebunden wird. Dieses bildet mit dem primären Transkriptionsprodukt RNP-Partikel von relativ einheitlichem Durchmesser (20 nm) (siehe Abb. 42.13). Doch dann gibt es einige Proteine, die nur an sehr wenigen Schlaufen erscheinen (s. Abb. 42.14). Auch hierbei erfolgt die Bindung an die RNS, nicht an die DNS. Damit kann man den Transkriptionsprozeß direkt verfolgen, und eines der Ergebnisse der Analysen lautet, daß nur Teile der DNS in den Schlaufen als Transkriptionsmatrix dienen und daß diese mit unterschiedlichen Raten transkribiert werden. Histone findet man fast ausschließlich in den Chromomeren in der Zentralachse (s. Abb. 42.15). Damit haben wir eine Parallele zu den Riesenchromosomen: Die Achse entspricht den Banden und die Schlaufen den Interbanden.

Elektronenmikroskopische Analyse von Lampenbürstenchromosomen

Weitere Details des Transkriptionsmusters in Lampenbürstenchromosomen ergaben sich aus elektronenmikroskopischen Untersuchungen unter Einsatz der Miller-Technik. Viele der Ergebnisse wurden in Kapitel 40 bereits vorweggenommen. An dieser Stelle sollen deshalb zusammenfassend einige Ergänzungen zur Organisation der Transkriptionseinheiten vorgestellt werden.

Scheer et al. (Deutsches Krebsforschungszentrum, Heidelberg) fanden, daß nicht alle Schlingen gleichartig transkribiert werden, wobei folgende Möglichkeiten realisiert sind (s. Abb. 42.16):

1. Schlingen, die nur eine Matrixeinheit enthalten, welche sich über ihre ganze Länge erstreckt (siehe Abb. 42.17).
2. Schlingen mit transkribierten Bereichen, die von scheinbar nicht transkribierten *Spacern* unterbrochen sind (s.a. Abb. 37.6). Diese *Spacer* können sowohl vor der transkribierten Matrix als auch nachfolgend liegen.
3. Schlingen mit zwei oder mehr Matrixeinheiten unterschiedlicher Länge, aber gleicher Polarität.
4. Schlingen mit mehreren Matrixeinheiten gleicher Länge.
5. Schlingen mit Matrixeinheiten entgegengesetzter Polarität. Dieser Befund besagt, daß die Transkription an beiden Strängen erfolgt. Dieser Modus ist relativ häufig und sowohl bei Amphibien als auch bei der Grünalge *Acetabularia* anzutreffen (siehe Abb. 42.18).

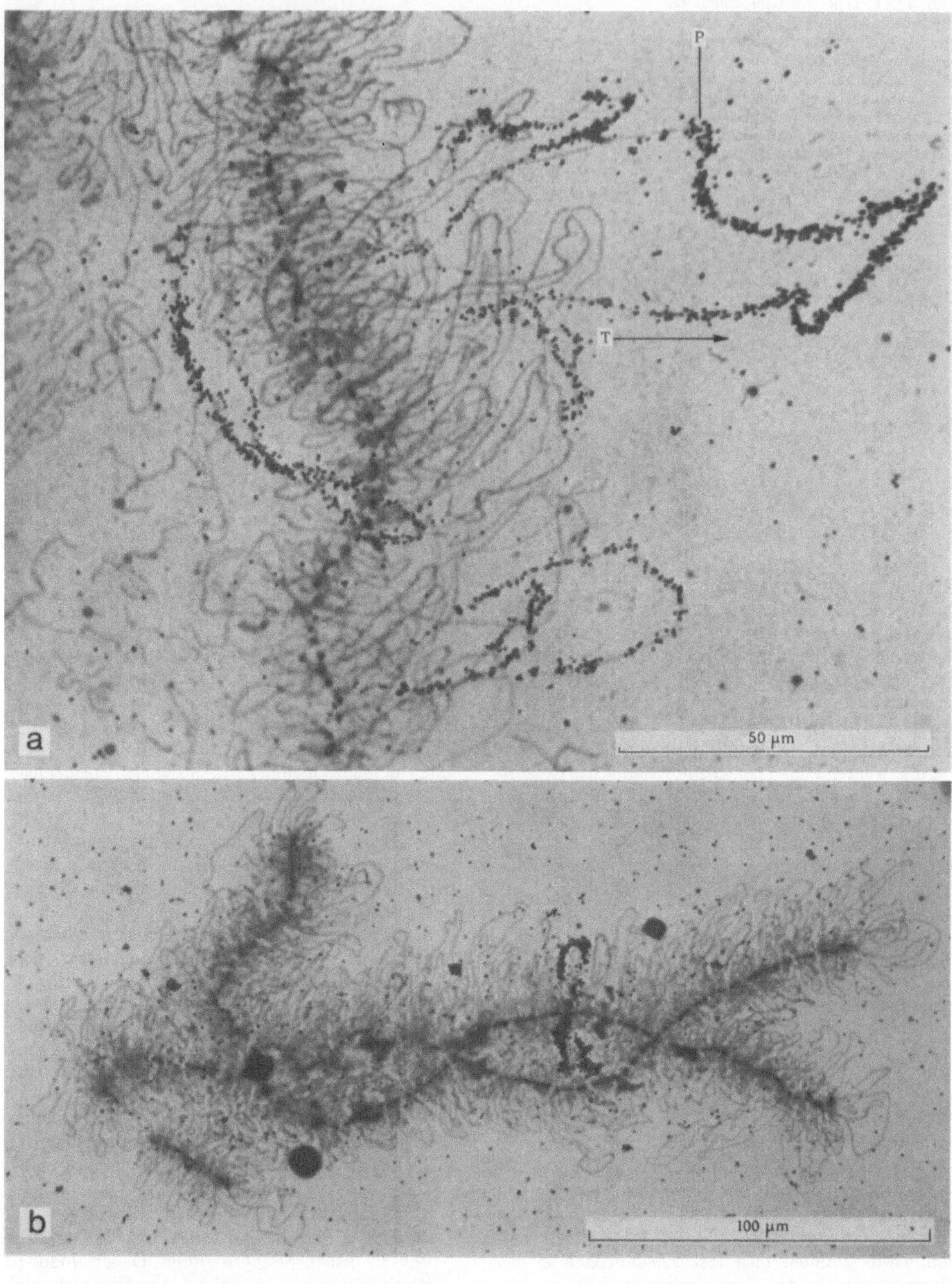
P
T
a
50 μm
b
100 μm

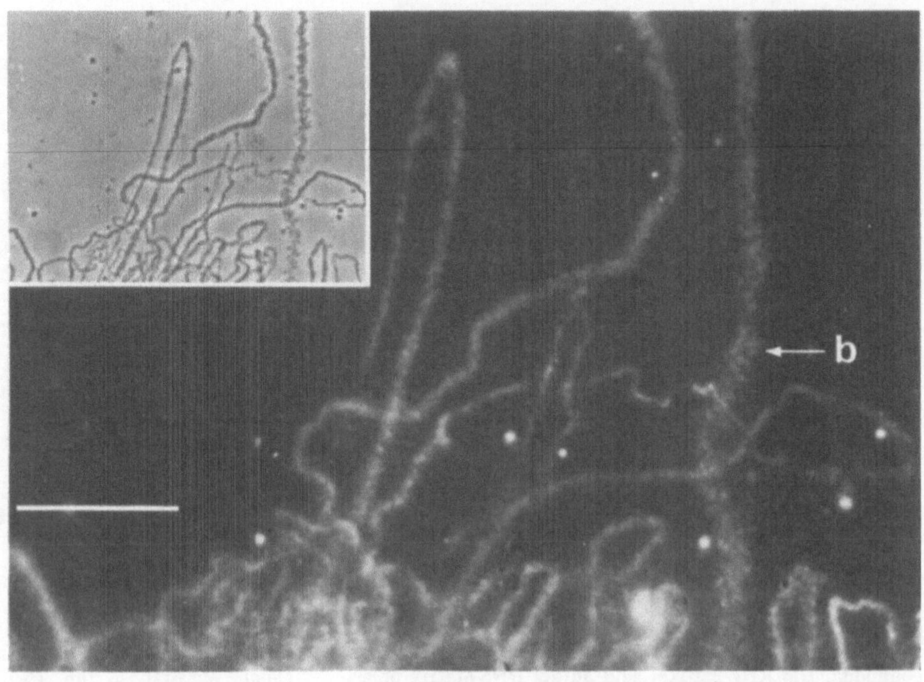

Abb. 42.13. Indirekte Immunfluoreszenz: Es wurden Antikörper gegen RNP-Protein (das Protein, das mit dem primären Transkriptionsprodukt assoziiert ist) verwendet. Das Protein ist an allen Schlaufen nachweisbar. Einzelne RNP-Partikel (*b*) können als leuchtende Zentren identifiziert werden. Maßstab: 5 μm. (Aufn. Sommerville; St. Andrews, Fife, 1978)

6. Dazwischengeschaltete, mehr oder weniger lange *Spacer*-Regionen in Schlingen mit mehreren Genen.
7. Gene mit hoher Transkriptionsrate und solche mit geringer Transkriptionsrate.

Amplifikation

Amplifikation bedeutet selektive Vervielfachung einzelner Teile des Genoms. Bekannt geworden ist diese Erscheinung durch das Auftreten zusätzlicher, extrachromosomaler DNS mit Genen für ribosomale RNS (18S + 28S) in den Oozyten von Amphibien und einigen Insekten.

Das *Xenopus*-Genom enthält fest verankert 50.000 Genkopien für 5S rRNS (D.D. Brown und C.S. Weber, 1968) und je 200 Kopien für jede tRNS (Clarkson et al., 1973). Nur die 18S + 28S rRNS-Gene werden amplifiziert. Der Vorgang findet während des Pachytänstadiums statt (Gall, 1968). Die Replikation der chromosomalen Teilabschnitte setzt bereits in einem prämeiotischen Stadium ein.

Die entstehende extrachromosomale DNS ist ringförmig und wird über den *Rolling circle*-Mechanismus (s. Kap. 8) weiter vervielfacht. Man erhält schließlich an die 2 Millionen Kopien der rRNS-Gene. Mit der bereits erwähnten, 1969 von Miller und Mitarbeitern entwickelten Technik (s. Kap. 40) ließen sich die amplifizierten DNS-Ringe und die daran ablaufende Transkription elektronenmikroskopisch abbilden. Die Ringe haben unterschiedliche Durchmesser, die Moleküle sind also verschieden lang. Die Längenunterschiede beruhen auf unterschiedlich langen *Spacern* zwischen den transkribierten Abschnitten. Der Ring besteht aus einem mit Protein komplexierten DNS-Molekül. Die Matrix-Elemente für die Transkription sind alle gleichsinnig orientiert und durch *Spacer* voneinander getrennt. An jeder Matrix werden simultan etwa 100 RNS-Moleküle gebildet, die ihrerseits auch wieder sofort mit Protein komplexiert werden.

Abb. 42.12. a Teil eines Lampenbürstenchromosoms von *Triturus cristatus carnifex*. Das Präparat wurde in situ unter Hybridisierungsbedingungen mit einem Fragment [^{3}H]-markierter Histon-DNS aus *Echinum* behandelt. Schlingen mit Sequenzen, die der zugegebenen DNS komplementär sind, können anschließend autoradiographisch identifiziert werden. Man erkennt im Bild, daß auf mehreren Schlingen Histongene liegen. *T* weist auf den Anfang, *P* auf das Ende einer Transkriptionseinheit hin. **b** Vollständiges Lampenbürstenchromosom von *Triturus cristatus carnifex*. Wie unter (a) in situ mit [^{3}H]-markierter DNS behandelt. Das Individuum, dem das Chromosom entnommen wurde, ist in bezug auf das hier getestete Merkmal heterozygot, denn die Markierung erscheint nur in einem der beiden gepaarten homologen Chromosomen. Jedes besteht aus zwei Chromatiden, die an je zwei einander gleichen Schlingen erkennbar sind. (Aufn. Sommerville; St. Andrews, Fife, 1978)

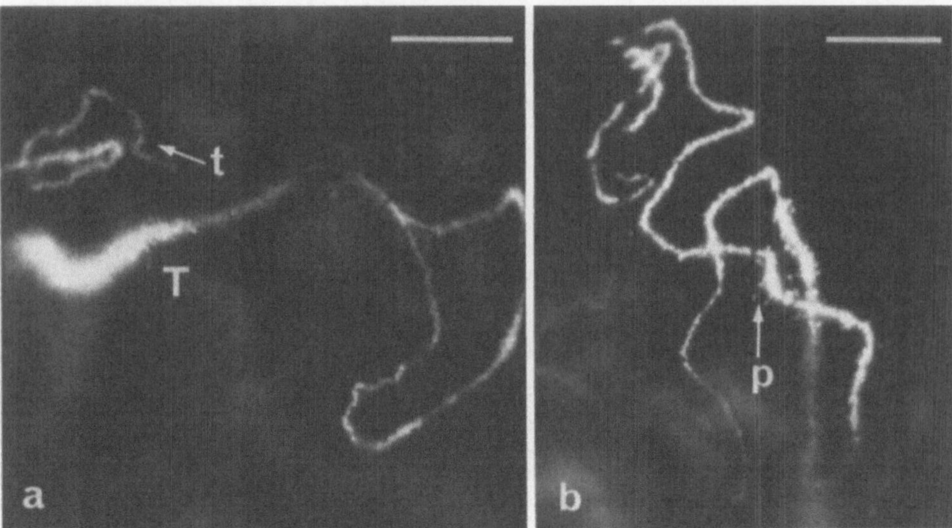

Abb. 42.14 a und b. Immunfluoreszenz in einigen Schlaufen der Lampenbürstenchromosomen. Es wurden Antikörper gegen eine Proteinfraktion aus Oozyten verwendet. Dieses Protein wird selektiv an wenigen Schlaufen im RNP-Komplex gebunden. Die RNP-Partikel sind an der DNS-Matrix polarisiert (s. hierzu Abb. 42.16), so daß die Transkriptionsrichtung direkt abgelesen werden kann. Auch in dem hier vorgestellten Beispiel lassen sich unterschiedliche Transkriptionsraten der beiden Allele (*T*, *t*) in homologen Chromosomen voneinander unterscheiden (a). In b ist die Transkriptionsrate in beiden gleich. Maßstab: 5 μm. (Aufn. Sommerville; St. Andrews, Fife, 1978)

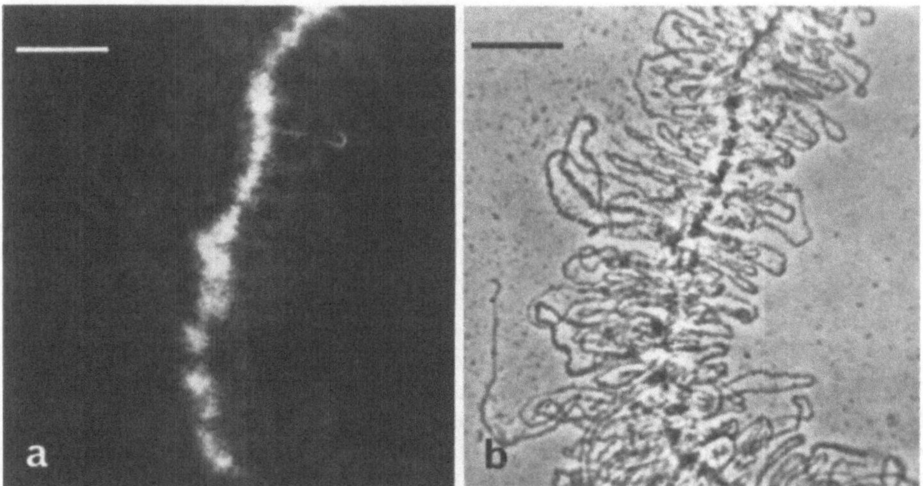

Abb. 42.15 a und b. a Immunofluoreszenz von Lampenbürstenchromosomen, erzeugt unter Anwendung von Antikörpern gegen Histon. b Das gleiche Präparat im Phasenkontrastmikroskop. Maßstab: 5 μm. (Aufn. Sommerville; St. Andrews, Fife, 1978)

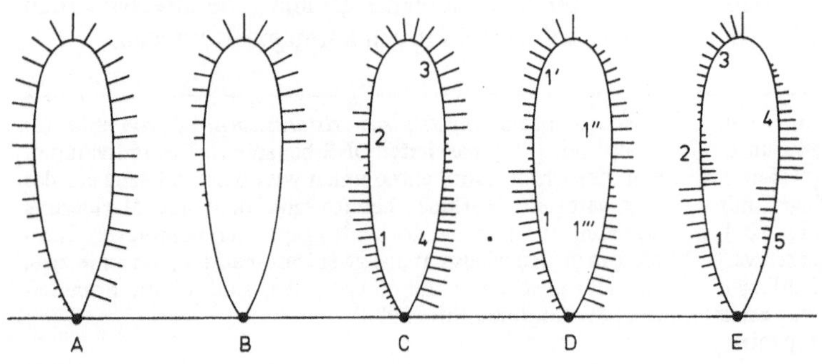

Abb. 42.16. Verschiedene Alternativen für die Anordnung von Transkriptionseinheiten innerhalb individueller Schlaufen von Lampenbürstenchromosomen. Die Ziffern *1–1'''* stehen für gleichartige Einheiten, die Ziffern *1–5* für Einheiten unterschiedlicher Länge (Scheer et al., 1976)

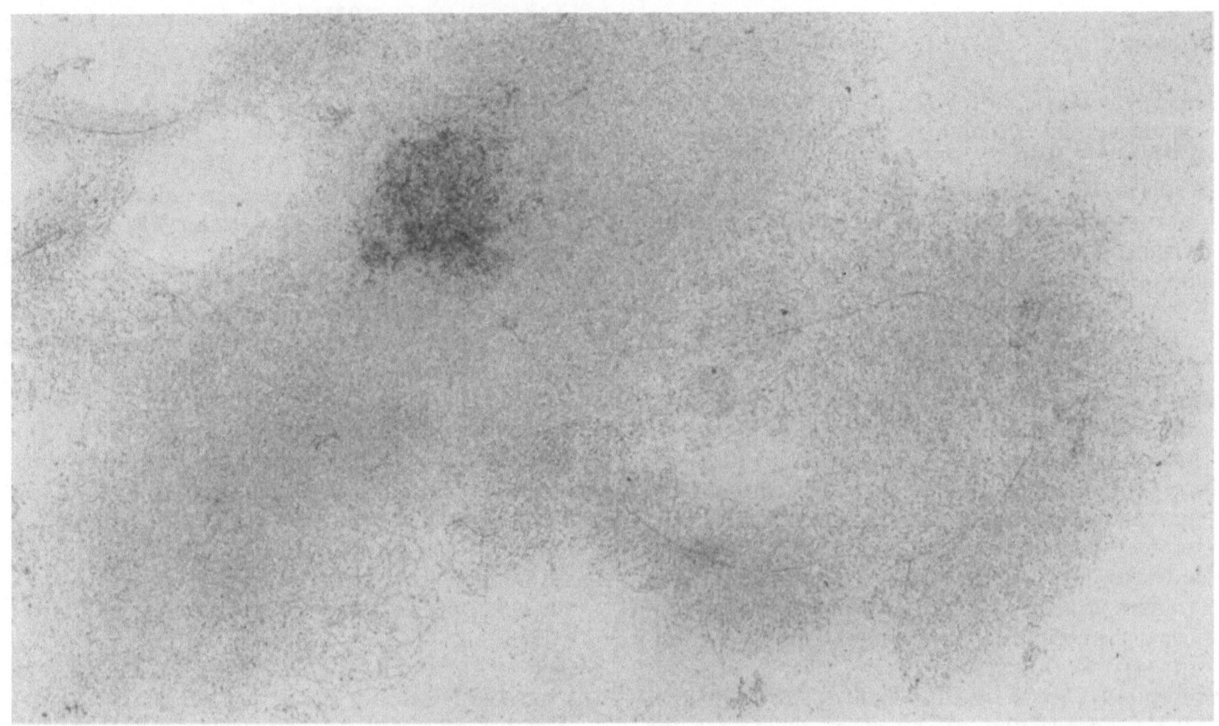

Abb. 42.17. Elektronenmikroskopische Aufnahme einer ausgebreiteten Schlaufe, die als Transkriptionsmatrix dient (*rechts im Bild*). In der *Mitte des Bildes* ist die Chromosomenachse (Chromomerenregion) und *links* ein Teil einer weiteren Schlaufe, an der ebenfalls eine Transkription abläuft, zu sehen. (Aufn. Scheer, Heidelberg, 1978)

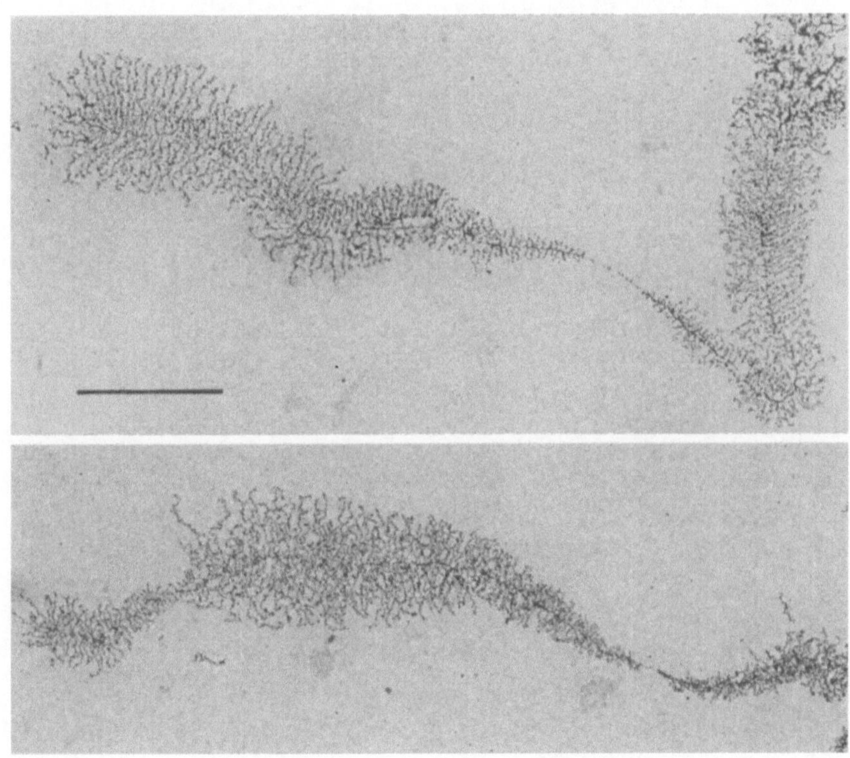

Abb. 42.18. Transkriptionseinheiten in Schlaufen der Lampenbürstenchromosomen von *Acetabularia mediterranea.* Die Einheiten sind als Tandems angeordnet, zeigen aber entgegengesetzte Polarität, d.h. bei der einen Einheit wird ein, bei der benachbarten der andere DNS-Strang abgelesen. Maßstab: 1 μm. (Aufn. Scheer, Heidelberg, 1978)

Literatur

Gall, J.G., Cohen, E.H., Polan, M.L.: Repetitive DNA sequences in *Drosophila.* Chromosoma *33,* 319 (1971)

Grossbach, U.: Chromosome puffs and gene expression in polytene cells. Cold Spring Harbor Symp. Quant. Biol. *38,* 619 (1974)

Jamrich, M., Greenleaf, A.L., Bautz, E.K.F.: Localization of RNA polymerase in polytene chromosomes of *Drosophila melanogaster.* Proc. Natl. Acad. Sci. USA *74,* 2079 (1977)

Korge, G.: Chromosome puff activity and protein synthesis in larval salvia glands of *Drosophila melanogaster.* Proc. Natl. Acad. Sci. USA *72,* 4550 (1975)

Korge, G.: Direct correlation between a chromosome puff and the synthesis of a larval salvia protein in *Drosophila melanogaster.* Chromosoma *62,* 155 (1977)

MacGregor, H.C., Andrews, C.: The arrangement and transcription of "middle repetitive" DNA sequences on lampbrush chromosomes of *Triturus.* Chromosoma *63,* 109 (1977)

Pardue, M.L., Kedes, L.H., Weinberg, E.S., Birnstiel, M.L.: Localization of sequences coding for the histone messenger RNA in the chromosomes of *Drosophila melanogaster.* Chromosoma *63,* 135 (1977)

Plagens, U., Greenleaf, A.L., Bautz, E.K.F.: Distribution of RNA polymerase on *Drosophila* polytene chromosomes as studied by indirect immunofluorescence. Chromosoma *59,* 157 (1976)

Ritossa, F.: A new puffing pattern induced by temperature shock and DNP in *Drosophila.* Experientia *18,* 571 (1962)

Scheer, U., Franke, W.W., Trendelenburg, M.F., Spring, H.: Classification of loops of lampbrush chromosomes according to the arrangement of transcriptional complexes. J. Cell Sci. *22,* 503 (1976)

Sommerville, J., Malcolm, D.B., Callan, H.G.: The organization of transcription on lampbrush chromosomes. Phil. Trans. R. Soc. Lond. B *283,* 359 (1978a)

Sommerville, J., Crichton, C., Malcolm, D.: Immunofluorescent localization of transcriptional activity on lampbrush chromosomes. Chromosoma *66,* 99 (1978b)

Tissieres, A., Mitchell, H.K., Tracy, U.M.: Protein synthesis in salivary glands of *Drosophila melanogaster.* J. Mol. Biol. *84,* 389 (1974)

43. Extrachromosomale Vererbung; Chloroplasten als Erbträger

Bereits in den Jahren 1908/09 fiel C. Correns und Baur bei einigen Pflanzen (*Mirabilis, Pelargonium*) eine Weiß/grün-Scheckung der Blätter auf, deren Vererbung nicht den Mendelschen Regeln folgte, obwohl auch bei der Vererbung dieser Merkmale klare Gesetzmäßigkeiten auszumachen waren. Befruchtet man nämlich die Eizelle einer Pflanze (*Mirabilis*) des weiß/grün-gescheckten Phänotyps mit Pollen einer grün aussehenden Pflanze, erhält man in der F_1 gescheckte Pflanzen, die in der F_2-Generation nicht aufspalten. Führt man eine reziproke Kreuzung durch, also ♀ (grün) und ♂ (weiß/grün), erhält man grün aussehende Pflanzen.

Da die Eizelle im Vergleich zum Pollen ein Vielfaches an Plasma enthält, lag der Schluß nahe, die Ausprägung der untersuchten Merkmale werde durch Gene gesteuert, die im Plasma lokalisiert sind. Man nannte die Erscheinung deshalb zunächst Plasmatische Vererbung. Heute haben sich dafür Begriffe wie extrachromosomale Vererbung, extrakaryotische Vererbung oder nicht mendelnde Vererbung eingebürgert.

Neben der beschriebenen Form der rein mütterlichen Vererbung fand Baur bei *Pelargonium* in der F_1 (aus einer Kreuzung ♀ grün x ♂ weiß/grün gescheckt) neben grünen Exemplaren einige wenige gescheckte. Diese Beobachtung konnte in der Folgezeit an zahlreichen weiteren Pflanzenarten bestätigt werden. Sie ließ den Schluß zu, daß die hier beobachtete (seltene) Scheckung durch Gene in dem relativ kleinen, doch immerhin vorhandenen Plasmaanteil des Pollens hervorgerufen wird. Natürlich muß man sich auch fragen, welcher Mechanismus dieser nicht-mendelnden Vererbung zugrunde liegt. Die plausibelste, bis heute gültige Antwort darauf gibt die „Entmischungstheorie" von Baur und Renner. Sie besagt, daß die Plastiden (Chloroplasten) Träger der Vererbung seien und daß das Weiß/grün-Muster der Blätter auf Entmischung von zwei Plastidensorten beruht. Die Theorie basiert auf folgenden Postulaten:

1. Kontinuität der Plastiden, d.h. Plastiden entstehen ausschließlich durch Teilung auseinander.
2. Vorhandensein von „Mischzellen" an bestimmten Stellen im Gewebe: Mischzellen enthalten sowohl grüne als auch blasse (farblose) Plastiden. Sie sind zuerst von Correns (1909), dann von Renner postuliert worden und schließlich überall dort auch beobachtet worden, wo sie theoretisch zu erwarten waren. Maly und Wild (1956) und Hagemann (1960) beschrieben sie bei *Antirrhinum*, Michaelis bei *Epilobium* und Schötz bei *Oenothera*.

Auf Einzelheiten kommen wir gleich noch einmal zurück. Inzwischen weiß man auch, daß Chloroplasten nicht die einzigen extrakaryotischen Erbträger sind. Nicht mindere Bedeutung kommt den Mitochondrien zu, mit denen wir uns im folgenden Kapitel ausführlich befassen werden. Bei einer Reihe von Protisten kennt man Einlagerungen, meist bakterieller oder ungeklärter Herkunft, die sich ebenfalls semiautonom vermehren und deren Genom in den Wirtszellen exprimiert wird (χ-Faktor u.a.).

Die Erforschung der extrakaryotischen Vererbung erfolgte in zwei Phasen:

a) der klassisch genetischen und
b) der molekularbiologischen.

In der ersten Phase wurde sichergestellt, daß es extrakaryotische Erbträger gibt, und während der zweiten, daß auch hier DNS Träger der genetischen Information ist (DNS-Nachweis in Chloroplasten: Chun et al., 1963; Ris und Plaut, 1962; Sager und Ishida, 1963; Nachweis in Mitochondrien: Luck und Reich, 1964; Nass und Nass, 1963; Schatz et al., 1964). Heute befaßt man sich mit der Struktur und Funktion dieser DNS, setzt dazu moderne Techniken wie Restriktionsfragmentkartierung und Klonierung ein und schaut, welche Gene exprimiert werden. Genetische Information ist in eukaryotischen Zellen also auf mehrere Systeme aufgeteilt, die partiell voneinander unabhängig sind, aber dennoch in vielerlei Hinsicht miteinander kooperieren. Zu den interessantesten Problemen gehören daher die Fragen nach der Regulation der Zusammenarbeit.

Bei extrakaryotisch vererbten Merkmalen findet keine meiotische Segregation von Merkmalen statt. Während der Embryonalentwicklung werden die extrakaryotischen Erbträger daher mehr oder minder zufallsgemäß verteilt, so daß man von einer mitotischen Segregation sprechen kann (s. Abb. 43.1). Enthält eine Zelle eine größere Anzahl gleichartiger, aber erbverschiedener Einheiten, z.B. unterschiedlich gefärbte oder unterschiedlich strukturierte Chloroplasten (s. Abb. 43.2), stellt sich aufgrund der Teilung einer solchen „Mischzelle" in den Tochterzellen ein unterschiedliches Mischungsverhältnis der Erbträger ein.

Abb. 43.1. Blätter des Weidenröschens (*Epilobium*) mit Scheckungen infolge Plastidenmutation. *Links,* typische verschachtelte Musterung auf dem Höhepunkt der Entmischung. Aus Arealen mit Mischzellen entstehen bei fortgesetzter Entmischung immer neue Flecke, deren Dichte und Größe vom Ausgangsmischungsverhältnis abhängt. *Rechts,* die Entmischung erfolgte bereits frühzeitig in der Blattentwicklung. Als Folge davon entstehen große, klar voneinander getrennte, farblose (gelbe) und dunkelgrüne Sektoren. (Aufn. P. Michaelis)

Je größer die Anzahl der Erbträger ist, desto länger dauert der Entmischungsvorgang (s. Abb. 43.3). Da ihre Verteilung in den Zellen in erster Annäherung als statistisch angenommen werden darf, kann man keine streng zahlenmäßige Auftrennung erwarten, wie man es von der Verteilung der Chromosomen während der Meiose gewohnt ist. Tritt in einer Zelle eine kernbedingte Mutation mit Einfluß auf die Chloroplasten auf, beeinflußt sie gleichmäßig alle Chloroplasten in dieser Zelle, bei einer Plastidenmutation hingegen erscheinen zuerst „Mischzellen" und erst nach einer weiteren Vermehrung der mutierten Plastiden und der sie enthaltenden Zellen können einheitliche, mutierte Zellen entstehen.

Es gibt eine ganze Reihe von Beispielen dafür, daß zwei Plastidentypen in einer Zelle nicht-statistisch verteilt sein können. Ursachen hierfür sind:

- mangelnde Durchmischung des Zellplasmas und seiner Bestandteile,
- einseitige Verteilung der Plastiden,
- selektive Vermehrung bestimmter Plastidentypen sowie
- gegenseitige Beeinflussung normaler und mutierter Plastiden.

Viele dieser Abweichungen führen zu einer Beschleunigung des Entmischungsvorgangs. Es sei aber auch vermerkt, daß ein Scheckungsmuster auf Blättern grüner Pflanzen nicht immer als eine Folge extrakaryotisch vererbter Merkmale anzusehen ist. Viele andersartige Scheckungen beruhen auf physiologischen Störungen der Chloroplastenentwicklung, werden durch Virusinfektionen hervorgerufen oder sind durch instabile Kerngene (*controlling elements*) bedingt.

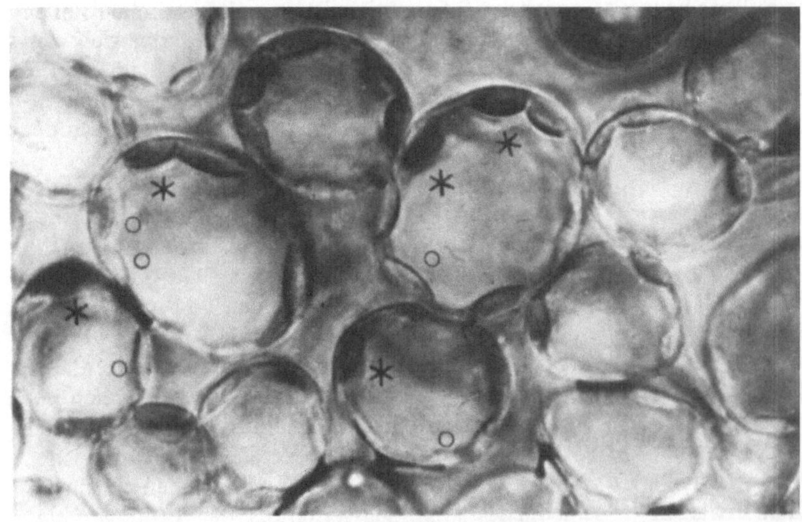

Abb. 43.2. Mischzellen mit zwei Plastidentypen, im Bild durch * und ○ gekennzeichnet. Die dunklen (normalen) sind grün, die hellen farblos, hellgelb oder hellgrün. Versuchsobjekt: Weidenröschen (*Epilobium*). (Aufn. P. Michaelis)

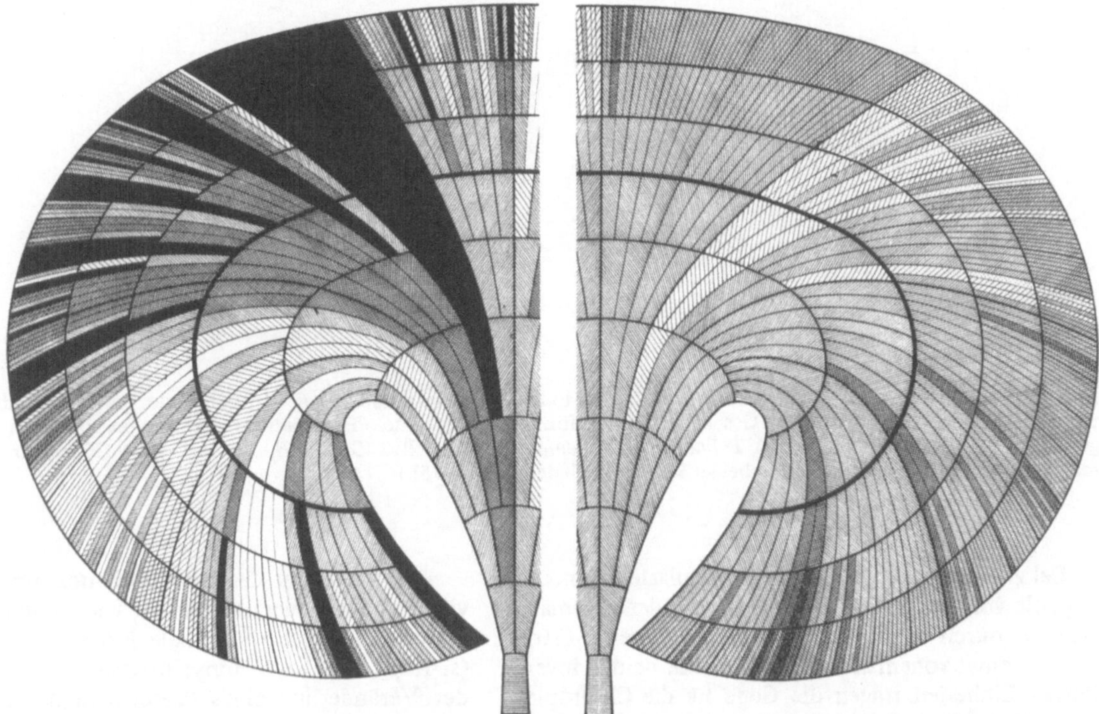

Abb. 43.3. Modell der Entmischung über 10 Zellteilungsfolgen: An der Basis der beiden (nur zur Hälfte abgebildeten) Schemata ist in einer „Zelle" das Ausgangsmischungsverhältnis der Erbträger durch eine entsprechende Schraffur eingetragen. In den zwei darüber gezeichneten „Geschwisterzellen" sind die im Teilungsversuch erhaltenen Mischungsverhältnisse eingezeichnet, und in derselben Weise ist in den weiteren Teilungsfolgen verfahren. Zellen, die nur mutierte, z.B. weiße Plastiden enthalten und weiterhin weiß bleiben, sind weiß, Zellen mit ausschließlich grünen Plastiden schwarz gezeichnet. Das *linke Schema* zeigt eine rasch ablaufende Entmischung in rein normale und rein mutierte Zellen bei einer geringen Anzahl von Erbträgern (p = 5); im *rechten Schema* bei einer größeren Anzahl von Erbträgern (p = 25) ist die Entmischung sehr langsam (P. Michaelis, 1966)

Genetische Information in Choroplasten

Chloroplasten-DNS (ctDNS)

Bei einer Reihe höherer und niederer Pflanzen ist DNS in den Chloroplasten (und in farblosen Plastiden) nachgewiesen worden. In *Euglena gracilis* z.B. stellt die ctDNS 5–6% der Gesamt-DNS der Zelle dar. Pro Zelle findet man rund zehn Chloroplasten. Jedes Organell enthält 8–100 ctDNS-Kopien. Die Molekulargewichte liegen in der Größenordnung von 0,7–1,8 x 10^8. Die Moleküle sind zirkulär und haben Längen von etwa 35–40 μm. Auf dieser DNS ist u.a. die genetische Information zur Bildung der Chloroplasten-rRNS, einer Reihe von ribosomalen Proteinen und einer Untereinheit des *Fraction-1-Proteins* (s. folgenden Abschnitt) enthalten. Bei der Erbsen-ctDNS und der Mais-ctDNS sind zwei voneinander verschiedene Wege der Replikation nachgewiesen worden. Kolodner und Tewari konnten 1975 aufgrund elektronenmikroskopischer Untersuchungen zeigen, daß sowohl der Replikationsmechanismus nach dem Cairns-Modell als auch der nach dem *Rolling-circle*-Modell vorkommt.

Zum Zeitpunkt der Initiation werden zwei *D-Loops* (*Displacement-loops*, s. Kap. 18) sichtbar. An den gegenläufigen Elternsträngen wachsen die beiden neu synthetisierten Stränge aufeinander zu. Bei einem kleinen Anteil der replizierenden Molekülringe sind Fortsätze erkennbar, die auf einen *Rolling-circle*-Mechanismus zurückzuführen sind (s. Abb. 43.4).

Warum findet man bei ctDNS zwei Typen von Replikationsmechanismen? Der eine wird als ein DNS-Duplikationsmechanismus gedeutet, der bei „normaler" Vermehrung auftritt, der andere als ein Amplifikationsmechanimus (s. Kap. 42). Taucht während der Entwicklung der Chloroplasten das Problem auf, schnell eine große Anzahl von ctDNS-Kopien bilden zu müssen?

Chloroplasten-rRNS wird von ctDNS codiert. In der ctDNS höherer Pflanzen findet man zwei Genkopien für rRNS. Die Basensequenzen bei einer Reihe untersuchter Arten von Monokotyledonen (Mais und Hafer) und der Dikotyledonen (Bohne, Salat, Spinat) zeigen einen hohen Grad an Übereinstimmung.

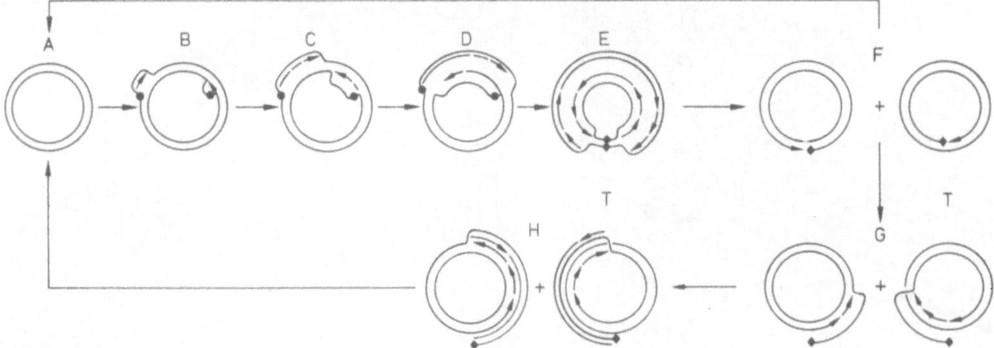

Abb. 43.4. Replikation von ctDNS nach dem Cairns-Modell und dem *Rolling-circle*-Modell. *A*, Geschlossenes, ringförmiges Molekül; *B*, Ausbildung zweier *D-Loops* (*Displacement loops*, s. Kap. 8); *C–E*, Replikation beider Stränge nach dem Cairns-Modell; *F*, Intermediate mit Einzelstrangbrüchen. *T*, Ende (Termination) der Replikation nach dem Cairns-Modell; *G* und *H*, *Rolling circle* (Kolodner und Tewari, 1975b)

Bei *Zea mays* liegt 15% des Chloroplasten-Genoms doppelt vor. Beide Kopien sind zueinander gegenläufig und durch einen nicht-homologen Bereich (10% des Genoms) voneinander getrennt. Die beiden invertierten Einheiten tragen die Gene für die Chloroplasten-rRNS.. Die einzelnen funktionellen Typen entstehen durch *Processing* eines zunächst transkribierten Precursors, der zusätzlich rund 30% *Spacer*-Sequenzen enthält. Bei *Euglena gracilis* sind pro ctDNS -Molekül drei Genkopien für die rRNS nachgewiesen worden. Die ctDNS von *Euglena* weist eine Reihe von weiteren Besonderheiten auf. Sie hat z.B. einen GC-Gehalt von nur 25%.

Ribosomen der Chloroplasten. Die Biosynthese der Chloroplastenribosomen ist bei *Chlamydomonas reinhardtii* untersucht worden. Sie ist sowohl vom Kern- als auch vom Chloroplastengenom abhängig. Eine ganze Reihe von Genen mit Einfluß auf ribosomale Proteine ist inzwischen bekannt (s. Tabelle 1).

Die Ribosomen der Chloroplasten haben eine Sedimentationskonstante von 70S und bestehen aus den beiden U.E. 54S und 41S. Die große ribosomale U.E. enthält 5S und 23S rRNS, die kleine eine 16S rRNS. Die große U.E. enthält 26–34 Proteine, die kleine 19–25.

Der Phänotyp der Antibiotikaresistenz ähnelt in vielem bakteriellen Mutanten, von denen man weiß, in welcher Weise ribosomale Proteine betroffen sind (s. Kap. 39). Erythromycinresistenz z.B. beruht auf der Veränderung eines Proteins in der großen U.E. Die Veränderung kann im Protein selbst erfolgen, doch kann eine Konformationsänderung auch durch Veränderung in sterisch benachbarten Proteinen im Ribosom verursacht werden. Es ist daher nicht verwunderlich, mehr als einen Genort zu finden, der für eine Resistenz verantwortlich ist. Cleocinresistenz und Carbomycinresistenz beruhen ebenfalls auf Veränderungen in der großen U.E., Streptomycinresistenz, Spectinomycinresistenz und Neaminresistenz auf Veränderungen in der kleinen U.E.

Einfluß der Chloroplasten auf den Kern

Wir haben im vorangegangenen Abschnitt gesehen, daß eine Reihe von Antibiotika die ribosomalen Proteine von *Chlamydomonas* beeinflussen und somit eine Translation an Chloroplasten-Ribosomen unterbinden. Keines dieser Antibiotika hat einen direkten Einfluß auf Vorgänge im Cytosol und im Kern. Auch haben sie keinen Einfluß auf die Replikation der

Tabelle 1. Codierung ribosomaler Proteine durch Chloroplasten- und Kerngene (Gillham et al., 1976)

Art der Mutation	Phänotyp der Mutante	Chloroplastengene	Kerngene
Antibiotikareisistenz	Erythromycinresistenz	2	2
	Carbomycinresistenz Cleocinresistenz	2?	0
	Streptomycinresistenz	4	1
	Spectinomycinresistenz Neaminresistenz	1?	0
Defekt im *Assembly*	beide U.E. betroffen	0	3
	kleine U.E. betroffen	0	5?

ctDNS. Dennoch hemmen sie die Replikation der Kern-DNS und damit die Proliferation der Zellen. Es sieht demnach ganz so aus, als bedürfe es einer Proteinbiosynthese in den Organellen, bevor eine Replikation der DNS im Kern und eine Zellteilung initiiert werden können (Blamire et al., 1974). Ist diese Reaktion spezifisch, oder ist auch eine mitochondriale Proteinsynthese als Starter erforderlich? Die letzte Annahme ist wenig wahrscheinlich, denn bei einer Mutante mit Streptomycinresistenz im Chloroplastengenom wird die Replikation der DNS im Kern durch Streptomycin nicht verhindert. Streptomycin hemmt die Proteinbiosynthese bekanntlich nicht nur in Chloroplasten, sondern auch in den Mitochondrien. Eine Resistenz bei einer Mutante wirkt sich aber nur in einer der beiden Organellen aus, und die Entscheidung, ob es sich dabei um die Chloroplasten oder die Mitochondrien handelt, ist keineswegs immer einfach zu treffen.

Das Fraction-1-Protein

Das *Fraction-1-Protein* (F-1-P) scheint relativ unbekannt zu sein, wenn man Inhalte botanischer und biochemischer Lehrbücher zugrunde legt. Das ist nicht gerechtfertigt, denn es ist das häufigste Protein auf der Welt. Man findet es in allen Chlorophyll a enthaltenden Pflanzen und in Blaualgen. Es macht allein 50% aller löslichen Blattproteine aus und wurde 1947 von Wildman und Bonner entdeckt. Das F-1-P ist in Chloroplasten lokalisiert und trägt zwei enzymatische Aktivitäten:

1. Ribulose-1,5-Diphosphat-Carboxylase (RuDP-Carboxylase):
   Damit nimmt es eine zentrale Stellung bei der Photosynthese ein, es katalysiert nämlich den ersten Schritt bei der CO_2-Fixierung.
2. Ribulosediphosphat-Carboxylase-Oxygenase:
   RuDP wird oxydiert. Es entsteht Glycolsäure, das Primärprodukt bei der Lichtatmung.

Das relative Verhältnis dieser beiden Schritte zueinander bestimmt die Produktivität der Pflanze. F-1-P hat ein Molekulargewicht von 525.000. Es besteht aus acht großen und acht kleinen Untereinheiten (vgl. Abb. 43.5). Die Molekulargewichte betragen 56.000 resp. 12.500. Die Struktur ist symmetrisch aus zwei Lagen von je 4 + 4 Untereinheiten aufgebaut. Isolierte Chloroplasten synthetisieren nur die großen U.E. (Blair und Ellis, 1972; Ellis und Forrester, 1972). Gleichzeitig zeigten Chen und Wildman, daß sie durch die ctDNS codiert werden. Die kleinen U.E. werden durch den Kern codiert (Kawashima und Wildman, 1972).

Die Bildung dieses Enzymkomplexes ist ein eindrucksvolles Beispiel für eine interorganelle Kommunikation, Kooperation und Integration. Ellis et al. fanden 1975, daß MDMP [2(-4-Methyl-2,6-Dinitroanilino)-N-Methylpropionamid] ein spezifischer Inhibitor der Initiation der Proteinsynthese an 80S-Ribosomen ist. 80S-Ribosomen sind die Ribosomen des Cytosols. Ein Einsatz dieses Inhibitors wird sowohl die Synthese der kleinen als auch die der großen U.E. des F-1-P gehemmt. Ellis deutet dieses Ergebnis dahingehend, daß die kleinen U.E. die Synthese der großen positiv kontrollieren. Bleibt die Initiation aus, werden keine großen gebildet.

Da zur Synthese von F-1-P sowohl das Kern- als auch das Chloroplastengenom benötigt wird, ist dieses Protein ein idealer Marker, um eine Reihe von Wechselwirkungen zu studieren. Die großen und die kleinen U.E. sind untereinander keineswegs alle gleich. Durch Elektrofokusierung (s. Kap. 14) lassen sich nach Dissoziation in 8 M Harnstoff drei Formen (Isoenzyme) der großen U.E. voneinander trennen. Die kleinen U.E. können je nach der Art, aus der man sie isoliert, einer bis vier Formen zugeordnet werden.

Wildman und Mitarbeiter haben in den letzten Jahren über 60 Arten von *Nicotiana* (Tabak) daraufhin untersucht. Die Arten stammen aus der westlichen Hemisphäre (Nord- und Südamerika) sowie aus Australien. Eine Auswahl der Ergebnisse aus den vergleichenden Untersuchungen ist in der Abb. 43.6 wiedergegeben. Die Formen der großen U.E. verhalten sich außerordentlich konservativ. Australische Arten zeigen nur einen Typ, bei Arten der westlichen Hemisphäre sind drei Typen (A, B, C) nachgewiesen worden. Die Mutationsrate liegt bei 0,27 Mutationen/

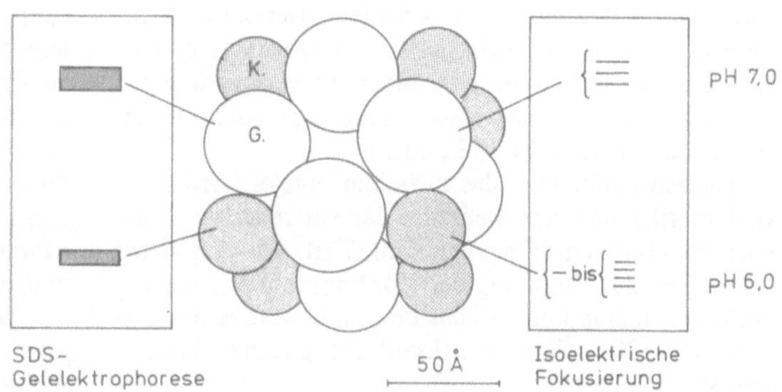

Abb. 43.5. Große (*G*) und kleine (*K*) Untereinheiten im *Fraction-1-Protein*. *Links*, Gelelektrophoretische Auftrennung in SDS. *Rechts*, Auftrennung durch Isoelektrische Fokusierung nach Vorbehandlung mit 8 M-Harnstoff (Chen et al., 1976)

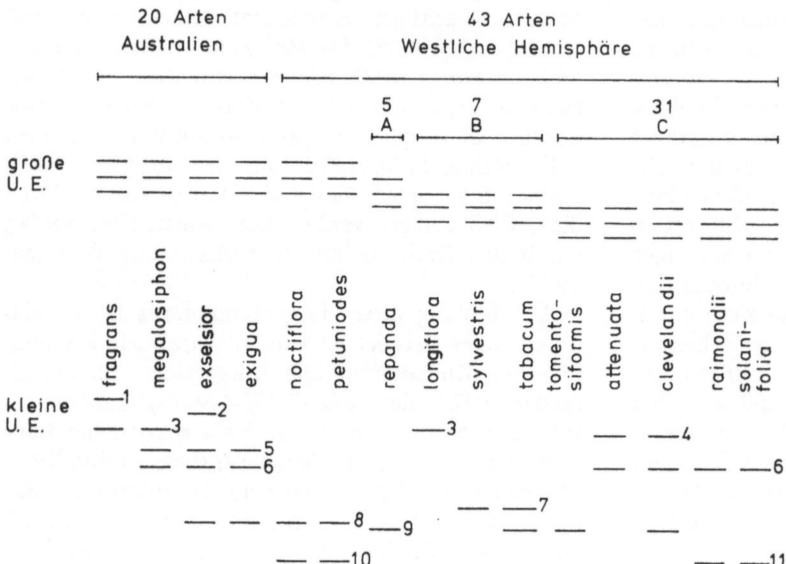

Abb. 43.6. Diagrammatische Darstellung der Anzahl und Position der großen und kleinen Untereinheiten des F-1-P des Tabaks nach Auftrennung durch Isoelektrische Fokusierung. Lateinische Namen sind Artbezeichnungen. Deutlich zu erkennen ist, daß das Muster der großen U.E. bei allen australischen Arten und einigen Arten der westlichen Hemisphäre gleich ist. Die übrigen Arten fallen in drei weitere Gruppen A, B und C. Die Variabilität innerhalb der kleinen U.E. ist weit höher. U.E. 3, 6 und 8 kommen sowohl bei australischen als auch bei Arten der westlichen Hemisphäre vor (Chen et al., 1976)

100 Aminosäurereste/10^8 Jahre. Die gleiche Größenordnung kennt man vom Histon IV: 0,167 Mutationen/100 Aminosäurereste/10^8 Jahre, und das ist ja bekanntlich das konservativste der bekannten Proteine.

Die Mutationsrate bei den Proteinen der kleinen Untereinheiten ist höher: 3,04 Mutationen/100 Aminosäurereste/10^8 Jahre, und das wiederum liegt in der Größenordnung der Mutationsrate des Cytochroms c.

Worauf beruhen diese Unterschiede? In Chlorplasten findet man eine Vielzahl von ctDNS-Molekülen. Genetisch ist das Chloroplastengenom somit hochgradig polyploid, und Polyploidie ist ein konservierendes Element in der Evolution. Mutationen im diploiden Kerngenom können sich im Verhältnis hierzu wesentlich schneller durchsetzen und manifestieren. Australische Arten haben in der Regel drei bis vier verschiedene kleine U.E., keine Art hat weniger als zwei. In der westlichen Hemisphäre hat nur eine von 45 Arten drei verschiedene U.E., die meisten haben zwei, einige aber auch nur eine. Ein detaillierter Vergleich der einzelnen U.E. bei den verschiedenen Arten erlaubte es, nach Ähnlichkeiten und Verschiedenheiten zu suchen. Je höher der Ähnlichkeitskoeffizient zweier Arten ist, desto näher sollten sie untereinander verwandt sein. Die Auswertung aller Daten führt zur Aufstellung eines Stammbaums (s. Abb. 43.7).

Gemeinsamkeiten, die zwischen einigen Arten in Südamerika und der Mehrzahl der australischen Formen vorkommen, lassen den Schluß zu, daß sich diese Arten seit der Trennung der Kontinente nicht weiter verändert haben und daß das Protein bereits seinerzeit (vor 75–100 Millionen Jahren) die gleiche Zusammensetzung hatte.

In Bastarden wie z.B.

♀ *N tabacum* x ♂ *N. glauca*
♀ *N. tabacum* x ♂ *N. glutinosa*
♀ *N. tabacum* x ♂ *N. sylvestris*
♀ *N. tabacum* x ♂ *N. gossei*
♀ *N. glauca* x ♂ *N. langsdorfii*

findet man stets nur solche Formen der großen U.E., die mütterlicherseits weitergegeben werden.

Es ist heute bewiesen, daß die Art *Nicotiana tabacum* (n = 24) ein allotetraploider Bastard aus den beiden Arten *N. sylvestris* und *N. tomentosiformis* ist. Die beiden Elternarten haben je n = 12 Chromosomen. Zeitweilig wurde noch darüber diskutiert, ob nicht auch *Nicotiana otophora* als eine der Elternarten in Frage käme. Die vergleichende Analyse der *Fraction-1-Proteine* der drei Arten schloß die letzte Möglichkeit aus. Die Analyse ergab sogar, daß *Nicotiana tabacum* aus einer Kreuzung zwischen ♀ *N. sylvestris* x ♂ *N. tomentosiformis* hervorgegangen sein muß, denn *N. tabacum* enthält den gleichen Typ großer U.E. des F-1-P wie *N. sylvestris,* also kann er nur mütterlicherseits in die Art *N. tabacum* hineingekommen sein.

Gatenby und Cocking von der University of Nottingham benutzten das *Fraction-1-Protein* zur Klärung der Abstammungsverhältnisse der in Europa angebauten Kartoffel *Solanum tuberosum. Solanum* ist eine sehr artenreiche Gattung, doch nur weniger als zehn Arten kommen als Stammform unserer Kulturpflanze in Betracht. Verwandte Wildarten bastardieren relativ leicht miteinander sowie mit der Kulturform. J.G. Hawkes postulierte 1972, daß *Solanum tuberosum* ein amphidiploider Bastard zwischen der in früherer Zeit kultivierten Art *S. stenotomum* und der Wildart *S. sparsipilum* sei. Die Analyse der *Fraction-1-Proteine* aller in Frage kommenden Arten schloß *S. stenotonum* als Vorfahr aus und machte

Abb. 43.7. Computerauswertung der Verwandtschaftsbeziehungen und Abstammungsverhältnisse von 63 *Nicotiana*-Arten (Artnamen durch Dreibuchstabenkombinationen abgekürzt). 20 der Arten stammen aus Australien (*B*), 43 aus der westlichen Hemisphäre (*A*). Die Folgerungen beruhen ausschließlich auf Auswertungen der Unterschiede in großen und kleinen U.E. des *Fraction-1-Proteins* (Chen et al., 1976)

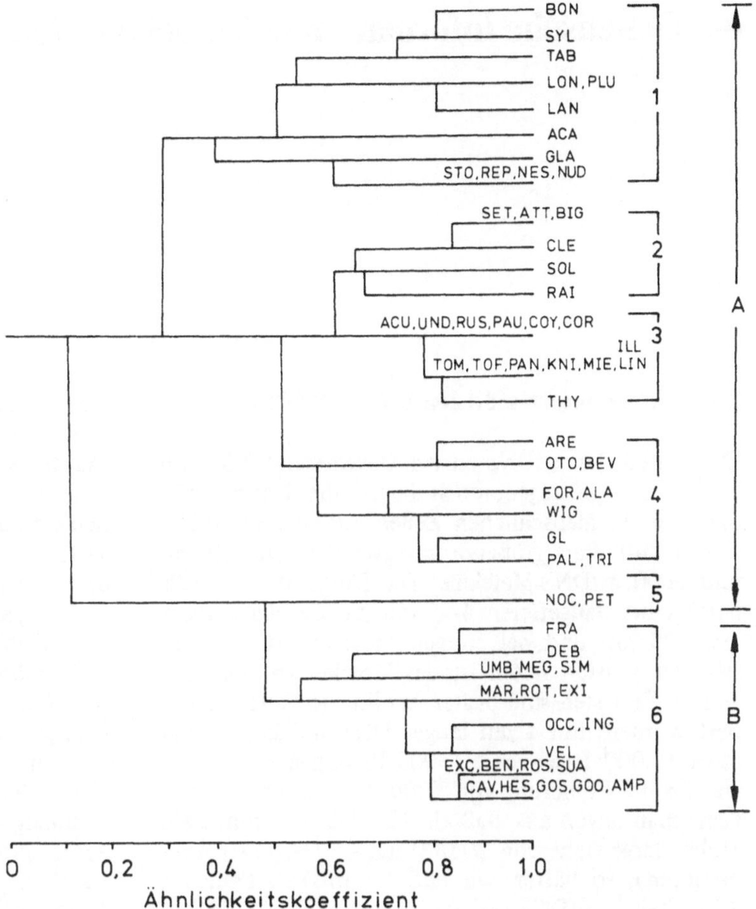

sehr wahrscheinlich, daß die in den Anden vorkommende *S. tuberosum antigena* als eine der Ursprungs(unter)arten (♂) anzusehen ist. Die zweite Ursprungs(unter)art (♀) wäre die aus Chile stammende *S. tuberosum tuberosum*.

Literatur

Blamire, J., Flechtner, V.R., Sager, R.: Regulation of nuclear DNA replication by the chloroplast in *Chlamydomonas*. Proc. Natl. Acad. Sci. USA *71*, 2867 (1974)

Chen, K., Johal, S., Wildman, S.G.: Role of chloroplast and nuclear DNA genes during evolution of fraction-1-protein. In: Genetics and biogenesis of chloroplasts and mitochondria. Bücher, T. et al. (eds.). Amsterdam: Elsevier/North Holland 1976

Coen, D.M., Bedbrook, J.R., Bogorad, L., Rich, A.: Maize chloroplast DNA fragment encoding the large subunit of ribulosebisphosphate carboxylase. Proc. Natl. Acad. Sci. USA *74*, 5487 (1977)

Gatenby, A.A., Cocking, E.C.: Fraction 1 protein and the origin of the European potato. Plant Sci. Lett. *12*, 177 (1978)

Gelvin, S., Heizmann, P., Howell, S.H.: Identification and cloning of the chloroplast gene coding for the large subunit of ribulose-1,5-bisphosphate carboxylase from *Chlamydomonas reinhardi*. Proc. Natl. Acad. Sci. USA *74*, 3193 (1977)

Gillham, N.W.: Genetic analysis of the chloroplast and mitochondrial genomes. Annu. Rev. Genet. *8*, 347 (1974)

Grun, P.: Cytoplasmic genetics and evolution. New York: Columbia University Press 1976

Hagemann, R.: Plasmatische Vererbung. Jena: VEB Gustav Fischer 1964

Kolodner, R.D., Tewari, K.K.: Denaturation mapping studies on the circular chloroplast deoxyribonucleic acid from pea leaves. J. Biol. Chem. *250*, 4888 (1975a)

Kolodner, R.D., Tewari, K.K.: Chloroplast DNA from higher plants replicates by both the Cairns and the rolling circle mechanism. Nature (London) *256*, 708 (1975b)

Kung, S.: Tobacco fraction-1-protein: A unique genetic marker. Science *191*, 429 (1976)

Michaelis, P.: Plasmatische Vererbung beim Weidenröschen (*Epilobium*). Umschau, H. 19, 629 (1966)

Possingham, J.V., Rose, R.J.: Chloroplast replication and chloroplast DNA synthesis in spinach leaves. Proc. R. Soc. Lond. B *193*, 295 (1976)

Sager, R.: Cytoplasmic genes and organelles. New York, London: Academic Press 1972

44. Genetische Information in Mitochondrien

Struktur der mitochondrialen DNS (mtDNS)

Der Anteil der mtDNS an der Gesamtzell-DNS kann bis zu 20% betragen, doch liegen die Werte meist darunter, in menschlichen Zellen z.B. bei nur 0,5%. Zellen enthalten größenordnungsmäßig zwischen 50 und 2000 mtDNS-Moleküle. Die Länge des Moleküls beträgt bei Säugetieren 4–5 μm, bei *Saccharomyces* etwa 25 μm und bei einigen Protisten 10–14 μm. Bei den meisten Arten ist das Molekül zirkular, aus einigen Protisten sind bisher nur lineare Moleküle isoliert worden. Ein 4 μm langes DNS-Molekül enthält etwa 15.000 Basenpaare (3000 Basenpaare ≙ 1 μm), was für die Codierung von 5000 Aminosäuren reicht. Geht man davon aus, daß ein Molekül im Schnitt ein Molekulargewicht von 20.000 hat (≙ 160–170 Aminosäuren), so hätten wir auf der mtDNS Platz für 30 Proteine. mtDNS codiert jedoch nicht nur für Proteine, sondern auch für rRNS und tRNS, wodurch sich die Zahl von 30 Proteinen auf weniger als 20 verringert. Kürzlich wurde nachgewiesen, daß zumindest ein Strukturgen und das rRNS-Gen der *Saccharomyces*-mtDNS Introns enthalten. Diese Erscheinung (*Gene splicing*) gilt als ein Merkmal eukaryotischer Genome. Bei Prokaryonten ist bislang kein einziger Fall bekannt geworden. Interessant ist die Beobachtung bei Mitochondrien vor allem deshalb, weil man ja annimmt, Mitochondrien seien aus parasitierenden, prokaryotischen Endosymbionten hervorgegangen. Will man die Endosymbiontenhypothese weiter halten, wird man sich überlegen müssen, auf welche Weise die Mitochondrien dieses „Eukaryontenmerkmal" erworben haben.

Da die mtDNS aus *Saccharomyces* etwa fünfmal so lang ist wie die der Mammalia, stellt sich die Frage, ob sie auch fünfmal soviel genetische Information trägt. Betrachtet man Basensequenzen, erkennt man sofort, daß die Abfolge der vier Basen nicht statistisch über den Gesamtbereich verteilt ist, sondern daß sich AT-reiche und GC-reiche Abschnitte abwechseln, und das wiederum läßt vermuten, daß zumindest Teile der DNS aus repetitiven *Spacer*-Einheiten bestehen. Bei mitochondrialer DNS aus Mammalia wurden keine repetitiven Sequenzen nachgewiesen.

Die Analyse der mtDNS ist bei den meisten Arten (*Saccharomyces* und einige wenige andere ausgenommen) dadurch erschwert, daß keine Mutanten greifbar sind und daß man deshalb zunächst darauf verzichten mußte, Kartierungen vorzunehmen. Dennoch ergaben sich in den letzten Jahren Möglichkeiten, diese Schwierigkeiten zu überwinden:

a) RNS-DNS-Hybridisierungsexperimente,
b) elektronenmikroskopische Untersuchungen,
c) Analyse mit Hilfe von Restriktionsendonukleasen und vor allem
d) Kombinationen der genannten Verfahren.

Bei Einsatz von Restriktionsendonukleasen erhält man je nach Enzym und mtDNS eine Serie von Fragmenten, die man einer Serie anderer Herkunft gegenüberstellen kann. Von Interesse sind in diesem Zusammenhang einmal Vergleiche zwischen nah verwandten Arten und zum anderen solche zwischen entfernt verwandten. Die mitochondrialen DNS-Fraktionen aus *Xenopus laevis* und *X. mulleri* unterscheiden sich in 25% ihrer Basensequenzen (Dawid, 1972), die rRNS und die tRNS in den Mitochondrien beider Arten ähneln einander. Maus- und Ratten-DNS zeigen 70% Basenhomologien, Huhn und Ratte nur 25% (Jakovicic et al., 1975). Auch bei diesen Untersuchungen zeigte es sich, daß die tRNS- und rRNS-Sequenzen extrem konservativ sind. Man kann daher offenbar davon ausgehen, daß das mt-Genom so organisiert ist, daß große Teile im Laufe der Evolution konstant bleiben, während sich in anderen Teilen die Unterschiede häufen. Vergleiche zwischen nah verwandten Arten wie *Xenopus laevis* und *X. mulleri* oder Schaf und Ziege erlauben eine Feinanalyse. Bereiche in nächster Nachbarschaft des *D-Loops* (s. Kap. 10) oder der rRNS-Gene sind sehr variabel und zeichnen sich durch zahlreiche Deletionen/Insertionen aus. Unterschiede in diesen Sequenzbereichen findet man jedoch nicht nur zwischen Arten, sondern auch bei einem Vergleich von Individuen innerhalb einer Art (Dawid et al., 1976). Die aus Mitochondrien der HeLa-Zellen isolierte RNS trägt wie andere mRNS eukaryotischer Zellen am 3'-Ende Poly(A)-Sequenzen. Die Länge beträgt nur etwa 60 Nukleotide (Perlman et al., 1973).

Kinetoplasten-DNS (K-DNS). Kinetoplasten-DNS ist eine außergewöhnliche mtDNS. Man findet sie bei den Trypanosomen. Diese gehören zu den Protisten (Flagellaten) und sind Endoparasiten des Menschen,

Abb. 44.1. Modifikationsformen der Trypanosomiden. Die Klammern geben an, welche Modifikationsformen bei den einzelnen Gattungen ausgebildet sein können (Grell, 1956)

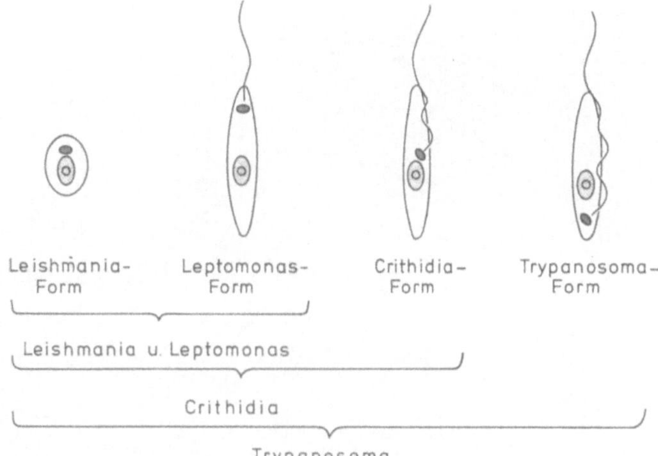

anderer Wirbeltiere und einiger Wirbelloser. Trypanosomen sind hochgradig polymorph, und je nach Wirt bilden sie unterschiedliche Modifikationen (siehe Abb. 44.1):

a) Die *Leishmania*-Form ist eine geißellose, rundliche Zelle.
b) Die *Leptomonas*-Form trägt eine Geißel am Vorderende.
c) Bei der *Crithidia*-Form entspringt die Geißel an einer der Längsseiten der Zelle, z.T. ist sie undulierend.
d) Bei der *Trypanosoma*-Form entspringt die Geißel am Hinterende und bleibt durch eine undulierende Membran mit dem Zellkörper verbunden.

Die Formen (b) und (c) findet man vorwiegend bei Wirbellosen, (d) in Wirbeltieren und (a) in beiden Gruppen, bei Wirbeltieren intrazellulär, bei Wirbellosen extrazellulär. Die eigentlichen Trypanosomen können in allen vier Modifikationen vorliegen. Arten aus der Gattung *Crithidia* nur in den Formen (a–c) und die Arten aus den Gattungen *Leishmania* und *Leptomonas* in den Formen (a) und (b). Zu den bekanntesten Arten gehören *Trypanosoma brucei*, der Erreger der Nagana-Seuche, die afrikanische Haustiere befällt, durch die Tse-Tse-Fliege übertragen wird, in afrikanischen Großwildherden (Zebras, Antilopen u.a.) ihr natürliches Reservoir hat und für den Menschen ungefährlich ist, sowie *Trypanosoma gambiense*, dem Erreger der Schlafkrankheit des Menschen. Überträger ist auch hier die Tse-Tse-Fliege.

Eine cytologische Besonderheit dieser Flagellaten ist der Kinetoplast, ein weitgehend abgewandeltes Mitochondrion in der Nähe des Basalkörpers (Geißelansatzstelle). Die Kinetoplasten-DNS bildet ein umfangreiches Netzwerk. Es besteht aus einer Vielzahl ringförmiger, ineinander verketteter Moleküle (siehe Abb. 44.2). Die Komplexität dieser Struktur wirft eine Reihe von Fragen auf, die größtenteils noch nicht beantwortet werden können:

- *Was ist die Funktion des Netzwerkes?*
- *Wie wird es repliziert?*
- *Können die einzelnen Moleküle segregieren?*
- *Welchen Vorteil bietet diese komplexe Struktur in der Evolution?*

Die Arbeitsgruppen von Simpson in den USA und Steinert und van Assel in Brüssel sowie von Borst in Amsterdam befassen sich seit Beginn dieses Jahrzehnts mit diesen Problemen. Die ringförmigen Moleküle des Netzwerks sind sehr heterogen und enthalten offenbar nur Teile des mt-Genoms. Man bezeichnet sie deshalb auch als Miniringe. Ein Netzwerk kann etwa 10^4 solcher Ringe enthalten. Daneben findet man auch die sog. „Maxiringe", von denen man annimmt, daß sie einen vollen Satz des mt-Genoms enthalten. Bearbeitet man Kinetoplasten-DNS mit Restriktionsendonukleasen, wie z.B. Hind II + III, erhält man eine heterogene Population von Fragmenten. Das Schema in Abb. 44.3 soll das veranschaulichen. In Maxizirkeln kommen keine repetitiven Sequenzen vor, und es gibt gute Gründe für die Annahme, daß sie die „eigentliche" mtDNS repräsentieren.

Replikation mitochondrialer DNS

Kasamatsu et al. (California Institute of Technology) haben die Replikation mitochondrialer DNS von Maus-L-Zellen (einer Tumorzellinie) eingehend studiert. Die Initiation der Replikation erfolgt stets an einer bestimmten Stelle (*origin*) mit der Bildung eines *„D-Loops"* [= *Displacement loops* (s. Abb. 44.4)]. Diese Struktur ist elektronenmikroskopisch zu erkennen und besteht aus einem doppelsträngigen und einem einsträngigen Bereich. Die Replikation beginnt an einem der beiden Stränge, wobei der andere Strang verdrängt wird (*displaced*). Der *D-Loop* nimmt 3% der Länge des Gesamtgenoms ein. Die neusynthetisierte DNS hat eine Sedimentationskonstante von 7S,

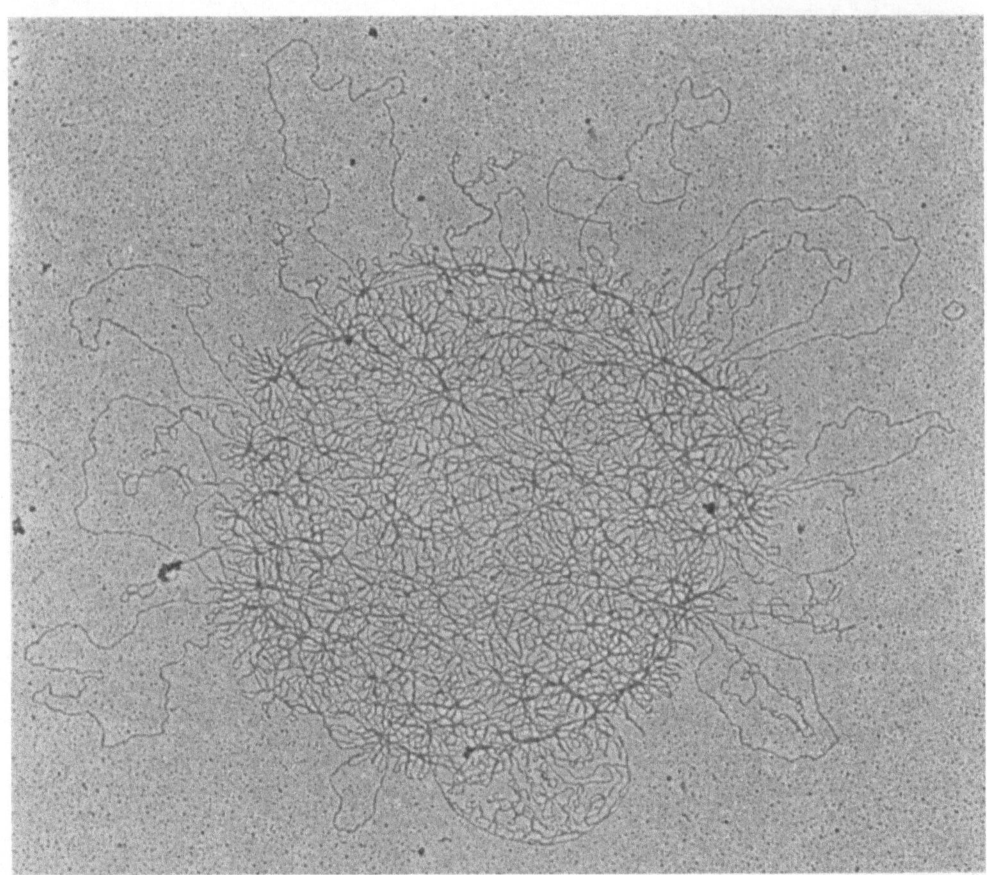

Abb. 44.2. Elektronenmikroskopische Aufnahme eines ausgespreiteten Kinetoplasten-DNS-Netzwerks, isoliert aus *Trypanosoma brucei*. Die an den Rändern des Miniring-Netzes hervortretenden Schlaufen sind Teile von Maxiringen. Sie sind ebenfalls Kettenglieder des Netzwerks. Vergr. 29.000fach. (Aufn. Hoeijmakers, Amsterdam, 1978)

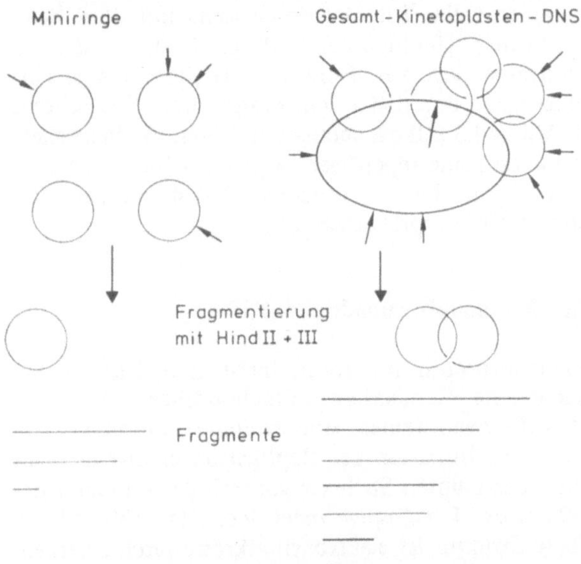

Abb. 44.3. Schematische Darstellung der Fragmente, die man aus Miniringen und aus Gesamt-Kinetoplasten-DNS nach Behandlung mit den Restriktionsendonukleasen Hind II und Hind III erhält. Da bei Gesamt-K-DNS neue Banden im Gel auftreten, kann gefolgert werden, daß Gesamt-K-DNS zusätzliche Sequenzen enthält (Borst et al., 1976)

was einer Kette von 450 ± 80 Nukleotiden entspricht. Die beiden mtDNS-Stränge von Maus-L-Zellen sowie von HeLa-Zellen unterscheiden sich in bezug auf ihre Basenzusammensetzung: Einer ist purinreicher und somit schwerer als der andere (H-Strang), der andere enthält dafür mehr Pyrimidine (L-Strang). Diese Asymmetrie in der Zusammensetzung ist eine Voraussetzung zur Trennung der beiden Stränge im CsCl-Dichtegradienten. In der ersten Phase der Replikation (Initiation) dient ausschließlich der L-Strang als Matrize. Die Replikation wird durch *nicking* der *Supercoil*-Struktur der mtDNS eingeleitet. Das Ringmolekül wird in die *relaxed* Form überführt, bevor es zu einer Verlängerung des kurzen, neugebildeten Stückes kommt. Dabei ist bemerkenswert, daß die Replikation unidirektional abläuft, d.h. daß der *D-Loop* sich nur in eine Richtung expandiert. Erst nachdem das Wachstum recht weit fortgeschritten ist, beginnt die Replikation des H-Stranges.

In Maus-L-Zellen kommen dimere mtDNS-Moleküle vor, bei denen zwei Monomere Kopf-an-Schwanz kovalent miteinander verknüpft sind. In solchen Molekülen werden an entgegengesetzten Seiten zwei *D-Loops* gebildet. Doch nur an einem der *Loops* findet die Fortführung der Replikation statt, der andere

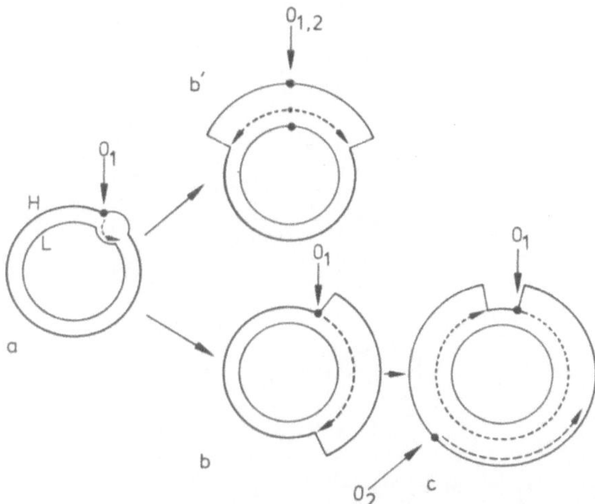

Abb. 44.4 a–c. Replikation mitochondrialer DNS (mtDNS). *L* und *H*, Leichter und schwerer Strang. O_1, Startpunkt (*origin*) der Replikation. a Es wird ein *D-Loop (Displacement Loop)* gebildet. Nur einer der beiden Stränge wird repliziert. b Die Replikation setzt sich in einer Richtung fort (*unidirectional mode*). c Die Replikation des zweiten Strangs setzt nach einiger Zeit ein. Start bei O_2, der etwa entgegengesetzt von O_1 liegt. b', Diese (experimentell nicht verifizierte) Alternative geht davon aus, daß sich die Replikation an einem der beiden Stränge nach beiden Richtungen hin fortsetzt. (Nach Kasamatsu und Vinograd, 1973)

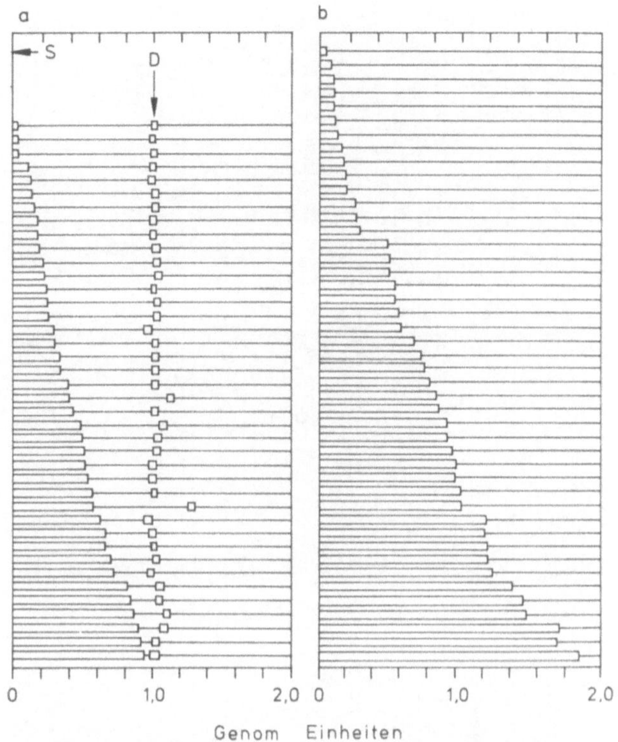

Abb. 44.5 a und b. Nachweis einer unidirektionalen Replikation der mtDNS der Maus. Als Versuchsobjekt dienten dimere mtDNS-Moleküle. Zu Beginn der Replikation bilden sich zwei *D-Loops* (je einer pro mtDNS-Äquivalent). Aber nur an einem wird die Replikation fortgeführt. Der andere kann als stationärer Marker angesehen werden, auf den die Replikationsgabel von einer Seite her zuwächst (a). Der Übersichtlichkeit halber wurden die Moleküle in linearer Form abgebildet. Die Daten in Diagramm b weisen darauf hin, daß beide mtDNS-Äquivalente hintereinanderweg repliziert werden (Kasamatsu und Viograd, 1973)

bleibt unverändert stationär und dient somit als elektronenmikroskopisch sichtbarer Marker. Dieser Fixpunkt erlaubt es, die oben bereits gemachte Aussage zu verifizieren, daß die Vergrößerung des Ringes nur in einer Richtung erfolgt (s. Abb. 44.5). Vermessen wurden dabei ~ 5000 Ringe mit unterschiedlich langen Replikationsbereichen, deren Lage in bezug zum stationären *D-Loop* ermittelt wurde. Die sich ausbreitenden *D-Loops* erreichten Längen bis zu 0,93 bzw. 1,9 Genom-Einheiten.

Der an Maus-L-Zellen nachgewiesene Replikationsmechanismus ist nicht auf alle Arten übertragbar. Matsumoto et al. fanden 1974, daß bei der Vermehrung von mtDNS in Oozyten von Seeigeln zwar auch *D-Loops* gebildet werden, daß die Replikation aber an beiden Strängen gleichzeitig beginnt. In vielen Fällen sind mehrere Initiationsstellen gesehen worden. In fertigen Eizellen und in frühen Entwicklungsstadien (bis zum Pluteusstadium) wird keine neue mitochondriale DNS gebildet. Doch auch diese Aussage ist nicht generalisierbar. Bei Fröschen und bei *Xenopus* findet man auch in fertigen Eiern Replikationsstadien der mtDNS. Die mtDNS von *Tetrahymena* ist nur linear isolierbar (Borst et al., 1974). Neben unverzweigten Molekülen kommen verzweigte Formen gleicher Länge vor. Viele enthalten in der Molekülmitte ein „Auge", das bei verschiedenen Molekülen unterschiedlich groß ist. Die „Augen" bestehen meist aus doppelsträngigen Bereichen, doch kommen gelegentlich auch kurze einsträngige vor. Die Replikation verläuft hier offenbar nach einem ganz anderen Modus:

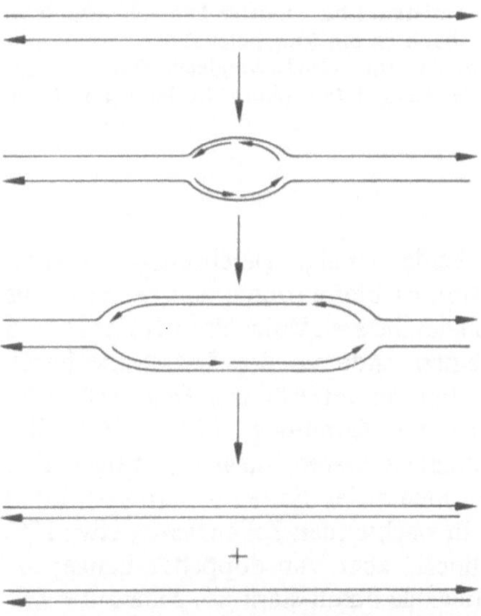

Abb. 44.6. Modell der Replikation von mtDNS des Ciliaten *Tetrahymena*. *Pfeile* kennzeichnen die 3'-Enden (Arnberg et al., 1974)

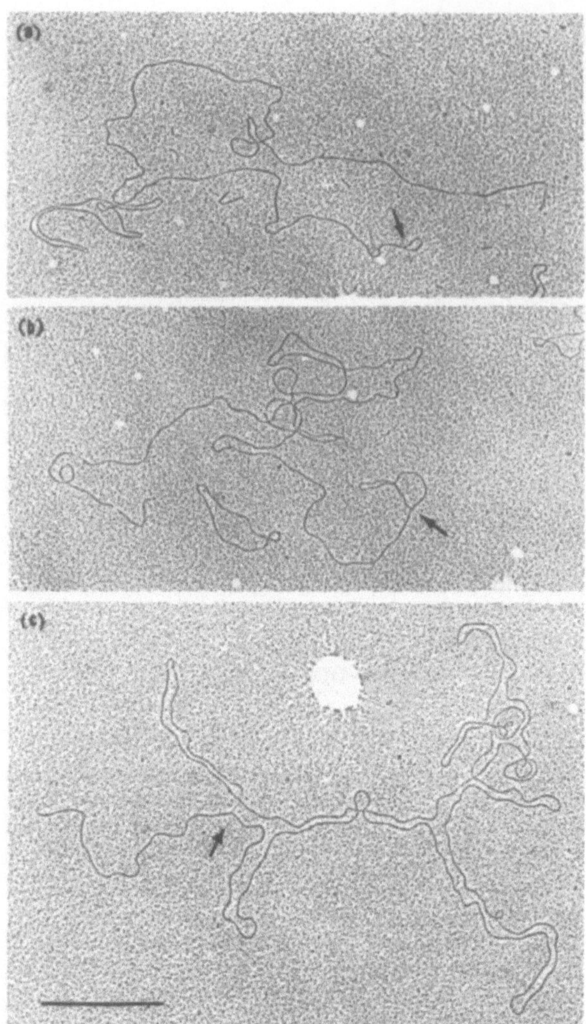

Abb. 44.7 a–c. Lariatstrukturen in mtDNS-Präparaten aus *Paramecium aurelia.* a–c Aufeinanderfolgende Stadien der Replikation. Die Lariatstruktur (endständige Schlaufe) wird zusehends größer, bei b ist ein Ringmolekül des Phagen Φ X 174 zu erkennen, das zum Größenvergleich dem Präparat zugesetzt wurde. Maßstab: 1 μm. (Aufn. Goddard und Cummings, 1975)

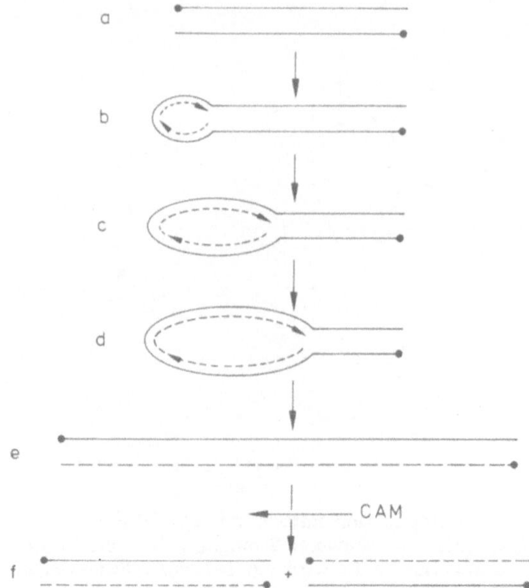

Abb. 44.8 a–f. Modell der Replikation der mtDNS von *Paramecium.* Die *gestrichelten Linien* symbolisieren neu gebildete DNS-Tochterstränge. Der letzte Schritt (e → f) ist durch Chloramphenicol hemmbar. Dieser Befund weist auf die Mitwirkung eines mitochondrialen Genproduktes hin. (Nach Goddard und Cummings, 1975)

a) Es werden beide Stränge gleichzeitig repliziert.
b) Die Replikation ist bidirektional und setzt sich bis zu den Enden des linearen Moleküls fort (s. Abb. 44.6).

Wiederum einen anderen Replikationsmechanismus scheint es bei der mtDNS von *Paramecium* zu geben (Goddard und Cumming, 1975). 96% aller untersuchten Moleküle waren linear, 3% trugen eine Ringstruktur an einem der Enden (= Lariatstruktur) (s. Abb. 44.7). In wachsenden Zellen waren etwa 10% der Moleküle linear, aber von doppelter Länge; die Zahl solcher Moleküle nahm stark ab, sobald die Zellen in den stationären Zustand übergingen. Die Population der dimeren Moleküle kann durch Zugabe von Chloramphenicol erhöht werden, was die Vermutung nahelegte, daß für das *Processing* ein mitochondriales Genprodukt benötigt wird (s. Abb. 44.8).

Welche genetische Information trägt die mtDNS?

Es wurde schon kurz darauf hingewiesen, daß mtDNS genetische Information trägt. Von besonderem Interesse ist in diesem Zusammenhang die Frage nach dem Zusammenspiel der Genome von Kern und Mitochondrien. Beide sind in gewisser Weise semi-autonom, doch läuft die DNS-Replikation nach unterschiedlichen Mechanismen und zu unterschiedlichen Zeiten ab. Die beiden Systeme zeigen weitere Eigenarten:

a) Sie sind topologisch voneinander getrennt.
b) Sie verfügen offenbar über keinerlei gemeinsame Basensequenzen.
c) Es gibt keinen Hinweis darauf, daß die mRNS des einen Systems im anderen translatiert wird. Mitochondriale Ribosomen unterscheiden sich deutlich von cytoplasmatischen.

Mitochondrien sind Organellen, die sich semiautonom replizieren; die Synthese der DNS wird durch eine mitochondriale Polymerase katalysiert. Das Genom der Mitochondrien ist nicht groß genug, um alle in den Mitochondrien nachgewiesenen Proteine zu codieren. Ein großer Teil der Proteine wird durch den Kern codiert und wandert aus dem Cytoplasma in die Mitochondrien ein. Damit stellt sich die Frage, welche Proteine im Plasma und welche in Mitochondrien gebildet werden. Wie schon gesagt, enthalten Mitochondrien in ihrer „Grundsubstanz" den vollständigen proteinsynthetisierenden Apparat (Ribosomen, tRNS, regulierende Faktoren usw.), ferner die Enzyme für den Citratzyklus, die Fettsäureoxydation, die Atmungskette, die Oxydative Phosphorylierung sowie für die Transkription und Replikation der mitochondrialen DNS.

Das Genom der mtDNS von Saccharomyces cerevisiae. 1949 beschrieb Ephrussi (Paris) bei der Hefe einen Mutantentyp, den er *petite* (ρ^-) nannte. Der ρ-Faktor ist mit mtDNS gleichzusetzen. ρ^--Mutanten haben Defekte im Elektronentransport, der Oxydativen Phosphorylierung und bei der Synthese mitochondrialer Proteine. Mutanten, die einen Defekt in Mitochondrien tragen, können dennoch auf einem geeigneten Nährmedium wachsen, denn Hefe ist bekanntlich fakultativ anaerob, die Atmungsvorgänge sind also nicht essentiell. Mutanten mit Atmungsdefekten können von der Energie aus der Glykolyse leben, dennoch ist das Wachstum unter aeroben Bedingungen weniger effizient als das von Zellen mit intakten Mitochondrien. Auf Agarplatten bilden sich daher kleine Kolonien aus (*petite*). Ihnen fehlen mehr oder weniger große Teile mitochondrialer DNS, und es gibt sogar Mutanten, denen sie ganz fehlt (ρ^0). Die DNS von ρ^--Mutanten, denen große Teile des Genoms fehlen, kommt in gleicher Menge vor wie die des Wildstamms (ρ^+), was darauf zurückzuführen ist, daß die verbliebenen Teile sich vervielfacht haben und nun als repetitive Einheiten erscheinen. Die repetitiven Einheiten können entweder als Tandem vorliegen, oder sie bilden palindromähnliche Strukturen aus, in denen die repetitiven Sequenzen gegenläufig orientiert sind. Offenbar kann jedes beliebige Segment in einem *petite*-Klon erhalten bleiben. Die Genome können in *Marker-rescue*-Experimenten [Einbau des Markers des Fragmentes in Wildtyp-DNS (s. Abb. 44.9)] analysiert werden. Die mtDNS der *petites* wird selbst dann noch repliziert, wenn der größte Teil des Genoms durch Deletion verlorengegangen ist. Die Entdeckung der *petite*-Mutanten war ein wesentlicher Anlaß, mtDNS der Hefe im Detail zu analysieren und den einzelnen Abschnitten Funktionen zuzuordnen.

Welche der mitochondrialen Proteine werden in den Mitochondrien selbst codiert und welche werden durch das Genom des Kerns beigesteuert? Entscheidend zur Aufklärung des Syntheseortes und der Funktion der in Mitochondrien gefundenen Proteine war der Einsatz von Hemmstoffen zur spezifischen Blockade einzelner Schritte. Linnane et al. entdeckten 1966, daß die Antibiotika Chloramphenicol und Erythromycin die Proteinbiosynthese an mitochondrialen Ribosomen spezifisch hemmen, ohne die an cytoplasmatischen zu beeinflussen (s.a. Kap. 39 und 43). Demgegenüber steht die Wirkung von Cycloheximid, welches die Synthese an 80S-Ribosomen blokkiert und die an mitochondrialen unbeeinträchtigt läßt.

Untersuchungen der letzten Jahre konzentrierten sich vorwiegend auf die Proteine der inneren Mitochondrienmembran, und zwar vor allem deshalb, weil dort die Enzyme der Atmungskette und der Oxydativen Phosphorylierung lokalisiert sind (vgl. Abb. 31.1 und 31.4). 80% dieser Proteine werden an 80S-Ribosomen gebildet, 20% in den Mitochondrien selbst. Proteine, die in der Matrix gelöst sind, werden vorwiegend im Cytoplasma synthetisiert. Der Einsatz der Antibiotika erlaubt es u.a., die Frage zu beantworten, ob die Synthese eines bestimmten Proteins nach Zusatz eines der Antibiotika eingestellt wird oder nicht. Die Bildung wird durch Einbau einer radioaktiven Aminosäure in das betreffende Protein verfolgt. Die Analyse wird durch Verwendung von *petite*-Mutanten noch weiter vervollkommnet. Die Abb. 44.10 zeigt das Ergebnis eines solchen Versuchsansatzes.

Proteine der inneren Mitochondrienmembran bestehen aus einer Reihe verschiedener Untereinheiten (UE, Polypeptidketten), was für sich genommen nicht überraschend wäre. Wesentlich ist in diesem Zusammenhang jedoch der Befund, daß einige der U.E. eines bestimmten Enzym(komplexes) durch das Genom des Kerns, andere durch das Genom der Mitochondrien codiert werden. Experimenteller Ansatz s. Abb. 44.11, Ergebnisse s. Tabelle 1.

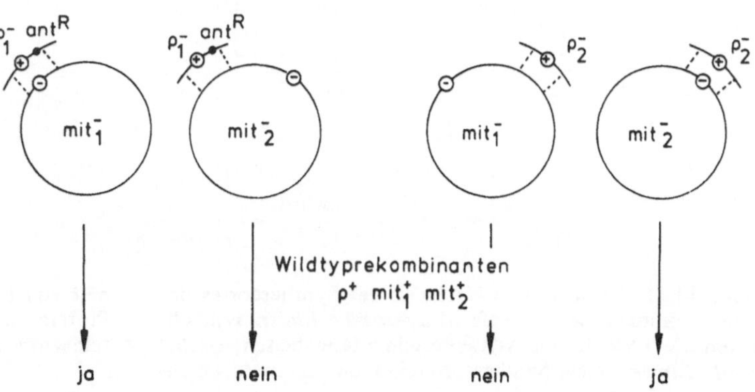

Abb. 44.9. Prinzip der Restaurierung von Genfunktionen auf der mtDNS von Hefe durch Rekombination mit *petite*-Mutanten (ρ^-). *mit*⁻ sind Mutanten mit Defekten in der Atmungskette; *ant*^{R}, Antibiotikaresistenz. Eine defekte Genfunktion ist durch ⊖, ein intaktes Gen durch ⊕ dargestellt (Tzagoloff, 1977)

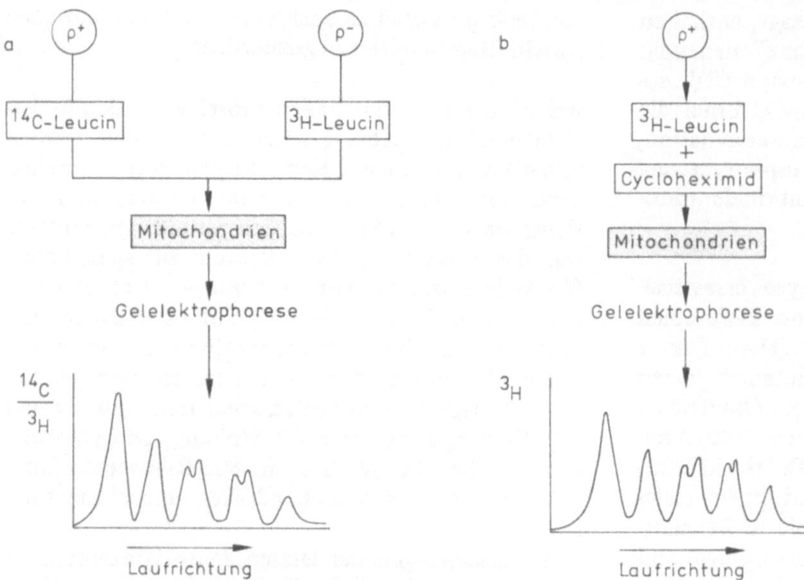

Abb. 44.10 a und b. In vivo-Markierung und Analyse mitochondrial synthetisierter Proteine. In Experiment a wachsen Wildtyp (ρ^+) und *petite*-Mutante (ρ^-) in Anwesenheit der gleichen, jedoch unterschiedlich radioaktiv markierten Aminosäure. Alle in Mitochondrien gebildeten Proteine müßten ^{14}C-markiert sein, da ρ^- nur cytoplasmatische Proteine synthetisiert. Im Experiment b wird die Synthese cytoplasmatischer Proteine durch Cycloheximid unterbunden. Die Proteinsynthese in Mitochondrien bleibt unbeeinflußt. Einbau von ^3H entspricht der Synthese mitochondrialer Proteine (Tzagoloff, 1977)

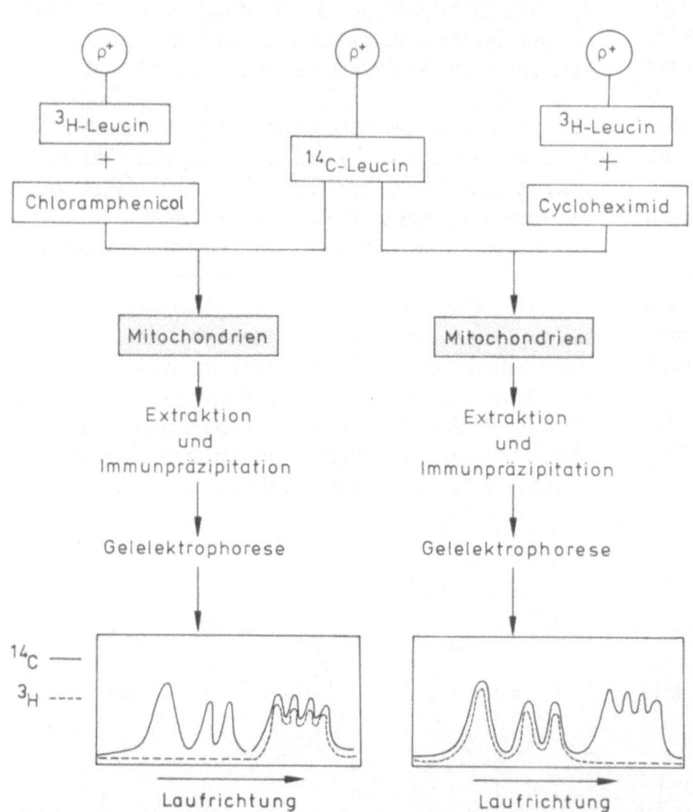

Abb. 44.11. Versuch zum Nachweis des Syntheseortes der Cytochromoxydase der Hefe. *Ausgezogene Linien* symbolisieren alle Cytochromoxydase-Proteinuntereinheiten. *Gestrichelte Linien* stellen Syntheseprodukte dar, die in Anwesenheit von Inhibitoren gebildet werden. *Links*, Hemmung der Proteinsynthese in Mitochondrien; *rechts*, Hemmung der Proteinsynthese im Cytoplasma (Tzagoloff, 1977)

Tabelle 1. Mitochondrial- und kerncodierte Untereinheiten von drei Proteinen (Enzymkomplexen) der inneren Mitochondrienmembran

	ATP-Synthetase	Cytochromoxydase	CoQ H_2- Cytochrom c-Reduktase
Anzahl der Untereinheiten (U.E.)	10	7	6 (7)
mitochondrial codiert	2–4 [a]	3	1
identifizierte Produkte	Membranfaktor	Untereinheiten 1, 2 u. 3	Apoprotein des Cytochrom b
kerncodiert	6	4	5
identifizierte Produkte	F_1, OSCP	–	Cytochrom c_1

a Bei *Saccharomyces cerevisiae* sind es vier, bei *Neurospora crassa* nur zwei.

Zwei voneinander verschiedene Genome kooperieren also miteinander. Es gibt eine exakte Abstimmung bei der Synthese der jeweiligen Genprodukte, und es bleibt eine herausfordernde Aufgabe, diesen Kontrollmechanismus im Detail zu entschlüsseln.

Die besprochenen Antibiotika unterscheiden zwischen kerncodierten und mitochondrial codierten Produkten, doch wesentlich aufschlußreicher sind genetische Analysen unter Einsatz einer Gruppe weiterer Antibiotika, die ganz spezifisch die Funktion einzelner Proteine der Oxydativen Phosphorylierung oder der Atmungskette hemmen, wie z.B. Oligomycin (hemmt die ATP-Synthetase-Aktivität), Mucidin, Diuron, Antimycin A und Funiculosin (hemmen Schritte der Atmungskette).

Tzagoloff et al. (New York) beschrieben 1973 eine Gruppe sog. *mit*⁻-Mutanten, die sie verschiedenen Phänotypen zuordneten. Jede Klasse zeichnet sich durch das Fehlen eines Enzymkomplexes mit mitochondrial codierten Untereinheiten aus (vgl. Tabelle 2).

Mutanten der Klasse I führen zu einer Änderung oder zu einem Verlust der oligomycinempfindlichen ATPase: *pho 1* und *pho 2*. Mutanten der Klasse II betreffen Cytochrom b oder die $CoQH_2$-Cytochrom c-Reduktase. Neuere genetische Daten sprechen dafür, daß das Strukturgen für Cytochrom b durch Insertionen geteilt ist (*Gene-splicing*): *cob 1* und *cob 2*. Mutanten der Klasse III: Bisher sind drei Genloci beschrieben worden, welche die Cytochromoxydase betreffen: *oxi 1, oxi 2* und *oxi 3*. Es sieht so aus, als seien es drei voneinander verschiedene Strukturgene.

Gene für die tRNS und die rRNS wurden unter Einsatz von *petite*-Mutanten kartiert. Große Deletionen in *petites* erstrecken sich über einen oder mehrere nicht gekoppelte Marker. Die Häufigkeit, mit der solche Marker bei verschiedenen *petites* simultan verlorengehen oder beibehalten werden, ist ein Maß für die Abstände und die Reihenfolge der genetischen Marker im Genom (s. Abb. 44.12). Eine Zusammenstellung der kartierten Genorte ist der Abb. 44.13 zu entnehmen. Es ist bei der mtDNS der Hefe nicht möglich, die beiden Stränge des DNS-Doppelstrangmoleküls voneinander zu trennen, folglich ist es (noch) nicht möglich, die Frage zu beantworten, ob alle hier beschriebenen Gene auf einem oder ob sie auf beiden Strängen lokalisiert sind.

Tabelle 2. Klassen der mit⁻-Mutanten

Aktivität	I	II	III
ATP-Synthetase	–	+	+
Cytochromoxydase	+	–	+
CoQ-Cytochrom c-Reduktase	+	+	–

Biochemische Charakterisierung mitochondrialer Proteine von Saccharomyces cerevisiae

Alle drei durch *mit*⁻-Mutanten charakterisierten Enzymkomplexe werden seit geraumer Zeit in mehreren Laboratorien eingehend untersucht. Stellvertretend seien hier nur einige Untersuchungen an der ATP-Syn-

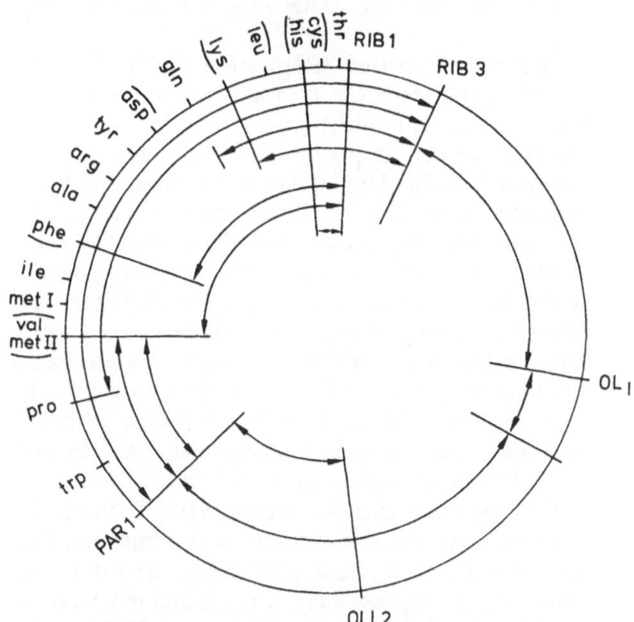

Abb. 44.12. Deletionskarte der Hefe-mtDNS mit Positionen einzelner tRNS-Arten. An der Außenseite des Kreises sind die Bezeichnungen der Genorte dargestellt (vgl. dazu auch Abb. 44.13). Die im Zentrum sektoriell wiedergegebenen *Doppelpfeile* entsprechen der Länge und dem Ausschnitt von mtDNS in verwendeten ρ^--Mutanten. Innerhalb der Klammern ist die Reihenfolge der tRNS-Gene noch offen (Fukuhara et al., 1976)

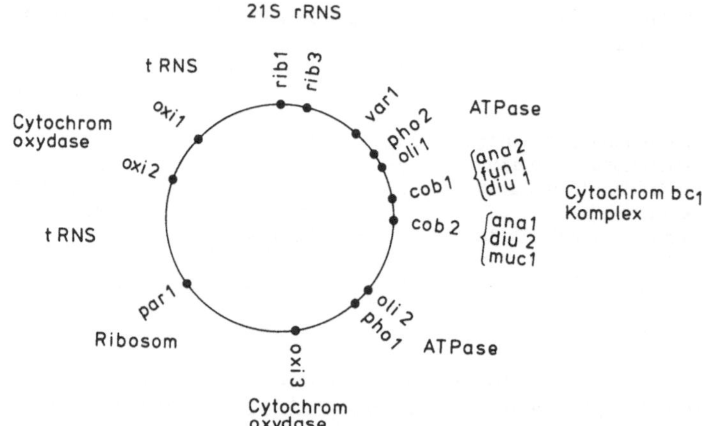

Abb. 44.13. Die Genkarte der mtDNS der Hefe *Saccharomyces cerevisiae.* Im *inneren Kreis* sind die Bezeichnungen (Abkürzungen) der kartierten Genloci eingetragen, im *äußeren Kreis* die Genprodukte, die diesen Genloci zugeschrieben werden konnten. *ana,* Antimycinresistenz; *cob,* Cytochromoxydase + Cytochrom b; *diu,* Diuronresistenz; *fun,* Funiculosinresistenz; *oli,* Oligomycinresistenz; *par,* Paromomycinresistenz; *pho,* Oxydative Phosphorylierung; *rib,* rRNS; *var,* Protein mit variabler Wanderung in der Elektrophorese (Michaelis, G., und Pratje, 1978)

thetase und an der Cytochromoxydase dargestellt, vor allem deshalb, weil man an diesen Beispielen auch den Mechanismus des Umschaltens (*switch*) zwischen anaerob und aerob lebenden Zellen studieren kann (respiratorische Adaptation). Gleichzeitig sind es gute experimentelle Systeme zur Analyse der Mitochondrienbiogenese und der Kooperation von Kern und Mitochondrien (Schatz et al., 1972, 1975).

Die Zusammensetzung der inneren Mitochondrienmembran ist durch verschiedene Faktoren modifizierbar:

- Punktmutationen,
- Ausschaltung des genetischen Systems der Mitochondrien (Deletion),
- Einflüsse aus der Umgebung (Inhibitoren, O_2, usw.),
- Katabolitrepression (Repression durch Glucose).

Läßt man Hefe (*Saccharomyces*) unter aeroben Bedingungen auf nichtfermentierbaren Substraten wachsen, werden „typische" Mitochondrien gebildet. Sie enthalten die Atmungskette mit folgenden Cytochromen: a, a_3, b, c_1, c. Unter anaeroben Bedingungen sind nur mitochondrienähnliche Partikel nachweisbar. Bei Belüftung entwickeln sie sich zu voll ausgebildeten Mitochondrien mit der Fähigkeit zur Oxydativen Phosphorylierung. Formen, die unter anaeroben Bedingungen gebildet werden, zeigen keine Atmungsaktivität; Cytochrom b und Cytochrom a, a_3 sind nicht vorhanden; sie enthalten jedoch DNS und eine ATP-Synthetase. Es erscheint daher angebracht, sie als Promitochondrien zu bezeichnen.

Die respiratorische Adaptation verläuft in mindestens zwei experimentell voneinander trennbaren Phasen. In der ersten Phase wird radioaktiv markiertes Leu auch in Anwesenheit von Chloramphenicol in mitochondriale Proteine eingebaut, der Einbau wird durch Cycloheximid unterbunden. In der zweiten Phase herrschen genau umgekehrte Verhältnisse. Cycloheximid stört nicht mehr, wohl aber das Chloramphenicol; d.h. also, daß für die Umstellung sowohl eine cytoplasmatische als auch eine mitochondriale Proteinsynthese erforderlich sind. In der ersten Phase werden Zwischenprodukte angereichert, die ihrerseits einen Auslöser für die zweite Phase bilden, in der es zu einer Kooperation der Genprodukte beider genetischer Systeme kommt. Die Proteinsynthese wird in den Promitochondrien durch O_2-Zugabe induziert, Glucosezusatz unterdrückt die Umstellung.

Welche Rolle spielt die Cytochrom-Oxydase bei diesen Vorgängen? Das Enzym zeichnet sich durch mehrere bemerkenswerte Eigenschaften aus:

- Es hat ein charakteristisches Absorptionsspektrum und leicht quantitativ bestimmbare katalytische Eigenschaften.
- Es ist ein integraler Bestandteil der inneren Mitochondrienmembran, und es läßt sich relativ leicht in reiner Form und ausreichender Menge gewinnen.
- Die Synthese ist durch chromosomale Mutationen zu unterdrücken. Eine Analyse mittels Mutanten ist somit möglich.
- Die Synthese ist von einer mitochondrialen Proteinsynthese abhängig.
- Die Bildung wird durch O_2 initiiert, durch Glucose reprimiert.
- Cytochromoxydasen aus einer Vielzahl untersuchter Organismen sind einander ähnlich.

Wie schon gesagt, besteht das Enzym aus sieben Untereinheiten (Polypeptiden), von denen drei in den Mitochondrien und vier im Cytoplasma gebildet werden. Antikörper gegen Cytochromoxydase werden durch einen Extrakt aus Promitochondrien inaktiviert. Schon das bedeutet, daß die Promitochondrien zumindest Vorstufen dieses Enzyms enthalten. Polypeptide, die an mitochondrialen Ribosomen synthetisiert werden, sind größer als solche, deren Synthese an cytoplasmatischen Ribosomen erfolgt (Molekulargewichte s. Tabelle 3).

Die drei größten Proteine sind vorwiegend hydrophob, die kleineren hydrophil.

Antikörper, die nur gegen eine der sieben U.E. gerichtet sind, präzipitieren den gesamten Komplex. Vieles weist darauf hin, daß es sich bei den sieben Polypeptiden um einen dicht assoziierten, funktionellen

Tabelle 3. Untereinheiten der Cytochromoxydase

U.E.	Molekulargewicht
1	37.500
2	33.600
3	24.200
4	14.600
5	13.800
6	12.700
7	5.200

Komplex handelt und daß jede der sieben U.E. tatsächlich gebraucht wird. Vier Funktionen konnten der Cytochromoxydase bisher zugeschrieben werden:
1. Bindung an die Membran,
2. Ionen- und Elektronentransport durch die Membran hindurch,
3. Bindung der Hämgruppe,
4. Regulation.

Die zweite Funktion kann nur durch ein „integrales" Protein realisiert werden, also ein solches, das durch die Membran hindurchreicht. Zumindest die U.E. 1 ist groß genug, um diese Bedingung zu erfüllen. Die Cytochromoxydase enthält die Komponenten Cytochrom a und Cytochrom a_3. Es gibt experimentelle Hinweise für die Annahme, daß der Anteil a an der Außenseite, der Anteil a_3 an der Innenseite der inneren Mitochondrienmembran exponiert ist (vgl. Abb. 31.1).

Die Oligomycin-sensitive ATPase (ATP-Synthetase). Tzagoloff et al. fanden, daß die ATP-Synthetase mindestens aus zehn verschiedenen Polypeptidketten besteht; fünf davon bilden die kälteempfindliche F_1-ATPase, eines ist das Oligomycinsensitivität-übertragende Protein (OSCP), und die übrigen vier sind stark hydrophobe Proteine, die eng mit der Membran assoziiert sind (s. Abb. 31.5). Der Komplex läßt sich als Ganzes mit Antikörpern gegen die F_1-ATPase präzipitieren.

Die F_1-ATPase und das OSCP werden im Cytoplasma synthetisiert, die entsprechenden Gene liegen im Kern. Die Proteine sind in *petite*-Mutanten enthalten, ihre Bildung wird nicht durch Chloramphenicol, ihre Aktivität nicht durch Oligomycin inhibiert.

Die drei bis vier hydrophoben U.E. des Hefe-Enzyms werden in Mitochondrien gebildet, ihre Synthese läuft in Anwesenheit von Cycloheximid ab und wird durch Chloramphenicol gehemmt. Bei *Neurospora crassa* werden in den Mitochondrien nur zwei U.E. gebildet, die übrigen werden importiert. Es sieht also so aus, als sei die gleiche genetische Information im Verlauf der Evolution von einem Kompartiment ins andere überführt worden (Mitochondrien $\rightleftharpoons$ Kern) (Sebald et al., 1977).

Oligomycinresistente Mutanten sind durch eine Veränderung der Struktur von mindestens einer der vier Untereinheiten gekennzeichnet, so daß das Antibiotikum nicht gebunden werden kann. Die hydrophoben Untereinheiten dienen der Verankerung der F_1-ATPase in der Membran. Criddle zeigte durch ein Rekonstitutionsexperiment, daß lösliche F_1-ATPase aus Oligomycin-sensitiven Stämmen eine Oligomycinresistenz erwirbt, wenn man sie in vitro mit F_1-freien Mitochondrienmembranen aus Oligomycin-resistenten Zellen koppelt.

MtDNS in HeLa-Zellen

Die doppelsträngige mtDNS der HeLa-Zellen (menschliche Tumorzellinie, s. Kap. 49) besteht aus zwei verschieden schweren Einzelsträngen, die leicht voneinander zu trennen sind und die getrennt analysiert werden können. Das ist vor allem im Zusammenhang mit der Frage von Interesse, welcher der Stränge transkribiert wird und wo genetische Information lokalisiert ist. Attardi et al. (California Institute of Technology) haben gezeigt, daß der H-Strang vollständig und der L-Strang über weite Strecken hin transkribiert wird. Dieses Ergebnis wirft sofort eine Folgefrage auf: Wird das Transkriptionsprodukt vollständig translatiert oder, wie beim Kerngenom, nach der Transkription weitgehend wieder abgebaut? Wäre die erste Alternative richtig, würde es bedeuten, daß Sequenzbereiche doppelt genutzt würden (vgl. hierzu Kap. 5). Eine Entscheidung hierüber steht noch aus. Attardi et al. haben in den vergangenen Jahren Gene für tRNS und für die rRNS auf der mtDNS lokalisiert. Da tRNS-DNS-Hybride zu klein sind, um elektronenmikroskopisch erkannt zu werden, bediente man sich folgender Methode: Ferritin wurde an jeweils eine spezifische tRNS gekoppelt. Anschließend wurde diese tRNS unter Hybridisierungsbedingungen alternativ entweder zu dem einen oder zu dem anderen mtDNS-Einzelstrang hinzugegeben. Die Moleküle wurden elektronenmikroskopisch untersucht, wobei alle Stellen, an denen eine tRNS anhybridisiert war, durch einen Punkt hoher Elektronendichte gekennzeichnet waren.

Zwölf Genorte für tRNS liegen auf dem H-Strang, sieben auf dem L-Strang. Für Serin gibt es zwei verschiedene Adaptoren, für vier tRNS-Typen sind bisher keine Genorte auf der mtDNS nachgewiesen worden. Die rRNS wurde auf dem H-Strang lokalisiert. Die Transkriptionsrichtung verläuft von der 12S rRNS zu 16S RNS (s. Abb. 44.14). Die Anzahl gefundener Genorte für tRNS auf dem mtDNS-Genom der HeLa-Zellen reicht noch nicht für alle Aminosäuren aus.

Damit stellen sich die Fragen: *Woher kommt der Rest? Werden sie durch das Kerngenom codiert und in die Mitochondrien importiert? Wenn ja, wie sehen die Kontrollmechanismen aus?* Der Vergleich der Genkarte der mtDNS der Hefe mit der der HeLa-Zellen weist darauf hin, daß die beiden Genome nach grundsätzlich voneinander verschiedenen Prinzipien strukturiert sind. Bei der HeLa-Zell-mtDNS liegen die tRNS-Gene einzeln und sind über das Gesamtgenom verstreut, bei der Hefe mtDNS sind sie auf bestimmte Abschnitte des Genoms konzentriert.

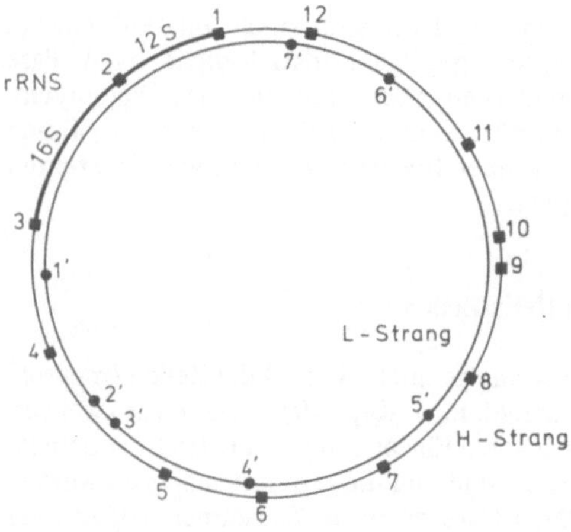

Abb. 44.14. Verteilung von tRNS und rRNS-Genen auf dem schweren (*H*) und dem leichten (*L*) Strang der mtDNS aus HeLa-Zellen. Ziffern symbolisieren Bindungsorte von ferritinmarkierter tRNS. (Nach Attardi et al., 1976)

Einsatz der Zellhybridisierungstechnik. Chloramphenicol (CAP) stört, wie wir schon gesehen haben, die Translation an mitochondrialen Ribosomen. In Analogie zu den Bakterienribosomen und den Chloroplastenribosomen (s. Kap. 36 und 43) sind wir auch hier davon ausgegangen, daß ein ribosomales Protein als Akzeptor für das CAP in Frage kommt. Bei Veränderung dieses Proteins kann CAP nicht mehr gebunden werden, die Translation am Ribosom läuft ungestört ab. Ein Experiment von Bunn et al. erbrachte den Beweis, daß die CAP-Resistenz tatsächlich vom Genom der mtDNS gesteuert wird. Sie verwendeten dazu eine resistente und eine sensitive Zellinie der Maus (s. Kap. 53). In dem hier zitierten Versuch

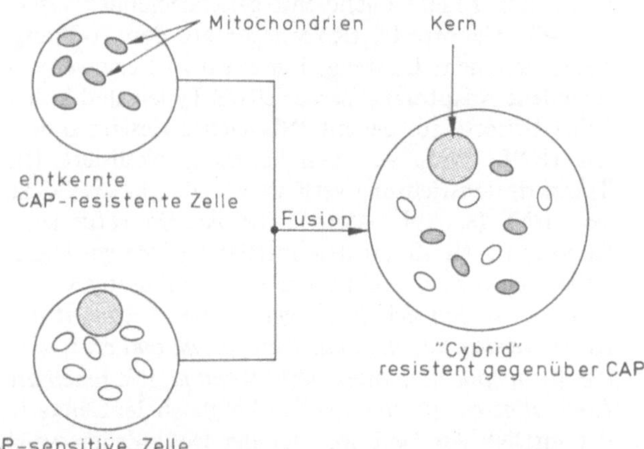

Abb. 44.15. Hybridisierung zwischen dem Cytoplasma einer entkernten, Chloramphenicol-(CAP)-resistenten Zelle und einer kernhaltigen, CAP-sensitiven. Das Fusionsprodukt (*Cybrid*) ist gegenüber CAP resistent. Damit ist gezeigt, daß CAP-Resistenz durch cytoplasmatische Faktoren (Mitochondrien) codiert wird (Milner, 1976)

wurde der Zellkern des resistenten Stamms zerstört bzw. entfernt, übrig blieb nur das Plasma. Bei einer Fusion des Plasmas mit einer vollständigen, aber CAP-sensitiven Zelle erhielt man *Cybrids* (s. Abb. 44.15), die sich durch Gewinn einer CAP-Resistenz auszeichneten. Die Mitochondrien der einen Linie (CAP-resistent) können also im Plasma der anderen überleben (persistieren) und aktiv sein.

Literatur

Arnberg, A.C., Bruggen, E.F.J. van, Clegg, R.A., Upholt, W.B., Borst, P.: An analysis by electron microscopy of intermediates in the replication of linear *Tetrahymena* mitochondrial DNA. Biochim. Biophys. Acta *361*, 266 (1974)

Bandlow, W., Schweyen, R.J., Wolf, K., Kaudewitz, F. (eds.): Mitochondria 1977. Berlin, New York: Walter de Gruyter 1977

Beale, G., Knowles, J.: Extranuclear genetics. London: Edward Arnolds Publ. 1978

Bohnert, H.J., Herrmann, R.G.: The genomic complexity of *Acanthamoeba castellanii* mitochondrial DNA. Eur. J. Biochem. *50*, 83 (1974)

Borst, P.: Mitochondrial nucleic acids. Annu. Rev. Biochem. *41*, 333 (1972)

Borst, P., Grivell, L.A.: The mitochondrial genome of yeast. Cell *15*, 705 (1978)

Borst, P., Fairlamb, A.H., Fase-Fowler, F., Hoeijmakers, J.H.J., Weislogel, P.O.: The structure of kinetoplast DNA. In: The genetic function of mitochondrial DNA. Saccone, C., Kroon, A.M. (eds.). Amsterdam: Elsevier/North-Holland 1976

Bücher, T., Neupert, W., Sebald, W., Werner, S. (eds.): Genetics and biogenesis of chloroplasts and mitochondria. Amsterdam, New York, Oxford: North-Holland Publ. 1976

Cabral, F., Solioz, M., Rudin, Y., Schatz, G., Clavilier, L., Slonimski, P.P.: Identification of the structural gene for yeast cytochrome c oxidase subunit II on mitochondrial DNA. J. Biol. Chem. *253*, 297 (1978)

Carter, B.L.A.: The organization and replication of genetic material in yeast. Cell *6*, 259 (1975)

Dockter, M.E., Steinemann, A., Schatz, G.: Mapping of cytochrome c oxidase by fluorescence resonance energy transfer. J. Biol. Chem. *253*, 311 (1978)

Englund, P.T.: The replication of kinetoplast DNA networks in *Crithidia fasciculata*. Cell *14*, 157 (1978)

Eytan, G.D., Schatz, G.: Cytochrome c oxidase from bakers' yeast. J. Biol. Chem. *250*, 767 (1975)

Fukuhara, A., Bolotin-Fukuhara, M., Hsu, H.-J., Rabinowitz, M.: Deletion mapping of mitochondrial transfer RNA genes in *Saccharomyces cerevisiae* by means of cytoplasmic petite mutants. Mol. Gen. Genet. *145*, 7 (1976)

Goddard, J.M., Cummings, D.J.: Structure and replication of mitochondrial DNA from *Paramecium aurelia.* J. Mol. Biol. *97,* 593 (1975)

Grell, K.G.: Protozoologie, 2. Aufl. Berlin, Heidelberg, New York: Springer 1968

Kasamatsu, H., Vinograd, J.: Unidirectionality of replication in mouse mitochondrial DNA. Nature New Biol. *241,* 103 (1973)

Leister, D.E., Dawid, I.B.: Mitochondrial ribosomal proteins in *Xenopus laevis/X. mulleri* interspecific hybrids. J. Mol. Biol. *96,* 119 (1975)

Michaelis, G., Pratje, E.: Cytoplasmic inheritance. Prog. Bot. *40,* 261 (1978)

Michaelis, G., Somlo, M.: Genetic analysis of mitochondrial biogenesis and function in *Saccharomyces cerevisiae.* J. Bioenerg. *8,* 93 (1976)

Milner, J.: The functional development of mammalian mitochondria. Biol. Rev. *51,* 181 (1976)

Poyton, R.O., Schatz, G.: Cytochrome c oxidase from bakers' yeast. J. Biol. Chem. *250,* 752 (1975)

Saccone, C., Kroon, A.M. (eds.): The genetic function of mitochondrial DNA. Amsterdam, New York, Oxford: North-Holland Publ. 1976

Schatz, G., Mason, T.L.: The biosynthesis of mitochondrial proteins. Annu. Rev. Biochem. *43,* 51 (1974)

Tzagoloff, A.: Genetic and translational capabilities of the mitochondrion. BioScience *27,* 18 (1977)

45. Viren: Systematischer Überblick

Viren sind infektiöse Einheiten, die aus Nukleinsäure und Protein bestehen. Einige Arten enthalten darüberhinaus Lipide und Kohlenhydrate.

Sind Viren Lebewesen? Man kann diese Frage getrost verneinen, was aber nicht heißen darf, daß wir uns nicht ausführlich mit ihnen beschäftigen müssen, denn die meisten Erfolge der Molekularbiologie beruhen auf Arbeiten an ihnen. Viele Ergebnisse sind bereits vorgetragen worden:

- Struktur der Nukleinsäuren (s. Kap. 2 und 5),
- Replikationsmodus (s. Kap. 8),
- Genexpression (s. Kap. 9),
- Struktur viraler Membranen (s. Kap. 26).

Je nach Fragestellung hatte man sich unterschiedliche Viren als Versuchsobjekte gewählt. Für viele molekulargenetische Untersuchungen waren und sind Bakteriophagen die Objekte der Wahl. Man entwickelte eine Vielzahl einfacher Methoden, um sie und ihre Auswirkungen fassen zu können. Erwähnt sei dabei in erster Linie der *Plaquetest,* der es erlaubt, einzelne Phagen zu zählen und die Nachkommenschaft einzelner Phagen zu isolieren. *Plaquetests* in abgewandelter Form hat man nachfolgend für andere Viren ausgearbeitet. Die Entwicklung von Methoden der Zellkultur war eine der wesentlichen Voraussetzungen, um molekularbiologische Untersuchungen an tierpathogenen Viren durchführen zu können. Viele Pflanzenviren erzeugen Läsionen auf manchen Wirtspflanzen. Auch sie eignen sind – in Analogie zu den *Plaques* – zur Isolierung der Nachkommenschaft einzelner Teilchen. Ein wesentlicher Nachteil liegt jedoch darin, daß nicht jedes Viruspartikel (Virion), das auf ein Blatt gerät, eine Infektion hervorruft. Das geschieht nämlich nur dann, wenn die Zelle, auf die es gerät, an der Infektionsstelle verletzt ist. Wir haben es demnach mit einem Zweitrefferprozeß zu tun. Zu den wichtigen Problemen der Virologie gehört das Virus-Wirtszell-Verhältnis. Manche Viren infizieren nur jene Zellen, die sie spezifisch erkennen. Das Einschleusen der Nukleinsäure ist bei einigen ein aktiver, bei anderen ein passiver Prozeß. Viren haben einen mehr oder weniger ausgeprägten Wirtszellbereich, und man unterscheidet deshalb zwischen Bakterienviren (Bakteriophagen), Pflanzenviren und Tierviren (pflanzenpathogenen und tierpathogenen Viren).

Eine Reihe von Infektionskrankheiten geht auf ihren Einfluß zurück. Der wirtschaftliche Schaden, den Viren jährlich anrichten, geht in die Milliarden, wobei nicht vergessen werden sollte, daß ein Großteil auf das Konto pflanzenpathogener Viren geht.

Viren infizieren oft nur eine Art; verwandte Arten bleiben verschont. Eine Zelle muß für eine Virusinfektion empfänglich (*susceptible*) sein. Man kennt in vielen Fällen Wirtszellgene bzw. sogar einzelne mendelnde Allele, die einer Virusausbreitung im Wege stehen. Im tierischen Organismus werden in der Regel nur Zellen bestimmter Organe befallen. Eine Infektion ruft vielfach eine Krankheit des Wirts hervor, die je nach Virusart entweder sehr harmlos ist und gar nicht erkannt wird oder sehr gravierend ist und sogar zum Tode des Wirts führen kann. Eine befallene Zelle kann sehr viel Virus produzieren und dabei selbst zugrunde gehen (lysieren). Sie kann aber auch wenig Virus bilden und sich kaum verändern oder völlig neue Eigenschaften annehmen und so zu einer Tumorzelle werden. Tiere, speziell die Vertebraten, sind solchen Infektionen nicht hilflos ausgesetzt, sondern setzen das Immunsystem zur Abwehr von Viren *und* veränderten (infizierten) Zellen ein. Sie bilden spezifische Antikörper, die sich gegen Oberflächendeterminanten der Viren bzw. Zellen richten (s. Kap. 22 und 66–68). Antikörper wiederum sind wertvolle Hilfsmittel der Virologen, mit deren Hilfe sie Viren nachweisen, identifizieren und klassifizieren können. Als diagnostische Hilfsmittel sind sie daher inzwischen unentbehrlich geworden.

Was sind Viren? Sie entziehen sich nicht nur mancher Analyse und gelegentlich auch dem Schutzmechanismus des Körpers, sondern auch vielen einfachen Definitionen. Virus ist ein lateinisches Wort, von dem es übrigens keine legitime Mehrzahl gibt. Da man sie aber sprachlich unbedingt braucht, hat man sich auf den Kompromiß „Viren" geeinigt. Die wörtliche Übersetzung lautet Gift oder Giftstoff – und das sagt uns eigentlich nicht sehr viel. Eingangs wurde schon darauf hingewiesen, daß Viren keine Lebewesen seien. Sie können sich nicht selbst vermehren, sie lassen sich vermehren und sind demnach Parasiten auf genetischer Ebene. Sie verstehen es, die Kontrolle über die Maschinerie der lebenden Zelle zu gewinnen und sie dahingehend umzufunktionieren, neue Viruspartikel zu bilden, Einheiten also, die in der Lage sind, virale genetische Information zu schützen und in neue Wirtszellen einzuschleusen. Über manche der aufeinanderfolgenden Schritte haben wir schon ausführlich gesprochen. In Abb. 45.1 soll an Hand eines ausgewählten Beispiels zusammenfassend gezeigt werden, wie dramatisch die Vorgänge nach einer Infektion sind und wie schnell es ein Virus (hier der Bakteriophage T4) schafft, eigene Genprodukte bilden und bakterielle abbauen zu lassen.

Die Viren kennen sich in den Wirtzellen offenbar sehr gut aus. Das könnte auf einer Koevolution zwischen Virus- und Wirtsgenom beruhen. Das könnte aber auch auf Homologien hinweisen. Vielfach bezeichnet man Viren auch als „vagabundierende Gene" und es gibt, zumindest bei den RNS-Tumorviren, konkrete Hinweise darauf, daß sie es in der Tat auch sind (s. Kap. 47). Man könnte nach allem, was man heute aus der Molekularbiologie her weiß, sagen, sie seien nichts anderes als bestimmte Zustandsformen genetischer Information (s. Kap. 13), die ggf. reversibel in andere Zustandsformen übergehen können (kovalente Integration ins Wirtszellgenom, s. Kap. 5 und 13).

Viren bilden eine sehr heterogene Gruppe (siehe Tabelle 1). Manche enthalten DNS, andere RNS. In einigen Fällen ist die Nukleinsäure (DNS oder RNS) einsträngig, in anderen doppelsträngig, mal linear, mal zirkular. Im Falle einsträngiger RNS kann der „+Strang", in anderen der „–Strang" im Virion enthalten sein. Die meisten Viren tragen in ihrem Genom Gene für spezifische Polymerasen resp. Replikasen. Oft bedienen sie sich jedoch auch der einschlägigen Wirtszellenzyme, die sie modifizieren oder ergänzen, so daß schließlich nur noch virale Nukleinsäuren

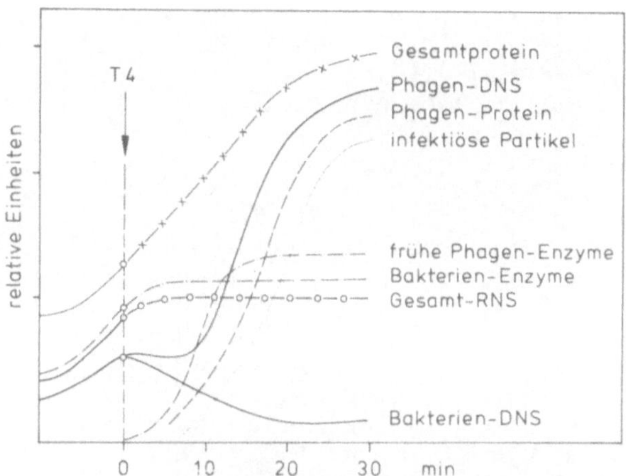

Abb. 45.1. Zeitlicher Verlauf der Biosyntheseprozesse in einer *Escherichia coli*-Zelle nach Infektion mit dem Bakteriophagen T 4 (Luria et al., 1978)

repliziert werden. In den letzten Jahren wurden die sog. Viroide entdeckt, die nicht mehr darstellen als ein kleines, zirkulares RNS-Molekül (s. Kap. 46). Es trägt wahrscheinlich überhaupt keine Strukturgene, sondern wirkt direkt oder indirekt (in DNS überschrieben?) als Kontrollelement.

Bei normalen Viren ist die Nukleinsäure von Proteinen umgeben. Die Nukleoproteinkomplexe bezeichnet man als Kapside (Nukleokapside). Sie sind entweder helikal strukturiert, so daß die Viruspartikel morphologisch als Stäbchen zu charakterisieren sind (s. Abb. 45.2), oder sie bilden eine kubische, vieleckige (polyedrische) Struktur. Oft besteht diese aus

Tabelle 1. Kriterien für die Klassifizierung von Viren. (Aus Luria et al., 1978)

Nukleinsäure	Kapsidsymmetrie	*Envelope* (Membran)	Durchmesser des Kapsids oder Anzahl morphologischer Einheiten	Typische Vertreter
RNS	helikal	–	100–130 Å 170–200 Å 250 Å	Kartoffel-X-Virus Tabakmosaikvirus Barley-Stripe-Mosaikvirus (Gerstenstreifenmosaikvirus)
		+	100 Å 170 Å	Influenza, New Castle Disease Virus (NDV) Masernvirus
	kubisch	–	32 Einheiten 60 Einheiten 92 Einheiten	RNS-Phagen, Turnip Yellow Mosaik Virus Poliovirus, Bushy Stunt Virus Reovirus, Wundtumor
DNS	helikal	+	90–100? Einheiten	Vacciniavirus
	kubisch	–	12 Einheiten 42 Einheiten 252 Einheiten 812 Einheiten	Φ X 174 Polyoma, Papilloma Adeno Tipula iridescent
	kubisch mit Anhang	–		Bakteriophagen der T-Serie u.a.

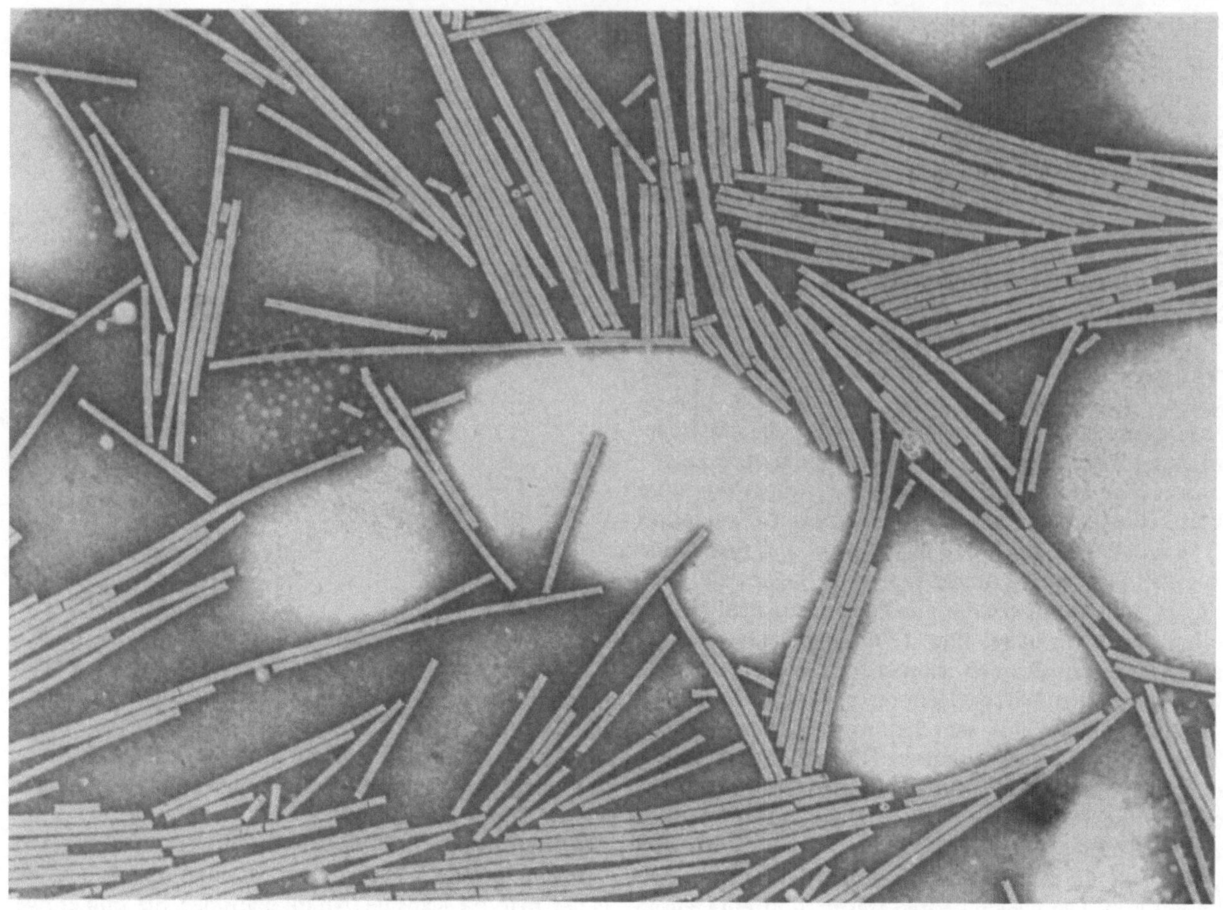

Abb. 45.2. Elektronenmikroskopische Aufnahme des Tabakmosaikvirus (TMV). (Präparationstechnik: *Negative staining*). Die Stäbchen sind von einem zentral gelegenen, mit Kontrastierungsmittel angefüllten Kanal durchzogen

20 Seitenflächen (die ihrerseits aus mehreren Untereinheiten bestehen können) und bildet einen Ikosaeder (s. Abb. 45.3). Bei vielen Virusgruppen ist das Nukleokapsid von einer zusätzlichen Lipidhülle, einem *Envelope*, umgeben, dessen Oberfläche spezifisch strukturiert ist und Glykoproteine enthält (siehe Abb. 45.4 sowie Kap. 26). Bei einigen Arten, so dem Tobacco Rattle-Virus, ist das Gesamtgenom auf mehrere Partikel aufgeteilt. Sog. kleine Partikel tragen das Hüllproteingen, die großen das Polymerasegen. Kleine Partikel können sich nicht allein vermehren. Große können Pflanzen krank machen und virale RNS bilden, doch entstehen keine intakten Viruspartikel.

Im folgenden soll eine kurze Übersicht über Form, Wirtsbereich, Größe und Zusammensetzung einer Reihe bekannter Viren gegeben werden. Ihm schließt sich in Kapitel 46 die detaillierte Besprechung einiger repräsentativer Vertreter an. Die Tumorviren werden, ihrer großen Bedeutung wegen, in einem weiteren Kapitel (Kap. 47) vorgestellt.

Viren: Versuch eines systematischen Überblicks

Da man nicht davon ausgehen kann, daß Viren einen gemeinsamen evolutionären Ursprung haben, lassen sie sich nicht nach Art eines Stammbaums anordnen, wie wir es von den Lebewesen her gewohnt sind. Das International Committee on the Taxonomy of Viruses (ICTV) bemüht sich, eine einheitliche Nomenklatur und Taxonomie zu erstellen. Die folgenden Ausführungen halten sich strikt an die Regeln, die auf der Konferenz vom 17.9.1975 im Rahmen des 3. Internationalen Kongresses für Virologie in Madrid erarbeitet wurden und die ihrerseits natürlich auf vorangegangenen Übereinkünften aufbauen (Wildy, 1971; Fenner et al., 1974; Fenner, 1976).

Es wurde zur Regel gemacht, lateinische Familien- und Gattungsnamen einzuführen. Traditionelle Bezeichnungen, die aus Abkürzungen hervorgegangen sind, wurden beibehalten, sofern sie sich im üblichen Sprachgebrauch durchgesetzt hatten (z.B. „Reovirus"

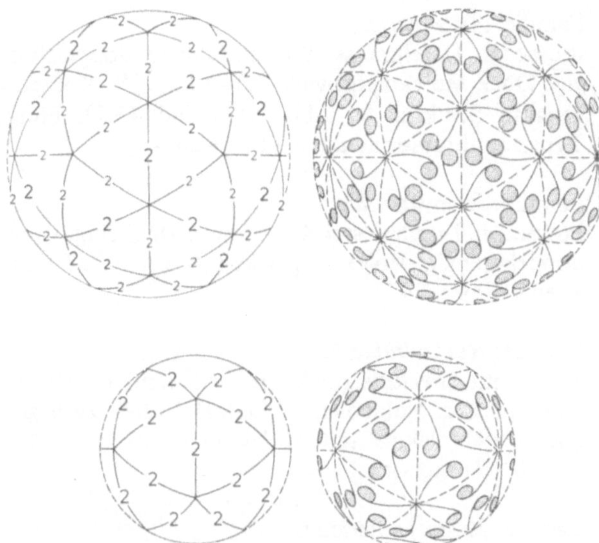

Abb. 45.3. Ikosaedrische Oberflächenmuster, bestehend aus 60 (*unten*) und 180 äquivalenten Einheiten (*oben*). In den Darstellungen *links* sind die Symmetrieebenen eingezeichnet. *Große Zahlen* symbolisieren echte Symmetrieachsen, *kleine Zahlen* lokale (Quasi-) Symmetrieachsen. (Nach Finch et al., 1970; aus Harrison, 1978)

aus Respiratory enteric orphan virus). Die Gruppeneinteilung erfolgt nach den Wirtsbereichen, wobei man allerdings oft in Schwierigkeiten gerät: Einige wenige Viren der Vertebraten können sich nämlich auch in Invertebraten vermehren. Manche Pflanzenviren verwenden Insekten als Zwischenwirte und Vektoren (Überträger). Obwohl diese Viren in der Regel von Phytopathologen bearbeitet werden, ist nicht auszuschließen, daß sie evolutionär aus dem Insektengenom hervorgegangen sind. Familien, die in der folgenden Aufstellung mit einem * versehen sind, enthalten Vertreter, die ihre Wirtszelle unter Umständen transformieren können (Tumorviren).

A. Viren der Vertebraten und Invertebraten

Familie: *Poxviridae* (Pockenviren).
Struktur mit *Envelope;* Größe: 200–350 nm. Helikales Nukleokapsid, Oberflächenstruktur „ziegelsteinartig". Doppelsträngige DNS; Molekulargewicht 160 x 10^6. Das Virion enthält viele Enzyme und mindestens 30 verschiedene Proteine. Wirtsbereich: Insekten und Vertebraten. Typische Vertreter: Vacciniavirus, Menschenpockenvirus, Kuhpockenvirus, Mäusepockenvirus, Myxomatosevirus des Kaninchens (nahezu vollständige Ausrottung der Kaninchen in Australien).

Familie: *Parvoviridae* (kleine Viren; *parvus* = klein).
Struktur ikosaedrich – ohne *Envelope,* Durchmesser 20 nm. Einsträngige DNS mit Molekulargewicht 1,2–1,8 x 10^6. Da ein Teil der Partikel den „–Strang", ein anderer Teil den „+Strang" enthält, entsteht der (falsche) Eindruck, die Parvoviren würden einen DNS-Doppelstrang enthalten. Neben komplett ausgestatteten kommen auch Virions vor, die nur Teile der genetischen Information enthalten (defekte Partikel). Sie sind nicht infektiös.

Familie: *Reoviridae.*
Struktur ikosaedrisch, doppelschalige Strukturen. Äußerer Durchmesser: 75–80 nm, innerer 45 nm. Ein Virion enthält zehn oder mehr doppelsträngige RNS-Moleküle mit Molekulargewichten von 0,4–2,8 x 10^6. Wirtsbereich: Vertebraten, Insekten; einige Arten bei Pflanzen. Symptome beim Menschen: Uncharakteristisches Fieber, Durchfall, klinisch weitgehend unbedeutend.

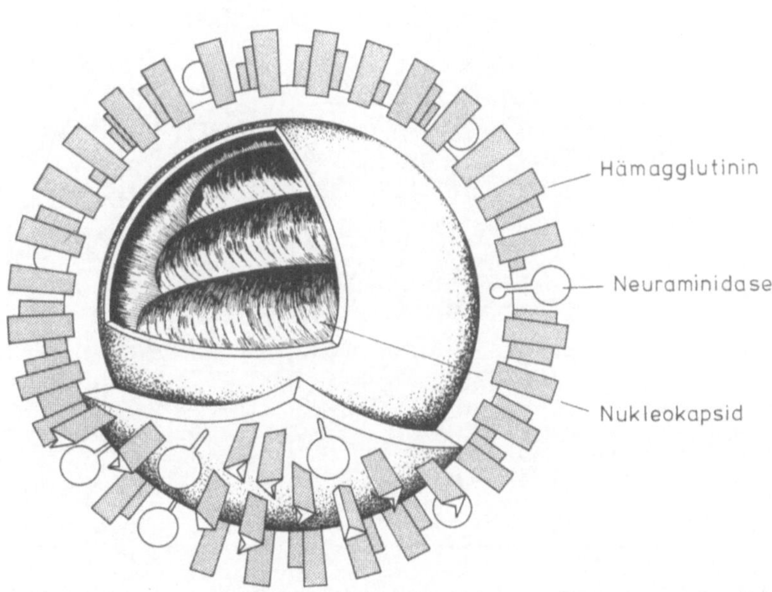

Abb. 45.4. Modell der Struktur eines Orthomyxovirus (Influenzavirus). (Nach Schild, 1976)

Familie: *Rhabovíridae.*
Virion mit *Envelope,* geschoßförmige Struktur, 70–175 nm. Nukleokapsid helikal. RNS einsträngig (–Strang), Molekulargewicht 4 x 10^6. Wirtsbereich: Säuger, Insekten, Pflanzen. Typischer Vertreter: Virus der Vesiculären Stomatitis (VSV) (Vorkommen: Rinder, Schweine, Pferde, Arthropoden), Marburg-Virus (afrikanische Grünaffen), Sigma-Virus (*Drosophila* – verursacht CO_2-Empfindlichkeit); bei Pflanzen acht Vertreter, darunter Mosaikvirus des Weizens, Maises u.a.

B. Viren, die nur bei Vertebraten vorkommen

Familie: *Herpetoviridae* * (Herpesviren).
Ikosaedrisches Virion mit *Envelope.* Nukleokapsid mit doppelsträngiger, linearer DNS. Molekulargewicht 10^8. Vermehrung im Zellkern, Reifung an der Kernmembran (s. Abb. 45.5). Typische Vertreter: Menschliche Herpes-Simplex-Viren Typ 1 und 2, Epstein-Barr-Virus, Pseudorabies, Erreger von Luke's Tumoren bei Fröschen und der Marek'schen Krankheit bei Hühnern. Einzelheiten s. Kapitel 47.

Familie: *Adenoviridae* *.
Ikosaeder. Durchmesser 80 nm. Lineare, doppelsträngige DNS, Molekulargewicht 20–30 x 10^6. Komplex gebaute Struktur (s. Abb. 45.6 und 45.7). Einige Typen sind tumorinduzierend (s. Kap. 47).

Familie: *Papovaviridae* *.
Ikosaeder, Durchmesser 45–55 nm. DNS ringförmig, doppelsträngig. Molekulargewicht 3–5 x 10^6. Tumorviren s. Kapitel 47.

Familie: *Retroviridae* *.
Virion mit *Envelope,* rundliche Partikel mit ca. 100 nm Durchmesser. Nukleokapsid helikal enthält zwei gleiche RNS-Moleküle mit Molekulargewichten von je 3 x 10^6. Tumorviren.

Familie: *Paramyxoviridae.*
Virion mit *Envelope,* verschiedenartig gestaltet (pleomorph). Durchmesser durchschnittlich 150 nm. Helikales Nukleokapsid mit einem Durchmesser von 18 nm und einer Länge von 1000 nm. Viele Vertreter enthalten Neuraminidase und Hämagglutinin in einem

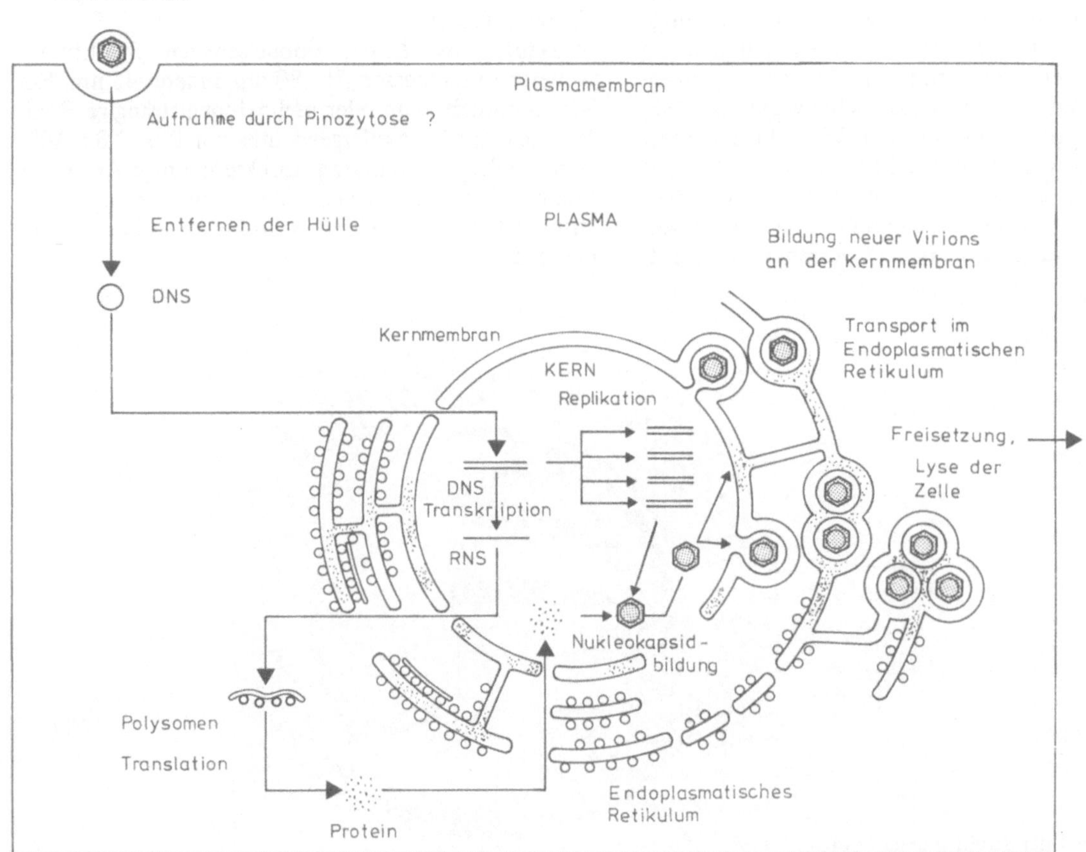

Abb. 45.5. Vermehrung von Herpesviren im Zellkern der Wirtszelle, Reifung an der Kernmembran

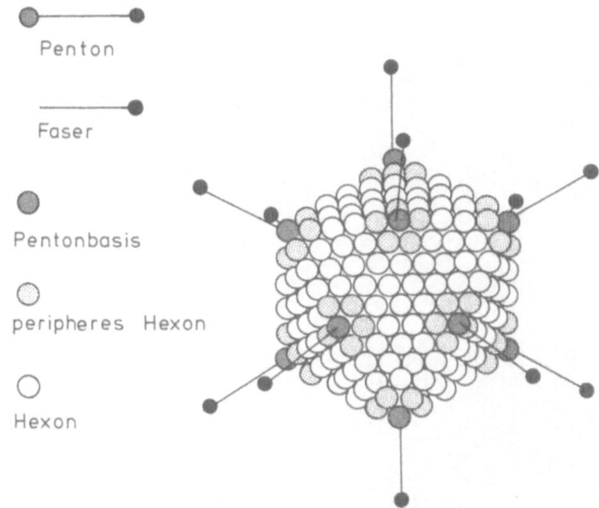

Abb. 45.6. Modell eines Adenoviruskapsids. (Nach Norrby, 1969)

Glykoprotein. Einsträngige RNS in einem Stück (–Strang). Typische Vertreter: Mumps-Erreger, Newcastle Disease-Virus der Hühner (enthält Neuraminidase), Masern-Erreger, Staupevirus (bei Hunden), Rinderpestvirus (enthält keine Neuraminidase).

Familie: *Orthomyxoviridae*.
Virion mit *Envelope*, pleomorph. Größe: 80–120 nm. Helikales Nukleokapsid mit 6–9 nm Durchmesser. Unterschiedliche Länge. Virion enthält Neuraminidase und Hämagglutinin in getrennten Glykoproteinen. Einsträngige RNS. Gesamtmolekulargewicht 5×10^6, aufgeteilt auf acht Moleküle. Typische Vertreter: Influenzaviren (s. Kap. 46, s. Abb. 45.4 und 45.8).

Familie: *Togaviridae*.
Virion mit *Envelope*. Kapsid ikosaedrisch mit einsträngiger RNS (+Strang), Molekulargewicht 4×10^6. Erreger von Encephalitis und anderen schweren Erkrankungen (Cholera, Rubella) bei Menschen und anderen Säugern. Übertragbar durch Insekten (z.B. Moskitos).

Familie: *Coronaviridae*.
Virion mit *Envelope* mit knopfförmigen, peripheren Strukturen (*Spikes*). Helikales Nukleokapsid, Durchmesser 18 nm. Enthält RNS. Erreger der „normalen" Erkältung (Krankheitsgefühl, selten Temperaturerhöhung, Schnupfen).

Abb. 45.7. Adenoviren Typ 5. Das Präparat wurde unter Einsatz der Gefrierätztechnik hergestellt, um Details der Virusoberfläche sichtbar zu machen. Man erkennt deutlich die ikosaedrische Struktur des Virions und die Anordnung der Hexons an den Partikeloberflächen. Vergr. 120.000fach. (Aufn. Nermut, London, 1977)

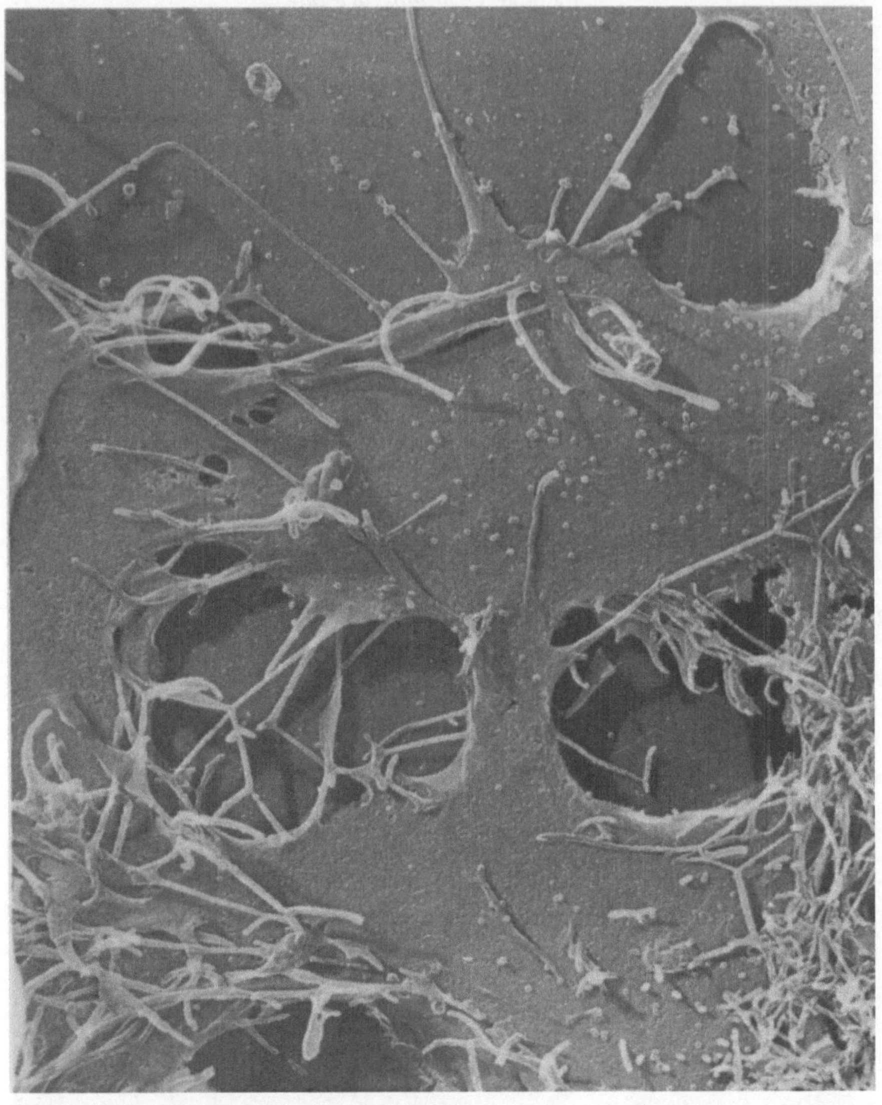

Abb. 45.8. Oberflächenstrukturen influenzainfizierter HeLa-Zellen. Die Virusteilchen sind auf den Zelloberflächen erkennbar. Von den Zelloberflächen wurden Abdrücke (Stereoreplicas) genommen, und diese wurden im Transmissionselektronenmikroskop (nicht im Rasterelektronenmikroskop) analysiert. Vergr. 16.000fach. (Aufn. Peters, Hamburg, New Haven, 1977)

Familie: *Arenaviridae.*
Virion mit Hülle, pleomorph. Größe 100–300 nm mit helikalem Nukleokapsid. Erreger des Lassa-Fiebers (seltene, sehr schwere Erkrankung des Menschen, übertragbar durch Nager). Lymphozytäre Choriomeningitis (LCM) (s. Abb. 45.9) (chronische Infektionen bei Nagern). Einzelstrang-RNS (–Strang) liegt in zwei Segmenten vor.

Familie: *Picornaviridae.*
Isosaeder. Kapsiddurchmesser 27 nm, einsträngige, infektiöse RNS (+Strang), Molekulargewicht 2,7 x 10^6. Poliovirus (s. Kap. 46). Erreger der Maul- und Klauenseuche (Rind, Schwein u.a.), ECHO-Viren (Menschen und Affen), Coxsackie-Viren (Mäuse), Maus-Elberfeld-Virus (ME). Enzephalomyokarditisviren (EMC) u.a., alle hochgradig pathogen, sehr enger Wirtsbereich. Picornaviren bei Pflanzen: Turnip Yellow Mosaik-Virus, Tomato Bushy Stunt-Virus.

Familie: *Bunyaviridae.*
Viren mit *Envelope*, Größe 90–100 nm. Genom besteht aus drei RNS-Molekülen (–Stränge). Hunderte serologisch voneinander zu unterscheidende Formen können Encephalitis hervorrufen.

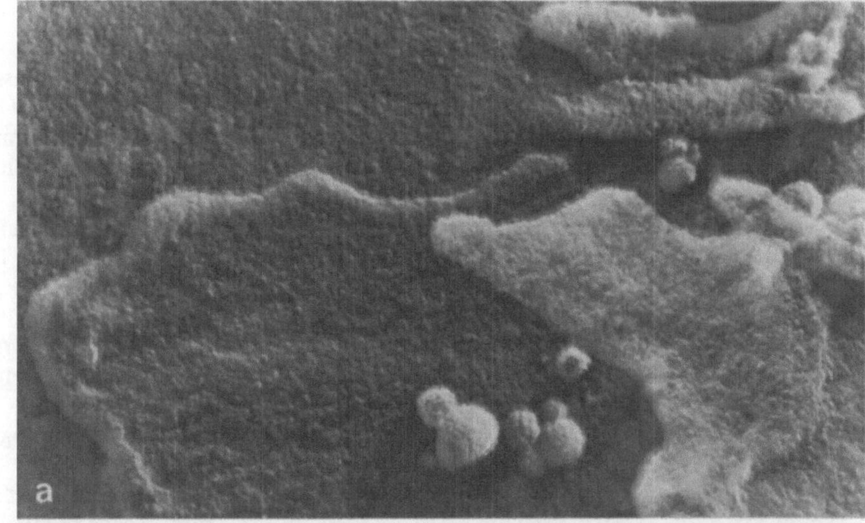

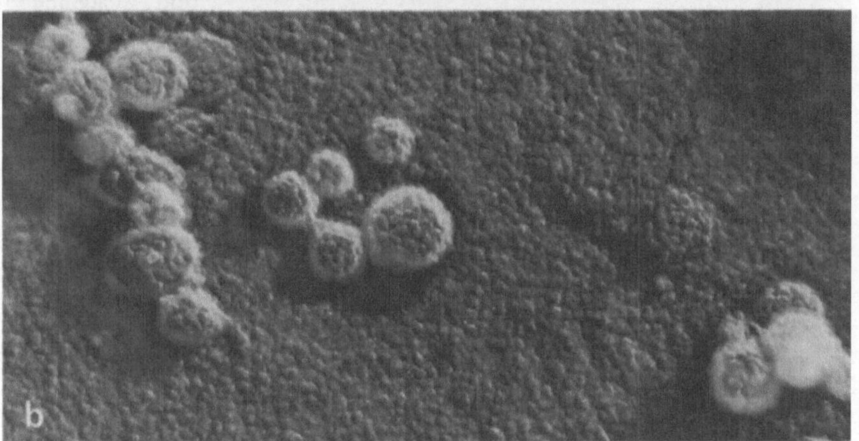

Abb. 45.9 a und b. Feinstruktur der Oberfläche von L-Zellen der Maus, die mit Lymphozyten-Choriomeningitisvirus infiziert sind. In der Aufsicht sind durch Knospung entstehende Viruspartikel erkennbar. Technik der Präparation s. Abb. 45.8. Vergr. a 60.000fach, b 100.000fach. (Aufn. Peters; Hamburg, New Haven, 1977)

C. Pflanzenviren

Man hat sich noch auf keine endgültige Klassifizierung geeinigt. Wildy schlug 1971 vor, Pflanzenviren verschiedenen Gruppen zuzuordnen, die jeweils nach einem charakteristischen Vertreter benannt werden:

Bromovirus (Bromgrasmosaikvirus-Gruppe),
Comovirus (Cowpea-Mosaik-Virus-Gruppe),
Cucumovirus (Cucumber-Mosaik-Virus-Gruppe: Gurkenmosaikvirus),
Nepovirus (Tabakringfleckenvirus),
Potexvirus (Kartoffel-X-Virus-Gruppe),
Potyvirus (Kartoffel-Y-Virus-Gruppe),
Tabomovirus (Tabakmosaikvirus-Gruppe),
Tabravirus (Tabak-Rattle-Virus-Gruppe),
Tombusvirus (Tomato-Bushy-Stunt-Gruppe),
Tymovirus (Turnip Yellow Mosaik-Virus-Gruppe).

Bei vielen Pflanzenviren ist das Genom auf mehrere (meist zwei bis drei) Virions aufgeteilt. Man braucht sie alle gleichzeitig, um eine Infektion hervorzurufen.

D. Insektenviren

E. Bakterienviren (Bakteriophagen)

Vorschläge zur Einteilung. Eine offizielle Zustimmung des ICTV steht noch aus:

Myoviridae: Gradzahlige T-Phagen (T2, T4, T6). DNS-Doppelstrang. Molekulargewicht 120×10^6, komplex gebauter, kontraktiler Schwanz.

Styloviridae (λ-Phagen-Gruppe): Lineare, doppelsträngige DNS. Molekulargewicht $30{,}8 \times 10^6$, langer, nicht kontraktiler Schwanz.

Corticoviridae (PM 2-Phagen-Gruppe): Ringförmige, doppelsträngige DNS. Molekulargewicht 5×10^6. Virion isometrisch gebaut, lipidhaltig, kein Schwanz.

Microviridae (Φ X 174-Gruppe): Ringförmige, einsträngige DNS. Molekulargewicht $1{,}7 \times 10^6$. Kleine, isometrische Virions.

Inoviridae (fd-Phagen-Gruppe): Ringförmige, einsträngige DNS. Molekulargewicht 1,7 x 10^6. Lange, filamentöse Virions.

Leviviridae (f2-Phagen-Gruppe): Lineare, einsträngige RNS. Molekulargewicht 1,2 x 10^6. Kleine, ikosaedrische Virions.

Pedroviridae (T7 und verwandte Phagen): Lineare, doppelsträngige DNS. Molekulargewicht 25–27 x 10^6, kurzer Schwanz. Komplexe Gruppen mit verschiedenen Gattungen, systematisch noch nicht bearbeitet.

Cystoviridae (Phagen Φ 6-Gruppe): Lineare, doppelsträngige RNS in drei Stücken. Gesamtmolekulargewicht 13 x 10^6. Isometrische Virions mit lipidhaltigem *Envelope.*

Literatur

Fenner, F.: The classification and nomenclature of viruses. Summary of results of meetings of the International Committee on Taxonomy of Viruses in Madrid, September 1975. Virology *71*, 371 (1976)

Fenner, F., McAuslan, B.R., Mims, C.A., Sambrook, J., White, D.O.: The biology of animal viruses, 2. Aufl. New York, London: Academic Press 1974

Kaper, J.M.: The chemical basis of virus structure, dissociation and reassembly. Amsterdam: North Holland Publ. Comp. 1975

Luria, S.E., Darnell, J.E., Baltimore, D., Campbell, A.: General virology, 3. Aufl. New York: J. Wiley and Sons 1978

Matthews, R.E.F.: Plant virology. New York, London: Academic Press 1970

Weidel, W.: Virus und Molekularbiologie. Berlin, Göttingen, Heidelberg: Springer 1964

Wildy, P.: Classification and nomenclature of viruses: First report of the International Committee on Nomenclature of Viruses. Mongr. Virol. *5*, 1 (1971)

46. Viren: Objekte molekularbiologischer und medizinischer Forschung

Tabakmosaikvirus (TMV)

Das Tabakmosaikvirus gehört zu den klassischen Objekten der Virologie und der Molekularbiologie. 1892 fand der Russe Iwanowski, daß sich die Mosaikkrankheit der Tabakpflanzen durch einen bakterienfreien Preßsaft aus kranken Tabakpflanzen auf gesunde übertragen läßt. Sechs Jahre später (1898) wurde dieser Befund durch den Holländer Beijerinck bestätigt. Er filtrierte den Extrakt aus kranken Pflanzen durch bakteriendichte Porzellanfilter und fand, daß dabei keine Infektiosität verlorenging. Die Ergebnisse veröffentlichte er in einer Arbeit mit dem Titel *Over een contagium vivum fluidum als oorzaak van de mozaikziekte der tabaksplanten.* 1935 wurde das Virus von Stanley (seinerzeit Princeton University) isoliert und kristallisiert. Stanley nahm damals noch an, es würde ausschließlich aus Protein bestehen. Doch 1937 wurde diese Annahme von Bawden und Pirie in England korrigiert, als sie nachwiesen, daß die gereinigten Präparate Phosphat enthalten.

TMV hat eine stäbchenförmige Gestalt. Die Aussage ist das Ergebnis der ersten elektronenmikroskopischen Untersuchung eines biologischen Objektes (Kausche et al., Berlin, 1939). Schramm in Tübingen dissoziierte das TMV durch Alkalibehandlung und trennte eine reine Proteinfraktion ab: das sog. A-Protein (Alkaliprotein). 1955 rekonstituierten Fraenkel-Conrat und Williams (University of California, Berkeley) infektiöse TMV-Partikel aus ihren Komponenten RNS und Protein. Doch schon ein Jahr darauf (1956) zeigten Gierer und Schramm (Max-Planck-Institut für Virusforschung in Tübingen), daß die RNS alleine infektiös ist. Diesem Befund ging die Ausarbeitung einer Methode zur Isolierung intakter Nukleinsäuren voraus (Phenolmethode, s. Kap. 3). Das genannte Ergebnis war der erste Beweis dafür, daß RNS Träger genetischer Information sein kann. Zwei weitere Arbeiten aus den Tübinger Max-Planck-Instituten sind als Marksteine in die Geschichte der Molekularbiologie eingegangen:

1958: Die Auslösung von Mutationen durch Behandlung der Virus-RNS mit Salpetriger Säure (Gierer und Mundry).

1961: Ansätze zur Entschlüsselung des Genetischen Codes (Wittmann).

TMV ist allein schon deshalb ein beliebtes Versuchsobjekt geworden und geblieben, weil es relativ einfach gebaut ist und weil man das Virus ohne großen Aufwand grammweise gewinnen kann. Zudem hatte man gelernt, auf kontrollierte Weise Mutanten zu erzeugen. Als ein schwerwiegender Nachteil erwies sich jedoch immer wieder das Fehlen von Rekombinanten. Es war somit nie möglich, eine genetische Karte aufzustellen, und man weiß auch heute noch nicht viel über den Informationsgehalt der 6000 Nukleotide enthaltenden TMV-RNS. Für das Hüllprotein benötigt man einschließlich der Kontrollregionen nur etwa 480 davon.

Ein TMV-Partikel hat ein Molekulargewicht von 40×10^6, das seiner RNS beträgt $2{,}1 \times 10^6$. Es gibt nur einen Proteintyp, das Hüllprotein, von dem im Virion 2200 Kopien (Untereinheiten) enthalten sind. Sein Molekulargewicht beträgt 17.500, die Polypeptidkette besteht aus 158 Aminosäuren. Die Sequenz wurde 1960/1962 in Berkeley und Tübingen aufgeklärt und war seinerzeit das längste analysierte Polypeptid. Beide Arbeitsgruppen publizierten anfangs fehlerhafte Sequenzen, die erst nach einigem Hin und Her berichtigt werden konnten.

Wie ist das Tabakmosaikvirus strukturiert? Wie sehen die Sekundär-, Tertiär- und Quartärstrukturen des Hüllproteins aus? Wo liegt die RNS, wie sieht ihr Kontakt zum Protein aus? Die Virusteilchen liegen in Pflanzenzellen oft in so hoher Konzentration vor, daß sie Kristalle und kristallähnliche Strukturen ausbilden (s. Abb. 46.1). Doch sie sind zerbrechlich und eignen sich deshalb und wegen einiger weiterer Schwierigkeiten (zu große Elementarzelle) nicht für die konventionelle Röntgenstrukturanalyse. Ende der dreißiger Jahre wurden einige uns heute merkwürdig erscheinende Experimente durchgeführt. Man ließ Fische in einer 0,7%igen TMV-Lösung schwimmen und photographierte sie in polarisiertem Licht. Man sah auf den Bildern um die Fische herum helle Bereiche, die auf Doppelbrechung beruhten und damit anzeigten, daß sich die stäbchenförmigen TMV-Partikel parallel zur Strömung, die durch den schwimmenden Fisch erzeugt wird, orientieren. Von dieser Beobachtung ausgehend, hat man Methoden zur Orientierung von Viruspartikeln in einer Quarzkapillare entwickelt. Die Orientierung

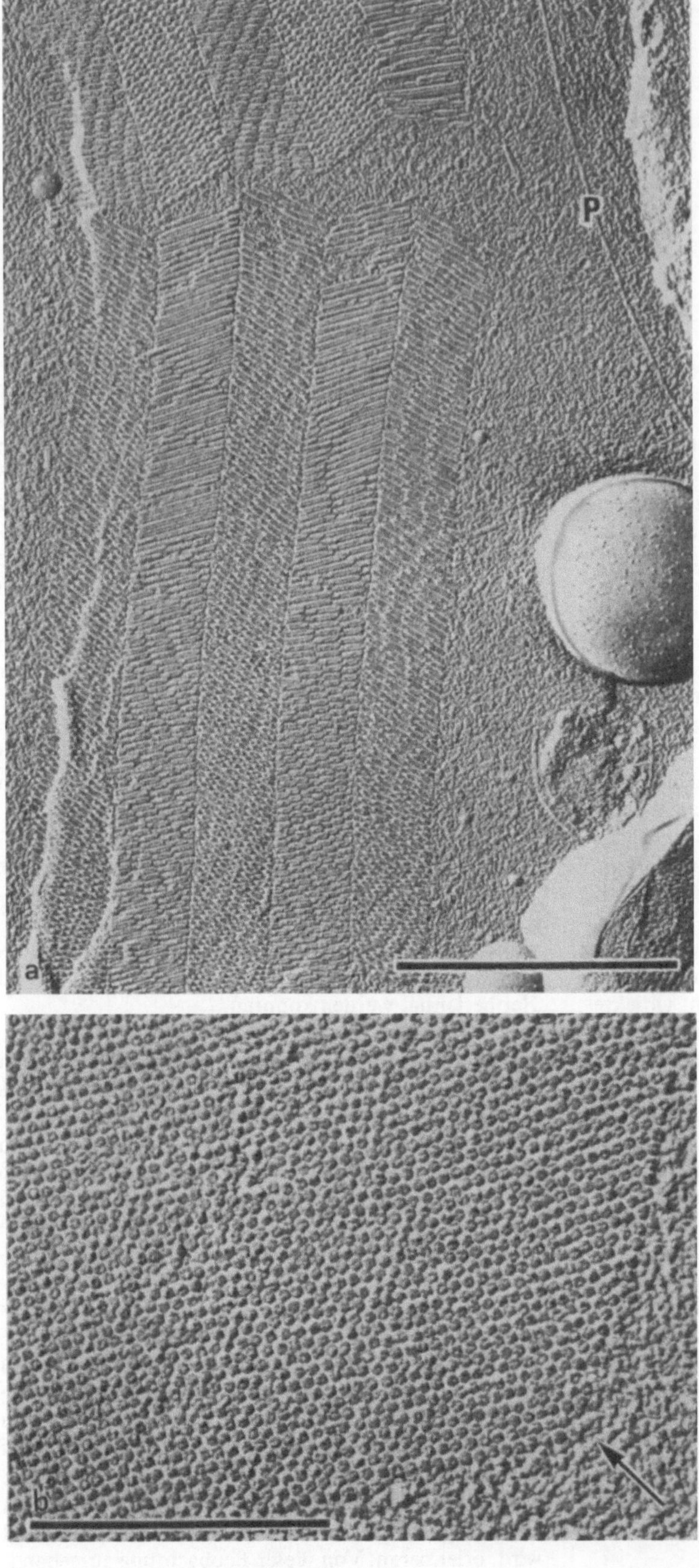

Abb. 46.1 a und b. Kristalline Anordnung von Partikeln des Tabakmosaikvirus in Mesophyllzellen des Tabaks (*P*, Plasmamembran). a Seitenansicht (Fischgrätenmuster). Maßstab: 1 μm. b Aufsicht auf das Viruspartikel (hexagonale Anordnung). Maßstab: 500 nm. Präparationstechnik: Gefrierätzverfahren. (Aufn. Willison, Halifax, 1976)

erfolgt beim Einsaugen eines hochkonzentrierten TMV-Gels in die Kapillare. Solche Präparate eignen sich zur röntgenstrukturanalytischen Untersuchung und ergeben sog. Faserdiagramme. Bernal und Fankuchen (London) stellten 1941 unter Zuhilfenahme dieser Technik fest, daß der Durchmesser der Stäbchen 150–180 Å beträgt und daß sie über eine extrem geordnete interne Struktur verfügen. Da die Viren im Präparat parallel zur Längsachse der Kapillare orientiert, aber nach einer Zufallsverteilung um ihre eigene Längsachse gedreht sind, lassen sich die Faserdiagramme als ein Beugungsbild an einem einzelnen Virusteilchen deuten. Unter Ausnutzung dieser Annahme erkannte Watson 1954, daß die Untereinheiten im Virion helikal angeordnet sind. Die Repetitionseinheit beträgt 69 Å und enthält 3n + 1 Untereinheiten in drei Umdrehungen. Die Oberflächen der Partikel sind nicht ebenmäßig, sondern durch tief eingeschnittene Einbuchtungen unterteilt. Franklin und Holmes (seinerzeit Birkbeck College, London) fanden, daß die Stäbchen Hohlzylinder mit einem inneren Radius von 20 Å und einem äußeren von maximal 80–90 Å sind. Die RNS liegt als Helix in einem radialen Abstand von 40 Å vor.

Klug, Finch und Mitarbeiter (MRC Laboratory of Molecular Biology, Cambridge/England) setzten sowohl elektronenmikroskopische als auch röntgenstrukturanalytische und andere (physikochemische) Techniken zur weiteren Strukturaufklärung ein. Im Vordergrund standen dabei Fragen wie:

Wie sieht die Struktur aus, wie entsteht sie? Über welche Stufen verläuft die Reassoziation (das Self Assembly) der Virusteilchen aus ihren Untereinheiten? Wie wird die RNS eingelagert?

Das Schrammsche A-Protein aggregiert bei Absenkung des pH-Wertes zu stäbchenförmigen Strukturen unterschiedlicher Länge. In der Regel sind sie wesentlich länger als normale Viruspartikel. Gibt man RNS zu den aggregierenden Komponenten hinzu, kommen Stäbchen mit der „richtigen" Länge (3000 Å) zustande. Bei RNS-Abwesenheit hängt die Konformation des Aggregats von der Ionenstärke der Lösung ab. Bei niedrigen Werten entstehen helikale Strukturen, bei hohen sog. *Stacked discs* (gestapelte Doppelscheiben) (s. Abb. 46.2). In beiden Fällen verläuft der Aggregationsprozeß über das *disc*-Stadium (Doppelscheibenstadium). *Discs* enthalten 34 Untereinheiten, die in zwei Scheiben à 17 Untereinheiten angeordnet sind. Diese Zahl wurde durch Auswertung elektronenmikroskopischer Bilder ermittelt. In einer Helix sind 16 1/3 Untereinheiten pro Windung enthalten. Aber auch eine Helix wächst durch Aufeinanderstapelung der Doppelscheiben. Das Protein muß demnach eine Konformationsänderung durchmachen, um von der *disc*-Konformation in die helikale überzugehen, womit sich natürlich auch die Frage stellt, wie die RNS an ihre Position gelangt. In Abb. 46.3 ist ein Modell vorgestellt, das eine Erklärung hierfür abgibt und das zeigt, daß die RNS eingefädelt wird, wobei die Untereinheiten sukzessive auseinanderweichen und dabei anschließend in eine neue Konformation übergehen. *Discs* sind kristallisierbar und damit einer konventionellen Röntgenstrukturanalyse zugänglich. Verfeinerte Auswerteverfahren erlaubten es aber auch, Faserdiagramme intakter Viruspartikel auszuwerten. Stubbs, Warren und Holmes (Max-Planck-Institut für Medizinische Forschung in Heidelberg) veröffentlichten 1977 ein Modell der Tertiärstruktur des TMV-Hüllproteins

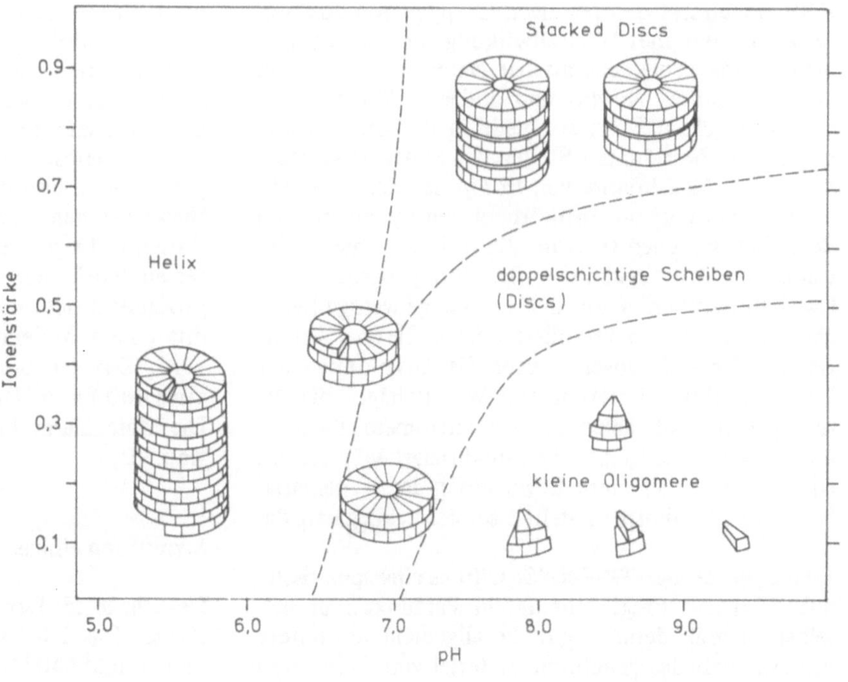

Abb. 46.2. pH und Ionenstärke beeinflussen das Aggregationsvermögen der Untereinheiten des TMV-Hüllproteins. Eine Helix (wie in einem intakten Viruspartikel) entsteht nur bei niedrigem pH-Wert, *Stacked-disc*-Konformationen bei hohem pH und hoher Ionenstärke (Klug und Durham, 1971)

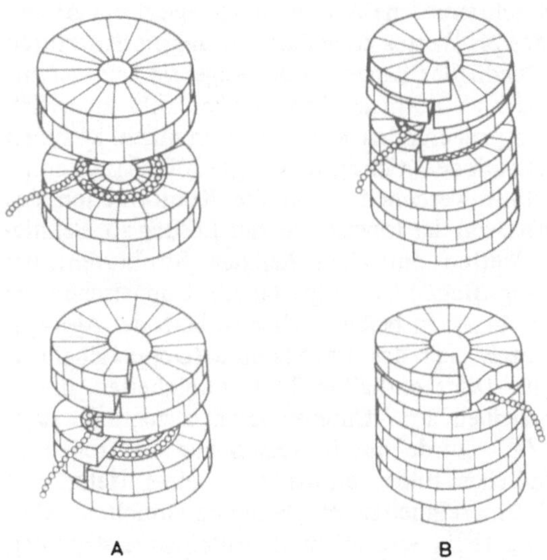

Abb. 46.3 A und B. Bildung eines TMV-Partikels. Zur Initiation werden zwei Doppelscheiben mit je 34 Proteinuntereinheiten benötigt. Die erste bindet RNS, die zweite lagert sich darüber. Beide machen anschließend eine sukzessive Dislokation der Untereinheiten durch, wobei sich die RNS zwischen die beiden Schichten einer jeden Doppelscheibe einschiebt (Klug und Durham, 1971)

bei einer Auflösung von 4 Å. Die Analyse der kristallisierten *Discs* führte schließlich zu einer Auflösung von 2,8 Å (Klug et al., 1978) (s. Abb. 46.4). Die Daten zeigen, daß die Polypeptidkette zu einem großen Teil zu α-Helices und β-Faltblättern gefaltet ist. Das C- und das N-terminale Ende liegen an der Oberfläche. Die negativ geladenen Phosphatgruppen der RNS stehen mit den positiven Gruppen von Argininresten in ionischer Wechselwirkung. Bei der Zusammenstellung proteinchemischer Daten von Mutanten des Wildstamms *vulgare* und anderen Wildstämmen wird deutlich, daß Unterschiede in der Aminosäuresequenz an bestimmten Stellen des Moleküls konzentriert sind. Man könnte von *Hot spots* oder in Anlehnung an Befunde an Antikörpern von hypervariablen Bereichen sprechen (s. Abb. 22.2). Ein Vergleich der Daten mit den Ergebnissen der Röntgenstrukturanalyse läßt den Schluß zu, daß nur einige wenige Bereiche im Hüllprotein verändert werden dürfen. Weitergehende Veränderungen würden die Ausbildung einer Quartärstruktur unterbinden. Wir können hieraus verallgemeinernd ableiten, daß oligomere Proteine nur an ganz wenigen Stellen modifiziert sein dürfen. Die allgemein bekannte Erscheinung der Hypervariabilität bei Antikörpern steht also nicht einzigartig da.

Transkription der TMV-RNS: Gibt es eine spezifische mRNS? Diese Frage scheint ein Paradoxon in sich selbst zu sein, denn es gilt die allgemein verbreitete Ansicht, daß das genetische Material von RNS-Viren gleichzeitig auch die Funktion einer mRNS ausübt, sofern es sich um einen „+Strang" (wie z.B. beim TMV) handelt. mRNS-Aktivität der TMV-RNS und der RNS anderer Viren kann in in vitro-Proteinsynthesesystemen, wie dem Weizenkeimsystem getestet werden. Die RNS wird translatiert, jedoch ist im Falle der TMV-RNS eigentlich niemals richtig gezeigt worden, daß Hüllprotein gebildet wird. Im *Xenopus laevis*-Oozyten-System (s. Kap. 53) erhält man zwei große Polypeptide mit Molekulargewichten von 140.000 und 165.000, doch nach dem 17.000er Hüllprotein suchte man auch hier vergebens. Die großen Polypeptide findet man auch in TMV-infizierten Protoplasten des Tabaks. Es sind demnach echte und natürlich vorkommende Translationsprodukte der TMV-RNS. Sie entstehen in infizierten Zellen, bevor Hüllprotein nachzuweisen ist. In Analogie zu den in Kapitel 9 besprochenen Ereignissen könnte man sie daher als Produkte früher (*early*) Gene klassifizieren.

Doch wo bleibt das Hüllprotein? Hunter und Hunt (Dept. of Biochemistry, University of Cambridge) sowie Knowland und Zimmern (MRC Laboratory of Molecular Biology, Cambridge, 1976) isolierten aus infizierten Tabakzellen eine niedermolekulare RNS, die in den genannten Systemen eine effektive Matrize zur Synthese von Hüllprotein abgab. Die Nukleotidsequenz dieser Moleküle entspricht exakt einem Teil des vollständigen TMV-RNS-Moleküls. Offensichtlich werden bei der Virussynthese zwei getrennte Wege beschritten. An einem –Strang werden

a) zunächst +Stränge gebildet, die zur Bildung der frühen Proteine benötigt werden, dann werden
b) kurze Stücke gebildet.

Die kurzen Stücke werden für die Hüllproteinsynthese eingesetzt, das seinerseits in großer Menge benötigt wird. Hunter et al. konnten ausschließen, daß die kurzen RNS-Moleküle Aufarbeitungsartefakte sind. Sie setzten einer Aufarbeitung RNS der TMV-Mutante *Ni 568* hinzu. Das Hüllprotein dieser Mutante enthält im Gegensatz zu dem des Wildstamms einen Methioninrest. Getestet wurde nun, ob das Gemisch der aufgearbeiteten und der zugesetzten RNS in Proteinsynthesesystemen den Einbau von [^{35}S]-Methionin in Proteine dirigieren konnte. Die Antwort hierauf lautet eindeutig nein, womit gezeigt wurde, daß die Hüllproteinsynthese nur durch die kleinen RNS-Moleküle mit einem Molekulargewicht von 2 x 10^5 initiiert wird. Das entspricht 750 Nukleotiden, von denen etwa 480 für die Hüllproteinsynthese benötigt werden. Die Moleküle enthalten keinen Poly-(A)-Anteil (siehe Kap. 10).

Strukturen einiger anderer Viren

Der Phage fd. Der Phage fd ist ein filamentöser DNS-Phage. Das DNS-Molekül ist ringförmig, einsträngig und enthält 6408 Nukleotide. Die Sequenz ist bekannt

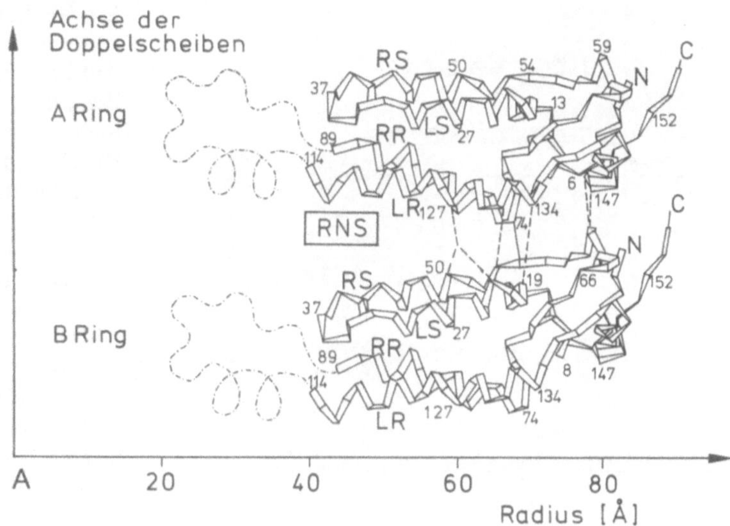

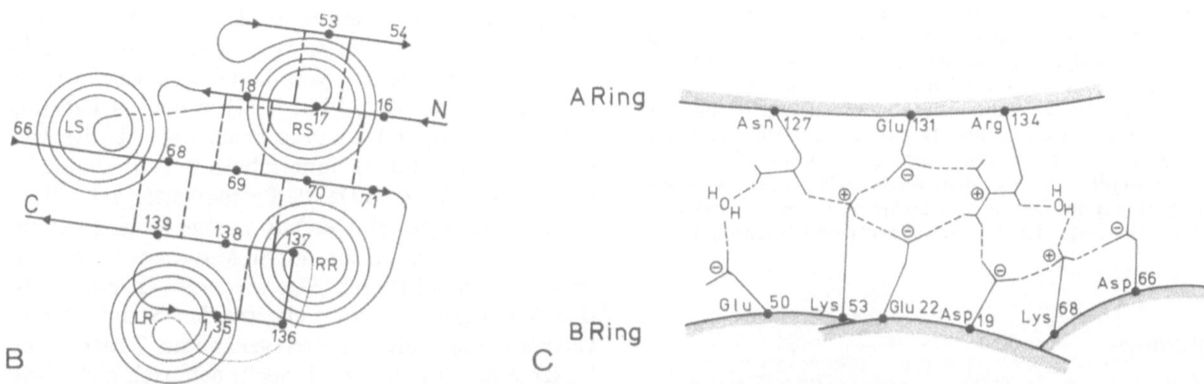

Abb. 46.4 A–C. Faltung der Polypeptidkette des TMV-Hüllproteins. **A** Seitenansicht eines Sektors einer Doppelscheibe (Ring A und Ring B). Es sind zwei Polypeptidketten, die Wechselwirkungen zwischen ihnen und die Position der RNS abgebildet. Die *Ziffern* kennzeichnen Aminosäurepositionen, $N = 1$, $C = 158$. *RS, RR, LS,* und *LR* sind Bezeichnungen für α-Helices. **B** Diese Ansicht zeigt, daß die Polypeptidkette β-Faltblattanteile und α-Helices enthält und wie die einzelnen Sekundärstrukturen miteinander verbunden sind. **C** Vereinfachte, schematische Darstellung der Kontaktstellen zwischen zwei Untereinheiten. Man erkennt, daß die Kontakte durch ionische Interaktionen zustandekommen. Es handelt sich dabei um ein komplexes, dreidimensionales Netzwerk aus Salzbrücken (Bloomer et al., 1978)

(Beck et al., 1978). Je nach Virusstamm sind die Virions 1000–2000 nm lang. Die Struktur des umgebenden Hüllproteins besteht zu einem überwiegenden Teil aus α-Helices, welche die DNS in Form einer Schraube (Superhelix) umgeben. Die Virusreifung erfolgt während des Herausschleusens der DNS an der bakteriellen Plasmamembran (s. Abb. 46.5). Das Hüllprotein wird zunächst in die Plasmamembran eingelagert, wobei mehrere Moleküle (Untereinheiten) in Form einer Spirale aggregieren, die an ihren Enden kontinuierlich wächst. Beim Austritt der DNS im Zentrum der Spirale wickeln sich die Proteinmoleküle um sie, wobei die Spiralstruktur in eine Schraubenstruktur überführt wird (Abb. 46.6).

Sphärische (kubische) Viren. In sphärischen Viren ist eine zentral gelegene, dicht gepackte Nukleinsäure von einem Proteinmantel umgeben, der als „Hohlkugel" ausgebildet ist. Die Hohlkugel ist eigentlich ein Polyeder (ein vielseitiger Körper). Die Zahl der Seitenflächen ist artspezifisch konstant. Seitenflächen bilden morphologische Einheiten, die aus mehreren gleichen oder verschiedenen Polypeptidketten (Untereinheiten) aufgebaut sein können. Das Organisationsschema ist am besten an nukleinsäurefreien Hohlkugeln durch Elektronenmikroskopie zu studieren. Als Präparationstechnik bewährt sich das *Negative staining*. Die Auswertung elektronenmikroskopischer Bilder, die man auf diese Weise gewinnt, ist jedoch mit der Schwierigkeit verbunden, daß man nie weiß, ob man eine Struktur der unteren oder der oberen Fläche der Hohlkugel abbildet. Finch und Klug (MRC Laboratory of Molecular Biology) umgingen dieses Problem, indem sie Modelle bauten, die sie als Schattenrisse in allen möglichen Drehvarianten photographierten (s. Abb. 46.7). Sie erhielten damit alle denkbaren Überlagerungsstrukturen, die sie mit elektronenmikroskopischen Aufnahmen von hohlen Viruspartikeln vergleichen konnten.

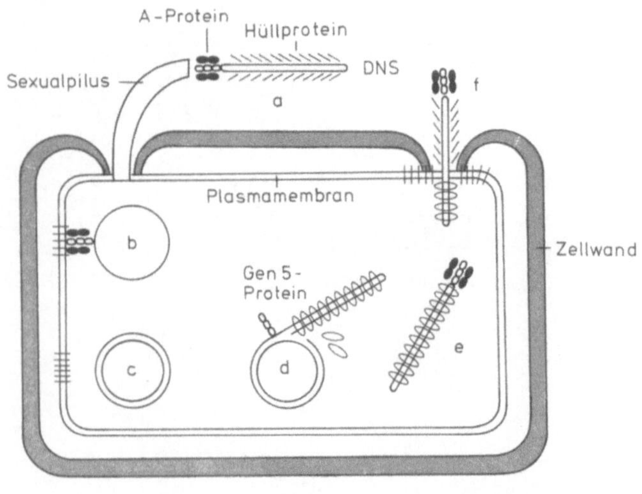

Abb. 46.5. Schematische Darstellung der Synthese und des *Assembly* des Phagen fd. Von der Wirtszelle (*Escherichia coli*) sind lediglich die cytoplasmatische Membran, die Zellwand und ein Sexualpilus gezeichnet. Durch letzteren dringt das Virus ein (*a*) und verliert dabei das Hüllprotein. Mit Hilfe des A-Proteins heftet es sich an die cytoplasmatische Membran an (*b*). Die DNS wird in einen Doppelstrang überführt (*c*). Via *Rolling circle* entstehen neue +Stränge, die von Gen 5-Protein umhüllt werden (*d*). A-Protein wird angelagert (*e*). Der Komplex wird aus der Zelle herausgeschleust, wobei die DNS vom Hüllprotein eingewickelt wird (Marvin und Wachtel, 1975)

Poliovirus

Das Poliovirus (genauer: Poliomyelitisvirus) ist der Erreger der spinalen Kinderlähmung (Poliomyelitis). Normalerweise begünstigen mangelnde Hygiene und schlechte Ernährung die Ausbreitung von Virusinfektionen. Doch hier gilt genau das Umgekehrte. Poliomyelitis tritt (trat) gehäuft in Ländern mit hohem Lebensstandard und optimaler Hygiene auf. In tropischen Gegenden, vor allem in vielen Ländern Afrikas (Ägypten u.a.) ist das Virus weitverbreitet, ohne Schaden anzurichten. Die Wahrscheinlichkeit, daß Kinder kurz nach der Geburt mit ihm in Kontakt geraten, ist sehr hoch, und ihr Immunsystem wird dadurch rechtzeitig in Alarmbereitschaft versetzt. Polioviren können sich in neuronalem Gewebe vermehren und dadurch Lähmungen hervorrufen. In der Regel vermehren sie sich jedoch in Epithelzellen des Rachens und des Darms und rufen, wenn überhaupt, dann nur schwache Krankheitssymptome hervor (Fieber, Kopfschmerzen, trockener Rachen).

Die Gefahr der Kinderlähmung in zivilisierten Ländern wurde Mitte der 50er Jahre durch Entwicklung wirkungsvoller Vakzine und die Einführung der Schutzimpfung nahezu vollständig eliminiert (Salk, 1954; Sabin, 1955).

Poliovirus hat einen sehr engen Wirtsbereich. Außer in menschlichen Zellen vermehrt es sich in Zellen der Rhesusaffen. Im Labor kann es mit guter Ausbeute in HeLa-Zellen kultiviert werden. Es gehört in die Gruppe der kleinen (*pico*) RNS-(*RNA*)-Viren (Picornaviren). Das Virion ist ein Ikosaeder. Sein Durchmesser beträgt 27 nm. Die Proteinhülle (das Kapsid) besteht aus 60 Untereinheiten, von denen jede vier Proteinmoleküle (VP1, VP2, VP3, VP4) in dichter Packung enthält. Aufgrund unterschiedlicher Antigenität (Oberflächenstruktur) unterscheidet man zwischen drei Typen: 1, 2, 3. Da die Proteinketten sehr dicht beieinanderliegen, gibt es nur wenige Möglichkeiten, die Oberflächenstruktur durch Mutationen im Hüllprotein zu modifizieren. Das wiederum ist eine wichtige Voraussetzung zur weitgehenden Stabilität und Unveränderlichkeit der drei genannten Typen. Eine Vakzine gegen Poliovirus braucht demnach nicht (wie z.B. beim Influenzavirus) von Jahr zu Jahr modifiziert zu werden.

Als genetisches Material enthält das Virus ein RNS-Molekül (+Strang) von 7500 Nukleotiden Länge. Am 3'-Ende trägt es einen ca. 75 Nukleotide langen Poly (A)-Anteil. Die RNS wirkt nach Infektion einer Zelle als mRNS. Innerhalb von sechs Stunden werden in einer HeLa-Zelle 100.000 neue Virions gebildet. Die Adsorption des Virions an die Zelloberfläche wird durch eine Wechselwirkung zwischen Kapsid und

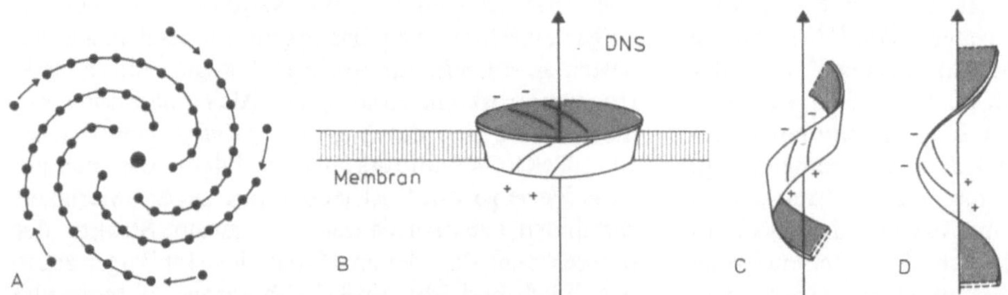

Abb. 46.6 A–D. Modell des *Assembly* des fd-Virions an der Membran. **A** Aufsicht auf die Anordnung der Hüllproteineinheiten in der Membran. Der zentral gelegene Punkt stellt die DNS dar. Die Hüllproteinmoleküle aggregieren durch hydrophobe Wechselwirkungen zu einer fünfschichtigen Spirale, die außen kontinuierlich wächst und innen kontinuierlich abgezogen wird. **B–D** Die Proteine umhüllen dabei die aus der Membran herausgeschleuste DNS in Form einer Schraube. Die Bindungen der Proteinuntereinheiten untereinander bleiben beim Übergang Spirale → Schraube erhalten (Marvin und Wachtel, 1976)

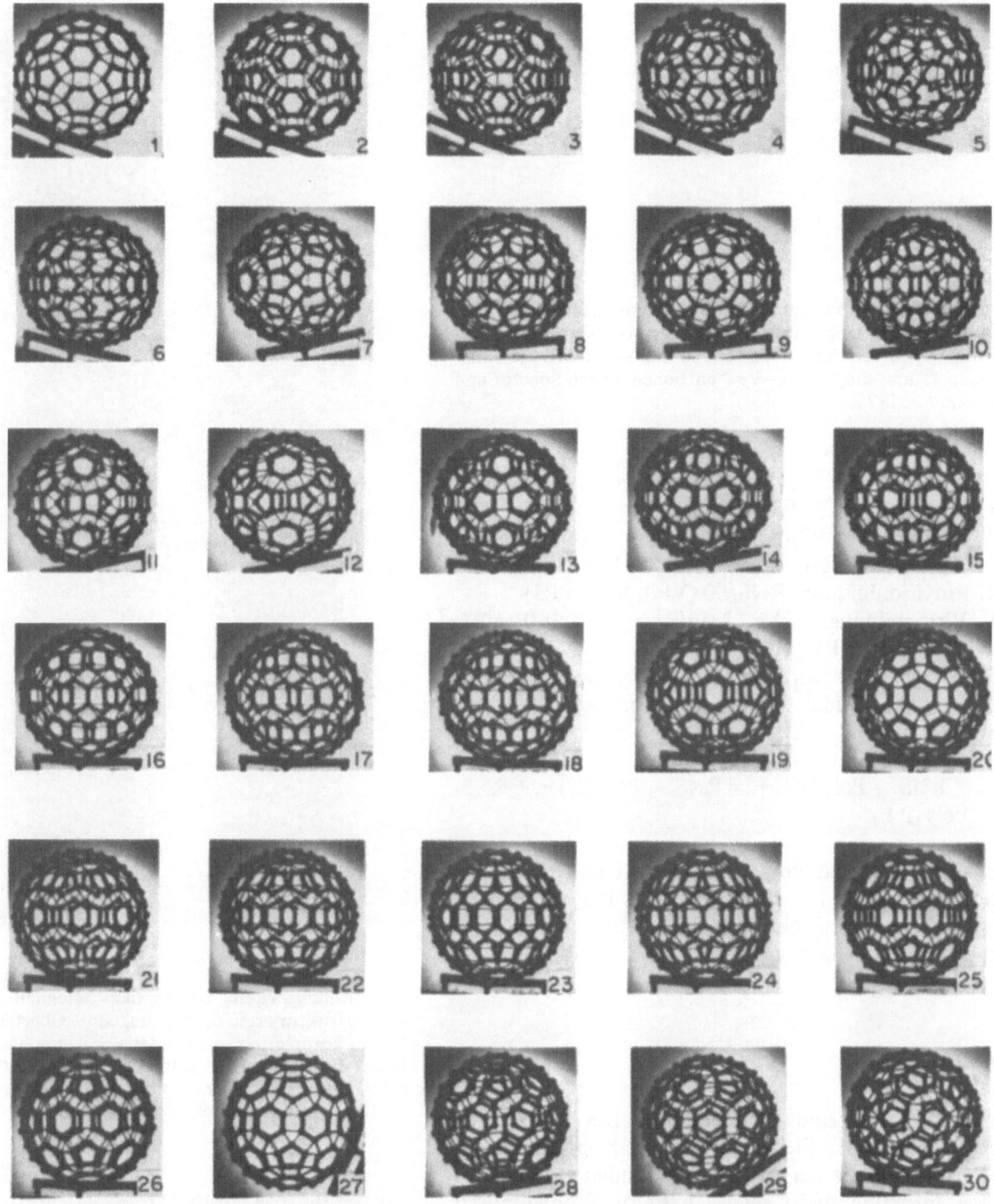

Abb. 46.7. Schattenrisse eines Ikosaeders in 30 verschiedenen Orientierungen. Die Darstellung dient der Demonstration, daß man bei elektronenmikroskopischer Betrachtung von leeren Hüllen ikosaedrischer Viren (z.B. Turnip Yellow Mosaik-Virus) nach dem *Negative staining*-Verfahren mit einer großen Zahl von Formen zu rechnen hat, da die Partikel in allen Orientierungen zu sehen sind und sich zudem Vorder- und Rückseitenmuster überlagern. (Aufn. Finch und Klug, Cambridge, 1966)

einem spezifischen Virusrezeptor eingeleitet. Mit freier RNS können auch rezeptorfreie Zellen infiziert werden. In ihnen kommt es zwar zu einer Virusvermehrungsrunde, doch die bei der Lyse freigesetzten Virions sind nicht in der Lage, weitere Zellen zu infizieren und damit neue Vermehrungsrunden einzuleiten. Poliovirus vermehrt sich im Plasma der Zelle. Als Produkt der Translation der viralen (m)RNS entsteht ein großes Protein mit dem Molekulargewicht von 250.000, das in aufeinanderfolgenden Schritten in kleinere Polypeptide zerlegt wird (s. Abb. 46.8), die ihrerseits zum Aufbau (*Assembly*) des Kapsids benötigt werden. Die Kapsidbildung verläuft über folgende Zwischenstufen:

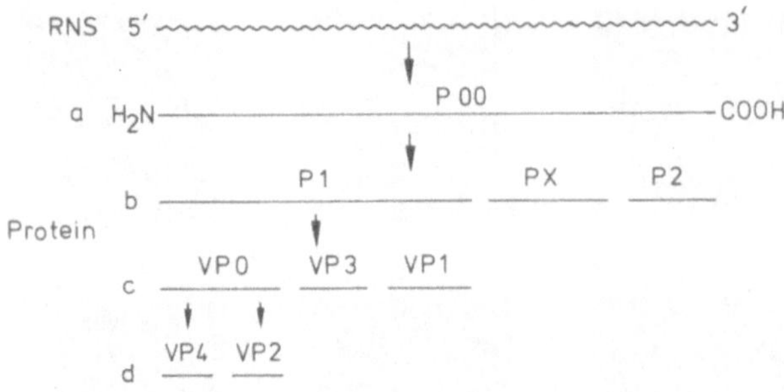

Abb. 46.8 a–d. Die Translation der Poliovirus-RNS führt zur Synthese sehr langer Polypeptidketten (P00), die anschließend weiter verarbeitet werden, so daß sukzessive die benötigten Genprodukte VP1–VP4 entstehen. (Nach Spector und Baltimore, 1975)

1. P1 → V0, VP1, VP3
2. 5 (VP0, VP1, VP3) → Aggregat
3. Prokapsidbildung: 12 [5 (VP0, VP1, VP3)]
4. Provirionbildung: RNS/60 (VP0, VP1, VP3)
5. Virionbildung: + VP2, + VP4 → RNS/[60 (VP2, VP4, VP1, VP3)].

RNS (+Strang) wird über ein Intermediärprodukt (–Strang) gebildet, wobei der Poly(A)-Anteil mit repliziert wird.

+ RNS – Poly(A) → – RNS – Poly(U) → + RNS-Poly(A).

Entfernt man das Poly(A), reduziert sich die Infektiosität auf 5%. Die Entstehung des Poly(A)-Anteils ist somit nicht direkt mit der Bildung der entsprechenden Sequenzen an hnRNS (mRNS) (s. Kap. 10) vergleichbar.

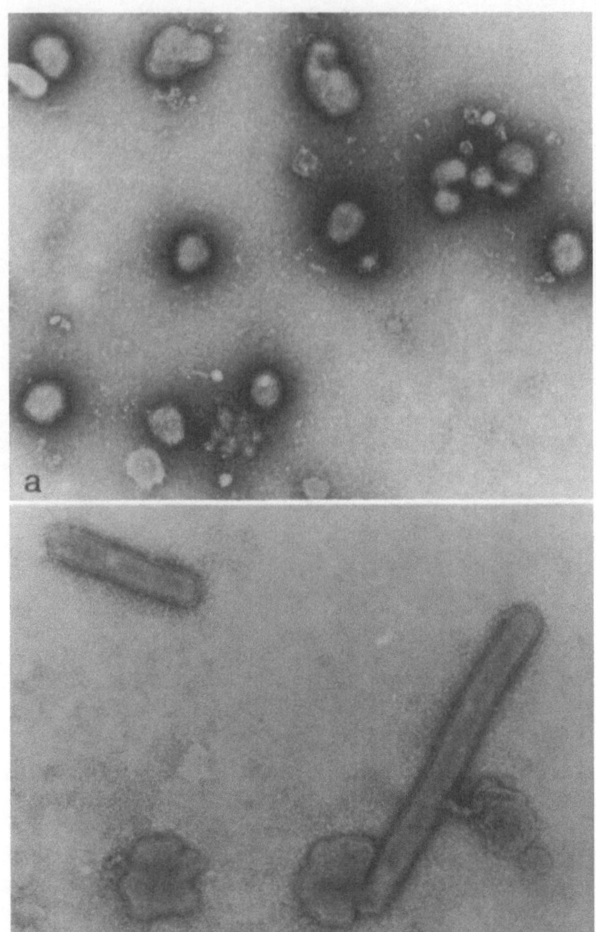

Abb. 46.9 a und b. Elektronenmikroskopische Aufnahmen von Influenzaviren. Die Partikel zeichnen sich durch eine stark strukturierte, *Spikes* tragende Oberfläche aus (**a**, **b**). Neben kompletten, mehr oder weniger sphärischen Viruspartikeln findet man oft gestreckte, filamentöse oder auch irregulär aussehende Formen mit meist unvollständigem Genom (**b**) (Präparationstechnik: ***Negative staining***)

Influenzaviren

Influenzaviren sind Grippeerreger. Die Krankheitssymptome sind: Fieber, Erkältung, Kopfschmerzen, Muskelschwäche u.a. Bei sonst gesunden Personen ist eine Infektion meist relativ harmlos. Problematisch sind hingegen Folgeinfektionen durch Bakterien (Pneumokokken, Staphylokokken), die vorwiegend bei Kindern und älteren Menschen Lungenentzündungen mit früher oft tödlichem Ausgang hervorrufen.

Das Influenzavirus wurde 1931 erstmalig von Shope aus Schweinen isoliert. 1933 gelang W. Smith et al. der Nachweis, daß es in menschlichen Geweben vermehrt wird, und ein Jahr darauf (1934) wurde es von Francis aus menschlichem Gewebe isoliert. Es gehört zu den Orthomyxoviren. Sein Genom besteht aus acht einsträngigen RNS-Molekülen (–Stränge!) (Pons, 1976; Bean und Simpson, 1976; Ritchey et al., 1976). Sie bilden zusammen mit einem Protein das Nukleokapsid, welches von einer Lipidhülle umgeben ist (s. Kap. 26 und Abb. 45.4), die auf ihrer Oberfläche Fortsätze, sog. *Spikes* trägt (s. Abb. 46.9). Diese bestehen aus Glykoproteinen, von denen es zwei Arten gibt: Hämagglutinin (HA) und Neuraminidase (NA).

1941 entdeckte Hirst, daß Influenzaviren rote Blutkörperchen agglutinieren. Der Komplex ist bei niederer Temperatur (4°C) stabil, löst sich aber bei erhöhter Temperatur (37°C). Ursache für Komplexbildung und -zerfall sind das Hämagglutinin, das sich mit sialinsäurehaltigen Rezeptoren auf den Zelloberflächen verbindet, sowie die Neuraminidase, die die Sialinsäure von der Zelloberfläche abtrennt und die Viren damit wieder freisetzt. Zellen, die einmal Virus gebunden hatten, können kein frisches Virus mehr fixieren, da ihre Rezeptoren bei der Ablösung zerstört worden sind.

Die Erscheinung der Hämagglutination wurde in den letzten Jahrzehnten zu einer empfindlichen Nachweismethode für Influenzaviren (sowie andere Ortho- und Paramyxoviren) ausgebaut. Da Viren durch Zugabe spezifischer Antikörper inaktiviert werden, hat man gleichzeitig ein ebenso empfindliches Verfahren zum Nachweis von Antikörpern entwickeln können (anti-Hämagglutinationstest):

Influenzavirus + Erythrozyten → Agglutination
Influenzavirus + Erythrozyten + Antikörper
→ keine Agglutination.

Durch geeignete Verdünnungen der Virussuspension resp. des Antiserums lassen sich Verdünnungsendpunkte ermitteln und damit die Titer der Antikörper im Serum und die Menge der Viruspartikel in Suspension bestimmen. Die Verfahren sind mittlerweile standardisiert und werden in klinischen Untersuchungen sowie in der Grundlagenforschung regelmäßig eingesetzt. Die Hämagglutination läßt sich darüberhinaus auch als ein Reinigungsschritt bei der Isolierung des Virus verwenden. Man fügt Erythrozyten zu einem virushaltigen Extrakt hinzu. Die Viren werden von deren Oberflächen gebunden. Der Komplex Erythrozyten-Viren wird abzentrifugiert, und mit einem geringen Volumen eines geeigneten Isolationsmediums lassen sich die Viren hieraus nachfolgend eluieren. Damit hat man sie nicht nur partiell gereinigt, sondern auch konzentriert.

Serologisch ist eine Anzahl von Typen, Subtypen und Species als Influenzavirus charakterisiert worden. Man unterscheidet zwischen den Typen A, B und C. Alle drei vermehren sich in menschlichen Zellen. Typ A hat im Gegensatz zu B und C einen relativ weiten Wirtsbereich und wurde außer beim Menschen bei Pferden, Schweinen, Vögeln und anderen Arten identifiziert. Die einzelnen Typen unterscheiden sich serologisch durch unterschiedliche interne (lösliche) Antigene (S-Antigene), die serologisch nicht miteinander verwandt sind. Innerhalb eines jeden Typs gibt es Subtypen:

A_0, A_1, A_2 etc.

Deren Unterschiede beruhen auf verschiedenen Hämagglutinin- und Neuraminidasestrukturen. Die Subtypen wiederum zerfallen in eine Reihe weiterer Species. Einige charakteristische Vertreter sind in Tabelle 1 aufgeführt.

Die Species A/Singapore/1/57 und A/Hong Kong/1/68 sind als Erreger der Asiatischen Grippe und der Hong Kong-Grippe bekannt geworden. Im Gegensatz zum Tabakmosaikvirus, dem Poliovirus u.a. sind die Abstände der Proteinmoleküle untereinander an den Oberflächen der Myxoviren relativ groß. Damit entfällt der Selektionsdruck auf Beibehaltung einer spezifischen Tertiärstruktur , und Mutanten können sich leicht durchsetzen. Das wiederum ist die vermeintliche

Tabelle 1. Typen und Subtypen des Influenzavirus. (Ergänzt aus Fenner und White, 1976)

Typ	Subtyp	Bezeichnung	Erscheinungsjahr
A	A_0	A/London/1/35 (H0N1)	1918–1919
		APR	1938
	A_1	A/FM/1/47 (H1N1)	1946
	A_2	A/Singapore/1/57 (H2N2)	1957
	A_2	A/Hong Kong/1/68 (H3N2)	1968
B		Lee	1940
		Bon	1943
		B/Taiwan/62	1962
C		1233 (keine Varianten bekannt)	1947

H und N sind Abkürzungen für Hämagglutinin und Neuraminidase. Die dahinter stehenden Ziffern geben den jeweiligen Typ der Proteine an.

Ursache einer hohen antigenen Variabilität, die dem Virus einen Selektionsvorteil unter dem Druck der Immunität in der menschlichen Population bietet. Die Variabilität ist zugleich Ursache periodisch wiederkehrender, weltweiter Epidemien (Pandemien). Man unterscheidet zwischen einem antigenen *Shift* und antigener *Drift*. Letztere beruht auf Mutationen der Oberflächenantigene. Die Effekte sind als Funktion der Zeit additiv. Erstere beruht auf dem Austausch eines Typs des Hämagglutinins und/oder der Neuraminidase durch einen anderen. Ein solcher Wechsel ist in der Regel mit Pandemien korreliert.

Die erste registrierte Pandemie fand im Jahr 1889/1890 statt. Eine weitere folgte 1918. Sie forderte 20 Millionen Tote, also weit mehr als der im gleichen Jahre abgeschlossene erste Weltkrieg. Es ist nicht genau bekannt, auf welche Folgeerscheinungen die hohe Zahl zurückzuführen ist. 1957, als erneut eine Pandemie ausbrach (Asiatische Grippe), war die Zahl der Toten weit geringer. Ursachen waren hierbei vorwiegend sekundäre Pneumokokken- und Staphylokokkeninfektionen.

Die 1969/70er Pandemie (Hong Kong-Grippe) verlief weniger dramatisch. Dennoch sei vermerkt, daß durch sie allein in England 25 Millionen Arbeitstage verlorengingen. Da sich die Hong Kong-Grippe von der Asiatischen nur durch ein verändertes Hämagglutinin unterscheidet, war ein Teilschutz in der Bevölkerung vorhanden gewesen (Antikörper gegen die Neuraminidase). Natürlich steht man heutzutage einer Epidemie viraler und bakterieller Krankheiten auch nicht mehr völlig hilflos gegenüber. In den letzten Jahrzehnten ist eine Anzahl wirkungsvoller Medikamente entwickelt worden. Hervorzuheben seien dabei Antibiotika, deren Einsatz in solchen Situationen gerade richtig ist, und umso mehr ist deshalb darauf zu achten, daß sie nicht durch Mißbrauch untauglich gemacht werden. 1957 und 1969/70 wurden Personen im Alter von mehr als 65 Jahren weitgehend verschont, und es ließ sich an konservierten Blutproben, die von einer Reihe älterer Personen vorlagen und die vor 1957 resp. 1969/70 entnommen waren, zeigen, daß die Seren Antikörper gegen die betreffenden neu aufgetretenen Influenzaarten enthielten. Personen, die jünger als 65 Jahre waren, hatten vor 1957 keine Gelegenheit, eine Immunität gegen die betreffende Art zu erwerben und waren der Pandemie weitgehend schutzlos ausgesetzt.

Im Mai 1977 wurde in China erneut ein neuer Virustyp isoliert. Im Winter 1977/78 trat er in Rußland auf und erhielt die Bezeichnung Russische Grippe. Die vergleichende Analyse der Oberflächenantigene und des Genoms ergab, daß es sich dabei keineswegs um etwas Neues handelte, sondern daß dieser Stamm mit Stämmen eng verwandt ist, die in den 50er Jahren weit verbreitet waren und dann verschwanden (H1N1) (Nakajima et al., 1978; Scholtissek et al., 1978b).

Selbstverständlich hat man versucht, eine Vakzine gegen Influenza zu entwickeln und hat dabei auch mehr oder weniger Erfolg gehabt. Der Erfolg ist jedoch – wegen der ständigen Veränderlichkeit des Virus – nicht so durchschlagend und andauernd wie etwa bei der Schutzimpfung gegen Polio oder gegen Pocken. Die World Health Organization hat in über 50 Ländern Beobachtungsstationen (Influenza Surveillance Centers) installiert, um Ansätze von Pandemien bereits am Entstehungsort zu erkennen, die übrige Welt zu warnen und das isolierte Virus den Herstellern von Vakzinen rechtzeitig zur Verfügung zu stellen.

Ein antigener *Shift* ist bisher nur bei Influenzaviren des Typs A, nicht jedoch bei B und C nachgewiesen worden. Lokale Epidemien mit Influenzaviren des Typs A treten durchschnittlich alle zwei bis drei Jahre auf und Epidemien, die durch Typ B hervorgerufen werden, alle drei bis sechs Jahre. Typ C ist nicht epidemisch. Sein Auftreten ist sporadisch und auf die Jahreszeiten Winter und Frühling beschränkt.

Influenzaviren sind nicht die einzigen Viren, die Erkrankungen der Atmungswege hervorrufen. Ein weiteres Beispiel dafür ist das RS-Virus (Respiratory Syncytial Virus), ein Paramyxovirus. Es befällt vorwiegend Kinder in den ersten vier Lebensmonaten und erscheint jährlich (s. Abb. 46.10). Man kennt keine Mutanten, obwohl seine Oberflächenstruktur sich vom Influenzavirus nur wenig unterscheidet. Kinder können in den ersten Lebensmonaten noch keine effiziente Immunantwort auf eine virale Infektion geben. Ist der fehlende Selektionsdruck eine Ursache für die Konstanz dieses Virus?

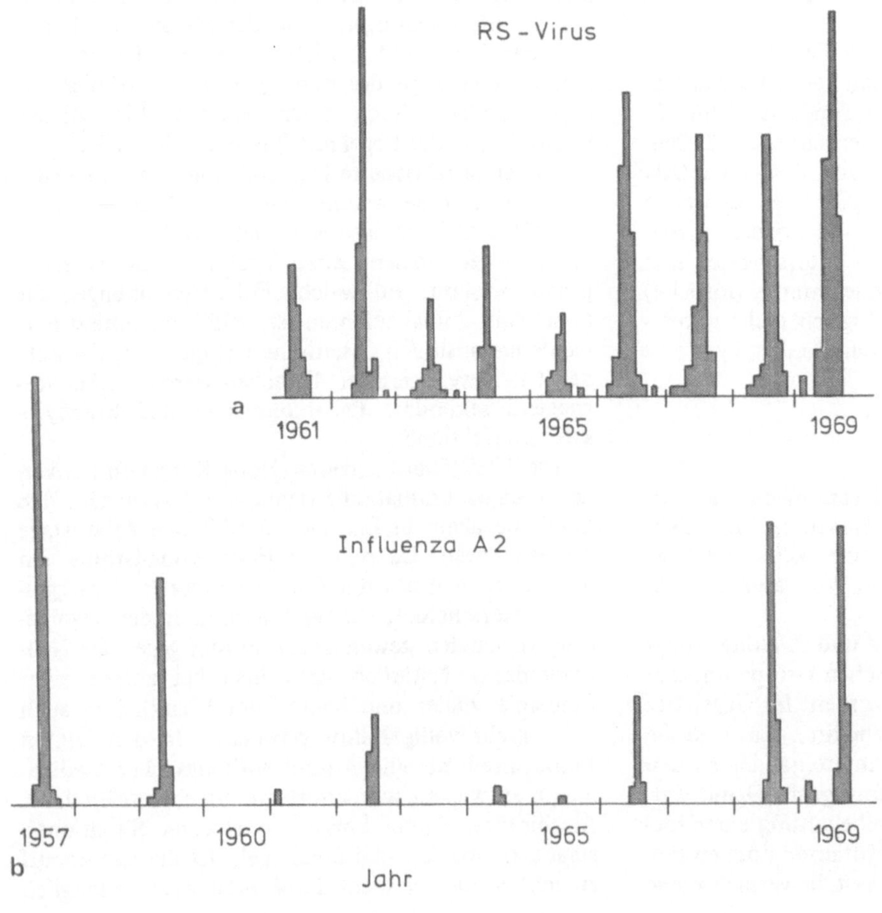

Abb. 46.10 a und b. Epidemisch auftretende Erkrankungen des Menschen, verursacht durch zwei Virusarten, deren Symptome als Erkrankungen der Atemwege erkennbar sind. a RS-Virus (Respiratory Syncytial Virus). b Influenza A_2. 1957: „Asiatische Grippe", 1969: Hong Kong-Variante. (Nach Ferris; aus Fenner et al., 1974)

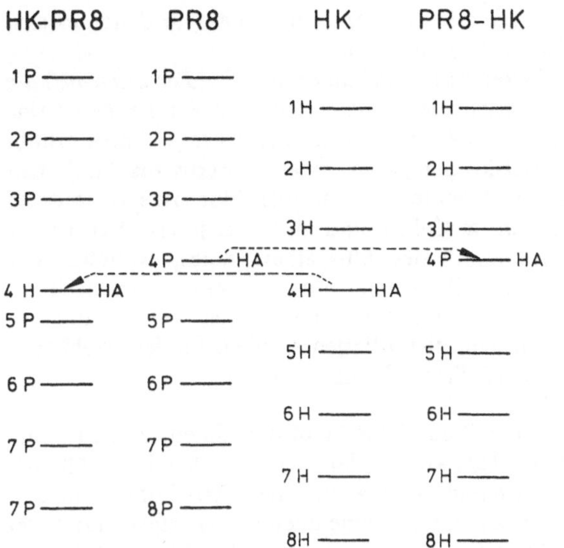

Abb. 46.11. Strategie zur Kartierung des Influenzavirusgenoms. Analyse der RNS und des Proteins von zwei Rekombinanten und ihren Ausgangsstämmen erlaubt die Zuordnung von RNS-Fragment und Funktion. Die gelelektrophoretische Auftrennung der RNS ist durch das Bandenmuster dargestellt (weitere Einzelheiten s. Text) (Palese, 1977)

Es wäre jetzt noch die Frage zu klären, wie ein antigener *Shift* beim Influenzavirus (Typ A) entsteht. Bei RNS-haltigen Viren kommen keine Rekombinationsereignisse vor, sofern wir uns an eine Definition im engeren Sinne (s. Kap. 12) halten. Influenzaviren gehen einen anderen Weg. Wie schon eingangs gesagt, ist das Genom auf acht voneinander verschiedene, getrennte RNS-Moleküle verteilt, und die wiederum lassen sich beliebig neu kombinieren. Experimentell ist ein solches Reassortment durch Doppelinfektion von Zellen mit zwei Influenzaspecies (PR8 und HK) nachvollzogen worden. Beide Arten unterscheiden sich u.a. durch verschiedene, elektrophoretische Beweglichkeiten ihrer jeweils acht RNS-Moleküle.

In Rekombinationen HK + UV-inaktiviertem PR8 fand man infektiöse Viruspartikel, die das Hämagglutinin von PR8 enthielten. Im reziproken Experiment fand man Viruspartikel mit Hämagglutinin vom Typ HK. Gleichzeitig zeigte das Experiment, daß dabei jeweils nur eines der acht Moleküle ausgetauscht war (s. Abb. 46.11) (Palese, New York, 1977). Welche weiteren Gene sind im Influenzagenom enthalten? Hirst wies 1973 nach, daß es acht Rekombinationsgruppen gibt, die mit den folgenden Funktionen korreliert sind (s. Tabelle 2).

Scholtissek et al. (Universität Gießen) 1978b, zeigten, daß ein Reassortment auch unter natürlichen Bedingungen vorkommt und die Ursache für die Entstehung neuer Subtypen ist. Verglichen wurden die RNS-Fragmente des Subtyps Singapur (H2N2) mit denen von FM1 (H1N1). Vier der acht Fragmente waren gleich, vier verschieden. Bei einem Vergleich von Singapur (H2N2) mit Hong Kong (H3N2) fand man sieben gleiche Fragmente. Das Fragment, durch das sie sich voneinander unterschieden, trägt die genetische Information für das Hämagglutinin. Das im Hong Kong (H3N2) Subtyp gefundene Fragment fand man auch bei einem Vogel-Influenzavirus A (Hav7Neq2). Der Wirtsorganismus ist die Ukrainische Ente. Dieser Befund weist darauf hin, daß neue Subtypen durch Reassortment zustandekommen und daß dabei auf ein Reservoir genetischer Informationen in Viren, die tierpathogen, aber nicht humanpathogen sind, zurückgegriffen wird.

Der –Strang wird ins Virion eingebaut. Aus Viren isolierte RNS ist nicht translatierbar. Von Polysomen isolierte, zur viralen RNS komplementäre mRNS wird in zellfreien Systemen translatiert, wobei die in der untenstehenden Tabelle genannten Translationsprodukte entstehen. Die mRNS trägt am 5′-Ende eine Kappe und am 3′-Ende eine Poly(A)-Sequenz. Der ins Virion eingebauten RNS fehlen diese Sequenzen. Es fehlt auch ein Poly-(U), wie man es vielleicht in Analogie zu den Befunden am Poliovirus erwartet hätte.

Langsame, persistierende Viren

Es gibt Erkrankungen, bei denen das infektiöse Agens über Monate und Jahre unerkannt bleibt, dann aber doch zu chronischen, sich progressiv verschlimmernden Symptomen führt. In der Regel sind dabei Funktionen des Zentralnervensystems und des Gehirns betroffen, die einem unaufhaltsamen Verfall ausgesetzt sind, der schließlich zum Tode des Patienten führt.

Tabelle 2. Rekombinationsgruppen des Influenzavirusgenoms. (Nach Palese, 1977)

Gruppe	Physiologischer Defekt	Defektes Protein	Lokalisation auf RNS-Molekül Nr.
I	Synthese komplementärer RNS	P3-Protein	1
II	Synthese viraler RNS	P2-Protein	2
III	Synthese komplementärer RNS	P1-Protein	3
IV	Neuraminidase-Aktivität	Neuraminidase	6
V	Virion RNP-Synthese	Nukleoprotein	5
VI	Hämagglutinierende Aktivität	Hämagglutinin	4
VII	kein Defekt	M-Protein (Matrix-Protein)	7
VIII	?	NS-Protein (*nonstructural protein*)	8

Es gibt zumindest zwei Krankheiten dieses Typs beim Menschen: Kuru und die Creutzfeldt-Jakob-Krankheit, bei Tieren die Krankheiten Scrapie (bei Schafen und gelegentlich bei Ziegen) und eine übertragbare Encephalopathie der Nerze (Aleutenkrankheit).

Darüberhinaus besteht der Verdacht, daß einige Degenerationserscheinungen, deren Ursache bislang nicht festgestellt werden konnte, durch sog. „langsame" Viren hervorgerufen werden. Hierher gehören manche Formen der Multiplen Sklerose, der Rheumatischen Arthritis, der Leukämie und der Diabetes.

Wie sieht das infektiöse Agens aus? Was sind „langsame" Viren? Wie wirken sie? Langsame Viren sind offensichtlich solche, die sich in Zellen nur schwach vermehren und sie deshalb auch nicht lysieren. Das Herpes-Simplex-Virus z.B. kann Monate, Jahre und sogar Dekaden in Nervenzellen „überwintern", ohne Symptome hervorzurufen (Stevens, University of California, Los Angeles). Ein externer Auslöser (Sonnenbrand, Fieber, Kälte) genügt jedoch, um es in Aktion treten zu lassen. Es bilden sich dann kleine Pusteln in der Haut. Die Nervenzellen bleiben dabei nach wie vor unverändert.

Intrazellulär auftretende Viren können sich der Immunabwehr entziehen und bleiben somit für lange Zeit unbehelligt. Bei akuten Infektionen wird eine massive Immunantwort ausgelöst, wobei Viren und ihre Wirtszellen zerstört werden. Doch auch die „langsamen" intrazellulären Viren bleiben nicht für immer unentdeckt, da Zellen, die ein Virus latent beherbergen, ihre Oberflächenstruktur oft verändern (s. Kap. 23, Histokompatibilitätsantigene) und somit zu Fremdkörpern werden, die vom Immunsystem attackiert werden. Solche Zellen sind für den Organismus langfristig viel gefährlicher als absterbende, da ihre Zahl im Körper ständig zunimmt. Das Immunsystem wird somit letztlich zur Ursache von Degenerationserscheinungen.

Orthomyxoviren wie das Influenzavirus sowie die Paramyxoviren (Erreger von Masern, Mumps und verwandten Krankheiten) verfügen über Proteine, die die Wirtszelloberfläche modifizieren. Das Masernvirus kann in Zellkultur dazu gebracht werden, vom lytischen Zustand zu persistenter (latenter) Infektion der Zellen überzugehen. Man braucht es nur in Anwesenheit von anti-Masernvirus-Antikörpern zu kultivieren (Rustigian, Tufts University, School of Medicine). 1969 wurde es aus Neuronen von Patienten mit einer Gehirnentzündung (Subakute Sklerotisierende Panencephalitis: SSPE) isoliert. SSPE ist eine seltene Krankheit, die sich durch fortschreitenden Verlust des Gedächtnisses und der Koordinierungsfunktionen der Motorik auszeichnet. Alle Personen, bei denen sie beobachtet wurde, hatten Jahre vorher eine schwere Maserninfektion überwunden; der Serumtiter an spezifischen Antikörpern war daher stets sehr hoch. Masernvirus kann aus Gehirnzellen „gerettet" werden, wenn man sie mit Zellen fusioniert, in denen es sich lytisch vermehren kann.

Warum tritt SSPE nicht bei allen Personen auf, die die Masern durchgemacht haben? Wir kennen keine befriedigende Antwort auf diese Frage. Einen erhöhten Antikörperspiegel gegen Masernvirus fand man auch bei Patienten mit Multipler Sklerose (Symptome: Läsionen im Gehirn und im Rückenmark, Verlust der Koordination der Muskelbewegung), während der Titer bei Patienten mit anderen neurologischen Defekten normal ist. Masernvirus selbst wurde in Gehirnzellen dieser Patienten nie gefunden, wohl aber ein anderes Parainfluenzavirus.

Kuru und Creutzfeldt-Jakob-Krankheit. Kuru ist eine seltene Krankheit, die nahezu ausschließlich bei einem Stamm der Ureinwohner Neu-Guineas auftritt. Sie ist an rapide zunehmender Geistesstörung bei gleichzeitiger Vergreisung zu erkennen. Cytologisch ist eine Vakuolisierung von Dendriten und Axons zu beobachten, die zu einem schwammartigen Aussehen des Nervengewebes führt. Jene Ureinwohner Neu-Guineas waren als Kannibalen bekannt. Sie verzehrten aus ritualen Gründen Fleisch incl. des Gehirns ihrer Vorfahren und naher Verwandter. Es gibt stichhaltige Beweise für die Annahme, daß der Erreger von Kuru durch den Kannibalismus verbreitet wurde. Nach dessen Verbot (in den 60er Jahren) nahm die Häufigkeit von Kuru schlagartig ab. Kuru und die Creutzfeldt-Jakob-Krankheit, die sich durch ähnliche Symptome auszeichnet, aber anders verbreitet wird und auch in zivilisierten Ländern auftritt, ist auf Schimpansen, andere Primaten, Katzen und Meerschweinchen übertragbar (Gajdusek et al., National Institute of Neurological and Communicative Diseases and Stroke, National Institutes of Health, Bethesda, Md.). Die Inkubationszeit beträgt bei Schimpansen durchschnittlich 10–24 Monate, die Dauer der Krankheit etwa 15 Monate. Bei einem Rhesusaffen trat die Krankheit erst 8 1/2 Jahre nach der Infektion auf. Die Krankheitserreger können von Schimpansen auf andere Individuen der gleichen Art übertragen werden. Doch Viren wurden weder aus pathologischem Gewebe noch aus entsprechenden Zellkulturen isoliert. Skrapie und die übertragbare Encephalopathie der Schafe resp. der Nerze ähnelt den eben beschriebenen Krankheiten des Menschen. Skrapie ist auf Mäuse und auf Hamster übertragbar.

Was sind die Erreger von Kuru, Skrapie u.a.? Es sind sicherlich keine kompletten normalen Viren – unkonventionelle Viren könnte man sie vielleicht nennen – oder Viroide (virusähnliche Agentien). Letztere bestehen aus einem kurzen, zirkularen RNS-Molekül, sie wurden bisher nur als Erreger einiger Pflanzenkrankheiten identifiziert (s. folgenden Abschnitt). Kuru- und Skrapieerreger zeichnen sich durch eine Reihe außergewöhnlicher Eigenschaften aus: Sie sind extrem resistent gegenüber ionisierender Strahlung, gegenüber virusinaktivierenden Chemikalien und gegenüber dem Immunsystem. Weder Formaldehyd noch EDTA, Proteasen (Trypsin, Pepsin), Nukleasen (RNasen A und III, DNase I), Hitze (80°C), UV-Strahlung (254 nm) oder Ultraschallbehandlung setzen die Aktivität herab. Sie sind nicht mit Proteinen assoziiert, nicht antigen, werden in ihrer Wirkung durch immunsuppressive Agentien nicht beeinflußt und sind elektronenmikroskopisch nicht faßbar. Damit bleibt uns die Frage, was sind sie eigentlich? Und auch hier müssen wir eine abschließende Antwort schuldig bleiben. Sind Kuru- und Skrapieerreger voneinander verschieden, oder sind es gleiche oder nur leicht voneinander modifizierte Komponenten? Eine Hoffnung auf eine Antwort und Ansatzpunkte für weitere Untersuchungen werden uns vielleicht die Arbeiten an Viroiden geben.

Viroide – die kleinsten infektiösen Einheiten

Viroide sind infektiöse Partikel, die eine Reihe von Pflanzenkrankheiten hervorrufen (s. Tabelle 3). Die infektiösen Agentien sind zirkulare RNS-Moleküle mit Molekulargewichten zwischen 107.000 und 127.000 (Sänger et al., Universität Gießen, 1971, 1972; Diener et al., US Department of Agriculture, Beltsville, Md, 1971, 1973). Die Nukleotidsequenz des PSTV wurde 1978 von Gross et al., MPI für Biochemie, Martinsried-München, und Sänger aufgeklärt. Das Molekül enthält 359 Ribonukleotide, zahlreiche intramolekulare Basenpaarungen, die in einer aufeinanderfolgenden Abfolge helikaler Bereiche organisiert und durch interne Schlaufen voneinander getrennt sind. Es entsteht somit eine hantelförmige Sekundärstruktur mit einem Achsenverhältnis von 1:20, wodurch das Molekül eine hohe Stabilität gewinnt (Sänger, Klotz, Riesner, Gross und Kleinschmidt; Gießen, Darmstad, Martinsried, Ulm, 1976).

Viroide vermehren sich auch noch bei relativ hohen Temperaturen (ca. 35°C), was wahrscheinlich als eine Adaptation an die Besonderheiten der Wirtspflanze anzusehen ist, denn sie sind bisher ausschließlich aus Pflanzen tropischer, subtropischer und kontinentaler Klimate isoliert worden. Man findet sie im Chromatin des Zellkerns. An/in Chloroplasten, Mitochondrien und Ribosomen hat man sie bisher nicht nachweisen können. Translationsprodukte sind nicht bekannt. Das gelelektrophoretisch auftrennbare und somit nachweisbare Proteinmuster infizierter Pflanzen unterscheidet sich qualitativ nicht von dem gesunder (Zaitlin et al.).

Tabelle 3. Viroide und ihre Wirtspflanzen

Wirtspflanze/Krankheit	Viroid (Bezeichnung)
Kartoffel: Spindelknollensucht	*Potato spindle tuber viroid* PSTV
Zitrone: Exocortis	*Citrus exocortis viroid* CEV
Gurken: Gelbfrüchtigkeit	*Cucumber pale fruit viroid* CPFV
Chrysanthemen: Stauche	*Chrysanthemum stunt viroid* CSV
Chrysanthemen: Chlorotisches Mosaik	*Chrysanthemum chloratic mottle viroid* CCMV
Kokosnuß: Cadang Cadang	*Cadang cadang viroid* CCCV
Hopfen: Stauche	*Hop stunt viroid* HSV

Die Größe der Viroid-RNS würde nach konventioneller Denkweise allenfalls zur Codierung eines Proteins vom Molekulargewicht 10.000 ausreichen. AUG-Codons kommen im PSTV nicht vor, dafür aber sieben GUG-Codons, die ebenfalls als Initiationscodons dienen könnten. Das kürzestmögliche Translationsprodukt wäre ein Tetrapeptid, das längste könnte weit über 100 Aminosäuren enthalten, da man die RNS nach Art eines *Rolling circle* übersetzen könnte, wobei nach jeder Runde das Raster gewechselt würde. Für ein solches Modell kennt man keinerlei Vorbilder – schon allein deshalb nicht, weil ansonsten keine zirkularen RNS-Moleküle bekannt sind. Solange man jedoch kein Translationsprodukt in der Hand hat, bleibt die oben gemachte Annahme eine geistreiche Spekulation.

Literatur

Barry, R.D.: The multiplication of influenza virus: The formation of incomplete virus. Virology *14*, 389 (1961)

Bawden, F.C., Pirie, N.W.: The isolation and some properties of liquid crystalline substances from Solanaceous plants infected with three strains of tobacco mosaic virus. Proc. R. Soc. Lond. B. *123*, 274 (1937)

Beck, E., Sommer, R., Auerswald, E.A., Kurz, C., Zink, B., Osterburg, G., Schaller, H., Sugimoto, K., Sugisaki, H., Okamoto, T., Takanami, M.: Nucleotide sequence of bacteriophage fd DNA. Nucl. Acid Res. *5*, 4495 (1978)

Bernal, J.D., Fankuchen, I.: X-ray and crystallographic studies of plant virus preparations. Structure of the particle. J. Gen. Physiol. *25*, 147 (1941)

Bloomer, A.C., Champness, J.N., Bricogne, G., Staden, R., Klug, A.: Protein disk of tobacco mosaic virus at 2.8 Å resolution showing the interactions within and between subunits. Nature (London) *276*, 362 (1978)

Diener, T.O.: Viroids: The smallest known agents of infectious disease. Annu. Rev. Microbiol. *28*, 23 (1974)

Duesberg, P.H.: The RNS's of influenza virus. Proc. Natl. Acad. Sci. USA *59*, 930 (1968)

Fazekas de StGroth, S.: Evolution and hierarchy of influenza viruses. Arch. Environ. Health *21*, 293 (1970)

Finch, J.T., Klug, A.: Arrangement of protein subunits and the distribution of nucleic acid in Turnip yellow mosaic virus. J. Mol. Biol. *15*, 344 (1966)

Fraenkel-Conrat, H., Williams, R.C.: Reconstitution of active tobacco mosaic virus by chemical alteration of its ribonucleic acid in vitro. Proc. Natl. Acad. Sci. USA *41*, 690 (1955)

Francis, T.: Transmission of influenza by a filtrable virus. Science *80*, 457 (1934)

Franklin, R.E., Holmes, K.C.: Tobacco mosaic virus: Application of the method of isomorphous replacement to the determination of the helical parameters and the radial density distribution. Acta Crystallogr. *11*, 213 (1958)

Gajdusek, D.C.: Unconventional viruses and the origin and disappearance of Kuru. Science *197*, 943 (1977)

Gierer, A., Mundry, K.-W.: Production of mutants of tobacco mosaic virus by chemical alteration of its ribonucleic acid in vitro. Nature (London) *182* 1457 (1958)

Gierer, A., Schramm, G.: Infectivity of ribonucleic acid from tobacco mosaic virus. Nature (London) *177*, 702 (1956)

Gross, H.J., Domdey, H., Lossow, C., Jank, P., Raba, M., Alberty, H., Sänger, H.L.: Nucleotide sequence and secondary structure of potato spindle tuber viroid. Nature (London) *273*, 203 (1978)

Hirst, G.K.: The agglutination of red cells by allontoic fluid of chick embryos infected with influenza virus. Science *94*, 22 (1941)

Hirst, G.K., Pons, M.: Biological activity in ribonucleoprotein fractions of influenza virus. Virology *47*, 546 (1972)

Hunter, T.R., Hunt, T., Knowland, J., Zimmern, D.: Messenger RNA for the coat protein of tobacco mosaic virus. Nature (London) *260*, 759 (1976)

Jacobson, M.F., Baltimore, D.: Polypeptide cleavages in the formation of poliovirus proteins. Proc. Natl. Acad. Sci. USA *61*, 77 (1968)

Kausche, G.A., Pfankuch, E., Ruska, H.: Die Sichtbarmachung von pflanzlichem Virus im Übermikroskop. Naturwissenschaften *27*, 292 (1939)

Klug, A.: Assembly of tobacco mosaic virus. Fed. Proc. *31*, 30 (1972)

Klug, A., Durham, A.C.H.: The disk of TMV protein and its relation to the helical and other modes of aggregation. Cold Spring Harbor Symp. Quant. Biol. *36*, 449 (1972)

Klug, A., Finch, J.T.: Structure of viruses of the Papilloma-Polyoma type. J. Mol. Biol. *31*, 1 (1968)

Markham, R., Hitchborn, J.H., Hills, G.J., Frey, S.: The anatomy of tobacco mosaic virus. Virology *22*, 342 (1964)

Marvin, D.A., Wachtel, E.J.: Structure and assembly of filamentous bacterial viruses. Nature (London) *253*, 19 (1975)

Marvin, D.A., Wachtel, E.J.: Structure and assembly of filamentous bacterial viruses. Phil. Trans. R. Soc. Lond. B *276*, 81 (1976)

Mühlbach, H.-P., Sänger, H.L.: Multiplication of cucumber pale fruit viroid in inoculated tomato leaf protoplasts. J. Gen. Virol. *35*, 377 (1977)

Nakajima, K., Desselberger, U., Palese, P.: Recent human influenza A (H1N1) viruses are closely related genetically to strains isolated in 1950. Nature (London) *274*, 334 (1978)

Palese, P.: The genes of influenza virus. Cell *10*, 1 (1977)

Sabin, A.B.: Oral poliovirus vaccine. Recent results and recommendations for optimum use. R. Soc. Health J. *82*, 51 (1962)

Sänger, H.L., Klotz, G., Riesner, D., Gross, H.J., Kleinschmidt, A.K.: Viroids are single-stranded covalently closed circular RNA molecules existing as highly base-paired rod-like structures. Proc. Natl. Acad. Sci. USA *73*, 3852 (1976)

Salk, J.E.: Basic principles underlying immunization against poliomyelitis with a noninfectious vaccine. In: Poliomyelitis. Philadelphia: Lippincott 1958

Scholtissek, C., Rohde, W., Hoyningen, V.v., Rott, R.: On the origin of the human influenza virus subtypes H2N2 and H2N2. Virology *87*, 13 (1978a)

Scholtissek, C., Hoyningen, V. v., Rott, R.: Genetic relatedness between the New 1977 epidemic strains (H1N1) of influenza and human influenza strains isolated between 1947 and 1957 (H1N1). Virology *89*, 613 (1978b)

Shope, R.E.: Swine influenza: Experimental transmission and pathology. J. Exp. Med. *54*, 349 (1931)

Spector, D.H., Baltimore, D.: The molecular biology of poliovirus. Sci. Am., Mai 1975, S. 24

Stanley, W.M.: Isolation of a crystalline protein possessing the properties of tobacco mosaic virus. Science *81*, 644 (1935)

Stubbs, G., Warren, S., Holmes, K.: Structure of RNA and RNA binding site in tobacco mosaic virus from a 4 Å map calculated from X-ray fibre diagrams. Nature (London) *267*, 216 (1977)

Watson, J.D.: The structure of tobacco mosaic virus. X-ray evidence of a helical arrangement of subunits around the longitudinal axis. Biochim. Biophys. Acta *13*, 10 (1954)

Willison, J.H.M.: The hexagonal lattice spacing of intracellular crystalline tobacco mosaic virus. J. Ultrastruct. Res. *54*, 176 (1976)

Wittmann, H.G.: Ansätze zur Entschlüsselung des genetischen Codes. Naturwissenschaften *48*, 729 (1961)

47. Tumorviren

Die Aufklärung von Ursachen der Tumorentstehung (Cancerogenese, Krebsauslösung) gehört seit geraumer Zeit zu den dringlichsten Problemen medizinischer Grundlagenforschung und der Molekularbiologie. Schon zu Beginn unseres Jahrhunderts erkannte man, daß Tumoren des Bindegewebes (Sarkome) und Leukämie bei Hühnern durch Viren hervorgerufen werden. 1908 entdeckten Ellerman und Bang das Hühnerleukämievirus und 1911 Rous das später nach ihm benannte Rous-Sarcoma-Virus. Aber erst zu Beginn der siebziger Jahre mehrten sich Hinweise darauf, daß Viren auch bei der Tumorentstehung beim Menschen beteiligt sind. Transformation von Zellen und Induktion von Tumoren hatte man mittlerweile bei einer Vielzahl von Vertebraten (Amphibien, Vögel, Nager, Primaten u.a.) festgestellt. Damit war jedoch keineswegs gesagt, daß Viren die alleinigen Verursacher von Krebs seien, denn genauso gut weiß man, daß zahlreiche Chemikalien und ionisierende Strahlung krebsauslösend wirken und Zellen transformieren. Darüberhinaus weiß man, daß manche Formen von Krebs erblich bedingt sind. Retinoblastoma z.B. ist ein Tumor, der mit einer Häufigkeit von 1:25.000 bei Kindern im ersten Lebensjahr auftritt und ein oder beide Augen zerstört (unilateral resp. bilateral). Alle bilateralen und einige der unilateralen Retinoblastomas sind erblich und beruhen auf einem dominanten, autosomalen Allel. Retinoblastoma ist die Ursache von 5% aller Fälle von Blindheit bei Kindern und 1% aller Tumoren, die bei ihnen auftreten.

Zurück zu den Tumorviren. Wir haben bereits eine Reihe ihrer Eigenschaften kennengelernt:

- die DNS-Struktur und das Transkriptionsmuster des Simian-Virus 40 (SV 40) und des Adenovirus (s. Kap. 5 und 9).
- die Assoziation des SV 40-Genoms mit Histonen (s. Abb. 40.4),
- die Reverse Transkriptase, die mit Viruspartikeln (Virions) der RNS-Tumorviren assoziiert ist (siehe Kap. 19),
- die Struktur und die Vermehrungsmodi einiger Tumorviren.

Wie im Kapitel 45 dargelegt, sind Vertreter von mehreren Virusfamilien als Tumorviren zu klassifizieren. Doch aus dem Verwandtschaftsgrad allein läßt sich nichts über onkogene Eigenschaften ableiten. Die Adenoviren z.B. sind in der Regel nicht onkogen. Beim Menschen sind 33 verschiedene Typen nachgewiesen worden, und es kommen zahlreiche weitere Typen hinzu, die sich in anderen Wirten vermehren. Unter Laboratoriumsbedingungen rufen einige von ihnen eine Transformation von Zellen hervor. Auffallend ist dabei eine Korrelation zwischen transformierender Aktivität und dem GC-Gehalt des Adenovirusgenoms:

stark onkogen:	Typ 12, 18, 31; GC-Gehalt: 48–49%,
schwach onkogen:	Typ 3, 7, 8, 11, 14, 16, 21; GC-Gehalt: 50–53%,
nicht onkogen:	GC-Gehalt: 56–60%.

Das ist insofern bemerkenswert, als für die Transformationsaktivität lediglich 7% der im Genom terminal gelegenen Sequenzen benötigt werden. Wir werden an anderer Stelle die Herpesviren behandeln und sehen, daß es dort ebenfalls nah verwandte Formen gibt, von denen einige onkogen und andere nicht onkogen sind. Tumorviren unterscheiden sich in vielerlei Hinsicht voneinander. Die Effizienz der Tumorinduktion, die transformierenden Eigenschaften, das Wirtszellspektrum und die Zeiten bis zur phänotypischen Ausprägung ihrer Wirkung sind bei den einzelnen Arten grundsätzlich verschieden. RNS-Tumorviren haben in der Regel eine stärkere transformierende Wirkung als DNS-Tumorviren, und innerhalb der Gruppe der RNS-Tumorviren sind die Vertreter aus der Sarkomgruppe am effizientesten. Sie haben ein breites Wirtspektrum und transformieren deshalb zahlreiche Zelltypen wie Fibroblasten, Myoblasten, Irisepithel u.a. Ein Viruspartikel genügt bereits zur Transformation einer Zelle (Eintrefferkinetik), und die Wahrscheinlichkeit, daß eines eine Zelle infiziert, liegt unter optimalen Bedingungen bei 0,1–0,5 (≙ *plating efficiency*). Demgegenüber findet man bei DNS-Tumorviren eine *Plating efficiency* von nur 10^{-5}. Unter Laboratoriumsbedingungen erhält man in Zellkulturen (in vitro) oft andere Ergebnisse als unter den Selektionsbedingungen in einem lebenden Tier (in vivo). Einige der RNS-Tumorviren sowie die gerade genannten Adenoviren und viele Papovaviren transformieren Zellen nur in Kultur und dort vielfach nur „unnatürliche" Wirtszellen.

Für andere Virusarten wiederum gilt genau das Umgekehrte: Tumorinduktion im Tier und keine transformierende Wirkung in Zellkultur.

Die genetische Konstitution und der Differenzierungsgrad von Wirtszellen spielen bei der Entscheidung, ob eine Transformation zustande kommt oder nicht, ebenfalls eine nicht zu unterschätzende Rolle. Man unterscheidet zwischen permissiven und nichtpermissiven Wirtszellen. In permissiven vermehren sich die Tumorviren und bilden, meist unter Zerstörung (Lyse) der Zelle, neue Viruspartikel (= lytische Vermehrung). In nicht-permissiven kommt es ebenfalls zu einer (abortiven) Vermehrung und ggf. zu einer Transformation der Wirtszelle. Der Transformation geht in der Regel der Einbau des Virusgenoms oder von Teilen davon in das Zellgenom voraus (Sambrook, Westphal, Srinivasan und Dulbecco, Salk Institute for Biological Studies, San Diego, 1968).

Nach Infektion nicht permissiver Zellen mit DNS-Tumorviren laufen nacheinander folgende Reaktionen ab:

1. Infektion der Zelle. Eindringen des Virions in die Zelle. Entfernen der Hülle, Freilegung der DNS.
2. Je nach Virusart Integration der kompletten viralen DNS oder von Teilen davon in die Zell-DNS. Der Einbau führt zu einer stabilen genetischen Veränderung der Zelle.
3. Transkription von Teilen der inkorporierten viralen DNS.
4. Synthese virusspezifischer Genprodukte.
5. Transformation der Wirtszelle.

Die DNS kleiner Tumorviren aus der Familie der Papovaviren (Papilloma, Polyoma, SV 40, BK-Virus u.a.) ist zirkular, womit sich zur Erklärung der Integration ein ähnlicher Mechanismus anbietet, wie wir ihn am Beispiel des Bakteriophagen λ (s. Kap. 13) kennengelernt haben.

DNS größerer Tumorviren (Herpesviren, Adenoviren) ist linear. Wie sie inkorporiert wird, ist nicht bekannt. Im Gegensatz zu SV 40 und anderen Papovaviren wird Adenovirus-DNS oft nur partiell ins Wirtsgenom übernommen und das wiederum an verschiedenen Stellen. Unter Einsatz von Restriktionsendonukleasen lassen sich Nachbarschaftsbeziehungen zwischen Virusgenom und Zellgenom im Detail analysieren (s. Abb. 47.1). Man hat dieses Verfahren nicht nur zur Analyse der Integrationsorte der Adenoviren, sondern auch für die entsprechende Analyse anderer Tumorviren eingesetzt.

SV 40: ein ausgewähltes Beispiel

Das Simian-Virus 40 (SV 40) gehört zusammen mit dem Polyoma- und dem BK-Virus sowie einigen weiteren zur Gruppe der Papovaviren. Die DNS hat Molekulargewichte von 3,3 x 10^6 (SV 40), 3,1 x 10^6 (Polyoma) und 3,4 x 10^6 (BK-Virus). Trotz vieler Ähnlichkeiten sind nur kleine Genomanteile der genannten Vertreter untereinander homolog. Das Polyomavirus wächst lytisch in Mäusezellen und transformiert eine Anzahl anderer Zelltypen einschließlich Ratten- und Hamsterzellen. SV 40 wächst lytisch in Affenzellen und transformiert Mäuse-, Ratten- und Hamsterzellen sowie menschliche Zellen. Vermehrt man Polyomavirus bei hoher Multiplizität und passagiert es wiederholte Male, entstehen Partikel, deren Genom kleiner als das des Wildtyps ist (Uchida et al., 1966). Dabei beobachtet man zahlreiche Mutanten mit Deletionen, Inversionen, Reiterationen und Insertionen an verschiedenen Orten im Genom (Brockmann, Lee und Nathans, John Hopkins University, School of Medicine, 1976). Ähnliche Ergebnisse erhält man mit SV 40. Große Teile des Genoms gehen verloren und werden, z.T. wenigstens, durch Wirtszell-DNS substituiert. Hsu und Jelinek (The Rockefeller University, New York, 1977) fanden, daß das Genom von SV 40 sechs einander ähnliche Sequenzabschnitte mit *inverted repeats* enthält, und das wiederum sind ja bevorzugte Rekombinationsorte (s. Kap. 12).

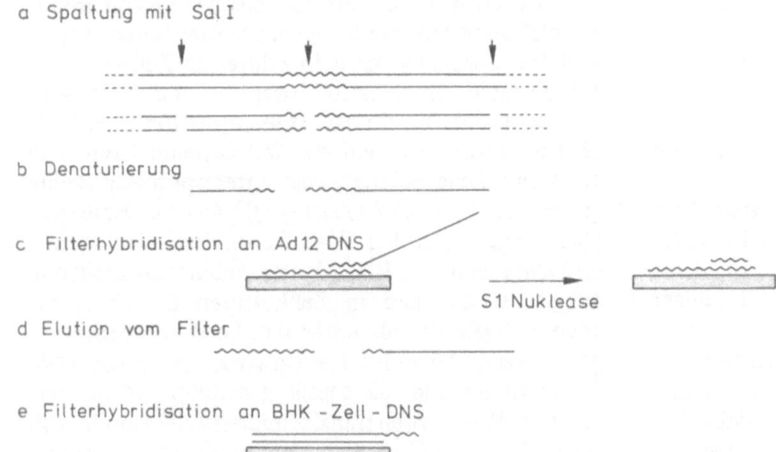

Abb. 47.1 a–e. Sequentielle Hybridisierung (Schema des experimentellen Vorgehens). *Gewellte Linie,* Adenovirusgenom; *gerade Linie,* Wirtszellgenom (Groneberg et al., 1977)

Menschliche Adenoviren können in Affenzellen nur in Anwesenheit von SV 40 vermehrt werden. Das SV 40 fungiert somit als ein Helfervirus. Kombinationen aus dem SV 40 und dem Adenogenom gewinnen die Fähigkeit der autonomen Replikation. Es entstehen somit unter Ausnutzung der Rekombinationskapazität beider Virusarten Hybride. Das gemeinsame Genom wird von einem Adeno-Kapsid umschlossen (Hashimoto et al., 1973; Nakajima und Oda, 1975).

An welchen Stellen des Genoms wird SV 40 inkorporiert? Girardi und Koprowski (Wistar Institute, Philadelphia) beschrieben 1973 transformierte, menschliche Zellinien, die das SV 40-Genom im Chromosom 7 enthielten. Hybride zwischen menschlichen Zellen und Mäusezellen lassen sich über eine Anzahl von Generationen vermehren, wobei das menschliche Genom sukzessive eliminiert wird (s. Kap. 41 und 53). Ein Verlust des oben genannten Chromosoms führt zum Verlust der SV 40-DNS, der virusspezifischen Antigene und des transformierten Zustands. Injiziert man Tumorzellen (transformierte Zellen) beliebiger Herkunft in *nude*-Mäuse, so entwickeln sich darin solide Tumoren. Dem Mäusestamm *nude* fehlt nämlich der Thymus und somit die Fähigkeit zur zellulären Immunantwort (s. Kap. 66). Die Tiere akzeptieren Transplantate, sind erwartungsgemäß außerordentlich empfindlich gegenüber Infektionen aller Art und überleben praktisch nur in einer ± sterilen Laborumwelt.

SV 40-transformierte menschliche Zellen der hier besprochenen Zellinien wachsen in *nude*-Mäusen zu Tumoren aus, solange Chromosomen 7 vorhanden sind. Eliminierung führt auch hier zum Verlust der Kompetenz zur Tumorbildung. 1977 beschrieb Croce eine SV 40-transformierte Zellinie, die das Virusgenom ins Chromosom 17 inkorporiert hatte, und das wiederum bedeutet, daß es zumindest zwei, wahrscheinlich jedoch mehr Integrationsorte für das Virusgenom gibt. Obwohl die oberste Grenze nicht festliegt, läßt sich schon jetzt sagen, daß die Zahl nicht sehr hoch sein wird und daß es für das Virus nur einige wenige und damit spezifische Integrationsorte im Genom geben muß.

Eine vergleichende Aussage läßt sich für das Mäusegenom machen. Auch dort gibt es mehr als einen, aber nicht beliebig viele Integrationsorte. Croces und Koprowskis Befunde stehen in einem bisher nicht gelösten Widerspruch zu Daten von Harris und Klein (1969, 1971), die einen spezifischen Genort postulieren, welcher Malignität supprimiert. In diese Untersuchungen sind SV 40-transformierte Zellen jedoch nicht einbezogen, und man wird abwarten müssen, wie sich das scheinbare Paradox löst, oder ob es sogar grundsätzlich voneinander verschiedene Ursachen der Krebsentstehung gibt (weiteres hierzu s. Kap. 51).

Es wurde bereits darauf hingewiesen, daß ein Einbau von SV 40 ins Wirtszellgenom keineswegs mit einer Transformation der Zelle gleichzusetzen sei.

Tabelle 1. Anzahl SV 40-Kopien pro diploidem Genom. (Aus Jaenisch und Mintz, 1974)

Maus Nr.	Leber + Niere	Gehirn
1	0	13
3	0,62	0,7
7	1,5	0
15	0	8,5
19	0	1,95
20	1,6	0
24	3,6	–
29	0,5	0

Jaenisch (Salk Institute for Biological Studies) und Mintz (Institute for Cancer Research, Philadelphia, 1974) injizierten eine konzentrierte SV 40-Suspension in Zellen von Maus-Blastozysten(Embryonen im 32–64 Zellstadium oder etwas darüber) und implantierten sie anschließend in den Uterus einer scheinschwangeren Maus (Einzelheiten hierzu s. Kap. 64). In 40% der Fälle entwickelten sich daraus normale (latent?) gesunde Mäuse, die in ihren Kernen 0,5–13 SV 40-Äquivalente pro diploidem Genom enthielten. Einige der Daten sind Tabelle 1 zu entnehmen.

Mit geeigneten Methoden ließ sich aus solchen Zellen intaktes Virus wiedergewinnen, womit der Beweis erbracht wurde, daß das Virusgenom vollständig erhalten bleibt. Gleichzeitig ist der Befund auch ein Beweis für eine vertikale Weitergabe des Virusgenoms ohne eine simultane Expression. Dieser Punkt ist im Zusammenhang mit der (spontanen) Entstehung von Tumoren beim Menschen (und bei anderen Arten) von besonderem Interesse. Es existiert nämlich eine Reihe von Hypothesen (Huebner und Todaro, 1969, National Institute of Health, Bethesda,; L. Gross, Cancer Research Unit, Bronx, 1974, u.a.), die besagen, daß Tumorviren von einer Generation auf die nächste übertragen werden, ohne dabei in Erscheinung zu treten (s. hierzu auch Provirushypothese von Temin, folgender Abschnitt). Nach einer unvorhergesehenen Induktion durch externe Stimuli kommen sie zum Zuge. Die gehäufte Anfälligkeit gegenüber Krebs in manchen Familien mag hierin ihre Ursache haben. Eine Weitergabe eines tumorinduzierenden Agens durch Milch wurde 1936 von Bittner erkannt (Bittner-Faktor). Säugende Mäuse können, wie wir heute wissen, ein Tumorvirus, welches Mammakarzinom hervorruft, an die Nachkommen weitergeben.

Worauf beruht die tumorinduzierende Wirkung des SV 40? Nach Inkorporation von SV 40 erscheinen im Zellkern die sog. T-Antigene, die von Wirtszell-DNS spezifisch gebunden werden. T-Antigene sind virusartspezifisch. Wie schon in Kapitel 5 gezeigt, bildet SV 40 ein großes und ein kleines T-Antigen. Die hierfür benötigten Gene überlappen einander, die Nukleotidsequenzen werden mehrfach genutzt. T-Antigene beeinflussen die Synthese viraler mRNS, werden für die Initiation der viralen DNS-Replikation benötigt und dienen der Aufrechterhaltung des transformierten Zustands. Neben den T-Antigenen kommen auf den Oberflächen transformierter Zellen die sog. tumorspezifischen Transplantationsantigene vor. Die wiederum werden nicht durch das Virusgenom selbst codiert, sondern sind Produkte (Glykoproteine) von Wirtszellgenen, die durch Funktionen des inkorporierten Virusgenoms eingeschaltet werden. Sie beeinflussen das Verhalten der transformierten Zellen, sind maßgeblich für den Erwerb der malignen Eigenschaften der Zelle verantwortlich und stellen ein wichtiges diagnostisches Merkmal dar.

Transformierte Zellen negieren Signale, die an der Zelloberfläche empfangen werden, unterlaufen damit die Wachstumskontrolle, der alle normalen Zellen unterliegen, zeigen eine gesteigerte Proliferationsrate, bilden in Kultur unregelmäßige Wachstumsmuster und erreichen damit eine höhere Dichte als normale Zellen (s. Kap. 51). Bei DNS-Tumorviren kennt man keine spezifischen, viralen Funktionen, welche ausschließlich als Onkogene (transformierende bzw. tumorauslösende Komponenten) anzusehen wären. Alle Genprodukte beeinflussen in der einen oder der anderen Weise auch die Virusvermehrung, und ein Verlust der Transformationskompetenz geht mit einem Verlust der Vermehrungskapazität einher.

Es fehlen spezifische Genfunktionen, die die Expression früher viraler Gene fördern und die Expression der späten verhindern. Im Gegensatz zum Bakteriophagen λ scheint das Genom des Tumorvirus SV 40 unter einer positiven Kontrolle der Wirtszelle zu stehen. Wird eine SV 40-transformierte Zelle mit einer permissiven Zelle fusioniert (s. Kap. 53), erfolgt im Fusionsprodukt eine starke Virusvermehrung, denn die permissive Zelle scheint ein Produkt beizusteuern, das die Expression der späten SV 40-Gene ermöglicht (Koprowski et al., 1967).

Gibt es Viren, die beim Menschen Tumoren hervorrufen?

Alle bislang vorgebrachten Befunde weisen darauf hin, daß es auch menschliche Tumorviren geben muß. Die uns heute zur Verfügung stehenden Analyseverfahren sind empfindlich genug, um Spuren von Viren oder Auswirkungen viraler Funktionen zu erfassen, und es sind in den vergangenen Jahren wiederholt Arbeiten zu diesem Thema erschienen. Als Argumente wurden die folgenden Ergebnisse vorgebracht:

- Auftreten von virusspezifischer Reverse Transkriptase in malignem Gewebe,
- Auftreten virusspezifischer Antigene,
- Erscheinen elektronenmikroskopisch als Viruspartikel zu klassifizierender Strukturen,
- Nachweis von Nukleotidsequenzen in DNS maligner Gewebe, die der Nukleinsäure tierischer Tumorviren homolog ist.

Kritiker hielten den Autoren vor, die nachgewiesenen Komponenten könnten auf Verunreinigungen beruhen. Ebenso wenig sei auszuschließen, daß die Viren Begleiterscheinungen und nicht Auslöser des malignen Wachstums seien. Gerade das zuletzt genannte Argument ist sehr schwer zu widerlegen, denn am Menschen sind keine Experimente möglich, und aus Ergebnissen in Zellkultur darf nicht direkt auf Vorgänge im vielzelligen Organismus geschlossen werden.

Im folgenden sei ein Beispiel näher ausgeführt, bei dem die Mitwirkung von Viren an der Tumorinduktion sehr wahrscheinlich ist: Herpesviren gehören zu den häufigsten und weitverbreitetsten Viren des Menschen. In der Regel rufen sie harmlose Symptome hervor und blieben deshalb lange Zeit wenig beachtet. Unter Laboratoriumsbedingungen können sie jedoch einige Arten von Zellen transformieren und in Versuchstieren Tumoren hervorrufen. Erste Anhaltspunkte dafür gewann man durch Analysen von Tumoren bei Fröschen. *Rana pipiens* ist gegenüber einem Nierenkarzinom besonders anfällig. Nach seinem Entdecker heißt dieser Tumorentyp Lukes-Tumor. 1956 entdeckte Fawcett, daß diese Tumoren während der kalten Jahreszeit herpesähnliche Viruspartikel freisetzen, und Rafferty und Roberts induzierten Virusfreisetzung experimentell durch eine längerdauernde Kältebehandlung der Frösche auch in den Sommermonaten. 1907 beschrieb der Ungar Marek Tumoren des lymphatischen Systems bei Hühnern. Die Zellen infiltrierten das Nervensystem und paralysierten den Wirt (Marieksche Krankheit). Heute wissen wir, daß auch hier Herpesviren im Spiel sind. Herpesviren, die den Lukeschen Tumor und die Mareksche Krankheit hervorrufen, ähneln Viren aus einer dritten Quelle: dem Burkitts Lymphoma des Menschen (Burkitt, 1958).

Burkitts Lymphoma ist ein Tumor, der gelegentlich bei afrikanischen Kindern, vorzugsweise der Altersklasse 4–16 Jahre, vorkommt und das Bindegewebe der Unterkiefer befällt. Die Krankheit tritt gehäuft in malariaendemischen Gegenden auf, doch sind Fälle außerhalb dieses Gebiets nachgewiesen worden, extrem selten auch in Europa und in den USA. Burkitts Lymphoma nimmt seinen Ausgang in Lymphknoten. Die transformierten Zellen wandern in benachbarte Gewebe ein und zerstören sie. Aus solchen Geweben isolierten M.A. Epstein und Barr (University of Bristol, Medical School) ein Virus und charakterisierten es als ein Herpesvirus. Nach seinen Entdeckern heißt es Epstein-Barr-Virus (EBV). EBV ist beim Menschen mit einem weiteren Tumor assoziiert: einem Karzinom des Nasopharynx. Aber auch sonst ist es nicht selten. Man findet es in großen Mengen bei Personen, die eine infektiöse Mononukleose oder die Hodgkinsche Krankheit durchgemacht haben. Die infektiöse Mononukleose ist eine sich selbst abschaltende Erkrankung lymphatischer Zellen. deThe et al. wiesen 1978 in einer groß angelegten sero-epidemiologischen Studie in Uganda nach, daß Kinder mit hohen

Antikörpertitern gegen EBV einem erhöhten Risiko ausgesetzt sind, Burkitts Lymphoma-Tumoren auszubilden. Dieser Befund weist auf einen Kausalzusammenhang zwischen EBV und der Tumorinduktion hin, macht aber auch deutlich, daß das onkogene Potential des Virus nur in Ausnahmesituationen zum Zuge kommt.

In welchem Zustand liegt EBV in transformierten Zellen vor? Raji legte vor nunmehr über 10 Jahren eine Zellinie aus einem Burkitts Lymphoma an, welche die transformierenden Eigenschaften beibehielt, aber keine Viruspartikel freisetzte. 1970 wiesen zur Hausen und Schulte-Holthausen (Universität Erlangen) durch DNS-DNS-Hybridisierungsanalyse darin Nukleotidsequenzen nach, die der EBV-DNS homolog sind. Klein et al. (Karolinska Institut, Stockholm) fanden 1974 in malignen Epithelzellen von Patienten mit schwach entwickeltem Karzinom des Nasopharynx ebenfalls eine DNS, die der EBV-DNS homolog ist. Pro menschlichem Genomäquivalent kommen je nach Herkunft 80, 55 und 160 solcher Kopien (Molekulargewicht: 104 x 10^6) vor. Diese DNS ist nicht, wie wir es sonst von Tumorviren her gewohnt sind, ins Wirtszellgenom inkorporiert, sondern liegt in Form zirkularer, kovalent geschlossener Ringe vor (Kaschka-Dierich et al., 1976).

Es ist bislang bei keiner Tierart gelungen, Tumoren durch Infektion mit EBV auszulösen. In Zellkultur hingegen lassen sich u.a. Affenzellen infizieren und B-Lymphozyten mit hoher Ausbeute zu Lymphoblastomazellen mit uneingeschränkter Teilungsfähigkeit transformieren (Miller et al., 1974).

RNS-haltige Tumorviren (RNS-Tumorviren)

Bei den RNS-Tumorviren erfolgen Integration und Transformation über mehr oder weniger die gleichen Zwischenstufen wie bei DNS-Tumorviren. Doch wird zuvor die genetische Information von RNS auf DNS überschrieben, woran die virusassoziierte Reverse Transkriptase (s. Kap. 19) mitwirkt. Ein Virion enthält im Schnitt 70 Moleküle dieses Enzyms. Nach Aufnahme durch eine infizierte Zelle, dem Entfernen der Hülle und Freilegung der RNS wird diese als Matrize verwendet, um daran einen DNS-Einzelstrang zu bilden. Als folgende Intermediärprodukte entstehen lineare, doppelsträngige DNS-Moleküle von der doppelten Länge des späteren fertigen Produktes (s. hierzu auch Kap. 8). Im Kern treten kurz darauf ringförmige DNS-Moleküle der einfachen Länge auf, und die wiederum sind es, die ins Wirtsgenom inkorporiert werden.

Das Genom der RNS-Tumorviren hat größenordnungsmäßig ein Molekulargewicht von 2,2–3,5 x 10^6 (= 30–40S). Ein Virion enthält in der Regel zwei Kopien davon (Hanafusa, 1977; Vogt, 1977). Es trägt die Information für vier Gene in folgender Anordnung (Wang et al., 1976):

5' – gag – pol – env – src – 3'.

Die Bezeichnungen bedeuten: *gag*, interne Proteine (gruppenspezifische Antigene); *pol*, Reverse Transkriptase; *env*, ein Gen für die *Envelope*-Glykoproteine; *src*, ein Onkogen.

Die RNS-Tumorviren enthalten im Gegensatz zu den DNS-Tumorviren ein Gen (*src*), dessen Genprodukt (ein Onkogen) ausschließlich der Transformation dient. Deletionsmutanten, denen es fehlt, können sich nach wie vor vermehren, verursachen jedoch keine Transformation. *ts*-Mutanten mit Defekten in diesem Bereich vermehren sich bei normaler und bei erhöhter Temperatur und transformieren die Wirtszelle bei Normaltemperatur (Fried, 1965; Eckhart, 1969). Das *src*-Genprodukt ist bekannt. Es fördert das Wachstum kultivierter Fibroblastenzellen, es verändert ihre Adhäsion, ihr Erscheinungsbild und ihre Oberflächeneigenschaften. In manchem ähnelt es daher der Wirkung einiger Peptidhormone, z.B. der Wirkung des Insulins auf geeignete Wirtszellen. In manche Zelltypen wird das Genom von RNS-Tumorviren komplett oder partiell inkorporiert, ohne exprimiert zu werden.

Hühnerfibroblastenzellen z.B. vermehren das Vogel-Myeloblastose-Virus (Avian Myeloblastosis Virus), ohne dabei verändert zu werden, Zellen des Dottersacks (Retikuloendotheliale Zellen) hingegen werden transformiert. Bei anderen Tumorviren findet man eine eingeschränkte Abhängigkeit von den Wirtszellen. Einige der Eigenschaften sind der Tabelle 2 zu entnehmen.

Aufgrund älterer, elektronenmikroskopischer Untersuchungen unterteilte man RNS-Tumorviren in drei Gruppen:

A-Typ, B-Typ, C-Typ.

Der A-Typ wurde nur intrazellulär nachgewiesen und zeichnete sich durch das Fehlen eines *Envelopes* (einer Virusmembran) aus. Heute kann man mit ziemlicher Sicherheit sagen, daß es sich hierbei um unreife Virions handelt, die Vorstufen von B-Typ- oder C-Typ-Viren sind. B-Typ-Viren sind durch *Spikes* oder Fortsätze auf der Oberfläche der Virusmembran gekennzeichnet. Bei C-Typ-Viren fehlen sie.

Evolution von RNS-Tumorviren

DNS normaler Zellen vieler Tierarten enthält Nukleotidsequenzen, die mit viraler RNS von einem oder von zwei Tumorviren übereinstimmen (Temin, McArdle Laboratory, University of Wisconsin, 1974). Diese Sequenzen sind unter Anwendung der Hybridisierungstechnik identifiziert worden. So enthält z.B. die DNS aus normalen, nicht transformierten Zellen des Huhns Nukleotidsequenzen, die der RNS des Vogel-Leukose-Virus und der des Rous-assoziierten-0-Virus homolog sind. DNS aus Zellen der Maus enthält

Tabelle 2. Transformierende Eigenschaften einiger Tumorviren. (Nach Temin, 1977)

Virus	Familie	Transformation	
		Stärke	Zelltypabhängigkeit
Rous Sarkoma	Retroviridae	stark	relativ unabhängig
Vogel-Myeloblastose-Virus	Retroviridae	stark	abhängig
Friend-Maus-Leukämievirus	Retroviridae	stark	abhängig
MC 29 Vogel-Leukosevirus	Retroviridae	stark	partiell abhängig
Abelson-Maus-Leukämievirus	Retroviridae	stark	partiell abhängig
Vogel-Lymphoid-Leukosevirus	Retroviridae	schwach (indirekt?)	abhängig

Sequenzen von Maus-Leukämie- und Maus-Mammakarzinomvirus. Darüberhinaus wurde mehrfach beobachtet, daß normale, gesunde Zellen in Kultur gelegentlich virusähnliche Partikel freisetzen, doch nur in den seltensten Fällen transformieren diese Partikel die Zelle, in der sie entstehen. Sie können sich jedoch in anderen Zelltypen vermehren und diese ggf. transformieren. Die Freisetzung unterliegt einer genetischen Kontrolle durch die Wirtszelle. Bei Hühnern steuert ein einzelnes dominantes Gen die Bildung dieser sog. „endogenen Viren".

Zum Huhn verwandte Arten und andere Vögel (Fasan, Truthahn, Wachtel, Ente) enthalten ähnliche, doch nicht die gleichen viralen Nukleotidsequenzen. Der Verwandtschaftsgrad der Wirte ist mit dem Homologiegrad dieser DNS-Abschnitte direkt korreliert. Vieles spricht dafür, daß RNS-Tumorviren aus normalen Wirtszellgenen hervorgegangen sind, wobei sie eine mehrstufige Evolution durchlaufen haben, an deren vorläufigem Ende das Erscheinen der frei existierenden, infektiösen Viruspartikel stand.

Temin faßte diese Beobachtungen zu seiner Provirushypothese zusammen. Erstmalig postulierte er sie 1960, dann in modifizierter Form 1964, 1970 und 1976. Sie besagt, daß RNS-Tumorviren und integrierte Abschnitte Zustandsformen seien, die reversibel ineinander übergehen. Ein „Provirus" entsteht im Verlauf der Evolution aus einem „Protovirus". Letzteres unterscheidet sich vom ersten durch den Besitz eines Kontrollelements, das seine Transkription unterbindet. Ein Provirus wird transkribiert. Die dabei entstehende RNS wird translatiert, die Komponenten der Virushülle werden gebildet, und Viren bzw. virusähnliche Partikel werden freigesetzt.

Der Informationstransfer verläuft von DNS auf RNS. Nach Infektion neuer Zellen laufen die Reaktionen in umgekehrter Reihenfolge ab. Gene, die diesen Informationstransfer kontrollieren, stellen eine Zielscheibe, ein *Target,* für chemische und virale Cancerogene dar. Der skizzierte Mechanismus gestattet es somit, genetische Information durch Translokation zu variieren, wobei die Ausgangskopie unverändert bleibt (vgl. hierzu: *Jumping genes*). Aus dem Gesagten folgt außerdem, daß einige DNS-Abschnitte im Genom der Zellen nicht nur an einer, sondern an mehreren Stellen inkorporiert sein können und nur an „Zweitstellen" transformierend wirken. Eine Transformation wird auch dann hervorgerufen, wenn das Kontrollelement am primären Integrationsort zerstört oder supprimiert wird. Der Mechanismus unterscheidet sich demnach deutlich von jenem, an dem *IS*-Elemente beteiligt sind (s. Kap. 13), denn dort wird ein Sequenzbereich ausgeschnitten und an anderer Stelle reintegriert.

Die Arbeitsgruppen von Todaro und Benveniste sowie von Gallo und Gillespie (alle National Institutes of Health, Bethesda, Md.) haben die Evolution von RNS-Tumorviren der Primaten (Typ-C-Viren) und anderer Wirbeltiere mit der Evolution der Wirte verglichen. Sie stellten klar (Gillespie und Gallo, 1975), daß ein Transkriptionsprodukt eines Provirus entweder durch *Processing* zu mRNS oder durch sog. *Paraprocessing* zu viraler RNS werden kann. Beim *Paraprocessing* entfällt das Zerschneiden in kleinere Moleküle. Aber in beiden Fällen wird ans 3′-Ende eine Poly(A)-Sequenz und ans 5′-Ende eine „Kappe" angehängt (s. Kap. 10). Der Verwandtschaftsgrad zwi-

Tabelle 3. Verwandtschaftsgrad zwischen viraler RNS und DNS-Abschnitten verschiedener Arten (Gillespie und Gallo, 1975)

Herkunft der RNS	Herkunft der DNS	% hybridisierter RNS bei $c_0t = 10^3$
Maus-Mammakarzinom-Virus, Stamm D.W.	Maus	45
	Ratte	0
	Katze	0
	Kaninchen	1
	Kalb	0
	Mensch	0
Katzenvirus, Stamm RD 114	Katze	40
	Ratte	0
	Maus	3
	Kalb	2
	Mensch	0
ribosomale RNS der Maus	Maus	76
	Ratte	74
	Kalb	77
	Mensch	73
mRNS (Poly(A)-enthaltende RNS) aus dem Cytoplasma der Maus	Maus	45
	Ratte	37
	Mensch	15

schen viraler RNS und DNS-Abschnitten verschiedener Herkunft wurde, wie bereits eingangs beschrieben, mit Hilfe der Hybridisierungstechnik analysiert. Die Signifikanz und Aussagekraft einiger der Daten ist der Tabelle 3 zu entnehmen.

Der Vergleich mit mRNS und mit ribosomaler RNS läßt erkennen, daß deren Evolutionsgeschwindigkeiten wesentlich geringer sind als die Evolutionsgeschwindigkeiten der Provirus- (Protovirus-) DNS. Eine detaillierte Analyse wurde 1977 von Benveniste und Todaro veröffentlicht. Eine Auswahl der beweiskräftigsten Daten ist in der Tabelle 4 zusammengefaßt. Als Sonde wurde ein Oncornavirus der Languren (*Pesbytis obscurus*) verwendet.

RD 114/CCC ist die Bedeutung für eine Gruppe von Tumorviren, die bei Katzen (Felidae) gefunden wurden. Die Felidae bestehen aus 36 Arten, die sechs Gattungen angehören. Der Verwandtschaftsgrad ist durch DNS-Homologiestudien nachzuvollziehen. Hundeähnliche Säuger zeigen eine relativ schwache Sequenzhomologie zu den Katzen. Der gemeinsame Vorfahr beider Gruppen lebte vor etwa 35 Millionen Jahren. Der gemeinsame Vorfahr der Katzen vor etwa 15 Millionen Jahren.

Eine Nukleotidsequenz, die dem RD 114 homolog ist, findet man bei der Hauskatze (*Felis catus*), und sehr nah verwandte Sequenzen kommen bei der Europäischen Wildkatze (*Felis sylvestris*), der Sandkatze (*Felis margarite*) und dem Sumpfluchs (*Felis chaus*) vor. Allen anderen Katzenarten fehlen sie. Sie treten jedoch auch bei einigen Primaten (Altweltaffen, Schimpansen und dem Gorilla) auf. Damit stellt sich sofort die Frage, wie es kommt, daß zwei Tiergruppen, die systematisch so weit voneinander entfernt stehen, gleiche Nukleotidsequenzen besitzen. Über eine vertikale Informationsweitergabe (Weitergabe von Generation zu Generation) können sie sie nicht erworben haben, denn allen phylogenetischen Zwischengliedern fehlen sie. Es bleibt demnach nur noch die Möglichkeit einer horizontalen Weitergabe durch Viren übrig. Hierbei wäre jedoch zwischen drei Alternativen zu unterscheiden (s. Abb. 47.2):

a) Erwerb aus unbekannter Quelle (Fremdvirus),
b) Übertragung der Information von den Katzen zu den Primaten,
c) Übertragung der Information von den Primaten zu den Katzen.

Vieles spricht für die Richtigkeit der Annahme c (Benveniste und Todaro, 1974). Die gleichen Autoren fanden 1975 eine verwandte Erscheinung bei einem Vergleich von Nukleotidsequenzen des Schweins mit denen der Maus. Diese Befunde weisen auf die Bedeutung horizontaler Genübertragung bei höheren Säugetieren hin und veranschaulichen, wie die im Verlauf der Evolution entstandenen Isolationsmechanismen unter Mitwirkung von Viren unterlaufen werden können. Abschließend kann man noch einmal die Frage aufgreifen, ob man unter Zuhilfenahme dieser Ansätze auch etwas über Tumorviren beim Menschen aussagen kann. Wong-Staal et al. entdeckten 1976,

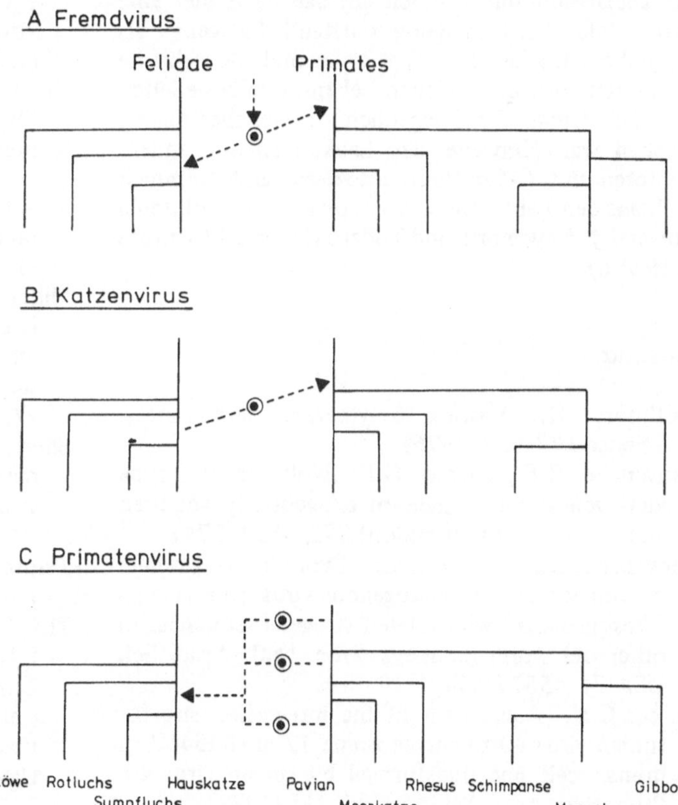

Abb. 47.2 A–C. Drei Vorstellungen zur Verbreitung von Virusgenomen bei nicht-verwandten Wirten. Alle drei Modelle gehen von einer horizontalen Transmission genetischer Information aus, unterscheiden sich jedoch in bezug auf die Herkunft der Viren (Benveniste und Todaro, 1974)

Tabelle 4. Verwandtschaftsgrad von zellulärer DNS und viraler cDNS (Benveniste und Todaro, 1977)

Art	Zelluläre DNS der Languren (%)	Virale cDNS der Languren Hybridisierung
Altweltaffen:		
Presbytis obscurus (Langur)	100	100
Presbytis senex	95	74
Colobus gulreza	89	59
Papio anubis (Pavian)	81	14
Cercocebus atys	78	15
Meerkatzen:		
Macaca mulatha	83	13
Menschenaffen/Menschen:		
Gibbon	82	0,5
Schimpanse	65	1
Mensch	67	1
Neuweltaffen:		
Saimiri scinreus	37	2
Lagothrix ssp.	33	1
Nichtprimaten:		
Rind	1	1
Kaninchen	1	0

daß die RNS eines endogenen Pavian-Virus (BaEV: Baboon Endogeneous Virus) mit DNS von 5/8 aller untersuchten menschlichen Leukämiepatienten hybridisiert. Die Sequenzen fehlen bei gesunden Personen sowie bei Patienten mit anderen Tumoren. Wong-Staal et al. stellen die Herkunft dieser Erscheinung zur Diskussion und nehmen an, daß auch hier eine horizontale Genübertragung stattfand. Sie geben als mögliche Ursache an, daß Paviane und menschliche Vorfahren einst den gleichen Lebensraum besiedelten und daß damals die Gelegenheit zur Genübertragung gegeben war. Hinweise, daß Leukämien und andere Tumoren mit C-Typ-Viren assoziiert sind, kommen auch aus den Laboratorien von Spiegelman (Columbia University, New York) und Todaro (National Institute of Health).

Literatur

Baltimore, D.: Viruses, polymerases and cancer. Science *192*, 632 (1976)

Benveniste, R.E., Todaro, G.J.: Evolution of C-type viral genes: inheritance of exogenously acquired viral genes. Nature (London) *252*, 456 (1974)

Benveniste, R.E., Todaro, G.J.: Evolution of primate oncornaviruses: An endogenous virus from langurs (*Presbytis ssp.*) with related virogene sequences in other old world monkeys. Proc. Natl. Acad. Sci. USA *74*, 4557 (1977)

Croce, C.M.: Assignment of the integration site for simian virus 40 to chromosome 17 in GM54VA, a human cell line transformed by simian virus 40. Proc. Natl. Acad. Sci. USA *74*, 315 (1977)

Croce, C.M., Koprowski, H.: Assignment of gene(s) for cell transformation to human chromosome 7 carrying the Simian virus 40 genome. Proc. Natl. Acad. Sci. USA *72*, 1658 (1975)

Doerfler, W.: Integration of viral DNA into the host genome. Curr. Top. Microbiol. Immunol. *71*, 1 (1975)

Dulbecco, R.: From the molecular biology of oncogenic DNA viruses to cancer. Science *192*, 437 (1976)

Fareed, G.C., Davoli, D.: Molecular biology of Papovaviruses. Annu. Rev. Biochem. *46*, 471 (1977)

Gillespie, D., Gallo, R.G.: RNA processing and RNA tumor virus origin and evolution. Science *188*, 802 (1975)

Groneberg, J., Chardonnet, Y., Doerfler, W.: Integrated viral sequences in Adenovirus type 12-transformed hamster cells. Cell *10*, 101 (1977)

Harven, E. de.: Remarks on the ultrastructure of type A, B, and C virus particles. Adv. Virus Res. *19*, 221 (1974)

Honess, R.W., Watson, D.H.: Unity and diversity in the Herpes viruses. J. Gen. Virol. *37*, 15 (1977)

Hsu, M.-T., Jelinek, W.R.: Mapping of inverted repeated DNA sequences within the genome of simian virus 40. Proc. Natl. Acad. Sci. USA *74*, 1631 (1977)

Jaenisch, R., Mintz, B.: Simian virus 40 DNA sequences in DNA of healthy adult mice derived from preimplantation blastocysts injected with viral DNA. Proc. Natl. Acad. Sci. USA *71*, 1250 (1974)

Kaschka-Diedrich, C., Adams, A., Lindahl, T., Bornkamm, G.W., Bjursell, G., Klein, G., Giovanella, B.C., Singh, S.: Intracellular forms of Epstein-Barr virus DNA in human tumor cells in vivo. Nature (London) *260*, 302 (1976)

Klein, G., Giovanella, B.C., Lindahl, T., Fialkow, P.J., Singh, S., Stehlin, J.S.: Direct evidence for the presence of Epstein-Barr Virus DNA and nuclear antigen in malignant epithel cells from patients with poorly differentiated carcinoma of the nasopharynx. Proc. Natl. Acad. Sci. USA *71*, 4737 (1974)

Miller, N.R., Saxinger, W.C., Reitz, M.S., Gallagher, R.E., Wu, A.M., Gallo, R.C., Gillespie, D.: Systematics of RNA tumor viruses and virus-like particles of human origin. Proc. Natl. Acad. Sci. USA *71*, 3177 (1974)

Sherr, C.J., Todaro, G.J.: Type C viral antigens in man. I. Antigens related to endogeneous primate virus in human tumors. Proc. Natl. Acad. Sci. USA *71*, 4703 (1974)

Temin, H.M.: The DNA provirus hypothesis. Science *192*, 1075 (1976)

Thé, G. de, Geser, A., Day, N.E., Tukei, P.M., Williams, E.H., Beri, D.P., Smith, P.G., Dean, A.G., Bornkamm, G.W., Feorino, P., Henle, W.: Epidemiological evidence for causal relationship between Epstein-Barr virus and Burkitt's lymphoma from Ugandan prospective study. Nature (London) *274*, 756 (1978)

Tooze, J.: The molecular biology of tumor viruses. Cold Spring Harbor Laboratory, 1973
Tumor viruses, Cold Spring Harbor Symp. Quant. Biol. *39* (1975)
Vogt, P.K., Hu, S.S.F.: The genetic structure of RNA tumor viruses. Annu. Rev. Genet. *11*, 203 (1977)
Wong-Staal, F., Gillespie, D., Gallo, R.C.: Proviral sequences of baboon endogenous type C RNA virus in DNA of human leukaemic tissues. Nature (London) *262*, 190 (1976)

48. Bakterien in pflanzlichen Zellen: Tumoren, Stickstoff-Fixierung

Bildung von Pflanzentumoren: Agrobacterium tumefaciens

Man kennt mindestens drei Typen pflanzlicher Tumoren, deren Entstehung unterschiedlich bedingt ist. Tumorbildung kann durch Bakterien, Viren oder genetische Faktoren ausgelöst werden. Pflanzliche Tumorzellen sind – wie die tierischen Tumorzellen (s. Kap. 51 und 64) – weniger anspruchsvoll als differenzierte Zellen und daraus abgeleitete Kalluskulturen. Im Gegensatz zu normal differenzierten Zellen kommen sie ohne externe Auxinzufuhr aus, sie sind auxinautotroph. Doch Auxinautotrophie kann gelegentlich auch von normal differenzierten Zellen erworben werden, es entstehen dabei die sog. „habituierten" Zellen. Dieser Übergang ist epigenetisch bedingt, d.h. er erfolgt ohne Veränderung des Genoms der Zellen. Offensichtlich werden dabei die für die Auxinsynthese benötigten Gene durch ein kurzfristig anwesendes externes Signal aktiviert. Man muß daher annehmen, daß sie normalerweise reprimiert sind.

Tumorzellen entstehen durch Veränderung des Genoms (Transformation) und erlangen die Auxinautotrophie durch die ständige Anwesenheit eines stabil ins Genom integrierten Signals.

Die bekanntesten Pflanzentumoren sind:

1. *Crown gall;* hervorgerufen durch ein Plasmid (Ti) aus *Agrobacterium tumefaciens.* Ein genetisches Element (ein Plasmid) bakteriellen Ursprungs reguliert die Genexpression in eukaryotischen Zellen. Es trägt genetische Information, die ins Genom der Pflanze inkorporiert und in der Pflanzenzelle exprimiert werden kann.
2. Wundtumor; hervorgerufen durch das Virus *Aureogenus magnivena:* Es wird durch Insekten übertragen und bleibt in den Tumorzellen erhalten.
3. Genetisch bedingte Tumoren: Diese treten bei interspezifischen Hybriden innerhalb der Gattungen *Brassica, Bryophyllum, Lilium, Lycopersicon* und *Nicotiana* auf. Am bekanntesten sind die Tumoren, die bei einer Bastardierung zwischen *Nicotiana glauca* x *N. langsdorfii* entstehen.

Wir werden uns im folgenden ausschließlich mit Vorgängen befassen, die durch *Agrobacterium tumefaciens* ausgelöst werden.

Agrobacterium tumefaciens kann bei vielen dikotylen Pflanzen (über 100 Gattungen untersucht) und zwei Gattungen der Monokotylen eine Tumorbildung hervorrufen (→ *Crown Gall*) (s. Abb. 48.1). Man weiß inzwischen, daß es ein Plasmid (Ti) enthält, das nach der Infektion der Pflanzenzelle in sie eingeschleust und in ihr Genom inkorporiert wird (Zaenen, v. Larebeke, Teuchy, v. Montagu und Schell, Rijksuniversität Gent, 1973). Das Plasmid ist relativ groß, und es gibt eine Reihe verschiedener Typen mit Molekulargewichten zwischen 100 und 170 Millionen. Der Durchschnittswert liegt bei 112×10^6, die Durchschnittslänge bei 54 μm, doch nur ein kleiner Teil davon ist für die eigentliche tumorinduzierende Wirkung verantwortlich. Arbeiten an *Agrobacterium* oder, besser gesagt, an den in Frage kommenden Plasmiden, sind im Zusammenhang mit folgenden Problemkreisen von besonderem Interesse:

1. Es ist ein neuer Typ einer tumorerregenden (onkogenen) Einheit. Ein DNS-Abschnitt eines bakteriellen Plasmids erlaubt es, tumorerregende DNS zu studieren.
2. Man kann nach einer Analogie zu den Tumorviren suchen. Es ist also für die Tumorauslösung unerheblich, ob solche Genome „Viruscharakter" besitzen oder nicht.
3. Es kann daran gezeigt werden, wie die Barriere zwischen Pro- und Eukaryonten überwunden wird.
4. Man hat die Möglichkeit, DNS-Sequenzen zu untersuchen, die in eukaryotischen Zellen exprimiert werden. Die DNS ist aus Prokaryonten ohne großen Aufwand zu gewinnen (die Natur bedient sich des *Genetic engineering,* ohne sich um Richtlinien zu kümmern).
5. Es bietet die Möglichkeit, *Genetic engineering bei* Pflanzen durchzuführen.

Abb. 48.1 a–d. Durch *Agrobacterium tumefaciens* hervorgerufene Tumore (*Crown gall*) an Sprossen von Tomaten (**a** und **b**) und Tabak (**c** und **d**). In der Teilabbildung **d** ist ein Teratom erkennbar: Aus dem Tumorgewebe regenerieren sich normaldifferenzierte Gewebe. (Aufn. Ackermann, C., Heidelberg, 1974)

a
b
c
d

Die Lebensdauer der Bakterien in Pflanzen ist nur relativ kurz. Der neoplastische Zustand pflanzlicher Zellen ist stabil und bleibt auch in den bakterienfreien Zellen erhalten. Die Bakterien sowie das Bakterienchromosom werden offenbar nur dazu gebraucht, das Plasmid in die Pflanzenzellen einzuschleusen.

Eine französische Arbeitsgruppe (Menagé und Morel) zeigte schon 1965, daß transformierte Zellen einige „seltene" Aminosäuren wie

- Octopin und
- Nopalin (beides Argininderivate)

akkumulieren. Die einschlägigen Enzyme katalysieren sowohl den Auf- wie auch den Abbau (Octopindehydrogenase; Nopalindehydrogenase). Es hängt allein vom *Agrobacterium*stamm ab, ob die eine oder die andere Aminosäure gebildet (bzw. metabolisiert) wird, was zunächst einmal schon darauf hinweist, daß zumindest ein Teil seiner genetischen Information in Pflanzenzellen exprimiert wird. Eine Bakterienzelle enthält ein bis zwei Kopien des Plasmids, und es gibt mindestens drei Typen, von denen der eine die Information zur Bildung von Octopin-auf- und abbauenden Enzymen trägt, der zweite solche, die Nopalin bilden und abbauen und der dritte, dem diese Eigenschaften fehlen. Die ersten beiden Typen lassen sich selektiv anreichern, wenn man den Bakterien alternativ entweder Octopin oder Nopalin als einzige Kohlenstoffquelle anbietet. Diese Fähigkeit läßt sich von einem Bakterienstamm (Donor) auf einen anderen (Akzeptor) übertragen. Dabei sei vermerkt, daß man inzwischen auch *Agrobacterium*stämme konstruiert hat, die beide Plasmide enthalten (Schilperroort et al., Rijksuniversität Gent, 1975).

Nester, Gordon und Chilton (University of Washington, Seattle, 1974, 1975) zeigten, daß auch Restriktionsfragmente des Plasmids aktiv sind. Von besonderem Interesse ist das sog. „Fragment 3". mRNS ([^{32}P]-markiert), die aus *Crown-Gall*-Zellen isoliert wurde, hybridisiert nur mit diesem Fragment, womit der direkte Beweis für die Expression der darin enthaltenen Gene erbracht wurde. Das Molekulargewicht des Fragments beträgt 4×10^6.

Octopin-abbauende Plasmide unterscheiden sich beträchtlich von den Nopalin-abbauenden. Die Homologie zwischen beiden Typen beträgt nur 5–10%. Plasmide mit Octopin-abbauender Aktivität sind aus vier verschiedenen *Agrobacterium*stämmen isoliert und mit Hilfe von Restriktionsendonukleasen analysiert worden. Das elektrophoretische Muster der Fragmente erwies sich als gleich. Bakterienstämme, die ein Plasmid mit Nopalin-abbauender Aktivität tragen, unterschieden sich hingegen sehr stark voneinander. Nur ein Fragment war bei allen untersuchten Formen gleich. Wie eine Analyse mit Hilfe von Deletionsmutanten zeigte, handelt es sich hierbei um jenes Stück, das für die Tumorinduktion essentiell ist.

In den Bakterienzellen sind die Aktivitäten des Plasmids normalerweise reprimiert, was aber wiederum ein Anlaß dazu ist, nach Mutanten zu suchen, bei denen einzelne Gene exprimiert sind. Erwartungsgemäß sind entsprechende Mutanten gefunden und im einzelnen analysiert worden. Neben der Synthese und dem Abbau der seltenen Aminosäuren wurde 1975 von Engler et al. die Agrocin 84-Empfindlichkeit als ein weiterer Marker für das Plasmid Ti beschrieben. Allen Agrocin 84-reistenten Stämmen fehlte das Plasmid, und sie sind deshalb auch nicht tumorerregend, während alle tumorerregenden Stämme das Plasmid besitzen und in nahezu allen Fällen Agrocin 84-empfindlich sind. Die wenigen Ausnahmen lassen den Schluß zu, daß die Agrocin 84-Empfindlichkeit zwar auf dem Plasmid lokalisiert ist, für die Tumorinduktion jedoch nicht benötigt wird. Agrocin 84 ist ein Bakteriocin (s. Kap. 11), das von dem nah verwandten Bakterium *Agrobacterium radiobacter*-Stamm 84 produziert wird.

Ti-Plasmide sind mit Plasmiden aus anderen Bakterienarten rekombinierbar. RP4 stammt aus *Pseudomonas*. Es trägt Resistenzfaktoren gegen drei Antibiotika und kann auf nahezu alle gramnegativen Bakterien übertragen werden. Eine Rekombination mit Ti ist möglich. Ursache für eine solche Kointegration ist das Vorkommen homologer Abschnitte (*inverted repeats*) in den sonst nicht verwandten Plasmiden. Rekombinierte Plasmide (RP 4: : Ti) induzieren keine Tumorbildung, da durch die Integration des Fremdplasmids essentielle funktionelle Bereiche im Ti-Plasmid voneinander getrennt und somit zerstört werden. Nach Zerfall des rekombinierten Plasmids werden die alten Eigenschaften wiederhergestellt. Man hat neben den bereits erwähnten Deletionsmutanten, welche die Fähigkeit zur Produktion und Verwertung seltener Aminosäuren verloren haben, auch solche gefunden, die nicht tumorerregend sind. Ferner ist eine Gruppe temperatursensitiver Mutanten analysiert worden, die bei erhöhter Temperatur in vitro und in Pflanzen die gleiche Wachstumsrate wie der Wildtyp hat und gegenüber Agrocin 84 sensitiv ist. Bei Normaltemperatur wird eine Tumorbildung induziert, bei erhöhter Temperatur bleibt sie aus. Überführt man durch *ts*-Mutanten transformierte Zellen von normaler zu erhöhter Temperatur, bleibt der neoplastische Zustand erhalten, und das wiederum heißt, daß Induktion und Erhaltung eines Tumors voneinander verschiedene Größen sind (Schilde-Rentschler et al., Tübingen, 1977).

Können Tumorzellen revertieren? Hierzu muß vorweg gesagt werden, daß es zwei Typen von *Agrobacterium*-induzierten Tumoren gibt. Einmal die sog. Teratome, das sind Tumoren, aus denen ständig sproß- und blattähnliche Gebilde herauswachsen, und zum anderen Tumoren, bei denen keine solchen Auswüchse erscheinen. Welcher der beiden Tumortypen entsteht, wird ausschließlich durch die genetische Information im Plasmid Ti bestimmt. Sacristan und G. Melchers fanden 1977, daß selbst aus Zellen von Tumoren des zweiten Typs „normale", nicht Tumoreigenschaften tragende Pflanzen entstehen. Um sicher zu gehen, daß dieser Befund nicht auf einer Selektion normaler Zellen beruht, sind Tumoreinzelzellklone verwendet worden. Dabei wurde ein Selektionsmedium eingesetzt, auf dem nur Tumorzellen gediehen. (Normalzellen benötigen für ihr Wachstum einen Hormonzusatz im Medium, Tumorzellen kommen ohne ihn aus.) Die Gewebe der regenierten Pflanzen haben alle phänotypisch erkennbaren Tumoreigenschaften verloren, sie können keine seltenen Aminosäuren verwerten, und Gewebekulturen, die man aus ihren Zellen anlegt, sind hormonabhängig. Durch Ti induzierte Tumoren sind somit ein geeignetes System, um nebeneinander normale und transformierte Zellen sowie den Übergang von einer Form in die andere zu studieren. Ob dieses Modell geeignet ist, etwas über die Tumorentstehung in tierischen Zellen zu erfahren, sei zunächst einmal dahingestellt. Mit Sicherheit können die Befunde in einem System nicht pauschal auf ein anderes übertragen werden. Pflanzliche Zellen haben ein hohes Regenerationsvermögen, das tierischen Zellen fehlt. Wir werden aber in späteren Kapiteln sehen, daß auch tierische Tumorzellen revertieren können und daß manche Tumorzellen wieder normal werden, sobald man sie in die „richtige" Umgebung bringt.

Stickstoff-Fixierung

Einige Bakterien und Blaualgen sind in der Lage, N_2 zu reduzieren, wobei zunächst NH_3 entsteht. Bekannt sind vor allen die sog. Knöllchenbakterien der Leguminosen. Sie sind wirtsspezifisch. *Rhizobium japonicum* lebt in Symbiose mit Sojabohnen, *Rhizobium trifolii* mit Klee und *Rhizobium meliloti* mit Luzerne. *Anabena azollae* (eine Blaualge) mit dem Wasserfarn *Azolla* und *Nostoc muscorum* (ebenfalls eine Blaualge) mit der Tropenpflanze *Gunnera macrophylla.* In der Leguminosengattung *Pisum* gibt es Arten, die ständig in Symbiose mit Knöllchenbakterien leben, andere, die funktionslose Knöllchen bilden und schließlich solche, die keine Knöllchen bilden und daher zu keiner Symbiose fähig sind.

Die Infektion einer Wirtszelle geschieht nach einer spezifischen Wechselwirkung zwischen Wirtszelle und Bakterium. An der Erkennung sind Lektine beteiligt, die sich auf der Oberfläche der Pflanzenzellen (Wurzelhaarspitzen) befinden. Nach dem Eindringen in die Wirtszelle geht das Bakterium in den Zustand eines sog. Bakteroids über. Es verliert u.a. die äußere Membran und verändert seine Form. Je älter Bakteroide werden, desto verzweigter werden sie. Eine Bakteroidpopulation läßt sich daher aufgrund ihrer Altersstruktur in einem Sucrosegradienten auftrennen.

Als Wirte Stickstoff-fixierender Bakterien kommen nicht nur Pflanzen in Frage. *Citrobacter freundii* lebt im Magen von Termiten, und viele andere Formen sind freilebend, so z.B. *Azotobacter vinelandii, Clostridium östeurianum, Klebsiella pneumoniae* und *Rhodospirillum rubrum.* Man schätzt, daß Bakterien pro Jahr 150 x 10^6 Tonnen N_2 fixieren. Stickstoff-Fixierung ist teuer. Zur technischen Ammoniakproduktion werden jährlich 2 x 10^6 Barrel Öl benötigt (Sweeney, 1975). In Nordamerika allein sind 1973 8 Millionen Tonnen stickstoffhaltigen Düngers verbraucht worden. Schon hieran zeigt sich, daß wir es mit einem bedeutenden wirtschaftlichen Faktor zu tun haben.

Der molekulare Mechanismus der bakteriellen Stickstoff-Fixierung ist in den letzten Jahren vorwiegend an *Klebsiella pneumoniae* studiert worden. Diese Art gehört zu den Enterobakterien und ist mit *Escherichia coli* und den Salmonellen verwandt. Sie ist in Erde, Wasser und im Darm der Mammalia weit verbreitet. Stickstoff-fixierende Bakterien enthalten eine Nitrogenase, einen Enzymkomplex, der aus zwei Komponenten besteht.

Die große Komponente I hat ein Molekulargewicht von 60.000, besteht aus zwei Polypeptidketten und enthält vier Eisen- und vier Schwefelatome.

Für den Umsatz von einem N_2 in 2 NH_3 werden 12–24 ATP-Moleküle benötigt, oder anders ausgedrückt: pro g fixiertem Stickstoff werden unter Idealbedingungen in vitro 4,4 g Glucose verbraucht.

In der Zelle sind die Bedingungen wesentlich ungünstiger. *Azotobacter* braucht 100 g Glucose, um 1 g Stickstoff zu fixieren. Das ist sehr viel, und es scheint so, als arbeite die Natur sehr unökonomisch. Man vergesse aber nicht, daß die zu spaltende N≡N-Dreifachbindung bei Raumtemperatur die stärkste kovalente Bindung ist. In Abb. 48.2 ist der Wirkungsmechanismus der Nitrogenase skizziert. Glutaminsynthetase aktiviert ihre Synthese; NH_3 reprimiert sie (s. Abb. 48.3). Das ist sinnvoll, denn NH_3 ist ein schweres Zellgift. Die Glutaminsynthetase fängt es ab und führt es dem Aminosäurestoffwechsel zu. Nitrogenase ist extrem sauerstoffempfindlich; schon Spuren inaktivieren sie irreversibel. In Wurzelhaarzellen infizierter Leguminosen wird Leghämoglobin, ein O_2-abfangendes Protein, das dem Hämoglobin ähnelt, gebildet. Seine Wirkung ist von doppeltem Nutzen. Es entzieht jenen Kompartimenten der Zelle, die die Stickstoff-fixierenden Bakterien beherbergen, den Sauerstoff und kanalisiert ihn zu den Mitochondrien, um die Oxydative Phosphorylierung und somit die ATP-Produktion anzukurbeln. Einige photosynthetisierende Blaualgen schützen die Nitrogenese, indem sie sie in besonderen Zellstrukturen (Heterozysten) lagern.

Wie die Abb. 48.2 ferner zeigt, sind mehrere Genorte für die Bildung der Nitrogenase verantwortlich [*nif (nitrogenfixation)*]. Bei *Klebsiella* sind sie genau kartiert worden, eine Anzahl einschlägiger Mutanten wurde isoliert und analysiert (Streicher et al., University of California, Berkeley, 1971).

Nicht bei allen Arten sind sie zu einem *Cluster* vereint. Bei *Azotobacter vinelandii* z.B. sind sie über das Gesamtgenom verstreut (Bishop und Brill, University

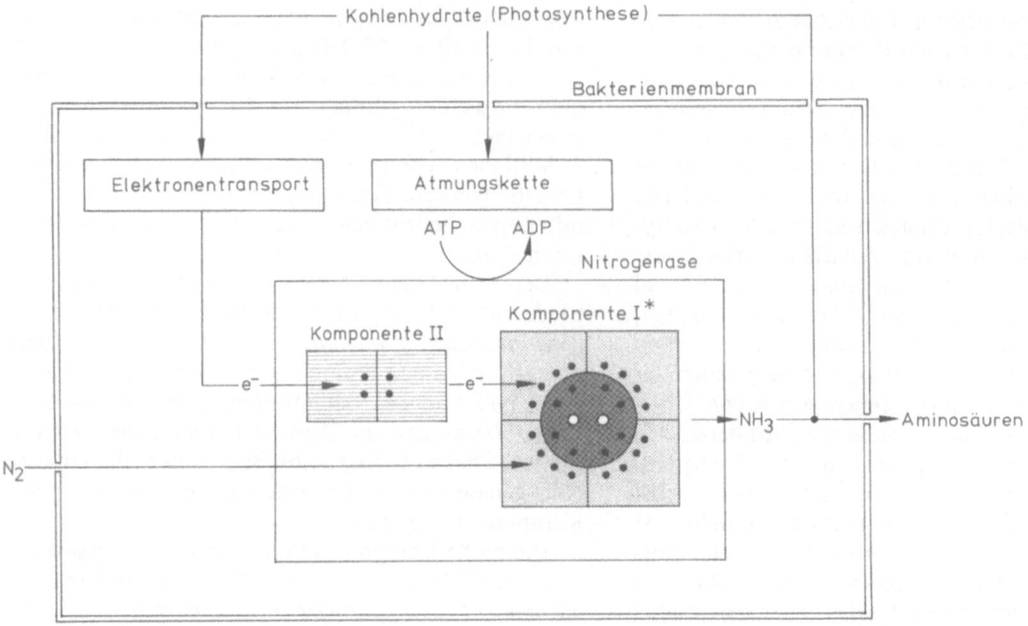

Abb. 48.2. Biochemie der Stickstoff-Fixierung. Die Nitrogenase besteht aus den Komponenten *I** und *II*. Komponente *II* besteht aus zwei Untereinheiten, von denen jede zwei Eisenatome enthält. Komponente *I* besteht aus vier Untereinheiten, die 32 Eisenatome enthalten. Sie trägt darüberhinaus einen Kofaktor, der zwei Molybdänatome bindet. Komponente *I* und Kofaktor werden als Komponente *I** bezeichnet. (Nach Brill, 1977)

of Wisconsin, Madison, 1977). Dixon und Postgate (University of Sussex) gelang es 1972, das *nif*-„Operon" von *Klebsiella* auf einen R-Faktor zu übertragen und es in *E. coli* einzuschleusen. Dort wurde es exprimiert, d.h. *E. coli* wurde angeregt, unter abiotischen Bedingungen Stickstoff zu binden. Diese R-Faktoren bilden jedoch ein instabiles, genetisches Element und gehen im Laufe der Zeit verloren. Erfolgreicher war man später, (Cannon et al.), als man die Gene auf einen F-Faktor übertrug und somit einen F′ konstruierte, der ebenfalls auf *E. coli* und andere Arten übertragbar war und sich als stabile, genetische Einheit erwies. Ein Nachteil: die Gendosis ist hier im Vergleich zu den R-Faktoren wesentlich geringer.

Inzwischen ist eine Anzahl von kleinen Plasmiden konstruiert worden, die in der Zelle in großer Stückzahl gebildet werden und den *nif*-Genkomplex tragen. Unter abiotischen Bedingungen gelingt es, diese Information in verschiedenen Wirtszellarten zu exprimieren. Diese Methode eröffnet einen neuen Weg, die stickstoffbindende Kapazität der Organismen zu erweitern. Bevor das Verfahren jedoch wirtschaftlich genutzt werden kann, ist noch eine Vielzahl von Hindernissen zu überwinden. Besonders problematisch ist die Sauerstoffempfindlichkeit. Man ist noch weit davon entfernt, *nif*-Gene in Pflanzenzellen zu implantieren, selbst wenn das gelänge, bliebe die Frage offen, ob sie exprimiert werden, und selbst wenn das der Fall sein sollte, ist noch gar nicht sicher, daß ausreichende Mengen an Stickstoff umgesetzt werden. Zudem bleibt natürlich das Problem, ob nicht der Stoffwechsel der Pflanzenzelle und dessen Regulation durch Integration von Fremdgenen in Mitleidenschaft gezogen würde. Hoffnungsvoller scheint es zu sein, die Gene in eine Anzahl verschiedener Bakterien zu inkorporieren und zu schauen, ob eine Symbiose zwischen Bakterium und Pflanze zu erreichen ist, wobei man sich natürlich auch hier fragen muß, warum die Natur nicht schon lange hiervon Gebrauch gemacht hat.

Ein letzter Hinweis: Im letzten Abschnitt haben wir das Plasmid Ti kennengelernt. Kann man die hier angesprochenen Probleme mit den dort aufgezeigten Möglichkeiten kombinieren? Das ist in der Tat inzwischen auch schon geschehen: *nif*-Gene sind in *Agrobacterium* eingeführt und ins Plasmid Ti inkorporiert worden, doch blieb die Nitrogenase inaktiv, da *Agrobacterium* strikt aerob lebt.

Literatur

Brill, W.J.: Regulation and genetics of bacterial nitrogen fixation. Annu. Rev. Microbiol. *29*, 109 (1975)

Brill, W.J.: Biological nitrogen fixation. Sci. Am., März 1977, S. 68

Child, J.J.: New developments in nitrogen fixation research. BioScience *26*, 614 (1976)

Chilton, M.-D., Drummond, M.H., Merlo, D.J., Sciaky, D., Montoya, A.L., Gordon, M.P., Nester, E.W.: Stable incorporation of plasmid DNA into higher plant cells: the molecular basis of crown gall tumorgenesis. Cell *11*, 263 (1977)

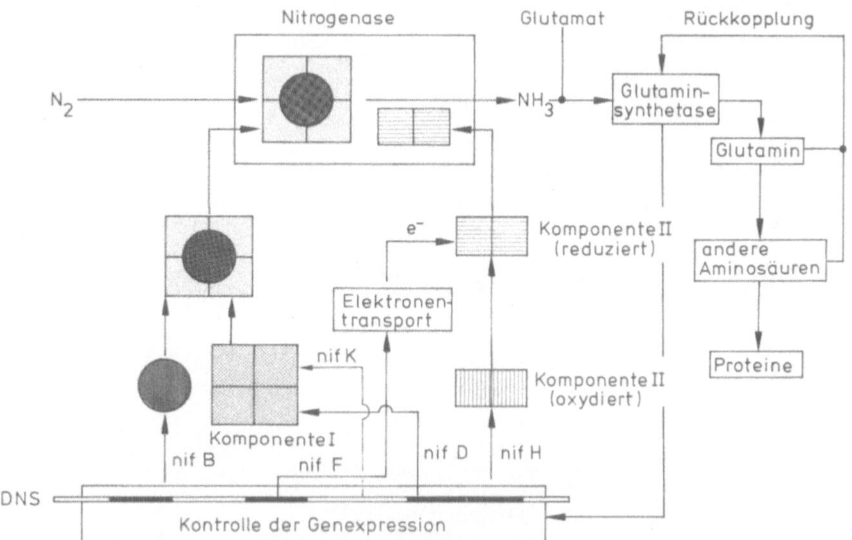

Abb. 48.3. Vereinfachte Darstellung der Regulation der Stickstoff-Fixierung durch Gene des *nif*-„Operons" von *Klebsiella*. Die Glutaminsynthetase aktiviert die Expression dieser Gene, NH_3 supprimiert sie und Glutamin inhibiert die Glutaminsynthetase. Das *nif*-„Operon" besteht, soweit man heute weiß, aus etwa 13 Genen in folgender Reihenfolge: *nifQ, nifB, nifA, nifF, nifM, nifV, nifS, nifN, nifE, nifK, nifD, nifH, nifJ*. Im Diagramm sind nur die wichtigsten Strukturgene für die Komponenten der Nitrogenase eingetragen. Die Komponente I besteht aus den beiden Untereinheiten α und β, die β-Untereinheit wird durch *nifD*, die α-Untereinheit durch *nifK* codiert. Das *nif*-„Operon" wird nicht en bloc transkribiert. Es werden mono- und polycistronische Messenger gebildet, die die Information für ein bis drei Gene enthalten. So werden z.B. *nifK, nifD* und *nifH* gemeinsam transkribiert. Das Genprodukt von *nifH* ist ein Strukturgen der Komponente II. Die Synthese der Komponente I ist anders reguliert als die der Komponente II. *nifA* codiert ein regulatorisches Protein, das die Expression aller übrigen *nif*-Gene steuert (Aktivator der Transkription). (Nach Brill, 1977)

Dixon, R.A., Postgate, J.R.: Transfer of nitrogen fixation genes by conjugation in *Klebsiella pneumoniae*. Nature (London) *234*, 47 (1971)

Dixon, R.A., Postgate, J.R.: Genetic transfer of nitrogen fixation from *Klebsiella pneumoniae* to *Escherichia coli*. Nature (London) *237*, 102 (1972)

Drummond, M.H., Gordon, M.P., Nester, E.W., Chilton, M.-D.: Foreign DNA of bacterial plasmid origin is transcribed in crown gall tumors. Nature (London) *269*, 535 (1977)

Eady, R.R., Postgate, J.R.: Nitrogenase. Nature (London) *249*, 805 (1974)

Engler, G., Holsters, M., Montagu. M. van, Schell, J., Hernalsteens, J.P., Schilperoort, R.: Agrocin 84 sensitivity: A plasmid determined property in *Agrobacterium tumefaciens*. Mol. Gen. Genet. *138*, 345 (1975)

Evans, H.J., Barber, L.E.: Biological nitrogen fixation for food and fiber production. Science *197*, 332 (1977)

Genetello, C., Larebeke, N. van, Holsters, M., Picker, A. de., Montagu, M. van, Schell, J.: Ti plasmids of *Agrobacterium* as conjugative plasmids. Nature (London) *265*, 561 (1977)

Hamilton, R.H., Fall, M.Z.: The loss of tumor-initiating ability in *Agrobacterium tumefaciens* by incubation at high temperature. Experientia (Basel) *27*, 229 (1971)

Johnson, R., Guderian, R.H., Eden, F., Chilton, M.-D., Gordon, M.P., Nester, E.W.: Detection and quantitation of octopine in normal plant tissue and in Crown gall tumors. Proc. Natl. Acad. Sci. USA *71*, 536 (1977)

Kennedy, C.: Linkage map of the nitrogen fixation (nif) genes in *Klebsiella pneumoniae*. Mol. Gen. Genet. *157*, 199 (1977)

Larebeke, N. van, Engler, G., Holsters, M., Elsacker, S. van den, Zaenen, I., Schilperoort, R.A., Schell, J.: Large plasmid in *Agrobacterium tumefaciens* essential for Crown gall-inducing ability. Nature (London) *252*, 169 (1974)

Lippincott, J.A., Lippincott, B.B.: The genus *Agrobacterium* and plant tumorogenesis. Annu. Rev. Microbiol. *29*, 377 (1975)

Sacristan, M.D., Melchers, G.: Regeneration of plants from "habituated" and "*Agrobacterium*-transformed" single-cell clones of tobacco. Mol. Gen. Genet. *152*, 111 (1977)

Schilde-Rentschler, L., Gordon, M.P., Saiki, R., Melchers, G.: Mutants of *Agrobacterium tumefaciens* with temperature sensitivity in respect to their tumor inducing ability. Mol. Gen. Genet. *155*, 235 (1977)

Sciaky, D., Montoya, A.L., Chilton, M.-D.: Fingerprints of *Agrobacterium* Ti plasmids. Plasmid *1*, 238 (1978)

Shah, V.K., Brill, W.J.: Isolation of an iron-molybdenum cofactor from nitrogenase. Proc. Natl. Acad. Sci. USA *74*, 3249 (1977)

Shanmugam, K.T., Valentine, R.C.: Molecular biology of nitrogen fixation. Science *187*, 919 (1975)

Mit Lymphozyten-Choriomeningitisvirus infizierte L-Zellen der Maus. Von den Oberflächen der Zellen wurden Abdrücke (Stereoreplicas) genommen, und diese wurden anschließend im Transmissionselektronenmikroskop analysiert. Durch die hohe, bei der Elektronenmikroskopie zu erreichende Tiefenschärfe und die Bedampfung des Objekts von allen Seiten bedingt, erhält man einen dreidimensionalen Eindruck von der Zelloberfläche (s.a. Abb. 45.8 und 45.9). Vergr. 5700fach. (Aufn. K.-R. Peters, Hamburg, New Haven, 1977)

Zellen

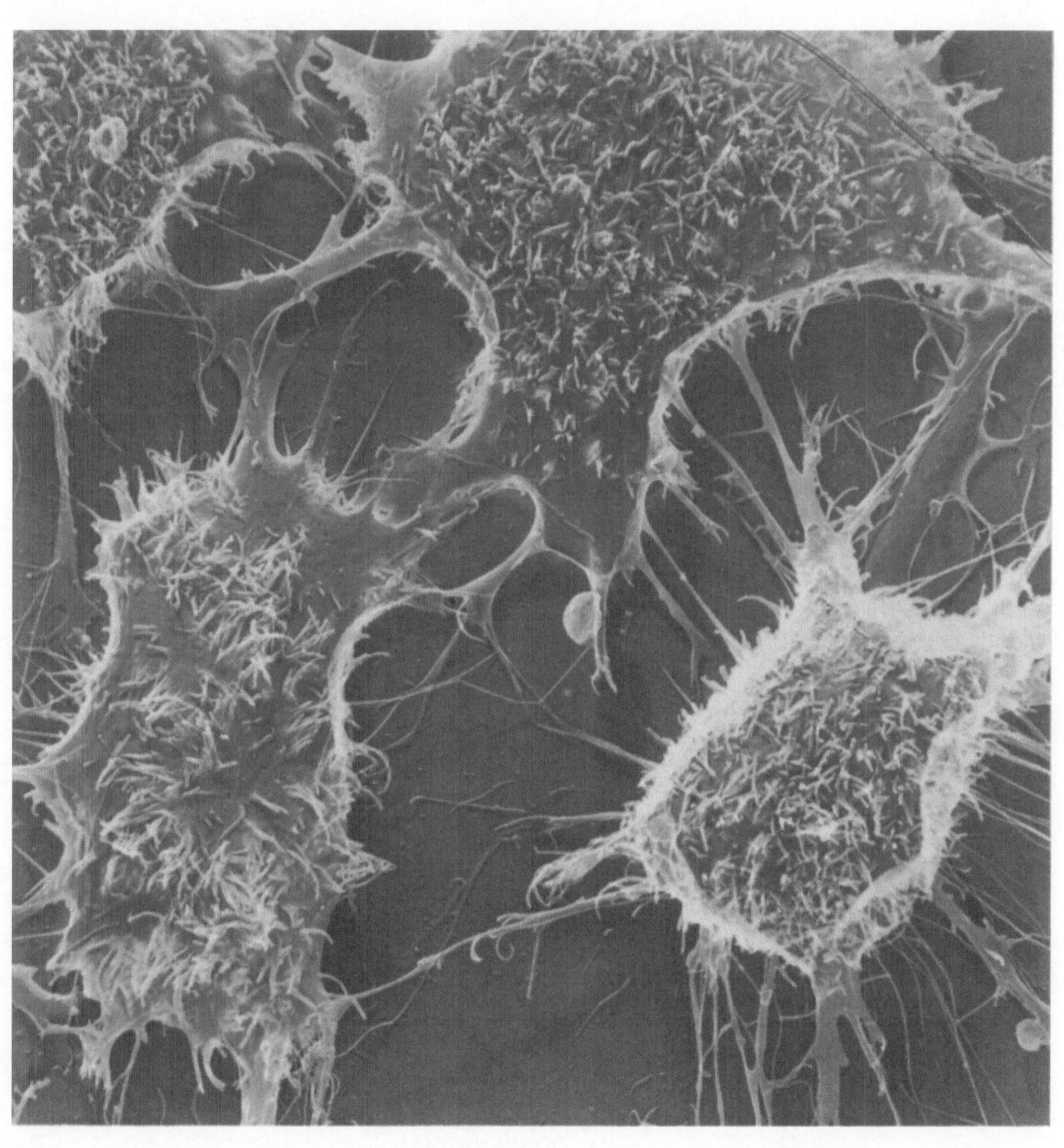

49. Eukaryotische Zellen in Kultur; Alterung (Seneszenz), Selektion von Mutanten

Die großen Erfolge der Mikrobiologie und der Molekularen Genetik beruhen zu einem überwiegenden Teil auf dem Einsatz einfacher und aussagekräftiger Methoden. Bakterien, einfache Pilze und Bakteriophagen können auf agarhaltigem Medium ausplattiert werden, wobei jeder Keim eine Kolonie und jedes Phagenpartikel einen *Plaque* ausbildet. Alle darin enthaltenen Individuen sind die Nachkommen einer einzelnen Zelle (bzw. eines einzelnen Partikels).Durch konsequente Fortführung gelang es, Verfahren zu entwickeln, um auch Zellen eukaryotischer Vielzeller wie Mikroorganismen behandeln und kultivieren zu können. Wir werden in diesem und den folgenden Kapiteln einige der herausragenden Ergebnisse der neuen Arbeitsrichtung kennenlernen. Eine moderne Krebs- und Virusforschung, Genetik sowie Zell- und Entwicklungsphysiologie ist heutzutage ohne Einsatz von Zellkulturen nicht mehr denkbar. Gleichzeitig werden aber durch ihren Einsatz auch die Abgrenzungen der gerade genannten Disziplinen aufgehoben.

Wir werden uns mit Problemen des Wachstums, der Struktur, den Zell-Zell-Interaktionen, der Signalübertragung und -verstärkung sowie der Differenzierung befassen. Anschließend werden wir uns komplexere Systeme vornehmen, an denen mehrere Zelltypen beteiligt sind und die Kooperation der Zellen untereinander besprechen (Immunsystem, Nervensystem, Nerv-Muskel-Interaktion, Kooperation Dermis-Epidermis u.a.). Wir haben die Membranstrukturen bereits ausführlich behandelt (s. Kap. 24–31). Dieses Wissen brauchen wir, um die Wechselwirkungen der Zellen untereinander und mit ihrer Umwelt zu verstehen. Wir werden uns in erster Linie mit tierischen Zellen und dabei primär mit Zellen der Mammalia befassen. Ein Kapitel (Kap. 54) bleibt der Behandlung pflanzlicher Zellen vorbehalten.

Man unterscheidet zwischen Zell- und Gewebekulturen. In Gewebekulturen werden größere, zusammenhängende Zellverbände kultiviert. Die Zellen stehen in direktem Kontakt mit anderen, wenn auch nicht immer mit gleichartigen Nachbarn. In Zellkulturen leben die Zellen solitär (einzeln), sie sind in vielen Fällen klonierbar und, wie wir später noch sehen werden, spielt die Zelldichte in der Suspension eine entscheidende Rolle für das Überleben einer jeden einzelnen. Die Technik der Gewebekultur ist sehr alt. 1907 beschrieb Harrison von der John Hopkins University eine Methode, die es ihm erlaubte, Nervengewebe des Frosches einige Tage lang isoliert und in funktionsfähigem Zustand zu halten. 1912 berichtete Carrel (Rockefeller Institute for Medical Research, New York) über „Permanentes Leben von Geweben außerhalb des Organismus". Sein Hauptbeitrag lag in der Erkenntnis, daß die Gewebe regelmäßig mit Nährstoffen versorgt werden müssen. Gewebekulturen werden heute in großem Umfang im klinischen und pharmakologischen Bereich eingesetzt, um den Einfluß von Pharmaka auf Zellen bestimmter Gewebe zu prüfen. Trotz des optimistischen Titels der Carrelschen Arbeit sei vermerkt, daß alle Gewebe und die meisten Zellkulturen auch bei ständigen Übertragungen in frisches Kulturmedium nur begrenzt lebensfähig sind. Sie altern und sterben nach einer gewissen Anzahl von Teilungsschritten (ca. 50–100) ab (s. Abb. 49.1). Zu den Ausnahmen gehören einige Zellinien mit abnormen Chromosomenzahlen sowie viele Tumorzellinien (s. Kap. 51).

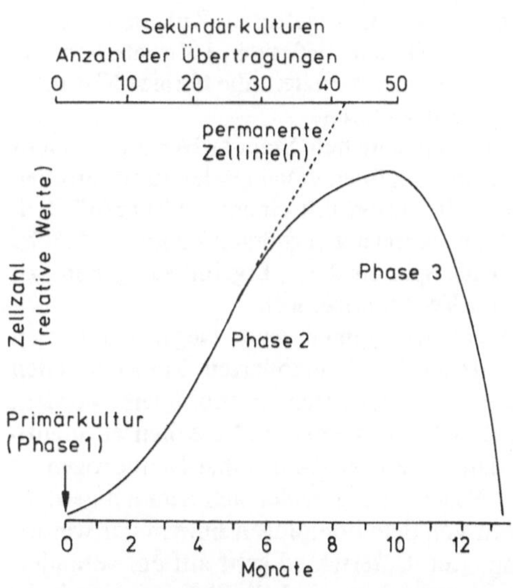

Abb. 49.1. Lebensdauer und unterschiedliche Aktivitätsphasen von Zellinien in Kultur. Nach einer gewissen Anzahl von Übertragungen treten die Zellinien in eine Absterbephase ein. „Permanente Linien" entgehen dem „programmierten Zelltod" (Hayflick und Moorhead, 1961)

Größte Schwierigkeiten hatte man in der Anfangsphase der Gewebe- und Zellkulturforschung mit der Herstellung reproduzierbarer Kulturbedingungen. 1948 erschien eine Arbeit von Sanford, Earle und Likely (National Cancer Institute, National Institutes of Health, Bethesda, Md.) mit dem Titel: *The growth in vitro of single isolated tissue cells.* Sie beschrieben darin ein Medium, das aus Salzen, Pferdeserum und einem Hühnerembryonenextrakt besteht und sich zur Kultur von Fibroblastenzellen der Maus eignet.

Einzelne Zellen wachsen und teilen sich aber nur dann, wenn andere Zellen des gleichen Typs in der Nähe sind, denn offensichtlich spielt die allernächste Umgebung (die Mikroumwelt) eine entscheidende Rolle (s. Kap. 58). Zur Kleinhaltung des Kulturvolumens verwendeten die Autoren Kapillaren, in denen und an deren Enden Zellwachstum und Zellteilung zu beobachten waren. In der Arbeit wurden die ersten Klone von Zellen der Mammalia beschrieben, also die Nachkommenschaft einzelner Stammzellen, und das ist genau das, was wir eingangs als einen Vorteil von Mikroorganismen herausgestellt haben.

1951 starb im John Hopkins Hospital in Baltimore eine Negerin namens Henrietta Lacks an Gebärmutterkrebs. Gey und Mitarbeiter entnahmen ihrem Tumor Zellen und kultivierten sie unter zunächst alchimistisch anmutenden Bedingungen. Es entstand die erste menschliche Tumorzellinie. Die Zellen von Henrietta Lacks werden heute in nahezu allen einschlägigen Laboratorien der Welt vermehrt und sind als HeLa-Zellen bekannt geworden. Wie schon angedeutet, sind viele Tumorzellinien als „permanente" Linien mit unlimitierter Teilungskapazität zu klassifizieren. HeLa-Zellen sind aneuploid und enthalten ca. 60–70 Chromosomen. Sie haben sich im Laufe der Jahre an Laborbedingungen adaptiert und wachsen besser als die meisten der später angelegten Kulturen. Ja, es besteht sogar die Gefahr, daß sie in Laboratorien, die mit mehreren Zellinien arbeiten, die übrigen Kulturen infizieren und überwachsen.

Es ist mit den üblichen Standardverfahren nicht einfach, einzelne Zellinien voneinander zu unterscheiden, und eine Infektion mit einem „stärkeren" Zelltyp kann daher jahrelang verborgen bleiben. Manche scheinbar widersprüchlichen Ergebnisse gehen zu Lasten solcher Verunreinigungen.

HeLa-Zellen entstammen einer Negerin, die meisten der anderen heute etablierten Tumorzellinien sind weißen Krebspatienten entnommen worden. Damit ergibt sich ein Ansatz, HeLa-Zellen zu identifizieren: Die Glucose-6-Phosphat-Dehydrogenase (G6PD) der Neger unterscheidet sich nämlich gelelektrophoretisch von dem homologen Enzym der weißen Bevölkerung. Der Unterschied geht auf ein verändertes Allel zurück und ist deshalb als ein Marker für HeLa-Zellen verwendbar.

1955 beendete H. Eagle vom National Institute of Health die alchimistische Phase der Zellkultur. Er entwickelte das nach ihm benannte „Eagles Medium", das Salze, Aminosäuren und einige andere Komponenten wie Antibiotika, Kälberserum und Phenolrot (als pH-Indikator) enthält (Einzelheiten s. Tabelle 1). „Eagles Medium" ist mittlerweile von verschiedenen Autoren modifiziert worden, und es wurde eine Reihe von Alternativen entwickelt. Zusammenfassend können wir sagen, daß Zellen in Kultur gar nicht einmal so anspruchsvoll sind und auf den meisten der publizierten Medien ganz gut wachsen. Kritisch ist der pH-Wert: pH 7,2–7,4 ist optimal, unterhalb pH 6,8 und oberhalb von pH 7,6 sterben die Zellen ab. Der pH-Wert kann z.T. wenigstens über ein CO_2/Bicarbonat-Puffersystem geregelt werden. Die Inkubatoren für Zellkulturen sind mit Einrichtungen versehen, die es gestatten, den CO_2-Partialdruck im Luftraum nach Bedarf einzustellen. Der Effekt des CO_2/Bicarbonat-Puffersystems wird durch ein weiteres Puffersystem ergänzt. Viele der ausprobierten Puffer erwiesen sich jedoch (besonders bei Langzeitkultur) als toxisch.

Tabelle 1. Eagles Medium (*basal medium,* 1955). (Nach Eagle, 1955)

Komponente	mg/l	mM
Salze (= Earle's BSS: balanced salt solution)		
NaCl	6800	100
KCl	400	5
$CaCl_2$	200	1
$MgSO_4 \times 7\,H_2O$	200	0,5
$NaH_2PO_4 \times 2\,H_2O$	150	1
$NaHCO_3$	2000	20
Aminosäuren (L)		
Arg-HCl	21	0,1
Cys	12	0,05
Gln	292	2,0
His-HCl	9,5	0,05
Ile	26	0,2
Leu	26	0,2
Lys-HCl	36	0,2
Met	7,5	0,05
Phe	18	0,1
Thr	24	0,2
Trp	4	0,02
Tyr	18	0,1
Val	24	0,2
Vitamine		
Biotin	1	10^{-3}
Cholinchlorid	1	10^{-3}
Folsäure	1	10^{-3}
Inositol	2 [a]	2×10^{-3}
Nicotinamid	1	10^{-3}
Ca-Pantothenat	1	10^{-3}
Riboflavin	0,1	10^{-4}
Thiamin	1	10^{-3}
Zusätze		
Glucose	1000	5
Penicillin	0,005%	
Streptomycin	0,005%	
Phenolrot	0,0005%	
Serum (dialysiert)	5%	

a Im ursprünglichen Ansatz nicht enthalten, kommerzielle Präparate enthalten es heute in der Regel.

Die besten Kompromisse bilden Glycylglycin- und Tris-(Hydroxymethyl)-Aminomethanpuffer sowie neuerdings 4-(2-Hydroxyäthyl)-1-Pipererazinäthan-Sulfonsäure (HEPES).

Ein Rest von Alchimie bleibt uns auch heute noch, denn man muß dem Medium Kälberserum zusetzen. Auch Seren anderer Tiere lassen sich verwenden, und je jünger die Spendertiere sind, desto wirkungsvoller sind die im Serum enthaltenen Komponenten. Kälberserum ist dem Rinderserum überlegen und fötales Kälberserum wiederum dem normalen. Inzwischen weiß man, daß es durch spezifische Wachstumsfaktoren, wie den Fibroblastenwachstumsfaktor (FGF, s. Kap. 58), voll ersetzbar ist. Doch steht dieser in reiner Form vorerst nur in geringen Mengen zur Verfügung, so daß die Mehrzahl der Laboratorien – vor allem für die mittlerweile in großer Menge anfallenden Routinearbeiten – nach wie vor auf den Serumzusatz angewiesen bleibt.

Eukaryotische Wesen sind soziale Wesen, bei Vereinsamung sterben sie. Um das Problem zu umgehen und vor allem, um die Nachkommenschaft einer einzelnen Zelle (einen Zellklon) sauber isolieren zu können, bedarf es daher spezieller Verfahren. Puck und Marcus (University of Colorado, Denver, 1955) konstruierten eine sog. *Feeder layer* (Fütterungsschicht). Sie besteht aus einer Schicht bestrahlter und somit teilungsunfähig gemachter Zellen, deren Stoffwechsel noch für eine Weile intakt bleibt. Einzelne darauf gegebene lebende (teilungskompetente) Zellen betrachten sie als rechtmäßige Nachbarn und teilen sich.

Das Verfahren erlaubt es, Aussagen über die Teilungseffizienz einzelner Zellen zu machen und ihre Anzahl zu titrieren. Die Effizienz liegt praktisch nie bei 100%, vielfach muß man sich mit einer *Plating efficiency* von weniger als 50% begnügen, und manchmal lassen sich Einzelzellen überhaupt nicht klonieren.

Nowell von der University of Pennsylvania in Philadelphia fand 1960, daß ein Zusatz von Phythämagglutininen (PHA) teilungsfördernd wirkt. Solche Substanzen, von denen man heute eine ganze Reihe kennt und zu denen die Lektine (s. Kap. 50) gehören, bezeichnet man als Mitogene.

Ein Hauptaugenmerk hat man beim Arbeiten mit Zellen auf Sterilität zu legen. Eine 99,9%ige Sterilität ist meist nicht gut genug. Die benötigten Nährmedien eignen sich nämlich hervorragend für das Wachstum aller Arten von Mikroorganismen. Um es weitgehend einzudämmen, werden dem Medium Antibiotika zugesetzt. Alle Ausgangsstoffe sowie Geräte werden, soweit möglich, vor Gebrauch autoklaviert und hitzeempfindliche Medien durch Ultrafiltration (Milliporefilter) sterilisiert. Das Arbeiten selbst – Übertragung von Zellen oder Medien von einem Gefäß zum anderen – geschieht auf einer sog. „Reinen Werkbank", das ist ein Arbeitsplatz, der durch einen kontinuierlichen Strom keimfreier, filtrierter Luft versorgt wird.

Zellen werden heute normalerweise in Plastikschälchen oder -flaschen gehalten und mit Plastikpipetten pipettiert. Alle Gefäße werden schon bei der Fabrikation sterilisiert und nur einmal eingesetzt. Das Material muß in einer spezifischen Weise vorbehandelt sein, damit die Zellen es als Wachstumsunterlage annehmen. Die Standardpetrischalen für bakteriologisches Arbeiten z.B. sind hierfür denkbar ungeeignet. Viele Zelltypen wachsen nur, wenn sie an einer Unterlage verankert sind. Ihre Gestalt ist in der Regel langgestreckt, flach und spindelförmig. Andere wiederum wachsen auch in Suspension. Dabei nehmen sie in der Regel eine sphärische Gestalt an (s. Abb. 50.7).

Schließlich sei auf einen weiteren methodischen Vorteil hingewiesen, der den Maßstäben der Mikrobiologie genügt. Eukaryotische Zellen können eingefroren und über viele Jahre hinweg konserviert werden. Man kann somit Stammsammlungen anlegen und verfügt damit über Referenzproben, mit deren Hilfe man die Identität einer Zellkultur überprüfen kann. Um Schäden beim Einfrieren zu vermeiden, setzt man der Kultur Glycerin zu und verwendet flüssigen Stickstoff als Gefrier- und Lagermittel.

Zellinien: Differenzierte Zellen in vitro

Die Bezeichnung Zellinie steht für die Nachkommenschaft einer sog. Primärkultur, also einer kleinen Zellpopulation, die einem bestimmten Organ entnommen wurde. Nach Behandlung eines Organfragmentes mit Trypsin zerfällt es in Einzelzellen, die in ein geeignetes Medium übertragen und darin kultiviert werden. In den vergangenen Jahren sind Zellen verschiedener Organismen (Huhn, Kaninchen, Ratte, Maus, Rhesusaffe, Mensch u.a.) in Kultur genommen worden. Am leichtesten lassen sich Fibroblastenzellen kultivieren, problematischer ist es mit manchen anderen Zelltypen wie den Epithelzellen und den Neuronen. Über die Ergebnisse der Kultur hochgradig differenzierter Zellen (Neuroblasten, Myoblasten, Erythroblasten etc.) wird an anderer Stelle berichtet (s. Kap. 65).

Zellen verschiedener Zellinien ähneln einander in bezug auf ultrastrukturelle, biochemische und antigene Merkmale, obwohl sie sich in ihren Wachstumskinetiken sehr deutlich voneinander unterscheiden. Einige der Merkmale können durch Kulturbedingungen beeinflußt werden. Als differenziert bezeichnet man diejenigen Eigenschaften, die der betreffende Zelltyp während der Entwicklung und Reifung des Organismus erworben hat. Bei manchen Zellinien gehen sie im Verlauf der Kulturzeit verloren, ohne daß man deshalb sagen dürfte, die Zellen würden in einen embryonalen Zustand zurückversetzt.

Im Zusammenhang mit dem Problem der somatischen Mutationen werden wir uns die Frage vorlegen müssen, ob eine Zellinie für eine Ausgangszellpopulation repräsentativ ist oder ob sich daraus lediglich einige wenige teilungskompetente (aber ggf. untypische) Zellen selektioniert haben. Es ist nämlich in vielen Fällen außerordentlich schwierig, diese Frage

Tabelle 2. Einige bekannte Zellinien

Bezeichnung	Herkunft		Merkmale			
	Art	Gewebe	Morphologie	Wachstum in Suspension	*Plating efficiency*	Plodiegrad
3T3	Maus, n = 20	Endothel	Fibroblasten	–	50%	aneuploid
L	Maus, n = 20	Bindegewebe	Fibroblasten	+	90%	aneuploid
CHO	Chines. Hamster, n = 11	Ovar	epithelial	+	95%	pseudodiploid
BHK 21	Syrischer Hamster	Niere	Fibroblasten	+	20%	diploid
BSC	Rhesusaffe, n = 21	Niere	epithelial	–	gering	diploid
MPS	Maus, n = 20	Knochenmark-myeloma	lymphoid	+	0%	aneuploid
RPH	Frosch, n = 13	Eizellen	epithelial	–	0%	haploid
HeLa	Mensch, n = 13	Gebärmuttertumor	epithelial	+	95%	aneuploid

eindeutig zu entscheiden. Oft analysiert man spezifische Iso- oder Alloenzyme, um den Zelltyp zu identifizieren. Einige Zellen (bzw. Zelltypen) degenerieren sehr leicht, wodurch die Variabilität einer Ausgangszellpopulation reduziert wird. Tumorzellen wachsen in der Regel besser als Zellen, aus denen sie abgeleitet sind (s. Kap. 51). 1975 hat Wigley vom Imperial Cancer Research Fund in London im Rahmen eines Übersichtsreferats eine Liste der bis dahin bekannten Zelllinien zusammengestellt. Sie enthält 226 Linien, von denen die meisten zu dem Zeitpunkt bereits mehrere Jahre alt waren. Einige der bekanntesten sind der Tabelle 2 zu entnehmen.

Alterung (Seneszenz)

Keine Zelle ist unsterblich. Wenn eine Zelle wächst und sich teilt, entstehen zwei Tochterzellen, die sich nach einer gewissen Zeit wieder teilen oder absterben. Zellen ausgewachsener Vielzeller befinden sich in einer stationären Phase. Die meisten sind differenziert, und nur wenige teilen sich noch. Die Teilungsraten sind in der Regel relativ niedrig. Die Zellen haben im Laufe der Entwicklung ein genetisch fixiertes Programm durchlaufen, wobei sie sich irreversibel verändert haben. Viele Zellen sterben dabei ab, so die Xylemzellen der Pflanzen und die keratinisierten Epidermiszellen der Tiere. Bei der Bildung von Eizellen (Oogenese) gehen im Anschluß an die Meiose drei Zellen zugrunde, und nur eine entwickelt sich weiter. Bei der Spermatogenese hingegen bleiben alle vier Zellen erhalten.

Andere Zellen verlieren während der Differenzierung ihren Kern, so z.B. die Zellen des Phloems der Pflanzen und die Erythrozyten der Säugetiere. Die Zellen treten damit in ein Stadium begrenzter Lebensdauer ein. Eine weitere Gruppe differenzierter Zellen behält zwar den Kern, verliert aber die Teilungskompetenz, so die Muskel- und Nervenzellen. Absterbende Nervenzellen werden im Organismus nicht ersetzt.

Es gibt eine Reihe von Hypothesen zur Erklärung von Alterungsvorgängen. Keine ist für sich alleine genommen befriedigend, denn keine der postulierten Ursachen erklärt alle Alterungserscheinungen. Offensichtlich ist Alterung ein komplexer Vorgang, der auf vielen, parallel ablaufenden Abnutzungserscheinungen beruht. Es bestehen keine Zweifel darüber, daß genetische Faktoren im Spiel sind, ebenso wenig wie Zweifel darüber bestehen, daß externe Faktoren mit beteiligt sind.

Alterung durch Ansammlung somatischer Mutationen? Eine auf den ersten Blick plausible Hypothese ist die der Anhäufung somatischer Mutationen. Sie geht davon aus, daß Mutationen im Laufe des Lebens akkumuliert werden und daß dadurch in steigendem Maße defekte Genprodukte gebildet werden, die ihre katalytischen und regulierenden Aufgaben nur mangelhaft erfüllen. Es gibt einige Befunde, die diese Annahme stützen. Holliday und Mitarbeiter (National Institute for Medical Research in London) fanden in alternden Kulturen menschlicher Fibroblasten, daß bis zu 25% der Glucose-6-Phosphogluconatsynthetase-Moleküle temperatursensitiv waren, während sich die Molekülpopulationen aus jungen Fibroblastenzellen normal verhielten. Andere Autoren fanden eine Abnahme spezifischer Enzymaktivitäten in alternden Zellen. So entdeckten z.B. D. und H. Gershon (Israel Institute of Technology, Haifa) eine Abnahme der spezifischen Aktivität von Isocitratlyase in ausgewachsenen Nematoden. Die Enzymkinetiken ließen darauf schließen, daß neben den aktiven Molekülen zahlreiche inaktive oder partiell aktive vorlagen.

Diesen Beobachtungen stehen jedoch Befunde von Holland (University of California, San Diego) gegenüber, der wiederum zeigte, daß Viren in alten, kultivierten Zellen genauso effizient vermehrt werden wie in jungen. Da die Virusproduktion von der Existenz einer intakten Proteinsynthesemaschinerie abhängt, schließt Holland, daß sie auch in alten Zellen exakt funktionieren müsse.

Aufnahme von Aminosäureanalogen in wachsende Zellen inhibiert deren Wachstum. Die falschen Aminosäuren wie z.B. pFluorophenylalanin werden in Proteine eingebaut. Die Zellen wachsen jedoch normal weiter, sobald sie in ein normales Medium überführt werden. Ihre Lebensdauer wird durch die inkorrekten Proteine nicht verkürzt (Cristofalo, Wistar Institute, Philadelphia).

Tierarten werden unterschiedlich alt. Die Zellzyklen ihrer Zellen sind jedoch etwa gleich lang. Diese Beobachtung scheint der Hypothese von den somatischen Mutationen zu widersprechen. Doch einen Ausweg bieten Beobachtungen von Hart (Ohio State University, Columbus) und Setlow (Oak Ridge National Laboratory), die nachwiesen, daß die DNS-Reparaturmechanismen in Zellen der einzelnen Arten unterschiedlich effektiv arbeiten. Fibroblastenzellen von Mensch, Elefant, Rind, Maus, Ratte und Spitzmaus wurden der gleichen Menge UV-Strahlung ausgesetzt. Es zeigte sich, daß die DNS-Reparaturmechanismen in Zellen von Mensch, Elefant und Rind etwa fünfmal so wirkungsvoll wie in denen von Mäusen und Ratten sind. In Hamsterzellen wurde eine mittlere Aktivität gefunden, obwohl Hamster nur eine geringe Lebensdauer haben. Orgel (Salk Institute for Biological Studies, La Jolla) setzte der gerade besprochenen Hypothese die *Error catastrophee*-Hypothese (Fehler-Katastrophen-Hypothese) entgegen. Sie besagt, daß die Transkriptions- und Translationsprozesse während der Zellalterung fehlerhaft werden, wodurch die Zahl fehlerhafter Transkriptions- und Translationsprodukte ansteigt. Es ist schwer, diese Hypothese experimentell von der zuerst genannten zu unterscheiden. Die von Holland vorgebrachten Einwände gelten auch hier.

Programmierter Zelltod? Die Hypothese des programmierten Zelltods sagt voraus, daß in den Zellen ein genetisches Programm irreversibel abläuft, an dessen Ende der Zelltod steht. Sie wird durch eine Vielzahl von Experimenten gestützt, die Hayflick (Stanford University, Palo Alto) seit Anfang der 60er Jahre durchführte. Er entdeckte, daß menschliche Fibroblastenzellen nur für eine begrenzte Zeit in Kultur gehalten werden können. Nach einer Anzahl von Teilungsschritten verlieren sie ihre Teilungskapazität und beginnen abzusterben. Die Anzahl der Zellteilungen in Kultur hängt vom Alter des Donors ab. Entnimmt man die Zellen menschlichen Embryonen, so stehen ihnen noch etwa 50 Teilungsschritte bevor. Entnimmt man sie jedoch Personen nach der Geburt, so teilen sie sich in Kultur maximal 20–30mal. Zellen älterer Personen teilen sich in Kultur nur wenige Male. Man könnte einwenden, die Lebensdauer der Zellen sei durch die Kulturbedingungen begrenzt. Dem steht jedoch die Beobachtung entgegen, daß in Zellmischungen Zellen eines jungen Donors länger als die eines älteren kultivierbar sind. Die Zahl der Teilungsschritte in vitro entspricht etwa der Zahl, die die Zellen im Verlauf eines menschlichen Lebens durchzumachen hätten.

Implantiert man einer jungen Maus Gewebe einer älteren Maus des gleichen Histokompatibilitätstyps, so wachsen die Zellen ein, teilen sich einige Male und sterben nach relativ kurzer Zeit. Obwohl sie in eine „natürliche" Umgebung versetzt wurden, war ihre Uhr bereits weitgehend abgelaufen, und ein Zurück gab es nicht mehr. Hauptsächlich Tumorzellen (transformierte Zellen) und Zellen mit abnormen Chromosomenzahlen können dem Programm ggf. entgehen und eine unbegrenzte Teilungskompetenz erwerben.

Worauf beruht programmierter Zelltod? Eine der möglichen Ursachen ist die Akkumulation von Oxydationsprodukten in tierischen Zellen. In alternden Zellen kommen zahlreiche Lipofucosin-Granula vor. Das sind Vesikel, die mit den Abbauprodukten von Proteinen, Lipiden und Hämgruppen gefüllt sind. Jene fallen beim Abbau von Mitochondrien, Membranen und anderen Zellkomponenten an. Lipofucosin-Granula sind an sich für die Zelle unschädlich, denn jede Zelle enthält sie in geringer Zahl. Ein Teil der darin befindlichen Substanzen unterliegt einem *Recycling*, wodurch die Zahl der Granula reduziert wird. Kritisch wird es lediglich, wenn die Anzahl einen bestimmten Wert überschreitet. Durch Zellteilungen wird ihre Zahl halbiert. Übersteigt ihre Produktionsrate jedoch die Teilungsrate der Zelle, so erfolgt eine exponentielle Zunahme der Vesikel pro Zelle (s. Abb. 49.2), welche solange weitergehen kann, bis die Zellen mit der großen Menge an Abfallprodukten nicht mehr fertig werden und absterben.

Programmierten Tod finden wir nicht nur bei tierischen, sondern auch bei pflanzlichen Zellen. Blühen ist bei einjährigen Pflanzen das Signal zum Absterben

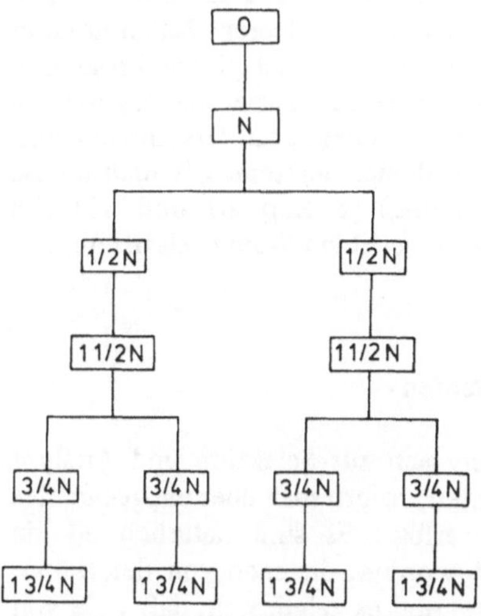

Abb. 49.2. Ein vereinfachtes Modell zur Veranschaulichung der Akkumulation toxischer Abbauprodukte (*N*) in der Zelle in aufeinanderfolgenden Generationen. Dargestellt ist hier lediglich eine lineare Zunahme. Um Alterungsvorgänge adäquat zu beschreiben, muß man von einer exponentiellen Zunahme ausgehen, die z.T. wenigstens auf die kontinuierlich steigende Generationsdauer der Zellen zurückzuführen ist (Sheldrake, 1974)

der ganzen Pflanze. Verhindert man es, bleibt die Pflanze wesentlich länger leben. Der Zelltod ist hier somit nicht konstitutiv, sondern fakultativ. Er bedarf eines zellexternen Signals, bei dessen Ausbleiben die Zelle ihre Teilungskompetenz beibehält und am Leben bleibt. Die Lebensdauer mehrjähriger Pflanzen (Bäume etc.) ist in der Regel durch mechanische Einflüsse begrenzt. Die Entnahme und Weiterzucht von Stecklingen weist darauf hin, daß die Zellen – im Gegensatz zu tierischen Zellen – keine Einbuße ihrer Teilungskapazität erleiden.

Ähnliche Beobachtungen macht man, wenn man Pflanzenzellen in Kultur nimmt und Kalluskulturen anlegt (s. Kap. 54), denn ein Kallus kann unbegrenzt weitervermehrt werden. Man weiß allerdings sehr wenig über die Teilungsfähigkeit der einzelnen Zellen im Aggregat. Pflanzen bestehen aus meristematischen und differenzierten Zellen. Solange beide Typen nebeneinander vorkommen, wie etwa in einer intakten Pflanze, teilen sich lediglich die meristematischen. Isoliert man hingegen differenzierte Zellen und bringt sie in ein geeignetes Kulturmedium, zeigt sich, daß sie nichts von ihrer Teilungs- und Regenerationskompetenz verloren haben. Eine isolierte, differenzierte Mesophyllzelle des Tabaks z.B. kann zu einer vollständigen Tabakpflanze regenerieren (s. Kap. 54). Zellen mit beschränkter Teilungskompetenz findet man auch in einigen tierischen Geweben. Hierzu gehören Zellen blutbildender Gewebe im Knochenmark sowie der basalen Schichten der Epidermis, von wo aus ständig teilungsunfähige oder begrenzt teilungsfähige Zellen nach außen abgesondert werden.

Zum Verständnis der Entwicklung von Tier und Pflanze sei herausgestellt, daß es bei Pflanzen keine Trennung von Keimbahnzellen und somatischen Zellen gibt, wohl aber bei höheren Tieren. Zellen höherer Tiere unterliegen nämlich einmal einem Programm der progressiven Kompartimentalisierung, asymmetrische Zellteilungen werden damit zur Ursache der Entstehung spezifischer Muster (letzteres gilt auch für die pflanzliche Entwicklung) (s. Kap. 61 und 63) und zum anderen einer irreversiblen Stammzelldifferenzierung (s. Kap. 65).

Selektion von Mutanten

Zellkulturen eignen sich zur Selektion und Analyse spezifischer Mutanten, sofern man über ein geeignetes Selektionssystem verfügt. Es sind natürlich all die Mutagene getestet worden, die man von der Bakteriologie her kannte, und es zeigte sich, daß viele von ihnen auch auf eukaryotische Zellen wirken. Diese sind in der Regel diploid, und nach allem, was wir aus der klassischen Genetik wissen, ist es unwahrscheinlich, rezessive Mutationen nachzuweisen, es sei denn, sie liegen auf dem X-Chromosom, von dem im weiblichen Organismus eine Kopie stillgelegt ist (Russel-Lyon-Hypothese, s. Abb. 40.1). Viele der dort lokalisierten Gene sind in der Tat auch gefunden und analysiert worden. Darüber hinaus fand man auch rezessive Mutanten, bei denen Gene auf den Autosomen verändert waren. Dabei ist oft nicht eindeutig festzustellen, wie es zur Expression der rezessiven Allele gekommen ist. Offensichtlich sind andere Irregularitäten mit im Spiel, wie z.B. Verlust des homologen Chromosoms (mit dem dominanten Allel), Chromosomenstückverlust oder *Allelic suppression* (s. Kap. 22).

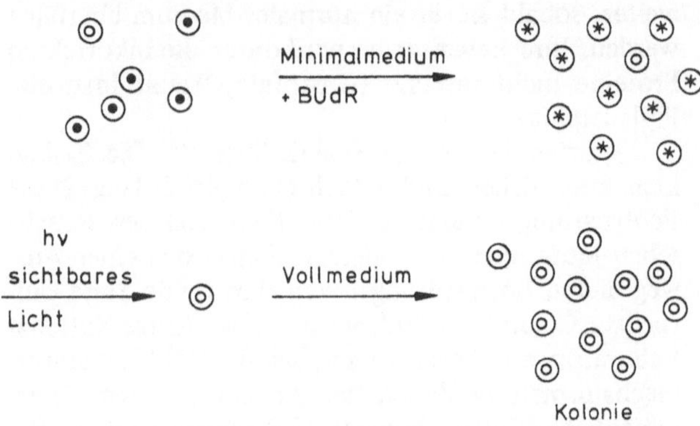

Abb. 49.3. Selektion von Stoffwechselmutanten. Auf Minimalmedium wachsen nur Wildtypzellen. Sie bauen 5-Bromdeoxyuridin (BUdR) in ihre DNS ein und werden deshalb bei einer anschließenden Belichtung mit ultraviolettem Licht abgetötet. Übrig bleiben die auf dem Medium teilungsunfähigen Mutanten, die sich nach Übertragung auf ein Vollmedium zu teilen beginnen. (Nach Kao und Puck, 1968)

Viele der analysierten Mutanten sind in bezug auf Aminosäuren, Nukleotide oder Vitamine auxotroph. Sie wachsen daher nur auf Medien, denen die entsprechenden Komponenten zugesetzt sind. Eines der Selektionssysteme (ausgearbeitet von Puck und Mitarbeitern) ist in Abb. 49.3 vorgestellt. Dem Experiment liegt der gleiche Gedankengang zugrunde, den wir bereits von der Selektion der Mutanten von Mikroorganismen kennen. Man behandelt eine Kultur mit einem Mutagen und läßt die Zellen in einem Medium wachsen, in dem alle sich teilenden abgetötet werden. Übrig bleiben die genetisch defekten, die man anschließend in geeigneten Medien rettet.

Das hier skizzierte Verfahren ist relativ billig, effizient und schnell und wird daher in einschlägigen Laboratorien zum Test neuer Präparate auf Mutagenität und Cancerogenität herangezogen. Neben den hier vorgestellten Mutanten mit Stoffwechseldefekten lassen sich auch temperatursensitive (*ts*)-Mutanten herstellen. Sie eignen sich hervorragend zum Studium entwicklungsphysiologischer Prozesse, wie etwa den einzelnen Stadien des Zellzyklus. Es gibt *ts*-Mutanten, die bei nicht permissiver Temperatur in bestimmten Stadien arretiert sind. Sie sind deshalb ein geeignetes Ausgangsmaterial, um diejenigen Komponenten zu charakterisieren, die am Fortgang des Zellzyklus und am Umschalten von einer Phase zur nächsten beteiligt sind.

Literatur

Abercrombie, M., Heaysman, J.E.M.: Observations on the social behaviour of cells in tissue culture: "Monolayering" of fibroblasts. Exp. Cell Res. *6*, 293 (1954)

Carrel, A.: On the permanent life of tissues outside of the organism. J. Exp. Med. *15*, 516 (1912)

Clarkson, B., Baserga, R.: Control of proliferation in animal cells. Cold Spring Harbor Laboratory, 1974

Eagle, H.: Nutrition needs of mammalian cells in tissue culture. Science *122*, 501 (1955)

Gey, G.O., Coffman, W.D., Kubicek, M.T.: Tissue culture studies of the proliferative capacity of cervical carcinoma and normal epithelium. Cancer Res. *12*, 264 (1952)

Hayflick, L., Moorhead, P.S.: The serial cultivation of human diploid cell strains. Exp. Cell Res. *25*, 585 (1961)

Muggleton-Harris, A.L., Hayflick. L.: Cellular aging studied by the reconstruction of replicating cells from nuclei and cytoplasms isolated from normal human diploid cells. Exp. Cell Res. *103*, 321 (1976)

Nowell, P.C.: Phytohemagglutinin: An initiator of mitosis in culture of normal human lymphocytes. Cancer Res. *20*, 462 (1960)

Pollack, R. (ed.): Readings in mammalian cell culture. Cold Spring Harbor Laboratory, 1973

Puck, T.T.: Studies of the life cycle of mammalian cells. Cold Spring Harbor Symp. Quant. Biol. *29*, 167 (1964)

Puck, T.T.: The mammalian cell as a microorganism. San Francisco: Holden-Day Inc. 1972

Puck, T.T., Marcus, P.I.: A rapid method for viable cell titration and clone production with HeLa cells in tissue culture: The use of X-irradiated cells to supply conditioning factors. Proc. Natl. Acad. Sci. USA *41*, 432 (1955)

Sanford, K.K., Earle, W.R., Likely, G.D.: The growth in vitro of single isolated tissue cells. J. Natl. Cancer Inst. *9*, 229 (1948)

Sharon, N.: Lectins. Sci. Am., Juni 1977, S. 108

Sheldrake, A.R.: The aging, growth and death of cells. Nature (London) *250*, 381 (1974)

Todaro, G.J., Green, H.: Quantitative studies of the growth of mouse embryo cells in culture and their development into established lines. J. Cell Biol. *17*, 299 (1963)

Wigley, C.B.: Differentiated cells in vitro. Differentiation *4*, 25 (1975)

50. Wie erkennen Zellen einander? Wie verändert sich die Oberfläche im Verlauf des Zellzyklus? Was ist Kontaktinhibition?

Die Entwicklung der Zellkultur erlaubte es, eine ganze Anzahl von Fragen der Zellphysiologie zu klären. Auf einige wurde bereits hingewiesen. Zellen müssen mit ihrer Umwelt kommunizieren, sie tragen daher auf ihrer Oberfläche eine Vielzahl verschiedenartigster Rezeptormoleküle (s. Kap. 30). Diese arbeiten als Relaisstationen, erkennen spezifische Signale (Effektoren) und leiten die Information ggf. ins Zellinnere weiter. Zellen unterschiedlicher Differenzierungsstadien und in unterschiedlichen Stadien des Zellzyklus verfügen über verschiedene Sätze an Rezeptoren. Diese wiederum sind Ausdruck einer differentiellen, zeitlich kontrollierten Genexpression. Wir können daher davon ausgehen, daß es ein Wechselspiel zwischen Genom und Umwelt gibt und daß bestimmte Abschnitte des Genoms nacheinander eingeschaltet werden. Die Existenz vieler verschiedener Rezeptormoleküle erlaubt es der Zelle, mit einer großen Anzahl von Signalen fertig zu werden, womit sich jedoch auch das Problem der Prioritäten stellt.

Wo liegen die Reizschwellen, die überschritten werden müssen, bevor die Zelle überhaupt reagiert? Es versteht sich von selbst, daß nicht jede Reaktion zwischen Effektor und Rezeptor eine Nachfolgereaktion in der Zelle auslösen darf. Eine Zelle ist ein sehr komplexes System, das seinerseits von einer sehr komplexen Umwelt umgeben ist. Es kann nur dann überleben, wenn es nur „wichtige" Informationen zur Kenntnis nimmt. Jedes geregelte System verfügt über eine Regelkapazität, dessen Bandbreite oft eine beträchtliche Abweichung des Istwertes vom Sollwert zuläßt, ohne dabei in Gefahr zu geraten. Ein System, das auf jedes Signal und jede noch so geringe Störung ansprechen würde, befände sich nie im Gleichgewicht und würde an den Folgen der ausgelösten Regelkatastrophen zugrunde gehen.

Changeux vom Institute Pasteur in Paris wies schon vor Jahren darauf hin, daß Moleküle in der Membranebene keine unabhängig voneinander arbeitenden Einheiten sind, sondern daß sie kooperativ arbeiten (Allosterie). Darüber hinaus treten die integralen Membranproteine mit den kontraktilen Elementen, die der Membran unterlagert sind, in Wechselwirkung. Aus rein pragmatischen Gründen teilt man Signale verschiedenen Gruppen zu. Es gibt solche, die von einem direkten, physischen Kontakt der Zellen untereinander und der Zellen mit der Unterlage ausgehen. Es gibt andere (chemische Botenstoffe: Hormone, Neurotransmitter, s. Kap. 55–59), die von einem Zelltyp ausgeschieden und von einem anderen empfangen werden. Dann gibt es welche, die von einem Organismus ausgesandt werden und von einem anderen oft über Entfernungen von mehreren Kilometern wahrgenommen werden (Sexuallockstoffe der Insekten; physikalische Signale, akustische, optische etc.). Und schließlich reagiert eine Zelle auch auf große Strukturen. Sie verfügt über Rezeptoren für Viren und für Toxine der Bakterien (s. Kap. 30).

Das Rezeptorkonzept wurde bereits 1900 von P. Ehrlich im Zusammenhang mit der Funktionsweise der Antikörper erkannt (s. Abb. 50.1). Er extrapolierte E. Fischers Postulat von Schloß und Schlüssel, welches jener für die Enzym-Substrat-Wechselwirkung vorschlug.

Man hat inzwischen Methoden entwickelt, um Oberflächenstrukturen kultivierter Zellen zu studieren. Zu erwähnen sind hier vor allem die immunologischen Verfahren, von denen die wichtigsten in Abb.50.2 vorgestellt sind. Einige der Ergebnisse haben wir bereits kennengelernt, so die Verteilung kontraktiler Elemente in den Zellen und an Zelloberflächen (siehe Kap. 32–34) sowie die Erscheinung des *Capping* (s. Kap. 25), die darauf hinweist, daß sich Moleküle in der Membranebene bewegen und daß deren Bewegung stoffwechselabhängig ist. Edelman von der Rockefeller University in New York hat die durch äußere Stimuli (Antikörper, Lektine) verursachte Molekülverschiebung als *Cell surface modulation* bezeichnet. Es lassen sich auf diese Weise Tumorzellen von normalen Zellen, embryonale von ausdifferenzierten sowie Stadien des Zellzyklus voneinander unterscheiden, denn alle zeichnen sich durch spezifische Oberflächenmuster aus (s. Abb. 50.3). Der überwiegende Teil extrazellulärer Proteine und Peptidhormone trägt einen Oligosaccharidmantel. Es sieht ganz so aus, als würden die Kohlenhydrate hier einmal zur besseren Löslichkeit der Proteine beitragen, sie zum anderen aber auch vor proteolytischem Abbau schützen. Es bestehen außerdem kaum Zweifel darüber, daß die Kohlenhydrate die katalytische Aktivität der Proteine modifizieren.

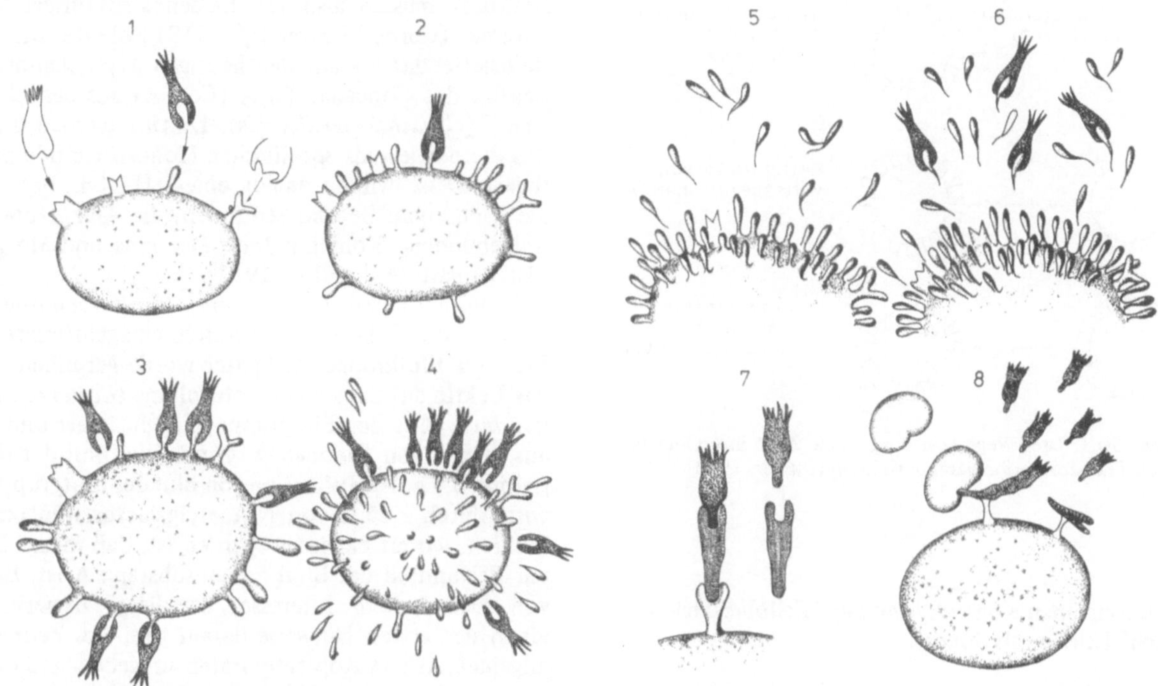

Abb. 50.1. Ehrlichs Vorstellungen (1900) von Zelloberflächen und ihren Interaktionen mit Toxinen (Effektoren): Komplementarität (Schloß – Schlüssel) (*1*), Vereinigung von Toxinen mit Oberflächenstrukturen (*2–4*), Bedeutung freier Determinanten (*5, 6*), Reaktionen unter Mitwirkung zwischengeschalteter Moleküle (*7, 8*)

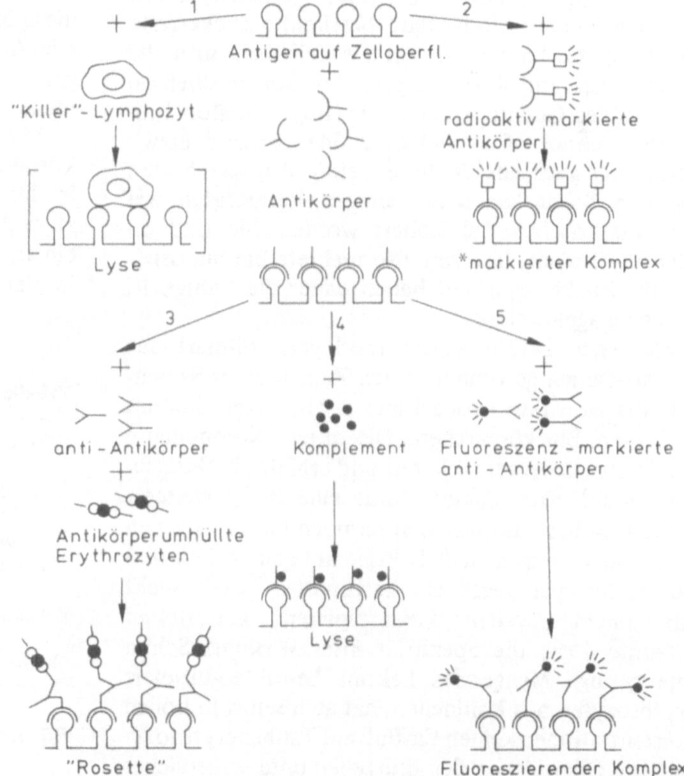

Abb. 50.2. Immunologische Tests zum Nachweis spezifischer Antigene auf Zelloberflächen. *1*, Lymphozyten-Cytotoxizitätstest; *2*, isotypischer Antikörpertest. Indirekte Verfahren: *3*, Immun-Hämadsorption (antigentragende Zellen werden von einer „Rosette" von Erythrozyten umgeben und sind somit lichtmikroskopisch leicht identifizierbar); *4*, Komplementfixierungstest (s. Kap. 18); *5*, indirekte Immunfluoreszenz. Antigentragende Zellen (oder Anteile davon), die indirekt fluoreszenzmarkierte Antikörper gebunden haben, sind im Fluoreszenzmikroskop leicht auszumachen. (Beispiele s. Abb. 32.7 ff., 34.12 ff. und 42.5 ff.) (Rapp und Westmoreland, 1976)

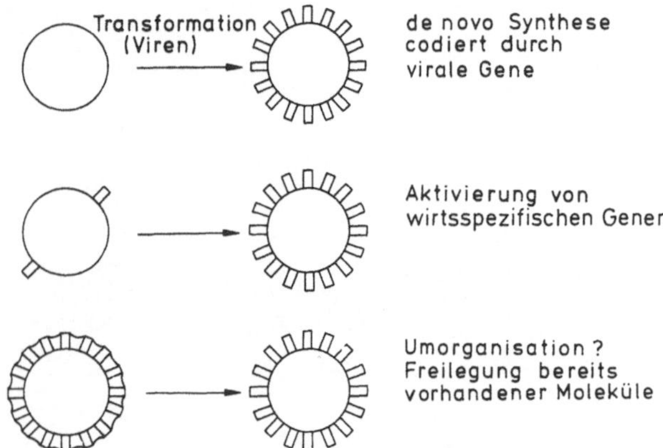

Abb. 50.3. Drei Wege, auf denen eine Zelle ihre Oberfläche nach Transformation verändern kann (Burger, 1973)

Wie weist man Kohlenhydrate auf Zelloberflächen nach? Lektine als Sonden

Man könnte spezifische Antikörper produzieren, die alternativ gegen Sialinsäurereste, gegen Galactose-, gegen Glucosereste u.a. gerichtet sind, so wie man es bei der Klassifizierung von *Salmonella*-Stämmen und Blutgruppen erfolgreich demonstriert hat. In den letzten Jahren hatte sich in steigendem Maße gezeigt, daß es eine Gruppe von Proteinen gibt, die für derartige Untersuchungen weit besser geeignet sind: die Lektine. Lektine sind Vertreter einer heterogenen Molekülgruppe, meist pflanzlicher Herkunft, deren Gemeinsamkeit darin besteht, bestimmte Zuckerreste spezifisch zu binden. Besonders reichlich sind die Leguminosen mit ihnen ausgestattet, dort machen sie 1,5–3% des Gesamtproteins aus (Boyd, Boston University, School of Medicine, 1954). Sie sind inzwischen aber auch aus Bakterien, einigen Invertebraten wie den Schnecken sowie einigen Vertebraten wie dem Elektrischen Aal isoliert worden. Sie sind di- oder multivalent, besitzen also mehrere Bindungsstellen für Zuckerreste und haben daher die Fähigkeit, Zellen zu agglutinieren.

Das erste Lektin wurde 1888 von Stillmark aus *Ricinus*-Samen gewonnen. Nach Zugabe eines Samenextrakts zum Blut beobachtete er eine Agglutination der roten Blutkörperchen. Die aktive Komponente wurde als ein Protein erkannt und erhielt die Bezeichnung Ricin. Kurz darauf wurde eine Reihe weiterer Lektine isoliert. Ehrlich konnte noch im vergangenen Jahrhundert zeigen, daß Lektine antigen wirken und daß Antikörper gegen ein bestimmtes Lektin nicht mit einem zweiten kreuzreagieren. Landsteiner erkannte 1908 die Spezifität ihrer Wirkung. Schon eine geringe Menge des Lektins Lentil agglutiniert Erythrozyten aus Kaninchen, hat aber selbst in hohen Konzentrationen keinen Einfluß auf Taubenerythrozyten. Die Oberflächen der Blutzellen unterschiedlicher Herkunft müssen also verschieden strukturiert sein. Summer (Cornell University, 1919) isolierte und kristallisierte das bis auf den heutigen Tag bekannteste Lektin, das Concanavalin A (Con A) aus der „Jackbean" (*Canavalia ensiformis*). Lektine werden durch Zugabe der jeweils spezifischen Monosaccharide inaktiviert. Diese wirken analog einem Hapten, besetzen die Bindungsstelle und verhindern die Anlagerung an zellgebundene Kohlenhydrate (Watkins und Morgan, Lister Institute, London, 1952).

Boyd entdeckte 1945 das erste blutgruppenspezifische Lektin: Lektin aus Lima-Bohnen agglutiniert nur Blut der Blutgruppe A. Später wurde gefunden, daß das Lektin aus Samen der Lotusblume (*Lotus tetragonolobus*) Blut der Blutgruppe 0 agglutiniert und das aus Samen von *Bandeiraea simpliafolia* Blut der Blutgruppe B. Die Agglutination von Blut der Blutgruppe A wird durch Zusatz von N-Acetylgalactosamin unterbunden, womit bewiesen worden ist, daß dieser Rest ein Bestandteil der Blutgruppensubstanz A ist. Es ist von historischem Interesse, da dieses Experiment einen der ersten Hinweise darauf gab, daß Zellen im allgemeinen von Kohlenhydraten umgeben sind (Watkins und Morgan, 1952). In Tabelle 1 sind einige typische Lektine, ihre Herkunft und ihre Spezifität wiedergegeben.

Die Bindung zwischen Zuckern und Lektinen ähnelt in vielem einer Antigen-Antikörper-Reaktion, die Wechselwirkung wird durch schwache Bindungen bewerkstelligt. Lektine sind oft mit Antikörpern verglichen worden. Was die Spezifität angeht, mag der Vergleich angebracht sein, was aber molekulare Struktur, Herkunft und vor allem Bildung betrifft, sind diese Molekülgruppen nicht miteinander vergleichbar. Die Antikörperbildung ist durch Zugabe eines Antigens stimulierbar (s. Kap. 66), die Lektinbildung nicht.

Manche Lektine wirken auf Lymphozyten (antikörperbildende Zellen) als Mitogene und sind damit in der Lage, eine (unspezifische) Antikörpersynthese zu induzieren. Von daher gesehen ähneln sie mehr einem Antigen als einem Antikörper. Lektine werden in der Zellbiologie zum Nachweis, zur Bestimmung

Tabelle 1. Typische Lektine

Herkunft	Bezeichnung	Spezifität
Limabohne		N-Acetylgalactosamin
Lotus tetragonolobus		Fucose
Sojabohne		N-Acetylgalactosamin Galactose
Weizenkeimlinge	WGA	N-Acetylglucosamin Galactose
Canavalia ensiformis	Concanavalin A (Con A)	Glucose Mannose
Ricinus communis	RCA	N-Acetylglucosamin Galactose

der Menge, der Verteilung und der Beweglichkeit von kohlenhydrathaltigen Rezeptormolekülen in der Membran eingesetzt.

1971/72 fanden Moscona und Kleinschuster (University of Chicago), daß embryonale Retinazellen des Huhns durch Con A, WGA und RCA agglutiniert werden, während Zellen in fortgeschrittenen Differenzierungsstadien davon nur wenig betroffen sind. Das ist ein Hinweis darauf, daß auf der Oberfläche differenzierter Zellen weniger Lektinrezeptoren zugänglich sind als auf embryonalen, heißt aber nicht, daß deren Zahl reduziert ist, denn durch eine Trypsinbehandlung der Zellen konnte die Zahl der WGA-Bindungsstellen beträchtlich erhöht werden. Offensichtlich gelangen verborgene (maskierte) Rezeptoren (wieder?) an die Oberfläche. Eine Erscheinung dieser Art haben wir bereits bei der Besprechung der Insulinrezeptoren (s. Kap. 30) kennengelernt, und wir werden ihr bei der Besprechung transformierter Zellen (s. Kap. 51) erneut begegnen. Krach et al. untersuchten mit der gleichen Methode die Entwicklung von Seeigelembryonen und kamen dabei zu einem ähnlichen Ergebnis. Zellen früher Embryonalstadien sind durch Con A gut und durch RCA weniger gut agglutinierbar. Zellen später Stadien sind kaum agglutinierbar. Mit WGA reagieren weder die Zellen der frühen noch die der späten Stadien (s. Abb. 50.4). Setzt man jedoch Trypsin hinzu, erhält man anschließend auch hier eine Agglutination.

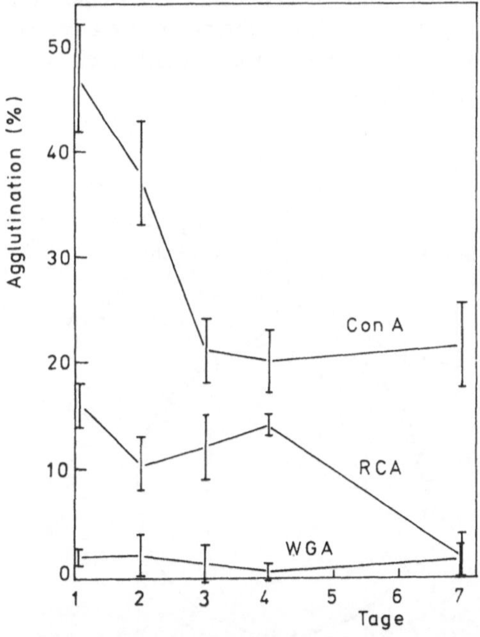

Abb. 50.4. Altersabhängige Agglutination von Zellen aus Seeigelembryonen. Die Kinetiken für die verschiedenen Agglutinine (Lektine) unterscheiden sich voneinander. *Con A*, Concanavalin A; *RCA*, *Ricinus communis*-Agglutinin, *WGA*, Wheatgerm-Agglutinin (Krach et al., 1974)

Welche Bedeutung kommt dabei den Kohlenhydraten zu? Einmal spielen sie bei der Adhäsion der Zellen (untereinander und an die Unterlage), zum anderen bei der Kontrolle der dichteabhängigen Wachstumshemmung (Kontaktinhibition) eine entscheidende Rolle. Während der tierischen Embryonalentwicklung findet eine Zellwanderung im großen Stil statt. Sie beginnt während des Blastulastadiums mit der Einwanderung einiger Zellen (Mesenchymzellen) ins Keiminnere und setzt sich während des Gastrulastadiums mit einer Massenwanderung der Zellen fort. Doch selbst während dieses Stadiums bleibt eine Teilpopulation unbeweglich, was wiederum ein Hinweis für die Existenz unterschiedlicher Zelltypen ist.

Das Oberflächenmuster transformierter Zellen unterscheidet sich von dem der normalen (differenzierten) Zellen. Aub vom Massachusetts General Hospital in Boston beobachtete 1963, daß transformierte Zellen (maligne Zellen) oft eine geringere Adhäsion und Kontaktinhibition zeigen und durch Lektine leichter agglutinierbar sind als normale Zellen. Tumorzellen und normale, differenzierte Zellen binden gleich viel radioaktiv markiertes Con A. Die Menge allein ist für die Agglutination nicht ausschlaggebend, sondern vielmehr die lokale Verteilung auf der Zelloberfläche.

Da Lektinbindung durch schwache Wechselwirkungen zustandekommt, kann man schließen, daß die Agglutinierbarkeit durch kooperative Effekte verstärkt wird. Die wiederum erhält man unter der Annahme, daß Rezeptoren nicht gleichmäßig, sondern in Aggregaten über die Oberfläche verteilt sind (siehe Abb. 51.5). Die postulierte Verteilung ließ sich durch Einsatz fluoreszenzmarkierter Lektine im Fluoreszenzmikroskop und ferritinmarkierter Lektine im Elektronenmikroskop sichtbar machen. Wenn die Verteilung der Lektine auf der Oberfläche maligner Zellen unterschiedlich ist, muß auch die Verteilung der Rezeptoren inhomogen sein.

Worauf beruht die Cluster-Bildung (Aggregatbildung)? Ist sie a priori vorhanden, oder wird sie durch die Lektinbindung induziert? Wenn letzteres der Fall wäre, müßte man annehmen, daß Rezeptormoleküle in der Membran beweglich seien und daß die Membran maligner Zellen weniger viskös als die der normalen wäre. Tatsächlich konnte diese Vermutung zumindest für einige Tumorzelltypen bestätigt werden, denn durch Abkühlung der Zellen oder Vorbehandlung mit Glutaraldehyd wurde eine Umverteilung unterbunden. Umverteilung von Molekülen in der Membranebene haben wir bereits im Zusammenhang mit der Erscheinung des *Capping* besprochen. Man benötigt dazu di- oder multivalente Vernetzungsmittel (hier Lektine, dort Antikörper).

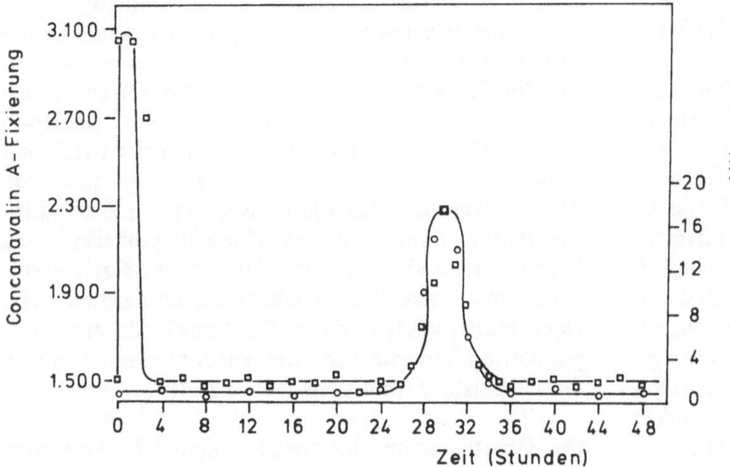

Abb. 50.5. Concanavalin A-Bindung durch synchronisierte 3T3-Zellen. Während der Mitose wird weit mehr Con A gebunden als während der übrigen Phasen (Noonan et al., 1973)

Veränderungen des Oberflächenmusters während des Zellzyklus

Noonan et al. und Fox, Shepparo und Burger (1971) analysierten Mäuseembryo-Fibroblastenzellen (3T3) mit Hilfe fluoreszenzmarkierter Lektine und fanden, daß während der Mitose dreimal so viel Con A (oder WGA) gebunden wird wie während der Interphasestadien (G_1, S, G_2). Es scheint demnach eine zeitliche Korrelation zwischen Ereignissen im Kern und Ereignissen an der Zelloberfläche zu geben (s. Abb. 50.5).

Sind die Vorgänge voneinander unabhängig, oder sind sie miteinander gekoppelt? Die Mitose kann im Metaphasestadium durch Colchicin arretiert werden. Dennoch verschwinden die Oberflächenrezeptoren wie beim Eintritt in eine normale G_1-Phase. Die Vorgänge im Kern sind demnach zumindest unter diesen Bedingungen von denen an der Zelloberfläche unabhängig.

Gibt man während der Mitose Cycloheximid zur Blockade der Proteinbiosynthese hinzu, laufen Mitose und Oberflächenveränderungen ungehindert weiter. Gibt man das Cycloheximid jedoch während der S-Phase und der G_2-Phase hinzu, erhält man ein verändertes Bild. Die Modifikationen an der Zelloberfläche und im Kern sind demnach auf eine Proteinsynthese während dieser Entwicklungsphase angewiesen.

Bei transformierten Zellen wird lediglich eine Proteinsynthese während der frühen S-Phase benötigt. Offen bleibt daher auch die Frage, ob sie primär für die Vorgänge im Kern oder für die Bildung (oder Demaskierung) der Oberflächenrezeptoren benötigt wird, und damit bleibt auch unverstanden, was Ursache und was Wirkung ist. Die Spezifität der Rezeptoren wurde in einem Haptenhemmungstest ermittelt (s. Tabelle 2). Es sieht so aus, als würden die Rezeptoren während des ganzen Zellzyklus vorhanden sein, aber nur während des kurzen Zeitraums der Mitose exponiert werden.

Tabelle 2. Haptenhemmungstest zum Nachweis der Rezeptorspezifität

Agglutination	Haptenzusatz	Hemmung der Agglutination
+	–	–
+	N-Acetylglucosamin	+
+	Di-N-Acetylchitobiose	+
+	Glucose	–
+	N-Acetylgalactosamin	–

Zellen können im Anschluß an eine Mitose in die G_1- oder die G_0-Phase übergehen. Eine Reihe von Faktoren (s. Abb. 50.6), die ihrerseits auf Oberflächenstrukturen der Zelle einwirken, bestimmen, welche Richtung einzuschlagen ist.

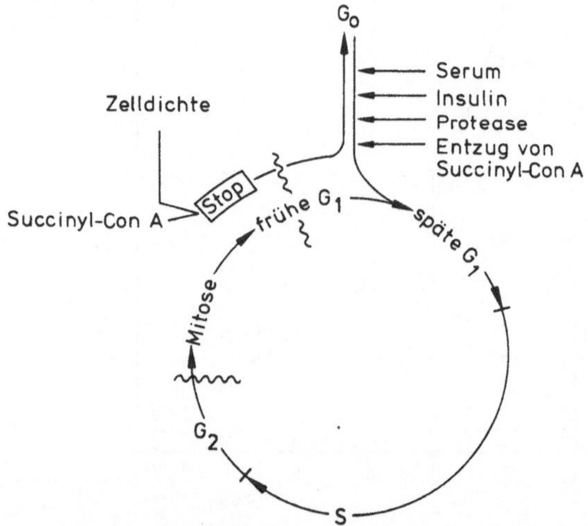

Abb. 50.6. Wechselwirkung verschiedener Faktoren, welche die Oberflächenstruktur mitotischer Zellen (3T3) modifizieren und entscheiden, ob die Zelle im Zellzyklus verbleibt, in der G_0-Phase arretiert oder aus der G_0-Phase in den Zellzyklus rücküberführt wird (Mannino und Burger, 1975)

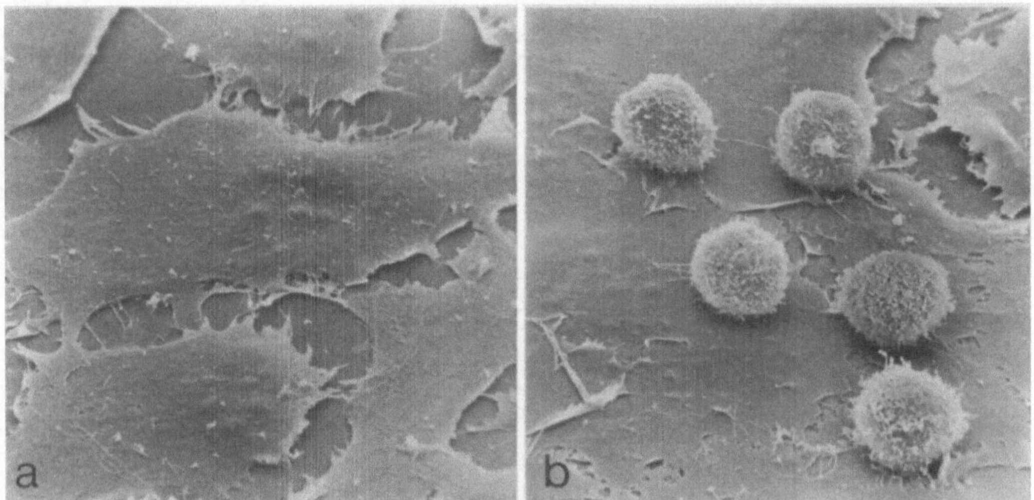

Abb. 50.7 a und b. Rasterelektronenmikroskopische Aufnahmen von Zellen in Kultur. **a** An der Unterlage haftende, abgeflachte 3T3-Zellen. Auf ihren Oberflächen sind nur wenige Mikrovilli erkennbar. **b** Suspendierte, abgerundete 3T3-Zellen, deren Oberflächen von Mikrovilli übersät sind. (Aufn. Collard und Temmink, Amsterdam, 1976)

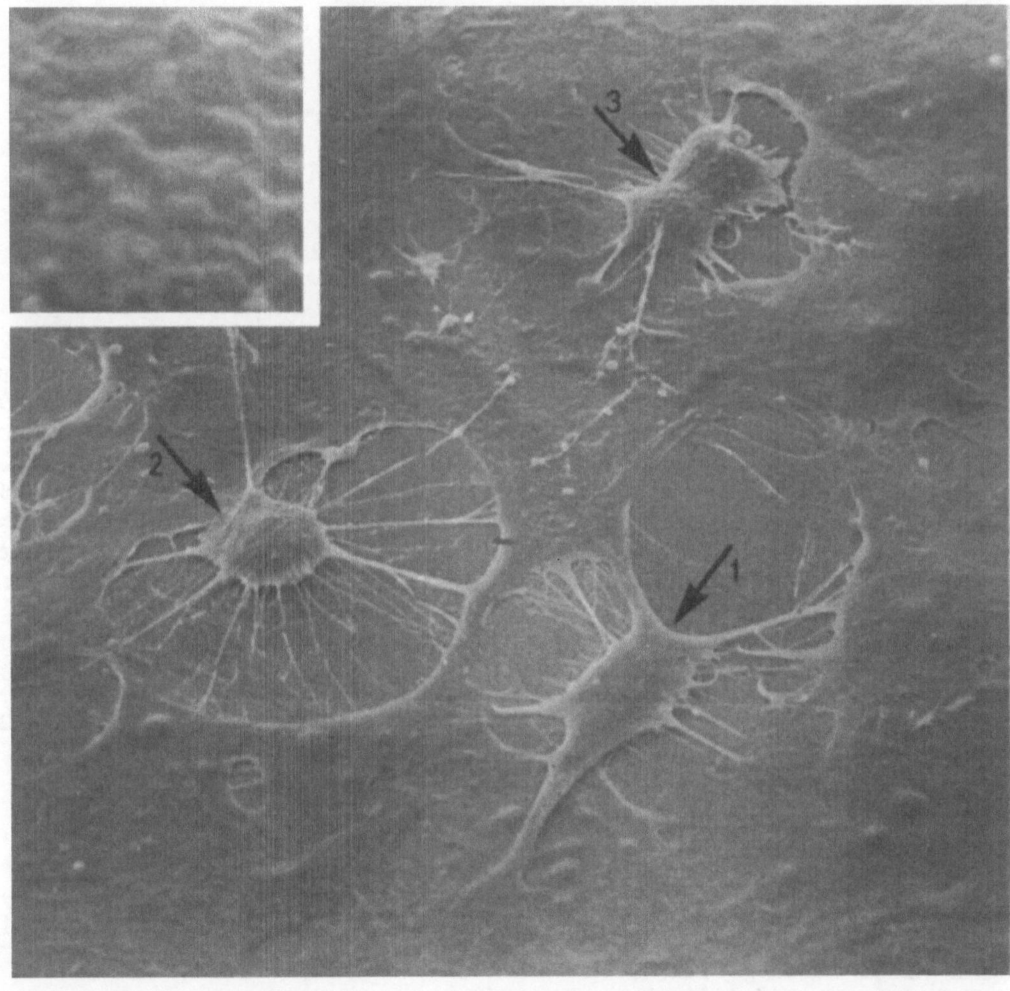

Abb. 50.8. Rasterelektronenmikroskopische Aufnahme einer 3T3-Zellkultur kurz vor dem Erreichen höchster Dichte (*confluency*). *Pfeil 1* markiert eine Zelle in der späten G_2-Phase, *Pfeil 2* eine Zelle, die gerade eine Mitose durchläuft und sich dabei abgerundet hat, *Pfeil 3* eine, deren Teilung kurz vor dem Abschluß steht. Im Einsatz ist die Oberfläche der mitotischen Zelle bei stärkerer Vergrößerung dargestellt. (Aufn. Collard und Temmink, Amsterdam, 1976)

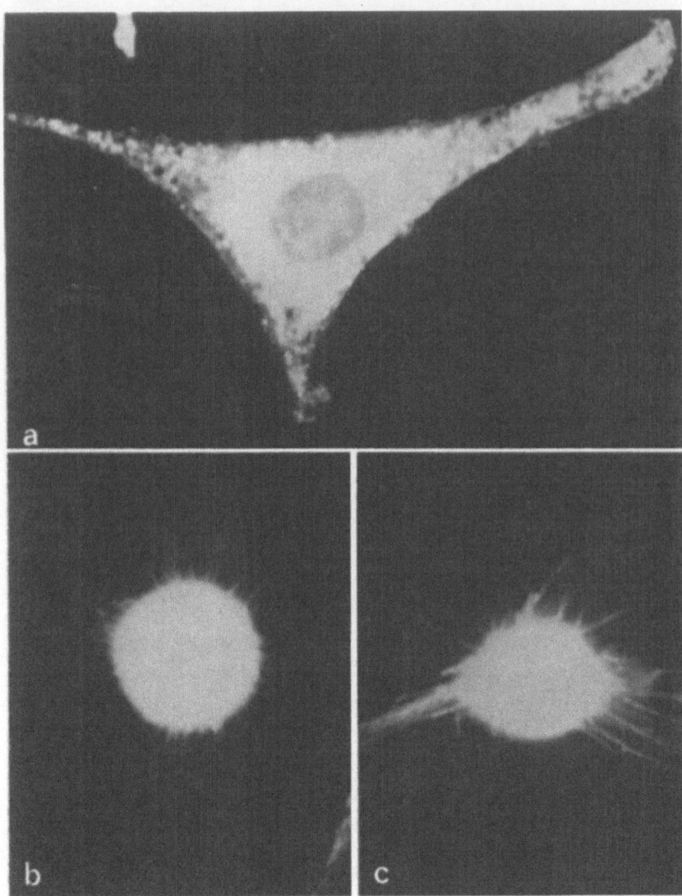

Abb. 50.9 a–c. Dunkelfeldmikroskopie von 3T3-Zellen. a Zelle ohne Mikrovilli; b mitotische Zelle mit Mikrovilli; c Zelle mit Mikrovilli, die durch Trypsin vom Substrat abgelöst wurde. (Aufn. Willingham, National Institutes of Health, Bethesda, Md, 1975)

Bereits im letzten Kapitel wurde darauf hingewiesen, daß Zellen, die auf einer Unterlage wachsen, abgeflacht sind und auf ihrer Oberfläche wenige Mikrovilli tragen. Zellen in Suspension sind abgerundet und von zahlreichen Mikrovilli umgeben (s. Abb. 50.7). Während der Mitose runden sich Zellen ab, und auf ihren Oberflächen erscheinen Mikrovilli (s. Abb. 50.8). Willingham und Pastan vom National Cancer Institute in Bethesda fanden, daß die Mikrovilli ohne großen Aufwand durch Dunkelfeldmikroskopie identifizierbar sind. Da transformierte Zellen sich in der Regel durch eine erhöhte Mikrovillizahl auszeichnen, lag der Gedanke nahe, die Dunkelfeldmikroskopie zu einem Schnellverfahren für einen Nachweis transformierter Zellen auszubauen (s. Abb. 50.9).

Was ist „Kontaktinhibition"?

Die meisten Zellinien zeigen in Kultur eine sog. Kontaktinhibition, die von Holley (Salk Institute for Biological Studies, San Diego) näher untersucht wurde. Er fand, daß es sich dabei eigentlich um einen Kontrollmechanismus handelt, den man besser als eine „dichteabhängige Regulation" bezeichnet. Normale Zellen wachsen bis zu einer maximalen Dichte von $10^4/cm^2$ heran, Tumorzellen bis zu $10^6/cm^2$. Die Teilungshemmung der Zellen beruht auf einer Auslaugung der Mikroumwelt einer Zelle. Tumorzellen haben einen geringeren Bedarf an Mitogenen und anderen wachstumsfördernden Komponenten. Sie produzieren die Stoffe z.T. sogar selbst. Nicht-Tumorzellen bilden in Kultur auf der Unterlage eine Einfachschicht aus (*Monolayer*), wohingegen Tumorzellen unregelmäßig übereinander wachsen und *Multilayer* ausbilden (s. Abb. 50.10).

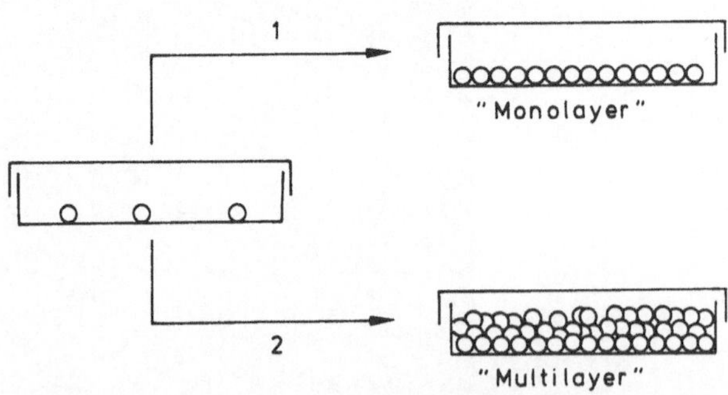

Abb. 50.10. *Monolayer* und *Multilayer*. Schematische Darstellung der Anordnung von Zellen in Zellkulturen. *Monolayer* findet man bei Kulturen aus normalen, differenzierten Zellen, *Multilayer* bei Kulturen aus transformierten Zellen

Zellen eines Vielzellers haben oft unterschiedliche Teilungsraten, welche ihrerseits nicht allein durch stimulierende Faktoren und spezifische Wachstumsfaktoren (s. Kap. 58) kontrolliert werden. Man kennt eine Gruppe teilungshemmender Effektoren, die von Bullough (Birkbeck College, University of London) als Chalone bezeichnet wurden. Es sind Glykoproteine mit Molekulargewichten in der Größenordnung von 30.000–40.000. Sie beeinflussen vor allem Zellen der Epidermis und anderer Epithelien, also Gewebe, die einem hohen Verschleiß unterliegen, ständig regeneriert werden und eine Schicht sich permanent teilender Zellen enthalten. Chalone werden insbesondere im Zusammenhang mit der Frage der Krebsentstehung in epithelialen Geweben in Zusammenhang gebracht.

Literatur

Brunner, G.: Membrane impression and gene expression. Differentiation *8*, 123 (1977)

Bullough, W.S.: Mitotic control in adult mammalian tissues. Biol. Rev. *50*, 99 (1975)

Burger, M.M.: Surface changes in transformed cells detected by lectins. Fed. Proc. *32*, 191 (1973)

Collard, J.G., Temmink, J.H.M.: Surface morphology and agglutinability with concanavalin A in normal and transformed murine fibroblasts. J. Cell Biol. *68*, 101 (1976)

Crane, M.St.J., Thomas, D.B.: Cell-cycle, cell-shape mutant with features of the G_0 state. Nature (London) *261*, 205 (1976)

Edelman, G.: Surface modulation in cell recognition and cell growth. Science *192*, 218 (1976)

Holley, R.W.: Control of growth of mammalian cells in cell culture. Nature (London) *258*, 487 (1975)

Krach, S.W., Green, A., Nicolson, G.L., Oppenheimer, S.B.: Cell surface changes occurring during sea urchin embryonic development monitored by quantitative agglutination with plant lectins. Exp. Cell Res. *84*, 191 (1974)

Mannino, R.J., Burger, M.M.: Growth inhibiton of animal cells by succinylated concanavalin A. Nature (London) *256*, 19 (1975)

McClay, D.R., Chambers, A.F., Warren, R.H.: Specificity of cell-cell interactions in sea urchin embryos: Appearance of new cell-surface determinants at gastrulation. Dev. Biol. *56*, 343 (1977)

Noonan, K.D., Levine, A.J., Burger, M.M.: Cell cycle-dependent changes in the surface membrane as detected with [^{3}H] concanavalin A. J. Cell Biol. *58*, 491 (1973)

Rapp, F., Westmoreland, D.: Cell transformation by DNA-containing viruses. Biochim. Biophys. Acta *458*, 167 (1976)

Turner, R.S., Burger, M.M.: The cell surface in cell interactions. Ergeb. Physiol. *68*, 121 (1973)

Willingham, M.C., Pastan, I.: Cyclic AMP modulates microvillus formation and agglutinability in transformed and normal mouse fibroblasts. Proc. Natl. Acad. Sci. USA *72*, 1263 (1975)

51. Wodurch unterscheidet sich eine “normale” Zelle von einer Tumorzelle?

Diese Frage ist so provokativ gestellt, daß man darauf gar keine einfache und schon gar nicht eine erschöpfende, allgemeingültige Antwort geben kann. Denn schon die Frage, was ist „normal”, kann nicht befriedigend geklärt werden.

Tumorwachstum (malignes Wachstum, Krebs) wird durch unterschiedliche Faktoren ausgelöst:

- Tumorviren,
- cancerogene Stoffe (s. Abb. 51.1),
- Plasmide und
- mangelnde Kooperation der Gene untereinander.

Doch auch die Unterschiede zwischen „normalen” Zellen und Tumorzellen sind vielschichtig:

- Unterschiedliche Wachstumskinetiken,
- Mangel an „Kontaktinhibition”,
- veränderte Adhäsionseigenschaften,
- unterschiedlicher Bedarf an Wachstumsfaktoren,
- unterschiedliche Gestalt,
- unterschiedliche Organisation der Mikrofilamente,
- unterschiedliche Ansprechbarkeit auf Regulatormoleküle,
- veränderter cAMP/cGMP-Spiegel,
- erhöhte Agglutinierbarkeit durch Lektine,
- Reduktion der Flexibilität der Plasmamembran,
- Verständigungsschwierigkeiten mit benachbarten Zellen,
- Veränderung antigener Determinanten,
- Wanderungen im Gewebe bzw. im Körper (Metastasenbildung).

Keiner der genannten Unterschiede gilt für alle Formen von Krebs, und malignes Wachstum bedeutet keineswegs unlimitierte und unkontrollierte Proliferation von Zellen. Im Gegenteil: Es gibt starke Anhaltspunkte für die Annahme, daß auch Tumorzellen einer Wachstumskontrolle unterliegen. 1937 faßte Böhmig die schon damals vorliegenden Befunde wie folgt zusammen:

„Malignes Wachstum ist kein wildes, regelloses, ungeordnetes und atypisches Wachstum, sondern ein wohlgeordnetes mit gesetzmäßiger Differenzierung, das sich ausschließlich durch die gesteigerte Wachstumsintensität auszeichnet.”

Tumorzellen sind weder undifferenziert noch dedifferenziert oder in einen embryonalen Zustand zurückversetzt. Sie mögen zwar einige Eigenschaften der differenzierten Ausgangszelle (Stammzelle) verloren haben, behalten aber eine Reihe gewebespezifischer Merkmale, die auch noch nach jahrelanger Kultur in vitro nachweisbar bleiben. Niemals wurde eine neue Gewebespezifität gefunden (Transdetermination). Eine Tumorzelle unterscheidet sich von der Stammzelle nur graduell und stellt deshalb keine neue Gewebeart dar. Die Unterschiede sind mehr quantitativer als qualitativer Natur.

Einige Tumorzellen proliferieren sogar langsamer als andere Zellen und verhalten sich dabei ähnlich wie normal differenzierte Zellen. Bei granulärer Leukämie oder Erythroleukämie kann man möglicherweise drei

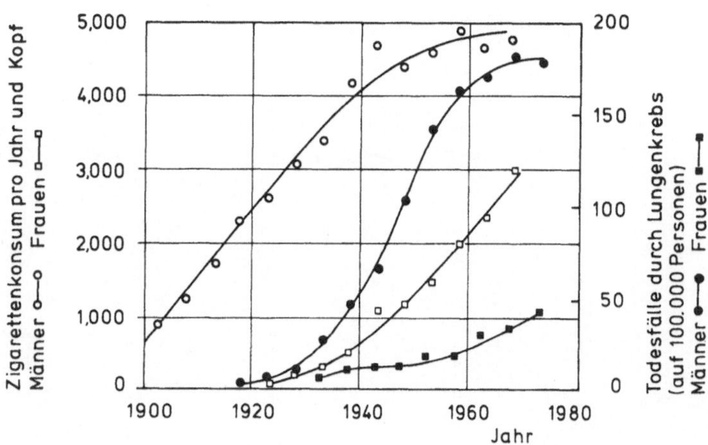

Abb. 51.1. Korrelation zwischen Zigarettenkonsum und Todesfällen durch Lungenkrebs. (Nach *Smoking and health now.* A report of the Royal College of Physicians, 1971)

bis vier Phasen der Tumorprogression feststellen.

a) Zellen werden in ihrer Proliferation (nicht Geschwindigkeit der Teilung) am Bedarf vorbei kontrolliert.

b) Oder unabhängig davon: Sie verlieren den *Respons* zu normalen „Differenzierungshormonen" wie Erythropoetin (s. Kap. 65) und beginnen, sich autonom zu differenzieren.

c) Chromosomale Aberrationen oder Virustransformation führen zu Differenzierungsblocks. Auch c kann unabhängig von a und b zu Tumoren führen. Dann ist die Zellteilungsrate möglicherweise langsamer als normal. Bei fehlender Differenzierung akkumulieren sich aber langsam die blockierten Zellen, da sie durch die terminale Differenzierung nicht mehr eliminiert werden.

Zellen in einem Vielzeller sind Einheiten eines komplexen Systems (Netzwerks). Sie unterliegen vielen kontrollierenden Einflüssen, die von benachbarten Zellen sowie anderen Zelltypen ausgehen. Es versteht sich damit ganz zwanglos, daß die Krebsforschung dem Studium der Zelloberflächen und dem Studium des Genoms von Tumorzellen hohe Priorität eingeräumt hat.

Wie entsteht eine Krebszelle?

Eine der Ursachen kennen wir bereits. Es gibt Tumorviren, die ihre Wirtszellen transformieren (s. Kap. 47). Doch es gibt viele Arten von Krebs, die durch andere Auslöser verursacht werden. Bekannt ist die Tatsache, daß es cancerogene Stoffe gibt, die gleichzeitig wirkungsvolle Mutagene sind. Die Hypothese, daß (manche) Tumoren auf somatischen Mutationen beruhen, ist alt und in vielen Fällen unwidersprochen.

Wie groß ist die Wahrscheinlichkeit, daß eine Mutation auftritt, und über welche Mechanismen verfügt der Körper, um mit ihnen fertig zu werden? Es gibt zumindest ein System im Körper, das Immunsystem, von dem man annimmt, daß es vom Auftreten somatischer Mutationen profitiert und in dem es einen starken Selektionsdruck gibt, mutierte Zellen zu erhalten und nicht mutierte zu unterdrücken (siehe Kap. 66 und 67). Für die übrigen Gewebe und Organe gilt genau das Umgekehrte. Es muß einen Selektionsdruck gegen die Etablierung somatischer Mutationen geben.

Mit welchen Zellzahlen haben wir es überhaupt zu tun? Eine neugeborene Ratte enthält 3×10^9 Zellen und ausgewachsen besitzt sie 6×10^{10}. Während ihres gesamten Lebens produziert und verbraucht sie in ihrem Darm etwa 10^{13} Epithelzellen. Epitheliale Gewebe sind besonders teilungsfreudig und krebsanfällig (Darmkrebs, Lungenkrebs, Hautkrebs, Brustkrebs, Gebärmutterkrebs u.a.). Im Menschen, der zehnmal so lange lebt und 100mal so groß wie eine

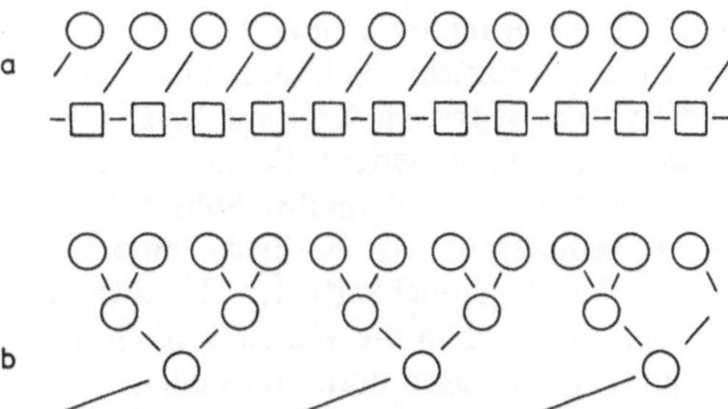

Abb. 51.2 a und b. Zwei Programme für die Erneuerung eines Epithels durch Zellen in tieferliegenden Schichten: **a** Erneuerung durch reguläre, asymmetrische Teilung von Stammzellen. **b** Erneuerung durch asymmetrische Teilung von Stammzellen. Die entstehenden Tochterzellen behalten die Teilungskompetenz vorübergehend bei und produzieren einen Zellklon, dessen Endglieder die Teilungsfähigkeit verlieren. Stammzellen (durch *Quadrate* wiedergegeben) behalten ihre Teilungskompetenz (Cairns, 1975)

Ratte ist, laufen 10^{16} Zellteilungen ab. Bei einer Mutationsrate von 10^{-6} pro Gen und Zellteilung käme man zu einer so großen Zahl von Mutationen, daß der Körper ohne Selektionsmaßnahmen damit praktisch nie fertig werden könnte. Der Umsatz von Zellen in sich regenerierenden Epithelien ist das Ergebnis einer ständigen Abstoßung und Neuproduktion. Betrachtet man ein Epithel wie etwa die Epidermis, erkennt man, daß es nur relativ wenige, basal gelegene teilungsfähige Zellen (Stammzellen) enthält. Für die Erneuerung des Epithels durch teilungsfähige Zellen sind zwei Programme denkbar (s. Abb. 51.2): Einmal entsteht aus einer teilungsfähigen Zelle eine differenzierte, teilungsunfähige und eine teilungsfähige Zelle. Erstere ist für den Verbrauch bestimmt, letztere für erneute Teilungsrunden. Bei dem zweiten Programm gibt es nur wenige Stammzellen, aus denen sich ein Klon von Zellen entwickelt, dessen Zellen zunächst noch teilungsfähig bleiben, die Kompetenz aber nach einigen Teilungen verlieren. Histologische Untersuchungen weisen darauf hin, daß in allen epithelialen Geweben das Programm 2 realisiert ist.

Was hat das alles mit Krebs zu tun? Cairns vom Imperial Cancer Research Fund in London stellte 1975 eine Hypothese vor, die besagt, daß der gerade beschriebene Mechanismus eine der Voraussetzungen zum Schutz vor unerwünschten Mutationen ist. Zur Bildung weniger Stammzellen braucht man nur „wenige" Teilungsschritte. Tritt eine Mutation auf, so manifestiert sie sich nur in einer der beiden Tochterzellen und wird auf deren Nachkommen übertragen. Die zweite Tochterzelle behält die ursprüngliche, genetische Information. Cairns postulierte einen Mechanismus, der dafür sorgt, daß die Stammzellen darüber hinaus stets die ursprünglichen DNS-Stränge behalten. Die neugebildeten würden den differenzierten Zellen zufallen. Damit wäre das Risiko, daß sich eine Mutation durchsetzt, auf einen relativ kleinen Klon beschränkt und käme zudem nur zeitlich befristet zum Zuge.

Krebs tritt zumeist erst im Alter auf, und es bedarf einer Reihe zusammenfallender Ereignisse, um ein Tumorwachstum auszulösen. Selbst Substanzen, die lediglich die Teilungsrate von Epithelzellen erhöhen, können die Wahrscheinlichkeit der Tumorbildung erhöhen, denn sie erhöhen die Wahrscheinlichkeit für das Durchsetzungsvermögen mutierter Zellen.

Das Genom von Tumorzellen

Vieles spricht dafür, daß malignes Wachstum durch Veränderungen im Genom ausgelöst wird [Inkorporation fremden Materials (Tumorviren, Plasmide), zusätzliche Chromosomen, somatische Mutationen u.a.]. Auch die folgenden Feststellungen sprechen für einen genetischen Einfluß:

a) Tumorzellen „vererben" ihre neoplastischen Eigenschaften auf ihre Tochterzellen. Die Merkmale bleiben über Generationen hinweg konstant.
b) In sehr vielen Fällen ist die Umwandlung einer Normalzelle in eine Tumorzelle irreversibel. Der Weg zum Tumor ist ein Weg ohne Umkehr.

Die letzten Aussagen stehen jedoch im Widerspruch zu einigen experimentellen Befunden, die wir gleich sowie in den Kapiteln 53 und 64 besprechen werden. T. Boveri fand kurz nach der Jahrhundertwende, daß abweichende Chromosomenstrukturen malignes Wachstum hervorrufen. Doch auch diese Aussage gilt nicht unwidersprochen, denn einmal gibt es Tumoren mit normalen Chromosomenzahlen und zum anderen Individuen mit abnormer Chromosomenzahl, bei denen keine Tumoren nachzuweisen sind. Wie wir aber aus der Humangenetik wissen, führen zusätzliche Chromosomen in der Regel zu schweren Erbkrankheiten, die sich durch Irregularitäten in der Entwicklung manifestieren (z.B. Trisomie 21: Mongoloide Idiotie). Diese Befunde sowie Tumorauslösung durch Kombination zweier inkompatibler Genome (siehe Kapitel 48) weisen unzweideutig darauf hin, daß die Kontrolle der Genexpression für die Ausprägung malignen Wachstums entscheidend ist. Dabei ist es offensichtlich gleichgültig, ob die Regulatormoleküle (Effektoren), die die verhängnisvolle Entwicklung einleiten, von außen zugeführt werden oder vom eigenen Genom produziert werden.

Ist Malignität tatsächlich irreversibel? Sachs und Mitarbeiter vom Weizmann-Institute of Science in Rehovot (Israel) haben sich dieses Problems angenommen und nach Revertanten in Tumorzellkulturen gesucht. Die verwendeten Zellinien (Polyoma-transformierte Zellen) waren aneuploid, die Zellen trugen also zusätzliche Chromosomen. Revertanten zeichneten sich nicht durch den Verlust dieser überschüssigen Chromosomen aus, sondern durch Erwerb weiterer. Die Malignität ging damit nicht verloren, sondern wurde supprimiert, und das Genom ging in ein neues Gleichgewicht über, wobei die Balance der Einflüsse einzelner Teile wiederhergestellt war.

In weiteren Versuchen analysierten Bloch-Shtacher und Sachs (1975) transformierte Zellen des Hamsters und deren Revertanten. Transformierte Zellen dieses Typs besitzen ein zusätzliches Chromosom: 5_7. Revertanten haben es verloren und dafür ein anderes (7_2) hinzugewonnen. Geht dieses Chromosom verloren, tritt die Malignität wieder auf. Gleichzeitig vervielfachen sich ein oder zwei weitere Chromosomen: 5_{12}. Es gibt offensichtlich Faktoren, die selektiv darüber entscheiden, mit welcher Häufigkeit Chromosomen auftreten. Chromosom 7_2 trägt Gene, welche Malignität unterdrücken und die Chromosomen 5_7 und 5_{12} solche, die sie induzieren.

1970 fanden Caspersson, Gahrton und Lindsten, daß der lange Arm des Chromosoms 22 bei 90% aller malignen Zellen von Personen mit chronischer Leukämie verloren gegangen ist und daß das Chromosom 9 dafür ein zusätzliches Stück trug. Bei anderen Tumoren wurden weitere Chromosomenanomalien gefunden.

Trotz vieler vorliegender Ergebnisse läßt sich kein widerspruchsfreies Modell entwickeln. Gestört ist in allen Fällen das Wechselspiel zwischen Genom und Plasma. Wir werden später einige Beispiele von „Heilungen" kennenlernen, bei denen Tumorzellen (transformierte Zellen) oder deren Kerne in eine neue plasmatische Umgebung oder unter den Einfluß anderer Kerne gebracht wurden. Sie wurden hierdurch umprogrammiert und verloren ihre Tumoreigenschaften.

Oberflächen von „normalen" und von Tumorzellen

1976 verfaßte Nicolson ein zweiteiliges Übersichtsreferat über dieses Thema und zitierte darin 1329 Originalveröffentlichungen, von denen der überwiegende Teil in den 70er Jahren erschienen ist. Die meisten Daten wurden an transformierten Zellen gewonnen. Diese bieten den Vorteil, daß man die Ergebnisse mit den nicht transformierten Stammzellen vergleichen kann (z.B. SV 40 3T3/3T3 oder Py 3T3/3T3). Oberflächenproteine lassen sich gelelektrophoretisch (unter SDS-Zusatz) charakterisieren. Beim Vergleich von transformierten und nicht transformierten Zellen findet man in erster Linie quantitative Unterschiede. Manche der Proteine sind an Tumorzelloberflächen häufiger, andere seltener als an normalen Zellen. Einige Tumoren, so die menschlichen Tumoren des Darms, der Brust und anderer Gewebe, weisen erhöhten Sialinsäuregehalt auf. Kultivierte, transformierte Zellen verhalten sich normalerweise entgegengesetzt. Ihr Sialinsäuregehalt ist geringer als bei den nicht transformierten Kontrollen. Daraus ist der Schluß zu ziehen, daß der Sialinsäuregehalt und demnach die Oberflächenladung kein allgemeines Kriterium für einen neoplastischen Zustand (Tumoren) ist. Oberflächenkohlenhydrate tierischer Zellen wie Glucosaminglycane (komplexe Polysaccharide, die Hexosamine und Uronsäuren enthalten) sind in SV 40-transformierten Zellen mengenmäßig reduziert, bei Hühner-Sarcoma-Virus-transformierten Zellen hingegen erhöht. In vielen malignen, menschlichen Tumoren ist der Cholesterin- und Phospholipidspiegel der äußeren Membran erhöht. Ein wesentlicher Einfluß auf das Oberflächenmuster wird durch die extrazellulären Glykosyltransferasen ausgeübt, deren Aktivität bei Tumorzellen in der Regel steigt. Sie modifizieren die Kohlenhydratzusammensetzung der Zelloberflächen und damit deren antigene Eigenschaften sowie die Adhäsionskompetenz der Zellen. Eines der häufigsten Oberflächenproteine tierischer Zellen ist ein Glykoprotein mit dem Molekulargewicht von 250.000. Man hat ihm verschiedene Bezeichnungen gegeben: Komponente I, Komponente Z, CSP, Galactoprotein oder LETS. LETS heißt *Large external transformation sensitive protein,* womit schon angedeutet ist, daß seine Menge in transformierten Zellen reduziert ist.

Als weiteres Merkmal transformierter Zellen sei die erhöhte proteolytische Aktivität hervorgehoben. Auch nicht transformierte Zellen lassen sich durch geringe, nicht-toxische Konzentrationen von Trypsin oder anderen proteolytischen Enzymen verändern, wobei sie einige Eigenschaften transformierter Zellen annehmen: Erhöhte Agglutinierbarkeit durch Lektine, erhöhte Akkumulation von Phosphat und Zuckern, Veränderung der Oberflächenladung und weitgehende Aufhebung der „Kontaktinhibition" (s. Abb. 51.3). Die Zellen treten somit in neue mitotische Zyklen ein und vermehren sich.

In der Abb. 51.4 sind weitere Unterschiede zwischen transformierten und nicht transformierten Zellen zusammengefaßt. Nochmals sei darauf hingewiesen, daß es sich dabei um eine Zusammenfassung von Eigenschaften handelt, die keineswegs bei jedem Tumorzelltyp zu finden sind. Trotz unterschiedlicher Agglutinierbarkeit findet man auf allen Zelltypen nahezu gleich viele Lektinrezeptoren. Die Unterschiede beruhen vorwiegend auf einer Umverteilung von Rezeptormolekülen in der Membran (s. Abb. 51.5). Nach einer Transformation durch Viren erscheint eine Reihe neuer Oberflächenantigene, die man aufgrund ihrer Herkunft unterschiedlichen Typen zuordnen kann (s. Abb. 51.6).

Änderung der trans-Membran-Verständigung sowie alle Kontrollmechanismen sind dynamische Prozesse. Die Topologie der Oberfläche (das Muster) beeinflußt damit den Grad der Zell-Zell-Interaktion sowie die Positionsinformation (s. Kap. 61) im Gewebe. Selbst geringe Veränderungen dieser Parameter modifizieren den intrazellulären Stoffwechsel und stellen ihn auf Sollwerte ein, die für den Gesamtorganismus schädlich sein können.

Ist Krebs heilbar?

Diese Frage ist von eminenter medizinischer Bedeutung, und nach wie vor gelten die klassischen Verfahren:

a) Früherkennung, wobei man nicht vergessen sollte, daß man einen angehenden Tumor klinisch erst dann erkennt, wenn bereits mindestens 10^9 Tumorzellen gebildet worden sind.
b) Therapie: Operation und Strahlentherapie.

Was kann man sich von einer Chemotherapie und der Tumorimmunologie versprechen? Die Chemotherapie hat in der Krebsbehandlung eine recht schlechte Reputation, was vor allem darauf zurückzuführen ist,

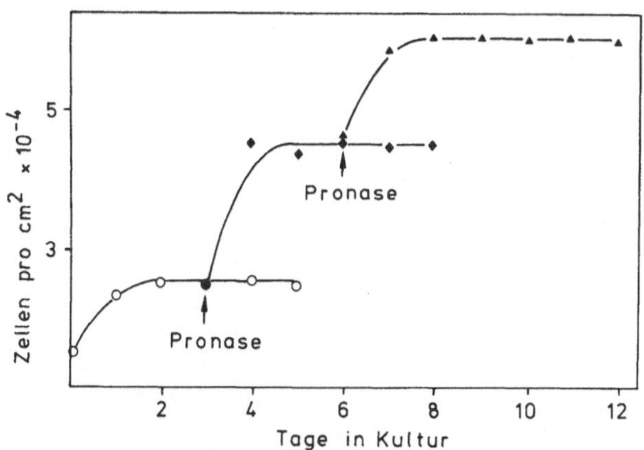

Abb. 51.3. Aufhebung der dichteabhängigen Wachstumskontrolle von 3T3-Zellen nach Zugabe einer Protease (Pronase). (Nach Noonan, 1972; aus Turner und Burger, 1973)

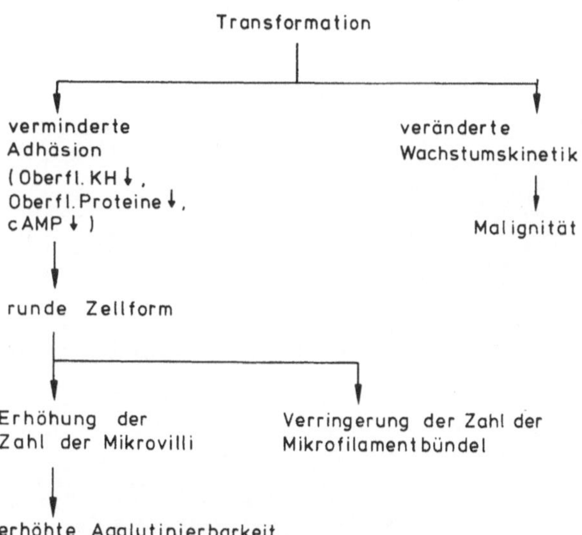

Abb. 51.4. Beziehungen zwischen veränderter Wachstumskontrolle und Veränderungen der Zellstruktur (Willingham et al., 1977)

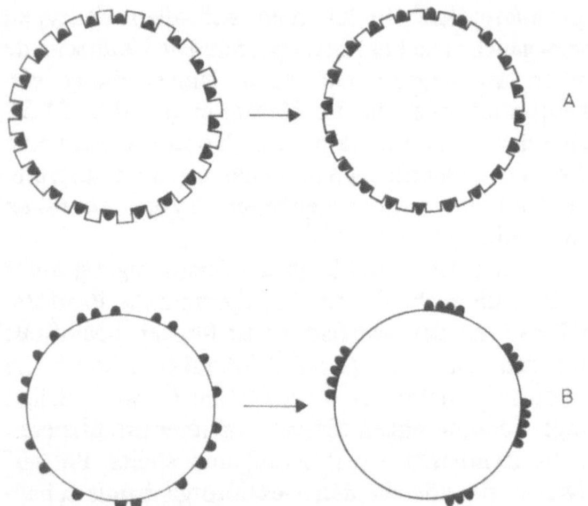

Abb. 51.5 A und B. Vorschläge zur Erklärung der Tatsache, daß maligne Zellen und normale Zellen, die einer milden Proteolyse unterzogen werden, eine erhöhte Agglutinierbarkeit durch einige pflanzliche Lektine annehmen. **A** Bindungsstellen sind in normalen Zellen verborgen (*cryptic sites*). Durch Transformation oder Proteolyse werden die Rezeptoren für Lektine zugänglich. **B** Umverteilung der Rezeptoren aufgrund einer Transformation oder Proteolyse (Burger, 1969, und Singer und Nicolson, 1972)

daß sie in der Regel erst während eines Spätstadiums eingesetzt wird. Alle chemotherapeutischen Substanzen sind nämlich hochgradig toxisch, und kein Arzt gibt sie gerne einem gesunden oder scheinbar gesunden Patienten. In der Abb. 51.7 sind einige der wichtigsten der gebräuchlichen Verbindungen wiedergegeben. Alle greifen in die Proteinbiosynthese ein und schädigen damit alle sich teilenden Zellen. Ins Gedächtnis zurückgerufen sei, daß Tumorzellen sich vor allem quantitativ und nicht qualitativ von ihren Stammzellen unterscheiden.

Der potentielle Erfolg der Pharmaka beruht auf der – gerechtfertigten – Annahme, daß sich Tumorzellen besonders effizient teilen und daß eine Tumorzellpopulation damit stärker gefährdet ist als eine Population normaler Zellen. Man vergesse aber nicht, daß auch manche gesunden Gewebe sich rasch teilen (Epithelien, blutbildende Gewebe u.a.). Dennoch wird die Chemotherapie preferentiell bei Krebs blutbildender und lymphatischer Gewebe eingesetzt, weil sie im Körper diffus verteilt sind und einer Operation oder Strahlenbehandlung nur schlecht zugänglich sind. Die Chemotherapie im herkömmlichen Sinne ist vor allem gegenüber sich entwickelnden Tumoren im Vorteil, während sie etablierte Tumoren (mit reduzierter Teilungsrate der Zellen) kaum schädigt.

Viele Tumorzellen zeichnen sich durch Differenzierungsblocks aus. Sie verharren daher auf einer frühen Entwicklungsstufe, ohne sich weiter differenzieren zu können. Man könnte sich nun vorstellen, daß man sie durch Behandlung mit einem induzierenden Agens zur Differenzierung und somit zum Verlust der Malignität bringen könnte – doch bislang ist dieser Gedanke nur ein Vorschlag zur Suche nach brauchbaren Medikamenten.

Tumorimmunologie. Die Tumorimmunologie beruht auf der Tatsache, daß der Körper Antikörper gegen fremdartige Determinanten bildet. Es sieht so aus, als habe sich das Immunsystem im Laufe der Evolution primär als ein Abwehrmechanismus gegenüber Tumorzellen entwickelt. Ein Tumor hätte demnach nur dann eine Chance, sich durchzusetzen, wenn er dem Immunsystem entgeht. Ansätze hierfür sind in Abb. 51.8 dargestellt. Das Immunsystem wird nicht mehr Herr der Lage, sobald der Tumor eine bestimmte Größe überschritten hat. Klinisch ist man deshalb bei Anwendung einer tumorimmunologischen Therapie

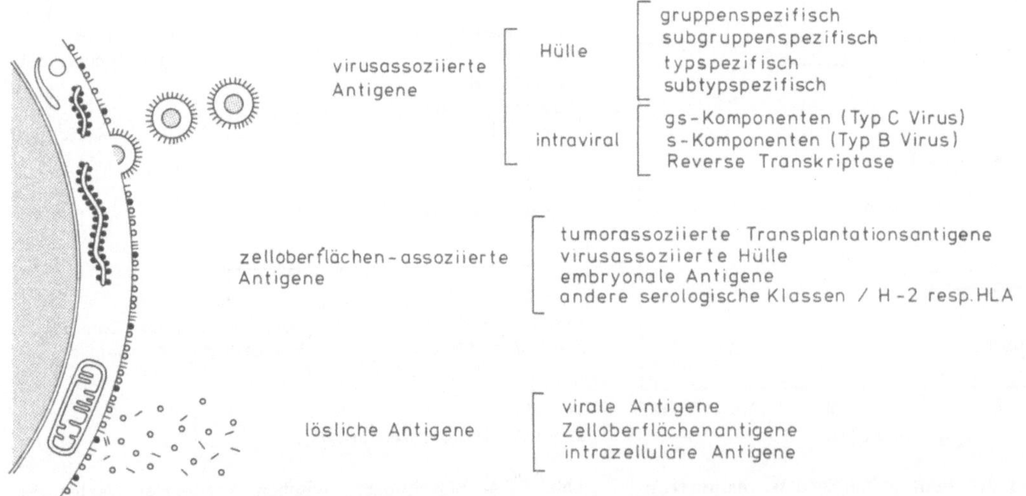

Abb. 51.6. Nach Transformation durch RNS-Viren auftretende Antigene. (Nach Aoki, 1973; aus Nicolson, 1976)

Abb. 51.7. Wirkungsmechanismus einiger Antitumor-Medikamente. Alle beeinträchtigen die Replikation der Zellen. (Nach Krakoff, 1974, 1977)

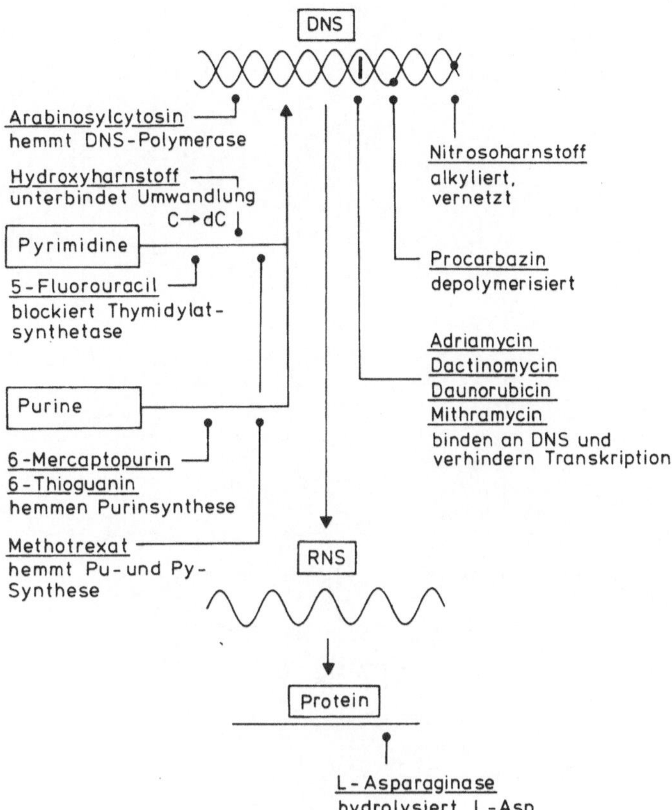

darauf angewiesen, die Hauptmasse der Tumorzellen zunächst durch Operation zu entfernen und das Immunsystem dann unspezifisch zu stimulieren. Man verwendet dazu ein Mitogen, welches man in verbleibende Tumorgewebereste direkt injiziert: BCG (*Bacillus Calmette-Guerin*). Das Verfahren wird oft bei Hautkrebs (Melanomas u.a.) eingesetzt, ist wegen einiger Nebenwirkungen jedoch nicht ungefährlich.

Die Tumorimmunologie scheint, trotz der genannten Schwierigkeiten, eine der Methoden der Wahl zu sein, und dennoch stellten sich ihr eine Reihe unerwarteter Hindernisse in den Weg. I. und K.E. Hellström und Mitarbeiter von der University of Washington, School of Medicine, in Seattle entdeckten im Serum krebskranker Mäuse eine Gruppe sog. *Blocking factors*, welche die Ausbildung von spezifischen Antikörpern gegen die betreffenden Tumorzellen unterbanden. Diese Beobachtung machte man darauf auch an anderen Tierarten und bei krebskranken Menschen. Die Immunologen wurden damit vor fast unüberwindliche Schwierigkeiten gestellt. *Blocking factors* sind lösliche Tumorantigene, Antikörper und Antigen-Antikörper-Komplexe. Man müßte sie aus dem Serum entfernen, bevor man eine erfolgreiche Immuntherapie einleitet, doch das ist leichter gesagt als getan.

Literatur

Azumi, J.-I., Sachs. L.: Chromosome mapping of the genes that control differentiation and malignancy in myeloid leukemic cells. Proc. Natl. Acad. Sci. USA *74*, 253 (1977)

Bloch-Shtacher, N., Sachs. L.: Chromosome balance and control of malignancy. J. Cell Physiol. *87*, 89 (1975)

Burger, M.M.: A difference in the architecture of the surface membrane of normal and virally transformed cells. Proc. Natl. Acad. Sci. USA *62*, 994 (1969)

Burger, M.M.: Surface changes in transformed cells detected by lectins. Fed. Proc. *32*, 91 (1973)

Cairns, J.: Mutation selection and the natural history of cancer. Nature (London) *255*, 197 (1975)

Croce, C.M., Koprowski, H.: The genetics of human cancer. Sci. Am., Februar 1978, S. 117

Dulbecco, R.: Topoinhibition and serum requirement of transformed and untransformed cells. Nature (London) *227*, 802 (1970)

Gericke, D.: Krebs, was wissen wir, was können wir tun? Naturwissenschaften *65*, 370 (1978)

Hellström, K.E., Hellström, I.: Evidence that tumor antigens enhance tumor growth in vivo by interacting with a radiosensitive (suppressor?) cell population. Proc. Natl. Acad. Sci. USA *75*, 436 (1978)

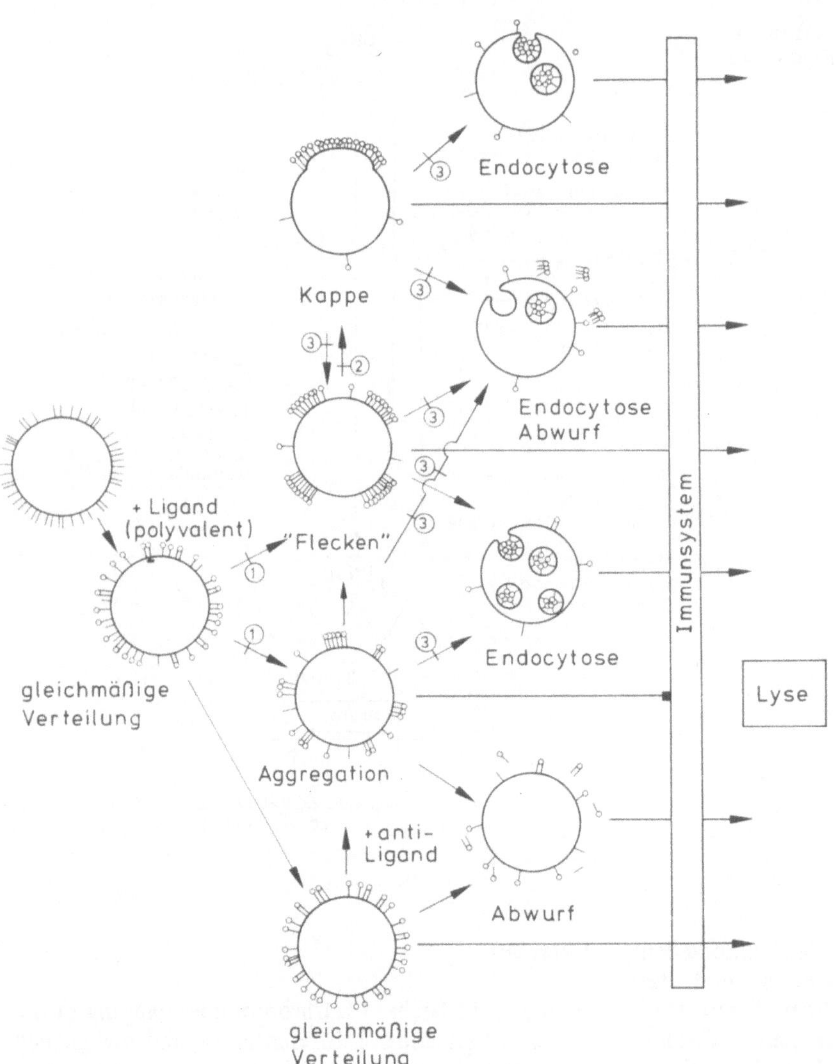

Abb. 51.8. Einige der möglichen Mechanismen (Oberflächenveränderungen), durch die sich eine Tumorzelle dem Angriff des Immunsystems entziehen kann. Einzelne der aufgezeigten Veränderungen (Maskierungen) der Zelloberfläche können unterbunden werden: *1*, durch niedrige Temperatur oder chemische Fixierung; *2*, durch Lokalnarkotika oder Colchicin + Cytochalasin B; *3*, durch metabolische Inhibitoren. (Aus Nicolson, 1976)

Hynes, R.O.: Cell surface proteins and malignant transformation. Biochim. Biophys. Acta *458*, 73 (1976)

Krakoff, I.H.: Cancer chemotherapeutic agents. American Cancer Society, Professional education publication, 1977

Kurth, R.: Grenzen und Möglichkeiten der Immuntherapie. Naturwissenschaften *65*, 180 (1978)

Nepom, J.T., Hellström, I., Hellström, K.E.: Antigen-specific purification of blocking factors from sera of mice with chemically induced tumors. Proc. Natl. Acad. Sci. USA *74*, 4605 (1977)

Nicolson, G.L.: Trans-membrane control of the receptors on normal and tumor cells. Biochim. Biophys. Acta *458*, 1 (1976)

Rowley, J.D.: Mapping of human chromosomal regions related to neoplasmia: Evidence from chromosomes 1 and 17. Proc. Natl. Acad. Sci. USA *74*, 5729 (1977)

Stanbridge, E.J.: Suppression of malignancy in human cells. Nature (London) *260*, 17 (1976)

Stoker, M., MacPherson, I.: Studies on transformation of hamster cells by polyoma virus in vitro. Virology *14*, 359 (1961)

Willingham, M.C., Yamada, K.M., Yamada, S.S., Pouysségur, J., Pastan, I.: Microfilament bundles and cell shape are related to adhesiveness to substratum and are dissociable from growth control in cultured fibroblasts. Cell *10*, 375 (1977)

52. Wie haften Zellen aneinander, wie kommunizieren sie miteinander?

Auch diese Fragen wurden schon mehrfach angeschnitten und in Ansätzen beantwortet. Die Evolution eines Vielzellers fordert die Existenz kontrollierter Zell-Zell-Interaktionen. Man kann sie zwei Kategorien zuordnen. Solchen, die eine Zell-Zell-Erkennung steuern und denen, die Zellaktivitäten regulieren. Die Kommunikation läuft auf verschiedenen Ebenen ab:

1. Chemische Signalübertragung. Eine Zelle scheidet eine Substanz ab, die von einer anderen erkannt wird (Beispiele hierzu s. Kap. 55–59).
2. Physischer Kontakt der Zellen untereinander
   a) auf einander komplementären Oberflächenmustern beruhend (Schloß/Schlüssel),
   b) unter Mitwirkung von Aggregationsfaktoren.
3. Direkter Stoffaustausch zwischen benachbart liegenden Zellen durch Kanäle (*Gap-junctions*) oder Plasmodesmen (bei Pflanzen).
4. Fusion benachbart liegender Zellen.
   a) Fusion von Gameten (geschlechtliche Fortpflanzung),
   b) Bildung von Muskelzellen (s. Kap. 65),
   c) Bildung von Syn- und Heterokarien sowie von Hybriden (s. Kap. 53) u.a.

Je spezifischer die Wechselwirkungen sind (ansteigend von 1 nach 4), desto größer ist der Aufwand und desto höher sind die Anforderungen an die Spezifität.

Die Vereinigung von ♂ und ♀ Geschlechtszellen stellt höchste Ansprüche. Sie ist in der Regel streng artspezifisch und wird durch aufwendige Kontrollmechanismen gesteuert. Es ist nämlich die einzige Gelegenheit, wo eine Zelle (♂ Gamet) eines komplexen Vielzellers in Kontakt mit artfremden Zellen (ggf. sogar Eizellen) geraten kann.

Es gibt einen starken Selektionsdruck gegen die Vereinigung artfremder Geschlechtszellen (gametische Inkompatibilität), wodurch verhindert wird, daß artfremde genetische Informationen miteinander gemischt werden, denn es ist höchst unwahrscheinlich, daß unterschiedliche Genome miteinander kooperieren. Oft gibt es selbst innerhalb einer Art deutliche Inkompatibilitätsschranken. Blütenpflanzen mit obligater Fremdbefruchtung können nicht mit Pollen des gleichen Individuums bestäubt werden. Es existiert ein Inkompatibilitätssystem, daß sich gegen „selbst" richtet. Das ist das genaue Gegenstück zum Immunsystem der Vertebraten, das gegen „nicht selbst" gerichtet ist. Genetische Analysen des pflanzlichen Systems ergaben, daß mehrere Gene (Genorte) an der Kontrolle beteiligt sind, die ihrerseits in mehreren allelen Formen auftreten.

Die Spezifität der Zell-Zell-Interaktion hat die Entwicklungsphysiologen schon seit Beginn des Jahrhunderts beschäftigt. Man stellte sich sehr früh die Frage, wodurch sich die Zellen in den einzelnen Keimblättern (Ektoderm, Endoderm, Mesoderm) eines tierischen Keimes voneinander unterscheiden, wie die Bewegung der Zellen bei der Morphogenese zustandekommt, warum sich einzelne Zellen aus dem Verband des Keimblatts lösen und ins Keimesinnere einwandern und welchen Einfluß ein Keimblatt auf die Entwicklung eines anderen hat.

1939 postulierte Holtfreter, daß die beobachteten, zeitlich aufeinanderfolgenden und geregelten Abläufe eine Folge unterschiedlicher Adhäsion der Zellen zueinander seien. Die Folgerung beruhte auf Experimenten, in denen Fragmente von Keimblättern miteinander kombiniert wurden. Bringt man Endoderm und Ektoderm zusammen, bleiben sie getrennt und bilden voneinander unabhängige kugelförmige Hohlaggregate aus. Mesoderm hingegen bleibt sowohl am Ektoderm als auch am Endoderm haften. Gibt man Fragmente aller drei Keimblätter zusammen, so bildet sich ein Komplex mit Endoderm im Zentrum, das von einer Mesoderm-Zwischenschicht und dem Ektoderm außen umgeben ist. Man erhält die gleiche Aussage, wenn man die Fragmente in Einzelzellen zerlegt und dann miteinander mischt. Einander fremde Zellen sortieren sich aus und gleichartige aggregieren (Townes und Holtfreter, 1955) (s. Abb. 52.1). Aus Reaggregationsstudien dieser Art wurde gefolgert, daß jeder Zelltyp durch ein spezifisches Oberflächenmuster gekennzeichnet sei.

Spätere Untersuchungen von Moscona von der University of Chicago bestätigten die Aussage und erweiterten sie zu dem Postulat, daß es gewebespezifische Muster gäbe und daß Zellen verschiedener Arten, aber gleicher Gewebe miteinander aggregieren. Das heißt, daß sich die Oberflächenstrukturen während der Evolution nicht oder nur wenig verändert haben. Und das wiederum ist gar nicht einmal so verwunderlich, denn Leberzellen z.B. haben sowohl im

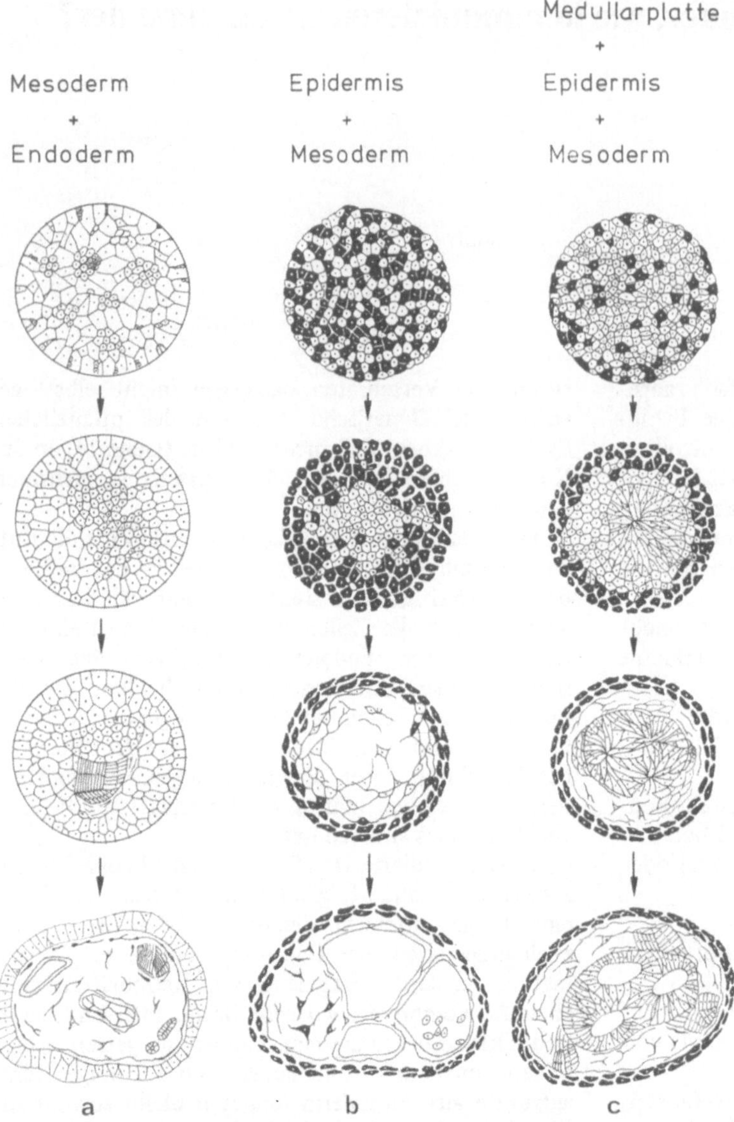

Abb. 52.1 a–c. Assoziation und Aussortierung von Zellen unterschiedlicher Herkunft in Rekombinationsexperimenten. a Mesoderm und Endoderm: Mesodermzellen sondern sich ab und wandern ins Innere des Komplexes. Das Endoderm bildet ein einschichtiges Gewebe. b Epidermiszellen und Mesoderm: Epidermiszellen wandern nach außen und organisieren sich zu einem schichtförmigen Gewebe. c Mesoderm, Medullarplatte und Epidermis: Alle Typen sondern sich aus und aggregieren untereinander zu gewebeähnlichen Strukturen. (Nach Townes und Holtfreter, 1955)

Huhn als auch in der Maus und im Rhesusaffen gleiche Aufgaben zu erfüllen. Warum sollten denn dann die Proteine (u.a. Moleküle) an den Zellaußenseiten stark verändert worden sein, wo doch die im Zellinneren nahezu gleich geblieben sind?

Wie kommt die Ausbildung unterschiedlicher Zelltypen während der Embryonalentwicklung zustande? Eine der wesentlichen Voraussetzungen ist die ungleiche Verteilung von Plasmakomponenten in der Eizelle, woraus sich zwangsläufig ergibt, daß Kerne von Tochterzellen schon nach den ersten Teilungen in verschiedene Umwelten geraten und daß deren Genom damit unterschiedlichen Einflüssen unterworfen und folglich in unterschiedlicher Weise exprimiert wird (mehr darüber s. Kap. 61).

Die Kontakte der Zellen untereinander ändern sich im Laufe der Zeit. Während der Neurulation z.B. nimmt der Adhäsionsgrad der Ektodermzellen im Bereich der Medullarplatten von 84 auf 96% zu, während er bei den übrigen Ektodermzellen von 84 auf 40% fällt. Die Kontakte der Zellen untereinander werden damit schwächer und erlauben es den Zellen, sich gegeneinander zu bewegen und eine Massenwanderung einzuleiten. Wir werden an anderer Stelle sehen, daß Zellen unterschiedlicher Keimblätter nach erfolgter Differenzierung die Fähigkeit (wieder)gewinnen, mit Zellen eines anderen Keimblatts feste Kontakte auszubilden (Beispiel: Bildung der Nerv-Muskelsynapse; hierbei kooperieren Zellen ektodermalen mit Zellen mesodermalen Ursprungs (weitere Beispiele s. Kap. 64 und 69).

Worauf beruht die Adhäsion der Zellen? Lilien und Moscona (1967, 1968) fanden, daß Retinazellen des Huhns und Gehirnzellen der Maus Komponenten ins Medium absondern, welche die Aggregation homologer Zellen fördern. Ähnliche Substanzen wurden aus

Schwämmen gewonnen. Jene sind seit 1904 beliebte Objekte der Aggregationsforschung. Es gibt einige Arten, deren Zellen sich bereits durch die Farbe voneinander unterscheiden, so daß man schon rein optisch unterscheiden kann, ob homologe oder heterologe Aggregate gebildet werden.

Gewebe können durch Trypsin in Einzelzellen zerlegt werden, woraus folgt, daß Proteine an der Aggregation beteiligt sind (Moscona, 1962). Garber und Moscona zeigten 10 Jahre später, daß ein Glucosaminzusatz oder eine Perjodatbehandlung die Aggregationsfähigkeit reduziert, und das wiederum heißt, daß auch hier Kohlenhydrate mit im Spiele sind. Kohlenhydrathaltige Antigene sind auch für das Aggregationsvermögen des zellulären Schleimpilzes *Dictyostelium* verantwortlich (s. Kap. 60). Henkart, S. Humphreys und R.T. Humphreys (University of California, San Diego, 1970, 1973) isolierten aus Zellen des marinen Schwammes *Microciona parthena* ein hochmolekulares Glykoprotein mit einem 50%igen Kohlenhydratanteil, das eine Aggregation von Zellen dieser Art bewirkt. Zellen sind in der Regel negativ geladen, und gleichgerichtete Ladungen stehen einer Aggregation bekanntlich im Wege. Voraussetzung für eine Aggregation wäre demnach eine Neutralisation durch (divalente) Kationen. Die Bedeutung der Ca^{2+}-Ionen hierfür wurde bereits um die Jahrhundertwende erkannt (Herbst, seinerzeit Biologische Station, Neapel).

Oberflächeneigenschaften von Zellen ändern sich im Verlauf der Entwicklung. Retinazellen aus 9 Tage alten Hühnerembryonen haften aneinander, aber Zellen von 5 oder von 12 Tage alten Embryonen tun es nicht. In ähnlicher Weise aggregieren Gehirnzellen von 6 Tage alten Embryonen miteinander, während die 9 Tage alten die Aggregationsfähigkeit eingebüßt haben. Die Gewebespezifität der Aggregationsfaktoren ist nicht vollkommen, denn 9 Tage alte Retinazellen z.B. aggregieren mit 6 Tage alten Gehirnzellen (Rutishauer, Weizmann Institute of Science, Rehovot, 1975). Während des Gastrulastadiums erscheinen auf den Zelloberflächen erstmals Antigene, die durch das väterliche Genom codiert werden (McClay, Chambers, Warren, Bermuda Biological Station, 1977).

Kommunikation: Materialaustausch

Bis zum Morulastadium stehen alle Zellen eines Keimes in direktem Kontakt untereinander. Das gleiche gilt für die Zellen in den meisten ausdifferenzierten Geweben (s. Abb. 52.2). Der Kontakt wird durch *Gap-junctions* aufrechterhalten. Das sind Membranbereiche, die oligomere Proteine enthalten, deren U.E. (Molekulargewichte 15.000 und 25.000) in Form eines Hexagons angeordnet sind und einen zentral gelegenen Kanal vom Durchmesser 15–20 Å umgeben. Die Abstände der Kanäle voneinander betragen ca. 80 Å. Die Kanaldurchmesser sind weit genug, um Moleküle bis zu einem Molekulargewicht von 10^4 ungehindert passieren zu lassen. Im Zusammenhang mit dem Acetylcholinrezeptor, der Na^+/K^+-Pumpe u.a. (s. Kap. 28 und 30), haben wir Kanäle kennengelernt, die nur kurzzeitig geöffnet sind und selektiv bestimmte Ionen hindurchlassen. Die durch *Gap-junction*-Proteine gebildeten Durchlässe schließen sich erst nach Trennung der benachbarten Zellen voneinander oder bei erhöhtem Ca^{2+}- und Mg^{2+}-Angebot.

Die Verbindungen der Zellen untereinander haben verständlicherweise Auswirkungen auf den Stoffumsatz in den kommunizierenden Zellen, da Stoffwechselzwischen- und -endprodukte nahezu beliebig ausgetauscht werden: metabolische Kooperation. Diese wiederum stellt höhere Anforderungen an die koordinierte Kontrolle der Enzymaktivitäten in allen beteiligten Zellen. Trotz des ausgedehnten Kanalsystems bleibt die Individualität der Zellen erhalten, denn die Makromoleküle können nicht wandern, und jede Einzelzelle ist durch sie charakterisiert.

Die Ausbildung von *Gap-junctions* ist weder art- noch gewebespezifisch. In Zellkultur werden sie u.a. auch zwischen Leberzellen der Ratte und Fibroblastenzellen des Hamsters gebildet. Einige maligne Zellen, so die Hepatomas, haben die Fähigkeit der metabolischen Kooperation verloren. Loewenstein stellte daher 1973 die Hypothese auf, daß Zellen, die keine Verknüpfungen untereinander ausbilden und somit nicht miteinander kommunizieren, Tumorzellen sind, was jedoch umgekehrt nicht heißen darf, daß alle Tumorzellen kontaktarm seien.

In Kultur kann man Zellen markieren und testen, wie der Ionendurchfluß oder der Durchfluß fluoreszierender Farbstoffe von einer Zelle zur benachbarten aussieht. In der Abb. 52.3 ist eine Kette von sechs normalen Zellen abgebildet, die durch eine Hepatomazelle unterbrochen ist. Der Stoff- und Ionenaustausch zwischen den normalen Zellen erfolgt reibungslos und schnell, wohingegen die Hepatomazelle als eine undurchdringliche Barriere wirkt.

Fusion zwischen Zellen. Wir werden uns in Kapitel 53 mit der Fusion somatischer Zellen unterschiedlicher Herkunft, in Kapitel 64 mit der Fusion von Myoblasten und im folgenden Abschnitt mit der Konjugation von Ciliaten befassen. Zuvor sollen kurz einige Vorgänge, die bei der Vereinigung von Spermien und einer Eizelle, der Befruchtung also, stattfinden, behandelt werden:

Das Akrosom (die Spitze des Spermienkopfes) und die Vitellinschicht (die Oberfläche der Eizelle) nehmen Kontakt untereinander auf. Das Akrosom enthält Mikrofilamente (s. Abb. 32.13 und 32.14) sowie proteolytische Enzyme, die für das Durchdringen der Vitellinschicht erforderlich sind. Einzelheiten der Interaktion sind in den letzten Jahren an einer Reihe von Arten biochemisch und rasterelektronenmikroskopisch analysiert worden. Die Bildfolge in Abb. 52.4 gibt die Vorgänge an der Oberfläche eines Froscheies

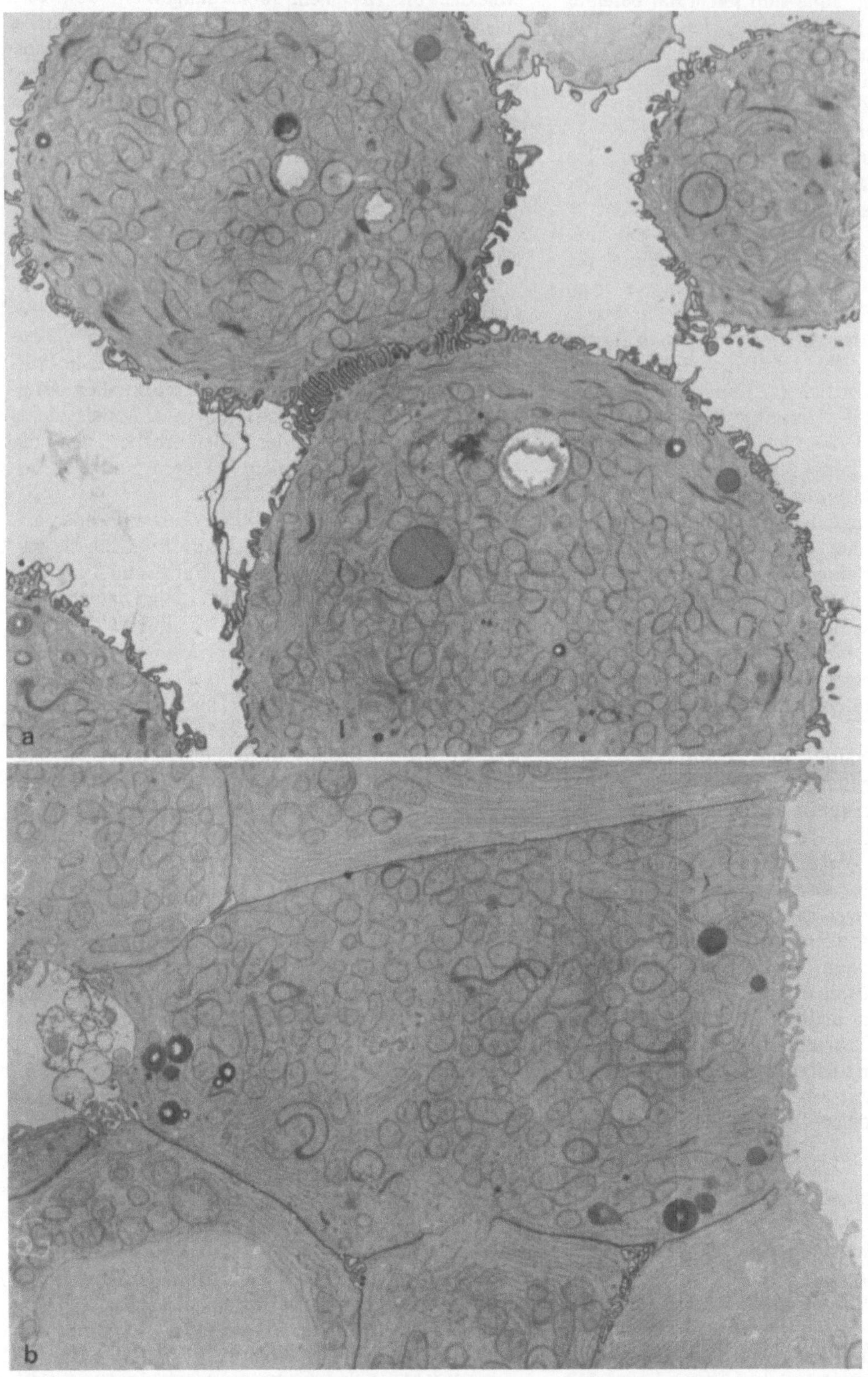

Abb. 52.2 a und b. Kontaktaufnahme zwischen Zellen in Zellkultur. Versuchsobjekte: Hepatozyten (= Leberzellen). **a** Beginnende Kontaktaufnahme. Benachbart liegende Zellen haben sich durch die Mikrovilli an ihren Oberflächen ineinander verzahnt. Die Zellen sind angefüllt mit Mitochondrien und glattem Endoplasmatischem Retikulum. **b** Hepatozyten in einer konfluenten Zellkultur. Die Mikrovilli an den Grenzflächen sind verschwunden. Es sind glatte Flächen entstanden. Die Zellen nehmen entlang der gesamten Fläche Kontakt miteinander auf. Flächen, die nicht in Kontakt mit benachbarten Zellen stehen, tragen Mikrovilli. Vergr. ca. 4.500fach. (Aufn. Wanson, Brüssel, 1977)

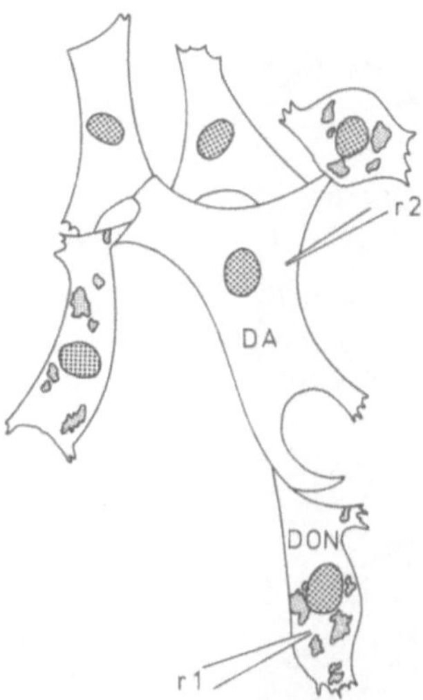

Abb. 52.3. Benachbart liegende, normale Zellen (hier Zelllinie *DON*): Zellen sind durch *Gap-junctions* leitend miteinander verbunden. Manche Tumorzellen (hier Zellinie *DA*) verfügen über keinerlei Kontaktzonen. Der Ionenfluß zwischen r1 und r2 ist daher unterbrochen. (Nach Loewenstein, 1973)

wieder. Die Vitellinschicht ist außerordentlich stark gefaltet und somit von Mikrovilli übersät. Nach dem Eindringen des Spermiums treten tiefgreifende Veränderungen der Oberfläche ein. Beginnend an der Eintrittsstelle des Spermiums vergrößern sich die Mikrovilli und nehmen unregelmäßige Formen an. Die Befruchtungsmembran löst sich ab, wobei sie gegenüber proteolytischen Enzymen, Harnstoff, Guanidinhydrochlorid, Mercaptoäthanol u.a. resistent wird. Wie bei allen Zell-Zell-Interaktionen werden auch hier Ca^{2+}-Ionen benötigt.

Es gibt einen starken Selektionsdruck gegen eine Vereinigung nicht passender Gameten. Doch selbst wenn es zu einer Vereinigung gekommen sein sollte, besagt das noch lange nicht, daß sich aus der Zygote ein normaler vielzelliger Organismus entwickelt. In den allermeisten Fällen stirbt der Keim während früher Embryonalstadien, vorwiegend während der Gastrulation, denn das ist der Zeitpunkt, wo neugebildete Proteine benötigt werden.

In einigen Fällen einfacher Artkreuzung kommt es dennoch zu einer ± normalen Entwicklung der F_1. Die Individuen sind jedoch oft steril, wie am Beispiel von Maulesel und Maultier, die aus Kreuzungen zwischen Pferd und Esel hervorgegangen sind, zu sehen ist. Es kann aber auch zu Tumorbildungen kommen. Beispiele:

1. Kreuzt man *Nicotiana glauca* und *Nicotiana langsdorfii*, so entwickeln sich bei den F_1-Bastarden sowohl an der Wurzel als auch am Sproß Tumoren.

2. Auch im Tierreich ist diese Erscheinung häufig. Man fand sie bei Kreuzungen zwischen Entenarten, zwischen Hühnerrassen, bei Mäusebastarden, Schmetterlingen u.a. Am eingehendsten wurde Tumorbildung bei den mittelamerikanischen Zahnkarpfen *Xiphophorus helleri* und *Platypoecilus maculatus* analysiert (Anders, Universität Gießen) (s. Abb. 52.5). In der F_1 weiten sich die schwarzen melaninhaltigen Flecken der Rückenflosse aus, und die Menge der übrigen Farbanteile steigt an. Kreuzt man den F_1-Bastard mit der fleckenfreien Art *Xiphophorus helleri*, erhält man Bastarde, die schon kurz nach der Geburt von ausgedehnten Melaninflecken bedeckt sind. Diese gehen innerhalb weniger Wochen in Melanome über, an denen die Tiere schließlich sterben. Die Befunde weisen darauf hin, daß sich die Genome der beiden Elternarten im Bastard in einem Ungleichgewicht befinden und nicht störungsfrei miteinander arbeiten. Weder das mütterliche noch das väterliche Genom ist in der Lage, die Melanophoren (Farbzellen) unter Kontrolle zu halten. Regulatorgene des einen Partners (*Platypoecilus maculatus*) werden durch Einkreuzung unbrauchbarer Regulatorgene des anderen Partners zunehmend verdünnt. Die Regulatorgene steuern nicht die Synthese von Melanin, sondern die Proliferationsrate der melaninbildenden Zellen. Es ist demnach eine Wachstumskontrolle, die durch die Unbalance des Genoms im Bastard verlorengeht.

Paarungstypen bei Ciliaten

Ciliaten sind einzellige, eukaryotische Organismen, die sich
a) durch die Existenz von Cilien auf ihrer Oberfläche und
b) durch die Existenz zweier Zellkerntypen (Mikronukleus und Makronukleus)
auszeichnen. Sie vermehren sich in der Regel asexuell durch Teilung. Gelegentlich paaren sich jedoch zwei Zellen und leiten damit eine Serie von Entwicklungsschritten ein: Meiose, Befruchtung, Rekonstruktion der Kerne. Paarung und Austausch des genetischen Materials werden als Konjugation bezeichnet. Sie findet allerdings nur unter bestimmten Bedingungen statt:

1. Die Zellen müssen komplementären Paarungstypen angehören.
2. Die Zellen müssen ein gewisses Alter erreicht haben, bevor sie Konjugationskompetenz erwerben.
3. Eine Hungerphase nach einer Phase intensiven Wachstums fördert die Konjugationsbereitschaft.

Die Zugehörigkeit zu einem Paarungstyp ist erblich, die Zahl der verschiedenen Paarungstypen artspezifisch. Sonneborn (University of Indiana, Bloomington) hat sie 1937 entdeckt und hat seitdem intensiv an ihrer Erforschung gearbeitet.

Bei *Paramecium aurelia* wurde ein bipolares System gefunden. Insgesamt gibt es 28 verschiedene Paarungstypen, von denen jeweils nur zwei einander komplementär sind, so z.B. Typ I und Typ II, Typ V

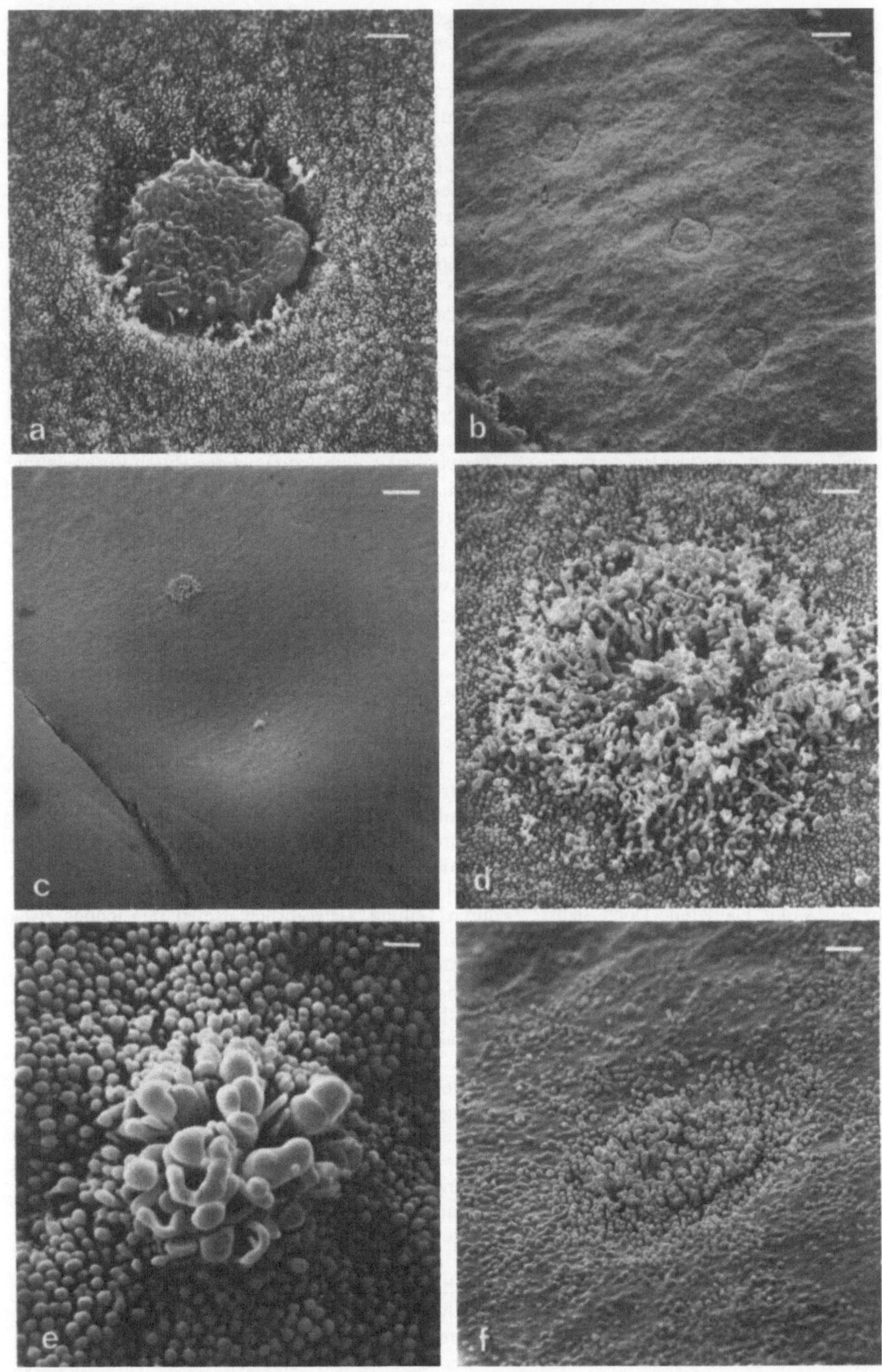
a
b
c
d
e
f

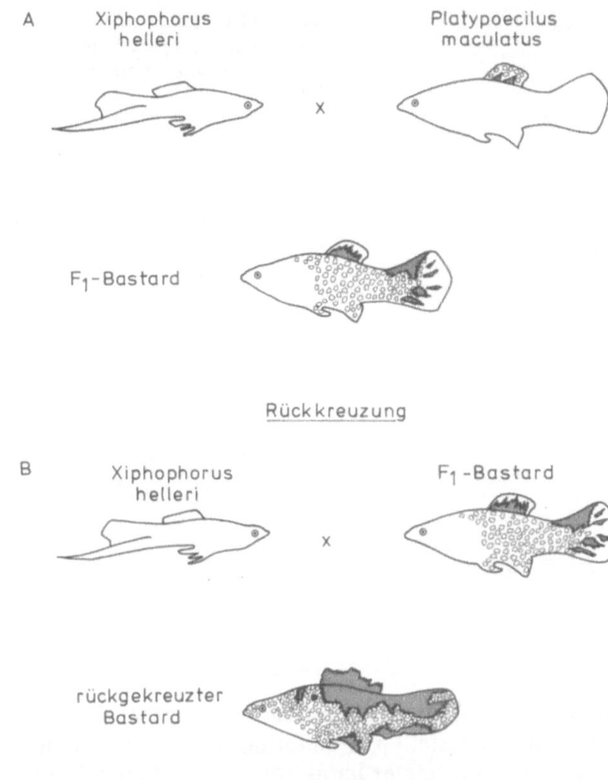

Abb. 52.5 A und B. Tumorbildung durch Artkreuzung. (Nach Anders, 1967)

und Typ VI, Typ IX und Typ X etc. Andersartige Kombinationen wie etwa Typ I und Typ V etc. sind nicht zulässig, d.h. Individuen der beiden Typen paaren sich nicht miteinander.

Neben dem bipolaren System kommen multipolare Systeme vor, so z.B. bei *Paramecium bursaria*. Diese Art besteht aus acht Paarungstypen. Eine Zelle, die einem Typ angehört, kann sich mit Zellen von jedem der übrigen sieben paaren, nur nicht mit Zellen des eigenen Typs.

Gibt man, unter Beachtung der eingangs genannten Kriterien, Zellen komplementärer Paarungstypen zusammen, erkennt man – oft nach einer Verzögerungszeit (*lag-period*), die bis zu einer Stunde dauern kann – eine Paarbildung. Die Zellen müssen offensichtlich erst eine Eignung zur Paarung erwerben, was allerdings wiederum heißt, daß sie spezifische Signale aussenden, die von den Partnern gegenseitig erkannt werden. Die Phase der Erkennung nennt man Präkonjugationsphase. Diese Wechselwirkung zwischen zwei Zellen ist ein gutes Modell zum Studium von Zellinteraktionen, Transmission von Information, Modulation und positiver Rückkopplung, denn

1. das System ist einfach, weil nur zwei Zelltypen daran beteiligt sind,
2. beide Zellen leben getrennt voneinander,
3. die Interaktionen ziehen meßbare Ergebnisse nach sich (Zellvereinigung, Meiose etc.),
4. die Konjugation erfolgt während eines relativ kurzen Zeitraumes,
5. sie kann experimentell induziert werden.

Der Lebenszyklus von *Paramecium aurelia* ist der Abb. 52.6 zu entnehmen.

Was passiert in der Präkonjugationsphase? Die Zellen sondern spezifische Substanzen (Gamone) ab. M. Hartmann und Schartan definierten den Begriff Gamon 1939 wie folgt:

„Gamone sind spezifische Stoffe, welche die chemische Wechselwirkung zwischen weiblichen und männlichen Geschlechtszellen bedingen und zu deren Vereinigung führen."

Die Definition wird heute in erweitertem Sinne verstanden und erstreckt sich generell auf alle Interaktionen zwischen komplementären Zellen, die eine Fusion und gegenseitige Befruchtung nach sich ziehen. Einige Ciliaten produzieren Gamone und sekretieren sie ins Medium, andere wiederum verfügen über zelloberflächengebundene Gamone. In beiden Fällen müssen die komplementären Zellen an ihren Oberflächen spezifische Rezeptoren tragen, um die Gamone zu erkennen. Die Präkonjugationsphase setzt bei Ciliaten der ersten Gruppe schon vor einer gegenseitigen Zellberührung ein, während diese für Vertreter der zweiten Gruppe als Signal zur Kontaktaufnahme dient.

Wechselwirkungen durch lösliche Gamone. Dieser Mechanismus ist u.a. bei *Euplotes patella* (Kimball, 1939) und *Blepharisma intermedium* (Miyake, 1968) gefunden worden. A. Miyake und Mitarbeiter (MPI für Molekulare Genetik, Berlin) haben den Mechanismus dieser Wechselwirkung im Detail analysiert. Die Reaktionen sind in sieben Schritte zerlegbar (siehe Abb. 52.7). Zellen des Typs I sondern Gamon I ins Medium ab. Es reagiert mit den postulierten Rezeptoren auf der Oberfläche von Zellen des Typs II und transformiert sie dahingehend, Gamon II zu produzieren und ihre Oberflächeneigenschaften zu verändern, wodurch sie die Kompetenz zur Paarung erwerben.

Abb. 52.4 a–f. Rasterelektronenmikroskopische Aufnahmen von den Veränderungen der Vitellinschicht eines Froscheies nach der Befruchtung. a 20 Min. nach dem Eindringen des Spermiums. Die Struktur im Bereich der Eintrittsstelle hat sich verändert, die Mikrovilli sind größer geworden. Maßstab: 5 μm. b Unreife Eier. In sie können mehrere Spermien eindringen. Jede Eintrittsstelle hinterläßt Spuren. Maßstab: 20 μm. c 40 Min. nach dem Eindringen des Spermiums. Neben der Eintrittsstelle hat sich eine Eindellung der Eioberfläche entwickelt. In ihrem Zentrum enstand ein sekundärer Pol, der ebenfalls an einer Vergrößerung der Mikrovilli erkennbar ist. Maßstab: 50 μm. d Vergrößerung des unter (c) vorgestellten Bereiches. Maßstab: 5 μm. e Mikrovilli an der Eintrittsstelle des Spermiums (nach 40 Min.). Maßstab: 2 μm. f Die gleiche Stelle, 120 Min. nach dem Eindringen des Spermiums. Maßstab: 2 μm. (Aufn. Elinson, Toronto, 1978)

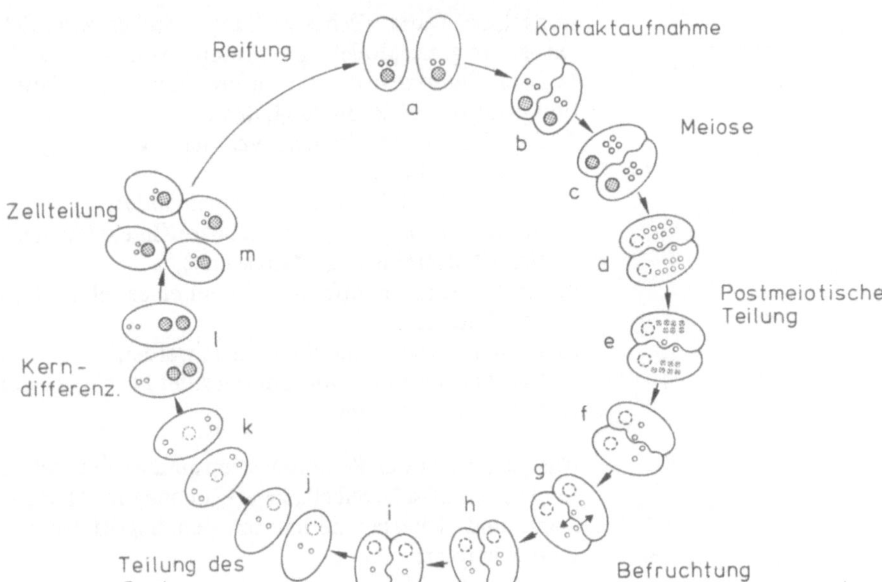

Abb. 52.6. Schematische Darstellung der Konjugationsstadien von *Paramecium aurelia* (Miyake, 1974)

Das Gamon II stimuliert Zellen des Typs I zu einer gleichartigen Oberflächenmodifikation. Die heterotypischen Zellen (I–II) können sich somit paaren. Es paaren sich aber auch die homotypischen Zellen (I–I, II–II), jene leiten jedoch keine Konjugation ein und trennen sich bald nach der Kontaktaufnahme. Gamon II (Blepharismon) ist kristallisiert und als Calcium-3-(2′-Formylamino-5-Hydroxybenzoyl)-lactat identifiziert worden (s. Abb. 52.8) (Kubota et al., 1973). Es wirkt noch in einer Konzentration von 0,001 μg/ml und induziert Paarbildung in Kulturen von 500 Zellen/ml. Gamon I ist partiell gereinigt worden (Miyake und Beyer, 1973. Es ist ein Glykoprotein mit einem Molekulargewicht von 20.000. Paarbildung wird durch Konzentrationen von 0,00006 μg/ml ausgelöst.

Die Verzögerungszeit vor Beginn der Konjugation dauert bei *Blepharisma* etwa 2 Std. Die Synthese des Gamons II wird durch Gamon I induziert, und es dauert eine Weile, bis die Gamon II-synthetisierende Maschinerie erstellt ist. Bleibt der Gamon I-Stimulus nach einmal erfolgter Induktion aus, wird die Bildung des Gamons II langsam wieder eingestellt. Die Formel des Gamons II läßt darauf schließen, daß es in den Tryptophanstoffwechsel eingreift. Diese Annahme wurde bestätigt. L-5-Hydroxytryptophan, L-Tryptophan, D-5-Hydroxytryptophan und D-Tryptophan wirken als Inhibitoren homotypischer Paarungen (I–I; II–II).

Wechselwirkungen durch zellgebundene Gamone. Zellgebundene Gamone sind bei Ciliaten weit verbreitet, so z.B. bei *Paramecium aurelia, Paramecium bursaria, Euplotes crassus* und einigen anderen *Euplotes*-Arten, *Oxytridia bifaria* und *Tetrahymena pyriformis.*

Die Konjugation wird durch den Kontakt zwischen zwei Zellen eingeleitet. Schon wenige Sekunden nach Mischung von Zellen komplementärer Typen werden Agglutinationserscheinungen beobachtet. Diese Reaktion wird als Paarungsreaktion bezeichnet, sie ist paarungstypspezifisch und erfolgt nur zwischen Zellen

Abb. 52.7. Zellinteraktionen bei der Initiation der Konjugation von *Blepharisma intermedium. I,* Paarungstyp 1; *II,* Paarungstyp 2 (im Diagramm *dunkel*) (Miyake, 1974)

Abb. 52.8. Blepharismon (Gamon II) aus *Blepharisma intermedium* (Miyake, 1974)

komplementärer Paarungstypen (Sonneborn, 1937). Eine Zelle, die einen kurzzeitigen Kontakt mit einer Zelle des komplementären Typs aufgenommen hat, gewinnt die Fähigkeit, Zellen des eigenen Typs zu erkennen und mit ihnen temporär zu agglutinieren.

Die primäre Paarungsreaktion beruht auf einem Verkleben der Cilien Freie Cilien werden von Zellen des komplementären Typs spezifisch gebunden (Metz, 1954). Bleiben Zellen über einen Zeitraum von ca. 60 Min. zusammen, werden Folgereaktionen eingeleitet. Die Cilien degenerieren im Bereich der Kontaktstelle, und nunmehr nehmen die Zellen einen direkten Kontakt untereinander auf, woran Bezirke der Pellicula (Zelloberfläche) beteiligt sind. Diesen Kontakttyp nennt man Festhaltereaktion (*holdfastunion*) (Metz, 1947).

Die Kontaktstelle ist anfangs klein, vergrößert sich aber zusehends, so daß sie schließlich die ganze Längsseite einnimmt, wobei feste Konjugationspaare gebildet werden. Die Zellkontakte unterscheiden sich während dieser Phase grundsätzlich von denen der frühen Paarungsphasen. Trypsin (4 mg/1 ml) löst die Paarbildung in der ersten Phase, hat aber auf Konjugationspaare keinen Einfluß mehr. Lipase hingegen inhibiert die zweite Phase, während sie die Paarungsreaktion kaum beeinflußt. Offensichtlich werden die Zellen vor Eintritt in die Konjugationsphase transformiert, was jedoch nicht die Frage beantwortet, wie das im einzelnen geschieht. Die Konjugation kann in Ca^{2+}-armem Medium oder in Medien, die KCl + Acriflavin enthalten, induziert werden. Alle nachfolgenden Reaktionen (Kernaustausch u.a.) laufen auch nach chemischer Induktion normal ab. Diese ist paarungstypunabhängig. Sowohl Zellen des gleichen Paarungstyps als auch Zellen nichtkomplementärer Paarungstypen können miteinander vereint werden.

Durch welche Substanzen sind die einzelnen Paarungstypen charakterisiert? Es ist bisher noch nicht gelungen, spezifische Moleküle zu isolieren und zu charakterisieren. Zwischen konjugierten Zellen werden cytoplasmatische Brücken ausgebildet. Ihr Durchmesser kann weniger als 1 μm betragen, doch sind daneben auch solche mit Durchmessern von 10 μm gesehen worden. Während dieser Phase findet ein reger Stoffaustausch zwischen beiden Zellen statt. Radioaktive, kleine Moleküle, mit denen man Zellen des einen Typs gefüttert hat, finden sich alsbald auch im anderen Konjuganten. In einer späten Phase werden die Brücken erweitert, so daß ein Austausch des genetischen Materials möglich wird.

Die Ergebnisse sind noch mit vielen Fragezeichen behaftet, doch können die bereits gewonnenen Daten veranschaulichen, wie man dem Problem der Kommunikation hier näherkommen kann.

Literatur

Anders, A., Anders, F.: Etiology of cancer as studied in the platyfish-swordtail system. Biochim. Biophys. Acta *516*, 61 (1978)

Anders, F.: Tumor formation in platyfish-swordtail hybrids as a problem of gene regulation. Experientia *23*, 1 (1967)

Elinson, R.P., Manes, M.E.: Morphology of the site of sperm entry on the frog egg. Dev. Biol. *63*, 67 (1978)

Fawcett, D.W.: The mammalian spermatozoon. Dev. Biol. *44*, 394 (1975)

Miyake, A.: Cell interaction in conjugation of ciliates. Curr. Top. Microbiol. Immunol. *64*, 49 (1974)

Veron, M., Foerder, C., Eddy, E.M., Shapiro, B.M.: Sequential biochemical and morphological events during assembly of the fertilization membrane of the sea urchin. Cell *10*, 321 (1977)

Wanson, J.-C., Drochmans, P., Mosselmann, R., Ronveaux, M.-F.: Adult rat hepatocytes in primary monolayer culture. J. Cell Biol. *74*, 858 (1977)

53. Zellhybride: Heterokarien, Minizellen, Mikrozellen; Kerntransplantationen

Zellhybride

1838, im Jahre der Begründung der Zelltheorie durch M. Schleiden, beobachtete J. Müller in Tumorgeweben mehrkernige Zellen, und 1858 fand sie Virchow in einer Reihe pathologischer und normaler Gewebe. Mehrkernigkeit kann auf zweierlei voneinander verschiedenen Ursachen beruhen:

1. Kernteilung ohne gleichzeitige Zellteilung. Hierfür gibt es viele Beispiele. So entsteht z.B. das Plasmodium des Schleimpilzes *Physarum* auf diese Weise (s. Abb. 53.1). Mehrkernigkeit finden wir auch während der frühen Stadien der Insekteneientwicklung (s. Kap. 62).
2. Fusion durch Verschmelzung mehrerer Zellen, so u.a. bei der Entstehung von Muskelfasern aus Myoblasten (s. Abb. 65.2). Bleiben die Kerne voneinander getrennt, spricht man von Syn- resp. Heterokarien. Verschmelzen sie nach der Zellfusion, spricht man von (Zell-)Hybriden. Das bekannteste Beispiel hierfür ist die Bildung der Zygote nach der Gametenverschmelzung.

Die experimentelle Induktion von Zellfusionen erlaubt es, ein ganzes Spektrum unterschiedlichster Probleme der Differenzierung und der Kern-Plasma-Interaktion anzugehen. Im folgenden Kapitel werden wir uns mit der Fusion pflanzlicher Zellen befassen, hier wollen wir uns ausschließlich auf die Besprechung von Fusionen tierischer Zellen konzentrieren. Wir werden zunächst über die Methoden sprechen, mit deren Hilfe es möglich ist, Zellen zu fusionieren und die Fusionsprodukte von nicht fusioniertem

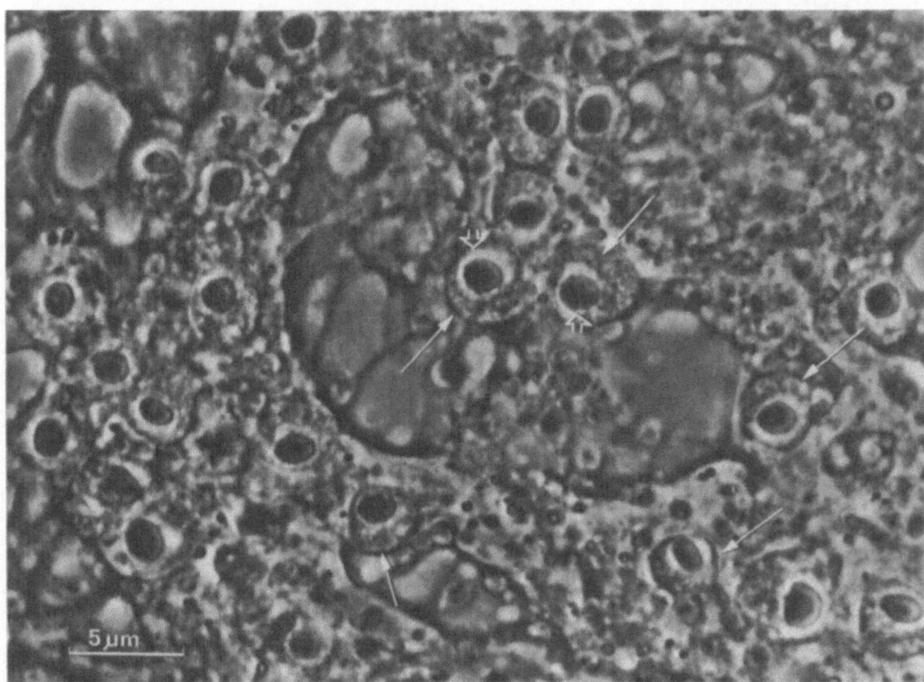

Abb. 53.1. Plasmodium des azellulären Schleimpilzes *Physarum polycephalum*. Das Plasmodium stellt ein Syncytium dar, mit bis zu 10^9 Zellkernen in einem gemeinsamen Cytoplasma und synchroner Kernteilung. Das Bild zeigt einen alkohol-fixierten, ungefärbten Ausstrich. Zahlreiche Kerne (*dünne Pfeile*) mit ihrem schwarz erscheinenden Nukleolus (*dicker Pfeil*) sind zu erkennen. Die dottergelb gefärbten Plasmodien erreichen eine Größe von ca. 20 cm Durchmesser. Die Größe der Nukleoli läßt erkennen, daß sich dieses Exemplar in der G_2-Phase des Zellzyklus befindet. (Aufn. B.M. Jockusch)

Ausgangsmaterial abzutrennen. Wir werden über Experimente sprechen, in denen gleichartige Zellen verschiedener Herkunft eingesetzt wurden, dann über solche, bei denen Zellen unterschiedlicher Differenzierungsstadien verwendet wurden und schließlich über Experimente, in denen normale Zellen mit Tumorzellen und Tumorzellen untereinander zusammengebracht wurden. Im Kapitel 41 haben wir bereits die Bedeutung von Zellfusionsexperimenten für die Kartierung von Genen im menschlichen Genom kennengelernt. Als letztes werden wir uns mit Kerntransplantationsversuchen befassen und dabei weitere Einzelheiten der Kern-Plasma-Wechselwirkung kennenlernen. Als Variante dieses Verfahrens hat sich in den letzten Jahren die Injektion von Makromolekülen (Protein, RNS, DNS) in undifferenzierte Zellen (Oozyten; befruchtete Eizellen der Amphibien) bewährt, denn es hat sich gezeigt, daß diese Moleküle dort nicht abgebaut werden, sondern aktiv bleiben bzw. exprimiert werden.

Wie fusioniert man Zellen miteinander?

In den frühen sechziger Jahren, als die Techniken der Zellkultur verfeinert wurden, ergaben sich Ansatzpunkte, um Zellfusionen experimentell auszulösen. Schon bei gemeinsamer Kultur zweier Zellinien beobachtete man mitunter Hybride, deren Kern das Genom der einen wie auch der anderen Linie enthielt (Barski et al., 1960, 1961; Ephrussi et al., 1964). 1965 wiesen Ephrussi und Weiss auch eine interspezifische Hybridisation nach. Ende des vergangenen Jahrhunderts hatte man festgestellt, daß vielkernige Zellen in entzündeten Geweben, z.B. in Pusteln, die nach einer Kuhpockeninfektion auftraten, gehäuft vorkamen, und man vermutete, daß die Fusion durch Viren hervorgerufen werde. Über den Mechanismus machte man sich seinerzeit noch keine Gedanken. 1958 und 1962 fand Okada, daß tierische Tumorzellen nach Zusatz von HVJ-Virus, einem Mitglied der Parainfluenza-Gruppe, zu vielkernigen Riesenzellen verschmolzen. Harris et al. (University of Oxford, 1966) griffen diesen Befund auf und entwickelten ein Standardverfahren, bei dem sie Fusionen durch UV-inaktiviertes Sendai-Virus induzierten. Sendai-Virus gehört ebenfalls in die Gruppe der Parainfluenzaviren (Gruppe I der Myxoviren, s. Kap. 45).

Worauf beruht der Fusionsmechanismus? Nur Viren mit agglutinierenden Eigenschaften eignen sich als Hilfsmittel. Durch Absorption des Virus werden die Oberflächen benachbart liegender Zellen miteinander in Kontakt gebracht, was die Wahrscheinlichkeit einer Fusion um Größenordnungen erhöht. An den Oberflächen virusbehandelter Zellen erscheinen große Mengen Mikrovilli. An den Berührungspunkten zweier Zellen fusionieren die Spitzen miteinander und bilden cytoplasmatische Brücken aus. Anschließend erweitern sich die Fusionszonen, bis sie den gesamten Membranbereich zwischen den aneinanderliegenden Zellen einnehmen. Dabei können gleichzeitig mehrere Zellen beteiligt sein, wodurch ein mehrkerniges Syncytium (ein Heterokaryon) entsteht. Die Kerne bleiben zunächst voneinander getrennt.

Anfangs wurden HeLa-Zellen und Ehrlich-Ascites-Zellen für Fusionsstudien eingesetzt. Unterschiedliche Markierung der Kerne diente als ein Indiz dafür, daß sich auch die unterschiedlich gearteten Zellinien miteinander vereint hatten. Autoradiographisch (unter Einsatz von [^{3}H]-UTP) wurde gezeigt, daß die Genome beider Linien im Heterokaryon exprimiert werden.

Vorhandene Oberflächenmoleküle (H 2-Antigene, HLA-Antigene) (nachweisbar durch Immunfluoreszenz) verteilen sich gleichmäßig über die Gesamtoberfläche, die ja Anteile beider Zelltypen enthält (siehe Abb. 25.5).

Anstelle von Viren können verschiedene andere fusionsfördernde Agentien eingesetzt werden, so z.B. Lipide, Ca^{2+}-Ionen in alkalischer Lösung (pH 10,5) oder Phospholipase C. Seit kurzem setzt sich das Polyäthylenglycol (PEG) mehr und mehr durch. Die Fusion ist von einer zellulären Proteinbiosynthese unabhängig. Ca^{2+}- und Mn^{2+}-Ionen werden hingegen in fast allen Fällen als Zusatz zum Medium benötigt. Ca^{2+}-Ionen dienen einer Stabilisierung der Membran, denn in Ca^{2+}-freier Lösung findet regelmäßig eine Zellyse statt. Lokalnarkotika, Cytochalasin B und Inhibitoren des Energiestoffwechsels der Zelle blockieren den Fusionsprozeß.

Woran erkennt man ein Heterokaryon? Wenn man zwei Zellinien (A und B) zusammengibt, treten Fusionen sowohl zwischen A und A, B und B als auch A und B auf, und letztere allein sind es, die einen interessieren (s. Abb. 53.2). Man braucht demnach ein Selektionssystem, in dem ausschließlich die Heterokarien (A und B) überleben. Die Erarbeitung eines solchen Verfahrens geht von der Annahme aus, daß beide Genome exprimiert werden und einander komplementieren (wechselseitige Komplementation). Wenn man also Zellinien mit den folgenden Defekten hätte, dürften keine der Elternlinien wachsen, während die heterologen Fusionsprodukte sich normal entwickeln müßten:

$$(a^+b^-) + (a^-b^+) \xrightarrow{\text{Fusion}} (a^+b^-a^-b^+).$$

Man hat eine Reihe von Selektionssystemen konstruiert. Am bekanntesten ist das *HAT*-Selektionssystem nach Littlefield (1964, 1966). Man benötigt hierzu Zellen, die entweder eine defekte Hypoxanthin-Guanosin-Phosphoribosyl-Transferase (*HGPRT*) oder eine defekte Thymidinkinase (*TK*) besitzen. Erstere sind gegenüber 8-Azaguanin (*AG*) resistent, letztere gegenüber 5-Bromdeoxyuridin (*BUdR*). Die Zellen sind auf externe Quellen vorgeformter Purine (wie Hypoxanthin) und Pyrimidine (wie Thymidin) angewiesen.

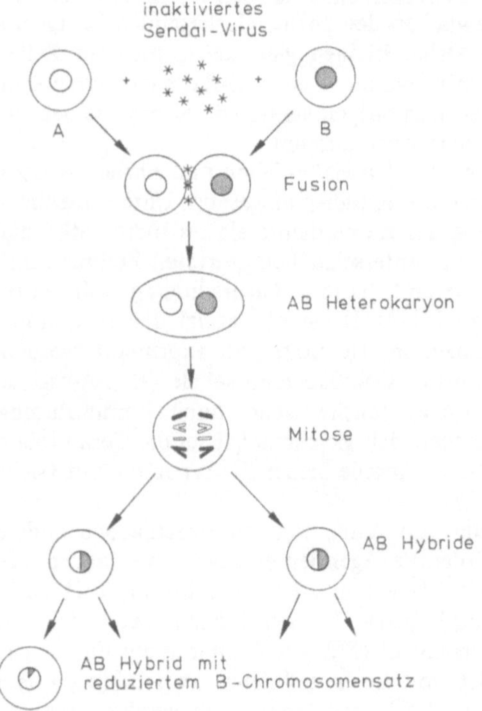

Abb. 53.2. Schematische Darstellung der Produktion von Heterokarien und Zellhybriden. (Nach Ringertz und Savage, 1976)

In Anwesenheit von Hypoxanthin, Aminopterin und Thymidin (HAT-Medium) können sie nicht wachsen, da Aminopterin eine Neusynthese von Hypoxanthin und Thymidin blockiert und die Zellen bei Abwesenheit von *HGPRT* und/oder *TK* die exogen gebotenen Substanzen nicht nutzen können (s. Abb. 53.3). Fusioniert man AG-resistente (*HGPRT*⁻/*TK*⁺) und *BUdR*-resistente (*TK*⁻/*HGPRT*⁺) Fibroblasten (der Maus) in *HAT*-Medium, werden nur die Hybriden zwischen den beiden Zellinien überleben und sich vermehren. *HGPRT*⁻ - und *TK*⁻ -Stämme sind mittlerweile für Mäuse, Ratten, den Syrischen Hamster, den Chinesischen Hamster sowie menschliche Zellen konstruiert worden. *HGPRT*-Defekte beim Menschen sind bekannt und werden klinisch als Lesch-Nyhan-Syndrom klassifiziert.

Fusion von Zellen verschiedener Herkunft (interspezifische Funktion)

Was können wir aus Fusionsexperimenten lernen? Wir haben schon gesehen, daß die Genome einander komplementieren, daß in Heterokarien beide Genome exprimiert werden und Membranmoleküle sich gleichmäßig über die ganze Zelloberfläche verteilen.

Wie stabil sind die Fusionsprodukte? Lebensfähige Hybridzellen kann man zwischen beliebigen Zelltypen der Mammalia herstellen, gleichgültig, ob die Zellen der gleichen Art oder verschiedenen Arten angehören, ob es Tumorzellen oder normale Zellen, ob es embryonale oder differenzierte Zellen sind. Schon während der ersten Teilung nach der Fusion kann sich eine gemeinsame Kernspindel ausbilden. Die Mitose führt

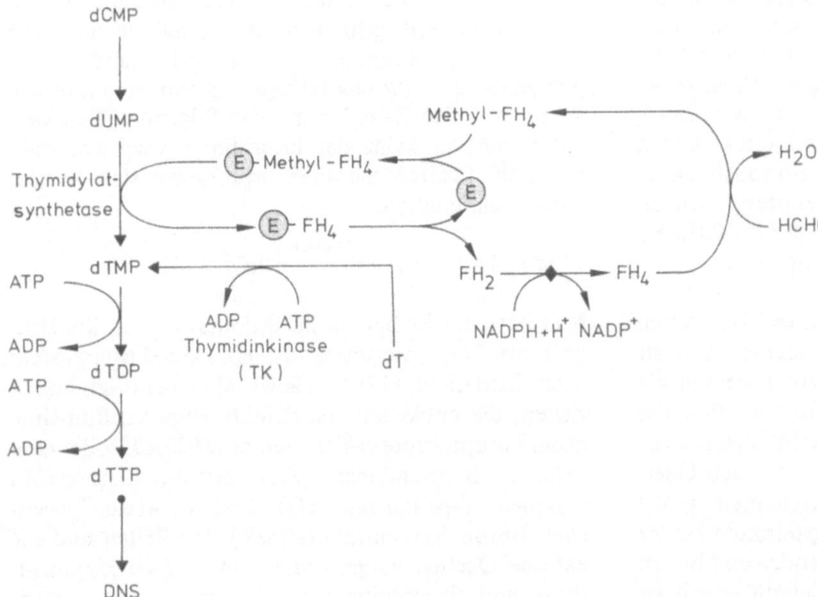

Abb. 53.3. Mechanismus der Wirkung von HAT-Medium. ♦ kennzeichnet den Block in Anwesenheit von Aminopterin oder Methotrexat (Rapp und Westmoreland, 1976)

dann zu zwei Tochterzellen, in deren Kernen die beiden Genome vereint sind (→ Hybrid).

Die Hybride sind sich rasch teilende Zellen. Die Proliferationsrate ist scheinbar unlimitiert, wenn eine der Elternzellinien eine permanente Linie ist. Bei Hybriden zwischen Zellen von Nagern untereinander (z.B. Ratte/Maus; Hamster/Maus u.a.) bleibt die Mehrzahl der Chromosomen beider Partner erhalten. Im Gegensatz dazu gehen menschliche Chromosomen in Hybriden Nager/Mensch sukzessive verloren. Die Ursache des Verlusts ist im einzelnen ungeklärt, doch vermutet man, daß unterschiedliche Replikationsraten mit dafür verantwortlich sind, daß die menschlichen Chromosomen ins Hintertreffen geraten.

Interspezifische Hybride sind vor allem deshalb von Interesse, weil man die Expression eines Genoms unter dem Einfluß eines anderen studieren kann. Genexpression kann durch das Auftreten artspezifischer Isoenzyme verfolgt werden, sofern diese gelelektrophoretisch, serologisch oder anderweitig voneinander zu unterscheiden sind. Es gibt eine Anzahl geeigneter Kandidaten, deren Auftreten, Verbreitung und Eigenschaften man inzwischen analysiert hat.

Einige Beispiele: Malatdehydrogenase (MDH) in Hybriden Syrischer Hamster/Maus: Beide Formen der MDH kommen in Hybriden vor, was darauf hinweist, daß die homologen Gene beider Arten fortwährend transkribiert werden. MDH ist ein Oligomer. In Hybriden findet man neben den artspezifischen Enzymen auch intermediäre Formen, die aus U.E. beider Arten bestehen, und das wiederum heißt, daß das Enzym während der Evolution zwar Veränderungen durchgemacht hat, daß aber Molekülbereiche, die für die Interaktion der U.E. benötigt werden, konstant geblieben sind (R. Davidson, Ephrussi, Yamamoto, 1968).

Ähnlich, aber etwas komplexer liegen die Dinge bei der Lactatdehydrogenase (LDH). Das Enzym ist ein Tetramer, welches zwei Typen von U.E. (A und B) enthalten kann, so daß insgesamt fünf verschiedene Kombinationen denkbar sind und in Zellen tatsächlich gefunden wurden: A_4, A_3B_1, A_2B_2, A_1B_3, B_4.

In Hybriden Ratte/Maus kommen alle artspezifischen LDH-Isoenzyme vor. Daneben kommen alle theoretisch denkbaren Kombinationen der mäuse- und der rattenspezifischen U.E. vor (5 x 5 = 25). Auch dieser Befund weist darauf hin, daß die zugehörigen Gene aktiv sind, solange die betreffenden Chromosomen erhalten bleiben. Da Chromosomenverluste cytologisch und viele Genaktivitäten elektrophoretisch zu verfolgen sind, lassen sich Genaktivitäten bestimmten Chromosomen zuordnen.

Wir haben in Kapitel 41 schon ausführlich darüber gesprochen und festgestellt, daß dieser Ansatz das heute gängige Standardverfahren zur Kartierung des menschlichen Genoms ist.

Ribosomen und Mitochondrien. Das Verhalten ribosomaler RNS wurde in Fibroblasten der Hybriden Maus/Syrischer Hamster und Maus/Mensch analysiert. Im ersten Fall wurden beide artspezifischen 28 S rRNS-Typen nachgewiesen. Im zweiten Fall fand man nur 28S rRNS des Mäusetyps (Stanners et al., 1974; Eliceiri und Green, 1969). In Hybriden Maus/Syrischer Hamster werden beide Typen mitochondrialer RNS gebildet, was indirekt auf das Vorkommen der beiden mtDNS-Typen schließen läßt. In den entsprechenden Hybriden Maus/Mensch ließ sich keine menschliche mtDNS nachweisen. Dennoch wurden mensch-spezifische, mitochondriale Proteine gebildet, wobei es sich aber ausschließlich um solche handelte, die vom Kern codiert werden. Mit diesen letzten Beispielen sei angedeutet, daß die auf Enzymebene gut funktionierende Kooperation auf der Ebene komplexer Strukturen nicht mehr ganz so reibungslos abläuft.

Fusion zwischen Zellen von unterschiedlichem Differenzierungsstatus

Erythrozyten sind ein Prototyp differenzierter, teilungsunfähiger Zellen (s. Kap. 65). Bei den Mammalia haben sie den Zellkern verloren, bei den Vögeln ist er in rudimentärer Form erhalten. Während der Differenzierung kondensiert sich das Chromatin, die RNS-Synthese wird eingestellt, der Nukleolus verschwindet. Durch Fusion mit HeLa- oder anderen stoffwechselaktiven Zellen sind Kerne der Vogelerythrozyten (Hühnererythrozyten) reaktivierbar (Harris, 1965; Blund et al., 1969). Nach der Fusion schwillt der Kern an, das Chromatin lockert sich, und die Kernmasse nimmt als Folge einer Einwanderung von Proteinen in den Kern zu. Ringertz und Mitarbeiter vom Karolinska Institut in Stockholm analysierten die Wanderung unter Zuhilfenahme fluoreszenzmarkierter Antikörper, die gegen Kernproteine und gegen Cytoplasmaproteine der Mammaliazellen gerichtet waren. Sie fanden dabei, daß vor allem die sauren Kernproteine und Histon I in den Erythrozytenkern eindrangen. Typisch cytoplasmatische Proteine wie die Lactat-, Isocitrat- und Malatdehydrogenase blieben im Cytoplasma zurück.

Nach Abschluß der Dekondensierung des Kerns setzt eine RNS-Synthese ein, wobei eine polydisperse Fraktion entsteht. 24–48 Std. nach der Fusion wird der Nukleolus gebildet, und erst von diesem Zeitpunkt an wandert RNS ins Plasma und initiiert eine Synthese huhnspezifischer Proteine. An der Zelloberfläche erscheinen wieder huhnspezifische Antigene (siehe Abb. 53,4.). Der Nukleolus scheint somit eine entscheidende Rolle beim Transfer von Informationen aus dem Kern ins Plasma zu spielen. Die Reaktivierungsgeschwindigkeit von Erythrozytenkernen aus embryonalen Hühnern ist wesentlich höher als die Geschwindigkeit, mit der die Erythrozytenkerne adulter Hühner reaktiviert werden. Sie ist demnach weitgehend eine Funktion des physiologischen Zustands der Kerne. Es wurde auch versucht, Erythrozyten mit Myoblasten (der Ratte) zu fusionieren, um zu überprü-

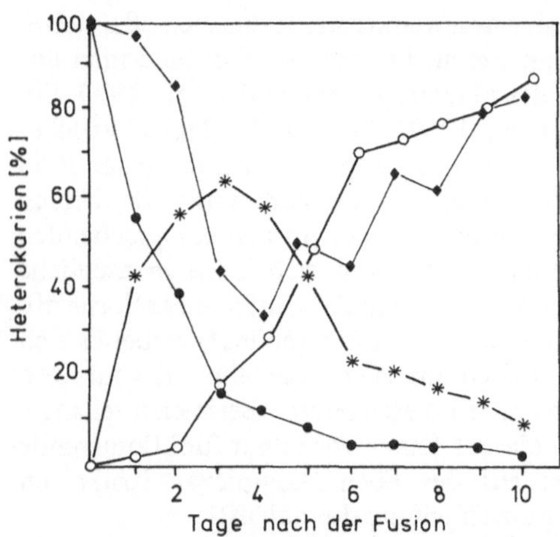

Abb. 53.4. Wiedererscheinen huhnspezifischer Antigene (♦——♦) auf der Oberfläche von Maus/Huhn-Heterokarien. ○——○ Heterokarien mit vergrößerten Erythrozytenkernen und sichtbaren Nukleoli; ●——● Heterokarien mit kleinem Erythrozytenkern; *——* Vergrößerte Erythrozytenkerne ohne Nukleoli (Harris et al., 1969)

fen, ob sie von einem differenzierten Status in einen anderen übergehen können. Diese Versuche schlugen fehl; in den Hybriden wurde kein hühnerspezifisches Myosin gefunden.

Fusionsexperimente mit Erythrozyten der Mammalia. Ihnen fehlt der Kern, und damit scheint es müßig zu sein, sie für Fusionsexperimente einzusetzen. Dennoch lohnt es sich. Bei einer Fusion entladen sie ihren Zellinhalt in die andere Zelle. Doch selbst das wäre noch nicht einmal von großem Interesse, denn es handelt sich dabei ja fast ausschließlich um eine Hämoglobinlösung. Viel interessanter ist es, die Erythrozyten zuerst zu lysieren, die leeren Hüllen (*ghosts*) in eine beliebige wässrige Lösung zu überführen und sie anschließend wieder zu versiegeln. Die *ghosts* können somit mit beliebigen Substanzen aufgetankt werden, und diese lassen sich via Fusionsprozeß in andere Eukaryontenzellen einschleusen. Hierin liegt die eigentliche Bedeutung dieses experimentellen Tricks, denn er stellt die einzige effiziente Methode dar, mit deren Hilfe man ohne großen Aufwand große Mengen von Makromolekülen (Proteine, RNS, DNS) in jede beliebige Eukaryontenzelle einbringen kann.

Melaninsynthese: Lösliche Regulatorproteine (Repressoren). Die Regulation der Melaninsynthese wurde in Hybriden Melanomzellen des Syrischen Hamsters/Fibroblasten der Maus getestet. In über 100 angelegten Hybridlinien trat keine Pigmentierung auf. Die Melanomzellen verfügen über eine hohe Dopa-Oxydase-Aktivität (es ist das einzige Enzym, das man für die Umwandlung von Tyrosin in Melanin braucht). In den Hybridzellen wurde keine Enzymaktivität entdeckt, was die Möglichkeit ausschließt, daß das Enzym durch einen Inhibitor außer Gefecht gesetzt wird. Man weiß außerdem (s. eingangs besprochene Experimente), daß nicht das komplette Genom der Zellen des Syrischen Hamsters ausgeschaltet wird. Damit liegt der Verdacht nahe, daß die Mäusefibroblastenzellen eine Regulatorsubstanz produzieren, die zum Genom der Melanomzellen diffundiert und dort die Expression eines Genabschnittes blockiert (R. Davidson, 1969).

Da man Hybride nicht nur zwischen zwei, sondern auch zwischen mehr Zellen erzeugen kann, lassen sich Gendosiseffekte analysieren. Gerade bei dem hier genannten Beispiel können u.a. Hybride hergestellt werden, in denen das Genom des Syrischen Hamsters zweimal und das der Maus einmal vertreten ist: *P/P/F* (*P* steht für Pigmentierung, *F* für Fibroblast). Etwa die Hälfte dieser Zellen ist pigmentiert. Nach einer Anzahl von Generationen spalten aus der pigmentierten Zellpopulation nichtpigmentierte Klone heraus. Diese Ergebnisse sind gar nicht so leicht zu interpretieren. Es ist denkbar, daß die Menge des Repressors variabel ist und mit der Kulturzeit und der Zahl der Zellgenerationen zunimmt. Das Vorkommen pigmentierter Zellen in *P/P/F*-Zellen weist demnach darauf hin, daß die Suppression der Farbstoffbildung in den *P/F*-Hybriden nicht auf der Fusion an sich, der Zellvergrößerung, der Zunahme der Chromosomenzahl oder der Kombination der Genome zweier Arten (und Verschmelzung zu einem Zellkern) beruhen kann.

Die Zahl der Kombinationen in Fusionsexperimenten ist außerordentlich groß, und dementsprechend liegen zahlreiche experimentelle Ansätze vor, auf die wir hier gar nicht im einzelnen eingehen können. Zusammenfassend (s. auch Kap. 41 und 65) können die Befunde drei Kategorien zugeordnet werden:

1. Verlust einer Aktivität nach Fusion.
2. Beibehaltung einer Aktivität nach Fusion.
3. Neuerwerbung einer Aktivität nach Fusion.

Die meisten Funktionen spezialisierter Zellen werden supprimiert, sobald sie mit weniger stark differenzierten Zellen zusammenkommen. Es scheint demnach diffusible Regulatormoleküle zu geben, die den Kern der differenzierten Zelle umprogrammieren.

Die Regulatorsubstanzen können

a) durch das Genom der wenig differenzierten Elternzelle erzeugt werden, so daß die Expression der Eigenschaften der spezialisierten Zelle unterdrückt wird;
b) durch das Genom der spezialisierten (differenzierten) Zelle produziert werden, wobei man annimmt, daß bestimmte Genabschnitte im Kern selektiv aktiviert werden und die Komponenten nach Fusion herausverdünnt werden. Die Konzentration im Kern fällt unter einen Schwellenwert, der permanent überschritten sein muß, um die Genaktivitäten aufrecht zu erhalten.

Der Nachweis einer Reexpression von Spezialfunktionen in Hybriden nach Verlust von Chromosomen des undifferenzierten Zelltyps läßt auf die erste

Möglichkeit schließen. Die Reexpression besagt zudem, daß der Repressor ständig anwesend sein muß, um die Expression der Spezialfunktion zu unterdrücken.

Minizellen, Mikrozellen

Prescott, Myerson und Wallace entwickelten 1972 ein Verfahren zur Entkernung von Zellen. Hierbei werden Zellen verwendet, die am Boden einer Plastikkulturschale haften. Nach Behandlung mit Cytochalasin B (s. Abb. 53.5) und Zentrifugation der Probe (mit der Probenseite in Richtung Zentrifugalkraft) werden die Kerne herausgeschleudert (s. Abb. 53.6). Die Kerne bleiben von einer dünnen Cytoplasmaschicht und einer intakten Plasmamembran umgeben und werden deshalb als Minizellen bezeichnet. Sie eignen sich hervorragend für Fusionsstudien, denn man vereinigt hierbei praktisch einen Zellkern mit einer Empfängerzelle. Auch das an der Plastikschale hängenbleibende, entkernte Plasma kann weiterverwertet werden, z.B. ist es für eine Fusion mit Minizellen heterologer Herkunft geeignet. Man rekonstruiert somit z.B. eine Zelle aus Plasma der einen und dem Kern der anderen Art (oder eines anderen Differenzierungsstadiums). Allein sind Plasma und Kern nicht lebensfähig, doch in der Kombination überleben sie viele Monate und machen wiederholte Teilungen durch (Rattenkern/Mausplasma) (Krondahl et al., 1977). Nichttransformierte tierische Zellen können nur über eine begrenzte Anzahl von Generationen in Zellkultur gehalten werden (s. Kap. 49). Muggleton-Harris und Hayflick (Stanford University, 1976) versuchten, die Lebensdauer durch eine Verjüngungskur zu erhöhen. Sie kombinierten Kerne aus älteren Zellkulturen mit Plasma aus jüngeren in der Hoffnung, die „Uhr" der Kerne zurückzustellen. Es gelang nicht. In Kombinationen von Kernen aus jungen Kulturen und Plasma aus alten beobachtete man vorzeitige Alterungserscheinungen. Die Lebenszeit der Kerne wurde drastisch verkürzt.

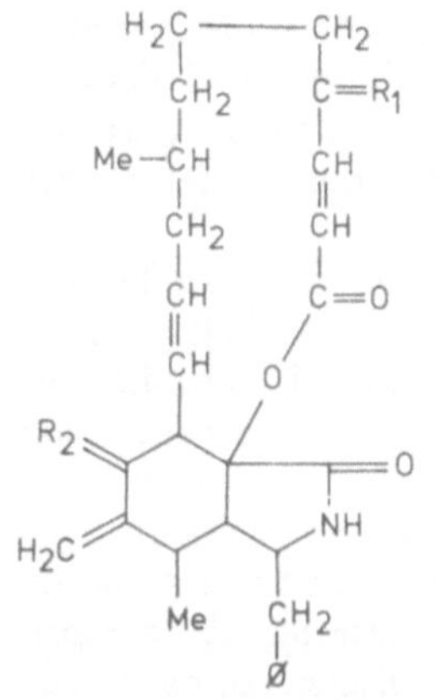

Behandelt man Zellen, die sich gerade in der Mitose befinden (Vorbehandlung mit Colchicin) auf die oben beschriebene Weise, erhält man „Mikrozellen", die aus einem Teil des Genoms (im Idealfall einem Chromosom), etwas Plasma und einer Plasmamembran bestehen. Mikrozellen eignen sich für Komplementations- und Kartierungsexperimente. Man überführt nur einen Teil des Genoms in eine „Wirtszelle" und kann somit u.a. testen, wie sich ein einzelnes menschliches Chromosom in einer Mäusezelle verhält und welche Wirkung ein mensch-spezifisches Protein in einer mäuse-spezifischen Umgebung hat. Von großem Interesse ist natürlich die Frage, welches Chromosom ein Tumorvirus trägt und wie es reagiert, sobald es in eine „normale" Zelle gerät.

Abb. 53.5. Cytochalasin B

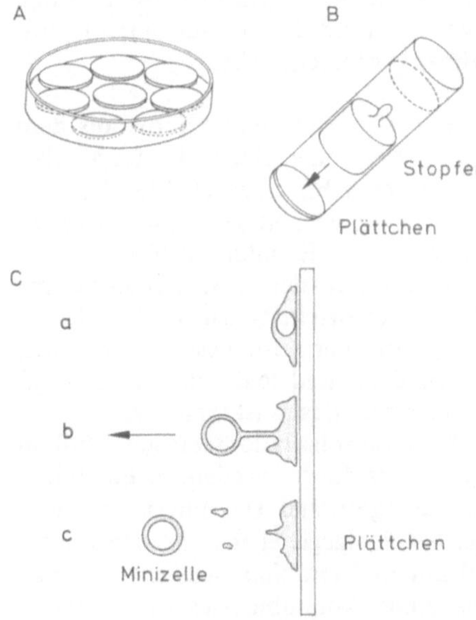

Abb. 53.6 A–C. Herstellung von Minizellen. **A** Man läßt Zellen auf Kunststoffplättchen in Gegenwart von Cytochalasin B (s. Abb. 53.5) wachsen. Anschließend wird zentrifugiert (**B**), wobei die Plättchen mit der Oberseite nach unten ins Zentrifugenrohr eingepaßt werden. Bei der Zentrifugation (**C**) werden kernhaltige Fragmente durch die Zentrifugalkraft herausgerissen und können am Boden des Zentrifugenglases aufgefangen werden. Die kernhaltigen Fragmente bleiben von etwas Plasma und der Plasmamembran umgeben (Ringertz und Savage, 1976)

Fusionen zwischen Tumorzellen und normalen Zellen

Untersuchungen hierzu laufen seit 1971 im Labor von Harris (University of Oxford). Klein, Bregula, Wiener und Harris fusionierten Tumorzellen der Maus (Lymphoma, Myeloma) mit normalen, diploiden Zellen (Fibroblasten, Lymphozyten, Makrophagen). In allen Fällen wurden die Tumoreigenschaften supprimiert, die Serumabhängigkeit der Zellen nahm zu, die Klonierungseffizienz und die Zelldichte in Kultur nahmen ab. Der Verlust der Malignität ist nicht irreversibel, denn gelegentlich segregieren aus der Population der Hybridzellen einige selektiv heraus und nehmen wieder Tumoreigenschaften an. Wiener et al. (1974a,b) haben eine Anzahl Hybride zwischen verschiedenen Tumorzellinien der Maus hergestellt. Zur großen Überraschung blieb die Malignität – von einer Ausnahme abgesehen – dabei erhalten. Obwohl die eingesetzten Tumorzellinien phänotypisch so verschieden wie nur möglich waren, kam es zu keiner Komplementierung. Man könnte demnach den Schluß ziehen, Malignität (einer jeden Art) beruhe auf einer Läsion, einem Defekt also, der durch ein rezessives Gen determiniert wird. Es wird supprimiert, sobald die Tumorzelle mit einer normalen diploiden Zelle fusioniert. Eine Alternative zu dieser Schlußfolgerung wäre die Annahme, daß Malignität durch extrachromosomale Faktoren bedingt sei. Wenn die erste Alternative richtig wäre, dürfte man sich fragen: Auf welchem der 20 Chromosomen der Maus liegen die Faktoren, die für die Malignität verantwortlich sind? Dieser Frage gingen Jonasson et al. (1977) nach. Sie stellten Hybride zwischen Melanomzellen und diploiden Fibroblastenzellen her und verfolgten den Verlust der Chromosomen im Hybrid. Sie fanden dabei, daß der Chromosomenverlust kein Zufallsprozeß ist und daß es einen starken Selektionsdruck auf Erhalt von Chromosom 15 und Eliminierung von Chromosom 4 gibt. Letztere allerdings mit der Einschränkung, daß der Selektionsdruck selektiv gegen die Chromosomen 4 gerichtet ist, die von der Fibroblastenzelle beigesteuert werden. Zellen, in denen das Chromosom 15 mindestens zweimal vorkommt, proliferieren und bilden Kolonien. Es besteht also unter den gewählten Kulturbedingungen ein großer Bedarf an einem Genprodukt, das von einem auf Chromosom 15 liegenden Gen produziert wird. Eine normale Gendosis reicht nicht. Es spielt dabei keine Rolle, woher das Chromosom 15 stammt. Es kann von der Tumorzelle, es kann aber auch von der normalen Elternzelle stammen. Das betreffende Gen oder die betreffenden Gene können somit nicht die Ursache des malignen Phänotyps sein. Es war schon seit langem bekannt, daß nicht alle Fusionsprodukte (Tumorzelle/normale Zelle) weiterwachsen. Sind das etwa solche, in denen Chromosom 15 nicht mehrfach auftritt?

In Hybriden „SEWA" (eine Tumorzellinie/Fibroblasten) findet man kaum Ausfälle. Praktisch alle fusionierten Zellen proliferieren. Die Linie „SEWA" enthält drei Kopien des offensichtlich essentiellen Chromosoms 15. Im Gegensatz hierzu gibt es, wie schon angedeutet, einen starken Selektionsdruck in Richtung Eliminierung von Chromosom 4 (der diploiden Fibroblastenzellen). Demnach scheint dieses Chromosom in Tumorzellen in irgendeiner Weise modifiziert zu sein. Der in Frage kommende Genlocus konnte kartiert werden.

Kerntransplantationen

Die Technik der Kerntransplantationen ist älter als die der Zellhybridisierung. Briggs und King (1952) entfernten Kerne aus unbefruchteten Amphibieneiern (entweder mit Hilfe einer Mikropipette oder durch Zerstörung mit einem Strahl ultravioletten Lichts) und implantierten in die kernlosen Eier Kerne aus frühen Larvenstadien (Blastula, Gastrula). Aus dem Transplantat bildeten sich in einigen Fällen lebensfähige, normale Larven. Gurdon (seinerzeit University of Oxford, inzwischen MRC Laboratory of Molecular Biology, Cambridge) vervollkommnete die Technik. Er entnahm bei *Xenopus laevis* Kerne aus Zellen des Darmepithels von Kaulquappen und implantierte sie in eine Eizelle, deren Kern er vorher entfernt oder zerstört hatte (s. Abb. 53.7).

Aus der Kombination: Plasma der Eizelle und Kern einer differenzierten Zelle entwickelte sich in vielen Fällen ein ganz normaler Frosch, d.h. die hier gewählten Kerne spezialisierter Zellen enthalten alle Informationen, die zur Bildung eines vollständigen Organismus erforderlich sind. Der Versuch sagt aber auch, daß die Aktivität des Kerns durch das Plasma gesteuert wird. Bei einer spezialisierten Zelle reprimiert es nämlich zahlreiche Aktivitäten, zu denen der Kern in der Lage wäre. Diese Aktivitäten werden reaktiviert, sobald er wieder in die „richtige" Umgebung gebracht wird, in unserem Fall also in das Plasma der Eizelle. Somit ergänzen diese Befunde Aussagen, die wir aufgrund der besprochenen Hybridisierungsexperimente gemacht haben.

Was passiert, wenn man statt eines Kerns aus dem Darmepithel einen Kern aus einem Tumorgewebe, einem Nierencarcinom z.B., nimmt? Die Antwort darauf lautet, auch er entwickelt sich in seiner neuen Umgebung normal weiter. Es bildet sich eine Kaulquappe und daraus ein normaler Frosch! Dieses Experiment bringt die Tumorforschung erneut in Verlegenheit, denn es besagt, daß der Kern dieser Tumorzellen offensichtlich normal ist und lediglich dem Einfluß eines „falschen" Plasmas erlegen ist (epigenetisch).

Die meisten Kerntransplantationsversuche sind an Amphibieneiern durchgeführt worden, allein schon deshalb, weil jene sehr groß sind: Durchmesser ~ 2 mm. Ein Kaninchenei hat demgegenüber nur einen Durchmesser von 100 μm und ein Volumen, das 1000mal geringer als das eines Amphibieneies ist. Dennoch gelang es 1975 unter Zuhilfenahme von Minizellen und der Fusionstechnik auch hier, Kerne spezialisierter Zellen in das Plasma einer Eizelle einzuführen (J.D. Bromhall, University of Oxford). Die Ergebnisse sind hingegen zunächst wenig befriedigend. Verwendet man Kerne (Minizellen) aus differenzierten Zellen, entwickelt sich das Fusionsprodukt bis zum 2–8-Zellstadium, verwendet man Kerne aus Zellen des Morulastadiums, erreicht das Fusionsprodukt das Morulastadium.

Abb. 53.7. Kerntransplantation: Genetisch markierte Kerne aus Darmzellen einer Kaulquappe werden ins Plasma einer Eizelle implantiert, dessen (ebenfalls genetisch markierter) Kern vorher zerstört wurde. Aus der Kombination Eizellplasma und Kern aus einer Darmzelle entwickelt sich ein vollständiger, ausgewachsener Frosch. (Nach Gurdon, 1963, 1968, 1976)

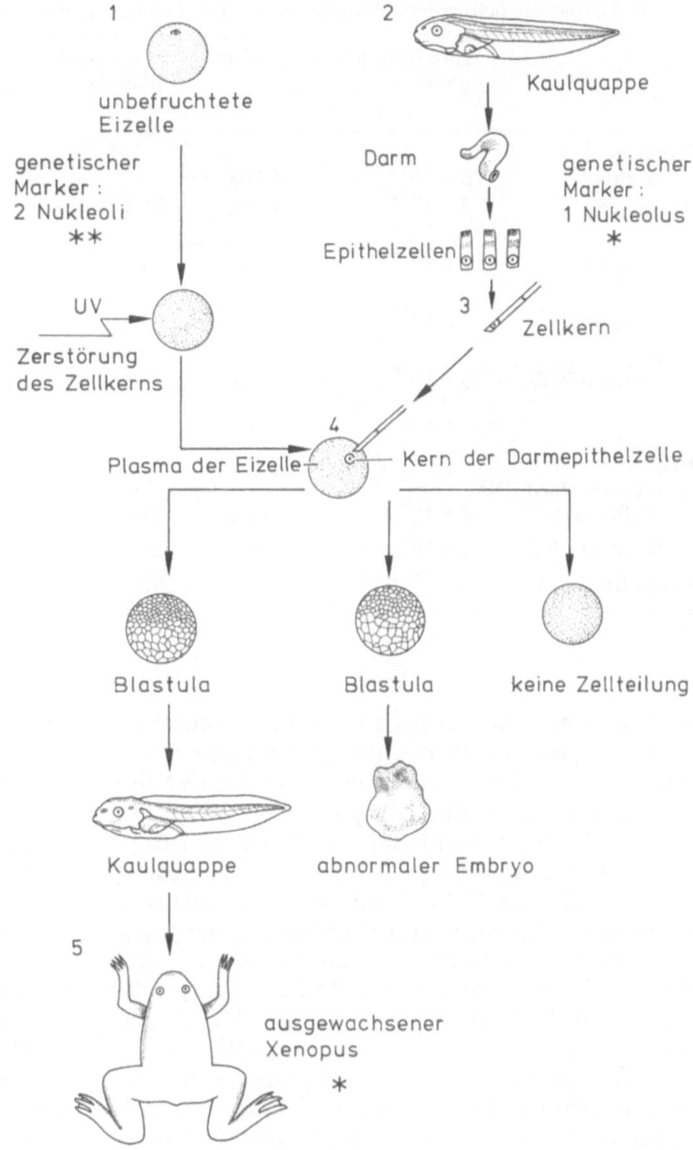

Was geschieht, wenn man Makromoleküle in eine lebende Zelle injiziert? Gurdon prüfte diese Frage, indem er Lösungen gereinigter und spezifischer Proteine, RNS oder DNS in Oozyten oder befruchtete Eier von Amphibien injizierte. Normalerweise werden Makromoleküle von Zellen nicht aufgenommen, wenn man von einigen spezifischen Hormonen, Wachstumsfaktoren (s. Kap. 58) und Viren absieht. In all den Fällen besitzen die betreffenden Zellen spezifische Rezeptoren, unter deren Mitwirkung die besagten Moleküle, aber keine anderen, in die Zelle gelangen. A priori wäre zu befürchten, daß die injizierten Moleküle umgehend von zelleigenen Proteasen bzw. Nukleasen degradiert würden. Doch das geschieht nicht. Es ergibt sich vielmehr die Chance, das Schicksal und die Aktivität der Moleküle in einer für sie fremden Umgebung zu analysieren. Ergebnisse eines Injektionsexperiments sind in Tabelle 1 zusammengestellt.

Markierte, artfremde Histone wandern in den Oozytenkern ein, und schon 12 Std. nach der Applikation ist ihre Konzentration dort 100mal höher als im umgebenden Cytoplasma. Das Histon/DNS-Verhältnis nimmt dadurch überproportional hohe Werte an. Nicht-Histon-Proteine wie Rinderserumalbumin, Myoglobin und Lysozym verbleiben im Cytoplasma. mRNS wird von der Polysomenfraktion inkorporiert und korrekt translatiert. So wird Globin-mRNS von Kaninchen, Mäusen und Enten über einen Zeitraum von mehr als zwei Wochen ohne Effizienzeinbuße im richtigen Raster übersetzt. Die Translation ist noch nach 15 Teilungsrunden (→ Kaulquappenstadium) nachweisbar, was darauf hinweist, daß mRNS in den frühen Embryonalstadien nicht degradiert wird.

Aus Untersuchungen an Retikulozyten weiß man, daß Hämin auf die Translation steuernd einwirkt. In den Amphibienoozyten wird der Messenger für β-Globin

Tabelle 1. Toleranz befruchteter *Xenopus laevis*-Eier gegenüber injizierten Molekülen. (Aus Gurdon, 1974)

Typ	Anzahl Moleküle pro Ei	Gewicht	überlebende Blastula	Eier bis Kaulquappenstadium	Anteil injizierter Moleküle		
					Fertiles Ei	Blastula	Kaulquappen
Proteine							
Histone	5 x 10^{12}	100 ng		4%			
	5 x 10^{11}	10 ng	85%	52%	0,2%	0,05%	0,005%
					(bezogen auf Gesamthistone)		
Histon IIa (Kalbsthymus)	5 x 10^{11}	10 ng	94%	67%	1,0%	0,25%	0,025%
					(bezogen auf Histon IIa)		
Myoglobin	5 x 10^{11}	20 ng	83%	72%	–	–	–
RNS							
Globin mRNS	5 x 10^{10}	18 ng	82%	41%	1%	1%	0,2%
					(bezogen auf Poly-(A)-enthaltende RNS)		
DNS							
Chromosomen-DNS (Kalbsthymus)	5 x 10^7	1 ng	84%	22%	–	–	–
Polyoma-DNS	5 x 10^6	0,02 ng	88%	40%	–	–	–
Kontrolle	–	–	90%	86%	–	–	–

fünfmal so effizient translatiert wie der Messenger für α-Globin. Fügt man Hämin hinzu, stellt sich ein 1:1-Verhältnis ein. Die Kontrolle der Regulation ist also die gleiche wie in den Retikulozyten selbst (s. Kap. 39).

Modifikationen der injizierten Moleküle wie Acetylierung, Phosphorylierung u.a. laufen in der Eizelle in genau der gleichen Weise ab wie anderswo, woraus zu schließen ist, daß die modifizierenden Enzyme relativ unspezifisch sind und nicht zwischen eigenen und Fremdmolekülen unterscheiden. Das Plasma der Eizelle enthält alle Enzyme, die für eine DNS-Replikation benötigt werden, denn injizierte Fremd-DNS wird in einer entkernten Eizelle normal repliziert. Gene, die in somatischen Zellen reprimiert sind, lassen sich nach Injektion in Oozyten von *Xenopus* oder *Pleurodeles* aktivieren. Die Oozyten können über Tage hinweg kultiviert werden, ohne daß eine Zellteilung dazwischenliegt.

Birnstiel (Universität Zürich) hat das Oozytensystem verwendet, um Histon-Gene eines Seeigels, die er vorher in *Escherichia coli* kloniert hatte, zu exprimieren. Die vorgestellten Daten weisen auf die Nützlichkeit der Injektionsexperimente hin. Sie demonstrieren, daß sich fremde Moleküle in einer Eizelle oder einer Oozyte zurechtfinden und dort sogar Eigenschaften entfalten, die in der Ursprungszelle supprimiert sind.

Literatur

Appels, R., Bolund, L., Ringertz, N.R.: Biochemical analysis of reactivated chick erythrocyte nuclei isolated from chick/HeLa heterokaryons. J. Mol. Biol. *87*, 339 (1974)

Bolund, L., Ringertz, N.R., Harris, H.: Changes in the cytochemical properties of erythrocyte nuclei reactivated by cell fusion. J. Cell Sci. *4*, 71 (1969)

Bromhall, J.D.: Nuclear transplantation in the rabbit egg. Nature (London) *258*, 719 (1975)

Carlsson, S.-A., Luger, O., Ringertz, N.R., Savage, R.E.: Phenotypic expression in chick erythrocyte x rat myoblast hybrids and in chick myoblast x rat myoblast hybrids. Exp. Cell Res. *84*, 47 (1974)

Gurdon, J.B.: Molecular biology in a living cell. Nature (London) *248*, 772 (1974)

Gurdon, J.B.: Egg cytoplasm and gene control in development. Proc. R.Soc. Lond. B *198*, 211 (1977)

Gurdon, J.B., Wyllie, A.H., Robertis, E.M. de: The transcription and translation of DNA injected into oocytes. Proc. R. Soc. Lond. B. *283*, 367 (1978)

Harris, H., Watkins, J.F.: Hybrid cells derived from mouse and man: Artificial heterokaryons of mammalian cells from different species. Nature (London) *205*, 640 (1965)

Harris, H., Watkins, J.F., Ford, C.E., Schoefl, G.I.: Artificial heterokaryons of animal cells from different species. J. Cell Sci. *1*, 1 (1966)

Harris, H., Sidebottom, E., Grace, D.M., Bramwell, M.E.: The expression of genetic information: A study with hybrid animal cells. J. Cell Sci. *4*, 499 (1969)

Jonasson, J., Povey, S., Harris, H.: The analysis of malignancy by cell fusion. J. Cell Sci. *24*, 217 (1977)

Kressmann, A., Clarkson, S.G., Pirrotta, V., Birnstiel, M.L.: Transcription of cloned tRNA gene fragments and subfragments injected into the oocyte nucleus of *Xenopus laevis*. Proc. Natl. Acad. Sci. USA *75*, 1176 (1978)

Krondahl, U., Bols, N., Ege, T., Linder, S., Ringertz, N.R.: Cells reconstituted from cell fragments of two different species multiply and form colonies. Proc. Natl. Acad. Sci. USA *74*, 606 (1977)

Mertz, J.E., Gurdon, J.B.: Purified DNAs are transcribed after microinjection into *Xenopus* oocytes. Proc. Natl. Acad. Sci. USA *74*, 1502 (1977)

Okada. Y.: Analysis of giant polynuclear cell formation caused by HVJ virus from Ehrlich's ascites tumor cells: Microscopic observation of giant polynuclear cell formation. Exp. Cell Res. *26*, 98 (1962)

Rapp, F., Westmoreland, D.: Cell transformation by DNA-containing viruses. Biochim. Biophys. Acta *458*, 167 (1976)

Ringertz, N.R., Savage, R.E.: Cell hybrids. New York, San Francisco, London: Academic Press 1976

Ringertz, N.R., Krondahl, U., Coleman, J.R.: Reconstitution of cells by fusion of cell fragments. Exp. Cell Res. *113*, 233 (1978)

Robertis, E.M. de, Gurdon, J.D.: Gene activation in somatic nuclei after injection into amphibian oocytes. Proc.Natl.Acad. Sci. USA *74*, 2470 (1977)

Wiener, F., Klein, G., Harris, H.: The analysis of malignancy by cell fusion: Further evidence of the ability of normal diploid cells to suppress malignancy. J. Cell Sci. *15*, 177 (1974a)

Wiener, F., Klein, G., Harris, H.: The analysis of malignancy by cell fusion: Hybrids between different tumor cells. J. Cell Sci. *16*, 189 (1974b)

54. Pflanzliche Zellen: Kalluskulturen; Protoplasten (Fusion und Regeneration)

Pflanzliche Zellen verhalten sich in vielerlei Hinsicht anders als Zellen tierischer Herkunft. Schon 1902 wurde von Haberlandt (Universität Graz) postuliert, daß sie totipotent seien. Der endgültige Beweis hierfür, nämlich die Regeneration einer differenzierten, pflanzlichen Zelle zu einer vollständigen Pflanze, wurde aber erst in jüngster Zeit erbracht. Wir haben bereits gesehen, daß tierische Zellen diese Eigenschaft schon nach den ersten Teilungen der befruchteten Eizelle verlieren, obwohl die Totipotenz ihrer Kerne, wie Gurdons Transplantationsexperimente zeigen, erhalten bleiben kann (s. Kap. 53).

Pflanzliche Zellen sind von einer starren Zellwand umgeben, sie enthalten Plastiden (bzw. Chloroplasten) oder deren Vorstufen, eine relativ große Vakuole und oft spezifische sog. sekundäre Stoffwechselprodukte wie Alkaloide, Glykoside, Steroide u.a., denen als Genuß- und/oder Heilmittel große wirtschaftliche Bedeutung zukommt. Erfolge in der Erforschung der Eigenschaften pflanzlicher Zellen sind, wie auch schon am Beispiel tierischer Zellen gezeigt (s. Kap. 49), von der Entwicklung ausbaufähiger Methoden zur Kultur pflanzlicher Gewebe, einzelner Zellen und Protoplasten abhängig. Die im folgenden kurz skizzierten Arbeiten der letzten Jahrzehnte haben wesentliches dazu beigetragen.

- 1934 gelang es White, Wurzelspitzen und Meristeme der Tomate (*Lycopersicon esculentum*) submers zu kultivieren. Das Medium enthielt anorganische Salze, Glucose und Hefeextrakt. Letzterer wurde später durch drei Vitamine der B-Gruppe (Thiamin, Pyridoxin und Nikotinsäure) ersetzt.
- Etwa zur gleichen Zeit fand Gautheret, daß das Kambium der Weide (*Salix*) sowie anderer verholzter Pflanzen zu einem Kallus (einem nicht normal differenzierten Wundgewebe) auswuchs. Ein Kallus (s. Abb. 54.1) ist eine unregelmäßig strukturierte Gewebemasse. Er besteht aus Zellen mit unterschiedlichen Wachstums- und Teilungsraten. Einige Bereiche sind sehr empfindlich, andere verhärten, und Verhärtung führt über kurz oder lang zum Absterben des betreffenden Gewebeanteils.
- 1939 legte Nobécourt die erste permanente Kalluskultur an, die er aus den Wurzelexplantaten der Möhre (*Daucus carota*) gewann. Durch sukzessive Übertragungen kleiner Kallusstücke auf frisches Medium (Nährlösung, der Agar zugesetzt ist) kann die Kultur unbegrenzt gehalten werden. Die Übertragungen erfolgen in Abständen von drei bis acht Wochen. Kalluskulturen sind nicht direkt mit den Zellkulturen tierischer Zellen vergleichbar, denn man kultiviert nicht einzelne Zellen, sondern Gewebeverbände. Obwohl viele Zellen teilungskompetent bleiben, heißt das noch lange nicht, daß das für alle gilt. Eine der Ursachen hierfür mag darin zu suchen sein, daß Kerne im Verlauf der Kultur aneuploid werden und daß dadurch ungünstige Chromosomenkonstellationen entstehen.

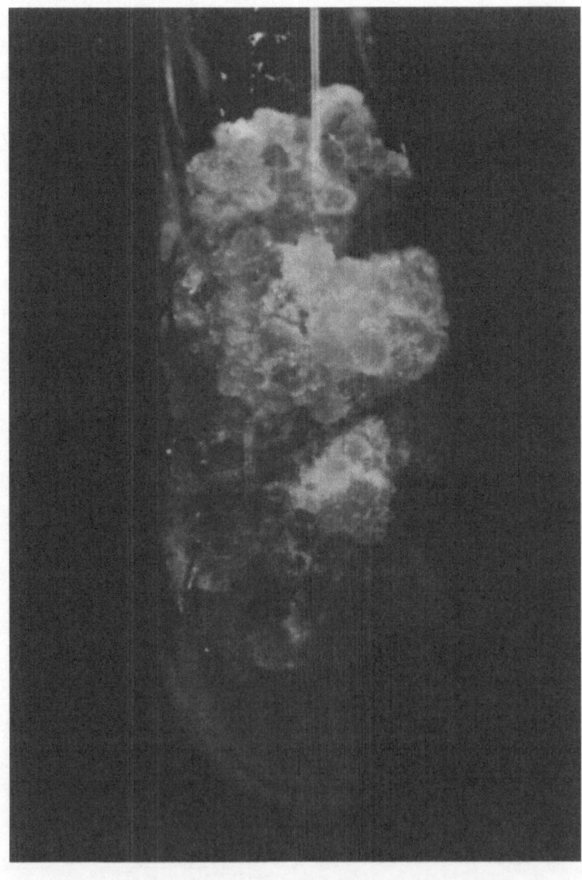

Abb. 54.1. Kalluskultur in einem Agar-Schrägröhrchen. (Aufn. G. Melchers, Tübingen)

- 1941 führte Overbeek die Kokosnußmilch als eine neue Komponente des Nährmediums für Kalluskulturen ein. Kokosnußmilch dient in der Natur dem Embryo als Nahrung und Wachstumsstimulus. Die aktiven Komponenten regen, wie die Ergebnisse aus Kalluskulturen ergaben, auch Zellen anderer Herkunft zu Wachstum und Teilung an.
- 1954 entwickelte Skoog (University of Wisconsin, Madison) ein Verfahren zur Bildung und Kultur von Wundtumorgewebe aus isolierten Stengelstükken des Tabaks (*Nicotiana tabacum*). Der dabei entstehende Kallus wächst bei Zusatz von Hefeextrakt, Kokosnußmilch oder alten DNS-Präparationen. Frisch aufgearbeitete DNS ist wirkungslos, wird aber durch Autoklavieren aktiviert. Hieraus wurde geschlossen, daß eines ihrer Abbauprodukte für das Wachstum und die Teilungsfähigkeit der Zellen benötigt wird. 1955 wurde die Substanz in reiner Form gewonnen und charakterisiert: Kinetin (Formel s. Abb. 54.2). Kinetin hat nicht nur teilungsfördernde Eigenschaften. Das Kinetin/Auxin-Verhältnis im Medium steuert die Differenzierung der Zellen und kann eine Regeneration einer Pflanze aus dem Kallusgewebe hervorrufen.

Bei einem Verhältnis Kinetin zu Auxin von 0,2 mg/l zu 3 mg/l bleibt der Kallus undifferenziert, bei 0,002 mg/l zu 3 mg/l wird Wurzelbildung und bei 1 mg/l zu 0,03 mg/l Sproßbildung induziert. Kalluskulturen können sowohl bei Belichtung als auch bei Dunkelheit gehalten werden. Bei Belichtung werden in den Zellen Plastiden, Chlorophyll und Karotinoide gebildet. Bei einigen Arten, wie z.B. den Kalli von *Haplopappus gracilis*, entsteht Anthocyan, das in den Vakuolen gespeichert wird.

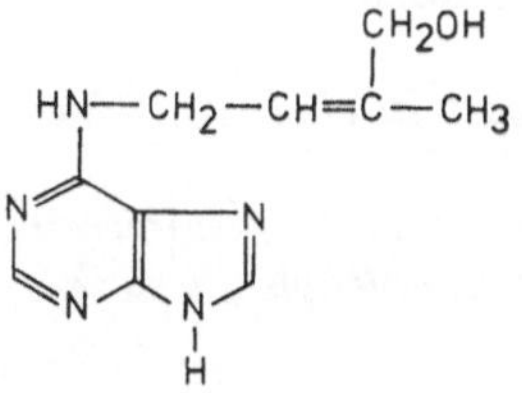

Zeatin
6-(4-Hydroxy-3-methylbut-2-enyl)-aminopurin

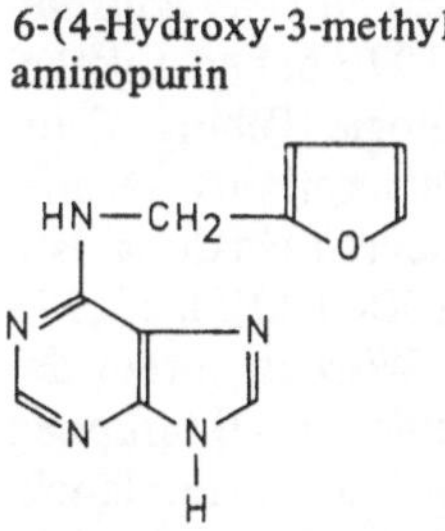

Kinetin
6-(2-Furfuryl)-aminopurin

Abb. 54.2

Einzelzellen in Kultur

Einzelzellkulturen wurden erstmals von Muir et al. angelegt. Man erhielt sie durch Schütteln von submers gezogenen Kalluskulturen. Melchers und Bergmann (Max-Planck-Institut für Biologie in Tübingen, 1959) modifizierten das Verfahren, indem sie die Kultur statt zu schütteln durch einen kontinuierlichen Einstrom filtrierter Luft belüfteten. Die dabei entstehenden Turbulenzen förderten die Abtrennung einzelner Zellen aus den Kalli. Dennoch blieben die meisten Zellen in ± großen Flöckchen und Brocken beisammen. Bergmann trennte 1960 aus diesen Kulturen einzelne Zellen durch Filtration ab und plattierte die Suspension auf Agarplatten aus. Er klonierte somit die Zellen und stellte den Anschluß der Pflanzenphysiologie an mikrobiologische Techniken und Fragestellungen her. Als störend erwies sich jedoch nach wie vor die Zellwand, die bei allen biochemischen Analysen und allen Versuchen, Substanzen in eine Pflanzenzelle einzuschleusen, als Barriere wirkt.

Protoplasten

Zu Beginn der sechziger Jahre setzte Cocking (University of Nottingham) eine Enzympräparation zum Abbau der Zellwand ein und isolierte einzelne Protoplasten aus den Wurzelspitzen der Tomate. Doch erst 1968 wurde von Takebe et al. (Institute for Plant Virus Research, Aobacho, Chiba/Japan) ein erfolgreiches Verfahren zur Gewinnung großer Mengen aktiver Protoplasten aus Mesophyllzellen von *Nicotiana tabacum* entwickelt. Wegen der Einfachheit der Anwendung fand es schnell weite Verbreitung, und innerhalb kurzer Zeit gelang es einer Reihe von Labors, Protoplasten aus einer Vielzahl von Geweben [Wurzeln, Blättern, Petalen, Früchten, Koleoptilen, Speicherorganen sowie sich entwickelnden Pollen (Mikrosporen)] verschiedenster Pflanzenarten zu gewinnen. Zur Protoplastengewinnung wurde zunächst ein enzymatischer Zweistufenprozeß entwickelt. Dabei wird
1. die Mittellamelle (durch die benachbart liegende Zellen miteinander verbunden sind) aufgelöst und anschließend
2. die Zellwand verdaut.

Die Mittellamelle besteht vorwiegend aus Pektinen, die durch Pektinase hydrolysierbar sind. Dieses Enzym ist u.a. in einem Rohextrakt aus dem Bakterium *Rhizopus* enthalten. Handelsnamen für derartige Präparate sind Macerocyme oder Pectinol R 10.

Die Trockenmasse der Zellwand differenzierter Zellen besteht zu 25–40% aus Cellulose und zu 50% aus Hemicellulosen (Mannane, Galactane, Xylane). Je älter die Zellwand wird, desto mehr Cellulose wird in sie eingelagert. In den Fasern der Baumwolle erreicht der Anteil 94%, der Hemicelluloseanteil wird dabei anteilsmäßig reduziert. Neben Cellulose und

Hemicellulose wird bei sich differenzierenden Zellen das aromatische Polymer Lignin eingebaut, das einer weiteren Festigung der Wand dient.

Zur Auflösung der Zellwand benötigt man eine Cellulase, die in manchen Pilzen wie *Trichoderma viride* sowie im Speichel von Schnecken (z.B. der Weinbergschnecke *Helix pomatia*) vorkommt. Die Handelsnamen für cellulasehaltige Rohextrakte aus Pilzen sind: Cellulase Onozuka, Meicelase P, Driselase u.a. Die Präparate enthalten neben der Cellulase oft auch Hemicellulasen und eignen sich damit hervorragend zur Herstellung von Protoplasten.

Ursprünglich mußte die untere Epidermis der Blätter vor der Pektinasebehandlung abgezogen werden, doch durch Einsatz einer Pektin-Glycosidase (Rohament P) ließ sich dieser etwas mühsame Schritt umgehen (Schilde-Rentschler, Max-Planck-Institut für Biologie, Tübingen, 1972). Heutzutage verwendet man in der Regel Enzymgemische, um das Zweischrittverfahren auf einen einzigen Arbeitsgang zu verkürzen. Die Zusammensetzung des Mediums, in dem Protoplasten kultiviert werden, ist Tabelle 1 zu entnehmen. Die hohe Mannitolkonzentration braucht man, um dem osmotischen Druck im Protoplasteninneren entgegenzuwirken (→ isotonische Lösung). Protoplasten können in einer solchen Lösung über Tage und Wochen am Leben erhalten werden und behalten dabei ihre Teilungsfähigkeit bei. Sie können auch auf Agarplatten kultiviert werden, wo sie zu kleinen, sichtbaren Kolonien (Kalli) heranwachsen, und wir sind damit wieder bei der „Mikrobiologie" mit all ihren Möglichkeiten.

Tabelle 1. Kulturmedium für Protoplasten von *Nicotiana tabacum* var. Xanthi. (Nach Nagata und Takebe)

		Milligramm/Liter
1.	NH_4NO_3	825
2.	$CaCl_2 \times 2\ H_2O$	220
3.	KH_2PO_4	680
4.	KNO_3	950
5.	$MgSO_4 \times 7\ H_2O$	1.233
6.	H_3BO_3	6,2
7.	$CoSO_4 \times 7\ H_2O$	0,03
8.	$CuSO_4 \times 5\ H_2O$	0,025
9.	$MnSO_4 \times 4\ H_2O$	22,3
10.	$Na_2MoO_4 \times 2\ H_2O$	0,25
11.	KJ	0,83
12.	$ZnSO_4 \times 4\ H_2O$	8,60
13.	Na_2EDTA	37,3
14.	$FeSO_4 \times 7\ H_2O$	27,3
15.	Meso-Inositol	100,0
16.	Thiaminhydrochlorid	1,0
17.	NAA	3,0
18.	6-BAP	1,0
19.	Sucrose	10.000
20.	Mannitol	13% Gewicht/Volumen

pH 5,8, Agar 1,2% (Gewicht/Volumen). Das Agar-enthaltende Medium wird 1:1 mit Medium, das die Protoplasten enthält, verdünnt.

Zu den markantesten Eigenschaften aktiver Protoplasten gehört die rasche Regeneration einer Zellwand, die einer Protoplasmateilung stets vorausgeht. Diese Beobachtung induziert natürlich sofort die Frage, ob die Wandbildung eine ursächliche Voraussetzung für die Zellteilung ist, und es spricht alles dafür, daß es sich in der Tat so verhält (Schilde-Rentschler, Tübingen, 1977).

„Vakuoplasten". Die Vakuole ausdifferenzierter Pflanzenzellen macht 90% oder mehr des gesamten Zellvolumens aus. Es ist dehalb durchaus von Interesse, sich mit ihrem Inhalt und ihren sonstigen Eigenschaften zu befassen. Man braucht dazu reine Vakuolen, also Strukturen, die aus dem Vakuoleninhalt und der ihn umgebenden Membran bestehen (= „Vakuoplasten").

Zwei Verfahren sind in den vergangenen Jahren entwickelt worden. Wagner und Siegelman (Brookhaven National Laboratory, 1975) behandelten Protoplasten mit 0,2 molarer K_2HPO_4-HCl, pH 8,0, wobei das Plasmalemma durch osmotischen Schock zerstört wurde, während die Vakuolenmembran intakt blieb. Die anhaftenden Cytoplasmareste wurden durch Waschen und Filtration entfernt.

Lörz, Harms und Potrykus (Projektgruppen „Haploide in der Pflanzenzüchtung" am Max-Planck-Institut für Pflanzengenetik, Ladenburg bei Heidelberg) unterwarfen die Protoplasten einer intensiven Behandlung mit „Driselase", einem Enzymgemisch, das Cellulase, Pektinase, Laminarinase, Xylanase u.a. enthält. Die Plasmamembran wird dadurch in Mitleidenschaft gezogen und platzt während einer nachfolgenden Zentrifugation in einem Stufen-Sucrosegradienten (s. Abb. 54.3). Beide Verfahren eignen sich zur Herstellung größerer Mengen von Vakuoplasten aus Protoplasten unterschiedlicher Herkunft.

Was kann man mit Protoplasten anfangen?

1. *Kann ein einzelner Protoplast zu einer vollständigen Pflanze regeneriert werden?*
2. *Kann man Protoplasten miteinander fusionieren?*
3. *Kann man Viren oder Fremdmoleküle in sie einführen?*

Zu 1.: Kann ein einzelner Protoplast zu einer vollständigen Pflanze regeneriert werden? 1970 haben Takebe, Labib und G. Melchers (MPI für Biologie, Tübingen) aus Protoplasten eine vollständige Tabakpflanze regeneriert. Die Entwicklung bis zur Samenentwicklung dauerte unter optimalen Bedingungen 100–120 Tage. 1978 entwickelte Gleba (Akademie der Wissenschaften der Ukrainischen SSR, Kiew, zeitweilig Projektgruppen „Haploide in der Pflanzenzüchtung" am Max-Planck-Institut für Pflanzengenetik in Ladenburg) ein Verfahren zur Kultur einzelner Protoplasten in Mikrotropfen. Eine Anzahl derart klonierter Protoplasten konnte zur Entwicklung kompletter Pflanzen gebracht werden.

Abb. 54.3. Isolierung von „Vakuoplasten" aus Protoplasten der Gerste (Mesophyllzellen) in einem stufenförmig angelegten Dichtegradienten. *1*, 0,6 M Mannitol + 0,254 M $CaCl_2$, 1:1; ρ = 1,0283 g/cm^{-3}. *2*, 0,6 M Mannitol; ρ = 1,0357 g/cm^{-3}. *3*, 0,54 M Saccharose, ρ = 1,0685 g/cm^{-3}. *4*, gesättigte Saccharoselösung (Lörz et al., 1976)

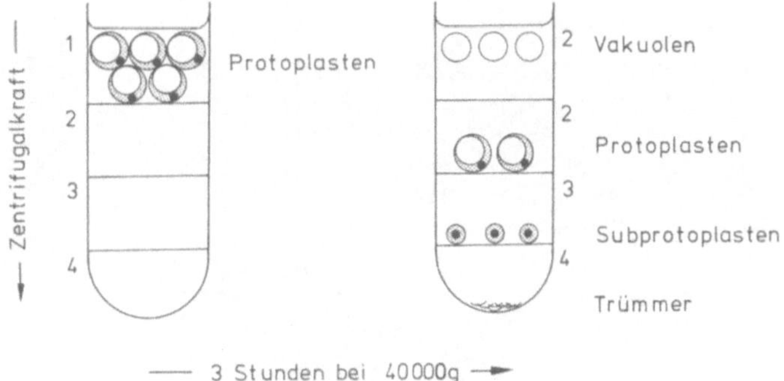

Inzwischen ist eine Regeneration von Protoplasten aus verschiedenen Pflanzengattungen geglückt: *Petunia, Brassica, Asparagus, Daucus* u.a. Dennoch sei vermerkt, daß es bei den Versuchen zahlreiche Fehlschläge gab und immer noch gibt. Es ist nämlich keineswegs selbstverständlich, daß sich Protoplasten aller untersuchten Arten teilen und regenerieren. Noch kann man als Ausrede für mißlungene Ansätze angeben, die Versuchsbedingungen seien nicht optimal, und es sei sinnvoll, die Medien zu variieren, in der Hoffnung, günstigere Bedingungen für eine gerade in Frage kommende Art zu schaffen. Man bedenke, daß die Standardmedien zunächst für die Kultur von Tabakprotoplasten ausgearbeitet worden sind. Sie eignen sich, wie wir gerade gesehen haben, auch für viele andere Arten, aber eben nicht für alle.

Zu 2: Kann man Protoplasten miteinander fusionieren? Spielen Artgrenzen eine Rolle? Über Fusionen tierischer Zellen haben wir bereits ausführlich gesprochen (s. Kap. 53) und gesehen, daß Heterokarien auch über Artgrenzen hinweg gebildet werden. Das gleiche gilt, wie nachfolgend ausgeführt wird, auch für pflanzliche Zellen. Damit können wir ein anspruchsvolleres Problem angehen und uns fragen, ob derartige vegetative (somatische) Zellhybriden auch zu Hybridpflanzen regeneriert werden können.

Aggregation von Protoplasten allein genügt nicht, um eine Fusion einzuleiten. Spezifische Antikörper und Sendai-Virus induzieren zwar Verklumpungen, doch nur in Ausnahmefällen Fusionen.

Protoplastenoberflächen sind stark negativ geladen. Im Gegensatz zu tierischen Zellen beruht die negative Oberflächenladung aber nicht auf Sialinsäureresten, sondern wird durch Phosphatgruppen bedingt (Nagata und Melchers, 1978). Die Protoplasten stoßen einander deshalb in Suspension ab. Um sie dennoch zu fusionieren, müssen die Oberflächenladungen als erstes neutralisiert werden, wozu sich sowohl Mono- als auch Polykationen eignen. Als besonders günstig erwiesen sich folgende Bedingungen: 0,05 M $CaCl_2$, pH 10,5; osmotischer Wert von 0,7 M Mannitol auf 0,4 M gesenkt, 37°C (W.A. Keller und G. Melchers, 1973) oder hochvisköse Polyäthylenglykollösungen bei $CaCl_2$-Anwesenheit (Kao und Michayluk, Prairie Regional Laboratory, Saskatoon, Kanada, 1974) (s. Abb. 54.4). Das Polyäthylenglykol vernetzt die Protoplasten und bildet Brücken zwischen den Oberflächen aus.

Bei einer sexuellen Kreuzung fusionieren haploide Zellen, die aus einer vorangegangenen Meiose hervorgegangen sind. Bei einer Fusion somatischer diploider Zellen müßte man ein tetraploides Fusionsprodukt erwarten. Um Verhältnisse zu schaffen, die einer sexuellen Kreuzung analog sind, braucht man deshalb haploides Ausgangsmaterial. Zu diesem Zweck entwickelten Guha und Maheshwari 1965 ein Medium zur Kultur von Antheren von *Datura innoxia*. Aus den Staubbeuteln wuchsen Keimlingen ähnliche Pflänzchen (Embryoide) heran. Dadurch, daß sie nicht die diploide Chromosomenzahl des normalen Pflanzengewebes, sondern nur die haploide hatten, erwiesen sich diese nicht zu Pollenkörnern (Mikroprothallien) entwickelten Abkömmlinge einer Meiose als „Pflanzen aus Gonen". Gonen ist die Bezeichnung für die (haploiden) Produkte einer Meiose (unabhängig vom Geschlecht).

Um haploide Pflanzen durch Samen fortpflanzen zu können, müssen sie diploid gemacht werden. Das ist aber, seit 1937 das Colchicin für diese Aufgabe entdeckt wurde, nicht schwer (s. Abb. 54.5). Man wird sich natürlich fragen dürfen, worin der Vorteil dieses Verfahrens liegt, und die Antwort lautet: Die so produzierten diploiden Pflanzen sind in allen ihren Genen homozygot.

1966 setzten Bourgin und Nitsch das Verfahren zur Produktion haploider Pflanzen der Arten *Nicotiana tabacum* und *N. sylvestris* ein. Die dabei erzeugten Pflanzen eignen sich zur Isolierung von Protoplasten für den Einsatz zu Fusionsexperimenten. Wie im Falle von Zellen tierischer Herkunft benötigt man auch hier ein Testsystem, um Fusionsprodukte frühzeitig (im Kallusstadium) zu erkennen und die richtigen (gewünschten) Typen zu selektieren.

In Abb. 54.6 sind ein Versuchsansatz und das Ergebnis eines Hybridisierungsexperiments wiedergegeben. Als Elternstämme wurden zwei Varietäten von *Nicotiana tabacum* (*vv* und *ss*) gewählt, die sich durch

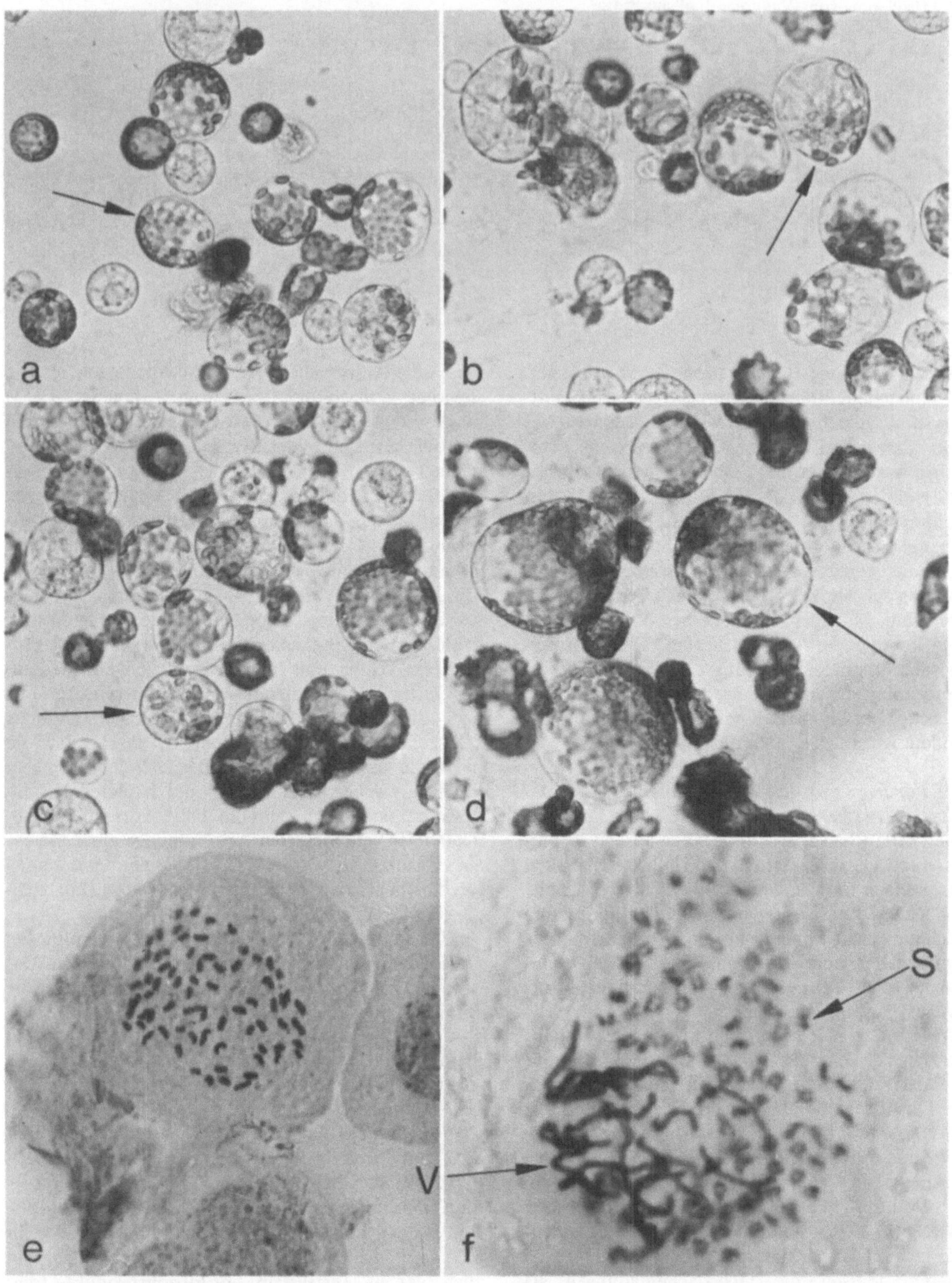

Abb. 54.4 a–f. Produktion von Erbsen-Sojabohnen-Heterokarien durch Protoplastenfusion. 24 Std. nach Ansetzen der Kultur. a und c Fusion durch Polyäthylenglykol induziert. b und c Hybridisierung durch Polyäthylenglykol, hohen pH-Wert und Ca^{2+}-Ionenzusatz induziert. e Aneutetraploider Sojabohnenprotoplast in Metaphase; f Heterokarien zwischen Bohne (*Vicia*) und Sojabohne. Zellteilung: Sojabohnenchromosomen (*s*) in Metaphase, Bohnenchromosomen (*v*) in Prometaphase. Die Kernteilungen der beiden Arten sind nicht vollständig synchronisiert. (Aufn. Kao, Saskatoon, 1974)

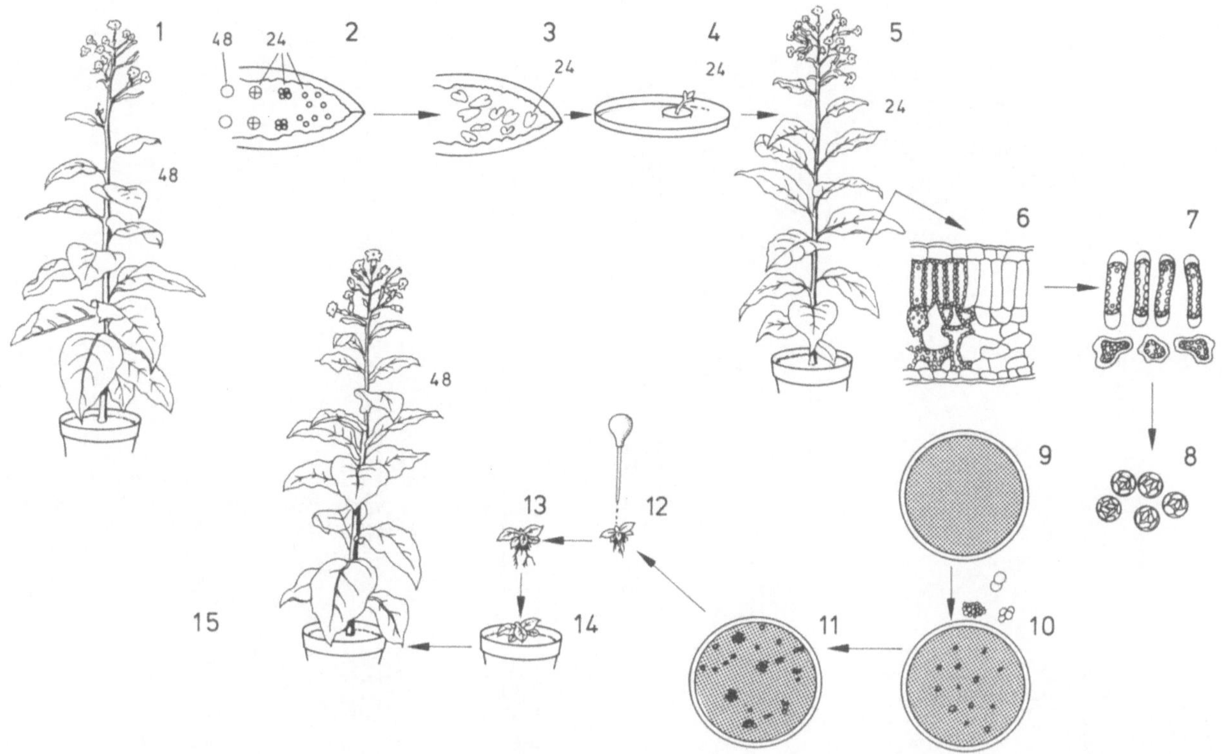

Abb. 54.5. Schematische Darstellung der Einführung einer mikrobiologischen Arbeitsphase in die Pflanzenzüchtung. Verbindung konventionell sexueller mit somatischer Genetik. *1*, Tabak (48 Chromosomen); *2*, Inneres der Anthere: Meiose, die zu haploiden Gonen mit 24 Chromosomen führt; *3*, Embryoide in der Anthere; *4*, aus der Anthere auswachsendes, haploides Pflänzchen; *5*, haploide Tabakpflanze; *6*, Blattquerschnitt; *7*, Isolierung von Mesophyllzellen mit Pektinasen; *8*, Entfernen der Zellwand durch Cellulasen (→ Protoplasten); *9*, Ausplattieren der Protoplasten; *10*, Auswachsen resistenter Zellen zu kleinen Kolonien (Kalli); *11*, Regeneration zu kleinen Pflänzchen; *12*, Diploidisierung mit Colchicin; *13–15*, Entwicklung einer diploiden Pflanze mit veränderten Merkmalen, deren Genotyp durch Kreuzungsanalyse getestet werden kann. (Nach Melchers, G., 1974)

defekte, lichtsensitive Chloroplasten auszeichnen (s. Abb. 54.7). Die sexuellen Bastarde (F_1 : *v x s* oder *s x v*) enthalten normale Chloroplasten. Das gleiche Ergebnis wurde durch Fusion von (haploiden) Protoplasten der beiden Varietäten (*v + s* oder *s + v*) erzielt. In Abb. 54.8 sind die Ergebnisse des Experiments wiedergegeben. Die Analyse der Nachkommenschaft dieser Pflanzen zeigte, daß sie in der Tat aus Fusionsprodukten hervorgegangen sind. Ohne die Kontrolle hätte ein Kritiker nämlich einwenden können, die dunkelgrünen Pflanzen mit intakten Chloroplasten seien das Ergebnis einer Spontanmutation. Da die eingesetzten Varietäten sich darüber hinaus aber auch an mehr als einem Merkmalsunterschied erkennen lassen und die Hybriden daher von Rückmutanten direkt zu unterscheiden sind, hat man einen weiteren Beweis für die Existenz von regenerierten Fusionsprodukten. Inzwischen sind auch bei einer Reihe anderer Arten vegetative Hybride erzeugt worden; so bei zwei Lebermoosrassen, bei *Phycomyces*, bei anderen *Nicotiana tabacum*-Varietäten, zwischen den (nahverwandten) Arten *N. glauca + N. langsdorfii* und *N. tabacum + N. sylvestris* sowie bei einigen Petunienarten, bei *Daucus carota*, bei *Brassica napus*, *Asparagus*, der Sojabohne u.a.

Zur Produktion eines vegetativen Hybriden aus *Nicotiana tabacum* und *N. sylvestris* ging Melchers den gleichen Weg, der in dem gerade beschriebenen Experiment aufgezeigt wurde. Auch hier wurde nach Hybriden mit lichtunempfindlichen Chloroplasten gesucht (s. Abb. 54.9 und 54.10). Die sich aus dem Fusionsprodukt entwickelnden Pflanzen zeigten Merkmale eines interspezifischen Bastards. An dieser Stelle sei vermerkt, daß bei (heterologen) Fusionen keineswegs immer nur ein Protoplast der Art A mit einem der Art B fusioniert, sondern oft mehrere Protoplasten in wechselnden Verhältnissen an der Fusion beteiligt sind. Hieraus sollten sich Pflanzen mit zahlreichen Anomalien entwickeln.

Alle bisher besprochenen Beispiele interspezifischer Fusionen wurden an Arten durchgeführt, die auch bei sexueller Kreuzung Hybride produzieren würden. Es schien anfangs unmöglich, Hybride zwischen Arten herzustellen, die nicht auch durch sexuelle Kreuzung zu gewinnen wären. In Abb. 54.11 sind einige der Gründe hierfür dargestellt. Interspezifische Heterokarien bilden

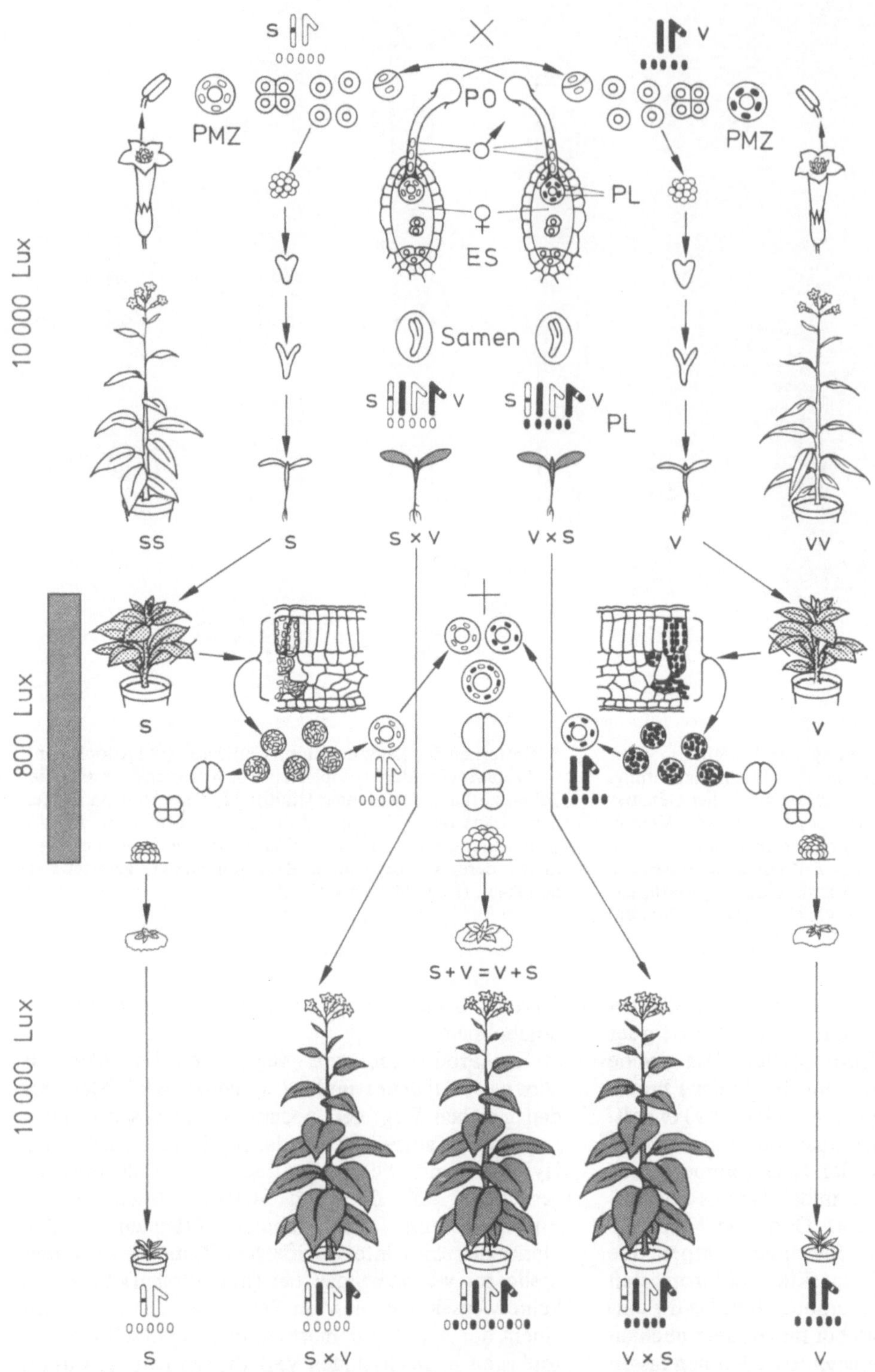

Abb. 54.6. Zusammenfassendes Schema der Versuche mit Chlorophyll-defizienten, lichtsensitiven Tabakvarietäten (*ss* und *vv*). Die konventionelle, sexuelle Hybridisierung (x) wird mit der somatischen (+) verglichen. Die genetische Situation im Kern ist durch zwei Chromosomenpaare symbolisiert, das eine davon enthält das rezessive *s* und das andere das rezessive *v*. Die Situation in der Plastidengenetik (in diesem Fall ohne Einfluß, da ○ und ● gleich sind) ist ebenfalls symbolisiert. Das Experiment durchläuft mehrere Phasen: 1. Produktion von Haploiden (s. Abb. 54.5). 2. Kultivierung von Pflanzen der „haploiden Embryonen" in schwachem Licht (800 Lux) zu mehr oder weniger grünen Pflanzen in der Klimakammer. 3. Präparation von Protoplasten aus diesen Pflanzen. 4. Fusion von Protoplasten von *s* und *v* und Selektion bei hoher Lichtintensität. Nicht hybridisierte sind nur blaß gefärbt (*unterste Zeile links und rechts*). *PMZ*, Pollenmutterzellen; *PO*, Pollen und Pollenschlauch (Melchers, G., und Labib, 1974)

Abb. 54.7. Zwei Chlorophyll-defekte, lichtsensitive Varietäten des Tabaks und ihre zu „normal" komplementierten Hybriden. *Von links nach rechts: ss, (s x v), (v x s), vv* nach sechs Wochen in Kultur. (Aufn. Melchers, Tübingen, 1974)

oft gar keine Hybride aus, die heterologen Kerne sind oft nicht vollständig synchronisiert, in einigen Fällen werden zwei Spindelapparate gebildet usw. Dennoch zeichnen sich inzwischen auch hier Wege ab, solche Schwierigkeiten – zumindest in einigen Fällen – zu überwinden. G. Melchers gelang es 1978, ein Fusionsprodukt zwischen Tomate und Kartoffel zur Differenzierung zu bringen (Tomoffel, *pomato,* Karmate). Selbstverständlich mußte dabei der Einwand widerlegt werden, austreibende Sprosse seien auf Zellen zurückzuführen, die nur eines der beiden Genome enthalten und das zweite während der Differenzierung verloren oder abgestoßen haben. In Zusammenarbeit mit Holden aus dem Labor von Wettstein in Kopenhagen konnte jedoch gezeigt werden, daß die ausdifferenzierten Sprosse *Fraction-1-Protein* (s. Kap. 43) der einen wie auch der anderen Art enthielten, und das wiederum heißt, daß zumindest Teile der Genome

Abb. 54.8. Identität des sexuellen Hybriden *v x s (links)* mit dem somatischen *v + s (rechts)*. Das gilt nur für Hybriden mit 48 Chromosomen. Die mit abweichenden Chromosomenzahlen unterscheiden sich morphologisch von dem idealen, mit dem sexuellen Hybriden identischen und sind nur teilfertil bis vollkommen steril. (Aufn. Melchers, Tübingen, 1974)

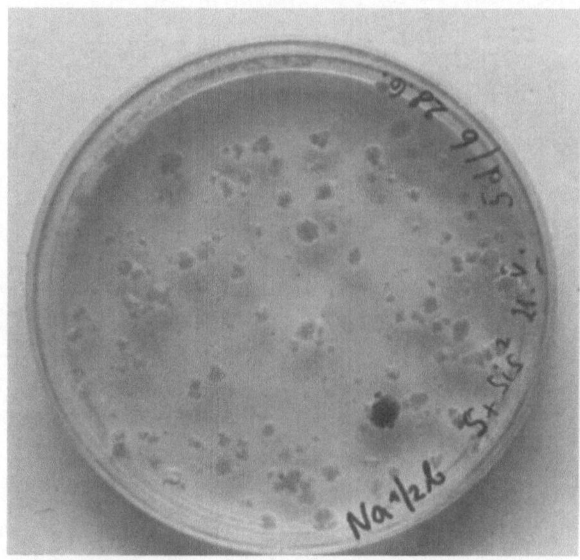

Abb. 54.9. Petrischale mit Kalluskulturen aus einem Fusionsprodukt von *Nicotiana tabacum s + N. sylvestris sis*^{2}, bei ca. 10.000 Lux kultiviert. *sis*^{2}-Protoplasten bilden keine Kalli, die ***hellen*** (gelben) Kalli sind Kalli von *N. tabacum s,* der ***dunkle*** (grüne) Kallus stammt aus einer Fusion *s + sis*^{2}. (Aufn. Melchers, Tübingen, 1977)

Abb. 54.10. *Links: Nicotiana tabacum s; rechts: N. sylvestris sis*^{2}*; mittlere Reihe:* somatische Hybriden aus Fusion von Protoplasten. *Oben* und *unten* mit 48, *in der Mitte* mit 96 Chromosomen. (Aufn. Melchers, Tübingen, 1977)

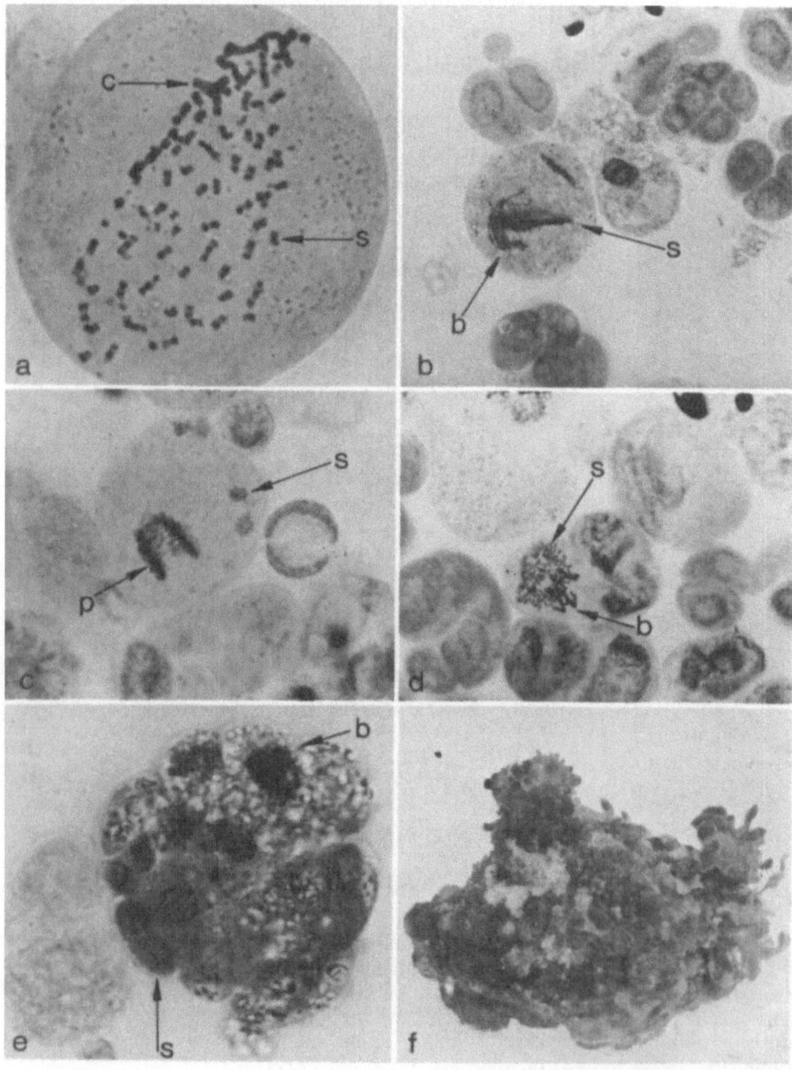

Abb. 54.11. a Mais-Sojabohnen-Heterokaryon in Metaphase. *c*, Maischromosom; *s*, Sojabohnenchromosom; Teilung verläuft synchron. b Gerste-Sojabohnen-Heterokaryon. *b*, Gerstenchromosom; *s*, Sojabohnenchromosom; Teilungen leicht asynchron. c Erbse-Sojabohnen-Heterokaryon (Anaphase) synchronisiert, aber in getrennten Teilungsspindeln. d Sojabohnen-Erbsen-Heterokaryon nach fünf Tagen in Kultur. e Chimäre Zellkolonie von Gerste-Sojabohnen nach fünf Tagen in Kultur. f Kallus aus *Nicotiana tabacum + N. langsdorfii.* Beginnende Differenzierung. (Aufn. Kao, Saskatoon, 1974)

beider Arten exprimiert sind (Melchers, Sacristán, Holder, 1978). Schieder vom Max-Planck-Institut für Züchtungsforschung in Köln gelang es 1978, Protoplasten von sexuell nicht kreuzbaren Stechapfelarten (*Datura stramonium* + *D. innoxia* und *D. innoxia* + *D. discolor*) miteinander zu fusionieren und aus den Fusionsprodukten samentragende Pflanzen heranzuziehen. Gleba et al. (Projektgruppen „Haploide in der Pflanzenzüchtung" am Max-Planck-Institut für Pflanzengenetik in Ladenburg) fusionierten Protoplasten aus *Arabidopsis thaliana* und *Brassica campestris* und regenerierten daraus Wurzelgewebe. Eine artspezifisch gerichtete Elimination von Chromosomen konnte über sieben Monate hinweg (≙ 30 Zellgenerationen) nicht festgestellt werden. Gene beider Elternarten wurden exprimiert.

Zu 3: Kann man Viren oder Fremdmoleküle in Protoplasten einführen? Seitdem man Kallus- und Einzelzellkulturen anlagen kann, ist man bemüht, auch (Pflanzen-)Viren darin zu vermehren, um analytische Systeme zu schaffen, wie sie vom Einsatz der Zellkulturen zum Studium animaler Viren her bekannt sind. Die Ergebnisse mit Pflanzenzellen sind wenig zufriedenstellend, denn die Ausbeute infizierter Zellen ist außerordentlich dürftig.

Die ersten Ansätze zur Infektion von Protoplasten mit Viren waren Versuche von Cocking und Mitarbeitern Mitte der sechziger Jahre. Doch erst nach der Entwicklung des Verfahrens zur Massenproduktion von Protoplasten wurde es möglich (Aoki und Takebe), Protoplasten (in Anwesenheit der Polykationen Protaminsulfat oder Poly-L-Ornithin) routinemäßig mit TMV-RNS zu infizieren. Mit Hilfe fluoreszierender Antikörper (anti-TMV-Hüllprotein) ließ sich zeigen, daß 3–7% aller Protoplasten infiziert waren und komplette TMV-Partikel produzierten. Die intrazelluläre Viruskonzentration erreichte 22 Std. nach der Infektion ihr Maximum. Die infizierten Protoplasten bildeten $0{,}9–5{,}5 \times 10^5$ Virusteilchen. Dieses Verfahren ist allein schon deshalb von Interesse, weil die Wirtszellen (Protoplasten) synchron infiziert werden können und man die einzelnen Schritte des Infektionsvorgangs und der Vermehrung der Viren zeitlich verfolgen kann. Die Virussynthese wird durch 2-Thiouracil, einen Inhibitor der RNS-Synthese, unterdrückt. Sarkar et al. (1974) verbesserten die Effizienz des Verfahrens, indem sie anstelle des Poly-L-Ortnithins einen alkalischen Puffer (pH 9,0) verwendeten. Bereits 0,001 µg TMV-RNS/ml genügen dann zur Infektion aller Protoplasten in einer Suspension. 48 Std. nach der Infektion erschienen in jedem Protoplasten 10^6 – 10^7 TMV-Partikel.

Protoplasten nehmen in Anwesenheit von Poly-L-Ornithin und Zn^{2+}-Ionen Einzelstrang-DNS des Bakteriophagen fd auf (Suzuki und Takebe, 1976). Dieser Befund zeigt, daß man auch Fremd-DNS (heterologe DNS) in einen Protoplasten einführen kann. Man erwartet nicht, daß sich fd-DNS in Pflanzenzellen vermehrt, wichtig ist hier lediglich die Tatsache der Aufnahme, denn man gewinnt durch diesen Versuch einen Anhaltspunkt dafür, daß auch heterologe DNS eingeschleust werden kann, die in den Zellen exprimierbar ist.

Welche Anwendungsmöglichkeiten bieten sich für die bisher beschriebenen Techniken?

G. Melchers hat seit Jahren auf die Bedeutung der Haploiden für die Pflanzenzüchtung hingewiesen, weil bei ihnen mutierte Gene sofort erkannt werden können und weil im Gegensatz zur konventionellen Pflanzenzüchtung wesentlich schneller und efffektiver selektiert werden kann. Eine der Möglichkeiten soll an einem von ihm analysierten Modellbeispiel erläutert werden. Am Rande sei vermerkt, daß das gewählte Beispiel ausschließlich aus wissenschaftlichen Gründen untersucht wurde. Bei der *N. tabacum*-Varietät Samsun ist eine dominante Mutante (*E: electe necroticum*) gefunden worden, auf der sich bestimmte Stämme des Tabakmosaikvirus (z.B. der Wildstamm: *dahlemense*) nicht ausbreiten. Die Pflanzen sind gegenüber diesem Virusstamm somit hypersensitiv (G. Melchers, H. Jockusch und v. Sengbusch, 1966).

Das Gen N, seit langem bekannt und bei *N. glutinosa* nachgewiesen, führt zu Hypersensitivität gegenüber allen TMV-Stämmen. Bei einer Kreuzung zweier Tabaksorten, von denen die eine *EE nn* und die andere *ee NN* trägt, erhält man nach Mendel in der F_2:

EE NN x ee NN

Ee Nn — Eltern F_1

Pollen	*EN*	*eN*	*En*	*en*
2 *EN*	*EE NN*	*Ee NN*	*EE Nn*	*Ee Nn*
eN	*Ee NN*	*ee NN*	*Ee Nn*	*ee Nn*
1 *En*	*EE Nn*	*Ee Nn*	*EE nn*	*Ee nn*
1 *en*	*Ee Nn*	*ee Nn*	*Ee nn*	*ee nn*
		12	3	1

F_2

Die Erwartungswerte und die Ergebnisse einer konventionellen Kreuzung sind der folgenden Tabelle zu entnehmen:

	Hypersensitiv gegenüber allen TMV-Stämmen	Hypersensitiv gegenüber *dahlemense*	Nicht hypersensitiv
Aufspaltung (Verhältniszahlen s.o.)	12	3	1
erwartete Werte (n = 248)	186,0	46,5	15,5
beobachtet	184	42	22

In der Nachkommenschaft aus Antherenkulturen („Pollen" s. oben) erhält man:

	Hypersensitiv gegenüber allen TMV-Stämmen	Hypersensitiv gegenüber *dahlemense*	Nicht hypersensitiv
Aufspaltung (Verhältniszahlen)	2	1	1
erwartete Werte (n = 269)	134,5	67,2	67,2
beobachtet (n = 269)	153	48	68

Die Ergebnisse verdeutlichen, daß die doppelt dominante Kombination (*EE NN*) in konventionell hergestellter F_2 nur zu einem Zwölftel unter denjenigen Kombinationen auftritt, deren Träger Dominanz aufweisen. Bei der Antherenkultur macht sie die Hälfte aller dominant aussehenden Formen aus:

$$EN \rightarrow EE\,NN$$
$$eN \rightarrow ee\,NN.$$

Das Verfahren verspricht immer dann Vorteile, wenn die Zuchtziele mehrere dominante Gene als Grundlage brauchen. Weitere Einsatzmöglichkeiten sind in Tabelle 2 zusammengestellt.

Wir haben auf S. 509 gesehen, wie man Haploide (Antherenkulturen) erzeugt. So eindrucksvoll diese Ergebnisse für die Solanaceae und einige andere Pflanzen auch sein mögen, so schwierig oder gar unmöglich ist es jedoch, diese Methode auf eine Reihe anderer – wirtschaftlich bedeutender – Arten auszudehnen. Es gibt bislang nur einige wenige erfolgreiche Ansätze, so lassen sich u.a. die Mikrosporen des Roggens kultivieren (Wenzel et al., Projektgruppen „Haploide in der Pflanzenzüchtung" am MPI für Pflanzengenetik, 1975). Große Anstrengungen in bezug auf die Entwicklung neuer Verfahren in der Antherenkultur werden auch von chinesischen Arbeitsgruppen unternommen. Mehr als 200 Teams mit über 2000 Wissenschaftlern arbeiten an der Lösung dieser Probleme.

Durch Suche nach geeigneten Mutanten und Anwendung effizienter Selektionsmethoden, bei denen Mutationen bereits an Protoplasten oder in Zellkultur zu erkennen sind, zeichnen sich neuartige, bislang unzugängliche Wege der Resistenz- und Qualitätszüchtung ab.

Eingangs wurde schon darauf hingewiesen, daß pflanzliche Zellen sog. sekundäre Stoffwechselprodukte produzieren. Vordringlich ist dabei das Interesse an Substanzen, die in der Medizin als Heilmittel eingesetzt werden. Diese Substanzen sind in den betreffenden Pflanzen nicht in allen Geweben enthalten. Manche Stoffe kommen nur in der Wurzel, andere nur in Blättern oder Blüten vor. Ihr Anteil am Gesamttrockengewicht der Pflanze ist damit naturgemäß gering, und der Versuch, Zell- und Kalluskulturen einzusetzen, ist demnach allein schon aus wirtschaftlichen Erwägungen von besonderem Interesse. Solche Ansätze sind in den vergangenen Jahren in ständig steigendem Maße initiiert worden. Vor allem in Japan wurden zahlreiche Verfahren zur Anwendung gebracht und patentiert.

Zellkulturen können – automatisiert – unter kontrollierten Bedingungen gehalten werden. Man hat es

Tabelle 2. Haupteinsatzmöglichkeiten haploider Pflanzen. (Nach Wenzel, pers. Mitt., 1979)

	Methode	Folge	Anwendung
1	Identische Chromosomenverdopplung	Homodiploidie, reine Linie	Heterogame mit gleichen Geschlechtschromosomen [a]
2	Identische Chromosomenverdopplung	Homodiploidie, reine Linie	Hybridsaatgut, Heterosis [b]
3	Mutation	Phänotyp = Genotyp	Selektion rezessiver Mutationen
4	Als direktes Meioseprodukt	einfachere Spaltung, z.B. 1:1 statt 1:2:1	weniger Ausgangsmaterial erforderlich
5	Als direktes Meioseprodukt	kleiner	attraktiv bei Zierpflanzen, blühen länger [c]
6	Kreuzen mit Diploiden	aneuploid, Monosomen	Chromosomenkartierung
7	Somatische Fusion	vitale diploide Hybride	Heterosis [b]

a Für den Spargelzüchter z.B. ist es wichtig, möglichst viele männliche Pflanzen für den Anbau zu gewinnen (→ besserer Ertrag). Durch Diploidisierung von Haploiden mit einem Y-Chromosom erhält man YY. Kreuzt man diese mit XX (♀), erhält man ausschließlich XY (♂).

b Hybride sind in der Regel ertragreicher, schnellwüchsiger und widerstandsfähiger (→ Heterosis). Ein Beispiel: Aa Bb. Um ausschließlich diesen Genotyp zu erhalten, benötigt man Eltern, bei denen einmal A und zum anderen B homozygot (und dominant) sind: AA bb x aa BB. In der F_2 würden Aa Bb in eine Vielzahl von Genotypen zerfallen (s. Mendelsche Aufspaltungsregel).

c Haploide sind in der Regel nicht fertil. Es kommt in den Blüten der Haploiden daher nicht zu einem Befruchtungsvorgang. Befruchtung wiederum ist in der Regel ein Signal zum Welken der Blüte.

gelernt, die Zellen vor Schädlingen (Bakterien, Insekten u.a.) zu schützen, denn man konnte auf jahrzehntelange Erfahrungen in der Fermentationstechnik von Mikroorganismen zurückgreifen. Zwei Beispiele, die die Bedeutung der schon heute erzielten Erfolge veranschaulichen sollen: 1969 zeigten Kaul, Stohs und Staba, daß Diosgenin, ein Rohstoff der kommerziellen Produktion von Corticosteroiden und empfängnisverhütenden Steroiden in Suspensionskultur von *Dioscorea deltoidea* produziert wird. Das Diosgenin macht 1,5% des Trockengewichts der Zellkulturen aus.

Eine Reihe pflanzlicher Zellkulturen bildet große Mengen an Chinonen. Zellkulturen von *Morinda citrifolia* produzieren – auf das Trockengewicht bezogen – zehnmal soviel Anthrachinon wie die entsprechenden ausdifferenzierten Pflanzen (Zenk, El-Shagi, Schulte, Ruhr-Universität, Bochum, 1975).

Dieser Ausblick soll andeuten, daß wir hier am Anfang einer erfolgversprechenden Entwicklung stehen. Der Einsatz genetischer Methoden ist bei weitem noch nicht ausgeschöpft.

Literatur

Aoki, S., Takebe, I.: Infection of tobacco mesophyll protoplasts by tobacco mosaic virus ribonucleic acid. Virology *39*, 439 (1969)

Barz, W., Reinhard, E., Zenk, M.H.: Plant tissue culture and its bio-technological application. Berlin, Heidelberg, New York: Springer 1977

Cocking, E.C.: An electron microscopic study of the initial stages of infection of isolated fruit protoplasts by tobacco mosaic virus. Planta *68*, 206 (1966)

Gleba, Y.Y.: Microdroplet culture: Tobacco plants from single mesophyll protoplasts. Naturwissenschaften *65*, 158 (1978)

Gleba, Y.Y., Kohlenbach, H.W., Hoffmann, F.: Root morphogenesis in somatic hybrid cell lines *Arabidopsis thaliana + Brassica campestris*. Naturwissenschaften *65*, 655 (1978)

Jones, C.W., Mastrangelo, I.A., Smith, H.H., Liu, H.Z.: Interkingdom fusion between human (HeLa) cells and tobacco hybrid (GGLL) protoplasts. Science *193*, 401 (1976)

Kao, K.N., Constabel, F., Michayluk, M.R., Gamborg, O.L.: Plant protoplast fusion and growth of intergeneric hybrid cells. Planta *120*, 215 (1974)

Kleinhofs, A., Behki, R.: Prospects for plant genome modification by nonconventional methods. Annu. Rev. Genet. *11*, 79 (1977)

Lörz, H., Harms, C.T., Potrykus, I.: Isolation of "vacuoplasts" from protoplasts of higher plants. Biochem. Physiol. Pflanz. *169*, 617 (1976)

Lurquin, P.F., Kado, C.I.: *Escherichia coli* plasmid pBR 313 insertion into plant protoplasts and into their nuclei. Mol. Gen. Genet. *154*, 113 (1977)

Melchers, G.: Haploid higher plants for plant breeding. Z. Pflanzenzücht. *67*, 19 (1972)

Melchers, G.: Kombination somatischer und konventioneller Genetik für die Pflanzenzüchtung. Naturwissenschaften *64*, 184 (1977)

Melchers, G., Labib, G.: Somatic hybridisation of plants by fusion of protoplasts. Mol. Gen. Genet. *135*, 277 (1974)

Nagata, T., Melchers, G.: Surface charge of protoplasts and their significance in cell-cell interaction. Planta *142*, 235 (1978)

Nitsche, W., Wenzel, G.: Haploids in plant breeding. Berlin, Hamburg: Parey 1977

Sarkar, S., Upadhya, M.D., Melchers, G.: A highly efficient method of inoculation of tobacco mesophyll protoplasts with ribonucleic acid to tobacco mosaic virus. Mol. Gen. Genet. *1* (1974)

Schieder, O.: Somatic hybrids of *Datura innoxia Mill + Datura discolor* Berak and of *Datura stramonium* L. var. *torula* I. Selection and characterization. Mol. Gen. Genet. *162*, 113 (1978)

Street, H.E.: Engineering with plant cells. Interdiscip. Sci. Rev. *2*, 62 (1977)

Suzuki, M., Takebe, I.: Uptake of single-stranded bacteriophage DNA isolated tobacco protoplasts. Z. Pflanzenphysiol. *78*, 421 (1976)

Takebe, I.: The use of protoplasts in plant virology. Annu. Rev. Phytopathol. *13*, 105 (1975)

Takebe, I., Otsuki, Y., Aoki, S.: Isolation of tobacco mesophyll cells in intact and active state. Plant Cell Physiol. *9*, 115 (1968)

Thomas, E., Davey, M.R.: From single cells to plants. London, Winchester: Wykeham Publ. Ltd. 1975

Wagner, G.J., Siegelman, H.W.: Large-scale isolation of intact vacuoles of chloroplasts from protoplasts of mature plant tissues. Science *190*, 1298 (1975)

Wenzel, G., Hoffmann, F., Potrykus, I., Thomas, I.: The separation of viable rye microspores from mixed populations and their development in culture. Mol. Gen. Genet. *138*, 293 (1975)

Zaitlin, M., Beachy, R.N.: The use of protoplasts and separated cells in plant virus research. Adv. Virus Res. *19*, 1 (1974)

55. Effektoren: Hormone; Kontrolle durch das Hormonsystem: Zellstoffwechsel, Wachstum und Differenzierung

Kein vielzelliger Organismus kann ohne Kommunikation seiner Zellen untereinander überleben. Jede Zelle sendet chemische Signale (Effektoren) aus, die von anderen, aber nicht unbedingt von allen Zellen verstanden werden. Bei tierischen Organismen haben sich im Laufe der Evolution zwei informationsübertragende und -verarbeitende Systeme entwickelt: Das Nerven- und das Hormonsystem. Das Nervensystem besteht aus stationären Einheiten, den Neuronen (s. Kap. 65 und 70), die untereinander in Kontakt stehen und so ein Netzwerk ausbilden, das seinerseits mit anderen Körperzellen kooperiert. Erregungen werden in extrem kurzer Zeit (mSek) verarbeitet, weitergegeben oder unterdrückt. Das Hormonsystem arbeitet langsamer. Seine Wirkungen sind jedoch nachhaltiger. Wir werden an dieser Stelle nicht alle Hormone behandeln. Ausgeklammert werden u.a. die z.T. recht gut untersuchten Hormone der Invertebrata [z.B. Verpuppungshormon (Ecdyson); Juvenilhormon, Häutungshormone u.a.] und die der Pflanzen [Auxine, Kinetine, Giberelline und Abscessine (Abscessinsäure, Dormin)].

Das Hormonsystem der Vertebrata (und auch der Invertebrata) ist hierarchisch strukturiert. Die Ausschüttung eines Hormons wird durch ranghöhere Hormone gesteuert, und deren Produktion unterliegt letztlich der Kontrolle des Nervensystems. Neuronen sind sekretorische Zellen, die Hormone oder hormonähnliche Substanzen sezernieren. Diese wirken entweder auf eine benachbarte Zelle ein und erregen bzw. inhibieren sie, oder sie beeinflussen Zellen, die vom Entstehungs- und Freisetzungsort des Hormons weit entfernt sind. Im ersten Fall spricht man von Neurotransmittern, im zweiten von Neurohormonen. Dabei sollte man sich aber vergegenwärtigen, daß die Begriffe Neurotransmitter und Neurohormon nur in operationalem Sinne verstanden werden dürfen. Denn ein und dieselbe Substanz kann in der einen Situation als Neurotransmitter, in einer anderen als Neurohormon wirken. Einige der Neurotransmitter sind Allerweltsstoffe, wie z.B. das Glycin und das Glutamat, die an anderer Stelle gänzlich andere Aufgaben wahrnehmen.

Das Hormonsystem ist kaskadenförmig organisiert. Bei jeder Informationsumsetzung wird die Informationsmenge vervielfacht (amplifiziert). Es versteht sich deshalb schon fast von selbst, daß das System keine Einbahnstraße sein darf, sondern daß das Ergebnis der hormonalen Wirkung dem Zentralnervensystem (ZNS) zurückgemeldet werden muß. Dadurch wird verhindert, daß die verstärkten Signale ad infinitum produziert werden und permanent Aktivitäten auslösen.

Das Hormonsystem der Vertebrata und speziell des Menschen ist ausgiebig analysiert worden, allein schon deshalb, weil das Wissen darüber von großem medizinischem Interesse ist. Der vollständige oder partielle Ausfall von einem oder mehreren Hormonen führt zu Störungen des Wachstums, der Entwicklung und des Stoffwechsels. Man hat – zumindest in einigen Fällen – klinische Erfolge durch regelmäßige Applikation des betroffenen Hormons erzielen können. Das klassische Beispiel dafür ist die Therapie von Zuckerkranken durch regelmäßige Gabe von Insulin. Eine Hormonbehandlung ist aber erst dann realisierbar, wenn das Hormon isoliert und charakterisiert worden ist und wenn es einem anschließend in ausreichenden Mengen zur Verfügung steht.

Da die Hormone in der Regel aus tierischen Organen isoliert werden und diese wiederum nicht in beliebiger Menge zu haben sind, bemüht man sich um alternative Lösungen, wobei sich der Einsatz der Gentechnologie (*Genetic engineering*, s. Kap. 11) mit dem Ziel, Peptidhormone durch Bakterien produzieren zu lassen, als eine zukunftsträchtige Methode anbietet (s. Abb. 56.10).

Hormone gehören unterschiedlichen Stoffklassen an. Man trennt zwischen

– Peptidhormonen,
– Aminosäurederivaten und
– Steroidhormonen.

Sie werden nur von solchen Zellen erkannt, die über einschlägige Rezeptoren verfügen. Ein Hormon kann auf einen oder (meist sogar) auf mehrere Zelltypen einwirken (pleiotroper Effekt). Andererseits gibt es Zellen mit mehreren verschiedenen Rezeptortypen, die damit auf mehrere unterschiedliche Signale ansprechen können.

Man unterscheidet zwischen Hormonen, die von der Zelle erkannt werden und sie zur Bildung eines intrazellulären Regulatormoleküls (eines *Second messengers*) induzieren und solchen, die selbst in die Zelle eindringen, sich dort mit einem intrazellulären Rezeptor verbinden und auf das genetische Material im Kern einwirken. Als Konsequenz davon wird die Expression bestimmter Gene selektiv reguliert; Wachstum und Differenzierung werden dadurch meist irreversibel beeinflußt.

Die Wirkung der zuerst genannten ist meist weniger einschneidend. Sie modulieren die Effizienz des Stoffwechsels. Auf diese Weise wird u.a. der Sollwert des Blutzuckerspiegels eingestellt, der seinerseits vom jeweiligen physiologischen Zustand des Organismus (Anstrengung, Aufregung, Ruhezustand u.a.) abhängt. Der Hormonspiegel kann durch Umweltreize verändert werden, die von Sinneszellen wahrgenommen, via Nervensystem dem Gehirn zugeleitet und dort verrechnet werden. Als Ergebnis entsteht ein Signal zur Produktion des Hormons.

Hormone unterschiedlicher Ranghöhe werden in verschiedenen Organen gebildet. Vereinfachend lassen sie sich in absteigender Stufenfolge mehreren Ebenen zuordnen:

1. Neuronales Gewebe. Neuronen sondern Neurotransmitter bzw. Neurohormone ab.
2. Hypothalamus, ein Teil des Gehirns.
3. Hypophyse (Hirnanhangdrüse), ein Organ, das aus Vorder- und Zwischenlappen (Adenohypophyse) und dem Hinterlappen (Neurohypophyse) besteht. Die Hypophyse ist durch ein Gefäß direkt mit dem benachbarten Hypothalamus verbunden (siehe Abb. 56.7).
4. Periphere endokrine (innersekretorische) Drüsen
   - Schilddrüse,
   - Pankreas,
   - Nebenniere/Nebennierenrinde,
   - Gonaden (Ovar, Hoden),
   - Zellen, die dem Magen-Darm-Trakt assoziiert sind.
5. Zielorgane (Erfolgsorgane), ggf. Produktionsorte eines *Second messengers*.

Neurotransmitter sind meist kleine Moleküle (Einzelheiten s. folgendes Kapitel). Im Hypothalamus wird eine Gruppe von Hormonen gebildet, die man wegen ihrer direkten Wirkung auf die spezifische Hormonproduktion in der Hypophyse als *Releasing*-Faktoren bezeichnet. Die bisher analysierten Vertreter sind kurze – oft modifizierte – Peptide. In der Hypophyse wird eine Gruppe von Hormonen gebildet, von denen jedes selektiv die Hormonabgabe in einer der peripheren innersekretorischen Drüsen stimuliert. Diese Hormone sind in der Regel mittelgroße bis große Peptide. Die in den peripher gelegenen Drüsen produzierten Hormone sind entweder kleine Moleküle (Steroide, Thyroxin, Catecholamine) oder Peptide (Glukagon, Insulin u.a.).

In Tabelle 1 sind die bekanntesten Peptidhormone, ihre Zielorgane und ihr Wirkungsspektrum zusammengefaßt, und in Abb. 55.1 ist der hierarchische Aufbau des Hormonsystems wiedergegeben.

Peptidhormone sind primäre Genprodukte. Es ist somit nach Aufklärung der Aminosäuresequenzen möglich, ihre Evolution zu verfolgen. Die bisher erst fragmentär vorliegenden Daten weisen vielfach auf hochgradig konservatives Verhalten und Verwandtschaftsbeziehungen der Peptidhormone untereinander hin. Die Ergebnisse sind u.a. deshalb von Bedeutung, weil sie erklären, inwieweit das Immunsystem des Empfängers bei einer Applikation von Hormonpräparaten gefordert wird. Bei zu großen Unterschieden zwischen homologen Hormonen des Donors und des Empfängers kann eine Therapie schon an der ausgelösten Abwehrreaktion scheitern. Allein das ist ein Grund dafür, sich vermehrt um die Hormonproduktion in Mikroorganismen zu bemühen.

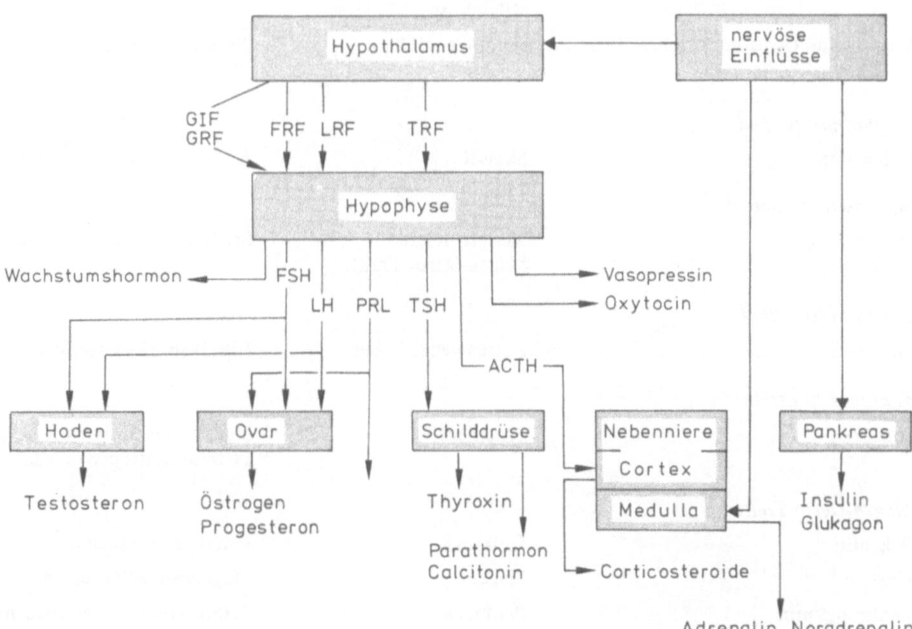

Abb. 55.1. Vereinfachtes Schema zur Illustration des hierarchischen Aufbaus des Hormonsystems

Tabelle 1. Peptidhormone des Menschen. (Nach White, Handler und Smith, 1968)

Bildungsort, Bezeichnung	Zielorgane (Erfolgsorgane)	Wirkungspektrum
Hypothalamus		
Thyrotropin-Releasing-Faktor (TRF)	Hypophyse (Vorderlappen)	Freisetzung von TSH
Luteinisierendes Hormon- und Follikel-stimulierendes Hormon-Releasing-Faktor (LRF oder LH-RF)	Hypophyse	Freisetzung von LH und FSH
Prolactin-Releasing-Faktor (PRF)	Hypophyse	Stimulation der Prolactin-Sekretion
Prolactin-Inhibiting-Faktor (PIF)	Hypophyse	Hemmung der Prolactin-Sekretion
Wachstumshormon-Releasing-Faktor (GRF)	Hypophyse	Stimulation der Wachstumshormon-Sekretion
Wachstumshormon-Inhibiting-Faktor (GIF, Somatostatin)	Hypophyse	Hemmung der Wachstumshormon-Sekretion
Corticotropin-Releasing-Faktor	Hypophyse	Stimulation der ACTH-Sekretion
MSH-Releasing-Faktor (MRF)	Hypophyse	Stimulation der MSH-Sekretion
MSH-Inhibiting-Faktor (MIF)	Hypophyse	Hemmung der MSH-Sekretion
Hypophyse (Vorderlappen)		
Wachstumshormon (Somatotropin) (STH)	Leber, Niere, Muskeln Knochen	Stimulation der Proteinsynthese, Produktion von Somatomedinen, Stimulation des Mineralstoffwechsels und aller mit dem Wachstum verbundenen Stoffwechselvorgänge
Prolactin (PRL)	Milchdrüsen	Proliferation und Einleitung der Milchsekretion
Lutropin, Luteinisierendes Hormon (LH)	Ovar, Zellen des Hodens	Östrogen- und Progesteron-Sekretion, Testosteronsekretion
Thyrotropin (Schilddrüsen-stimulierendes Hormon (TSH)	Fettgewebe, Schilddrüse	Freisetzung von Lipiden, Bildung und Sekretion von Schilddrüsenhormonen
Follikel-stimulierendes Hormon (FSH)	Ovar Hoden	Follikelbildung; zusammen mit LH: Progesteron-Sekretion, Bildung samenführender Tubuli, Spermatogenese
Adrenocorticotropes Hormon (ACTH)	Corpus luteum Nebennierenrinde	Sekretion von Progesteron. Bildung und/oder Sekretion von Corticosteroiden
Melanophoren-stimulierendes Hormon (MSH)	Melanophoren	Pigmentdispersion
Hypophyse (Hinterlappen)		
Oxytocin	Uterusmuskulatur Milchdrüse	Kontraktion, Gebären, Milchejektion
Vasopressin (Antidiuretisches Hormon, ADH)	Nierenkanälchen	Wasserresorption
Schilddrüse (C-Zellen)		
Calcitonin	Skelett	Adsorption von Ca^{2+} aus dem Serum
Nebenschilddrüse		
Parathormon	Skelett, Niere, Magen-Darm-Trakt	Stoffwechsel von Ca^{2+} und Phosphor
Pankreas (α-Zellen)		
Glukagon	Fettgewebe, Leber	Lipolyse, Glykogenolyse
Pankreas (β-Zellen)		
Insulin	allgemein	Nutzbarmachung von Kohlenhydraten. Stimulation der Protein-Synthese (s. Kap. 30 und Kap. 38)
Magen-Darm-Trakt		
Sekretin	Pankreas	Pankreas-Sekretion
Gastrin	Magen	Magensäure-Sekretion
Pankreozymin	Pankreas	Stimulation von Verdauungsenzymen

Viele Peptidhormone werden in Form inaktiver Vorstufen gebildet, die durch limitierte Proteolyse (s. Kap. 18) in die aktive Form überführt werden. In einigen Fällen zerfällt der *Precursor* (die Vorstufe) in zwei voneinander verschiedene Hormone.

Steroid-, Catecholamin- und Thyroidhormone sind Produkte von Biosyntheseketten (s. Kap. 58). Artspezifische Variabilität tritt kaum auf, da sie auf Änderungen der Spezifität von Enzymen, die an der Synthese der Hormone beteiligt sind, beruhen müßte. Einer Evolution von Hormonen muß eine Evolution der Hormonrezeptoren parallel laufen. Unser Wissen hierüber ist heute noch mehr als lückenhaft. Ob die *Releasing*-Faktoren primäre Genprodukte oder Produkte von Biosyntheseketten sind, ist in den meisten Fällen noch nicht eindeutig geklärt worden. Die Ergebnisse sind z.T. noch kontrovers, und die Meinungen sind geteilt.

Wie werden uns in den folgenden Kapiteln mit der Struktur und der Funktion der einzelnen Hormone auseinandersetzen. Die Besprechung folgt der auf S. 519 vorgestellten Rangordnung.

56. Neurotransmitter und Releasing Faktoren

Eigenschaften

a) Sie werden an Nervenendigungen synthetisiert, gespeichert und von dort aus auch freigesetzt.
b) Die Freisetzung erfolgt (in der Regel) aufgrund einer präsynaptischen Erregung.
c) Der Neurotransmitter wird von spezifischen Rezeptoren an der Postsynapse der benachbarten Zellen erkannt und ruft in jener Zelle eine Reaktion hervor. Viele der Rezeptoren sind mittlerweile charakterisiert worden, und wie der Acetylcholinrezeptor können alle in mindestens zwei voneinander verschiedenen Funktionszuständen vorliegen.
d) Der Einfluß des Neurotransmitters wird durch Antagonisten aufgehoben, wobei entweder die Komplexbildung Transmitter-Rezeptor oder die Freisetzung des Transmitters unterbunden wird.

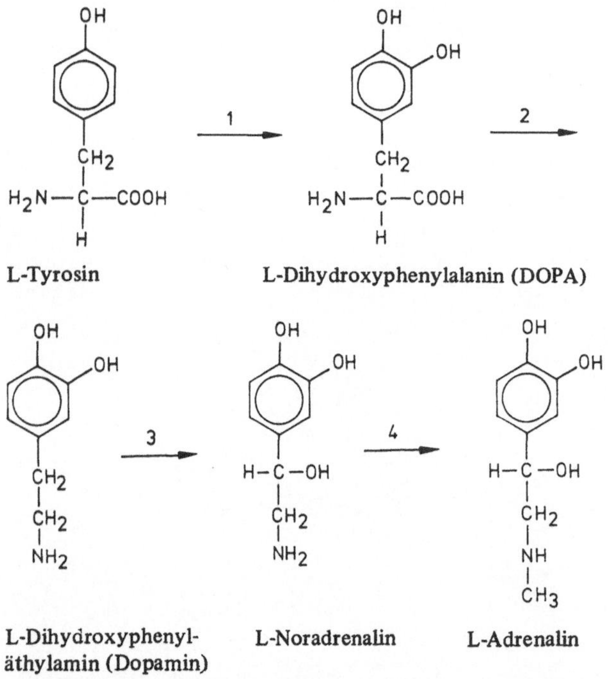

L-Tyrosin — L-Dihydroxyphenylalanin (DOPA)

L-Dihydroxyphenyläthylamin (Dopamin) — L-Noradrenalin — L-Adrenalin

Abb. 56.1. Biosynthese von Catecholaminen. Daran beteiligte Enzyme: *1*, Tyrosinhydroxylase; *2*, Decarboxylase; *3*, Dopamin-β-Oxydase; *4*, Phenyläthanolamin-N-methyltransferase

e) Neurotransmitter werden unmittelbar nach der Freisetzung zerstört. Andernfalls wäre mit einer Dauerreizung der Postsynapse zu rechnen.

Die bekanntesten Neurotransmitter, ihr Vorkommen, ihre Wirkungen und ihre Antagonisten sind in der Tabelle 1 zusammengestellt. Einige von ihnen leiten sich von Aminosäuren ab, so u.a. die sog. Catecholamine, wie Noradrenalin, Adrenalin und das Dopamin (Biosynthese s. Abb. 56.1). Je nach Typ des freigesetzten Transmitters unterscheidet man zwischen adrenergen, dopaminergen, serotoninergen und cholinergen Neuronen. Die cholinergen sezernieren Acetylcholin (Formel s. Abb. 56.2), das u.a. an der Nerv-Muskel-Synapse vorkommt. Seinen Wirkungsmechanismus haben wir ausführlich behandelt (siehe Kap. 30). In einem Satz zusammengefaßt: Nach Bindung von Acetylcholin an den Rezeptor wird ein Ionenkanal für einen Zeitraum von 3 msec. geöffnet, durch den Na^+-Ionen in die Zelle ein- und K^+-Ionen aus der Zelle ausströmen.

Ob ein Neurotransmitter stimulierend oder inhibierend wirkt, hängt allein vom Rezeptortyp ab, und selbst Stimulation kann von Fall zu Fall auf unterschiedlichen Mechanismen beruhen. Nicht alle Neurotransmitter induzieren einen Ioneneinstrom in die Zelle. Viele aktivieren entweder eine membrangebundene Adenylatcyclase, die ihrerseits cAMP produziert, oder über einen Ca^{2+}-Einstrom eine Guanylatcyclase, deren Produkt cGMP ist. Sowohl cAMP als auch cGMP aktivieren Proteinkinasen und verursachen damit sowohl Langzeit- als auch Kurzzeiteffekte. In den Neuronen kommt eine Anzahl verschiedener Proteinkinasen vor, die je nach Neuronentyp unterschiedliche Substrate phosphorylieren. Einer lang andauernden Wirkung von cAMP und cGMP steht die Aktivität von Phosphodiesterasen entgegen, von denen ebenfalls

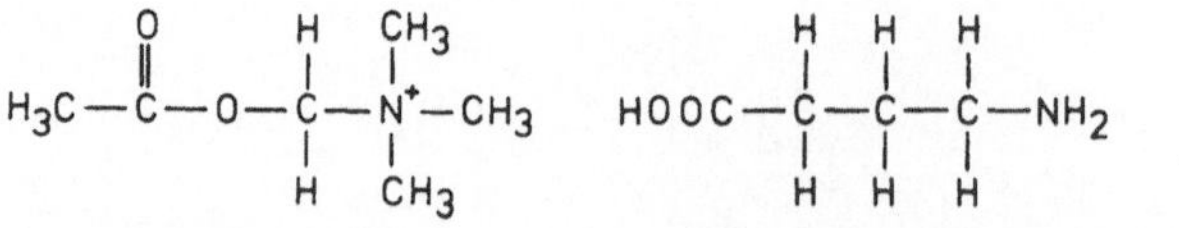

Acetylcholin — γ-Aminobuttersäure (GABA)

Abb. 56.2

Tabelle 1. Neurotransmitter (Iversen, 1970)

Bezeichnung	Vorkommen	Wirkung stimulierend (+) inhibierend (–)	Antagonisten
Acetylcholin (ACh)	Neuromuskuläre Synapsen (Vertebraten)	+	*d*-Tubocurarin (Curare)
Acetylcholin	Autonome Ganglien (Vertebraten)	+	Hexamethonium
Acetylcholin	Parasympathische Fasern, Glatte Muskeln (Vertebraten)	+ oder –	Atropin
Noradrenalin (Norepinephrin)	Sympathische Fasern, Glatte Muskeln (Vertebraten)	+ oder –	Phenoxybenzamin (α)-propanalol (β)
Adrenalin	Sympathische Fasern, Glatte Muskeln (Amphibien)	+ oder –	Phenoxybenzamin (α)-propanolol (β)
γ-Aminobuttersäure (GABA)	Neuromuskuläre Synapsen (Crustaceen)	–	Picrotoxin
5-Hydroxytryptamin (5-HT)	Erregbare Fasern (Herz der Mollusken)	+	LSD
Glutamat	Neuromuskuläre Synapsen (Insekten)	+	–
Glycin	Interneuronen der Spinalganglien (Mammalia)	–	Strychnin
Dopamin	Nitrostrialganglien (Mammalia)	+	LSD
Dopamin	Ganglien (Mollusken)	+ und --	

eine Vielzahl verschiedener Formen (alle sind oligomer) nachgewiesen worden ist.

Im ZNS spielen sich sowohl schnell ablaufende als auch langsame Vorgänge ab. Erstere werden unmittelbar oder mittelbar über Permeabilitätsänderungen der Membran gesteuert, letztere, zu denen physiologische und psychische Erscheinungen wie Stimmungen, Schmerz, Angst, Schlaf u.a. gehören, werden z.T. wenigstens über eine Modulation der Genexpression geregelt. Die Catecholamine z.B. entstehen, wie schon aus Abb. 56.1 hervorging, aus Tyrosin. Die Menge des ersten Enzyms in ihrer Biosynthese (Tyrosinhydroxylase) ist ein geschwindigkeitsbestimmender Schritt ihrer Synthese. Thoenen hat 1972 festgestellt, daß es induzierbar ist.

Inhibitoren der Proteinbiosynthese, wie z.B. das Cycloheximid, unterbinden die Enzymbildung, verhindern einen Gesamtaktivitätsanstieg und damit letztlich (nach Abbau/Inaktivierung vorhandener Enzymmoleküle) die weitere Bildung des Neurotransmitters. Unter normalen Bedingungen wird das Enzym im Zellkörper gebildet und via Axon durch aktiven Transport zum Wirkungsort an den Synapsen befördert. Es wird landläufig angenommen, Neurotransmitter würden lediglich auf die benachbarte Zelle einwirken. Das stimmt im großen und ganzen, doch sind darüberhinaus auch Einwirkungen auf die transmitterproduzierenden und -absorbierenden Zellen nachgewiesen worden. Offensichtlich verfügt auch der präsynaptische Bereich über entsprechende Rezeptoren. Es bilden sich dadurch Rückkopplungsschleifen aus, die bei positiver Rückkopplung autokatalytische Prozesse in Gang setzen und bei negativer Rückkopplung Synthese und Ausschüttung des Transmitters blockieren (s. Abb. 56.3).

Die Verbreitung und histochemische Lokalisation von Neurotransmittern wurde in den letzten Jahren unter Einsatz der Fluoreszenzmikroskopie und der Autoradiographie studiert. Die Verteilung der einzelnen Neurotransmitter variiert innerhalb weiter Grenzen. Noradrenalin kommt vorwiegend im sympathischen Nervensystem, im Hirnstamm und im Hypothalamus vor. Dopamin findet man im *Corpus striatum* und in den Basalganglien und Serotonin (5-Hydroxytryptamin) im Hypothalamus, den Basalganglien und in der Zirbeldrüse (s. Abb. 56.4). Recht gut untersucht wurde die Freisetzung des Dopamins an den Synapsen der Basalganglien. Das Ausbleiben des Stimulus führt zur Parkinsonschen Krankheit, die durch Steifheit der Muskeln, Verzögerungen der Bewegungsinitiation und dem Fehlen von „Mitbewegungen", z.B. des mimischen Ausdrucks bei Lachen und Weinen (Gesicht erhält eine maskenartige Starre) diagnostizierbar ist. Durch fortgesetzte Applikation von L-DOPA, einer Dopaminvorstufe, können die Symptome behandelt werden (Carlson, Universität Göteborg; Horykiewicz, Universität Wien; Cotzias, Brookhaven National Laboratory). L-DOPA wandert via Blutbahn ins Gehirn, wird dort von den entsprechenden Neuronen aufgenommen und in Dopamin umgewandelt. Eine direkte Applikation von Dopamin ist nicht möglich, da es vom Gehirn nicht aufgenommen wird.

Antagonisten zum Dopamin, wie das Haluzinogen Chlorpromazin (Thorazin), sind in beschränktem Umfang als Heilmittel im Einsatz. Thorazin wird zur Therapie schizophrener Personen verwendet. Nebeneffekte schränken eine weite Anwendung dieser Droge weitgehend ein, denn sie blockiert Dopaminrezeptoren und verursacht Symptome, die man von der Parkinson-

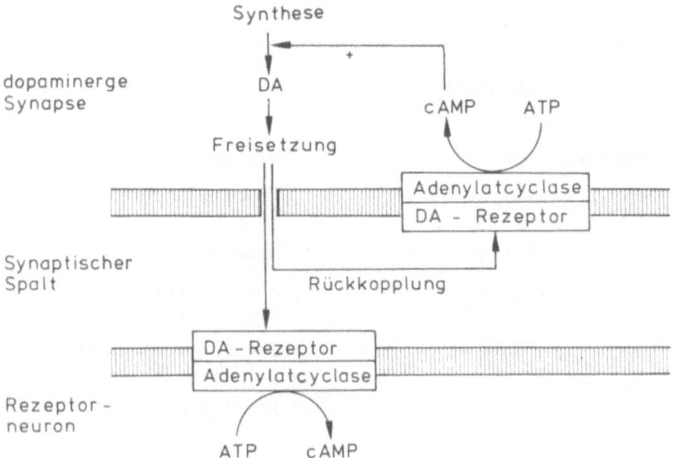

Abb. 56.3. Bildung von cAMP an der Post- und der Präsynapse nach Freisetzung von Dopamin (DA). Indirekte Stimulierung seiner Synthese durch die Freisetzungsrate. (Nach Nathanson, 1977)

schen Krankheit her kennt. Das Absetzen der Droge führt zum Ausgangszustand zurück.

Beruht Schizophrenie auf einer Überproduktion von Dopamin in bestimmten Bereichen des Gehirns? Zumindest einige der vorliegenden Befunde scheinen darauf hinzuweisen. Die Haluzinogene LSD und Meskalin wirken – wie das Thorazin – als Antagonisten zum Dopamin und modifizieren den psychischen Zustand; u.a. wirken sie depressiven Stimmungen entgegen. Die Bedeutung der Nebenwirkungen (Suchterscheinungen) haben wir in Kapitel 30 am Beispiel der Opiate besprochen.

Die Zirbeldrüse – ein Relais

Die Zirbeldrüse (Pinealorgan, Epiphyse) der Mammalia hat sich stammesgeschichtlich aus einem Lichtsinnesorgan entwickelt. Sie liegt zwischen den beiden

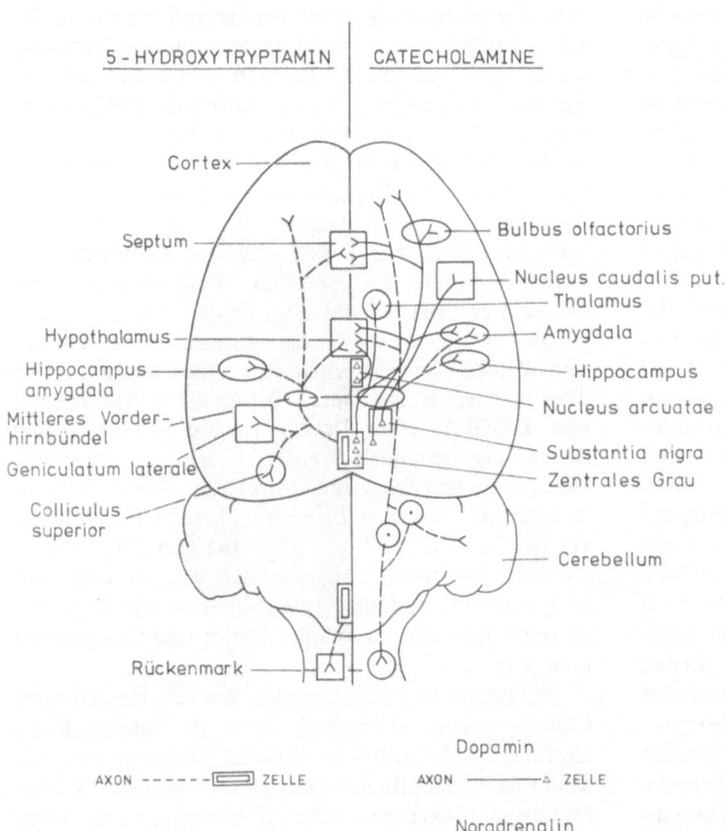

Abb. 56.4. Dopaminerge, noradrinerge und serotoninerge Bahnen im Rattengehirn. Die vereinfachte Darstellung (Längsschnitt durch das Gehirn) gibt nur die wichtigsten Bahnen der drei bedeutenden Neurotransmitter (Neuroregulatoren) wieder (Barchas et al., 1978)

Hemisphären, wiegt beim Menschen 100 mg und bei der Ratte 1 mg. Bei den Amphibia liegt sie unterhalb der Schädeldecke und ist lichtempfindlich. Wahrgenommene Lichtreize werden an andere Bereiche des Gehirns weitergeleitet und dort verrechnet. Die Zirbeldrüse der Mammalia reagiert indirekt auf Licht und verarbeitet Einflüsse, die an anderer Stelle wahrgenommen wurden. Sie wird durch adrenerge Neuronen des sympathischen Nervensystems versorgt (Transmitter: Noradrenalin). Brownstein und Axelrod (National Insititutes of Health, Bethesda, Md.) fanden, daß die Noradrenalinfreisetzung in jenen Neuronen einem tagesperiodischen Rhythmus unterworfen ist. Nachts wird mehr Noradrenalin freigesetzt als tagsüber. Als Folge davon werden alle adrenergen Rezeptoren besetzt, und im Zellinneren entsteht cAMP. Mehr darüber später.

Die Neuronen der Zirbeldrüse sezernieren tagsüber große Mengen von Serotonin, nachts erfolgt keine Freisetzung dieses Neurotransmitters (s. Abb. 56.5). Im Gegensatz hierzu unterliegt die Serotoninsezernierung im Hypothalamus keinerlei tagesrhythmischen Schwankungen.

Bei Dunkelheit wird Serotonin in Melatonin (5'-Methoxy-N-Acetyltryptamin) verwandelt, das ebenfalls als Neurohormon wirkt (Quay, 1963). Melatonin verursacht bei Amphibien eine Kontraktion der Melanophoren und wirkt noch in Konzentrationen von 10^{-13} g/l. Bei den Mammalia wirkt es inhibierend auf die Schilddrüse, supprimiert die Sekretion von Luteinisierendem Hormon, beeinflußt die Funktionen der Nebennierenrinde, verhindert bei beiden Geschlechtern sexuelle Reifungsprozesse und senkt indirekt die gesamte Stoffwechselrate. Das führte dazu, ihm und der Zirbeldrüse eine Relaisfunktion bei der Aufrechterhaltung der endogenen circadianen Rhythmik zuzuschreiben (Gaston und Menaker, 1968). Sie wird durch Zerstörung von Teilen des Hypothalamus oder Denervierung der Zirbeldrüse unterbunden.

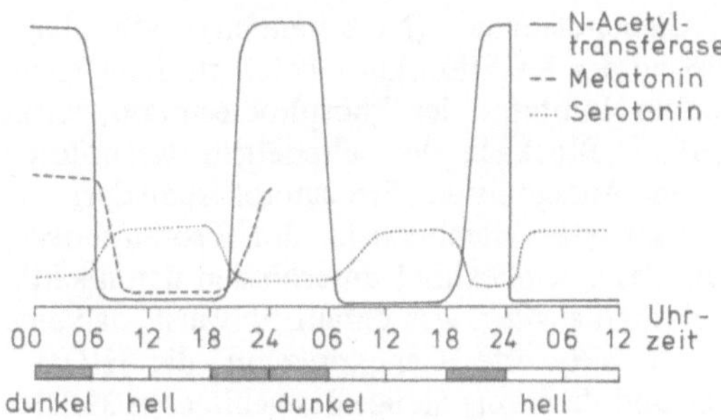

Abb. 56.5. Circadian-rythmisches Auftreten von N-Acetyltransferase, Melatonin und Serotonin in der Zirbeldrüse (Axelrod, 1974)

Welche Reaktionen spielen sich bei der Melatoninsynthese ab? Die Biosynthese ist in Abb. 56.6 wiedergegeben. Entscheidend ist die Mitwirkung von zwei Enzymen:

N-Acetylase

und die

5'-Hydroxyindol-O-Methyl-Transferase (HIOMT).

Die HIOMT-Aktivität ist tagsüber geringer als nachts, und alles spricht dafür, daß sie lichtabhängig ist. Unter Dauerlichtbedingungen wird die Enzymsynthese eingestellt. Inverser Licht-Dunkel-Wechsel führt zu inversen Aktivitätsphasen. Die Aktivität wird

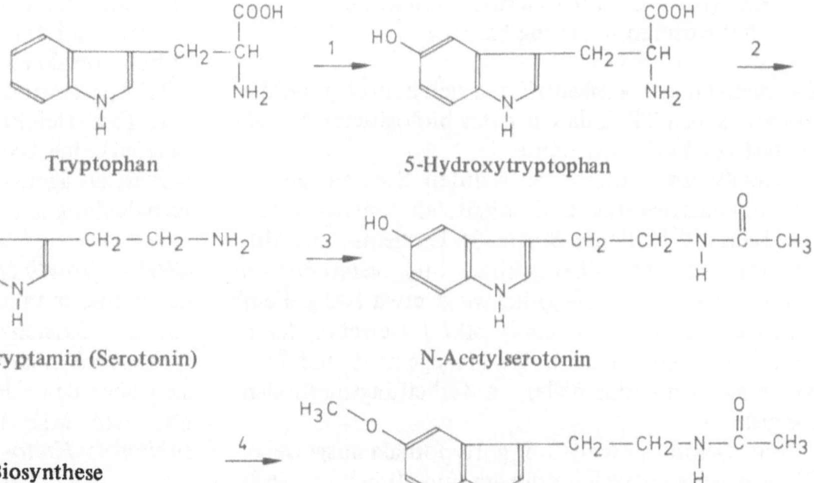

Tryptophan

5-Hydroxytryptophan

5-Hydroxytryptamin (Serotonin)

N-Acetylserotonin

Melatonin

Abb. 56.6. Derivate des Tryptophans: Biosynthese von 5-Hydroxytryptamin (*HT*) (= Serotonin) und Melatonin. Schritt *3* wird durch eine N-Acetylase, Schritt *4* durch 5-Hydroxyindol-O-Methyl-Transferase (HIOMT) katalysiert durch Catecholamine (Noradrenalin) stimuliert. cAMP ist an der Reaktionskette beteiligt, denn Theophyllin, ein Inhibitor der Phosphodiesterase, wirkt stimulierend. Blockade der adrenergen Rezeptoren durch den Antagonisten Propanolol reduziert die HIOMT-Aktivität. Hemmstoffe der Proteinbiosynthese wie das Cycloheximid unterbinden den nächtlichen Melatoninanstieg, was darauf hinweist, daß eine rhythmisch aktivierte Genexpression die HIOMT-Aktivität und damit die Menge des gebildeten Melatonins steuert.

Hormone des Hypothalamus: Releasing-Faktoren

Die Bedeutung des Hypothalamus für die Steuerung der Hypophysenaktivität ist in den letzten Jahren in steigendem Maße erkannt worden. Von den Neuronen im Hypothalamus werden in Spuren niedermolekulare Effektoren (kurze Peptide) freigesetzt, die via Blutbahn auf direktem Wege der Adenohypophyse zugeleitet werden. Durch Unterbrechung des verbindenden Gefäßes wird deren Wirkung aufgehoben. Die Steuerung der Neurohypophyse geschieht durch direkten Kontakt mit Neuronen (s. Abb. 57.7). Einige der Effektoren wirken stimulierend (*Releasing*-Faktoren), andere inhibierend (inhibierende Faktoren).

Ihre chemische Struktur und biologische Aktivität ist in den Laboratorien von Guillemin (Salk Institute for Biological Studies, San Diego) und Schally (Tulane University School of Medicine, New Orleans) analysiert worden. In den Jahren 1960–1962 wurde deutlich, daß es mindestens drei voneinander verschiedene *Releasing*-Faktoren geben müsse:

TRF (TSH-Releasing-Faktor), Thyrotropin-Releasing-Faktor)
LRF (LH-Releasing-Faktor, Luteinisierendes Hormon-Releasing-Faktor)
FRF (FSH-Releasing-Faktor, Follikelstimulierendes Hormon-Releasing-Faktor).

Die Bemühungen konzentrierten sich zunächst auf die Isolierung von TRF, da ein guter biologischer Aktivitätstest zur Verfügung stand.

Schally und Mitarbeiter wählten Schweinegehirn als Ausgangsmaterial und arbeiteten innerhalb von vier Jahren 2 Millionen Stück auf. Guillemin und Mitarbeiter wählten Schafsgehirne und verarbeiteten 5 Millionen. Ein Schafsgehirn wiegt etwa 100 g. Fünf Millionen entsprechen damit 500 t Gewebe, deren Bearbeitung gut organisiertes Management und Entwicklung semiindustrieller Aufarbeitungsmethoden voraussetzt.

Ein Gehirn enthält 1,5 g Hypothalamusgewebe. Die Ausbeute an TRF betrug am Ende (im Jahr 1968) 1 mg reine Substanz. TRF wurde als ein Tripeptid mit der Aminosäuresequenz Glu-His-Pro charakterisiert. Ein synthetisches Peptid dieser Zusammensetzung ist unwirksam, woraus zu schließen war, daß es im TRF in modifizierter Form vorliegen muß. Es wurde gezeigt, daß es keine freie, N-terminale Aminogruppe gibt und daß das C-terminale Ende amidiert ist. Der Glutaminsäurerest am N-terminalen Ende ist zyklisiert, wodurch das Aminosäurederivat Pyroglutamat entsteht. Die Formel des TRF ist in Abb. 56.8 wiedergegeben. Nachdem man wußte, wie die Substanz strukturiert ist, konnte man sie in beliebiger Menge synthetisieren. Die Aktivität des Syntheseprodukts ist von der des natürlichen Produkts nicht zu unterscheiden. Das homologe Hormon aus Schweinegehirn hat die gleiche Struktur.

LRF (LH-Releasing-Faktor). LRF stimuliert die Freisetzung von LH und bis zu einem gewissen Grade auch die von FSH. 1971 wurde er als ein Decapeptid mit der Sequenz

PyroGlu-His-Trp-Ser-Tyr-Gly-Leu-Arg-Pro-Gly-NH_2

charakterisiert (Schally et al.). Die Maskierung der N- und C-terminalen Enden dient, wie beim TRF, aller Voraussicht nach dem Schutz der Peptide vor degradierenden Aktivitäten der allgegenwärtigen Peptidasen. Obwohl die Sequenz weit komplexer als die des TRFs ist, beginnen beide mit den gleichen Aminosäuren PyroGlu-His . . . Weder TRF noch LRF dringen in die Zellen des Zielorgans ein. Sie werden von spezifischen Oberflächenrezeptoren erkannt, und auch sie induzieren die Bildung des *Second messengers* cAMP. TRF, LRF sowie weitere im Hypothalamus gebildete Effektoren kommen auch in anderen Zellen anderer Organe vor. Die Verbreitung und Aktivität ist von Hormon zu Hormon unterschiedlich. Für TRF wird auch eine Funktion als Neurotransmitter postuliert.

Der Nachweis im Gewebe erfolgt unter Einsatz der Radioimmunmethode (Berson und Yalow, New York, 1956). LRF kommt bei Vögeln, Säugern und Amphibien vor. Bei Fischen wurde er nicht gefunden. Das Hormon der Hühner unterscheidet sich chromatographisch von dem der Ratten. Beim Menschen (♀) kann LRF-Applikation in einigen Fällen von Unfruchtbarkeit (bei Defekten im Hypothalamus-Hypophysen-Bereich) eine Ovulation induzieren. Analoge des LRF wirken antagonistisch, so daß sich hier ein Weg zur Entwicklung neuer Verhütungsmittel abzeichnet.

GRF – Growth-Hormone-Releasing-Faktor. Mit Hilfe der Radioimmuntechnik erhält man Ergebnisse, die auf die Existenz eines GRF schließen lassen. Viel mehr weiß man jedoch noch nicht. Ähnliches läßt sich über den CRF (*Corticotropin-Releasing Factor*) und den MIF (*Melanocyte Stimulating Hormone Inhibitory Factor*) sagen.

Somatostatin (GH-Release Inhibitory Factor: SRIF). 1973 klärten Guillemin und Mitarbeiter die Struktur eines inhibierenden Faktors auf, der die Bildung

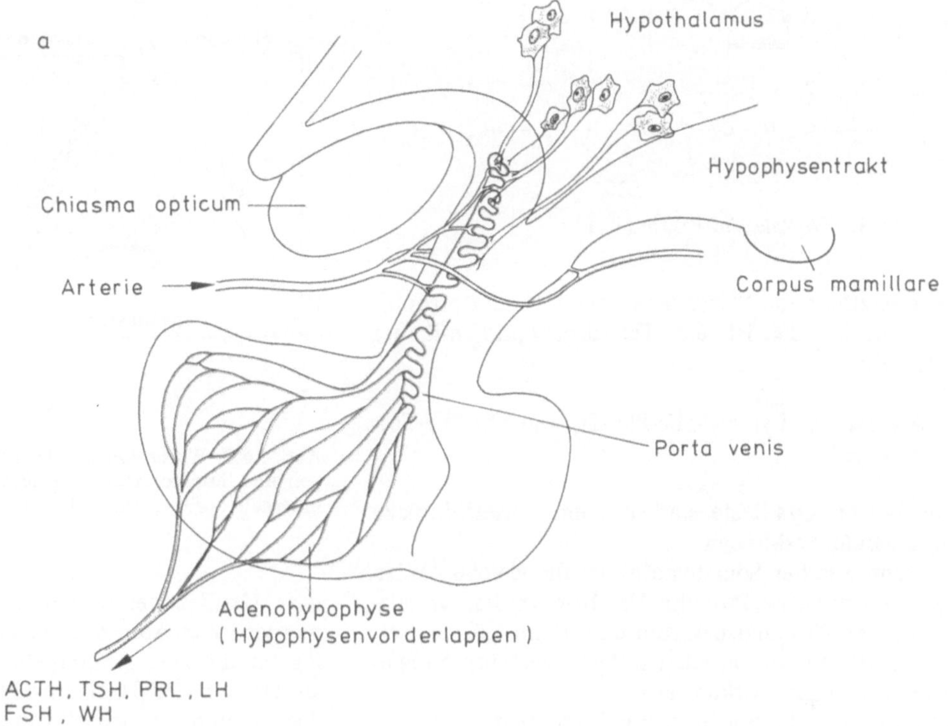

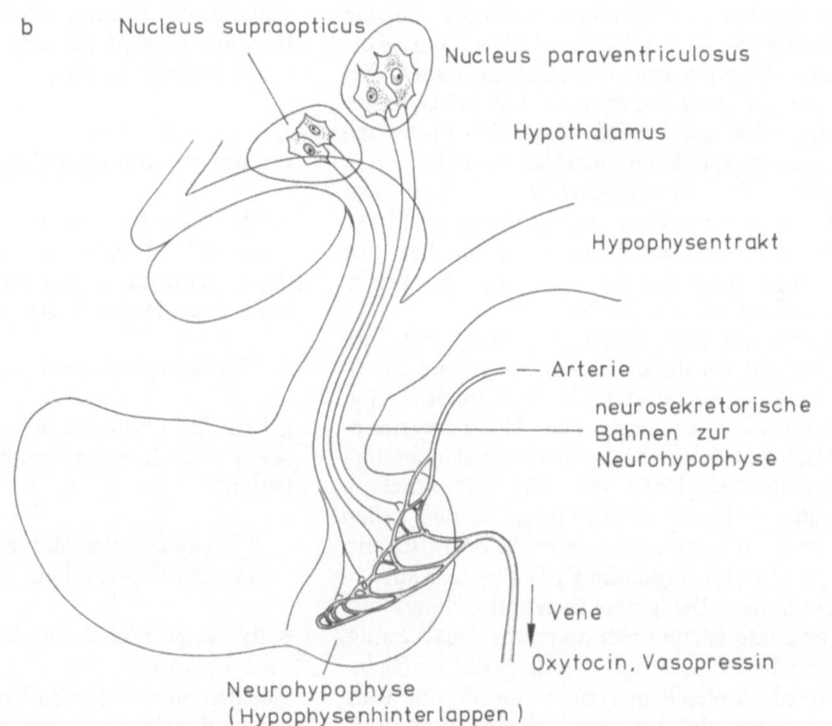

Abb. 56.7. a Aufbau und Versorgung der Adenohypophyse. Die im Hypothalamus freigesetzten *Releasing*-Faktoren- und -Inhibitoren werden via Blutgefäß (*Porta venis*) zur Adenohypophyse geleitet. Dort wird eine Anzahl von sog. „Hypophysenvorderlappenhormonen" gebildet und in die Blutbahn entlassen. **b** Aufbau und Versorgung der Neurohypophyse. Die Neurohypophyse wird durch neurosekretorische Bahnen direkt innerviert. Oxytocin und Vasopressin werden gebildet und in die Blutbahn abgegeben. (Nach Guillemin, R., Burgus, R., 1972)

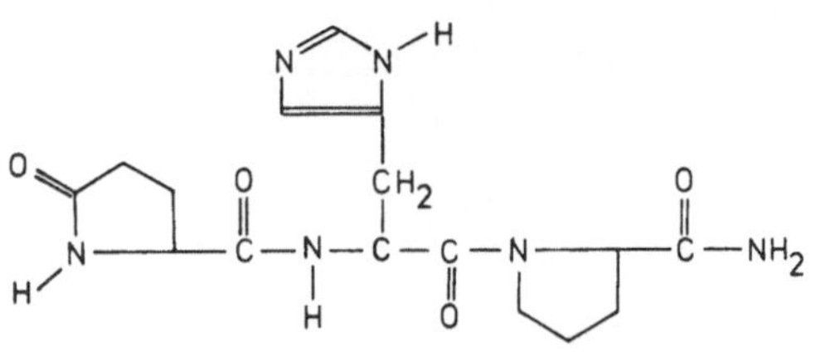

Abb. 56.8. *TSH-Releasing*-Faktor (TRF)

(Freisetzung) von Wachstumshormon (Somatotropin) unterdrückt. Es ist ein Tetradecapeptid mit der Formel:

Ala-Gly-Cys-Lys-Asn-Phe-Phe-Trp-Lys-Thr-Phe-Thr-Ser-Cys

Die beiden Cys-Reste sind über eine Disulfidbrücke miteinander verbunden.

Synthetisches Somatostatin hat die gleiche Aktivität wie das native Produkt. Das Hormon hat ein relativ breites Wirkungsspektrum und ist im Körper weit verbreitet. Es übt in allen bisher getesteten Säugerarten die gleiche Wirkung aus:

a) Hemmung der Somatotropinfreisetzung,
b) Hemmung der Freisetzung anderer Hypophysenhormone, vor allem des TSH. TRF-induzierte TSH-Freisetzung wird vollständig unterdrückt. Auf die Freisetzung von ACTH, LH und FSH scheint es bei gesunden Personen keinen Einfluß zu haben. Bei Patienten mit „Nelson-Syndrom" (ACTH-Überproduktion) wird der ACTH-Spiegel im Blut nach Somatostatin-Applikation merklich reduziert.
c) Reduktion des Glucosespiegels im Blut: Der Reduktion geht ein Abfall des Glukagon- und Insulinspiegels voraus. Durch diesen Befund hat man einen neuen Ansatz zur Therapie der Zuckerkrankheit gewonnen (s. Abb. 56.9).

Nichtzyklisches Somatostatin zeigt die gleiche biologische Wirkung wie die zyklische Verbindung. Modifikation des einen Cys-Restes (Cys 14) durch Methylierung führt zu einer drastischen Aktivitätsverminderung. Nach Entfernen der drei N-terminalen Aminosäuren bleiben 33–100% der Aktivität erhalten. Somatostatin senkt den cAMP-Spiegel in den Zellen der Zielorgane und blockiert deren Reaktionsbereitschaft gegenüber Prostaglandin E_2 (PGE_2, s. Kap. 58) und Theophyllin. Die große Bedeutung dieses erst kürzlich charakterisierten Hormons war Anlaß genug, um zu versuchen, das dazugehörende „Gen" in *Escherichia coli* zu klonieren und zur Expression zu bringen. Man beachte, daß ein „Gen" bislang nicht nachgewiesen wurde und daß der DNS-Abschnitt, den man im Klonierungsexperiment einsetzt, ein Syntheseprodukt ist, dessen Sequenz man aufgrund der Aminosäuresequenz festgelegt hat.

Ende 1977 ist es der Arbeitsgruppe von Boyer (University of California, San Francisco) gelungen,

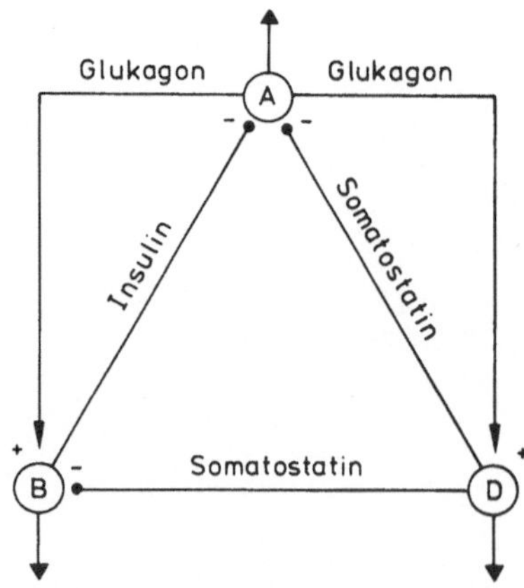

Abb. 56.9. Wechselseitige Beeinflussung von Insulin, Glukagon und Somatostatin. *A*, *B* und *D* sind spezialisierte Zellen innerhalb der Pankreas. (Nach Unger und Dobbs, 1978)

das „Gen" zu exprimieren. Der Ablauf des Experimentes ist in Abb. 56.10 zusammengefaßt. Der Trick lag im direkten Ankoppeln des „Somatostatingens" an das Gen der β-Galactosidase. Das Startsignal AUG des „Somatostatingens" wurde als Met gelesen, so daß das Bakterium ein gemeinsames Translationsprodukt (β-Galactosidase-Somatostatin) bildete. Durch anschließende Bromcyanspaltung in vitro wurde das Hormon abgespalten und konnte ohne großen Aufwand gereinigt werden.

Endorphine und Enkephaline: endogene Opiate

1975 isolierten Hughes, T.W. Smith, Kosterlitz, Fothergill, Morgan und Morris (University of Aberdeen, Schottland) aus Gehirnen des Schweins zwei kurze Peptide, denen sie die Bezeichnungen

Met-Enkephalin und Leu-Enkephalin

gaben. Sie unterscheiden sich, wie die Namen schon sagen, durch einen Aminosäurerest. Ihre Formeln lauten:

Tyr-Gly-Gly-Phe-Met bzw.
Tyr-Gly-Gly-Phe-Leu

Kurz darauf fanden Snyder und Simantov (John Hopkins University, School of Medicine, Baltimore) die gleichen Substanzen im Rinderhirn. Schon 1964 hatte Li von der University of California in San Francisco aus der Hypophyse ein Peptidhormon – β-Lipotropin – gewonnen und seine Aminosäuresequenz ermittelt. Es enthält 91 Aminosäurereste. Ihm konnte jedoch zunächst keine Funktion zugeordnet werden. Hughes und Kosterlitz erkannten, daß in seiner Aminosäuresequenz die Met-Enkephalinsequenz enthalten ist

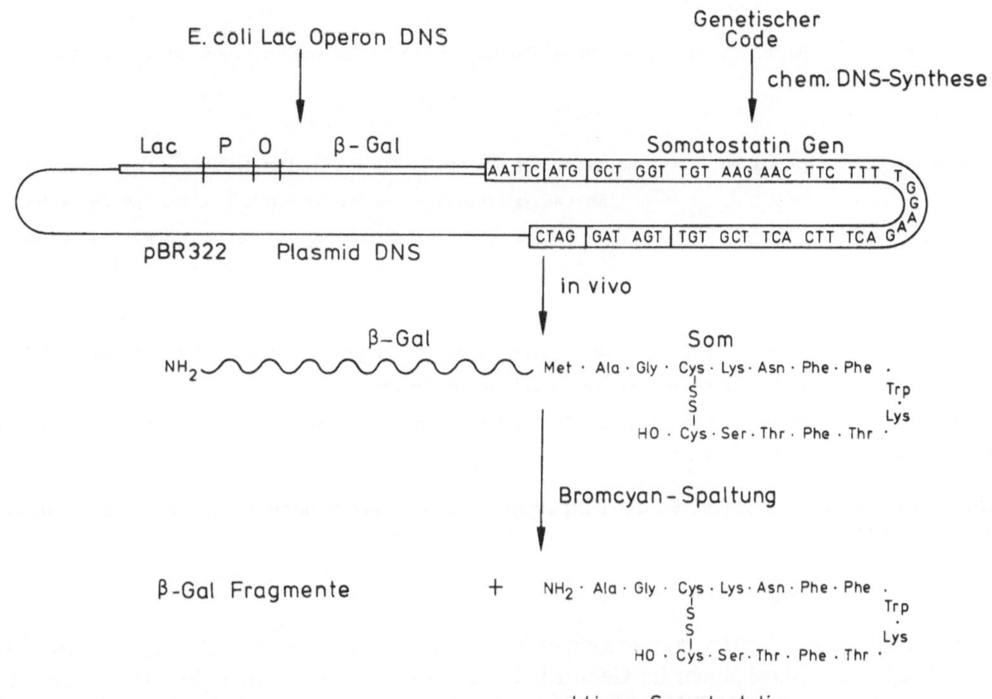

Abb. 56.10. Expression des Somatostatin-„Gens" in *E. coli.* Konzept des Experiments: Das „Gen" wird synthetisiert und ins Lactoseoperon eingebaut, welches seinerseits Bestandteil eines Plasmids ist. Bakterienzellen werden mit der rekombinierten DNS transformiert. Das Genprodukt: β-Galactosidase-Somatostatin wird isoliert und in vitro durch Bromcyan gespalten. Aktives Somatostatin wird dabei freigesetzt (Itakura et al., 1977)

(Pos. 61–65) (s. Abb. 56.11). Die Enkephaline ähneln in ihrer Wirkung den Opiaten (s. Kap. 30). Offensichtlich sind es Neurotransmitter oder Neurohormone, die die Aktivität von Neuronen beeinflussen. Aus der Hypophyse wurden mittlerweile weitere Substanzen mit opiatähnlichen Wirkungen isoliert. Simon gab ihnen 1975 den Sammelnamen Endorphine (endogene Morphine).

Neben den Met- und Leu-Enkephalinen beschrieben Cox, Opheim, Teschemacher und Goldstein (Stanford University, School of Medicine und Adiction Research Foundation, Palo Alto, 1975) das sog. β-Endorphin, dessen Sequenz die des Met-Enkephalins enthält und das seinerseits ebenfalls im β-Lipotropin enthalten ist (Pos. 61–91). Guillemin, Ling und Burgus fügten dem das α-Endorphin (Pos. 61–76) und das γ-Endorphin (Pos. 61–77) hinzu. Unabhängig davon fand man, daß das β-Lipotropin die vollständige Sequenz des β-MSH enthält (Pos. 37–58). β-MSH und Endorphine/Met-Enkephalin sind durch zwei basische Aminosäuren (Lys 59 Arg 60) voneinander getrennt. Das ist insofern bemerkenswert, als das Proinsulin, aus dem die beiden Ketten des aktiven Insulins hervorgehen, an der Schnittstelle ebenfalls zwei benachbarte, basische Reste trägt (s. Abb. 39.2).

Man hat Hinweise darauf, daß alle Peptidhormone aus größeren inaktiven Vorstufen entstehen. 1977 wiesen Mains et al. nach, daß sich Endorphine und das ACTH aus einer gemeinsamen Vorstufe mit dem Molekulargewicht 31.000 ableiten. Sowohl Antikörper, die gegen Endorphine gerichtet sind, als auch solche, die gegen ACTH gerichtet sind, präzipitieren dieses Protein. Endorphine entstehen über eine Zwischenstufe mit dem Molekulargewicht von 11.700, aus der ein Molekül mit dem Molekulargewicht von 3.500 herausgespalten wird, welches dem β-Endorphin entspricht. ACTH entsteht über Zwischenstufen mit den Molekulargewichten 23.000 und 13.000. Ebenfalls darin enthalten ist die Aminosäuresequenz des β-Lipotropins. Die 11.700er Komponente ähnelt ihm.

Welche biologische Bedeutung haben die Endorphine? Wir haben bereits gesehen, daß Enkephaline im Gehirn als Neurotransmitter fungieren. Nach ihrer Entdeckung ist ihnen eine Reihe potentieller Funktionen zugeschrieben worden. Man vermutete, daß sie schmerzstillende Wirkung haben, an der Auslösung euphorischer Zustände beteiligt und für aberrantes Verhalten (Schizophrenie) verantwortlich sind. Es bleibt noch unverstanden, wieso Enkephaline und andere Endorphine in der Hypophyse durch Degradation größerer Vorstufen entstehen und andererseits in bestimmten Zellen des Gehirns auftreten, an deren Synapsen sie freigesetzt werden. Peptide von dieser Größe können die Blut-Gehirn-Barriere normalerweise nicht passieren und somit den Gehirnzellen nicht zugeführt werden. Darüber hinaus wurde gefunden,

	1 … 10 … 20 … 30
β-Lipotropin:	Glu Leu Ala Gly Ala Pro Pro Glu Pro Ala Arg Asp Pro Glu Ala Pro Ala Glu Gly Ala Ala Ala Arg Ala Glu Leu Glu Tyr Gly Leu

	40 … 50 … 60
β-Lipotropin	Val Ala Glu Ala Gln Ala Ala Glu Lys Lys Asp Glu Gly Pro Tyr Lys Met Glu His Phe Arg Try Gly Ser Pro Pro Lys Asp Lys Arg
β-MSH	Ala Glu Lys Lys Asp Glu Gly Pro Tyr Arg Met Glu His Phe Arg Try Gly Ser Pro Pro Lys Asp
$ACTH_{4-10}$	Met Glu His Phe Arg Try Gly

	70 … 80 … 90
β-Lipotropin	Tyr Gly Gly Phe Met Thr Ser Glu Lys Ser Gln Thr Pro Leu Val Thr Leu Phe Lys Asn Ala Ile Val Lys Asn Ala His Lys Lys Gly Gln
α-Endorphin	Tyr Gly Gly Phe Met Thr Ser Glu Lys Ser Gln Thr Pro Leu Val Thr
β-Endorphin	Tyr Gly Gly Phe Met Thr Ser Glu Lys Ser Gln Thr Pro Leu Val Thr Leu Phe Lys Asn Ala Ile Val Lys Asn Ala His Lys Lys Gly Gln
Met-Enkephalin	Tyr Gly Gly Phe Met

Abb. 56.11. Aminosäuresequenzen des β-Lipotropins sowie seiner biologisch aktiven Abbauprodukte (Peptide) (Snyder und Simantov, 1977)

daß das Entfernen der Hypophyse keinen Einfluß auf den Spiegel an Enkephalinen im Gehirn hat. Es steht damit nach wie vor zur Diskussion, ob die Synthese der Endorphine im Gehirn auf eine andere Weise erfolgt als in der Hypophyse. Haben die in der Hypophyse gebildeten Moleküle grundsätzlich andere Aufgaben? Überall dort, wo Enkephaline nachgewiesen wurden, fand man auch die dazu passenden Opiatrezeptoren. Das β-Endorphin wird mit vier- bis fünfmal höherer Affinität gebunden als das Met-Enkephalin, und auch das kürzere α-Endorphin hat immer noch eine höhere Affinität zu ihnen als das Met-Enkephalin selbst (Simantov und Snyder).

Die schmerzlindernde Wirkung der Endorphine ist bei intravenöser Applikation recht gering, wobei ungeklärt ist, ob der negative Befund auf Degradation der Hormone zurückzuführen ist oder ob sie tatsächlich vom Wirkungsort ferngehalten werden. Injiziert man sie nämlich direkt ins Gehirn (von Ratten), erweisen sie sich als außerordentlich wirksam (Loh et al., 1976). In hoher Konzentration rufen sie schizophrenieähnliche Zustände hervor, bewirken eine Steifheit der Muskeln, den Verlust des Augenlidreflexes und Absenkung der Körpertemperatur um 2°C. Alle Effekte können innerhalb von Sekunden durch Naloxon, einen Opiatantagonisten, aufgehoben werden (Bloom, Guillemin, Segal, 1976).

Literatur

Axelrod, J.: The pineal gland: A neurochemical transducer. Science *184*, 1341 (1974)

Barchas, J.D., Akil„H., Elliot, G.R., Holman, R.B., Watson, S.J.: Behavioral Neurochemistry: Neuroregulators and behavioral states. Science *200*, 964 (1978)

Brownstein, M.: Neurotransmitters and hypothalamic hormones in the central nervous system. Fed. Proc. *36*, 1960 (1977)

Dupont, A., Cusan, L., Garon, M., Labrie, F., Li, C.H.: β-Endorphin: Stimulation of growth hormone release in vivo. Proc. Natl. Acad. Sci. USA *74*, 328 (1977)

Guillemin, R.: The expanding significance of hypothalamic peptides, or its endocrinology, a branch of neuroendocrinology? Recent Prog. Horm. Res. *33*, 1 (1977)

Guillemin, R., Burgus, R.: The hormones of the hypothalamus. Sci. Am., November 1972, S. 24

Itakura, K., Hirose, T., Crea, R., Riggs, A., Heyneker, H.L., Bolivar, F., Boyer, H.W.: Expression in *Escherichia coli* of a chemically synthesized gene for the hormone somatostatin. Science *198*, 1056 (1977)

Iversen, L.L.: Neurotransmitters, neurohormones, and other small molecules in neurons. In: The Neurosciences, 2nd Study Program. Schmitt, F.O. (ed.). New York: The Rockefeller University Press 1970

Ling, N., Burgus, R., Guillemin, R.: Isolation, primary structure, and synthesis of α-endorphin and β-endorphin, two peptides of hypothalamic-hypophysial origin with morphinomimetic activity. Proc. Natl. Acad. Sci. USA *73*, 3942 (1976)

Loh, H.H., Tseng, L.F., Wei, E., Li, C.H.: β-Endorphin is a potent analgestic agent. Proc. Natl. Acad. Sci. USA *73*, 2895 (1976)

Mains, R.E., Eipper, B.A., Ling, N.: Common precursor to corticotropins and endorphins. Proc. Natl. Acad. Sci. USA *74*, 3014 (1977)

Schally, A.V.: Aspects of hypothalamic regulation of the pituitary gland. Science *202*, 18 (1978)

Synder, S.H., Simantov, R.: The opiate receptor and opioid peptides. J. Neurochem. *28*, 13 (1977)

Snyder, S.H., Banerjee, S.P., Yamamura, H.I., Greenberg, D.: Drugs, neurotransmitters, and schizophrenia. Science *184,* 1243 (1974)

Unger, R.H., Dobbs, R.E., Orci, L.: Insulin, glucagon and somatostatin secretion in the regulation of metabolism. Annu. Rev. Physiol. *40,* 307 (1978)

Vale, W., Rivier, C., Brown, M.: Regulatory peptides of the hypothalamus. Annu. Rev. Physiol. *39,* 473 (1977)

Yalow, R.S.: Radioimmunoassay: A probe for the fine structure of biologic systems. Science *200,* 1236 (1978)

57. Hormone der Hypophyse

Die Hormone der Hypophyse gehören mehreren Proteinfamilien an. Mitglieder einer Familie ähneln einander, so daß man auf einen gemeinsamen phylogenetischen Ursprung schließen kann. In Abb. 57.1 ist der Verwandtschaftsgrad der beiden Hormone der Neurohypophyse (Vasopressin und Oxytocin) erkennbar. Beide sind, im Gegensatz zu den Produkten der Adenohypophyse (s. Tabelle 1), kurze Peptide.

Wie die meisten extrazellulären Proteine sind auch viele Peptidhormone (zumindest deren Vorstufen) glykosyliert. LH, TSH und FSH sind Oligomere, die aus je zwei ungleichen Untereinheiten (α und β) bestehen. Die β-Untereinheit trägt die hormonale Spezifität. Die α-Untereinheiten ähneln einander sehr stark und können sich gegenseitig vertreten. Die bereits in Tabelle 1 aufgezählten Funktionen sind vier grundsätzlich voneinander verschiedenen Funktionskreisen zuzuordnen.

1. Regelung der Biosynthese von Steroidhormonen (ACTH, LH, FSH, PRL).
2. Wachstumsförderung und Erhaltung von Gewebestrukturen in bestimmten Organen (Somatotropin, ACTH, LH, FSH, PRL).
3. Förderung von Entwicklung und Wachstum der Spermatozoen und Follikel (FSH).
4. Direkte Einwirkung auf das ZNS (ACTH, PRL).

Vasopressin	M	Cys	Tyr	Phe	Gln	Asn	Cys	Pro	Arg	Gly
	V	Cys	Tyr	Ile	Gln	Asn	Cys	Pro	Arg	Gly
Oxytocin		Cys	Tyr	Ile	Gln	Asn	Cys	Pro	Leu	Gly

Abb. 57.1. Aminosäuresequenzen von Vasopressin und Oxytocin. Variable Reste sind unterstrichen. Die beiden Cys-Reste innerhalb einer Kette sind durch eine Disulfidbrücke miteinander verbunden. *M*, Mammalia; *V*, übrige Vertebrata. (Nach Dayhoff, 1972)

Adrenocorticotropes Hormon (ACTH)

Rindenwirksames Hormon; wirkt primär auf die Nebennierenrinde ein und induziert die Ausschüttung von Glucocorticoiden, Cortisol und Corticosteron (s. Kap. 58). Die aktive Form des ACTH enthält 39 Aminosäuren. Die Sequenz und die funktionelle Bedeutung der einzelnen Abschnitte ist der Abb. 57.2 zu entnehmen. Das Peptid ist ein Fragment einer inaktiven Vorstufe mit dem Molekulargewicht von 31.000 (s. Kap. 56), die über Zwischenstufen mit den Molekulargewichten 23.000 und 13.000 zum aktiven Molekül (M.G. 4567) degradiert wird.

Tabelle 1. Hormone der Adenohypophyse

Bezeichnung	Molekulargewicht	Anzahl der Aminosäuren	Besonderheiten
Wachstumshormon (Somatotropin; STH)	22.005 (Mensch) 21.666 (Rind)	190 189	
Prolactin (PRL)	25.000	198	
Luteotropin, luteinisierendes Hormon (LH)	28.000	α-UE: 89 (Mensch) β-UE: 115 (Mensch)	Glykoprotein KH-Anteil: 18–20%
Thyrotropin (TSH)	α: 10.790	α-UE: 96 (Rind)	Glykoprotein
Follikelstimulierendes Hormon (FSH)	34.000	α-UE: 92 (Mensch) β-UE: 118 (Mensch) z.T. β-UE: 108 (Mensch)	Glykoprotein (KH-Anteil: Mensch 18%, Rind 22%, Pferd 24%)
Adrenocorticotropes Hormon (ACTH)	4.567	39	
Melanophorenstimulierendes Hormon (MSH)	α: 1.624 (Rind, Schaf, Schwein, Pferd, Rhesus) β: 2.134 (Rind, Schaf, Schwein, Pferd, Rhesus)	13 18	Aminoende ist acetyliert Carboxylende ist amidiert

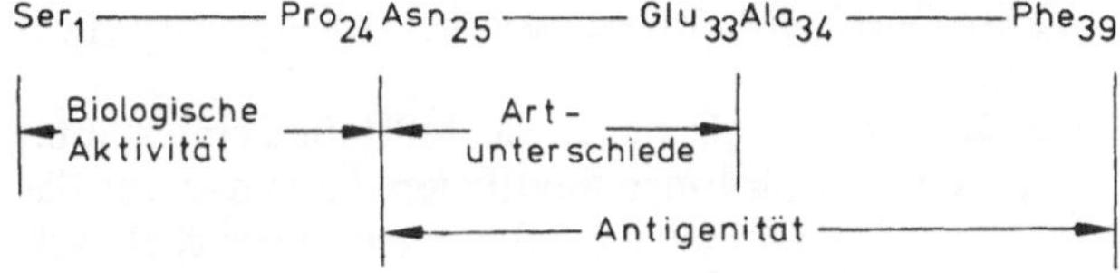

Abb. 57.2. Vereinfachte Darstellung des ACTH. Der N-terminale Teil des Moleküls ist für die biologische Aktivität verantwortlich, der mittlere Teil variiert von Art zu Art, der mittlere und der C-terminale Teil sind antigen wirksam (Träger, 1977)

Die biologische Aktivität wird durch ein N-terminales, 24 Aminosäuren langes Peptid gewährleistet. Der Sequenzabschnitt Met (Pos. 4) bis Gly (Pos. 10) ist auch im Melanotropin und Lipotropin enthalten. Durch Ersatz des L-Phe (Pos. 7) durch D-Phe entsteht ein spezifischer ACTH-Antagonist. ACTH wirkt noch in Konzentrationen von $1{,}5 \times 10^{-8}$ M.

Man kennt zwei voneinander verschiedene ACTH-Rezeptoren, die sich durch ihre Affinität voneinander unterscheiden. Der erste bindet ACTH mit einer Affinität von $9 \times 10^{11}\ M^{-1}$, der andere mit $3 \times 10^{7}\ M^{-1}$. Vom ersten findet man pro Zelle 60 Bindungsorte, vom zweiten 600.000. Letzterer scheint wegen seiner geringen Affinität relativ unspezifisch zu sein. Die Aktivität des ACTH wird durch Aktinomycin D und andere transkriptionshemmende Substanzen nicht beeinträchtigt, woraus zu schließen ist, daß es seine Wirkung auf der Ebene der Translation oder der Regulation von Enzymen ausübt. Man weiß heute, daß es an mehreren Stellen der Steroidsynthese aktivierend eingreift. In allen Fällen läuft die Reaktion über cAMP und Aktivierung einer Proteinkinase (s. Kap. 59) ab (Einzelheiten s. Abb. 57.3). Die Steroidsynthese ist durch die Bereitstellung von Cholesterin limitiert (Bell und Harding, 1974).

Die aktive Proteinkinase aktiviert Cholinesterase und fördert damit die Bildung von Cholesterin aus Cholesterinester. Darüberhinaus verdoppelt ACTH in der Nebennierenrinde die limitierende Kapazität an Steroidsulfatasen, wodurch der Weg für die Bildung von 3-Oxo-4-en-Steroiden aus 3-β-Hydroxy-5-en-Vorläufern frei wird, die zunächst als 3-Sulfate vorliegen.

ACTH wirkt auch auf das ZNS ein und verändert damit das Verhalten von Versuchstieren. Diese Aktivität unterscheidet sich von der Wirkung auf die Nebennierenrinde, denn ein Peptid, das nur die Aminosäuren 4–10 enthält, ist hier noch voll aktiv. ACTH wird in Streßsituationen vermehrt gebildet und benötigt. Abb. 57.4 gibt Aufschluß darüber, welche Komponenten dabei zusammenwirken.

Melanotropin, Melanophoren-stimulierendes Hormon (MSH)

Das Pigmenthormon MSH tritt in verschiedenen aktiven Zustandsformen auf. Aus der Hypophyse des Schweins wurde ein α-MSH mit einer Kettenlänge von 13 Aminosäuren und ein β-MSH mit einer Kettenlänge von 18 Aminosäuren isoliert.

Die Sequenzen lauten:

αMSH:
Ser-Tyr-Ser-Met-Glu-His-Phe-Arg-Trp-Gly-Lys-Pro-Val.
β-MSH:
Asp-Ser-Gly-Pro-Tyr-Lys-Met-Glu-His-Phe-Arg-Trp-Gly-Ser-Pro-Pro-Lys-Asp.

Das α-MSH ist mit dem N-terminalen Ende des ACTH identisch. Die Sequenz zwischen Pos. 4 und 10 tritt auch beim Lipoprotein, einem weiteren Hormon der Hypophyse (s. Abb. 56.11), auf. ACTH wird von den MSH-Rezeptoren auf den Melanophoren der Amphibien erkannt.

MSH hat bei Fischen und Amphibien die Aufgabe, die Farbteilchen in Melanophoren und Lipophoren, die meist stark verzweigt sind, zu zerstreuen. Bei der MSH-induzierten Pigmentverschiebung (s. Abb. 57.5) werden die folgenden physiologischen Parameter beeinflußt:

a) Veränderung der Viskosität des Plasmas. Übergang von Gel zu Sol bei der Pigmentverschiebung.
b) Aufbau elektrischer Potentialdifferenzen zwischen Zentrum und Peripherie der Zelle, in deren Feld Melanin bewegt wird.
c) Ionenverschiebungen: Hemmung der MSH-Wirkung, wenn Na^+ fehlt.

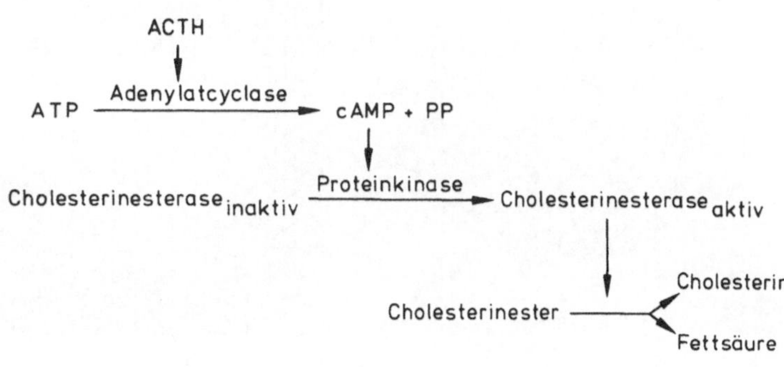

Abb. 57.3. Modell der ACTH-abhängigen Cholesterinester-Spaltung (Träger, 1977)

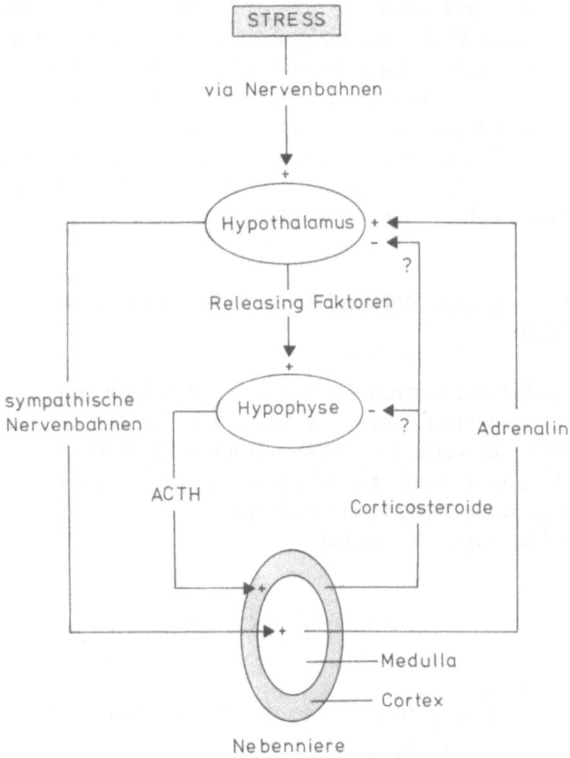

Abb. 57.4. Aktivierung und Regulation der Hormonausschüttung in der Nebenniere in Streßsituationen. Es ist unklar, ob das Zielorgan der Corticosteroide in der Rückkopplungsschleife der Hypothalamus oder die Hypophyse ist (Clegg und Clegg, 1970)

d) Stoffwechselveränderungen bei der Pigmentwanderung.

Es sieht so aus, als würde das MSH die Permeabilität der Membran für Ionen modifizieren und dadurch das elektrische Potential im Zellinneren (reversibel) verschieben. Welche Bedeutung das MSH bei den Mammalia hat, ist nach wie vor unklar.

Luteotropin, Luteinisierendes Hormon (LH)

Es bildet zusammen mit dem FSH, TSH, dem PRL und dem hCG (Humanes Choriongonadotropin, das von Zellen der Placenta freigesetzt wird), die Proteinfamilie der Gonadotropine (s. Abb. 57.6). LH steigert die Steroidsyntheserate in den Gonaden. Die Wirkung auf beide Geschlechter ist gleichartig, die Folgen jedoch unterschiedlich, da die Zellen über geschlechtsspezifische Enzymmuster verfügen. Die interstitiellen Zellen von Ovar und Hoden tragen LH-Rezeptoren, die das Hormon mit einer Affinität von 2–6 x 10^{10} M^{-1} binden. LH und hCG haben die gleiche Bindungsspezifität, und beide konkurrieren um gleiche Bindungsorte. Im menschlichen Ovar ist die LH-Rezeptorzahl zyklusabhängig. Sie erreicht ihr Maximum zwischen dem 13. und dem 15. sowie dem 22.–23. Tag. Am 27. Tag ist keine Rezeptoraktivität nachweisbar (Wardlaw, Laversen, Saxena, 1975). Das Molekulargewicht des Rezeptors beträgt rund 195.000. Bindung von LH bewirkt in der Zelle die Bildung von cAMP. Die intrazelluläre Wirkung ist von der des ACTH z.T. verschieden.

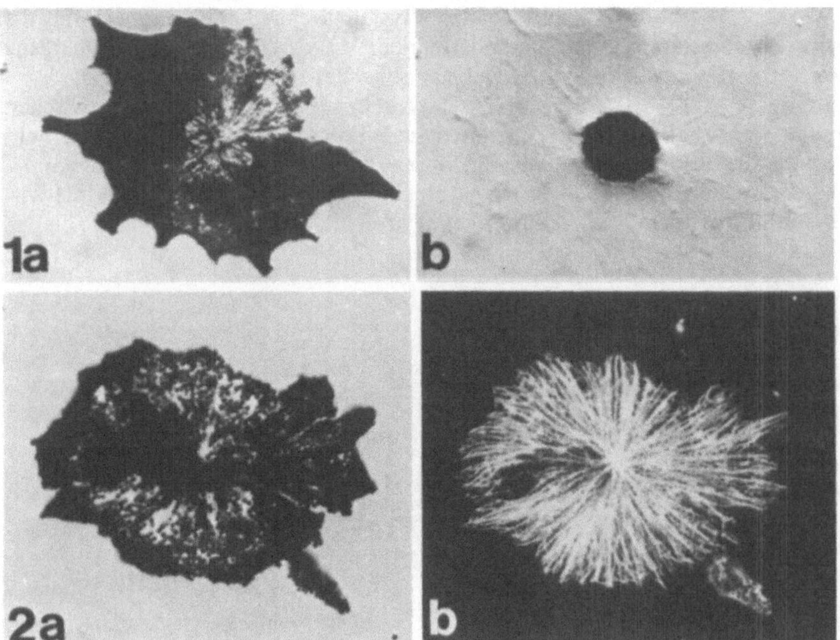

Abb. 57.5. Isolierter, lebender Melanophor, aufgenommen mit Interferenzkontrastoptik (nach Nomarski). *1a*, Farbteilchen (Pigmente) dispers verteilt. *1b*, Gleiche Zelle, 2 Min. nach Zugabe von 10^{-4} M Adrenalin. Die Farbteilchen haben sich im Zentrum konzentriert.

Melanophor mit dispers verteilten Farbteilchen. Indirekte Immunfluoreszenz mit Anti-Tubulin-Antikörpern. *2a*, Objekt im Phasenkontrast. *2b*, Das gleiche Objekt unter dem Fluoreszenzmikroskop. (Aufn. Schliwa, Osborn, Weber; Göttingen, 1978)

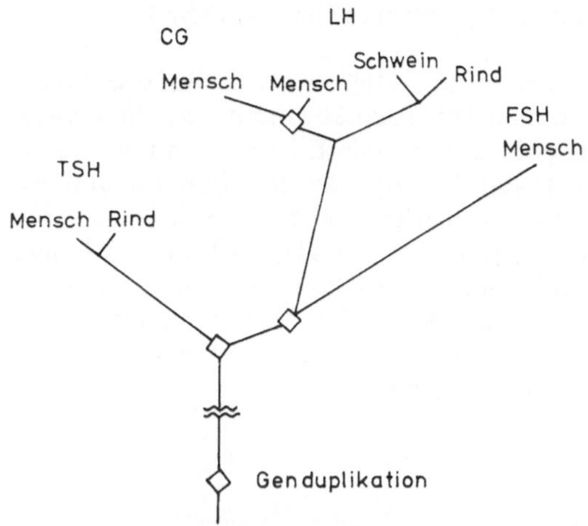

Abb. 57.6. Verwandtschaftliche Beziehungen der β-Untereinheiten von Peptidhormonen aus der Adenohypophyse. *TSH*, Thyrotropin; *CG*, Choriongonadotropin; *LH*, luteinisierendes Hormon; *FSH*, Follikel-stimulierendes Hormon (Dayhoff et al., 1975)

Follikelstimulierendes Hormon (FSH)

Auch dieses Hormon ist nicht geschlechtsspezifisch. Zu seinem Kohlenhydratanteil gehört die Sialinsäure, deren Entfernung durch Neuraminidase eine vollständige Inaktivierung des Hormons zur Folge hat. Die Stimulation der Steroidsynthese ist nur sekundär, in erster Linie beeinflußt das Hormon die Entwicklung der späten Stadien der Spermatogenese, steigert das Wachstum der Granulosa-Zellen in den Graafschen Follikeln und leitet die zur Steroidbildung notwendige Gewebedifferenzierung in den Sertolizellen (Zellen, die den Samenkanälchen anliegen) ein (Fakunding et al., 1976).

LH und FSH wirken synergistisch und stellen das Gleichgewicht von Gonadenentwicklung und -funktion ein. Beide arbeiten in vivo niemals allein. FSH induziert in den Sertolizellen die Bildung eines androgenbindenden Proteins, welches Testosteron und 5-α-Dihydrotestosteron bindet und diese Hormone damit in den Zellen anreichert. Im Ovar wird die Glykolyserate und die Aufnahmerate von Aminosäuren erhöht. In beiden Geschlechtern wird eine spezifische Genexpression eingeleitet. Während der Follikelreifung findet man pro Zelle 1100 FSH-Rezeptoren, deren Affinität bei $1{,}2 \times 10^{10}\ M^{-1}$ liegt. Im Hoden der Ratte sind in zeitlicher Aufeinanderfolge die Aktivitäten nach FSH-Applikation gemessen worden (s. nebenstehende Tabelle).

Prolactin (PRL)

Dem Prolactin fehlt ein Kohlenhydratanteil. Es gehört mit dem Somatotropin (Wachstumshormon) in eine Proteinfamilie.

PRL und LH wirken synergistisch. Zusammen führen sie zu einer vermehrten Progesteronbindung im *Corpus luteum*. Zusammen mit Somatotropin, Thyroxin und Insulin fördert PRL die Entwicklung der Milchdrüsen, wobei es das zur Lactosebildung benötigte Enzymsystem induziert. Östrogen und Progesteron hemmen die Lactose-Bildung. Erst nach der Geburt und dem dadurch bewirkten Abbau der Placenta sinkt der Spiegel der antagonistischen Steroidhormone, wodurch PRL voll zur Wirkung kommt. Ferner stimuliert PRL zusammen mit anderen Hormonen die Synthese von Casein, einer Gruppe saurer, prolinreicher Phosphoproteine, die zwischen 70 und 80% des Gesamtmilcheiweißes ausmachen. PRL fördert die Vermehrung von Östrogen-Rezeptoren im Milchdrüsengewebe und steigert damit die DNS-Syntheserate.

Die Wirkung ist nicht auf das weibliche Geschlecht beschränkt. Beim Mann wird die Spermatogenese gefördert. Auch diese Wirkung erfolgt über eine Erhöhung der Zahl der Steroidhormonrezeptoren.

PRL ist stammesgeschichtlich ein recht altes Hormon, das im Laufe der Zeit verschiedenste Funktionen ausgeübt hat. Bei kieferlosen Fischen beeinflußt es den Elektrolythaushalt, bei Knochenfischen stimuliert es die Verdickung der Epidermis und beeinflußt das Brutverhalten. Bei Amphibien hat es somatotrope und glukotrope Wirkung, bei Vögeln erhöht es die Bildung der Kropfmilch, und bei allen Tiergruppen modifiziert es das Allgemeinverhalten. Bei den Säugern blieben der Einfluß auf die Haut (Laktation), die Verstärkung des Pflegeverhaltens und ein Einfluß auf das Wachstum und den Kohlenhydrat- und Fettstoffwechsel erhalten.

Somatotropin (Wachstumshormon) STH

Somatrotropin arbeitet mit vielen anderen Hormonen zusammen und wirkt auf nahezu alle Organe desKörpers ein; es induziert Wachstum, das mit einer Veränderung aller denkbaren Stoffwechselwege einhergeht. Es ist ein Polypeptid, dessen Kette beim Menschen 190 und beim Rind 189 Aminosäuren enthält. 1970

Aktivität	Zeit nach FSH-Applikation
Bindung an die Plasmamembran	
Aktivierung der Adenylatcyclase	5 Min.
Aktivierung einer Proteinkinase	
Phosphorylierung von Proteinen	20 Min.
Anstieg der RNS-Synthese im Kern	
Anstieg der RNS-Polymerase II	
Anstieg der RNS-Polymerase I	1 Std.
Anstieg der Proteinsynthese	2 Std.
Anstieg der Ribosomenmenge	4 Std.
Zunahme der Mitosen	6 Std.

Means, MacDougall, Soderling, Çorbin (1974).

ist es gelungen, die Polypeptidkette synthetisch herzustellen (Li, University of California, San Francisco). Im Gegensatz zu den meisten anderen Peptidhormonen ist STH weitgehend artspezifisch. Das Rinderhormon z.B. beeinflußt menschliche Zellen nur wenig, wirkt im menschlichen Körper jedoch stark immunogen. Eine Therapie, wie wir sie von der Behandlung der Zuckerkrankheit her kennen, kommt deshalb nicht in Betracht. Deshalb war und ist gerade bei diesem Hormon das Interesse so groß, das menschliche Protein auf andere Weise zu erzeugen. 1978 gelang es, das Gen des STH der Ratte in *Escherichia coli* zu klonieren und zur Expression zu bringen (s. Kap. 7). STH-Mangel führt zu Zwergwuchs. Allerdings beruht nicht jede Form von Zwergwuchs auf STH-Mangel, und nur in den (wenigen) Fällen, wo das zutrifft, ist eine Behandlung mit STH-Präparaten erfolgversprechend. STH-Überschuß führt zu Überfunktionen des Wachstums bestimmter Gewebe: Spitzenwachstum (Akromegalie). Die Enden der Finger, der Zehen, der Nase und des Kinns vergrößern sich und wandeln die Körperproportionen in einer abnormen Weise um.

STH und ACTH wirken antagonistisch. Einige der nachgewiesenen Effekte sind in der folgenden Übersicht zusammengestellt.

	STH	ACTH
Wachstum	Förderung	Hemmung
Proteinstoffwechsel	Steigerung der Synthese	Steigerung des Abbaus
Stickstoffbilanz	positiv	negativ
Aminosäuregehalt im Blut	erniedrigt	erhöht
Thymus	vergrößert	verkleinert
Phosphatasegehalt im Blut	erhöht	erniedrigt
Respiratorischer Quotient	erniedrigt	erhöht
Galactopoese	erhöht	vermindert
Glucostase	Muskel	Leber
Glykogenmobilisierung	Leber	Muskel

Thyrotropin, Thyreotropes Hormon (TSH)

Das TSH steuert die Tätigkeit der Schilddrüse, indem es die Jod-Speicherkapazität erhöht und die Oxydation von Jodid zu Jod fördert. Ferner stimuliert es die Umbildung von Dijodtyrosin in Thyroxin und die Auflösung gespeicherter, kolloidaler Substanzen. Wie schon gesagt, gehört es mit LH, FSH und hCG einer Proteinfamilie an. Seine β-Polypeptidkette ist kürzer als die der übrigen Mitglieder. Man vermutet, daß die Kettenverlängerung (der übrigen) auf einer Duplikation eines Urgens beruht.

Literatur

Dayhoff, M.O.: Atlas of protein sequence and structure. Supplement 2. Washington: National Biomedical Research Foundation 1976

Martial, J.A., Seeburg, P.H., Guenzi, D., Goodman, H.M., Baxter, J.D.: Regulation of growth hormone gene expression: Synergistic effects of thyroid and glucocorticoid hormones. Proc. Natl. Acad. Sci. USA *74*, 4293 (1977)

Sawyer, W.H.: Evolution of neurohypophyseal hormones and their receptors. Fed. Proc. *36*, 1842 (1977)

Schliwa, M., Osborn, M., Weber, K.: Microtubule system of isolated fish melanophores as revealed by immunofluorescence microscopy. J. Cell Biol. *76*, 229 (1978)

Seeburg, P.H., Shine, J., Martial, J.A., Bacter, J.D., Goodman, H.M.: Nucleotide sequence and amplification in bacteria of structural gene for rat growth hormone. Nature (London) *270*, 486 (1977)

Sterling, K., Lazarus, J.H.: The thyroid and its control. Annu. Rev. Physiol. *39*, 349 (1977)

Träger, L.: Steroidhormone: Biosynthese, Stoffwechsel, Wirkung. Berlin, Heidelberg, New York: Springer 1977

58. Hormone, die von peripheren, endokrinen Drüsen freigesetzt werden; Wirkungsmechanismus von Steroidhormonrezeptoren, Wachstumsfaktoren

Schilddrüse, Pankreas, Nebenniere (Mark und Nebennierenrinde) sowie die Gonaden sind die bekanntesten innersekretorischen (endokrinen) Drüsen. Darüber hinaus werden Hormone jedoch auch von einer Anzahl weiterer Zellen freigesetzt, wozu u.a. Zellen, die dem Magen-Darm-Trakt assoziiert sind, gehören. Die Besprechung der Hormone kann an dieser Stelle relativ kurz abgehandelt werden. Nicht weil ihre Bedeutung unwichtig ist, sondern vielmehr, weil das Wissen darüber zum Standardrepertoir medizinischer Lehrinhalte gehört und das Thema deshalb in den Lehrbüchern der Physiologie (Humanphysiologie, Tierphysiologie) in aller Breite dargelegt ist.

Einschränkend sollte man jedoch darauf hinweisen, daß alle Listen, in denen Hormone und ihre Wirkungen aufgeführt sind, unvollständig sind. Mediziner interessieren sich nämlich nur für solche Hormone, deren Fehlfunktion zu klinisch diagnostizierbaren Symptomen führt. Damit werden all diejenigen unterschlagen, deren Funktion lebensnotwendig ist. Die Entwicklung eines Vielzellers ist ein außerordentlich komplexer Vorgang, der in eine Vielzahl von Einzelschritten zerlegt werden kann und den wir erst zu einem geringen Teil durchschauen.

Jeder der Schritte wird durch Kommunikation zwischen zwei Zelltypen eingeleitet, und viele der dabei benötigten Effektoren muß man als Hormone oder hormonähnliche Substanzen klassifizieren. Wir werden einige von ihnen, so z.B. die makromolekularen, gewebespezifischen Wachstumsfaktoren (NGF, EGF, FGF etc.) im kommenden Abschnitt behandeln. An anderer Stelle werden wir Hormone kennenlernen, welche die Differenzierung von Blutzellen aus ihren Vorstufen einleiten: Erythropoetin, Thrombopoetin, Granulopoetin, Thymopoetin u.a. (s. Kap. 65). Schließlich müssen wir einige niedermolekulare Substanzen wie die Prostaglandine (s. Abb. 58.1) erwähnen, die von einer Anzahl von Zellen freigesetzt werden und sowohl auf den eigenen Zelltyp als auch auf andere Zelltypen einwirken. Auf Prostaglandine trifft die traditionelle Definition der Hormone nicht zu, denn jene besagt, daß ein Hormon von einem Zelltyp produziert wird und auf einen anderen einwirkt. Das stimmt zwar meist, doch die Natur hält sich nicht immer an menschliche Begriffe und Definitionen. Wir haben das u.a. schon bei der Behandlung der Neurotransmitter feststellen müssen. Prostaglandine werden bei beiden Geschlechtern für die Entwicklung der Fortpflanzungsorgane benötigt. Sie kommen aber auch im ZNS vor, spielen bei der sympathischen Signalübertragung eine Rolle und sind an der Steuerung der Freisetzung von *Releasing*-Faktoren im Hypothalamus beteiligt. Es sind ungesättigte C_{20}-Fettsäuren, die sich von der Arachidonsäure ableiten. Man kennt mindestens 13 voneinander verschiedene, chemisch jedoch sehr ähnliche Formen, die mehreren Serien: A, B, C, D, E . . . zugeordnet werden. Sie unterscheiden sich durch ihre Funktion sehr deutlich voneinander

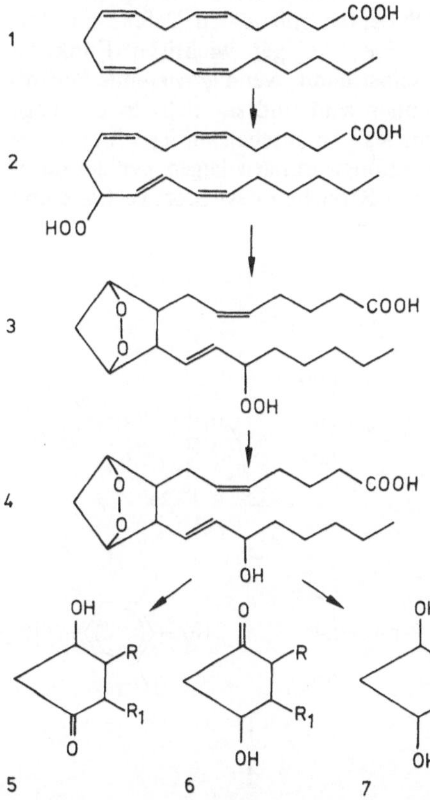

1 COOH

2 COOH HOO

3 COOH OOH

4 COOH OH

OH R R₁ O 5

O R R₁ OH 6

OH R R₁ OH 7

Abb. 58.1. Biosynthese von Prostaglandinen. *1*, Arachidonsäure; *2*, Eicosatetraensäure; *3*, Prostaglandin G_2; *4*, Prostaglandin H_2 (identisch mit PG R_2); *5*, Prostaglandin D_2; *6*, Prostaglandin E_2; *7*, Prostaglandin F_2 (Träger, 1977)

und wirken oft antagonistisch. Prostaglandine der E-Serie werden bei der Reizung sympathischer Nerven freigesetzt und hemmen gleichzeitig die adrenerge Übertragung. Das geschieht einmal durch Unterdrükkung der Antwort auf den adrenergen Transmitter und zum anderen durch Hemmung der Transmitterfreisetzung. Prostaglandine der F-Serie zeigen den entgegengesetzten Effekt, indem sie die Antwortbereitschaft auf eine sympathische Reizung des Zielorgans erhöhen.

Es gibt spezifische Prostaglandinrezeptoren in der Membran. Je nach Typ und Gewebeart wird die cAMP-Bildung gehemmt oder stimuliert. Prostaglandine ähneln in ihrer Struktur den Phospholipiden der Membran, so daß es durchaus denkbar ist, daß sie selbst in die Membran inkorporiert werden und somit deren Eigenschaften modifizieren.

Bei Erythrozyten regulieren sie deren Permeabilität und Flexibilität. Allen hier kurz vorgestellten Hormonen oder hormonähnlichen Substanzen ist eines gemeinsam: Ein Fehlverhalten verursacht eine derart gravierende Störung der Embryonalentwicklung, daß der Embryo abstirbt. Es gibt demnach keine Überlebenden und damit auch keine Patienten mit solchen Defekten. Überleben ist nämlich nur dann möglich, wenn eine weniger wichtige Funktion beeinträchtigt ist. Eine Bewertung, was wichtig ist und was nicht, ist immer relativ. In diesem Zusammenhang muß man anführen, daß Patienten mit einem Defekt im Hormonsystem an einer weniger wichtigen Funktion betroffen sind, selbst dann, wenn gravierende Schädigungen zu erkennen sind und sie nicht in der Lage sind, ein „normales", menschenwürdiges Leben zu führen. Die Funktionsstörungen liegen per definitionem in peripheren Bereichen des Stoffwechsels und der Entwicklung.

Wie schon in der Einleitung dargelegt, beruhen hormonelle Defekte nur selten auf einem Defekt in einem Strukturgen für das betreffende Hormon, sondern vielmehr auf Defekten seiner Expression. Manche Patienten mit *Diabetes mellitus* (Zuckerkrankheit) produzieren normalerweise Insulin, aber nicht genug. Doch schon die Synthese einer geringen Menge des funktionellen Hormons läßt den Schluß zu, daß ein intaktes Strukturgen vorhanden ist. In vielen Fällen wird dessen Expression erst im Alter reduziert (Altersdiabetes). Wir haben an anderer Stelle auch schon gesehen, daß manche Störungen im Hormonhaushalt auf Defekte der einschlägigen Rezeptoren zurückgeführt werden können.

Hormone der peripheren Drüsen

Hormone der Schilddrüse

Thyroxin und Trijodthyronin (Formeln und Biosynthese s. Abb. 58.2). Beide sind Abkömmlinge des Tyrosins. Ihre Bildung und Freisetzung hängt von der Kompetenz der Schilddrüse ab, Jod aufzunehmen, zu speichern und Syntheseprozessen zuzuleiten.

Schilddrüsenhormone sind hydrophob, dringen in die Zellen der Zielorgane ein und regulieren die Genexpression. Bei primitiven Vertebraten werden sie zur Induktion der Morphogenese benötigt.

Beispiele:

Aal: Larve → ausgewachsener Aal,
Scholle: symmetrische Form → asymmetrische Form,
Frosch: Kaulquappe → ausgewachsener Frosch.

Bei Vögeln initiieren sie die Mauser und bei Säugern

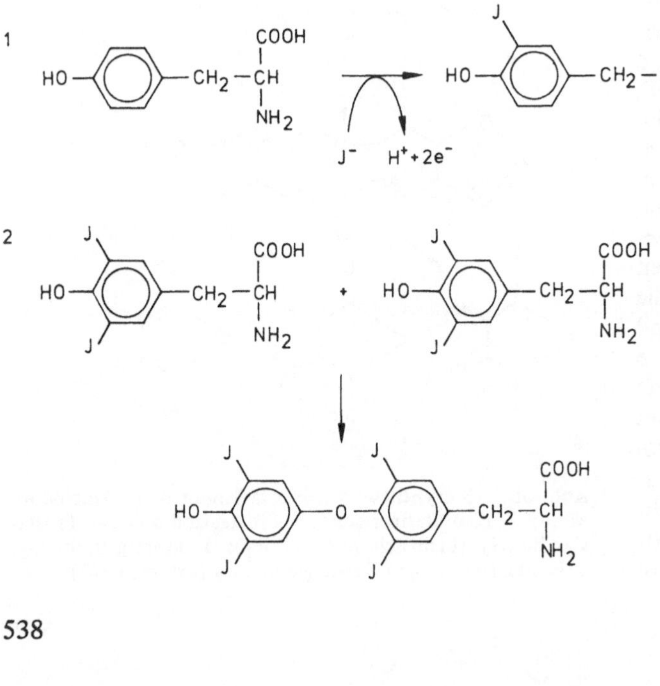

Abb. 58.2. Biosynthese von Thyroxin (L-3,5,3',5'-Tetrajodthyronin). Ausgangsmaterial ist das Tyrosin, Zwischenprodukte sind mono- und dijodierte Tyrosinreste

beeinflussen sie den Winterschlaf und den Wechsel des Haarkleides (Sommerpelz/Winterpelz).

Mangel an Schilddrüsenhormonen führt beim Menschen zu den Erscheinungen des Myxödems:

- Veränderungen der Haut (blaß, kalt, gedunsen),
- Haare struppig,
- Verlangsamung des Herzschlags,
- Apathie, Schlafsucht, Verlangsamung des Denkens, Schwachsinn.

Alle Erscheinungen beruhen auf einer Herabsetzung der Stoffwechselrate. Ein Überschuß an Schilddrüsenhormonen führt zur Basedowschen Krankheit.

Symptome:

Kropf, Glotzaugen, Herzbeschwerden, seelische Erregungen (Angst, Schreckhaftigkeit), allgemeine nervöse Übererregbarkeit.

Zusammengefaßt: Erscheinungen, denen eine Erhöhung der Stoffwechselrate vorangeht.

Nebenschilddrüse

In der Nebenschilddrüse werden die beiden Peptidhormone Parathormon (83 Aminosäuren lang) und Calcitonin (37 Aminosäuren lang) synthetisiert. Beide beeinflussen den Ca^{2+}- und den Phosphat-Stoffwechsel. Das Calcitonin kooperiert mit dem Vitamin D. Die Freisetzung des Parathormons wird durch Ca^{2+}-Ionen stimuliert. Entfernen der Nebenschilddrüse führt zu einer Erniedrigung des Ca^{2+}-Ionenspiegels im Blut. Die Symptome sind an Zittern, Anspannung der Muskelfasern und Krämpfen erkennbar.

Nebenniere (Mark) und Nebennierenrinde

Es wird zwischen diesen beiden Geweben (Medulla und Cortex) unterschieden. Beide produzieren unterschiedliche Hormontypen. In der Medulla werden Adrenalin und Noradrenalin freigesetzt, die die Wirkung der Schilddrüsenhormone unterstützen. Bei Streß wird Adrenalin in erhöhter Menge ausgeschüttet. Die Ausschüttung geschieht aufgrund eines Stimulus aus dem Gehirn, welcher der Nebenniere durch den *Nervus splachnicus* zugeleitet wird.

Adrenalin und Noradrenalin rufen sowohl gleichartige als auch voneinander verschiedene Effekte hervor. Beide dringen nicht in die Zellen der Erfolgsorgane ein, sondern werden von Oberflächenrezeptoren erkannt, die nach der Erkennung ein Signal zur Bildung eines *Second messenger* (s. Kap. 59) ins Zellinnere weiterleiten. Beide Hormone führen zur Erhöhung des Blutdrucks und des Blutzuckerspiegels durch Glykogenabbau. Auf Puls, Gefäßkontraktion und periphere Kreislauffunktionen wirken sie jedoch entgegengesetzt. Obwohl beide eine Blutdrucksteigerung hervorrufen, liegen die Ursachen hierfür auf verschiedenen Ebenen. Adrenalin stärkt die Kraft des Herzschlags, vergrößert die zirkulierende Blutmenge (Herzminutenvolumen) und erweitert die Arterien. Noradrenalin verursacht Verengung der Blutgefäße in den Muskeln. Beide steuern somit die Blutverteilung im Körper in Anpassung an die jeweils geforderte Leistung.

Hormone der Nebennierenrinde. Sie gehören der Stoffklasse der Steroide an. Ihrer Herkunft wegen bezeichnet man sie als Corticosteroide (Rindenhormone). Insgesamt gibt es an die 30 verschiedene, chemisch einander sehr ähnliche Verbindungen, die sich durch ihr Wirkungsspektrum jedoch mehr oder weniger voneinander unterscheiden. Zu den bekanntesten Vertretern gehören das Cortisol, das Aldosteron, das Corticosteron und das Desoxycorticosteron. In Abb. 58.3 sind einige Formeln von Steroidhormonen wiedergegeben. Neben den genannten Steroidverbindungen produziert die Nebennierenrinde auch sexualwirksame Steroidverbindungen wie das Testosteron und das Östrogen. Ausgangssubstanz für die Biosynthese der Rindenhormone ist das Cholesterin. Der erste Schritt der Synthese wird in der Regel durch ACTH gesteuert (s. Kap. 57). Die Bildung der Geschlechtshormone in den Gonaden erfolgt im Prinzip auf die gleiche Weise:

Cholesterin → Pregnenolon → Progesteron.

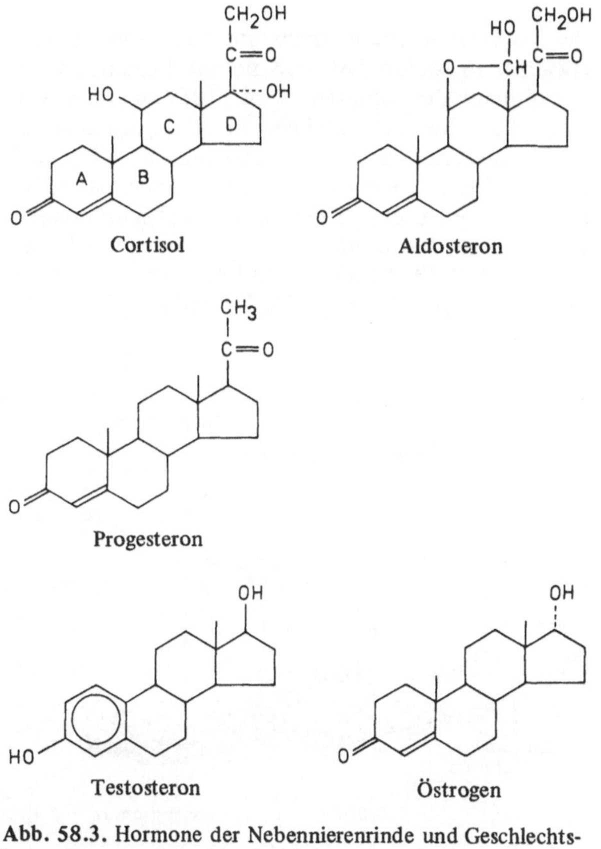

CH_2OH C=O OH HO A B C D O Cortisol

HO CH_2OH C=O O CH O Aldosteron

CH_3 C=O O Progesteron

OH HO Testosteron

OH O Östrogen

Abb. 58.3. Hormone der Nebennierenrinde und Geschlechtshormone

Unterschiedlich sind lediglich der auslösende Mechanismus und die letzten Schritte der Biosynthese. Ihrer Funktion nach unterscheidet man zwischen den Mineralcorticoiden und den Glucocorticoiden. Erstere, zu denen das Aldosteron gehört, regulieren den Elektrolythaushalt und letztere greifen in den Kohlenhydratstoffwechsel ein. Die Wirkung des ACTH auf die Aldosteronbildung ist vernachlässigbar gering, doch umso stärker ist sie auf die Bildung der Glucocorticoide.

Steroide sind hydrophob, dringen in der Regel in die Zellen ein und verbinden sich in den Zellen von Erfolgsorganen mit spezifischen Rezeptoren. Der Hormon-Rezeptor-Komplex wandert in den Kern ein und steuert die Genexpression.

Eine Erkrankung der Nebenniere (Ursache z.B. Tuberkulose) führt zu einer früher fast immer tödlich ausgehenden Krankheit, die nach dem Londoner Arzt T. Addison als Addisonsche Krankheit bezeichnet wird. Sie ist durch zunehmende Schwäche, Abmagerung und Körperverfall des Kranken sowie durch eine schmutzigbraune Verfärbung seiner Haut gekennzeichnet. Elektrolytgleichgewicht, Wasserhaushalt und Kohlenhydratstoffwechsel sind gestört. Durch regelmäßige Zufuhr von Corticosteroiden können die Symptome gelindert werden.

Pankres (Bauchspeicheldrüse)

Die Pankreas wurde erstmals um 1850 von Bernard erwähnt. Er stellte fest, daß sie zur Regulation des Zuckerhaushalts benötigt wird. 1869 wurden von Langerhans die nach ihm benannten Langerhansschen Inseln entdeckt, und 1922 isolierten Bantling und Best das Insulin. 1953 wurde es von Sanger als erstes Protein sequenziert, 1965 wurde es synthetisiert. 1977 wurde das Insulingen in *Escherichia coli* kloniert, und 1978 gelang es, das Gen dort zur Expression zu bringen (s. Kap. 7). Langerhanssche Inseln enthalten zwei funktionell voneinander verschiedene Zelltypen α und β. Die α-Zellen produzieren das Glukagon und die β-Zellen das Insulin. Beide Peptidhormone haben wir bereits im Zusammenhang mit ihren Rezeptoren besprochen (s. Kap. 30). Glukagon wirkt antagonistisch zum Insulin, und umgekehrt wirkt Insulin antagonistisch zum Glukagon.

Die Glukagonwirkung läuft in der Zelle über eine Erhöhung der cAMP-Konzentration ab. Glukagon wird vermehrt ausgeschüttet, sobald der Glucosespiegel im Blut unter den Normalwert von 3,9 mM abfällt. Es wirkt primär auf die Leber und steigert die Glykogenabbaurate. Darüber hinaus regt es die Sekretion von Adrenalin und Noradrenalin in der Nebennierenrinde an. Alle Mechanismen zielen auf die Erhöhung des Blutzuckerspiegels ab. Gleichzeitig steuert es dem aber durch Förderung der Insulinsynthese entgegen. Insulin wird freigesetzt, sobald der Blutzuckerspiegel den Normalwert übersteigt, Die Halbwertszeit eines Insulinmoleküls im Blut beträgt 3–4 Minuten. Die Regulation des Glucosespiegels über dieses Hormon ist somit ein außerordentlich schnell induzierbarer Prozeß, der sich den Gegebenheiten wirkungsvoll anpaßt. Der Effekt beruht im wesentlichen auf einer Steigerung der Transportrate von Glucose durch die Membran hindurch (s. Abb. 30.3), doch wird daneben indirekt auch die Glykogensynthetase stimuliert, der Fettabbau vermindert und die Proteinsynthese aus Aminosäuren gefördert. Insgesamt erhöht das Insulin die intrazelluläre Stoffwechselrate. Es wirkt nicht via cAMP, sondern fördert den Einstrom von Ca^{2+}-Ionen in die Zelle und setzt so die Bildung von cGMP in Gang.

Gonaden: Männliche und weibliche Geschlechtsorgane (Keimdrüsen)

Auch die in den Gonaden gebildeten Hormone gehören der Klasse der Steroidverbindungen an. Die

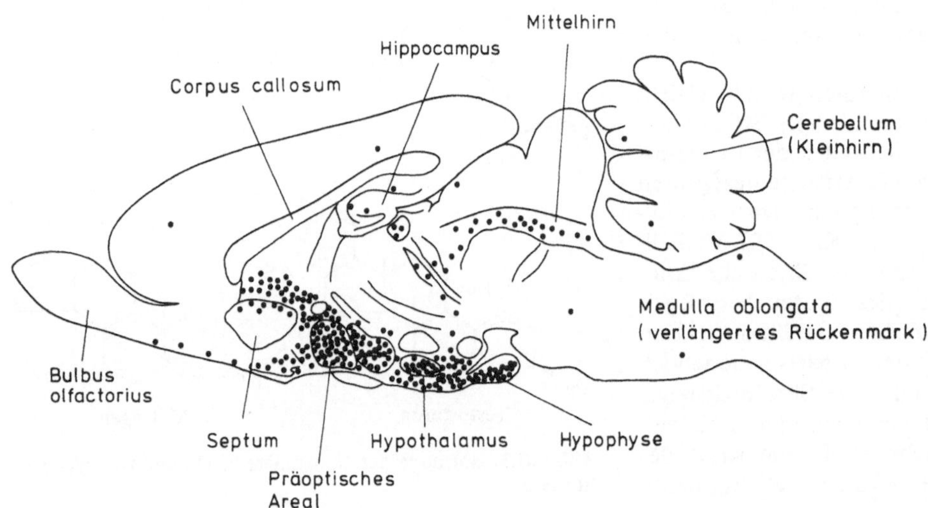

Abb. 58.4. Verteilung Östrogen-sensitiver Zellen (*dunkle Punkte*) im Rattengehirn. (Nach Pfaff und Keiner, 1973; aus McEven, 1976)

bekanntesten sind Östrogen und Progesteron (♀) sowie das Testosteron (♂). Sie bewirken zweierlei. Einmal stimulieren sie die Bildung der Geschlechtszellen und steuern bei der Frau alle Vorgänge, die mit der Fortpflanzung zu tun haben, zum anderen induzieren sie die Ausbildung der sekundären Geschlechtsmerkmale. Darunter sind nicht allein körperliche Merkmale zu verstehen, sondern auch psychische Verschiedenheiten der Geschlechter. Allein aus dieser Beobachtung heraus ist zu schließen, daß Hormone in die Funktion des ZNS eingreifen, und in der Tat sind spezifische Steroidrezeptoren in jenen Bezirken des Gehirns identifiziert worden, die für die Steuerung von Stimmungen, Gefühlen u.a. verantwortlich sind (Bereich der Basalganglien). Das bereits erwähnte autoradiographische Verfahren erlaubt es, Steroidbindungsorte in verschiedenen Bezirken des Gehirns zu kartieren.

Untersuchungen von McEwen und Pfaff (Rockefeller University, New York) und Stumpf (University of North Carolina) führten zu Ergebnissen, die in Abb. 58.4 zusammengestellt worden sind. Östrogen wird vorwiegend in der Hypophyse, im Hypothalamus und im präoptischen Bereich (Basalganglien) gebunden, die Corticosteroide hingegen vorwiegend im Hippocampus und im Septum und Dihydrotestosteron in sehr geringer Menge in allen Teilen des Gehirns. Als Versuchsobjekt diente zunächst die Ratte, doch wurden die Studien anschließend auf Fische, Amphibien, Vögel und andere Mammalia ausgedehnt. Die gefundenen Ergebnisse besagen, daß die Bindungsorte bei den genannten Tierklassen weitgehend invariant sind. Die Topologie der Gehirnstrukturen ist also im Verlauf der Evolution konstant geblieben. Bindung der Sexualhormone von Zellen des Gehirns führt zu geschlechtlicher Differenzierung und zum Erwerb sexueller Kompetenz. Östrogenbindung induziert die Freisetzung von LHRF, und damit ist ein Kreis geschlossen (s. Abb. 58.5). Der Einfluß des Östrogens auf Gehirnzellen erfolgt periodisch und ist reversibel. Doch in frühen Entwicklungsstadien beeinflußt das Hormon in einer irreversiblen Weise auch die Differenzierung von Geschlechtsmerkmalen. Sobald die sexuelle Differenzierung abgeschlossen ist, beschränkt sich der Hormoneinfluß auf die bereits genannten kurzfristigen und reversiblen Erscheinungen. Die Geschlechtshormone sind für das Individuum selbst nicht lebensnotwendig, Kastration (Unfruchtbarmachung) ist kein lebensbedrohender Eingriff, wenngleich Verhalten und körperliche Merkmale dadurch verändert werden.

Die beiden weiblichen Geschlechtshormone Östrogen (Oestradiol) und Progesteron üben unterschiedliche Funktionen aus. Das Östrogen, auch Follikelhormon genannt, ist für periodische Auf- und Abbauerscheinungen der Uterusschleimhaut verantwortlich. Das Progesteron (Gelbkörperhormon) bedingt die Umwandlung der durch Östrogen aufgebauten Uterusschleimhaut zur Vorbereitung der Aufnahme und Entwicklung des befruchteten Eies. Die zeitliche Hintereinanderschaltung der Wirkung der beiden Hormone Östrogen und Progesteron beruht beim Menschen (♀) und anderen Mammalia auf unterschiedlichen biologischen Bedeutungen. Ersteres nimmt vorwiegend vorbereitende Aufgaben wahr, die vor der Befruchtung des Eies zu erfüllen sind, letzteres tritt nach der Befruchtung in Aktion und steuert Vorgänge, die anschließend zum Zuge kommen (Schwangerschaft, Geburt, Laktation). Progesteron ist stammesgeschichtlich relativ alt. Man findet es nicht nur bei allen Vertebraten, sondern auch in den Ovarien der Echinodermen sowie in Muscheln. Bei Amphibien vertritt es das Östrogen.

Wirkungsmechanismus von Steroidhormonrezeptoren

Schon 1960 stellten Clever und Karlson (seinerzeit Tübingen und München) fest, daß das Verpuppungshormon Ecdyson die Ausbildung einiger spezifischer

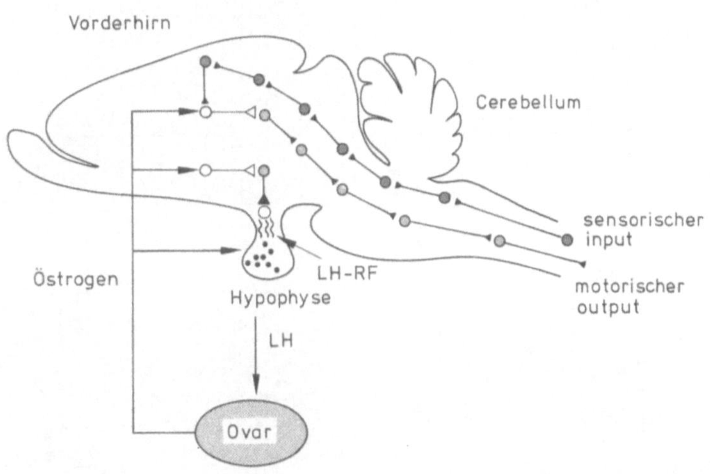

Abb. 58.5. Rückkopplungsschleife. Einwirkungen des Östrogens auf Zentren im Gehirn. Kontrolle der Eigensynthese und Kontrolle der Motorik. (Nach McEven, 1976)

Puffs (s. Kap. 42) in Riesenchromosomen von *Chironomus* induziert. Puffs ihrerseits sind Orte einer verstärkten mRNS-Synthese. Es war damit erwiesen, daß ein Steroidhormon die Genexpression in einer spezifischen Weise beeinflußt. Später lernte man, daß diese Aussage auch auf Vertebraten übertragbar ist. 1961 postulierte Jensen (University of Chicago) die Existenz spezifischer Rezeptoren, und 1966 wurde von Toft und Gorski (University of Illinois) der erste Steroidrezeptor charakterisiert. Es ist der Östrogenrezeptor, der nur in jenen Zellen vorkommt, die auf Östrogene ansprechen. Sein Molekulargewicht beträgt 200.000. Er besteht aus zwei gleich großen, zigarrenförmig aussehenden, aber funktionell voneinander verschiedenen Untereinheiten A und B.

Der Nachweis der Spezifität einer Steroidbindung in verschiedenen Zelltypen wurde autoradiographisch erbracht. Jensen gelang es, Steroide radioaktiv zu markieren und zu zeigen, daß Östrogen von Zellen des Uterus konzentriert wird, während Muskel- und Epidermiszellen es nicht anreichern. I.S. Edelman, Bogorich und Porter stellten 1963 fest, daß [^{3}H]-markiertes Aldosteron in Zellen von Nierengewebe inkorporiert wird, während das [^{3}H]-markierte Progesteron dort nicht festgehalten wird. Den Zellen fehlt offensichtlich der zur Bindung benötigte Rezeptortyp. 1968 ergänzte Stumpf (University of North Carolina, Chapel Hill) diese Beobachtungen durch den Befund, daß die Hormone nahezu ausschließlich in Zellkernen gebunden werden. Um eine spezifische Genaktivierung zu induzieren, bedarf es einer spezifischen Bindung des jeweiligen Hormon-Rezeptor-Komplexes an bestimmten Stellen im Genom. Es muß demnach im Chromatin einen Akzeptor für den Komplex geben. Tomkins von der University of California, San Francisco, fand, daß jede beliebige DNS in der Lage ist, Hormon-Rezeptorkomplexe zu binden. Dieses Experiment spricht für unspezifische Bindung und befriedigt nicht unsere Forderung. Man fand Hinweise, daß Nicht-Histon-Proteine mit im Spiel seien. O'Malley und Mitarbeiter vom Baylor College of Medicine in Houston entdeckten im Kern bis an die 500 Akzeptororte für einen Hormon-Rezeptor-Komplex. Als Versuchsobjekt wählten sie den Ovidukt von Hühnern. Die Zellen sprechen auf Östrogen an und produzieren nach Induktion vorwiegend ein Protein: Ovalbumin.

Durch Fraktionierung der Nicht-Histon-Proteinfraktion wurde wahrscheinlich gemacht, daß die Affinität der sog. AP_3-Fraktion zuzuschreiben sei. Proteine dieser Fraktion scheinen gewebespezifisch zu sein. Reziproke Rekonstitutionsexperimente ergaben nämlich, daß nur diejenige AP_3-Fraktion den Komplex bindet, die aus dem gleichen Zelltyp isoliert wurde (s. Abb. 58.6). Es sieht so aus, als sei für die Bindung an den Akzeptor die B-Untereinheit des Rezeptors verantwortlich. A bindet unspezifisch an DNS (O'Malley, Schrader, Spelsberg, 1973).

Wie sieht die Genaktivierung aus? Ein Maß dafür ist die Zunahme der Bildung einer spezifischen mRNS. Die Zahl der Initiationsorte wurde unter Einsatz von RNS-Polymerase und Rifampicin nach Steroidinduktion titriert, die Komplexität der gebildeten mRNS durch Hybridisationsexperimente ermittelt. Dabei wird die mRNS als Matrize zur Bildung von cDNS eingesetzt, welche ihrerseits als Sonde verwendet wird. Als Ergebnis der Titration wurde gefunden, daß die Zahl der Ovalbumin-mRNS-Moleküle innerhalb einer Stunde nach der Stimulation von 0 auf 10.000 pro Zelle zunahm.

Es bedurfte lediglich eines weiteren Anreicherungsschrittes mittels Affinitätschromatographie, um die Ovalbumin-spezifische mRNS herauszufischen, und die wiederum war als Ausgangsmaterial für eine Sequenzanalyse geeignet. Als Ergebnis separater Bemühungen erhielt man eine Auskunft über die Struktur und die Nukleotidsequenz des Ovalbumingens. Es besteht aus acht voneinander getrennten Stücken, die durch sieben intracistrale *Spacer* voneinander getrennt sind (*Gene splicing*, s. Kap. 7 und 9).

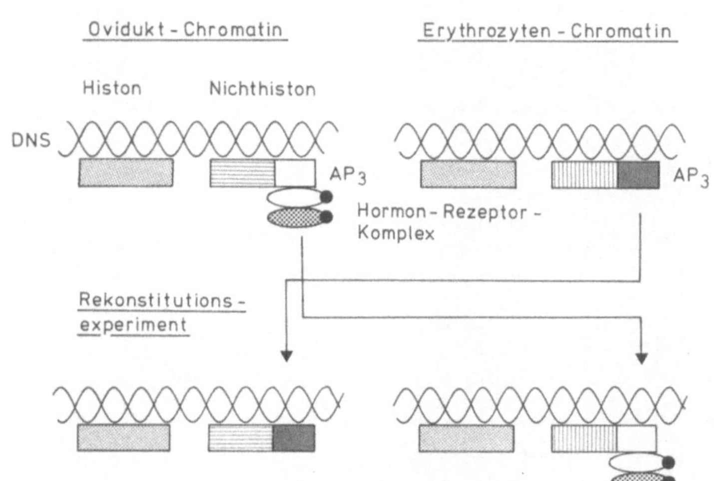

Abb. 58.6. Akzeptoren (AP_3-Fraktion) für den Hormon-Rezeptor-Komplex (Östrogen-Östrogenrezeptor). Ein reziprokes Rekonstitutionsexperiment zeigt, daß die AP_3-Fraktion aus Oviduktchromatin den Komplex spezifisch bindet. (Nach O'Malley und Schrader, 1976)

Wachstumsfaktoren

Tierische Zellen wachsen in einem Kulturmedium, welches das richtige Ionenmilieu, den richtigen pH-Wert, Aminosäuren, Glucose, Vitamine und einen Zusatz von Serum (meist Kälberserum) enthält. Tumorzellen kommen ohne Serumzusatz zwar auch nicht aus, doch sind ihre Ansprüche weit geringer. Das Serum enthält demnach Faktoren, die für die Zellteilung unentbehrlich sind: Wachstumsfaktoren.

Was sind das für Substanzen? Kann man sie isolieren? Wo werden sie produziert, und wie wirken sie? Mehrere Hindernisse stehen der Beantwortung dieser Fragen im Wege. Das Serum ist ein Gemisch sehr vieler, verschiedenartig wirkender Komponenten. Die Wachstumsfaktoren sind darin nur in Spuren enthalten, und schließlich ist es auch keineswegs einfach, einen aussagekräftigen Aktivitätstest auszuarbeiten. Diese Schwierigkeit wird durch die Unspezifität mancher Wachstumsfaktoren erhöht. Normalerweise setzt man ruhende, serumausgehungerte 3T3-Zellen ein und mißt deren DNS-Syntheserate nach Zusatz einer vermeintlich wachstumsfördernden Fraktion.

Wachstumsfaktoren haben hormonellen Charakter. Sie wirken mitogen, und mitogeninhibierende Stoffe wirken als ± spezifische Inhibitoren. Es sei vermerkt, daß das Serum zahlreiche Antagonisten enthält. Die DNS-Syntheserate ist somit eine sehr komplexe Funktion, die der Kontrolle vieler Parameter unterliegt. Man weiß zudem, daß manche Wachstumsfaktoren mit Kofaktoren arbeiten, was für die Aufklärung ihres Funktionsmechanismus nicht gerade förderlich ist. Wachstumsfaktoren werden von irgendwelchen Zellen produziert und sezerniert. Diese Zellen müßten deshalb in der Lage sein, auch ohne die Serumfaktoren auszukommen. 1972 fanden Temin et al., daß das tatsächlich zutrifft. Zwei Jahre später isolierten G.L. Smith und Temin aus dem Überstand von Leberzellen *einen* Faktor, der die DNS-Synthese in Fibroblastenzellen stimuliert. Spezifische Wachstumsfaktoren kannte man schon früher. 1948 beobachtete Bueker, daß Maussarkomzellen, die einem Hühnerembryo implantiert wurden, eine erhöhte Innervierung des Implantats nach sich zogen. Er schloß daraus, daß die Tumorzellen eine Substanz absondern, welche Nervenzellen zum Wachsen anregt.

Cohen (Vanderbilt University, Nashville) isolierte aus Speicheldrüsen der Maus und aus Schlangengift den NGF (*Nerve growth factor*), der das Auswachsen von Neuriten (Fortsätzen von Neuronen) fördert und somit für den Auf- und Ausbau des Nervensystems unentbehrlich ist. 1954 entwickelten Levi-Montalcini und Hamburger einen relativ einfachen in vitro-Test, in dem sie die Wirkung von NFG quantitativ erfassen konnten. 1962 entdeckte Cohen einen zweiten, spezifischen Wachstumsfaktor: EGF (*Epidermal growth factor*). Inzwischen hat man einige weitere mehr oder weniger gut charakterisiert.

NGF (Nerve growth factor, Nerv-Wachstumsfaktor)

Die beste Quelle zur Isolierung von NGF sind die Speicheldrüsen (Submaxillardrüsen) der Maus. Die Konzentration ist in den Drüsenzellen und im Speichel um etwa den Faktor 10^4 höher als im Serum. Männliche Mäuse produzieren weit mehr NGF als die weiblichen. Die Syntheserate unterliegt der Kontrolle des Geschlechtshormons Testosteron. Speicheldrüsen sind primär exokrin, d.h. sie sondern Stoffe nach außen und nicht in die Blutbahn ab. Dennoch scheint ein nicht unerheblicher Anteil auch dorthin zu gelangen. Entfernt man nämlich die Speicheldrüsen, sinkt der NGF-Titer im Serum auf 15% des Normalwertes ab. Wenige Tage später wird der ursprüngliche Wert jedoch wieder hergestellt, woraus folgt, daß der Körper auch über andere Quellen zur NGF-Produktion verfügt. Wir hatten eingangs schon vermerkt, daß bestimmte transformierte Zellen NGF sezernieren. Heute weiß man, daß eine ganze Reihe transformierter und nicht transformierter Zellinien hierzu in der Lage ist. Die Bedeutung der hohen Produktionsrate in den Speicheldrüsen ist unbekannt, die bekannten biologischen Aktivitäten wären mit wesentlich geringeren Mengen zu bewerkstelligen.

NGF ist ein oligomerer Proteinkomplex. Aus Speicheldrüsen wurde eine Einheit mit dem Molekulargewicht von 130.000 (≙ 7 S) gewonnen. Sie besteht aus drei Komponenten (U.E.): α, β, γ, die zu einem oligomeren Komplex $\alpha_2\beta\gamma$ vereint sind. Die Bedeutung der α-U.E. ist nicht bekannt. β ist der eigentliche NGF, und γ trägt eine Argininesterase-Aktivität. Die aktive Form von β hat eine Sedimentationskonstante von 2,5 S und ist selbst ein Dimer, das aus zwei identischen Polypeptidketten besteht, von denen jede ein Molekulargewicht von 13.259 hat. Die Zahl der Aminosäuren beträgt 118, die Aminosäuresequenz ist bekannt (Angeletti, Hermodson, Bradshaw, 1973).

Das Molekül enthält drei intramolekulare Disulfidbrücken. Die Dimere werden durch nichtkovalente Bindungen zusammengehalten. Sie zerfallen reversibel in die Monomeren, die ihre biologische Aktivität beibehalten. Das Molekül enthält zwei durch Proteasen leicht hydrolysierbare Peptidbindungen. Dabei wird
a) das C-terminale Arg und
b) ein Oktapeptid vom N-terminalen Ende abgespalten.
Die Aktivität wird hierdurch nicht gemindert, wohl aber die Reaggregationsfähigkeit zum Dimer. L-Zellen der Maus (= maligne Fibroblasten) produzieren einen NGF mit dem Molekulargewicht von 160.000. Auch er enthält eine 2,5 S-Komponente als aktiven Anteil. Die Stabilität des Gesamtkomplexes ist bei neutralem pH und hoher Konzentration an NGF (Größenordnung 1 μg/ml) weit geringer als die des Komplexes aus Speicheldrüsen. Bei niedrigen Konzentrationen (1 ng/ml) findet man keinen Unterschied. Die Maus produziert offenbar zwei isomere, gewebespezifische Formen des NGF (Isoenzyme).

Die Aminosäuresequenz des NGF zeigt auffallende Homologien mit der des Proinsulins (s. Abb. 39.2), das bekanntlich in Zellen der Bauchspeicheldrüse gebildet wird. Der gemeinsame Ursprung beider Proteine, die zudem beide hormonellen Charakter haben, liegt somit auf der Hand.

Welche Funktion kommt dem NGF zu? NGF hat ein breites Wirkungsspektrum, er stimuliert (wie Insulin übrigens auch) synthetisierende und energieproduzierende Prozesse in der Zielzelle. Er erhöht die Aufnahmerate von Nukleotiden und Glucose, steuert die Synthese aller Klassen von RNS, die Lipid- und die Proteinsynthese sowie die spezifische Synthese einiger Enzyme, welche an der Synthese von Transmittersubstanzen beteiligt sind (Tyrosinhydroxylase, Dopamin-β-Hydroxylase). Er beeinflußt das Aggregationsvermögen der Mikrotubuli und induziert den Auswuchs von Neuriten an sensorischen Neuronen und den Neuronen des sympathischen Nervensystems. Der Auswuchs von Neuriten ist RNS- und nicht DNS-abhängig, d.h. er hängt von der Stoffwechselrate und nicht von der Teilungsrate der Zelle ab.

Den Wirkungsmechanismus von Insulin haben wir in Kapitel 30 besprochen und dabei die Bedeutung der Rezeptoren an Zelloberflächen herausgestellt. Dasselbe Problem stellt sich auch hier.

Wo kommen Rezeptoren für NGF vor, und wie spezifisch sind sie? 1977 zeigten Andres et al. (Washington University, School of Medicine in St. Louis), daß Neuronen über zwei Typen von NGF-Rezeptoren verfügen. Beide binden [^{125}J]-markierten NGF. Einer der Rezeptoren ist membrangebunden, der andere findet sich im Chromatin des Zellkerns. NGF verfügt damit über einen bimodalen Wirkungsmechanismus. Die Bindungskapazität der Zellen variiert während des Zellzyklus; sie ist während der späten G_1- und der frühen S-Phase am höchsten. Sensorische Neuronen fixieren NGF nur während einer relativ kurzen Phase ihrer Embryonalentwicklung. Anders die Neuronen des sympathischen Nervensystems, die einen lebenslangen Bedarf an NGF haben. Die Wirkung von NGF unterscheidet sich demnach in den aufeinanderfolgenden Differenzierungsstadien.

Zur Stimulation des Neuritenwachstums und der Mikrotubulikondensation werden nur Spuren an NGF benötigt. Es sieht danach so aus, als würden hierbei nur die Oberflächenrezeptoren aktiviert. Bei höheren NGF-Konzentrationen dringt ein Teil der Moleküle in die Zelle ein und reagiert mit den zellinternen Rezeptoren, wodurch eine spezifische Genexpression (Neurotransmitterproduktion, Regeneration von Fasern, Hemmung der Synthese von Mucopolysacchariden u.a.) angeregt wird. Embryonale Zellen kommen mit geringen NGF-Mengen aus. Reife Neuronen benötigen zur Aufrechterhaltung ihres differenzierten Status eine höhere Dosis.

EGF (Epidermal growth factor; Epidermis-Wachstumsfaktor)

Der Epidermis-Wachstumsfaktor ist ein Polypeptid, das in großer Menge in den submaxillaren Speicheldrüsen ausgewachsener Mäuse gebildet wird. Auch er wurde im Labor von Cohen isoliert und proteinchemisch charakterisiert. Das Molekulargewicht beträgt 6045, die Zahl der Aminosäuren in der Polypeptidkette ist 53. Die Sequenz wurde 1972 aufgeklärt. Homologien mit dem Insulin sind nicht erkennbar. Das Protein der Maus ähnelt dem des Menschen und ist demnach evolutionär recht konservativ. Im Speichelrohextrakt liegt EGF in Form eines oligomeren Proteinkomplexes vor, der ebenfalls eine Argininesterase-Aktivität trägt. Vermutlich wird dieses Enzym zur Umwandlung von EGF aus einer inaktiven Vorstufe in die aktive Form benötigt (partielle Proteolyse, s. Kap. 18).

EGF stimuliert in vielen Gewebe- und Organkulturen die Proliferation von Epithelzellen und wirkt darüberhinaus auf Fibroblastenzellen und Gliazellen. Er aktiviert den Transport kleiner Moleküle durch die Membran hindurch, steigert die Syntheserate von RNS und die Umwandlungsrate von Ribosomen in Polysomen. In niedrigen Konzentrationen initiiert er eine Wanderung von Zellen, und erst bei höheren Konzentrationen (1–10 ng/ml) induziert er Mitosen. Choleratoxin, Theophyllin und Dibutyryl-cAMP wirken hemmend, was bedeutet, daß auch ein hoher intrazellulärer cAMP-Spiegel einer EGF-Aktivität entgegenwirkt.

Zellen binden bis zu 4×10^4 EGF-Moleküle. Die Dissoziationskonstante liegt bei $2\text{–}4 \times 10^{-10}$ M. [^{125}J]-EGF wird nur von einer einzigen Oberflächenkomponente, einem Protein (Rezeptor) mit dem M.G. 190.000 gebunden. Nach Bindung wird EGF von der Zelle aufgenommen und im Zellinneren alsbald degradiert.

Oberflächen vieler Zellen tragen ein großes, transformationssensitives Glykoprotein (LETS) (s. Kap. 51). Bei Kultur in serumarmem Medium wird die Zahl dieser Proteinmoleküle an den Zelloberflächen drastisch reduziert (Nachweis durch Immunfluoreszenz). Nach Zugabe von EGF erscheinen die Moleküle erneut, was auf den Einfluß von EGF auf die Erhöhung der LETS-Syntheserate schließen läßt. Den Oberflächen einiger transformierter Zellen, wie z.B. den 3T3-Zellen, die durch Maus-Sarkom-Virus verändert werden, fehlt der EGF-Rezeptor. Andere Tumorzellen, wie 3T3-Zellen, die durch Polyomavirus, SV 40, Rous Sarkoma-Virus u.a. transformiert wurden, besitzen ihn. Todaro, DeLario und Cohen (1976) postulierten deshalb, daß das Maus-Sarkom-Virus die genetische Information zur Bildung von EGF oder einer sehr ähnlichen Substanz trägt, so daß die Zellen angeregt werden, viel EGF zu bilden, der die Rezeptoren blockiert und gleichzeitig das Wachstum der Zellen stimuliert.

FGF (Fibroblast growth factor; Fibroblasten-Wachstumsfaktor)

FGF wird in der Hypophyse produziert und regt Fibroblasten sowie andere Zelltypen mesodermalen Ursprungs zum Wachsen an. Isoliert wurde er 1975 durch Gospodarowicz vom Salk Institute for Biological Studies in San Diego. Das Molekulargewicht liegt bei 13.400, der isoelektrische Punkt bei 9.5. Die gereinigte Substanz ist hochwirksam: 0,01 ng/ml genügen zur Wachstumsstimulation einer 3T3-Kultur. FGF arbeitet oft in Kooperation mit Glucocorticoiden. In geeigneter Kombination können beide Faktoren den Serumbedarf der Zellen ersetzen.

Auf transformierte Zellen wie SV 40-3T3 hat FGF keine Wirkung. Obwohl er vielerlei Zellen beeinflußt, ist seine Wirkung unterschiedlich. Nicht immer werden Glucocorticoide benötigt, manchmal wirken sie sogar inhibierend. Bei Zusatz geringer Serummengen wird die FGF-Wirkung ausgeschaltet, bei Zusatz großer Serummengen wird die Wirkung gesteigert.

Literatur

Andres, R.Y., Jeng, I., Bradshaw, R.A.: Nerve growth factor receptors: Identification of distinct classes in plasma membranes and nuclei of embryonic dorsal root neurons. Proc. Natl. Acad. Sci. USA *74,* 2785 (1977)

Bradshaw, R.A.: Nerve growth factor. Annu. Rev. Biochem. *47,* 191 (1978)

Cohen, S., Carpender, G.: Human epidermal growth factor: Isolation and chemical and biological properties. Proc. Natl. Acad. Sci. USA *72,* 1317 (1975)

Das, M., Miyakawa, T., Fox, C.F., Pruss, R.M., Aharonov, A., Herschman, H.R.: Specific radiolabeling of a cell surface receptor for epidermal growth factor. Proc. Natl. Acad. Sci. USA *74,* 2790 (1977)

Dugaiczyk, A., Woo, S.L.C., Lai, E.C., Mace, M.L., Jr., McReynolds, L., O'Malley, B.W.: The natural ovalbumin gene contains seven intervening sequences. Nature (London) *274,* 328 (1978)

Fabricant, R.N., Larco, J.E. de, Todaro, G.J.: Nerve growth factor receptors on human melanoma cells in culture. Proc. Natl. Acad. Sci. USA *74,* 565 (1977)

Gospodarowicz, D.: Purification of a fibroblast growth factor from bovine pituitary. J. Biol. Chem. *250,* 2515 (1975)

Gospodarowicz, D., Mescher, A.L.: A comparison of the responses of cultured myoblasts and chondrocytes to fibroblast and epidermal growth factors. J. Cell Physiol. *93,* 117 (1977)

Gospodarowicz, D., Moran, J.: Optimal conditions for the study of growth control in Balb/c 3T3 fibroblasts. Exp. Cell Res. *90,* 279 (1975)

Gospodarowicz, D., Moran, J.S.: Growth factors in mammalian cell culture. Annu. Rev. Biochem. *45,* 531 (1976)

Greene, L.A.: Quantitative in vitro studies on the nerve growth factor (NGF) requirement of neurons. Dev. Biol. *58,* 96 (1977)

Helfand, S.L., Riopelle, R.J., Wessels, N.K.: Non-equivalence of conditioned medium and nerve growth factor for sympathetic, parasympathetic, and sensory neurons. Exp. Cell Res. *113,* 39 (1978)

Holley, R.W., Armour, R., Baldwin, J.H., Brown, K.D., Yeh, Y.-C.: Density-dependent regulation of growth of BSC-1 cells in cell culture: Control of growth by serum factors. Proc. Natl. Acad. Sci. USA *74,* 5046 (1977)

McEwen, B.S.: Interactions between hormones and nerve tissue. Sci. Am., Juli 1976, S. 48

Mobley, W.C., Schenker, A., Shooter, E.M.; Characterization and isolation of proteolytically modified nerve growth factor. Biochemistry *15,* 5543 (1976)

Murphy, R.A., Saide, J.D., Blanchard, M.H., Young, M.: Nerve growth factor in mouse serum and salvia: Role of the submandibular gland. Proc. Natl. Acad. Sci. USA *74,* 2330 (1977a)

Murphy, R.A., Saide, J.D., Blanchard, M.H., Young, M.: Molecular properties of the nerve growth factor secreted in mouse salvia. Proc. Natl. Acad. Sci. USA *74,* 2672 (1977b)

O'Malley, B., Schrader, W.T.: The receptors of steroid hormones. Sci. Am., Februar 1976, S. 32

Pasqualini, J.R. (ed.): Receptors and mechanism of action of steroid hormones (2 Bände). New York, Basel: Marcel Dekker Inc. 1976

Smith, H.E., Scher, C.D., Todaro, G.J.: Induction of cell division in medium lacking serum growth factor by SV 40. Virology *44,* 359 (1971)

Träger, L.: Steroidhormone; Biosynthese, Stoffwechsel, Wirkung. Berlin, Heidelberg, New York: Springer 1977

Wlodawer, A., Hodgson, K.O., Shooter, E.M.: Crystallization of nerve growth factor from mouse submaxillary glands. Proc. Natl. Acad. Sci. USA *72,* 777 (1975)

59. Vorgänge in Zellen von Zielorganen
Das Konzept des Second messengers

cAMP

Es wurde schon öfter darauf hingewiesen, daß die Bindung vieler Hormone durch membrangebundene Rezeptoren zur Bildung eines intrazellulären *Second messengers* führt. cAMP, cGMP und Ca^{2+}-Ionen sind die bekanntesten und bestuntersuchten Stoffe dieser Art. cAMP und cGMP wirken antagonistisch. Goldberg von der University of Minnesota verglich sie daher mit den chinesischen Symbolen Yin und Yang, die gegensätzliche Welten repräsentieren. cAMP kommt sowohl bei Pro- als auch bei Eukaryonten extrazellulär als auch intrazellulär vor und nimmt eine Vielzahl verschiedenartiger Aufgaben wahr, die wir z.T. schon besprochen haben (s. Kap. 30, 51 und 55–58), so daß wir uns hier auf eine zusammengefaßte Kurzdarstellung beschränken können. Die Wirkung des cAMP kann folgenden Funktionskreisen zugeordnet werden:

1. Aktivierung eines spezifischen Genabschnittes bei Prokaryonten (Katabolitrepression, s. Kap. 9; Pastan und Pearlman, National Institutes of Health, Bethesda, Zubay, Columbia University, New York).
2. Auslösung chemotaktischen Verhaltens (*Dictyostelium,* s. Kap. 60).
3. *Second messenger*-Funktion nach Hormonstimulation. Dabei können sowohl Kurzzeiteffekte (Modulation von Enzymaktivitäten) als auch Langzeiteffekte (Einfluß auf die Genexpression) eingeleitet werden (Sutherland und Rall, Vanderbilt University, 1957).

cAMP wird aus ATP unter Pyrophosphatabspaltung gebildet. Die Reaktion wird durch Adenylatcyclase katalysiert. Das Enzym ist membrangebunden und an der Innenseite der Plasmamembran lokalisiert. Geringe Mengen findet man auch im Zellkern. Es wird von einer Vielzahl von Hormonen aktiviert (s. Abb. 30.1).

cAMP überführt inaktive Proteinkinase durch Phosphorylierung in eine aktive Form (E. Krebs, University of California, Davis). Man kennt mittlerweile eine ganze Familie einander ähnlicher Enzyme dieser Art. Sie kommen in verschiedenen Zelltypen vor und unterscheiden sich durch ihre Substratspezifität. Es werden deshalb jeweils andere Proteine (Substrate) phosphoryliert und damit aktiviert. Dabei ist hervorzuheben, daß

1. die Reaktionen schrittweise aufeinanderfolgen und in Form eines hierarchischen Systems organisiert sind und
2. dadurch die ursprüngliche Information verstärkt (moduliert) wird.

Signalverstärkung haben wir bereits bei der Behandlung des Hormonsystems kennengelernt (s. Kap. 55); durch das intrazelluläre *Second messenger*-System kommt eine weitere Verstärkung hinzu.

Phosphodiesterasen bauen cAMP umgehend nach der Bildung wieder ab und sorgen damit für eine zeitlich befristete Wirkung. Die Enzyme sind durch Koffein und Theophyllin inhibierbar, was eine länger andauernde cAMP-Wirkung nach sich zieht. cAMP steuert nicht nur Stoffwechselraten, sondern beeinflußt auch die Zellteilung und Zelldifferenzierung, die Zelladhäsion, -form und -bewegung.

Ein Zusatz von cAMP zu einer Kultur von CHO-Zellen (*Chinese Hamster Ovary*) überführt sie von irregulär aussehenden Formen in bipolare, spindelförmige Strukturen. Im Plasma bilden sich Mikrofilamente aus, die sich zu Streßfasern sammeln, welche sich bevorzugt parallel zur Längsachse orientieren (Porter, Puck, Hsie, Kelley, University of Colorado, Denver, 1974). Die Anzahl der Mikrovilli nimmt ab, doch schon 30 Min. nach dem Auswaschen von überschüssigem cAMP erscheinen sie wieder. Inhibitoren der Phosphodiesterase und Stimulatoren der Adenylatcyclase (z.B. Methylisobutylxanthin) führen ebenfalls zu einer Reduktion ihrer Zahl (s. Abb. 50.7 und 50.9) (Willingham und Pastan, National Institutes of Health, Bethesda, 1975). Der cAMP-Spiegel ist in transformierten Zellen und in Zellen der logarithmischen Wachstumsphase niedriger als in ausdifferenzierten und kontaktinhibierten Zellen. Die Ausbildung zahlreicher Mikrovilli fördert eine Agglutination der Zellen untereinander und zieht eine Verflechtung (Verfilzung) benachbarter Zellen nach sich (s. Abb. 52.2).

Trotz der großen Bedeutung des cAMP sei einschränkend vermerkt, daß die beschriebenen Effekte nicht bei allen Zelltypen zu finden sind. cAMP ist demnach auch kein universeller Regulator der Zellteilung, des Zellwachstums und der Kontaktinhibition. Es gibt bei der Steuerung dieser Prozesse auch keine Rolle, die ausschließlich von ihm allein wahrgenommen wird.

cGMP – cAMP (Abb. 59.1)

Abb. 59.1. Yin und Yang

1969 fanden Goldberg und Mitarbeiter, daß in einigen Geweben auch das cGMP als eine Art *Second messenger* wirkt. Sutherland bestätigte den Befund und ergänzte ihn durch die Beobachtung, daß es auch in Geweben (Speicheldrüsen) der Diptera auftritt. Auch das benötigte Enzym, die Guanylatcyclase, wurde gefunden (Haruma und Sutherland, Vanderbilt University, und White, National Institutes of Health). Es ist im Gegensatz zur Adenylatcyclase nicht membrangebunden, sondern im Plasma gelöst, womit umgehend das Problem der Informationsübertragung (Hormonsignal → Zellinneres) aufgeworfen wird. cGMP darf allein schon deshalb nicht als ein *Second messenger,* sondern muß als ein *Third messenger* betrachtet werden. Irgend etwas muß dazwischengeschaltet sein, um die Information eines externen Signals an die Guanylatcyclase weiterzuleiten, und wie wir im folgenden Abschnitt noch sehen werden, sind es Ca^{2+}-Ionen, deren Einstrom in die Zelle die cGMP-Syntheserate drastisch erhöht.

Der cGMP-Spiegel in der Zelle liegt im Schnitt um den Faktor 100 unter dem des cAMP. cGMP ist weder in hydrophoben noch in hydrophilen Lösungsmitteln gut löslich. Es ergaben sich daher anfangs große Probleme, es in der Zelle überhaupt nachzuweisen. Erst durch Einsatz der Radioimmunmethode wurden die Anfangsschwierigkeiten überwunden (Steiner et al., Washington University, St. Louis).

Die Guanylatcyclase ist durch extern angebotenes Acetylcholin stimulierbar. Diesen Neurotransmitter haben wir im Zusammenhang mit einem Rezeptortyp kennengelernt (s. Kap. 30), der als temporärer Ionenkanal (für Na^+/K^+) wirkt. Doch ist bekannt, daß es nicht der einzige Rezeptortyp für Acetylcholin ist und daß dem Acetylcholin selbst neben der schnellen Erregungsweitergabe auch noch andere Aufgaben zufallen.

Acetylcholinbeeinflußte Prozesse sind antagonistisch zu adrenalinbeeinflußten. Letztere werden über eine cAMP-Bildung gesteuert. Acetylcholin senkt die Kontraktionsrate und -kraft des Herzmuskels, Adrenalin erhöht sie. Es sieht demnach so aus, als würde cGMP vorwiegend anabolische Prozesse (aufbauende Prozesse) und das cAMP vorwiegend katabolische (abbauende) stimulieren (s. hierzu auch Kap. 18). Die Peptidhormone Insulin, Calcitocin und Oxytocin und die Neurotransmitter Serotonin, Acetylcholin sowie das Prostaglandin F_2 heben den cGMP-Spiegel an. cGMP seinerseits aktiviert u.a. die Phosphodiesterase und bewirkt damit eine Reduktion der cAMP-Menge. Serotonin, Noradrenalin und Adrenalin können im Nervensystem auf zweierlei Weise wirken, wobei der Rezeptortyp bestimmt, ob cAMP oder cGMP gebildet wird. So entsteht z.B. beim (häufigen) β-adrenergen Typ cAMP, beim selteneren α-adrenergen Typ cGMP. Durch den gleichen Auslöser können damit in unterschiedlichen Zellen einander entgegengesetzte Prozesse in Gang gesetzt werden (Schultz und Hardmann, Vanderbilt University) (s. Abb. 59.2).

Pastan und Mitarbeiter vom National Institute of Health erkannten, daß cAMP in hohen Konzentrationen die Proliferation von Zellen hemmt, während für das cGMP genau das Umgekehrte gilt.

Im Zellzyklus sinkt der cAMP-Spiegel während der G_2-Phase, bleibt während der Mitose niedrig und steigt in der G_1-Phase wieder an. Die Werte für den cGMP-Spiegel verhalten sich genau entgegengesetzt (s. Abb. 59.3).

Lopez und Hadeen fanden, daß Insulin in hoher Dosis mitogen wirkt, wobei in den sich teilenden

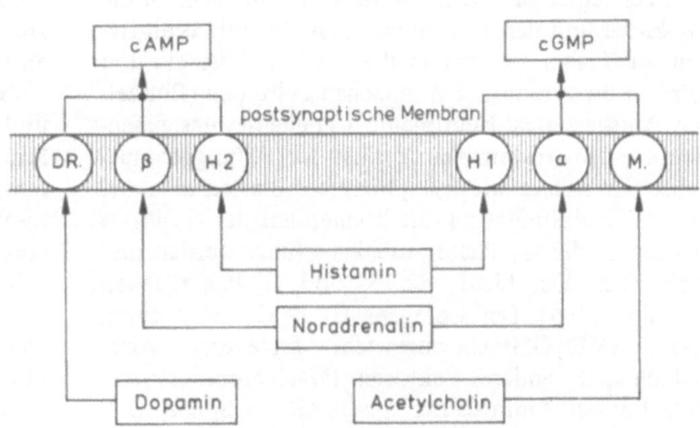

Abb. 59.2. Der Rezeptortyp an der postsynaptischen Membran entscheidet, ob nach Stimulation durch einen Neurotransmitter intrazellulär cAMP oder cGMP gebildet wird. *DR*, Dopaminrezeptor; α, β, adrenerge Rezeptoren; *H1, H2*, Histaminrezeptoren; *M*, Acetylcholinrezeptor. (Nach Bartfai, 1978)

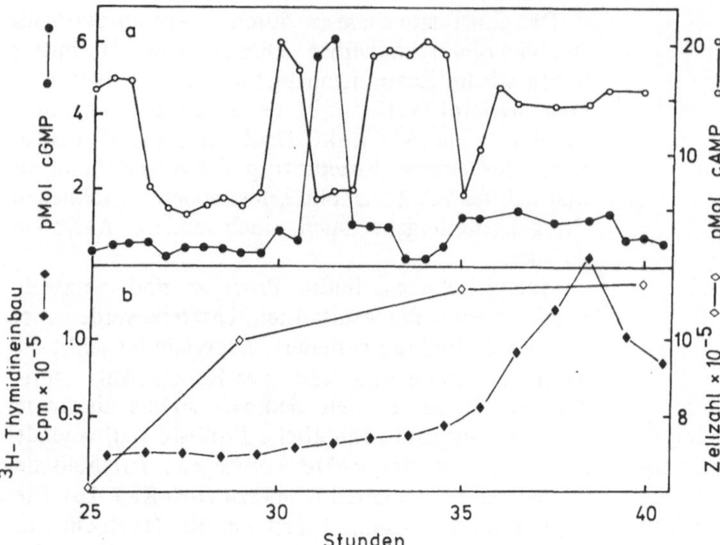

Abb. 59.3. **a** Änderung der Konzentration zyklischer Nukleotide während des Zellzyklus. **b** Wachstumskinetik der Zellkultur: Thymidineinbaurate und Zellzahl (Seifert und Rudland, 1974)

Zellen ein Anstieg an cGMP um den Faktor 10–40 zu verzeichnen ist. An anderer Stelle haben wir den Nerv-Wachstumsfaktor (NGF), einen Verwandten des Insulins, sowie den Fibroblastenwachstumsfaktor (FGF) kennengelernt. Beide stimulieren Teilung und Differenzierungsprozesse in spezialisierten Zellen, und zumindest für den FGF hat Gospodarowicz vom Salk Institute in San Diego zeigen können, daß er die Guanylatcyclaseaktivität steigert. Mitogene, d.h. teilungsfördernde Substanzen wie die Phytohämagglutinine (PHA, s. Kap. 50) induzieren nach einem Vorschlag von Berridge (1975) die folgende Reaktionskette:

> PHA → cAMP↑ → Proteinphosphorylierung im Plasma → Ca^{2+}-Ionen↑ → cGMP↑ → Phosphorylierung von Proteinen im Kern → DNS-Synthese → Teilung.

Das Schema ist mit Sicherheit zu simpel. So erklärt es u.a. noch nicht, weshalb das PHA mindestens 12 Std. lang anwesend sein muß, um voll zur Wirkung zu kommen.

Nach einer Mitose kann die Zelle entweder in die G_1-Phase und damit in einen neuen Zellzyklus eintreten, oder aber sie tritt in die sog. G_0-Phase ein und wird in ihr arretiert. Bei manchen Zelltypen (Blutzellen, Muskelzellen, Neuronen u.a.) bedeutet das gleichzeitig einen irreversiblen Verlust der Teilungskompetenz. Für andere wie Lymphozyten, Blasten aller Art u.a. trifft das nicht zu. Sie können aus der G_0-Phase wieder in die G_1-Phase zurücküberführt werden und sich nach Durchlauf von S- und G_2-Phase teilen (s. Abb. 50.6). Der Übergang $G_0 \rightleftharpoons G_1$ wird durch das cAMP/cGMP-Gleichgewicht gesteuert, wobei jedoch auch andere Faktoren (Wachstumsfaktoren, Angebot an Aminosäuren u.a.) mit im Spiele sind.

Ca^{2+}-Ionen

Die Bedeutung der Ca^{2+}-Ionen für eine Funktion als *Second messenger* wurde zunächst an Muskelzellen erkannt (s. Kap. 33). Ca^{2+}-Ionen sind in den Kompartimenten der Zelle asymmetrisch verteilt. Der überwiegende Teil existiert in den Mitochondrien und/oder den Mikrosomen in nichtionisierter Form eines Phosphatsalzes. Die asymmetrische Verteilung wird durch einen Satz regulierender Faktoren aufrecht erhalten. Die Konzentrationen betragen in extrazellulärer Flüssigkeit 10^{-3} M, im Plasma 10^{-7} M und in den Mitochondrien 10^{-2} M. Ca^{2+}-Ionen, cAMP und cGMP stehen untereinander im Gleichgewicht. Wie Abb. 59.4 zeigt, beeinflussen sie sich gegenseitig, indem sie Auf- und Abbauraten kontrollieren. Das wiederum hat den Vorteil, daß ein Überschwingen eines durch einen *Second messenger* induzierten Prozesses auf ein Mindestmaß herabgedrückt wird. In der Plasmamembran gibt es wenigstens zwei voneinander unabhängige Ca^{2+}-Kanäle, die durch unterschiedliche Hormone beeinflußt werden. Der Einstrom ins Zellinnere folgt dem Diffusionsgradienten. Für das Herausbefördern wird Energie benötigt (Ca^{2+}-Pumpe, s. Kap. 28). Es gibt eine Reihe von Enzymen, die durch Ca^{2+}-Ionen aktiviert oder inhibiert werden (s. Tabelle 1).

Serotonin löst einen Ca^{2+}-Einstrom in die Zelle aus und stimuliert gleichzeitig eine Freisetzung aus den Mitochondrien. Letztere erfolgt über eine cAMP-Bildung und -Aktivität. Das Ca^{2+} seinerseits hemmt die Synthese von cAMP, wodurch die Freisetzung auf einen kurzen Zeitraum beschränkt bleibt.

cAMP-Synthese und Ca^{2+}-Ioneneinstrom in die Zelle können experimentell voneinander entkoppelt werden. Man setzt dazu einen spezifischen Ca^{2+}-Ionophor ein: A 23187, ein Produkt der Fa. Eli Lilly and Company.

Abb. 59.4. Wechselwirkung zwischen Ca^{2+}, cAMP und cGMP in Zellen der glatten Muskulatur. (Nach Rasmussen und Goodman, 1977)

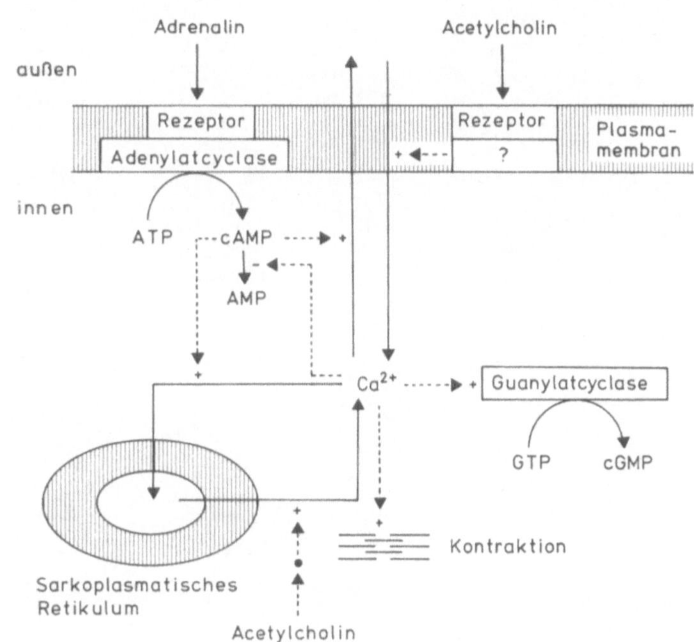

Tabelle 1. Ca^{2+}-beeinflußte Vorgänge. (Aus Rasmussen und Goodman, 1977)

Kompartiment	Einflußbereich	Effekt
Plasmamembran	Enzymbindung	+
	Glucosetransport	+
	K^+-Ausfluß	+
	Veränderung des Spektrinkomplexes	+
	Adenylatcyclaseaktivität	−
	Sekretion (exokrin und endokrin)	+
	Mikrofilamentkontraktion bei der Zellteilung	+
	Neurotransmitterfreisetzung	+
Plasma	Troponinfreisetzung	+
	Aktivität der Phosphorylase b-Kinase	+
	Aktivität der PDE	+
	Guanylatcyclaseaktivität	+
	Aktivität der FDPase	−
	Permeabilität der *Gap-junctions*	−
Mitochondriale Membran	α-Ketoglutarat-Transport	+
	Adeninnukleotid-Austausch	+
	GPDH-Aktivität	+
Mitochondrienmatrix	Pyruvatdehydrogenase	+
Kern	DNS-Synthese	+
	Bildung des Mitose-Apparats	−
Mikrosomen	Proteinsynthese	+

Literatur

Dousa, T.P.: Cyclic nucleotides in the cellular action of neurohypophyseal hormones. Fed. Proc. *36*, 1867 (1977)

Friedman, D.: Role of cyclic nucleotides in cell growth and differentiation. Physiol. Rev. *56*, 652 (1976)

Goldberg, N.D., Haddox, M.K.: Cyclic GMP metabolism and involvement in biological regulation. Annu. Rev. Biochem. *46*, 823 (1977)

Iversen, L.L.: Catecholamine-sensitive adenylate cyclases in nervous tissues. J. Neurochem. *29*, 5 (1977)

Nathanson, J.A.: Cyclic nucleotides and nervous system function. Physiol. Rev. *57*, 157 (1977)

Rasmussen, H., Goodman, B.P.: Relationship between calcium and cyclic nucleotides in cell activation. Physiol. Rev. *57*, 421 (1977)

Seifert, W., Rudland, P.S.: Cyclic nucleotides and growth control in cultured mouse cells: Correlation of changes in intracellular 3′:5′ cGMP concentration with a specific phase of the cell cycle. Proc. Natl. Acad. Sci. USA *71*, 4920 (1974)

Rasterelektronenmikroskopische Aufnahme aggregierender *Dictyostelium discoideum*-Zellen (Einzelheiten s. Kap. 60). Vergr. 580fach. (Aufn. Guggenheim, R., Basel, 1978)

Vielzellige Systeme

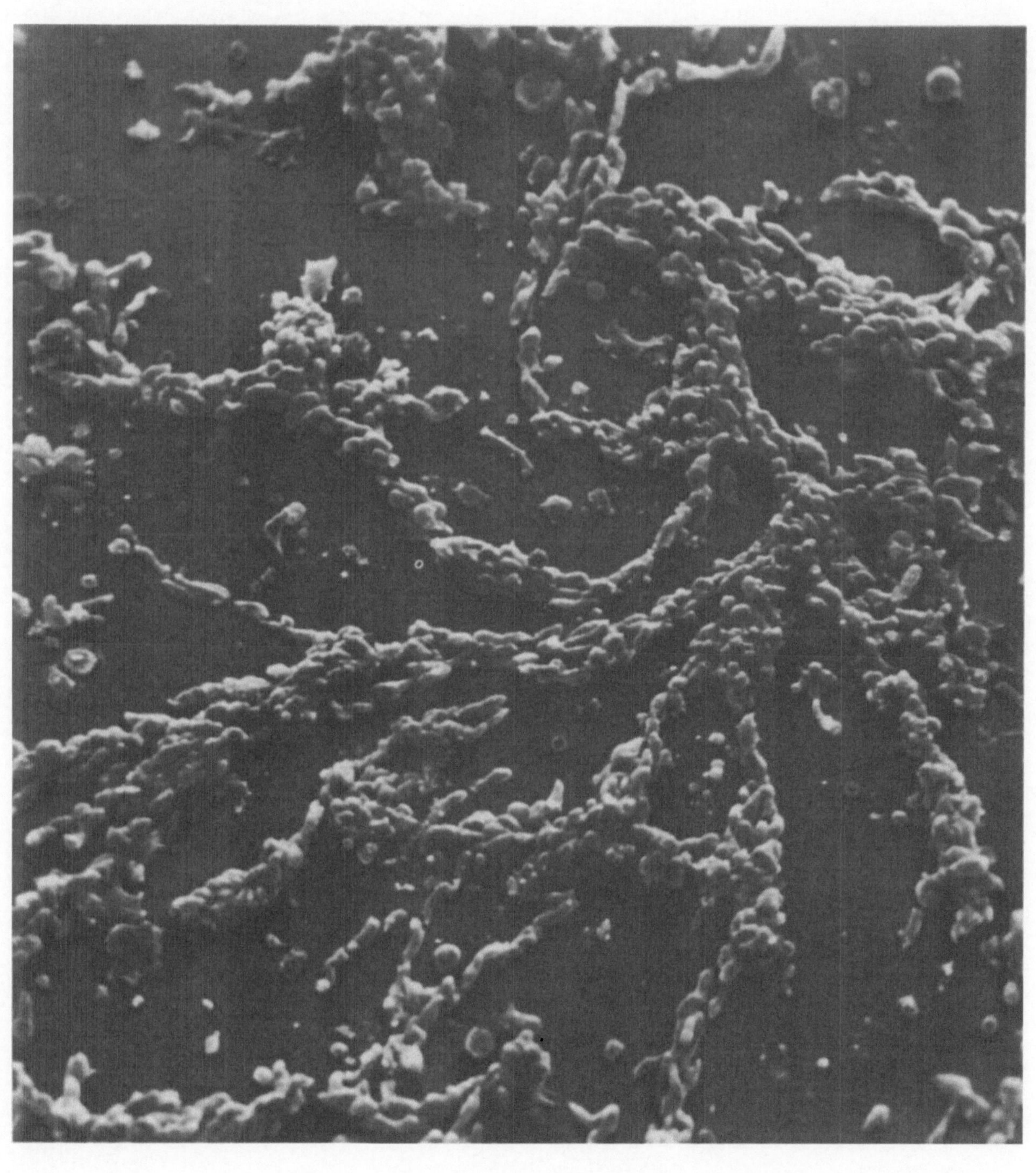

60. Dictyostelium, ein Modell für die Entstehung eines Vielzellers

Dictyostelium ist ein zellulärer Schleimpilz, der als einzellige Amöbe, als Zellaggregat und schließlich in Form eines vielzelligen Fruchtkörpers vorkommen kann (s. Abb. 60.1). Entdeckt wurde die erste Art 1869 von Brefeld. *Dictyostelium discoideum*, die Art, mit der heute die meisten Experimente durchgeführt werden, wurde 1935 von Raper (*a new species of slime mould from decaying forest leaves*) beschrieben. Während der Wachstums- und Vermehrungsphase findet man nur frei lebende, einzellige Amöben, die sich von Bakterien ernähren. Diese Phase endet bei Nahrungsmangel.

Nach einer Differenzierungsphase, die auch Interphase genannt wird und ca. 8 Std. dauert, beginnen die Amöben zu aggregieren. Sie wandern auf ein Aggregationszentrum zu und bilden einen vielzelligen Fruchtkörper, der bei *Dictyostelium discoideum* aus der Basalplatte, dem Stiel und dem Sporenköpfchen besteht. Die Zellen des Stiels und der Basalplatte sind stark vakuolisiert und sterben im fertigen Sporenträger ab. Die länglichen Sporen sind gegen Hitze und Austrocknung resistent und in der Lage, bei Keimung einen neuen Entwicklungszyklus einzuleiten. Beide Zelltypen sind im Gegensatz zu den Zellen der vorausgehenden Entwicklungsstadien von einer Cellulosewand umgeben. Die Aggregation erfolgt in geordneter Weise (*self assembly*). Die Amöben sammeln sich zu Strängen, in denen sie auf ein Zentrum zustreben. Ein Strang besteht aus mehreren Reihen parallel nebeneinander herlaufender Amöben. In Wanderrichtung orientieren sich die Individuen Kopf an Schwanz, womit erstmals eine Längsachse der Zellen erkennbar wird (s. Abb. 60.2). Kleine Aggregationszentren verschwinden und integrieren sich in die größeren. Bei genauerer Betrachtung erkennt man, daß die Sammelbewegung wellenförmig abläuft (s. Abb. 60.3).

Dictyostelium hat sich als ein geeignetes Versuchsobjekt zum Studium von Entwicklungsprozessen bewährt. Uns interessieren hierzu vor allem die Fragen:

- *Wie finden die Zellen einander, wie kommunizieren sie untereinander?*
- *Wie entsteht ein Aggregationszentrum?*
- *Wie lagern sich die Zellen zusammen, und was hält sie zusammen?*
- *Was passiert während der Differenzierung im Zellinneren?*
- *In welcher Reihenfolge laufen die Differenzierungsschritte ab, sind sie abhängig oder unabhängig voneinander?*

Wie finden die Zellen einander, wie kommunizieren sie untereinander?

1947 fand Bonner, daß hungernde Amöben eine chemotaktisch wirkende Substanz ausscheiden, die 1967 von Konijn, van der Meene, J.T. Bonner und Barkeley (Princeton University) als cAMP identifiziert wurde. Die nah verwandte Art *Polysphondylium violaceum* arbeitet mit einem Oligopeptid als chemotaktischem Reizstoff. Frei lebende, „satte" Amöben (von *Dictyostelium*) reagieren nur schwach chemotaktisch auf cAMP. Während der Interphase erwerben sie folgende Eigenschaften:

1. Sie erlangen die Kompetenz, verstärkt chemotaktisch auf cAMP zu reagieren.
2. Sie werden zu Relais (Signalverstärkern). Bindung von cAMP induziert cAMP-Synthese und -Freisetzung (s. Abb. 60.4).
3. Sie scheiden einen Inhibitor für extrazelluläre Phosphodiesterase aus, wodurch sie den extrazellulären cAMP-Spiegel erhöhen. Andererseits nimmt die Aktivität einer Zelloberflächen-gebundenen Phosphodiesterase zu. Diese ist gegen den Inhibitor resistent.
4. Sie erlangen die Fähigkeit, cAMP schubweise zu produzieren, die Freisetzung erfolgt pulsartig. Zellen im Aggregationszentrum legen die Phase fest. Die Periode der cAMP-Freisetzung liegt zwischen zwei und 9 Min. (s. Abb. 60.5).

Eine Aggregation erfolgt nur in Populationen mit einer minimalen Populationsdichte von ca. 400 Zellen/mm^2. Die Zellen können noch cAMP-Gradienten wahrnehmen, die eine Steigung von $\Delta c/c = 0{,}01$ über die Zellänge haben. Zu flache Gradienten können nicht mehr wahrgenommen werden, wodurch der Einflußbereich der Chemotaxis auf einen Radius von maximal 1 mm begrenzt wird. Das Aggregationsverhalten beruht einmal auf Chemotaxis und zum anderen auf einer Signalverstärkung. Der Verstärkereffekt output/input erreicht den Faktor ≥ 10. Die mittleren Abstände der Zellen voneinander dürfen 50 μm nicht überschreiten.

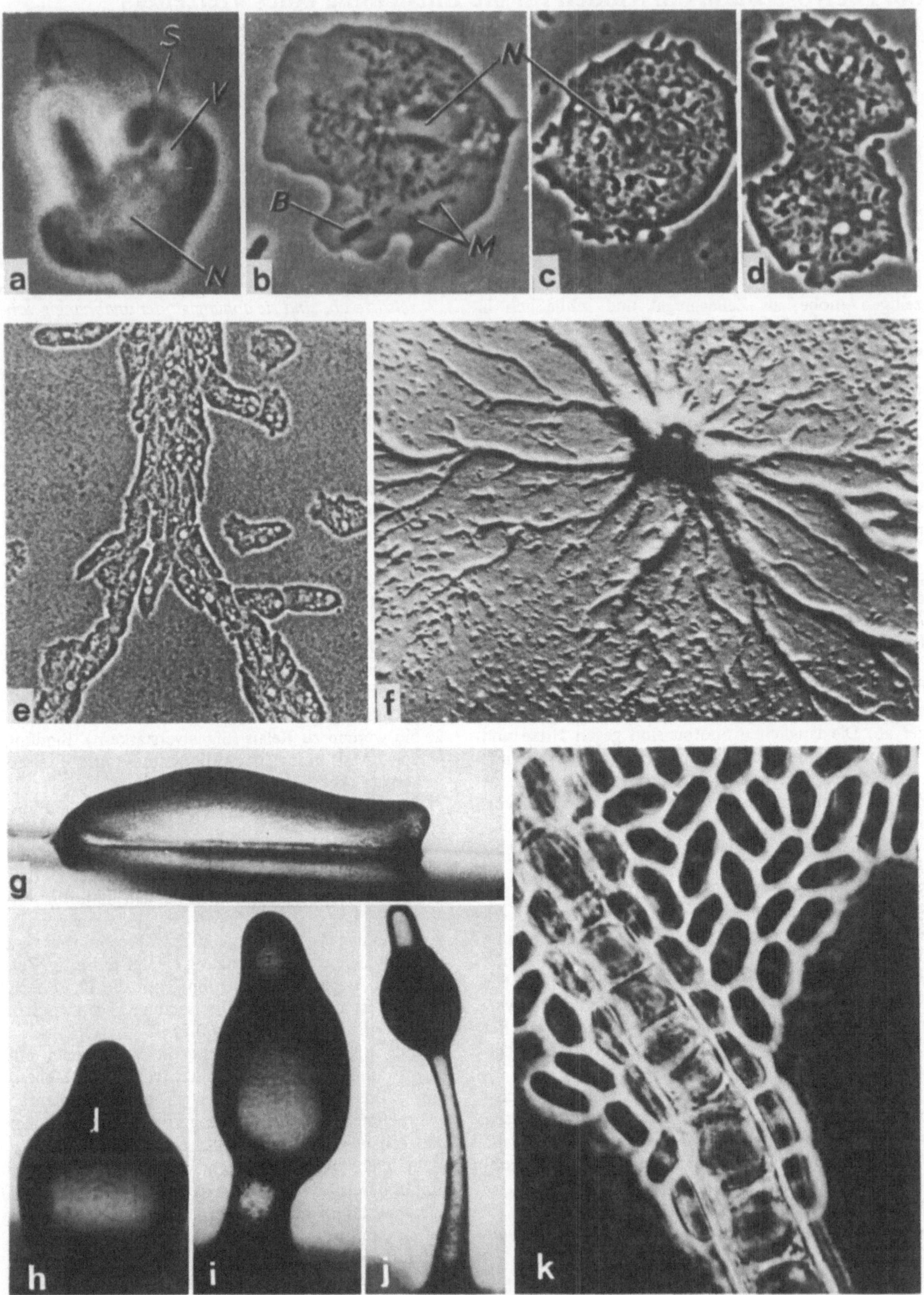
S
V
N
B
M
l
a
b
c
d
e
f
g
h
i
j
k

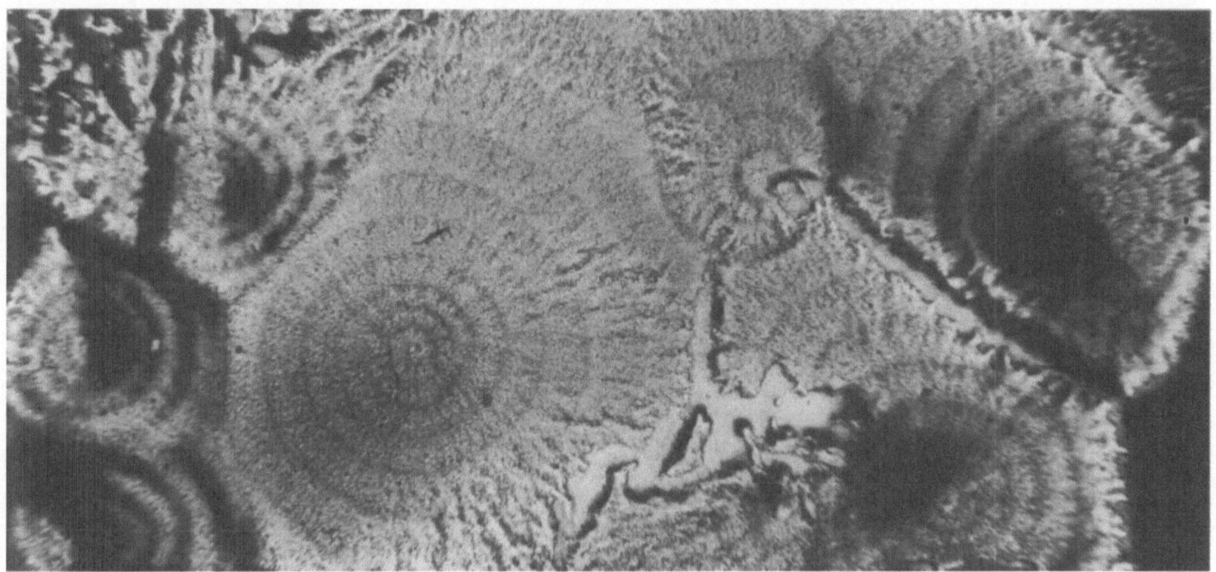

Abb. 60.2. Erregungsmuster und Aufteilung einer Population dichtgepackter Zellen von *Dictyostelium discoideum* in Aggregationsfelder. Die Zellen wurden vor Herstellung des Präparats einer Suspensionskultur entnommen, gewaschen und als dichte Zellschicht homogen auf Agar ausgestrichen. Das spiralförmige, voll ausgebildete Erregungsmuster ist 100 Min. danach aufgenommen worden. Man erkennt bereits deutliche Grenzen zwischen den voneinander unabhängigen Aggregationsfeldern (Gerisch, 1971)

Die cAMP-Freisetzung in Form von Stößen läßt sich am eindrucksvollsten in einer Zellsuspension synchronisierter Zellen beobachten. Durch die Freisetzung ändert sich nämlich das Aggregationsverhalten und damit die Lichtstreuung dieser Kulturen. Somit läßt sich die Ausbildung der Impulse und die Periodendauer relativ leicht bestimmen. Durch Zugabe von cAMP kann die Phase verschoben werden (s. Abb. 60.6) (Gerisch und Hess, 1974). Es gibt Mutanten mit einer vom Wildtyp unterschiedlichen Periodendauer. Offenbar ist dort die Aktivität von Enzymen, welche die cAMP-Konzentration kontrollieren, anders als im Wildtyp.

Aggregationsfähige Zellen hydrolysieren cAMP mit Hilfe einer membrangebundenen Phosphodiesterase. Malchow und Gerisch (Biozentrum der Universität Basel, 1974) zeigten, daß cAMP–Rezeptoraktivität (Signalwandlung) und Phosphodiesteraseaktivität auf verschiedenen Molekülen lokalisiert sind. Die cAMP-Ausschüttung erfolgt mit einer Zeitverzögerung von 15 Sek. nach der Erkennung des Signals.

Wie sieht die Übersetzung zwischen Signalwahrnehmung an verschiedenen Orten der Zelloberfläche und gerichteter Ausbildung von Pseudopodien aus? Folgende Prozesse lassen sich feststellen und auseinanderhalten:

1. Die Zellen wandern mehr oder weniger geradlinig zur cAMP-Quelle (kein *tumbling* wie bei der chemotaktischen Reaktion der Bakterien, s. Kap. 35).
2. Die impulsartige Produktion des cAMP ist für das chemotaktische Verhalten entbehrlich.
3. Eine lokale Erhöhung der Konzentration induziert die Ausbildung von Pseudopodien im stimulierten Bereich.
4. Jeder beliebige Teil der Oberfläche kann zu einer Bewegungsfront werden. Es gibt anfangs keine determinierte und fixierte Polarität der Zellen.
5. Bewegungsfronten konkurrieren untereinander. Induktion einer Front inaktiviert eine vorher dagewesene.

Diese Aussagen sind in Abb. 60.7 modellmäßig dargestellt.

Abb. 60.1 a–k. Entwicklungsstadien von *Dictyostelium discoideum.* a Keimende Spore (*S*, Sporenhülle; *N*, Zellkern; *V*, kontraktile Vakuole der Amöbe). b Amöbe in der Vermehrungsphase (*B*, phagozytierte *E. coli*-Zelle; *M*, Mitochondrien). c, d Zellteilung. e Ausschnitt aus einem Aggregationsstrang. Man erkennt, daß die Membranen aggregierender Zellen aneinander haften, ohne daß die Zellgrenzen verschwinden. f Übersicht über das Aggregationsfeld, das in Zentrum und radial angeordnete Stränge gegliedert ist. An der Peripherie noch nicht aggregierte Zellen. g Migrierendes (wanderndes) „Pseudoplasmodium", ein vielzelliger, auf dem Substrat kriechender Körper, der aus mehreren tausend Einzelzellen aufgebaut ist. h–j Stadien der Sporenträgerbildung. Ein Teil der Zellen wird in den Stiel eingebaut, die Mehrzahl aber wird in Sporen umgewandelt, die schließlich als abgerundete Masse zur Spitze des Stiels verlagert werden (j). k Sporen und vakuolisierte Stielzellen bei stärkerer Vergrößerung. (Aufn. Heunert, aus Gerisch, 1971)

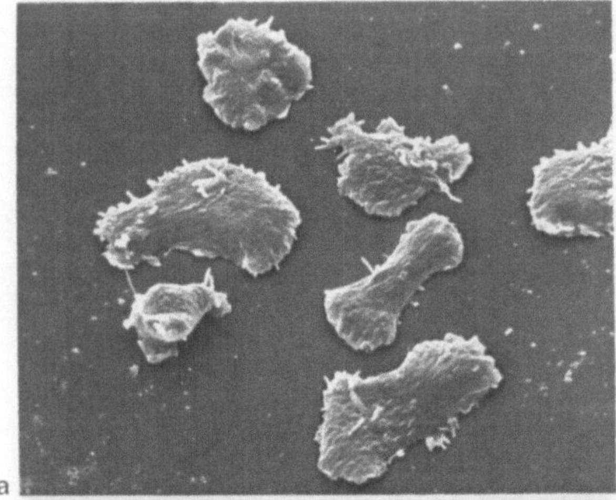

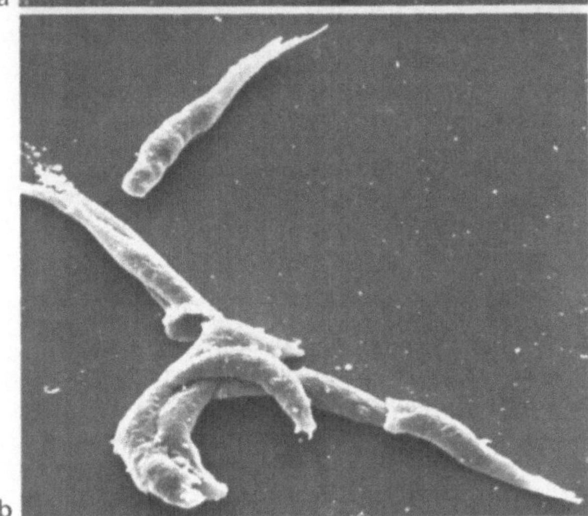

Abb. 60.3 a und b. Rasterelektronenmikroskopische Aufnahme von *Dictyostelium discoideum*-Zellen. a Vegetative Zellen, b aggregierende Zellen. Vergr. 960fach. (Aufn. Guggenheim, Basel, 1978)

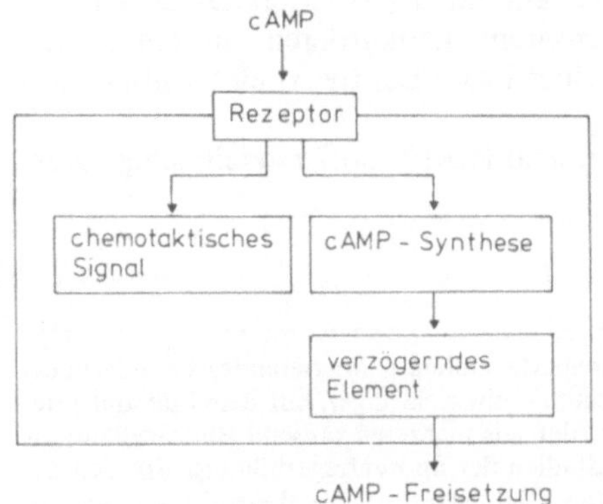

Abb. 60.4. Eine *Dictyostelium*-Zelle als Relais: Verstärkerwirkung des cAMP-Signals auf Eigensynthese und Freisetzung (Gerisch et al., 1975)

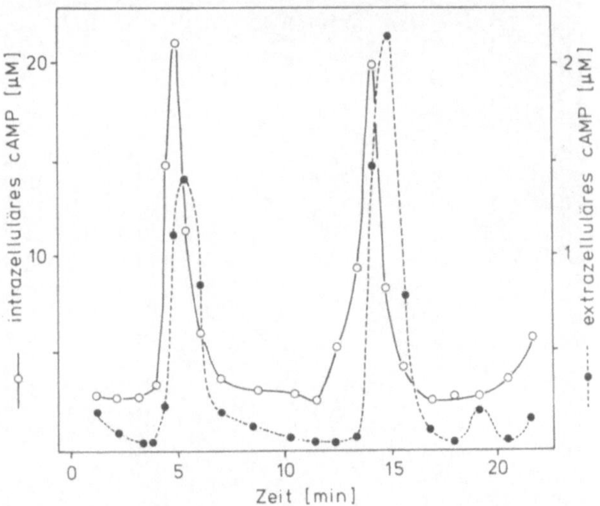

Abb. 60.5. Spontane periodische cAMP-Bildung und -Freisetzung in einer *Dictyostelium discoideum*-Suspension. *Durchgezogene Linie,* intrazelluläres cAMP; *gestrichelte Linie,* extrazelluläres cAMP (Gerisch, 1975, 1976)

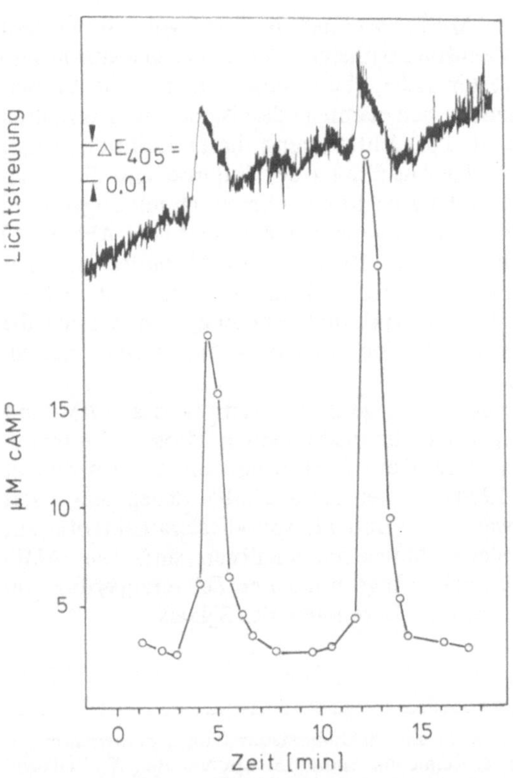

Abb. 60.6. Periodische Änderung der Lichtstreuung in Zellsuspensionen von *Dictyostelium discoideum* (*oben*) und Oszillation der intrazellulären cAMP-Konzentration (*unten*). cAMP verursacht eine momentane Veränderung der Lichtstreuung durch die Zellsuspension (Gerisch und Malchow, 1976)

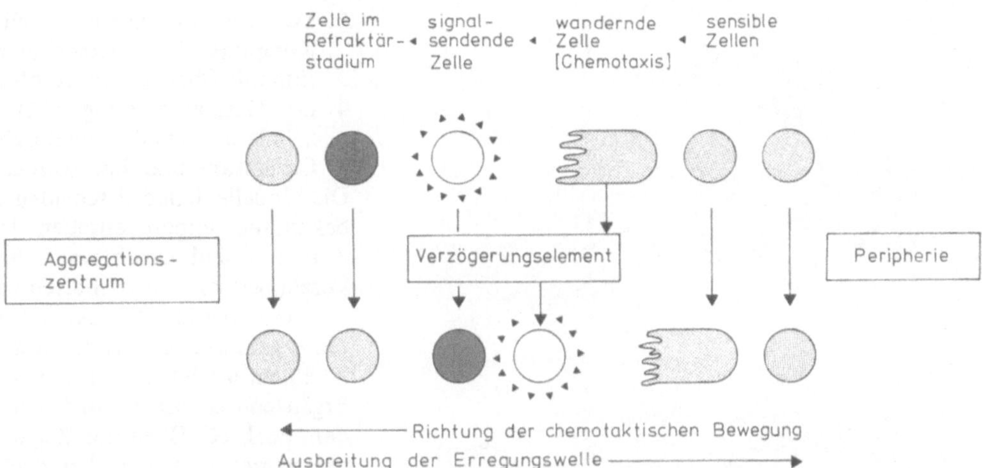

Abb. 60.7. Vereinfachtes Diagramm der Kommunikation aggregierender *Dictyostelium discoideum*-Zellen mittels eines sich durch Diffusion verteilenden Transmitters. Vom Aggregationszentrum aus werden periodische Signale freigesetzt, die sich in Form konzentrischer Ringe ausbreiten (weitere Einzelheiten s. Text) (Gerisch et al., 1975)

Zum Erfassen räumlicher Gradienten stehen einer Zelle prinzipiell zwei Wege offen:

1. Direkte Messung des Gradienten. Dabei wird die Anzahl gebundener cAMP-Moleküle an verschiedenen Stellen der Oberfläche miteinander verglichen.
2. Reaktion der Zelle auf Konzentrationsunterschiede während der Bewegung. Eine Zone bestimmter cAMP-Konzentration wird von den aufeinanderfolgenden Segmenten der Zelle nacheinander durchschwommen. Gemessen wird die Konzentrationsänderung/Zeiteinheit [$\Delta c/\Delta t$]. Zeitlich hintereinander eintreffende Signale werden verarbeitet. Die Zelle bewegt sich entlang eines Gradienten, solange $\Delta c/\Delta t > 0$ ist (s. Abb. 60.8).

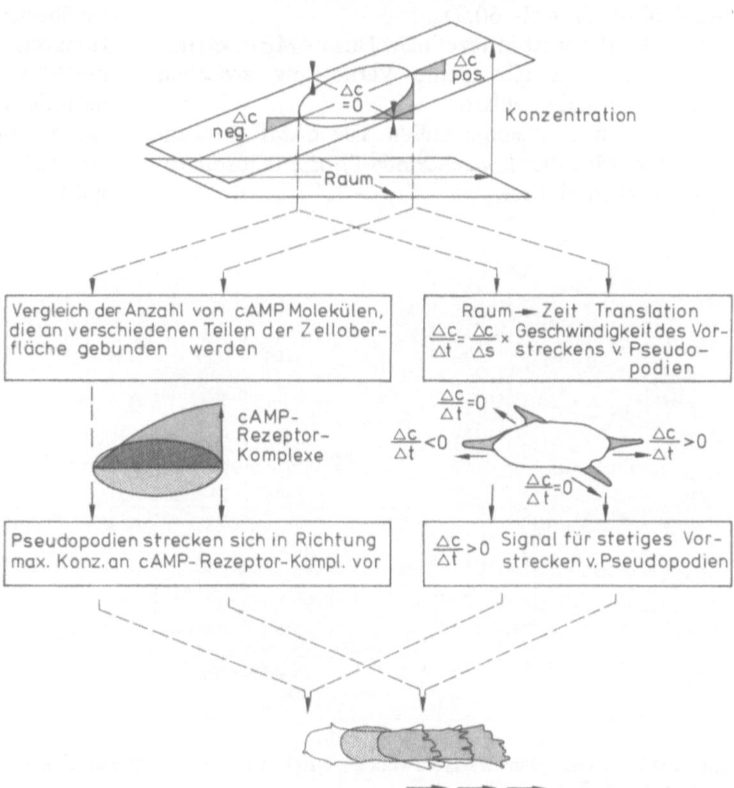

Abb. 60.8. Eine amöboide Zelle (gerastert dargestellte Fläche) kann externe Konzentrationsgradienten auf zweierlei Weise messen. 1. Messung der Konzentrationen entlang ihrer Oberfläche und 2. Messung der Konzentrationsänderung in Richtung sich ausstreckender Pseudopodien. *Links:* Alternative 1 fordert keine Bewegung der Zellen. Der externe Gradient wird durch die Anzahl besetzter Rezeptorstellen (für cAMP) entlang der Zelloberfläche gemessen. Das Modell geht von der Annahme aus, daß sich Pseudopodien an Stellen maximaler cAMP-Bindung ausbilden. *Rechts:* Alternative 2 fordert, daß ein räumlicher Gradient durch die sich ausstreckenden Pseudopodien gemessen wird, die eine Konzentrationsänderung als Funktion der Zeit erkennen. Ein positives $\Delta c/\Delta t$ triggert eine kontinuierliche Vorwärtsbewegung (Ausbildung von Pseudopodien in einer Richtung, s. unten) (Gerisch et al., 1975)

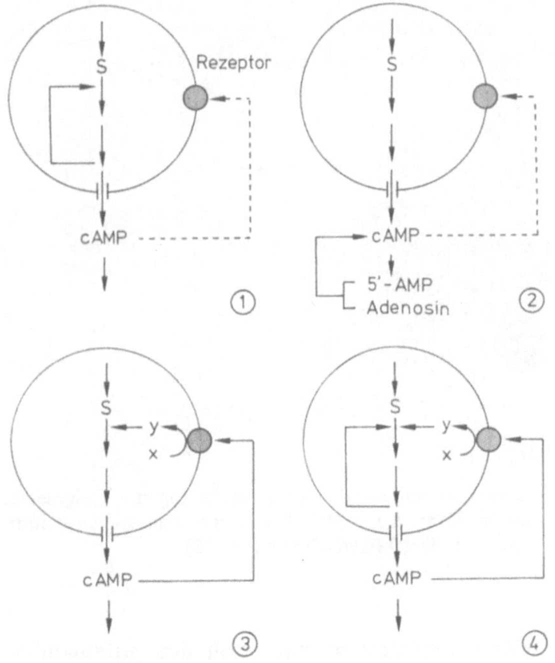

Abb. 60.9. Einfache Netzwerke biochemischer cAMP-Oszillatoren. Die Kreise trennen extra- von intrazellulären Vorgängen. In den Modellen *1* und *2* hat cAMP keinen Einfluß auf die Eigensynthese. In den Modellen *3* und *4* sind Rückkopplungsschleifen eingebaut, durch welche die cAMP-Syntheserate durch cAMP stimuliert wird (weitere Einzelheiten siehe Text) (Gerisch et al., 1975)

Wie entsteht ein Impuls? Vier Modellvorstellungen sind denkbar (s. Abb. 60.9).

1. Der Oszillator ist intrazellulär. Nur cAMP erscheint außerhalb. Es gibt keine Verkettung zwischen Rezeptor und Oszillator.
2. Oszillierende Systeme außen. Die cAMP-Konzentration wird durch wechselnde Phosphodiesteraseaktivität moduliert.
3. Der Oszillator hat essentielle interne und externe Komponenten. Extrazellulär: cAMP und Interaktion mit Oberflächenrezeptoren.
4. Der Oszillator verfügt über eine zusätzliche extrazelluläre Schleife, wodurch die Amplitude der Oszillation moduliert werden kann.

Die Modelle 1 und 2 scheiden aus, weil sie nicht alle bekannten experimentellen Daten berücksichtigen. 3 und 4 sind gleich wahrscheinlich. Das Modell 4 kombiniert die Eigenschaften von 1 und 3.

Zusammenfassend lassen sich die bisher vorgelegten Ergebnisse von Beobachtungen und Experimenten zu einem Modell vereinen (s. Abb. 60.10 und 60.11). Ergänzend sei hinzugefügt, daß nicht nur cAMP, sondern auch cGMP an der Regulation mitwirkt. Die bei der Aggregation von *Dictyostelium* ablaufenden und hier beschriebenen Vorgänge ähneln in mancherlei Hinsicht den Vorgängen an Synapsen. Dort wird ein kleines Molekül, ein Neurotransmitter (z.B. Acetylcholin) freigesetzt und von den Acetylcholinrezeptoren der benachbarten Zelle erkannt. Es folgt ein kurzzeitiger Ioneneinstrom in die Zelle. Die ebenfalls anwesende Acetylcholinesterase sorgt dafür, daß der Impuls auf einen kurzen Zeitraum beschränkt bleibt.

Auch zum beschriebenen Verstärkermechanismus finden wir im Nervensystem ein Analogon. Eine Erregung wird entlang eines Axons elektrochemisch weitergeleitet, wobei ein Selbstverstärker hinter den anderen geschaltet ist. Ähnlich bei *Dictyostelium:* Es gibt keinen Gradienten, der über weite Entfernung hin angelegt ist, sondern eine Nachrichtenübertragung von Zelle zu Zelle, wobei Informationsverluste an jeder Relaisstation wieder wettgemacht werden. Und schließlich wäre die Refraktärperiode zu nennen, in die jede Zelle nach Signalweitergabe eintritt, denn sie ist mit dafür verantwortlich, daß die Nachricht gerichtet weitergeleitet wird.

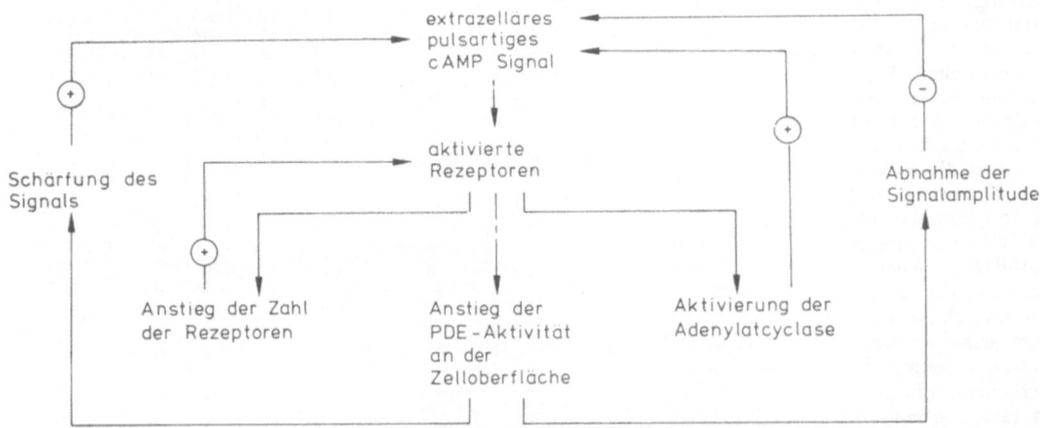

Abb. 60.10. Schaltplan des Netzwerkes, durch das die Differenzierung von *Dictyostelium discoideum*-Zellen gesteuert wird (Roos et al., 1977)

Abb. 60.11. Nachgewiesene (*durchgehende Linien*) und postulierte (*gestrichelte Linien*) Verknüpfungen des Signalsystems der *Dictyostelium discoideum*-Zellen. (Nach Gerisch et al., 1977)

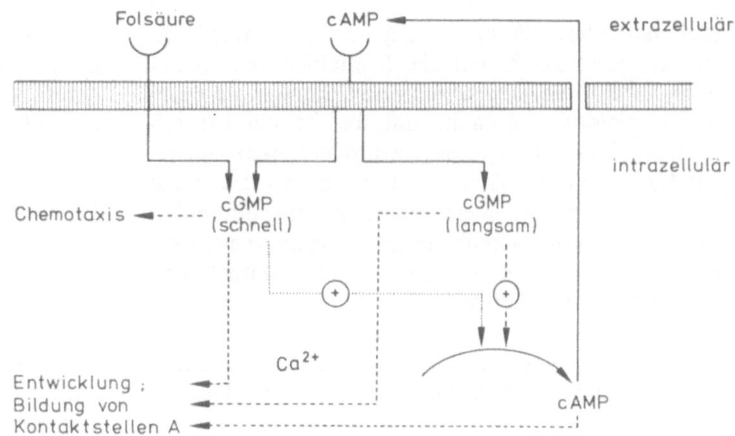

Wie lagern sich die Zellen zusammen, und was hält sie zusammen?

Während der Aggregationsphase bilden sich zwischen den benachbart liegenden Zellen Kontakte aus. Daran sind spezifische Moleküle beteiligt. Beug et al. (Friedrich Miescher Laboratorium der Max-Planck-Gesellschaft, Tübingen, 1973) haben den Zeitpunkt ihrer Entstehung und ihre Verteilung bestimmt. Aggregierende Zellen sind langgestreckt. Sie zeigen eine Preferenz für End-zu-End-Aggregation („Kopf-Schwanz"), eine Aneinanderlagerung erfolgt aber auch Seite an Seite. Hierdurch entsteht die eingangs erwähnte Ausbildung von Strängen (s. Abb. 60.2).

Auf den Zelloberflächen sind zwei voneinander verschiedene, antigene „Kontaktmoleküle" (A und B) identifiziert worden. Sie wurden unter Einsatz von anti-A und anti-B lokalisiert. Zum Test wurden jedoch nicht die intakten Antikörper verwendet, sondern monovalente Fab-Fragmente, da die divalenten Antikörper ein *Capping* (s. Kap. 25) hervorrufen. Hierbei wird das aggregierte Material aber nicht phagozytiert (wie bei Lymphozyten u.a.), sondern abgestoßen. Zell-Zell-Interaktionen werden durch spezifische Fab-Fragmente vollständig unterbunden. Fab-Fragmente, die spezifisch gegen aggregationskompetente Zellen gerichtet sind, hemmen die End-zu-End-Aggregation. Fab-Fragmente, die gegen Zellen in der Wachstumsphase gerichtet sind, reagieren mit der ganzen Zelloberfläche und verhindern damit eine Seite-an-Seite-Aneinanderlagerung. Es gibt also zwei serologisch voneinander unterscheidbare Klassen von Kontaktstellen (Kontaktmolekülen):

A: End-zu-End-Aggregation,

B: Seite-an-Seite-Anlagerung.

B ist immer vorhanden, A wird synchron mit der Kompetenz zur Aggregation erworben. Die Kontaktstellen B werden durch EDTA inhibiert, das auf A keinen Einfluß hat. Bindung anderer, vorzugsweise gegen Kohlenhydrat gerichteter Fab-Fragmente hat keinen Einfluß auf das Aggregationsvermögen.

Eine *Dictyostelium*-Zelle hat einen mittleren Durchmesser von 11 μm. Pro μm^2 werden maximal 68 x 10^2 Fab-Moleküle verschiedener Spezifität gebunden (Dimension des Fab-Moleküls: 35 x 35 x 50 Å). Von den anti-Kohlenhydrat-Fab bindet eine Zelle 2,5 x 10^6 Moleküle, von den spezifischen anti-A-Fab-Molekülen jedoch nur 3 x 10^5 Moleküle, was ungefähr 8 x 10^2 Molekülen/μm^2 entspricht. Daraus geht hervor, daß die Spezifität der Aggregation auf nur wenigen Oberflächenmolekülen beruht. Unter Bedingungen maximaler Fab-Bindung werden 14% der Zelloberfläche bedeckt. Weniger als 2% der Fläche wird von Fab-Fragmenten abgedeckt, die spezifisch gegen Kontaktstelle A gerichtet sind.

Spezifische Lektine. Wenn die Zellen der zellulären Schleimpilze Aggregationskompetenz erwerben, erscheinen an der Zelloberfläche spezifische Lektine. Auf der *Dictyostelium*-Oberfläche wurden die Lektine Discoidin I und Discoidin II nachgewiesen, auf der von *Polysphondylium pallidum* das Pallidin (Reitherman et al., University of California, San Diego, 1975). Es kann als wahrscheinlich angenommen werden, daß diese kohlenhydratbindenden Proteine an der interzellulären Adhäsion der Zellen beteiligt sind. Die drei genannten Lektine unterscheiden sich voneinander in bezug auf ihre Affinität zu bestimmten Zuckerresten. Die artspezifischen Unterschiede mögen als ein Hinweis darauf zu verstehen sein, daß Zellen verschiedener Arten keine gemeinsamen Aggregate bilden.

Was passiert während der Differenzierung? In welcher Reihenfolge laufen die Differenzierungsschritte ab, sind sie voneinander abhängig?

Wir haben schon eine ganze Reihe von Unterschieden zwischen freilebenden und aggregationskompetenten Amöben kennengelernt. Während der Differenzierungsphase erscheinen neue Aktivitäten, so u.a. die

Adenylatcyclase, die membrangebundene Phosphodiesterase, dann das Protein der Kontaktstelle A (Connexin A) und das Discoidin I und II. Schon die wenigen Beispiele weisen darauf hin, daß bei der Umstellung vom Ein- zum Vielzeller zahlreiche neue Genaktivitäten benötigt werden, womit wir uns die Frage vorlegen können, ob es einen Schalter gibt, durch den alternativ das eine oder das andere Programm aktiviert wird, oder ob bei der Umstellung nach und nach neuartige Aktivitäten auftreten, wobei man sich vorstellen könnte, daß die Umstellung kaskadenartig erfolgt. Hierzu finden wir im Phagen λ ein anschauliches Modell: Erst wenn sich das Genprodukt des Gens *N* angereichert hat, wird Gen *Q* aktiviert, und erst, wenn das geschehen ist, können jene Gene aktiviert werden, deren Genprodukte Kopf- und Schwanzstrukturen ausbilden (s. Abb. 5.3 und Kap. 9).

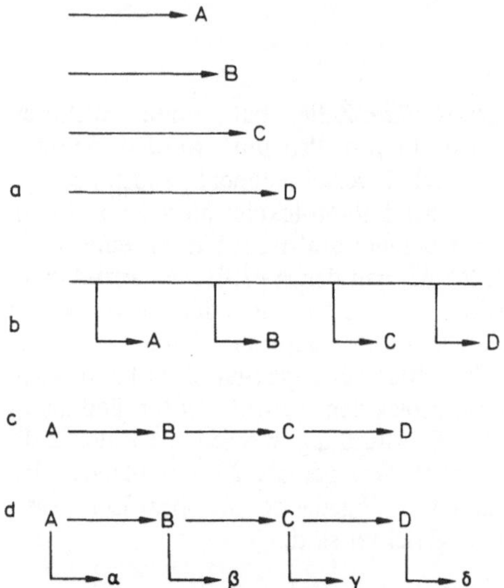

Abb. 60.12 a–d. Modelle zur Erklärung aufeinanderfolgender Aktivierung (Synthese) verschiedener Enzyme während der Entwicklung. **a** Die Enzymsynthesen werden unabhängig voneinander initiiert. **b** Ein Zeitgeber bestimmt, in welcher Reihenfolge Enzyme gebildet werden. **c** Die Synthese eines Enzyms ist von der vorangegangenen Synthese eines anderen abhängig. **d** Kombinationssequenz (Zeitgeber und Abhängigkeit) (Ashworth, 1976)

Bei *Dictyostelium* könnten wir uns folgendes vorstellen:

1. Die Aktivierung eines Gens hängt von der vorangegangenen Aktivierung eines anderen Gens ab.
2. Die Aktivierung eines Gens hängt ausschließlich von der Zeit ab, die seit dem Einsetzen des Differenzierungsvorgangs verstrichen ist (s. Abb. 60.12).

Wir werden sehen, daß in Wirklichkeit ein Kompromiß zwischen beiden Alternativen realisiert ist. Es gibt mehrere experimentelle Zugänge, um die Ablösung eines genetischen Programms durch ein anderes zu verfolgen. Man kann die Details der Umstellung analysieren, wenn man sich darauf konzentriert, zu untersuchen, wann welches Enzym erscheint. Hierüber liegt eine Reihe von Untersuchungen vor. Genannt seien vor allem die Arbeiten von Loomis et al. (University of California, San Diego, 1975, 1976), von denen einige Ergebnisse in Abb. 60.13 zusammengefaßt sind. Diese Daten sind allein deshalb von besonderem Interesse, weil sie nicht nur am Wildtyp, sondern auch an einigen Mutanten mit Entwicklungsdefekten gewonnen worden sind. Bei *Dictyostelium* sieht es so aus, als sei die Synthese eines bestimmten Proteins für den Fortgang des Differenzierungsprozesses entbehrlich. Es ist also nicht so wie beim Phagen λ, daß die Transkription (und Translation) eines Gens vom Vollzug dieser Prozesse an einem anderen Gen abhängt. Die Bildung einer Reihe von Enzymen kann unterbleiben, ohne daß die Entwicklung zum Stehen kommt. Der Verlust eines Genproduktes kann jedoch die Ausbildung eines nachfolgenden Differenzierungsstadiums verhindern. UDPG-Phosphorylase z.B. wird während des Zeitraums von 12–20 Std. nach Einsetzen der Differenzierung gebildet und akkumuliert, wird aber erst zum Zeitpunkt 18–20 Std. wirklich benötigt. Dann nämlich differen-

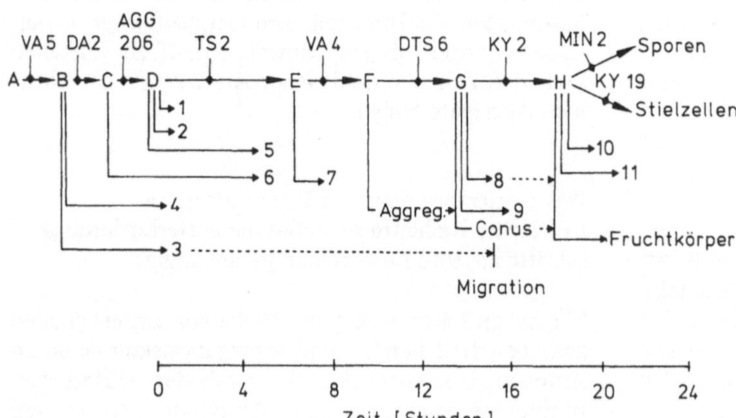

Abb. 60.13. Kombinationssequenz. Aufeinanderfolgendes Erscheinen von Enzymen bei der Aggregation und Differenzierung von *Dictyostelium discoideum.* Die aufeinanderfolgenden Schritte (A → B . . . → H) konnten durch das Vorhandensein von Mutanten (VA 5, DA 2 . . . MIN 2) als voneinander unabhängige Ereignisse ermittelt werden. Durch Mutation an einer bestimmten Stelle werden alle darauffolgenden Reaktionen unterbunden. Die Ziffern stehen für die folgenden Enzyme: *1*, Alanin-Transaminase; *2*, Leucin-Aminopeptidase; *3*, N-Acetylglucosaminidase: *4*, α-Mannosidase; *5*, Trehalosephosphat-Synthetase; *6*, Threonindeaminase; *7*, Tyrosintransaminase; *8*, UDPG-Pyrophosphorylase; *9*, Glykogen-Phosphorylase; *10*, Alkalische Phosphatase; *11*, β-Glucosidase. (Aus Loomis et al., 1976)

zieren sich die Zellen in Stielzellen und Sporen. Bei einer UDPG-Phosphorylase defizienten Mutante unterbleibt dieser Schritt. Auch Migration und Culmination (s. Abb. 60.1) können erst dann initiiert werden, wenn sich bestimmte Genprodukte angereichert haben. Es sieht so aus, als würden für den gesamten Differenzierungsprozeß über 200 verschiedene Gene benötigt.

Lassen sich die Vorgänge rückgängig machen? Dissoziiert man Aggregate und bietet den Zellen genügend Bakterien an, so können sie zum Amöbenstadium zurückkehren. Die Synthese der UDPG-Pyrophosphorylase wird eingestellt. Alton und Lodish (Massachusetts Institute of Technology, 1977) haben die eben aufgezeigten Probleme auf der Transkriptions- und Translationsebene bearbeitet. Die DNS von *Dictyostelium* enthält 4,5 x 10^7 Basenpaare, das ist dreimal mehr als bei der Hefe und siebenmal mehr als bei *Escherichia coli.* Die Transkriptionsprodukte tragen, wie bei anderen Eukaryonten auch, am 5'-Ende eine Kappe und am 3'-Ende eine Poly(A)-Sequenz. In der vegetativen Phase kommt mRNS in folgenden Häufigkeiten vor: ca. 30 Sequenzen in 1000 Kopien pro Zelle, 500 in 100 Kopien und 3000 Sequenzen in 10–20 Kopien. Zu Beginn der Aggregationsphase ändert sich das Bild, dann treten auf: 30 Sequenzen in 300–400 Kopien pro Zelle, 700 Sequenzen in 20–30 Kopien und 10.000 Kopien in ca. zwei Kopien pro Zelle. Die Gesamtmenge sowie das Verhältnis von mRNS zu Gesamt-Zell-RNS bleibt während aller Phasen gleich. Während der Wachstums- und/oder der Aggregationsphase werden an die 400 Proteine gebildet, die als distinkte Einheiten nach der O'Farrell-Methode (s. Kap. 14) identifizierbar sind; Aktin ist das mit Abstand häufigste davon. Die Synthese der meisten von ihnen setzt sich auch während der weiteren Differenzierungsphasen fort. Bei etwa 100 ändern sich die relativen Syntheseraten. Während des Übergangs von der Wachstums- zur Interphase wird lediglich die Synthese von acht Proteinen eingestellt. Bis zum Ende der Aggregationsphase sind keine weiteren

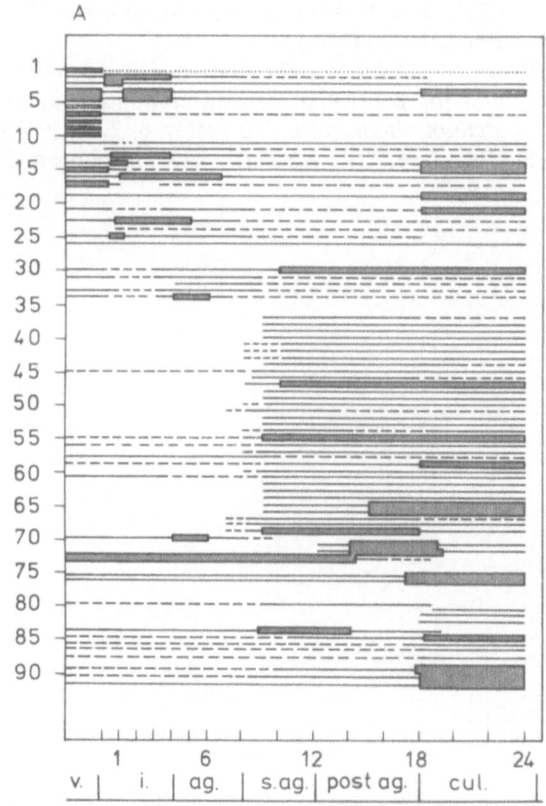

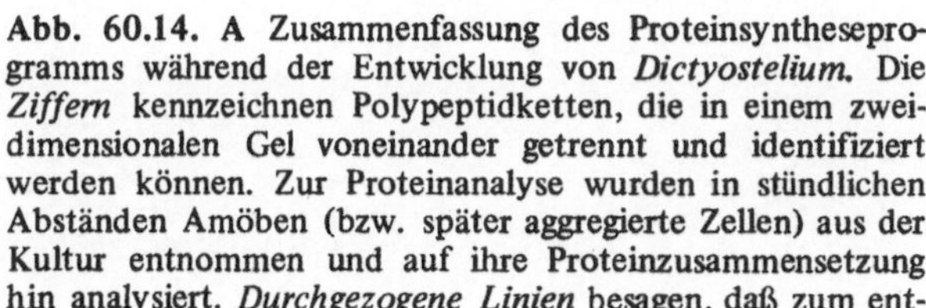

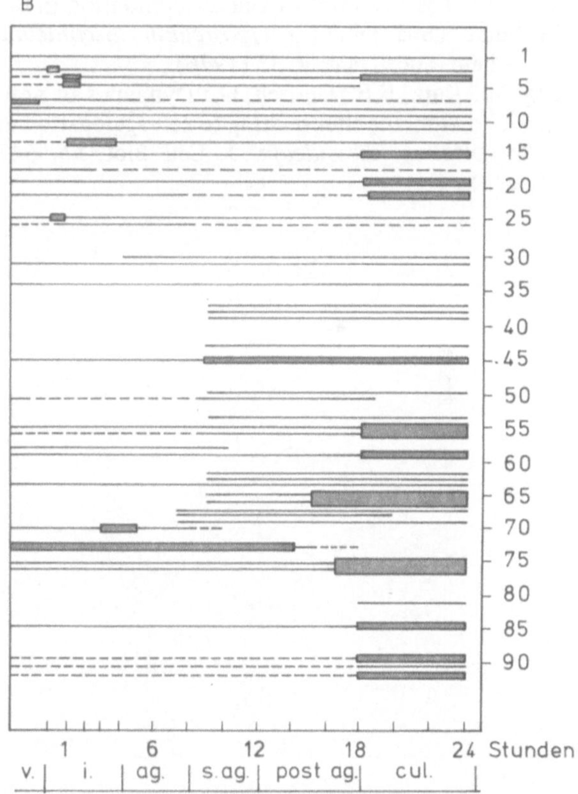

Abb. 60.14. A Zusammenfassung des Proteinsyntheseprogramms während der Entwicklung von *Dictyostelium.* Die *Ziffern* kennzeichnen Polypeptidketten, die in einem zweidimensionalen Gel voneinander getrennt und identifiziert werden können. Zur Proteinanalyse wurden in stündlichen Abständen Amöben (bzw. später aggregierte Zellen) aus der Kultur entnommen und auf ihre Proteinzusammensetzung hin analysiert. *Durchgezogene Linien* besagen, daß zum entsprechenden Zeitpunkt eine Proteinsynthese stattfand; *dicke Balken* kennzeichnen eine sehr hohe Syntheserate; *gestrichelte Linien* weisen auf eine gerade nachweisbare Synthese hin. **B** Auftreten translatierbarer mRNS. Das Auftreten der Proteine (die gleichen wie bei A) wurde in einem zellfreien Proteinbiosynthesesystem ermittelt, in dem die aus Zellen der aufeinanderfolgenden Stadien isolierte mRNS eingesetzt wurde (Alton und Lodish, 1977)

gravierenden Veränderungen feststellbar, doch dann erscheinen 40 neue Proteine, und die Syntheserate von zehn der vorhergebildeten wird reduziert. Dann kommt wieder eine Phase, in der wenig passiert, und schließlich die Culminationsphase, die ebenfalls mit Veränderungen relativer Syntheseraten einhergeht. Um dieses Muster verstehen zu können, wurde RNS aus verschiedenen Entwicklungsstadien isoliert und in einem in vitro-System (Weizenkeimsystem) translatiert. Das Ergebnis ist der Abb. 60.14 zu entnehmen. Daraus ist zu schließen, daß mRNS erst dann gebildet wird, wenn sie auch wirklich gebraucht wird, und das wiederum bedeutet, daß die Regulation der Proteinbiosynthese während der Entwicklung und Differenzierung von *Dictyostelium* zum großen Teil wenigstens auf der Ebene der Bildung und Zerstörung von mRNS erfolgt.

Literatur

Alton, T.H., Lodish, H.F.: Developmental changes in messenger RNAs and protein synthesis in *Dictyostelium discoideum.* Dev. Biol. *60,* 180 (1977)

Ashworth, J.M.: Control of cell differentiation in the cellular slime mould *Dictyostelium discoideum.* Biochem. Soc. Trans. *4,* 33 (1976)

Beug, H., Katz, F.E., Gerisch, G.: Dynamics of antigenic membrane sites relating to cell aggregation in *Dictyostelium discoideum.* J. Cell Biol. *56,* 647 (1973)

Bozzaro, S., Gerisch, G.: Contact sites in aggregating cells of *Polysphondylium pallidum.* J. Mol. Biol. *120,* 265 (1978)

Brefeld, O.: *Dictyostelium mucoroides.* Ein neuer Organismus aus der Verwandtschaft der Myxomyceten. Abh. Senckenb. Naturforsch. Ges. *7,* 85 (1869)

Gerisch, G.: Periodische Signale steuern die Musterbildung in Zellverbänden. Naturwissenschaften *58,* 430 (1971)

Gerisch, G.: Cyclic-AMP oscillation and signal transmission in aggregating *Dictyostelium* cells. In: Dahlem Workshop on the molecular basis of circadian rhythms. Hastings, Y.W., Schweiger, H.-G. (eds.). Gerlin: Life Science Report *1* (1976)

Gerisch, G., Malchow, D.: Cyclic AMP receptors and the control of cell aggregation in *Dictyostelium.* Adv. Cyclic Nucleotide Res. *7,* 49 (1976)

Gerisch, G., Hülser, D., Malchow, D., Wick, U.: Cell communication by periodic cyclic-AMP pulses. Philos. Trans. R. Soc. Lond. B *272,* 181 (1975)

Loomis, W.F., White, S., Dimond, R.L.: A sequence of dependent stages in the development of *Dictyostelium discoideum.* Dev. Biol. *53,* 171 (1976)

Raper, K.B.: *Dictyostelium discoideum,* a new species of slime mold from decaying forest leaves. J. Agric. Res. *50,* 135 (1935)

Roos, W., Malchow, D., Gerisch, G.: Adenyl cyclase and the control of cell differentiation in *Dictyostelium discoideum.* Cell Differ. *6,* 229 (1977)

Shaffer, B.M.: The acrasina. Adv. Morphogen. *2,* 109 (1962)

61. Polarität, Gradienten, Musterbildung

Während der Embryonalentwicklung eines Vielzellers entstehen in aufeinanderfolgenden Schritten räumliche Anordnungen (Muster) von Zellen und Organen. Verfolgt man die einzelnen Schritte, erkennt man, daß

- Zelldifferenzierung,
- Polarität,
- Wanderung von Zellen und Zellverbänden,
- Änderungen der relativen Zuordnungen von Zellen (Zellverbänden) zueinander,
- Änderungen der Zellform und -größe,
- unterschiedliche Proliferationsrate einzelner Zellklone und
- Interaktionen von Zellen untereinander

als Ursachen der Musterbildung anzusehen sind. Ganz allgemein gilt die Regel, daß in nächster Nachbarschaft einer Anlage (eines Organs z.B.) keine zweite, gleichartige Anlage entstehen kann. Es sieht so aus, als würde diese Erscheinung auf lateraler Inhibition beruhen, die am einfachsten durch bimodale Aktivierung und eine monomolekulare Hemmung zu erklären wäre (s. S. 569).

Unser Hauptanliegen in diesem und in den folgenden Kapiteln werden Probleme der Entwicklungsphysiologie sein, die sich durch eine Liste von Fragen präzisieren lassen:

- *Wodurch werden die Differenzierungsprozesse ausgelöst?*
- *Wie kommt die zeitliche Aufeinanderfolge und räumliche Ordnung gerade der Bedingungen zustande, durch welche ein typischer, normaler Entwicklungsablauf gewährleistet wird?*
- *Wodurch werden die Entwicklungsreaktionen ermöglicht, d.h. wie bestimmt die genetische Information die Reaktionsnorm?*
- *Wie hängen bestimmte einzelne Erbfaktoren mit bestimmten Entwicklungsreaktionen zusammen?*

Schon im verganenen Jahrhundert wurde das Konzept der Polarität und das Konzept der Gradienten formuliert, das besagt, daß bei der Teilung einer Zelle zwei nicht-äquivalente Tochterzellen entstehen. Damit ist vorweggenommen, daß die Zelle schon vor Einsetzen der Teilung determiniert ist und daß das Schicksal der Tochterzellen damit vorgegeben ist. Besonders auffällig ist Determination an der Eizelle zu demonstrieren (s. folgendes Kapitel). Durch eine äquatoriale Teilung werden irreversible Prozesse in Gang gesetzt. In Erinnerung gerufen sei auch die Bildung animaler und vegetativer Blastomere in der tierischen und die Sproß-Wurzel-Polarität in der pflanzlichen Entwicklung.

Alle Organismen sind durch ein art- und gruppenspezifisch strukturiertes Muster von Merkmalen gekennzeichnet. Die Konstanz ist durch das Erbmaterial bestimmt, die Ausprägung erfolgt während der Ontogenese. Wir können uns somit fragen, wie dieses Muster im einzelnen entsteht, ob der Entstehung tatsächlich bestimmte Gradienten zugrunde liegen und wenn ja, wie sie strukturiert sind. Das Gradientenkonzept leidet unter einem schwerwiegenden Manko. Es ist nämlich sehr schwer, ursächliche Gradienten nachzuweisen und deren stoffliche Qualität zu ermitteln. Makromoleküle als „morphogene Substanzen" (gestaltinduzierende Substanzen) scheiden praktisch aus, da sie nicht von einer Zelle zur benachbarten übertragen werden können. Zu kleine Moleküle sind ebenso ungeeignet, weil sie kaum eine Spezifität gewährleisten können. Somit verbleiben nur Moleküle im Größenklassenbereich vom M.G. 300–500 (–1000) ($\hat{=}$ cAMP u.a.).

Molekulare Gradienten sind oft sehr labil, und es ist gar nicht so leicht vorstellbar, wie sich ein solcher Gradient über weite Entfernungen hin aufbauen und erhalten kann. Strukturelle Gradienten wiederum sind nur in der Nachkommenschaft einer bestimmten Stammzelle denkbar, wenn man davon ausgeht, daß bereits vorhandenes und in der Zelle asymmetrisch verteiltes Material (supramolekulare Strukturen, Organellen etc.) auf die Tochterzellen verteilt wird, ohne daß es im Nachhinein ergänzt wird. Der in der Stammzelle vorhandene Gradient würde demnach „verdünnt" in der Nachkommenschaft erhalten bleiben.

Im vorangegangenen Kapitel haben wir es mit einem molekularen Gradienten zu tun gehabt und gesehen, daß es eine direkte Informationsweitergabe über weite Entfernungen gar nicht gibt. Die phänotypisch sichtbare Erscheinung einer rhythmischen und gleichgerichteten Bewegung beruht auf einer Informationsweitergabe von Zelle zu Zelle, wobei jede einzelne als Verstärker dient und den Gradienten stets neu initiiert.

Es gibt Gradienten, die durch Außeneinflüsse modifiziert werden. Ein klassisches Beispiel dafür ist der lichtinduzierte Auxintransport im Pflanzensproß. Als Folge der Belichtung tritt eine phototrope Reaktion ein, die ein Streckenwachstum an der lichtabgewandten Seite bewirkt und somit eine Krümmung des Sprosses zum Licht hin verursacht. Der Gradient ist instabil. Bei Wegnahme der Lichtquelle entfällt der Stimulus, der Gradient bricht in sich zusammen, und der Sproß wächst in anderer Richtung weiter. Wolpert (Middleton Hospital, Medical School, London, 1969, 1976) schätzt, daß Gradienten in embryonalen Geweben (embryonalen Feldern) sich selten über eine Entfernung von mehr als 100 Zellen erstrecken und die Reichweite meist sogar unter 50 Zellen liegt.

Zum Aufbau eines Gradienten müssen mehrere Voraussetzungen erfüllt sein. An einem Ende muß es Zellen geben, die die betreffende Substanz produzieren und die Konzentration stets auf gleichem (hohem) Niveau halten. Die Substanz breitet sich von dort durch Diffusion aus. Wenn man ein realistisches Modell zeichnen möchte, müßte man die Ausbreitung in drei Dimensionen berücksichtigen. Am entgegengesetzten Ende des Gradienten muß es eine Vorrichtung geben, die die Konzentration der Substanz niedrig hält, da sich der Gradient andernfalls zusehends verflachen würde. Es gibt eine Reihe von Möglichkeiten, um diese Bedingung zu erfüllen, wobei man nur an eine der zahlreichen Degradationsmechanismen zu denken braucht, über die jede Zelle verfügt. Wenn sich ein solches System im Gleichgewicht befindet, wird die Diffusionskonstante an jeder beliebigen Stelle des Gradienten gleich sein, und der Konzentrationsgradient wäre linear (s. Abb. 61.1). Die genannten Bedingungen lassen sich durch folgende Beziehung präzisieren:

$$t = \frac{A\,(nl)^2}{D}$$

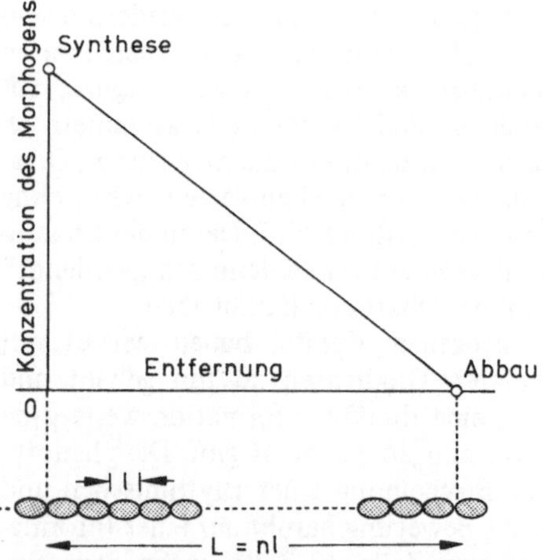

Abb. 61.1. Ausbildung eines Gradienten einer morphogen wirkenden Substanz in einem Gewebe. Im *unteren Teil* des Diagramms sind einander benachbarte Zellen mit dem Durchmesser von je 10 μm abgebildet. Der Radius des Gradienten beträgt L = nl (Crick, 1970)

wobei t die Zeit in Sek. ist, um den Gradienten aufzubauen. n ist die Anzahl der Zellen zwischen Initiations- und Endpunkt, l die Länge einer jeden Zelle [μm], D die Diffusionskonstante [cm^2 $Sek.^{-1}$] und A eine numerische Konstante, die von der Art des Gradienten abhängt. Empirisch läßt sich A zu etwa 0,5 ermitteln.

Da Zellen über *Gap-junctions* kommunizierend untereinander verbunden sind, können kleine Moleküle nahezu ungehindert von einer Zelle zur benachbarten wandern. Moleküle der genannten Größenordnung (MG: 300–500) haben in wässrigen Lösungen Diffusionskonstanten von 4–5 x 10^6 cm^2 $Sek.^{-1}$. Der Zellinhalt selbst ist hochgradig viskös und schränkt die Beweglichkeit der Moleküle stark ein. Grob geschätzt reduziert sich die Diffusionskonstante dadurch etwa um den Faktor 6, woraus sich ein D von 0,8 x 10^6 cm^2 $Sek.^{-1}$ ableitet.

Wie lange dauert die Ausbildung eines Gradienten? Auch hier müssen wir uns mit Abschätzungen begnügen. Ein Wert von 3–5 Std. mag angebracht sein (10^4 Sek. ≙ 3 Std.). Setzt man die genannten Werte in die obige Gleichung ein, kommt man zu einem Wert von n = 30 (l = 10 μm), was bedeutet, daß sich ein Gradient einer Substanz des Molekulargewichts ~ 500 unverstärkt nur über eine sehr kurze Entfernung etablieren kann. Anders ausgedrückt: Die Reichweite liegt unterhalb eines Millimeters. Bei sich schnell entwickelnden Geweben sind die Entfernungen noch kürzer, da eine Zellteilung mit den dabei ablaufenden Bewegungen Turbulenzen erzeugt, die dem Aufbau eines Gradienten entgegenwirken.

Gradienten und ihre Folgen:
Morphogenetische Felder

Man ist es gewohnt, einzelne Organe voneinander zu unterscheiden. Man weiß, was ein Muskel, ein Knochen, man weiß, was die Milz und was die Leber ist. Jedes Organ enthält einen, meist aber mehrere voneinander verschiedene Zelltypen. Zellen eines Typs faßt man zusammen und gibt ihnen einen Namen. Aber sind wirklich alle gleich aussehenden und scheinbar in gleicher Weise funktionierenden Zellen untereinander äquivalent? Kann die eine die andere ersetzen? Zumindest in ihrer Position innerhalb eines Organs unterscheiden sie sich voneinander, und dorthin sind sie aufgrund der Abstammungsverhältnisse während der Entwicklung hineingeraten.

Klassische Transplantationsexperimente von Spemann wiesen bereits darauf hin, daß sich Zellen, von einem gewissen Entwicklungsstadium ab, herkunftsmäßig verhalten. Nach Transplantation gliedern sie sich in ihre neue Umgebung nicht mehr ein, sondern verhalten sich so, wie sie es „gelernt" haben. Während der Entwicklung werden hintereinanderweg irreversible

Entscheidungen getroffen. Eine Zelle, die determiniert ist, sich in eine Muskelzelle zu differenzieren, kann sich nicht mehr in eine Knochenzelle oder einen Lymphozyten entwickeln. Schon embryonale Gewebe sind determiniert. Die wesentlichen Entscheidungen sind damit bereits gefallen, und es ist sogar noch mehr entschieden: Es ist festgelegt, ob eine Muskelzelle z.B. in den vorderen oder in den hinteren Teil eines bestimmten Muskels gerät, und das bedeutet, daß selbst Zellen des gleichen Typs nicht äquivalent sind.

Einige Beispiele: Es gibt kaum ein eindrucksvolleres Beispiel für Nichtäquivalenz als die Position von Neuronen und deren Bedeutung im Nervensystem (siehe hierzu Kap. 65 und 69). 1970 zeigten Gaze und Keating, daß die optisch wahrgenommene Umwelt eines Frosches Punkt für Punkt ins Optische Tectum projiziert wird. Ein bestimmtes Neuron wird nur dann erregt, wenn ein Lichtreiz in der äquivalenten Position im Gesichtsfeld erscheint. Andere Reize können von diesem Neuron nicht wahrgenommen werden. Die Verdrahtung der Neuronen erfolgt während der Ontogenese, und Änderungen sind praktisch ausgeschlossen. Eine Zelle kann nicht die Funktion einer benachbarten (des gleichen Differenzierungstyps) übernehmen. Nervenzellen tragen demnach spezifische Marker, die sie dazu determinieren, ausschließlich mit bestimmten anderen (komplementären) Zellen zu kooperieren. Nichtäquivalenz von Muskel- und Sinneszellen kann also aus der Art ihrer Innvervierung abgeleitet werden.

Vorder- und Hinterextremitäten unterscheiden sich bei Vertebrata deutlich voneinander. Betrachtet man die Zellen genauer, erkennt man, daß auch sie sich deutlich voneinander unterscheiden. Überträgt man das Mesenchymgewebe der Fußanlage (eines Huhns) in die Flügelanlage, so entwickelt sich daraus ein Gebilde, das einer Zehe ähnelt, und das, obwohl das übertragene Gewebe und das Wirtsgewebe dem gleichen Keimblatt entstammen und die Zellen den gleichen Differenzierungstypen angehören (Saunders et al., 1959).

Positionsinformation im Integument von Insektenlarven

Annelida (Ringelwürmer) und Arthropoda (Gliedertiere) zeichnen sich durch einen metameren (gegliederten) Aufbau aus. Der Körper besteht aus einer Reihe von Segmenten, in denen sich oft gleichartige Bauelemente wiederholen.

Die Haut (das Integument) ausgewachsener Insekten ist mit Haaren und Schuppen besetzt, die sich aus Stammzellen entwickeln, welche bereits in frühen Larvenstadien vorhanden und determiniert sind. In jedem einzelnen Segment sind alle Oberflächenstrukturen (Haare, Borsten, Schuppen, Rippen etc.) stets gleichartig in anterior-posterior-Orientierung ausgerichtet. Diese Strukturen sind demnach Indikatoren für Gradienten, welche während der Embryonalentwicklung existiert haben. Transplantationen von Hautstücken während früher Larvenstadien geben uns auch hier Aufschluß über ihre Art und die stoffliche Natur.

1940 schnitt Wigglesworth ein Stück Integument aus einer Insektenlarve (*Rhodnius*) heraus, rotierte es um 180° und versetzte es wieder an die gleiche Stelle. Das Stück wuchs wieder ein, und es entwickelten sich aus den Stammzellen Borsten, deren Orientierung dem ursprünglich determinierten Status entsprach. Piepho (Universität Göttingen, 1955, 1970) arbeitete mit Larven der Wachsmotte *Galleria:* Er implantierte ein Hautstück von einem Segmentvorderrand (SVR) einer Schmetterlingsraupe um 90° gedreht einer anderen Raupe in die Segmentmitte und fand, daß sich die Schuppenbälge und Schuppen vom Transplantat ab- bzw. darauf zuwandten (s. Abb. 61.2). Der Schluß aus diesem Experiment kann nur lauten, daß am Segmenthinterrand (SHR) in der Epidermis ein Stoff gebildet wird, der zu den vorderen Segmentteilen diffundiert. Zum Nachweis einer solchen Substanz wurde ein Hautstück nicht mehr in die Wirtshaut eingesetzt, sondern es wurde ihr unterlegt, und zwar so, daß seine Epidermis der Wirtsepidermis zugewandt lag. Die Wirtshaut und das Implantat konnten nicht miteinander verwachsen. Dennoch richteten sich später die Bälge und Schuppen des Wirtsfalters zum Hautstück hin, ganz so, als sei es direkt mit der Wirtshaut verwachsen. In Randbezirken unterliegen die sich bildenden Schuppenbälge (Borsten u.a.) zwei Einflüssen (richtenden Faktoren). Sie verrechnen beide und orientieren sich in einer Resultanten (siehe Abb. 61.3).

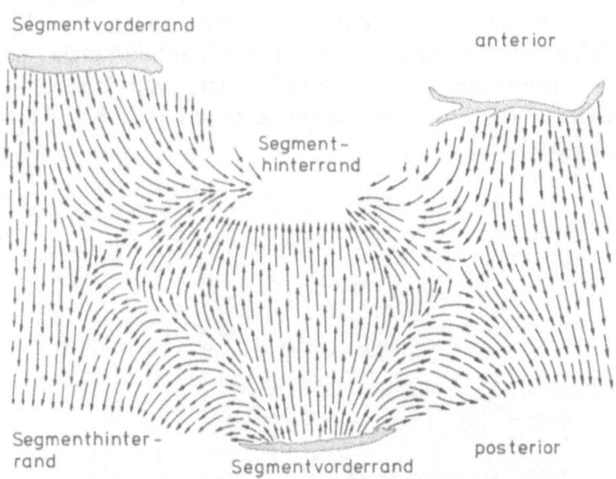

Abb. 61.2. Rotationsexperiment mit einem Stück Epidermis der Wachsmotte *Galleria.* Ein Teil eines Rumpfsegments wurde ausgeschnitten, um 180° gedreht und an der gleichen Stelle wieder implantiert. Die *Pfeile* markieren die Orientierung der Schuppenbälge im Imago (Piepho, 1955)

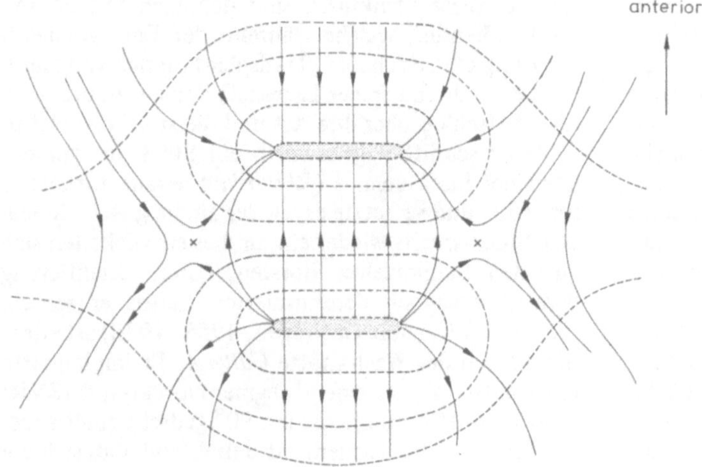

Abb. 61.3. Modell der Verteilung morphogenetischer, richtungsdeterminierender Faktoren in der Epidermis der Wachsmotte. Auswertung von Ergebnissen von Rotationsexperimenten (s. Abb. 61.2) (Lawrence, 1966)

Den definitiven Nachweis, daß sich innerhalb eines jeden Segments ein Gradient ausbildet, erbrachte Locke (1959). Er betrachtete nicht nur den Einfluß von Segmentvorder- und Segmenthinterrand, sondern er schaute sich auch den Einfluß der dazwischen liegenden Abschnitte an. Sein Ergebnis lautete, daß der Einfluß stetig zu- bzw. abnahm. Lokale, invertierte Gradienten blieben über mehrere Larvenstadien hinweg stabil. Die Zellen verfügen ganz offensichtlich über eine Positionsinformation. In der frühen Entwicklung wird das Schicksal einer jeden Einzelzelle durch ihre Position in bezug zu den übrigen im Gesamtorganismus festgelegt. Jede Zelle „weiß" dann über ihre Position Bescheid (Wolpert, 1969). Die Positionsinformation für drei Richtungen im Raum wird unabhängig und nacheinander erworben (s. hierzu Kap. 63).

Das Prinzip der Nichtäquivalenz beschreibt Zustände von Zellen, die nicht nur in verschiedenen Positionen sitzen, sondern es beschreibt Zustände, die sich dahingehend voneinander unterscheiden, daß die Zellen auf den gleichen Reiz unterschiedlich reagieren. Sie unterscheiden sich voneinander, weil jede eine andere Vorgeschichte hinter sich hat (s. Abb. 61.4 und 61.5).

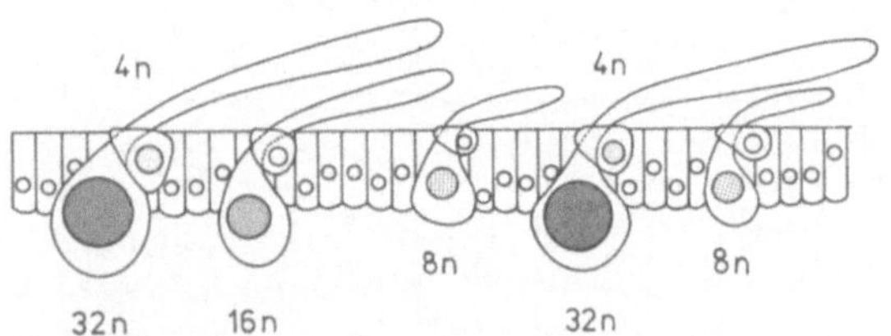

Abb. 61.4. Schema des Aufbaus der Epidermis mit Polyploidiestufen der Kerne. Deckschuppen (32n), Mittelschuppen (16n), Tiefenschuppen (8n), Schuppenbälge (2n und 4n) und Epidermiszellen 2n (Kühn, 1955)

Der Süßwasserpolyp Hydra

Der Süßwasserpolyp *Hydra* besteht aus ca. 100.000 Zellen, die in zwei Schichten (Epithelien), dem Endo- und dem Ektoderm, angeordnet sind (s. Abb. 61.6). In wachsenden Organismen findet man mindestens fünf Gruppen verschiedener Zellen: Epithelzellen, Drüsenzellen und Interstitialzellen einerseits, Neuronen und Nesselzellen andererseits. Zellen der zweiten Gruppe sind differenziert und nicht mehr teilungsfähig. Sie entstehen aus Interstitialzellen, die sich wiederum auf dreierlei Weise entscheiden können:

1. Sie teilen sich und bleiben undifferenziert → es entstehen neue Interstitialzellen.
2. Sie differenzieren sich zu Neuronen.
3. Sie differenzieren sich zu Nesselzellen.

Die Neuronen sind zu einem einfachen Nervennetz zusammengeschlossen.

Hydra ist asymmetrisch polar gebaut. An einem Ende trägt sie einen Tentakelkranz (Kopf) und setzt sich mit dem entgegengesetzten Ende (Fuß) am Untergrund fest. Sie zeichnet sich darüber hinaus durch ein hohes Regenerationsvermögen aus. Schneidet man ihr ein Stück aus der Mitte heraus, so regeneriert sie die verlorenen Teile. Selbst disintegrierte Zellen finden einander wieder und bilden eine funktionelle Form aus (s. Abb. 61.7). Eine der wesentlichen Feststellungen bei den Regenerationsversuchen ist der Befund, daß die Kopf-Fuß-Polarität stets gewahrt bleibt. *Hydra* vermehrt sich in der Regel durch Knospung. Eine Knospe kann aber nur in einem gewissen „Respektabstand" von Kopf und Fuß angelegt werden. Diese Beobachtungen weisen darauf hin, daß sich zwischen Fuß und Kopf ein oder mehrere Gradienten ausbilden. Es konnte gezeigt werden, daß sowohl aktivierende als auch inhibierende Stoffe im Spiel sind. Kopf und Fuß bilden je ein Organisationszentrum, und von beiden gehen Aktivierungs- und Hemmungsgradienten zur jeweils anderen Seite.

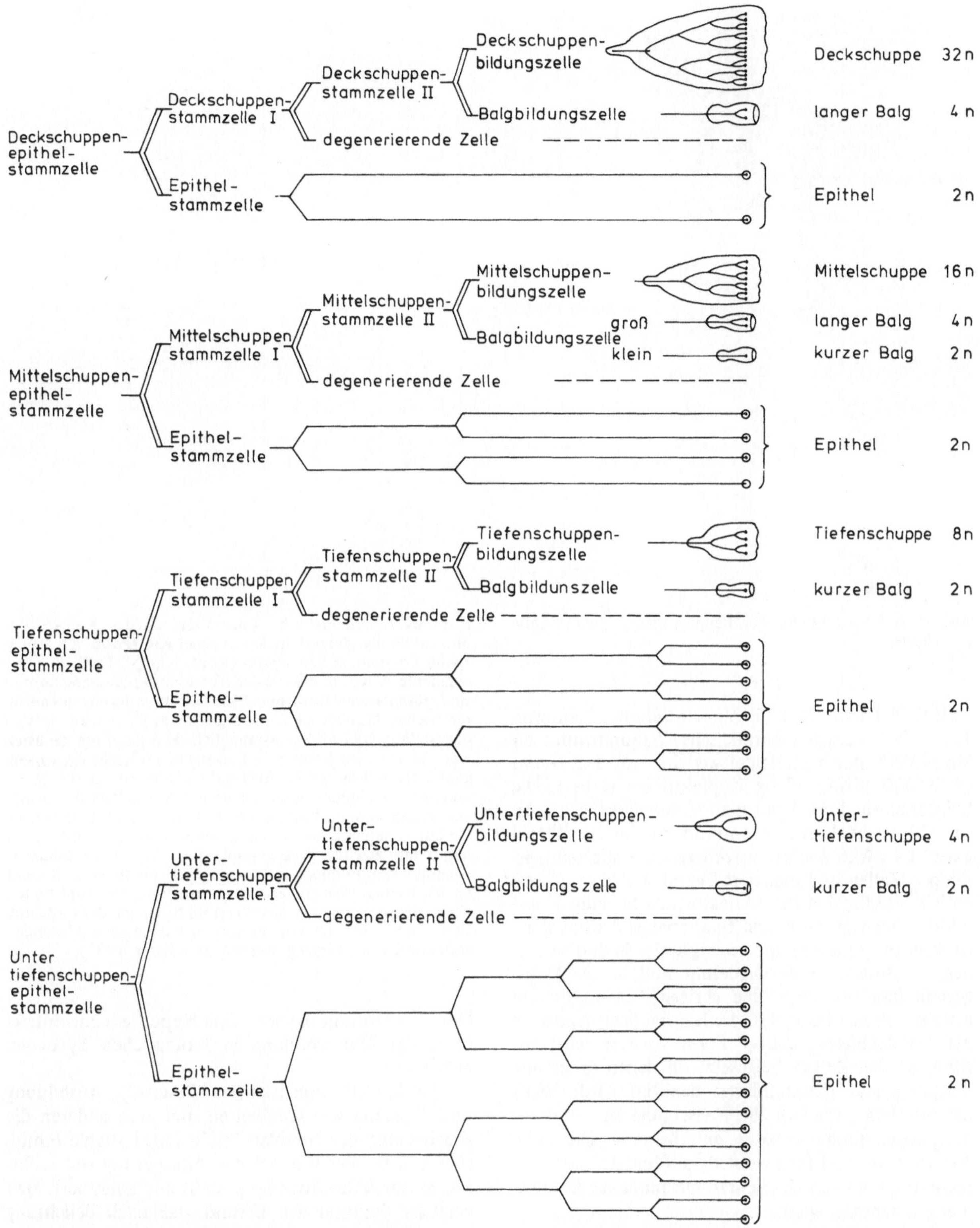

Abb. 61.5. Schema der Zellteilungen, Abstammungsverhältnisse und Endomitoseschritte bei der Metamorphose (Entwicklung) der Flügelepidermis von *Ephestia*. Man beachte, daß das Differenzierungsmuster asymmetrisch ist und für einige Zellen Degeneration (programmierten Zelltod) vorsieht. (Nach Henke, 1946; aus Kühn, 1955)

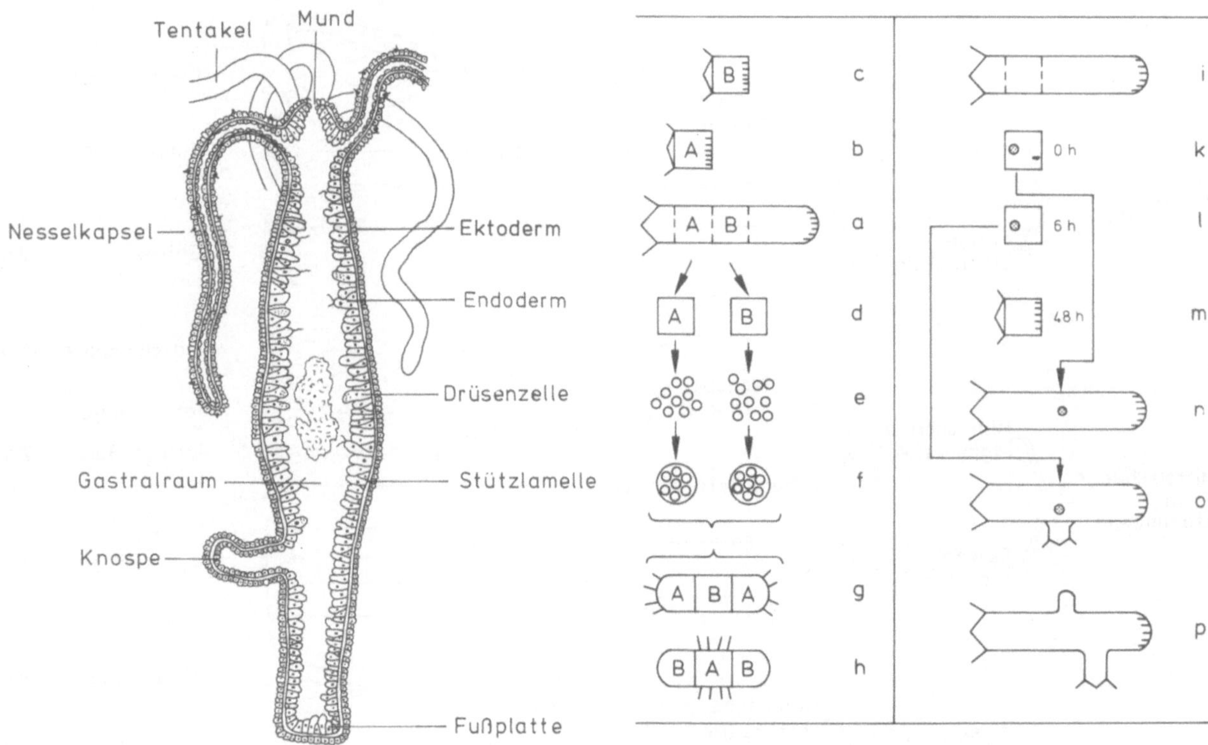

Abb. 61.6. Übersicht über den Bauplan eines Süßwasserpolypen (*Hydra*)

Abb. 61.7. Schematische Darstellung einiger Aspekte der Musterbildung, dargestellt am Beispiel von *Hydra*. a Schematische Darstellung von *Hydra* (Kopf, Rumpf, Fuß). *b, c* Die Segmente A und B, die aus der *Hydra*mitte herausgeschnitten sind, regenerieren Kopf und Fuß. Die Orientierung des asymmetrischen Musters ist vorhersagbar. Ein Kopf wird stets an der Stelle gebildet, die ursprünglich dem Kopf am nächsten war. Zerlegt man A und B in Einzelzellen (*e*), läßt sie reaggregieren (*f*) und bringt die Aggregate wieder zusammen (*g, h*), erkennt man immer noch die ursprüngliche Polarität. Kopfstrukturen werden durch Zellen bzw. Zellaggregate induziert, die auf A zurückgehen. Ein kopfnaher Abschnitt wird isoliert und einer zweiten *Hydra* implantiert (*n, o*). Er induziert ebenfalls Kopfbildung, und zwar bereits zu einem Zeitpunkt (*g, h*), zu dem das isolierte Stück noch keinen Kopf bildet. Dieses regeneriert einen Kopf erst 48 Std. nach der Explantation. Kopf und Fuß können nur in bestimmten Abständen voneinander neu angelegt werden (*p*) (Gierer, 1977)

H.C. Schaller (MPI für Virusforschung, Tübingen, 1972, 1973, danach Europäisches Laboratorium für Molekularbiologie in Heidelberg) hat aus 1 g *Hydra* (≙ 30.000 Stück) 10 μg Kopfaktivator isoliert. Die Substanz, ein Peptid mit dem Molekulargewicht von ca. 900, ist noch in Konzentrationen von 10^{-10} Mol aktiv. Es wirkt wachstumsfördernd auf alle teilungsfähigen Zellen und induziert Tentakelbildung. *Hydra* enthält 1000mal mehr Aktivator, als für eine Kopfbildung benötigt wird. Die Hauptmenge der Substanz ist strukturgebunden und vorzugsweise in den Neuronen lokalisiert. Diese wiederum sind in der Kopfgegend häufiger als in den übrigen Teilen. Nur ein geringer Prozentsatz des Aktivators liegt gelöst in niedermolekularer, aktiver Form vor. Er wird vor allem zu den Zeiten freigesetzt, in denen er für die Morphogenese (Kopfbildung) benötigt wird. Nicht die Synthese, sondern die Freisetzung ist somit für morphogenetische Prozesse entscheidend. Die hohe Aktivität der Substanz weist darauf hin, daß zur Aufrechterhaltung von Gradienten nur minimale Energiemengen benötigt werden.

Eine Theorie der Musterbildung

Gierer und Meinhardt (Max-Planck-Institut für Virusforschung, Tübingen) haben in den letzten Jahren (1972, 1974 und danach) eine Hypothese zur Entstehung der Musterbildung in biologischen Systemen entwickelt.

Das Modell berücksichtigt einmal die Ausbildung und Existenz von Gradienten und zum anderen die Erscheinung der lateralen Inhibition. Laterale Inhibition wurde zunächst bei der Auswertung von Lichtreizen durch das Auge festgestellt und analysiert. Man versteht darunter den Befund, daß nach Belichtung einer Sinneszelle die direkt darunterliegende Nervenzelle erregt und gleichzeitig die benachbarten gehemmt werden. Als Vorteil ergibt sich eine Kontrasterhöhung des Reizes. Laterale Inhibition ist in biologischen Systemen, wie schon erwähnt, weit verbreitet. Genannt sei u.a. auch die im vorangegangenen Abschnitt besprochene *Hydra:* Knospen werden nur in einem bestimmten Mindestabstand von einem bestehenden Fuß und Kopf angelegt. Ähnliche Erscheinungen finden wir bei der Ausbildung eines Borstenmusters auf der Oberfläche eines Insektenintegumen ts und den Verzweigungsmustern des Blutgefäßsystems oder eines Pflanzensprosses (Stellung der Blätter, Blattaderung etc.).

Gierer und Meinhardt gehen davon aus, daß Aktivatoren positiv auf ihre eigene Synthese bzw. Aktivität einwirken sowie ebenfalls positiv die Synthese bzw. Aktivität eines Hemmstoffs beeinflussen (Zweitrefferfunktion). Hemmstoffe ihrerseits inhibieren die Aktivatorwirkung (Eintrefferfunktion). Die Aktivatorproduktion wird als ein autokatalytischer Prozeß angenommen, dem Verluste durch Diffusion und Abbauvorgänge entgegenwirken. Der Inhibitor sorgt dafür, daß die Aktivatorkonzentration nicht ins Unendliche ansteigt (s. Abb. 61.8). Im einfachsten Fall geht man davon aus, daß zunächst Aktivator gebildet wird: Er aktiviert sich selbst, so daß seine Konzentration (Freisetzung, Aktivierung etc.) stark ansteigt. Nach kurzer Zeitverzögerung setzt auch die Bildung des Inhibitors ein, wodurch die Aktivatoraktivität unterdrückt wird. Sowohl Aktivator als auch Inhibitor werden degradiert, und sobald die Inhibitorkonzentration eine gewisse Schwelle überschritten hat, kann neuer Aktivator produziert werden (siehe Abb. 61.9). Das System oszilliert. Wir erinnern uns an *Dictyostelium* (s. Kap. 60), wo wir eine solche Situation bereits kennengelernt haben: Die Lebensdauer des cAMP ist kürzer als die der Phosphodiesterase; cAMP wird autokatalytisch erzeugt. Das durch Verstärkung erzeugte Signal ist somit stärker als das ursprüngliche. Der periodische Auf- und Abbau der Aktivatorkonzentration erlaubt es dem System, sich an Umweltveränderungen optimal anzupassen. Eine Neuorientierung der Amöben ist daher jederzeit möglich, so wie wir es am Beispiel der Inkorporation eines kleinen Aggregationszentrums in ein größeres gesehen haben.

Anstelle der Zeitachse kann man auch Entfernung einsetzen. Die Größe „Abbaurate" ersetzt man dabei durch die Diffusionskonstante. In Gewebeverbänden ist die Ausbreitung eines Inhibitors oft effektiver als die des Aktivators. Diese Annahme geht von der Voraussetzung aus, daß den Aktivatoren eine höhere Spezifität als den Inhibitoren zukommt und Spezifität wiederum weitgehend mit der Komplexität und der Größe der Moleküle einhergeht. Das Verhalten der beiden Stoffe läßt sich durch zwei nichtlineare, partielle Differentialgleichungen beschreiben:

$$1.\ \frac{\delta a}{\delta t} = \rho_o \rho + c\rho \frac{a^2}{h} - \mu a + D_a \frac{\delta^2 a}{\delta x^2}.$$

$$2.\ \frac{\delta h}{\delta t} = c\rho a^2 - Dh + D_h \frac{\delta^2 h}{\delta x^2},$$

wobei a = Konzentration des Aktivators, h = Konzentration des Inhibitors ist. Beides sind Funktionen der räumlichen Position.

a^2 steht für eine bimolekulare Aktivierung (positive Rückkopplung, s.o.), $1/h$ für eine monomolekulare Inhibition, μ = Degradationsfaktoren (Rate des enzymatischen Abbaus von Aktivator bzw. Inhibitor), D_a = Diffusionskonstante des Aktivators, D_h = Diffusionskonstante des Inhibitors, ρ = Häufigkeit der Zellen, in denen Aktivator (bzw. Inhibitor) gebildet wird, ρ_o = *Background*-Aktivator-Produktion.

Die oben genannten Differentialgleichungen können numerisch gelöst werden. Bei Einsatz angemessener Werte erhält man, je nach Wahl der Parameter und der Ausgangssituation, unterschiedliche Lösungen. Veränderungen als f(t) lassen sich per Computer durch Iterationen simulieren. Man erhält Strukturen, welche die Entwicklung von Mustern in Raum und Zeit widerspiegeln.

Abb. 61.8 a und b. Ein molekulares Modell, das durch laterale Inhibition, Aktivierung (Zweitreffer) und Inaktivierung (Eintreffer) zur Musterbildung führt. **a** Der Rezeptor wird durch Bindung zweier Aktivatormoleküle (*Dreiecke*) aktiviert. **b** Aktivator- und Inhibitormoleküle (*Kreise*) werden in getrennten Kompartimenten gespeichert. Der Inhibitor unterbindet die Freisetzung von Aktivator, indem er die Bindungsstellen für den Rezeptor-Aktivatorkomplex blockiert. Jener blockiert nicht die Freisetzung von Inhibitor, sondern fördert sie. Inhibitormoleküle haben eine hohe Diffusionskonstante und werden auf diese Weise aus dem System entfernt (Gierer, 1974)

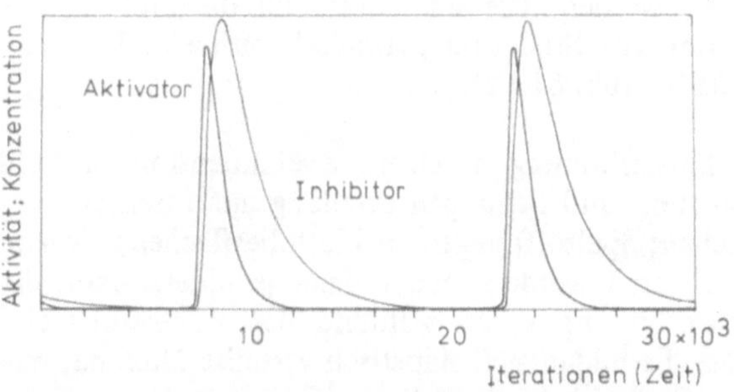

Abb. 61.9. Oszillierende Verteilung von Aktivator und Inhibitor, wie sie nach den im Text angegebenen Beziehungen im einfachsten Fall zu errechnen ist. Bei jeder Periode erhält man auf kurze Abstände eine Aktivierung, auf lange (bis zum Beginn der neuen Periode) eine Hemmung (Meinhardt und Gierer, 1974)

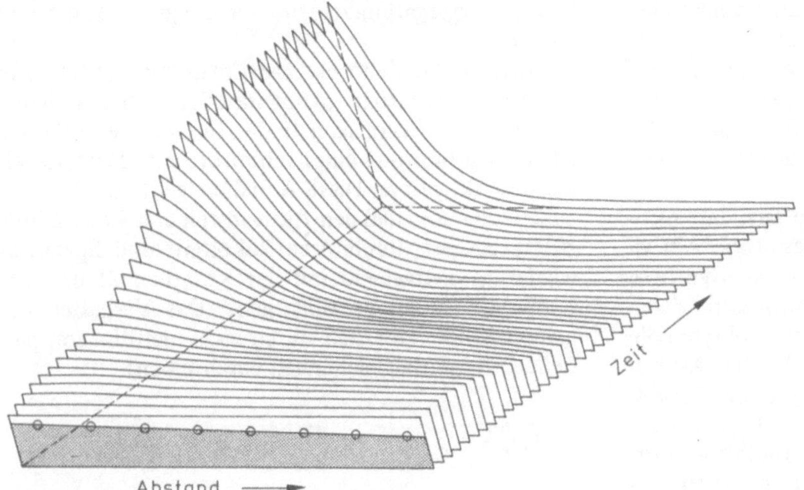

Abb. 61.10. Computersimulation, durch die gezeigt wird, wie das System einen steilen, stabilen Gradienten von Aktivatormolekülen als Funktion der Zeit aufbauen kann. Das System startet mit einer schwach asymmetrischen Verteilung von Aktivatormolekülen (*Kreise, gerasterte Fläche*). (Nach Meinhardt und Gierer, 1974)

Einige Beispiele:

1. *Hydra:* Wir haben schon gesehen, daß es einen Aktivator gibt, der in der Regel in einer inaktiven Form vorliegt und in den Neuronen gespeichert ist. Neuronen sind entlang der Längsachse schwach inhomogen verteilt. In der Kopf- und in der Fußgegend sind sie konzentrierter als im dazwischenliegenden Abschnitt. Damit ist ein relativ schwacher Gradient von ρ vorgegeben. Eine geringe Inhomogenität in einer Anfangssituation genügt aber schon, um einen autokatalytischen Prozeß in Gang zu setzen. Vor einer solchen Situation steht man, wenn man ein Mittelstück isoliert und seine Regeneration verfolgt (s. Abb. 61.10). Knospenbildung bei wachsenden *Hydras:* Knospen werden angelegt, sobald zwischen Kopf und Initiationspunkt aufgrund des Längenwachstums ein Minimalabstand überschritten ist. Die Reichweite der Inhibitorwirkung muß also kürzer als die Gesamtstruktur sein. In solchen Fällen entsteht eine räumlich periodische Struktur (s. Abb. 61.11). In der Darstellung wird Wachstum durch Zunahme von Querscheiben repräsentiert. Dieses Modell kann – mit leichten Modifikationen – auch zur Erklärung der Differenzierung eines Pflanzensprosses herangezogen werden. Die Blattfolge und die Stellung der Blätter am Stiel sind periodisch auftretende Ereignisse (s. Abb. 61.12).

2. Musterbildung in einem zweidimensionalen Feld (Borsten- und Schuppenverteilung auf Insektenoberflächen; Spaltöffnungen an Blattoberflächen): Solche Strukturen werden immer dann gebildet, wenn die Musterbildung schon während des Wachstums einsetzt. Es bilden sich statistisch verteilte Maxima, wobei Mindestabstände zwischen ihnen eingehalten werden. Eine Neuanlage ist möglich, sobald während des Wachstums eine Mindestgröße überschritten wird. Die Hemmung reicht dann nicht mehr aus, um im entstehenden freien Feld eine neue Aktivierung zu unterbinden (s. Abb. 61.13).

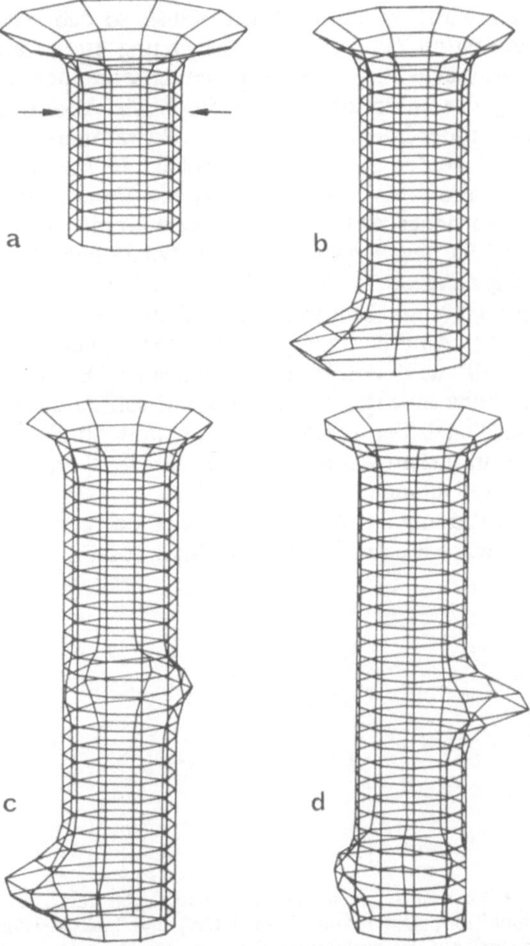

Abb. 61.11 a–d. Initiation sekundärer Aktivitätszentren (Knospen) an der Oberfläche eines wachsenden Zylinders (Modell für *Hydra*). Wachstum wird simuliert durch Verdopplung des fünften Ringelements (durch *Pfeile* angezeigt) nach allen 200 Iterationsschritten. Man beachte: Das zweite Aktivitätszentrum (c) wird im Winkel von 180° zum ersten angelegt. c und d sind unterschiedliche Orientierungen der gleichen Struktur (des gleichen Zustands) (Meinhardt und Gierer, 1974)

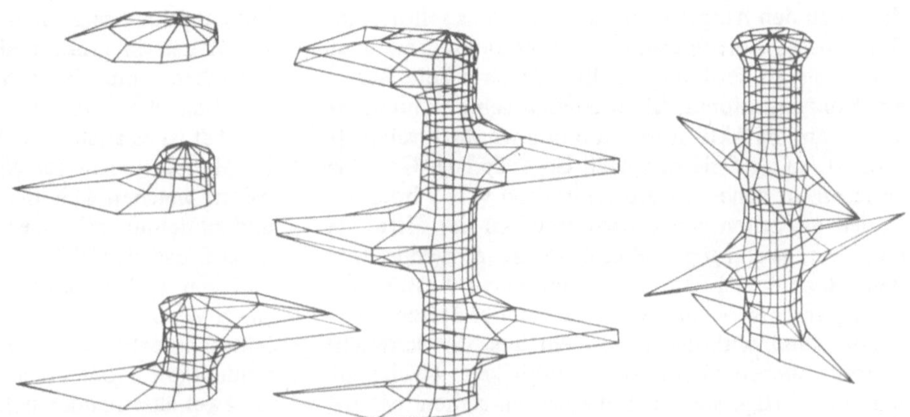

Abb. 61.12. Anlage von Aktivatormaxima (Blattanlagen) in einem wachsenden Pflanzensproß. Wachstum wird durch Verdopplung der Zellen am oberen Ende des Zylinders simuliert. Die Lage des ersten Maximums ist zufällig. Sie bestimmt jedoch die Lage der nachfolgenden Maxima. Diese können in bestimmten Winkeln (60°, 90°, 120°) und Abständen (→wechselständige Blätter) oder im Winkel von 180° (gegenständig) angelegt sein (Meinhardt, 1978)

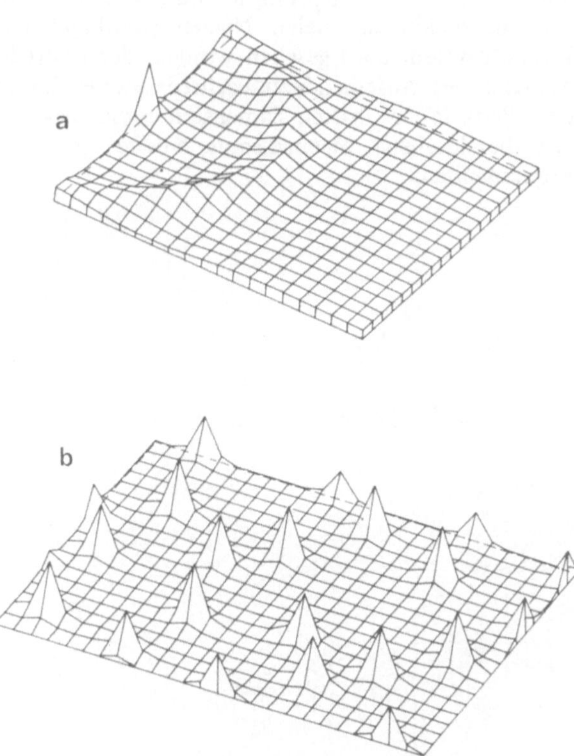

Abb. 61.13 a und b. Aktivitätsmaxima in einem zweidimensionalen Feld („Borstenmuster"). a Das System wird durch einen Überschuß an Aktivator an einer Stelle des Feldes in Gang gesetzt. In einer Entfernung, die größer als die Reichweite des Inhibitors ist, erscheint eine ringförmige Zone mit hoher Aktivatorkonzentration. Die Struktur ist jedoch instabil und zerfällt anschließend in eine Reihe von einzelnen Aktivitätsmaxima. b Aktivitätsmaxima entwickeln sich in bestimmten Abständen voneinander. Die Verteilung ist zufällig, man erhält sie in einem nichtwachsenden Feld mit geringen statistischen Fluktuationen der Aktivatorkonzentration in der Anfangsphase (Meinhardt und Gierer, 1974)

Morphogenese von Linien und Netzen

Jedes Blatt ist von einem Muster von Blattadern durchzogen. In der Regel zweigen von einer Hauptader in bestimmten Winkeln Nebenadern ab, die wiederum Ausgangspunkt neuer Verzweigungen sind. Analog organisiert sind das Blutgefäßsystem, das lymphatische System, das Tracheensystem der Insekten und das Nervensystem.

Wie entstehen solche Netzwerke, wie kommt es, daß trotz deutlich erkennbarer Unterschiede zwischen zwei Blättern bestimmte Gesetzmäßigkeiten eingehalten werden? Meinhardt hat 1976 einen relativ einfachen Mechanismus zur Erklärung vorgeschlagen, der seinerseits auf einer Extrapolation der gerade besprochenen Theorie der Musterbildung beruht. Wir beginnen mit einer lokal hohen Konzentration an Aktivator (A). Die hohe Konzentration mag durch Autokatalyse und laterale Inhibition bedingt sein. Folglich wird auch ein Inhibitor (H) benötigt, von dem wir annehmen, daß er sich an den Rändern des wachsenden Gewebes konzentriert (Auflaufeffekt). Der Aktivator dient als Signal für eine Zelldifferenzierung. Die differenzierte Zelle nimmt neue Eigenschaften an, wobei ihr u.a. die Eigenschaft zugeschrieben wird, die Produktion des Aktivators zu unterdrücken. Sie stößt das Signal, das zu ihrer Bildung benötigt wurde, ab. Der Aktivator wandert zur Nachbarzelle, welche sich daraufhin ebenfalls differenziert. Beide Zellen nehmen Kontakt untereinander auf und initiieren dadurch die Bildung einer Linie. Durch die abstoßende Wirkung auf den Aktivator wird er vor einer sich kontinuierlich verlängernden Linie vorweggeschoben.

Wie entsteht nun aber ein Netzwerk? Voraussetzung ist die Bildung von Verzweigungen. Nimmt man an, daß es zu den Aufgaben eines Netzwerkes gehört, eine Substanz (S), die überall im Gewebe gebildet wird, zu entfernen, so wird um jede differenzierte Zelle herum ein Konzentrationsabfall erkennbar sein. Nimmt man weiter an, die Aktivatorproduktion werde durch S stimuliert, so wird sie sich nach Gegenden des Gewebes verlegen, in denen die Konzentration von S hoch ist. Linien entstehen somit vorwiegend in der Mitte des Gewebes, wohingegen Randbereiche gemieden werden. Sobald sich die Linie um einen bestimmten Betrag verlängert hat, reicht die von der Spitze ausgehende Hemmwirkung nicht mehr aus, um schwache Aktivitätsnebenmaxima zu unterdrücken, welche entlang der fertiggestellten Linie neu entstehen. Sie treten in Bereichen hoher lokaler S-Konzentration auf und initiieren somit eine Abzweigung. Bei einer genügend großen Distanz des neuen Wachstumspunktes kann eine zweite Abzweigung begonnen werden usw. (s. Abb. 61.14).

In der Abb. 61.15 ist die Entstehung eines ausgedehnten Netzwerkes wiedergegeben. Die Ausrichtung der Linien ist durch das Bestreben, Abstand zum Rand zu halten, gekennzeichnet. Ein so entstehendes Netz zeichnet sich durch eine sehr hohe Stabilität aus. Entfernt man z.B. alle differenzierten Zellen aus einer Hälfte, so regeneriert es sich. Das Regenerat ähnelt dem ursprünglichen, gleicht ihm jedoch nicht. Gelegentlich findet man, daß Adern untereinander verbunden sind. Das bisher beschriebene Prinzip der Linienbildung setzt aber voraus, daß die differenzierten Zellen in größtmöglichem Abstand voneinander entstehen, und das steht im Widerspruch zu einer nachträglichen Verbindung von Verzweigungen. In der Tat ist es auch so, daß die meisten Verzweigungen im Modell und in der Natur blind enden. Wachsende Adern weichen sich meist gegenseitig aus. Daß es ab und zu dennoch zu einer Verknüpfung kommt, beruht darauf, daß der Aktivator zwei verschiedenen Hemmfaktoren (S-Verarmung, H-Anreicherung) ausgesetzt ist. S-Verarmung an einer existierenden Linie ist der schwächere Faktor; eine wachsende und eine existierende Linie stoßen sich somit weit weniger stark ab als zwei aufeinanderzuwachsende Linien. Die Entstehung einer nachträglichen Verbindung kann somit durch eine starke Ausweichreaktion zweier wachsender Linien hervorgerufen werden, wobei eine der wachsenden Linien mit einer bereits vorhandenen fusioniert. Eine „Rückverknüpfung" ist daher eine Ausnahme und nicht die Regel. Beim Blattwachstum tritt sie erst auf, nachdem das Blatt von anfänglichem Randwachstum zu interkalarem Wachstum übergegangen ist. Solche Verknüpfungen sind bisher noch niemals in dreidimensionalen Netzen (Blutkapillaren, Tracheensystem u.a.) gesehen worden, denn dort ist während des Aufeinanderzuwachsens zweier Linien stets Platz in der dritten Dimension vorhanden. Der hier beschriebene Mechanismus arbeitet mit drei Komponenten:

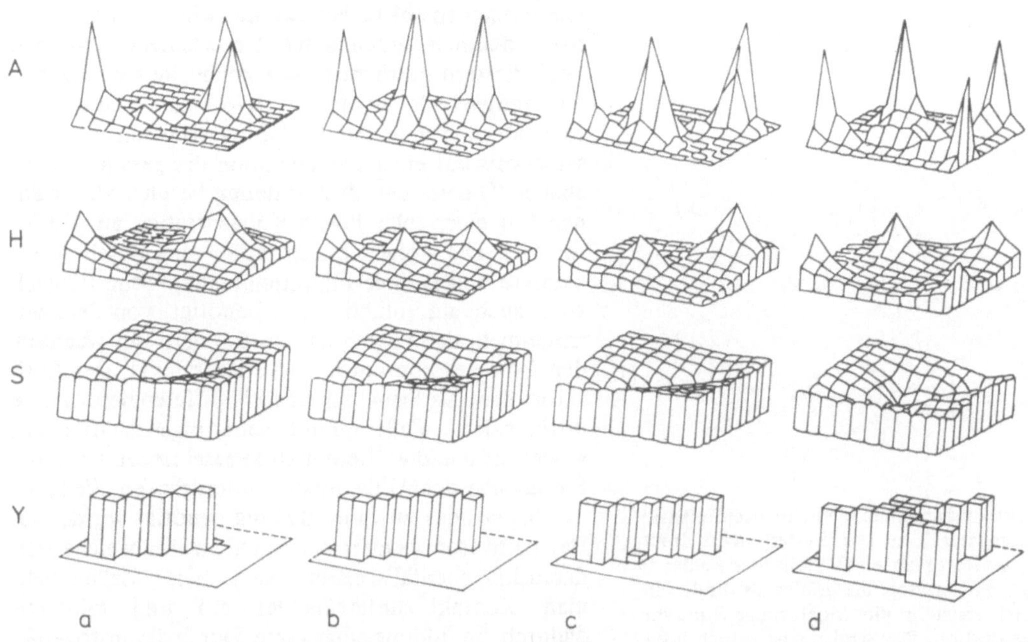

Abb. 61.14 a–d. Entwicklung von Linien und Verzweigungen. *A*, Verteilung von Aktivator; *H*, Verteilung des Hemmstoffs; *S*, Verteilung der zu entfernenden Substanz; *Y*, Ergebnis. a–d sind aufeinanderfolgende Stadien. Ein neues Aktivatormaximum wird in einem kritischen Abstand vom Wachstumspunkt (a, b) angelegt und initiiert damit eine Verzweigung (c), die sich verlängert. Wenn die Spitze dieses Zweiges einen genügend großen Abstand von der Ursprungslinie gewonnen hat, kann ein weiterer Verzweigungspunkt entstehen (Meinhardt, 1976)

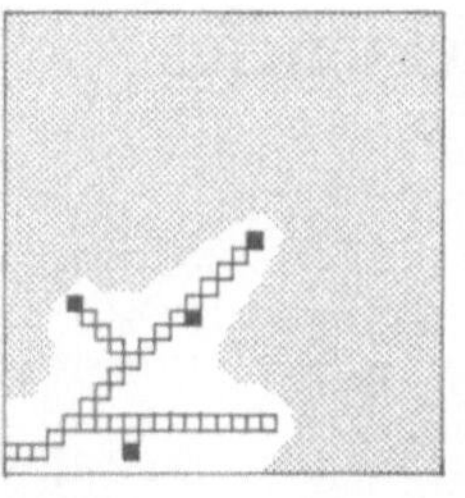
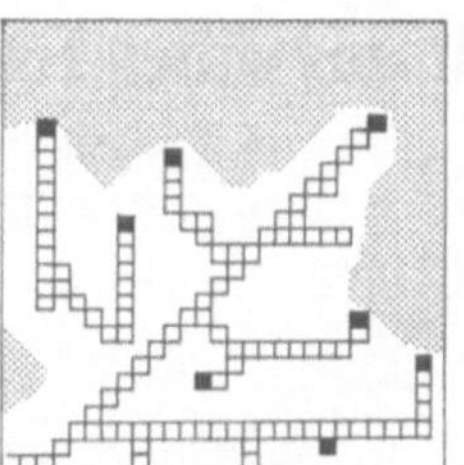
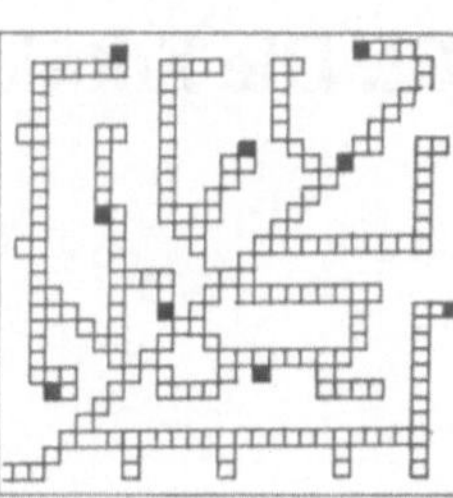

Abb. 61.15. Bildung netzähnlicher Strukturen aus differenzierten Zellen (□). ■ symbolisieren aktivierte Zellen, *das Raster* einen Bereich mit hoher S-Konzentration. Da der Aktivatorpeak von den Rändern des Feldes abgestoßen wird, startet die Linie als Diagonale. Seitenzweige tendieren dazu, in 90°-Winkeln abzuzweigen. Weitere Einzelheiten s. Text (Meinhardt, 1976)

A: Aktivator,
H: Hemmstoff (Inhibitor),
S: Substanz mit Kontrollfunktion.

S wird sowohl durch Aktivatorproduktion als auch durch differenzierte Zellen verbraucht. Geht es auch einfacher, kommt man mit zwei Komponenten, A und H aus? Es geht. Beim Wachstum kann sich das Aktivatorzentrum aufspalten. Es bildet sich eine Gabel, die sich ihrerseits weiter gabeln kann. Nachträgliche Abzweigungen und Rückverknüpfungen können jedoch nicht gebildet werden, da die differenzierten Zellen einen zu starken inhibierenden Einfluß auf die Aktivatorproduktion ausüben.

Diesen Mechanismus – gabelförmige oder dichotome Verteilung– findet man bei den evolutionär älteren Formen (bei Farnen, bei Blättern der Gymnospermae). Den eingangs beschriebenen komplexeren Mechanismus findet man bei höherstehenden Formen (Angiospermae). Das primitivere System hat mehrere Nachteile. Es hat eine geringere mechanische Stabilität und ist gegenüber Unterbrechung einer Ader außerordentlich empfindlich. Durch Einführung einer separaten Kontrollfunktion (S) ist nachträgliche Verzweigung und damit interkalares Wachstum des Blattes und Verbindung von Adern untereinander möglich geworden.

Literatur

Crick, F.: Diffusion in embryogenesis. Nature (London) *225*, 420 (1970)

Gierer, A.: *Hydra* as a model for the development of biological form. Sci. Am., Dezember 1974, S. 44

Gierer, A.: Physical aspects of tissue evagination and biological form. Q. Rev. Biophys. *10*, 529 (1977)

Gould, R.P., Selwood, L., Day, A., Wolpert, L.: The mechanism of cellular orientation during early cartilage formation in the chick limb and regenerating amphibian limb. Exp. Cell Res. *83*, 287 (1974)

Kühn, A.: Vorlesungen über Entwicklungsphysiologie. Berlin, Göttingen, Heidelberg: Springer 1955

Lawrence, P.A.: Gradients in the insect segment: The orientation of hairs in the milkweed bug *Oncopeltus fasciatus.* J. Exp. Biol. *44*, 607 (1966)

Lawrence, P.A., Crick, F.H., Munro, M.: A gradient of positional information in an insect, *Rhodnius.* J. Cell Sci. *11*, 815 (1972)

Lewis, J.H., Wolpert, L.: The principle of non-equivalence in development. J. Theor. Biol. *62*, 479 (1976)

Meinhardt, H.: Morphogenesis of lines and nets. Differentiation *6*, 117 (1976)

Meinhardt, H.: Models for the ontogenetic development of higher organisms. Rev. Physiol. Biochem. Pharmacol. *80*, 47 (1978)

Meinhardt, H., Gierer, A.: Applications of a theory of biological pattern formation based on lateral inhibition. J. Cell Sci. *15*, 321 (1974)

Piepho, H.: Über die Ausrichtung der Schuppenbälge und Schuppen am Schmetterlingsrumpf. Naturwissenschaften *42*, 22 (1955)

Piepho, H., Hintze-Podufal, C.: Zur Polarität des Insektensegments. Biol. Zentralbl. *90*, 419 (1971)

Schaller, H.C.: Isolation and characterization of a low-molecular-weight substance activating head and bud formation in *Hydra.* J. Embryol. Exp. Morphol. *29*, 27 (1973)

Schaller, H.C.: Head activator controls head formation in reaggregated cells of *Hydra.* Cell Differ. *4*, 265 (1975)

Schaller, H.C.: Head regeneration in *Hydra* is initiated by the release of head activator and inhibitor. Wilhelm Roux Arch. *180*, 287 (1976)

Schaller, H., Gierer, A.: Distribution of the head-activating substance in *Hydra* and its localization in membranous particles in nerve cells. J. Embryol. Exp. Morphol. *29*, 39 (1973)

Schmidt, T., Schaller, H.C.: Evidence for a foot-inhibiting substance in *Hydra.* Cell Differ. *5*, 151 (1976)

62. Die Entwicklung eines Insekteneies

Während der Entwicklung eines Eies wird eine eindimensionale Information, die als eine lineare Abfolge von Genen in den Chromosomen gespeichert ist, über ein zweidimensionales Zwischenstadium in eine dreidimensionale Struktur übersetzt.

Wie sieht der Übersetzungsmechanismus aus, welche Informationsanteile werden abgerufen, welche reprimiert, wie sieht der Zeitplan aus? Bereits klassische Beobachtungen und Experimente führten zu unmißverständlichen Aussagen: Die Abfolge der Differenzierungsschritte ist klar determiniert. Es liegt fest, welches Gewebe sich aus welcher Zwischenstufe (= Keimblätter in der tierischen Entwicklung) entwickelt, was zunächst entsteht, was danach usw. Es liegen demnach spätestens zum Zeitpunkt der Befruchtung Instruktionen vor, wie die genetische Information zu realisieren sei. Da die Eizelle im Gegensatz zu den Spermien (oder Pollen bei Pflanzen) außerordentlich groß und plasmareich ist, lag der Gedanke nahe, den Plasmakomponenten des Eies, dem Dotter, determinierende Eigenschaften zuzuschreiben. Mikroskopische Analysen ergaben, daß das Plasma nicht gleichmäßig strukturiert ist, sondern daß es Ansammlungen spezifischer, oft granulärer Komponenten in bestimmten Zonen des Eies gibt. Hieraus wurde abgeleitet, daß es soetwas wie Polarität, Gradienten oder morphogenetische Felder geben müsse (s. Kap. 61), denn schon bei der ersten äquatorialen Teilung des Eies entstehen Zellen unterschiedlicher Qualität. Eine Besonderheit in bezug auf diesen letzten Punkt stellen die Insekteneier dar, in denen es zunächst zwar zu Kern-, aber noch nicht zu Zellteilungen kommt (siehe Abb. 62.1).

Das Polplasma

Die Eier mancher Insektengruppen (Diptera, Coleoptera, Hymenoptera u.a.) enthalten am hinteren Pol ein deutlich strukturiertes, granuläres Polplasma. Zellkerne, die bei der Blastodermbildung in dieses Polplasma einwandern, differenzieren sich zu Geschlechtszellen. Entfernt man das Polplasma vor Einwanderung der Kerne, entwickeln sich normalgestaltete, jedoch sterile Individuen. Das posterior gelegene Polplasma kann experimentell nach anterior oder midventral verlagert werden. Versuche von Mahowald und Illmensee (Indiana University, Bloomington) ergaben, daß es seine Funktion dabei beibehält und auch in der neuen Position Kerne induziert, sich zu Geschlechtszellen zu differenzieren. In einem interspezifischen Experiment wurde gezeigt, daß das Polplasma von *Drosophila immigrans* auch nach Übertragung in ein *Drosophila melanogaster*-Ei aktiv bleibt. Das bedeutet, daß sich im Laufe der Evolution Systeme entwickelt haben, die bei verwandten Arten in gleichartiger Weise arbeiten. Trotz gleicher Funktion unterscheiden sich jedoch die Polplasmen beider Arten durch die Form der Granula, deren Artzugehörigkeit elektronenmikroskopisch eindeutig bestimmt werden kann. Nach Übertragung in ein artfremdes Ei bleibt die artspezifische Struktur erhalten. Es gibt keine Hinweise darauf, daß die Granula selbst Träger irgendeiner genetischen Information sind, und man weiß nicht, welche Moleküle die Induktion der Keime hervorrufen. Sicher ist, daß zumindest zeitweise RNS im Polplasma anzutreffen ist, was jedoch zunächst wenig besagt, denn über ihren Informationsgehalt ist nichts bekannt. Zusammenfassend können wir dem Polplasma zwei Eigenschaften zuschreiben:

a) Es ist funktionell autonom, d.h. es wirkt auch an Orten, an denen es sonst nicht vorkommt.
b) Es ist funktionell spezifisch, d.h. es induziert die Bildung spezifischer Zellen.

Die Existenz von Polplasma und seine Bedeutung für die Ausbildung von Geschlechtszellen ist nicht auf Insekten beschränkt. Auch bei den Amphibien, Vögeln und Säugern werden die Vorstufen der Keimzellen früh in der Embryogenese angelegt. Sie wandern vom Entstehungsort in die Gonaden und etablieren damit die Keimbahn. Wie bei den Insekten, so konnte auch bei den Amphibien der Ort der Bildung lokalisiert werden. Auch hier sind an der Induktion cytoplasmatische Regionen des Eies beteiligt. Zerstört man bei *Rana*- oder *Xenopus*eiern den entsprechenden Bereich (in der vegetativen Hemisphäre) durch UV-Bestrahlung, werden keine Keimzellen gebildet (Bounoure, Paris, 1937). Zusatz von Cytoplasma aus der vegetativen Hälfte unbehandelter Eier behebt die gesetzte Läsion (Smith, 1966)

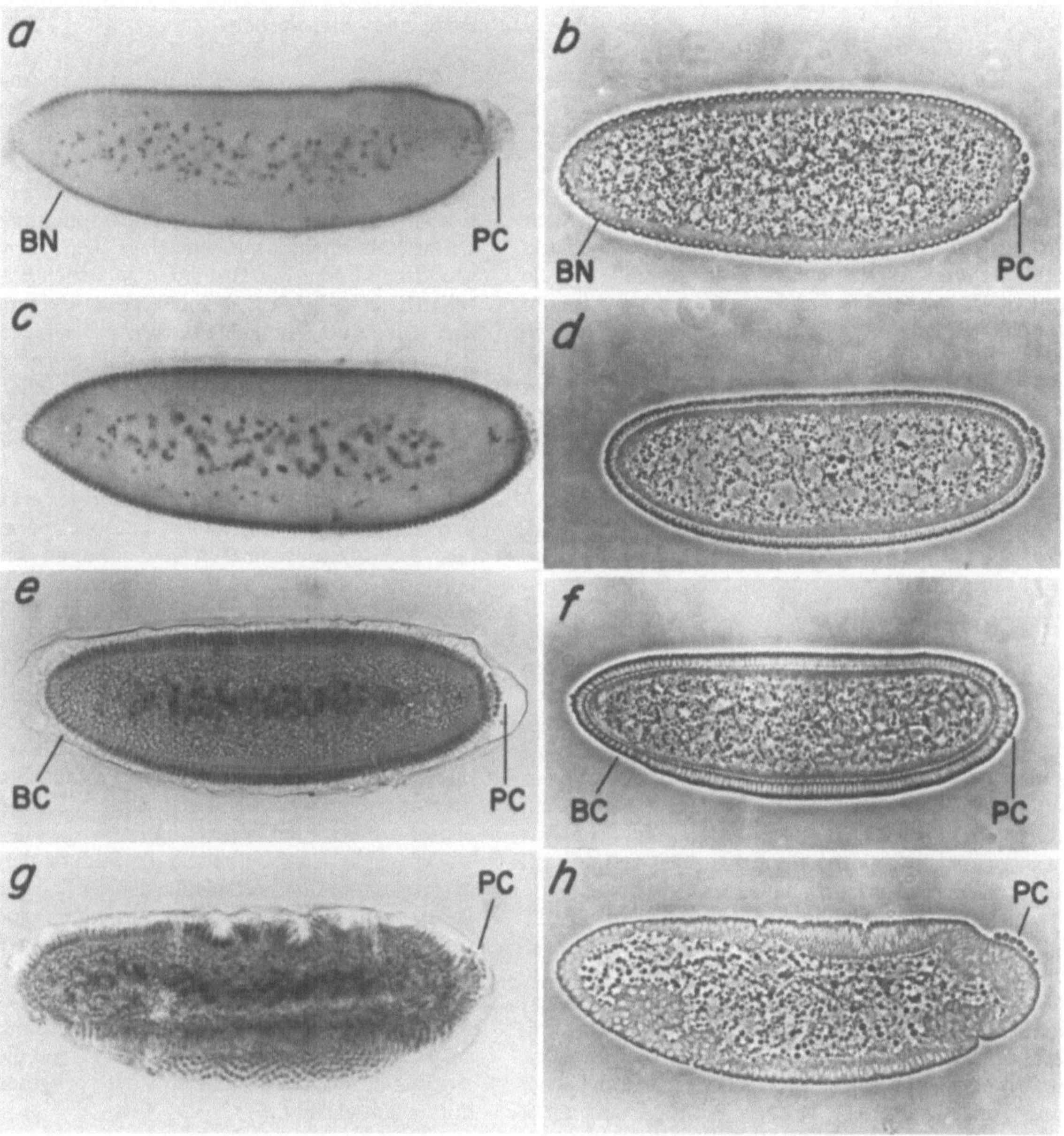

Abb. 62.1 a–h. Frühe Embryonalstadien von *Drosophila melanogaster*. *PC*, Polzellen; *BC*, Blastodermzellen. Jeweils oben: *dorsal;* unten: *ventral;* links: *anterior;* rechts: *posterior*. Vergr. 110fach. (Aufn. Rice und Garen, Yale University, 1975)

Zu welchem Zeitpunkt entwickelt sich das Polplasma?

a) Ist zur Aktivierung von Polplasma eine Befruchtung nötig?

b) In welchen Stadien der Oogenese wird Polplasma gebildet?

Die Entwicklung der Eizellen aus den Oozyten verläuft über 14 hintereinanderweg ablaufende und voneinander unterscheidbare Stadien. Durch Entnahme von präsumptivem Polplasma aus diesen unreifen Eiern und Transplantation in den anterioren Teil befruchteter Eier zeigten Illmensee et al., daß während des 13. und 14. Stadiums voll aktives Polplasma vorlag. Im 10.–12. Stadium sind erst einige wenige granuläre Partikel zu sehen, und diese Menge (und Aktivität?) reicht noch nicht zur Induktion von Kernen. Alle Ergebnisse weisen darauf hin, daß schon während der Eientstehung determinierende Faktoren gebildet und in bestimmten Zonen des werdenden Eies abgelagert werden. Es entwickelt sich damit eine Positionsinformation. Der Befruchtungsvorgang wird hierfür nicht benötigt. Wichtige Entscheidungen fallen schon vorher. Im folgenden Abschnitt werden wir einige weitere Beweise dafür kennenlernen.

Prädetermination

Das Plasma des Insekteneies wird zum überwiegenden Teil bereits vor der Befruchtung gebildet, wobei hervorzuheben ist, daß es nicht in den Oozyten selbst entsteht, sondern in benachbarten „Nährzellen". Diese sind hochgradig polyploid (100n). Die Eizelle ist daher dem mütterlichen Genom ausgesetzt, und die Auswirkungen genetischer Defekte in dieser Phase machen sich in der nachfolgenden Generation bemerkbar (*maternal effect mutants*). In Parenthese: Die Entwicklung der Eier anderer Gruppen, z.B. der Amphibien, verläuft anders (s. Kap. 42). Die Erscheinung, daß der Genotyp des ♀ die Ausprägung von Merkmalen im sich bildenden Embryo beeinflußt, nennt man Prädetermination. Bei *Drosophila* sind einige Mutanten mit derartigen Defekten analysiert worden.

a) Die Mutante deep orange (dor) (untersucht von Garen und Gehring, Yale University, 1972). Es handelt sich hierbei um eine rezessive Mutation auf dem X-Chromosom. Der Erbgang und die Folgen sind in Tabelle 1 zusammengefaßt.

Ob es also zu einer Weiterentwicklung des Embryos kommt oder nicht, hängt primär vom mütterlichen Genotyp ab. Den Eiern, die von *dor*-Genen tragenden ♀ gelegt werden, scheinen Komponenten zu fehlen, die in Eiern von Wildtyp-♀ enthalten sind. Bis zu einem gewissen Grade können die Faktoren durch das väterliche Genom beigesteuert werden, wie die Kreuzung *dor/dor* ♀ x *+/Y* ♂ zeigt. Allerdings sei vermerkt, daß die Anzahl überlebender ♀ hier weit geringer ist, als unter Normalzuständen zu erwarten wäre.

Injektion von Plasma aus Wildtypeiern in die defekten behebt den Block der Embryonalentwicklung. Aufgrund genetischer Analysen läßt sich sagen, daß bei der Mutante nur ein Genlocus (Cistron) betroffen ist. Das Genprodukt beeinflußt die Pteridinbiosynthese und macht sich nicht nur in der Oogenese und Embryogenese, sondern auch in späteren Larval- und Puppenstadien bemerkbar. Pteridine sind nicht allein an der Pigmentierung beteiligt. Sie wirken als Kofaktoren bei Hydroxylierungsreaktionen mit und sind Zwischenprodukte der Folsäuresynthese – und das alles sind Funktionen, die in allen Entwicklungsstadien benötigt werden.

b) Maternal effect (mat)-Mutanten. Rice und Garen (Yale University, 1975) untersuchten Mutanten dieses Typs. Sie sind dadurch gekennzeichnet, daß die Zygote beginnt, sich normal zu entwickeln. Es entsteht das übliche Syncytium. Die Kerne wandern anschließend an die Peripherie, und dann folgt der Block. Es werden allenfalls in einzelnen Bereichen Zellen gebildet. Bei allen *mat*-Mutanten entstehen Polplasmazellen. *mat (3)1* ist dadurch gekennzeichnet, daß außer den Polzellen keine weiteren – somatischen – Zellen gebildet werden. Die Kontrollmechanismen der Bildung von Keimbahnzellen und somatischen Zellen unterscheiden sich demnach voneinander. Bei *mat (3)3* und *mat (3)6* werden unvollständige Blastodermzellschichten gebildet (s. Abb. 62.2).

mat (3)3: Die defekte Region liegt posterior-dorsal und bedeckt 30% der gesamten Blastodermoberfläche. *mat (3)6:* Blastodermzellen werden nur an den beiden Polen (anterior und posterior) gebildet. Sie sind durch eine defekte Zone voneinander getrennt, die 70% der Oberfläche ausmacht. *mat (3)3* ist eine temperatursensitive Mutante (s. folgendes Kapitel). Das Genprodukt wird nur während der letzten Stadien der Oogenese (Stadien 10–14) gebildet und benötigt. Hält man Tiere während dieser Phase bei erhöhter Temperatur, entsteht kein funktionelles Protein. Eine Temperaturerhöhung während aller übrigen Entwicklungsphasen hat keinerlei Bedeutung.

Die selektiven Effekte auf die Bildung der Blastodermzellen weisen darauf hin, daß die induzierenden Substanzen schon vor der Befruchtung vorhanden sind und in entsprechenden Abschnitten zur Wirkung kommen. Genetisch wurde bei allen *mat*-Mutanten eine strikte Abhängigkeit vom mütterlichen Genotyp gefunden (s. Tabelle 2). Heterozygote Embryonen aus Eiern homozygoter ♀ sterben, während die homozygoten Embryonen aus Eiern heterozygoter ♀ sich normal entwickeln.

c) „grandchildless". Diese Mutante wurde bei *Drosophila subobscura* beobachtet. Bei ihr werden alle

Tabelle 1. Verhalten der Mutation *deep orange (dor)* (Garen und Gehring, 1972)

Genotyp der Eltern	Genotypen der befruchteten Eier		Phänotyp
dor/dor ♀ x *dor/Y* ♂	*dor/dor*	♀	letal während Embryogenese
	dor/Y	♂	letal während Embryogenese
+/dor ♀ x *dor/Y* ♂	*+/dor*	♀	normale Entwicklung
	dor/dor	♀	normale Entwicklung
	+/Y	♂	normale Entwicklung
	dor/Y	♂	normale Entwicklung
dor/dor ♀ x *+/Y* ♂	*+/dor*	♀	normale Entwicklung
	dor/Y	♂	letal während Embryogenese

Tabelle 2. Verhalten der *mat*-Mutationen bei *Drosophila* (Rice und Garen (1975)

Genotyp der Eltern	Genotyp der der befruchteten Eier	Phänotyp
+/mat ♀ x *+/mat* ♂	*+/+*	normal
	+/mat	normal
	mat/mat	normal
+/mat ♀ x *mat/mat* ♂	*+/mat*	normal
	mat/mat	normal
mat/mat ♀ x *+/mat* ♂	*+/mat*	letal
	mat/mat	letal

somatischen Zellen, nicht aber die Polzellen, gebildet. ♀, die das entsprechende Gen in homozygotem Zustand tragen, produzieren demnach eine kinderlose Nachkommenschaft.

Worauf beruht die Determination im Insektenei?

Alle schon genannten Befunde weisen darauf hin, daß es im Insektenei eine gesetzmäßige Anordnung von Signalen gibt (Positionsinformation), die eine gesetzmäßige Anordnung von Zellen im sich entwickelnden Embryo nach sich zieht. Es gibt mehrere Annahmen zur Erklärung des räumlichen und zeitlichen Musters. Eine der bekanntesten ist die Mosaikhypothese, die besagt, daß an verschiedenen Positionen im Ei unterschiedliche Determinanten liegen, die bestimmen, in welcher Weise sich die Zellen zu differenzieren haben. Die Determinanten müßten während der Oogenese entstehen, und für die Bildung eines jeden Organs wäre damit ein mütterlicherseits vererbter Beitrag zu erwarten. Das wiederum widerspricht einer Reihe von Beobachtungen und Experimenten. Besonders aufschlußreiche Aussagen erhält man durch Einschnürungsversuche, bei denen jede Art Wechselwirkung zwischen Komponenten der beiden Pole unterbunden wird. Sander (Universität Freiburg, 1969, 1970) wies somit nach, daß das Material vom posterioren Pol für eine Normalentwicklung von *Euscelis* (Zikade) unentbehrlich ist. Dieses Material, übrigens nicht zu verwechseln mit dem bereits besprochenen Polplasma, besteht aus einer mikrobiellen Symbiontenmasse, welche, zunächst extrazellulär gelegen, während der Entwicklung von der Eizelle aufgenommen wird. Das Material kann innerhalb der Zelle leicht verschoben werden. Befördert man es vor der Abschnürung des hinteren Teiles nach vorne, entwickelt sich aus dem vorderen Teil ein vollständiger und lebensfähiger Embryo (s. Abb. 62.3). Schiebt man es noch weiter vor, erhält man eine Umkehr der Polarität eines Teilmusters. Durch Setzen von Lokalläsionen mittels UV-Strahlung oder Abschneiden eines Teiles des Eies können mehr oder weniger große Abschnitte zerstört werden,

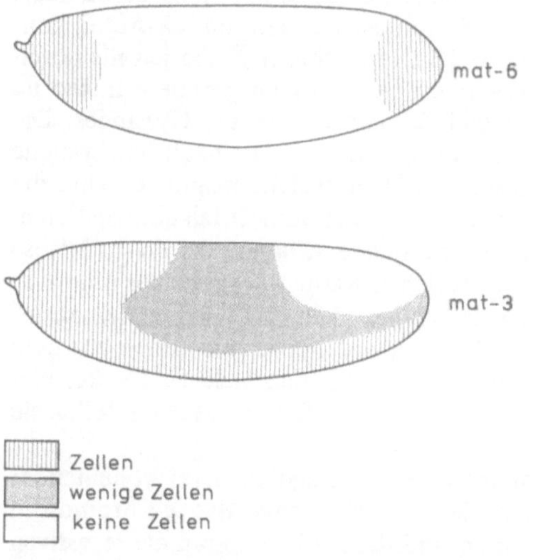

mat-6

mat-3

Zellen
wenige Zellen
keine Zellen

Abb. 62.2. *mat*-Mutanten, deren Phänotyp bereits im Blastodermstadium erkennbar ist (Rice und Garen, 1975)

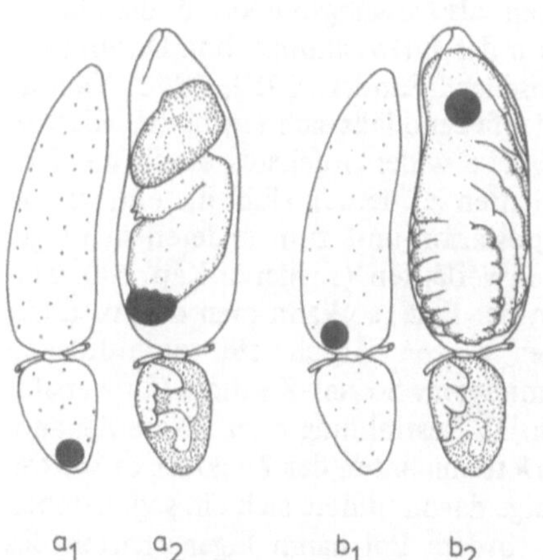

Abb. 62.3 a und b. Einfluß der Verschiebung (Transposition) von posterior gelegenem Material auf die Differenzierung des Eies der Zikade *Euscelis.* **a_1** Das Ei wird während der Furchung eingeschnürt. Der vordere Teil wird damit vom posterior gelegenen Material abgetrennt. **a_2** Ergebnis von a_1, beide Teile differenzieren sich partiell. Der fehlende Einfluß des posterior gelegenen Materials wird im vorderen Teil deutlich spürbar. **b_1** Verschiebung des Materials und anschließende Durchschnürung. **b_2** Ergebnis von b_1: Es entsteht ein vollständiger Embryo (Sander, 1959, 1960)

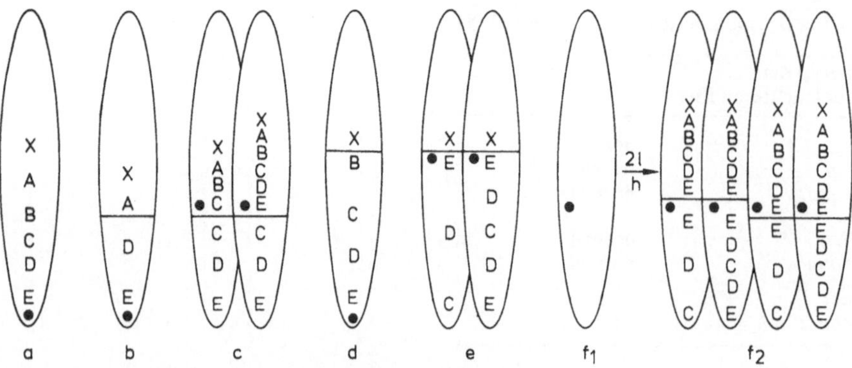

Abb. 62.4 a–f. Bedeutung des posterior gelegenen Materials für die Ausbildung sequenteill angeordneter Anlagen bei der Entwicklung von Eiern der Zikade *Euscelis.* Durch Verschiebung innerhalb des Eies und anschließende Durchschnürung werden neue Muster induziert. Versuche: a Kontrolle (unbehandeltes Ei); b Einschnürversuch (s. Abb. 62.3 a_1); c Verschiebung des Materials (s. Abb. 62.3 b_1 und b_2) und darauffolgendes Einschnüren; d Einschnürung; e Einschnürung und Verschiebung; f Einschnürung und Verschiebung während eines späteren Entwicklungsstadiums. Bezeichnungen der Anlagen: *X*, Serosa; *A*, Procephalon; *B*, Gnathocephalon; *C*, Thorax; *D*, Vordere Region des Abdomens; *E*, hintere Region des Abdomens (Sander, 1976)

und man kann sehen, inwieweit der Rest regenerationsfähig ist. In fast allen Fällen beobachtet man eine partielle Regeneration. Die Entwicklung eines vollständigen Embryos unterbleibt jedoch (s. Abb. 62.4).

Die Differenzierung des Blastoderms beginnt, wie die Abb. 62.1 zeigte, etwa in der Mitte des Embryos. Dort werden die ersten Segmente sichtbar. 1924 nannte Seidel (Universität Marburg) diesen Bereich – in Anlehnung an Spemanns Organisator – Differenzierungszentrum. Dieser Bereich ist für die Ausdifferenzierung des Embryos sehr wichtig. Man kann nicht die Pole beider Zellen miteinander vereinen und eine normale Entwicklung erhalten. Dennoch sind die terminalen Regionen als Ausgangspunkte für die räumliche Koordination der Entwicklungs- und Differenzierungswege anzusehen (Sander, 1959, 1960; Yajima, 1960). Zusammenfassend läßt sich sagen, daß alle vorliegenden Ergebnisse widerspruchslos durch die Existenz von Gradienten zu deuten sind, die einmal von anterior nach posterior und zum anderen in umgekehrter Richtung verlaufen (s. hierzu Kap. 61). Zerstört man einen der Pole, so kann man die Ausdifferenzierung eines ganzen Abschnittes unterdrücken oder umprogrammieren. So hat Kalthoff (Universität Freiburg) durch UV-Bestrahlung oder RNase-Behandlung anteriore Determinanten der Zuckmücke *Smittia* zerstört. Als Folge davon bildete sich ein sog. Doppelabdomen. Der vordere Pol nahm Eigenschaften des hinteren Pols an (mit Ausnahme der Fähigkeit, Geschlechtszellen zu bilden). Die Information hierzu mußte offensichtlich im Ei vorhanden gewesen sein, kam aber wegen der sonst dort aktiven anterioren Determinanten nicht zum Zuge. Auch hierzu gibt es bei *Drosophila* eine einschlägige Mutante: *bicaudal.* Das Gen wirkt sich bei der Oogenese aus (s. vorangegangenen Abschnitt). Als Folge davon entstehen „Doppelabdomen".

Das Blastoderm

Bei der Bildung des Blastoderms ist schon vieles entschieden. Die Lage einer jeden Zelle bestimmt ihr späteres Schicksal. Die Frage bleibt: *Was wird aus den einzelnen Zellen? Welche Anlagen trägt die Blastodermoberfläche? Wo liegen sie?*

Schon 1929 erkannte Sturtevant, daß dieses Problem genetisch angegangen werden kann: Es gibt eine Reihe von Mutanten, bei denen während der ersten Teilungen nach der Befruchtung in einem der Tochterkerne einzelne Chromosomen verlorengehen können. Der bekannteste Fall ist der, bei dem das eine X-Chromosom verlierbar und ringförmig ist ($\overline{X}$). Als Folge des Chromosomenverlustes entstehen Individuen, die je zur Hälfte Zellen des Genotyps $X\overline{X}$ und X0 enthalten. $X\overline{X}$ entspricht ♀, X0 ♂. In den X0-Anteilen machen sich alle rezessiven Gene bemerkbar, die auf dem X-Chromosom liegen. Im $X\overline{X}$-Anteil können sie unterdrückt sein, sofern $\overline{X}$ die jeweils dominanten Allele trägt. Der fertig ausgebildete Imago ist ein Mosaik: halb ♀, halb ♂, also ein Gynander. Die entscheidende Frage lautet jetzt natürlich, welche Körperteile sind weiblich, welche männlich? Und die Antwort darauf: Das hängt vom Zufall ab. Die Orientierung der Teilungsspindel während der ersten Mitose bestimmt, aus welchen Kernen (Zellen) der eine und aus welchen der andere Zelltyp entsteht. Man kennt ja inzwischen eine ganze Reihe von Genen auf dem X-Chromosom, von denen man viele als Marker einsetzen kann, um zu überprüfen, in welchen Zellen sie sich manifestieren.

Angenommen, wir betrachten zwei voneinander verschiedene Genloci, von denen das $\overline{X}$-Chromosom die dominanten und das X-Chromosom die rezessiven Allele trägt, so werden die Merkmale umso häufiger gemeinsam im Imago auftreten, je näher die Anlagen auf der Blastodermoberfläche beieinanderliegen. Denn je größer die Nachbarschaft, desto unwahrscheinlicher ist es, daß die Trennlinie X$\bar{X}$/X0 zwischen beiden liegt. Je weiter die Anlagen auf der Blastodermoberfläche voneinander entfernt sind, umso häufiger sollten sie voneinander getrennt werden. In einem Körperteil würde das dominante und im anderen das rezessive Allel zum Zuge kommen. Genetische Marker wie Farbe, Borstenform und -zahl eignen sich besonders gut für eine Kartierung des Exoskeletts, enzymatische Marker (Alloenzyme) zur Kartierung interner Strukturen. Man kann daher, analog einer Genkarte, eine Anlagenkarte der Blastodermoberfläche konstruieren, wobei zu beachten ist, daß erstere eindimensional und letztere zweidimensional ist.

Welche Aussagen lassen sich im einzelnen machen? Hotta und Benzer vom California Institute of Technology (1972) begannen ihre Untersuchungen in der Absicht, die genetischen Grundlagen des Verhaltens von *Drosophila* zu analysieren. Zwangsläufig konzentrierte sich ihr Bemühen deshalb auf Mutanten mit Defekten im sensorischen und motorischen System. Wir können an dieser Stelle nicht die Verfahren im einzelnen aufzählen, die zum Auffinden verhaltensgestörter Mutanten geführt haben. Die molekularbiologische Vergangenheit der Autoren bleibt dabei nicht verborgen. Die Vorrichtung zur Auftrennung von Fliegenpopulationen aufgrund unterschiedlich phototaktischer Reaktion z.B. ist der Gegenstromverteilung nach Craig nachempfunden (dort werden Moleküle aufgrund unterschiedlichen Löslichkeitsverhaltens in zwei Lösungsmittelphasen getrennt).

Es ist nicht immer ganz einfach, eine Korrelation zwischen inneren Körperanteilen und den darüberliegenden Oberflächenbereichen aufzustellen. Ein Defekt im Auge z.B. kann seine Ursache in diesem Organ selbst haben, kann aber auch durch einen Defekt im Nervensystem (Gehirn) ausgelöst sein. Zu den auffallenden Verhaltensmutanten gehört u.a. *drop-dead (drd)*, eine Mutante, deren Bewegungen zwei Tage nach dem Schlüpfen unkoordiniert werden und die kurz danach stirbt. Das Allel ist rezessiv und liegt auf dem X-Chromosom zwischen den Markern *vermilion* und *forced.* Um die Anlage des Defekts auf der Blastodermoberfläche zu lokalisieren, mußte man zunächst eine Grobeinteilung vornehmen und bestimmen, ob sie im Bereich der Kopf- und Thorax- oder der Abdomenanlage liegt. Symptome der beobachteten Art können nämlich vielerlei Ursachen haben, es kann ein Stoffwechseldefekt vorliegen, eine Störung der Verdauung auftreten oder ein Defekt im Nervensystem manifestiert sein. Die Analyse von 403 Mosaikfliegen, in denen das $\bar{X}$-Chromosom das rezessive Allel *drd* trug, ergab, daß die Anlage in der Nähe der Kopfkutikulaanlage lokalisiert, mit ihr aber nicht gleichzusetzen ist.

Wie sieht es bei Individuen mit einem Mosaikkopf aus? Mosaiks, bei denen die Hälfte des Kopfes (besser gesagt, dessen Oberfläche) den X0-Phänotyp, die anderen den X$\bar{X}$-Phänotyp erkennen ließen, waren nur zu einem geringen Teil (17%) *drop dead.* Die übrigen überlebten. Dieser Befund ist nicht mit der Annahme vereinbar, daß es nur eine Anlage gibt, die sich im Kopfinneren manifestiert. Hotta und Benzer postulierten deshalb, daß es mindestens zwei voneinander unabhängige Anlagen geben müsse, deren Produkte miteinander in Wechselwirkung treten, um die beobachteten Syndrome hervorzurufen. Beide Anlagen konnten Bereichen zugeordnet werden, aus denen sich das Gehirn entwickelt. Histologisch ist eine hochgradige Degeneration erkennbar, sobald die Krankheitssymptome auftreten.

wup-Mutanten (wings-up). Mutanten mit diesem Defekt können ihre Flügel nicht mehr bewegen und halten sie permanent aufrecht. Das Verhalten beider Flügel ist koordiniert, entweder macht sich der Defekt in beiden Flügeln bemerkbar oder gar nicht. Wirkung auf nur einen Flügel gibt es nicht. Die Anlage wurde in einer Zone des Blastoderms lokalisiert, aus der sich mesodermales Gewebe entwickelt, und damit war es naheliegend, sich die Struktur der Muskeln anzusehen. Man kennt zwei *wup*-Mutanten: A und B. Bei A bildet sich die Thoraxmuskulatur zunächst normal aus, degeneriert dann aber zusehends. Bei B fusionieren die Myoblasten (s. Kap. 65 und 69), aber es entstehen keine geordneten Muskelfasern. Elektronenmikroskopische Analysen ergaben, daß die Z-Linie (s. Kap. 32) nicht oder nur unvollständig ausgebildet wird. Muskeln in anderen Körperteilen sind komplett und arbeitsfähig.

Mehrere weitere Verhaltensmutanten wurden analysiert, wobei gezeigt wurde, daß die „Innere Uhr" sowie das Sexualverhalten durch Strukturen im Gehirn gesteuert werden (nicht überraschend, würde man vielleicht sagen).

Mosaiks eignen sich auch, um Zellabstammungslinien zurückzuverfolgen (Ready et al., 1976). Das Facettenauge der *Drosophila* besteht aus etwa 800 Facetten (Ommatidien), von denen jede acht Rezeptorzellen enthält, deren Anordnung in allen Facetten gleich ist. Man kann in Analogie zu einem Kristall von einem neurologischen Kristall sprechen. Die Anordnung der Facetten beim Wildtyp und bei zwei Mutanten ist in Abb. 62.5 wiedergegeben.

Wie entsteht diese Struktur? Im einfachsten Fall könnte man sich vorstellen, daß die acht Zellen aus einer Stammzelle hervorgegangen sind, die sich dreimal hintereinander geteilt hat. Der Einsatz von Mosaikfliegen erlaubt es, diese Annahme zu verifizieren oder zu verwerfen. Der bekannte Genlocus *white* auf dem X-Chromosom wurde als Marker verwendet. Man braucht Mosaiks, bei denen die Trennlinie weiß/rot (Augenfarbe) quer durch ein Auge geht. Wäre die o.g. Annahme richtig, dürfte es nur Facetten mit ausschließlich roten oder ausschließlich weißen Rezeptor-

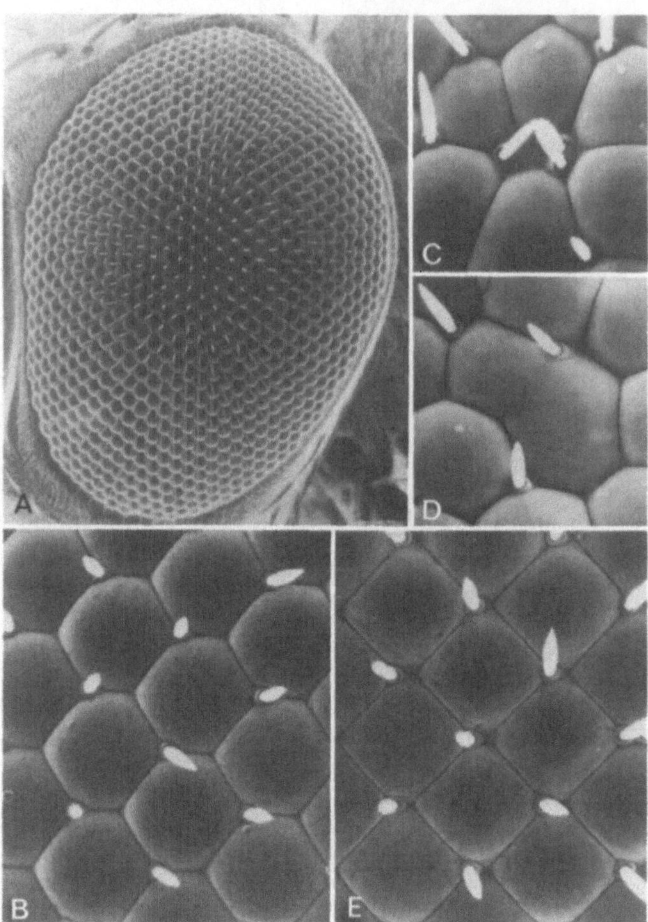

Abb. 62.5 A–E. Rasterelektronenmikroskopische Aufnahmen des Auges von *Drosophila melanogaster*, Wildtyp und einigen Mutanten. **A** Linkes Auge eines normalen Weibchens. *anterior*, links (Vergr. 130fach). **B** Das gleiche bei höherer Vergrößerung (780fach). **C** Auge einer Mutante (*ro, rough*). Das Fehlen einer Facette im Zentrum ist durch drei aufeinandergerichtete Haare gekennzeichnet. **D** Ein anderer Bereich des gleichen Auges zeigt Fusion zweier benachbarter Facetten. **E** (*ey*^{R}, *eyeless-Russian*) Mutante mit quadratischen Facetten. (Aufn. Ready et al., California Institute of Technology, 1976)

Abb. 62.6. Ausprägung eines markierten Zellklons (produziert durch mitotische Rekombination während des späten ersten Larvenstadiums) im Komplexauge von *Drosophila;* dunkel gekennzeichnete Anteile sind unpigmentiert. Der Äquator des Auges ist durch stärkere Strichdicke und Pfeile hervorgehoben. Das Muster der Rezeptorzellanordnung in den Ommatidien im Bereich oberhalb der Linie ist spiegelbildlich zu dem unterhalb (Ready et al., 1976)

zellen geben. An der Grenzlinie wurden hingegen Ommatidien mit beiden Rezeptortypen gefunden (s. Abb. 62.6). Das heißt also, daß die Zellen Produkte mehrerer Stammzellen sind.

Das Auge entwickelt sich aus der Augenimaginalscheibe (s. Kap. 63). Eine Differenzierungswelle verläuft von posterior nach anterior über sie hinweg, wobei die Rezeptorzellen 2, 3, 4, 5 und 8 entstehen. Diese Zellen verlieren ihre Teilungsfähigkeit, doch bleiben dazwischen einige teilungsfähige Zellen erhalten. Mit einer zeitlichen Verzögerung gegenüber der ersten Differenzierungswelle läuft eine Mitosewelle mit nachfolgender zweiter Differenzierungswelle über das partiell fertiggestellte Auge hinweg. Hierbei werden die restlichen drei Rezeptorzellen gebildet, die sich in das bereits angelegte Muster einpassen (siehe Abb. 62.7). Wir werden in Kapitel 70 sehen, daß auch bei der Entwicklung des Nervensystems Zellen verschiedener Herkunft miteinander kooperieren müssen, damit aus zwei „Untersystemen" ein funktionelles Gesamtsystem entstehen kann.

Ist im Blastodermstadium schon alles entschieden? Wir haben in Kapitel 53 die Technik der Kerntransplantation kennengelernt und gesehen, daß auch Kerne aus differenzierten Zellen noch totipotent sind. Gilt diese Aussage auch für Insekten? Illmensee et al. (1973) transplantierten Kerne aus dem Gastrulastadium in eine unbefruchtete Eizelle, deren Kern vorher zerstört wurde. Die Entwicklung lief normal ab, womit gezeigt war, daß die Kerne zumindest im Gastrulastadium noch alle Fähigkeiten besitzen.

In Larvenstadien gibt es zwei Zelltypen, einmal ausdifferenzierte Zellen, die die Organe der Larve bilden – die Kerne sind (bei Dipteren) oft polytän – und zum anderen undifferenzierte Zellen mit diploiden Kernen, die in charakteristisch geformten Gebilden, den Imaginalscheiben, zusammengefaßt sind. Diese Zellen sind bereits determiniert. Näheres siehe nachfolgendes Kapitel. Sie entstehen aus Zellen der Blastodermoberfläche. Nunmehr kann man sich fragen, ob eine Zelle während des Blastodermstadiums (3 Std. nach der Befruchtung) bereits festgelegt ist, in eine bestimmte Imaginalscheibe inkorporiert zu werden oder ob dieses Schicksal erst in einem späteren Stadium entschieden wird.

Wieschaus und Gehring (Biozentrum, Basel, 1976) markierten einzelne Zellen durch „Mitotische Rekombination" (s. folgendes Kapitel) und demonstrierten damit, daß die Nachkommen derartiger Zellen in mehreren Imaginalscheiben anzutreffen sind. Das Experiment sagt, daß die Entscheidung, in welche Imaginalscheibe eine Zelle gerät, zu dem Zeitpunkt noch nicht gefallen ist, wobei jedoch die Einschränkung zu machen ist, daß die Nachkommen markierter Zellen nicht in zwei beliebige Imaginalscheiben inkorporiert werden, sondern nur in solche, die nebeneinanderliegende Abschnitte des fertigen Körpers bilden. 7 Std. nach der Befruchtung sind alle Zellen determiniert. Die Determination erfolgt also schrittweise. Im Blastoderm werden die Zellen zunächst in bezug auf einige generelle Merkmale festgelegt wie anterior-posterior und ventral-dorsal, und während der folgenden Stunden fallen nach und nach die übrigen Entscheidungen.

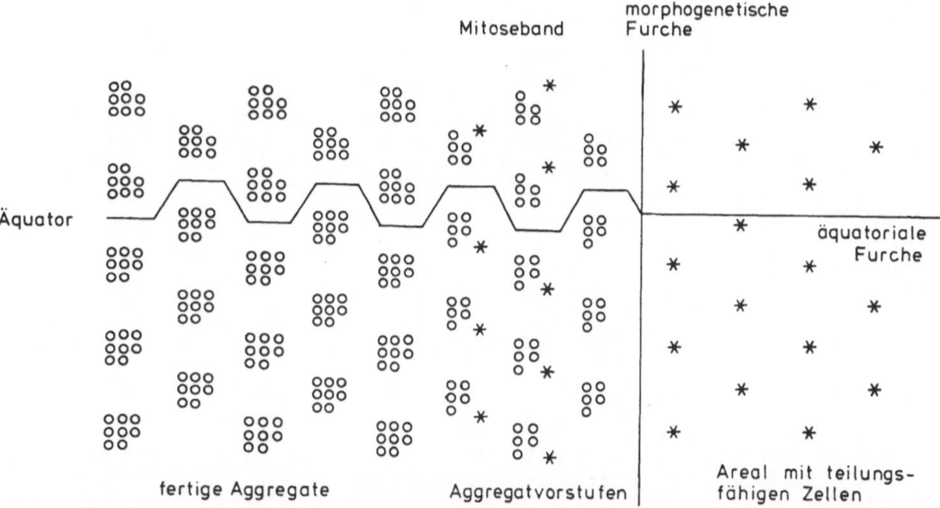

Abb. 62.7. Schematisches Diagramm, das die Reihenfolge der Ereignisse bei der Musterbildung im *Drosophila*auge wiedergibt. Sterne charakterisieren teilungsfähige Zellen. Die Differenzierungswelle verläuft in zwei Schüben von links nach rechts (von posterior nach anterior). Bei der ersten Welle entstehen Aggregate, die fünf Zellen enthalten, bei der zweiten schieben sich drei weitere in das Aggregat ein (Ready et al., 1976)

Literatur

Garen, A., Gehring, W.: Repair of the lethal developmental defect in deep orange embryos of *Drosophila* by injection of normal egg cytoplasm. Proc. Natl. Acad. Sci. USA *69*, 2982 (1972)

Gehring, W.J.: Developmental genetics of *Drosophila*. Annu. Rev. Genet. *10*, 209 (1976)

Hotta, Y., Benzer, S.: Mapping of behaviour in *Drosophila* mosaics. Nature (London) *240*, 527 (1972)

Illmensee, K., Mahowald, A.P.: The autonomous function of germ plasm in a somatic region of the *Drosophila* egg. Exp. Cell Res. *97*, 127 (1975)

Illmensee, K., Mahowald, A.P., Loomis, M.R.: The ontogeny of germ plasm during oogenesis in *Drosophila*. Dev. Biol. *49*, 40 (1976)

Kalthoff, K., Hanel, P., Zissler, D.: A morphogenetic determinant in the anterior pole of an insect egg (*Smittia* spec., Chironomidae, Diptera). Dev. Biol. *48*, 1 (1976)

Kankel, D.R., Hall, J.C.: Fate mapping of nervous system and other internal tissues genetic mosaics of *Drosophila melanogaster*. Dev. Biol. *48*, 1 (1976)

Mahowald, A.P., Illmensee, K., Turner, F.R.: Interspecific transplantation of polar plasm between *Drosophila* embryos. J. Cell Biol. *70*, 358 (1976)

Ready, D.F., Hanson, T.E., Benzer, S.: Development of the *Drosophila* retina, a neurocrystalline lattice. Dev. Biol. *53*, 217 (1976)

Rice, T.B., Garen, A.: Localized defects of blastoderm formation in maternal effect mutants of *Drosophila*. Dev. Biol. *43*, 277 (1975)

Sander, K.: Analyse des ooplasmatischen Reaktionssystems von *Euscelis plebejus* Fall. (Cicadina) durch Isolieren und Kombinieren von Keimteilen. I. Wilhem Roux Arch. Entw. Mech. Org. *151*, 430 (1959)

Sander, K.: Analyse des ooplasmatischen Reaktionssystems von *Euscelis plebejus* Fall. (Cicadina) durch Isolieren und Kombinieren von Keimteilen. II. Wilhelm Roux Arch. Entw. Mech. Org. *151*, 660 (1960)

Sander, K.: Specification of the basic body pattern in insect embryogenesis. Adv. Insect Physiol. *12*, 125 (1976)

Schubiger, G., Wood, W.J.: Determination during early embryogenesis in *Drosophila melanogaster*. Am. Zool. *17*, 565 (1977)

Turner, F.R., Mahowald, A.P.: Scanning electron microscopy of *Drosophila melanogaster* embryogenesis. Dev. Biol. *57*, 403 (1977)

63. Imaginalscheiben bei Drosophila, Polyklone, Kompartimente

Insektenembryos entwickeln sich zu Larven, die drei aufeinanderfolgende Stadien durchlaufen (1.–3. Larvenstadium). Nach der anschließenden Verpuppung bildet sich die Imago. Larven enthalten zwei grundsätzlich voneinander verschiedene Zelltypen, einmal differenzierte Zellen mit oft polytänen Kernen (siehe Abb. 42.2), aus denen die Organe bestehen, und zum anderen embryonale Zellen mit diploidem Kern, die zu kleinen, scheibenförmigen Aggregaten, den Imaginalscheiben, vereint sind (Weismann, 1864; siehe Abb. 63.1).

„Betrachten wir z.B. die Entstehung der Gliedmaßen bei solchen Insekten, welche im Larvenzustand noch keine Beine und Flügel besitzen und denen dieselben während der Larvenzeit verborgen unter dem Hautskelett allmählich hervorwachsen: Hier sind es – wie oben schon für den Flügel gezeigt wurde – bestimmte kleine Zellgruppen der Haut, von denen die Bildung der Gliedmaßen ausgeht und die man daher als den gestaltgebenden und insofern wichtigsten und unentbehrlichen Teil dieser Anlage betrachtet und nach meinem Vorschlag als Imaginalscheibe bezeichnet." (Weismann, Vorträge über Deszendenztheorie, 1904.)

Während der Verpuppung disintegrieren die larvalen Organe, und die Zellen der Imaginalscheiben differenzieren sich nach Induktion durch das Verpuppungshormon Ecdyson zu den Organen der Imago.

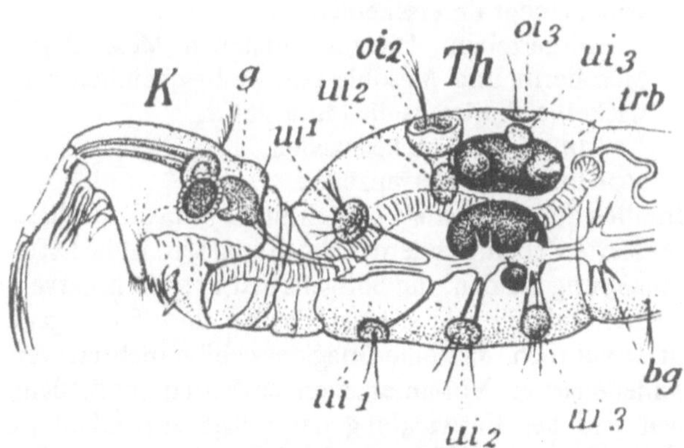

Abb. 63.1. Vorderteil der Larve einer Mücke, *Corethra plumicornis*. *K*, Kopf; *Th*, Thorax; *ui*, untere, *oi*, obere Imaginalscheibe. *ui 1*, *2* und *3* sind die Anlagen der Beine, *oi 2* und *3* Anlagen der Flügel und Halteren; *trb*, Thoraxanlage; *g*, Gehirn; *bg*, Bauchganglienkette mit Nerven, die an die Imaginalscheiben herantreten (Weismann, 1904)

In der Abb. 63.2 ist die Lage von Imaginalscheiben in der Larve und die Position der sich hieraus bildenden Organe in der Imago wiedergegeben. Obwohl die Zellen aller Imaginalscheiben, oberflächlich betrachtet, gleich aussehen, sind sie bereits voll determiniert. Der Begriff „Determination" ist hier wie auch anderswo in rein operationalem Sinne zu verstehen. Er beschreibt den Zustand einer Gruppe von Zellen, in denen ein genetisches Programm angelaufen ist, dessen Auswirkungen aber noch nicht sichtbar sind. Die Determination ist in der Regel sehr stabil und praktisch irreversibel. Hadorn zeigte, daß es dennoch Situationen gibt, in denen ein Umschalten von einem in einen anderen Determinationszustand möglich ist. Er bezeichnete diesen Vorgang als Transdetermination.

Imaginalscheiben stellen ein ideales Versuchsobjekt zum Studium von Differenzierungsprozessen dar. In diesem Zusammenhang lassen sich mehrere Fragenkomplexe formulieren (Nöthiger, Universität Zürich, 1972):

1. Es gibt, wie schon gesagt, im Embryo zwei Zellpopulationen, von denen sich eine zu den differenzierten Zellen der larvalen Organe entwickelt und die andere die Imaginalscheiben bildet.
   a) *Wann findet diese Trennung statt?*
   b) *Welchen Kontrollfaktoren unterliegt die Segregation?*
   c) *Wieviele primitive Zellen enthält eine Imaginalscheibe?*
2. Wachstum und Morphogenese der Imaginalscheiben.
   a) *Wie sehen die Wachstumskinetiken innerhalb einer Zellpopulation aus?*
   b) *Wodurch erhält eine Imaginalscheibe ihre spezifische Form?*
3. *Wie sieht das Umschalten von Zellvermehrung zu Zelldifferenzierung aus? Wodurch und wie wird das Umschalten kontrolliert?*
4. *Wodurch wird ein bestimmtes Stadium der Determination erworben, und wie wird es stabilisiert?*
   a) *Wann und wie werden Zellen innerhalb einer Imaginalscheibe für einen spezifischen Differenzierungsschritt programmiert?*
   b) *Wie sieht die Programmierung aus?*
   c) *Unterscheiden sich die Determinationsstadien zu Beginn und am Ende der Larvenentwicklung?*
   d) *Wie stabil ist die Determination?*

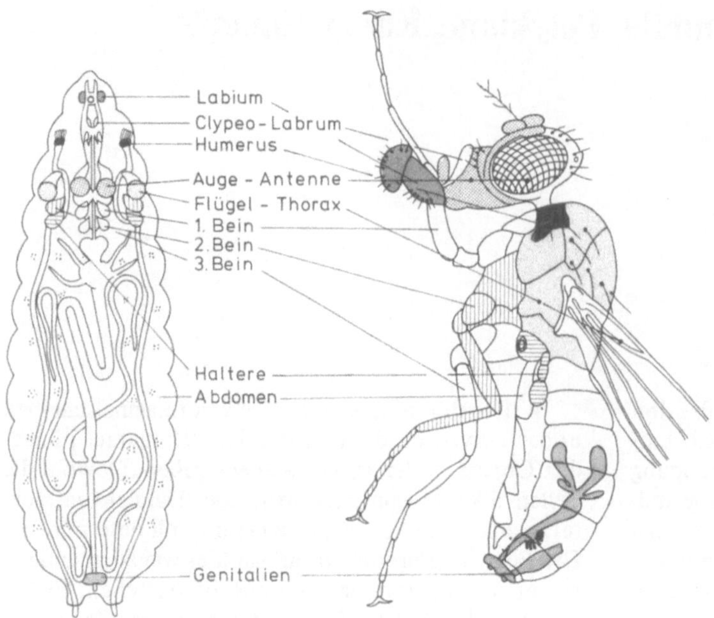

Abb. 63.2. *Links*, Anatomie und Lage von Imaginalscheiben in einer *Drosophila*larve. *Rechts*, Lage jener Organe bzw. Körperteile in der Imago, die sich aus den links wiedergegebenen Imaginalscheiben entwickeln. (Nach Wildermuth; aus Nöthiger, 1972)

Die Entscheidung, ob Zellen sich differenzieren und larvale Organe bilden oder embryonal bleiben, fällt bereits im Blastodermstadium. Imaginalscheiben entstehen durch Einstülpung der Hypodermis und enthalten anfangs etwa 10–40 Zellen (Gründerzellpopulation). Niemand kann heute sagen, wodurch diese Absonderung der embryonalen Zellen hervorgerufen wird.

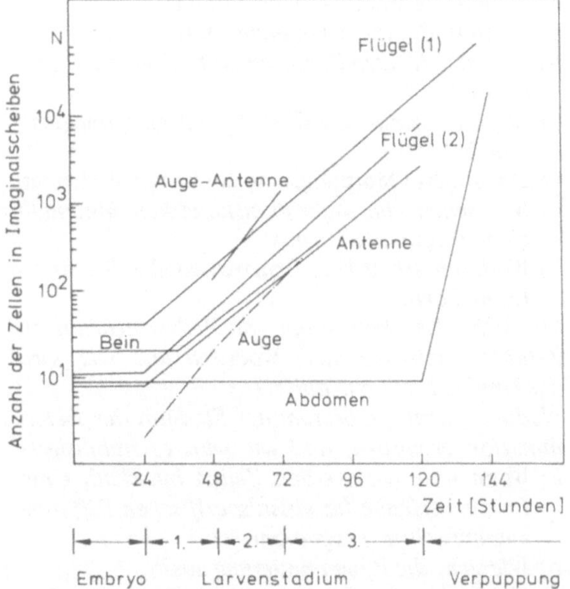

Abb. 63.3. Wachstumskinetiken einiger Imaginalscheiben von *Drosophila* (Nöthiger, 1972)

Die 10–40 Gründerzellen einer jeden Imaginalscheibe entwickeln sich unterschiedlich schnell fort (s. Abb. 63.3). Der imaginalscheibenspezifische Anstieg der Zellzahl weist auf unterschiedliche Teilungsraten der Zellen hin, die ihrerseits durch unterschiedliche Kontrollfaktoren hervorgerufen werden. Die exponentiellen Wachstumsphasen der einzelnen Imaginalscheiben sind auch zeitlich voneinander getrennt. Histologische Untersuchungen machen deutlich, daß Imaginalscheiben schichtenförmig aufgebaut sind und mehrere voneinander unterscheidbare Zelltypen enthalten:

- Epithelzellen (entwickeln sich später zu ektodermalen Strukturen): Sie sind in Gestalt einschichtiger „Epithelien" angeordnet. Die „Epithelzellen" verschiedener Imaginalscheiben lassen sich nicht voneinander unterscheiden.
- Adepithelzellen: Hieraus entstehen Mesenchym, Mesoderm und Mesoblasten. Wahrscheinlich entwickelt sich hieraus die Muskulatur.
- Vorstufen von Tracheenzellen.
- Vorstufen von Nervenzellen.

In allen Fällen handelt es sich nicht um voll ausdifferenzierte Zellen, sondern vielmehr um sehr frühe Differenzierungsstadien, die übrigens erst in späten Larvenstadien klar als solche auszumachen sind. Es ist ganz offensichtlich, daß eine Imaginalscheibe mehrere verschiedenartige Vorläuferzellen enthalten muß, denn während der Entwicklung der Imago entwickelt sie sich zu einer Vielfalt verschiedener Strukturen. Die Imaginalscheibe, aus der z.B. das Auge entsteht, muß Zellen enthalten, die später alternativ Proteine, Chitin oder Augenpigmente produzieren. Damit stellt sich die Frage, wie sich die Zellen in einer Imaginalscheibe weiterentwickeln, wann die Entscheidungen darüber getroffen werden, welche Zelle was zu tun hat und in welchen Typ sie sich zu differenzieren hat.

Histologisch erkennt man, daß die Entwicklung aus einer Serie aufeinanderfolgender Faltungen besteht, wodurch ein komplexes Faltungsmuster entsteht. Die Komplexität eines solchen Musters wird durch mindestens fünf Faktoren bedingt:

1. Aktive Wanderung und passive Bewegung von Zellen und Zellverbänden.
2. Orientierung des mitotischen Spindelapparates.
3. Lokale Unterschiede in der Teilungsrate der Zellen.
4. Lokale Unterschiede in der Zellgröße und -form.
5. Lokaler Zelltod.

Disintegriert man Imaginalscheiben und mischt anschließend Zellen verschiedener Herkunft miteinander, entsteht ein Aggregat, das sich zu einem Mosaik differenziert. Die Zellen behalten dabei ihren einmal erworbenen Determinationszustand bei. Abgesehen von den schon genannten histologischen Unterschieden ist den Zellen der Imaginalscheiben nicht anzusehen, was aus ihnen später wird. Wir werden im folgenden sehen, daß die Topologie der Zellen in einer Imaginalscheibe ihr späteres Schicksal festlegt. Um diese Aussage zu verifizieren, bedurfte es einer sichtbaren Markierung einzelner Zellen. Soetwas gelingt allerdings nur auf indirektem Wege, denn man kann nicht einzelne Zellen gezielt herausgreifen, kennzeichnen und ihre Weiterentwicklung verfolgen. Zwei genetische Verfahren erlaubten es jedoch, die Folgen von Veränderungen einzelner Zellen zu erkennen.

a) Herstellung genetischer Mosaiks. Produktion von Gynandern (s. Kap. 62).
b) Induktion mitotischer Rekombinanten (siehe Abb. 63.4).

Das zweite Verfahren hat sich zur Analyse der gestellten Probleme besonders gut bewährt.

1936 fand C. Stern, daß bei *Drosophila* neben der allgemein bekannten meiotischen Rekombination gelegentlich auch eine mitotische Rekombination vorkommt. Becker (Universität München) erkannte 1957, daß die Rekombinationsrate durch Röntgenbestrahlung drastisch erhöht wird. Der Chromatidenstückaustausch fordert die Existenz von vier homologen Chromatiden. Je nach Art der Chromosomensegregation erhält man zwei Tochterzellen, von denen sich jede zu einem Klon weiterentwickelt. Beide Klone unterscheiden sich genetisch von der gemeinsamen Stammzelle. Bei Wahl geeigneter Marker entsteht ein phänotypisch sichtbarer Zwillingsfleck. Die Bestrahlung mit Röntgenstrahlen kann während beliebiger Entwicklungsstadien erfolgen. Bestrahlt man sehr früh, hat man nur sehr wenige Zielzellen und muß eine Vielzahl von Fliegen durchmustern, um etwas zu sehen. Der induzierte Zwillingsfleck wird dann aber einen großen Anteil des fertigen Organs ausmachen, denn je eher eine Zelle markiert wird, desto zahlreicher ist ihre Nachkommenschaft. Bestrahlt man zu einem späten Zeitpunkt, wird man viele, doch nur relativ kleine Klone veränderter Zellen erkennen.

Wie sieht die Programmierung aus? Unterscheiden sich die Determinationsstadien zu Beginn und am Ende der Larvenentwicklung? Polyklone, Kompartimente

Sind alle Zellen innerhalb einer Imaginalscheibe gleichwertig oder in unterschiedlicher Weise determiniert? Wie schon gesagt, müssen Zellen markiert werden, um diese Frage zu beantworten. Alle Nachfahren markierter Zellen sollten diese Markierung beibehalten. Wir können somit verfolgen, in welche Organe sie geraten und wie ihre Verteilung dort aussieht. Da die Markierung ein statistischer Prozeß ist, bedarf es der Analyse des Schicksals einer größeren Anzahl von Zellen, um sich aus dem ermittelten Mosaik ein Gesamtbild machen zu können. Aus der Anordnung markierter Zellen im fertigen Organ kann die Bewegung der Zellen während der Morphogenese rekonstruiert werden. Zusammenhängende Bereiche lassen den Schluß zu, daß die Tochterzellen während der Morphogenese beieinandergeblieben sind und daß die Bildung der Organe sektoriell erfolgte.

Auch die Form eines einheitlich markierten Bereiches sagt uns etwas über die Art der Entstehung. Ein langgestreckter Bereich z.B. beruht auf Zellteilungen, bei denen alle Teilungsspindeln in einer Richtung orientiert waren. Markiert man die Zellen in einem späteren Entwicklungsstadium (aber immer noch

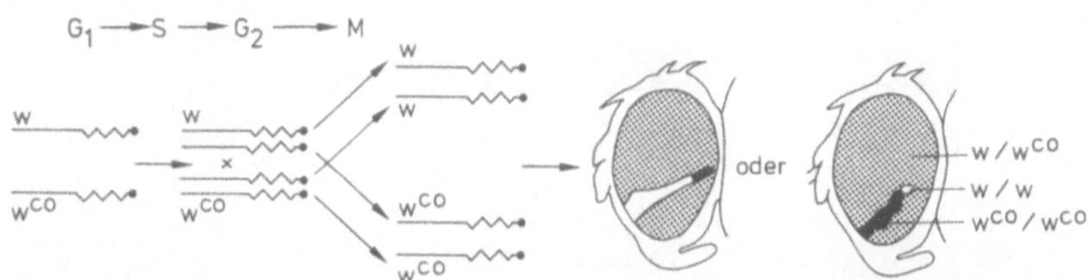

Abb. 63.4. Schema der mitotischen Rekombination im X-Chromosom von *Drosophila*. Die Segregation von Heterozygoten führt zur Ausbildung von Zwillingsflecken. *w* und w^{co} sind verschiedene Allele des *white*-Locus. Man beachte die unterschiedliche Größe der Klone im vorderen und im hinteren Teil des Auges. G_1, S, G_2 und M sind Phasen des Zellzyklus. (Nach Gehring und Nöthiger, 1972; aus Nöthiger, 1972)

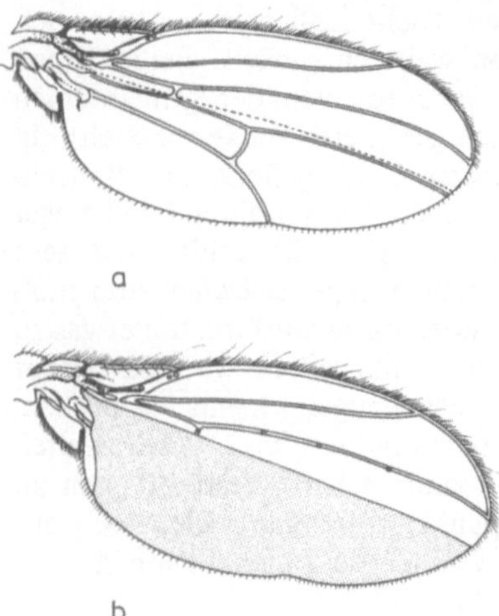

Abb. 63.5. a Flügel von *Drosophila* mit eingezeichneter Kompartimentgrenze (Demarkationslinie), die das anteriore (vordere) vom posterioren (hinteren) Kompartiment trennt. b Beispiel des Aussehens eines Mutantenklons M^+/M^+ (*gerastert*) gegen einen M/M^+-Hintergrund (Crick und Lawrence, 1975)

während des Imaginalscheibenstadiums), findet man etwas Überraschendes: Die Markierung ist auf Zonen konzentriert, die durch scharfe Demarkationslinien voneinander getrennt sind und die auch in der sich ausbildenden Imago erhalten bleiben (s. Abb. 63.5). Crick und Lawrence (MRC Laboratory of Molecular Biology, Cambridge, 1975) bezeichneten diese Zonen als Kompartimente. Kompartimente enthalten ausschließlich Zellen, die Nachkommen einiger weniger determinierter Zellen sind. Diese Zellgruppen werden als Polyklon bezeichnet.

Während ein Klon die Nachkommenschaft einer Einzelzelle ist, ist ein Polyklon die Nachkommenschaft einer kleinen Gruppe gleichwertiger Zellen (Gründerzellen). Alle Mitglieder eines Polyklons landen stets in einem Kompartiment (s. Abb. 63.6). Ein Überschreiten der Kompartimentsgrenzen (Demarkationslinien) ist ausgeschlossen. Zumindest sind niemals einzelne Zellen außerhalb der Grenzen nachgewiesen worden. Es ist zwar denkbar, daß eine Zelle in ein benachbartes Kompartiment gerät, doch ist anzunehmen, daß sie dort keine Überlebenschance hat.

Auch Kompartimente können unterteilt sein. Man spricht dann von Subkompartimenten. Zellen des Polyklons I, der sich zu Kompartiment I entwickelt, differenzieren sich im Verlauf der Entwicklung zu Zellen der Subpolyklone IA und IB, aus denen die Subkompartimente IA und IB entstehen. Subkompartimente brauchen nicht gleich groß zu sein.

Garcia-Bellido, Ripoll und Morata (Genetisches Institut, Universität Madrid, 1968, 1976) analysierten unter Einsatz der Technik der mitotischen Rekombination deren Entwicklung: Arbeitet man mit einem Stamm, der in bezug auf das rezessive Gen *yellow* (gelbe Körperfarbe) heterozygot ist (*y*/+), erhält man nach Bestrahlung neben den Wildtypzellen (+/+), die von den heterozygoten nicht unterscheidbar sind, homozygot rezessive Zellen (*y*/*y*). Deren Nachfahren bilden ausdifferenzierte, gelb gefärbte Bereiche aus, die sich deutlich von der dunkel gefärbten Umgebung abheben. Ideal sind Marker, die klar erkennbar sind, ohne einen Einfluß auf die eigentliche Entwicklung des betreffenden Organs zu haben. Zum Studium der Flügelentwicklung eignet sich deshalb u.a. der Marker *mwh* (*multiple wing hairs*). Hierbei sind auf der Flügeloberfläche Gruppen von zwei bis fünf Haaren zu erkennen, anstelle von nur einem Haar beim Wildtyp. Die Marker *f* (*forked*) und *sn* (*singed*) führen zur Ausbildung deformierter Haare. Die Phänotypen können nur in ausdifferenzierten Geweben identifiziert werden, zudem nur in solchen Bereichen, die eine Behaarung aufweisen.

Garcia-Bellido setzte eine weitere Mutante ein, mit deren Hilfe er rekombinierte Bereiche ausmachen konnte. Er stützte sich dabei auf die dominante Mutante „*minute*", die homozygot letal ist. Heterozygote Zellen (*M*/+) wachsen im Vergleich zu den homozygoten Wildtypzellen (+/+) sehr langsam, und die Teilungsrate ist niedriger. Obwohl Teilungsrate und Wachstum der beiden Genotypen verschieden sind, entstehen aus (*M*/+)- und (+/+)-Zellen Kompartimente gleicher Größe. Die Form der Flügel bleibt unverändert, und das läßt auf einen übergeordneten Mechanismus schließen, der die Form und die Größe des fertigen Organs determiniert. Garcia-Bellido et al. beobachteten 1968, daß Klone, die nach dem ersten Larvenstadium induziert wurden, niemals von ventral nach dorsal oder umgekehrt wechselten. Die Determination

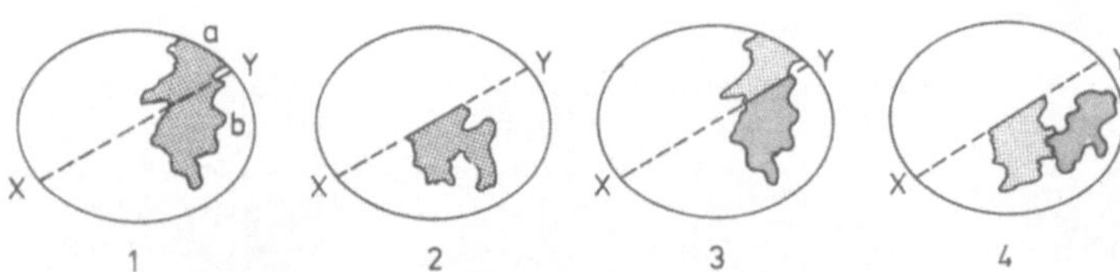

Abb. 63.6. Beispiele für die Bedeutung der Demarkationslinie (*X Y*) zwischen Kompartimenten für die Ausbreitung und Ausprägung mutierter Klone. Der Klon „*1b*" in „*1*" war bereits vor Ausbildung der Kompartimentsgrenze angelegt. Seine Differenzierung zu „*3*" erfolgte erst später. Die Anteile *a* und *b* entwickeln sich getrennt voneinander. „*2*" entwickelt sich zu „*4*". Die Ausbreitung bleibt auf das Kompartiment beschränkt. Die Klongrenzen innerhalb eines Kompartiments sind unregelmäßig (Cruck und Lawrence, 1975)

der Flügelanlage, also die Entstehung der Flügel-Imaginalscheibe, erfolgte schon vor Ausbildung des ersten Larvenstadiums, und bereits zu diesem Zeitpunkt treten die ersten Kompartimentsgrenzen auf. Besonders klar wird zwischen vorderer und hinterer Region (anterior und posterior) unterschieden.

Im vorderen Abschnitt treten doppelt so viele Polyklone wie im hinteren auf, was darauf zurückzuführen ist, daß in den frühen Entwicklungsstadien doppelt so viele „anterior-determinierte" Zellen existieren wie „posterior-determinierte". Letztere müssen sich anschließend etwa doppelt so schnell teilen, um aufzuholen. In den Imaginalscheiben laufen nacheinander binäre Entscheidungen ab, wobei neue Kompartimente (Subkompartimente, Subsubkompartimente etc.) entstehen. Während der Larvenstadien sind in der Flügel-Imaginalscheibe acht Kompartimente nachweisbar (s. Abb. 63.7). Die Demarkationslinien trennen dorsal von ventral, anterior von posterior und thoraxbenachbarten Bereich von thoraxentferntem. Jedes Kompartiment enthält etwa 10^3-10^4 Zellen.

Anterior-posterior-Grenzen können am eindrucksvollsten mittels der Mutante *engrailed* (*en*/*en*) nachgewiesen werden. *Engrailed* transformiert posteriore Strukturen der Flügel und anderer Organe in die entsprechenden anterioren Strukturen. Wir erkennen daran die Bedeutung der Topologie von Zellen (Zellpopulationen) für die Zuordnung zu einem Kompartiment. Ob sich eine Zelle dann in eine Haarzelle oder eine Epithelzelle differenziert, wird später entschieden, und das wiederum hängt davon ab, welchem Kompartiment sie angehört.

Was verursacht die Bildung der Kompartimente?

Jedes Kompartiment scheint durch die Aktivität einer kleinen Anzahl von Kontrollgenen charakterisiert zu sein (Selektorgene, Homöotische Gene) (Garcia-Bellido, Morata und Lawrence, 1975). Diese Hypothese geht davon aus, daß ein Selektorgen in *einem* Polyklon aktiv, im benachbarten inaktiv ist.

Werden alle Eigenschaften eines Polyklons und des sich daraus bildenden Kompartiments durch ein Gen oder durch mehrere Gene determiniert? Es sieht so aus, als könne ein Selektorgen eine ganze Batterie von Strukturgenen simultan oder nacheinander aktivieren bzw. reprimieren. Die Aktivität der Selektorgene determiniert damit den Status des Polyklons und unterscheidet ihn vom benachbarten. Hintereinandergeschaltete, binäre Entscheidungen legen das zeitliche Erscheinen neuer Kompartimente fest. Zur Bildung von acht Kompartimenten werden drei Selektorgene benötigt (s. Abb. 63.8).

Die meisten homöotischen Mutanten (bei denen Selektorgene mutiert sind) produzieren intersegmentale Transformationen. Strukturen, die man normalerweise einer bestimmten Imaginalscheibe zuordnet, treten nunmehr auch in anderen auf, wobei ein Körperteil durch einen anderen ersetzt wird. Eine normale Struktur wird durch eine andere normale, doch falsch lokalisierte, ausgetauscht. Beispiele (s. Abb. 63.9):

Spineless-aristopedia: Statt einer Antenne wird ein Bein gebildet.

Bithorax: Anstelle von Halteren werden Flügel gebildet. Demnach muß es während der Entwicklung der Halteren einen Augenblick gegeben haben, wo die Entscheidung Flügel oder Haltere getroffen wurde.

Ophthalmoptera: Anstelle eines Auges wird ein Flügel gebildet.

Diesen Mutanten stehen diejenigen gegenüber, die intrasegmentale Transformationen verursachen, und hierher gehört die bereits genannte Mutante *engrailed*. Ein Teil einer Imaginalscheibe wird verdoppelt und ersetzt damit den anderen, fehlenden Teil. Lewis vom California Institute of Technology konnte zeigen, daß *bithorax* einen Genkomplex darstellt, der mindestens acht Gene enthält, die für die normale Entwicklung und Segmentierung des Thorax und des Abdomens gebraucht werden. Mindestens vier dieser Gene werden durch cis-gelegene Kontrollregionen und einen getrennt liegenden Genlocus (*polycomb*) gesteuert.

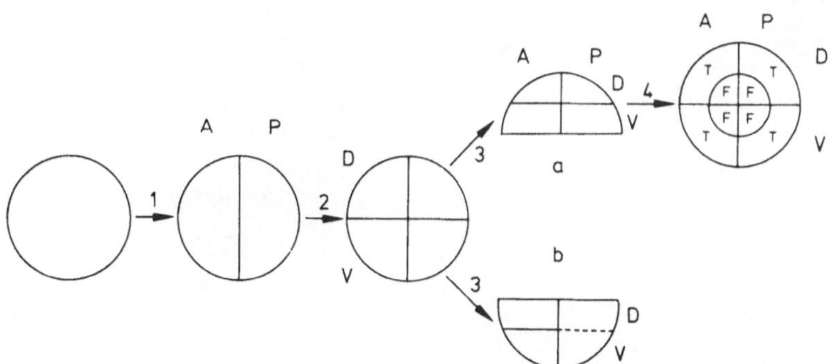

Abb. 63.7. Sukzessive Kompartimentalisicrung mesothorakaler kutikularer Strukturen. Nach erfolgter Unterteilung kann kein Zellklon mehr in Territorien jenseits der Demarkationslinien eindringen. Zunächst erfolgt die Trennung zwischen anterior und posterior (*A* und *P*), dann die zwischen dorsal und ventral (*D* und *V*). Schließlich trennt sich die Imaginalscheibe in Kompartimente, aus denen Flügel (*F*) resp. Thoraxelemente (*T*) entstehen (Morata und Lawrence, 1977)

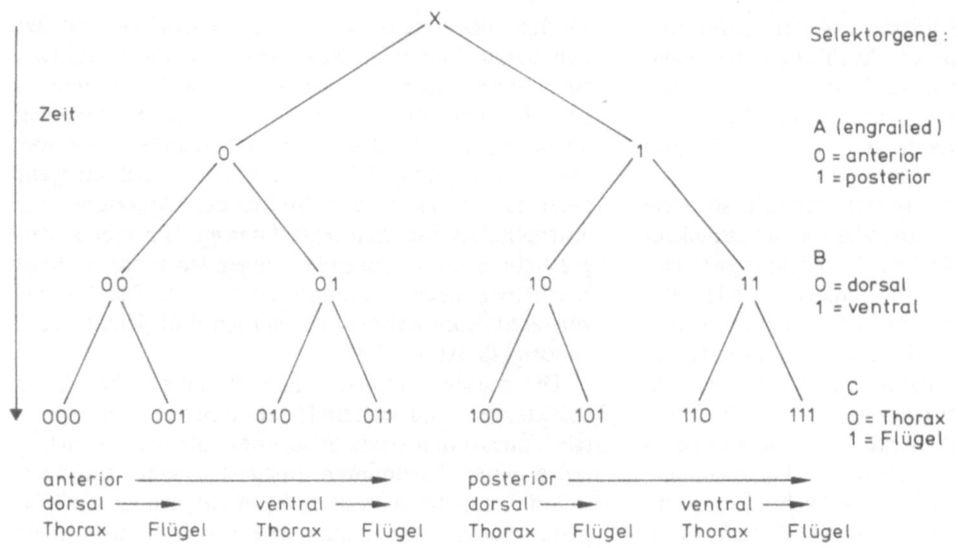

Abb. 63.8. Schema für aufeinanderfolgende Kompartimentalisierung der Flügel-Imaginalscheibe (Lawrence und Morata, 1976)

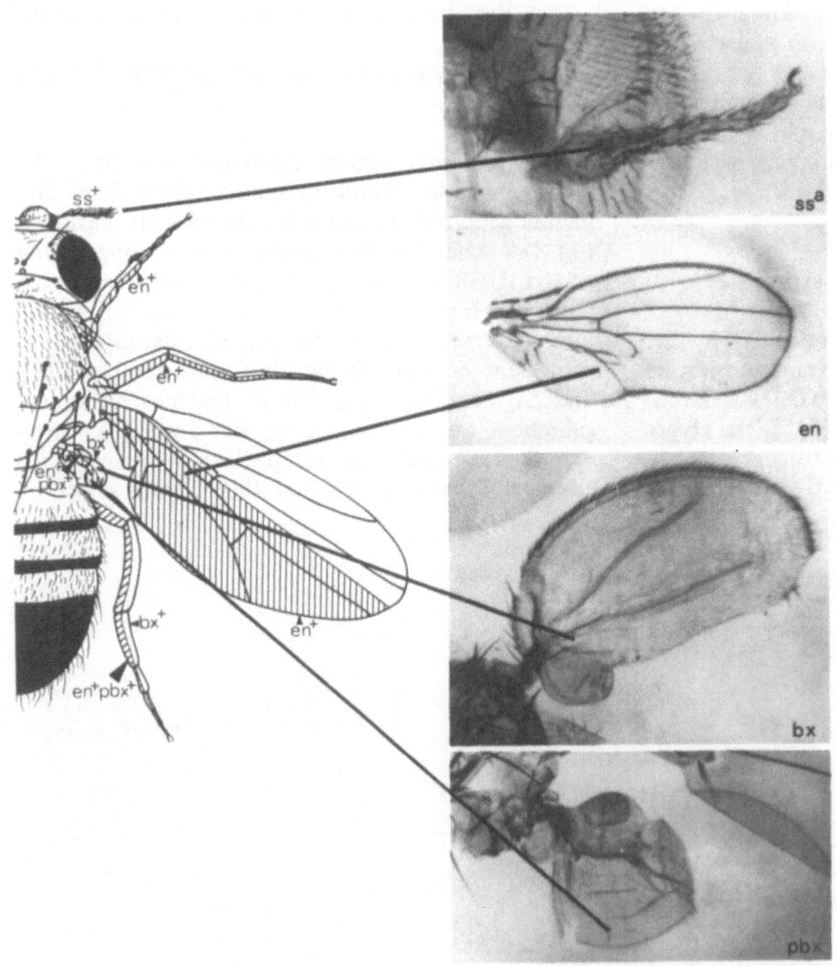

Abb. 63.9. Homöotische Transformation, hervorgerufen durch die Mutanten: *spineless-aristopedia (ss), engrailed (en), bithorax (bx)* und *postbithorax.* Auf der *linken Seite* ist ein Diagramm des Wildtyps der Fliege dargestellt, auf der *rechten Seite* vier Aufnahmen von Transformationen, die durch die genannten Mutationen hervorgerufen werden. Weitere Einzelheiten s. Text. (Aufn. Morata und Lawrence, Cambridge, 1977)

Polycomb scheint ein Regulatorgen zu sein, dessen Genprodukt als Repressor wirkt und dessen Konzentration im Embryo einen anterior-posterior-Gradienten bildet.

Temperatursensitive Drosophilamutanten

Die Bedeutung temperatursensitiver (*ts*) Mutanten haben wir bereits kennengelernt. Sie sind konditional letal, denn sie sind nur bei permissiver (niedriger) Temperatur voll lebensfähig. Die Mutanten sind deshalb einfach zu kultivieren, und physiologische Defekte können an Individuen untersucht werden, die man einer erhöhten (restriktiven) Temperatur aussetzt. Temperatursensitive Mutanten vielzelliger Organismen sind erstmals von Suzuki (University of British Columbia, Vancouver) beschrieben worden. Versuchsobjekt war *Drosophila melanogaster*. Ihre Generationsdauer beträgt bei 17°C 22–28 Tage, bei 22°C 11–12 Tage und bei 28°C 7–8 Tage. Die Temperatur hat demnach einen profunden Einfluß auf die Geschwindigkeit der Individualentwicklung. Als Mutagene zur Produktion von *ts*Mutanten wurden Äthylmethansulfonat (EMS), Mitomycin C und γ-Strahlen eingesetzt. Das Selektionsschema für Defekte im X-Chromosom ist in Abb. 63.10 wiedergegeben.

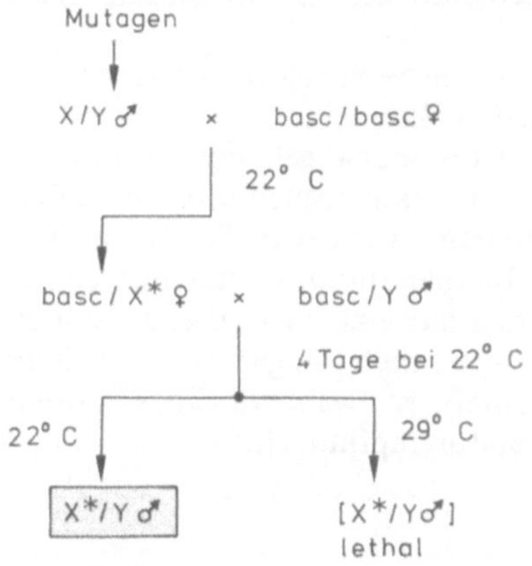

Abb. 63.10. Selektion temperatursensitiver *Drosophila*-Mutanten. Mit einem Mutagen behandelte ♂ werden mit genetisch markierten ♀ gekreuzt. *basc* ist ein Marker des X-Chromosoms, der cytologisch erkennbar ist. *X** repräsentiert das X-Chromosom mit der induzierten Mutation (Suzuki, 1970)

Gene werden in unterschiedlichen Entwicklungsstadien exprimiert, und daher ist auch der Zeitpunkt des Todes verschiedener *ts*-Mutanten unterschiedlich. Die temperatursensitive Phase ist jedoch keineswegs mit dem Zeitpunkt des Todes gleichzusetzen, denn ein Defekt kann sich bereits in einem frühen Entwicklungsstadium manifestieren, aber erst sehr viel später zur Wirkung kommen. Diese Zeiten können durch *Temperaturshift*-Versuche ermittelt werden.

a) *Shift-down*-Experimente: Man startet bei erhöhter Temperatur und beobachtet die Eientwicklung. Zu bestimmten Zeiten werden Gruppen von Eiern bzw. Larven entnommen und bei niedriger Temperatur weitergezogen (s. Abb. 63.11). Werden die sich entwickelnden Eier (Larven) rechtzeitig genug in permissive Bedingungen überführt, kann die Entwicklung normal weiterlaufen. Erfolgt die Übertragung zu spät, sterben die sich entwickelnden Individuen vor der Geschlechtsreife. Die empfindliche Phase ist auch durch *Shift-down-and-up*-Experimente lokalisierbar. Die Entwicklung läuft hierbei bis auf einen kurzen Zeitpunkt bei erhöhter Temperatur ab.

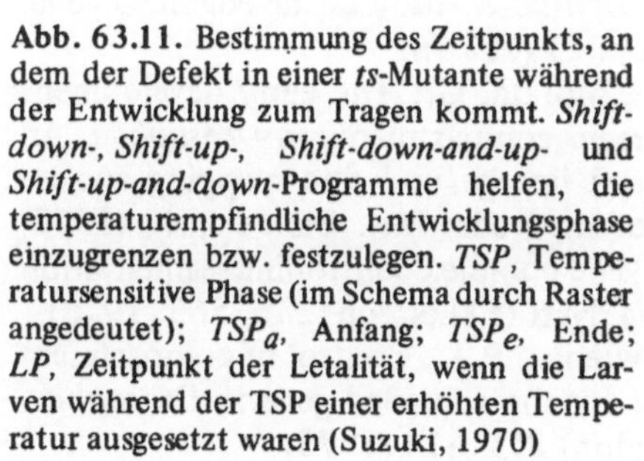

Abb. 63.11. Bestimmung des Zeitpunkts, an dem der Defekt in einer *ts*-Mutante während der Entwicklung zum Tragen kommt. *Shift-down-*, *Shift-up-*, *Shift-down-and-up-* und *Shift-up-and-down*-Programme helfen, die temperaturempfindliche Entwicklungsphase einzugrenzen bzw. festzulegen. *TSP*, Temperatursensitive Phase (im Schema durch Raster angedeutet); TSP_a, Anfang; TSP_e, Ende; *LP*, Zeitpunkt der Letalität, wenn die Larven während der TSP einer erhöhten Temperatur ausgesetzt waren (Suzuki, 1970)

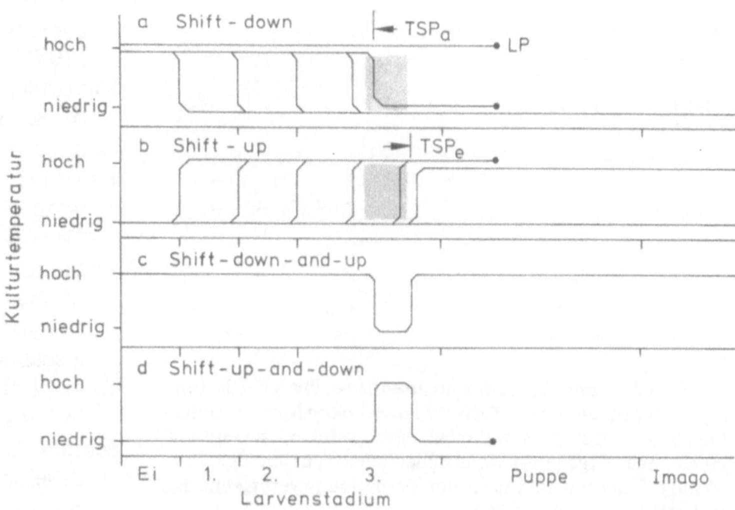

b) Alternativ zu den genannten Experimenten kann man ein *Shift-up*-Experiment ansetzen. Hierbei läuft die Entwicklung zunächst bei niederer Temperatur ab und wird zu vorgegebener Zeit erhöht. Individuen überleben nur dann, wenn die Temperatur erst nach Ablauf der sensiblen Phase erhöht wird. Zur Kontrolle kann ein *Shift-up-and-down*-Experiment angesetzt werden.

Durch dieses Vorgehen haben Suzuki und Mitarbeiter eine größere Zahl von Mutanten mit Entwicklungsdefekten charakterisieren können. Die Mutationsorte verteilen sich statistisch über das Gesamtgenom. Die Mutanten verhielten sich meist wie Punktmutanten.

Zusammenfassend können vier Punkte herausgestellt werden:

1. Die meisten Mutanten sind in einer von zwei Entwicklungsphasen temperaturempfindlich; entweder in den frühen embryonalen Stadien oder während des Zeitraums vom dritten Larvenstadium bis zum Puppenstadium. In beiden Stadien laufen deutlich sichtbare morphogenetische Veränderungen ab, die durch eine Vielzahl von Genen gesteuert werden.
2. Die Länge des Zeitabschnittes zwischen temperatursensitiver Phase und Tod ist nicht vorhersagbar. Der Tod kann sofort eintreten, kann aber auch Stunden und Tage auf sich warten lassen.
3. Die auf dem X-Chromosom lokalisierten Mutationen zeigen keine Korrelation zwischen Position und Effekt. Vier Mutanten, deren defekte Gene innerhalb eines Bereiches von nur einer Morgan-Einheit liegen, unterscheiden sich grundlegend voneinander
4. Mutanten, deren temperatursensitive Phase bereits im Eistadium liegt, können bis ins Gastrulastadium und ggf. darüberhinaus leben. Die Todesursachen sind voneinander verschieden.

Die Temperaturempfindlichkeit ist meist monophasisch, d.h. es gibt nur einen Zeitabschnitt, in dem die sich entwickelnden Fliegen empfindlich sind. Einige Mutanten sind polyphasisch, sie durchlaufen während ihrer Entwicklung mehrere empfindliche Phasen, wofür wiederum mindestens drei Ursachen denkbar sind (s. Abb. 63.12).

a) Die Empfindlichkeit kann auf mehrfach aufeinanderfolgender Aktivität des empfindlichen Gens beruhen.
b) Der Genlocus kann in verschiedenen Organen zu verschiedenen Zeiten aktiv sein.
c) Das Genprodukt wird einmal gebildet, aber in den einzelnen Organen zu verschiedenen Zeiten benötigt.

Bei einigen Mutanten ist ein sexueller Dimorphismus in bezug auf Temperatursensitivität nachgewiesen worden. ♂ machen nur eine kurze *ts*-Phase durch, bei ♀ dauert sie wesentlich länger. Eine weitere Gruppe von Mutanten ist während ihres ganzen Lebenszyklus temperaturempfindlich.

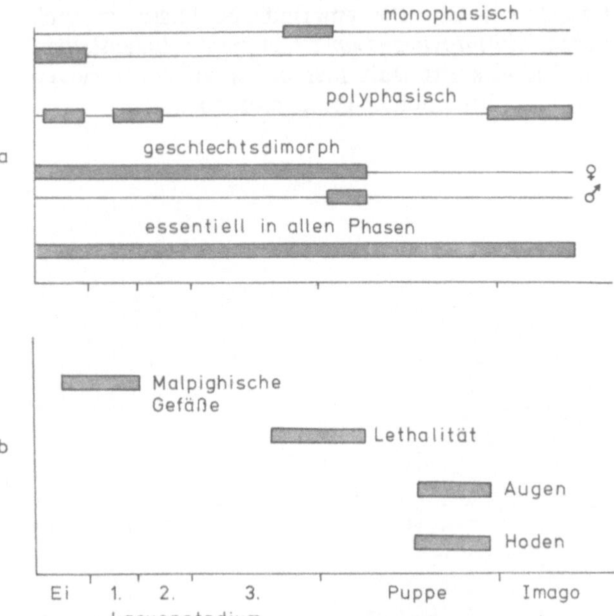

Abb. 63.12 a und b. Temperatursensitive Phasen (*Balken*) einiger *ts*-Mutanten von *Drosophila melanogaster*. a Unterschiedliche *ts*-Mutanten. b Einfluß *eines* pleiotropen Gens auf verschiedene Organe in unterschiedlichen Phasen der Entwicklung. Kurz vor und nach der Verpuppung verursacht das Gen Letalität (Suzuki, 1970)

Literatur

Akam, M.E., Roberts, D.B.: *Drosophila:* the genetics of two major larval proteins. Cell *13*, 215 (1978)

Crick, F.H.C., Lawrence, P.A.: Compartments and polyclones in insect development. Science *189*, 340 (1975)

Garcia-Bellido, A.: Homoeotic and atavic mutations in insects. Am. Zool. *17*, 613 (1977)

Garcia-Bellido, A., Ripoll, P., Morata, G.: Developmental compartmentalization in the dorsal mesothoracic disc of *Drosophila*. Dev. Biol. *48*, 132 (1976)

Kauffman, S.A., Shymko, R.M., Trabert, K.: Control of sequential compartment formation in *Drosophila*. Science *199*, 259 (1978)

Lawrence, P.A., Morata, G.: Compartments in the wing of *Drosophila:* A study of the engrailed gene. Dev. Biol. *50*, 321 (1976)

Lawrence, P.A., Morata, G.: The early development of mesothoracic compartments in *Drosophila*. An analysis of cell lineage und fate mapping and an assessment of methods. Dev. Biol. *56*, 40 (1977)

Lewis, E.B.: A gene complex controlling segmentation in *Drosophila*. Nature (London) *276*, 565 (1978)

Morata, G., Lawrence, P.A.: Control of compartment development by the engrailed gene in *Drosophila*. Nature (London) *255*, 614 (1975)

Nöthiger, R., Ursprung, H. (eds.): The biology of imaginal discs. Berlin, Heidelberg, New York: Springer 1972

Shearn, A.: Mutational dissection of imaginal disc development in *Drosophila melanogaster*. Am. Zool. *17*, 585 (1977)

Suzuki, D.T.: Temperature-sensitive mutations in *Drosphila melanogaster*. Science *170*, 695 (1970)

Weismann, A.: Vorträge über Deszendenztheorie, 2. Aufl. Jena: Gustav Fischer 1904

Wieschaus, E., Gehring, W.: Clonal analysis of primordial disc cells in the early embryo of *Drosophila melanogaster*. Dev. Biol. *50*, 249 (1976)

64. Embryonalentwicklung der Maus; Antigene auf Oberflächen embryonaler Zellen, das T/t-System, Mäuseteratome als Modell für Differenzierung; Genetische Chimären

Die einzelnen Stadien der Entwicklung einer Maus bis zum Zeitpunkt der Geburt können der Abb. 64.1 entnommen werden.

Antigene auf Oberflächen embryonaler Zellen

Die Zelloberfläche spielt bei der Entwicklung eines Embryos eine entscheidende Rolle. Zell-Zell-Interaktionen sind der Ausdruck eines genetischen Programms. Wie lassen sich die hieran beteiligten Genprodukte identifizieren? Man braucht einen empfindlichen Nachweis, und hierfür bieten sich immunologische Verfahren an. Man braucht aber auch möglichst viel (einheitliches) Ausgangsmaterial. Embryonale Zellen sind zwar in der Regel nicht in größeren Mengen zu gewinnnen, doch kennt man Tumoren von Keimbahnzellen (Teratome, Teratocarcinome), die sich für unsere Fragestellungen als besonders gute Modelle eignen. Teratome sind bei den meisten Mäusestämmen extrem selten. Besonders tumoranfällig sind hingegen der Stamm 129, bei dem gelegentlich Tumoren der ♂ Keimbahnzellen auftreten, sowie der Stamm L.T., in dem gehäuft Tumoren der ♀ Keimbahnzellen erscheinen. Letzteres ist vermutlich die Folge einer erhöhten Parthenogenesefrequenz bei diesem Stamm. Die Tumoren lassen sich durch Implantation in die Bauchhöhle oder unter die Haut von adulten Mäusen des gleichen (*syngeneischen*) Genotyps vermehren. Teratomzellen haben folgende Eigenschaften:

1. Es sind maligne Zellen.
2. Sie können sich in Zellen der drei Keimblätter differenzieren und verlieren dabei den malignen Status.

Man hat inzwischen eine Reihe von Teratocarcinom-Zellinien angelegt, wobei man zwischen Linien unterscheidet, deren embryonale Zellen multipotent sind und sich in eine Reihe von differenzierten Zelltypen entwickeln und zum anderen solchen, die im embryonalen Zustand verbleiben und die Eigenschaft, sich zu differenzieren, verloren haben. Zum letzten Typ gehört die recht gut untersuchte Linie F9, die nur gelegentlich primitive endodermähnliche Zellen produziert. Das andere Extrem stellt die Linie PCC3 dar, die 12–15 Tage nach Anlage einer neuen Kultur Nervenzellen ausbildet, nach 20–24 Tagen Bindegewebszellen, dann Fettzellen und schließlich Muskelzellen mit der Fähigkeit zur Kontraktion. Am 28. Tage sind nur noch ca. 1% der Zellen im ursprünglichen embryonalen Zustand. Die Zellen des Tumors zeigen somit Eigenschaften eines frühen Embryos und sind deshalb ein geeignetes Modell zur Untersuchung von Vorgängen der frühen Embryonalentwicklung.

Welche Antigene tragen diese Zellen? Embryonale Carcinomzellen tragen keine H-2-Antigene. Das gleiche gilt für die Zellen der Linie F9. In syngeneischen adulten Mäusen lösen sie eine Immunantwort aus. Die gebildeten Antikörper werden als „anti F9" bezeichnet und das Antigen als „F9-Antigen". Das F9-Antigen wurde später auf allen untersuchten Teratom-Zelllinien gefunden. Sobald sie sich jedoch differenzieren, verschwindet es und wird durch H-2-Antigene ersetzt (s. Abb. 64.2).

Zellen erwachsener Mäuse enthalten in der Regel kein F9-Antigen. Eine Ausnahme bilden die Spermien und alle ihre Vorstufen. Das F9-Antigen ist an deren Oberfläche nicht gleichmäßig verteilt, sondern in einem spezifischen „postacrosomalen Band" auf dem Spermienkopf konzentriert. Das ist jener Bereich, der während der Befruchtung mit der Membran der Eizelle fusioniert.

Fluoreszierende anti-F9-Antikörper färben unbefruchtete Eizellen der Maus nicht an. Aber schon wenige Stunden nach der Befruchtung erscheint das F9-Antigen. Seine Menge nimmt während der anschließenden Entwicklung (2-Zell-, 4-Zell-, 8-Zell-Stadium, Morula) weiter zu. Man findet es während des frühen Blastozystenstadiums noch in hoher Konzentration an der Keimoberfläche und in geringer Menge an den Zellen im Inneren des Keims. Während der weiteren Entwicklung verschwindet es wieder. Vom zehnten Tage an wird es sukzessive durch die H-2-Antigene ersetzt. Die Reifung der Spermien erfolgt nach folgendem Schema:

Gonozyten → Spermatogonien → Spermatozyten I →
↑ Geburt ↑ 5–6 Tage ↑ 12 Tage

Spermatozyten II → Spermatiden → Spermatozoen (Spermien)

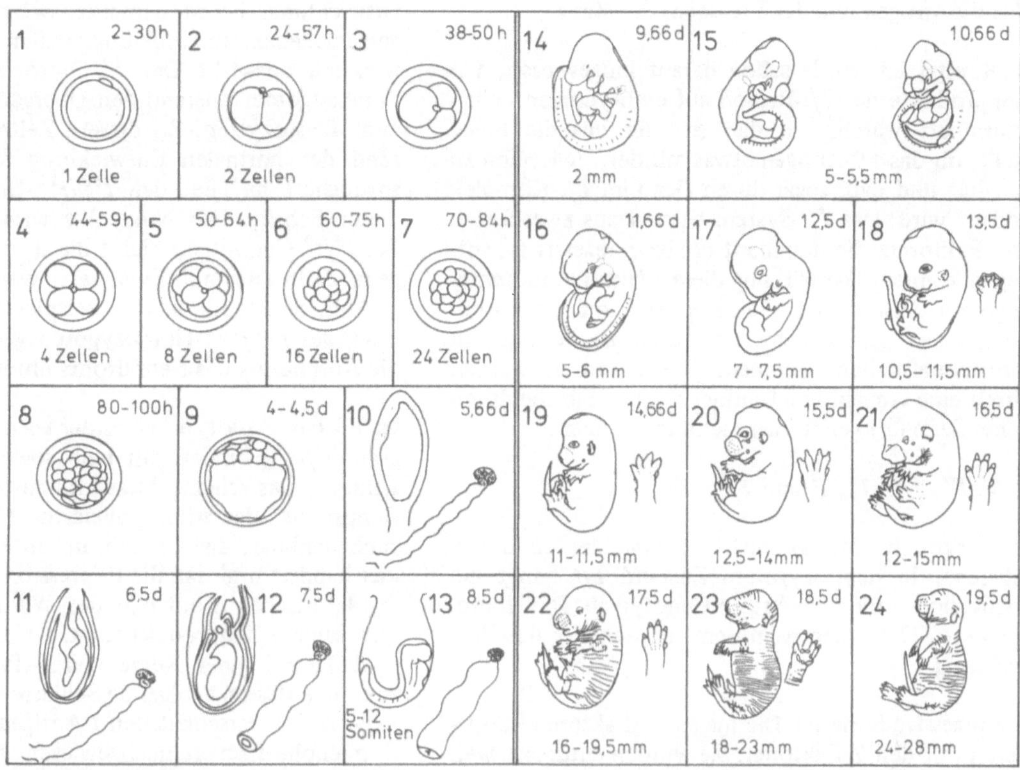

Abb. 64.1. Stadien der Embryonalentwicklung der Maus. *1*, Befruchtetes Ei (Zygote), umgeben von einer Hülle, der *Zona pellicula*, die bis zur Implantation bestehen bleibt. *2*, 2-Zellstadium. *3–4*, 4-Zellstadium; *5*, 8-Zellstadium; *6–8*, Morula; *9*, Blastozyst [mit Blastocoel (flüssigkeitsgefüllter Innenraum), innerer Zellmasse (im oberen Teil des Bildes) und Trophektoderm (äußere Zellage)]. *10*, Implantation (Kontaktaufnahme von Trophektoderm und dem Uterusepithel), Bildung des „Eizylinders" aus der inneren Zellmasse. *11*, Ausdifferenzierung des „Eizylinders"; *12*, Bildung des Amnions und der Neuralplatte. *13*, Erste Somiten (→ Ursegmente für Skelettmuskeln, Rückgrat und Haut). *14*, „Verdrehung" des Embryos, weitere Somiten erkennbar. *15*, Augenlinsenvesikel und andere Anlagen von Sinnesorganen gebildet, Extremitäten als Knospen erkennbar. *16*, Augenlinsenvesikel komplett, Differenzierung des Rückenmarks. *17*, Frühes Stadium der Fingerbildung, Verknorpelung von Wirbelsäule und Rippen. *18*, Differenzierung des Gehirns und der Spinalganglien, histologische Geschlechtsdifferenzierung. *19*, Finger deutlich getrennt, Beginn der Verknöcherung, Entwicklung der Haarfollikel. *20–21*, Entwicklung von Augenlid und Ohrmuschel. *22–24*, Reifung des Embryos. Tag 19–20: Geburt. (Nach Rafferty, 1970)

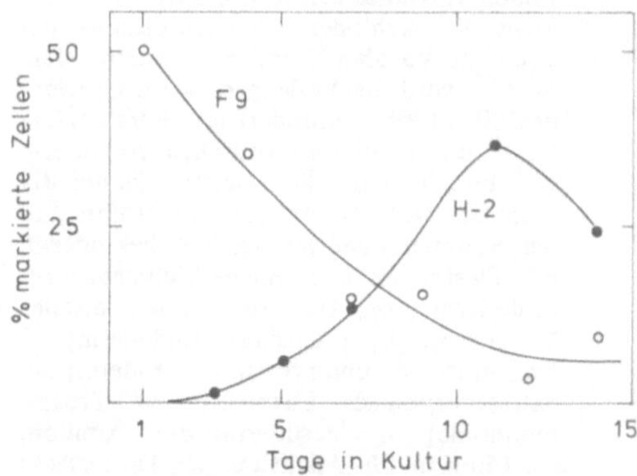

Abb. 64.2. Expression von F9- und H-2-Antigenen während der in vitro-Differenzierung von PCC3-Zellen (Teratomzellen). Am Tage 0 wurden die Zellen unter Bedingungen gebracht, die es ihnen erlaubten, sich zu differenzieren (Jacob, 1977)

Auf Spermatogonien sind H-2-Antigene noch nicht nachweisbar. Die späten Stadien der Spermatogenese sind die einzigen bisher bekannten Zelltypen, auf denen gleichzeitig F9- und H-2-Antigene exprimiert werden.

F9-Antigene bei anderen Arten. F9-Antigen wurde in frühen Entwicklungsstadien von Kaninchen, Ratten, Schweinen und Kühen gefunden. Artspezifische Unterschiede sind minimal. Das Antigen kommt auch auf menschlichen Zellen vor, wohingegen es Fröschen, dem Axolotl und dem Huhn fehlt. Diese Befunde lassen den Schluß zu, daß das F9-Antigen bei den Mammalia eine außerordentlich konservative Struktur ist und offenbar für die frühen Entwicklungsstadien unentbehrlich ist. Schon K.E. v. Baer wies Anfang des letzten Jahrhunderts darauf hin, daß die frühen Entwicklungsstadien bei den Mammalia alle nahezu gleich aussehen und daß die eigentlichen Artunterschiede erst in späteren Stadien deutlich zum Ausdruck kommen.

Das F9-Antigen und der T/t-Locus der Maus

In Kapitel 23 wurde schon darauf hingewiesen, daß Genprodukte der *T/t*-Region auf embryonalen Zellen exprimiert werden, so daß sich für uns die Frage stellt, ob das F9-Antigen etwas mit der *T/t*-Region zu tun hat und evtl. sogar durch Gene im *T/t*-Komplex codiert wird. Das *T/t*-System besteht aus zwei Serien von Faktoren, die dominant (*T*) bzw. rezessiv (*t*) vorliegen können. Die Wirkung dieser Faktoren in homozygotem Zustand ist pleiotrop, es kann zur Ausbildung eines kurzen Schwanzes oder zu Letalität in Embryonalstadien kommen. Die Faktoren werden durch eine Anzahl von Genloci codiert. Für die dominante Serie (*T*) kennt man mehrere Formen:

$$T, T^{h}, T^{hg}, T^{c}, T^{j} \text{ und } T^{2j}$$

Phänotypisch sind sie nicht voneinander zu unterscheiden. In heterozygotem Zustand *T/t* hängt die Expression stark vom übrigen Genotyp ab. Die Homozygoten *T/T* sterben nach dem zehnten Tag der Entwicklung.

Die rezessive Serie (t). Die meisten *t*-Faktoren kooperieren mit den *T*-Faktoren. Sie wurden entdeckt, weil *t/T*-Mäuse schwanzlos sind. Vielfach führt Homozygotie auch hier zur Letalität während der Embryonalentwicklung. Es ist bemerkenswert, daß sie sich in verschiedenen Entwicklungsstadien der Keimesentwicklung auswirkt. Der t^{12}-Faktor z.B. verhindert in homozygotem Zustand den Übergang von der Morula zum Blastozysten. Zu diesem Zeitpunkt steigt während der normalen Entwicklung die RNS-Synthese sprunghaft an. Bei den t^{12}/t^{12}-Genotypen entfällt dieser Schritt. Der Nukleolus wird nicht verändert. Bei t^{0}/t^{0}-Genotypen bleibt die im Keiminneren gelegene Zellmasse undifferenziert (weitere Einzelheiten s. Abb. 64.3). Als letztes Beispiel sei noch die Wirkung der t^{w1}/t^{w1}-Homozygoten genannt, bei denen die Ausbildung des Neuralrohrs unterbleibt.

Ist F9 der „Wildtyp" eines der t-Antigene? Heterozygote (t^{+}/t^{12}) binden nur halb soviel anti-F9 wie der Wildtyp. Das scheint darauf hinzuweisen, daß F9 das Genprodukt des Wildtypallels von t^{12} ist. Es ist aber auch denkbar, daß es sich um unterschiedliche Genloci handelt und daß die Expression von F9 unter der regulatorischen Kontrolle des Wildtypallels von t^{12} oder seinem Genprodukt steht.

Aufgrund einer Reihe von Befunden lassen sich zusammenfassend folgende Schlüsse ziehen:

1. Von den verschiedenen *t*-Antigenen, die auf Spermienoberflächen nachgewiesen wurden, sind vier getestet und auf den Oberflächen embryonaler Zellen identifiziert worden.

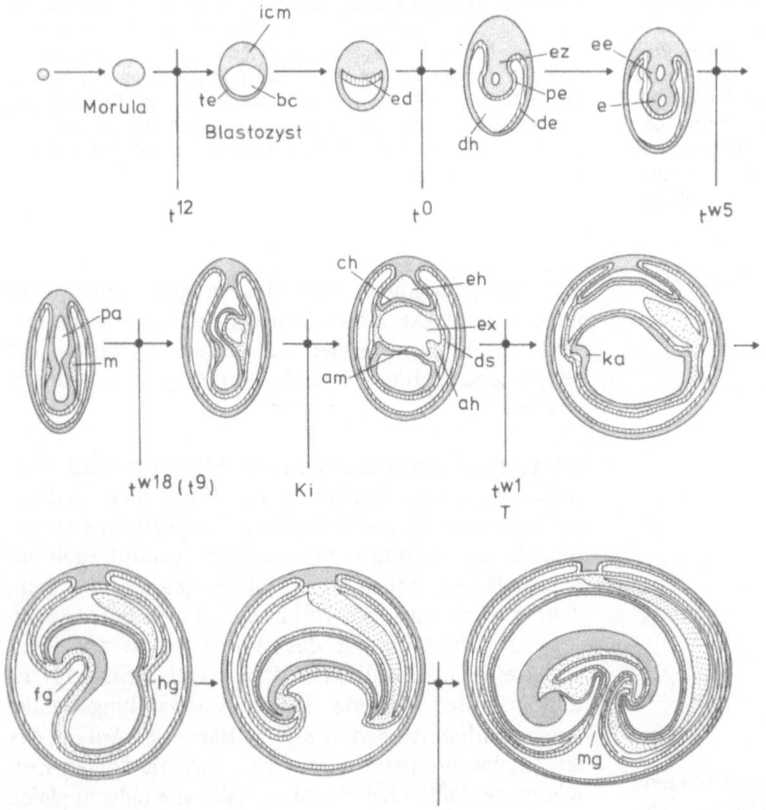

Abb. 64.3. Genetische Blocks in der frühen Embryonalentwicklung der Maus, verursacht durch Defekte im *T/t*-Genkomplex. In den Abbildungen sind Querschnitte/Längsschnitte durch die Embryonen dargestellt. Ein Defekt am Genlocus t^{12} führt zur Blokkade der Entwicklung eines Blastozysten, die Entwicklung des Trophoblasten und des Endoderms unterbleibt. Ein Defekt am Genlocus t^{0} verhindert die Ausbildung des extraembryonalen Ektoderms. Durch defektes t^{W5} wird die Verlängerung (Elongation) des Eizylinders verhindert und durch defektes t^{9} die Ausbildung von Organvorläufern. t^{W1} und T schließlich werden für die Bildung des Notochords, des Neuralrohrs und der Somiten benötigt. *te,* Trophektoderm; *bc,* Blastocoel; *icm,* innere Zellmasse; *ed,* Endoderm; *dh,* Dotterhöhle; *de,* distales Endoderm; *pe,* proximales Endoderm; *ez,* Eizylinder; *e,* embryonales Ektoderm; *ee,* extraembryonales Ektoderm; *pa,* Proamnionhöhle; *m,* Mesoderm; *am,* Amnion; *ch,* Chorion; *ah,* Allanthois; *ds,* Dottersack; *ex,* Exocoelom; *eh,* Ektoplacentale Höhlung; *ka,* Kopfanhänge; *fg,* Darm, vorderer Abschnitt; *hg,* Darm, hinterer Abschnitt; *mg,* Darm, mittlerer Abschnitt (Klein, 1975)

2. Im heterozygoten Zustand ist jedes dieser t-Antigene neben dem F9-Antigen während des Morulastadiums exprimiert.
3. Wenn die Embryonen den t-Haplotyp vom ♂ erhalten, findet man im Morulastadium eine Expression des väterlichen Genotyps. Bei der Kreuzung $+/+$ (♀) x $+/t^x$ (♂) wird auf der Hälfte der Embryonen t^x exprimiert. Das weist darauf hin, daß die Synthese des t-Antigens bereits in frühen Entwicklungsstadien erfolgt.
4. Die t-Antigene werden gleichzeitig und nicht nacheinander exprimiert. Dem steht jedoch nicht im Wege, daß sie ihre Funktion zu verschiedenen Zeitpunkten ausüben.
5. t^{12}/t^{12}-Embryonen sind F9-negativ.

Strukturelle Analogien zwischen F9-Antigen und H 2. Beides sind Glykoproteine, beide enthalten eine leichte und eine schwere Kette. Serologisch ist keine Kreuzreaktion nachweisbar, die leichte Kette von F9 ist demnach auch nicht mit dem β_2-Mikroglobulin (der leichten Kette der H-2-Antigene) identisch.

Zusammenfassung. Die Untersuchungen der Teratomzellen, der Nachweis des F9-Antigens, seine Beziehungen zur *T/t*-Region und die Bedeutung der t-Faktoren für die Kontrolle von Stadien der frühen Embryonalentwicklung zeichnen einen Weg vor, auf dem es möglich ist, die Schaltstellen der Keimesentwicklung zu analysieren. Gleichzeitig hat man den Zugang zur Genetik dieses Systems. Man hat somit auch einen Zugang zu den Genen, welche die Entwicklung kontrollieren. Die Embryonalentwicklung wird offenbar durch Spezifikation oder Modifikation von Zelloberflächen, die in verschiedenen Stadien an Zell-Zell-Interaktionen beteiligt sind, gesteuert. Zell-Zell-Interaktionen können nur zwischen Oberflächenstrukturen ablaufen, die zueinander passen (untereinander kompatibel sind). Nicht-passende Strukturen kooperieren nicht miteinander, und als Folge davon wird eine Weiterentwicklung blockiert (vgl. hierzu genetische Blocks in Biosyntheseketten; Beadle-Tatumsche Ein-Gen-ein-Enzym-Hypothese).

Genetische Chimären: Allophänische Mäuse

Wie schon oft gesagt, beruht Differenzierung auf einem zeitlichen Wechsel in der Expression spezifischer Gene. Einige sind permanent aktiv, andere wiederum nur zu bestimmten Zeiten in der Entwicklung. Als Folge davon entsteht in einem Vielzeller ein Mosaik unterschiedlich differenzierter Zellen und das, obwohl alle in der Regel das gleiche genetische Material enthalten. Beweise dafür haben wir in Kapitel 53 besprochen.

Enthält ein Organismus in seinen Geweben Zellen unterschiedlicher genetischer Konsistenz, spricht man von genetischen Mosaiken (Chimären). Sie sind bei Insekten experimentell leicht zu induzieren. Benzer und Mitarbeiter haben genetische Mosaike an *Drosophila* eingehend studiert und damit zeigen können, welche Art Determination die Zellen des Blastoderms tragen. Das Schicksal einer jeden Zelle ist zu dem Zeitpunkt bereits entschieden (s. Kap. 63). An diesem Beispiel erkennen wir die Bedeutung von Mosaiken für entwicklungsphysiologische Fragen: Es eröffnet sich uns nämlich ein Weg, um Zellabstammungslinien zu verfolgen (s. Kap. 61 und 70). Bei Säugern sind genetische Mosaike relativ selten. Doch wenn sie entstehen, sind somatische Mutationen meist die Ursache. Es bildet sich dann nämlich ein Zellklon, der sich vom übrigen Gewebe als scharf abgegrenzter Bereich abhebt und, wenn ein geeigneter genetischer Marker betroffen ist, sichtbar wird.

Tarkowski (Warschau, Polen, 1961) und Mintz (Institute for Cancer Research, Philadelphia, 1962) gelang es, durch einen experimentellen Eingriff Embryonen von Mäusen miteinander zu fusionieren. Das Verfahren ist in Abb. 64.4 skizziert. Als Ausgangsmaterial verwendet man Mäuse(inzucht)stämme (A, B) mit leicht erkennbaren genetischen Markern, deren Schicksal man im weiteren Verlauf des Experiments verfolgen möchte. Fellfarbe, Geschlecht und gelelektrophoretisch identifizierbare Allozyme eignen sich hierfür besonders gut. Man isoliert die Embryonen (Morulastadium), behandelt sie mit Pronase, um die äußere Hülle (*Zona pellicula*) aufzulösen und bringt die beiden miteinander in Kontakt. Dieses Aggregat kultiviert man einen Tag lang in vitro und implantiert es dann in den Uterus einer scheinschwangeren Maus. Von da ab läuft die Entwicklung normal weiter (wenn man Glück hat). Die entstehenden Mäuse bestehen aus Mosaiken von Zellen unterschiedlicher Herkunft (Stamm A und Stamm B), es sind also Chimären. Man hat für sie die Kennzeichnung A ↔ B gewählt. In Analogie zu dem Begriff Allotyp spricht man hier auch von Allophänie, denn es sind ja verschiedene Phänotypen, die in einem Individuum vereint und exprimiert werden. Nachdem die Methoden etabliert waren, konnte ein ganzes Spektrum entwicklungsphysiologischer Probleme angegangen werden. So konnten u.a. auch Embryonen mit vier voneinander verschiedenen Eltern konstruiert werden.

$$A^0 A^0 \times A^1 A^1 \rightarrow A^0 A^1$$
$$A^2 A^2 \times A^3 A^3 \rightarrow A^2 A^3.$$

A^n seien verschiedene Allotypen an einem Genort. Die F_1 aus den obigen Ansätzen ist heterozygot. Verwendet man sie zur Produktion von Chimären, erhält man

$$A^0 A^1 \leftrightarrow A^2 A^3.$$

Chimären sind experimentell auch bei anderen Säugern herstellbar, bisher war man bei Kaninchen, Ratten

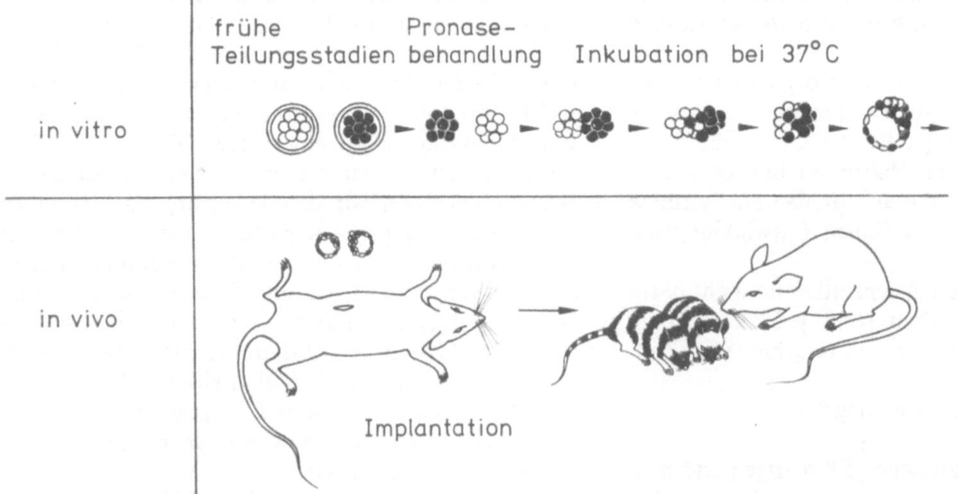

Abb. 64.4. Experimentelles Vorgehen bei der Herstellung allophänischer Mäuse durch Vereinigung embryonaler Zellen zu einem gemeinsamen Aggregat und Implantation in den Uterus einer scheinschwangeren Maus (Mintz, 1967)

und Schafen erfolgreich. Wir werden im folgenden und in einigen späteren Kapiteln einige Anwendungsbeispiele besprechen.

Der Erfolg der Arbeit hängt auch hier wieder von der Existenz geeigneter Mutanten ab. Und gerade bei so aktuellen Problemen wie der Entstehung der Nerv-Muskel-Interaktion steht wenig definiertes Material zur Verfügung, wobei allerdings einschränkend zu vermerken ist, daß man inzwischen zwar Mutanten kennt, doch konnten die Defekte bislang in den allermeisten Fällen noch keinem Zelltyp eindeutig zugeordnet werden (s. Kap. 69). Durch Einsatz genetischer Chimären verspricht man sich Aussagen über die Natur der Mutation und ihren Stellenwert in der Entwicklung der Zell-Zell-Kooperation.

Bis 1974 waren über 3000 chimärische Mäuse produziert worden. Das genügt, um sich die Verteilung der Expression einer großen Zahl genetischer Marker anzusehen. Wir können an dieser Stelle nicht auf alle Einzelheiten eingehen. Es soll aber durch Aufzählung der bearbeiteten Probleme angedeutet werden, wie vielseitig diese neu entwickelte Technik ist:

- Entwicklung von Haarfollikelzellen (zwei Gewebe kooperieren miteinander, s. hierzu auch Kap. 69),
- Entwicklung von Melanoblasten,
- Entwicklung des Nervensystems: Gehirn, Nerv-Muskel-Interaktion, Sinnesorgane,
- programmierter Zelltod,
- hämatopoetisches System,
- Immunsystem,
- Histokompatibilitätsantigene,
- Entwicklung der Leber u.a.

Eine Sonderstellung nimmt die Erforschung von Tumoren ein. Wir haben eingangs schon gesehen, daß Teratome Tumoren der Geschlechtszellen sind. Die Tumorzellen bleiben in der Regel embryonal (*embryoid bodies*) und können durch Implantation in die Bauchhöhle eines Empfängers vermehrt werden. Es entsteht ein solider Tumor, der für das Empfängertier nach drei bis vier Wochen den Tod zur Folge hat.

Durch vorherige Entnahme der Tumorzellen und Reimplantation in einen neuen Empfänger können die Zellen über Jahre hinweg im neoplastischen Zustand gehalten und kultiviert werden. So hat Stevens 1968 eine Zellinie angelegt, die bis 1975 200 Passagen hinter sich hatte. Einzelne Teratomzellen können sich in spezialisierte Gewebe differenzieren, wenn man sie einer Maus subkutan injiziert. Diese Eigenschaft hat man sich zunutze gemacht, um die einzelnen Schritte der Erythropoese und der Myogenese (die auch in Zellkultur induzierbar sind) zu analysieren (s. Kap. 65). Mintz und Illmensee haben 1975 Teratomzellen aus Stevens' achtjähriger Zellinie in die isolierte Blastula einer Maus überführt und damit die Bildung eines Mosaiks initiiert (s. Abb. 64.5). Das Erstaunliche an den Ergebnissen ist der Befund, daß die Tumorzellen voll integriert wurden und sich normalisierten. Denn aus dem Aggregat:

normale Mauszellen ↔ Tumorzellen

entstanden normale Mäuse, denen kein Defekt anzusehen war und die fortpflanzungsfähig waren, wobei Tumorzellen zur Keimbahn beitrugen. Daß die Tumorzellen tatsächlich revertierten, konnte durch die Expression ihrer genetischen Marker sichergestellt werden. Es zeigte sich, daß die Zellen während der vorangegangenen acht Jahre nichts verlernt hatten. Sie differenzierten sich u.a. in Gewebe, in die sich Teratomzellen normalerweise nicht differenzieren.

Dieses Experiment wirft ein neues Licht auf die Frage nach dem Charakter einer Tumorzelle. Teratomzellen können nicht durch eine strukturelle Veränderung des Genoms entstanden sein. Wahrscheinlich

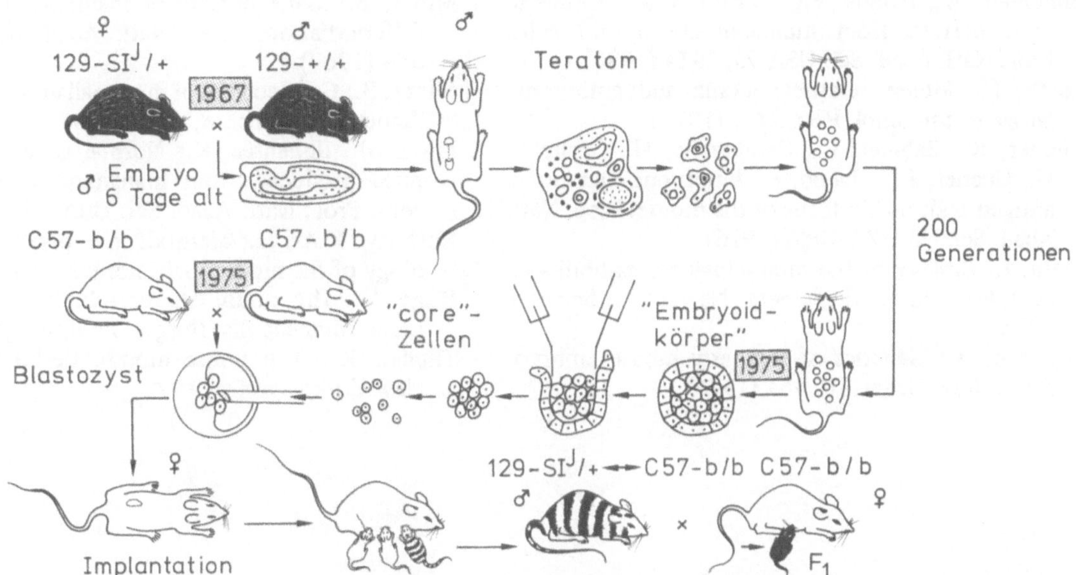

Abb. 64.5. Die achtjährige Geschichte eines Experiments. Das Teratom wurde 1967 experimentell produziert. Buchstabenkombinationen und Ziffern kennzeichnen Mäusestämme und genetische Marker. Die Tumoren wurden durch sukzessive Implantationen in einen Wirt über 200 Generationen vermehrt. Die Tumorzellen wachsen dabei zu soliden Tumoren, den sog. „Embryoidkörpern" heran. 1975 wurde ein solcher Embryoidkörper isoliert und durch Mikromanipulation in Einzelzellen zerlegt. Diese wurden in einen Blastozysten injiziert. Das Rekombinationsprodukt wurde einer scheinschwangeren Maus implantiert. Die Eigenschaften der geborenen und lebensfähigen allophänischen Nachkommen wurden durch Kreuzungsexperimente weiter analyisert (Mintz und Illmensee, 1975)

sind sie beim Übergang in den neoplastischen Zustand einmal falsch programmiert worden. Diese Umstellung (Habituierung?, s.a. Kap. 48) kann unter geeigneten Bedingungen (s. oben) rückgängig gemacht werden. In der mittlerweile zahlreichen Nachkommenschaft der so hergestellten Chimären sind niemals spontan Teratome aufgetreten. Die Zellen haben diesen Zustand ein für alle Mal „vergessen".

Teratomzellen erscheinen in allen Geweben einer allophänischen Maus. Dewey et al. (1977) setzten in einem Experiment HGPRT-defekte Teratomzellen ein und zeigten damit, daß es bei der Entwicklung einen Selektionsdruck gegen die Ausbreitung von Zellen mit defektem Genom gibt. Obwohl man sie in allen Geweben nachwies, war ihre Zahl, besonders bei Zellen im Blut, stark reduziert. Diese Erscheinung findet man auch bei menschlichen Patienten (♀) mit dem Lesh-Nyhan-Syndrom, die in bezug auf den HGPRT-Defekt heterozygot sind (s. Kap. 41). Das Gen liegt beim Menschen auf dem X-Chromosom, und da eines von denen sowieso inaktiviert wird (s. Abb. 40.1), kommt hier ein echter Selektionsdruck zum Tragen.

Illmensee et al. stellten 1978 eine Chimäre aus Mensch-Maus-Hybridzellen (s. Kap. 53) , die die meisten menschlichen Chromosomen bis auf 1–3 verloren hatten, und Mäusezellen her. Die menschlichen Gene wurden benötigt, um einen Defekt im Mäusegenom des Hybriden zu komplementieren. Nach Injektion einzelner Hybridzellen in einen Blastozysten entwickelten sich daraus Nachkommen, von denen einige wenige eindeutig Chimärencharakter aufwiesen. Die Hybridzellen waren am Aufbau von sieben verschiedenen Organen beteiligt, und zumindest in einem Fall gibt es einen Hinweis darauf, daß ein Gen menschlichen Ursprungs in einem Organ zur Expression gelangte. Dieses Ergebnis ist ein Anhaltspunkt dafür, daß bei den Mammalia einzelne Gene einer Art in eine andere, nicht verwandte übertragen werden können, dort integriert werden und an der Entwicklung des Organismus mitwirken.

Literatur

Avner, P., Dubois, P., Nicolas, J.F., Jakob, H., Gaillard, J., Jacob, F.: Mouse teratocarcinoma: Carbon source utilization patterns for growth and in vitro differentiation. Exp. Cell Res. *105*, 39 (1977)

Bennett, D.: The T-locus of the mouse. Cell *6*, 441 (1975)

Dewey, M.J., Martin, D.W., Martin, G.R., Mintz, B.: Mosaic mice with teratocarcinoma-derived mutant cells deficient in hypoxanthine phosphoribosyltransferase. Proc. Natl. Acad. Sci. USA *74*, 5564 (1977)

Gachelin, G., Kemler, R., Kelly, F., Jacob, F.: PCC4, a new cell surface antigen common to multipotential embryonal carcinoma cells, spermatozoa, and mouse early embryos. Dev. Biol. *57*, 199 (1977)

Illmensee, K., Hoppe, P.C., Croce, C.M.: Chimeric mice derived from human-mouse hybrid cells. Proc. Natl. Acad. Sci. USA *75*, 1914 (1978)

Jacob, F.: Mouse teratocarcinoma and embryonic antigens. Immunol. Rev. *33*, 3 (1977)

Kemler, R., Babinet, C., Condamine, H., Gachelin, G., Guenet, J.L., Jacob, F.: Embryonal carcinoma antigen and the T/t locus of the mouse. Proc. Natl. Acad. Sci. USA *73*, 4080 (1976)

Klein, J.: Biology of the mouse histocompatibility-2-complex. Berlin, Heidelberg, New York: Springer 1975

McLaren, A.: Genetics of the early mouse embryo. Annu. Rev. Genet. *10*, 361 (1976)

Mintz, B.: Gene control of mammalian pigmentary differentiation. Proc. Natl. Acad. Sci. USA *58*, 344 (1967)

Mintz, B.: Gene control of mammalian differentiation. Annu. Rev. Genet. *8*, 411 (1974)

Mintz, B., Illmensee, K.: Normal genetically mosaic mice produced from malignant teratocarcinoma cells. Proc. Natl. Acad. Sci. USA *72*, 3585 (1975)

Rafferty, K.A., Jr.: Methods in experimental embryology of the mouse. Baltimore: John Hopkins 1970

Rugh, R.: The mouse: its reproduction and development. Minneapolis: Burgess Publishing Comp. 1968

Theiler, K.: The house mouse. Berlin, Heidelberg, New York: Springer 1972

65. Entwicklung spezialisierter Zellen

Jeder Vielzeller enthält eine Reihe verschiedener differenzierter und spezialisierter Zelltypen, und die Probleme ihrer Differenzierung gehören zu den Hauptanliegen der Entwicklungsphysiologie:

- *Welche Mechanismen liegen einer differentiellen Genaktivierung zugrunde?*
  Welche Rolle spielen dabei extrazelluläre und intrazelluläre Faktoren?
- *Auf welcher Ebene (Transkription, mRNS-Processing, Gene splicing, Translation) erfolgt die Kontrolle?*
- *Wie lagern sich die Zellen zu Geweben zusammen? Wie kooperieren Zellen unterschiedlicher Herkunft miteinander?*

Es gibt zahlreiche Möglichkeiten, diese Fragen, zumindest ansatzweise, zu beantworten. In diesem Kapitel werden wir uns mit der Entwicklung von nur drei Typen spezialisierter Zellen befassen: Erythrozyten, Skelettmuskelzellen und Neuronen. In den drei folgenden Kapiteln werden wir einen weiteren Zelltyp, die Lymphozyten, kennenlernen und sehen, wie deren Entwicklung mit der des Immunsystems zusammenhängt. In den beiden abschließenden Kapiteln werden die Interaktionen zwischen verschiedenen Zelltypen, die Ausbildung von Geweben sowie die Entwicklung einfacher Neuronennetzwerke behandelt. Die Differenzierung von Zellen läuft über mehrere Zwischenstufen, doch oft sind nur einige von ihnen experimentell zugänglich und somit besser erforscht als die übrigen.

Entwicklung der Erythrozyten: Erythropoese

Erythrozyten sind, wie die übrigen Zellen des Blutes auch, hochgradig differenziert. Der Differenzierungsprozeß ist irreversibel. Sie verlieren ihre Teilungsfähigkeit und bei den Mammalia auch ihren Kern. Die Abstammungsverhältnisse der blutbildenden Zellen sind der Abb. 65.1 zu entnehmen. Daraus geht hervor, daß die terminalen Differenzierungsschritte einer jeden Linie durch spezifische Hormone eingeleitet werden. Im Falle der Erythropoese ist es das Erythropoetin, ein Glykoprotein mit dem Molekulargewicht 46.000

Zum Studium der molekularen Grundlagen der Erythropoese benötigt man eine einheitliche, synchron reagierende Zellpopulation. Diese Bedingung ist in vivo natürlich nicht erfüllbar, denn die blutbildenden Organe enthalten neben pluripotenten Stammzellen Stammzellen der einzelnen Linien in allen denkbaren Differenzierungsstadien. Als besonders glücklicher Umstand erwies sich daher der Befund, daß das Friend-Virus (FV, ein RNS-Tumorvirus) erythroleukämische Zellen zu Erythroblasten oder Proerythroblasten transformiert (Friend et al., 1971). Somit lassen sich einheitliche Zellklone gewinnen, die uneingeschränkt in Zellkultur gehalten werden können. Es gibt mittlerweile Zellinien, die älter als acht Jahre sind. Man bezeichnet sie auch als Friend-Zellen. Ihr Karyotyp ist stabil, der Durchmesser der Zellen beträgt ca. 12 μm. Das Friend-Virus ruft im Organismus eine sog. Erythroblastische Leukämie hervor, die sich durch das Vorkommen stark proliferierender basophiler Erythroblasten auszeichnet.

In den vergangenen Jahren sind sowohl Zellinien der Maus als auch des Menschen angelegt worden. Menschliche Erythroblasten erhält man durch Transformation von Zellen, welche Patienten mit *Polycythemia vera* oder Erythroleukämie entnommen wurden. Diese enthalten vorübergehend (bis zu 6 Monaten) erythroide Zellen, später nur Lymphoblastoide. Friend-Zellen verbleiben in der Regel im Differenzierungsstadium der Erythroblasten. Eine terminale Determination kann durch eine Reihe von Agentien wie Dimethylsulfoxyd [DMSO; $(CH_3)_2SO$], Fettsäuren oder Aktinomycin D eingeleitet werden, so daß man die darauffolgenden Schritte im Detail studieren kann. Auch die frühen Differenzierungsstadien, d.h. die Umwandlung der Stammzelle in eine pluripotente Stammzelle und deren Umwandlung in eine Vorstufe der Erythroblasten, sind seit kurzem einer molekularen Analyse durch Kombination von in vivo- und in vitro-Verfahren zugänglich. Obwohl Erythrozyten zu den einfachsten Eukaryontenzellen gehören, muß eine Reihe von Prozessen anlaufen, bevor sie aus den Erythroblasten entstehen. Die Aktivitäten der Erythroblasten werden abgestellt, die H-2-Antigene an den Zelloberflächen verschwinden, die Bildung von Hämin, Globin, Spektrin, der Acetylcholinesterase, der neuen Oberflächenantigene u.a. wird induziert.

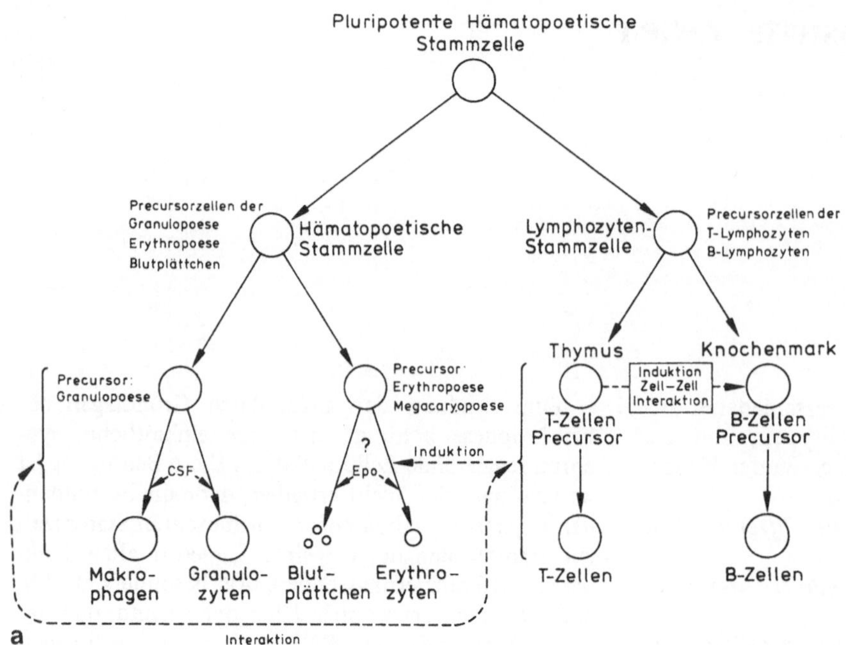

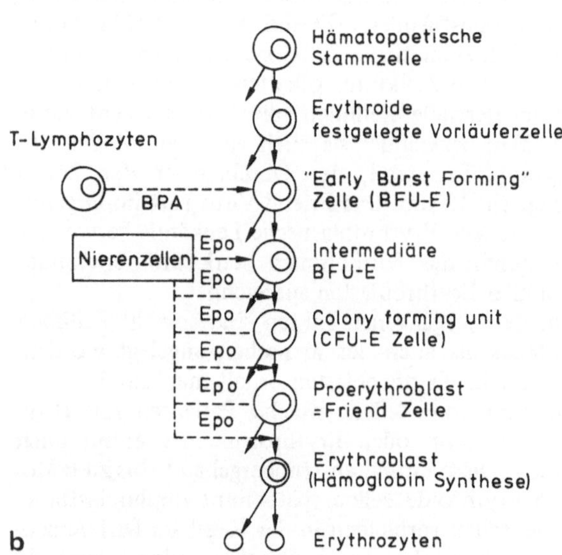

Abb. 65.1 a und b. Entwicklung blutbildender Zellen (Hämatopoetische Differenzierung). a Allgemeines Schema. Es sieht so aus, als würde sich die „pluripotente" Stammzelle zuerst zu einer eingeschränkt hämatopoetischen Stammzelle (Granulzyten, Makrophagen, Erythrozyten, Thrombozyten, Blutplättchen) und einer Lymphozytenstammzelle (s. Kap. 66–68) entwickeln. Die eingeschränkt hämatopoetische Stammzelle der Maus differenziert sich unter dem Einfluß eines von Lymphozyten ausgeschiedenen Hormons. Es entstehen *Precursor* der Granulopoese einerseits und die der Megacaryopoese und Erythropoese andererseits. Die Granulozytendifferenzierung wird durch ein weiteres Hormon (CSF, *colony stimulating factor*), das (wie das Erythropoetin) von T-Lymphozyten sezerniert wird, gesteuert. Die Differenzierung der Granulozyten verzweigt sich in eine *Lineage*, von denen die eine zu den Makrophagen, die andere zu den verschiedenen Typen der Granulozyten (Leukozyten) führt. Granulozyten differenzieren sich nicht in Makrophagen aus. b Erythropoese (Einzelheiten). Die erste Phase der erythroiden Differenzierung wird von einer BPA (*burst promoting activity*) kontrolliert. Dann erst stimuliert Erythropoetin (Epo); es induziert nicht nur erythroide, sondern auch megacaryozytäre Differenzierung bzw. Proliferation. (Nach Ostertag, 1979, unveröffentlicht)

Allein schon diese Auflistung erlaubt es zu fragen, ob alle Aktivitäten gleichzeitig einsetzen oder ob sie nacheinander angeschaltet werden (Parallel- oder Serienschaltung)? Die einfachste Erklärung für eine Parallelschaltung wäre die Existenz eines gemeinsamen Operons. Wie wir jedoch noch sehen werden, ist nicht dieser Weg, sondern der zweite realisiert.

Die Analyse der einzelnen Ereignisse ist in den letzten Jahren in verschiedenen Laboratorien durchgeführt worden. Die entscheidenden Beiträge wurden von den Arbeitsgruppen Eisen (Universität Genf), Granick (Rockefeller University, New York), Ostertag (Max-Planck-Institut für Experimentelle Medizin, Göttingen) und Pragnell (Beatson Institute, Glasgow) beigesteuert. Die Ergebnisse besagen, daß die Vorgänge in Friend-Virus-transformierten und durch DMSO induzierten Zellen nach einem genauen Zeitplan ablaufen. Während der Differenzierung wird die mRNS-Gesamtsynthese drastisch reduziert und das Volumen der Zelle um den Faktor 4–5 verringert.

Die terminale Differenzierung durchläuft zwei Phasen, eine frühe und eine späte. Während der frühen Phase werden

– Spektrin,
– ein histonähnliches Protein (IP 25; M.G. 25.000) und
– eine Gruppe von Enzymen gebildet, die für die ersten Schritte der Häminsynthese benötigt werden.

Die Induktion der genannten Aktivitäten ist reversibel. Die Zellen behalten ihre Proliferationskapazität bei. DMSO reduziert die Membranpermeabilität für nahezu alle niedermolekularen Stoffe wie z.B. für [^{32}P]-Phosphat, [^{3}H]-Uridin und [^{3}H]-Leucin. Das Fungizid Amphotericin B erhöht die Permabilität der Membran und hebt daher den DMSO-Effekt auf.

Aus Untersuchungen an Hühnererythrozyten weiß man, daß dort im Kern Histon I durch Histon V ersetzt ist. Das Auftreten von IP 25 in den sich differenzierenden Erythroblasten der Mäuse ist nicht direkt mit Histon V vergleichbar, denn IP 25 ersetzt nicht das Histon I, sondern es tritt zusätzlich auf. Man findet es auch in anderen Zelltypen, in Neuroblastomen, Granulozyten etc. Es scheint ein Protein zu sein, das sich während der G_1-Arretierung (G_0-Phase) ansammelt. Nach DMSO-Einwirkung nimmt die Agglutinierbarkeit der Zellen durch Lektine (siehe Kap. 50) wie Con A, PHA, Ricin-Agglutinin und dem Agglutinin von *Carragena arborescence* um das 10–100fache zu. Das Maximum der Empfindlichkeit wird 12–24 Std. nach der DMSO-Zugabe erreicht. Es erscheinen an der Zelloberfläche keine neuen Lektinrezeptoren, sondern die vorhandenen Oberflächenstrukturen werden umorganisiert (s. Abb. 51.5). In späten Stadien der Differenzierung nimmt die Empfindlichkeit graduell wieder ab, obwohl paradoxerweise die Anzahl der Lektinrezeptoren pro Flächeneinheit zunimmt.

Die Synthese des Hämins. Es gibt mehrere Enzyme, die in Friend-Zellen an der Synthese des Hämins beteiligt sind. Die Regulation ihrer Synthese sieht recht komplex aus und scheint unkoordiniert zu sein. Dieser Befund steht im Gegensatz zu den Vorgängen, die bei *Staphylococcus aureus* ablaufen, denn dort wird die Häminsynthese durch einen polycistronischen Messenger kontrolliert (Nakao et al., 1968). In den Friend-Zellen findet man einen niedrigen Pegel der notwendigen Enzyme. Nach Induktion mit DMSO steigen die Aktivitäten an. Verfolgt wurde die Bildung von

– δ-Aminolaevulinatsynthetase (ALAS),
– δ-Aminolaevulinatdehydrogenase (ALAD) und
– Uroporphyrinogen-I-Synthetase (UROS).

ALAS erscheint zuerst, und die Menge steigt als Funktion der Zeit linear an. ALAD erscheint etwas später und durchläuft 84 Std. nach DMSO-Zusatz ein Aktivitätsmaximum. UROS erscheint 12 Std. später als ALAD, erreicht aber sein Aktivitätsmaximum zum gleichen Zeitpunkt. [^{59}Fe] wird von der 96. Std. an vermehrt im Häm gefunden. Während dieser Phase wird auch das letzte Enzym der Häminsynthese, die Ferrochelatase, aktiviert oder induziert. Zu diesem Zeitpunkt ist die Aktivität von ALAD und UROS bereits im Rückgang begriffen.

Welche Bedeutung kommt dem Hämin zu? Wir haben schon an anderer Stelle gesehen (s. Kap. 39), daß dem Hämin eine Schlüsselstellung bei der Translationskontrolle zukommt. Es stellt das α:β-Globin-Verhältnis von 1:1 ein. Hämin inhibiert eine cAMP-unabhängige Proteinkinase, die mit einem löslichen Translationsinhibitor assoziiert ist. Es führt somit zu einer Erhöhung der Initiationskomplexbildung: met-tRNS-40S-UE der Ribosomen (Clemens et al., 1974; Levin et al., 1976).

Zur Überprüfung der Häminwirkung haben Granick und Sassa externes Hämin zu sich differenzierenden Erythroblasten hinzugegeben und fanden danach in einigen Friend-Zellinien eine Erhöhung der Aktivität von ALAD und UROS um den Faktor 2–4. Die Bildung einiger Oberflächenantigene wurde stimuliert; auf die Syntheserate von Spektrin und IP25 blieb es ohne Wirkung. Es sieht demnach so aus, als würde es primär die Synthese der spät erscheinenden Proteine beeinflussen.

Die Häminsynthese stellt einen limitierenden Schritt der Hämoglobinsynthese dar. Sein steuernder Einfluß auf die Globinsynthese ist deshalb als ein ökonomischer Faktor anzusehen. Die Transkription der Globingene und das *Processing* der mRNS gehören zum späten Programm, die Translation folgt unmittelbar darauf. Die Synthese von Globin wird nach Abschluß der Globin-mRNS-Synthese nicht eingestellt, sondern läuft mit gleichbleibender Intensität weiter. Mit der Globinsynthese läuft ein Verlust der Proliferationskapazität der Zellen einher. Alles was folgt, ist irreversibel.

Die Bildung von Hämin ist für die Initiation dieser Phase notwendig, aber nicht hinreichend. Frühe und späte Phase können voneinander entkoppelt werden. Man hat DMSO-resistente Klone isoliert: Man kennt Klone, in denen die frühen Enzyme gebildet werden, ohne daß die späte Phase vollzogen wird. Im Klon U99 läuft die zweite Phase der terminalen Differenzierung ab, wenn man die Zellen mit Hämin oder Erythropoetin stimuliert. Auf DMSO reagieren sie nicht.

Die Expression der frühen Phase kann entweder semikonstitutiv oder konstitutiv sein. Der Abschaltmechanismus kann außer Funktion gesetzt werden. Die Mutanten scheinen also an verschiedenen Punkten des Entwicklungsablaufs blockiert zu sein. Eine Zusammenfassung gibt die Tabelle 1.

Bei der Mutante F4N^{+2} kann die späte Phase (Globin-mRNS-Synthese, späte Morphogenese, Hämoglobinsynthese) durch Hämin ausgelöst werden, wodurch der Defekt in der Induzierbarkeit korrigiert wird. Man nimmt an, daß hier die Ferrochelataseinduktion (Häminsynthese) kausal die späte Phase der Differenzierung auslöst.

Wie verhält sich das Virus während der Differenzierung? In der Regel werden große Mengen virusspezifischer mRNS gebildet. Dieser Synthese geht die Bildung von Globin-mRNS voraus. Da kann man natürlich sofort fragen, ob beide Ereignisse ursächlich miteinander zusammenhängen, und die Antwort hierauf

Tabelle 1. Eigenschaften DMSO-resistenter Friend-Virus-transformierter Zellen (Sassa et al., 1977)

Klon (Bezeichnung)	Enzyme der Hämsynthese				Grad der Differenzierung
	nichtinduziert		induziert		
	frühe	späte	frühe	späte	
F4D5-5	–	–	–	–	primitiv
$F4^+$	+++	–	–	–	frühe Funktionen (konstitutiv)
K2, U91	++	–	+++	–	frühe Funktion (semikonstitutiv)
Ma, $F4N^{+2}$, U99	–	–	+++	–	späte Funktion (nicht induzierbar)
745A, T3Cl-2, F4N	–	–	+++	+++	normal

Frühe Enzyme: ALAS, ALAD und UROS. Späte Enzyme (Funktionen): Ferrochelatase, Häm, Hämoglobin.

lautet nein, denn bei der Mutante B 8/3 bleibt die virale mRNS-Synthese aus, während alle übrigen Schritte der Differenzierung ungestört weiterlaufen (Pragnell, Ostertag und Paul, 1977). Bei manchen Stämmen wird während der Differenzierung Virus freigesetzt, bei anderen wiederum unterbleibt dieser Schritt. Also auch das hat nichts mit der eigentlichen Differenzierung zu tun.

Entwicklung und Differenzierung von Muskelzellen (Myogenese)

Die Zellen in Skelettmuskeln sind vielkernig, ohne daß in ihnen jemals Mitosen beobachtet worden wären.

Wie kommt die Vielkernigkeit zustande? Zwei Alternativen, zwischen denen experimentell unterschieden werden kann, sind denkbar. Entweder teilen sich die Kerne in frühen Entwicklungsstadien, wobei eine Zellteilung unterbleibt (Teilungsmodell), oder mehrere Zellen fusionieren miteinander (Fusionsmodell).

Die Entscheidung darüber fiel durch ein Experiment von Mintz und Baker (Institute for Cancer Research, Philadelphia, 1967). Hierbei wurden allophänische Mäuse (genetische Chimären) eingesetzt (s. Kap. 64). Zu ihrer Herstellung verwendet man zwei Mäusestämme, von denen jeder durch einen spezifischen, genetischen Marker gekennzeichnet ist. Bewährt haben sich dazu allomere Formen (Alloenzyme) der Isocitratdehydrogenase (IDH). Das Enzym ist ein Dimer, das aus gleichartigen Untereinheiten besteht. Die Enzyme der beiden Stämme sind gelelektrophoretisch voneinander unterscheidbar. Wäre das Teilungsmodell richtig, dürfte man in Homogenaten von Muskeln nur Moleküle des einen oder des anderen Typs finden (aa, bb), erwiesenermaßen findet bei der Extraktion kein Austausch der Untereinheiten statt. Wäre hingegen das Fusionsmodell richtig, müßte man auch die hybriden Formen (ab) nachweisen können – und genau das wurde gefunden (s. Abb. 65.2).

Was passiert während der Differenzierung auf molekularer Ebene?

Die Myogenese ist ein ideales System zum Studium der terminalen Determination. Muskelzellen und ihre Vorstufen können in vitro kultiviert werden, so daß die einzelnen Schritte im Detail verfolgt werden können.

Bereits 1963 gelang es Konigsberg (Carnegie Institution of Washington, Baltimore), einzelne Myoblasten, das sind einkernige Vorstufen der vielkernigen Myotuben („Muskelzellen"), zu kultivieren und zu klonieren. In Abb. 65.3 sind die einzelnen Stadien der Myotubenentwicklung aus einem einzelnen Myoblasten photographisch aufgezeichnet. Der entscheidende Schritt, auf den wir uns auch im folgenden konzentrieren wollen, liegt in der Fusion von Myoblasten zu Myotuben. Sobald das geschehen ist, werden die Zellen kontraktil und die skelettmuskeltypische Querstreifung erscheint (s. Abb. 65.4).

Zum Studium der molekularen Vorgänge benötigt man genügend homogenes Ausgangsmaterial, und von daher erwies es sich als vorteilhaft, mit Teratomzellen zu arbeiten, von denen sich ein bestimmter Prozentsatz zu Muskelzellen differenziert. Ferner benötigt man genetische Marker, deren Erscheinen oder Verschwinden leicht (gelelektrophoretisch) verfolgt werden kann. Muskelzellen entstehen aus primitiven mesenchymatischen Zellen. Diese können sich alternativ auch zu Chondroblasten und zu Fibroblasten entwickeln. Fällt jedoch die Entscheidung zugunsten der Muskelzellen, entstehen zunächst die sog. präsumptiven Myoblasten. Die Zellen sind noch weitgehend abgerundet und enthalten weder den „richtigen" Isotyp Aktin noch Myosin oder cholinerge Rezeptoren. Später nehmen sie eine spindelförmige Gestalt an und entwickeln sich zu Myoblasten. Nach einiger Zeit verlieren diese die Teilungskompetenz, lagern sich aneinander und bilden langgestreckte Aggregate aus, schließlich fusionieren sie und differenzieren sich zu vielkernigen Myotuben.

Abb. 65.2. Wie entsteht die Mehrkernigkeit in Myotuben? Die Analyse des Alloenzymmusters beweist, daß das Fusionsmodell richtig, das Teilungsmodell falsch ist. Analysiert wurde die Verteilung der NADP-Isocitratdehydrogenase-Genotypen in den mehrkernigen Myotuben. (Nach Mintz und Baker, 1969)

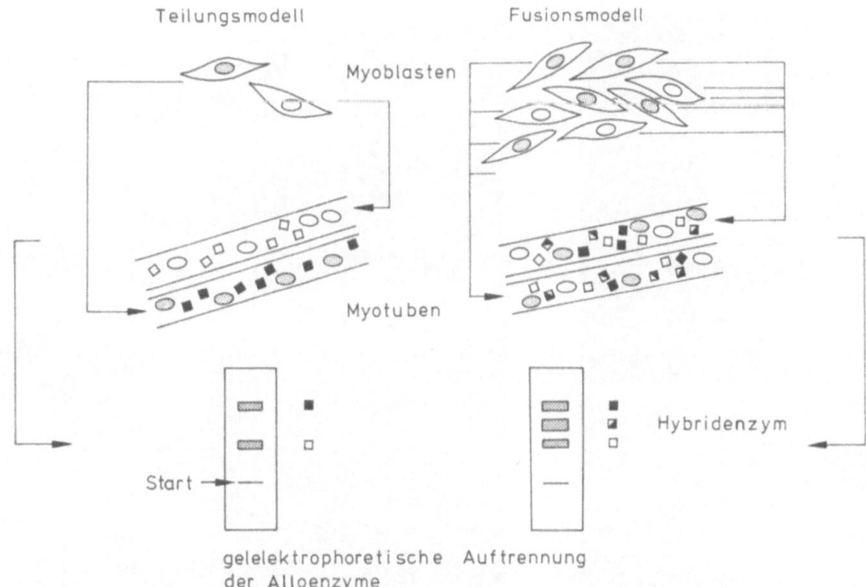

Welche Veränderungen im Proteinmuster spielen sich dabei ab? Von besonderem Interesse ist die Umschaltung vom Myoblastenstadium zum Myotubenstadium. Der Fusion geht eine Übergangsphase (Transitionsphase) voraus. Während dieses Zeitabschnittes tritt eine Reihe muskelspezifischer Proteine auf, so das Myosin, die Myokinase, Kreatinphosphokinase (CPK) und eine Phosphorylase. Nach der Fusion erscheinen weitere Proteine. In vielen Fällen wird ein Isoenzym durch ein anderes ersetzt, so beim Aktin, den leichten Myosinketten und beim Tropomyosin. Während die Myoblasten ausschließlich β- und γ-Aktin enthalten, tritt in der Übergangsphase das α-Aktin auf, das in den Myotuben den Hauptanteil des Aktins stellt. Wie in den Myoblasten findet man auch in anderen Nichtmuskelzellen vorwiegend die Formen β und γ. Die α-Form scheint damit für die besonderen Aufgaben in einer differenzierten Muskelzelle prädestiniert zu sein. Neben den genannten qualitativen findet man auch quantitative Unterschiede. Der Anteil mancher Proteine steigt an, so verdreifachen sich z.B. die Mengen des α- und β-Troponins. Es scheint hier demnach einen Schalter zu geben, der die Expression einer ganzen Gruppe von Genen simultan steuert.

Worauf beruht die Umstellung? Yaffe und Dym (The Weizmann Institute, Rehovot, Israel) zeigten 1972, daß die Zugabe von Aktinomycin D kurz vor oder während der Fusion keinen Einfluß auf die Bildung der meisten muskelspezifischen Proteine hat, was die Annahme nahelegte, daß die Myoblasten vorfabrizierte, spezifische mRNS enthalten. Buckingham, Cohen, Whalen und Gros (Institut Pasteur, 1974, 1976) analysierten Zusammensetzung, Lebensdauer und Auftreten spezifischer mRNS. Ihre Ergebnisse sind der Abb. 65.5 und den folgenden Tabellen zu entnehmen.

Die 26 S mRNS-Fraktion enthält den Myosinmessenger. Wie die Ergebnisse zeigen, findet man ihn bereits in sich teilenden Myoblasten. Seine Stabilität ist dort jedoch relativ gering. Während der Transitionsphase nimmt die Stabilität zu, ohne daß bisher geklärt

Tabelle 2. mRNS-Klassen während der Myogenese

Differenzierungsstadium	mRNS-Klasse [a]	Prozentualer Anteil	Komplexitätsgrad (Anzahl versch. mRNS-Moleküle)	Anzahl der Kopien einer jeden mRNS pro Zelle
Primitive Teratomzelle (PCC 3)	häufig	30,9	56	601
	mittel	33	437	82
	selten	35,8	7275	5,5
Myoblasten	häufig	30	70	408
	mittel	34	1399	23
	selten	36	10.309	3,3

a Unter „mRNS" wird hier ausschließlich Poly(A)-tragende RNS verstanden. Der Komplexitätsgrad wird durch Hybridisierungsexperimente ermittelt (s. Kap. 11), wobei cDNS gebildet wird, die gegen die mRNS hybridisiert wird. Myoblasten enthalten mRNS-Typen, die in den Teratomzellen nicht enthalten sind. Diese gehören vorwiegend in die Klasse „seltene mRNS", während andererseits in den Myoblasten alle mRNS-Typen erhalten bleiben, die bereits in Teratomzellen vorkommen.

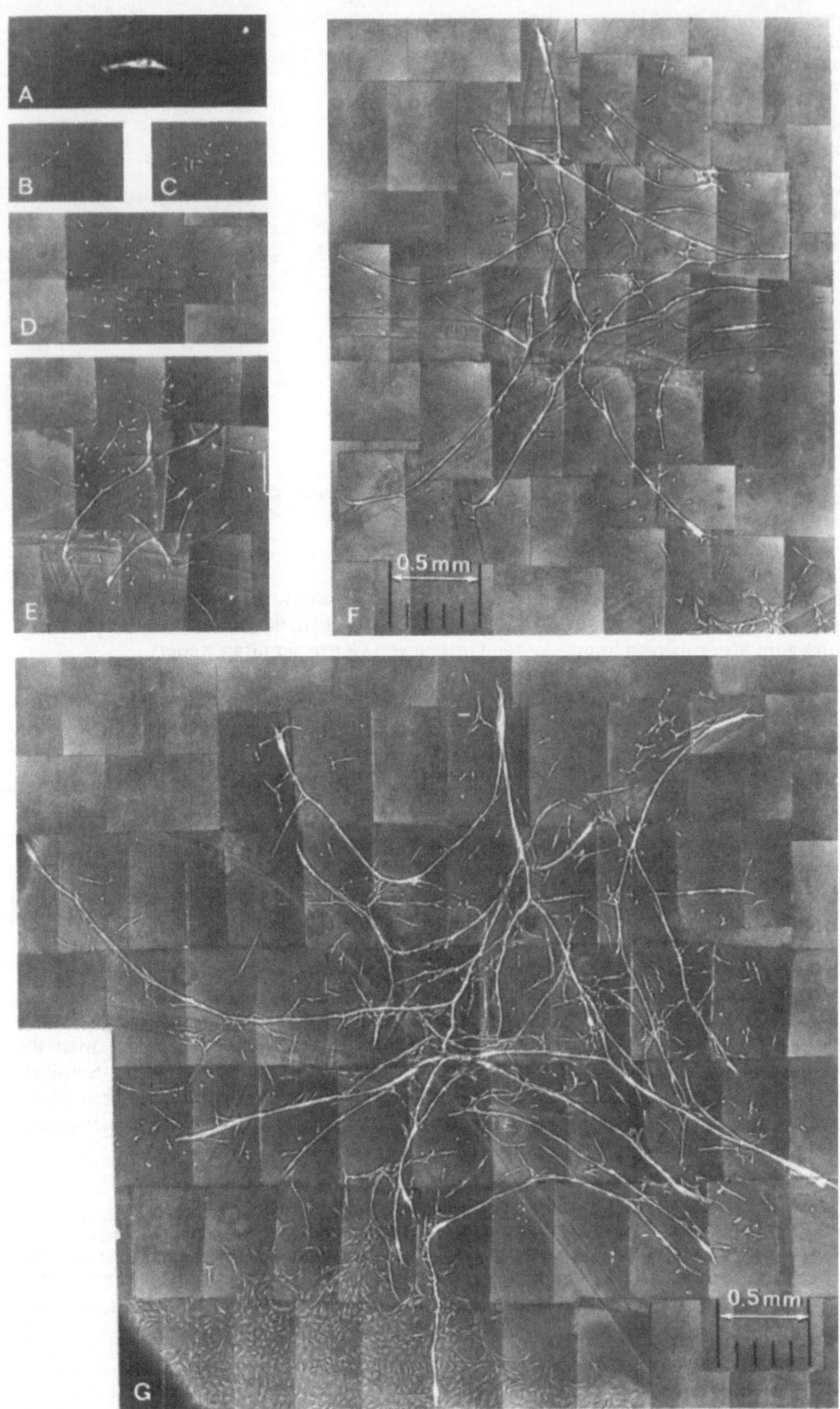
A
B
C
D
E
F
0.5mm
G
0.5mm

Abb. 65.4. Vergrößerter Ausschnitt aus der in Abb. 65.3 dargestellten Kolonie. Die Myotuben sind an einer charakteristischen Querstreifung erkennbar. Die Aufnahme wurde in polarisiertem Licht gemacht. (Aufn. Konigsberg, Charlottesville, 1963)

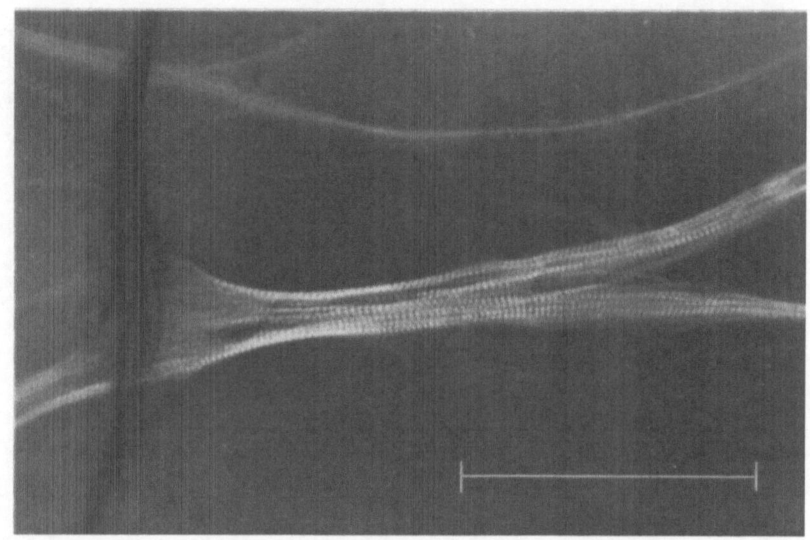

Tabelle 3. Verteilung und Stabilität von mRNS in Muskelzellen und ihren Vorstufen (Buckingham et al., 1977)

mRNS	Myoblasten (Teilungsphase)			Myoblasten (Transitionsphase)			Myotuben		
	RNP [a] (%)	Polysomen (%)	$t_{1/2}$ (h)	RNP (%)	Polysomen (%)	$t_{1/2}$ (h)	RNP (%)	Polysomen (%)	$t_{1/2}$ (h)
Poly(A)-tragende RNS (insgesamt)	35–50	50–65	~10	45–55	45–55	20–25	40–50	50–60	20–25
6–10 S mRNS	30–40	60–70	<6	30–40	60–70	<6	30–40	60–70	<6
23 S mRNS	40–50	50–60	25–30	40–50	50–60	25–30	40–50	50–60	25–30
30 S, 32 S u.a.	40–50	50–60	25–30	40–50	50–60	50–60	40–50	50–60	50–60
26 S mRNS	90–95	5–10	~10	90–95	5–10	50–60	35–50	50–65	50–60

a RNP: Ribonukleoprotein

werden konnte, worauf die Zunahme beruht. Die Messenger für viele muskelspezifische Proteine sind bereits fertig, lange bevor es zu einer Translation kommt. Die Zelldifferenzierung wird somit – zumindest partiell – durch Mechanismen der Posttranskriptionskontrolle und Translationskontrolle gesteuert.

Messenger für einige der anderen muskelspezifischen Proteine werden erst nach der Umstellung gebildet.

Tabelle 4. mRNS für muskelspezifische Proteine

mRNS	Myoblasten	Myotuben
Myosin, leichte Ketten:		
LC 1	–	++
LC 2	–	++
LC 3	+	++
α-Aktin	–	++
Tropomyosin		
α-TM	±	+
β-TM	++	++

Abb. 65.3 A–G. Entwicklung einer Muskelzellkolonie aus einer einzelnen, bipolaren Myoblastenzelle des Huhns. Die Zelle wurde bei einer 200fachen Vergrößerung (A), die sich entwickelnde Kolonie (B–G) bei einer 100fachen Vergrößerung im Phasenkontrastmikroskop aufgenommen. Die Abbildungen in D–G sind aus zahlreichen Einzelbildern zusammengesetzt. A Eine Zelle 18–24 Std. nach Ausplattierung. Der Kern enthält einen Nukleolus. B Zweiter Tag. Eine entstehende Kolonie von Zellen, die durch Teilung aus der in (A) dargestellten Zelle hervorgegangen sind. C Kolonie am 3. Tag. Drei der Zellen sind abgerundet und stehen offenbar unmittelbar vor Teilungen. D Kolonie am 4. Tag. E Kolonie am 6. Tag. Es haben sich langgestreckte, vielkernige Myotuben gebildet (erstes Erscheinen bereits am fünften Tag). F Kolonie am 9. Tag. Das Netzwerk der Myotuben hat sich merklich erweitert, dennoch bleiben einzelne, isolierte Zellen erhalten. G Kolonie am 13. Tag. Die Myotuben sind länger und zahlreicher als in (F). Einzelne Zellen bleiben nach wie vor erhalten. An der Peripherie (*unten*) sind fibroblastenähnliche Nichtmuskelzellen erkennbar, die ihrerseits eine anders gestaltete Kolonie ausbilden. (Aufn. Konigsberg, Charlottesville, 1963)

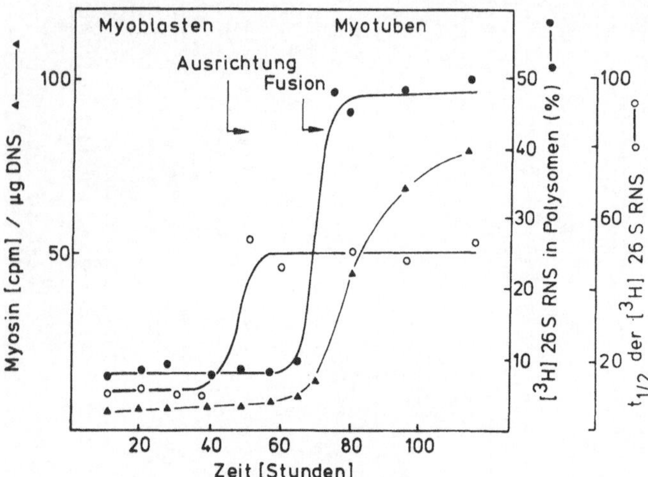

Abb. 65.5. Erscheinen von langlebiger 26 S RNS, von 26 S RNS in Polysomen und von Myosin während der Entwicklung und Differenzierung von Muskelzellen (Buckingham, Cohen und Gros, 1976)

Welche Faktoren greifen während der Differenzierung regulierend ein?

Wachstumsfaktoren. Der Fibroblastenwachstumsfaktor (FGF) (s. Kap. 58) stimuliert die Proliferationsrate der Myoblasten und verzögert den Fusionsprozeß. Die Zelldichte nimmt dabei im Vergleich zu Kontrollen um den Faktor 5–10 zu. Zelldichte und Zellfusion sind demnach voneinander unabhängig. Parallel zur Zellzunahme nimmt die Menge an Acetylcholinrezeptoren (an den Myoblastenoberflächen) zu, woraus zu schließen ist, daß die Ausbildung dieses muskelspezifischen Proteins nicht an einen Fusionsprozeß gekoppelt ist. Wachstumshormon, Insulin und Testosteron haben einen nur geringen Einfluß auf Myoblastenteilungsrate und -fusion. Alles weist darauf hin, daß FGF die Teilungsrate aller mesodermalen Zelltypen stimuliert, wobei allerdings hervorzuheben ist, daß FGF aus Säugern von den Myoblasten der Hühner nicht erkannt wird. Es gibt also artspezifische oder zumindest klassenspezifische Unterschiede (Gospodarowicz et al., Salk Institute for Biological Studies, San Diego, 1976).

cAMP. cAMP inhibiert Differenzierungsschritte und verzögert die Zellfusion, beeinflußt aber nicht die Bildung muskelspezifischer Proteine. In der Normalentwicklung steigt der cAMP-Spiegel in proliferierenden Myoblastenzellen fünf bis sechs Stunden vor Einsetzen der Fusion um ein Mehrfaches an, um kurz danach wieder auf den sonst üblichen, niedrigen Wert abzufallen. Durch Zugabe von Prostaglandin D_1 (PGD_1) kann die Bildung von cAMP stimuliert und zeitlich vorgezogen werden, womit auch die nachfolgende Fusion vorverlegt wird. Das Erscheinen und Wiederverschwinden des cAMP weist auf seine Bedeutung bei der Initiation eines spezifischen Differenzierungsschrittes hin. Wird der cAMP-Puls unterdrückt, unterbleibt die Fusion (Zahlin, University of Sussex, Brighton, 1976).

Was spielt sich an der Zelloberfläche ab? Wenn man Myoblasten in einer Ca^{2+}-enthaltenden Flüssigkeitskultur vorsichtig schüttelt, aggregieren die Zellen. Die Aggregationskompetenz der Zellen hängt von ihrem Alter, dem pH-Wert der Lösung, der Ca^{2+}-Ionen-Konzentration und der Temperatur ab. Die gleichen optimalen Bedingungen müssen bei einer Myotubenbildung erfüllt sein. Aggregation ist eine Voraussetzung für eine nachfolgende Fusion. In frühen Aggregationszuständen lassen sich die Zellen noch leicht durch EDTA-Zusatz voneinander trennen. Nach längerer Inkubationszeit ist der Zusammenhalt nur durch stärkere Eingriffe, wie z.B. eine Trypsinbehandlung, zu lösen. Schließlich entstehen Komplexe, die auch dieser Behandlung widerstehen, und letztlich echte Fusionsprodukte mit mehreren Kernen.

Voraussetzungen der Fusion sind einmal der Ausschluß anderer Zelltypen, z.B. der Fibroblasten, und zum anderen der Erwerb der Fusionskompetenz. Cytochalasin B, Colchicin und Colcimid inhibieren die Fusion, ohne die Aggregation zu beeinflussen.

Wir können die Fusion daher als Abfolge mehrerer Schritte betrachten:

- Zell-Zell-Erkennung,
- Zell-Zell-Aggregation (Adhäsion),
- Vereinigung der Membranen (Fusion),
- weitere morphologische Veränderungen.

Zwischen Erkennung und Adhäsion ändern sich die Oberflächeneigenschaften der Zellen. Wie schon gesagt, bedarf es in späten Stadien eines recht hohen Aufwands (Trypsinbehandlung), um die Zellen wieder voneinander zu trennen, da dabei spezifische Protein-Proteininteraktionen im Spiel sind, die ihrerseits eine Membranvereinigung einleiten (Knudsen und Horwitz, University of Pennsylvania, Philadelphia, 1977).

Veränderungen des antigenen Oberflächenmusters während der Myogenese. Während der Myogenese ändern sich die Oberflächeneigenschaften der Zelle. Das Erscheinen des Acetylcholinrezeptors und seine

Konzentrierung in bestimmten Zonen der Zelloberfläche (*hot spots*) sind ein Ausdruck dafür. Vieles andere ist noch unverstanden, so u.a. die weiteren Veränderungen von Myotubenbereichen, an denen es zu einer Synapsenbildung mit einem Motoneuron kommt. Myoblasten tragen auf ihrer Oberfläche das sog. *Large external transformation sensitive protein* (LETS), dessen Verteilung durch fluoreszierende Antikörper leicht zu verfolgen ist. Es ist gleichmäßig in Form eines diffusen Netzwerks über die gesamte Zelloberfläche verteilt. Yamada et al. erkannten 1976, daß es für Zell-Zellinteraktionen (Adhäsionen) benötigt wird. Weitere biologische Bedeutung scheint ihm nicht zuzukommen. Es ist ein Glykoprotein (enthält Galactose) mit dem Molekulargewicht von 220.000–250.000. Außer auf Myoblasten ist es auf Fibroblastenoberflächen gefunden worden.

Nach Fusion der Myoblasten verschwindet das Netzwerk. Die Menge des LETS-Proteins nimmt drastisch ab. Die verbliebenen Reste konzentrieren sich in kleinen, scharf abgegrenzten Bereichen, die fleckenförmig über die Oberfläche einer Myotubenzelle verteilt sind (1–20 Flecken pro Zelle) (Chen, Cold Spring Harbor Laboratory, 1977).

Entwicklung von Nervenzellen (Neuronen)
Nervenzellen in Kultur

Neuronen sind, wie die bereits besprochenen Erythrozyten und Skelettmuskelzellen, hochdifferenziert und teilungsinkompetent. Ihre Aufgaben sind jedoch um Größenordnungen komplexer als die der übrigen Zelltypen, und wir sind noch weit davon entfernt, ihre Entwicklung auch nur annähernd so gut zu verstehen. Wie im Kapitel 61 dargelegt, ist jedes Neuron durch seine topologische Lage im Gewebe charakterisiert. Seine Funktion ergibt sich aus den Kontakten mit anderen Zellen. Zum Verständnis der Architektur des Netzwerks ist aber nicht allein die Lage der Zellen zueinander, sondern auch die Art der Wechselwirkung untereinander entscheidend. Man muß wissen, ob ein Neuron eine andere Zelle (Neuron, Muskelzelle etc.) aktiviert oder inhibiert, und das wiederum hängt einmal von der Art des freigesetzten Transmitters und zum anderen von den Rezeptormolekülen auf den Oberflächen innervierter Zellen ab. Im folgenden werden wir uns daher primär auf die Beantwortung der folgenden Fragen konzentrieren:

- *Weshalb produziert ein Neuron einen, ein anderes einen anderen Neurotransmitter?*
- *Kann ein Neuron mehr als einen Neurotransmitter bilden?*
- *Gibt es Oberflächenantigene, durch die sich verschiedene Neuronentypen voneinander unterscheiden?*

Es erwies sich anfangs als recht schwierig, Neuronen in Kultur zu nehmen, dennoch ist auch das mittlerweile gelungen, so daß man die Bildung von Synapsen, die Interaktion mit anderen Zellen und die Produktion von Neurotransmittern an einzelnen isolierten Neuronen verfolgen kann. Im Gegensatz zum Studium der Erythropoese und der Myogenese, bei dem man von möglichst viel einheitlichem Material ausging, ist es hier wichtig, möglichst viele, unabhängig voneinander hergestellte Zellklone zu analysieren. Auch hier bewährte sich der Einsatz von Tumorzellen und von Zellhybriden.

Neuroblastome als Ausgangsmaterial

Augusti-Tocco und Sato (Brandeis University, Boston) produzierten 1969 eine Reihe von Klonen aus Mäuseneuroblastomzellen. Neuroblastome sind Tumoren des Nervensystems. Sie sind experimentell relativ leicht zu erzeugen, so z.B. bei Ratten durch Injektion von Nitroäthylharnstoff. Sie sind an einer Vielzahl von Störungen im Nervensystem und damit auch durch Störungen im Verhalten erkennbar. Die isolierten Tumoren können in Einzelzellen zerlegt werden, und diese lassen sich in Eagles Medium halten und vermehren. Die Explantate enthalten ein weites Spektrum verschiedenartigster Zelltypen. Neuroblastomzellen behalten die Fähigkeit, Tumoren zu bilden, wenn man sie in eine Maus rückimplantiert. In Kultur ähneln die Zellen ausdifferenzierten Neuronen, während die Zellen im Tumor wie unreife Neuroblasten aussehen. Sie bilden im Tumor und in Kultur Acetylcholinesterase sowie die Enzyme, die zur Bildung des Acetylcholins benötigt werden. 1974 haben Schubert et al. (Salk Institute for Biological Studies, San Diego) eine Anzahl von Zellklonen angelegt und jeden einzelnen analysiert.

Nerv- und Muskelzellen sind von Gliazellen durch ihre erregbaren Membranen unterscheidbar. Da nicht anzunehmen ist, daß Tumoren des Zentralnervensystems Muskelzellen enthalten, hat man die Zellen mit erregbarer Membran als Nervenzellen klassifiziert.

Erregbarkeit kann mit Anwesenheit von Acetylcholinrezeptoren (s. Kap. 30) korreliert sein, und diese lassen sich mit $[^{125}J]$-α-Bungarotoxin titrieren. Unter Einsatz dieses Liganden konnten einige Klone ausgemacht werden, die diesen Rezeptortyp tragen. Aufgrund ihrer Morphologie sind die Zellklone sechs verschiedenen Gruppen zugeordnet worden. Nahezu alle Zellen wachsen in engem Kontakt mit der Unterlage. Entfernt man Serum aus der Kulturlösung und ersetzt es durch Dibutyryl-cAMP, beobachtet man bei allen Zellen eine Veränderung der Gestalt. In Nervenzellen kommt es zu einer Ausbildung von Fortsätzen.

Werden Neurotransmitter gebildet? Es ist eine allgemeine Lehrmeinung, daß nur Neuronen, nicht aber Gliazellen, Neurotransmitter produzieren und absondern. Es wird weiterhin allgemein angenommen, daß ein Neuron nur einen Typ eines Neurotransmitters produziert. Neuronen müssen demnach über einen

Satz von Enzymen verfügen, die sie zur Neurotransmitterproduktion befähigen. In stationären Zellkulturen sind die folgenden Enzyme nachgewiesen worden:

- Cholinacetyltransferase,
- Tyrosinhydroxylase,
- Glutaminsäuredecarboxylase sowie
- eine unspezifische Cholinesterase.

Esteraseaktivität ist weit verbreitet, wobei jedoch eine große Variabilität in bezug auf Menge und Substratspezifität gefunden worden ist. In vielen Zellinien wurden Enzyme zur Produktion mehrerer Neurotransmitter festgestellt: In der Linie B65 z.B. Cholinacetyltransferase, Tyrosinhydroxylase und Glutaminsäuredecarboxylase, in B35 und B103 Cholinacetyltransferase und Glutaminsäuredecarboxylase. Die Befunde legen die Annahme nahe, daß sich entwickelnde Neuronen mehrere verschiedene Transmittersubstanzen herstellen können. Offensichtlich kommt die Einschränkung zur Produktion nur einer Substanz während eines späteren Differenzierungsstadiums, vermutlich aufgrund einer spezifischen Interaktion mit der/den Nachbarzellen zustande. Auch die Unterschiede zwischen Neuronen und Gliazellen werden sukzessive sichtbar. In frühen Entwicklungsstadien findet man auch in ihnen Neurotransmitter, so z.B. die γ-Aminobuttersäure (GABA). Cholinacetyltransferase und Tyrosinhydroxylase kommen in beiden Zelltypen vor. Ausdifferenzierte Gliazellen enthalten ein spezifisches Protein: S100, Nervenzellen enthalten das Protein 14-3-2. Während der Entwicklung findet man S100 und 14-3-2 in verschiedenen Kombinationen sowohl in Nerven- als auch in Gliazellen. Alle Nervenzellen enthalten 14-3-2, während nicht alle vermeintlichen Gliazellen S100 enthalten.

Einzelzellkulturen

Während früher Embryonalstadien sind Neuronen noch voneinander getrennt. Während der weiteren Entwicklung nimmt die Zahl ihrer Fortsätze (Axone, Dendriten) und deren Länge und Verzweigungsgrad zu. Die Zahl der Synapsen steigt an.

Wodurch wird nun die Entscheidung getroffen, welcher Neurotransmitter gebildet und sezerniert wird? Im autonomen Nervensystem der Vertebraten kommen Acetylcholin und Noradrenalin vor. Beide können antagonistisch zueinander arbeiten. Das Acetylcholin kann an einer Synapse erregend, an einer anderen inhibierend wirken. Sympathische Ganglien neugeborener Ratten enthalten eine Menge unreifer Neuronen, die, unter geeigneten Bedingungen in Kultur genommen, zur Reife gebracht und als Einzelzellen oder als Zellgruppen beobachtet werden können. Sie produzieren zunächst ausschließlich Noradrenalin (Furshpan, MacLeish, O'Lague und Potter, Harvard University, School of Medicine, Boston, 1976), es wird sezerniert, doch es erfolgt keine Erregung benachbarter Zellen, denn es fehlen Noradrenalinrezeptoren (stille Synapsen). Acetylcholinrezeptoren sind vorhanden, obwohl sie in diesem Stadium nicht benötigt werden. Kultiviert man diese Zellen zusammen mit anderen Zelltypen, z.B. Skelettmuskelzellen, entstehen acetylcholinsezernierende Synapsen. Die Zelle schaltet also von der Bildung eines Transmitters zur Bildung eines anderen um. Während eines begrenzten Zeitraums können die Zellen beide Transmitter produzieren und freisetzen. Das Experiment weist darauf hin, daß die Entscheidung, ob ein Neuron cholinerg wird oder adrenerg bleibt, auf einer Instruktion von außen beruht. Offensichtlich scheiden die zu innervierenden Zellen eine Substanz aus, die von den Neuronen als Signal verstanden wird. Fushpan et al. verifizierten diese Annahme, indem sie zeigten, daß ein zellfreies (konditioniertes) Medium, in dem vorher Skelettmuskelzellen kultiviert worden sind, genügt, um Neuronen zur Acetylcholinbildung zu veranlassen. Skelettmuskelzellen werden von cholinergen, Herzmuskelzellen von cholinergen und adrenergen und Leberzellen von adrenergen Neuronen innerviert. Obwohl Neuronen in Kultur sich nicht mehr teilen, bilden sie neue Fortsätze und Verzweigungen bestehender aus. Das Ende eines ausgewachsenen Fortsatzes ist durch ein kegelförmiges Gebilde, den Wachstumskegel (*growth cone*), charakterisiert (Ramon y Cajal, 1907) (s. Abb. 65.6). Die Bildung von Verzweigungen an den Enden der Fortsätze wird als *Sprouting* bezeichnet. In einem lebenden Organismus erfolgt *Sprouting* immer in Nachbarschaft von Geweben, die von dem betreffenden Neuron innerviert werden. Das legte schon seit langem den Verdacht nahe, daß es durch trophische Faktoren (lösliche, von anderen Zelltypen freigesetzte Komponenten) induziert wird. Der Zellkörper des Neurons produziert offenbar Substanzen, die dem entgegenwirken und die sich entlang der Fortsätze (Axone) ausbreiten. In einiger Entfernung vom Zellkörper überwiegen jedoch die externen Signale, so daß es trotz intrazellulärer Inhibition zur Ausbildung von Verzweigungen kommt.

Zellhybride

Die Arbeitsgruppe von Nirenberg (National Institutes of Health, Bethesda, Md) befaßt sich seit 1971 mit Zellhybriden zwischen Neuroblastomazellen und Gliomazellen (bzw. anderen Zelltypen), um neuronenspezifische Eigenschaften zu studieren. Von besonderem Interesse ist die Zellinie N6 108-15. Sie setzt Acetylcholin frei und trägt an der Zelloberfläche pro Zelle 3×10^5 Opiatrezeptoren (s. Kap. 30). Die Rezeptoren wurden bei keiner der Elternzellen gefunden. Die Bindungsaffinität liegt in der gleichen Größenordnung wie bei den Rezeptoren an Neuronen im Rattengehirn. Es sieht demnach so aus, als würde es

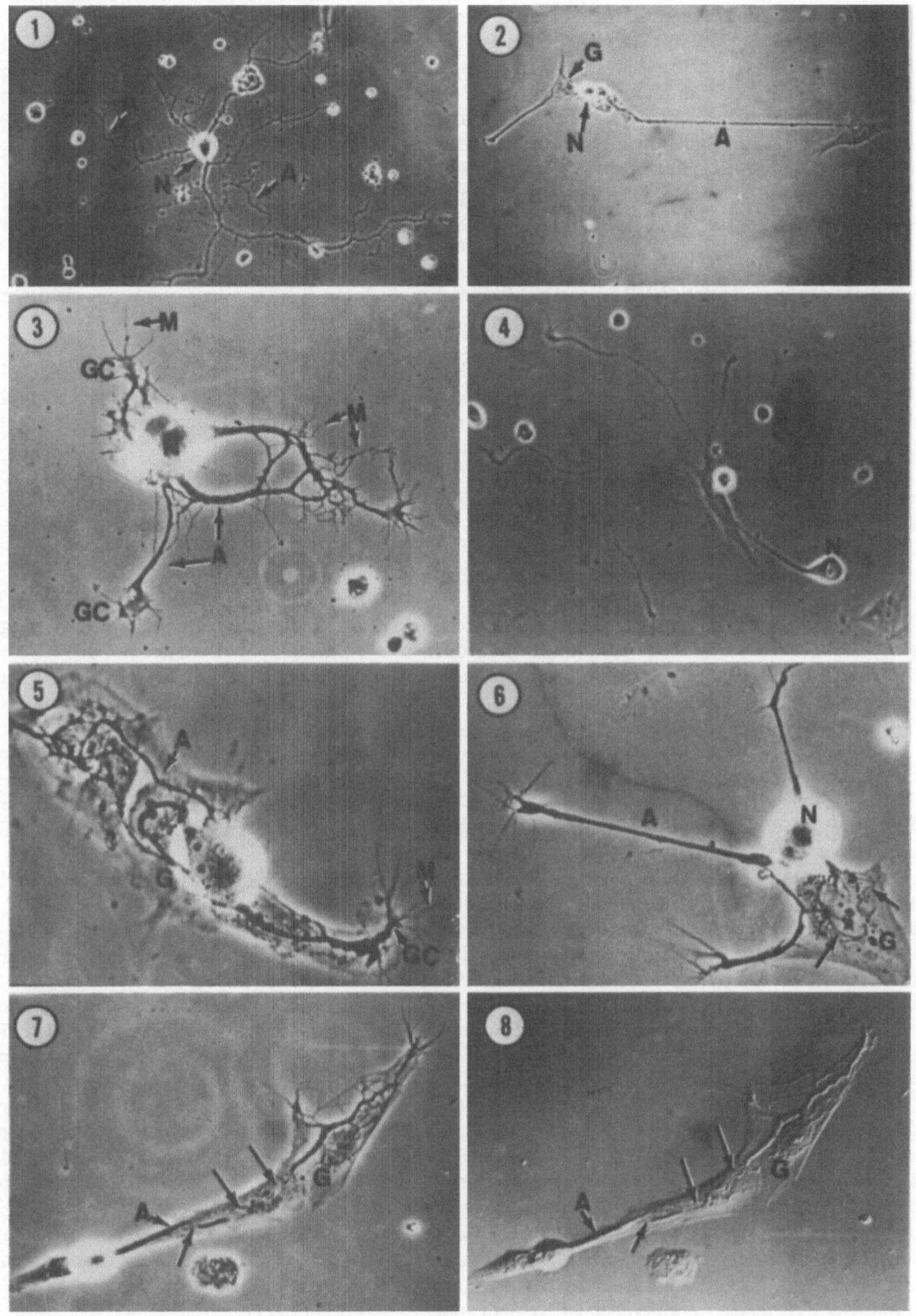

Abb. 65.6. Neuronen und Gliazellen in Zellkultur. *1*, Neuron (*N*, Zellkörper; *A*, Axon). *2*, *G*, Gliazellen. *3*, Kultur auf einer Polyornithin-beschichteten Oberfläche. Es wachsen mehrere Axone von einem einzelnen Zellkörper (*N*) aus, Wachstumskegel (*growth cone, G.C.*) und Mikrospikes (*M*) sind erkennbar. *4*, Der Zellkörper (*N*) flacht sich ab. *5*, *6*, Gliazellen und Neuronen. *7*, *8*, Aufnahmen im Phasenkontrast- und im Interferenz-Kontrastmikroskop (Nomarksi-Optik). Vergr. *1*, *2* und *4*, 220fach; *3* und *6*, 550fach; *5*, 640fach, *7* und *8*, 370fach. (Aufn. Letourneau, Stanford University, 1975)

sich um den gleichen Rezeptortyp handeln, und damit hat man ein Testsystem in der Hand, um die Wirkungsweise von Opiaten in vitro zu analysieren. Es ist für pharmakologische Untersuchungen genauso geeignet wie für das Studium molekularer Grundlagen der Suchterscheinungen. Eine 12–97stündige Einwirkung von Methionin-Enkephalin (s. Kap. 56) findet ihre Antwort im Anstieg der Adenylatcyclaseaktivität. Wir haben ja schon gesehen (s. Kap. 30), daß Opiate die Adenylatcyclase inaktivieren und gleichzeitig die Bildung neuer Adenylatcyclasemoleküle stimulieren. Die Zellen werden in vitro tolerant und Opiat-abhängig. Bei Entzug steigt der cAMP-Spiegel auf Werte, die weit über den physiologisch normalen liegen. Durch Naloxon, einen Antagonisten der Opiate, kann Sucht geheilt werden, denn Naloxon inaktiviert die Adenylatcyclase, ohne die Synthese neuer Moleküle zu induzieren. Die Zellinie NG 108-15 bewährte sich auch zur Verifizierung der Spezifität der Nerv-Muskel-Synapse. Die Hybridzellen nehmen mit quergestreiften Muskeln des Huhns, der Ratte und der Maus synaptischen Kontakt auf, was darauf hinwies, daß Muskelzellen gleichartig reagieren. Ihre Fähigkeit zur Synapsenbildung ist während der Evolution unverändert beibehalten worden. Das Experiment sagt aber auch, daß es keine diskreten Klassen von Muskelzellen gibt, die ihrerseits nur von bestimmten Neuronen innerviert werden könnten (kein *cell recognition code*).

Spezifische Antigene

Es gibt weit über ein Dutzend verschiedener Antigene, die für bestimmte Zelltypen des Nervensystems charakteristisch sind. Zusammenfassende Darstellung: Bock, 1978. Zu ihnen gehören die Nervensystem-assoziierten Antigene (NS), von denen bisher sieben verschiedene Typen beschrieben wurden (NS 1, NS 2, . . .) (Schachner, 1974; Sundarraj et al., 1975; Solter und Schachner, 1976; Fields et al., 1978).

NS 1 wurde auf drei von vier Maus-Glia-Tumorzelllinien identifiziert. Es fehlt den Zellen der Linie C 1300, einer der bekanntesten Maus-Zellinien neuronalen Ursprungs. NS 1 wird postnatal gebildet. Die Menge der Antigene nimmt bis zur dritten bis vierten Woche zu und erreicht dann ein Plateau. Mäuse der Inzuchtstämme A und C57 Bl/c tragen weit mehr Antigen als die der Stämme Balb/c und DBA-2. Dieses Ergebnis weist darauf hin, daß entweder eine unterschiedliche Regulation der Genexpression vorliegt oder daß die erstgenannten Stämme über eine höhere Gendosis verfügen. NS 1 ist außer auf Gliazellen auf keinem anderen Zelltyp gefunden worden. NS 4 hingegen ist relativ weit verbreitet. Man findet es in verschiedenen neuronalen Geweben (Pons, Medulla, cerebrale Cortex, Retina u.a.) sowie an den Oberflächen von Spermien, Eizellen und Zellen der frühen Embryonalstadien. Ausdifferenzierten nicht-neuronalen Geweben wie der Leber, Milz, Niere, Thymus, den Muskeln und den epidermalen Zellen fehlt dieses Antigen. NS 2 und NS 3 fehlen wie NS 1 auf embryonalen Zellen, Eizellen und Spermien. Es bleibt offen, ob diese Verteilung zufällig ist oder ob ihr eine spezifische biologische Bedeutung zukommt.

Literatur

Augusti-Tocco, G., Sato, G.: Establishment of functional clonal lines of neurones from mouse neuroblastoma. Proc. Natl. Acad. Sci. USA *64*, 311 (1969)

Bock, E.: Nervous system specific proteins. J. Neurochem. *30*, 7 (1978)

Buckingham, M.E., Caput, D., Cohen, A., Whalen, R.G., Gros, F.: The synthesis and stability of cytoplasmic messenger RNA during myoblast differentiation in culture. Proc. Natl. Acad. Sci. USA *71*, 1466 (1974)

Buckingham, M.E., Cohen, A., Gros, F.: Cytoplasmic distribution of pulse-labelled poly(A)-containing RNA, particularly 26 S RNA, during myoblast growth and differentiation. J. Mol. Biol. *103*, 611 (1976)

Buckingham, M.E., Whalen, R.G., Gros, F.: Messenger ribonucleic acid metabolism during myogenesis. Biochem. Soc. Trans. *5*, 474 (1977)

Bunge, R., Johnson, M., Ross, C.D.: Nature and nurture in development of the autonomic neuron. Science *199*, 1409 (1978)

Chaffee, J.K., Schachner, M.: NS-7 (nervous system antigen-7): A cell surface antigen of mature brain, kidney, and spermatozoa shared by embryonal tissues and transformed cells. Dev. Biol. *62*, 185 (1978)

Chen, L.B.: Alteration in cell surface LETS protein during myogenesis. Cell *10*, 393 (1977)

Diamond, J., Cooper, E., Turner, C., MacIntyre, L.: Trophic regulation of nerve sprouting. Science *193*, 371 (1976)

Dube, S.K., Gaedicke, G., Kluge, N., Weimann, B.J., Melderis, H., Steinheider, G., Grozier, T., Beckmann, H., Ostertag, W.: Hemoglobin-synthesizing mouse and human erythroleukemic cell lines as model systems for the study of differentiation and control of gene expression. In: Differentiation and control of malignancy of tumor cells. Nakahara, W., Ono, T., Sugrmura, T., Sugano, H. (eds.). Tokyo: University of Tokyo Press 1974

Eisen, H., Nasi, S., Georgopoulos, C.P., Arndt-Jovin, D., Ostertag, W.: Surface changes in differentiating friend erythroleukemic cells in culture. Cell *10*, 689 (1977)

Eisen, H., Keppel-Ballivet, F., Georgopoulos, C.P., Sassa, S., Granick, J., Pragnell, I., Ostertag, W.: Biochemical and genetic analysis of erythroid differentiation in friend virus-transformed murine erythroleukemic cells. Cold Spring Harbor Laboratory 1978

Fields, K.J., Brockes, J.P., Mirsky, R., Wendon, M.B.: Cell surface markers for distinguishing different types of rat dorsal root ganglion cells in culture. Cell *14,* 43 (1978)

Furshpan, E.J., MacLeish, P.R., O'Lague, P.H., Potter, D.D.: Chemical transmission between rat sympathetic neurons and cardiac myocytes developing in microcultures: Evidence for cholinergic, adrenergic, and dual-function neurons. Proc. Natl. Acad. Sci. USA *73,* 4225 (1976)

Hamprecht, B.: Cell cultures as model systems for studying the biochemistry of differentiated functions of nerve cells. In: Colloquium der Gesellschaft für Biologische Chemie. Jaenicke, L. (ed.), S. 391–423. Berlin, Heidelberg, New York: Springer 1974

Harrison, P.R.: Analysis of erythropoesis at the molecular level. Nature (London) *262,* 353 (1976)

Keppel, F., Allet, B., Eisen, H.: Appearance of a chromatine protein during the erythroid differentiation of Friend virus-transformed cells. Proc. Natl. Acad. Sci. USA *74,* 653 (1977)

Klee, W.A., Nirenberg, M.: A neuroblastoma x glioma hybrid cell line with morphine receptors. Proc. Natl. Acad. Sci. USA *71,* 3474 (1974)

Konigsberg, I.R.: Clonal analysis of myogenesis. Science *140,* 1273 (1963)

Lampert, A., Nirenberg, M., Klee, W.A.: Tolerance and dependence evoked by an endogenous opiate peptide. Proc. Natl. Acad. Sci. USA *73,* 3165 (1976)

Letourneau, P.C.: Possible roles for cell-to-substratum adhesion in neuronal morphogenesis. Dev. Biol. *44,* 77 (1975)

Marks, P.A., Rifkind, R.A.: Erythroleukemic differentiation. Annu. Rev. Biochem. *47,* 419 (1978)

Minna, J., Nelson, P., Peacock, J., Glazer, D., Nirenberg, M.: Genes for neuronal properties expressed in neuroblastoma x glioma cell hybrids. Proc. Natl. Acad. Sci. USA *68,* 234 (1976)

Nelson, P.G., Christian, C.N., Daniels, M.P., Henkart, M., Bullock, P., Mullinax, D., Nirenberg, M.: Formation of synapses between cells of a neuroblastoma x glioma hybrid clone and mouse myotubes. Brain Res. *147,* 245 (1978)

Patterson, P.H., Potter, D.D., Fushpan, E.J.: The chemical differentiation of nerve cells. Sci. Am. Juli 1978, S. 38

Puro, D.G., Nirenberg, M.: On the specificity of synapse formation. Proc. Natl. Acad. Sci. USA *73,* 3544 (1976)

Rees, R.P.: The morphology of interneuronal synaptogenesis: a review. Fed. Proc. *37,* 2000 (1978)

Sassa, S., Granick, J.L., Eisen, H., Ostertag, W.: Regulation of heme biosynthesis in mouse Friend virus-transformed cells in culture. In: In vitro aspects of erythropoiesis. Murphy, M.J., Jr. (ed.). New York, Heidelberg, Berlin: Springer 1978

Schachner, M.: NS-1 (nervous system antigen-1), a glial-cell-specific antigenic component of the surface membrane. Proc. Natl. Acad. Sci. USA *71,* 1795 (1974)

Schachner, M., Worthham, K.A., Carter, L.D., Chaffee, J.K.: NS-4 (nervous system antigen-4), a cell surface antigen of developing and adult mouse brain and sperm. Dev. Biol. *44,* 313 (1975)

Schubert, D., Heinemann, S., Carlisle, W., Tarikas, H., Kimes, B., Patrick, J., Steinbach, J.H., Culp. W., Brandt. B.L.: Clonal cell lines from the rat central nervous system. Nature (London) *249,* 224 (1974)

Scordilis, S.P., Adelstein, R.S.: Myoblast myosin phosphorylation is a prerequisite for actin-activation. Nature (London) *268,* 558 (1977)

Solter, D., Schachner, M.: Brain and sperm cell surface antigen (NS-4) on preimplantation mouse embryos. Dev. Biol. *52.* 98 (1976)

Yaffee, D.: Retention of differentiation potentialities during prolonged cultivation of myogenic cells. Proc. Natl. Acad. Sci. USA *61,* 477 (1968)

66. Das Immunsystem: Funktion, Evolution, Kontrolle

Das Immunsystem der Vertebrata zeichnet sich durch vielerlei Funktionen aus, die sich auf unterschiedlichen Ebenen manifestieren. Seine Aktivitäten sind primär auf die Abwehr von Fremdkörpern gerichtet. Es wendet sich gegen alles, was makromolekular oder zellulär und „nicht selbst" ist. Hierzu gehören eindringende Viren und Bakterien, fremde sowie aberrant (maligne) gewordene körpereigene Zellen. Es ist induzierbar, und die darauf erfolgenden Reaktionen (Immunantwort) sind meßbar. Bei der humoralen Immunantwort werden letztendlich spezifische Antikörper (Immunglobuline) gebildet, die ins Serum sezerniert werden. Über ihre Struktur und Funktion haben wir schon ausführlich gesprochen (s. Kap. 22).

Immunologie wird nicht allein durch das Studium von Antikörpern verständlich. Es bedarf eingehender Untersuchungen auf zellulärer Ebene. Alle Hilfsmittel, die in der Zellbiologie entwickelt wurden, sind vonnöten, um die hier anfallenden Probleme auch nur annähernd zufriedenstellend in den Griff zu bekommen. Das Immunsystem wird an Komplexität nur noch vom Nervensystem übertroffen, mit dem es übrigens vieles gemeinsam hat, denn:

- beide Systeme bestehen aus diffus organisierten Geweben,
- man findet sowohl im Nervensystem als auch im Immunsystem Dualismen,
- beide Systeme reagieren auf externe Stimuli und verarbeiten unerwartete Reize (*molecular biology of expectation*),
- beide lernen durch Erfahrung und bauen ein Gedächtnis auf. Das Gedächtnis ist nicht vererbbar. Jede Generation lernt von neuem.

Manches weist darauf hin, daß sich beide Systeme in ähnlicher Weise entwickeln und ähnlich organisiert sind. Damit stellt sich natürlich die Frage, ob ihre Entwicklung nicht auch durch gleiche Gene (homöotische Gene, s. Kap. 63) gesteuert wird. Auf den ersten Blick gesehen, sind die Unterschiede zwischen Immun- und Nervensystem größer als die Gemeinsamkeiten. Man sollte sich aber vergegenwärtigen, daß beide in Form von Netzwerken organisiert sind, in denen unterschiedliche Zelltypen in einer spezifischen Art und Weise miteinander kooperieren und daß Zelloberflächen dabei eine herausragende Rolle spielen.

Die Besprechung des Immunsystems erfolgt durch Aufteilung des Komplexes in mehrere Teilprobleme:

- *Welche Zellen sind am Immunsystem beteiligt?*
- *Wie ist das Immunsystem im Laufe der Evolution entstanden?*
- *Wie entsteht Variabilität?*
- *Was spielt sich nach Induktion mit einem Antigen ab?*
- *Wie entwickelt es sich im Laufe der Ontogenese?*
- *Durch welche Faktoren wird es kontrolliert?*

Die Ergebnisse immunologischer Forschung sind in vielerlei Hinsicht von Bedeutung. Sie sind von klinischem Interesse, haben Auswirkungen auf die Krebsforschung und helfen, grundlegende Probleme der Zell- und Entwicklungsphysiologie zu klären.

Welche Zelltypen sind am Immunsystem beteiligt?

Die Hauptakteure des Immunsystems sind kleine Lymphozyten und deren Abkömmlinge. Lymphozyten sind plasmaarme Zellen (Ø 8 μm), die im Knochenmark und anderen blutbildenden Organen entstehen und via Blut- und Lymphbahnen in die lymphatischen Organe (Lymphknoten, Milz, Thymus, *Bursa Fabricii*) gelangen. Mikroskopisch und elektronenmikroskopisch sehen sie alle mehr oder weniger gleich aus, gehören funktionell jedoch mindestens zwei voneinander verschiedenen Subpopulationen an: T-Lymphozyten und B-Lymphozyten (T-Zellen und B-Zellen). Die T-Zellen erwerben ihre spezifischen Eigenschaften nach einem Aufenthalt im Thymus. Der Reifungsort der B-Zellen ist bei den Vögeln die *Bursa Fabricii* (eine Darmanhangdrüse, die in der Nähe der Kloake gelegen ist). Bei den Mammalia ist kein alleiniges und spezifisches Reifungsorgan identifiziert worden. Ausweichend spricht man daher von „Bursa-Äquivalent". Bei Mäusen u.a. Säugern kann die foetale Leber diese Aufgabe übernehmen.

B-Zellen sind von membrangebundenen Immunglobulinen (Antikörpern) umgeben (s. Kap. 22) und können durch ein spezifisches Antigen (Immunogen) angeregt werden, sich zu teilen, sich zu Plasmazellen zu differenzieren und Immunglobuline zu sezernieren. T-Zellen tragen Idiotypen, aber keine der bekannten Allotyp-Marker (s. Kap. 22), und es sieht so aus, als würden sie eine eigenartige schwere Kette als Oberflächenbestandteil enthalten. Leichte Ketten wurden nicht nachgewiesen. Das Molekulargewicht des Komplexes beträgt 145.000. Die Moleküle (Rezeptoren) nehmen eine Schlüsselstellung ein, und solange wir ihre Bedeutung nicht im einzelnen kennen, wird unser Wissen über die T-Zellen lückenhaft bleiben. Man hat den T-Zellen mehrere, grundsätzlich voneinander verschiedene Funktionen zuordnen können:

- *Killer-Zellen,*
- Helferzellen,
- Suppressoren.

Bei der zellulären oder zellgebundenen Immunität sind sie die direkten Angreifer. Sie tragen die Hauptlast der Abwehr und gehen bei der Reaktion mit den Fremdzellen zugrunde (*Killer-Zellen*). Sie setzen dabei Lymphokine frei, die durch Anlockung von Makrophagen an der Eliminierung des Fremdmaterials mitwirken. Zellgebundene Immunität richtet sich vorwiegend gegen zelluläre Antigene: Eindringende Pilze, Mycoplasmen, fremdartige Zellen und Gewebe (Tumoren; Organtransplantationen werden verhindert) sowie manche Viren. Wir haben an anderer Stelle (s. Kap. 23) schon gesehen, daß viele Viren in Zellen des Wirtsorganismus eindringen und sich somit scheinbar dem direkten Angriff des Immunsystems entziehen. Virusinfizierte Zellen ihrerseits verändern jedoch ihr Oberflächenmuster, werden deshalb als „fremd" erkannt und fallen den T-Zellen zum Opfer.

Der zellgebundenen steht die (bekanntere) sog. „humorale" Immunität gegenüber, bei der die B-Zellen lösliche Antikörper produzieren und ins Serum abgeben. Die Induktion der B-Zellen ist in den meisten Fällen von der Mitwirkung der T-Zellen (Helferzellen) abhängig (Mitchell und Miller, Walter and Eliza Hall, Melbourne, 1967). Einige Antigene kommen ohne T-Zellen aus. Man unterscheidet daher zwischen thymusabhängigen und thymusunabhängigen Antigenen. Letztere sind meist hochmolekulare Polysaccharide oder Strukturen, die von ihnen umgeben sind (z.B. viele Bakterien, s. Kap. 27).

Die dritte Funktion, die man den T-Zellen zuschreibt, lautet: Suppression. Sie modulieren die Immunantwort und supprimieren sie sogar in einigen Fällen. Phänotypisch sieht das dann so aus, als sei der Körper gegenüber dem betreffenden Antigen tolerant. Nicht alle T-Zellen üben jede der genannten Funktionen aus. Sie gehören Subpopulationen an, die sich durch spezifische Oberflächenantigene (*Ly*) auszeichnen. Alle T-Zellen und ihre Vorstufen tragen das Oberflächenantigen Theta (θ) (s. Kap. 25).

Im Thymus wird das Hormon Thymopoetin erzeugt. Es wird für die generelle Differenzierung von Thymozyten gebraucht, hat aber keinen Einfluß auf den Erwerb des immunologischen Repertoirs. Es hat ein Molekulargewicht von 5562 und enthält 49 Aminosäuren in bekannter Reihenfolge (Goldstein et al., Memorial Sloan Kettering Cancer Center, New York, 1975, 1976). Zu den Nebeneffekten dieses Hormons gehört sein Einfluß auf die Ausbildung neuromuskulärer Kontakte. Ein synthetisches Fragment, das lediglich die Aminosäuren 29–41 enthält, dedifferenziert neuromuskuläre Funktionen, die vom Gesamtmolekül initiiert werden.

Der Thymus ist ein Organ mit einer sehr hohen Zellproliferationsrate. Hierbei werden in erster Linie Thymozyten vermehrt. Die Proliferationsrate übersteigt selbst die vieler Epithelzellpopulationen, wobei jedoch zu vermerken sei, daß auch der Thymus ontogenetisch epithelialen Ursprungs ist. Ein Überschuß und ein Mangel an T-Zellen zieht ernsthafte Störungen des Immunsystems nach sich.

Dem Mäuseinzuchtstamm *nude* fehlt der Thymus und damit die zelluläre Immunität. *nude*-Mäuse nehmen Transplantate an. Der Stamm eignet sich deshalb hervorragend zum Studium der B-Zell-T-Zell-Kooperation oder der thymusunabhängigen B-Zell-Aktivität. IgM-Antikörper werden in normaler Menge gebildet; die Produktion von IgG dagegen ist drastisch reduziert, woraus man ableiten kann, daß der Thymus für die Bildung von IgG essentiell zu sein scheint (s.a. Kap. 68).

Wie ist das Immunsystem im Verlauf der Evolution entstanden?

Die eingangs aufgeführten Funktionen des Immunsystems mögen bereits Anhaltspunkte dafür sein, um etwas über seine Entstehung zu erfahren. Wir haben im Kapitel 22 schon gesehen, daß nur die Vertebraten Antikörper bilden, was jedoch nicht besagt, daß Invertebraten keine Immunität besäßen. Das Immunsystem entwickelte sich aus der Erkennung zweier Zellen durch einander komplementäre Oberflächenrezeptoren und der Unterscheidung von selbst und nicht-selbst. Man kann die Evolution des Immunsystems heute nicht mehr ohne die Evolution des MHC (*major histocompatibility complex*) betrachten. Erst kürzlich wurde deutlich, wie sehr beide Systeme aufeinander abgestimmt sind und daß das Immunsystem unter der Kontrolle des MHC steht (mehr darüber s. Kap. 68). Unser Wissen über den MHC, Vorstufen oder Äquivalente davon bei den Invertebraten ist mehr als dürftig. Obwohl die molekularen Ursachen im einzelnen ungeklärt sind, läßt sich bei den Invertebraten eine Reihe von Phänomenen beobachten, die auf Immunitätserscheinungen zurückzuführen sind. Bei den Annelida und bei den Seesternen findet man eine zellbedingte Gewebeabstoßung (Zerstörung von Transplantaten). Das Immunsystem ist nicht der einzige Versuch, ein Abwehrsystem aufzubauen. Es gibt bei den Arthropoda nicht induzierbare Mechanismen, um Fremdstoffe zu agglutinieren (Agglutinine). Thymus und Milz treten erst bei den Vertebraten auf, und mit ihnen erscheinen Antikörpermoleküle. Primitive Wirbeltiere wie die Cyclostomata (Agnatha), zu denen das Neunauge und der „Hagfish" gehören, besitzen echte Lymphozyten. Neunaugen sezernieren IgM-ähnliche Antikörper. Die Variabilität hält sich jedoch in engen Grenzen. Die Moleküle bestehen aus vier gleichartigen Polypeptidketten. Die Auseinanderentwicklung von B- und T-Zellen und deren klare funktionelle Trennung geschah auf der Entwicklungsstufe der Amphibien. Urodelen (Schwanzlurche) verhalten sich in bezug auf das Immunsystem grundsätzlich anders als die Anuren (Frösche). Bei den Urodelen werden die Immunglobuline (IgM) von T-Zellen gebildet. Die Zellen reagieren gut auf T-Zell- und nur andeutungsweise auf B-Zell-Mitogene. Bei den Anuren ist die Trennung in B-Zellen und T-Zellen vollzogen.

Wo liegt der Selektionsdruck, der die Entwicklung eines Immunsystems gefördert hat? Sowohl bei den Arthropoda als auch bei den Vertebrata und angeblich auch bei den Mollusca kommt Krebs vor, und es liegt nahe, anzunehmen, daß sich Abwehrsysteme als eine Antwort auf das aberrante Verhalten körpereigener Zellen entwickelten. Der Schutz, den das Immunsystem dem Individuum somit bietet, ist wiederum Ursache einer längeren Lebensdauer. Und das, obwohl bei zunehmendem Lebensalter auch Defekte auftreten können, die einem Fehlverhalten des Immunsystems zuzuschreiben sind.

Welche Faktoren kontrollieren die Effizienz des Immunsystems?

Ein so komplexes System wie das Immunsystem kann gar nicht immer fehlerfrei funktionieren. Es bedient sich sogar mancher Fehler und erwirbt dadurch die Fähigkeit, auf unerwartete Reize zu reagieren. Wie wir schon gesehen haben, entfaltet es seine Vielfalt erst auf der Entwicklungsstufe der Vertebrata. Sie sind in vielerlei Hinsicht komplexer als die Invertebrata. Sie besitzen umfangreiche, sich ständig erneuernde Gewebe (hämatopoetisches System, Epithelien u.a.). Mit der Zunahme der Zellumsatzrate steigt die Wahrscheinlichkeit des Auftretens somatischer Mutationen. Offensichtlich hat sich das Immunsystem zunächst als ein Schutz vor derart unerwünschten Zellklonen entwickelt, und erst im Nachhinein erwarb es die Fähigkeit, mit extern zugeführten Fremdstoffen fertig zu werden.

Fehler können auf verschiedenen Ebenen zum Tragen kommen, u.a. seien folgende genannt:

- Autoimmunkrankheiten: Das Immunsystem richtet sich gegen körpereigene Antigene.
- Allergien: Überempfindlichkeitserscheinungen.
- Agammaglobulinämie: keine Antikörperbildung.
- Ausbleiben der zellulären Immunität.

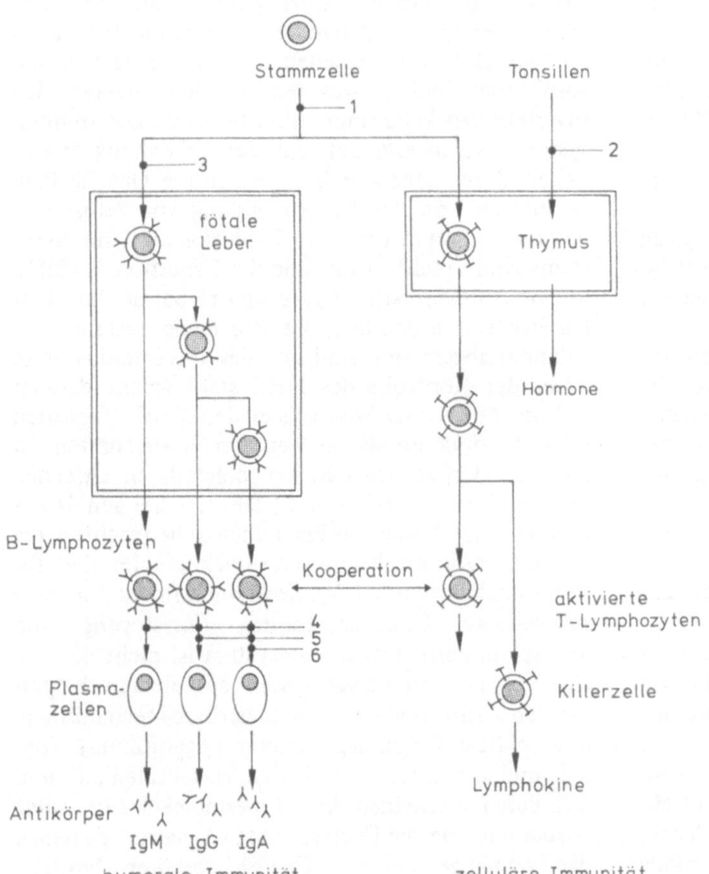

Abb. 66.1. Entwicklung, Funktion und Störungen des Immunsystems. Die Störungen (durch *Ziffern* gekennzeichnet) können auf verschiedenen Differenzierungsebenen eintreten. *1,* Die Fortentwicklung der Stammzelle ist gehemmt. Es werden weder B- noch T-Zellen gebildet. *2,* Der Thymus fehlt (bzw. differenziert sich nicht aus). Die Individuen zeigen keinerlei zelluläre Immunität. *3,* Es entwickeln sich keine B-Zellen. Die humorale Immunität entfällt. *4–6,* Durch einige Antigene wird die Bildung von Antikörpern bestimmter Klassen nicht induziert. (Nach Cooper und Lawton, 1974)

- Multiples Myelom.
- Malignität.

Schäden des Immunsystems treten bei der Differenzierung spezifischer Lymphozyten oder bei der Differenzierung lymphatischer Organe auf (s. Abb. 66.1). Die Abwesenheit von B- und T-Zellen weist auf einen Defekt in den Stammzellen der beiden Lymphozytenpopulationen hin und Abwesenheit eines der beiden Zelltypen auf einen Defekt während des Reifungsprozesses (im Thymus oder im Bursa-Äquivalent). Individuen, denen der Thymus fehlt, zeigen keine zelluläre Immunität, bilden jedoch B-Zellen und in geringem Maße auch Plasmazellen. Der Schaden kann durch Implantation eines fötalen Thymus behoben werden. Die Unfähigkeit, B-Zellen zu bilden, wurde beim Menschen erstmals von Bruton beschrieben. Die Krankheit ist geschlechtsgebunden. Als letztes schließlich kennt man genetische Defekte der Immunantwort auf bestimmte Antigene (s. Kap. 68). Es handelt sich dabei um Beispiele für eine fehlerhafte Regulation des Immunsystems. Defekte in der Kontrolle können auch zur Bildung eines Multiplen Myeloms, einem Tumor des Immunsystems, führen. Ein Zellklon entgeht dabei der interzellulären Regulation, vermehrt sich unkontrolliert und überschüttet den Körper mit nur einem Typ eines spezifischen Antikörpers. Das Durchkommen von Malignität einer jeden Art beruht ebenfalls auf einem Fehlverhalten des Immunsystems, allerdings auf anderer Ebene: Die malignen Zellen entgehen ihm und setzen sich durch.

Literatur

Cooper, M.D., Lawton, A.R.: The development of the immune system. Sci. Am. November 1974, S. 58

Melchers, F., Rajewsky, K. (eds.): The immune response. 27. Colloquium – Mosbach 1976. Berlin, Heidelberg, New York: Springer 1976

67. Entwicklung des Immunsystems
Wie kommt die Variabilität der Antikörper zustande?

Wie kommt es, daß der Körper einer scheinbar beliebig großen Zahl verschiedener Fremdeinflüsse gewachsen ist? Burnet versuchte 1959, eine Antwort darauf zu geben. Er stellte die Klon-Selektionshypothese auf und postulierte:

1. Die Lymphozyten sind vorprogrammiert. Die einzelnen Spezifitäten entstehen ohne Mitwirkung des Antigens. Das Antigen instruiert sie also nicht zur Bildung spezifischer Antikörper, sondern es selektiert diejenigen Zellklone, von denen es erkannt wird.
2. Selektion durch ein Antigen führt zu einer Zellproliferation. Alle Nachkommen einer induzierten (selektierten) Zelle bilden Antikörper der gleichen Spezifität (s. Abb. 67.1).
3. Das Immunsystem besteht aus einer heterogenen Zellpopulation. Es gibt so viele verschiedene Lymphozyten (B-Zellen) oder besser gesagt, B-Zellklone, wie es Antikörperspezifitäten gibt.

Die Hypothese gilt heute praktisch als bewiesen. Das breite Spektrum an Spezifitäten manifestiert sich auf der Ebene der Zellen. Damit bleibt jedoch immer noch die Frage nach der Entstehung der Variabilität offen.

Wir haben in Kapitel 22 festgestellt, daß es zur Codierung eines jeden Antikörpermoleküls (mindestens) ein Gen geben muß, was aber nicht unbedingt heißen muß, daß jede immunkompetente Zelle je ein Gen für jede Spezifität enthält. Nach der Keimbahnhypothese, die für die Vererbung fast aller Merkmale zutrifft (Weismann, 1885), dürfte man annehmen, daß das auch hier so sei. Als Alternative wäre denkbar, daß Spezifitäten durch Mutationen (und/oder Rekombinationen) in den somatischen Zellen hervorgerufen werden. Es gibt triftige Gründe für die Annahme dieser Alternative. Lymphozyten unterliegen einem hohen *Turnover.* Ihre Zahl ist groß genug, um die Entstehung der Vielfalt durch zufällige Mutationen zu deuten. Erwachsene Mäuse besitzen ca. 2×10^8 B-Zellen, der Mensch ca. 10^{12}. Die durchschnittliche Mutationsrate beträgt für die schwere Kette eines Immunglobulinmoleküls 10^{-5}/Zelle/Generation.

In anderem Zusammenhang (s. Kap. 51) wurden Selektionsmechanismen erwähnt, die einer Ausbreitung

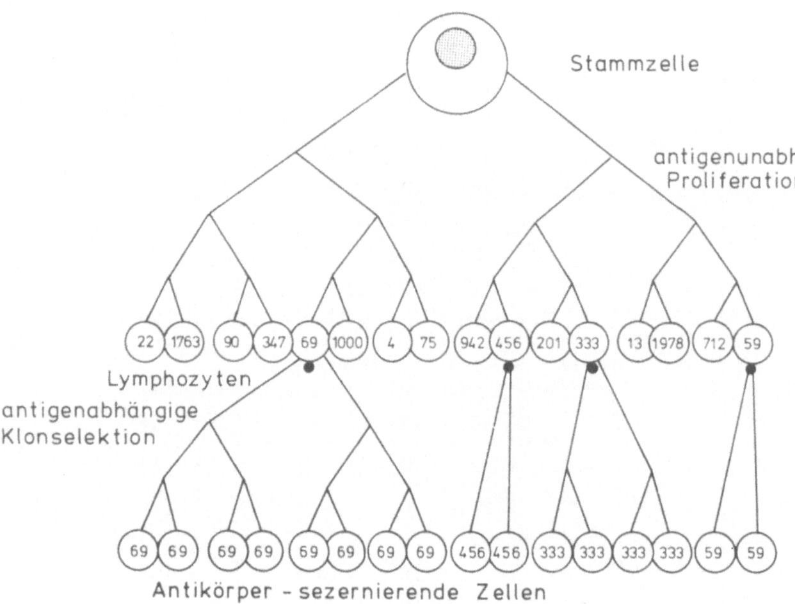

Abb. 67.1. Modell der somatischen Differenzierung antikörperbildender Zellen. Das Modell veranschaulicht, daß die Differenzierung zwei Phasen durchläuft, einmal eine antigen-unabhängige Proliferation in primären lymphoiden Organen, in denen die Variabilität (dargestellt durch *Ziffern*) entsteht, und zum anderen eine antigenabhängige Klonselektion in sekundären lymphoiden Organen, in der antigenstimulierte Lymphozyten proliferieren. (Nach Hood, 1976)

somatischer Mutationen entgegenwirken. Für das Immunsystem scheint offenbar genau das Umgekehrte zu gelten. Lymphozyten sind relativ unverträgliche Zellen. Die Zell-Zell-Interaktionen sind in den lymphatischen Organen nur schwach ausgeprägt. Eine Milz oder ein Lymphknoten z.B. zerfällt unter Einwirkung schwacher Scherkräfte in Einzelzellen. Lebergewebe, Epithelien u.a. hingegen müssen mit massiven Mitteln (Trypsin etc.) bearbeitet werden, bevor sich die Zellkontakte lösen. Jerne (Basel Institute for Immunology, 1971) postulierte, daß Zellen der Keimbahn Gene für den V-Teil von Antikörpern tragen, die gegen Histokompatibilitätsantigene des MHC (*major histocompatibility complex*) gerichtet sind und daß es für eine Gruppe von Lymphozyten vorteilhaft ist, sich zu verändern, um keine Interaktionen mit anderen Lymphozyten einzugehen. Dabei ist es ohne Belang, zu welcher Spezifität sich eine Zelle bzw. ein Zellklon entwickelt, Hauptsache, sie wird anders als der Rest (wie beim Fasching oder Karneval). Alles in allem fördert dieses Prinzip die Entstehung einer großen Vielfalt, und das ist genau das, wodurch sich das Immunsystem auszeichnet und wofür wir eine Erklärung suchten.

Lymphozyten sind Komponenten eines dynamischen Netzwerks. Die Induktion der humoralen Immunantwort fordert in der Regel die Anwesenheit von T-Zellen, von denen wir ja schon gehört haben, daß sie z.T. synergistisch und z.T. antagonistisch arbeiten.

Antikörpermoleküle auf B-Zellen können andere Antigene erkennen, können aber auch selbst erkannt werden. Sie besitzen antigene Determinanten (Idiotypen), durch die sie sich von allen anderen Antikörpern auf den Oberflächen der übrigen B-Zellen oder in Lösung unterscheiden. Es gibt deshalb im Körper zumindest genauso viele verschiedene Antigene, wie es verschiedene Antikörper gibt. In einem Netzwerk kann der Lymphozyt demnach sowohl Zielzelle als auch Effektorzelle sein. Normalerweise existiert ein Gleichgewicht. Nach Stimulation durch ein (externes) Antigen wird es erheblich gestört. Die stimulierten Zellen beginnen zu proliferieren, ein bestimmter Zellklon nimmt damit an Größe zu, und man kann es sich daher leicht vorstellen, daß jetzt eine antiidiotypspezifische Gegenreaktion ausgelöst wird, die einer unbegrenzten Expansion dieses Klons im Wege steht (siehe Abb. 67.2).

Wenn das Immunsystem einmal mit einem Antigen in Berührung gekommen ist, können sich daraus weitreichende Konsequenzen entwickeln, denn der stimulierte Klon gewinnt während der Phase der Antikörperbildung an Größe, und nach dem Abklingen bleiben trotz aller Gegenreaktionen mehr spezifische Zellen übrig, als ursprünglich vorhanden waren. Bei einem Zweitkontakt mit dem gleichen (oder einem ähnlichen, kreuzreagierenden) Antigen trifft jenes nicht mehr auf einen sehr kleinen, sondern auf einen vergrößerten Klon immunkompetenter Zellen, und die Immunantwort fällt dementsprechend stärker aus. In diesem Modulationsprozeß sieht man die Ursache für den Aufbau und die Aufrechterhaltung des immunologischen Gedächtnisses (Bildung von Gedächtniszellen, *memory*-Lymphozyten).

Wieviele verschiedene B-Zellen gibt es? Klinman und Mitarbeiter von der University of Pennsylvania in Philadelphia konnten zeigen, daß eine Maus bei der Geburt größenordnungsmäßig 10^4 und ausgewachsen 10^7 verschiedene „Klonotypen" besitzt. Jeder „Klonotyp" ist durch ein Antikörpermolekül mit einer spezifischen Aminosäuresequenz charakterisiert. Es gibt also genauso viele unterschiedliche Aminosäuresequenzen, wie es „Klonotypen" gibt. Nun haben wir aber schon gesehen (s. Kap. 22), daß ein bestimmtes Antikörpermolekül nicht ausschließlich zur Erkennung einer einzigen (bestimmten) Determinante da ist, sondern durchaus in der Lage ist, ein ganzes Spektrum verschiedener Determinanten zu erkennen und zu binden. Ein Individuum mit einem Repertoire von

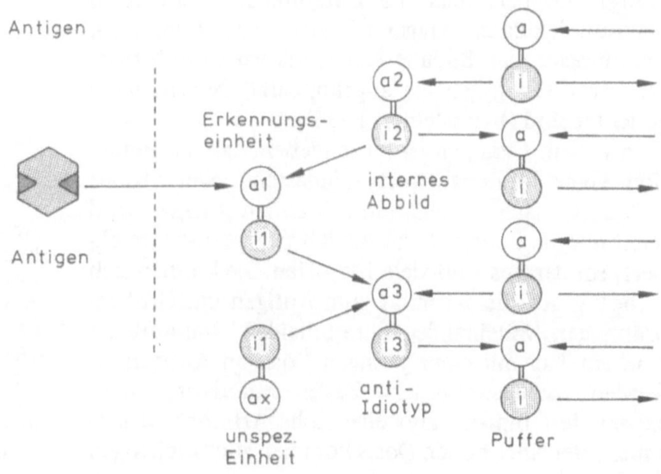

Abb. 67.2. Ein Lymphozytennetzwerk. Eine Determinante eines Antigens wird durch ein Antikörpermolekül erkannt. Jenes enthält einen antigenerkennenden Bereich (*a*) und einen Idiotyp (*i*), an dem es von anderen Antikörpern erkannt wird. Auch die wiederum stehen in Wechselwirkung mit anderen Antikörpermolekülen. Das Netzwerk beruht auf der Erscheinung des gegenseitigen Erkennens und Erkanntwerdens. Die verschiedenen Antikörper (Idiotypen) halten sich solange im Gleichgewicht, bis ein externer Stimulus eintrifft. Weitere Einzelheiten s. Text. (Nach Jerne, 1973)

10^4 Klonotypen kann daher auf eine wesentlich höhere Zahl antigener Determinanten reagieren. Der Diversifikationsprozeß, durch den ein Individuum sein Repertoire unterschiedlicher „Klonotypen" gewinnt, ist genetisch fixiert. Die Expansion existierender B-Zellklone ist zunächst einmal antigenunabhängig. Durch Applikation eines Antigens wird nicht das Repertoire vergrößert, sondern es findet eine Selektion derjenigen B-Zellklone statt, die zu diesem Antigen eine hohe Affinität haben. In immunisierten Tieren findet man daher eine höhere Zahl von Zellen mit hoher Affinität zu dem betreffenden Antigen als in nicht immunisierten Tieren.

Was spielt sich nach Induktion mit einem Antigen (Immunogen) oder Mitogen ab?

Diese Fragen können wir sowohl auf molekularer als auch auf zellulärer Ebene beantworten. Wir müssen hierbei jedoch wiederum streng zwischen zellulärer und humoraler Immunität unterscheiden. Letztere ist die mit Abstand bestuntersuchte Reaktion, denn als Ergebnis treten, wie ja schon wiederholt gesagt, große Menge spezifischer Antikörper im Serum auf, deren Erscheinen und Aufbau relativ leicht zu analysieren ist. Das Teilgebiet der Immunologie, das sich mit den Antikörpern im Serum und den Antigenen befaßt, ist die Serologie.

Was zeichnet ein Antigen aus? Ein Antigen, das eine Immunantwort auslöst, bezeichnet man auch als Immunogen. Es ist stets makromolekular oder zellulär und damit in der Regel größer als das Antikörpermolekül selbst. Dieses kann folglich nur Teile des Antigens erkennen. Die erkannten Bezirke nennt man, wie bereits bekannt, Determinanten. Sie haben Dimensionen von ca. 34 x 12 x 7 Å, was etwa sechs Zuckerresten oder fünf bis sechs Aminosäureresten entspricht. Isolierte Determinanten (Haptene) sind nicht immunogen, obwohl sie von Antikörpern fest gebunden werden und die Bildung eines Antigen-Antikörperkomplexes unterbinden (kompetitive Hemmung). Koppelt man die Determinanten an einen makromolekularen Träger (*Carrier*), erhält man ein Immunogen, das Bildung von Antikörpern induziert, die spezifisch gegen die angekoppelte Determinante gerichtet sind (Landsteiner, 1936).

Aus dem Gesagten ist zu schließen, daß die Induktion einer Immunantwort mindestens zwei Signale erfordert. Nach Stimulation mit einem Antigen wird nicht nur ein Zelltyp (eine Antikörperspezifität)selektiert, sondern es sind viele betroffen. Sie können sich in bezug auf die Affinität zum Antigen um Größenordnungen voneinander unterscheiden. Immunisiert man ein Tier mit einer geringen Dosis an Antigen, so werden vorzugsweise jene Zellen stimuliert, die es extrem fest binden, also eine hohe Affinität zu ihm haben. Bei einer hohen Dosis kommen auch diejenigen zum Zuge, deren Affinität zum Antigen gering ist. Antikörper reagieren nicht nur mit dem homologen Antigen (dem Immunogen), sondern auch mit verwandten Substanzen (heterologen Antigenen). Hierauf beruht das Konzept der sog. serologischen Kreuzreaktion und der serologischen Verwandtschaft. Das klassische Beispiel einer Schutzimpfung (Pockenimpfung) beruht auf dieser Erfahrung. Immunisiert wurde dabei ursprünglich mit „harmlosen" Kuhpocken, die mit den zu bekämpfenden Pocken serologisch verwandt sind. Einander komplementäre Antikörper und Antigene formen einen Antigen-Antikörperkomplex (siehe Abb. 67.3). Antikörpermoleküle besitzen zwei gleichartige Bindungsbereiche (bivalente Antikörper). Die Bivalenz ist die entscheidende Voraussetzung zur

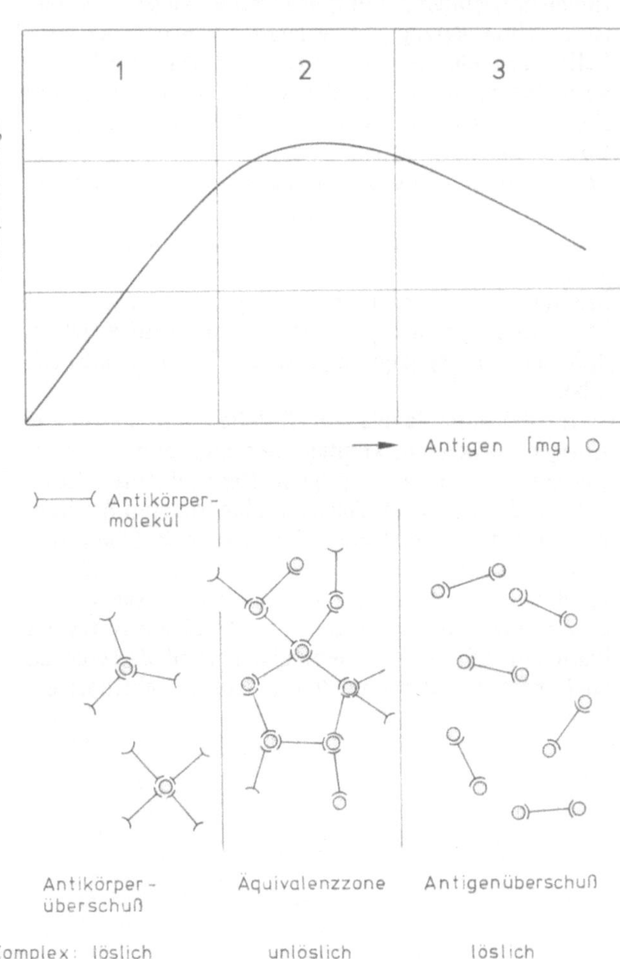

Abb. 67.3. Bildung von Antigen-Antikörperkomplexen bei konstanter Antikörperkonzentration und steigender Antigenmenge. Vor der Äquivalenzzone kann man die Wertigkeit des Antigens bestimmen (d.h. Bestimmung der Zahl der Antikörpermoleküle, die pro Antigenmolekül gebunden werden). Die Wertigkeit des Antikörpers bestimmt man bei Antigen-Überschuß. Im extremen Überschuß liegen die Komplexe als Ag_2Ak vor. Es ist von historischem Interesse, daß man auf diese Weise nachwies, daß ein Antikörpermolekül (IgG) zwei Bindungsstellen besitzt

zur Bildung eines molekularen Netzwerks, dessen Löslichkeit im Äquivalenzbereich am geringsten ist. Bei Antigen- oder Antikörperüberschuß entstehen lösliche Komplexe. Bei Antigenen mit zahlreichen, voneinander verschiedenen Determinanten entsteht ein Komplex, der auch bei Antigenüberschuß nicht wieder in Lösung geht (s. Abb. 67.4).

Antigen-Antikörper-Reaktionen können routinemäßig in einem Agardiffusionstest (Ouchterlony-Test) identifiziert werden. Diese Technik findet überall dort Anwendung, wo die Reaktionspartner in geringen Mengen zur Verfügung stehen. Sie eignet sich hervorragend zum Nachweis serologischer Verwandtschaft, zur Klärung der Identität zweier Antigene, zum Nachweis zusätzlicher (oder fehlender) Determinanten und zur semiquantiativen Bestimmung von Antigenen und Antikörpern.

Im letzten Jahrzehnt sind die Ansprüche gestiegen, die Verfahren wurden verfeinert, die Nachweisempfindlichkeit gesteigert. Man kommt inzwischen mit Mengen aus, die um Größenordnungen unter denen liegen, die man zur Durchführung eines Ouchterlony-Tests braucht. Eines der empfindlichsten Verfahren ist der Radioimmuntest, bei dem hochradioaktiv markierte Antigene eingesetzt, durch Antikörper ausgefällt und als Komplex auf Milliporefiltern aufgefangen werden. Die gebundene Radioaktivität wird in einem Szintillationszähler bestimmt. Die Empfindlichkeit liegt im ng-Bereich. Das Verfahren der Immunfluoreszenz wurde bereits im Zusammenhang mit der Analyse von Zellstrukturen besprochen und der Hämagglutinationstest im Zusammenhang mit der Besprechung von Viren (s. Kap. 46).

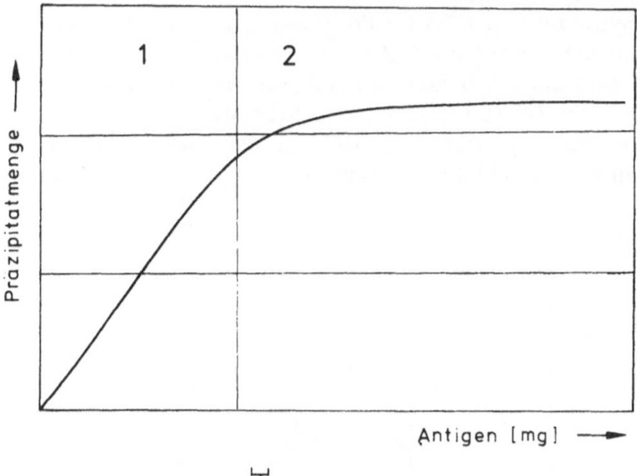

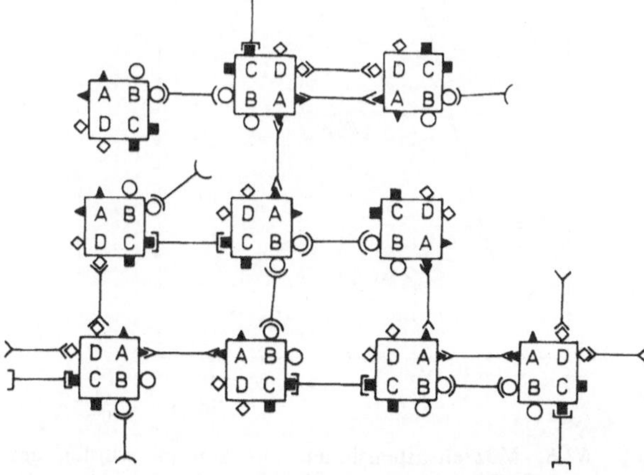

Abb. 67.4. Bildung von Antigen-Antikörperkomplexen. Das Antigen besitzt zahlreiche voneinander verschiedene Determinanten. Der Komplex geht deshalb auch bei Antigenüberschuß nicht wieder in Lösung

Was passiert auf zellulärer Ebene? Bislang haben wir uns auf Methoden zum Nachweis von Molekülen beschränkt. Wenn wir jedoch etwas über die Produktion von Antikörpern aussagen wollen, brauchen wir Methoden, mit deren Hilfe wir etwas über die Eigenschaften einzelner Antikörper-bildender Zellen erfahren. Zwei Techniken und deren Weiterentwicklungen seien eingangs vorgestellt. Einmal der *Plaque-Test* nach Jerne und Nordin (1963) und zum anderen ein in vitro-System mit der Fähigkeit zur Antikörperproduktion (Mishell und Dutton, 1966).

Der *Plaque-Test* geht auf Konzepte aus der Phagengenetik zurück. Als Immunogen werden Erythrozyten eingesetzt, und gesucht wird nach Zellen, die spezifische anti-Erythrozyten-Antikörper sezernieren. Diese vereinigen sich mit den Erythrozyten, die bei Zusatz von Komplement (s. Kap. 18) lysieren. Bettet man alle genannten Komponenten in Agar ein, werden die Antikörper-produzierenden Zellen Antikörpermoleküle absondern, die sich durch Diffusion im Agar ausbreiten. Da sie dabei in Gegenwart von Komplement auf Erythrozyten stoßen, bildet sich ein Hof lysierter Zellen um jede Antikörper-produzierende Zelle. In Abwandlung dieses Verfahrens lassen sich an die Erythrozyten beliebige, zusätzliche Determinanten koppeln. Diese Methode erlaubt, die Zahl Antikörper-produzierender Zellen (*plaque forming units*) in Geweben oder Zellsuspensionen zu titrieren, um damit u.a. die Frage zu beantworten, wie hoch der Prozentsatz aktivierter Lymphozyten in einer Ausgangszellpopulation ist. Selbstverständlich eignet sich das Verfahren auch zur Aufnahme von Zeitkinetiken, und eine der wichtigsten Aussagen lautet: Die Zahl Antikörper-produzierender Zellen nimmt nach einer Stimulation als Funktion der Zeit zu.

1976 wurde das Verfahren von Gronowicz, Coutinho und Melchers (Basel Institute for Immunology) weiter verbessert, so daß man damit jetzt jede Antikörper-absondernde Zelle identifizieren kann. Die Erythrozyten werden dabei mit dem sog. „Protein A", einem Produkt aus dem Bakterium *Staphylococcus aureus,* umhüllt. „Protein A" bindet spezifisch den Fc-Anteil eines jeden Antikörpermoleküls. Damit werden praktisch alle Antikörper von Erythrozyten gebunden, die darauf nach Komplementzusatz zur Lyse gebracht werden.

Das Mishell-Dutton-System besteht aus immunkompetenten Zellen und einem Antigen (zunächst auch wieder Erythrozyten) in modifiziertem Eagles Medium (s. Kap. 49). Die Zellen können einige Tage am Leben erhalten und zur Antikörperproduktion angeregt werden. Das Ergebnis eines typischen Experiments ist in der Abb. 67.5 wiedergegeben. Die Zahl der *Plaque*bildner wurde zu den angegebenen Inkubationszeiten nach dem Jerne-*Plaque-Test* ermittelt. Es ist deutlich erkennbar, daß sie nach Zugabe der SRBC (*sheep red blood cells*) drastisch zunimmt (auf 1000 *Plaque*bildner pro 10^6 Zellen). Was anfangs als störend empfunden wurde, ist der relativ hohe *Background* in der Kontrolle (mehr dazu s. S. 622). Wurde in getrennten Ansätzen zu festgelegten Zeiten nach der Antigenstimulation [^{3}H]-Thymidin als Inhibitor der DNS-Synthese hinzuzugeben, nahm die Zahl der *Plaque*bildner ab. Damit wurde bewiesen, daß die Erhöhung der Zahl durch Proliferation und nicht durch zunehmende Rekrutierung vorhandener Zellen zustandekommt (s. Abb. 67.6). Eine DNS-Synthese setzt 24–36 Stunden nach der antigenen Stimulation ein. Unter Verwendung zweier verschiedener, nichtkreuzreagierender Antigene (Schafserythrozyten und Ziegenerythrozyten) demonstrierten Dutton und Mishell, daß beide Antigene unterschiedliche Zellklone (Lymphozyten) selektieren. Das Experiment geht davon aus, daß die Zellen bis zu 24 Std. nach antigener Stimulation durch [^{3}H]-Thymidin nicht beeinflußt werden. Gibt man zur Zellkultur erst ein Antigen, 24 Std. darauf das zweite und kurz danach den Inhibitor hinzu, so wird nur die Proliferation der einen Population Antikörper-bildender Zellen gehemmt, während sich die zweite Population ungehemmt ausbreiten kann (Ergebnisse s. Tabelle 1).

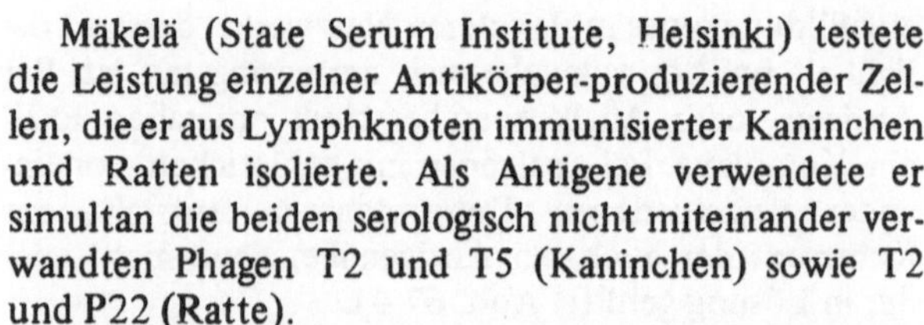

Mäkelä (State Serum Institute, Helsinki) testete die Leistung einzelner Antikörper-produzierender Zellen, die er aus Lymphknoten immunisierter Kaninchen und Ratten isolierte. Als Antigene verwendete er simultan die beiden serologisch nicht miteinander verwandten Phagen T2 und T5 (Kaninchen) sowie T2 und P22 (Ratte).

Gemessen wurde die inaktivierende Wirkung von Mikrotropfen, die nur eine lymphatische Zelle enthielten. Von 717 morphologisch als Plasmazellen identifizierten Zellen produzierten 56 anti-T2 und (andere) 35 anti-T5. Von 985 nicht selektierten Zellen produzierten 15 anti-T2 und fünf anti-T5. Bei den Ratten sahen die Ergebnisse ähnlich aus. Von 667 Zellen produzierten 94 anti-T5 und 20 anti-P22. Es wurde nicht eine einzige Zelle gefunden, die Antikörper gegen beide Antigene bildet. Wir hatten schon erwähnt, daß die B-Zellen auf ihren Oberflächen Immunglobuline als Immunogen-Rezeptoren tragen (Mitchell und Miller, 1969; Greaves und Hoog, 1971). Diese gehören der Klasse IgM an, sind monomer und haben eine Sedimentationskonstante von 7–8 S.

Nach Stimulation schaltet die Zelle von einer mehr oder weniger pleiotropen Genexpression auf selektive Expression einiger weniger Gene um. Die Rate der Synthese von DNS (→ Proliferation) sowie von Antikörpern wird erhöht, die Effizienz der Transport- und Sekretionsmechanismen gesteigert und die Morphologie der Zellen verändert. Ein ruhender B-Lymphozyt produziert pro Std. 250–500 IgM-Moleküle. Der Hauptanteil der gebildeten Moleküle wird in intrazellulären

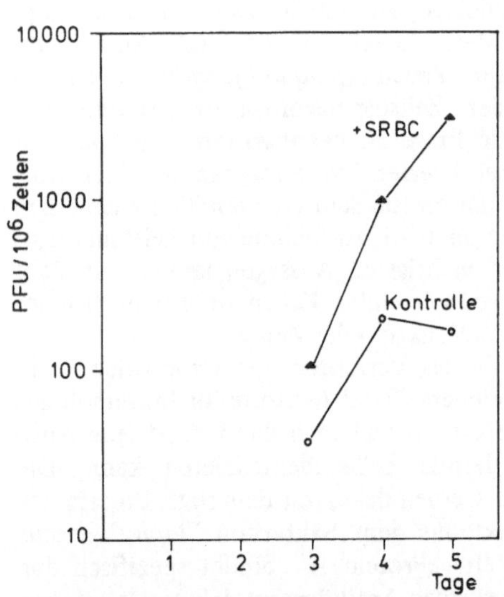

Abb. 67.5. Immunantwort auf Schaferythrozyten (SRBC) in Zellsuspensionen aus der Milz der Maus mit und ohne antigenem Stimulus (SRBC). Die Anzahl der PFU (*plaque-forming units*) entspricht der Anzahl antikörpersezernierender Zellen (Dutton und Mishell, 1967)

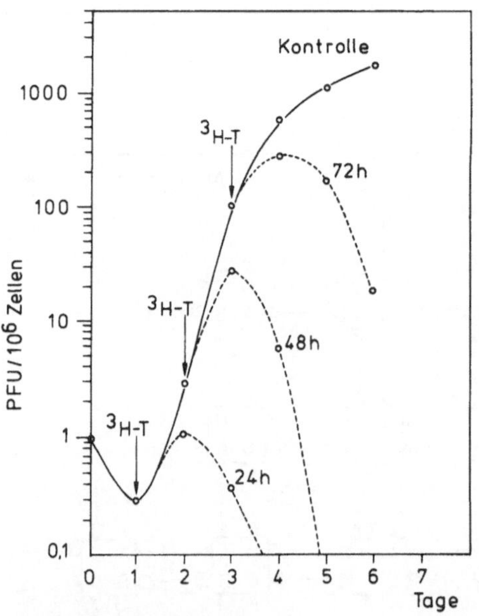

Abb. 67.6. Milzzellsuspensionen aus Mäusen wurden am Tage 0 mit SRBC inkubiert. Zu den angegebenen Zeiten wurden zu separaten Ansätzen je 5 μC [^{3}H]-Thymidin als Inhibitor der DNS-Synthese zugesetzt. Die Anzahl antikörpersezernierender Zellen (PFU) wurde täglich bestimmt (Dutton und Mishell, 1967)

Tabelle 1. Stimulation der Antikörperbildung durch zwei nicht-kreuzreagierende Antigene (Dutton und Mishell, Scripps Clinic and Research Foundation, La Jolla, 1966)

Immunisierung	Schaf Tag 0	Ziege Tag 1	Schaf am Tag 0 Ziege am Tag 1	
Test	anti-Schaf	anti-Ziege	anti-Schaf	anti-Ziege
Kontrolle	4.500 pfu [a]	–	6.160	1.720
+ [^{3}H]-Thymidin	900	–	611	1.266
			Schaf am Tag 1 Ziege am Tag 0	
Kontrolle	–	2.033	4,785	1.714
+ [^{3}H]-Thymidin	–	340	4.000	175

a *plaque forming units.*

Membransystemem gespeichert, und nur ein geringer Teil wird an der Oberfläche exponiert: 3–15 x 10^4 Moleküle/Zelle. Die Lebensdauer dieser Moleküle hat eine durchschnittliche Halbwertszeit von 20–40 Std. Antikörper-sezernierende Zellen synthetisieren 2000 Moleküle pro Sekunde, was etwa 7,5 x 10^6 Molekülen pro Std. entspricht. Da ihre Lebensdauer im Serum etwa drei bis vier Wochen beträgt und im ml Serum 10^{16} Moleküle enthalten sind, muß man folgern, daß mindestens 1% aller Lymphozyten permanent an ihrer Produktion arbeiten. Wenn wir außerdem davon ausgehen, daß es 10^7 verschiedene „Klonotypen" gibt, können wir eine jede Zellklongröße zu 10^5 und die Anzahl von Antikörpermolekülen eines jeden Typs zu 10^6/ml errechnen.

Antikörper werden an membrangebundenen Polysomen des rauhen Endoplasmatischen Retikulums gebildet. Das *Assembly* der Ketten beginnt an den Ribosomen und setzt sich während des Transports nach außen fort. Die neugebildeten Ketten werden in die Cisternen des Endoplasmatischen Retikulums entlassen, wandern ins glatte Endoplasmatische Retikulum und werden von dort aus der Zelle herausgeschleust. Es vergehen etwa 90 Min., bevor eine neugebildete Kette außerhalb der Zelle erscheint (siehe Abb. 67.7). Intrazelluläres IgM unterliegt einem *Turnover,* dessen Rate mit der *Turnoverrate* der übrigen Membranproteine vergleichbar ist. Während des Transports werden die Immunglobuline sukzessive glykosyliert. Nur humorale (extrazellulär vorkommende) Antikörper erhalten einen kompletten Kohlenhydratmantel. Er besteht aus einem *Core* aus Glucosamin und Mannose und den daran hängenden verzweigten Oligosaccharidketten, die Galactose und Fucose enthalten. Den membrangebunenen IgM-Antikörpern fehlen diese Verzweigungen.

Mitogene. Antikörperbildung wird nicht nur durch Antigene, sondern auch durch Mitogene ausgelöst. „Mitogen" ist ein Sammelbegriff für teilungsinduzierende Substanzen. Hierher gehören die Lektine (siehe Kap. 50), LPS (Lipopolysaccharid) und Lipoprotein, beides Bestandteile von Bakterienoberflächen, dann Komponenten aus fötalem Kälberserum; Extrakte aus T-Zellen, Viren (Vaccine-Virus) und Polyanionen (Dextransulfat u.a.). Ein Antigen stimuliert bestenfalls 0,02% der B-Zellen, ein Mitogen ist unspezifisch und stimuliert größenordnungsmäßig 20–70% (Greaves und Janossy, 1972). Man unterscheidet zwischen B-Zell- und T-Zell-Mitogenen, und nur erstere lösen eine Antikörpersynthese aus.

Andersson und Melchers (Basel Institute for Immunology) haben B-Zell-Mitogene (Concanavalin A, LPS) zum Studium der Antikörperbildung auf molekularer Ebene eingesetzt. Die Kinetiken der Antikörpersynthese und der Kohlenhydratanheftung sowie das Erscheinen extrazellulärer Antikörper wurden durch Einbau radioaktiv markierter Vorstufen verfolgt (s. Abb. 67.8 und 67.9). Die Ergebnisse machen deutlich, daß zwischen Antikörperbildung und Sekretion eine *lag-Phase* liegt und die terminalen Zuckerreste erst kurz vor der Sekretion angeheftet werden.

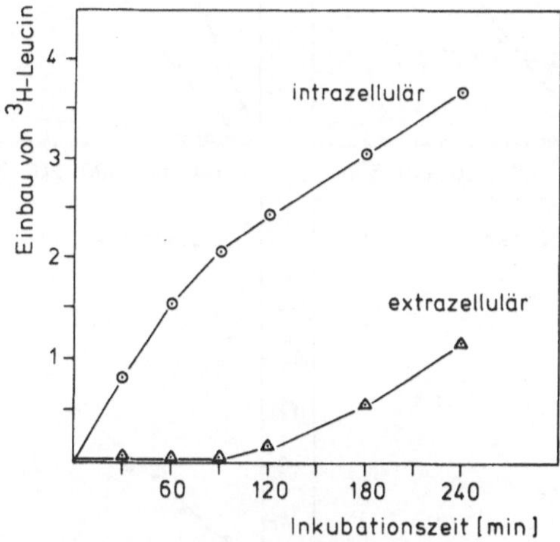

Abb. 67.7. Kinetik der Inkorporation von [^{3}H]-Leucin in intrazelluläres und sezerniertes IgM in nichtstimulierten B-Zellen (Melchers und Andersson, 1973)

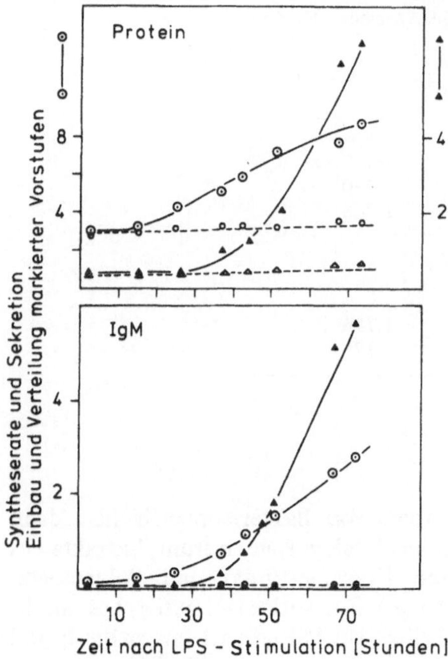

Abb. 67.8. Synthese und Sekretionsraten von Gesamtprotein und IgM nach Stimulation mit dem Mitogen LPS. - - - - - nicht stimulierte Kulturen; —— stimulierte Kulturen; ○——○ intrazelluläre Synthese; ▲——▲ Sekretion (Melchers und Andersson, 1973)

B-Zellen des Mäusestamms C3H/HeJ tragen auf ihren Oberflächen die normale Anzahl an Immunglobulinmolekülen. Sie reagieren auf T-Zell-abhängige Antigene und B-Zell-Mitogene (wie Lipoprotein, Dextransulfat u.a.) normal, reagieren aber nicht auf LPS und T-Zell-unabhängige Antigene mit LPS als *Carrier*. Der Defekt beruht auf einem autosomalen Gen, das weder mit dem MHC (*major histocompatibility complex*: H-2, s. Kap. 23 und 68) gekoppelt ist noch eine Immunglobulinkette codiert. Ähnlich verhält sich die Mutante C 57 Bl/10 ScCr (Coutinho et al., Basel, 1977). Alles das weist darauf hin, daß es neben den Immunglobulinen separate Mitogenrezeptoren gibt.

Die Induktion der Antikörperbildung durch ein Antigen ist bekanntlich ein Zweitrefferprozeß. Die Antigen-Antikörperreaktion allein genügt nicht zur Auslösung einer Immunantwort. Im Gegenteil: Kommt zu dieser Wechselwirkung nichts hinzu, wird Toleranz induziert. Die Immunantwort entwickelt sich nur dann, wenn gleichzeitig auch ein mitogenes Signal erkannt wird. T-Zell-unabhängige Antigene werden simultan vom Antikörper und vom Mitogenrezeptor erkannt und kommen deshalb ohne Mithilfe der T-Zellen aus. Deren Bedeutung liegt somit offensichtlich in der Bereitstellung eines mitogenen Stimulus.

Auf S. 620 haben wir das Mishell-Dutton-System kennengelernt und uns an dem relativ hohen *Background* gestört. Jetzt können wir den Befund deuten. Das Nährmedium enthält fötales Kälberserum, und das wiederum enthält mitogen wirkende Komponenten.

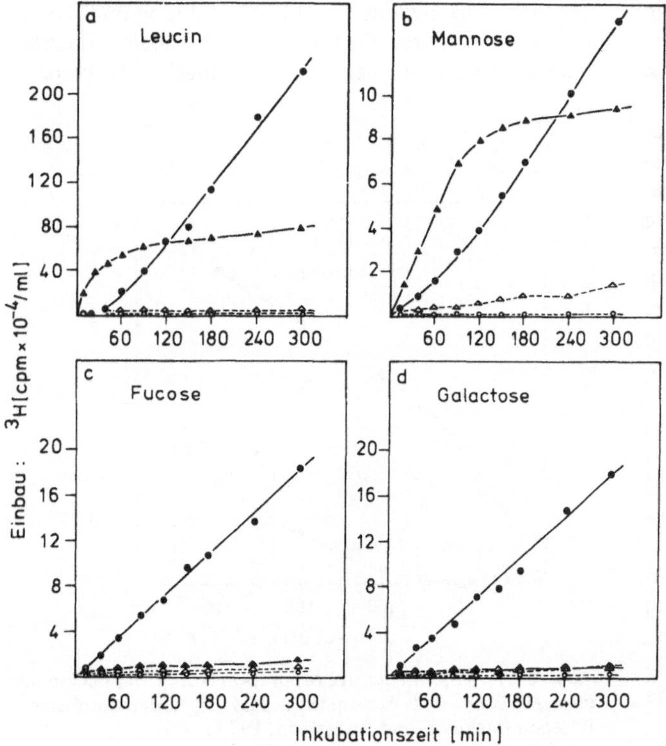

Abb. 67.9 a–d. Kinetiken des Einbaus von * markierten Vorstufen in intrazelluläres (▲△) und sezerniertes (● ○), mit anti-μ präzipitierbares Material, das von B-Zellen in Abwesenheit (△ ○) und in Anwesenheit von Concanavalin A (▲ ●) gebildet wird (Melchers und Andersson, 1973)

Induktion durch ein Mitogen ist übrigens ein Eintrefferprozeß. Thymuszellen produzieren wachstumsfördernde Faktoren. In einem in vitro-System eignet sich eine T-Zell-Schicht als *Feederlayer*, um jeden beliebigen B-Lymphozyten zur Reifung anzuregen und zu klonieren. Extrakte aus T-Zellen wirken ebenfalls fördernd (Andersson, Coutinho, Lernhardt und Melchers, Basel, 1977).

Die Anzahl LPS-reaktiver Zellen innerhalb des lymphatischen Systems schwankt von Organ zu Organ. Im Lymphknoten reagiert eine von zehn Zellen, im Knochenmark eine von 50–200 und im Thymus eine unter 100.000. Bei B-Zellpopulationen lautet das Verhältnis 1:3–10 (Andersson et al., 1977).

In lymphatischen Organen gibt es drei Typen von B-Zellen, die sich durch die Freisetzungsrate von IgM voneinander unterscheiden (gemessen durch *Turnover* von *Leu-markiertem IgM):

Typ I: setzt 7S IgM sehr schnell frei ($t_{1/2}$ = 1–3 Std.).
Typ II: setzt 7S IgM langsam frei ($t_{1/2}$ = 10–30 Std.).
Typ III: setzt 19S IgM schnell frei ($t_{1/2}$ = 2–4 Std.).

Typ I-Lymphozyten kommen im Knochenmark und in der Milz, Typ II in Knochenmark und Lymphozyten und Typ III vorwiegend in der Milz vor. Typ I-Lymphozyten sind offensichtlich neugebildete, unerfahrene B-Zellen, Typ II kleine *Memory*-Lymphozyten und Typ III Ig-sekretierende Plasmazellen (Melchers, Cone, Boehmer und Sprent, Basel, 1975).

Wabl und Loor (1978) haben das Schicksal eines einzelnen B-Lymphoblasten aus einer B-Zellkultur nach LPS-Stimulation verfolgt. Die aus der ersten Teilung hervorgegangenen Tochterzellen produzierten ausschließlich IgM. Eine von ihnen wuchs zu einem Klon von 200 Zellen heran, von denen 10% IgG bildeten. Hierdurch wurde gezeigt, daß beide Antikörperklassen von Zellen produziert werden, die auf einen gemeinsamen Vorfahr zurückgeführt werden können. Alle Mitglieder eines Klons produzieren die gleiche V-Domäne, können sich aber durch Produktion unterschiedlicher C-Domänen voneinander unterscheiden (*Switch* von IgM → IgG). Die gerade vorgestellten Experimente machen deutlich, daß man einzelne Antikörper-produzierende Zellen klonieren und deren Produkte analysieren kann. Wie alle differenzierten Zellen haben sie jedoch nur eine beschränkte Teilungsrate und Lebensdauer.

Durch Fusion Antikörper-bildender Zellen mit Myelomzellen gelang es Köhler und Milstein (MRC Laboratory of Molecular Biology, Cambridge, 1976), permanente Linien (Hybridome) zu etablieren.

Myelome sind Tumoren des Immunsystems. Es gibt beim Menschen und bei der Maus eine ganze Serie von ihnen. Oft sind die gebildeten Antikörper (Myelomproteine) unvollständig, und es werden entweder nur leichte oder nur schwere Ketten gebildet. Myelomproteine haben sich im vergangenen Jahrzehnt als wertvolle Hilfsmittel bei der Strukturaufklärung der Antikörper erwiesen (s. Kap. 22).

In den Hybridisierungsexperimenten entstehen Fusionsprodukte, die zunächst leichte und schwere Ketten beider Fusionspartner erzeugen. Doch aus der Population der fusionierten Zellen spalten gelegentlich Klone heraus, die nur Antikörper mit der gewünschten Spezifität erzeugen. Man kann sich die Selektionsarbeit sogar noch vereinfachen, indem man Antikörper-produzierende Zellen mit solchen Myelomzellen fusioniert, die ihrerseits zwar Myelomproteine bilden, sie jedoch nicht sezernieren. Einige bakterielle Antigene rufen eine beschränkte, sog. „monoklonale" Immunantwort hervor. Damit ergeben sich Möglichkeiten, Primärstrukturen von Antikörpern miteinander zu vergleichen, die von verschiedenen Individuen nach Stimulation mit dem gleichen Antigen produziert werden.

Wie entwickelt sich das Immunsystem während der Ontogenese?

Das Immunsystem ist bei der Geburt keineswegs voll ausgebildet, obwohl bereits eine Reihe von Entscheidungen gefallen sind. Die Sekretion von Immunglobulinen setzt in vollem Umfang erst kurz vor oder nach der Geburt ein (s. Abb. 22.6). Es vergeht aber noch einige Zeit, bevor es dem Individuum vollen Schutz gewährleistet. Neugeborene sind daher auf eine vorgeburtliche Versorgung mit Antikörpern aus dem mütterlichen Serum angewiesen. Bei der passiven Übertragung werden dem Embryo IgG-Antikörper zugeführt; IgM und IgA werden durch die Plazenta zurückgehalten. Während früher Embryonalstadien werden B-Zellen in der Leber und in der Milz gebildet. Nach der Geburt stellt die Leber die Produktion und Reifung von B-Zellen ein. Knochenmark und in geringerem Maße auch die Milz übernehmen diese Aufgaben. Die Entwicklung der B-Zellen durchläuft mehrere Stadien. Alle lymphatischen Organe enthalten deshalb stets Mischungen von Lymphozytenpopulationen, die sich in unterschiedlichen Differenzierungsstadien befinden. Bereits am zwölften Tag der Embryonalentwicklung der Maus sind Immunglobuline an den Oberflächen von Lymphozyten (Prä-B-Zellen) nachweisbar. Die Zellen bleiben dennoch bis zur Geburt immuninkompetent.

Zellen aus der fötalen Leber können kultiviert werden. Bei Zusatz eines Mitogens (LPS) geschieht zunächst sehr wenig, und nur 2–5% der Zellen sind stimulierbar. Erst nach Tagen entstehen Zellen, die Immunglobuline (IgM, IgG, IgA) sezernieren. Die Spanne zwischen Mitogenstimulation und Antikörperproduktion entspricht genau dem Zeitraum, der zwischen Gewebeentnahme und der Geburt liegen würde (s. Abb. 67.10).

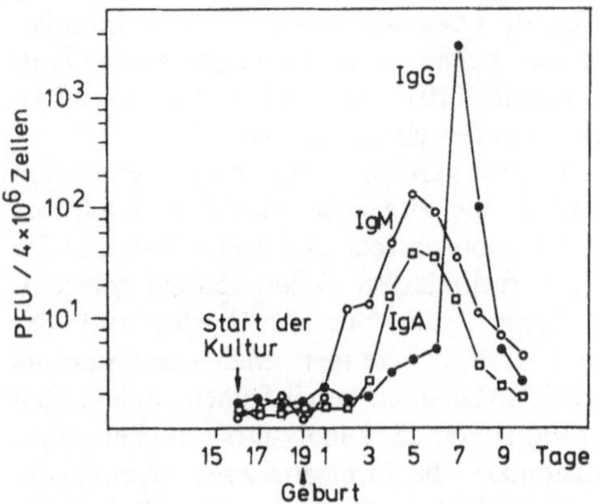

Abb. 67.10. 15 Tage alte fötale Leberzellen wurden in vitro (in Zellkultur) mit LPS stimuliert. Sie entwickeln sich zu IgM-, IgA- und IgG-sezernierenden PFU (*plaque-forming units*). Antikörper der genannten Klassen treten in Zellkultur erst nach einer Verzögerungszeit von wenigen Tagen auf. Die Spanne entspricht dem Zeitabschnitt, der zwischen Zellentnahme und der Geburt liegen würde (Melchers et al., 1976)

Die hier skizzierten Aussagen legen die Annahme nahe, daß die Transformation von Prä-B-Zellen in kompetente B-Zellen vom Erwerb des Mitogenrezeptors abhängt und daß dieser erst zum Zeitpunkt der Geburt erscheint (F. Melchers et al., 1976, 1977).

Literatur

Andersson, J., Coutinho, A., Lernhardt, W., Melchers, F.: Clonal growth and maturation to immunoglobulin secretion in vitro of every growth-inducible B lymphocyte. Cell *10*, 27 (1977)

Coutinho, A., Forni, L., Melchers, F., Watanabe, T.: Genetic defect in responsiveness to the B cell mitogen lipopolysaccharide. Eur. J. Immunol. *7*, 325 (1977)

Dutton, R.W., Mishell, R.I.: Cellular events in the immune response. The in vitro response of normal spleen cells to erythrozyte antigens. Cold Spring Harbor Symp. Quant. Biol. *32*, 407 (1967)

Klinman, N.R., Sigal, N.H., Metcalf, E.S., Pierce, S.K., Gearhart, P.J.: The interplay of evolution and environment in B-cell diversification. Cold Spring Harbor Symp. Quant. Biol. *41*, 165 (1977)

Köhler, G., Milstein, C.: Derivation of specific antibody-producing tissue culture and tumor lines by cell fusion. Eur. J. Immunol. *6*, 511 (1976)

Mäkelä, O.: The specificity of antibodies produced by single cells. Cold Spring Harbor Symp. Quant. Biol. *32*, 423 (1967)

Melchers, F.: B lymphocyte development in fetal liver. Eur. J. Immunol. *7*, 476 (1977)

Melchers, F., Andersson, J., Phillips, R.A.: Ontogeny of murine B-lymphocytes: Development of Ig synthesis and of reactivities to mitogens and to anti-Ig-antibodies. Cold Spring Harbor Symp. Quant. Biol. *41*, 147 (1977)

Melchers, F., Andersson, J.: Synthesis, surface deposition and secretion of immunoglobulin M in bone marrow-derived lymphocytes before and after mitogenic stimulation. Transplant. Rev. *14*, 76 (1973)

Mitchell, G.F., Miller, J.F.A.P.: Immunological activity of thymus and thoracic-duct lymphocytes. Proc. Natl. Acad. Sci. USA *59*, 296 (1968)

Müller, G., Hübner, L., Schimpl, A., Wecker, E.: Partial characterization and purification of murine T cell-replacing factor, TRF-I. Immunochemistry *15*, 27 (1977)

Origins of lymphocyte diversity. Cold Spring Harbor Symp. Quant. Biol. *41* (1977)

Secher, D.S., Milstein, C., Adetugbo, K.: Somatic mutants and antibody diversity. Immunol. Rev. *36*, 51 (1977)

Sigal, N.H., Klinman, N.R.: The B-cell clonotype repertoire. Adv. Immunol. *26*, 255 (1978)

68. Die genetische Kontrolle der Immunantwort

Es ist in den letzten Jahren eine ganze Reihe von Genen beschrieben worden, welche die Immunantwort gegenüber spezifischen Antigenen kontrollieren. Als Versuchstiere dienten dabei Inzuchtstämme von Meerschweinchen, Mäusen, Ratten u.a., als Antigene synthetische Polypeptide, Polysaccharide, Lipide, Lactatdehydrogenase, Viren (Phage fd, Influenzavirus), Schafserythrozyten etc. Alle sind als T-Zell-abhängig zu klassifizieren. Als vielleicht erstaunlich klingendes Ergebnis läßt sich zusammenfassend sagen, daß nahezu alle Arbeitsgruppen, die nach genetischen Defekten der Immunantwort suchten, erfolgreich waren. Die Defekte müssen demnach relativ häufig sein. Vier der Versuchssysteme werden im folgenden beschrieben:

a) Versuchstier: Meerschweinchen
Antigen: DNP-Poly-L-Lysin
Bearbeiter: Benacerraf und Mitarbeiter
(Harvard Medical School, Boston)

Injiziert man das Antigen DNP-Poly-L-Lysin (ein synthetisches Polypeptid, an das Dinitrophenylgruppen gebunden sind) in Meerschweinchen, erhält man in der Regel eine normale Immunantwort. Der „Stamm 13" (ein Inzuchtstamm) bildet keine Antikörper. Beim „Stamm 2" löst das Antigen, wie sonst auch, eine normale Immunantwort aus. Im „Stamm 13" bleibt die Immunantwort keineswegs gegenüber allen Antigenen aus, so wird sie u.a. durch Poly(Glu, Tyr) induziert. Der trivialste Schluß aus diesem Versuch wäre die Folgerung, daß beim „Stamm 13" jene B-Zellen defekt sind oder gar fehlen, welche die Determianten des DNP-Poly-L-Lysins spezifisch erkennen. Das Ergebnis eines weiteren Versuchs schloß diese Möglichkeit jedoch aus: Die Tiere reagieren nämlich auf Poly-L-Lysin, wenn es an Rinderserum (BSA) gekoppelt ist. Sie erkennen die Determinanten also, wenn man sie ihnen auf einer geeigneten Unterlage, einem Träger (*Carrier*) präsentiert.

Beruht die ausgebliebene Immunantwort tatsächlich auf einem genetischen Defekt? Zum Nachweis von Genwirkungen muß man Kreuzungsexperimente ansetzen. Man stellt Bastarde aus guten und schlechten Antikörperproduzenten her („Stamm 2" x „Stamm 13") und testet die Reaktion der Nachkommenschaft. Weiterhin stellt man Rückkreuzungen her und schaut, in welchen Spaltungsverhältnissen gute und schlechte Antikörperbildner auftreten. Einfacher ausgedrückt: Man überprüft, inwieweit die Ergebnisse mit den Mendelschen Regeln übereinstimmen. Bei dem hier vorgestellten Beispiel sowie bei den folgenden und vielen nichtgenannten sind solche Kontrollversuche durchgeführt worden, wobei, wiederum zusammenfassend, zu sagen ist, daß allen beschriebenen Defekten eine genetische Ursache zugeschrieben werden konnte. Nachdem geklärt war, daß es sich bei dem beschriebenen Ausbleiben der Immunantwort um ein genetisches Phänomen handelt, gab man dem Gen einen Namen: *PLL*-Gen. Es stellt sich damit umgehend die Frage, ob es auch die Immunantwort anderer Antigene kontrolliert. Zur Klärung wurden einige weitere Antigene getestet, und man erhielt folgende Aussage (Tabelle 1):

Tabelle 1. Immunantworten in zwei Inzuchtstämmen des Meerschweinchens

Antigen	Immunantwort in „Stamm 2"	„Stamm 13"	F_1 (Stamm 2 x Stamm 13)
DNP-Poly-L-Lysin	+	–	+
Poly(Glu, Ala)	+	–	+
Poly(Glu, Tyr)	–	+	+
geringe Dosis BSA	+	–	+

Was bedeutet das? Ist das *PLL*-Gen identisch mit den Genen, die für die Kontrolle der Immunantwort auf Poly(Glu, Ala) und kleine Dosen von BSA notwendig sind, oder sind es mehrere, nur zufällig benachbarte Gene? Ist das Gen, das für die Bildung von Antikörpern gegen Poly(Glu, Tyr) erforderlich ist, ein Allel oder ein Pseudoallel zu dem (den) vorher genannten Gen(en)? Wir werden auf die Deutung dieser Ergebnisse später zurückkommen, vorher wollen wir uns noch einige weitere Versuche in einem anderen Versuchssystem ansehen.

b) **Versuchstier: Maus**
Antigene: Synthetische Polypeptide
Bearbeiter: McDevitt und Mitarbeiter
(Stanford University, School of Medicine, Palo Alto)

Dieses Beispiel wurde gewählt, weil es bisher am ausgiebigsten untersucht wurde. Als Versuchstiere dienten verschiedene Mäuseinzuchtstämme, als Antigene verzweigte Polypeptide, vor allem (T,G)-A,L- = (Tyr, Glu)-Ala-Lys u.a. (s. Abb. 68.1). Einige der Mäusestämme geben nach Immunisierung mit dem genannten Antigen eine normale Immunantwort, während andere Stämme keine bzw. nur sehr wenige Antikörper bilden (*Responder* und *Non-responder*). Nachdem eine Reihe von Inzuchtstämmen durchgemustert war, fand man eine bemerkenswerte Korrelation: Alle Mäusestämme, die keine Immunantwort auf (T,G)-A,L gaben, gehören bestimmten Histokompatibilitätstypen des MHC (H-2) an. Die hierfür zuständigen Gene liegen auf dem Chromosom 17 (s. Kap. 22).

Welche Bedeutung haben sie für die Immunantwort? Um das zu prüfen, muß man natürlich zunächst einmal wissen, was sie überhaupt tun. Mäusestämme, die dem gleichen Histokompatibilitätstyp angehören, können Transplantate voneinander annehmen, während Stämme, die verschiedenen Histokompatibilitätstypen angehören, Transplantate gegenseitig abstoßen.

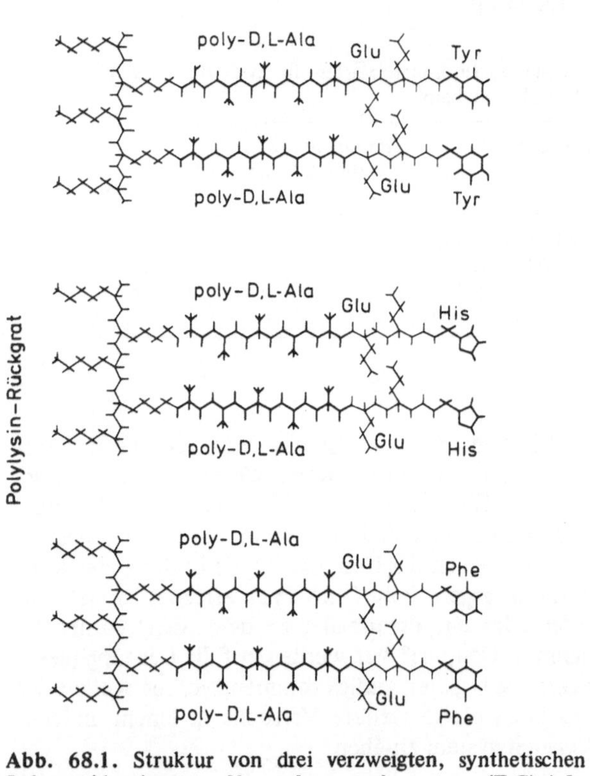

Abb. 68.1. Struktur von drei verzweigten, synthetischen Polypeptidantigenen. *Von oben nach unten:* (T,G)-A-L; (H,G)-A-L; (Phe,G)-A-L (McDevitt, 1973)

Zurück zur Immunantwort: Das Gen, das für die Immunantwort auf (T,G)-A,L erforderlich ist, erhielt den Namen *Ir-1* (*Immunresponse-1*). Wir haben schon gesehen (Kap. 23), daß *Ir-1* mit den Genen der *H-2*-Region eng gekoppelt ist. Nach eingehenden genetischen Analysen fand man, daß das *Ir-1*-Gen in der Mitte der *H-2*-Region liegt, aber mit keinem der bekannten *H-2*-Genprodukte (s. Kap. 23) übereinstimmt (McDevitt, Deak, Shreffler, Klein, Stimperling und Sneu, 1972). Damit konzentrierte sich die Frage natürlich auf die Natur des *Ir-1*-Genprodukts. Es konnte serologisch sehr bald festgestellt werden, daß es von den Histokompatibilitätsantigenen verschieden war. Es besteht kein Zweifel mehr darüber, daß das Genprodukt auf Oberflächen immunkompetenter Zellen exprimiert wird, und als favorisierte Kandidaten kamen die T-Zellen in Betracht, auf deren Oberfläche es in der Tat nachgewiesen wurde. Dieses *Immunresponse*-Gen beeinflußt offensichtlich T-Zell-Eigenschaften und, wie später gezeigt wurde, trifft das auch für das *PLL*-Gen (s. vorangegangenen Abschnitt) zu. Keines der Gene ist mit Markern der Immunglobulingene gekoppelt. Die Produkte sind demnach auch keine Immunglobuline. Bei der Immunisierung wurden die Antigene in der Regel zusammen mit Adjuvants gegeben. Die Tiere wurden somit nicht nur zur primären, sondern auch zur sekundären Immunantwort stimuliert. Beide Reaktionen blieben aus. Injizierte man das Antigen jedoch in mehreren kleinen Dosen, so beobachtete man, daß auch Mäuse, die als *Non-responder* klassifiziert waren, eine geringe Menge an Antikörpern bildeten. Der Auslösemechanismus ist demnach dosisabhängig, wobei die Immunantwort nur bei einer sehr niedrigen Antigendosis induziert werden konnte. Die gebildeten Antikörper gehörten zur Klasse IgG.

Was geschieht aber, wenn man das Antigen nur ein einziges Mal, dazu in wässriger Lösung, injiziert? Mit anderen Worten, wenn man nur die primäre Antwort auslöst?. Dabei zeigt sich eine bemerkenswerte Übereinstimmung zwischen *Responder*- und *Non-responder*Stämmen. Alle bilden nämlich in gleicher Menge 19S-Antikörper (IgM), die wenige Tage nach der Injektion erscheinen und bald darauf wieder verschwinden. Das Versuchsergebnis sagt uns, daß die Bildung der 19S-Antikörper vom *Ir-1*-Gen unabhängig ist und daß das Gen nur zur Bildung von IgG (= 7S)-Antikörpern benötigt wird (Grumet, 1972). Entfernte man den Mäusen eines *Responder*-Stammes unmittelbar nach der Geburt den Thymus, zeigte sich, daß sie sich zu *Non-respondern* entwickelten. *Non-responder,* denen der Thymus entfernt wurde, verhielten sich wie die nicht operierten Kontrolltiere. Diese Ergebnisse lassen den Schluß zu, daß der Thymus zur Bildung von IgM-Antikörpern entbehrlich ist, zur Bildung von IgG-Antikörpern hingegen benötigt wird und daß weiterhin eine der Funktionen der T-Zellen darin zu suchen ist, den *Carrier* zu erkennen. Koppelt man die Determinante nämlich an einen anderen

Carrier, so wird auch in *Non-respondern* eine Immunantwort ausgelöst, da jetzt ja eine andere Subpopulation der T-Zellen zum Zuge kommt (Mitchell et al., 1972).

Mittlerweile sind mindestens 30 voneinander verschiedene *Ir*-Gene identifiziert worden: Bei der Maus, beim Meerschweinchen, der Ratte, dem Rhesusaffen und auch beim Menschen. Sie sind alle dominant, und sie kontrollieren sowohl die humorale als auch die zelluläre Immunantwort. Untersuchungen von Shearer et al. sowie von Benacerraf und Katz wiesen darauf hin, daß *Ir*-Gene nicht ausschließlich den T-Zellen zuzuordnen sind, sondern daß einige der Genprodukte auch auf B-Zellen exprimiert werden und daß ihr Erscheinen auf beiden Zelltypen eine Voraussetzung für ein einwandfreies Funktionieren der Kooperation zwischen beiden Zelltypen ist.

B-Zellen (und ein Teil der T-Zellen) tragen eine weitere Gruppe von Antigenen: *Ia*-Antigene *(I-region-associated antigene)* (Shreffler und Klein). Deren Gene liegen den *H-2*-Genen ebenfalls benachbart. Es ist bislang nicht geklärt, ob *Ia*-Genprodukte und (einige) der *Ir*-Produkte untereinander gleich sind und lediglich auf verschiedenen Zelltypen exprimiert werden oder ob es sich um völlig verschiedene Moleküle handelt. Es gibt inzwischen gute Hinweise darauf, daß die Immunantwort in vielen Fällen durch mindestens zwei *Ir*-Gene kontrolliert wird. Eines der Genprodukte wird von den T-Zellen abgesondert und aktiviert B-Zellen. Das andere ist auf B-Zellen exprimiert und wirkt als Akzeptor des T-Zell-Aktivators (Regulators). *Ia*-negative B-Lymphozyten produzieren lediglich IgM-Antikörper, während *Ia*-positive Zellen entweder IgG oder IgM und IgG absondern (McDevitt et al., 1976).

Ob die Expression von *Ia*-Antigenen dabei einen funktionellen Zustand der B-Zell-Differenzierung widerspiegelt oder tatsächlich unterschiedliche Populationen kennzeichnet, ist noch ungeklärt. Es ist denkbar, daß *Ia*-Antigene direkt am Umschaltmechanismus (dem *switch*) von IgM-Produktion zu IgG-Produktion beteiligt sind.

In vielen Fällen kann man zwischen „Nicht-Respondern", „schwachen Respondern" und „starken Respondern" unterscheiden, und das wiederum heißt, daß die Immunantwort nicht nur qualitativ, sondern auch quantitativ gesteuert wird. Eine Auftrennung der gebildeten, spezifischen Antikörper durch Isoelektrische Fokusierung ergab, daß die Heterogenität der Isotypen bei den „schwachen Respondern" gegenüber der bei den „starken Respondern" drastisch herabgesetzt war, und das heißt wiederum, daß im ersten Fall weniger spezifische B-Zell-Klone aktiviert werden als im zweiten.

Wenn eine Immunantwort ausbleibt, liegt es nahe, den Defekt entweder bei den B-Zellen oder bei den T-Zellen zu suchen. Das Vorhandensein bestimmter *Ir*-Gene entscheidet, ob ein Individuum (oder Mitglieder eines Inzuchtstamms) Antikörper gegen ein Antigen bilden kann oder nicht, und das, obwohl die Gene für die Immunglobulinketten funktionsfähige Genprodukte liefern. Mäuse und andere Arten sind somit *Responder* auf einen Satz von Antigenen und *Non-responder* auf einen anderen.

T-Helferzellen und *T-Killerzellen* kooperieren mit Lymphozyten oder anderen Zellen bekanntlich nur dann, wenn beide Partner die „korrekten", gleichen MHC-Antigene tragen. Korrekt sind dabei jene, die an den Epidermiszellen des Thymus lokalisiert sind, an denen die T-Zellen „erzogen" werden (→ *educated T-cells*) und wo die Entscheidung fällt, ob eine T-Zelle zu einer Helferzelle oder einer Killerzelle determiniert wird. T-Helferzellen helfen anderen Lymphozyten also nur dann, wenn sie das richtige Produkt der *I*-Region exprimiert haben. *T-Killerzellen* lysieren Zielzellen nur, wenn sie die „richtigen" *H-2*-Antigene (beim Menschen HLA-A,B oder C) exprimiert haben. Oberflächenantigene, die durch Gene des MHC codiert werden, kontrollieren somit die Immunantwort und legen den verschiedenen funktionellen T-Zell-Populationen Restriktionen auf. Es sei abschließend jedoch vermerkt, daß *Ir*-Gene nur bei homozygoten Individuen erkannt werden können. In natürlichen Populationen treten sie bzw. die durch sie verursachten Ausfälle in der Regel nicht in Erscheinung. Es sei denn, man betrachtet natürliche Populationen mit hohem Inzuchtgrad, so wie das bei Nagern und anderen Säugern oft der Fall ist (s. Kap. 23).

c) **Versuchsobjekt: Maus (♀)**
Antigen: Zellen von Mäusen (♂) des gleichen Stamms
Bearbeiter: v. Boehmer, Haas und Jerne
(Basel Institute for Immunology, 1978)

Kann man die am Ende des vorangegangenen Abschnittes aufgezeigten Möglichkeiten experimentell voneinander trennen? Männliche Mäuse tragen ein Zelloberflächenantigen (Y), das den weiblichen fehlt. Injiziert man den ♀ Zellen der ♂ Mäuse, entwickeln sie eine Immunantwort darauf (zelluläre Immunität). Es gibt zwei Mäusestämme, die auf dieses Antigen nur eine schwache Immunantwort abgeben. Dem einen fehlen Y-spezifische *Precursorzellen* (Vorstufen von *Killerzellen*), dem zweiten fehlen die Y-spezifischen Helferzellen, die die Entwicklung der *Killerzellen* aus ihren Vorstufen steuern. Injiziert man lymphoide Stammzellen dieser Mäuse in *Responder,* deren Immunsystem man vorher durch Röntgenbestrahlung zerstört hatte, so erhält man mit Zellen des ersten Stamms eine Immunantwort, d.h. die Stammzellen werden im Thymus des Wirts zu *Killerzellen* „erzogen". Im Fall 2 bleibt die Immunantwort aus, denn die Zellen können im Thymus keine *Ir*-Genprodukte erwerben. Diese Befunde stehen im Einklang mit Jernes Annahme (s. Kap. 67), daß die Variabilität der T-Zell-Rezeptoren durch somatische Mutation von Keimbahngenen mit einer Spezifität für eigenes *H-2* entsteht. Das Sortiment der MHC-Antigene bestimmt, welche der Rezeptoren, die in den Genen der Keimbahn enthalten sind, mutieren dürfen. Die Zellen behalten dabei ihre alte Spezifität bei, und als Folge davon exprimieren sie zwei Klassen von Rezeptoren auf ihrer Oberfläche. Einer erkennt das MHC-Antigen, der andere das Fremdantigen. Selektion auf Mutationen fördert die Ausbildung einer Variabilität der Rezeptoren der zweiten Klasse, die viele, aber nicht alle Antigene erkennen können. Diese Annahme macht die Vorhersage, daß die MHC-gesteuerte Immunantwort der *Non-responder* erworben werden kann, wenn die T-Zell-Stammzellen in die „richtige" Umgebung gebracht werden – und genau das ist in dem eben geschilderten Experiment getan worden mit dem Ergebnis der Verifizierung der Annahme.

d) Versuchstiere: Mäuse
Antigen: 1,3-Dextran
Bearbeiter: Weigert et al. (Salk Institute for Biological Studies, 1972, 1975)

Man weiß, daß die leichten Ketten von Antikörpern entweder dem λ- oder dem χ-Typ angehören (siehe Kap. 22). Immunisiert man Balb/c-Mäuse mit 1,3-Dextran, erhält man hohe Antikörpertiter. Diese Antikörper enthalten leichte Ketten des Typs λ, während z.B. C57 Bl/6-Mäuse nach einer Immunisierung mit dem gleichen Gen nur sehr niedrige Titer bilden. Diese Antikörpermoleküle enthalten nur Ketten vom χ-Typ. Also auch die Bildung der verschiedenen Typen leichter Ketten ist antigenspezifisch und steht unter genetischer Kontrolle. Die Untersuchung der Immunantwort auf dieses Antigen bei einer Reihe weiterer Inzuchtstämme führte zu einer auffälligen Korrelation zwischen Bildung leichter Ketten vom Typ λ und einem allotypischen Marker in der V-Region der schweren Kette. Das heißt, daß die spezifische Immunantwort durch eine Wechselwirkung von leichter und schwerer Kette gesteuert wird. Das Strukturgen der schweren Kette beeinflußt die Bildung leichter Ketten und entscheidet, ob eine λ- oder eine χ-Kette entsteht. Dieses System unterscheidet sich klar von den vorher besprochenen. Hier wird die Synthese leichter Ketten kontrolliert, dort ging es u.a. um die Frage, ob eine schwere Kette (γ bei IgG) gebildet wird oder nicht.

Geckeler et al. (Salk Institute, 1978) setzen die Untersuchungen an diesem System fort. Sie fanden, daß das Ausmaß der Expression der spezifischen λ-Kette von der Aktivität eines Regulatorgens abhängt, das in der Nachbarschaft des λ-Gens lokalisiert ist. Sie nehmen daher an, daß es für das Umarrangieren der Genabschnitte und die Produktion einer kompletten, funktionellen Transkriptionseinheit benötigt wird (s.a. Abb. 22.10).

Literatur

Basel Institute for Immunology: Annu. Rep. 1976, 1977

Benacerraf, B., Germain, R.M.: The immune response genes of the major histocompatibility complex. Immunol. Rev. *38*, 70 (1978)

Benacerraf, B., McDevitt, H.O.: Histocompatibility-linked immune response genes. Science *175*, 273 (1972)

Blomberg, B., Geckeler, W.R., Weigert, M.: Genetics of the antibody response to dextran in mice. Science *177*, 178 (1972)

Boehmer, H.v., Haas, W., Jerne, N.K.: Major histocompatibility complex-linked immune-responsiveness is acquired by lymphocytes of low-responder mice differentiating in thymus of high-responder mice. Proc. Natl. Acad. Sci. USA *75*, 2439 (1978)

Geckeler, W., Faversham, J., Cohn, M.: On a regulatory gene controlling the expression of the murine light chain. J. Exp. Med. *148*, 1122 (1978)

Grumet, F.C.: Genetic control of the immune response: A selective defect in immunologic (IgG) memory in nonresponder mice. J. Exp. Med. *135*, 110 (1972)

Hämmerling, G.J.: Tissue distribution of Ia antigens and their expression on lymphocyte subpopulations. Transplant. Rev. *30*, 64 (1976)

Kipps, T.J., Benacerraf, B., Dorf, M.E.: H-2 control of the magnitude and heterogeneity of the immune response. Eur. J. Immunol. *8*, 415 (1978)

McDevitt, H.O.: Genetic control of the antibody response. Hospital practice *8*, No. 4 (1973)

McDevitt, H.O., Deak, B.D., Shreffler, D.C., Klein, J., Stimpfling, J.H., Snell, G.D.: Genetic control of the immune response: Mapping of the Ir-1 locus. J. Exp. Med. *135*, 1259 (1972)

McDevitt, H.O., Delovitch, T.L., Press, J.L., Murphy, D.B.: Genetic and functional analysis of the Ia antigens: Their possible role in regulating the immune response. Transplant Rev. *30*, 197 (1976)

Mitchell, G.F., Grumet, F.C., McDevitt, H.O.: Genetic control of the immune response: The effect of thymectomy on the primary and secondary antibody response of mice to poly-L(Tyr, Glu)-poly-D, L-Ala-poly-L-Lys. J. Exp. Med. *135*, 126 (1972)

Riblet, R., Blomberg, B., Weigert, M., Lieberman, R., Taylor, B.A., Potter, M.: Genetics of mouse antibodies: Linkage of the dextran response locus, V_H-DEX, to allotype. Eur. J. Immunol. *5*, 775 (1975)

Zinkernagel, R., Callahan, G.N., Althage, A., Cooper, S., Klein, P.A., Klein, J.: On the thymus in the differentiation of "H-2 self-recognition" by T-cells: evidence for dual recognition? J. Exp. Med. *147*, 882 (1978)

69. Kooperation zwischen Geweben: Das neuromuskuläre System; Regeneration, Dermis – Epidermis

In Organen kooperieren Zellen aus Geweben gleicher und verschiedener Herkunft miteinander. Das kann theoretisch auf mindestens zweierlei Weise geschehen:

1. Zellen des einen Gewebetyps sondern einen Effektor ab, der von denen des anderen Gewebetyps als ein Signal verstanden wird.
2. Die Kommunikation beruht auf direktem Zellkontakt, z.B. können die Zellen durch *Gap-junctions* untereinander verbunden sein.

Oftmals ist die Kommunikation wechselseitig. Die Differenzierung eines Zelltyps hängt von der gleichzeitigen Weiterentwicklung des anderen Zelltyps ab (s. Abb. 69.1). In Zellen eines jeden Gewebes laufen hintereinanderweg genetisch bedingte Differenzierungsschritte ab. Genprodukte eines Zelltyps mögen die Genexpression des jeweils anderen Zelltyps beeinflussen. Macht sich in einer der Reaktionsketten ein Defekt bemerkbar, so heißt das aber noch lange nicht, daß die primäre Ursache in diesen Zellen selbst zu suchen sei. So ist z.B. denkbar, daß ein Schritt $A' \rightarrow A''$ deshalb ausbleibt, weil der Stimulus b' fehlt, was demnach bedeuten würde, daß die primäre Ursache für den Ausfall von $A' \rightarrow A''$ in B' zu suchen ist.

Wechselwirkungen von Zellen bzw. Geweben haben wir bereits mehrfach angesprochen. Im Immunsystem z.B. kooperieren T- und B-Zellen miteinander (s. Kap. 66 und 67).

Neuronen in einem Neuronennetzwerk tauschen Informationen untereinander aus und leiten diese an andere Zelltypen (z.B. Muskeln) weiter. In den neuromuskulären Interaktionen haben wir ein klassisches Beispiel für die Kommunikation von Zellen unterschiedlicher Herkunft vor uns. Neuronen sind ektodermaler und Muskelzellen mesodermaler Herkunft. Wechselwirkung zwischen Dermis- und Epidermiszellen in der Haut sind die Ursache der Bildung von Federn, Schuppen, Platten usw. Die Epidermis ist ein Epithel ektodermalen Ursprungs, während die Dermis ein mesenchymales Bindegewebe mesodermalen Ursprungs ist.

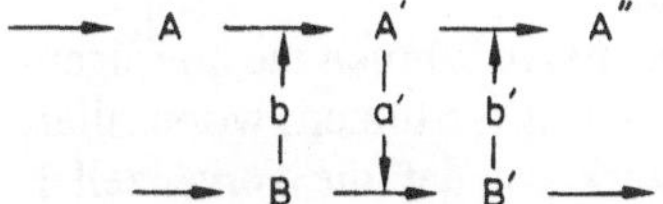

Abb. 69.1. Modell der Wechselwirkung zweier Zelltypen während der Differenzierung zweier Gewebe A und B (Jockusch, 1977)

Neuromuskuläre Verknüpfungen

Neuromuskuläre Verknüpfungen gehören zu den relativ gut untersuchten Systemen, die unter Beteiligung zweier Zelltypen zustandekommen. Die Aktivität der Muskelzellen kann durch Kontraktionsmessungen, die der Neuronen elektrophysiologisch verfolgt werden. Eine Reihe von Inhibitoren (Nervengifte, Narkotika u.a.) beeinflussen die Prozesse. So wird z.B. die Freisetzung des Acetylcholins durch Botulin, einem Ausscheidungsprodukt des Bakteriums *Clostridium botulinum* unterdrückt, während die Erkennung des Acetylcholins durch den Acetylcholinrezeptor von Curare kompetitiv gehemmt wird. Der eine Inhibitor wirkt also auf die Nervenzelle, der andere auf die Muskelzelle. Beide verursachen einen physiologisch gleichartigen Effekt. Interessanter sind die Wechselwirkungen, die zur Ausdifferenzierung des neuromuskulären Systems führen. Man kennt beim Menschen und bei der Maus eine Reihe genetischer Defekte, die sich durch Lähmungen und Muskelschwund (Dystrophien) manifestieren. In homozygotem Zustand sind sie in der Regel letal. Der Zeitpunkt des Todes ist bei den verschiedenen Arten der Dystrophie unterschiedlich. Bei der Maus sind z.Zt. mehr als 20 Mutationen mit neuromuskulären Defekten bekannt. Die normale Entwicklung der Zellen des Rückenmarks und der Skelettmuskeln ist der Abb. 69.2 zu entnehmen. Mit eingezeichnet sind genetische Blocks, die man bei einzelnen Mutanten festgestellt hat. Einige von ihnen werden wir im folgenden ausführlicher besprechen.

Histopathologisch machen sich neuromuskuläre Defekte durch einige immer wiederkehrende Erscheinungen bemerkbar. Die Kerne in den Skelettmuskelfasern verschieben sich von peripherer zu zentraler Lage. Das regelmäßige Querstreifenmuster wird abgebaut, das Sarkoplasmatische Retikulum und die Mitochondrien blähen sich auf, dann kommt Vakuolisierung der Zellen hinzu, Fett wird eingeschlossen, und

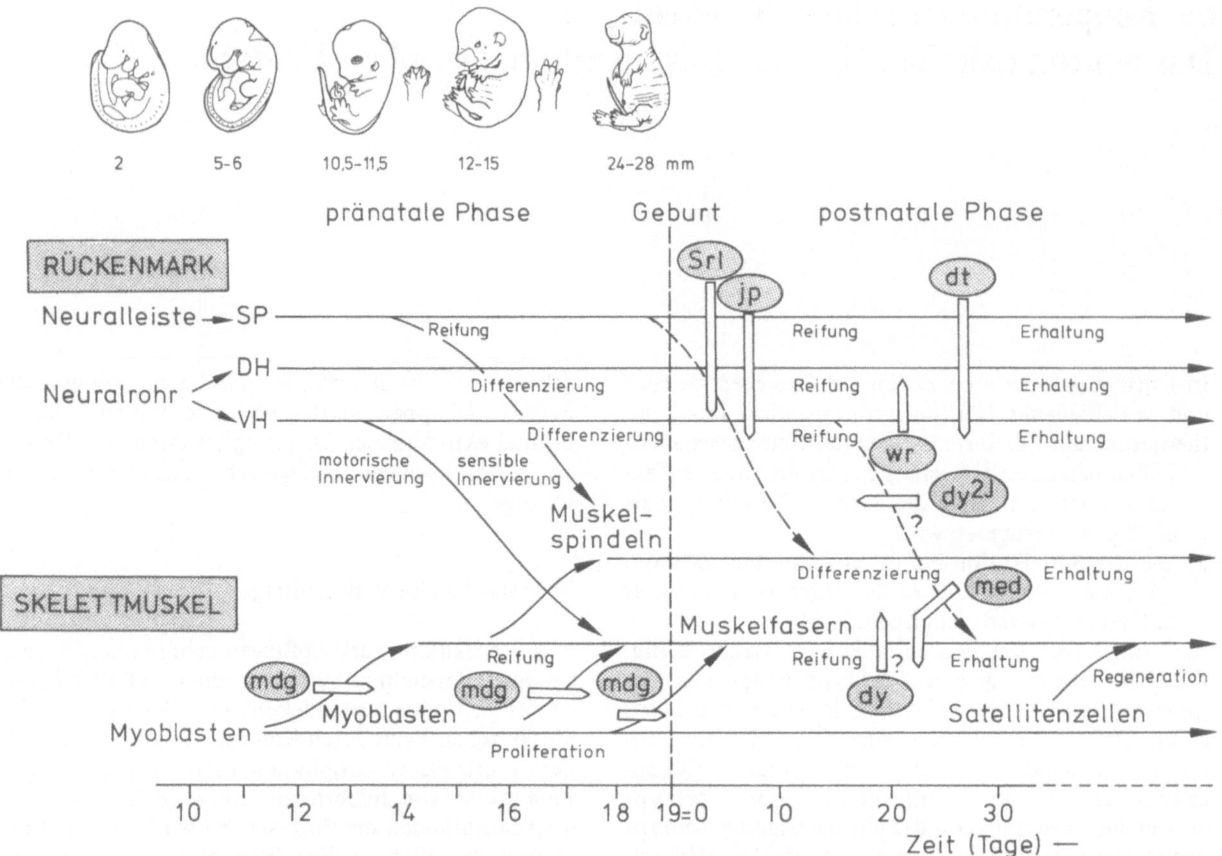

Abb. 69.2. Entwicklung von Rückenmark und Skelettmuskelsystem während der Embryonalentwicklung und nach der Geburt der Maus sowie Wirkung einiger Mutanten. Aus der Neuralleiste differenzieren sich die Spinalganglien (*SP*), aus dem Neuralrohr die dorsalen Hörner (*DH*) als sensibler und die ventralen Hörner (*VH*) als motorischer Teil des Rückenmarks. Zunächst unabhängig davon vermehren sich die Stammzellpopulationen der Myoblasten und bilden durch Fusion und Differenzierung die Muskelfasern. Gruppen von Muskelfasern spezialisieren sich unter dem Einfluß der sensiblen Innervierung zu Streckrezeptoren, den Muskelspindeln. Reifung und Erhaltung des funktionsfähigen Skelettmuskelsystems sind von motorischer Innervierung und von nervöser Stimulation (*gestrichelte Linien*) abhängig. Verwundung des Muskels löst Regeneration neuer Muskelfasern aus den myoblastenähnlichen Satellitenzellen aus. Die phänotypischen Wirkungen der Mutationen (*Symbole in Ellipsen*) sind nach Wirkort und zeitlichem Auftreten eingezeichnet (Jockusch, 1977)

manchmal sterben die Muskelfasern ab. Das Muskelgewebe wird durch Fett und Bindegewebe ersetzt. An den Endplatten (Synapsen) verschwindet die Acetylcholinesterase, der Acetylcholinrezeptor breitet sich über die gesamte Faseroberfläche aus, und als Folge davon verzweigen sich die Nervenzellen übernormal (→ *Sprouting*).

Die genannten Veränderungen können auch durch eine chirurgische Denervierung oder unspezifische Störungen im Stoffwechsel hervorgerufen werden. Von besonderem Interesse sind jedoch spezifische Defekte, die man wiederum vier Kategorien zuordnen kann (s. Tabelle 1):

1. Myogene Genwirkungen (Defekt in der Muskelfaser).
2. Neurogene Genwirkungen (Defekt im Neuron).
3. Myo- und neurogene Genwirkungen (Defekt in beiden Zelltypen; homöotische Mutationen, s. Kap. 63).
4. Humorale primäre Genwirkungen (Defekt beruht auf dem Fehlen eines Effektors, der von einem dritten Zelltyp produziert wird, s. Kap. 58).

Man kann sich mindestens drei experimentelle Ansätze zur Analyse der Entwicklung neuromuskulärer Systeme vorstellen.

1. Genetische Chimären der Maus,
2. Zell- und Gewebekulturen und
3. Regenerationsversuche.

Regenerationsversuche in vivo können die im folgenden zu bringenden Aussagen unterstützen, wobei allerdings einschränkend vermerkt sei, daß die Nervenzellen der Mammalia nicht regenerierbar sind. Diese Untersuchungen konzentrieren sich daher primär auf die Regenerationsprozesse amputierter Extremitäten von Amphibien.

Tabelle 1. Kombinationsexperiment zwischen Nerv und Muskel unterschiedlicher Herkunft zum Nachweis genetischer Defekte

Muskel (M)	Nerv (N)	
	+	–
+	1 +	+
	2 +	–
	3 +	–
	4 +	+
–	1 –	–
	2 +	–
	3 –	–
	4 +	+

N, Herkunft des Nervengewebes; *M*, Herkunft der Muskelzellen aus einem (+) genetisch normalen Tier mit genetischer Konstitution, die in vivo zu einem neuromuskulären Defekt führt. 1, 2, 3, 4 stehen für die auf S. 630 genannten Alternativen. In diesem Kombinationsexperiment kann somit entschieden werden, welche der vier Möglichkeiten im Einzelfall die Ursache des Defekts ist (H. Jockusch, 1977).

Genetische Chimären. Chimären sind Individuen mit genetisch verschiedenen Zellen (s. Kap. 64). Man isoliert dabei Embryonen verschiedener genetischer Konstitution (z.B. A und B) und bringt sie paarweise in Kontakt. Bei nachfolgender Kultur verschmelzen sie miteinander und entwickeln sich als Einheit weiter. Die Fusionsembryonen bestehen aus Zellen beider Ausgangstypen. Nach Reimplantation in eine scheinschwangere Maus entwickeln sich diese „Aggregationschimären" zu anatomisch normalen Mäusen, die jedoch genetisch als Mosaiks aufzufassen sind. Die beiden Genotypen sind in nicht vorhersagbaren Proportionen verteilt. Der Verlauf der Grenzen zwischen A und B innerhalb eines Gewebes ist jedoch nicht zufällig, sondern reflektiert den charakteristischen Verteilungsmodus von Stammzellkolonien, also das Muster der Zellteilungen und Zellwanderungen (Mintz, 1974).

Einige Beispiele für Nerv-Muskel-Defekte. Die Mutation *muscular dysgenesis (mdg)* greift in die Differenzierung der Skelettmuskulatur ein. Sie wird vom 14. Schwangerschaftstag an wirksam und ist bei der Geburt letal. Es sieht so aus, als würde sich das Skelettmuskelsystem in frühen Entwicklungsstadien unabhängig vom Nervensystem bilden. Somit ist es unwahrscheinlich, daß *mdg* neurogenen Ursprungs ist. In elektronenmikroskopischen Aufnahmen der Myoblasten sind Membranveränderungen erkennbar. Die Myotuben sterben ab, noch bevor sie das Stadium der spontanen Kontraktilität und der Querstreifenbildung (s. Abb. 65.2) erreicht haben. Myoblasten in Kultur antworten auf mechanische und elektrische Reize nicht durch Kontraktion, so wie es die Wildtyp-Myoblasten tun würden. Bisher konnte nicht ausgeschlossen werden, daß ein humoraler Faktor im Spiel ist.

Es sind mehrere Muskeldystrophie-Mutationen der Maus bekannt, welche sich durch rasch fortschreitende Lähmungserscheinungen kenntlich machen. Analoge Fälle kennt man beim Menschen, so daß das Stadium der Krankheit bei der Maus als ein Modellfall für die menschlichen Erkrankungen angesehen werden kann. Die Form „*dy*" (bei der Maus) führt erst nach vielen Monaten zum Tode. Die bisher vorliegenden Analysen über die Lokalisation des Defekts führten bisher zu widersprüchlichen Ergebnissen.

Motor end plate disease: (med), führt im homozygoten Zustand um den 20. Tag nach der Geburt zum Tode. Vom zwölften Tage an treten Lähmungen auf, später sind histologische Degenerationen der Muskelfasern nachweisbar (s. Abb. 69.3). Das physiologische Bild und die Folgeerscheinungen ähneln einer lokalen Vergiftung mit Botulin. Die Aktionspotentiale werden vom Axon der Motoneuronen weitergeleitet, führen jedoch nicht zu einer Acetylcholinausschüttung. Vesikel sind zwar vorhanden, ebenso beobachtet man eine spontane Ausschüttung (Miniatur-Endplattenpotential) des Neurotransmitters. Es sieht demnach fast so aus, als wäre die Krankheit neurogenen Ursprungs. Geklärt ist die Situation jedoch noch nicht, da bislang nicht ausgeschlossen werden konnte, daß der Zusammenbruch der Prozesse an der Präsynapse auf einen myogenen oder humoralen Stimulus hin erfolgt.

Mutanten mit phänotypisch erkennbaren Defekten im Nervensystem: *Wobbler* zeigen zu Beginn des zweiten postnatalen Lebensmonats Zittern und Lähmungen. Histologisch sind Degenerationen des Zellkörpers der Neuronen nachweisbar.

Sprawling, eine dominante Mutation. Es degenerieren Neuronen in den sensorischen Spinalganglien. Als Folge davon können sich die Muskelspindeln nicht voll ausdifferenzieren.

Jimpy, geschlechtsgebunden (rezessives Allel auf dem X-Chromosom): Greift in postnatale Reifungsprozesse ein. Symptome: Zittern, Krämpfe, Tod um den 30. Tag. Biochemische Analyse: Defekt in der Myelinisierung der Nervenfasern.

Welche Einflüsse hat eine Innervierung auf die Entwicklung von Muskelzellen? Weeds, Trentham, Kean und Buller fanden 1974, daß die Innervierung der Muskeln von Katzen den Phänotyp des Myosins bestimmt. Dem Myosin sind einige leichte Ketten assoziiert (s. Kap. 32). Die Komplexität innerhalb dieser Gruppe ist gelelektrophoretisch faßbar. Myosinpräparate aus innervierten Muskeln unterscheiden sich deutlich von denen aus denervierten. Darüber hinaus wurde ein unterschiedlicher Methylierungsgrad der schweren Myosinketten in den genannten Muskelpräparaten festgestellt. Wie kontrolliert das Nervensystem den Phänotyp dieser Moleküle? Antwort: Durch unterschiedliche Impulsfolge der Reizung.

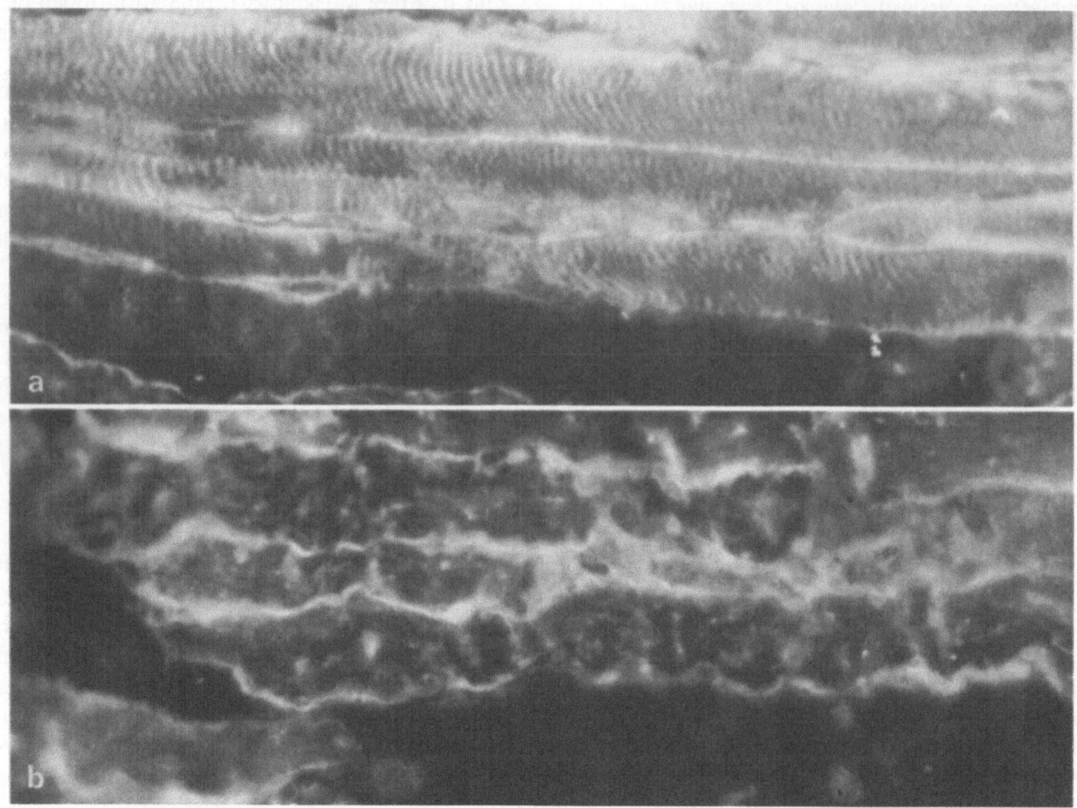

Abb. 69.3. a Biceps der Maus (Wildtyp). Gefrierschnitt eines Biceps der Maus (Wildtyp). Die Querstreifung wurde durch indirekte Immunfluoreszenz unter Anwendung von anti-α-Aktinin sichtbar gemacht. b Bicepsstruktur der Mutante *med*. (Aufn. H. Jockusch, Basel, 1977)

Beeinflußt die Wechselwirkung zwischen Nerven- und Muskelzellen den Typ des freigesetzten Neurotransmitters? Die Transmitterfunktionen werden in der Regel durch nichtneuronale Zellen kontrolliert. Kultiviert man Neuronen in Abwesenheit anderer Zelltypen, wird Noradrenalin gebildet, gespeichert, freigesetzt und anschließend wieder aufgenommen. Die Syntheserate von Acetylcholin ist vernachlässigbar gering. Kultiviert man die Zellen hingegen in Gegenwart nichtneuronaler Zellen, so werden beide Transmittertypen gebildet, womit sich umgehend die Frage stellt, ob beide von einer Zelle gebildet werden oder ob es zwei Zellpopulationen gibt, von denen die eine den einen, die andere den anderen Transmittertyp produziert. Schließlich wäre zu fragen, ob es einen Schalter gibt, der Zellen von der Produktion des einen zur Produktion des anderen Transmitters umstellt. Während der Umstellung findet keine erhöhte Teilungsrate der Zellen statt. Das legt die Annahme nahe, daß sich Neuronen in bezug auf Transmitterproduktion tatsächlich „plastisch" verhalten (s. Kap. 65).

Regeneration

Amphibien können verlorengegangene oder amputierte Extremitäten weitgehend regenerieren. Als erstes wird die Wunde durch Bildung einer Epidermis verschlossen. Kurz darauf bildet sich ein Regenerationsgewebe (Blastem). Diese Bildung beruht auf einer Umorganisation des noch vorhandenen Extremitätenstumpfes, wobei Gewebe beteiligt sind, die von der Schnittstelle relativ weit entfernt liegen.

Was geschieht hier? Werden einige noch verbliebene, embryonale Zellen mobilisiert, oder dedifferenzieren sich einige der bereits differenzierten Zellen? Es hat sich gezeigt, daß letzteres geschieht, und allein das ist schon ungewöhnlich. Differenzierte Zellen beginnen, DNS zu synthetisieren und sich zu teilen. Dabei verlieren sie den Status der Differenzierung, gehen jedoch nicht in embryonale Zellen über. Die Determination bleibt erhalten.

Wovon hängt die Regenerationsfähigkeit der Amphibiengliedmaßen ab? Eine vollständige Regeneration findet man nur bei Jungtieren (Larven). Sobald die Metamorphose abgeschlossen ist, geht die Regenerationskapazität rapide zurück. Es wird zwar etwas nachgebildet, doch wie zahlreiche einschlägige Experimente gezeigt haben, erhält man nur partiell ausgebildete, meist verkürzte Gliedmaßen. Das Regenerationsvermögen von Bereichen, die der Schnittstelle benachbart sind, ist höher als das von Bereichen, die weit von ihr entfernt liegen. Einen entscheidenden Einfluß übt das Nervensystem und seine eigene Regenerationsfähigkeit aus (Singer, 1942, 1960, 1965). Der Anteil an Neuronen pro Volumeneinheit Gewebe muß oberhalb einer bestimmten Schwelle liegen, damit eine Regeneration vollständig ablaufen kann. Während des Wachstums nimmt der relative Anteil des Nervengewebes in bezug zum übrigen Gewebe ständig ab. Denervierung der Gliedmaßen von erwachsenen *Xenopus laevis* führt zu einem Verlust der Regenerationskapazität. Wir haben in Kapitel 58 die Bedeutung des Nerv-Wachstumsfaktors (NGF) für die Ausdifferenzierung der Neuronen kennengelernt. Damit lag es nahe, seinen Einfluß auf das Regenerationsvermögen zu testen. Robinson und Allenby (Dartmouth College) haben dieses Experiment an *Xenopus laevis* durchgeführt und die Richtigkeit der Annahme bewiesen. Zusatz von NGF bis zu einer optimalen Konzentration stimuliert die Entwicklung sich regenerierender Extremitäten. Noch auffälliger als die Regeneration der Extremitäten ist die Regenerationsfähigkeit der Augenlinse bei Amphibien. Entfernt man diese bei einem Salamander, so erneuert sie sich aus Zellen der Iris. Bemerkenswert ist hieran, daß sie aus einem anderen Zelltyp entsteht als während der Normalentwicklung. Dort nämlich entsteht die Linse aus dem Hautektoderm. Die Zellen der Iris dedifferenzieren sich und beginnen mit der Teilung. Sie verlieren Pigment,

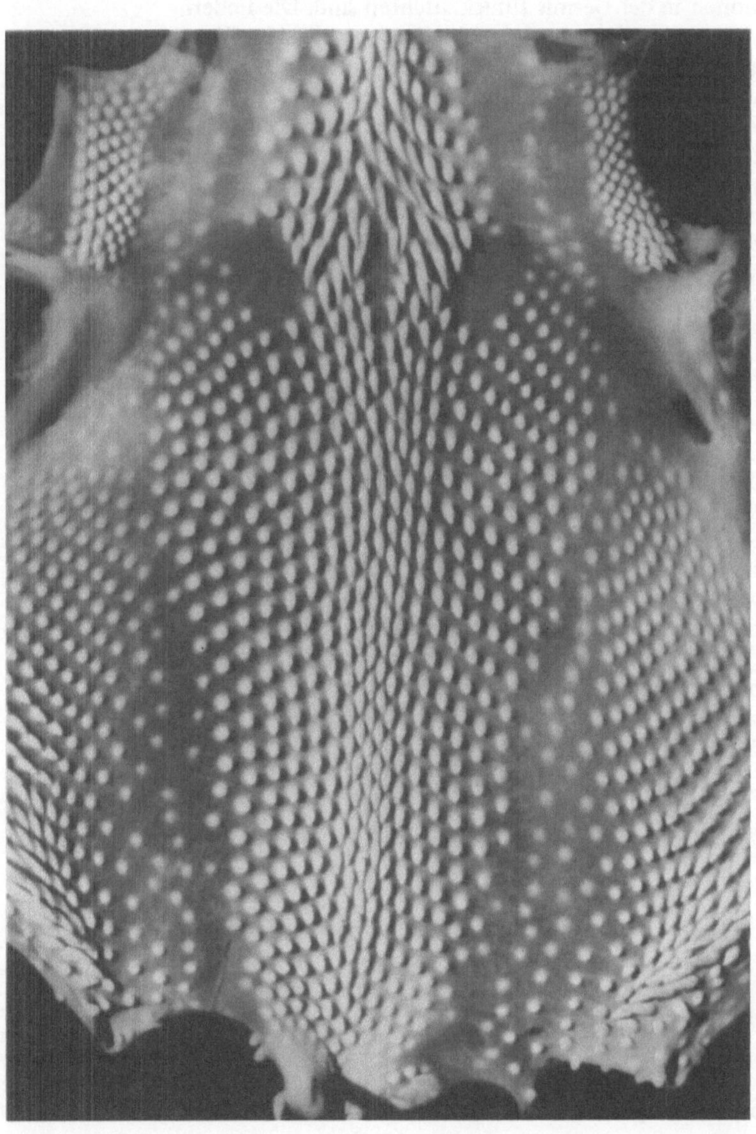

Abb. 69.4. Hexagonales Muster der Federanlagen auf dem Rücken eines zehn Tage alten Hühnerembryos. Die Anordnung ist in anterior-posterior-Richtung gestreckt. (Aufn. Sengel, Grenoble, 1976)

die DNS-Syntheserate und die Zellteilungsrate werden beschleunigt, die ventral gelegene Zellschicht wird mehrschichtig, und kurz danach setzen Differenzierungsprozesse ein. Die DNS-Synthese stagniert danach, und die linsenspezifischen Proteine Kristallin α, β und γ werden gebildet.

Dermis – Epidermis

Um die Wechselwirkungen zwischen zwei Geweben zu studieren, müssen sie experimentell voneinander getrennt und anschließend in verschiedenen heterologen Kombinationen rekonstituiert werden. Sengel und Mitarbeiter (Universität Grenoble) haben die Haut der Vögel als Versuchssystem gewählt. Später wurden die Untersuchungen auf die Haut der Mammalia und Reptilia ausgedehnt. Die Haut kann je nach Art und Position verschiedenartige Strukturen wie Federn, Hornschuppen, Haare, Platten u.a. hervorbringen. Sie entstehen aus Anlagen, die ihrerseits auf Zellaggregationen in der Dermis zurückzuführen sind. Die Federn sind in der Haut der Vögel in einer spezifischen Weise angeordnet (s. Abb. 69.4). Das Verteilungsmuster wird während der Embryonalentwicklung festgelegt. Zunächst wird auf dem Rücken eine cephalocaudal (Kopf → Schwanz) orientierte Reihe von Anlagen sichtbar. Von ihr ausgehend werden nacheinander nach beiden Seiten hin weitere Reihen angelegt. Die einzelnen Federanlagen sind in einem hexagonalen Muster angeordnet, was darauf hinweist, daß auch hier Mechanismen am Werke sind, wie wir sie in Kapitel 61 kennengelernt haben (Gradienten, laterale Inhibition).

Dermis und Epidermis können durch milde Behandlung von Hautstücken mit Trypsin, Pankreatin oder EDTA voneinander getrennt werden. Das EDTA bindet divalente Ionen (Ca^{2+}, Mg^{2+}), die für den Zusammenhalt der Gewebe unentbehrlich sind. Die isolierten Präparate sind Ausgangsmaterial für Rekonstitutionsexperimente. Die rekonstituierten Komplexe werden in vitro unter Gewebekulturbedingungen kultiviert oder einem Embryo implantiert.

Fünf Typen heterologer (heterotypischer) Rekombinationen sind denkbar und von Sengel analysiert worden.

1. Heterochronische Rekombinationen: Dermis und Epidermis stammen aus verschiedenen Entwicklungsstadien.
2. Heterotopische Rekombinationen: Dermis und Epidermis sind verschiedenen Körperteilen entnommen.
3. Heteropolare Rekombinationen: Hierbei wird die Polaritätsachse der Epidermis um einen bestimmten Betrag gegen die Achse der Dermis gedreht.
4. Heterogenetische Rekombinationen: Dermis und Epidermis stammen von verschiedenen Stämmen einer Art.
5. Heterospezifische Rekombinationen: Dermis und Epidermis sind verschiedenen Arten entnommen:
   a) Heterospezifische Intraklassen-Rekombination. Herkunft von Dermis und Epidermis von Arten, die einer Klasse angehören, z.B. Huhn und Ente.
   b) Heterospezifische Interklassen-Rekombination: Dermis und Epidermis stammen von Arten, die verschiedenen Klassen angehören, z.B. Huhn, Maus, Eidechse.

Die herausragenden Erkenntnisse sind in den Abb. 69.5 bis 69.7 zusammengefaßt und seien hier kurz kommentiert. Die Ergebnisse aus heterochronischen Rekombinationsexperimenten besagen, daß sich die Wechselwirkung in sechs hintereinanderweg ablaufenden Phasen abspielen (s. Abb. 69.8):

1. Die Dermis induziert die Umwandlung von Ektoderm in ein Epithelgewebe. Es wird die Polarität (innen/außen) festgelegt, und als nächstes folgt

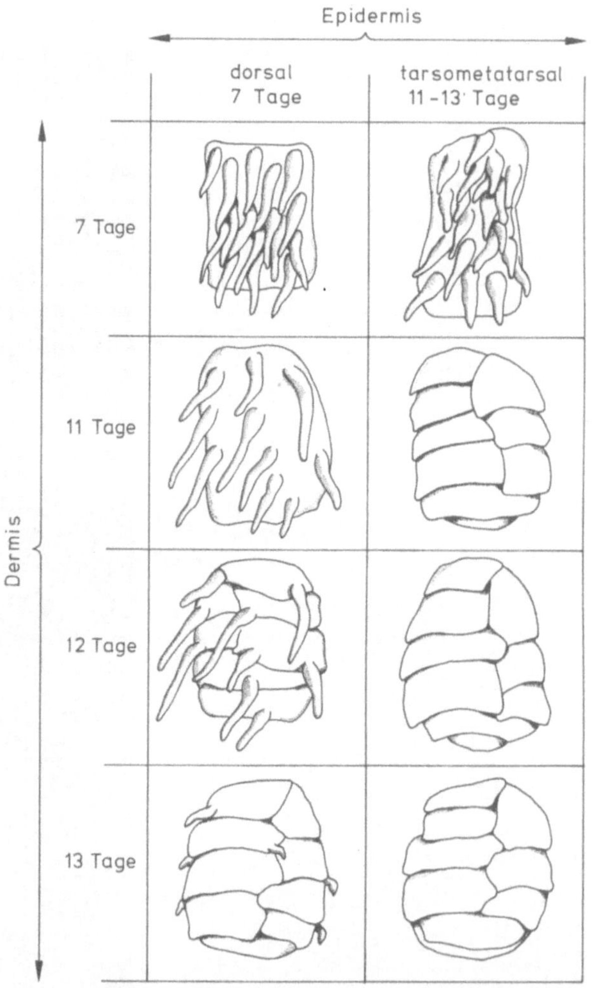

Abb. 69.5. Heterotopische und homotopische Dermis-Epidermis-Rekombinationen von embryonaler Hühnerhaut unterschiedlichen Alters. Die Darstellung zeigt Ergebnisse, die fünf bis zehn Tage nach Ansetzen der Kultur zu erkennen waren. Ausstülpungen der Epidermis sind Federanlagen (Sengel, 1975)

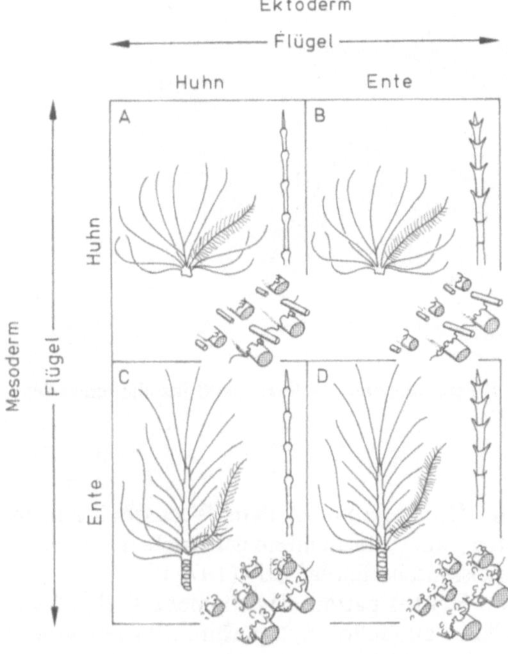

Abb. 69.6. Artspezifische (positionsspezifische) Determination von Federstrukturmustern. Architektur und Verteilung der Federn ist artspezifisch und mesodermabhängig. Feinstrukturen, Daunen sowie Ausbildung der Hakenstrahlen ist ebenfalls artspezifisch, doch ektodermabhängig (Sengel, 1975)

eine Einwirkung der Epidermis auf die Dermis, wodurch

2. ein lokaler Stimulus in der Dermis initiiert wird. Er führt zu
3. einer lokalen Differenzierung in der Epidermis, welche ihrerseits
4. eine Aggregation von Zellen im darunterliegenden Dermisbereich hervorruft (Federanlage, Follikel).
5. Die aggregierten Zellen teilen sich, was zu einer Ausstülpung von Dermis und Epidermis führt.
6. Die Ausstülpung (Federknospe) wird immer deutlicher. In der Epidermis kommt es zu einer lateralen Zellwanderung. Die Ausstülpung ist asymmetrisch, wodurch die Ausrichtung der sich bildenden Feder festgelegt wird. Diese cephalocaudale Orientierung wird demnach allein durch die Epidermis bestimmt.

Genetisch defekte Epidermis kann die Aggregation von Zellen in der Dermis nicht initiieren, so daß eine Federbildung unterbleibt. Die Epidermis beeinflußt zudem den Typ der gebildeten Struktur (z.B. Federn, Hornplatten etc.), was sowohl durch heterotopische als auch durch heterospezifische Rekombinationen bewiesen wurde. Sie enthält damit sowohl positionsspezifische als auch artspezifische Information. Der morphogenetische Einfluß auf die Dermis wird durch mindestens zwei aufeinanderfolgende Signale ausgeübt. Das erste Signal ist artunabhängig, aber regionspezifisch. Es legt das Muster der gebildeten Strukturen (Ort, Größe, Verteilung) fest. Das zweite Signal ist artspezifisch und wird für den Fortgang des Wachstums der betreffenden Struktur benötigt.

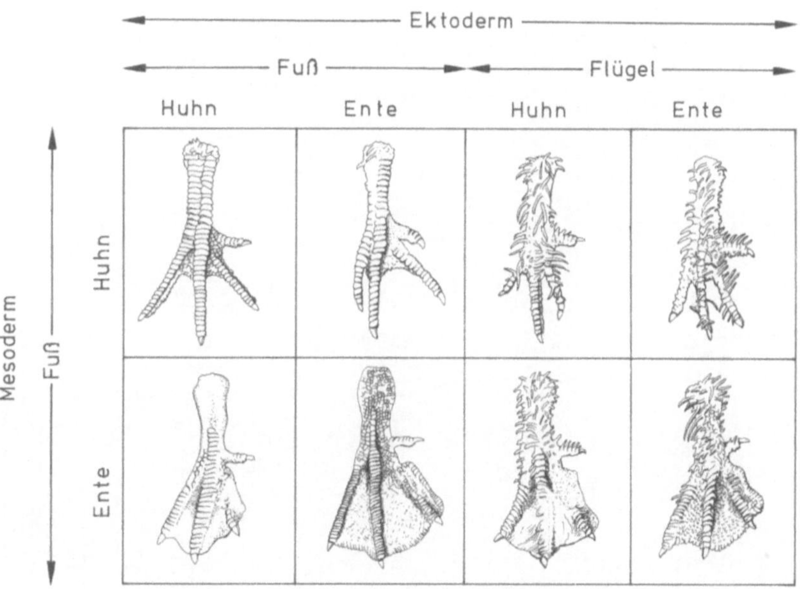

Abb. 69.7. Artspezifische und regionspezifische (positionsspezifische) Determination von Ausstülpungen der Haut. Ektoderm und Mesoderm von Huhn und Ente wurden kombiniert und als Transplantate kultiviert. Artspezifität ist mesodermabhängig. Regionspezifität ektodermabhängig (Sengel, 1975)

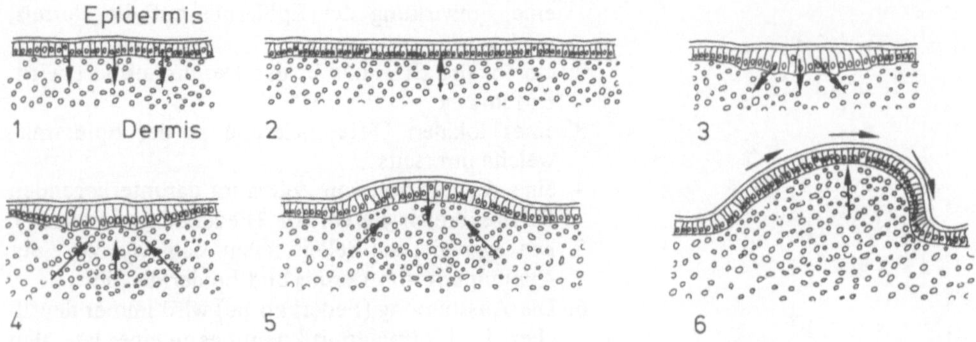

Abb. 69.8. Sechs Schritte der Interaktion von Dermis und Epidermis bei der Entstehung einer Federanlage (Einzelheiten s. Text) (Sengel, 1976)

Literatur

Changeux, J.P., Danchin, A.: Selective stabilisation of developing synapses as a mechanism for the specification of neuronal networks. Nature (London) *264*, 705 (1976)

Christian, C.N., Nelson, P.G., Peacock, J., Nirenberg, M.: Synapse formation between two clonal cell lines. Science *196*, 995 (1977)

Jockusch, H.: Neuro-muskuläre Wechselwirkungen. Ansätze zur biochemisch-genetischen Analyse. Naturwissenschaften *64*, 260 (1977)

Sengel, P.: Feather pattern development. Cell patterning. Ciba Foundation Symposium *29* (new series). Amsterdam: ASP 1975

Sengel, P.: Tissue interactions in skin morphogenesis. Cambridge, London, New York, Melbourne: Cambridge University Press 1976

The Synapse: Cold Spring Harbor Symp. Quant. Biol. *40*, (1976)

70. Entwicklung, Organisation und Funktion einfacher Nervensysteme

Es gibt in Organismen kein komplexeres Gewebe als das Nervensystem. Es besteht aus Neuronen. Kein Neuron kommt als Einzelzelle vor, stets steht es mit anderen Neuronen und anderen Zelltypen in Verbindung. Das Nervensystem steuert und koordiniert physiologische Prozesse, es verarbeitet und integriert Sinnesreize, instruiert die Kontraktion von Muskeln und sorgt für einen geregelten Bewegungsablauf.

Nervensysteme primitiver Metazoen sind relativ einfach konstruiert, wenngleich auch ihnen eine Reihe komplexer Aufgaben abverlangt wird. Primitive Neuronennetzwerke arbeiten stereotyp. Die Reaktion des Tieres auf einen bestimmten Reiz ist stets gleichartig. Aber schon recht früh in der Evolution haben sich adaptierbare Systeme entwickelt. Sie erkennen wiederholt gebotene Reize und reagieren darauf mit einer sich laufend abschwächenden Reaktion. Man spricht hier von Gewöhnung oder Habituation. Das Neuronennetzwerk hat dabei offensichtlich die Eigenschaft einer Plastizität hinzugewonnen. Habituation erfolgt relativ rasch. Zur Ausbildung neuartiger Verknüpfungen, zur Synthese von Proteinen oder zur Bildung neuer Zellen fehlt es an Zeit. Demnach müssen bereits existierende Leitungen in ihrer Aktivierbarkeit modulierbar sein. Gewöhnung ist eine primitive Form des Lernens, und Lernen wiederum beruht auf Aktivierung oder dem Ausbau neuartiger Schaltungen aufgrund wahrgenommener und verarbeiteter Sinneseindrücke. Der Mensch verfügt über das komplexeste Neuronennetzwerk, das nicht nur alle Arten physiologischer Vorgänge koordiniert, sondern auch komplexen Lernprozessen gewachsen ist. Gelerntes wird zerlegt und beliebig neu kombiniert; ein Vorgang, den wir als Denken charakterisieren. Denken wiederum ist ein abstrakter Begriff, und wir sind noch weit davon entfernt, die molekularen und zellulären Mechanismen zu verstehen, die dem hier angeschnittenen Problem zugrunde liegen.

Da bereits primitive Metazoen über artspezifisch strukturierte Neuronennetzwerke verfügen, muß man annehmen, daß deren Entwicklungs- und Verschaltungsplan genetisch vorprogrammiert ist. Damit stellt sich für uns die Frage: *Wie beeinflussen Gene die Spezifität komplexer Strukturen bei höheren Organismen?* Um es vorweg zu sagen: Wir können bisher noch keine erschöpfende und befriedigende Auskunft geben. Ansätze zur Beantwortung sind jedoch vorhanden. Man benötigt geeignete Untersuchungsobjekte, und hier bieten sich zwei an, einmal ein Nematode (*Caenorhabditis elegans*) und zum anderen die schon hinlänglich bekannte Taufliege *Drosophila melanogaster*.

Wir haben in den Kapiteln 62 und 63 bereits gesehen, mit welchen Methoden man die Entwicklung von *Drosophila* sowie die Abstammungslinien einzelner Zellen verfolgen kann. Bei der großen Neuronenzahl ist es extrem schwierig, heute sogar unmöglich, jedes einzeln zu fassen. Andererseits sind Fliegen geeignete Objekte, um komplette Neuronennetzwerke zu analysieren und diese als Einheiten zu studieren. Zum Studium des Baus eines Nervenstrangs aus einzelnen Zellen bietet sich *Caenorhabditis elegans* wegen seiner relativ simplen Anatomie an. Einen Nachteil hat er jedoch, denn es ist bisher nicht gelungen, elektrophysiologische Untersuchungen durchzuführen, um somit die Funktion des Schaltplans zu überprüfen. Für elektrophysiologische Untersuchungen eignen sich einige andere Arten mit einfachen Nervensystemen, so z.B. die marine Schnecke *Aplysia* und der Blutegel *Hirudo medicinalis*. Nachteilig wirkt sich hier jedoch die Tatsache aus, daß keine Mutanten zur Verfügung stehen und daß es wegen der relativ langen Generationszeiten praktisch unmöglich ist, nach geeigneten Mutanten zu suchen.

Zu den Problemen, mit denen wir uns befassen werden, gehören folgende Themenkreise:

- *Worin bestehen die Unterschiede zwischen zwei Neuronen?*
- *Wie sieht ihre Entwicklung aus, welchen Stellenwert nehmen sie im Körper ein?*
- *Wie sehen die spezifischen dreidimensionalen Wechselwirkungen aus?*
- *Unterliegt der Schaltplan einem Gesamtprogramm, gibt es Unterprogramme, arbeiten diese unabhängig voneinander?*
- *Wie exakt wird ein genetisches Programm realisiert?*
- *Wodurch wird die zeitliche Kontrolle bei der Bildung und Aktivität des Nervensystems ausgeübt?*
- *Gibt es Mutationen mit Einfluß auf die Organisation und Funktion des Nervensystems?*
- *Wie manifestieren sie sich?*

Caenorhabditis elegans

Nematoden zeichnen sich vor allen anderen Tiergruppen durch eine Monotonie und Konstanz ihres Aufbaus aus. *Caenorhabditis elegans* ist ca. 1 mm lang und besteht aus ziemlich genau 600 Zellen (die Geschlechtszellen ausgenommen), die Hälfte davon (300) sind Neuronen. Im Vergleich dazu: *Drosophila* enthält 10^5 Neuronen, der Mensch 10^{12}. Die Generationsdauer der Nematoden beträgt bei 20°C 3 1/2 Tage. Als Substrat eignet sich ein *Escherichia coli*-Rasen auf einer Agarplatte. Man kann sie demnach unter uns schon vertrauten Bedingungen kultivieren (Brenner, MRC Laboratory of Molecular Biology, Cambridge, 1974; Ward, Thomson, White und Brenner, 1975).

Caenorhabditis ist ein sich selbst befruchtender Hermaphrodit (⚥). Gelegentlich findet man Kulturen mit einigen ♂, die sich durch Kreuzung mit einem Hermaphroditen weiterzüchten lassen. ♂ enthalten ein Chromosom weniger als die Hermaphroditen.

⚥ 5 AA + XX
♂: 5 AA + X0.

Hermaphroditen mit Selbstbefruchtung bieten den Vorteil, daß man sehr schnell genetisch homogene Individuen gewinnen kann. Sie alleine sind jedoch für eine genetische Analyse fast wertlos.

Um ein Gen (Allel) von einem Hermaphroditen zum nächsten zu übertragen, benötigt man ein ♂. Bei einer solchen Kreuzung treten zwei Typen von Nachkommen auf:

a) Solche, die durch Selbstbefruchtung entstanden sind.
b) Bastarde zwischen Hermaphroditen und ♂.

Letztere lassen sich besonders dann gut identifizieren, wenn das ♂ an einem Marker erkennbar ist. Zur Erzeugung von Mutanten verwendet man zweckmäßigerweise das Mutagen Äthylmethansulfonat (EMS). Es dringt in die Tiere leicht ein und ist sehr wirksam. Man behandelt in der Regel gerade erwachsene Tiere, die bereits reife Spermien, aber noch keine Eizellen gebildet haben. Die so gebildeten Mutanten werden in der Regel heterozygot sein, es sei denn, man mutiert Stammzellen, aus denen sich zu einem späteren Zeitpunkt sowohl Eizellen als auch Spermien bilden.

Homozygot rezessive Mutanten treten nach Segregation der Heterozygoten regelmäßig in der F_2 auf. Zu diesem Zeitpunkt enthält eine Platte, die man mit nur einem einzigen Elterntier beimpft hat, 10^5 Individuen. Mutanten sind an abnormer Form oder abnormer Bewegung erkennbar. Allzu groß ist das Spektrum jedoch nicht, denn die Nematoden besitzen nur wenige äußerlich sichtbare anatomische Merkmale oder Verhaltensweisen.

Die Arbeitsgruppe von Brenner in Cambridge interessierte sich in erster Linie für Mutanten mit Bewegungsdefekten, denn man konnte gerade bei diesen davon ausgehen, daß entweder der Muskel oder, was interessanter wäre, die Koordination durch das Nervensystem gestört ist. Der Wildtyp zeichnet sich durch eine geregelte, sinusförmige Schwimmbewegung auf der Agaroberfläche aus. Die Bewegung erfolgt parallel zur dorsoventralen Achse, d.h. die Nematoden liegen auf dem Agar auf der Seite. Der Kopf ist in allen Richtungen frei beweglich. Die Tiere können sich vorwärts und rückwärts bewegen. Mutanten mit Bewegungsdefekten führen unkoordinierte Bewegungen aus, einige sind ganz oder z.T. paralysiert. Beispiele:

Roller: Der Körper rotiert permanent um seine Längsachse. Die Tiere bewegen sich stets im Kreise und fressen Krater in einen Bakterienrasen. Die Rotationsrichtung ist nicht umkehrbar, wohl aber die Bewegungsrichtung. In flüssigen Medien führen sie eine schraubenförmige Bewegung aus. Bei einigen Formen macht sich der Zustand nur bei adulten Tieren bemerkbar.

Dumping: Die Tiere sind kürzer und dicker als der Wildtyp. Einige rotieren permanent um die eigene Achse.

Blistered: Hat im adulten Zustand „Blasen" unter der Epidermis.

Daneben gibt es abnorme Formen, die sich u.a. durch einen eingedellten Kopf oder andere Deformationen des Körpers auszeichnen. Zahlreiche Mutanten sind steril und scheiden für eine weitere Analyse aus. Es sind bisher 77 Gene auf sechs Kopplungsgruppen kartiert worden. *Caenorhabditis* enthält 20mal soviel DNS (pro haploidem Genom) wie *E. coli:* 6,7 x 10^7 Basenpaare. Das reicht für etwa 6,7 x 10^4 Polypeptidketten. 83% der DNS besteht aus singulären DNS-Sequenzen. Für die tRNS sind 300 Gene, für die 5S rRNS 110 Gene, für die (18S + 28S) rRNS 55 Gene nachgewiesen worden (Sulston und Brenner, 1974).

Das Nervensystem von Caenorhabditis

Das Nervensystem der Nematoden ist relativ einfach strukturiert. Es besteht aus mehreren Strängen, die parallel zur Körperachse verlaufen. Besonders markant sind der dorsal und der ventral gelegene Strang. Beide sind durch sog. Kommissuren miteinander verknüpft. In der Kopfgegend findet man einen Schlund (Pharynx), der von einem Nervenring umgeben ist. Die hier liegenden Neuronen sind sowohl für Sinneswahrnehmungen als auch für motorische Funktionen verantwortlich. Die Neuronen im hinteren Körperteil (posterior gelegen) sowie die im ventralen Strang liegenden wirken vorwiegend als Motoneuronen und steuern die Kontraktion und Koordination der Muskulatur. Die Muskulatur im Pharynxbereich unterscheidet sich von der übrigen Körpermuskulatur. Gelelektrophoretisch sind in den Zellen der beiden Muskeltypen große Myosinmoleküle nachgewiesen worden.

Epstein et al. isolierten 1974 eine Mutante, bei der lediglich die Körpermuskulatur beeinträchtigt war, während die des Pharynx normal arbeitete. Der Defekt konnte dem Myosin zugeschrieben werden (s. Kap. 32). Für Bewegungen stehen 95 einkernige Muskelzellen zur Verfügung, die sich auf vier Packungen (Quadranten) verteilen.

Der ventrale Nervenstrang. Der ventrale Strang enthält insgesamt 57 Motoneuronen, die die Körpermuskulatur sowohl der ventralen als auch der dorsalen Seite innervieren. Die Axone sind unverzweigt und bilden in der Regel neuromuskuläre Kontakte aus. Motoneuronen, die dorsale Muskulatur versorgen, senden Fortsätze aus, welche über eine Kommissur in den dorsalen Strang einmünden. Der Dorsalstrang wird vorwiegend durch Axone solcher Neuronen gebildet, während der Ventralstrang darüberhinaus noch Interneuronen enthält.

Anterior mündet der ventrale Strang ins Retrovesiculare Ganglion, eine Anhäufung von 20 Zellen. Die Hälfte dieser Zellen ist dem Ventralstrang zugehörig. Das dorsale Ende wird durch das Präanalganglion bestimmt, dessen Zusammensetzung bisher noch nicht untersucht wurde. Der Ventralstrang ist räumlich kohärent, d.h. Neuronen, und vor allem die Interneuronen, behalten ihre relative Position zu den Nachbarzellen selbst dann bei, wenn lokale Störungen durch Eindringen einzelner andersartiger Zellen auftreten. Man unterscheidet zwischen vier Klassen von Interneuronen ($\alpha, \beta, \gamma, \delta$) und fünf Klassen von Motoneuronen (A, AS, B, C. D) (s. Abb. 70.1 und 70.2). Die einzelnen Klassen unterscheiden sich morphologisch und aufgrund ihres synaptischen Inputs.

Die AS-Neuronen innervieren nur die dorsale Seite (DAS), während die C-Neuronen nur die Ventralseite versorgen (VC). Die anderen Klassen innervieren beide Seiten (VA, DA, VB, DB, VD, DD). Zellen einer

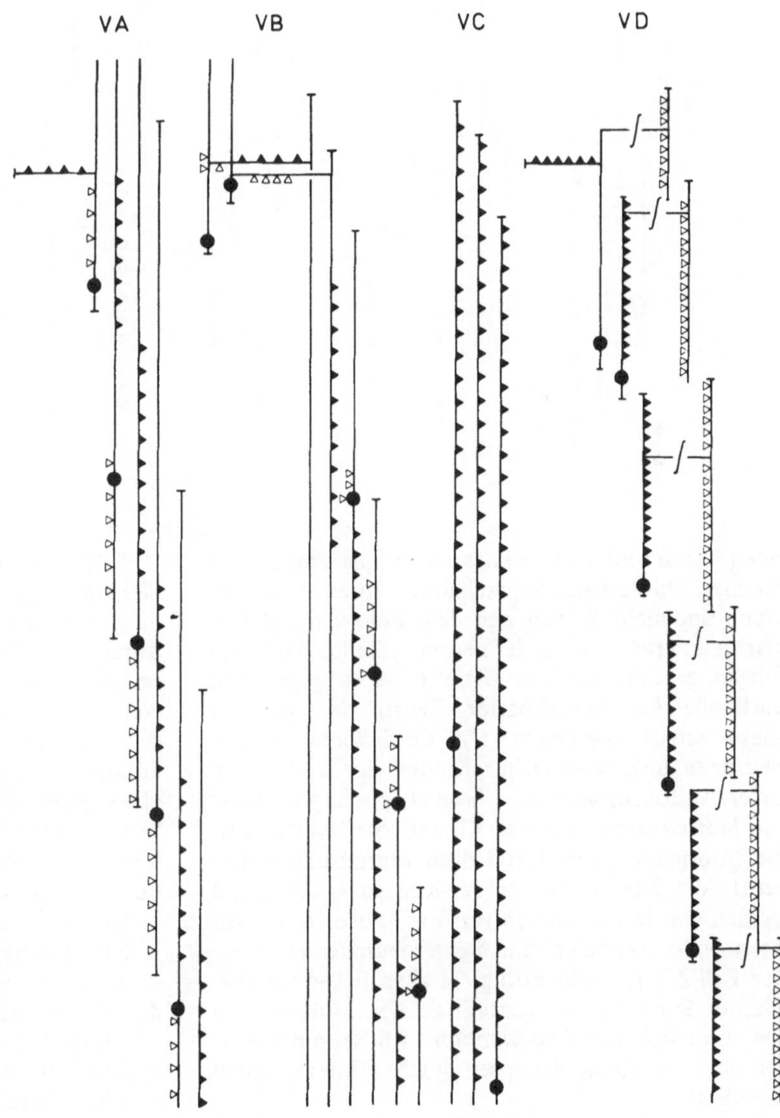

Abb. 70.1. Struktur und Aktionsfeld von Motoneuronen, die ausschließlich die Muskulatur der Ventralseite innervieren. Die Zellkörper sind durch *dunkle Kreise* wiedergegeben, die von den vorgestellten Neuronen(typen) ausgehenden Synapsen durch *schwarze Dreiecke*. Die Neuronen werden ihrerseits auch innerviert (*offene Dreiecke*). Die Abbildung zeigt die Anordnung der Neuronen entlang der Längsachse des Tieres. Man erkennt, daß sich die Aktionsfelder der Zellen eines jeden Typs nicht mit Aktionsfeldern von Zellen des gleichen Typs überlagern (White et al., 1976)

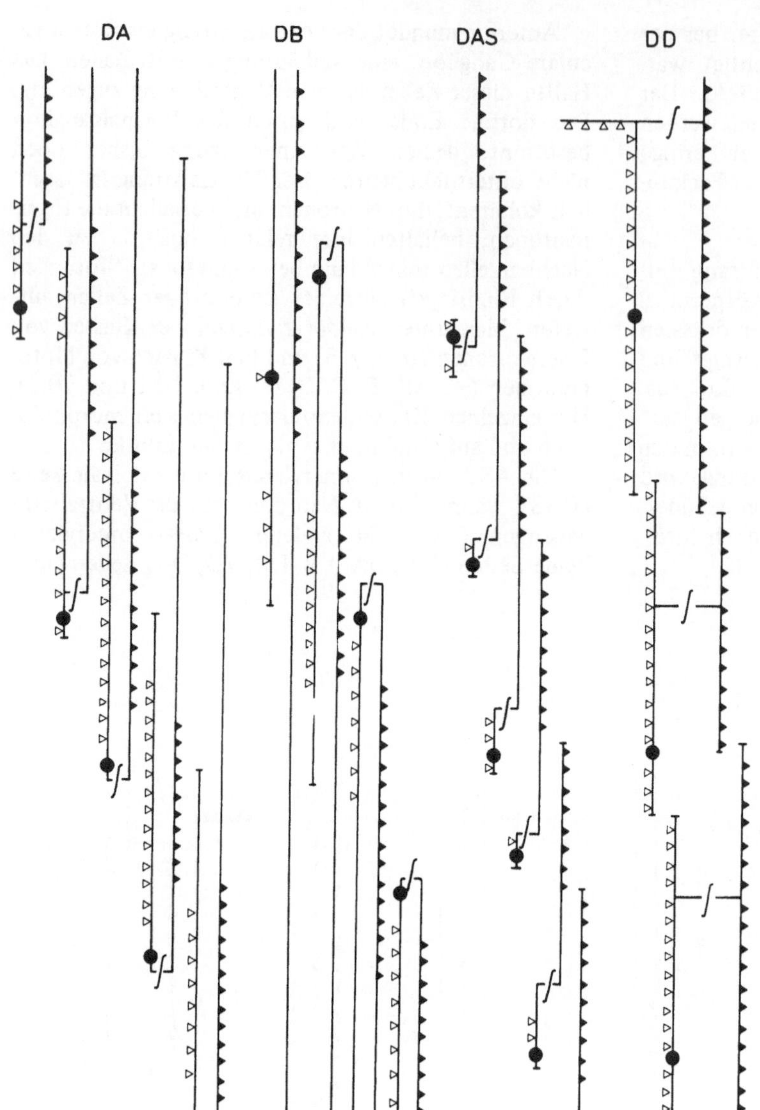

Abb. 70.2. Struktur und Aktionsfeld von Neuronen, deren Fortsätze den Dorsalstrang bilden. Ventral- und Dorsalstrang sind durch Kommissuren (-ʃ-) miteinander verbunden (s.a. Legende zu Abb. 70.1) (White et al., 1976)

jeden Klasse sind in einer linearen Abfolge entlang des Stranges hintereinandergeschaltet. Ihre Wirkungskreise sind nicht überlappend. Jede Zelle versorgt eine klar definierte Zone, in der neuromuskuläre Verknüpfungen gebildet werden. Diese Zone ist gegen den Einflußbereich benachbarter Zellen der gleichen Klasse scharf abgegrenzt. Die Einflußbereiche von Neuronen unterschiedlicher Klassen überlappen einander. Motoneuronen der Klasse D empfangen *Inputs* von Motoneuronen anderer Klassen. Sie transferieren die Information von dorsal nach ventral und umgekehrt (VD, DD). Neuronen der Klassen A, AS und B werden von Interneuronen versorgt, wobei A und AS ihren *Input* von den α- und δ-Interneuronen erhalten. Der Zell-Zell-Kontakt erfolgt in allen Fällen via chemischer Synapse, der Kontakt zu den α-Interneuronen zusätzlich über *Gap-junctions.* AS-Neuronen werden über chemische Synapsen durch β-Interneuronen stimuliert.

B-Neuronen werden von β-Interneuronen über *Gap-junctions* versorgt, doch darüberhinaus erfolgt eine schwache Stimulierung via chemischer Synapsen durch die γ-Interneuronen (s. Abb. 70.3). Die Interneuronen werden von Zellen im anterior gelegenen Nervenring stimuliert, die ihrerseits Sinnesempfindungen verarbeiten können. Motoneuronen der Klasse C erhalten keinerlei synaptischen *Input.* Alle Mitglieder einer jeden Klasse stehen durch *Gap-junctions* mit benachbarten Zellen der gleichen Klasse in Verbindung. Die Axone liegen im Strang stets gleich orientiert. Auf der Ventralseite verlaufen

Klasse A-Axone in Richtung anterior
Klasse B-Axone in Richtung posterior
Klasse D-Axone in Richtung anterior.

Auf der Dorsalseite verlaufen

Klasse A- und AS-Axone nach anterior
Klasse B- und D-Axone nach posterior

(s. Abb. 70.4). Das hier vorgestellte Muster ist, bezogen

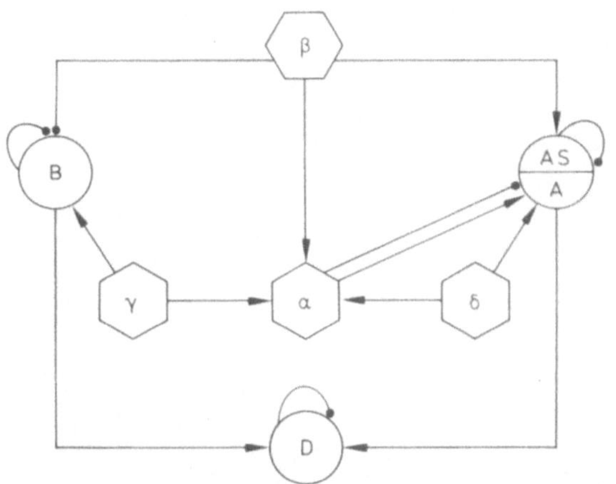

Abb. 70.3. Verknüpfung der Neuronen des Ventralstrangs (A, AS, B, D) mit Interneuronen α, β, γ, δ. —► synaptische Verbindung; —● *Gap-junction* (White et al., 1976)

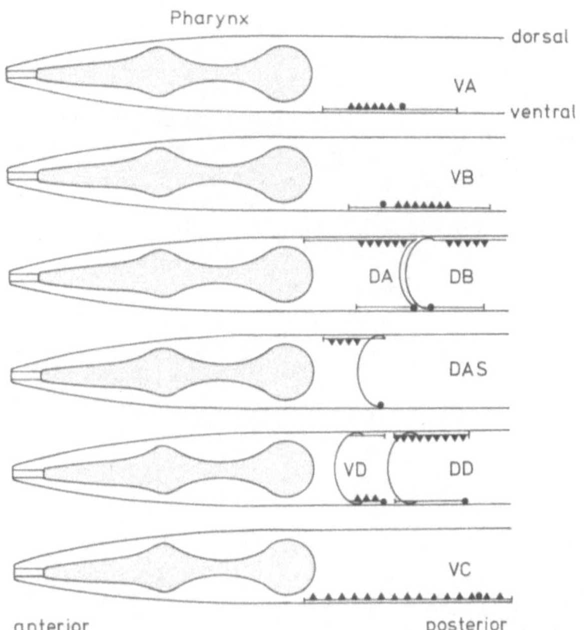

Abb. 70.4. Struktur der Neuronen im Ventral- und Dorsalstrang. Die Form des vorderen Teils des Nematoden *Caenorhabditis elegans* ist in Umrissen wiedergegeben. Der Pharynx ist durch *Rasterung* hervorgehoben. Jede der fünf Klassen im Ventralstrang besteht aus Neuronen, die in einer regelmäßigen Anordnung hintereinanderweg entlang des Ventralstrangs angeordnet sind. Weitere Einzelheiten der Charakterisierung der einzelnen Klassen s. Text (White et al., 1976)

auf Zellposition, Morphologie der Zellen und synaptische Aktivität weitgehend invariant. Eine geringe Variabilität findet man in der Zahl der gebildeten Synapsen und der Zellpositionen im Bereich des Retrovesicularen Ganglions. Diese Befunde weisen darauf hin, daß alle Schritte eines genetischen Programms unmodifiziert realisiert werden.

Die postembryonale Entwicklung des Ventralstrangs

Der Entwicklung adulter Nematoden gehen vier Larvenstadien voraus. Die Larvenstadien unterscheiden sich nur wenig voneinander und von den ausgewachsenen Tieren. Zu den Hauptunterschieden gehören das Fehlen ausdifferenzierter Geschlechtszellen sowie der Befund, daß fast alle larvalen Organe weniger Zellen enthalten als die homologen Bereiche der adulten Formen. Der Ventralstrang enthält anfangs z.B. nur 15 Motoneuronen, doch steigt die Zahl im Verlauf der postembryonalen Entwicklung. 42 Zellen müssen somit hinzugefügt und in ein bereits bestehendes Raster im Ventralstrang integriert werden. Es gibt demnach zwei genetische Programme, die zeitlich hintereinander realisiert werden. Im adulten Tier müssen sie miteinander kooperieren. Die logische Schaltung des Nervensystems ist der Zusammenlagerung der beiden Untersysteme übergeordnet (überlagert).

Im jugendlichen Tier gibt es nur die Motoneuronen DA, DB und DD. Alle drei Typen entsenden Fortsätze in den Dorsalstrang. Sulston (MRC Laboratory of Molecular Biology, 1976) hat die Entwicklung der einzelnen Zellen durch mikroskopische Beobachtungen exakt verfolgt. Mit Hilfe der Interferenzkontrastoptik (nach Nomarski) kann jeder Zellkern im lebenden Präparat exakt identifiziert und lokalisiert werden. In Abb. 70.5 sind die Ergebnisse langandauernder mikroskopischer Untersuchungen wiedergegeben.

Die im Larvenstadium vorhandenen Neuronen sind als J 1–15 gekennzeichnet. P steht für *Precursor*zellen. Jene liegen zunächst links und rechts vom Ventralstrang. Vor ihrer ersten Teilung wandern sie in ihn ein. Die erste Teilung führt zur Bildung zweier Zellen, eines Neuroblasten und einer Hypodermiszelle. Die weiteren Zellteilungen einiger *Precursor*zellen sind in Abb. 70.6 wiedergegeben. Das Teilungsschema ist asymmetrisch und invariant. Das Schicksal einer jeden Zelle ist durch ihre Lage also vorprogrammiert. Bei manchen Zellen ist es der programmierte Tod.

Es sind Mutanten bekannt, bei denen die Zellen VD und DD beeinflußt sind. Beide Zellen gehören morphologisch der gleichen Klasse (D) an, obwohl sie auf unterschiedliche Stammzellen zurückzuführen sind. Es muß demnach Gene geben, die ihren Einfluß auf bestimmte Zelltypen ausüben, wobei deren Abstammung ohne Belang ist (homöotische Gene, s.a. Kap. 63). Zelltod ist bei der Mutante E 1392 besonders deutlich erkennbar, denn ihr fehlt eine Endodesoxyribonuklease. Hochmolekulare DNS wird deshalb nur langsam abgebaut und ist nach Feulgenfärbung als dunkelroter Fleck (∅ 0,5 μm) lokalisierbar. Zelltod ist in einigen Fällen geschlechtsspezifisch (s. Tabelle 1). Die Anzahl der Klasse C-Motoneuronen ist naturgemäß niedriger als die der Motoneuronen anderer Klassen.

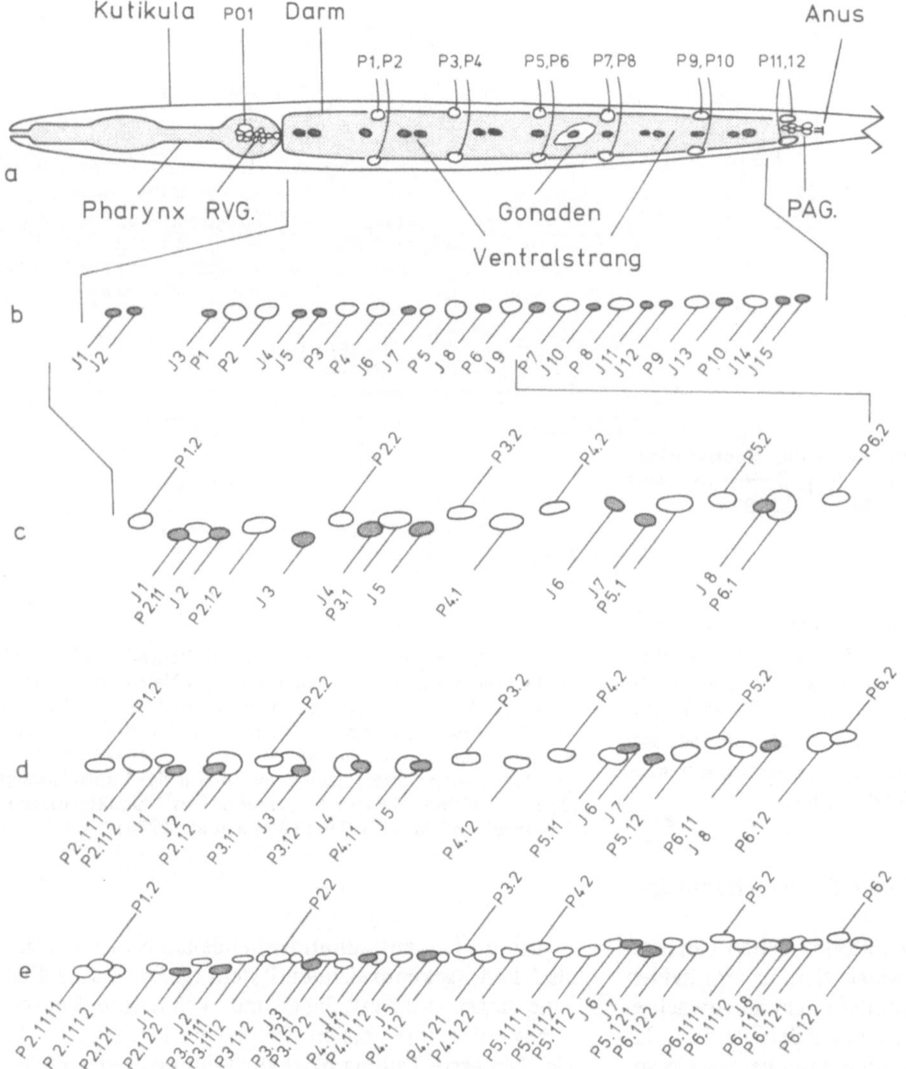

Abb. 70.5 a–e. Schematische Darstellung der Entwicklung des Ventralstrangs während des L1-Larvenstadiums des Nematoden *Caenorhabditis elegans.* Einfügung von Zellen in einen bereits existierenden Vorläufer des Ventralstrangs (dessen Zellen sind mit Buchstaben *J1–J15* gekennzeichnet). Die eingefügten Zellen sind Teilungsprodukte der *Precursor*-Zellen: *P01–P12.* **b**–**e** sind aufeinanderfolgende Stadien. Die Zellzahl erhöht sich durch aufeinanderfolgende Teilungen. Aus P2 z.B. entstehen P2.1 und P2.2. Die Produkte der darauffolgenden Teilung sind durch drei Ziffern gekennzeichnet, z.B. P2.2.1. Die Zahl der Ziffern im Entwicklungsstadium e gibt an, wieviele Teilungen die Zellen hinter sich haben. Die Asymmetrie des Teilungsmusters tritt dabei deutlich zutage. *RVG,* Retrovesiculares Ganglion; *PAG,* Präanalganglion (Sulston, 1976)

Tabelle 1. Abstammungsverhältnisse einiger Neuronen bei Hermaphroditen und ♂

Abstammung	Hermaphrodit	♂
P0, P1	c (VC)	c (VC)
P2	c (VC)	–
P9, P10	c (VC)	–
P11, P12	b (VB), c (VC)	b (VB)

Relativ gut untersucht ist auch die Organisation im Bereich des Schlundes (Pharynx): Eine Reihe von Motoneuronen, Interneuronen sowie sensorischer Zellen sind eindeutig identifiziert und aufgrund unterschiedlicher Morphologie verschiedenen Klassen zugeordnet worden. Auch der anterior gelegene Bereich zeichnet sich durch weitgehende Invarianz aus (Albertson und Thomson, 1976). Sulston und Horvitz (1977) verfolgten die Entwicklung und die Abstammungslinien anderer Zelltypen und fanden, daß diese Entwicklungslinien ebenfalls ein Abbild eines exakt determinierten Programms sind. Das invariante Teilungsmuster führt zu einer konstanten Anzahl nicht nur von Neuronen, sondern auch von Gliazellen, Muskelzellen und hypodermalen Zellen, wobei wiederum Zelltod und Asymmetrie eine entscheidende Rolle bei der Musterbildung spielen. Ergebnisse der klassischen Entwicklungsphysiologie besagen, daß Organe sich

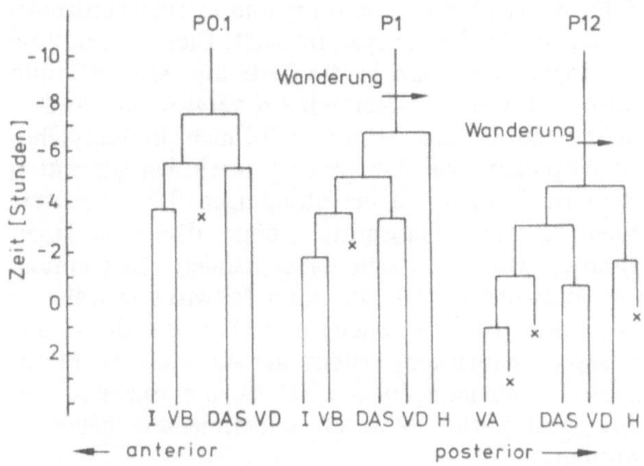

Abb. 70.6. Asymmetrie und Zeitplan der Teilungen von *Precursor*zellen (Stammzellen) während der Entwicklung des Ventralstrangs. *X* bedeutet programmierter Zelltod. Das Teilungsmuster variiert in gewissen Grenzen von einer Stammzelle zur anderen. (Nach Sulston, 1976)

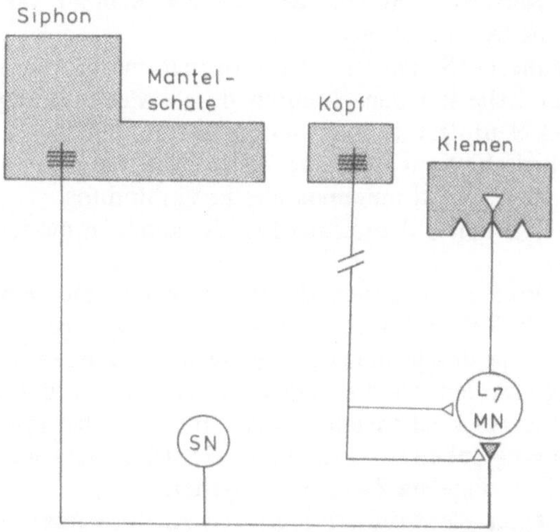

Abb. 70.7. Vereinfachtes Diagramm zur Veranschaulichung der Plastizität in der Verdrahtung des Kiemenreflexes, der der Gewöhnung und Entwöhnung zugrundeliegt. *MN*, Motoneuron; *SN*, sensorisches Neuron. (Nach Castellucci et al., 1970; Kandel, 1974)

aus ganz bestimmten Keimblättern entwickeln. Sultons Befunde komplementieren diese Aussage und ergänzen sie dahingehend, daß nicht nur die Ausbildung der Organe, sondern auch das Schicksal einer jeden einzelnen Zelle genau determiniert ist. Diese Aussage gilt nicht unwidersprochen für komplexere Metazoen, deren Zellzahl variabel ist. Bei einer zu großen Zellzahl wäre ein solcher Kontrollmechanismus zu aufwendig und gegenüber Fehlern zu anfällig [s. Kap. 63 (Polyklone)]. Dennoch sind auch bei komplexeren Metazoen Zellabstammungslinien identifiziert worden (s. Kap. 61).

Aplysia

Die Meeresschnecke *Aplysia* (Länge ca. 30 cm) hat ein relativ einfach gebautes Nervènsystem. Es besteht aus 15.000–20.000 Neuronen, die neun Hauptganglien und einigen Nebenganglien angehören. Vier Ganglien liegen paarweise vor: Cerebralganglien, Buccalganglien, Pleuralganglien, Pedalganglien. Eines, das Abdominalganglion, ist singulär. Jedes Ganglion enthält 1.000–2.000 Neuronen, die bei *Aplysia* außerordentlich groß sind. Der Zellkörper der größten hat einen Durchmesser von knapp einem Millimeter. Die Neuronen sind individuell erkennbar und durch ihre Position, ihr Erscheinungsbild, ihre elektrophysiologischen und biochemischen Eigenschaften eindeutig charakterisierbar. Obwohl die Neuronenzahl um fast zwei Größenordnungen über der von *Caenorhabditis* liegt, ist es möglich, einen partiellen Neuronenschaltplan auf zellulärer Basis aufzustellen. Da die Neuronen von *Aplysia* aufgrund ihrer Größe für elektrophysiologische Ableitungen prädestiniert sind, kann man nach funktionellen Schaltkreisen suchen, um damit den zellulären und molekularen Grundlagen einfacher Verhaltensweisen auf die Spur zu kommen. Untersuchungen dieser Art sind in den letzten Jahren im Labor von Kandel (The Public Health Research Institute of the City of New York) durchgeführt worden.

Aplysia besitzt externe (ausgestülpte) Kiemen, die bei Gefahr in eine von der Mantelschale überdeckte Höhlung zurückgezogen werden. Ein Rückzug erfolgt z.B. bei leichter Berührung des Siphons (s. Abb. 70.7). Bei wiederholter leichter Berührung tritt eine Gewöhnung (Habituation) ein. Bei einer sehr starken Reizung wird ein Farbstoff („Tinte") abgesondert.

Der Rückzug der Kiemen ist eine Verhaltensweise, die auf zwei voneinander unabhängigen Mechanismen beruhen kann:

a) Reflex,
b) zentral gesteuert.

Ein Reflex wird durch spezifische Reize ausgelöst, und die Stärke der Reaktion hängt von der Reizstärke ab. Zentral gesteuerte Verhaltensweisen können spontan auftreten oder durch äußere Reize stimuliert werden. Die Rückzugsreaktion der Kiemen ist durch Neuronen im Abdominalganglion steuerbar. Dieses Ganglion enthält rund 800 Zellen. Um eine Gewöhnung zu erklären, müssen wir annehmen, daß sich irgendetwas im Schaltplan ändert. Wie eingangs schon angedeutet, kommen strukturelle Veränderungen sowie eine Proteinbiosynthese nicht in Betracht. Bleibt als Alternative nur noch die Annahme, daß sich irgendetwas an den Synapsen selbst verändert, wodurch deren Aktivität gesteigert oder gesenkt wird und somit ein „plastisches" Verhalten des Nervensystems nach sich zieht.

Im Nervensystem gibt es zwei voneinander verschiedene Synapsentypen:

a) Chemische Synapsen: Die Information wird von einer Zelle zur benachbarten durch Ausschüttung eines Neurotransmitters weitergeleitet.
b) Elektrische Synapsen: Die Zellen stehen über *Gap-junctions* direkt untereinander in Verbindung.

Nur die Aktivität der chemischen Synapsen ist modulierbar.

Wir können sicherlich davon ausgehen, daß von den 1.800 Zellen des Abdominalganglions weniger als 100 für die uns interessierende Verhaltenssteuerung benötigt werden. Da die Zellen invariant sind und die Kontakte zur Nachbarzelle durch ein genetisches Programm vorgegeben sind, kann man sie sich in verschiedenen funktionellen Zuständen ansehen.

Bei einer elektrophysiologischen Analyse interessiert man sich vor allem für die Frage, wodurch und wie stark eine Zelle erregt wird und wohin die Erregung weitergeleitet wird. Auf Einzelheiten können wir im Rahmen einer Molekularbiologie nicht eingehen. Uns soll aber das Ergebnis der Analysen (der neuronale Schaltplan) interessieren. Die Kiemen werden durch sechs Motoneuronen innerviert, welche eine Kontraktion induzieren. Die Bezeichnungen dieser Zellen lauten: L7, LD_{G1}, LD_{G2}, $L9_{G1}$, $L9_{G2}$, RD_G. Die Kontraktion des Siphons wird durch die Zellen LB_{S1}, LB_{S2}, LD_{S1}, LD_{S2} und L7 ausgelöst (s. Abb. 70.8.). L7, LD_{G1} und LD_{G2} rufen eine starke Reaktion hervor, während die übrigen Zellen einen nur geringen Beitrag leisten. L7 trägt mit 35–40%, LD_{G1} mit 30–35% zur maximalen Kontraktion bei. Die Reaktionen aller Zellen verhalten sich additiv, die Zellen sind parallel geschaltet, stehen untereinander aber nicht in Kontakt.

Die Aktivität von LD_{G1} ist durch Hexamethonium hemmbar, was zu der Erkenntnis führt, daß diese Zelle Acetylcholin produziert und es als Neurotransmitter an der Präsynapse freisetzt. Diese Vermutung bestätigte sich, denn in die Zelle injiziertes *Cholin wurde zu 85% in Acetylcholin verwandelt. Anders sieht es bei L7 aus. *Cholin wird nicht in Acetylcholin eingebaut. Die Aktivität ist durch den genannten Hemmstoff nicht zu beeinträchtigen. L7 produziert einen anderen Transmitter, ohne daß man sagen könnte, worum es sich dabei handelt. Gewöhnung und Entwöhnung ist nur unter Mitwirkung weiterer Neuronen (Interneuronen) erklärbar, die direkt auf Synapsen einwirken, welche die Aktivität der Motoneuronen steuern. In der Tat ist ihre Existenz und ihre postulierte Funktion experimentell bewiesen worden.

Die gefundenen Neuronenschaltungen und deren Leistungen wurden schon in Abb. 70.8 vorgestellt. Die dunklen Dreiecke weisen auf Hemmung, die hellen auf Aktivierung hin.

A. Zentral gesteuerte Kiemenbewegung. Interneuron II repräsentiert vermutlich eine Gruppe miteinander gekoppelter Interneuronen, die einige der Kiemen- und Siphonmotoneuronen stimulieren (RD_G, LD_{G1}, LD_{G2}, LD_{S1}, LD_{S2}) und andere inhibieren ($L9_{G1}$, $L9_{G2}$, L7, LB_{S1}, LB_{S2}).
B. Rückzugreflex (Verteidigung). Alle Hemmungen auf Motoneuronen entfallen.
C. Kiemenrückzugreflex (nicht dargestellt). Der sensorische *Input* vom Siphon wird direkt und über Interneuronen an die Motoneuronen weitergeleitet. Exc., Int. und Sensory N sind Gruppen von Interneuronen mit modulierbaren Synapsen. Motoneuronen und sensorische Neuronen sind direkt und über Interneuronen miteinander gekoppelt. Das Schaltschema ist hierarchisch organisiert. Erregende Interneuronen sind mit den sensorischen Neuronen rückgekoppelt.

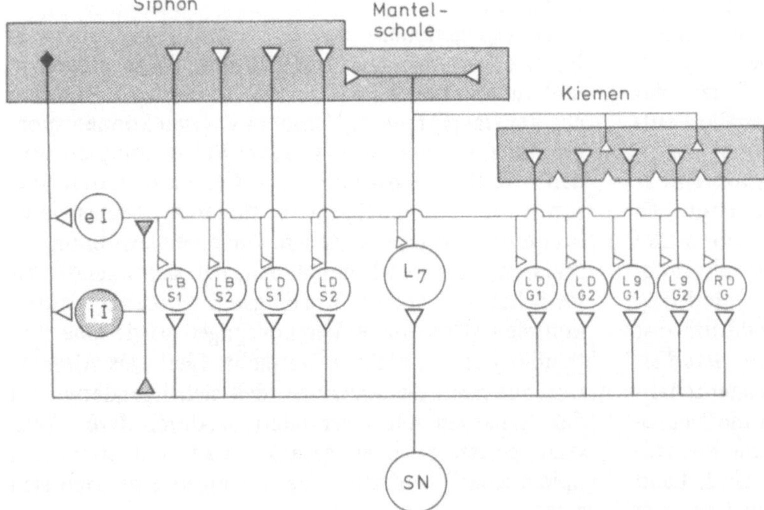

Abb. 70.8. Verdrahtungsdiagramm des Kiemenrückzugreflexes. Einzelheiten sind im Text beschrieben. Das erwähnte Interneuron II fehlt im Diagramm. Es ist dort durch *SN* (ein sensorisches Neuron) vertreten (Kandel, 1974)

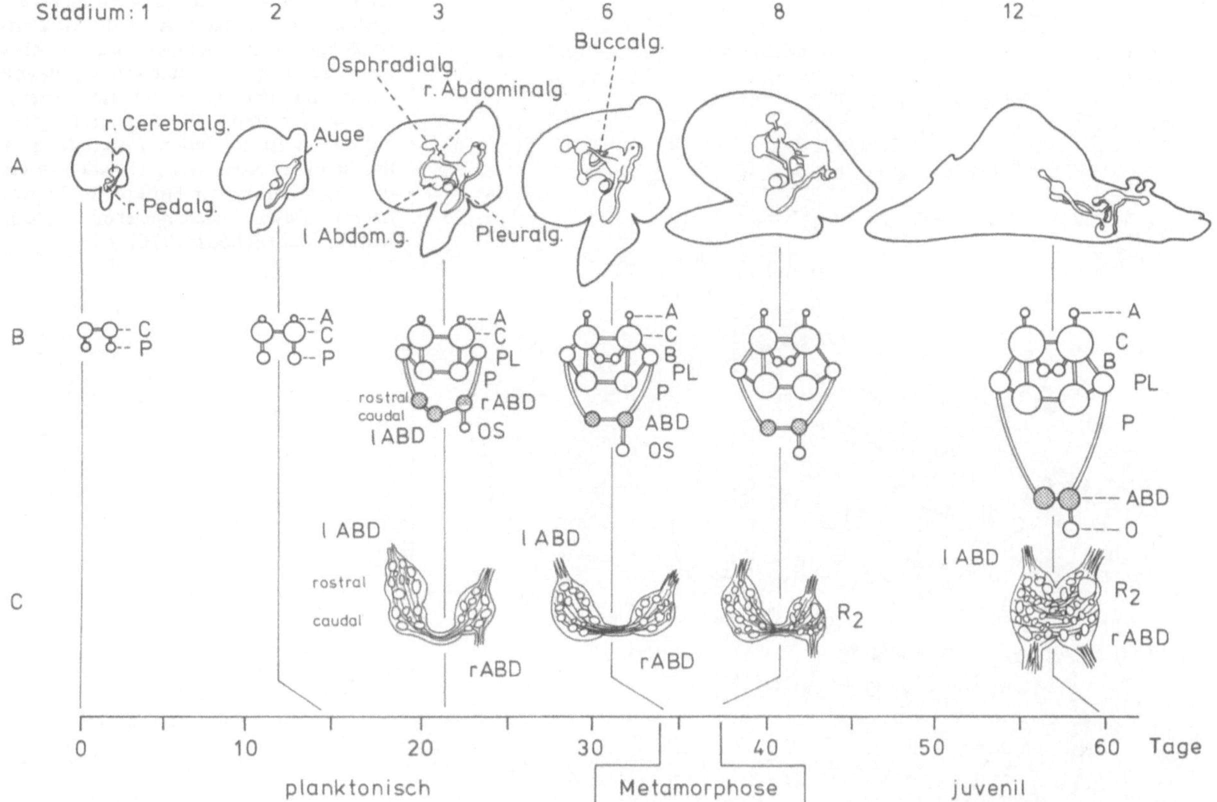

Abb. 70.9 A–C. Entwicklung der wichtigsten Ganglien während aufeinanderfolgender Entwicklungsstadien von *Aplysia*. A Form der Schnecke und Position der Ganglien. B Schematische Darstellung der einzelnen Ganglien. (Die Abkürzungen beziehen sich auf die unter A genannten Bezeichnungen.) C Entwicklung des Abdominalganglions. Es entsteht aus drei Neuronenanhäufungen, die vom dritten Entwicklungsstadium an erkennbar sind (Kriegstein, 1977)

Gewöhnung und Entwöhnung sind voneinander verschiedene Prozesse. Sie unterliegen unabhängigen Regelmechanismen, die auf die gleiche Synapse einwirken.

Die Entwicklung des Nervensystems von Aplysia

Kriegstein (Columbia University, New York, 1977) wies nach, daß sich die Ganglien in einer klar definierten, zeitlichen Sequenz ausbilden. Die Entwicklung von *Aplysia* durchläuft fünf Phasen:

1. embryonale Phase (10 Tage),
2. prämetamorphose Phase (Larvenstadium) (35 Tage),
3. Metamorphose (2 Tage),
4. juvenile Phase (85 Tage),
5. adulte Phase.

Individuelle Zellen können frühestens fünf Wochen nach dem Schlüpfen erkannt werden (s. Abb. 70.9).

Das Nervensystem des Blutegels (Hirudo medicinalis)

Der Körper des Blutegels ist segmentiert. Das Nervensystem besteht aus einem ventral gelegenen Strang, der sich in jedem Segment zu einem Ganglion verdichtet (s. Abb. 70.10). Die Ganglien sind gleichartig gebaute, repetitive Einheiten, die je ca. 350 Neuronen enthalten und durch Ausläufer untereinander in Verbindung stehen. Ausläufer (Axone) versorgen auch den übrigen Teil des Körpers. Jedes Ganglion innerviert einen klar umrissenen Körperbereich. In Abb. 70.11 sind die charakteristischen Neuronentypen wiedergegeben. In einem Ganglion gibt es 14 T-, P- und N-Zellen. Alle sind sensorisch. Sie unterscheiden sich durch unterschiedliche Empfindlichkeit und Reaktion auf unterschiedliche Reizqualitäten (T = *touch;* P = *pressure;* N = *nociceptia*).

17 spiegelbildlich zueinander angeordnete Motoneuronenpaare (L) sind pro Ganglion identifiziert worden (Nicholls, Stanford University, Palo Alto/Cal.). Zu den Bewegungen des Blutegels gehören die Verkürzung des Körpers, das Schwimmen und das „Gehen" auf einem festen Untergrund. Letzteres geschieht

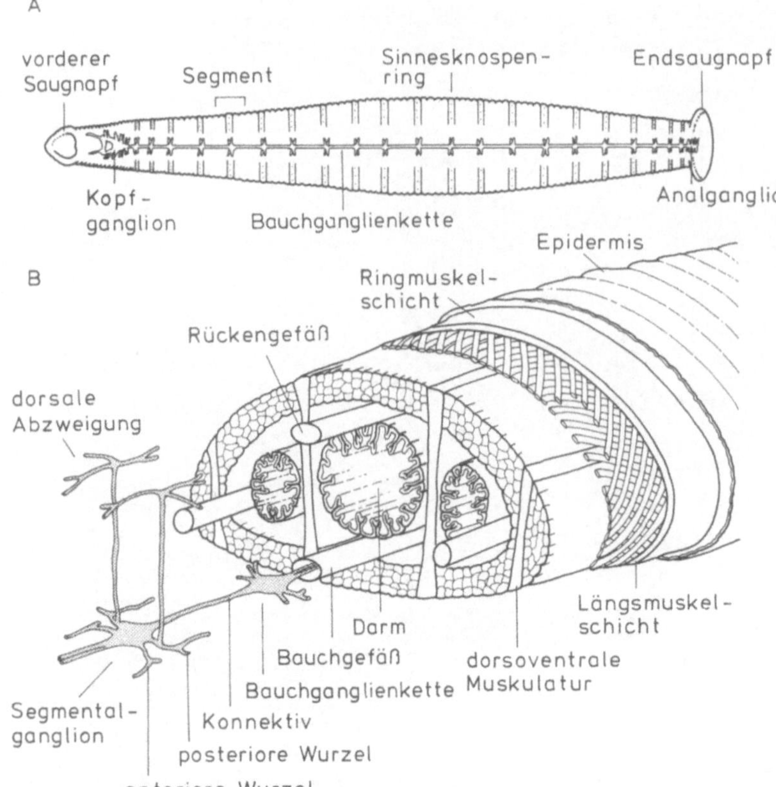

Abb. 70.10 A und B. Das Zentralnervensystem des Blutegels. **A** In der Gesamtübersicht ist zu erkennen, daß das ZNS aus einem Kopf- und einem Analganglion sowie der Bauchganglienkette besteht, welche ihrerseits 21 Segmentganglien enthält. **B** In der unteren Abbildung ist die Struktur eines dieser Ganglien sowie die Organisation der Muskulatur in größerem Detail wiedergegeben. (Nach Kuffler und Nicholls, 1976)

durch wiederholtes Anheften und Wiederlösen des Körpers mittels der Saugnäpfe.

Von besonderem Interesse ist in diesem Zusammenhang das Problem der Bewegungskoordination. Schon bei bloßer Betrachtung eines sich bewegenden Tieres sieht man, daß Kontraktionswellen über seinen Körper hinwegwandern. Die Muskulatur eines Segments wird mit einer Zeitverzögerung gegenüber dem vorangegangenen kontrahiert. Der Bewegungsablauf ist nur durch Kooperation und Abgleich der Ganglien in den einzelnen Segmenten erklärbar.

Stent und Mitarbeiter (University of California, Berkeley) fanden 1976, 1978, daß eine Gruppe von Interneuronen hieran beteiligt ist, deren Mitglieder in Form eines oszillierenden Netzwerkes miteinander verknüpft sind (s. Abb. 70.12). Die Weitergabe eines Signals wird um ein kurzes Zeitintervall verzögert, wodurch die Phasen der Kontraktion in aufeinanderfolgenden Segmenten gegeneinander verschoben werden. Der Schwimmrhythmus wird durch bilateral gelegene Paare erregender und inhibierender Motoneuronen festgelegt. Ihre Aktivität wiederum wird durch Interneuronen gesteuert, deren Membranpotential sich periodisch ändert. Die Periodenlänge entspricht dem Schwimmrhythmus, und der Erregungsfluß durch die Neuronen bestimmt die Phase der Motoneuronenaktivität. Das oszillierende Netzwerk enthält sowohl Intraganglion-Verknüpfungen als auch Interganglion-Verknüpfungen.

Nervensysteme bei Insekten

Die Neuronennetzwerke nehmen eine beträchtliche Komplexität an. Dennoch ist es auch hier möglich, einzelne Zellen und sogar ganze Anordnungen einzelner Neuronen zu identifizieren. Holometabole Insekten machen eine Metamorphose durch, durchlaufen also mehrere Entwicklungsstadien. Ein Neuron innerviert somit zunächst einen Muskeltyp, in einem späteren Entwicklungsstadium einen anderen. Damit ändert sich auch die Morphologie der Zelle und der Grad der Ausbildung der Dendriten (s. Abb. 70.13).

Mosaiks, Schichten und Bahnen im visuellen System der Fliege

Durch Injektion von Kobaltionen ins Neuropil (Neuronengeflecht) des Insektengehirns lassen sich einzelne Interneuronen und ihre Fortsätze sowie ganze, gleichartig strukturierte Netzwerke sichtbar machen. Somit ergibt sich die Möglichkeit, den Schaltplan des visuellen Systems auf zellulärer Ebene aufzuklären. Das visuelle System der Fliege ist in vier Ebenen organisiert (s. Abb. 70.14):

1. Retina, Lamina im Auge,
2. Medulla,
3. geteilter Lobulakomplex (Lobula und Lobulaplatte),

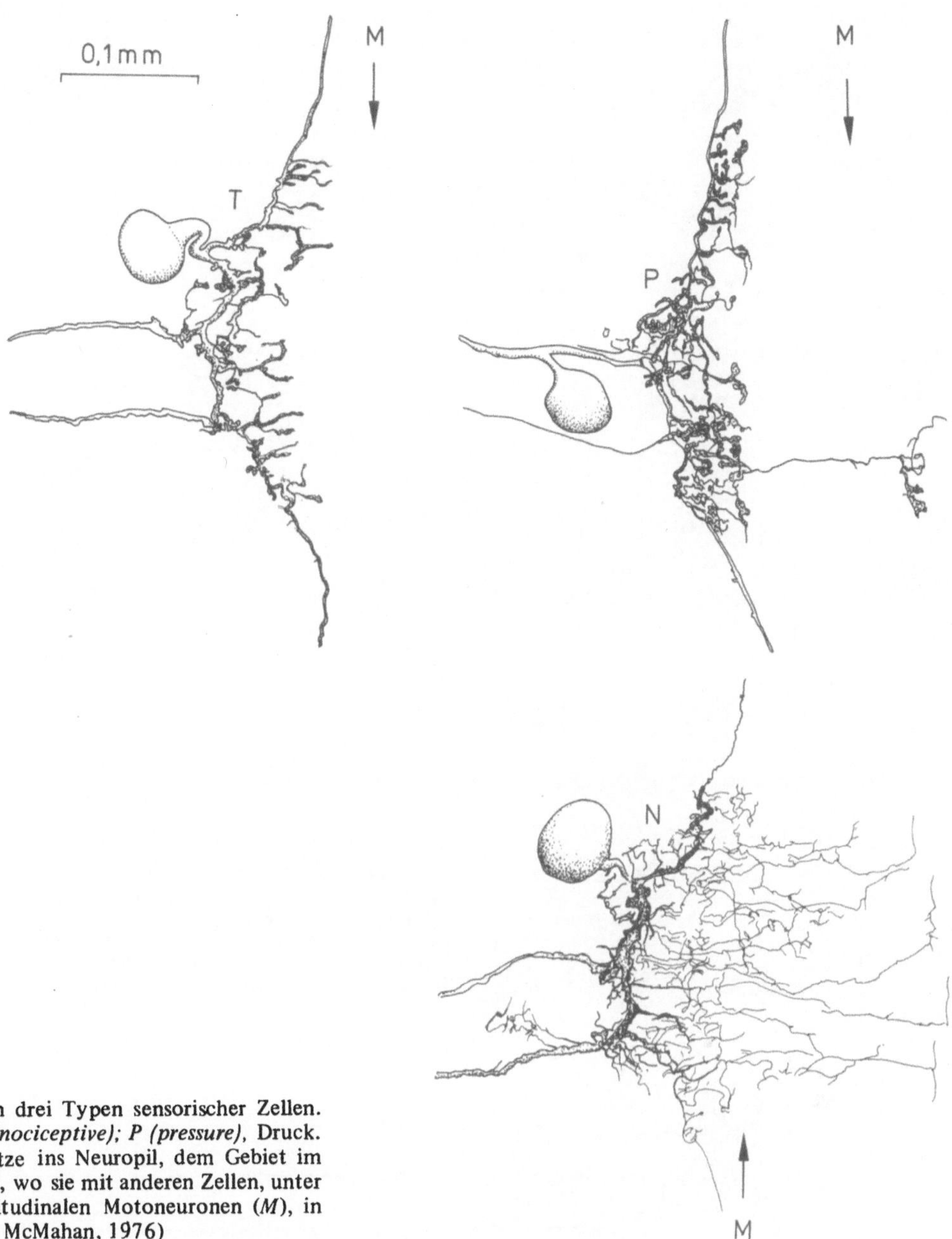

Abb. 70.11. Fortsätze von drei Typen sensorischer Zellen. *T, (touch),* Berührung; *N (nociceptive); P (pressure),* Druck. Alle Zellen senden Fortsätze ins Neuropil, dem Gebiet im Zentrum des Ganglions aus, wo sie mit anderen Zellen, unter anderem den großen longitudinalen Motoneuronen (*M*), in Kontakt treten (Muller und McMahan, 1976)

4. optische Foci (Zentren) als Konvergenzzentren. Die Neuronenfortsätze, durch die sie miteinander verbunden sind, sind zu Bahnen gebündelt. Die wichtigsten können dem Schema sowie den Abb. 70.15 und 70.16 entnommen werden.

Das entscheidende Strukturmerkmal des visuellen Systems beruht auf der Existenz homogen strukturierter lokaler Netzwerke. Die neuronalen Elemente sind geometrisch exakt und repetitiv angeordnet, wobei sich ein dreidimensionales Netz ausbildet (siehe Abb. 70.17). Jeder Strang dient dazu, einfache und spezifische Operationen am Rezeptorinput durchzuführen. In der Lamina sind es Summationen, Adaptationen und laterale Inhibition. In tiefer liegenden Schichten des Systems kommen Verrechnungen der *Inputs* vieler Rezeptorzellen hinzu, wobei das optisch wahrgenommene und Punkt für Punkt ins Zentralnervensystem projizierte Bild ausgewertet wird. Die folgenden Abbildungen (Abb. 70.18–70.20) sollen lediglich einen Eindruck von der Regelmäßigkeit vermitteln, die im Zentralnervensystem der Insekten auftritt, sie sollen aber nicht dazu verleiten anzunehmen, daß das die einzigen Elemente sind, die am visuellen System mitwirken. Das visuelle System ist ein Aggregat von Zellen, das seinerseits mit vielen anderen, geregelt und nicht geregelt strukturierten Schaltungen zusammenarbeitet und auch *Inputs* von ihnen akzeptiert und verrechnet, ebenso wie es Signale an andere Systeme weiterleitet.

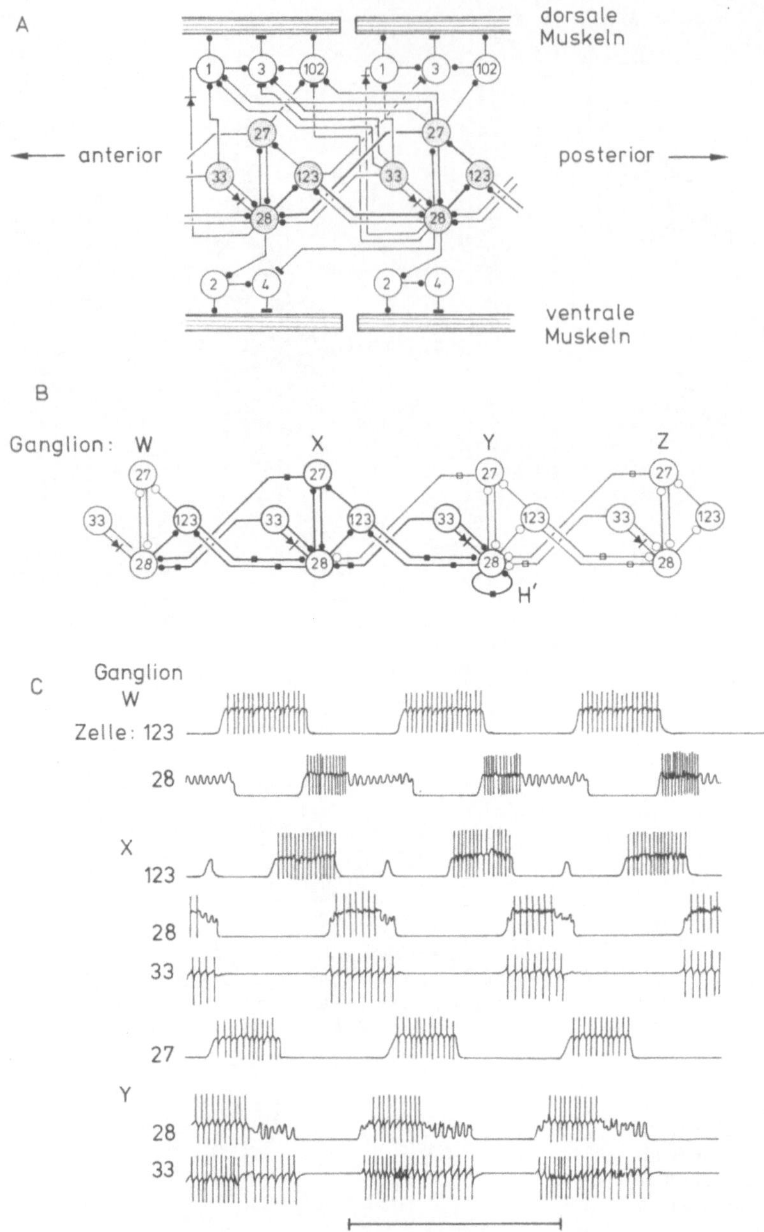

Abb. 70.12 A–C. A Diagramm des Schaltplans identifizierter synaptischer Verbindungen zwischen Interneuronen (durch *Raster* gekennzeichnet) und Motoneuronen (*offene Kreise*), die für die Ausprägung des Schwimmrhythmus von *Hirudo medicinalis* benötigt werden. Die Symbole bedeuten: ⊤ Verknüpfung durch erregende Synapse; ⫯ inhibierende synaptische Verknüpfung; ⊣⊢ elektrische Synapse. Die Grundstruktur des Oszillators wird durch fünf Neuronen gebildet, deren Verknüpfungen durch stärkere Strichdicke hervorgehoben ist. **B** Oszillator: Gebaut als Analogcomputer nach dem unter A beschriebenen und analysierten Schaltplan. Die Ganglien *W, X, Y* und *Z* des Modells entsprechen dem 1., 5., 9. und 13. Ganglion einer isolierten Bauchganglienkette. -■- Verzögerungselemente (80 mSek). *H'*, ebenfalls ein Verzögerungselement (ersetzt Zelle *123* des Ganglions *Y* und Zellen *33* und *28* des Ganglions *Z*). **C** Leistungen des Analogcomputers bei geeigneter Programmierung. Das Erregungsmuster und die Verzögerungsfaktoren entsprechen den Werten, die bei *Hirudo* gemessen wurden (Stent et al., 1978)

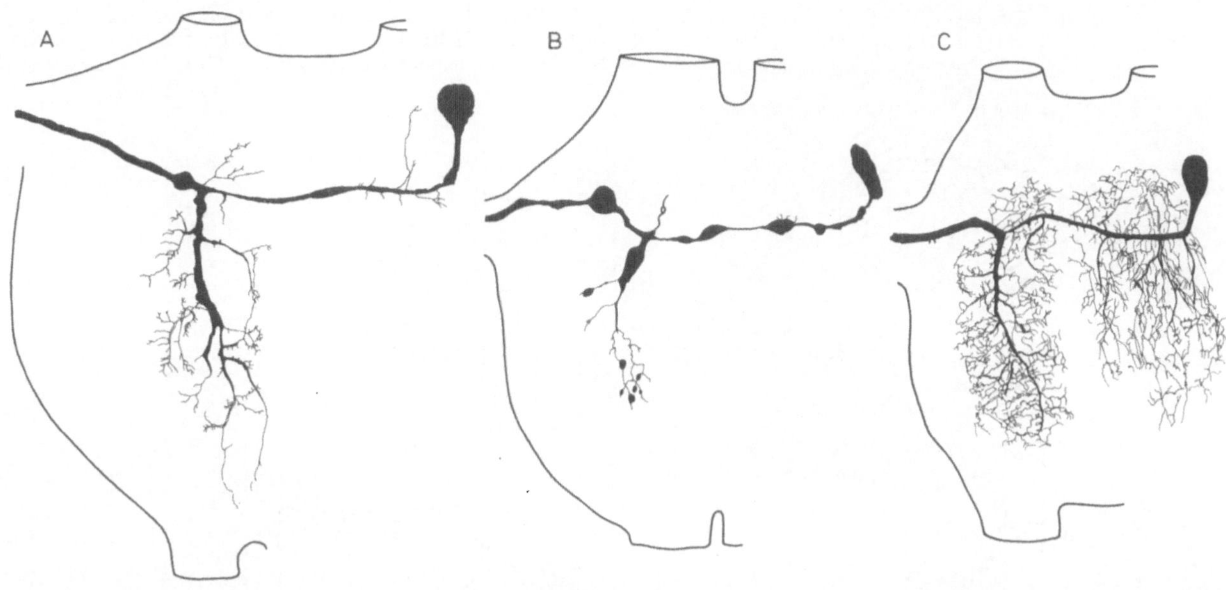

Abb. 70.13 A–C. Dorsalansicht einer Rekonstruktion des Motoneurons 1 während der Entwicklung von *Manduca sexta* (Tobacco Hornworm Moth). A Larve; B Diapause; C adulte Form (Truman und Reiss, 1976)

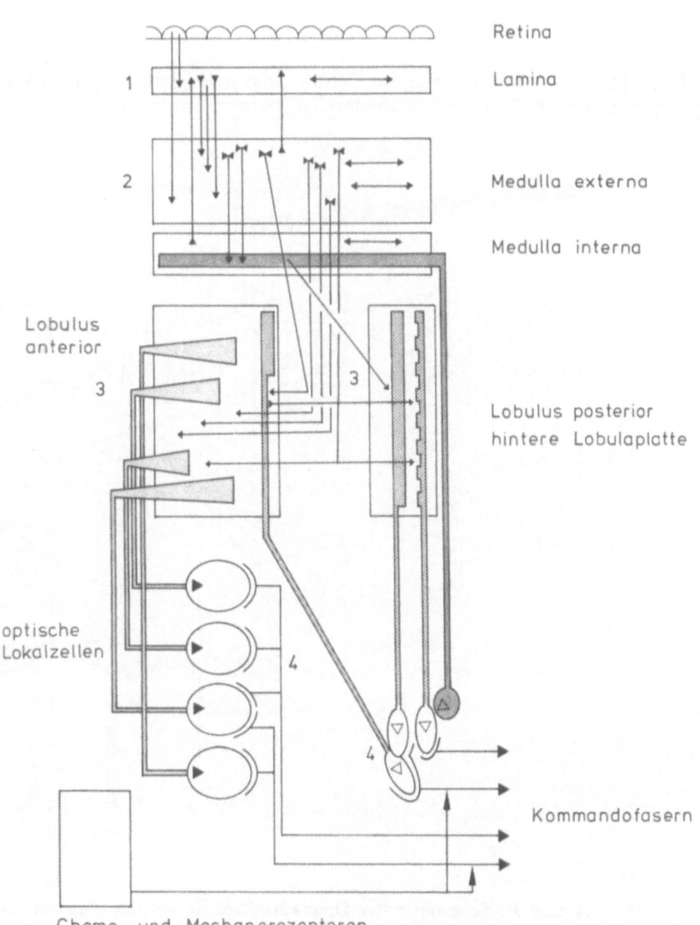

Abb. 70.14. Zusammenfassendes Schema der Hauptbahnen in den optischen Loben und im Gehirn der Fliege (Strausfeld, 1976)

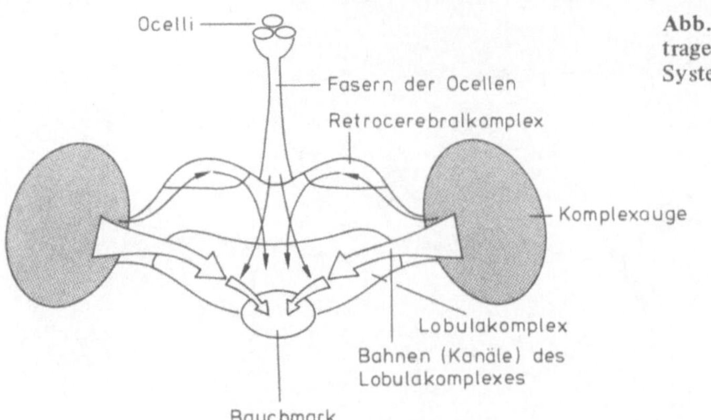

Abb. 70.15. Querschnitt durch den Kopf einer Fliege. Eingetragen sind nur Bahnen und Bereiche, die mit dem visuellen System zusammenhängen (Strausfeld, 1976)

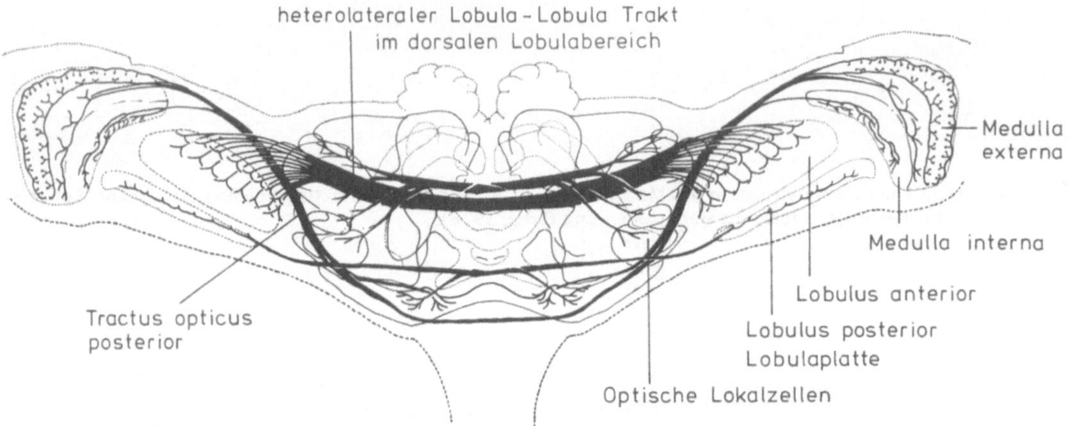

Abb. 70.16. Längsschnitt durch das Gehirn einer männlichen Fliege. Eingetragen sind lediglich die heterolateralen Bahnen der optischen Loben und die des ventrolateralen Protocerebrums (Strausfeld, 1976)

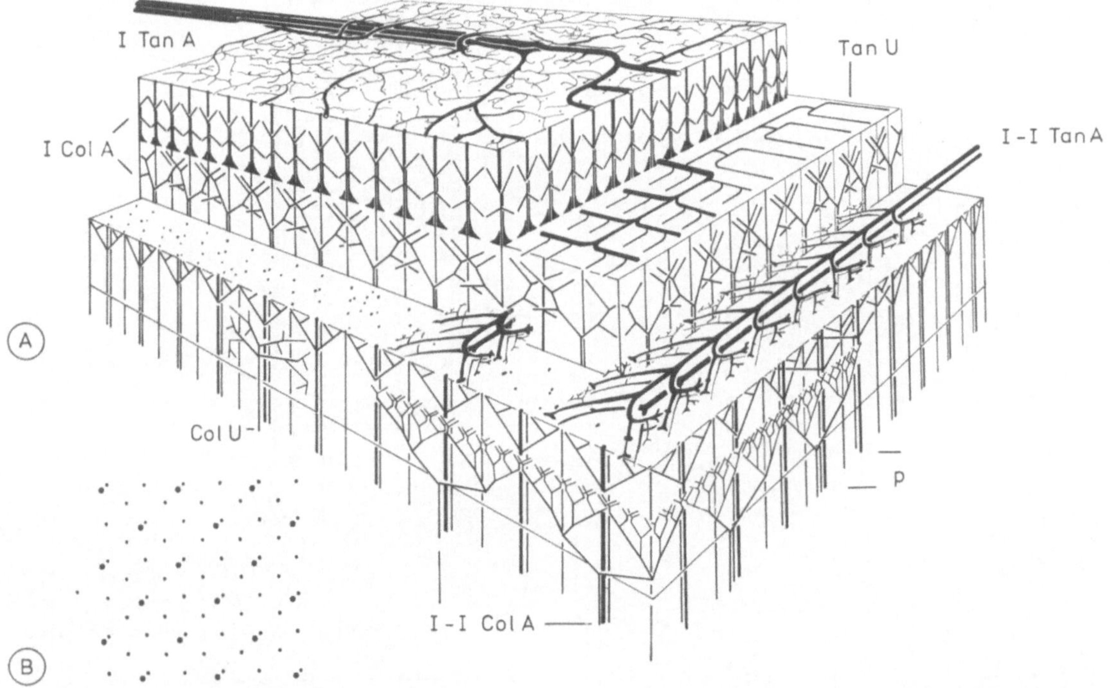

Abb. 70.17 A und B. Schematisches Diagramm des Schaltplans im retinotopen Neuropil. Es beruht auf der Beobachtung von 240 Populationen von Interneuronen (Strausfeld und Hausen, 1977)

Abb. 70.18 a–c. Einige Ansätze, die Struktur des Nervensystems der Insekten aufzuklären (*A*). a Lobulaneuropil (reduzierte Silberfärbung. b Durch Golgi-Färbung sichtbar gemachte einzelne Neuronen. c Ein Paar Lobulazellen, mit Kobalt gefüllt und versilbert. (Aufn. Strausfeld, Heidelberg, 1978) (Präparationstechnik: s. Strausfeld und Obermayer, 1976, sowie Strausfeld und Hausen, 1977)

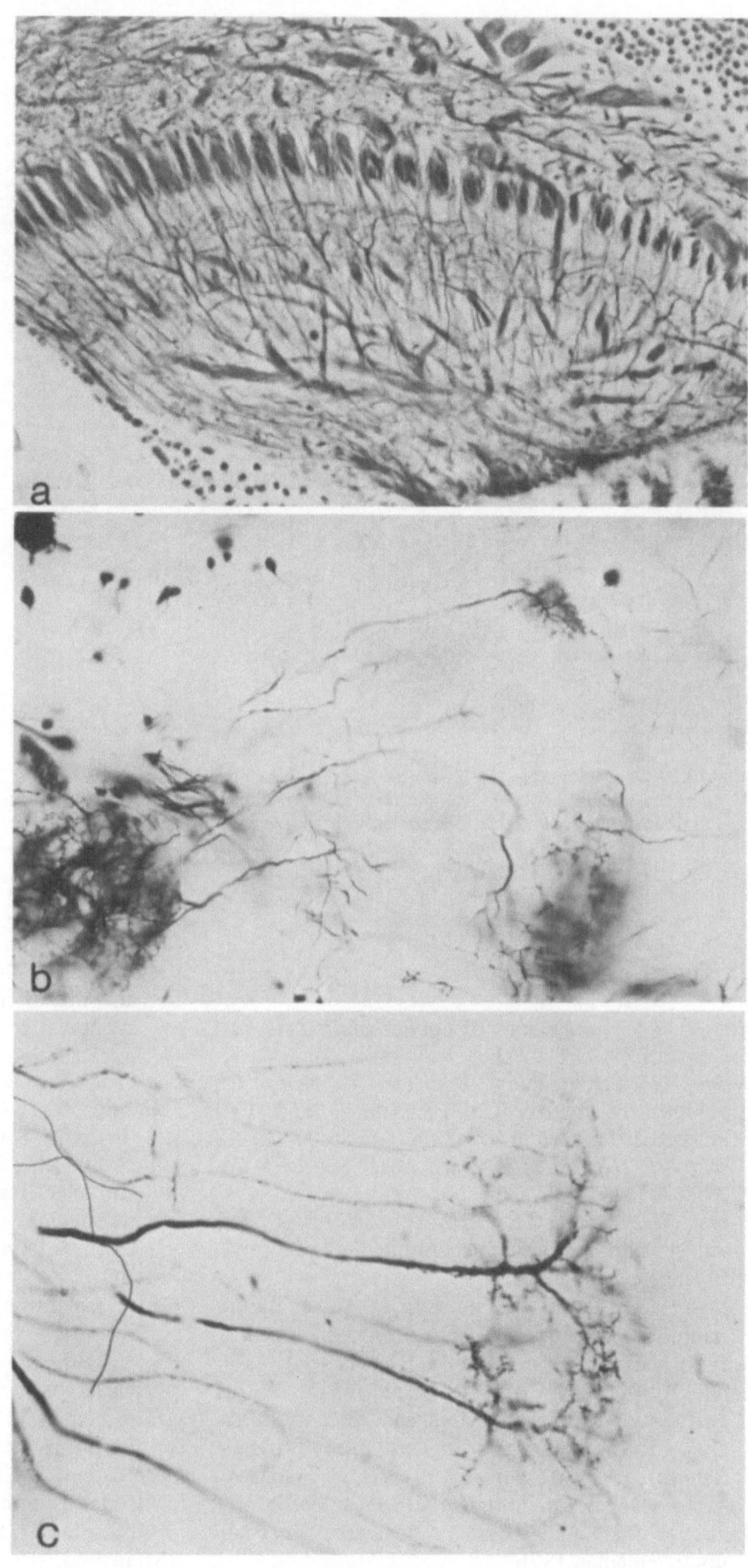

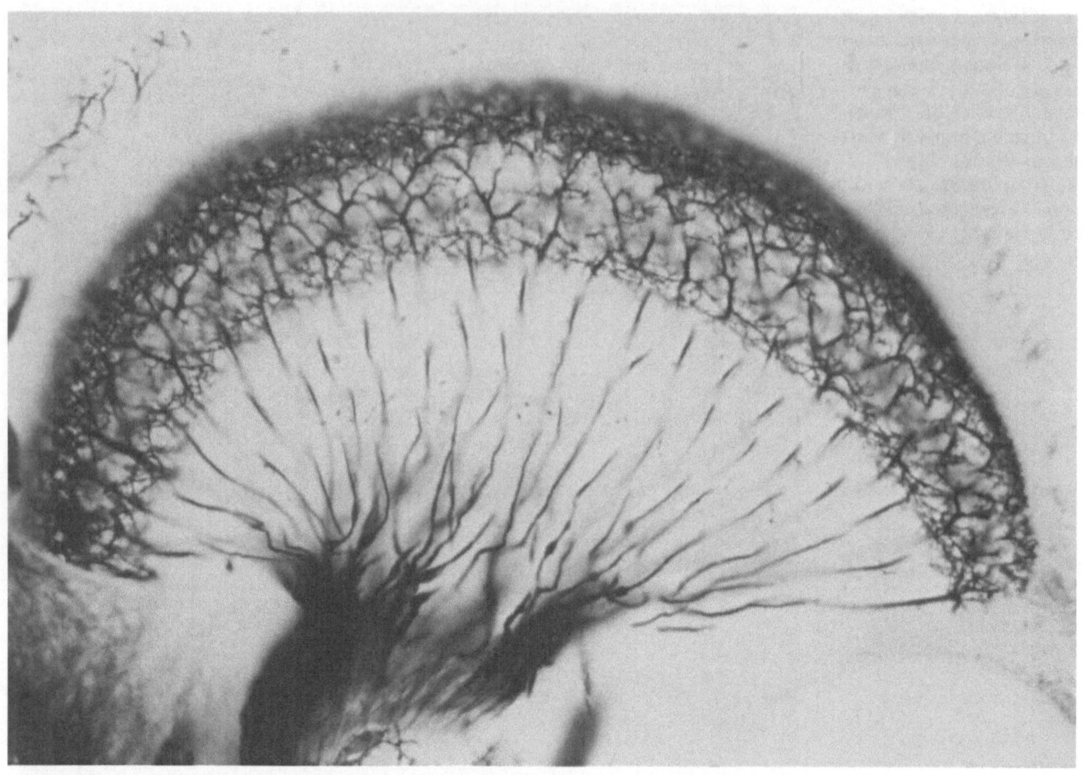

Abb. 70.19. Einige Ansätze, die Struktur des Nervensystems der Insekten aufzuklären (*B*). Komplettes *Assembly* identischer retinotopisch organisierter Neuronen, sichtbar gemacht durch die in die Zellen diffundierten Kobaltionen, verstärkt durch Silberfärbung. (Aufn. Strausfeld, Heidelberg, 1978)

Literatur

Brenner, S.: The genetics of *Caenorhabditis elegans*. Genetics *77*, 71 (1974)

Deppe, U., Schierenberg, E., Cole, T., Krieg, C., Schmitt, D., Yoder, B., Ehrenstein, G. von: Cell lineages of the embryo of the nematode *Caenorhabditis elegans*. Proc. Natl. Acad. Sci. USA *75*, 376 (1978)

Friesen, W.O., Stent, G.S.: Neural circuits for generating rhythmic movements. Annu. Rev. Biophys. Bioeng. *7*, 37 (1978)

Friesen, W.O., Poon, M., Stent, G.S.: An oscillatory neuronal circuit generating a locomotory rhythm. Proc. Natl. Acad. Sci. USA *73*, 3734 (1976)

Kandel, E.A.: An invertebrate system for the cellular analysis of simple behaviors and their modification. In: The Neurosciences. Third Study Program. Schmitt, F.O., Worden, F.G. (eds.), p. 347. Cambridge (Mass.), London: The MIT Press 1974

Kandel, E.R.: Cellular basis of behavior. San Francisco: Freeman 1976

Kriegstein, A.R.: Development of the nervous system of *Aplysia californica*. Proc. Natl. Acad. Sci. USA *74*, 375 (1977)

Muller, K.J., McMahan, U.J.: The shapes of sensory and motor neurones and the distribution of their synapses in ganglia of the leech: a study using intracellular injection of horseradish peroxidase. Proc. R. Soc. Lond. B. *194*, 481 (1976)

Nicholls, J.G., Essen, D. van: The nervous system of the leech. Sci. Am., Januar 1974, S. 38

Nicholls, J.G., Purves, D.: Monosynaptical chemical and electrical connections between sensory and motor cells in the central nervous system of the leech. J. Physiol. *209*, 647 (1970)

Stent, G., Kristan, W.B., Friesen, W.O., Ort, C.A., Poon, M., Calabrese, R.L.: Neuronal generation of the leech swimming movement. Science *200*, 1348 (1978)

Strausfeld, N.J.: Mosaic organizations, layers, and visual pathways in the insect brain. In: Neuronal principles in vision. Zeitler, F., Weiler, R. (eds.). Berlin, Heidelberg, New York: Springer 1976

Strausfeld, N.J., Hausen, K.: The resolution of neuronal assemblies after cobalt injection into neuropil. Proc. R. Soc. Lond. B *199*, 463 (1977)

Strausfeld, N.J., Obermayer, M.: Resolution of intraneuronal and transsynaptic migration of cobalt in the insect visual and central nervous system. J. Comp. Physiol. *110*, 1 (1976)

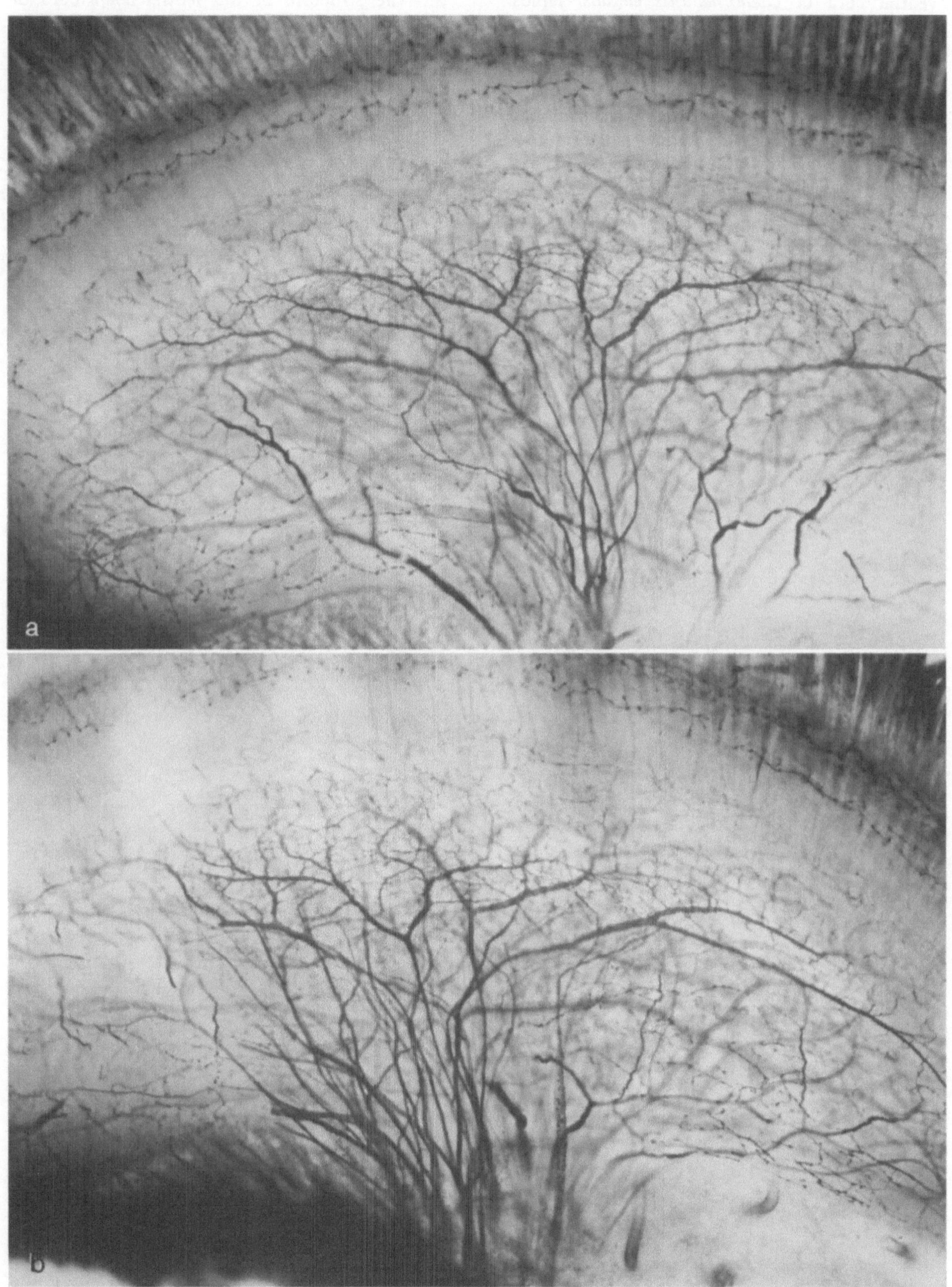

Abb. 70.20 a und b. Einige Ansätze, die Struktur des Nervensystems der Insekten aufzuklären (*C*). Konstanz der Anordnung von Neuronen im Neuropil des Insektengehirns. Die Teilabbildungen a und b sind Aufnahmen identischer Sätze von tangentialen Neuronen der Medulla von zwei verschiedenen Individuen (Aufn. Strausfeld, Heidelberg, 1978)

Sulston, J.E.: Post-embryonic development in the ventral cord of *Caenorhabditis elegans*. Philos. Trans. R. Soc. Lond. B *275*, 287 (1976)

Sulston, J.E., Horvitz, H.R.: Post-embryonic cell lineages of the nematode *Caenorhabditis elegans*. Dev. Biol. *56*, 110 (1977)

Truman, J.W., Reiss, S.E.: Dendritic reorganization of an identified motoneuron during metamorphosis of the tobacco hornworm moth. Science *192*, 477 (1976)

White, J.G., Southgate, E., Thomson, J.N., Brenner, S.: The structure of the ventral nerve cord of *Caenorhabditis elegans*. Philos. Trans. R. Soc. Lond. B *275*, 327 (1976)

White, J.G., Albertson, D.G., Anness, M.A.R.: Connectivity changes in a class of motoneuron during the development of a nematode. Nature (London) *271*, 764 (1978)

Sachverzeichnis

Die *kursiven* Seitenzahlen beziehen sich auf Stichwörter in den Überschriften

A 23187 251, 548
Absorptionsspektrum
Cytochrom 420
DNS 23 f.
Murexid 249
Protein 23 f.
Purpurmembran 259
Abstammung 2, 383, 385
Zellen (Ontogenese) 564 ff., 579 ff., 642 f.
Acetabularia 398 f., 403
Acetontrockenpulver 127
Acetylchitobiose 476
Acetylcholin 270 f., 522 f., 547, 549, 558, 607 f., 629, 631 f., 644
Acetylcholinesterase 226, 270 f., 558, 599, 607, 630
Acetylcholinrezeptor s. Rezeptor
Acetyl-CoA 281
Acetylgalactosamin 224 f., 474, 476
Acetylgalactosamintransferase 224
Acetylglucosamin 224 f., 242, 474, 476
Acetylierung, acetyliert 56, 96, 335, 343, *370*, 532
Acetyltransferase 525
Achsenstab s. Axonem
Acricotopus 396
acrocentrisch 344, 378, 387
Acrosin 151
Acryl-Malachitgrün 27 f.
Acryl-Phenylneutralrot 27 f.
ACTH s. Adrenocorticotropes Hormon
Adaptor
tRNS 19 f., 352
Addisonsche Krankheit 540
Adenin (A) 14, 30 ff., 152, 177, 365
Adenohypophyse 519 f., 526 ff., 532
Adenosintriphosphat (ATP) 5, 9, 151, 167, 169 ff., 180 f., 183 f., 253 ff., 257, 260, 276 ff., 293, 298, 315 ff., 326, 352, 459 ff., 524, 546
Adenovirus 34 f., 55, *82 ff.*, 387, 425, 428 f., 447 ff.
Adenylatcyclase 266 ff., 310, 522, 524, 535, 546 ff., 610
Adenylatkinase 143 f., *151 ff.*, 159, 387
Adenylierung 96
Adhäsion 487 ff., 546, 559, 606
Adrenalin 267, 519, 522 f., 534, 539 f., 547
adrenerg 522, 525 f., 538, 547, 608
Adrenocorticotropes Hormon (ACTH) 267, 519 f., 527 ff., *532 f.*, 536, 539 f.
Adsorptionschromatographie 26, *27 f.*
Ähnlichkeitskoeffizient 410 f.
Äquivalenz 563, 566
Äquivalenzzone (Antigen-Antikörper-Reaktion) 618 f.
Äthanolamin 217
Ätherzellen 63
Äthylmethansulfonat (EMS) 589, 638
Affinitätschromatographie 90, 129, 542
Affinitätsmarkierung 199
Affinitätswechsel 169
affinity label s. Affinitätsmarkierung
Agammaglobulinämie 614
Agglutination 475, 480, 483 f., 494, 497, 546, 601, 613
Aggregation 487 ff., 553 ff., 568, 581, 585, 602, 606, 631, 634 f., 647
Aggregationsfaktoren 487 ff.
Aggregationsfeld 555
Aggregationskompetenz 544, 559
Aggregationsphase 559, 561
Aggregationszentrum 553, 557, 569
Agnatha 203
Agonist 270 ff.
Agrobacterium tumefaciens 96, *456 ff.*
Agrocin 84 458
Akromegalie 536
Akrosom 300, 303, 489 ff.
Aktin 89, 126, 146, 148, 187, 255, *293 ff.*, 306 ff., 311, 313, 319, 325, 368, 388, 602 ff.
Aktinfilament 290 f., 294, 296 ff., s.a. Filament, dünnes, und Mikrofilament
Aktinin (α) 297, 299 ff., 309, 319, 632
Aktinomyceten 247
Aktinomycin D 26 f., 56, 181, 345, 533, 599, 603
Aktin-Tropomyosin 307, 309
Aktionsspektrum 260
Aktivator 118, 177, 569 ff.
Aktivatorerkennungsregion 41
aktiver Transport s. Transport
aktives Zentrum 167, 171, 279, 336
Aktivierung, Transkription 74
Aktivierungsenergie s. Energie
Aktomyosin *298*, 316, 319
Akzeptor 542
Alamethicin 251
Alanin (Ala) 193 f., 251
Albumin 159, 163, 165
Aldolase 159
Aldosteron 539 f., 542
Aleutenkrankheit 444
Alkaliionen s. Ionen
Alkaloid 313, 506
Alkaptonurie 4
Alkoholdehydrogenase (ADH) 151 ff., 159 f.
Allel 7, 103, 119, 157 ff., 201, 207, 369, 385 f., 397, 402, 466, 578 f., 585, 625, 631, 638
Allelic suppression 470, s.a. Allotyp-Suppression
Allergie 614
Alloenzym 129, *157 ff.*, 468, 579, 595, 602 f.
allograft-reaction 209
Allophänie, allophänisch *595 ff.*, 602
Allosterie, allosterischer Effekt 169 ff., 180, 217, 280, 283, 354, 363
allotetraploid 410
Allotyp 157, 201, 612, 628, s.a. Alloenzym
Allotyp-Suppression 160, *195 ff.*
Allozym s. Alloenzym
Alterung 501, s.a. Seneszenz
Amanitin (α) 181 f.
Amidase 166
Aminoacylsynthetase 352, 361
Aminolaevulinatdehydrogenase (ALAD) 601 f.
Aminolaevulinatsynthetase (ALAS) 601 f.
Aminopeptidase 132, 353, 358
Aminopterin 498
Aminosäure 36, *125 ff.*, 135 ff., 146 ff., 191 ff., 257, 355, 361 ff.
D-Aminosäure 240 f.
Aminosäureaktivierung *352 f.*
Aminosäureanaloge 468 f.
Animosäureanalysator, automatischer 130 f.
Aminosäureaustausche 55, 149, 155, 157 ff., 202, 335
„erlaubte" 149
konservative 148, 158
neutrale 157 f.
radikale 148, 158
Aminosäurederivate 518
Aminosäuresequenz 40, 55, 58 ff., 125 f., 130 ff., 146 ff., 196 ff., 210, 293, 335, 352, 436, 519, 528 ff., 533, 543, 613, 617
Amnion 593 f.
Amöbe 553 ff., 569
amöboide Bewegung s. Bewegung
Amphibien 374, 398, 497, 502 ff., 535, 574, 576, 630
amphidiploid 410
amphipathisch 217, 220, 226, 269

Amphotericin B 601
Ampicillin 113 f.
Amplifikation
DNS 13, 64, 184, 344, *392 ff.*, 407
Enzymwirkungen 172 ff.
Hormonwirkung 518
an Zelloberflächen 266
Amylase 23, 159
Anaphase 378, 382 ff., 392, 514
aneuploid 468, 482, 506, 510
Angiospermen 284, 573
Anheftungsstelle (λ) 114 ff.
Anionenkanal 227
Anlagenkarte 579 ff.
Anreicherungsmethode 126
Antagonist 270 ff., 523, 530, 533, 543, 546 ff., 610, 617
Antennenpigment 282
Anthere 509, 511, 516
Anthozyansynthese 118 f.
Antibiotika 96 f., 244, 247 ff., 353, 381, 441, 466 f.
-mißbrauch 97
-produktion 97
-resistenz 94, *95 ff.*, 335, 348, 365, 408, 417, 458
-wirkung 364 ff., 419 ff.
Anticodon 22, 349, 354 f.
Anticodon-*Loop* (-Schlaufe) 20 ff.
Antigen 58, 172, 195 ff., 208, 229, 237, 266, 441 ff., 484, 612 ff., 616 ff., 625 ff.
Blutgruppen- 224 ff.
gruppenspezifisch 451, 484
Oberflächen- 96 ff., 210, 229, *230 ff.*, 241 ff., 441 f., 483 f., 489, 497, 499 f., *592 ff.*, 599 ff., 627
T- 449 f.
virusspezifisch 449 ff., 484
wirtszellspezifisch 450
zelltypspezifisch *610*
Antigen-Antikörper-Komplex 172 f., 473 f., 485, 618 f., 622
Antigenbindungsstelle 195 ff.
antigene *drift* 441 f.
antigener *shift* 441 ff.
Antikörper 57, 146, 163, 167, 172, *195 ff.*, 229, 266, 279, 298 ff., 325 f., 338 ff., 357, *381*, 394 ff., 420 f., 424 f., 442, 472 ff., 529, 559, 612 ff., *616 ff.*, 625 ff.
fluoreszierende s. Immunfluoreszenz
Antikörper-bildende Zellen 619, s.a. Lymphozyten
Antikörperklassen *195 f.*, 614
Antimycin A 277 f., 419 f.
Antiport 258
Antirrhinum 284, 405
Antiterminator 82
Anuren 7, 53, 108, 383, 614
Aplysia 637, *643 ff.*
apparent spacer 374
A-Protein 21, 38, 433, 435, 438
Arabinose 224 f.
Arachidonsäure 537
Arenaviren, *Arenaviridae* 236, 430
Argininesterase 543 f.
Aristoteles 1 f.
Artbildung 7, 383
Ascorbat 276 ff.
Asiatische Grippe 441
A-site (Ribosom) 336, 353 ff., 364 f.
Asparaginase 485
Aspartattransaminase 281
Aspartattranscarbamylase 170, 174
Aspartokinase-L-Homoserindehydratase 174
Aspergillus 366, 372
Assembly 78, 233, 236 ff., 408, 438 f., 621, 652
Asymmetrie 635
Membran 218 ff., 236, 244, 253 f., 257
Zellteilung 470, 568, 641 ff.
AT-Gehalt, AT-reiche Abschnitte (DNS) 25 ff., 49 f., 57, 79 f., 107, 112, 345, 378 ff., 412
Atmung 5, 9, 364, 417, 420
Atmungskette 9, 146, 149, 170, 243, *276 ff.*, 417, 419 ff., 460
Atomabstände 138 f.
ATP s. Adenosintriphosphat
ATPase 74, 279 ff., 294, 296 ff., 306 ff., 315, 421
ATP-Produktion, ATP-Synthese 170, 255, 257, 259, 277 ff.
ATP-Synthetase *279 ff.*, 282 f., 419 ff.
Atropin 523
attachment-site (λ) s. Anheftungsstelle
Attenuator 77 ff.
Augenlinse 264, 633
Aulacantha 379
Aureogenus magnivena 456
Aurovertin 279
Aussalzeffekt 127
Austausche (Aminosäuren) s. Aminosäureaustausche
Austauschgeschwindigkeit, Austauschrate (Aminosäuren) 149, 162
Autoimmunität 208, 614
Autokatalyse 8, 523, 569 f.
Autoradiographie 30 ff., 38, 43, 57, 64 ff., 128 f., 164, 271, 273, 343, 350, 374, 394, 398 ff., 497, 523, 541 f.
Autosom 344, 385, 470
Auxin 456, 507, 518, 564
Auxinautotrophie 456
Avian Myoblastosis virus (AMV) 100, 451 f.
Axon 273, 288, 311, 319, 444, 523, 608 f., 631, 639 ff.
Axonem 311
Azaguanin (AG) 497 f.
Azotobacter 240, 459

Baboon endogeneous virus (BaEV) 454
Bacillus Calmette-Guerin (BCG) 485
Bacillus subtilis 75
Bacterio-Opsin 260
Bakterien 4, 147, 166, 172, 257, 339 ff., 613, 621
aerobe 9, 243
anaerobe 9, 243
biosynthetische Leistung 5
in Pflanzen *456 ff.*
Zusammensetzung 5
Bakterienchlorophyll 282, *284 ff.*
Bakterienchromosom 10 f., 15, 64, 94 f., 99, 110, 113, 128, 348, 458
Bakteriengeißel *325 ff.*
Bakteriengenom 243
Bakterienmembran 63, 95 f., 216, *240 ff.*, 258, 326 ff.
Bakterienviren, Bakteriophagen s. Phagen
Bakterienzellwand *240 ff.*
Bakteriocine 96, *97*, *366 f.*
Bakteriorhodopsin 258 ff., 281
Bakteroid 459
balanced advantage 160
Balbiani-Ring 393, 396
Bande(n)
Chromosomen *378 ff.*
Riesenchromosomen 378, 392 ff.
Barrsches Körperchen 369
Basalganglion 523, 541
Basedowsche Krankheit 539
Basen (Nukleotid-) 14
-austausch 36, 148
-paare 13 ff., 47 f., 55 ff., 95, 113, 125, 177, 186, 371 ff., 412
seltene (RNS) 19 ff.
Sequenz der 13, 16, 40, 46, 115, 178, 416
Zusammensetzung 13, 25, 398
basic immunoglobulin fold 199
Bauchspeicheldrüse s. Pankreas
Beauvericin 248
Befruchtung 3, 362, 493, 516, 574 ff., 592
Besselfunktion 137
Beugungsbild 135 ff., 222 f., 261 f., 435
Bewegung 293 ff., 311 ff., *326 ff.*, 579, 638
amöboide 309
Bewegungskoordination 646
Bildelement 143
bimolekulare Lipidschicht 220 f.
Bindegewebe 629 f.
Biogenetisches Grundgesetz 2 f.
Biosyntheseketten, Biosynthesewege 4, 37, 173 f., 243
Biotin 168
Bittner-Faktor 449
BK-Virus 448
Blastem 632
Blastocoel 593 f.
Blastoderm 574 ff., *578 ff.*, 584, 595
Blastomer 563
Blastozyst 449, 592 ff.
Blastula 55, 68, 344, 475, 502 ff., 596
Blaualge 9, 284, 340, 409, 459
Blepharismon 494
blocking factor 485
Blutdruck 539
Blut-Gehirn-Barriere 529
Blutgerinnung 151, 172
Blutgruppe 224 f., 385 f., 474
Blutplättchen 600
Bluttransfusion 208
Blutzuckerspiegel 539 f.
B-Lymphozyt s. B-Zelle
Bombyx mori 362, 380
Boreogadus saide 193
Borreledin *366*
Botulin 629, 631
Braggsches Gesetz 136
Bromcyanumsetzung 132, 529
Bromdeoxyuridin (BUdR) 66, 497 f.
Bromuracil (BU) 177

budding s. Knospung
Bungarotoxin (α) 270 f., 607
Bunyaviren, *Bunyaviridae* 236, 430
Burkitts Lymphoma 450 f.
Bursa-Äquivalent 612, 615
Bursa Fabricii 612
Bushy Stunt Virus 425, 431
B-Zelle 600, 612 ff., *616 ff.*, 625 ff., 629

Caenorhabditis elegans 6, 298, 637, *638 ff.*
Cäsiumchloridgradient 24 f., 43, 90, 110, 414
Cairns-Modell *64 ff.*, 407 f.
Calcitonin 519 f., 539, 547
Calcium- (Ca^{2+})abhängige ATPase s. Pumpe, Ca^{2+}-
Calcium- (Ca^{2+})-Ion 150, 172, 187, 236, 251 ff., 271 f., 298, *306 ff.*, 315, 489, 491, 497, 509 f., 520, 522, 539 f., 546 f., *548 f.*, 606, 634
Calcium- (Ca^{2+})-Pumpe s. Pumpe, Ca^{2+}-
Calsequestrin 254
cAMP 172, 266 ff., 310, 315, 366, 480, 524 ff., 534, 538, 540, 544, *546 ff.*, 553 ff., 569, 601, 606 f., 610
cAMP-bindendes Protein s. CAP-cAMP-(Komplex)
Cancerogen 447, 480 f.
CAP-cAMP-(Komplex) 41, 77, 79, 176
capping
  Membran 231 ff., 319, 475, 486, 559
  RNS *92 f.*, 452
Carbomycin 408
Carboxypeptidase 131 f., *167 f.*
Carnivora 165
Carrier *247 ff.*, 281, 381, 618, 622, 625 ff.
Catecholamin 521, 522 ff.
C-Bande 368, *380*
cell recognition code 610
cell surface modulation 472
Cellulase 508, 511
Cellulose 507 f., 553
central dogma 182
Centriole 232
Centromer 210, 368, 378, 380 ff., 393 f., 397
Centromereneffekt 108
Ceramid 225
Cerebellum 372
Cerebrosid 225
cGMP 172, 480, 522, 540, 546, *547 ff.*, 558 ff.
Chalon 479
Chara(ceae) 300, 304
chemiosmotische Energie s. Energie
chemiosmotischer Prozeß 279 f.
Chemotaxis *325 ff.*, 546, 553 ff.
Chemotherapie *484 ff.*
Chiasma *103 f.*, 368, 382, 384
Chimäre, genetische *592 ff.*, 602, 630, *631*
Chinon 517
Chironomus 392 ff., 542
Chlamydomonas 284, 317, 380, 408
Chloramphenicol 95 ff., *365*, 416 ff.
Chlorobium 285 f.
Chloroform-Isoamylalkohol-System 23
Chloroform-Oktanol-System 23
Chlorophyll 282 ff., 409, 507, 512 ff.
chlorophyllbindende Proteine 283 ff.
Chloroplast(en) 9 f., 243, 260, 290 f., 300, 304, 311 f., 340 f., 343, 361, 364 f., 506, 511
  DNS (ctDNS) *407 ff.*
  als Erbträger *405 ff.*
  -membran 217, *276 ff.*, 359
Chlorpromazin 523 f.
Choleratoxin 266, 268 ff., 544
Choleratoxinrezeptor s. Rezeptor
Cholesterin 222, 483, 533, 539
Cholin 217, 644
Cholinacetyltransferase 608
cholinerg 522, 602, 608
Cholinesterase 533, 608
Choriongonadotropin 534 f.
Chromatid 66, 103 f., 392 ff., 585
  Tochter- 66, 383
Chromatin 3, 42, 176, 347, *368 ff.*, 378, 445, 499, 542, 544
  Eu- 368 f., 382, 397 f.
  Hetero- 43, 104, 108, 344, 368 f., 378, 380, 382 f., 393 ff.
Chromomer 67, 392 ff.
Chromomycin A3 (CMA) 381 ff.
Chromosom 3, 8, 44 f., 66 ff., 100, 102 ff., 207, 311, 313, *343 f.*, 347 ff., 368 ff., *378 ff.*, 392 ff., 406, 449, 466, 470, 482, 499, 501 f., 506, 512 ff., 574, 585, 626, 638
  Geschlechts- 369
  X- 102 f., 108, 344, 369, 385 ff., 393, 470, 576 ff., 589 f., 597, 631
  Y- 103, 393, 397, 516
Chromosomenaberration 382, 482
Chromosomenfärbung 27, 49, 66, 378 ff.
Chromosomensatz 161, 204
Chromosomenstückaustausch 103 f.
Chromosomenzahl 3, 7, *50* f., 344, 378 ff., 465, 469, 482, 500, 509, 511, 513 f.
Chromozentrum 393 f., 398
Chymotrypsin 130 ff., 147, 150, 363
chymotryptisches Peptid 132 f.
Ciliat 318, 378, 392, 415, 489, *491 ff.*
Cilie 293, 311 ff., 491 ff.
Cisterne 358 f.
Citratzyklus 170, 173, 276, 417
Citrobacter 459
Clathrin 218
Cleocin 408
Clostridium 629
coated vesicles 218 f.
Code, genetischer 4, 36, 39 f., 60, 125, 148, 433, 529
Codewort, Codon 36 ff., 55, 60, 148, 349, 354 f., 364
Codon-Anticodon-Interaktion 354
Coenzym 127, 151, 168 f.
Coenzym Q 277
Colchicin 233, 313, 315, 319, 476, 486, 501, 509, 511, 606
Col E1 94 f., 99, 107
Colicin 58, 97, 353, *366 f.*
Concanavalin A (ConA) 140 f., 230, 237, 267, 474 ff., 601, 621 f.
Concatemer 64 f., 70
Connexin s. Kontaktmolekül(e)
controlling element *117 ff.*, 406
CoQ-Cytochrom c-Reduktase 419 ff.
Coronaviren, *Coronaviridae* 236, 429
Corpus luteum 535
Corpus striatum 523
Corticosteroide 517, 519 f., 532, 534, 539 ff.
Corticosteron 539
Cortisol 532, 539
c_0t-plot, c_0t-Wert 17 f., 46, 48 f.
C_4-Pflanzen 284
Crassulaceen-Säure-Metabolismus 311 f.
Creutzfeldt-Jakob-Krankheit *444 f.*
Cristae 276
Crithidia-Form 413
cross-bridge s. Querbrücke
Crossing-over 102 ff., 115, 184, 382
  mitotisches 104
crown gall-Tumor 96, 456 ff.
Curare 271, 523, 629
Cybrid 422
cyclisches Adenosinmonophosphat s. cAMP
cyclisches Guanosinmonophosphat s. cGMP
Cycloheximid *366*, 417 f., 476, 523, 526
Cyclostomata 203
Cystein 131 f., 193, 197
Cytochalasin B 233, 293, 300, 319, 486, 497, 501, 606
Cytochrom
  a-a_3 149, 277 ff., 420 ff.
  b 149, 277 ff., 419 ff.
  b_5 139, 155
  c 9, 128, 140, 148 f., 219, 277 ff., 420
  c_1 419 f.
Cytochrom c-Reduktase 278
Cytochromoxydase 418 ff., s.a. Cytochrom a-a_3
Cytopharynx 311, 317
Cytoplasma 215, 297, *298 ff.*, *319*, 343, 370, 417 ff., 496 ff., 508, 574
Cytosin (C) 14, 30 ff., 184
Cytoskelett 192, 218, 232, *291 ff.*
Cytosol 256, 276 f., 281, 408 f.
Cytotoxizität 210, 473

Dansylchlorid 133
DAPI 381 ff.
Darmepithelzellen *502 ff.*
Darwin, Ch. 1 f.
Datura 509, 515
Davson-Danielli-Modell 217
deep orange (dor)-Mutante 576 f.
Dehydrogenase 148, *151 ff.*, 171
Dehydrouridin 21
Deletion 104, 110, 116, 118f., 146 ff., 197, 201, 298, *382 ff.*, 393, 412, 417, 420, 448
Deletionskarte 419
Deletionsmutante s. Mutante
Delirium tremens 273
demand regulation 264
Demerol 272
Denaturierung
  DNS 16 f., 30 f., 79, 107, 111, 117, 381
  Protein 127

Dendrit 444, 608, 646
Denervierung 271, 630
Dermis *629 ff.*
desensibilisiert 271 f.
Desmin 319
Desoxycorticosteron 539
Desoxyribonuklease (DNase) 15, 23 f., 76, 111, *187 f.*, 294, 373 f., 398, 445, 641
Desoxyribonukleinsäure (DNA, DNS) 4 ff., *13 ff.*, *34 ff.*, *42 ff.*, *63 ff.*, 73 ff., 94 ff., 177 ff., 186 ff., *372 ff.* 378 ff., 398 ff., 425 ff., 481, 485, 497, 504, 515, 542 f., 620, 632, 634, 638
  Chloroplasten (ctDNS) *407 ff.*
  doppelsträngige 13 ff., 24 ff., 31 f., 34 ff., 46 ff., 63 ff., 105 ff., 180 ff., 187 ff., 381, 413 ff., 425 ff.
  einzelsträngige 13 ff., 24 ff., 31 f., 34 ff., 46 ff., 63 ff., 105 ff., 187 ff., 381, 413 ff., 425 ff.
  extrachromosomale, extrakaryotische *94 ff.*, 401, 405
  Größe 13
  Kinetoplasten (KDNS) 412 ff.
  komplementäre (cDNS) 32, 58 ff., 89 ff., 100, 183, 454, 542, 603
  Komplexität *16 ff.*
  Konformation 13 f., 76, 78
  lineare 13 ff., 28, 35, 415 ff.
  Menge 6, 43 ff., 385
  Mitochondrien (mtDNS) *412 ff.*, 499
  2 μm 99
  rekombinierte 99, 110
  ribosomale (rDNS) 343 ff.
  ringförmige, zirkulare 13 ff., 24 ff., 34 ff., 64 ff., 94 ff., 106, 116, 407 ff., 412 ff., 420 ff., 451
Detergenz 126, 208, 219
Determinante
  antigene 199 ff., 242 f., 473, 480, 617 ff., 625
  Entwicklung 577
Determination, determiniert 563, 565, 574 ff., *577 ff.*, 583, *585 ff.*, 602, 632, 635, 642
1,3-Dextran 628
Diabetes 208, 444, 538
Diagonalmethode 131 f.
Dialyse 127
Dianemycin 251
Diaphragma 271
Dichte
  Membran 259
  Nukleinsäure 25 f., 43
Dictyostelium (discoideum) 91, 489, 546, 550 f., *553 ff.*, 569
Didesoxyhexosen 243
Differenzierung 91, 100, 113, 172, 282, 315, 465, *467 ff.*, 475, 480, 484, 488, 496, 500, *518 ff.*, 541, 546, 548, *559 ff.*, 563 ff., 574 ff., 583, *592 ff.*, 599 ff., 616, 627, 629 ff.
Differenzierungsblock 481, 484, 576
Differenzierungsphase 553
Differenzierungsstadium 497, *499 ff.*, 544, 584, 599, 608
Differenzierungswelle 581
Differenzierungszentrum 578
Diffraktometer 137 f.
Diffusion 247, 564, 569 ff.
Diffusionsrate 217
Digitinin 253
Dihydrophytol 258
Dihydrotestosteron 535, 541
Dihydrouridin (DIHU) 19 f.
Dihydroxyphenyläthylamin (Dopamin) 522 ff., 547
Dihydroxyphenylalanin (DOPA) 522 f.
Dikotyledonen 407, 456
Dimethylguanosin (DiMeG) 19 f.
Dimethylsulfat 30, 32, 177
Dimethylsulfat-Hydrazin-Technik 30, *32*
Dimethylsulfoxyd (DMSO) 127, 599 ff.
Dimorphismus 590
Dinactin 248
Dinitrophenol (DNP) 281
Dinoflagellaten 388
Diosgenin 517
Diphosphoglycerat (DPG) 169 f.
Diphtherietoxin *366*
diploid 8, 36, 378, 468, 581, 583
Diplotän 103
Discoidin 559 f.
displacement-loop s. *D-Loop*
Disulfidbrücke 141, 150, 169, 193, 195 ff., 208, 363, 370, 528, 543
Diuron 419 f.
D-Loop
  Replikation 64, 407 f., 412 ff.
  tRNS 20 ff.
DNA, DNS s. Desoxyribonukleinsäure
DNase s. Desoxyribonuklease
DNP-Poly-L-Lysin 625
Domäne 148, 167, *169 ff.*
  Antikörper- 196 ff.
  Mikrotubuli 319
  NAD^+-bindende 151 ff., 171
  nukleotidbindende 151 ff.
  substratbindende 152
DOPA s. Dihydroxyphenylalanin
Dopamin s. Dihydroxyphenyläthylamin
dopaminerg 522, 524
Doppelabdomen 578
Doppelhelix (DNS, RNS) s. Helix
Doppelschichtstruktur (Membran) 215 ff.
Doppelstrang (DNS) s. Desoxyribonukleinsäure
Dorsalstrang 638 ff.
Dotter 574
Driselase 508
Drosophila (melanogaster) 4, 13, 38, 43, 46, 51, 56 f., 61, 91, 99, 102 f., 108, 118, 157 ff., 297, 344, 349, 374 f., 380, 392 ff., 428, 574 ff., *583 ff.*, 637 f.
Drosophila-Typ (DNS) 47 f.
Drüsen, endokrine *537 ff.*
dual recognition 211
Dünnschichtchromatographie 130
Dunkelreaktion (Photosynthese) 282
Duplikation (DNS, Gen) 42, 50 f., 104, 108, 110, 118, 149 f., 161, 194, 197, 203, 208, 306, 309, 535
Dynein 311, 313, 315 ff.
Dystrophie 629
Eagles Medium 466, 607, 620
Ecdyson 61, 393 ff., 518, 541, 583
Edman-Abbau 132 ff.
educated T-cells 627
Effektor 127, 161, 170 ff., 266, 273 f., 354, 472 ff., 482, *518 ff.*, 526, 537, 629 f.
Effektorzelle 617
Ehrlich-Ascites-Tumorzellen 176, 497
Eicosatetraensäure 537
Ein Gen-ein Enzym-Hypothese 4, 39, *167 ff.*, 595
Einzelstrang (DNS) s. Desoxyribonukleinsäure
Einzelstrangbruch (DNS) 15, 177, 180, 183, 187, 408
Einzelzellkultur *507*
Eisen-(Fe^{3+})-Ionen 245, 601
Ei(zelle) 151, 362, 405, 415, 468, 488, 493, 497, 502 ff., 541, 563, 574 ff., 590, 592 ff., 610, 638
Eizylinder 593 f.
Ektoderm 487 f., 568, 594
Elastase 131
Elastin 150
elektrische Organe 270 f.
elektrische Platten 270
elektrochemischer Gradient 252, 257, 259, 329
elektrochemisches Potential 257
Elektronenakzeptor 243, 282
Elektronendichte 136 ff., 223
Elektronendichtekarte 138 f., 237, 374
Elektronendiffraktion s. elektronenmikroskopische Analyse
elektronenmikroskopische Analyse *260 ff.*, *286 ff.*, 306 f., 312 f., 332 f., 339 ff., 345 ff., 388, 399 ff., 433, 437
Elektronentransportkette, Elektronentransportsystem 8, 244, 260, 276 ff., 417, 421, 460
elektrophile Gruppe 249
Elektrophorese 30 ff., 126 ff., 370, 443, 458, s.a. Gelelektrophorese
Electrophorus 270 f.
electroplaque s. elektrische Platte(n)
Elementarzelle 135 ff.
Elliptocytosis 386
Elongation
  Mikrotubuli 315 f.
  Replikation 94
  RNS 73 ff., 176, 180
  Translation 352, *354 ff.*
Elongationsfaktor 354, 356, 366
Embryogenese s. Embryonalentwicklung
Embryoid 509
Embryoidkörper 596 f.
Embryonalentwicklung 6 ff., 68, 75, 210, 398, 405, 475, 480, *488 ff.*, 507, 538, 544, 563, 565, 574, 576, 583, *592 ff.*, 623, 630, 634
Embryonalstadium 575, 610, 623
Emotion, emotionelles Verhalten 273 f.
Encephalitis, Encephalopathie 429 f., 444
Endocytose 486
Endoderm 487 f., 568, 592, 594
endogene Viren 452
Endomitose 392, 567

Endonuklease 30, 66, 105, 186 ff.
Endoplasmatisches Retikulum 215 f., 236, 239, 243, 358 f., 428, 490, 621
Endopolyploidie 368
Endopolytänie 368
Endorphin 273 f., *528 ff.*
Endosymbiontenhypothese 9 f., 412
Endothel (-zellen) 300, 468
Endozytose 309
Endproduktthemmung 80, 173 f.
Energie 125, 257, 276, 326, 355
  Aktivierungs- 167 f., 249
  chemiosmotische 257
  chemische 8, 257, 259 f., 293, 298
  freie 167 f., 220, 277
  Licht- 8, 257, 259 f.
  mechanische 293, 298
  Solvatations- 250
Energieleitung 282
Energiespender *262 ff.*, 279
Energiestoffwechsel 8 f., 277, 352
Energietransfer 282, 313
Energieumsatz 125
Energieumwandlung 257, 259, 276 ff., *282 f.*, 293, 298, 301
Enkephalin 273 ff., *528 ff.*, 610
Enniatin 247 f., *250 f.*
Enterobakterien 96 f., 240, 242, 366, 459
Enterotoxin 96 ff.
Entkoppler, Entkopplung 281
Entladungsrate 249
Entmischungstheorie 405 ff.
Entwicklungsdefekt 560, 576
Entwicklungsphysiologie 2, 6, 487, 563, 599, 612, 642
Entwicklungsprogramm s. Programm
Entwicklungsstadium, Entwicklungsstufe 161, 169, 300, 370, 393 f., 484, 553 ff., 564, 578, 585 ff., 592 ff., 614, 631
Entwicklungszyklus 553
Entwindung 14
Entwindungsenzym, Entwindungsprotein 70 f., 105, 107, *184*
Entzugserscheinung 273 ff.
envelope 425 ff., 451, s.a. Virusmembran
Enzym 6, 8 f., 13, 23, 37, 63 ff., 73 ff., 114, 118, 125 f., 129, 149, 157 ff., *167 ff.*, 207, 223, 276 ff., 358 f., 361, 386
Enzymaktivität 167, 171, 178, 489, 546
Enzymkomplex 170, 279, 409, 417 ff., 459 f.
Enzymoberfläche 167
Enzymsynthese 544, 560
  induzierbar 77 ff., 171
  konstitutiv 77 ff., 166, 171, 361
Ephestia 567
Epidemie 441 ff.
Epidermal growth factor (EGF) s. Wachstumsfaktoren
Epidermis 318, 468, 479, 481, 488, 508, 542, 565 ff., 610, 627, *629 ff.*
epigenetisch 456, 502
Epilobium 405 f.
Epiphyse s. Zirbeldrüse
Epithel (-zelle) 300, 303 f., 438, 451, 467 f., 479, 481 f., 484, 502 ff., 544, 566 f., 584, 613 f., 617, 629
Epstein-Barr-Virus (EBV) 450 f.
Erkennungssequenz (Restriktionsendonukleasen) 188 f.
Erregung 252
Erregungsleitung 252
Erregungsmuster 555
error catastrophee-Hypothese 469
Erschlaffungsgrana 254
Erythroblast 90, 467, 599 ff.
Erythromycin 408, 417
Erythropoese 596, *599 ff.*
Erythropoetin 481, 537, 599 ff.
Erythrozyt 89 f., 126, 176, 207, 258, *264*, 301, 369 f., 441, 468, 473 f., 499, *500*, 538, 542, *599 ff.*, 619 f., 625
Erythrozytenmembran 197, 218 f., *225 ff.*, *230 f.*, 253
Escherichia coli 4ff, 58, 75, 104, 176 ff., 204, 240, 264, 438, 459, 461, 528, 536
  Chromosom 349, 361
  DNS 10, 13, 18, 63 ff., 94 ff., 110 ff.
  Generationsdauer 5 f.
  Genom 10 f., 38
  Membran 243 ff.
  Protein 125, 128
  Ribosom 335 ff., 343, 348
  RNS 30
  Transkription *77 ff.*
  Translation 352 ff., 366
  Zusammensetzung 5
Esterase 172
Ethidiumbromid 24, 27, 29, 97, 189, 393
Ethioplast 282
Etorphin 272
Euglena 388, 407 f.
Eukaryont(en) 4, 6, 8 ff., 13, 171, 223, 243, 276, 285, 361, *465 ff.*, 546
  Bewegung 293 ff., 311 ff.
  Cytoskelett 293 ff.
  DNS 18, *42 ff.*, *66 ff.*, 100, 137, 405 ff., 456 ff.
  -genom 18, 25, 412 ff.
  Mitose 378, 388 ff.
  Polymerasen *180 ff.*
  Protein 126, 129, 146 ff.
  Ribosom 335, 340 f., 343, 364 ff.
eukaryotische Zellen s. Eukaryonten
Euplotes 493 f.
Euscelis 577 ff.
Evolution 1, *7 ff.*, 34, 36, 39, 48, 60, 91, 110, 166, 294, 573, 610, 637
  Chromosomen 378, 383, *388 ff.*
  DNS 39, 50 ff., 56, 80, 98, 368, 410, 412 f., 421
  Eukaryonten- *50 ff.*, 113
  Geschwindigkeit 7, 51, 53, 148 f., 165 f.
  Immunsystem *612 f.*
  Kommunikation 518, 521
  Mitose *388 ff.*
  Prokaryonten- 113
  Proteine 125, 146 ff., *157 ff.*, *174*, *194*, *195 ff.*, 209 f., 499
  Ribosomen 335, *339 ff.*, 344 ff.
  Stoffwechselwege 4, 175
  Tumorviren 451 ff.
  Vielzeller 487, 574
Evolutionspotential 165
Exonuklease 31, 34, 79, 93, 105, 178, 184, 186 ff.
Exozytose 309
Extinktionskoeffizient 130, 248
extrachromosomale Vererbung *405 ff.*
extrakaryotische Vererbung s. extrachromosomale Vererbung
Extrapolation *137 ff.*

Fab-Fragment 195 ff., 232, 234, 559
Facetten (-auge) 579 ff.
FAD/$FADH_2$ s. Flavinadenindinukleotid
Faktorenaustausch 102 f.
Faltblattstruktur (β) 140 ff., 151 ff., 171, 193, 197, 244, 313, 436 f.
F9-Antigen 592, *593 ff.*
Faradeykonstante 277
Farbenblindheit 385 f.
Faserdiagramm
  Nukleinsäure 19
  TMV 435
Faserprotein 167, *191 ff.*
F_1-ATPase s. ATPase
Fc-Fragment 195 ff., 619
Feder (-anlage) 629, 633 ff.
Feeder layer 467, 623
Ferredoxin 9, 159
Ferritin 229 ff., 301, 421 f., 475
Ferrochelatase 601 f.
Fertilität 96
Fertilitätsfaktor 398
Fe-S-haltige Proteine 278
Fettsäure 221 ff., 245, 254 f., 276, 281, 599
Fettsäuresynthetase 173 f.
Fettzelle *265*, 266 f., 271, 592
F-Faktor 95, 113 f., 461
Fibrin 150
Fibrinogen 150
Fibroblast 294, 296 ff., 309, 319 ff., 447, 451, 466 ff., 489, 498, 500 ff., 543 ff., 602, 605 f.
Fibroblastenwachstumsfaktor (FGF) s. Wachstumsfaktor
Fibroin 362
Filament
  dickes 293 ff.
  dünnes 293 ff.
Fingerprint 30, 131, 313
Fische
  DNS-Menge 51 f., 398
  Isoenzyme 160, 162
  Hämoglobin 170
  Hormone 535
  Membranen 222
Flaggelin 325
Flavin 151 ff.
Flavinadenindinukleotid 277, 281
Flavodoxin 154 f.
flower structure 21
Fluid-mosaic-Modell 217, 229, 231, 283
Fluoreszenzmarkierung 338, s.a. Immunfluoreszenz
Follikel 532, 535
Follikel-stimulierendes Hormon (FSH) 519 f., 527 f., 532, *535*
Formamid 127
Formazan 161

Fourieranalyse, Fouriertransformation
135 f., 261 f.
F-Plasmid s. F-Faktor
Fraction-1-Protein 407, *409 ff.*, 513
freeze-etching s. Gefrierätztechnik
freie Energie s. Energie
Fremdbefruchtung 160
Friend-Maus-Leukämievirus (Friend-Virus) 452, 599 ff.
Friend-Zellen 599 ff.
Fruchtkörper 553
Fucose 223 ff., 474, 622
Fütterungsschicht s. *Feeder layer*
Funiculosin 277, 419 f.
funneling effect s. Trichtereffekt
Furche (DNS) 14, 27, 178
Fusidinsäure *366*
Fusion
Protoplasten 506 ff.
Zellen 232, 238, 386 f., *422*, 450, *489*, *496 ff.*, 602 ff.
Fusionskompetenz 606

GABA- (γ-Aminobuttersäure) 522 f., 608
Galactose 223 ff., 230, 243 f., 262, 264, 267, 326, 329, 474, 607, 621 f.
Galactose-Operon s. Operon
Galactosetransferase 224
Galactosidase (β) 77, 79, 128, 171, 267, 326, 528 f.
Galactosidtransferase 77
Gallensalz 126
Galleria 565 f.
Gamet 487, 496
Gamon *493 ff.*
Ganglion 583, 593, 608, 639 ff.
Gangliosid 266, 269
gap junction 487, 489 ff., 549, 564, 629, 640 f., 644
Gastrin 520
Gastrula 55, 89, 91, 371 f., 489, 491, 502 f., 581, 590
gated channel 251
G-Bande *380*
GC-Gehalt, GC-reiche Abschnitte (DNS) 17, 25 ff., 49, 56 f., 61, 79 f., 107, 344 f., 378 ff., 412, 447
Gedächtnis, immunologisches 612, 617
Gedächtniszelle 617, 623
Gefäßbündelscheide 284, 288
Gefrierätzung, Gefrierätztechnik 212 f., 229, 235, 286 f., 429, 434
gefrierpunktsenkendes Protein *193 f.*
Gegenstromverteilung 26
Gehirn *265*, 273 f., 297, 443, 488 f., 524 ff., 540 f., 579, 593, 596, 649 ff.
Geißel 293, 303, 311 ff.
Bakterien- *325 ff.*
Gelbkörperhormon s. Progesteron
Gelelektrophorese 29, 30 ff., 47, 116, 127 f., 146, 157 ff., 176, 189, 219, 225, 238, 259, 296, 298, 336 f., 340, 369, 373 f., 386, 396 f., 409, 414, 418, 466, 499, 561, 595, 602 f., 631
Gelfiltration 24
Genaktivierung *542*, 546, 599
Genaktivität 4, 7, 393, 395 ff., 499 f., 560 ff.
Genaustausch 98, 102 ff.
Gendosis 201, 461, 500, 502, 610
Gen(e) 4, 6, 9, 13, *39 ff.*, 73 ff., 102 ff., 110 ff., 197, *343 ff.*, 385 ff., 474, 487, 616, 637
Eukaryonten- *55 ff.*, 574, 587 ff., 595
springendes 10, 15, *113 ff.*, 452
überlappende 39 f.
„vagabundierende" 425
Generationsdauer 160, 171
gene-splicing 34, 55, *82 ff.*, 89, 204, 343, 412, 419, 542, 599
genetic engineering 38, 55 ff., *94 ff.*, 189, 204, 349, 456, 518
Genetik 2 ff., *174*
molekulare *4 ff.*
genetische Information s. Information
genetische Kontrolle
Immunantwort 625
genetischer Block 594, 629
genetischer Code s. Code
genetisches Programm s. Programm
Genexpression 6, 8, 34, 40 f., 56, 61, 73 ff., 91 f., 110 ff., 119, 146, 167, 176, 202, 374, 387, 405, 460, 470, 472, 482, 499, 519, 523, 526 ff., 535 f., 538, 540, 544, 546, 594 ff., 610, 620, 629
Genfamilie 203, 208
Genfluß 7
Genfusion 149, 155, 169
Genisolierung *55 ff.*, 111
Genkarte, Genkartierung 3, 36 f., *38 ff.*, 42, 77 ff., 95, 104 f., 113 f., 343, 349 f., 381
Drosophila 393 ff., 579
Maus *384 f.*
Mensch *385 ff.*, 497, 499, 501
mtDNS 412 ff.
Viren 433, 443
Genklonierung 55, 204
Genkompensation 369
Genkomplex 209, 587
Genlocus s. Genort
Genom 8 ff., 15 ff., 63, 70, 107, 343 ff., 361, 383, 542, 590
Amplifikation *401*
Eukaryonten- 25, 42 ff., 189, 472, 576 ff.
Größe 18, 43, 49, 90, 415, 638
Komplexität 17 f.
Kooperation 419 ff., 487 ff.
menschliches 48 f.
Organisation 36, *39 ff.*, 209
Phagen- 75 ff.
Prokaryonten- 34 ff., 189
Tumorzellen *482*, 597
Viren *34 ff.*, 189, 425, 443
Genomverdopplung s. Duplikation
Genort 7, 36, 157 ff., 202, 207, 209, 298, 344, 385 ff., 394, 408, 419 ff., 502, 576, 578 f., 587, 594
Genotyp 6, 148, 516, 576 f., 594, 631
Genpool 7, 160, 199
Genprodukt 37 ff., 51, 57, 60, 70, 75 ff., 94 f., 100, 114, 118, 149 ff., 162, 164, 195, 343, 369, 395, 416, 420, 425, 448, 460, 468, 502, 519, 521, 560, 576, 592, 594, 626 f., 629
Genregion 207 ff.
Gentechnologie s. *genetic engineering*
Geschlechtshormon 539, *540 f.*, 543
Geschlechtszelle 487, 574, 578, 596, 638, 641
Gewebekultur 465, 630
Gewöhnung s. Habituation
Giemsa-Färbung 66, 380, 382, 384, 394
Gitter (-ebene), Gitterpunkt 136, 271
Gleiten 309
Gliazelle 372, 544, 607 ff., 642
Gliomazelle 608
Globin 58 ff., 144, 155, 355, 362, 599 ff.
Globingen *58 ff.*, 85, 109
Globinmessenger 58 f., 90, 363, 503 f.
Globulin (γ) s. Immunglobulin
Glucocorticoid 540, 545
Glucose 77, 171, 223 f., 230, 242, 264, 269, 326, 420, 459, 474, 506, 540, 544
Glucose-6-Phosphat-Dehydrogenase 159, 369, 466
Glucosepool 264 f.
Glucosespiegel 264 f., 540
Glukagon 267, 358, 519, 528, 540
Glukagonrezeptor s. Rezeptor
Glutamat, Glutamin 460, 518, 523
Glutaminsäuredecarboxylase 608
Glutaminsynthetase 80 f., 173 f., 459 f.
Glutathionreduktase 169
Glyceraldehydphosphatdehydrogenase (GAPDH) 151 ff., 169
Glycerin 217, 244, 258
Glyceringlykolipid 225
Glycerinphosphat 281
Glycin (Gly) 192 ff., 241, 361, 518, 523
Glykogen 264 f., 539 f.
Glykogenphosphorylase *170 f.*, 174, 560
Glykogensynthetase 173, 540
Glykolipid 222, *225*, 239, 269
Glykolyse 173, 387, 417, 535
Glykophorin 226 f.
Glykoprotein 208, 210, 222, 224, 235 ff., 253, 266, 426, 429, 440, 450 f., 479, 483, 489, 494, 532, 544, 595, 599, 607
Glykosid 253, 506
glykosidische Bindung 223 ff.
glykosyliert, Glykosylierung 184, 189, 262, 621
Glykosyltransferase 172, 483
Golgi-Apparat 217, 232 ff.
Gonade 519 f., 534, 537, *540 f.*, 574, 642
Gonadotropin 534
Gonen 509, 511
Gonorrhöe 97
Gonozyt 592
G_0-, G_1-, G_2-Phase 370, 392, 476 f., 544, 547 f., 601
Gradient 557 ff., *563 ff.*, 574, 578
Gramfärbung 240
Gramicidin 251 f., 280
gramnegativ 212 f., 240 f., 243, 365
grampositiv 240 f., 243, 365 f.
Grana 282, 284 ff., 311 f.
Granulopoese 600
Granulopoetin 537
Granulozyt 600

Gregarinae 309
Grenzschicht 125, 220
growth cone s. Wachstumskegel
Gründerzelle 584, 586
Grundstoffwechsel 172, *173 ff.*
G-Segment (Mu) *116 f.*
GTP s. Guanosintriphosphat
Guanin (G) 14, 30 ff., 177
Guanosintriphosphat 180 f., 313, 315, 352 ff., 366 f.
Guanylatcyclase 268, 522, 547
Gymnospermen 284, 573
Gynander 578, 585

Haar 193
Habituation 637, 643 ff.
habituiert, Habituierung 456, 597
Haeckel, E. 2 f.
Hämagglutinationstest 441, 619
Hämagglutinin 237 f., 427 ff., 440 ff.
Hämatopoese, hämatopoetisches System 596, 614
Häm(in) 277, 362, 421, 469, 503 f., 599 ff.
Häminsynthese 600 ff.
Hämoglobin 89 f., 126, 131, 139 ff., 148, 159, 163, 169, *170*, 174, 201, 283, 355, 357, 362, 386, 459, 500, 600 f.
Hämolyse 238, 294
Hämolysin 96 ff., 108
Haemophilus influenzae 13, 97, 188 f.
Hagfish 203
H-2-Alloantigen 207 ff., 230 f., 592 f., 599, 626 f.
Halluzination 273
Halobacterium 140, *257 ff.*
halophil 258
H-Antigen 242
H-2-Antigen s. H-2-Alloantigen
haploid, Haploide 8, 42, 51, 161, 392, 468, 512 ff.
Haplotyp 209, 595
Hapten 474, 476, 618
HAT-Selektionssystem 386, 497 f.
Haut 193
Hautmuskelschlauch 298
Headfull-packaging-Prinzip 116
Heat-shock-Puff 394 ff.
heavy meromyosin (HMM) 294 ff.
HeLa-Zelle 44 f., 90 ff., 176, 180, 345, 372, 412, 414, *421 f.*, 430, 438, 466, 497, 499
Helfervirus 449
Helferzelle 613, 627
Helicase *184*
Heliozoa 311, 318
Helix 136 f., 312 ff.
  α- 139 ff., 151 ff., 171, 193, 262, 294 ff., 306 f., 313, 436 f.
  Doppel- (DNS) 13 ff., 26 f., 38, 43, 139, 378
  Doppel- (RNS) 15
  Gramicidin- 251 f.
  plektonämische 13
  Super- (DNS) 13 ff., 24, 28, 34, 64, 70 f., 183, 437
  Super- (Protein) 192 f., 306 f.
  Trippel- (Protein) 192 f.
  Trippel- (RNS) 19 f.
  Virus- 435 f.
Hemicellulose 507
Hemmung, kompetitive 247, 268, 270, 618
Hepatomazelle 489
Hepatozyt 490, s.a. Leberzelle
Hermaphrodit 638, 642
Heroin 272 f.
Herpes-Simplex-Virus, Herpes-Virus 184, 236, 428, 444, 447 ff.
Heterochromatin s. Chromatin
Heteroduplex *38*, 47, 105, 110 f., 114, 346
Heteroduplexkartierung *38*, 83 f., 116
Heterokaryon 232, 386, 487, *496 ff.*, 509 ff.
  interspezifisch 511 ff.
Heteropolymer 149, 182
heterozygot, Heterozygotie 157 ff., 201 f., 595
Heterozyste 459
Hexon 429
Hfr (*high frequency of recombination*) 95, 114
Hierarchie 151
hinge region 196, 201
Hippocampus 274, 540 f.
Hirnanhangdrüse s. Hypophyse
Hirudo 637, *645 f.*
Histamin 196, 547
Histidin 150, 167, 268
Histidin-utilizing-system (hut) 80 f.
Histokompatibilität *207 ff.*, 387, 596, 613
Histokompatibilitätsantigen 134, 146, 197, 203, 207 ff., 386, 444, 484, 497, 626 ff.
Histon 43 ff., 55 ff., 89, 146, 148, 172, 176, *194*, 315, 368, *369 ff.*, 378, 380, 394, 396, 402, 410, 447, 503 f., 542, 600 f.
Histongen *55 ff.*, 176, 394, 398 ff., 504
Histonmessenger 56 f., 92, 394
Histonoperon 56 f.
H-2-Komplex s. H-2-Region
HLA-Region *207 ff.*, 497, 626 ff.
Hoden 519 f.
Hodgkinsche Krankheit 450
Hoechst 33258 66, 380
Homöotische Gene 587 f., 612, 630, 641
homolog, Homologie 146 ff., 157, 194, 196 f., 200, 207, 313, 346, 425
Hong-Kong-Grippe 441
Hooke, R. 2
Hormon 172, 309 f., 363, 459, 472, 503, *518 ff.*, *532 ff.*, *537 ff.*, 546 ff., 600
Hormonsystem *518 ff.*, 546
Hornhaut 193
hot spot 104 ff.
H-2-Region *207 ff.*
Hüllprotein (Viren) 21, 38, 94, 149, 235, 426, *433 ff.*, 515
Huxley, T. 2
Hybrid
  DNS/DNS 116, 448, 451 ff.
  DNS/RNS 15, 29, 38, 83 ff., 89, 92, 180, 183 f., 186, 204, 343 ff., 375, 386, 400 f., 412, 542, 603
Hybrid
  sexueller 512 ff.
  somatischer 512 ff.
  Zellen 232, *496 ff.*, 597, 623
Hybridom 623
Hydra *566 ff.*
Hydrathülle 247 ff.
Hydrolase 160, 168
hydrophil 125 ff., 148, 208, 217, 226 f., 237, 246, 285, 420, 547
hydrophob, Hydrophobie 125 ff., 142 f., 148, 152, 170, 197, 200, 207 f., 217 ff., 241, 246, 247 ff., 262, 272, 283 f., 420 f., 438, 538, 540, 547
hydrophobe Tasche 152, 156, 168
Hydroxyapatit 27, 43, 46 ff.
Hydroxyindol-O-Methyl-Transferase (HIOMT) 525 f.
Hydroxyprolin (HyPro) 191, 224, 364, 396
5-Hydroxytryptamin 523 ff., 547 f.
Hyla 163, 165, 380
Hyperpolarisierung 329 f.
Hypersensitivität 515 f.
hypervariabler Bereich 197 ff., 436
Hyperzyklus 8
Hyophyse 519 f., 526 ff., *532 ff.*, 540 f., 545
Hypothalamus 519 f., 523 ff., *526 ff.*, 534, 540 f.
Hypoxanthin-Guanosin-Phosphoribosyl-Transferase (HGPRT) 387, 497 f., 597

Idiotyp 195, 200, 203, 207, 612, 617 ff.
IgA s. Immunglobulin
IgD s. Immunglobulin
IgE s. Immunglobulin
IgG s. Immunglobulin
IgM s. Immunglobulin
Ikosaeder 426 f., 429 f., 438 f.
illegitime Rekombination s. Rekombination
Imaginalscheibe 581, *583 ff.*
Imago 578, 583
Immunantwort 196, 266, 444, 449, 592, 612 ff., 617 ff., *625 ff.*
Immunelektronenmikroskopie 338 ff.
Immuneresponse-Gen (Ir) 626 f.
Immunfluoreszenz 232, 270, 297 ff., 319 ff., 381, 394 ff., 473, 497, 534, 544, 592, 619, 632
Immunglobulin 118, 126, 128, 140, 148 f., 195 ff., 208, 232 ff., 357 f., 363, 612 ff.
Immunglobulingen 85
Immunität 613 ff.
  humorale 613 f., 617 f., 627
  zellgebundene, zelluläre 613 f., 618, 627
Immunitätsregion (λ) 36, 82 f.
Immunogen 612, *618 ff.*, s.a. Antigen
Immunologische Distanz 163
Immunsystem 7, 171 f., 424, 438, 444, 481, 484, 486, 519, 596, 599, 629
  Entwicklung *616 ff.*
  Evolution, Kontrolle *612 ff.*
Inducer 81, 177

Inducerbindungsstelle 177
Induktion, Induzierbarkeit 77, 80, 244, 258, 264, 574, 612, 616
Infektion, Infektiosität 433 ff.
 produktive 83
Influenzavirus 36, 218, 227, 235 ff., 425, 427, 429 f., *440 ff.*, 625
Information 125, 227, 472 ff., 546, 574, 640
 genetische 4, 6 ff., *13 ff.*, 34 ff., 42 ff., 58, 73, 77 f., 83, 89, 94, 98, 100, *102 ff.*, 110, 150, 204 f., 223, 348, 352, *394 ff.*, 405 ff., *412 ff.*, 425 ff., 433, 443, 451 ff., 456 ff., 487, 502, 544, 563, 574
 Positions- 566, 575, 577 f.
Informationsaustausch 113, 629, s.a. Genaustausch
Informationsfilterung 143
Informationsfluß 182
Informationsgehalt 143, 433
Informationsmenge 518
Informationsspeicher 6 f.
Informationsträger 8, 518
Informationstransfer, Informationsweitergabe 73, 266, 329, 453, 493, 499, 518, 547, 563, s.a. Nachrichtenübermittlung
Informationsumsetzung 518
Informationsverlust 558
Inhibition, laterale 563, 568 ff., 646, s.a. Hemmung
Inhibitor 543, 569 ff.
Initiation
 Polymerisation (Tubulin) 313, 315
 Replikation 71, 94, 413 ff.
 Transkription 74 ff., 176, 445
 Translation 352, *353 ff.*
Initiationsfaktor
 Polymerisation (Tubulin) 313
 Translation 353 ff.
Initiationskomplex, Translation 353 f., 365
Initiationspunkt
 Polymerisation (Tubulin) 318
 Replikation 64 ff., 94 f.
 Transkription 74 ff.
Inkompatibilität
 gametische 487
 Plasmide *95*
Inkompatibilitätsschranke 487
Innervierung 543, 565, 630, *631*, 639
Inosin (I) 19 f.
Insekten 42, 146 f., 160, 398, 583
 Nervensystem *646 ff.*
Insekteneientwicklung 496, *574 ff.*
Insektenhämoglobin 149
Insertion 104, 110 f., 113, 146 f., 149 f., 155, 197, 201, *382 ff.*, 393, 412, 419, 448
inside-out 279 f.
Instruktion 8, 574
Insulin 57 f., 133, 264 ff., 358, 363, 451, 476, 518 f., 528 f., 535, 538, 540, 544, 547, 606
Insulingen *57 f.*, 540
Insulinrezeptor s. Rezeptor
integrated segment s. IS-Element
Integration (λ) 36, 115, 119
Integrationsort (Tumorviren) 448 f., 452
Integrationsstelle (λ) s. Anheftungsstelle
integrative Rekombination s. Rekombination
Intelligenz 7
Interaktion
 ionische 4, 129, 217, 237, 272
 van der Waals'sche 4, 193, 221 f.
Interbande 378, 394 ff.
Interkalation 26 f.
Intermediäre Filamente 233, 293, *311 ff.*
Interneuron 639 ff.
Interphase(kern) 67, 344, 368, 382 f., 389, 392
interspezifische Heterokarien s. Heterokaryon
Interstitialzelle 566
Intramembranraum 276 f.
Intron 55, 57, 85, 205, 343
Inversion 118 ff., *382 ff.*, 393, 448
inverted repeat
 DNS 15 ff., 34, 48 f., 66, 81, 112, 115, 345, 448, 458
 RNS 19 ff.
Inzucht 207, 209, 384, 610, 625 ff.
Ion 276
 Alkali- *247 ff.*
Ionenaustauscher (-chromatographie) 129 ff., 254
Ionencarrier 127, 247, 257, 266, 280
Ionenfluß 264, 266, 522
Ionengradient 326
Ioneninflux s. Ionenfluß
Ionenkanal 227, 247, 271 f., 310, 330, 547
Ionennetzwerk 255 f.
Ionenpumpe s. Pumpe
Ionentransport 220, *247 ff.*, 264
ionische Bindung s. Interaktion, ionische
Ionophor s. Ionencarrier
I-region-associated antigene (Ia-Antigen) 627
Ir-Region 208 ff., 626 f.
IS-Element 37, 95 f., *110 ff.*, 452
Isoalloxazinring 169
Isocitratdehydrogenase 159, 602 f.
Isoelektrische Fokusierung 128 f., 163 f., 225, 409 ff., 627
isoelektrischer Punkt (IEP) 128
Isoenzym 55, 129, 150, *157 ff.*, 169, 281, 297, 316, 346, 370, 468, 543, 603
Isoenzymmuster 161 f.
Isolation, Isolierung 7, 23, 50, 453
Isopropyl-β-D-Thiogalactosid (IPTG) 177
Isotopentechnik 219, 226
Isotyp 195, 207, 627
Isozym s. Isoenzym

Jacob-Monod-Modell 77 ff., 118
Jodierung 338
jumping gene s. Gen(e), springende

Kalium (K^+)-Ion 186, 247 ff., 270, 281, 522
Kalluskultur 456, 470, *506 ff.*
Kalottenmodell 27, 140, 178
Kanamycin 113 f.
K-Antigen 242
Kappa (κ)-Faktor 405
Kappa (κ)-Kette 197 ff., 628
Kapsid 218, 425 ff.
Karmate 513
Karotinoid 258, 282, 284, 507
Kartoffel-X-Virus 425, 431
Karyotyp 344, 386, 599
Kaskade 150, 173, 560
Kasugamycin *365*
Katabolitrepression 77, 420, 546
Katalysator, katalytische Funktion 8, 125, 135, 161 f., *167 ff.*
katalytisches Zentrum 156
Kauffmann-White-Schema 242
Keimbahn (-hypothese) 3, 203, 616, 627 f.
Keimbahnzelle 470, 574, 592
Keimblatt 487, 565, 574, 592, 643
Keimzelle 574
Keratin 125, 139, 167, *193*, 319
Kernhülle s. Kernmembran
Kernmembran 215 f., 236, 368, 388 ff.
Kern-Plasma-Interaktion 496 f.
Kernpore 215
Kernspinresonanz 222
Kernteilung 496, 510, 574
Kerntransplantation *496 ff.*, 581
Kettenabbruch 37, 148, 177, 365
Kiemenrückzugsreflex 643 ff.
Killer-Zelle 613 f., 627
Kinase 171
Kinderlähmung 438
Kinetin 507, 518
Kinetochor 390 f.
Kinetoplast 412 ff.
Kinetoplasten-DNS (KDNS) s. Desoxyribonukleinsäure
Klebsiella 98, 240, 459, 461
Kleeblatt-Konformation (tRNS) s. Konformation
Klonierung
 Gene *94 ff.*, 343, 405, 528 f., 536
 Zellen 465, 507
Klonotyp 617 f., 621
Klon-Selektionshypothese 616
Knochenmark 600, 612, 623
Knöllchenbakterien 459
Knospung 236, 238
Körpergröße 51
Koevolution 175, 425
Kofaktor 5, 127, 168, 179, 186 ff., 576
Kohlenhydrat 195, 216, 218, *222 ff.*, 240, *242 f.*, 257, 264, *267 f.*, 352, 358 f., 363, 424, 460, 472, *474 ff.*, 483, 489, 520, 535, 559, 621
Kolinearität 37
Kollagen 125, 142, 167, *191 f.*, 364
Kombinationssequenz 560
Kommunikation 328 f., *487 ff.*
 Zellen 229, 311, 319, 518, 553, 537
Kompartiment 216, 276, 280, 317, 361, 388, 421, 459, 470, 548 f., *583 ff.*
Komplementation, Komplementierung 34, 207, 497, 501 f., 513
Komplementsystem 172 f., 192, 207, 209, 473, 619
Komplexauge 580

Komplexität *6*, 63, 182
DNS *16 ff.*, 43, 49, *53*
Kontrollmechanismen 74
RNS 90, 91
Konformation
Carrier *249 ff.*
Chromatin 374
DNS 13 ff., 180
A-Form 14 f.
B-Form 14 f., 19
Kleeblatt 107
Membran 223
Polypeptid 142 ff.
Protein 142 ff., 170, 283, 286, 289, 325
RNS
A-Form 18, 22
Flower-structure 21
Kleeblatt 20 ff.
Virusprotein 435
Konformationsänderung 171, 234, 260, 264, 266, 272, 279 f., 336, 354 f., 408, 435 f.
Konjugation 491 ff.
Konjugationspaar 495
konstanter Teil (C) (Antikörpermolekül) 196 ff., 357, 623
Kontaktinhibition 268, 300, *472 ff.*, 480, 483, 546
Kontaktmolekül 559 f.
kontraktile Elemente, kontraktile Strukturen *291 ff.*, 472, 602 ff.
Kontraktion 5, 252, 298, 313, 592, 629, 631, 638, 644
Regulation *306 ff.*
Kontrollelement 111, *117 ff.*, s.a. *controlling element*
Kontrollmechanismen 306 ff., 315, 352
hormonelle 268
Kontrollregion 38, 41, 56
Konturspannung 218, 220
Kooperation, kooperatives Verhalten
Gewebe *629 ff.*
metabolische 489
Moleküle 5, 21, 149, 169 ff., 184, 229, 266, 276, 283, 293, 354, 409, 420, 472, 475
Kopplungsfaktor (CF) 282 f.
Kopplungsgruppe 3, 102, 110, 385, 388, 638
Korepressor 80
Kreatinphosphat 167
Kreatinphosphokinase 603
Kristall (-gitter) 135 ff., 261 f., 318, 332, 434
Kristallin 634
Kristallsystem 135
K-Strategie 160
Kuru *444 f.*

Lactatdehydrogenase (LDH) 151 ff., 161 ff., 169, 174, 244, 386 f., 499, 625
Lactoperoxydase 338
Lactose 77, 79, 262 ff., 535
Lactose-Operon s. Operon
Lactose-Transportsystem 262 ff.
Ladungsunterschied 148
Ladungsverteilung 127
lambda (λ)-Kette 197 ff., 628
lambda-Phage (λ) s. Phage
Lamina 646 f., 649
Lampenbürstenchromosom 38, 57, 374, 377, *392 ff.*
Langerhanssche Inseln 540
langsame Viren *443 ff.*
Lariatstruktur 416
Larvenentwicklung *585 ff.*
Larvenstadium 565, 583 ff., 641, 645
Laser 122 f., 135, 143, 232
Lassa-Fieber 430
Leader (-sequenz) 41, 79 ff.
Leber (-zelle) 264, *265*, 368, 372, 543, 564, 596, 608, 610, 612, 614, 617, 623 f.
Leeuwenhoek, A. v. 2
Leghämoglobin 459
Leguminose 459, 474
leichte Kette s. Antikörper
Leishmania-Form 413
Lektin 459, 467, 472, *474 ff.*, 480, 483 f., *559*, 601, s.a. Phytohämagglutinin
Lentil 474
Lepore-Hämoglobin 107, 109
Leptomonas-Form 413
Lesch-Nyhan-Syndrom 498, 597
LETS 483, 544, 607
Leucinaminopeptidase (LAP) 159, 163, 560
Leucin-Enkephalin s. Enkephalin
Leukämie 230, 444, 454, 480, 482, 599
Leukämie-Viren 183, 235 f.
Leukozyt 208, 231
LH s. luteinisierendes Hormon
LH-Releasing-Faktor (LRF) 519 f., 526
Lichtbeugungsmuster 143, 145
Lichtreaktion (Photosynthese) 282
lichtsammelndes Chlorophyll a/b-Protein 284 ff.
Ligase 58, 65, 70 f., 99 f., 179, *183 f.*
light meromyosin (LMM) 294, 296
Lignin 508
Limbisches System 273
limitierte Proteolyse s. Proteolyse
Lincomycin 365 f.
Lipid 5, 125, 215 ff., *221 f., 239*, 244, 248, 276, 281, 352, 424, 440, 469, 544, 625
Lipiddoppelschicht 220, 223, 229, 251, 262
Lipidmatrix 217
Lipofucosin 469
Lipopolysaccharid (LPS) 241 ff., *245*, 621, 623
Lipoprotein 244 f., 621
Liposom 220
Lipotropin (β) 528 ff., 533
Lipovitellin 61
Lobulakomplex 646, 649 ff.
Loop-out-Modell 86
LSD 523 f.
Luke's Tumor 428, 450
Lungenkrebs 480 f.
Lutein 284
Luteinisierendes Hormon (LH) 267, 519 f., 525, 527 f., 532, *534 f.*
Lutropin s. Luteinisierendes Hormon
Lycopersicon 456 f., 506
lymphatisches Gewebe, lymphatisches System 196, 484
Lymphknoten 450, 612, 617, 623
Lymphoblast 208
Lymphokin 613 f.
Lymphoma 501
Lymphozyt 126, 195 ff., 207 f., 230 ff., 368, 450, 473 f., 501, 548, 565, 599, 612 ff., 616 ff., 627
Lymphozyten-Choriomeningitis-Virus 430 f., 462 f.
Lyon-Russell-Hypothese 369, 470
Lyse 424, 428, 439
Lysin 131 f., 260, 369 f.
lysogener Zustand 80, 82
Lysolecithin 254
Lysozym 23, 140 f., 167, 240, 326, 503 f.
lytischer Zyklus 82
L-Zelle (Maus) 90 f., 413 ff., 431, 462 f.

Macerocyme 507
Mäuseinzuchtstamm 163 f., 610, 613, 626 ff.
Magnesium (Mg^{2+})-Ion 178, 186 ff., 236, 253 ff., 284, 288, 306, 313, 315 f., 335 f., 352 ff., 489, 634
Mais s. *Zea mays*
major histocompatibility complex (MHC) 207 ff., 613, 617, 622, 626 ff.
MAK (Methyliertes Albumin an Kieselgur) 25, 27
Makrofibrille (Keratin) 193
Makromolekül 4 f., 125
Makronukleus 370, 372, 491
Makrophage 231, 501, 600, 613
Makrotetrolide 248
Malat-Aspartat-Shuttle 281
Malatdehydrogenase (MDH) 151 ff., 158 f., 385, 499
maligne Zelle, Malignität 449 f., 475, 480, *482 ff.*, 501 f., 592, 615
Maltoseaufnahme 245, 326
Mammakarzinomvirus 452
Mammalia 51, 108, 146 ff., 162 ff., 170, 184, 195, 203, 219, 225, 297, 349, 383, 412, 459, 465 f., 498 ff., 524 f., 541, 593, 597, 599, 612, 630, 634
Mangan (Mn^{2+})-Ion 186 f.
Mannit(ol) 326, 508 f.
Mannose 223 ff., 230, 242 f., 264, 621 f.
Mareksche Krankheit 428, 450
Marker 126, 146, 148, 158 f., 163, 195, 222, 229 ff., 397, 415, 466, 585, 595 f., 602, 626, 638
Marker-rescue-Experiment 417
Mastzelle 196
maternal effect mutant 576 f.
Matrix (Chloroplasten, Mitochondrien) 276 ff., 282 f.
Matrixprotein (M-Protein) 235 ff., 244, 443
Matrize 4, 30 f., 34, 36, 58, 65, 73, 89 f., 100, 112 f., 179 ff., 348, 398, 399, 414, 436, 542
Medulla 646, 649 f.
Medullarplatte 488
Meicelase P 508
Meiose 36, 68, 102 ff., 311, 368, 382 ff., 398, 401, 468, 491, 493 f., 509, 511, 516

meiotische Segregation 405
Melanin 491, *500*
Melanom 485, 491
Melanophor 311, 491, 525, 533 f.
Melanophoren-stimulierendes Hormon (MSH) 520, 529 f., 532, *533 f.*
Melanozyt 311
Melatonin *525 f.*
Membran 5, 9, 169 f., 196, 212, *213 ff.*, 299, 310, 311, 332 f., 465, 555, 592
Eigenschaften *215 ff.*
erregbare 607
künstliche *220 f.*, 247
Struktur *215 ff.*
Zusammensetzung *215 ff.*
Membran-Bohr-Effekt 283
Membranebene, Membranfläche 212 f., *229 ff.*, 262, 286 ff., 309, 319
Membranfragment 215, 258, 267
membrangebundene Proteine, Membranproteine 125, 143, 169, 217 ff., 243 ff., 253, 262, 266, 472
integrale 217, 284
periphere 217, 237
Membranpotential 252, 264, 279, 283, 329 f., 646
Membranvesikel s. Vesikel
memory-Lymphozyt s. Gedächtniszelle
Mendel, G. 2 ff.
Mendelsche Regeln 405, 515 f., 625
Meristem 506
Mesenchym 475, 565, 584
Meskalin 524
Mesoderm 487 f., 545, 579, 584, 594, 606, 629, 635
Mesophyll (-zelle) 288, 470, 507, 509, 511
Messenger s. mRNS
metabolische Kooperation s. Kooperation
Metabolitentransport s. Transport
metacentrisch 378
Metamorphose 567, 633, 645 f.
Metaphase 378 ff., 476, 510
Metastase 480
Methionin 330
Methionin-Enkephalin s. Enkephalin
Methotrexat 485, 498
Methyladenin 184
Methylase 100, *184*, 365
Methylcytosin 105, 184
Methylenomycin 97
Methylguanosin 19 f.
methyliert, Methylierung 32, 56, 178, 184, 188 f., 330, 336, 343, 361, 365, *370*, 528, 631
Methylinosin 19 f.
Micrococcus 371 f.
Microseridinae 53
microtubule-associated protein (MAP) 315
Mikrofibrille (Keratin) 193
Mikrofilament 229, 233 f., *293 ff.*, 309, 311, 480, 483, 489, 546, 549
Mikroglobulin (β_2) 197, 203, 208 ff., 595
Mikronukleus 370, 372, 491
Mikrospore 507, 516
Mikrotubuli 229, 233 f., 293, *311 ff.*, 325, 388, 390, 544
Mikrovilli 300, 303 f., 477 f., 483, 490 ff., 497, 546
Mikrozelle 387, *496 ff.*
Milchsäurebakterien 240
Milz 612, 620, 623
Mineralcorticoide 540
Minizelle *496 ff.*
Minus-Strang (DNS) 31, 34 ff., 70 f., 181
„Minus- und Plus"-Methode *30 ff.*
Mirabilis 405
Mischzelle 405 ff.
Mishell-Dutton-System 619 ff.
Missense-Mutante s. Mutante
Mithramycin (MM) 381 ff., 485
mit$^-$-Mutante 419 f.
mitochondriale Matrix 256, 417
mitochondriale Proteine *419 ff.*
Mitochondrien 5, 9 f., 146, 170, 184, 215, 243, 304, 343, 361, 364 f., 469, 490, *499*, 548 f., 555, 629
DNS 13, 350, *412 ff.*
als Erbträger 405, 409, 412 ff.
-membran 217, 222, 256, *276 ff.*, 359, 417 ff.
Mitochondrienbiogenese 420
Mitogen 467, 474, 485, 543, 547 f., 614, *618 ff.*
Mitomycin C 366
Mitose 51, 104, 311, 319, 368, 392, 397 f., 476 ff., 483, 498, 535, 544, 549, 578, 581, 602
mitotische Segregation 405
mitotisches Crossing over s. Crossing over und Rekombination, mitotische
mixed lymphocyte-Kultur (MLC-) 208
Mobilität *229 ff.*
Molekülsieb (-chromatographie) 127, 131, 204
Molekulare Genetik s. Genetik
Mollusken 306, 340
Moloney-Maus-Leukämie-Virus 183
Molybdän (Mo) 460
Monactin 247 ff.
Monensin 251
monocistronisch 89
Monod-Wyman-Changeux-Modell 217
Monokotyledonen 407, 456
monolayer 220, 478
monomolekularer Film 125, 220 f.
monomorph 160, 163
Mononukleose 450
Morphin, Morphium 272 f.
Morphogen, morphogene Substanz 563 f.
Morphogenese 487, 538, 568, 585, 601
Linien, Netze *571 ff.*
morphogenetische Furche 581
morphogenetisches Feld 564 ff., 574
Morula 502, 594 f.
Mosaik 596, 631
Mosaikfliege 579 ff., 585
Mosaikhypothese 577
Motoneuron 297, 607, 631, 638 ff.
motor end plate disease (med) 631 f.
motorisches System 579
MS 2 s. Phage
MSH Inhibiting-Faktor (MIF) 520
MSH Releasing-Faktor (MRF) 520
multilayer 478
Multiple Sklerose 208, 444
Murein (-netz), (-sacculus), (-schicht) *240 ff.*, 326 ff.
Murexid 248 f.
muscular activity factor (MAF) 264
Muskelschwund s. Dystrophie
Muskel (-zelle) 252, 255, 264, 270, 293 ff., 306 ff., 319, 487, 496, 542, 549, 564 f., 579, 584, 592 f., 599, *602 ff.*, 629 ff., 637 ff.
Musterbildung 311, *563 ff.*, 577 ff., 585, 642
Theorie *568 ff.*
Mutagen, mutagene Agentien, Mutagenität 3, 36, 66, 110
Mutante 4, 34, 36 ff., 177, 343, 408, *465 ff.*
Bewegung 297 f., 326 ff.
Chemotaxis 326 ff.
Chlorophyll 284 f.
Deletions- *37*, 51, 458
Entwicklungs- 555, 560, 576 ff., 596 f., 601 f., 630, 637 ff.
Missense- 37
Nonsense- 37, 110, 177
Spontan- 37
Stoffwechsel- 37, 470
Suppressor- 349
temperatursensitive (ts)- 37, 63, 179, 237, 451, 458, 470, *589 f.*
Translokationsdefekt 257, *262 ff.*
Verhaltens- 579
Virus- 436
Mutation 3, 7, *36 ff.*, 46, 50, 53, 60, 105, 148, 150, 364, 406, 409 f., 433, 516, 629
Deletions- *37*
Punkt- *36 f.*, 50 f., 105, 149, 420
Raster- *37*
Rück- 36, 110
somatische 56, 203 f., 207, 467, *468 f.*, 481 f., 595, 614, 616 f., 627
Spontan- 50, 511
mutational noise 197
Mutationsrate 49, 105, 148, 158, 409 f., 616
Mutator (-gen) *37*, 118 f.
Mycoplasma 13
Myelinscheide 216, 222, 273
Myeloblastose-Virus 451 f.
Myelom (-protein) 196, 199 ff., 501, 615, 623
Myoblast 372, 447, 467, 489, 496, 499, 579, 602 ff., 630 f.
Myofibrille 270, 301
Myogenese 596, *602 ff.*
Myoglobin 139 ff., 503 f.
Myokinase 603
Myosin 126, 128, 139, 146, 192, 227, *293 ff.*, 306 ff., 311, 319, 388, 602 ff., 631, 638 f.
Myosinfilament 295 f., s.a. Filament, dickes
Myotuben 219, 322, 372, 602 ff., 631
Myxödem 539
Myxomatosevirus 427
Myxoviren 236 ff., 428 f., 441, 497

Nachrichtenübermittlung, Nachrichtenübertragung 558
NAD$^+$/NADH s. Nicotinamidadenindinukleotid
NAD$^+$-bindende Domäne s. Domäne
NADH-Ubichinon-Reduktase 278

NADP$^+$/NADPH + H$^+$ s. Nicotinamid-adenindinukleotidphosphat
Nährzellen 576
Nagana-Seuche 413
Nager 159 f.
Nalorphin 272
Naloxon 272 f., 530, 610
Naltrexon 273
Natrium (Na$^+$)-Ion 247 ff., 257, 270, 281, 522, 533
Na$^+$/K$^+$-ATPase s. Pumpe (Na$^+$/K$^+$-)
Na$^+$/K$^+$-Pumpe s. Pumpe
Natriumcholat 126
Natriumdodecylsulfat s. SDS
Natriumindex 273
Neamin 408
Nebenniere(nrinde) 519 f., 525, 533 f., 537, *539 f.*
Negative staining 236, 290, 295 f., 426, 437, 439
Neil-Patella-Syndrom 385
Nelson-Syndrom 528
Nematode 6, 298, 468, 637 ff.
neoplastisch 162, 182, 458, 482, 596 f.
Nerve growth factor (NGF) s. Wachstumsfaktor
Nervengewebe 269, 465
Nervennetz s. Netzwerk (Neuronen)
Nervensystem 6, 297, 328, 518 ff., 525, 558, 565 ff., 579, 581, 596, 607 ff., 612
  Entwicklung, Funktion, Organisation *637 ff.*
  sympathisches 538, 544
Nervenzelle s. Neuron
Nerv-Muskel-Defekt *631 f.*
Nerv-Muskel-Interaktion 596
Nerv-Muskel-Synapse s. Synapse
Nervus splachnicus 539
Nerv-Wachstumsfaktor s. Wachstumsfaktor
Nesselzelle 566, 568
Netropsin 26
Netz(werk)
  Antigen-Antikörper- 618 f.
  Ionen- 255 f., 437
  Neuronen- 273, 566, 607, 629, 637 ff.
  LETS- 607
  Lymphozyten- 617
  oszillierendes 646, 648
Neuralleiste 630
Neuralrohr 593 f., 630
Neuraminidase 237 f., 267 f., 427 ff., 440 ff., 535
Neuraminsäure s. Sialinsäure
Neurit 294, 315, 322, 543 f.
Neuroblast 274, 467, 607 ff., 641
Neuroblastom 601, *607 ff.*
Neurofilament 319
Neurohormon 518 f., 529
Neurohypophyse 519 f., 526 ff.
neuromuskulärer Kontakt 613, s.a. Synapse (Nerv-Muskel)
neuromuskuläres System *629 ff.*, 640
Neuron 6 f., 161, 255, 270, 273 f., 297, 310, 319, 323, 372, 438, 444, 467, 518 f., 526 ff., 543 f., 565 ff., 584, 599, *607 ff.*, 629 ff., 637 ff.
neuronaler Schaltplan 644
Neuronennetzwerk s. Netzwerk
Neuropil 646 ff.
Neurospora 4, 372, 421
Neurotoxin 269
Neurotransmitter 266, 269 ff., 309, 472, 518 f., *522 ff.*, 537 f., 544, 547, 549, 558, *607 ff.*, 631, *632*, 644
Neurulation 488
Neutralfett 221
Neutralitätshypothese 157 f.
Neutronenbeugung, Neutronendiffraktion 338, 371
New Castle Disease Virus (NDV) 425, 429
Nexin 314, 317 f.
Nicht-Histon-Protein 176, 368, 503, 542
nicht mendelnde Vererbung s. extrachromosomale Vererbung
Nicotiana 344, 409 ff., 456 f., 491, 507 ff.
Nicotinamidadenindinukleotid (NAD$^+$/NADH) 151 ff., 168, 183, 276 ff.
Nicotinamidadenindinukleotidphosphat (NADP$^+$/NADPH + H$^+$) 281
Nierencarcinom *502*
nif- („Operon") 459 ff.
Nigericin 251
Ninhydrin 130 f.
Nitella 290 f., 300
Nitrobacter 240
Nitrocellulosemembran 29
Nitrogenase 459 ff.
Nitrosomonas 240
Nonactin 248
Non-Darwinian-Evolution s. Neutralitätshypothese
Nonequilibrium pH-gradient electrophoresis (Nephage) 129
Non-responder 626 f.
Nonsense-Mutante s. Mutante
Nopalin 458
Nopalindehydrogenase 458
Noradrenalin 519, 522 ff., 539 f., 547, 608, 632
Norepinephrin s. Noradrenalin
Notochord 594
Nü-(ν)-*bodies* 371
Nucleolus-Organizer-Region (NOR) 344, 368
Nuklease 13, 23, 58, 76, 79, 100, 180, *186 ff.*, 371 f., 503
Nukleinsäure 5, 8, 10, *11 ff.*, 143, 424 ff.
  Dichte 25 f.
  Fraktionierung *23 ff.*
  Isolierung *23 ff.*
  Sequenzierung *30 ff.*
  Struktur *13 ff.*
Nukleokapsid 235 ff., 425 ff., 440
Nukleolus 344, 392, 496, 499 f., 503, 594, 605
Nukleoprotein (-komplex) s. Chromatin
Nukleosom 176, 369 f., *371 ff.*
Nukleotidabfolge s. Nukleotidsequenz (DNS, RNS)
Nukleotidaustausch s. Basenaustausch
Nukleotidbase s. Base
nukleotidbindende Domäne s. Domäne
Nukleotidsequenz (DNS, RNS) 6, 13, 15 ff., 30 ff., 34, 39 f., 46, 55 ff., 68, 70, 73, 79 ff., 114 f., 146, 149, 335, 352, 372, 445, 450 ff., 456
O-Antigen 242 f.
Oberflächenantigen s. Antigen
Oberflächendeterminante 424, s.a. Antigen
Oberflächenladung 509
Oberflächenspannung 220
Octopin 458
Octopindehydrogenase 458
Oenothera 405
Oestradiol s. Östrogen
Östrogen 519 f., 535, 539, 541 f.
off-rate 76 f.
Okazaki-Stück 63, 70 f.
Oleat 263
Oligomycin 279, 421
Oligomycinsensitivity conferring factor (OSCF) 279, 421
Oligosaccharid 217 ff., *222 ff.*, 242 f., 472
Ommatidie 579 ff.
onkogen 447, 450
on-rate 76 f.
Ontogenese 6 f., 61, *157 ff.*, 203, 207, 273, 368, 563, 565, 612, *623 f.*
Oogenese 161, 369, 377, 468, 576 f.
Oozyt 56, 332, 345 f., 362 f., 398 f., 415, 436, 497, 503 f., 575 f.
Operator 41, 56, *77 ff.*, 176, *177*
Operatorbindungsstelle 177
Operon 41, 56 f., 70, 75, *77 ff.*, 111, 116, 361, 600
  Galactose (gal-) 110 ff.
  Lactose (lac-) 41, 75, *77 ff.*, 110 ff., 176 ff.
  Lambda (λ) *80 ff.*
  Tryptophan (try-) 80 f.
Opiat, Opium 272 ff., *528 ff.*, 610
Opiatrezeptor s. Rezeptor
optimal fit 249
optische Filterung 261
optisches Tectum 565
optische Zentren 647, 649
Organell 169, 290, 293, 361, 366, 416
Organisationszentrum 566
Origin (Replikation) s. Initiationspunkt
ortholog 146 ff., 157, 196 f., 203
Orthomyxoviren, *Orthomyxoviridae* 429, 440, 444
Oszillator 310, 558, 569
Ouabain s. Strophantin G
Ouchterlony-Test 619
Ovalbumin 542
Ovalbumingen 60 f., 100, 542
Ovar 519 f., 534 f., 541
Ovidukt 542
Oxydative Phosphorylierung 97, 170, 243, 262, *276 ff.*, 367, 417 ff., 459
Oxymorphin 272
Oxytocin 519 f., 527, 532, 547

Paarungstyp *491 ff.*
Pachytän 103 f.
Palindrom 15 ff., 48, 59, 66, 107, 112 ff., 194, 417
Pangenesis-Hypothese 2
Pandemie 441
Pankreas 358, 519 f., 537, *540*, 544
Pankreozymin 520
Papain 130 f., 195 f., 208, 294, 296
Papierchromatographie 130 f.
Papillomavirus 448

Papovaviren, *Papovaviridae* 428, 448
Parakristall 306, 308
paralog 146, 346
Paramecium 416, 491, 493 f.
Paramyxoviren, *Paramyxoviridae* 428 f. 441, 444, 497
Paraprocessing 452
Parathormon 519 f., 539
Parkinsonsche Krankheit 523 f.
Paromomycin 420
Parvalbumin 307, 309
Parvoviren, *Parvoviridae* 35, 427
Pathogenität
  Bakterien 97 f., 240
Pectinol R 10 507
Pektin 507 f.
Pektinase 507 f., 511
Pektin-Glycosidase 508
Pelargonium 405
Pellicula 495
Penicillin 97, 240 f.
Penicillinresistenz 97
Penicillinase 58, 97, 100, 241
Pentaglycinbrücke 241
Pentazicine s. Talwin
Penton 429
Pepsin 130 f., 363, 445
Peptid *132 f.*
Peptidase 159, 386 f., 526
Peptidbindung 139 ff., 171, 352 ff., 364
  Dimensionen 139
Peptidhormon 57, 267, 358, 363, 451, 472, 518 ff., 532, 535, 540, 547
Peptidoglycan 244 f., 258
Peptidyltransferase 336, 355, 365
periodisches Muster 143
Periodizität 194
Permeabilitätsbarriere, Permeabilitätsschranke, Permeationsschranke 215, 247, 257, 601
permissiv 448, 450, 470, 589
Peroxysom 215
petite 417 ff.
Pflanzenviren 424, 427, *431*, 515
Phänotyp 6 f., 37, 39, 118 f., 165, 405, 516, 577, 579, 586, 594, 613, 631
Phage 18, 21, 63 ff., 74, 104, 110 ff., 180, 218, 424, *431 f.*
  fd 74, 76, 354, *436 ff.*, 625
  lambda (λ) 13, 28, 34 ff., 64, 76, 94, 110, *114 ff.*, 183, 204, 348 f., 366, 372, 431, 448, 450, 560
  MS 2 18, 21, 38, 60
  Mu *114 ff.*
  P 1 184
  Phi X 174 (Φ X 174) 13, 31, 35, 38 ff., 60, 70 f., 174, 354, 416, 425, 431
  Q*β* 38, 181, 354
  R 17 38, 358
  SP *O1* 75
  T2 184, 620
  T4 35, 104 f., 183 f.
  T5 35, 64, 75 f., 78, 620
  T7 35, 64 f., 75, 184, 189
Phagozyt 242
Phagozytose 231, 309
Phalloidin 293 f.
Pharynx 298
Phase
  Lipid- 247
  wässrige 247
Phasenverschiebung 136, 262
Phenolextraktion 23, 433
Phenylisothiocyanat 132 f.
Phenylthiohydantoin 132 f.
pH-Gradient 128, 259, *260*, 280, 283
Phi X 174 (Φ X 174) s. Phage
Phloem 468
Phosphat (-gruppe) 8, 152, 154, 171, 177 f., 225, 254 ff., 257, 276, 326, 352, 433, 436, 483, 509, 520, 539, 601
Phosphatase 171, 536, 560
Phosphatidyläthanolamin 218
Phosphatidylcholin 199, 218
Phosphatidylinositol 218
Phosphatidylserin 218
Phosphocarrierprotein 263
Phosphocholin s. Phosphatidylcholin
Phosphodiesterase 188, 310, 522, 526, 546 f., 553 ff., 569
Phosphodiesterbindung 167, 180, 183, 186 ff., 241, 373
Phosphoenolpyruvat-abh. Phosphotransferasesystem (PEP-abh. PTS) 263 f.
Phosphoglucomutase 160
Phospholipase A 254, 267 f.
Phospholipid 218, 221 f., 243, 245, 254, 263, 483, 538
Phosphorylase 173
Phosphorylase-Kinase 170, 173, 549
Phosphorylase-Phosphatase 171
phosphoryliert, Phosphorylierung 56, 61, 96, 170 f., *172 ff.*, 176, 184, 253, 262 ff., 276 ff., *370*, 522, 546 ff.
Phosvitin 61
photochemische Reaktion s. Photoreaktion
Photocoupling 260
Photomultiplier 260
Photooxydation 381
Photoreaktion 259, 282
Photorezeptor 259
Photosynthese 5, 9, 260, 276, *282 ff.*, 364, 460
Photosystem 282 ff.
Phototaxis 259, 579
phototrope Reaktion 564
Physarum 368, 372, 496
Phytohämagglutinin (PHA) 227, 230 ff., 237, 467, 548, 601
Phytol 283 f.
Picornaviren 363, 438
Pigmentsystem 282 ff.
Pigmentverschiebung 533 f.
Pinealorgan s. Zirbeldrüse
Pinnipedia 165
Pinozytose 309
Plaque 104, 424, 465
Plaque forming units (PFU) 619 ff.
Plaque-Test
  Antikörper 619 f.
Plasmalemma s. Plasmamembran
Plasmamembran 216 ff., *225 ff.*, 236, 256, 258, 264, 300, 309, 321, 428, 501, 508, 546, 548 f.
Plasmaströmung s. Protoplasmaströmung
plasmatische Vererbung s. extrachromosomale Vererbung
Plasmazelle 195, 231, 358, 612, 614 f.
Plasmid 14, 28, 38, 56 ff., 64, 82, *94 ff.*, 110 ff., 177, 349, 366, 456 ff., 480, 482
Plasmidfunktion *94 ff.*
Plasmodesmen 487
Plasmodium 496
Plastiden 312, 405 ff., 506 f, 512
Plastidenmutation 406
Plastochinon 283
Plating efficiency 447, 467 f.
Platypoecilus maculatus 491, 493
Pleiotropie 3, 518, 590, 594, 620
Plus-Strang (DNS) 31, 34 ff., 70 f., 181
Pluteusstadium 415
Pneumokokken 440 f.
Pockenviren 236
polar head group 217
Polarität *563 ff.*, 574, 577 f.
  Kopf-Fuß- 566
  Sproß-Wurzel- 563
Poliovirus 36, 92, 218, 425, 430, *438 ff.*
Pollen 507, 509, 515 f., 574
Pollenmutterzelle 512
Polplasma *574 ff.*
Poly-(A) 18 ff., 24, 40, 56, 60, 83, 90 f., *92*, 204, 363, 412, 436, 440, 443, 452, 561, 603, 605
Polyacrylamid (-elektrophorese) (PAGE) 24, s.a. Gelelektrophorese
Polyäthylenglycol 386, 497, 509 f.
Poly-(C) 19, 182, 364
polycistronisch 89, 349, 460, 601
Polycythemia vera s. Leukämie (erythroleukämische)
Polyeder 437 ff.
Polyklon *583 ff.*, 643
Poly-L-Ornithin 515
Polymerase *177 ff.*, 368, 425
  DNS 30 ff., 34, 63 ff., 73, 94 f., 112, *177 ff.*, 416
  RNS 41, 56, 64, 70, 73 ff., 89 ff., 179, *180 ff.*, 348, 356, 394 f., 535, 542
Polymerasebindungsstelle, Polymeraseerkennungsregion 41, 79
Polymerase-Promotorkomplex 73 f.
Polymerisationsrate
  DNS 66 ff.
polymorph, Polymorphismus *157 ff.*, 201, 207, 210, 413
Polynukleotid 16 ff.
  synthetisches 19
Polynukleotidphosphorylase 186
Polyomavirus 13, 184, 425, 448, 482, 504, 544
Polypeptid (-Kette) 127, 132 ff., 135 ff., 148 ff., 167 ff., 178, 191 ff., 195 ff., 208, 223, 271, 283, 286, 294, 306, 313, 316, *353 ff.*, 362, 364, 368, 396 f., 417 ff., 433 ff., 544, 561, 614, 625, 638
  Modell 137 ff.
  synthetische *626 ff.*
Polyploidie, Polyploidisierung 378, 410, 566
Polyprolin 142
Polysaccharid 125, 191, 240 f., 483

Polysom 18, 48, 56, 91, 239, 319, 355 ff., 443, 503, 544, 605 f., 621
Polysphondylium 553, 559
Polytänes Chromosom 369, 378, *392 ff.*, s.a. Riesenchromosom
Polytänie 392, 397 f., 581, 583
Poly-(U) 18 ff., 364, 440, 443
Population 7
Pore 217, 244, *247 ff.*
Porin 244
Porphyrin (-ring) 136, 168, 277 f., 285 f.
Positionsinformation s. Information
Postsynapse s. Synapse
Posttranskriptionskontrolle 89, 186, 605
Posttranslationskontrolle 61
Posttranslationsmodifikation, Posttranslationsmodulation 55, 352, *363 f.*, 370
Potato spindle tuber viroid (PSTV) 445
Poxviridae 427
Prädetermination *576 f.*
Präkonjugationsphase *493*
Präsynapse s. Synapse
Precursor
  Hormon 521
  mRNS 56, 86, 186
  multicomponent- 61
  rRNS 336, 345 ff., 408
  Zellen 600, 627, 641 ff.
Pregnenolon 539
prelude-Komplex 347 f.
Pribnow box 76
Primärkultur 467
Primärstruktur
  Proteine 126, *130 ff.*, 135, 137 ff., 146 ff., 166, 191 ff.
  RNS 18
Primase 71
Primer 30 f., 63, 66, 70 f., 100, 178 ff., 224
PRL s. Prolactin
PRL-Inhibiting-Faktor (PIF) 520
PRL-Releasing-Faktor (PRF) 520
processing
  Replikation 65
  RNS 18, 55, 59, 83 ff., 90, 343, 408, 416, 452, 599
Progesteron 519 f., 535, 539, 541 f.
Programm
  Entwicklungs- 61, 563, *585 ff.*, 597, 601
  genetisches 6 f., 223, 468 ff., 560 ff., 583, 592, 637 ff.
Proinsulin 58, 363, 529, 544
Prokapsid 440
Prokaryont 4, 8, 10, 13 ff., 176, 372, 546
  genetisches Material *34 ff.*, 42, 51 f., 104, 388, 456 ff.
  Protein 148
  Ribosomen 335 ff., 364 ff.
Prolactin (PRL) 519 f., 527, 532, *535*
Proliferation 408, 450, 480 f., 544, 547, 563, 601, 606, 613, 616 f., 620, 630
Prolin (Pro) 142, 144, 191 ff.
Promitochondrien 420
Promotor 36, 41, 56, 70, 73 ff., *76 f.*, 111 ff., 180, 348 f.
Promotormutante 177
Promotor-Polymerase-Komplex 77
Promotor(en)stärke 76 ff.
proof-reading 73, 178
Propanolol 523, 526
Prophage 80, 82, 105, 114, 116
Prophase 368, 397 f.
Propionsäurebakterien 240
Proplastid 282
Prostaglandin 528, 537 f., 547, 606
prosthetische Gruppe 277
Protamin *194*
Protease 58, 67, 150 f., 169, 380, 476, 503
Protein 4 ff., 105, 113, *123 ff.*, 215 ff., *237 f.*, 276 ff., 335 ff., 361 ff., 424 ff., 485, 497, 622
  Funktion *125 ff.*, 135
  Größe 127 f.
  Isolierung *125 ff.*
  Nachweis *125 ff.*
  Reinheit 126
  Sequenzanalyse *125 ff.*
  Struktur *146 ff.*
  Trennung *126 ff.*
Proteinase K 23
Protein(bio)synthese 5 f., 18 f., 55, 73, 92, 125, 160, 181, 191, 194, 264, 335, 343, 352 ff., 361 ff., 394 ff., 409, 417 ff., 468, 476, 484, 544, 549, 561
Proteinkinase 226, 267, 315, 522, 533, 546, 601
Proteinkonzentration 126
Proteinmatrix 193, 218
Protein-Nukleinsäure-Wechselwirkung *176 ff.*, 337 f.
Protein-Protein-Interaktion (Wechselwirkung) 127, 218, 229, 240, 246
Proteolyse 226, 472, 483 f., 489, 491
  limitierte, partielle 171, *172*, 544
Proteus 96 ff., 240, 245
Prothoraxdrüse 393
Protist 309, 311 f., 388, 392, 405, 412
Protofibrille 193
Protofilament 311 ff.
protomotorische Kraft (*proton motive force*) 257
Protonendonor 150
Protonengradient 257 ff., 279, 281, 283
Protonenpumpe s. Pumpe
Protonentranslokation 279
Protonentransportkette 280
Protoplasmaströmung 290 f., 294, 300, 304, 309 f.
Protoplast *506 ff.*
Protovirus 452 f.
Provirion 440
Provirus 452 f.
Provirushypothese 452 f.
Psammechinus militaris 56 f.
Pseudoallel 207, 626
Pseudomonas 96 f., 166, 240, 245, 458
Pseudopodium 232, 309, *555 ff.*
Pseudouridin (ψ) 19 f.
P-site 336, 353 ff., 365
Puff 393 ff., 542
Pumpe *247 ff.*, 281
  Ca^{2+}- 172, 252 f., *254 f.*, 257, 306, 310, 548
Pumpe
  Ionen- 252 ff.
  Na^+/K^+- 172, 225, 247, 252, *253 f.*, 257, 262, 270, 281, 489
  Protonen- *257 ff.*, 279
Punktmutation s. Mutation
Puromycin *364*
Purpurmembran *257 ff.*, 282
Pteridin (-biosynthese) 576
Pyroglutamat 526
Pyruvatdecarboxylase 173
Pyruvatdehydrogenase 173, 549

Q-Band 49, 344, *380 f.*
Q β s. Phage
Quartärstruktur
  Protein 149, 169, 229, 363, *433 ff.*
Querbrücke 293 ff., 312

R 17 s. Phage
Radioimmunmethode 526, 547, 619
Ramachandrandiagramm 142
Rastermutation s. Mutation
Rauschen, Rauschpegel 143, 157, 313
R-Bande *381*
R-Determinante 96, 113 f., 461
Reassoziation s. Renaturierung
recA 105, 107, 110, 116
Recycling-Prozeß 186, 469
Redoxpotential 277 f.
Reduktionsteilung s. Meiose
Redundanz 36, 39, 125, 158
Refraktärperiode, Refraktärstadium 557 f.
Regelkreis 310
Regeneration 544, 572, *629 ff.*
  Pflanzenzelle *506 ff.*
  Zellwand 508
Regenerationskapazität 633
Regenerationskompetenz, Regenerationsvermögen 459, 470, 566, 570
Regulation 1, 298, 343
  dichteabhängige 478
  Genomexpression 405 ff., 594
  Kontraktion 306 ff.
  Substrataufnahme *264 f.*
  Translation *361 ff.*
  Transport *281*
Regulator 4, *167 ff.*
  autogener 80 ff.
  -gen 41, 77 ff., 161, 491, 589, 628
  -molekül 41, 63, 169, *170 ff.*, 480
  -protein 15, 41, 74, 77 ff., 126, 167, *176 f.*, 368, *500*
Rekombination 7, 34, 36, 56, 95, *102 ff.*, 110, 184, 207, 209, 349, 397, 417, 433, 443, 448 ff., 529, 616
  illegitime 95, 104, 108 f., *110 ff.*
  integrative 114
  meiotische 585
  mitotische 580, 585 f.
  site-spezifische 114
Rekombinationsmodell 105 ff.
Relaxationsenzym 64, 183, *184*
Releasing-Faktor
  Hormonsystem 519 f., *522 ff.*, 534, 537
  Translation 355 f.
Renaturierung, DNS 16 ff., 31, 38, 43, 79, 111, 117

Renaturierungskinetik
DNS/DNS 17 f., 46 ff.
RNS/DNS 91 f.
Renaturierungskonstante, DNS 17
Reoviridae, Reovirus 425 ff.
Reparatur, DNS 8, 105, 107, 469
Reparaturenzym 95
repetitive Einheit (Nukleotidabschnitt, DNS) s. Sequenz
repetitive Sequenz (DNS) s. Sequenz
Replikase 21, 38, *181 f.*, 425 f.
Replikation 8, 13 ff., 34, 36, 40, *63 ff.*, 73, *94 f.*, 105, 112 f., 177 ff., 245, 368 f., *373 ff.*, 398, 428, 449, 485, 499, 504
slippage- 112
ctDNS 407 ff.
mtDNS *413 ff.*
Replikationseinheit 67 f., 73
Replikationsgabel 64 ff., 415
Replikon 63, 373, 375
Repression, Transkription 74 ff., 574, 587 f.
Repressor 95, *500*
lac- 77, 79, 176, *177 f.*
lambda- 36, *80 ff.*
Resistenzgen s. R-Determinante
respiratorische Adaptation 420
Respiratory Syncytial Virus s. RS-Virus
Responder 626 f.
Restriktionsendonuklease 15 f., 30 ff., 38, 57 ff., 65, 78, 99, 110, 116, 184, 187, *188 ff.*, 204 f., 343, 348 f., 412 ff., 448, 458
Restriktionsenzym s. Restriktionsendonuklease
Restriktionsfragment 28, 31 f., 34, 40, 78, 83, 99, 115 f., 189, 204, 405, 412 ff., 458
Restriktionskartierung *38*, 189, 405
Restriktions-Modifikationssystem 100, 188
Retikulare Zelle 231
Retikulozyt 58, 362 f., 503 f.
Retina 161, 475, 488 f., 610, 646, 649
Retinal 259 f.
Retinoblastom 447
Retroviren, *Retroviridae* 236, *428*, 452
Reusenapparat 312
Reverse Transkriptase 32, 58, 100, *182 f.*, 186, 447, 450 ff., 484
Rezeptor 229, *266 ff.*, 326, 503, 569
Acetylcholin- 266, *269 ff.*, 522 ff., 547, 558, 606, 629 f.
Chemo- 328 ff.
Choleratoxin- 266, *268 ff.*
Colicin- 244
Con A- 230, *234*, 475
Dopamin- 523 ff., 547
Fc- 196
Glukagon- 266, *268*
Hormon- 172, 223, 267, 518, 521, 533 ff., 540, 547
Insulin- 266, *267 f.*, 475
Lektin- 475, *483 f.*, 601
membrangebundener 546 ff., 556 ff.
Neurotransmitter- 522 ff., 547, 607
Östrogen- 535, 542
Opiat- 267, *272 ff.*, 608
Phagen- 244, 367
Rezeptor
Steroid(hormon)- 223, 266, 535, *537 ff.*
Tetanustoxin- 266, *268 f.*
Virus- 207, 223, 439 f.
Zelloberfläche 472 ff., 539
Rezeptorzelle 579 ff., 647
RF (*replicative form*) 70 f.
R-Faktoren *95 ff.*, 110, 113 f.
Rf-Wert 130
Rhabdoviren, *Rhabdoviridae* 236, 238, 428
Rhamnose 242 f.
Rh_0(D)-Antigen 230
Rh-Faktor 386 f.
Rhesusfaktor s. Rh-Faktor
Rheumatische Arthritis 208, 444
Rhizobium 240, 459
Rhodnius 565
Rhodopsin 219, 258
rho (ρ)-Faktor
mtDNS 417 ff.
Polymerase 74, 82, 111, 181
rho (ρ)-Bindungsstelle 41
Rhythmik 563
circadiane, tagesperiodische 525 f.
Ribonuklease (RNase) 15, 23 f., 30, 59, 70, 89, 92, 128, *167*, 182, 244, 315, 336 f., 348, 350, 355, 362 f., 445
Ribonukleinsäure (RNA, RNS) 4 ff., 15 ff., *18 ff.*, *24 ff.*, 34 ff., 73 ff., 181 ff., 186 ff., 368 f., 425 ff., 485, 497, 544, 574, 594
doppelsträngige, Doppelstrang- 15, 18
einsträngige, Einzelstrang- 8, 18
heterogene (hnRNS) 18, *89 ff.*, 181
messenger (mRNS) 5, 18 ff., 24, 41, 48, 55 ff., 73 ff., *89 ff.*, 97, 100, 181, 184, 186, 204, 245, 319, 349, 352 ff., 361 ff., 394, 416, 449, 452 f., 458, 542, 561 f., 600 ff.
ribosomale (rRNS) 5, 9, 18 ff., 24 f., 30, 55, 85, 89, 97, 181, 184, 186, 335 ff., *343 ff.*, 352 ff., 401, *407 f.*, 417, 421 f., 452, 499, 638
Synthese 18, 181
transfer (tRNS) 5, 18 ff., 30, 55, 85, 181, 184, 186, *343 ff.*, 352 ff., 361 ff., 401, 417, 419, 421, 638
virale 433 ff.
Ribonukleoprotein (RNP) 90, 361, 376, 399 ff., 605
Ribose 326, 329
Ribosom 5, 9, 19, 24, 63, 89, 97, 223, 241, 258, 332 f., *335 ff.*, 343 ff., 352 ff., 362 ff., *408 f.*, 416 ff., *499*, 535, 544, 601
ribosomale Proteine 133, 143, 335 ff., 343, *348 f.*, 407 f., 422
Ribosomenbindungsstelle, Ribosomenerkennungsregion 39, 41, 59, 82
Ribulose-1,5-Diphosphat-Carboxylase (RuDP-Carboxylase) 409
Ribulosediphosphat-Carboxylase-Oxygenase 409
Richards-Box 137 f.
Ricin s. *Ricinus communis*-Agglutinin
Ricinus communis-Agglutinin (RCA) 474 f., 601
Riesenchromosom 38, 57, 67, 350, 378, 381, *392 ff.*, 542
Rifampicin 70, 181, 348, 542
Rifamycin 181
Rigor 298
Rille (DNS) s. Furche (DNS)
RNA, RNS s. Ribonukleinsäure
Röntgenstrahl 135 ff.
Röntgenstrukturanalyse *135 ff.*, 148, 197, 199 ff., 222 f., 237, 248, 262, 271, 285, 373, 433 ff.
Rolling circle *64 ff.*, 401, 407 f., 438, 445
Rotation 325
Rote Membran 258 f.
Rotenon 277 f.
Rous-Sarcoma-Virus 299, 447, 452, 544
R-Plasmid s. R-Faktor
rII-Region 104 f.
r-Strategie 160
RS-Virus 442
Rückenmark 273, 593, 629 f.
Rückkopplung 524, 534, 541, 558
negative 523
positive 170, 274 f., 493, 523
Rückkreuzung 102
Rückmutation s. Mutation
Ruhezustand 271 f.
Russische Grippe 442

Saccharomyces 347, 372, 388, 412, *417 ff.*
Säugetiere s. Mammalia
Salamander
DNS-Menge 51 f.
Lampenbürsten-Chromosom 398 ff.
Salmonella 80 f., 96, 98, 110, 240, 242 ff., 263 f., 459, 474
Salpetrige Säure 433
Sandwich-Komplex 250 f.
Sarkom 447, 543 f.
Sarcoma-Viren 183, 447, 483, 544
Sarkomer 293, 298
Sarkoplasmatisches Retikulum 252, 254 f., 549, 629
Sartoriusmuskel (Frosch) 271
Satellit
Chromosom 344, 378 ff., 398
DNS 43, 46, 108, 368 f., 378 ff.
scaffolding-protein 372
Scenedesmus 284
Schichtlinie 137
Schilddrüse 519 f., 525, 537, *538 f.*
Schizophrenie 523, *524*, 529
Schlafkrankheit 413
Schleiden, M. 2
Schleimpilz 496, 553
Schmelzkurve, Schmelzpunkt, Schmelztemperatur (DNS) 16 ff., 38, 76, 105
Schmerz 273 f.
Schutzimpfung 618
Schwann, T. 2
schwere Kette s. Antikörper
Schwermetallderivat 126, 136
Schwimmrhythmus 646, 648
Scrapie *444 f.*

SDS 126, 225, 246, 259, 271, 296, 298
Secale 383 ff.
second messenger 172, 255, 310, 518 f., 526, 539, *546 ff.*
Seeigel 90 f., 310, 315, 369 f., 372, 394, 398, 415, 475
Sehne 191
Seide 125, 167, *193*
Seidenfibroingen 61
Sekretin 267, 520
sekretorisches Vesikel s. Vesikel
sekretorische Zelle 358, 518, 622
sekundäres Stoffwechselprodukt 506, 516
Sekundärstruktur
  DNS 107, s.a. Helix
  Protein 139 ff., *142 ff., 433,* 437
  RNS 19 ff., 90, 348, 362
Selbstbefruchtung 160, 638
selbst/nicht-selbst 197, 203, 207, 211
Selbstverstärker 558, 563
Selektion, Selektionsbedingung, Selektionsdruck 7 ff., 37, 39, 49, 53, 59 ff., 80, 146 ff., 157 ff., 210, 294, 346, 387, 441 ff., 459, *465 ff.*, 470, 481, 487, 491, 497, 502, 512, 516, 597, 614, 616, 618, 623, 628
Selektionshypothese s. Selektionstheorie
Selektionstheorie 1 f.
Selektivität 266
Selektorgen s. Homöotische Gene
Self-assembly
  Moleküle 8, 245, 311, 317, 325, 335 f., 435 f.
  sequenzielles 338
  Zellen 553
Self-linking 318
Semliki-Forest-Virus 238
Sendaivirus 238, 386, 497 f., 509
Seneszenz 465 ff.
sensibilisiert 271 f.
sensorisches System 579
Septum 540 f.
Sequenz (DNS)
  repetitive 6, 15 ff., 26, 42 ff., 66, 89 ff., 107, 176, 344, 368 f., 380 f., 385, 398 f., 412
  singuläre 16 ff., 42 ff., 89 ff., 107, 176, 368, 381
Sequenzanalyse, Sequenzierung
  Nukleinsäure *30 ff.*, 55, 79, 100, 189, 343, 436
  Protein 126, *130 ff.*, 138 f., 205
Sequenzhomologie 146 f., *148 ff.*, 306, 335
sequenzielles *Self-assembly* s. *Self-assembly*
Serin (Ser) 150, 170, 193, 197, 217 f., 224, 326, 361, 421
Serin-Protease *149 ff.*
Sero-Gruppe 242 f.
Serologie 618, 626
serologische Verwandtschaft 618 f.
Serotonin s. Hydroxytryptamin
serotininerg 522, 524
Sertolizelle 535
Shigella 95 ff., 240
Shine-Dalgarno-Sequenz 353 f.
Sialinsäure 208, 224, 267 ff., 440, 474, 482, 509, 535
Sichelzellglobin 60, 131, 201
Sigma (σ)-Faktor 74 f., 180
Signalhypothese 358 f.
Signalsequenz 205, 358 f., 361, 363
Signalverstärkung 313, 465, 546, 553
Signalübermittlung, Signalübertragung 266, 268, 465, 487, 537
Signalwandler, Signalwandlung 555
Sindbis-Virus 237 f.
Sinnesreiz 326
Sinneszelle 266, 565
Site-spezifische Rekombination s. Rekombination
Skeletin 319
sliding filament 298, 316 f.
snip-snap-Mechanismus 252
Sojabohne 510, 514
Solanum 410 f., 513
solid phase degradation 132
Solvatationsenergie s. Energie
somatische Mutation s. Mutation
somatische Zelle s. Zelle
Somatostatin (-gen) 58, 520, 526 ff.
Somatotropin s. Wachstumshormon
Somit 593 f.
SP *01* s. Phage
Spacer 57, 343 ff., 399, 401 ff., 408, 412, 542
Sparsomycin 353
Speicheldrüse 362, 392 ff.
Speicherstoff 125
Spektinomycin 97, 364, 408
Spektrin 226 f., 229 f., 301, 599 ff.
Spermatogenese 161, 210, 468, 520, 535, 592 f.
Spermatogonien 592
Spermatozyt 398, 532, 592
Spermien 55, 151, 210, 300, 303, 317, 489 ff., 574, 592, 594, 610, 638
Sperrprotein (-komplex) 306 f.
Spezialisierung 51 ff.
Spezifität 125, 216, 249, 266
Sphäroplast 243
S-Phase 55 ff., 66 ff., 176, 392, 476 f., 544, 547 f.
Sphingolipid 225, 239
Sphingosin 225
spike 235, 237, 429, 440, 451
Spinalganglion 630
Spindelansatzstelle 378, 391, 393
Spindelapparat 388, 513, 585
Spitzenwachstum s. Akromegalie
Spontanmutante s. Mutante
Spore 553 ff.
Sporenträger 553 ff.
Sporulation 96
Sproßbildung 507
sprouting 608, 630
Sprühreagenz 131
src-Genprodukt 451
Stabilität, Stabilisierung 8, 284, 286 ff.
stacked disc 435 f.
stacking 284, 286 ff.
stacking energy 14 ff.
Stammbaum 2, 7, 9, 126, 162 ff., 307, 378, 410 f., 426, 481
  Proteine 153 ff., 162 ff.
Stammzelldifferenzierung 470, 595, 600
Stammzelle 466, 480, 484, 563, 565, 579, 585, 599 ff., 614, 616, 627 f., 631, 638, 641
Stapelenergie s. *stacking energy*
Staphylococcus 96, 133, 187, 240 f., 263 f., 371, 440 f., 601, 619
Startcodon 41
Steroid 506, 517, 533 ff., 539 f., 542
Steroidhormon 518, 521, 532
Stickstoff-Fixierung *456 ff.*
sticky ends 34 ff., 99, 114
Stoffwechsel 4, 6, 37, 41, 149 f., 310, 467, 489
  Regulation 162, 170, *171 ff.*, 344, 518, 538
Stoffwechselkrankheit 225, 257, 470, 630
Stoffwechselmutante s. Mutante
Stoffwechselrate 172 ff., 525, 539, 540, 544, 546
Stoffwechselweg 4, 9, 37, 170 ff.
Stopcodon 41, 148, 177
Strangspezifität 57
Streptokokken 240
Streptomycet 96 f., 364 ff.
Streptomycin 95, 113 f., 348, *364,* 408 f.
Streß 534
Streßfaser 300, 546
Stroma 282, 286 ff.
Strongylocentrotus purpuratus 56 f., 370
Strophantin G 253
Struktur
  komplexe 125
  sinoide 325
  supramolekulare 5, 276, *333 ff.*
Strukturelement 125, 191
Strukturfaktor 136
Strukturgen 41, 49 f., 56 f., 77 ff., 89, 92, 112, 118, 346, 538
Strukturprotein 77, 149
Strychnin 523
Stützelement 191
Stylonychia 372, 392
subakute sklerotinisierende Panencephalitis (SSPE) 444
Submaxillardrüse 543 f.
Substrataffinität 170
Substrataufnahme 257, *264 f.*
substratbindende Domäne s. Domäne
Substratspezifität 150, 160, 166, 169
subsynaptischer Bereich, subsynaptischer Spalt 270 f.
Subtilisin 131, 156, 167
Succinat 276 ff.
Succinatdehydrogenase 277
Succinat-Ubichinon-Reduktase 278
Sucht 273 ff., 610
Suctoria 311
Sulfatid 225
Sulfonamid 95 f., 113 f.
Superhelix (DNS) s. Desoxyribonukleinsäure
supercoil, supertwist s. Helix (Super-)
Superoxyd-Dismutase 197
Superpräzipitation 298
supply regulation 264
Suppression 37, 204, 502
Suppressor 118 f., 177
Suppressorzelle 613
supramolekulare Struktur s. Struktur
SV 40 39 f., 64, 189, 300, 372 f., 447, *448 ff.*, 482 f., 544
Symbiose 461

Symmetrie 135 f., 178
Symport 257
Synapse 270 f., 309, 523 ff., 558, 607 ff., 630, 639 ff.
chemische 644
elektrische 644
Nerv-Muskel- 270, 488, 522 f., 610
Prä- 270, 522 ff., 631, 644
Post- 270, 522 ff., 547
Synapsosom 271
Syncytium 496 f., 576
synergistisch 617
syngeneisch 592
Synkaryon 487, 494
System 39, 53, 61, 472
adaptierbares 637
einfaches *8*
hierarchisches 151, 519, 546
komplexes 614
lebendes *8*, 215
vielzelliges *521 ff.*
Systematik 7, 146 f., 165 f.

Tabakmosaikvirus (TMV) 218, 363, 425 f., 431, *433 ff.*
Protein 149
RNS 92, 515
Talwin 273
tau (τ)-Faktor 315
Taxonomie s. Systematik
Teichonsäure 241 f., 258
Teilung, äquatoriale 563, 574
Teilungskapazität, Teilungskompetenz 468 ff., 506, 548, 581, 599, 602
Teilungsspindel 319, 578
Tektin A s. Spektrin
telocentrisch 378
telomer 368
Telophase 310, 392
temperatursensitive (ts-)Mutante s. Mutante
temperenter Phage 80, 94, 99, 110, *114 ff.*
template s. Matrize
Teratocarcinom, Teratom 372, 456 ff., *592 ff.*, 602 f.
Terminationssequenz s. Terminator
Terminator, Termination
Replikation 65, 408
Transkription 41, 59 f., 74, 82, 111, 118, 181
Translation 352, *355 f.*
Tertiärstruktur
Antikörper *199 ff.*
Protein 126, *135 ff.*, 146 ff., 171, 197, 285 f., 309, 335, 352, 363, *433 ff.*
RNS 19 ff., 125, 349, 362
Testosteron 519, 535, 539, 541, 543, 606
Tetanustoxinrezeptor s. Rezeptor
Tetracyclin 58, 95, 97, 113, 365
Tetrade 103, 382
Tetrahymena 315, 370, 415, 494
Theophyllin 526, 528, 544, 546
Thermolysin 131
Theta- (θ)-Antigen 230 f., *234*
Thiouracil 515
Thorazin s. Chlorpromazin
Threonindeaminase 174, 560
Thrombin 150 f., 363
Thrombopoetin 537
Thylakoid 260, 276, 282 ff.
Thymidinkinase (TK) 387 f., 497 f.
Thymin (T) 14 ff., 30 ff., 177 f., 184, 497 f.
Thymopoetin 537, 613
Thymozyt 230 f.
Thymus 186 f., 207, 449, 536, 600, 610, 612 ff., 623, 626 f.
Thyroidhormon 521
Thyrotropin (TSH) 519 f., 527 f., 532, 534 ff.
Thyrotropin-Releasing-Faktor (TRF) 519 f., 626 ff.
Thyroxin 519, *538*
tierpathogene Viren, Tierviren 424
Ti-Plasmid 456 ff.
TL-Antigen 230 f.
T-Lymphozyt s. T-Zelle
T_m-Wert (DNS) 17, 43, 91
Tobacco-Rattle-Virus 426, 431
Tochterchromatid s. Chromatid
Todd-Phänomen 201
Togaviren, *Togaviridae* 236 ff., 429
Toleranz 196, 266, 273, 275, 613, 622
Toluolzelle 63
Tomoffel 513
topologische Verwandtschaft *146 ff.*, 200, 313
Torpedo (marmorata) 270 f.
totipotent, Totipotenz 506
Toxin *97 f.*, 472 f.
T-Phage s. Phage
Transdetermination 480, 583
Transduktion 96, 110, 115, 177
Transferase 99
Transferfaktor (RTF) 96, 98, 110
Transferfunktion, Plasmid *95*
Transferin 159, 385
Transfergen, Transferoperon 95, 114
Transfer-origin 95
Transformation 98 f., 162, 182, 447 ff., 474, 476 ff., 481 ff., 529, 599
Transkription 4, 10, 13, 15, 36, 40 f., 100, 111, 344 ff., 362, 368, 372, 469, 485
Chromatin *373 ff.*
Chromosom 394 ff.
Eukaryont *89 ff.*, 561, 599
Prokaryont *73 ff.*, 356
Regulation 41, 48, *74 ff.*, 89, 176
Viren *73 ff.*, 428, *436*, 448
Transkriptionseinheit 345, 402 f., 628
Transkriptionskomplex 76
Transkriptionsmuster 40, 77 f., 81 ff., 399 ff.
Transkriptionsprodukt 10 f., 15, 29, 40, *89 f.*, 110, 361, 421, 469
primäres 18, 55, 83, 92, 344 ff., 399, 401
Transkriptionsrate 77, 89, 111, 172, 176, 370, 395, 401
Transkriptionsrichtung 36, 40, 57, 118, 181, 356, 402 f.
Translation 13, 58 f., 89, 100, *352 ff.*, 416, 421, 428, 469, 503 f.
Regulation *361 ff.*, 533, 599
Translationskontrolle 59, 408, 601, 605, s.a. Translation (Regulation)
Translationsprodukt 348, 439 f., 469
Translokation 103 f., 110, 252 ff., 262, 269, 354, *355*, *382 ff.*, 452
Protonen- 257, 259
Transmission
horizontale 453 f.
vertikale 453 f.
Transmitter s. Neurotransmitter
Transmitterfreisetzung 270, 607
Transmitter-Region 177
Transplantation 207, *502 ff.*, 506, 564 ff., 575
Transplantationsantigen 210, 626
Transport
aktiver 243, 247, 523, 544
Metaboliten- *257 ff.*
passiver 247
Protein- 358 f., 621
Regulation *281*
Zucker- *262 ff.*, 268, 326
Transportsystem 172
Transposon *110 f.*
Trematomus borchgrevinski 193
Trichtereffekt 282
Trijodthyronin *538*
Trinactin 248
Triose-Phosphat-Isomerase 155
Trippelhelix
Kollagen 191 f.
tRNS 19 f.
Trisomie 21 369, 482
Triturus 53, 67 ff., 344, 377, 380, 398 ff.
tRNS s. Ribonukleinsäure
Trophektoderm 593
trophische Faktoren 608
Tropomyosin 192, 300, 302, *306 ff.*, 319, 603, 605
Troponin *306 ff.*
Troponin-Tropomyosin-Komplex 252, 306 ff.
Trypanosom 388, 412 ff.
Trypsin 128, 130 ff., 147, 150, 167, 267 f., 323, 355, 358, 363, 371, 380, 445, 467, 478, 483, 489, 495, 606, 617, 634
Trypsininhibitor 151
Trypsinogen 358 f.
tryptisches Peptid 130 ff., 355
Tryptophan (Trp) 259, 349, 361, 494
Tryptophanoperon s. Operon
Tse-Tse-Fliege 413
T_S-, T_U-Faktor 181
T/t-System *592 ff.*
Tubuli 276
Tubulin 146, 172, 293, 311 ff., 325, 388
Tumble-generator 328 ff.
Tumor 447, *450 ff.*, 544, 592 ff., 613
Pflanzen- *456 ff.*
Tumorimmunologie *484 ff.*
Tumorinduktion 96, 447 ff., 456, 458, 491, 493
Tumorviren 110, 426 ff., *447 ff.*, 456, 480 ff.
DNS 39, 182, 372, 447 ff.
RNS 34, 182, 186, *451 ff.*, 599
Tunneleffekt 280
Tunnelprotein 227, 358 f.
Tyrosinhydroxylase 522 f., 544, 608
T-Zelle 600, 612 ff., 625 ff., 629

Ubichinon-Cytochrom c-Reduktase 278
UDPG-Phosphorylase 560 f.
Unloading rate s. Entladungsrate
Unwinding protein s. Entwindungsprotein
Uracil (U) 30
Urease 139
Urodelen 53, 614
Uroporphyrinogen-I-Synthetase (UROS) 601 f.

Vaccinia-Virus 239, 427
Vakuole 506, 508 f., 555
Vakuoplast 508 f.
Vakzine 438, 442
Valinomycin 247 f., *249 ff.*, 257, 280
Van der Waals'sche Interaktion (Wechselwirkung) s. Interaktion
Variabilität 209
  Antikörper- *203 ff.*, 612, *616 ff.*, 628
variabler Teil (Antikörpermolekül) 195 ff., 357, 617, 623, 628
Vasopressin 519 f., 527, 532
Vektor *98 ff.*, 136, 427
vektorielle Phosphorylierung 262
vektorielle Synthese 358
Ventralstrang 638, *639 ff.*
Vererbung 2, *3 f.*
Verpuppungshormon s. Ecdyson
Verstärkereffekt s. Amplifikation
Verteilungschromatographie *27 f.*
Vesikel 215, 218, 220, 236, 257, 262, 267, 276, 279 ff., 311, 631
  sekretorisches 218, 271
Vinblastin 233, 313 f.
Viren, Virus 4, 6, 8, 13 ff., 89, 236, *433 ff.*, 456, 468, 472, 474, 515, 625
  genetisches Material (Genom) *34 ff.*, 104, 110, 126, 181, 447 ff.
  Hülle 167
  Membran *235 ff.*
  Systematik *424 ff.*
Virion 36, 83, 116, 372, 424 ff., 434 ff., 447 ff.
Viroid 6, 425, 444, *445*
Virusausbreitung 424
Virusinfektion 210, 406, 424 ff., 433 ff., 515, 613
Virusmembran 216, *235 ff.*, 424 ff.
Viruspartikel s. Virion
Virus-Wirtszell-Verhältnis 424 f., 447
Vitamin 168, 244, 259
Vitellinschicht 489 ff.
Vitellogenin 61
Vorhersage (Sekundärstruktur) 140 f., *142 ff.*

Wachstum 465 ff., 480, 506, *518 ff.*, 570, 583, 633
Wachstumsfaktor 467, 479, 480, 503, *537 ff.*, 548, *606*
  Epidermis- (EGF) *544*
  Fibroblasten- (FGF) 467, *545*, 548, 606
  Nerv- (NGF) *543 ff.*, 548, 633
Wachstumshormon 57 f., 519 f., 527 f., 532, *535 f.*, 606
Wachstumshormon-Inhibiting-Faktor (GIF) s. Somatostatin
Wachstumshormon-Releasing-Faktor (GRF) 519 f.
Wachstumskegel 608 f.
Wachstumskinetik 465, 467, 480, 483
Wachstumskontrolle 450, 480
Wachstumsphase 465, 553
  exponentielle 258
Wärmeproduktion 281
Wasserstoffbrücke 4, 14 ff., 139 ff., 193, 248 ff., 272, 343, 373
Watson-Crick-Modell (DNS) 4, 13 ff.
Wechselwirkung
  intramolekulare 149
  schwache 4, 171, 279, 474
Weismann, A. 3 f.
wheat germ agglutinine 267, 474 ff.
white-crimson *118*
Wobble-Hypothese 354, 361
Wolle 193
Wundtumor 456, 507
Wundverschluß 150
Wurzelbildung 507

Xenopus (laevis) 43, 49, 53, 56, 61, 67 ff., 99, 184, 203, 343 ff., 362 f., 398, 412, 415, 436, 502 ff., 574, 633
Xenopus-Typ (DNS) 47 f.
Xiphophorus helleri 491, 493
Xylem 468
Xylose 224 f.

Zea mays 104, 118 ff., 288, 408
Zeatin 507
Zellaggregat 553
Zellbewegung 294, 546
Zelldichte 476, 606
Zelldifferenzierung 563, 571, s.a. Differenzierung
Zelle *463 ff.*
  embryonale 55, 207, 369
  pflanzliche *506 ff.*
  somatische 68, 104, 470, 576
  3T3 300, 321, 476 f., 543 ff.
  transformierte 298 ff., 366, 427, 447 ff., 543, 545 f.
Zelle
  Tumor- 162, 176, 204, 229, 421, 424, 447 ff., 465 ff., 472 ff., *480 ff.*, 491, 497 f., *501 f.*, 544, 607, 610
Zellform 293 f., 309 f., 319, 546, 563, 585
Zellfusion s. Fusion (Zellen)
Zellgröße 563, 585
Zellhybrid *496 ff.*, s.a. Hybrid
Zellhybridisierung s. Fusion (Zellen)
Zellinie *467 ff.*, 599
Zellkern 6, 13, 83, 89 ff., 146, 215, 300, 335, *368 ff.*, 382, 388, 408 f., 422, 501 ff., 542, 578, 599, 605, 629
Zellklon 6, 467, 595, 599, 607, 614 f., 616 f.
Zellkultur 208, 424, *465 ff.*, 472, 490, 497, 506, 515 f., 599 ff., 624, 630
Zelloberfläche 6, 172, 195 f., 207, 210, 266, 310, 450, 462 f., *472 ff.*, 481 ff., 487 ff., 497, 553, *555 ff.*, *592 ff.*, 599, 601, *606*, 612 ff., 626
Zellpopulation 583, 587, 599, 616, 623
Zellprotein 126
Zellstoffwechsel *518 ff.*
Zellteilung 6, 466, 481, 508, 543, 546, 555, 564, 567, 574, 585, 631, 634
Zelltheorie 2, 496
Zelltod
  lokaler 585
  programmierter 6, 465, *469 f.*, 567, 596, 641 ff.
Zellumsatzrate 614
Zellverband 563, 585
Zellwand 506 ff.
Zellwanderung 207, 544, 563, 631
Zell-Zell-Interaktion (Wechselwirkung) 207, 223, 465, 483, 487, 491, 559, 592, 596, 606 f., 617, 640
Zellzyklus 55, 63, 73, 315, 469 f., *472 ff.*, 544, 547 f., 585
Zentralnervensystem (ZNS) 443, 518, 523, 532 f., 541, 607, 646 f.
Zigarettenkonsum 480
Zink (Zn^{2+})-Ion 167 f., 180 f., 187, 197, 515
Zirbeldrüse 523, *524 ff.*
Zitteraal s. *Electrophorus*
Zitterrochen s. *Torpedo*
Z-Linie 293, 297 ff., 319, 579
Zona pellicula 151, 593, 595
Zuckerkrankheit s. Diabetes
Zuckertransport s. Transport
Zygote 491, 496, 576

ENDE

Nach TAB for TIBS [Trends Biochem. Sci. *2*, 178 (1977)]